# TABLES
DE
# LOGARITHMES
## A SEPT DÉCIMALES

D'APRÈS BREMIKER, CALLET, VÉGA, ETC.

**PAR J. DUPUIS**

---

**ÉDITION STÉRÉOTYPE**

Contenant les logarithmes des nombres de 1 à 100 000
les logarithmes des sinus et des tangentes des arcs calculés dans la supposition de R=1
de seconde en seconde pour les cinq premiers degrés
et de dix secondes en dix secondes pour tous les degrés du quart de cercle
et quelques tables usuelles

---

HUITIÈME TIRAGE

---

PARIS
LIBRAIRIE HACHETTE ET C[IE]
BOULEVARD SAINT-GERMAIN, 79

1880

# TABLES
DE
# LOGARITHMES
A SEPT DÉCIMALES

## ON TROUVE A LA MÊME LIBRAIRIE :



620. — Imprimerie A. Lahure, rue de Fleurus, 9, à Paris.

# AVERTISSEMENT

C'est à Jean NÉPER[1], baron écossais, que nous sommes redevables de l'invention des logarithmes. Il publia cette découverte au commencement du dix-septième siècle dans l'ouvrage suivant, qui est devenu très-rare : « *Mirifici logarithmorum* « *canonis descriptio, ejusque usus in utraque trigonometria,* « *ut etiam in omni logistica mathematica, amplissimi, facillimi* « *et expeditissimi explicatio : authore et inventore Joanne* « NEPERO, *barone Merchistonii..., Scotorum Edinburgi, ex* « *officina Andreæ Hart, bibliopolæ ;* MDCXIV. » — « Description d'une table merveilleuse de logarithmes et explication de son usage universel, facile et rapide, dans les deux trigo-

1. Né en 1550, à Merchiston, près d'Édimbourg, et mort en 1617.

nométries et dans tout calcul mathématique; par Jean Néper, baron de Merchiston. A Édimbourg, chez André Hart, 1614. » L'ouvrage, in-4°, contient 56 pages de texte et 90 pages de tables; il est dédié à Charles, prince de Galles, qui fut ensuite roi d'Angleterre, et qui périt sur l'échafaud en 1649. Il se termine par cette phrase : « *Interim hoc brevi opusculo « fruamini, Deoque opifici summo omniumque bonorum « opitulatori laudem summam et gloriam tribuite.* » — « En recueillant les fruits de ce petit ouvrage, payez un tribut de gloire et de reconnaissance à Dieu, souverain auteur et dispensateur de tous les biens. »

Il y a une infinité de systèmes de logarithmes. Néper avait d'abord fait choix d'un système un peu compliqué. Il reconnut plus tard les avantages du système dont la *base* serait 10; mais la mort l'empêcha de calculer de nouvelles tables. Henri Briggs, son ami, professeur de mathématiques à Londres, à qui il avait instamment recommandé l'exécution des tables à base décimale, publia les premières en 1624 sous le titre de : « *Arithmetica logarithmica.* » Elles contenaient, avec quatorze décimales, les logarithmes des nombres de 1 à 20 000 et de 90 000 à 100 000.

Adrien Vlacq, mathématicien hollandais, combla la lacune qu'avait laissée H. Briggs, de 20 000 à 90 000. Il publia ses tables à Goude en 1628, sous le même titre que Briggs. Elles étaient à dix décimales et contenaient, outre les logarithmes des nombres de 1 à 100 000, les logarithmes des sinus, des tangentes et des sécantes de minute en minute pour tous les degrés du quart de cercle. Il calcula aussi, avec dix décimales, une table des logarithmes des sinus et des tangentes de dix secondes en dix secondes pour tous les degrés du quart de cercle. Cette table, précédée d'une Trigonométrie rectiligne et sphérique, parut à Goude en 1633 sous le titre de : « *Trigonometria artificialis*. »

Divers calculateurs ont ensuite déterminé les logarithmes des sinus et des tangentes de seconde en seconde. Le calcul a été fait pour les quatre premiers degrés par l'astronome lyonnais Gabriel Mouton, né vers 1618 et mort en 1694; mais il n'a été publié qu'en 1770, dans une édition de tables à sept décimales, revue par le P. Pézenas.

L'ouvrage de Vlacq est la source où viennent généralement puiser ceux qui impriment des tables plus ou moins étendues. Notre manuel en est aussi un extrait. Il contient tous les logarithmes à sept décimales de l'édition de Callet. Il diffère toutefois de cet ouvrage sous quelques rapports que nous allons faire connaître.

I. Dans le manuel de *Callet* les deux premières tables, dont l'une est à simple entrée, contiennent les logarithmes des nombres de 1 à 1200 et de 1020 à 108 000, qui est le nombre de secondes contenues dans 30 degrés ou un tiers d'angle droit. Nous avons adopté des limites un peu différentes. Notre édition contient, dans deux tables à double entrée, dont la première est formée de deux pages en regard, les logarithmes des nombres de 1 à 1000 et de 1000 à 100 000. Notre désir était d'abord d'étendre les tables de CALLET à 120 000 en donnant deux tables de 1 à 1200 et de 1200 à 120 000. Nous avions adressé à notre éditeur un manuscrit contenant les 12 000 logarithmes compris de 108 000 à 120 000, calculés avec dix figures par la méthode des différences[1]. Mais sur la demande d'un assez grand nombre de professeurs, nous nous sommes arrêté à 100 000. Du reste, BORDA, dans ses *Tables décimales*, le docteur BREMIKER, de Berlin, dans son excellente édition des *Tables de* VÉGA, que nous avons prise très-souvent pour guide, et M. CAILLET, examinateur de la marine, dans ses *Tables de logarithmes et de cologarithmes* à six décimales, ont adopté la même limite. Chaque page contient 50 lignes et non 60, comme dans CALLET, de sorte que l'ensemble de deux pages en regard contient exactement 1000 logarithmes. Cette disposition, adoptée dans la plupart des tables à sept décimales, offre un avantage : c'est qu'une fois le livre ouvert à la page convenable, on peut, sans avoir besoin de lire les chiffres, trouver immédiatement l'endroit de la page où se trouve le logarithme cherché. Pour faciliter la lecture, on a partagé

1. Le 2ᵉ terme de la série ne donnant pas 3 unités du 18ᵉ ordre décimal, le calcul se réduit à la détermination du 1ᵉʳ terme; il se fait extrêmement vite et comme tout calcul qui comporte une vérification immédiate, il offre un intérêt réel : on éprouve sans cesse une satisfaction nouvelle, en retrouvant, à l'aide des additions successives, les logarithmes-repères calculés d'avance directement.

les pages en tranches de cinq lignes par des blancs, les interlignes de dix en dix étant plus grands que les autres.

II. Dans toutes les tables de logarithmes des nombres, on détache les trois premières figures communes à plusieurs logarithmes, et on les inscrit une fois pour toutes. Lorsque la troisième décimale vient à changer, on indique ce changement, soit en brisant les lignes, comme l'a fait CALLET, ce qui diminue la régularité des tableaux, soit en appelant l'attention par un signe particulier, tel qu'un astérisque, un chiffre de forme différente, un chiffre surmonté d'un petit trait horizontal ou de deux points.... Après quelques essais, nous avons choisi l'astérisque; c'est, à notre avis, le signe le plus distinct : quand la troisième décimale d'un logarithme doit changer, on en est averti par des étoiles qui précèdent dans tout le reste de la ligne la quatrième décimale de chaque logarithme.

III. Nous donnons *exactement* avec une décimale les parties proportionnelles des différences pour 1, 2, 3,... 9 dixièmes, de sorte que l'interpolation peut se faire, au moyen de ces parties proportionnelles, avec toute l'exactitude que comportent les tables. Nous donnons aussi, au bas de chaque page, deux petites tables qui indiquent, pour deux échelles décuples l'une de l'autre, les valeurs des secondes d'arc ou de temps en degrés ou en heures. On y a joint des logarithmes marqués S et T, qui servent à calculer, à une unité près du 7ᵉ ordre décimal, les logarithmes sinus et les logarithmes tangentes des petits arcs, pour lesquels on ne peut admettre la proportionalité des différences.

IV. Les tables VI et VII contiennent les logarithmes des sinus et des tangentes, de seconde en seconde, pour les cinq premiers degrés. La disposition diffère peu de celle de CALLET. Toutefois, dans ces deux tables et dans la suivante, les logarithmes sont exprimés dans la supposition de R = 1 ; on a ainsi rendu aux logarithmes de ces tables leurs vraies caractéristiques. En outre, quand plusieurs logarithmes successifs, inscrits dans la même colonne, ont les mêmes premiers chiffres à gauche, on a généralement sous-entendu les deux premiers chiffres, excepté dans les logarithmes extrêmes ; cette disposition augmente notablement la netteté et facilite les recherches.

V. La table VIII contient les logarithmes des sinus et des tangentes de dix secondes en dix secondes pour tous les degrés du quart de cercle. Nous avons séparé les lignes de trois en trois alternativement par des blancs et par des filets. Quand on emploie des filets de trois en trois lignes, comme l'a fait CALLET, les caractères pâlissent par un effet de contraste, et l'œil peut se fatiguer de la répétition et de la continuité des tons noirs. L'ordre des colonnes est comme dans les tables de M. BREMIKER et de LALANDE :

| Sin. | Tang. | Cotang. | Cos. |
|---|---|---|---|
| Cos. | Cotang. | Tang. | Sin. |

Cet ordre est plus symétrique que celui de CALLET par rapport à la double graduation. De plus, à partir de 5°, on a calculé d'avance exactement avec une décimale les parties proportionnelles des différences des logarithmes pour 1, 2, 3, .... 9 secondes. Le défaut d'espace n'a permis d'abord d'inscrire ces parties proportionnelles des différences que de 10 en 10, puis de 5 en 5 et de 2 en 2; mais à partir de 22° 30', qui est le quart de 90°, elles sont inscrites pour toutes les différences.

VI. Notre édition ne contient ni les logarithmes ayant plus de sept décimales, ni les logarithmes des sinus, cosinus et tangentes suivant la division du quart de cercle en *cent* degrés, qui se trouvent dans le manuel de CALLET. Ces logarithmes ne servant presque jamais, augmentent inutilement le format et, par conséquent, le prix de l'ouvrage.

Nous avons vérifié plusieurs fois avec la plus grande attention les épreuves de nos tables sur les caractères mobiles et sur les clichés, en les collationnant sur les éditions les plus estimées en France et à l'étranger. La publication de notre édition de *Tables de logarithmes* d'après J. DE LALANDE et de notre petit *Recueil de tables propres à abréger les calculs* nous avait préparé à ce genre de travail pénible, et nous espérons qu'aucune faute ne nous a échappé. Du reste aucune erreur ne nous a été signalée jusqu'à ce jour. J. D.

Metz, le 1er juillet 1866

# I — II. TABLES

# DES LOGARITHMES

DES NOMBRES ENTIERS DE 1 A 100 000

| N. | 0 | 1 | 2 | 3 | 4 | 5 | 6 | 7 | 8 | 9 |
|---|---|---|---|---|---|---|---|---|---|---|
| 0 | — ∞ | » | » | » | » | » | » | » | » | » |
| 1 | 0 000 000 | » | » | » | » | » | » | » | » | » |
| 2 | 3 010 300 | » | » | » | » | » | » | » | » | » |
| 3 | 4 771 213 | » | » | » | » | » | » | » | » | » |
| 4 | 6 020 600 | » | » | » | » | » | » | » | » | » |
| 5 | 989 700 | » | » | » | » | » | » | » | » | » |
| 6 | 7 781 513 | » | » | » | » | » | » | » | » | » |
| 7 | 8 450 980 | » | » | » | » | » | » | » | » | » |
| 8 | 9 030 900 | » | » | » | » | » | » | » | » | » |
| 9 | 542 425 | » | » | » | » | » | » | » | » | » |
| 10 | 0 000 000 | 043 214 | 086 002 | 128 372 | 170 333 | 211 893 | 253 059 | 293 838 | 334 238 | 374 265 |
| 1 | 413 927 | 453 230 | 492 180 | 530 784 | 569 049 | 606 978 | 644 580 | 681 859 | 718 820 | 755 470 |
| 2 | 791 812 | 827 854 | 863 598 | 899 051 | 934 217 | 969 100 | *003 705 | *038 037 | *072 100 | *105 897 |
| 3 | 1 139 434 | 172 713 | 205 739 | 238 516 | 271 048 | 303 338 | 335 389 | 367 206 | 398 791 | 430 148 |
| 4 | 461 280 | 492 191 | 522 883 | 553 360 | 583 625 | 613 680 | 643 529 | 673 173 | 702 617 | 731 863 |
| 5 | 760 913 | 789 769 | 818 436 | 846 914 | 875 207 | 903 317 | 931 246 | 958 997 | 986 571 | *013 971 |
| 6 | 2 041 200 | 068 259 | 095 150 | 121 876 | 148 438 | 174 839 | 201 081 | 227 165 | 253 093 | 278 867 |
| 7 | 304 489 | 329 961 | 355 284 | 380 461 | 405 492 | 430 380 | 455 127 | 479 733 | 504 200 | 528 530 |
| 8 | 552 725 | 576 786 | 600 714 | 624 511 | 648 178 | 671 717 | 695 129 | 718 416 | 741 578 | 764 618 |
| 9 | 787 536 | 810 334 | 833 012 | 855 573 | 878 017 | 900 346 | 922 561 | 944 662 | 966 652 | 988 531 |
| 20 | 3 010 300 | 031 961 | 053 514 | 074 960 | 096 302 | 117 539 | 138 672 | 159 703 | 180 633 | 201 463 |
| 1 | 222 193 | 242 825 | 263 359 | 283 796 | 304 138 | 324 385 | 344 538 | 364 597 | 384 565 | 404 441 |
| 2 | 424 227 | 443 923 | 463 530 | 483 049 | 502 480 | 521 825 | 541 084 | 560 259 | 579 348 | 598 355 |
| 3 | 617 278 | 636 120 | 654 880 | 673 559 | 692 159 | 710 679 | 729 120 | 747 483 | 765 770 | 783 979 |
| 4 | 802 112 | 820 170 | 838 154 | 856 063 | 873 898 | 891 661 | 909 351 | 926 970 | 944 517 | 961 993 |
| 5 | 979 400 | 996 737 | *014 005 | *031 205 | *048 337 | *065 402 | *082 400 | *099 331 | *116 197 | *132 998 |
| 6 | 4 149 733 | 166 405 | 183 013 | 199 557 | 216 039 | 232 459 | 248 816 | 265 113 | 281 348 | 297 523 |
| 7 | 313 638 | 329 693 | 345 689 | 361 626 | 377 506 | 393 327 | 409 091 | 424 798 | 440 448 | 456 042 |
| 8 | 471 580 | 487 063 | 502 491 | 517 864 | 533 183 | 548 449 | 563 660 | 578 819 | 593 925 | 608 978 |
| 9 | 623 980 | 638 930 | 653 829 | 668 676 | 683 473 | 698 220 | 712 917 | 727 564 | 742 163 | 756 712 |
| 30 | 771 213 | 785 665 | 800 069 | 814 426 | 828 736 | 842 998 | 857 214 | 871 384 | 885 507 | 899 585 |
| 1 | 913 617 | 927 604 | 941 546 | 955 443 | 969 296 | 983 106 | 996 871 | *010 593 | *024 271 | *037 907 |
| 2 | 5 051 500 | 065 050 | 078 559 | 092 025 | 105 450 | 118 834 | 132 176 | 145 478 | 158 738 | 171 959 |
| 3 | 185 139 | 198 280 | 211 381 | 224 442 | 237 465 | 250 448 | 263 393 | 276 299 | 289 167 | 301 997 |
| 4 | 314 789 | 327 544 | 340 261 | 352 941 | 365 584 | 378 191 | 390 761 | 403 295 | 415 792 | 428 254 |
| 5 | 440 680 | 453 071 | 465 427 | 477 747 | 490 033 | 502 284 | 514 500 | 526 682 | 538 830 | 550 944 |
| 6 | 563 025 | 575 072 | 587 086 | 599 066 | 611 014 | 622 929 | 634 811 | 646 661 | 658 478 | 670 264 |
| 7 | 682 017 | 693 739 | 705 429 | 717 088 | 728 716 | 740 313 | 751 878 | 763 414 | 774 918 | 786 392 |
| 8 | 797 836 | 809 250 | 820 634 | 831 988 | 843 312 | 854 607 | 865 873 | 877 110 | 888 317 | 899 496 |
| 9 | 910 646 | 921 768 | 932 861 | 943 926 | 954 962 | 965 971 | 976 952 | 987 905 | 998 831 | *009 729 |
| 40 | 6 020 600 | 031 444 | 042 261 | 053 050 | 063 814 | 074 550 | 085 260 | 095 944 | 106 602 | 117 233 |
| 1 | 127 839 | 138 418 | 148 972 | 159 501 | 170 003 | 180 481 | 190 933 | 201 361 | 211 763 | 222 140 |
| 2 | 232 493 | 242 821 | 253 125 | 263 404 | 273 659 | 283 889 | 294 096 | 304 279 | 314 438 | 324 573 |
| 3 | 334 685 | 344 773 | 354 837 | 364 879 | 374 897 | 384 893 | 394 865 | 404 814 | 414 741 | 424 645 |
| 4 | 434 527 | 444 386 | 454 223 | 464 037 | 473 830 | 483 600 | 493 349 | 503 075 | 512 780 | 522 463 |
| 5 | 532 125 | 541 765 | 551 384 | 560 982 | 570 559 | 580 114 | 589 648 | 599 162 | 608 655 | 618 127 |
| 6 | 627 578 | 637 009 | 646 420 | 655 810 | 665 180 | 674 530 | 683 859 | 693 169 | 702 459 | 711 728 |
| 7 | 720 979 | 730 209 | 739 420 | 748 611 | 757 783 | 766 936 | 776 070 | 785 184 | 794 279 | 803 355 |
| 8 | 812 412 | 821 451 | 830 470 | 839 471 | 848 454 | 857 417 | 866 363 | 875 290 | 884 198 | 893 089 |
| 9 | 901 961 | 910 815 | 919 651 | 928 469 | 937 269 | 946 052 | 954 817 | 963 564 | 972 293 | 981 005 |
| N. | 0 | 1 | 2 | 3 | 4 | 5 | 6 | 7 | 8 | 9 |

| | S | T | | S | T |
|---|---|---|---|---|---|
| 0″ = 0′ 0″ | S = $\overline{6}$,685 5749 | T. 5749 | 250″ = 4′ 10″ | S. 5748 | T. 5751 |
| 50 = 0 50 | 5749 | 5749 | 300 = 5 0 | 5747 | 5752 |
| 100 = 1 40 | 5748 | 5749 | 350 = 5 50 | 5747 | 5753 |
| 150 = 2 30 | 5748 | 5749 | 400 = 6 40 | 5746 | 5754 |
| 200 = 3 20 | 5748 | 5750 | 450 = 7 30 | 5745 | 5756 |

| N. | 0 | 1 | 2 | 3 | 4 | 5 | 6 | 7 | 8 | 9 |
|---|---|---|---|---|---|---|---|---|---|---|
| 50 | 6 989 700 | 998 377 | *007 037 | *015 680 | *024 305 | *032 914 | *041 505 | *050 080 | *058 637 | *067 178 |
| 1 | 7 075 702 | 084 209 | 092 700 | 101 174 | 109 631 | 118 072 | 126 497 | 134 905 | 143 298 | 151 674 |
| 2 | 160 033 | 168 377 | 176 705 | 185 017 | 193 313 | 201 593 | 209 857 | 218 106 | 226 339 | 234 557 |
| 3 | 242 759 | 250 945 | 259 116 | 267 272 | 275 413 | 283 538 | 291 648 | 299 743 | 307 823 | 315 888 |
| 4 | 323 938 | 331 973 | 339 993 | 347 998 | 355 989 | 363 965 | 371 926 | 379 873 | 387 806 | 395 723 |
| 5 | 403 627 | 411 516 | 419 391 | 427 251 | 435 098 | 442 930 | 450 748 | 458 552 | 466 342 | 474 118 |
| 6 | 481 880 | 489 629 | 497 363 | 505 084 | 512 791 | 520 484 | 528 164 | 535 831 | 543 483 | 551 123 |
| 7 | 558 749 | 566 361 | 573 960 | 581 546 | 589 119 | 596 678 | 604 225 | 611 758 | 619 278 | 626 786 |
| 8 | 634 280 | 641 761 | 649 230 | 656 686 | 664 128 | 671 559 | 678 976 | 686 381 | 693 773 | 701 153 |
| 9 | 708 520 | 715 875 | 723 217 | 730 547 | 737 864 | 745 170 | 752 463 | 759 743 | 767 012 | 774 268 |
| 60 | 781 513 | 788 745 | 795 965 | 803 173 | 810 369 | 817 554 | 824 726 | 831 887 | 839 036 | 846 173 |
| 1 | 853 298 | 860 412 | 867 514 | 874 605 | 881 684 | 888 751 | 895 807 | 902 852 | 909 885 | 916 906 |
| 2 | 923 917 | 930 916 | 937 904 | 944 880 | 951 846 | 958 800 | 965 743 | 972 675 | 979 596 | 986 506 |
| 3 | 993 405 | *000 294 | *007 171 | *014 037 | *020 893 | *027 737 | *034 571 | *041 394 | *048 207 | *055 009 |
| 4 | 8 061 800 | 068 580 | 075 350 | 082 110 | 088 859 | 095 597 | 102 325 | 109 043 | 115 750 | 122 447 |
| 5 | 129 134 | 135 810 | 142 476 | 149 132 | 155 777 | 162 413 | 169 038 | 175 654 | 182 259 | 188 854 |
| 6 | 195 439 | 202 015 | 208 580 | 215 135 | 221 681 | 228 216 | 234 742 | 241 258 | 247 765 | 254 261 |
| 7 | 260 748 | 267 225 | 273 693 | 280 151 | 286 599 | 293 038 | 299 467 | 305 887 | 312 297 | 318 698 |
| 8 | 325 089 | 331 471 | 337 844 | 344 207 | 350 561 | 356 906 | 363 241 | 369 567 | 375 884 | 382 192 |
| 9 | 388 491 | 394 780 | 401 061 | 407 332 | 413 595 | 419 848 | 426 092 | 432 328 | 438 554 | 444 772 |
| 70 | 450 980 | 457 180 | 463 371 | 469 553 | 475 727 | 481 891 | 488 047 | 494 194 | 500 333 | 506 462 |
| 1 | 512 583 | 518 696 | 524 800 | 530 895 | 536 982 | 543 060 | 549 130 | 555 192 | 561 244 | 567 289 |
| 2 | 573 325 | 579 353 | 585 372 | 591 383 | 597 386 | 603 380 | 609 366 | 615 344 | 621 314 | 627 275 |
| 3 | 633 229 | 639 174 | 645 111 | 651 040 | 656 961 | 662 873 | 668 778 | 674 675 | 680 564 | 686 444 |
| 4 | 692 317 | 698 182 | 704 039 | 709 888 | 715 729 | 721 563 | 727 388 | 733 206 | 739 016 | 744 818 |
| 5 | 750 613 | 756 399 | 762 178 | 767 950 | 773 713 | 779 470 | 785 218 | 790 959 | 796 692 | 802 418 |
| 6 | 808 136 | 813 847 | 819 550 | 825 245 | 830 934 | 836 614 | 842 288 | 847 954 | 853 612 | 859 263 |
| 7 | 864 907 | 870 544 | 876 173 | 881 795 | 887 410 | 893 017 | 898 617 | 904 210 | 909 796 | 915 375 |
| 8 | 920 946 | 926 510 | 932 068 | 937 618 | 943 161 | 948 697 | 954 225 | 959 747 | 965 262 | 970 770 |
| 9 | 976 271 | 981 765 | 987 252 | 992 732 | 998 205 | *003 671 | *009 131 | *014 583 | *020 029 | *025 468 |
| 80 | 9 030 900 | 036 325 | 041 744 | 047 155 | 052 560 | 057 959 | 063 350 | 068 735 | 074 114 | 079 485 |
| 1 | 084 850 | 090 209 | 095 560 | 100 905 | 106 244 | 111 576 | 116 902 | 122 221 | 127 533 | 132 839 |
| 2 | 138 139 | 143 432 | 148 718 | 153 998 | 159 272 | 164 539 | 169 800 | 175 055 | 180 303 | 185 545 |
| 3 | 190 781 | 196 010 | 201 233 | 206 450 | 211 661 | 216 865 | 222 063 | 227 255 | 232 440 | 237 620 |
| 4 | 242 793 | 247 960 | 253 121 | 258 276 | 263 424 | 268 567 | 273 704 | 278 834 | 283 959 | 289 077 |
| 5 | 294 189 | 299 296 | 304 396 | 309 490 | 314 579 | 319 661 | 324 738 | 329 808 | 334 873 | 339 932 |
| 6 | 344 985 | 350 032 | 355 073 | 360 108 | 365 137 | 370 161 | 375 179 | 380 191 | 385 197 | 390 198 |
| 7 | 395 193 | 400 182 | 405 165 | 410 142 | 415 114 | 420 081 | 425 041 | 429 996 | 434 945 | 439 889 |
| 8 | 444 827 | 449 759 | 454 686 | 459 607 | 464 523 | 469 433 | 474 337 | 479 236 | 484 130 | 489 018 |
| 9 | 493 900 | 498 777 | 503 649 | 508 515 | 513 375 | 518 230 | 523 080 | 527 924 | 532 763 | 537 597 |
| 90 | 542 425 | 547 248 | 552 065 | 556 878 | 561 684 | 566 486 | 571 282 | 576 073 | 580 858 | 585 639 |
| 1 | 590 414 | 595 184 | 599 948 | 604 708 | 609 462 | 614 211 | 618 955 | 623 693 | 628 427 | 633 155 |
| 2 | 637 878 | 642 596 | 647 309 | 652 017 | 656 720 | 661 417 | 666 110 | 670 797 | 675 480 | 680 157 |
| 3 | 684 829 | 689 497 | 694 159 | 698 816 | 703 469 | 708 116 | 712 758 | 717 396 | 722 028 | 726 656 |
| 4 | 731 279 | 735 896 | 740 509 | 745 117 | 749 720 | 754 318 | 758 911 | 763 500 | 768 083 | 772 662 |
| 5 | 777 236 | 781 805 | 786 369 | 790 929 | 795 484 | 800 034 | 804 579 | 809 119 | 813 655 | 818 186 |
| 6 | 822 712 | 827 234 | 831 751 | 836 263 | 840 770 | 845 273 | 849 771 | 854 265 | 858 754 | 863 238 |
| 7 | 867 717 | 872 192 | 876 663 | 881 108 | 885 590 | 890 046 | 894 498 | 898 946 | 903 389 | 907 827 |
| 8 | 912 261 | 916 690 | 921 115 | 925 535 | 929 951 | 934 362 | 938 769 | 943 172 | 947 569 | 951 963 |
| 9 | 956 352 | 960 737 | 965 117 | 969 492 | 973 864 | 978 231 | 982 593 | 986 952 | 991 305 | 995 655 |
| N. | 0 | 1 | 2 | 3 | 4 | 5 | 6 | 7 | 8 | 9 |

| | | | | | |
|---|---|---|---|---|---|
| 500″ = 8′ 20″ | S = $\bar{6}$,685 5744 | T. 5757 | 750″ = 12′ 30″ | S. 5739 | T. 5768 |
| 550 = 9 10 | 5744 | 5759 | 800 = 13 20 | 5738 | 5770 |
| 600 = 10 0 | 5743 | 5761 | 850 = 14 10 | 5736 | 5773 |
| 650 = 10 50 | 5741 | 5763 | 900 = 15 0 | 5735 | 5776 |
| 700 = 11 40 | 5740 | 5765 | 950 = 15 50 | 5733 | 5779 |

| N. | 0 | 1 | 2 | 3 | 4 | 5 | 6 | 7 | 8 | 9 |
|---|---|---|---|---|---|---|---|---|---|---|
| 1000 | 000 0000 | 0434 | 0869 | 1303 | 1737 | 2171 | 2605 | 3039 | 3473 | 3907 |
| 1 | 4341 | 4775 | 5208 | 5642 | 6076 | 6510 | 6943 | 7377 | 7810 | 8244 |
| 2 | 8677 | 9111 | 9544 | 9977 | *0411 | *0844 | *1277 | *1710 | *2143 | *2576 |
| 3 | 001 3009 | 3442 | 3875 | 4308 | 4741 | 5174 | 5607 | 6039 | 6472 | 6905 |
| 4 | 7337 | 7770 | 8202 | 8635 | 9067 | 9499 | 9932 | *0364 | *0796 | *1228 |
| 5 | 002 1661 | 2093 | 2525 | 2957 | 3389 | 3821 | 4253 | 4685 | 5116 | 5548 |
| 6 | 5980 | 6411 | 6843 | 7275 | 7706 | 8138 | 8569 | 9001 | 9432 | 9863 |
| 7 | 003 0295 | 0726 | 1157 | 1588 | 2019 | 2451 | 2882 | 3313 | 3744 | 4174 |
| 8 | 4605 | 5036 | 5467 | 5898 | 6328 | 6759 | 7190 | 7620 | 8051 | 8481 |
| 9 | 8912 | 9342 | 9772 | *0203 | *0633 | *1063 | *1493 | *1924 | *2354 | *2784 |
| 1010 | 004 3214 | 3644 | 4074 | 4504 | 4933 | 5363 | 5793 | 6223 | 6652 | 7082 |
| 1 | 7512 | 7941 | 8371 | 8800 | 9229 | 9659 | *0088 | *0517 | *0947 | *1376 |
| 2 | 005 1805 | 2234 | 2663 | 3092 | 3521 | 3950 | 4379 | 4808 | 5237 | 5666 |
| 3 | 6094 | 6523 | 6952 | 7380 | 7809 | 8238 | 8666 | 9094 | 9523 | 9951 |
| 4 | 006 0380 | 0808 | 1236 | 1664 | 2092 | 2521 | 2949 | 3377 | 3805 | 4233 |
| 5 | 4660 | 5088 | 5516 | 5944 | 6372 | 6799 | 7227 | 7655 | 8082 | 8510 |
| 6 | 8937 | 9365 | 9792 | *0219 | *0647 | *1074 | *1501 | *1928 | *2355 | *2782 |
| 7 | 007 3210 | 3637 | 4064 | 4490 | 4917 | 5344 | 5771 | 6198 | 6624 | 7051 |
| 8 | 7478 | 7904 | 8331 | 8757 | 9184 | 9610 | *0037 | *0463 | *0889 | *1316 |
| 9 | 008 1742 | 2168 | 2594 | 3020 | 3446 | 3872 | 4298 | 4724 | 5150 | 5576 |
| 1020 | 6002 | 6427 | 6853 | 7279 | 7704 | 8130 | 8556 | 8981 | 9407 | 9832 |
| 1 | 009 0257 | 0683 | 1108 | 1533 | 1959 | 2384 | 2809 | 3234 | 3659 | 4084 |
| 2 | 4509 | 4934 | 5359 | 5784 | 6208 | 6633 | 7058 | 7483 | 7907 | 8332 |
| 3 | 8756 | 9181 | 9605 | *0030 | *0454 | *0878 | *1303 | *1727 | *2151 | *2575 |
| 4 | 010 3000 | 3424 | 3848 | 4272 | 4696 | 5120 | 5544 | 5967 | 6391 | 6815 |
| 5 | 7239 | 7662 | 8086 | 8510 | 8933 | 9357 | 9780 | *0204 | *0627 | *1050 |
| 6 | 011 1474 | 1897 | 2320 | 2743 | 3166 | 3590 | 4013 | 4436 | 4859 | 5282 |
| 7 | 5704 | 6127 | 6550 | 6973 | 7396 | 7818 | 8241 | 8664 | 9086 | 9509 |
| 8 | 9931 | *0354 | *0776 | *1198 | *1621 | *2043 | *2465 | *2887 | *3310 | *3732 |
| 9 | 012 4154 | 4576 | 4998 | 5420 | 5842 | 6264 | 6685 | 7107 | 7529 | 7951 |
| 1030 | 8372 | 8794 | 9215 | 9637 | *0059 | *0480 | *0901 | *1323 | *1744 | *2165 |
| 1 | 013 2587 | 3008 | 3429 | 3850 | 4271 | 4692 | 5113 | 5534 | 5955 | 6376 |
| 2 | 6797 | 7218 | 7639 | 8059 | 8480 | 8901 | 9321 | 9742 | *0162 | *0583 |
| 3 | 014 1003 | 1424 | 1844 | 2264 | 2685 | 3105 | 3525 | 3945 | 4365 | 4785 |
| 4 | 5205 | 5625 | 6045 | 6465 | 6885 | 7305 | 7725 | 8144 | 8564 | 8984 |
| 5 | 9403 | 9823 | *0243 | *0662 | *1082 | *1501 | *1920 | *2340 | *2759 | *3178 |
| 6 | 015 3598 | 4017 | 4436 | 4855 | 5274 | 5693 | 6112 | 6531 | 6950 | 7369 |
| 7 | 7788 | 8206 | 8625 | 9044 | 9462 | 9881 | *0300 | *0718 | *1137 | *1555 |
| 8 | 016 1974 | 2392 | 2810 | 3229 | 3647 | 4065 | 4483 | 4901 | 5319 | 5737 |
| 9 | 6155 | 6573 | 6991 | 7409 | 7827 | 8245 | 8663 | 9080 | 9498 | 9916 |
| 1040 | 017 0333 | 0751 | 1168 | 1586 | 2003 | 2421 | 2838 | 3256 | 3673 | 4090 |
| 1 | 4507 | 4924 | 5342 | 5759 | 6176 | 6593 | 7010 | 7427 | 7844 | 8260 |
| 2 | 8677 | 9094 | 9511 | 9927 | *0344 | *0761 | *1177 | *1594 | *2010 | *2427 |
| 3 | 018 2843 | 3259 | 3676 | 4092 | 4508 | 4925 | 5341 | 5757 | 6173 | 6589 |
| 4 | 7005 | 7421 | 7837 | 8253 | 8669 | 9084 | 9500 | 9916 | *0332 | *0747 |
| 5 | 019 1163 | 1578 | 1994 | 2410 | 2825 | 3240 | 3656 | 4071 | 4486 | 4902 |
| 6 | 5317 | 5732 | 6147 | 6562 | 6977 | 7392 | 7807 | 8222 | 8637 | 9052 |
| 7 | 9467 | 9882 | *0296 | *0711 | *1126 | *1540 | *1955 | *2369 | *2784 | *3198 |
| 8 | 020 3613 | 4027 | 4442 | 4856 | 5270 | 5684 | 6099 | 6513 | 6927 | 7341 |
| 9 | 7755 | 8169 | 8583 | 8997 | 9411 | 9824 | *0238 | *0652 | *1066 | *1479 |
| N. | 0 | 1 | 2 | 3 | 4 | 5 | 6 | 7 | 8 | 9 |

Diff. et p. p.

| | 435 | 434 | 433 |
|---|---|---|---|
| 1 | 43,5 | 43,4 | 43,3 |
| 2 | 87,0 | 86,8 | 86,6 |
| 3 | 130,5 | 130,2 | 129,9 |
| 4 | 174,0 | 173,6 | 173,2 |
| 5 | 217,5 | 217,0 | 216,5 |
| 6 | 261,0 | 260,4 | 259,8 |
| 7 | 304,5 | 303,8 | 303,1 |
| 8 | 348,0 | 347,2 | 346,4 |
| 9 | 391,5 | 390,6 | 389,7 |
| | **432** | **431** | **430** |
| 1 | 43,2 | 43,1 | 43 |
| 2 | 86,4 | 86,2 | 86 |
| 3 | 129,6 | 129,3 | 129 |
| 4 | 172,8 | 172,4 | 172 |
| 5 | 216,0 | 215,5 | 215 |
| 6 | 259,2 | 258,6 | 258 |
| 7 | 302,4 | 301,7 | 301 |
| 8 | 345,6 | 344,8 | 344 |
| 9 | 388,8 | 387,9 | 387 |
| | **429** | **428** | **427** |
| 1 | 42,9 | 42,8 | 42,7 |
| 2 | 85,8 | 85,6 | 85,4 |
| 3 | 128,7 | 128,4 | 128,1 |
| 4 | 171,6 | 171,2 | 170,8 |
| 5 | 214,5 | 214,0 | 213,5 |
| 6 | 257,4 | 256,8 | 256,2 |
| 7 | 300,3 | 299,6 | 298,9 |
| 8 | 343,2 | 342,4 | 341,6 |
| 9 | 386,1 | 385,2 | 384,3 |
| | **426** | **425** | **424** |
| 1 | 42,6 | 42,5 | 42,4 |
| 2 | 85,2 | 85,0 | 84,8 |
| 3 | 127,8 | 127,5 | 127,2 |
| 4 | 170,4 | 170,0 | 169,6 |
| 5 | 213,0 | 212,5 | 212,0 |
| 6 | 255,6 | 255,0 | 254,4 |
| 7 | 298,2 | 297,5 | 296,8 |
| 8 | 340,8 | 340,0 | 339,2 |
| 9 | 383,4 | 382,5 | 381,6 |
| | **423** | **422** | **421** |
| 1 | 42,3 | 42,2 | 42,1 |
| 2 | 84,6 | 84,4 | 84,2 |
| 3 | 126,9 | 126,6 | 126,3 |
| 4 | 169,2 | 168,8 | 168,4 |
| 5 | 211,5 | 211,0 | 210,5 |
| 6 | 253,8 | 253,2 | 252,6 |
| 7 | 296,1 | 295,4 | 294,7 |
| 8 | 338,4 | 337,6 | 336,8 |
| 9 | 380,7 | 379,8 | 378,9 |
| | **420** | **419** | **418** |
| 1 | 42 | 41,9 | 41,8 |
| 2 | 84 | 83,8 | 83,6 |
| 3 | 126 | 125,7 | 125,4 |
| 4 | 168 | 167,6 | 167,2 |
| 5 | 210 | 209,5 | 209,0 |
| 6 | 252 | 251,4 | 250,8 |
| 7 | 294 | 293,3 | 292,6 |
| 8 | 336 | 335,2 | 334,4 |
| 9 | 378 | 377,1 | 376,2 |
| | **417** | **416** | **415** |
| 1 | 41,7 | 41,6 | 41,5 |
| 2 | 83,4 | 83,2 | 83,0 |
| 3 | 125,1 | 124,8 | 124,5 |
| 4 | 166,8 | 166,4 | 166,0 |
| 5 | 208,5 | 208,0 | 207,5 |
| 6 | 250,2 | 249,6 | 249,0 |
| 7 | 291,9 | 291,2 | 290,5 |
| 8 | 333,6 | 332,8 | 332,0 |
| 9 | 375,3 | 374,4 | 373,5 |

| | | | |
|---|---|---|---|
| 10 000″ = 2° 46′ 40″ | 1000″ = 16′ 40″ | S = $\bar{6}$,685 5732 | T. 5783 |
| 10 100 = 2 48 20 | 1010 = 16 50 | 5731 | 5783 |
| 10 200 = 2 50 0 | 1020 = 17 0 | 5731 | 5784 |
| 10 300 = 2 51 40 | 1030 = 17 10 | 5731 | 5785 |
| 10 400 = 2 53 20 | 1040 = 17 20 | 5730 | 5785 |

| N. | 0 | 1 | 2 | 3 | 4 | 5 | 6 | 7 | 8 | 9 |
|---|---|---|---|---|---|---|---|---|---|---|
| 1050 | 021 1893 | 2307 | 2720 | 3134 | 3547 | 3961 | 4374 | 4787 | 5201 | 5614 |
| 1 | 6027 | 6440 | 6854 | 7267 | 7680 | 8093 | 8506 | 8919 | 9332 | 9745 |
| 2 | 022 0157 | 0570 | 0983 | 1396 | 1808 | 2221 | 2634 | 3046 | 3459 | 3871 |
| 3 | 4284 | 4696 | 5109 | 5521 | 5933 | 6345 | 6758 | 7170 | 7582 | 7994 |
| 4 | 8406 | 8818 | 9230 | 9642 | *0054 | *0466 | *0878 | *1289 | *1701 | *2113 |
| 5 | 023 2525 | 2936 | 3348 | 3759 | 4171 | 4582 | 4994 | 5405 | 5817 | 6228 |
| 6 | 6639 | 7050 | 7462 | 7873 | 8284 | 8695 | 9106 | 9517 | 9928 | *0339 |
| 7 | 024 0750 | 1161 | 1572 | 1982 | 2393 | 2804 | 3214 | 3625 | 4036 | 4446 |
| 8 | 4857 | 5267 | 5678 | 6088 | 6498 | 6909 | 7319 | 7729 | 8139 | 8549 |
| 9 | 8960 | 9370 | 9780 | *0190 | *0600 | *1010 | *1419 | *1829 | *2239 | *2649 |
| 1060 | 025 3059 | 3468 | 3878 | 4288 | 4697 | 5107 | 5516 | 5926 | 6335 | 6744 |
| 1 | 7154 | 7563 | 7972 | 8382 | 8791 | 9200 | 9609 | *0018 | *0427 | *0836 |
| 2 | 026 1245 | 1654 | 2063 | 2472 | 2881 | 3289 | 3698 | 4107 | 4515 | 4924 |
| 3 | 5333 | 5741 | 6150 | 6558 | 6967 | 7375 | 7783 | 8192 | 8600 | 9008 |
| 4 | 9416 | 9824 | *0233 | *0641 | *1049 | *1457 | *1865 | *2273 | *2680 | *3088 |
| 5 | 027 3496 | 3904 | 4312 | 4719 | 5127 | 5535 | 5942 | 6350 | 6757 | 7165 |
| 6 | 7572 | 7979 | 8387 | 8794 | 9201 | 9609 | *0016 | *0423 | *0830 | *1237 |
| 7 | 028 1644 | 2051 | 2458 | 2865 | 3272 | 3679 | 4086 | 4492 | 4899 | 5306 |
| 8 | 5713 | 6119 | 6526 | 6932 | 7339 | 7745 | 8152 | 8558 | 8964 | 9371 |
| 9 | 9777 | *0183 | *0590 | *0996 | *1402 | *1808 | *2214 | *2620 | *3026 | *3432 |
| 1070 | 029 3838 | 4244 | 4649 | 5055 | 5461 | 5867 | 6272 | 6678 | 7084 | 7489 |
| 1 | 7895 | 8300 | 8706 | 9111 | 9516 | 9922 | *0327 | *0732 | *1138 | *1543 |
| 2 | 030 1948 | 2353 | 2758 | 3163 | 3568 | 3973 | 4378 | 4783 | 5188 | 5592 |
| 3 | 5997 | 6402 | 6807 | 7211 | 7616 | 8020 | 8425 | 8830 | 9234 | 9638 |
| 4 | 031 0043 | 0447 | 0851 | 1256 | 1660 | 2064 | 2468 | 2872 | 3277 | 3681 |
| 5 | 4085 | 4489 | 4893 | 5296 | 5700 | 6104 | 6508 | 6912 | 7315 | 7719 |
| 6 | 8123 | 8526 | 8930 | 9333 | 9737 | *0140 | *0544 | *0947 | *1350 | *1754 |
| 7 | 032 2157 | 2560 | 2963 | 3367 | 3770 | 4173 | 4576 | 4979 | 5382 | 5785 |
| 8 | 6188 | 6590 | 6993 | 7396 | 7799 | 8201 | 8604 | 9007 | 9409 | 9812 |
| 9 | 033 0214 | 0617 | 1019 | 1422 | 1824 | 2226 | 2629 | 3031 | 3433 | 3835 |
| 1080 | 4238 | 4640 | 5042 | 5444 | 5846 | 6248 | 6650 | 7052 | 7453 | 7855 |
| 1 | 8257 | 8659 | 9060 | 9462 | 9864 | *0265 | *0667 | *1068 | *1470 | *1871 |
| 2 | 034 2273 | 2674 | 3075 | 3477 | 3878 | 4279 | 4680 | 5081 | 5482 | 5884 |
| 3 | 6285 | 6686 | 7087 | 7487 | 7888 | 8289 | 8690 | 9091 | 9491 | 9892 |
| 4 | 035 0293 | 0693 | 1094 | 1495 | 1895 | 2296 | 2696 | 3096 | 3497 | 3897 |
| 5 | 4297 | 4698 | 5098 | 5498 | 5898 | 6298 | 6698 | 7098 | 7498 | 7898 |
| 6 | 8298 | 8698 | 9098 | 9498 | 9898 | *0297 | *0697 | *1097 | *1496 | *1896 |
| 7 | 036 2295 | 2695 | 3094 | 3494 | 3893 | 4293 | 4692 | 5091 | 5491 | 5890 |
| 8 | 6289 | 6688 | 7087 | 7486 | 7885 | 8284 | 8683 | 9082 | 9481 | 9880 |
| 9 | 037 0279 | 0678 | 1076 | 1475 | 1874 | 2272 | 2671 | 3070 | 3468 | 3867 |
| 1090 | 4265 | 4663 | 5062 | 5460 | 5858 | 6257 | 6655 | 7053 | 7451 | 7849 |
| 1 | 8248 | 8646 | 9044 | 9442 | 9839 | *0237 | *0635 | *1033 | *1431 | *1829 |
| 2 | 038 2226 | 2624 | 3022 | 3419 | 3817 | 4214 | 4612 | 5009 | 5407 | 5804 |
| 3 | 6202 | 6599 | 6996 | 7393 | 7791 | 8188 | 8585 | 8982 | 9379 | 9776 |
| 4 | 039 0173 | 0570 | 0967 | 1364 | 1761 | 2158 | 2554 | 2951 | 3348 | 3745 |
| 5 | 4141 | 4538 | 4934 | 5331 | 5727 | 6124 | 6520 | 6917 | 7313 | 7709 |
| 6 | 8106 | 8502 | 8898 | 9294 | 9690 | *0086 | *0482 | *0878 | *1274 | *1670 |
| 7 | 040 2066 | 2462 | 2858 | 3254 | 3650 | 4045 | 4441 | 4837 | 5232 | 5628 |
| 8 | 6023 | 6419 | 6814 | 7210 | 7605 | 8001 | 8396 | 8791 | 9187 | 9582 |
| 9 | 9977 | *0372 | *0767 | *1162 | *1557 | *1952 | *2347 | *2742 | *3137 | *3532 |
| N. | 0 | 1 | 2 | 3 | 4 | 5 | 6 | 7 | 8 | 9 |

Diff. et p. p.

| | 414 | 413 | 412 |
|---|---|---|---|
| 1 | 41,4 | 41,3 | 41,2 |
| 2 | 82,8 | 82,6 | 82,4 |
| 3 | 124,2 | 123,9 | 123,6 |
| 4 | 165,6 | 165,2 | 164,8 |
| 5 | 207,0 | 206,5 | 206,0 |
| 6 | 248,4 | 247,8 | 247,2 |
| 7 | 289,8 | 289,1 | 288,4 |
| 8 | 331,2 | 330,4 | 329,6 |
| 9 | 372,6 | 371,7 | 370,8 |

| | 411 | 410 | 409 |
|---|---|---|---|
| 1 | 41,1 | 41 | 40,9 |
| 2 | 82,2 | 82 | 81,8 |
| 3 | 123,3 | 123 | 122,7 |
| 4 | 164,4 | 164 | 163,6 |
| 5 | 205,5 | 205 | 204,5 |
| 6 | 246,6 | 246 | 245,4 |
| 7 | 287,7 | 287 | 286,3 |
| 8 | 328,8 | 328 | 327,2 |
| 9 | 369,9 | 369 | 368,1 |

| | 408 | 407 | 406 |
|---|---|---|---|
| 1 | 40,8 | 40,7 | 40,6 |
| 2 | 81,6 | 81,4 | 81,2 |
| 3 | 122,4 | 122,1 | 121,8 |
| 4 | 163,2 | 162,8 | 162,4 |
| 5 | 204,0 | 203,5 | 203,0 |
| 6 | 244,8 | 244,2 | 243,6 |
| 7 | 285,6 | 284,9 | 284,2 |
| 8 | 326,4 | 325,6 | 324,8 |
| 9 | 367,2 | 366,3 | 365,4 |

| | 405 | 404 | 403 |
|---|---|---|---|
| 1 | 40,5 | 40,4 | 40,3 |
| 2 | 81,0 | 80,8 | 80,6 |
| 3 | 121,5 | 121,2 | 120,9 |
| 4 | 162,0 | 161,6 | 161,2 |
| 5 | 202,5 | 202,0 | 201,5 |
| 6 | 243,0 | 242,4 | 241,8 |
| 7 | 283,5 | 282,8 | 282,1 |
| 8 | 324,0 | 323,2 | 322,4 |
| 9 | 364,5 | 363,6 | 362,7 |

| | 402 | 401 | 400 |
|---|---|---|---|
| 1 | 40,2 | 40,1 | 40 |
| 2 | 80,4 | 80,2 | 80 |
| 3 | 120,6 | 120,3 | 120 |
| 4 | 160,8 | 160,4 | 160 |
| 5 | 201,0 | 200,5 | 200 |
| 6 | 241,2 | 240,6 | 240 |
| 7 | 281,4 | 280,7 | 280 |
| 8 | 321,6 | 320,8 | 320 |
| 9 | 361,8 | 360,9 | 360 |

| | 399 | 398 | 397 |
|---|---|---|---|
| 1 | 39,9 | 39,8 | 39,7 |
| 2 | 79,8 | 79,6 | 79,4 |
| 3 | 119,7 | 119,4 | 119,1 |
| 4 | 159,6 | 159,2 | 158,8 |
| 5 | 199,5 | 199,0 | 198,5 |
| 6 | 239,4 | 238,8 | 238,2 |
| 7 | 279,3 | 278,6 | 277,9 |
| 8 | 319,2 | 318,4 | 317,6 |
| 9 | 359,1 | 358,2 | 357,3 |

| | 396 | 395 |
|---|---|---|
| 1 | 39,6 | 39,5 |
| 2 | 79,2 | 79,0 |
| 3 | 118,8 | 118,5 |
| 4 | 158,4 | 158,0 |
| 5 | 198,0 | 197,5 |
| 6 | 237,6 | 237,0 |
| 7 | 277,2 | 276,5 |
| 8 | 316,8 | 316,0 |
| 9 | 356,4 | 355,5 |

| | | S = $\bar{6}$,685 5730 | T. 5786 |
|---|---|---|---|
| 10 500″ = 2° 55′ 0″ | 1050″ = 17′ 30″ | | |
| 10 600 = 2 56 40 | 1060 = 17 40 | 5730 | 5787 |
| 10 700 = 2 58 20 | 1070 = 17 50 | 5729 | 5788 |
| 10 800 = 3 0 0 | 1080 = 18 0 | 5729 | 5788 |
| 10 900 = 3 1 40 | 1090 = 18 10 | 5728 | 5789 |

| N. | 0 | 1 | 2 | 3 | 4 | 5 | 6 | 7 | 8 | 9 |
|---|---|---|---|---|---|---|---|---|---|---|
| 1100 | 041 3927 | 4322 | 4716 | 5111 | 5506 | 5900 | 6295 | 6690 | 7084 | 7479 |
| 1 | 7873 | 8268 | 8662 | 9056 | 9451 | 9845 | *0239 | *0633 | *1028 | *1422 |
| 2 | 042 1816 | 2210 | 2604 | 2998 | 3392 | 3786 | 4180 | 4574 | 4968 | 5361 |
| 3 | 5755 | 6149 | 6543 | 6936 | 7330 | 7723 | 8117 | 8510 | 8904 | 9297 |
| 4 | 9691 | *0084 | *0477 | *0871 | *1264 | *1657 | *2050 | *2444 | *2837 | *3230 |
| 5 | 043 3623 | 4016 | 4409 | 4802 | 5195 | 5587 | 5980 | 6373 | 6766 | 7159 |
| 6 | 7551 | 7944 | 8337 | 8729 | 9122 | 9514 | 9907 | *0299 | *0692 | *1084 |
| 7 | 044 1476 | 1869 | 2261 | 2653 | 3045 | 3437 | 3829 | 4222 | 4614 | 5006 |
| 8 | 5398 | 5790 | 6181 | 6573 | 6965 | 7357 | 7749 | 8140 | 8532 | 8924 |
| 9 | 9315 | 9707 | *0099 | *0490 | *0882 | *1273 | *1664 | *2056 | *2447 | *2839 |
| 1110 | 045 3230 | 3621 | 4012 | 4403 | 4795 | 5186 | 5577 | 5968 | 6359 | 6750 |
| 1 | 7141 | 7531 | 7922 | 8313 | 8704 | 9095 | 9485 | 9876 | *0267 | *0657 |
| 2 | 046 1048 | 1438 | 1829 | 2219 | 2610 | 3000 | 3391 | 3781 | 4171 | 4561 |
| 3 | 4952 | 5342 | 5732 | 6122 | 6512 | 6902 | 7292 | 7682 | 8072 | 8462 |
| 4 | 8852 | 9242 | 9632 | *0021 | *0411 | *0801 | *1190 | *1580 | *1970 | *2359 |
| 5 | 047 2749 | 3138 | 3528 | 3917 | 4306 | 4696 | 5085 | 5474 | 5864 | 6253 |
| 6 | 6642 | 7031 | 7420 | 7809 | 8198 | 8587 | 8976 | 9365 | 9754 | *0143 |
| 7 | 048 0532 | 0921 | 1309 | 1698 | 2087 | 2475 | 2864 | 3253 | 3641 | 4030 |
| 8 | 4418 | 4806 | 5195 | 5583 | 5972 | 6360 | 6748 | 7136 | 7525 | 7913 |
| 9 | 8301 | 8689 | 9077 | 9465 | 9853 | *0241 | *0629 | *1017 | *1405 | *1792 |
| 1120 | 049 2180 | 2568 | 2956 | 3343 | 3731 | 4119 | 4506 | 4894 | 5281 | 5669 |
| 1 | 6056 | 6444 | 6831 | 7218 | 7606 | 7993 | 8380 | 8767 | 9154 | 9541 |
| 2 | 9929 | *0316 | *0703 | *1090 | *1477 | *1863 | *2250 | *2637 | *3024 | *3411 |
| 3 | 050 3798 | 4184 | 4571 | 4958 | 5344 | 5731 | 6117 | 6504 | 6890 | 7277 |
| 4 | 7663 | 8049 | 8436 | 8822 | 9208 | 9595 | 9981 | *0367 | *0753 | *1139 |
| 5 | 051 1525 | 1911 | 2297 | 2683 | 3069 | 3455 | 3841 | 4227 | 4612 | 4998 |
| 6 | 5384 | 5770 | 6155 | 6541 | 6926 | 7312 | 7697 | 8083 | 8468 | 8854 |
| 7 | 9239 | 9624 | *0010 | *0395 | *0780 | *1166 | *1551 | *1936 | *2321 | *2706 |
| 8 | 052 3091 | 3476 | 3861 | 4246 | 4631 | 5016 | 5400 | 5785 | 6170 | 6555 |
| 9 | 6939 | 7324 | 7709 | 8093 | 8478 | 8862 | 9247 | 9631 | *0016 | *0400 |
| 1130 | 053 0784 | 1169 | 1553 | 1937 | 2321 | 2706 | 3090 | 3474 | 3858 | 4242 |
| 1 | 4626 | 5010 | 5394 | 5778 | 6162 | 6546 | 6929 | 7313 | 7697 | 8081 |
| 2 | 8464 | 8848 | 9232 | 9615 | 9999 | *0382 | *0766 | *1149 | *1532 | *1916 |
| 3 | 054 2299 | 2682 | 3066 | 3449 | 3832 | 4215 | 4598 | 4981 | 5365 | 5748 |
| 4 | 6131 | 6514 | 6896 | 7279 | 7662 | 8045 | 8428 | 8811 | 9193 | 9576 |
| 5 | 9959 | *0341 | *0724 | *1106 | *1489 | *1871 | *2254 | *2636 | *3019 | *3401 |
| 6 | 055 3783 | 4166 | 4548 | 4930 | 5312 | 5694 | 6077 | 6459 | 6841 | 7223 |
| 7 | 7605 | 7987 | 8369 | 8750 | 9132 | 9514 | 9896 | *0278 | *0659 | *1041 |
| 8 | 056 1423 | 1804 | 2186 | 2567 | 2949 | 3330 | 3712 | 4093 | 4475 | 4856 |
| 9 | 5237 | 5619 | 6000 | 6381 | 6762 | 7143 | 7524 | 7905 | 8287 | 8668 |
| 1140 | 9049 | 9429 | 9810 | *0191 | *0572 | *0953 | *1334 | *1714 | *2095 | *2476 |
| 1 | 057 2856 | 3237 | 3618 | 3998 | 4379 | 4759 | 5140 | 5520 | 5900 | 6281 |
| 2 | 6661 | 7041 | 7422 | 7802 | 8182 | 8562 | 8942 | 9322 | 9702 | *0082 |
| 3 | 058 0462 | 0842 | 1222 | 1602 | 1982 | 2362 | 2741 | 3121 | 3501 | 3881 |
| 4 | 4260 | 4640 | 5019 | 5399 | 5778 | 6158 | 6537 | 6917 | 7296 | 7676 |
| 5 | 8055 | 8434 | 8813 | 9193 | 9572 | 9951 | *0330 | *0709 | *1088 | *1467 |
| 6 | 059 1846 | 2225 | 2604 | 2983 | 3362 | 3741 | 4119 | 4498 | 4877 | 5256 |
| 7 | 5634 | 6013 | 6391 | 6770 | 7148 | 7527 | 7905 | 8284 | 8662 | 9041 |
| 8 | 9419 | 9797 | *0175 | *0554 | *0932 | *1310 | *1688 | *2066 | *2444 | *2822 |
| 9 | 060 3200 | 3578 | 3956 | 4334 | 4712 | 5090 | 5468 | 5845 | 6223 | 6601 |
| N. | 0 | 1 | 2 | 3 | 4 | 5 | 6 | 7 | 8 | 9 |

Diff. et p. p.

| | 395 | 394 | 393 |
|---|---|---|---|
| 1 | 39,5 | 39,4 | 39,3 |
| 2 | 79,0 | 78,8 | 78,6 |
| 3 | 118,5 | 118,2 | 117,9 |
| 4 | 158,0 | 157,6 | 157,2 |
| 5 | 197,5 | 197,0 | 196,5 |
| 6 | 237,0 | 236,4 | 235,8 |
| 7 | 276,5 | 275,8 | 275,1 |
| 8 | 316,0 | 315,2 | 314,4 |
| 9 | 355,5 | 354,6 | 353,7 |

| | 392 | 391 | 390 |
|---|---|---|---|
| 1 | 39,2 | 39,1 | 39 |
| 2 | 78,4 | 78,2 | 78 |
| 3 | 117,6 | 117,3 | 117 |
| 4 | 156,8 | 156,4 | 156 |
| 5 | 196,0 | 195,5 | 195 |
| 6 | 235,2 | 234,6 | 234 |
| 7 | 274,4 | 273,7 | 273 |
| 8 | 313,6 | 312,8 | 312 |
| 9 | 352,8 | 351,9 | 351 |

| | 389 | 388 |
|---|---|---|
| 1 | 38,9 | 38,8 |
| 2 | 77,8 | 77,6 |
| 3 | 116,7 | 116,4 |
| 4 | 155,6 | 155,2 |
| 5 | 194,5 | 194,0 |
| 6 | 233,4 | 232,8 |
| 7 | 272,3 | 271,6 |
| 8 | 311,2 | 310,4 |
| 9 | 350,1 | 349,2 |

| | 387 | 386 | 385 |
|---|---|---|---|
| 1 | 38,7 | 38,6 | 38,5 |
| 2 | 77,4 | 77,2 | 77,0 |
| 3 | 116,1 | 115,8 | 115,5 |
| 4 | 154,8 | 154,4 | 154,0 |
| 5 | 193,5 | 193,0 | 192,5 |
| 6 | 232,2 | 231,6 | 231,0 |
| 7 | 270,9 | 270,2 | 269,5 |
| 8 | 309,6 | 308,8 | 308,0 |
| 9 | 348,3 | 347,4 | 346,5 |

| | 384 | 383 | 382 |
|---|---|---|---|
| 1 | 38,4 | 38,3 | 38,2 |
| 2 | 76,8 | 76,6 | 76,4 |
| 3 | 115,2 | 114,9 | 114,6 |
| 4 | 153,6 | 153,2 | 152,8 |
| 5 | 192,0 | 191,5 | 191,0 |
| 6 | 230,4 | 229,8 | 229,2 |
| 7 | 268,8 | 268,1 | 267,4 |
| 8 | 307,2 | 306,4 | 305,6 |
| 9 | 345,6 | 344,7 | 343,8 |

| | 381 | 380 |
|---|---|---|
| 1 | 38,1 | 38 |
| 2 | 76,2 | 76 |
| 3 | 114,3 | 114 |
| 4 | 152,4 | 152 |
| 5 | 190,5 | 190 |
| 6 | 228,6 | 228 |
| 7 | 266,7 | 266 |
| 8 | 304,8 | 304 |
| 9 | 342,9 | 342 |

| | 379 | 378 | 377 |
|---|---|---|---|
| 1 | 37,9 | 37,8 | 37,7 |
| 2 | 75,8 | 75,6 | 75,4 |
| 3 | 113,7 | 113,4 | 113,1 |
| 4 | 151,6 | 151,2 | 150,8 |
| 5 | 189,5 | 189,0 | 188,5 |
| 6 | 227,4 | 226,8 | 226,2 |
| 7 | 265,3 | 264,6 | 263,9 |
| 8 | 303,2 | 302,4 | 301,6 |
| 9 | 341,1 | 340,2 | 339,3 |

| | | | |
|---|---|---|---|
| 11 000″ = 3° 3′20″ | 1100″ = 18′20″ | S = $\bar{6}$,685 5728 | T. 5790 |
| 11 100 = 3 5 0 | 1110 = 18 30 | 5728 | 5791 |
| 11 200 = 3 6 40 | 1120 = 18 40 | 5727 | 5791 |
| 11 300 = 3 8 20 | 1130 = 18 50 | 5727 | 5792 |
| 11 400 = 3 10 0 | 1140 = 19 0 | 5727 | 5793 |

| N. | 0 | 1 | 2 | 3 | 4 | 5 | 6 | 7 | 8 | 9 |
|---|---|---|---|---|---|---|---|---|---|---|
| 1150 | 060 6978 | 7356 | 7734 | 8111 | 8489 | 8866 | 9244 | 9621 | 9999 | *0376 |
| 1 | 061 0753 | 1131 | 1508 | 1885 | 2262 | 2639 | 3017 | 3394 | 3771 | 4148 |
| 2 | 4525 | 4902 | 5279 | 5656 | 6032 | 6409 | 6786 | 7163 | 7540 | 7916 |
| 3 | 8293 | 8670 | 9046 | 9423 | 9799 | *0176 | *0552 | *0929 | *1305 | *1682 |
| 4 | 062 2058 | 2434 | 2811 | 3187 | 3563 | 3939 | 4316 | 4692 | 5068 | 5444 |
| 5 | 5820 | 6196 | 6572 | 6948 | 7324 | 7699 | 8075 | 8451 | 8827 | 9203 |
| 6 | 9578 | 9954 | *0330 | *0705 | *1081 | *1456 | *1832 | *2207 | *2583 | *2958 |
| 7 | 063 3334 | 3709 | 4084 | 4460 | 4835 | 5210 | 5585 | 5960 | 6335 | 6711 |
| 8 | 7086 | 7461 | 7836 | 8211 | 8585 | 8960 | 9335 | 9710 | *0085 | *0460 |
| 9 | 064 0834 | 1209 | 1584 | 1958 | 2333 | 2708 | 3082 | 3457 | 3831 | 4205 |
| 1160 | 4580 | 4954 | 5329 | 5703 | 6077 | 6451 | 6826 | 7200 | 7574 | 7948 |
| 1 | 8322 | 8696 | 9070 | 9444 | 9818 | *0192 | *0566 | *0940 | *1314 | *1688 |
| 2 | 065 2061 | 2435 | 2809 | 3182 | 3556 | 3930 | 4303 | 4677 | 5050 | 5424 |
| 3 | 5797 | 6171 | 6544 | 6917 | 7291 | 7664 | 8037 | 8410 | 8784 | 9157 |
| 4 | 9530 | 9903 | *0276 | *0649 | *1022 | *1395 | *1768 | *2141 | *2514 | *2886 |
| 5 | 066 3259 | 3632 | 4005 | 4377 | 4750 | 5123 | 5495 | 5868 | 6241 | 6613 |
| 6 | 6986 | 7358 | 7730 | 8103 | 8475 | 8847 | 9220 | 9592 | 9964 | *0336 |
| 7 | 067 0709 | 1081 | 1453 | 1825 | 2197 | 2569 | 2941 | 3313 | 3685 | 4057 |
| 8 | 4428 | 4800 | 5172 | 5544 | 5915 | 6287 | 6659 | 7030 | 7402 | 7774 |
| 9 | 8145 | 8517 | 8888 | 9259 | 9631 | *0002 | *0374 | *0745 | *1116 | *1487 |
| 1170 | 068 1859 | 2230 | 2601 | 2972 | 3343 | 3714 | 4085 | 4456 | 4827 | 5198 |
| 1 | 5569 | 5940 | 6311 | 6681 | 7052 | 7423 | 7794 | 8164 | 8535 | 8906 |
| 2 | 9276 | 9647 | *0017 | *0388 | *0758 | *1129 | *1499 | *1869 | *2240 | *2610 |
| 3 | 069 2980 | 3350 | 3721 | 4091 | 4461 | 4831 | 5201 | 5571 | 5941 | 6311 |
| 4 | 6681 | 7051 | 7421 | 7791 | 8160 | 8530 | 8900 | 9270 | 9639 | *0009 |
| 5 | 070 0379 | 0748 | 1118 | 1487 | 1857 | 2226 | 2596 | 2965 | 3335 | 3704 |
| 6 | 4073 | 4442 | 4812 | 5181 | 5550 | 5919 | 6288 | 6658 | 7027 | 7396 |
| 7 | 7765 | 8134 | 8503 | 8871 | 9240 | 9609 | 9978 | *0347 | *0715 | *1084 |
| 8 | 071 1453 | 1822 | 2190 | 2559 | 2927 | 3296 | 3664 | 4033 | 4401 | 4770 |
| 9 | 5138 | 5506 | 5875 | 6243 | 6611 | 6979 | 7348 | 7716 | 8084 | 8452 |
| 1180 | 8820 | 9188 | 9556 | 9924 | *0292 | *0660 | *1028 | *1396 | *1763 | *2131 |
| 1 | 072 2499 | 2867 | 3234 | 3602 | 3970 | 4337 | 4705 | 5072 | 5440 | 5807 |
| 2 | 6175 | 6542 | 6910 | 7277 | 7644 | 8011 | 8379 | 8746 | 9113 | 9480 |
| 3 | 9847 | *0215 | *0582 | *0949 | *1316 | *1683 | *2050 | *2416 | *2783 | *3150 |
| 4 | 073 3517 | 3884 | 4251 | 4617 | 4984 | 5351 | 5717 | 6084 | 6450 | 6817 |
| 5 | 7184 | 7550 | 7916 | 8283 | 8649 | 9016 | 9382 | 9748 | *0114 | *0481 |
| 6 | 074 0847 | 1213 | 1579 | 1945 | 2311 | 2677 | 3043 | 3409 | 3775 | 4141 |
| 7 | 4507 | 4873 | 5239 | 5605 | 5970 | 6336 | 6702 | 7068 | 7433 | 7799 |
| 8 | 8164 | 8530 | 8895 | 9261 | 9626 | 9992 | *0357 | *0723 | *1088 | *1453 |
| 9 | 075 1819 | 2184 | 2549 | 2914 | 3279 | 3644 | 4010 | 4375 | 4740 | 5105 |
| 1190 | 5470 | 5835 | 6199 | 6564 | 6929 | 7294 | 7659 | 8024 | 8388 | 8753 |
| 1 | 9118 | 9482 | 9847 | *0211 | *0576 | *0940 | *1305 | *1669 | *2034 | *2398 |
| 2 | 076 2763 | 3127 | 3491 | 3855 | 4220 | 4584 | 4948 | 5312 | 5676 | 6040 |
| 3 | 6404 | 6768 | 7132 | 7496 | 7860 | 8224 | 8588 | 8952 | 9316 | 9680 |
| 4 | 077 0043 | 0407 | 0771 | 1134 | 1498 | 1862 | 2225 | 2589 | 2952 | 3316 |
| 5 | 3679 | 4042 | 4406 | 4769 | 5133 | 5496 | 5859 | 6222 | 6585 | 6949 |
| 6 | 7312 | 7675 | 8038 | 8401 | 8764 | 9127 | 9490 | 9853 | *0216 | *0579 |
| 7 | 078 0942 | 1304 | 1667 | 2030 | 2393 | 2755 | 3118 | 3480 | 3843 | 4206 |
| 8 | 4568 | 4931 | 5293 | 5656 | 6018 | 6380 | 6743 | 7105 | 7467 | 7830 |
| 9 | 8192 | 8554 | 8916 | 9278 | 9640 | *0003 | *0365 | *0727 | *1089 | *1451 |
| N. | 0 | 1 | 2 | 3 | 4 | 5 | 6 | 7 | 8 | 9 |

Diff. et p. p.

| | 378 | 377 | 376 |
|---|---|---|---|
| 1 | 37,8 | 37,7 | 37,6 |
| 2 | 75,6 | 75,4 | 75,2 |
| 3 | 113,4 | 113,1 | 112,8 |
| 4 | 151,2 | 150,8 | 150,4 |
| 5 | 189,0 | 188,5 | 188,0 |
| 6 | 226,8 | 226,2 | 225,6 |
| 7 | 264,6 | 263,9 | 263,2 |
| 8 | 302,4 | 301,6 | 300,8 |
| 9 | 340,2 | 339,3 | 338,4 |

| | 375 | 374 |
|---|---|---|
| 1 | 37,5 | 37,4 |
| 2 | 75,0 | 74,8 |
| 3 | 112,5 | 112,2 |
| 4 | 150,0 | 149,6 |
| 5 | 187,5 | 187,0 |
| 6 | 225,0 | 224,4 |
| 7 | 262,5 | 261,8 |
| 8 | 300,0 | 299,2 |
| 9 | 337,5 | 336,6 |

| | 373 | 372 | 371 |
|---|---|---|---|
| 1 | 37,3 | 37,2 | 37,1 |
| 2 | 74,6 | 74,4 | 74,2 |
| 3 | 111,9 | 111,6 | 111,3 |
| 4 | 149,2 | 148,8 | 148,4 |
| 5 | 186,5 | 186,0 | 185,5 |
| 6 | 223,8 | 223,2 | 222,6 |
| 7 | 261,1 | 260,4 | 259,7 |
| 8 | 298,4 | 297,6 | 296,8 |
| 9 | 335,7 | 334,8 | 333,9 |

| | 370 | 369 |
|---|---|---|
| 1 | 37 | 36,9 |
| 2 | 74 | 73,8 |
| 3 | 111 | 110,7 |
| 4 | 148 | 147,6 |
| 5 | 185 | 184,5 |
| 6 | 222 | 221,4 |
| 7 | 259 | 258,3 |
| 8 | 296 | 295,2 |
| 9 | 333 | 332,1 |

| | 368 | 367 | 366 |
|---|---|---|---|
| 1 | 36,8 | 36,7 | 36,6 |
| 2 | 73,6 | 73,4 | 73,2 |
| 3 | 110,4 | 110,1 | 109,8 |
| 4 | 147,2 | 146,8 | 146,4 |
| 5 | 184,0 | 183,5 | 183,0 |
| 6 | 220,8 | 220,2 | 219,6 |
| 7 | 257,6 | 256,9 | 256,2 |
| 8 | 294,4 | 293,6 | 292,8 |
| 9 | 331,2 | 330,3 | 329,4 |

| | 365 | 364 |
|---|---|---|
| 1 | 36,5 | 36,4 |
| 2 | 73,0 | 72,8 |
| 3 | 109,5 | 109,2 |
| 4 | 146,0 | 145,6 |
| 5 | 182,5 | 182,0 |
| 6 | 219,0 | 218,4 |
| 7 | 255,5 | 254,8 |
| 8 | 292,0 | 291,2 |
| 9 | 328,5 | 327,6 |

| | 363 | 362 |
|---|---|---|
| 1 | 36,3 | 36,2 |
| 2 | 72,6 | 72,4 |
| 3 | 108,9 | 108,6 |
| 4 | 145,2 | 144,8 |
| 5 | 181,5 | 181,0 |
| 6 | 217,8 | 217,2 |
| 7 | 254,1 | 253,4 |
| 8 | 290,4 | 289,6 |
| 9 | 326,7 | 325,8 |

| | | | |
|---|---|---|---|
| 11 500″ = 3° 11′ 40″ | 1160″ = 19′ 10″ | 3 — 6̄, 685 5726 | T. 5794 |
| 11 600 = 3 13 20 | 1160 = 19 20 | 5726 | 5794 |
| 11 700 = 3 15 0 | 1170 = 19 30 | 5725 | 5795 |
| 11 800 = 3 16 40 | 1180 = 19 40 | 5725 | 5796 |
| 11 900 = 3 18 20 | 1190 = 19 50 | 5725 | 5797 |

| N. | 0 | 1 | 2 | 3 | 4 | 5 | 6 | 7 | 8 | 9 |
|---|---|---|---|---|---|---|---|---|---|---|
| 1200 | 079 1812 | 2174 | 2536 | 2898 | 3260 | 3622 | 3983 | 4345 | 4707 | 5068 |
| 1 | 5430 | 5792 | 6153 | 6515 | 6876 | 7238 | 7599 | 7961 | 8322 | 8683 |
| 2 | 9045 | 9406 | 9767 | *0128 | *0490 | *0851 | *1212 | *1573 | *1934 | *2295 |
| 3 | 080 2656 | 3017 | 3378 | 3739 | 4100 | 4461 | 4822 | 5183 | 5543 | 5904 |
| 4 | 6265 | 6626 | 6986 | 7347 | 7707 | 8068 | 8429 | 8789 | 9150 | 9510 |
| 5 | 9870 | *0231 | *0591 | *0952 | *1312 | *1672 | *2032 | *2393 | *2753 | *3113 |
| 6 | 081 3473 | 3833 | 4193 | 4553 | 4913 | 5273 | 5633 | 5993 | 6353 | 6713 |
| 7 | 7073 | 7432 | 7792 | 8152 | 8512 | 8871 | 9231 | 9591 | 9950 | *0310 |
| 8 | 082 0669 | 1029 | 1388 | 1748 | 2107 | 2467 | 2826 | 3185 | 3545 | 3904 |
| 9 | 4263 | 4622 | 4981 | 5341 | 5700 | 6059 | 6418 | 6777 | 7136 | 7495 |
| 1210 | 7854 | 8213 | 8571 | 8930 | 9289 | 9648 | *0007 | *0365 | *0724 | *1083 |
| 1 | 083 1441 | 1800 | 2159 | 2517 | 2876 | 3234 | 3593 | 3951 | 4309 | 4668 |
| 2 | 5026 | 5385 | 5743 | 6101 | 6459 | 6817 | 7176 | 7534 | 7892 | 8250 |
| 3 | 8608 | 8966 | 9324 | 9682 | *0040 | *0398 | *0756 | *1114 | *1471 | *1829 |
| 4 | 084 2187 | 2545 | 2902 | 3260 | 3618 | 3975 | 4333 | 4690 | 5048 | 5405 |
| 5 | 5763 | 6120 | 6478 | 6835 | 7192 | 7550 | 7907 | 8264 | 8621 | 8979 |
| 6 | 9336 | 9693 | *0050 | *0407 | *0764 | *1121 | *1478 | *1835 | *2192 | *2549 |
| 7 | 085 2906 | 3263 | 3619 | 3976 | 4333 | 4690 | 5046 | 5403 | 5760 | 6116 |
| 8 | 6473 | 6829 | 7186 | 7542 | 7899 | 8255 | 8612 | 8968 | 9324 | 9681 |
| 9 | 086 0037 | 0393 | 0750 | 1106 | 1462 | 1818 | 2174 | 2530 | 2886 | 3242 |
| 1220 | 3598 | 3954 | 4310 | 4666 | 5022 | 5378 | 5734 | 6089 | 6445 | 6801 |
| 1 | 7157 | 7512 | 7868 | 8224 | 8579 | 8935 | 9290 | 9646 | *0001 | *0357 |
| 2 | 087 0712 | 1067 | 1423 | 1778 | 2133 | 2489 | 2844 | 3199 | 3554 | 3909 |
| 3 | 4265 | 4620 | 4975 | 5330 | 5685 | 6040 | 6395 | 6750 | 7104 | 7459 |
| 4 | 7814 | 8169 | 8524 | 8878 | 9233 | 9588 | 9943 | *0297 | *0652 | *1006 |
| 5 | 088 1361 | 1715 | 2070 | 2424 | 2779 | 3133 | 3488 | 3842 | 4196 | 4550 |
| 6 | 4905 | 5259 | 5613 | 5967 | 6321 | 6676 | 7030 | 7384 | 7738 | 8092 |
| 7 | 8446 | 8800 | 9153 | 9507 | 9861 | *0215 | *0569 | *0923 | *1276 | *1630 |
| 8 | 089 1984 | 2337 | 2691 | 3045 | 3398 | 3752 | 4105 | 4459 | 4812 | 5165 |
| 9 | 5519 | 5872 | 6226 | 6579 | 6932 | 7285 | 7639 | 7992 | 8345 | 8698 |
| 1230 | 9051 | 9404 | 9757 | *0110 | *0463 | *0816 | *1169 | *1522 | *1875 | *2228 |
| 1 | 090 2581 | 2933 | 3286 | 3639 | 3991 | 4344 | 4697 | 5049 | 5402 | 5755 |
| 2 | 6107 | 6460 | 6812 | 7164 | 7517 | 7869 | 8222 | 8574 | 8926 | 9279 |
| 3 | 9631 | 9983 | *0335 | *0687 | *1039 | *1392 | *1744 | *2096 | *2448 | *2800 |
| 4 | 091 3152 | 3504 | 3855 | 4207 | 4559 | 4911 | 5263 | 5614 | 5966 | 6318 |
| 5 | 6670 | 7021 | 7373 | 7724 | 8076 | 8427 | 8779 | 9130 | 9482 | 9833 |
| 6 | 092 0185 | 0536 | 0887 | 1239 | 1590 | 1941 | 2292 | 2644 | 2995 | 3346 |
| 7 | 3697 | 4048 | 4399 | 4750 | 5101 | 5452 | 5803 | 6154 | 6505 | 6856 |
| 8 | 7206 | 7557 | 7908 | 8259 | 8609 | 8960 | 9311 | 9661 | *0012 | *0363 |
| 9 | 093 0713 | 1064 | 1414 | 1764 | 2115 | 2465 | 2816 | 3166 | 3516 | 3867 |
| 1240 | 4217 | 4567 | 4917 | 5267 | 5618 | 5968 | 6318 | 6668 | 7018 | 7368 |
| 1 | 7718 | 8068 | 8418 | 8768 | 9117 | 9467 | 9817 | *0167 | *0517 | *0866 |
| 2 | 094 1216 | 1566 | 1915 | 2265 | 2614 | 2964 | 3313 | 3663 | 4012 | 4362 |
| 3 | 4711 | 5061 | 5410 | 5759 | 6109 | 6458 | 6807 | 7156 | 7506 | 7855 |
| 4 | 8204 | 8553 | 8902 | 9251 | 9600 | 9949 | *0298 | *0647 | *0996 | *1345 |
| 5 | 095 1694 | 2042 | 2391 | 2740 | 3089 | 3437 | 3786 | 4135 | 4483 | 4832 |
| 6 | 5180 | 5529 | 5877 | 6226 | 6574 | 6923 | 7271 | 7620 | 7968 | 8316 |
| 7 | 8665 | 9013 | 9361 | 9709 | *0057 | *0406 | *0754 | *1102 | *1450 | *1798 |
| 8 | 096 2146 | 2494 | 2842 | 3190 | 3538 | 3885 | 4233 | 4581 | 4929 | 5277 |
| 9 | 5624 | 5972 | 6320 | 6667 | 7015 | 7363 | 7710 | 8058 | 8405 | 8753 |
| N. | 0 | 1 | 2 | 3 | 4 | 5 | 6 | 7 | 8 | 9 |

Diff. et p. p.

| | 362 | 361 |
|---|---|---|
| 1 | 36,2 | 36,1 |
| 2 | 72,4 | 72,2 |
| 3 | 108,6 | 108,3 |
| 4 | 144,8 | 144,4 |
| 5 | 181,0 | 180,5 |
| 6 | 217,2 | 216,6 |
| 7 | 253,4 | 252,7 |
| 8 | 289,6 | 288,8 |
| 9 | 325,8 | 324,9 |

| | 360 | 359 | 358 |
|---|---|---|---|
| 1 | 36 | 35,9 | 35,8 |
| 2 | 72 | 71,8 | 71,6 |
| 3 | 108 | 107,7 | 107,4 |
| 4 | 144 | 143,6 | 143,2 |
| 5 | 180 | 179,5 | 179,0 |
| 6 | 216 | 215,4 | 214,8 |
| 7 | 252 | 251,3 | 250,6 |
| 8 | 288 | 287,2 | 286,4 |
| 9 | 324 | 323,1 | 322,2 |

| | 357 | 356 |
|---|---|---|
| 1 | 35,7 | 35,6 |
| 2 | 71,4 | 71,2 |
| 3 | 107,1 | 106,8 |
| 4 | 142,8 | 142,4 |
| 5 | 178,5 | 178,0 |
| 6 | 214,2 | 213,6 |
| 7 | 249,9 | 249,2 |
| 8 | 285,6 | 284,8 |
| 9 | 321,3 | 320,4 |

| | 355 | 354 |
|---|---|---|
| 1 | 35,5 | 35,4 |
| 2 | 71,0 | 70,8 |
| 3 | 106,5 | 106,2 |
| 4 | 142,0 | 141,6 |
| 5 | 177,5 | 177,0 |
| 6 | 213,0 | 212,4 |
| 7 | 248,5 | 247,8 |
| 8 | 284,0 | 283,2 |
| 9 | 319,5 | 318,6 |

| | 353 | 352 | 351 |
|---|---|---|---|
| 1 | 35,3 | 35,2 | 35,1 |
| 2 | 70,6 | 70,4 | 70,2 |
| 3 | 105,9 | 105,6 | 105,3 |
| 4 | 141,2 | 140,8 | 140,4 |
| 5 | 176,5 | 176,0 | 175,5 |
| 6 | 211,8 | 211,2 | 210,6 |
| 7 | 247,1 | 246,4 | 245,7 |
| 8 | 282,4 | 281,6 | 280,8 |
| 9 | 317,7 | 316,8 | 315,9 |

| | 350 | 349 |
|---|---|---|
| 1 | 35 | 34,9 |
| 2 | 70 | 69,8 |
| 3 | 105 | 104,7 |
| 4 | 140 | 139,6 |
| 5 | 175 | 174,5 |
| 6 | 210 | 209,4 |
| 7 | 245 | 244,3 |
| 8 | 280 | 279,2 |
| 9 | 315 | 314,1 |

| | 348 | 347 |
|---|---|---|
| 1 | 34,8 | 34,7 |
| 2 | 69,6 | 69,4 |
| 3 | 104,4 | 104,1 |
| 4 | 139,2 | 138,8 |
| 5 | 174,0 | 173,5 |
| 6 | 208,8 | 208,2 |
| 7 | 243,6 | 242,9 |
| 8 | 278,4 | 277,6 |
| 9 | 313,2 | 312,3 |

| | | | |
|---|---|---|---|
| 12 000″ = 3° 20′ 0″ | 1200″ = 20′ 0″ | S = $\bar{6}$,685 5724 | T. 5798 |
| 12 100 = 3 21 40 | 1210 = 20 10 | 5724 | 5798 |
| 12 200 = 3 23 20 | 1220 = 20 20 | 5723 | 5799 |
| 12 300 = 3 25 0 | 1230 = 20 30 | 5723 | 5800 |
| 12 400 = 3 26 40 | 1240 = 20 40 | 5723 | 5801 |

| N. | 0 | 1 | 2 | 3 | 4 | 5 | 6 | 7 | 8 | 9 |
|---|---|---|---|---|---|---|---|---|---|---|
| 1250 | 096 9100 | 9448 | 9795 | *0142 | *0490 | *0837 | *1184 | *1531 | *1879 | *2226 |
| 1 | 097 2573 | 2920 | 3267 | 3614 | 3962 | 4309 | 4656 | 5003 | 5349 | 5696 |
| 2 | 6043 | 6390 | 6737 | 7084 | 7431 | 7777 | 8124 | 8471 | 8817 | 9164 |
| 3 | 9511 | 9857 | *0204 | *0550 | *0897 | *1243 | *1590 | *1936 | *2283 | *2629 |
| 4 | 098 2975 | 3322 | 3668 | 4014 | 4360 | 4707 | 5053 | 5399 | 5745 | 6091 |
| 5 | 6437 | 6783 | 7129 | 7475 | 7821 | 8167 | 8513 | 8859 | 9205 | 9551 |
| 6 | 9896 | *0242 | *0588 | *0934 | *1279 | *1625 | *1971 | *2316 | *2662 | *3007 |
| 7 | 099 3353 | 3698 | 4044 | 4389 | 4735 | 5080 | 5425 | 5771 | 6116 | 6461 |
| 8 | 6806 | 7152 | 7497 | 7842 | 8187 | 8532 | 8877 | 9222 | 9567 | 9912 |
| 9 | 100 0257 | 0602 | 0947 | 1292 | 1637 | 1982 | 2327 | 2671 | 3016 | 3361 |
| 1260 | 3705 | 4050 | 4395 | 4739 | 5084 | 5429 | 5773 | 6118 | 6462 | 6806 |
| 1 | 7151 | 7495 | 7840 | 8184 | 8528 | 8873 | 9217 | 9561 | 9905 | *0249 |
| 2 | 101 0594 | 0938 | 1282 | 1626 | 1970 | 2314 | 2658 | 3002 | 3346 | 3690 |
| 3 | 4034 | 4377 | 4721 | 5065 | 5409 | 5752 | 6096 | 6440 | 6784 | 7127 |
| 4 | 7471 | 7814 | 8158 | 8501 | 8845 | 9188 | 9532 | 9875 | *0219 | *0562 |
| 5 | 102 0905 | 1249 | 1592 | 1935 | 2278 | 2621 | 2965 | 3308 | 3651 | 3994 |
| 6 | 4337 | 4680 | 5023 | 5366 | 5709 | 6052 | 6395 | 6738 | 7081 | 7423 |
| 7 | 7766 | 8109 | 8452 | 8794 | 9137 | 9480 | 9822 | *0165 | *0507 | *0850 |
| 8 | 103 1193 | 1535 | 1877 | 2220 | 2562 | 2905 | 3247 | 3589 | 3932 | 4274 |
| 9 | 4616 | 4958 | 5301 | 5643 | 5985 | 6327 | 6669 | 7011 | 7353 | 7695 |
| 1270 | 8037 | 8379 | 8721 | 9063 | 9405 | 9747 | *0089 | *0430 | *0772 | *1114 |
| 1 | 104 1456 | 1797 | 2139 | 2480 | 2822 | 3164 | 3505 | 3847 | 4188 | 4530 |
| 2 | 4871 | 5213 | 5554 | 5895 | 6237 | 6578 | 6919 | 7260 | 7602 | 7943 |
| 3 | 8284 | 8625 | 8966 | 9307 | 9648 | 9989 | *0331 | *0671 | *1012 | *1353 |
| 4 | 105 1694 | 2035 | 2376 | 2717 | 3058 | 3398 | 3739 | 4080 | 4421 | 4761 |
| 5 | 5102 | 5442 | 5783 | 6124 | 6464 | 6805 | 7145 | 7486 | 7826 | 8166 |
| 6 | 8507 | 8847 | 9187 | 9528 | 9868 | *0208 | *0548 | *0889 | *1229 | *1569 |
| 7 | 106 1909 | 2249 | 2589 | 2929 | 3269 | 3609 | 3949 | 4289 | 4629 | 4969 |
| 8 | 5309 | 5648 | 5988 | 6328 | 6668 | 7007 | 7347 | 7687 | 8026 | 8366 |
| 9 | 8705 | 9045 | 9385 | 9724 | *0063 | *0403 | *0742 | *1082 | *1421 | *1760 |
| 1280 | 107 2100 | 2439 | 2778 | 3117 | 3457 | 3796 | 4135 | 4474 | 4813 | 5152 |
| 1 | 5491 | 5830 | 6169 | 6508 | 6847 | 7186 | 7525 | 7864 | 8203 | 8541 |
| 2 | 8880 | 9219 | 9558 | 9896 | *0235 | *0574 | *0912 | *1251 | *1590 | *1928 |
| 3 | 108 2267 | 2605 | 2944 | 3282 | 3620 | 3959 | 4297 | 4635 | 4974 | 5312 |
| 4 | 5650 | 5988 | 6327 | 6665 | 7003 | 7341 | 7679 | 8017 | 8355 | 8693 |
| 5 | 9031 | 9369 | 9707 | *0045 | *0383 | *0721 | *1059 | *1396 | *1734 | *2072 |
| 6 | 109 2410 | 2747 | 3085 | 3423 | 3760 | 4098 | 4435 | 4773 | 5111 | 5448 |
| 7 | 5785 | 6123 | 6460 | 6798 | 7135 | 7472 | 7810 | 8147 | 8484 | 8821 |
| 8 | 9159 | 9496 | 9833 | *0170 | *0507 | *0844 | *1181 | *1518 | *1855 | *2192 |
| 9 | 110 2529 | 2866 | 3203 | 3540 | 3877 | 4213 | 4550 | 4887 | 5224 | 5560 |
| 1290 | 5897 | 6234 | 6570 | 6907 | 7244 | 7580 | 7917 | 8253 | 8590 | 8926 |
| 1 | 9262 | 9599 | 9935 | *0272 | *0608 | *0944 | *1280 | *1617 | *1953 | *2289 |
| 2 | 111 2625 | 2961 | 3297 | 3633 | 3969 | 4306 | 4642 | 4977 | 5313 | 5649 |
| 3 | 5985 | 6321 | 6657 | 6993 | 7329 | 7664 | 8000 | 8336 | 8671 | 9007 |
| 4 | 9343 | 9678 | *0014 | *0350 | *0685 | *1021 | *1356 | *1691 | *2027 | *2362 |
| 5 | 112 2698 | 3033 | 3368 | 3704 | 4039 | 4374 | 4709 | 5045 | 5380 | 5715 |
| 6 | 6050 | 6385 | 6720 | 7055 | 7390 | 7725 | 8060 | 8395 | 8730 | 9065 |
| 7 | 9400 | 9735 | *0069 | *0404 | *0739 | *1074 | *1408 | *1743 | *2078 | *2412 |
| 8 | 113 2747 | 3081 | 3416 | 3751 | 4085 | 4420 | 4754 | 5088 | 5423 | 5757 |
| 9 | 6092 | 6426 | 6760 | 7094 | 7429 | 7763 | 8097 | 8431 | 8765 | 9099 |
| N. | 0 | 1 | 2 | 3 | 4 | 5 | 6 | 7 | 8 | 9 |

Diff. et p. p.

| | 348 | 347 |
|---|---|---|
| 1 | 34,8 | 34,7 |
| 2 | 69,6 | 69,4 |
| 3 | 104,4 | 104,1 |
| 4 | 139,2 | 138,8 |
| 5 | 174,0 | 173,5 |
| 6 | 208,8 | 208,2 |
| 7 | 243,6 | 242,9 |
| 8 | 278,4 | 277,6 |
| 9 | 313,2 | 312,3 |

| | 346 | 345 |
|---|---|---|
| 1 | 34,6 | 34,5 |
| 2 | 69,2 | 69,0 |
| 3 | 103,8 | 103,5 |
| 4 | 138,4 | 138,0 |
| 5 | 173,0 | 172,5 |
| 6 | 207,6 | 207,0 |
| 7 | 242,2 | 241,5 |
| 8 | 276,8 | 276,0 |
| 9 | 311,4 | 310,5 |

| | 344 | 343 |
|---|---|---|
| 1 | 34,4 | 34,3 |
| 2 | 68,8 | 68,6 |
| 3 | 103,2 | 102,9 |
| 4 | 137,6 | 137,2 |
| 5 | 172,0 | 171,5 |
| 6 | 206,4 | 205,8 |
| 7 | 240,8 | 240,1 |
| 8 | 275,2 | 274,4 |
| 9 | 309,6 | 308,7 |

| | 342 | 341 | 340 |
|---|---|---|---|
| 1 | 34,2 | 34,1 | 34 |
| 2 | 68,4 | 68,2 | 68 |
| 3 | 102,6 | 102,3 | 102 |
| 4 | 136,8 | 136,4 | 136 |
| 5 | 171,0 | 170,5 | 170 |
| 6 | 205,2 | 204,6 | 204 |
| 7 | 239,4 | 238,7 | 238 |
| 8 | 273,6 | 272,8 | 272 |
| 9 | 307,8 | 306,9 | 306 |

| | 339 | 338 |
|---|---|---|
| 1 | 33,9 | 33,8 |
| 2 | 67,8 | 67,6 |
| 3 | 101,7 | 101,4 |
| 4 | 135,6 | 135,2 |
| 5 | 169,5 | 169,0 |
| 6 | 203,4 | 202,8 |
| 7 | 237,3 | 236,6 |
| 8 | 271,2 | 270,4 |
| 9 | 305,1 | 304,2 |

| | 337 | 336 |
|---|---|---|
| 1 | 33,7 | 33,6 |
| 2 | 67,4 | 67,2 |
| 3 | 101,1 | 100,8 |
| 4 | 134,8 | 134,4 |
| 5 | 168,5 | 168,0 |
| 6 | 202,2 | 201,6 |
| 7 | 235,9 | 235,2 |
| 8 | 269,6 | 268,8 |
| 9 | 303,3 | 302,4 |

| | 335 | 334 |
|---|---|---|
| 1 | 33,5 | 33,4 |
| 2 | 67,0 | 66,8 |
| 3 | [illegible] | [illegible] |
| 4 | 134,0 | 133,6 |
| 5 | 167,5 | 167,0 |
| 6 | 201,0 | 200,4 |
| 7 | 234,5 | 233,8 |
| 8 | 268,0 | 267,2 |
| 9 | 301,5 | 300,6 |

| | | | |
|---|---|---|---|
| 12 500″ = 3° 28′ 20″ | 1250″ = 20′ 50″ | S = $\bar{6}$,685 5722 | T. 5802 |
| 12 600 = 3 30 0 | 1260 = 21 0 | 5722 | 5803 |
| 12 700 = 3 31 40 | 1270 = 21 10 | 5721 | 5804 |
| 12 800 = 3 33 20 | 1280 = 21 20 | 5721 | 5804 |
| 12 900 = 3 35 0 | 1290 = 21 30 | 5720 | 5805 |

| N. | 0 | 1 | 2 | 3 | 4 | 5 | 6 | 7 | 8 | 9 |
|---|---|---|---|---|---|---|---|---|---|---|
| 1300 | 113 9434 | 9768 | *0102 | *0436 | *0770 | *1104 | *1437 | *1771 | *2105 | *2439 |
| 1 | 114 2773 | 3107 | 3441 | 3774 | 4108 | 4442 | 4775 | 5109 | 5443 | 5776 |
| 2 | 6110 | 6443 | 6777 | 7110 | 7444 | 7777 | 8111 | 8444 | 8777 | 9111 |
| 3 | 9444 | 9777 | *0111 | *0444 | *0777 | *1110 | *1444 | *1777 | *2110 | *2443 |
| 4 | 115 2776 | 3109 | 3442 | 3775 | 4108 | 4441 | 4774 | 5107 | 5439 | 5772 |
| 5 | 6105 | 6438 | 6771 | 7103 | 7436 | 7769 | 8101 | 8434 | 8767 | 9099 |
| 6 | 9432 | 9764 | *0097 | *0429 | *0762 | *1094 | *1427 | *1759 | *2091 | *2424 |
| 7 | 116 2756 | 3088 | 3420 | 3753 | 4085 | 4417 | 4749 | 5081 | 5413 | 5745 |
| 8 | 6077 | 6409 | 6741 | 7073 | 7405 | 7737 | 8069 | 8401 | 8733 | 9065 |
| 9 | 9396 | 9728 | *0060 | *0392 | *0723 | *1055 | *1387 | *1718 | *2050 | *2381 |
| 1310 | 117 2713 | 3044 | 3376 | 3707 | 4039 | 4370 | 4702 | 5033 | 5364 | 5696 |
| 1 | 6027 | 6358 | 6689 | 7021 | 7352 | 7683 | 8014 | 8345 | 8676 | 9007 |
| 2 | 9338 | 9669 | *0000 | *0331 | *0662 | *0993 | *1324 | *1655 | *1986 | *2316 |
| 3 | 118 2647 | 2978 | 3309 | 3639 | 3970 | 4301 | 4631 | 4962 | 5293 | 5623 |
| 4 | 5954 | 6284 | 6615 | 6945 | 7276 | 7606 | 7936 | 8267 | 8597 | 8927 |
| 5 | 9258 | 9588 | 9918 | *0248 | *0578 | *0909 | *1239 | *1569 | *1899 | *2229 |
| 6 | 119 2559 | 2889 | 3219 | 3549 | 3879 | 4209 | 4539 | 4868 | 5198 | 5528 |
| 7 | 5858 | 6187 | 6517 | 6847 | 7177 | 7506 | 7836 | 8165 | 8495 | 8825 |
| 8 | 9154 | 9484 | 9813 | *0143 | *0472 | *0801 | *1131 | *1460 | *1789 | *2119 |
| 9 | 120 2448 | 2777 | 3106 | 3436 | 3765 | 4094 | 4423 | 4752 | 5081 | 5410 |
| 1320 | 5739 | 6068 | 6397 | 6726 | 7055 | 7384 | 7713 | 8042 | 8371 | 8699 |
| 1 | 9028 | 9357 | 9686 | *0014 | *0343 | *0672 | *1000 | *1329 | *1657 | *1986 |
| 2 | 121 2315 | 2643 | 2972 | 3300 | 3628 | 3957 | 4285 | 4614 | 4942 | 5270 |
| 3 | 5598 | 5927 | 6255 | 6583 | 6911 | 7239 | 7568 | 7896 | 8224 | 8552 |
| 4 | 8880 | 9208 | 9536 | 9864 | *0192 | *0520 | *0848 | *1175 | *1503 | *1831 |
| 5 | 122 2159 | 2487 | 2814 | 3142 | 3470 | 3797 | 4125 | 4453 | 4780 | 5108 |
| 6 | 5435 | 5763 | 6090 | 6418 | 6745 | 7073 | 7400 | 7727 | 8055 | 8382 |
| 7 | 8709 | 9036 | 9364 | 9691 | *0018 | *0345 | *0672 | *1000 | *1327 | *1654 |
| 8 | 123 1981 | 2308 | 2635 | 2962 | 3289 | 3616 | 3942 | 4269 | 4596 | 4923 |
| 9 | 5250 | 5577 | 5903 | 6230 | 6557 | 6883 | 7210 | 7537 | 7863 | 8190 |
| 1330 | 8516 | 8843 | 9169 | 9496 | 9822 | *0149 | *0475 | *0802 | *1128 | *1454 |
| 1 | 124 1781 | 2107 | 2433 | 2759 | 3086 | 3412 | 3738 | 4064 | 4390 | 4716 |
| 2 | 5042 | 5368 | 5694 | 6020 | 6346 | 6672 | 6998 | 7324 | 7650 | 7976 |
| 3 | 8301 | 8627 | 8953 | 9279 | 9605 | 9930 | *0256 | *0582 | *0907 | *1233 |
| 4 | 125 1558 | 1884 | 2209 | 2535 | 2860 | 3186 | 3511 | 3837 | 4162 | 4487 |
| 5 | 4813 | 5138 | 5463 | 5788 | 6114 | 6439 | 6764 | 7089 | 7414 | 7739 |
| 6 | 8065 | 8390 | 8715 | 9040 | 9365 | 9690 | *0015 | *0339 | *0664 | *0989 |
| 7 | 126 1314 | 1639 | 1964 | 2288 | 2613 | 2938 | 3263 | 3587 | 3912 | 4237 |
| 8 | 4561 | 4886 | 5210 | 5535 | 5859 | 6184 | 6508 | 6833 | 7157 | 7481 |
| 9 | 7806 | 8130 | 8454 | 8779 | 9103 | 9427 | 9751 | *0076 | *0400 | *0724 |
| 1340 | 127 1048 | 1372 | 1696 | 2020 | 2344 | 2668 | 2992 | 3316 | 3640 | 3964 |
| 1 | 4288 | 4612 | 4935 | 5259 | 5583 | 5907 | 6230 | 6554 | 6878 | 7202 |
| 2 | 7525 | 7849 | 8172 | 8496 | 8819 | 9143 | 9466 | 9790 | *0113 | *0437 |
| 3 | 128 0760 | 1083 | 1407 | 1730 | 2053 | 2377 | 2700 | 3023 | 3346 | 3670 |
| 4 | 3993 | 4316 | 4639 | 4962 | 5285 | 5608 | 5931 | 6254 | 6577 | 6900 |
| 5 | 7223 | 7546 | 7869 | 8191 | 8514 | 8837 | 9160 | 9483 | 9805 | *0128 |
| 6 | 129 0451 | 0773 | 1096 | 1418 | 1741 | 2064 | 2386 | 2709 | 3031 | 3354 |
| 7 | 3676 | 3998 | 4321 | 4643 | 4965 | 5288 | 5610 | 5932 | 6255 | 6577 |
| 8 | 6899 | 7221 | 7543 | 7865 | 8187 | 8510 | 8832 | 9154 | 9476 | 9798 |
| 9 | 130 0119 | 0441 | 0763 | 1085 | 1407 | 1729 | 2051 | 2372 | 2694 | 3016 |
| N. | 0 | 1 | 2 | 3 | 4 | 5 | 6 | 7 | 8 | 9 |

Diff. et p. p.

| | 334 | 333 |
|---|---|---|
| 1 | 33,4 | 33,3 |
| 2 | 66,8 | 66,6 |
| 3 | 100,2 | 99,9 |
| 4 | 133,6 | 133,2 |
| 5 | 167,0 | 166,5 |
| 6 | 200,4 | 199,8 |
| 7 | 233,8 | 233,1 |
| 8 | 267,2 | 266,4 |
| 9 | 300,6 | 299,7 |

| | 332 | 331 |
|---|---|---|
| 1 | 33,2 | 33,1 |
| 2 | 66,4 | 66,2 |
| 3 | 99,6 | 99,3 |
| 4 | 132,8 | 132,4 |
| 5 | 166,0 | 165,5 |
| 6 | 199,2 | 198,6 |
| 7 | 232,4 | 231,7 |
| 8 | 265,6 | 264,8 |
| 9 | 298,8 | 297,9 |

| | 330 | 329 |
|---|---|---|
| 1 | 33 | 32,9 |
| 2 | 66 | 65,8 |
| 3 | 99 | 98,7 |
| 4 | 132 | 131,6 |
| 5 | 165 | 164,5 |
| 6 | 198 | 197,4 |
| 7 | 231 | 230,3 |
| 8 | 264 | 263,2 |
| 9 | 297 | 296,1 |

| | 328 | 327 |
|---|---|---|
| 1 | 32,8 | 32,7 |
| 2 | 65,6 | 65,4 |
| 3 | 98,4 | 98,1 |
| 4 | 131,2 | 130,8 |
| 5 | 164,0 | 163,5 |
| 6 | 196,8 | 196,2 |
| 7 | 229,6 | 228,9 |
| 8 | 262,4 | 261,6 |
| 9 | 295,2 | 294,3 |

| | 326 | 325 |
|---|---|---|
| 1 | 32,6 | 32,5 |
| 2 | 65,2 | 65,0 |
| 3 | 97,8 | 97,5 |
| 4 | 130,4 | 130,0 |
| 5 | 163,0 | 162,5 |
| 6 | 195,6 | 195,0 |
| 7 | 228,2 | 227,5 |
| 8 | 260,8 | 260,0 |
| 9 | 293,4 | 292,5 |

| | 324 | 323 |
|---|---|---|
| 1 | 32,4 | 32,3 |
| 2 | 64,8 | 64,6 |
| 3 | 97,2 | 96,9 |
| 4 | 129,6 | 129,2 |
| 5 | 162,0 | 161,5 |
| 6 | 194,4 | 193,8 |
| 7 | 226,8 | 226,1 |
| 8 | 259,2 | 258,4 |
| 9 | 291,6 | 290,7 |

| | 322 | 321 |
|---|---|---|
| 1 | 32,2 | 32,1 |
| 2 | 64,4 | 64,2 |
| 3 | 96,6 | 96,3 |
| 4 | 128,8 | 128,4 |
| 5 | 161,0 | 160,5 |
| 6 | 193,2 | 192,6 |
| 7 | 225,4 | 224,7 |
| 8 | 257,6 | 256,8 |
| 9 | 289,8 | 288,9 |

| | | | |
|---|---|---|---|
| 13 000″ = 3° 36′ 40″ | 1300″ = 21′ 40″ | S = $\bar{6}$,685 5720 | T. 5806 |
| 13 100 = 3 38 20 | 1310 = 21 50 | 5719 | 5807 |
| 13 200 = 3 40 0 | 1320 = 22 0 | 5719 | 5808 |
| 13 300 = 3 41 40 | 1330 = 22 10 | 5719 | 5809 |
| 13 400 = 3 43 20 | 1340 = 22 20 | 5718 | 5810 |

| N. | 0 | 1 | 2 | 3 | 4 | 5 | 6 | 7 | 8 | 9 |
|---|---|---|---|---|---|---|---|---|---|---|
| 1350 | 130 3338 | 3659 | 3981 | 4303 | 4624 | 4946 | 5267 | 5589 | 5911 | 6232 |
| 1 | 6553 | 6875 | 7196 | 7518 | 7839 | 8161 | 8482 | 8803 | 9124 | 9446 |
| 2 | 9767 | *0088 | *0409 | *0730 | *1052 | *1373 | *1694 | *2015 | *2336 | *2657 |
| 3 | 131 2978 | 3299 | 3620 | 3941 | 4262 | 4583 | 4903 | 5224 | 5545 | 5866 |
| 4 | 6187 | 6507 | 6828 | 7149 | 7469 | 7790 | 8111 | 8431 | 8752 | 9072 |
| 5 | 9393 | 9713 | *0034 | *0354 | *0675 | *0995 | *1316 | *1636 | *1956 | *2277 |
| 6 | 132 2597 | 2917 | 3237 | 3558 | 3878 | 4198 | 4518 | 4838 | 5158 | 5478 |
| 7 | 5798 | 6119 | 6439 | 6758 | 7078 | 7398 | 7718 | 8038 | 8358 | 8678 |
| 8 | 8998 | 9317 | 9637 | 9957 | *0277 | *0596 | *0916 | *1236 | *1555 | *1875 |
| 9 | 133 2195 | 2514 | 2834 | 3153 | 3473 | 3792 | 4112 | 4431 | 4750 | 5070 |
| 1360 | 5389 | 5708 | 6028 | 6347 | 6666 | 6985 | 7305 | 7624 | 7943 | 8262 |
| 1 | 8581 | 8900 | 9219 | 9538 | 9857 | *0176 | *0495 | *0814 | *1133 | *1452 |
| 2 | 134 1771 | 2090 | 2409 | 2728 | 3046 | 3365 | 3684 | 4003 | 4321 | 4640 |
| 3 | 4959 | 5277 | 5596 | 5914 | 6233 | 6551 | 6870 | 7188 | 7507 | 7825 |
| 4 | 8144 | 8462 | 8780 | 9099 | 9417 | 9735 | *0054 | *0372 | *0690 | *1008 |
| 5 | 135 1327 | 1645 | 1963 | 2281 | 2599 | 2917 | 3235 | 3553 | 3871 | 4189 |
| 6 | 4507 | 4825 | 5143 | 5461 | 5779 | 6096 | 6414 | 6732 | 7050 | 7367 |
| 7 | 7685 | 8003 | 8320 | 8638 | 8956 | 9273 | 9591 | 9908 | *0226 | *0543 |
| 8 | 136 0861 | 1178 | 1496 | 1813 | 2131 | 2448 | 2765 | 3083 | 3400 | 3717 |
| 9 | 4034 | 4352 | 4669 | 4986 | 5303 | 5620 | 5937 | 6255 | 6572 | 6889 |
| 1370 | 7206 | 7523 | 7840 | 8157 | 8473 | 8790 | 9107 | 9424 | 9741 | *0058 |
| 1 | 137 0375 | 0691 | 1008 | 1325 | 1641 | 1958 | 2275 | 2591 | 2908 | 3225 |
| 2 | 3541 | 3858 | 4174 | 4491 | 4807 | 5124 | 5440 | 5756 | 6073 | 6389 |
| 3 | 6705 | 7022 | 7338 | 7654 | 7970 | 8287 | 8603 | 8919 | 9235 | 9551 |
| 4 | 9867 | *0183 | *0499 | *0815 | *1131 | *1447 | *1763 | *2079 | *2395 | *2711 |
| 5 | 138 3027 | 3343 | 3659 | 3974 | 4290 | 4606 | 4922 | 5237 | 5553 | 5869 |
| 6 | 6184 | 6500 | 6816 | 7131 | 7447 | 7762 | 8078 | 8393 | 8709 | 9024 |
| 7 | 9339 | 9655 | 9970 | *0285 | *0601 | *0916 | *1231 | *1547 | *1862 | *2177 |
| 8 | 139 2492 | 2807 | 3122 | 3438 | 3753 | 4068 | 4383 | 4698 | 5013 | 5328 |
| 9 | 5643 | 5958 | 6272 | 6587 | 6902 | 7217 | 7532 | 7847 | 8161 | 8476 |
| 1380 | 8791 | 9106 | 9420 | 9735 | *0050 | *0364 | *0679 | *0993 | *1308 | *1622 |
| 1 | 140 1937 | 2251 | 2566 | 2880 | 3195 | 3509 | 3823 | 4138 | 4452 | 4766 |
| 2 | 5080 | 5395 | 5709 | 6023 | 6337 | 6651 | 6966 | 7280 | 7594 | 7908 |
| 3 | 8222 | 8536 | 8850 | 9164 | 9478 | 9792 | *0106 | *0419 | *0733 | *1047 |
| 4 | 141 1361 | 1675 | 1988 | 2302 | 2616 | 2930 | 3243 | 3557 | 3871 | 4184 |
| 5 | 4498 | 4811 | 5125 | 5438 | 5752 | 6065 | 6379 | 6692 | 7006 | 7319 |
| 6 | 7632 | 7946 | 8259 | 8572 | 8885 | 9199 | 9512 | 9825 | *0138 | *0451 |
| 7 | 142 0765 | 1078 | 1391 | 1704 | 2017 | 2330 | 2643 | 2956 | 3269 | 3582 |
| 8 | 3895 | 4208 | 4520 | 4833 | 5146 | 5459 | 5772 | 6084 | 6397 | 6710 |
| 9 | 7022 | 7335 | 7648 | 7960 | 8273 | 8586 | 8898 | 9211 | 9523 | 9836 |
| 1390 | 143 0148 | 0460 | 0773 | 1085 | 1398 | 1710 | 2022 | 2335 | 2647 | 2959 |
| 1 | 3271 | 3584 | 3896 | 4208 | 4520 | 4832 | 5144 | 5456 | 5768 | 6080 |
| 2 | 6392 | 6704 | 7016 | 7328 | 7640 | 7952 | 8264 | 8576 | 8888 | 9199 |
| 3 | 9511 | 9823 | *0135 | *0446 | *0758 | *1070 | *1381 | *1693 | *2005 | *2316 |
| 4 | 144 2628 | 2939 | 3251 | 3562 | 3874 | 4185 | 4497 | 4808 | 5119 | 5431 |
| 5 | 5742 | 6053 | 6365 | 6676 | 6987 | 7298 | 7610 | 7921 | 8232 | 8543 |
| 6 | 8854 | 9165 | 9476 | 9787 | *0098 | *0409 | *0720 | *1031 | *1342 | *1653 |
| 7 | 145 1964 | 2275 | 2586 | 2897 | 3207 | 3518 | 3829 | 4140 | 4450 | 4761 |
| 8 | 5072 | 5382 | 5693 | 6004 | 6314 | 6625 | 6935 | 7246 | 7556 | 7867 |
| 9 | 8177 | 8488 | 8798 | 9108 | 9419 | 9729 | *0039 | *0350 | *0660 | *0970 |
| N. | 0 | 1 | 2 | 3 | 4 | 5 | 6 | 7 | 8 | 9 |

Diff. et p. p.

| | 322 | 321 |
|---|---|---|
| 1 | 32,2 | 32,1 |
| 2 | 64,4 | 64,2 |
| 3 | 96,6 | 96,3 |
| 4 | 128,8 | 128,4 |
| 5 | 161,0 | 160,5 |
| 6 | 193,2 | 192,6 |
| 7 | 225,4 | 224,7 |
| 8 | 257,6 | 256,8 |
| 9 | 289,8 | 288,9 |

| | 320 | 319 |
|---|---|---|
| 1 | 32 | 31,9 |
| 2 | 64 | 63,8 |
| 3 | 96 | 95,7 |
| 4 | 128 | 127,6 |
| 5 | 160 | 159,5 |
| 6 | 192 | 191,4 |
| 7 | 224 | 223,3 |
| 8 | 256 | 255,2 |
| 9 | 288 | 287,1 |

| | 318 | 317 |
|---|---|---|
| 1 | 31,8 | 31,7 |
| 2 | 63,6 | 63,4 |
| 3 | 95,4 | 95,1 |
| 4 | 127,2 | 126,8 |
| 5 | 159,0 | 158,5 |
| 6 | 190,8 | 190,2 |
| 7 | 222,6 | 221,9 |
| 8 | 254,4 | 253,6 |
| 9 | 286,2 | 285,3 |

| | 316 | 315 |
|---|---|---|
| 1 | 31,6 | 31,5 |
| 2 | 63,2 | 63,0 |
| 3 | 94,8 | 94,5 |
| 4 | 126,4 | 126,0 |
| 5 | 158,0 | 157,5 |
| 6 | 189,6 | 189,0 |
| 7 | 221,2 | 220,5 |
| 8 | 252,8 | 252,0 |
| 9 | 284,4 | 283,5 |

| | 314 | 313 |
|---|---|---|
| 1 | 31,4 | 31,3 |
| 2 | 62,8 | 62,6 |
| 3 | 94,2 | 93,9 |
| 4 | 125,6 | 125,2 |
| 5 | 157,0 | 156,5 |
| 6 | 188,4 | 187,8 |
| 7 | 219,8 | 219,1 |
| 8 | 251,2 | 250,4 |
| 9 | 282,6 | 281,7 |

| | 312 | 311 |
|---|---|---|
| 1 | 31,2 | 31,1 |
| 2 | 62,4 | 62,2 |
| 3 | 93,6 | 93,3 |
| 4 | 124,8 | 124,4 |
| 5 | 156,0 | 155,5 |
| 6 | 187,2 | 186,6 |
| 7 | 218,4 | 217,7 |
| 8 | 249,6 | 248,8 |
| 9 | 280,8 | 279,9 |

| | 310 |
|---|---|
| 1 | 31 |
| 2 | 62 |
| 3 | 93 |
| 4 | 124 |
| 5 | 155 |
| 6 | 186 |
| 7 | 217 |
| 8 | 248 |
| 9 | 279 |

| | | | |
|---|---|---|---|
| 13 500″ = 3° 45′ 0″ | 1350″ = 22′ 30″ | S = $\bar{6}$,685 5718 | T. 5811 |
| 13 600 = 3 46 40 | 1360 = 22 40 | 5717 | 5812 |
| 13 700 = 3 48 20 | 1370 = 22 50 | 5717 | 5813 |
| 13 800 = 3 50 0 | 1380 = 23 0 | 5716 | 5813 |
| 13 900 = 3 51 40 | 1390 = 23 10 | 5716 | 5814 |

| N. | 0 | 1 | 2 | 3 | 4 | 5 | 6 | 7 | 8 | 9 |
|---|---|---|---|---|---|---|---|---|---|---|
| 1400 | 146 1280 | 1591 | 1901 | 2211 | 2521 | 2831 | 3141 | 3451 | 3761 | 4071 |
| 1 | 4381 | 4691 | 5001 | 5311 | 5621 | 5931 | 6241 | 6551 | 6861 | 7170 |
| 2 | 7480 | 7790 | 8100 | 8409 | 8719 | 9029 | 9338 | 9648 | 9958 | *0267 |
| 3 | 147 0577 | 0886 | 1196 | 1505 | 1815 | 2124 | 2434 | 2743 | 3052 | 3362 |
| 4 | 3671 | 3980 | 4290 | 4599 | 4908 | 5217 | 5527 | 5836 | 6145 | 6454 |
| 5 | 6763 | 7072 | 7381 | 7690 | 7999 | 8308 | 8617 | 8926 | 9235 | 9544 |
| 6 | 9853 | *0162 | *0471 | *0780 | *1089 | *1397 | *1706 | *2015 | *2324 | *2632 |
| 7 | 148 2941 | 3250 | 3558 | 3867 | 4175 | 4484 | 4793 | 5101 | 5410 | 5718 |
| 8 | 6027 | 6335 | 6643 | 6952 | 7260 | 7569 | 7877 | 8185 | 8493 | 8802 |
| 9 | 9110 | 9418 | 9726 | *0035 | *0343 | *0651 | *0959 | *1267 | *1575 | *1883 |
| 1410 | 149 2191 | 2499 | 2807 | 3115 | 3423 | 3731 | 4039 | 4347 | 4655 | 4962 |
| 1 | 5270 | 5578 | 5886 | 6193 | 6501 | 6809 | 7116 | 7424 | 7732 | 8039 |
| 2 | 8347 | 8655 | 8962 | 9270 | 9577 | 9885 | *0192 | *0499 | *0807 | *1114 |
| 3 | 150 1422 | 1729 | 2036 | 2344 | 2651 | 2958 | 3265 | 3573 | 3880 | 4187 |
| 4 | 4494 | 4801 | 5108 | 5415 | 5722 | 6030 | 6337 | 6644 | 6951 | 7257 |
| 5 | 7564 | 7871 | 8178 | 8485 | 8792 | 9099 | 9406 | 9712 | *0019 | *0326 |
| 6 | 151 0633 | 0939 | 1246 | 1553 | 1859 | 2166 | 2472 | 2779 | 3085 | 3392 |
| 7 | 3699 | 4005 | 4311 | 4618 | 4924 | 5231 | 5537 | 5843 | 6150 | 6456 |
| 8 | 6762 | 7069 | 7375 | 7681 | 7987 | 8293 | 8600 | 8906 | 9212 | 9518 |
| 9 | 9824 | *0130 | *0436 | *0742 | *1048 | *1354 | *1660 | *1966 | *2272 | *2578 |
| 1420 | 152 2883 | 3189 | 3495 | 3801 | 4107 | 4412 | 4718 | 5024 | 5329 | 5635 |
| 1 | 5941 | 6246 | 6552 | 6858 | 7163 | 7469 | 7774 | 8080 | 8385 | 8691 |
| 2 | 8996 | 9301 | 9607 | 9912 | *0217 | *0523 | *0828 | *1133 | *1439 | *1744 |
| 3 | 153 2049 | 2354 | 2659 | 2964 | 3270 | 3575 | 3880 | 4185 | 4490 | 4795 |
| 4 | 5100 | 5405 | 5710 | 6015 | 6320 | 6625 | 6929 | 7234 | 7539 | 7844 |
| 5 | 8149 | 8453 | 8758 | 9063 | 9368 | 9672 | 9977 | *0281 | *0586 | *0891 |
| 6 | 154 1195 | 1500 | 1804 | 2109 | 2413 | 2718 | 3022 | 3327 | 3631 | 3935 |
| 7 | 4240 | 4544 | 4848 | 5153 | 5457 | 5761 | 6065 | 6370 | 6674 | 6978 |
| 8 | 7282 | 7586 | 7890 | 8194 | 8498 | 8802 | 9106 | 9410 | 9714 | *0018 |
| 9 | 155 0322 | 0626 | 0930 | 1234 | 1538 | 1842 | 2145 | 2449 | 2753 | 3057 |
| 1430 | 3360 | 3664 | 3968 | 4271 | 4575 | 4879 | 5182 | 5486 | 5789 | 6093 |
| 1 | 6396 | 6700 | 7003 | 7307 | 7610 | 7914 | 8217 | 8520 | 8824 | 9127 |
| 2 | 9430 | 9733 | *0037 | *0340 | *0643 | *0946 | *1249 | *1553 | *1856 | *2159 |
| 3 | 156 2462 | 2765 | 3068 | 3371 | 3674 | 3977 | 4280 | 4583 | 4886 | 5189 |
| 4 | 5492 | 5794 | 6097 | 6400 | 6703 | 7006 | 7308 | 7611 | 7914 | 8216 |
| 5 | 8519 | 8822 | 9124 | 9427 | 9729 | *0032 | *0334 | *0637 | *0939 | *1242 |
| 6 | 157 1544 | 1847 | 2149 | 2452 | 2754 | 3056 | 3359 | 3661 | 3963 | 4265 |
| 7 | 4568 | 4870 | 5172 | 5474 | 5776 | 6079 | 6381 | 6683 | 6985 | 7287 |
| 8 | 7589 | 7891 | 8193 | 8495 | 8797 | 9099 | 9401 | 9702 | *0004 | *0306 |
| 9 | 158 0608 | 0910 | 1212 | 1513 | 1815 | 2117 | 2418 | 2720 | 3022 | 3323 |
| 1440 | 3625 | 3927 | 4228 | 4530 | 4831 | 5133 | 5434 | 5736 | 6037 | 6338 |
| 1 | 6640 | 6941 | 7243 | 7544 | 7845 | 8146 | 8448 | 8749 | 9050 | 9351 |
| 2 | 9653 | 9954 | *0255 | *0556 | *0857 | *1158 | *1459 | *1760 | *2061 | *2362 |
| 3 | 159 2663 | 2964 | 3265 | 3566 | 3867 | 4168 | 4469 | 4770 | 5070 | 5371 |
| 4 | 5672 | 5973 | 6273 | 6574 | 6875 | 7175 | 7476 | 7777 | 8077 | 8378 |
| 5 | 8678 | 8979 | 9280 | 9580 | 9881 | *0181 | *0481 | *0782 | *1082 | *1383 |
| 6 | 160 1683 | 1983 | 2284 | 2584 | 2884 | 3184 | 3485 | 3785 | 4085 | 4385 |
| 7 | 4685 | 4985 | 5286 | 5586 | 5886 | 6186 | 6486 | 6786 | 7086 | 7386 |
| 8 | 7686 | 7986 | 8285 | 8585 | 8885 | 9185 | 9485 | 9785 | *0084 | *0384 |
| 9 | 161 0684 | 0984 | 1283 | 1583 | 1883 | 2182 | 2482 | 2781 | 3081 | 3380 |
| N. | 0 | 1 | 2 | 3 | 4 | 5 | 6 | 7 | 8 | 9 |

Diff. et p. p.

|  | 311 | 310 | 309 | 308 | 307 | 306 | 305 | 304 | 303 | 302 | 301 | 300 | 299 |
|---|---|---|---|---|---|---|---|---|---|---|---|---|---|
| 1 | 31,1 | 31 | 30,9 | 30,8 | 30,7 | 30,6 | 30,5 | 30,4 | 30,3 | 30,2 | 30,1 | 30 | 29,9 |
| 2 | 62,2 | 62 | 61,8 | 61,6 | 61,4 | 61,2 | 61,0 | 60,8 | 60,6 | 60,4 | 60,2 | 60 | 59,8 |
| 3 | 93,3 | 93 | 92,7 | 92,4 | 92,1 | 91,8 | 91,5 | 91,2 | 90,9 | 90,6 | 90,3 | 90 | 89,7 |
| 4 | 124,4 | 124 | 123,6 | 123,2 | 122,8 | 122,4 | 122,0 | 121,6 | 121,2 | 120,8 | 120,4 | 120 | 119,6 |
| 5 | 155,5 | 155 | 154,5 | 154,0 | 153,5 | 153,0 | 152,5 | 152,0 | 151,5 | 151,0 | 150,5 | 150 | 149,5 |
| 6 | 186,6 | 186 | 185,4 | 184,8 | 184,2 | 183,6 | 183,0 | 182,4 | 181,8 | 181,2 | 180,6 | 180 | 179,4 |
| 7 | 217,7 | 217 | 216,3 | 215,6 | 214,9 | 214,2 | 213,5 | 212,8 | 212,1 | 211,4 | 210,7 | 210 | 209,3 |
| 8 | 248,8 | 248 | 247,2 | 246,4 | 245,6 | 244,8 | 244,0 | 243,2 | 242,4 | 241,6 | 240,8 | 240 | 239,2 |
| 9 | 279,9 | 279 | 278,1 | 277,2 | 276,3 | 275,4 | 274,5 | 273,6 | 272,7 | 271,8 | 270,9 | 270 | 269,1 |

| | | | |
|---|---|---|---|
| 14 000″ = 3° 53′ 20″ | 1400″ = 23′ 20″ | S = $\bar{6}$,685 5715 | T. 5815′ |
| 14 100 = 3 55 0 | 1410 = 23 30 | 5715 | 5816 |
| 14 200 = 3 56 40 | 1420 = 23 40 | 5714 | 5817 |
| 14 300 = 3 58 20 | 1430 = 23 50 | 5714 | 5818 |
| 14 400 = 4 0 0 | 1440 = 24 0 | 5713 | 5819 |

| N. | 0 | 1 | 2 | 3 | 4 | 5 | 6 | 7 | 8 | 9 |
|---|---|---|---|---|---|---|---|---|---|---|
| 1450 | 161 3680 | 3980 | 4279 | 4578 | 4878 | 5177 | 5477 | 5776 | 6075 | 6375 |
| 1 | 6674 | 6973 | 7273 | 7572 | 7871 | 8170 | 8470 | 8769 | 9068 | 9367 |
| 2 | 9666 | 9965 | *0264 | *0563 | *0862 | *1161 | *1460 | *1759 | *2058 | *2357 |
| 3 | 162 2656 | 2955 | 3254 | 3553 | 3852 | 4150 | 4449 | 4748 | 5047 | 5345 |
| 4 | 5644 | 5943 | 6241 | 6540 | 6839 | 7137 | 7436 | 7734 | 8033 | 8331 |
| 5 | 8630 | 8928 | 9227 | 9525 | 9824 | *0122 | *0420 | *0719 | *1017 | *1315 |
| 6 | 163 1614 | 1912 | 2210 | 2508 | 2807 | 3105 | 3403 | 3701 | 3999 | 4297 |
| 7 | 4596 | 4894 | 5192 | 5490 | 5788 | 6086 | 6384 | 6682 | 6979 | 7277 |
| 8 | 7575 | 7873 | 8171 | 8469 | 8767 | 9064 | 9362 | 9660 | 9958 | *0255 |
| 9 | 164 0553 | 0851 | 1148 | 1446 | 1743 | 2041 | 2339 | 2636 | 2934 | 3231 |
| 1460 | 3529 | 3826 | 4123 | 4421 | 4718 | 5016 | 5313 | 5610 | 5908 | 6205 |
| 1 | 6502 | 6799 | 7097 | 7394 | 7691 | 7988 | 8285 | 8582 | 8880 | 9177 |
| 2 | 9474 | 9771 | *0068 | *0365 | *0662 | *0959 | *1256 | *1553 | *1850 | *2146 |
| 3 | 165 2443 | 2740 | 3037 | 3334 | 3631 | 3927 | 4224 | 4521 | 4817 | 5114 |
| 4 | 5411 | 5707 | 6004 | 6301 | 6597 | 6894 | 7190 | 7487 | 7783 | 8080 |
| 5 | 8376 | 8673 | 8969 | 9265 | 9562 | 9858 | *0155 | *0451 | *0747 | *1043 |
| 6 | 166 1340 | 1636 | 1932 | 2228 | 2525 | 2821 | 3117 | 3413 | 3709 | 4005 |
| 7 | 4301 | 4597 | 4893 | 5189 | 5485 | 5781 | 6077 | 6373 | 6669 | 6965 |
| 8 | 7261 | 7556 | 7852 | 8148 | 8444 | 8740 | 9035 | 9331 | 9627 | 9922 |
| 9 | 167 0218 | 0514 | 0809 | 1105 | 1400 | 1696 | 1991 | 2287 | 2582 | 2878 |
| 1470 | 3173 | 3469 | 3764 | 4060 | 4355 | 4650 | 4946 | 5241 | 5536 | 5831 |
| 1 | 6127 | 6422 | 6717 | 7012 | 7308 | 7603 | 7898 | 8193 | 8488 | 8783 |
| 2 | 9078 | 9373 | 9668 | 9963 | *0258 | *0553 | *0848 | *1143 | *1438 | *1733 |
| 3 | 168 2027 | 2322 | 2617 | 2912 | 3207 | 3501 | 3796 | 4091 | 4386 | 4680 |
| 4 | 4975 | 5269 | 5564 | 5859 | 6153 | 6448 | 6742 | 7037 | 7331 | 7626 |
| 5 | 7920 | 8215 | 8509 | 8803 | 9098 | 9392 | 9686 | 9981 | *0275 | *0569 |
| 6 | 169 0864 | 1158 | 1452 | 1746 | 2040 | 2335 | 2629 | 2923 | 3217 | 3511 |
| 7 | 3805 | 4099 | 4393 | 4687 | 4981 | 5275 | 5569 | 5863 | 6157 | 6450 |
| 8 | 6744 | 7038 | 7332 | 7626 | 7920 | 8213 | 8507 | 8801 | 9094 | 9388 |
| 9 | 9682 | 9975 | *0269 | *0563 | *0856 | *1150 | *1443 | *1737 | *2030 | *2324 |
| 1480 | 170 2617 | 2911 | 3204 | 3497 | 3791 | 4084 | 4377 | 4671 | 4964 | 5257 |
| 1 | 5551 | 5844 | 6137 | 6430 | 6723 | 7017 | 7310 | 7603 | 7896 | 8189 |
| 2 | 8482 | 8775 | 9068 | 9361 | 9654 | 9947 | *0240 | *0533 | *0826 | *1119 |
| 3 | 171 1412 | 1704 | 1997 | 2290 | 2583 | 2876 | 3168 | 3461 | 3754 | 4046 |
| 4 | 4339 | 4632 | 4924 | 5217 | 5509 | 5802 | 6095 | 6387 | 6680 | 6972 |
| 5 | 7265 | 7557 | 7849 | 8142 | 8434 | 8727 | 9019 | 9311 | 9604 | 9896 |
| 6 | 172 0188 | 0480 | 0773 | 1065 | 1357 | 1649 | 1941 | 2233 | 2526 | 2818 |
| 7 | 3110 | 3402 | 3694 | 3986 | 4278 | 4570 | 4862 | 5154 | 5446 | 5737 |
| 8 | 6029 | 6321 | 6613 | 6905 | 7197 | 7488 | 7780 | 8072 | 8364 | 8655 |
| 9 | 8947 | 9239 | 9530 | 9822 | *0113 | *0405 | *0697 | *0988 | *1280 | *1571 |
| 1490 | 173 1863 | 2154 | 2446 | 2737 | 3028 | 3320 | 3611 | 3903 | 4194 | 4485 |
| 1 | 4776 | 5068 | 5359 | 5650 | 5941 | 6233 | 6524 | 6815 | 7106 | 7397 |
| 2 | 7688 | 7979 | 8270 | 8561 | 8852 | 9143 | 9434 | 9725 | *0016 | *0307 |
| 3 | 174 0598 | 0889 | 1180 | 1471 | 1761 | 2052 | 2343 | 2634 | 2925 | 3215 |
| 4 | 3506 | 3797 | 4087 | 4378 | 4669 | 4959 | 5250 | 5540 | 5831 | 6121 |
| 5 | 6412 | 6702 | 6993 | 7283 | 7574 | 7864 | 8155 | 8445 | 8735 | 9026 |
| 6 | 9316 | 9606 | 9897 | *0187 | *0477 | *0767 | *1057 | *1348 | *1638 | *1928 |
| 7 | 175 2218 | 2508 | 2798 | 3088 | 3378 | 3668 | 3958 | 4248 | 4538 | 4828 |
| 8 | 5118 | 5408 | 5698 | 5988 | 6278 | 6567 | 6857 | 7147 | 7437 | 7727 |
| 9 | 8016 | 8306 | 8596 | 8885 | 9175 | 9465 | 9754 | *0044 | *0333 | *0623 |
| N. | 0 | 1 | 2 | 3 | 4 | 5 | 6 | 7 | 8 | 9 |

Diff. et p. p.

| | 300 | 299 |
|---|---|---|
| 1 | 30 | 29,9 |
| 2 | 60 | 59,8 |
| 3 | 90 | 89,7 |
| 4 | 120 | 119,6 |
| 5 | 150 | 149,5 |
| 6 | 180 | 179,4 |
| 7 | 210 | 209,3 |
| 8 | 240 | 239,2 |
| 9 | 270 | 269,1 |

| | 298 | 297 |
|---|---|---|
| 1 | 29,8 | 29,7 |
| 2 | 59,6 | 59,4 |
| 3 | 89,4 | 89,1 |
| 4 | 119,2 | 118,8 |
| 5 | 149,0 | 148,5 |
| 6 | 178,8 | 178,2 |
| 7 | 208,6 | 207,9 |
| 8 | 238,4 | 237,6 |
| 9 | 268,2 | 267,3 |

| | 296 | 295 |
|---|---|---|
| 1 | 29,6 | 29,5 |
| 2 | 59,2 | 59,0 |
| 3 | 88,8 | 88,5 |
| 4 | 118,4 | 118,0 |
| 5 | 148,0 | 147,5 |
| 6 | 177,6 | 177,0 |
| 7 | 207,2 | 206,5 |
| 8 | 236,8 | 236,0 |
| 9 | 266,4 | 265,5 |

| | 294 | 293 |
|---|---|---|
| 1 | 29,4 | 29,3 |
| 2 | 58,8 | 58,6 |
| 3 | 88,2 | 87,9 |
| 4 | 117,6 | 117,2 |
| 5 | 147,0 | 146,5 |
| 6 | 176,4 | 175,8 |
| 7 | 205,8 | 205,1 |
| 8 | 235,2 | 234,4 |
| 9 | 264,6 | 263,7 |

| | 292 | 291 |
|---|---|---|
| 1 | 29,2 | 29,1 |
| 2 | 58,4 | 58,2 |
| 3 | 87,6 | 87,3 |
| 4 | 116,8 | 116,4 |
| 5 | 146,0 | 145,5 |
| 6 | 175,2 | 174,6 |
| 7 | 204,4 | 203,7 |
| 8 | 233,6 | 232,8 |
| 9 | 262,8 | 261,9 |

| | 290 | 289 |
|---|---|---|
| 1 | 29 | 28,9 |
| 2 | 58 | 57,8 |
| 3 | 87 | 86,7 |
| 4 | 116 | 115,6 |
| 5 | 145 | 144,5 |
| 6 | 174 | 173,4 |
| 7 | 203 | 202,3 |
| 8 | 232 | 231,2 |
| 9 | 261 | 260,1 |

| | | S | T |
|---|---|---|---|
| 14 500″ = 4° 1′ 40″, | 1450″ = 24′ 10″ | S = $\bar{6}$,685 5713 | T. 5820 |
| 14 600 = 4 3 20 | 1460 = 24 20 | 5712 | 5821 |
| 14 700 = 4 5 0 | 1470 = 24 30 | 5712 | 5822 |
| 14 800 = 4 6 40 | 1480 = 24 40 | 5711 | 5823 |
| 14 900 = 4 8 20 | 1490 = 24 50 | 5711 | 5824 |

| N. | 0 | 1 | 2 | 3 | 4 | 5 | 6 | 7 | 8 | 9 |
|---|---|---|---|---|---|---|---|---|---|---|
| 1500 | 176 0913 | 1202 | 1492 | 1781 | 2071 | 2360 | 2649 | 2939 | 3228 | 3518 |
| 1 | 3807 | 4096 | 4386 | 4675 | 4964 | 5253 | 5543 | 5832 | 6121 | 6410 |
| 2 | 6699 | 6988 | 7278 | 7567 | 7856 | 8145 | 8434 | 8723 | 9012 | 9301 |
| 3 | 9590 | 9879 | *0168 | *0457 | *0745 | *1034 | *1323 | *1612 | *1901 | *2190 |
| 4 | 177 2478 | 2767 | 3056 | 3345 | 3633 | 3922 | 4211 | 4499 | 4788 | 5076 |
| 5 | 5365 | 5654 | 5942 | 6231 | 6519 | 6808 | 7096 | 7385 | 7673 | 7961 |
| 6 | 8250 | 8538 | 8826 | 9115 | 9403 | 9691 | 9980 | *0268 | *0556 | *0844 |
| 7 | 178 1133 | 1421 | 1709 | 1997 | 2285 | 2573 | 2861 | 3149 | 3437 | 3725 |
| 8 | 4013 | 4301 | 4589 | 4877 | 5165 | 5453 | 5741 | 6029 | 6317 | 6605 |
| 9 | 6892 | 7180 | 7468 | 7756 | 8043 | 8331 | 8619 | 8907 | 9194 | 9482 |
| 1510 | 9769 | *0057 | *0345 | *0632 | *0920 | *1207 | *1495 | *1782 | *2070 | *2357 |
| 1 | 179 2645 | 2932 | 3219 | 3507 | 3794 | 4082 | 4369 | 4656 | 4943 | 5231 |
| 2 | 5518 | 5805 | 6092 | 6380 | 6667 | 6954 | 7241 | 7528 | 7815 | 8102 |
| 3 | 8389 | 8676 | 8963 | 9250 | 9537 | 9824 | *0111 | *0398 | *0685 | *0972 |
| 4 | 180 1259 | 1546 | 1832 | 2119 | 2406 | 2693 | 2980 | 3266 | 3553 | 3840 |
| 5 | 4126 | 4413 | 4700 | 4986 | 5273 | 5559 | 5846 | 6133 | 6419 | 6706 |
| 6 | 6992 | 7278 | 7565 | 7851 | 8138 | 8424 | 8711 | 8997 | 9283 | 9570 |
| 7 | 9856 | *0142 | *0428 | *0715 | *1001 | *1287 | *1573 | *1859 | *2145 | *2432 |
| 8 | 181 2718 | 3004 | 3290 | 3576 | 3862 | 4148 | 4434 | 4720 | 5006 | 5292 |
| 9 | 5578 | 5864 | 6150 | 6435 | 6721 | 7007 | 7293 | 7579 | 7864 | 8150 |
| 1520 | 8436 | 8722 | 9007 | 9293 | 9579 | 9864 | *0150 | *0435 | *0721 | *1007 |
| 1 | 182 1292 | 1578 | 1863 | 2149 | 2434 | 2720 | 3005 | 3290 | 3576 | 3861 |
| 2 | 4147 | 4432 | 4717 | 5002 | 5288 | 5573 | 5858 | 6143 | 6429 | 6714 |
| 3 | 6999 | 7284 | 7569 | 7854 | 8140 | 8425 | 8710 | 8995 | 9280 | 9565 |
| 4 | 9850 | *0135 | *0420 | *0704 | *0989 | *1274 | *1559 | *1844 | *2129 | *2414 |
| 5 | 183 2698 | 2983 | 3268 | 3553 | 3837 | 4122 | 4407 | 4691 | 4976 | 5261 |
| 6 | 5545 | 5830 | 6114 | 6399 | 6684 | 6968 | 7253 | 7537 | 7822 | 8106 |
| 7 | 8390 | 8675 | 8959 | 9244 | 9528 | 9812 | *0096 | *0381 | *0665 | *0949 |
| 8 | 184 1234 | 1518 | 1802 | 2086 | 2370 | 2654 | 2939 | 3223 | 3507 | 3791 |
| 9 | 4075 | 4359 | 4643 | 4927 | 5211 | 5495 | 5779 | 6063 | 6347 | 6630 |
| 1530 | 6914 | 7198 | 7482 | 7766 | 8050 | 8333 | 8617 | 8901 | 9185 | 9468 |
| 1 | 9752 | *0036 | *0319 | *0603 | *0886 | *1170 | *1454 | *1737 | *2021 | *2304 |
| 2 | 185 2588 | 2871 | 3155 | 3438 | 3721 | 4005 | 4288 | 4572 | 4855 | 5138 |
| 3 | 5422 | 5705 | 5988 | 6271 | 6555 | 6838 | 7121 | 7404 | 7687 | 7970 |
| 4 | 8254 | 8537 | 8820 | 9103 | 9386 | 9669 | 9952 | *0235 | *0518 | *0801 |
| 5 | 186 1084 | 1367 | 1650 | 1932 | 2215 | 2498 | 2781 | 3064 | 3347 | 3629 |
| 6 | 3912 | 4195 | 4478 | 4760 | 5043 | 5326 | 5608 | 5891 | 6174 | 6456 |
| 7 | 6739 | 7021 | 7304 | 7586 | 7869 | 8151 | 8434 | 8716 | 8999 | 9281 |
| 8 | 9563 | 9846 | *0128 | *0410 | *0693 | *0975 | *1257 | *1540 | *1822 | *2104 |
| 9 | 187 2386 | 2668 | 2951 | 3233 | 3515 | 3797 | 4079 | 4361 | 4643 | 4925 |
| 1540 | 5207 | 5489 | 5771 | 6053 | 6335 | 6617 | 6899 | 7181 | 7463 | 7745 |
| 1 | 8026 | 8308 | 8590 | 8872 | 9154 | 9435 | 9717 | 9999 | *0280 | *0562 |
| 2 | 188 0844 | 1125 | 1407 | 1689 | 1970 | 2252 | 2533 | 2815 | 3096 | 3378 |
| 3 | 3659 | 3941 | 4222 | 4504 | 4785 | 5066 | 5348 | 5629 | 5910 | 6192 |
| 4 | 6473 | 6754 | 7035 | 7317 | 7598 | 7879 | 8160 | 8441 | 8723 | 9004 |
| 5 | 9285 | 9566 | 9847 | *0128 | *0409 | *0690 | *0971 | *1252 | *1533 | *1814 |
| 6 | 189 2095 | 2376 | 2657 | 2938 | 3218 | 3499 | 3780 | 4061 | 4342 | 4622 |
| 7 | 4903 | 5184 | 5465 | 5745 | 6026 | 6307 | 6587 | 6868 | 7148 | 7429 |
| 8 | 7710 | 7990 | 8271 | 8551 | 8832 | 9112 | 9393 | 9673 | 9953 | *0234 |
| 9 | 190 0514 | 0795 | 1075 | 1355 | 1636 | 1916 | 2196 | 2476 | 2757 | 3037 |
| N. | 0 | 1 | 2 | 3 | 4 | 5 | 6 | 7 | 8 | 9 |

Diff. et p. p.

| | 290 | 289 |
|---|---|---|
| 1 | 29 | 28,9 |
| 2 | 58 | 57,8 |
| 3 | 87 | 86,7 |
| 4 | 116 | 115,6 |
| 5 | 145 | 144,5 |
| 6 | 174 | 173,4 |
| 7 | 203 | 202,3 |
| 8 | 232 | 231,2 |
| 9 | 261 | 260,1 |

| | 288 | 287 |
|---|---|---|
| 1 | 28,8 | 28,7 |
| 2 | 57,6 | 57,4 |
| 3 | 86,4 | 86,1 |
| 4 | 115,2 | 114,8 |
| 5 | 144,0 | 143,5 |
| 6 | 172,8 | 172,2 |
| 7 | 201,6 | 200,9 |
| 8 | 230,4 | 229,6 |
| 9 | 259,2 | 258,3 |

| | 286 | 285 |
|---|---|---|
| 1 | 28,6 | 28,5 |
| 2 | 57,2 | 57,0 |
| 3 | 85,8 | 85,5 |
| 4 | 114,4 | 114,0 |
| 5 | 143,0 | 142,5 |
| 6 | 171,6 | 171,0 |
| 7 | 200,2 | 199,5 |
| 8 | 228,8 | 228,0 |
| 9 | 257,4 | 256,5 |

| | 284 | 283 |
|---|---|---|
| 1 | 28,4 | 28,3 |
| 2 | 56,8 | 56,6 |
| 3 | 85,2 | 84,9 |
| 4 | 113,6 | 113,2 |
| 5 | 142,0 | 141,5 |
| 6 | 170,4 | 169,8 |
| 7 | 198,8 | 198,1 |
| 8 | 227,2 | 226,4 |
| 9 | 255,6 | 254,7 |

| | 282 | 281 |
|---|---|---|
| 1 | 28,2 | 28,1 |
| 2 | 56,4 | 56,2 |
| 3 | 84,6 | 84,3 |
| 4 | 112,8 | 112,4 |
| 5 | 141,0 | 140,5 |
| 6 | 169,2 | 168,6 |
| 7 | 197,4 | 196,7 |
| 8 | 225,6 | 224,8 |
| 9 | 253,8 | 252,9 |

| | 280 |
|---|---|
| 1 | 28 |
| 2 | 56 |
| 3 | 84 |
| 4 | 112 |
| 5 | 140 |
| 6 | 168 |
| 7 | 196 |
| 8 | 224 |
| 9 | 252 |

| | | | |
|---|---|---|---|
| 15 000" = 4° 10′ 0″ | 1500″ = 25° 0″ | S = $\bar{6}$,685 5710 | T. 5825 |
| 15 100 = 4 11 40 | 1510 = 25 10 | 5710 | 5826 |
| 15 200 = 4 13 20 | 1520 = 25 20 | 5709 | 5827 |
| 15 300 = 4 15 0 | 1530 = 25 30 | 5709 | 5828 |
| 15 400 = 4 16 40 | 1540 = 25 40 | 5708 | 5829 |

| N. | 0 | 1 | 2 | 3 | 4 | 5 | 6 | 7 | 8 | 9 |
|---|---|---|---|---|---|---|---|---|---|---|
| 1550 | 190 3317 | 3597 | 3877 | 4157 | 4438 | 4718 | 4998 | 5278 | 5558 | 5838 |
| 1 | 6118 | 6398 | 6678 | 6958 | 7238 | 7518 | 7798 | 8078 | 8357 | 8637 |
| 2 | 8917 | 9197 | 9477 | 9757 | *0036 | *0316 | *0596 | *0876 | *1155 | *1435 |
| 3 | 191 1715 | 1994 | 2274 | 2553 | 2833 | 3113 | 3392 | 3672 | 3951 | 4231 |
| 4 | 4510 | 4790 | 5069 | 5348 | 5628 | 5907 | 6187 | 6466 | 6745 | 7025 |
| 5 | 7304 | 7583 | 7862 | 8142 | 8421 | 8700 | 8979 | 9259 | 9538 | 9817 |
| 6 | 192 0096 | 0375 | 0654 | 0933 | 1212 | 1491 | 1770 | 2049 | 2328 | 2607 |
| 7 | 2886 | 3165 | 3444 | 3723 | 4002 | 4281 | 4559 | 4838 | 5117 | 5396 |
| 8 | 5675 | 5953 | 6232 | 6511 | 6789 | 7068 | 7347 | 7625 | 7904 | 8183 |
| 9 | 8461 | 8740 | 9018 | 9297 | 9575 | 9854 | *0132 | *0411 | *0689 | *0968 |
| 1560 | 193 1246 | 1524 | 1803 | 2081 | 2359 | 2638 | 2916 | 3194 | 3473 | 3751 |
| 1 | 4029 | 4307 | 4585 | 4864 | 5142 | 5420 | 5698 | 5976 | 6254 | 6532 |
| 2 | 6810 | 7088 | 7366 | 7644 | 7922 | 8200 | 8478 | 8756 | 9034 | 9312 |
| 3 | 9590 | 9868 | *0145 | *0423 | *0701 | *0979 | *1257 | *1534 | *1812 | *2090 |
| 4 | 194 2367 | 2645 | 2923 | 3200 | 3478 | 3756 | 4033 | 4311 | 4588 | 4866 |
| 5 | 5143 | 5421 | 5698 | 5976 | 6253 | 6531 | 6808 | 7086 | 7363 | 7640 |
| 6 | 7918 | 8195 | 8472 | 8749 | 9027 | 9304 | 9581 | 9858 | *0136 | *0413 |
| 7 | 195 0690 | 0967 | 1244 | 1521 | 1798 | 2075 | 2353 | 2630 | 2907 | 3184 |
| 8 | 3461 | 3738 | 4014 | 4291 | 4568 | 4845 | 5122 | 5399 | 5676 | 5953 |
| 9 | 6229 | 6506 | 6783 | 7060 | 7336 | 7613 | 7890 | 8167 | 8443 | 8720 |
| 1570 | 8997 | 9273 | 9550 | 9826 | *0103 | *0379 | *0656 | *0932 | *1209 | *1485 |
| 1 | 196 1762 | 2038 | 2315 | 2591 | 2867 | 3144 | 3420 | 3697 | 3973 | 4249 |
| 2 | 4525 | 4802 | 5078 | 5354 | 5630 | 5907 | 6183 | 6459 | 6735 | 7011 |
| 3 | 7287 | 7563 | 7839 | 8115 | 8391 | 8667 | 8943 | 9219 | 9495 | 9771 |
| 4 | 197 0047 | 0323 | 0599 | 0875 | 1151 | 1427 | 1702 | 1978 | 2254 | 2530 |
| 5 | 2806 | 3081 | 3357 | 3633 | 3908 | 4184 | 4460 | 4735 | 5011 | 5287 |
| 6 | 5562 | 5838 | 6113 | 6389 | 6664 | 6940 | 7215 | 7491 | 7766 | 8042 |
| 7 | 8317 | 8592 | 8868 | 9143 | 9418 | 9694 | 9969 | *0244 | *0520 | *0795 |
| 8 | 198 1070 | 1345 | 1620 | 1896 | 2171 | 2446 | 2721 | 2996 | 3271 | 3546 |
| 9 | 3821 | 4096 | 4371 | 4646 | 4921 | 5196 | 5471 | 5746 | 6021 | 6296 |
| 1580 | 6571 | 6846 | 7121 | 7395 | 7670 | 7945 | 8220 | 8495 | 8769 | 9044 |
| 1 | 9319 | 9593 | 9868 | *0143 | *0417 | *0692 | *0967 | *1241 | *1516 | *1790 |
| 2 | 199 2065 | 2339 | 2614 | 2888 | 3163 | 3437 | 3712 | 3986 | 4260 | 4535 |
| 3 | 4809 | 5083 | 5358 | 5632 | 5906 | 6181 | 6455 | 6729 | 7003 | 7278 |
| 4 | 7552 | 7826 | 8100 | 8374 | 8648 | 8922 | 9197 | 9471 | 9745 | *0019 |
| 5 | 200 0293 | 0567 | 0841 | 1115 | 1389 | 1662 | 1936 | 2210 | 2484 | 2758 |
| 6 | 3032 | 3306 | 3579 | 3853 | 4127 | 4401 | 4674 | 4948 | 5222 | 5496 |
| 7 | 5769 | 6043 | 6317 | 6590 | 6864 | 7137 | 7411 | 7684 | 7958 | 8231 |
| 8 | 8505 | 8778 | 9052 | 9325 | 9599 | 9872 | *0146 | *0419 | *0692 | *0966 |
| 9 | 201 1239 | 1512 | 1786 | 2059 | 2332 | 2605 | 2879 | 3152 | 3425 | 3698 |
| 1590 | 3971 | 4244 | 4517 | 4791 | 5064 | 5337 | 5610 | 5883 | 6156 | 6429 |
| 1 | 6702 | 6975 | 7248 | 7521 | 7794 | 8066 | 8339 | 8612 | 8885 | 9158 |
| 2 | 9431 | 9703 | 9976 | *0249 | *0522 | *0794 | *1067 | *1340 | *1612 | *1885 |
| 3 | 202 2158 | 2430 | 2703 | 2976 | 3248 | 3521 | 3793 | 4066 | 4338 | 4611 |
| 4 | 4883 | 5156 | 5428 | 5700 | 5973 | 6245 | 6518 | 6790 | 7062 | 7335 |
| 5 | 7607 | 7879 | 8151 | 8424 | 8696 | 8968 | 9240 | 9512 | 9785 | *0057 |
| 6 | 203 0329 | 0601 | 0873 | 1145 | 1417 | 1689 | 1961 | 2233 | 2505 | 2777 |
| 7 | 3049 | 3321 | 3593 | 3865 | 4137 | 4409 | 4681 | 4952 | 5224 | 5496 |
| 8 | 5768 | 6040 | 6311 | 6583 | 6855 | 7126 | 7398 | 7670 | 7941 | 8213 |
| 9 | 8485 | 8756 | 9028 | 9299 | 9571 | 9842 | *0114 | *0385 | *0657 | *0928 |
| N. | 0 | 1 | 2 | 3 | 4 | 5 | 6 | 7 | 8 | 9 |

Diff. et p. p.

| | 281 | 280 |
|---|---|---|
| 1 | 28,1 | 28 |
| 2 | 56,2 | 56 |
| 3 | 84,3 | 84 |
| 4 | 112,4 | 112 |
| 5 | 140,5 | 140 |
| 6 | 168,6 | 168 |
| 7 | 196,7 | 196 |
| 8 | 224,8 | 224 |
| 9 | 252,9 | 252 |

| | 279 | 278 |
|---|---|---|
| 1 | 27,9 | 27,8 |
| 2 | 55,8 | 55,6 |
| 3 | 83,7 | 83,4 |
| 4 | 111,6 | 111,2 |
| 5 | 139,5 | 139,0 |
| 6 | 167,4 | 166,8 |
| 7 | 195,3 | 194,6 |
| 8 | 223,2 | 222,4 |
| 9 | 251,1 | 250,2 |

| | 277 | 276 |
|---|---|---|
| 1 | 27,7 | 27,6 |
| 2 | 55,4 | 55,2 |
| 3 | 83,1 | 82,8 |
| 4 | 110,8 | 110,4 |
| 5 | 138,5 | 138,0 |
| 6 | 166,2 | 165,6 |
| 7 | 193,9 | 193,2 |
| 8 | 221,6 | 220,8 |
| 9 | 249,3 | 248,4 |

| | 275 | 274 |
|---|---|---|
| 1 | 27,5 | 27,4 |
| 2 | 55,0 | 54,8 |
| 3 | 82,5 | 82,2 |
| 4 | 110,0 | 109,6 |
| 5 | 137,5 | 137,0 |
| 6 | 165,0 | 164,4 |
| 7 | 192,5 | 191,8 |
| 8 | 220,0 | 219,2 |
| 9 | 247,5 | 246,6 |

| | 273 | 272 |
|---|---|---|
| 1 | 27,3 | 27,2 |
| 2 | 54,6 | 54,4 |
| 3 | 81,9 | 81,6 |
| 4 | 109,2 | 108,8 |
| 5 | 136,5 | 136,0 |
| 6 | 163,8 | 163,2 |
| 7 | 191,1 | 190,4 |
| 8 | 218,4 | 217,6 |
| 9 | 245,7 | 244,8 |

| | 271 |
|---|---|
| 1 | 27,1 |
| 2 | 54,2 |
| 3 | 81,3 |
| 4 | 108,4 |
| 5 | 135,5 |
| 6 | 162,6 |
| 7 | 189,7 |
| 8 | 216,8 |
| 9 | 243,9 |

| | | S | T |
|---|---|---|---|
| 15 500″ = 4° 18′ 20″ | 1550″ = 25′ 50″ | S = 6,685 5708 | T. 5830 |
| 15 600 = 4 20 0 | 1560 = 26 0 | 5707 | 5831 |
| 15 700 = 4 21 40 | 1570 = 26 10 | 5707 | 5833 |
| 15 800 = 4 23 20 | 1580 = 26 20 | 5706 | 5834 |
| 15 900 = 4 25 0 | 1590 = 26 30 | 5706 | 5835 |

| N. | 0 | 1 | 2 | 3 | 4 | 5 | 6 | 7 | 8 | 9 |
|---|---|---|---|---|---|---|---|---|---|---|
| 1600 | 204 1200 | 1471 | 1743 | 2014 | 2285 | 2557 | 2828 | 3099 | 3371 | 3642 |
| 1 | 3913 | 4185 | 4456 | 4727 | 4998 | 5269 | 5541 | 5812 | 6083 | 6354 |
| 2 | 6625 | 6896 | 7167 | 7438 | 7709 | 7980 | 8251 | 8522 | 8793 | 9064 |
| 3 | 9335 | 9606 | 9877 | *0148 | *0419 | *0690 | *0960 | *1231 | *1502 | *1773 |
| 4 | 205 2044 | 2314 | 2585 | 2856 | 3127 | 3397 | 3668 | 3939 | 4209 | 4480 |
| 5 | 4750 | 5021 | 5292 | 5562 | 5833 | 6103 | 6374 | 6644 | 6915 | 7185 |
| 6 | 7455 | 7726 | 7996 | 8267 | 8537 | 8807 | 9078 | 9348 | 9618 | 9889 |
| 7 | 206 0159 | 0429 | 0699 | 0969 | 1240 | 1510 | 1780 | 2050 | 2320 | 2590 |
| 8 | 2860 | 3131 | 3401 | 3671 | 3941 | 4211 | 4481 | 4751 | 5021 | 5291 |
| 9 | 5560 | 5830 | 6100 | 6370 | 6640 | 6910 | 7180 | 7449 | 7719 | 7989 |
| 1610 | 8259 | 8529 | 8798 | 9068 | 9338 | 9607 | 9877 | *0147 | *0416 | *0686 |
| 1 | 207 0955 | 1225 | 1495 | 1764 | 2034 | 2303 | 2573 | 2842 | 3112 | 3381 |
| 2 | 3650 | 3920 | 4189 | 4459 | 4728 | 4997 | 5267 | 5536 | 5805 | 6074 |
| 3 | 6344 | 6613 | 6882 | 7151 | 7421 | 7690 | 7959 | 8228 | 8497 | 8766 |
| 4 | 9035 | 9304 | 9573 | 9842 | *0111 | *0380 | *0649 | *0918 | *1187 | *1456 |
| 5 | 208 1725 | 1994 | 2263 | 2532 | 2801 | 3070 | 3338 | 3607 | 3876 | 4145 |
| 6 | 4414 | 4682 | 4951 | 5220 | 5488 | 5757 | 6026 | 6294 | 6563 | 6832 |
| 7 | 7100 | 7369 | 7637 | 7906 | 8174 | 8443 | 8711 | 8980 | 9248 | 9517 |
| 8 | 9785 | *0054 | *0322 | *0590 | *0859 | *1127 | *1395 | *1664 | *1932 | *2200 |
| 9 | 209 2468 | 2737 | 3005 | 3273 | 3541 | 3810 | 4078 | 4346 | 4614 | 4882 |
| 1620 | 5150 | 5418 | 5686 | 5954 | 6222 | 6490 | 6758 | 7026 | 7294 | 7562 |
| 1 | 7830 | 8098 | 8366 | 8634 | 8902 | 9170 | 9437 | 9705 | 9973 | *0241 |
| 2 | 210 0508 | 0776 | 1044 | 1312 | 1579 | 1847 | 2115 | 2382 | 2650 | 2918 |
| 3 | 3185 | 3453 | 3720 | 3988 | 4255 | 4523 | 4790 | 5058 | 5325 | 5593 |
| 4 | 5860 | 6128 | 6395 | 6662 | 6930 | 7197 | 7464 | 7732 | 7999 | 8266 |
| 5 | 8534 | 8801 | 9068 | 9335 | 9603 | 9870 | *0137 | *0404 | *0671 | *0938 |
| 6 | 211 1205 | 1472 | 1740 | 2007 | 2274 | 2541 | 2808 | 3075 | 3342 | 3609 |
| 7 | 3876 | 4142 | 4409 | 4676 | 4943 | 5210 | 5477 | 5744 | 6010 | 6277 |
| 8 | 6544 | 6811 | 7078 | 7344 | 7611 | 7878 | 8144 | 8411 | 8678 | 8944 |
| 9 | 9211 | 9477 | 9744 | *0011 | *0277 | *0544 | *0810 | *1077 | *1343 | *1610 |
| 1630 | 212 1876 | 2142 | 2409 | 2675 | 2942 | 3208 | 3474 | 3741 | 4007 | 4273 |
| 1 | 4540 | 4806 | 5072 | 5338 | 5605 | 5871 | 6137 | 6403 | 6669 | 6935 |
| 2 | 7202 | 7468 | 7734 | 8000 | 8266 | 8532 | 8798 | 9064 | 9330 | 9596 |
| 3 | 9862 | *0128 | *0394 | *0660 | *0926 | *1191 | *1457 | *1723 | *1989 | *2255 |
| 4 | 213 2521 | 2786 | 3052 | 3318 | 3584 | 3849 | 4115 | 4381 | 4646 | 4912 |
| 5 | 5178 | 5443 | 5709 | 5974 | 6240 | 6505 | 6771 | 7037 | 7302 | 7568 |
| 6 | 7833 | 8098 | 8364 | 8629 | 8895 | 9160 | 9425 | 9691 | 9956 | *0221 |
| 7 | 214 0487 | 0752 | 1017 | 1283 | 1548 | 1813 | 2078 | 2343 | 2609 | 2874 |
| 8 | 3139 | 3404 | 3669 | 3934 | 4199 | 4464 | 4730 | 4995 | 5260 | 5525 |
| 9 | 5790 | 6055 | 6319 | 6584 | 6849 | 7114 | 7379 | 7644 | 7909 | 8174 |
| 1640 | 8438 | 8703 | 8968 | 9233 | 9498 | 9762 | *0027 | *0292 | *0556 | *0821 |
| 1 | 215 1086 | 1350 | 1615 | 1880 | 2144 | 2409 | 2673 | 2938 | 3203 | 3467 |
| 2 | 3732 | 3996 | 4260 | 4525 | 4789 | 5054 | 5318 | 5583 | 5847 | 6111 |
| 3 | 6376 | 6640 | 6904 | 7169 | 7433 | 7697 | 7961 | 8226 | 8490 | 8754 |
| 4 | 9018 | 9282 | 9546 | 9811 | *0075 | *0339 | *0603 | *0867 | *1131 | *1395 |
| 5 | 216 1659 | 1923 | 2187 | 2451 | 2715 | 2979 | 3243 | 3507 | 3771 | 4034 |
| 6 | 4298 | 4562 | 4826 | 5090 | 5354 | 5617 | 5881 | 6145 | 6409 | 6672 |
| 7 | 6936 | 7200 | 7463 | 7727 | 7991 | 8254 | 8518 | 8781 | 9045 | 9309 |
| 8 | 9572 | 9836 | *0099 | *0363 | *0626 | *0890 | *1153 | *1416 | *1680 | *1943 |
| 9 | 217 2207 | 2470 | 2733 | 2997 | 3260 | 3523 | 3786 | 4050 | 4313 | 4576 |
| N. | 0 | 1 | 2 | 3 | 4 | 5 | 6 | 7 | 8 | 9 |

Diff. et p. p.

| | 272 | 271 |
|---|---|---|
| 1 | 27,2 | 27,1 |
| 2 | 54,4 | 54,2 |
| 3 | 81,6 | 81,3 |
| 4 | 108,8 | 108,4 |
| 5 | 136,0 | 135,5 |
| 6 | 163,2 | 162,6 |
| 7 | 190,4 | 189,7 |
| 8 | 217,6 | 216,8 |
| 9 | 244,8 | 243,9 |

| | 270 | 269 |
|---|---|---|
| 1 | 27 | 26,9 |
| 2 | 54 | 53,8 |
| 3 | 81 | 80,7 |
| 4 | 108 | 107,6 |
| 5 | 135 | 134,5 |
| 6 | 162 | 161,4 |
| 7 | 189 | 188,3 |
| 8 | 216 | 215,2 |
| 9 | 243 | 242,1 |

| | 268 | 267 |
|---|---|---|
| 1 | 26,8 | 26,7 |
| 2 | 53,6 | 53,4 |
| 3 | 80,4 | 80,1 |
| 4 | 107,2 | 106,8 |
| 5 | 134,0 | 133,5 |
| 6 | 160,8 | 160,2 |
| 7 | 187,6 | 186,9 |
| 8 | 214,4 | 213,6 |
| 9 | 241,2 | 240,3 |

| | 266 | 265 |
|---|---|---|
| 1 | 26,6 | 26,5 |
| 2 | 53,2 | 53,0 |
| 3 | 79,8 | 79,5 |
| 4 | 106,4 | 106,0 |
| 5 | 133,0 | 132,5 |
| 6 | 159,6 | 159,0 |
| 7 | 186,2 | 185,5 |
| 8 | 212,8 | 212,0 |
| 9 | 239,4 | 238,5 |

| | 264 | 263 |
|---|---|---|
| 1 | 26,4 | 26,3 |
| 2 | 52,8 | 52,6 |
| 3 | 79,2 | 78,9 |
| 4 | 105,6 | 105,2 |
| 5 | 132,0 | 131,5 |
| 6 | 158,4 | 157,8 |
| 7 | 184,8 | 184,1 |
| 8 | 211,2 | 210,4 |
| 9 | 237,6 | 236,7 |

| | | | |
|---|---|---|---|
| 16 000″ = 4° 26′ 40″ | 1600″ = 26′ 40″ | S = $\bar{6}$,685 5705 | T. 5836 |
| 16 100 = 4 28 20 | 1610 = 26 50 | 5705 | 5837 |
| 16 200 = 4 30 0 | 1620 = 27 0 | 5704 | 5838 |
| 16 300 = 4 31 40 | 1630 = 27 10 | 5703 | 5839 |
| 16 400 = 4 33 20 | 1640 = 27 20 | 5703 | 5840 |

| N. | 0 | 1 | 2 | 3 | 4 | 5 | 6 | 7 | 8 | 9 |
|---|---|---|---|---|---|---|---|---|---|---|
| 1650 | 217 4839 | 5103 | 5366 | 5629 | 5892 | 6155 | 6418 | 6682 | 6945 | 7208 |
| 1 | 7471 | 7734 | 7997 | 8260 | 8523 | 8786 | 9049 | 9312 | 9575 | 9838 |
| 2 | 218 0100 | 0363 | 0626 | 0889 | 1152 | 1415 | 1677 | 1940 | 2203 | 2466 |
| 3 | 2729 | 2991 | 3254 | 3517 | 3779 | 4042 | 4305 | 4567 | 4830 | 5092 |
| 4 | 5355 | 5618 | 5880 | 6143 | 6405 | 6668 | 6930 | 7193 | 7455 | 7718 |
| 5 | 7980 | 8242 | 8505 | 8767 | 9030 | 9292 | 9554 | 9816 | *0079 | *0341 |
| 6 | 219 0603 | 0866 | 1128 | 1390 | 1652 | 1914 | 2177 | 2439 | 2701 | 2963 |
| 7 | 3225 | 3487 | 3749 | 4011 | 4273 | 4535 | 4797 | 5059 | 5321 | 5583 |
| 8 | 5845 | 6107 | 6369 | 6631 | 6893 | 7155 | 7417 | 7678 | 7940 | 8202 |
| 9 | 8464 | 8726 | 8987 | 9249 | 9511 | 9773 | *0034 | *0296 | *0558 | *0819 |
| 1660 | 220 1081 | 1342 | 1604 | 1866 | 2127 | 2389 | 2650 | 2912 | 3173 | 3435 |
| 1 | 3696 | 3958 | 4219 | 4481 | 4742 | 5003 | 5265 | 5526 | 5788 | 6049 |
| 2 | 6310 | 6571 | 6833 | 7094 | 7355 | 7617 | 7878 | 8139 | 8400 | 8661 |
| 3 | 8922 | 9184 | 9445 | 9706 | 9967 | *0228 | *0489 | *0750 | *1011 | *1272 |
| 4 | 221 1533 | 1794 | 2055 | 2316 | 2577 | 2838 | 3099 | 3360 | 3621 | 3882 |
| 5 | 4142 | 4403 | 4664 | 4925 | 5186 | 5446 | 5707 | 5968 | 6229 | 6489 |
| 6 | 6750 | 7011 | 7271 | 7532 | 7793 | 8053 | 8314 | 8574 | 8835 | 9095 |
| 7 | 9356 | 9617 | 9877 | *0138 | *0398 | *0658 | *0919 | *1179 | *1440 | *1700 |
| 8 | 222 1960 | 2221 | 2481 | 2741 | 3002 | 3262 | 3522 | 3783 | 4043 | 4303 |
| 9 | 4563 | 4824 | 5084 | 5344 | 5604 | 5864 | 6124 | 6384 | 6645 | 6905 |
| 1670 | 7165 | 7425 | 7685 | 7945 | 8205 | 8465 | 8725 | 8985 | 9245 | 9505 |
| 1 | 9764 | *0024 | *0284 | *0544 | *0804 | *1064 | *1324 | *1583 | *1843 | *2103 |
| 2 | 223 2363 | 2622 | 2882 | 3142 | 3402 | 3661 | 3921 | 4181 | 4440 | 4700 |
| 3 | 4959 | 5219 | 5479 | 5738 | 5998 | 6257 | 6517 | 6776 | 7036 | 7295 |
| 4 | 7555 | 7814 | 8073 | 8333 | 8592 | 8852 | 9111 | 9370 | 9630 | 9889 |
| 5 | 224 0148 | 0407 | 0667 | 0926 | 1185 | 1444 | 1704 | 1963 | 2222 | 2481 |
| 6 | 2740 | 2999 | 3258 | 3517 | 3777 | 4036 | 4295 | 4554 | 4813 | 5072 |
| 7 | 5331 | 5590 | 5849 | 6107 | 6366 | 6625 | 6884 | 7143 | 7402 | 7661 |
| 8 | 7920 | 8178 | 8437 | 8696 | 8955 | 9213 | 9472 | 9731 | 9990 | *0248 |
| 9 | 225 0507 | 0766 | 1024 | 1283 | 1541 | 1800 | 2059 | 2317 | 2576 | 2834 |
| 1680 | 3093 | 3351 | 3610 | 3868 | 4127 | 4385 | 4644 | 4902 | 5160 | 5419 |
| 1 | 5677 | 5935 | 6194 | 6452 | 6710 | 6969 | 7227 | 7485 | 7743 | 8002 |
| 2 | 8260 | 8518 | 8776 | 9034 | 9293 | 9551 | 9809 | *0067 | *0325 | *0583 |
| 3 | 226 0841 | 1099 | 1357 | 1615 | 1873 | 2131 | 2389 | 2647 | 2905 | 3163 |
| 4 | 3421 | 3679 | 3937 | 4194 | 4452 | 4710 | 4968 | 5226 | 5484 | 5741 |
| 5 | 5999 | 6257 | 6515 | 6772 | 7030 | 7288 | 7545 | 7803 | 8060 | 8318 |
| 6 | 8576 | 8833 | 9091 | 9348 | 9606 | 9863 | *0121 | *0378 | *0636 | *0893 |
| 7 | 227 1151 | 1408 | 1666 | 1923 | 2180 | 2438 | 2695 | 2953 | 3210 | 3467 |
| 8 | 3724 | 3982 | 4239 | 4496 | 4753 | 5011 | 5268 | 5525 | 5782 | 6039 |
| 9 | 6296 | 6554 | 6811 | 7068 | 7325 | 7582 | 7839 | 8096 | 8353 | 8610 |
| 1690 | 8867 | 9124 | 9381 | 9638 | 9895 | *0152 | *0409 | *0666 | *0922 | *1179 |
| 1 | 228 1436 | 1693 | 1950 | 2206 | 2463 | 2720 | 2977 | 3233 | 3490 | 3747 |
| 2 | 4004 | 4260 | 4517 | 4774 | 5030 | 5287 | 5543 | 5800 | 6057 | 6313 |
| 3 | 6570 | 6826 | 7083 | 7339 | 7596 | 7852 | 8108 | 8365 | 8621 | 8878 |
| 4 | 9134 | 9390 | 9647 | 9903 | *0159 | *0416 | *0672 | *0928 | *1185 | *1441 |
| 5 | 229 1697 | 1953 | 2209 | 2466 | 2722 | 2978 | 3234 | 3490 | 3746 | 4002 |
| 6 | 4258 | 4515 | 4771 | 5027 | 5283 | 5539 | 5795 | 6051 | 6307 | 6562 |
| 7 | 6818 | 7074 | 7330 | 7586 | 7842 | 8098 | 8354 | 8609 | 8865 | 9121 |
| 8 | 9377 | 9633 | 9888 | *0144 | *0400 | *0656 | *0911 | *1167 | *1423 | *1678 |
| 9 | 230 1934 | 2189 | 2445 | 2701 | 2956 | 3212 | 3467 | 3723 | 3978 | 4234 |
| N. | 0 | 1 | 2 | 3 | 4 | 5 | 6 | 7 | 8 | 9 |

Diff. et p. p.

| | 264 | 263 |
|---|---|---|
| 1 | 26,4 | 26,3 |
| 2 | 52,8 | 52,6 |
| 3 | 79,2 | 78,9 |
| 4 | 105,6 | 105,2 |
| 5 | 132,0 | 131,5 |
| 6 | 158,4 | 157,8 |
| 7 | 184,8 | 184,1 |
| 8 | 211,2 | 210,4 |
| 9 | 237,6 | 236,7 |

| | 262 | 261 |
|---|---|---|
| 1 | 26,2 | 26,1 |
| 2 | 52,4 | 52,2 |
| 3 | 78,6 | 78,3 |
| 4 | 104,8 | 104,4 |
| 5 | 131,0 | 130,5 |
| 6 | 157,2 | 156,6 |
| 7 | 183,4 | 182,7 |
| 8 | 209,6 | 208,8 |
| 9 | 235,8 | 234,9 |

| | 260 | 259 |
|---|---|---|
| 1 | 26 | 25,9 |
| 2 | 52 | 51,8 |
| 3 | 78 | 77,7 |
| 4 | 104 | 103,6 |
| 5 | 130 | 129,5 |
| 6 | 156 | 155,4 |
| 7 | 182 | 181,3 |
| 8 | 208 | 207,2 |
| 9 | 234 | 233,1 |

| | 258 | 257 |
|---|---|---|
| 1 | 25,8 | 25,7 |
| 2 | 51,6 | 51,4 |
| 3 | 77,4 | 77,1 |
| 4 | 103,2 | 102,8 |
| 5 | 129,0 | 128,5 |
| 6 | 154,8 | 154,2 |
| 7 | 180,6 | 179,9 |
| 8 | 206,4 | 205,6 |
| 9 | 232,2 | 231,3 |

| | 256 | 255 |
|---|---|---|
| 1 | 25,6 | 25,5 |
| 2 | 51,2 | 51,0 |
| 3 | 76,8 | 76,5 |
| 4 | 102,4 | 102,0 |
| 5 | 128,0 | 127,5 |
| 6 | 153,6 | 153,0 |
| 7 | 179,2 | 178,5 |
| 8 | 204,8 | 204,0 |
| 9 | 230,4 | 229,5 |

| | | | |
|---|---|---|---|
| 16 500″ = 4° 35′ 0″ | 1650″ = 27′ 30″ | S = $\bar{6}$,685 5702 | T. 5841 |
| 16 600 = 4 36 40 | 1660 = 27 40 | 5702 | 5842 |
| 16 700 = 4 38 20 | 1670 = 27 50 | 5701 | 5844 |
| 16 800 = 4 40 0 | 1680 = 28 0 | 5701 | 5845 |
| 16 900 = 4 41 40 | 1690 = 28 10 | 5700 | 5846 |

| N. | 0 | 1 | 2 | 3 | 4 | 5 | 6 | 7 | 8 | 9 |
|---|---|---|---|---|---|---|---|---|---|---|
| 1700 | 230 4489 | 4745 | 5000 | 5256 | 5511 | 5766 | 6022 | 6277 | 6532 | 6788 |
| 1 | 7043 | 7298 | 7554 | 7809 | 8064 | 8320 | 8575 | 8830 | 9085 | 9340 |
| 2 | 9596 | 9851 | *0106 | *0361 | *0616 | *0871 | *1126 | *1381 | *1636 | *1891 |
| 3 | 231 2146 | 2401 | 2656 | 2911 | 3166 | 3421 | 3676 | 3931 | 4186 | 4441 |
| 4 | 4696 | 4951 | 5206 | 5460 | 5715 | 5970 | 6225 | 6480 | 6734 | 6989 |
| 5 | 7244 | 7499 | 7753 | 8008 | 8263 | 8517 | 8772 | 9026 | 9281 | 9536 |
| 6 | 9790 | *0045 | *0299 | *0554 | *0808 | *1063 | *1317 | *1572 | *1826 | *2081 |
| 7 | 232 2335 | 2590 | 2844 | 3098 | 3353 | 3607 | 3861 | 4116 | 4370 | 4624 |
| 8 | 4879 | 5133 | 5387 | 5641 | 5896 | 6150 | 6404 | 6658 | 6912 | 7166 |
| 9 | 7421 | 7675 | 7929 | 8183 | 8437 | 8691 | 8945 | 9199 | 9453 | 9707 |
| 1710 | 9961 | *0215 | *0469 | *0723 | *0977 | *1231 | *1485 | *1739 | *1992 | *2246 |
| 1 | 233 2500 | 2754 | 3008 | 3262 | 3515 | 3769 | 4023 | 4277 | 4530 | 4784 |
| 2 | 5038 | 5291 | 5545 | 5799 | 6052 | 6306 | 6559 | 6813 | 7067 | 7320 |
| 3 | 7574 | 7827 | 8081 | 8334 | 8588 | 8841 | 9095 | 9348 | 9601 | 9855 |
| 4 | 234 0108 | 0362 | 0615 | 0868 | 1122 | 1375 | 1628 | 1881 | 2135 | 2388 |
| 5 | 2641 | 2894 | 3148 | 3401 | 3654 | 3907 | 4160 | 4414 | 4667 | 4920 |
| 6 | 5173 | 5426 | 5679 | 5932 | 6185 | 6438 | 6691 | 6944 | 7197 | 7450 |
| 7 | 7703 | 7956 | 8209 | 8462 | 8715 | 8967 | 9220 | 9473 | 9726 | 9979 |
| 8 | 235 0232 | 0484 | 0737 | 0990 | 1243 | 1495 | 1748 | 2001 | 2253 | 2506 |
| 9 | 2759 | 3011 | 3264 | 3517 | 3769 | 4022 | 4274 | 4527 | 4779 | 5032 |
| 1720 | 5284 | 5537 | 5789 | 6042 | 6294 | 6547 | 6799 | 7052 | 7304 | 7556 |
| 1 | 7809 | 8061 | 8313 | 8566 | 8818 | 9070 | 9323 | 9575 | 9827 | *0079 |
| 2 | 236 0331 | 0584 | 0836 | 1088 | 1340 | 1592 | 1844 | 2097 | 2349 | 2601 |
| 3 | 2853 | 3105 | 3357 | 3609 | 3861 | 4113 | 4365 | 4617 | 4869 | 5121 |
| 4 | 5373 | 5625 | 5876 | 6128 | 6380 | 6632 | 6884 | 7136 | 7387 | 7639 |
| 5 | 7891 | 8143 | 8394 | 8646 | 8898 | 9150 | 9401 | 9653 | 9905 | *0156 |
| 6 | 237 0408 | 0660 | 0911 | 1163 | 1414 | 1666 | 1917 | 2169 | 2420 | 2672 |
| 7 | 2923 | 3175 | 3426 | 3678 | 3929 | 4181 | 4432 | 4683 | 4935 | 5186 |
| 8 | 5437 | 5689 | 5940 | 6191 | 6443 | 6694 | 6945 | 7196 | 7448 | 7699 |
| 9 | 7950 | 8201 | 8452 | 8703 | 8955 | 9206 | 9457 | 9708 | 9959 | *0210 |
| 1730 | 238 0461 | 0712 | 0963 | 1214 | 1465 | 1716 | 1967 | 2218 | 2469 | 2720 |
| 1 | 2971 | 3222 | 3472 | 3723 | 3974 | 4225 | 4476 | 4727 | 4977 | 5228 |
| 2 | 5479 | 5730 | 5980 | 6231 | 6482 | 6732 | 6983 | 7234 | 7484 | 7735 |
| 3 | 7986 | 8236 | 8487 | 8737 | 8988 | 9238 | 9489 | 9739 | 9990 | *0240 |
| 4 | 239 0491 | 0741 | 0992 | 1242 | 1493 | 1743 | 1993 | 2244 | 2494 | 2744 |
| 5 | 2995 | 3245 | 3495 | 3746 | 3996 | 4246 | 4496 | 4747 | 4997 | 5247 |
| 6 | 5497 | 5747 | 5998 | 6248 | 6498 | 6748 | 6998 | 7248 | 7498 | 7748 |
| 7 | 7998 | 8248 | 8498 | 8748 | 8998 | 9248 | 9498 | 9748 | 9998 | *0248 |
| 8 | 240 0498 | 0748 | 0997 | 1247 | 1497 | 1747 | 1997 | 2247 | 2496 | 2746 |
| 9 | 2996 | 3246 | 3495 | 3745 | 3995 | 4244 | 4494 | 4744 | 4993 | 5243 |
| 1740 | 5492 | 5742 | 5992 | 6241 | 6491 | 6740 | 6990 | 7239 | 7489 | 7738 |
| 1 | 7988 | 8237 | 8487 | 8736 | 8985 | 9235 | 9484 | 9734 | 9983 | *0232 |
| 2 | 241 0482 | 0731 | 0980 | 1229 | 1479 | 1728 | 1977 | 2226 | 2476 | 2725 |
| 3 | 2974 | 3223 | 3472 | 3721 | 3970 | 4220 | 4469 | 4718 | 4967 | 5216 |
| 4 | 5465 | 5714 | 5963 | 6212 | 6461 | 6710 | 6959 | 7208 | 7457 | 7705 |
| 5 | 7954 | 8203 | 8452 | 8701 | 8950 | 9199 | 9447 | 9696 | 9945 | *0194 |
| 6 | 242 0442 | 0691 | 0940 | 1189 | 1437 | 1686 | 1935 | 2183 | 2432 | 2680 |
| 7 | 2929 | 3178 | 3426 | 3675 | 3923 | 4172 | 4420 | 4669 | 4917 | 5166 |
| 8 | 5414 | 5663 | 5911 | 6160 | 6408 | 6656 | 6905 | 7153 | 7401 | 7650 |
| 9 | 7898 | 8146 | 8395 | 8643 | 8891 | 9139 | 9388 | 9636 | 9884 | *0132 |
| N. | 0 | 1 | 2 | 3 | 4 | 5 | 6 | 7 | 8 | 9 |

Diff. et p. p.

| | 256 | 255 |
|---|---|---|
| 1 | 25,6 | 25,5 |
| 2 | 51,2 | 51,0 |
| 3 | 76,8 | 76,5 |
| 4 | 102,4 | 102,0 |
| 5 | 128,0 | 127,5 |
| 6 | 153,6 | 153,0 |
| 7 | 179,2 | 178,5 |
| 8 | 204,8 | 204,0 |
| 9 | 230,4 | 229,5 |

| | 254 | 253 |
|---|---|---|
| 1 | 25,4 | 25,3 |
| 2 | 50,8 | 50,6 |
| 3 | 76,2 | 75,9 |
| 4 | 101,6 | 101,2 |
| 5 | 127,0 | 126,5 |
| 6 | 152,4 | 151,8 |
| 7 | 177,8 | 177,1 |
| 8 | 203,2 | 202,4 |
| 9 | 228,6 | 227,7 |

| | 252 | 251 |
|---|---|---|
| 1 | 25,2 | 25,1 |
| 2 | 50,4 | 50,2 |
| 3 | 75,6 | 75,3 |
| 4 | 100,8 | 100,4 |
| 5 | 126,0 | 125,5 |
| 6 | 151,2 | 150,6 |
| 7 | 176,4 | 175,7 |
| 8 | 201,6 | 200,8 |
| 9 | 226,8 | 225,9 |

| | 250 | 249 |
|---|---|---|
| 1 | 25 | 24,9 |
| 2 | 50 | 49,8 |
| 3 | 75 | 74,7 |
| 4 | 100 | 99,6 |
| 5 | 125 | 124,5 |
| 6 | 150 | 149,4 |
| 7 | 175 | 174,3 |
| 8 | 200 | 199,2 |
| 9 | 225 | 224,1 |

| | 248 |
|---|---|
| 1 | 24,8 |
| 2 | 49,6 |
| 3 | 74,4 |
| 4 | 99,2 |
| 5 | 124,0 |
| 6 | 148,8 |
| 7 | 173,6 |
| 8 | 198,4 |
| 9 | 223,2 |

| | | | |
|---|---|---|---|
| 17000″ = 4° 43′ 20″ | 1700″ = 28′ 20″ | S = $\bar{6}$,685 5700 | T. 5847 |
| 17100 = 4 45 0 | 1710 = 28 30 | 5699 | 5848 |
| 17200 = 4 46 40 | 1720 = 28 40 | 5698 | 5849 |
| 17300 = 4 48 20 | 1730 = 28 50 | 5698 | 5851 |
| 17400 = 4 50 0 | 1740 = 29 0 | 5697 | 5852 |

| N. | 0 | 1 | 2 | 3 | 4 | 5 | 6 | 7 | 8 | 9 |
|---|---|---|---|---|---|---|---|---|---|---|
| 1750 | 243 0380 | 0629 | 0877 | 1125 | 1373 | 1621 | 1869 | 2117 | 2365 | 2613 |
| 1 | 2861 | 3109 | 3357 | 3605 | 3853 | 4101 | 4349 | 4597 | 4845 | 5093 |
| 2 | 5341 | 5589 | 5837 | 6085 | 6332 | 6580 | 6828 | 7076 | 7324 | 7571 |
| 3 | 7819 | 8067 | 8315 | 8562 | 8810 | 9058 | 9305 | 9553 | 9801 | *0048 |
| 4 | 244 0296 | 0543 | 0791 | 1039 | 1286 | 1534 | 1781 | 2029 | 2276 | 2524 |
| 5 | 2771 | 3019 | 3266 | 3514 | 3761 | 4008 | 4256 | 4503 | 4750 | 4998 |
| 6 | 5245 | 5492 | 5740 | 5987 | 6234 | 6482 | 6729 | 6976 | 7223 | 7470 |
| 7 | 7718 | 7965 | 8212 | 8459 | 8706 | 8953 | 9200 | 9448 | 9695 | 9942 |
| 8 | 245 0189 | 0436 | 0683 | 0930 | 1177 | 1424 | 1671 | 1918 | 2165 | 2411 |
| 9 | 2658 | 2905 | 3152 | 3399 | 3646 | 3893 | 4140 | 4386 | 4633 | 4880 |
| 1760 | 5127 | 5373 | 5620 | 5867 | 6114 | 6360 | 6607 | 6854 | 7100 | 7347 |
| 1 | 7594 | 7840 | 8087 | 8333 | 8580 | 8826 | 9073 | 9320 | 9566 | 9813 |
| 2 | 246 0059 | 0306 | 0552 | 0798 | 1045 | 1291 | 1538 | 1784 | 2030 | 2277 |
| 3 | 2523 | 2769 | 3016 | 3262 | 3508 | 3755 | 4001 | 4247 | 4493 | 4740 |
| 4 | 4986 | 5232 | 5478 | 5724 | 5970 | 6217 | 6463 | 6709 | 6955 | 7201 |
| 5 | 7447 | 7693 | 7939 | 8185 | 8431 | 8677 | 8923 | 9169 | 9415 | 9661 |
| 6 | 9907 | *0153 | *0399 | *0645 | *0891 | *1136 | *1382 | *1628 | *1874 | *2120 |
| 7 | 247 2365 | 2611 | 2857 | 3103 | 3349 | 3594 | 3840 | 4086 | 4331 | 4577 |
| 8 | 4823 | 5068 | 5314 | 5559 | 5805 | 6051 | 6296 | 6542 | 6787 | 7033 |
| 9 | 7278 | 7524 | 7769 | 8015 | 8260 | 8506 | 8751 | 8997 | 9242 | 9487 |
| 1770 | 9733 | 9978 | *0223 | *0469 | *0714 | *0959 | *1205 | *1450 | *1695 | *1940 |
| 1 | 248 2186 | 2431 | 2676 | 2921 | 3166 | 3412 | 3657 | 3902 | 4147 | 4392 |
| 2 | 4637 | 4882 | 5127 | 5372 | 5617 | 5862 | 6107 | 6352 | 6597 | 6842 |
| 3 | 7087 | 7332 | 7577 | 7822 | 8067 | 8312 | 8557 | 8802 | 9047 | 9291 |
| 4 | 9536 | 9781 | *0026 | *0271 | *0515 | *0760 | *1005 | *1249 | *1494 | *1739 |
| 5 | 249 1984 | 2228 | 2473 | 2718 | 2962 | 3207 | 3451 | 3696 | 3941 | 4185 |
| 6 | 4430 | 4674 | 4919 | 5163 | 5408 | 5652 | 5897 | 6141 | 6385 | 6630 |
| 7 | 6874 | 7119 | 7363 | 7607 | 7852 | 8096 | 8340 | 8585 | 8829 | 9073 |
| 8 | 9318 | 9562 | 9806 | *0050 | *0294 | *0539 | *0783 | *1027 | *1271 | *1515 |
| 9 | 250 1759 | 2004 | 2248 | 2492 | 2736 | 2980 | 3224 | 3468 | 3712 | 3956 |
| 1780 | 4200 | 4444 | 4688 | 4932 | 5176 | 5420 | 5664 | 5908 | 6151 | 6395 |
| 1 | 6639 | 6883 | 7127 | 7371 | 7614 | 7858 | 8102 | 8346 | 8590 | 8833 |
| 2 | 9077 | 9321 | 9564 | 9808 | *0052 | *0295 | *0539 | *0783 | *1026 | *1270 |
| 3 | 251 1513 | 1757 | 2001 | 2244 | 2488 | 2731 | 2975 | 3218 | 3462 | 3705 |
| 4 | 3949 | 4192 | 4435 | 4679 | 4922 | 5166 | 5409 | 5652 | 5896 | 6139 |
| 5 | 6382 | 6625 | 6869 | 7112 | 7355 | 7599 | 7842 | 8085 | 8328 | 8571 |
| 6 | 8815 | 9058 | 9301 | 9544 | 9787 | *0030 | *0273 | *0516 | *0759 | *1002 |
| 7 | 252 1246 | 1489 | 1732 | 1975 | 2218 | 2461 | 2703 | 2946 | 3189 | 3432 |
| 8 | 3675 | 3918 | 4161 | 4404 | 4647 | 4889 | 5132 | 5375 | 5618 | 5861 |
| 9 | 6103 | 6346 | 6589 | 6832 | 7074 | 7317 | 7560 | 7802 | 8045 | 8288 |
| 1790 | 8530 | 8773 | 9016 | 9258 | 9501 | 9743 | 9986 | *0228 | *0471 | *0713 |
| 1 | 253 0956 | 1198 | 1441 | 1683 | 1926 | 2168 | 2411 | 2653 | 2895 | 3138 |
| 2 | 3380 | 3622 | 3865 | 4107 | 4349 | 4592 | 4834 | 5076 | 5318 | 5561 |
| 3 | 5803 | 6045 | 6287 | 6529 | 6772 | 7014 | 7256 | 7498 | 7740 | 7982 |
| 4 | 8224 | 8466 | 8709 | 8951 | 9193 | 9435 | 9677 | 9919 | *0161 | *0403 |
| 5 | 254 0645 | 0886 | 1128 | 1370 | 1612 | 1854 | 2096 | 2338 | 2580 | 2822 |
| 6 | 3063 | 3305 | 3547 | 3789 | 4030 | 4272 | 4514 | 4756 | 4997 | 5239 |
| 7 | 5481 | 5722 | 5964 | 6206 | 6447 | 6689 | 6931 | 7172 | 7414 | 7655 |
| 8 | 7897 | 8138 | 8380 | 8621 | 8863 | 9104 | 9346 | 9587 | 9829 | *0070 |
| 9 | 255 0312 | 0553 | 0794 | 1036 | 1277 | 1519 | 1760 | 2001 | 2242 | 2484 |
| N. | 0 | 1 | 2 | 3 | 4 | 5 | 6 | 7 | 8 | 9 |

Diff. et p. p.

| | 249 | 248 |
|---|---|---|
| 1 | 24,9 | 24,8 |
| 2 | 49,8 | 49,6 |
| 3 | 74,7 | 74,4 |
| 4 | 99,6 | 99,2 |
| 5 | 124,5 | 124,0 |
| 6 | 149,4 | 148,8 |
| 7 | 174,3 | 173,6 |
| 8 | 199,2 | 198,4 |
| 9 | 224,1 | 223,2 |

| | 247 | 246 |
|---|---|---|
| 1 | 24,7 | 24,6 |
| 2 | 49,4 | 49,2 |
| 3 | 74,1 | 73,8 |
| 4 | 98,8 | 98,4 |
| 5 | 123,5 | 123,0 |
| 6 | 148,2 | 147,6 |
| 7 | 172,9 | 172,2 |
| 8 | 197,6 | 196,8 |
| 9 | 222,3 | 221,4 |

| | 245 | 244 |
|---|---|---|
| 1 | 24,5 | 24,4 |
| 2 | 49,0 | 48,8 |
| 3 | 73,5 | 73,2 |
| 4 | 98,0 | 97,6 |
| 5 | 122,5 | 122,0 |
| 6 | 147,0 | 146,4 |
| 7 | 171,5 | 170,8 |
| 8 | 196,0 | 195,2 |
| 9 | 220,5 | 219,6 |

| | 243 | 242 |
|---|---|---|
| 1 | 24,3 | 24,2 |
| 2 | 48,6 | 48,4 |
| 3 | 72,9 | 72,6 |
| 4 | 97,2 | 96,8 |
| 5 | 121,5 | 121,0 |
| 6 | 145,8 | 145,2 |
| 7 | 170,1 | 169,4 |
| 8 | 194,4 | 193,6 |
| 9 | 218,7 | 217,8 |

| | 241 |
|---|---|
| 1 | 24,1 |
| 2 | 48,2 |
| 3 | 72,3 |
| 4 | 96,4 |
| 5 | 120,5 |
| 6 | 144,6 |
| 7 | 168,7 |
| 8 | 192,8 |
| 9 | 216,9 |

| | | | |
|---|---|---|---|
| 17 500″ = 4° 51′ 40″ | 1750″ = 29′ 10″ | S = $\bar{6}$, 685 5697 | T. 5853 |
| 17 600 = 4 53 20 | 1760 = 29 20 | 5696 | 5854 |
| 17 700 = 4 55 0 | 1770 = 29 30 | 5695 | 5855 |
| 17 800 = 4 56 40 | 1780 = 29 40 | 5695 | 5856 |
| 17 900 = 4 58 20 | 1790 = 29 50 | 5694 | 5858 |

| N. | 0 | 1 | 2 | 3 | 4 | 5 | 6 | 7 | 8 | 9 |
|---|---|---|---|---|---|---|---|---|---|---|
| 1800 | 255 2725 | 2966 | 3208 | 3449 | 3690 | 3931 | 4172 | 4414 | 4655 | 4896 |
| 1 | 5137 | 5378 | 5619 | 5860 | 6102 | 6343 | 6584 | 6825 | 7066 | 7307 |
| 2 | 7548 | 7789 | 8030 | 8271 | 8512 | 8753 | 8994 | 9235 | 9475 | 9716 |
| 3 | 9957 | *0198 | *0439 | *0680 | *0921 | *1161 | *1402 | *1643 | *1884 | *2125 |
| 4 | 256 2365 | 2606 | 2847 | 3087 | 3328 | 3569 | 3810 | 4050 | 4291 | 4531 |
| 5 | 4772 | 5013 | 5253 | 5494 | 5734 | 5975 | 6215 | 6456 | 6696 | 6937 |
| 6 | 7177 | 7418 | 7658 | 7899 | 8139 | 8380 | 8620 | 8860 | 9101 | 9341 |
| 7 | 9582 | 9822 | *0062 | *0302 | *0543 | *0783 | *1023 | *1264 | *1504 | *1744 |
| 8 | 257 1984 | 2224 | 2465 | 2705 | 2945 | 3185 | 3425 | 3665 | 3905 | 4146 |
| 9 | 4386 | 4626 | 4866 | 5106 | 5346 | 5586 | 5826 | 6066 | 6306 | 6546 |
| 1810 | 6786 | 7026 | 7266 | 7506 | 7745 | 7985 | 8225 | 8465 | 8705 | 8945 |
| 1 | 9185 | 9424 | 9664 | 9904 | *0144 | *0383 | *0623 | *0863 | *1103 | *1342 |
| 2 | 258 1582 | 1822 | 2061 | 2301 | 2541 | 2780 | 3020 | 3259 | 3499 | 3738 |
| 3 | 3978 | 4218 | 4457 | 4697 | 4936 | 5176 | 5415 | 5655 | 5894 | 6133 |
| 4 | 6373 | 6612 | 6852 | 7091 | 7330 | 7570 | 7809 | 8048 | 8288 | 8527 |
| 5 | 8766 | 9006 | 9245 | 9484 | 9723 | 9963 | *0202 | *0441 | *0680 | *0919 |
| 6 | 259 1158 | 1398 | 1637 | 1876 | 2115 | 2354 | 2593 | 2832 | 3071 | 3310 |
| 7 | 3549 | 3788 | 4027 | 4266 | 4505 | 4744 | 4983 | 5222 | 5461 | 5700 |
| 8 | 5939 | 6178 | 6417 | 6655 | 6894 | 7133 | 7372 | 7611 | 7849 | 8088 |
| 9 | 8327 | 8566 | 8804 | 9043 | 9282 | 9521 | 9759 | 9998 | *0237 | *0475 |
| 1820 | 260 0714 | 0952 | 1191 | 1430 | 1668 | 1907 | 2145 | 2384 | 2622 | 2861 |
| 1 | 3099 | 3338 | 3576 | 3815 | 4053 | 4292 | 4530 | 4769 | 5007 | 5245 |
| 2 | 5484 | 5722 | 5960 | 6199 | 6437 | 6675 | 6914 | 7152 | 7390 | 7628 |
| 3 | 7867 | 8105 | 8343 | 8581 | 8820 | 9058 | 9296 | 9534 | 9772 | *0010 |
| 4 | 261 0248 | 0486 | 0725 | 0963 | 1201 | 1439 | 1677 | 1915 | 2153 | 2391 |
| 5 | 2629 | 2867 | 3105 | 3343 | 3580 | 3818 | 4056 | 4294 | 4532 | 4770 |
| 6 | 5008 | 5246 | 5483 | 5721 | 5959 | 6197 | 6435 | 6672 | 6910 | 7148 |
| 7 | 7385 | 7623 | 7861 | 8099 | 8336 | 8574 | 8811 | 9049 | 9287 | 9524 |
| 8 | 9762 | 9999 | *0237 | *0475 | *0712 | *0950 | *1187 | *1425 | *1662 | *1900 |
| 9 | 262 2137 | 2374 | 2612 | 2849 | 3087 | 3324 | 3562 | 3799 | 4036 | 4274 |
| 1830 | 4511 | 4748 | 4986 | 5223 | 5460 | 5697 | 5935 | 6172 | 6409 | 6646 |
| 1 | 6883 | 7121 | 7358 | 7595 | 7832 | 8069 | 8306 | 8543 | 8781 | 9018 |
| 2 | 9255 | 9492 | 9729 | 9966 | *0203 | *0440 | *0677 | *0914 | *1151 | *1388 |
| 3 | 263 1625 | 1862 | 2098 | 2335 | 2572 | 2809 | 3046 | 3283 | 3520 | 3757 |
| 4 | 3993 | 4230 | 4467 | 4704 | 4940 | 5177 | 5414 | 5651 | 5887 | 6124 |
| 5 | 6361 | 6597 | 6834 | 7071 | 7307 | 7544 | 7780 | 8017 | 8254 | 8490 |
| 6 | 8727 | 8963 | 9200 | 9436 | 9673 | 9909 | *0146 | *0382 | *0619 | *0855 |
| 7 | 264 1092 | 1328 | 1564 | 1801 | 2037 | 2273 | 2510 | 2746 | 2982 | 3219 |
| 8 | 3455 | 3691 | 3928 | 4164 | 4400 | 4636 | 4873 | 5109 | 5345 | 5581 |
| 9 | 5817 | 6053 | 6290 | 6526 | 6762 | 6998 | 7234 | 7470 | 7706 | 7942 |
| 1840 | 8178 | 8414 | 8650 | 8886 | 9122 | 9358 | 9594 | 9830 | *0066 | *0302 |
| 1 | 265 0538 | 0774 | 1010 | 1246 | 1481 | 1717 | 1953 | 2189 | 2425 | 2660 |
| 2 | 2896 | 3132 | 3368 | 3604 | 3839 | 4075 | 4311 | 4546 | 4782 | 5018 |
| 3 | 5253 | 5489 | 5725 | 5960 | 6196 | 6431 | 6667 | 6903 | 7138 | 7374 |
| 4 | 7609 | 7845 | 8080 | 8316 | 8551 | 8787 | 9022 | 9257 | 9493 | 9728 |
| 5 | 9964 | *0199 | *0434 | *0670 | *0905 | *1140 | *1376 | *1611 | *1846 | *2082 |
| 6 | 266 2317 | 2552 | 2787 | 3023 | 3258 | 3493 | 3728 | 3963 | 4199 | 4434 |
| 7 | 4669 | 4904 | 5139 | 5374 | 5609 | 5844 | 6080 | 6315 | 6550 | 6785 |
| 8 | 7020 | 7255 | 7490 | 7725 | 7960 | 8195 | 8429 | 8664 | 8899 | 9134 |
| 9 | 9369 | 9604 | 9839 | *0074 | *0309 | *0543 | *0778 | *1013 | *1248 | *1483 |
| N. | 0 | 1 | 2 | 3 | 4 | 5 | 6 | 7 | 8 | 9 |

Diff. et p. p.

| | 242 | 241 |
|---|---|---|
| 1 | 24,2 | 24,1 |
| 2 | 48,4 | 48,2 |
| 3 | 72,6 | 72,3 |
| 4 | 96,8 | 96,4 |
| 5 | 121,0 | 120,5 |
| 6 | 145,2 | 144,6 |
| 7 | 169,4 | 168,7 |
| 8 | 193,6 | 192,8 |
| 9 | 217,8 | 216,9 |

| | 240 | 239 |
|---|---|---|
| 1 | 24 | 23,9 |
| 2 | 48 | 47,8 |
| 3 | 72 | 71,7 |
| 4 | 96 | 95,6 |
| 5 | 120 | 119,5 |
| 6 | 144 | 143,4 |
| 7 | 168 | 167,3 |
| 8 | 192 | 191,2 |
| 9 | 216 | 215,1 |

| | 238 | 237 |
|---|---|---|
| 1 | 23,8 | 23,7 |
| 2 | 47,6 | 47,4 |
| 3 | 71,4 | 71,1 |
| 4 | 95,2 | 94,8 |
| 5 | 119,0 | 118,5 |
| 6 | 142,8 | 142,2 |
| 7 | 166,6 | 165,9 |
| 8 | 190,4 | 189,6 |
| 9 | 214,2 | 213,3 |

| | 236 | 235 |
|---|---|---|
| 1 | 23,6 | 23,5 |
| 2 | 47,2 | 47,0 |
| 3 | 70,8 | 70,5 |
| 4 | 94,4 | 94,0 |
| 5 | 118,0 | 117,5 |
| 6 | 141,6 | 141,0 |
| 7 | 165,2 | 164,5 |
| 8 | 188,8 | 188,0 |
| 9 | 212,4 | 211,5 |

| | 234 |
|---|---|
| 1 | 23,4 |
| 2 | 46,8 |
| 3 | 70,2 |
| 4 | 93,6 |
| 5 | 117,0 |
| 6 | 140,4 |
| 7 | 163,8 |
| 8 | 187,2 |
| 9 | 210,6 |

| | | | |
|---|---|---|---|
| 18 000″ = 5° 0′ 0″ | 1800″ = 30′ 0″ | S = $\bar{6}$,685 5694 | T. 5859 |
| 18 100 = 5 1 40 | 1810 = 30 10 | 5693 | 5860 |
| 18 200 = 5 3 20 | 1820 = 30 20 | 5692 | 5861 |
| 18 300 = 5 5 0 | 1830 = 30 30 | 5692 | 5863 |
| 18 400 = 5 6 40 | 1840 = 30 40 | 5691 | 5864 |

| N. | 0 | 1 | 2 | 3 | 4 | 5 | 6 | 7 | 8 | 9 |
|---|---|---|---|---|---|---|---|---|---|---|
| **1850** | 267 1717 | 1952 | 2187 | 2421 | 2656 | 2891 | 3126 | 3360 | 3595 | 3830 |
| 1 | 4064 | 4299 | 4533 | 4768 | 5003 | 5237 | 5472 | 5706 | 5941 | 6175 |
| 2 | 6410 | 6644 | 6879 | 7113 | 7348 | 7582 | 7817 | 8051 | 8285 | 8520 |
| 3 | 8754 | 8989 | 9223 | 9457 | 9692 | 9926 | *0160 | *0394 | *0629 | *0863 |
| 4 | 268 1097 | 1332 | 1566 | 1800 | 2034 | 2268 | 2503 | 2737 | 2971 | 3205 |
| 5 | 3439 | 3673 | 3907 | 4141 | 4376 | 4610 | 4844 | 5078 | 5312 | 5546 |
| 6 | 5780 | 6014 | 6248 | 6482 | 6716 | 6950 | 7183 | 7417 | 7651 | 7885 |
| 7 | 8119 | 8353 | 8587 | 8821 | 9054 | 9288 | 9522 | 9756 | 9990 | *0223 |
| 8 | 269 0457 | 0691 | 0925 | 1158 | 1392 | 1626 | 1859 | 2093 | 2327 | 2560 |
| 9 | 2794 | 3028 | 3261 | 3495 | 3728 | 3962 | 4195 | 4429 | 4662 | 4896 |
| **1860** | 5129 | 5363 | 5596 | 5830 | 6063 | 6297 | 6530 | 6764 | 6997 | 7230 |
| 1 | 7464 | 7697 | 7930 | 8164 | 8397 | 8630 | 8864 | 9097 | 9330 | 9564 |
| 2 | 9797 | *0030 | *0263 | *0496 | *0730 | *0963 | *1196 | *1429 | *1662 | *1895 |
| 3 | 270 2129 | 2362 | 2595 | 2828 | 3061 | 3294 | 3527 | 3760 | 3993 | 4226 |
| 4 | 4459 | 4692 | 4925 | 5158 | 5391 | 5624 | 5857 | 6090 | 6323 | 6555 |
| 5 | 6788 | 7021 | 7254 | 7487 | 7720 | 7953 | 8185 | 8418 | 8651 | 8884 |
| 6 | 9116 | 9349 | 9582 | 9815 | *0047 | *0280 | *0513 | *0745 | *0978 | *1211 |
| 7 | 271 1443 | 1676 | 1908 | 2141 | 2374 | 2606 | 2839 | 3071 | 3304 | 3536 |
| 8 | 3769 | 4001 | 4234 | 4466 | 4699 | 4931 | 5163 | 5396 | 5628 | 5861 |
| 9 | 6093 | 6325 | 6558 | 6790 | 7022 | 7255 | 7487 | 7719 | 7952 | 8184 |
| **1870** | 8416 | 8648 | 8881 | 9113 | 9345 | 9577 | 9809 | *0041 | *0274 | *0506 |
| 1 | 272 0738 | 0970 | 1202 | 1434 | 1666 | 1898 | 2130 | 2362 | 2594 | 2826 |
| 2 | 3058 | 3290 | 3522 | 3754 | 3986 | 4218 | 4450 | 4682 | 4914 | 5146 |
| 3 | 5378 | 5610 | 5841 | 6073 | 6305 | 6537 | 6769 | 7001 | 7232 | 7464 |
| 4 | 7696 | 7928 | 8159 | 8391 | 8623 | 8854 | 9086 | 9318 | 9549 | 9781 |
| 5 | 273 0013 | 0244 | 0476 | 0708 | 0939 | 1171 | 1402 | 1634 | 1865 | 2097 |
| 6 | 2328 | 2560 | 2791 | 3023 | 3254 | 3486 | 3717 | 3949 | 4180 | 4411 |
| 7 | 4643 | 4874 | 5105 | 5337 | 5568 | 5799 | 6031 | 6262 | 6493 | 6725 |
| 8 | 6956 | 7187 | 7418 | 7650 | 7881 | 8112 | 8343 | 8574 | 8806 | 9037 |
| 9 | 9268 | 9499 | 9730 | 9961 | *0192 | *0423 | *0654 | *0885 | *1116 | *1347 |
| **1880** | 274 1578 | 1809 | 2040 | 2271 | 2502 | 2733 | 2964 | 3195 | 3426 | 3657 |
| 1 | 3888 | 4119 | 4350 | 4581 | 4811 | 5042 | 5273 | 5504 | 5735 | 5965 |
| 2 | 6196 | 6427 | 6658 | 6888 | 7119 | 7350 | 7581 | 7811 | 8042 | 8273 |
| 3 | 8503 | 8734 | 8964 | 9195 | 9426 | 9656 | 9887 | *0117 | *0348 | *0578 |
| 4 | 275 0809 | 1039 | 1270 | 1500 | 1731 | 1961 | 2192 | 2422 | 2653 | 2883 |
| 5 | 3114 | 3344 | 3574 | 3805 | 4035 | 4265 | 4496 | 4726 | 4956 | 5187 |
| 6 | 5417 | 5647 | 5877 | 6108 | 6338 | 6568 | 6798 | 7028 | 7259 | 7489 |
| 7 | 7719 | 7949 | 8179 | 8409 | 8640 | 8870 | 9100 | 9330 | 9560 | 9790 |
| 8 | 276 0020 | 0250 | 0480 | 0710 | 0940 | 1170 | 1400 | 1630 | 1860 | 2090 |
| 9 | 2320 | 2549 | 2779 | 3009 | 3239 | 3469 | 3699 | 3929 | 4158 | 4388 |
| **1890** | 4618 | 4848 | 5078 | 5307 | 5537 | 5767 | 5997 | 6226 | 6456 | 6686 |
| 1 | 6915 | 7145 | 7375 | 7604 | 7834 | 8063 | 8293 | 8523 | 8752 | 8982 |
| 2 | 9211 | 9441 | 9670 | 9900 | *0129 | *0359 | *0588 | *0818 | *1047 | *1277 |
| 3 | 277 1506 | 1736 | 1965 | 2194 | 2424 | 2653 | 2882 | 3112 | 3341 | 3570 |
| 4 | 3800 | 4029 | 4258 | 4488 | 4717 | 4946 | 5175 | 5405 | 5634 | 5863 |
| 5 | 6092 | 6321 | 6550 | 6780 | 7009 | 7238 | 7467 | 7696 | 7925 | 8154 |
| 6 | 8383 | 8612 | 8841 | 9070 | 9299 | 9528 | 9757 | 9986 | *0215 | *0444 |
| 7 | 278 0673 | 0902 | 1131 | 1360 | 1589 | 1818 | 2047 | 2276 | 2504 | 2733 |
| 8 | 2962 | 3191 | 3420 | 3648 | 3877 | 4106 | 4335 | 4564 | 4792 | 5021 |
| 9 | 5250 | 5478 | 5707 | 5936 | 6164 | 6393 | 6622 | 6850 | 7079 | 7307 |
| N. | 0 | 1 | 2 | 3 | 4 | 5 | 6 | 7 | 8 | 9 |

Diff. et p. p.

| | 235 | 234 |
|---|---|---|
| 1 | 23,5 | 23,4 |
| 2 | 47,0 | 46,8 |
| 3 | 70,5 | 70,2 |
| 4 | 94,0 | 93,6 |
| 5 | 117,5 | 117,0 |
| 6 | 141,0 | 140,4 |
| 7 | 164,5 | 163,8 |
| 8 | 188,0 | 187,2 |
| 9 | 211,5 | 210,6 |

| | 233 | 232 |
|---|---|---|
| 1 | 23,3 | 23,2 |
| 2 | 46,6 | 46.4 |
| 3 | 69,9 | 69,6 |
| 4 | 93,2 | 92,8 |
| 5 | 116,5 | 116,0 |
| 6 | 139,8 | 139,2 |
| 7 | 163,1 | 162,4 |
| 8 | 186,4 | 185,6 |
| 9 | 209,7 | 208,8 |

| | 231 | 230 |
|---|---|---|
| 1 | 23,1 | 23 |
| 2 | 46,2 | 46 |
| 3 | 69,3 | 69 |
| 4 | 92,4 | 92 |
| 5 | 115,5 | 115 |
| 6 | 138,6 | 138 |
| 7 | 161,7 | 161 |
| 8 | 184,8 | 184 |
| 9 | 207,9 | 207 |

| | 229 | 228 |
|---|---|---|
| 1 | 22,9 | 22,8 |
| 2 | 45,8 | 45,6 |
| 3 | 68,7 | 68,4 |
| 4 | 91,6 | 91,2 |
| 5 | 114,5 | 114,0 |
| 6 | 137,4 | 136,8 |
| 7 | 160,3 | 159,6 |
| 8 | 183,2 | 182,4 |
| 9 | 206,1 | 205,2 |

| | | S | T |
|---|---|---|---|
| 18 500″ = 5° 8′ 20″ | 1850″ = 30′ 50″ | S = $\bar{6}$,685 5690 | T. 5865 |
| 18 600 = 5 10 0 | 1860 = 31 0 | 5690 | 5866 |
| 18 700 = 5 11 40 | 1870 = 31 10 | 5689 | 5868 |
| 18 800 = 5 13 20 | 1880 = 31 20 | 5689 | 5869 |
| 18 900 = 5 15 0 | 1890 = 31 30 | 5688 | 5870 |

| N. | 0 | 1 | 2 | 3 | 4 | 5 | 6 | 7 | 8 | 9 |
|---|---|---|---|---|---|---|---|---|---|---|
| 1900 | 278 7536 | 7765 | 7993 | 8222 | 8450 | 8679 | 8907 | 9136 | 9364 | 9593 |
| 1 | 9821 | *0050 | *0278 | *0506 | *0735 | *0963 | *1192 | *1420 | *1648 | *1877 |
| 2 | 279 2105 | 2333 | 2562 | 2790 | 3018 | 3247 | 3475 | 3703 | 3931 | 4160 |
| 3 | 4388 | 4616 | 4844 | 5072 | 5301 | 5529 | 5757 | 5985 | 6213 | 6441 |
| 4 | 6669 | 6898 | 7126 | 7354 | 7582 | 7810 | 8038 | 8266 | 8494 | 8722 |
| 5 | 8950 | 9178 | 9406 | 9634 | 9862 | *0090 | *0317 | *0545 | *0773 | *1001 |
| 6 | 280 1229 | 1457 | 1685 | 1912 | 2140 | 2368 | 2596 | 2824 | 3051 | 3279 |
| 7 | 3507 | 3735 | 3962 | 4190 | 4418 | 4645 | 4873 | 5101 | 5328 | 5556 |
| 8 | 5784 | 6011 | 6239 | 6467 | 6694 | 6922 | 7149 | 7377 | 7604 | 7832 |
| 9 | 8059 | 8287 | 8514 | 8742 | 8969 | 9197 | 9424 | 9651 | 9879 | *0106 |
| 1910 | 281 0334 | 0561 | 0788 | 1016 | 1243 | 1470 | 1698 | 1925 | 2152 | 2380 |
| 1 | 2607 | 2834 | 3061 | 3289 | 3516 | 3743 | 3970 | 4197 | 4425 | 4652 |
| 2 | 4879 | 5106 | 5333 | 5560 | 5787 | 6014 | 6242 | 6469 | 6696 | 6923 |
| 3 | 7150 | 7377 | 7604 | 7831 | 8058 | 8285 | 8512 | 8739 | 8966 | 9192 |
| 4 | 9419 | 9646 | 9873 | *0100 | *0327 | *0554 | *0781 | *1007 | *1234 | *1461 |
| 5 | 282 1688 | 1915 | 2141 | 2368 | 2595 | 2822 | 3048 | 3275 | 3502 | 3728 |
| 6 | 3955 | 4182 | 4408 | 4635 | 4862 | 5088 | 5315 | 5541 | 5768 | 5995 |
| 7 | 6221 | 6448 | 6674 | 6901 | 7127 | 7354 | 7580 | 7807 | 8033 | 8260 |
| 8 | 8486 | 8712 | 8939 | 9165 | 9392 | 9618 | 9844 | *0071 | *0297 | *0523 |
| 9 | 283 0750 | 0976 | 1202 | 1429 | 1655 | 1881 | 2107 | 2334 | 2560 | 2786 |
| 1920 | 3012 | 3238 | 3465 | 3691 | 3917 | 4143 | 4369 | 4595 | 4821 | 5048 |
| 1 | 5274 | 5500 | 5726 | 5952 | 6178 | 6404 | 6630 | 6856 | 7082 | 7308 |
| 2 | 7534 | 7760 | 7986 | 8212 | 8438 | 8663 | 8889 | 9115 | 9341 | 9567 |
| 3 | 9793 | *0019 | *0245 | *0470 | *0696 | *0922 | *1148 | *1373 | *1599 | *1825 |
| 4 | 284 2051 | 2276 | 2502 | 2728 | 2953 | 3179 | 3405 | 3630 | 3856 | 4082 |
| 5 | 4307 | 4533 | 4759 | 4984 | 5210 | 5435 | 5661 | 5886 | 6112 | 6337 |
| 6 | 6563 | 6788 | 7014 | 7239 | 7465 | 7690 | 7916 | 8141 | 8366 | 8592 |
| 7 | 8817 | 9043 | 9268 | 9493 | 9719 | 9944 | *0169 | *0394 | *0620 | *0845 |
| 8 | 285 1070 | 1296 | 1521 | 1746 | 1971 | 2196 | 2422 | 2647 | 2872 | 3097 |
| 9 | 3322 | 3547 | 3773 | 3998 | 4223 | 4448 | 4673 | 4898 | 5123 | 5348 |
| 1930 | 5573 | 5798 | 6023 | 6248 | 6473 | 6698 | 6923 | 7148 | 7373 | 7598 |
| 1 | 7823 | 8048 | 8273 | 8497 | 8722 | 8947 | 9172 | 9397 | 9622 | 9846 |
| 2 | 286 0071 | 0296 | 0521 | 0746 | 0970 | 1195 | 1420 | 1644 | 1869 | 2094 |
| 3 | 2319 | 2543 | 2768 | 2993 | 3217 | 3442 | 3666 | 3891 | 4116 | 4340 |
| 4 | 4565 | 4789 | 5014 | 5238 | 5463 | 5687 | 5912 | 6136 | 6361 | 6585 |
| 5 | 6810 | 7034 | 7259 | 7483 | 7707 | 7932 | 8156 | 8381 | 8605 | 8829 |
| 6 | 9054 | 9278 | 9502 | 9726 | 9951 | *0175 | *0399 | *0624 | *0848 | *1072 |
| 7 | 287 1296 | 1520 | 1745 | 1969 | 2193 | 2417 | 2641 | 2865 | 3090 | 3314 |
| 8 | 3538 | 3762 | 3986 | 4210 | 4434 | 4658 | 4882 | 5106 | 5330 | 5554 |
| 9 | 5778 | 6002 | 6226 | 6450 | 6674 | 6898 | 7122 | 7346 | 7570 | 7793 |
| 1940 | 8017 | 8241 | 8465 | 8689 | 8913 | 9136 | 9360 | 9584 | 9808 | *0032 |
| 1 | 288 0255 | 0479 | 0703 | 0927 | 1150 | 1374 | 1598 | 1821 | 2045 | 2269 |
| 2 | 2492 | 2716 | 2939 | 3163 | 3387 | 3610 | 3834 | 4057 | 4281 | 4504 |
| 3 | 4728 | 4952 | 5175 | 5399 | 5622 | 5845 | 6069 | 6292 | 6516 | 6739 |
| 4 | 6963 | 7186 | 7409 | 7633 | 7856 | 8079 | 8303 | 8526 | 8749 | 8973 |
| 5 | 9196 | 9419 | 9643 | 9866 | *0089 | *0312 | *0536 | *0759 | *0982 | *1205 |
| 6 | 289 1428 | 1652 | 1875 | 2098 | 2321 | 2544 | 2767 | 2990 | 3213 | 3436 |
| 7 | 3660 | 3883 | 4106 | 4329 | 4552 | 4775 | 4998 | 5221 | 5444 | 5667 |
| 8 | 5890 | 6112 | 6335 | 6558 | 6781 | 7004 | 7227 | 7450 | 7673 | 7896 |
| 9 | 8118 | 8341 | 8564 | 8787 | 9010 | 9232 | 9455 | 9678 | 9901 | *0123 |
| N. | 0 | 1 | 2 | 3 | 4 | 5 | 6 | 7 | 8 | 9 |

Diff. et p. p.

| | 229 | 228 |
|---|---|---|
| 1 | 22,9 | 22,8 |
| 2 | 45,8 | 45,6 |
| 3 | 68,7 | 68,4 |
| 4 | 91,6 | 91,2 |
| 5 | 114,5 | 114,0 |
| 6 | 137,4 | 136,8 |
| 7 | 160,3 | 159,6 |
| 8 | 183,2 | 182,4 |
| 9 | 206,1 | 205,2 |

| | 227 | 226 |
|---|---|---|
| 1 | 22,7 | 22,6 |
| 2 | 45,4 | 45,2 |
| 3 | 68,1 | 67,8 |
| 4 | 90,8 | 90,4 |
| 5 | 113,5 | 113,0 |
| 6 | 136,2 | 135,6 |
| 7 | 158,9 | 158,2 |
| 8 | 181,6 | 180,8 |
| 9 | 204,3 | 203,4 |

| | 225 | 224 |
|---|---|---|
| 1 | 22,5 | 22,4 |
| 2 | 45,0 | 44,8 |
| 3 | 67,5 | 67,2 |
| 4 | 90,0 | 89,6 |
| 5 | 112,5 | 112,0 |
| 6 | 135,0 | 134,4 |
| 7 | 157,5 | 156,8 |
| 8 | 180,0 | 179,2 |
| 9 | 202,5 | 201,6 |

| | 223 | 222 |
|---|---|---|
| 1 | 22,3 | 22,2 |
| 2 | 44,6 | 44,4 |
| 3 | 66,9 | 66,6 |
| 4 | 89,2 | 88,8 |
| 5 | 111,5 | 111,0 |
| 6 | 133,8 | 133,2 |
| 7 | 156,1 | 155,4 |
| 8 | 178,4 | 177,6 |
| 9 | 200,7 | 199,8 |

| | | | |
|---|---|---|---|
| 19 000″ = 5° 16′ 40″ | 1900″ = 31′ 40″ | S = $\bar{6}$,685 5687 | T. 5872 |
| 19 100 = 5 18 20 | 1910 = 31 50 | 5687 | 5873 |
| 19 200 = 5 20 0 | 1920 = 32 0 | 5686 | 5874 |
| 19 300 = 5 21 40 | 1930 = 32 10 | 5685 | 5875 |
| 19 400 = 5 23 20 | 1940 = 32 20 | 5685 | 5877 |

| N. | 0 | 1 | 2 | 3 | 4 | 5 | 6 | 7 | 8 | 9 |
|---|---|---|---|---|---|---|---|---|---|---|
| 1950 | 290 0346 | 0569 | 0792 | 1014 | 1237 | 1460 | 1682 | 1905 | 2127 | 2350 |
| 1 | 2573 | 2795 | 3018 | 3240 | 3463 | 3686 | 3908 | 4131 | 4353 | 4576 |
| 2 | 4798 | 5021 | 5243 | 5466 | 5688 | 5910 | 6133 | 6355 | 6578 | 6800 |
| 3 | 7022 | 7245 | 7467 | 7690 | 7912 | 8134 | 8356 | 8579 | 8801 | 9023 |
| 4 | 9246 | 9468 | 9690 | 9912 | *0135 | *0357 | *0579 | *0801 | *1023 | *1245 |
| 5 | 291 1468 | 1690 | 1912 | 2134 | 2356 | 2578 | 2800 | 3022 | 3244 | 3466 |
| 6 | 3689 | 3911 | 4133 | 4355 | 4577 | 4799 | 5020 | 5242 | 5464 | 5686 |
| 7 | 5908 | 6130 | 6352 | 6574 | 6796 | 7018 | 7240 | 7461 | 7683 | 7905 |
| 8 | 8127 | 8349 | 8570 | 8792 | 9014 | 9236 | 9458 | 9679 | 9901 | *0123 |
| 9 | 292 0344 | 0566 | 0788 | 1009 | 1231 | 1453 | 1674 | 1896 | 2118 | 2339 |
| 1960 | 2561 | 2782 | 3004 | 3225 | 3447 | 3668 | 3890 | 4111 | 4333 | 4554 |
| 1 | 4776 | 4997 | 5219 | 5440 | 5662 | 5883 | 6105 | 6326 | 6547 | 6769 |
| 2 | 6990 | 7211 | 7433 | 7654 | 7875 | 8097 | 8318 | 8539 | 8760 | 8982 |
| 3 | 9203 | 9424 | 9645 | 9867 | *0088 | *0309 | *0530 | *0751 | *0973 | *1194 |
| 4 | 293 1415 | 1636 | 1857 | 2078 | 2299 | 2520 | 2741 | 2962 | 3183 | 3405 |
| 5 | 3626 | 3847 | 4068 | 4289 | 4510 | 4730 | 4951 | 5172 | 5393 | 5614 |
| 6 | 5835 | 6056 | 6277 | 6498 | 6719 | 6940 | 7160 | 7381 | 7602 | 7823 |
| 7 | 8044 | 8264 | 8485 | 8706 | 8927 | 9147 | 9368 | 9589 | 9810 | *0030 |
| 8 | 294 0251 | 0472 | 0692 | 0913 | 1134 | 1354 | 1575 | 1795 | 2016 | 2237 |
| 9 | 2457 | 2678 | 2898 | 3119 | 3339 | 3560 | 3780 | 4001 | 4221 | 4442 |
| 1970 | 4662 | 4883 | 5103 | 5324 | 5544 | 5764 | 5985 | 6205 | 6426 | 6646 |
| 1 | 6866 | 7087 | 7307 | 7527 | 7748 | 7968 | 8188 | 8408 | 8629 | 8849 |
| 2 | 9069 | 9289 | 9510 | 9730 | 9950 | *0170 | *0390 | *0610 | *0831 | *1051 |
| 3 | 295 1271 | 1491 | 1711 | 1931 | 2151 | 2371 | 2591 | 2811 | 3031 | 3251 |
| 4 | 3471 | 3691 | 3911 | 4131 | 4351 | 4571 | 4791 | 5011 | 5231 | 5451 |
| 5 | 5671 | 5891 | 6111 | 6331 | 6550 | 6770 | 6990 | 7210 | 7430 | 7650 |
| 6 | 7869 | 8089 | 8309 | 8529 | 8748 | 8968 | 9188 | 9408 | 9627 | 9847 |
| 7 | 296 0067 | 0286 | 0506 | 0726 | 0945 | 1165 | 1385 | 1604 | 1824 | 2043 |
| 8 | 2263 | 2482 | 2702 | 2922 | 3141 | 3361 | 3580 | 3800 | 4019 | 4238 |
| 9 | 4458 | 4677 | 4897 | 5116 | 5336 | 5555 | 5774 | 5994 | 6213 | 6433 |
| 1980 | 6652 | 6871 | 7091 | 7310 | 7529 | 7748 | 7968 | 8187 | 8406 | 8626 |
| 1 | 8845 | 9064 | 9283 | 9502 | 9722 | 9941 | *0160 | *0379 | *0598 | *0817 |
| 2 | 297 1037 | 1256 | 1475 | 1694 | 1913 | 2132 | 2351 | 2570 | 2789 | 3008 |
| 3 | 3227 | 3446 | 3665 | 3884 | 4103 | 4322 | 4541 | 4760 | 4979 | 5198 |
| 4 | 5417 | 5636 | 5854 | 6073 | 6292 | 6511 | 6730 | 6949 | 7168 | 7386 |
| 5 | 7605 | 7824 | 8043 | 8261 | 8480 | 8699 | 8918 | 9136 | 9355 | 9574 |
| 6 | 9792 | *0011 | *0230 | *0448 | *0667 | *0886 | *1104 | *1323 | *1542 | *1760 |
| 7 | 298 1979 | 2197 | 2416 | 2634 | 2853 | 3071 | 3290 | 3508 | 3727 | 3945 |
| 8 | 4164 | 4382 | 4601 | 4819 | 5038 | 5256 | 5474 | 5693 | 5911 | 6129 |
| 9 | 6348 | 6566 | 6785 | 7003 | 7221 | 7439 | 7658 | 7876 | 8094 | 8313 |
| 1990 | 8531 | 8749 | 8967 | 9185 | 9404 | 9622 | 9840 | *0058 | *0276 | *0494 |
| 1 | 299 0713 | 0931 | 1149 | 1367 | 1585 | 1803 | 2021 | 2239 | 2457 | 2675 |
| 2 | 2893 | 3111 | 3329 | 3547 | 3765 | 3983 | 4201 | 4419 | 4637 | 4855 |
| 3 | 5073 | 5291 | 5509 | 5727 | 5945 | 6162 | 6380 | 6598 | 6816 | 7034 |
| 4 | 7252 | 7469 | 7687 | 7905 | 8123 | 8340 | 8558 | 8776 | 8994 | 9211 |
| 5 | 9429 | 9647 | 9864 | *0082 | *0300 | *0517 | *0735 | *0953 | *1170 | *1388 |
| 6 | 300 1605 | 1823 | 2041 | 2258 | 2476 | 2693 | 2911 | 3128 | 3346 | 3563 |
| 7 | 3781 | 3998 | 4216 | 4433 | 4650 | 4868 | 5085 | 5303 | 5520 | 5737 |
| 8 | 5955 | 6172 | 6390 | 6607 | 6824 | 7042 | 7259 | 7476 | 7693 | 7911 |
| 9 | 8128 | 8345 | 8562 | 8780 | 8997 | 9214 | 9431 | 9648 | 9866 | *0083 |
| N. | 0 | 1 | 2 | 3 | 4 | 5 | 6 | 7 | 8 | 9 |

Diff. et p. p.

| | 223 | 222 |
|---|---|---|
| 1 | 22,3 | 22,2 |
| 2 | 44,6 | 44,4 |
| 3 | 66,9 | 66,6 |
| 4 | 89,2 | 88,8 |
| 5 | 111,5 | 111,0 |
| 6 | 133,8 | 133,2 |
| 7 | 156,1 | 155,4 |
| 8 | 178,4 | 177,6 |
| 9 | 200,7 | 199,8 |

| | 221 | 220 |
|---|---|---|
| 1 | 22,1 | 22 |
| 2 | 44,2 | 44 |
| 3 | 66,3 | 66 |
| 4 | 88,4 | 88 |
| 5 | 110,5 | 110 |
| 6 | 132,6 | 132 |
| 7 | 154,7 | 154 |
| 8 | 176,8 | 176 |
| 9 | 198,9 | 198 |

| | 219 | 218 |
|---|---|---|
| 1 | 21,9 | 21,8 |
| 2 | 43,8 | 43,6 |
| 3 | 65,7 | 65,4 |
| 4 | 87,6 | 87,2 |
| 5 | 109,5 | 109,0 |
| 6 | 131,4 | 130,8 |
| 7 | 153,3 | 152,6 |
| 8 | 175,2 | 174,4 |
| 9 | 197,1 | 196,2 |

| | 217 |
|---|---|
| 1 | 21,7 |
| 2 | 43,4 |
| 3 | 65,1 |
| 4 | 86,8 |
| 5 | 108,5 |
| 6 | 130,2 |
| 7 | 151,9 |
| 8 | 173,6 |
| 9 | 195,3 |

| | | | |
|---|---|---|---|
| 19 500″ = 5° 25′ 0″ | 1950″ = 32′ 30″ | S = $\bar{6}$,685 5684 | T. 5878 |
| 19 600 = 5 26 40 | 1960 = 32 40 | 5683 | 5879 |
| 19 700 = 5 28 20 | 1970 = 32 50 | 5683 | 5881 |
| 19 800 = 5 30 0 | 1980 = 33 0 | 5682 | 5882 |
| 19 900 = 5 31 40 | 1990 = 33 10 | 5681 | 5883 |

| N. | 0 | 1 | 2 | 3 | 4 | 5 | 6 | 7 | 8 | 9 |
|---|---|---|---|---|---|---|---|---|---|---|
| 2000 | 301 0300 | 0517 | 0734 | 0951 | 1168 | 1386 | 1603 | 1820 | 2037 | 2254 |
| 1 | 2471 | 2688 | 2905 | 3122 | 3339 | 3556 | 3773 | 3990 | 4207 | 4424 |
| 2 | 4641 | 4858 | 5075 | 5291 | 5508 | 5725 | 5942 | 6159 | 6376 | 6593 |
| 3 | 6809 | 7026 | 7243 | 7460 | 7677 | 7893 | 8110 | 8327 | 8544 | 8760 |
| 4 | 8977 | 9194 | 9411 | 9627 | 9844 | *0061 | *0277 | *0494 | *0711 | *0927 |
| 5 | 302 1144 | 1360 | 1577 | 1794 | 2010 | 2227 | 2443 | 2660 | 2876 | 3093 |
| 6 | 3309 | 3526 | 3742 | 3959 | 4175 | 4392 | 4608 | 4825 | 5041 | 5257 |
| 7 | 5474 | 5690 | 5906 | 6123 | 6339 | 6556 | 6772 | 6988 | 7204 | 7421 |
| 8 | 7637 | 7853 | 8070 | 8286 | 8502 | 8718 | 8935 | 9151 | 9367 | 9583 |
| 9 | 9799 | *0016 | *0232 | *0448 | *0664 | *0880 | *1096 | *1312 | *1528 | *1745 |
| 2010 | 303 1961 | 2177 | 2393 | 2609 | 2825 | 3041 | 3257 | 3473 | 3689 | 3905 |
| 1 | 4121 | 4337 | 4553 | 4769 | 4984 | 5200 | 5416 | 5632 | 5848 | 6064 |
| 2 | 6280 | 6496 | 6711 | 6927 | 7143 | 7359 | 7575 | 7790 | 8006 | 8222 |
| 3 | 8438 | 8653 | 8869 | 9085 | 9301 | 9516 | 9732 | 9948 | *0163 | *0379 |
| 4 | 304 0595 | 0810 | 1026 | 1242 | 1457 | 1673 | 1888 | 2104 | 2319 | 2535 |
| 5 | 2751 | 2966 | 3182 | 3397 | 3613 | 3828 | 4043 | 4259 | 4474 | 4690 |
| 6 | 4905 | 5121 | 5336 | 5552 | 5767 | 5982 | 6198 | 6413 | 6628 | 6844 |
| 7 | 7059 | 7274 | 7490 | 7705 | 7920 | 8135 | 8351 | 8566 | 8781 | 8996 |
| 8 | 9212 | 9427 | 9642 | 9857 | *0072 | *0288 | *0503 | *0718 | *0933 | *1148 |
| 9 | 305 1363 | 1578 | 1793 | 2008 | 2224 | 2439 | 2654 | 2869 | 3084 | 3299 |
| 2020 | 3514 | 3729 | 3944 | 4159 | 4374 | 4589 | 4803 | 5018 | 5233 | 5448 |
| 1 | 5663 | 5878 | 6093 | 6308 | 6523 | 6737 | 6952 | 7167 | 7382 | 7597 |
| 2 | 7812 | 8026 | 8241 | 8456 | 8671 | 8885 | 9100 | 9315 | 9529 | 9744 |
| 3 | 9959 | *0174 | *0388 | *0603 | *0817 | *1032 | *1247 | *1461 | *1676 | *1891 |
| 4 | 306 2105 | 2320 | 2534 | 2749 | 2963 | 3178 | 3392 | 3607 | 3821 | 4036 |
| 5 | 4250 | 4465 | 4679 | 4894 | 5108 | 5322 | 5537 | 5751 | 5966 | 6180 |
| 6 | 6394 | 6609 | 6823 | 7037 | 7252 | 7466 | 7680 | 7895 | 8109 | 8323 |
| 7 | 8537 | 8752 | 8966 | 9180 | 9394 | 9609 | 9823 | *0037 | *0251 | *0465 |
| 8 | 307 0680 | 0894 | 1108 | 1322 | 1536 | 1750 | 1964 | 2178 | 2392 | 2606 |
| 9 | 2820 | 3035 | 3249 | 3463 | 3677 | 3891 | 4105 | 4319 | 4532 | 4746 |
| 2030 | 4960 | 5174 | 5388 | 5602 | 5816 | 6030 | 6244 | 6458 | 6672 | 6885 |
| 1 | 7099 | 7313 | 7527 | 7741 | 7954 | 8168 | 8382 | 8596 | 8810 | 9023 |
| 2 | 9237 | 9451 | 9664 | 9878 | *0092 | *0306 | *0519 | *0733 | *0947 | *1160 |
| 3 | 308 1374 | 1587 | 1801 | 2015 | 2228 | 2442 | 2655 | 2869 | 3082 | 3296 |
| 4 | 3509 | 3723 | 3936 | 4150 | 4363 | 4577 | 4790 | 5004 | 5217 | 5431 |
| 5 | 5644 | 5858 | 6071 | 6284 | 6498 | 6711 | 6924 | 7138 | 7351 | 7564 |
| 6 | 7778 | 7991 | 8204 | 8418 | 8631 | 8844 | 9057 | 9271 | 9484 | 9697 |
| 7 | 9910 | *0123 | *0337 | *0550 | *0763 | *0976 | *1189 | *1402 | *1616 | *1829 |
| 8 | 309 2042 | 2255 | 2468 | 2681 | 2894 | 3107 | 3320 | 3533 | 3746 | 3959 |
| 9 | 4172 | 4385 | 4598 | 4811 | 5024 | 5237 | 5450 | 5663 | 5876 | 6089 |
| 2040 | 6302 | 6515 | 6727 | 6940 | 7153 | 7366 | 7579 | 7792 | 8004 | 8217 |
| 1 | 8430 | 8643 | 8856 | 9068 | 9281 | 9494 | 9707 | 9919 | *0132 | *0345 |
| 2 | 310 0557 | 0770 | 0983 | 1195 | 1408 | 1621 | 1833 | 2046 | 2258 | 2471 |
| 3 | 2684 | 2896 | 3109 | 3321 | 3534 | 3746 | 3959 | 4171 | 4384 | 4596 |
| 4 | 4809 | 5021 | 5234 | 5446 | 5659 | 5871 | 6084 | 6296 | 6508 | 6721 |
| 5 | 6933 | 7145 | 7358 | 7570 | 7783 | 7995 | 8207 | 8419 | 8632 | 8844 |
| 6 | 9056 | 9269 | 9481 | 9693 | 9905 | *0117 | *0330 | *0542 | *0754 | *0966 |
| 7 | 311 1178 | 1391 | 1603 | 1815 | 2027 | 2239 | 2451 | 2663 | 2875 | 3087 |
| 8 | 3300 | 3512 | 3724 | 3936 | 4148 | 4360 | 4572 | 4784 | 4996 | 5208 |
| 9 | 5420 | 5632 | 5843 | 6055 | 6267 | 6479 | 6691 | 6903 | 7115 | 7327 |
| N. | 0 | 1 | 2 | 3 | 4 | 5 | 6 | 7 | 8 | 9 |

Diff. et p. p.

|  | 218 | 217 |
|---|---|---|
| 1 | 21,8 | 21,7 |
| 2 | 43,6 | 43,4 |
| 3 | 65,4 | 65,1 |
| 4 | 87,2 | 86;8 |
| 5 | 109,0 | 108,5 |
| 6 | 130,8 | 130,2 |
| 7 | 152,6 | 151,9 |
| 8 | 174,4 | 173,6 |
| 9 | 196,2 | 195,3 |

|  | 216 | 215 |
|---|---|---|
| 1 | 21,6 | 21,5 |
| 2 | 43,2 | 43,0 |
| 3 | 64,8 | 64,5 |
| 4 | 86,4 | 86,0 |
| 5 | 108,0 | 107,5 |
| 6 | 129,6 | 129,0 |
| 7 | 151,2 | 150,5 |
| 8 | 172,8 | 172,0 |
| 9 | 194,4 | 193,5 |

|  | 214 | 213 |
|---|---|---|
| 1 | 21,4 | 21.3 |
| 2 | 42,8 | 42,6 |
| 3 | 64,2 | 63,9 |
| 4 | 85,6 | 85,2 |
| 5 | 107,0 | 106,5 |
| 6 | 128,4 | 127,8 |
| 7 | 149,8 | 149.1 |
| 8 | 171,2 | 170.4 |
| 9 | 192,6 | 191,7 |

|  | 212 | 211 |
|---|---|---|
| 1 | 21,2 | 21,1 |
| 2 | 42,4 | 42.2 |
| 3 | 63,6 | 63,3 |
| 4 | 84,8 | 84,4 |
| 5 | 106,0 | 105,5 |
| 6 | 127.2 | 126,6 |
| 7 | 148,4 | 147,7 |
| 8 | 169,6 | 168,8 |
| 9 | 190,8 | 189,9 |

| | | | |
|---|---|---|---|
| 20 000″ = 5° 33′ 20″ | 2000″ = 33′ 20″ | S = $\bar{6}$,685 5681 | T. 5885 |
| 20 100 = 5 35 0 | 2010 = 33 30 | 5680 | 5886 |
| 20 200 = 5 36 40 | 2020 = 33 40 | 5679 | 5888 |
| 20 300 = 5 38 20 | 2030 = 33 50 | 5679 | 5889 |
| 20 400 = 5 40 0 | 2040 = 34 0 | 5678 | 5890 |

| N. | 0 | 1 | 2 | 3 | 4 | 5 | 6 | 7 | 8 | 9 |
|---|---|---|---|---|---|---|---|---|---|---|
| 2050 | 311 7539 | 7750 | 7962 | 8174 | 8386 | 8598 | 8810 | 9021 | 9233 | 9445 |
| 1 | 9657 | 9868 | *0080 | *0292 | *0504 | *0715 | *0927 | *1139 | 1350 | *1562 |
| 2 | 312 1774 | 1985 | 2197 | 2408 | 2620 | 2832 | 3043 | 3255 | 3466 | 3678 |
| 3 | 3889 | 4101 | 4313 | 4524 | 4736 | 4947 | 5159 | 5370 | 5581 | 5793 |
| 4 | 6004 | 6216 | 6427 | 6639 | 6850 | 7061 | 7273 | 7484 | 7696 | 7907 |
| 5 | 8118 | 8330 | 8541 | 8752 | 8964 | 9175 | 9386 | 9597 | 9809 | *0020 |
| 6 | 313 0231 | 0442 | 0654 | 0865 | 1076 | 1287 | 1498 | 1709 | 1921 | 2132 |
| 7 | 2343 | 2554 | 2765 | 2976 | 3187 | 3398 | 3610 | 3821 | 4032 | 4243 |
| 8 | 4454 | 4665 | 4876 | 5087 | 5298 | 5509 | 5720 | 5931 | 6142 | 6353 |
| 9 | 6563 | 6774 | 6985 | 7196 | 7407 | 7618 | 7829 | 8040 | 8251 | 8461 |
| 2060 | 8672 | 8883 | 9094 | 9305 | 9515 | 9726 | 9937 | *0148 | *0358 | *0569 |
| 1 | 314 0780 | 0991 | 1201 | 1412 | 1623 | 1833 | 2044 | 2255 | 2465 | 2676 |
| 2 | 2887 | 3097 | 3308 | 3518 | 3729 | 3940 | 4150 | 4361 | 4571 | 4782 |
| 3 | 4992 | 5203 | 5413 | 5624 | 5834 | 6045 | 6255 | 6466 | 6676 | 6887 |
| 4 | 7097 | 7307 | 7518 | 7728 | 7939 | 8149 | 8359 | 8570 | 8780 | 8990 |
| 5 | 9201 | 9411 | 9621 | 9831 | *0042 | *0252 | *0462 | *0672 | *0883 | *1093 |
| 6 | 315 1303 | 1513 | 1724 | 1934 | 2144 | 2354 | 2564 | 2774 | 2985 | 3195 |
| 7 | 3405 | 3615 | 3825 | 4035 | 4245 | 4455 | 4665 | 4875 | 5085 | 5295 |
| 8 | 5505 | 5715 | 5925 | 6135 | 6345 | 6555 | 6765 | 6975 | 7185 | 7395 |
| 9 | 7605 | 7815 | 8025 | 8235 | 8444 | 8654 | 8864 | 9074 | 9284 | 9494 |
| 2070 | 9703 | 9913 | *0123 | *0333 | *0543 | *0752 | *0962 | *1172 | *1382 | *1591 |
| 1 | 316 1801 | 2011 | 2220 | 2430 | 2640 | 2849 | 3059 | 3269 | 3478 | 3688 |
| 2 | 3898 | 4107 | 4317 | 4526 | 4736 | 4945 | 5155 | 5364 | 5574 | 5784 |
| 3 | 5993 | 6203 | 6412 | 6621 | 6831 | 7040 | 7250 | 7459 | 7669 | 7878 |
| 4 | 8088 | 8297 | 8506 | 8716 | 8925 | 9134 | 9344 | 9553 | 9762 | 9972 |
| 5 | 317 0181 | 0390 | 0600 | 0809 | 1018 | 1227 | 1437 | 1646 | 1855 | 2064 |
| 6 | 2273 | 2483 | 2692 | 2901 | 3110 | 3319 | 3528 | 3738 | 3947 | 4156 |
| 7 | 4365 | 4574 | 4783 | 4992 | 5201 | 5410 | 5619 | 5828 | 6037 | 6246 |
| 8 | 6455 | 6664 | 6873 | 7082 | 7291 | 7500 | 7709 | 7918 | 8127 | 8336 |
| 9 | 8545 | 8754 | 8963 | 9172 | 9380 | 9589 | 9798 | *0007 | *0216 | *0425 |
| 2080 | 318 0633 | 0842 | 1051 | 1260 | 1468 | 1677 | 1886 | 2095 | 2303 | 2512 |
| 1 | 2721 | 2929 | 3138 | 3347 | 3556 | 3764 | 3973 | 4181 | 4390 | 4599 |
| 2 | 4807 | 5016 | 5224 | 5433 | 5642 | 5850 | 6059 | 6267 | 6476 | 6684 |
| 3 | 6893 | 7101 | 7310 | 7518 | 7727 | 7935 | 8143 | 8352 | 8560 | 8769 |
| 4 | 8977 | 9186 | 9394 | 9602 | 9811 | *0019 | *0227 | *0436 | *0644 | *0852 |
| 5 | 319 1061 | 1269 | 1477 | 1685 | 1894 | 2102 | 2310 | 2518 | 2727 | 2935 |
| 6 | 3143 | 3351 | 3559 | 3768 | 3976 | 4184 | 4392 | 4600 | 4808 | 5016 |
| 7 | 5224 | 5433 | 5641 | 5849 | 6057 | 6265 | 6473 | 6681 | 6889 | 7097 |
| 8 | 7305 | 7513 | 7721 | 7929 | 8137 | 8345 | 8553 | 8761 | 8969 | 9176 |
| 9 | 9384 | 9592 | 9800 | *0008 | *0216 | *0424 | *0632 | *0839 | *1047 | *1255 |
| 2090 | 320 1463 | 1671 | 1878 | 2086 | 2294 | 2502 | 2709 | 2917 | 3125 | 3333 |
| 1 | 3540 | 3748 | 3956 | 4163 | 4371 | 4579 | 4786 | 4994 | 5202 | 5409 |
| 2 | 5617 | 5824 | 6032 | 6240 | 6447 | 6655 | 6862 | 7070 | 7277 | 7485 |
| 3 | 7692 | 7900 | 8107 | 8315 | 8522 | 8730 | 8937 | 9145 | 9352 | 9559 |
| 4 | 9767 | 9974 | *0182 | *0389 | *0596 | *0804 | *1011 | *1218 | *1426 | *1633 |
| 5 | 321 1840 | 2048 | 2255 | 2462 | 2669 | 2877 | 3084 | 3291 | 3498 | 3706 |
| 6 | 3913 | 4120 | 4327 | 4534 | 4742 | 4949 | 5156 | 5363 | 5570 | 5777 |
| 7 | 5984 | 6191 | 6398 | 6606 | 6813 | 7020 | 7227 | 7434 | 7641 | 7848 |
| 8 | 8055 | 8262 | 8469 | 8676 | 8883 | 9090 | 9297 | 9504 | 9711 | 9917 |
| 9 | 322 0124 | 0331 | 0538 | 0745 | 0952 | 1159 | 1366 | 1572 | 1779 | 1986 |
| N. | 0 | 1 | 2 | 3 | 4 | 5 | 6 | 7 | 8 | 9 |

Diff. et p. p.

| | 212 | 211 |
|---|---|---|
| 1 | 21,2 | 21,1 |
| 2 | 42,4 | 42,2 |
| 3 | 63,6 | 63,3 |
| 4 | 84,8 | 84,4 |
| 5 | 106,0 | 105,5 |
| 6 | 127,2 | 126,6 |
| 7 | 148,4 | 147,7 |
| 8 | 169,6 | 168,8 |
| 9 | 190,8 | 189,9 |

| | 210 | 209 |
|---|---|---|
| 1 | 21 | 20,9 |
| 2 | 42 | 41,8 |
| 3 | 63 | 62,7 |
| 4 | 84 | 83,6 |
| 5 | 105 | 104,5 |
| 6 | 126 | 125,4 |
| 7 | 147 | 146,3 |
| 8 | 168 | 167,2 |
| 9 | 189 | 188,1 |

| | 208 | 207 |
|---|---|---|
| 1 | 20,8 | 20,7 |
| 2 | 41,6 | 41,4 |
| 3 | 62,4 | 62,1 |
| 4 | 83,2 | 82,8 |
| 5 | 104,0 | 103,5 |
| 6 | 124,8 | 124,2 |
| 7 | 145,6 | 144,9 |
| 8 | 166,4 | 165,6 |
| 9 | 187,2 | 186,3 |

| | 206 |
|---|---|
| 1 | 20,6 |
| 2 | 41,2 |
| 3 | 61,8 |
| 4 | 82,4 |
| 5 | 103,0 |
| 6 | 123,6 |
| 7 | 144,2 |
| 8 | 164,8 |
| 9 | 185,4 |

| | | | |
|---|---|---|---|
| 20 500″ = 5° 41′ 40″ | 2050″ = 34′ 10″ | S = $\bar{6}$,685 5677 | T. 5892 |
| 20 600 = 5 43 20 | 2060 = 34 20 | 5676 | 5893 |
| 20 700 = 5 45 0 | 2070 = 34 30 | 5676 | 5894 |
| 20 800 = 5 46 40 | 2080 = 34 40 | 5675 | 5896 |
| 20 900 = 5 48 20 | 2090 = 34 50 | 5674 | 5897 |

| N. | 0 | 1 | 2 | 3 | 4 | 5 | 6 | 7 | 8 | 9 |
|---|---|---|---|---|---|---|---|---|---|---|
| **2100** | 322 2193 | 2400 | 2607 | 2813 | 3020 | 3227 | 3434 | 3640 | 3847 | 4054 |
| 1 | 4261 | 4467 | 4674 | 4881 | 5087 | 5294 | 5501 | 5707 | 5914 | 6121 |
| 2 | 6327 | 6534 | 6740 | 6947 | 7153 | 7360 | 7567 | 7773 | 7980 | 8186 |
| 3 | 8393 | 8599 | 8806 | 9012 | 9219 | 9425 | 9632 | 9838 | *0045 | *0251 |
| 4 | 323 0457 | 0664 | 0870 | 1077 | 1283 | 1489 | 1696 | 1902 | 2108 | 2315 |
| 5 | 2521 | 2727 | 2934 | 3140 | 3346 | 3552 | 3759 | 3965 | 4171 | 4377 |
| 6 | 4584 | 4790 | 4996 | 5202 | 5408 | 5615 | 5821 | 6027 | 6233 | 6439 |
| 7 | 6645 | 6851 | 7058 | 7264 | 7470 | 7676 | 7882 | 8088 | 8294 | 8500 |
| 8 | 8706 | 8912 | 9118 | 9324 | 9530 | 9736 | 9942 | *0148 | *0354 | *0560 |
| 9 | 324 0766 | 0972 | 1178 | 1384 | 1589 | 1795 | 2001 | 2207 | 2413 | 2619 |
| **2110** | 2825 | 3030 | 3236 | 3442 | 3648 | 3854 | 4059 | 4265 | 4471 | 4677 |
| 1 | 4882 | 5088 | 5294 | 5499 | 5705 | 5911 | 6117 | 6322 | 6528 | 6734 |
| 2 | 6939 | 7145 | 7350 | 7556 | 7762 | 7967 | 8173 | 8378 | 8584 | 8789 |
| 3 | 8995 | 9201 | 9406 | 9612 | 9817 | *0023 | *0228 | *0433 | *0639 | *0844 |
| 4 | 325 1050 | 1255 | 1461 | 1666 | 1872 | 2077 | 2282 | 2488 | 2693 | 2898 |
| 5 | 3104 | 3309 | 3514 | 3720 | 3925 | 4130 | 4336 | 4541 | 4746 | 4951 |
| 6 | 5157 | 5362 | 5567 | 5772 | 5978 | 6183 | 6388 | 6593 | 6798 | 7003 |
| 7 | 7209 | 7414 | 7619 | 7824 | 8029 | 8234 | 8439 | 8644 | 8849 | 9055 |
| 8 | 9260 | 9465 | 9670 | 9875 | *0080 | *0285 | *0490 | *0695 | *0900 | *1105 |
| 9 | 326 1310 | 1515 | 1719 | 1924 | 2129 | 2334 | 2539 | 2744 | 2949 | 3154 |
| **2120** | 3359 | 3563 | 3768 | 3973 | 4178 | 4383 | 4588 | 4792 | 4997 | 5202 |
| 1 | 5407 | 5611 | 5816 | 6021 | 6226 | 6430 | 6635 | 6840 | 7044 | 7249 |
| 2 | 7454 | 7658 | 7863 | 8068 | 8272 | 8477 | 8682 | 8886 | 9091 | 9295 |
| 3 | 9500 | 9705 | 9909 | *0114 | *0318 | *0523 | *0727 | *0932 | *1136 | *1341 |
| 4 | 327 1545 | 1750 | 1954 | 2158 | 2363 | 2567 | 2772 | 2976 | 3181 | 3385 |
| 5 | 3589 | 3794 | 3998 | 4202 | 4407 | 4611 | 4815 | 5020 | 5224 | 5428 |
| 6 | 5633 | 5837 | 6041 | 6245 | 6450 | 6654 | 6858 | 7062 | 7267 | 7471 |
| 7 | 7675 | 7879 | 8083 | 8287 | 8492 | 8696 | 8900 | 9104 | 9308 | 9512 |
| 8 | 9716 | 9920 | *0124 | *0328 | *0533 | *0737 | *0941 | *1145 | *1349 | *1553 |
| 9 | 328 1757 | 1961 | 2165 | 2369 | 2572 | 2776 | 2980 | 3184 | 3388 | 3592 |
| **2130** | 3796 | 4000 | 4204 | 4408 | 4612 | 4815 | 5019 | 5223 | 5427 | 5631 |
| 1 | 5834 | 6038 | 6242 | 6446 | 6650 | 6853 | 7057 | 7261 | 7465 | 7668 |
| 2 | 7872 | 8076 | 8279 | 8483 | 8687 | 8890 | 9094 | 9298 | 9501 | 9705 |
| 3 | 9909 | *0112 | *0316 | *0519 | *0723 | *0926 | *1130 | *1334 | *1537 | *1741 |
| 4 | 329 1944 | 2148 | 2351 | 2555 | 2758 | 2962 | 3165 | 3369 | 3572 | 3775 |
| 5 | 3979 | 4182 | 4386 | 4589 | 4792 | 4996 | 5199 | 5402 | 5606 | 5809 |
| 6 | 6012 | 6216 | 6419 | 6622 | 6826 | 7029 | 7232 | 7436 | 7639 | 7842 |
| 7 | 8045 | 8248 | 8452 | 8655 | 8858 | 9061 | 9264 | 9468 | 9671 | 9874 |
| 8 | 330 0077 | 0280 | 0483 | 0686 | 0889 | 1093 | 1296 | 1499 | 1702 | 1905 |
| 9 | 2108 | 2311 | 2514 | 2717 | 2920 | 3123 | 3326 | 3529 | 3732 | 3935 |
| **2140** | 4138 | 4341 | 4544 | 4747 | 4949 | 5152 | 5355 | 5558 | 5761 | 5964 |
| 1 | 6167 | 6370 | 6572 | 6775 | 6978 | 7181 | 7384 | 7586 | 7789 | 7992 |
| 2 | 8195 | 8397 | 8600 | 8803 | 9006 | 9208 | 9411 | 9614 | 9816 | *0019 |
| 3 | 331 0222 | 0424 | 0627 | 0830 | 1032 | 1235 | 1437 | 1640 | 1843 | 2045 |
| 4 | 2248 | 2450 | 2653 | 2855 | 3058 | 3261 | 3463 | 3666 | 3868 | 4070 |
| 5 | 4273 | 4475 | 4678 | 4880 | 5083 | 5285 | 5488 | 5690 | 5892 | 6095 |
| 6 | 6297 | 6500 | 6702 | 6904 | 7107 | 7309 | 7511 | 7714 | 7916 | 8118 |
| 7 | 8320 | 8523 | 8725 | 8927 | 9129 | 9332 | 9534 | 9736 | 9938 | *0141 |
| 8 | 332 0343 | 0545 | 0747 | 0949 | 1151 | 1354 | 1556 | 1758 | 1960 | 2162 |
| 9 | 2364 | 2566 | 2768 | 2970 | 3172 | 3374 | 3577 | 3779 | 3981 | 4183 |
| N. | 0 | 1 | 2 | 3 | 4 | 5 | 6 | 7 | 8 | 9 |

Diff. et p. p.

| | 207 | 206 |
|---|---|---|
| 1 | 20,7 | 20,6 |
| 2 | 41,4 | 41,2 |
| 3 | 62,1 | 61,8 |
| 4 | 82,8 | 82,4 |
| 5 | 103,5 | 103,0 |
| 6 | 124,2 | 123,6 |
| 7 | 144,9 | 144,2 |
| 8 | 165,6 | 164,8 |
| 9 | 186,3 | 185,4 |

| | 205 | 204 |
|---|---|---|
| 1 | 20,5 | 20,4 |
| 2 | 41,0 | 40,8 |
| 3 | 61,5 | 61,2 |
| 4 | 82,0 | 81,6 |
| 5 | 102,5 | 102,0 |
| 6 | 123,0 | 122,4 |
| 7 | 143,5 | 142,8 |
| 8 | 164,0 | 163,2 |
| 9 | 184,5 | 183,6 |

| | 203 | 202 |
|---|---|---|
| 1 | 20,3 | 20,2 |
| 2 | 40,6 | 40,4 |
| 3 | 60,9 | 60,6 |
| 4 | 81,2 | 80,8 |
| 5 | 101,5 | 101,0 |
| 6 | 121,8 | 121,2 |
| 7 | 142,1 | 141,4 |
| 8 | 162,4 | 161,6 |
| 9 | 182,7 | 181,8 |

| | | | |
|---|---|---|---|
| 21 000″ = 5° 50′ 0″ | 2100″ = 35′ 0″ | S = 6,685 5674 | T. 5899 |
| 21 100 = 5 51 40 | 2110 = 35 10 | 5673 | 5900 |
| 21 200 = 5 53 20 | 2120 = 35 20 | 5672 | 5902 |
| 21 300 = 5 55 0 | 2130 = 35 30 | 5671 | 5903 |
| 21 400 = 5 56 40 | 2140 = 35 40 | 5671 | 5904 |

| N. | 0 | 1 | 2 | 3 | 4 | 5 | 6 | 7 | 8 | 9 |
|---|---|---|---|---|---|---|---|---|---|---|
| 2150 | 332 4385 | 4587 | 4789 | 4991 | 5193 | 5394 | 5596 | 5798 | 6000 | 6202 |
| 1 | 6404 | 6606 | 6808 | 7010 | 7212 | 7414 | 7615 | 7817 | 8019 | 8221 |
| 2 | 8423 | 8624 | 8826 | 9028 | 9230 | 9432 | 9633 | 9835 | *0037 | *0239 |
| 3 | 333 0440 | 0642 | 0844 | 1045 | 1247 | 1449 | 1650 | 1852 | 2054 | 2255 |
| 4 | 2457 | 2659 | 2860 | 3062 | 3263 | 3465 | 3667 | 3868 | 4070 | 4271 |
| 5 | 4473 | 4674 | 4876 | 5077 | 5279 | 5480 | 5682 | 5883 | 6085 | 6286 |
| 6 | 6488 | 6689 | 6890 | 7092 | 7293 | 7495 | 7696 | 7897 | 8099 | 8300 |
| 7 | 8501 | 8703 | 8904 | 9105 | 9307 | 9508 | 9709 | 9911 | *0112 | *0313 |
| 8 | 334 0514 | 0716 | 0917 | 1118 | 1319 | 1521 | 1722 | 1923 | 2124 | 2325 |
| 9 | 2526 | 2728 | 2929 | 3130 | 3331 | 3532 | 3733 | 3934 | 4135 | 4336 |
| 2160 | 4538 | 4739 | 4940 | 5141 | 5342 | 5543 | 5744 | 5945 | 6146 | 6347 |
| 1 | 6548 | 6749 | 6950 | 7151 | 7351 | 7552 | 7753 | 7954 | 8155 | 8356 |
| 2 | 8557 | 8758 | 8959 | 9159 | 9360 | 9561 | 9762 | 9963 | *0164 | *0364 |
| 3 | 335 0565 | 0766 | 0967 | 1168 | 1368 | 1569 | 1770 | 1970 | 2171 | 2372 |
| 4 | 2573 | 2773 | 2974 | 3175 | 3375 | 3576 | 3777 | 3977 | 4178 | 4378 |
| 5 | 4579 | 4780 | 4980 | 5181 | 5381 | 5582 | 5782 | 5983 | 6183 | 6384 |
| 6 | 6585 | 6785 | 6986 | 7186 | 7386 | 7587 | 7787 | 7988 | 8188 | 8389 |
| 7 | 8589 | 8790 | 8990 | 9190 | 9391 | 9591 | 9791 | 9992 | *0192 | *0392 |
| 8 | 336 0593 | 0793 | 0993 | 1194 | 1394 | 1594 | 1795 | 1995 | 2195 | 2395 |
| 9 | 2596 | 2796 | 2996 | 3196 | 3396 | 3597 | 3797 | 3997 | 4197 | 4397 |
| 2170 | 4597 | 4797 | 4998 | 5198 | 5398 | 5598 | 5798 | 5998 | 6198 | 6398 |
| 1 | 6598 | 6798 | 6998 | 7198 | 7398 | 7598 | 7798 | 7998 | 8198 | 8398 |
| 2 | 8598 | 8798 | 8998 | 9198 | 9398 | 9598 | 9798 | 9998 | *0198 | *0397 |
| 3 | 337 0597 | 0797 | 0997 | 1197 | 1397 | 1596 | 1796 | 1996 | 2196 | 2396 |
| 4 | 2595 | 2795 | 2995 | 3195 | 3394 | 3594 | 3794 | 3994 | 4193 | 4393 |
| 5 | 4593 | 4792 | 4992 | 5192 | 5391 | 5591 | 5791 | 5990 | 6190 | 6389 |
| 6 | 6589 | 6788 | 6988 | 7188 | 7387 | 7587 | 7786 | 7986 | 8185 | 8385 |
| 7 | 8584 | 8784 | 8983 | 9183 | 9382 | 9582 | 9781 | 9981 | *0180 | *0379 |
| 8 | 338 0579 | 0778 | 0978 | 1177 | 1376 | 1576 | 1775 | 1974 | 2174 | 2373 |
| 9 | 2572 | 2772 | 2971 | 3170 | 3369 | 3569 | 3768 | 3967 | 4166 | 4366 |
| 2180 | 4565 | 4764 | 4963 | 5163 | 5362 | 5561 | 5760 | 5959 | 6158 | 6358 |
| 1 | 6557 | 6756 | 6955 | 7154 | 7353 | 7552 | 7751 | 7950 | 8149 | 8348 |
| 2 | 8547 | 8746 | 8946 | 9145 | 9344 | 9543 | 9742 | 9940 | *0139 | *0338 |
| 3 | 339 0537 | 0736 | 0935 | 1134 | 1333 | 1532 | 1731 | 1930 | 2129 | 2327 |
| 4 | 2526 | 2725 | 2924 | 3123 | 3322 | 3520 | 3719 | 3918 | 4117 | 4316 |
| 5 | 4514 | 4713 | 4912 | 5111 | 5309 | 5508 | 5707 | 5906 | 6104 | 6303 |
| 6 | 6502 | 6700 | 6899 | 7098 | 7296 | 7495 | 7693 | 7892 | 8091 | 8289 |
| 7 | 8488 | 8686 | 8885 | 9084 | 9282 | 9481 | 9679 | 9878 | *0076 | *0275 |
| 8 | 340 0473 | 0672 | 0870 | 1069 | 1267 | 1466 | 1664 | 1862 | 2061 | 2259 |
| 9 | 2458 | 2656 | 2854 | 3053 | 3251 | 3449 | 3648 | 3846 | 4045 | 4243 |
| 2190 | 4441 | 4639 | 4838 | 5036 | 5234 | 5433 | 5631 | 5829 | 6027 | 6226 |
| 1 | 6424 | 6622 | 6820 | 7018 | 7217 | 7415 | 7613 | 7811 | 8009 | 8207 |
| 2 | 8405 | 8604 | 8802 | 9000 | 9198 | 9396 | 9594 | 9792 | 9990 | *0188 |
| 3 | 341 0386 | 0584 | 0782 | 0980 | 1178 | 1376 | 1574 | 1772 | 1970 | 2168 |
| 4 | 2366 | 2564 | 2762 | 2960 | 3158 | 3356 | 3554 | 3752 | 3950 | 4147 |
| 5 | 4345 | 4543 | 4741 | 4939 | 5137 | 5334 | 5532 | 5730 | 5928 | 6126 |
| 6 | 6323 | 6521 | 6719 | 6917 | 7114 | 7312 | 7510 | 7708 | 7905 | 8103 |
| 7 | 8301 | 8498 | 8696 | 8894 | 9091 | 9289 | 9486 | 9684 | 9882 | *0079 |
| 8 | 342 0277 | 0474 | 0672 | 0870 | 1067 | 1265 | 1462 | 1660 | 1857 | 2055 |
| 9 | 2252 | 2450 | 2647 | 2845 | 3042 | 3240 | 3437 | 3635 | 3832 | 4029 |
| N. | 0 | 1 | 2 | 3 | 4 | 5 | 6 | 7 | 8 | 9 |

Diff. et p. p.

| | 202 | 201 |
|---|---|---|
| 1 | 20,2 | 20,1 |
| 2 | 40,4 | 40,2 |
| 3 | 60,6 | 60,3 |
| 4 | 80,8 | 80,4 |
| 5 | 101,0 | 100,5 |
| 6 | 121,2 | 120,6 |
| 7 | 141,4 | 140,7 |
| 8 | 161,6 | 160,8 |
| 9 | 181,8 | 180,9 |

| | 200 | 199 |
|---|---|---|
| 1 | 20 | 19,9 |
| 2 | 40 | 39,8 |
| 3 | 60 | 59,7 |
| 4 | 80 | 79,6 |
| 5 | 100 | 99,5 |
| 6 | 120 | 119,4 |
| 7 | 140 | 139,3 |
| 8 | 160 | 159,2 |
| 9 | 180 | 179,1 |

| | 198 | 197 |
|---|---|---|
| 1 | 19,8 | 19,7 |
| 2 | 39,6 | 39,4 |
| 3 | 59,4 | 59,1 |
| 4 | 79,2 | 78,8 |
| 5 | 99,0 | 98,5 |
| 6 | 118,8 | 118,2 |
| 7 | 138,6 | 137,9 |
| 8 | 158,4 | 157,6 |
| 9 | 178,2 | 177,3 |

| | | | |
|---|---|---|---|
| 21 500″ = 5° 58′ 20″ | 2150″ = 35′ 50″ | S = $\bar{6}$,685 5670 | T. 5906 |
| 21 600 = 6 0 0 | 2160 = 36 0 | 5669 | 5907 |
| 21 700 = 6 1 40 | 2170 = 36 10 | 5669 | 5909 |
| 21 800 = 6 3 20 | 2180 = 36 20 | 5668 | 5910 |
| 21 900 = 6 5 0 | 2190 = 36 30 | 5667 | 5912 |

| N. | 0 | 1 | 2 | 3 | 4 | 5 | 6 | 7 | 8 | 9 |
|---|---|---|---|---|---|---|---|---|---|---|
| **2200** | 342 4227 | 4424 | 4622 | 4819 | 5016 | 5214 | 5411 | 5608 | 5806 | 6003 |
| 1 | 6200 | 6398 | 6595 | 6792 | 6990 | 7187 | 7384 | 7581 | 7779 | 7976 |
| 2 | 8173 | 8370 | 8568 | 8765 | 8962 | 9159 | 9356 | 9554 | 9751 | 9948 |
| 3 | 343 0145 | 0342 | 0539 | 0736 | 0933 | 1131 | 1328 | 1525 | 1722 | 1919 |
| 4 | 2116 | 2313 | 2510 | 2707 | 2904 | 3101 | 3298 | 3495 | 3692 | 3889 |
| 5 | 4086 | 4283 | 4480 | 4677 | 4874 | 5071 | 5268 | 5464 | 5661 | 5858 |
| 6 | 6055 | 6252 | 6449 | 6646 | 6842 | 7039 | 7236 | 7433 | 7630 | 7827 |
| 7 | 8023 | 8220 | 8417 | 8614 | 8810 | 9007 | 9204 | 9401 | 9597 | 9794 |
| 8 | 9991 | *0187 | *0384 | *0581 | *0777 | *0974 | *1171 | *1367 | *1564 | *1761 |
| 9 | 344 1957 | 2154 | 2350 | 2547 | 2743 | 2940 | 3137 | 3333 | 3530 | 3726 |
| **2210** | 3923 | 4119 | 4316 | 4512 | 4709 | 4905 | 5102 | 5298 | 5495 | 5691 |
| 1 | 5887 | 6084 | 6280 | 6477 | 6673 | 6869 | 7066 | 7262 | 7459 | 7655 |
| 2 | 7851 | 8048 | 8244 | 8440 | 8636 | 8833 | 9029 | 9225 | 9422 | 9618 |
| 3 | 9814 | *0010 | *0207 | *0403 | *0599 | *0795 | *0991 | *1188 | *1384 | *1580 |
| 4 | 345 1776 | 1972 | 2168 | 2365 | 2561 | 2757 | 2953 | 3149 | 3345 | 3541 |
| 5 | 3737 | 3933 | 4129 | 4325 | 4522 | 4718 | 4914 | 5110 | 5306 | 5502 |
| 6 | 5698 | 5894 | 6090 | 6285 | 6481 | 6677 | 6873 | 7069 | 7265 | 7461 |
| 7 | 7657 | 7853 | 8049 | 8245 | 8440 | 8636 | 8832 | 9028 | 9224 | 9420 |
| 8 | 9615 | 9811 | *0007 | *0203 | *0399 | *0594 | *0790 | *0986 | *1182 | *1377 |
| 9 | 346 1573 | 1769 | 1964 | 2160 | 2356 | 2551 | 2747 | 2943 | 3138 | 3334 |
| **2220** | 3530 | 3725 | 3921 | 4117 | 4312 | 4508 | 4703 | 4899 | 5094 | 5290 |
| 1 | 5486 | 5681 | 5877 | 6072 | 6268 | 6463 | 6659 | 6854 | 7050 | 7245 |
| 2 | 7441 | 7636 | 7831 | 8027 | 8222 | 8418 | 8613 | 8808 | 9004 | 9199 |
| 3 | 9395 | 9590 | 9785 | 9981 | *0176 | *0371 | *0567 | *0762 | *0957 | *1153 |
| 4 | 347 1348 | 1543 | 1738 | 1934 | 2129 | 2324 | 2519 | 2715 | 2910 | 3105 |
| 5 | 3300 | 3495 | 3691 | 3886 | 4081 | 4276 | 4471 | 4666 | 4861 | 5056 |
| 6 | 5252 | 5447 | 5642 | 5837 | 6032 | 6227 | 6422 | 6617 | 6812 | 7007 |
| 7 | 7202 | 7397 | 7592 | 7787 | 7982 | 8177 | 8372 | 8567 | 8762 | 8957 |
| 8 | 9152 | 9347 | 9542 | 9737 | 9931 | *0126 | *0321 | *0516 | *0711 | *0906 |
| 9 | 348 1101 | 1296 | 1490 | 1685 | 1880 | 2075 | 2270 | 2464 | 2659 | 2854 |
| **2230** | 3049 | 3243 | 3438 | 3633 | 3828 | 4022 | 4217 | 4412 | 4606 | 4801 |
| 1 | 4996 | 5190 | 5385 | 5580 | 5774 | 5969 | 6164 | 6358 | 6553 | 6747 |
| 2 | 6942 | 7136 | 7331 | 7526 | 7720 | 7915 | 8109 | 8304 | 8498 | 8693 |
| 3 | 8887 | 9082 | 9276 | 9471 | 9665 | 9860 | *0054 | *0248 | *0443 | *0637 |
| 4 | 349 0832 | 1026 | 1220 | 1415 | 1609 | 1804 | 1998 | 2192 | 2387 | 2581 |
| 5 | 2775 | 2970 | 3164 | 3358 | 3552 | 3747 | 3941 | 4135 | 4330 | 4524 |
| 6 | 4718 | 4912 | 5106 | 5301 | 5495 | 5689 | 5883 | 6077 | 6272 | 6466 |
| 7 | 6660 | 6854 | 7048 | 7242 | 7436 | 7630 | 7825 | 8019 | 8213 | 8407 |
| 8 | 8601 | 8795 | 8989 | 9183 | 9377 | 9571 | 9765 | 9959 | *0153 | *0347 |
| 9 | 350 0541 | 0735 | 0929 | 1123 | 1317 | 1511 | 1705 | 1898 | 2092 | 2286 |
| **2240** | 2480 | 2674 | 2868 | 3062 | 3256 | 3449 | 3643 | 3837 | 4031 | 4225 |
| 1 | 4419 | 4612 | 4806 | 5000 | 5194 | 5387 | 5581 | 5775 | 5969 | 6162 |
| 2 | 6356 | 6550 | 6743 | 6937 | 7131 | 7325 | 7518 | 7712 | 7905 | 8099 |
| 3 | 8293 | 8486 | 8680 | 8874 | 9067 | 9261 | 9454 | 9648 | 9841 | *0035 |
| 4 | 351 0229 | 0422 | 0616 | 0809 | 1003 | 1196 | 1390 | 1583 | 1777 | 1970 |
| 5 | 2163 | 2357 | 2550 | 2744 | 2937 | 3131 | 3324 | 3517 | 3711 | 3904 |
| 6 | 4098 | 4291 | 4484 | 4678 | 4871 | 5064 | 5258 | 5451 | 5644 | 5837 |
| 7 | 6031 | 6224 | 6417 | 6611 | 6804 | 6997 | 7190 | 7383 | 7577 | 7770 |
| 8 | 7963 | 8156 | 8349 | 8543 | 8736 | 8929 | 9122 | 9315 | 9508 | 9701 |
| 9 | 9895 | *0088 | *0281 | *0474 | *0667 | *0860 | *1053 | *1246 | *1439 | *1632 |
| **N.** | **0** | **1** | **2** | **3** | **4** | **5** | **6** | **7** | **8** | **9** |

Diff. et p. p.

| | 198 | 197 |
|---|---|---|
| 1 | 19,8 | 19,7 |
| 2 | 39,6 | 39,4 |
| 3 | 59,4 | 59,1 |
| 4 | 79,2 | 78,8 |
| 5 | 99,0 | 98,5 |
| 6 | 118,8 | 118,2 |
| 7 | 138,6 | 137,9 |
| 8 | 158,4 | 157,6 |
| 9 | 178,2 | 177,3 |

| | 196 | 195 |
|---|---|---|
| 1 | 19,6 | 19,5 |
| 2 | 39,2 | 39,0 |
| 3 | 58,8 | 58,5 |
| 4 | 78,4 | 78,0 |
| 5 | 98,0 | 97,5 |
| 6 | 117,6 | 117,0 |
| 7 | 137,2 | 136,5 |
| 8 | 156,8 | 156,0 |
| 9 | 176,4 | 175,5 |

| | 194 | 193 |
|---|---|---|
| 1 | 19,4 | 19,3 |
| 2 | 38,8 | 38,6 |
| 3 | 58,2 | 57,9 |
| 4 | 77,6 | 77,2 |
| 5 | 97,0 | 96,5 |
| 6 | 116,4 | 115,8 |
| 7 | 135,8 | 135,1 |
| 8 | 155,2 | 154,4 |
| 9 | 174,6 | 173,7 |

| | | | |
|---|---|---|---|
| 22 000″ = 6° 6′ 40″ | 2200″ = 36′ 40″ | S = $\bar{6}$,685 5666 | T. 5913 |
| 22 100 = 6 8 20 | 2210 = 36 50 | 5666 | 5915 |
| 22 200 = 6 10 0 | 2220 = 37 0 | 5665 | 5916 |
| 22 300 = 6 11 40 | 2230 = 37 10 | 5664 | 5918 |
| 22 400 = 6 13 20 | 2240 = 37 20 | 5663 | 5919 |

| N. | 0 | 1 | 2 | 3 | 4 | 5 | 6 | 7 | 8 | 9 |
|---|---|---|---|---|---|---|---|---|---|---|
| **2250** | 352 1825 | 2018 | 2211 | 2404 | 2597 | 2790 | 2983 | 3176 | 3369 | 3562 |
| 1 | 3755 | 3948 | 4141 | 4334 | 4527 | 4720 | 4912 | 5105 | 5298 | 5491 |
| 2 | 5684 | 5877 | 6070 | 6262 | 6455 | 6648 | 6841 | 7034 | 7226 | 7419 |
| 3 | 7612 | 7805 | 7997 | 8190 | 8383 | 8576 | 8768 | 8961 | 9154 | 9346 |
| 4 | 9539 | 9732 | 9924 | *0117 | *0310 | *0502 | *0695 | *0888 | *1080 | *1273 |
| 5 | 353 1465 | 1658 | 1851 | 2043 | 2236 | 2428 | 2621 | 2813 | 3006 | 3198 |
| 6 | 3391 | 3583 | 3776 | 3968 | 4161 | 4353 | 4546 | 4738 | 4931 | 5123 |
| 7 | 5316 | 5508 | 5700 | 5893 | 6085 | 6278 | 6470 | 6662 | 6855 | 7047 |
| 8 | 7239 | 7432 | 7624 | 7816 | 8009 | 8201 | 8393 | 8586 | 8778 | 8970 |
| 9 | 9162 | 9355 | 9547 | 9739 | 9931 | *0123 | *0316 | *0508 | *0700 | *0892 |
| **2260** | 354 1084 | 1277 | 1469 | 1661 | 1853 | 2045 | 2237 | 2429 | 2621 | 2814 |
| 1 | 3006 | 3198 | 3390 | 3582 | 3774 | 3966 | 4158 | 4350 | 4542 | 4734 |
| 2 | 4926 | 5118 | 5310 | 5502 | 5694 | 5886 | 6078 | 6270 | 6462 | 6654 |
| 3 | 6846 | 7037 | 7229 | 7421 | 7613 | 7805 | 7997 | 8189 | 8381 | 8572 |
| 4 | 8764 | 8956 | 9148 | 9340 | 9531 | 9723 | 9915 | *0107 | *0299 | *0490 |
| 5 | 355 0682 | 0874 | 1066 | 1257 | 1449 | 1641 | 1832 | 2024 | 2216 | 2407 |
| 6 | 2599 | 2791 | 2982 | 3174 | 3366 | 3557 | 3749 | 3940 | 4132 | 4324 |
| 7 | 4515 | 4707 | 4898 | 5090 | 5281 | 5473 | 5664 | 5856 | 6048 | 6239 |
| 8 | 6431 | 6622 | 6813 | 7005 | 7196 | 7388 | 7579 | 7771 | 7962 | 8154 |
| 9 | 8345 | 8536 | 8728 | 8919 | 9111 | 9302 | 9493 | 9685 | 9876 | *0067 |
| **2270** | 356 0259 | 0450 | 0641 | 0832 | 1024 | 1215 | 1406 | 1598 | 1789 | 1980 |
| 1 | 2171 | 2363 | 2554 | 2745 | 2936 | 3127 | 3319 | 3510 | 3701 | 3892 |
| 2 | 4083 | 4274 | 4466 | 4657 | 4848 | 5039 | 5230 | 5421 | 5612 | 5803 |
| 3 | 5994 | 6185 | 6376 | 6568 | 6759 | 6950 | 7141 | 7332 | 7523 | 7714 |
| 4 | 7905 | 8096 | 8287 | 8478 | 8668 | 8859 | 9050 | 9241 | 9432 | 9623 |
| 5 | 9814 | *0005 | *0196 | *0387 | *0578 | *0768 | *0959 | *1150 | *1341 | *1532 |
| 6 | 357 1723 | 1913 | 2104 | 2295 | 2486 | 2677 | 2867 | 3058 | 3249 | 3440 |
| 7 | 3630 | 3821 | 4012 | 4202 | 4393 | 4584 | 4775 | 4965 | 5156 | 5347 |
| 8 | 5537 | 5728 | 5918 | 6109 | 6300 | 6490 | 6681 | 6872 | 7062 | 7253 |
| 9 | 7443 | 7634 | 7824 | 8015 | 8205 | 8396 | 8586 | 8777 | 8967 | 9158 |
| **2280** | 9348 | 9539 | 9729 | 9920 | *0110 | *0301 | *0491 | *0682 | *0872 | *1062 |
| 1 | 358 1253 | 1443 | 1634 | 1824 | 2014 | 2205 | 2395 | 2585 | 2776 | 2966 |
| 2 | 3156 | 3347 | 3537 | 3727 | 3918 | 4108 | 4298 | 4488 | 4679 | 4869 |
| 3 | 5059 | 5249 | 5440 | 5630 | 5820 | 6010 | 6200 | 6391 | 6581 | 6771 |
| 4 | 6961 | 7151 | 7341 | 7531 | 7722 | 7912 | 8102 | 8292 | 8482 | 8672 |
| 5 | 8862 | 9052 | 9242 | 9432 | 9622 | 9812 | *0002 | *0192 | *0382 | *0572 |
| 6 | 359 0762 | 0952 | 1142 | 1332 | 1522 | 1712 | 1902 | 2092 | 2282 | 2472 |
| 7 | 2662 | 2852 | 3041 | 3231 | 3421 | 3611 | 3801 | 3991 | 4181 | 4370 |
| 8 | 4560 | 4750 | 4940 | 5130 | 5319 | 5509 | 5699 | 5889 | 6078 | 6268 |
| 9 | 6458 | 6648 | 6837 | 7027 | 7217 | 7406 | 7596 | 7786 | 7976 | 8165 |
| **2290** | 8355 | 8544 | 8734 | 8924 | 9113 | 9303 | 9493 | 9682 | 9872 | *0061 |
| 1 | 360 0251 | 0440 | 0630 | 0820 | 1009 | 1199 | 1388 | 1578 | 1767 | 1957 |
| 2 | 2146 | 2336 | 2525 | 2715 | 2904 | 3093 | 3283 | 3472 | 3662 | 3851 |
| 3 | 4041 | 4230 | 4419 | 4609 | 4798 | 4987 | 5177 | 5366 | 5555 | 5745 |
| 4 | 5934 | 6123 | 6313 | 6502 | 6691 | 6881 | 7070 | 7259 | 7448 | 7638 |
| 5 | 7827 | 8016 | 8205 | 8395 | 8584 | 8773 | 8962 | 9151 | 9341 | 9530 |
| 6 | 9719 | 9908 | *0097 | *0286 | *0475 | *0664 | *0854 | *1043 | *1232 | *1421 |
| 7 | 361 1610 | 1799 | 1988 | 2177 | 2366 | 2555 | 2744 | 2933 | 3122 | 3311 |
| 8 | 3500 | 3689 | 3878 | 4067 | 4256 | 4445 | 4634 | 4823 | 5012 | 5201 |
| 9 | 5390 | 5579 | 5768 | 5956 | 6145 | 6334 | 6523 | 6712 | 6901 | 7090 |
| N. | 0 | 1 | 2 | 3 | 4 | 5 | 6 | 7 | 8 | 9 |

Diff. et p. p.

| | 193 | 192 |
|---|---|---|
| 1 | 19,3 | 19,2 |
| 2 | 38,6 | 38,4 |
| 3 | 57,9 | 57,6 |
| 4 | 77,2 | 76,8 |
| 5 | 96,5 | 96,0 |
| 6 | 115,8 | 115,2 |
| 7 | 135,1 | 134,4 |
| 8 | 154,4 | 153,6 |
| 9 | 173,7 | 172,8 |

| | 191 | 190 |
|---|---|---|
| 1 | 19,1 | 19 |
| 2 | 38,2 | 38 |
| 3 | 57,3 | 57 |
| 4 | 76,4 | 76 |
| 5 | 95,5 | 95 |
| 6 | 114,6 | 114 |
| 7 | 133,7 | 133 |
| 8 | 152,8 | 152 |
| 9 | 171,9 | 171 |

| | 189 | 188 |
|---|---|---|
| 1 | 18,9 | 18,8 |
| 2 | 37,8 | 37,6 |
| 3 | 56,7 | 56,4 |
| 4 | 75,6 | 75,2 |
| 5 | 94,5 | 94,0 |
| 6 | 113,4 | 112,8 |
| 7 | 132,3 | 131,6 |
| 8 | 151,2 | 150,4 |
| 9 | 170,1 | 169,2 |

| | | | |
|---|---|---|---|
| 22 500″ = 6° 15′ 0″ | 2250″ = 37′ 30″ | S = $\bar{6}$,685 5663 | T. 5921 |
| 22 600 = 6 16 40 | 2260 = 37 40 | 5662 | 5922 |
| 22 700 = 6 18 20 | 2270 = 37 50 | 5661 | 5924 |
| 22 800 = 6 20 0 | 2280 = 38 0 | 5660 | 5926 |
| 22 900 = 6 21 40 | 2290 = 38 10 | 5659 | 5927 |

| N. | 0 | 1 | 2 | 3 | 4 | 5 | 6 | 7 | 8 | 9 |
|---|---|---|---|---|---|---|---|---|---|---|
| 2300 | 361 7278 | 7467 | 7656 | 7845 | 8034 | 8222 | 8411 | 8600 | 8789 | 8977 |
| 1 | 9166 | 9355 | 9544 | 9732 | 9921 | *0110 | *0298 | *0487 | *0676 | *0865 |
| 2 | 362 1053 | 1242 | 1430 | 1619 | 1808 | 1996 | 2185 | 2374 | 2562 | 2751 |
| 3 | 2939 | 3128 | 3317 | 3505 | 3694 | 3882 | 4071 | 4259 | 4448 | 4636 |
| 4 | 4825 | 5013 | 5202 | 5390 | 5579 | 5767 | 5956 | 6144 | 6332 | 6521 |
| 5 | 6709 | 6898 | 7086 | 7275 | 7463 | 7651 | 7840 | 8028 | 8216 | 8405 |
| 6 | 8593 | 8781 | 8970 | 9158 | 9346 | 9535 | 9723 | 9911 | *0099 | *0288 |
| 7 | 363 0476 | 0664 | 0852 | 1041 | 1229 | 1417 | 1605 | 1794 | 1982 | 2170 |
| 8 | 2358 | 2546 | 2734 | 2923 | 3111 | 3299 | 3487 | 3675 | 3863 | 4051 |
| 9 | 4239 | 4427 | 4615 | 4804 | 4992 | 5180 | 5368 | 5556 | 5744 | 5932 |
| 2310 | 6120 | 6308 | 6496 | 6684 | 6872 | 7060 | 7248 | 7436 | 7624 | 7812 |
| 1 | 7999 | 8187 | 8375 | 8563 | 8751 | 8939 | 9127 | 9315 | 9503 | 9690 |
| 2 | 9878 | *0066 | *0254 | *0442 | *0630 | *0817 | *1005 | *1193 | *1381 | *1569 |
| 3 | 364 1756 | 1944 | 2132 | 2320 | 2507 | 2695 | 2883 | 3070 | 3258 | 3446 |
| 4 | 3634 | 3821 | 4009 | 4197 | 4384 | 4572 | 4759 | 4947 | 5135 | 5322 |
| 5 | 5510 | 5698 | 5885 | 6073 | 6260 | 6448 | 6635 | 6823 | 7010 | 7198 |
| 6 | 7386 | 7573 | 7761 | 7948 | 8136 | 8323 | 8511 | 8698 | 8885 | 9073 |
| 7 | 9260 | 9448 | 9635 | 9823 | *0010 | *0197 | *0385 | *0572 | *0760 | *0947 |
| 8 | 365 1134 | 1322 | 1509 | 1696 | 1884 | 2071 | 2258 | 2446 | 2633 | 2820 |
| 9 | 3007 | 3195 | 3382 | 3569 | 3757 | 3944 | 4131 | 4318 | 4505 | 4693 |
| 2320 | 4880 | 5067 | 5254 | 5441 | 5629 | 5816 | 6003 | 6190 | 6377 | 6564 |
| 1 | 6751 | 6939 | 7126 | 7313 | 7500 | 7687 | 7874 | 8061 | 8248 | 8435 |
| 2 | 8622 | 8809 | 8996 | 9183 | 9370 | 9557 | 9744 | 9931 | *0118 | *0305 |
| 3 | 366 0492 | 0679 | 0866 | 1053 | 1240 | 1427 | 1614 | 1801 | 1987 | 2174 |
| 4 | 2361 | 2548 | 2735 | 2922 | 3109 | 3296 | 3482 | 3669 | 3856 | 4043 |
| 5 | 4230 | 4416 | 4603 | 4790 | 4977 | 5163 | 5350 | 5537 | 5724 | 5910 |
| 6 | 6097 | 6284 | 6471 | 6657 | 6844 | 7031 | 7217 | 7404 | 7591 | 7777 |
| 7 | 7964 | 8150 | 8337 | 8524 | 8710 | 8897 | 9083 | 9270 | 9457 | 9643 |
| 8 | 9830 | *0016 | *0203 | *0389 | *0576 | *0762 | *0949 | *1135 | *1322 | *1508 |
| 9 | 367 1695 | 1881 | 2068 | 2254 | 2441 | 2627 | 2814 | 3000 | 3186 | 3373 |
| 2330 | 3559 | 3746 | 3932 | 4118 | 4305 | 4491 | 4677 | 4864 | 5050 | 5236 |
| 1 | 5423 | 5609 | 5795 | 5982 | 6168 | 6354 | 6540 | 6727 | 6913 | 7099 |
| 2 | 7285 | 7472 | 7658 | 7844 | 8030 | 8217 | 8403 | 8589 | 8775 | 8961 |
| 3 | 9147 | 9334 | 9520 | 9706 | 9892 | *0078 | *0264 | *0450 | *0636 | *0822 |
| 4 | 368 1009 | 1195 | 1381 | 1567 | 1753 | 1939 | 2125 | 2311 | 2497 | 2683 |
| 5 | 2869 | 3055 | 3241 | 3427 | 3613 | 3799 | 3985 | 4171 | 4357 | 4542 |
| 6 | 4728 | 4914 | 5100 | 5286 | 5472 | 5658 | 5844 | 6030 | 6215 | 6401 |
| 7 | 6587 | 6773 | 6959 | 7145 | 7330 | 7516 | 7702 | 7888 | 8074 | 8259 |
| 8 | 8445 | 8631 | 8817 | 9002 | 9188 | 9374 | 9559 | 9745 | 9931 | *0117 |
| 9 | 369 0302 | 0488 | 0674 | 0859 | 1045 | 1230 | 1416 | 1602 | 1787 | 1973 |
| 2340 | 2159 | 2344 | 2530 | 2715 | 2901 | 3086 | 3272 | 3458 | 3643 | 3829 |
| 1 | 4014 | 4200 | 4385 | 4571 | 4756 | 4942 | 5127 | 5313 | 5498 | 5683 |
| 2 | 5869 | 6054 | 6240 | 6425 | 6611 | 6796 | 6981 | 7167 | 7352 | 7538 |
| 3 | 7723 | 7908 | 8094 | 8279 | 8464 | 8650 | 8835 | 9020 | 9205 | 9391 |
| 4 | 9576 | 9761 | 9947 | *0132 | *0317 | *0502 | *0688 | *0873 | *1058 | *1243 |
| 5 | 370 1428 | 1614 | 1799 | 1984 | 2169 | 2354 | 2540 | 2725 | 2910 | 3095 |
| 6 | 3280 | 3465 | 3650 | 3835 | 4020 | 4206 | 4391 | 4576 | 4761 | 4946 |
| 7 | 5131 | 5316 | 5501 | 5686 | 5871 | 6056 | 6241 | 6426 | 6611 | 6796 |
| 8 | 6981 | 7166 | 7351 | 7536 | 7721 | 7906 | 8091 | 8275 | 8460 | 8645 |
| 9 | 8830 | 9015 | 9200 | 9385 | 9570 | 9754 | 9939 | *0124 | *0309 | *0494 |
| N. | 0 | 1 | 2 | 3 | 4 | 5 | 6 | 7 | 8 | 9 |

Diff. et p. p.

| | 189 | 188 |
|---|---|---|
| 1 | 18,9 | 18,8 |
| 2 | 37,8 | 37,6 |
| 3 | 56,7 | 56,4 |
| 4 | 75,6 | 75,2 |
| 5 | 94,5 | 94,0 |
| 6 | 113,4 | 112,8 |
| 7 | 132,3 | 131,6 |
| 8 | 151,2 | 150,4 |
| 9 | 170,1 | 169,2 |

| | 187 | 186 |
|---|---|---|
| 1 | 18,7 | 18,6 |
| 2 | 37,4 | 37,2 |
| 3 | 56,1 | 55,8 |
| 4 | 74,8 | 74,4 |
| 5 | 93,5 | 93,0 |
| 6 | 112,2 | 111,6 |
| 7 | 130,9 | 130,2 |
| 8 | 149,6 | 148,8 |
| 9 | 168,3 | 167,4 |

| | 185 | 184 |
|---|---|---|
| 1 | 18,5 | 18,4 |
| 2 | 37,0 | 36,8 |
| 3 | 55,5 | 55,2 |
| 4 | 74,0 | 73,6 |
| 5 | 92,5 | 92,0 |
| 6 | 111,0 | 110,4 |
| 7 | 129,5 | 128,8 |
| 8 | 148,0 | 147,2 |
| 9 | 166,5 | 165,6 |

| | | | |
|---|---|---|---|
| 23 000″ = 6° 23′ 20″ | 2300″ = 38′ 20″ | S = $\bar{6}$,685 5659 | T. 5929 |
| 23 100 = 6 25 0 | 2310 = 38 30 | 5658 | 5930 |
| 23 200 = 6 26 40 | 2320 = 38 40 | 5657 | 5932 |
| 23 300 = 6 28 20 | 2330 = 38 50 | 5656 | 5933 |
| 23 400 = 6 30 0 | 2340 = 39 0 | 5656 | 5935 |

| N. | 0 | 1 | 2 | 3 | 4 | 5 | 6 | 7 | 8 | 9 |
|---|---|---|---|---|---|---|---|---|---|---|
| 2350 | 371 0679 | 0863 | 1048 | 1233 | 1418 | 1603 | 1787 | 1972 | 2157 | 2342 |
| 1 | 2526 | 2711 | 2896 | 3080 | 3265 | 3450 | 3635 | 3819 | 4004 | 4189 |
| 2 | 4373 | 4558 | 4742 | 4927 | 5112 | 5296 | 5481 | 5666 | 5850 | 6035 |
| 3 | 6219 | 6404 | 6588 | 6773 | 6957 | 7142 | 7327 | 7511 | 7696 | 7880 |
| 4 | 8065 | 8249 | 8434 | 8618 | 8802 | 8987 | 9171 | 9356 | 9540 | 9725 |
| 5 | 9909 | *0094 | *0278 | *0462 | *0647 | *0831 | *1015 | *1200 | *1384 | *1569 |
| 6 | 372 1753 | 1937 | 2122 | 2306 | 2490 | 2674 | 2859 | 3043 | 3227 | 3412 |
| 7 | 3596 | 3780 | 3964 | 4149 | 4333 | 4517 | 4701 | 4885 | 5070 | 5254 |
| 8 | 5438 | 5622 | 5806 | 5991 | 6175 | 6359 | 6543 | 6727 | 6911 | 7095 |
| 9 | 7279 | 7464 | 7648 | 7832 | 8016 | 8200 | 8384 | 8568 | 8752 | 8936 |
| 2360 | 9120 | 9304 | 9488 | 9672 | 9856 | *0040 | *0224 | *0408 | *0592 | *0776 |
| 1 | 373 0960 | 1144 | 1328 | 1512 | 1696 | 1879 | 2063 | 2247 | 2431 | 2615 |
| 2 | 2799 | 2983 | 3167 | 3350 | 3534 | 3718 | 3902 | 4086 | 4270 | 4453 |
| 3 | 4637 | 4821 | 5005 | 5189 | 5372 | 5556 | 5740 | 5924 | 6107 | 6291 |
| 4 | 6475 | 6658 | 6842 | 7026 | 7210 | 7393 | 7577 | 7761 | 7944 | 8128 |
| 5 | 8311 | 8495 | 8679 | 8862 | 9046 | 9230 | 9413 | 9597 | 9780 | 9964 |
| 6 | 374 0147 | 0331 | 0515 | 0698 | 0882 | 1065 | 1249 | 1432 | 1616 | 1799 |
| 7 | 1983 | 2166 | 2350 | 2533 | 2716 | 2900 | 3083 | 3267 | 3450 | 3634 |
| 8 | 3817 | 4000 | 4184 | 4367 | 4551 | 4734 | 4917 | 5101 | 5284 | 5467 |
| 9 | 5651 | 5834 | 6017 | 6201 | 6384 | 6567 | 6750 | 6934 | 7117 | 7300 |
| 2370 | 7483 | 7667 | 7850 | 8033 | 8216 | 8400 | 8583 | 8766 | 8949 | 9132 |
| 1 | 9316 | 9499 | 9682 | 9865 | *0048 | *0231 | *0414 | *0598 | *0781 | *0964 |
| 2 | 375 1147 | 1330 | 1513 | 1696 | 1879 | 2062 | 2245 | 2428 | 2611 | 2794 |
| 3 | 2977 | 3160 | 3343 | 3526 | 3709 | 3892 | 4075 | 4258 | 4441 | 4624 |
| 4 | 4807 | 4990 | 5173 | 5356 | 5539 | 5722 | 5905 | 6088 | 6270 | 6453 |
| 5 | 6636 | 6819 | 7002 | 7185 | 7368 | 7550 | 7733 | 7916 | 8099 | 8282 |
| 6 | 8464 | 8647 | 8830 | 9013 | 9195 | 9378 | 9561 | 9744 | 9926 | *0109 |
| 7 | 376 0292 | 0475 | 0657 | 0840 | 1023 | 1205 | 1388 | 1571 | 1753 | 1936 |
| 8 | 2119 | 2301 | 2484 | 2666 | 2849 | 3032 | 3214 | 3397 | 3579 | 3762 |
| 9 | 3944 | 4127 | 4310 | 4492 | 4675 | 4857 | 5040 | 5222 | 5405 | 5587 |
| 2380 | 5770 | 5952 | 6135 | 6317 | 6499 | 6682 | 6864 | 7047 | 7229 | 7412 |
| 1 | 7594 | 7776 | 7959 | 8141 | 8323 | 8506 | 8688 | 8871 | 9053 | 9235 |
| 2 | 9418 | 9600 | 9782 | 9965 | *0147 | *0329 | *0511 | *0694 | *0876 | *1058 |
| 3 | 377 1240 | 1423 | 1605 | 1787 | 1969 | 2152 | 2334 | 2516 | 2698 | 2880 |
| 4 | 3063 | 3245 | 3427 | 3609 | 3791 | 3973 | 4155 | 4338 | 4520 | 4702 |
| 5 | 4884 | 5066 | 5248 | 5430 | 5612 | 5794 | 5976 | 6158 | 6340 | 6522 |
| 6 | 6704 | 6886 | 7068 | 7250 | 7432 | 7614 | 7796 | 7978 | 8160 | 8342 |
| 7 | 8524 | 8706 | 8888 | 9070 | 9252 | 9434 | 9616 | 9798 | 9979 | *0161 |
| 8 | 378 0343 | 0525 | 0707 | 0889 | 1071 | 1252 | 1434 | 1616 | 1798 | 1980 |
| 9 | 2161 | 2343 | 2525 | 2707 | 2889 | 3070 | 3252 | 3434 | 3616 | 3797 |
| 2390 | 3979 | 4161 | 4342 | 4524 | 4706 | 4887 | 5069 | 5251 | 5432 | 5614 |
| 1 | 5796 | 5977 | 6159 | 6341 | 6522 | 6704 | 6885 | 7067 | 7249 | 7430 |
| 2 | 7612 | 7793 | 7975 | 8156 | 8338 | 8519 | 8701 | 8882 | 9064 | 9245 |
| 3 | 9427 | 9608 | 9790 | 9971 | *0153 | *0334 | *0516 | *0697 | *0879 | *1060 |
| 4 | 379 1241 | 1423 | 1604 | 1786 | 1967 | 2148 | 2330 | 2511 | 2692 | 2874 |
| 5 | 3055 | 3237 | 3418 | 3599 | 3780 | 3962 | 4143 | 4324 | 4506 | 4687 |
| 6 | 4868 | 5049 | 5231 | 5412 | 5593 | 5774 | 5956 | 6137 | 6318 | 6499 |
| 7 | 6680 | 6862 | 7043 | 7224 | 7405 | 7586 | 7767 | 7948 | 8130 | 8311 |
| 8 | 8492 | 8673 | 8854 | 9035 | 9216 | 9397 | 9578 | 9759 | 9940 | *0121 |
| 9 | 380 0302 | 0484 | 0665 | 0846 | 1027 | 1208 | 1389 | 1570 | 1750 | 1931 |
| N. | 0 | 1 | 2 | 3 | 4 | 5 | 6 | 7 | 8 | 9 |

Diff. et p. p.

| | 185 | 184 |
|---|---|---|
| 1 | 18,5 | 18,4 |
| 2 | 37,0 | 36,8 |
| 3 | 55,5 | 55,2 |
| 4 | 74,0 | 73,6 |
| 5 | 92,5 | 92,0 |
| 6 | 111,0 | 110,4 |
| 7 | 129,5 | 128,8 |
| 8 | 148,0 | 147,2 |
| 9 | 166,5 | 165,6 |

| | 183 | 182 |
|---|---|---|
| 1 | 18,3 | 18,2 |
| 2 | 36,6 | 36,4 |
| 3 | 54,9 | 54,6 |
| 4 | 73,2 | 72,8 |
| 5 | 91,5 | 91,0 |
| 6 | 109,8 | 109,2 |
| 7 | 128,1 | 127,4 |
| 8 | 146,4 | 145,6 |
| 9 | 164,7 | 163,8 |

| | 181 | 180 |
|---|---|---|
| 1 | 18,1 | 18 |
| 2 | 36,2 | 36 |
| 3 | 54,3 | 54 |
| 4 | 72,4 | 72 |
| 5 | 90,5 | 90 |
| 6 | 108,6 | 108 |
| 7 | 126,7 | 126 |
| 8 | 144,8 | 144 |
| 9 | 162,9 | 162 |

| | | | |
|---|---|---|---|
| 23 500″ = 6° 31′ 40″ | 2350″ = 39′ 10″ | S = $\bar{6}$,685 5655 | T. 5937 |
| 23 600 = 6 33 20 | 2360 = 39 20 | 5654 | 5938 |
| 23 700 = 6 35 0 | 2370 = 39 30 | 5653 | 5940 |
| 23 800 = 6 36 40 | 2380 = 39 40 | 5652 | 5941 |
| 23 900 = 6 38 20 | 2390 = 39 50 | 5651 | 5943 |

| N. | 0 | 1 | 2 | 3 | 4 | 5 | 6 | 7 | 8 | 9 |
|---|---|---|---|---|---|---|---|---|---|---|
| 2400 | 380 2112 | 2293 | 2474 | 2655 | 2836 | 3017 | 3198 | 3379 | 3560 | 3741 |
| 1 | 3922 | 4102 | 4283 | 4464 | 4645 | 4826 | 5007 | 5188 | 5368 | 5549 |
| 2 | 5730 | 5911 | 6092 | 6272 | 6453 | 6634 | 6815 | 6995 | 7176 | 7357 |
| 3 | 7538 | 7718 | 7899 | 8080 | 8261 | 8441 | 8622 | 8803 | 8983 | 9164 |
| 4 | 9345 | 9525 | 9706 | 9887 | *0067 | *0248 | *0428 | *0609 | *0790 | *0970 |
| 5 | 381 1151 | 1331 | 1512 | 1693 | 1873 | 2054 | 2234 | 2415 | 2595 | 2776 |
| 6 | 2956 | 3137 | 3317 | 3498 | 3678 | 3859 | 4039 | 4220 | 4400 | 4580 |
| 7 | 4761 | 4941 | 5122 | 5302 | 5483 | 5663 | 5843 | 6024 | 6204 | 6384 |
| 8 | 6565 | 6745 | 6926 | 7106 | 7286 | 7467 | 7647 | 7827 | 8007 | 8188 |
| 9 | 8368 | 8548 | 8729 | 8909 | 9089 | 9269 | 9450 | 9630 | 9810 | 9990 |
| 2410 | 382 0170 | 0351 | 0531 | 0711 | 0891 | 1071 | 1252 | 1432 | 1612 | 1792 |
| 1 | 1972 | 2152 | 2332 | 2512 | 2693 | 2873 | 3053 | 3233 | 3413 | 3593 |
| 2 | 3773 | 3953 | 4133 | 4313 | 4493 | 4673 | 4853 | 5033 | 5213 | 5393 |
| 3 | 5573 | 5753 | 5933 | 6113 | 6293 | 6473 | 6653 | 6833 | 7013 | 7193 |
| 4 | 7373 | 7553 | 7732 | 7912 | 8092 | 8272 | 8452 | 8632 | 8812 | 8992 |
| 5 | 9171 | 9351 | 9531 | 9711 | 9891 | *0070 | *0250 | *0430 | *0610 | *0790 |
| 6 | 383 0969 | 1149 | 1329 | 1509 | 1688 | 1868 | 2048 | 2227 | 2407 | 2587 |
| 7 | 2767 | 2946 | 3126 | 3306 | 3485 | 3665 | 3844 | 4024 | 4204 | 4383 |
| 8 | 4563 | 4743 | 4922 | 5102 | 5281 | 5461 | 5640 | 5820 | 6000 | 6179 |
| 9 | 6359 | 6538 | 6718 | 6897 | 7077 | 7256 | 7436 | 7615 | 7795 | 7974 |
| 2420 | 8154 | 8333 | 8513 | 8692 | 8871 | 9051 | 9230 | 9410 | 9589 | 9769 |
| 1 | 9948 | *0127 | *0307 | *0486 | *0665 | *0845 | *1024 | *1203 | *1383 | *1562 |
| 2 | 384 1741 | 1921 | 2100 | 2279 | 2459 | 2638 | 2817 | 2996 | 3176 | 3355 |
| 3 | 3534 | 3713 | 3893 | 4072 | 4251 | 4430 | 4609 | 4789 | 4968 | 5147 |
| 4 | 5326 | 5505 | 5684 | 5864 | 6043 | 6222 | 6401 | 6580 | 6759 | 6938 |
| 5 | 7117 | 7297 | 7476 | 7655 | 7834 | 8013 | 8192 | 8371 | 8550 | 8729 |
| 6 | 8908 | 9087 | 9266 | 9445 | 9624 | 9803 | 9982 | *0161 | *0340 | *0519 |
| 7 | 385 0698 | 0877 | 1056 | 1235 | 1413 | 1592 | 1771 | 1950 | 2129 | 2308 |
| 8 | 2487 | 2666 | 2845 | 3023 | 3202 | 3381 | 3560 | 3739 | 3918 | 4096 |
| 9 | 4275 | 4454 | 4633 | 4812 | 4990 | 5169 | 5348 | 5527 | 5705 | 5884 |
| 2430 | 6063 | 6241 | 6420 | 6599 | 6778 | 6956 | 7135 | 7314 | 7492 | 7671 |
| 1 | 7850 | 8028 | 8207 | 8386 | 8564 | 8743 | 8921 | 9100 | 9279 | 9457 |
| 2 | 9636 | 9814 | 9993 | *0171 | *0350 | *0528 | *0707 | *0886 | *1064 | *1243 |
| 3 | 386 1421 | 1600 | 1778 | 1957 | 2135 | 2314 | 2492 | 2670 | 2849 | 3027 |
| 4 | 3206 | 3384 | 3563 | 3741 | 3919 | 4098 | 4276 | 4455 | 4633 | 4811 |
| 5 | 4990 | 5168 | 5346 | 5525 | 5703 | 5881 | 6060 | 6238 | 6416 | 6595 |
| 6 | 6773 | 6951 | 7129 | 7308 | 7486 | 7664 | 7842 | 8021 | 8199 | 8377 |
| 7 | 8555 | 8733 | 8912 | 9090 | 9268 | 9446 | 9624 | 9803 | 9981 | *0159 |
| 8 | 387 0337 | 0515 | 0693 | 0871 | 1049 | 1228 | 1406 | 1584 | 1762 | 1940 |
| 9 | 2118 | 2296 | 2474 | 2652 | 2830 | 3008 | 3186 | 3364 | 3542 | 3720 |
| 2440 | 3898 | 4076 | 4254 | 4432 | 4610 | 4788 | 4966 | 5144 | 5322 | 5500 |
| 1 | 5678 | 5856 | 6034 | 6212 | 6389 | 6567 | 6745 | 6923 | 7101 | 7279 |
| 2 | 7457 | 7634 | 7812 | 7990 | 8168 | 8346 | 8524 | 8701 | 8879 | 9057 |
| 3 | 9235 | 9412 | 9590 | 9768 | 9946 | *0123 | *0301 | *0479 | *0657 | *0834 |
| 4 | 388 1012 | 1190 | 1367 | 1545 | 1723 | 1900 | 2078 | 2256 | 2433 | 2611 |
| 5 | 2789 | 2966 | 3144 | 3321 | 3499 | 3677 | 3854 | 4032 | 4209 | 4387 |
| 6 | 4565 | 4742 | 4920 | 5097 | 5275 | 5452 | 5630 | 5807 | 5985 | 6162 |
| 7 | 6340 | 6517 | 6695 | 6872 | 7050 | 7227 | 7404 | 7582 | 7759 | 7937 |
| 8 | 8114 | 8292 | 8469 | 8646 | 8824 | 9001 | 9178 | 9356 | 9533 | 9711 |
| 9 | 9888 | *0065 | *0243 | *0420 | *0597 | *0774 | *0952 | *1129 | *1306 | *1484 |
| N. | 0 | 1 | 2 | 3 | 4 | 5 | 6 | 7 | 8 | 9 |

Diff. et p. p.

| | 181 | 180 |
|---|---|---|
| 1 | 18,1 | 18 |
| 2 | 36,2 | 36 |
| 3 | 54,3 | 54 |
| 4 | 72,4 | 72 |
| 5 | 90,5 | 90 |
| 6 | 108,6 | 108 |
| 7 | 126,7 | 126 |
| 8 | 144,8 | 144 |
| 9 | 162,9 | 162 |

| | 179 | 178 |
|---|---|---|
| 1 | 17,9 | 17,8 |
| 2 | 35,8 | 35,6 |
| 3 | 53,7 | 53,4 |
| 4 | 71,6 | 71,2 |
| 5 | 89,5 | 89,0 |
| 6 | 107,4 | 106,8 |
| 7 | 125,3 | 124,6 |
| 8 | 143,2 | 142,4 |
| 9 | 161,1 | 160,2 |

| | 177 |
|---|---|
| 1 | 17,7 |
| 2 | 35,4 |
| 3 | 53,1 |
| 4 | 70,8 |
| 5 | 88,5 |
| 6 | 106,2 |
| 7 | 123,9 |
| 8 | 141,6 |
| 9 | 159,3 |

| | | | |
|---|---|---|---|
| 24 000″ = 6° 40′ 0″ | 2400″ = 40′ 0″ | S = $\bar{6}$,685 5651 | T. 5945 |
| 24 100 = 6 41 40 | 2410 = 40 10 | 5650 | 5946 |
| 24 200 = 6 43 20 | 2420 = 40 20 | 5649 | 5948 |
| 24 300 = 6 45 0 | 2430 = 40 30 | 5648 | 5950 |
| 24 400 = 6 46 40 | 2440 = 40 40 | 5647 | 5951 |

| N. | 0 | 1 | 2 | 3 | 4 | 5 | 6 | 7 | 8 | 9 |
|---|---|---|---|---|---|---|---|---|---|---|
| 2450 | 389 1661 | 1838 | 2015 | 2193 | 2370 | 2547 | 2724 | 2902 | 3079 | 3256 |
| 1 | 3433 | 3610 | 3787 | 3965 | 4142 | 4319 | 4496 | 4673 | 4850 | 5028 |
| 2 | 5205 | 5382 | 5559 | 5736 | 5913 | 6090 | 6267 | 6444 | 6621 | 6798 |
| 3 | 6975 | 7153 | 7330 | 7507 | 7684 | 7861 | 8038 | 8215 | 8392 | 8569 |
| 4 | 8746 | 8923 | 9100 | 9276 | 9453 | 9630 | 9807 | 9984 | *0161 | *0338 |
| 5 | 390 0515 | 0692 | 0869 | 1046 | 1223 | 1399 | 1576 | 1753 | 1930 | 2107 |
| 6 | 2284 | 2460 | 2637 | 2814 | 2991 | 3168 | 3344 | 3521 | 3698 | 3875 |
| 7 | 4052 | 4228 | 4405 | 4582 | 4759 | 4935 | 5112 | 5289 | 5465 | 5642 |
| 8 | 5819 | 5995 | 6172 | 6349 | 6525 | 6702 | 6879 | 7055 | 7232 | 7409 |
| 9 | 7585 | 7762 | 7939 | 8115 | 8292 | 8468 | 8645 | 8821 | 8998 | 9175 |
| 2460 | 9351 | 9528 | 9704 | 9881 | *0057 | *0234 | *0410 | *0587 | *0763 | *0940 |
| 1 | 391 1116 | 1293 | 1469 | 1646 | 1822 | 1998 | 2175 | 2351 | 2528 | 2704 |
| 2 | 2880 | 3057 | 3233 | 3410 | 3586 | 3762 | 3939 | 4115 | 4291 | 4468 |
| 3 | 4644 | 4820 | 4997 | 5173 | 5349 | 5526 | 5702 | 5878 | 6055 | 6231 |
| 4 | 6407 | 6583 | 6760 | 6936 | 7112 | 7288 | 7464 | 7641 | 7817 | 7993 |
| 5 | 8169 | 8345 | 8522 | 8698 | 8874 | 9050 | 9226 | 9402 | 9578 | 9755 |
| 6 | 9931 | *0107 | *0283 | *0459 | *0635 | *0811 | *0987 | *1163 | *1339 | *1515 |
| 7 | 392 1691 | 1868 | 2044 | 2220 | 2396 | 2572 | 2748 | 2924 | 3100 | 3276 |
| 8 | 3452 | 3628 | 3803 | 3979 | 4155 | 4331 | 4507 | 4683 | 4859 | 5035 |
| 9 | 5211 | 5387 | 5563 | 5739 | 5914 | 6090 | 6266 | 6442 | 6618 | 6794 |
| 2470 | 6970 | 7145 | 7321 | 7497 | 7673 | 7849 | 8024 | 8200 | 8376 | 8552 |
| 1 | 8727 | 8903 | 9079 | 9255 | 9430 | 9606 | 9782 | 9958 | *0133 | *0309 |
| 2 | 393 0485 | 0660 | 0836 | 1012 | 1187 | 1363 | 1539 | 1714 | 1890 | 2066 |
| 3 | 2241 | 2417 | 2592 | 2768 | 2944 | 3119 | 3295 | 3470 | 3646 | 3821 |
| 4 | 3997 | 4172 | 4348 | 4524 | 4699 | 4875 | 5050 | 5226 | 5401 | 5577 |
| 5 | 5752 | 5928 | 6103 | 6278 | 6454 | 6629 | 6805 | 6980 | 7156 | 7331 |
| 6 | 7506 | 7682 | 7857 | 8033 | 8208 | 8383 | 8559 | 8734 | 8909 | 9085 |
| 7 | 9260 | 9435 | 9611 | 9786 | 9961 | *0137 | *0312 | *0487 | *0662 | *0838 |
| 8 | 394 1013 | 1188 | 1364 | 1539 | 1714 | 1889 | 2064 | 2240 | 2415 | 2590 |
| 9 | 2765 | 2940 | 3116 | 3291 | 3466 | 3641 | 3816 | 3991 | 4167 | 4342 |
| 2480 | 4517 | 4692 | 4867 | 5042 | 5217 | 5392 | 5567 | 5742 | 5918 | 6093 |
| 1 | 6268 | 6443 | 6618 | 6793 | 6968 | 7143 | 7318 | 7493 | 7668 | 7843 |
| 2 | 8018 | 8193 | 8368 | 8543 | 8718 | 8893 | 9068 | 9242 | 9417 | 9592 |
| 3 | 9767 | 9942 | *0117 | *0292 | *0467 | *0642 | *0817 | *0991 | *1166 | *1341 |
| 4 | 395 1516 | 1691 | 1866 | 2040 | 2215 | 2390 | 2565 | 2740 | 2914 | 3089 |
| 5 | 3264 | 3439 | 3613 | 3788 | 3963 | 4138 | 4312 | 4487 | 4662 | 4837 |
| 6 | 5011 | 5186 | 5361 | 5535 | 5710 | 5885 | 6059 | 6234 | 6409 | 6583 |
| 7 | 6758 | 6932 | 7107 | 7282 | 7456 | 7631 | 7805 | 7980 | 8155 | 8329 |
| 8 | 8504 | 8678 | 8853 | 9027 | 9202 | 9376 | 9551 | 9725 | 9900 | *0074 |
| 9 | 396 0249 | 0423 | 0598 | 0772 | 0947 | 1121 | 1296 | 1470 | 1645 | 1819 |
| 2490 | 1993 | 2168 | 2342 | 2517 | 2691 | 2865 | 3040 | 3214 | 3389 | 3563 |
| 1 | 3737 | 3912 | 4086 | 4260 | 4435 | 4609 | 4783 | 4958 | 5132 | 5306 |
| 2 | 5480 | 5655 | 5829 | 6003 | 6177 | 6352 | 6526 | 6700 | 6874 | 7049 |
| 3 | 7223 | 7397 | 7571 | 7745 | 7920 | 8094 | 8268 | 8442 | 8616 | 8790 |
| 4 | 8964 | 9139 | 9313 | 9487 | 9661 | 9835 | *0009 | *0183 | *0357 | *0531 |
| 5 | 397 0705 | 0880 | 1054 | 1228 | 1402 | 1576 | 1750 | 1924 | 2098 | 2272 |
| 6 | 2446 | 2620 | 2794 | 2968 | 3142 | 3316 | 3490 | 3664 | 3838 | 4011 |
| 7 | 4185 | 4359 | 4533 | 4707 | 4881 | 5055 | 5229 | 5403 | 5577 | 5750 |
| 8 | 5924 | 6098 | 6272 | 6446 | 6620 | 6794 | 6967 | 7141 | 7315 | 7489 |
| 9 | 7663 | 7836 | 8010 | 8184 | 8358 | 8531 | 8705 | 8879 | 9053 | 9226 |
| N. | 0 | 1 | 2 | 3 | 4 | 5 | 6 | 7 | 8 | 9 |

Diff. et p. p.

| | 178 | 177 |
|---|---|---|
| 1 | 17,8 | 17,7 |
| 2 | 35,6 | 35,4 |
| 3 | 53,4 | 53,1 |
| 4 | 71,2 | 70,8 |
| 5 | 89,0 | 88,5 |
| 6 | 106,8 | 106,2 |
| 7 | 124,6 | 123,9 |
| 8 | 142,4 | 141,6 |
| 9 | 160,2 | 159,3 |

| | 176 | 175 |
|---|---|---|
| 1 | 17,6 | 17,5 |
| 2 | 35,2 | 35,0 |
| 3 | 52,8 | 52,5 |
| 4 | 70,4 | 70,0 |
| 5 | 88,0 | 87,5 |
| 6 | 105,6 | 105,0 |
| 7 | 123,2 | 122,5 |
| 8 | 140,8 | 140,0 |
| 9 | 158,4 | 157,5 |

| | 174 | 173 |
|---|---|---|
| 1 | 17,4 | 17,3 |
| 2 | 34,8 | 34,6 |
| 3 | 52,2 | 51,9 |
| 4 | 69,6 | 69,2 |
| 5 | 87,0 | 86,5 |
| 6 | 104,4 | 103,8 |
| 7 | 121,8 | 121,1 |
| 8 | 139,2 | 138,4 |
| 9 | 156,6 | 155,7 |

| | | | |
|---|---|---|---|
| 24 500″ = 6° 48′ 20″ | 2450″ = 40′ 50″ | S = $\bar{6}$, 685 5647 | T. 5953 |
| 24 600 = 6 50 0 | 2460 = 41 0 | 5646 | 5955 |
| 24 700 = 6 51 40 | 2470 = 41 10 | 5645 | 5956 |
| 24 800 = 6 53 20 | 2480 = 41 20 | 5644 | 5958 |
| 24 900 = 6 55 0 | 2490 = 41 30 | 5643 | 5960 |

| N. | 0 | 1 | 2 | 3 | 4 | 5 | 6 | 7 | 8 | 9 |
|---|---|---|---|---|---|---|---|---|---|---|
| **2500** | 397 9400 | 9574 | 9748 | 9921 | *0095 | *0269 | *0442 | *0616 | *0790 | *0963 |
| 1 | 398 1137 | 1311 | 1484 | 1658 | 1831 | 2005 | 2179 | 2352 | 2526 | 2699 |
| 2 | 2873 | 3047 | 3220 | 3394 | 3567 | 3741 | 3914 | 4088 | 4261 | 4435 |
| 3 | 4608 | 4782 | 4956 | 5129 | 5302 | 5476 | 5649 | 5823 | 5996 | 6170 |
| 4 | 6343 | 6517 | 6690 | 6864 | 7037 | 7210 | 7384 | 7557 | 7731 | 7904 |
| 5 | 8077 | 8251 | 8424 | 8597 | 8771 | 8944 | 9117 | 9291 | 9464 | 9637 |
| 6 | 9811 | 9984 | *0157 | *0331 | *0504 | *0677 | *0850 | *1024 | *1197 | *1370 |
| 7 | 399 1543 | 1717 | 1890 | 2063 | 2236 | 2409 | 2583 | 2756 | 2929 | 3102 |
| 8 | 3275 | 3448 | 3622 | 3795 | 3968 | 4141 | 4314 | 4487 | 4660 | 4834 |
| 9 | 5007 | 5180 | 5353 | 5526 | 5699 | 5872 | 6045 | 6218 | 6391 | 6564 |
| **2510** | 6737 | 6910 | 7083 | 7256 | 7429 | 7602 | 7775 | 7948 | 8121 | 8294 |
| 1 | 8467 | 8640 | 8813 | 8986 | 9159 | 9332 | 9505 | 9678 | 9851 | *0023 |
| 2 | 400 0196 | 0369 | 0542 | 0715 | 0888 | 1061 | 1234 | 1406 | 1579 | 1752 |
| 3 | 1925 | 2098 | 2271 | 2443 | 2616 | 2789 | 2962 | 3134 | 3307 | 3480 |
| 4 | 3653 | 3825 | 3998 | 4171 | 4344 | 4516 | 4689 | 4862 | 5035 | 5207 |
| 5 | 5380 | 5553 | 5725 | 5898 | 6071 | 6243 | 6416 | 6588 | 6761 | 6934 |
| 6 | 7106 | 7279 | 7452 | 7624 | 7797 | 7969 | 8142 | 8314 | 8487 | 8660 |
| 7 | 8832 | 9005 | 9177 | 9350 | 9522 | 9695 | 9867 | *0040 | *0212 | *0385 |
| 8 | 401 0557 | 0730 | 0902 | 1075 | 1247 | 1420 | 1592 | 1764 | 1937 | 2109 |
| 9 | 2282 | 2454 | 2626 | 2799 | 2971 | 3144 | 3316 | 3488 | 3661 | 3833 |
| **2520** | 4005 | 4178 | 4350 | 4522 | 4695 | 4867 | 5039 | 5212 | 5384 | 5556 |
| 1 | 5728 | 5901 | 6073 | 6245 | 6417 | 6590 | 6762 | 6934 | 7106 | 7279 |
| 2 | 7451 | 7623 | 7795 | 7967 | 8140 | 8312 | 8484 | 8656 | 8828 | 9000 |
| 3 | 9173 | 9345 | 9517 | 9689 | 9861 | *0033 | *0205 | *0377 | *0549 | *0721 |
| 4 | 402 0894 | 1066 | 1238 | 1410 | 1582 | 1754 | 1926 | 2098 | 2270 | 2442 |
| 5 | 2614 | 2786 | 2958 | 3130 | 3302 | 3474 | 3646 | 3818 | 3990 | 4162 |
| 6 | 4333 | 4505 | 4677 | 4849 | 5021 | 5193 | 5365 | 5537 | 5709 | 5881 |
| 7 | 6052 | 6224 | 6896 | 6568 | 6740 | 6912 | 7083 | 7255 | 7427 | 7599 |
| 8 | 7771 | 7942 | 8114 | 8286 | 8458 | 8630 | 8801 | 8973 | 9145 | 9317 |
| 9 | 9488 | 9660 | 9832 | *0003 | *0175 | *0347 | *0519 | *0690 | *0862 | *1034 |
| **2530** | 403 1205 | 1377 | 1549 | 1720 | 1892 | 2063 | 2235 | 2407 | 2578 | 2750 |
| 1 | 2921 | 3093 | 3265 | 3436 | 3608 | 3779 | 3951 | 4122 | 4294 | 4465 |
| 2 | 4637 | 4809 | 4980 | 5152 | 5323 | 5495 | 5666 | 5838 | 6009 | 6180 |
| 3 | 6352 | 6523 | 6695 | 6866 | 7038 | 7209 | 7381 | 7552 | 7723 | 7895 |
| 4 | 8066 | 8237 | 8409 | 8580 | 8752 | 8923 | 9094 | 9266 | 9437 | 9608 |
| 5 | 9780 | 9951 | *0122 | *0294 | *0465 | *0636 | *0807 | *0979 | *1150 | *1321 |
| 6 | 404 1492 | 1664 | 1835 | 2006 | 2177 | 2349 | 2520 | 2691 | 2862 | 3033 |
| 7 | 3205 | 3376 | 3547 | 3718 | 3889 | 4061 | 4232 | 4403 | 4574 | 4745 |
| 8 | 4916 | 5087 | 5258 | 5429 | 5601 | 5772 | 5943 | 6114 | 6285 | 6456 |
| 9 | 6627 | 6798 | 6969 | 7140 | 7311 | 7482 | 7653 | 7824 | 7995 | 8166 |
| **2540** | 8337 | 8508 | 8679 | 8850 | 9021 | 9192 | 9363 | 9534 | 9705 | 9876 |
| 1 | 405 0047 | 0218 | 0388 | 0559 | 0730 | 0901 | 1072 | 1243 | 1414 | 1585 |
| 2 | 1755 | 1926 | 2097 | 2268 | 2439 | 2610 | 2780 | 2951 | 3122 | 3293 |
| 3 | 3464 | 3634 | 3805 | 3976 | 4147 | 4317 | 4488 | 4659 | 4830 | 5000 |
| 4 | 5171 | 5342 | 5512 | 5683 | 5854 | 6025 | 6195 | 6366 | 6537 | 6707 |
| 5 | 6878 | 7049 | 7219 | 7390 | 7560 | 7731 | 7902 | 8672 | 8243 | 8413 |
| 6 | 8584 | 8755 | 8925 | 9096 | 9266 | 9437 | 9607 | 9778 | 9948 | *0119 |
| 7 | 406 0289 | 0460 | 0630 | 0801 | 0971 | 1142 | 1312 | 1483 | 1653 | 1824 |
| 8 | 1994 | 2165 | 2335 | 2506 | 2676 | 2846 | 3017 | 3187 | 3358 | 3528 |
| 9 | 3698 | 3869 | 4039 | 4209 | 4380 | 4550 | 4721 | 4891 | 5061 | 5231 |
| N. | 0 | 1 | 2 | 3 | 4 | 5 | 6 | 7 | 8 | 9 |

Diff. et p. p.

| | 174 | 173 |
|---|---|---|
| 1 | 17,4 | 17,3 |
| 2 | 34,8 | 34,6 |
| 3 | 52,2 | 51,9 |
| 4 | 69,6 | 69,2 |
| 5 | 87,0 | 86,5 |
| 6 | 104,4 | 103,8 |
| 7 | 121,8 | 121,1 |
| 8 | 139,2 | 138,4 |
| 9 | 156,6 | 155,7 |

| | 172 | 171 |
|---|---|---|
| 1 | 17,2 | 17,1 |
| 2 | 34,4 | 34,2 |
| 3 | 51,6 | 51,3 |
| 4 | 68,8 | 68,4 |
| 5 | 86,0 | 85,5 |
| 6 | 103,2 | 102,6 |
| 7 | 120,4 | 119,7 |
| 8 | 137,6 | 136,8 |
| 9 | 154,8 | 153,9 |

| | 170 |
|---|---|
| 1 | 17 |
| 2 | 34 |
| 3 | 51 |
| 4 | 68 |
| 5 | 85 |
| 6 | 102 |
| 7 | 119 |
| 8 | 136 |
| 9 | 153 |

| | | | |
|---|---|---|---|
| 25 000″ = 6° 56′ 40″ | 2500″ = 41′ 40″ | S = $\bar{6}$,685 5642 | T. 5961 |
| 25 100 = 6 58 20 | 2510 = 41 50 | 5641 | 5963 |
| 25 200 = 7 0 0 | 2520 = 42 0 | 5641 | 5965 |
| 25 300 = 7 1 40 | 2530 = 42 10 | 5640 | 5966 |
| 25 400 = 7 3 20 | 2540 = 42 20 | 5639 | 5968 |

| N. | 0 | 1 | 2 | 3 | 4 | 5 | 6 | 7 | 8 | 9 |
|---|---|---|---|---|---|---|---|---|---|---|
| 2550 | 406 5402 | 5572 | 5742 | 5913 | 6083 | 6253 | 6424 | 6594 | 6764 | 6934 |
| 1 | 7105 | 7275 | 7445 | 7615 | 7786 | 7956 | 8126 | 8296 | 8466 | 8637 |
| 2 | 8807 | 8977 | 9147 | 9317 | 9487 | 9658 | 9828 | 9998 | *0168 | *0338 |
| 3 | 407 0508 | 0678 | 0848 | 1018 | 1189 | 1359 | 1529 | 1699 | 1869 | 2039 |
| 4 | 2209 | 2379 | 2549 | 2719 | 2889 | 3059 | 3229 | 3399 | 3569 | 3739 |
| 5 | 3909 | 4079 | 4249 | 4419 | 4589 | 4759 | 4929 | 5099 | 5269 | 5439 |
| 6 | 5608 | 5778 | 5948 | 6118 | 6288 | 6458 | 6628 | 6798 | 6968 | 7137 |
| 7 | 7307 | 7477 | 7647 | 7817 | 7987 | 8156 | 8326 | 8496 | 8666 | 8836 |
| 8 | 9005 | 9175 | 9345 | 9515 | 9684 | 9854 | *0024 | *0194 | *0363 | *0533 |
| 9 | 408 0703 | 0873 | 1042 | 1212 | 1382 | 1551 | 1721 | 1891 | 2060 | 2230 |
| 2560 | 2400 | 2569 | 2739 | 2909 | 3078 | 3248 | 3417 | 3587 | 3757 | 3926 |
| 1 | 4096 | 4265 | 4435 | 4604 | 4774 | 4944 | 5113 | 5283 | 5452 | 5622 |
| 2 | 5791 | 5961 | 6130 | 6300 | 6469 | 6639 | 6808 | 6978 | 7147 | 7317 |
| 3 | 7486 | 7656 | 7825 | 7994 | 8164 | 8333 | 8503 | 8672 | 8841 | 9011 |
| 4 | 9180 | 9350 | 9519 | 9688 | 9858 | *0027 | *0196 | *0366 | *0535 | *0704 |
| 5 | 409 0874 | 1043 | 1212 | 1382 | 1551 | 1720 | 1889 | 2059 | 2228 | 2397 |
| 6 | 2567 | 2736 | 2905 | 3074 | 3243 | 3413 | 3582 | 3751 | 3920 | 4089 |
| 7 | 4259 | 4428 | 4597 | 4766 | 4935 | 5105 | 5274 | 5443 | 5612 | 5781 |
| 8 | 5950 | 6119 | 6288 | 6458 | 6627 | 6796 | 6965 | 7134 | 7303 | 7472 |
| 9 | 7641 | 7810 | 7979 | 8148 | 8317 | 8486 | 8655 | 8824 | 8993 | 9162 |
| 2570 | 9331 | 9500 | 9669 | 9838 | *0007 | *0176 | *0345 | *0514 | *0683 | *0852 |
| 1 | 410 1021 | 1190 | 1359 | 1527 | 1696 | 1865 | 2034 | 2203 | 2372 | 2541 |
| 2 | 2710 | 2878 | 3047 | 3216 | 3385 | 3554 | 3723 | 3891 | 4060 | 4229 |
| 3 | 4398 | 4567 | 4735 | 4904 | 5073 | 5242 | 5410 | 5579 | 5748 | 5917 |
| 4 | 6085 | 6254 | 6423 | 6592 | 6760 | 6929 | 7098 | 7266 | 7435 | 7604 |
| 5 | 7772 | 7941 | 8110 | 8278 | 8447 | 8616 | 8784 | 8953 | 9121 | 9290 |
| 6 | 9459 | 9627 | 9796 | 9964 | *0133 | *0301 | *0470 | *0639 | *0807 | *0976 |
| 7 | 411 1144 | 1313 | 1481 | 1650 | 1818 | 1987 | 2155 | 2324 | 2492 | 2661 |
| 8 | 2829 | 2998 | 3166 | 3334 | 3503 | 3671 | 3840 | 4008 | 4177 | 4345 |
| 9 | 4513 | 4682 | 4850 | 5019 | 5187 | 5355 | 5524 | 5692 | 5860 | 6029 |
| 2580 | 6197 | 6365 | 6534 | 6702 | 6870 | 7039 | 7207 | 7375 | 7544 | 7712 |
| 1 | 7880 | 8048 | 8217 | 8385 | 8553 | 8721 | 8890 | 9058 | 9226 | 9394 |
| 2 | 9562 | 9731 | 9899 | *0067 | *0235 | *0403 | *0571 | *0740 | *0908 | *1076 |
| 3 | 412 1244 | 1412 | 1580 | 1748 | 1917 | 2085 | 2253 | 2421 | 2589 | 2757 |
| 4 | 2925 | 3093 | 3261 | 3429 | 3597 | 3765 | 3933 | 4101 | 4269 | 4437 |
| 5 | 4605 | 4773 | 4941 | 5109 | 5277 | 5445 | 5613 | 5781 | 5949 | 6117 |
| 6 | 6285 | 6453 | 6621 | 6789 | 6957 | 7125 | 7293 | 7461 | 7629 | 7796 |
| 7 | 7964 | 8132 | 8300 | 8468 | 8636 | 8804 | 8971 | 9139 | 9307 | 9475 |
| 8 | 9643 | 9811 | 9978 | *0146 | *0314 | *0482 | *0649 | *0817 | *0985 | *1153 |
| 9 | 413 1321 | 1488 | 1656 | 1824 | 1991 | 2159 | 2327 | 2495 | 2662 | 2830 |
| 2590 | 2998 | 3165 | 3333 | 3501 | 3668 | 3836 | 4004 | 4171 | 4339 | 4507 |
| 1 | 4674 | 4842 | 5009 | 5177 | 5345 | 5512 | 5680 | 5847 | 6015 | 6182 |
| 2 | 6350 | 6518 | 6685 | 6853 | 7020 | 7188 | 7355 | 7523 | 7690 | 7858 |
| 3 | 8025 | 8193 | 8360 | 8528 | 8695 | 8863 | 9030 | 9197 | 9365 | 9532 |
| 4 | 9700 | 9867 | *0035 | *0202 | *0369 | *0537 | *0704 | *0872 | *1039 | *1206 |
| 5 | 414 1374 | 1541 | 1708 | 1876 | 2043 | 2210 | 2378 | 2545 | 2712 | 2880 |
| 6 | 3047 | 3214 | 3381 | 3549 | 3716 | 3883 | 4051 | 4218 | 4385 | 4552 |
| 7 | 4719 | 4887 | 5054 | 5221 | 5388 | 5556 | 5723 | 5890 | 6057 | 6224 |
| 8 | 6391 | 6559 | 6726 | 6893 | 7060 | 7227 | 7394 | 7561 | 7729 | 7896 |
| 9 | 8063 | 8230 | 8397 | 8564 | 8731 | 8898 | 9065 | 9232 | 9399 | 9566 |
| N. | 0 | 1 | 2 | 3 | 4 | 5 | 6 | 7 | 8 | 9 |

Diff. et p. p.

| | 171 | 170 |
|---|---|---|
| 1 | 17,1 | 17 |
| 2 | 34,2 | 34 |
| 3 | 51,3 | 51 |
| 4 | 68,4 | 68 |
| 5 | 85,5 | 85 |
| 6 | 102,6 | 102 |
| 7 | 119,7 | 119 |
| 8 | 136,8 | 136 |
| 9 | 153,9 | 153 |

| | 169 | 168 |
|---|---|---|
| 1 | 16,9 | 16,8 |
| 2 | 33,8 | 33,6 |
| 3 | 50,7 | 50,4 |
| 4 | 67,6 | 67,2 |
| 5 | 84,5 | 84,0 |
| 6 | 101,4 | 100,8 |
| 7 | 118,3 | 117,6 |
| 8 | 135,2 | 134,4 |
| 9 | 152,1 | 151,2 |

| | 167 |
|---|---|
| 1 | 16,7 |
| 2 | 33,4 |
| 3 | 50,1 |
| 4 | 66,8 |
| 5 | 83,5 |
| 6 | 100,2 |
| 7 | 116,9 |
| 8 | 133,6 |
| 9 | 150,3 |

| | | | |
|---|---|---|---|
| 25 500″ = 7° 5′ 0″ | 2550″ = 42′ 30″ | S = 6,685 5638 | T. 5970 |
| 25 600 = 7 6 40 | 2560 = 42 40 | 5637 | 5972 |
| 25 700 = 7 8 20 | 2570 = 42 50 | 5636 | 5973 |
| 25 800 = 7 10 0 | 2580 = 43 0 | 5635 | 5975 |
| 25 900 = 7 11 40 | 2590 = 43 10 | 5635 | 5977 |

| N. | 0 | 1 | 2 | 3 | 4 | 5 | 6 | 7 | 8 | 9 |
|---|---|---|---|---|---|---|---|---|---|---|
| 2600 | 414 9733 | 9901 | *0068 | *0235 | *0402 | *0569 | *0736 | *0903 | *1070 | *1237 |
| 1 | 415 1404 | 1570 | 1737 | 1904 | 2071 | 2238 | 2405 | 2572 | 2739 | 2906 |
| 2 | 3073 | 3240 | 3407 | 3574 | 3741 | 3907 | 4074 | 4241 | 4408 | 4575 |
| 3 | 4742 | 4909 | 5075 | 5242 | 5409 | 5576 | 5743 | 5909 | 6076 | 6243 |
| 4 | 6410 | 6577 | 6743 | 6910 | 7077 | 7244 | 7410 | 7577 | 7744 | 7911 |
| 5 | 8077 | 8244 | 8411 | 8577 | 8744 | 8911 | 9077 | 9244 | 9411 | 9577 |
| 6 | 9744 | 9911 | *0077 | *0244 | *0411 | *0577 | *0744 | *0911 | *1077 | *1244 |
| 7 | 416 1410 | 1577 | 1743 | 1910 | 2077 | 2243 | 2410 | 2576 | 2743 | 2909 |
| 8 | 3076 | 3242 | 3409 | 3575 | 3742 | 3908 | 4075 | 4241 | 4408 | 4574 |
| 9 | 4741 | 4907 | 5074 | 5240 | 5407 | 5573 | 5739 | 5906 | 6072 | 6239 |
| 2610 | 6405 | 6571 | 6738 | 6904 | 7071 | 7237 | 7403 | 7570 | 7736 | 7902 |
| 1 | 8069 | 8235 | 8401 | 8568 | 8734 | 8900 | 9067 | 9233 | 9399 | 9565 |
| 2 | 9732 | 9898 | *0064 | *0231 | *0397 | *0563 | *0729 | *0895 | *1062 | *1228 |
| 3 | 417 1394 | 1560 | 1726 | 1893 | 2059 | 2225 | 2391 | 2557 | 2724 | 2890 |
| 4 | 3056 | 3222 | 3388 | 3554 | 3720 | 3886 | 4053 | 4219 | 4385 | 4551 |
| 5 | 4717 | 4883 | 5049 | 5215 | 5381 | 5547 | 5713 | 5879 | 6045 | 6211 |
| 6 | 6377 | 6543 | 6709 | 6875 | 7041 | 7207 | 7373 | 7539 | 7705 | 7871 |
| 7 | 8037 | 8203 | 8369 | 8535 | 8701 | 8867 | 9033 | 9199 | 9365 | 9531 |
| 8 | 9696 | 9862 | *0028 | *0194 | *0360 | *0526 | *0692 | *0857 | *1023 | *1189 |
| 9 | 418 1355 | 1521 | 1687 | 1852 | 2018 | 2184 | 2350 | 2516 | 2681 | 2847 |
| 2620 | 3013 | 3179 | 3344 | 3510 | 3676 | 3842 | 4007 | 4173 | 4339 | 4505 |
| 1 | 4670 | 4836 | 5002 | 5167 | 5333 | 5499 | 5664 | 5830 | 5996 | 6161 |
| 2 | 6327 | 6493 | 6658 | 6824 | 6989 | 7155 | 7321 | 7486 | 7652 | 7817 |
| 3 | 7983 | 8148 | 8314 | 8480 | 8645 | 8811 | 8976 | 9142 | 9307 | 9473 |
| 4 | 9638 | 9804 | 9969 | *0135 | *0300 | *0466 | *0631 | *0797 | *0962 | *1128 |
| 5 | 419 1293 | 1459 | 1624 | 1789 | 1955 | 2120 | 2286 | 2451 | 2616 | 2782 |
| 6 | 2947 | 3113 | 3278 | 3443 | 3609 | 3774 | 3939 | 4105 | 4270 | 4435 |
| 7 | 4601 | 4766 | 4931 | 5097 | 5262 | 5427 | 5593 | 5758 | 5923 | 6088 |
| 8 | 6254 | 6419 | 6584 | 6749 | 6915 | 7080 | 7245 | 7410 | 7575 | 7741 |
| 9 | 7906 | 8071 | 8236 | 8401 | 8567 | 8732 | 8897 | 9062 | 9227 | 9392 |
| 2630 | 9557 | 9723 | 9888 | *0053 | *0218 | *0383 | *0548 | *0713 | *0878 | *1043 |
| 1 | 420 1208 | 1374 | 1539 | 1704 | 1869 | 2034 | 2199 | 2364 | 2529 | 2694 |
| 2 | 2859 | 3024 | 3189 | 3354 | 3519 | 3684 | 3849 | 4014 | 4179 | 4344 |
| 3 | 4509 | 4674 | 4838 | 5003 | 5168 | 5333 | 5498 | 5663 | 5828 | 5993 |
| 4 | 6158 | 6323 | 6487 | 6652 | 6817 | 6982 | 7147 | 7312 | 7477 | 7641 |
| 5 | 7806 | 7971 | 8136 | 8301 | 8465 | 8630 | 8795 | 8960 | 9125 | 9289 |
| 6 | 9454 | 9619 | 9784 | 9948 | *0113 | *0278 | *0442 | *0607 | *0772 | *0937 |
| 7 | 421 1101 | 1266 | 1431 | 1595 | 1760 | 1925 | 2089 | 2254 | 2419 | 2583 |
| 8 | 2748 | 2913 | 3077 | 3242 | 3406 | 3571 | 3736 | 3900 | 4065 | 4229 |
| 9 | 4394 | 4558 | 4723 | 4888 | 5052 | 5217 | 5381 | 5546 | 5710 | 5875 |
| 2640 | 6039 | 6204 | 6368 | 6533 | 6697 | 6862 | 7026 | 7191 | 7355 | 7520 |
| 1 | 7684 | 7848 | 8013 | 8177 | 8342 | 8506 | 8671 | 8835 | 8999 | 9164 |
| 2 | 9328 | 9493 | 9657 | 9821 | 9986 | *0150 | *0314 | *0479 | *0643 | *0807 |
| 3 | 422 0972 | 1136 | 1300 | 1465 | 1629 | 1793 | 1957 | 2122 | 2286 | 2450 |
| 4 | 2615 | 2779 | 2943 | 3107 | 3271 | 3436 | 3600 | 3764 | 3928 | 4093 |
| 5 | 4257 | 4421 | 4585 | 4749 | 4913 | 5078 | 5242 | 5406 | 5570 | 5734 |
| 6 | 5898 | 6063 | 6227 | 6391 | 6555 | 6719 | 6883 | 7047 | 7211 | 7375 |
| 7 | 7539 | 7703 | 7868 | 8032 | 8196 | 8360 | 8524 | 8688 | 8852 | 9016 |
| 8 | 9180 | 9344 | 9508 | 9672 | 9836 | *0000 | *0164 | *0328 | *0492 | *0656 |
| 9 | 423 0820 | 0984 | 1147 | 1311 | 1475 | 1639 | 1803 | 1967 | 2131 | 2295 |
| N. | 0 | 1 | 2 | 3 | 4 | 5 | 6 | 7 | 8 | 9 |

Diff. et p. p.

| | 168 | 167 |
|---|---|---|
| 1 | 16,8 | 16,7 |
| 2 | 33,6 | 33,4 |
| 3 | 50,4 | 50,1 |
| 4 | 67,2 | 66,8 |
| 5 | 84,0 | 83,5 |
| 6 | 100,8 | 100,2 |
| 7 | 117,6 | 116,9 |
| 8 | 134,4 | 133,6 |
| 9 | 151,2 | 150,3 |

| | 166 | 165 |
|---|---|---|
| 1 | 16,6 | 16,5 |
| 2 | 33,2 | 33,0 |
| 3 | 49,8 | 49,5 |
| 4 | 66,4 | 66,0 |
| 5 | 83,0 | 82,5 |
| 6 | 99,6 | 99,0 |
| 7 | 116,2 | 115,5 |
| 8 | 132,8 | 132,0 |
| 9 | 149,4 | 148,5 |

| | 164 | 163 |
|---|---|---|
| 1 | 16,4 | 16,3 |
| 2 | 32,8 | 32,6 |
| 3 | 49,2 | 48,9 |
| 4 | 65,6 | 65,2 |
| 5 | 82,0 | 81,5 |
| 6 | 98,4 | 97,8 |
| 7 | 114,8 | 114,1 |
| 8 | 131,2 | 130,4 |
| 9 | 147,6 | 146,7 |

| | | | |
|---|---|---|---|
| 26 000″ = 7° 13′ 20″ | 2600″ = 43′ 20″ | S = $\bar{6}$,685 5634 | T. 5979 |
| 26 100 = 7 15 0 | 2610 = 43 30 | 5633 | 5980 |
| 26 200 = 7 16 40 | 2620 = 43 40 | 5632 | 5982 |
| 26 300 = 7 18 20 | 2630 = 43 50 | 5631 | 5984 |
| 26 400 = 7 20 0 | 2640 = 44 0 | 5630 | 5986 |

| N. | 0 | 1 | 2 | 3 | 4 | 5 | 6 | 7 | 8 | 9 |
|---|---|---|---|---|---|---|---|---|---|---|
| 2650 | 423 2459 | 2623 | 2786 | 2950 | 3114 | 3278 | 3442 | 3606 | 3770 | 3933 |
| 1 | 4097 | 4261 | 4425 | 4589 | 4753 | 4916 | 5080 | 5244 | 5408 | 5571 |
| 2 | 5735 | 5899 | 6063 | 6226 | 6390 | 6554 | 6718 | 6881 | 7045 | 7209 |
| 3 | 7372 | 7536 | 7700 | 7864 | 8027 | 8191 | 8355 | 8518 | 8682 | 8846 |
| 4 | 9009 | 9173 | 9336 | 9500 | 9664 | 9827 | 9991 | *0154 | *0318 | *0482 |
| 5 | 424 0645 | 0809 | 0972 | 1136 | 1300 | 1463 | 1627 | 1790 | 1954 | 2117 |
| 6 | 2281 | 2444 | 2608 | 2771 | 2935 | 3098 | 3262 | 3425 | 3589 | 3752 |
| 7 | 3916 | 4079 | 4242 | 4406 | 4569 | 4733 | 4896 | 5060 | 5223 | 5386 |
| 8 | 5550 | 5713 | 5877 | 6040 | 6203 | 6367 | 6530 | 6693 | 6857 | 7020 |
| 9 | 7183 | 7347 | 7510 | 7673 | 7837 | 8000 | 8163 | 8327 | 8490 | 8653 |
| 2660 | 8816 | 8980 | 9143 | 9306 | 9469 | 9633 | 9796 | 9959 | *0122 | *0286 |
| 1 | 425 0449 | 0612 | 0775 | 0938 | 1102 | 1265 | 1428 | 1591 | 1754 | 1917 |
| 2 | 2081 | 2244 | 2407 | 2570 | 2733 | 2896 | 3059 | 3222 | 3385 | 3549 |
| 3 | 3712 | 3875 | 4038 | 4201 | 4364 | 4527 | 4690 | 4853 | 5016 | 5179 |
| 4 | 5342 | 5505 | 5668 | 5831 | 5994 | 6157 | 6320 | 6483 | 6646 | 6809 |
| 5 | 6972 | 7135 | 7298 | 7461 | 7624 | 7787 | 7950 | 8113 | 8276 | 8439 |
| 6 | 8601 | 8764 | 8927 | 9090 | 9253 | 9416 | 9579 | 9742 | 9904 | *0067 |
| 7 | 426 0230 | 0393 | 0556 | 0719 | 0881 | 1044 | 1207 | 1370 | 1533 | 1695 |
| 8 | 1858 | 2021 | 2184 | 2347 | 2509 | 2672 | 2835 | 2998 | 3160 | 3323 |
| 9 | 3486 | 3648 | 3811 | 3974 | 4137 | 4299 | 4462 | 4625 | 4787 | 4950 |
| 2670 | 5113 | 5275 | 5438 | 5601 | 5763 | 5926 | 6088 | 6251 | 6414 | 6576 |
| 1 | 6739 | 6901 | 7064 | 7227 | 7389 | 7552 | 7714 | 7877 | 8039 | 8202 |
| 2 | 8365 | 8527 | 8690 | 8852 | 9015 | 9177 | 9340 | 9502 | 9665 | 9827 |
| 3 | 9990 | *0152 | *0315 | *0477 | *0639 | *0802 | *0964 | *1127 | *1289 | *1452 |
| 4 | 427 1614 | 1776 | 1939 | 2101 | 2264 | 2426 | 2588 | 2751 | 2913 | 3076 |
| 5 | 3238 | 3400 | 3563 | 3725 | 3887 | 4050 | 4212 | 4374 | 4536 | 4699 |
| 6 | 4861 | 5023 | 5186 | 5348 | 5510 | 5672 | 5835 | 5997 | 6159 | 6321 |
| 7 | 6484 | 6646 | 6808 | 6970 | 7133 | 7295 | 7457 | 7619 | 7781 | 7944 |
| 8 | 8106 | 8268 | 8430 | 8592 | 8754 | 8917 | 9079 | 9241 | 9403 | 9565 |
| 9 | 9727 | 9889 | *0051 | *0213 | *0376 | *0538 | *0700 | *0862 | *1024 | *1186 |
| 2680 | 428 1348 | 1510 | 1672 | 1834 | 1996 | 2158 | 2320 | 2482 | 2644 | 2806 |
| 1 | 2968 | 3130 | 3292 | 3454 | 3616 | 3778 | 3940 | 4102 | 4264 | 4426 |
| 2 | 4588 | 4750 | 4912 | 5073 | 5235 | 5397 | 5559 | 5721 | 5883 | 6045 |
| 3 | 6207 | 6369 | 6530 | 6692 | 6854 | 7016 | 7178 | 7340 | 7501 | 7663 |
| 4 | 7825 | 7987 | 8149 | 8311 | 8472 | 8634 | 8796 | 8958 | 9119 | 9281 |
| 5 | 9443 | 9605 | 9766 | 9928 | *0090 | *0252 | *0413 | *0575 | *0737 | *0898 |
| 6 | 429 1060 | 1222 | 1383 | 1545 | 1707 | 1868 | 2030 | 2192 | 2353 | 2515 |
| 7 | 2677 | 2838 | 3000 | 3162 | 3323 | 3485 | 3646 | 3808 | 3969 | 4131 |
| 8 | 4293 | 4454 | 4616 | 4777 | 4939 | 5100 | 5262 | 5423 | 5585 | 5747 |
| 9 | 5908 | 6070 | 6231 | 6393 | 6554 | 6715 | 6877 | 7038 | 7200 | 7361 |
| 2690 | 7523 | 7684 | 7846 | 8007 | 8169 | 8330 | 8491 | 8653 | 8814 | 8976 |
| 1 | 9137 | 9298 | 9460 | 9621 | 9782 | 9944 | *0105 | *0267 | *0428 | *0589 |
| 2 | 430 0751 | 0912 | 1073 | 1235 | 1396 | 1557 | 1718 | 1880 | 2041 | 2202 |
| 3 | 2364 | 2525 | 2686 | 2847 | 3009 | 3170 | 3331 | 3492 | 3653 | 3815 |
| 4 | 3976 | 4137 | 4298 | 4460 | 4621 | 4782 | 4943 | 5104 | 5265 | 5427 |
| 5 | 5588 | 5749 | 5910 | 6071 | 6232 | 6393 | 6554 | 6716 | 6877 | 7038 |
| 6 | 7199 | 7360 | 7521 | 7682 | 7843 | 8004 | 8165 | 8326 | 8487 | 8648 |
| 7 | 8809 | 8970 | 9132 | 9293 | 9454 | 9615 | 9776 | 9937 | *0098 | *0258 |
| 8 | 431 0419 | 0580 | 0741 | 0902 | 1063 | 1224 | 1385 | 1546 | 1707 | 1868 |
| 9 | 2029 | 2190 | 2351 | 2512 | 2672 | 2833 | 2994 | 3155 | 3316 | 3477 |
| N. | 0 | 1 | 2 | 3 | 4 | 5 | 6 | 7 | 8 | 9 |

Diff. et p. p.

| | 164 | 163 |
|---|---|---|
| 1 | 16,4 | 16,3 |
| 2 | 32,8 | 32,6 |
| 3 | 49,2 | 48,9 |
| 4 | 65,6 | 65,2 |
| 5 | 82,0 | 81,5 |
| 6 | 98,4 | 97,8 |
| 7 | 114,8 | 114,1 |
| 8 | 131,2 | 130,4 |
| 9 | 147,6 | 146,7 |

| | 162 | 161 |
|---|---|---|
| 1 | 16,2 | 16,1 |
| 2 | 32,4 | 32,2 |
| 3 | 48,6 | 48,3 |
| 4 | 64,8 | 64,4 |
| 5 | 81,0 | 80,5 |
| 6 | 97,2 | 96,6 |
| 7 | 113,4 | 112,7 |
| 8 | 129,6 | 128,8 |
| 9 | 145,8 | 144,9 |

| | 160 |
|---|---|
| 1 | 16 |
| 2 | 32 |
| 3 | 48 |
| 4 | 64 |
| 5 | 80 |
| 6 | 96 |
| 7 | 112 |
| 8 | 128 |
| 9 | 144 |

| | | | |
|---|---|---|---|
| 26 500″ = 7° 21′ 40″ | 2650″ = 44′ 10″ | S = $\bar{6}$,685 5629 | T. 5988 |
| 26 600 = 7 23 20 | 2660 = 44 20 | 5628 | 5989 |
| 26 700 = 7 25 0 | 2670 = 44 30 | 5627 | 5991 |
| 26 800 = 7 26 40 | 2680 = 44 40 | 5626 | 5993 |
| 26 900 = 7 28 20 | 2690 = 44 50 | 5626 | 5995 |

| N. | 0 | 1 | 2 | 3 | 4 | 5 | 6 | 7 | 8 | 9 | Diff. et p. p. |
|---|---|---|---|---|---|---|---|---|---|---|---|
| 2700 | 431 3638 | 3798 | 3959 | 4120 | 4281 | 4442 | 4603 | 4763 | 4924 | 5085 | |
| 1 | 5246 | 5407 | 5567 | 5728 | 5889 | 6050 | 6210 | 6371 | 6532 | 6693 | |
| 2 | 6853 | 7014 | 7175 | 7336 | 7496 | 7657 | 7818 | 7978 | 8139 | 8300 | |
| 3 | 8460 | 8621 | 8782 | 8942 | 9103 | 9264 | 9424 | 9585 | 9746 | 9906 | 161 |
| 4 | 432 0067 | 0227 | 0388 | 0549 | 0709 | 0870 | 1030 | 1191 | 1352 | 1512 | 1 16,1 |
| 5 | 1673 | 1833 | 1994 | 2154 | 2315 | 2475 | 2636 | 2796 | 2957 | 3117 | 2 32,2 |
| 6 | 3278 | 3438 | 3599 | 3759 | 3920 | 4080 | 4241 | 4401 | 4562 | 4722 | 3 48,3 |
| 7 | 4883 | 5043 | 5203 | 5364 | 5524 | 5685 | 5845 | 6005 | 6166 | 6326 | 4 64,4 |
| 8 | 6487 | 6647 | 6807 | 6968 | 7128 | 7288 | 7449 | 7609 | 7769 | 7930 | 5 80,5 |
| 9 | 8090 | 8250 | 8411 | 8571 | 8731 | 8892 | 9052 | 9212 | 9372 | 9533 | 6 96,6 |
| 2710 | 9693 | 9853 | *0013 | *0174 | *0334 | *0494 | *0654 | *0815 | *0975 | *1135 | 7 112,7 |
| 1 | 433 1295 | 1455 | 1616 | 1776 | 1936 | 2096 | 2256 | 2416 | 2577 | 2737 | 8 128,8 |
| 2 | 2897 | 3057 | 3217 | 3377 | 3537 | 3697 | 3858 | 4018 | 4178 | 4338 | 9 144,9 |
| 3 | 4498 | 4658 | 4818 | 4978 | 5138 | 5298 | 5458 | 5618 | 5778 | 5938 | |
| 4 | 6098 | 6258 | 6418 | 6578 | 6738 | 6898 | 7058 | 7218 | 7378 | 7538 | |
| 5 | 7698 | 7858 | 8018 | 8178 | 8338 | 8498 | 8658 | 8818 | 8978 | 9138 | 160 |
| 6 | 9298 | 9458 | 9617 | 9777 | 9937 | *0097 | *0257 | *0417 | *0577 | *0737 | 1 16 |
| 7 | 434 0896 | 1056 | 1216 | 1376 | 1536 | 1696 | 1855 | 2015 | 2175 | 2335 | 2 32 |
| 8 | 2495 | 2654 | 2814 | 2974 | 3134 | 3293 | 3453 | 3613 | 3773 | 3932 | 3 48 |
| 9 | 4092 | 4252 | 4412 | 4571 | 4731 | 4891 | 5050 | 5210 | 5370 | 5529 | 4 64 |
| 2720 | 5689 | 5849 | 6008 | 6168 | 6328 | 6487 | 6647 | 6807 | 6966 | 7126 | 5 80 |
| 1 | 7285 | 7445 | 7605 | 7764 | 7924 | 8083 | 8243 | 8403 | 8562 | 8722 | 6 96 |
| 2 | 8881 | 9041 | 9200 | 9360 | 9519 | 9679 | 9838 | 9998 | *0157 | *0317 | 7 112 |
| 3 | 435 0476 | 0636 | 0795 | 0955 | 1114 | 1274 | 1433 | 1593 | 1752 | 1912 | 8 128 |
| 4 | 2071 | 2230 | 2390 | 2549 | 2709 | 2868 | 3028 | 3187 | 3346 | 3506 | 9 144 |
| 5 | 3665 | 3824 | 3984 | 4143 | 4303 | 4462 | 4621 | 4781 | 4940 | 5099 | |
| 6 | 5259 | 5418 | 5577 | 5736 | 5896 | 6055 | 6214 | 6374 | 6533 | 6692 | |
| 7 | 6851 | 7011 | 7170 | 7329 | 7488 | 7648 | 7807 | 7966 | 8125 | 8284 | 159 |
| 8 | 8444 | 8603 | 8762 | 8921 | 9080 | 9240 | 9399 | 9558 | 9717 | 9876 | 1 15,9 |
| 9 | 436 0035 | 0194 | 0354 | 0513 | 0672 | 0831 | 0990 | 1149 | 1308 | 1467 | 2 31,8 |
| 2730 | 1626 | 1786 | 1945 | 2104 | 2263 | 2422 | 2581 | 2740 | 2899 | 3058 | 3 47,7 |
| 1 | 3217 | 3376 | 3535 | 3694 | 3853 | 4012 | 4171 | 4330 | 4489 | 4648 | 4 63,6 |
| 2 | 4807 | 4966 | 5125 | 5284 | 5443 | 5602 | 5761 | 5920 | 6078 | 6237 | 5 79,5 |
| 3 | 6396 | 6555 | 6714 | 6873 | 7032 | 7191 | 7350 | 7509 | 7667 | 7826 | 6 95,4 |
| 4 | 7985 | 8144 | 8303 | 8462 | 8620 | 8779 | 8938 | 9097 | 9256 | 9415 | 7 111,3 |
| 5 | 9573 | 9732 | 9891 | *0050 | *0208 | *0367 | *0526 | *0685 | *0843 | *1002 | 8 127,2 |
| 6 | 437 1161 | 1320 | 1478 | 1637 | 1796 | 1955 | 2113 | 2272 | 2431 | 2589 | 9 143,1 |
| 7 | 2748 | 2907 | 3065 | 3224 | 3383 | 3541 | 3700 | 3859 | 4017 | 4176 | |
| 8 | 4334 | 4493 | 4652 | 4810 | 4969 | 5127 | 5286 | 5445 | 5603 | 5762 | |
| 9 | 5920 | 6079 | 6237 | 6396 | 6555 | 6713 | 6872 | 7030 | 7189 | 7347 | 158 |
| 2740 | 7506 | 7664 | 7823 | 7981 | 8140 | 8298 | 8457 | 8615 | 8773 | 8932 | 1 15,8 |
| 1 | 9090 | 9249 | 9407 | 9566 | 9724 | 9883 | *0041 | *0199 | *0358 | *0516 | 2 31,6 |
| 2 | 438 0675 | 0833 | 0991 | 1150 | 1308 | 1466 | 1625 | 1783 | 1941 | 2100 | 3 47,4 |
| 3 | 2258 | 2416 | 2575 | 2733 | 2891 | 3050 | 3208 | 3366 | 3525 | 3683 | 4 63,2 |
| 4 | 3841 | 3999 | 4158 | 4316 | 4474 | 4632 | 4791 | 4949 | 5107 | 5265 | 5 79,0 |
| 5 | 5423 | 5582 | 5740 | 5898 | 6056 | 6214 | 6373 | 6531 | 6689 | 6847 | 6 94,8 |
| 6 | 7005 | 7163 | 7322 | 7480 | 7638 | 7796 | 7954 | 8112 | 8270 | 8428 | 7 110,6 |
| 7 | 8587 | 8745 | 8903 | 9061 | 9219 | 9377 | 9535 | 9693 | 9851 | *0009 | 8 126,4 |
| 8 | 439 0167 | 0325 | 0483 | 0641 | 0799 | 0957 | 1115 | 1273 | 1431 | 1589 | 9 142,2 |
| 9 | 1747 | 1905 | 2063 | 2221 | 2379 | 2537 | 2695 | 2853 | 3011 | 3169 | |
| N. | 0 | 1 | 2 | 3 | 4 | 5 | 6 | 7 | 8 | 9 | |

| | | | |
|---|---|---|---|
| 27 000″ = 7° 30′ 0″ | 2700″ = 45′ 0″ | S = 6,685 5625 | T. 5997 |
| 27 100 = 7 31 40 | 2710 = 45 10 | 5624 | 5999 |
| 27 200 = 7 33 20 | 2720 = 45 20 | 5623 | 6000 |
| 27 300 = 7 35 0 | 2730 = 45 30 | 5622 | 6002 |
| 27 400 = 7 36 40 | 2740 = 45 40 | 5621 | 6004 |

| N. | 0 | 1 | 2 | 3 | 4 | 5 | 6 | 7 | 8 | 9 |
|---|---|---|---|---|---|---|---|---|---|---|
| 2750 | 439 3327 | 3485 | 3643 | 3801 | 3959 | 4116 | 4274 | 4432 | 4590 | 4748 |
| 1 | 4906 | 5064 | 5222 | 5379 | 5537 | 5695 | 5853 | 6011 | 6169 | 6326 |
| 2 | 6484 | 6642 | 6800 | 6958 | 7115 | 7273 | 7431 | 7589 | 7747 | 7904 |
| 3 | 8062 | 8220 | 8378 | 8535 | 8693 | 8851 | 9009 | 9166 | 9324 | 9482 |
| 4 | 9639 | 9797 | 9955 | *0112 | *0270 | *0428 | *0585 | *0743 | *0901 | *1058 |
| 5 | 440 1216 | 1374 | 1531 | 1689 | 1847 | 2004 | 2162 | 2319 | 2477 | 2635 |
| 6 | 2792 | 2950 | 3107 | 3265 | 3422 | 3580 | 3738 | 3895 | 4053 | 4210 |
| 7 | 4368 | 4525 | 4683 | 4840 | 4998 | 5155 | 5313 | 5470 | 5628 | 5785 |
| 8 | 5943 | 6100 | 6258 | 6415 | 6572 | 6730 | 6887 | 7045 | 7202 | 7360 |
| 9 | 7517 | 7674 | 7832 | 7989 | 8147 | 8304 | 8461 | 8619 | 8776 | 8933 |
| 2760 | 9091 | 9248 | 9406 | 9563 | 9720 | 9878 | *0035 | *0192 | *0349 | *0507 |
| 1 | 441 0664 | 0821 | 0979 | 1136 | 1293 | 1450 | 1608 | 1765 | 1922 | 2080 |
| 2 | 2237 | 2394 | 2551 | 2708 | 2866 | 3023 | 3180 | 3337 | 3494 | 3652 |
| 3 | 3809 | 3966 | 4123 | 4280 | 4438 | 4595 | 4752 | 4909 | 5066 | 5223 |
| 4 | 5380 | 5538 | 5695 | 5852 | 6009 | 6166 | 6323 | 6480 | 6637 | 6794 |
| 5 | 6951 | 7108 | 7265 | 7423 | 7580 | 7737 | 7894 | 8051 | 8208 | 8365 |
| 6 | 8522 | 8679 | 8836 | 8993 | 9150 | 9307 | 9464 | 9621 | 9778 | 9935 |
| 7 | 442 0092 | 0249 | 0405 | 0562 | 0719 | 0876 | 1033 | 1190 | 1347 | 1504 |
| 8 | 1661 | 1818 | 1975 | 2132 | 2288 | 2445 | 2602 | 2759 | 2916 | 3073 |
| 9 | 3230 | 3386 | 3543 | 3700 | 3857 | 4014 | 4171 | 4327 | 4484 | 4641 |
| 2770 | 4798 | 4954 | 5111 | 5268 | 5425 | 5582 | 5738 | 5895 | 6052 | 6209 |
| 1 | 6365 | 6522 | 6679 | 6835 | 6992 | 7149 | 7306 | 7462 | 7619 | 7776 |
| 2 | 7932 | 8089 | 8246 | 8402 | 8559 | 8716 | 8872 | 9029 | 9185 | 9342 |
| 3 | 9499 | 9655 | 9812 | 9969 | *0125 | *0282 | *0438 | *0595 | *0751 | *0908 |
| 4 | 443 1065 | 1221 | 1378 | 1534 | 1691 | 1847 | 2004 | 2160 | 2317 | 2473 |
| 5 | 2630 | 2786 | 2943 | 3099 | 3256 | 3412 | 3569 | 3725 | 3882 | 4038 |
| 6 | 4195 | 4351 | 4507 | 4664 | 4820 | 4977 | 5133 | 5290 | 5446 | 5602 |
| 7 | 5759 | 5915 | 6072 | 6228 | 6384 | 6541 | 6697 | 6853 | 7010 | 7166 |
| 8 | 7322 | 7479 | 7635 | 7791 | 7948 | 8104 | 8260 | 8417 | 8573 | 8729 |
| 9 | 8885 | 9042 | 9198 | 9354 | 9511 | 9667 | 9823 | 9979 | *0136 | *0292 |
| 2780 | 444 0448 | 0604 | 0760 | 0917 | 1073 | 1229 | 1385 | 1541 | 1698 | 1854 |
| 1 | 2010 | 2166 | 2322 | 2478 | 2635 | 2791 | 2947 | 3103 | 3259 | 3415 |
| 2 | 3571 | 3727 | 3883 | 4040 | 4196 | 4352 | 4508 | 4664 | 4820 | 4976 |
| 3 | 5132 | 5288 | 5444 | 5600 | 5756 | 5912 | 6068 | 6224 | 6380 | 6536 |
| 4 | 6692 | 6848 | 7004 | 7160 | 7316 | 7472 | 7628 | 7784 | 7940 | 8096 |
| 5 | 8252 | 8408 | 8564 | 8720 | 8876 | 9032 | 9188 | 9343 | 9499 | 9655 |
| 6 | 9811 | 9967 | *0123 | *0279 | *0435 | *0590 | *0746 | *0902 | *1058 | *1214 |
| 7 | 445 1370 | 1526 | 1681 | 1837 | 1993 | 2149 | 2305 | 2460 | 2616 | 2772 |
| 8 | 2928 | 3083 | 3239 | 3395 | 3551 | 3706 | 3862 | 4018 | 4174 | 4329 |
| 9 | 4485 | 4641 | 4797 | 4952 | 5108 | 5264 | 5419 | 5575 | 5731 | 5886 |
| 2790 | 6042 | 6198 | 6353 | 6509 | 6665 | 6820 | 6976 | 7132 | 7287 | 7443 |
| 1 | 7598 | 7754 | 7910 | 8065 | 8221 | 8376 | 8532 | 8687 | 8843 | 8999 |
| 2 | 9154 | 9310 | 9465 | 9621 | 9776 | 9932 | *0087 | *0243 | *0398 | *0554 |
| 3 | 446 0709 | 0865 | 1020 | 1176 | 1331 | 1487 | 1642 | 1798 | 1953 | 2109 |
| 4 | 2264 | 2419 | 2575 | 2730 | 2886 | 3041 | 3197 | 3352 | 3507 | 3663 |
| 5 | 3818 | 3974 | 4129 | 4284 | 4440 | 4595 | 4750 | 4906 | 5061 | 5216 |
| 6 | 5372 | 5527 | 5682 | 5838 | 5993 | 6148 | 6304 | 6459 | 6614 | 6769 |
| 7 | 6925 | 7080 | 7235 | 7390 | 7546 | 7701 | 7856 | 8011 | 8167 | 8322 |
| 8 | 8477 | 8632 | 8788 | 8943 | 9098 | 9253 | 9408 | 9563 | 9719 | 9874 |
| 9 | 447 0029 | 0184 | 0339 | 0494 | 0650 | 0805 | 0960 | 1115 | 1270 | 1425 |
| N. | 0 | 1 | 2 | 3 | 4 | 5 | 6 | 7 | 8 | 9 |

Diff. et p. p.

| | 158 | 157 | 156 | 155 |
|---|---|---|---|---|
| 1 | 15,8 | 15,7 | 15,6 | 15,5 |
| 2 | 31,6 | 31,4 | 31,2 | 31,0 |
| 3 | 47,4 | 47,1 | 46,8 | 46,5 |
| 4 | 63,2 | 62,8 | 62,4 | 62,0 |
| 5 | 79,0 | 78,5 | 78,0 | 77,5 |
| 6 | 94,8 | 94,2 | 93,6 | 93,0 |
| 7 | 110,6 | 109,9 | 109,2 | 108,5 |
| 8 | 126,4 | 125,6 | 124,8 | 124,0 |
| 9 | 142,2 | 141,3 | 140,4 | 139,5 |

| | | | |
|---|---|---|---|
| 27.500″ = 7° 38′ 20″ | 2750″ = 45′ 50″ | S = 6,685 5620 | T 6006 |
| 27.600 = 7 40 0 | 2760 = 46 0 | 5619 | 6008 |
| 27.700 = 7 41 40 | 2770 = 46 10 | 5618 | 6010 |
| 27.800 = 7 43 20 | 2780 = 46 20 | 5617 | 6012 |
| 27.900 = 7 45 0 | 2790 = 46 30 | 5616 | 6014 |

| N. | 0 | 1 | 2 | 3 | 4 | 5 | 6 | 7 | 8 | 9 | Diff. et p. p. |
|---|---|---|---|---|---|---|---|---|---|---|---|
| 2800 | 447 1580 | 1735 | 1891 | 2046 | 2201 | 2356 | 2511 | 2666 | 2821 | 2976 | |
| 1 | 3131 | 3286 | 3441 | 3596 | 3751 | 3906 | 4061 | 4216 | 4371 | 4526 | 156 |
| 2 | 4681 | 4836 | 4991 | 5146 | 5301 | 5456 | 5611 | 5766 | 5921 | 6076 | 1 15,6 |
| 3 | 6231 | 6386 | 6541 | 6696 | 6851 | 7006 | 7161 | 7315 | 7470 | 7625 | 2 31,2 |
| 4 | 7780 | 7935 | 8090 | 8245 | 8400 | 8554 | 8709 | 8864 | 9019 | 9174 | 3 46,8 |
| 5 | 9329 | 9483 | 9638 | 9793 | 9948 | *0103 | *0258 | *0412 | *0567 | *0722 | 4 62,4 |
| 6 | 448 0877 | 1031 | 1186 | 1341 | 1496 | 1650 | 1805 | 1960 | 2115 | 2269 | 5 78,0 |
| 7 | 2424 | 2579 | 2734 | 2888 | 3043 | 3198 | 3352 | 3507 | 3662 | 3816 | 6 93,6 |
| 8 | 3971 | 4126 | 4280 | 4435 | 4590 | 4744 | 4899 | 5054 | 5208 | 5363 | 7 109,2 |
| 9 | 5517 | 5672 | 5827 | 5981 | 6136 | 6290 | 6445 | 6600 | 6754 | 6909 | 8 124,8 |
| 2810 | 7063 | 7218 | 7372 | 7527 | 7681 | 7836 | 7990 | 8145 | 8299 | 8454 | 9 140,4 |
| 1 | 8608 | 8763 | 8917 | 9072 | 9226 | 9381 | 9535 | 9690 | 9844 | 9999 | 155 |
| 2 | 449 0153 | 0308 | 0462 | 0616 | 0771 | 0925 | 1080 | 1234 | 1389 | 1543 | 1 15,5 |
| 3 | 1697 | 1852 | 2006 | 2160 | 2315 | 2469 | 2624 | 2778 | 2932 | 3087 | 2 31,0 |
| 4 | 3241 | 3395 | 3550 | 3704 | 3858 | 4013 | 4167 | 4321 | 4475 | 4630 | 3 46,5 |
| 5 | 4784 | 4938 | 5093 | 5247 | 5401 | 5555 | 5710 | 5864 | 6018 | 6172 | 4 62,0 |
| 6 | 6327 | 6481 | 6635 | 6789 | 6943 | 7098 | 7252 | 7406 | 7560 | 7714 | 5 77,5 |
| 7 | 7868 | 8023 | 8177 | 8331 | 8485 | 8639 | 8793 | 8948 | 9102 | 9256 | 6 93,0 |
| 8 | 9410 | 9564 | 9718 | 9872 | *0026 | *0180 | *0334 | *0489 | *0643 | *0797 | 7 108,5 |
| 9 | 450 0951 | 1105 | 1259 | 1413 | 1567 | 1721 | 1875 | 2029 | 2183 | 2337 | 8 124,0 |
| 2820 | 2491 | 2645 | 2799 | 2953 | 3107 | 3261 | 3415 | 3569 | 3723 | 3877 | 9 139,5 |
| 1 | 4031 | 4185 | 4339 | 4493 | 4647 | 4801 | 4954 | 5108 | 5262 | 5416 | 154 |
| 2 | 5570 | 5724 | 5878 | 6032 | 6186 | 6340 | 6493 | 6647 | 6801 | 6955 | 1 15,4 |
| 3 | 7109 | 7263 | 7416 | 7570 | 7724 | 7878 | 8032 | 8186 | 8339 | 8493 | 2 30,8 |
| 4 | 8647 | 8801 | 8954 | 9108 | 9262 | 9416 | 9570 | 9723 | 9877 | *0031 | 3 46,2 |
| 5 | 451 0185 | 0338 | 0492 | 0646 | 0799 | 0953 | 1107 | 1261 | 1414 | 1568 | 4 61,6 |
| 6 | 1722 | 1875 | 2029 | 2183 | 2336 | 2490 | 2644 | 2797 | 2951 | 3104 | 5 77,0 |
| 7 | 3258 | 3412 | 3565 | 3719 | 3873 | 4026 | 4180 | 4333 | 4487 | 4640 | 6 92,4 |
| 8 | 4794 | 4948 | 5101 | 5255 | 5408 | 5562 | 5715 | 5869 | 6022 | 6176 | 7 107,8 |
| 9 | 6329 | 6483 | 6636 | 6790 | 6943 | 7097 | 7250 | 7404 | 7557 | 7711 | 8 123,2 |
| 2830 | 7864 | 8018 | 8171 | 8325 | 8478 | 8632 | 8785 | 8938 | 9092 | 9245 | 9 138,6 |
| 1 | 9399 | 9552 | 9705 | 9859 | *0012 | *0166 | *0319 | *0472 | *0626 | *0779 | 153 |
| 2 | 452 0932 | 1086 | 1239 | 1393 | 1546 | 1699 | 1853 | 2006 | 2159 | 2312 | 1 15,3 |
| 3 | 2466 | 2619 | 2772 | 2926 | 3079 | 3232 | 3385 | 3539 | 3692 | 3845 | 2 30,6 |
| 4 | 3998 | 4152 | 4305 | 4458 | 4611 | 4765 | 4918 | 5071 | 5224 | 5377 | 3 45,9 |
| 5 | 5531 | 5684 | 5837 | 5990 | 6143 | 6297 | 6450 | 6603 | 6756 | 6909 | 4 61,2 |
| 6 | 7062 | 7215 | 7369 | 7522 | 7675 | 7828 | 7981 | 8134 | 8287 | 8440 | 5 76,5 |
| 7 | 8593 | 8746 | 8900 | 9053 | 9206 | 9359 | 9512 | 9665 | 9818 | 9971 | 6 91,8 |
| 8 | 453 0124 | 0277 | 0430 | 0583 | 0736 | 0889 | 1042 | 1195 | 1348 | 1501 | 7 107,1 |
| 9 | 1654 | 1807 | 1960 | 2113 | 2266 | 2419 | 2572 | 2725 | 2878 | 3030 | 8 122,4 |
| 2840 | 3183 | 3336 | 3489 | 3642 | 3795 | 3948 | 4101 | 4254 | 4407 | 4559 | 9 137,7 |
| 1 | 4712 | 4865 | 5018 | 5171 | 5324 | 5477 | 5629 | 5782 | 5935 | 6088 | 152 |
| 2 | 6241 | 6394 | 6546 | 6699 | 6852 | 7005 | 7158 | 7310 | 7463 | 7616 | 1 15,2 |
| 3 | 7769 | 7921 | 8074 | 8227 | 8380 | 8532 | 8685 | 8838 | 8990 | 9143 | 2 30,4 |
| 4 | 9296 | 9449 | 9601 | 9754 | 9907 | *0059 | *0212 | *0365 | *0517 | *0670 | 3 45,6 |
| 5 | 454 0823 | 0975 | 1128 | 1281 | 1433 | 1586 | 1739 | 1891 | 2044 | 2196 | 4 60,8 |
| 6 | 2349 | 2502 | 2654 | 2807 | 2959 | 3112 | 3264 | 3417 | 3570 | 3722 | 5 76,0 |
| 7 | 3875 | 4027 | 4180 | 4332 | 4485 | 4637 | 4790 | 4942 | 5095 | 5247 | 6 91,2 |
| 8 | 5400 | 5552 | 5705 | 5857 | 6010 | 6162 | 6315 | 6467 | 6620 | 6772 | 7 106,4 |
| 9 | 6924 | 7077 | 7229 | 7382 | 7534 | 7687 | 7839 | 7991 | 8144 | 8296 | 8 121,6 |
| | | | | | | | | | | | 9 136,8 |
| N. | 0 | 1 | 2 | 3 | 4 | 5 | 6 | 7 | 8 | 9 | |

| | | | |
|---|---|---|---|
| 28 000″ = 7° 46′ 40″ | 2800″ = 46′ 40″ | S = $\bar{6}$,685 5615 | T. 6015 |
| 28 100 = 7 48 20 | 2810 = 46 50 | 5614 | 6017 |
| 28 200 = 7 50 0 | 2820 = 47 0 | 5613 | 6019 |
| 28 300 = 7 51 40 | 2830 = 47 10 | 5612 | 6021 |
| 28 400 = 7 53 20 | 2840 = 47 20 | 5611 | 6023 |

| N. | 0 | 1 | 2 | 3 | 4 | 5 | 6 | 7 | 8 | 9 | Diff. et p. p. |
|---|---|---|---|---|---|---|---|---|---|---|---|
| 2850 | 454 8449 | 8601 | 8753 | 8906 | 9058 | 9210 | 9363 | 9515 | 9668 | 9820 | |
| 1 | 9972 | *0125 | *0277 | *0429 | *0581 | *0734 | *0886 | *1038 | *1191 | *1343 | 153 |
| 2 | 455 1495 | 1647 | 1800 | 1952 | 2104 | 2257 | 2409 | 2561 | 2713 | 2865 | 1 \| 15,3 |
| 3 | 3018 | 3170 | 3322 | 3474 | 3627 | 3779 | 3931 | 4083 | 4235 | 4388 | 2 \| 30,6 |
| 4 | 4540 | 4692 | 4844 | 4996 | 5148 | 5300 | 5453 | 5605 | 5757 | 5909 | 3 \| 45,9 |
| 5 | 6061 | 6213 | 6365 | 6517 | 6670 | 6822 | 6974 | 7126 | 7278 | 7430 | 4 \| 61,2 |
| 6 | 7582 | 7734 | 7886 | 8038 | 8190 | 8342 | 8494 | 8646 | 8798 | 8950 | 5 \| 76,5 |
| 7 | 9102 | 9254 | 9406 | 9558 | 9710 | 9862 | *0014 | *0166 | *0318 | *0470 | 6 \| 91,8 |
| 8 | 456 0622 | 0774 | 0926 | 1078 | 1230 | 1382 | 1534 | 1686 | 1838 | 1990 | 7 \| 107,1 |
| 9 | 2142 | 2293 | 2445 | 2597 | 2749 | 2901 | 3053 | 3205 | 3357 | 3508 | 8 \| 122,4 |
| 2860 | 3660 | 3812 | 3964 | 4116 | 4268 | 4420 | 4571 | 4723 | 4875 | 5027 | 9 \| 137,7 |
| 1 | 5179 | 5330 | 5482 | 5634 | 5786 | 5938 | 6089 | 6241 | 6393 | 6545 | 152 |
| 2 | 6696 | 6848 | 7000 | 7152 | 7303 | 7455 | 7607 | 7758 | 7910 | 8062 | 1 \| 15,2 |
| 3 | 8213 | 8365 | 8517 | 8669 | 8820 | 8972 | 9124 | 9275 | 9427 | 9578 | 2 \| 30,4 |
| 4 | 9730 | 9882 | *0033 | *0185 | *0337 | *0488 | *0640 | *0791 | *0943 | *1095 | 3 \| 45,6 |
| 5 | 457 1246 | 1398 | 1549 | 1701 | 1853 | 2004 | 2156 | 2307 | 2459 | 2610 | 4 \| 60,8 |
| 6 | 2762 | 2913 | 3065 | 3216 | 3368 | 3519 | 3671 | 3822 | 3974 | 4125 | 5 \| 76,0 |
| 7 | 4277 | 4428 | 4580 | 4731 | 4883 | 5034 | 5186 | 5337 | 5489 | 5640 | 6 \| 91,2 |
| 8 | 5791 | 5943 | 6094 | 6246 | 6397 | 6549 | 6700 | 6851 | 7003 | 7154 | 7 \| 106,4 |
| 9 | 7305 | 7457 | 7608 | 7760 | 7911 | 8062 | 8214 | 8365 | 8516 | 8668 | 8 \| 121,6 |
| 2870 | 8819 | 8970 | 9122 | 9273 | 9424 | 9576 | 9727 | 9878 | *0029 | *0181 | 9 \| 136,8 |
| 1 | 458 0332 | 0483 | 0634 | *0786 | 0937 | 1088 | 1239 | 1391 | 1542 | 1693 | 151 |
| 2 | 1844 | 1996 | 2147 | 2298 | 2449 | 2600 | 2752 | 2903 | 3054 | 3205 | 1 \| 15,1 |
| 3 | 3356 | 3507 | 3659 | 3810 | 3961 | 4112 | 4263 | 4414 | 4565 | 4717 | 2 \| 30,2 |
| 4 | 4868 | 5019 | 5170 | 5321 | 5472 | 5623 | 5774 | 5925 | 6076 | 6227 | 3 \| 45,3 |
| 5 | 6378 | 6530 | 6681 | 6832 | 6983 | 7134 | 7285 | 7436 | 7587 | 7738 | 4 \| 60,4 |
| 6 | 7889 | 8040 | 8191 | 8342 | 8493 | 8644 | 8795 | 8946 | 9097 | 9248 | 5 \| 75,5 |
| 7 | 9399 | 9550 | 9701 | 9851 | *0002 | *0153 | *0304 | *0455 | *0606 | *0757 | 6 \| 90,6 |
| 8 | 459 0908 | 1059 | 1210 | 1361 | 1511 | 1662 | 1813 | 1964 | 2115 | 2266 | 7 \| 105,7 |
| 9 | 2417 | 2567 | 2718 | 2869 | 3020 | 3171 | 3322 | 3472 | 3623 | 3774 | 8 \| 120,8 |
| 2880 | 3925 | 4076 | 4226 | 4377 | 4528 | 4679 | 4830 | 4980 | 5131 | 5282 | 9 \| 135,9 |
| 1 | 5433 | 5583 | 5734 | 5885 | 6036 | 6186 | 6337 | 6488 | 6638 | 6789 | 150 |
| 2 | 6940 | 7090 | 7241 | 7392 | 7542 | 7693 | 7844 | 7994 | 8145 | 8296 | 1 \| 15 |
| 3 | 8446 | 8597 | 8748 | 8898 | 9049 | 9200 | 9350 | 9501 | 9651 | 9802 | 2 \| 30 |
| 4 | 9953 | *0103 | *0254 | *0404 | *0555 | *0705 | *0856 | *1007 | *1157 | *1308 | 3 \| 45 |
| 5 | 460 1458 | 1609 | 1759 | 1910 | 2060 | 2211 | 2361 | 2512 | 2662 | 2813 | 4 \| 60 |
| 6 | 2963 | 3114 | 3264 | 3415 | 3565 | 3716 | 3866 | 4017 | 4167 | 4317 | 5 \| 75 |
| 7 | 4468 | 4618 | 4769 | 4919 | 5070 | 5220 | 5370 | 5521 | 5671 | 5822 | 6 \| 90 |
| 8 | 5972 | 6122 | 6273 | 6423 | 6573 | 6724 | 6874 | 7024 | 7175 | 7325 | 7 \| 105 |
| 9 | 7475 | 7626 | 7776 | 7926 | 8077 | 8227 | 8377 | 8528 | 8678 | 8828 | 8 \| 120 |
| 2890 | 8978 | 9129 | 9279 | 9429 | 9579 | 9730 | 9880 | *0030 | *0180 | *0331 | 9 \| 135 |
| 1 | 461 0481 | 0631 | 0781 | 0932 | 1082 | 1232 | 1382 | 1532 | 1683 | 1833 | 149 |
| 2 | 1983 | 2133 | 2283 | 2433 | 2584 | 2734 | 2884 | 3034 | 3184 | 3334 | 1 \| 14,9 |
| 3 | 3484 | 3634 | 3785 | 3935 | 4085 | 4235 | 4385 | 4535 | 4685 | 4835 | 2 \| 29,8 |
| 4 | 4985 | 5135 | 5285 | 5435 | 5585 | 5736 | 5886 | 6036 | 6186 | 6336 | 3 \| 44,7 |
| 5 | 6486 | 6636 | 6786 | 6936 | 7086 | 7236 | 7386 | 7536 | 7686 | 7836 | 4 \| 59,6 |
| 6 | 7986 | 8136 | 8285 | 8435 | 8585 | 8735 | 8885 | 9035 | 9185 | 9335 | 5 \| 74,5 |
| 7 | 9485 | 9635 | 9785 | 9935 | *0085 | *0234 | *0384 | *0534 | *0684 | *0834 | 6 \| 89,4 |
| 8 | 462 0984 | 1134 | 1284 | 1433 | 1583 | 1733 | 1883 | 2033 | 2183 | 2332 | 7 \| 104,3 |
| 9 | 2482 | 2632 | 2782 | 2932 | 3081 | 3231 | 3381 | 3531 | 3680 | 3830 | 8 \| 119,2 |
| N. | 0 | 1 | 2 | 3 | 4 | 5 | 6 | 7 | 8 | 9 | 9 \| 134,1 |

| | | | |
|---|---|---|---|
| 28 500″ = 7° 55′ 0″ | 2850″ = 47′ 30″ | S = $\bar{6}$,685 5610 | T. 6025 |
| 28 600 = 7 56 40 | 2860 = 47 40 | 5610 | 6027 |
| 28 700 = 7 58 20 | 2870 = 47 50 | 5609 | 6029 |
| 28 800 = 8 0 0 | 2880 = 48 0 | 5608 | 6031 |
| 28 900 = 8 1 40 | 2890 = 48 10 | 5607 | 6033 |

| N. | 0 | 1 | 2 | 3 | 4 | 5 | 6 | 7 | 8 | 9 |
|---|---|---|---|---|---|---|---|---|---|---|
| 2900 | 462 3980 | 4130 | 4279 | 4429 | 4579 | 4729 | 4878 | 5028 | 5178 | 5328 |
| 1 | 5477 | 5627 | 5777 | 5926 | 6076 | 6226 | 6375 | 6525 | 6675 | 6824 |
| 2 | 6974 | 7124 | 7273 | 7423 | 7573 | 7722 | 7872 | 8022 | 8171 | 8321 |
| 3 | 8470 | 8620 | 8770 | 8919 | 9069 | 9218 | 9368 | 9517 | 9667 | 9817 |
| 4 | 9966 | *0116 | *0265 | *0415 | *0564 | *0714 | *0863 | *1013 | *1162 | *1312 |
| 5 | 463 1461 | 1611 | 1760 | 1910 | 2059 | 2209 | 2358 | 2508 | 2657 | 2807 |
| 6 | 2956 | 3106 | 3255 | 3404 | 3554 | 3703 | 3853 | 4002 | 4152 | 4301 |
| 7 | 4450 | 4600 | 4749 | 4898 | 5048 | 5197 | 5347 | 5496 | 5645 | 5795 |
| 8 | 5944 | 6093 | 6243 | 6392 | 6541 | 6691 | 6840 | 6989 | 7139 | 7288 |
| 9 | 7437 | 7587 | 7736 | 7885 | 8034 | 8184 | 8333 | 8482 | 8631 | 8781 |
| 2910 | 8930 | 9079 | 9228 | 9378 | 9527 | 9676 | 9825 | 9974 | *0124 | *0273 |
| 1 | 464 0422 | 0571 | 0720 | 0870 | 1019 | 1168 | 1317 | 1466 | 1615 | 1765 |
| 2 | 1914 | 2063 | 2212 | 2361 | 2510 | 2659 | 2808 | 2958 | 3107 | 3256 |
| 3 | 3405 | 3554 | 3703 | 3852 | 4001 | 4150 | 4299 | 4448 | 4597 | 4746 |
| 4 | 4895 | 5045 | 5194 | 5343 | 5492 | 5641 | 5790 | 5939 | 6088 | 6237 |
| 5 | 6386 | 6535 | 6684 | 6833 | 6981 | 7130 | 7279 | 7428 | 7577 | 7726 |
| 6 | 7875 | 8024 | 8173 | 8322 | 8471 | 8620 | 8769 | 8918 | 9067 | 9215 |
| 7 | 9364 | 9513 | 9662 | 9811 | 9960 | *0109 | *0258 | *0406 | *0555 | *0704 |
| 8 | 465 0853 | 1002 | 1151 | 1299 | 1448 | 1597 | 1746 | 1895 | 2043 | 2192 |
| 9 | 2341 | 2490 | 2639 | 2787 | 2936 | 3085 | 3234 | 3382 | 3531 | 3680 |
| 2920 | 3829 | 3977 | 4126 | 4275 | 4423 | 4572 | 4721 | 4870 | 5018 | 5167 |
| 1 | 5316 | 5464 | 5613 | 5762 | 5910 | 6059 | 6208 | 6356 | 6505 | 6653 |
| 2 | 6802 | 6951 | 7099 | 7248 | 7397 | 7545 | 7694 | 7842 | 7991 | 8140 |
| 3 | 8288 | 8437 | 8585 | 8734 | 8882 | 9031 | 9180 | 9328 | 9477 | 9625 |
| 4 | 9774 | 9922 | *0071 | *0219 | *0368 | *0516 | *0665 | *0813 | *0962 | *1110 |
| 5 | 466 1259 | 1407 | 1556 | 1704 | 1853 | 2001 | 2149 | 2298 | 2446 | 2595 |
| 6 | 2743 | 2892 | 3040 | 3188 | 3337 | 3485 | 3634 | 3782 | 3930 | 4079 |
| 7 | 4227 | 4376 | 4524 | 4672 | 4821 | 4969 | 5117 | 5266 | 5414 | 5562 |
| 8 | 5711 | 5859 | 6007 | 6156 | 6304 | 6452 | 6601 | 6749 | 6897 | 7045 |
| 9 | 7194 | 7342 | 7490 | 7639 | 7787 | 7935 | 8083 | 8232 | 8380 | 8528 |
| 2930 | 8676 | 8824 | 8973 | 9121 | 9269 | 9417 | 9565 | 9714 | 9862 | *0010 |
| 1 | 467 0158 | 0306 | 0455 | 0603 | 0751 | 0899 | 1047 | 1195 | 1343 | 1492 |
| 2 | 1640 | 1788 | 1936 | 2084 | 2232 | 2380 | 2528 | 2676 | 2824 | 2973 |
| 3 | 3121 | 3269 | 3417 | 3565 | 3713 | 3861 | 4009 | 4157 | 4305 | 4453 |
| 4 | 4601 | 4749 | 4897 | 5045 | 5193 | 5341 | 5489 | 5637 | 5785 | 5933 |
| 5 | 6081 | 6229 | 6377 | 6525 | 6673 | 6821 | 6969 | 7117 | 7265 | 7413 |
| 6 | 7561 | 7708 | 7856 | 8004 | 8152 | 8300 | 8448 | 8596 | 8744 | 8892 |
| 7 | 9039 | 9187 | 9335 | 9483 | 9631 | 9779 | 9927 | *0074 | *0222 | *0370 |
| 8 | 468 0518 | 0666 | 0814 | 0961 | 1109 | 1257 | 1405 | 1553 | 1700 | 1848 |
| 9 | 1996 | 2144 | 2291 | 2439 | 2587 | 2735 | 2882 | 3030 | 3178 | 3326 |
| 2940 | 3473 | 3621 | 3769 | 3916 | 4064 | 4212 | 4360 | 4507 | 4655 | 4803 |
| 1 | 4950 | 5098 | 5246 | 5393 | 5541 | 5689 | 5836 | 5984 | 6131 | 6279 |
| 2 | 6427 | 6574 | 6722 | 6870 | 7017 | 7165 | 7312 | 7460 | 7607 | 7755 |
| 3 | 7903 | 8050 | 8198 | 8345 | 8493 | 8640 | 8788 | 8935 | 9083 | 9231 |
| 4 | 9378 | 9526 | 9673 | 9821 | 9968 | *0116 | *0263 | *0411 | *0558 | *0706 |
| 5 | 469 0853 | 1000 | 1148 | 1295 | 1443 | 1590 | 1738 | 1885 | 2033 | 2180 |
| 6 | 2327 | 2475 | 2622 | 2770 | 2917 | 3064 | 3212 | 3359 | 3507 | 3654 |
| 7 | 3801 | 3949 | 4096 | 4243 | 4391 | 4538 | 4685 | 4833 | 4980 | 5127 |
| 8 | 5275 | 5422 | 5569 | 5717 | 5864 | 6011 | 6159 | 6306 | 6453 | 6600 |
| 9 | 6748 | 6895 | 7042 | 7190 | 7337 | 7484 | 7631 | 7778 | 7926 | 8073 |
| N. | 0 | 1 | 2 | 3 | 4 | 5 | 6 | 7 | 8 | 9 |

Diff. et p. p.

| | 150 | 149 | 148 | 147 |
|---|---|---|---|---|
| 1 | 15 | 14,9 | 14,8 | 14,7 |
| 2 | 30 | 29,8 | 29,6 | 29,4 |
| 3 | 45 | 44,7 | 44,4 | 44,1 |
| 4 | 60 | 59,6 | 59,2 | 58,8 |
| 5 | 75 | 74,5 | 74,0 | 73,5 |
| 6 | 90 | 89,4 | 88,8 | 88,2 |
| 7 | 105 | 104,3 | 103,6 | 102,9 |
| 8 | 120 | 119,2 | 118,4 | 117,6 |
| 9 | 135 | 134,1 | 133,2 | 132,3 |

| | | S | T |
|---|---|---|---|
| 29 000″ = 8° 3′ 20″ | 2900″ = 48′ 20″ | S = $\bar{6}$,685 5606 | T. 6035 |
| 29 100 = 8 5 0 | 2910 = 48 30 | 5605 | 6037 |
| 29 200 = 8 6 40 | 2920 = 48 40 | 5604 | 6039 |
| 29 300 = 8 8 20 | 2930 = 48 50 | 5603 | 6041 |
| 29 400 = 8 10 0 | 2940 = 49 0 | 5602 | 6043 |

| N. | 0 | 1 | 2 | 3 | 4 | 5 | 6 | 7 | 8 | 9 | Diff. et p. p. |
|---|---|---|---|---|---|---|---|---|---|---|---|
| 2950 | 469 8220 | 8367 | 8515 | 8662 | 8809 | 8956 | 9103 | 9251 | 9398 | 9545 | 148 |
| 1 | 9692 | 9839 | 9986 | *0134 | *0281 | *0428 | *0575 | *0722 | *0869 | *1016 | 1 14,8 |
| 2 | 470 1164 | 1311 | 1458 | 1605 | 1752 | 1899 | 2046 | 2193 | 2340 | 2487 | 2 29,6 |
| 3 | 2634 | 2782 | 2929 | 3076 | 3223 | 3370 | 3517 | 3664 | 3811 | 3958 | 3 44,4 |
| 4 | 4105 | 4252 | 4399 | 4546 | 4693 | 4840 | 4987 | 5134 | 5281 | 5428 | 4 59,2 |
| 5 | 5575 | 5722 | 5869 | 6016 | 6163 | 6310 | 6457 | 6604 | 6750 | 6897 | 5 74,0 |
| 6 | 7044 | 7191 | 7338 | 7485 | 7632 | 7779 | 7926 | 8073 | 8219 | 8366 | 6 88,8 |
| 7 | 8513 | 8660 | 8807 | 8954 | 9101 | 9248 | 9394 | 9541 | 9688 | 9835 | 7 103,6 |
| 8 | 9982 | *0129 | *0275 | *0422 | *0569 | *0716 | *0863 | *1009 | *1156 | *1303 | 8 118,4 |
| 9 | 471 1450 | 1596 | 1743 | 1890 | 2037 | 2183 | 2330 | 2477 | 2624 | 2770 | 9 133,2 |
| 2960 | 2917 | 3064 | 3211 | 3357 | 3504 | 3651 | 3797 | 3944 | 4091 | 4237 | 147 |
| 1 | 4384 | 4531 | 4677 | 4824 | 4971 | 5117 | 5264 | 5411 | 5557 | 5704 | 1 14,7 |
| 2 | 5851 | 5997 | 6144 | 6290 | 6437 | 6584 | 6730 | 6877 | 7023 | 7170 | 2 29,4 |
| 3 | 7317 | 7463 | 7610 | 7756 | 7903 | 8049 | 8196 | 8342 | 8489 | 8635 | 3 44,1 |
| 4 | 8782 | 8929 | 9075 | 9222 | 9368 | 9515 | 9661 | 9808 | 9954 | *0101 | 4 58,8 |
| 5 | 472 0247 | 0393 | 0540 | 0686 | 0833 | 0979 | 1126 | 1272 | 1419 | 1565 | 5 73,5 |
| 6 | 1711 | 1858 | 2004 | 2151 | 2297 | 2444 | 2590 | 2736 | 2883 | 3029 | 6 88,2 |
| 7 | 3175 | 3322 | 3468 | 3615 | 3761 | 3907 | 4054 | 4200 | 4346 | 4493 | 7 102,9 |
| 8 | 4639 | 4785 | 4932 | 5078 | 5224 | 5371 | 5517 | 5663 | 5809 | 5956 | 8 117,6 |
| 9 | 6102 | 6248 | 6395 | 6541 | 6687 | 6833 | 6980 | 7126 | 7272 | 7418 | 9 132,3 |
| 2970 | 7564 | 7711 | 7857 | 8003 | 8149 | 8296 | 8442 | 8588 | 8734 | 8880 | 146 |
| 1 | 9027 | 9173 | 9319 | 9465 | 9611 | 9757 | 9903 | *0050 | *0196 | *0342 | 1 14,6 |
| 2 | 473 0488 | 0634 | 0780 | 0926 | 1073 | 1219 | 1365 | 1511 | 1657 | 1803 | 2 29,2 |
| 3 | 1949 | 2095 | 2241 | 2387 | 2533 | 2679 | 2825 | 2972 | 3118 | 3264 | 3 43,8 |
| 4 | 3410 | 3556 | 3702 | 3848 | 3994 | 4140 | 4286 | 4432 | 4578 | 4724 | 4 58,4 |
| 5 | 4870 | 5016 | 5162 | 5308 | 5454 | 5600 | 5746 | 5891 | 6037 | 6183 | 5 73,0 |
| 6 | 6329 | 6475 | 6621 | 6767 | 6913 | 7059 | 7205 | 7351 | 7497 | 7642 | 6 87,6 |
| 7 | 7788 | 7934 | 8080 | 8226 | 8372 | 8518 | 8664 | 8809 | 8955 | 9101 | 7 102,2 |
| 8 | 9247 | 9393 | 9539 | 9684 | 9830 | 9976 | *0122 | *0268 | *0413 | *0559 | 8 116,8 |
| 9 | 474 0705 | 0851 | 0997 | 1142 | 1288 | 1434 | 1580 | 1725 | 1871 | 2017 | 9 131,4 |
| 2980 | 2163 | 2308 | 2454 | 2600 | 2746 | 2891 | 3037 | 3183 | 3328 | 3474 | 145 |
| 1 | 3620 | 3765 | 3911 | 4057 | 4202 | 4348 | 4494 | 4639 | 4785 | 4931 | 1 14,5 |
| 2 | 5076 | 5222 | 5368 | 5513 | 5659 | 5805 | 5950 | 6096 | 6241 | 6387 | 2 29,0 |
| 3 | 6533 | 6678 | 6824 | 6969 | 7115 | 7260 | 7406 | 7552 | 7697 | 7843 | 3 43,5 |
| 4 | 7988 | 8134 | 8279 | 8425 | 8570 | 8716 | 8861 | 9007 | 9152 | 9298 | 4 58,0 |
| 5 | 9443 | 9589 | 9734 | 9880 | *0025 | *0171 | *0316 | *0462 | *0607 | *0753 | 5 72,5 |
| 6 | 475 0898 | 1043 | 1189 | 1334 | 1480 | 1625 | 1771 | 1916 | 2061 | 2207 | 6 87,0 |
| 7 | 2352 | 2498 | 2643 | 2788 | 2934 | 3079 | 3225 | 3370 | 3515 | 3661 | 7 101,5 |
| 8 | 3806 | 3951 | 4097 | 4242 | 4387 | 4533 | 4678 | 4823 | 4969 | 5114 | 8 116,0 |
| 9 | 5259 | 5404 | 5550 | 5695 | 5840 | 5986 | 6131 | 6276 | 6421 | 6567 | 9 130,5 |
| 2990 | 6712 | 6857 | 7002 | 7148 | 7293 | 7438 | 7583 | 7729 | 7874 | 8019 | 144 |
| 1 | 8164 | 8309 | 8455 | 8600 | 8745 | 8890 | 9035 | 9180 | 9326 | 9471 | 1 14,4 |
| 2 | 9616 | 9761 | 9906 | *0051 | *0196 | *0342 | *0487 | *0632 | *0777 | *0922 | 2 28,8 |
| 3 | 476 1067 | 1212 | 1357 | 1502 | 1648 | 1793 | 1938 | 2083 | 2228 | 2373 | 3 43,2 |
| 4 | 2518 | 2663 | 2808 | 2953 | 3098 | 3243 | 3388 | 3533 | 3678 | 3823 | 4 57,6 |
| 5 | 3968 | 4113 | 4258 | 4403 | 4548 | 4693 | 4838 | 4983 | 5128 | 5273 | 5 72,0 |
| 6 | 5418 | 5563 | 5708 | 5853 | 5998 | 6143 | 6288 | 6433 | 6578 | 6723 | 6 86,4 |
| 7 | 6867 | 7012 | 7157 | 7302 | 7447 | 7592 | 7737 | 7882 | 8027 | 8171 | 7 100,8 |
| 8 | 8316 | 8461 | 8606 | 8751 | 8896 | 9041 | 9185 | 9330 | 9475 | 9620 | 8 115,2 |
| 9 | 9765 | 9909 | *0054 | *0199 | *0344 | *0489 | *0633 | *0778 | *0923 | *1068 | 9 129,6 |
| N. | 0 | 1 | 2 | 3 | 4 | 5 | 6 | 7 | 8 | 9 | |

29 500″ = 8° 11′ 40″ 2950″ = 49′ 10″ S = 6,685 5601 T. 6045
29 600 = 8 13 20 2960 = 49 20 5600 6047
29 700 = 8 15 0 2970 = 49 30 5599 6049
29 800 = 8 16 40 2980 = 49 40 5598 6051
29 900 = 8 18 20 2990 = 49 50 5597 6053

| N. | 0 | 1 | 2 | 3 | 4 | 5 | 6 | 7 | 8 | 9 | Diff. et p. p. |
|---|---|---|---|---|---|---|---|---|---|---|---|
| 3000 | 477 1213 | 1357 | 1502 | 1647 | 1792 | 1936 | 2081 | 2226 | 2371 | 2515 | |
| 1 | 2660 | 2805 | 2949 | 3094 | 3239 | 3383 | 3528 | 3673 | 3818 | 3962 | |
| 2 | 4107 | 4252 | 4396 | 4541 | 4686 | 4830 | 4975 | 5119 | 5264 | 5409 | |
| 3 | 5553 | 5698 | 5843 | 5987 | 6132 | 6276 | 6421 | 6566 | 6710 | 6855 | |
| 4 | 6999 | 7144 | 7288 | 7433 | 7578 | 7722 | 7867 | 8011 | 8156 | 8300 | 145 |
| 5 | 8445 | 8589 | 8734 | 8878 | 9023 | 9167 | 9312 | 9456 | 9601 | 9745 | 1 14,5 |
| 6 | 9890 | *0034 | *0179 | *0323 | *0468 | *0612 | *0757 | *0901 | *1045 | *1190 | 2 29,0 |
| 7 | 478 1334 | 1479 | 1623 | 1768 | 1912 | 2056 | 2201 | 2345 | 2490 | 2634 | 3 43,5 |
| 8 | 2778 | 2923 | 3067 | 3211 | 3356 | 3500 | 3645 | 3789 | 3933 | 4078 | 4 58,0 |
| 9 | 4222 | 4366 | 4511 | 4655 | 4799 | 4943 | 5088 | 5232 | 5376 | 5521 | 5 72,5 |
| 3010 | 5665 | 5809 | 5954 | 6098 | 6242 | 6386 | 6531 | 6675 | 6819 | 6963 | 6 87,0 |
| 1 | 7108 | 7252 | 7396 | 7540 | 7684 | 7829 | 7973 | 8117 | 8261 | 8405 | 7 101,5 |
| 2 | 8550 | 8694 | 8838 | 8982 | 9126 | 9271 | 9415 | 9559 | 9703 | 9847 | 8 116,0 |
| 3 | 9991 | *0135 | *0280 | *0424 | *0568 | *0712 | *0856 | *1000 | *1144 | *1288 | 9 130,5 |
| 4 | 479 1432 | 1577 | 1721 | 1865 | 2009 | 2153 | 2297 | 2441 | 2585 | 2729 | |
| 5 | 2873 | 3017 | 3161 | 3305 | 3449 | 3593 | 3737 | 3881 | 4025 | 4169 | |
| 6 | 4313 | 4457 | 4601 | 4745 | 4889 | 5033 | 5177 | 5321 | 5465 | 5609 | 144 |
| 7 | 5753 | 5897 | 6041 | 6185 | 6329 | 6473 | 6617 | 6761 | 6905 | 7048 | 1 14,4 |
| 8 | 7192 | 7336 | 7480 | 7624 | 7768 | 7912 | 8056 | 8200 | 8343 | 8487 | 2 28,8 |
| 9 | 8631 | 8775 | 8919 | 9063 | 9207 | 9350 | 9494 | 9638 | 9782 | 9926 | 3 43,2 |
| 3020 | 480 0069 | 0213 | 0357 | 0501 | 0645 | 0788 | 0932 | 1076 | 1220 | 1363 | 4 57,6 |
| 1 | 1507 | 1651 | 1795 | 1939 | 2082 | 2226 | 2370 | 2513 | 2657 | 2801 | 5 72,0 |
| 2 | 2945 | 3088 | 3232 | 3376 | 3519 | 3663 | 3807 | 3950 | 4094 | 4238 | 6 86,4 |
| 3 | 4381 | 4525 | 4669 | 4812 | 4956 | 5100 | 5243 | 5387 | 5531 | 5674 | 7 100,8 |
| 4 | 5818 | 5961 | 6105 | 6249 | 6392 | 6536 | 6679 | 6823 | 6967 | 7110 | 8 115,2 |
| 5 | 7254 | 7397 | 7541 | 7684 | 7828 | 7972 | 8115 | 8259 | 8402 | 8546 | 9 129,6 |
| 6 | 8689 | 8833 | 8976 | 9120 | 9263 | 9407 | 9550 | 9694 | 9837 | 9981 | |
| 7 | 481 0124 | 0268 | 0411 | 0555 | 0698 | 0842 | 0985 | 1128 | 1272 | 1415 | |
| 8 | 1559 | 1702 | 1846 | 1989 | 2132 | 2276 | 2419 | 2563 | 2706 | 2849 | 143 |
| 9 | 2993 | 3136 | 3279 | 3423 | 3566 | 3710 | 3853 | 3996 | 4140 | 4283 | 1 14,3 |
| 3030 | 4426 | 4570 | 4713 | 4856 | 5000 | 5143 | 5286 | 5429 | 5573 | 5716 | 2 28,6 |
| 1 | 5859 | 6003 | 6146 | 6289 | 6432 | 6576 | 6719 | 6862 | 7005 | 7149 | 3 42,9 |
| 2 | 7292 | 7435 | 7578 | 7722 | 7865 | 8008 | 8151 | 8295 | 8438 | 8581 | 4 57,2 |
| 3 | 8724 | 8867 | 9010 | 9154 | 9297 | 9440 | 9583 | 9726 | 9869 | *0013 | 5 71,5 |
| 4 | 482 0156 | 0299 | 0442 | 0585 | 0728 | 0871 | 1015 | 1158 | 1301 | 1444 | 6 85,8 |
| 5 | 1587 | 1730 | 1873 | 2016 | 2159 | 2302 | 2445 | 2589 | 2732 | 2875 | 7 100,1 |
| 6 | 3018 | 3161 | 3304 | 3447 | 3590 | 3733 | 3876 | 4019 | 4162 | 4305 | 8 114,4 |
| 7 | 4448 | 4591 | 4734 | 4877 | 5020 | 5163 | 5306 | 5449 | 5592 | 5735 | 9 128,7 |
| 8 | 5878 | 6021 | 6164 | 6307 | 6449 | 6592 | 6735 | 6878 | 7021 | 7164 | |
| 9 | 7307 | 7450 | 7593 | 7736 | 7879 | 8021 | 8164 | 8307 | 8450 | 8593 | 142 |
| 3040 | 8736 | 8879 | 9022 | 9164 | 9307 | 9450 | 9593 | 9736 | 9879 | *0021 | 1 14,2 |
| 1 | 483 0164 | 0307 | 0450 | 0593 | 0735 | 0878 | 1021 | 1164 | 1307 | 1449 | 2 28,4 |
| 2 | 1592 | 1735 | 1878 | 2020 | 2163 | 2306 | 2449 | 2591 | 2734 | 2877 | 3 42,6 |
| 3 | 3020 | 3162 | 3305 | 3448 | 3590 | 3733 | 3876 | 4018 | 4161 | 4304 | 4 56,8 |
| 4 | 4446 | 4589 | 4732 | 4874 | 5017 | 5160 | 5302 | 5445 | 5588 | 5730 | 5 71,0 |
| 5 | 5873 | 6016 | 6158 | 6301 | 6443 | 6586 | 6729 | 6871 | 7014 | 7156 | 6 85,2 |
| 6 | 7299 | 7442 | 7584 | 7727 | 7869 | 8012 | 8154 | 8297 | 8439 | 8582 | 7 99,4 |
| 7 | 8725 | 8867 | 9010 | 9152 | 9295 | 9437 | 9580 | 9722 | 9865 | *0007 | 8 113,6 |
| 8 | 484 0150 | 0292 | 0435 | 0577 | 0720 | 0862 | 1004 | 1147 | 1289 | 1432 | 9 127,8 |
| 9 | 1574 | 1717 | 1859 | 2002 | 2144 | 2286 | 2429 | 2571 | 2714 | 2856 | |
| N. | 0 | 1 | 2 | 3 | 4 | 5 | 6 | 7 | 8 | 9 | |

30 000″ = 8° 20′ 0″ — 3000″ = 50′ 0″ — S = $\overline{6}$,685 5596 — T. 6055
30 100 = 8 21 40 — 3010 = 50 10 — 5595 — 6057
30 200 = 8 23 20 — 3020 = 50 20 — 5594 — 6059
30 300 = 8 25 0 — 3030 = 50 30 — 5592 — 6061
30 400 = 8 26 40 — 3040 = 50 40 — 5591 — 6063

| N. | 0 | 1 | 2 | 3 | 4 | 5 | 6 | 7 | 8 | 9 |
|---|---|---|---|---|---|---|---|---|---|---|
| 3050 | 484 2998 | 3141 | 3283 | 3426 | 3568 | 3710 | 3853 | 3995 | 4137 | 4280 |
| 1 | 4422 | 4564 | 4707 | 4849 | 4991 | 5134 | 5276 | 5418 | 5561 | 5703 |
| 2 | 5845 | 5988 | 6130 | 6272 | 6414 | 6557 | 6699 | 6841 | 6984 | 7126 |
| 3 | 7268 | 7410 | 7553 | 7695 | 7837 | 7979 | 8121 | 8264 | 8406 | 8548 |
| 4 | 8690 | 8833 | 8975 | 9117 | 9259 | 9401 | 9543 | 9686 | 9828 | 9970 |
| 5 | 485 0112 | 0254 | 0396 | 0539 | 0681 | 0823 | 0965 | 1107 | 1249 | 1391 |
| 6 | 1533 | 1676 | 1818 | 1960 | 2102 | 2244 | 2386 | 2528 | 2670 | 2812 |
| 7 | 2954 | 3096 | 3239 | 3381 | 3523 | 3665 | 3807 | 3949 | 4091 | 4233 |
| 8 | 4375 | 4517 | 4659 | 4801 | 4943 | 5085 | 5227 | 5369 | 5511 | 5653 |
| 9 | 5795 | 5937 | 6079 | 6221 | 6363 | 6505 | 6647 | 6788 | 6930 | 7072 |
| 3060 | 7214 | 7356 | 7498 | 7640 | 7782 | 7924 | 8066 | 8208 | 8350 | 8491 |
| 1 | 8633 | 8775 | 8917 | 9059 | 9201 | 9343 | 9484 | 9626 | 9768 | 9910 |
| 2 | 486 0052 | 0194 | 0336 | 0477 | 0619 | 0761 | 0903 | 1045 | 1186 | 1328 |
| 3 | 1470 | 1612 | 1754 | 1895 | 2037 | 2179 | 2321 | 2462 | 2604 | 2746 |
| 4 | 2888 | 3029 | 3171 | 3313 | 3455 | 3596 | 3738 | 3880 | 4021 | 4163 |
| 5 | 4305 | 4446 | 4588 | 4730 | 4872 | 5013 | 5155 | 5297 | 5438 | 5580 |
| 6 | 5722 | 5863 | 6005 | 6146 | 6288 | 6430 | 6571 | 6713 | 6855 | 6996 |
| 7 | 7138 | 7279 | 7421 | 7563 | 7704 | 7846 | 7987 | 8129 | 8270 | 8412 |
| 8 | 8554 | 8695 | 8837 | 8978 | 9120 | 9261 | 9403 | 9544 | 9686 | 9827 |
| 9 | 9969 | *0110 | *0252 | *0393 | *0535 | *0676 | *0818 | *0959 | *1101 | *1242 |
| 3070 | 487 1384 | 1525 | 1667 | 1808 | 1950 | 2091 | 2232 | 2374 | 2515 | 2657 |
| 1 | 2798 | 2940 | 3081 | 3222 | 3364 | 3505 | 3647 | 3788 | 3929 | 4071 |
| 2 | 4212 | 4353 | 4495 | 4636 | 4778 | 4919 | 5060 | 5202 | 5343 | 5484 |
| 3 | 5626 | 5767 | 5908 | 6050 | 6191 | 6332 | 6473 | 6615 | 6756 | 6897 |
| 4 | 7039 | 7180 | 7321 | 7462 | 7604 | 7745 | 7886 | 8027 | 8169 | 8310 |
| 5 | 8451 | 8592 | 8734 | 8875 | 9016 | 9157 | 9299 | 9440 | 9581 | 9722 |
| 6 | 9863 | *0004 | *0146 | *0287 | *0428 | *0569 | *0710 | *0852 | *0993 | *1134 |
| 7 | 488 1275 | 1416 | 1557 | 1698 | 1839 | 1981 | 2122 | 2263 | 2404 | 2545 |
| 8 | 2686 | 2827 | 2968 | 3109 | 3251 | 3392 | 3533 | 3674 | 3815 | 3956 |
| 9 | 4097 | 4238 | 4379 | 4520 | 4661 | 4802 | 4943 | 5084 | 5225 | 5366 |
| 3080 | 5507 | 5648 | 5789 | 5930 | 6071 | 6212 | 6353 | 6494 | 6635 | 6776 |
| 1 | 6917 | 7058 | 7199 | 7340 | 7481 | 7622 | 7763 | 7904 | 8045 | 8185 |
| 2 | 8326 | 8467 | 8608 | 8749 | 8890 | 9031 | 9172 | 9313 | 9454 | 9594 |
| 3 | 9735 | 9876 | *0017 | *0158 | *0299 | *0440 | *0580 | *0721 | *0862 | *1003 |
| 4 | 489 1144 | 1285 | 1425 | 1566 | 1707 | 1848 | 1989 | 2129 | 2270 | 2411 |
| 5 | 2552 | 2692 | 2833 | 2974 | 3115 | 3256 | 3396 | 3537 | 3678 | 3818 |
| 6 | 3959 | 4100 | 4241 | 4381 | 4522 | 4663 | 4804 | 4944 | 5085 | 5226 |
| 7 | 5366 | 5507 | 5648 | 5788 | 5929 | 6070 | 6210 | 6351 | 6492 | 6632 |
| 8 | 6773 | 6914 | 7054 | 7195 | 7335 | 7476 | 7617 | 7757 | 7898 | 8038 |
| 9 | 8179 | 8320 | 8460 | 8601 | 8741 | 8882 | 9023 | 9163 | 9304 | 9444 |
| 3090 | 9585 | 9725 | 9866 | *0006 | *0147 | *0287 | *0428 | *0569 | *0709 | *0850 |
| 1 | 490 0990 | 1131 | 1271 | 1412 | 1552 | 1693 | 1833 | 1973 | 2114 | 2254 |
| 2 | 2395 | 2535 | 2676 | 2816 | 2957 | 3097 | 3238 | 3378 | 3518 | 3659 |
| 3 | 3799 | 3940 | 4080 | 4220 | 4361 | 4501 | 4642 | 4782 | 4922 | 5063 |
| 4 | 5203 | 5343 | 5484 | 5624 | 5765 | 5905 | 6045 | 6186 | 6326 | 6466 |
| 5 | 6607 | 6747 | 6887 | 7027 | 7168 | 7308 | 7448 | 7589 | 7729 | 7869 |
| 6 | 8010 | 8150 | 8290 | 8430 | 8571 | 8711 | 8851 | 8991 | 9131 | 9272 |
| 7 | 9412 | 9552 | 9693 | 9833 | 9973 | *0113 | *0253 | *0394 | *0534 | *0674 |
| 8 | 491 0814 | 0954 | 1094 | 1235 | 1375 | 1515 | 1655 | 1795 | 1935 | 2076 |
| 9 | 2216 | 2356 | 2496 | 2636 | 2776 | 2916 | 3057 | 3197 | 3337 | 3477 |
| N. | 0 | 1 | 2 | 3 | 4 | 5 | 6 | 7 | 8 | 9 |

Diff. et p. p.

| | 143 |
|---|---|
| 1 | 14,3 |
| 2 | 28,6 |
| 3 | 42,9 |
| 4 | 57,2 |
| 5 | 71,5 |
| 6 | 85,8 |
| 7 | 100,1 |
| 8 | 114,4 |
| 9 | 128,7 |

| | 142 |
|---|---|
| 1 | 14,2 |
| 2 | 28,4 |
| 3 | 42,6 |
| 4 | 56,8 |
| 5 | 71,0 |
| 6 | 85,2 |
| 7 | 99,4 |
| 8 | 113,6 |
| 9 | 127,8 |

| | 141 |
|---|---|
| 1 | 14,1 |
| 2 | 28,2 |
| 3 | 42,3 |
| 4 | 56,4 |
| 5 | 70,5 |
| 6 | 84,6 |
| 7 | 98,7 |
| 8 | 112,8 |
| 9 | 126,9 |

| | 140 |
|---|---|
| 1 | 14 |
| 2 | 28 |
| 3 | 42 |
| 4 | 56 |
| 5 | 70 |
| 6 | 84 |
| 7 | 98 |
| 8 | 112 |
| 9 | 126 |

| | | | |
|---|---|---|---|
| 30 500″ = 8° 28′ 20″ | 3050″ = 50′ 50″ | S = 6,685 5590 | T. 6065 |
| 30 600 = 8 30 0 | 3060 = 51 0 | 5589 | 6067 |
| 30 700 = 8 31 40 | 3070 = 51 10 | 5588 | 6069 |
| 30 800 = 8 33 20 | 3080 = 51 20 | 5587 | 6071 |
| 30 900 = 8 35 0 | 3090 = 51 30 | 5586 | 6074 |

| N. | 0 | 1 | 2 | 3 | 4 | 5 | 6 | 7 | 8 | 9 | Diff. et p. p. |
|---|---|---|---|---|---|---|---|---|---|---|---|
| 3100 | 491 3617 | 3757 | 3897 | 4037 | 4177 | 4317 | 4457 | 4597 | 4738 | 4878 | 141 |
| 1 | 5018 | 5158 | 5298 | 5438 | 5578 | 5718 | 5858 | 5998 | 6138 | 6278 | 1 14,1 |
| 2 | 6418 | 6558 | 6698 | 6838 | 6978 | 7118 | 7258 | 7398 | 7538 | 7678 | 2 28,2 |
| 3 | 7818 | 7958 | 8098 | 8238 | 8378 | 8517 | 8657 | 8797 | 8937 | 9077 | 3 42,3 |
| 4 | 9217 | 9357 | 9497 | 9637 | 9777 | 9917 | *0057 | *0196 | *0336 | *0476 | 4 56,4 |
| 5 | 492 0616 | 0756 | 0896 | 1036 | 1175 | 1315 | 1455 | 1595 | 1735 | 1875 | 5 70,5 |
| 6 | 2015 | 2154 | 2294 | 2434 | 2574 | 2714 | 2853 | 2993 | 3133 | 3273 | 6 84,6 |
| 7 | 3413 | 3552 | 3692 | 3832 | 3972 | 4111 | 4251 | 4391 | 4531 | 4670 | 7 98,7 |
| 8 | 4810 | 4950 | 5090 | 5229 | 5369 | 5509 | 5648 | 5788 | 5928 | 6068 | 8 112,8 |
| 9 | 6207 | 6347 | 6487 | 6626 | 6766 | 6906 | 7045 | 7185 | 7325 | 7464 | 9 126,9 |
| 3110 | 7604 | 7744 | 7883 | 8023 | 8162 | 8302 | 8442 | 8581 | 8721 | 8861 | 140 |
| 1 | 9000 | 9140 | 9279 | 9419 | 9558 | 9698 | 9838 | 9977 | *0117 | *0256 | 1 14 |
| 2 | 493 0396 | 0535 | 0675 | 0815 | 0954 | 1094 | 1233 | 1373 | 1512 | 1652 | 2 28 |
| 3 | 1791 | 1931 | 2070 | 2210 | 2349 | 2489 | 2628 | 2768 | 2907 | 3047 | 3 42 |
| 4 | 3186 | 3326 | 3465 | 3604 | 3744 | 3883 | 4023 | 4162 | 4302 | 4441 | 4 56 |
| 5 | 4581 | 4720 | 4859 | 4999 | 5138 | 5278 | 5417 | 5556 | 5696 | 5835 | 5 70 |
| 6 | 5974 | 6114 | 6253 | 6393 | 6532 | 6671 | 6811 | 6950 | 7089 | 7229 | 6 84 |
| 7 | 7368 | 7507 | 7647 | 7786 | 7925 | 8065 | 8204 | 8343 | 8483 | 8622 | 7 98 |
| 8 | 8761 | 8900 | 9040 | 9179 | 9318 | 9457 | 9597 | 9736 | 9875 | *0015 | 8 112 |
| 9 | 494 0154 | 0293 | 0432 | 0571 | 0711 | 0850 | 0989 | 1128 | 1268 | 1407 | 9 126 |
| 3120 | 1546 | 1685 | 1824 | 1964 | 2103 | 2242 | 2381 | 2520 | 2659 | 2799 | 139 |
| 1 | 2938 | 3077 | 3216 | 3355 | 3494 | 3633 | 3773 | 3912 | 4051 | 4190 | 1 13,9 |
| 2 | 4329 | 4468 | 4607 | 4746 | 4885 | 5024 | 5164 | 5303 | 5442 | 5581 | 2 27,8 |
| 3 | 5720 | 5859 | 5998 | 6137 | 6276 | 6415 | 6554 | 6693 | 6832 | 6971 | 3 41,7 |
| 4 | 7110 | 7249 | 7388 | 7527 | 7666 | 7805 | 7944 | 8083 | 8222 | 8361 | 4 55,6 |
| 5 | 8500 | 8639 | 8778 | 8917 | 9056 | 9195 | 9334 | 9473 | 9612 | 9751 | 5 69,5 |
| 6 | 9890 | *0029 | *0168 | *0307 | *0445 | *0584 | *0723 | *0862 | *1001 | *1140 | 6 83,4 |
| 7 | 495 1279 | 1418 | 1557 | 1695 | 1834 | 1973 | 2112 | 2251 | 2390 | 2529 | 7 97,3 |
| 8 | 2667 | 2806 | 2945 | 3084 | 3223 | 3362 | 3500 | 3639 | 3778 | 3917 | 8 111,2 |
| 9 | 4056 | 4194 | 4333 | 4472 | 4611 | 4750 | 4888 | 5027 | 5166 | 5305 | 9 125,1 |
| 3130 | 5443 | 5582 | 5721 | 5860 | 5998 | 6137 | 6276 | 6415 | 6553 | 6692 | 138 |
| 1 | 6831 | 6969 | 7108 | 7247 | 7385 | 7524 | 7663 | 7802 | 7940 | 8079 | 1 13,8 |
| 2 | 8218 | 8356 | 8495 | 8634 | 8772 | 8911 | 9049 | 9188 | 9327 | 9465 | 2 27,6 |
| 3 | 9604 | 9743 | 9881 | *0020 | *0158 | *0297 | *0436 | *0574 | *0713 | *0851 | 3 41,4 |
| 4 | 496 0990 | 1128 | 1267 | 1406 | 1544 | 1683 | 1821 | 1960 | 2098 | 2237 | 4 55,2 |
| 5 | 2375 | 2514 | 2653 | 2791 | 2930 | 3068 | 3207 | 3345 | 3484 | 3622 | 5 69,0 |
| 6 | 3761 | 3899 | 4038 | 4176 | 4314 | 4453 | 4591 | 4730 | 4868 | 5007 | 6 82,8 |
| 7 | 5145 | 5284 | 5422 | 5560 | 5699 | 5837 | 5976 | 6114 | 6253 | 6391 | 7 96,6 |
| 8 | 6529 | 6668 | 6806 | 6945 | 7083 | 7221 | 7360 | 7498 | 7636 | 7775 | 8 110,4 |
| 9 | 7913 | 8052 | 8190 | 8328 | 8467 | 8605 | 8743 | 8882 | 9020 | 9158 | 9 124,2 |
| 3140 | 9296 | 9435 | 9573 | 9711 | 9850 | 9988 | *0126 | *0265 | *0403 | *0541 | 137 |
| 1 | 497 0679 | 0818 | 0956 | 1094 | 1232 | 1371 | 1509 | 1647 | 1785 | 1924 | 1 13,7 |
| 2 | 2062 | 2200 | 2338 | 2476 | 2615 | 2753 | 2891 | 3029 | 3167 | 3306 | 2 27,4 |
| 3 | 3444 | 3582 | 3720 | 3858 | 3996 | 4135 | 4273 | 4411 | 4549 | 4687 | 3 41,1 |
| 4 | 4825 | 4964 | 5102 | 5240 | 5378 | 5516 | 5654 | 5792 | 5930 | 6068 | 4 54,8 |
| 5 | 6206 | 6345 | 6483 | 6621 | 6759 | 6897 | 7035 | 7173 | 7311 | 7449 | 5 68,5 |
| 6 | 7587 | 7725 | 7863 | 8001 | 8139 | 8277 | 8415 | 8553 | 8691 | 8829 | 6 82,2 |
| 7 | 8967 | 9105 | 9243 | 9381 | 9519 | 9657 | 9795 | 9933 | *0071 | *0209 | 7 95,9 |
| 8 | 498 0347 | 0485 | 0623 | 0761 | 0899 | 1037 | 1175 | 1313 | 1451 | 1589 | 8 109,6 |
| 9 | 1727 | 1865 | 2002 | 2140 | 2278 | 2416 | 2554 | 2692 | 2830 | 2968 | 9 123,3 |
| N. | 0 | 1 | 2 | 3 | 4 | 5 | 6 | 7 | 8 | 9 | |

31 000″ = 8° 36′ 40″   3100″ = 51′ 40″   S = $\bar{6}$,685 5585   T. 6076
31 100 = 8 38 20   3110 = 51 50   5584   6078
31 200 = 8 40 0   3120 = 52 0   5583   6080
31 300 = 8 41 40   3130 = 52 10   5582   6082
31 400 = 8 43 20   3140 = 52 20   5581   6084

| N. | 0 | 1 | 2 | 3 | 4 | 5 | 6 | 7 | 8 | 9 |
|---|---|---|---|---|---|---|---|---|---|---|
| 3150 | 498 3106 | 3243 | 3381 | 3519 | 3657 | 3795 | 3933 | 4071 | 4208 | 4346 |
| 1 | 4484 | 4622 | 4760 | 4897 | 5035 | 5173 | 5311 | 5449 | 5587 | 5724 |
| 2 | 5862 | 6000 | 6138 | 6275 | 6413 | 6551 | 6689 | 6826 | 6964 | 7102 |
| 3 | 7240 | 7377 | 7515 | 7653 | 7791 | 7928 | 8066 | 8204 | 8341 | 8479 |
| 4 | 8617 | 8755 | 8892 | 9030 | 9168 | 9305 | 9443 | 9581 | 9718 | 9856 |
| 5 | 9994 | *0131 | *0269 | *0407 | *0544 | *0682 | *0819 | *0957 | *1095 | *1232 |
| 6 | 499 1370 | 1508 | 1645 | 1783 | 1920 | 2058 | 2196 | 2333 | 2471 | 2608 |
| 7 | 2746 | 2883 | 3021 | 3158 | 3296 | 3434 | 3571 | 3709 | 3846 | 3984 |
| 8 | 4121 | 4259 | 4396 | 4534 | 4671 | 4809 | 4946 | 5084 | 5221 | 5359 |
| 9 | 5496 | 5634 | 5771 | 5909 | 6046 | 6184 | 6321 | 6459 | 6596 | 6733 |
| 3160 | 6871 | 7008 | 7146 | 7283 | 7421 | 7558 | 7695 | 7833 | 7970 | 8108 |
| 1 | 8245 | 8382 | 8520 | 8657 | 8794 | 8932 | 9069 | 9207 | 9344 | 9481 |
| 2 | 9619 | 9756 | 9893 | *0031 | *0168 | *0305 | *0443 | *0580 | *0717 | *0855 |
| 3 | 500 0992 | 1129 | 1267 | 1404 | 1541 | 1678 | 1816 | 1953 | 2090 | 2227 |
| 4 | 2365 | 2502 | 2639 | 2777 | 2914 | 3051 | 3188 | 3325 | 3463 | 3600 |
| 5 | 3737 | 3874 | 4012 | 4149 | 4286 | 4423 | 4560 | 4698 | 4835 | 4972 |
| 6 | 5109 | 5246 | 5383 | 5521 | 5658 | 5795 | 5932 | 6069 | 6206 | 6344 |
| 7 | 6481 | 6618 | 6755 | 6892 | 7029 | 7166 | 7303 | 7440 | 7578 | 7715 |
| 8 | 7852 | 7989 | 8126 | 8263 | 8400 | 8537 | 8674 | 8811 | 8948 | 9085 |
| 9 | 9222 | 9359 | 9496 | 9634 | 9771 | 9908 | *0045 | *0182 | *0319 | *0456 |
| 3170 | 501 0593 | 0730 | 0867 | 1004 | 1141 | 1278 | 1415 | 1552 | 1688 | 1825 |
| 1 | 1962 | 2099 | 2236 | 2373 | 2510 | 2647 | 2784 | 2921 | 3058 | 3195 |
| 2 | 3332 | 3469 | 3606 | 3743 | 3879 | 4016 | 4153 | 4290 | 4427 | 4564 |
| 3 | 4701 | 4838 | 4974 | 5111 | 5248 | 5385 | 5522 | 5659 | 5796 | 5932 |
| 4 | 6069 | 6206 | 6343 | 6480 | 6617 | 6753 | 6890 | 7027 | 7164 | 7301 |
| 5 | 7437 | 7574 | 7711 | 7848 | 7984 | 8121 | 8258 | 8395 | 8531 | 8668 |
| 6 | 8805 | 8942 | 9078 | 9215 | 9352 | 9489 | 9625 | 9762 | 9899 | *0035 |
| 7 | 502 0172 | 0309 | 0446 | 0582 | 0719 | 0856 | 0992 | 1129 | 1266 | 1402 |
| 8 | 1539 | 1676 | 1812 | 1949 | 2086 | 2222 | 2359 | 2495 | 2632 | 2769 |
| 9 | 2905 | 3042 | 3178 | 3315 | 3452 | 3588 | 3725 | 3861 | 3998 | 4135 |
| 3180 | 4271 | 4408 | 4544 | 4681 | 4817 | 4954 | 5091 | 5227 | 5364 | 5500 |
| 1 | 5637 | 5773 | 5910 | 6046 | 6183 | 6319 | 6456 | 6592 | 6729 | 6865 |
| 2 | 7002 | 7138 | 7275 | 7411 | 7548 | 7684 | 7821 | 7957 | 8093 | 8230 |
| 3 | 8366 | 8503 | 8639 | 8776 | 8912 | 9049 | 9185 | 9321 | 9458 | 9594 |
| 4 | 9731 | 9867 | *0003 | *0140 | *0276 | *0413 | *0549 | *0685 | *0822 | *0958 |
| 5 | 503 1094 | 1231 | 1367 | 1503 | 1640 | 1776 | 1912 | 2049 | 2185 | 2321 |
| 6 | 2458 | 2594 | 2730 | 2867 | 3003 | 3139 | 3276 | 3412 | 3548 | 3684 |
| 7 | 3821 | 3957 | 4093 | 4229 | 4366 | 4502 | 4638 | 4774 | 4911 | 5047 |
| 8 | 5183 | 5319 | 5456 | 5592 | 5728 | 5864 | 6000 | 6137 | 6273 | 6409 |
| 9 | 6545 | 6681 | 6818 | 6954 | 7090 | 7226 | 7362 | 7498 | 7635 | 7771 |
| 3190 | 7907 | 8043 | 8179 | 8315 | 8451 | 8587 | 8724 | 8860 | 8996 | 9132 |
| 1 | 9268 | 9404 | 9540 | 9676 | 9812 | 9948 | *0085 | *0221 | *0357 | *0493 |
| 2 | 504 0629 | 0765 | 0901 | 1037 | 1173 | 1309 | 1445 | 1581 | 1717 | 1853 |
| 3 | 1989 | 2125 | 2261 | 2397 | 2533 | 2669 | 2805 | 2941 | 3077 | 3213 |
| 4 | 3349 | 3485 | 3621 | 3757 | 3893 | 4029 | 4165 | 4301 | 4437 | 4573 |
| 5 | 4709 | 4845 | 4980 | 5116 | 5252 | 5388 | 5524 | 5660 | 5796 | 5932 |
| 6 | 6068 | 6204 | 6339 | 6475 | 6611 | 6747 | 6883 | 7019 | 7155 | 7291 |
| 7 | 7426 | 7562 | 7698 | 7834 | 7970 | 8106 | 8241 | 8377 | 8513 | 8649 |
| 8 | 8785 | 8920 | 9056 | 9192 | 9328 | 9464 | 9599 | 9735 | 9871 | *0007 |
| 9 | 505 0142 | 0278 | 0414 | 0550 | 0685 | 0821 | 0957 | 1093 | 1228 | 1364 |
| N. | 0 | 1 | 2 | 3 | 4 | 5 | 6 | 7 | 8 | 9 |

Diff. et p. p.

| | 138 |
|---|---|
| 1 | 13,8 |
| 2 | 27,6 |
| 3 | 41,4 |
| 4 | 55,2 |
| 5 | 69,0 |
| 6 | 82,8 |
| 7 | 96,6 |
| 8 | 110,4 |
| 9 | 124,2 |

| | 137 |
|---|---|
| 1 | 13,7 |
| 2 | 27,4 |
| 3 | 41,1 |
| 4 | 54,8 |
| 5 | 68,5 |
| 6 | 82,2 |
| 7 | 95,9 |
| 8 | 109,6 |
| 9 | 123,3 |

| | 136 |
|---|---|
| 1 | 13,6 |
| 2 | 27,2 |
| 3 | 40,8 |
| 4 | 54,4 |
| 5 | 68,0 |
| 6 | 81,6 |
| 7 | 95,2 |
| 8 | 108,8 |
| 9 | 122,4 |

| | 135 |
|---|---|
| 1 | 13,5 |
| 2 | 27,0 |
| 3 | 40,5 |
| 4 | 54,0 |
| 5 | 67,5 |
| 6 | 81,0 |
| 7 | 94,5 |
| 8 | 108,0 |
| 9 | 121,5 |

| | | | |
|---|---|---|---|
| 31 500″ = 8° 45′ 0″ | 3150″ = 52′ 30″ | S = $\bar{6}$,685 5580 | T. 6086 |
| 31 600 = 8 46 40 | 3160 = 52 40 | 5579 | 6088 |
| 31 700 = 8 48 20 | 3170 = 52 50 | 5578 | 6091 |
| 31 800 = 8 50 0 | 3180 = 53 0 | 5577 | 6093 |
| 31 900 = 8 51 40 | 3190 = 53 10 | 5576 | 6095 |

| N. | 0 | 1 | 2 | 3 | 4 | 5 | 6 | 7 | 8 | 9 | Diff. et p. p. |
|---|---|---|---|---|---|---|---|---|---|---|---|
| 3200 | 505 1500 | 1635 | 1771 | 1907 | 2043 | 2178 | 2314 | 2450 | 2585 | 2721 | |
| 1 | 2857 | 2992 | 3128 | 3264 | 3399 | 3535 | 3671 | 3806 | 3942 | 4078 | |
| 2 | 4213 | 4349 | 4485 | 4620 | 4756 | 4891 | 5027 | 5163 | 5298 | 5434 | |
| 3 | 5569 | 5705 | 5841 | 5976 | 6112 | 6247 | 6383 | 6518 | 6654 | 6790 | |
| 4 | 6925 | 7061 | 7196 | 7332 | 7467 | 7603 | 7738 | 7874 | 8009 | 8145 | 136 |
| 5 | 8280 | 8416 | 8551 | 8687 | 8822 | 8958 | 9093 | 9229 | 9364 | 9500 | 1 13,6 |
| 6 | 9635 | 9771 | 9906 | *0042 | *0177 | *0312 | *0448 | *0583 | *0719 | *0854 | 2 27,2 |
| 7 | 506 0990 | 1125 | 1260 | 1396 | 1531 | 1667 | 1802 | 1937 | 2073 | 2208 | 3 40,8 |
| 8 | 2344 | 2479 | 2614 | 2750 | 2885 | 3020 | 3156 | 3291 | 3426 | 3562 | 4 54,4 |
| 9 | 3697 | 3833 | 3968 | 4103 | 4238 | 4374 | 4509 | 4644 | 4780 | 4915 | 5 68,0 |
| 3210 | 5050 | 5186 | 5321 | 5456 | 5591 | 5727 | 5862 | 5997 | 6133 | 6268 | 6 81,6 |
| 1 | 6403 | 6538 | 6674 | 6809 | 6944 | 7079 | 7214 | 7350 | 7485 | 7620 | 7 95,2 |
| 2 | 7755 | 7891 | 8026 | 8161 | 8296 | 8431 | 8567 | 8702 | 8837 | 8972 | 8 108,8 |
| 3 | 9107 | 9242 | 9378 | 9513 | 9648 | 9783 | 9918 | *0053 | *0188 | *0324 | 9 122,4 |
| 4 | 507 0459 | 0594 | 0729 | 0864 | 0999 | 1134 | 1269 | 1405 | 1540 | 1675 | |
| 5 | 1810 | 1945 | 2080 | 2215 | 2350 | 2485 | 2620 | 2755 | 2890 | 3025 | |
| 6 | 3160 | 3295 | 3430 | 3566 | 3701 | 3836 | 3971 | 4106 | 4241 | 4376 | 135 |
| 7 | 4511 | 4646 | 4781 | 4916 | 5051 | 5186 | 5321 | 5456 | 5590 | 5725 | 1 13,5 |
| 8 | 5860 | 5995 | 6130 | 6265 | 6400 | 6535 | 6670 | 6805 | 6940 | 7075 | 2 27,0 |
| 9 | 7210 | 7345 | 7480 | 7614 | 7749 | 7884 | 8019 | 8154 | 8289 | 8424 | 3 40,5 |
| 3220 | 8559 | 8694 | 8828 | 8963 | 9098 | 9233 | 9368 | 9503 | 9638 | 9772 | 4 54,0 |
| 1 | 9907 | *0042 | *0177 | *0312 | *0447 | *0581 | *0716 | *0851 | *0986 | *1121 | 5 67,5 |
| 2 | 508 1255 | 1390 | 1525 | 1660 | 1794 | 1929 | 2064 | 2199 | 2334 | 2468 | 6 81,0 |
| 3 | 2603 | 2738 | 2873 | 3007 | 3142 | 3277 | 3411 | 3546 | 3681 | 3816 | 7 94,5 |
| 4 | 3950 | 4085 | 4220 | 4354 | 4489 | 4624 | 4758 | 4893 | 5028 | 5163 | 8 108,0 |
| 5 | 5297 | 5432 | 5567 | 5701 | 5836 | 5970 | 6105 | 6240 | 6374 | 6509 | 9 121,5 |
| 6 | 6644 | 6778 | 6913 | 7047 | 7182 | 7317 | 7451 | 7586 | 7720 | 7855 | |
| 7 | 7990 | 8124 | 8259 | 8393 | 8528 | 8663 | 8797 | 8932 | 9066 | 9201 | |
| 8 | 9335 | 9470 | 9604 | 9739 | 9873 | *0008 | *0142 | *0277 | *0411 | *0546 | 134 |
| 9 | 509 0680 | 0815 | 0949 | 1084 | 1218 | 1353 | 1487 | 1622 | 1756 | 1891 | 1 13,4 |
| 3230 | 2025 | 2160 | 2294 | 2429 | 2563 | 2697 | 2832 | 2966 | 3101 | 3235 | 2 26,8 |
| 1 | 3370 | 3504 | 3638 | 3773 | 3907 | 4042 | 4176 | 4310 | 4445 | 4579 | 3 40,2 |
| 2 | 4714 | 4848 | 4982 | 5117 | 5251 | 5385 | 5520 | 5654 | 5788 | 5923 | 4 53,6 |
| 3 | 6057 | 6191 | 6326 | 6460 | 6594 | 6729 | 6863 | 6997 | 7132 | 7266 | 5 67,0 |
| 4 | 7400 | 7534 | 7669 | 7803 | 7937 | 8072 | 8206 | 8340 | 8474 | 8609 | 6 80,4 |
| 5 | 8743 | 8877 | 9011 | 9146 | 9280 | 9414 | 9548 | 9682 | 9817 | 9951 | 7 93,8 |
| 6 | 510 0085 | 0219 | 0354 | 0488 | 0622 | 0756 | 0890 | 1024 | 1159 | 1293 | 8 107,2 |
| 7 | 1427 | 1561 | 1695 | 1829 | 1964 | 2098 | 2232 | 2366 | 2500 | 2634 | 9 120,6 |
| 8 | 2768 | 2903 | 3037 | 3171 | 3305 | 3439 | 3573 | 3707 | 3841 | 3975 | |
| 9 | 4109 | 4244 | 4378 | 4512 | 4646 | 4780 | 4914 | 5048 | 5182 | 5316 | 133 |
| 3240 | 5450 | 5584 | 5718 | 5852 | 5986 | 6120 | 6254 | 6388 | 6522 | 6656 | 1 13,3 |
| 1 | 6790 | 6924 | 7058 | 7192 | 7326 | 7460 | 7594 | 7728 | 7862 | 7996 | 2 26,6 |
| 2 | 8130 | 8264 | 8398 | 8532 | 8666 | 8800 | 8934 | 9068 | 9202 | 9336 | 3 39,9 |
| 3 | 9469 | 9603 | 9737 | 9871 | *0005 | *0139 | *0273 | *0407 | *0541 | *0675 | 4 53,2 |
| 4 | 511 0808 | 0942 | 1076 | 1210 | 1344 | 1478 | 1612 | 1745 | 1879 | 2013 | 5 66,5 |
| 5 | 2147 | 2281 | 2415 | 2548 | 2682 | 2816 | 2950 | 3084 | 3218 | 3351 | 6 79,8 |
| 6 | 3485 | 3619 | 3753 | 3887 | 4020 | 4154 | 4288 | 4422 | 4555 | 4689 | 7 93,1 |
| 7 | 4823 | 4957 | 5090 | 5224 | 5358 | 5492 | 5625 | 5759 | 5893 | 6026 | 8 106,4 |
| 8 | 6160 | 6294 | 6428 | 6561 | 6695 | 6829 | 6962 | 7096 | 7230 | 7363 | 9 119,7 |
| 9 | 7497 | 7631 | 7764 | 7898 | 8032 | 8165 | 8299 | 8433 | 8566 | 8700 | |
| N. | 0 | 1 | 2 | 3 | 4 | 5 | 6 | 7 | 8 | 9 | |

| | | | |
|---|---|---|---|
| 32 000″ = 8° 53′ 20″ | 3200″ = 53′ 20″ | S = $\bar{6}$,685 5574 | T. 6097 |
| 32 100 = 8 55 0 | 3210 = 53 30 | 5573 | 6099 |
| 32 200 = 8 56 40 | 3220 = 53 40 | 5572 | 6101 |
| 32 300 = 8 58 20 | 3230 = 53 50 | 5571 | 6104 |
| 32 400 = 9 0 0 | 3240 = 54 0 | 5570 | 6106 |

| N. | 0 | 1 | 2 | 3 | 4 | 5 | 6 | 7 | 8 | 9 | Diff. et p. p. |
|---|---|---|---|---|---|---|---|---|---|---|---|
| 3250 | 511 8834 | 8967 | 9101 | 9234 | 9368 | 9502 | 9635 | 9769 | 9903 | *0036 | |
| 1 | 512 0170 | 0303 | 0437 | 0570 | 0704 | 0838 | 0971 | 1105 | 1238 | 1372 | |
| 2 | 1505 | 1639 | 1772 | 1906 | 2040 | 2173 | 2307 | 2440 | 2574 | 2707 | |
| 3 | 2841 | 2974 | 3108 | 3241 | 3375 | 3508 | 3642 | 3775 | 3909 | 4042 | 134 |
| 4 | 4175 | 4309 | 4442 | 4576 | 4709 | 4843 | 4976 | 5110 | 5243 | 5377 | 1 \| 13,4 |
| 5 | 5510 | 5643 | 5777 | 5910 | 6044 | 6177 | 6310 | 6444 | 6577 | 6711 | 2 \| 26,8 |
| 6 | 6844 | 6977 | 7111 | 7244 | 7377 | 7511 | 7644 | 7778 | 7911 | 8044 | 3 \| 40,2 |
| 7 | 8178 | 8311 | 8444 | 8578 | 8711 | 8844 | 8978 | 9111 | 9244 | 9377 | 4 \| 53,6 |
| 8 | 9511 | 9644 | 9777 | 9911 | *0044 | *0177 | *0311 | *0444 | *0577 | *0710 | 5 \| 67,0 |
| 9 | 513 0844 | 0977 | 1110 | 1243 | 1377 | 1510 | 1643 | 1776 | 1910 | 2043 | 6 \| 80,4<br>7 \| 93,8 |
| 3260 | 2176 | 2309 | 2442 | 2576 | 2709 | 2842 | 2975 | 3108 | 3242 | 3375 | 8 \| 107,2 |
| 1 | 3508 | 3641 | 3774 | 3908 | 4041 | 4174 | 4307 | 4440 | 4573 | 4706 | 9 \| 120,6 |
| 2 | 4840 | 4973 | 5106 | 5239 | 5372 | 5505 | 5638 | 5771 | 5905 | 6038 | |
| 3 | 6171 | 6304 | 6437 | 6570 | 6703 | 6836 | 6969 | 7102 | 7235 | 7368 | |
| 4 | 7502 | 7635 | 7768 | 7901 | 8034 | 8167 | 8300 | 8433 | 8566 | 8699 | |
| 5 | 8832 | 8965 | 9098 | 9231 | 9364 | 9497 | 9630 | 9763 | 9896 | *0029 | 133 |
| 6 | 514 0162 | 0295 | 0428 | 0561 | 0694 | 0827 | 0960 | 1093 | 1225 | 1358 | 1 \| 13,3 |
| 7 | 1491 | 1624 | 1757 | 1890 | 2023 | 2156 | 2289 | 2422 | 2555 | 2688 | 2 \| 26,6 |
| 8 | 2820 | 2953 | 3086 | 3219 | 3352 | 3485 | 3618 | 3751 | 3883 | 4016 | 3 \| 39,9 |
| 9 | 4149 | 4282 | 4415 | 4548 | 4681 | 4813 | 4946 | 5079 | 5212 | 5345 | 4 \| 53,2<br>5 \| 66,5 |
| 3270 | 5478 | 5610 | 5743 | 5876 | 6009 | 6142 | 6274 | 6407 | 6540 | 6673 | 6 \| 79,8 |
| 1 | 6805 | 6938 | 7071 | 7204 | 7336 | 7469 | 7602 | 7735 | 7867 | 8000 | 7 \| 93,1 |
| 2 | 8133 | 8266 | 8398 | 8531 | 8664 | 8797 | 8929 | 9062 | 9195 | 9327 | 8 \| 106,4 |
| 3 | 9460 | 9593 | 9725 | 9858 | 9991 | *0123 | *0256 | *0389 | *0521 | *0654 | 9 \| 119,7 |
| 4 | 515 0787 | 0919 | 1052 | 1185 | 1317 | 1450 | 1583 | 1715 | 1848 | 1980 | |
| 5 | 2113 | 2246 | 2378 | 2511 | 2643 | 2776 | 2909 | 3041 | 3174 | 3306 | |
| 6 | 3439 | 3571 | 3704 | 3837 | 3969 | 4102 | 4234 | 4367 | 4499 | 4632 | |
| 7 | 4764 | 4897 | 5029 | 5162 | 5294 | 5427 | 5560 | 5692 | 5825 | 5957 | 132 |
| 8 | 6089 | 6222 | 6354 | 6487 | 6619 | 6752 | 6884 | 7017 | 7149 | 7282 | 1 \| 13,2 |
| 9 | 7414 | 7547 | 7679 | 7811 | 7944 | 8076 | 8209 | 8341 | 8474 | 8606 | 2 \| 26,4 |
| 3280 | 8738 | 8871 | 9003 | 9136 | 9268 | 9400 | 9533 | 9665 | 9798 | 9930 | 3 \| 39,6 |
| 1 | 516 0062 | 0195 | 0327 | 0459 | 0592 | 0724 | 0856 | 0989 | 1121 | 1253 | 4 \| 52,8 |
| 2 | 1386 | 1518 | 1650 | 1783 | 1915 | 2047 | 2180 | 2312 | 2444 | 2577 | 5 \| 66,0 |
| 3 | 2709 | 2841 | 2973 | 3106 | 3238 | 3370 | 3502 | 3635 | 3767 | 3899 | 6 \| 79,2 |
| 4 | 4031 | 4164 | 4296 | 4428 | 4560 | 4693 | 4825 | 4957 | 5089 | 5222 | 7 \| 92,4<br>8 \| 105,6 |
| 5 | 5354 | 5486 | 5618 | 5750 | 5883 | 6015 | 6147 | 6279 | 6411 | 6543 | 9 \| 118,8 |
| 6 | 6676 | 6808 | 6940 | 7072 | 7204 | 7336 | 7469 | 7601 | 7733 | 7865 | |
| 7 | 7997 | 8129 | 8261 | 8393 | 8526 | 8658 | 8790 | 8922 | 9054 | 9186 | |
| 8 | 9318 | 9450 | 9582 | 9714 | 9846 | 9978 | *0111 | *0243 | *0375 | *0507 | |
| 9 | 517 0639 | 0771 | 0903 | 1035 | 1167 | 1299 | 1431 | 1563 | 1695 | 1827 | 131 |
| 3290 | 1959 | 2091 | 2223 | 2355 | 2487 | 2619 | 2751 | 2883 | 3015 | 3147 | 1 \| 13,1 |
| 1 | 3279 | 3411 | 3543 | 3675 | 3807 | 3939 | 4071 | 4202 | 4334 | 4466 | 2 \| 26,2 |
| 2 | 4598 | 4730 | 4862 | 4994 | 5126 | 5258 | 5390 | 5522 | 5654 | 5785 | 3 \| 39,3 |
| 3 | 5917 | 6049 | 6181 | 6313 | 6445 | 6577 | 6709 | 6840 | 6972 | 7104 | 4 \| 52,4 |
| 4 | 7236 | 7368 | 7500 | 7631 | 7763 | 7895 | 8027 | 8159 | 8291 | 8422 | 5 \| 65,5<br>6 \| 78,6 |
| 5 | 8554 | 8686 | 8818 | 8950 | 9081 | 9213 | 9345 | 9477 | 9608 | 9740 | 7 \| 91,7 |
| 6 | 9872 | *0004 | *0136 | *0267 | *0399 | *0531 | *0663 | *0794 | *0926 | *1058 | 8 \| 104,8 |
| 7 | 518 1189 | 1321 | 1453 | 1585 | 1716 | 1848 | 1980 | 2111 | 2243 | 2375 | 9 \| 117,9 |
| 8 | 2507 | 2638 | 2770 | 2902 | 3033 | 3165 | 3297 | 3428 | 3560 | 3692 | |
| 9 | 3823 | 3955 | 4086 | 4218 | 4350 | 4481 | 4613 | 4745 | 4876 | 5008 | |
| N. | 0 | 1 | 2 | 3 | 4 | 5 | 6 | 7 | 8 | 9 | |

32 500″ = 9° 1′ 40″ 3250″ = 54′ 10″ S = $\bar{6}$,685 5569 T. 6108
32 600 = 9 3 20 3260 = 54 20 5568 6110
32 700 = 9 5 0 3270 = 54 30 5567 6113
32 800 = 9 6 40 3280 = 54 40 5566 6115
32 900 = 9 8 20 3290 = 54 50 5565 6117

| N. | 0 | 1 | 2 | 3 | 4 | 5 | 6 | 7 | 8 | 9 |
|---|---|---|---|---|---|---|---|---|---|---|
| 3300 | 518 5139 | 5271 | 5403 | 5534 | 5666 | 5797 | 5929 | 6061 | 6192 | 6324 |
| 1 | 6455 | 6587 | 6718 | 6850 | 6981 | 7113 | 7245 | 7376 | 7508 | 7639 |
| 2 | 7771 | 7902 | 8034 | 8165 | 8297 | 8428 | 8560 | 8691 | 8823 | 8954 |
| 3 | 9086 | 9217 | 9349 | 9480 | 9612 | 9743 | 9875 | *0006 | *0137 | *0269 |
| 4 | 519 0400 | 0532 | 0663 | 0795 | 0926 | 1058 | 1189 | 1320 | 1452 | 1583 |
| 5 | 1715 | 1846 | 1977 | 2109 | 2240 | 2372 | 2503 | 2634 | 2766 | 2897 |
| 6 | 3028 | 3160 | 3291 | 3423 | 3554 | 3685 | 3817 | 3948 | 4079 | 4211 |
| 7 | 4342 | 4473 | 4605 | 4736 | 4867 | 4999 | 5130 | 5261 | 5392 | 5524 |
| 8 | 5655 | 5786 | 5918 | 6049 | 6180 | 6311 | 6443 | 6574 | 6705 | 6836 |
| 9 | 6968 | 7099 | 7230 | 7361 | 7493 | 7624 | 7755 | 7886 | 8018 | 8149 |
| 3310 | 8280 | 8411 | 8542 | 8674 | 8805 | 8936 | 9067 | 9198 | 9329 | 9461 |
| 1 | 9592 | 9723 | 9854 | 9985 | *0116 | *0248 | *0379 | *0510 | *0641 | *0772 |
| 2 | 520 0903 | 1034 | 1166 | 1297 | 1428 | 1559 | 1690 | 1821 | 1952 | 2083 |
| 3 | 2214 | 2345 | 2477 | 2608 | 2739 | 2870 | 3001 | 3132 | 3263 | 3394 |
| 4 | 3525 | 3656 | 3787 | 3918 | 4049 | 4180 | 4311 | 4442 | 4573 | 4704 |
| 5 | 4835 | 4966 | 5097 | 5228 | 5359 | 5490 | 5621 | 5752 | 5883 | 6014 |
| 6 | 6145 | 6276 | 6407 | 6538 | 6669 | 6800 | 6931 | 7062 | 7193 | 7324 |
| 7 | 7455 | 7586 | 7717 | 7847 | 7978 | 8109 | 8240 | 8371 | 8502 | 8633 |
| 8 | 8764 | 8895 | 9026 | 9156 | 9287 | 9418 | 9549 | 9680 | 9811 | 9942 |
| 9 | 521 0073 | 0203 | 0334 | 0465 | 0596 | 0727 | 0858 | 0988 | 1119 | 1250 |
| 3320 | 1381 | 1512 | 1642 | 1773 | 1904 | 2035 | 2166 | 2296 | 2427 | 2558 |
| 1 | 2689 | 2820 | 2950 | 3081 | 3212 | 3343 | 3473 | 3604 | 3735 | 3866 |
| 2 | 3996 | 4127 | 4258 | 4388 | 4519 | 4650 | 4781 | 4911 | 5042 | 5173 |
| 3 | 5303 | 5434 | 5565 | 5695 | 5826 | 5957 | 6088 | 6218 | 6349 | 6479 |
| 4 | 6610 | 6741 | 6871 | 7002 | 7133 | 7263 | 7394 | 7525 | 7655 | 7786 |
| 5 | 7916 | 8047 | 8178 | 8308 | 8439 | 8570 | 8700 | 8831 | 8961 | 9092 |
| 6 | 9222 | 9353 | 9484 | 9614 | 9745 | 9875 | *0006 | *0136 | *0267 | *0397 |
| 7 | 522 0528 | 0659 | 0789 | 0920 | 1050 | 1181 | 1311 | 1442 | 1572 | 1703 |
| 8 | 1833 | 1964 | 2094 | 2225 | 2355 | 2486 | 2616 | 2747 | 2877 | 3007 |
| 9 | 3138 | 3268 | 3399 | 3529 | 3660 | 3790 | 3921 | 4051 | 4181 | 4312 |
| 3330 | 4442 | 4573 | 4703 | 4834 | 4964 | 5094 | 5225 | 5355 | 5486 | 5616 |
| 1 | 5746 | 5877 | 6007 | 6137 | 6268 | 6398 | 6529 | 6659 | 6789 | 6920 |
| 2 | 7050 | 7180 | 7311 | 7441 | 7571 | 7702 | 7832 | 7962 | 8093 | 8223 |
| 3 | 8353 | 8483 | 8614 | 8744 | 8874 | 9005 | 9135 | 9265 | 9395 | 9526 |
| 4 | 9656 | 9786 | 9916 | *0047 | *0177 | *0307 | *0437 | *0568 | *0698 | *0828 |
| 5 | 523 0958 | 1089 | 1219 | 1349 | 1479 | 1609 | 1740 | 1870 | 2000 | 2130 |
| 6 | 2260 | 2391 | 2521 | 2651 | 2781 | 2911 | 3041 | 3172 | 3302 | 3432 |
| 7 | 3562 | 3692 | 3822 | 3952 | 4083 | 4213 | 4343 | 4473 | 4603 | 4733 |
| 8 | 4863 | 4993 | 5124 | 5254 | 5384 | 5514 | 5644 | 5774 | 5904 | 6034 |
| 9 | 6164 | 6294 | 6424 | 6554 | 6684 | 6814 | 6945 | 7075 | 7205 | 7335 |
| 3340 | 7465 | 7595 | 7725 | 7855 | 7985 | 8115 | 8245 | 8375 | 8505 | 8635 |
| 1 | 8765 | 8895 | 9025 | 9155 | 9285 | 9415 | 9545 | 9675 | 9805 | 9935 |
| 2 | 524 0064 | 0194 | 0324 | 0454 | 0584 | 0714 | 0844 | 0974 | 1104 | 1234 |
| 3 | 1364 | 1494 | 1624 | 1753 | 1883 | 2013 | 2143 | 2273 | 2403 | 2533 |
| 4 | 2663 | 2793 | 2922 | 3052 | 3182 | 3312 | 3442 | 3572 | 3702 | 3831 |
| 5 | 3961 | 4091 | 4221 | 4351 | 4481 | 4610 | 4740 | 4870 | 5000 | 5130 |
| 6 | 5259 | 5389 | 5519 | 5649 | 5779 | 5908 | 6038 | 6168 | 6298 | 6427 |
| 7 | 6557 | 6687 | 6817 | 6946 | 7076 | 7206 | 7336 | 7465 | 7595 | 7725 |
| 8 | 7854 | 7984 | 8114 | 8244 | 8373 | 8503 | 8633 | 8762 | 8892 | 9022 |
| 9 | 9151 | 9281 | 9411 | 9540 | 9670 | 9800 | 9929 | *0059 | *0189 | *0318 |
| N. | 0 | 1 | 2 | 3 | 4 | 5 | 6 | 7 | 8 | 9 |

Diff. et p. p.

| | 132 | 131 | 130 | 129 |
|---|---|---|---|---|
| 1 | 13,2 | 13,1 | 13 | 12,9 |
| 2 | 26,4 | 26,2 | 26 | 25,8 |
| 3 | 39,6 | 39,3 | 39 | 38,7 |
| 4 | 52,8 | 52,4 | 52 | 51,6 |
| 5 | 66,0 | 65,5 | 65 | 64,5 |
| 6 | 79,2 | 78,6 | 78 | 77,4 |
| 7 | 92,4 | 91,7 | 91 | 90,3 |
| 8 | 105,6 | 104,8 | 104 | 103,2 |
| 9 | 118,8 | 117,9 | 117 | 116,1 |

| | | | |
|---|---|---|---|
| 33 000″ = 9° 10′ 0″ | 3300″ = 55′ 0″ | S = $\overline{6}$,685 5563 | T. 6119 |
| 33 100 = 9 11 40 | 3310 = 55 10 | 5562 | 6121 |
| 33 200 = 9 13 20 | 3320 = 55 20 | 5561 | 6124 |
| 33 300 = 9 15 0 | 3330 = 55 30 | 5560 | 6126 |
| 33 400 = 9 16 40 | 3340 = 55 40 | 5559 | 6128 |

| N. | 0 | 1 | 2 | 3 | 4 | 5 | 6 | 7 | 8 | 9 | Diff. et p. p. |
|---|---|---|---|---|---|---|---|---|---|---|---|
| 3350 | 525 0448 | 0578 | 0707 | 0837 | 0967 | 1096 | 1226 | 1355 | 1485 | 1615 | |
| 1 | 1744 | 1874 | 2003 | 2133 | 2263 | 2392 | 2522 | 2651 | 2781 | 2911 | |
| 2 | 3040 | 3170 | 3299 | 3429 | 3558 | 3688 | 3817 | 3947 | 4076 | 4206 | |
| 3 | 4336 | 4465 | 4595 | 4724 | 4854 | 4983 | 5113 | 5242 | 5372 | 5501 | 130 |
| 4 | 5631 | 5760 | 5890 | 6019 | 6148 | 6278 | 6407 | 6537 | 6666 | 6796 | 1 \| 13 |
| 5 | 6925 | 7055 | 7184 | 7314 | 7443 | 7572 | 7702 | 7831 | 7961 | 8090 | 2 \| 26 |
| 6 | 8220 | 8349 | 8478 | 8608 | 8737 | 8867 | 8996 | 9125 | 9255 | 9384 | 3 \| 39 |
| 7 | 9513 | 9643 | 9772 | 9902 | *0031 | *0160 | *0290 | *0419 | *0548 | *0678 | 4 \| 52 |
| 8 | 526 0807 | 0936 | 1066 | 1195 | 1324 | 1454 | 1583 | 1712 | 1841 | 1971 | 5 \| 65 |
| 9 | 2100 | 2229 | 2359 | 2488 | 2617 | 2746 | 2876 | 3005 | 3134 | 3264 | 6 \| 78<br>7 \| 91 |
| 3360 | 3393 | 3522 | 3651 | 3781 | 3910 | 4039 | 4168 | 4297 | 4427 | 4556 | 8 \| 104 |
| 1 | 4685 | 4814 | 4944 | 5073 | 5202 | 5331 | 5460 | 5590 | 5719 | 5848 | 9 \| 117 |
| 2 | 5977 | 6106 | 6235 | 6365 | 6494 | 6623 | 6752 | 6881 | 7010 | 7140 | |
| 3 | 7269 | 7398 | 7527 | 7656 | 7785 | 7914 | 8043 | 8173 | 8302 | 8431 | |
| 4 | 8560 | 8689 | 8818 | 8947 | 9076 | 9205 | 9334 | 9463 | 9593 | 9722 | |
| 5 | 9851 | 9980 | *0109 | *0238 | *0367 | *0496 | *0625 | *0754 | *0883 | *1012 | 129 |
| 6 | 527 1141 | 1270 | 1399 | 1528 | 1657 | 1786 | 1915 | 2044 | 2173 | 2302 | 1 \| 12,9 |
| 7 | 2431 | 2560 | 2689 | 2818 | 2947 | 3076 | 3205 | 3334 | 3463 | 3592 | 2 \| 25,8 |
| 8 | 3721 | 3850 | 3979 | 4108 | 4237 | 4366 | 4494 | 4623 | 4752 | 4881 | 3 \| 38,7 |
| 9 | 5010 | 5139 | 5268 | 5397 | 5526 | 5655 | 5783 | 5912 | 6041 | 6170 | 4 \| 51,6<br>5 \| 64,5 |
| 3370 | 6299 | 6428 | 6557 | 6686 | 6814 | 6943 | 7072 | 7201 | 7330 | 7459 | 6 \| 77,4 |
| 1 | 7588 | 7716 | 7845 | 7974 | 8103 | 8232 | 8360 | 8489 | 8618 | 8747 | 7 \| 90,3 |
| 2 | 8876 | 9004 | 9133 | 9262 | 9391 | 9520 | 9648 | 9777 | 9906 | *0035 | 8 \| 103,2 |
| 3 | 528 0163 | 0292 | 0421 | 0550 | 0678 | 0807 | 0936 | 1065 | 1193 | 1322 | 9 \| 116,1 |
| 4 | 1451 | 1579 | 1708 | 1837 | 1966 | 2094 | 2223 | 2352 | 2480 | 2609 | |
| 5 | 2738 | 2866 | 2995 | 3124 | 3252 | 3381 | 3510 | 3638 | 3767 | 3896 | |
| 6 | 4024 | 4153 | 4282 | 4410 | 4539 | 4668 | 4796 | 4925 | 5053 | 5182 | |
| 7 | 5311 | 5439 | 5568 | 5696 | 5825 | 5954 | 6082 | 6211 | 6339 | 6468 | 128 |
| 8 | 6596 | 6725 | 6854 | 6982 | 7111 | 7239 | 7368 | 7496 | 7625 | 7753 | 1 \| 12,8 |
| 9 | 7882 | 8010 | 8139 | 8267 | 8396 | 8525 | 8653 | 8782 | 8910 | 9039 | 2 \| 25,6<br>3 \| 38,4 |
| 3380 | 9167 | 9295 | 9424 | 9552 | 9681 | 9809 | 9938 | *0066 | *0195 | *0323 | 4 \| 51,2 |
| 1 | 529 0452 | 0580 | 0709 | 0837 | 0965 | 1094 | 1222 | 1351 | 1479 | 1608 | 5 \| 64,0 |
| 2 | 1736 | 1864 | 1993 | 2121 | 2250 | 2378 | 2506 | 2635 | 2763 | 2892 | 6 \| 76,8 |
| 3 | 3020 | 3148 | 3277 | 3405 | 3533 | 3662 | 3790 | 3919 | 4047 | 4175 | 7 \| 89,6 |
| 4 | 4304 | 4432 | 4560 | 4689 | 4817 | 4945 | 5074 | 5202 | 5330 | 5458 | 8 \| 102,4 |
| 5 | 5587 | 5715 | 5843 | 5972 | 6100 | 6228 | 6356 | 6485 | 6613 | 6741 | 9 \| 115,2 |
| 6 | 6870 | 6998 | 7126 | 7254 | 7383 | 7511 | 7639 | 7767 | 7896 | 8024 | |
| 7 | 8152 | 8280 | 8408 | 8537 | 8665 | 8793 | 8921 | 9049 | 9178 | 9306 | |
| 8 | 9434 | 9562 | 9690 | 9819 | 9947 | *0075 | *0203 | *0331 | *0459 | *0588 | |
| 9 | 530 0716 | 0844 | 0972 | 1100 | 1228 | 1356 | 1485 | 1613 | 1741 | 1869 | 127 |
| 3390 | 1997 | 2125 | 2253 | 2381 | 2509 | 2637 | 2766 | 2894 | 3022 | 3150 | 1 \| 12,7 |
| 1 | 3278 | 3406 | 3534 | 3662 | 3790 | 3918 | 4046 | 4174 | 4302 | 4430 | 2 \| 25,4 |
| 2 | 4558 | 4686 | 4814 | 4943 | 5071 | 5199 | 5327 | 5455 | 5583 | 5711 | 3 \| 38,1 |
| 3 | 5839 | 5967 | 6095 | 6223 | 6351 | 6479 | 6607 | 6734 | 6862 | 6990 | 4 \| 50,8 |
| 4 | 7118 | 7246 | 7374 | 7502 | 7630 | 7758 | 7886 | 8014 | 8142 | 8270 | 5 \| 63,5<br>6 \| 76,2 |
| 5 | 8398 | 8526 | 8654 | 8782 | 8909 | 9037 | 9165 | 9293 | 9421 | 9549 | 7 \| 88,9 |
| 6 | 9677 | 9805 | 9933 | *0060 | *0188 | *0316 | *0444 | *0572 | *0700 | *0828 | 8 \| 101,6 |
| 7 | 531 0955 | 1083 | 1211 | 1339 | 1467 | 1595 | 1722 | 1850 | 1978 | 2100 | 9 \| 114,3 |
| 8 | 2234 | 2362 | 2489 | 2617 | 2745 | 2873 | 3001 | 3128 | 3256 | 3384 | |
| 9 | 3512 | 3639 | 3767 | 3895 | 4023 | 4150 | 4278 | 4406 | 4534 | 4661 | |
| N. | 0 | 1 | 2 | 3 | 4 | 5 | 6 | 7 | 8 | 9 | |

33 500″ = 9° 18′ 20″ 3350″ = 55′ 50″ S = $\bar{6}$, 685 5558 T. 6131
33 600 = 9 20 0 3360 = 56 0 5557 6133
33 700 = 9 21 40 3370 = 56 10 5555 6135
33 800 = 9 23 20 3380 = 56 20 5554 6137
33 900 = 9 25 0 3390 = 56 30 5553 6140

| N. | 0 | 1 | 2 | 3 | 4 | 5 | 6 | 7 | 8 | 9 | Diff. et p. p. |
|---|---|---|---|---|---|---|---|---|---|---|---|
| 3400 | 531 4789 | 4917 | 5045 | 5172 | 5300 | 5428 | 5556 | 5683 | 5811 | 5939 | |
| 1 | 6066 | 6194 | 6322 | 6449 | 6577 | 6705 | 6832 | 6960 | 7088 | 7215 | |
| 2 | 7343 | 7471 | 7598 | 7726 | 7854 | 7981 | 8109 | 8237 | 8364 | 8492 | |
| 3 | 8619 | 8747 | 8875 | 9002 | 9130 | 9258 | 9385 | 9513 | 9640 | 9768 | 128 |
| 4 | 9896 | *0023 | *0151 | *0278 | *0406 | *0533 | *0661 | *0789 | *0916 | *1044 | 1 12,8 |
| 5 | 532 1171 | 1299 | 1426 | 1554 | 1681 | 1809 | 1936 | 2064 | 2191 | 2319 | 2 25,6 |
| 6 | 2446 | 2574 | 2701 | 2829 | 2956 | 3084 | 3211 | 3339 | 3466 | 3594 | 3 38,4 |
| 7 | 3721 | 3849 | 3976 | 4104 | 4231 | 4359 | 4486 | 4614 | 4741 | 4868 | 4 51,2 |
| 8 | 4996 | 5123 | 5251 | 5378 | 5506 | 5633 | 5760 | 5888 | 6015 | 6143 | 5 64,0 |
| 9 | 6270 | 6397 | 6525 | 6652 | 6780 | 6907 | 7034 | 7162 | 7289 | 7416 | 6 76,8 |
| 3410 | 7544 | 7671 | 7799 | 7926 | 8053 | 8181 | 8308 | 8435 | 8563 | 8690 | 7 89,6<br>8 102,4 |
| 1 | 8817 | 8945 | 9072 | 9199 | 9326 | 9454 | 9581 | 9708 | 9836 | 9963 | 9 115,2 |
| 2 | 533 0090 | 0218 | 0345 | 0472 | 0599 | 0727 | 0854 | 0981 | 1108 | 1236 | |
| 3 | 1363 | 1490 | 1617 | 1745 | 1872 | 1999 | 2126 | 2254 | 2381 | 2508 | |
| 4 | 2635 | 2762 | 2890 | 3017 | 3144 | 3271 | 3398 | 3526 | 3653 | 3780 | |
| 5 | 3907 | 4034 | 4161 | 4289 | 4416 | 4543 | 4670 | 4797 | 4924 | 5051 | 127 |
| 6 | 5179 | 5306 | 5433 | 5560 | 5687 | 5814 | 5941 | 6068 | 6196 | 6323 | 1 12,7 |
| 7 | 6450 | 6577 | 6704 | 6831 | 6958 | 7085 | 7212 | 7339 | 7466 | 7594 | 2 25,4 |
| 8 | 7721 | 7848 | 7975 | 8102 | 8229 | 8356 | 8483 | 8610 | 8737 | 8864 | 3 38,1 |
| 9 | 8991 | 9118 | 9245 | 9372 | 9499 | 9626 | 9753 | 9880 | *0007 | *0134 | 4 50,8 |
| 3420 | 534 0261 | 0388 | 0515 | 0642 | 0769 | 0896 | 1023 | 1150 | 1277 | 1404 | 5 63,5 |
| 1 | 1531 | 1658 | 1785 | 1912 | 2039 | 2165 | 2292 | 2419 | 2546 | 2673 | 6 76,2 |
| 2 | 2800 | 2927 | 3054 | 3181 | 3308 | 3435 | 3561 | 3688 | 3815 | 3942 | 7 88,9 |
| 3 | 4069 | 4196 | 4323 | 4450 | 4576 | 4703 | 4830 | 4957 | 5084 | 5211 | 8 101,6 |
| 4 | 5338 | 5464 | 5591 | 5718 | 5845 | 5972 | 6099 | 6225 | 6352 | 6479 | 9 114,3 |
| 5 | 6606 | 6733 | 6859 | 6986 | 7113 | 7240 | 7366 | 7493 | 7620 | 7747 | |
| 6 | 7874 | 8000 | 8127 | 8254 | 8381 | 8507 | 8634 | 8761 | 8888 | 9014 | |
| 7 | 9141 | 9268 | 9394 | 9521 | 9648 | 9775 | 9901 | *0028 | *0155 | *0281 | 126 |
| 8 | 535 0408 | 0535 | 0662 | 0788 | 0915 | 1042 | 1168 | 1295 | 1422 | 1548 | 1 12,6 |
| 9 | 1675 | 1802 | 1928 | 2055 | 2181 | 2308 | 2435 | 2561 | 2688 | 2815 | 2 25,2 |
| 3430 | 2941 | 3068 | 3194 | 3321 | 3448 | 3574 | 3701 | 3827 | 3954 | 4081 | 3 37,8 |
| 1 | 4207 | 4334 | 4460 | 4587 | 4713 | 4840 | 4967 | 5093 | 5220 | 5346 | 4 50,4 |
| 2 | 5473 | 5599 | 5726 | 5852 | 5979 | 6105 | 6232 | 6359 | 6485 | 6612 | 5 63,0 |
| 3 | 6738 | 6865 | 6991 | 7118 | 7244 | 7371 | 7497 | 7623 | 7750 | 7876 | 6 75,6 |
| 4 | 8003 | 8129 | 8256 | 8382 | 8509 | 8635 | 8762 | 8888 | 9015 | 9141 | 7 88,2<br>8 100,8 |
| 5 | 9267 | 9394 | 9520 | 9647 | 9773 | 9900 | *0026 | *0152 | *0279 | *0405 | 9 113,4 |
| 6 | 536 0532 | 0658 | 0784 | 0911 | 1037 | 1163 | 1290 | 1416 | 1543 | 1669 | |
| 7 | 1795 | 1922 | 2048 | 2174 | 2301 | 2427 | 2553 | 2680 | 2806 | 2932 | |
| 8 | 3059 | 3185 | 3311 | 3438 | 3564 | 3690 | 3817 | 3943 | 4069 | 4195 | |
| 9 | 4322 | 4448 | 4574 | 4701 | 4827 | 4953 | 5079 | 5206 | 5332 | 5458 | 125 |
| 3440 | 5584 | 5711 | 5837 | 5963 | 6089 | 6216 | 6342 | 6468 | 6594 | 6721 | 1 12,5 |
| 1 | 6847 | 6973 | 7099 | 7225 | 7352 | 7478 | 7604 | 7730 | 7856 | 7982 | 2 25,0 |
| 2 | 8109 | 8235 | 8361 | 8487 | 8613 | 8739 | 8866 | 8992 | 9118 | 9244 | 3 37,5 |
| 3 | 9370 | 9496 | 9622 | 9749 | 9875 | *0001 | *0127 | *0253 | *0379 | *0505 | 4 50,0 |
| 4 | 537 0631 | 0758 | 0884 | 1010 | 1136 | 1262 | 1388 | 1514 | 1640 | 1766 | 5 62,5 |
| 5 | 1892 | 2018 | 2144 | 2270 | 2396 | 2523 | 2649 | 2775 | 2901 | 3027 | 6 75,0 |
| 6 | 3153 | 3279 | 3405 | 3531 | 3657 | 3783 | 3909 | 4035 | 4161 | 4287 | 7 87,5 |
| 7 | 4413 | 4539 | 4665 | 4791 | 4917 | 5043 | 5169 | 5295 | 5421 | 5547 | 8 100,0 |
| 8 | 5673 | 5799 | 5924 | 6050 | 6176 | 6302 | 6428 | 6554 | 6680 | 6806 | 9 112,5 |
| 9 | 6932 | 7058 | 7184 | 7310 | 7436 | 7561 | 7687 | 7813 | 7939 | 8065 | |
| N. | 0 | 1 | 2 | 3 | 4 | 5 | 6 | 7 | 8 | 9 | |

| | | | |
|---|---|---|---|
| 34 000″ = 9° 26′ 40″ | 3400″ = 56′ 40″ | S = $\bar{6}$,685 5552 | T. 6142 |
| 34 100 = 9 28 20 | 3410 = 56 50 | 5551 | 6144 |
| 34 200 = 9 30 0 | 3420 = 57 0 | 5550 | 6147 |
| 34 300 = 9 31 40 | 3430 = 57 10 | 5549 | 6149 |
| 34 400 = 9 33 20 | 3440 = 57 20 | 5547 | 6151 |

| N. | 0 | 1 | 2 | 3 | 4 | 5 | 6 | 7 | 8 | 9 | Diff. et p. p. |
|---|---|---|---|---|---|---|---|---|---|---|---|
| 3450 | 537 8191 | 8317 | 8443 | 8569 | 8694 | 8820 | 8946 | 9072 | 9198 | 9324 | |
| 1 | 9450 | 9575 | 9701 | 9827 | 9953 | *0079 | *0205 | *0330 | *0456 | *0582 | |
| 2 | 538 0708 | 0834 | 0959 | 1085 | 1211 | 1337 | 1463 | 1588 | 1714 | 1840 | |
| 3 | 1966 | 2092 | 2217 | 2343 | 2469 | 2595 | 2720 | 2846 | 2972 | 3098 | |
| 4 | 3223 | 3349 | 3475 | 3601 | 3726 | 3852 | 3978 | 4103 | 4229 | 4355 | |
| 5 | 4481 | 4606 | 4732 | 4858 | 4983 | 5109 | 5235 | 5360 | 5486 | 5612 | |
| 6 | 5737 | 5863 | 5989 | 6114 | 6240 | 6366 | 6491 | 6617 | 6743 | 6868 | |
| 7 | 6994 | 7119 | 7245 | 7371 | 7496 | 7622 | 7747 | 7873 | 7999 | 8124 | 126 |
| 8 | 8250 | 8375 | 8501 | 8627 | 8752 | 8878 | 9003 | 9129 | 9255 | 9380 | 1 12,6 |
| 9 | 9506 | 9631 | 9757 | 9882 | *0008 | *0133 | *0259 | *0384 | *0510 | *0635 | 2 25,2 |
| 3460 | 539 0761 | 0887 | 1012 | 1138 | 1263 | 1389 | 1514 | 1640 | 1765 | 1891 | 3 37,8 |
| 1 | 2016 | 2141 | 2267 | 2392 | 2518 | 2643 | 2769 | 2894 | 3020 | 3145 | 4 50,4 |
| 2 | 3271 | 3396 | 3522 | 3647 | 3772 | 3898 | 4023 | 4149 | 4274 | 4400 | 5 63,0 |
| 3 | 4525 | 4650 | 4776 | 4901 | 5027 | 5152 | 5277 | 5403 | 5528 | 5653 | 6 75,6 |
| 4 | 5779 | 5904 | 6030 | 6155 | 6280 | 6406 | 6531 | 6656 | 6782 | 6907 | 7 88,2 |
| 5 | 7032 | 7158 | 7283 | 7408 | 7534 | 7659 | 7784 | 7910 | 8035 | 8160 | 8 100,8 |
| 6 | 8286 | 8411 | 8536 | 8661 | 8787 | 8912 | 9037 | 9163 | 9288 | 9413 | 9 113,4 |
| 7 | 9538 | 9664 | 9789 | 9914 | *0039 | *0165 | *0290 | *0415 | *0540 | *0666 | |
| 8 | 540 0791 | 0916 | 1041 | 1167 | 1292 | 1417 | 1542 | 1667 | 1793 | 1918 | |
| 9 | 2043 | 2168 | 2293 | 2419 | 2544 | 2669 | 2794 | 2919 | 3044 | 3170 | |
| 3470 | 3295 | 3420 | 3545 | 3670 | 3795 | 3920 | 4046 | 4171 | 4296 | 4421 | 125 |
| 1 | 4546 | 4671 | 4796 | 4921 | 5047 | 5172 | 5297 | 5422 | 5547 | 5672 | 1 12,5 |
| 2 | 5797 | 5922 | 6047 | 6172 | 6297 | 6423 | 6548 | 6673 | 6798 | 6923 | 2 25,0 |
| 3 | 7048 | 7173 | 7298 | 7423 | 7548 | 7673 | 7798 | 7923 | 8048 | 8173 | 3 37,5 |
| 4 | 8298 | 8423 | 8548 | 8673 | 8798 | 8923 | 9048 | 9173 | 9298 | 9423 | 4 50,0 |
| 5 | 9548 | 9673 | 9798 | 9923 | *0048 | *0173 | *0298 | *0423 | *0548 | *0673 | 5 62,5 |
| 6 | 541 0798 | 0923 | 1048 | 1172 | 1297 | 1422 | 1547 | 1672 | 1797 | 1922 | 6 75,0 |
| 7 | 2047 | 2172 | 2297 | 2422 | 2546 | 2671 | 2796 | 2921 | 3046 | 3171 | 7 87,5 |
| 8 | 3296 | 3421 | 3546 | 3670 | 3795 | 3920 | 4045 | 4170 | 4295 | 4419 | 8 100,0 |
| 9 | 4544 | 4669 | 4794 | 4919 | 5044 | 5168 | 5293 | 5418 | 5543 | 5668 | 9 112,5 |
| 3480 | 5792 | 5917 | 6042 | 6167 | 6292 | 6416 | 6541 | 6666 | 6791 | 6915 | |
| 1 | 7040 | 7165 | 7290 | 7415 | 7539 | 7664 | 7789 | 7913 | 8038 | 8163 | |
| 2 | 8288 | 8412 | 8537 | 8662 | 8787 | 8911 | 9036 | 9161 | 9285 | 9410 | |
| 3 | 9535 | 9659 | 9784 | 9909 | *0033 | *0158 | *0283 | *0407 | *0532 | *0657 | |
| 4 | 542 0781 | 0906 | 1031 | 1155 | 1280 | 1405 | 1529 | 1654 | 1779 | 1903 | |
| 5 | 2028 | 2152 | 2277 | 2402 | 2526 | 2651 | 2775 | 2900 | 3025 | 3149 | 124 |
| 6 | 3274 | 3398 | 3523 | 3648 | 3772 | 3897 | 4021 | 4146 | 4270 | 4395 | 1 12,4 |
| 7 | 4519 | 4644 | 4769 | 4893 | 5018 | 5142 | 5267 | 5391 | 5516 | 5640 | 2 24,8 |
| 8 | 5765 | 5889 | 6014 | 6138 | 6263 | 6387 | 6512 | 6636 | 6761 | 6885 | 3 37,2 |
| 9 | 7010 | 7134 | 7259 | 7383 | 7508 | 7632 | 7756 | 7881 | 8005 | 8130 | 4 49,6 |
| 3490 | 8254 | 8379 | 8503 | 8628 | 8752 | 8876 | 9001 | 9125 | 9250 | 9374 | 5 62,0 |
| 1 | 9498 | 9623 | 9747 | 9872 | 9996 | *0120 | *0245 | *0369 | *0494 | *0618 | 6 74,4 |
| 2 | 543 0742 | 0867 | 0991 | 1115 | 1240 | 1364 | 1488 | 1613 | 1737 | 1862 | 7 86,8 |
| 3 | 1986 | 2110 | 2235 | 2359 | 2483 | 2607 | 2732 | 2856 | 2980 | 3105 | 8 99,2 |
| 4 | 3229 | 3353 | 3478 | 3602 | 3726 | 3850 | 3975 | 4099 | 4223 | 4348 | 9 111,6 |
| 5 | 4470 | 4596 | 4720 | 4845 | 4969 | 5093 | 5217 | 5342 | 5466 | 5590 | |
| 6 | 5714 | 5838 | 5963 | 6087 | 6211 | 6335 | 6460 | 6584 | 6708 | 6832 | |
| 7 | 6956 | 7081 | 7205 | 7329 | 7453 | 7577 | 7701 | 7826 | 7950 | 8074 | |
| 8 | 8198 | 8322 | 8446 | 8571 | 8695 | 8819 | 8943 | 9067 | 9191 | 9315 | |
| 9 | 9439 | 9564 | 9688 | 9812 | 9936 | *0060 | *0184 | *0308 | *0432 | *0556 | |
| N. | 0 | 1 | 2 | 3 | 4 | 5 | 6 | 7 | 8 | 9 | |

| | | | |
|---|---|---|---|
| 34 500″ = 9° 35′ 0″ | 3450″ = 57′ 30″ | S = $\overline{6}$,685 5546 | T. 6154 |
| 34 600 = 9 36 40 | 3460 = 57 40 | 5545 | 6156 |
| 34 700 = 9 38 20 | 3470 = 57 50 | 5544 | 6158 |
| 34 800 = 9 40 0 | 3480 = 58 0 | 5543 | 6161 |
| 34 900 = 9 41 40 | 3490 = 58 10 | 5541 | 6163 |

| N. | 0 | 1 | 2 | 3 | 4 | 5 | 6 | 7 | 8 | 9 |
|---|---|---|---|---|---|---|---|---|---|---|
| 3500 | 544 0680 | 0805 | 0929 | 1053 | 1177 | 1301 | 1425 | 1549 | 1673 | 1797 |
| 1 | 1921 | 2045 | 2169 | 2293 | 2417 | 2541 | 2665 | 2789 | 2913 | 3037 |
| 2 | 3161 | 3285 | 3409 | 3533 | 3657 | 3781 | 3906 | 4029 | 4153 | 4277 |
| 3 | 4401 | 4525 | 4649 | 4773 | 4897 | 5021 | 5145 | 5269 | 5393 | 5517 |
| 4 | 5641 | 5765 | 5889 | 6013 | 6137 | 6261 | 6385 | 6508 | 6632 | 6756 |
| 5 | 6880 | 7004 | 7128 | 7252 | 7376 | 7500 | 7624 | 7747 | 7871 | 7995 |
| 6 | 8119 | 8243 | 8367 | 8491 | 8615 | 8738 | 8862 | 8986 | 9110 | 9234 |
| 7 | 9358 | 9481 | 9605 | 9729 | 9853 | 9977 | *0101 | *0224 | *0348 | *0472 |
| 8 | 545 0596 | 0720 | 0843 | 0967 | 1091 | 1215 | 1339 | 1462 | 1586 | 1710 |
| 9 | 1834 | 1957 | 2081 | 2205 | 2329 | 2452 | 2576 | 2700 | 2824 | 2947 |
| 3510 | 3071 | 3195 | 3319 | 3442 | 3566 | 3690 | 3813 | 3937 | 4061 | 4185 |
| 1 | 4308 | 4432 | 4556 | 4679 | 4803 | 4927 | 5050 | 5174 | 5298 | 5421 |
| 2 | 5545 | 5669 | 5792 | 5916 | 6040 | 6163 | 6287 | 6411 | 6534 | 6658 |
| 3 | 6781 | 6905 | 7029 | 7152 | 7276 | 7400 | 7523 | 7647 | 7770 | 7894 |
| 4 | 8018 | 8141 | 8265 | 8388 | 8512 | 8635 | 8759 | 8883 | 9006 | 9130 |
| 5 | 9253 | 9377 | 9500 | 9624 | 9747 | 9871 | 9995 | *0118 | *0242 | *0365 |
| 6 | 546 0489 | 0612 | 0736 | 0859 | 0983 | 1106 | 1230 | 1353 | 1477 | 1600 |
| 7 | 1724 | 1847 | 1971 | 2094 | 2218 | 2341 | 2465 | 2588 | 2711 | 2835 |
| 8 | 2958 | 3082 | 3205 | 3329 | 3452 | 3576 | 3699 | 3822 | 3946 | 4069 |
| 9 | 4193 | 4316 | 4439 | 4563 | 4686 | 4810 | 4933 | 5056 | 5180 | 5303 |
| 3520 | 5427 | 5550 | 5673 | 5797 | 5920 | 6043 | 6167 | 6290 | 6414 | 6537 |
| 1 | 6660 | 6784 | 6907 | 7030 | 7154 | 7277 | 7400 | 7524 | 7647 | 7770 |
| 2 | 7894 | 8017 | 8140 | 8263 | 8387 | 8510 | 8633 | 8757 | 8880 | 9003 |
| 3 | 9126 | 9250 | 9373 | 9496 | 9620 | 9743 | 9866 | 9989 | *0113 | *0236 |
| 4 | 547 0359 | 0482 | 0605 | 0729 | 0852 | 0975 | 1098 | 1222 | 1345 | 1468 |
| 5 | 1591 | 1714 | 1838 | 1961 | 2084 | 2207 | 2330 | 2454 | 2577 | 2700 |
| 6 | 2823 | 2946 | 3069 | 3193 | 3316 | 3439 | 3562 | 3685 | 3808 | 3931 |
| 7 | 4055 | 4178 | 4301 | 4424 | 4547 | 4670 | 4793 | 4916 | 5040 | 5163 |
| 8 | 5286 | 5409 | 5532 | 5655 | 5778 | 5901 | 6024 | 6147 | 6270 | 6394 |
| 9 | 6517 | 6640 | 6763 | 6886 | 7009 | 7132 | 7255 | 7378 | 7501 | 7624 |
| 3530 | 7747 | 7870 | 7993 | 8116 | 8239 | 8362 | 8485 | 8608 | 8731 | 8854 |
| 1 | 8977 | 9100 | 9223 | 9346 | 9469 | 9592 | 9715 | 9838 | 9961 | *0084 |
| 2 | 548 0207 | 0330 | 0453 | 0576 | 0699 | 0822 | 0945 | 1068 | 1191 | 1313 |
| 3 | 1436 | 1559 | 1682 | 1805 | 1928 | 2051 | 2174 | 2297 | 2420 | 2543 |
| 4 | 2665 | 2788 | 2911 | 3034 | 3157 | 3280 | 3403 | 3526 | 3648 | 3771 |
| 5 | 3894 | 4017 | 4140 | 4263 | 4386 | 4508 | 4631 | 4754 | 4877 | 5000 |
| 6 | 5123 | 5245 | 5368 | 5491 | 5614 | 5737 | 5859 | 5982 | 6105 | 6228 |
| 7 | 6351 | 6473 | 6596 | 6719 | 6842 | 6964 | 7087 | 7210 | 7333 | 7456 |
| 8 | 7578 | 7701 | 7824 | 7947 | 8069 | 8192 | 8315 | 8437 | 8560 | 8683 |
| 9 | 8806 | 8928 | 9051 | 9174 | 9296 | 9419 | 9542 | 9665 | 9787 | 9910 |
| 3540 | 549 0033 | 0155 | 0278 | 0401 | 0523 | 0646 | 0769 | 0891 | 1014 | 1137 |
| 1 | 1259 | 1382 | 1505 | 1627 | 1750 | 1872 | 1995 | 2118 | 2240 | 2363 |
| 2 | 2486 | 2608 | 2731 | 2853 | 2976 | 3099 | 3221 | 3344 | 3466 | 3589 |
| 3 | 3712 | 3834 | 3957 | 4079 | 4202 | 4324 | 4447 | 4569 | 4692 | 4815 |
| 4 | 4937 | 5060 | 5182 | 5305 | 5427 | 5550 | 5672 | 5795 | 5917 | 6040 |
| 5 | 6162 | 6285 | 6407 | 6530 | 6652 | 6775 | 6897 | 7020 | 7142 | 7265 |
| 6 | 7387 | 7510 | 7632 | 7755 | 7877 | 8000 | 8122 | 8245 | 8367 | 8489 |
| 7 | 8612 | 8734 | 8857 | 8979 | 9102 | 9224 | 9346 | 9469 | 9591 | 9714 |
| 8 | 9836 | 9959 | *0081 | *0203 | *0326 | *0448 | *0570 | *0693 | *0815 | *0938 |
| 9 | 550 1060 | 1182 | 1305 | 1427 | 1549 | 1672 | 1794 | 1917 | 2039 | 2161 |
| N. | 0 | 1 | 2 | 3 | 4 | 5 | 6 | 7 | 8 | 9 |

Diff. et p. p.

| | 125 | 124 | 123 | 122 |
|---|---|---|---|---|
| 1 | 12,5 | 12,4 | 12,3 | 12,2 |
| 2 | 25,0 | 24,8 | 24,6 | 24,4 |
| 3 | 37,5 | 37,2 | 36,9 | 36,6 |
| 4 | 50,0 | 49,6 | 49.2 | 48,8 |
| 5 | 62,5 | 62,0 | 61,5 | 61,0 |
| 6 | 75,0 | 74,4 | 73,8 | 73,2 |
| 7 | 87,5 | 86,8 | 86,1 | 85,4 |
| 8 | 100,0 | 99,2 | 98,4 | 97,6 |
| 9 | 112,5 | 111,6 | 110,7 | 109,8 |

| | | | |
|---|---|---|---|
| 35 000″ = 9° 43′ 20″ | 3500° = 58′ 20″ | S = $\bar{6}$,685 5540 | T. 6166 |
| 35 100 = 9 45 0 | 3510 = 58 30 | 5539 | 6168 |
| 35 200 = 9 46 40 | 3520 = 58 40 | 5538 | 6170 |
| 35 300 = 9 48 20 | 3530 = 58 50 | 5537 | 6173 |
| 35 400 = 9 50 0 | 3540 = 59 0 | 5535 | 6175 |

| N. | 0 | 1 | 2 | 3 | 4 | 5 | 6 | 7 | 8 | 9 |
|---|---|---|---|---|---|---|---|---|---|---|
| 3550 | 550 2284 | 2406 | 2528 | 2651 | 2773 | 2895 | 3017 | 3140 | 3262 | 3384 |
| 1 | 3507 | 3629 | 3751 | 3874 | 3996 | 4118 | 4240 | 4363 | 4485 | 4607 |
| 2 | 4730 | 4852 | 4974 | 5096 | 5219 | 5341 | 5463 | 5585 | 5708 | 5830 |
| 3 | 5952 | 6074 | 6197 | 6319 | 6441 | 6563 | 6685 | 6808 | 6930 | 7052 |
| 4 | 7174 | 7296 | 7419 | 7541 | 7663 | 7785 | 7907 | 8030 | 8152 | 8274 |
| 5 | 8396 | 8518 | 8640 | 8763 | 8885 | 9007 | 9129 | 9251 | 9373 | 9495 |
| 6 | 9618 | 9740 | 9862 | 9984 | *0106 | *0228 | *0350 | *0472 | *0594 | *0717 |
| 7 | 551 0839 | 0961 | 1083 | 1205 | 1327 | 1449 | 1571 | 1693 | 1815 | 1937 |
| 8 | 2059 | 2181 | 2304 | 2426 | 2548 | 2670 | 2792 | 2914 | 3036 | 3158 |
| 9 | 3280 | 3402 | 3524 | 3646 | 3768 | 3890 | 4012 | 4134 | 4256 | 4378 |
| 3560 | 4500 | 4622 | 4744 | 4866 | 4988 | 5110 | 5232 | 5354 | 5476 | 5598 |
| 1 | 5720 | 5842 | 5964 | 6086 | 6208 | 6329 | 6451 | 6573 | 6695 | 6817 |
| 2 | 6939 | 7061 | 7183 | 7305 | 7427 | 7549 | 7671 | 7793 | 7914 | 8036 |
| 3 | 8158 | 8280 | 8402 | 8524 | 8646 | 8768 | 8890 | 9011 | 9133 | 9255 |
| 4 | 9377 | 9499 | 9621 | 9743 | 9864 | 9986 | *0108 | *0230 | *0352 | *0474 |
| 5 | 552 0595 | 0717 | 0839 | 0961 | 1083 | 1204 | 1326 | 1448 | 1570 | 1692 |
| 6 | 1813 | 1935 | 2057 | 2179 | 2301 | 2422 | 2544 | 2666 | 2788 | 2909 |
| 7 | 3031 | 3153 | 3275 | 3396 | 3518 | 3640 | 3762 | 3883 | 4005 | 4127 |
| 8 | 4248 | 4370 | 4492 | 4614 | 4735 | 4857 | 4979 | 5100 | 5222 | 5344 |
| 9 | 5465 | 5587 | 5709 | 5831 | 5952 | 6074 | 6196 | 6317 | 6439 | 6561 |
| 3570 | 6682 | 6804 | 6925 | 7047 | 7169 | 7290 | 7412 | 7534 | 7655 | 7777 |
| 1 | 7899 | 8020 | 8142 | 8263 | 8385 | 8507 | 8628 | 8750 | 8871 | 8993 |
| 2 | 9115 | 9236 | 9358 | 9479 | 9601 | 9722 | 9844 | 9965 | *0087 | *0209 |
| 3 | 553 0330 | 0452 | 0573 | 0695 | 0816 | 0938 | 1059 | 1181 | 1302 | 1424 |
| 4 | 1545 | 1667 | 1789 | 1910 | 2032 | 2153 | 2275 | 2396 | 2517 | 2639 |
| 5 | 2760 | 2882 | 3003 | 3125 | 3246 | 3368 | 3489 | 3611 | 3732 | 3854 |
| 6 | 3975 | 4097 | 4218 | 4339 | 4461 | 4582 | 4704 | 4825 | 4947 | 5068 |
| 7 | 5189 | 5311 | 5432 | 5554 | 5675 | 5796 | 5918 | 6039 | 6161 | 6282 |
| 8 | 6403 | 6525 | 6646 | 6767 | 6889 | 7010 | 7132 | 7253 | 7374 | 7496 |
| 9 | 7617 | 7738 | 7860 | 7981 | 8102 | 8224 | 8345 | 8466 | 8588 | 8709 |
| 3580 | 8830 | 8952 | 9073 | 9194 | 9315 | 9437 | 9558 | 9679 | 9801 | 9922 |
| 1 | 554 0043 | 0164 | 0286 | 0407 | 0528 | 0650 | 0771 | 0892 | 1013 | 1135 |
| 2 | 1256 | 1377 | 1498 | 1620 | 1741 | 1862 | 1983 | 2104 | 2226 | 2347 |
| 3 | 2468 | 2589 | 2710 | 2832 | 2953 | 3074 | 3195 | 3316 | 3438 | 3559 |
| 4 | 3680 | 3801 | 3922 | 4044 | 4165 | 4286 | 4407 | 4528 | 4649 | 4770 |
| 5 | 4892 | 5013 | 5134 | 5255 | 5376 | 5497 | 5618 | 5740 | 5861 | 5982 |
| 6 | 6103 | 6224 | 6345 | 6466 | 6587 | 6708 | 6829 | 6951 | 7072 | 7193 |
| 7 | 7314 | 7435 | 7556 | 7677 | 7798 | 7919 | 8040 | 8161 | 8282 | 8403 |
| 8 | 8524 | 8645 | 8766 | 8887 | 9008 | 9130 | 9251 | 9372 | 9493 | 9614 |
| 9 | 9735 | 9856 | 9977 | *0098 | *0219 | *0340 | *0461 | *0582 | *0703 | *0824 |
| 3590 | 555 0944 | 1065 | 1186 | 1307 | 1428 | 1549 | 1670 | 1791 | 1912 | 2033 |
| 1 | 2154 | 2275 | 2396 | 2517 | 2638 | 2759 | 2880 | 3001 | 3121 | 3242 |
| 2 | 3363 | 3484 | 3605 | 3726 | 3847 | 3968 | 4089 | 4210 | 4330 | 4451 |
| 3 | 4572 | 4693 | 4814 | 4935 | 5056 | 5176 | 5297 | 5418 | 5539 | 5660 |
| 4 | 5781 | 5902 | 6022 | 6143 | 6264 | 6385 | 6506 | 6627 | 6747 | 6868 |
| 5 | 6989 | 7110 | 7231 | 7351 | 7472 | 7593 | 7714 | 7835 | 7955 | 8076 |
| 6 | 8197 | 8318 | 8438 | 8559 | 8680 | 8801 | 8921 | 9042 | 9163 | 9284 |
| 7 | 9404 | 9525 | 9646 | 9767 | 9887 | *0008 | *0129 | *0249 | *0370 | *0491 |
| 8 | 556 0612 | 0732 | 0853 | 0974 | 1094 | 1215 | 1336 | 1456 | 1577 | 1698 |
| 9 | 1818 | 1939 | 2060 | 2180 | 2301 | 2422 | 2542 | 2663 | 2784 | 2904 |
| N. | 0 | 1 | 2 | 3 | 4 | 5 | 6 | 7 | 8 | 9 |

Diff. et p. p.

| | 123 |
|---|---|
| 1 | 12,3 |
| 2 | 24,6 |
| 3 | 36,9 |
| 4 | 49,2 |
| 5 | 61,5 |
| 6 | 73,8 |
| 7 | 86,1 |
| 8 | 98,4 |
| 9 | 110,7 |

| | 122 |
|---|---|
| 1 | 12,2 |
| 2 | 24,4 |
| 3 | 36,6 |
| 4 | 48,8 |
| 5 | 61,0 |
| 6 | 73,2 |
| 7 | 85,4 |
| 8 | 97,6 |
| 9 | 109,8 |

| | 121 |
|---|---|
| 1 | 12,1 |
| 2 | 24,2 |
| 3 | 36,3 |
| 4 | 48,4 |
| 5 | 60,5 |
| 6 | 72,6 |
| 7 | 84.7 |
| 8 | 96,8 |
| 9 | 108,9 |

| | 120 |
|---|---|
| 1 | 12 |
| 2 | 24 |
| 3 | 36 |
| 4 | 48 |
| 5 | 60 |
| 6 | 72 |
| 7 | 84 |
| 8 | 96 |
| 9 | 108 |

| | | | |
|---|---|---|---|
| 35 500″ = 9° 51′ 40″ | 3550″ = 59′ 10″ | S = $\bar{6}$,685 5534 | T. 6178 |
| 35 600 = 9 53 20 | 3560 = 59 20 | 5533 | 6180 |
| 35 700 = 9 55 0 | 3570 = 59 30 | 5532 | 6182 |
| 35 800 = 9 56 40 | 3580 = 59 40 | 5531 | 6185 |
| 35 900 = 9 58 20 | 3590 = 59 50 | 5529 | 6187 |

| N. | 0 | 1 | 2 | 3 | 4 | 5 | 6 | 7 | 8 | 9 | Diff. et p. p. |
|---|---|---|---|---|---|---|---|---|---|---|---|
| 3600 | 556 3025 | 3146 | 3266 | 3387 | 3508 | 3628 | 3749 | 3869 | 3990 | 4111 | |
| 1 | 4231 | 4352 | 4472 | 4593 | 4714 | 4834 | 4955 | 5075 | 5196 | 5317 | |
| 2 | 5437 | 5558 | 5678 | 5799 | 5919 | 6040 | 6160 | 6281 | 6402 | 6522 | |
| 3 | 6643 | 6763 | 6884 | 7004 | 7125 | 7245 | 7366 | 7486 | 7607 | 7727 | |
| 4 | 7848 | 7968 | 8089 | 8209 | 8330 | 8450 | 8571 | 8691 | 8812 | 8932 | |
| 5 | 9053 | 9173 | 9294 | 9414 | 9535 | 9655 | 9775 | 9896 | *0016 | *0137 | |
| 6 | 557 0257 | 0378 | 0498 | 0619 | 0739 | 0859 | 0980 | 1100 | 1221 | 1341 | 121 |
| 7 | 1461 | 1582 | 1702 | 1823 | 1943 | 2063 | 2184 | 2304 | 2425 | 2545 | 1 12,1 |
| 8 | 2665 | 2786 | 2906 | 3026 | 3147 | 3267 | 3387 | 3508 | 3628 | 3748 | 2 24,2 |
| 9 | 3869 | 3989 | 4109 | 4230 | 4350 | 4470 | 4591 | 4711 | 4831 | 4952 | 3 36,3 |
| 3610 | 5072 | 5192 | 5313 | 5433 | 5553 | 5673 | 5794 | 5914 | 6034 | 6155 | 4 48,4 |
| 1 | 6275 | 6395 | 6515 | 6636 | 6756 | 6876 | 6996 | 7117 | 7237 | 7357 | 5 60,5 |
| 2 | 7477 | 7598 | 7718 | 7838 | 7958 | 8079 | 8199 | 8319 | 8439 | 8559 | 6 72,6 |
| 3 | 8680 | 8800 | 8920 | 9040 | 9160 | 9281 | 9401 | 9521 | 9641 | 9761 | 7 84,7 |
| 4 | 9881 | *0002 | *0122 | *0242 | *0362 | *0482 | *0602 | *0723 | *0843 | *0963 | 8 96,8 |
| 5 | 558 1083 | 1203 | 1323 | 1443 | 1564 | 1684 | 1804 | 1924 | 2044 | 2164 | 9 108,9 |
| 6 | 2284 | 2404 | 2524 | 2645 | 2765 | 2885 | 3005 | 3125 | 3245 | 3365 | |
| 7 | 3485 | 3605 | 3725 | 3845 | 3965 | 4085 | 4205 | 4325 | 4446 | 4566 | |
| 8 | 4686 | 4806 | 4926 | 5046 | 5166 | 5286 | 5406 | 5526 | 5646 | 5766 | |
| 9 | 5886 | 6006 | 6126 | 6246 | 6366 | 6486 | 6606 | 6726 | 6846 | 6966 | |
| 3620 | 7086 | 7206 | 7326 | 7446 | 7566 | 7686 | 7805 | 7925 | 8045 | 8165 | |
| 1 | 8285 | 8405 | 8525 | 8645 | 8765 | 8885 | 9005 | 9125 | 9245 | 9365 | 120 |
| 2 | 9484 | 9604 | 9724 | 9844 | 9964 | *0084 | *0204 | *0324 | *0444 | *0563 | |
| 3 | 559 0683 | 0803 | 0923 | 1043 | 1163 | 1283 | 1403 | 1522 | 1642 | 1762 | 1 12 |
| 4 | 1882 | 2002 | 2122 | 2241 | 2361 | 2481 | 2601 | 2721 | 2840 | 2960 | 2 24 |
| 5 | 3080 | 3200 | 3320 | 3440 | 3559 | 3679 | 3799 | 3919 | 4038 | 4158 | 3 36 |
| 6 | 4278 | 4398 | 4518 | 4637 | 4757 | 4877 | 4997 | 5116 | 5236 | 5356 | 4 48 |
| 7 | 5476 | 5595 | 5715 | 5835 | 5954 | 6074 | 6194 | 6314 | 6433 | 6553 | 5 60 |
| 8 | 6673 | 6792 | 6912 | 7032 | 7152 | 7271 | 7391 | 7511 | 7630 | 7750 | 6 72 |
| 9 | 7870 | 7989 | 8109 | 8229 | 8348 | 8468 | 8588 | 8707 | 8827 | 8947 | 7 84 |
| 3630 | 9066 | 9186 | 9306 | 9425 | 9545 | 9664 | 9784 | 9904 | *0023 | *0143 | 8 96 |
| 1 | 560 0262 | 0382 | 0502 | 0621 | 0741 | 0860 | 0980 | 1100 | 1219 | 1339 | 9 108 |
| 2 | 1458 | 1578 | 1698 | 1817 | 1937 | 2056 | 2176 | 2295 | 2415 | 2534 | |
| 3 | 2654 | 2774 | 2893 | 3013 | 3132 | 3252 | 3371 | 3491 | 3610 | 3730 | |
| 4 | 3849 | 3969 | 4088 | 4208 | 4327 | 4447 | 4566 | 4686 | 4805 | 4925 | |
| 5 | 5044 | 5164 | 5283 | 5403 | 5522 | 5641 | 5761 | 5880 | 6000 | 6119 | |
| 6 | 6239 | 6358 | 6478 | 6597 | 6716 | 6836 | 6955 | 7075 | 7194 | 7314 | 119 |
| 7 | 7433 | 7552 | 7672 | 7791 | 7911 | 8030 | 8149 | 8269 | 8388 | 8508 | |
| 8 | 8627 | 8746 | 8866 | 8985 | 9104 | 9224 | 9343 | 9463 | 9582 | 9701 | 1 11,9 |
| 9 | 9821 | 9940 | *0059 | *0179 | *0298 | *0417 | *0537 | *0656 | *0775 | *0895 | 2 23,8 |
| 3640 | 561 1014 | 1133 | 1252 | 1372 | 1491 | 1610 | 1730 | 1849 | 1968 | 2088 | 3 35,7 |
| 1 | 2207 | 2326 | 2445 | 2565 | 2684 | 2803 | 2922 | 3042 | 3161 | 3280 | 4 47,6 |
| 2 | 3399 | 3519 | 3638 | 3757 | 3876 | 3996 | 4115 | 4234 | 4353 | 4472 | 5 59,5 |
| 3 | 4592 | 4711 | 4830 | 4949 | 5069 | 5188 | 5307 | 5426 | 5545 | 5665 | 6 71,4 |
| 4 | 5784 | 5903 | 6022 | 6141 | 6260 | 6380 | 6499 | 6618 | 6737 | 6856 | 7 83,3 |
| 5 | 6975 | 7094 | 7214 | 7333 | 7452 | 7571 | 7690 | 7809 | 7928 | 8048 | 8 95,2 |
| 6 | 8167 | 8286 | 8405 | 8524 | 8643 | 8762 | 8881 | 9000 | 9119 | 9239 | 9 107,1 |
| 7 | 9358 | 9477 | 9596 | 9715 | 9834 | 9953 | *0072 | *0191 | *0310 | *0429 | |
| 8 | 562 0548 | 0667 | 0786 | 0905 | 1024 | 1144 | 1263 | 1382 | 1501 | 1620 | |
| 9 | 1739 | 1858 | 1977 | 2096 | 2215 | 2334 | 2453 | 2572 | 2691 | 2810 | |
| N. | 0 | 1 | 2 | 3 | 4 | 5 | 6 | 7 | 8 | 9 | |

| | | | |
|---|---|---|---|
| 36 000″ = 10° 0′ 0″ | 3600″ = 1° 0′ 0″ | S = $\bar{6}$,685 5528 | T. 6190 |
| 36 100 = 10 1 40 | 3610 = 1 0 10 | 5527 | 6192 |
| 36 200 = 10 3 20 | 3620 = 1 0 20 | 5526 | 6195 |
| 36 300 = 10 5 0 | 3630 = 1 0 30 | 5524 | 6197 |
| 36 400 = 10 6 40 | 3640 = 1 0 40 | 5523 | 6200 |

| N. | 0 | 1 | 2 | 3 | 4 | 5 | 6 | 7 | 8 | 9 | Diff. et p. p. |
|---|---|---|---|---|---|---|---|---|---|---|---|
| 3650 | 562 2929 | 3048 | 3167 | 3286 | 3405 | 3524 | 3642 | 3761 | 3880 | 3999 | |
| 1 | 4118 | 4237 | 4356 | 4475 | 4594 | 4713 | 4832 | 4951 | 5070 | 5189 | |
| 2 | 5308 | 5427 | 5546 | 5664 | 5783 | 5902 | 6021 | 6140 | 6259 | 6378 | |
| 3 | 6497 | 6616 | 6734 | 6853 | 6972 | 7091 | 7210 | 7329 | 7448 | 7567 | |
| 4 | 7685 | 7804 | 7923 | 8042 | 8161 | 8280 | 8398 | 8517 | 8636 | 8755 | |
| 5 | 8874 | 8993 | 9111 | 9230 | 9349 | 9468 | 9587 | 9705 | 9824 | 9943 | |
| 6 | 563 0062 | 0181 | 0299 | 0418 | 0537 | 0656 | 0775 | 0893 | 1012 | 1131 | 119 |
| 7 | 1250 | 1368 | 1487 | 1606 | 1725 | 1843 | 1962 | 2081 | 2200 | 2318 | 1 11,9 |
| 8 | 2437 | 2556 | 2674 | 2793 | 2912 | 3031 | 3149 | 3268 | 3387 | 3505 | 2 23,8 |
| 9 | 3624 | 3743 | 3861 | 3980 | 4099 | 4218 | 4336 | 4455 | 4574 | 4692 | 3 35,7 |
| 3660 | 4811 | 4930 | 5048 | 5167 | 5285 | 5404 | 5523 | 5641 | 5760 | 5879 | 4 47,6 |
| 1 | 5997 | 6116 | 6235 | 6353 | 6472 | 6590 | 6709 | 6828 | 6946 | 7065 | 5 59,5 |
| 2 | 7183 | 7302 | 7421 | 7539 | 7658 | 7776 | 7895 | 8013 | 8132 | 8251 | 6 71,4 |
| 3 | 8369 | 8488 | 8606 | 8725 | 8843 | 8962 | 9081 | 9199 | 9318 | 9436 | 7 83,3 |
| 4 | 9555 | 9673 | 9792 | 9910 | *0029 | *0147 | *0266 | *0384 | *0503 | *0621 | 8 95,2 |
| 5 | 564 0740 | 0858 | 0977 | 1095 | 1214 | 1332 | 1451 | 1569 | 1688 | 1806 | 9 107,1 |
| 6 | 1925 | 2043 | 2162 | 2280 | 2398 | 2517 | 2635 | 2754 | 2872 | 2991 | |
| 7 | 3109 | 3228 | 3346 | 3464 | 3583 | 3701 | 3820 | 3938 | 4056 | 4175 | |
| 8 | 4293 | 4412 | 4530 | 4648 | 4767 | 4885 | 5004 | 5122 | 5240 | 5359 | |
| 9 | 5477 | 5595 | 5714 | 5832 | 5951 | 6069 | 6187 | 6306 | 6424 | 6542 | |
| 3670 | 6661 | 6779 | 6897 | 7016 | 7134 | 7252 | 7371 | 7489 | 7607 | 7726 | |
| 1 | 7844 | 7962 | 8080 | 8199 | 8317 | 8435 | 8554 | 8672 | 8790 | 8908 | 118 |
| 2 | 9027 | 9145 | 9263 | 9382 | 9500 | 9618 | 9736 | 9855 | 9973 | *0091 | 1 11,8 |
| 3 | 565 0209 | 0328 | 0446 | 0564 | 0682 | 0800 | 0919 | 1037 | 1155 | 1273 | 2 23,6 |
| 4 | 1392 | 1510 | 1628 | 1746 | 1864 | 1983 | 2101 | 2219 | 2337 | 2455 | 3 35,4 |
| 5 | 2573 | 2692 | 2810 | 2928 | 3046 | 3164 | 3282 | 3401 | 3519 | 3637 | 4 47,2 |
| 6 | 3755 | 3873 | 3991 | 4109 | 4228 | 4346 | 4464 | 4582 | 4700 | 4818 | 5 59,0 |
| 7 | 4936 | 5054 | 5173 | 5291 | 5409 | 5527 | 5645 | 5763 | 5881 | 5999 | 6 70,8 |
| 8 | 6117 | 6235 | 6353 | 6471 | 6590 | 6708 | 6826 | 6944 | 7062 | 7180 | 7 82,6 |
| 9 | 7298 | 7416 | 7534 | 7652 | 7770 | 7888 | 8006 | 8124 | 8242 | 8360 | 8 94,4 |
| 3680 | 8478 | 8596 | 8714 | 8832 | 8950 | 9068 | 9186 | 9304 | 9422 | 9540 | 9 106,2 |
| 1 | 9658 | 9776 | 9894 | *0012 | *0130 | *0248 | *0366 | *0484 | *0602 | *0720 | |
| 2 | 566 0838 | 0956 | 1074 | 1192 | 1310 | 1428 | 1545 | 1663 | 1781 | 1899 | |
| 3 | 2017 | 2135 | 2253 | 2371 | 2489 | 2607 | 2725 | 2843 | 2960 | 3078 | |
| 4 | 3196 | 3314 | 3432 | 3550 | 3668 | 3786 | 3903 | 4021 | 4139 | 4257 | |
| 5 | 4375 | 4493 | 4611 | 4728 | 4846 | 4964 | 5082 | 5200 | 5318 | 5435 | |
| 6 | 5553 | 5671 | 5789 | 5907 | 6025 | 6142 | 6260 | 6378 | 6496 | 6614 | 117 |
| 7 | 6731 | 6849 | 6967 | 7085 | 7203 | 7320 | 7438 | 7556 | 7674 | 7791 | 1 11,7 |
| 8 | 7909 | 8027 | 8145 | 8262 | 8380 | 8498 | 8616 | 8733 | 8851 | 8969 | 2 23,4 |
| 9 | 9087 | 9204 | 9322 | 9440 | 9557 | 9675 | 9793 | 9911 | *0028 | *0146 | 3 35,1 |
| 3690 | 567 0264 | 0381 | 0499 | 0617 | 0734 | 0852 | 0970 | 1087 | 1205 | 1323 | 4 46,8 |
| 1 | 1440 | 1558 | 1676 | 1793 | 1911 | 2029 | 2146 | 2264 | 2382 | 2499 | 5 58,5 |
| 2 | 2617 | 2735 | 2852 | 2970 | 3087 | 3205 | 3323 | 3440 | 3558 | 3675 | 6 70,2 |
| 3 | 3793 | 3911 | 4028 | 4146 | 4263 | 4381 | 4499 | 4616 | 4734 | 4851 | 7 81,9 |
| 4 | 4969 | 5086 | 5204 | 5322 | 5439 | 5557 | 5674 | 5792 | 5909 | 6027 | 8 93,6 |
| 5 | 6144 | 6262 | 6379 | 6497 | 6615 | 6732 | 6850 | 6967 | 7085 | 7202 | 9 105,3 |
| 6 | 73[illegible] | 7437 | 7555 | 7672 | 7790 | 7907 | 8025 | 8142 | 8260 | 8377 | |
| 7 | 8495 | 8612 | 8729 | 8847 | 8964 | 9082 | 9199 | 9317 | 9434 | 9552 | |
| 8 | 9669 | 9787 | 9904 | *0021 | *0139 | *0256 | *0374 | *0491 | *0608 | *0726 | |
| 9 | 568 0843 | 0961 | 1078 | 1196 | 1313 | 1430 | 1548 | 1665 | 1782 | 1900 | |
| N. | 0 | 1 | 2 | 3 | 4 | 5 | 6 | 7 | 8 | 9 | |

| | | | |
|---|---|---|---|
| 36 500″ = 10° 8′ 20″ | 3650″ = 1° 0′ 50″ | S = $\bar{6}$,685 5522 | T. 6202 |
| 36 600 = 10 10 0 | 3660 = 1 1 0 | 5521 | 6205 |
| 36 700 = 10 11 40 | 3670 = 1 1 10 | 5520 | 6207 |
| 36 800 = 10 13 20 | 3680 = 1 1 20 | 5518 | 6209 |
| 36 900 = 10 15 0 | 3690 = 1 1 30 | 5516 | 6212 |

| N. | 0 | 1 | 2 | 3 | 4 | 5 | 6 | 7 | 8 | 9 |
|---|---|---|---|---|---|---|---|---|---|---|
| 3700 | 568 2017 | 2135 | 2252 | 2369 | 2487 | 2604 | 2721 | 2839 | 2956 | 3074 |
| 1 | 3191 | 3308 | 3426 | 3543 | 3660 | 3778 | 3895 | 4012 | 4130 | 4247 |
| 2 | 4364 | 4481 | 4599 | 4716 | 4833 | 4951 | 5068 | 5185 | 5303 | 5420 |
| 3 | 5537 | 5654 | 5772 | 5889 | 6006 | 6123 | 6241 | 6358 | 6475 | 6593 |
| 4 | 6710 | 6827 | 6944 | 7062 | 7179 | 7296 | 7413 | 7530 | 7648 | 7765 |
| 5 | 7882 | 7999 | 8117 | 8234 | 8351 | 8468 | 8585 | 8703 | 8820 | 8937 |
| 6 | 9054 | 9171 | 9289 | 9406 | 9523 | 9640 | 9757 | 9874 | 9992 | *0109 |
| 7 | 569 0226 | 0343 | 0460 | 0577 | 0694 | 0812 | 0929 | 1046 | 1163 | 1280 |
| 8 | 1397 | 1514 | 1631 | 1749 | 1866 | 1983 | 2100 | 2217 | 2334 | 2451 |
| 9 | 2568 | 2685 | 2803 | 2920 | 3037 | 3154 | 3271 | 3388 | 3505 | 3622 |
| 3710 | 3739 | 3856 | 3973 | 4090 | 4207 | 4324 | 4441 | 4558 | 4675 | 4793 |
| 1 | 4910 | 5027 | 5144 | 5261 | 5378 | 5495 | 5612 | 5729 | 5846 | 5963 |
| 2 | 6080 | 6197 | 6314 | 6431 | 6548 | 6665 | 6782 | 6899 | 7016 | 7133 |
| 3 | 7249 | 7366 | 7483 | 7600 | 7717 | 7834 | 7951 | 8068 | 8185 | 8302 |
| 4 | 8419 | 8536 | 8653 | 8770 | 8887 | 9004 | 9121 | 9237 | 9354 | 9471 |
| 5 | 9588 | 9705 | 9822 | 9939 | *0056 | *0173 | *0290 | *0406 | *0523 | *0640 |
| 6 | 570 0757 | 0874 | 0991 | 1108 | 1225 | 1341 | 1458 | 1575 | 1692 | 1809 |
| 7 | 1926 | 2042 | 2159 | 2276 | 2393 | 2510 | 2627 | 2743 | 2860 | 2977 |
| 8 | 3094 | 3211 | 3327 | 3444 | 3561 | 3678 | 3795 | 3911 | 4028 | 4145 |
| 9 | 4262 | 4379 | 4495 | 4612 | 4729 | 4846 | 4962 | 5079 | 5196 | 5313 |
| 3720 | 5429 | 5546 | 5663 | 5780 | 5896 | 6013 | 6130 | 6247 | 6363 | 6480 |
| 1 | 6597 | 6713 | 6830 | 6947 | 7064 | 7180 | 7297 | 7414 | 7530 | 7647 |
| 2 | 7764 | 7880 | 7997 | 8114 | 8230 | 8347 | 8464 | 8580 | 8697 | 8814 |
| 3 | 8930 | 9047 | 9164 | 9280 | 9397 | 9514 | 9630 | 9747 | 9863 | 9980 |
| 4 | 571 0097 | 0213 | 0330 | 0447 | 0563 | 0680 | 0796 | 0913 | 1030 | 1146 |
| 5 | 1263 | 1379 | 1496 | 1613 | 1729 | 1846 | 1962 | 2079 | 2195 | 2312 |
| 6 | 2429 | 2545 | 2662 | 2778 | 2895 | 3011 | 3128 | 3244 | 3361 | 3477 |
| 7 | 3594 | 3710 | 3827 | 3943 | 4060 | 4177 | 4293 | 4410 | 4526 | 4643 |
| 8 | 4759 | 4876 | 4992 | 5109 | 5225 | 5341 | 5458 | 5574 | 5691 | 5807 |
| 9 | 5924 | 6040 | 6157 | 6273 | 6390 | 6506 | 6623 | 6739 | 6855 | 6972 |
| 3730 | 7088 | 7205 | 7321 | 7438 | 7554 | 7670 | 7787 | 7903 | 8020 | 8136 |
| 1 | 8252 | 8369 | 8485 | 8602 | 8718 | 8834 | 8951 | 9067 | 9184 | 9300 |
| 2 | 9416 | 9533 | 9649 | 9765 | 9882 | 9998 | *0115 | *0231 | *0347 | *0464 |
| 3 | 572 0580 | 0696 | 0813 | 0929 | 1045 | 1162 | 1278 | 1394 | 1511 | 1627 |
| 4 | 1743 | 1859 | 1976 | 2092 | 2208 | 2325 | 2441 | 2557 | 2674 | 2790 |
| 5 | 2906 | 3022 | 3139 | 3255 | 3371 | 3487 | 3604 | 3720 | 3836 | 3952 |
| 6 | 4069 | 4185 | 4301 | 4417 | 4534 | 4650 | 4766 | 4882 | 4999 | 5115 |
| 7 | 5231 | 5347 | 5463 | 5580 | 5696 | 5812 | 5928 | 6044 | 6161 | 6277 |
| 8 | 6393 | 6509 | 6625 | 6742 | 6858 | 6974 | 7090 | 7206 | 7322 | 7438 |
| 9 | 7555 | 7671 | 7787 | 7903 | 8019 | 8135 | 8252 | 8368 | 8484 | 8600 |
| 3740 | 8716 | 8832 | 8948 | 9064 | 9180 | 9297 | 9413 | 9529 | 9645 | 9761 |
| 1 | 9877 | 9993 | *0109 | *0225 | *0341 | *0457 | *0574 | *0690 | *0806 | *0922 |
| 2 | 573 1038 | 1154 | 1270 | 1386 | 1502 | 1618 | 1734 | 1850 | 1966 | 2082 |
| 3 | 2198 | 2314 | 2430 | 2546 | 2662 | 2778 | 2894 | 3010 | 3126 | 3242 |
| 4 | 3358 | 3474 | 3590 | 3706 | 3822 | 3938 | 4054 | 4170 | 4286 | 4402 |
| 5 | 4518 | 4634 | 4750 | 4866 | 4982 | 5098 | 5214 | 5330 | 5446 | 5562 |
| 6 | 5678 | 5794 | 5910 | 6026 | 6141 | 6257 | 6373 | 6489 | 6605 | 6721 |
| 7 | 6837 | 6953 | 7069 | 7185 | 7301 | 7416 | 7532 | 7648 | 7764 | 7880 |
| 8 | 7996 | 8112 | 8228 | 8343 | 8459 | 8575 | 8691 | 8807 | 8923 | 9039 |
| 9 | 9154 | 9270 | 9386 | 9502 | 9618 | 9734 | 9849 | 9965 | *0081 | *0197 |
| N. | 0 | 1 | 2 | 3 | 4 | 5 | 6 | 7 | 8 | 9 |

Diff. et p. p.

| | 118 | 117 | 116 | 115 |
|---|---|---|---|---|
| 1 | 11,8 | 11,7 | 11,6 | 11,5 |
| 2 | 23,6 | 23,4 | 23,2 | 23,0 |
| 3 | 35,4 | 35,1 | 34,8 | 34,5 |
| 4 | 47,2 | 46,8 | 46,4 | 46,0 |
| 5 | 59,0 | 58,5 | 58,0 | 57,5 |
| 6 | 70,8 | 70,2 | 69,6 | 69,0 |
| 7 | 82,6 | 81,9 | 81,2 | 80,5 |
| 8 | 94,4 | 93,6 | 92,8 | 92,0 |
| 9 | 106,2 | 105,3 | 104,4 | 103,5 |

| | | | |
|---|---|---|---|
| 37 000″ = 10° 16′ 40″ | 3700″ = 1° 1′ 40″ | S = $\bar{6}$,685 5516 | T. 6215 |
| 37 100 = 10 18 20 | 3710 = 1 1 50 | 5514 | 6217 |
| 37 200 = 10 20 0 | 3720 = 1 2 0 | 5513 | 6220 |
| 37 300 = 10 21 40 | 3730 = 1 2 10 | 5512 | 6222 |
| 37 400 = 10 23 20 | 3740 = 1 2 20 | 5511 | 6225 |

| N. | 0 | 1 | 2 | 3 | 4 | 5 | 6 | 7 | 8 | 9 | Diff. et p. p. |
|---|---|---|---|---|---|---|---|---|---|---|---|
| 3750 | 574 0313 | 0428 | 0544 | 0660 | 0776 | 0892 | 1007 | 1123 | 1239 | 1355 | |
| 1 | 1471 | 1586 | 1702 | 1818 | 1934 | 2050 | 2165 | 2281 | 2397 | 2513 | |
| 2 | 2628 | 2744 | 2860 | 2976 | 3091 | 3207 | 3323 | 3438 | 3554 | 3670 | |
| 3 | 3786 | 3901 | 4017 | 4133 | 4248 | 4364 | 4480 | 4596 | 4711 | 4827 | |
| 4 | 4943 | 5058 | 5174 | 5290 | 5405 | 5521 | 5637 | 5752 | 5868 | 5984 | |
| 5 | 6099 | 6215 | 6331 | 6446 | 6562 | 6678 | 6793 | 6909 | 7025 | 7140 | |
| 6 | 7256 | 7371 | 7487 | 7603 | 7718 | 7834 | 7950 | 8065 | 8181 | 8296 | 116 |
| 7 | 8412 | 8528 | 8643 | 8759 | 8874 | 8990 | 9105 | 9221 | 9337 | 9452 | 1 \| 11,6 |
| 8 | 9568 | 9683 | 9799 | 9914 | *0030 | *0146 | *0261 | *0377 | *0492 | *0608 | 2 \| 23,2 |
| 9 | 575 0723 | 0839 | 0954 | 1070 | 1185 | 1301 | 1416 | 1532 | 1647 | 1763 | 3 \| 34,8 |
| 3760 | 1878 | 1994 | 2109 | 2225 | 2340 | 2456 | 2571 | 2687 | 2802 | 2918 | 4 \| 46,4 |
| 1 | 3033 | 3149 | 3264 | 3380 | 3495 | 3611 | 3726 | 3842 | 3957 | 4072 | 5 \| 58,0 |
| 2 | 4188 | 4303 | 4419 | 4534 | 4650 | 4765 | 4881 | 4996 | 5111 | 5227 | 6 \| 69,6 |
| 3 | 5342 | 5458 | 5573 | 5688 | 5804 | 5919 | 6035 | 6150 | 6265 | 6381 | 7 \| 81,2 |
| 4 | 6496 | 6612 | 6727 | 6842 | 6958 | 7073 | 7188 | 7304 | 7419 | 7534 | 8 \| 92,8 |
| 5 | 7650 | 7765 | 7881 | 7996 | 8111 | 8227 | 8342 | 8457 | 8573 | 8688 | 9 \| 104,4 |
| 6 | 8803 | 8918 | 9034 | 9149 | 9264 | 9380 | 9495 | 9610 | 9726 | 9841 | |
| 7 | 9956 | *0071 | *0187 | *0302 | *0417 | *0533 | *0648 | *0763 | *0878 | *0994 | |
| 8 | 576 1109 | 1224 | 1339 | 1455 | 1570 | 1685 | 1800 | 1916 | 2031 | 2146 | |
| 9 | 2261 | 2377 | 2492 | 2607 | 2722 | 2837 | 2953 | 3068 | 3183 | 3298 | |
| 3770 | 3414 | 3529 | 3644 | 3759 | 3874 | 3989 | 4105 | 4220 | 4335 | 4450 | |
| 1 | 4565 | 4680 | 4796 | 4911 | 5026 | 5141 | 5256 | 5371 | 5487 | 5602 | 115 |
| 2 | 5717 | 5832 | 5947 | 6062 | 6177 | 6292 | 6408 | 6523 | 6638 | 6753 | 1 \| 11,5 |
| 3 | 6868 | 6983 | 7098 | 7213 | 7328 | 7444 | 7559 | 7674 | 7789 | 7904 | 2 \| 23,0 |
| 4 | 8019 | 8134 | 8249 | 8364 | 8479 | 8594 | 8709 | 8824 | 8939 | 9055 | 3 \| 34,5 |
| 5 | 9170 | 9285 | 9400 | 9515 | 9630 | 9745 | 9860 | 9975 | *0090 | *0205 | 4 \| 46,0 |
| 6 | 577 0320 | 0435 | 0550 | 0665 | 0780 | 0895 | 1010 | 1125 | 1240 | 1355 | 5 \| 57,5 |
| 7 | 1470 | 1585 | 1700 | 1815 | 1930 | 2045 | 2160 | 2275 | 2390 | 2505 | 6 \| 69,0 |
| 8 | 2620 | 2734 | 2849 | 2964 | 3079 | 3194 | 3309 | 3424 | 3539 | 3654 | 7 \| 80,5 |
| 9 | 3769 | 3884 | 3999 | 4114 | 4229 | 4343 | 4458 | 4573 | 4688 | 4803 | 8 \| 92,0 |
| 3780 | 4918 | 5033 | 5148 | 5263 | 5378 | 5492 | 5607 | 5722 | 5837 | 5952 | 9 \| 103,5 |
| 1 | 6067 | 6182 | 6296 | 6411 | 6526 | 6641 | 6756 | 6871 | 6986 | 7100 | |
| 2 | 7215 | 7330 | 7445 | 7560 | 7675 | 7789 | 7904 | 8019 | 8134 | 8249 | |
| 3 | 8363 | 8478 | 8593 | 8708 | 8823 | 8937 | 9052 | 9167 | 9282 | 9397 | |
| 4 | 9511 | 9626 | 9741 | 9856 | 9970 | *0085 | *0200 | *0315 | *0429 | *0544 | |
| 5 | 578 0659 | 0774 | 0888 | 1003 | 1118 | 1233 | 1347 | 1462 | 1577 | 1691 | |
| 6 | 1806 | 1921 | 2036 | 2150 | 2265 | 2380 | 2494 | 2609 | 2724 | 2838 | 114 |
| 7 | 2953 | 3068 | 3182 | 3297 | 3412 | 3526 | 3641 | 3756 | 3870 | 3985 | 1 \| 11,4 |
| 8 | 4100 | 4214 | 4329 | 4444 | 4558 | 4673 | 4788 | 4902 | 5017 | 5131 | 2 \| 22,8 |
| 9 | 5246 | 5361 | 5475 | 5590 | 5705 | 5819 | 5934 | 6048 | 6163 | 6278 | 3 \| 34,2 |
| 3790 | 6392 | 6507 | 6621 | 6736 | 6850 | 6965 | 7080 | 7194 | 7309 | 7423 | 4 \| 45,6 |
| 1 | 7538 | 7652 | 7767 | 7882 | 7996 | 8111 | 8225 | 8340 | 8454 | 8569 | 5 \| 57,0 |
| 2 | 8683 | 8798 | 8912 | 9027 | 9141 | 9256 | 9370 | 9485 | 9599 | 9714 | 6 \| 68,4 |
| 3 | 9828 | 9943 | *0057 | *0172 | *0286 | *0401 | *0515 | *0630 | *0744 | *0859 | 7 \| 79,8 |
| 4 | 579 0973 | 1088 | 1202 | 1317 | 1431 | 1546 | 1660 | 1774 | 1889 | 2003 | 8 \| 91,2 |
| 5 | 2118 | 2232 | 2347 | 2461 | 2576 | 2690 | 2804 | 2919 | 3033 | 3148 | 9 \| 102,6 |
| 6 | 3262 | [illegible] | 3491 | 3605 | 3720 | 3834 | 3948 | 4063 | 4177 | 4292 | |
| 7 | 4406 | 4520 | 4635 | 4749 | 4863 | 4978 | 5092 | 5207 | 5321 | 5435 | |
| 8 | 5550 | 5664 | 5778 | 5893 | 6007 | 6121 | 6236 | 6350 | 6464 | 6579 | |
| 9 | 6693 | 6807 | 6922 | 7036 | 7150 | 7264 | 7379 | 7493 | 7607 | 7722 | |
| N. | 0 | 1 | 2 | 3 | 4 | 5 | 6 | 7 | 8 | 9 | |

| | | | |
|---|---|---|---|
| 37 500″ = 10° 25′ 0″ | 3750″ = 1° 2′ 30″ | S = $\bar{6}$,685 5509 | T. 6227 |
| 37 600 = 10 26 40 | 3760 = 1 2 40 | 5508 | 6230 |
| 37 700 = 10 28 20 | 3770 = 1 2 50 | 5507 | 6232 |
| 37 800 = 10 30 0 | 3780 = 1 3 0 | 5506 | 6235 |
| 37 900 = 10 31 40 | 3790 = 1 3 10 | 5504 | 6237 |

| N. | 0 | 1 | 2 | 3 | 4 | 5 | 6 | 7 | 8 | 9 | Diff. et p. p. |
|---|---|---|---|---|---|---|---|---|---|---|---|
| 3800 | 579 7836 | 7950 | 8065 | 8179 | 8293 | 8407 | 8522 | 8636 | 8750 | 8864 | |
| 1 | 8979 | 9093 | 9207 | 9321 | 9436 | 9550 | 9664 | 9778 | 9893 | *0007 | |
| 2 | 580 0121 | 0235 | 0350 | 0464 | 0578 | 0692 | 0806 | 0921 | 1035 | 1149 | |
| 3 | 1263 | 1377 | 1492 | 1606 | 1720 | 1834 | 1948 | 2063 | 2177 | 2291 | |
| 4 | 2405 | 2519 | 2633 | 2748 | 2862 | 2976 | 3090 | 3204 | 3318 | 3432 | 115 |
| 5 | 3547 | 3661 | 3775 | 3889 | 4003 | 4117 | 4231 | 4346 | 4460 | 4574 | 1 11,5 |
| 6 | 4688 | 4802 | 4916 | 5030 | 5144 | 5258 | 5372 | 5487 | 5601 | 5715 | 2 23,0 |
| 7 | 5829 | 5943 | 6057 | 6171 | 6285 | 6399 | 6513 | 6627 | 6741 | 6855 | 3 34,5 |
| 8 | 6969 | 7083 | 7197 | 7312 | 7426 | 7540 | 7654 | 7768 | 7882 | 7996 | 4 46,0 |
| 9 | 8110 | 8224 | 8338 | 8452 | 8566 | 8680 | 8794 | 8908 | 9022 | 9136 | 5 57,5 |
| 3810 | 9250 | 9364 | 9478 | 9592 | 9706 | 9820 | 9934 | *0048 | *0162 | *0276 | 6 69,0 |
| 1 | 581 0389 | 0503 | 0617 | 0731 | 0845 | 0959 | 1073 | 1187 | 1301 | 1415 | 7 80,5 |
| 2 | 1529 | 1643 | 1757 | 1871 | 1985 | 2099 | 2212 | 2326 | 2440 | 2554 | 8 92,0 |
| 3 | 2668 | 2782 | 2896 | 3010 | 3124 | 3238 | 3351 | 3465 | 3579 | 3693 | 9 103,5 |
| 4 | 3807 | 3921 | 4035 | 4148 | 4262 | 4376 | 4490 | 4604 | 4718 | 4832 | |
| 5 | 4945 | 5059 | 5173 | 5287 | 5401 | 5515 | 5628 | 5742 | 5856 | 5970 | |
| 6 | 6084 | 6197 | 6311 | 6425 | 6539 | 6653 | 6766 | 6880 | 6994 | 7108 | 114 |
| 7 | 7222 | 7335 | 7449 | 7563 | 7677 | 7790 | 7904 | 8018 | 8132 | 8245 | 1 11,4 |
| 8 | 8359 | 8473 | 8587 | 8700 | 8814 | 8928 | 9042 | 9155 | 9269 | 9383 | 2 22,8 |
| 9 | 9497 | 9610 | 9724 | 9838 | 9951 | *0065 | *0179 | *0293 | *0406 | *0520 | 3 34,2 |
| 3820 | 582 0634 | 0747 | 0861 | 0975 | 1088 | 1202 | 1316 | 1429 | 1543 | 1657 | 4 45,6 |
| 1 | 1770 | 1884 | 1998 | 2111 | 2225 | 2339 | 2452 | 2566 | 2680 | 2793 | 5 57,0 |
| 2 | 2907 | 3020 | 3134 | 3248 | 3361 | 3475 | 3589 | 3702 | 3816 | 3929 | 6 68,4 |
| 3 | 4043 | 4157 | 4270 | 4384 | 4497 | 4611 | 4725 | 4838 | 4952 | 5065 | 7 79,8 |
| 4 | 5179 | 5292 | 5406 | 5520 | 5633 | 5747 | 5860 | 5974 | 6087 | 6201 | 8 91,2 |
| 5 | 6314 | 6428 | 6541 | 6655 | 6769 | 6882 | 6996 | 7109 | 7223 | 7336 | 9 102,6 |
| 6 | 7450 | 7563 | 7677 | 7790 | 7904 | 8017 | 8131 | 8244 | 8358 | 8471 | |
| 7 | 8585 | 8698 | 8812 | 8925 | 9039 | 9152 | 9265 | 9379 | 9492 | 9606 | |
| 8 | 9719 | 9833 | 9946 | *0060 | *0173 | *0287 | *0400 | *0513 | *0627 | *0740 | 113 |
| 9 | 583 0854 | 0967 | 1081 | 1194 | 1307 | 1421 | 1534 | 1648 | 1761 | 1874 | 1 11,3 |
| 3830 | 1988 | 2101 | 2215 | 2328 | 2441 | 2555 | 2668 | 2781 | 2895 | 3008 | 2 22,6 |
| 1 | 3122 | 3235 | 3348 | 3462 | 3575 | 3688 | 3802 | 3915 | 4028 | 4142 | 3 33,9 |
| 2 | 4255 | 4368 | 4482 | 4595 | 4708 | 4822 | 4935 | 5048 | 5162 | 5275 | 4 45,2 |
| 3 | 5388 | 5501 | 5615 | 5728 | 5841 | 5955 | 6068 | 6181 | 6295 | 6408 | 5 56,5 |
| 4 | 6521 | 6634 | 6748 | 6861 | 6974 | 7087 | 7201 | 7314 | 7427 | 7540 | 6 67,8 |
| 5 | 7654 | 7767 | 7880 | 7993 | 8107 | 8220 | 8333 | 8446 | 8560 | 8673 | 7 79,1 |
| 6 | 8786 | 8899 | 9012 | 9126 | 9239 | 9352 | 9465 | 9578 | 9692 | 9805 | 8 90,4 |
| 7 | 9918 | *0031 | *0144 | *0258 | *0371 | *0484 | *0597 | *0710 | *0823 | *0937 | 9 101,7 |
| 8 | 584 1050 | 1163 | 1276 | 1389 | 1502 | 1615 | 1729 | 1842 | 1955 | 2068 | |
| 9 | 2181 | 2294 | 2407 | 2520 | 2634 | 2747 | 2860 | 2973 | 3086 | 3199 | 112 |
| 3840 | 3312 | 3425 | 3538 | 3652 | 3765 | 3878 | 3991 | 4104 | 4217 | 4330 | 1 11,2 |
| 1 | 4443 | 4556 | 4669 | 4782 | 4895 | 5008 | 5121 | 5234 | 5348 | 5461 | 2 22,4 |
| 2 | 5574 | 5687 | 5800 | 5913 | 6026 | 6139 | 6252 | 6365 | 6478 | 6591 | 3 33,6 |
| 3 | 6704 | 6817 | 6930 | 7043 | 7156 | 7269 | 7382 | 7495 | 7608 | 7721 | 4 44,8 |
| 4 | 7834 | 7947 | 8060 | 8173 | 8286 | 8399 | 8512 | 8625 | 8738 | 8850 | 5 56,0 |
| 5 | 8963 | 9076 | 9189 | 9302 | 9415 | 9528 | 9641 | 9754 | 9867 | 9980 | 6 67,2 |
| 6 | 585 0093 | 0206 | 0319 | 0432 | 0544 | 0657 | 0770 | 0883 | 0996 | 1109 | 7 78,4 |
| 7 | 1222 | 1335 | 1448 | 1561 | 1673 | 1786 | 1899 | 2012 | 2125 | 2238 | 8 89,6 |
| 8 | 2351 | 2463 | 2576 | 2689 | 2802 | 2915 | 3028 | 3141 | 3253 | 3366 | 9 100,8 |
| 9 | 3479 | 3592 | 3705 | 3818 | 3930 | 4043 | 4156 | 4269 | 4382 | 4494 | |
| N. | 0 | 1 | 2 | 3 | 4 | 5 | 6 | 7 | 8 | 9 | |

| | | | |
|---|---|---|---|
| 38 000″ = 10° 33′ 20″ | 3800″ = 1° 3′ 20″ | S = $\bar{6}$,685 5503 | T. 6240 |
| 38 100 = 10 35 0 | 3810 = 1 3 30 | 5502 | 6243 |
| 38 200 = 10 36 40 | 3820 = 1 3 40 | 5500 | 6245 |
| 38 300 = 10 38 20 | 3830 = 1 3 50 | 5499 | 6248 |
| 38 400 = 10 40 0 | 3840 = 1 4 0 | 5498 | 6250 |

| N. | 0 | 1 | 2 | 3 | 4 | 5 | 6 | 7 | 8 | 9 |
|---|---|---|---|---|---|---|---|---|---|---|
| 3850 | 585 4607 | 4720 | 4833 | 4946 | 5058 | 5171 | 5284 | 5397 | 5510 | 5622 |
| 1 | 5735 | 5848 | 5961 | 6073 | 6186 | 6299 | 6412 | 6525 | 6637 | 6750 |
| 2 | 6863 | 6976 | 7088 | 7201 | 7314 | 7426 | 7539 | 7652 | 7765 | 7877 |
| 3 | 7990 | 8103 | 8216 | 8328 | 8441 | 8554 | 8666 | 8779 | 8892 | 9004 |
| 4 | 9117 | 9230 | 9342 | 9455 | 9568 | 9681 | 9793 | 9906 | *0019 | *0131 |
| 5 | 586 0244 | 0356 | 0469 | 0582 | 0694 | 0807 | 0920 | 1032 | 1145 | 1258 |
| 6 | 1370 | 1483 | 1596 | 1708 | 1821 | 1933 | 2046 | 2159 | 2271 | 2384 |
| 7 | 2496 | 2609 | 2722 | 2834 | 2947 | 3059 | 3172 | 3285 | 3397 | 3510 |
| 8 | 3622 | 3735 | 3847 | 3960 | 4072 | 4185 | 4298 | 4410 | 4523 | 4635 |
| 9 | 4748 | 4860 | 4973 | 5085 | 5198 | 5310 | 5423 | 5535 | 5648 | 5761 |
| 3860 | 5873 | 5986 | 6098 | 6211 | 6323 | 6436 | 6548 | 6661 | 6773 | 6886 |
| 1 | 6998 | 7110 | 7223 | 7335 | 7448 | 7560 | 7673 | 7785 | 7898 | 8010 |
| 2 | 8123 | 8235 | 8348 | 8460 | 8572 | 8685 | 8797 | 8910 | 9022 | 9135 |
| 3 | 9247 | 9360 | 9472 | 9584 | 9697 | 9809 | 9922 | *0034 | *0146 | *0259 |
| 4 | 587 0371 | 0484 | 0596 | 0708 | 0821 | 0933 | 1045 | 1158 | 1270 | 1383 |
| 5 | 1495 | 1607 | 1720 | 1832 | 1944 | 2057 | 2169 | 2281 | 2394 | 2506 |
| 6 | 2618 | 2731 | 2843 | 2955 | 3068 | 3180 | 3292 | 3405 | 3517 | 3629 |
| 7 | 3742 | 3854 | 3966 | 4079 | 4191 | 4303 | 4416 | 4528 | 4640 | 4752 |
| 8 | 4865 | 4977 | 5089 | 5201 | 5314 | 5426 | 5538 | 5651 | 5763 | 5875 |
| 9 | 5987 | 6100 | 6212 | 6324 | 6436 | 6549 | 6661 | 6773 | 6885 | 6997 |
| 3870 | 7110 | 7222 | 7334 | 7446 | 7559 | 7671 | 7783 | 7895 | 8007 | 8120 |
| 1 | 8232 | 8344 | 8456 | 8568 | 8680 | 8793 | 8905 | 9017 | 9129 | 9241 |
| 2 | 9353 | 9466 | 9578 | 9690 | 9802 | 9914 | *0026 | *0139 | *0251 | *0363 |
| 3 | 588 0475 | 0587 | 0699 | 0811 | 0923 | 1036 | 1148 | 1260 | 1372 | 1484 |
| 4 | 1596 | 1708 | 1820 | 1932 | 2045 | 2157 | 2269 | 2381 | 2493 | 2605 |
| 5 | 2717 | 2829 | 2941 | 3053 | 3165 | 3277 | 3389 | 3502 | 3614 | 3726 |
| 6 | 3838 | 3950 | 4062 | 4174 | 4286 | 4398 | 4510 | 4622 | 4734 | 4846 |
| 7 | 4958 | 5070 | 5182 | 5294 | 5406 | 5518 | 5630 | 5742 | 5854 | 5966 |
| 8 | 6078 | 6190 | 6302 | 6414 | 6526 | 6638 | 6750 | 6862 | 6974 | 7086 |
| 9 | 7198 | 7310 | 7422 | 7534 | 7646 | 7758 | 7870 | 7981 | 8093 | 8205 |
| 3880 | 8317 | 8429 | 8541 | 8653 | 8765 | 8877 | 8989 | 9101 | 9213 | 9325 |
| 1 | 9436 | 9548 | 9660 | 9772 | 9884 | 9996 | *0108 | *0220 | *0332 | *0443 |
| 2 | 589 0555 | 0667 | 0779 | 0891 | 1003 | 1115 | 1227 | 1338 | 1450 | 1562 |
| 3 | 1674 | 1786 | 1898 | 2009 | 2121 | 2233 | 2345 | 2457 | 2569 | 2680 |
| 4 | 2792 | 2904 | 3016 | 3128 | 3239 | 3351 | 3463 | 3575 | 3687 | 3798 |
| 5 | 3910 | 4022 | 4134 | 4246 | 4357 | 4469 | 4581 | 4693 | 4804 | 4916 |
| 6 | 5028 | 5140 | 5251 | 5363 | 5475 | 5587 | 5698 | 5810 | 5922 | 6034 |
| 7 | 6145 | 6257 | 6369 | 6481 | 6592 | 6704 | 6816 | 6927 | 7039 | 7151 |
| 8 | 7263 | 7374 | 7486 | 7598 | 7709 | 7821 | 7933 | 8044 | 8156 | 8268 |
| 9 | 8379 | 8491 | 8603 | 8714 | 8826 | 8938 | 9049 | 9161 | 9273 | 9384 |
| 3890 | 9496 | 9608 | 9719 | 9831 | 9943 | *0054 | *0166 | *0277 | *0389 | *0501 |
| 1 | 590 0612 | 0724 | 0836 | 0947 | 1059 | 1170 | 1282 | 1394 | 1505 | 1617 |
| 2 | 1728 | 1840 | 1951 | 2063 | 2175 | 2286 | 2398 | 2509 | 2621 | 2732 |
| 3 | 2844 | 2956 | 3067 | 3179 | 3290 | 3402 | 3513 | 3625 | 3736 | 3848 |
| 4 | 3959 | 4071 | 4183 | 4294 | 4406 | 4517 | 4629 | 4740 | 4852 | 4963 |
| 5 | 5075 | 5186 | 5298 | 5409 | 5521 | 5632 | 5744 | 5855 | 5967 | 6078 |
| 6 | 6189 | 6301 | 6412 | 6524 | 6635 | 6747 | 6858 | 6970 | 7081 | 7193 |
| 7 | 7304 | 7415 | 7527 | 7638 | 7750 | 7861 | 7973 | 8084 | 8196 | 8307 |
| 8 | 8418 | 8530 | 8641 | 8753 | 8864 | 8975 | 9087 | 9198 | 9310 | 9421 |
| 9 | 9532 | 9644 | 9755 | 9866 | 9978 | *0089 | *0201 | *0312 | *0423 | *0535 |
| N. | 0 | 1 | 2 | 3 | 4 | 5 | 6 | 7 | 8 | 9 |

Diff. et p. p.

| 113 | |
|---|---|
| 1 | 11,3 |
| 2 | 22,6 |
| 3 | 33,9 |
| 4 | 45,2 |
| 5 | 56,5 |
| 6 | 67,8 |
| 7 | 79,1 |
| 8 | 90,4 |
| 9 | 101,7 |

| 112 | |
|---|---|
| 1 | 11,2 |
| 2 | 22,4 |
| 3 | 33,6 |
| 4 | 44,8 |
| 5 | 56,0 |
| 6 | 67,2 |
| 7 | 78,4 |
| 8 | 89,6 |
| 9 | 100,8 |

| 111 | |
|---|---|
| 1 | 11,1 |
| 2 | 22,2 |
| 3 | 33,3 |
| 4 | 44,4 |
| 5 | 55,5 |
| 6 | 66,6 |
| 7 | 77,7 |
| 8 | 88,8 |
| 9 | 99,9 |

| | | S = $\bar{6}$,685 | T. |
|---|---|---|---|
| 38 500″ = 10° 41′ 40″ | 3850″ = 1° 4′ 10″ | 5496 | 6253 |
| 38 600 = 10 43 20 | 3860 = 1 4 20 | 5495 | 6256 |
| 38 700 = 10 45 0 | 3870 = 1 4 30 | 5494 | 6258 |
| 38 800 = 10 46 40 | 3880 = 1 4 40 | 5493 | 6261 |
| 38 900 = 10 48 20 | 3890 = 1 4 50 | 5491 | 6264 |

| N. | 0 | 1 | 2 | 3 | 4 | 5 | 6 | 7 | 8 | 9 | Diff. et p. p. |
|---|---|---|---|---|---|---|---|---|---|---|---|
| 3900 | 591 0646 | 0757 | 0869 | 0980 | 1091 | 1203 | 1314 | 1426 | 1537 | 1648 | |
| 1 | 1760 | 1871 | 1982 | 2093 | 2205 | 2316 | 2427 | 2539 | 2650 | 2761 | |
| 2 | 2873 | 2984 | 3095 | 3207 | 3318 | 3429 | 3540 | 3652 | 3763 | 3874 | |
| 3 | 3986 | 4097 | 4208 | 4319 | 4431 | 4542 | 4653 | 4764 | 4876 | 4987 | |
| 4 | 5098 | 5209 | 5321 | 5432 | 5543 | 5654 | 5765 | 5877 | 5988 | 6099 | |
| 5 | 6210 | 6322 | 6433 | 6544 | 6655 | 6766 | 6878 | 6989 | 7100 | 7211 | |
| 6 | 7322 | 7434 | 7545 | 7656 | 7767 | 7878 | 7989 | 8101 | 8212 | 8323 | |
| 7 | 8434 | 8545 | 8656 | 8768 | 8879 | 8990 | 9101 | 9212 | 9323 | 9434 | 112 |
| 8 | 9546 | 9657 | 9768 | 9879 | 9990 | *0101 | *0212 | *0323 | *0434 | *0546 | 1 11,2 |
| 9 | 592 0657 | 0768 | 0879 | 0990 | 1101 | 1212 | 1323 | 1434 | 1545 | 1656 | 2 22,4 |
| 3910 | 1768 | 1879 | 1990 | 2101 | 2212 | 2323 | 2434 | 2545 | 2656 | 2767 | 3 33,6 |
| 1 | 2878 | 2989 | 3100 | 3211 | 3322 | 3433 | 3544 | 3655 | 3766 | 3877 | 4 44,8 |
| 2 | 3988 | 4099 | 4210 | 4321 | 4433 | 4544 | 4655 | 4766 | 4876 | 4987 | 5 56,0 |
| 3 | 5098 | 5209 | 5320 | 5431 | 5542 | 5653 | 5764 | 5875 | 5986 | 6097 | 6 67,2 |
| 4 | 6208 | 6319 | 6430 | 6541 | 6652 | 6763 | 6874 | 6985 | 7096 | 7207 | 7 78,4 |
| 5 | 7318 | 7429 | 7540 | 7650 | 7761 | 7872 | 7983 | 8094 | 8205 | 8316 | 8 89,6 |
| 6 | 8427 | 8538 | 8649 | 8760 | 8870 | 8981 | 9092 | 9203 | 9314 | 9425 | 9 100,8 |
| 7 | 9536 | 9647 | 9757 | 9868 | 9979 | *0090 | *0201 | *0312 | *0423 | *0533 | |
| 8 | 593 0644 | 0755 | 0866 | 0977 | 1088 | 1199 | 1309 | 1420 | 1531 | 1642 | |
| 9 | 1753 | 1863 | 1974 | 2085 | 2196 | 2307 | 2417 | 2528 | 2639 | 2750 | |
| 3920 | 2861 | 2971 | 3082 | 3193 | 3304 | 3415 | 3525 | 3636 | 3747 | 3858 | |
| 1 | 3968 | 4079 | 4190 | 4301 | 4411 | 4522 | 4633 | 4744 | 4854 | 4965 | 111 |
| 2 | 5076 | 5187 | 5297 | 5408 | 5519 | 5630 | 5740 | 5851 | 5962 | 6072 | 1 11,1 |
| 3 | 6183 | 6294 | 6404 | 6515 | 6626 | 6737 | 6847 | 6958 | 7069 | 7179 | 2 22,2 |
| 4 | 7290 | 7401 | 7511 | 7622 | 7733 | 7843 | 7954 | 8065 | 8175 | 8286 | 3 33,3 |
| 5 | 8397 | 8507 | 8618 | 8729 | 8839 | 8950 | 9060 | 9171 | 9282 | 9392 | 4 44,4 |
| 6 | 9503 | 9614 | 9724 | 9835 | 9945 | *0056 | *0167 | *0277 | *0388 | *0498 | 5 55,5 |
| 7 | 594 0609 | 0720 | 0830 | 0941 | 1051 | 1162 | 1273 | 1383 | 1494 | 1604 | 6 66,6 |
| 8 | 1715 | 1825 | 1936 | 2046 | 2157 | 2268 | 2378 | 2489 | 2599 | 2710 | 7 77,7 |
| 9 | 2820 | 2931 | 3041 | 3152 | 3262 | 3373 | 3483 | 3594 | 3704 | 3815 | 8 88,8 |
| 3930 | 3926 | 4036 | 4147 | 4257 | 4368 | 4478 | 4588 | 4699 | 4809 | 4920 | 9 99,9 |
| 1 | 5030 | 5141 | 5251 | 5362 | 5472 | 5583 | 5693 | 5804 | 5914 | 6025 | |
| 2 | 6135 | 6246 | 6356 | 6466 | 6577 | 6687 | 6798 | 6908 | 7019 | 7129 | |
| 3 | 7239 | 7350 | 7460 | 7571 | 7681 | 7792 | 7902 | 8012 | 8123 | 8233 | |
| 4 | 8344 | 8454 | 8564 | 8675 | 8785 | 8895 | 9006 | 9116 | 9227 | 9337 | |
| 5 | 9447 | 9558 | 9668 | 9778 | 9889 | 9999 | *0110 | *0220 | *0330 | *0441 | |
| 6 | 595 0551 | 0661 | 0772 | 0882 | 0992 | 1103 | 1213 | 1323 | 1434 | 1544 | |
| 7 | 1654 | 1764 | 1875 | 1985 | 2095 | 2206 | 2316 | 2426 | 2537 | 2647 | 110 |
| 8 | 2757 | 2867 | 2978 | 3088 | 3198 | 3308 | 3419 | 3529 | 3639 | 3750 | 1 11 |
| 9 | 3860 | 3970 | 4080 | 4191 | 4301 | 4411 | 4521 | 4632 | 4742 | 4852 | 2 22 |
| 3940 | 4962 | 5072 | 5183 | 5293 | 5403 | 5513 | 5624 | 5734 | 5844 | 5954 | 3 33 |
| 1 | 6064 | 6175 | 6285 | 6395 | 6505 | 6615 | 6725 | 6836 | 6946 | 7056 | 4 44 |
| 2 | 7166 | 7276 | 7387 | 7497 | 7607 | 7717 | 7827 | 7937 | 8047 | 8158 | 5 55 |
| 3 | 8268 | 8378 | 8488 | 8598 | 8708 | 8818 | 8929 | 9039 | 9149 | 9259 | 6 66 |
| 4 | 9369 | 9479 | 9589 | 9699 | 9810 | 9920 | *0030 | *0140 | *0250 | *0360 | 7 77 |
| 5 | 596 0470 | 0580 | 0690 | 0800 | 0910 | 1020 | 1131 | 1241 | 1351 | 1461 | 8 88 |
| 6 | 1571 | 1681 | 1791 | 1901 | 2011 | 2121 | 2231 | 2341 | 2451 | 2561 | 9 99 |
| 7 | 2671 | 2781 | 2891 | 3001 | 3111 | 3221 | 3331 | 3441 | 3551 | 3661 | |
| 8 | 3771 | 3881 | 3991 | 4101 | 4211 | 4321 | 4431 | 4541 | 4651 | 4761 | |
| 9 | 4871 | 4981 | 5091 | 5201 | 5311 | 5421 | 5531 | 5641 | 5751 | 5861 | |
| N. | 0 | 1 | 2 | 3 | 4 | 5 | 6 | 7 | 8 | 9 | |

| | | S | T. |
|---|---|---|---|
| 39 000″ = 10° 50′ 0″ | 3900″ = 1° 5′ 0″ | $\bar{6}$,685 5490 | 6266 |
| 39 100 = 10 51 40 | 3910 = 1 5 10 | 5489 | 6269 |
| 39 200 = 10 53 20 | 3920 = 1 5 20 | 5487 | 6272 |
| 39 300 = 10 55 0 | 3930 = 1 5 30 | 5486 | 6274 |
| 39 400 = 10 56 40 | 3940 = 1 5 40 | 5485 | 6277 |

| N. | 0 | 1 | 2 | 3 | 4 | 5 | 6 | 7 | 8 | 9 | Diff. et p. p. |
|---|---|---|---|---|---|---|---|---|---|---|---|
| 3950 | 596 5971 | 6081 | 6191 | 6301 | 6411 | 6521 | 6631 | 6741 | 6850 | 6960 | |
| 1 | 7070 | 7180 | 7290 | 7400 | 7510 | 7620 | 7730 | 7840 | 7950 | 8059 | |
| 2 | 8169 | 8279 | 8389 | 8499 | 8609 | 8719 | 8829 | 8939 | 9048 | 9158 | |
| 3 | 9268 | 9378 | 9488 | 9598 | 9708 | 9817 | 9927 | *0037 | *0147 | *0257 | |
| 4 | 597 0367 | 0476 | 0586 | 0696 | 0806 | 0916 | 1026 | 1135 | 1245 | 1355 | |
| 5 | 1465 | 1575 | 1684 | 1794 | 1904 | 2014 | 2124 | 2233 | 2343 | 2453 | |
| 6 | 2563 | 2673 | 2782 | 2892 | 3002 | 3112 | 3221 | 3331 | 3441 | 3551 | 110 |
| 7 | 3661 | 3770 | 3880 | 3990 | 4099 | 4209 | 4319 | 4429 | 4538 | 4648 | 1 \| 11 |
| 8 | 4758 | 4868 | 4977 | 5087 | 5197 | 5306 | 5416 | 5526 | 5636 | 5745 | 2 \| 22 |
| 9 | 5855 | 5965 | 6074 | 6184 | 6294 | 6403 | 6513 | 6623 | 6733 | 6842 | 3 \| 33 |
| 3960 | 6952 | 7062 | 7171 | 7281 | 7391 | 7500 | 7610 | 7719 | 7829 | 7939 | 4 \| 44 |
| 1 | 8048 | 8158 | 8268 | 8377 | 8487 | 8597 | 8706 | 8816 | 8925 | 9035 | 5 \| 55 |
| 2 | 9145 | 9254 | 9364 | 9474 | 9583 | 9693 | 9802 | 9912 | *0022 | *0131 | 6 \| 66 |
| 3 | 598 0241 | 0350 | 0460 | 0569 | 0679 | 0789 | 0898 | 1008 | 1117 | 1227 | 7 \| 77 |
| 4 | 1336 | 1446 | 1556 | 1665 | 1775 | 1884 | 1994 | 2103 | 2213 | 2322 | 8 \| 88 |
| 5 | 2432 | 2541 | 2651 | 2761 | 2870 | 2980 | 3089 | 3199 | 3308 | 3418 | 9 \| 99 |
| 6 | 3527 | 3637 | 3746 | 3856 | 3965 | 4075 | 4184 | 4294 | 4403 | 4513 | |
| 7 | 4622 | 4731 | 4841 | 4950 | 5060 | 5169 | 5279 | 5388 | 5498 | 5607 | |
| 8 | 5717 | 5826 | 5936 | 6045 | 6154 | 6264 | 6373 | 6483 | 6592 | 6702 | |
| 9 | 6811 | 6920 | 7030 | 7139 | 7249 | 7358 | 7467 | 7577 | 7686 | 7796 | |
| 3970 | 7905 | 8014 | 8124 | 8233 | 8343 | 8452 | 8561 | 8671 | 8780 | 8890 | |
| 1 | 8999 | 9108 | 9218 | 9327 | 9436 | 9546 | 9655 | 9764 | 9874 | 9983 | 109 |
| 2 | 599 0092 | 0202 | 0311 | 0420 | 0530 | 0639 | 0748 | 0858 | 0967 | 1076 | 1 \| 10,9 |
| 3 | 1186 | 1295 | 1404 | 1514 | 1623 | 1732 | 1841 | 1951 | 2060 | 2169 | 2 \| 21,8 |
| 4 | 2279 | 2388 | 2497 | 2606 | 2716 | 2825 | 2934 | 3044 | 3153 | 3262 | 3 \| 32,7 |
| 5 | 3371 | 3481 | 3590 | 3699 | 3808 | 3918 | 4027 | 4136 | 4245 | 4355 | 4 \| 43,6 |
| 6 | 4464 | 4573 | 4682 | 4791 | 4901 | 5010 | 5119 | 5228 | 5338 | 5447 | 5 \| 54,5 |
| 7 | 5556 | 5665 | 5774 | 5884 | 5993 | 6102 | 6211 | 6320 | 6429 | 6539 | 6 \| 65,4 |
| 8 | 6648 | 6757 | 6866 | 6975 | 7084 | 7194 | 7303 | 7412 | 7521 | 7630 | 7 \| 76,3 |
| 9 | 7739 | 7849 | 7958 | 8067 | 8176 | 8285 | 8394 | 8503 | 8612 | 8722 | 8 \| 87,2 |
| 3980 | 8831 | 8940 | 9049 | 9158 | 9267 | 9376 | 9485 | 9594 | 9704 | 9813 | 9 \| 98,1 |
| 1 | 9922 | *0031 | *0140 | *0249 | *0358 | *0467 | *0576 | *0685 | *0794 | *0903 | |
| 2 | 600 1013 | 1122 | 1231 | 1340 | 1449 | 1558 | 1667 | 1776 | 1885 | 1994 | |
| 3 | 2103 | 2212 | 2321 | 2430 | 2539 | 2648 | 2757 | 2866 | 2975 | 3084 | |
| 4 | 3193 | 3302 | 3411 | 3520 | 3629 | 3738 | 3847 | 3956 | 4065 | 4174 | |
| 5 | 4283 | 4392 | 4501 | 4610 | 4719 | 4828 | 4937 | 5046 | 5155 | 5264 | |
| 6 | 5373 | 5482 | 5591 | 5700 | 5809 | 5918 | 6027 | 6136 | 6244 | 6353 | 108 |
| 7 | 6462 | 6571 | 6680 | 6789 | 6898 | 7007 | 7116 | 7225 | 7334 | 7443 | 1 \| 10,8 |
| 8 | 7551 | 7660 | 7769 | 7878 | 7987 | 8096 | 8205 | 8314 | 8423 | 8531 | 2 \| 21,6 |
| 9 | 8640 | 8749 | 8858 | 8967 | 9076 | 9185 | 9294 | 9402 | 9511 | 9620 | 3 \| 32,4 |
| 3990 | 9729 | 9838 | 9947 | *0055 | *0164 | *0273 | *0382 | *0491 | *0600 | *0708 | 4 \| 43,2 |
| 1 | 601 0817 | 0926 | 1035 | 1144 | 1253 | 1361 | 1470 | 1579 | 1688 | 1797 | 5 \| 54,0 |
| 2 | 1905 | 2014 | 2123 | 2232 | 2340 | 2449 | 2558 | 2667 | 2776 | 2884 | 6 \| 64,8 |
| 3 | 2993 | 3102 | 3211 | 3319 | 3428 | 3537 | 3646 | 3754 | 3863 | 3972 | 7 \| 75,6 |
| 4 | 4081 | 4189 | 4298 | 4407 | 4516 | 4624 | 4733 | 4842 | 4950 | 5059 | 8 \| 86,4 |
| 5 | 5168 | 5277 | 5385 | 5494 | 5603 | 5711 | 5820 | 5929 | 6037 | 6146 | 9 \| 97,2 |
| 6 | 6255 | 6363 | 6472 | 6581 | 6690 | 6798 | 6907 | 7016 | 7124 | 7233 | |
| 7 | 7341 | 7450 | 7559 | 7667 | 7776 | 7885 | 7993 | 8102 | 8211 | [illegible] | |
| 8 | 8428 | 8537 | 8645 | 8754 | 8862 | 8971 | 9080 | 9188 | 9297 | 9405 | |
| 9 | 9514 | 9623 | 9731 | 9840 | 9948 | *0057 | *0166 | *0274 | *0383 | *0491 | |
| N. | 0 | 1 | 2 | 3 | 4 | 5 | 6 | 7 | 8 | 9 | |

| | | S = $\bar{6}$,685 | T. |
|---|---|---|---|
| 39 500″ = 10° 58′ 20″ | 3950″ = 1° 5′ 50″ | 5483 | 6280 |
| 39 600 = 11 0 0 | 3960 = 1 6 0 | 5482 | 6282 |
| 39 700 = 11 1 40 | 3970 = 1 6 10 | 5481 | 6285 |
| 39 800 = 11 3 20 | 3980 = 1 6 20 | 5479 | 6288 |
| 39 900 = 11 5 0 | 3990 = 1 6 30 | 5478 | 6290 |

| N. | 0 | 1 | 2 | 3 | 4 | 5 | 6 | 7 | 8 | 9 | Diff. et p. p. |
|---|---|---|---|---|---|---|---|---|---|---|---|
| 4000 | 602 0600 | 0708 | 0817 | 0926 | 1034 | 1143 | 1251 | 1360 | 1468 | 1577 | |
| 1 | 1686 | 1794 | 1903 | 2011 | 2120 | 2228 | 2337 | 2445 | 2554 | 2662 | |
| 2 | 2771 | 2879 | 2988 | 3096 | 3205 | 3313 | 3422 | 3530 | 3639 | 3747 | |
| 3 | 3856 | 3964 | 4073 | 4181 | 4290 | 4398 | 4507 | 4615 | 4724 | 4832 | |
| 4 | 4941 | 5049 | 5158 | 5266 | 5375 | 5483 | 5591 | 5700 | 5808 | 5917 | |
| 5 | 6025 | 6134 | 6242 | 6351 | 6459 | 6567 | 6676 | 6784 | 6893 | 7001 | |
| 6 | 7109 | 7218 | 7326 | 7435 | 7543 | 7651 | 7760 | 7868 | 7977 | 8085 | 109 |
| 7 | 8193 | 8302 | 8410 | 8519 | 8627 | 8735 | 8844 | 8952 | 9060 | 9169 | 1 \| 10,9 |
| 8 | 9277 | 9385 | 9494 | 9602 | 9711 | 9819 | 9927 | *0036 | *0144 | *0252 | 2 \| 21,8 |
| 9 | 603 0361 | 0469 | 0577 | 0686 | 0794 | 0902 | 1010 | 1119 | 1227 | 1335 | 3 \| 32,7 |
| 4010 | 1444 | 1552 | 1660 | 1769 | 1877 | 1985 | 2093 | 2202 | 2310 | 2418 | 4 \| 43,6 |
| 1 | 2527 | 2635 | 2743 | 2851 | 2960 | 3068 | 3176 | 3284 | 3393 | 3501 | 5 \| 54,5 |
| 2 | 3609 | 3717 | 3826 | 3934 | 4042 | 4150 | 4259 | 4367 | 4475 | 4583 | 6 \| 65,4 |
| 3 | 4692 | 4800 | 4908 | 5016 | 5124 | 5233 | 5341 | 5449 | 5557 | 5665 | 7 \| 76,3 |
| 4 | 5774 | 5882 | 5990 | 6098 | 6206 | 6315 | 6423 | 6531 | 6639 | 6747 | 8 \| 87,2 |
| 5 | 6855 | 6964 | 7072 | 7180 | 7288 | 7396 | 7504 | 7613 | 7721 | 7829 | 9 \| 98,1 |
| 6 | 7937 | 8045 | 8153 | 8261 | 8370 | 8478 | 8586 | 8694 | 8802 | 8910 | |
| 7 | 9018 | 9126 | 9235 | 9343 | 9451 | 9559 | 9667 | 9775 | 9883 | 9991 | |
| 8 | 604 0099 | 0207 | 0315 | 0424 | 0532 | 0640 | 0748 | 0856 | 0964 | 1072 | |
| 9 | 1180 | 1288 | 1396 | 1504 | 1612 | 1720 | 1828 | 1936 | 2044 | 2152 | |
| 4020 | 2261 | 2369 | 2477 | 2585 | 2693 | 2801 | 2909 | 3017 | 3125 | 3233 | |
| 1 | 3341 | 3449 | 3557 | 3665 | 3773 | 3881 | 3989 | 4097 | 4205 | 4313 | 108 |
| 2 | 4421 | 4529 | 4637 | 4745 | 4853 | 4961 | 5068 | 5176 | 5284 | 5392 | 1 \| 10,8 |
| 3 | 5500 | 5608 | 5716 | 5824 | 5932 | 6040 | 6148 | 6256 | 6364 | 6472 | 2 \| 21,6 |
| 4 | 6580 | 6688 | 6796 | 6903 | 7011 | 7119 | 7227 | 7335 | 7443 | 7551 | 3 \| 32,4 |
| 5 | 7659 | 7767 | 7875 | 7983 | 8090 | 8198 | 8306 | 8414 | 8522 | 8630 | 4 \| 43,2 |
| 6 | 8738 | 8846 | 8953 | 9061 | 9169 | 9277 | 9385 | 9493 | 9601 | 9708 | 5 \| 54,0 |
| 7 | 9816 | 9924 | *0032 | *0140 | *0248 | *0355 | *0463 | *0571 | *0679 | *0787 | 6 \| 64,8 |
| 8 | 605 0895 | 1002 | 1110 | 1218 | 1326 | 1434 | 1541 | 1649 | 1757 | 1865 | 7 \| 75,6 |
| 9 | 1973 | 2080 | 2188 | 2296 | 2404 | 2512 | 2619 | 2727 | 2835 | 2943 | 8 \| 86,4 |
| 4030 | 3050 | 3158 | 3266 | 3374 | 3482 | 3589 | 3697 | 3805 | 3912 | 4020 | 9 \| 97,2 |
| 1 | 4128 | 4236 | 4343 | 4451 | 4559 | 4667 | 4774 | 4882 | 4990 | 5098 | |
| 2 | 5205 | 5313 | 5421 | 5528 | 5636 | 5744 | 5851 | 5959 | 6067 | 6175 | |
| 3 | 6282 | 6390 | 6498 | 6605 | 6713 | 6821 | 6928 | 7036 | 7144 | 7251 | |
| 4 | 7359 | 7467 | 7574 | 7682 | 7790 | 7897 | 8005 | 8112 | 8220 | 8328 | |
| 5 | 8435 | 8543 | 8651 | 8758 | 8866 | 8974 | 9081 | 9189 | 9296 | 9404 | |
| 6 | 9512 | 9619 | 9727 | 9834 | 9942 | *0050 | *0157 | *0265 | *0372 | *0480 | 107 |
| 7 | 606 0587 | 0695 | 0803 | 0910 | 1018 | 1125 | 1233 | 1340 | 1448 | 1556 | 1 \| 10,7 |
| 8 | 1663 | 1771 | 1878 | 1986 | 2093 | 2201 | 2308 | 2416 | 2523 | 2631 | 2 \| 21,4 |
| 9 | 2739 | 2846 | 2954 | 3061 | 3169 | 3276 | 3384 | 3491 | 3599 | 3706 | 3 \| 32,1 |
| 4040 | 3814 | 3921 | 4029 | 4136 | 4244 | 4351 | 4459 | 4566 | 4674 | 4781 | 4 \| 42,8 |
| 1 | 4889 | 4996 | 5103 | 5211 | 5318 | 5426 | 5533 | 5641 | 5748 | 5856 | 5 \| 53,5 |
| 2 | 5963 | 6071 | 6178 | 6285 | 6393 | 6500 | 6608 | 6715 | 6823 | 6930 | 6 \| 64,2 |
| 3 | 7037 | 7145 | 7252 | 7360 | 7467 | 7574 | 7682 | 7789 | 7897 | 8004 | 7 \| 74,9 |
| 4 | 8111 | 8219 | 8326 | 8434 | 8541 | 8648 | 8756 | 8863 | 8971 | 9078 | 8 \| 85,6 |
| 5 | 9185 | 9293 | 9400 | 9507 | 9615 | 9722 | 9829 | 9937 | *0044 | *0151 | 9 \| 96,3 |
| 6 | 607 0259 | 0366 | 0473 | 0581 | 0688 | 0795 | 0903 | 1010 | 1117 | 1225 | |
| 7 | 1332 | 1439 | 1547 | 1654 | 1761 | 1869 | 1976 | 2083 | 2190 | 2298 | |
| 8 | 2405 | 2512 | 2620 | 2727 | 2834 | 2941 | 3049 | 3156 | 3263 | 3371 | |
| 9 | 3478 | 3585 | 3692 | 3800 | 3907 | 4014 | 4121 | 4229 | 4336 | 4443 | |
| N. | 0 | 1 | 2 | 3 | 4 | 5 | 6 | 7 | 8 | 9 | |

| | | | |
|---|---|---|---|
| 40 000″ = 11° 6′ 40″ | 4000″ = 1° 6′ 40″ | S = $\bar{6}$,685 5476 | T. 6293 |
| 40 100 = 11 8 20 | 4010 = 1 6 50 | 5475 | 6296 |
| 40 200 = 11 10 0 | 4020 = 1 7 0 | 5474 | 6299 |
| 40 300 = 11 11 40 | 4030 = 1 7 10 | 5472 | 6301 |
| 40 400 = 11 13 20 | 4040 = 1 7 20 | 5471 | 6304 |

| N. | 0 | 1 | 2 | 3 | 4 | 5 | 6 | 7 | 8 | 9 | Diff. et p. p. |
|---|---|---|---|---|---|---|---|---|---|---|---|
| 4050 | 607 4550 | 4657 | 4765 | 4872 | 4979 | 5086 | 5194 | 5301 | 5408 | 5515 | |
| 1 | 5622 | 5730 | 5837 | 5944 | 6051 | 6158 | 6266 | 6373 | 6480 | 6587 | |
| 2 | 6694 | 6802 | 6909 | 7016 | 7123 | 7230 | 7337 | 7445 | 7552 | 7659 | |
| 3 | 7766 | 7873 | 7980 | 8087 | 8195 | 8302 | 8409 | 8516 | 8623 | 8730 | 108 |
| 4 | 8837 | 8945 | 9052 | 9159 | 9266 | 9373 | 9480 | 9587 | 9694 | 9801 | 1 \| 10,8 |
| 5 | 9909 | *0016 | *0123 | *0230 | *0337 | *0444 | *0551 | *0658 | *0765 | *0872 | 2 \| 21,6 |
| 6 | 608 0979 | 1087 | 1194 | 1301 | 1408 | 1515 | 1622 | 1729 | 1836 | 1943 | 3 \| 32,4 |
| 7 | 2050 | 2157 | 2264 | 2371 | 2478 | 2585 | 2692 | 2799 | 2906 | 3013 | 4 \| 43,2 |
| 8 | 3120 | 3227 | 3334 | 3441 | 3548 | 3656 | 3763 | 3870 | 3977 | 4084 | 5 \| 54,0 |
| 9 | 4191 | 4298 | 4404 | 4511 | 4618 | 4725 | 4832 | 4939 | 5046 | 5153 | 6 \| 64,8 |
| 4060 | 5260 | 5367 | 5474 | 5581 | 5688 | 5795 | 5902 | 6009 | 6116 | 6223 | 7 \| 75,6 |
| 1 | 6330 | 6437 | 6544 | 6651 | 6758 | 6865 | 6972 | 7078 | 7185 | 7292 | 8 \| 86,4 |
| 2 | 7399 | 7506 | 7613 | 7720 | 7827 | 7934 | 8041 | 8148 | 8254 | 8361 | 9 \| 97,2 |
| 3 | 8468 | 8575 | 8682 | 8789 | 8896 | 9003 | 9110 | 9216 | 9323 | 9430 | |
| 4 | 9537 | 9644 | 9751 | 9858 | 9964 | *0071 | *0178 | *0285 | *0392 | *0499 | |
| 5 | 609 0605 | 0712 | 0819 | 0926 | 1033 | 1140 | 1246 | 1353 | 1460 | 1567 | 107 |
| 6 | 1674 | 1781 | 1887 | 1994 | 2101 | 2208 | 2315 | 2421 | 2528 | 2635 | 1 \| 10,7 |
| 7 | 2742 | 2849 | 2955 | 3062 | 3169 | 3276 | 3382 | 3489 | 3596 | 3703 | 2 \| 21,4 |
| 8 | 3809 | 3916 | 4023 | 4130 | 4236 | 4343 | 4450 | 4557 | 4663 | 4770 | 3 \| 32,1 |
| 9 | 4877 | 4984 | 5090 | 5197 | 5304 | 5411 | 5517 | 5624 | 5731 | 5837 | 4 \| 42,8 |
| 4070 | 5944 | 6051 | 6157 | 6264 | 6371 | 6478 | 6584 | 6691 | 6798 | 6904 | 5 \| 53,5 |
| 1 | 7011 | 7118 | 7224 | 7331 | 7438 | 7544 | 7651 | 7758 | 7864 | 7971 | 6 \| 64,2 |
| 2 | 8078 | 8184 | 8291 | 8398 | 8504 | 8611 | 8718 | 8824 | 8931 | 9037 | 7 \| 74,9 |
| 3 | 9144 | 9251 | 9357 | 9464 | 9571 | 9677 | 9784 | 9890 | 9997 | *0104 | 8 \| 85,6 |
| 4 | 610 0210 | 0317 | 0423 | 0530 | 0637 | 0743 | 0850 | 0956 | 1063 | 1170 | 9 \| 96,3 |
| 5 | 1276 | 1383 | 1489 | 1596 | 1702 | 1809 | 1916 | 2022 | 2129 | 2235 | |
| 6 | 2342 | 2448 | 2555 | 2661 | 2768 | 2874 | 2981 | 3088 | 3194 | 3301 | |
| 7 | 3407 | 3514 | 3620 | 3727 | 3833 | 3940 | 4046 | 4153 | 4259 | 4366 | |
| 8 | 4472 | 4579 | 4685 | 4792 | 4898 | 5005 | 5111 | 5218 | 5324 | 5431 | 106 |
| 9 | 5537 | 5644 | 5750 | 5856 | 5963 | 6069 | 6176 | 6282 | 6389 | 6495 | 1 \| 10,6 |
| 4080 | 6602 | 6708 | 6815 | 6921 | 7027 | 7134 | 7240 | 7347 | 7453 | 7560 | 2 \| 21,2 |
| 1 | 7666 | 7772 | 7879 | 7985 | 8092 | 8198 | 8304 | 8411 | 8517 | 8624 | 3 \| 31,8 |
| 2 | 8730 | 8836 | 8943 | 9049 | 9156 | 9262 | 9368 | 9475 | 9581 | 9687 | 4 \| 42,4 |
| 3 | 9794 | 9900 | *0007 | *0113 | *0219 | *0326 | *0432 | *0538 | *0645 | *0751 | 5 \| 53,0 |
| 4 | 611 0857 | 0964 | 1070 | 1176 | 1283 | 1389 | 1495 | 1602 | 1708 | 1814 | 6 \| 63,6 |
| 5 | 1921 | 2027 | 2133 | 2240 | 2346 | 2452 | 2558 | 2665 | 2771 | 2877 | 7 \| 74,2 |
| 6 | 2984 | 3090 | 3196 | 3302 | 3409 | 3515 | 3621 | 3728 | 3834 | 3940 | 8 \| 84,8 |
| 7 | 4046 | 4153 | 4259 | 4365 | 4471 | 4578 | 4684 | 4790 | 4896 | 5003 | 9 \| 95,4 |
| 8 | 5109 | 5215 | 5321 | 5428 | 5534 | 5640 | 5746 | 5852 | 5959 | 6065 | |
| 9 | 6171 | 6277 | 6384 | 6490 | 6596 | 6702 | 6808 | 6915 | 7021 | 7127 | 105 |
| 4090 | 7233 | 7339 | 7445 | 7552 | 7658 | 7764 | 7870 | 7976 | 8082 | 8189 | 1 \| 10,5 |
| 1 | 8295 | 8401 | 8507 | 8613 | 8719 | 8826 | 8932 | 9038 | 9144 | 9250 | 2 \| 21,0 |
| 2 | 9356 | 9462 | 9569 | 9675 | 9781 | 9887 | 9993 | *0099 | *0205 | *0311 | 3 \| 31,5 |
| 3 | 612 0417 | 0524 | 0630 | 0736 | 0842 | 0948 | 1054 | 1160 | 1266 | 1372 | 4 \| 42,0 |
| 4 | 1478 | 1584 | 1691 | 1797 | 1903 | 2009 | 2115 | 2221 | 2327 | 2433 | 5 \| 52,5 |
| 5 | 2539 | 2645 | 2751 | 2857 | 2963 | 3069 | 3175 | 3281 | 3387 | 3493 | 6 \| 63,0 |
| 6 | 3599 | 3706 | 3812 | 3918 | 4024 | 4130 | 4236 | 4342 | 4448 | 4554 | 7 \| 73,5 |
| 7 | 4660 | 4766 | 4872 | 4978 | 5084 | 5190 | 5296 | 5402 | 5508 | 5614 | 8 \| 84,0 |
| 8 | 5720 | 5826 | 5931 | 6037 | 6143 | 6249 | 6355 | 6461 | 6567 | 6673 | 9 \| 94,5 |
| 9 | 6779 | 6885 | 6991 | 7097 | 7203 | 7309 | 7415 | 7521 | 7627 | 7733 | |
| N. | 0 | 1 | 2 | 3 | 4 | 5 | 6 | 7 | 8 | 9 | |

| | | | |
|---|---|---|---|
| 40 500″ = 11° 15′ 0″ | 4050″ = 1° 7′ 30″ | S = $\bar{6}$,685 5470 | T. 6307 |
| 40 600 = 11 16 40 | 4060 = 1 7 40 | 5468 | 6310 |
| 40 700 = 11 18 20 | 4070 = 1 7 50 | 5467 | 6312 |
| 40 800 = 11 20 0 | 4080 = 1 8 0 | 5465 | 6315 |
| 40 900 = 11 21 40 | 4090 = 1 8 10 | 5464 | 6318 |

| N. | 0 | 1 | 2 | 3 | 4 | 5 | 6 | 7 | 8 | 9 | Diff. et p. p. |
|---|---|---|---|---|---|---|---|---|---|---|---|
| 4100 | 612 7839 | 7944 | 8050 | 8156 | 8262 | 8368 | 8474 | 8580 | 8686 | 8792 | |
| 1 | 8898 | 9004 | 9109 | 9215 | 9321 | 9427 | 9533 | 9639 | 9745 | 9851 | |
| 2 | 9957 | *0062 | *0168 | *0274 | *0380 | *0486 | *0592 | *0698 | *0803 | *0909 | |
| 3 | 613 1015 | 1121 | 1227 | 1333 | 1439 | 1544 | 1650 | 1756 | 1862 | 1968 | |
| 4 | 2074 | 2179 | 2285 | 2391 | 2497 | 2603 | 2708 | 2814 | 2920 | 3026 | |
| 5 | 3132 | 3237 | 3343 | 3449 | 3555 | 3661 | 3766 | 3872 | 3978 | 4084 | |
| 6 | 4189 | 4295 | 4401 | 4507 | 4613 | 4718 | 4824 | 4930 | 5036 | 5141 | |
| 7 | 5247 | 5353 | 5459 | 5564 | 5670 | 5776 | 5881 | 5987 | 6093 | 6199 | 108 |
| 8 | 6304 | 6410 | 6516 | 6621 | 6727 | 6833 | 6939 | 7044 | 7150 | 7256 | 1 10,6 |
| 9 | 7361 | 7467 | 7573 | 7678 | 7784 | 7890 | 7996 | 8101 | 8207 | 8313 | 2 21,2<br>3 31,8 |
| 4110 | 8418 | 8524 | 8630 | 8735 | 8841 | 8947 | 9052 | 9158 | 9263 | 9369 | 4 42,4 |
| 1 | 9475 | 9580 | 9686 | 9792 | 9897 | *0003 | *0109 | *0214 | *0320 | *0425 | 5 53,0 |
| 2 | 614 0531 | 0637 | 0742 | 0848 | 0954 | 1059 | 1165 | 1270 | 1376 | 1482 | 6 63,6 |
| 3 | 1587 | 1693 | 1798 | 1904 | 2009 | 2115 | 2221 | 2326 | 2432 | 2537 | 7 74,2 |
| 4 | 2643 | 2748 | 2854 | 2960 | 3065 | 3171 | 3276 | 3382 | 3487 | 3593 | 8 84,8 |
| 5 | 3698 | 3804 | 3909 | 4015 | 4121 | 4226 | 4332 | 4437 | 4543 | 4648 | 9 95,4 |
| 6 | 4754 | 4859 | 4965 | 5070 | 5176 | 5281 | 5387 | 5492 | 5598 | 5703 | |
| 7 | 5809 | 5914 | 6020 | 6125 | 6231 | 6336 | 6442 | 6547 | 6652 | 6758 | |
| 8 | 6863 | 6969 | 7074 | 7180 | 7285 | 7391 | 7496 | 7602 | 7707 | 7812 | |
| 9 | 7918 | 8023 | 8129 | 8234 | 8340 | 8445 | 8550 | 8656 | 8761 | 8867 | |
| 4120 | 8972 | 9078 | 9183 | 9288 | 9394 | 9499 | 9605 | 9710 | 9815 | 9921 | |
| 1 | 615 0026 | 0132 | 0237 | 0342 | 0448 | 0553 | 0658 | 0764 | 0869 | 0975 | |
| 2 | 1080 | 1185 | 1291 | 1396 | 1501 | 1607 | 1712 | 1817 | 1923 | 2028 | 105 |
| 3 | 2133 | 2239 | 2344 | 2449 | 2555 | 2660 | 2765 | 2871 | 2976 | 3081 | 1 10,5 |
| 4 | 3187 | 3292 | 3397 | 3502 | 3608 | 3713 | 3818 | 3924 | 4029 | 4134 | 2 21,0<br>3 31,5 |
| 5 | 4240 | 4345 | 4450 | 4555 | 4661 | 4766 | 4871 | 4976 | 5082 | 5187 | 4 42,0 |
| 6 | 5292 | 5397 | 5503 | 5608 | 5713 | 5818 | 5924 | 6029 | 6134 | 6239 | 5 52,5 |
| 7 | 6345 | 6450 | 6555 | 6660 | 6766 | 6871 | 6976 | 7081 | 7186 | 7292 | 6 63,0 |
| 8 | 7397 | 7502 | 7607 | 7712 | 7818 | 7923 | 8028 | 8133 | 8238 | 8344 | 7 73,5 |
| 9 | 8449 | 8554 | 8659 | 8764 | 8870 | 8975 | 9080 | 9185 | 9290 | 9395 | 8 84,0 |
| 4130 | 9501 | 9606 | 9711 | 9816 | 9921 | *0026 | *0131 | *0237 | *0342 | *0447 | 9 94,5 |
| 1 | 616 0552 | 0657 | 0762 | 0867 | 0972 | 1078 | 1183 | 1288 | 1393 | 1498 | |
| 2 | 1603 | 1708 | 1813 | 1918 | 2024 | 2129 | 2234 | 2339 | 2444 | 2549 | |
| 3 | 2654 | 2759 | 2864 | 2969 | 3074 | 3179 | 3284 | 3390 | 3495 | 3600 | |
| 4 | 3705 | 3810 | 3915 | 4020 | 4125 | 4230 | 4335 | 4440 | 4545 | 4650 | |
| 5 | 4755 | 4860 | 4965 | 5070 | 5175 | 5280 | 5385 | 5490 | 5595 | 5700 | |
| 6 | 5805 | 5910 | 6015 | 6120 | 6225 | 6330 | 6435 | 6540 | 6645 | 6750 | |
| 7 | 6855 | 6960 | 7065 | 7170 | 7275 | 7380 | 7485 | 7590 | 7695 | 7800 | 104 |
| 8 | 7905 | 8010 | 8115 | 8220 | 8325 | 8430 | 8535 | 8639 | 8744 | 8849 | 1 10,4 |
| 9 | 8954 | 9059 | 9164 | 9269 | 9374 | 9479 | 9584 | 9689 | 9794 | 9899 | 2 20,8<br>3 31,2 |
| 4140 | 617 0003 | 0108 | 0213 | 0318 | 0423 | 0528 | 0633 | 0738 | 0843 | 0947 | 4 41,6 |
| 1 | 1052 | 1157 | 1262 | 1367 | 1472 | 1577 | 1682 | 1786 | 1891 | 1996 | 5 52,0 |
| 2 | 2101 | 2206 | 2311 | 2415 | 2520 | 2625 | 2730 | 2835 | 2940 | 3045 | 6 62,4 |
| 3 | 3149 | 3254 | 3359 | 3464 | 3569 | 3673 | 3778 | 3883 | 3988 | 4093 | 7 72,8 |
| 4 | 4197 | 4302 | 4407 | 4512 | 4617 | 4721 | 4826 | 4931 | 5036 | 5141 | 8 83,2 |
| 5 | 5245 | 5350 | 5455 | 5560 | 5664 | 5769 | 5874 | 5979 | 6083 | 6188 | 9 93,6 |
| 6 | 6293 | 6398 | 6502 | 6607 | 6712 | 6817 | 6921 | 7026 | 7131 | 7236 | |
| 7 | 7340 | 7445 | 7550 | 7655 | 7759 | 7864 | 7969 | 8073 | 8178 | 8283 | |
| 8 | 8387 | 8492 | 8597 | 8702 | 8806 | 8911 | 9016 | 9120 | 9225 | 9330 | |
| 9 | 9434 | 9539 | 9644 | 9748 | 9853 | 9958 | *0062 | *0167 | *0272 | *0376 | |
| N. | 0 | 1 | 2 | 3 | 4 | 5 | 6 | 7 | 8 | 9 | |

| | | | |
|---|---|---|---|
| 41 000″ = 11° 23′ 20″ | 4100″ = 1° 8′ 20″ | S = $\bar{6}$,6855463 | T. 6321 |
| 41 100 = 11 25 0 | 4110 = 1 8 30 | 5461 | 6323 |
| 41 200 = 11 26 40 | 4120 = 1 8 40 | 5460 | 6326 |
| 41 300 = 11 28 20 | 4130 = 1 8 50 | 5458 | 6329 |
| 41 400 = 11 30 0 | 4140 = 1 9 0 | 5457 | 6332 |

| N. | 0 | 1 | 2 | 3 | 4 | 5 | 6 | 7 | 8 | 9 | Diff. et p. p. |
|---|---|---|---|---|---|---|---|---|---|---|---|
| 4150 | 618 0481 | 0586 | 0690 | 0795 | 0900 | 1004 | 1109 | 1213 | 1318 | 1423 | |
| 1 | 1527 | 1632 | 1737 | 1841 | 1946 | 2050 | 2155 | 2260 | 2364 | 2469 | |
| 2 | 2573 | 2678 | 2783 | 2887 | 2992 | 3096 | 3201 | 3306 | 3410 | 3515 | |
| 3 | 3619 | 3724 | 3828 | 3933 | 4038 | 4142 | 4247 | 4351 | 4456 | 4560 | |
| 4 | 4665 | 4769 | 4874 | 4979 | 5083 | 5188 | 5292 | 5397 | 5501 | 5606 | |
| 5 | 5710 | 5815 | 5919 | 6024 | 6128 | 6233 | 6337 | 6442 | 6546 | 6651 | |
| 6 | 6755 | 6860 | 6964 | 7069 | 7173 | 7278 | 7382 | 7487 | 7591 | 7696 | 105 |
| 7 | 7800 | 7905 | 8009 | 8114 | 8218 | 8323 | 8427 | 8531 | 8636 | 8740 | 1 \| 10,5 |
| 8 | 8845 | 8949 | 9054 | 9158 | 9263 | 9367 | 9471 | 9576 | 9680 | 9785 | 2 \| 21,0 |
| 9 | 9889 | 9994 | *0098 | *0202 | *0307 | *0411 | *0516 | *0620 | *0725 | *0829 | 3 \| 31,5 |
| 4160 | 619 0933 | 1038 | 1142 | 1246 | 1351 | 1455 | 1560 | 1664 | 1768 | 1873 | 4 \| 42,0 |
| 1 | 1977 | 2082 | 2186 | 2290 | 2395 | 2499 | 2603 | 2708 | 2812 | 2916 | 5 \| 52,5 |
| 2 | 3021 | 3125 | 3229 | 3334 | 3438 | 3542 | 3647 | 3751 | 3855 | 3960 | 6 \| 63,0 |
| 3 | 4064 | 4168 | 4273 | 4377 | 4481 | 4586 | 4690 | 4794 | 4899 | 5003 | 7 \| 73,5 |
| 4 | 5107 | 5212 | 5316 | 5420 | 5524 | 5629 | 5733 | 5837 | 5942 | 6046 | 8 \| 84,0 |
| 5 | 6150 | 6254 | 6359 | 6463 | 6567 | 6671 | 6776 | 6880 | 6984 | 7088 | 9 \| 94,5 |
| 6 | 7193 | 7297 | 7401 | 7505 | 7610 | 7714 | 7818 | 7922 | 8027 | 8131 | |
| 7 | 8235 | 8339 | 8443 | 8548 | 8652 | 8756 | 8860 | 8964 | 9069 | 9173 | |
| 8 | 9277 | 9381 | 9485 | 9590 | 9694 | 9798 | 9902 | *0006 | *0111 | *0215 | |
| 9 | 620 0319 | 0423 | 0527 | 0631 | 0736 | 0840 | 0944 | 1048 | 1152 | 1256 | |
| 4170 | 1361 | 1465 | 1569 | 1673 | 1777 | 1881 | 1985 | 2090 | 2194 | 2298 | |
| 1 | 2402 | 2506 | 2610 | 2714 | 2818 | 2922 | 3027 | 3131 | 3235 | 3339 | 104 |
| 2 | 3443 | 3547 | 3651 | 3755 | 3859 | 3963 | 4068 | 4172 | 4276 | 4380 | 1 \| 10,4 |
| 3 | 4484 | 4588 | 4692 | 4796 | 4900 | 5004 | 5108 | 5212 | 5316 | 5420 | 2 \| 20,8 |
| 4 | 5524 | 5628 | 5733 | 5837 | 5941 | 6045 | 6149 | 6253 | 6357 | 6461 | 3 \| 31,2 |
| 5 | 6565 | 6669 | 6773 | 6877 | 6981 | 7085 | 7189 | 7293 | 7397 | 7501 | 4 \| 41,6 |
| 6 | 7605 | 7709 | 7813 | 7917 | 8021 | 8125 | 8229 | 8333 | 8437 | 8541 | 5 \| 52,0 |
| 7 | 8645 | 8749 | 8853 | 8957 | 9061 | 9165 | 9269 | 9373 | 9476 | 9580 | 6 \| 62,4 |
| 8 | 9684 | 9788 | 9892 | 9996 | *0100 | *0204 | *0308 | *0412 | *0516 | *0620 | 7 \| 72,8 |
| 9 | 621 0724 | 0828 | 0932 | 1035 | 1139 | 1243 | 1347 | 1451 | 1555 | 1659 | 8 \| 83,2 |
| 4180 | 1763 | 1867 | 1971 | 2075 | 2178 | 2282 | 2386 | 2490 | 2594 | 2698 | 9 \| 93,6 |
| 1 | 2802 | 2906 | 3009 | 3113 | 3217 | 3321 | 3425 | 3529 | 3633 | 3736 | |
| 2 | 3840 | 3944 | 4048 | 4152 | 4256 | 4359 | 4463 | 4567 | 4671 | 4775 | |
| 3 | 4879 | 4982 | 5086 | 5190 | 5294 | 5398 | 5502 | 5605 | 5709 | 5813 | |
| 4 | 5917 | 6021 | 6124 | 6228 | 6332 | 6436 | 6540 | 6643 | 6747 | 6851 | |
| 5 | 6955 | 7058 | 7162 | 7266 | 7370 | 7473 | 7577 | 7681 | 7785 | 7888 | |
| 6 | 7992 | 8096 | 8200 | 8303 | 8407 | 8511 | 8615 | 8718 | 8822 | 8926 | 103 |
| 7 | 9030 | 9133 | 9237 | 9341 | 9444 | 9548 | 9652 | 9756 | 9859 | 9963 | 1 \| 10,3 |
| 8 | 622 0067 | 0170 | 0274 | 0378 | 0482 | 0585 | 0689 | 0793 | 0896 | 1000 | 2 \| 20,6 |
| 9 | 1104 | 1207 | 1311 | 1415 | 1518 | 1622 | 1726 | 1829 | 1933 | 2037 | 3 \| 30,9 |
| 4190 | 2140 | 2244 | 2348 | 2451 | 2555 | 2658 | 2762 | 2866 | 2969 | 3073 | 4 \| 41,2 |
| 1 | 3177 | 3280 | 3384 | 3487 | 3591 | 3695 | 3798 | 3902 | 4006 | 4109 | 5 \| 51,5 |
| 2 | 4213 | 4316 | 4420 | 4524 | 4627 | 4731 | 4834 | 4938 | 5041 | 5145 | 6 \| 61,8 |
| 3 | 5249 | 5352 | 5456 | 5559 | 5663 | 5766 | 5870 | 5974 | 6077 | 6181 | 7 \| 72,1 |
| 4 | 6284 | 6388 | 6491 | 6595 | 6698 | 6802 | 6906 | 7009 | 7113 | 7216 | 8 \| 82,4 |
| 5 | 7320 | 7423 | 7527 | 7630 | 7734 | 7837 | 7941 | 8044 | 8148 | 8251 | 9 \| 92,7 |
| 6 | 8355 | 8458 | 8562 | 8665 | 8769 | 8872 | 8976 | 9079 | 9183 | 9286 | |
| 7 | 9390 | 9493 | 9597 | 9700 | 9804 | 9907 | *0011 | *0114 | *0217 | *0321 | |
| 8 | 623 0424 | 0528 | 0631 | 0735 | 0838 | 0942 | 1045 | 1148 | 1252 | 1355 | |
| 9 | 1459 | 1562 | 1666 | 1769 | 1872 | 1976 | 2079 | 2183 | 2286 | 2389 | |
| N. | 0 | 1 | 2 | 3 | 4 | 5 | 6 | 7 | 8 | 9 | |

41 500″ = 11° 31′ 40″ — 4150″ = 1° 9′ 10″ — S = $\bar{6}$, 685 5456 — T. 6335
41 600 = 11 33 20 — 4160 = 1 9 20 — 5454 — 6338
41 700 = 11 35 0 — 4170 = 1 9 30 — 5453 — 6340
41 800 = 11 36 40 — 4180 = 1 9 40 — 5451 — 6343
41 900 = 11 38 20 — 4190 = 1 9 50 — 5450 — 6346

| N. | 0 | 1 | 2 | 3 | 4 | 5 | 6 | 7 | 8 | 9 | Diff. et p. p. |
|---|---|---|---|---|---|---|---|---|---|---|---|
| 4200 | 623 2493 | 2596 | 2700 | 2803 | 2906 | 3010 | 3113 | 3217 | 3320 | 3423 | |
| 1 | 3527 | 3630 | 3734 | 3837 | 3940 | 4044 | 4147 | 4250 | 4354 | 4457 | |
| 2 | 4560 | 4664 | 4767 | 4871 | 4974 | 5077 | 5181 | 5284 | 5387 | 5491 | |
| 3 | 5594 | 5697 | 5801 | 5904 | 6007 | 6111 | 6214 | 6317 | 6420 | 6524 | |
| 4 | 6627 | 6730 | 6834 | 6937 | 7040 | 7144 | 7247 | 7350 | 7453 | 7557 | |
| 5 | 7660 | 7763 | 7867 | 7970 | 8073 | 8176 | 8280 | 8383 | 8486 | 8589 | |
| 6 | 8693 | 8796 | 8899 | 9002 | 9106 | 9209 | 9312 | 9415 | 9519 | 9622 | 104 |
| 7 | 9725 | 9828 | 9932 | *0035 | *0138 | *0241 | *0344 | *0448 | *0551 | *0654 | 1 \| 10,4 |
| 8 | 624 0757 | 0861 | 0964 | 1067 | 1170 | 1273 | 1377 | 1480 | 1583 | 1686 | 2 \| 20,8 |
| 9 | 1789 | 1892 | 1996 | 2099 | 2202 | 2305 | 2408 | 2511 | 2615 | 2718 | 3 \| 31,2 |
| 4210 | 2821 | 2924 | 3027 | 3130 | 3234 | 3337 | 3440 | 3543 | 3646 | 3749 | 4 \| 41,6 |
| 1 | 3852 | 3956 | 4059 | 4162 | 4265 | 4368 | 4471 | 4574 | 4677 | 4781 | 5 \| 52,0 |
| 2 | 4884 | 4987 | 5090 | 5193 | 5296 | 5399 | 5502 | 5605 | 5708 | 5812 | 6 \| 62,4 |
| 3 | 5915 | 6018 | 6121 | 6224 | 6327 | 6430 | 6533 | 6636 | 6739 | 6842 | 7 \| 72,8 |
| 4 | 6945 | 7048 | 7151 | 7254 | 7358 | 7461 | 7564 | 7667 | 7770 | 7873 | 8 \| 83,2 |
| 5 | 7976 | 8079 | 8182 | 8285 | 8388 | 8491 | 8594 | 8697 | 8800 | 8903 | 9 \| 93,6 |
| 6 | 9006 | 9109 | 9212 | 9315 | 9418 | 9521 | 9624 | 9727 | 9830 | 9933 | |
| 7 | 625 0036 | 0139 | 0242 | 0345 | 0448 | 0551 | 0654 | 0757 | 0860 | 0963 | |
| 8 | 1066 | 1169 | 1272 | 1375 | 1478 | 1581 | 1683 | 1786 | 1889 | 1992 | |
| 9 | 2095 | 2198 | 2301 | 2404 | 2507 | 2610 | 2713 | 2816 | 2919 | 3022 | |
| 4220 | 3125 | 3227 | 3330 | 3433 | 3536 | 3639 | 3742 | 3845 | 3948 | 4051 | |
| 1 | 4154 | 4256 | 4359 | 4462 | 4565 | 4668 | 4771 | 4874 | 4977 | 5079 | 103 |
| 2 | 5182 | 5285 | 5388 | 5491 | 5594 | 5697 | 5799 | 5902 | 6005 | 6108 | 1 \| 10,3 |
| 3 | 6211 | 6314 | 6416 | 6519 | 6622 | 6725 | 6828 | 6931 | 7033 | 7136 | 2 \| 20,6 |
| 4 | 7239 | 7342 | 7445 | 7548 | 7650 | 7753 | 7856 | 7959 | 8062 | 8164 | 3 \| 30,9 |
| 5 | 8267 | 8370 | 8473 | 8575 | 8678 | 8781 | 8884 | 8987 | 9089 | 9192 | 4 \| 41,2 |
| 6 | 9295 | 9398 | 9500 | 9603 | 9706 | 9809 | 9911 | *0014 | *0117 | *0220 | 5 \| 51,5 |
| 7 | 626 0322 | 0425 | 0528 | 0631 | 0733 | 0836 | 0939 | 1042 | 1144 | 1247 | 6 \| 61,8 |
| 8 | 1350 | 1453 | 1555 | 1658 | 1761 | 1863 | 1966 | 2069 | 2171 | 2274 | 7 \| 72,1 |
| 9 | 2377 | 2480 | 2582 | 2685 | 2788 | 2890 | 2993 | 3096 | 3198 | 3301 | 8 \| 82,4 |
| 4230 | 3404 | 3506 | 3609 | 3712 | 3814 | 3917 | 4020 | 4122 | 4225 | 4328 | 9 \| 92,7 |
| 1 | 4430 | 4533 | 4636 | 4738 | 4841 | 4943 | 5046 | 5149 | 5251 | 5354 | |
| 2 | 5457 | 5559 | 5662 | 5764 | 5867 | 5970 | 6072 | 6175 | 6277 | 6380 | |
| 3 | 6483 | 6585 | 6688 | 6790 | 6893 | 6996 | 7098 | 7201 | 7303 | 7406 | |
| 4 | 7509 | 7611 | 7714 | 7816 | 7919 | 8021 | 8124 | 8226 | 8329 | 8432 | |
| 5 | 8534 | 8637 | 8739 | 8842 | 8944 | 9047 | 9149 | 9252 | 9354 | 9457 | |
| 6 | 9560 | 9662 | 9765 | 9867 | 9970 | *0072 | *0175 | *0277 | *0380 | *0482 | 102 |
| 7 | 627 0585 | 0687 | 0790 | 0892 | 0995 | 1097 | 1200 | 1302 | 1405 | 1507 | |
| 8 | 1610 | 1712 | 1814 | 1917 | 2019 | 2122 | 2224 | 2327 | 2429 | 2532 | 1 \| 10,2 |
| 9 | 2634 | 2737 | 2839 | 2942 | 3044 | 3146 | 3249 | 3351 | 3454 | 3556 | 2 \| 20,4 |
| 4240 | 3659 | 3761 | 3863 | 3966 | 4068 | 4171 | 4273 | 4376 | 4478 | 4580 | 3 \| 30,6 |
| 1 | 4683 | 4785 | 4888 | 4990 | 5092 | 5195 | 5297 | 5399 | 5502 | 5604 | 4 \| 40,8 |
| 2 | 5707 | 5809 | 5911 | 6014 | 6116 | 6219 | 6321 | 6423 | 6526 | 6628 | 5 \| 51,0 |
| 3 | 6730 | 6833 | 6935 | 7037 | 7140 | 7242 | 7344 | 7447 | 7549 | 7651 | 6 \| 61,2 |
| 4 | 7754 | 7856 | 7958 | 8061 | 8163 | 8265 | 8368 | 8470 | 8572 | 8675 | 7 \| 71,4 |
| 5 | 8777 | 8879 | 8982 | 9084 | 9186 | 9288 | 9391 | 9493 | 9595 | 9698 | 8 \| 81,6 |
| 6 | 9800 | 9902 | *0004 | *0107 | *0209 | *0311 | *0414 | *0516 | *0618 | *0720 | 9 \| 91,8 |
| 7 | 628 0823 | 0925 | 1027 | 1129 | 1232 | 1334 | 1436 | 1538 | 1641 | 1743 | |
| 8 | 1845 | 1947 | 2050 | 2152 | 2254 | 2356 | 2458 | 2561 | 2663 | 2765 | |
| 9 | 2867 | 2970 | 3072 | 3174 | 3276 | 3378 | 3481 | 3583 | 3685 | 3787 | |
| N. | 0 | 1 | 2 | 3 | 4 | 5 | 6 | 7 | 8 | 9 | |

| | | S = $\bar{6}$,685 5449 | T. 6349 |
|---|---|---|---|
| 42 000″ = 11° 40′ 0″ | 4200″ = 1° 10′ 0″ | 5449 | 6349 |
| 42 100 = 11 41 40 | 4210 = 1 10 10 | 5447 | 6352 |
| 42 200 = 11 43 20 | 4220 = 1 10 20 | 5446 | 6355 |
| 42 300 = 11 45 0 | 4230 = 1 10 30 | 5444 | 6358 |
| 42 400 = 11 46 40 | 4240 = 1 10 40 | 5443 | 6360 |

| N. | 0 | 1 | 2 | 3 | 4 | 5 | 6 | 7 | 8 | 9 | Diff. et p. p. |
|---|---|---|---|---|---|---|---|---|---|---|---|
| 4250 | 628 3889 | 3991 | 4094 | 4196 | 4298 | 4400 | 4502 | 4605 | 4707 | 4809 | |
| 1 | 4911 | 5013 | 5115 | 5218 | 5320 | 5422 | 5524 | 5626 | 5728 | 5830 | |
| 2 | 5933 | 6035 | 6137 | 6239 | 6341 | 6443 | 6545 | 6647 | 6750 | 6852 | |
| 3 | 6954 | 7056 | 7158 | 7260 | 7362 | 7464 | 7566 | 7669 | 7771 | 7873 | |
| 4 | 7975 | 8077 | 8179 | 8281 | 8383 | 8485 | 8587 | 8689 | 8792 | 8894 | |
| 5 | 8996 | 9098 | 9200 | 9302 | 9404 | 9506 | 9608 | 9710 | 9812 | 9914 | |
| 6 | 629 0016 | 0118 | 0220 | 0322 | 0424 | 0526 | 0628 | 0730 | 0832 | 0934 | 103 |
| 7 | 1037 | 1139 | 1241 | 1343 | 1445 | 1547 | 1649 | 1751 | 1853 | 1955 | 1 \| 10,3 |
| 8 | 2057 | 2159 | 2261 | 2363 | 2465 | 2567 | 2668 | 2779 | 2872 | 2974 | 2 \| 20,6 |
| 9 | 3076 | 3178 | 3280 | 3382 | 3484 | 3586 | 3688 | 3790 | 3892 | 3994 | 3 \| 30,9 |
| 4260 | 4096 | 4198 | 4300 | 4402 | 4504 | 4606 | 4708 | 4810 | 4911 | 5013 | 4 \| 41,2 |
| 1 | 5115 | 5217 | 5319 | 5421 | 5523 | 5625 | 5727 | 5829 | 5931 | 6033 | 5 \| 51,5 |
| 2 | 6134 | 6236 | 6338 | 6440 | 6542 | 6644 | 6746 | 6848 | 6950 | 7051 | 6 \| 61,8 |
| 3 | 7153 | 7255 | 7357 | 7459 | 7561 | 7663 | 7765 | 7866 | 7968 | 8070 | 7 \| 72,1 |
| 4 | 8172 | 8274 | 8376 | 8478 | 8579 | 8681 | 8783 | 8885 | 8987 | 9089 | 8 \| 82,4 |
| 5 | 9190 | 9292 | 9394 | 9496 | 9598 | 9699 | 9801 | 9903 | *0005 | *0107 | 9 \| 92,7 |
| 6 | 630 0209 | 0310 | 0412 | 0514 | 0616 | 0717 | 0819 | 0921 | 1023 | 1125 | |
| 7 | 1226 | 1328 | 1430 | 1532 | 1634 | 1735 | 1837 | 1939 | 2041 | 2142 | |
| 8 | 2244 | 2346 | 2448 | 2549 | 2651 | 2753 | 2855 | 2956 | 3058 | 3160 | |
| 9 | 3262 | 3363 | 3465 | 3567 | 3668 | 3770 | 3872 | 3974 | 4075 | 4177 | |
| 4270 | 4279 | 4380 | 4482 | 4584 | 4686 | 4787 | 4889 | 4991 | 5092 | 5194 | |
| 1 | 5296 | 5397 | 5499 | 5601 | 5702 | 5804 | 5906 | 6007 | 6109 | 6211 | 102 |
| 2 | 6312 | 6414 | 6516 | 6617 | 6719 | 6821 | 6922 | 7024 | 7126 | 7227 | 1 \| 10,2 |
| 3 | 7329 | 7431 | 7532 | 7634 | 7735 | 7837 | 7939 | 8040 | 8142 | 8244 | 2 \| 20,4 |
| 4 | 8345 | 8447 | 8548 | 8650 | 8752 | 8853 | 8955 | 9056 | 9158 | 9260 | 3 \| 30,6 |
| 5 | 9361 | 9463 | 9564 | 9666 | 9768 | 9869 | 9971 | *0072 | *0174 | *0275 | 4 \| 40,8 |
| 6 | 631 0377 | 0479 | 0580 | 0682 | 0783 | 0885 | 0986 | 1088 | 1189 | 1291 | 5 \| 51,0 |
| 7 | 1393 | 1494 | 1596 | 1697 | 1799 | 1900 | 2002 | 2103 | 2205 | 2306 | 6 \| 61,2 |
| 8 | 2408 | 2509 | 2611 | 2712 | 2814 | 2915 | 3017 | 3118 | 3220 | 3321 | 7 \| 71,4 |
| 9 | 3423 | 3524 | 3626 | 3727 | 3829 | 3930 | 4032 | 4133 | 4235 | 4336 | 8 \| 81,6 |
| 4280 | 4438 | 4539 | 4641 | 4742 | 4844 | 4945 | 5046 | 5148 | 5249 | 5351 | 9 \| 91,8 |
| 1 | 5452 | 5554 | 5655 | 5757 | 5858 | 5959 | 6061 | 6162 | 6264 | 6365 | |
| 2 | 6467 | 6568 | 6669 | 6771 | 6872 | 6974 | 7075 | 7177 | 7278 | 7379 | |
| 3 | 7481 | 7582 | 7684 | 7785 | 7886 | 7988 | 8089 | 8190 | 8292 | 8393 | |
| 4 | 8495 | 8596 | 8697 | 8799 | 8900 | 9001 | 9103 | 9204 | 9305 | 9407 | |
| 5 | 9508 | 9610 | 9711 | 9812 | 9914 | *0015 | *0116 | *0218 | *0319 | *0420 | |
| 6 | 632 0522 | 0623 | 0724 | 0826 | 0927 | 1028 | 1130 | 1231 | 1332 | 1434 | 101 |
| 7 | 1535 | 1636 | 1737 | 1839 | 1940 | 2041 | 2143 | 2244 | 2345 | 2446 | 1 \| 10,1 |
| 8 | 2548 | 2649 | 2750 | 2852 | 2953 | 3054 | 3155 | 3257 | 3358 | 3459 | 2 \| 20,2 |
| 9 | 3560 | 3662 | 3763 | 3864 | 3965 | 4067 | 4168 | 4269 | 4370 | 4472 | 3 \| 30,3 |
| 4290 | 4573 | 4674 | 4775 | 4877 | 4978 | 5079 | 5180 | 5282 | 5383 | 5484 | 4 \| 40,4 |
| 1 | 5585 | 5686 | 5788 | 5889 | 5990 | 6091 | 6192 | 6294 | 6395 | 6496 | 5 \| 50,5 |
| 2 | 6597 | 6698 | 6800 | 6901 | 7002 | 7103 | 7204 | 7305 | 7407 | 7508 | 6 \| 60,6 |
| 3 | 7609 | 7710 | 7811 | 7912 | 8014 | 8115 | 8216 | 8317 | 8418 | 8519 | 7 \| 70,7 |
| 4 | 8620 | 8722 | 8823 | 8924 | 9025 | 9126 | 9227 | 9328 | 9429 | 9531 | 8 \| 80,8 |
| 5 | 9632 | 9733 | 9834 | 9935 | *0036 | *0137 | *0238 | *0339 | *0441 | *0542 | 9 \| 90,9 |
| 6 | 633 0643 | 0744 | 0845 | 0946 | 1047 | 1148 | 1249 | 1350 | 1451 | 1552 | |
| 7 | 1654 | 1755 | 1856 | 1957 | 2058 | 2159 | 2260 | 2361 | 2462 | 2563 | |
| 8 | 2664 | 2765 | 2866 | 2967 | 3068 | 3169 | 3270 | 3371 | 3472 | 3573 | |
| 9 | 3674 | 3775 | 3876 | 3978 | 4079 | 4180 | 4281 | 4382 | 4483 | 4584 | |
| N. | 0 | 1 | 2 | 3 | 4 | 5 | 6 | 7 | 8 | 9 | |

| | | | |
|---|---|---|---|
| 42 500″ = 11° 48′ 20″ | 4250″ = 1° 10′ 50″ | $S = \bar{6},685\ 5441$ | T. 6363 |
| 42 600 = 11 50 0 | 4260 = 1 11 0 | 5440 | 6366 |
| 42 700 = 11 51 40 | 4270 = 1 11 10 | 5438 | 6369 |
| 42 800 = 11 53 20 | 4280 = 1 11 20 | 5437 | 6372 |
| 42 900 = 11 55 0 | 4290 = 1 11 30 | 5436 | 6375 |

| N. | 0 | 1 | 2 | 3 | 4 | 5 | 6 | 7 | 8 | 9 | Diff. et p. p. |
|---|---|---|---|---|---|---|---|---|---|---|---|
| 4300 | 633 4685 | 4786 | 4887 | 4988 | 5089 | 5190 | 5291 | 5391 | 5492 | 5593 | |
| 1 | 5694 | 5795 | 5896 | 5997 | 6098 | 6199 | 6300 | 6401 | 6502 | 6603 | |
| 2 | 6704 | 6805 | 6906 | 7007 | 7108 | 7209 | 7310 | 7411 | 7512 | 7613 | |
| 3 | 7713 | 7814 | 7915 | 8016 | 8117 | 8218 | 8319 | 8420 | 8521 | 8622 | |
| 4 | 8723 | 8824 | 8924 | 9025 | 9126 | 9227 | 9328 | 9429 | 9530 | 9631 | |
| 5 | 9732 | 9832 | 9933 | *0034 | *0135 | *0236 | *0337 | *0438 | *0539 | *0639 | |
| 6 | 634 0740 | 0841 | 0942 | 1043 | 1144 | 1245 | 1345 | 1446 | 1547 | 1648 | 101 |
| 7 | 1749 | 1850 | 1950 | 2051 | 2152 | 2253 | 2354 | 2455 | 2555 | 2656 | 1 \| 10,1 |
| 8 | 2757 | 2858 | 2959 | 3059 | 3160 | 3261 | 3362 | 3463 | 3563 | 3664 | 2 \| 20,2 |
| 9 | 3765 | 3866 | 3967 | 4067 | 4168 | 4269 | 4370 | 4470 | 4571 | 4672 | 3 \| 30,3 |
| 4310 | 4773 | 4873 | 4974 | 5075 | 5176 | 5276 | 5377 | 5478 | 5579 | 5679 | 4 \| 40,4 |
| 1 | 5780 | 5881 | 5982 | 6082 | 6183 | 6284 | 6385 | 6485 | 6586 | 6687 | 5 \| 50,5 |
| 2 | 6788 | 6888 | 6989 | 7090 | 7190 | 7291 | 7392 | 7492 | 7593 | 7694 | 6 \| 60,6 |
| 3 | 7795 | 7895 | 7996 | 8097 | 8197 | 8298 | 8399 | 8499 | 8600 | 8701 | 7 \| 70,7 |
| 4 | 8801 | 8902 | 9003 | 9103 | 9204 | 9305 | 9405 | 9506 | 9607 | 9707 | 8 \| 80,8 |
| 5 | 9808 | 9909 | *0009 | *0110 | *0211 | *0311 | *0412 | *0512 | *0613 | *0714 | 9 \| 90,9 |
| 6 | 635 0814 | 0915 | 1016 | 1116 | 1217 | 1317 | 1418 | 1519 | 1619 | 1720 | |
| 7 | 1820 | 1921 | 2022 | 2122 | 2223 | 2323 | 2424 | 2525 | 2625 | 2726 | |
| 8 | 2826 | 2927 | 3028 | 3128 | 3229 | 3329 | 3430 | 3530 | 3631 | 3731 | |
| 9 | 3832 | 3933 | 4033 | 4134 | 4234 | 4335 | 4435 | 4536 | 4636 | 4737 | |
| 4320 | 4837 | 4938 | 5039 | 5139 | 5240 | 5340 | 5441 | 5541 | 5642 | 5742 | |
| 1 | 5843 | 5943 | 6044 | 6144 | 6245 | 6345 | 6446 | 6546 | 6647 | 6747 | 100 |
| 2 | 6848 | 6948 | 7049 | 7149 | 7250 | 7350 | 7450 | 7551 | 7651 | 7752 | 1 \| 10 |
| 3 | 7852 | 7953 | 8053 | 8154 | 8254 | 8355 | 8455 | 8556 | 8656 | 8756 | 2 \| 20 |
| 4 | 8857 | 8957 | 9058 | 9158 | 9259 | 9359 | 9459 | 9560 | 9660 | 9761 | 3 \| 30 |
| 5 | 9861 | 9962 | *0062 | *0162 | *0263 | *0363 | *0464 | *0564 | *0664 | *0765 | 4 \| 40 |
| 6 | 636 0865 | 0966 | 1066 | 1166 | 1267 | 1367 | 1467 | 1568 | 1668 | 1769 | 5 \| 50 |
| 7 | 1869 | 1969 | 2070 | 2170 | 2270 | 2371 | 2471 | 2571 | 2672 | 2772 | 6 \| 60 |
| 8 | 2873 | 2973 | 3073 | 3174 | 3274 | 3374 | 3475 | 3575 | 3675 | 3776 | 7 \| 70 |
| 9 | 3876 | 3976 | 4076 | 4177 | 4277 | 4377 | 4478 | 4578 | 4678 | 4779 | 8 \| 80 |
| 4330 | 4879 | 4979 | 5080 | 5180 | 5280 | 5380 | 5481 | 5581 | 5681 | 5782 | 9 \| 90 |
| 1 | 5882 | 5982 | 6082 | 6183 | 6283 | 6383 | 6483 | 6584 | 6684 | 6784 | |
| 2 | 6884 | 6985 | 7085 | 7185 | 7285 | 7386 | 7486 | 7586 | 7686 | 7787 | |
| 3 | 7887 | 7987 | 8087 | 8188 | 8288 | 8388 | 8488 | 8588 | 8689 | 8789 | |
| 4 | 8889 | 8989 | 9089 | 9190 | 9290 | 9390 | 9490 | 9590 | 9691 | 9791 | |
| 5 | 9891 | 9991 | *0091 | *0192 | *0292 | *0392 | *0492 | *0592 | *0692 | *0793 | |
| 6 | 637 0893 | 0993 | 1093 | 1193 | 1293 | 1394 | 1494 | 1594 | 1694 | 1794 | 99 |
| 7 | 1894 | 1994 | 2094 | 2195 | 2295 | 2395 | 2495 | 2595 | 2695 | 2795 | 1 \| 9,9 |
| 8 | 2895 | 2996 | 3096 | 3196 | 3296 | 3396 | 3496 | 3596 | 3696 | 3796 | 2 \| 19,8 |
| 9 | 3897 | 3997 | 4097 | 4197 | 4297 | 4397 | 4497 | 4597 | 4697 | 4797 | 3 \| 29,7 |
| 4340 | 4897 | 4997 | 5097 | 5197 | 5298 | 5398 | 5498 | 5598 | 5698 | 5798 | 4 \| 39,6 |
| 1 | 5898 | 5998 | 6098 | 6198 | 6298 | 6398 | 6498 | 6598 | 6698 | 6798 | 5 \| 49,5 |
| 2 | 6898 | 6998 | 7098 | 7198 | 7298 | 7398 | 7498 | 7598 | 7698 | 7798 | 6 \| 69,4 |
| 3 | 7898 | 7998 | 8098 | 8198 | 8298 | 8398 | 8498 | 8598 | 8698 | 8798 | 7 \| 69,3 |
| 4 | 8898 | 8998 | 9098 | 9198 | 9298 | 9398 | 9498 | 9598 | 9698 | 9798 | 8 \| 79,2 |
| 5 | 9898 | 9998 | *0098 | *0198 | *0298 | *0398 | *0497 | *0597 | *0697 | *0797 | 9 \| 89,1 |
| 6 | 638 0897 | 0997 | 1097 | 1197 | 1297 | 1397 | 1497 | 1597 | 1697 | 1796 | |
| 7 | 1896 | 1996 | 2096 | 2196 | 2296 | 2396 | 2496 | 2596 | 2696 | 2795 | |
| 8 | 2895 | 2995 | 3095 | 3195 | 3295 | 3395 | 3495 | 3594 | 3694 | 3794 | |
| 9 | 3894 | 3994 | 4094 | 4194 | 4294 | 4393 | 4493 | 4593 | 4693 | 4793 | |
| N. | 0 | 1 | 2 | 3 | 4 | 5 | 6 | 7 | 8 | 9 | |

43 000″ = 11° 56′ 40″ — 4300″ = 1° 11′ 40″ — S = $\bar{6}$,685 5434 — T. 6378
43 100 = 11 58 20 — 4310 = 1 11 50 — 5433 — 6381
43 200 = 12 0 0 — 4320 = 1 12 0 — 5431 — 6384
43 300 = 12 1 40 — 4330 = 1 12 10 — 5430 — 6387
43 400 = 12 3 20 — 4340 = 1 12 20 — 5428 — 6390

| N. | 0 | 1 | 2 | 3 | 4 | 5 | 6 | 7 | 8 | 9 | Diff. et p. p. |
|---|---|---|---|---|---|---|---|---|---|---|---|
| 4350 | 638 4893 | 4992 | 5092 | 5192 | 5292 | 5392 | 5492 | 5591 | 5691 | 5791 | |
| 1 | 5891 | 5991 | 6090 | 6190 | 6290 | 6390 | 6490 | 6589 | 6689 | 6789 | |
| 2 | 6889 | 6989 | 7088 | 7188 | 7288 | 7388 | 7488 | 7587 | 7687 | 7787 | |
| 3 | 7887 | 7986 | 8086 | 8186 | 8286 | 8385 | 8485 | 8585 | 8685 | 8784 | |
| 4 | 8884 | 8984 | 9084 | 9183 | 9283 | 9383 | 9483 | 9582 | 9682 | 9782 | |
| 5 | 9882 | 9981 | *0081 | *0181 | *0280 | *0380 | *0480 | *0580 | *0679 | *0779 | |
| 6 | 639 0879 | 0978 | 1078 | 1178 | 1277 | 1377 | 1477 | 1577 | 1676 | 1776 | 100 |
| 7 | 1876 | 1975 | 2075 | 2175 | 2274 | 2374 | 2474 | 2573 | 2673 | 2773 | 1 \| 10 |
| 8 | 2872 | 2972 | 3072 | 3171 | 3271 | 3371 | 3470 | 3570 | 3669 | 3769 | 2 \| 20 |
| 9 | 3869 | 3968 | 4068 | 4168 | 4267 | 4367 | 4466 | 4566 | 4666 | 4765 | 3 \| 30 |
| 4360 | 4865 | 4965 | 5064 | 5164 | 5263 | 5363 | 5463 | 5562 | 5662 | 5761 | 4 \| 40 |
| 1 | 5864 | 5960 | 6060 | 6160 | 6259 | 6359 | 6458 | 6558 | 6657 | 6757 | 5 \| 50 |
| 2 | 6857 | 6956 | 7056 | 7155 | 7255 | 7354 | 7454 | 7553 | 7653 | 7753 | 6 \| 60 |
| 3 | 7852 | 7952 | 8051 | 8151 | 8250 | 8350 | 8449 | 8549 | 8648 | 8748 | 7 \| 70 |
| 4 | 8847 | 8947 | 9046 | 9146 | 9245 | 9345 | 9444 | 9544 | 9643 | 9743 | 8 \| 80 |
| 5 | 9842 | 9942 | *0041 | *0141 | *0240 | *0340 | *0439 | *0539 | *0638 | *0738 | 9 \| 90 |
| 6 | 640 0837 | 0937 | 1036 | 1136 | 1235 | 1335 | 1434 | 1534 | 1633 | 1732 | |
| 7 | 1832 | 1931 | 2031 | 2130 | 2230 | 2329 | 2429 | 2528 | 2627 | 2727 | |
| 8 | 2826 | 2926 | 3025 | 3125 | 3224 | 3323 | 3423 | 3522 | 3622 | 3721 | |
| 9 | 3820 | 3920 | 4019 | 4119 | 4218 | 4317 | 4417 | 4516 | 4616 | 4715 | |
| 4370 | 4814 | 4914 | 5013 | 5113 | 5212 | 5311 | 5411 | 5510 | 5609 | 5709 | |
| 1 | 5808 | 5907 | 6007 | 6106 | 6205 | 6305 | 6404 | 6504 | 6603 | 6702 | 99 |
| 2 | 6802 | 6901 | 7000 | 7100 | 7199 | 7298 | 7398 | 7497 | 7596 | 7695 | 1 \| 9,9 |
| 3 | 7795 | 7894 | 7993 | 8093 | 8192 | 8291 | 8391 | 8490 | 8589 | 8688 | 2 \| 19,8 |
| 4 | 8788 | 8887 | 8986 | 9086 | 9185 | 9284 | 9383 | 9483 | 9582 | 9681 | 3 \| 29,7 |
| 5 | 9781 | 9880 | 9979 | *0078 | *0178 | *0277 | *0376 | *0475 | *0575 | *0674 | 4 \| 39,6 |
| 6 | 641 0773 | 0872 | 0972 | 1071 | 1170 | 1269 | 1369 | 1468 | 1567 | 1666 | 5 \| 49,5 |
| 7 | 1765 | 1865 | 1964 | 2063 | 2162 | 2262 | 2361 | 2460 | 2559 | 2658 | 6 \| 59,4 |
| 8 | 2758 | 2857 | 2956 | 3055 | 3154 | 3254 | 3353 | 3452 | 3551 | 3650 | 7 \| 69,3 |
| 9 | 3749 | 3849 | 3948 | 4047 | 4146 | 4245 | 4344 | 4444 | 4543 | 4642 | 8 \| 79,2 |
| 4380 | 4741 | 4840 | 4939 | 5039 | 5138 | 5237 | 5336 | 5435 | 5534 | 5633 | 9 \| 89,1 |
| 1 | 5733 | 5832 | 5931 | 6030 | 6129 | 6228 | 6327 | 6426 | 6526 | 6625 | |
| 2 | 6724 | 6823 | 6922 | 7021 | 7120 | 7219 | 7318 | 7417 | 7517 | 7616 | |
| 3 | 7715 | 7814 | 7913 | 8012 | 8111 | 8210 | 8309 | 8408 | 8507 | 8606 | |
| 4 | 8705 | 8805 | 8904 | 9003 | 9102 | 9201 | 9300 | 9399 | 9498 | 9597 | |
| 5 | 9696 | 9795 | 9894 | 9993 | *0092 | *0191 | *0290 | *0389 | *0488 | *0587 | |
| 6 | 642 0686 | 0785 | 0884 | 0983 | 1082 | 1181 | 1280 | 1379 | 1478 | 1577 | 98 |
| 7 | 1676 | 1775 | 1874 | 1973 | 2072 | 2171 | 2270 | 2369 | 2468 | 2567 | 1 \| 9,8 |
| 8 | 2666 | 2765 | 2864 | 2963 | 3062 | 3161 | 3260 | 3359 | 3458 | 3557 | 2 \| 19,6 |
| 9 | 3656 | 3755 | 3854 | 3953 | 4052 | 4151 | 4249 | 4348 | 4447 | 4546 | 3 \| 29,4 |
| 4390 | 4645 | 4744 | 4843 | 4942 | 5041 | 5140 | 5239 | 5338 | 5437 | 5535 | 4 \| 39,2 |
| 1 | 5634 | 5733 | 5832 | 5931 | 6030 | 6129 | 6228 | 6327 | 6426 | 6524 | 5 \| 49,0 |
| 2 | 6623 | 6722 | 6821 | 6920 | 7019 | 7118 | 7217 | 7315 | 7414 | 7513 | 6 \| 58,8 |
| 3 | 7612 | 7711 | 7810 | 7909 | 8007 | 8106 | 8205 | 8304 | 8403 | 8502 | 7 \| 68,6 |
| 4 | 8601 | 8699 | 8798 | 8897 | 8996 | 9095 | 9194 | 9292 | 9391 | 9490 | 8 \| 78,4 |
| 5 | 9589 | 9688 | 9786 | 9885 | 9984 | *0083 | *0182 | *0280 | *0379 | *0478 | 9 \| 88,2 |
| 6 | 643 0577 | 0676 | 0774 | 0873 | 0972 | 1071 | 1170 | 1268 | 1367 | 1466 | |
| 7 | 1565 | 1663 | 1762 | 1861 | 1960 | 2058 | 2157 | 2256 | 2355 | 2454 | |
| 8 | 2552 | 2651 | 2750 | 2848 | 2947 | 3046 | 3145 | 3243 | 3342 | 3441 | |
| 9 | 3540 | 3638 | 3737 | 3836 | 3935 | 4033 | 4132 | 4231 | 4329 | 4428 | |
| N. | 0 | 1 | 2 | 3 | 4 | 5 | 6 | 7 | 8 | 9 | |

| | | S | T |
|---|---|---|---|
| 43 500″ = 12° 5′ 0″ | 4350″ = 1° 12′ 30″ | S = $\overline{6}$,685 5427 | T. 6393 |
| 43 600 = 12 6 40 | 4360 = 1 12 40 | 5425 | 6396 |
| 43 700 = 12 8 20 | 4370 = 1 12 50 | 5424 | 6399 |
| 43 800 = 12 10 0 | 4380 = 1 13 0 | 5422 | 6402 |
| 43 900 = 12 11 40 | 4390 = 1 13 10 | 5421 | 6404 |

| N. | 0 | 1 | 2 | 3 | 4 | 5 | 6 | 7 | 8 | 9 | Diff. et p. p. |
|---|---|---|---|---|---|---|---|---|---|---|---|
| 4400 | 643 4527 | 4625 | 4724 | 4823 | 4922 | 5020 | 5119 | 5218 | 5316 | 5415 | |
| 1 | 5514 | 5612 | 5711 | 5810 | 5908 | 6007 | 6106 | 6204 | 6303 | 6402 | |
| 2 | 6500 | 6599 | 6698 | 6796 | 6895 | 6994 | 7092 | 7191 | 7290 | 7388 | |
| 3 | 7487 | 7585 | 7684 | 7783 | 7881 | 7980 | 8079 | 8177 | 8276 | 8374 | |
| 4 | 8473 | 8572 | 8670 | 8769 | 8868 | 8966 | 9065 | 9163 | 9262 | 9361 | |
| 5 | 9459 | 9558 | 9656 | 9755 | 9853 | 9952 | *0051 | *0149 | *0248 | *0346 | |
| 6 | 644 0445 | 0543 | 0642 | 0741 | 0839 | 0938 | 1036 | 1135 | 1233 | 1332 | 99 |
| 7 | 1431 | 1529 | 1628 | 1726 | 1825 | 1923 | 2022 | 2120 | 2219 | 2317 | 1 \| 9,9 |
| 8 | 2416 | 2514 | 2613 | 2711 | 2810 | 2908 | 3007 | 3105 | 3204 | 3302 | 2 \| 19,8 |
| 9 | 3401 | 3499 | 3598 | 3696 | 3795 | 3893 | 3992 | 4090 | 4189 | 4287 | 3 \| 29,7 |
| 4410 | 4386 | 4484 | 4583 | 4681 | 4780 | 4878 | 4977 | 5075 | 5174 | 5272 | 4 \| 39,6 |
| 1 | 5371 | 5469 | 5567 | 5666 | 5764 | 5863 | 5961 | 6060 | 6158 | 6257 | 5 \| 49,5 |
| 2 | 6355 | 6453 | 6552 | 6650 | 6749 | 6847 | 6946 | 7044 | 7142 | 7241 | 6 \| 59,4 |
| 3 | 7339 | 7438 | 7536 | 7635 | 7733 | 7831 | 7930 | 8028 | 8127 | 8225 | 7 \| 69,3 |
| 4 | 8323 | 8422 | 8520 | 8618 | 8717 | 8815 | 8914 | 9012 | 9110 | 9209 | 8 \| 79,2 |
| 5 | 9307 | 9405 | 9504 | 9602 | 9701 | 9799 | 9897 | 9996 | *0094 | *0192 | 9 \| 89,1 |
| 6 | 645 0291 | 0389 | 0487 | 0586 | 0684 | 0782 | 0881 | 0979 | 1077 | 1176 | |
| 7 | 1274 | 1372 | 1471 | 1569 | 1667 | 1766 | 1864 | 1962 | 2061 | 2159 | |
| 8 | 2257 | 2355 | 2454 | 2552 | 2650 | 2749 | 2847 | 2945 | 3043 | 3142 | |
| 9 | 3240 | 3338 | 3437 | 3535 | 3633 | 3731 | 3830 | 3928 | 4026 | 4124 | |
| 4420 | 4223 | 4321 | 4419 | 4517 | 4616 | 4714 | 4812 | 4910 | 5009 | 5107 | |
| 1 | 5205 | 5303 | 5402 | 5500 | 5598 | 5696 | 5795 | 5893 | 5991 | 6089 | 98 |
| 2 | 6187 | 6286 | 6384 | 6482 | 6580 | 6678 | 6777 | 6875 | 6973 | 7071 | 1 \| 9,8 |
| 3 | 7169 | 7268 | 7366 | 7464 | 7562 | 7660 | 7758 | 7857 | 7955 | 8053 | 2 \| 19,6 |
| 4 | 8151 | 8249 | 8348 | 8446 | 8544 | 8642 | 8740 | 8838 | 8936 | 9035 | 3 \| 29,4 |
| 5 | 9133 | 9231 | 9329 | 9427 | 9525 | 9623 | 9722 | 9820 | 9918 | *0016 | 4 \| 39,2 |
| 6 | 646 0114 | 0212 | 0310 | 0408 | 0507 | 0605 | 0703 | 0801 | 0899 | 0997 | 5 \| 49,0 |
| 7 | 1095 | 1193 | 1291 | 1390 | 1488 | 1586 | 1684 | 1782 | 1880 | 1978 | 6 \| 58,8 |
| 8 | 2076 | 2174 | 2272 | 2370 | 2468 | 2566 | 2665 | 2763 | 2861 | 2959 | 7 \| 68,6 |
| 9 | 3057 | 3155 | 3253 | 3351 | 3449 | 3547 | 3645 | 3743 | 3841 | 3939 | 8 \| 78,4 |
| 4430 | 4037 | 4135 | 4233 | 4331 | 4429 | 4527 | 4625 | 4723 | 4821 | 4919 | 9 \| 88,2 |
| 1 | 5018 | 5116 | 5214 | 5312 | 5410 | 5508 | 5606 | 5704 | 5802 | 5900 | |
| 2 | 5998 | 6096 | 6193 | 6291 | 6389 | 6487 | 6585 | 6683 | 6781 | 6879 | |
| 3 | 6977 | 7075 | 7173 | 7271 | 7369 | 7467 | 7565 | 7663 | 7761 | 7859 | |
| 4 | 7957 | 8055 | 8153 | 8251 | 8349 | 8447 | 8545 | 8642 | 8740 | 8838 | |
| 5 | 8936 | 9034 | 9132 | 9230 | 9328 | 9426 | 9524 | 9622 | 9720 | 9817 | |
| 6 | 9915 | *0013 | *0111 | *0209 | *0307 | *0405 | *0503 | *0601 | *0699 | *0796 | 97 |
| 7 | 647 0894 | 0992 | 1090 | 1188 | 1286 | 1384 | 1482 | 1579 | 1677 | 1775 | |
| 8 | 1873 | 1971 | 2069 | 2167 | 2264 | 2362 | 2460 | 2558 | 2656 | 2754 | 1 \| 9,7 |
| 9 | 2851 | 2949 | 3047 | 3145 | 3243 | 3341 | 3438 | 3536 | 3634 | 3732 | 2 \| 19,4<br>3 \| 29,1 |
| 4440 | 3830 | 3928 | 4025 | 4123 | 4221 | 4319 | 4417 | 4514 | 4612 | 4710 | 4 \| 38,8 |
| 1 | 4808 | 4906 | 5003 | 5101 | 5199 | 5297 | 5394 | 5492 | 5590 | 5688 | 5 \| 48,5 |
| 2 | 5786 | 5883 | 5981 | 6079 | 6177 | 6274 | 6372 | 6470 | 6568 | 6665 | 6 \| 58,2 |
| 3 | 6763 | 6861 | 6959 | 7056 | 7154 | 7252 | 7350 | 7447 | 7545 | 7643 | 7 \| 67,9 |
| 4 | 7741 | 7838 | 7936 | 8034 | 8131 | 8229 | 8327 | 8425 | 8522 | 8620 | 8 \| 77,6 |
| 5 | 8718 | 8815 | 8913 | 9011 | 9108 | 9206 | 9304 | 9402 | 9499 | 9597 | 9 \| 87,3 |
| 6 | 9695 | 9792 | 9890 | 9988 | *0085 | *0183 | *0281 | *0378 | *0476 | *0574 | |
| 7 | 648 0671 | 0769 | 0867 | 0964 | 1062 | 1160 | 1257 | 1355 | 1453 | 1550 | |
| 8 | 1648 | 1745 | 1843 | 1941 | 2038 | 2136 | 2234 | 2331 | 2429 | 2526 | |
| 9 | 2624 | 2722 | 2819 | 2917 | 3015 | 3112 | 3210 | 3307 | 3405 | 3503 | |
| N. | 0 | 1 | 2 | 3 | 4 | 5 | 6 | 7 | 8 | 9 | |

| | | S | T. |
|---|---|---|---|
| 44000″ = 12° 13′ 20″ | 4400″ = 1° 13′ 20″ | S = $\bar{6}$,685 5419 | T. 6407 |
| 44100 = 12 15 0 | 4410 = 1 13 30 | 5418 | 6410 |
| 44200 = 12 16 40 | 4420 = 1 13 40 | 5416 | 6413 |
| 44300 = 12 18 20 | 4430 = 1 13 50 | 5415 | 6416 |
| 44400 = 12 20 0 | 4440 = 1 14 0 | 5413 | 6420 |

| N. | 0 | 1 | 2 | 3 | 4 | 5 | 6 | 7 | 8 | 9 | Diff. et p. p. |
|---|---|---|---|---|---|---|---|---|---|---|---|
| 4450 | 648 3600 | 3698 | 3795 | 3893 | 3990 | 4088 | 4186 | 4283 | 4381 | 4478 | |
| 1 | 4576 | 4674 | 4771 | 4869 | 4966 | 5064 | 5161 | 5259 | 5356 | 5454 | |
| 2 | 5552 | 5649 | 5747 | 5844 | 5942 | 6039 | 6137 | 6234 | 6332 | 6429 | |
| 3 | 6527 | 6624 | 6722 | 6820 | 6917 | 7015 | 7112 | 7210 | 7307 | 7405 | |
| 4 | 7502 | 7600 | 7697 | 7795 | 7892 | 7990 | 8087 | 8185 | 8282 | 8380 | |
| 5 | 8477 | 8575 | 8672 | 8770 | 8867 | 8964 | 9062 | 9159 | 9257 | 9354 | |
| 6 | 9452 | 9549 | 9647 | 9744 | 9842 | 9939 | *0037 | *0134 | *0231 | *0329 | 98 |
| 7 | 649 0426 | 0524 | 0621 | 0719 | 0816 | 0914 | 1011 | 1108 | 1206 | 1303 | 1 \| 9,8 |
| 8 | 1401 | 1498 | 1595 | 1693 | 1790 | 1888 | 1985 | 2083 | 2180 | 2277 | 2 \| 19,6 |
| 9 | 2375 | 2472 | 2570 | 2667 | 2764 | 2862 | 2959 | 3056 | 3154 | 3251 | 3 \| 29,4 |
| 4460 | 3349 | 3446 | 3543 | 3641 | 3738 | 3835 | 3933 | 4030 | 4128 | 4225 | 4 \| 39,2 |
| 1 | 4322 | 4420 | 4517 | 4614 | 4712 | 4809 | 4906 | 5004 | 5101 | 5198 | 5 \| 49,0 |
| 2 | 5296 | 5393 | 5490 | 5588 | 5685 | 5782 | 5880 | 5977 | 6074 | 6172 | 6 \| 58,8 |
| 3 | 6269 | 6366 | 6463 | 6561 | 6658 | 6755 | 6853 | 6950 | 7047 | 7145 | 7 \| 68,6 |
| 4 | 7242 | 7339 | 7436 | 7534 | 7631 | 7728 | 7826 | 7923 | 8020 | 8117 | 8 \| 78,4 |
| 5 | 8215 | 8312 | 8409 | 8506 | 8604 | 8701 | 8798 | 8895 | 8993 | 9090 | 9 \| 88,2 |
| 6 | 9187 | 9284 | 9382 | 9479 | 9576 | 9673 | 9771 | 9868 | 9965 | *0062 | |
| 7 | 650 0160 | 0257 | 0354 | 0451 | 0548 | 0646 | 0743 | 0840 | 0937 | 1034 | |
| 8 | 1132 | 1229 | 1326 | 1423 | 1520 | 1618 | 1715 | 1812 | 1909 | 2006 | |
| 9 | 2104 | 2201 | 2298 | 2395 | 2492 | 2589 | 2687 | 2784 | 2881 | 2978 | |
| 4470 | 3075 | 3172 | 3270 | 3367 | 3464 | 3561 | 3658 | 3755 | 3852 | 3950 | |
| 1 | 4047 | 4144 | 4241 | 4338 | 4435 | 4532 | 4629 | 4727 | 4824 | 4921 | 97 |
| 2 | 5018 | 5115 | 5212 | 5309 | 5406 | 5503 | 5601 | 5698 | 5795 | 5892 | 1 \| 9,7 |
| 3 | 5989 | 6086 | 6183 | 6280 | 6377 | 6474 | 6571 | 6669 | 6766 | 6863 | 2 \| 19,4 |
| 4 | 6960 | 7057 | 7154 | 7251 | 7348 | 7445 | 7542 | 7639 | 7736 | 7833 | 3 \| 29,1 |
| 5 | 7930 | 8027 | 8124 | 8222 | 8319 | 8416 | 8513 | 8610 | 8707 | 8804 | 4 \| 38,8 |
| 6 | 8901 | 8998 | 9095 | 9192 | 9289 | 9386 | 9483 | 9580 | 9677 | 9774 | 5 \| 48,5 |
| 7 | 9871 | 9968 | *0065 | *0162 | *0259 | *0356 | *0453 | *0550 | *0647 | *0744 | 6 \| 58,2 |
| 8 | 651 0841 | 0938 | 1035 | 1132 | 1229 | 1326 | 1423 | 1520 | 1617 | 1714 | 7 \| 67,9 |
| 9 | 1811 | 1908 | 2005 | 2102 | 2198 | 2295 | 2392 | 2489 | 2586 | 2683 | 8 \| 77,6 |
| 4480 | 2780 | 2877 | 2974 | 3071 | 3168 | 3265 | 3362 | 3459 | 3556 | 3653 | 9 \| 87,3 |
| 1 | 3749 | 3846 | 3943 | 4040 | 4137 | 4234 | 4331 | 4428 | 4525 | 4622 | |
| 2 | 4719 | 4815 | 4912 | 5009 | 5106 | 5203 | 5300 | 5397 | 5494 | 5591 | |
| 3 | 5687 | 5784 | 5881 | 5978 | 6075 | 6172 | 6269 | 6365 | 6462 | 6559 | |
| 4 | 6656 | 6753 | 6850 | 6947 | 7043 | 7140 | 7237 | 7334 | 7431 | 7528 | |
| 5 | 7624 | 7721 | 7818 | 7915 | 8012 | 8109 | 8205 | 8302 | 8399 | 8496 | |
| 6 | 8593 | 8690 | 8786 | 8883 | 8980 | 9077 | 9174 | 9270 | 9367 | 9464 | 96 |
| 7 | 9561 | 9657 | 9754 | 9851 | 9948 | *0045 | *0141 | *0238 | *0335 | *0432 | 1 \| 9,6 |
| 8 | 652 0528 | 0625 | 0722 | 0819 | 0916 | 1012 | 1109 | 1206 | 1303 | 1399 | 2 \| 19,2 |
| 9 | 1496 | 1593 | 1690 | 1786 | 1883 | 1980 | 2076 | 2173 | 2270 | 2367 | 3 \| 28,8 |
| 4490 | 2463 | 2560 | 2657 | 2754 | 2850 | 2947 | 3044 | 3140 | 3237 | 3334 | 4 \| 38,4 |
| 1 | 3431 | 3527 | 3624 | 3721 | 3817 | 3914 | 4011 | 4107 | 4204 | 4301 | 5 \| 48,0 |
| 2 | 4397 | 4494 | 4591 | 4688 | 4784 | 4881 | 4978 | 5074 | 5171 | 5268 | 6 \| 57,6 |
| 3 | 5364 | 5461 | 5558 | 5654 | 5751 | 5847 | 5944 | 6041 | 6137 | 6234 | 7 \| 67,2 |
| 4 | 6331 | 6427 | 6524 | 6621 | 6717 | 6814 | 6910 | 7007 | 7104 | 7200 | 8 \| 76,8 |
| 5 | 7297 | 7394 | 7490 | 7587 | 7683 | 7780 | 7877 | 7973 | 8070 | 8166 | 9 \| 86,4 |
| 6 | 8263 | 8360 | 8456 | 8553 | 8649 | 8746 | 8843 | 8939 | 9036 | 9132 | |
| 7 | 9229 | 9325 | 9422 | 9519 | 9615 | 9712 | 9808 | 9905 | *0001 | *0098 | |
| 8 | 653 0195 | 0291 | 0388 | 0484 | 0581 | 0677 | 0774 | 0870 | 0967 | 1063 | |
| 9 | 1160 | 1256 | 1353 | 1450 | 1546 | 1643 | 1739 | 1836 | 1932 | 2029 | |
| N. | 0 | 1 | 2 | 3 | 4 | 5 | 6 | 7 | 8 | 9 | |

| | | | |
|---|---|---|---|
| 44500″ = 12° 21′ 40″ | 4450″ = 1° 14′ 10″ | S = $\bar{6}$,685 5412 | T. 6423 |
| 44600 = 12 23 20 | 4460 = 1 14 20 | 5410 | 6426 |
| 44700 = 12 25 0 | 4470 = 1 14 30 | 5409 | 6429 |
| 44800 = 12 26 40 | 4480 = 1 14 40 | 5407 | 6432 |
| 44900 = 12 28 20 | 4490 = 1 14 50 | 5406 | 6435 |

| N. | 0 | 1 | 2 | 3 | 4 | 5 | 6 | 7 | 8 | 9 | Diff. et p. p. |
|---|---|---|---|---|---|---|---|---|---|---|---|
| 4500 | 653 2125 | 2222 | 2318 | 2415 | 2511 | 2608 | 2704 | 2801 | 2897 | 2994 | |
| 1 | 3090 | 3187 | 3283 | 3380 | 3476 | 3573 | 3669 | 3765 | 3862 | 3958 | |
| 2 | 4055 | 4151 | 4248 | 4344 | 4441 | 4537 | 4634 | 4730 | 4827 | 4923 | |
| 3 | 5019 | 5116 | 5212 | 5309 | 5405 | 5502 | 5598 | 5695 | 5791 | 5887 | |
| 4 | 5984 | 6080 | 6177 | 6273 | 6369 | 6466 | 6562 | 6659 | 6755 | 6852 | |
| 5 | 6948 | 7044 | 7141 | 7237 | 7334 | 7430 | 7526 | 7623 | 7719 | 7815 | |
| 6 | 7912 | 8008 | 8105 | 8201 | 8297 | 8394 | 8490 | 8586 | 8683 | 8779 | |
| 7 | 8876 | 8972 | 9068 | 9165 | 9261 | 9357 | 9454 | 9550 | 9646 | 9743 | 97 |
| 8 | 9839 | 9935 | *0032 | *0128 | *0224 | *0321 | *0417 | *0513 | *0610 | *0706 | 1 \| 9,7 |
| 9 | 654 0802 | 0899 | 0995 | 1091 | 1188 | 1284 | 1380 | 1477 | 1573 | 1669 | 2 \| 19,4 |
| 4510 | 1765 | 1862 | 1958 | 2054 | 2151 | 2247 | 2343 | 2439 | 2536 | 2632 | 3 \| 29,1 |
| 1 | 2728 | 2825 | 2921 | 3017 | 3113 | 3210 | 3306 | 3402 | 3498 | 3595 | 4 \| 38,8 |
| 2 | 3691 | 3787 | 3883 | 3980 | 4076 | 4172 | 4268 | 4365 | 4461 | 4557 | 5 \| 48,5 |
| 3 | 4653 | 4750 | 4846 | 4942 | 5038 | 5134 | 5231 | 5327 | 5423 | 5519 | 6 \| 58,2 |
| 4 | 5616 | 5712 | 5808 | 5904 | 6000 | 6097 | 6193 | 6289 | 6385 | 6481 | 7 \| 67,9 |
| 5 | 6578 | 6674 | 6770 | 6866 | 6962 | 7058 | 7155 | 7251 | 7347 | 7443 | 8 \| 77,6 |
| 6 | 7539 | 7635 | 7732 | 7828 | 7924 | 8020 | 8116 | 8212 | 8309 | 8405 | 9 \| 87,3 |
| 7 | 8501 | 8597 | 8693 | 8789 | 8885 | 8982 | 9078 | 9174 | 9270 | 9366 | |
| 8 | 9462 | 9558 | 9655 | 9751 | 9847 | 9943 | *0039 | *0135 | *0231 | *0327 | |
| 9 | 655 0423 | 0520 | 0616 | 0712 | 0808 | 0904 | 1000 | 1096 | 1192 | 1288 | |
| 4520 | 1384 | 1480 | 1577 | 1673 | 1769 | 1865 | 1961 | 2057 | 2153 | 2249 | |
| 1 | 2345 | 2441 | 2537 | 2633 | 2729 | 2825 | 2921 | 3017 | 3113 | 3210 | 96 |
| 2 | 3306 | 3402 | 3498 | 3594 | 3690 | 3786 | 3882 | 3978 | 4074 | 4170 | 1 \| 9,6 |
| 3 | 4266 | 4362 | 4458 | 4554 | 4650 | 4746 | 4842 | 4938 | 5034 | 5130 | 2 \| 19,2 |
| 4 | 5226 | 5322 | 5418 | 5514 | 5610 | 5706 | 5802 | 5898 | 5994 | 6090 | 3 \| 28,8 |
| 5 | 6186 | 6282 | 6378 | 6474 | 6570 | 6666 | 6762 | 6858 | 6954 | 7050 | 4 \| 38,4 |
| 6 | 7145 | 7241 | 7337 | 7433 | 7529 | 7625 | 7721 | 7817 | 7913 | 8009 | 5 \| 48,0 |
| 7 | 8105 | 8201 | 8297 | 8393 | 8489 | 8585 | 8681 | 8776 | 8872 | 8968 | 6 \| 57,6 |
| 8 | 9064 | 9160 | 9256 | 9352 | 9448 | 9544 | 9640 | 9736 | 9831 | 9927 | 7 \| 67,2 |
| 9 | 656 0023 | 0119 | 0215 | 0311 | 0407 | 0503 | 0599 | 0694 | 0790 | 0886 | 8 \| 76,8 |
| 4530 | 0982 | 1078 | 1174 | 1270 | 1365 | 1461 | 1557 | 1653 | 1749 | 1845 | 9 \| 86.4 |
| 1 | 1941 | 2036 | 2132 | 2228 | 2324 | 2420 | 2516 | 2612 | 2707 | 2803 | |
| 2 | 2899 | 2995 | 3091 | 3186 | 3282 | 3378 | 3474 | 3570 | 3666 | 3761 | |
| 3 | 3857 | 3953 | 4049 | 4145 | 4240 | 4336 | 4432 | 4528 | 4624 | 4719 | |
| 4 | 4815 | 4911 | 5007 | 5103 | 5198 | 5294 | 5390 | 5486 | 5581 | 5677 | |
| 5 | 5773 | 5869 | 5964 | 6060 | 6156 | 6252 | 6347 | 6443 | 6539 | 6635 | |
| 6 | 6730 | 6826 | 6922 | 7018 | 7113 | 7209 | 7305 | 7401 | 7496 | 7592 | 95 |
| 7 | 7688 | 7784 | 7879 | 7975 | 8071 | 8166 | 8262 | 8358 | 8454 | 8549 | |
| 8 | 8645 | 8741 | 8836 | 8932 | 9028 | 9123 | 9219 | 9315 | 9410 | 9506 | 1 \| 9,5 |
| 9 | 9602 | 9698 | 9793 | 9889 | 9985 | *0080 | *0176 | *0272 | *0367 | *0463 | 2 \| 19,0 |
| 4540 | 657 0559 | 0654 | 0750 | 0845 | 0941 | 1037 | 1132 | 1228 | 1324 | 1419 | 3 \| 28,5 |
| 1 | 1515 | 1611 | 1706 | 1802 | 1898 | 1993 | 2089 | 2184 | 2280 | 2376 | 4 \| 38,0 |
| 2 | 2471 | 2567 | 2663 | 2758 | 2854 | 2949 | 3045 | 3141 | 3236 | 3332 | 5 \| 47,5 |
| 3 | 3427 | 3523 | 3619 | 3714 | 3810 | 3905 | 4001 | 4096 | 4192 | 4288 | 6 \| 57,0 |
| 4 | 4383 | 4479 | 4574 | 4670 | 4766 | 4861 | 4957 | 5052 | 5148 | 5243 | 7 \| 66,5 |
| 5 | 5339 | 5434 | 5530 | 5626 | 5721 | 5817 | 5912 | 6008 | 6103 | 6199 | 8 \| 76,0 |
| 6 | 6294 | 6390 | 6485 | 6581 | 6676 | 6772 | 6867 | 6963 | 7059 | 7154 | 9 \| 85,5 |
| 7 | 7250 | 7345 | 7441 | 7536 | 7632 | 7727 | 7823 | 7918 | 8014 | 8109 | |
| 8 | 8205 | 8300 | 8396 | 8491 | 8587 | 8682 | 8777 | 8873 | 8968 | 9064 | |
| 9 | 9159 | 9255 | 9350 | 9446 | 9541 | 9637 | 9732 | 9828 | 9923 | *0019 | |
| N. | 0 | 1 | 2 | 3 | 4 | 5 | 6 | 7 | 8 | 9 | |

| | | | |
|---|---|---|---|
| 45 000″ = 12° 30′ 0″ | 4500″ = 1° 15′ 0 | S = $\bar{6}$,685 5404 | T. 6438 |
| 45 100 = 12 31 40 | 4510 = 1 15 10 | 5403 | 6441 |
| 45 200 = 12 33 20 | 4520 = 1 15 20 | 5401 | 6444 |
| 45 300 = 12 35 0 | 4530 = 1 15 30 | 5400 | 6447 |
| 45 400 = 12 36 40 | 4540 = 1 15 40 | 5398 | 6450 |

| N. | 0 | 1 | 2 | 3 | 4 | 5 | 6 | 7 | 8 | 9 |
|---|---|---|---|---|---|---|---|---|---|---|
| 4550 | 658 0114 | 0209 | 0305 | 0400 | 0496 | 0591 | 0687 | 0782 | 0877 | 0973 |
| 1 | 1068 | 1164 | 1259 | 1355 | 1450 | 1545 | 1641 | 1736 | 1832 | 1927 |
| 2 | 2023 | 2118 | 2213 | 2309 | 2404 | 2500 | 2595 | 2690 | 2786 | 2881 |
| 3 | 2977 | 3072 | 3167 | 3263 | 3358 | 3453 | 3549 | 3644 | 3740 | 3835 |
| 4 | 3930 | 4026 | 4121 | 4216 | 4312 | 4407 | 4502 | 4598 | 4693 | 4788 |
| 5 | 4884 | 4979 | 5074 | 5170 | 5265 | 5361 | 5456 | 5551 | 5647 | 5742 |
| 6 | 5837 | 5932 | 6028 | 6123 | 6218 | 6314 | 6409 | 6504 | 6600 | 6695 |
| 7 | 6790 | 6886 | 6981 | 7076 | 7171 | 7267 | 7362 | 7457 | 7553 | 7648 |
| 8 | 7743 | 7838 | 7934 | 8029 | 8124 | 8220 | 8315 | 8410 | 8505 | 8601 |
| 9 | 8696 | 8791 | 8886 | 8982 | 9077 | 9172 | 9267 | 9363 | 9458 | 9553 |
| 4560 | 9648 | 9744 | 9839 | 9934 | *0029 | *0125 | *0220 | *0315 | *0410 | *0506 |
| 1 | 659 0601 | 0696 | 0791 | 0886 | 0982 | 1077 | 1172 | 1267 | 1362 | 1458 |
| 2 | 1553 | 1648 | 1743 | 1838 | 1934 | 2029 | 2124 | 2219 | 2314 | 2410 |
| 3 | 2505 | 2600 | 2695 | 2790 | 2885 | 2981 | 3076 | 3171 | 3266 | 3361 |
| 4 | 3456 | 3552 | 3647 | 3742 | 3837 | 3932 | 4027 | 4122 | 4218 | 4313 |
| 5 | 4408 | 4503 | 4598 | 4693 | 4788 | 4883 | 4979 | 5074 | 5169 | 5264 |
| 6 | 5359 | 5454 | 5549 | 5644 | 5740 | 5835 | 5930 | 6025 | 6120 | 6215 |
| 7 | 6310 | 6405 | 6500 | 6595 | 6690 | 6786 | 6881 | 6976 | 7071 | 7166 |
| 8 | 7261 | 7356 | 7451 | 7546 | 7641 | 7736 | 7831 | 7926 | 8021 | 8117 |
| 9 | 8212 | 8307 | 8402 | 8497 | 8592 | 8687 | 8782 | 8877 | 8972 | 9067 |
| 4570 | 9162 | 9257 | 9352 | 9447 | 9542 | 9637 | 9732 | 9827 | 9922 | *0017 |
| 1 | 660 0112 | 0207 | 0302 | 0397 | 0492 | 0587 | 0682 | 0777 | 0872 | 0967 |
| 2 | 1062 | 1157 | 1252 | 1347 | 1442 | 1537 | 1632 | 1727 | 1822 | 1917 |
| 3 | 2012 | 2107 | 2202 | 2297 | 2392 | 2487 | 2582 | 2677 | 2772 | 2867 |
| 4 | 2962 | 3057 | 3151 | 3246 | 3341 | 3436 | 3531 | 3626 | 3721 | 3816 |
| 5 | 3911 | 4006 | 4101 | 4196 | 4291 | 4386 | 4481 | 4575 | 4670 | 4765 |
| 6 | 4860 | 4955 | 5050 | 5145 | 5240 | 5335 | 5430 | 5524 | 5619 | 5714 |
| 7 | 5809 | 5904 | 5999 | 6094 | 6189 | 6284 | 6378 | 6473 | 6568 | 6663 |
| 8 | 6758 | 6853 | 6948 | 7042 | 7137 | 7232 | 7327 | 7422 | 7517 | 7612 |
| 9 | 7706 | 7801 | 7896 | 7991 | 8086 | 8181 | 8275 | 8370 | 8465 | 8560 |
| 4580 | 8655 | 8750 | 8844 | 8939 | 9034 | 9129 | 9224 | 9318 | 9413 | 9508 |
| 1 | 9603 | 9698 | 9793 | 9887 | 9982 | *0077 | *0172 | *0266 | *0361 | *0456 |
| 2 | 661 0551 | 0646 | 0740 | 0835 | 0930 | 1025 | 1120 | 1214 | 1309 | 1404 |
| 3 | 1499 | 1593 | 1688 | 1783 | 1878 | 1972 | 2067 | 2162 | 2257 | 2351 |
| 4 | 2446 | 2541 | 2636 | 2730 | 2825 | 2920 | 3015 | 3109 | 3204 | 3299 |
| 5 | 3393 | 3488 | 3583 | 3678 | 3772 | 3867 | 3962 | 4056 | 4151 | 4246 |
| 6 | 4341 | 4435 | 4530 | 4625 | 4719 | 4814 | 4909 | 5003 | 5098 | 5193 |
| 7 | 5287 | 5382 | 5477 | 5571 | 5666 | 5761 | 5855 | 5950 | 6045 | 6139 |
| 8 | 6234 | 6329 | 6423 | 6518 | 6613 | 6707 | 6802 | 6897 | 6991 | 7086 |
| 9 | 7181 | 7275 | 7370 | 7464 | 7559 | 7654 | 7748 | 7843 | 7938 | 8032 |
| 4590 | 8127 | 8221 | 8316 | 8411 | 8505 | 8600 | 8695 | 8789 | 8884 | 8978 |
| 1 | 9073 | 9168 | 9262 | 9357 | 9451 | 9546 | 9640 | 9735 | 9830 | 9924 |
| 2 | 662 0019 | 0113 | 0208 | 0303 | 0397 | 0492 | 0586 | 0681 | 0775 | 0870 |
| 3 | 0964 | 1059 | 1154 | 1248 | 1343 | 1437 | 1532 | 1626 | 1721 | 1815 |
| 4 | 1910 | 2004 | 2099 | 2194 | 2288 | 2383 | 2477 | 2572 | 2666 | 2761 |
| 5 | 2855 | 2950 | 3044 | 3139 | 3233 | 3328 | 3422 | 3517 | 3611 | 3706 |
| 6 | 3800 | 3895 | 3989 | 4084 | 4178 | 4273 | 4367 | 4462 | 4556 | 4651 |
| 7 | 4745 | 4840 | 4934 | 5028 | 5123 | 5217 | 5312 | 5406 | 5501 | 5595 |
| 8 | 5690 | 5784 | 5879 | 5973 | 6067 | 6162 | 6256 | 6351 | 6445 | 6540 |
| 9 | 6634 | 6729 | 6823 | 6917 | 7012 | 7106 | 7201 | 7295 | 7389 | 7484 |
| N. | 0 | 1 | 2 | 3 | 4 | 5 | 6 | 7 | 8 | 9 |

Diff. et p. p.

| 96 | |
|---|---|
| 1 | 9,6 |
| 2 | 19,2 |
| 3 | 28,8 |
| 4 | 38,4 |
| 5 | 48,0 |
| 6 | 57,6 |
| 7 | 67,2 |
| 8 | 76,8 |
| 9 | 86,4 |

| 95 | |
|---|---|
| 1 | 9,5 |
| 2 | 19,0 |
| 3 | 28,5 |
| 4 | 38,0 |
| 5 | 47,5 |
| 6 | 57,0 |
| 7 | 66,5 |
| 8 | 76,0 |
| 9 | 85,5 |

| 94 | |
|---|---|
| 1 | 9,4 |
| 2 | 18,8 |
| 3 | 28,2 |
| 4 | 37,6 |
| 5 | 47,0 |
| 6 | 56,4 |
| 7 | 65,8 |
| 8 | 75,2 |
| 9 | 84,6 |

45 500″ = 12° 38′ 20″ — 4550″ = 1° 15′ 50″ — S = 6̄,685 5396 — T. 6453
45 600 = 12 40 0 — 4560 = 1 16 0 — 5395 — 6456
45 700 = 12 41 40 — 4570 = 1 16 10 — 5393 — 6459
45 800 = 12 43 20 — 4580 = 1 16 20 — 5392 — 6462
45 900 = 12 45 0 — 4590 = 1 16 30 — 5390 — 6466

| N. | 0 | 1 | 2 | 3 | 4 | 5 | 6 | 7 | 8 | 9 | Diff. et p. p. |
|---|---|---|---|---|---|---|---|---|---|---|---|
| 4600 | 662 7578 | 7673 | 7767 | 7862 | 7956 | 8050 | 8145 | 8239 | 8334 | 8428 | |
| 1 | 8522 | 8617 | 8711 | 8805 | 8900 | 8994 | 9089 | 9183 | 9277 | 9372 | |
| 2 | 9466 | 9561 | 9655 | 9749 | 9844 | 9938 | *0032 | *0127 | *0221 | *0315 | |
| 3 | 663 0410 | 0504 | 0598 | 0693 | 0787 | 0881 | 0976 | 1070 | 1164 | 1259 | |
| 4 | 1353 | 1447 | 1542 | 1636 | 1730 | 1825 | 1919 | 2013 | 2108 | 2202 | |
| 5 | 2296 | 2391 | 2485 | 2579 | 2674 | 2768 | 2862 | 2956 | 3051 | 3145 | |
| 6 | 3239 | 3334 | 3428 | 3522 | 3616 | 3711 | 3805 | 3899 | 3994 | 4088 | |
| 7 | 4182 | 4276 | 4371 | 4465 | 4559 | 4653 | 4748 | 4842 | 4936 | 5030 | 95 |
| 8 | 5125 | 5219 | 5313 | 5407 | 5502 | 5596 | 5690 | 5784 | 5879 | 5973 | 1 \| 9,5 |
| 9 | 6067 | 6161 | 6256 | 6350 | 6444 | 6538 | 6632 | 6727 | 6821 | 6915 | 2 \| 19,0 |
| 4610 | 7009 | 7103 | 7198 | 7292 | 7386 | 7480 | 7574 | 7669 | 7763 | 7857 | 3 \| 28,5 |
| 1 | 7951 | 8045 | 8140 | 8234 | 8328 | 8422 | 8516 | 8610 | 8705 | 8799 | 4 \| 38,0 |
| 2 | 8893 | 8987 | 9081 | 9175 | 9270 | 9364 | 9458 | 9552 | 9646 | 9740 | 5 \| 47,5 |
| 3 | 9835 | 9929 | *0023 | *0117 | *0211 | *0305 | *0399 | *0494 | *0588 | *0682 | 6 \| 57,0 |
| 4 | 664 0776 | 0870 | 0964 | 1058 | 1152 | 1247 | 1341 | 1435 | 1529 | 1623 | 7 \| 66,5 |
| 5 | 1717 | 1811 | 1905 | 1999 | 2093 | 2188 | 2282 | 2376 | 2470 | 2564 | 8 \| 76,0 |
| 6 | 2658 | 2752 | 2846 | 2940 | 3034 | 3128 | 3222 | 3317 | 3411 | 3505 | 9 \| 85,5 |
| 7 | 3599 | 3693 | 3787 | 3881 | 3975 | 4069 | 4163 | 4257 | 4351 | 4445 | |
| 8 | 4539 | 4633 | 4727 | 4821 | 4915 | 5009 | 5104 | 5198 | 5292 | 5386 | |
| 9 | 5480 | 5574 | 5668 | 5762 | 5856 | 5950 | 6044 | 6138 | 6232 | 6326 | |
| 4620 | 6420 | 6514 | 6608 | 6702 | 6796 | 6890 | 6984 | 7078 | 7172 | 7266 | |
| 1 | 7360 | 7454 | 7548 | 7642 | 7736 | 7830 | 7924 | 8018 | 8111 | 8205 | |
| 2 | 8299 | 8393 | 8487 | 8581 | 8675 | 8769 | 8863 | 8957 | 9051 | 9145 | 94 |
| 3 | 9239 | 9333 | 9427 | 9521 | 9615 | 9709 | 9803 | 9896 | 9990 | *0084 | 1 \| 9,4 |
| 4 | 665 0178 | 0272 | 0366 | 0460 | 0554 | 0648 | 0742 | 0836 | 0930 | 1023 | 2 \| 18,8 |
| 5 | 1117 | 1211 | 1305 | 1399 | 1493 | 1587 | 1681 | 1775 | 1869 | 1962 | 3 \| 28,2 |
| 6 | 2056 | 2150 | 2244 | 2338 | 2432 | 2526 | 2620 | 2713 | 2807 | 2901 | 4 \| 37,6 |
| 7 | 2995 | 3089 | 3183 | 3277 | 3370 | 3464 | 3558 | 3652 | 3746 | 3840 | 5 \| 47,0 |
| 8 | 3934 | 4027 | 4121 | 4215 | 4309 | 4403 | 4497 | 4590 | 4684 | 4778 | 6 \| 56,4 |
| 9 | 4872 | 4966 | 5059 | 5153 | 5247 | 5341 | 5435 | 5529 | 5622 | 5716 | 7 \| 65,8 |
| 4630 | 5810 | 5904 | 5998 | 6091 | 6185 | 6279 | 6373 | 6466 | 6560 | 6654 | 8 \| 75,2 |
| 1 | 6748 | 6842 | 6935 | 7029 | 7123 | 7217 | 7310 | 7404 | 7498 | 7592 | 9 \| 84,6 |
| 2 | 7686 | 7779 | 7873 | 7967 | 8061 | 8154 | 8248 | 8342 | 8436 | 8529 | |
| 3 | 8623 | 8717 | 8810 | 8904 | 8998 | 9092 | 9185 | 9279 | 9373 | 9467 | |
| 4 | 9560 | 9654 | 9748 | 9841 | 9935 | *0029 | *0123 | *0216 | *0310 | *0404 | |
| 5 | 666 0497 | 0591 | 0685 | 0778 | 0872 | 0966 | 1060 | 1153 | 1247 | 1341 | |
| 6 | 1434 | 1528 | 1622 | 1715 | 1809 | 1903 | 1996 | 2090 | 2184 | 2277 | |
| 7 | 2371 | 2465 | 2558 | 2652 | 2746 | 2839 | 2933 | 3027 | 3120 | 3214 | 93 |
| 8 | 3307 | 3401 | 3495 | 3588 | 3682 | 3776 | 3869 | 3963 | 4056 | 4150 | 1 \| 9,3 |
| 9 | 4244 | 4337 | 4431 | 4525 | 4618 | 4712 | 4805 | 4899 | 4993 | 5086 | 2 \| 18,6 |
| 4640 | 5180 | 5273 | 5367 | 5461 | 5554 | 5648 | 5741 | 5835 | 5929 | 6022 | 3 \| 27,9 |
| 1 | 6116 | 6209 | 6303 | 6396 | 6490 | 6584 | 6677 | 6771 | 6864 | 6958 | 4 \| 37,2 |
| 2 | 7051 | 7145 | 7238 | 7332 | 7426 | 7519 | 7613 | 7706 | 7800 | 7893 | 5 \| 46,5 |
| 3 | 7987 | 8080 | 8174 | 8267 | 8361 | 8454 | 8548 | 8642 | 8735 | 8829 | 6 \| 55,8 |
| 4 | 8922 | 9016 | 9109 | 9203 | 9296 | 9390 | 9483 | 9577 | 9670 | 9764 | 7 \| 65,1 |
| 5 | 9857 | 9951 | *0044 | *0138 | *0231 | *0325 | *0418 | *0512 | *0605 | *0699 | 8 \| 74,4 |
| 6 | 667 0792 | 0886 | 0979 | 1072 | 1166 | 1259 | 1353 | 1446 | 1540 | 1633 | 9 \| 83,7 |
| 7 | 1727 | 1820 | 1914 | 2007 | 2101 | 2194 | 2287 | 2381 | 2474 | 2568 | |
| 8 | 2661 | 2755 | 2848 | 2941 | 3035 | 3128 | 3222 | 3315 | 3409 | 3502 | |
| 9 | 3595 | 3689 | 3782 | 3876 | 3969 | 4063 | 4156 | 4249 | 4343 | 4436 | |
| N. | 0 | 1 | 2 | 3 | 4 | 5 | 6 | 7 | 8 | 9 | |

| | | | |
|---|---|---|---|
| 46 000" = 12° 46′ 40″ | 4600" = 1° 16′ 40″ | S = $\bar{6}$,685 5389 | T. 6469 |
| 46 100 = 12 48 20 | 4610 = 1 16 50 | 5387 | 6472 |
| 46 200 = 12 50 0 | 4620 = 1 17 0 | 5386 | 6475 |
| 46 300 = 12 51 40 | 4630 = 1 17 10 | 5384 | 6478 |
| 46 400 = 12 53 20 | 4640 = 1 17 20 | 5382 | 6481 |

| N. | 0 | 1 | 2 | 3 | 4 | 5 | 6 | 7 | 8 | 9 | Diff. et p. p. |
|---|---|---|---|---|---|---|---|---|---|---|---|
| 4650 | 667 4530 | 4623 | 4716 | 4810 | 4903 | 4996 | 5090 | 5183 | 5277 | 5370 | |
| 1 | 5463 | 5557 | 5650 | 5744 | 5837 | 5930 | 6024 | 6117 | 6210 | 6304 | |
| 2 | 6397 | 6490 | 6584 | 6677 | 6770 | 6864 | 6957 | 7051 | 7144 | 7237 | |
| 3 | 7331 | 7424 | 7517 | 7611 | 7704 | 7797 | 7891 | 7984 | 8077 | 8170 | |
| 4 | 8264 | 8357 | 8450 | 8544 | 8637 | 8730 | 8824 | 8917 | 9010 | 9104 | |
| 5 | 9197 | 9290 | 9383 | 9477 | 9570 | 9663 | 9757 | 9850 | 9943 | *0036 | |
| 6 | 668 0130 | 0223 | 0316 | 0410 | 0503 | 0596 | 0689 | 0783 | 0876 | 0969 | 94 |
| 7 | 1062 | 1156 | 1249 | 1342 | 1435 | 1529 | 1622 | 1715 | 1808 | 1902 | 1 \| 9,4 |
| 8 | 1995 | 2088 | 2181 | 2275 | 2368 | 2461 | 2554 | 2647 | 2741 | 2834 | 2 \| 18,8 |
| 9 | 2927 | 3020 | 3114 | 3207 | 3300 | 3393 | 3486 | 3580 | 3673 | 3766 | 3 \| 28,2 |
| 4660 | 3859 | 3952 | 4046 | 4139 | 4232 | 4325 | 4418 | 4511 | 4605 | 4698 | 4 \| 37,6 |
| 1 | 4791 | 4884 | 4977 | 5071 | 5164 | 5257 | 5350 | 5443 | 5536 | 5630 | 5 \| 47,0 |
| 2 | 5723 | 5816 | 5909 | 6002 | 6095 | 6188 | 6282 | 6375 | 6468 | 6561 | 6 \| 56,4 |
| 3 | 6654 | 6747 | 6840 | 6934 | 7027 | 7120 | 7213 | 7306 | 7399 | 7492 | 7 \| 65,8 |
| 4 | 7585 | 7679 | 7772 | 7865 | 7958 | 8051 | 8144 | 8237 | 8330 | 8423 | 8 \| 75,2 |
| 5 | 8516 | 8610 | 8703 | 8796 | 8889 | 8982 | 9075 | 9168 | 9261 | 9354 | 9 \| 84,6 |
| 6 | 9447 | 9540 | 9633 | 9727 | 9820 | 9913 | *0006 | *0099 | *0192 | *0285 | |
| 7 | 669 0378 | 0471 | 0564 | 0657 | 0750 | 0843 | 0936 | 1029 | 1122 | 1215 | |
| 8 | 1308 | 1402 | 1495 | 1588 | 1681 | 1774 | 1867 | 1960 | 2053 | 2146 | |
| 9 | 2239 | 2332 | 2425 | 2518 | 2611 | 2704 | 2797 | 2890 | 2983 | 3076 | |
| 4670 | 3169 | 3262 | 3355 | 3448 | 3541 | 3634 | 3727 | 3820 | 3913 | 4006 | |
| 1 | 4099 | 4192 | 4285 | 4378 | 4471 | 4564 | 4656 | 4749 | 4842 | 4935 | 93 |
| 2 | 5028 | 5121 | 5214 | 5307 | 5400 | 5493 | 5586 | 5679 | 5772 | 5865 | 1 \| 9,3 |
| 3 | 5958 | 6051 | 6144 | 6237 | 6330 | 6422 | 6515 | 6608 | 6701 | 6794 | 2 \| 18,6 |
| 4 | 6887 | 6980 | 7073 | 7166 | 7259 | 7352 | 7445 | 7537 | 7630 | 7723 | 3 \| 27,9 |
| 5 | 7816 | 7909 | 8002 | 8095 | 8188 | 8281 | 8373 | 8466 | 8559 | 8652 | 4 \| 37,2 |
| 6 | 8745 | 8838 | 8931 | 9024 | 9117 | 9209 | 9302 | 9395 | 9488 | 9581 | 5 \| 46,5 |
| 7 | 9674 | 9767 | 9859 | 9952 | *0045 | *0138 | *0231 | *0324 | *0416 | *0509 | 6 \| 55,8 |
| 8 | 670 0602 | 0695 | 0788 | 0881 | 0974 | 1066 | 1159 | 1252 | 1345 | 1438 | 7 \| 65,1 |
| 9 | 1530 | 1623 | 1716 | 1809 | 1902 | 1995 | 2087 | 2180 | 2273 | 2366 | 8 \| 74,4 |
| 4680 | 2459 | 2551 | 2644 | 2737 | 2830 | 2922 | 3015 | 3108 | 3201 | 3294 | 9 \| 83,7 |
| 1 | 3386 | 3479 | 3572 | 3665 | 3758 | 3850 | 3943 | 4036 | 4129 | 4221 | |
| 2 | 4314 | 4407 | 4500 | 4592 | 4685 | 4778 | 4871 | 4963 | 5056 | 5149 | |
| 3 | 5242 | 5334 | 5427 | 5520 | 5613 | 5705 | 5798 | 5891 | 5983 | 6076 | |
| 4 | 6169 | 6262 | 6354 | 6447 | 6540 | 6632 | 6725 | 6818 | 6911 | 7003 | |
| 5 | 7096 | 7189 | 7281 | 7374 | 7467 | 7559 | 7652 | 7745 | 7837 | 7930 | |
| 6 | 8023 | 8116 | 8208 | 8301 | 8394 | 8486 | 8579 | 8672 | 8764 | 8857 | 92 |
| 7 | 8950 | 9042 | 9135 | 9228 | 9320 | 9413 | 9505 | 9598 | 9691 | 9783 | 1 \| 9,2 |
| 8 | 9876 | 9969 | *0061 | *0154 | *0247 | *0339 | *0432 | *0524 | *0617 | *0710 | 2 \| 18,4 |
| 9 | 671 0802 | 0895 | 0988 | 1080 | 1173 | 1265 | 1358 | 1451 | 1543 | 1636 | 3 \| 27,6 |
| 4690 | 1728 | 1821 | 1914 | 2006 | 2099 | 2191 | 2284 | 2377 | 2469 | 2562 | 4 \| 36,8 |
| 1 | 2654 | 2747 | 2839 | 2932 | 3025 | 3117 | 3210 | 3302 | 3395 | 3487 | 5 \| 46,0 |
| 2 | 3580 | 3673 | 3765 | 3858 | 3950 | 4043 | 4135 | 4228 | 4320 | 4413 | 6 \| 55,2 |
| 3 | 4506 | 4598 | 4691 | 4783 | 4876 | 4968 | 5061 | 5153 | 5246 | 5338 | 7 \| 64,4 |
| 4 | 5431 | 5523 | 5616 | 5708 | 5801 | 5893 | 5986 | 6078 | 6171 | 6263 | 8 \| 73,6 |
| 5 | 6356 | 6448 | 6541 | 6633 | 6726 | 6818 | 6911 | 7003 | 7096 | 7188 | 9 \| 82,8 |
| 6 | 7281 | 7373 | 7466 | 7558 | 7651 | 7743 | 7836 | 7928 | 8021 | 8113 | |
| 7 | 8206 | 8298 | 8391 | 8483 | 8575 | 8668 | 8760 | 8853 | 8945 | 9038 | |
| 8 | 9130 | 9223 | 9315 | 9407 | 9500 | 9592 | 9685 | 9777 | 9870 | 9962 | |
| 9 | 672 0054 | 0147 | 0239 | 0332 | 0424 | 0517 | 0609 | 0701 | 0794 | 0886 | |
| N. | 0 | 1 | 2 | 3 | 4 | 5 | 6 | 7 | 8 | 9 | |

| | | | |
|---|---|---|---|
| 46500″ = 12° 55′ 0″ | 4650″ = 1° 17′ 30″ | S = $\bar{6}$,6855381 | T. 6484 |
| 46600 = 12 56 40 | 4660 = 1 17 40 | 5379 | 6488 |
| 46700 = 12 58 20 | 4670 = 1 17 50 | 5378 | 6491 |
| 46800 = 13 0 0 | 4680 = 1 18 0 | 5376 | 6494 |
| 46900 = 13 1 40 | 4690 = 1 18 10 | 5374 | 6497 |

| N. | 0 | 1 | 2 | 3 | 4 | 5 | 6 | 7 | 8 | 9 | Diff. et p. p. |
|---|---|---|---|---|---|---|---|---|---|---|---|
| 4700 | 672 0979 | 1071 | 1163 | 1256 | 1348 | 1441 | 1533 | 1625 | 1718 | 1810 | |
| 1 | 1903 | 1995 | 2087 | 2180 | 2272 | 2364 | 2457 | 2549 | 2642 | 2734 | |
| 2 | 2826 | 2919 | 3011 | 3103 | 3196 | 3288 | 3380 | 3473 | 3565 | 3657 | |
| 3 | 3750 | 3842 | 3934 | 4027 | 4119 | 4211 | 4304 | 4396 | 4488 | 4581 | |
| 4 | 4673 | 4765 | 4858 | 4950 | 5042 | 5135 | 5227 | 5319 | 5412 | 5504 | |
| 5 | 5596 | 5689 | 5781 | 5873 | 5965 | 6058 | 6150 | 6242 | 6335 | 6427 | |
| 6 | 6519 | 6612 | 6704 | 6796 | 6888 | 6981 | 7073 | 7165 | 7257 | 7350 | 93 |
| 7 | 7442 | 7534 | 7627 | 7719 | 7811 | 7903 | 7996 | 8088 | 8180 | 8272 | 1 \| 9,3 |
| 8 | 8365 | 8457 | 8549 | 8641 | 8734 | 8826 | 8918 | 9010 | 9102 | 9195 | 2 \| 18,6 |
| 9 | 9287 | 9379 | 9471 | 9564 | 9656 | 9748 | 9840 | 9932 | *0025 | *0117 | 3 \| 27,9 |
| 4710 | 673 0209 | 0301 | 0393 | 0486 | 0578 | 0670 | 0762 | 0854 | 0947 | 1039 | 4 \| 37,2 |
| 1 | 1131 | 1223 | 1315 | 1408 | 1500 | 1592 | 1684 | 1776 | 1868 | 1961 | 5 \| 46,5 |
| 2 | 2053 | 2145 | 2237 | 2329 | 2421 | 2514 | 2606 | 2698 | 2790 | 2882 | 6 \| 55,8 |
| 3 | 2974 | 3067 | 3159 | 3251 | 3343 | 3435 | 3527 | 3619 | 3712 | 3804 | 7 \| 65,1 |
| 4 | 3896 | 3988 | 4080 | 4172 | 4264 | 4356 | 4449 | 4541 | 4633 | 4725 | 8 \| 74,4 |
| 5 | 4817 | 4909 | 5001 | 5093 | 5185 | 5277 | 5370 | 5462 | 5554 | 5646 | 9 \| 83,7 |
| 6 | 5738 | 5830 | 5922 | 6014 | 6106 | 6198 | 6290 | 6383 | 6475 | 6567 | |
| 7 | 6659 | 6751 | 6843 | 6935 | 7027 | 7119 | 7211 | 7303 | 7395 | 7487 | |
| 8 | 7579 | 7671 | 7763 | 7856 | 7948 | 8040 | 8132 | 8224 | 8316 | 8408 | |
| 9 | 8500 | 8592 | 8684 | 8776 | 8868 | 8960 | 9052 | 9144 | 9236 | 9328 | |
| 4720 | 9420 | 9512 | 9604 | 9696 | 9788 | 9880 | 9972 | *0064 | *0156 | *0248 | |
| 1 | 674 0340 | 0432 | 0524 | 0616 | 0708 | 0800 | 0892 | 0984 | 1076 | 1168 | 92 |
| 2 | 1260 | 1352 | 1444 | 1536 | 1628 | 1720 | 1812 | 1904 | 1996 | 2088 | 1 \| 9,2 |
| 3 | 2179 | 2271 | 2363 | 2455 | 2547 | 2639 | 2731 | 2823 | 2915 | 3007 | 2 \| 18,4 |
| 4 | 3099 | 3191 | 3283 | 3375 | 3467 | 3559 | 3650 | 3742 | 3834 | 3926 | 3 \| 27,6 |
| 5 | 4018 | 4110 | 4202 | 4294 | 4386 | 4478 | 4570 | 4661 | 4753 | 4845 | 4 \| 36,8 |
| 6 | 4937 | 5029 | 5121 | 5213 | 5305 | 5397 | 5489 | 5580 | 5672 | 5764 | 5 \| 46,0 |
| 7 | 5856 | 5948 | 6040 | 6132 | 6224 | 6315 | 6407 | 6499 | 6591 | 6683 | 6 \| 55,2 |
| 8 | 6775 | 6867 | 6958 | 7050 | 7142 | 7234 | 7326 | 7418 | 7509 | 7601 | 7 \| 64,4 |
| 9 | 7693 | 7785 | 7877 | 7969 | 8060 | 8152 | 8244 | 8336 | 8428 | 8520 | 8 \| 73,6 |
| 4730 | 8611 | 8703 | 8795 | 8887 | 8979 | 9070 | 9162 | 9254 | 9346 | 9438 | 9 \| 82,8 |
| 1 | 9529 | 9621 | 9713 | 9805 | 9897 | 9988 | *0080 | *0172 | *0264 | *0356 | |
| 2 | 675 0447 | 0539 | 0631 | 0723 | 0814 | 0906 | 0998 | 1090 | 1182 | 1273 | |
| 3 | 1365 | 1457 | 1549 | 1640 | 1732 | 1824 | 1916 | 2007 | 2099 | 2191 | |
| 4 | 2283 | 2374 | 2466 | 2558 | 2649 | 2741 | 2833 | 2925 | 3016 | 3108 | |
| 5 | 3200 | 3292 | 3383 | 3475 | 3567 | 3658 | 3750 | 3842 | 3934 | 4025 | |
| 6 | 4117 | 4209 | 4300 | 4392 | 4484 | 4575 | 4667 | 4759 | 4850 | 4942 | |
| 7 | 5034 | 5126 | 5217 | 5309 | 5401 | 5492 | 5584 | 5676 | 5767 | 5859 | 91 |
| 8 | 5951 | 6042 | 6134 | 6226 | 6317 | 6409 | 6501 | 6592 | 6684 | 6775 | 1 \| 9,1 |
| 9 | 6867 | 6959 | 7050 | 7142 | 7234 | 7325 | 7417 | 7509 | 7600 | 7692 | 2 \| 18,2 |
| 4740 | 7783 | 7875 | 7967 | 8058 | 8150 | 8242 | 8333 | 8425 | 8516 | 8608 | 3 \| 27,3 |
| 1 | 8700 | 8791 | 8883 | 8974 | 9066 | 9158 | 9249 | 9341 | 9432 | 9524 | 4 \| 36,4 |
| 2 | 9615 | 9707 | 9799 | 9890 | 9982 | *0073 | *0165 | *0257 | *0348 | *0440 | 5 \| 45,5 |
| 3 | 676 0531 | 0623 | 0714 | 0806 | 0897 | 0989 | 1081 | 1172 | 1264 | 1355 | 6 \| 54,6 |
| 4 | 1447 | 1538 | 1630 | 1721 | 1813 | 1905 | 1996 | 2088 | 2179 | 2271 | 7 \| 63,7 |
| 5 | 2362 | 2454 | 2545 | 2637 | 2728 | 2820 | 2911 | 3003 | 3094 | 3186 | 8 \| 72,8 |
| 6 | 3277 | 3369 | 3460 | 3552 | 3643 | 3735 | 3826 | 3918 | 4009 | 4101 | 9 \| 81,9 |
| 7 | 4192 | 4284 | 4375 | 4467 | 4558 | 4650 | 4741 | 4833 | 4924 | 5016 | |
| 8 | 5107 | 5199 | 5290 | 5382 | 5473 | 5564 | 5656 | 5747 | 5839 | 5930 | |
| 9 | 6022 | 6113 | 6205 | 6296 | 6387 | 6479 | 6570 | 6662 | 6753 | 6845 | |
| N. | 0 | 1 | 2 | 3 | 4 | 5 | 6 | 7 | 8 | 9 | |

| | | | |
|---|---|---|---|
| 47000″ = 13° 3′ 20″ | 4700″ = 1° 18′ 20″ | S = $\bar{6}$,685 5373 | T. 6500 |
| 47100 = 13 5 0 | 4710 = 1 18 30 | 5371 | 6504 |
| 47200 = 13 6 40 | 4720 = 1 18 40 | 5370 | 6507 |
| 47300 = 13 8 20 | 4730 = 1 18 50 | 5368 | 6510 |
| 47400 = 13 10 0 | 4740 = 1 19 0 | 5366 | 6513 |

| N. | 0 | 1 | 2 | 3 | 4 | 5 | 6 | 7 | 8 | 9 | Diff. et p. p. |
|---|---|---|---|---|---|---|---|---|---|---|---|
| 4750 | 676 6936 | 7028 | 7119 | 7210 | 7302 | 7393 | 7485 | 7576 | 7667 | 7759 | |
| 1 | 7850 | 7942 | 8033 | 8125 | 8216 | 8307 | 8399 | 8490 | 8582 | 8673 | |
| 2 | 8764 | 8856 | 8947 | 9038 | 9130 | 9221 | 9313 | 9404 | 9495 | 9587 | |
| 3 | 9678 | 9770 | 9861 | 9952 | *0044 | *0135 | *0226 | *0318 | *0409 | *0500 | |
| 4 | 677 0592 | 0683 | 0774 | 0866 | 0957 | 1049 | 1140 | 1231 | 1323 | 1414 | |
| 5 | 1505 | 1597 | 1688 | 1779 | 1871 | 1962 | 2053 | 2145 | 2236 | 2327 | |
| 6 | 2418 | 2510 | 2601 | 2692 | 2784 | 2875 | 2966 | 3058 | 3149 | 3240 | 92 |
| 7 | 3332 | 3423 | 3514 | 3605 | 3697 | 3788 | 3879 | 3971 | 4062 | 4153 | 1 \| 9,2 |
| 8 | 4244 | 4336 | 4427 | 4518 | 4609 | 4701 | 4792 | 4883 | 4975 | 5066 | 2 \| 18,4 |
| 9 | 5157 | 5248 | 5340 | 5431 | 5522 | 5613 | 5705 | 5796 | 5887 | 5978 | 3 \| 27,6 |
| 4760 | 6070 | 6161 | 6252 | 6343 | 6434 | 6526 | 6617 | 6708 | 6799 | 6891 | 4 \| 36,8 |
| 1 | 6982 | 7073 | 7164 | 7255 | 7347 | 7438 | 7529 | 7620 | 7712 | 7803 | 5 \| 46,0 |
| 2 | 7894 | 7985 | 8076 | 8168 | 8259 | 8350 | 8441 | 8532 | 8623 | 8715 | 6 \| 55,2 |
| 3 | 8806 | 8897 | 8988 | 9079 | 9171 | 9262 | 9353 | 9444 | 9535 | 9626 | 7 \| 64,4 |
| 4 | 9718 | 9809 | 9900 | 9991 | *0082 | *0173 | *0264 | *0356 | *0447 | *0538 | 8 \| 73,6 |
| 5 | 678 0629 | 0720 | 0811 | 0902 | 0994 | 1085 | 1176 | 1267 | 1358 | 1449 | 9 \| 82,8 |
| 6 | 1540 | 1632 | 1723 | 1814 | 1905 | 1996 | 2087 | 2178 | 2269 | 2360 | |
| 7 | 2452 | 2543 | 2634 | 2725 | 2816 | 2907 | 2998 | 3089 | 3180 | 3271 | |
| 8 | 3362 | 3454 | 3545 | 3636 | 3727 | 3818 | 3909 | 4000 | 4091 | 4182 | |
| 9 | 4273 | 4364 | 4455 | 4546 | 4637 | 4729 | 4820 | 4911 | 5002 | 5093 | |
| 4770 | 5184 | 5275 | 5366 | 5457 | 5548 | 5639 | 5730 | 5821 | 5912 | 6003 | |
| 1 | 6094 | 6185 | 6276 | 6367 | 6458 | 6549 | 6640 | 6731 | 6822 | 6913 | 91 |
| 2 | 7004 | 7095 | 7186 | 7277 | 7368 | 7459 | 7550 | 7641 | 7732 | 7823 | 1 \| 9,1 |
| 3 | 7914 | 8005 | 8096 | 8187 | 8278 | 8369 | 8460 | 8551 | 8642 | 8733 | 2 \| 18,2 |
| 4 | 8824 | 8915 | 9006 | 9097 | 9188 | 9279 | 9370 | 9461 | 9552 | 9643 | 3 \| 27,3 |
| 5 | 9734 | 9825 | 9916 | *0007 | *0098 | *0188 | *0279 | *0370 | *0461 | *0552 | 4 \| 36,4 |
| 6 | 679 0643 | 0734 | 0825 | 0916 | 1007 | 1098 | 1189 | 1280 | 1371 | 1461 | 5 \| 45,5 |
| 7 | 1552 | 1643 | 1734 | 1825 | 1916 | 2007 | 2098 | 2189 | 2280 | 2371 | 6 \| 54,6 |
| 8 | 2461 | 2552 | 2643 | 2734 | 2825 | 2916 | 3007 | 3098 | 3189 | 3279 | 7 \| 63,7 |
| 9 | 3370 | 3461 | 3552 | 3643 | 3734 | 3825 | 3916 | 4006 | 4097 | 4188 | 8 \| 72,8 |
| 4780 | 4279 | 4370 | 4461 | 4552 | 4642 | 4733 | 4824 | 4915 | 5006 | 5097 | 9 \| 81,9 |
| 1 | 5187 | 5278 | 5369 | 5460 | 5551 | 5642 | 5732 | 5823 | 5914 | 6005 | |
| 2 | 6096 | 6187 | 6277 | 6368 | 6459 | 6550 | 6641 | 6731 | 6822 | 6913 | |
| 3 | 7004 | 7095 | 7185 | 7276 | 7367 | 7458 | 7549 | 7639 | 7730 | 7821 | |
| 4 | 7912 | 8002 | 8093 | 8184 | 8275 | 8366 | 8456 | 8547 | 8638 | 8729 | |
| 5 | 8819 | 8910 | 9001 | 9092 | 9182 | 9273 | 9364 | 9455 | 9545 | 9636 | |
| 6 | 9727 | 9818 | 9908 | 9999 | *0090 | *0181 | *0271 | *0362 | *0453 | *0544 | 90 |
| 7 | 680 0634 | 0725 | 0816 | 0906 | 0997 | 1088 | 1179 | 1269 | 1360 | 1451 | 1 \| 9 |
| 8 | 1541 | 1632 | 1723 | 1814 | 1904 | 1995 | 2086 | 2176 | 2267 | 2358 | 2 \| 18 |
| 9 | 2448 | 2539 | 2630 | 2720 | 2811 | 2902 | 2992 | 3083 | 3174 | 3264 | 3 \| 27 |
| 4790 | 3355 | 3446 | 3536 | 3627 | 3718 | 3808 | 3899 | 3990 | 4080 | 4171 | 4 \| 36 |
| 1 | 4262 | 4352 | 4443 | 4534 | 4624 | 4715 | 4806 | 4896 | 4987 | 5077 | 5 \| 45 |
| 2 | 5168 | 5259 | 5349 | 5440 | 5531 | 5621 | 5712 | 5802 | 5893 | 5984 | 6 \| 54 |
| 3 | 6074 | 6165 | 6256 | 6346 | 6437 | 6527 | 6618 | 6709 | 6799 | 6890 | 7 \| 63 |
| 4 | 6980 | 7071 | 7161 | 7252 | 7343 | 7433 | 7524 | 7614 | 7705 | 7796 | 8 \| 72 |
| 5 | 7886 | 7977 | 8067 | 8158 | 8248 | 8339 | 8430 | 8520 | 8611 | 8701 | 9 \| 81 |
| 6 | 8792 | 8882 | 8973 | 9063 | 9154 | 9244 | 9335 | 9426 | 9516 | 9607 | |
| 7 | 9697 | 9788 | 9878 | 9969 | *0059 | *0150 | *0240 | *0331 | *0421 | *0512 | |
| 8 | 681 0602 | 0693 | 0783 | 0874 | 0964 | 1055 | 1145 | 1236 | 1327 | 1417 | |
| 9 | 1507 | 1598 | 1688 | 1779 | 1869 | 1960 | 2050 | 2141 | 2231 | 2322 | |
| N. | 0 | 1 | 2 | 3 | 4 | 5 | 6 | 7 | 8 | 9 | |

| | | S, T |
|---|---|---|
| 47500″ = 13° 11′ 40″ | 4750″ = 1° 19′ 10″ | S = $\bar{6}$,685 5365 T. 6516 |
| 47600 = 13 13 20 | 4760 = 1 19 20 | 5363 6520 |
| 47700 = 13 15 0 | 4770 = 1 19 30 | 5362 6523 |
| 47800 = 13 16 40 | 4780 = 1 19 40 | 5360 6526 |
| 47900 = 13 18 20 | 4790 = 1 19 50 | 5358 6529 |

| N. | 0 | 1 | 2 | 3 | 4 | 5 | 6 | 7 | 8 | 9 | Diff. et p. p. |
|---|---|---|---|---|---|---|---|---|---|---|---|
| 4800 | 681 2412 | 2503 | 2593 | 2684 | 2774 | 2865 | 2955 | 3046 | 3136 | 3227 | |
| 1 | 3317 | 3408 | 3498 | 3588 | 3679 | 3769 | 3860 | 3950 | 4041 | 4131 | |
| 2 | 4222 | 4312 | 4402 | 4493 | 4583 | 4674 | 4764 | 4855 | 4945 | 5035 | |
| 3 | 5126 | 5216 | 5307 | 5397 | 5488 | 5578 | 5668 | 5759 | 5849 | 5940 | |
| 4 | 6030 | 6120 | 6211 | 6301 | 6392 | 6482 | 6572 | 6663 | 6753 | 6844 | |
| 5 | 6934 | 7024 | 7115 | 7205 | 7295 | 7386 | 7476 | 7567 | 7657 | 7747 | |
| 6 | 7838 | 7928 | 8018 | 8109 | 8199 | 8289 | 8380 | 8470 | 8561 | 8651 | |
| 7 | 8741 | 8832 | 8922 | 9012 | 9103 | 9193 | 9283 | 9374 | 9464 | 9554 | 91 |
| 8 | 9645 | 9735 | 9825 | 9916 | *0006 | *0096 | *0187 | *0277 | *0367 | *0457 | 1 \| 9,1 |
| 9 | 682 0548 | 0638 | 0728 | 0819 | 0909 | 0999 | 1090 | 1180 | 1270 | 1360 | 2 \| 18,2<br>3 \| 27,3 |
| 4810 | 1451 | 1541 | 1631 | 1722 | 1812 | 1902 | 1992 | 2083 | 2173 | 2263 | 4 \| 36,4 |
| 1 | 2354 | 2444 | 2534 | 2624 | 2715 | 2805 | 2895 | 2985 | 3076 | 3166 | 5 \| 45,5 |
| 2 | 3256 | 3346 | 3437 | 3527 | 3617 | 3707 | 3798 | 3888 | 3978 | 4068 | 6 \| 54,6 |
| 3 | 4159 | 4249 | 4339 | 4429 | 4520 | 4610 | 4700 | 4790 | 4880 | 4971 | 7 \| 63,7 |
| 4 | 5061 | 5151 | 5241 | 5331 | 5422 | 5512 | 5602 | 5692 | 5783 | 5873 | 8 \| 72,8<br>9 \| 81,9 |
| 5 | 5963 | 6053 | 6143 | 6233 | 6324 | 6414 | 6504 | 6594 | 6684 | 6775 | |
| 6 | 6865 | 6955 | 7045 | 7135 | 7225 | 7316 | 7406 | 7496 | 7586 | 7676 | |
| 7 | 7766 | 7857 | 7947 | 8037 | 8127 | 8217 | 8307 | 8398 | 8488 | 8578 | |
| 8 | 8668 | 8758 | 8848 | 8938 | 9029 | 9119 | 9209 | 9299 | 9389 | 9479 | |
| 9 | 9569 | 9659 | 9750 | 9840 | 9930 | *0020 | *0110 | *0200 | *0290 | *0380 | |
| 4820 | 683 0470 | 0560 | 0651 | 0741 | 0831 | 0921 | 1011 | 1101 | 1191 | 1281 | |
| 1 | 1371 | 1461 | 1551 | 1642 | 1732 | 1822 | 1912 | 2002 | 2092 | 2182 | 90 |
| 2 | 2272 | 2362 | 2452 | 2542 | 2632 | 2722 | 2812 | 2902 | 2993 | 3083 | |
| 3 | 3173 | 3263 | 3353 | 3443 | 3533 | 3623 | 3713 | 3803 | 3893 | 3983 | 1 \| 9 |
| 4 | 4073 | 4163 | 4253 | 4343 | 4433 | 4523 | 4613 | 4703 | 4793 | 4883 | 2 \| 18<br>3 \| 27 |
| 5 | 4973 | 5063 | 5153 | 5243 | 5333 | 5423 | 5513 | 5603 | 5693 | 5783 | 4 \| 36 |
| 6 | 5873 | 5963 | 6053 | 6143 | 6233 | 6323 | 6413 | 6503 | 6593 | 6683 | 5 \| 45 |
| 7 | 6773 | 6863 | 6953 | 7043 | 7133 | 7223 | 7313 | 7403 | 7493 | 7583 | 6 \| 54 |
| 8 | 7673 | 7763 | 7853 | 7942 | 8032 | 8122 | 8212 | 8302 | 8392 | 8482 | 7 \| 63 |
| 9 | 8572 | 8662 | 8752 | 8842 | 8932 | 9022 | 9112 | 9202 | 9291 | 9381 | 8 \| 72<br>9 \| 81 |
| 4830 | 9471 | 9561 | 9651 | 9741 | 9831 | 9921 | *0011 | *0101 | *0191 | *0280 | |
| 1 | 684 0370 | 0460 | 0550 | 0640 | 0730 | 0820 | 0910 | 1000 | 1089 | 1179 | |
| 2 | 1269 | 1359 | 1449 | 1539 | 1629 | 1719 | 1808 | 1898 | 1988 | 2078 | |
| 3 | 2168 | 2258 | 2348 | 2438 | 2527 | 2617 | 2707 | 2797 | 2887 | 2977 | |
| 4 | 3066 | 3156 | 3246 | 3336 | 3426 | 3516 | 3605 | 3695 | 3785 | 3875 | |
| 5 | 3965 | 4055 | 4144 | 4234 | 4324 | 4414 | 4504 | 4594 | 4683 | 4773 | |
| 6 | 4863 | 4953 | 5043 | 5132 | 5222 | 5312 | 5402 | 5492 | 5581 | 5671 | |
| 7 | 5761 | 5851 | 5940 | 6030 | 6120 | 6210 | 6300 | 6389 | 6479 | 6569 | 89 |
| 8 | 6659 | 6748 | 6838 | 6928 | 7018 | 7107 | 7197 | 7287 | 7377 | 7466 | 1 \| 8,9 |
| 9 | 7556 | 7646 | 7736 | 7825 | 7915 | 8005 | 8095 | 8184 | 8274 | 8364 | 2 \| 17,8<br>3 \| 26,7 |
| 4840 | 8454 | 8543 | 8633 | 8723 | 8813 | 8902 | 8992 | 9082 | 9171 | 9261 | 4 \| 35,6 |
| 1 | 9351 | 9441 | 9530 | 9620 | 9710 | 9799 | 9889 | 9979 | *0068 | *0158 | 5 \| 44,5 |
| 2 | 685 0248 | 0338 | 0427 | 0517 | 0607 | 0696 | 0786 | 0876 | 0965 | 1055 | 6 \| 53,4 |
| 3 | 1145 | 1234 | 1324 | 1414 | 1503 | 1593 | 1683 | 1772 | 1862 | 1952 | 7 \| 62,3 |
| 4 | 2041 | 2131 | 2221 | 2310 | 2400 | 2490 | 2579 | 2669 | 2759 | 2848 | 8 \| 71,2<br>9 \| 80,1 |
| 5 | 2938 | 3027 | 3117 | 3207 | 3296 | 3386 | 3476 | 3565 | 3655 | 3744 | |
| 6 | 3834 | 3924 | 4013 | 4103 | 4193 | 4282 | 4372 | 4461 | 4551 | 4641 | |
| 7 | 4730 | 4820 | 4909 | 4999 | 5089 | 5178 | 5268 | 5357 | 5447 | 5537 | |
| 8 | 5626 | 5716 | 5805 | 5895 | 5984 | 6074 | 6164 | 6253 | 6343 | 6432 | |
| 9 | 6522 | 6611 | 6701 | 6791 | 6880 | 6970 | 7059 | 7149 | 7238 | 7328 | |
| N. | 0 | 1 | 2 | 3 | 4 | 5 | 6 | 7 | 8 | 9 | |

| | | | |
|---|---|---|---|
| 48 000″ = 13° 20′ 0″ | 4800″ = 1° 20′ 0″ | S = $\bar{6}$,685 5357 | T. 6533 |
| 48 100 = 13 21 40 | 4810 = 1 20 10 | 5355 | 6536 |
| 48 200 = 13 23 20 | 4820 = 1 20 20 | 5353 | 6539 |
| 48 300 = 13 25 0 | 4830 = 1 20 30 | 5352 | 6543 |
| 48 400 = 13 26 40 | 4840 = 1 20 40 | 5350 | 6546 |

| N. | 0 | 1 | 2 | 3 | 4 | 5 | 6 | 7 | 8 | 9 | Diff. et p. p. |
|---|---|---|---|---|---|---|---|---|---|---|---|
| 4850 | 685 7417 | 7507 | 7596 | 7686 | 7776 | 7865 | 7955 | 8044 | 8134 | 8223 | |
| 1 | 8313 | 8402 | 8492 | 8581 | 8671 | 8760 | 8850 | 8939 | 9029 | 9118 | |
| 2 | 9208 | 9297 | 9387 | 9476 | 9566 | 9655 | 9745 | 9834 | 9924 | *0013 | |
| 3 | 686 0103 | 0192 | 0282 | 0371 | 0461 | 0550 | 0640 | 0729 | 0819 | 0908 | |
| 4 | 0998 | 1087 | 1177 | 1266 | 1356 | 1445 | 1535 | 1624 | 1713 | 1803 | |
| 5 | 1892 | 1982 | 2071 | 2161 | 2250 | 2340 | 2429 | 2518 | 2608 | 2697 | |
| 6 | 2787 | 2876 | 2966 | 3055 | 3145 | 3234 | 3323 | 3413 | 3502 | 3592 | |
| 7 | 3681 | 3770 | 3860 | 3949 | 4039 | 4128 | 4217 | 4307 | 4396 | 4486 | 90 |
| 8 | 4575 | 4665 | 4754 | 4843 | 4933 | 5022 | 5111 | 5201 | 5290 | 5380 | 1 \| 9 |
| 9 | 5469 | 5558 | 5648 | 5737 | 5826 | 5916 | 6005 | 6095 | 6184 | 6273 | 2 \| 18 |
| 4860 | 6363 | 6452 | 6541 | 6631 | 6720 | 6809 | 6899 | 6988 | 7078 | 7167 | 3 \| 27 |
| 1 | 7256 | 7346 | 7435 | 7524 | 7614 | 7703 | 7792 | 7882 | 7971 | 8060 | 4 \| 36 |
| 2 | 8150 | 8239 | 8328 | 8418 | 8507 | 8596 | 8685 | 8775 | 8864 | 8953 | 5 \| 45 |
| 3 | 9043 | 9132 | 9221 | 9311 | 9400 | 9489 | 9578 | 9668 | 9757 | 9846 | 6 \| 54 |
| 4 | 9936 | *0025 | *0114 | *0204 | *0293 | *0382 | *0471 | *0561 | *0650 | *0739 | 7 \| 63 |
| 5 | 687 0828 | 0918 | 1007 | 1096 | 1186 | 1275 | 1364 | 1453 | 1543 | 1632 | 8 \| 72 |
| 6 | 1721 | 1810 | 1900 | 1989 | 2078 | 2167 | 2257 | 2346 | 2435 | 2524 | 9 \| 81 |
| 7 | 2613 | 2703 | 2792 | 2881 | 2970 | 3060 | 3149 | 3238 | 3327 | 3416 | |
| 8 | 3506 | 3595 | 3684 | 3773 | 3863 | 3952 | 4041 | 4130 | 4219 | 4309 | |
| 9 | 4398 | 4487 | 4576 | 4665 | 4755 | 4844 | 4933 | 5022 | 5111 | 5200 | |
| 4870 | 5290 | 5379 | 5468 | 5557 | 5646 | 5735 | 5825 | 5914 | 6003 | 6092 | |
| 1 | 6181 | 6270 | 6360 | 6449 | 6538 | 6627 | 6716 | 6805 | 6895 | 6984 | 89 |
| 2 | 7073 | 7162 | 7251 | 7340 | 7429 | 7518 | 7608 | 7697 | 7786 | 7875 | 1 \| 8,9 |
| 3 | 7964 | 8053 | 8142 | 8231 | 8321 | 8410 | 8499 | 8588 | 8677 | 8766 | 2 \| 17,8 |
| 4 | 8855 | 8944 | 9033 | 9123 | 9212 | 9301 | 9390 | 9479 | 9568 | 9657 | 3 \| 26,7 |
| 5 | 9746 | 9835 | 9924 | *0013 | *0103 | *0192 | *0281 | *0370 | *0459 | *0548 | 4 \| 35,6 |
| 6 | 688 0637 | 0726 | 0815 | 0904 | 0993 | 1082 | 1171 | 1260 | 1349 | 1439 | 5 \| 44,5 |
| 7 | 1528 | 1617 | 1706 | 1795 | 1884 | 1973 | 2062 | 2151 | 2240 | 2329 | 6 \| 53,4 |
| 8 | 2418 | 2507 | 2596 | 2685 | 2774 | 2863 | 2952 | 3041 | 3130 | 3219 | 7 \| 62,3 |
| 9 | 3308 | 3397 | 3486 | 3575 | 3664 | 3753 | 3842 | 3931 | 4020 | 4109 | 8 \| 71,2 |
| 4880 | 4198 | 4287 | 4376 | 4465 | 4554 | 4643 | 4732 | 4821 | 4910 | 4999 | 9 \| 80,1 |
| 1 | 5088 | 5177 | 5266 | 5355 | 5444 | 5533 | 5622 | 5711 | 5800 | 5889 | |
| 2 | 5978 | 6067 | 6156 | 6245 | 6334 | 6423 | 6511 | 6600 | 6689 | 6778 | |
| 3 | 6867 | 6956 | 7045 | 7134 | 7223 | 7312 | 7401 | 7490 | 7579 | 7668 | |
| 4 | 7757 | 7845 | 7934 | 8023 | 8112 | 8201 | 8290 | 8379 | 8468 | 8557 | |
| 5 | 8646 | 8735 | 8823 | 8912 | 9001 | 9090 | 9179 | 9268 | 9357 | 9446 | |
| 6 | 9535 | 9624 | 9712 | 9801 | 9890 | 9979 | *0068 | *0157 | *0246 | *0335 | 88 |
| 7 | 689 0423 | 0512 | 0601 | 0690 | 0779 | 0868 | 0957 | 1045 | 1134 | 1223 | 1 \| 8,8 |
| 8 | 1312 | 1401 | 1490 | 1579 | 1667 | 1756 | 1845 | 1934 | 2023 | 2112 | 2 \| 17,6 |
| 9 | 2200 | 2289 | 2378 | 2467 | 2556 | 2645 | 2733 | 2822 | 2911 | 3000 | 3 \| 26,4 |
| 4890 | 3089 | 3177 | 3266 | 3355 | 3444 | 3533 | 3621 | 3710 | 3799 | 3888 | 4 \| 35,2 |
| 1 | 3977 | 4065 | 4154 | 4243 | 4332 | 4421 | 4509 | 4598 | 4687 | 4776 | 5 \| 44,0 |
| 2 | 4864 | 4953 | 5042 | 5131 | 5220 | 5308 | 5397 | 5486 | 5575 | 5663 | 6 \| 52,8 |
| 3 | 5752 | 5841 | 5930 | 6018 | 6107 | 6196 | 6285 | 6373 | 6462 | 6551 | 7 \| 61,6 |
| 4 | 6640 | 6728 | 6817 | 6906 | 6995 | 7083 | 7172 | 7261 | 7350 | 7438 | 8 \| 70,4 |
| 5 | 7527 | 7616 | 7704 | 7793 | 7882 | 7971 | 8059 | 8148 | 8237 | 8325 | 9 \| 79,2 |
| 6 | 8414 | 8503 | 8591 | 8680 | 8769 | 8858 | 8946 | 9035 | 9124 | 9212 | |
| 7 | 9301 | 9390 | 9478 | 9567 | 9656 | 9744 | 9833 | 9922 | *0010 | *0099 | |
| 8 | 690 0188 | 0276 | 0365 | 0454 | 0542 | 0631 | 0720 | 0808 | 0897 | 0986 | |
| 9 | 1074 | 1163 | 1252 | 1340 | 1429 | 1518 | 1606 | 1695 | 1784 | 1872 | |
| N. | 0 | 1 | 2 | 3 | 4 | 5 | 6 | 7 | 8 | 9 | |

| | | | |
|---|---|---|---|
| 48 500″ = 13° 28′ 20″ | 4850″ = 1° 20′ 50″ | S = $\bar{6}$,685 5348 | T. 6549 |
| 48 600 = 13 30 0 | 4860 = 1 21 0 | 5347 | 6552 |
| 48 700 = 13 31 40 | 4870 = 1 21 10 | 5345 | 6556 |
| 48 800 = 13 33 20 | 4880 = 1 21 20 | 5344 | 6559 |
| 48 900 = 13 35 0 | 4890 = 1 21 30 | 5342 | 6562 |

| N. | 0 | 1 | 2 | 3 | 4 | 5 | 6 | 7 | 8 | 9 | Diff. et p. p. |
|---|---|---|---|---|---|---|---|---|---|---|---|
| 4900 | 690 1961 | 2049 | 2138 | 2227 | 2315 | 2404 | 2493 | 2581 | 2670 | 2758 | |
| 1 | 2847 | 2936 | 3024 | 3113 | 3201 | 3290 | 3379 | 3467 | 3556 | 3644 | |
| 2 | 3733 | 3822 | 3910 | 3999 | 4087 | 4176 | 4265 | 4353 | 4442 | 4530 | |
| 3 | 4619 | 4708 | 4796 | 4885 | 4973 | 5062 | 5150 | 5239 | 5327 | 5416 | |
| 4 | 5505 | 5593 | 5682 | 5770 | 5859 | 5947 | 6036 | 6124 | 6213 | 6302 | |
| 5 | 6390 | 6479 | 6567 | 6656 | 6744 | 6833 | 6921 | 7010 | 7098 | 7187 | |
| 6 | 7275 | 7364 | 7452 | 7541 | 7630 | 7718 | 7807 | 7895 | 7984 | 8072 | 89 |
| 7 | 8161 | 8249 | 8338 | 8426 | 8515 | 8603 | 8692 | 8780 | 8869 | 8957 | 1 \| 8,9 |
| 8 | 9046 | 9134 | 9223 | 9311 | 9399 | 9488 | 9576 | 9665 | 9753 | 9842 | 2 \| 17,8 |
| 9 | 9930 | *0019 | *0107 | *0196 | *0284 | *0373 | *0461 | *0550 | *0638 | *0726 | 3 \| 26,7 |
| 4910 | 691 0815 | 0903 | 0992 | 1080 | 1169 | 1257 | 1346 | 1434 | 1522 | 1611 | 4 \| 35,6 |
| 1 | 1699 | 1788 | 1876 | 1965 | 2053 | 2141 | 2230 | 2318 | 2407 | 2495 | 5 \| 44,5 |
| 2 | 2584 | 2672 | 2760 | 2849 | 2937 | 3026 | 3114 | 3202 | 3291 | 3379 | 6 \| 53,4 |
| 3 | 3468 | 3556 | 3644 | 3733 | 3821 | 3910 | 3998 | 4086 | 4175 | 4263 | 7 \| 62,3 |
| 4 | 4352 | 4440 | 4528 | 4617 | 4705 | 4793 | 4882 | 4970 | 5058 | 5147 | 8 \| 71,2 |
| 5 | 5235 | 5324 | 5412 | 5500 | 5589 | 5677 | 5765 | 5854 | 5942 | 6030 | 9 \| 80,1 |
| 6 | 6119 | 6207 | 6295 | 6384 | 6472 | 6560 | 6649 | 6737 | 6825 | 6914 | |
| 7 | 7002 | 7090 | 7179 | 7267 | 7355 | 7444 | 7532 | 7620 | 7709 | 7797 | |
| 8 | 7885 | 7974 | 8062 | 8150 | 8238 | 8327 | 8415 | 8503 | 8592 | 8680 | |
| 9 | 8768 | 8857 | 8945 | 9033 | 9121 | 9210 | 9298 | 9386 | 9474 | 9563 | |
| 4920 | 9651 | 9739 | 9828 | 9916 | *0004 | *0092 | *0181 | *0269 | *0357 | *0445 | |
| 1 | 692 0534 | 0622 | 0710 | 0798 | 0887 | 0975 | 1063 | 1151 | 1240 | 1328 | 88 |
| 2 | 1416 | 1504 | 1593 | 1681 | 1769 | 1857 | 1945 | 2034 | 2122 | 2210 | 1 \| 8,8 |
| 3 | 2298 | 2387 | 2475 | 2563 | 2651 | 2739 | 2828 | 2916 | 3004 | 3092 | 2 \| 17,6 |
| 4 | 3180 | 3269 | 3357 | 3445 | 3533 | 3621 | 3710 | 3798 | 3886 | 3974 | 3 \| 26,4 |
| 5 | 4062 | 4151 | 4239 | 4327 | 4415 | 4503 | 4591 | 4680 | 4768 | 4856 | 4 \| 35,2 |
| 6 | 4944 | 5032 | 5120 | 5209 | 5297 | 5385 | 5473 | 5561 | 5649 | 5737 | 5 \| 44,0 |
| 7 | 5826 | 5914 | 6002 | 6090 | 6178 | 6266 | 6354 | 6443 | 6531 | 6619 | 6 \| 52,8 |
| 8 | 6707 | 6795 | 6883 | 6971 | 7059 | 7148 | 7236 | 7324 | 7412 | 7500 | 7 \| 61,6 |
| 9 | 7588 | 7676 | 7764 | 7853 | 7941 | 8029 | 8117 | 8205 | 8293 | 8381 | 8 \| 70,4 |
| 4930 | 8469 | 8557 | 8645 | 8733 | 8822 | 8910 | 8998 | 9086 | 9174 | 9262 | 9 \| 79,2 |
| 1 | 9350 | 9438 | 9526 | 9614 | 9702 | 9790 | 9878 | 9967 | *0055 | *0143 | |
| 2 | 693 0231 | 0319 | 0407 | 0495 | 0583 | 0671 | 0759 | 0847 | 0935 | 1023 | |
| 3 | 1111 | 1199 | 1287 | 1375 | 1463 | 1551 | 1639 | 1727 | 1815 | 1903 | |
| 4 | 1991 | 2079 | 2167 | 2256 | 2344 | 2432 | 2520 | 2608 | 2696 | 2784 | |
| 5 | 2872 | 2960 | 3048 | 3136 | 3224 | 3312 | 3400 | 3488 | 3576 | 3664 | |
| 6 | 3752 | 3839 | 3927 | 4015 | 4103 | 4191 | 4279 | 4367 | 4455 | 4543 | 87 |
| 7 | 4631 | 4719 | 4807 | 4895 | 4983 | 5071 | 5159 | 5247 | 5335 | 5423 | 1 \| 8,7 |
| 8 | 5511 | 5599 | 5687 | 5775 | 5863 | 5951 | 6039 | 6126 | 6214 | 6302 | 2 \| 17,4 |
| 9 | 6390 | 6478 | 6566 | 6654 | 6742 | 6830 | 6918 | 7006 | 7094 | 7182 | 3 \| 26,1 |
| 4940 | 7269 | 7357 | 7445 | 7533 | 7621 | 7709 | 7797 | 7885 | 7973 | 8061 | 4 \| 34,8 |
| 1 | 8149 | 8236 | 8324 | 8412 | 8500 | 8588 | 8676 | 8764 | 8852 | 8940 | 5 \| 43,5 |
| 2 | 9027 | 9115 | 9203 | 9291 | 9379 | 9467 | 9555 | 9643 | 9730 | 9818 | 6 \| 52,2 |
| 3 | 9906 | 9994 | *0082 | *0170 | *0258 | *0345 | *0433 | *0521 | *0609 | *0697 | 7 \| 60,9 |
| 4 | 694 0785 | 0872 | 0960 | 1048 | 1136 | 1224 | 1312 | 1399 | 1487 | 1575 | 8 \| 69,6 |
| 5 | 1663 | 1751 | 1839 | 1926 | 2014 | 2102 | 2190 | 2278 | 2366 | 2453 | 9 \| 78,3 |
| 6 | 2541 | 2629 | 2717 | 2805 | 2892 | 2980 | 3068 | 3156 | 3244 | 3331 | |
| 7 | 3419 | 3507 | 3595 | 3682 | 3770 | 3858 | 3946 | 4034 | 4121 | 4209 | |
| 8 | 4297 | 4385 | 4472 | 4560 | 4648 | 4736 | 4824 | 4911 | 4999 | 5087 | |
| 9 | 5175 | 5262 | 5350 | 5438 | 5526 | 5613 | 5701 | 5789 | 5877 | 5964 | |
| N. | 0 | 1 | 2 | 3 | 4 | 5 | 6 | 7 | 8 | 9 | |

| | | | |
|---|---|---|---|
| 49000″ = 13° 36′ 40″ | 4900″ = 1° 21′ 40″ | S = $\bar{6}$,685 5340 | T. 6566 |
| 49100 = 13 38 20 | 4910 = 1 21 50 | 5339 | 6569 |
| 49200 = 13 40 0 | 4920 = 1 22 0 | 5337 | 6572 |
| 49300 = 13 41 40 | 4930 = 1 22 10 | 5335 | 6576 |
| 49400 = 13 43 20 | 4940 = 1 22 20 | 5333 | 6579 |

| N. | 0 | 1 | 2 | 3 | 4 | 5 | 6 | 7 | 8 | 9 | Diff. et p. p. |
|---|---|---|---|---|---|---|---|---|---|---|---|
| 4950 | 694 6052 | 6140 | 6227 | 6315 | 6403 | 6491 | 6578 | 6666 | 6754 | 6842 | |
| 1 | 6929 | 7017 | 7105 | 7192 | 7280 | 7368 | 7456 | 7543 | 7631 | 7719 | |
| 2 | 7806 | 7894 | 7982 | 8069 | 8157 | 8245 | 8333 | 8420 | 8508 | 8596 | |
| 3 | 8683 | 8771 | 8859 | 8946 | 9034 | 9122 | 9209 | 9297 | 9385 | 9472 | |
| 4 | 9560 | 9648 | 9735 | 9823 | 9911 | 9998 | *0086 | *0174 | *0261 | *0349 | |
| 5 | 695 0437 | 0524 | 0612 | 0700 | 0787 | 0875 | 0962 | 1050 | 1138 | 1225 | |
| 6 | 1313 | 1401 | 1488 | 1576 | 1663 | 1751 | 1839 | 1926 | 2014 | 2102 | 88 |
| 7 | 2189 | 2277 | 2364 | 2452 | 2540 | 2627 | 2715 | 2802 | 2890 | 2978 | 1 8,8 |
| 8 | 3065 | 3153 | 3240 | 3328 | 3416 | 3503 | 3591 | 3678 | 3766 | 3854 | 2 17,6 |
| 9 | 3941 | 4029 | 4116 | 4204 | 4291 | 4379 | 4467 | 4554 | 4642 | 4729 | 3 26,4 |
| 4960 | 4817 | 4904 | 4992 | 5079 | 5167 | 5255 | 5342 | 5430 | 5517 | 5605 | 4 35,2 |
| 1 | 5692 | 5780 | 5867 | 5955 | 6042 | 6130 | 6217 | 6305 | 6393 | 6480 | 5 44,0 |
| 2 | 6568 | 6655 | 6743 | 6830 | 6918 | 7005 | 7093 | 7180 | 7268 | 7355 | 6 52,8 |
| 3 | 7443 | 7530 | 7618 | 7705 | 7793 | 7880 | 7968 | 8055 | 8143 | 8230 | 7 61,6 |
| 4 | 8318 | 8405 | 8493 | 8580 | 8668 | 8755 | 8843 | 8930 | 9018 | 9105 | 8 70,4 |
| 5 | 9193 | 9280 | 9367 | 9455 | 9542 | 9630 | 9717 | 9805 | 9892 | 9980 | 9 79,2 |
| 6 | 696 0067 | 0155 | 0242 | 0330 | 0417 | 0504 | 0592 | 0679 | 0767 | 0854 | |
| 7 | 0942 | 1029 | 1116 | 1204 | 1291 | 1379 | 1466 | 1554 | 1641 | 1728 | |
| 8 | 1816 | 1903 | 1991 | 2078 | 2166 | 2253 | 2340 | 2428 | 2515 | 2603 | |
| 9 | 2690 | 2777 | 2865 | 2952 | 3040 | 3127 | 3214 | 3302 | 3389 | 3477 | |
| 4970 | 3564 | 3651 | 3739 | 3826 | 3913 | 4001 | 4088 | 4176 | 4263 | 4350 | |
| 1 | 4438 | 4525 | 4612 | 4700 | 4787 | 4874 | 4962 | 5049 | 5137 | 5224 | 87 |
| 2 | 5311 | 5399 | 5486 | 5573 | 5661 | 5748 | 5835 | 5923 | 6010 | 6097 | 1 8,7 |
| 3 | 6185 | 6272 | 6359 | 6447 | 6534 | 6621 | 6709 | 6796 | 6883 | 6970 | 2 17,4 |
| 4 | 7058 | 7145 | 7232 | 7320 | 7407 | 7494 | 7582 | 7669 | 7756 | 7844 | 3 26,1 |
| 5 | 7931 | 8018 | 8105 | 8193 | 8280 | 8367 | 8455 | 8542 | 8629 | 8716 | 4 34,8 |
| 6 | 8804 | 8891 | 8978 | 9066 | 9153 | 9240 | 9327 | 9415 | 9502 | 9589 | 5 43,5 |
| 7 | 9676 | 9764 | 9851 | 9938 | *0025 | *0113 | *0200 | *0287 | *0374 | *0462 | 6 52,2 |
| 8 | 697 0549 | 0636 | 0723 | 0811 | 0898 | 0985 | 1072 | 1160 | 1247 | 1334 | 7 60,9 |
| 9 | 1421 | 1508 | 1596 | 1683 | 1770 | 1857 | 1945 | 2032 | 2119 | 2206 | 8 69,6 |
| 4980 | 2293 | 2381 | 2468 | 2555 | 2642 | 2729 | 2817 | 2904 | 2991 | 3078 | 9 78,3 |
| 1 | 3165 | 3253 | 3340 | 3427 | 3514 | 3601 | 3689 | 3776 | 3863 | 3950 | |
| 2 | 4037 | 4124 | 4212 | 4299 | 4386 | 4473 | 4560 | 4647 | 4735 | 4822 | |
| 3 | 4909 | 4996 | 5083 | 5170 | 5257 | 5345 | 5432 | 5519 | 5606 | 5693 | |
| 4 | 5780 | 5867 | 5955 | 6042 | 6129 | 6216 | 6303 | 6390 | 6477 | 6565 | |
| 5 | 6652 | 6739 | 6826 | 6913 | 7000 | 7087 | 7174 | 7261 | 7349 | 7436 | |
| 6 | 7523 | 7610 | 7697 | 7784 | 7871 | 7958 | 8045 | 8132 | 8220 | 8307 | 86 |
| 7 | 8394 | 8481 | 8568 | 8655 | 8742 | 8829 | 8916 | 9003 | 9090 | 9177 | 1 8,6 |
| 8 | 9264 | 9352 | 9439 | 9526 | 9613 | 9700 | 9787 | 9874 | 9961 | *0048 | 2 17,2 |
| 9 | 698 0135 | 0222 | 0309 | 0396 | 0483 | 0570 | 0657 | 0744 | 0831 | 0918 | 3 25,8 |
| 4990 | 1005 | 1092 | 1180 | 1267 | 1354 | 1441 | 1528 | 1615 | 1702 | 1789 | 4 34,4 |
| 1 | 1876 | 1963 | 2050 | 2137 | 2224 | 2311 | 2398 | 2485 | 2572 | 2659 | 5 43,0 |
| 2 | 2746 | 2833 | 2920 | 3007 | 3094 | 3181 | 3268 | 3355 | 3442 | 3529 | 6 51,6 |
| 3 | 3616 | 3703 | 3790 | 3877 | 3964 | 4051 | 4138 | 4224 | 4311 | 4398 | 7 60,2 |
| 4 | 4485 | 4572 | 4659 | 4746 | 4833 | 4920 | 5007 | 5094 | 5181 | 5268 | 8 68,8 |
| 5 | 5355 | 5442 | 5529 | 5616 | 5703 | 5790 | 5877 | 5964 | 6050 | 6137 | 9 77,4 |
| 6 | 6224 | 6311 | 6398 | 6485 | 6572 | 6659 | 6746 | 6833 | 6920 | 7007 | |
| 7 | 7093 | 7180 | 7267 | 7354 | 7441 | 7528 | 7615 | 7702 | 7789 | 7876 | |
| 8 | 7963 | 8049 | 8136 | 8223 | 8310 | 8397 | 8484 | 8571 | 8658 | 8744 | |
| 9 | 8831 | 8918 | 9005 | 9092 | 9179 | 9266 | 9353 | 9439 | 9526 | 9613 | |
| N. | 0 | 1 | 2 | 3 | 4 | 5 | 6 | 7 | 8 | 9 | |

| | | | |
|---|---|---|---|
| 49 500″ = 13° 45′ 0″ | 4950″ = 1° 22′ 30″ | S = $\bar{6}$,685 5332 | T. 6583 |
| 49 600 = 13 46 40 | 4960 = 1 22 40 | 5330 | 6586 |
| 49 700 = 13 48 20 | 4970 = 1 22 50 | 5328 | 6589 |
| 49 800 = 13 50 0 | 4980 = 1 23 0 | 5327 | 6593 |
| 49 900 = 13 51 40 | 4990 = 1 23 10 | 5325 | 6596 |

| N. | 0 | 1 | 2 | 3 | 4 | 5 | 6 | 7 | 8 | 9 | Diff. et p. p. |
|---|---|---|---|---|---|---|---|---|---|---|---|
| 5000 | 698 9700 | 9787 | 9874 | 9961 | *0047 | *0134 | *0221 | *0308 | *0395 | *0482 | |
| 1 | 699 0569 | 0655 | 0742 | 0829 | 0916 | 1003 | 1090 | 1176 | 1263 | 1350 | |
| 2 | 1437 | 1524 | 1611 | 1697 | 1784 | 1871 | 1958 | 2045 | 2131 | 2218 | |
| 3 | 2305 | 2392 | 2479 | 2565 | 2652 | 2739 | 2826 | 2913 | 2999 | 3086 | |
| 4 | 3173 | 3260 | 3347 | 3433 | 3520 | 3607 | 3694 | 3780 | 3867 | 3954 | |
| 5 | 4041 | 4128 | 4214 | 4301 | 4388 | 4475 | 4561 | 4648 | 4735 | 4822 | |
| 6 | 4908 | 4995 | 5082 | 5169 | 5255 | 5342 | 5429 | 5516 | 5602 | 5689 | |
| 7 | 5776 | 5863 | 5949 | 6036 | 6123 | 6210 | 6296 | 6383 | 6470 | 6556 | |
| 8 | 6643 | 6730 | 6817 | 6903 | 6990 | 7077 | 7163 | 7250 | 7337 | 7424 | |
| 9 | 7510 | 7597 | 7684 | 7770 | 7857 | 7944 | 8031 | 8117 | 8204 | 8291 | |
| 5010 | 8377 | 8464 | 8551 | 8637 | 8724 | 8811 | 8897 | 8984 | 9071 | 9157 | |
| 1 | 9244 | 9331 | 9417 | 9504 | 9591 | 9677 | 9764 | 9851 | 9937 | *0024 | 87 |
| 2 | 700 0111 | 0197 | 0284 | 0371 | 0457 | 0544 | 0630 | 0717 | 0804 | 0890 | 1 \| 8,7 |
| 3 | 0977 | 1064 | 1150 | 1237 | 1324 | 1410 | 1497 | 1583 | 1670 | 1757 | 2 \| 17,4 |
| 4 | 1843 | 1930 | 2017 | 2103 | 2190 | 2276 | 2363 | 2450 | 2536 | 2623 | 3 \| 26,1 |
| 5 | 2709 | 2796 | 2883 | 2969 | 3056 | 3142 | 3229 | 3316 | 3402 | 3489 | 4 \| 34,8 |
| 6 | 3575 | 3662 | 3748 | 3835 | 3922 | 4008 | 4095 | 4181 | 4268 | 4354 | 5 \| 43,5 |
| 7 | 4441 | 4528 | 4614 | 4701 | 4787 | 4874 | 4960 | 5047 | 5133 | 5220 | 6 \| 52,2 |
| 8 | 5307 | 5393 | 5480 | 5566 | 5653 | 5739 | 5826 | 5912 | 5999 | 6085 | 7 \| 60,9 |
| 9 | 6172 | 6258 | 6345 | 6432 | 6518 | 6605 | 6691 | 6778 | 6864 | 6951 | 8 \| 69,6 |
| 5020 | 7037 | 7124 | 7210 | 7297 | 7383 | 7470 | 7556 | 7643 | 7729 | 7816 | 9 \| 78,3 |
| 1 | 7902 | 7989 | 8075 | 8162 | 8248 | 8335 | 8421 | 8508 | 8594 | 8681 | |
| 2 | 8767 | 8854 | 8940 | 9027 | 9113 | 9199 | 9286 | 9372 | 9459 | 9545 | |
| 3 | 9632 | 9718 | 9805 | 9891 | 9978 | *0064 | *0151 | *0237 | *0323 | *0410 | |
| 4 | 701 0496 | 0583 | 0669 | 0756 | 0842 | 0929 | 1015 | 1101 | 1188 | 1274 | |
| 5 | 1361 | 1447 | 1534 | 1620 | 1706 | 1793 | 1879 | 1966 | 2052 | 2138 | |
| 6 | 2225 | 2311 | 2398 | 2484 | 2570 | 2657 | 2743 | 2830 | 2916 | 3002 | |
| 7 | 3089 | 3175 | 3262 | 3348 | 3434 | 3521 | 3607 | 3694 | 3780 | 3866 | |
| 8 | 3953 | 4039 | 4125 | 4212 | 4298 | 4385 | 4471 | 4557 | 4644 | 4730 | |
| 9 | 4816 | 4903 | 4989 | 5075 | 5162 | 5248 | 5334 | 5421 | 5507 | 5594 | |
| 5030 | 5680 | 5766 | 5853 | 5939 | 6025 | 6112 | 6198 | 6284 | 6371 | 6457 | |
| 1 | 6543 | 6629 | 6716 | 6802 | 6888 | 6975 | 7061 | 7147 | 7234 | 7320 | 86 |
| 2 | 7406 | 7493 | 7579 | 7665 | 7752 | 7838 | 7924 | 8010 | 8097 | 8183 | 1 \| 8,6 |
| 3 | 8269 | 8356 | 8442 | 8528 | 8614 | 8701 | 8787 | 8873 | 8960 | 9046 | 2 \| 17,2 |
| 4 | 9132 | 9218 | 9305 | 9391 | 9477 | 9563 | 9650 | 9736 | 9822 | 9908 | 3 \| 25,8 |
| 5 | 9995 | *0081 | *0167 | *0254 | *0340 | *0426 | *0512 | *0598 | *0685 | *0771 | 4 \| 34,4 |
| 6 | 702 0857 | 0943 | 1030 | 1116 | 1202 | 1288 | 1375 | 1461 | 1547 | 1633 | 5 \| 43,0 |
| 7 | 1720 | 1806 | 1892 | 1978 | 2064 | 2151 | 2237 | 2323 | 2409 | 2495 | 6 \| 51,6 |
| 8 | 2582 | 2668 | 2754 | 2840 | 2926 | 3013 | 3099 | 3185 | 3271 | 3357 | 7 \| 60,2 |
| 9 | 3444 | 3530 | 3616 | 3702 | 3788 | 3874 | 3961 | 4047 | 4133 | 4219 | 8 \| 68,8 |
| 5040 | 4305 | 4392 | 4478 | 4564 | 4650 | 4736 | 4822 | 4909 | 4995 | 5081 | 9 \| 77,4 |
| 1 | 5167 | 5253 | 5339 | 5425 | 5512 | 5598 | 5684 | 5770 | 5856 | 5942 | |
| 2 | 6028 | 6115 | 6201 | 6287 | 6373 | 6459 | 6545 | 6631 | 6717 | 6804 | |
| 3 | 6890 | 6976 | 7062 | 7148 | 7234 | 7320 | 7406 | 7492 | 7579 | 7665 | |
| 4 | 7751 | 7837 | 7923 | 8009 | 8095 | 8181 | 8267 | 8353 | 8440 | 8526 | |
| 5 | 8612 | 8698 | 8784 | 8870 | 8956 | 9042 | 9128 | 9214 | 9300 | 9386 | |
| 6 | 9472 | 9559 | 9645 | 9731 | 9817 | 9903 | 9989 | *0075 | *0161 | *0247 | |
| 7 | 703 0333 | 0419 | 0505 | 0591 | 0677 | 0763 | 0849 | 0935 | 1021 | 1107 | |
| 8 | 1193 | 1279 | 1366 | 1452 | 1538 | 1624 | 1710 | 1796 | 1882 | 1968 | |
| 9 | 2054 | 2140 | 2226 | 2312 | 2398 | 2484 | 2570 | 2656 | 2742 | 2828 | |
| N. | 0 | 1 | 2 | 3 | 4 | 5 | 6 | 7 | 8 | 9 | |

| | | | |
|---|---|---|---|
| 50000″ = 13° 53′ 20″ | 5000″ = 1° 23′ 20″ | S = $\bar{6}$,6855323 | T. 6599 |
| 50100 = 13 55 0 | 5010 = 1 23 30 | 5322 | 6603 |
| 50200 = 13 56 40 | 5020 = 1 23 40 | 5320 | 6606 |
| 50300 = 13 58 20 | 5030 = 1 23 50 | 5318 | 6610 |
| 50400 = 14 0 0 | 5040 = 1 24 0 | 5317 | 6613 |

| N. | 0 | 1 | 2 | 3 | 4 | 5 | 6 | 7 | 8 | 9 | Diff. et p. p. |
|---|---|---|---|---|---|---|---|---|---|---|---|
| 5050 | 703 2914 | 3000 | 3086 | 3172 | 3258 | 3344 | 3430 | 3516 | 3602 | 3688 | |
| 1 | 3774 | 3860 | 3946 | 4032 | 4118 | 4204 | 4290 | 4376 | 4461 | 4547 | |
| 2 | 4633 | 4719 | 4805 | 4891 | 4977 | 5063 | 5149 | 5235 | 5321 | 5407 | |
| 3 | 5493 | 5579 | 5665 | 5751 | 5837 | 5923 | 6009 | 6095 | 6181 | 6266 | |
| 4 | 6352 | 6438 | 6524 | 6610 | 6696 | 6782 | 6868 | 6954 | 7040 | 7126 | |
| 5 | 7212 | 7298 | 7383 | 7469 | 7555 | 7641 | 7727 | 7813 | 7899 | 7985 | |
| 6 | 8071 | 8157 | 8242 | 8328 | 8414 | 8500 | 8586 | 8672 | 8758 | 8844 | |
| 7 | 8930 | 9015 | 9101 | 9187 | 9273 | 9359 | 9445 | 9531 | 9617 | 9702 | |
| 8 | 9788 | 9874 | 9960 | *0046 | *0132 | *0218 | *0303 | *0389 | *0475 | *0561 | |
| 9 | 704 0647 | 0733 | 0818 | 0904 | 0990 | 1076 | 1162 | 1248 | 1334 | 1419 | |
| 5060 | 1505 | 1591 | 1677 | 1763 | 1848 | 1934 | 2020 | 2106 | 2192 | 2278 | |
| 1 | 2363 | 2449 | 2535 | 2621 | 2707 | 2792 | 2878 | 2964 | 3050 | 3136 | 86 |
| 2 | 3221 | 3307 | 3393 | 3479 | 3565 | 3650 | 3736 | 3822 | 3908 | 3993 | 1 \| 8,6 |
| 3 | 4079 | 4165 | 4251 | 4337 | 4422 | 4508 | 4594 | 4680 | 4765 | 4851 | 2 \| 17,2 |
| 4 | 4937 | 5023 | 5108 | 5194 | 5280 | 5366 | 5452 | 5537 | 5623 | 5709 | 3 \| 25,8 |
| 5 | 5794 | 5880 | 5966 | 6052 | 6137 | 6223 | 6309 | 6395 | 6480 | 6566 | 4 \| 34,4 |
| 6 | 6652 | 6738 | 6823 | 6909 | 6995 | 7080 | 7166 | 7252 | 7338 | 7423 | 5 \| 43,0 |
| 7 | 7509 | 7595 | 7680 | 7766 | 7852 | 7938 | 8023 | 8109 | 8195 | 8280 | 6 \| 51,6 |
| 8 | 8366 | 8452 | 8537 | 8623 | 8709 | 8795 | 8880 | 8966 | 9052 | 9137 | 7 \| 60,2 |
| 9 | 9223 | 9309 | 9394 | 9480 | 9566 | 9651 | 9737 | 9823 | 9908 | 9994 | 8 \| 68,8 |
| 5070 | 705 0080 | 0165 | 0251 | 0337 | 0422 | 0508 | 0594 | 0679 | 0765 | 0850 | 9 \| 77,4 |
| 1 | 0936 | 1022 | 1107 | 1193 | 1279 | 1364 | 1450 | 1536 | 1621 | 1707 | |
| 2 | 1792 | 1878 | 1964 | 2049 | 2135 | 2221 | 2306 | 2392 | 2477 | 2563 | |
| 3 | 2649 | 2734 | 2820 | 2905 | 2991 | 3077 | 3162 | 3248 | 3333 | 3419 | |
| 4 | 3505 | 3590 | 3676 | 3761 | 3847 | 3933 | 4018 | 4104 | 4189 | 4275 | |
| 5 | 4360 | 4446 | 4532 | 4617 | 4703 | 4788 | 4874 | 4959 | 5045 | 5131 | |
| 6 | 5216 | 5302 | 5387 | 5473 | 5558 | 5644 | 5729 | 5815 | 5901 | 5986 | |
| 7 | 6072 | 6157 | 6243 | 6328 | 6414 | 6499 | 6585 | 6670 | 6756 | 6841 | |
| 8 | 6927 | 7012 | 7098 | 7184 | 7269 | 7355 | 7440 | 7526 | 7611 | 7697 | |
| 9 | 7782 | 7868 | 7953 | 8039 | 8124 | 8210 | 8295 | 8381 | 8466 | 8552 | |
| 5080 | 8637 | 8723 | 8808 | 8894 | 8979 | 9065 | 9150 | 9236 | 9321 | 9406 | |
| 1 | 9492 | 9577 | 9663 | 9748 | 9834 | 9919 | *0005 | *0090 | *0176 | *0261 | 85 |
| 2 | 706 0347 | 0432 | 0518 | 0603 | 0688 | 0774 | 0859 | 0945 | 1030 | 1116 | 1 \| 8,5 |
| 3 | 1201 | 1287 | 1372 | 1457 | 1543 | 1628 | 1714 | 1799 | 1885 | 1970 | 2 \| 17,0 |
| 4 | 2055 | 2141 | 2226 | 2312 | 2397 | 2483 | 2568 | 2653 | 2739 | 2824 | 3 \| 25,5 |
| 5 | 2910 | 2995 | 3080 | 3166 | 3251 | 3337 | 3422 | 3507 | 3593 | 3678 | 4 \| 34,0 |
| 6 | 3764 | 3849 | 3934 | 4020 | 4105 | 4190 | 4276 | 4361 | 4447 | 4532 | 5 \| 42,5 |
| 7 | 4617 | 4703 | 4788 | 4873 | 4959 | 5044 | 5130 | 5215 | 5300 | 5386 | 6 \| 51,0 |
| 8 | 5471 | 5556 | 5642 | 5727 | 5812 | 5898 | 5983 | 6068 | 6154 | 6239 | 7 \| 59,5 |
| 9 | 6325 | 6410 | 6495 | 6581 | 6666 | 6751 | 6837 | 6922 | 7007 | 7092 | 8 \| 68,0 |
| 5090 | 7178 | 7263 | 7348 | 7434 | 7519 | 7604 | 7690 | 7775 | 7860 | 7946 | 9 \| 76,5 |
| 1 | 8031 | 8116 | 8202 | 8287 | 8372 | 8457 | 8543 | 8628 | 8713 | 8799 | |
| 2 | 8884 | 8969 | 9055 | 9140 | 9225 | 9310 | 9396 | 9481 | 9566 | 9651 | |
| 3 | 9737 | 9822 | 9907 | 9993 | *0078 | *0163 | *0248 | *0334 | *0419 | *0504 | |
| 4 | 707 0589 | 0675 | 0760 | 0845 | 0930 | 1016 | 1101 | 1186 | 1271 | 1357 | |
| 5 | 1442 | 1527 | 1612 | 1698 | 1783 | 1868 | 1953 | 2039 | 2124 | 2209 | |
| 6 | 2294 | 2379 | 2465 | 2550 | 2635 | 2720 | 2806 | 2891 | 2976 | 3061 | |
| 7 | 3146 | 3232 | 3317 | 3402 | 3487 | 3572 | 3658 | 3743 | 3828 | 3913 | |
| 8 | 3998 | 4083 | 4169 | 4254 | 4339 | 4424 | 4509 | 4595 | 4680 | 4765 | |
| 9 | 4850 | 4935 | 5020 | 5106 | 5191 | 5276 | 5361 | 5446 | 5531 | 5617 | |
| N. | 0 | 1 | 2 | 3 | 4 | 5 | 6 | 7 | 8 | 9 | |

| | | | |
|---|---|---|---|
| 50500″ = 14° 1′ 40″ | 5050″ = 1° 24′ 10″ | S = $\bar{6}$,685 5315 | T. 6617 |
| 50600 = 14 3 20 | 5060 = 1 24 20 | 5313 | 6620 |
| 50700 = 14 5 0 | 5070 = 1 24 30 | 5311 | 6623 |
| 50800 = 14 6 40 | 5080 = 1 24 40 | 5310 | 6627 |
| 50900 = 14 8 20 | 5090 = 1 24 50 | 5308 | 6630 |

| N. | 0 | 1 | 2 | 3 | 4 | 5 | 6 | 7 | 8 | 9 | Diff. et p. p. |
|---|---|---|---|---|---|---|---|---|---|---|---|
| 5100 | 707 5702 | 5787 | 5872 | 5957 | 6042 | 6128 | 6213 | 6298 | 6383 | 6468 | |
| 1 | 6553 | 6638 | 6724 | 6809 | 6894 | 6979 | 7064 | 7149 | 7234 | 7319 | |
| 2 | 7405 | 7490 | 7575 | 7660 | 7745 | 7830 | 7915 | 8000 | 8085 | 8171 | |
| 3 | 8256 | 8341 | 8426 | 8511 | 8596 | 8681 | 8766 | 8851 | 8936 | 9022 | |
| 4 | 9107 | 9192 | 9277 | 9362 | 9447 | 9532 | 9617 | 9702 | 9787 | 9872 | |
| 5 | 9957 | *0043 | *0128 | *0213 | *0298 | *0383 | *0468 | *0553 | *0638 | *0723 | |
| 6 | 708 0808 | 0893 | 0978 | 1063 | 1148 | 1233 | 1318 | 1403 | 1488 | 1574 | 86 |
| 7 | 1659 | 1744 | 1829 | 1914 | 1999 | 2084 | 2169 | 2254 | 2339 | 2424 | 1 \| 8,6 |
| 8 | 2509 | 2594 | 2679 | 2764 | 2849 | 2934 | 3019 | 3104 | 3189 | 3274 | 2 \| 17,2 |
| 9 | 3359 | 3444 | 3529 | 3614 | 3699 | 3784 | 3869 | 3954 | 4039 | 4124 | 3 \| 25,8 |
| 5110 | 4209 | 4294 | 4379 | 4464 | 4549 | 4634 | 4719 | 4804 | 4889 | 4974 | 4 \| 34,4 |
| 1 | 5059 | 5144 | 5229 | 5314 | 5399 | 5484 | 5569 | 5654 | 5739 | 5823 | 5 \| 43,0 |
| 2 | 5908 | 5993 | 6078 | 6163 | 6248 | 6333 | 6418 | 6503 | 6588 | 6673 | 6 \| 51,6 |
| 3 | 6758 | 6843 | 6928 | 7013 | 7098 | 7183 | 7268 | 7352 | 7437 | 7522 | 7 \| 60,2 |
| 4 | 7607 | 7692 | 7777 | 7862 | 7947 | 8032 | 8117 | 8202 | 8287 | 8371 | 8 \| 68,8 |
| 5 | 8456 | 8541 | 8626 | 8711 | 8796 | 8881 | 8966 | 9051 | 9136 | 9220 | 9 \| 77,4 |
| 6 | 9305 | 9390 | 9475 | 9560 | 9645 | 9730 | 9815 | 9900 | 9984 | *0069 | |
| 7 | 709 0154 | 0239 | 0324 | 0409 | 0494 | 0579 | 0663 | 0748 | 0833 | 0918 | |
| 8 | 1003 | 1088 | 1173 | 1257 | 1342 | 1427 | 1512 | 1597 | 1682 | 1766 | |
| 9 | 1851 | 1936 | 2021 | 2106 | 2191 | 2275 | 2360 | 2445 | 2530 | 2615 | |
| 5120 | 2700 | 2784 | 2869 | 2954 | 3039 | 3124 | 3209 | 3293 | 3378 | 3463 | |
| 1 | 3548 | 3633 | 3717 | 3802 | 3887 | 3972 | 4057 | 4141 | 4226 | 4311 | 85 |
| 2 | 4396 | 4481 | 4565 | 4650 | 4735 | 4820 | 4904 | 4989 | 5074 | 5159 | 1 \| 8,5 |
| 3 | 5244 | 5328 | 5413 | 5498 | 5583 | 5667 | 5752 | 5837 | 5922 | 6006 | 2 \| 17,0 |
| 4 | 6091 | 6176 | 6261 | 6345 | 6430 | 6515 | 6600 | 6684 | 6769 | 6854 | 3 \| 25,5 |
| 5 | 6939 | 7023 | 7108 | 7193 | 7278 | 7362 | 7447 | 7532 | 7617 | 7701 | 4 \| 34,0 |
| 6 | 7786 | 7871 | 7955 | 8040 | 8125 | 8210 | 8294 | 8379 | 8464 | 8548 | 5 \| 42,5 |
| 7 | 8633 | 8718 | 8803 | 8887 | 8972 | 9057 | 9141 | 9226 | 9311 | 9395 | 6 \| 51,0 |
| 8 | 9480 | 9565 | 9650 | 9734 | 9819 | 9904 | 9988 | *0073 | *0158 | *0242 | 7 \| 59,5 |
| 9 | 710 0327 | 0412 | 0496 | 0581 | 0666 | 0750 | 0835 | 0920 | 1004 | 1089 | 8 \| 68,0 |
| 5130 | 1174 | 1258 | 1343 | 1428 | 1512 | 1597 | 1682 | 1766 | 1851 | 1936 | 9 \| 76,5 |
| 1 | 2020 | 2105 | 2189 | 2274 | 2359 | 2443 | 2528 | 2613 | 2697 | 2782 | |
| 2 | 2866 | 2951 | 3036 | 3120 | 3205 | 3290 | 3374 | 3459 | 3543 | 3628 | |
| 3 | 3713 | 3797 | 3882 | 3966 | 4051 | 4136 | 4220 | 4305 | 4389 | 4474 | |
| 4 | 4559 | 4643 | 4728 | 4812 | 4897 | 4982 | 5066 | 5151 | 5235 | 5320 | |
| 5 | 5404 | 5489 | 5574 | 5658 | 5743 | 5827 | 5912 | 5996 | 6081 | 6166 | |
| 6 | 6250 | 6335 | 6419 | 6504 | 6588 | 6673 | 6757 | 6842 | 6927 | 7011 | 84 |
| 7 | 7096 | 7180 | 7265 | 7349 | 7434 | 7518 | 7603 | 7687 | 7772 | 7856 | 1 \| 8,4 |
| 8 | 7941 | 8026 | 8110 | 8195 | 8279 | 8364 | 8448 | 8533 | 8617 | 8702 | 2 \| 16,8 |
| 9 | 8786 | 8871 | 8955 | 9040 | 9124 | 9209 | 9293 | 9378 | 9462 | 9547 | 3 \| 25,2 |
| 5140 | 9631 | 9716 | 9800 | 9885 | 9969 | *0054 | *0138 | *0223 | *0307 | *0392 | 4 \| 33,6 |
| 1 | 711 0476 | 0561 | 0645 | 0729 | 0814 | 0898 | 0983 | 1067 | 1152 | 1236 | 5 \| 42,0 |
| 2 | 1321 | 1405 | 1490 | 1574 | 1659 | 1743 | 1827 | 1912 | 1996 | 2081 | 6 \| 50,4 |
| 3 | 2165 | 2250 | 2334 | 2419 | 2503 | 2587 | 2672 | 2756 | 2841 | 2925 | 7 \| 58,8 |
| 4 | 3010 | 3094 | 3178 | 3263 | 3347 | 3432 | 3516 | 3601 | 3685 | 3769 | 8 \| 67,2 |
| 5 | 3854 | 3938 | 4023 | 4107 | 4191 | 4276 | 4360 | 4445 | 4529 | 4613 | 9 \| 75,6 |
| 6 | 4698 | 4782 | 4867 | 4951 | 5035 | 5120 | 5204 | 5289 | 5373 | 5457 | |
| 7 | 5542 | 5626 | 5710 | 5795 | 5879 | 5964 | 6048 | 6132 | 6217 | 6301 | |
| 8 | 6385 | 6470 | 6554 | 6638 | 6723 | 6807 | 6892 | 6976 | 7060 | 7145 | |
| 9 | 7229 | 7313 | 7398 | 7482 | 7566 | 7651 | 7735 | 7819 | 7904 | 7988 | |
| N. | 0 | 1 | 2 | 3 | 4 | 5 | 6 | 7 | 8 | 9 | |

| | | | |
|---|---|---|---|
| 51 000″ = 14° 10′ 0″ | 5100″ = 1° 25′ 0″ | S = $\bar{6}$,685 5306 | T. 6634 |
| 51 100 = 14 11 40 | 5110 = 1 25 10 | 5304 | 6637 |
| 51 200 = 14 13 20 | 5120 = 1 25 20 | 5303 | 6641 |
| 51 300 = 14 15 0 | 5130 = 1 25 30 | 5301 | 6644 |
| 51 400 = 14 16 40 | 5140 = 1 25 40 | 5299 | 6648 |

| N. | 0 | 1 | 2 | 3 | 4 | 5 | 6 | 7 | 8 | 9 | Diff. et p. p. |
|---|---|---|---|---|---|---|---|---|---|---|---|
| 5150 | 711 8072 | 8157 | 8241 | 8325 | 8410 | 8494 | 8578 | 8663 | 8747 | 8831 | |
| 1 | 8915 | 9000 | 9084 | 9168 | 9253 | 9337 | 9421 | 9506 | 9590 | 9674 | |
| 2 | 9759 | 9843 | 9927 | *0011 | *0096 | *0180 | *0264 | *0349 | *0433 | *0517 | |
| 3 | 712 0601 | 0686 | 0770 | 0854 | 0939 | 1023 | 1107 | 1191 | 1276 | 1360 | |
| 4 | 1444 | 1528 | 1613 | 1697 | 1781 | 1865 | 1950 | 2034 | 2118 | 2202 | |
| 5 | 2287 | 2371 | 2455 | 2539 | 2624 | 2708 | 2792 | 2876 | 2961 | 3045 | |
| 6 | 3129 | 3213 | 3298 | 3382 | 3466 | 3550 | 3634 | 3719 | 3803 | 3887 | 85 |
| 7 | 3971 | 4056 | 4140 | 4224 | 4308 | 4392 | 4477 | 4561 | 4645 | 4729 | 1 \| 8,5 |
| 8 | 4813 | 4898 | 4982 | 5066 | 5150 | 5234 | 5319 | 5403 | 5487 | 5571 | 2 \| 17,0 |
| 9 | 5655 | 5739 | 5824 | 5908 | 5992 | 6076 | 6160 | 6245 | 6329 | 6413 | 3 \| 25,5 |
| 5160 | 6497 | 6581 | 6665 | 6750 | 6834 | 6918 | 7002 | 7086 | 7170 | 7254 | 4 \| 34,0 |
| 1 | 7339 | 7423 | 7507 | 7591 | 7675 | 7759 | 7843 | 7928 | 8012 | 8096 | 5 \| 42,5 |
| 2 | 8180 | 8264 | 8348 | 8432 | 8517 | 8601 | 8685 | 8769 | 8853 | 8937 | 6 \| 51,0 |
| 3 | 9021 | 9105 | 9189 | 9274 | 9358 | 9442 | 9526 | 9610 | 9694 | 9778 | 7 \| 59,5 |
| 4 | 9862 | 9946 | *0031 | *0115 | *0199 | *0283 | *0367 | *0451 | *0535 | *0619 | 8 \| 68,0 |
| 5 | 713 0703 | 0787 | 0871 | 0956 | 1040 | 1124 | 1208 | 1292 | 1376 | 1460 | 9 \| 76,5 |
| 6 | 1544 | 1628 | 1712 | 1796 | 1880 | 1964 | 2048 | 2132 | 2217 | 2301 | |
| 7 | 2385 | 2469 | 2553 | 2637 | 2721 | 2805 | 2889 | 2973 | 3057 | 3141 | |
| 8 | 3225 | 3309 | 3393 | 3477 | 3561 | 3645 | 3729 | 3813 | 3897 | 3981 | |
| 9 | 4065 | 4149 | 4233 | 4317 | 4401 | 4485 | 4569 | 4653 | 4737 | 4821 | |
| 5170 | 4905 | 4989 | 5073 | 5157 | 5241 | 5325 | 5409 | 5493 | 5577 | 5661 | |
| 1 | 5745 | 5829 | 5913 | 5997 | 6081 | 6165 | 6249 | 6333 | 6417 | 6501 | 84 |
| 2 | 6585 | 6669 | 6753 | 6837 | 6921 | 7005 | 7089 | 7173 | 7257 | 7341 | 1 \| 8,4 |
| 3 | 7425 | 7509 | 7593 | 7677 | 7761 | 7845 | 7928 | 8012 | 8096 | 8180 | 2 \| 16,8 |
| 4 | 8264 | 8348 | 8432 | 8516 | 8600 | 8684 | 8768 | 8852 | 8936 | 9020 | 3 \| 25,2 |
| 5 | 9104 | 9187 | 9271 | 9355 | 9439 | 9523 | 9607 | 9691 | 9775 | 9859 | 4 \| 33,6 |
| 6 | 9943 | *0027 | *0110 | *0194 | *0278 | *0362 | *0446 | *0530 | *0614 | *0698 | 5 \| 42,0 |
| 7 | 714 0782 | 0866 | 0949 | 1033 | 1117 | 1201 | 1285 | 1369 | 1453 | 1537 | 6 \| 50,4 |
| 8 | 1620 | 1704 | 1788 | 1872 | 1956 | 2040 | 2124 | 2208 | 2291 | 2375 | 7 \| 58,8 |
| 9 | 2459 | 2543 | 2627 | 2711 | 2795 | 2878 | 2962 | 3046 | 3130 | 3214 | 8 \| 67,2 |
| 5180 | 3298 | 3381 | 3465 | 3549 | 3633 | 3717 | 3801 | 3884 | 3968 | 4052 | 9 \| 75,6 |
| 1 | 4136 | 4220 | 4304 | 4387 | 4471 | 4555 | 4639 | 4723 | 4806 | 4890 | |
| 2 | 4974 | 5058 | 5142 | 5226 | 5309 | 5393 | 5477 | 5561 | 5645 | 5728 | |
| 3 | 5812 | 5896 | 5980 | 6063 | 6147 | 6231 | 6315 | 6399 | 6482 | 6566 | |
| 4 | 6650 | 6734 | 6817 | 6901 | 6985 | 7069 | 7153 | 7236 | 7320 | 7404 | |
| 5 | 7488 | 7571 | 7655 | 7739 | 7823 | 7906 | 7990 | 8074 | 8158 | 8241 | |
| 6 | 8325 | 8409 | 8493 | 8576 | 8660 | 8744 | 8828 | 8911 | 8995 | 9079 | 83 |
| 7 | 9162 | 9246 | 9330 | 9414 | 9497 | 9581 | 9665 | 9749 | 9832 | 9916 | 1 \| 8,3 |
| 8 | 715 0000 | 0083 | 0167 | 0251 | 0335 | 0418 | 0502 | 0586 | 0669 | 0753 | 2 \| 16,6 |
| 9 | 0837 | 0920 | 1004 | 1088 | 1171 | 1255 | 1339 | 1423 | 1506 | 1590 | 3 \| 24,9 |
| 5190 | 1674 | 1757 | 1841 | 1925 | 2008 | 2092 | 2176 | 2259 | 2343 | 2427 | 4 \| 33,2 |
| 1 | 2510 | 2594 | 2678 | 2761 | 2845 | 2929 | 3012 | 3096 | 3180 | 3263 | 5 \| 41,5 |
| 2 | 3347 | 3430 | 3514 | 3598 | 3681 | 3765 | 3849 | 3932 | 4016 | 4100 | 6 \| 49,8 |
| 3 | 4183 | 4267 | 4350 | 4434 | 4518 | 4601 | 4685 | 4769 | 4852 | 4936 | 7 \| 58,1 |
| 4 | 5019 | 5103 | 5187 | 5270 | 5354 | 5438 | 5521 | 5605 | 5688 | 5772 | 8 \| 66,4 |
| 5 | 5856 | 5939 | 6023 | 6106 | 6190 | 6273 | 6357 | 6441 | 6524 | 6608 | 9 \| 74,7 |
| 6 | 6691 | 6776 | 6859 | 6942 | 7026 | 7109 | 7193 | 7276 | 7360 | 7444 | |
| 7 | 7527 | 7611 | 7694 | 7778 | 7861 | 7945 | 8029 | 8112 | 8196 | 8279 | |
| 8 | 8363 | 8446 | 8530 | 8613 | 8697 | 8780 | 8864 | 8948 | 9031 | 9115 | |
| 9 | 9198 | 9282 | 9365 | 9449 | 9532 | 9616 | 9699 | 9783 | 9866 | 9950 | |
| N. | 0 | 1 | 2 | 3 | 4 | 5 | 6 | 7 | 8 | 9 | |

| | | | |
|---|---|---|---|
| 51 500″ = 14° 18′ 20″ | 5150″ = 1° 25′ 50″ | S = $\bar{6}$,685 5297 | T. 6651 |
| 51 600 = 14 20 0 | 5160 = 1 26 0 | 5296 | 6655 |
| 51 700 = 14 21 40 | 5170 = 1 26 10 | 5294 | 6658 |
| 51 800 = 14 23 20 | 5180 = 1 26 20 | 5292 | 6662 |
| 51 900 = 14 25 0 | 5190 = 1 26 30 | 5290 | 6665 |

| N. | 0 | 1 | 2 | 3 | 4 | 5 | 6 | 7 | 8 | 9 | Diff. et p. p. |
|---|---|---|---|---|---|---|---|---|---|---|---|
| 5200 | 716 0033 | 0117 | 0200 | 0284 | 0367 | 0451 | 0535 | 0618 | 0702 | 0785 | |
| 1 | 0869 | 0952 | 1036 | 1119 | 1203 | 1286 | 1370 | 1453 | 1537 | 1620 | |
| 2 | 1703 | 1787 | 1870 | 1954 | 2037 | 2121 | 2204 | 2288 | 2371 | 2455 | |
| 3 | 2538 | 2622 | 2705 | 2789 | 2872 | 2956 | 3039 | 3123 | 3206 | 3289 | |
| 4 | 3373 | 3456 | 3540 | 3623 | 3707 | 3790 | 3874 | 3957 | 4040 | 4124 | |
| 5 | 4207 | 4291 | 4374 | 4458 | 4541 | 4625 | 4708 | 4791 | 4875 | 4958 | |
| 6 | 5042 | 5125 | 5208 | 5292 | 5375 | 5459 | 5542 | 5626 | 5709 | 5792 | |
| 7 | 5876 | 5959 | 6043 | 6126 | 6209 | 6293 | 6376 | 6460 | 6543 | 6626 | 84 |
| 8 | 6710 | 6793 | 6877 | 6960 | 7043 | 7127 | 7210 | 7293 | 7377 | 7460 | 1 \| 8,4 |
| 9 | 7544 | 7627 | 7710 | 7794 | 7877 | 7960 | 8044 | 8127 | 8211 | 8294 | 2 \| 16,8 |
| 5210 | 8377 | 8461 | 8544 | 8627 | 8711 | 8794 | 8877 | 8961 | 9044 | 9127 | 3 \| 25,2 |
| 1 | 9211 | 9294 | 9377 | 9461 | 9544 | 9627 | 9711 | 9794 | 9877 | 9961 | 4 \| 33,6 |
| 2 | 717 0044 | 0127 | 0211 | 0294 | 0377 | 0461 | 0544 | 0627 | 0711 | 0794 | 5 \| 42,0 |
| 3 | 0877 | 0961 | 1044 | 1127 | 1210 | 1294 | 1377 | 1460 | 1544 | 1627 | 6 \| 50,4 |
| 4 | 1710 | 1794 | 1877 | 1960 | 2043 | 2127 | 2210 | 2293 | 2377 | 2460 | 7 \| 58,8 |
| 5 | 2543 | 2626 | 2710 | 2793 | 2876 | 2959 | 3043 | 3126 | 3209 | 3293 | 8 \| 67,2 |
| 6 | 3376 | 3459 | 3542 | 3626 | 3709 | 3792 | 3875 | 3959 | 4042 | 4125 | 9 \| 75,6 |
| 7 | 4208 | 4292 | 4375 | 4458 | 4541 | 4625 | 4708 | 4791 | 4874 | 4958 | |
| 8 | 5041 | 5124 | 5207 | 5290 | 5374 | 5457 | 5540 | 5623 | 5707 | 5790 | |
| 9 | 5873 | 5956 | 6039 | 6123 | 6206 | 6289 | 6372 | 6455 | 6539 | 6622 | |
| 5220 | 6705 | 6788 | 6871 | 6955 | 7038 | 7121 | 7204 | 7287 | 7371 | 7454 | |
| 1 | 7537 | 7620 | 7703 | 7786 | 7870 | 7953 | 8036 | 8119 | 8202 | 8286 | |
| 2 | 8369 | 8452 | 8535 | 8618 | 8701 | 8784 | 8868 | 8951 | 9034 | 9117 | 83 |
| 3 | 9200 | 9283 | 9367 | 9450 | 9533 | 9616 | 9699 | 9782 | 9865 | 9949 | 1 \| 8,3 |
| 4 | 718 0032 | 0115 | 0198 | 0281 | 0364 | 0447 | 0530 | 0614 | 0697 | 0780 | 2 \| 16,6 |
| 5 | 0863 | 0946 | 1029 | 1112 | 1195 | 1279 | 1362 | 1445 | 1528 | 1611 | 3 \| 24,9 |
| 6 | 1694 | 1777 | 1860 | 1943 | 2026 | 2110 | 2193 | 2276 | 2359 | 2442 | 4 \| 33,2 |
| 7 | 2525 | 2608 | 2691 | 2774 | 2857 | 2940 | 3023 | 3107 | 3190 | 3273 | 5 \| 41,5 |
| 8 | 3356 | 3439 | 3522 | 3605 | 3688 | 3771 | 3854 | 3937 | 4020 | 4103 | 6 \| 49,8 |
| 9 | 4186 | 4269 | 4353 | 4436 | 4519 | 4602 | 4685 | 4768 | 4851 | 4934 | 7 \| 58,1 |
| 5230 | 5017 | 5100 | 5183 | 5266 | 5349 | 5432 | 5515 | 5598 | 5681 | 5764 | 8 \| 66,4 |
| 1 | 5847 | 5930 | 6013 | 6096 | 6179 | 6262 | 6345 | 6428 | 6511 | 6594 | 9 \| 74,7 |
| 2 | 6677 | 6760 | 6843 | 6926 | 7009 | 7092 | 7175 | 7258 | 7341 | 7424 | |
| 3 | 7507 | 7590 | 7673 | 7756 | 7839 | 7922 | 8005 | 8088 | 8171 | 8254 | |
| 4 | 8337 | 8420 | 8503 | 8586 | 8669 | 8752 | 8835 | 8918 | 9001 | 9084 | |
| 5 | 9167 | 9250 | 9333 | 9416 | 9499 | 9582 | 9665 | 9748 | 9830 | 9913 | |
| 6 | 9996 | *0079 | *0162 | *0245 | *0328 | *0411 | *0494 | *0577 | *0660 | *0743 | |
| 7 | 719 0826 | 0909 | 0992 | 1075 | 1157 | 1240 | 1323 | 1406 | 1489 | 1572 | 82 |
| 8 | 1655 | 1738 | 1821 | 1904 | 1987 | 2069 | 2152 | 2235 | 2318 | 2401 | 1 \| 8,2 |
| 9 | 2484 | 2567 | 2650 | 2733 | 2816 | 2898 | 2981 | 3064 | 3147 | 3230 | 2 \| 16,4 |
| 5240 | 3313 | 3396 | 3479 | 3562 | 3644 | 3727 | 3810 | 3893 | 3976 | 4059 | 3 \| 24,6 |
| 1 | 4142 | 4224 | 4307 | 4390 | 4473 | 4556 | 4639 | 4722 | 4804 | 4887 | 4 \| 32,8 |
| 2 | 4970 | 5053 | 5136 | 5219 | 5302 | 5384 | 5467 | 5550 | 5633 | 5716 | 5 \| 41,0 |
| 3 | 5799 | 5881 | 5964 | 6047 | 6130 | 6213 | 6296 | 6378 | 6461 | 6544 | 6 \| 49,2 |
| 4 | 6627 | 6710 | 6792 | 6875 | 6958 | 7041 | 7124 | 7207 | 7289 | 7372 | 7 \| 57,4 |
| 5 | 7455 | 7538 | 7621 | 7703 | 7786 | 7869 | 7952 | 8034 | 8117 | 8200 | 8 \| 65,6 |
| 6 | 8283 | 8366 | 8448 | 8531 | 8614 | 8697 | 8780 | 8862 | 8945 | 9028 | 9 \| 73,8 |
| 7 | 9111 | 9193 | 9276 | 9359 | 9442 | 9524 | 9607 | 9690 | 9773 | 9856 | |
| 8 | 9938 | *0021 | *0104 | *0187 | *0269 | *0352 | *0435 | *0518 | *0600 | *0683 | |
| 9 | 720 0766 | 0848 | 0931 | 1014 | 1097 | 1179 | 1262 | 1345 | 1428 | 1510 | |
| N. | 0 | 1 | 2 | 3 | 4 | 5 | 6 | 7 | 8 | 9 | |

| | | |
|---|---|---|
| 52000″ = 14° 26′ 40″ | 5200″ = 1° 26′ 40″ | S = $\bar{6}$,685 5289 T. 6669 |
| 52100 = 14 28 20 | 5210 = 1 26 50 | 5287 6672 |
| 52200 = 14 30 0 | 5220 = 1 27 0 | 5285 6676 |
| 52300 = 14 31 40 | 5230 = 1 27 10 | 5283 6680 |
| 52400 = 14 33 20 | 5240 = 1 27 20 | 5282 6683 |

| N. | 0 | 1 | 2 | 3 | 4 | 5 | 6 | 7 | 8 | 9 | Diff. et p. p. |
|---|---|---|---|---|---|---|---|---|---|---|---|
| 5250 | 720 1593 | 1676 | 1758 | 1841 | 1924 | 2007 | 2089 | 2172 | 2255 | 2337 | |
| 1 | 2420 | 2503 | 2586 | 2668 | 2751 | 2834 | 2916 | 2999 | 3082 | 3164 | |
| 2 | 3247 | 3330 | 3413 | 3495 | 3578 | 3661 | 3743 | 3826 | 3909 | 3991 | |
| 3 | 4074 | 4157 | 4239 | 4322 | 4405 | 4487 | 4570 | 4653 | 4735 | 4818 | |
| 4 | 4901 | 4983 | 5066 | 5149 | 5231 | 5314 | 5397 | 5479 | 5562 | 5645 | |
| 5 | 5727 | 5810 | 5892 | 5975 | 6058 | 6140 | 6223 | 6306 | 6388 | 6471 | |
| 6 | 6554 | 6636 | 6719 | 6801 | 6884 | 6967 | 7049 | 7132 | 7215 | 7297 | 83 |
| 7 | 7380 | 7462 | 7545 | 7628 | 7710 | 7793 | 7875 | 7958 | 8041 | 8123 | 1 \| 8,3 |
| 8 | 8206 | 8288 | 8371 | 8454 | 8536 | 8619 | 8701 | 8784 | 8867 | 8949 | 2 \| 16,6 |
| 9 | 9032 | 9114 | 9197 | 9279 | 9362 | 9445 | 9527 | 9610 | 9692 | 9775 | 3 \| 24,9 |
| 5260 | 9857 | 9940 | *0023 | *0105 | *0188 | *0270 | *0353 | *0435 | *0518 | *0600 | 4 \| 33,2 |
| 1 | 721 0683 | 0766 | 0848 | 0931 | 1013 | 1096 | 1178 | 1261 | 1343 | 1426 | 5 \| 41,5 |
| 2 | 1508 | 1591 | 1674 | 1756 | 1839 | 1921 | 2004 | 2086 | 2169 | 2251 | 6 \| 49,8 |
| 3 | 2334 | 2416 | 2499 | 2581 | 2664 | 2746 | 2829 | 2911 | 2994 | 3076 | 7 \| 58,1 |
| 4 | 3159 | 3241 | 3324 | 3406 | 3489 | 3571 | 3654 | 3736 | 3819 | 3901 | 8 \| 66,4 |
| 5 | 3984 | 4066 | 4149 | 4231 | 4314 | 4396 | 4479 | 4561 | 4644 | 4726 | 9 \| 74,7 |
| 6 | 4809 | 4891 | 4973 | 5056 | 5138 | 5221 | 5303 | 5386 | 5468 | 5551 | |
| 7 | 5633 | 5716 | 5798 | 5881 | 5963 | 6045 | 6128 | 6210 | 6293 | 6375 | |
| 8 | 6458 | 6540 | 6623 | 6705 | 6787 | 6870 | 6952 | 7035 | 7117 | 7200 | |
| 9 | 7282 | 7364 | 7447 | 7529 | 7612 | 7694 | 7777 | 7859 | 7941 | 8024 | |
| 5270 | 8106 | 8189 | 8271 | 8353 | 8436 | 8518 | 8601 | 8683 | 8765 | 8848 | |
| 1 | 8930 | 9013 | 9095 | 9177 | 9260 | 9342 | 9424 | 9507 | 9589 | 9672 | 82 |
| 2 | 9754 | 9836 | 9919 | *0001 | *0084 | *0166 | *0248 | *0331 | *0413 | *0495 | 1 \| 8,2 |
| 3 | 722 0578 | 0660 | 0742 | 0825 | 0907 | 0990 | 1072 | 1154 | 1237 | 1319 | 2 \| 16,4 |
| 4 | 1401 | 1484 | 1566 | 1648 | 1731 | 1813 | 1895 | 1978 | 2060 | 2142 | 3 \| 24,6 |
| 5 | 2225 | 2307 | 2389 | 2472 | 2554 | 2636 | 2719 | 2801 | 2883 | 2966 | 4 \| 32,8 |
| 6 | 3048 | 3130 | 3212 | 3295 | 3377 | 3459 | 3542 | 3624 | 3706 | 3789 | 5 \| 41,0 |
| 7 | 3871 | 3953 | 4036 | 4118 | 4200 | 4282 | 4365 | 4447 | 4529 | 4612 | 6 \| 49,2 |
| 8 | 4694 | 4776 | 4858 | 4941 | 5023 | 5105 | 5188 | 5270 | 5352 | 5434 | 7 \| 57,4 |
| 9 | 5517 | 5599 | 5681 | 5763 | 5846 | 5928 | 6010 | 6092 | 6175 | 6257 | 8 \| 65,6 |
| 5280 | 6339 | 6421 | 6504 | 6586 | 6668 | 6750 | 6833 | 6915 | 6997 | 7079 | 9 \| 73,8 |
| 1 | 7162 | 7244 | 7326 | 7408 | 7491 | 7573 | 7655 | 7737 | 7820 | 7902 | |
| 2 | 7984 | 8066 | 8148 | 8231 | 8313 | 8395 | 8477 | 8559 | 8642 | 8724 | |
| 3 | 8806 | 8888 | 8971 | 9053 | 9135 | 9217 | 9299 | 9382 | 9464 | 9546 | |
| 4 | 9628 | 9710 | 9792 | 9875 | 9957 | *0039 | *0121 | *0203 | *0286 | *0368 | |
| 5 | 723 0450 | 0532 | 0614 | 0696 | 0779 | 0861 | 0943 | 1025 | 1107 | 1189 | |
| 6 | 1272 | 1354 | 1436 | 1518 | 1600 | 1682 | 1765 | 1847 | 1929 | 2011 | 81 |
| 7 | 2093 | 2175 | 2257 | 2340 | 2422 | 2504 | 2586 | 2668 | 2750 | 2832 | 1 \| 8,1 |
| 8 | 2914 | 2997 | 3079 | 3161 | 3243 | 3325 | 3407 | 3489 | 3571 | 3654 | 2 \| 16,2 |
| 9 | 3736 | 3818 | 3900 | 3982 | 4064 | 4146 | 4228 | 4310 | 4393 | 4475 | 3 \| 24,3 |
| 5290 | 4557 | 4639 | 4721 | 4803 | 4885 | 4967 | 5049 | 5131 | 5213 | 5296 | 4 \| 32,4 |
| 1 | 5378 | 5460 | 5542 | 5624 | 5706 | 5788 | 5870 | 5952 | 6034 | 6116 | 5 \| 40,5 |
| 2 | 6198 | 6280 | 6362 | 6445 | 6527 | 6609 | 6691 | 6773 | 6855 | 6937 | 6 \| 48,6 |
| 3 | 7019 | 7101 | 7183 | 7265 | 7347 | 7429 | 7511 | 7593 | 7675 | 7757 | 7 \| 56,7 |
| 4 | 7839 | 7921 | 8003 | 8085 | 8167 | 8250 | 8332 | 8414 | 8496 | 8578 | 8 \| 64,8 |
| 5 | 8660 | 8742 | 8824 | 8906 | 8988 | 9070 | 9152 | 9234 | 9316 | 9398 | 9 \| 72,9 |
| 6 | 9480 | 9562 | 9644 | 9726 | 9808 | 9890 | 9972 | *0054 | *0136 | *0218 | |
| 7 | 724 0300 | 0382 | 0464 | 0546 | 0628 | 0710 | 0792 | 0874 | 0956 | 1038 | |
| 8 | 1120 | 1202 | 1283 | 1365 | 1447 | 1529 | 1611 | 1693 | 1775 | 1857 | |
| 9 | 1939 | 2021 | 2103 | 2185 | 2267 | 2349 | 2431 | 2513 | 2595 | 2677 | |
| N. | 0 | 1 | 2 | 3 | 4 | 5 | 6 | 7 | 8 | 9 | |

52 500″ = 14° 35′ 0″ — 5250″ = 1° 27′ 30″ — S = $\bar{6}$,685 5280 — T. 6687
52 600 = 14 36 40 — 5260 = 1 27 40 — 5278 — 6690
52 700 = 14 38 20 — 5270 = 1 27 50 — 5276 — 6694
52 800 = 14 40 0 — 5280 = 1 28 0 — 5274 — 6697
52 900 = 14 41 40 — 5290 = 1 28 10 — 5273 — 6701

| N. | 0 | 1 | 2 | 3 | 4 | 5 | 6 | 7 | 8 | 9 | Diff. et p. p. |
|---|---|---|---|---|---|---|---|---|---|---|---|
| 5300 | 724 2759 | 2841 | 2923 | 3005 | 3086 | 3168 | 3250 | 3332 | 3414 | 3496 | |
| 1 | 3578 | 3660 | 3742 | 3824 | 3906 | 3988 | 4070 | 4151 | 4233 | 4315 | |
| 2 | 4397 | 4479 | 4561 | 4643 | 4725 | 4807 | 4889 | 4971 | 5052 | 5134 | |
| 3 | 5216 | 5298 | 5380 | 5462 | 5544 | 5626 | 5708 | 5790 | 5871 | 5953 | |
| 4 | 6035 | 6117 | 6199 | 6281 | 6363 | 6445 | 6526 | 6608 | 6690 | 6772 | |
| 5 | 6854 | 6936 | 7018 | 7099 | 7181 | 7263 | 7345 | 7427 | 7509 | 7591 | |
| 6 | 7672 | 7754 | 7836 | 7918 | 8000 | 8082 | 8164 | 8245 | 8327 | 8409 | |
| 7 | 8491 | 8573 | 8655 | 8736 | 8818 | 8900 | 8982 | 9064 | 9146 | 9227 | |
| 8 | 9309 | 9391 | 9473 | 9555 | 9636 | 9718 | 9800 | 9882 | 9964 | *0045 | |
| 9 | 725 0127 | 0209 | 0291 | 0373 | 0454 | 0536 | 0618 | 0700 | 0782 | 0863 | |
| 5310 | 0945 | 1027 | 1109 | 1191 | 1272 | 1354 | 1436 | 1518 | 1599 | 1681 | |
| 1 | 1763 | 1845 | 1927 | 2008 | 2090 | 2172 | 2254 | 2335 | 2417 | 2499 | 82 |
| 2 | 2581 | 2662 | 2744 | 2826 | 2908 | 2989 | 3071 | 3153 | 3235 | 3316 | 1 8,2 |
| 3 | 3398 | 3480 | 3562 | 3643 | 3725 | 3807 | 3889 | 3970 | 4052 | 4134 | 2 16,4 |
| 4 | 4216 | 4297 | 4379 | 4461 | 4542 | 4624 | 4706 | 4788 | 4869 | 4951 | 3 24,6 |
| 5 | 5033 | 5114 | 5196 | 5278 | 5360 | 5441 | 5523 | 5605 | 5686 | 5768 | 4 32,8 |
| 6 | 5850 | 5931 | 6013 | 6095 | 6176 | 6258 | 6340 | 6422 | 6503 | 6585 | 5 41,0 |
| 7 | 6667 | 6748 | 6830 | 6912 | 6993 | 7075 | 7157 | 7238 | 7320 | 7402 | 6 49,2 |
| 8 | 7483 | 7565 | 7647 | 7728 | 7810 | 7892 | 7973 | 8055 | 8137 | 8218 | 7 57,4 |
| 9 | 8300 | 8382 | 8463 | 8545 | 8626 | 8708 | 8790 | 8871 | 8953 | 9035 | 8 65,6 |
| 5320 | 9116 | 9198 | 9280 | 9361 | 9443 | 9524 | 9606 | 9688 | 9769 | 9851 | 9 73,8 |
| 1 | 9933 | *0014 | *0096 | *0177 | *0259 | *0341 | *0422 | *0504 | *0585 | *0667 | |
| 2 | 726 0749 | 0830 | 0912 | 0994 | 1075 | 1157 | 1238 | 1320 | 1401 | 1483 | |
| 3 | 1565 | 1646 | 1728 | 1809 | 1891 | 1973 | 2054 | 2136 | 2217 | 2299 | |
| 4 | 2380 | 2462 | 2544 | 2625 | 2707 | 2788 | 2870 | 2951 | 3033 | 3115 | |
| 5 | 3196 | 3278 | 3359 | 3441 | 3522 | 3604 | 3685 | 3767 | 3849 | 3930 | |
| 6 | 4012 | 4093 | 4175 | 4256 | 4338 | 4419 | 4501 | 4582 | 4664 | 4745 | |
| 7 | 4827 | 4908 | 4990 | 5072 | 5153 | 5235 | 5316 | 5398 | 5479 | 5561 | |
| 8 | 5642 | 5724 | 5805 | 5887 | 5968 | 6050 | 6131 | 6213 | 6294 | 6376 | |
| 9 | 6457 | 6539 | 6620 | 6702 | 6783 | 6865 | 6946 | 7028 | 7109 | 7191 | |
| 5330 | 7272 | 7354 | 7435 | 7517 | 7598 | 7679 | 7761 | 7842 | 7924 | 8005 | |
| 1 | 8087 | 8168 | 8250 | 8331 | 8413 | 8494 | 8576 | 8657 | 8739 | 8820 | |
| 2 | 8901 | 8983 | 9064 | 9146 | 9227 | 9309 | 9390 | 9472 | 9553 | 9634 | 81 |
| 3 | 9716 | 9797 | 9879 | 9960 | *0042 | *0123 | *0204 | *0286 | *0367 | *0449 | 1 8,1 |
| 4 | 727 0530 | 0612 | 0693 | 0774 | 0856 | 0937 | 1019 | 1100 | 1181 | 1263 | 2 16,2 |
| 5 | 1344 | 1426 | 1507 | 1588 | 1670 | 1751 | 1833 | 1914 | 1995 | 2077 | 3 24,3 |
| 6 | 2158 | 2240 | 2321 | 2402 | 2484 | 2565 | 2647 | 2728 | 2809 | 2891 | 4 32,4 |
| 7 | 2972 | 3053 | 3135 | 3216 | 3298 | 3379 | 3460 | 3542 | 3623 | 3704 | 5 40,5 |
| 8 | 3786 | 3867 | 3948 | 4030 | 4111 | 4192 | 4274 | 4355 | 4437 | 4518 | 6 48,6 |
| 9 | 4599 | 4681 | 4762 | 4843 | 4925 | 5006 | 5087 | 5169 | 5250 | 5331 | 7 56,7 |
| 5340 | 5413 | 5494 | 5575 | 5657 | 5738 | 5819 | 5901 | 5982 | 6063 | 6144 | 8 64,8 |
| 1 | 6226 | 6307 | 6388 | 6470 | 6551 | 6632 | 6714 | 6795 | 6876 | 6958 | 9 72,9 |
| 2 | 7039 | 7120 | 7201 | 7283 | 7364 | 7445 | 7527 | 7608 | 7689 | 7770 | |
| 3 | 7852 | 7933 | 8014 | 8096 | 8177 | 8258 | 8339 | 8421 | 8502 | 8583 | |
| 4 | 8664 | 8746 | 8827 | 8908 | 8990 | 9071 | 9152 | 9233 | 9315 | 9396 | |
| 5 | 9477 | 9558 | 9640 | 9721 | 9802 | 9883 | 9965 | *0046 | *0127 | *0208 | |
| 6 | 728 0290 | 0371 | 0452 | 0533 | 0614 | 0696 | 0777 | 0858 | 0939 | 1021 | |
| 7 | 1102 | 1183 | 1264 | 1346 | 1427 | 1508 | 1589 | 1670 | 1752 | 1833 | |
| 8 | 1914 | 1995 | 2076 | 2158 | 2239 | 2320 | 2401 | 2482 | 2564 | 2645 | |
| 9 | 2726 | 2807 | 2888 | 2970 | 3051 | 3132 | 3213 | 3294 | 3375 | 3457 | |
| N. | 0 | 1 | 2 | 3 | 4 | 5 | 6 | 7 | 8 | 9 | |

| | | | |
|---|---|---|---|
| 53 000″ = 14° 43′ 20″ | 5300″ = 1° 28′ 20″ | S = $\bar{6}$,685 5271 | T. 6705 |
| 53 100 = 14 45 0 | 5310 = 1 28 30 | 5269 | 6708 |
| 53 200 = 14 46 40 | 5320 = 1 28 40 | 5267 | 6712 |
| 53 300 = 14 48 20 | 5330 = 1 28 50 | 5265 | 6715 |
| 53 400 = 14 50 0 | 5340 = 1 29 0 | 5264 | 6719 |

| N. | 0 | 1 | 2 | 3 | 4 | 5 | 6 | 7 | 8 | 9 | Diff. et p. p. |
|---|---|---|---|---|---|---|---|---|---|---|---|
| 5350 | 728 3538 | 3619 | 3700 | 3781 | 3863 | 3944 | 4025 | 4106 | 4187 | 4268 | |
| 1 | 4350 | 4431 | 4512 | 4593 | 4674 | 4755 | 4836 | 4918 | 4999 | 5080 | |
| 2 | 5161 | 5242 | 5323 | 5404 | 5486 | 5567 | 5648 | 5729 | 5810 | 5891 | |
| 3 | 5972 | 6054 | 6135 | 6216 | 6297 | 6378 | 6459 | 6540 | 6621 | 6703 | |
| 4 | 6784 | 6865 | 6946 | 7027 | 7108 | 7189 | 7270 | 7351 | 7433 | 7514 | |
| 5 | 7595 | 7676 | 7757 | 7838 | 7919 | 8000 | 8081 | 8162 | 8244 | 8325 | |
| 6 | 8406 | 8487 | 8568 | 8649 | 8730 | 8811 | 8892 | 8973 | 9054 | 9135 | 82 |
| 7 | 9216 | 9298 | 9379 | 9460 | 9541 | 9622 | 9703 | 9784 | 9865 | 9946 | 1 \| 8,2 |
| 8 | 729 0027 | 0108 | 0189 | 0270 | 0351 | 0432 | 0513 | 0594 | 0675 | 0757 | 2 \| 16,4 |
| 9 | 0838 | 0919 | 1000 | 1081 | 1162 | 1243 | 1324 | 1405 | 1486 | 1567 | 3 \| 24,6 |
| 5360 | 1648 | 1729 | 1810 | 1891 | 1972 | 2053 | 2134 | 2215 | 2296 | 2377 | 4 \| 32,8 |
| 1 | 2458 | 2539 | 2620 | 2701 | 2782 | 2863 | 2944 | 3025 | 3106 | 3187 | 5 \| 41,0 |
| 2 | 3268 | 3349 | 3430 | 3511 | 3592 | 3673 | 3754 | 3835 | 3916 | 3997 | 6 \| 49,2 |
| 3 | 4078 | 4159 | 4240 | 4321 | 4402 | 4483 | 4564 | 4645 | 4726 | 4807 | 7 \| 57,4 |
| 4 | 4888 | 4969 | 5050 | 5131 | 5212 | 5292 | 5373 | 5454 | 5535 | 5616 | 8 \| 65,6 |
| 5 | 5697 | 5778 | 5859 | 5940 | 6021 | 6102 | 6183 | 6264 | 6345 | 6426 | 9 \| 73,8 |
| 6 | 6507 | 6588 | 6669 | 6749 | 6830 | 6911 | 6992 | 7073 | 7154 | 7235 | |
| 7 | 7316 | 7397 | 7478 | 7559 | 7640 | 7721 | 7801 | 7882 | 7963 | 8044 | |
| 8 | 8125 | 8206 | 8287 | 8368 | 8449 | 8530 | 8610 | 8691 | 8772 | 8853 | |
| 9 | 8934 | 9015 | 9096 | 9177 | 9258 | 9338 | 9419 | 9500 | 9581 | 9662 | |
| 5370 | 9743 | 9824 | 9905 | 9985 | *0066 | *0147 | *0228 | *0309 | *0390 | *0471 | |
| 1 | 730 0552 | 0632 | 0713 | 0794 | 0875 | 0956 | 1037 | 1118 | 1198 | 1279 | 81 |
| 2 | 1360 | 1441 | 1522 | 1603 | 1683 | 1764 | 1845 | 1926 | 2007 | 2088 | 1 \| 8,1 |
| 3 | 2168 | 2249 | 2330 | 2411 | 2492 | 2573 | 2653 | 2734 | 2815 | 2896 | 2 \| 16,2 |
| 4 | 2977 | 3057 | 3138 | 3219 | 3300 | 3381 | 3461 | 3542 | 3623 | 3704 | 3 \| 24,3 |
| 5 | 3785 | 3865 | 3946 | 4027 | 4108 | 4189 | 4269 | 4350 | 4431 | 4512 | 4 \| 32,4 |
| 6 | 4593 | 4673 | 4754 | 4835 | 4916 | 4997 | 5077 | 5158 | 5239 | 5320 | 5 \| 40,5 |
| 7 | 5400 | 5481 | 5562 | 5643 | 5723 | 5804 | 5885 | 5966 | 6046 | 6127 | 6 \| 48,6 |
| 8 | 6208 | 6289 | 6369 | 6450 | 6531 | 6612 | 6692 | 6773 | 6854 | 6935 | 7 \| 56,7 |
| 9 | 7015 | 7096 | 7177 | 7258 | 7338 | 7419 | 7500 | 7581 | 7661 | 7742 | 8 \| 64,8 |
| 5380 | 7823 | 7903 | 7984 | 8065 | 8146 | 8226 | 8307 | 8388 | 8468 | 8549 | 9 \| 72,9 |
| 1 | 8630 | 8711 | 8791 | 8872 | 8953 | 9033 | 9114 | 9195 | 9276 | 9356 | |
| 2 | 9437 | 9518 | 9598 | 9679 | 9760 | 9840 | 9921 | *0002 | *0082 | *0163 | |
| 3 | 731 0244 | 0324 | 0405 | 0486 | 0567 | 0647 | 0728 | 0809 | 0889 | 0970 | |
| 4 | 1051 | 1131 | 1212 | 1292 | 1373 | 1454 | 1534 | 1615 | 1696 | 1776 | |
| 5 | 1857 | 1938 | 2018 | 2099 | 2180 | 2260 | 2341 | 2422 | 2502 | 2583 | |
| 6 | 2663 | 2744 | 2825 | 2905 | 2986 | 3067 | 3147 | 3228 | 3309 | 3389 | 80 |
| 7 | 3470 | 3550 | 3631 | 3712 | 3792 | 3873 | 3953 | 4034 | 4115 | 4195 | 1 \| 8 |
| 8 | 4276 | 4356 | 4437 | 4518 | 4598 | 4679 | 4759 | 4840 | 4921 | 5001 | 2 \| 16 |
| 9 | 5082 | 5162 | 5243 | 5324 | 5404 | 5485 | 5565 | 5646 | 5727 | 5807 | 3 \| 24 |
| 5390 | 5888 | 5968 | 6049 | 6129 | 6210 | 6291 | 6371 | 6452 | 6532 | 6613 | 4 \| 32 |
| 1 | 6693 | 6774 | 6854 | 6935 | 7016 | 7096 | 7177 | 7257 | 7338 | 7418 | 5 \| 40 |
| 2 | 7499 | 7579 | 7660 | 7740 | 7821 | 7902 | 7982 | 8063 | 8143 | 8224 | 6 \| 48 |
| 3 | 8304 | 8385 | 8465 | 8546 | 8626 | 8707 | 8787 | 8868 | 8948 | 9029 | 7 \| 56 |
| 4 | 9109 | 9190 | 9270 | 9351 | 9431 | 9512 | 9592 | 9673 | 9753 | 9834 | 8 \| 64 |
| 5 | 9914 | 9995 | *0075 | *0156 | *0236 | *0317 | *0397 | *0478 | *0558 | *0639 | 9 \| 72 |
| 6 | 732 0719 | 0800 | 0880 | 0961 | 1041 | [illegible] | [illegible] | 1283 | 1363 | 1444 | |
| 7 | 1524 | 1605 | 1685 | 1766 | 1846 | 1927 | 2007 | 2087 | 2168 | 2248 | |
| 8 | 2329 | 2409 | 2490 | 2570 | 2651 | 2731 | 2812 | 2892 | 2972 | 3053 | |
| 9 | 3133 | 3214 | 3294 | 3375 | 3455 | 3535 | 3616 | 3696 | 3777 | 3857 | |
| N. | 0 | 1 | 2 | 3 | 4 | 5 | 6 | 7 | 8 | 9 | |

| | | | |
|---|---|---|---|
| 53 500″ = 14° 51′ 40″ | 5350″ = 1° 29′ 10″ | S = $\overline{6}$,685 5262 | T. 6723 |
| 53 600 = 14 53 20 | 5360 = 1 29 20 | 5260 | 6726 |
| 53 700 = 14 55 0 | 5370 = 1 29 30 | 5258 | 6730 |
| 53 800 = 14 56 40 | 5380 = 1 29 40 | 5256 | 6734 |
| 53 900 = 14 58 20 | 5390 = 1 29 50 | 5254 | 6737 |

| N. | 0 | 1 | 2 | 3 | 4 | 5 | 6 | 7 | 8 | 9 | Diff. et p. p. |
|---|---|---|---|---|---|---|---|---|---|---|---|
| 5400 | 732 3938 | 4018 | 4098 | 4179 | 4259 | 4340 | 4420 | 4501 | 4581 | 4661 | |
| 1 | 4742 | 4822 | 4903 | 4983 | 5063 | 5144 | 5224 | 5305 | 5385 | 5465 | |
| 2 | 5546 | 5626 | 5707 | 5787 | 5867 | 5948 | 6028 | 6109 | 6189 | 6269 | |
| 3 | 6350 | 6430 | 6510 | 6591 | 6671 | 6752 | 6832 | 6912 | 6993 | 7073 | |
| 4 | 7153 | 7234 | 7314 | 7394 | 7475 | 7555 | 7636 | 7716 | 7796 | 7877 | |
| 5 | 7957 | 8037 | 8118 | 8198 | 8278 | 8359 | 8439 | 8519 | 8600 | 8680 | |
| 6 | 8760 | 8841 | 8921 | 9001 | 9082 | 9162 | 9242 | 9323 | 9403 | 9483 | |
| 7 | 9564 | 9644 | 9724 | 9805 | 9885 | 9965 | *0046 | *0126 | *0206 | *0287 | 81 |
| 8 | 733 0367 | 0447 | 0527 | 0608 | 0688 | 0768 | 0849 | 0929 | 1009 | 1090 | 1 8,1 |
| 9 | 1170 | 1250 | 1330 | 1411 | 1491 | 1571 | 1652 | 1732 | 1812 | 1892 | 2 16,2 |
| 5410 | 1973 | 2053 | 2133 | 2213 | 2294 | 2374 | 2454 | 2535 | 2615 | 2695 | 3 24,3 |
| 1 | 2775 | 2856 | 2936 | 3016 | 3096 | 3177 | 3257 | 3337 | 3417 | 3498 | 4 32,4 |
| 2 | 3578 | 3658 | 3738 | 3819 | 3899 | 3979 | 4059 | 4140 | 4220 | 4300 | 5 40,5 |
| 3 | 4380 | 4461 | 4541 | 4621 | 4701 | 4781 | 4862 | 4942 | 5022 | 5102 | 6 48,6 |
| 4 | 5183 | 5263 | 5343 | 5423 | 5503 | 5584 | 5664 | 5744 | 5824 | 5904 | 7 56,7 |
| 5 | 5985 | 6065 | 6145 | 6225 | 6305 | 6386 | 6466 | 6546 | 6626 | 6706 | 8 64,8 |
| 6 | 6787 | 6867 | 6947 | 7027 | 7107 | 7187 | 7268 | 7348 | 7428 | 7508 | 9 72,9 |
| 7 | 7588 | 7669 | 7749 | 7829 | 7909 | 7989 | 8069 | 8150 | 8230 | 8310 | |
| 8 | 8390 | 8470 | 8550 | 8630 | 8711 | 8791 | 8871 | 8951 | 9031 | 9111 | |
| 9 | 9192 | 9272 | 9352 | 9432 | 9512 | 9592 | 9672 | 9752 | 9833 | 9913 | |
| 5420 | 9993 | *0073 | *0153 | *0233 | *0313 | *0393 | *0474 | *0554 | *0634 | *0714 | |
| 1 | 734 0794 | 0874 | 0954 | 1034 | 1115 | 1195 | 1275 | 1355 | 1435 | 1515 | 80 |
| 2 | 1595 | 1675 | 1755 | 1835 | 1916 | 1996 | 2076 | 2156 | 2236 | 2316 | 1 8 |
| 3 | 2396 | 2476 | 2556 | 2636 | 2716 | 2796 | 2877 | 2957 | 3037 | 3117 | 2 16 |
| 4 | 3197 | 3277 | 3357 | 3437 | 3517 | 3597 | 3677 | 3757 | 3837 | 3917 | 3 24 |
| 5 | 3997 | 4077 | 4158 | 4238 | 4318 | 4398 | 4478 | 4558 | 4638 | 4718 | 4 32 |
| 6 | 4798 | 4878 | 4958 | 5038 | 5118 | 5198 | 5278 | 5358 | 5438 | 5518 | 5 40 |
| 7 | 5598 | 5678 | 5758 | 5838 | 5918 | 5998 | 6078 | 6158 | 6238 | 6318 | 6 48 |
| 8 | 6398 | 6478 | 6558 | 6638 | 6718 | 6798 | 6878 | 6958 | 7038 | 7118 | 7 56 |
| 9 | 7198 | 7278 | 7358 | 7438 | 7518 | 7598 | 7678 | 7758 | 7838 | 7918 | 8 64 |
| 5430 | 7998 | 8078 | 8158 | 8238 | 8318 | 8398 | 8478 | 8558 | 8638 | 8718 | 9 72 |
| 1 | 8798 | 8878 | 8958 | 9038 | 9118 | 9198 | 9278 | 9358 | 9438 | 9518 | |
| 2 | 9598 | 9678 | 9758 | 9837 | 9917 | 9997 | *0077 | *0157 | *0237 | *0317 | |
| 3 | 735 0397 | 0477 | 0557 | 0637 | 0717 | 0797 | 0877 | 0957 | 1036 | 1116 | |
| 4 | 1196 | 1276 | 1356 | 1436 | 1516 | 1596 | 1676 | 1756 | 1836 | 1916 | |
| 5 | 1995 | 2075 | 2155 | 2235 | 2315 | 2395 | 2475 | 2555 | 2635 | 2715 | |
| 6 | 2794 | 2874 | 2954 | 3034 | 3114 | 3194 | 3274 | 3354 | 3434 | 3513 | |
| 7 | 3593 | 3673 | 3753 | 3833 | 3913 | 3993 | 4073 | 4152 | 4232 | 4312 | 79 |
| 8 | 4392 | 4472 | 4552 | 4632 | 4711 | 4791 | 4871 | 4951 | 5031 | 5111 | 1 7,9 |
| 9 | 5191 | 5270 | 5350 | 5430 | 5510 | 5590 | 5670 | 5749 | 5829 | 5909 | 2 15,8 |
| 5440 | 5989 | 6069 | 6149 | 6228 | 6308 | 6388 | 6468 | 6548 | 6628 | 6707 | 3 23,7 |
| 1 | 6787 | 6867 | 6947 | 7027 | 7107 | 7186 | 7266 | 7346 | 7426 | 7506 | 4 31,6 |
| 2 | 7585 | 7665 | 7745 | 7825 | 7905 | 7984 | 8064 | 8144 | 8224 | 8304 | 5 39,5 |
| 3 | 8383 | 8463 | 8543 | 8623 | 8702 | 8782 | 8862 | 8942 | 9022 | 9101 | 6 47,4 |
| 4 | 9181 | 9261 | 9341 | 9420 | 9500 | 9580 | 9660 | 9740 | 9819 | 9899 | 7 55,3 |
| 5 | 9979 | *0059 | *0138 | *0218 | *0298 | *0378 | *0457 | *0537 | *0617 | *0697 | 8 63,2 |
| 6 | 736 0776 | 0856 | 0936 | 1016 | 1095 | 1175 | 1255 | 1335 | 1414 | 1494 | 9 71,1 |
| 7 | 1574 | 1653 | 1733 | 1813 | 1893 | 1972 | 2052 | 2132 | 2212 | 2291 | |
| 8 | 2371 | 2451 | 2530 | 2610 | 2690 | 2770 | 2849 | 2929 | 3009 | 3088 | |
| 9 | 3168 | 3248 | 3327 | 3407 | 3487 | 3567 | 3646 | 3726 | 3806 | 3885 | |
| N. | 0 | 1 | 2 | 3 | 4 | 5 | 6 | 7 | 8 | 9 | |

| | | | |
|---|---|---|---|
| 54000″ = 15° 0′ 0″ | 5400″ = 1° 30′ 0″ | S = $\bar{6}$,685 5253 | T. 6741 |
| 54100 = 15 1 40 | 5410 = 1 30 10 | 5251 | 6745 |
| 54200 = 15 3 20 | 5420 = 1 30 20 | 5249 | 6748 |
| 54300 = 15 5 0 | 5430 = 1 30 30 | 5247 | 6752 |
| 54400 = 15 6 40 | 5440 = 1 30 40 | 5245 | 6756 |

| N. | 0 | 1 | 2 | 3 | 4 | 5 | 6 | 7 | 8 | 9 | Diff. et p. p. |
|---|---|---|---|---|---|---|---|---|---|---|---|
| 5450 | 736 3965 | 4045 | 4124 | 4204 | 4284 | 4363 | 4443 | 4523 | 4602 | 4682 | |
| 1 | 4762 | 4841 | 4921 | 5001 | 5080 | 5160 | 5240 | 5319 | 5399 | 5479 | |
| 2 | 5558 | 5638 | 5718 | 5797 | 5877 | 5957 | 6036 | 6116 | 6196 | 6275 | |
| 3 | 6355 | 6435 | 6514 | 6594 | 6674 | 6753 | 6833 | 6912 | 6992 | 7072 | |
| 4 | 7151 | 7231 | 7311 | 7390 | 7470 | 7549 | 7629 | 7709 | 7788 | 7868 | |
| 5 | 7948 | 8027 | 8107 | 8186 | 8266 | 8346 | 8425 | 8505 | 8584 | 8664 | |
| 6 | 8744 | 8823 | 8903 | 8982 | 9062 | 9142 | 9221 | 9301 | 9380 | 9460 | |
| 7 | 9540 | 9619 | 9699 | 9778 | 9858 | 9937 | *0017 | *0097 | *0176 | *0256 | |
| 8 | 737 0335 | 0415 | 0494 | 0574 | 0654 | 0733 | 0813 | 0892 | 0972 | 1051 | |
| 9 | 1131 | 1210 | 1290 | 1370 | 1449 | 1529 | 1608 | 1688 | 1767 | 1847 | |
| 5460 | 1926 | 2006 | 2086 | 2165 | 2245 | 2324 | 2404 | 2483 | 2563 | 2642 | |
| 1 | 2722 | 2801 | 2881 | 2960 | 3040 | 3119 | 3199 | 3278 | 3358 | 3437 | 80 |
| 2 | 3517 | 3596 | 3676 | 3755 | 3835 | 3914 | 3994 | 4074 | 4153 | 4233 | 1 \| 8 |
| 3 | 4312 | 4392 | 4471 | 4550 | 4630 | 4709 | 4789 | 4868 | 4948 | 5027 | 2 \| 16 |
| 4 | 5107 | 5186 | 5266 | 5345 | 5425 | 5504 | 5584 | 5663 | 5743 | 5822 | 3 \| 24 |
| 5 | 5902 | 5981 | 6061 | 6140 | 6220 | 6299 | 6378 | 6458 | 6537 | 6617 | 4 \| 32 |
| 6 | 6696 | 6776 | 6855 | 6935 | 7014 | 7094 | 7173 | 7252 | 7332 | 7411 | 5 \| 40 |
| 7 | 7491 | 7570 | 7650 | 7729 | 7808 | 7888 | 7967 | 8047 | 8126 | 8206 | 6 \| 48 |
| 8 | 8285 | 8364 | 8444 | 8523 | 8603 | 8682 | 8762 | 8841 | 8920 | 9000 | 7 \| 56 |
| 9 | 9079 | 9159 | 9238 | 9317 | 9397 | 9476 | 9556 | 9635 | 9714 | 9794 | 8 \| 64 |
| 5470 | 9873 | 9953 | *0032 | *0111 | *0191 | *0270 | *0350 | *0429 | *0508 | *0588 | 9 \| 72 |
| 1 | 738 0667 | 0747 | 0826 | 0905 | 0985 | 1064 | 1143 | 1223 | 1302 | 1382 | |
| 2 | 1461 | 1540 | 1620 | 1699 | 1778 | 1858 | 1937 | 2016 | 2096 | 2175 | |
| 3 | 2254 | 2334 | 2413 | 2493 | 2572 | 2651 | 2731 | 2810 | 2889 | 2969 | |
| 4 | 3048 | 3127 | 3207 | 3286 | 3365 | 3445 | 3524 | 3603 | 3683 | 3762 | |
| 5 | 3841 | 3921 | 4000 | 4079 | 4159 | 4238 | 4317 | 4396 | 4476 | 4555 | |
| 6 | 4634 | 4714 | 4793 | 4872 | 4952 | 5031 | 5110 | 5190 | 5269 | 5348 | |
| 7 | 5427 | 5507 | 5586 | 5665 | 5745 | 5824 | 5903 | 5982 | 6062 | 6141 | |
| 8 | 6220 | 6300 | 6379 | 6458 | 6537 | 6617 | 6696 | 6775 | 6854 | 6934 | |
| 9 | 7013 | 7092 | 7172 | 7251 | 7330 | 7409 | 7489 | 7568 | 7647 | 7726 | |
| 5480 | 7806 | 7885 | 7964 | 8043 | 8123 | 8202 | 8281 | 8360 | 8440 | 8519 | |
| 1 | 8598 | 8677 | 8756 | 8836 | 8915 | 8994 | 9073 | 9153 | 9232 | 9311 | 79 |
| 2 | 9390 | 9470 | 9549 | 9628 | 9707 | 9786 | 9866 | 9945 | *0024 | *0103 | 1 \| 7,9 |
| 3 | 739 0182 | 0262 | 0341 | 0420 | 0499 | 0578 | 0658 | 0737 | 0816 | 0895 | 2 \| 15,8 |
| 4 | 0974 | 1054 | 1133 | 1212 | 1291 | 1370 | 1450 | 1529 | 1608 | 1687 | 3 \| 23,7 |
| 5 | 1766 | 1845 | 1925 | 2004 | 2083 | 2162 | 2241 | 2321 | 2400 | 2479 | 4 \| 31,6 |
| 6 | 2558 | 2637 | 2716 | 2796 | 2875 | 2954 | 3033 | 3112 | 3191 | 3270 | 5 \| 39,5 |
| 7 | 3350 | 3429 | 3508 | 3587 | 3666 | 3745 | 3824 | 3904 | 3983 | 4062 | 6 \| 47,4 |
| 8 | 4141 | 4220 | 4299 | 4378 | 4458 | 4537 | 4616 | 4695 | 4774 | 4853 | 7 \| 55,3 |
| 9 | 4932 | 5011 | 5091 | 5170 | 5249 | 5328 | 5407 | 5486 | 5565 | 5644 | 8 \| 63,2 |
| 5490 | 5723 | 5803 | 5882 | 5961 | 6040 | 6119 | 6198 | 6277 | 6356 | 6435 | 9 \| 71,1 |
| 1 | 6514 | 6594 | 6673 | 6752 | 6831 | 6910 | 6989 | 7068 | 7147 | 7226 | |
| 2 | 7305 | 7384 | 7463 | 7543 | 7622 | 7701 | 7780 | 7859 | 7938 | 8017 | |
| 3 | 8096 | 8175 | 8254 | 8333 | 8412 | 8491 | 8570 | 8649 | 8728 | 8808 | |
| 4 | 8887 | 8966 | 9045 | 9124 | 9203 | 9282 | 9361 | 9440 | 9519 | 9598 | |
| 5 | 9677 | 9756 | 9835 | 9914 | 9993 | *0072 | *0151 | *0230 | *0309 | *0388 | |
| 6 | 740 0467 | 0546 | 0625 | 0704 | 0783 | 0862 | 0941 | 1020 | 1099 | 1178 | |
| 7 | 1257 | 1336 | 1415 | 1494 | 1573 | 1652 | 1731 | 1810 | 1889 | 1968 | |
| 8 | 2047 | 2126 | 2205 | 2284 | 2363 | 2442 | 2521 | 2600 | 2679 | 2758 | |
| 9 | 2837 | 2916 | 2995 | 3074 | 3153 | 3232 | 3311 | 3390 | 3469 | 3548 | |
| N. | 0 | 1 | 2 | 3 | 4 | 5 | 6 | 7 | 8 | 9 | |

| | | S = $\bar{6}$,685 5243 | T. 6759 |
|---|---|---|---|
| 54500″ = 15° 8′ 20″ | 5450″ = 1° 30′ 50″ | 5243 | 6759 |
| 54600 = 15 10 0 | 5460 = 1 31 0 | 5241 | 6763 |
| 54700 = 15 11 40 | 5470 = 1 31 10 | 5240 | 6767 |
| 54800 = 15 13 20 | 5480 = 1 31 20 | 5238 | 6771 |
| 54900 = 15 15 0 | 5490 = 1 31 30 | 5236 | 6774 |

| N. | 0 | 1 | 2 | 3 | 4 | 5 | 6 | 7 | 8 | 9 | Diff. et p. p. |
|---|---|---|---|---|---|---|---|---|---|---|---|
| 5500 | 740 3627 | 3706 | 3785 | 3864 | 3943 | 4022 | 4101 | 4180 | 4259 | 4338 | |
| 1 | 4416 | 4495 | 4574 | 4653 | 4732 | 4811 | 4890 | 4969 | 5048 | 5127 | |
| 2 | 5206 | 5285 | 5364 | 5443 | 5522 | 5601 | 5679 | 5758 | 5837 | 5916 | |
| 3 | 5995 | 6074 | 6153 | 6232 | 6311 | 6390 | 6469 | 6548 | 6626 | 6705 | |
| 4 | 6784 | 6863 | 6942 | 7021 | 7100 | 7179 | 7258 | 7337 | 7415 | 7494 | |
| 5 | 7573 | 7652 | 7731 | 7810 | 7889 | 7968 | 8047 | 8125 | 8204 | 8283 | |
| 6 | 8362 | 8441 | 8520 | 8599 | 8678 | 8756 | 8835 | 8914 | 8993 | 9072 | |
| 7 | 9151 | 9230 | 9308 | 9387 | 9466 | 9545 | 9624 | 9703 | 9782 | 9860 | |
| 8 | 9939 | *0018 | *0097 | *0176 | *0255 | *0334 | *0412 | *0491 | *0570 | *0649 | |
| 9 | 741 0728 | 0807 | 0885 | 0964 | 1043 | 1122 | 1201 | 1280 | 1358 | 1437 | |
| 5510 | 1516 | 1595 | 1674 | 1752 | 1831 | 1910 | 1989 | 2068 | 2146 | 2225 | |
| 1 | 2304 | 2383 | 2462 | 2541 | 2619 | 2698 | 2777 | 2856 | 2935 | 3013 | 79 |
| 2 | 3092 | 3171 | 3250 | 3328 | 3407 | 3486 | 3565 | 3644 | 3722 | 3801 | 1 \| 7,9 |
| 3 | 3880 | 3959 | 4037 | 4116 | 4195 | 4274 | 4353 | 4431 | 4510 | 4589 | 2 \| 15,8 |
| 4 | 4668 | 4746 | 4825 | 4904 | 4983 | 5061 | 5140 | 5219 | 5298 | 5376 | 3 \| 23,7 |
| 5 | 5455 | 5534 | 5613 | 5691 | 5770 | 5849 | 5928 | 6006 | 6085 | 6164 | 4 \| 31,6 |
| 6 | 6243 | 6321 | 6400 | 6479 | 6557 | 6636 | 6715 | 6794 | 6872 | 6951 | 5 \| 39,5 |
| 7 | 7030 | 7109 | 7187 | 7266 | 7345 | 7423 | 7502 | 7581 | 7660 | 7738 | 6 \| 47,4 |
| 8 | 7817 | 7896 | 7974 | 8053 | 8132 | 8210 | 8289 | 8368 | 8447 | 8525 | 7 \| 55,3 |
| 9 | 8604 | 8683 | 8761 | 8840 | 8919 | 8997 | 9076 | 9155 | 9233 | 9312 | 8 \| 63,2 |
| 5520 | 9391 | 9469 | 9548 | 9627 | 9705 | 9784 | 9863 | 9941 | *0020 | *0099 | 9 \| 71,1 |
| 1 | 742 0177 | 0256 | 0335 | 0413 | 0492 | 0571 | 0649 | 0728 | 0807 | 0885 | |
| 2 | 0964 | 1043 | 1121 | 1200 | 1279 | 1357 | 1436 | 1515 | 1593 | 1672 | |
| 3 | 1750 | 1829 | 1908 | 1986 | 2065 | 2144 | 2222 | 2301 | 2379 | 2458 | |
| 4 | 2537 | 2615 | 2694 | 2773 | 2851 | 2930 | 3008 | 3087 | 3166 | 3244 | |
| 5 | 3323 | 3401 | 3480 | 3559 | 3637 | 3716 | 3794 | 3873 | 3952 | 4030 | |
| 6 | 4109 | 4187 | 4266 | 4345 | 4423 | 4502 | 4580 | 4659 | 4737 | 4816 | |
| 7 | 4895 | 4973 | 5052 | 5130 | 5209 | 5288 | 5366 | 5445 | 5523 | 5602 | |
| 8 | 5680 | 5759 | 5837 | 5916 | 5995 | 6073 | 6152 | 6230 | 6309 | 6387 | |
| 9 | 6466 | 6544 | 6623 | 6702 | 6780 | 6859 | 6937 | 7016 | 7094 | 7173 | |
| 5530 | 7251 | 7330 | 7408 | 7487 | 7565 | 7644 | 7722 | 7801 | 7880 | 7958 | |
| 1 | 8037 | 8115 | 8194 | 8272 | 8351 | 8429 | 8508 | 8586 | 8665 | 8743 | 78 |
| 2 | 8822 | 8900 | 8979 | 9057 | 9136 | 9214 | 9293 | 9371 | 9450 | 9528 | 1 \| 7,8 |
| 3 | 9607 | 9685 | 9764 | 9842 | 9921 | 9999 | *0078 | *0156 | *0235 | *0313 | 2 \| 15,6 |
| 4 | 743 0392 | 0470 | 0549 | 0627 | 0705 | 0784 | 0862 | 0941 | 1019 | 1098 | 3 \| 23,4 |
| 5 | 1176 | 1255 | 1333 | 1412 | 1490 | 1569 | 1647 | 1725 | 1804 | 1882 | 4 \| 31,2 |
| 6 | 1961 | 2039 | 2118 | 2196 | 2275 | 2353 | 2431 | 2510 | 2588 | 2667 | 5 \| 39,0 |
| 7 | 2745 | 2824 | 2902 | 2981 | 3059 | 3137 | 3216 | 3294 | 3373 | 3451 | 6 \| 46,8 |
| 8 | 3530 | 3608 | 3686 | 3765 | 3843 | 3922 | 4000 | 4078 | 4157 | 4235 | 7 \| 54,6 |
| 9 | 4314 | 4392 | 4470 | 4549 | 4627 | 4706 | 4784 | 4862 | 4941 | 5019 | 8 \| 62,4 |
| 5540 | 5098 | 5176 | 5254 | 5333 | 5411 | 5490 | 5568 | 5646 | 5725 | 5803 | 9 \| 70,2 |
| 1 | 5882 | 5960 | 6038 | 6117 | 6195 | 6273 | 6352 | 6430 | 6508 | 6587 | |
| 2 | 6665 | 6744 | 6822 | 6900 | 6979 | 7057 | 7135 | 7214 | 7292 | 7370 | |
| 3 | 7449 | 7527 | 7605 | 7684 | 7762 | 7841 | 7919 | 7997 | 8076 | 8154 | |
| 4 | 8232 | 8311 | 8389 | 8467 | 8546 | 8624 | 8702 | 8781 | 8859 | 8937 | |
| 5 | 9016 | 9094 | 9172 | 9250 | 9329 | 9407 | 9485 | 9564 | 9642 | 9720 | |
| 6 | 9799 | 9877 | 9955 | *0034 | *0112 | *0190 | *0268 | *0347 | *0425 | *0503 | |
| 7 | 744 0582 | 0660 | 0738 | 0817 | 0895 | 0973 | 1051 | 1130 | 1208 | 1286 | |
| 8 | 1365 | 1443 | 1521 | 1599 | 1678 | 1756 | 1834 | 1912 | 1991 | 2069 | |
| 9 | 2147 | 2226 | 2304 | 2382 | 2460 | 2539 | 2617 | 2695 | 2773 | 2852 | |
| N. | 0 | 1 | 2 | 3 | 4 | 5 | 6 | 7 | 8 | 9 | |

| | | | |
|---|---|---|---|
| 55000″ = 15° 16′ 40″ | 5500″ = 1° 31′ 40″ | S = $\bar{6}$,685 5234 | T. 6778 |
| 55100 = 15 18 20 | 5510 = 1 31 50 | 5232 | 6782 |
| 55200 = 15 20 0 | 5520 = 1 32 0 | 5230 | 6786 |
| 55300 = 15 21 40 | 5530 = 1 32 10 | 5228 | 6789 |
| 55400 = 15 23 20 | 5540 = 1 32 20 | 5226 | 6793 |

| N. | 0 | 1 | 2 | 3 | 4 | 5 | 6 | 7 | 8 | 9 | Diff. et p. p. |
|---|---|---|---|---|---|---|---|---|---|---|---|
| 5550 | 744 2930 | 3008 | 3086 | 3165 | 3243 | 3321 | 3399 | 3478 | 3556 | 3634 | |
| 1 | 3712 | 3791 | 3869 | 3947 | 4025 | 4103 | 4182 | 4260 | 4338 | 4416 | |
| 2 | 4495 | 4573 | 4651 | 4729 | 4807 | 4886 | 4964 | 5042 | 5120 | 5199 | |
| 3 | 5277 | 5355 | 5433 | 5511 | 5590 | 5668 | 5746 | 5824 | 5902 | 5981 | |
| 4 | 6059 | 6137 | 6215 | 6293 | 6372 | 6450 | 6528 | 6606 | 6684 | 6762 | |
| 5 | 6841 | 6919 | 6997 | 7075 | 7153 | 7232 | 7310 | 7388 | 7466 | 7544 | |
| 6 | 7622 | 7701 | 7779 | 7857 | 7935 | 8013 | 8091 | 8170 | 8248 | 8326 | 79 |
| 7 | 8404 | 8482 | 8560 | 8638 | 8717 | 8795 | 8873 | 8951 | 9029 | 9107 | 1 \| 7,9 |
| 8 | 9185 | 9264 | 9342 | 9420 | 9498 | 9576 | 9654 | 9732 | 9810 | 9889 | 2 \| 15,8 |
| 9 | 9967 | *0045 | *0123 | *0201 | *0279 | *0357 | *0435 | *0514 | *0592 | *0670 | 3 \| 23,7 |
| 5560 | 745 0748 | 0826 | 0904 | 0982 | 1060 | 1138 | 1217 | 1295 | 1373 | 1451 | 4 \| 31,6 |
| 1 | 1529 | 1607 | 1685 | 1763 | 1841 | 1919 | 1998 | 2076 | 2154 | 2232 | 5 \| 39,5 |
| 2 | 2310 | 2388 | 2466 | 2544 | 2622 | 2700 | 2778 | 2856 | 2934 | 3013 | 6 \| 47,4 |
| 3 | 3091 | 3169 | 3247 | 3325 | 3403 | 3481 | 3559 | 3637 | 3715 | 3793 | 7 \| 55,3 |
| 4 | 3871 | 3949 | 4027 | 4105 | 4183 | 4261 | 4340 | 4418 | 4496 | 4574 | 8 \| 63,2 |
| 5 | 4652 | 4730 | 4808 | 4886 | 4964 | 5042 | 5120 | 5198 | 5276 | 5354 | 9 \| 71,1 |
| 6 | 5432 | 5510 | 5588 | 5666 | 5744 | 5822 | 5900 | 5978 | 6056 | 6134 | |
| 7 | 6212 | 6290 | 6368 | 6446 | 6524 | 6602 | 6680 | 6758 | 6836 | 6914 | |
| 8 | 6992 | 7070 | 7148 | 7226 | 7304 | 7382 | 7460 | 7538 | 7616 | 7694 | |
| 9 | 7772 | 7850 | 7928 | 8006 | 8084 | 8162 | 8240 | 8318 | 8396 | 8474 | |
| 5570 | 8552 | 8630 | 8708 | 8786 | 8864 | 8942 | 9020 | 9098 | 9176 | 9254 | |
| 1 | 9332 | 9410 | 9487 | 9565 | 9643 | 9721 | 9799 | 9877 | 9955 | *0033 | 78 |
| 2 | 746 0111 | 0189 | 0267 | 0345 | 0423 | 0501 | 0579 | 0657 | 0735 | 0813 | 1 \| 7,8 |
| 3 | 0890 | 0968 | 1046 | 1124 | 1202 | 1280 | 1358 | 1436 | 1514 | 1592 | 2 \| 15,6 |
| 4 | 1670 | 1748 | 1825 | 1903 | 1981 | 2059 | 2137 | 2215 | 2293 | 2371 | 3 \| 23,4 |
| 5 | 2449 | 2527 | 2605 | 2682 | 2760 | 2838 | 2916 | 2994 | 3072 | 3150 | 4 \| 31,2 |
| 6 | 3228 | 3306 | 3383 | 3461 | 3539 | 3617 | 3695 | 3773 | 3851 | 3929 | 5 \| 39,0 |
| 7 | 4006 | 4084 | 4162 | 4240 | 4318 | 4396 | 4474 | 4552 | 4629 | 4707 | 6 \| 46,8 |
| 8 | 4785 | 4863 | 4941 | 5019 | 5097 | 5174 | 5252 | 5330 | 5408 | 5486 | 7 \| 54,6 |
| 9 | 5564 | 5641 | 5719 | 5797 | 5875 | 5953 | 6031 | 6108 | 6186 | 6264 | 8 \| 62,4 |
| 5580 | 6342 | 6420 | 6498 | 6575 | 6653 | 6731 | 6809 | 6887 | 6965 | 7042 | 9 \| 70,2 |
| 1 | 7120 | 7198 | 7276 | 7354 | 7431 | 7509 | 7587 | 7665 | 7743 | 7821 | |
| 2 | 7898 | 7976 | 8054 | 8132 | 8210 | 8287 | 8365 | 8443 | 8521 | 8598 | |
| 3 | 8676 | 8754 | 8832 | 8910 | 8987 | 9065 | 9143 | 9221 | 9299 | 9376 | |
| 4 | 9454 | 9532 | 9610 | 9687 | 9765 | 9843 | 9921 | 9998 | *0076 | *0154 | |
| 5 | 747 0232 | 0310 | 0387 | 0465 | 0543 | 0621 | 0698 | 0776 | 0854 | 0932 | |
| 6 | 1009 | 1087 | 1165 | 1243 | 1320 | 1398 | 1476 | 1554 | 1631 | 1709 | 77 |
| 7 | 1787 | 1864 | 1942 | 2020 | 2098 | 2175 | 2253 | 2331 | 2409 | 2486 | 1 \| 7,7 |
| 8 | 2564 | 2642 | 2719 | 2797 | 2875 | 2953 | 3030 | 3108 | 3186 | 3263 | 2 \| 15,4 |
| 9 | 3341 | 3419 | 3497 | 3574 | 3652 | 3730 | 3807 | 3885 | 3963 | 4040 | 3 \| 23,1 |
| 5590 | 4118 | 4196 | 4273 | 4351 | 4429 | 4507 | 4584 | 4662 | 4740 | 4817 | 4 \| 30,8 |
| 1 | 4895 | 4973 | 5050 | 5128 | 5206 | 5283 | 5361 | 5439 | 5516 | 5594 | 5 \| 38,5 |
| 2 | 5672 | 5749 | 5827 | 5905 | 5982 | 6060 | 6138 | 6215 | 6293 | 6371 | 6 \| 46,2 |
| 3 | 6448 | 6526 | 6603 | 6681 | 6759 | 6836 | 6914 | 6992 | 7069 | 7147 | 7 \| 53,9 |
| 4 | 7225 | 7302 | 7380 | 7458 | 7535 | 7613 | 7690 | 7768 | 7846 | 7923 | 8 \| 61,6 |
| 5 | 8001 | 8079 | 8156 | 8234 | 8311 | 8389 | 8467 | 8544 | 8622 | 8699 | 9 \| 69,3 |
| 6 | 8777 | 8855 | 8932 | 9010 | 9087 | 9165 | 9243 | 9320 | 9398 | 9475 | |
| 7 | 9553 | 9631 | 9708 | 9786 | 9863 | 9941 | *0019 | *0096 | *0174 | *0251 | |
| 8 | 748 0329 | 0407 | 0484 | 0562 | 0639 | 0717 | 0794 | 0872 | 0950 | 1027 | |
| 9 | 1105 | 1182 | 1260 | 1337 | 1415 | 1492 | 1570 | 1648 | 1725 | 1803 | |
| N. | 0 | 1 | 2 | 3 | 4 | 5 | 6 | 7 | 8 | 9 | |

| | | | |
|---|---|---|---|
| 55500″ = 15° 25′ 0″ | 5550″ = 1° 32′ 30″ | S = $\bar{6}$,685 5225 | T. 6797 |
| 55600 = 15 26 40 | 5560 = 1 32 40 | 5223 | 6801 |
| 55700 = 15 28 20 | 5570 = 1 32 50 | 5221 | 6805 |
| 55800 = 15 30 0 | 5580 = 1 33 0 | 5219 | 6808 |
| 55900 = 15 31 40 | 5590 = 1 33 10 | 5217 | 6812 |

| N. | 0 | 1 | 2 | 3 | 4 | 5 | 6 | 7 | 8 | 9 | Diff. et p. p. |
|---|---|---|---|---|---|---|---|---|---|---|---|
| 5600 | 748 1880 | 1958 | 2035 | 2113 | 2190 | 2268 | 2346 | 2423 | 2501 | 2578 | |
| 1 | 2656 | 2733 | 2811 | 2888 | 2966 | 3043 | 3121 | 3198 | 3276 | 3354 | |
| 2 | 3431 | 3509 | 3586 | 3664 | 3741 | 3819 | 3896 | 3974 | 4051 | 4129 | |
| 3 | 4206 | 4284 | 4361 | 4439 | 4516 | 4594 | 4671 | 4749 | 4826 | 4904 | |
| 4 | 4981 | 5059 | 5136 | 5214 | 5291 | 5369 | 5446 | 5524 | 5601 | 5679 | |
| 5 | 5756 | 5834 | 5911 | 5989 | 6066 | 6144 | 6221 | 6299 | 6376 | 6453 | |
| 6 | 6531 | 6608 | 6686 | 6763 | 6841 | 6918 | 6996 | 7073 | 7151 | 7228 | |
| 7 | 7306 | 7383 | 7460 | 7538 | 7615 | 7693 | 7770 | 7848 | 7925 | 8003 | 78 |
| 8 | 8080 | 8157 | 8235 | 8312 | 8390 | 8467 | 8545 | 8622 | 8700 | 8777 | 1 7,8 |
| 9 | 8854 | 8932 | 9009 | 9087 | 9164 | 9242 | 9319 | 9396 | 9474 | 9551 | 2 15,6 |
| 5610 | 9629 | 9706 | 9783 | 9861 | 9938 | *0016 | *0093 | *0170 | *0248 | *0325 | 3 23,4 |
| 1 | 749 0403 | 0480 | 0557 | 0635 | 0712 | 0790 | 0867 | 0944 | 1022 | 1099 | 4 31,2 |
| 2 | 1177 | 1254 | 1331 | 1409 | 1486 | 1564 | 1641 | 1718 | 1796 | 1873 | 5 39,0 |
| 3 | 1950 | 2028 | 2105 | 2183 | 2260 | 2337 | 2415 | 2492 | 2569 | 2647 | 6 46,8 |
| 4 | 2724 | 2801 | 2879 | 2956 | 3034 | 3111 | 3188 | 3266 | 3343 | 3420 | 7 54,6 |
| 5 | 3498 | 3575 | 3652 | 3730 | 3807 | 3884 | 3962 | 4039 | 4116 | 4194 | 8 62,4 |
| 6 | 4271 | 4348 | 4426 | 4503 | 4580 | 4658 | 4735 | 4812 | 4890 | 4967 | 9 70,2 |
| 7 | 5044 | 5122 | 5199 | 5276 | 5353 | 5431 | 5508 | 5585 | 5663 | 5740 | |
| 8 | 5817 | 5895 | 5972 | 6049 | 6127 | 6204 | 6281 | 6358 | 6436 | 6513 | |
| 9 | 6590 | 6668 | 6745 | 6822 | 6899 | 6977 | 7054 | 7131 | 7209 | 7286 | |
| 5620 | 7363 | 7440 | 7518 | 7595 | 7672 | 7750 | 7827 | 7904 | 7981 | 8059 | |
| 1 | 8136 | 8213 | 8290 | 8368 | 8445 | 8522 | 8599 | 8677 | 8754 | 8831 | 77 |
| 2 | 8908 | 8986 | 9063 | 9140 | 9217 | 9295 | 9372 | 9449 | 9526 | 9604 | 1 7,7 |
| 3 | 9681 | 9758 | 9835 | 9913 | 9990 | *0067 | *0144 | *0221 | *0299 | *0376 | 2 15.4 |
| 4 | 750 0453 | 0530 | 0608 | 0685 | 0762 | 0839 | 0916 | 0994 | 1071 | 1148 | 3 23,1 |
| 5 | 1225 | 1302 | 1380 | 1457 | 1534 | 1611 | 1688 | 1766 | 1843 | 1920 | 4 30,8 |
| 6 | 1997 | 2074 | 2152 | 2229 | 2306 | 2383 | 2460 | 2538 | 2615 | 2692 | 5 38,5 |
| 7 | 2769 | 2846 | 2924 | 3001 | 3078 | 3155 | 3232 | 3309 | 3387 | 3464 | 6 46,2 |
| 8 | 3541 | 3618 | 3695 | 3772 | 3850 | 3927 | 4004 | 4081 | 4158 | 4235 | 7 53,9 |
| 9 | 4312 | 4390 | 4467 | 4544 | 4621 | 4698 | 4775 | 4853 | 4930 | 5007 | 8 61,6 |
| 5630 | 5084 | 5161 | 5238 | 5315 | 5392 | 5470 | 5547 | 5624 | 5701 | 5778 | 9 69,3 |
| 1 | 5855 | 5932 | 6010 | 6087 | 6164 | 6241 | 6318 | 6395 | 6472 | 6549 | |
| 2 | 6626 | 6704 | 6781 | 6858 | 6935 | 7012 | 7089 | 7166 | 7243 | 7320 | |
| 3 | 7398 | 7475 | 7552 | 7629 | 7706 | 7783 | 7860 | 7937 | 8014 | 8091 | |
| 4 | 8168 | 8246 | 8323 | 8400 | 8477 | 8554 | 8631 | 8708 | 8785 | 8862 | |
| 5 | 8939 | 9016 | 9093 | 9170 | 9247 | 9325 | 9402 | 9479 | 9556 | 9633 | |
| 6 | 9710 | 9787 | 9864 | 9941 | *0018 | *0095 | *0172 | *0249 | *0326 | *0403 | |
| 7 | 751 0480 | 0557 | 0634 | 0711 | 0789 | 0866 | 0943 | 1020 | 1097 | 1174 | 76 |
| 8 | 1251 | 1328 | 1405 | 1482 | 1559 | 1636 | 1713 | 1790 | 1867 | 1944 | 1 7,6 |
| 9 | 2021 | 2098 | 2175 | 2252 | 2329 | 2406 | 2483 | 2560 | 2637 | 2714 | 2 15,2 |
| 5640 | 2791 | 2868 | 2945 | 3022 | 3099 | 3176 | 3253 | 3330 | 3407 | 3484 | 3 22,8 |
| 1 | 3561 | 3638 | 3715 | 3792 | 3869 | 3946 | 4023 | 4100 | 4177 | 4254 | 4 30,4 |
| 2 | 4331 | 4408 | 4485 | 4562 | 4639 | 4716 | 4793 | 4870 | 4947 | 5024 | 5 38,0 |
| 3 | 5101 | 5177 | 5254 | 5331 | 5408 | 5485 | 5562 | 5639 | 5716 | 5793 | 6 45,6 |
| 4 | 5870 | 5947 | 6024 | 6101 | 6178 | 6255 | 6332 | 6409 | 6486 | 6563 | 7 53,2 |
| 5 | 6639 | 6716 | 6793 | 6870 | 6947 | 7024 | 7101 | 7178 | 7255 | 7332 | 8 60,8 |
| 6 | 7409 | 7486 | 7563 | 7639 | 7716 | 7793 | 7870 | 7947 | 8024 | 8101 | 9 68,4 |
| 7 | 8178 | 8255 | 8332 | 8409 | 8485 | 8562 | 8639 | 8716 | 8793 | 8870 | |
| 8 | 8947 | 9024 | 9101 | 9178 | 9254 | 9331 | 9408 | 9485 | 9562 | 9639 | |
| 9 | 9716 | 9793 | 9870 | 9946 | *0023 | *0100 | *0177 | *0254 | *0331 | *0408 | |
| N. | 0 | 1 | 2 | 3 | 4 | 5 | 6 | 7 | 8 | 9 | |

| | | | |
|---|---|---|---|
| 56000″ = 15° 33′ 20″ | 5600″ = 1° 33′ 20″ | S = $\bar{6}$,685 5215 | T. 6816 |
| 56100 = 15 35 0 | 5610 = 1 33 30 | 5213 | 6820 |
| 56200 = 15 36 40 | 5620 = 1 33 40 | 5211 | 6824 |
| 56300 = 15 38 20 | 5630 = 1 33 50 | 5209 | 6827 |
| 56400 = 15 40 0 | 5640 = 1 34 0 | 5207 | 6831 |

| N. | 0 | 1 | 2 | 3 | 4 | 5 | 6 | 7 | 8 | 9 | Diff. et p. p. |
|---|---|---|---|---|---|---|---|---|---|---|---|
| 5650 | 752 0484 | 0561 | 0638 | 0715 | 0792 | 0869 | 0946 | 1023 | 1099 | 1176 | |
| 1 | 1253 | 1330 | 1407 | 1484 | 1560 | 1637 | 1714 | 1791 | 1868 | 1945 | |
| 2 | 2022 | 2098 | 2175 | 2252 | 2329 | 2406 | 2483 | 2559 | 2636 | 2713 | |
| 3 | 2790 | 2867 | 2944 | 3020 | 3097 | 3174 | 3251 | 3328 | 3404 | 3481 | |
| 4 | 3558 | 3635 | 3712 | 3788 | 3865 | 3942 | 4019 | 4096 | 4172 | 4249 | |
| 5 | 4326 | 4403 | 4480 | 4556 | 4633 | 4710 | 4787 | 4864 | 4940 | 5017 | |
| 6 | 5094 | 5171 | 5248 | 5324 | 5401 | 5478 | 5555 | 5631 | 5708 | 5785 | |
| 7 | 5862 | 5939 | 6015 | 6092 | 6169 | 6246 | 6322 | 6399 | 6476 | 6553 | |
| 8 | 6629 | 6706 | 6783 | 6860 | 6936 | 7013 | 7090 | 7167 | 7243 | 7320 | |
| 9 | 7397 | 7474 | 7550 | 7627 | 7704 | 7781 | 7857 | 7934 | 8011 | 8088 | |
| 5660 | 8164 | 8241 | 8318 | 8394 | 8471 | 8548 | 8625 | 8701 | 8778 | 8855 | |
| 1 | 8932 | 9008 | 9085 | 9162 | 9238 | 9315 | 9392 | 9469 | 9545 | 9622 | 77 |
| 2 | 9699 | 9775 | 9852 | 9929 | *0005 | *0082 | *0159 | *0236 | *0312 | *0389 | |
| 3 | 753 0466 | 0542 | 0619 | 0696 | 0772 | 0849 | 0926 | 1002 | 1079 | 1156 | 1 \| 7,7 |
| 4 | 1232 | 1309 | 1386 | 1462 | 1539 | 1616 | 1692 | 1769 | 1846 | 1922 | 2 \| 15,4 |
| 5 | 1999 | 2076 | 2152 | 2229 | 2306 | 2382 | 2459 | 2536 | 2612 | 2689 | 3 \| 23,1 |
| 6 | 2766 | 2842 | 2919 | 2996 | 3072 | 3149 | 3226 | 3302 | 3379 | 3455 | 4 \| 30,8 |
| 7 | 3532 | 3609 | 3685 | 3762 | 3839 | 3915 | 3992 | 4069 | 4145 | 4222 | 5 \| 38,5 |
| 8 | 4298 | 4375 | 4452 | 4528 | 4605 | 4682 | 4758 | 4835 | 4911 | 4988 | 6 \| 46,2 |
| 9 | 5065 | 5141 | 5218 | 5294 | 5371 | 5448 | 5524 | 5601 | 5677 | 5754 | 7 \| 53,9 |
| 5670 | 5831 | 5907 | 5984 | 6060 | 6137 | 6214 | 6290 | 6367 | 6443 | 6520 | 8 \| 61,6 |
| 1 | 6596 | 6673 | 6750 | 6826 | 6903 | 6979 | 7056 | 7133 | 7209 | 7286 | 9 \| 69,3 |
| 2 | 7362 | 7439 | 7515 | 7592 | 7668 | 7745 | 7822 | 7898 | 7975 | 8051 | |
| 3 | 8128 | 8204 | 8281 | 8357 | 8434 | 8511 | 8587 | 8664 | 8740 | 8817 | |
| 4 | 8893 | 8970 | 9046 | 9123 | 9199 | 9276 | 9353 | 9429 | 9506 | 9582 | |
| 5 | 9659 | 9735 | 9812 | 9888 | 9965 | *0041 | *0118 | *0194 | *0271 | *0347 | |
| 6 | 754 0424 | 0500 | 0577 | 0653 | 0730 | 0806 | 0883 | 0959 | 1036 | 1112 | |
| 7 | 1189 | 1265 | 1342 | 1418 | 1495 | 1571 | 1648 | 1724 | 1801 | 1877 | |
| 8 | 1954 | 2030 | 2107 | 2183 | 2260 | 2336 | 2413 | 2489 | 2566 | 2642 | |
| 9 | 2719 | 2795 | 2872 | 2948 | 3025 | 3101 | 3178 | 3254 | 3330 | 3407 | |
| 5680 | 3483 | 3560 | 3636 | 3713 | 3789 | 3866 | 3942 | 4019 | 4095 | 4171 | |
| 1 | 4248 | 4324 | 4401 | 4477 | 4554 | 4630 | 4707 | 4783 | 4859 | 4936 | 76 |
| 2 | 5012 | 5089 | 5165 | 5242 | 5318 | 5394 | 5471 | 5547 | 5624 | 5700 | |
| 3 | 5777 | 5853 | 5929 | 6006 | 6082 | 6159 | 6235 | 6311 | 6388 | 6464 | 1 \| 7,6 |
| 4 | 6541 | 6617 | 6694 | 6770 | 6846 | 6923 | 6999 | 7076 | 7152 | 7228 | 2 \| 15,2 |
| 5 | 7305 | 7381 | 7457 | 7534 | 7610 | 7687 | 7763 | 7839 | 7916 | 7992 | 3 \| 22,8 |
| 6 | 8069 | 8145 | 8221 | 8298 | 8374 | 8450 | 8527 | 8603 | 8680 | 8756 | 4 \| 30,4 |
| 7 | 8832 | 8909 | 8985 | 9061 | 9138 | 9214 | 9290 | 9367 | 9443 | 9520 | 5 \| 38,0 |
| 8 | 9596 | 9672 | 9749 | 9825 | 9901 | 9978 | *0054 | *0130 | *0207 | *0283 | 6 \| 45,6 |
| 9 | 755 0359 | 0436 | 0512 | 0588 | 0665 | 0741 | 0817 | 0894 | 0970 | 1046 | 7 \| 53,2 |
| 5690 | 1123 | 1199 | 1275 | 1352 | 1428 | 1504 | 1581 | 1657 | 1733 | 1810 | 8 \| 60,8 |
| 1 | 1886 | 1962 | 2038 | 2115 | 2191 | 2267 | 2344 | 2420 | 2496 | 2573 | 9 \| 68,4 |
| 2 | 2649 | 2725 | 2802 | 2878 | 2954 | 3030 | 3107 | 3183 | 3259 | 3336 | |
| 3 | 3412 | 3488 | 3564 | 3641 | 3717 | 3793 | 3870 | 3946 | 4022 | 4098 | |
| 4 | 4175 | 4251 | 4327 | 4403 | 4480 | 4556 | 4632 | 4709 | 4785 | 4861 | |
| 5 | 4937 | 5014 | 5090 | 5166 | 5242 | 5319 | 5395 | 5471 | 5547 | 5624 | |
| 6 | 5700 | 5776 | 5852 | 5929 | 6005 | 6081 | 6157 | 6233 | 6310 | 6386 | |
| 7 | 6462 | 6538 | 6615 | 6691 | 6767 | 6843 | 6920 | 6996 | 7072 | 7148 | |
| 8 | 7224 | 7301 | 7377 | 7453 | 7529 | 7606 | 7682 | 7758 | 7834 | 7910 | |
| 9 | 7987 | 8063 | 8139 | 8215 | 8291 | 8368 | 8444 | 8520 | 8596 | 8672 | |
| N. | 0 | 1 | 2 | 3 | 4 | 5 | 6 | 7 | 8 | 9 | |

| | | S / T | |
|---|---|---|---|
| 56500″ = 15° 41′ 40″ | 5650″ = 1° 34′ 10″ | S = $\bar{6}$,685 5206 | T. 6835 |
| 56600 = 15 43 20 | 5660 = 1 34 20 | 5204 | 6839 |
| 56700 = 15 45 0 | 5670 = 1 34 30 | 5202 | 6843 |
| 56800 = 15 46 40 | 5680 = 1 34 40 | 5200 | 6847 |
| 56900 = 15 48 20 | 5690 = 1 34 50 | 5198 | 6850 |

| N. | 0 | 1 | 2 | 3 | 4 | 5 | 6 | 7 | 8 | 9 | Diff. et p. p. |
|---|---|---|---|---|---|---|---|---|---|---|---|
| 5700 | 755 8749 | 8825 | 8901 | 8977 | 9053 | 9130 | 9206 | 9282 | 9358 | 9434 | |
| 1 | 9510 | 9587 | 9663 | 9739 | 9815 | 9891 | 9967 | *0044 | *0120 | *0196 | |
| 2 | 756 0272 | 0348 | 0424 | 0501 | 0577 | 0653 | 0729 | 0805 | 0881 | 0958 | |
| 3 | 1034 | 1110 | 1186 | 1262 | 1338 | 1414 | 1491 | 1567 | 1643 | 1719 | |
| 4 | 1795 | 1871 | 1947 | 2024 | 2100 | 2176 | 2252 | 2328 | 2404 | 2480 | |
| 5 | 2556 | 2633 | 2709 | 2785 | 2861 | 2937 | 3013 | 3089 | 3165 | 3242 | |
| 6 | 3318 | 3394 | 3470 | 3546 | 3622 | 3698 | 3774 | 3850 | 3927 | 4003 | |
| 7 | 4079 | 4155 | 4231 | 4307 | 4383 | 4459 | 4535 | 4611 | 4687 | 4764 | 77 |
| 8 | 4840 | 4916 | 4992 | 5068 | 5144 | 5220 | 5296 | 5372 | 5448 | 5524 | 1 \| 7,7 |
| 9 | 5600 | 5677 | 5753 | 5829 | 5905 | 5981 | 6057 | 6133 | 6209 | 6285 | 2 \| 15,4 |
| 5710 | 6361 | 6437 | 6513 | 6589 | 6665 | 6741 | 6817 | 6893 | 6970 | 7046 | 3 \| 23,1 |
| 1 | 7122 | 7198 | 7274 | 7350 | 7426 | 7502 | 7578 | 7654 | 7730 | 7806 | 4 \| 30,8 |
| 2 | 7882 | 7958 | 8034 | 8110 | 8186 | 8262 | 8338 | 8414 | 8490 | 8566 | 5 \| 38,5 |
| 3 | 8642 | 8718 | 8794 | 8870 | 8946 | 9022 | 9098 | 9174 | 9250 | 9326 | 6 \| 46,2 |
| 4 | 9402 | 9478 | 9554 | 9630 | 9706 | 9782 | 9858 | 9934 | *0010 | *0086 | 7 \| 53,9 |
| 5 | 757 0162 | 0238 | 0314 | 0390 | 0466 | 0542 | 0618 | 0694 | 0770 | 0846 | 8 \| 61,6 |
| 6 | 0922 | 0998 | 1074 | 1150 | 1226 | 1302 | 1378 | 1454 | 1530 | 1606 | 9 \| 69,3 |
| 7 | 1682 | 1758 | 1834 | 1910 | 1986 | 2062 | 2138 | 2214 | 2290 | 2366 | |
| 8 | 2442 | 2517 | 2593 | 2669 | 2745 | 2821 | 2897 | 2973 | 3049 | 3125 | |
| 9 | 3201 | 3277 | 3353 | 3429 | 3505 | 3581 | 3657 | 3733 | 3808 | 3884 | |
| 5720 | 3960 | 4036 | 4112 | 4188 | 4264 | 4340 | 4416 | 4492 | 4568 | 4644 | |
| 1 | 4719 | 4795 | 4871 | 4947 | 5023 | 5099 | 5175 | 5251 | 5327 | 5403 | |
| 2 | 5479 | 5554 | 5630 | 5706 | 5782 | 5858 | 5934 | 6010 | 6086 | 6162 | 76 |
| 3 | 6237 | 6313 | 6389 | 6465 | 6541 | 6617 | 6693 | 6769 | 6845 | 6920 | 1 \| 7,6 |
| 4 | 6996 | 7072 | 7148 | 7224 | 7300 | 7376 | 7451 | 7527 | 7603 | 7679 | 2 \| 15,2 |
| 5 | 7755 | 7831 | 7907 | 7982 | 8058 | 8134 | 8210 | 8286 | 8362 | 8438 | 3 \| 22,8 |
| 6 | 8513 | 8589 | 8665 | 8741 | 8817 | 8893 | 8968 | 9044 | 9120 | 9196 | 4 \| 30,4 |
| 7 | 9272 | 9348 | 9423 | 9499 | 9575 | 9651 | 9727 | 9803 | 9878 | 9954 | 5 \| 38,0 |
| 8 | 758 0030 | 0106 | 0182 | 0258 | 0333 | 0409 | 0485 | 0561 | 0637 | 0712 | 6 \| 45,6 |
| 9 | 0788 | 0864 | 0940 | 1016 | 1091 | 1167 | 1243 | 1319 | 1395 | 1470 | 7 \| 53,2 |
| 5730 | 1546 | 1622 | 1698 | 1774 | 1849 | 1925 | 2001 | 2077 | 2153 | 2228 | 8 \| 60,8 |
| 1 | 2304 | 2380 | 2456 | 2531 | 2607 | 2683 | 2759 | 2835 | 2910 | 2986 | 9 \| 68,4 |
| 2 | 3062 | 3138 | 3213 | 3289 | 3365 | 3441 | 3516 | 3592 | 3668 | 3744 | |
| 3 | 3819 | 3895 | 3971 | 4047 | 4122 | 4198 | 4274 | 4350 | 4425 | 4501 | |
| 4 | 4577 | 4653 | 4728 | 4804 | 4880 | 4956 | 5031 | 5107 | 5183 | 5258 | |
| 5 | 5334 | 5410 | 5486 | 5561 | 5637 | 5713 | 5789 | 5864 | 5940 | 6016 | |
| 6 | 6091 | 6167 | 6243 | 6319 | 6394 | 6470 | 6546 | 6621 | 6697 | 6773 | |
| 7 | 6848 | 6924 | 7000 | 7076 | 7151 | 7227 | 7303 | 7378 | 7454 | 7530 | 75 |
| 8 | 7605 | 7681 | 7757 | 7832 | 7908 | 7984 | 8060 | 8135 | 8211 | 8287 | 1 \| 7,5 |
| 9 | 8362 | 8438 | 8514 | 8589 | 8665 | 8741 | 8816 | 8892 | 8968 | 9043 | 2 \| 15,0 |
| 5740 | 9119 | 9195 | 9270 | 9346 | 9422 | 9497 | 9573 | 9649 | 9724 | 9800 | 3 \| 22,5 |
| 1 | 9875 | 9951 | *0027 | *0102 | *0178 | *0254 | *0329 | *0405 | *0481 | *0556 | 4 \| 30,0 |
| 2 | 759 0632 | 0708 | 0783 | 0859 | 0934 | 1010 | 1086 | 1161 | 1237 | 1313 | 5 \| 37,5 |
| 3 | 1388 | 1464 | 1539 | 1615 | 1691 | 1766 | 1842 | 1917 | 1993 | 2069 | 6 \| 45,0 |
| 4 | 2144 | 2220 | 2296 | 2371 | 2447 | 2522 | 2598 | 2674 | 2749 | 2825 | 7 \| 52,5 |
| 5 | 2900 | 2976 | 3052 | 3127 | 3203 | 3278 | 3354 | 3429 | 3505 | 3581 | 8 \| 60,0 |
| 6 | 3656 | 3732 | 3807 | 3883 | 3959 | 4034 | 4110 | 4185 | 4261 | 4336 | 9 \| 67,5 |
| 7 | 4412 | 4488 | 4563 | 4639 | 4714 | 4790 | 4865 | 4941 | 5016 | 5092 | |
| 8 | 5168 | 5243 | 5319 | 5394 | 5470 | 5545 | 5621 | 5696 | 5772 | 5848 | |
| 9 | 5923 | 5999 | 6074 | 6150 | 6225 | 6301 | 6376 | 6452 | 6527 | 6603 | |
| N. | 0 | 1 | 2 | 3 | 4 | 5 | 6 | 7 | 8 | 9 | |

| | | | |
|---|---|---|---|
| 57000″ = 15° 50′ 0″ | 5700″ = 1° 35′ 0″ | S = $\overline{6}$,685 5196 | T. 6854 |
| 57100 = 15 51 40 | 5710 = 1 35 10 | 5194 | 6858 |
| 57200 = 15 53 20 | 5720 = 1 35 20 | 5192 | 6862 |
| 57300 = 15 55 0 | 5730 = 1 35 30 | 5190 | 6866 |
| 57400 = 15 56 40 | 5740 = 1 35 40 | 5188 | 6870 |

| N. | 0 | 1 | 2 | 3 | 4 | 5 | 6 | 7 | 8 | 9 | Diff. et p. p. |
|---|---|---|---|---|---|---|---|---|---|---|---|
| 5750 | 759 6678 | 6754 | 6830 | 6905 | 6981 | 7056 | 7132 | 7207 | 7283 | 7358 | |
| 1 | 7434 | 7509 | 7585 | 7660 | 7736 | 7811 | 7887 | 7962 | 8038 | 8113 | |
| 2 | 8189 | 8264 | 8340 | 8415 | 8491 | 8566 | 8642 | 8717 | 8793 | 8868 | |
| 3 | 8944 | 9019 | 9095 | 9170 | 9246 | 9321 | 9397 | 9472 | 9548 | 9623 | |
| 4 | 9699 | 9774 | 9850 | 9925 | *0000 | *0076 | *0151 | *0227 | *0302 | *0378 | |
| 5 | 760 0453 | 0529 | 0604 | 0680 | 0755 | 0831 | 0906 | 0981 | 1057 | 1132 | |
| 6 | 1208 | 1283 | 1359 | 1434 | 1510 | 1585 | 1661 | 1736 | 1811 | 1887 | 76 |
| 7 | 1962 | 2038 | 2113 | 2189 | 2264 | 2339 | 2415 | 2490 | 2566 | 2641 | 1 7,6 |
| 8 | 2717 | 2792 | 2867 | 2943 | 3018 | 3094 | 3169 | 3245 | 3320 | 3395 | 2 15,2 |
| 9 | 3471 | 3546 | 3622 | 3697 | 3772 | 3848 | 3923 | 3999 | 4074 | 4149 | 3 22,8 |
| 5760 | 4225 | 4300 | 4376 | 4451 | 4526 | 4602 | 4677 | 4753 | 4828 | 4903 | 4 30,4 |
| 1 | 4979 | 5054 | 5130 | 5205 | 5280 | 5356 | 5431 | 5506 | 5582 | 5657 | 5 38,0 |
| 2 | 5733 | 5808 | 5883 | 5959 | 6034 | 6109 | 6185 | 6260 | 6335 | 6411 | 6 45,6 |
| 3 | 6486 | 6562 | 6637 | 6712 | 6788 | 6863 | 6938 | 7014 | 7089 | 7164 | 7 53,2 |
| 4 | 7240 | 7315 | 7390 | 7466 | 7541 | 7616 | 7692 | 7767 | 7842 | 7918 | 8 60,8 |
| 5 | 7993 | 8068 | 8144 | 8219 | 8294 | 8370 | 8445 | 8520 | 8596 | 8671 | 9 68,4 |
| 6 | 8746 | 8822 | 8897 | 8972 | 9048 | 9123 | 9198 | 9274 | 9349 | 9424 | |
| 7 | 9500 | 9575 | 9650 | 9725 | 9801 | 9876 | 9951 | *0027 | *0102 | *0177 | |
| 8 | 761 0253 | 0328 | 0403 | 0478 | 0554 | 0629 | 0704 | 0780 | 0855 | 0930 | |
| 9 | 1005 | 1081 | 1156 | 1231 | 1307 | 1382 | 1457 | 1532 | 1608 | 1683 | |
| 5770 | 1758 | 1833 | 1909 | 1984 | 2059 | 2134 | 2210 | 2285 | 2360 | 2435 | |
| 1 | 2511 | 2586 | 2661 | 2737 | 2812 | 2887 | 2962 | 3037 | 3113 | 3188 | 75 |
| 2 | 3263 | 3338 | 3414 | 3489 | 3564 | 3639 | 3715 | 3790 | 3865 | 3940 | 1 7,5 |
| 3 | 4016 | 4091 | 4166 | 4241 | 4316 | 4392 | 4467 | 4542 | 4617 | 4693 | 2 15,0 |
| 4 | 4768 | 4843 | 4918 | 4993 | 5069 | 5144 | 5219 | 5294 | 5369 | 5445 | 3 22,5 |
| 5 | 5520 | 5595 | 5670 | 5745 | 5821 | 5896 | 5971 | 6046 | 6121 | 6197 | 4 30,0 |
| 6 | 6272 | 6347 | 6422 | 6497 | 6573 | 6648 | 6723 | 6798 | 6873 | 6948 | 5 37,5 |
| 7 | 7024 | 7099 | 7174 | 7249 | 7324 | 7400 | 7475 | 7550 | 7625 | 7700 | 6 45,0 |
| 8 | 7775 | 7851 | 7926 | 8001 | 8076 | 8151 | 8226 | 8301 | 8377 | 8452 | 7 52,5 |
| 9 | 8527 | 8602 | 8677 | 8752 | 8828 | 8903 | 8978 | 9053 | 9128 | 9203 | 8 60,0 |
| 5780 | 9278 | 9354 | 9429 | 9504 | 9579 | 9654 | 9729 | 9804 | 9879 | 9955 | 9 67,5 |
| 1 | 762 0030 | 0105 | 0180 | 0255 | 0330 | 0405 | 0480 | 0556 | 0631 | 0706 | |
| 2 | 0781 | 0856 | 0931 | 1006 | 1081 | 1156 | 1232 | 1307 | 1382 | 1457 | |
| 3 | 1532 | 1607 | 1682 | 1757 | 1832 | 1907 | 1982 | 2058 | 2133 | 2208 | |
| 4 | 2283 | 2358 | 2433 | 2508 | 2583 | 2658 | 2733 | 2808 | 2883 | 2959 | |
| 5 | 3034 | 3109 | 3184 | 3259 | 3334 | 3409 | 3484 | 3559 | 3634 | 3709 | |
| 6 | 3784 | 3859 | 3934 | 4009 | 4085 | 4160 | 4235 | 4310 | 4385 | 4460 | 74 |
| 7 | 4535 | 4610 | 4685 | 4760 | 4835 | 4910 | 4985 | 5060 | 5135 | 5210 | |
| 8 | 5285 | 5360 | 5435 | 5510 | 5585 | 5660 | 5735 | 5810 | 5885 | 5960 | 1 7,4 |
| 9 | 6035 | 6111 | 6186 | 6261 | 6336 | 6411 | 6486 | 6561 | 6636 | 6711 | 2 14,8 |
| 5790 | 6786 | 6861 | 6936 | 7011 | 7086 | 7161 | 7236 | 7311 | 7386 | 7461 | 3 22,2 |
| 1 | 7536 | 7611 | 7686 | 7761 | 7836 | 7911 | 7986 | 8061 | 8136 | 8211 | 4 29,6 |
| 2 | 8286 | 8361 | 8435 | 8510 | 8585 | 8660 | 8735 | 8810 | 8885 | 8960 | 5 37,0 |
| 3 | 9035 | 9110 | 9185 | 9260 | 9335 | 9410 | 9485 | 9560 | 9635 | 9710 | 6 44,4 |
| 4 | 9785 | 9860 | 9935 | *0010 | *0085 | *0160 | *0235 | *0310 | *0385 | *0459 | 7 51,8 |
| 5 | 763 0534 | 0609 | 0684 | 0759 | 0834 | 0909 | 0984 | 1059 | 1134 | 1209 | 8 59,2 |
| 6 | 1284 | 1359 | 1434 | 1509 | 1583 | 1658 | 1733 | 1808 | 1883 | 1958 | 9 66,6 |
| 7 | 2033 | 2108 | 2183 | 2258 | 2333 | 2408 | 2482 | 2557 | 2632 | 2707 | |
| 8 | 2782 | 2857 | 2932 | 3007 | 3082 | 3157 | 3232 | 3306 | 3381 | 3456 | |
| 9 | 3531 | 3606 | 3681 | 3756 | 3831 | 3906 | 3980 | 4055 | 4130 | 4205 | |
| N. | 0 | 1 | 2 | 3 | 4 | 5 | 6 | 7 | 8 | 9 | |

| | | | |
|---|---|---|---|
| 57500″ = 15° 58′ 20″ | 5750″ = 1° 35′ 50″ | S = $\overline{6}$,685 5186 | T. 6874 |
| 57600 = 16 0 0 | 5760 = 1 36 0 | 5184 | 6878 |
| 57700 = 16 1 40 | 5770 = 1 36 10 | 5182 | 6882 |
| 57800 = 16 3 20 | 5780 = 1 36 20 | 5180 | 6886 |
| 57900 = 16 5 0 | 5790 = 1 36 30 | 5178 | 6890 |

| N. | 0 | 1 | 2 | 3 | 4 | 5 | 6 | 7 | 8 | 9 | Diff. et p. p. |
|---|---|---|---|---|---|---|---|---|---|---|---|
| 5800 | 763 4280 | 4355 | 4430 | 4505 | 4579 | 4654 | 4729 | 4804 | 4879 | 4954 | |
| 1 | 5029 | 5104 | 5178 | 5253 | 5328 | 5403 | 5478 | 5553 | 5628 | 5702 | |
| 2 | 5777 | 5852 | 5927 | 6002 | 6077 | 6151 | 6226 | 6301 | 6376 | 6451 | |
| 3 | 6526 | 6601 | 6675 | 6750 | 6825 | 6900 | 6975 | 7050 | 7124 | 7199 | |
| 4 | 7274 | 7349 | 7424 | 7499 | 7573 | 7648 | 7723 | 7798 | 7873 | 7947 | |
| 5 | 8022 | 8097 | 8172 | 8247 | 8321 | 8396 | 8471 | 8546 | 8621 | 8696 | |
| 6 | 8770 | 8845 | 8920 | 8995 | 9070 | 9144 | 9219 | 9294 | 9369 | 9443 | |
| 7 | 9518 | 9593 | 9668 | 9743 | 9817 | 9892 | 9967 | *0042 | *0117 | *0191 | |
| 8 | 764 0266 | 0341 | 0416 | 0490 | 0565 | 0640 | 0715 | 0789 | 0864 | 0939 | |
| 9 | 1014 | 1089 | 1163 | 1238 | 1313 | 1388 | 1462 | 1537 | 1612 | 1687 | |
| 5810 | 1761 | 1836 | 1911 | 1986 | 2060 | 2135 | 2210 | 2285 | 2359 | 2434 | |
| 1 | 2509 | 2583 | 2658 | 2733 | 2808 | 2882 | 2957 | 3032 | 3107 | 3181 | 75 |
| 2 | 3256 | 3331 | 3406 | 3480 | 3555 | 3630 | 3704 | 3779 | 3854 | 3929 | 1 \| 7,5 |
| 3 | 4003 | 4078 | 4153 | 4227 | 4302 | 4377 | 4451 | 4526 | 4601 | 4676 | 2 \| 15,0 |
| 4 | 4750 | 4825 | 4900 | 4974 | 5049 | 5124 | 5198 | 5273 | 5348 | 5423 | 3 \| 22,5 |
| 5 | 5497 | 5572 | 5647 | 5721 | 5796 | 5871 | 5945 | 6020 | 6095 | 6169 | 4 \| 30,0 |
| 6 | 6244 | 6319 | 6393 | 6468 | 6543 | 6617 | 6692 | 6767 | 6841 | 6916 | 5 \| 37,5 |
| 7 | 6991 | 7065 | 7140 | 7215 | 7289 | 7364 | 7439 | 7513 | 7588 | 7663 | 6 \| 45,0 |
| 8 | 7737 | 7812 | 7886 | 7961 | 8036 | 8110 | 8185 | 8260 | 8334 | 8409 | 7 \| 52,5 |
| 9 | 8484 | 8558 | 8633 | 8707 | 8782 | 8857 | 8931 | 9006 | 9081 | 9155 | 8 \| 60,0 |
| 5820 | 9230 | 9304 | 9379 | 9454 | 9528 | 9603 | 9678 | 9752 | 9827 | 9901 | 9 \| 67,5 |
| 1 | 9976 | *0051 | *0125 | *0200 | *0274 | *0349 | *0424 | *0498 | *0573 | *0647 | |
| 2 | 765 0722 | 0797 | 0871 | 0946 | 1020 | 1095 | 1170 | 1244 | 1319 | 1393 | |
| 3 | 1468 | 1542 | 1617 | 1692 | 1766 | 1841 | 1915 | 1990 | 2065 | 2139 | |
| 4 | 2214 | 2288 | 2363 | 2437 | 2512 | 2586 | 2661 | 2736 | 2810 | 2885 | |
| 5 | 2959 | 3034 | 3108 | 3183 | 3258 | 3332 | 3407 | 3481 | 3556 | 3630 | |
| 6 | 3705 | 3779 | 3854 | 3928 | 4003 | 4078 | 4152 | 4227 | 4301 | 4376 | |
| 7 | 4450 | 4525 | 4599 | 4674 | 4748 | 4823 | 4897 | 4972 | 5046 | 5121 | |
| 8 | 5195 | 5270 | 5344 | 5419 | 5493 | 5568 | 5643 | 5717 | 5792 | 5866 | |
| 9 | 5941 | 6015 | 6090 | 6164 | 6239 | 6313 | 6388 | 6462 | 6537 | 6611 | |
| 5830 | 6686 | 6760 | 6835 | 6909 | 6984 | 7058 | 7132 | 7207 | 7281 | 7356 | |
| 1 | 7430 | 7505 | 7579 | 7654 | 7728 | 7803 | 7877 | 7952 | 8026 | 8101 | 74 |
| 2 | 8175 | 8250 | 8324 | 8399 | 8473 | 8547 | 8622 | 8696 | 8771 | 8845 | 1 \| 7,4 |
| 3 | 8920 | 8994 | 9069 | 9143 | 9218 | 9292 | 9366 | 9441 | 9515 | 9590 | 2 \| 14,8 |
| 4 | 9664 | 9739 | 9813 | 9888 | 9962 | *0036 | *0111 | *0185 | *0260 | *0334 | 3 \| 22,2 |
| 5 | 766 0409 | 0483 | 0557 | 0632 | 0706 | 0781 | 0855 | 0930 | 1004 | 1078 | 4 \| 29,6 |
| 6 | 1153 | 1227 | 1302 | 1376 | 1450 | 1525 | 1599 | 1674 | 1748 | 1823 | 5 \| 37,0 |
| 7 | 1897 | 1971 | 2046 | 2120 | 2195 | 2269 | 2343 | 2418 | 2492 | 2567 | 6 \| 44,4 |
| 8 | 2641 | 2715 | 2790 | 2864 | 2938 | 3013 | 3087 | 3162 | 3236 | 3310 | 7 \| 51,8 |
| 9 | 3385 | 3459 | 3534 | 3608 | 3682 | 3757 | 3831 | 3905 | 3980 | 4054 | 8 \| 59,2 |
| 5840 | 4128 | 4203 | 4277 | 4352 | 4426 | 4500 | 4575 | 4649 | 4723 | 4798 | 9 \| 66,6 |
| 1 | 4872 | 4946 | 5021 | 5095 | 5169 | 5244 | 5318 | 5393 | 5467 | 5541 | |
| 2 | 5616 | 5690 | 5764 | 5839 | 5913 | 5987 | 6062 | 6136 | 6210 | 6285 | |
| 3 | 6359 | 6433 | 6508 | 6582 | 6656 | 6730 | 6805 | 6879 | 6953 | 7028 | |
| 4 | 7102 | 7176 | 7251 | 7325 | 7399 | 7474 | 7548 | 7622 | 7697 | 7771 | |
| 5 | 7845 | 7919 | 7994 | 8068 | 8142 | 8217 | 8291 | 8365 | 8440 | 8514 | |
| 6 | 8588 | 8662 | 8737 | 8811 | 8885 | 8960 | 9034 | 9108 | 9182 | 9257 | |
| 7 | 9331 | 9405 | 9479 | 9554 | 9628 | 9702 | 9777 | 9851 | 9925 | 9999 | |
| 8 | 767 0074 | 0148 | 0222 | 0296 | 0371 | 0445 | 0519 | 0593 | 0668 | 0742 | |
| 9 | 0816 | 0890 | 0965 | 1039 | 1113 | 1187 | 1262 | 1336 | 1410 | 1484 | |
| N. | 0 | 1 | 2 | 3 | 4 | 5 | 6 | 7 | 8 | 9 | |

| | | | |
|---|---|---|---|
| 58000″ = 16° 6′ 40″ | 5800″ = 1° 36′ 40″ | S = $\bar{6}$,685 5176 | T. 6894 |
| 58100 = 16 8 20 | 5810 = 1 36 50 | 5174 | 6897 |
| 58200 = 16 10 0 | 5820 = 1 37 0 | 5172 | 6901 |
| 58300 = 16 11 40 | 5830 = 1 37 10 | 5170 | 6905 |
| 58400 = 16 13 20 | 5840 = 1 37 20 | 5168 | 6909 |

| N. | 0 | 1 | 2 | 3 | 4 | 5 | 6 | 7 | 8 | 9 | Diff. et p. p. |
|---|---|---|---|---|---|---|---|---|---|---|---|
| 5850 | 767 1559 | 1633 | 1707 | 1781 | 1856 | 1930 | 2004 | 2078 | 2153 | 2227 | |
| 1 | 2301 | 2375 | 2449 | 2524 | 2598 | 2672 | 2746 | 2821 | 2895 | 2969 | |
| 2 | 3043 | 3117 | 3192 | 3266 | 3340 | 3414 | 3488 | 3563 | 3637 | 3711 | |
| 3 | 3785 | 3859 | 3934 | 4008 | 4082 | 4156 | 4230 | 4305 | 4379 | 4453 | |
| 4 | 4527 | 4601 | 4676 | 4750 | 4824 | 4898 | 4972 | 5046 | 5121 | 5195 | |
| 5 | 5269 | 5343 | 5417 | 5492 | 5566 | 5640 | 5714 | 5788 | 5862 | 5937 | |
| 6 | 6011 | 6085 | 6159 | 6233 | 6307 | 6381 | 6456 | 6530 | 6604 | 6678 | 75 |
| 7 | 6752 | 6826 | 6901 | 6975 | 7049 | 7123 | 7197 | 7271 | 7345 | 7420 | 1 \| 7,5 |
| 8 | 7494 | 7568 | 7642 | 7716 | 7790 | 7864 | 7938 | 8013 | 8087 | 8161 | 2 \| 15,0 |
| 9 | 8235 | 8309 | 8383 | 8457 | 8531 | 8606 | 8680 | 8754 | 8828 | 8902 | 3 \| 22,5 |
| 5860 | 8976 | 9050 | 9124 | 9198 | 9273 | 9347 | 9421 | 9495 | 9569 | 9643 | 4 \| 30,0 |
| 1 | 9717 | 9791 | 9865 | 9940 | *0014 | *0088 | *0162 | *0236 | *0310 | *0384 | 5 \| 37,5 |
| 2 | 768 0458 | 0532 | 0606 | 0680 | 0754 | 0829 | 0903 | 0977 | 1051 | 1125 | 6 \| 45,0 |
| 3 | 1199 | 1273 | 1347 | 1421 | 1495 | 1569 | 1643 | 1717 | 1791 | 1866 | 7 \| 52,5 |
| 4 | 1940 | 2014 | 2088 | 2162 | 2236 | 2310 | 2384 | 2458 | 2532 | 2606 | 8 \| 60,0 |
| 5 | 2680 | 2754 | 2828 | 2902 | 2976 | 3050 | 3124 | 3198 | 3273 | 3347 | 9 \| 67,5 |
| 6 | 3421 | 3495 | 3569 | 3643 | 3717 | 3791 | 3865 | 3939 | 4013 | 4087 | |
| 7 | 4161 | 4235 | 4309 | 4383 | 4457 | 4531 | 4605 | 4679 | 4753 | 4827 | |
| 8 | 4901 | 4975 | 5049 | 5123 | 5197 | 5271 | 5345 | 5419 | 5493 | 5567 | |
| 9 | 5641 | 5715 | 5789 | 5863 | 5937 | 6011 | 6085 | 6159 | 6233 | 6307 | |
| 5870 | 6381 | 6455 | 6529 | 6603 | 6677 | 6751 | 6825 | 6899 | 6973 | 7047 | |
| 1 | 7121 | 7195 | 7269 | 7343 | 7417 | 7491 | 7565 | 7639 | 7713 | 7787 | 74 |
| 2 | 7860 | 7934 | 8008 | 8082 | 8156 | 8230 | 8304 | 8378 | 8452 | 8526 | 1 \| 7,4 |
| 3 | 8600 | 8674 | 8748 | 8822 | 8896 | 8970 | 9044 | 9118 | 9192 | 9265 | 2 \| 14,8 |
| 4 | 9339 | 9413 | 9487 | 9561 | 9635 | 9709 | 9783 | 9857 | 9931 | *0005 | 3 \| 22,2 |
| 5 | 769 0079 | 0153 | 0227 | 0300 | 0374 | 0448 | 0522 | 0596 | 0670 | 0744 | 4 \| 29,6 |
| 6 | 0818 | 0892 | 0966 | 1040 | 1114 | 1187 | 1261 | 1335 | 1409 | 1483 | 5 \| 37,0 |
| 7 | 1557 | 1631 | 1705 | 1779 | 1852 | 1926 | 2000 | 2074 | 2148 | 2222 | 6 \| 44,4 |
| 8 | 2296 | 2370 | 2444 | 2517 | 2591 | 2665 | 2739 | 2813 | 2887 | 2961 | 7 \| 51,8 |
| 9 | 3035 | 3108 | 3182 | 3256 | 3330 | 3404 | 3478 | 3552 | 3626 | 3699 | 8 \| 59,2 |
| 5880 | 3773 | 3847 | 3921 | 3995 | 4069 | 4143 | 4216 | 4290 | 4364 | 4438 | 9 \| 66,6 |
| 1 | 4512 | 4586 | 4659 | 4733 | 4807 | 4881 | 4955 | 5029 | 5103 | 5176 | |
| 2 | 5250 | 5324 | 5398 | 5472 | 5546 | 5619 | 5693 | 5767 | 5841 | 5915 | |
| 3 | 5988 | 6062 | 6136 | 6210 | 6284 | 6358 | 6431 | 6505 | 6579 | 6653 | |
| 4 | 6727 | 6800 | 6874 | 6948 | 7022 | 7096 | 7169 | 7243 | 7317 | 7391 | |
| 5 | 7465 | 7538 | 7612 | 7686 | 7760 | 7834 | 7907 | 7981 | 8055 | 8129 | |
| 6 | 8203 | 8276 | 8350 | 8424 | 8498 | 8571 | 8645 | 8719 | 8793 | 8867 | 73 |
| 7 | 8940 | 9014 | 9088 | 9162 | 9235 | 9309 | 9383 | 9457 | 9530 | 9604 | 1 \| 7,3 |
| 8 | 9678 | 9752 | 9826 | 9899 | 9973 | *0047 | *0121 | *0194 | *0268 | *0342 | 2 \| 14,6 |
| 9 | 770 0416 | 0489 | 0563 | 0637 | 0711 | 0784 | 0858 | 0932 | 1005 | 1079 | 3 \| 21,9 |
| 5890 | 1153 | 1227 | 1300 | 1374 | 1448 | 1522 | 1595 | 1669 | 1743 | 1817 | 4 \| 29,2 |
| 1 | 1890 | 1964 | 2038 | 2111 | 2185 | 2259 | 2333 | 2406 | 2480 | 2554 | 5 \| 36,5 |
| 2 | 2627 | 2701 | 2775 | 2849 | 2922 | 2996 | 3070 | 3143 | 3217 | 3291 | 6 \| 43,8 |
| 3 | 3364 | 3438 | 3512 | 3585 | 3659 | 3733 | 3807 | 3880 | 3954 | 4028 | 7 \| 51,1 |
| 4 | 4101 | 4175 | 4249 | 4322 | 4396 | 4470 | 4543 | 4617 | 4691 | 4764 | 8 \| 58,4 |
| 5 | 4838 | 4912 | 4985 | 5059 | 5133 | 5206 | 5280 | 5354 | 5427 | 5501 | 9 \| 65,7 |
| 6 | 5575 | 5648 | 5722 | 5796 | 5869 | 5943 | 6017 | 6090 | 6164 | 6238 | |
| 7 | 6311 | 6385 | 6459 | 6532 | 6606 | 6679 | 6753 | 6827 | 6900 | 6974 | |
| 8 | 7048 | 7121 | 7195 | 7269 | 7342 | 7416 | 7489 | 7563 | 7637 | 7710 | |
| 9 | 7784 | 7858 | 7931 | 8005 | 8078 | 8152 | 8226 | 8299 | 8373 | 8447 | |
| N. | 0 | 1 | 2 | 3 | 4 | 5 | 6 | 7 | 8 | 9 | |

58 500″ = 16° 15′ 0″ 5850″ = 1° 37′ 30″ S = 6,685 5166 T. 6913
58 600 = 16 16 40 5860 = 1 37 40 5164 6917
58 700 = 16 18 20 5870 = 1 37 50 5162 6921
58 800 = 16 20 0 5880 = 1 38 0 5160 6925
58 900 = 16 21 40 5890 = 1 38 10 5158 6929

| N. | 0 | 1 | 2 | 3 | 4 | 5 | 6 | 7 | 8 | 9 | Diff. et p. p. |
|---|---|---|---|---|---|---|---|---|---|---|---|
| 5900 | 770 8520 | 8594 | 8667 | 8741 | 8815 | 8888 | 8962 | 9035 | 9109 | 9183 | |
| 1 | 9256 | 9330 | 9403 | 9477 | 9551 | 9624 | 9698 | 9771 | 9845 | 9918 | |
| 2 | 9992 | *0066 | *0139 | *0213 | *0286 | *0360 | *0434 | *0507 | *0581 | *0654 | |
| 3 | 771 0728 | 0801 | 0875 | 0949 | 1022 | 1096 | 1169 | 1243 | 1316 | 1390 | |
| 4 | 1463 | 1537 | 1611 | 1684 | 1758 | 1831 | 1905 | 1978 | 2052 | 2125 | |
| 5 | 2199 | 2273 | 2346 | 2420 | 2493 | 2567 | 2640 | 2714 | 2787 | 2861 | |
| 6 | 2934 | 3008 | 3081 | 3155 | 3229 | 3302 | 3376 | 3449 | 3523 | 3596 | |
| 7 | 3670 | 3743 | 3817 | 3890 | 3964 | 4037 | 4111 | 4184 | 4258 | 4331 | |
| 8 | 4405 | 4478 | 4552 | 4625 | 4699 | 4772 | 4846 | 4919 | 4993 | 5066 | |
| 9 | 5140 | 5213 | 5287 | 5360 | 5434 | 5507 | 5581 | 5654 | 5728 | 5801 | |
| 5910 | 5875 | 5948 | 6022 | 6095 | 6169 | 6242 | 6316 | 6389 | 6463 | 6536 | |
| 1 | 6610 | 6683 | 6757 | 6830 | 6903 | 6977 | 7050 | 7124 | 7197 | 7271 | 74 |
| 2 | 7344 | 7418 | 7491 | 7565 | 7638 | 7712 | 7785 | 7858 | 7932 | 8005 | 1 \| 7,4 |
| 3 | 8079 | 8152 | 8226 | 8299 | 8373 | 8446 | 8519 | 8593 | 8666 | 8740 | 2 \| 14,8 |
| 4 | 8813 | 8887 | 8960 | 9034 | 9107 | 9180 | 9254 | 9327 | 9401 | 9474 | 3 \| 22,2 |
| 5 | 9547 | 9621 | 9694 | 9768 | 9841 | 9915 | 9988 | *0061 | *0135 | *0208 | 4 \| 29,6 |
| 6 | 772 0282 | 0355 | 0428 | 0502 | 0575 | 0649 | 0722 | 0795 | 0869 | 0942 | 5 \| 37,0 |
| 7 | 1016 | 1089 | 1162 | 1236 | 1309 | 1383 | 1456 | 1529 | 1603 | 1676 | 6 \| 44,4 |
| 8 | 1750 | 1823 | 1896 | 1970 | 2043 | 2117 | 2190 | 2263 | 2337 | 2410 | 7 \| 51,8 |
| 9 | 2483 | 2557 | 2630 | 2704 | 2777 | 2850 | 2924 | 2997 | 3070 | 3144 | 8 \| 59,2 |
| 5920 | 3217 | 3290 | 3364 | 3437 | 3510 | 3584 | 3657 | 3731 | 3804 | 3877 | 9 \| 66,6 |
| 1 | 3951 | 4024 | 4097 | 4171 | 4244 | 4317 | 4391 | 4464 | 4537 | 4611 | |
| 2 | 4684 | 4757 | 4831 | 4904 | 4977 | 5051 | 5124 | 5197 | 5271 | 5344 | |
| 3 | 5417 | 5491 | 5564 | 5637 | 5711 | 5784 | 5857 | 5931 | 6004 | 6077 | |
| 4 | 6150 | 6224 | 6297 | 6370 | 6444 | 6517 | 6590 | 6664 | 6737 | 6810 | |
| 5 | 6884 | 6957 | 7030 | 7103 | 7177 | 7250 | 7323 | 7397 | 7470 | 7543 | |
| 6 | 7616 | 7690 | 7763 | 7836 | 7910 | 7983 | 8056 | 8129 | 8203 | 8276 | |
| 7 | 8349 | 8423 | 8496 | 8569 | 8642 | 8716 | 8789 | 8862 | 8935 | 9009 | |
| 8 | 9082 | 9155 | 9228 | 9302 | 9375 | 9448 | 9521 | 9595 | 9668 | 9741 | |
| 9 | 9815 | 9888 | 9961 | *0034 | *0107 | *0181 | *0254 | *0327 | *0400 | *0474 | |
| 5930 | 773 0547 | 0620 | 0693 | 0767 | 0840 | 0913 | 0986 | 1060 | 1133 | 1206 | |
| 1 | 1279 | 1352 | 1426 | 1499 | 1572 | 1645 | 1719 | 1792 | 1865 | 1938 | 73 |
| 2 | 2011 | 2085 | 2158 | 2231 | 2304 | 2377 | 2451 | 2524 | 2597 | 2670 | 1 \| 7,3 |
| 3 | 2743 | 2817 | 2890 | 2963 | 3036 | 3109 | 3183 | 3256 | 3329 | 3402 | 2 \| 14,6 |
| 4 | 3475 | 3549 | 3622 | 3695 | 3768 | 3841 | 3915 | 3988 | 4061 | 4134 | 3 \| 21,9 |
| 5 | 4207 | 4280 | 4354 | 4427 | 4500 | 4573 | 4646 | 4719 | 4793 | 4866 | 4 \| 29,2 |
| 6 | 4939 | 5012 | 5085 | 5158 | 5232 | 5305 | 5378 | 5451 | 5524 | 5597 | 5 \| 36,5 |
| 7 | 5670 | 5744 | 5817 | 5890 | 5963 | 6036 | 6109 | 6183 | 6256 | 6329 | 6 \| 43,8 |
| 8 | 6402 | 6475 | 6548 | 6621 | 6694 | 6768 | 6841 | 6914 | 6987 | 7060 | 7 \| 51,1 |
| 9 | 7133 | 7206 | 7280 | 7353 | 7426 | 7499 | 7572 | 7645 | 7718 | 7791 | 8 \| 58,4 |
| 5940 | 7864 | 7938 | 8011 | 8084 | 8157 | 8230 | 8303 | 8376 | 8449 | 8522 | 9 \| 65,7 |
| 1 | 8596 | 8669 | 8742 | 8815 | 8888 | 8961 | 9034 | 9107 | 9180 | 9253 | |
| 2 | 9326 | 9400 | 9473 | 9546 | 9619 | 9692 | 9765 | 9838 | 9911 | 9984 | |
| 3 | 774 0057 | 0130 | 0203 | 0277 | 0350 | 0423 | 0496 | 0569 | 0642 | 0715 | |
| 4 | 0788 | 0861 | 0934 | 1007 | 1080 | 1153 | 1226 | 1299 | 1372 | 1446 | |
| 5 | 1519 | 1592 | 1665 | 1738 | 1811 | 1884 | 1957 | 2030 | 2103 | 2176 | |
| 6 | 2249 | 2322 | 2395 | 2468 | 2541 | 2614 | 2687 | 2760 | 2833 | 2906 | |
| 7 | 2979 | 3052 | 3125 | 3198 | 3271 | 3345 | 3418 | 3491 | 3564 | 3637 | |
| 8 | 3710 | 3783 | 3856 | 3929 | 4002 | 4075 | 4148 | 4221 | 4294 | 4367 | |
| 9 | 4440 | 4513 | 4586 | 4659 | 4732 | 4805 | 4878 | 4951 | 5024 | 5097 | |
| N. | 0 | 1 | 2 | 3 | 4 | 5 | 6 | 7 | 8 | 9 | |

| | | | |
|---|---|---|---|
| 59 000″ = 16° 23′ 20″ | 5900″ = 1° 38′ 20″ | S = $\bar{6}$,685 5156 | T. 6933 |
| 59 100 = 16 25 0 | 5910 = 1 38 30 | 5154 | 6937 |
| 59 200 = 16 26 40 | 5920 = 1 38 40 | 5152 | 6941 |
| 59 300 = 16 28 20 | 5930 = 1 38 50 | 5150 | 6945 |
| 59 400 = 16 30 0 | 5940 = 1 39 0 | 5148 | 6949 |

| N. | 0 | 1 | 2 | 3 | 4 | 5 | 6 | 7 | 8 | 9 | Diff. et p. p. |
|---|---|---|---|---|---|---|---|---|---|---|---|
| 5950 | 774 5170 | 5243 | 5316 | 5389 | 5462 | 5535 | 5608 | 5681 | 5754 | 5827 | |
| 1 | 5900 | 5972 | 6045 | 6118 | 6191 | 6264 | 6337 | 6410 | 6483 | 6556 | |
| 2 | 6629 | 6702 | 6775 | 6848 | 6921 | 6994 | 7067 | 7140 | 7213 | 7286 | |
| 3 | 7359 | 7432 | 7505 | 7578 | 7651 | 7724 | 7797 | 7869 | 7942 | 8015 | |
| 4 | 8088 | 8161 | 8234 | 8307 | 8380 | 8453 | 8526 | 8599 | 8672 | 8745 | |
| 5 | 8818 | 8891 | 8964 | 9036 | 9109 | 9182 | 9255 | 9328 | 9401 | 9474 | |
| 6 | 9547 | 9620 | 9693 | 9766 | 9839 | 9911 | 9984 | *0057 | *0130 | *0203 | |
| 7 | 775 0276 | 0349 | 0422 | 0495 | 0568 | 0641 | 0713 | 0786 | 0859 | 0932 | |
| 8 | 1005 | 1078 | 1151 | 1224 | 1297 | 1369 | 1442 | 1515 | 1588 | 1661 | |
| 9 | 1734 | 1807 | 1880 | 1952 | 2025 | 2098 | 2171 | 2244 | 2317 | 2390 | |
| 5960 | 2463 | 2535 | 2608 | 2681 | 2754 | 2827 | 2900 | 2973 | 3046 | 3118 | |
| 1 | 3191 | 3264 | 3337 | 3410 | 3483 | 3555 | 3628 | 3701 | 3774 | 3847 | 73 |
| 2 | 3920 | 3993 | 4065 | 4138 | 4211 | 4284 | 4357 | 4430 | 4502 | 4575 | 1 \| 7,3 |
| 3 | 4648 | 4721 | 4794 | 4867 | 4939 | 5012 | 5085 | 5158 | 5231 | 5304 | 2 \| 14,6 |
| 4 | 5376 | 5449 | 5522 | 5595 | 5668 | 5740 | 5813 | 5886 | 5959 | 6032 | 3 \| 21,9 |
| 5 | 6104 | 6177 | 6250 | 6323 | 6396 | 6469 | 6541 | 6614 | 6687 | 6760 | 4 \| 29,2 |
| 6 | 6832 | 6905 | 6978 | 7051 | 7124 | 7196 | 7269 | 7342 | 7415 | 7488 | 5 \| 36,5 |
| 7 | 7560 | 7633 | 7706 | 7779 | 7851 | 7924 | 7997 | 8070 | 8143 | 8215 | 6 \| 43,8 |
| 8 | 8288 | 8361 | 8434 | 8506 | 8579 | 8652 | 8725 | 8798 | 8870 | 8943 | 7 \| 51,1 |
| 9 | 9016 | 9089 | 9161 | 9234 | 9307 | 9380 | 9452 | 9525 | 9598 | 9671 | 8 \| 58,4 |
| 5970 | 9743 | 9816 | 9889 | 9962 | *0034 | *0107 | *0180 | *0253 | *0325 | *0398 | 9 \| 65,7 |
| 1 | 776 0471 | 0543 | 0616 | 0689 | 0762 | 0834 | 0907 | 0980 | 1053 | 1125 | |
| 2 | 1198 | 1271 | 1343 | 1416 | 1489 | 1562 | 1634 | 1707 | 1780 | 1852 | |
| 3 | 1925 | 1998 | 2071 | 2143 | 2216 | 2289 | 2361 | 2434 | 2507 | 2579 | |
| 4 | 2652 | 2725 | 2798 | 2870 | 2943 | 3016 | 3088 | 3161 | 3234 | 3306 | |
| 5 | 3379 | 3452 | 3524 | 3597 | 3670 | 3743 | 3815 | 3888 | 3961 | 4033 | |
| 6 | 4106 | 4179 | 4251 | 4324 | 4397 | 4469 | 4542 | 4615 | 4687 | 4760 | |
| 7 | 4833 | 4905 | 4978 | 5051 | 5123 | 5196 | 5269 | 5341 | 5414 | 5486 | |
| 8 | 5559 | 5632 | 5704 | 5777 | 5850 | 5922 | 5995 | 6068 | 6140 | 6213 | |
| 9 | 6286 | 6358 | 6431 | 6503 | 6576 | 6649 | 6721 | 6794 | 6867 | 6939 | |
| 5980 | 7012 | 7084 | 7157 | 7230 | 7302 | 7375 | 7448 | 7520 | 7593 | 7665 | |
| 1 | 7738 | 7811 | 7883 | 7956 | 8028 | 8101 | 8174 | 8246 | 8319 | 8391 | 72 |
| 2 | 8464 | 8537 | 8609 | 8682 | 8754 | 8827 | 8900 | 8972 | 9045 | 9117 | 1 \| 7,2 |
| 3 | 9190 | 9263 | 9335 | 9408 | 9480 | 9553 | 9626 | 9698 | 9771 | 9843 | 2 \| 14,4 |
| 4 | 9916 | 9988 | *0061 | *0134 | *0206 | *0279 | *0351 | *0424 | *0496 | *0569 | 3 \| 21,6 |
| 5 | 777 0642 | 0714 | 0787 | 0859 | 0932 | 1004 | 1077 | 1149 | 1222 | 1295 | 4 \| 28,8 |
| 6 | 1367 | 1440 | 1512 | 1585 | 1657 | 1730 | 1802 | 1875 | 1947 | 2020 | 5 \| 36,0 |
| 7 | 2093 | 2165 | 2238 | 2310 | 2383 | 2455 | 2528 | 2600 | 2673 | 2745 | 6 \| 43,2 |
| 8 | 2818 | 2890 | 2963 | 3035 | 3108 | 3181 | 3253 | 3326 | 3398 | 3471 | 7 \| 50,4 |
| 9 | 3543 | 3616 | 3688 | 3761 | 3833 | 3906 | 3978 | 4051 | 4123 | 4196 | 8 \| 57,6 |
| 5990 | 4268 | 4341 | 4413 | 4486 | 4558 | 4631 | 4703 | 4776 | 4848 | 4921 | 9 \| 64,8 |
| 1 | 4993 | 5066 | 5138 | 5211 | 5283 | 5356 | 5428 | 5501 | 5573 | 5646 | |
| 2 | 5718 | 5791 | 5863 | 5935 | 6008 | 6080 | 6153 | 6225 | 6298 | 6370 | |
| 3 | 6443 | 6515 | 6588 | 6660 | 6733 | 6805 | 6878 | 6950 | 7022 | 7095 | |
| 4 | 7167 | 7240 | 7312 | 7385 | 7457 | 7530 | 7602 | 7675 | 7747 | 7819 | |
| 5 | 7892 | 7964 | 8037 | 8109 | 8182 | 8254 | 8327 | 8399 | 8471 | 8544 | |
| 6 | 8616 | 8689 | 8761 | 8834 | 8906 | 8978 | 9051 | 9123 | 9196 | 9268 | |
| 7 | 9340 | 9413 | 9485 | 9558 | 9630 | 9703 | 9776 | 9847 | [illegible] | [illegible] | |
| 8 | 778 0065 | 0137 | 0209 | 0282 | 0354 | 0427 | 0499 | 0571 | 0644 | 0716 | |
| 9 | 0789 | 0861 | 0933 | 1006 | 1078 | 1151 | 1223 | 1295 | 1368 | 1440 | |
| N. | 0 | 1 | 2 | 3 | 4 | 5 | 6 | 7 | 8 | 9 | |

59500" = 16° 31′ 40″   5950″ = 1° 39′ 10″   S = $\bar{6}$,685 5146   T. 6954
59600 = 16 33 20   5960 = 1 39 20   5144   6958
59700 = 16 35 0   5970 = 1 39 30   5142   6962
59800 = 16 36 40   5980 = 1 39 40   5140   6966
59900 = 16 38 20   5990 = 1 39 50   5138   6970

| N. | 0 | 1 | 2 | 3 | 4 | 5 | 6 | 7 | 8 | 9 | Diff. et p. p. |
|---|---|---|---|---|---|---|---|---|---|---|---|
| 6000 | 778 1513 | 1585 | 1657 | 1730 | 1802 | 1874 | 1947 | 2019 | 2092 | 2164 | |
| 1 | 2236 | 2309 | 2381 | 2453 | 2526 | 2598 | 2670 | 2743 | 2815 | 2888 | |
| 2 | 2960 | 3032 | 3105 | 3177 | 3249 | 3322 | 3394 | 3466 | 3539 | 3611 | |
| 3 | 3683 | 3756 | 3828 | 3900 | 3973 | 4045 | 4117 | 4190 | 4262 | 4335 | |
| 4 | 4407 | 4479 | 4552 | 4624 | 4696 | 4768 | 4841 | 4913 | 4985 | 5058 | |
| 5 | 5130 | 5202 | 5275 | 5347 | 5419 | 5492 | 5564 | 5636 | 5709 | 5781 | |
| 6 | 5853 | 5926 | 5998 | 6070 | 6143 | 6215 | 6287 | 6359 | 6432 | 6504 | 73 |
| 7 | 6576 | 6649 | 6721 | 6793 | 6866 | 6938 | 7010 | 7082 | 7155 | 7227 | 1 \| 7,3 |
| 8 | 7299 | 7372 | 7444 | 7516 | 7588 | 7661 | 7733 | 7805 | 7877 | 7950 | 2 \| 14,6 |
| 9 | 8022 | 8094 | 8167 | 8239 | 8311 | 8383 | 8456 | 8528 | 8600 | 8672 | 3 \| 21,9 |
| 6010 | 8745 | 8817 | 8889 | 8962 | 9034 | 9106 | 9178 | 9251 | 9323 | 9395 | 4 \| 29,2 |
| 1 | 9467 | 9540 | 9612 | 9684 | 9756 | 9829 | 9901 | 9973 | *0045 | *0117 | 5 \| 36,5 |
| 2 | 779 0190 | 0262 | 0334 | 0406 | 0479 | 0551 | 0623 | 0695 | 0768 | 0840 | 6 \| 43,8 |
| 3 | 0912 | 0984 | 1056 | 1129 | 1201 | 1273 | 1345 | 1418 | 1490 | 1562 | 7 \| 51,1 |
| 4 | 1634 | 1706 | 1779 | 1851 | 1923 | 1995 | 2067 | 2140 | 2212 | 2284 | 8 \| 58,4 |
| 5 | 2356 | 2429 | 2501 | 2573 | 2645 | 2717 | 2790 | 2862 | 2934 | 3006 | 9 \| 65,7 |
| 6 | 3078 | 3150 | 3223 | 3295 | 3367 | 3439 | 3511 | 3584 | 3656 | 3728 | |
| 7 | 3800 | 3872 | 3944 | 4017 | 4089 | 4161 | 4233 | 4305 | 4377 | 4450 | |
| 8 | 4522 | 4594 | 4666 | 4738 | 4810 | 4883 | 4955 | 5027 | 5099 | 5171 | |
| 9 | 5243 | 5316 | 5388 | 5460 | 5532 | 5604 | 5676 | 5748 | 5821 | 5893 | |
| 6020 | 5965 | 6037 | 6109 | 6181 | 6253 | 6326 | 6398 | 6470 | 6542 | 6614 | |
| 1 | 6686 | 6758 | 6831 | 6903 | 6975 | 7047 | 7119 | 7191 | 7263 | 7335 | 72 |
| 2 | 7408 | 7480 | 7552 | 7624 | 7696 | 7768 | 7840 | 7912 | 7984 | 8057 | 1 \| 7,2 |
| 3 | 8129 | 8201 | 8273 | 8345 | 8417 | 8489 | 8561 | 8633 | 8705 | 8778 | 2 \| 14,4 |
| 4 | 8850 | 8922 | 8994 | 9066 | 9138 | 9210 | 9282 | 9354 | 9426 | 9498 | 3 \| 21,6 |
| 5 | 9571 | 9643 | 9715 | 9787 | 9859 | 9931 | *0003 | *0075 | *0147 | *0219 | 4 \| 28,8 |
| 6 | 780 0291 | 0363 | 0435 | 0507 | 0580 | 0652 | 0724 | 0796 | 0868 | 0940 | 5 \| 36,0 |
| 7 | 1012 | 1084 | 1156 | 1228 | 1300 | 1372 | 1444 | 1516 | 1588 | 1660 | 6 \| 43,2 |
| 8 | 1732 | 1804 | 1877 | 1949 | 2021 | 2093 | 2165 | 2237 | 2309 | 2381 | 7 \| 50,4 |
| 9 | 2453 | 2525 | 2597 | 2669 | 2741 | 2813 | 2885 | 2957 | 3029 | 3101 | 8 \| 57,6 |
| 6030 | 3173 | 3245 | 3317 | 3389 | 3461 | 3533 | 3605 | 3677 | 3749 | 3821 | 9 \| 64,8 |
| 1 | 3893 | 3965 | 4037 | 4109 | 4181 | 4253 | 4325 | 4397 | 4469 | 4541 | |
| 2 | 4613 | 4685 | 4757 | 4829 | 4901 | 4973 | 5045 | 5117 | 5189 | 5261 | |
| 3 | 5333 | 5405 | 5477 | 5549 | 5621 | 5693 | 5765 | 5837 | 5909 | 5981 | |
| 4 | 6053 | 6125 | 6197 | 6269 | 6341 | 6413 | 6485 | 6557 | 6629 | 6701 | |
| 5 | 6773 | 6845 | 6917 | 6989 | 7061 | 7133 | 7204 | 7276 | 7348 | 7420 | |
| 6 | 7492 | 7564 | 7636 | 7708 | 7780 | 7852 | 7924 | 7996 | 8068 | 8140 | 71 |
| 7 | 8212 | 8284 | 8356 | 8428 | 8500 | 8571 | 8643 | 8715 | 8787 | 8859 | 1 \| 7,1 |
| 8 | 8931 | 9003 | 9075 | 9147 | 9219 | 9291 | 9363 | 9435 | 9506 | 9578 | 2 \| 14,2 |
| 9 | 9650 | 9722 | 9794 | 9866 | 9938 | *0010 | *0082 | *0154 | *0226 | *0297 | 3 \| 21,3 |
| 6040 | 781 0369 | 0441 | 0513 | 0585 | 0657 | 0729 | 0801 | 0873 | 0945 | 1016 | 4 \| 28,4 |
| 1 | 1088 | 1160 | 1232 | 1304 | 1376 | 1448 | 1520 | 1592 | 1663 | 1735 | 5 \| 35,5 |
| 2 | 1807 | 1879 | 1951 | 2023 | 2095 | 2167 | 2238 | 2310 | 2382 | 2454 | 6 \| 42,6 |
| 3 | 2526 | 2598 | 2670 | 2742 | 2813 | 2885 | 2957 | 3029 | 3101 | 3173 | 7 \| 49,7 |
| 4 | 3245 | 3316 | 3388 | 3460 | 3532 | 3604 | 3676 | 3748 | 3819 | 3891 | 8 \| 56,8 |
| 5 | 3963 | 4035 | 4107 | 4179 | 4250 | 4322 | 4394 | 4466 | 4538 | 4610 | 9 \| 63,9 |
| 6 | 4681 | 4753 | 4825 | 4897 | 4969 | 5041 | 5112 | 5184 | 5256 | 5328 | |
| 7 | 5400 | 5472 | 5543 | 5615 | 5687 | 5759 | 5831 | 5902 | 5974 | 6046 | |
| 8 | 6118 | 6190 | 6261 | 6333 | 6405 | 6477 | 6549 | 6620 | 6692 | 6764 | |
| 9 | 6836 | 6908 | 6979 | 7051 | 7123 | 7195 | 7267 | 7338 | 7410 | 7482 | |
| N. | 0 | 1 | 2 | 3 | 4 | 5 | 6 | 7 | 8 | 9 | |

| | | | |
|---|---|---|---|
| 60 000″ = 16° 40′ 0″ | 6000″ = 1° 40′ 0″ | S = $\bar{6}$,685 5136 | T. 6974 |
| 60 100 = 16 41 40 | 6010 = 1 40 10 | 5134 | 6978 |
| 60 200 = 16 43 20 | 6020 = 1 40 20 | 5132 | 6982 |
| 60 300 = 16 45 0 | 6030 = 1 40 30 | 5130 | 6986 |
| 60 400 = 16 46 40 | 6040 = 1 40 40 | 5128 | 6990 |

| N. | 0 | 1 | 2 | 3 | 4 | 5 | 6 | 7 | 8 | 9 |
|---|---|---|---|---|---|---|---|---|---|---|
| 6050 | 781 7554 | 7626 | 7697 | 7769 | 7841 | 7913 | 7984 | 8056 | 8128 | 8200 |
| 1 | 8272 | 8343 | 8415 | 8487 | 8559 | 8630 | 8702 | 8774 | 8846 | 8917 |
| 2 | 8989 | 9061 | 9133 | 9204 | 9276 | 9348 | 9420 | 9491 | 9563 | 9635 |
| 3 | 9707 | 9778 | 9850 | 9922 | 9994 | *0065 | *0137 | *0209 | *0281 | *0352 |
| 4 | 782 0424 | 0496 | 0568 | 0639 | 0711 | 0783 | 0855 | 0926 | 0998 | 1070 |
| 5 | 1141 | 1213 | 1285 | 1357 | 1428 | 1500 | 1572 | 1644 | 1715 | 1787 |
| 6 | 1859 | 1930 | 2002 | 2074 | 2146 | 2217 | 2289 | 2361 | 2432 | 2504 |
| 7 | 2576 | 2647 | 2719 | 2791 | 2863 | 2934 | 3006 | 3078 | 3149 | 3221 |
| 8 | 3293 | 3364 | 3436 | 3508 | 3579 | 3651 | 3723 | 3794 | 3866 | 3938 |
| 9 | 4010 | 4081 | 4153 | 4225 | 4296 | 4368 | 4440 | 4511 | 4583 | 4655 |
| 6060 | 4726 | 4798 | 4870 | 4941 | 5013 | 5085 | 5156 | 5228 | 5300 | 5371 |
| 1 | 5443 | 5514 | 5586 | 5658 | 5729 | 5801 | 5873 | 5944 | 6016 | 6088 |
| 2 | 6159 | 6231 | 6303 | 6374 | 6446 | 6518 | 6589 | 6661 | 6732 | 6804 |
| 3 | 6876 | 6947 | 7019 | 7091 | 7162 | 7234 | 7305 | 7377 | 7449 | 7520 |
| 4 | 7592 | 7664 | 7735 | 7807 | 7878 | 7950 | 8022 | 8093 | 8165 | 8236 |
| 5 | 8308 | 8380 | 8451 | 8523 | 8594 | 8666 | 8738 | 8809 | 8881 | 8952 |
| 6 | 9024 | 9096 | 9167 | 9239 | 9310 | 9382 | 9454 | 9525 | 9597 | 9668 |
| 7 | 9740 | 9812 | 9883 | 9955 | *0026 | *0098 | *0169 | *0241 | *0313 | *0384 |
| 8 | 783 0456 | 0527 | 0599 | 0670 | 0742 | 0814 | 0885 | 0957 | 1028 | 1100 |
| 9 | 1171 | 1243 | 1314 | 1386 | 1458 | 1529 | 1601 | 1672 | 1744 | 1815 |
| 6070 | 1887 | 1958 | 2030 | 2102 | 2173 | 2245 | 2316 | 2388 | 2459 | 2531 |
| 1 | 2602 | 2674 | 2745 | 2817 | 2888 | 2960 | 3032 | 3103 | 3175 | 3246 |
| 2 | 3318 | 3389 | 3461 | 3532 | 3604 | 3675 | 3747 | 3818 | 3890 | 3961 |
| 3 | 4033 | 4104 | 4176 | 4247 | 4319 | 4390 | 4462 | 4533 | 4605 | 4676 |
| 4 | 4748 | 4819 | 4891 | 4962 | 5034 | 5105 | 5177 | 5248 | 5320 | 5391 |
| 5 | 5463 | 5534 | 5606 | 5677 | 5749 | 5820 | 5892 | 5963 | 6035 | 6106 |
| 6 | 6178 | 6249 | 6321 | 6392 | 6464 | 6535 | 6606 | 6678 | 6749 | 6821 |
| 7 | 6892 | 6964 | 7035 | 7107 | 7178 | 7250 | 7321 | 7393 | 7464 | 7536 |
| 8 | 7607 | 7678 | 7750 | 7821 | 7893 | 7964 | 8036 | 8107 | 8179 | 8250 |
| 9 | 8321 | 8393 | 8464 | 8536 | 8607 | 8679 | 8750 | 8821 | 8893 | 8964 |
| 6080 | 9036 | 9107 | 9179 | 9250 | 9322 | 9393 | 9464 | 9536 | 9607 | 9679 |
| 1 | 9750 | 9821 | 9893 | 9964 | *0036 | *0107 | *0179 | *0250 | *0321 | *0393 |
| 2 | 784 0464 | 0536 | 0607 | 0678 | 0750 | 0821 | 0893 | 0964 | 1035 | 1107 |
| 3 | 1178 | 1250 | 1321 | 1392 | 1464 | 1535 | 1607 | 1678 | 1749 | 1821 |
| 4 | 1892 | 1963 | 2035 | 2106 | 2178 | 2249 | 2320 | 2392 | 2463 | 2534 |
| 5 | 2606 | 2677 | 2749 | 2820 | 2891 | 2963 | 3034 | 3105 | 3177 | 3248 |
| 6 | 3319 | 3391 | 3462 | 3534 | 3605 | 3676 | 3748 | 3819 | 3890 | 3962 |
| 7 | 4033 | 4104 | 4176 | 4247 | 4318 | 4390 | 4461 | 4532 | 4604 | 4675 |
| 8 | 4746 | 4818 | 4889 | 4960 | 5032 | 5103 | 5174 | 5246 | 5317 | 5388 |
| 9 | 5460 | 5531 | 5602 | 5674 | 5745 | 5816 | 5888 | 5959 | 6030 | 6102 |
| 6090 | 6173 | 6244 | 6316 | 6387 | 6458 | 6529 | 6601 | 6672 | 6743 | 6815 |
| 1 | 6886 | 6957 | 7029 | 7100 | 7171 | 7242 | 7314 | 7385 | 7456 | 7528 |
| 2 | 7599 | 7670 | 7742 | 7813 | 7884 | 7955 | 8027 | 8098 | 8169 | 8241 |
| 3 | 8312 | 8383 | 8454 | 8526 | 8597 | 8668 | 8739 | 8811 | 8882 | 8953 |
| 4 | 9024 | 9096 | 9167 | 9238 | 9310 | 9381 | 9452 | 9523 | 9595 | 9666 |
| 5 | 9737 | 9808 | 9880 | 9951 | *0022 | *0093 | *0165 | *0236 | *0307 | *0378 |
| 6 | 785 0450 | 0521 | 0592 | 0663 | 0735 | 0806 | 0877 | 0948 | 1019 | 1091 |
| 7 | 1162 | 1233 | 1304 | 1376 | 1447 | 1518 | 1589 | 1661 | 1732 | 1803 |
| 8 | 1874 | 1945 | 2017 | 2088 | 2159 | 2230 | 2301 | 2373 | 2444 | 2515 |
| 9 | 2586 | 2658 | 2729 | 2800 | 2871 | 2942 | 3014 | 3085 | 3156 | 3227 |
| N. | 0 | 1 | 2 | 3 | 4 | 5 | 6 | 7 | 8 | 9 |

Diff. et p. p.

| 72 | |
|---|---|
| 1 | 7,2 |
| 2 | 14,4 |
| 3 | 21,6 |
| 4 | 28,8 |
| 5 | 36,0 |
| 6 | 43,2 |
| 7 | 50,4 |
| 8 | 57,6 |
| 9 | 64,8 |

| 71 | |
|---|---|
| 1 | 7,1 |
| 2 | 14,2 |
| 3 | 21,3 |
| 4 | 28,4 |
| 5 | 35,5 |
| 6 | 42,6 |
| 7 | 49,7 |
| 8 | 56,8 |
| 9 | 63,9 |

| | | S = $\bar{6}$,685 | T. |
|---|---|---|---|
| 60 500″ = 16° 48′ 20″ | 6050″ = 1° 40′ 50″ | 5126 | 6994 |
| 60 600 = 16 50 0 | 6060 = 1 41 0 | 5124 | 6998 |
| 60 700 = 16 51 40 | 6070 = 1 41 10 | 5122 | 7003 |
| 60 800 = 16 53 20 | 6080 = 1 41 20 | 5120 | 7007 |
| 60 900 = 16 55 0 | 6090 = 1 41 30 | 5118 | 7011 |

| N. | 0 | 1 | 2 | 3 | 4 | 5 | 6 | 7 | 8 | 9 | Diff. et p. p. |
|---|---|---|---|---|---|---|---|---|---|---|---|
| 6100 | 785 3298 | 3370 | 3441 | 3512 | 3583 | 3654 | 3726 | 3797 | 3868 | 3939 | |
| 1 | 4010 | 4081 | 4153 | 4224 | 4295 | 4366 | 4437 | 4509 | 4580 | 4651 | |
| 2 | 4722 | 4793 | 4864 | 4936 | 5007 | 5078 | 5149 | 5220 | 5291 | 5363 | |
| 3 | 5434 | 5505 | 5576 | 5647 | 5718 | 5789 | 5861 | 5932 | 6003 | 6074 | |
| 4 | 6145 | 6216 | 6288 | 6359 | 6430 | 6501 | 6572 | 6643 | 6714 | 6786 | |
| 5 | 6857 | 6928 | 6999 | 7070 | 7141 | 7212 | 7283 | 7355 | 7426 | 7497 | |
| 6 | 7568 | 7639 | 7710 | 7781 | 7852 | 7924 | 7995 | 8066 | 8137 | 8208 | 72 |
| 7 | 8279 | 8350 | 8421 | 8493 | 8564 | 8635 | 8706 | 8777 | 8848 | 8919 | 1 \| 7,2 |
| 8 | 8990 | 9061 | 9132 | 9204 | 9275 | 9346 | 9417 | 9488 | 9559 | 9630 | 2 \| 14,4 |
| 9 | 9701 | 9772 | 9843 | 9915 | 9986 | *0057 | *0128 | *0199 | *0270 | *0341 | 3 \| 21,6 |
| 6110 | 786 0412 | 0483 | 0554 | 0625 | 0696 | 0767 | 0839 | 0910 | 0981 | 1052 | 4 \| 28,8 |
| 1 | 1123 | 1194 | 1265 | 1336 | 1407 | 1478 | 1549 | 1620 | 1691 | 1762 | 5 \| 36,0 |
| 2 | 1833 | 1905 | 1976 | 2047 | 2118 | 2189 | 2260 | 2331 | 2402 | 2473 | 6 \| 43,2 |
| 3 | 2544 | 2615 | 2686 | 2757 | 2828 | 2899 | 2970 | 3041 | 3112 | 3183 | 7 \| 50,4 |
| 4 | 3254 | 3325 | 3396 | 3467 | 3538 | 3609 | 3681 | 3752 | 3823 | 3894 | 8 \| 57,6 |
| 5 | 3965 | 4036 | 4107 | 4178 | 4249 | 4320 | 4391 | 4462 | 4533 | 4604 | 9 \| 64,8 |
| 6 | 4675 | 4746 | 4817 | 4888 | 4959 | 5030 | 5101 | 5172 | 5243 | 5314 | |
| 7 | 5385 | 5456 | 5527 | 5598 | 5669 | 5740 | 5811 | 5882 | 5953 | 6024 | |
| 8 | 6095 | 6166 | 6237 | 6308 | 6379 | 6450 | 6521 | 6592 | 6663 | 6734 | |
| 9 | 6805 | 6876 | 6946 | 7017 | 7088 | 7159 | 7230 | 7301 | 7372 | 7443 | |
| 6120 | 7514 | 7585 | 7656 | 7727 | 7798 | 7869 | 7940 | 8011 | 8082 | 8153 | |
| 1 | 8224 | 8295 | 8366 | 8437 | 8508 | 8579 | 8649 | 8720 | 8791 | 8862 | 71 |
| 2 | 8933 | 9004 | 9075 | 9146 | 9217 | 9288 | 9359 | 9430 | 9501 | 9572 | 1 \| 7,1 |
| 3 | 9643 | 9714 | 9784 | 9855 | 9926 | 9997 | *0068 | *0139 | *0210 | *0281 | 2 \| 14,2 |
| 4 | 787 0352 | 0423 | 0494 | 0565 | 0635 | 0706 | 0777 | 0848 | 0919 | 0990 | 3 \| 21,3 |
| 5 | 1061 | 1132 | 1203 | 1274 | 1345 | 1415 | 1486 | 1557 | 1628 | 1699 | 4 \| 28,4 |
| 6 | 1770 | 1841 | 1912 | 1983 | 2053 | 2124 | 2195 | 2266 | 2337 | 2408 | 5 \| 35,5 |
| 7 | 2479 | 2550 | 2621 | 2691 | 2762 | 2833 | 2904 | 2975 | 3046 | 3117 | 6 \| 42,6 |
| 8 | 3188 | 3258 | 3329 | 3400 | 3471 | 3542 | 3613 | 3684 | 3754 | 3825 | 7 \| 49,7 |
| 9 | 3896 | 3967 | 4038 | 4109 | 4180 | 4250 | 4321 | 4392 | 4463 | 4534 | 8 \| 56,8 |
| 6130 | 4605 | 4676 | 4746 | 4817 | 4888 | 4959 | 5030 | 5101 | 5171 | 5242 | 9 \| 63,9 |
| 1 | 5313 | 5384 | 5455 | 5526 | 5596 | 5667 | 5738 | 5809 | 5880 | 5951 | |
| 2 | 6021 | 6092 | 6163 | 6234 | 6305 | 6376 | 6446 | 6517 | 6588 | 6659 | |
| 3 | 6730 | 6800 | 6871 | 6942 | 7013 | 7084 | 7155 | 7225 | 7296 | 7367 | |
| 4 | 7438 | 7509 | 7579 | 7650 | 7721 | 7792 | 7863 | 7933 | 8004 | 8075 | |
| 5 | 8146 | 8216 | 8287 | 8358 | 8429 | 8500 | 8570 | 8641 | 8712 | 8783 | |
| 6 | 8854 | 8924 | 8995 | 9066 | 9137 | 9207 | 9278 | 9349 | 9420 | 9490 | 70 |
| 7 | 9561 | 9632 | 9703 | 9774 | 9844 | 9915 | 9986 | *0057 | *0127 | *0198 | 1 \| 7 |
| 8 | 788 0269 | 0340 | 0410 | 0481 | 0552 | 0623 | 0693 | 0764 | 0835 | 0906 | 2 \| 14 |
| 9 | 0976 | 1047 | 1118 | 1189 | 1259 | 1330 | 1401 | 1472 | 1542 | 1613 | 3 \| 21 |
| 6140 | 1684 | 1754 | 1825 | 1896 | 1967 | 2037 | 2108 | 2179 | 2250 | 2320 | 4 \| 28 |
| 1 | 2391 | 2462 | 2532 | 2603 | 2674 | 2745 | 2815 | 2886 | 2957 | 3027 | 5 \| 35 |
| 2 | 3098 | 3169 | 3240 | 3310 | 3381 | 3452 | 3522 | 3593 | 3664 | 3734 | 6 \| 42 |
| 3 | 3805 | 3876 | 3947 | 4017 | 4088 | 4159 | 4229 | 4300 | 4371 | 4441 | 7 \| 49 |
| 4 | 4512 | 4583 | 4653 | 4724 | 4795 | 4865 | 4936 | 5007 | 5078 | 5148 | 8 \| 56 |
| 5 | 5219 | 5290 | 5360 | 5431 | 5502 | 5572 | 5643 | 5714 | 5784 | 5855 | 9 \| 63 |
| 6 | 5926 | 5996 | 6067 | 6138 | 6208 | 6279 | 6350 | 6420 | 6491 | 6561 | |
| 7 | 6632 | 6703 | 6773 | 6844 | 6915 | 6985 | 7056 | 7127 | 7197 | 7268 | |
| 8 | 7339 | 7409 | 7480 | 7551 | 7621 | 7692 | 7762 | 7833 | 7904 | 7974 | |
| 9 | 8045 | 8116 | 8186 | 8257 | 8327 | 8398 | 8469 | 8539 | 8610 | 8681 | |
| N. | 0 | 1 | 2 | 3 | 4 | 5 | 6 | 7 | 8 | 9 | |

| | | | |
|---|---|---|---|
| 61 000″ = 16° 56′ 40″ | 6100″ = 1° 41′ 40″ | S = $\bar{6}$,685 5116 | T. 7015 |
| 61 100 = 16 58 20 | 6110 = 1 41 50 | 5114 | 7019 |
| 61 200 = 17 0 0 | 6120 = 1 42 0 | 5111 | 7023 |
| 61 300 = 17 1 40 | 6130 = 1 42 10 | 5109 | 7028 |
| 61 400 = 17 3 20 | 6140 = 1 42 20 | 5107 | 7032 |

| N. | 0 | 1 | 2 | 3 | 4 | 5 | 6 | 7 | 8 | 9 |
|---|---|---|---|---|---|---|---|---|---|---|
| 6150 | 788 8751 | 8822 | 8892 | 8963 | 9034 | 9104 | 9175 | 9245 | 9316 | 9387 |
| 1 | 9457 | 9528 | 9598 | 9669 | 9740 | 9810 | 9881 | 9951 | *0022 | *0093 |
| 2 | 789 0163 | 0234 | 0304 | 0375 | 0446 | 0516 | 0587 | 0657 | 0728 | 0799 |
| 3 | 0869 | 0940 | 1010 | 1081 | 1151 | 1222 | 1293 | 1363 | 1434 | 1504 |
| 4 | 1575 | 1645 | 1716 | 1787 | 1857 | 1928 | 1998 | 2069 | 2139 | 2210 |
| 5 | 2281 | 2351 | 2422 | 2492 | 2563 | 2633 | 2704 | 2774 | 2845 | 2916 |
| 6 | 2986 | 3057 | 3127 | 3198 | 3268 | 3339 | 3409 | 3480 | 3550 | 3621 |
| 7 | 3692 | 3762 | 3833 | 3903 | 3974 | 4044 | 4115 | 4185 | 4256 | 4326 |
| 8 | 4397 | 4467 | 4538 | 4608 | 4679 | 4749 | 4820 | 4890 | 4961 | 5032 |
| 9 | 5102 | 5173 | 5243 | 5314 | 5384 | 5455 | 5525 | 5596 | 5666 | 5737 |
| 6160 | 5807 | 5878 | 5948 | 6019 | 6089 | 6160 | 6230 | 6301 | 6371 | 6442 |
| 1 | 6512 | 6583 | 6653 | 6724 | 6794 | 6865 | 6935 | 7005 | 7076 | 7146 |
| 2 | 7217 | 7287 | 7358 | 7428 | 7499 | 7569 | 7640 | 7710 | 7781 | 7851 |
| 3 | 7922 | 7992 | 8063 | 8133 | 8204 | 8274 | 8344 | 8415 | 8485 | 8556 |
| 4 | 8626 | 8697 | 8767 | 8838 | 8908 | 8979 | 9049 | 9119 | 9190 | 9260 |
| 5 | 9331 | 9401 | 9472 | 9542 | 9613 | 9683 | 9753 | 9824 | 9894 | 9965 |
| 6 | 790 0035 | 0106 | 0176 | 0247 | 0317 | 0387 | 0458 | 0528 | 0599 | 0669 |
| 7 | 0739 | 0810 | 0880 | 0951 | 1021 | 1092 | 1162 | 1232 | 1303 | 1373 |
| 8 | 1444 | 1514 | 1584 | 1655 | 1725 | 1796 | 1866 | 1936 | 2007 | 2077 |
| 9 | 2148 | 2218 | 2288 | 2359 | 2429 | 2500 | 2570 | 2640 | 2711 | 2781 |
| 6170 | 2852 | 2922 | 2992 | 3063 | 3133 | 3204 | 3274 | 3344 | 3415 | 3485 |
| 1 | 3555 | 3626 | 3696 | 3767 | 3837 | 3907 | 3978 | 4048 | 4118 | 4189 |
| 2 | 4259 | 4330 | 4400 | 4470 | 4541 | 4611 | 4681 | 4752 | 4822 | 4892 |
| 3 | 4963 | 5033 | 5103 | 5174 | 5244 | 5315 | 5385 | 5455 | 5526 | 5596 |
| 4 | 5666 | 5737 | 5807 | 5877 | 5948 | 6018 | 6088 | 6159 | 6229 | 6299 |
| 5 | 6370 | 6440 | 6510 | 6581 | 6651 | 6721 | 6792 | 6862 | 6932 | 7003 |
| 6 | 7073 | 7143 | 7214 | 7284 | 7354 | 7424 | 7495 | 7565 | 7635 | 7706 |
| 7 | 7776 | 7846 | 7917 | 7987 | 8057 | 8128 | 8198 | 8268 | 8338 | 8409 |
| 8 | 8479 | 8549 | 8620 | 8690 | 8760 | 8831 | 8901 | 8971 | 9041 | 9112 |
| 9 | 9182 | 9252 | 9323 | 9393 | 9463 | 9533 | 9604 | 9674 | 9744 | 9814 |
| 6180 | 9885 | 9955 | *0025 | *0096 | *0166 | *0236 | *0306 | *0377 | *0447 | *0517 |
| 1 | 791 0587 | 0658 | 0728 | 0798 | 0868 | 0939 | 1009 | 1079 | 1150 | 1220 |
| 2 | 1290 | 1360 | 1431 | 1501 | 1571 | 1641 | 1711 | 1782 | 1852 | 1922 |
| 3 | 1992 | 2063 | 2133 | 2203 | 2273 | 2344 | 2414 | 2484 | 2554 | 2625 |
| 4 | 2695 | 2765 | 2835 | 2905 | 2976 | 3046 | 3116 | 3186 | 3257 | 3327 |
| 5 | 3397 | 3467 | 3537 | 3608 | 3678 | 3748 | 3818 | 3889 | 3959 | 4029 |
| 6 | 4099 | 4169 | 4240 | 4310 | 4380 | 4450 | 4520 | 4591 | 4661 | 4731 |
| 7 | 4801 | 4871 | 4942 | 5012 | 5082 | 5152 | 5222 | 5292 | 5363 | 5433 |
| 8 | 5503 | 5573 | 5643 | 5714 | 5784 | 5854 | 5924 | 5994 | 6064 | 6135 |
| 9 | 6205 | 6275 | 6345 | 6415 | 6486 | 6556 | 6626 | 6696 | 6766 | 6836 |
| 6190 | 6906 | 6977 | 7047 | 7117 | 7187 | 7257 | 7327 | 7398 | 7468 | 7538 |
| 1 | 7608 | 7678 | 7748 | 7818 | 7889 | 7959 | 8029 | 8099 | 8169 | 8239 |
| 2 | 8309 | 8380 | 8450 | 8520 | 8590 | 8660 | 8730 | 8800 | 8871 | 8941 |
| 3 | 9011 | 9081 | 9151 | 9221 | 9291 | 9361 | 9432 | 9502 | 9572 | 9642 |
| 4 | 9712 | 9782 | 9852 | 9922 | 9992 | *0063 | *0133 | *0203 | *0273 | *0343 |
| 5 | 792 0413 | 0483 | 0553 | 0623 | 0694 | 0764 | 0834 | 0904 | 0974 | 1044 |
| 6 | 1114 | 1184 | 1254 | 1324 | 1394 | [illegible] | [illegible] | [illegible] | 1676 | 1746 |
| 7 | 1815 | 1885 | 1955 | 2025 | 2095 | 2165 | 2235 | 2306 | 2376 | 2446 |
| 8 | 2516 | 2586 | 2656 | 2726 | 2796 | 2866 | 2936 | 3006 | 3076 | 3146 |
| 9 | 3216 | 3286 | 3356 | 3427 | 3497 | 3567 | 3637 | 3707 | 3777 | 3847 |
| N. | 0 | 1 | 2 | 3 | 4 | 5 | 6 | 7 | 8 | 9 |

Diff. et p. p.

| 71 | |
|---|---|
| 1 | 7,1 |
| 2 | 14,2 |
| 3 | 21,3 |
| 4 | 28,4 |
| 5 | 35,5 |
| 6 | 42,6 |
| 7 | 49,7 |
| 8 | 56,8 |
| 9 | 63,9 |

| 70 | |
|---|---|
| 1 | 7 |
| 2 | 14 |
| 3 | 21 |
| 4 | 28 |
| 5 | 35 |
| 6 | 42 |
| 7 | 49 |
| 8 | 56 |
| 9 | 63 |

| | | | |
|---|---|---|---|
| 61 500″ = 17° 5′ 0″ | 6150″ = 1° 42′ 30″ | S = $\overline{6}$,685 5105 | T. 7036 |
| 61 600 = 17 6 40 | 6160 = 1 42 40 | 5103 | 7040 |
| 61 700 = 17 8 20 | 6170 = 1 42 50 | 5101 | 7044 |
| 61 800 = 17 10 0 | 6180 = 1 43 0 | 5099 | 7048 |
| 61 900 = 17 11 40 | 6190 = 1 43 10 | 5097 | 7053 |

| N. | 0 | 1 | 2 | 3 | 4 | 5 | 6 | 7 | 8 | 9 | Diff. et p. p. |
|---|---|---|---|---|---|---|---|---|---|---|---|
| 6200 | 792 3917 | 3987 | 4057 | 4127 | 4197 | 4267 | 4337 | 4407 | 4477 | 4547 | |
| 1 | 4617 | 4687 | 4757 | 4827 | 4897 | 4967 | 5038 | 5108 | 5178 | 5248 | |
| 2 | 5318 | 5388 | 5458 | 5528 | 5598 | 5668 | 5738 | 5808 | 5878 | 5948 | |
| 3 | 6018 | 6088 | 6158 | 6228 | 6298 | 6368 | 6438 | 6508 | 6578 | 6648 | |
| 4 | 6718 | 6788 | 6858 | 6928 | 6998 | 7068 | 7138 | 7208 | 7278 | 7348 | |
| 5 | 7418 | 7488 | 7558 | 7628 | 7698 | 7768 | 7838 | 7908 | 7978 | 8048 | |
| 6 | 8118 | 8188 | 8258 | 8328 | 8398 | 8468 | 8538 | 8608 | 8678 | 8747 | 71 |
| 7 | 8817 | 8887 | 8957 | 9027 | 9097 | 9167 | 9237 | 9307 | 9377 | 9447 | 1 \| 7,1 |
| 8 | 9517 | 9587 | 9657 | 9727 | 9797 | 9867 | 9937 | *0007 | *0077 | *0147 | 2 \| 14,2 |
| 9 | 793 0217 | 0287 | 0356 | 0426 | 0496 | 0566 | 0636 | 0706 | 0776 | 0846 | 3 \| 21,3 |
| 6210 | 0916 | 0986 | 1056 | 1126 | 1196 | 1266 | 1336 | 1406 | 1475 | 1545 | 4 \| 28,4 |
| 1 | 1615 | 1685 | 1755 | 1825 | 1895 | 1965 | 2035 | 2105 | 2175 | 2245 | 5 \| 35,5 |
| 2 | 2314 | 2384 | 2454 | 2524 | 2594 | 2664 | 2734 | 2804 | 2874 | 2944 | 6 \| 42,6 |
| 3 | 3014 | 3083 | 3153 | 3223 | 3293 | 3363 | 3433 | 3503 | 3573 | 3643 | 7 \| 49,7 |
| 4 | 3712 | 3782 | 3852 | 3922 | 3992 | 4062 | 4132 | 4202 | 4272 | 4341 | 8 \| 56,8 |
| 5 | 4411 | 4481 | 4551 | 4621 | 4691 | 4761 | 4831 | 4900 | 4970 | 5040 | 9 \| 63,9 |
| 6 | 5110 | 5180 | 5250 | 5320 | 5390 | 5459 | 5529 | 5599 | 5669 | 5739 | |
| 7 | 5809 | 5879 | 5948 | 6018 | 6088 | 6158 | 6228 | 6298 | 6367 | 6437 | |
| 8 | 6507 | 6577 | 6647 | 6717 | 6787 | 6856 | 6926 | 6996 | 7066 | 7136 | |
| 9 | 7206 | 7275 | 7345 | 7415 | 7485 | 7555 | 7625 | 7694 | 7764 | 7834 | |
| 6220 | 7904 | 7974 | 8043 | 8113 | 8183 | 8253 | 8323 | 8393 | 8462 | 8532 | |
| 1 | 8602 | 8672 | 8742 | 8811 | 8881 | 8951 | 9021 | 9091 | 9160 | 9230 | 70 |
| 2 | 9300 | 9370 | 9440 | 9509 | 9579 | 9649 | 9719 | 9789 | 9858 | 9928 | 1 \| 7 |
| 3 | 9998 | *0068 | *0138 | *0207 | *0277 | *0347 | *0417 | *0487 | *0556 | *0626 | 2 \| 14 |
| 4 | 794 0696 | 0766 | 0835 | 0905 | 0975 | 1045 | 1114 | 1184 | 1254 | 1324 | 3 \| 21 |
| 5 | 1394 | 1463 | 1533 | 1603 | 1673 | 1742 | 1812 | 1882 | 1952 | 2021 | 4 \| 28 |
| 6 | 2091 | 2161 | 2231 | 2300 | 2370 | 2440 | 2510 | 2579 | 2649 | 2719 | 5 \| 35 |
| 7 | 2789 | 2858 | 2928 | 2998 | 3068 | 3137 | 3207 | 3277 | 3347 | 3416 | 6 \| 42 |
| 8 | 3486 | 3556 | 3626 | 3695 | 3765 | 3835 | 3904 | 3974 | 4044 | 4114 | 7 \| 49 |
| 9 | 4183 | 4253 | 4323 | 4392 | 4462 | 4532 | 4602 | 4671 | 4741 | 4811 | 8 \| 56 |
| 6230 | 4880 | 4950 | 5020 | 5090 | 5159 | 5229 | 5299 | 5368 | 5438 | 5508 | 9 \| 63 |
| 1 | 5578 | 5647 | 5717 | 5787 | 5856 | 5926 | 5996 | 6065 | 6135 | 6205 | |
| 2 | 6274 | 6344 | 6414 | 6484 | 6553 | 6623 | 6693 | 6762 | 6832 | 6902 | |
| 3 | 6971 | 7041 | 7111 | 7180 | 7250 | 7320 | 7389 | 7459 | 7529 | 7598 | |
| 4 | 7668 | 7738 | 7807 | 7877 | 7947 | 8016 | 8086 | 8156 | 8225 | 8295 | |
| 5 | 8365 | 8434 | 8504 | 8574 | 8643 | 8713 | 8782 | 8852 | 8922 | 8991 | |
| 6 | 9061 | 9131 | 9200 | 9270 | 9340 | 9409 | 9479 | 9549 | 9618 | 9688 | 69 |
| 7 | 9757 | 9827 | 9897 | 9966 | *0036 | *0106 | *0175 | *0245 | *0314 | *0384 | 1 \| 6,9 |
| 8 | 795 0454 | 0523 | 0593 | 0663 | 0732 | 0802 | 0871 | 0941 | 1011 | 1080 | 2 \| 13,8 |
| 9 | 1150 | 1219 | 1289 | 1359 | 1428 | 1498 | 1567 | 1637 | 1707 | 1776 | 3 \| 20,7 |
| 6240 | 1846 | 1915 | 1985 | 2055 | 2124 | 2194 | 2263 | 2333 | 2403 | 2472 | 4 \| 27,6 |
| 1 | 2542 | 2611 | 2681 | 2751 | 2820 | 2890 | 2959 | 3029 | 3098 | 3168 | 5 \| 34,5 |
| 2 | 3238 | 3307 | 3377 | 3446 | 3516 | 3586 | 3655 | 3725 | 3794 | 3864 | 6 \| 41,4 |
| 3 | 3933 | 4003 | 4072 | 4142 | 4212 | 4281 | 4351 | 4420 | 4490 | 4559 | 7 \| 48,3 |
| 4 | 4629 | 4698 | 4768 | 4838 | 4907 | 4977 | 5046 | 5116 | 5185 | 5255 | 8 \| 55,2 |
| 5 | 5324 | 5394 | 5464 | 5533 | 5603 | 5672 | 5742 | 5811 | 5881 | 5950 | 9 \| 62,1 |
| 6 | 6020 | 6089 | 6159 | 6228 | 6298 | 6367 | 6437 | 6506 | 6576 | 6646 | |
| 7 | 6715 | 6785 | 6854 | 6924 | 6993 | 7063 | 7132 | 7202 | 7271 | 7341 | |
| 8 | 7410 | 7480 | 7549 | 7619 | 7688 | 7758 | 7827 | 7897 | 7966 | 8036 | |
| 9 | 8105 | 8175 | 8244 | 8314 | 8383 | 8453 | 8522 | 8592 | 8661 | 8731 | |
| N. | 0 | 1 | 2 | 3 | 4 | 5 | 6 | 7 | 8 | 9 | |

| | | | |
|---|---|---|---|
| 62000″ = 17° 13′ 20″ | 6200″ = 1° 43′ 20″ | S = $\bar{6}$,685 5095 | T. 7057 |
| 62100 = 17 15 0 | 6210 = 1 43 30 | 5093 | 7061 |
| 62200 = 17 16 40 | 6220 = 1 43 40 | 5090 | 7065 |
| 62300 = 17 18 20 | 6230 = 1 43 50 | 5088 | 7070 |
| 62400 = 17 20 0 | 6240 = 1 44 0 | 5086 | 7074 |

| N. | 0 | 1 | 2 | 3 | 4 | 5 | 6 | 7 | 8 | 9 | Diff. et p. p. |
|---|---|---|---|---|---|---|---|---|---|---|---|
| 6250 | 795 8800 | 8870 | 8939 | 9009 | 9078 | 9148 | 9217 | 9287 | 9356 | 9426 | |
| 1 | 9495 | 9564 | 9634 | 9703 | 9773 | 9842 | 9912 | 9981 | *0051 | *0120 | |
| 2 | 796 0190 | 0259 | 0329 | 0398 | 0468 | 0537 | 0606 | 0676 | 0745 | 0815 | |
| 3 | 0884 | 0954 | 1023 | 1093 | 1162 | 1232 | 1301 | 1370 | 1440 | 1509 | |
| 4 | 1579 | 1648 | 1718 | 1787 | 1857 | 1926 | 1995 | 2065 | 2134 | 2204 | |
| 5 | 2273 | 2343 | 2412 | 2481 | 2551 | 2620 | 2690 | 2759 | 2829 | 2898 | |
| 6 | 2967 | 3037 | 3106 | 3176 | 3245 | 3314 | 3384 | 3453 | 3523 | 3592 | 70 |
| 7 | 3662 | 3731 | 3800 | 3870 | 3939 | 4009 | 4078 | 4147 | 4217 | 4286 | 1 \| 7 |
| 8 | 4356 | 4425 | 4494 | 4564 | 4633 | 4703 | 4772 | 4841 | 4911 | 4980 | 2 \| 14 |
| 9 | 5050 | 5119 | 5188 | 5258 | 5327 | 5396 | 5466 | 5535 | 5605 | 5674 | 3 \| 21<br>4 \| 28 |
| 6260 | 5743 | 5813 | 5882 | 5951 | 6021 | 6090 | 6160 | 6229 | 6298 | 6368 | 5 \| 35 |
| 1 | 6437 | 6506 | 6576 | 6645 | 6714 | 6784 | 6853 | 6923 | 6992 | 7061 | 6 \| 42 |
| 2 | 7131 | 7200 | 7269 | 7339 | 7408 | 7477 | 7547 | 7616 | 7685 | 7755 | 7 \| 49 |
| 3 | 7824 | 7893 | 7963 | 8032 | 8101 | 8171 | 8240 | 8309 | 8379 | 8448 | 8 \| 56 |
| 4 | 8517 | 8587 | 8656 | 8725 | 8795 | 8864 | 8933 | 9003 | 9072 | 9141 | 9 \| 63 |
| 5 | 9211 | 9280 | 9349 | 9419 | 9488 | 9557 | 9627 | 9696 | 9765 | 9835 | |
| 6 | 9904 | 9973 | *0043 | *0112 | *0181 | *0250 | *0320 | *0389 | *0458 | *0528 | |
| 7 | 797 0597 | 0666 | 0736 | 0805 | 0874 | 0943 | 1013 | 1082 | 1151 | 1221 | |
| 8 | 1290 | 1359 | 1428 | 1498 | 1567 | 1636 | 1706 | 1775 | 1844 | 1913 | |
| 9 | 1983 | 2052 | 2121 | 2191 | 2260 | 2329 | 2398 | 2468 | 2537 | 2606 | |
| 6270 | 2675 | 2745 | 2814 | 2883 | 2952 | 3022 | 3091 | 3160 | 3229 | 3299 | |
| 1 | 3368 | 3437 | 3507 | 3576 | 3645 | 3714 | 3784 | 3853 | 3922 | 3991 | 69 |
| 2 | 4060 | 4130 | 4199 | 4268 | 4337 | 4407 | 4476 | 4545 | 4614 | 4684 | 1 \| 6,9 |
| 3 | 4753 | 4822 | 4891 | 4961 | 5030 | 5099 | 5168 | 5237 | 5307 | 5376 | 2 \| 13,8 |
| 4 | 5445 | 5514 | 5584 | 5653 | 5722 | 5791 | 5860 | 5930 | 5999 | 6068 | 3 \| 20,7 |
| 5 | 6137 | 6207 | 6276 | 6345 | 6414 | 6483 | 6553 | 6622 | 6691 | 6760 | 4 \| 27,6 |
| 6 | 6829 | 6899 | 6968 | 7037 | 7106 | 7175 | 7245 | 7314 | 7383 | 7452 | 5 \| 34,5 |
| 7 | 7521 | 7590 | 7660 | 7729 | 7798 | 7867 | 7936 | 8006 | 8075 | 8144 | 6 \| 41,4 |
| 8 | 8213 | 8282 | 8351 | 8421 | 8490 | 8559 | 8628 | 8697 | 8766 | 8836 | 7 \| 48,3<br>8 \| 55,2 |
| 9 | 8905 | 8974 | 9043 | 9112 | 9181 | 9251 | 9320 | 9389 | 9458 | 9527 | 9 \| 62,1 |
| 6280 | 9596 | 9666 | 9735 | 9804 | 9873 | 9942 | *0011 | *0080 | *0150 | *0219 | |
| 1 | 798 0288 | 0357 | 0426 | 0495 | 0565 | 0634 | 0703 | 0772 | 0841 | 0910 | |
| 2 | 0979 | 1048 | 1118 | 1187 | 1256 | 1325 | 1394 | 1463 | 1532 | 1601 | |
| 3 | 1671 | 1740 | 1809 | 1878 | 1947 | 2016 | 2085 | 2154 | 2224 | 2293 | |
| 4 | 2362 | 2431 | 2500 | 2569 | 2638 | 2707 | 2776 | 2846 | 2915 | 2984 | |
| 5 | 3053 | 3122 | 3191 | 3260 | 3329 | 3398 | 3467 | 3536 | 3606 | 3675 | |
| 6 | 3744 | 3813 | 3882 | 3951 | 4020 | 4089 | 4158 | 4227 | 4296 | 4366 | 68 |
| 7 | 4435 | 4504 | 4573 | 4642 | 4711 | 4780 | 4849 | 4918 | 4987 | 5056 | 1 \| 6,8 |
| 8 | 5125 | 5194 | 5263 | 5333 | 5402 | 5471 | 5540 | 5609 | 5678 | 5747 | 2 \| 13,6 |
| 9 | 5816 | 5885 | 5954 | 6023 | 6092 | 6161 | 6230 | 6299 | 6368 | 6437 | 3 \| 20,4 |
| 6290 | 6506 | 6575 | 6645 | 6714 | 6783 | 6852 | 6921 | 6990 | 7059 | 7128 | 4 \| 27,2 |
| 1 | 7197 | 7266 | 7335 | 7404 | 7473 | 7542 | 7611 | 7680 | 7749 | 7818 | 5 \| 34,0 |
| 2 | 7887 | 7956 | 8025 | 8094 | 8163 | 8232 | 8301 | 8370 | 8439 | 8508 | 6 \| 40,8 |
| 3 | 8577 | 8646 | 8715 | 8784 | 8853 | 8922 | 8991 | 9060 | 9129 | 9198 | 7 \| 47,6 |
| 4 | 9267 | 9336 | 9405 | 9474 | 9543 | 9612 | 9681 | 9750 | 9819 | 9888 | 8 \| 54,4 |
| 5 | 9957 | *0026 | *0095 | *0164 | *0233 | *0302 | *0371 | *0440 | *0509 | *0578 | 9 \| 61,2 |
| 6 | 799 0647 | 0716 | 0785 | 0854 | 0923 | 0992 | 1061 | 1130 | 1199 | 1268 | |
| 7 | 1337 | 1406 | 1475 | 1544 | 1613 | 1682 | 1751 | 1820 | 1889 | 1958 | |
| 8 | 2027 | 2096 | 2164 | 2233 | 2302 | 2371 | 2440 | 2509 | 2578 | 2647 | |
| 9 | 2716 | 2785 | 2854 | 2923 | 2992 | 3061 | 3130 | 3199 | 3268 | 3337 | |
| N. | 0 | 1 | 2 | 3 | 4 | 5 | 6 | 7 | 8 | 9 | |

| | | | |
|---|---|---|---|
| 62 500″ = 17° 21′ 40″ | 6250″ = 1° 44′ 10″ | S = $\bar{6}$,685 5084 | T. 7078 |
| 62 600 = 17 23 20 | 6260 = 1 44 20 | 5082 | 7082 |
| 62 700 = 17 25 0 | 6270 = 1 44 30 | 5080 | 7087 |
| 62 800 = 17 26 40 | 6280 = 1 44 40 | 5078 | 7091 |
| 62 900 = 17 28 20 | 6290 = 1 44 50 | 5076 | 7095 |

| N. | 0 | 1 | 2 | 3 | 4 | 5 | 6 | 7 | 8 | 9 | Diff. et p. p. |
|---|---|---|---|---|---|---|---|---|---|---|---|
| 6300 | 799 3405 | 3474 | 3543 | 3612 | 3681 | 3750 | 3819 | 3888 | 3957 | 4026 | |
| 1 | 4095 | 4164 | 4233 | 4302 | 4370 | 4439 | 4508 | 4577 | 4646 | 4715 | |
| 2 | 4784 | 4853 | 4922 | 4991 | 5060 | 5129 | 5197 | 5266 | 5335 | 5404 | |
| 3 | 5473 | 5542 | 5611 | 5680 | 5749 | 5818 | 5886 | 5955 | 6024 | 6093 | |
| 4 | 6162 | 6231 | 6300 | 6369 | 6438 | 6506 | 6575 | 6644 | 6713 | 6782 | |
| 5 | 6851 | 6920 | 6989 | 7058 | 7126 | 7195 | 7264 | 7333 | 7402 | 7471 | |
| 6 | 7540 | 7609 | 7677 | 7746 | 7815 | 7884 | 7953 | 8022 | 8091 | 8159 | |
| 7 | 8228 | 8297 | 8366 | 8435 | 8504 | 8573 | 8641 | 8710 | 8779 | 8848 | |
| 8 | 8917 | 8986 | 9055 | 9123 | 9192 | 9261 | 9330 | 9399 | 9468 | 9536 | |
| 9 | 9605 | 9674 | 9743 | 9812 | 9881 | 9949 | *0018 | *0087 | *0156 | *0225 | |
| 6310 | 800 0294 | 0362 | 0431 | 0500 | 0569 | 0638 | 0707 | 0775 | 0844 | 0913 | |
| 1 | 0982 | 1051 | 1119 | 1188 | 1257 | 1326 | 1395 | 1463 | 1532 | 1601 | 69 |
| 2 | 1670 | 1739 | 1808 | 1876 | 1945 | 2014 | 2083 | 2152 | 2220 | 2289 | 1 \| 6,9 |
| 3 | 2358 | 2427 | 2495 | 2564 | 2633 | 2702 | 2771 | 2839 | 2908 | 2977 | 2 \| 13,8 |
| 4 | 3046 | 3115 | 3183 | 3252 | 3321 | 3390 | 3458 | 3527 | 3596 | 3665 | 3 \| 20,7 |
| 5 | 3734 | 3802 | 3871 | 3940 | 4009 | 4077 | 4146 | 4215 | 4284 | 4352 | 4 \| 27,6 |
| 6 | 4421 | 4490 | 4559 | 4627 | 4696 | 4765 | 4834 | 4903 | 4971 | 5040 | 5 \| 34,5 |
| 7 | 5109 | 5178 | 5246 | 5315 | 5384 | 5453 | 5521 | 5590 | 5659 | 5727 | 6 \| 41,4 |
| 8 | 5796 | 5865 | 5934 | 6002 | 6071 | 6140 | 6209 | 6277 | 6346 | 6415 | 7 \| 48,3 |
| 9 | 6484 | 6552 | 6621 | 6690 | 6758 | 6827 | 6896 | 6965 | 7033 | 7102 | 8 \| 55,2 |
| 6320 | 7171 | 7239 | 7308 | 7377 | 7446 | 7514 | 7583 | 7652 | 7720 | 7789 | 9 \| 62,1 |
| 1 | 7858 | 7927 | 7995 | 8064 | 8133 | 8201 | 8270 | 8339 | 8408 | 8476 | |
| 2 | 8545 | 8614 | 8682 | 8751 | 8820 | 8888 | 8957 | 9026 | 9094 | 9163 | |
| 3 | 9232 | 9301 | 9369 | 9438 | 9507 | 9575 | 9644 | 9713 | 9781 | 9850 | |
| 4 | 9919 | 9987 | *0056 | *0125 | *0193 | *0262 | *0331 | *0399 | *0468 | *0537 | |
| 5 | 801 0605 | 0674 | 0743 | 0811 | 0880 | 0949 | 1017 | 1086 | 1155 | 1223 | |
| 6 | 1292 | 1361 | 1429 | 1498 | 1566 | 1635 | 1704 | 1772 | 1841 | 1910 | |
| 7 | 1978 | 2047 | 2116 | 2184 | 2253 | 2322 | 2390 | 2459 | 2527 | 2596 | |
| 8 | 2665 | 2733 | 2802 | 2871 | 2939 | 3008 | 3076 | 3145 | 3214 | 3282 | |
| 9 | 3351 | 3420 | 3488 | 3557 | 3625 | 3694 | 3763 | 3831 | 3900 | 3968 | |
| 6330 | 4037 | 4106 | 4174 | 4243 | 4312 | 4380 | 4449 | 4517 | 4586 | 4655 | |
| 1 | 4723 | 4792 | 4860 | 4929 | 4998 | 5066 | 5135 | 5203 | 5272 | 5340 | 68 |
| 2 | 5409 | 5478 | 5546 | 5615 | 5683 | 5752 | 5821 | 5889 | 5958 | 6026 | 1 \| 6,8 |
| 3 | 6095 | 6163 | 6232 | 6301 | 6369 | 6438 | 6506 | 6575 | 6643 | 6712 | 2 \| 13,6 |
| 4 | 6781 | 6849 | 6918 | 6986 | 7055 | 7123 | 7192 | 7261 | 7329 | 7398 | 3 \| 20,4 |
| 5 | 7466 | 7535 | 7603 | 7672 | 7740 | 7809 | 7878 | 7946 | 8015 | 8083 | 4 \| 27,2 |
| 6 | 8152 | 8220 | 8289 | 8357 | 8426 | 8494 | 8563 | 8631 | 8700 | 8769 | 5 \| 34,0 |
| 7 | 8837 | 8906 | 8974 | 9043 | 9111 | 9180 | 9248 | 9317 | 9385 | 9454 | 6 \| 40,8 |
| 8 | 9522 | 9591 | 9659 | 9728 | 9796 | 9865 | 9933 | *0002 | *0070 | *0139 | 7 \| 47,6 |
| 9 | 802 0208 | 0276 | 0345 | 0413 | 0482 | 0550 | 0619 | 0687 | 0756 | 0824 | 8 \| 54,4 |
| 6340 | 0893 | 0961 | 1030 | 1098 | 1167 | 1235 | 1304 | 1372 | 1441 | 1509 | 9 \| 61,2 |
| 1 | 1578 | 1646 | 1715 | 1783 | 1851 | 1920 | 1988 | 2057 | 2125 | 2194 | |
| 2 | 2262 | 2331 | 2399 | 2468 | 2536 | 2605 | 2673 | 2742 | 2810 | 2879 | |
| 3 | 2947 | 3016 | 3084 | 3153 | 3221 | 3289 | 3358 | 3426 | 3495 | 3563 | |
| 4 | 3632 | 3700 | 3769 | 3837 | 3906 | 3974 | 4042 | 4111 | 4179 | 4248 | |
| 5 | 4316 | 4385 | 4453 | 4522 | 4590 | 4658 | 4727 | 4795 | 4864 | 4932 | |
| 6 | 5001 | 5069 | 5138 | 5206 | 5274 | 5343 | 5411 | 5480 | 5548 | 5617 | |
| 7 | 5685 | 5753 | 5822 | 5890 | 5959 | 6027 | 6096 | 6164 | 6232 | 6301 | |
| 8 | 6369 | 6438 | 6506 | 6574 | 6643 | 6711 | 6780 | 6848 | 6916 | 6985 | |
| 9 | 7053 | 7122 | 7190 | 7258 | 7327 | 7395 | 7464 | 7532 | 7600 | 7669 | |
| N. | 0 | 1 | 2 | 3 | 4 | 5 | 6 | 7 | 8 | 9 | |

| | | | |
|---|---|---|---|
| 63 000″ = 17° 30′ 0″ | 6300″ = 1° 45′ 0″ | S = $\bar{5}$,685 5073 | T. 7099 |
| 63 100 = 17 31 40 | 6310 = 1 45 10 | 5071 | 7104 |
| 63 200 = 17 33 20 | 6320 = 1 45 20 | 5069 | 7108 |
| 63 300 = 17 35 0 | 6330 = 1 45 30 | 5067 | 7112 |
| 63 400 = 17 36 40 | 6340 = 1 45 40 | 5065 | 7117 |

| N. | 0 | 1 | 2 | 3 | 4 | 5 | 6 | 7 | 8 | 9 | Diff. et p. p. |
|---|---|---|---|---|---|---|---|---|---|---|---|
| 6350 | 802 7737 | 7806 | 7874 | 7942 | 8011 | 8079 | 8148 | 8216 | 8284 | 8353 | |
| 1 | 8421 | 8490 | 8558 | 8626 | 8695 | 8763 | 8831 | 8900 | 8968 | 9037 | |
| 2 | 9105 | 9173 | 9242 | 9310 | 9378 | 9447 | 9515 | 9583 | 9652 | 9720 | |
| 3 | 9789 | 9857 | 9925 | 9994 | *0062 | *0130 | *0199 | *0267 | *0335 | *0404 | |
| 4 | 803 0472 | 0540 | 0609 | 0677 | 0745 | 0814 | 0882 | 0951 | 1019 | 1087 | |
| 5 | 1156 | 1224 | 1292 | 1361 | 1429 | 1497 | 1566 | 1634 | 1702 | 1771 | |
| 6 | 1839 | 1907 | 1976 | 2044 | 2112 | 2181 | 2249 | 2317 | 2385 | 2454 | 69 |
| 7 | 2522 | 2590 | 2659 | 2727 | 2795 | 2864 | 2932 | 3000 | 3069 | 3137 | 1 \| 6,9 |
| 8 | 3205 | 3274 | 3342 | 3410 | 3478 | 3547 | 3615 | 3683 | 3752 | 3820 | 2 \| 13,8 |
| 9 | 3888 | 3957 | 4025 | 4093 | 4161 | 4230 | 4298 | 4366 | 4435 | 4503 | 3 \| 20,7 |
| 6360 | 4571 | 4639 | 4708 | 4776 | 4844 | 4913 | 4981 | 5049 | 5117 | 5186 | 4 \| 27,6 |
| 1 | 5254 | 5322 | 5391 | 5459 | 5527 | 5595 | 5664 | 5732 | 5800 | 5868 | 5 \| 34,5 |
| 2 | 5937 | 6005 | 6073 | 6141 | 6210 | 6278 | 6346 | 6414 | 6483 | 6551 | 6 \| 41,4 |
| 3 | 6619 | 6687 | 6756 | 6824 | 6892 | 6960 | 7029 | 7097 | 7165 | 7233 | 7 \| 48,3 |
| 4 | 7302 | 7370 | 7438 | 7506 | 7575 | 7643 | 7711 | 7779 | 7848 | 7916 | 8 \| 55,2 |
| 5 | 7984 | 8052 | 8121 | 8189 | 8257 | 8325 | 8393 | 8462 | 8530 | 8598 | 9 \| 62,1 |
| 6 | 8666 | 8735 | 8803 | 8871 | 8939 | 9007 | 9076 | 9144 | 9212 | 9280 | |
| 7 | 9348 | 9417 | 9485 | 9553 | 9621 | 9690 | 9758 | 9826 | 9894 | 9962 | |
| 8 | 804 0031 | 0099 | 0167 | 0235 | 0303 | 0372 | 0440 | 0508 | 0576 | 0644 | |
| 9 | 0712 | 0781 | 0849 | 0917 | 0985 | 1053 | 1122 | 1190 | 1258 | 1326 | |
| 6370 | 1394 | 1463 | 1531 | 1599 | 1667 | 1735 | 1803 | 1872 | 1940 | 2008 | |
| 1 | 2076 | 2144 | 2212 | 2281 | 2349 | 2417 | 2485 | 2553 | 2621 | 2690 | 68 |
| 2 | 2758 | 2826 | 2894 | 2962 | 3030 | 3098 | 3167 | 3235 | 3303 | 3371 | 1 \| 6,8 |
| 3 | 3439 | 3507 | 3575 | 3644 | 3712 | 3780 | 3848 | 3916 | 3984 | 4052 | 2 \| 13,6 |
| 4 | 4121 | 4189 | 4257 | 4325 | 4393 | 4461 | 4529 | 4598 | 4666 | 4734 | 3 \| 20 4 |
| 5 | 4802 | 4870 | 4938 | 5006 | 5074 | 5143 | 5211 | 5279 | 5347 | 5415 | 4 \| 27,2 |
| 6 | 5483 | 5551 | 5619 | 5687 | 5756 | 5824 | 5892 | 5960 | 6028 | 6096 | 5 \| 34,0 |
| 7 | 6164 | 6232 | 6300 | 6368 | 6437 | 6505 | 6573 | 6641 | 6709 | 6777 | 6 \| 40,8 |
| 8 | 6845 | 6913 | 6981 | 7049 | 7118 | 7186 | 7254 | 7322 | 7390 | 7458 | 7 \| 47,6 |
| 9 | 7526 | 7594 | 7662 | 7730 | 7798 | 7866 | 7934 | 8003 | 8071 | 8139 | 8 \| 54,4 |
| 6380 | 8207 | 8275 | 8343 | 8411 | 8479 | 8547 | 8615 | 8683 | 8751 | 8819 | 9 \| 61,2 |
| 1 | 8887 | 8956 | 9024 | 9092 | 9160 | 9228 | 9296 | 9364 | 9432 | 9500 | |
| 2 | 9568 | 9636 | 9704 | 9772 | 9840 | 9908 | 9976 | *0044 | *0112 | *0180 | |
| 3 | 805 0248 | 0316 | 0385 | 0453 | 0521 | 0589 | 0657 | 0725 | 0793 | 0861 | |
| 4 | 0929 | 0997 | 1065 | 1133 | 1201 | 1269 | 1337 | 1405 | 1473 | 1541 | |
| 5 | 1609 | 1677 | 1745 | 1813 | 1881 | 1949 | 2017 | 2085 | 2153 | 2221 | |
| 6 | 2289 | 2357 | 2425 | 2493 | 2561 | 2629 | 2697 | 2765 | 2833 | 2901 | 67 |
| 7 | 2969 | 3037 | 3105 | 3173 | 3241 | 3309 | 3377 | 3445 | 3513 | 3581 | 1 \| 6,7 |
| 8 | 3649 | 3717 | 3785 | 3853 | 3921 | 3989 | 4057 | 4125 | 4193 | 4261 | 2 \| 13,4 |
| 9 | 4329 | 4397 | 4465 | 4533 | 4601 | 4669 | 4737 | 4805 | 4873 | 4941 | 3 \| 20,1 |
| 6390 | 5009 | 5077 | 5145 | 5212 | 5280 | 5348 | 5416 | 5484 | 5552 | 5620 | 4 \| 26,8 |
| 1 | 5688 | 5756 | 5824 | 5892 | 5960 | 6028 | 6096 | 6164 | 6232 | 6300 | 5 \| 33,5 |
| 2 | 6368 | 6436 | 6504 | 6571 | 6639 | 6707 | 6775 | 6843 | 6911 | 6979 | 6 \| 40,2 |
| 3 | 7047 | 7115 | 7183 | 7251 | 7319 | 7387 | 7455 | 7523 | 7590 | 7658 | 7 \| 46,9 |
| 4 | 7726 | 7794 | 7862 | 7930 | 7998 | 8066 | 8134 | 8202 | 8270 | 8338 | 8 \| 53,6 |
| 5 | 8405 | 8473 | 8541 | 8609 | 8677 | 8745 | 8813 | 8881 | 8949 | 9017 | 9 \| 60,3 |
| 6 | 9085 | 9152 | 9220 | 9288 | 9356 | 9424 | 9492 | 9560 | 9628 | 9696 | |
| 7 | 9764 | 9831 | 9899 | 9967 | *0035 | *0103 | *0171 | *0239 | *0307 | *0374 | |
| 8 | 806 0442 | 0510 | 0578 | 0646 | 0714 | 0782 | 0850 | 0917 | 0985 | 1053 | |
| 9 | 1121 | 1189 | 1257 | 1325 | 1393 | 1460 | 1528 | 1596 | 1664 | 1732 | |
| N. | 0 | 1 | 2 | 3 | 4 | 5 | 6 | 7 | 8 | 9 | |

63500″ = 17° 38′ 20″ — 6350″ = 1° 45′ 50″ — S = $\overline{6}$,685 5063 — T. 7121
63600 = 17 40 0 — 6360 = 1 46 0 — 5060 — 7125
63700 = 17 41 40 — 6370 = 1 46 10 — 5058 — 7130
63800 = 17 43 20 — 6380 = 1 46 20 — 5056 — 7134
63900 = 17 45 0 — 6390 = 1 46 30 — 5054 — 7138

| N. | 0 | 1 | 2 | 3 | 4 | 5 | 6 | 7 | 8 | 9 | Diff. et p. p. |
|---|---|---|---|---|---|---|---|---|---|---|---|
| 6400 | 806 1800 | 1868 | 1935 | 2003 | 2071 | 2139 | 2207 | 2275 | 2343 | 2410 | |
| 1 | 2478 | 2546 | 2614 | 2682 | 2750 | 2817 | 2885 | 2953 | 3021 | 3089 | |
| 2 | 3157 | 3225 | 3292 | 3360 | 3428 | 3496 | 3564 | 3632 | 3699 | 3767 | |
| 3 | 3835 | 3903 | 3971 | 4038 | 4106 | 4174 | 4242 | 4310 | 4378 | 4445 | |
| 4 | 4513 | 4581 | 4649 | 4717 | 4784 | 4852 | 4920 | 4988 | 5056 | 5124 | |
| 5 | 5191 | 5259 | 5327 | 5395 | 5463 | 5530 | 5598 | 5666 | 5734 | 5802 | |
| 6 | 5869 | 5937 | 6005 | 6073 | 6141 | 6208 | 6276 | 6344 | 6412 | 6479 | |
| 7 | 6547 | 6615 | 6683 | 6751 | 6818 | 6886 | 6954 | 7022 | 7089 | 7157 | |
| 8 | 7225 | 7293 | 7361 | 7428 | 7496 | 7564 | 7632 | 7699 | 7767 | 7835 | |
| 9 | 7903 | 7970 | 8038 | 8106 | 8174 | 8242 | 8309 | 8377 | 8445 | 8513 | |
| 6410 | 8580 | 8648 | 8716 | 8784 | 8851 | 8919 | 8987 | 9055 | 9122 | 9190 | |
| 1 | 9258 | 9326 | 9393 | 9461 | 9529 | 9596 | 9664 | 9732 | 9800 | 9867 | |
| 2 | 9935 | *0003 | *0071 | *0138 | *0206 | *0274 | *0342 | *0409 | *0477 | *0545 | 68 |
| 3 | 807 0612 | 0680 | 0748 | 0816 | 0883 | 0951 | 1019 | 1086 | 1154 | 1222 | 1 6,8 |
| 4 | 1290 | 1357 | 1425 | 1493 | 1560 | 1628 | 1696 | 1764 | 1831 | 1899 | 2 13,6 |
| 5 | 1967 | 2034 | 2102 | 2170 | 2237 | 2305 | 2373 | 2440 | 2508 | 2576 | 3 20,4 |
| 6 | 2644 | 2711 | 2779 | 2847 | 2914 | 2982 | 3050 | 3117 | 3185 | 3253 | 4 27,2 |
| 7 | 3320 | 3388 | 3456 | 3523 | 3591 | 3659 | 3726 | 3794 | 3862 | 3929 | 5 34,0 |
| 8 | 3997 | 4065 | 4132 | 4200 | 4268 | 4335 | 4403 | 4471 | 4538 | 4606 | 6 40,8 |
| 9 | 4674 | 4741 | 4809 | 4877 | 4944 | 5012 | 5080 | 5147 | 5215 | 5283 | 7 47,6 |
| 6420 | 5350 | 5418 | 5486 | 5553 | 5621 | 5689 | 5756 | 5824 | 5891 | 5959 | 8 54,4 |
| 1 | 6027 | 6094 | 6162 | 6230 | 6297 | 6365 | 6432 | 6500 | 6568 | 6635 | 9 61,2 |
| 2 | 6703 | 6771 | 6838 | 6906 | 6974 | 7041 | 7109 | 7176 | 7244 | 7312 | |
| 3 | 7379 | 7447 | 7514 | 7582 | 7650 | 7717 | 7785 | 7853 | 7920 | 7988 | |
| 4 | 8055 | 8123 | 8191 | 8258 | 8326 | 8393 | 8461 | 8529 | 8596 | 8664 | |
| 5 | 8731 | 8799 | 8867 | 8934 | 9002 | 9069 | 9137 | 9204 | 9272 | 9340 | |
| 6 | 9407 | 9475 | 9542 | 9610 | 9678 | 9745 | 9813 | 9880 | 9948 | *0015 | |
| 7 | 808 0083 | 0151 | 0218 | 0286 | 0353 | 0421 | 0488 | 0556 | 0624 | 0691 | |
| 8 | 0759 | 0826 | 0894 | 0961 | 1029 | 1096 | 1164 | 1232 | 1299 | 1367 | |
| 9 | 1434 | 1502 | 1569 | 1637 | 1704 | 1772 | 1840 | 1907 | 1975 | 2042 | |
| 6430 | 2110 | 2177 | 2245 | 2312 | 2380 | 2447 | 2515 | 2582 | 2650 | 2718 | |
| 1 | 2785 | 2853 | 2920 | 2988 | 3055 | 3123 | 3190 | 3258 | 3325 | 3393 | |
| 2 | 3460 | 3528 | 3595 | 3663 | 3730 | 3798 | 3865 | 3933 | 4000 | 4068 | 67 |
| 3 | 4136 | 4203 | 4271 | 4338 | 4406 | 4473 | 4541 | 4608 | 4676 | 4743 | 1 6,7 |
| 4 | 4811 | 4878 | 4946 | 5013 | 5081 | 5148 | 5216 | 5283 | 5351 | 5418 | 2 13,4 |
| 5 | 5486 | 5553 | 5620 | 5688 | 5755 | 5823 | 5890 | 5958 | 6025 | 6093 | 3 20,1 |
| 6 | 6160 | 6228 | 6295 | 6363 | 6430 | 6498 | 6565 | 6633 | 6700 | 6768 | 4 26,8 |
| 7 | 6835 | 6903 | 6970 | 7037 | 7105 | 7172 | 7240 | 7307 | 7375 | 7442 | 5 33,5 |
| 8 | 7510 | 7577 | 7645 | 7712 | 7780 | 7847 | 7914 | 7982 | 8049 | 8117 | 6 40,2 |
| 9 | 8184 | 8252 | 8319 | 8387 | 8454 | 8521 | 8589 | 8656 | 8724 | 8791 | 7 46,9 |
| 6440 | 8859 | 8926 | 8994 | 9061 | 9128 | 9196 | 9263 | 9331 | 9398 | 9466 | 8 53,6 |
| 1 | 9533 | 9600 | 9668 | 9735 | 9803 | 9870 | 9938 | *0005 | *0072 | *0140 | 9 60,3 |
| 2 | 809 0207 | 0275 | 0342 | 0409 | 0477 | 0544 | 0612 | 0679 | 0747 | 0814 | |
| 3 | 0881 | 0949 | 1016 | 1084 | 1151 | 1218 | 1286 | 1353 | 1421 | 1488 | |
| 4 | 1555 | 1623 | 1690 | 1757 | 1825 | 1892 | 1960 | 2027 | 2094 | 2162 | |
| 5 | 2229 | 2297 | 2364 | 2431 | 2499 | 2566 | 2634 | 2701 | 2768 | 2836 | |
| 6 | 2903 | 2970 | 3038 | 3105 | 3173 | 3240 | 3307 | 3375 | 3442 | 3509 | |
| 7 | 3577 | 3644 | 3711 | 3779 | 3846 | 3914 | 3981 | 4048 | 4116 | 4183 | |
| 8 | 4250 | 4318 | 4385 | 4452 | 4520 | 4587 | 4654 | 4722 | 4789 | 4856 | |
| 9 | 4924 | 4991 | 5058 | 5126 | 5193 | 5260 | 5328 | 5395 | 5462 | 5530 | |
| N. | 0 | 1 | 2 | 3 | 4 | 5 | 6 | 7 | 8 | 9 | |

| | | | |
|---|---|---|---|
| 64 000″ = 17° 46′ 40″ | 6400″ = 1° 46′ 40″ | S = $\bar{6}$,685 5052 | T. 7143 |
| 64 100 = 17 48 20 | 6410 = 1 46 50 | 5050 | 7147 |
| 64 200 = 17 50 0 | 6420 = 1 47 0 | 5047 | 7151 |
| 64 300 = 17 51 40 | 6430 = 1 47 10 | 5045 | 7156 |
| 64 400 = 17 53 20 | 6440 = 1 47 20 | 5043 | 7160 |

| N. | 0 | 1 | 2 | 3 | 4 | 5 | 6 | 7 | 8 | 9 | Diff. et p. p. |
|---|---|---|---|---|---|---|---|---|---|---|---|
| 6450 | 809 5597 | 5664 | 5732 | 5799 | 5866 | 5934 | 6001 | 6068 | 6136 | 6203 | |
| 1 | 6270 | 6338 | 6405 | 6472 | 6540 | 6607 | 6674 | 6742 | 6809 | 6876 | |
| 2 | 6944 | 7011 | 7078 | 7146 | 7213 | 7280 | 7347 | 7415 | 7482 | 7549 | |
| 3 | 7617 | 7684 | 7751 | 7819 | 7886 | 7953 | 8020 | 8088 | 8155 | 8222 | |
| 4 | 8290 | 8357 | 8424 | 8491 | 8559 | 8626 | 8693 | 8761 | 8828 | 8895 | |
| 5 | 8962 | 9030 | 9097 | 9164 | 9232 | 9299 | 9366 | 9433 | 9501 | 9568 | |
| 6 | 9635 | 9702 | 9770 | 9837 | 9904 | 9972 | *0039 | *0106 | *0173 | *0241 | 68 |
| 7 | 810 0308 | 0375 | 0442 | 0510 | 0577 | 0644 | 0711 | 0779 | 0846 | 0913 | 1 \| 6,8 |
| 8 | 0980 | 1048 | 1115 | 1182 | 1249 | 1317 | 1384 | 1451 | 1518 | 1586 | 2 \| 13,6 |
| 9 | 1653 | 1720 | 1787 | 1855 | 1922 | 1989 | 2056 | 2123 | 2191 | 2258 | 3 \| 20,4 |
| 6460 | 2325 | 2392 | 2460 | 2527 | 2594 | 2661 | 2729 | 2796 | 2863 | 2930 | 4 \| 27,2 |
| 1 | 2997 | 3065 | 3132 | 3199 | 3266 | 3333 | 3401 | 3468 | 3535 | 3602 | 5 \| 34,0 |
| 2 | 3670 | 3737 | 3804 | 3871 | 3938 | 4006 | 4073 | 4140 | 4207 | 4274 | 6 \| 40,8 |
| 3 | 4342 | 4409 | 4476 | 4543 | 4610 | 4678 | 4745 | 4812 | 4879 | 4946 | 7 \| 47,6 |
| 4 | 5013 | 5081 | 5148 | 5215 | 5282 | 5349 | 5417 | 5484 | 5551 | 5618 | 8 \| 54,4 |
| 5 | 5685 | 5752 | 5820 | 5887 | 5954 | 6021 | 6088 | 6156 | 6223 | 6290 | 9 \| 61,2 |
| 6 | 6357 | 6424 | 6491 | 6558 | 6626 | 6693 | 6760 | 6827 | 6894 | 6961 | |
| 7 | 7029 | 7096 | 7163 | 7230 | 7297 | 7364 | 7432 | 7499 | 7566 | 7633 | |
| 8 | 7700 | 7767 | 7834 | 7902 | 7969 | 8036 | 8103 | 8170 | 8237 | 8304 | |
| 9 | 8372 | 8439 | 8506 | 8573 | 8640 | 8707 | 8774 | 8841 | 8909 | 8976 | |
| 6470 | 9043 | 9110 | 9177 | 9244 | 9311 | 9378 | 9446 | 9513 | 9580 | 9647 | |
| 1 | 9714 | 9781 | 9848 | 9915 | 9982 | *0050 | *0117 | *0184 | *0251 | *0318 | 67 |
| 2 | 811 0385 | 0452 | 0519 | 0586 | 0653 | 0721 | 0788 | 0855 | 0922 | 0989 | 1 \| 6,7 |
| 3 | 1056 | 1123 | 1190 | 1257 | 1324 | 1392 | 1459 | 1526 | 1593 | 1660 | 2 \| 13,4 |
| 4 | 1727 | 1794 | 1861 | 1928 | 1995 | 2062 | 2129 | 2197 | 2264 | 2331 | 3 \| 20,1 |
| 5 | 2398 | 2465 | 2532 | 2599 | 2666 | 2733 | 2800 | 2867 | 2934 | 3001 | 4 \| 26,8 |
| 6 | 3068 | 3135 | 3203 | 3270 | 3337 | 3404 | 3471 | 3538 | 3605 | 3672 | 5 \| 33,5 |
| 7 | 3739 | 3806 | 3873 | 3940 | 4007 | 4074 | 4141 | 4208 | 4275 | 4342 | 6 \| 40,2 |
| 8 | 4409 | 4476 | 4544 | 4611 | 4678 | 4745 | 4812 | 4879 | 4946 | 5013 | 7 \| 46,9 |
| 9 | 5080 | 5147 | 5214 | 5281 | 5348 | 5415 | 5482 | 5549 | 5616 | 5683 | 8 \| 53,6 |
| 6480 | 5750 | 5817 | 5884 | 5951 | 6018 | 6085 | 6152 | 6219 | 6286 | 6353 | 9 \| 60,3 |
| 1 | 6420 | 6487 | 6554 | 6621 | 6688 | 6755 | 6822 | 6889 | 6956 | 7023 | |
| 2 | 7090 | 7157 | 7224 | 7291 | 7358 | 7425 | 7492 | 7559 | 7626 | 7693 | |
| 3 | 7760 | 7827 | 7894 | 7961 | 8028 | 8095 | 8162 | 8229 | 8296 | 8363 | |
| 4 | 8430 | 8497 | 8564 | 8631 | 8698 | 8765 | 8832 | 8899 | 8966 | 9033 | |
| 5 | 9100 | 9167 | 9234 | 9301 | 9368 | 9435 | 9502 | 9569 | 9636 | 9702 | |
| 6 | 9769 | 9836 | 9903 | 9970 | *0037 | *0104 | *0171 | *0238 | *0305 | *0372 | 66 |
| 7 | 812 0439 | 0506 | 0573 | 0640 | 0707 | 0774 | 0841 | 0908 | 0975 | 1041 | 1 \| 6,6 |
| 8 | 1108 | 1175 | 1242 | 1309 | 1376 | 1443 | 1510 | 1577 | 1644 | 1711 | 2 \| 13,2 |
| 9 | 1778 | 1845 | 1912 | 1979 | 2045 | 2112 | 2179 | 2246 | 2313 | 2380 | 3 \| 19,8 |
| 6490 | 2447 | 2514 | 2581 | 2648 | 2715 | 2782 | 2848 | 2915 | 2982 | 3049 | 4 \| 26,4 |
| 1 | 3116 | 3183 | 3250 | 3317 | 3384 | 3451 | 3518 | 3584 | 3651 | 3718 | 5 \| 33,0 |
| 2 | 3785 | 3852 | 3919 | 3986 | 4053 | 4120 | 4186 | 4253 | 4320 | 4387 | 6 \| 39,6 |
| 3 | 4454 | 4521 | 4588 | 4655 | 4722 | 4788 | 4855 | 4922 | 4989 | 5056 | 7 \| 46,2 |
| 4 | 5123 | 5190 | 5257 | 5323 | 5390 | 5457 | 5524 | 5591 | 5658 | 5725 | 8 \| 52,8 |
| 5 | 5792 | 5858 | 5925 | 5992 | 6059 | 6126 | 6193 | 6260 | 6326 | 6393 | 9 \| 59,4 |
| 6 | 6460 | 6527 | 6594 | 6661 | 6728 | 6794 | 6861 | 6928 | 6995 | 7062 | |
| 7 | 7129 | 7196 | 7262 | 7329 | 7396 | 7463 | 7530 | 7597 | 7663 | 7730 | |
| 8 | 7797 | 7864 | 7931 | 7998 | 8064 | 8131 | 8198 | 8265 | 8332 | 8399 | |
| 9 | 8465 | 8532 | 8599 | 8666 | 8733 | 8799 | 8866 | 8933 | 9000 | 9067 | |
| N. | 0 | 1 | 2 | 3 | 4 | 5 | 6 | 7 | 8 | 9 | |

| | | | |
|---|---|---|---|
| 64500″ = 17° 55′ 0″ | 6450″ = 1° 47′ 30″ | S = $\bar{6}$,685 5041 | T. 7165 |
| 64600 = 17 56 40 | 6460 = 1 47 40 | 5039 | 7169 |
| 64700 = 17 58 20 | 6470 = 1 47 50 | 5036 | 7173 |
| 64800 = 18 0 0 | 6480 = 1 48 0 | 5034 | 7178 |
| 64900 = 18 1 40 | 6490 = 1 48 10 | 5032 | 7182 |

| N. | 0 | 1 | 2 | 3 | 4 | 5 | 6 | 7 | 8 | 9 | Diff. et p. p. |
|---|---|---|---|---|---|---|---|---|---|---|---|
| 6500 | 812 9134 | 9200 | 9267 | 9334 | 9401 | 9468 | 9534 | 9601 | 9668 | 9735 | |
| 1 | 9802 | 9868 | 9935 | *0002 | *0069 | *0136 | *0202 | *0269 | *0336 | *0403 | |
| 2 | 813 0470 | 0536 | 0603 | 0670 | 0737 | 0804 | 0870 | 0937 | 1004 | 1071 | |
| 3 | 1138 | 1204 | 1271 | 1338 | 1405 | 1471 | 1538 | 1605 | 1672 | 1739 | |
| 4 | 1805 | 1872 | 1939 | 2006 | 2072 | 2139 | 2206 | 2273 | 2339 | 2406 | |
| 5 | 2473 | 2540 | 2607 | 2673 | 2740 | 2807 | 2874 | 2940 | 3007 | 3074 | |
| 6 | 3141 | 3207 | 3274 | 3341 | 3408 | 3474 | 3541 | 3608 | 3675 | 3741 | |
| 7 | 3808 | 3875 | 3942 | 4008 | 4075 | 4142 | 4209 | 4275 | 4342 | 4409 | |
| 8 | 4475 | 4542 | 4609 | 4676 | 4742 | 4809 | 4876 | 4943 | 5009 | 5076 | |
| 9 | 5143 | 5209 | 5276 | 5343 | 5410 | 5476 | 5543 | 5610 | 5676 | 5743 | |
| 6510 | 5810 | 5877 | 5943 | 6010 | 6077 | 6143 | 6210 | 6277 | 6344 | 6410 | |
| 1 | 6477 | 6544 | 6610 | 6677 | 6744 | 6810 | 6877 | 6944 | 7011 | 7077 | 67 |
| 2 | 7144 | 7211 | 7277 | 7344 | 7411 | 7477 | 7544 | 7611 | 7677 | 7744 | 1 \| 6,7 |
| 3 | 7811 | 7877 | 7944 | 8011 | 8077 | 8144 | 8211 | 8278 | 8344 | 8411 | 2 \| 13,4 |
| 4 | 8478 | 8544 | 8611 | 8678 | 8744 | 8811 | 8878 | 8944 | 9011 | 9078 | 3 \| 20,1 |
| 5 | 9144 | 9211 | 9278 | 9344 | 9411 | 9477 | 9544 | 9611 | 9677 | 9744 | 4 \| 26,8 |
| 6 | 9811 | 9877 | 9944 | *0011 | *0077 | *0144 | *0211 | *0277 | *0344 | *0411 | 5 \| 33,5 |
| 7 | 814 0477 | 0544 | 0610 | 0677 | 0744 | 0810 | 0877 | 0944 | 1010 | 1077 | 6 \| 40,2 |
| 8 | 1144 | 1210 | 1277 | 1343 | 1410 | 1477 | 1543 | 1610 | 1677 | 1743 | 7 \| 46,9 |
| 9 | 1810 | 1876 | 1943 | 2010 | 2076 | 2143 | 2210 | 2276 | 2343 | 2409 | 8 \| 53,6 |
| 6520 | 2476 | 2543 | 2609 | 2676 | 2742 | 2809 | 2876 | 2942 | 3009 | 3075 | 9 \| 60,3 |
| 1 | 3142 | 3209 | 3275 | 3342 | 3408 | 3475 | 3542 | 3608 | 3675 | 3741 | |
| 2 | 3808 | 3875 | 3941 | 4008 | 4074 | 4141 | 4207 | 4274 | 4341 | 4407 | |
| 3 | 4474 | 4540 | 4607 | 4674 | 4740 | 4807 | 4873 | 4940 | 5006 | 5073 | |
| 4 | 5140 | 5206 | 5273 | 5339 | 5406 | 5472 | 5539 | 5605 | 5672 | 5739 | |
| 5 | 5805 | 5872 | 5938 | 6005 | 6071 | 6138 | 6204 | 6271 | 6338 | 6404 | |
| 6 | 6471 | 6537 | 6604 | 6670 | 6737 | 6803 | 6870 | 6937 | 7003 | 7070 | |
| 7 | 7136 | 7203 | 7269 | 7336 | 7402 | 7469 | 7535 | 7602 | 7668 | 7735 | |
| 8 | 7801 | 7868 | 7935 | 8001 | 8068 | 8134 | 8201 | 8267 | 8334 | 8400 | |
| 9 | 8467 | 8533 | 8600 | 8666 | 8733 | 8799 | 8866 | 8932 | 8999 | 9065 | |
| 6530 | 9132 | 9198 | 9265 | 9331 | 9398 | 9464 | 9531 | 9597 | 9664 | 9730 | |
| 1 | 9797 | 9863 | 9930 | 9996 | *0063 | *0129 | *0196 | *0262 | *0329 | *0395 | 66 |
| 2 | 815 0462 | 0528 | 0595 | 0661 | 0728 | 0794 | 0861 | 0927 | 0994 | 1060 | 1 \| 6,6 |
| 3 | 1127 | 1193 | 1260 | 1326 | 1392 | 1459 | 1525 | 1592 | 1658 | 1725 | 2 \| 13,2 |
| 4 | 1791 | 1858 | 1924 | 1991 | 2057 | 2124 | 2190 | 2257 | 2323 | 2389 | 3 \| 19,8 |
| 5 | 2456 | 2522 | 2589 | 2655 | 2722 | 2788 | 2855 | 2921 | 2988 | 3054 | 4 \| 26,4 |
| 6 | 3120 | 3187 | 3253 | 3320 | 3386 | 3453 | 3519 | 3586 | 3652 | 3718 | 5 \| 33,0 |
| 7 | 3785 | 3851 | 3918 | 3984 | 4051 | 4117 | 4183 | 4250 | 4316 | 4383 | 6 \| 39,6 |
| 8 | 4449 | 4516 | 4582 | 4648 | 4715 | 4781 | 4848 | 4914 | 4981 | 5047 | 7 \| 46,2 |
| 9 | 5113 | 5180 | 5246 | 5313 | 5379 | 5445 | 5512 | 5578 | 5645 | 5711 | 8 \| 52,8 |
| 6540 | 5777 | 5844 | 5910 | 5977 | 6043 | 6109 | 6176 | 6242 | 6309 | 6375 | 9 \| 59,4 |
| 1 | 6441 | 6508 | 6574 | 6641 | 6707 | 6773 | 6840 | 6906 | 6973 | 7039 | |
| 2 | 7105 | 7172 | 7238 | 7305 | 7371 | 7437 | 7504 | 7570 | 7636 | 7703 | |
| 3 | 7769 | 7836 | 7902 | 7968 | 8035 | 8101 | 8167 | 8234 | 8300 | 8367 | |
| 4 | 8433 | 8499 | 8566 | 8632 | 8698 | 8765 | 8831 | 8897 | 8964 | 9030 | |
| 5 | 9097 | 9163 | 9229 | 9296 | 9362 | 9428 | 9495 | 9561 | 9627 | 9694 | |
| 6 | 9760 | 9826 | 9893 | 9959 | *0025 | *0092 | *0158 | *0224 | *0291 | *0357 | |
| 7 | 816 0423 | 0490 | 0556 | 0622 | 0689 | 0755 | 0821 | 0888 | 0954 | 1020 | |
| 8 | 1087 | 1153 | 1219 | 1286 | 1352 | 1418 | 1485 | 1551 | 1617 | 1684 | |
| 9 | 1750 | 1816 | 1883 | 1949 | 2015 | 2081 | 2148 | 2214 | 2280 | 2347 | |
| N. | 0 | 1 | 2 | 3 | 4 | 5 | 6 | 7 | 8 | 9 | |

| | | | |
|---|---|---|---|
| 65000″ = 18° 3′ 20″ | 6500″ = 1° 48′ 20″ | $S = \bar{6},685\,5030$ | T. 7187 |
| 65100 = 18 5 0 | 6510 = 1 48 30 | 5028 | 7191 |
| 65200 = 18 6 40 | 6520 = 1 48 40 | 5025 | 7195 |
| 65300 = 18 8 20 | 6530 = 1 48 50 | 5023 | 7200 |
| 65400 = 18 10 0 | 6540 = 1 49 0 | 5021 | 7204 |

| N. | 0 | 1 | 2 | 3 | 4 | 5 | 6 | 7 | 8 | 9 |
|---|---|---|---|---|---|---|---|---|---|---|
| 6550 | 816 2413 | 2479 | 2546 | 2612 | 2678 | 2745 | 2811 | 2877 | 2943 | 3010 |
| 1 | 3076 | 3142 | 3209 | 3275 | 3341 | 3407 | 3474 | 3540 | 3606 | 3673 |
| 2 | 3739 | 3805 | 3871 | 3938 | 4004 | 4070 | 4137 | 4203 | 4269 | 4335 |
| 3 | 4402 | 4468 | 4534 | 4600 | 4667 | 4733 | 4799 | 4866 | 4932 | 4998 |
| 4 | 5064 | 5131 | 5197 | 5263 | 5329 | 5396 | 5462 | 5528 | 5594 | 5661 |
| 5 | 5727 | 5793 | 5859 | 5926 | 5992 | 6058 | 6124 | 6191 | 6257 | 6323 |
| 6 | 6389 | 6456 | 6522 | 6588 | 6654 | 6721 | 6787 | 6853 | 6919 | 6986 |
| 7 | 7052 | 7118 | 7184 | 7251 | 7317 | 7383 | 7449 | 7515 | 7582 | 7648 |
| 8 | 7714 | 7780 | 7847 | 7913 | 7979 | 8045 | 8111 | 8178 | 8244 | 8310 |
| 9 | 8376 | 8443 | 8509 | 8575 | 8641 | 8707 | 8774 | 8840 | 8906 | 8972 |
| 6560 | 9038 | 9105 | 9171 | 9237 | 9303 | 9369 | 9436 | 9502 | 9568 | 9634 |
| 1 | 9700 | 9767 | 9833 | 9899 | 9965 | *0031 | *0098 | *0164 | *0230 | *0296 |
| 2 | 817 0362 | 0428 | 0495 | 0561 | 0627 | 0693 | 0759 | 0826 | 0892 | 0958 |
| 3 | 1024 | 1090 | 1156 | 1223 | 1289 | 1355 | 1421 | 1487 | 1553 | 1620 |
| 4 | 1686 | 1752 | 1818 | 1884 | 1950 | 2017 | 2083 | 2149 | 2215 | 2281 |
| 5 | 2347 | 2413 | 2480 | 2546 | 2612 | 2678 | 2744 | 2810 | 2876 | 2943 |
| 6 | 3009 | 3075 | 3141 | 3207 | 3273 | 3339 | 3406 | 3472 | 3538 | 3604 |
| 7 | 3670 | 3736 | 3802 | 3869 | 3935 | 4001 | 4067 | 4133 | 4199 | 4265 |
| 8 | 4331 | 4398 | 4464 | 4530 | 4596 | 4662 | 4728 | 4794 | 4860 | 4927 |
| 9 | 4993 | 5059 | 5125 | 5191 | 5257 | 5323 | 5389 | 5455 | 5521 | 5588 |
| 6570 | 5654 | 5720 | 5786 | 5852 | 5918 | 5984 | 6050 | 6116 | 6182 | 6249 |
| 1 | 6315 | 6381 | 6447 | 6513 | 6579 | 6645 | 6711 | 6777 | 6843 | 6909 |
| 2 | 6976 | 7042 | 7108 | 7174 | 7240 | 7306 | 7372 | 7438 | 7504 | 7570 |
| 3 | 7636 | 7702 | 7768 | 7835 | 7901 | 7967 | 8033 | 8099 | 8165 | 8231 |
| 4 | 8297 | 8363 | 8429 | 8495 | 8561 | 8627 | 8693 | 8759 | 8825 | 8892 |
| 5 | 8958 | 9024 | 9090 | 9156 | 9222 | 9288 | 9354 | 9420 | 9486 | 9552 |
| 6 | 9618 | 9684 | 9750 | 9816 | 9882 | 9948 | *0014 | *0080 | *0146 | *0212 |
| 7 | 818 0278 | 0344 | 0410 | 0477 | 0543 | 0609 | 0675 | 0741 | 0807 | 0873 |
| 8 | 0939 | 1005 | 1071 | 1137 | 1203 | 1269 | 1335 | 1401 | 1467 | 1533 |
| 9 | 1599 | 1665 | 1731 | 1797 | 1863 | 1929 | 1995 | 2061 | 2127 | 2193 |
| 6580 | 2259 | 2325 | 2391 | 2457 | 2523 | 2589 | 2655 | 2721 | 2787 | 2853 |
| 1 | 2919 | 2985 | 3051 | 3117 | 3183 | 3249 | 3315 | 3381 | 3447 | 3513 |
| 2 | 3579 | 3645 | 3711 | 3777 | 3843 | 3909 | 3975 | 4041 | 4107 | 4173 |
| 3 | 4239 | 4305 | 4370 | 4436 | 4502 | 4568 | 4634 | 4700 | 4766 | 4832 |
| 4 | 4898 | 4964 | 5030 | 5096 | 5162 | 5228 | 5294 | 5360 | 5426 | 5492 |
| 5 | 5558 | 5624 | 5690 | 5756 | 5822 | 5888 | 5953 | 6019 | 6085 | 6151 |
| 6 | 6217 | 6283 | 6349 | 6415 | 6481 | 6547 | 6613 | 6679 | 6745 | 6811 |
| 7 | 6877 | 6943 | 7008 | 7074 | 7140 | 7206 | 7272 | 7338 | 7404 | 7470 |
| 8 | 7536 | 7602 | 7668 | 7734 | 7800 | 7866 | 7931 | 7997 | 8063 | 8129 |
| 9 | 8195 | 8261 | 8327 | 8393 | 8459 | 8525 | 8591 | 8656 | 8722 | 8788 |
| 6590 | 8854 | 8920 | 8986 | 9052 | 9118 | 9184 | 9250 | 9315 | 9381 | 9447 |
| 1 | 9513 | 9579 | 9645 | 9711 | 9777 | 9843 | 9908 | 9974 | *0040 | *0106 |
| 2 | 819 0172 | 0238 | 0304 | 0370 | 0436 | 0501 | 0567 | 0633 | 0699 | 0765 |
| 3 | 0831 | 0897 | 0962 | 1028 | 1094 | 1160 | 1226 | 1292 | 1358 | 1424 |
| 4 | 1489 | 1555 | 1621 | 1687 | 1753 | 1819 | 1885 | 1950 | 2016 | 2082 |
| 5 | 2148 | 2214 | 2280 | 2346 | 2411 | 2477 | 2543 | 2609 | 2675 | 2741 |
| 6 | 2806 | 2872 | 2938 | 3004 | [illegible] | [illegible] | [illegible] | [illegible] | [illegible] | 3399 |
| 7 | 3465 | 3531 | 3597 | 3662 | 3728 | 3794 | 3860 | 3926 | 3991 | 4057 |
| 8 | 4123 | 4189 | 4255 | 4321 | 4386 | 4452 | 4518 | 4584 | 4650 | 4715 |
| 9 | 4781 | 4847 | 4913 | 4979 | 5045 | 5110 | 5176 | 5242 | 5308 | 5374 |
| N. | 0 | 1 | 2 | 3 | 4 | 5 | 6 | 7 | 8 | 9 |

Diff. et p. p.

| 67 | |
|---|---|
| 1 | 6,7 |
| 2 | 13,4 |
| 3 | 20,1 |
| 4 | 26,8 |
| 5 | 33,5 |
| 6 | 40,2 |
| 7 | 46,9 |
| 8 | 53,6 |
| 9 | 60,3 |

| 66 | |
|---|---|
| 1 | 6,6 |
| 2 | 13,2 |
| 3 | 19,8 |
| 4 | 26,4 |
| 5 | 33,0 |
| 6 | 39,6 |
| 7 | 46,2 |
| 8 | 52,8 |
| 9 | 59,4 |

| 65 | |
|---|---|
| 1 | 6,5 |
| 2 | 13,0 |
| 3 | 19,5 |
| 4 | 26,0 |
| 5 | 32,5 |
| 6 | 39,0 |
| 7 | 45,5 |
| 8 | 52,0 |
| 9 | 58,5 |

65500″ = 18° 11′ 40″   6550″ = 1° 49′ 10″   S = $\bar{6}$,685 5019   T. 7209
65600 = 18 13 20   6560 = 1 49 20   5017   7213
65700 = 18 15 0   6570 = 1 49 30   5014   7218
65800 = 18 16 40   6580 = 1 49 40   5012   7222
65900 = 18 18 20   6590 = 1 49 50   5010   7227

| N. | 0 | 1 | 2 | 3 | 4 | 5 | 6 | 7 | 8 | 9 | Diff. et p. p. |
|---|---|---|---|---|---|---|---|---|---|---|---|
| 6600 | 819 5439 | 5505 | 5571 | 5637 | 5703 | 5768 | 5834 | 5900 | 5966 | 6032 | |
| 1 | 6097 | 6163 | 6229 | 6295 | 6360 | 6426 | 6492 | 6558 | 6624 | 6689 | |
| 2 | 6755 | 6821 | 6887 | 6953 | 7018 | 7084 | 7150 | 7216 | 7281 | 7347 | |
| 3 | 7413 | 7479 | 7545 | 7610 | 7676 | 7742 | 7808 | 7873 | 7939 | 8005 | |
| 4 | 8071 | 8136 | 8202 | 8268 | 8334 | 8399 | 8465 | 8531 | 8597 | 8662 | |
| 5 | 8728 | 8794 | 8860 | 8925 | 8991 | 9057 | 9123 | 9188 | 9254 | 9320 | |
| 6 | 9386 | 9451 | 9517 | 9583 | 9649 | 9714 | 9780 | 9846 | 9912 | 9977 | |
| 7 | 820 0043 | 0109 | 0175 | 0240 | 0306 | 0372 | 0437 | 0503 | 0569 | 0635 | |
| 8 | 0700 | 0766 | 0832 | 0898 | 0963 | 1029 | 1095 | 1160 | 1226 | 1292 | |
| 9 | 1358 | 1423 | 1489 | 1555 | 1620 | 1686 | 1752 | 1817 | 1883 | 1949 | |
| 6610 | 2015 | 2080 | 2146 | 2212 | 2277 | 2343 | 2409 | 2474 | 2540 | 2606 | |
| 1 | 2672 | 2737 | 2803 | 2869 | 2934 | 3000 | 3066 | 3131 | 3197 | 3263 | 66 |
| 2 | 3328 | 3394 | 3460 | 3525 | 3591 | 3657 | 3723 | 3788 | 3854 | 3920 | 1 \| 6,6 |
| 3 | 3985 | 4051 | 4117 | 4182 | 4248 | 4314 | 4379 | 4445 | 4511 | 4576 | 2 \| 13,2 |
| 4 | 4642 | 4708 | 4773 | 4839 | 4905 | 4970 | 5036 | 5102 | 5167 | 5233 | 3 \| 19,8 |
| 5 | 5298 | 5364 | 5430 | 5495 | 5561 | 5627 | 5692 | 5758 | 5824 | 5889 | 4 \| 26,4 |
| 6 | 5955 | 6021 | 6086 | 6152 | 6218 | 6283 | 6349 | 6414 | 6480 | 6546 | 5 \| 33,0 |
| 7 | 6611 | 6677 | 6743 | 6808 | 6874 | 6939 | 7005 | 7071 | 7136 | 7202 | 6 \| 39,6 |
| 8 | 7268 | 7333 | 7399 | 7464 | 7530 | 7596 | 7661 | 7727 | 7793 | 7858 | 7 \| 46,2 |
| 9 | 7924 | 7989 | 8055 | 8121 | 8186 | 8252 | 8317 | 8383 | 8449 | 8514 | 8 \| 52,8 |
| 6620 | 8580 | 8645 | 8711 | 8777 | 8842 | 8908 | 8973 | 9039 | 9105 | 9170 | 9 \| 59,4 |
| 1 | 9236 | 9301 | 9367 | 9433 | 9498 | 9564 | 9629 | 9695 | 9761 | 9826 | |
| 2 | 9892 | 9957 | *0023 | *0089 | *0154 | *0220 | *0285 | *0351 | *0416 | *0482 | |
| 3 | 821 0548 | 0613 | 0679 | 0744 | 0810 | 0875 | 0941 | 1007 | 1072 | 1138 | |
| 4 | 1203 | 1269 | 1334 | 1400 | 1465 | 1531 | 1597 | 1662 | 1728 | 1793 | |
| 5 | 1859 | 1924 | 1990 | 2055 | 2121 | 2187 | 2252 | 2318 | 2383 | 2449 | |
| 6 | 2514 | 2580 | 2645 | 2711 | 2776 | 2842 | 2908 | 2973 | 3039 | 3104 | |
| 7 | 3170 | 3235 | 3301 | 3366 | 3432 | 3497 | 3563 | 3628 | 3694 | 3759 | |
| 8 | 3825 | 3891 | 3956 | 4022 | 4087 | 4153 | 4218 | 4284 | 4349 | 4415 | |
| 9 | 4480 | 4546 | 4611 | 4677 | 4742 | 4808 | 4873 | 4939 | 5004 | 5070 | |
| 6630 | 5135 | 5201 | 5266 | 5332 | 5397 | 5463 | 5528 | 5594 | 5659 | 5725 | |
| 1 | 5790 | 5856 | 5921 | 5987 | 6052 | 6118 | 6183 | 6249 | 6314 | 6380 | 65 |
| 2 | 6445 | 6511 | 6576 | 6642 | 6707 | 6773 | 6838 | 6904 | 6969 | 7034 | 1 \| 6,5 |
| 3 | 7100 | 7165 | 7231 | 7296 | 7362 | 7427 | 7493 | 7558 | 7624 | 7689 | 2 \| 13,0 |
| 4 | 7755 | 7820 | 7886 | 7951 | 8017 | 8082 | 8147 | 8213 | 8278 | 8344 | 3 \| 19,5 |
| 5 | 8409 | 8475 | 8540 | 8606 | 8671 | 8737 | 8802 | 8867 | 8933 | 8998 | 4 \| 26,0 |
| 6 | 9064 | 9129 | 9195 | 9260 | 9326 | 9391 | 9456 | 9522 | 9587 | 9653 | 5 \| 32,5 |
| 7 | 9718 | 9784 | 9849 | 9914 | 9980 | *0045 | *0111 | *0176 | *0242 | *0307 | 6 \| 39,0 |
| 8 | 822 0372 | 0438 | 0503 | 0569 | 0634 | 0700 | 0765 | 0830 | 0896 | 0961 | 7 \| 45,5 |
| 9 | 1027 | 1092 | 1158 | 1223 | 1288 | 1354 | 1419 | 1485 | 1550 | 1615 | 8 \| 52,0 |
| 6640 | 1681 | 1746 | 1812 | 1877 | 1942 | 2008 | 2073 | 2139 | 2204 | 2269 | 9 \| 58,5 |
| 1 | 2335 | 2400 | 2466 | 2531 | 2596 | 2662 | 2727 | 2793 | 2858 | 2923 | |
| 2 | 2989 | 3054 | 3119 | 3185 | 3250 | 3316 | 3381 | 3446 | 3512 | 3577 | |
| 3 | 3643 | 3708 | 3773 | 3839 | 3904 | 3969 | 4035 | 4100 | 4166 | 4231 | |
| 4 | 4296 | 4362 | 4427 | 4492 | 4558 | 4623 | 4688 | 4754 | 4819 | 4884 | |
| 5 | 4950 | 5015 | 5081 | 5146 | 5211 | 5277 | 5342 | 5407 | 5473 | 5538 | |
| 6 | 5603 | 5669 | 5734 | 5799 | 5865 | 5930 | 5995 | 6061 | 6126 | 6191 | |
| 7 | 6257 | 6322 | 6387 | 6453 | 6518 | 6583 | 6649 | 6714 | 6779 | 6845 | |
| 8 | 6910 | 6975 | 7041 | 7106 | 7171 | 7237 | 7302 | 7367 | 7433 | 7498 | |
| 9 | 7563 | 7629 | 7694 | 7759 | 7825 | 7890 | 7955 | 8021 | 8086 | 8151 | |
| N. | 0 | 1 | 2 | 3 | 4 | 5 | 6 | 7 | 8 | 9 | |

66 000″ = 18° 20′ 0″ — 6600 = 1° 50′ 0″ — S = $\bar{6}$,685 5008 — T. 7231
66 100 = 18 21 40 — 6610 = 1 50 10 — 5005 — 7236
66 200 = 18 23 20 — 6620 = 1 50 20 — 5003 — 7240
66 300 = 18 25 0 — 6630 = 1 50 30 — 5001 — 7245
66 400 = 18 26 40 — 6640 = 1 50 40 — 4999 — 7249

| N. | 0 | 1 | 2 | 3 | 4 | 5 | 6 | 7 | 8 | 9 | Diff. et p. p. |
|---|---|---|---|---|---|---|---|---|---|---|---|
| 6650 | 822 8216 | 8282 | 8347 | 8412 | 8478 | 8543 | 8608 | 8674 | 8739 | 8804 | |
| 1 | 8869 | 8935 | 9000 | 9065 | 9131 | 9196 | 9261 | 9327 | 9392 | 9457 | |
| 2 | 9522 | 9588 | 9653 | 9718 | 9784 | 9849 | 9914 | 9979 | *0045 | *0110 | |
| 3 | 823 0175 | 0241 | 0306 | 0371 | 0436 | 0502 | 0567 | 0632 | 0697 | 0763 | |
| 4 | 0828 | 0893 | 0958 | 1024 | 1089 | 1154 | 1220 | 1285 | 1350 | 1415 | |
| 5 | 1481 | 1546 | 1611 | 1676 | 1742 | 1807 | 1872 | 1937 | 2003 | 2068 | |
| 6 | 2133 | 2198 | 2264 | 2329 | 2394 | 2459 | 2525 | 2590 | 2655 | 2720 | 66 |
| 7 | 2786 | 2851 | 2916 | 2981 | 3047 | 3112 | 3177 | 3242 | 3307 | 3373 | 1 \| 6,6 |
| 8 | 3438 | 3503 | 3568 | 3634 | 3699 | 3764 | 3829 | 3894 | 3960 | 4025 | 2 \| 13,2 |
| 9 | 4090 | 4155 | 4221 | 4286 | 4351 | 4416 | 4481 | 4547 | 4612 | 4677 | 3 \| 19,8 |
| 6660 | 4742 | 4808 | 4873 | 4938 | 5003 | 5068 | 5134 | 5199 | 5264 | 5329 | 4 \| 26,4 |
| 1 | 5394 | 5460 | 5525 | 5590 | 5655 | 5720 | 5786 | 5851 | 5916 | 5981 | 5 \| 33,0 |
| 2 | 6046 | 6111 | 6177 | 6242 | 6307 | 6372 | 6437 | 6503 | 6568 | 6633 | 6 \| 39,6 |
| 3 | 6698 | 6763 | 6828 | 6894 | 6959 | 7024 | 7089 | 7154 | 7220 | 7285 | 7 \| 46,2 |
| 4 | 7350 | 7415 | 7480 | 7545 | 7611 | 7676 | 7741 | 7806 | 7871 | 7936 | 8 \| 52,8 |
| 5 | 8002 | 8067 | 8132 | 8197 | 8262 | 8327 | 8392 | 8458 | 8523 | 8588 | 9 \| 59,4 |
| 6 | 8653 | 8718 | 8783 | 8849 | 8914 | 8979 | 9044 | 9109 | 9174 | 9239 | |
| 7 | 9305 | 9370 | 9435 | 9500 | 9565 | 9630 | 9695 | 9761 | 9826 | 9891 | |
| 8 | 9956 | *0021 | *0086 | *0151 | *0216 | *0282 | *0347 | *0412 | *0477 | *0542 | |
| 9 | 824 0607 | 0672 | 0737 | 0803 | 0868 | 0933 | 0998 | 1063 | 1128 | 1193 | |
| 6670 | 1258 | 1323 | 1389 | 1454 | 1519 | 1584 | 1649 | 1714 | 1779 | 1844 | |
| 1 | 1909 | 1975 | 2040 | 2105 | 2170 | 2235 | 2300 | 2365 | 2430 | 2495 | 65 |
| 2 | 2560 | 2625 | 2691 | 2756 | 2821 | 2886 | 2951 | 3016 | 3081 | 3146 | 1 \| 6,5 |
| 3 | 3211 | 3276 | 3341 | 3406 | 3472 | 3537 | 3602 | 3667 | 3732 | 3797 | 2 \| 13,0 |
| 4 | 3862 | 3927 | 3992 | 4057 | 4122 | 4187 | 4252 | 4318 | 4383 | 4448 | 3 \| 19,5 |
| 5 | 4513 | 4578 | 4643 | 4708 | 4773 | 4838 | 4903 | 4968 | 5033 | 5098 | 4 \| 26,0 |
| 6 | 5163 | 5228 | 5293 | 5358 | 5423 | 5489 | 5554 | 5619 | 5684 | 5749 | 5 \| 32,5 |
| 7 | 5814 | 5879 | 5944 | 6009 | 6074 | 6139 | 6204 | 6269 | 6334 | 6399 | 6 \| 39,0 |
| 8 | 6464 | 6529 | 6594 | 6659 | 6724 | 6789 | 6854 | 6919 | 6984 | 7049 | 7 \| 45,5 |
| 9 | 7114 | 7179 | 7244 | 7310 | 7375 | 7440 | 7505 | 7570 | 7635 | 7700 | 8 \| 52,0 |
| 6680 | 7765 | 7830 | 7895 | 7960 | 8025 | 8090 | 8155 | 8220 | 8285 | 8350 | 9 \| 58,5 |
| 1 | 8415 | 8480 | 8545 | 8610 | 8675 | 8740 | 8805 | 8870 | 8935 | 9000 | |
| 2 | 9065 | 9130 | 9195 | 9260 | 9325 | 9390 | 9455 | 9520 | 9585 | 9650 | |
| 3 | 9715 | 9780 | 9845 | 9910 | 9975 | *0040 | *0105 | *0169 | *0234 | *0299 | |
| 4 | 825 0364 | 0429 | 0494 | 0559 | 0624 | 0689 | 0754 | 0819 | 0884 | 0949 | |
| 5 | 1014 | 1079 | 1144 | 1209 | 1274 | 1339 | 1404 | 1469 | 1534 | 1599 | |
| 6 | 1664 | 1729 | 1794 | 1859 | 1924 | 1988 | 2053 | 2118 | 2183 | 2248 | 64 |
| 7 | 2313 | 2378 | 2443 | 2508 | 2573 | 2638 | 2703 | 2768 | 2833 | 2898 | 1 \| 6,4 |
| 8 | 2963 | 3028 | 3093 | 3157 | 3222 | 3287 | 3352 | 3417 | 3482 | 3547 | 2 \| 12,8 |
| 9 | 3612 | 3677 | 3742 | 3807 | 3872 | 3937 | 4002 | 4066 | 4131 | 4196 | 3 \| 19,2 |
| 6690 | 4261 | 4326 | 4391 | 4456 | 4521 | 4586 | 4651 | 4716 | 4780 | 4845 | 4 \| 25,6 |
| 1 | 4910 | 4975 | 5040 | 5105 | 5170 | 5235 | 5300 | 5365 | 5430 | 5494 | 5 \| 32,0 |
| 2 | 5559 | 5624 | 5689 | 5754 | 5819 | 5884 | 5949 | 6014 | 6078 | 6143 | 6 \| 38,4 |
| 3 | 6208 | 6273 | 6338 | 6403 | 6468 | 6533 | 6598 | 6662 | 6727 | 6792 | 7 \| 44,8 |
| 4 | 6857 | 6922 | 6987 | 7052 | 7117 | 7181 | 7246 | 7311 | 7376 | 7441 | 8 \| 51,2 |
| 5 | 7506 | 7571 | 7636 | 7700 | 7765 | 7830 | 7895 | 7960 | 8025 | 8090 | 9 \| 57,6 |
| 6 | 8154 | 8219 | 8284 | 8349 | 8414 | 8479 | 8544 | 8608 | 8673 | 8738 | |
| 7 | 8803 | 8868 | 8933 | 8998 | 9062 | 9127 | 9192 | 9257 | 9322 | 9387 | |
| 8 | 9451 | 9516 | 9581 | 9646 | 9711 | 9776 | 9840 | 9905 | 9970 | *0035 | |
| 9 | 826 0100 | 0165 | 0229 | 0294 | 0359 | 0424 | 0489 | 0554 | 0618 | 0683 | |
| N. | 0 | 1 | 2 | 3 | 4 | 5 | 6 | 7 | 8 | 9 | |

| | | | |
|---|---|---|---|
| 66500″ = 18° 28′ 20″ | 6650″ = 1° 50′ 50″ | S = $\overline{6}$,685 4996 | T. 7254 |
| 66600 = 18 30 0 | 6660 = 1 51 0 | 4994 | 7258 |
| 66700 = 18 31 40 | 6670 = 1 51 10 | 4992 | 7263 |
| 66800 = 18 33 20 | 6680 = 1 51 20 | 4989 | 7267 |
| 66900 = 18 35 0 | 6690 = 1 51 30 | 4987 | 7272 |

| N. | 0 | 1 | 2 | 3 | 4 | 5 | 6 | 7 | 8 | 9 | Diff. et p. p. |
|---|---|---|---|---|---|---|---|---|---|---|---|
| 6700 | 826 0748 | 0813 | 0878 | 0942 | 1007 | 1072 | 1137 | 1202 | 1267 | 1331 | |
| 1 | 1396 | 1461 | 1526 | 1591 | 1655 | 1720 | 1785 | 1850 | 1915 | 1979 | |
| 2 | 2044 | 2109 | 2174 | 2239 | 2303 | 2368 | 2433 | 2498 | 2563 | 2627 | |
| 3 | 2692 | 2757 | 2822 | 2887 | 2951 | 3016 | 3081 | 3146 | 3210 | 3275 | |
| 4 | 3340 | 3405 | 3470 | 3534 | 3599 | 3664 | 3729 | 3794 | 3858 | 3923 | |
| 5 | 3988 | 4053 | 4117 | 4182 | 4247 | 4312 | 4376 | 4441 | 4506 | 4571 | |
| 6 | 4635 | 4700 | 4765 | 4830 | 4895 | 4959 | 5024 | 5089 | 5154 | 5218 | |
| 7 | 5283 | 5348 | 5413 | 5477 | 5542 | 5607 | 5672 | 5736 | 5801 | 5866 | |
| 8 | 5931 | 5995 | 6060 | 6125 | 6190 | 6254 | 6319 | 6384 | 6448 | 6513 | |
| 9 | 6578 | 6643 | 6707 | 6772 | 6837 | 6902 | 6966 | 7031 | 7096 | 7160 | |
| 6710 | 7225 | 7290 | 7355 | 7419 | 7484 | 7549 | 7614 | 7678 | 7743 | 7808 | |
| 1 | 7872 | 7937 | 8002 | 8067 | 8131 | 8196 | 8261 | 8325 | 8390 | 8455 | 65 |
| 2 | 8519 | 8584 | 8649 | 8714 | 8778 | 8843 | 8908 | 8972 | 9037 | 9102 | 1 \| 6,5 |
| 3 | 9166 | 9231 | 9296 | 9361 | 9425 | 9490 | 9555 | 9619 | 9684 | 9749 | 2 \| 13,0 |
| 4 | 9813 | 9878 | 9943 | *0007 | *0072 | *0137 | *0201 | *0266 | *0331 | *0395 | 3 \| 19,5 |
| 5 | 827 0460 | 0525 | 0590 | 0654 | 0719 | 0784 | 0848 | 0913 | 0978 | 1042 | 4 \| 26,0 |
| 6 | 1107 | 1172 | 1236 | 1301 | 1366 | 1430 | 1495 | 1560 | 1624 | 1689 | 5 \| 32,5 |
| 7 | 1753 | 1818 | 1883 | 1947 | 2012 | 2077 | 2141 | 2206 | 2271 | 2335 | 6 \| 39,0 |
| 8 | 2400 | 2465 | 2529 | 2594 | 2659 | 2723 | 2788 | 2852 | 2917 | 2982 | 7 \| 45,5 |
| 9 | 3046 | 3111 | 3176 | 3240 | 3305 | 3370 | 3434 | 3499 | 3563 | 3628 | 8 \| 52,0 |
| 6720 | 3693 | 3757 | 3822 | 3887 | 3951 | 4016 | 4080 | 4145 | 4210 | 4274 | 9 \| 58,5 |
| 1 | 4339 | 4404 | 4468 | 4533 | 4597 | 4662 | 4727 | 4791 | 4856 | 4920 | |
| 2 | 4985 | 5050 | 5114 | 5179 | 5244 | 5308 | 5373 | 5437 | 5502 | 5567 | |
| 3 | 5631 | 5696 | 5760 | 5825 | 5889 | 5954 | 6019 | 6083 | 6148 | 6212 | |
| 4 | 6277 | 6342 | 6406 | 6471 | 6535 | 6600 | 6665 | 6729 | 6794 | 6858 | |
| 5 | 6923 | 6987 | 7052 | 7117 | 7181 | 7246 | 7310 | 7375 | 7439 | 7504 | |
| 6 | 7569 | 7633 | 7698 | 7762 | 7827 | 7891 | 7956 | 8021 | 8085 | 8150 | |
| 7 | 8214 | 8279 | 8343 | 8408 | 8473 | 8537 | 8602 | 8666 | 8731 | 8795 | |
| 8 | 8860 | 8924 | 8989 | 9053 | 9118 | 9183 | 9247 | 9312 | 9376 | 9441 | |
| 9 | 9505 | 9570 | 9634 | 9699 | 9763 | 9828 | 9893 | 9957 | *0022 | *0086 | |
| 6730 | 828 0151 | 0215 | 0280 | 0344 | 0409 | 0473 | 0538 | 0602 | 0667 | 0731 | |
| 1 | 0796 | 0860 | 0925 | 0989 | 1054 | 1119 | 1183 | 1248 | 1312 | 1377 | 64 |
| 2 | 1441 | 1506 | 1570 | 1635 | 1699 | 1764 | 1828 | 1893 | 1957 | 2022 | 1 \| 6,4 |
| 3 | 2086 | 2151 | 2215 | 2280 | 2344 | 2409 | 2473 | 2538 | 2602 | 2667 | 2 \| 12,8 |
| 4 | 2731 | 2796 | 2860 | 2925 | 2989 | 3054 | 3118 | 3183 | 3247 | 3312 | 3 \| 19,2 |
| 5 | 3376 | 3440 | 3505 | 3569 | 3634 | 3698 | 3763 | 3827 | 3892 | 3956 | 4 \| 25,6 |
| 6 | 4021 | 4085 | 4150 | 4214 | 4279 | 4343 | 4408 | 4472 | 4537 | 4601 | 5 \| 32,0 |
| 7 | 4665 | 4730 | 4794 | 4859 | 4923 | 4988 | 5052 | 5117 | 5181 | 5246 | 6 \| 38,4 |
| 8 | 5310 | 5375 | 5439 | 5503 | 5568 | 5632 | 5697 | 5761 | 5826 | 5890 | 7 \| 44,8 |
| 9 | 5955 | 6019 | 6083 | 6148 | 6212 | 6277 | 6341 | 6406 | 6470 | 6535 | 8 \| 51,2 |
| 6740 | 6599 | 6663 | 6728 | 6792 | 6857 | 6921 | 6986 | 7050 | 7114 | 7179 | 9 \| 57,6 |
| 1 | 7243 | 7308 | 7372 | 7437 | 7501 | 7565 | 7630 | 7694 | 7759 | 7823 | |
| 2 | 7887 | 7952 | 8016 | 8081 | 8145 | 8210 | 8274 | 8338 | 8403 | 8467 | |
| 3 | 8532 | 8596 | 8660 | 8725 | 8789 | 8854 | 8918 | 8982 | 9047 | 9111 | |
| 4 | 9176 | 9240 | 9304 | 9369 | 9433 | 9498 | 9562 | 9626 | 9691 | 9755 | |
| 5 | 9820 | 9884 | 9948 | *0013 | *0077 | *0141 | *0206 | *0270 | *0335 | *0399 | |
| 6 | 829 0463 | 0528 | 0592 | 0656 | 0721 | 0785 | 0850 | 0914 | 0978 | 1043 | |
| 7 | 1107 | 1171 | 1236 | 1300 | 1365 | 1429 | 1493 | 1558 | 1622 | 1686 | |
| 8 | 1751 | 1815 | 1879 | 1944 | 2008 | 2073 | 2137 | 2201 | 2266 | 2330 | |
| 9 | 2394 | 2459 | 2523 | 2587 | 2652 | 2716 | 2780 | 2845 | 2909 | 2973 | |
| N. | 0 | 1 | 2 | 3 | 4 | 5 | 6 | 7 | 8 | 9 | |

| | | S | T. |
|---|---|---|---|
| 67000″ = 18° 36′ 40″ | 6700″ = 1° 51′ 40″ | S = $\bar{6}$,6854985 | T. 7276 |
| 67100 = 18 38 20 | 6710 = 1 51 50 | 4983 | 7281 |
| 67200 = 18 40 0 | 6720 = 1 52 0 | 4980 | 7286 |
| 67300 = 18 41 40 | 6730 = 1 52 10 | 4978 | 7290 |
| 67400 = 18 43 20 | 6740 = 1 52 20 | 4976 | 7295 |

| N. | 0 | 1 | 2 | 3 | 4 | 5 | 6 | 7 | 8 | 9 | Diff. et p. p. |
|---|---|---|---|---|---|---|---|---|---|---|---|
| 6750 | 829 3038 | 3102 | 3166 | 3231 | 3295 | 3359 | 3424 | 3488 | 3552 | 3617 | |
| 1 | 3681 | 3745 | 3810 | 3874 | 3938 | 4003 | 4067 | 4131 | 4196 | 4260 | |
| 2 | 4324 | 4389 | 4453 | 4517 | 4582 | 4646 | 4710 | 4775 | 4839 | 4903 | |
| 3 | 4967 | 5032 | 5096 | 5160 | 5225 | 5289 | 5353 | 5418 | 5482 | 5546 | |
| 4 | 5611 | 5675 | 5739 | 5803 | 5868 | 5932 | 5996 | 6061 | 6125 | 6189 | |
| 5 | 6254 | 6318 | 6382 | 6446 | 6511 | 6575 | 6639 | 6704 | 6768 | 6832 | |
| 6 | 6896 | 6961 | 7025 | 7089 | 7154 | 7218 | 7282 | 7346 | 7411 | 7475 | 65 |
| 7 | 7539 | 7603 | 7668 | 7732 | 7796 | 7861 | 7925 | 7989 | 8053 | 8118 | 1 \| 6,5 |
| 8 | 8182 | 8246 | 8310 | 8375 | 8439 | 8503 | 8567 | 8632 | 8696 | 8760 | 2 \| 13,0 |
| 9 | 8824 | 8889 | 8953 | 9017 | 9081 | 9146 | 9210 | 9274 | 9338 | 9403 | 3 \| 19,5 |
| 6760 | 9467 | 9531 | 9595 | 9660 | 9724 | 9788 | 9852 | 9917 | 9981 | *0045 | 4 \| 26,0 |
| 1 | 830 0109 | 0174 | 0238 | 0302 | 0366 | 0431 | 0495 | 0559 | 0623 | 0687 | 5 \| 32,5 |
| 2 | 0752 | 0816 | 0880 | 0944 | 1009 | 1073 | 1137 | 1201 | 1265 | 1330 | 6 \| 39,0 |
| 3 | 1394 | 1458 | 1522 | 1587 | 1651 | 1715 | 1779 | 1843 | 1908 | 1972 | 7 \| 45,5 |
| 4 | 2036 | 2100 | 2164 | 2229 | 2293 | 2357 | 2421 | 2485 | 2550 | 2614 | 8 \| 52,0 |
| 5 | 2678 | 2742 | 2806 | 2871 | 2935 | 2999 | 3063 | 3127 | 3192 | 3256 | 9 \| 58,5 |
| 6 | 3320 | 3384 | 3448 | 3512 | 3577 | 3641 | 3705 | 3769 | 3833 | 3898 | |
| 7 | 3962 | 4026 | 4090 | 4154 | 4218 | 4283 | 4347 | 4411 | 4475 | 4539 | |
| 8 | 4604 | 4668 | 4732 | 4796 | 4860 | 4924 | 4988 | 5053 | 5117 | 5181 | |
| 9 | 5245 | 5309 | 5373 | 5438 | 5502 | 5566 | 5630 | 5694 | 5758 | 5823 | |
| 6770 | 5887 | 5951 | 6015 | 6079 | 6143 | 6207 | 6272 | 6336 | 6400 | 6464 | |
| 1 | 6528 | 6592 | 6656 | 6721 | 6785 | 6849 | 6913 | 6977 | 7041 | 7105 | 64 |
| 2 | 7169 | 7234 | 7298 | 7362 | 7426 | 7490 | 7554 | 7618 | 7683 | 7747 | 1 \| 6,4 |
| 3 | 7811 | 7875 | 7939 | 8003 | 8067 | 8131 | 8195 | 8260 | 8324 | 8388 | 2 \| 12,8 |
| 4 | 8452 | 8516 | 8580 | 8544 | 8708 | 8772 | 8837 | 8901 | 8965 | 9029 | 3 \| 19,2 |
| 5 | 9093 | 9157 | 9221 | 9285 | 9349 | 9413 | 9478 | 9542 | 9606 | 9670 | 4 \| 25,6 |
| 6 | 9734 | 9798 | 9862 | 9926 | 9990 | *0054 | *0119 | *0183 | *0247 | *0311 | 5 \| 32,0 |
| 7 | 831 0375 | 0439 | 0503 | 0567 | 0631 | 0695 | 0759 | 0823 | 0887 | 0952 | 6 \| 38,4 |
| 8 | 1016 | 1080 | 1144 | 1208 | 1272 | 1336 | 1400 | 1464 | 1528 | 1592 | 7 \| 44,8 |
| 9 | 1656 | 1720 | 1784 | 1849 | 1913 | 1977 | 2041 | 2105 | 2169 | 2233 | 8 \| 51,2 |
| 6780 | 2297 | 2361 | 2425 | 2489 | 2553 | 2617 | 2681 | 2745 | 2809 | 2873 | 9 \| 57,6 |
| 1 | 2937 | 3001 | 3066 | 3130 | 3194 | 3258 | 3322 | 3386 | 3450 | 3514 | |
| 2 | 3578 | 3642 | 3706 | 3770 | 3834 | 3898 | 3962 | 4026 | 4090 | 4154 | |
| 3 | 4218 | 4282 | 4346 | 4410 | 4474 | 4538 | 4602 | 4666 | 4730 | 4794 | |
| 4 | 4858 | 4922 | 4986 | 5050 | 5114 | 5178 | 5242 | 5306 | 5371 | 5435 | |
| 5 | 5499 | 5563 | 5627 | 5691 | 5755 | 5819 | 5883 | 5947 | 6011 | 6075 | |
| 6 | 6139 | 6203 | 6267 | 6331 | 6395 | 6459 | 6523 | 6587 | 6651 | 6715 | 63 |
| 7 | 6778 | 6842 | 6906 | 6970 | 7034 | 7098 | 7162 | 7226 | 7290 | 7354 | 1 \| 6,3 |
| 8 | 7418 | 7482 | 7546 | 7610 | 7674 | 7738 | 7802 | 7866 | 7930 | 7994 | 2 \| 12,6 |
| 9 | 8058 | 8122 | 8186 | 8250 | 8314 | 8378 | 8442 | 8506 | 8570 | 8634 | 3 \| 18,9 |
| 6790 | 8698 | 8762 | 8826 | 8890 | 8954 | 9018 | 9081 | 9145 | 9209 | 9273 | 4 \| 25,2 |
| 1 | 9337 | 9401 | 9465 | 9529 | 9593 | 9657 | 9721 | 9785 | 9849 | 9913 | 5 \| 31,5 |
| 2 | 9977 | *0041 | *0105 | *0169 | *0233 | *0296 | *0360 | *0424 | *0488 | *0552 | 6 \| 37,8 |
| 3 | 832 0616 | 0680 | 0744 | 0808 | 0872 | 0936 | 1000 | 1064 | 1128 | 1192 | 7 \| 44,1 |
| 4 | 1255 | 1319 | 1383 | 1447 | 1511 | 1575 | 1639 | 1703 | 1767 | 1831 | 8 \| 50,4 |
| 5 | 1895 | 1959 | 2022 | 2086 | 2150 | 2214 | 2278 | 2342 | 2406 | 2470 | 9 \| 56,7 |
| 6 | 2534 | 2598 | 2662 | 2725 | 2789 | 2853 | 2917 | 2981 | 3045 | 3109 | |
| 7 | 3173 | 3237 | 3300 | 3364 | 3428 | 3492 | 3556 | 3620 | 3684 | 3748 | |
| 8 | 3812 | 3875 | 3939 | 4003 | 4067 | 4131 | 4195 | 4259 | 4323 | 4387 | |
| 9 | 4450 | 4514 | 4578 | 4642 | 4706 | 4770 | 4834 | 4898 | 4961 | 5025 | |
| N. | 0 | 1 | 2 | 3 | 4 | 5 | 6 | 7 | 8 | 9 | |

| | | S | T. |
|---|---|---|---|
| 67500″ = 18° 45′ 0″ | 6750″ = 1° 52′ 30″ | S = $\bar{6}$,685 4973 | T. 7299 |
| 67600 = 18 46 40 | 6760 = 1 52 40 | 4971 | 7304 |
| 67700 = 18 48 20 | 6770 = 1 52 50 | 4969 | 7309 |
| 67800 = 18 50 0 | 6780 = 1 53 0 | 4967 | 7313 |
| 67900 = 18 51 40 | 6790 = 1 53 10 | 4964 | 7318 |

| N. | 0 | 1 | 2 | 3 | 4 | 5 | 6 | 7 | 8 | 9 | Diff. et p. p. |
|---|---|---|---|---|---|---|---|---|---|---|---|
| 6800 | 832 5089 | 5153 | 5217 | 5281 | 5345 | 5408 | 5472 | 5536 | 5600 | 5664 | |
| 1 | 5728 | 5792 | 5855 | 5919 | 5983 | 6047 | 6111 | 6175 | 6239 | 6302 | |
| 2 | 6366 | 6430 | 6494 | 6558 | 6622 | 6686 | 6749 | 6813 | 6877 | 6941 | |
| 3 | 7005 | 7069 | 7132 | 7196 | 7260 | 7324 | 7388 | 7452 | 7515 | 7579 | |
| 4 | 7643 | 7707 | 7771 | 7835 | 7898 | 7962 | 8026 | 8090 | 8154 | 8217 | |
| 5 | 8281 | 8345 | 8409 | 8473 | 8537 | 8600 | 8664 | 8728 | 8792 | 8856 | |
| 6 | 8919 | 8983 | 9047 | 9111 | 9175 | 9238 | 9302 | 9366 | 9430 | 9494 | |
| 7 | 9558 | 9621 | 9685 | 9749 | 9813 | 9877 | 9940 | *0004 | *0068 | *0132 | |
| 8 | 833 0195 | 0259 | 0323 | 0387 | 0451 | 0514 | 0578 | 0642 | 0706 | 0770 | |
| 9 | 0833 | 0897 | 0961 | 1025 | 1088 | 1152 | 1216 | 1280 | 1344 | 1407 | |
| 6810 | 1471 | 1535 | 1599 | 1662 | 1726 | 1790 | 1854 | 1918 | 1981 | 2045 | |
| 1 | 2109 | 2173 | 2236 | 2300 | 2364 | 2428 | 2491 | 2555 | 2619 | 2683 | 64 |
| 2 | 2746 | 2810 | 2874 | 2938 | 3001 | 3065 | 3129 | 3193 | 3256 | 3320 | 1 \| 6,4 |
| 3 | 3384 | 3448 | 3511 | 3575 | 3639 | 3703 | 3766 | 3830 | 3894 | 3958 | 2 \| 12,8 |
| 4 | 4021 | 4085 | 4149 | 4212 | 4276 | 4340 | 4404 | 4467 | 4531 | 4595 | 3 \| 19,2 |
| 5 | 4659 | 4722 | 4786 | 4850 | 4913 | 4977 | 5041 | 5105 | 5168 | 5232 | 4 \| 25,6 |
| 6 | 5296 | 5360 | 5423 | 5487 | 5551 | 5614 | 5678 | 5742 | 5806 | 5869 | 5 \| 32,0 |
| 7 | 5933 | 5997 | 6060 | 6124 | 6188 | 6251 | 6315 | 6379 | 6443 | 6506 | 6 \| 38,4 |
| 8 | 6570 | 6634 | 6697 | 6761 | 6825 | 6888 | 6952 | 7016 | 7080 | 7143 | 7 \| 44,8 |
| 9 | 7207 | 7271 | 7334 | 7398 | 7462 | 7525 | 7589 | 7653 | 7716 | 7780 | 8 \| 51,2 |
| 6820 | 7844 | 7907 | 7971 | 8035 | 8098 | 8162 | 8226 | 8289 | 8353 | 8417 | 9 \| 57,6 |
| 1 | 8480 | 8544 | 8608 | 8672 | 8735 | 8799 | 8862 | 8926 | 8990 | 9053 | |
| 2 | 9117 | 9181 | 9244 | 9308 | 9372 | 9435 | 9499 | 9563 | 9626 | 9690 | |
| 3 | 9754 | 9817 | 9881 | 9945 | *0008 | *0072 | *0136 | *0199 | *0263 | *0327 | |
| 4 | 834 0390 | 0454 | 0517 | 0581 | 0645 | 0708 | 0772 | 0836 | 0899 | 0963 | |
| 5 | 1027 | 1090 | 1154 | 1217 | 1281 | 1345 | 1408 | 1472 | 1536 | 1599 | |
| 6 | 1663 | 1726 | 1790 | 1854 | 1917 | 1981 | 2045 | 2108 | 2172 | 2235 | |
| 7 | 2299 | 2363 | 2426 | 2490 | 2553 | 2617 | 2681 | 2744 | 2808 | 2872 | |
| 8 | 2935 | 2999 | 3062 | 3126 | 3190 | 3253 | 3317 | 3380 | 3444 | 3508 | |
| 9 | 3571 | 3635 | 3698 | 3762 | 3826 | 3889 | 3953 | 4016 | 4080 | 4143 | |
| 6830 | 4207 | 4271 | 4334 | 4398 | 4461 | 4525 | 4589 | 4652 | 4716 | 4779 | |
| 1 | 4843 | 4906 | 4970 | 5034 | 5097 | 5161 | 5224 | 5288 | 5351 | 5415 | 63 |
| 2 | 5479 | 5542 | 5606 | 5669 | 5733 | 5796 | 5860 | 5924 | 5987 | 6051 | 1 \| 6,3 |
| 3 | 6114 | 6178 | 6241 | 6305 | 6368 | 6432 | 6496 | 6559 | 6623 | 6686 | 2 \| 12,6 |
| 4 | 6750 | 6813 | 6877 | 6940 | 7004 | 7067 | 7131 | 7195 | 7258 | 7322 | 3 \| 18,9 |
| 5 | 7385 | 7449 | 7512 | 7576 | 7639 | 7703 | 7766 | 7830 | 7893 | 7957 | 4 \| 25,2 |
| 6 | 8021 | 8084 | 8148 | 8211 | 8275 | 8338 | 8402 | 8465 | 8529 | 8592 | 5 \| 31,5 |
| 7 | 8656 | 8719 | 8783 | 8846 | 8910 | 8973 | 9037 | 9100 | 9164 | 9227 | 6 \| 37,8 |
| 8 | 9291 | 9354 | 9418 | 9481 | 9545 | 9609 | 9672 | 9736 | 9799 | 9863 | 7 \| 44,1 |
| 9 | 9926 | 9990 | *0053 | *0117 | *0180 | *0244 | *0307 | *0371 | *0434 | *0498 | 8 \| 50,4 |
| 6840 | 835 0561 | 0625 | 0688 | 0751 | 0815 | 0878 | 0942 | 1005 | 1069 | 1132 | 9 \| 56,7 |
| 1 | 1196 | 1259 | 1323 | 1386 | 1450 | 1513 | 1577 | 1640 | 1704 | 1767 | |
| 2 | 1831 | 1894 | 1958 | 2021 | 2085 | 2148 | 2212 | 2275 | 2338 | 2402 | |
| 3 | 2465 | 2529 | 2592 | 2656 | 2719 | 2783 | 2846 | 2910 | 2973 | 3037 | |
| 4 | 3100 | 3163 | 3227 | 3290 | 3354 | 3417 | 3481 | 3544 | 3608 | 3671 | |
| 5 | 3735 | 3798 | 3861 | 3925 | 3988 | 4052 | 4115 | 4179 | 4242 | 4306 | |
| 6 | 4369 | 4432 | 4496 | 4559 | 4623 | 4686 | 4750 | 4813 | 4876 | 4940 | |
| 7 | 5003 | 5067 | 5130 | 5194 | 5257 | 5320 | 5384 | 5447 | 5511 | 5574 | |
| 8 | 5638 | 5701 | 5764 | 5828 | 5891 | 5955 | 6018 | 6081 | 6145 | 6208 | |
| 9 | 6272 | 6335 | 6398 | 6462 | 6525 | 6589 | 6652 | 6716 | 6779 | 6842 | |
| N. | 0 | 1 | 2 | 3 | 4 | 5 | 6 | 7 | 8 | 9 | |

| | | | |
|---|---|---|---|
| 68 000″ = 18° 53′ 20″ | 6800″ = 1° 53′ 20″ | S = $\bar{6}$,685 4962 | T. 7322 |
| 68 100 = 18 55 0 | 6810 = 1 53 30 | 4960 | 7327 |
| 68 200 = 18 56 40 | 6820 = 1 53 40 | 4957 | 7332 |
| 68 300 = 18 58 20 | 6830 = 1 53 50 | 4955 | 7336 |
| 68 400 = 19 0 0 | 6840 = 1 54 0 | 4953 | 7341 |

| N. | 0 | 1 | 2 | 3 | 4 | 5 | 6 | 7 | 8 | 9 | Diff. et p. p. |
|---|---|---|---|---|---|---|---|---|---|---|---|
| 6850 | 835 6906 | 6969 | 7033 | 7096 | 7159 | 7223 | 7286 | 7349 | 7413 | 7476 | |
| 1 | 7540 | 7603 | 7666 | 7730 | 7793 | 7857 | 7920 | 7983 | 8047 | 8110 | |
| 2 | 8174 | 8237 | 8300 | 8364 | 8427 | 8490 | 8554 | 8617 | 8681 | 8744 | |
| 3 | 8807 | 8871 | 8934 | 8997 | 9061 | 9124 | 9188 | 9251 | 9314 | 9378 | |
| 4 | 9441 | 9504 | 9568 | 9631 | 9694 | 9758 | 9821 | 9885 | 9948 | *0011 | |
| 5 | 836 0075 | 0138 | 0201 | 0265 | 0328 | 0391 | 0455 | 0518 | 0581 | 0645 | |
| 6 | 0708 | 0771 | 0835 | 0898 | 0961 | 1025 | 1088 | 1151 | 1215 | 1278 | 64 |
| 7 | 1341 | 1405 | 1468 | 1531 | 1595 | 1658 | 1721 | 1785 | 1848 | 1911 | 1 \| 6,4 |
| 8 | 1975 | 2038 | 2101 | 2165 | 2228 | 2291 | 2355 | 2418 | 2481 | 2545 | 2 \| 12,8 |
| 9 | 2608 | 2671 | 2735 | 2798 | 2861 | 2925 | 2988 | 3051 | 3115 | 3178 | 3 \| 19,2 |
| 6860 | 3241 | 3304 | 3368 | 3431 | 3494 | 3558 | 3621 | 3684 | 3748 | 3811 | 4 \| 25,6 |
| 1 | 3874 | 3937 | 4001 | 4064 | 4127 | 4191 | 4254 | 4317 | 4381 | 4444 | 5 \| 32,0 |
| 2 | 4507 | 4570 | 4634 | 4697 | 4760 | 4824 | 4887 | 4950 | 5013 | 5077 | 6 \| 38,4 |
| 3 | 5140 | 5203 | 5267 | 5330 | 5393 | 5456 | 5520 | 5583 | 5646 | 5709 | 7 \| 44,8 |
| 4 | 5773 | 5836 | 5899 | 5963 | 6026 | 6089 | 6152 | 6216 | 6279 | 6342 | 8 \| 51,2 |
| 5 | 6405 | 6469 | 6532 | 6595 | 6658 | 6722 | 6785 | 6848 | 6911 | 6975 | 9 \| 57,6 |
| 6 | 7038 | 7101 | 7164 | 7228 | 7291 | 7354 | 7417 | 7481 | 7544 | 7607 | |
| 7 | 7670 | 7734 | 7797 | 7860 | 7923 | 7987 | 8050 | 8113 | 8176 | 8240 | |
| 8 | 8303 | 8366 | 8429 | 8493 | 8556 | 8619 | 8682 | 8745 | 8809 | 8872 | |
| 9 | 8935 | 8998 | 9062 | 9125 | 9188 | 9251 | 9314 | 9378 | 9441 | 9504 | |
| 6870 | 9567 | 9631 | 9694 | 9757 | 9820 | 9883 | 9947 | *0010 | *0073 | *0136 | |
| 1 | 837 0199 | 0263 | 0326 | 0389 | 0452 | 0516 | 0579 | 0642 | 0705 | 0768 | 63 |
| 2 | 0832 | 0895 | 0958 | 1021 | 1084 | 1147 | 1211 | 1274 | 1337 | 1400 | 1 \| 6,3 |
| 3 | 1463 | 1527 | 1590 | 1653 | 1716 | 1779 | 1843 | 1906 | 1969 | 2032 | 2 \| 12,6 |
| 4 | 2095 | 2158 | 2222 | 2285 | 2348 | 2411 | 2474 | 2538 | 2601 | 2664 | 3 \| 18,9 |
| 5 | 2727 | 2790 | 2853 | 2917 | 2980 | 3043 | 3106 | 3169 | 3232 | 3296 | 4 \| 25,2 |
| 6 | 3359 | 3422 | 3485 | 3548 | 3611 | 3674 | 3738 | 3801 | 3864 | 3927 | 5 \| 31,5 |
| 7 | 3990 | 4053 | 4117 | 4180 | 4243 | 4306 | 4369 | 4432 | 4495 | 4559 | 6 \| 37,8 |
| 8 | 4622 | 4685 | 4748 | 4811 | 4874 | 4937 | 5001 | 5064 | 5127 | 5190 | 7 \| 44,1 |
| 9 | 5253 | 5316 | 5379 | 5442 | 5506 | 5569 | 5632 | 5695 | 5758 | 5821 | 8 \| 50,4 |
| 6880 | 5884 | 5948 | 6011 | 6074 | 6137 | 6200 | 6263 | 6326 | 6389 | 6452 | 9 \| 56,7 |
| 1 | 6516 | 6579 | 6642 | 6705 | 6768 | 6831 | 6894 | 6957 | 7020 | 7084 | |
| 2 | 7147 | 7210 | 7273 | 7336 | 7399 | 7462 | 7525 | 7588 | 7652 | 7715 | |
| 3 | 7778 | 7841 | 7904 | 7967 | 8030 | 8093 | 8156 | 8219 | 8282 | 8346 | |
| 4 | 8409 | 8472 | 8535 | 8598 | 8661 | 8724 | 8787 | 8850 | 8913 | 8976 | |
| 5 | 9039 | 9103 | 9166 | 9229 | 9292 | 9355 | 9418 | 9481 | 9544 | 9607 | |
| 6 | 9670 | 9733 | 9796 | 9859 | 9922 | 9986 | *0049 | *0112 | *0175 | *0238 | 62 |
| 7 | 838 0301 | 0364 | 0427 | 0490 | 0553 | 0616 | 0679 | 0742 | 0805 | 0868 | 1 \| 6,2 |
| 8 | 0931 | 0994 | 1057 | 1121 | 1184 | 1247 | 1310 | 1373 | 1436 | 1499 | 2 \| 12,4 |
| 9 | 1562 | 1625 | 1688 | 1751 | 1814 | 1877 | 1940 | 2003 | 2066 | 2129 | 3 \| 18,6 |
| 6890 | 2192 | 2255 | 2318 | 2381 | 2444 | 2507 | 2570 | 2633 | 2696 | 2759 | 4 \| 24,8 |
| 1 | 2822 | 2886 | 2949 | 3012 | 3075 | 3138 | 3201 | 3264 | 3327 | 3390 | 5 \| 31,0 |
| 2 | 3453 | 3516 | 3579 | 3642 | 3705 | 3768 | 3831 | 3894 | 3957 | 4020 | 6 \| 37,2 |
| 3 | 4083 | 4146 | 4209 | 4272 | 4335 | 4398 | 4461 | 4524 | 4587 | 4650 | 7 \| 43,4 |
| 4 | 4713 | 4776 | 4839 | 4902 | 4965 | 5028 | 5091 | 5154 | 5217 | 5280 | 8 \| 49,6 |
| 5 | 5343 | 5406 | 5469 | 5532 | 5595 | 5658 | 5721 | 5784 | 5847 | 5910 | 9 \| 55,8 |
| 6 | 5973 | 6036 | 6098 | 6161 | 6224 | 6287 | 6350 | 6413 | 6476 | 6539 | |
| 7 | 6602 | 6665 | 6728 | 6791 | 6854 | 6917 | 6980 | 7043 | 7106 | 7169 | |
| 8 | 7232 | 7295 | 7358 | 7421 | 7484 | 7547 | 7610 | 7673 | 7736 | 7798 | |
| 9 | 7861 | 7924 | 7987 | 8050 | 8113 | 8176 | 8239 | 8302 | 8365 | 8428 | |
| N. | 0 | 1 | 2 | 3 | 4 | 5 | 6 | 7 | 8 | 9 | |

| | | | |
|---|---|---|---|
| 68500″ = 19° 1′ 40″ | 6850″ = 1° 54′ 10″ | S = $\bar{6}$,6854950 | T. 7346 |
| 68600 = 19 3 20 | 6860 = 1 54 20 | 4948 | 7350 |
| 68700 = 19 5 0 | 6870 = 1 54 30 | 4946 | 7355 |
| 68800 = 19 6 40 | 6880 = 1 54 40 | 4943 | 7360 |
| 68900 = 19 8 20 | 6890 = 1 54 50 | 4941 | 7364 |

| N. | 0 | 1 | 2 | 3 | 4 | 5 | 6 | 7 | 8 | 9 | Diff. et p. p. |
|---|---|---|---|---|---|---|---|---|---|---|---|
| 6900 | 838 8491 | 8554 | 8617 | 8680 | 8743 | 8806 | 8869 | 8931 | 8994 | 9057 | |
| 1 | 9120 | 9183 | 9246 | 9309 | 9372 | 9435 | 9498 | 9561 | 9624 | 9687 | |
| 2 | 9750 | 9812 | 9875 | 9938 | *0001 | *0064 | *0127 | *0190 | *0253 | *0316 | |
| 3 | 839 0379 | 0442 | 0505 | 0567 | 0630 | 0693 | 0756 | 0819 | 0882 | 0945 | |
| 4 | 1008 | 1071 | 1134 | 1197 | 1259 | 1322 | 1385 | 1448 | 1511 | 1574 | |
| 5 | 1637 | 1700 | 1763 | 1826 | 1888 | 1951 | 2014 | 2077 | 2140 | 2203 | |
| 6 | 2266 | 2329 | 2392 | 2454 | 2517 | 2580 | 2643 | 2706 | 2769 | 2832 | |
| 7 | 2895 | 2957 | 3020 | 3083 | 3146 | 3209 | 3272 | 3335 | 3398 | 3460 | |
| 8 | 3523 | 3586 | 3649 | 3712 | 3775 | 3838 | 3900 | 3963 | 4026 | 4089 | |
| 9 | 4152 | 4215 | 4278 | 4341 | 4403 | 4466 | 4529 | 4592 | 4655 | 4718 | |
| 6910 | 4780 | 4843 | 4906 | 4969 | 5032 | 5095 | 5158 | 5220 | 5283 | 5346 | |
| 1 | 5409 | 5472 | 5535 | 5597 | 5660 | 5723 | 5786 | 5849 | 5912 | 5974 | |
| 2 | 6037 | 6100 | 6163 | 6226 | 6289 | 6351 | 6414 | 6477 | 6540 | 6603 | 63 |
| 3 | 6666 | 6728 | 6791 | 6854 | 6917 | 6980 | 7042 | 7105 | 7168 | 7231 | 1 \| 6,3 |
| 4 | 7294 | 7357 | 7419 | 7482 | 7545 | 7608 | 7671 | 7733 | 7796 | 7859 | 2 \| 12,6 |
| 5 | 7922 | 7985 | 8047 | 8110 | 8173 | 8236 | 8299 | 8361 | 8424 | 8487 | 3 \| 18,9 |
| 6 | 8550 | 8613 | 8675 | 8738 | 8801 | 8864 | 8927 | 8989 | 9052 | 9115 | 4 \| 25,2 |
| 7 | 9178 | 9241 | 9303 | 9366 | 9429 | 9492 | 9554 | 9617 | 9680 | 9743 | 5 \| 31,5 |
| 8 | 9806 | 9868 | 9931 | 9994 | *0057 | *0119 | *0182 | *0245 | *0308 | *0371 | 6 \| 37,8 |
| 9 | 840 0433 | 0496 | 0559 | 0622 | 0684 | 0747 | 0810 | 0873 | 0935 | 0998 | 7 \| 44,1 |
| 6920 | 1061 | 1124 | 1186 | 1249 | 1312 | 1375 | 1437 | 1500 | 1563 | 1626 | 8 \| 50,4 |
| 1 | 1688 | 1751 | 1814 | 1877 | 1939 | 2002 | 2065 | 2128 | 2190 | 2253 | 9 \| 56,7 |
| 2 | 2316 | 2379 | 2441 | 2504 | 2567 | 2630 | 2692 | 2755 | 2818 | 2881 | |
| 3 | 2943 | 3006 | 3069 | 3132 | 3194 | 3257 | 3320 | 3382 | 3445 | 3508 | |
| 4 | 3571 | 3633 | 3696 | 3759 | 3821 | 3884 | 3947 | 4010 | 4072 | 4135 | |
| 5 | 4198 | 4260 | 4323 | 4386 | 4449 | 4511 | 4574 | 4637 | 4699 | 4762 | |
| 6 | 4825 | 4888 | 4950 | 5013 | 5076 | 5138 | 5201 | 5264 | 5326 | 5389 | |
| 7 | 5452 | 5515 | 5577 | 5640 | 5703 | 5765 | 5828 | 5891 | 5953 | 6016 | |
| 8 | 6079 | 6141 | 6204 | 6267 | 6330 | 6392 | 6455 | 6518 | 6580 | 6643 | |
| 9 | 6706 | 6768 | 6831 | 6894 | 6956 | 7019 | 7082 | 7144 | 7207 | 7270 | |
| 6930 | 7332 | 7395 | 7458 | 7520 | 7583 | 7646 | 7708 | 7771 | 7834 | 7896 | |
| 1 | 7959 | 8022 | 8084 | 8147 | 8210 | 8272 | 8335 | 8398 | 8460 | 8523 | |
| 2 | 8586 | 8648 | 8711 | 8773 | 8836 | 8899 | 8961 | 9024 | 9087 | 9149 | 62 |
| 3 | 9212 | 9275 | 9337 | 9400 | 9463 | 9525 | 9588 | 9650 | 9713 | 9776 | 1 \| 6,2 |
| 4 | 9838 | 9901 | 9964 | *0026 | *0089 | *0152 | *0214 | *0277 | *0339 | *0402 | 2 \| 12,4 |
| 5 | 841 0465 | 0527 | 0590 | 0653 | 0715 | 0778 | 0840 | 0903 | 0966 | 1028 | 3 \| 18,6 |
| 6 | 1091 | 1153 | 1216 | 1279 | 1341 | 1404 | 1467 | 1529 | 1592 | 1654 | 4 \| 24,8 |
| 7 | 1717 | 1780 | 1842 | 1905 | 1967 | 2030 | 2093 | 2155 | 2218 | 2280 | 5 \| 31,0 |
| 8 | 2343 | 2406 | 2468 | 2531 | 2593 | 2656 | 2719 | 2781 | 2844 | 2906 | 6 \| 37,2 |
| 9 | 2969 | 3031 | 3094 | 3157 | 3219 | 3282 | 3344 | 3407 | 3470 | 3532 | 7 \| 43,4 |
| 6940 | 3595 | 3657 | 3720 | 3782 | 3845 | 3908 | 3970 | 4033 | 4095 | 4158 | 8 \| 49,6 |
| 1 | 4220 | 4283 | 4346 | 4408 | 4471 | 4533 | 4596 | 4658 | 4721 | 4784 | 9 \| 55,8 |
| 2 | 4846 | 4909 | 4971 | 5034 | 5096 | 5159 | 5221 | 5284 | 5347 | 5409 | |
| 3 | 5472 | 5534 | 5597 | 5659 | 5722 | 5784 | 5847 | 5909 | 5972 | 6035 | |
| 4 | 6097 | 6160 | 6222 | 6285 | 6347 | 6410 | 6472 | 6535 | 6597 | 6660 | |
| 5 | 6723 | 6785 | 6848 | 6910 | 6973 | 7035 | 7098 | 7160 | 7223 | 7285 | |
| 6 | 7348 | 7410 | 7473 | 7535 | 7598 | 7660 | 7723 | 7785 | 7848 | 7910 | |
| 7 | 7973 | 8036 | 8098 | 8161 | 8223 | 8286 | 8348 | 8411 | 8473 | 8536 | |
| 8 | 8598 | 8661 | 8723 | 8786 | 8848 | 8911 | 8973 | 9036 | 9098 | 9161 | |
| 9 | 9223 | 9286 | 9348 | 9411 | 9473 | 9536 | 9598 | 9661 | 9723 | 9786 | |
| N. | 0 | 1 | 2 | 3 | 4 | 5 | 6 | 7 | 8 | 9 | |

69 000″ = 19° 10′ 0″   6900″ = 1° 55′ 0″   S = $\bar{6}$,685 4939   T. 7369
69 100 = 19 11 40   6910 = 1 55 10   4936   7374
69 200 = 19 13 20   6920 = 1 55 20   4934   7378
69 300 = 19 15 0   6930 = 1 55 30   4932   7383
69 400 = 19 16 40   6940 = 1 55 40   4929   7388

| N. | 0 | 1 | 2 | 3 | 4 | 5 | 6 | 7 | 8 | 9 | Diff. et p. p. |
|---|---|---|---|---|---|---|---|---|---|---|---|
| 6950 | 841 9848 | 9911 | 9973 | *0036 | *0098 | *0160 | *0223 | *0285 | *0348 | *0410 | |
| 1 | 842 0473 | 0535 | 0598 | 0660 | 0723 | 0785 | 0848 | 0910 | 0973 | 1035 | |
| 2 | 1098 | 1160 | 1223 | 1285 | 1348 | 1410 | 1472 | 1535 | 1597 | 1660 | |
| 3 | 1722 | 1785 | 1847 | 1910 | 1972 | 2035 | 2097 | 2160 | 2222 | 2284 | |
| 4 | 2347 | 2409 | 2472 | 2534 | 2597 | 2659 | 2722 | 2784 | 2846 | 2909 | |
| 5 | 2971 | 3034 | 3096 | 3159 | 3221 | 3284 | 3346 | 3408 | 3471 | 3533 | |
| 6 | 3596 | 3658 | 3721 | 3783 | 3845 | 3908 | 3970 | 4033 | 4095 | 4158 | |
| 7 | 4220 | 4282 | 4345 | 4407 | 4470 | 4532 | 4595 | 4657 | 4719 | 4782 | |
| 8 | 4844 | 4907 | 4969 | 5031 | 5094 | 5156 | 5219 | 5281 | 5344 | 5406 | |
| 9 | 5468 | 5531 | 5593 | 5656 | 5718 | 5780 | 5843 | 5905 | 5968 | 6030 | |
| 6960 | 6092 | 6155 | 6217 | 6280 | 6342 | 6404 | 6467 | 6529 | 6592 | 6654 | |
| 1 | 6716 | 6779 | 6841 | 6904 | 6966 | 7028 | 7091 | 7153 | 7215 | 7278 | 63 |
| 2 | 7340 | 7403 | 7465 | 7527 | 7590 | 7652 | 7714 | 7777 | 7839 | 7902 | 1 \| 6,3 |
| 3 | 7964 | 8026 | 8089 | 8151 | 8213 | 8276 | 8338 | 8401 | 8463 | 8525 | 2 \| 12,6 |
| 4 | 8588 | 8650 | 8712 | 8775 | 8837 | 8899 | 8962 | 9024 | 9086 | 9149 | 3 \| 18,9 |
| 5 | 9211 | 9274 | 9336 | 9398 | 9461 | 9523 | 9585 | 9648 | 9710 | 9772 | 4 \| 25,2 |
| 6 | 9835 | 9897 | 9959 | *0022 | *0084 | *0146 | *0209 | *0271 | *0333 | *0396 | 5 \| 31,5 |
| 7 | 843 0458 | 0520 | 0583 | 0645 | 0707 | 0770 | 0832 | 0894 | 0957 | 1019 | 6 \| 37,8 |
| 8 | 1081 | 1144 | 1206 | 1268 | 1331 | 1393 | 1455 | 1518 | 1580 | 1642 | 7 \| 44,1 |
| 9 | 1705 | 1767 | 1829 | 1892 | 1954 | 2016 | 2079 | 2141 | 2203 | 2265 | 8 \| 50,4 |
| 6970 | 2328 | 2390 | 2452 | 2515 | 2577 | 2639 | 2702 | 2764 | 2826 | 2889 | 9 \| 56,7 |
| 1 | 2951 | 3013 | 3075 | 3138 | 3200 | 3262 | 3325 | 3387 | 3449 | 3511 | |
| 2 | 3574 | 3636 | 3698 | 3761 | 3823 | 3885 | 3948 | 4010 | 4072 | 4134 | |
| 3 | 4197 | 4259 | 4321 | 4383 | 4446 | 4508 | 4570 | 4633 | 4695 | 4757 | |
| 4 | 4819 | 4882 | 4944 | 5006 | 5069 | 5131 | 5193 | 5255 | 5318 | 5380 | |
| 5 | 5442 | 5504 | 5567 | 5629 | 5691 | 5753 | 5816 | 5878 | 5940 | 6002 | |
| 6 | 6065 | 6127 | 6189 | 6251 | 6314 | 6376 | 6438 | 6500 | 6563 | 6625 | |
| 7 | 6687 | 6749 | 6812 | 6874 | 6936 | 6998 | 7061 | 7123 | 7185 | 7247 | |
| 8 | 7310 | 7372 | 7434 | 7496 | 7559 | 7621 | 7683 | 7745 | 7808 | 7870 | |
| 9 | 7932 | 7994 | 8056 | 8119 | 8181 | 8243 | 8305 | 8368 | 8430 | 8492 | |
| 6980 | 8554 | 8616 | 8679 | 8741 | 8803 | 8865 | 8928 | 8990 | 9052 | 9114 | |
| 1 | 9176 | 9239 | 9301 | 9363 | 9425 | 9487 | 9550 | 9612 | 9674 | 9736 | 62 |
| 2 | 9798 | 9861 | 9923 | 9985 | *0047 | *0109 | *0172 | *0234 | *0296 | *0358 | 1 \| 6,2 |
| 3 | 844 0420 | 0483 | 0545 | 0607 | 0669 | 0731 | 0794 | 0856 | 0918 | 0980 | 2 \| 12,4 |
| 4 | 1042 | 1104 | 1167 | 1229 | 1291 | 1353 | 1415 | 1478 | 1540 | 1602 | 3 \| 18,6 |
| 5 | 1664 | 1726 | 1788 | 1851 | 1913 | 1975 | 2037 | 2099 | 2161 | 2224 | 4 \| 24,8 |
| 6 | 2286 | 2348 | 2410 | 2472 | 2534 | 2597 | 2659 | 2721 | 2783 | 2845 | 5 \| 31,0 |
| 7 | 2907 | 2970 | 3032 | 3094 | 3156 | 3218 | 3280 | 3343 | 3405 | 3467 | 6 \| 37,2 |
| 8 | 3529 | 3591 | 3653 | 3715 | 3778 | 3840 | 3902 | 3964 | 4026 | 4088 | 7 \| 43,4 |
| 9 | 4150 | 4213 | 4275 | 4337 | 4399 | 4461 | 4523 | 4585 | 4647 | 4710 | 8 \| 49,6 |
| 6990 | 4772 | 4834 | 4896 | 4958 | 5020 | 5082 | 5145 | 5207 | 5269 | 5331 | 9 \| 55,8 |
| 1 | 5393 | 5455 | 5517 | 5579 | 5642 | 5704 | 5766 | 5828 | 5890 | 5952 | |
| 2 | 6014 | 6076 | 6138 | 6201 | 6263 | 6325 | 6387 | 6449 | 6511 | 6573 | |
| 3 | 6635 | 6697 | 6759 | 6822 | 6884 | 6946 | 7008 | 7070 | 7132 | 7194 | |
| 4 | 7256 | 7318 | 7380 | 7443 | 7505 | 7567 | 7629 | 7691 | 7753 | 7815 | |
| 5 | 7877 | 7939 | 8001 | 8063 | 8126 | 8188 | 8250 | 8312 | 8374 | 8436 | |
| 6 | 8498 | 8560 | 8622 | 8684 | 8746 | 8808 | 8870 | 8933 | 8995 | 9057 | |
| 7 | 9119 | 9181 | 9243 | 9305 | 9367 | 9429 | 9491 | 9553 | 9615 | 9677 | |
| 8 | 9739 | 9801 | 9863 | 9926 | 9988 | *0050 | *0112 | *0174 | *0236 | *0298 | |
| 9 | 845 0360 | 0422 | 0484 | 0546 | 0608 | 0670 | 0732 | 0794 | 0856 | 0918 | |
| N. | 0 | 1 | 2 | 3 | 4 | 5 | 6 | 7 | 8 | 9 | |

| | | | |
|---|---|---|---|
| 69 500″ = 19° 18′ 20″ | 6950″ = 1° 55′ 50″ | S = $\bar{6}$,685 4927 | T. 7393 |
| 69 600 = 19 20 0 | 6960 = 1 56 0 | 4924 | 7397 |
| 69 700 = 19 21 40 | 6970 = 1 56 10 | 4922 | 7402 |
| 69 800 = 19 23 20 | 6980 = 1 56 20 | 4920 | 7407 |
| 69 900 = 19 25 0 | 6990 = 1 56 30 | 4917 | 7412 |

| N. | 0 | 1 | 2 | 3 | 4 | 5 | 6 | 7 | 8 | 9 | Diff. et p. p. |
|---|---|---|---|---|---|---|---|---|---|---|---|
| 7000 | 845 0980 | 1042 | 1104 | 1167 | 1229 | 1291 | 1353 | 1415 | 1477 | 1539 | |
| 1 | 1601 | 1663 | 1725 | 1787 | 1849 | 1911 | 1973 | 2035 | 2097 | 2159 | |
| 2 | 2221 | 2283 | 2345 | 2407 | 2469 | 2531 | 2593 | 2655 | 2717 | 2779 | |
| 3 | 2841 | 2903 | 2965 | 3027 | 3089 | 3151 | 3213 | 3275 | 3337 | 3399 | |
| 4 | 3461 | 3523 | 3585 | 3647 | 3709 | 3771 | 3833 | 3895 | 3957 | 4019 | |
| 5 | 4081 | 4143 | 4205 | 4267 | 4329 | 4391 | 4453 | 4515 | 4577 | 4639 | |
| 6 | 4701 | 4763 | 4825 | 4887 | 4949 | 5011 | 5073 | 5135 | 5197 | 5259 | 63 |
| 7 | 5321 | 5383 | 5445 | 5507 | 5569 | 5631 | 5693 | 5755 | 5817 | 5879 | 1 \| 6,3 |
| 8 | 5941 | 6003 | 6065 | 6127 | 6189 | 6251 | 6313 | 6375 | 6437 | 6499 | 2 \| 12,6 |
| 9 | 6561 | 6623 | 6685 | 6746 | 6808 | 6870 | 6932 | 6994 | 7056 | 7118 | 3 \| 18,9 |
| 7010 | 7180 | 7242 | 7304 | 7366 | 7428 | 7490 | 7552 | 7614 | 7676 | 7738 | 4 \| 25,2 |
| 1 | 7800 | 7862 | 7924 | 7986 | 8047 | 8109 | 8171 | 8233 | 8295 | 8357 | 5 \| 31,5 |
| 2 | 8419 | 8481 | 8543 | 8605 | 8667 | 8729 | 8791 | 8853 | 8915 | 8976 | 6 \| 37,8 |
| 3 | 9038 | 9100 | 9162 | 9224 | 9286 | 9348 | 9410 | 9472 | 9534 | 9596 | 7 \| 44,1 |
| 4 | 9658 | 9720 | 9781 | 9843 | 9905 | 9967 | *0029 | *0091 | *0153 | *0215 | 8 \| 50,4 |
| 5 | 846 0277 | 0339 | 0401 | 0462 | 0524 | 0586 | 0648 | 0710 | 0772 | 0834 | 9 \| 56,7 |
| 6 | 0896 | 0958 | 1020 | 1082 | 1143 | 1205 | 1267 | 1329 | 1391 | 1453 | |
| 7 | 1515 | 1577 | 1639 | 1700 | 1762 | 1824 | 1886 | 1948 | 2010 | 2072 | |
| 8 | 2134 | 2196 | 2257 | 2319 | 2381 | 2443 | 2505 | 2567 | 2629 | 2691 | |
| 9 | 2752 | 2814 | 2876 | 2938 | 3000 | 3062 | 3124 | 3186 | 3247 | 3309 | |
| 7020 | 3371 | 3433 | 3495 | 3557 | 3619 | 3680 | 3742 | 3804 | 3866 | 3928 | |
| 1 | 3990 | 4052 | 4113 | 4175 | 4237 | 4299 | 4361 | 4423 | 4485 | 4546 | 62 |
| 2 | 4608 | 4670 | 4732 | 4794 | 4856 | 4917 | 4979 | 5041 | 5103 | 5165 | 1 \| 6,2 |
| 3 | 5227 | 5289 | 5350 | 5412 | 5474 | 5536 | 5598 | 5660 | 5721 | 5783 | 2 \| 12,4 |
| 4 | 5845 | 5907 | 5969 | 6031 | 6092 | 6154 | 6216 | 6278 | 6340 | 6401 | 3 \| 18,6 |
| 5 | 6463 | 6525 | 6587 | 6649 | 6711 | 6772 | 6834 | 6896 | 6958 | 7020 | 4 \| 24,8 |
| 6 | 7081 | 7143 | 7205 | 7267 | 7329 | 7391 | 7452 | 7514 | 7576 | 7638 | 5 \| 31,0 |
| 7 | 7700 | 7761 | 7823 | 7885 | 7947 | 8009 | 8070 | 8132 | 8194 | 8256 | 6 \| 37,2 |
| 8 | 8318 | 8379 | 8441 | 8503 | 8565 | 8626 | 8688 | 8750 | 8812 | 8874 | 7 \| 43,4 |
| 9 | 8935 | 8997 | 9059 | 9121 | 9183 | 9244 | 9306 | 9368 | 9430 | 9491 | 8 \| 49,6 |
| 7030 | 9553 | 9615 | 9677 | 9739 | 9800 | 9862 | 9924 | 9986 | *0047 | *0109 | 9 \| 55,8 |
| 1 | 847 0171 | 0233 | 0295 | 0356 | 0418 | 0480 | 0542 | 0603 | 0665 | 0727 | |
| 2 | 0789 | 0850 | 0912 | 0974 | 1036 | 1097 | 1159 | 1221 | 1283 | 1344 | |
| 3 | 1406 | 1468 | 1530 | 1591 | 1653 | 1715 | 1777 | 1838 | 1900 | 1962 | |
| 4 | 2024 | 2085 | 2147 | 2209 | 2271 | 2332 | 2394 | 2456 | 2518 | 2579 | |
| 5 | 2641 | 2703 | 2764 | 2826 | 2888 | 2950 | 3011 | 3073 | 3135 | 3197 | |
| 6 | 3258 | 3320 | 3382 | 3443 | 3505 | 3567 | 3629 | 3690 | 3752 | 3814 | |
| 7 | 3876 | 3937 | 3999 | 4061 | 4122 | 4184 | 4246 | 4307 | 4369 | 4431 | 61 |
| 8 | 4493 | 4554 | 4616 | 4678 | 4739 | 4801 | 4863 | 4925 | 4986 | 5048 | 1 \| 6,1 |
| 9 | 5110 | 5171 | 5233 | 5295 | 5356 | 5418 | 5480 | 5542 | 5603 | 5665 | 2 \| 12,2 |
| 7040 | 5727 | 5788 | 5850 | 5912 | 5973 | 6035 | 6097 | 6158 | 6220 | 6282 | 3 \| 18,3 |
| 1 | 6343 | 6405 | 6467 | 6528 | 6590 | 6652 | 6714 | 6775 | 6837 | 6899 | 4 \| 24,4 |
| 2 | 6960 | 7022 | 7084 | 7145 | 7207 | 7269 | 7330 | 7392 | 7454 | 7515 | 5 \| 30,5 |
| 3 | 7577 | 7639 | 7700 | 7762 | 7824 | 7885 | 7947 | 8009 | 8070 | 8132 | 6 \| 36,6 |
| 4 | 8193 | 8255 | 8317 | 8878 | 8440 | 8502 | 8563 | 8625 | 8687 | 8748 | 7 \| 42,7 |
| 5 | 8810 | 8872 | 8933 | 8995 | 9057 | 9118 | 9180 | 9241 | 9303 | 9365 | 8 \| 48,8 |
| 6 | 9426 | 9488 | 9550 | 9611 | 9673 | 9735 | 9796 | 9858 | 9919 | 9981 | 9 \| 54,9 |
| 7 | 848 0043 | 0104 | 0166 | 0228 | 0289 | 0351 | 0412 | 0474 | 0536 | 0597 | |
| 8 | 0659 | 0721 | 0782 | 0844 | 0905 | 0967 | 1029 | 1090 | 1152 | 1213 | |
| 9 | 1275 | 1337 | 1398 | 1460 | 1522 | 1583 | 1645 | 1706 | 1768 | 1830 | |
| N. | 0 | 1 | 2 | 3 | 4 | 5 | 6 | 7 | 8 | 9 | |

70000″ = 19° 26′ 40″    7000″ = 1° 56′ 40″    S = $\bar{6}$,685 4915    T. 7416
70100 = 19 28 20    7010 = 1 56 50    4913    7421
70200 = 19 30 0    7020 = 1 57 0    4910    7426
70300 = 19 31 40    7030 = 1 57 10    4908    7431
70400 = 19 33 20    7040 = 1 57 20    4905    7436

| N. | 0 | 1 | 2 | 3 | 4 | 5 | 6 | 7 | 8 | 9 | Diff. et p. p. |
|---|---|---|---|---|---|---|---|---|---|---|---|
| 7050 | 848 1891 | 1953 | 2014 | 2076 | 2138 | 2199 | 2261 | 2322 | 2384 | 2446 | |
| 1 | 2507 | 2569 | 2630 | 2692 | 2754 | 2815 | 2877 | 2938 | 3000 | 3061 | |
| 2 | 3123 | 3185 | 3246 | 3308 | 3369 | 3431 | 3493 | 3554 | 3616 | 3677 | |
| 3 | 3739 | 3800 | 3862 | 3924 | 3985 | 4047 | 4108 | 4170 | 4231 | 4293 | |
| 4 | 4355 | 4416 | 4478 | 4539 | 4601 | 4662 | 4724 | 4786 | 4847 | 4909 | |
| 5 | 4970 | 5032 | 5093 | 5155 | 5216 | 5278 | 5340 | 5401 | 5463 | 5524 | |
| 6 | 5586 | 5647 | 5709 | 5770 | 5832 | 5893 | 5955 | 6017 | 6078 | 6140 | |
| 7 | 6201 | 6263 | 6324 | 6386 | 6447 | 6509 | 6570 | 6632 | 6693 | 6755 | |
| 8 | 6817 | 6878 | 6940 | 7001 | 7063 | 7124 | 7186 | 7247 | 7309 | 7370 | |
| 9 | 7432 | 7493 | 7555 | 7616 | 7678 | 7739 | 7801 | 7862 | 7924 | 7985 | |
| 7060 | 8047 | 8109 | 8170 | 8232 | 8293 | 8355 | 8416 | 8478 | 8539 | 8601 | |
| 1 | 8662 | 8724 | 8785 | 8847 | 8908 | 8970 | 9031 | 9093 | 9154 | 9216 | 62 |
| 2 | 9277 | 9339 | 9400 | 9462 | 9523 | 9585 | 9646 | 9708 | 9769 | 9831 | 1 \| 6,2 |
| 3 | 9892 | 9954 | *0015 | *0077 | *0138 | *0199 | *0261 | *0322 | *0384 | *0445 | 2 \| 12,4 |
| 4 | 849 0507 | 0568 | 0630 | 0691 | 0753 | 0814 | 0876 | 0937 | 0999 | 1060 | 3 \| 18,6 |
| 5 | 1122 | 1183 | 1245 | 1306 | 1368 | 1429 | 1490 | 1552 | 1613 | 1675 | 4 \| 24,8 |
| 6 | 1736 | 1798 | 1859 | 1921 | 1982 | 2044 | 2105 | 2167 | 2228 | 2289 | 5 \| 31,0 |
| 7 | 2351 | 2412 | 2474 | 2535 | 2597 | 2658 | 2720 | 2781 | 2843 | 2904 | 6 \| 37,2 |
| 8 | 2965 | 3027 | 3088 | 3150 | 3211 | 3273 | 3334 | 3396 | 3457 | 3518 | 7 \| 43,4 |
| 9 | 3580 | 3641 | 3703 | 3764 | 3826 | 3887 | 3948 | 4010 | 4071 | 4133 | 8 \| 49,6 |
| 7070 | 4194 | 4256 | 4317 | 4378 | 4440 | 4501 | 4563 | 4624 | 4686 | 4747 | 9 \| 55,8 |
| 1 | 4808 | 4870 | 4931 | 4993 | 5054 | 5115 | 5177 | 5238 | 5300 | 5361 | |
| 2 | 5423 | 5484 | 5545 | 5607 | 5668 | 5730 | 5791 | 5852 | 5914 | 5975 | |
| 3 | 6037 | 6098 | 6159 | 6221 | 6282 | 6344 | 6405 | 6466 | 6528 | 6589 | |
| 4 | 6651 | 6712 | 6773 | 6835 | 6896 | 6958 | 7019 | 7080 | 7142 | 7203 | |
| 5 | 7264 | 7326 | 7387 | 7449 | 7510 | 7571 | 7633 | 7694 | 7755 | 7817 | |
| 6 | 7878 | 7940 | 8001 | 8062 | 8124 | 8185 | 8246 | 8308 | 8369 | 8431 | |
| 7 | 8492 | 8553 | 8615 | 8676 | 8737 | 8799 | 8860 | 8922 | 8983 | 9044 | |
| 8 | 9106 | 9167 | 9228 | 9290 | 9351 | 9412 | 9474 | 9535 | 9596 | 9658 | |
| 9 | 9719 | 9780 | 9842 | 9903 | 9965 | *0026 | *0087 | *0149 | *0210 | *0271 | |
| 7080 | 850 0333 | 0394 | 0455 | 0517 | 0578 | 0639 | 0701 | 0762 | 0823 | 0885 | |
| 1 | 0946 | 1007 | 1069 | 1130 | 1191 | 1253 | 1314 | 1375 | 1437 | 1498 | 61 |
| 2 | 1559 | 1621 | 1682 | 1743 | 1805 | 1866 | 1927 | 1988 | 2050 | 2111 | 1 \| 6,1 |
| 3 | 2172 | 2234 | 2295 | 2356 | 2418 | 2479 | 2540 | 2602 | 2663 | 2724 | 2 \| 12,2 |
| 4 | 2786 | 2847 | 2908 | 2969 | 3031 | 3092 | 3153 | 3215 | 3276 | 3337 | 3 \| 18,3 |
| 5 | 3399 | 3460 | 3521 | 3582 | 3644 | 3705 | 3766 | 3828 | 3889 | 3950 | 4 \| 24,4 |
| 6 | 4011 | 4073 | 4134 | 4195 | 4257 | 4318 | 4379 | 4440 | 4502 | 4563 | 5 \| 30,5 |
| 7 | 4624 | 4686 | 4747 | 4808 | 4869 | 4931 | 4992 | 5053 | 5115 | 5176 | 6 \| 36,6 |
| 8 | 5237 | 5298 | 5360 | 5421 | 5482 | 5543 | 5605 | 5666 | 5727 | 5788 | 7 \| 42,7 |
| 9 | 5850 | 5911 | 5972 | 6034 | 6095 | 6156 | 6217 | 6279 | 6340 | 6401 | 8 \| 48,8 |
| 7090 | 6462 | 6524 | 6585 | 6646 | 6707 | 6769 | 6830 | 6891 | 6952 | 7014 | 9 \| 54,9 |
| 1 | 7075 | 7136 | 7197 | 7259 | 7320 | 7381 | 7442 | 7504 | 7565 | 7626 | |
| 2 | 7687 | 7749 | 7810 | 7871 | 7932 | 7993 | 8055 | 8116 | 8177 | 8238 | |
| 3 | 8300 | 8361 | 8422 | 8483 | 8545 | 8606 | 8667 | 8728 | 8789 | 8851 | |
| 4 | 8912 | 8973 | 9034 | 9095 | 9157 | 9218 | 9279 | 9340 | 9402 | 9463 | |
| 5 | 9524 | 9585 | 9646 | 9708 | 9769 | 9830 | 9891 | 9952 | *0014 | *0075 | |
| 6 | 851 0136 | 0197 | 0258 | 0320 | 0381 | 0442 | 0503 | 0564 | 0626 | 0687 | |
| 7 | 0748 | 0809 | 0870 | 0932 | 0993 | 1054 | 1115 | 1176 | 1238 | 1299 | |
| 8 | 1360 | 1421 | 1482 | 1544 | 1605 | 1666 | 1727 | 1788 | 1849 | 1911 | |
| 9 | 1972 | 2033 | 2094 | 2155 | 2216 | 2278 | 2339 | 2400 | 2461 | 2522 | |
| N. | 0 | 1 | 2 | 3 | 4 | 5 | 6 | 7 | 8 | 9 | |

| | | | |
|---|---|---|---|
| 70500″ = 19° 35′ 0″ | 7050″ = 1° 57′ 30″ | S = $\bar{6}$,685 4903 | T. 7440 |
| 70600 = 19 36 40 | 7060 = 1 57 40 | 4901 | 7445 |
| 70700 = 19 38 20 | 7070 = 1 57 50 | 4898 | 7450 |
| 70800 = 19 40 0 | 7080 = 1 58 0 | 4896 | 7455 |
| 70900 = 19 41 40 | 7090 = 1 58 10 | 4893 | 7460 |

| N. | 0 | 1 | 2 | 3 | 4 | 5 | 6 | 7 | 8 | 9 | Diff. et p. p. |
|---|---|---|---|---|---|---|---|---|---|---|---|
| 7100 | 851 2583 | 2645 | 2706 | 2767 | 2828 | 2889 | 2950 | 3012 | 3073 | 3134 | |
| 1 | 3195 | 3256 | 3317 | 3379 | 3440 | 3501 | 3562 | 3623 | 3684 | 3746 | |
| 2 | 3807 | 3868 | 3929 | 3990 | 4051 | 4112 | 4174 | 4235 | 4296 | 4357 | |
| 3 | 4418 | 4479 | 4540 | 4602 | 4663 | 4724 | 4785 | 4846 | 4907 | 4968 | |
| 4 | 5030 | 5091 | 5152 | 5213 | 5274 | 5335 | 5396 | 5457 | 5519 | 5580 | |
| 5 | 5641 | 5702 | 5763 | 5824 | 5885 | 5946 | 6008 | 6069 | 6130 | 6191 | |
| 6 | 6252 | 6313 | 6374 | 6435 | 6496 | 6558 | 6619 | 6680 | 6741 | 6802 | 62 |
| 7 | 6863 | 6924 | 6985 | 7046 | 7108 | 7169 | 7230 | 7291 | 7352 | 7413 | 1 \| 6,2 |
| 8 | 7474 | 7535 | 7596 | 7657 | 7719 | 7780 | 7841 | 7902 | 7963 | 8024 | 2 \| 12,4 |
| 9 | 8085 | 8146 | 8207 | 8268 | 8329 | 8391 | 8452 | 8513 | 8574 | 8635 | 3 \| 18,6 |
| 7110 | 8696 | 8757 | 8818 | 8879 | 8940 | 9001 | 9062 | 9124 | 9185 | 9246 | 4 \| 24,8 |
| 1 | 9307 | 9368 | 9429 | 9490 | 9551 | 9612 | 9673 | 9734 | 9795 | 9856 | 5 \| 31,0 |
| 2 | 9917 | 9979 | *0040 | *0101 | *0162 | *0223 | *0284 | *0345 | *0406 | *0467 | 6 \| 37,2 |
| 3 | 852 0528 | 0589 | 0650 | 0711 | 0772 | 0833 | 0894 | 0955 | 1017 | 1078 | 7 \| 43,4 |
| 4 | 1139 | 1200 | 1261 | 1322 | 1383 | 1444 | 1505 | 1566 | 1627 | 1688 | 8 \| 49,6 |
| 5 | 1749 | 1810 | 1871 | 1932 | 1993 | 2054 | 2115 | 2176 | 2237 | 2298 | 9 \| 55,8 |
| 6 | 2359 | 2420 | 2481 | 2542 | 2604 | 2665 | 2726 | 2787 | 2848 | 2909 | |
| 7 | 2970 | 3031 | 3092 | 3153 | 3214 | 3275 | 3336 | 3397 | 3458 | 3519 | |
| 8 | 3580 | 3641 | 3702 | 3763 | 3824 | 3885 | 3946 | 4007 | 4068 | 4129 | |
| 9 | 4190 | 4251 | 4312 | 4373 | 4434 | 4495 | 4556 | 4617 | 4678 | 4739 | |
| 7120 | 4800 | 4861 | 4922 | 4983 | 5044 | 5105 | 5166 | 5227 | 5288 | 5349 | |
| 1 | 5410 | 5471 | 5532 | 5593 | 5654 | 5715 | 5776 | 5837 | 5898 | 5959 | 61 |
| 2 | 6020 | 6081 | 6142 | 6203 | 6264 | 6325 | 6386 | 6447 | 6508 | 6568 | 1 \| 6,1 |
| 3 | 6629 | 6690 | 6751 | 6812 | 6873 | 6934 | 6995 | 7056 | 7117 | 7178 | 2 \| 12,2 |
| 4 | 7239 | 7300 | 7361 | 7422 | 7483 | 7544 | 7605 | 7666 | 7727 | 7788 | 3 \| 18,3 |
| 5 | 7849 | 7910 | 7971 | 8032 | 8092 | 8153 | 8214 | 8275 | 8336 | 8397 | 4 \| 24,4 |
| 6 | 8458 | 8519 | 8580 | 8641 | 8702 | 8763 | 8824 | 8885 | 8946 | 9007 | 5 \| 30,5 |
| 7 | 9068 | 9129 | 9189 | 9250 | 9311 | 9372 | 9433 | 9494 | 9555 | 9616 | 6 \| 36,6 |
| 8 | 9677 | 9738 | 9799 | 9860 | 9921 | 9982 | *0042 | *0103 | *0164 | *0225 | 7 \| 42,7 |
| 9 | 853 0286 | 0347 | 0408 | 0469 | 0530 | 0591 | 0652 | 0713 | 0773 | 0834 | 8 \| 48,8 |
| 7130 | 0895 | 0956 | 1017 | 1078 | 1139 | 1200 | 1261 | 1322 | 1383 | 1443 | 9 \| 54,9 |
| 1 | 1504 | 1565 | 1626 | 1687 | 1748 | 1809 | 1870 | 1931 | 1992 | 2052 | |
| 2 | 2113 | 2174 | 2235 | 2296 | 2357 | 2418 | 2479 | 2540 | 2600 | 2661 | |
| 3 | 2722 | 2783 | 2844 | 2905 | 2966 | 3027 | 3088 | 3148 | 3209 | 3270 | |
| 4 | 3331 | 3392 | 3453 | 3514 | 3575 | 3635 | 3696 | 3757 | 3818 | 3879 | |
| 5 | 3940 | 4001 | 4062 | 4122 | 4183 | 4244 | 4305 | 4366 | 4427 | 4488 | |
| 6 | 4548 | 4609 | 4670 | 4731 | 4792 | 4853 | 4914 | 4974 | 5035 | 5096 | 60 |
| 7 | 5157 | 5218 | 5279 | 5340 | 5400 | 5461 | 5522 | 5583 | 5644 | 5705 | 1 \| 6 |
| 8 | 5765 | 5826 | 5887 | 5948 | 6009 | 6070 | 6130 | 6191 | 6252 | 6313 | 2 \| 12 |
| 9 | 6374 | 6435 | 6495 | 6556 | 6617 | 6678 | 6739 | 6800 | 6860 | 6921 | 3 \| 18 |
| 7140 | 6982 | 7043 | 7104 | 7165 | 7225 | 7286 | 7347 | 7408 | 7469 | 7530 | 4 \| 24 |
| 1 | 7590 | 7651 | 7712 | 7773 | 7834 | 7894 | 7955 | 8016 | 8077 | 8138 | 5 \| 30 |
| 2 | 8198 | 8259 | 8320 | 8381 | 8442 | 8502 | 8563 | 8624 | 8685 | 8746 | 6 \| 36 |
| 3 | 8807 | 8867 | 8928 | 8989 | 9050 | 9110 | 9171 | 9232 | 9293 | 9354 | 7 \| 42 |
| 4 | 9414 | 9475 | 9536 | 9597 | 9658 | 9718 | 9779 | 9840 | 9901 | 9962 | 8 \| 48 |
| 5 | 854 0022 | 0083 | 0144 | 0205 | 0265 | 0326 | 0387 | 0448 | 0509 | 0569 | 9 \| 54 |
| 6 | 0630 | 0691 | 0752 | 0812 | 0873 | 0934 | 0995 | 1056 | 1116 | 1177 | |
| 7 | 1238 | 1299 | 1359 | 1420 | 1481 | 1542 | 1602 | 1663 | 1724 | 1785 | |
| 8 | 1845 | 1906 | 1967 | 2028 | 2088 | 2149 | 2210 | 2271 | 2331 | 2392 | |
| 9 | 2453 | 2514 | 2574 | 2635 | 2696 | 2757 | 2817 | 2878 | 2939 | 3000 | |
| N. | 0 | 1 | 2 | 3 | 4 | 5 | 6 | 7 | 8 | 9 | |

| | | S | T. |
|---|---|---|---|
| 71 000″ = 19° 43′ 20″ | 7100″ = 1° 58′ 20″ | S = 6,685 4891 | T. 7464 |
| 71 100 = 19 45 0 | 7110 = 1 58 30 | 4889 | 7469 |
| 71 200 = 19 46 40 | 7120 = 1 58 40 | 4886 | 7474 |
| 71 300 = 19 48 20 | 7130 = 1 58 50 | 4884 | 7479 |
| 71 400 = 19 50 0 | 7140 = 1 59 0 | 4881 | 7484 |

| N. | 0 | 1 | 2 | 3 | 4 | 5 | 6 | 7 | 8 | 9 | Diff. et p. p. |
|---|---|---|---|---|---|---|---|---|---|---|---|
| 7150 | 854 3060 | 3121 | 3182 | 3243 | 3303 | 3364 | 3425 | 3486 | 3546 | 3607 | |
| 1 | 3668 | 3729 | 3789 | 3850 | 3911 | 3971 | 4032 | 4093 | 4154 | 4214 | |
| 2 | 4275 | 4336 | 4397 | 4457 | 4518 | 4579 | 4639 | 4700 | 4761 | 4822 | |
| 3 | 4882 | 4943 | 5004 | 5064 | 5125 | 5186 | 5247 | 5307 | 5368 | 5429 | |
| 4 | 5489 | 5550 | 5611 | 5671 | 5732 | 5793 | 5854 | 5914 | 5975 | 6036 | |
| 5 | 6096 | 6157 | 6218 | 6278 | 6339 | 6400 | 6461 | 6521 | 6582 | 6643 | |
| 6 | 6703 | 6764 | 6825 | 6885 | 6946 | 7007 | 7067 | 7128 | 7189 | 7249 | |
| 7 | 7310 | 7371 | 7432 | 7492 | 7553 | 7614 | 7674 | 7735 | 7796 | 7856 | |
| 8 | 7917 | 7978 | 8038 | 8099 | 8160 | 8220 | 8281 | 8342 | 8402 | 8463 | |
| 9 | 8524 | 8584 | 8645 | 8706 | 8766 | 8827 | 8888 | 8948 | 9009 | 9070 | |
| 7160 | 9130 | 9191 | 9252 | 9312 | 9373 | 9433 | 9494 | 9555 | 9615 | 9676 | |
| 1 | 9737 | 9797 | 9858 | 9919 | 9979 | *0040 | *0101 | *0161 | *0222 | *0283 | 61 |
| 2 | 855 0343 | 0404 | 0464 | 0525 | 0586 | 0646 | 0707 | 0768 | 0828 | 0889 | 1 \| 6,1 |
| 3 | 0950 | 1010 | 1071 | 1131 | 1192 | 1253 | 1313 | 1374 | 1435 | 1495 | 2 \| 12,2 |
| 4 | 1556 | 1616 | 1677 | 1738 | 1798 | 1859 | 1919 | 1980 | 2041 | 2101 | 3 \| 18,3 |
| 5 | 2162 | 2223 | 2283 | 2344 | 2404 | 2465 | 2526 | 2586 | 2647 | 2707 | 4 \| 24,4 |
| 6 | 2768 | 2829 | 2889 | 2950 | 3010 | 3071 | 3132 | 3192 | 3253 | 3313 | 5 \| 30,5 |
| 7 | 3374 | 3435 | 3495 | 3556 | 3616 | 3677 | 3738 | 3798 | 3859 | 3919 | 6 \| 36,6 |
| 8 | 3980 | 4041 | 4101 | 4162 | 4222 | 4283 | 4343 | 4404 | 4465 | 4525 | 7 \| 42,7 |
| 9 | 4586 | 4646 | 4707 | 4768 | 4828 | 4889 | 4949 | 5010 | 5070 | 5131 | 8 \| 48,8 |
| 7170 | 5192 | 5252 | 5313 | 5373 | 5434 | 5494 | 5555 | 5616 | 5676 | 5737 | 9 \| 54,9 |
| 1 | 5797 | 5858 | 5918 | 5979 | 6039 | 6100 | 6161 | 6221 | 6282 | 6342 | |
| 2 | 6403 | 6463 | 6524 | 6584 | 6645 | 6706 | 6766 | 6827 | 6887 | 6948 | |
| 3 | 7008 | 7069 | 7129 | 7190 | 7250 | 7311 | 7372 | 7432 | 7493 | 7553 | |
| 4 | 7614 | 7674 | 7735 | 7795 | 7856 | 7916 | 7977 | 8037 | 8098 | 8159 | |
| 5 | 8219 | 8280 | 8340 | 8401 | 8461 | 8522 | 8582 | 8643 | 8703 | 8764 | |
| 6 | 8824 | 8885 | 8945 | 9006 | 9066 | 9127 | 9187 | 9248 | 9308 | 9369 | |
| 7 | 9429 | 9490 | 9550 | 9611 | 9672 | 9732 | 9793 | 9853 | 9914 | 9974 | |
| 8 | 856 0035 | 0095 | 0156 | 0216 | 0277 | 0337 | 0398 | 0458 | 0519 | 0579 | |
| 9 | 0640 | 0700 | 0761 | 0821 | 0882 | 0942 | 1002 | 1063 | 1123 | 1184 | |
| 7180 | 1244 | 1305 | 1365 | 1426 | 1486 | 1547 | 1607 | 1668 | 1728 | 1789 | |
| 1 | 1849 | 1910 | 1970 | 2031 | 2091 | 2152 | 2212 | 2273 | 2333 | 2394 | 60 |
| 2 | 2454 | 2514 | 2575 | 2635 | 2696 | 2756 | 2817 | 2877 | 2938 | 2998 | 1 \| 6 |
| 3 | 3059 | 3119 | 3180 | 3240 | 3301 | 3361 | 3421 | 3482 | 3542 | 3603 | 2 \| 12 |
| 4 | 3663 | 3724 | 3784 | 3845 | 3905 | 3965 | 4026 | 4086 | 4147 | 4207 | 3 \| 18 |
| 5 | 4268 | 4328 | 4389 | 4449 | 4509 | 4570 | 4630 | 4691 | 4751 | 4812 | 4 \| 24 |
| 6 | 4872 | 4933 | 4993 | 5053 | 5114 | 5174 | 5235 | 5295 | 5356 | 5416 | 5 \| 30 |
| 7 | 5476 | 5537 | 5597 | 5658 | 5718 | 5779 | 5839 | 5899 | 5960 | 6020 | 6 \| 36 |
| 8 | 6081 | 6141 | 6202 | 6262 | 6322 | 6383 | 6443 | 6504 | 6564 | 6624 | 7 \| 42 |
| 9 | 6685 | 6745 | 6806 | 6866 | 6926 | 6987 | 7047 | 7108 | 7168 | 7229 | 8 \| 48 |
| 7190 | 7289 | 7349 | 7410 | 7470 | 7531 | 7591 | 7651 | 7712 | 7772 | 7832 | 9 \| 54 |
| 1 | 7893 | 7953 | 8014 | 8074 | 8134 | 8195 | 8255 | 8316 | 8376 | 8436 | |
| 2 | 8497 | 8557 | 8618 | 8678 | 8738 | 8799 | 8859 | 8919 | 8980 | 9040 | |
| 3 | 9101 | 9161 | 9221 | 9282 | 9342 | 9402 | 9463 | 9523 | 9584 | 9644 | |
| 4 | 9704 | 9765 | 9825 | 9885 | 9946 | *0006 | *0067 | *0127 | *0187 | *0248 | |
| 5 | 857 0308 | 0368 | 0429 | 0489 | 0549 | 0610 | 0670 | 0730 | 0791 | 0851 | |
| 6 | 0912 | 0972 | 1032 | 1093 | 1153 | 1213 | 1274 | 1334 | 1394 | 1455 | |
| 7 | 1515 | 1575 | 1636 | 1696 | 1756 | 1817 | 1877 | [illegible] | 1998 | [illegible] | |
| 8 | 2118 | 2179 | 2239 | 2299 | 2360 | 2420 | 2480 | 2541 | 2601 | 2661 | |
| 9 | 2722 | 2782 | 2842 | 2903 | 2963 | 3023 | 3084 | 3144 | 3204 | 3265 | |
| N. | 0 | 1 | 2 | 3 | 4 | 5 | 6 | 7 | 8 | 9 | |

71 500″ = 19° 51′ 40″ — 7150″ = 1° 59′ 10″ — S = $\overline{6}$,685 4879 — T. 7489
71 600 = 19 53 20 — 7160 = 1 59 20 — 4876 — 7494
71 700 = 19 55 0 — 7170 = 1 59 30 — 4874 — 7498
71 800 = 19 56 40 — 7180 = 1 59 40 — 4872 — 7503
71 900 = 19 58 20 — 7190 = 1 59 50 — 4869 — 7508

| N. | 0 | 1 | 2 | 3 | 4 | 5 | 6 | 7 | 8 | 9 | Diff. et p. p. |
|---|---|---|---|---|---|---|---|---|---|---|---|
| 7200 | 857 3325 | 3385 | 3446 | 3506 | 3566 | 3627 | 3687 | 3747 | 3807 | 3868 | |
| 1 | 3928 | 3988 | 4049 | 4109 | 4169 | 4230 | 4290 | 4350 | 4411 | 4471 | |
| 2 | 4531 | 4591 | 4652 | 4712 | 4772 | 4833 | 4893 | 4953 | 5014 | 5074 | |
| 3 | 5134 | 5194 | 5255 | 5315 | 5375 | 5436 | 5496 | 5556 | 5616 | 5677 | |
| 4 | 5737 | 5797 | 5858 | 5918 | 5978 | 6038 | 6099 | 6159 | 6219 | 6280 | |
| 5 | 6340 | 6400 | 6460 | 6521 | 6581 | 6641 | 6701 | 6762 | 6822 | 6882 | |
| 6 | 6943 | 7003 | 7063 | 7123 | 7184 | 7244 | 7304 | 7364 | 7425 | 7485 | 61 |
| 7 | 7545 | 7605 | 7666 | 7726 | 7786 | 7847 | 7907 | 7967 | 8027 | 8088 | |
| 8 | 8148 | 8208 | 8268 | 8329 | 8389 | 8449 | 8509 | 8570 | 8630 | 8690 | 1 6,1 |
| 9 | 8750 | 8810 | 8871 | 8931 | 8991 | 9051 | 9112 | 9172 | 9232 | 9292 | 2 12,2<br>3 18,3 |
| 7210 | 9353 | 9413 | 9473 | 9533 | 9594 | 9654 | 9714 | 9774 | 9835 | 9895 | 4 24,4 |
| 1 | 9955 | *0015 | *0075 | *0136 | *0196 | *0256 | *0316 | *0377 | *0437 | *0497 | 5 30,5 |
| 2 | 858 0557 | 0617 | 0678 | 0738 | 0798 | 0858 | 0918 | 0979 | 1039 | 1099 | 6 36,6 |
| 3 | 1159 | 1220 | 1280 | 1340 | 1400 | 1460 | 1521 | 1581 | 1641 | 1701 | 7 42,7 |
| 4 | 1761 | 1822 | 1882 | 1942 | 2002 | 2062 | 2123 | 2183 | 2243 | 2303 | 8 48,8 |
| 5 | 2363 | 2424 | 2484 | 2544 | 2604 | 2664 | 2724 | 2785 | 2845 | 2905 | 9 54,9 |
| 6 | 2965 | 3025 | 3086 | 3146 | 3206 | 3266 | 3326 | 3387 | 3447 | 3507 | |
| 7 | 3567 | 3627 | 3687 | 3748 | 3808 | 3868 | 3928 | 3988 | 4048 | 4109 | |
| 8 | 4169 | 4229 | 4289 | 4349 | 4409 | 4470 | 4530 | 4590 | 4650 | 4710 | |
| 9 | 4770 | 4831 | 4891 | 4951 | 5011 | 5071 | 5131 | 5192 | 5252 | 5312 | |
| 7220 | 5372 | 5432 | 5492 | 5552 | 5613 | 5673 | 5733 | 5793 | 5853 | 5913 | |
| 1 | 5973 | 6034 | 6094 | 6154 | 6214 | 6274 | 6334 | 6394 | 6455 | 6515 | 60 |
| 2 | 6575 | 6635 | 6695 | 6755 | 6815 | 6876 | 6936 | 6996 | 7056 | 7116 | 1 6 |
| 3 | 7176 | 7236 | 7296 | 7357 | 7417 | 7477 | 7537 | 7597 | 7657 | 7717 | 2 12 |
| 4 | 7777 | 7837 | 7898 | 7958 | 8018 | 8078 | 8138 | 8198 | 8258 | 8318 | 3 18 |
| 5 | 8379 | 8439 | 8499 | 8559 | 8619 | 8679 | 8739 | 8799 | 8859 | 8919 | 4 24 |
| 6 | 8980 | 9040 | 9100 | 9160 | 9220 | 9280 | 9340 | 9400 | 9460 | 9520 | 5 30 |
| 7 | 9581 | 9641 | 9701 | 9761 | 9821 | 9881 | 9941 | *0001 | *0061 | *0121 | 6 36 |
| 8 | 859 0181 | 0242 | 0302 | 0362 | 0422 | 0482 | 0542 | 0602 | 0662 | 0722 | 7 42 |
| 9 | 0782 | 0842 | 0902 | 0962 | 1023 | 1083 | 1143 | 1203 | 1263 | 1323 | 8 48 |
| 7230 | 1383 | 1443 | 1503 | 1563 | 1623 | 1683 | 1743 | 1803 | 1863 | 1924 | 9 54 |
| 1 | 1984 | 2044 | 2104 | 2164 | 2224 | 2284 | 2344 | 2404 | 2464 | 2524 | |
| 2 | 2584 | 2644 | 2704 | 2764 | 2824 | 2884 | 2944 | 3005 | 3065 | 3125 | |
| 3 | 3185 | 3245 | 3305 | 3365 | 3425 | 3485 | 3545 | 3605 | 3665 | 3725 | |
| 4 | 3785 | 3845 | 3905 | 3965 | 4025 | 4085 | 4145 | 4205 | 4265 | 4325 | |
| 5 | 4385 | 4445 | 4505 | 4565 | 4625 | 4685 | 4746 | 4806 | 4866 | 4926 | |
| 6 | 4986 | 5046 | 5106 | 5166 | 5226 | 5286 | 5346 | 5406 | 5466 | 5526 | 59 |
| 7 | 5586 | 5646 | 5706 | 5766 | 5826 | 5886 | 5946 | 6006 | 6066 | 6126 | |
| 8 | 6186 | 6246 | 6306 | 6366 | 6426 | 6486 | 6546 | 6606 | 6666 | 6726 | 1 5,9 |
| 9 | 6786 | 6846 | 6906 | 6966 | 7026 | 7086 | 7146 | 7206 | 7266 | 7326 | 2 11,8 |
| 7240 | 7386 | 7446 | 7506 | 7566 | 7626 | 7686 | 7746 | 7806 | 7866 | 7925 | 3 17,7<br>4 23,6 |
| 1 | 7985 | 8045 | 8105 | 8165 | 8225 | 8285 | 8345 | 8405 | 8465 | 8525 | 5 29,5 |
| 2 | 8585 | 8645 | 8705 | 8765 | 8825 | 8885 | 8945 | 9005 | 9065 | 9125 | 6 35,4 |
| 3 | 9185 | 9245 | 9305 | 9365 | 9425 | 9485 | 9545 | 9605 | 9665 | 9724 | 7 41,3 |
| 4 | 9784 | 9844 | 9904 | 9964 | *0024 | *0084 | *0144 | *0204 | *0264 | *0324 | 8 47,2 |
| 5 | 860 0384 | 0444 | 0504 | 0564 | 0624 | 0684 | 0744 | 0803 | 0863 | 0923 | 9 53,1 |
| 6 | 0983 | 1043 | 1103 | 1163 | 1223 | 1283 | 1343 | 1403 | 1463 | 1523 | |
| 7 | 1583 | 1643 | 1702 | 1762 | 1822 | 1882 | 1942 | 2002 | 2062 | 2122 | |
| 8 | 2182 | 2242 | 2302 | 2362 | 2422 | 2481 | 2541 | 2601 | 2661 | 2721 | |
| 9 | 2781 | 2841 | 2901 | 2961 | 3021 | 3081 | 3140 | 3200 | 3260 | 3320 | |
| N. | 0 | 1 | 2 | 3 | 4 | 5 | 6 | 7 | 8 | 9 | |

| | | | |
|---|---|---|---|
| 72000″ = 20° 0′ 0″ | 7200″ = 2° 0′ 0″ | S = $\bar{6}$,685 4867 | T. 7513 |
| 72100 = 20 1 40 | 7210 = 2 0 10 | 4864 | 7518 |
| 72200 = 20 3 20 | 7220 = 2 0 20 | 4862 | 7523 |
| 72300 = 20 5 0 | 7230 = 2 0 30 | 4859 | 7528 |
| 72400 = 20 6 40 | 7240 = 2 0 40 | 4857 | 7533 |

| N. | 0 | 1 | 2 | 3 | 4 | 5 | 6 | 7 | 8 | 9 | Diff. et p. p. |
|---|---|---|---|---|---|---|---|---|---|---|---|
| 7250 | 860 3380 | 3440 | 3500 | 3560 | 3620 | 3680 | 3739 | 3799 | 3859 | 3919 | |
| 1 | 3979 | 4039 | 4099 | 4159 | 4219 | 4279 | 4338 | 4398 | 4458 | 4518 | |
| 2 | 4578 | 4638 | 4698 | 4758 | 4817 | 4877 | 4937 | 4997 | 5057 | 5117 | |
| 3 | 5177 | 5237 | 5297 | 5356 | 5416 | 5476 | 5536 | 5596 | 5656 | 5716 | |
| 4 | 5776 | 5835 | 5895 | 5955 | 6015 | 6075 | 6135 | 6195 | 6254 | 6314 | |
| 5 | 6374 | 6434 | 6494 | 6554 | 6614 | 6673 | 6733 | 6793 | 6853 | 6913 | |
| 6 | 6973 | 7033 | 7092 | 7152 | 7212 | 7272 | 7332 | 7392 | 7452 | 7511 | |
| 7 | 7571 | 7631 | 7691 | 7751 | 7811 | 7870 | 7930 | 7990 | 8050 | 8110 | |
| 8 | 8170 | 8229 | 8289 | 8349 | 8409 | 8469 | 8529 | 8588 | 8648 | 8708 | |
| 9 | 8768 | 8828 | 8888 | 8947 | 9007 | 9067 | 9127 | 9187 | 9247 | 9306 | |
| 7260 | 9366 | 9426 | 9486 | 9546 | 9605 | 9665 | 9725 | 9785 | 9845 | 9905 | |
| 1 | 9964 | *0024 | *0084 | *0144 | *0204 | *0263 | *0323 | *0383 | *0443 | *0503 | 60 |
| 2 | 861 0562 | 0622 | 0682 | 0742 | 0802 | 0861 | 0921 | 0981 | 1041 | 1101 | 1 \| 6 |
| 3 | 1160 | 1220 | 1280 | 1340 | 1400 | 1459 | 1519 | 1579 | 1639 | 1699 | 2 \| 12 |
| 4 | 1758 | 1818 | 1878 | 1938 | 1997 | 2057 | 2117 | 2177 | 2237 | 2296 | 3 \| 18 |
| 5 | 2356 | 2416 | 2476 | 2536 | 2595 | 2655 | 2715 | 2775 | 2834 | 2894 | 4 \| 24 |
| 6 | 2954 | 3014 | 3073 | 3133 | 3193 | 3253 | 3313 | 3372 | 3432 | 3492 | 5 \| 30 |
| 7 | 3552 | 3611 | 3671 | 3731 | 3791 | 3850 | 3910 | 3970 | 4030 | 4089 | 6 \| 36 |
| 8 | 4149 | 4209 | 4269 | 4328 | 4388 | 4448 | 4508 | 4567 | 4627 | 4687 | 7 \| 42 |
| 9 | 4747 | 4806 | 4866 | 4926 | 4986 | 5045 | 5105 | 5165 | 5225 | 5284 | 8 \| 48 |
| 7270 | 5344 | 5404 | 5464 | 5523 | 5583 | 5643 | 5703 | 5762 | 5822 | 5882 | 9 \| 54 |
| 1 | 5941 | 6001 | 6061 | 6121 | 6180 | 6240 | 6300 | 6360 | 6419 | 6479 | |
| 2 | 6539 | 6598 | 6658 | 6718 | 6778 | 6837 | 6897 | 6957 | 7016 | 7076 | |
| 3 | 7136 | 7196 | 7255 | 7315 | 7375 | 7434 | 7494 | 7554 | 7614 | 7673 | |
| 4 | 7733 | 7793 | 7852 | 7912 | 7972 | 8031 | 8091 | 8151 | 8211 | 8270 | |
| 5 | 8330 | 8390 | 8449 | 8509 | 8569 | 8628 | 8688 | 8748 | 8808 | 8867 | |
| 6 | 8927 | 8987 | 9046 | 9106 | 9166 | 9225 | 9285 | 9345 | 9404 | 9464 | |
| 7 | 9524 | 9583 | 9643 | 9703 | 9762 | 9822 | 9882 | 9941 | *0001 | *0061 | |
| 8 | 862 0121 | 0180 | 0240 | 0300 | 0359 | 0419 | 0479 | 0538 | 0598 | 0658 | |
| 9 | 0717 | 0777 | 0837 | 0896 | 0956 | 1016 | 1075 | 1135 | 1194 | 1254 | |
| 7280 | 1314 | 1373 | 1433 | 1493 | 1552 | 1612 | 1672 | 1731 | 1791 | 1851 | |
| 1 | 1910 | 1970 | 2030 | 2089 | 2149 | 2209 | 2268 | 2328 | 2387 | 2447 | 59 |
| 2 | 2507 | 2566 | 2626 | 2686 | 2745 | 2805 | 2865 | 2924 | 2984 | 3043 | 1 \| 5,9 |
| 3 | 3103 | 3163 | 3222 | 3282 | 3342 | 3401 | 3461 | 3520 | 3580 | 3640 | 2 \| 11,8 |
| 4 | 3699 | 3759 | 3819 | 3878 | 3938 | 3997 | 4057 | 4117 | 4176 | 4236 | 3 \| 17,7 |
| 5 | 4296 | 4355 | 4415 | 4474 | 4534 | 4594 | 4653 | 4713 | 4772 | 4832 | 4 \| 23,6 |
| 6 | 4892 | 4951 | 5011 | 5070 | 5130 | 5190 | 5249 | 5309 | 5368 | 5428 | 5 \| 29,5 |
| 7 | 5488 | 5547 | 5607 | 5666 | 5726 | 5786 | 5845 | 5905 | 5964 | 6024 | 6 \| 35,4 |
| 8 | 6084 | 6143 | 6203 | 6262 | 6322 | 6382 | 6441 | 6501 | 6560 | 6620 | 7 \| 41,3 |
| 9 | 6680 | 6739 | 6799 | 6858 | 6918 | 6977 | 7037 | 7097 | 7156 | 7216 | 8 \| 47,2 |
| 7290 | 7275 | 7335 | 7394 | 7454 | 7514 | 7573 | 7633 | 7692 | 7752 | 7811 | 9 \| 53,1 |
| 1 | 7871 | 7931 | 7990 | 8050 | 8109 | 8169 | 8228 | 8288 | 8347 | 8407 | |
| 2 | 8467 | 8526 | 8586 | 8645 | 8705 | 8764 | 8824 | 8883 | 8943 | 9003 | |
| 3 | 9062 | 9122 | 9181 | 9241 | 9300 | 9360 | 9419 | 9479 | 9539 | 9598 | |
| 4 | 9658 | 9717 | 9777 | 9836 | 9896 | 9955 | *0015 | *0074 | *0134 | *0193 | |
| 5 | 863 0253 | 0312 | 0372 | 0432 | 0491 | 0551 | 0610 | 0670 | 0729 | 0789 | |
| 6 | 0848 | 0908 | 0967 | 1027 | 1086 | 1146 | 1205 | 1265 | 1324 | 1384 | |
| 7 | 1443 | 1503 | 1562 | 1622 | 1682 | 1741 | 1801 | 1860 | 1920 | 1979 | |
| 8 | 2039 | 2098 | 2158 | 2217 | 2277 | 2336 | 2396 | 2455 | 2515 | 2574 | |
| 9 | 2634 | 2693 | 2753 | 2812 | 2872 | 2931 | 2991 | 3050 | 3110 | 3169 | |
| N. | 0 | 1 | 2 | 3 | 4 | 5 | 6 | 7 | 8 | 9 | |

| | | | |
|---|---|---|---|
| 72500″ = 20° 8′ 20″ | 7250″ = 2° 0′ 50″ | S = $\bar{6}$,6854854 | T. 7538 |
| 72600 = 20 10 0 | 7260 = 2 1 0 | 4852 | 7543 |
| 72700 = 20 11 40 | 7270 = 2 1 10 | 4849 | 7548 |
| 72800 = 20 13 20 | 7280 = 2 1 20 | 4847 | 7553 |
| 72900 = 20 15 0 | 7290 = 2 1 30 | 4844 | 7557 |

| N. | 0 | 1 | 2 | 3 | 4 | 5 | 6 | 7 | 8 | 9 | Diff. et p. p. |
|---|---|---|---|---|---|---|---|---|---|---|---|
| 7300 | 863 3229 | 3288 | 3348 | 3407 | 3467 | 3526 | 3586 | 3645 | 3705 | 3764 | |
| 1 | 3823 | 3883 | 3942 | 4002 | 4061 | 4121 | 4180 | 4240 | 4299 | 4359 | |
| 2 | 4418 | 4478 | 4537 | 4597 | 4656 | 4716 | 4775 | 4835 | 4894 | 4954 | |
| 3 | 5013 | 5072 | 5132 | 5191 | 5251 | 5310 | 5370 | 5429 | 5489 | 5548 | |
| 4 | 5608 | 5667 | 5727 | 5786 | 5845 | 5905 | 5964 | 6024 | 6083 | 6143 | |
| 5 | 6202 | 6262 | 6321 | 6381 | 6440 | 6499 | 6559 | 6618 | 6678 | 6737 | |
| 6 | 6797 | 6856 | 6916 | 6975 | 7034 | 7094 | 7153 | 7213 | 7272 | 7332 | |
| 7 | 7391 | 7451 | 7510 | 7569 | 7629 | 7688 | 7748 | 7807 | 7867 | 7926 | |
| 8 | 7985 | 8045 | 8104 | 8164 | 8223 | 8283 | 8342 | 8401 | 8461 | 8520 | |
| 9 | 8580 | 8639 | 8698 | 8758 | 8817 | 8877 | 8936 | 8996 | 9055 | 9114 | |
| 7310 | 9174 | 9233 | 9293 | 9352 | 9411 | 9471 | 9530 | 9590 | 9649 | 9708 | |
| 1 | 9768 | 9827 | 9887 | 9946 | *0005 | *0065 | *0124 | *0184 | *0243 | *0302 | 60 |
| 2 | 864 0362 | 0421 | 0481 | 0540 | 0599 | 0659 | 0718 | 0778 | 0837 | 0896 | 1 \| 6 |
| 3 | 0956 | 1015 | 1075 | 1134 | 1193 | 1253 | 1312 | 1371 | 1431 | 1490 | 2 \| 12 |
| 4 | 1550 | 1609 | 1668 | 1728 | 1787 | 1846 | 1906 | 1965 | 2025 | 2084 | 3 \| 18 |
| 5 | 2143 | 2203 | 2262 | 2321 | 2381 | 2440 | 2500 | 2559 | 2618 | 2678 | 4 \| 24 |
| 6 | 2737 | 2796 | 2856 | 2915 | 2974 | 3034 | 3093 | 3152 | 3212 | 3271 | 5 \| 30 |
| 7 | 3331 | 3390 | 3449 | 3509 | 3568 | 3627 | 3687 | 3746 | 3805 | 3865 | 6 \| 36 |
| 8 | 3924 | 3983 | 4043 | 4102 | 4161 | 4221 | 4280 | 4339 | 4399 | 4458 | 7 \| 42 |
| 9 | 4517 | 4577 | 4636 | 4695 | 4755 | 4814 | 4873 | 4933 | 4992 | 5051 | 8 \| 48 |
| 7320 | 5111 | 5170 | 5229 | 5289 | 5348 | 5407 | 5467 | 5526 | 5585 | 5645 | 9 \| 54 |
| 1 | 5704 | 5763 | 5823 | 5882 | 5941 | 6001 | 6060 | 6119 | 6179 | 6238 | |
| 2 | 6297 | 6357 | 6416 | 6475 | 6534 | 6594 | 6653 | 6712 | 6772 | 6831 | |
| 3 | 6890 | 6950 | 7009 | 7068 | 7128 | 7187 | 7246 | 7305 | 7365 | 7424 | |
| 4 | 7483 | 7543 | 7602 | 7661 | 7721 | 7780 | 7839 | 7898 | 7958 | 8017 | |
| 5 | 8076 | 8136 | 8195 | 8254 | 8313 | 8373 | 8432 | 8491 | 8551 | 8610 | |
| 6 | 8669 | 8728 | 8788 | 8847 | 8906 | 8966 | 9025 | 9084 | 9143 | 9203 | |
| 7 | 9262 | 9321 | 9380 | 9440 | 9499 | 9558 | 9618 | 9677 | 9736 | 9795 | |
| 8 | 9855 | 9914 | 9973 | *0032 | *0092 | *0151 | *0210 | *0269 | *0329 | *0388 | |
| 9 | 865 0447 | 0506 | 0566 | 0625 | 0684 | 0743 | 0803 | 0862 | 0921 | 0980 | |
| 7330 | 1040 | 1099 | 1158 | 1217 | 1277 | 1336 | 1395 | 1454 | 1514 | 1573 | |
| 1 | 1632 | 1691 | 1751 | 1810 | 1869 | 1928 | 1988 | 2047 | 2106 | 2165 | 59 |
| 2 | 2225 | 2284 | 2343 | 2402 | 2461 | 2521 | 2580 | 2639 | 2698 | 2758 | 1 \| 5,9 |
| 3 | 2817 | 2876 | 2935 | 2995 | 3054 | 3113 | 3172 | 3231 | 3291 | 3350 | 2 \| 11,8 |
| 4 | 3409 | 3468 | 3527 | 3587 | 3646 | 3705 | 3764 | 3824 | 3883 | 3942 | 3 \| 17,7 |
| 5 | 4001 | 4060 | 4120 | 4179 | 4238 | 4297 | 4356 | 4416 | 4475 | 4534 | 4 \| 23,6 |
| 6 | 4593 | 4652 | 4712 | 4771 | 4830 | 4889 | 4948 | 5008 | 5067 | 5126 | 5 \| 29,5 |
| 7 | 5185 | 5244 | 5304 | 5363 | 5422 | 5481 | 5540 | 5600 | 5659 | 5718 | 6 \| 35,4 |
| 8 | 5777 | 5836 | 5895 | 5955 | 6014 | 6073 | 6132 | 6191 | 6251 | 6310 | 7 \| 41,3 |
| 9 | 6369 | 6428 | 6487 | 6546 | 6606 | 6665 | 6724 | 6783 | 6842 | 6901 | 8 \| 47,2 |
| 7340 | 6961 | 7020 | 7079 | 7138 | 7197 | 7256 | 7316 | 7375 | 7434 | 7493 | 9 \| 53,1 |
| 1 | 7552 | 7611 | 7671 | 7730 | 7789 | 7848 | 7907 | 7966 | 8025 | 8085 | |
| 2 | 8144 | 8203 | 8262 | 8321 | 8380 | 8440 | 8499 | 8558 | 8617 | 8676 | |
| 3 | 8735 | 8794 | 8854 | 8913 | 8972 | 9031 | 9090 | 9149 | 9208 | 9268 | |
| 4 | 9327 | 9386 | 9445 | 9504 | 9563 | 9622 | 9681 | 9741 | 9800 | 9859 | |
| 5 | 9918 | 9977 | *0036 | *0095 | *0155 | *0214 | *0273 | *0332 | *0391 | *0450 | |
| 6 | 866 0509 | 0568 | 0627 | 0687 | 0746 | 0805 | 0864 | 0923 | 0982 | 1041 | |
| 7 | 1100 | 1160 | 1219 | 1278 | 1337 | 1396 | 1455 | 1514 | 1573 | 1632 | |
| 8 | 1691 | 1751 | 1810 | 1869 | 1928 | 1987 | 2046 | 2105 | 2164 | 2223 | |
| 9 | 2282 | 2342 | 2401 | 2460 | 2519 | 2578 | 2637 | 2696 | 2755 | 2814 | |
| N. | 0 | 1 | 2 | 3 | 4 | 5 | 6 | 7 | 8 | 9 | |

| | | | |
|---|---|---|---|
| 73000″ = 20° 16′ 40″ | 7300″ = 2° 1′ 40″ | S = $\bar{6}$,685 4842 | T. 7562 |
| 73100 = 20 18 20 | 7310 = 2 1 50 | 4840 | 7567 |
| 73200 = 20 20 0 | 7320 = 2 2 0 | 4837 | 7572 |
| 73300 = 20 21 40 | 7330 = 2 2 10 | 4835 | 7577 |
| 73400 = 20 23 20 | 7340 = 2 2 20 | 4832 | 7582 |

| N. | 0 | 1 | 2 | 3 | 4 | 5 | 6 | 7 | 8 | 9 |
|---|---|---|---|---|---|---|---|---|---|---|
| 7350 | 866 2873 | 2932 | 2992 | 3051 | 3110 | 3169 | 3228 | 3287 | 3346 | 3405 |
| 1 | 3464 | 3523 | 3582 | 3641 | 3701 | 3760 | 3819 | 3878 | 3937 | 3996 |
| 2 | 4055 | 4114 | 4173 | 4232 | 4291 | 4350 | 4409 | 4468 | 4528 | 4587 |
| 3 | 4646 | 4705 | 4764 | 4823 | 4882 | 4941 | 5000 | 5059 | 5118 | 5177 |
| 4 | 5236 | 5295 | 5354 | 5413 | 5472 | 5532 | 5591 | 5650 | 5709 | 5768 |
| 5 | 5827 | 5886 | 5945 | 6004 | 6063 | 6122 | 6181 | 6240 | 6299 | 6358 |
| 6 | 6417 | 6476 | 6535 | 6594 | 6653 | 6712 | 6771 | 6830 | 6889 | 6949 |
| 7 | 7008 | 7067 | 7126 | 7185 | 7244 | 7303 | 7362 | 7421 | 7480 | 7539 |
| 8 | 7598 | 7657 | 7716 | 7775 | 7834 | 7893 | 7952 | 8011 | 8070 | 8129 |
| 9 | 8188 | 8247 | 8306 | 8365 | 8424 | 8483 | 8542 | 8601 | 8660 | 8719 |
| 7360 | 8778 | 8837 | 8896 | 8955 | 9014 | 9073 | 9132 | 9191 | 9250 | 9309 |
| 1 | 9368 | 9427 | 9486 | 9545 | 9604 | 9663 | 9722 | 9781 | 9840 | 9899 |
| 2 | 9958 | *0017 | *0076 | *0135 | *0194 | *0253 | *0312 | *0371 | *0430 | *0489 |
| 3 | 867 0548 | 0607 | 0666 | 0725 | 0784 | 0843 | 0902 | 0961 | 1020 | 1079 |
| 4 | 1138 | 1197 | 1256 | 1315 | 1374 | 1433 | 1492 | 1551 | 1610 | 1669 |
| 5 | 1728 | 1786 | 1845 | 1904 | 1963 | 2022 | 2081 | 2140 | 2199 | 2258 |
| 6 | 2317 | 2376 | 2435 | 2494 | 2553 | 2612 | 2671 | 2730 | 2789 | 2848 |
| 7 | 2907 | 2966 | 3025 | 3084 | 3142 | 3201 | 3260 | 3319 | 3378 | 3437 |
| 8 | 3496 | 3555 | 3614 | 3673 | 3732 | 3791 | 3850 | 3909 | 3968 | 4027 |
| 9 | 4086 | 4145 | 4203 | 4262 | 4321 | 4380 | 4439 | 4498 | 4557 | 4616 |
| 7370 | 4675 | 4734 | 4793 | 4852 | 4911 | 4970 | 5028 | 5087 | 5146 | 5205 |
| 1 | 5264 | 5323 | 5382 | 5441 | 5500 | 5559 | 5618 | 5677 | 5735 | 5794 |
| 2 | 5853 | 5912 | 5971 | 6030 | 6089 | 6148 | 6207 | 6266 | 6325 | 6383 |
| 3 | 6442 | 6501 | 6560 | 6619 | 6678 | 6737 | 6796 | 6855 | 6914 | 6972 |
| 4 | 7031 | 7090 | 7149 | 7208 | 7267 | 7326 | 7385 | 7444 | 7502 | 7561 |
| 5 | 7620 | 7679 | 7738 | 7797 | 7856 | 7915 | 7974 | 8032 | 8091 | 8150 |
| 6 | 8209 | 8268 | 8327 | 8386 | 8445 | 8503 | 8562 | 8621 | 8680 | 8739 |
| 7 | 8798 | 8857 | 8916 | 8974 | 9033 | 9092 | 9151 | 9210 | 9269 | 9328 |
| 8 | 9387 | 9445 | 9504 | 9563 | 9622 | 9681 | 9740 | 9799 | 9857 | 9916 |
| 9 | 9975 | *0034 | *0093 | *0152 | *0211 | *0269 | *0328 | *0387 | *0446 | *0505 |
| 7380 | 868 0564 | 0622 | 0681 | 0740 | 0799 | 0858 | 0917 | 0976 | 1034 | 1093 |
| 1 | 1152 | 1211 | 1270 | 1329 | 1387 | 1446 | 1505 | 1564 | 1623 | 1682 |
| 2 | 1740 | 1799 | 1858 | 1917 | 1976 | 2035 | 2093 | 2152 | 2211 | 2270 |
| 3 | 2329 | 2388 | 2446 | 2505 | 2564 | 2623 | 2682 | 2740 | 2799 | 2858 |
| 4 | 2917 | 2976 | 3035 | 3093 | 3152 | 3211 | 3270 | 3329 | 3387 | 3446 |
| 5 | 3505 | 3564 | 3623 | 3681 | 3740 | 3799 | 3858 | 3917 | 3975 | 4034 |
| 6 | 4093 | 4152 | 4211 | 4269 | 4328 | 4387 | 4446 | 4505 | 4563 | 4622 |
| 7 | 4681 | 4740 | 4799 | 4857 | 4916 | 4975 | 5034 | 5093 | 5151 | 5210 |
| 8 | 5269 | 5328 | 5386 | 5445 | 5504 | 5563 | 5622 | 5680 | 5739 | 5798 |
| 9 | 5857 | 5915 | 5974 | 6033 | 6092 | 6151 | 6209 | 6268 | 6327 | 6386 |
| 7390 | 6444 | 6503 | 6562 | 6621 | 6679 | 6738 | 6797 | 6856 | 6915 | 6973 |
| 1 | 7032 | 7091 | 7150 | 7208 | 7267 | 7326 | 7385 | 7443 | 7502 | 7561 |
| 2 | 7620 | 7678 | 7737 | 7796 | 7855 | 7913 | 7972 | 8031 | 8090 | 8148 |
| 3 | 8207 | 8266 | 8325 | 8383 | 8442 | 8501 | 8560 | 8618 | 8677 | 8736 |
| 4 | 8794 | 8853 | 8912 | 8971 | 9029 | 9088 | 9147 | 9206 | 9264 | 9323 |
| 5 | 9382 | 9441 | 9499 | 9558 | 9617 | 9675 | 9734 | 9793 | 9852 | 9910 |
| 6 | 9969 | *0028 | *0086 | *0145 | *0204 | *0263 | *0321 | *0380 | *0439 | *0497 |
| 7 | 869 0556 | 0615 | 0674 | 0732 | 0791 | 0850 | 0908 | 0967 | 1026 | 1085 |
| 8 | 1143 | 1202 | 1261 | 1319 | 1378 | 1437 | 1495 | 1554 | 1613 | 1672 |
| 9 | 1730 | 1789 | 1848 | 1906 | 1965 | 2024 | 2082 | 2141 | 2200 | 2259 |
| N. | 0 | 1 | 2 | 3 | 4 | 5 | 6 | 7 | 8 | 9 |

Diff. et p.p.

| | 60 |
|---|---|
| 1 | 6 |
| 2 | 12 |
| 3 | 18 |
| 4 | 24 |
| 5 | 30 |
| 6 | 36 |
| 7 | 42 |
| 8 | 48 |
| 9 | 54 |

| | 59 |
|---|---|
| 1 | 5,9 |
| 2 | 11,8 |
| 3 | 17,7 |
| 4 | 23,6 |
| 5 | 29,5 |
| 6 | 35,4 |
| 7 | 41,3 |
| 8 | 47,2 |
| 9 | 53,1 |

| | 58 |
|---|---|
| 1 | 5,8 |
| 2 | 11,6 |
| 3 | 17,4 |
| 4 | 23,2 |
| 5 | 29,0 |
| 6 | 34,8 |
| 7 | 40,6 |
| 8 | 46,4 |
| 9 | 52,2 |

| | | | |
|---|---|---|---|
| 73500" = 20° 25′ 0″ | 7350″ = 2° 2′ 30″ | S = 6,685 4830 | T. 7587 |
| 73600 = 20 26 40 | 7360 = 2 2 40 | 4827 | 7592 |
| 73700 = 20 28 20 | 7370 = 2 2 50 | 4825 | 7597 |
| 73800 = 20 30 0 | 7380 = 2 3 0 | 4822 | 7602 |
| 73900 = 20 31 40 | 7390 = 2 3 10 | 4820 | 7607 |

| N. | 0 | 1 | 2 | 3 | 4 | 5 | 6 | 7 | 8 | 9 | Diff. et p. p. |
|---|---|---|---|---|---|---|---|---|---|---|---|
| 7400 | 869 2317 | 2376 | 2435 | 2493 | 2552 | 2611 | 2669 | 2728 | 2787 | 2845 | |
| 1 | 2904 | 2963 | 3021 | 3080 | 3139 | 3197 | 3256 | 3315 | 3373 | 3432 | |
| 2 | 3491 | 3549 | 3608 | 3667 | 3725 | 3784 | 3843 | 3901 | 3960 | 4019 | |
| 3 | 4077 | 4136 | 4195 | 4253 | 4312 | 4371 | 4429 | 4488 | 4547 | 4605 | |
| 4 | 4664 | 4723 | 4781 | 4840 | 4899 | 4957 | 5016 | 5075 | 5133 | 5192 | |
| 5 | 5251 | 5309 | 5368 | 5427 | 5485 | 5544 | 5603 | 5661 | 5720 | 5778 | |
| 6 | 5837 | 5896 | 5954 | 6013 | 6072 | 6130 | 6189 | 6248 | 6306 | 6365 | |
| 7 | 6423 | 6482 | 6541 | 6599 | 6658 | 6717 | 6775 | 6834 | 6892 | 6951 | |
| 8 | 7010 | 7068 | 7127 | 7186 | 7244 | 7303 | 7361 | 7420 | 7479 | 7537 | |
| 9 | 7596 | 7655 | 7713 | 7772 | 7830 | 7889 | 7948 | 8006 | 8065 | 8123 | |
| 7410 | 8182 | 8241 | 8299 | 8358 | 8417 | 8475 | 8534 | 8592 | 8651 | 8710 | |
| 1 | 8768 | 8827 | 8885 | 8944 | 9003 | 9061 | 9120 | 9178 | 9237 | 9296 | 59 |
| 2 | 9354 | 9413 | 9471 | 9530 | 9588 | 9647 | 9706 | 9764 | 9823 | 9881 | |
| 3 | 9940 | 9999 | *0057 | *0116 | *0174 | *0233 | *0292 | *0350 | *0409 | *0467 | 1 \| 5,9 |
| 4 | 870 0526 | 0584 | 0643 | 0702 | 0760 | 0819 | 0877 | 0936 | 0994 | 1053 | 2 \| 11,8 |
| 5 | 1112 | 1170 | 1229 | 1287 | 1346 | 1404 | 1463 | 1522 | 1580 | 1639 | 3 \| 17,7 |
| 6 | 1697 | 1756 | 1814 | 1873 | 1931 | 1990 | 2049 | 2107 | 2166 | 2224 | 4 \| 23,6 |
| 7 | 2283 | 2341 | 2400 | 2458 | 2517 | 2576 | 2634 | 2693 | 2751 | 2810 | 5 \| 29,5 |
| 8 | 2868 | 2927 | 2985 | 3044 | 3102 | 3161 | 3220 | 3278 | 3337 | 3395 | 6 \| 35,4 |
| 9 | 3454 | 3512 | 3571 | 3629 | 3688 | 3746 | 3805 | 3863 | 3922 | 3981 | 7 \| 41,3 |
| 7420 | 4039 | 4098 | 4156 | 4215 | 4273 | 4332 | 4390 | 4449 | 4507 | 4566 | 8 \| 47,2 |
| 1 | 4624 | 4683 | 4741 | 4800 | 4858 | 4917 | 4975 | 5034 | 5092 | 5151 | 9 \| 53,1 |
| 2 | 5210 | 5268 | 5327 | 5385 | 5444 | 5502 | 5561 | 5619 | 5678 | 5736 | |
| 3 | 5795 | 5853 | 5912 | 5970 | 6029 | 6087 | 6146 | 6204 | 6263 | 6321 | |
| 4 | 6380 | 6438 | 6497 | 6555 | 6614 | 6672 | 6731 | 6789 | 6848 | 6906 | |
| 5 | 6965 | 7023 | 7082 | 7140 | 7199 | 7257 | 7316 | 7374 | 7432 | 7491 | |
| 6 | 7549 | 7608 | 7666 | 7725 | 7783 | 7842 | 7900 | 7959 | 8017 | 8076 | |
| 7 | 8134 | 8193 | 8251 | 8310 | 8368 | 8427 | 8485 | 8544 | 8602 | 8660 | |
| 8 | 8719 | 8777 | 8836 | 8894 | 8953 | 9011 | 9070 | 9128 | 9187 | 9245 | |
| 9 | 9304 | 9362 | 9421 | 9479 | 9537 | 9596 | 9654 | 9713 | 9771 | 9830 | |
| 7430 | 9888 | 9947 | *0005 | *0063 | *0122 | *0180 | *0239 | *0297 | *0356 | *0414 | |
| 1 | 871 0473 | 0531 | 0589 | 0648 | 0706 | 0765 | 0823 | 0882 | 0940 | 0999 | 58 |
| 2 | 1057 | 1115 | 1174 | 1232 | 1291 | 1349 | 1408 | 1466 | 1524 | 1583 | 1 \| 5,8 |
| 3 | 1641 | 1700 | 1758 | 1817 | 1875 | 1933 | 1992 | 2050 | 2109 | 2167 | 2 \| 11,6 |
| 4 | 2226 | 2284 | 2342 | 2401 | 2459 | 2518 | 2576 | 2634 | 2693 | 2751 | 3 \| 17,4 |
| 5 | 2810 | 2868 | 2927 | 2985 | 3043 | 3102 | 3160 | 3219 | 3277 | 3335 | 4 \| 23,2 |
| 6 | 3394 | 3452 | 3511 | 3569 | 3627 | 3686 | 3744 | 3803 | 3861 | 3919 | 5 \| 29,0 |
| 7 | 3978 | 4036 | 4095 | 4153 | 4211 | 4270 | 4328 | 4387 | 4445 | 4503 | 6 \| 34,8 |
| 8 | 4562 | 4620 | 4679 | 4737 | 4795 | 4854 | 4912 | 4970 | 5029 | 5087 | 7 \| 40,6 |
| 9 | 5146 | 5204 | 5262 | 5321 | 5379 | 5437 | 5496 | 5554 | 5613 | 5671 | 8 \| 46,4 |
| 7440 | 5729 | 5788 | 5846 | 5904 | 5963 | 6021 | 6080 | 6138 | 6196 | 6255 | 9 \| 52,2 |
| 1 | 6313 | 6371 | 6430 | 6488 | 6546 | 6605 | 6663 | 6722 | 6780 | 6838 | |
| 2 | 6897 | 6955 | 7013 | 7072 | 7130 | 7188 | 7247 | 7305 | 7363 | 7422 | |
| 3 | 7480 | 7539 | 7597 | 7655 | 7714 | 7772 | 7830 | 7889 | 7947 | 8005 | |
| 4 | 8064 | 8122 | 8180 | 8239 | 8297 | 8355 | 8414 | 8472 | 8530 | 8589 | |
| 5 | 8647 | 8705 | 8764 | 8822 | 8880 | 8939 | 8997 | 9055 | 9114 | 9172 | |
| 6 | 9230 | 9289 | 9347 | 9405 | 9464 | 9522 | 9580 | 9639 | 9697 | 9755 | |
| 7 | 9814 | 9872 | 9930 | 9988 | *0047 | *0105 | *0163 | *0222 | *0280 | *0338 | |
| 8 | 872 0397 | 0455 | 0513 | 0572 | 0630 | 0688 | 0747 | 0805 | 0863 | 0921 | |
| 9 | 0980 | 1038 | 1096 | 1155 | 1213 | 1271 | 1330 | 1388 | 1446 | 1504 | |
| N. | 0 | 1 | 2 | 3 | 4 | 5 | 6 | 7 | 8 | 9 | |

| | | | |
|---|---|---|---|
| 74000″ = 20° 33′ 20″ | 7400″ = 2° 3′ 20″ | S = $\bar{6}$,685 4817 | T. 7612 |
| 74100 = 20 35 0 | 7410 = 2 3 30 | 4814 | 7618 |
| 74200 = 20 36 40 | 7420 = 2 3 40 | 4812 | 7623 |
| 74300 = 20 38 20 | 7430 = 2 3 50 | 4809 | 7628 |
| 74400 = 20 40 0 | 7440 = 2 4 0 | 4807 | 7633 |

| N. | 0 | 1 | 2 | 3 | 4 | 5 | 6 | 7 | 8 | 9 | Diff. et p. p. |
|---|---|---|---|---|---|---|---|---|---|---|---|
| 7450 | 872 1563 | 1621 | 1679 | 1738 | 1796 | 1854 | 1912 | 1971 | 2029 | 2087 | |
| 1 | 2146 | 2204 | 2262 | 2320 | 2379 | 2437 | 2495 | 2554 | 2612 | 2670 | |
| 2 | 2728 | 2787 | 2845 | 2903 | 2962 | 3020 | 3078 | 3136 | 3195 | 3253 | |
| 3 | 3311 | 3369 | 3428 | 3486 | 3544 | 3603 | 3661 | 3719 | 3777 | 3836 | |
| 4 | 3894 | 3952 | 4010 | 4069 | 4127 | 4185 | 4243 | 4302 | 4360 | 4418 | |
| 5 | 4476 | 4535 | 4593 | 4651 | 4709 | 4768 | 4826 | 4884 | 4942 | 5001 | |
| 6 | 5059 | 5117 | 5175 | 5234 | 5292 | 5350 | 5408 | 5467 | 5525 | 5583 | 59 |
| 7 | 5641 | 5700 | 5758 | 5816 | 5874 | 5933 | 5991 | 6049 | 6107 | 6166 | 1 \| 5,9 |
| 8 | 6224 | 6282 | 6340 | 6398 | 6457 | 6515 | 6573 | 6631 | 6690 | 6748 | 2 \| 11,8 |
| 9 | 6806 | 6864 | 6923 | 6981 | 7039 | 7097 | 7155 | 7214 | 7272 | 7330 | 3 \| 17,7 |
| 7460 | 7388 | 7446 | 7505 | 7563 | 7621 | 7679 | 7738 | 7796 | 7854 | 7912 | 4 \| 23,6 |
| 1 | 7970 | 8029 | 8087 | 8145 | 8203 | 8261 | 8320 | 8378 | 8436 | 8494 | 5 \| 29,5 |
| 2 | 8552 | 8611 | 8669 | 8727 | 8785 | 8843 | 8902 | 8960 | 9018 | 9076 | 6 \| 35,4 |
| 3 | 9134 | 9193 | 9251 | 9309 | 9367 | 9425 | 9484 | 9542 | 9600 | 9658 | 7 \| 41,3 |
| 4 | 9716 | 9774 | 9833 | 9891 | 9949 | *0007 | *0065 | *0124 | *0182 | *0240 | 8 \| 47,2 |
| 5 | 873 0298 | 0356 | 0414 | 0473 | 0531 | 0589 | 0647 | 0705 | 0764 | 0822 | 9 \| 53,1 |
| 6 | 0880 | 0938 | 0996 | 1054 | 1113 | 1171 | 1229 | 1287 | 1345 | 1403 | |
| 7 | 1462 | 1520 | 1578 | 1636 | 1694 | 1752 | 1810 | 1869 | 1927 | 1985 | |
| 8 | 2043 | 2101 | 2159 | 2218 | 2276 | 2334 | 2392 | 2450 | 2508 | 2566 | |
| 9 | 2625 | 2683 | 2741 | 2799 | 2857 | 2915 | 2973 | 3032 | 3090 | 3148 | |
| 7470 | 3206 | 3264 | 3322 | 3380 | 3439 | 3497 | 3555 | 3613 | 3671 | 3729 | |
| 1 | 3787 | 3845 | 3904 | 3962 | 4020 | 4078 | 4136 | 4194 | 4252 | 4311 | 58 |
| 2 | 4369 | 4427 | 4485 | 4543 | 4601 | 4659 | 4717 | 4775 | 4834 | 4892 | 1 \| 5,8 |
| 3 | 4950 | 5008 | 5066 | 5124 | 5182 | 5240 | 5298 | 5357 | 5415 | 5473 | 2 \| 11,6 |
| 4 | 5531 | 5589 | 5647 | 5705 | 5763 | 5821 | 5880 | 5938 | 5996 | 6054 | 3 \| 17,4 |
| 5 | 6112 | 6170 | 6228 | 6286 | 6344 | 6402 | 6461 | 6519 | 6577 | 6635 | 4 \| 23,2 |
| 6 | 6693 | 6751 | 6809 | 6867 | 6925 | 6983 | 7041 | 7100 | 7158 | 7216 | 5 \| 29,0 |
| 7 | 7274 | 7332 | 7390 | 7448 | 7506 | 7564 | 7622 | 7680 | 7738 | 7797 | 6 \| 34,8 |
| 8 | 7855 | 7913 | 7971 | 8029 | 8087 | 8145 | 8203 | 8261 | 8319 | 8377 | 7 \| 40,6 |
| 9 | 8435 | 8493 | 8551 | 8610 | 8668 | 8726 | 8784 | 8842 | 8900 | 8958 | 8 \| 46,4 |
| 7480 | 9016 | 9074 | 9132 | 9190 | 9248 | 9306 | 9364 | 9422 | 9480 | 9538 | 9 \| 52,2 |
| 1 | 9597 | 9655 | 9713 | 9771 | 9829 | 9887 | 9945 | *0003 | *0061 | *0119 | |
| 2 | 874 0177 | 0235 | 0293 | 0351 | 0409 | 0467 | 0525 | 0583 | 0641 | 0699 | |
| 3 | 0757 | 0815 | 0874 | 0932 | 0990 | 1048 | 1106 | 1164 | 1222 | 1280 | |
| 4 | 1338 | 1396 | 1454 | 1512 | 1570 | 1628 | 1686 | 1744 | 1802 | 1860 | |
| 5 | 1918 | 1976 | 2034 | 2092 | 2150 | 2208 | 2266 | 2324 | 2382 | 2440 | |
| 6 | 2498 | 2556 | 2614 | 2672 | 2730 | 2788 | 2846 | 2904 | 2962 | 3020 | 57 |
| 7 | 3078 | 3136 | 3194 | 3252 | 3310 | 3368 | 3426 | 3484 | 3542 | 3600 | |
| 8 | 3658 | 3716 | 3774 | 3832 | 3890 | 3948 | 4006 | 4064 | 4122 | 4180 | 1 \| 5,7 |
| 9 | 4238 | 4296 | 4354 | 4412 | 4470 | 4528 | 4586 | 4644 | 4702 | 4760 | 2 \| 11,4 |
| 7490 | 4818 | 4876 | 4934 | 4992 | 5050 | 5108 | 5166 | 5224 | 5282 | 5340 | 3 \| 17,1<br>4 \| 22,8 |
| 1 | 5398 | 5456 | 5514 | 5572 | 5630 | 5688 | 5746 | 5804 | 5862 | 5920 | 5 \| 28,5 |
| 2 | 5978 | 6036 | 6094 | 6152 | 6210 | 6268 | 6325 | 6383 | 6441 | 6499 | 6 \| 34,2 |
| 3 | 6557 | 6615 | 6673 | 6731 | 6789 | 6847 | 6905 | 6963 | 7021 | 7079 | 7 \| 39,9 |
| 4 | 7137 | 7195 | 7253 | 7311 | 7369 | 7427 | 7485 | 7543 | 7600 | 7658 | 8 \| 45,6 |
| 5 | 7716 | 7774 | 7832 | 7890 | 7948 | 8006 | 8064 | 8122 | 8180 | 8238 | 9 \| 51,3 |
| 6 | 8296 | 8354 | 8412 | 8470 | 8528 | 8586 | 8643 | 8701 | 8759 | 8817 | |
| 7 | 8875 | 8933 | 8991 | 9049 | 9107 | 9165 | 9223 | 9281 | 9339 | 9396 | |
| 8 | 9454 | 9512 | 9570 | 9628 | 9686 | 9744 | 9802 | 9860 | 9918 | 9976 | |
| 9 | 875 0034 | 0091 | 0149 | 0207 | 0265 | 0323 | 0381 | 0439 | 0497 | 0555 | |
| N. | 0 | 1 | 2 | 3 | 4 | 5 | 6 | 7 | 8 | 9 | |

74500″ = 20° 41′ 40″ — 7450″ = 2° 4′ 10″ — S = $\bar{6}$,685 4804 — T. 7638
74600 = 20 43 20 — 7460 = 2 4 20 — 4802 — 7643
74700 = 20 45 0 — 7470 = 2 4 30 — 4799 — 7648
74800 = 20 46 40 — 7480 = 2 4 40 — 4797 — 7653
74900 = 20 48 20 — 7490 = 2 4 50 — 4794 — 7658

| N. | 0 | 1 | 2 | 3 | 4 | 5 | 6 | 7 | 8 | 9 | Diff. et p. p. |
|---|---|---|---|---|---|---|---|---|---|---|---|
| 7500 | 875 0613 | 0671 | 0728 | 0786 | 0844 | 0902 | 0960 | 1018 | 1076 | 1134 | |
| 1 | 1192 | 1250 | 1307 | 1365 | 1423 | 1481 | 1539 | 1597 | 1655 | 1713 | |
| 2 | 1771 | 1828 | 1886 | 1944 | 2002 | 2060 | 2118 | 2176 | 2234 | 2292 | |
| 3 | 2349 | 2407 | 2465 | 2523 | 2581 | 2639 | 2697 | 2755 | 2813 | 2870 | |
| 4 | 2928 | 2986 | 3044 | 3102 | 3160 | 3218 | 3275 | 3333 | 3391 | 3449 | |
| 5 | 3507 | 3565 | 3623 | 3681 | 3738 | 3796 | 3854 | 3912 | 3970 | 4028 | |
| 6 | 4086 | 4143 | 4201 | 4259 | 4317 | 4375 | 4433 | 4491 | 4548 | 4606 | |
| 7 | 4664 | 4722 | 4780 | 4838 | 4896 | 4953 | 5011 | 5069 | 5127 | 5185 | |
| 8 | 5243 | 5300 | 5358 | 5416 | 5474 | 5532 | 5590 | 5648 | 5705 | 5763 | |
| 9 | 5821 | 5879 | 5937 | 5995 | 6052 | 6110 | 6168 | 6226 | 6284 | 6342 | |
| 7510 | 6399 | 6457 | 6515 | 6573 | 6631 | 6689 | 6746 | 6804 | 6862 | 6920 | |
| 1 | 6978 | 7035 | 7093 | 7151 | 7209 | 7267 | 7325 | 7382 | 7440 | 7498 | 58 |
| 2 | 7556 | 7614 | 7671 | 7729 | 7787 | 7845 | 7903 | 7960 | 8018 | 8076 | 1 5,8 |
| 3 | 8134 | 8192 | 8249 | 8307 | 8365 | 8423 | 8481 | 8539 | 8596 | 8654 | 2 11,6 |
| 4 | 8712 | 8770 | 8828 | 8885 | 8943 | 9001 | 9059 | 9116 | 9174 | 9232 | 3 17,4 |
| 5 | 9290 | 9348 | 9405 | 9463 | 9521 | 9579 | 9637 | 9694 | 9752 | 9810 | 4 23,2 |
| 6 | 9868 | 9925 | 9983 | *0041 | *0099 | *0157 | *0214 | *0272 | *0330 | *0388 | 5 29,0 |
| 7 | 876 0446 | 0503 | 0561 | 0619 | 0677 | 0734 | 0792 | 0850 | 0908 | 0965 | 6 34,8 |
| 8 | 1023 | 1081 | 1139 | 1197 | 1254 | 1312 | 1370 | 1428 | 1485 | 1543 | 7 40,6 |
| 9 | 1601 | 1659 | 1716 | 1774 | 1832 | 1890 | 1947 | 2005 | 2063 | 2121 | 8 46,4 |
| 7520 | 2178 | 2236 | 2294 | 2352 | 2409 | 2467 | 2525 | 2583 | 2640 | 2698 | 9 52,2 |
| 1 | 2756 | 2814 | 2871 | 2929 | 2987 | 3045 | 3102 | 3160 | 3218 | 3276 | |
| 2 | 3333 | 3391 | 3449 | 3506 | 3564 | 3622 | 3680 | 3737 | 3795 | 3853 | |
| 3 | 3911 | 3968 | 4026 | 4084 | 4142 | 4199 | 4257 | 4315 | 4372 | 4430 | |
| 4 | 4488 | 4546 | 4603 | 4661 | 4719 | 4776 | 4834 | 4892 | 4950 | 5007 | |
| 5 | 5065 | 5123 | 5180 | 5238 | 5296 | 5354 | 5411 | 5469 | 5527 | 5584 | |
| 6 | 5642 | 5700 | 5758 | 5815 | 5873 | 5931 | 5988 | 6046 | 6104 | 6161 | |
| 7 | 6219 | 6277 | 6335 | 6392 | 6450 | 6508 | 6565 | 6623 | 6681 | 6738 | |
| 8 | 6796 | 6854 | 6911 | 6969 | 7027 | 7085 | 7142 | 7200 | 7258 | 7315 | |
| 9 | 7373 | 7431 | 7488 | 7546 | 7604 | 7661 | 7719 | 7777 | 7834 | 7892 | |
| 7530 | 7950 | 8007 | 8065 | 8123 | 8180 | 8238 | 8296 | 8353 | 8411 | 8469 | |
| 1 | 8526 | 8584 | 8642 | 8699 | 8757 | 8815 | 8872 | 8930 | 8988 | 9045 | 57 |
| 2 | 9103 | 9161 | 9218 | 9276 | 9334 | 9391 | 9449 | 9507 | 9564 | 9622 | 1 5,7 |
| 3 | 9680 | 9737 | 9795 | 9853 | 9910 | 9968 | *0026 | *0083 | *0141 | *0199 | 2 11,4 |
| 4 | 877 0256 | 0314 | 0371 | 0429 | 0487 | 0544 | 0602 | 0660 | 0717 | 0775 | 3 17,1 |
| 5 | 0833 | 0890 | 0948 | 1005 | 1063 | 1121 | 1178 | 1236 | 1294 | 1351 | 4 22,8 |
| 6 | 1409 | 1467 | 1524 | 1582 | 1639 | 1697 | 1755 | 1812 | 1870 | 1928 | 5 28,5 |
| 7 | 1985 | 2043 | 2100 | 2158 | 2216 | 2273 | 2331 | 2388 | 2446 | 2504 | 6 34,2 |
| 8 | 2561 | 2619 | 2677 | 2734 | 2792 | 2849 | 2907 | 2965 | 3022 | 3080 | 7 39,9 |
| 9 | 3137 | 3195 | 3253 | 3310 | 3368 | 3425 | 3483 | 3541 | 3598 | 3656 | 8 45,6 |
| 7540 | 3713 | 3771 | 3829 | 3886 | 3944 | 4001 | 4059 | 4117 | 4174 | 4232 | 9 51,3 |
| 1 | 4289 | 4347 | 4405 | 4462 | 4520 | 4577 | 4635 | 4693 | 4750 | 4808 | |
| 2 | 4865 | 4923 | 4980 | 5038 | 5096 | 5153 | 5211 | 5268 | 5326 | 5384 | |
| 3 | 5441 | 5499 | 5556 | 5614 | 5671 | 5729 | 5787 | 5844 | 5902 | 5959 | |
| 4 | 6017 | 6074 | 6132 | 6189 | 6247 | 6305 | 6362 | 6420 | 6477 | 6535 | |
| 5 | 6592 | 6650 | 6708 | 6765 | 6823 | 6880 | 6938 | 6995 | 7053 | 7110 | |
| 6 | 7168 | 7226 | 7283 | 7341 | 7398 | 7456 | 7513 | 7571 | 7628 | 7686 | |
| 7 | 7743 | 7801 | 7859 | 7916 | 7974 | 8031 | 8089 | 8146 | 8204 | 8261 | |
| 8 | 8319 | 8376 | 8434 | 8492 | 8549 | 8607 | 8664 | 8722 | 8779 | 8837 | |
| 9 | 8894 | 8952 | 9009 | 9067 | 9124 | 9182 | 9239 | 9297 | 9354 | 9412 | |
| N. | 0 | 1 | 2 | 3 | 4 | 5 | 6 | 7 | 8 | 9 | |

| | | | |
|---|---|---|---|
| 75 000″ = 20° 50′ 0″ | 7500″ = 2° 5′ 0″ | S = $\bar{6}$,685 4792 | T. 7663 |
| 75 100 = 20 51 40 | 7510 = 2 5 10 | 4789 | 7668 |
| 75 200 = 20 53 20 | 7520 = 2 5 20 | 4787 | 7673 |
| 75 300 = 20 55 0 | 7530 = 2 5 30 | 4784 | 7679 |
| 75 400 = 20 56 40 | 7540 = 2 5 40 | 4781 | 7684 |

| N. | 0 | 1 | 2 | 3 | 4 | 5 | 6 | 7 | 8 | 9 | Diff. et p. p. |
|---|---|---|---|---|---|---|---|---|---|---|---|
| 7550 | 877 9470 | 9527 | 9585 | 9642 | 9700 | 9757 | 9815 | 9872 | 9930 | 9987 | |
| 1 | 878 0045 | 0102 | 0160 | 0217 | 0275 | 0332 | 0390 | 0447 | 0505 | 0562 | |
| 2 | 0620 | 0677 | 0735 | 0792 | 0850 | 0907 | 0965 | 1022 | 1080 | 1137 | |
| 3 | 1195 | 1252 | 1310 | 1367 | 1425 | 1482 | 1540 | 1597 | 1655 | 1712 | |
| 4 | 1770 | 1827 | 1885 | 1942 | 2000 | 2057 | 2115 | 2172 | 2230 | 2287 | |
| 5 | 2345 | 2402 | 2460 | 2517 | 2575 | 2632 | 2690 | 2747 | 2805 | 2862 | |
| 6 | 2919 | 2977 | 3034 | 3092 | 3149 | 3207 | 3264 | 3322 | 3379 | 3437 | |
| 7 | 3494 | 3552 | 3609 | 3667 | 3724 | 3782 | 3839 | 3896 | 3954 | 4011 | |
| 8 | 4069 | 4126 | 4184 | 4241 | 4299 | 4356 | 4414 | 4471 | 4529 | 4586 | |
| 9 | 4643 | 4701 | 4758 | 4816 | 4873 | 4931 | 4988 | 5046 | 5103 | 5161 | |
| 7560 | 5218 | 5275 | 5333 | 5390 | 5448 | 5505 | 5563 | 5620 | 5678 | 5735 | |
| 1 | 5792 | 5850 | 5907 | 5965 | 6022 | 6080 | 6137 | 6194 | 6252 | 6309 | 58 |
| 2 | 6367 | 6424 | 6482 | 6539 | 6596 | 6654 | 6711 | 6769 | 6826 | 6884 | 1 5,8 |
| 3 | 6941 | 6998 | 7056 | 7113 | 7171 | 7228 | 7286 | 7343 | 7400 | 7458 | 2 11,6 |
| 4 | 7515 | 7573 | 7630 | 7687 | 7745 | 7802 | 7860 | 7917 | 7975 | 8032 | 3 17,4 |
| 5 | 8089 | 8147 | 8204 | 8262 | 8319 | 8376 | 8434 | 8491 | 8549 | 8606 | 4 23,2 |
| 6 | 8663 | 8721 | 8778 | 8836 | 8893 | 8950 | 9008 | 9065 | 9123 | 9180 | 5 29,0 |
| 7 | 9237 | 9295 | 9352 | 9410 | 9467 | 9524 | 9582 | 9639 | 9696 | 9754 | 6 34,8 |
| 8 | 9811 | 9869 | 9926 | 9983 | *0041 | *0098 | *0156 | *0213 | *0270 | *0328 | 7 40,6 |
| 9 | 879 0385 | 0442 | 0500 | 0557 | 0615 | 0672 | 0729 | 0787 | 0844 | 0901 | 8 46,4 |
| 7570 | 0959 | 1016 | 1074 | 1131 | 1188 | 1246 | 1303 | 1360 | 1418 | 1475 | 9 52,2 |
| 1 | 1532 | 1590 | 1647 | 1705 | 1762 | 1819 | 1877 | 1934 | 1991 | 2049 | |
| 2 | 2106 | 2163 | 2221 | 2278 | 2335 | 2393 | 2450 | 2508 | 2565 | 2622 | |
| 3 | 2680 | 2737 | 2794 | 2852 | 2909 | 2966 | 3024 | 3081 | 3138 | 3196 | |
| 4 | 3253 | 3310 | 3368 | 3425 | 3482 | 3540 | 3597 | 3654 | 3712 | 3769 | |
| 5 | 3826 | 3884 | 3941 | 3998 | 4056 | 4113 | 4170 | 4228 | 4285 | 4342 | |
| 6 | 4400 | 4457 | 4514 | 4572 | 4629 | 4686 | 4744 | 4801 | 4858 | 4916 | |
| 7 | 4973 | 5030 | 5088 | 5145 | 5202 | 5259 | 5317 | 5374 | 5431 | 5489 | |
| 8 | 5546 | 5603 | 5661 | 5718 | 5775 | 5833 | 5890 | 5947 | 6004 | 6062 | |
| 9 | 6119 | 6176 | 6234 | 6291 | 6348 | 6406 | 6463 | 6520 | 6577 | 6635 | |
| 7580 | 6692 | 6749 | 6807 | 6864 | 6921 | 6979 | 7036 | 7093 | 7150 | 7208 | |
| 1 | 7265 | 7322 | 7380 | 7437 | 7494 | 7551 | 7609 | 7666 | 7723 | 7781 | 57 |
| 2 | 7838 | 7895 | 7952 | 8010 | 8067 | 8124 | 8181 | 8239 | 8296 | 8353 | 1 5,7 |
| 3 | 8411 | 8468 | 8525 | 8582 | 8640 | 8697 | 8754 | 8811 | 8869 | 8926 | 2 11,4 |
| 4 | 8983 | 9041 | 9098 | 9155 | 9212 | 9270 | 9327 | 9384 | 9441 | 9499 | 3 17,1 |
| 5 | 9556 | 9613 | 9670 | 9728 | 9785 | 9842 | 9899 | 9957 | *0014 | *0071 | 4 22,8 |
| 6 | 880 0128 | 0186 | 0243 | 0300 | 0357 | 0415 | 0472 | 0529 | 0586 | 0644 | 5 28,5 |
| 7 | 0701 | 0758 | 0815 | 0873 | 0930 | 0987 | 1044 | 1102 | 1159 | 1216 | 6 34,2 |
| 8 | 1273 | 1330 | 1388 | 1445 | 1502 | 1559 | 1617 | 1674 | 1731 | 1788 | 7 39,9 |
| 9 | 1846 | 1903 | 1960 | 2017 | 2074 | 2132 | 2189 | 2246 | 2303 | 2361 | 8 45,6 |
| 7590 | 2418 | 2475 | 2532 | 2589 | 2647 | 2704 | 2761 | 2818 | 2875 | 2933 | 9 51,3 |
| 1 | 2990 | 3047 | 3104 | 3162 | 3219 | 3276 | 3333 | 3390 | 3448 | 3505 | |
| 2 | 3562 | 3619 | 3676 | 3734 | 3791 | 3848 | 3905 | 3962 | 4020 | 4077 | |
| 3 | 4134 | 4191 | 4248 | 4306 | 4363 | 4420 | 4477 | 4534 | 4592 | 4649 | |
| 4 | 4706 | 4763 | 4820 | 4877 | 4935 | 4992 | 5049 | 5106 | 5163 | 5221 | |
| 5 | 5278 | 5335 | 5392 | 5449 | 5507 | 5564 | 5621 | 5678 | 5735 | 5792 | |
| 6 | 5850 | 5907 | 5964 | 6021 | 6078 | 6135 | 6193 | 6250 | 6307 | 6364 | |
| 7 | 6421 | 6478 | 6536 | 6593 | 6650 | 6707 | 6764 | 6821 | 6879 | 6930 | |
| 8 | 6993 | 7050 | 7107 | 7164 | 7222 | 7279 | 7336 | 7393 | 7450 | 7507 | |
| 9 | 7564 | 7622 | 7679 | 7736 | 7793 | 7850 | 7907 | 7964 | 8022 | 8079 | |
| N. | 0 | 1 | 2 | 3 | 4 | 5 | 6 | 7 | 8 | 9 | |

| | | | |
|---|---|---|---|
| 75500″ = 20° 58′ 20″ | 7550″ = 2° 5′ 50″ | S = $\overline{6}$,685 4779 | T. 7689 |
| 75600 = 21 0 0 | 7560 = 2 6 0 | 4776 | 7694 |
| 75700 = 21 1 40 | 7570 = 2 6 10 | 4774 | 7699 |
| 75800 = 21 3 20 | 7580 = 2 6 20 | 4771 | 7704 |
| 75900 = 21 5 0 | 7590 = 2 6 30 | 4769 | 7709 |

| N. | 0 | 1 | 2 | 3 | 4 | 5 | 6 | 7 | 8 | 9 | Diff. et p. p. |
|---|---|---|---|---|---|---|---|---|---|---|---|
| 7600 | 880 8136 | 8193 | 8250 | 8307 | 8364 | 8422 | 8479 | 8536 | 8593 | 8650 | |
| 1 | 8707 | 8764 | 8822 | 8879 | 8936 | 8993 | 9050 | 9107 | 9164 | 9222 | |
| 2 | 9279 | 9336 | 9393 | 9450 | 9507 | 9564 | 9621 | 9679 | 9736 | 9793 | |
| 3 | 9850 | 9907 | 9964 | *0021 | *0078 | *0136 | *0193 | *0250 | *0307 | *0364 | |
| 4 | 881 0421 | 0478 | 0535 | 0592 | 0650 | 0707 | 0764 | 0821 | 0878 | 0935 | |
| 5 | 0992 | 1049 | 1106 | 1163 | 1221 | 1278 | 1335 | 1392 | 1449 | 1506 | |
| 6 | 1563 | 1620 | 1677 | 1735 | 1792 | 1849 | 1906 | 1963 | 2020 | 2077 | 58 |
| 7 | 2134 | 2191 | 2248 | 2305 | 2363 | 2420 | 2477 | 2534 | 2591 | 2648 | 1 \| 5,8 |
| 8 | 2705 | 2762 | 2819 | 2876 | 2933 | 2990 | 3048 | 3105 | 3162 | 3219 | 2 \| 11,6 |
| 9 | 3276 | 3333 | 3390 | 3447 | 3504 | 3561 | 3618 | 3675 | 3732 | 3789 | 3 \| 17,4 |
| 7610 | 3847 | 3904 | 3961 | 4018 | 4075 | 4132 | 4189 | 4246 | 4303 | 4360 | 4 \| 23,2 |
| 1 | 4417 | 4474 | 4531 | 4588 | 4645 | 4703 | 4760 | 4817 | 4874 | 4931 | 5 \| 29,0 |
| 2 | 4988 | 5045 | 5102 | 5159 | 5216 | 5273 | 5330 | 5387 | 5444 | 5501 | 6 \| 34,8 |
| 3 | 5558 | 5615 | 5672 | 5729 | 5786 | 5844 | 5901 | 5958 | 6015 | 6072 | 7 \| 40,6 |
| 4 | 6129 | 6186 | 6243 | 6300 | 6357 | 6414 | 6471 | 6528 | 6585 | 6642 | 8 \| 46,4 |
| 5 | 6699 | 6756 | 6813 | 6870 | 6927 | 6984 | 7041 | 7098 | 7155 | 7212 | 9 \| 52,2 |
| 6 | 7269 | 7326 | 7383 | 7440 | 7497 | 7554 | 7611 | 7669 | 7726 | 7783 | |
| 7 | 7840 | 7897 | 7954 | 8011 | 8068 | 8125 | 8182 | 8239 | 8296 | 8353 | |
| 8 | 8410 | 8467 | 8524 | 8581 | 8638 | 8695 | 8752 | 8809 | 8866 | 8923 | |
| 9 | 8980 | 9037 | 9094 | 9151 | 9208 | 9265 | 9322 | 9379 | 9436 | 9493 | |
| 7620 | 9550 | 9607 | 9664 | 9721 | 9778 | 9835 | 9892 | 9949 | *0006 | *0063 | |
| 1 | 882 0120 | 0177 | 0234 | 0291 | 0348 | 0405 | 0462 | 0519 | 0575 | 0632 | 57 |
| 2 | 0689 | 0746 | 0803 | 0860 | 0917 | 0974 | 1031 | 1088 | 1145 | 1202 | 1 \| 5,7 |
| 3 | 1259 | 1316 | 1373 | 1430 | 1487 | 1544 | 1601 | 1658 | 1715 | 1772 | 2 \| 11,4 |
| 4 | 1829 | 1886 | 1943 | 2000 | 2057 | 2114 | 2171 | 2228 | 2285 | 2342 | 3 \| 17,1 |
| 5 | 2398 | 2455 | 2512 | 2569 | 2626 | 2683 | 2740 | 2797 | 2854 | 2911 | 4 \| 22,8 |
| 6 | 2968 | 3025 | 3082 | 3139 | 3196 | 3253 | 3310 | 3367 | 3424 | 3481 | 5 \| 28,5 |
| 7 | 3537 | 3594 | 3651 | 3708 | 3765 | 3822 | 3879 | 3936 | 3993 | 4050 | 6 \| 34,2 |
| 8 | 4107 | 4164 | 4221 | 4278 | 4335 | 4392 | 4448 | 4505 | 4562 | 4619 | 7 \| 39,9 |
| 9 | 4676 | 4733 | 4790 | 4847 | 4904 | 4961 | 5018 | 5075 | 5132 | 5188 | 8 \| 45,6 |
| 7630 | 5245 | 5302 | 5359 | 5416 | 5473 | 5530 | 5587 | 5644 | 5701 | 5758 | 9 \| 51,3 |
| 1 | 5815 | 5871 | 5928 | 5985 | 6042 | 6099 | 6156 | 6213 | 6270 | 6327 | |
| 2 | 6384 | 6441 | 6497 | 6554 | 6611 | 6668 | 6725 | 6782 | 6839 | 6896 | |
| 3 | 6953 | 7010 | 7066 | 7123 | 7180 | 7237 | 7294 | 7351 | 7408 | 7465 | |
| 4 | 7522 | 7578 | 7635 | 7692 | 7749 | 7806 | 7863 | 7920 | 7977 | 8034 | |
| 5 | 8090 | 8147 | 8204 | 8261 | 8318 | 8375 | 8432 | 8489 | 8545 | 8602 | |
| 6 | 8659 | 8716 | 8773 | 8830 | 8887 | 8944 | 9000 | 9057 | 9114 | 9171 | |
| 7 | 9228 | 9285 | 9342 | 9399 | 9455 | 9512 | 9569 | 9626 | 9683 | 9740 | 56 |
| 8 | 9797 | 9853 | 9910 | 9967 | *0024 | *0081 | *0138 | *0195 | *0251 | *0308 | 1 \| 5,6 |
| 9 | 883 0365 | 0422 | 0479 | 0536 | 0593 | 0649 | 0706 | 0763 | 0820 | 0877 | 2 \| 11,2 |
| 7640 | 0934 | 0990 | 1047 | 1104 | 1161 | 1218 | 1275 | 1331 | 1388 | 1445 | 3 \| 16,8 |
| 1 | 1502 | 1559 | 1616 | 1673 | 1729 | 1786 | 1843 | 1900 | 1957 | 2014 | 4 \| 22,4 |
| 2 | 2070 | 2127 | 2184 | 2241 | 2298 | 2354 | 2411 | 2468 | 2525 | 2582 | 5 \| 28,0 |
| 3 | 2639 | 2695 | 2752 | 2809 | 2866 | 2923 | 2980 | 3036 | 3093 | 3150 | 6 \| 33,6 |
| 4 | 3207 | 3264 | 3320 | 3377 | 3434 | 3491 | 3548 | 3604 | 3661 | 3718 | 7 \| 39,2 |
| 5 | 3775 | 3832 | 3889 | 3945 | 4002 | 4059 | 4116 | 4173 | 4229 | 4286 | 8 \| 44,8 |
| 6 | 4343 | 4400 | 4457 | 4513 | 4570 | 4627 | 4684 | 4741 | 4797 | 4854 | 9 \| 50,4 |
| 7 | 4911 | 4968 | 5024 | 5081 | 5138 | 5195 | 5252 | 5308 | 5365 | 5422 | |
| 8 | 5479 | 5536 | 5592 | 5649 | 5706 | 5763 | 5819 | 5876 | 5933 | 5990 | |
| 9 | 6047 | 6103 | 6160 | 6217 | 6274 | 6330 | 6387 | 6444 | 6501 | 6558 | |
| N. | 0 | 1 | 2 | 3 | 4 | 5 | 6 | 7 | 8 | 9 | |

76000″ = 21° 6′ 40″ — 7600″ = 2° 6′ 40″ — S = $\overline{6}$,6854766 — T. 7715
76100 = 21 8 20 — 7610 = 2 6 50 — 4763 — 7720
76200 = 21 10 0 — 7620 = 2 7 0 — 4761 — 7725
76300 = 21 11 40 — 7630 = 2 7 10 — 4758 — 7730
76400 = 21 13 20 — 7640 = 2 7 20 — 4756 — 7735

| N. | 0 | 1 | 2 | 3 | 4 | 5 | 6 | 7 | 8 | 9 | Diff. et p. p. |
|---|---|---|---|---|---|---|---|---|---|---|---|
| 7650 | 883 6614 | 6671 | 6728 | 6785 | 6841 | 6898 | 6955 | 7012 | 7068 | 7125 | |
| 1 | 7182 | 7239 | 7296 | 7352 | 7409 | 7466 | 7523 | 7579 | 7636 | 7693 | |
| 2 | 7750 | 7806 | 7863 | 7920 | 7977 | 8033 | 8090 | 8147 | 8204 | 8260 | |
| 3 | 8317 | 8374 | 8431 | 8487 | 8544 | 8601 | 8658 | 8714 | 8771 | 8828 | |
| 4 | 8885 | 8941 | 8998 | 9055 | 9112 | 9168 | 9225 | 9282 | 9338 | 9395 | |
| 5 | 9452 | 9509 | 9565 | 9622 | 9679 | 9736 | 9792 | 9849 | 9906 | 9963 | |
| 6 | 884 0019 | 0076 | 0133 | 0189 | 0246 | 0303 | 0360 | 0416 | 0473 | 0530 | |
| 7 | 0586 | 0643 | 0700 | 0757 | 0813 | 0870 | 0927 | 0983 | 1040 | 1097 | |
| 8 | 1154 | 1210 | 1267 | 1324 | 1380 | 1437 | 1494 | 1551 | 1607 | 1664 | |
| 9 | 1721 | 1777 | 1834 | 1891 | 1948 | 2004 | 2061 | 2118 | 2174 | 2231 | |
| 7660 | 2288 | 2344 | 2401 | 2458 | 2514 | 2571 | 2628 | 2685 | 2741 | 2798 | |
| 1 | 2855 | 2911 | 2968 | 3025 | 3081 | 3138 | 3195 | 3251 | 3308 | 3365 | 57 |
| 2 | 3421 | 3478 | 3535 | 3592 | 3648 | 3705 | 3762 | 3818 | 3875 | 3932 | 1 \| 5,7 |
| 3 | 3988 | 4045 | 4102 | 4158 | 4215 | 4272 | 4328 | 4385 | 4442 | 4498 | 2 \| 11,4 |
| 4 | 4555 | 4612 | 4668 | 4725 | 4782 | 4838 | 4895 | 4952 | 5008 | 5065 | 3 \| 17,1 |
| 5 | 5122 | 5178 | 5235 | 5292 | 5348 | 5405 | 5462 | 5518 | 5575 | 5631 | 4 \| 22,8 |
| 6 | 5688 | 5745 | 5801 | 5858 | 5915 | 5971 | 6028 | 6085 | 6141 | 6198 | 5 \| 28,5 |
| 7 | 6255 | 6311 | 6368 | 6425 | 6481 | 6538 | 6594 | 6651 | 6708 | 6764 | 6 \| 34,2 |
| 8 | 6821 | 6878 | 6934 | 6991 | 7048 | 7104 | 7161 | 7217 | 7274 | 7331 | 7 \| 39,9 |
| 9 | 7387 | 7444 | 7501 | 7557 | 7614 | 7671 | 7727 | 7784 | 7840 | 7897 | 8 \| 45,6 |
| 7670 | 7954 | 8010 | 8067 | 8124 | 8180 | 8237 | 8293 | 8350 | 8407 | 8463 | 9 \| 51,3 |
| 1 | 8520 | 8576 | 8633 | 8690 | 8746 | 8803 | 8860 | 8916 | 8973 | 9029 | |
| 2 | 9086 | 9143 | 9199 | 9256 | 9312 | 9369 | 9426 | 9482 | 9539 | 9595 | |
| 3 | 9652 | 9709 | 9765 | 9822 | 9878 | 9935 | 9992 | *0048 | *0105 | *0161 | |
| 4 | 885 0218 | 0275 | 0331 | 0388 | 0444 | 0501 | 0557 | 0614 | 0671 | 0727 | |
| 5 | 0784 | 0840 | 0897 | 0954 | 1010 | 1067 | 1123 | 1180 | 1237 | 1293 | |
| 6 | 1350 | 1406 | 1463 | 1519 | 1576 | 1633 | 1689 | 1746 | 1802 | 1859 | |
| 7 | 1915 | 1972 | 2029 | 2085 | 2142 | 2198 | 2255 | 2311 | 2368 | 2425 | |
| 8 | 2481 | 2538 | 2594 | 2651 | 2707 | 2764 | 2820 | 2877 | 2934 | 2990 | |
| 9 | 3047 | 3103 | 3160 | 3216 | 3273 | 3329 | 3386 | 3443 | 3499 | 3556 | |
| 7680 | 3612 | 3669 | 3725 | 3782 | 3838 | 3895 | 3951 | 4008 | 4065 | 4121 | |
| 1 | 4178 | 4234 | 4291 | 4347 | 4404 | 4460 | 4517 | 4573 | 4630 | 4686 | 56 |
| 2 | 4743 | 4800 | 4856 | 4913 | 4969 | 5026 | 5082 | 5139 | 5195 | 5252 | 1 \| 5,6 |
| 3 | 5308 | 5365 | 5421 | 5478 | 5534 | 5591 | 5647 | 5704 | 5761 | 5817 | 2 \| 11,2 |
| 4 | 5874 | 5930 | 5987 | 6043 | 6100 | 6156 | 6213 | 6269 | 6326 | 6382 | 3 \| 16,8 |
| 5 | 6439 | 6495 | 6552 | 6608 | 6665 | 6721 | 6778 | 6834 | 6891 | 6947 | 4 \| 22,4 |
| 6 | 7004 | 7060 | 7117 | 7173 | 7230 | 7286 | 7343 | 7399 | 7456 | 7512 | 5 \| 28,0 |
| 7 | 7569 | 7625 | 7682 | 7738 | 7795 | 7851 | 7908 | 7964 | 8021 | 8077 | 6 \| 33,6 |
| 8 | 8134 | 8190 | 8247 | 8303 | 8360 | 8416 | 8473 | 8529 | 8586 | 8642 | 7 \| 39,2 |
| 9 | 8699 | 8755 | 8812 | 8868 | 8925 | 8981 | 9037 | 9094 | 9150 | 9207 | 8 \| 44,8 |
| 7690 | 9263 | 9320 | 9376 | 9433 | 9489 | 9546 | 9602 | 9659 | 9715 | 9772 | 9 \| 50,4 |
| 1 | 9828 | 9885 | 9941 | 9998 | *0054 | *0110 | *0167 | *0223 | *0280 | *0336 | |
| 2 | 886 0393 | 0449 | 0506 | 0562 | 0619 | 0675 | 0732 | 0788 | 0844 | 0901 | |
| 3 | 0957 | 1014 | 1070 | 1127 | 1183 | 1240 | 1296 | 1352 | 1409 | 1465 | |
| 4 | 1522 | 1578 | 1635 | 1691 | 1748 | 1804 | 1860 | 1917 | 1973 | 2030 | |
| 5 | 2086 | 2143 | 2199 | 2256 | 2312 | 2368 | 2425 | 2481 | 2538 | 2594 | |
| 6 | 2651 | 2707 | 2763 | 2820 | 2876 | 2933 | 2989 | 3046 | 3102 | 3158 | |
| 7 | 3215 | 3271 | 3328 | 3384 | 3441 | 3497 | 3553 | 3610 | 3666 | 3722 | |
| 8 | 3779 | 3835 | 3892 | 3948 | 4005 | 4061 | 4118 | 4174 | 4230 | 4287 | |
| 9 | 4343 | 4400 | 4456 | 4512 | 4569 | 4625 | 4682 | 4738 | 4794 | 4851 | |
| N. | 0 | 1 | 2 | 3 | 4 | 5 | 6 | 7 | 8 | 9 | |

| | | | |
|---|---|---|---|
| 76500″ = 21° 15′ 0″ | 7650″ = 2° 7′ 30″ | S = $\bar{6}$,6854753 | T. 7741 |
| 76600 = 21 16 40 | 7660 = 2 7 40 | 4750 | 7746 |
| 76700 = 21 18 20 | 7670 = 2 7 50 | 4748 | 7751 |
| 76800 = 21 20 0 | 7680 = 2 8 0 | 4745 | 7756 |
| 76900 = 21 21 40 | 7690 = 2 8 10 | 4743 | 7761 |

| N. | 0 | 1 | 2 | 3 | 4 | 5 | 6 | 7 | 8 | 9 | Diff. et p. p. |
|---|---|---|---|---|---|---|---|---|---|---|---|
| 7700 | 886 4907 | 4964 | 5020 | 5076 | 5133 | 5189 | 5246 | 5302 | 5358 | 5415 | |
| 1 | 5471 | 5528 | 5584 | 5640 | 5697 | 5753 | 5810 | 5866 | 5922 | 5979 | |
| 2 | 6035 | 6092 | 6148 | 6204 | 6261 | 6317 | 6373 | 6430 | 6486 | 6543 | |
| 3 | 6599 | 6655 | 6712 | 6768 | 6824 | 6881 | 6937 | 6994 | 7050 | 7106 | |
| 4 | 7163 | 7219 | 7275 | 7332 | 7388 | 7445 | 7501 | 7557 | 7614 | 7670 | |
| 5 | 7726 | 7783 | 7839 | 7896 | 7952 | 8008 | 8065 | 8121 | 8177 | 8234 | |
| 6 | 8290 | 8346 | 8403 | 8459 | 8515 | 8572 | 8628 | 8685 | 8741 | 8797 | |
| 7 | 8854 | 8910 | 8966 | 9023 | 9079 | 9135 | 9192 | 9248 | 9304 | 9361 | |
| 8 | 9417 | 9473 | 9530 | 9586 | 9642 | 9699 | 9755 | 9811 | 9868 | 9924 | |
| 9 | 9980 | *0037 | *0093 | *0149 | *0206 | *0262 | *0318 | *0375 | *0431 | *0487 | |
| 7710 | 887 0544 | 0600 | 0656 | 0713 | 0769 | 0825 | 0882 | 0938 | 0994 | 1051 | |
| 1 | 1107 | 1163 | 1220 | 1276 | 1332 | 1389 | 1445 | 1501 | 1558 | 1614 | |
| 2 | 1670 | 1727 | 1783 | 1839 | 1895 | 1952 | 2008 | 2064 | 2121 | 2177 | 57 |
| 3 | 2233 | 2290 | 2346 | 2402 | 2459 | 2515 | 2571 | 2627 | 2684 | 2740 | 1 \| 5,7 |
| 4 | 2796 | 2853 | 2909 | 2965 | 3022 | 3078 | 3134 | 3190 | 3247 | 3303 | 2 \| 11,4 |
| 5 | 3359 | 3416 | 3472 | 3528 | 3584 | 3641 | 3697 | 3753 | 3810 | 3866 | 3 \| 17,1 |
| 6 | 3922 | 3978 | 4035 | 4091 | 4147 | 4204 | 4260 | 4316 | 4372 | 4429 | 4 \| 22,8 |
| 7 | 4485 | 4541 | 4598 | 4654 | 4710 | 4766 | 4823 | 4879 | 4935 | 4991 | 5 \| 28,5 |
| 8 | 5048 | 5104 | 5160 | 5217 | 5273 | 5329 | 5385 | 5442 | 5498 | 5554 | 6 \| 34,2 |
| 9 | 5610 | 5667 | 5723 | 5779 | 5835 | 5892 | 5948 | 6004 | 6060 | 6117 | 7 \| 39,9 |
| 7720 | 6173 | 6229 | 6286 | 6342 | 6398 | 6454 | 6511 | 6567 | 6623 | 6679 | 8 \| 45,6 |
| 1 | 6736 | 6792 | 6848 | 6904 | 6961 | 7017 | 7073 | 7129 | 7185 | 7242 | 9 \| 51,3 |
| 2 | 7298 | 7354 | 7410 | 7467 | 7523 | 7579 | 7635 | 7692 | 7748 | 7804 | |
| 3 | 7860 | 7917 | 7973 | 8029 | 8085 | 8142 | 8198 | 8254 | 8310 | 8366 | |
| 4 | 8423 | 8479 | 8535 | 8591 | 8648 | 8704 | 8760 | 8816 | 8872 | 8929 | |
| 5 | 8985 | 9041 | 9097 | 9154 | 9210 | 9266 | 9322 | 9378 | 9435 | 9491 | |
| 6 | 9547 | 9603 | 9659 | 9716 | 9772 | 9828 | 9884 | 9941 | 9997 | *0053 | |
| 7 | 888 0109 | 0165 | 0222 | 0278 | 0334 | 0390 | 0446 | 0503 | 0559 | 0615 | |
| 8 | 0671 | 0727 | 0784 | 0840 | 0896 | 0952 | 1008 | 1064 | 1121 | 1177 | |
| 9 | 1233 | 1289 | 1345 | 1402 | 1458 | 1514 | 1570 | 1626 | 1683 | 1739 | |
| 7730 | 1795 | 1851 | 1907 | 1963 | 2020 | 2076 | 2132 | 2188 | 2244 | 2301 | |
| 1 | 2357 | 2413 | 2469 | 2525 | 2581 | 2638 | 2694 | 2750 | 2806 | 2862 | |
| 2 | 2918 | 2975 | 3031 | 3087 | 3143 | 3199 | 3255 | 3312 | 3368 | 3424 | 56 |
| 3 | 3480 | 3536 | 3592 | 3649 | 3705 | 3761 | 3817 | 3873 | 3929 | 3986 | 1 \| 5,6 |
| 4 | 4042 | 4098 | 4154 | 4210 | 4266 | 4322 | 4379 | 4435 | 4491 | 4547 | 2 \| 11,2 |
| 5 | 4603 | 4659 | 4715 | 4772 | 4828 | 4884 | 4940 | 4996 | 5052 | 5108 | 3 \| 16,8 |
| 6 | 5165 | 5221 | 5277 | 5333 | 5389 | 5445 | 5501 | 5558 | 5614 | 5670 | 4 \| 22,4 |
| 7 | 5726 | 5782 | 5838 | 5894 | 5950 | 6007 | 6063 | 6119 | 6175 | 6231 | 5 \| 28,0 |
| 8 | 6287 | 6343 | 6400 | 6456 | 6512 | 6568 | 6624 | 6680 | 6736 | 6792 | 6 \| 33,6 |
| 9 | 6848 | 6905 | 6961 | 7017 | 7073 | 7129 | 7185 | 7241 | 7297 | 7353 | 7 \| 39,2 |
| 7740 | 7410 | 7466 | 7522 | 7578 | 7634 | 7690 | 7746 | 7802 | 7858 | 7915 | 8 \| 44,8 |
| 1 | 7971 | 8027 | 8083 | 8139 | 8195 | 8251 | 8307 | 8363 | 8419 | 8476 | 9 \| 50,4 |
| 2 | 8532 | 8588 | 8644 | 8700 | 8756 | 8812 | 8868 | 8924 | 8980 | 9037 | |
| 3 | 9093 | 9149 | 9205 | 9261 | 9317 | 9373 | 9429 | 9485 | 9541 | 9597 | |
| 4 | 9653 | 9710 | 9766 | 9822 | 9878 | 9934 | 9990 | *0046 | *0102 | *0158 | |
| 5 | 889 0214 | 0270 | 0326 | 0382 | 0439 | 0495 | 0551 | 0607 | 0663 | 0719 | |
| 6 | 0775 | 0831 | 0887 | 0943 | 0999 | 1055 | 1111 | 1167 | 1223 | 1279 | |
| 7 | 1336 | 1392 | 1448 | 1504 | 1560 | 1616 | 1672 | 1728 | 1784 | 1840 | |
| 8 | 1896 | 1952 | 2008 | 2064 | 2120 | 2176 | 2232 | 2288 | 2345 | 2401 | |
| 9 | 2457 | 2513 | 2569 | 2625 | 2681 | 2737 | 2793 | 2849 | 2905 | 2961 | |
| N. | 0 | 1 | 2 | 3 | 4 | 5 | 6 | 7 | 8 | 9 | |

| | | | |
|---|---|---|---|
| 77000″ = 21° 23′ 20″ | 7700″ = 2° 8′ 20″ | S = $\bar{6}$,6854740 | T. 7767 |
| 77100 = 21 25 0 | 7710 = 2 8 30 | 4737 | 7772 |
| 77200 = 21 26 40 | 7720 = 2 8 40 | 4735 | 7777 |
| 77300 = 21 28 20 | 7730 = 2 8 50 | 4732 | 7782 |
| 77400 = 21 30 0 | 7740 = 2 9 0 | 4729 | 7788 |

| N. | 0 | 1 | 2 | 3 | 4 | 5 | 6 | 7 | 8 | 9 | Diff. et p. p. |
|---|---|---|---|---|---|---|---|---|---|---|---|
| 7750 | 889 3017 | 3073 | 3129 | 3185 | 3241 | 3297 | 3353 | 3409 | 3465 | 3521 | |
| 1 | 3577 | 3633 | 3689 | 3745 | 3801 | 3858 | 3914 | 3970 | 4026 | 4082 | |
| 2 | 4138 | 4194 | 4250 | 4306 | 4362 | 4418 | 4474 | 4530 | 4586 | 4642 | |
| 3 | 4698 | 4754 | 4810 | 4866 | 4922 | 4978 | 5034 | 5090 | 5146 | 5202 | |
| 4 | 5258 | 5314 | 5370 | 5426 | 5482 | 5538 | 5594 | 5650 | 5706 | 5762 | |
| 5 | 5818 | 5874 | 5930 | 5986 | 6042 | 6098 | 6154 | 6210 | 6266 | 6322 | |
| 6 | 6378 | 6434 | 6490 | 6546 | 6602 | 6658 | 6714 | 6770 | 6826 | 6882 | 57 |
| 7 | 6938 | 6994 | 7050 | 7106 | 7162 | 7218 | 7274 | 7330 | 7386 | 7442 | 1 \| 5,7 |
| 8 | 7498 | 7554 | 7610 | 7666 | 7722 | 7778 | 7834 | 7890 | 7946 | 8002 | 2 \| 11,4 |
| 9 | 8058 | 8113 | 8169 | 8225 | 8281 | 8337 | 8393 | 8449 | 8505 | 8561 | 3 \| 17,1 |
| 7760 | 8617 | 8673 | 8729 | 8785 | 8841 | 8897 | 8953 | 9009 | 9065 | 9121 | 4 \| 22,8 |
| 1 | 9177 | 9233 | 9289 | 9345 | 9401 | 9457 | 9513 | 9569 | 9624 | 9680 | 5 \| 28,5 |
| 2 | 9736 | 9792 | 9848 | 9904 | 9960 | *0016 | *0072 | *0128 | *0184 | *0240 | 6 \| 34,2 |
| 3 | 890 0296 | 0352 | 0408 | 0464 | 0520 | 0576 | 0632 | 0687 | 0743 | 0799 | 7 \| 39,9 |
| 4 | 0855 | 0911 | 0967 | 1023 | 1079 | 1135 | 1191 | 1247 | 1303 | 1359 | 8 \| 45,6 |
| 5 | 1415 | 1471 | 1526 | 1582 | 1638 | 1694 | 1750 | 1806 | 1862 | 1918 | 9 \| 51,3 |
| 6 | 1974 | 2030 | 2086 | 2142 | 2198 | 2253 | 2309 | 2365 | 2421 | 2477 | |
| 7 | 2533 | 2589 | 2645 | 2701 | 2757 | 2813 | 2869 | 2924 | 2980 | 3036 | |
| 8 | 3092 | 3148 | 3204 | 3260 | 3316 | 3372 | 3428 | 3484 | 3539 | 3595 | |
| 9 | 3651 | 3707 | 3763 | 3819 | 3875 | 3931 | 3987 | 4043 | 4098 | 4154 | |
| 7770 | 4210 | 4266 | 4322 | 4378 | 4434 | 4490 | 4546 | 4601 | 4657 | 4713 | |
| 1 | 4769 | 4825 | 4881 | 4937 | 4993 | 5049 | 5104 | 5160 | 5216 | 5272 | 56 |
| 2 | 5328 | 5384 | 5440 | 5496 | 5551 | 5607 | 5663 | 5719 | 5775 | 5831 | 1 \| 5,6 |
| 3 | 5887 | 5943 | 5998 | 6054 | 6110 | 6166 | 6222 | 6278 | 6334 | 6389 | 2 \| 11,2 |
| 4 | 6445 | 6501 | 6557 | 6613 | 6669 | 6725 | 6781 | 6836 | 6892 | 6948 | 3 \| 16,8 |
| 5 | 7004 | 7060 | 7116 | 7172 | 7227 | 7283 | 7339 | 7395 | 7451 | 7507 | 4 \| 22,4 |
| 6 | 7563 | 7618 | 7674 | 7730 | 7786 | 7842 | 7898 | 7953 | 8009 | 8065 | 5 \| 28,0 |
| 7 | 8121 | 8177 | 8233 | 8289 | 8344 | 8400 | 8456 | 8512 | 8568 | 8624 | 6 \| 33,6 |
| 8 | 8679 | 8735 | 8791 | 8847 | 8903 | 8959 | 9014 | 9070 | 9126 | 9182 | 7 \| 39,2 |
| 9 | 9238 | 9294 | 9349 | 9405 | 9461 | 9517 | 9573 | 9629 | 9684 | 9740 | 8 \| 44,8 |
| 7780 | 9796 | 9852 | 9908 | 9963 | *0019 | *0075 | *0131 | *0187 | *0243 | *0298 | 9 \| 50,4 |
| 1 | 891 0354 | 0410 | 0466 | 0522 | 0577 | 0633 | 0689 | 0745 | 0801 | 0856 | |
| 2 | 0912 | 0968 | 1024 | 1080 | 1135 | 1191 | 1247 | 1303 | 1359 | 1415 | |
| 3 | 1470 | 1526 | 1582 | 1638 | 1694 | 1749 | 1805 | 1861 | 1917 | 1972 | |
| 4 | 2028 | 2084 | 2140 | 2196 | 2251 | 2307 | 2363 | 2419 | 2475 | 2530 | |
| 5 | 2586 | 2642 | 2698 | 2754 | 2809 | 2865 | 2921 | 2977 | 3032 | 3088 | |
| 6 | 3144 | 3200 | 3256 | 3311 | 3367 | 3423 | 3479 | 3534 | 3590 | 3646 | 55 |
| 7 | 3702 | 3758 | 3813 | 3869 | 3925 | 3981 | 4036 | 4092 | 4148 | 4204 | 1 \| 5,5 |
| 8 | 4259 | 4315 | 4371 | 4427 | 4482 | 4538 | 4594 | 4650 | 4706 | 4761 | 2 \| 11,0 |
| 9 | 4817 | 4873 | 4929 | 4984 | 5040 | 5096 | 5152 | 5207 | 5263 | 5319 | 3 \| 16,5 |
| 7790 | 5375 | 5430 | 5486 | 5542 | 5598 | 5653 | 5709 | 5765 | 5821 | 5876 | 4 \| 22,0 |
| 1 | 5932 | 5988 | 6044 | 6099 | 6155 | 6211 | 6266 | 6322 | 6378 | 6434 | 5 \| 27,5 |
| 2 | 6489 | 6545 | 6601 | 6657 | 6712 | 6768 | 6824 | 6880 | 6935 | 6991 | 6 \| 33,0 |
| 3 | 7047 | 7102 | 7158 | 7214 | 7270 | 7325 | 7381 | 7437 | 7493 | 7548 | 7 \| 38,5 |
| 4 | 7604 | 7660 | 7715 | 7771 | 7827 | 7883 | 7938 | 7994 | 8050 | 8105 | 8 \| 44,0 |
| 5 | 8161 | 8217 | 8273 | 8328 | 8384 | 8440 | 8495 | 8551 | 8607 | 8663 | 9 \| 49,5 |
| 6 | 8718 | 8774 | 8830 | 8885 | 8941 | 8997 | 9053 | 9108 | 9164 | 9220 | |
| 7 | 9275 | 9331 | 9387 | 9442 | 9498 | 9554 | 9610 | 9665 | 9721 | 9777 | |
| 8 | 9832 | 9888 | 9944 | 9999 | *0055 | *0111 | *0166 | *0222 | *0278 | *0334 | |
| 9 | 892 0389 | 0445 | 0501 | 0556 | 0612 | 0668 | 0723 | 0779 | 0835 | 0890 | |
| N. | 0 | 1 | 2 | 3 | 4 | 5 | 6 | 7 | 8 | 9 | |

| | | | |
|---|---|---|---|
| 77500″ = 21° 31′ 40″ | 7750″ = 2° 9′ 10″ | S = $\bar{6}$,685 4727 | T. 7793 |
| 77600 = 21 33 20 | 7760 = 2 9 20 | 4724 | 7798 |
| 77700 = 21 35 0 | 7770 = 2 9 30 | 4721 | 7804 |
| 77800 = 21 36 40 | 7780 = 2 9 40 | 4719 | 7809 |
| 77900 = 21 38 20 | 7790 = 2 9 50 | 4716 | 7814 |

| N. | 0 | 1 | 2 | 3 | 4 | 5 | 6 | 7 | 8 | 9 | Diff. et p. p. |
|---|---|---|---|---|---|---|---|---|---|---|---|
| 7800 | 892 0946 | 1002 | 1057 | 1113 | 1169 | 1224 | 1280 | 1336 | 1391 | 1447 | |
| 1 | 1503 | 1558 | 1614 | 1670 | 1725 | 1781 | 1837 | 1892 | 1948 | 2004 | |
| 2 | 2059 | 2115 | 2171 | 2226 | 2282 | 2338 | 2393 | 2449 | 2505 | 2560 | |
| 3 | 2616 | 2672 | 2727 | 2783 | 2839 | 2894 | 2950 | 3006 | 3061 | 3117 | |
| 4 | 3173 | 3228 | 3284 | 3340 | 3395 | 3451 | 3506 | 3562 | 3618 | 3673 | |
| 5 | 3729 | 3785 | 3840 | 3896 | 3952 | 4007 | 4063 | 4119 | 4174 | 4230 | |
| 6 | 4285 | 4341 | 4397 | 4452 | 4508 | 4564 | 4619 | 4675 | 4731 | 4786 | |
| 7 | 4842 | 4897 | 4953 | 5009 | 5064 | 5120 | 5176 | 5231 | 5287 | 5342 | |
| 8 | 5398 | 5454 | 5509 | 5565 | 5621 | 5676 | 5732 | 5787 | 5843 | 5899 | |
| 9 | 5954 | 6010 | 6065 | 6121 | 6177 | 6232 | 6288 | 6344 | 6399 | 6455 | |
| 7810 | 6510 | 6566 | 6622 | 6677 | 6733 | 6788 | 6844 | 6900 | 6955 | 7011 | |
| 1 | 7066 | 7122 | 7178 | 7233 | 7289 | 7344 | 7400 | 7456 | 7511 | 7567 | 56 |
| 2 | 7622 | 7678 | 7734 | 7789 | 7845 | 7900 | 7956 | 8011 | 8067 | 8123 | 1 \| 5,6 |
| 3 | 8178 | 8234 | 8289 | 8345 | 8401 | 8456 | 8512 | 8567 | 8623 | 8678 | 2 \| 11,2 |
| 4 | 8734 | 8790 | 8845 | 8901 | 8956 | 9012 | 9068 | 9123 | 9179 | 9234 | 3 \| 16,8 |
| 5 | 9290 | 9345 | 9401 | 9457 | 9512 | 9568 | 9623 | 9679 | 9734 | 9790 | 4 \| 22,4 |
| 6 | 9846 | 9901 | 9957 | *0012 | *0068 | *0123 | *0179 | *0234 | *0290 | *0346 | 5 \| 28,0 |
| 7 | 893 0401 | 0457 | 0512 | 0568 | 0623 | 0679 | 0734 | 0790 | 0846 | 0901 | 6 \| 33,6 |
| 8 | 0957 | 1012 | 1068 | 1123 | 1179 | 1234 | 1290 | 1345 | 1401 | 1457 | 7 \| 39,2 |
| 9 | 1512 | 1568 | 1623 | 1679 | 1734 | 1790 | 1845 | 1901 | 1956 | 2012 | 8 \| 44,8 |
| 7820 | 2068 | 2123 | 2179 | 2234 | 2290 | 2345 | 2401 | 2456 | 2512 | 2567 | 9 \| 50,4 |
| 1 | 2623 | 2678 | 2734 | 2789 | 2845 | 2900 | 2956 | 3012 | 3067 | 3123 | |
| 2 | 3178 | 3234 | 3289 | 3345 | 3400 | 3456 | 3511 | 3567 | 3622 | 3678 | |
| 3 | 3733 | 3789 | 3844 | 3900 | 3955 | 4011 | 4066 | 4122 | 4177 | 4233 | |
| 4 | 4288 | 4344 | 4399 | 4455 | 4510 | 4566 | 4621 | 4677 | 4732 | 4788 | |
| 5 | 4843 | 4899 | 4954 | 5010 | 5065 | 5121 | 5176 | 5232 | 5287 | 5343 | |
| 6 | 5398 | 5454 | 5509 | 5565 | 5620 | 5676 | 5731 | 5787 | 5842 | 5898 | |
| 7 | 5953 | 6009 | 6064 | 6120 | 6175 | 6231 | 6286 | 6342 | 6397 | 6453 | |
| 8 | 6508 | 6564 | 6619 | 6675 | 6730 | 6786 | 6841 | 6897 | 6952 | 7007 | |
| 9 | 7063 | 7118 | 7174 | 7229 | 7285 | 7340 | 7396 | 7451 | 7507 | 7562 | |
| 7830 | 7618 | 7673 | 7729 | 7784 | 7839 | 7895 | 7950 | 8006 | 8061 | 8117 | |
| 1 | 8172 | 8228 | 8283 | 8339 | 8394 | 8450 | 8505 | 8560 | 8616 | 8671 | 55 |
| 2 | 8727 | 8782 | 8838 | 8893 | 8949 | 9004 | 9059 | 9115 | 9170 | 9226 | 1 \| 5,5 |
| 3 | 9281 | 9337 | 9392 | 9448 | 9503 | 9558 | 9614 | 9669 | 9725 | 9780 | 2 \| 11,0 |
| 4 | 9836 | 9891 | 9947 | *0002 | *0057 | *0113 | *0168 | *0224 | *0279 | *0335 | 3 \| 16,5 |
| 5 | 894 0390 | 0445 | 0501 | 0556 | 0612 | 0667 | 0723 | 0778 | 0833 | 0889 | 4 \| 22,0 |
| 6 | 0944 | 1000 | 1055 | 1111 | 1166 | 1221 | 1277 | 1332 | 1388 | 1443 | 5 \| 27,5 |
| 7 | 1498 | 1554 | 1609 | 1665 | 1720 | 1776 | 1831 | 1886 | 1942 | 1997 | 6 \| 33,0 |
| 8 | 2053 | 2108 | 2163 | 2219 | 2274 | 2330 | 2385 | 2440 | 2496 | 2551 | 7 \| 38,5 |
| 9 | 2607 | 2662 | 2717 | 2773 | 2828 | 2884 | 2939 | 2994 | 3050 | 3105 | 8 \| 44,0 |
| 7840 | 3161 | 3216 | 3271 | 3327 | 3382 | 3438 | 3493 | 3548 | 3604 | 3659 | 9 \| 49,5 |
| 1 | 3715 | 3770 | 3825 | 3881 | 3936 | 3991 | 4047 | 4102 | 4158 | 4213 | |
| 2 | 4268 | 4324 | 4379 | 4435 | 4490 | 4545 | 4601 | 4656 | 4711 | 4767 | |
| 3 | 4822 | 4878 | 4933 | 4988 | 5044 | 5099 | 5154 | 5210 | 5265 | 5320 | |
| 4 | 5376 | 5431 | 5487 | 5542 | 5597 | 5653 | 5708 | 5763 | 5819 | 5874 | |
| 5 | 5929 | 5985 | 6040 | 6096 | 6151 | 6206 | 6262 | 6317 | 6372 | 6428 | |
| 6 | 6483 | 6538 | 6594 | 6649 | 6704 | 6760 | 6815 | 6870 | 6926 | 6981 | |
| 7 | 7037 | 7092 | 7147 | 7203 | 7258 | 7313 | 7369 | 7424 | 7479 | 7535 | |
| 8 | 7590 | 7645 | 7701 | 7756 | 7811 | 7867 | 7922 | 7977 | 8033 | 8088 | |
| 9 | 8143 | 8199 | 8254 | 8309 | 8365 | 8420 | 8475 | 8531 | 8586 | 8641 | |
| N. | 0 | 1 | 2 | 3 | 4 | 5 | 6 | 7 | 8 | 9 | |

| | | | |
|---|---|---|---|
| 78 000″ = 21° 40′ 0″ | 7800″ = 2° 10′ 0″ | S = $\bar{6}$,685 4714 | T. 7820 |
| 78 100 = 21 41 40 | 7810 = 2 10 10 | 4711 | 7825 |
| 78 200 = 21 43 20 | 7820 = 2 10 20 | 4708 | 7830 |
| 78 300 = 21 45 0 | 7830 = 2 10 30 | 4706 | 7835 |
| 78 400 = 21 46 40 | 7840 = 2 10 40 | 4703 | 7841 |

| N. | 0 | 1 | 2 | 3 | 4 | 5 | 6 | 7 | 8 | 9 | Diff. et p. p. |
|---|---|---|---|---|---|---|---|---|---|---|---|
| 7850 | 894 8697 | 8752 | 8807 | 8863 | 8918 | 8973 | 9028 | 9084 | 9139 | 9194 | |
| 1 | 9250 | 9305 | 9360 | 9416 | 9471 | 9526 | 9582 | 9637 | 9692 | 9748 | |
| 2 | 9803 | 9858 | 9914 | 9969 | *0024 | *0079 | *0135 | *0190 | *0245 | *0301 | |
| 3 | 895 0356 | 0411 | 0467 | 0522 | 0577 | 0632 | 0688 | 0743 | 0798 | 0854 | |
| 4 | 0909 | 0964 | 1020 | 1075 | 1130 | 1185 | 1241 | 1296 | 1351 | 1407 | |
| 5 | 1462 | 1517 | 1572 | 1628 | 1683 | 1738 | 1794 | 1849 | 1904 | 1959 | |
| 6 | 2015 | 2070 | 2125 | 2181 | 2236 | 2291 | 2346 | 2402 | 2457 | 2512 | |
| 7 | 2568 | 2623 | 2678 | 2733 | 2789 | 2844 | 2899 | 2954 | 3010 | 3065 | |
| 8 | 3120 | 3176 | 3231 | 3286 | 3341 | 3397 | 3452 | 3507 | 3562 | 3618 | |
| 9 | 3673 | 3728 | 3783 | 3839 | 3894 | 3949 | 4004 | 4060 | 4115 | 4170 | |
| 7860 | 4225 | 4281 | 4336 | 4391 | 4446 | 4502 | 4557 | 4612 | 4667 | 4723 | |
| 1 | 4778 | 4833 | 4888 | 4944 | 4999 | 5054 | 5109 | 5165 | 5220 | 5275 | 56 |
| 2 | 5330 | 5386 | 5441 | 5496 | 5551 | 5607 | 5662 | 5717 | 5772 | 5828 | 1 \| 5,6 |
| 3 | 5883 | 5938 | 5993 | 6048 | 6104 | 6159 | 6214 | 6269 | 6325 | 6380 | 2 \| 11,2 |
| 4 | 6435 | 6490 | 6545 | 6601 | 6656 | 6711 | 6766 | 6822 | 6877 | 6932 | 3 \| 16,8 |
| 5 | 6987 | 7042 | 7098 | 7153 | 7208 | 7263 | 7319 | 7374 | 7429 | 7484 | 4 \| 22,4 |
| 6 | 7539 | 7595 | 7650 | 7705 | 7760 | 7815 | 7871 | 7926 | 7981 | 8036 | 5 \| 28,0 |
| 7 | 8092 | 8147 | 8202 | 8257 | 8312 | 8368 | 8423 | 8478 | 8533 | 8588 | 6 \| 33,6 |
| 8 | 8644 | 8699 | 8754 | 8809 | 8864 | 8919 | 8975 | 9030 | 9085 | 9140 | 7 \| 39,2 |
| 9 | 9195 | 9251 | 9306 | 9361 | 9416 | 9471 | 9527 | 9582 | 9637 | 9692 | 8 \| 44,8 |
| 7870 | 9747 | 9803 | 9858 | 9913 | 9968 | *0023 | *0078 | *0134 | *0189 | *0244 | 9 \| 50,4 |
| 1 | 896 0299 | 0354 | 0409 | 0465 | 0520 | 0575 | 0630 | 0685 | 0741 | 0796 | |
| 2 | 0851 | 0906 | 0961 | 1016 | 1072 | 1127 | 1182 | 1237 | 1292 | 1347 | |
| 3 | 1403 | 1458 | 1513 | 1568 | 1623 | 1678 | 1733 | 1789 | 1844 | 1899 | |
| 4 | 1954 | 2009 | 2064 | 2120 | 2175 | 2230 | 2285 | 2340 | 2395 | 2450 | |
| 5 | 2506 | 2561 | 2616 | 2671 | 2726 | 2781 | 2837 | 2892 | 2947 | 3002 | |
| 6 | 3057 | 3112 | 3167 | 3222 | 3278 | 3333 | 3388 | 3443 | 3498 | 3553 | |
| 7 | 3608 | 3664 | 3719 | 3774 | 3829 | 3884 | 3939 | 3994 | 4050 | 4105 | |
| 8 | 4160 | 4215 | 4270 | 4325 | 4380 | 4435 | 4491 | 4546 | 4601 | 4656 | |
| 9 | 4711 | 4766 | 4821 | 4876 | 4931 | 4987 | 5042 | 5097 | 5152 | 5207 | |
| 7880 | 5262 | 5317 | 5372 | 5428 | 5483 | 5538 | 5593 | 5648 | 5703 | 5758 | |
| 1 | 5813 | 5868 | 5923 | 5979 | 6034 | 6089 | 6144 | 6199 | 6254 | 6309 | 55 |
| 2 | 6364 | 6419 | 6475 | 6530 | 6585 | 6640 | 6695 | 6750 | 6805 | 6860 | 1 \| 5,5 |
| 3 | 6915 | 6970 | 7025 | 7081 | 7136 | 7191 | 7246 | 7301 | 7356 | 7411 | 2 \| 11,0 |
| 4 | 7466 | 7521 | 7576 | 7631 | 7686 | 7742 | 7797 | 7852 | 7907 | 7962 | 3 \| 16,5 |
| 5 | 8017 | 8072 | 8127 | 8182 | 8237 | 8292 | 8347 | 8403 | 8458 | 8513 | 4 \| 22,0 |
| 6 | 8568 | 8623 | 8678 | 8733 | 8788 | 8843 | 8898 | 8953 | 9008 | 9063 | 5 \| 27,5 |
| 7 | 9118 | 9173 | 9229 | 9284 | 9339 | 9394 | 9449 | 9504 | 9559 | 9614 | 6 \| 33,0 |
| 8 | 9669 | 9724 | 9779 | 9834 | 9889 | 9944 | 9999 | *0054 | *0109 | *0165 | 7 \| 38,5 |
| 9 | 897 0220 | 0275 | 0330 | 0385 | 0440 | 0495 | 0550 | 0605 | 0660 | 0715 | 8 \| 44,0 |
| 7890 | 0770 | 0825 | 0880 | 0935 | 0990 | 1045 | 1100 | 1155 | 1210 | 1265 | 9 \| 49,5 |
| 1 | 1320 | 1375 | 1431 | 1486 | 1541 | 1596 | 1651 | 1706 | 1761 | 1816 | |
| 2 | 1871 | 1926 | 1981 | 2036 | 2091 | 2146 | 2201 | 2256 | 2311 | 2366 | |
| 3 | 2421 | 2476 | 2531 | 2586 | 2641 | 2696 | 2751 | 2806 | 2861 | 2916 | |
| 4 | 2971 | 3026 | 3081 | 3136 | 3191 | 3246 | 3301 | 3356 | 3411 | 3466 | |
| 5 | 3521 | 3576 | 3631 | 3686 | 3741 | 3796 | 3851 | 3906 | 3961 | 4016 | |
| 6 | 4071 | 4126 | 4181 | 4236 | 4291 | 4346 | 4401 | 4456 | 4511 | 4566 | |
| 7 | 4621 | 4676 | 4731 | 4786 | 4841 | 4896 | 4951 | 5006 | 5061 | 5116 | |
| 8 | 5171 | 5226 | 5281 | 5336 | 5391 | 5446 | 5501 | 5556 | 5611 | 5666 | |
| 9 | 5721 | 5776 | 5831 | 5886 | 5941 | 5996 | 6051 | 6106 | 6161 | 6216 | |
| N. | 0 | 1 | 2 | 3 | 4 | 5 | 6 | 7 | 8 | 9 | |

| | | | |
|---|---|---|---|
| 78500″ = 21° 48′ 20″ | 7850″ = 2° 10′ 50″ | S = $\overline{6}$,685 4700 | T. 7846 |
| 78600 = 21 50 0 | 7860 = 2 11 0 | 4698 | 7852 |
| 78700 = 21 51 40 | 7870 = 2 11 10 | 4695 | 7857 |
| 78800 = 21 53 20 | 7880 = 2 11 20 | 4692 | 7862 |
| 78900 = 21 55 0 | 7890 = 2 11 30 | 4690 | 7868 |

| N. | 0 | 1 | 2 | 3 | 4 | 5 | 6 | 7 | 8 | 9 | Diff. et p. p. |
|---|---|---|---|---|---|---|---|---|---|---|---|
| 7900 | 897 6271 | 6326 | 6381 | 6436 | 6491 | 6546 | 6601 | 6656 | 6711 | 6766 | |
| 1 | 6821 | 6876 | 6931 | 6986 | 7040 | 7095 | 7150 | 7205 | 7260 | 7315 | |
| 2 | 7370 | 7425 | 7480 | 7535 | 7590 | 7645 | 7700 | 7755 | 7810 | 7865 | |
| 3 | 7920 | 7975 | 8030 | 8085 | 8140 | 8195 | 8250 | 8304 | 8359 | 8414 | |
| 4 | 8469 | 8524 | 8579 | 8634 | 8689 | 8744 | 8799 | 8854 | 8909 | 8964 | |
| 5 | 9019 | 9074 | 9129 | 9184 | 9238 | 9293 | 9348 | 9403 | 9458 | 9513 | |
| 6 | 9568 | 9623 | 9678 | 9733 | 9788 | 9843 | 9898 | 9953 | *0008 | *0062 | |
| 7 | 898 0117 | 0172 | 0227 | 0282 | 0337 | 0392 | 0447 | 0502 | 0557 | 0612 | |
| 8 | 0667 | 0722 | 0776 | 0831 | 0886 | 0941 | 0996 | 1051 | 1106 | 1161 | |
| 9 | 1216 | 1271 | 1326 | 1380 | 1435 | 1490 | 1545 | 1600 | 1655 | 1710 | |
| 7910 | 1765 | 1820 | 1875 | 1930 | 1984 | 2039 | 2094 | 2149 | 2204 | 2259 | |
| 1 | 2314 | 2369 | 2424 | 2479 | 2533 | 2588 | 2643 | 2698 | 2753 | 2808 | 55 |
| 2 | 2863 | 2918 | 2973 | 3027 | 3082 | 3137 | 3192 | 3247 | 3302 | 3357 | 1 \| 5,5 |
| 3 | 3412 | 3467 | 3521 | 3576 | 3631 | 3686 | 3741 | 3796 | 3851 | 3906 | 2 \| 11,0 |
| 4 | 3960 | 4015 | 4070 | 4125 | 4180 | 4235 | 4290 | 4345 | 4399 | 4454 | 3 \| 16,5 |
| 5 | 4509 | 4564 | 4619 | 4674 | 4729 | 4784 | 4838 | 4893 | 4948 | 5003 | 4 \| 22,0 |
| 6 | 5058 | 5113 | 5168 | 5222 | 5277 | 5332 | 5387 | 5442 | 5497 | 5552 | 5 \| 27,5 |
| 7 | 5606 | 5661 | 5716 | 5771 | 5826 | 5881 | 5936 | 5990 | 6045 | 6100 | 6 \| 33,0 |
| 8 | 6155 | 6210 | 6265 | 6320 | 6374 | 6429 | 6484 | 6539 | 6594 | 6649 | 7 \| 38,5 |
| 9 | 6703 | 6758 | 6813 | 6868 | 6923 | 6978 | 7032 | 7087 | 7142 | 7197 | 8 \| 44,0 |
| 7920 | 7252 | 7307 | 7361 | 7416 | 7471 | 7526 | 7581 | 7636 | 7690 | 7745 | 9 \| 49,5 |
| 1 | 7800 | 7855 | 7910 | 7965 | 8019 | 8074 | 8129 | 8184 | 8239 | 8294 | |
| 2 | 8348 | 8403 | 8458 | 8513 | 8568 | 8622 | 8677 | 8732 | 8787 | 8842 | |
| 3 | 8897 | 8951 | 9006 | 9061 | 9116 | 9171 | 9225 | 9280 | 9335 | 9390 | |
| 4 | 9445 | 9499 | 9554 | 9609 | 9664 | 9719 | 9774 | 9828 | 9883 | 9938 | |
| 5 | 9993 | *0048 | *0102 | *0157 | *0212 | *0267 | *0321 | *0376 | *0431 | *0486 | |
| 6 | 899 0541 | 0595 | 0650 | 0705 | 0760 | 0815 | 0869 | 0924 | 0979 | 1034 | |
| 7 | 1089 | 1143 | 1198 | 1253 | 1308 | 1363 | 1417 | 1472 | 1527 | 1582 | |
| 8 | 1636 | 1691 | 1746 | 1801 | 1856 | 1910 | 1965 | 2020 | 2075 | 2129 | |
| 9 | 2184 | 2239 | 2294 | 2348 | 2403 | 2458 | 2513 | 2568 | 2622 | 2677 | |
| 7930 | 2732 | 2787 | 2841 | 2896 | 2951 | 3006 | 3060 | 3115 | 3170 | 3225 | |
| 1 | 3279 | 3334 | 3389 | 3444 | 3499 | 3553 | 3608 | 3663 | 3718 | 3772 | 54 |
| 2 | 3827 | 3882 | 3937 | 3991 | 4046 | 4101 | 4156 | 4210 | 4265 | 4320 | 1 \| 5,4 |
| 3 | 4375 | 4429 | 4484 | 4539 | 4594 | 4648 | 4703 | 4758 | 4812 | 4867 | 2 \| 10,8 |
| 4 | 4922 | 4977 | 5031 | 5086 | 5141 | 5196 | 5250 | 5305 | 5360 | 5415 | 3 \| 16,2 |
| 5 | 5469 | 5524 | 5579 | 5634 | 5688 | 5743 | 5798 | 5852 | 5907 | 5962 | 4 \| 21,6 |
| 6 | 6017 | 6071 | 6126 | 6181 | 6235 | 6290 | 6345 | 6400 | 6454 | 6509 | 5 \| 27,0 |
| 7 | 6564 | 6619 | 6673 | 6728 | 6783 | 6837 | 6892 | 6947 | 7002 | 7056 | 6 \| 32,4 |
| 8 | 7111 | 7166 | 7220 | 7275 | 7330 | 7384 | 7439 | 7494 | 7549 | 7603 | 7 \| 37,8 |
| 9 | 7658 | 7713 | 7767 | 7822 | 7877 | 7932 | 7986 | 8041 | 8096 | 8150 | 8 \| 43,2 |
| 7940 | 8205 | 8260 | 8314 | 8369 | 8424 | 8479 | 8533 | 8588 | 8643 | 8697 | 9 \| 48,6 |
| 1 | 8752 | 8807 | 8861 | 8916 | 8971 | 9025 | 9080 | 9135 | 9189 | 9244 | |
| 2 | 9299 | 9354 | 9408 | 9463 | 9518 | 9572 | 9627 | 9682 | 9736 | 9791 | |
| 3 | 9846 | 9900 | 9955 | *0010 | *0064 | *0119 | *0174 | *0228 | *0283 | *0338 | |
| 4 | 900 0392 | 0447 | 0502 | 0556 | 0611 | 0666 | 0720 | 0775 | 0830 | 0884 | |
| 5 | 0939 | 0994 | 1048 | 1103 | 1158 | 1212 | 1267 | 1322 | 1376 | 1431 | |
| 6 | 1486 | 1540 | 1595 | 1650 | 1704 | 1759 | 1814 | 1868 | 1923 | 1977 | |
| 7 | 2032 | 2087 | 2141 | 2196 | 2251 | 2305 | 2360 | 2415 | 2469 | 2524 | |
| 8 | 2579 | 2633 | 2688 | 2743 | 2797 | 2852 | 2906 | 2961 | 3016 | 3070 | |
| 9 | 3125 | 3180 | 3234 | 3289 | 3344 | 3398 | 3453 | 3507 | 3562 | 3617 | |
| N. | 0 | 1 | 2 | 3 | 4 | 5 | 6 | 7 | 8 | 9 | |

| | | | |
|---|---|---|---|
| 79000″ = 21° 56′ 40″ | 7900″ = 2° 11′ 40″ | S = $\overline{6}$,6854687 | T. 7873 |
| 79100 = 21 58 20 | 7910 = 2 11 50 | 4684 | 7878 |
| 79200 = 22 0 0 | 7920 = 2 12 0 | 4681 | 7884 |
| 79300 = 22 1 40 | 7930 = 2 12 10 | 4679 | 7889 |
| 79400 = 22 3 20 | 7940 = 2 12 20 | 4676 | 7895 |

| N. | 0 | 1 | 2 | 3 | 4 | 5 | 6 | 7 | 8 | 9 |
|---|---|---|---|---|---|---|---|---|---|---|
| 7950 | 900 3671 | 3726 | 3781 | 3835 | 3890 | 3944 | 3999 | 4054 | 4108 | 4163 |
| 1 | 4218 | 4272 | 4327 | 4381 | 4436 | 4491 | 4545 | 4600 | 4654 | 4709 |
| 2 | 4764 | 4818 | 4873 | 4928 | 4982 | 5037 | 5091 | 5146 | 5201 | 5255 |
| 3 | 5310 | 5364 | 5419 | 5474 | 5528 | 5583 | 5637 | 5692 | 5747 | 5801 |
| 4 | 5856 | 5910 | 5965 | 6020 | 6074 | 6129 | 6183 | 6238 | 6293 | 6347 |
| 5 | 6402 | 6456 | 6511 | 6566 | 6620 | 6675 | 6729 | 6784 | 6839 | 6893 |
| 6 | 6948 | 7002 | 7057 | 7112 | 7166 | 7221 | 7275 | 7330 | 7384 | 7439 |
| 7 | 7494 | 7548 | 7603 | 7657 | 7712 | 7766 | 7821 | 7876 | 7930 | 7985 |
| 8 | 8039 | 8094 | 8148 | 8203 | 8258 | 8312 | 8367 | 8421 | 8476 | 8530 |
| 9 | 8585 | 8640 | 8694 | 8749 | 8803 | 8858 | 8912 | 8967 | 9022 | 9076 |
| 7960 | 9131 | 9185 | 9240 | 9294 | 9349 | 9403 | 9458 | 9513 | 9567 | 9622 |
| 1 | 9676 | 9731 | 9785 | 9840 | 9894 | 9949 | *0004 | *0058 | *0113 | *0167 |
| 2 | 901 0222 | 0276 | 0331 | 0385 | 0440 | 0494 | 0549 | 0604 | 0658 | 0713 |
| 3 | 0767 | 0822 | 0876 | 0931 | 0985 | 1040 | 1094 | 1149 | 1203 | 1258 |
| 4 | 1313 | 1367 | 1422 | 1476 | 1531 | 1585 | 1640 | 1694 | 1749 | 1803 |
| 5 | 1858 | 1912 | 1967 | 2021 | 2076 | 2130 | 2185 | 2239 | 2294 | 2349 |
| 6 | 2403 | 2458 | 2512 | 2567 | 2621 | 2676 | 2730 | 2785 | 2839 | 2894 |
| 7 | 2948 | 3003 | 3057 | 3112 | 3166 | 3221 | 3275 | 3330 | 3384 | 3439 |
| 8 | 3493 | 3548 | 3602 | 3657 | 3711 | 3766 | 3820 | 3875 | 3929 | 3984 |
| 9 | 4038 | 4093 | 4147 | 4202 | 4256 | 4311 | 4365 | 4420 | 4474 | 4529 |
| 7970 | 4583 | 4638 | 4692 | 4747 | 4801 | 4856 | 4910 | 4965 | 5019 | 5074 |
| 1 | 5128 | 5183 | 5237 | 5292 | 5346 | 5401 | 5455 | 5509 | 5564 | 5618 |
| 2 | 5673 | 5727 | 5782 | 5836 | 5891 | 5945 | 6000 | 6054 | 6109 | 6163 |
| 3 | 6218 | 6272 | 6327 | 6381 | 6436 | 6490 | 6544 | 6599 | 6653 | 6708 |
| 4 | 6762 | 6817 | 6871 | 6926 | 6980 | 7035 | 7089 | 7144 | 7198 | 7252 |
| 5 | 7307 | 7361 | 7416 | 7470 | 7525 | 7579 | 7634 | 7688 | 7743 | 7797 |
| 6 | 7851 | 7906 | 7960 | 8015 | 8069 | 8124 | 8178 | 8233 | 8287 | 8341 |
| 7 | 8396 | 8450 | 8505 | 8559 | 8614 | 8668 | 8723 | 8777 | 8831 | 8886 |
| 8 | 8940 | 8995 | 9049 | 9104 | 9158 | 9212 | 9267 | 9321 | 9376 | 9430 |
| 9 | 9485 | 9539 | 9594 | 9648 | 9702 | 9757 | 9811 | 9866 | 9920 | 9974 |
| 7980 | 902 0029 | 0083 | 0138 | 0192 | 0247 | 0301 | 0355 | 0410 | 0464 | 0519 |
| 1 | 0573 | 0628 | 0682 | 0736 | 0791 | 0845 | 0900 | 0954 | 1008 | 1063 |
| 2 | 1117 | 1172 | 1226 | 1280 | 1335 | 1389 | 1444 | 1498 | 1552 | 1607 |
| 3 | 1661 | 1716 | 1770 | 1824 | 1879 | 1933 | 1988 | 2042 | 2096 | 2151 |
| 4 | 2205 | 2260 | 2314 | 2368 | 2423 | 2477 | 2532 | 2586 | 2640 | 2695 |
| 5 | 2749 | 2804 | 2858 | 2912 | 2967 | 3021 | 3076 | 3130 | 3184 | 3239 |
| 6 | 3293 | 3347 | 3402 | 3456 | 3511 | 3565 | 3619 | 3674 | 3728 | 3782 |
| 7 | 3837 | 3891 | 3946 | 4000 | 4054 | 4109 | 4163 | 4217 | 4272 | 4326 |
| 8 | 4381 | 4435 | 4489 | 4544 | 4598 | 4652 | 4707 | 4761 | 4815 | 4870 |
| 9 | 4924 | 4979 | 5033 | 5087 | 5142 | 5196 | 5250 | 5305 | 5359 | 5413 |
| 7990 | 5468 | 5522 | 5577 | 5631 | 5685 | 5740 | 5794 | 5848 | 5903 | 5957 |
| 1 | 6011 | 6066 | 6120 | 6174 | 6229 | 6283 | 6337 | 6392 | 6446 | 6500 |
| 2 | 6555 | 6609 | 6663 | 6718 | 6772 | 6826 | 6881 | 6935 | 6989 | 7044 |
| 3 | 7098 | 7152 | 7207 | 7261 | 7315 | 7370 | 7424 | 7478 | 7533 | 7587 |
| 4 | 7641 | 7696 | 7750 | 7804 | 7859 | 7913 | 7967 | 8022 | 8076 | 8130 |
| 5 | 8185 | 8239 | 8293 | 8348 | 8402 | 8456 | 8511 | 8565 | 8619 | 8674 |
| 6 | [illegible] | 8782 | 8836 | 8891 | 8945 | 8999 | 9054 | 9108 | 9162 | 9217 |
| 7 | 9271 | 9325 | 9380 | 9434 | 9488 | 9542 | 9597 | 9651 | 9705 | 9760 |
| 8 | 9814 | 9868 | 9923 | 9977 | *0031 | *0085 | *0140 | *0194 | *0248 | *0303 |
| 9 | 903 0357 | 0411 | 0466 | 0520 | 0574 | 0628 | 0683 | 0737 | 0791 | 0846 |
| N. | 0 | 1 | 2 | 3 | 4 | 5 | 6 | 7 | 8 | 9 |

Diff. et p. p.

| 55 | |
|---|---|
| 1 | 5,5 |
| 2 | 11,0 |
| 3 | 16,5 |
| 4 | 22,0 |
| 5 | 27,5 |
| 6 | 33,0 |
| 7 | 38,5 |
| 8 | 44,0 |
| 9 | 49,5 |

| 54 | |
|---|---|
| 1 | 5,4 |
| 2 | 10,8 |
| 3 | 16,2 |
| 4 | 21,6 |
| 5 | 27,0 |
| 6 | 32,4 |
| 7 | 37,8 |
| 8 | 43,2 |
| 9 | 48,6 |

| | | | |
|---|---|---|---|
| 79 500″ = 22° 5′ 0″ | 7950″ = 2° 12′ 30″ | S = $\overline{6}$,6854673 | T. 7900 |
| 79 600 = 22 6 40 | 7960 = 2 12 40 | 4671 | 7905 |
| 79 700 = 22 8 20 | 7970 = 2 12 50 | 4668 | 7911 |
| 79 800 = 22 10 0 | 7980 = 2 13 0 | 4665 | 7916 |
| 79 900 = 22 11 40 | 7990 = 2 13 10 | 4662 | 7922 |

| N. | 0 | 1 | 2 | 3 | 4 | 5 | 6 | 7 | 8 | 9 | Diff. et p. p. |
|---|---|---|---|---|---|---|---|---|---|---|---|
| 8000 | 903 0900 | 0954 | 1008 | 1063 | 1117 | 1171 | 1226 | 1280 | 1334 | 1388 | |
| 1 | 1443 | 1497 | 1551 | 1606 | 1660 | 1714 | 1768 | 1823 | 1877 | 1931 | |
| 2 | 1985 | 2040 | 2094 | 2148 | 2203 | 2257 | 2311 | 2365 | 2420 | 2474 | |
| 3 | 2528 | 2582 | 2637 | 2691 | 2745 | 2799 | 2854 | 2908 | 2962 | 3017 | |
| 4 | 3071 | 3125 | 3179 | 3234 | 3288 | 3342 | 3396 | 3451 | 3505 | 3559 | |
| 5 | 3613 | 3668 | 3722 | 3776 | 3830 | 3885 | 3939 | 3993 | 4047 | 4102 | |
| 6 | 4156 | 4210 | 4264 | 4319 | 4373 | 4427 | 4481 | 4536 | 4590 | 4644 | 55 |
| 7 | 4698 | 4753 | 4807 | 4861 | 4915 | 4969 | 5024 | 5078 | 5132 | 5186 | 1 \| 5,5 |
| 8 | 5241 | 5295 | 5349 | 5403 | 5458 | 5512 | 5566 | 5620 | 5674 | 5729 | 2 \| 11,0 |
| 9 | 5783 | 5837 | 5891 | 5946 | 6000 | 6054 | 6108 | 6163 | 6217 | 6271 | 3 \| 16,5 |
| 8010 | 6325 | 6379 | 6434 | 6488 | 6542 | 6596 | 6650 | 6705 | 6759 | 6813 | 4 \| 22,0 |
| 1 | 6867 | 6922 | 6976 | 7030 | 7084 | 7138 | 7193 | 7247 | 7301 | 7355 | 5 \| 27,5 |
| 2 | 7409 | 7464 | 7518 | 7572 | 7626 | 7680 | 7735 | 7789 | 7843 | 7897 | 6 \| 33,0 |
| 3 | 7951 | 8006 | 8060 | 8114 | 8168 | 8222 | 8277 | 8331 | 8385 | 8439 | 7 \| 38,5 |
| 4 | 8493 | 8548 | 8602 | 8656 | 8710 | 8764 | 8819 | 8873 | 8927 | 8981 | 8 \| 44,0 |
| 5 | 9035 | 9089 | 9144 | 9198 | 9252 | 9306 | 9360 | 9415 | 9469 | 9523 | 9 \| 49,5 |
| 6 | 9577 | 9631 | 9685 | 9740 | 9794 | 9848 | 9902 | 9956 | *0010 | *0065 | |
| 7 | 904 0119 | 0173 | 0227 | 0281 | 0336 | 0390 | 0444 | 0498 | 0552 | 0606 | |
| 8 | 0661 | 0715 | 0769 | 0823 | 0877 | 0931 | 0985 | 1040 | 1094 | 1148 | |
| 9 | 1202 | 1256 | 1310 | 1365 | 1419 | 1473 | 1527 | 1581 | 1635 | 1690 | |
| 8020 | 1744 | 1798 | 1852 | 1906 | 1960 | 2014 | 2069 | 2123 | 2177 | 2231 | |
| 1 | 2285 | 2339 | 2393 | 2448 | 2502 | 2556 | 2610 | 2664 | 2718 | 2772 | 54 |
| 2 | 2827 | 2881 | 2935 | 2989 | 3043 | 3097 | 3151 | 3206 | 3260 | 3314 | 1 \| 5,4 |
| 3 | 3368 | 3422 | 3476 | 3530 | 3584 | 3639 | 3693 | 3747 | 3801 | 3855 | 2 \| 10,8 |
| 4 | 3909 | 3963 | 4017 | 4072 | 4126 | 4180 | 4234 | 4288 | 4342 | 4396 | 3 \| 16,2 |
| 5 | 4450 | 4505 | 4559 | 4613 | 4667 | 4721 | 4775 | 4829 | 4883 | 4937 | 4 \| 21,6 |
| 6 | 4992 | 5046 | 5100 | 5154 | 5208 | 5262 | 5316 | 5370 | 5424 | 5479 | 5 \| 27,0 |
| 7 | 5533 | 5587 | 5641 | 5695 | 5749 | 5803 | 5857 | 5911 | 5965 | 6020 | 6 \| 32,4 |
| 8 | 6074 | 6128 | 6182 | 6236 | 6290 | 6344 | 6398 | 6452 | 6506 | 6560 | 7 \| 37,8 |
| 9 | 6615 | 6669 | 6723 | 6777 | 6831 | 6885 | 6939 | 6993 | 7047 | 7101 | 8 \| 43,2 |
| 8030 | 7155 | 7210 | 7264 | 7318 | 7372 | 7426 | 7480 | 7534 | 7588 | 7642 | 9 \| 48,6 |
| 1 | 7696 | 7750 | 7804 | 7858 | 7913 | 7967 | 8021 | 8075 | 8129 | 8183 | |
| 2 | 8237 | 8291 | 8345 | 8399 | 8453 | 8507 | 8561 | 8615 | 8670 | 8724 | |
| 3 | 8778 | 8832 | 8886 | 8940 | 8994 | 9048 | 9102 | 9156 | 9210 | 9264 | |
| 4 | 9318 | 9372 | 9426 | 9480 | 9534 | 9589 | 9643 | 9697 | 9751 | 9805 | |
| 5 | 9859 | 9913 | 9967 | *0021 | *0075 | *0129 | *0183 | *0237 | *0291 | *0345 | |
| 6 | 905 0399 | 0453 | 0507 | 0561 | 0615 | 0669 | 0724 | 0778 | 0832 | 0886 | |
| 7 | 0940 | 0994 | 1048 | 1102 | 1156 | 1210 | 1264 | 1318 | 1372 | 1426 | 53 |
| 8 | 1480 | 1534 | 1588 | 1642 | 1696 | 1750 | 1804 | 1858 | 1912 | 1966 | 1 \| 5,3 |
| 9 | 2020 | 2074 | 2128 | 2182 | 2236 | 2290 | 2344 | 2398 | 2452 | 2506 | 2 \| 10,6 |
| 8040 | 2560 | 2615 | 2669 | 2723 | 2777 | 2831 | 2885 | 2939 | 2993 | 3047 | 3 \| 15,9 |
| 1 | 3101 | 3155 | 3209 | 3263 | 3317 | 3371 | 3425 | 3479 | 3533 | 3587 | 4 \| 21,2 |
| 2 | 3641 | 3695 | 3749 | 3803 | 3857 | 3911 | 3965 | 4019 | 4073 | 4127 | 5 \| 26,5 |
| 3 | 4181 | 4235 | 4289 | 4343 | 4397 | 4451 | 4505 | 4559 | 4613 | 4667 | 6 \| 31,8 |
| 4 | 4721 | 4775 | 4829 | 4883 | 4937 | 4991 | 5045 | 5099 | 5153 | 5207 | 7 \| 37,1 |
| 5 | 5260 | 5314 | 5368 | 5422 | 5476 | 5530 | 5584 | 5638 | 5692 | 5746 | 8 \| 42,4 |
| 6 | 5800 | 5854 | 5908 | 5962 | 6016 | 6070 | 6124 | 6178 | 6232 | 6286 | 9 \| 47,7 |
| 7 | 6340 | 6394 | 6448 | 6502 | 6556 | 6610 | 6664 | 6718 | 6772 | 6826 | |
| 8 | 6880 | 6934 | 6988 | 7042 | 7096 | 7149 | 7203 | 7257 | 7311 | 7365 | |
| 9 | 7419 | 7473 | 7527 | 7581 | 7635 | 7689 | 7743 | 7797 | 7851 | 7905 | |
| N. | 0 | 1 | 2 | 3 | 4 | 5 | 6 | 7 | 8 | 9 | |

| | | | |
|---|---|---|---|
| 80000″ = 22° 13′ 20″ | 8000″ = 2° 13′ 20″ | S = $\bar{6}$,685 4660 | T. 7927 |
| 80100 = 22 15 0 | 8010 = 2 13 30 | 4657 | 7933 |
| 80200 = 22 16 40 | 8020 = 2 13 40 | 4654 | 7938 |
| 80300 = 22 18 20 | 8030 = 2 13 50 | 4652 | 7943 |
| 80400 = 22 20 0 | 8040 = 2 14 0 | 4649 | 7949 |

| N. | 0 | 1 | 2 | 3 | 4 | 5 | 6 | 7 | 8 | 9 |
|---|---|---|---|---|---|---|---|---|---|---|
| 8050 | 905 7959 | 8013 | 8067 | 8121 | 8175 | 8229 | 8282 | 8336 | 8390 | 8444 |
| 1 | 8498 | 8552 | 8606 | 8660 | 8714 | 8768 | 8822 | 8876 | 8930 | 8984 |
| 2 | 9038 | 9092 | 9146 | 9199 | 9253 | 9307 | 9361 | 9415 | 9469 | 9523 |
| 3 | 9577 | 9631 | 9685 | 9739 | 9793 | 9847 | 9901 | 9954 | *0008 | *0062 |
| 4 | 906 0116 | 0170 | 0224 | 0278 | 0332 | 0386 | 0440 | 0494 | 0548 | 0602 |
| 5 | 0655 | 0709 | 0763 | 0817 | 0871 | 0925 | 0979 | 1033 | 1087 | 1141 |
| 6 | 1195 | 1248 | 1302 | 1356 | 1410 | 1464 | 1518 | 1572 | 1626 | 1680 |
| 7 | 1734 | 1788 | 1841 | 1895 | 1949 | 2003 | 2057 | 2111 | 2165 | 2219 |
| 8 | 2273 | 2327 | 2380 | 2434 | 2488 | 2542 | 2596 | 2650 | 2704 | 2758 |
| 9 | 2812 | 2865 | 2919 | 2973 | 3027 | 3081 | 3135 | 3189 | 3243 | 3297 |
| 8060 | 3350 | 3404 | 3458 | 3512 | 3566 | 3620 | 3674 | 3728 | 3781 | 3835 |
| 1 | 3889 | 3943 | 3997 | 4051 | 4105 | 4159 | 4212 | 4266 | 4320 | 4374 |
| 2 | 4428 | 4482 | 4536 | 4590 | 4643 | 4697 | 4751 | 4805 | 4859 | 4913 |
| 3 | 4967 | 5020 | 5074 | 5128 | 5182 | 5236 | 5290 | 5344 | 5397 | 5451 |
| 4 | 5505 | 5559 | 5613 | 5667 | 5721 | 5774 | 5828 | 5882 | 5936 | 5990 |
| 5 | 6044 | 6098 | 6151 | 6205 | 6259 | 6313 | 6367 | 6421 | 6474 | 6528 |
| 6 | 6582 | 6636 | 6690 | 6744 | 6798 | 6851 | 6905 | 6959 | 7013 | 7067 |
| 7 | 7121 | 7174 | 7228 | 7282 | 7336 | 7390 | 7444 | 7497 | 7551 | 7605 |
| 8 | 7659 | 7713 | 7767 | 7820 | 7874 | 7928 | 7982 | 8036 | 8090 | 8143 |
| 9 | 8197 | 8251 | 8305 | 8359 | 8412 | 8466 | 8520 | 8574 | 8628 | 8682 |
| 8070 | 8735 | 8789 | 8843 | 8897 | 8951 | 9004 | 9058 | 9112 | 9166 | 9220 |
| 1 | 9273 | 9327 | 9381 | 9435 | 9489 | 9543 | 9596 | 9650 | 9704 | 9758 |
| 2 | 9812 | 9865 | 9919 | 9973 | *0027 | *0081 | *0134 | *0188 | *0242 | *0296 |
| 3 | 907 0350 | 0403 | 0457 | 0511 | 0565 | 0618 | 0672 | 0726 | 0780 | 0834 |
| 4 | 0887 | 0941 | 0995 | 1049 | 1103 | 1156 | 1210 | 1264 | 1318 | 1372 |
| 5 | 1425 | 1479 | 1533 | 1587 | 1640 | 1694 | 1748 | 1802 | 1856 | 1909 |
| 6 | 1963 | 2017 | 2071 | 2124 | 2178 | 2232 | 2286 | 2340 | 2393 | 2447 |
| 7 | 2501 | 2555 | 2608 | 2662 | 2716 | 2770 | 2823 | 2877 | 2931 | 2985 |
| 8 | 3038 | 3092 | 3146 | 3200 | 3254 | 3307 | 3361 | 3415 | 3469 | 3522 |
| 9 | 3576 | 3630 | 3684 | 3737 | 3791 | 3845 | 3899 | 3952 | 4006 | 4060 |
| 8080 | 4114 | 4167 | 4221 | 4275 | 4329 | 4382 | 4436 | 4490 | 4544 | 4597 |
| 1 | 4651 | 4705 | 4759 | 4812 | 4866 | 4920 | 4974 | 5027 | 5081 | 5135 |
| 2 | 5188 | 5242 | 5296 | 5350 | 5403 | 5457 | 5511 | 5565 | 5618 | 5672 |
| 3 | 5726 | 5780 | 5833 | 5887 | 5941 | 5994 | 6048 | 6102 | 6156 | 6209 |
| 4 | 6263 | 6317 | 6370 | 6424 | 6478 | 6532 | 6585 | 6639 | 6693 | 6747 |
| 5 | 6800 | 6854 | 6908 | 6961 | 7015 | 7069 | 7123 | 7176 | 7230 | 7284 |
| 6 | 7337 | 7391 | 7445 | 7498 | 7552 | 7606 | 7660 | 7713 | 7767 | 7821 |
| 7 | 7874 | 7928 | 7982 | 8036 | 8089 | 8143 | 8197 | 8250 | 8304 | 8358 |
| 8 | 8411 | 8465 | 8519 | 8573 | 8626 | 8680 | 8734 | 8787 | 8841 | 8895 |
| 9 | 8948 | 9002 | 9056 | 9109 | 9163 | 9217 | 9270 | 9324 | 9378 | 9432 |
| 8090 | 9485 | 9539 | 9593 | 9646 | 9700 | 9754 | 9807 | 9861 | 9915 | 9968 |
| 1 | 908 0022 | 0076 | 0129 | 0183 | 0237 | 0290 | 0344 | 0398 | 0451 | 0505 |
| 2 | 0559 | 0612 | 0666 | 0720 | 0773 | 0827 | 0881 | 0934 | 0988 | 1042 |
| 3 | 1095 | 1149 | 1203 | 1256 | 1310 | 1364 | 1417 | 1471 | 1525 | 1578 |
| 4 | 1632 | 1686 | 1739 | 1793 | 1847 | 1900 | 1954 | 2008 | 2061 | 2115 |
| 5 | 2169 | 2222 | 2276 | 2329 | 2383 | 2437 | 2490 | 2544 | 2598 | 2651 |
| 6 | 2705 | 2759 | 2812 | 2866 | 2920 | 2973 | 3027 | 3080 | 3134 | 3188 |
| 7 | 3241 | 3295 | 3349 | 3402 | 3456 | 3510 | 3563 | 3617 | 3670 | 3724 |
| 8 | 3778 | 3831 | 3885 | 3939 | 3992 | 4046 | 4099 | 4153 | 4207 | 4260 |
| 9 | 4314 | 4368 | 4421 | 4475 | 4528 | 4582 | 4636 | 4689 | 4743 | 4797 |
| N. | 0 | 1 | 2 | 3 | 4 | 5 | 6 | 7 | 8 | 9 |

Diff. et p. p.

| 54 | |
|---|---|
| 1 | 5,4 |
| 2 | 10,8 |
| 3 | 16,2 |
| 4 | 21,6 |
| 5 | 27,0 |
| 6 | 32,4 |
| 7 | 37,8 |
| 8 | 43,2 |
| 9 | 48,6 |

| 53 | |
|---|---|
| 1 | 5,3 |
| 2 | 10,6 |
| 3 | 15,9 |
| 4 | 21,2 |
| 5 | 26,5 |
| 6 | 31,8 |
| 7 | 37,1 |
| 8 | 42,4 |
| 9 | 47,7 |

| | | | |
|---|---|---|---|
| 80500″ = 22° 21′ 40″ | 8050″ = 2° 14′ 10″ | S = $\bar{6}$,6854646 | T. 7954 |
| 80600 = 22 23 20 | 8060 = 2 14 20 | 4643 | 7960 |
| 80700 = 22 25 0 | 8070 = 2 14 30 | 4641 | 7965 |
| 80800 = 22 26 40 | 8080 = 2 14 40 | 4638 | 7971 |
| 80900 = 22 28 20 | 8090 = 2 14 50 | 4635 | 7976 |

| N. | 0 | 1 | 2 | 3 | 4 | 5 | 6 | 7 | 8 | 9 | Diff. et p. p. |
|---|---|---|---|---|---|---|---|---|---|---|---|
| 8100 | 908 4850 | 4904 | 4957 | 5011 | 5065 | 5118 | 5172 | 5225 | 5279 | 5333 | |
| 1 | 5386 | 5440 | 5494 | 5547 | 5601 | 5654 | 5708 | 5762 | 5815 | 5869 | |
| 2 | 5922 | 5976 | 6030 | 6083 | 6137 | 6190 | 6244 | 6298 | 6351 | 6405 | |
| 3 | 6458 | 6512 | 6566 | 6619 | 6673 | 6726 | 6780 | 6834 | 6887 | 6941 | |
| 4 | 6994 | 7048 | 7102 | 7155 | 7209 | 7262 | 7316 | 7369 | 7423 | 7477 | |
| 5 | 7530 | 7584 | 7637 | 7691 | 7745 | 7798 | 7852 | 7905 | 7959 | 8012 | |
| 6 | 8066 | 8120 | 8173 | 8227 | 8280 | 8334 | 8387 | 8441 | 8495 | 8548 | |
| 7 | 8602 | 8655 | 8709 | 8762 | 8816 | 8870 | 8923 | 8977 | 9030 | 9084 | |
| 8 | 9137 | 9191 | 9245 | 9298 | 9352 | 9405 | 9459 | 9512 | 9566 | 9619 | |
| 9 | 9673 | 9727 | 9780 | 9834 | 9887 | 9941 | 9994 | *0048 | *0101 | *0155 | |
| 8110 | 909 0209 | 0262 | 0316 | 0369 | 0423 | 0476 | 0530 | 0583 | 0637 | 0690 | |
| 1 | 0744 | 0798 | 0851 | 0905 | 0958 | 1012 | 1065 | 1119 | 1172 | 1226 | 54 |
| 2 | 1279 | 1333 | 1386 | 1440 | 1494 | 1547 | 1601 | 1654 | 1708 | 1761 | 1 \| 5,4 |
| 3 | 1815 | 1868 | 1922 | 1975 | 2029 | 2082 | 2136 | 2189 | 2243 | 2297 | 2 \| 10,8 |
| 4 | 2350 | 2404 | 2457 | 2511 | 2564 | 2618 | 2671 | 2725 | 2778 | 2832 | 3 \| 16,2 |
| 5 | 2885 | 2939 | 2992 | 3046 | 3099 | 3153 | 3206 | 3260 | 3313 | 3367 | 4 \| 21,6 |
| 6 | 3420 | 3474 | 3527 | 3581 | 3634 | 3688 | 3741 | 3795 | 3848 | 3902 | 5 \| 27,0 |
| 7 | 3955 | 4009 | 4062 | 4116 | 4169 | 4223 | 4276 | 4330 | 4383 | 4437 | 6 \| 32,4 |
| 8 | 4490 | 4544 | 4597 | 4651 | 4704 | 4758 | 4811 | 4865 | 4918 | 4972 | 7 \| 37,8 |
| 9 | 5025 | 5079 | 5132 | 5186 | 5239 | 5293 | 5346 | 5400 | 5453 | 5507 | 8 \| 43,2 |
| 8120 | 5560 | 5614 | 5667 | 5721 | 5774 | 5828 | 5881 | 5935 | 5988 | 6042 | 9 \| 48,6 |
| 1 | 6095 | 6149 | 6202 | 6256 | 6309 | 6362 | 6416 | 6469 | 6523 | 6576 | |
| 2 | 6630 | 6683 | 6737 | 6790 | 6844 | 6897 | 6951 | 7004 | 7058 | 7111 | |
| 3 | 7165 | 7218 | 7271 | 7325 | 7378 | 7432 | 7485 | 7539 | 7592 | 7646 | |
| 4 | 7699 | 7753 | 7806 | 7860 | 7913 | 7966 | 8020 | 8073 | 8127 | 8180 | |
| 5 | 8234 | 8287 | 8341 | 8394 | 8447 | 8501 | 8554 | 8608 | 8661 | 8715 | |
| 6 | 8768 | 8822 | 8875 | 8929 | 8982 | 9035 | 9089 | 9142 | 9196 | 9249 | |
| 7 | 9303 | 9356 | 9409 | 9463 | 9516 | 9570 | 9623 | 9677 | 9730 | 9784 | |
| 8 | 9837 | 9890 | 9944 | 9997 | *0051 | *0104 | *0158 | *0211 | *0264 | *0318 | |
| 9 | 910 0371 | 0425 | 0478 | 0532 | 0585 | 0638 | 0692 | 0745 | 0799 | 0852 | |
| 8130 | 0905 | 0959 | 1012 | 1066 | 1119 | 1173 | 1226 | 1279 | 1333 | 1386 | |
| 1 | 1440 | 1493 | 1546 | 1600 | 1653 | 1707 | 1760 | 1813 | 1867 | 1920 | 53 |
| 2 | 1974 | 2027 | 2081 | 2134 | 2187 | 2241 | 2294 | 2348 | 2401 | 2454 | 1 \| 5,3 |
| 3 | 2508 | 2561 | 2615 | 2668 | 2721 | 2775 | 2828 | 2882 | 2935 | 2988 | 2 \| 10,6 |
| 4 | 3042 | 3095 | 3148 | 3202 | 3255 | 3309 | 3362 | 3415 | 3469 | 3522 | 3 \| 15,9 |
| 5 | 3576 | 3629 | 3682 | 3736 | 3789 | 3842 | 3896 | 3949 | 4003 | 4056 | 4 \| 21,2 |
| 6 | 4109 | 4163 | 4216 | 4270 | 4323 | 4376 | 4430 | 4483 | 4536 | 4590 | 5 \| 26,5 |
| 7 | 4643 | 4697 | 4750 | 4803 | 4857 | 4910 | 4963 | 5017 | 5070 | 5123 | 6 \| 31,8 |
| 8 | 5177 | 5230 | 5284 | 5337 | 5390 | 5444 | 5497 | 5550 | 5604 | 5657 | 7 \| 37,1 |
| 9 | 5710 | 5764 | 5817 | 5871 | 5924 | 5977 | 6031 | 6084 | 6137 | 6191 | 8 \| 42,4 |
| 8140 | 6244 | 6297 | 6351 | 6404 | 6457 | 6511 | 6564 | 6618 | 6671 | 6724 | 9 \| 47,7 |
| 1 | 6778 | 6831 | 6884 | 6938 | 6991 | 7044 | 7098 | 7151 | 7204 | 7258 | |
| 2 | 7311 | 7364 | 7418 | 7471 | 7524 | 7578 | 7631 | 7684 | 7738 | 7791 | |
| 3 | 7844 | 7898 | 7951 | 8004 | 8058 | 8111 | 8164 | 8218 | 8271 | 8324 | |
| 4 | 8378 | 8431 | 8484 | 8538 | 8591 | 8644 | 8698 | 8751 | 8804 | 8858 | |
| 5 | 8911 | 8964 | 9018 | 9071 | 9124 | 9177 | 9231 | 9284 | 9337 | 9391 | |
| 6 | 9444 | 9497 | 9551 | 9604 | 9657 | 9711 | 9764 | 9817 | 9871 | 9924 | |
| 7 | 9977 | *0030 | *0084 | *0137 | *0190 | *0244 | *0297 | *0350 | *0404 | *0457 | |
| 8 | 911 0510 | 0564 | 0617 | 0670 | 0723 | 0777 | 0830 | 0883 | 0937 | 0990 | |
| 9 | 1043 | 1096 | 1150 | 1203 | 1256 | 1310 | 1363 | 1416 | 1470 | 1523 | |
| N. | 0 | 1 | 2 | 3 | 4 | 5 | 6 | 7 | 8 | 9 | |

| | | S | T. |
|---|---|---|---|
| 81 000″ = 22° 30′ 0″ | 8100″ = 2° 15′ 0″ | S = $\bar{6}$,685 4632 | T. 7982 |
| 81 100 = 22 31 40 | 8110 = 2 15 10 | 4630 | 7987 |
| 81 200 = 22 33 20 | 8120 = 2 15 20 | 4627 | 7993 |
| 81 300 = 22 35 0 | 8130 = 2 15 30 | 4624 | 7999 |
| 81 400 = 22 36 40 | 8140 = 2 15 40 | 4621 | 8004 |

| N. | 0 | 1 | 2 | 3 | 4 | 5 | 6 | 7 | 8 | 9 | Diff. et p. p. |
|---|---|---|---|---|---|---|---|---|---|---|---|
| 8150 | 911 1576 | 1629 | 1683 | 1736 | 1789 | 1843 | 1896 | 1949 | 2002 | 2056 | |
| 1 | 2109 | 2162 | 2215 | 2269 | 2322 | 2375 | 2429 | 2482 | 2535 | 2588 | |
| 2 | 2642 | 2695 | 2748 | 2802 | 2855 | 2908 | 2961 | 3015 | 3068 | 3121 | |
| 3 | 3174 | 3228 | 3281 | 3334 | 3387 | 3441 | 3494 | 3547 | 3601 | 3654 | |
| 4 | 3707 | 3760 | 3814 | 3867 | 3920 | 3973 | 4027 | 4080 | 4133 | 4186 | |
| 5 | 4240 | 4293 | 4346 | 4399 | 4453 | 4506 | 4559 | 4612 | 4666 | 4719 | |
| 6 | 4772 | 4825 | 4879 | 4932 | 4985 | 5038 | 5092 | 5145 | 5198 | 5251 | 54 |
| 7 | 5305 | 5358 | 5411 | 5464 | 5518 | 5571 | 5624 | 5677 | 5731 | 5784 | 1 \| 5,4 |
| 8 | 5837 | 5890 | 5943 | 5997 | 6050 | 6103 | 6156 | 6210 | 6263 | 6316 | 2 \| 10,8 |
| 9 | 6369 | 6423 | 6476 | 6529 | 6582 | 6635 | 6689 | 6742 | 6795 | 6848 | 3 \| 16,2 |
| 8160 | 6902 | 6955 | 7008 | 7061 | 7114 | 7168 | 7221 | 7274 | 7327 | 7381 | 4 \| 21,6 |
| 1 | 7434 | 7487 | 7540 | 7593 | 7647 | 7700 | 7753 | 7806 | 7859 | 7913 | 5 \| 27,0 |
| 2 | 7966 | 8019 | 8072 | 8126 | 8179 | 8232 | 8285 | 8338 | 8392 | 8445 | 6 \| 32,4 |
| 3 | 8498 | 8551 | 8604 | 8658 | 8711 | 8764 | 8817 | 8870 | 8924 | 8977 | 7 \| 37,8 |
| 4 | 9030 | 9083 | 9136 | 9190 | 9243 | 9296 | 9349 | 9402 | 9456 | 9509 | 8 \| 43,2 |
| 5 | 9562 | 9615 | 9668 | 9721 | 9775 | 9828 | 9881 | 9934 | 9987 | *0041 | 9 \| 48,6 |
| 6 | 912 0094 | 0147 | 0200 | 0253 | 0306 | 0360 | 0413 | 0466 | 0519 | 0572 | |
| 7 | 0626 | 0679 | 0732 | 0785 | 0838 | 0891 | 0945 | 0998 | 1051 | 1104 | |
| 8 | 1157 | 1210 | 1264 | 1317 | 1370 | 1423 | 1476 | 1529 | 1583 | 1636 | |
| 9 | 1689 | 1742 | 1795 | 1848 | 1902 | 1955 | 2008 | 2061 | 2114 | 2167 | |
| 8170 | 2221 | 2274 | 2327 | 2380 | 2433 | 2486 | 2539 | 2593 | 2646 | 2699 | |
| 1 | 2752 | 2805 | 2858 | 2912 | 2965 | 3018 | 3071 | 3124 | 3177 | 3230 | 53 |
| 2 | 3284 | 3337 | 3390 | 3443 | 3496 | 3549 | 3602 | 3656 | 3709 | 3762 | 1 \| 5,3 |
| 3 | 3815 | 3868 | 3921 | 3974 | 4028 | 4081 | 4134 | 4187 | 4240 | 4293 | 2 \| 10,6 |
| 4 | 4346 | 4399 | 4453 | 4506 | 4559 | 4612 | 4665 | 4718 | 4771 | 4824 | 3 \| 15,9 |
| 5 | 4878 | 4931 | 4984 | 5037 | 5090 | 5143 | 5196 | 5249 | 5303 | 5356 | 4 \| 21,2 |
| 6 | 5409 | 5462 | 5515 | 5568 | 5621 | 5674 | 5728 | 5781 | 5834 | 5887 | 5 \| 26,5 |
| 7 | 5940 | 5993 | 6046 | 6099 | 6152 | 6206 | 6259 | 6312 | 6365 | 6418 | 6 \| 31,8 |
| 8 | 6471 | 6524 | 6577 | 6630 | 6683 | 6737 | 6790 | 6843 | 6896 | 6949 | 7 \| 37,1 |
| 9 | 7002 | 7055 | 7108 | 7161 | 7214 | 7268 | 7321 | 7374 | 7427 | 7480 | 8 \| 42,4 |
| 8180 | 7533 | 7586 | 7639 | 7692 | 7745 | 7798 | 7852 | 7905 | 7958 | 8011 | 9 \| 47,7 |
| 1 | 8064 | 8117 | 8170 | 8223 | 8276 | 8329 | 8382 | 8436 | 8489 | 8542 | |
| 2 | 8595 | 8648 | 8701 | 8754 | 8807 | 8860 | 8913 | 8966 | 9019 | 9072 | |
| 3 | 9126 | 9179 | 9232 | 9285 | 9338 | 9391 | 9444 | 9497 | 9550 | 9603 | |
| 4 | 9656 | 9709 | 9762 | 9815 | 9868 | 9922 | 9975 | *0028 | *0081 | *0134 | |
| 5 | 913 0187 | 0240 | 0293 | 0346 | 0399 | 0452 | 0505 | 0558 | 0611 | 0664 | |
| 6 | 0717 | 0770 | 0824 | 0877 | 0930 | 0983 | 1036 | 1089 | 1142 | 1195 | 52 |
| 7 | 1248 | 1301 | 1354 | 1407 | 1460 | 1513 | 1566 | 1619 | 1672 | 1725 | 1 \| 5,2 |
| 8 | 1778 | 1831 | 1884 | 1937 | 1990 | 2044 | 2097 | 2150 | 2203 | 2256 | 2 \| 10,4 |
| 9 | 2309 | 2362 | 2415 | 2468 | 2521 | 2574 | 2627 | 2680 | 2733 | 2786 | 3 \| 15,6 |
| 8190 | 2839 | 2892 | 2945 | 2998 | 3051 | 3104 | 3157 | 3210 | 3263 | 3316 | 4 \| 20,8 |
| 1 | 3369 | 3422 | 3475 | 3528 | 3581 | 3634 | 3687 | 3740 | 3793 | 3846 | 5 \| 26,0 |
| 2 | 3899 | 3952 | 4005 | 4058 | 4111 | 4165 | 4218 | 4271 | 4324 | 4377 | 6 \| 31,2 |
| 3 | 4430 | 4483 | 4536 | 4589 | 4642 | 4695 | 4748 | 4801 | 4854 | 4907 | 7 \| 36,4 |
| 4 | 4960 | 5013 | 5066 | 5119 | 5172 | 5225 | 5278 | 5331 | 5384 | 5437 | 8 \| 41,6 |
| 5 | 5490 | 5543 | 5596 | 5649 | 5702 | 5755 | 5808 | 5861 | 5914 | 5967 | 9 \| 46,8 |
| 6 | 6019 | 6072 | 6125 | 6178 | 6231 | 6284 | 6337 | 6390 | 6443 | 6496 | |
| 7 | 6549 | 6602 | 6655 | 6708 | 6761 | 6814 | 6867 | 6920 | 6973 | 7026 | |
| 8 | 7079 | 7132 | 7185 | 7238 | 7291 | 7344 | 7397 | 7450 | 7503 | 7556 | |
| 9 | 7609 | 7662 | 7715 | 7768 | 7821 | 7874 | 7927 | 7980 | 8033 | 8086 | |
| N. | 0 | 1 | 2 | 3 | 4 | 5 | 6 | 7 | 8 | 9 | |

| | | | |
|---|---|---|---|
| 81500″ = 22° 38′ 20″ | 8150″ = 2° 15′ 50″ | S = $\overline{6}$,6854619 | T. 8010 |
| 81600 = 22 40 0 | 8160 = 2 16 0 | 4616 | 8015 |
| 81700 = 22 41 40 | 8170 = 2 16 10 | 4613 | 8021 |
| 81800 = 22 43 20 | 8180 = 2 16 20 | 4610 | 8026 |
| 81900 = 22 45 0 | 8190 = 2 16 30 | 4607 | 8032 |

| N. | 0 | 1 | 2 | 3 | 4 | 5 | 6 | 7 | 8 | 9 | Diff. et p. p. |
|---|---|---|---|---|---|---|---|---|---|---|---|
| 8200 | 913 8139 | 8191 | 8244 | 8297 | 8350 | 8403 | 8456 | 8509 | 8562 | 8615 | |
| 1 | 8668 | 8721 | 8774 | 8827 | 8880 | 8933 | 8986 | 9039 | 9092 | 9145 | |
| 2 | 9198 | 9251 | 9304 | 9356 | 9409 | 9462 | 9515 | 9568 | 9621 | 9674 | |
| 3 | 9727 | 9780 | 9833 | 9886 | 9939 | 9992 | *0045 | *0098 | *0151 | *0204 | |
| 4 | 914 0257 | 0309 | 0362 | 0415 | 0468 | 0521 | 0574 | 0627 | 0680 | 0733 | |
| 5 | 0786 | 0839 | 0892 | 0945 | 0998 | 1050 | 1103 | 1156 | 1209 | 1262 | |
| 6 | 1315 | 1368 | 1421 | 1474 | 1527 | 1580 | 1633 | 1686 | 1738 | 1791 | |
| 7 | 1844 | 1897 | 1950 | 2003 | 2056 | 2109 | 2162 | 2215 | 2268 | 2321 | |
| 8 | 2373 | 2426 | 2479 | 2532 | 2585 | 2638 | 2691 | 2744 | 2797 | 2850 | |
| 9 | 2903 | 2955 | 3008 | 3061 | 3114 | 3167 | 3220 | 3273 | 3326 | 3379 | |
| 8210 | 3432 | 3484 | 3537 | 3590 | 3643 | 3696 | 3749 | 3802 | 3855 | 3908 | |
| 1 | 3961 | 4013 | 4066 | 4119 | 4172 | 4225 | 4278 | 4331 | 4384 | 4437 | 53 |
| 2 | 4489 | 4542 | 4595 | 4648 | 4701 | 4754 | 4807 | 4860 | 4912 | 4965 | 1 \| 5,3 |
| 3 | 5018 | 5071 | 5124 | 5177 | 5230 | 5283 | 5335 | 5388 | 5441 | 5494 | 2 \| 10,6 |
| 4 | 5547 | 5600 | 5653 | 5706 | 5758 | 5811 | 5864 | 5917 | 5970 | 6023 | 3 \| 15,9 |
| 5 | 6076 | 6129 | 6181 | 6234 | 6287 | 6340 | 6393 | 6446 | 6499 | 6551 | 4 \| 21,2 |
| 6 | 6604 | 6657 | 6710 | 6763 | 6816 | 6869 | 6921 | 6974 | 7027 | 7080 | 5 \| 26,5 |
| 7 | 7133 | 7186 | 7239 | 7291 | 7344 | 7397 | 7450 | 7503 | 7556 | 7609 | 6 \| 31,8 |
| 8 | 7661 | 7714 | 7767 | 7820 | 7873 | 7926 | 7978 | 8031 | 8084 | 8137 | 7 \| 37,1 |
| 9 | 8190 | 8243 | 8295 | 8348 | 8401 | 8454 | 8507 | 8560 | 8613 | 8665 | 8 \| 42,4 |
| 8220 | 8718 | 8771 | 8824 | 8877 | 8930 | 8982 | 9035 | 9088 | 9141 | 9194 | 9 \| 47,7 |
| 1 | 9246 | 9299 | 9352 | 9405 | 9458 | 9511 | 9563 | 9616 | 9669 | 9722 | |
| 2 | 9775 | 9828 | 9880 | 9933 | 9986 | *0039 | *0092 | *0144 | *0197 | *0250 | |
| 3 | 915 0303 | 0356 | 0409 | 0461 | 0514 | 0567 | 0620 | 0673 | 0725 | 0778 | |
| 4 | 0831 | 0884 | 0937 | 0989 | 1042 | 1095 | 1148 | 1201 | 1253 | 1306 | |
| 5 | 1359 | 1412 | 1465 | 1517 | 1570 | 1623 | 1676 | 1729 | 1781 | 1834 | |
| 6 | 1887 | 1940 | 1993 | 2045 | 2098 | 2151 | 2204 | 2257 | 2309 | 2362 | |
| 7 | 2415 | 2468 | 2521 | 2573 | 2626 | 2679 | 2732 | 2784 | 2837 | 2890 | |
| 8 | 2943 | 2996 | 3048 | 3101 | 3154 | 3207 | 3260 | 3312 | 3365 | 3418 | |
| 9 | 3471 | 3523 | 3576 | 3629 | 3682 | 3734 | 3787 | 3840 | 3893 | 3946 | |
| 8230 | 3998 | 4051 | 4104 | 4157 | 4209 | 4262 | 4315 | 4368 | 4420 | 4473 | |
| 1 | 4526 | 4579 | 4632 | 4684 | 4737 | 4790 | 4843 | 4895 | 4948 | 5001 | 52 |
| 2 | 5054 | 5106 | 5159 | 5212 | 5265 | 5317 | 5370 | 5423 | 5476 | 5528 | 1 \| 5,2 |
| 3 | 5581 | 5634 | 5687 | 5739 | 5792 | 5845 | 5898 | 5950 | 6003 | 6056 | 2 \| 10,4 |
| 4 | 6109 | 6161 | 6214 | 6267 | 6320 | 6372 | 6425 | 6478 | 6531 | 6583 | 3 \| 15,6 |
| 5 | 6636 | 6689 | 6742 | 6794 | 6847 | 6900 | 6952 | 7005 | 7058 | 7111 | 4 \| 20,8 |
| 6 | 7163 | 7216 | 7269 | 7322 | 7374 | 7427 | 7480 | 7532 | 7585 | 7638 | 5 \| 26,0 |
| 7 | 7691 | 7743 | 7796 | 7849 | 7902 | 7954 | 8007 | 8060 | 8112 | 8165 | 6 \| 31,2 |
| 8 | 8218 | 8271 | 8323 | 8376 | 8429 | 8481 | 8534 | 8587 | 8640 | 8692 | 7 \| 36,4 |
| 9 | 8745 | 8798 | 8850 | 8903 | 8956 | 9009 | 9061 | 9114 | 9167 | 9219 | 8 \| 41,6 |
| 8240 | 9272 | 9325 | 9378 | 9430 | 9483 | 9536 | 9588 | 9641 | 9694 | 9746 | 9 \| 46,8 |
| 1 | 9799 | 9852 | 9905 | 9957 | *0010 | *0063 | *0115 | *0168 | *0221 | *0273 | |
| 2 | 916 0326 | 0379 | 0431 | 0484 | 0537 | 0590 | 0642 | 0695 | 0748 | 0800 | |
| 3 | 0853 | 0906 | 0958 | 1011 | 1064 | 1116 | 1169 | 1222 | 1274 | 1327 | |
| 4 | 1380 | 1433 | 1485 | 1538 | 1591 | 1643 | 1696 | 1749 | 1801 | 1854 | |
| 5 | 1907 | 1959 | 2012 | 2065 | 2117 | 2170 | 2223 | 2275 | 2328 | 2381 | |
| 6 | 2433 | 2486 | 2539 | 2591 | 2644 | 2697 | 2749 | 2802 | 2855 | 2907 | |
| 7 | 2960 | 3013 | 3065 | 3118 | 3171 | 3223 | 3276 | 3329 | 3381 | 3434 | |
| 8 | 3487 | 3539 | 3592 | 3644 | 3697 | 3750 | 3802 | 3855 | 3908 | 3960 | |
| 9 | 4013 | 4066 | 4118 | 4171 | 4224 | 4276 | 4329 | 4382 | 4434 | 4487 | |
| N. | 0 | 1 | 2 | 3 | 4 | 5 | 6 | 7 | 8 | 9 | |

| | | | |
|---|---|---|---|
| 82000″ = 22° 46′ 40″ | 8200″ = 2° 16′ 40″ | S = $\bar{6}$,6854605 | T. 8037 |
| 82100 = 22 48 20 | 8210 = 2 16 50 | 4602 | 8043 |
| 82200 = 22 50 0 | 8220 = 2 17 0 | 4599 | 8049 |
| 82300 = 22 51 40 | 8230 = 2 17 10 | 4596 | 8054 |
| 82400 = 22 53 20 | 8240 = 2 17 20 | 4593 | 8060 |

| N. | 0 | 1 | 2 | 3 | 4 | 5 | 6 | 7 | 8 | 9 | Diff. et p. p. |
|---|---|---|---|---|---|---|---|---|---|---|---|
| 8250 | 916 4539 | 4592 | 4645 | 4697 | 4750 | 4803 | 4855 | 4908 | 4961 | 5013 | |
| 1 | 5066 | 5119 | 5171 | 5224 | 5276 | 5329 | 5382 | 5434 | 5487 | 5540 | |
| 2 | 5592 | 5645 | 5697 | 5750 | 5803 | 5855 | 5908 | 5961 | 6013 | 6066 | |
| 3 | 6118 | 6171 | 6224 | 6276 | 6329 | 6382 | 6434 | 6487 | 6539 | 6592 | |
| 4 | 6645 | 6697 | 6750 | 6802 | 6855 | 6908 | 6960 | 7013 | 7066 | 7118 | |
| 5 | 7171 | 7223 | 7276 | 7329 | 7381 | 7434 | 7486 | 7539 | 7592 | 7644 | |
| 6 | 7697 | 7749 | 7802 | 7855 | 7907 | 7960 | 8012 | 8065 | 8118 | 8170 | |
| 7 | 8223 | 8275 | 8328 | 8381 | 8433 | 8486 | 8538 | 8591 | 8644 | 8696 | |
| 8 | 8749 | 8801 | 8854 | 8907 | 8959 | 9012 | 9064 | 9117 | 9169 | 9222 | |
| 9 | 9275 | 9327 | 9380 | 9432 | 9485 | 9538 | 9590 | 9643 | 9695 | 9748 | |
| 8260 | 9800 | 9853 | 9906 | 9958 | *0011 | *0063 | *0116 | *0169 | *0221 | *0274 | |
| 1 | 917 0326 | 0379 | 0431 | 0484 | 0537 | 0589 | 0642 | 0694 | 0747 | 0799 | 53 |
| 2 | 0852 | 0904 | 0957 | 1010 | 1062 | 1115 | 1167 | 1220 | 1272 | 1325 | 1 \| 5,3 |
| 3 | 1378 | 1430 | 1483 | 1535 | 1588 | 1640 | 1693 | 1745 | 1798 | 1851 | 2 \| 10,6 |
| 4 | 1903 | 1956 | 2008 | 2061 | 2113 | 2166 | 2218 | 2271 | 2323 | 2376 | 3 \| 15,9 |
| 5 | 2429 | 2481 | 2534 | 2586 | 2639 | 2691 | 2744 | 2796 | 2849 | 2901 | 4 \| 21,2 |
| 6 | 2954 | 3007 | 3059 | 3112 | 3164 | 3217 | 3269 | 3322 | 3374 | 3427 | 5 \| 26,5 |
| 7 | 3479 | 3532 | 3584 | 3637 | 3690 | 3742 | 3795 | 3847 | 3900 | 3952 | 6 \| 31,8 |
| 8 | 4005 | 4057 | 4110 | 4162 | 4215 | 4267 | 4320 | 4372 | 4425 | 4477 | 7 \| 37,1 |
| 9 | 4530 | 4582 | 4635 | 4687 | 4740 | 4793 | 4845 | 4898 | 4950 | 5003 | 8 \| 42,4 |
| 8270 | 5055 | 5108 | 5160 | 5213 | 5265 | 5318 | 5370 | 5423 | 5475 | 5528 | 9 \| 47,7 |
| 1 | 5580 | 5633 | 5685 | 5738 | 5790 | 5843 | 5895 | 5948 | 6000 | 6053 | |
| 2 | 6105 | 6158 | 6210 | 6263 | 6315 | 6368 | 6420 | 6473 | 6525 | 6578 | |
| 3 | 6630 | 6683 | 6735 | 6788 | 6840 | 6893 | 6945 | 6998 | 7050 | 7103 | |
| 4 | 7155 | 7208 | 7260 | 7313 | 7365 | 7418 | 7470 | 7523 | 7575 | 7628 | |
| 5 | 7680 | 7733 | 7785 | 7837 | 7890 | 7942 | 7995 | 8047 | 8100 | 8152 | |
| 6 | 8205 | 8257 | 8310 | 8362 | 8415 | 8467 | 8520 | 8572 | 8625 | 8677 | |
| 7 | 8730 | 8782 | 8834 | 8887 | 8939 | 8992 | 9044 | 9097 | 9149 | 9202 | |
| 8 | 9254 | 9307 | 9359 | 9412 | 9464 | 9517 | 9569 | 9621 | 9674 | 9726 | |
| 9 | 9779 | 9831 | 9884 | 9936 | 9989 | *0041 | *0094 | *0146 | *0198 | *0251 | |
| 8280 | 918 0303 | 0356 | 0408 | 0461 | 0513 | 0566 | 0618 | 0671 | 0723 | 0775 | |
| 1 | 0828 | 0880 | 0933 | 0985 | 1038 | 1090 | 1143 | 1195 | 1247 | 1300 | 52 |
| 2 | 1352 | 1405 | 1457 | 1510 | 1562 | 1614 | 1667 | 1719 | 1772 | 1824 | 1 \| 5,2 |
| 3 | 1877 | 1929 | 1981 | 2034 | 2086 | 2139 | 2191 | 2244 | 2296 | 2348 | 2 \| 10,4 |
| 4 | 2401 | 2453 | 2506 | 2558 | 2611 | 2663 | 2715 | 2768 | 2820 | 2873 | 3 \| 15,6 |
| 5 | 2925 | 2978 | 3030 | 3082 | 3135 | 3187 | 3240 | 3292 | 3344 | 3397 | 4 \| 20,8 |
| 6 | 3449 | 3502 | 3554 | 3607 | 3659 | 3711 | 3764 | 3816 | 3869 | 3921 | 5 \| 26,0 |
| 7 | 3973 | 4026 | 4078 | 4131 | 4183 | 4235 | 4288 | 4340 | 4393 | 4445 | 6 \| 31,2 |
| 8 | 4497 | 4550 | 4602 | 4655 | 4707 | 4759 | 4812 | 4864 | 4917 | 4969 | 7 \| 36,4 |
| 9 | 5021 | 5074 | 5126 | 5179 | 5231 | 5283 | 5336 | 5388 | 5441 | 5493 | 8 \| 41,6 |
| 8290 | 5545 | 5598 | 5650 | 5702 | 5755 | 5807 | 5860 | 5912 | 5964 | 6017 | 9 \| 46,8 |
| 1 | 6069 | 6122 | 6174 | 6226 | 6279 | 6331 | 6383 | 6436 | 6488 | 6541 | |
| 2 | 6593 | 6645 | 6698 | 6750 | 6802 | 6855 | 6907 | 6960 | 7012 | 7064 | |
| 3 | 7117 | 7169 | 7221 | 7274 | 7326 | 7378 | 7431 | 7483 | 7536 | 7588 | |
| 4 | 7640 | 7693 | 7745 | 7797 | 7850 | 7902 | 7954 | 8007 | 8059 | 8112 | |
| 5 | 8164 | 8216 | 8269 | 8321 | 8373 | 8426 | 8478 | 8530 | 8583 | 8635 | |
| 6 | 8687 | 8740 | 8792 | 8844 | 8897 | 8949 | [illegible] | 9054 | 9106 | 9159 | |
| 7 | 9211 | 9263 | 9316 | 9368 | 9420 | 9473 | 9525 | 9577 | 9630 | 9682 | |
| 8 | 9734 | 9787 | 9839 | 9891 | 9944 | 9996 | *0048 | *0101 | *0153 | *0205 | |
| 9 | 919 0258 | 0310 | 0362 | 0415 | 0467 | 0519 | 0572 | 0624 | 0676 | 0729 | |
| N. | 0 | 1 | 2 | 3 | 4 | 5 | 6 | 7 | 8 | 9 | |

| | | | |
|---|---|---|---|
| 82 500″ = 22° 55′ 0″ | 8250″ = 2° 17′ 30″ | S = $\bar{6}$,685 4591 | T. 8065 |
| 82 600 = 22 56 40 | 8260 = 2 17 40 | 4588 | 8071 |
| 82 700 = 22 58 20 | 8270 = 2 17 50 | 4585 | 8077 |
| 82 800 = 23 0 0 | 8280 = 2 18 0 | 4582 | 8082 |
| 82 900 = 23 1 40 | 8290 = 2 18 10 | 4579 | 8088 |

| N. | 0 | 1 | 2 | 3 | 4 | 5 | 6 | 7 | 8 | 9 | Diff. et p. p. |
|---|---|---|---|---|---|---|---|---|---|---|---|
| 8300 | 919 0781 | 0833 | 0886 | 0938 | 0990 | 1043 | 1095 | 1147 | 1200 | 1252 | |
| 1 | 1304 | 1356 | 1409 | 1461 | 1513 | 1566 | 1618 | 1670 | 1723 | 1775 | |
| 2 | 1827 | 1880 | 1932 | 1984 | 2037 | 2089 | 2141 | 2193 | 2246 | 2298 | |
| 3 | 2350 | 2403 | 2455 | 2607 | 2560 | 2612 | 2664 | 2717 | 2769 | 2821 | |
| 4 | 2873 | 2926 | 2978 | 3030 | 3083 | 3135 | 3187 | 3239 | 3292 | 3344 | |
| 5 | 3396 | 3449 | 3501 | 3553 | 3606 | 3658 | 3710 | 3762 | 3815 | 3867 | |
| 6 | 3919 | 3972 | 4024 | 4076 | 4128 | 4181 | 4233 | 4285 | 4338 | 4390 | |
| 7 | 4442 | 4494 | 4547 | 4599 | 4651 | 4703 | 4756 | 4808 | 4860 | 4913 | |
| 8 | 4965 | 5017 | 5069 | 5122 | 5174 | 5226 | 5279 | 5331 | 5383 | 5435 | |
| 9 | 5488 | 5540 | 5592 | 5644 | 5697 | 5749 | 5801 | 5853 | 5906 | 5958 | |
| 8310 | 6010 | 6062 | 6115 | 6167 | 6219 | 6272 | 6324 | 6376 | 6428 | 6481 | |
| 1 | 6533 | 6585 | 6637 | 6690 | 6742 | 6794 | 6846 | 6899 | 6951 | 7003 | 53 |
| 2 | 7055 | 7108 | 7160 | 7212 | 7264 | 7317 | 7369 | 7421 | 7473 | 7526 | 1 \| 5,3 |
| 3 | 7578 | 7630 | 7682 | 7735 | 7787 | 7839 | 7891 | 7943 | 7996 | 8048 | 2 \| 10,6 |
| 4 | 8100 | 8152 | 8205 | 8257 | 8309 | 8361 | 8414 | 8466 | 8518 | 8570 | 3 \| 15,9 |
| 5 | 8623 | 8675 | 8727 | 8779 | 8831 | 8884 | 8936 | 8988 | 9040 | 9093 | 4 \| 21,2 |
| 6 | 9145 | 9197 | 9249 | 9301 | 9354 | 9406 | 9458 | 9510 | 9563 | 9615 | 5 \| 26,5 |
| 7 | 9667 | 9719 | 9771 | 9824 | 9876 | 9928 | 9980 | *0033 | *0085 | *0137 | 6 \| 31,8 |
| 8 | 920 0189 | 0241 | 0294 | 0346 | 0398 | 0450 | 0502 | 0555 | 0607 | 0659 | 7 \| 37,1 |
| 9 | 0711 | 0763 | 0816 | 0868 | 0920 | 0972 | 1024 | 1077 | 1129 | 1181 | 8 \| 42,4 |
| 8320 | 1233 | 1285 | 1338 | 1390 | 1442 | 1494 | 1546 | 1599 | 1651 | 1703 | 9 \| 47,7 |
| 1 | 1755 | 1807 | 1860 | 1912 | 1964 | 2016 | 2068 | 2121 | 2173 | 2225 | |
| 2 | 2277 | 2329 | 2381 | 2434 | 2486 | 2538 | 2590 | 2642 | 2695 | 2747 | |
| 3 | 2799 | 2851 | 2903 | 2955 | 3008 | 3060 | 3112 | 3164 | 3216 | 3269 | |
| 4 | 3321 | 3373 | 3425 | 3477 | 3529 | 3582 | 3634 | 3686 | 3738 | 3790 | |
| 5 | 3842 | 3895 | 3947 | 3999 | 4051 | 4103 | 4155 | 4208 | 4260 | 4312 | |
| 6 | 4364 | 4416 | 4468 | 4521 | 4573 | 4625 | 4677 | 4729 | 4781 | 4833 | |
| 7 | 4886 | 4938 | 4990 | 5042 | 5094 | 5146 | 5199 | 5251 | 5303 | 5355 | |
| 8 | 5407 | 5459 | 5511 | 5564 | 5616 | 5668 | 5720 | 5772 | 5824 | 5876 | |
| 9 | 5929 | 5981 | 6033 | 6085 | 6137 | 6189 | 6241 | 6294 | 6346 | 6398 | |
| 8330 | 6450 | 6502 | 6554 | 6606 | 6659 | 6711 | 6763 | 6815 | 6867 | 6919 | |
| 1 | 6971 | 7023 | 7076 | 7128 | 7180 | 7232 | 7284 | 7336 | 7388 | 7440 | 52 |
| 2 | 7493 | 7545 | 7597 | 7649 | 7701 | 7753 | 7805 | 7857 | 7910 | 7962 | 1 \| 5,2 |
| 3 | 8014 | 8066 | 8118 | 8170 | 8222 | 8274 | 8327 | 8379 | 8431 | 8483 | 2 \| 10,4 |
| 4 | 8535 | 8587 | 8639 | 8691 | 8743 | 8796 | 8848 | 8900 | 8952 | 9004 | 3 \| 15,6 |
| 5 | 9056 | 9108 | 9160 | 9212 | 9264 | 9317 | 9369 | 9421 | 9473 | 9525 | 4 \| 20,8 |
| 6 | 9577 | 9629 | 9681 | 9733 | 9785 | 9838 | 9890 | 9942 | 9994 | *0046 | 5 \| 26,0 |
| 7 | 921 0098 | 0150 | 0202 | 0254 | 0306 | 0358 | 0411 | 0463 | 0515 | 0567 | 6 \| 31,2 |
| 8 | 0619 | 0671 | 0723 | 0775 | 0827 | 0879 | 0931 | 0983 | 1036 | 1088 | 7 \| 36,4 |
| 9 | 1140 | 1192 | 1244 | 1296 | 1348 | 1400 | 1452 | 1504 | 1556 | 1608 | 8 \| 41,6 |
| 8340 | 1661 | 1713 | 1765 | 1817 | 1869 | 1921 | 1973 | 2025 | 2077 | 2129 | 9 \| 46,8 |
| 1 | 2181 | 2233 | 2285 | 2337 | 2389 | 2442 | 2494 | 2546 | 2598 | 2650 | |
| 2 | 2702 | 2754 | 2806 | 2858 | 2910 | 2962 | 3014 | 3066 | 3118 | 3170 | |
| 3 | 3222 | 3274 | 3327 | 3379 | 3431 | 3483 | 3535 | 3587 | 3639 | 3691 | |
| 4 | 3743 | 3795 | 3847 | 3899 | 3951 | 4003 | 4055 | 4107 | 4159 | 4211 | |
| 5 | 4263 | 4315 | 4367 | 4420 | 4472 | 4524 | 4576 | 4628 | 4680 | 4732 | |
| 6 | 4784 | 4836 | 4888 | 4940 | 4992 | 5044 | 5096 | 5148 | 5200 | 5252 | |
| 7 | 5304 | 5356 | 5408 | 5460 | 5512 | 5564 | 5616 | 5668 | 5720 | 5772 | |
| 8 | 5824 | 5876 | 5928 | 5980 | 6032 | 6085 | 6137 | 6189 | 6241 | 6293 | |
| 9 | 6345 | 6397 | 6449 | 6501 | 6553 | 6605 | 6657 | 6709 | 6761 | 6813 | |
| N. | 0 | 1 | 2 | 3 | 4 | 5 | 6 | 7 | 8 | 9 | |

83000″ = 23° 3′ 20″ — 8300″ = 2° 18′ 20″ — $S = \bar{6},685\,4577$ — T. 8094
83100 = 23 5 0 — 8310 = 2 18 30 — 4574 — 8099
83200 = 23 6 40 — 8320 = 2 18 40 — 4571 — 8105
83300 = 23 8 20 — 8330 = 2 18 50 — 4568 — 8111
83400 = 23 10 0 — 8340 = 2 19 0 — 4565 — 8116

| N. | 0 | 1 | 2 | 3 | 4 | 5 | 6 | 7 | 8 | 9 | Diff. et p. p. |
|---|---|---|---|---|---|---|---|---|---|---|---|
| 8350 | 921 6865 | 6917 | 6969 | 7021 | 7073 | 7125 | 7177 | 7229 | 7281 | 7333 | |
| 1 | 7385 | 7437 | 7489 | 7541 | 7593 | 7645 | 7697 | 7749 | 7801 | 7853 | |
| 2 | 7905 | 7957 | 8009 | 8061 | 8113 | 8165 | 8217 | 8269 | 8321 | 8373 | |
| 3 | 8425 | 8477 | 8529 | 8581 | 8633 | 8685 | 8737 | 8789 | 8841 | 8893 | |
| 4 | 8945 | 8997 | 9049 | 9101 | 9153 | 9205 | 9257 | 9309 | 9361 | 9413 | |
| 5 | 9465 | 9517 | 9569 | 9620 | 9672 | 9724 | 9776 | 9828 | 9880 | 9932 | |
| 6 | 9984 | *0036 | *0088 | *0140 | *0192 | *0244 | *0296 | *0348 | *0400 | *0452 | |
| 7 | 922 0504 | 0556 | 0608 | 0660 | 0712 | 0764 | 0816 | 0868 | 0920 | 0972 | |
| 8 | 1024 | 1076 | 1128 | 1180 | 1232 | 1283 | 1335 | 1387 | 1439 | 1491 | |
| 9 | 1543 | 1595 | 1647 | 1699 | 1751 | 1803 | 1855 | 1907 | 1959 | 2011 | |
| 8360 | 2063 | 2115 | 2167 | 2219 | 2271 | 2323 | 2374 | 2426 | 2478 | 2530 | |
| 1 | 2582 | 2634 | 2686 | 2738 | 2790 | 2842 | 2894 | 2946 | 2998 | 3050 | 52 |
| 2 | 3102 | 3154 | 3206 | 3257 | 3309 | 3361 | 3413 | 3465 | 3517 | 3569 | 1 \| 5,2 |
| 3 | 3621 | 3673 | 3725 | 3777 | 3829 | 3881 | 3933 | 3984 | 4036 | 4088 | 2 \| 10,4 |
| 4 | 4140 | 4192 | 4244 | 4296 | 4348 | 4400 | 4452 | 4504 | 4556 | 4608 | 3 \| 15,6 |
| 5 | 4659 | 4711 | 4763 | 4815 | 4867 | 4919 | 4971 | 5023 | 5075 | 5127 | 4 \| 20,8 |
| 6 | 5179 | 5231 | 5282 | 5334 | 5386 | 5438 | 5490 | 5542 | 5594 | 5646 | 5 \| 26,0 |
| 7 | 5698 | 5750 | 5801 | 5853 | 5905 | 5957 | 6009 | 6061 | 6113 | 6165 | 6 \| 31,2 |
| 8 | 6217 | 6269 | 6321 | 6372 | 6424 | 6476 | 6528 | 6580 | 6632 | 6684 | 7 \| 36,4 |
| 9 | 6736 | 6788 | 6839 | 6891 | 6943 | 6995 | 7047 | 7099 | 7151 | 7203 | 8 \| 41,6 |
| 8370 | 7255 | 7306 | 7358 | 7410 | 7462 | 7514 | 7566 | 7618 | 7670 | 7722 | 9 \| 46,8 |
| 1 | 7773 | 7825 | 7877 | 7929 | 7981 | 8033 | 8085 | 8137 | 8188 | 8240 | |
| 2 | 8292 | 8344 | 8396 | 8448 | 8500 | 8552 | 8603 | 8655 | 8707 | 8759 | |
| 3 | 8811 | 8863 | 8915 | 8967 | 9018 | 9070 | 9122 | 9174 | 9226 | 9278 | |
| 4 | 9330 | 9381 | 9433 | 9485 | 9537 | 9589 | 9641 | 9693 | 9744 | 9796 | |
| 5 | 9848 | 9900 | 9952 | *0004 | *0056 | *0107 | *0159 | *0211 | *0263 | *0315 | |
| 6 | 923 0367 | 0419 | 0470 | 0522 | 0574 | 0626 | 0678 | 0730 | 0781 | 0833 | |
| 7 | 0885 | 0937 | 0989 | 1041 | 1093 | 1144 | 1196 | 1248 | 1300 | 1352 | |
| 8 | 1404 | 1455 | 1507 | 1559 | 1611 | 1663 | 1715 | 1766 | 1818 | 1870 | |
| 9 | 1922 | 1974 | 2026 | 2077 | 2129 | 2181 | 2233 | 2285 | 2337 | 2388 | |
| 8380 | 2440 | 2492 | 2544 | 2596 | 2647 | 2699 | 2751 | 2803 | 2855 | 2907 | |
| 1 | 2958 | 3010 | 3062 | 3114 | 3166 | 3217 | 3269 | 3321 | 3373 | 3425 | 51 |
| 2 | 3477 | 3528 | 3580 | 3632 | 3684 | 3736 | 3787 | 3839 | 3891 | 3943 | 1 \| 5,1 |
| 3 | 3995 | 4046 | 4098 | 4150 | 4202 | 4254 | 4305 | 4357 | 4409 | 4461 | 2 \| 10,2 |
| 4 | 4513 | 4564 | 4616 | 4668 | 4720 | 4772 | 4823 | 4875 | 4927 | 4979 | 3 \| 15,3 |
| 5 | 5031 | 5082 | 5134 | 5186 | 5238 | 5290 | 5341 | 5393 | 5445 | 5497 | 4 \| 20,4 |
| 6 | 5549 | 5600 | 5652 | 5704 | 5756 | 5808 | 5859 | 5911 | 5963 | 6015 | 5 \| 25,5 |
| 7 | 6066 | 6118 | 6170 | 6222 | 6274 | 6325 | 6377 | 6429 | 6481 | 6532 | 6 \| 30,6 |
| 8 | 6584 | 6636 | 6688 | 6740 | 6791 | 6843 | 6895 | 6947 | 6998 | 7050 | 7 \| 35,7 |
| 9 | 7102 | 7154 | 7205 | 7257 | 7309 | 7361 | 7413 | 7464 | 7516 | 7568 | 8 \| 40,8 |
| 8390 | 7620 | 7671 | 7723 | 7775 | 7827 | 7878 | 7930 | 7982 | 8034 | 8085 | 9 \| 45,9 |
| 1 | 8137 | 8189 | 8241 | 8292 | 8344 | 8396 | 8448 | 8499 | 8551 | 8603 | |
| 2 | 8655 | 8707 | 8758 | 8810 | 8862 | 8913 | 8965 | 9017 | 9069 | 9120 | |
| 3 | 9172 | 9224 | 9276 | 9327 | 9379 | 9431 | 9483 | 9534 | 9586 | 9638 | |
| 4 | 9690 | 9741 | 9793 | 9845 | 9897 | 9948 | *0000 | *0052 | *0104 | *0155 | |
| 5 | 924 0207 | 0259 | 0310 | 0362 | 0414 | 0466 | 0517 | 0569 | 0621 | 0673 | |
| 6 | 0724 | 0776 | 0828 | 0879 | 0931 | 0983 | 1035 | 1086 | 1138 | 1190 | |
| 7 | 1242 | 1293 | 1345 | 1397 | 1448 | 1500 | 1552 | 1604 | 1656 | 1707 | |
| 8 | 1759 | 1810 | 1862 | 1914 | 1966 | 2017 | 2069 | 2121 | 2172 | 2224 | |
| 9 | 2276 | 2328 | 2379 | 2431 | 2483 | 2534 | 2586 | 2638 | 2689 | 2741 | |
| N. | 0 | 1 | 2 | 3 | 4 | 5 | 6 | 7 | 8 | 9 | |

83500″ = 23° 11′ 40″ 8350″ = 2° 19′ 10″ S = $\bar{6}$,685 4562 T. 8122
83600 = 23 13 20 8360 = 2 19 20 4560 8128
83700 = 23 15 0 8370 = 2 19 30 4557 8133
83800 = 23 16 40 8380 = 2 19 40 4554 8139
83900 = 23 18 20 8390 = 2 19 50 4551 8145

| N. | 0 | 1 | 2 | 3 | 4 | 5 | 6 | 7 | 8 | 9 | Diff. et p. p. |
|---|---|---|---|---|---|---|---|---|---|---|---|
| 8400 | 924 2793 | 2845 | 2896 | 2948 | 3000 | 3051 | 3103 | 3155 | 3206 | 3258 | |
| 1 | 3310 | 3362 | 3413 | 3465 | 3517 | 3568 | 3620 | 3672 | 3723 | 3775 | |
| 2 | 3827 | 3878 | 3930 | 3982 | 4034 | 4085 | 4137 | 4189 | 4240 | 4292 | |
| 3 | 4344 | 4395 | 4447 | 4499 | 4550 | 4602 | 4654 | 4705 | 4757 | 4809 | |
| 4 | 4860 | 4912 | 4964 | 5015 | 5067 | 5119 | 5170 | 5222 | 5274 | 5326 | |
| 5 | 5377 | 5429 | 5481 | 5532 | 5584 | 5636 | 5687 | 5739 | 5791 | 5842 | |
| 6 | 5894 | 5946 | 5997 | 6049 | 6101 | 6152 | 6204 | 6255 | 6307 | 6359 | |
| 7 | 6410 | 6462 | 6514 | 6565 | 6617 | 6669 | 6720 | 6772 | 6824 | 6875 | |
| 8 | 6927 | 6979 | 7030 | 7082 | 7134 | 7185 | 7237 | 7289 | 7340 | 7392 | |
| 9 | 7444 | 7495 | 7547 | 7598 | 7650 | 7702 | 7753 | 7805 | 7857 | 7908 | |
| 8410 | 7960 | 8012 | 8063 | 8115 | 8167 | 8218 | 8270 | 8321 | 8373 | 8425 | |
| 1 | 8476 | 8528 | 8580 | 8631 | 8683 | 8734 | 8786 | 8838 | 8889 | 8941 | |
| 2 | 8993 | 9044 | 9096 | 9148 | 9199 | 9251 | 9302 | 9354 | 9406 | 9457 | 52 |
| 3 | 9509 | 9561 | 9612 | 9664 | 9715 | 9767 | 9819 | 9870 | 9922 | 9973 | 1 \| 5,2 |
| 4 | 925 0025 | 0077 | 0128 | 0180 | 0232 | 0283 | 0335 | 0386 | 0438 | 0490 | 2 \| 10,4 |
| 5 | 0541 | 0593 | 0644 | 0696 | 0748 | 0799 | 0851 | 0902 | 0954 | 1006 | 3 \| 15,6 |
| 6 | 1057 | 1109 | 1160 | 1212 | 1264 | 1315 | 1367 | 1418 | 1470 | 1522 | 4 \| 20,8 |
| 7 | 1573 | 1625 | 1676 | 1728 | 1780 | 1831 | 1883 | 1934 | 1986 | 2038 | 5 \| 26,0 |
| 8 | 2089 | 2141 | 2192 | 2244 | 2296 | 2347 | 2399 | 2450 | 2502 | 2554 | 6 \| 31,2 |
| 9 | 2605 | 2657 | 2708 | 2760 | 2811 | 2863 | 2915 | 2966 | 3018 | 3069 | 7 \| 36,4 |
| 8420 | 3121 | 3172 | 3224 | 3276 | 3327 | 3379 | 3430 | 3482 | 3534 | 3585 | 8 \| 41,6 |
| 1 | 3637 | 3688 | 3740 | 3791 | 3843 | 3895 | 3946 | 3998 | 4049 | 4101 | 9 \| 46,8 |
| 2 | 4152 | 4204 | 4256 | 4307 | 4359 | 4410 | 4462 | 4513 | 4565 | 4616 | |
| 3 | 4668 | 4720 | 4771 | 4823 | 4874 | 4926 | 4977 | 5029 | 5080 | 5132 | |
| 4 | 5184 | 5235 | 5287 | 5338 | 5390 | 5441 | 5493 | 5544 | 5596 | 5648 | |
| 5 | 5699 | 5751 | 5802 | 5854 | 5905 | 5957 | 6008 | 6060 | 6111 | 6163 | |
| 6 | 6215 | 6266 | 6318 | 6369 | 6421 | 6472 | 6524 | 6575 | 6627 | 6678 | |
| 7 | 6730 | 6781 | 6833 | 6885 | 6936 | 6988 | 7039 | 7091 | 7142 | 7194 | |
| 8 | 7245 | 7297 | 7348 | 7400 | 7451 | 7503 | 7554 | 7606 | 7657 | 7709 | |
| 9 | 7761 | 7812 | 7864 | 7915 | 7967 | 8018 | 8070 | 8121 | 8173 | 8224 | |
| 8430 | 8276 | 8327 | 8379 | 8430 | 8482 | 8533 | 8585 | 8636 | 8688 | 8739 | |
| 1 | 8791 | 8842 | 8894 | 8945 | 8997 | 9048 | 9100 | 9151 | 9203 | 9254 | |
| 2 | 9306 | 9357 | 9409 | 9460 | 9512 | 9563 | 9615 | 9667 | 9718 | 9770 | 51 |
| 3 | 9821 | 9873 | 9924 | 9975 | *0027 | *0078 | *0130 | *0181 | *0233 | *0284 | 1 \| 5,1 |
| 4 | 926 0336 | 0387 | 0439 | 0490 | 0542 | 0593 | 0645 | 0696 | 0748 | 0799 | 2 \| 10,2 |
| 5 | 0851 | 0902 | 0954 | 1005 | 1057 | 1108 | 1160 | 1211 | 1263 | 1314 | 3 \| 15,3 |
| 6 | 1366 | 1417 | 1469 | 1520 | 1572 | 1623 | 1675 | 1726 | 1778 | 1829 | 4 \| 20,4 |
| 7 | 1880 | 1932 | 1983 | 2035 | 2086 | 2138 | 2189 | 2241 | 2292 | 2344 | 5 \| 25,5 |
| 8 | 2395 | 2447 | 2498 | 2550 | 2601 | 2653 | 2704 | 2755 | 2807 | 2858 | 6 \| 30,6 |
| 9 | 2910 | 2961 | 3013 | 3064 | 3116 | 3167 | 3219 | 3270 | 3322 | 3373 | 7 \| 35,7 |
| 8440 | 3424 | 3476 | 3527 | 3579 | 3630 | 3682 | 3733 | 3785 | 3836 | 3888 | 8 \| 40,8 |
| 1 | 3939 | 3990 | 4042 | 4093 | 4145 | 4196 | 4248 | 4299 | 4351 | 4402 | 9 \| 45,9 |
| 2 | 4453 | 4505 | 4556 | 4608 | 4659 | 4711 | 4762 | 4814 | 4865 | 4916 | |
| 3 | 4968 | 5019 | 5071 | 5122 | 5174 | 5225 | 5277 | 5328 | 5379 | 5431 | |
| 4 | 5482 | 5534 | 5585 | 5637 | 5688 | 5739 | 5791 | 5842 | 5894 | 5945 | |
| 5 | 5997 | 6048 | 6099 | 6151 | 6202 | 6254 | 6305 | 6357 | 6408 | 6459 | |
| 6 | 6511 | 6562 | 6614 | 6665 | 6716 | 6768 | 6819 | 6871 | 6922 | 6974 | |
| 7 | 7025 | 7076 | 7128 | 7179 | 7231 | 7282 | 7333 | 7385 | 7436 | 7488 | |
| 8 | 7539 | 7590 | 7642 | 7693 | 7745 | 7796 | 7847 | 7899 | 7950 | 8002 | |
| 9 | 8053 | 8105 | 8156 | 8207 | 8259 | 8310 | 8362 | 8413 | 8464 | 8516 | |
| N. | 0 | 1 | 2 | 3 | 4 | 5 | 6 | 7 | 8 | 9 | |

| | | | |
|---|---|---|---|
| 84 000″ = 23° 20′ 0″ | 8400″ = 2° 20′ 0″ | $S = \bar{6},6854548$ | T. 8150 |
| 84 100 = 23 21 40 | 8410 = 2 20 10 | 4545 | 8156 |
| 84 200 = 23 23 20 | 8420 = 2 20 20 | 4542 | 8162 |
| 84 300 = 23 25 0 | 8430 = 2 20 30 | 4540 | 8168 |
| 84 400 = 23 26 40 | 8440 = 2 20 40 | 4537 | 8173 |

| N. | 0 | 1 | 2 | 3 | 4 | 5 | 6 | 7 | 8 | 9 | Diff. et p. p. |
|---|---|---|---|---|---|---|---|---|---|---|---|
| 8450 | 926 8567 | 8618 | 8670 | 8721 | 8773 | 8824 | 8875 | 8927 | 8978 | 9030 | |
| 1 | 9081 | 9132 | 9184 | 9235 | 9287 | 9338 | 9389 | 9441 | 9492 | 9543 | |
| 2 | 9595 | 9646 | 9698 | 9749 | 9800 | 9852 | 9903 | 9955 | *0006 | *0057 | |
| 3 | 927 0109 | 0160 | 0211 | 0263 | 0314 | 0366 | 0417 | 0468 | 0520 | 0571 | |
| 4 | 0622 | 0674 | 0725 | 0777 | 0828 | 0879 | 0931 | 0982 | 1033 | 1085 | |
| 5 | 1136 | 1187 | 1239 | 1290 | 1342 | 1393 | 1444 | 1496 | 1547 | 1598 | |
| 6 | 1650 | 1701 | 1752 | 1804 | 1855 | 1907 | 1958 | 2009 | 2061 | 2112 | |
| 7 | 2163 | 2215 | 2266 | 2317 | 2369 | 2420 | 2471 | 2523 | 2574 | 2625 | |
| 8 | 2677 | 2728 | 2780 | 2831 | 2882 | 2934 | 2985 | 3036 | 3088 | 3139 | |
| 9 | 3190 | 3242 | 3293 | 3344 | 3396 | 3447 | 3498 | 3550 | 3601 | 3652 | |
| 8460 | 3704 | 3755 | 3806 | 3858 | 3909 | 3960 | 4012 | 4063 | 4114 | 4166 | |
| 1 | 4217 | 4268 | 4320 | 4371 | 4422 | 4474 | 4525 | 4576 | 4628 | 4679 | 52 |
| 2 | 4730 | 4782 | 4833 | 4884 | 4935 | 4987 | 5038 | 5089 | 5141 | 5192 | 1 \| 5,2 |
| 3 | 5243 | 5295 | 5346 | 5397 | 5449 | 5500 | 5551 | 5603 | 5654 | 5705 | 2 \| 10,4 |
| 4 | 5757 | 5808 | 5859 | 5910 | 5962 | 6013 | 6064 | 6116 | 6167 | 6218 | 3 \| 15,6 |
| 5 | 6270 | 6321 | 6372 | 6424 | 6475 | 6526 | 6577 | 6629 | 6680 | 6731 | 4 \| 20,8 |
| 6 | 6783 | 6834 | 6885 | 6937 | 6988 | 7039 | 7090 | 7142 | 7193 | 7244 | 5 \| 26,0 |
| 7 | 7296 | 7347 | 7398 | 7449 | 7501 | 7552 | 7603 | 7655 | 7706 | 7757 | 6 \| 31,2 |
| 8 | 7808 | 7860 | 7911 | 7962 | 8014 | 8065 | 8116 | 8167 | 8219 | 8270 | 7 \| 36,4 |
| 9 | 8321 | 8373 | 8424 | 8475 | 8526 | 8578 | 8629 | 8680 | 8732 | 8783 | 8 \| 41,6 |
| 8470 | 8834 | 8885 | 8937 | 8988 | 9039 | 9090 | 9142 | 9193 | 9244 | 9296 | 9 \| 46,8 |
| 1 | 9347 | 9398 | 9449 | 9501 | 9552 | 9603 | 9654 | 9706 | 9757 | 9808 | |
| 2 | 9859 | 9911 | 9962 | *0013 | *0065 | *0116 | *0167 | *0218 | *0270 | *0321 | |
| 3 | 928 0372 | 0423 | 0475 | 0526 | 0577 | 0628 | 0680 | 0731 | 0782 | 0833 | |
| 4 | 0885 | 0936 | 0987 | 1038 | 1090 | 1141 | 1192 | 1243 | 1295 | 1346 | |
| 5 | 1397 | 1448 | 1500 | 1551 | 1602 | 1653 | 1705 | 1756 | 1807 | 1858 | |
| 6 | 1909 | 1961 | 2012 | 2063 | 2114 | 2166 | 2217 | 2268 | 2319 | 2371 | |
| 7 | 2422 | 2473 | 2524 | 2576 | 2627 | 2678 | 2729 | 2780 | 2832 | 2883 | |
| 8 | 2934 | 2985 | 3037 | 3088 | 3139 | 3190 | 3241 | 3293 | 3344 | 3395 | |
| 9 | 3446 | 3498 | 3549 | 3600 | 3651 | 3702 | 3754 | 3805 | 3856 | 3907 | |
| 8480 | 3959 | 4010 | 4061 | 4112 | 4163 | 4215 | 4266 | 4317 | 4368 | 4419 | |
| 1 | 4471 | 4522 | 4573 | 4624 | 4675 | 4727 | 4778 | 4829 | 4880 | 4931 | 51 |
| 2 | 4983 | 5034 | 5085 | 5136 | 5187 | 5239 | 5290 | 5341 | 5392 | 5443 | 1 \| 5,1 |
| 3 | 5495 | 5546 | 5597 | 5648 | 5699 | 5751 | 5802 | 5853 | 5904 | 5955 | 2 \| 10,2 |
| 4 | 6007 | 6058 | 6109 | 6160 | 6211 | 6263 | 6314 | 6365 | 6416 | 6467 | 3 \| 15,3 |
| 5 | 6518 | 6570 | 6621 | 6672 | 6723 | 6774 | 6826 | 6877 | 6928 | 6979 | 4 \| 20,4 |
| 6 | 7030 | 7081 | 7133 | 7184 | 7235 | 7286 | 7337 | 7389 | 7440 | 7491 | 5 \| 25,5 |
| 7 | 7542 | 7593 | 7644 | 7696 | 7747 | 7798 | 7849 | 7900 | 7951 | 8003 | 6 \| 30,6 |
| 8 | 8054 | 8105 | 8156 | 8207 | 8258 | 8310 | 8361 | 8412 | 8463 | 8514 | 7 \| 35,7 |
| 9 | 8565 | 8616 | 8668 | 8719 | 8770 | 8821 | 8872 | 8923 | 8975 | 9026 | 8 \| 40,8 |
| 8490 | 9077 | 9128 | 9179 | 9230 | 9282 | 9333 | 9384 | 9435 | 9486 | 9537 | 9 \| 45,9 |
| 1 | 9588 | 9640 | 9691 | 9742 | 9793 | 9844 | 9895 | 9946 | 9998 | *0049 | |
| 2 | 929 0100 | 0151 | 0202 | 0253 | 0304 | 0356 | 0407 | 0458 | 0509 | 0560 | |
| 3 | 0611 | 0662 | 0714 | 0765 | 0816 | 0867 | 0918 | 0969 | 1020 | 1071 | |
| 4 | 1123 | 1174 | 1225 | 1276 | 1327 | 1378 | 1429 | 1480 | 1532 | 1583 | |
| 5 | 1634 | 1685 | 1736 | 1787 | 1838 | 1889 | 1941 | 1992 | 2043 | 2094 | |
| 6 | 2145 | 2196 | 2247 | 2298 | 2350 | 2401 | 2452 | 2503 | 2554 | 2605 | |
| 7 | 2656 | 2707 | 2758 | 2810 | 2861 | 2912 | 2963 | 3014 | 3065 | 3116 | |
| 8 | 3167 | 3218 | 3269 | 3321 | 3372 | 3423 | 3474 | 3525 | 3576 | 3627 | |
| 9 | 3678 | 3729 | 3780 | 3832 | 3883 | 3934 | 3985 | 4036 | 4087 | 4138 | |
| N. | 0 | 1 | 2 | 3 | 4 | 5 | 6 | 7 | 8 | 9 | |

| | | | |
|---|---|---|---|
| 84500″ = 23° 28′ 20″ | 8450″ = 2° 20′ 50″ | S = $\bar{6}$,685 4534 | T. 8179 |
| 84600 = 23 30 0 | 8460 = 2 21 0 | 4531 | 8185 |
| 84700 = 23 31 40 | 8470 = 2 21 10 | 4528 | 8191 |
| 84800 = 23 33 20 | 8480 = 2 21 20 | 4525 | 8196 |
| 84900 = 23 35 0 | 8490 = 2 21 30 | 4522 | 8202 |

| N. | 0 | 1 | 2 | 3 | 4 | 5 | 6 | 7 | 8 | 9 | Diff. et p. p. |
|---|---|---|---|---|---|---|---|---|---|---|---|
| 8500 | 929 4189 | 4240 | 4291 | 4343 | 4394 | 4445 | 4496 | 4547 | 4598 | 4649 | |
| 1 | 4700 | 4751 | 4802 | 4853 | 4905 | 4956 | 5007 | 5058 | 5109 | 5160 | |
| 2 | 5211 | 5262 | 5313 | 5364 | 5415 | 5466 | 5517 | 5569 | 5620 | 5671 | |
| 3 | 5722 | 5773 | 5824 | 5875 | 5926 | 5977 | 6028 | 6079 | 6130 | 6181 | |
| 4 | 6233 | 6284 | 6335 | 6386 | 6437 | 6488 | 6539 | 6590 | 6641 | 6692 | |
| 5 | 6743 | 6794 | 6845 | 6896 | 6947 | 6998 | 7050 | 7101 | 7152 | 7203 | |
| 6 | 7254 | 7305 | 7356 | 7407 | 7458 | 7509 | 7560 | 7611 | 7662 | 7713 | 52 |
| 7 | 7764 | 7815 | 7866 | 7917 | 7969 | 8020 | 8071 | 8122 | 8173 | 8224 | 1 \| 5,2 |
| 8 | 8275 | 8326 | 8377 | 8428 | 8479 | 8530 | 8581 | 8632 | 8683 | 8734 | 2 \| 10,4 |
| 9 | 8785 | 8836 | 8887 | 8938 | 8989 | 9040 | 9091 | 9142 | 9194 | 9245 | 3 \| 15,6 |
| 8510 | 9296 | 9347 | 9398 | 9449 | 9500 | 9551 | 9602 | 9653 | 9704 | 9755 | 4 \| 20,8 |
| 1 | 9806 | 9857 | 9908 | 9959 | *0010 | *0061 | *0112 | *0163 | *0214 | *0265 | 5 \| 26,0 |
| 2 | 930 0316 | 0367 | 0418 | 0469 | 0520 | 0571 | 0622 | 0673 | 0724 | 0775 | 6 \| 31,2 |
| 3 | 0826 | 0877 | 0928 | 0979 | 1030 | 1081 | 1132 | 1183 | 1234 | 1285 | 7 \| 36,4 |
| 4 | 1336 | 1387 | 1438 | 1489 | 1540 | 1591 | 1643 | 1694 | 1745 | 1796 | 8 \| 41,6 |
| 5 | 1847 | 1898 | 1949 | 2000 | 2051 | 2102 | 2153 | 2204 | 2255 | 2306 | 9 \| 46,8 |
| 6 | 2357 | 2408 | 2459 | 2510 | 2561 | 2612 | 2663 | 2713 | 2764 | 2815 | |
| 7 | 2866 | 2917 | 2968 | 3019 | 3070 | 3121 | 3172 | 3223 | 3274 | 3325 | |
| 8 | 3376 | 3427 | 3478 | 3529 | 3580 | 3631 | 3682 | 3733 | 3784 | 3835 | |
| 9 | 3886 | 3937 | 3988 | 4039 | 4090 | 4141 | 4192 | 4243 | 4294 | 4345 | |
| 8520 | 4396 | 4447 | 4498 | 4549 | 4600 | 4651 | 4702 | 4753 | 4804 | 4855 | |
| 1 | 4906 | 4957 | 5008 | 5059 | 5110 | 5160 | 5211 | 5262 | 5313 | 5364 | 51 |
| 2 | 5415 | 5466 | 5517 | 5568 | 5619 | 5670 | 5721 | 5772 | 5823 | 5874 | 1 \| 5,1 |
| 3 | 5925 | 5976 | 6027 | 6078 | 6129 | 6180 | 6231 | 6282 | 6333 | 6383 | 2 \| 10,2 |
| 4 | 6434 | 6485 | 6536 | 6587 | 6638 | 6689 | 6740 | 6791 | 6842 | 6893 | 3 \| 15,3 |
| 5 | 6944 | 6995 | 7046 | 7097 | 7148 | 7199 | 7250 | 7300 | 7351 | 7402 | 4 \| 20,4 |
| 6 | 7453 | 7504 | 7555 | 7606 | 7657 | 7708 | 7759 | 7810 | 7861 | 7912 | 5 \| 25,5 |
| 7 | 7963 | 8014 | 8064 | 8115 | 8166 | 8217 | 8268 | 8319 | 8370 | 8421 | 6 \| 30,6 |
| 8 | 8472 | 8523 | 8574 | 8625 | 8676 | 8727 | 8777 | 8828 | 8879 | 8930 | 7 \| 35,7 |
| 9 | 8981 | 9032 | 9083 | 9134 | 9185 | 9236 | 9287 | 9338 | 9388 | 9439 | 8 \| 40,8 |
| 8530 | 9490 | 9541 | 9592 | 9643 | 9694 | 9745 | 9796 | 9847 | 9898 | 9949 | 9 \| 45,9 |
| 1 | 9999 | *0050 | *0101 | *0152 | *0203 | *0254 | *0305 | *0356 | *0407 | *0458 | |
| 2 | 931 0508 | 0559 | 0610 | 0661 | 0712 | 0763 | 0814 | 0865 | 0916 | 0967 | |
| 3 | 1017 | 1068 | 1119 | 1170 | 1221 | 1272 | 1323 | 1374 | 1425 | 1475 | |
| 4 | 1526 | 1577 | 1628 | 1679 | 1730 | 1781 | 1832 | 1883 | 1933 | 1984 | |
| 5 | 2035 | 2086 | 2137 | 2188 | 2239 | 2290 | 2341 | 2391 | 2442 | 2493 | |
| 6 | 2544 | 2595 | 2646 | 2697 | 2748 | 2798 | 2849 | 2900 | 2951 | 3002 | |
| 7 | 3053 | 3104 | 3155 | 3205 | 3256 | 3307 | 3358 | 3409 | 3460 | 3511 | 50 |
| 8 | 3562 | 3612 | 3663 | 3714 | 3765 | 3816 | 3867 | 3918 | 3968 | 4019 | 1 \| 5 |
| 9 | 4070 | 4121 | 4172 | 4223 | 4274 | 4324 | 4375 | 4426 | 4477 | 4528 | 2 \| 10 |
| 8540 | 4579 | 4630 | 4680 | 4731 | 4782 | 4833 | 4884 | 4935 | 4986 | 5036 | 3 \| 15 |
| 1 | 5087 | 5138 | 5189 | 5240 | 5291 | 5341 | 5392 | 5443 | 5494 | 5545 | 4 \| 20 |
| 2 | 5596 | 5647 | 5697 | 5748 | 5799 | 5850 | 5901 | 5952 | 6002 | 6053 | 5 \| 25 |
| 3 | 6104 | 6155 | 6206 | 6257 | 6307 | 6358 | 6409 | 6460 | 6511 | 6562 | 6 \| 30 |
| 4 | 6612 | 6663 | 6714 | 6765 | 6816 | 6867 | 6917 | 6968 | 7019 | 7070 | 7 \| 35 |
| 5 | 7121 | 7171 | 7222 | 7273 | 7324 | 7375 | 7426 | 7476 | 7527 | 7578 | 8 \| 40 |
| 6 | 7629 | 7680 | 7731 | 7781 | 7832 | 7883 | 7934 | 7985 | 8035 | 8086 | 9 \| 45 |
| 7 | 8137 | 8188 | 8239 | 8289 | 8340 | 8391 | 8442 | 8493 | 8544 | 8594 | |
| 8 | 8645 | 8696 | 8747 | 8798 | 8848 | 8899 | 8950 | 9001 | 9052 | 9102 | |
| 9 | 9153 | 9204 | 9255 | 9306 | 9356 | 9407 | 9458 | 9509 | 9560 | 9610 | |
| N. | 0 | 1 | 2 | 3 | 4 | 5 | 6 | 7 | 8 | 9 | |

| | | | |
|---|---|---|---|
| 85000″ = 23° 36′ 40″ | 8500″ = 2° 21′ 40″ | S = $\bar{6}$,685 4519 | T. 8208 |
| 85100 = 23 38 20 | 8510 = 2 21 50 | 4517 | 8214 |
| 85200 = 23 40 0 | 8520 = 2 22 0 | 4514 | 8220 |
| 85300 = 23 41 40 | 8530 = 2 22 10 | 4511 | 8225 |
| 85400 = 23 43 20 | 8540 = 2 22 20 | 4508 | 8231 |

| N. | 0 | 1 | 2 | 3 | 4 | 5 | 6 | 7 | 8 | 9 | Diff. et p. p. |
|---|---|---|---|---|---|---|---|---|---|---|---|
| 8550 | 931 9661 | 9712 | 9763 | 9814 | 9864 | 9915 | 9966 | *0017 | *0067 | *0118 | |
| 1 | 932 0169 | 0220 | 0271 | 0321 | 0372 | 0423 | 0474 | 0525 | 0575 | 0626 | |
| 2 | 0677 | 0728 | 0778 | 0829 | 0880 | 0931 | 0982 | 1032 | 1083 | 1134 | |
| 3 | 1185 | 1235 | 1286 | 1337 | 1388 | 1439 | 1489 | 1540 | 1591 | 1642 | |
| 4 | 1692 | 1743 | 1794 | 1845 | 1896 | 1946 | 1997 | 2048 | 2099 | 2149 | |
| 5 | 2200 | 2251 | 2302 | 2352 | 2403 | 2454 | 2505 | 2555 | 2606 | 2657 | |
| 6 | 2708 | 2759 | 2809 | 2860 | 2911 | 2962 | 3012 | 3063 | 3114 | 3165 | |
| 7 | 3215 | 3266 | 3317 | 3368 | 3418 | 3469 | 3520 | 3571 | 3621 | 3672 | |
| 8 | 3723 | 3774 | 3824 | 3875 | 3926 | 3977 | 4027 | 4078 | 4129 | 4180 | |
| 9 | 4230 | 4281 | 4332 | 4382 | 4433 | 4484 | 4535 | 4585 | 4636 | 4687 | |
| 8560 | 4738 | 4788 | 4839 | 4890 | 4941 | 4991 | 5042 | 5093 | 5144 | 5194 | |
| 1 | 5245 | 5296 | 5346 | 5397 | 5448 | 5499 | 5549 | 5600 | 5651 | 5702 | 51 |
| 2 | 5752 | 5803 | 5854 | 5904 | 5955 | 6006 | 6057 | 6107 | 6158 | 6209 | 1 \| 5,1 |
| 3 | 6259 | 6310 | 6361 | 6412 | 6462 | 6513 | 6564 | 6614 | 6665 | 6716 | 2 \| 10,2 |
| 4 | 6767 | 6817 | 6868 | 6919 | 6969 | 7020 | 7071 | 7122 | 7172 | 7223 | 3 \| 15,3 |
| 5 | 7274 | 7324 | 7375 | 7426 | 7476 | 7527 | 7578 | 7629 | 7679 | 7730 | 4 \| 20,4 |
| 6 | 7781 | 7831 | 7882 | 7933 | 7983 | 8034 | 8085 | 8136 | 8186 | 8237 | 5 \| 25,5 |
| 7 | 8288 | 8338 | 8389 | 8440 | 8490 | 8541 | 8592 | 8643 | 8693 | 8744 | 6 \| 30,6 |
| 8 | 8795 | 8845 | 8896 | 8947 | 8997 | 9048 | 9099 | 9149 | 9200 | 9251 | 7 \| 35,7 |
| 9 | 9301 | 9352 | 9403 | 9453 | 9504 | 9555 | 9606 | 9656 | 9707 | 9758 | 8 \| 40,8 |
| 8570 | 9808 | 9859 | 9910 | 9960 | *0011 | *0062 | *0112 | *0163 | *0214 | *0264 | 9 \| 45,9 |
| 1 | 933 0315 | 0366 | 0416 | 0467 | 0518 | 0568 | 0619 | 0670 | 0720 | 0771 | |
| 2 | 0822 | 0872 | 0923 | 0974 | 1024 | 1075 | 1126 | 1176 | 1227 | 1278 | |
| 3 | 1328 | 1379 | 1430 | 1480 | 1531 | 1582 | 1632 | 1683 | 1733 | 1784 | |
| 4 | 1835 | 1885 | 1936 | 1987 | 2037 | 2088 | 2139 | 2189 | 2240 | 2291 | |
| 5 | 2341 | 2392 | 2443 | 2493 | 2544 | 2595 | 2645 | 2696 | 2746 | 2797 | |
| 6 | 2848 | 2898 | 2949 | 3000 | 3050 | 3101 | 3152 | 3202 | 3253 | 3303 | |
| 7 | 3354 | 3405 | 3455 | 3506 | 3557 | 3607 | 3658 | 3709 | 3759 | 3810 | |
| 8 | 3860 | 3911 | 3962 | 4012 | 4063 | 4114 | 4164 | 4215 | 4265 | 4316 | |
| 9 | 4367 | 4417 | 4468 | 4519 | 4569 | 4620 | 4670 | 4721 | 4772 | 4822 | |
| 8580 | 4873 | 4923 | 4974 | 5025 | 5075 | 5126 | 5177 | 5227 | 5278 | 5328 | |
| 1 | 5379 | 5430 | 5480 | 5531 | 5581 | 5632 | 5683 | 5733 | 5784 | 5834 | 50 |
| 2 | 5885 | 5936 | 5986 | 6037 | 6088 | 6138 | 6189 | 6239 | 6290 | 6341 | 1 \| 5 |
| 3 | 6391 | 6442 | 6492 | 6543 | 6594 | 6644 | 6695 | 6745 | 6796 | 6846 | 2 \| 10 |
| 4 | 6897 | 6948 | 6998 | 7049 | 7099 | 7150 | 7201 | 7251 | 7302 | 7352 | 3 \| 15 |
| 5 | 7403 | 7454 | 7504 | 7555 | 7605 | 7656 | 7707 | 7757 | 7808 | 7858 | 4 \| 20 |
| 6 | 7909 | 7959 | 8010 | 8061 | 8111 | 8162 | 8212 | 8263 | 8313 | 8364 | 5 \| 25 |
| 7 | 8415 | 8465 | 8516 | 8566 | 8617 | 8668 | 8718 | 8769 | 8819 | 8870 | 6 \| 30 |
| 8 | 8920 | 8971 | 9021 | 9072 | 9123 | 9173 | 9224 | 9274 | 9325 | 9375 | 7 \| 35 |
| 9 | 9426 | 9477 | 9527 | 9578 | 9628 | 9679 | 9729 | 9780 | 9831 | 9881 | 8 \| 40 |
| 8590 | 9932 | 9982 | *0033 | *0083 | *0134 | *0184 | *0235 | *0286 | *0336 | *0387 | 9 \| 45 |
| 1 | 934 0437 | 0488 | 0538 | 0589 | 0639 | 0690 | 0740 | 0791 | 0842 | 0892 | |
| 2 | 0943 | 0993 | 1044 | 1094 | 1145 | 1195 | 1246 | 1296 | 1347 | 1398 | |
| 3 | 1448 | 1499 | 1549 | 1600 | 1650 | 1701 | 1751 | 1802 | 1852 | 1903 | |
| 4 | 1953 | 2004 | 2055 | 2105 | 2156 | 2206 | 2257 | 2307 | 2358 | 2408 | |
| 5 | 2459 | 2509 | 2560 | 2610 | 2661 | 2711 | 2762 | 2812 | 2863 | 2914 | |
| 6 | 2964 | 3015 | 3066 | 3116 | 3166 | 3217 | 3267 | 3318 | 3368 | 3419 | |
| 7 | 3469 | 3520 | 3570 | 3621 | 3671 | 3722 | 3772 | 3823 | 3873 | 3924 | |
| 8 | 3974 | 4025 | 4075 | 4126 | 4176 | 4227 | 4277 | 4328 | 4378 | 4429 | |
| 9 | 4479 | 4530 | 4580 | 4631 | 4682 | 4732 | 4783 | 4833 | 4884 | 4934 | |
| N. | 0 | 1 | 2 | 3 | 4 | 5 | 6 | 7 | 8 | 9 | |

| | | | |
|---|---|---|---|
| 85500″ = 23° 45′ 0″ | 8550″ = 2° 22′ 30″ | S = $\bar{6}$,685 4505 | T. 8237 |
| 85600 = 23 46 40 | 8560 = 2 22 40 | 4502 | 8243 |
| 85700 = 23 48 20 | 8570 = 2 22 50 | 4499 | 8249 |
| 85800 = 23 50 0 | 8580 = 2 23 0 | 4496 | 8255 |
| 85900 = 23 51 40 | 8590 = 2 23 10 | 4493 | 8260 |

| N. | 0 | 1 | 2 | 3 | 4 | 5 | 6 | 7 | 8 | 9 | Diff. et p. p. |
|---|---|---|---|---|---|---|---|---|---|---|---|
| 8600 | 934 4985 | 5035 | 5086 | 5136 | 5187 | 5237 | 5287 | 5338 | 5388 | 5439 | |
| 1 | 5489 | 5540 | 5590 | 5641 | 5691 | 5742 | 5792 | 5843 | 5893 | 5944 | |
| 2 | 5994 | 6045 | 6095 | 6146 | 6196 | 6247 | 6297 | 6348 | 6398 | 6449 | |
| 3 | 6499 | 6550 | 6600 | 6651 | 6701 | 6752 | 6802 | 6853 | 6903 | 6954 | |
| 4 | 7004 | 7054 | 7105 | 7155 | 7206 | 7256 | 7307 | 7357 | 7408 | 7458 | |
| 5 | 7509 | 7559 | 7610 | 7660 | 7711 | 7761 | 7812 | 7862 | 7912 | 7963 | |
| 6 | 8013 | 8064 | 8114 | 8165 | 8215 | 8266 | 8316 | 8367 | 8417 | 8468 | |
| 7 | 8518 | 8568 | 8619 | 8669 | 8720 | 8770 | 8821 | 8871 | 8922 | 8972 | |
| 8 | 9023 | 9073 | 9123 | 9174 | 9224 | 9275 | 9325 | 9376 | 9426 | 9477 | |
| 9 | 9527 | 9578 | 9628 | 9678 | 9729 | 9779 | 9830 | 9880 | 9931 | 9981 | |
| 8610 | 935 0032 | 0082 | 0132 | 0183 | 0233 | 0284 | 0334 | 0385 | 0435 | 0485 | |
| 1 | 0536 | 0586 | 0637 | 0687 | 0738 | 0788 | 0838 | 0889 | 0939 | 0990 | 51 |
| 2 | 1040 | 1091 | 1141 | 1191 | 1242 | 1292 | 1343 | 1393 | 1444 | 1494 | 1 \| 5,1 |
| 3 | 1544 | 1595 | 1645 | 1696 | 1746 | 1797 | 1847 | 1897 | 1948 | 1998 | 2 \| 10,2 |
| 4 | 2049 | 2099 | 2150 | 2200 | 2250 | 2301 | 2351 | 2402 | 2452 | 2502 | 3 \| 15,3 |
| 5 | 2553 | 2603 | 2654 | 2704 | 2754 | 2805 | 2855 | 2906 | 2956 | 3006 | 4 \| 20,4 |
| 6 | 3057 | 3107 | 3158 | 3208 | 3259 | 3309 | 3359 | 3410 | 3460 | 3511 | 5 \| 25,5 |
| 7 | 3561 | 3611 | 3662 | 3712 | 3763 | 3813 | 3863 | 3914 | 3964 | 4015 | 6 \| 30,6 |
| 8 | 4065 | 4115 | 4166 | 4216 | 4266 | 4317 | 4367 | 4418 | 4468 | 4518 | 7 \| 35,7 |
| 9 | 4569 | 4619 | 4670 | 4720 | 4770 | 4821 | 4871 | 4922 | 4972 | 5022 | 8 \| 40,8 |
| 8620 | 5073 | 5123 | 5173 | 5224 | 5274 | 5325 | 5375 | 5425 | 5476 | 5526 | 9 \| 45,9 |
| 1 | 5576 | 5627 | 5677 | 5728 | 5778 | 5828 | 5879 | 5929 | 5979 | 6030 | |
| 2 | 6080 | 6131 | 6181 | 6231 | 6282 | 6332 | 6382 | 6433 | 6483 | 6533 | |
| 3 | 6584 | 6634 | 6685 | 6735 | 6785 | 6836 | 6886 | 6936 | 6987 | 7037 | |
| 4 | 7087 | 7138 | 7188 | 7239 | 7289 | 7339 | 7390 | 7440 | 7490 | 7541 | |
| 5 | 7591 | 7641 | 7692 | 7742 | 7792 | 7843 | 7893 | 7943 | 7994 | 8044 | |
| 6 | 8095 | 8145 | 8195 | 8246 | 8296 | 8346 | 8397 | 8447 | 8497 | 8548 | |
| 7 | 8598 | 8648 | 8699 | 8749 | 8799 | 8850 | 8900 | 8950 | 9001 | 9051 | |
| 8 | 9101 | 9152 | 9202 | 9252 | 9303 | 9353 | 9403 | 9454 | 9504 | 9554 | |
| 9 | 9605 | 9655 | 9705 | 9756 | 9806 | 9856 | 9907 | 9957 | *0007 | *0058 | |
| 8630 | 936 0108 | 0158 | 0209 | 0259 | 0309 | 0360 | 0410 | 0460 | 0511 | 0561 | |
| 1 | 0611 | 0661 | 0712 | 0762 | 0812 | 0863 | 0913 | 0963 | 1014 | 1064 | 50 |
| 2 | 1114 | 1165 | 1215 | 1265 | 1316 | 1366 | 1416 | 1466 | 1517 | 1567 | 1 \| 5 |
| 3 | 1617 | 1668 | 1718 | 1768 | 1819 | 1869 | 1919 | 1970 | 2020 | 2070 | 2 \| 10 |
| 4 | 2120 | 2171 | 2221 | 2271 | 2322 | 2372 | 2422 | 2473 | 2523 | 2573 | 3 \| 15 |
| 5 | 2623 | 2674 | 2724 | 2774 | 2825 | 2875 | 2925 | 2975 | 3026 | 3076 | 4 \| 20 |
| 6 | 3126 | 3177 | 3227 | 3277 | 3327 | 3378 | 3428 | 3478 | 3529 | 3579 | 5 \| 25 |
| 7 | 3629 | 3679 | 3730 | 3780 | 3830 | 3881 | 3931 | 3981 | 4031 | 4082 | 6 \| 30 |
| 8 | 4132 | 4182 | 4233 | 4283 | 4333 | 4383 | 4434 | 4484 | 4534 | 4584 | 7 \| 35 |
| 9 | 4635 | 4685 | 4735 | 4786 | 4836 | 4886 | 4936 | 4987 | 5037 | 5087 | 8 \| 40 |
| 8640 | 5137 | 5188 | 5238 | 5288 | 5338 | 5389 | 5439 | 5489 | 5540 | 5590 | 9 \| 45 |
| 1 | 5640 | 5690 | 5741 | 5791 | 5841 | 5891 | 5942 | 5992 | 6042 | 6092 | |
| 2 | 6143 | 6193 | 6243 | 6293 | 6344 | 6394 | 6444 | 6494 | 6545 | 6595 | |
| 3 | 6645 | 6695 | 6746 | 6796 | 6846 | 6896 | 6947 | 6997 | 7047 | 7097 | |
| 4 | 7148 | 7198 | 7248 | 7298 | 7349 | 7399 | 7449 | 7499 | 7550 | 7600 | |
| 5 | 7650 | 7700 | 7750 | 7801 | 7851 | 7901 | 7951 | 8002 | 8052 | 8102 | |
| 6 | 8152 | 8203 | 8253 | 8303 | 8353 | 8403 | 8454 | 8504 | 8554 | 8604 | |
| 7 | 8655 | 8705 | 8755 | 8805 | 8855 | 8906 | 8956 | 9006 | 9056 | 9107 | |
| 8 | 9157 | 9207 | 9257 | 9307 | 9358 | 9408 | 9458 | 9508 | 9559 | 9609 | |
| 9 | 9659 | 9709 | 9759 | 9810 | 9860 | 9910 | 9960 | *0010 | *0061 | *0111 | |
| N. | 0 | 1 | 2 | 3 | 4 | 5 | 6 | 7 | 8 | 9 | |

| | | | |
|---|---|---|---|
| 86 000″ = 23° 53′ 20″ | 8600″ = 2° 23′ 20″ | S = $\overline{6}$,685 4490 | T. 8266 |
| 86 100 = 23 55 0 | 8610 = 2 23 30 | 4487 | 8272 |
| 86 200 = 23 56 40 | 8620 = 2 23 40 | 4484 | 8278 |
| 86 300 = 23 58 20 | 8630 = 2 23 50 | 4482 | 8284 |
| 86 400 = 24 0 0 | 8640 = 2 24 0 | 4479 | 8290 |

| N. | 0 | 1 | 2 | 3 | 4 | 5 | 6 | 7 | 8 | 9 | Diff. et p. p. |
|---|---|---|---|---|---|---|---|---|---|---|---|
| 8650 | 937 0161 | 0211 | 0261 | 0312 | 0362 | 0412 | 0462 | 0513 | 0563 | 0613 | |
| 1 | 0663 | 0713 | 0764 | 0814 | 0864 | 0914 | 0964 | 1015 | 1065 | 1115 | |
| 2 | 1165 | 1215 | 1265 | 1316 | 1366 | 1416 | 1466 | 1516 | 1567 | 1617 | |
| 3 | 1667 | 1717 | 1767 | 1818 | 1868 | 1918 | 1968 | 2018 | 2069 | 2119 | |
| 4 | 2169 | 2219 | 2269 | 2319 | 2370 | 2420 | 2470 | 2520 | 2570 | 2621 | |
| 5 | 2671 | 2721 | 2771 | 2821 | 2871 | 2922 | 2972 | 3022 | 3072 | 3122 | |
| 6 | 3172 | 3223 | 3273 | 3323 | 3373 | 3423 | 3474 | 3524 | 3574 | 3624 | 51 |
| 7 | 3674 | 3724 | 3775 | 3825 | 3875 | 3925 | 3975 | 4025 | 4075 | 4126 | 1 \| 5,1 |
| 8 | 4176 | 4226 | 4276 | 4326 | 4376 | 4427 | 4477 | 4527 | 4577 | 4627 | 2 \| 10,2 |
| 9 | 4677 | 4728 | 4778 | 4828 | 4878 | 4928 | 4978 | 5028 | 5079 | 5129 | 3 \| 15,3 |
| 8660 | 5179 | 5229 | 5279 | 5329 | 5380 | 5430 | 5480 | 5530 | 5580 | 5630 | 4 \| 20,4 |
| 1 | 5680 | 5731 | 5781 | 5831 | 5881 | 5931 | 5981 | 6031 | 6082 | 6132 | 5 \| 25,5 |
| 2 | 6182 | 6232 | 6282 | 6332 | 6382 | 6432 | 6483 | 6533 | 6583 | 6633 | 6 \| 30,6 |
| 3 | 6683 | 6733 | 6783 | 6834 | 6884 | 6934 | 6984 | 7034 | 7084 | 7134 | 7 \| 35,7 |
| 4 | 7184 | 7235 | 7285 | 7335 | 7385 | 7435 | 7485 | 7535 | 7585 | 7636 | 8 \| 40,8 |
| 5 | 7686 | 7736 | 7786 | 7836 | 7886 | 7936 | 7986 | 8037 | 8087 | 8137 | 9 \| 45,9 |
| 6 | 8187 | 8237 | 8287 | 8337 | 8387 | 8437 | 8488 | 8538 | 8588 | 8638 | |
| 7 | 8688 | 8738 | 8788 | 8838 | 8888 | 8939 | 8989 | 9039 | 9089 | 9139 | |
| 8 | 9189 | 9239 | 9289 | 9339 | 9389 | 9440 | 9490 | 9540 | 9590 | 9640 | |
| 9 | 9690 | 9740 | 9790 | 9840 | 9890 | 9941 | 9991 | *0041 | *0091 | *0141 | |
| 8670 | 938 0191 | 0241 | 0291 | 0341 | 0391 | 0441 | 0492 | 0542 | 0592 | 0642 | |
| 1 | 0692 | 0742 | 0792 | 0842 | 0892 | 0942 | 0992 | 1042 | 1093 | 1143 | 50 |
| 2 | 1193 | 1243 | 1293 | 1343 | 1393 | 1443 | 1493 | 1543 | 1593 | 1643 | 1 \| 5 |
| 3 | 1693 | 1744 | 1794 | 1844 | 1894 | 1944 | 1994 | 2044 | 2094 | 2144 | 2 \| 10 |
| 4 | 2194 | 2244 | 2294 | 2344 | 2394 | 2445 | 2495 | 2545 | 2595 | 2645 | 3 \| 15 |
| 5 | 2695 | 2745 | 2795 | 2845 | 2895 | 2945 | 2995 | 3045 | 3095 | 3145 | 4 \| 20 |
| 6 | 3195 | 3245 | 3296 | 3346 | 3396 | 3446 | 3496 | 3546 | 3596 | 3646 | 5 \| 25 |
| 7 | 3696 | 3746 | 3796 | 3846 | 3896 | 3946 | 3996 | 4046 | 4096 | 4146 | 6 \| 30 |
| 8 | 4196 | 4247 | 4297 | 4347 | 4397 | 4447 | 4497 | 4547 | 4597 | 4647 | 7 \| 35 |
| 9 | 4697 | 4747 | 4797 | 4847 | 4897 | 4947 | 4997 | 5047 | 5097 | 5147 | 8 \| 40 |
| 8680 | 5197 | 5247 | 5297 | 5347 | 5397 | 5447 | 5497 | 5547 | 5598 | 5648 | 9 \| 45 |
| 1 | 5698 | 5748 | 5798 | 5848 | 5898 | 5948 | 5998 | 6048 | 6098 | 6148 | |
| 2 | 6198 | 6248 | 6298 | 6348 | 6398 | 6448 | 6498 | 6548 | 6598 | 6648 | |
| 3 | 6698 | 6748 | 6798 | 6848 | 6898 | 6948 | 6998 | 7048 | 7098 | 7148 | |
| 4 | 7198 | 7248 | 7298 | 7348 | 7398 | 7448 | 7498 | 7548 | 7598 | 7648 | |
| 5 | 7698 | 7748 | 7798 | 7848 | 7898 | 7948 | 7998 | 8048 | 8098 | 8148 | |
| 6 | 8198 | 8248 | 8298 | 8348 | 8398 | 8448 | 8498 | 8548 | 8598 | 8648 | 49 |
| 7 | 8698 | 8748 | 8798 | 8848 | 8898 | 8948 | 8998 | 9048 | 9098 | 9148 | 1 \| 4,9 |
| 8 | 9198 | 9248 | 9298 | 9348 | 9398 | 9448 | 9498 | 9548 | 9598 | 9648 | 2 \| 9,8 |
| 9 | 9698 | 9748 | 9798 | 9848 | 9898 | 9948 | 9998 | *0048 | *0098 | *0148 | 3 \| 14,7 |
| 8690 | 939 0198 | 0248 | 0298 | 0348 | 0398 | 0448 | 0498 | 0548 | 0598 | 0648 | 4 \| 19,6 |
| 1 | 0697 | 0747 | 0797 | 0847 | 0897 | 0947 | 0997 | 1047 | 1097 | 1147 | 5 \| 24,5 |
| 2 | 1197 | 1247 | 1297 | 1347 | 1397 | 1447 | 1497 | 1547 | 1597 | 1647 | 6 \| 29,4 |
| 3 | 1697 | 1747 | 1797 | 1847 | 1897 | 1947 | 1997 | 2046 | 2096 | 2146 | 7 \| 34,3 |
| 4 | 2196 | 2246 | 2296 | 2346 | 2396 | 2446 | 2496 | 2546 | 2596 | 2646 | 8 \| 39,2 |
| 5 | 2696 | 2746 | 2796 | 2846 | 2896 | 2946 | 2996 | 3045 | 3095 | 3145 | 9 \| 44,1 |
| 6 | 3195 | 3245 | 3295 | 3345 | 3395 | 3445 | 3495 | 3545 | 3595 | 3645 | |
| 7 | 3695 | 3745 | 3795 | 3845 | 3894 | 3944 | 3994 | 4044 | 4094 | 4144 | |
| 8 | 4194 | 4244 | 4294 | 4344 | 4394 | 4444 | 4494 | 4544 | 4593 | 4643 | |
| 9 | 4693 | 4743 | 4793 | 4843 | 4893 | 4943 | 4993 | 5043 | 5093 | 5143 | |
| N. | 0 | 1 | 2 | 3 | 4 | 5 | 6 | 7 | 8 | 9 | |

| | | | |
|---|---|---|---|
| 86500″ = 24° 1′ 40″ | 8650″ = 2° 24′ 10″ | S = $\overline{6}$,6854476 | T. 8296 |
| 86600 = 24 3 20 | 8660 = 2 24 20 | 4473 | 8302 |
| 86700 = 24 5 0 | 8670 = 2 24 30 | 4470 | 8307 |
| 86800 = 24 6 40 | 8680 = 2 24 40 | 4467 | 8313 |
| 86900 = 24 8 20 | 8690 = 2 24 50 | 4464 | 8319 |

| N. | 0 | 1 | 2 | 3 | 4 | 5 | 6 | 7 | 8 | 9 | Diff. et p. p. |
|---|---|---|---|---|---|---|---|---|---|---|---|
| 8700 | 939 5193 | 5242 | 5292 | 5342 | 5392 | 5442 | 5492 | 5542 | 5592 | 5642 | |
| 1 | 5692 | 5742 | 5792 | 5841 | 5891 | 5941 | 5991 | 6041 | 6091 | 6141 | |
| 2 | 6191 | 6241 | 6291 | 6341 | 6390 | 6440 | 6490 | 6540 | 6590 | 6640 | |
| 3 | 6690 | 6740 | 6790 | 6840 | 6889 | 6939 | 6989 | 7039 | 7089 | 7139 | |
| 4 | 7189 | 7239 | 7289 | 7339 | 7388 | 7438 | 7488 | 7538 | 7588 | 7638 | |
| 5 | 7688 | 7738 | 7788 | 7837 | 7887 | 7937 | 7987 | 8037 | 8087 | 8137 | |
| 6 | 8187 | 8237 | 8286 | 8336 | 8386 | 8436 | 8486 | 8536 | 8586 | 8636 | |
| 7 | 8685 | 8735 | 8785 | 8835 | 8885 | 8935 | 8985 | 9035 | 9084 | 9134 | |
| 8 | 9184 | 9234 | 9284 | 9334 | 9384 | 9434 | 9483 | 9533 | 9583 | 9633 | |
| 9 | 9683 | 9733 | 9783 | 9833 | 9882 | 9932 | 9982 | *0032 | *0082 | *0132 | |
| 8710 | 940 0182 | 0231 | 0281 | 0331 | 0381 | 0431 | 0481 | 0531 | 0580 | 0630 | |
| 1 | 0680 | 0730 | 0780 | 0830 | 0880 | 0929 | 0979 | 1029 | 1079 | 1129 | |
| 2 | 1179 | 1229 | 1278 | 1328 | 1378 | 1428 | 1478 | 1528 | 1577 | 1627 | 50 |
| 3 | 1677 | 1727 | 1777 | 1827 | 1877 | 1926 | 1976 | 2026 | 2076 | 2126 | 1 \| 5 |
| 4 | 2176 | 2225 | 2275 | 2325 | 2375 | 2425 | 2475 | 2524 | 2574 | 2624 | 2 \| 10 |
| 5 | 2674 | 2724 | 2774 | 2823 | 2873 | 2923 | 2973 | 3023 | 3073 | 3122 | 3 \| 15 |
| 6 | 3172 | 3222 | 3272 | 3322 | 3372 | 3421 | 3471 | 3521 | 3571 | 3621 | 4 \| 20 |
| 7 | 3670 | 3720 | 3770 | 3820 | 3870 | 3920 | 3969 | 4019 | 4069 | 4119 | 5 \| 25 |
| 8 | 4169 | 4218 | 4268 | 4318 | 4368 | 4418 | 4468 | 4517 | 4567 | 4617 | 6 \| 30 |
| 9 | 4667 | 4717 | 4766 | 4816 | 4866 | 4916 | 4966 | 5015 | 5065 | 5115 | 7 \| 35 |
| 8720 | 5165 | 5215 | 5264 | 5314 | 5364 | 5414 | 5464 | 5513 | 5563 | 5613 | 8 \| 40 |
| 1 | 5663 | 5713 | 5762 | 5812 | 5862 | 5912 | 5962 | 6011 | 6061 | 6111 | 9 \| 45 |
| 2 | 6161 | 6211 | 6260 | 6310 | 6360 | 6410 | 6460 | 6509 | 6559 | 6609 | |
| 3 | 6659 | 6709 | 6758 | 6808 | 6858 | 6908 | 6957 | 7007 | 7057 | 7107 | |
| 4 | 7157 | 7206 | 7256 | 7306 | 7356 | 7405 | 7455 | 7505 | 7555 | 7605 | |
| 5 | 7654 | 7704 | 7754 | 7804 | 7853 | 7903 | 7953 | 8003 | 8053 | 8102 | |
| 6 | 8152 | 8202 | 8252 | 8301 | 8351 | 8401 | 8451 | 8500 | 8550 | 8600 | |
| 7 | 8650 | 8700 | 8749 | 8799 | 8849 | 8899 | 8948 | 8998 | 9048 | 9098 | |
| 8 | 9147 | 9197 | 9247 | 9297 | 9346 | 9396 | 9446 | 9496 | 9545 | 9595 | |
| 9 | 9645 | 9695 | 9744 | 9794 | 9844 | 9894 | 9943 | 9993 | *0043 | *0093 | |
| 8730 | 941 0142 | 0192 | 0242 | 0292 | 0341 | 0391 | 0441 | 0491 | 0540 | 0590 | |
| 1 | 0640 | 0690 | 0739 | 0789 | 0839 | 0889 | 0938 | 0988 | 1038 | 1088 | |
| 2 | 1137 | 1187 | 1237 | 1286 | 1336 | 1386 | 1436 | 1485 | 1535 | 1585 | 49 |
| 3 | 1635 | 1684 | 1734 | 1784 | 1834 | 1883 | 1933 | 1983 | 2032 | 2082 | 1 \| 4,9 |
| 4 | 2132 | 2182 | 2231 | 2281 | 2331 | 2380 | 2430 | 2480 | 2530 | 2579 | 2 \| 9,8 |
| 5 | 2629 | 2679 | 2729 | 2778 | 2828 | 2878 | 2927 | 2977 | 3027 | 3077 | 3 \| 14,7 |
| 6 | 3126 | 3176 | 3226 | 3275 | 3325 | 3375 | 3425 | 3474 | 3524 | 3574 | 4 \| 19,6 |
| 7 | 3623 | 3673 | 3723 | 3772 | 3822 | 3872 | 3922 | 3971 | 4021 | 4071 | 5 \| 24,5 |
| 8 | 4120 | 4170 | 4220 | 4270 | 4319 | 4369 | 4419 | 4468 | 4518 | 4568 | 6 \| 29,4 |
| 9 | 4617 | 4667 | 4717 | 4766 | 4816 | 4866 | 4916 | 4965 | 5015 | 5065 | 7 \| 34,3 |
| 8740 | 5114 | 5164 | 5214 | 5263 | 5313 | 5363 | 5412 | 5462 | 5512 | 5562 | 8 \| 39,2 |
| 1 | 5611 | 5661 | 5711 | 5760 | 5810 | 5860 | 5909 | 5959 | 6009 | 6058 | 9 \| 44,1 |
| 2 | 6108 | 6158 | 6207 | 6257 | 6307 | 6356 | 6406 | 6456 | 6505 | 6555 | |
| 3 | 6605 | 6654 | 6704 | 6754 | 6803 | 6853 | 6903 | 6952 | 7002 | 7052 | |
| 4 | 7101 | 7151 | 7201 | 7250 | 7300 | 7350 | 7399 | 7449 | 7499 | 7548 | |
| 5 | 7598 | 7648 | 7697 | 7747 | 7797 | 7846 | 7896 | 7946 | 7995 | 8045 | |
| 6 | 8095 | 8144 | 8194 | 8244 | 8293 | 8343 | 8393 | 8442 | 8492 | 8542 | |
| 7 | 8591 | 8641 | 8691 | 8740 | 8790 | 8840 | 8889 | 8939 | 8988 | 9038 | |
| 8 | 9088 | 9137 | 9187 | 9237 | 9286 | 9336 | 9386 | 9435 | 9485 | 9535 | |
| 9 | 9584 | 9634 | 9683 | 9733 | 9783 | 9832 | 9882 | 9932 | 9981 | *0031 | |
| N. | 0 | 1 | 2 | 3 | 4 | 5 | 6 | 7 | 8 | 9 | |

| | | | |
|---|---|---|---|
| 87000″ = 24° 10′ 0″ | 8700″ = 2° 25′ 0″ | $S = \bar{6},685\,4461$ | T. 8325 |
| 87100 = 24 11 40 | 8710 = 2 25 10 | 4458 | 8331 |
| 87200 = 24 13 20 | 8720 = 2 25 20 | 4455 | 8337 |
| 87300 = 24 15 0 | 8730 = 2 25 30 | 4452 | 8343 |
| 87400 = 24 16 40 | 8740 = 2 25 40 | 4449 | 8349 |

| N. | 0 | 1 | 2 | 3 | 4 | 5 | 6 | 7 | 8 | 9 | Diff. et p. p. |
|---|---|---|---|---|---|---|---|---|---|---|---|
| 8750 | 942 0081 | 0130 | 0180 | 0229 | 0279 | 0329 | 0378 | 0428 | 0478 | 0527 | |
| 1 | 0577 | 0626 | 0676 | 0726 | 0775 | 0825 | 0875 | 0924 | 0974 | 1023 | |
| 2 | 1073 | 1123 | 1172 | 1222 | 1272 | 1321 | 1371 | 1420 | 1470 | 1520 | |
| 3 | 1569 | 1619 | 1669 | 1718 | 1768 | 1817 | 1867 | 1917 | 1966 | 2016 | |
| 4 | 2065 | 2115 | 2165 | 2214 | 2264 | 2313 | 2363 | 2413 | 2462 | 2512 | |
| 5 | 2562 | 2611 | 2661 | 2710 | 2760 | 2810 | 2859 | 2909 | 2958 | 3008 | |
| 6 | 3058 | 3107 | 3157 | 3206 | 3256 | 3306 | 3355 | 3405 | 3454 | 3504 | |
| 7 | 3553 | 3603 | 3653 | 3702 | 3752 | 3801 | 3851 | 3901 | 3950 | 4000 | |
| 8 | 4049 | 4099 | 4149 | 4198 | 4248 | 4297 | 4347 | 4397 | 4446 | 4496 | |
| 9 | 4545 | 4595 | 4644 | 4694 | 4744 | 4793 | 4843 | 4892 | 4942 | 4991 | |
| 8760 | 5041 | 5091 | 5140 | 5190 | 5239 | 5289 | 5339 | 5388 | 5438 | 5487 | |
| 1 | 5537 | 5586 | 5636 | 5686 | 5735 | 5785 | 5834 | 5884 | 5933 | 5983 | 50 |
| 2 | 6032 | 6082 | 6132 | 6181 | 6231 | 6280 | 6330 | 6379 | 6429 | 6479 | 1 \| 5 |
| 3 | 6528 | 6578 | 6627 | 6677 | 6726 | 6776 | 6825 | 6875 | 6925 | 6974 | 2 \| 10 |
| 4 | 7024 | 7073 | 7123 | 7172 | 7222 | 7271 | 7321 | 7371 | 7420 | 7470 | 3 \| 15 |
| 5 | 7519 | 7569 | 7618 | 7668 | 7717 | 7767 | 7816 | 7866 | 7916 | 7965 | 4 \| 20 |
| 6 | 8015 | 8064 | 8114 | 8163 | 8213 | 8262 | 8312 | 8361 | 8411 | 8461 | 5 \| 25 |
| 7 | 8510 | 8560 | 8609 | 8659 | 8708 | 8758 | 8807 | 8857 | 8906 | 8956 | 6 \| 30 |
| 8 | 9005 | 9055 | 9104 | 9154 | 9204 | 9253 | 9303 | 9352 | 9402 | 9451 | 7 \| 35 |
| 9 | 9501 | 9550 | 9600 | 9649 | 9699 | 9748 | 9798 | 9847 | 9897 | 9946 | 8 \| 40 |
| 8770 | 9996 | *0045 | *0095 | *0144 | *0194 | *0244 | *0293 | *0343 | *0392 | *0442 | 9 \| 45 |
| 1 | 943 0491 | 0541 | 0590 | 0640 | 0689 | 0739 | 0788 | 0838 | 0887 | 0937 | |
| 2 | 0986 | 1036 | 1085 | 1135 | 1184 | 1234 | 1283 | 1333 | 1382 | 1432 | |
| 3 | 1481 | 1531 | 1580 | 1630 | 1679 | 1729 | 1778 | 1828 | 1877 | 1927 | |
| 4 | 1976 | 2026 | 2075 | 2125 | 2174 | 2224 | 2273 | 2323 | 2372 | 2422 | |
| 5 | 2471 | 2521 | 2570 | 2620 | 2669 | 2719 | 2768 | 2818 | 2867 | 2917 | |
| 6 | 2966 | 3016 | 3065 | 3115 | 3164 | 3214 | 3263 | 3313 | 3362 | 3412 | |
| 7 | 3461 | 3510 | 3560 | 3609 | 3659 | 3708 | 3758 | 3807 | 3857 | 3906 | |
| 8 | 3956 | 4005 | 4055 | 4104 | 4154 | 4203 | 4253 | 4302 | 4352 | 4401 | |
| 9 | 4450 | 4500 | 4549 | 4599 | 4648 | 4698 | 4747 | 4797 | 4846 | 4896 | |
| 8780 | 4945 | 4995 | 5044 | 5094 | 5143 | 5192 | 5242 | 5291 | 5341 | 5390 | |
| 1 | 5440 | 5489 | 5539 | 5588 | 5638 | 5687 | 5737 | 5786 | 5835 | 5885 | 49 |
| 2 | 5934 | 5984 | 6033 | 6083 | 6132 | 6182 | 6231 | 6280 | 6330 | 6379 | 1 \| 4,9 |
| 3 | 6429 | 6478 | 6528 | 6577 | 6627 | 6676 | 6726 | 6775 | 6824 | 6874 | 2 \| 9,8 |
| 4 | 6923 | 6973 | 7022 | 7072 | 7121 | 7170 | 7220 | 7269 | 7319 | 7368 | 3 \| 14,7 |
| 5 | 7418 | 7467 | 7517 | 7566 | 7615 | 7665 | 7714 | 7764 | 7813 | 7863 | 4 \| 19,6 |
| 6 | 7912 | 7961 | 8011 | 8060 | 8110 | 8159 | 8209 | 8258 | 8307 | 8357 | 5 \| 24,5 |
| 7 | 8406 | 8456 | 8505 | 8555 | 8604 | 8653 | 8703 | 8752 | 8802 | 8851 | 6 \| 29,4 |
| 8 | 8900 | 8950 | 8999 | 9049 | 9098 | 9148 | 9197 | 9246 | 9296 | 9345 | 7 \| 34,3 |
| 9 | 9395 | 9444 | 9493 | 9543 | 9592 | 9642 | 9691 | 9741 | 9790 | 9839 | 8 \| 39,2 |
| 8790 | 9889 | 9938 | 9988 | *0037 | *0086 | *0136 | *0185 | *0235 | *0284 | *0333 | 9 \| 44,1 |
| 1 | 944 0383 | 0432 | 0482 | 0531 | 0580 | 0630 | 0679 | 0729 | 0778 | 0827 | |
| 2 | 0877 | 0926 | 0976 | 1025 | 1074 | 1124 | 1173 | 1223 | 1272 | 1321 | |
| 3 | 1371 | 1420 | 1470 | 1519 | 1568 | 1618 | 1667 | 1716 | 1766 | 1815 | |
| 4 | 1865 | 1914 | 1963 | 2013 | 2062 | 2112 | 2161 | 2210 | 2260 | 2309 | |
| 5 | 2358 | 2408 | 2457 | 2507 | 2556 | 2605 | 2655 | 2704 | 2753 | 2803 | |
| 6 | 2852 | 2902 | 2951 | 3000 | 3050 | 3099 | 3148 | 3198 | 3247 | 3297 | |
| 7 | 3346 | 3395 | 3445 | 3494 | 3543 | 3593 | 3642 | 3691 | 3741 | 3790 | |
| 8 | 3840 | 3889 | 3938 | 3988 | 4037 | 4086 | 4136 | 4185 | 4234 | 4284 | |
| 9 | 4333 | 4383 | 4432 | 4481 | 4531 | 4580 | 4629 | 4679 | 4728 | 4777 | |
| N. | 0 | 1 | 2 | 3 | 4 | 5 | 6 | 7 | 8 | 9 | |

| | | | |
|---|---|---|---|
| 87500″ = 24° 18′ 20″ | 8750″ = 2° 25′ 50″ | S = $\bar{6}$,685 4446 | T. 8355 |
| 87600 = 24 20 0 | 8760 = 2 26 0 | 4443 | 8361 |
| 87700 = 24 21 40 | 8770 = 2 26 10 | 4440 | 8367 |
| 87800 = 24 23 20 | 8780 = 2 26 20 | 4437 | 8373 |
| 87900 = 24 25 0 | 8790 = 2 26 30 | 4434 | 8379 |

| N. | 0 | 1 | 2 | 3 | 4 | 5 | 6 | 7 | 8 | 9 | Diff. et p. p. |
|---|---|---|---|---|---|---|---|---|---|---|---|
| 8800 | 944 4827 | 4876 | 4925 | 4975 | 5024 | 5073 | 5123 | 5172 | 5222 | 5271 | |
| 1 | 5320 | 5370 | 5419 | 5468 | 5518 | 5567 | 5616 | 5666 | 5715 | 5764 | |
| 2 | 5814 | 5863 | 5912 | 5962 | 6011 | 6060 | 6110 | 6159 | 6208 | 6258 | |
| 3 | 6307 | 6356 | 6406 | 6455 | 6504 | 6554 | 6603 | 6652 | 6702 | 6751 | |
| 4 | 6800 | 6850 | 6899 | 6948 | 6998 | 7047 | 7096 | 7146 | 7195 | 7244 | |
| 5 | 7294 | 7343 | 7392 | 7442 | 7491 | 7540 | 7590 | 7639 | 7688 | 7737 | |
| 6 | 7787 | 7836 | 7885 | 7935 | 7984 | 8033 | 8083 | 8132 | 8181 | 8231 | |
| 7 | 8280 | 8329 | 8379 | 8428 | 8477 | 8527 | 8576 | 8625 | 8674 | 8724 | |
| 8 | 8773 | 8822 | 8872 | 8921 | 8970 | 9020 | 9069 | 9118 | 9167 | 9217 | |
| 9 | 9266 | 9315 | 9365 | 9414 | 9463 | 9513 | 9562 | 9611 | 9660 | 9710 | |
| 8810 | 9759 | 9808 | 9858 | 9907 | 9956 | *0006 | *0055 | *0104 | *0153 | *0203 | |
| 1 | 945 0252 | 0301 | 0351 | 0400 | 0449 | 0498 | 0548 | 0597 | 0646 | 0696 | 50 |
| 2 | 0745 | 0794 | 0843 | 0893 | 0942 | 0991 | 1041 | 1090 | 1139 | 1188 | 1 5 |
| 3 | 1238 | 1287 | 1336 | 1386 | 1435 | 1484 | 1533 | 1583 | 1632 | 1681 | 2 10 |
| 4 | 1730 | 1780 | 1829 | 1878 | 1928 | 1977 | 2026 | 2075 | 2125 | 2174 | 3 15 |
| 5 | 2223 | 2272 | 2322 | 2371 | 2420 | 2469 | 2519 | 2568 | 2617 | 2667 | 4 20 |
| 6 | 2716 | 2765 | 2814 | 2864 | 2913 | 2962 | 3011 | 3061 | 3110 | 3159 | 5 25 |
| 7 | 3208 | 3258 | 3307 | 3356 | 3405 | 3455 | 3504 | 3553 | 3602 | 3652 | 6 30 |
| 8 | 3701 | 3750 | 3799 | 3849 | 3898 | 3947 | 3996 | 4046 | 4095 | 4144 | 7 35 |
| 9 | 4193 | 4243 | 4292 | 4341 | 4390 | 4440 | 4489 | 4538 | 4587 | 4637 | 8 40 |
| 8820 | 4686 | 4735 | 4784 | 4834 | 4883 | 4932 | 4981 | 5031 | 5080 | 5129 | 9 45 |
| 1 | 5178 | 5227 | 5277 | 5326 | 5375 | 5424 | 5474 | 5523 | 5572 | 5621 | |
| 2 | 5671 | 5720 | 5769 | 5818 | 5867 | 5917 | 5966 | 6015 | 6064 | 6114 | |
| 3 | 6163 | 6212 | 6261 | 6310 | 6360 | 6409 | 6458 | 6507 | 6557 | 6606 | |
| 4 | 6655 | 6704 | 6753 | 6803 | 6852 | 6901 | 6950 | 7000 | 7049 | 7098 | |
| 5 | 7147 | 7196 | 7246 | 7295 | 7344 | 7393 | 7442 | 7492 | 7541 | 7590 | |
| 6 | 7639 | 7688 | 7738 | 7787 | 7836 | 7885 | 7934 | 7984 | 8033 | 8082 | |
| 7 | 8131 | 8180 | 8230 | 8279 | 8328 | 8377 | 8426 | 8476 | 8525 | 8574 | |
| 8 | 8623 | 8672 | 8722 | 8771 | 8820 | 8869 | 8918 | 8968 | 9017 | 9066 | |
| 9 | 9115 | 9164 | 9214 | 9263 | 9312 | 9361 | 9410 | 9459 | 9509 | 9558 | |
| 8830 | 9607 | 9656 | 9705 | 9755 | 9804 | 9853 | 9902 | 9951 | *0000 | *0050 | |
| 1 | 946 0099 | 0148 | 0197 | 0246 | 0296 | 0345 | 0394 | 0443 | 0492 | 0541 | 49 |
| 2 | 0591 | 0640 | 0689 | 0738 | 0787 | 0836 | 0886 | 0935 | 0984 | 1033 | 1 4,9 |
| 3 | 1082 | 1131 | 1181 | 1230 | 1279 | 1328 | 1377 | 1426 | 1476 | 1525 | 2 9,8 |
| 4 | 1574 | 1623 | 1672 | 1721 | 1771 | 1820 | 1869 | 1918 | 1967 | 2016 | 3 14,7 |
| 5 | 2066 | 2115 | 2164 | 2213 | 2262 | 2311 | 2360 | 2410 | 2459 | 2508 | 4 19,6 |
| 6 | 2557 | 2606 | 2655 | 2705 | 2754 | 2803 | 2852 | 2901 | 2950 | 2999 | 5 24,5 |
| 7 | 3049 | 3098 | 3147 | 3196 | 3245 | 3294 | 3343 | 3393 | 3442 | 3491 | 6 29,4 |
| 8 | 3540 | 3589 | 3638 | 3687 | 3737 | 3786 | 3835 | 3884 | 3933 | 3982 | 7 34,3 |
| 9 | 4031 | 4080 | 4130 | 4179 | 4228 | 4277 | 4326 | 4375 | 4424 | 4474 | 8 39,2 |
| 8840 | 4523 | 4572 | 4621 | 4670 | 4719 | 4768 | 4817 | 4867 | 4916 | 4965 | 9 44,1 |
| 1 | 5014 | 5063 | 5112 | 5161 | 5210 | 5260 | 5309 | 5358 | 5407 | 5456 | |
| 2 | 5505 | 5554 | 5603 | 5652 | 5702 | 5751 | 5800 | 5849 | 5898 | 5947 | |
| 3 | 5996 | 6045 | 6094 | 6144 | 6193 | 6242 | 6291 | 6340 | 6389 | 6438 | |
| 4 | 6487 | 6536 | 6586 | 6635 | 6684 | 6733 | 6782 | 6831 | 6880 | 6929 | |
| 5 | 6978 | 7027 | 7077 | 7126 | 7175 | 7224 | 7273 | 7322 | 7371 | 7420 | |
| 6 | 7469 | 7518 | 7568 | 7617 | 7666 | 7715 | 7764 | 7813 | 7862 | 7911 | |
| 7 | 7960 | 8009 | 8058 | 8108 | 8157 | 8206 | 8255 | 8304 | 8353 | 8402 | |
| 8 | 8451 | 8500 | 8549 | 8598 | 8647 | 8697 | 8746 | 8795 | 8844 | 8893 | |
| 9 | 8942 | 8991 | 9040 | 9089 | 9138 | 9187 | 9236 | 9285 | 9335 | 9384 | |
| N. | 0 | 1 | 2 | 3 | 4 | 5 | 6 | 7 | 8 | 9 | |

| | | S | T |
|---|---|---|---|
| 88 000″ = 24° 26′ 40″ | 8800″ = 2° 26′ 40″ | S = $\bar{6}$,685 4431 | T. 8385 |
| 88 100 = 24 28 20 | 8810 = 2 26 50 | 4428 | 8391 |
| 88 200 = 24 30 0 | 8820 = 2 27 0 | 4425 | 8397 |
| 88 300 = 24 31 40 | 8830 = 2 27 10 | 4422 | 8403 |
| 88 400 = 24 33 20 | 8840 = 2 27 20 | 4419 | 8409 |

| N. | 0 | 1 | 2 | 3 | 4 | 5 | 6 | 7 | 8 | 9 |
|---|---|---|---|---|---|---|---|---|---|---|
| 8850 | 946 9433 | 9482 | 9531 | 9580 | 9629 | 9678 | 9727 | 9776 | 9825 | 9874 |
| 1 | 9923 | 9972 | *0022 | *0071 | *0120 | *0169 | *0218 | *0267 | *0316 | *0365 |
| 2 | 947 0414 | 0463 | 0512 | 0561 | 0610 | 0659 | 0708 | 0757 | 0807 | 0856 |
| 3 | 0905 | 0954 | 1003 | 1052 | 1101 | 1150 | 1199 | 1248 | 1297 | 1346 |
| 4 | 1395 | 1444 | 1493 | 1542 | 1591 | 1640 | 1689 | 1739 | 1788 | 1837 |
| 5 | 1886 | 1935 | 1984 | 2033 | 2082 | 2131 | 2180 | 2229 | 2278 | 2327 |
| 6 | 2376 | 2425 | 2474 | 2523 | 2572 | 2621 | 2670 | 2719 | 2768 | 2817 |
| 7 | 2866 | 2915 | 2965 | 3014 | 3063 | 3112 | 3161 | 3210 | 3259 | 3308 |
| 8 | 3357 | 3406 | 3455 | 3504 | 3553 | 3602 | 3651 | 3700 | 3749 | 3798 |
| 9 | 3847 | 3896 | 3945 | 3994 | 4043 | 4092 | 4141 | 4190 | 4239 | 4288 |
| 8860 | 4337 | 4386 | 4435 | 4484 | 4533 | 4582 | 4631 | 4680 | 4729 | 4778 |
| 1 | 4827 | 4876 | 4925 | 4974 | 5023 | 5072 | 5121 | 5170 | 5219 | 5268 |
| 2 | 5317 | 5366 | 5415 | 5464 | 5513 | 5562 | 5611 | 5660 | 5709 | 5758 |
| 3 | 5807 | 5856 | 5905 | 5954 | 6003 | 6052 | 6101 | 6150 | 6199 | 6248 |
| 4 | 6297 | 6346 | 6395 | 6444 | 6493 | 6542 | 6591 | 6640 | 6689 | 6738 |
| 5 | 6787 | 6836 | 6885 | 6934 | 6983 | 7032 | 7081 | 7130 | 7179 | 7228 |
| 6 | 7277 | 7326 | 7375 | 7424 | 7473 | 7522 | 7571 | 7620 | 7669 | 7718 |
| 7 | 7767 | 7816 | 7865 | 7914 | 7963 | 8012 | 8061 | 8110 | 8159 | 8208 |
| 8 | 8257 | 8306 | 8355 | 8404 | 8453 | 8502 | 8551 | 8600 | 8649 | 8698 |
| 9 | 8747 | 8796 | 8844 | 8893 | 8942 | 8991 | 9040 | 9089 | 9138 | 9187 |
| 8870 | 9236 | 9285 | 9334 | 9383 | 9432 | 9481 | 9530 | 9579 | 9628 | 9677 |
| 1 | 9726 | 9775 | 9824 | 9873 | 9922 | 9971 | *0020 | *0068 | *0117 | *0166 |
| 2 | 948 0215 | 0264 | 0313 | 0362 | 0411 | 0460 | 0509 | 0558 | 0607 | 0656 |
| 3 | 0705 | 0754 | 0803 | 0852 | 0901 | 0950 | 0998 | 1047 | 1096 | 1145 |
| 4 | 1194 | 1243 | 1292 | 1341 | 1390 | 1439 | 1488 | 1537 | 1586 | 1635 |
| 5 | 1684 | 1733 | 1781 | 1830 | 1879 | 1928 | 1977 | 2026 | 2075 | 2124 |
| 6 | 2173 | 2222 | 2271 | 2320 | 2369 | 2418 | 2467 | 2515 | 2564 | 2613 |
| 7 | 2662 | 2711 | 2760 | 2809 | 2858 | 2907 | 2956 | 3005 | 3054 | 3102 |
| 8 | 3151 | 3200 | 3249 | 3298 | 3347 | 3396 | 3445 | 3494 | 3543 | 3592 |
| 9 | 3641 | 3689 | 3738 | 3787 | 3836 | 3885 | 3934 | 3983 | 4032 | 4081 |
| 8880 | 4130 | 4179 | 4227 | 4276 | 4325 | 4374 | 4423 | 4472 | 4521 | 4570 |
| 1 | 4619 | 4668 | 4717 | 4765 | 4814 | 4863 | 4912 | 4961 | 5010 | 5059 |
| 2 | 5108 | 5157 | 5205 | 5254 | 5303 | 5352 | 5401 | 5450 | 5499 | 5548 |
| 3 | 5597 | 5646 | 5694 | 5743 | 5792 | 5841 | 5890 | 5939 | 5988 | 6037 |
| 4 | 6085 | 6134 | 6183 | 6232 | 6281 | 6330 | 6379 | 6428 | 6477 | 6525 |
| 5 | 6574 | 6623 | 6672 | 6721 | 6770 | 6819 | 6868 | 6916 | 6965 | 7014 |
| 6 | 7063 | 7112 | 7161 | 7210 | 7259 | 7307 | 7356 | 7405 | 7454 | 7503 |
| 7 | 7552 | 7601 | 7650 | 7698 | 7747 | 7796 | 7845 | 7894 | 7943 | 7992 |
| 8 | 8040 | 8089 | 8138 | 8187 | 8236 | 8285 | 8334 | 8382 | 8431 | 8480 |
| 9 | 8529 | 8578 | 8627 | 8676 | 8724 | 8773 | 8822 | 8871 | 8920 | 8969 |
| 8890 | 9018 | 9066 | 9115 | 9164 | 9213 | 9262 | 9311 | 9360 | 9408 | 9457 |
| 1 | 9506 | 9555 | 9604 | 9653 | 9701 | 9750 | 9799 | 9848 | 9897 | 9946 |
| 2 | 9995 | *0043 | *0092 | *0141 | *0190 | *0239 | *0288 | *0336 | *0385 | *0434 |
| 3 | 949 0483 | 0532 | 0581 | 0629 | 0678 | 0727 | 0776 | 0825 | 0874 | 0922 |
| 4 | 0971 | 1020 | 1069 | 1118 | 1167 | 1215 | 1264 | 1313 | 1362 | 1411 |
| 5 | 1460 | 1508 | 1557 | 1606 | 1655 | 1704 | 1752 | 1801 | 1850 | 1899 |
| 6 | 1948 | 1997 | 2045 | 2094 | 2143 | 2192 | 2241 | 2289 | 2338 | 2387 |
| 7 | 2436 | 2485 | 2534 | 2582 | 2631 | 2680 | 2729 | 2778 | 2827 | 2876 |
| 8 | 2924 | 2973 | 3022 | 3070 | 3119 | 3168 | 3217 | 3266 | 3314 | 3363 |
| 9 | 3412 | 3461 | 3510 | 3558 | 3607 | 3656 | 3705 | 3754 | 3802 | 3851 |
| N. | 0 | 1 | 2 | 3 | 4 | 5 | 6 | 7 | 8 | 9 |

Diff. et p. p.

| | 50 |
|---|---|
| 1 | 5 |
| 2 | 10 |
| 3 | 15 |
| 4 | 20 |
| 5 | 25 |
| 6 | 30 |
| 7 | 35 |
| 8 | 40 |
| 9 | 45 |

| | 49 |
|---|---|
| 1 | 4,9 |
| 2 | 9,8 |
| 3 | 14,7 |
| 4 | 19,6 |
| 5 | 24,5 |
| 6 | 29,4 |
| 7 | 34,3 |
| 8 | 39,2 |
| 9 | 44,1 |

| | 48 |
|---|---|
| 1 | 4,8 |
| 2 | 9,6 |
| 3 | 14,4 |
| 4 | 19,2 |
| 5 | 24,0 |
| 6 | 28,8 |
| 7 | 33,6 |
| 8 | 38,4 |
| 9 | 43,2 |

| | | | |
|---|---|---|---|
| 88 500″ = 24° 35′ 0″ | 8850″ = 2° 27′ 30″ | S = $\bar{6}$,6854416 | T. 8415 |
| 88 600 = 24 36 40 | 8860 = 2 27 40 | 4413 | 8421 |
| 88 700 = 24 38 20 | 8870 = 2 27 50 | 4410 | 8427 |
| 88 800 = 24 40 0 | 8880 = 2 28 0 | 4407 | 8433 |
| 88 900 = 24 41 40 | 8890 = 2 28 10 | 4404 | 8439 |

| N. | 0 | 1 | 2 | 3 | 4 | 5 | 6 | 7 | 8 | 9 | Diff. et p. p. |
|---|---|---|---|---|---|---|---|---|---|---|---|
| 8900 | 949 3900 | 3949 | 3998 | 4046 | 4095 | 4144 | 4193 | 4242 | 4290 | 4339 | |
| 1 | 4388 | 4437 | 4486 | 4534 | 4583 | 4632 | 4681 | 4730 | 4778 | 4827 | |
| 2 | 4876 | 4925 | 4973 | 5022 | 5071 | 5120 | 5169 | 5217 | 5266 | 5315 | |
| 3 | 5364 | 5413 | 5461 | 5510 | 5559 | 5608 | 5656 | 5705 | 5754 | 5803 | |
| 4 | 5852 | 5900 | 5949 | 5998 | 6047 | 6095 | 6144 | 6193 | 6242 | 6290 | |
| 5 | 6339 | 6388 | 6437 | 6486 | 6534 | 6583 | 6632 | 6681 | 6729 | 6778 | |
| 6 | 6827 | 6876 | 6924 | 6973 | 7022 | 7071 | 7119 | 7168 | 7217 | 7266 | |
| 7 | 7315 | 7363 | 7412 | 7461 | 7510 | 7558 | 7607 | 7656 | 7705 | 7753 | |
| 8 | 7802 | 7851 | 7900 | 7948 | 7997 | 8046 | 8095 | 8143 | 8192 | 8241 | |
| 9 | 8290 | 8338 | 8387 | 8436 | 8485 | 8533 | 8582 | 8631 | 8680 | 8728 | |
| 8910 | 8777 | 8826 | 8875 | 8923 | 8972 | 9021 | 9069 | 9118 | 9167 | 9216 | |
| 1 | 9264 | 9313 | 9362 | 9411 | 9459 | 9508 | 9557 | 9606 | 9654 | 9703 | 49 |
| 2 | 9752 | 9801 | 9849 | 9898 | 9947 | 9995 | *0044 | *0093 | *0142 | *0190 | 1 \| 4,9 |
| 3 | 950 0239 | 0288 | 0337 | 0385 | 0434 | 0483 | 0531 | 0580 | 0629 | 0678 | 2 \| 9,8 |
| 4 | 0726 | 0775 | 0824 | 0872 | 0921 | 0970 | 1019 | 1067 | 1116 | 1165 | 3 \| 14,7 |
| 5 | 1213 | 1262 | 1311 | 1360 | 1408 | 1457 | 1506 | 1554 | 1603 | 1652 | 4 \| 19,6 |
| 6 | 1701 | 1749 | 1798 | 1847 | 1895 | 1944 | 1993 | 2042 | 2090 | 2139 | 5 \| 24,5 |
| 7 | 2188 | 2236 | 2285 | 2334 | 2382 | 2431 | 2480 | 2529 | 2577 | 2626 | 6 \| 29,4 |
| 8 | 2675 | 2723 | 2772 | 2821 | 2869 | 2918 | 2967 | 3016 | 3064 | 3113 | 7 \| 34,3 |
| 9 | 3162 | 3210 | 3259 | 3308 | 3356 | 3405 | 3454 | 3502 | 3551 | 3600 | 8 \| 39,2 |
| 8920 | 3649 | 3697 | 3746 | 3795 | 3843 | 3892 | 3941 | 3989 | 4038 | 4087 | 9 \| 44,1 |
| 1 | 4135 | 4184 | 4233 | 4281 | 4330 | 4379 | 4427 | 4476 | 4525 | 4574 | |
| 2 | 4622 | 4671 | 4720 | 4768 | 4817 | 4866 | 4914 | 4963 | 5012 | 5060 | |
| 3 | 5109 | 5158 | 5206 | 5255 | 5304 | 5352 | 5401 | 5450 | 5498 | 5547 | |
| 4 | 5596 | 5644 | 5693 | 5742 | 5790 | 5839 | 5888 | 5936 | 5985 | 6034 | |
| 5 | 6082 | 6131 | 6180 | 6228 | 6277 | 6326 | 6374 | 6423 | 6472 | 6520 | |
| 6 | 6569 | 6617 | 6666 | 6715 | 6763 | 6812 | 6861 | 6909 | 6958 | 7007 | |
| 7 | 7055 | 7104 | 7153 | 7201 | 7250 | 7299 | 7347 | 7396 | 7445 | 7493 | |
| 8 | 7542 | 7590 | 7639 | 7688 | 7736 | 7785 | 7834 | 7882 | 7931 | 7980 | |
| 9 | 8028 | 8077 | 8126 | 8174 | 8223 | 8271 | 8320 | 8369 | 8417 | 8466 | |
| 8930 | 8515 | 8563 | 8612 | 8660 | 8709 | 8758 | 8806 | 8855 | 8904 | 8952 | |
| 1 | 9001 | 9050 | 9098 | 9147 | 9195 | 9244 | 9293 | 9341 | 9390 | 9439 | 48 |
| 2 | 9487 | 9536 | 9584 | 9633 | 9682 | 9730 | 9779 | 9827 | 9876 | 9925 | 1 \| 4,8 |
| 3 | 9973 | *0022 | *0071 | *0119 | *0168 | *0216 | *0265 | *0314 | *0362 | *0411 | 2 \| 9,6 |
| 4 | 951 0459 | 0508 | 0557 | 0605 | 0654 | 0703 | 0751 | 0800 | 0848 | 0897 | 3 \| 14,4 |
| 5 | 0946 | 0994 | 1043 | 1091 | 1140 | 1189 | 1237 | 1286 | 1334 | 1383 | 4 \| 19,2 |
| 6 | 1432 | 1480 | 1529 | 1577 | 1626 | 1675 | 1723 | 1772 | 1820 | 1869 | 5 \| 24.0 |
| 7 | 1918 | 1966 | 2015 | 2063 | 2112 | 2161 | 2209 | 2258 | 2306 | 2355 | 6 \| 28,8 |
| 8 | 2404 | 2452 | 2501 | 2549 | 2598 | 2646 | 2695 | 2744 | 2792 | 2841 | 7 \| 33,6 |
| 9 | 2889 | 2938 | 2987 | 3035 | 3084 | 3132 | 3181 | 3229 | 3278 | 3327 | 8 \| 38,4 |
| 8940 | 3375 | 3424 | 3472 | 3521 | 3569 | 3618 | 3667 | 3715 | 3764 | 3812 | 9 \| 43,2 |
| 1 | 3861 | 3910 | 3958 | 4007 | 4055 | 4104 | 4152 | 4201 | 4250 | 4298 | |
| 2 | 4347 | 4395 | 4444 | 4492 | 4541 | 4589 | 4638 | 4687 | 4735 | 4784 | |
| 3 | 4832 | 4881 | 4929 | 4978 | 5027 | 5075 | 5124 | 5172 | 5221 | 5269 | |
| 4 | 5318 | 5366 | 5415 | 5464 | 5512 | 5561 | 5609 | 5658 | 5706 | 5755 | |
| 5 | 5803 | 5852 | 5901 | 5949 | 5998 | 6046 | 6095 | 6143 | 6192 | 6240 | |
| 6 | 6289 | 6337 | 6386 | 6435 | 6483 | 6532 | 6580 | 6629 | 6677 | 6726 | |
| 7 | 6774 | 6823 | 6871 | 6920 | 6969 | 7017 | 7066 | 7114 | 7163 | 7211 | |
| 8 | 7260 | 7308 | 7357 | 7405 | 7454 | 7502 | 7551 | 7599 | 7648 | 7697 | |
| 9 | 7745 | 7794 | 7842 | 7891 | 7939 | 7988 | 8036 | 8085 | 8133 | 8182 | |
| N | 0 | 1 | 2 | 3 | 4 | 5 | 6 | 7 | 8 | 9 | |

| | | | |
|---|---|---|---|
| 89000″ = 24° 43′ 20″ | 8900″ = 2° 28′ 20″ | S = $\bar{6}$,6854401 | T. 8445 |
| 89100 = 24 45 0 | 8910 = 2 28 30 | 4398 | 8451 |
| 89200 = 24 46 40 | 8920 = 2 28 40 | 4395 | 8457 |
| 89300 = 24 48 20 | 8930 = 2 28 50 | 4392 | 8463 |
| 89400 = 24 50 0 | 8940 = 2 29 0 | 4389 | 8469 |

| N. | 0 | 1 | 2 | 3 | 4 | 5 | 6 | 7 | 8 | 9 | Diff. et p. p. |
|---|---|---|---|---|---|---|---|---|---|---|---|
| 8950 | 951 8230 | 8279 | 8327 | 8376 | 8424 | 8473 | 8521 | 8570 | 8619 | 8667 | |
| 1 | 8716 | 8764 | 8813 | 8861 | 8910 | 8958 | 9007 | 9055 | 9104 | 9152 | |
| 2 | 9201 | 9249 | 9298 | 9346 | 9395 | 9443 | 9492 | 9540 | 9589 | 9637 | |
| 3 | 9686 | 9734 | 9783 | 9831 | 9880 | 9928 | 9977 | *0025 | *0074 | *0122 | |
| 4 | 952 0171 | 0219 | 0268 | 0316 | 0365 | 0413 | 0462 | 0510 | 0559 | 0607 | |
| 5 | 0656 | 0704 | 0753 | 0801 | 0850 | 0898 | 0947 | 0995 | 1044 | 1092 | |
| 6 | 1141 | 1189 | 1238 | 1286 | 1335 | 1383 | 1432 | 1480 | 1529 | 1577 | |
| 7 | 1626 | 1674 | 1723 | 1771 | 1820 | 1868 | 1917 | 1965 | 2014 | 2062 | |
| 8 | 2111 | 2159 | 2208 | 2256 | 2305 | 2353 | 2401 | 2450 | 2498 | 2547 | |
| 9 | 2595 | 2644 | 2692 | 2741 | 2789 | 2838 | 2886 | 2935 | 2983 | 3032 | |
| 8960 | 3080 | 3129 | 3177 | 3226 | 3274 | 3322 | 3371 | 3419 | 3468 | 3516 | |
| 1 | 3565 | 3613 | 3662 | 3710 | 3759 | 3807 | 3856 | 3904 | 3952 | 4001 | 49 |
| 2 | 4049 | 4098 | 4146 | 4195 | 4243 | 4292 | 4340 | 4389 | 4437 | 4486 | 1 \| 4,9 |
| 3 | 4534 | 4582 | 4631 | 4679 | 4728 | 4776 | 4825 | 4873 | 4922 | 4970 | 2 \| 9,8 |
| 4 | 5018 | 5067 | 5115 | 5164 | 5212 | 5261 | 5309 | 5358 | 5406 | 5454 | 3 \| 14,7 |
| 5 | 5503 | 5551 | 5600 | 5648 | 5697 | 5745 | 5794 | 5842 | 5890 | 5939 | 4 \| 19,6 |
| 6 | 5987 | 6036 | 6084 | 6133 | 6181 | 6230 | 6278 | 6326 | 6375 | 6423 | 5 \| 24,5 |
| 7 | 6472 | 6520 | 6569 | 6617 | 6665 | 6714 | 6762 | 6811 | 6859 | 6908 | 6 \| 29,4 |
| 8 | 6956 | 7004 | 7053 | 7101 | 7150 | 7198 | 7247 | 7295 | 7343 | 7392 | 7 \| 34,3 |
| 9 | 7440 | 7489 | 7537 | 7586 | 7634 | 7682 | 7731 | 7779 | 7828 | 7876 | 8 \| 39,2 |
| 8970 | 7924 | 7973 | 8021 | 8070 | 8118 | 8167 | 8215 | 8263 | 8312 | 8360 | 9 \| 44,1 |
| 1 | 8409 | 8457 | 8505 | 8554 | 8602 | 8651 | 8699 | 8747 | 8796 | 8844 | |
| 2 | 8893 | 8941 | 8989 | 9038 | 9086 | 9135 | 9183 | 9231 | 9280 | 9328 | |
| 3 | 9377 | 9425 | 9473 | 9522 | 9570 | 9619 | 9667 | 9715 | 9764 | 9812 | |
| 4 | 9861 | 9909 | 9957 | *0006 | *0054 | *0103 | *0151 | *0199 | *0248 | *0296 | |
| 5 | 953 0345 | 0393 | 0441 | 0490 | 0538 | 0587 | 0635 | 0683 | 0732 | 0780 | |
| 6 | 0828 | 0877 | 0925 | 0974 | 1022 | 1070 | 1119 | 1167 | 1215 | 1264 | |
| 7 | 1312 | 1361 | 1409 | 1457 | 1506 | 1554 | 1603 | 1651 | 1699 | 1748 | |
| 8 | 1796 | 1844 | 1893 | 1941 | 1989 | 2038 | 2086 | 2135 | 2183 | 2231 | |
| 9 | 2280 | 2328 | 2376 | 2425 | 2473 | 2522 | 2570 | 2618 | 2667 | 2715 | |
| 8980 | 2763 | 2812 | 2860 | 2908 | 2957 | 3005 | 3054 | 3102 | 3150 | 3199 | |
| 1 | 3247 | 3295 | 3344 | 3392 | 3440 | 3489 | 3537 | 3585 | 3634 | 3682 | 48 |
| 2 | 3731 | 3779 | 3827 | 3876 | 3924 | 3972 | 4021 | 4069 | 4117 | 4166 | 1 \| 4,8 |
| 3 | 4214 | 4262 | 4311 | 4359 | 4407 | 4456 | 4504 | 4552 | 4601 | 4649 | 2 \| 9,6 |
| 4 | 4697 | 4746 | 4794 | 4842 | 4891 | 4939 | 4987 | 5036 | 5084 | 5132 | 3 \| 14,4 |
| 5 | 5181 | 5229 | 5277 | 5326 | 5374 | 5422 | 5471 | 5519 | 5567 | 5616 | 4 \| 19,2 |
| 6 | 5664 | 5712 | 5761 | 5809 | 5857 | 5906 | 5954 | 6002 | 6051 | 6099 | 5 \| 24,0 |
| 7 | 6147 | 6196 | 6244 | 6292 | 6341 | 6389 | 6437 | 6486 | 6534 | 6582 | 6 \| 28,8 |
| 8 | 6631 | 6679 | 6727 | 6776 | 6824 | 6872 | 6921 | 6969 | 7017 | 7065 | 7 \| 33,6 |
| 9 | 7114 | 7162 | 7210 | 7259 | 7307 | 7355 | 7404 | 7452 | 7500 | 7549 | 8 \| 38,4 |
| 8990 | 7597 | 7645 | 7694 | 7742 | 7790 | 7838 | 7887 | 7935 | 7983 | 8032 | 9 \| 43,2 |
| 1 | 8080 | 8128 | 8177 | 8225 | 8273 | 8321 | 8370 | 8418 | 8466 | 8515 | |
| 2 | 8563 | 8611 | 8660 | 8708 | 8756 | 8804 | 8853 | 8901 | 8949 | 8998 | |
| 3 | 9046 | 9094 | 9143 | 9191 | 9239 | 9287 | 9336 | 9384 | 9432 | 9481 | |
| 4 | 9529 | 9577 | 9625 | 9674 | 9722 | 9770 | 9819 | 9867 | 9915 | 9963 | |
| 5 | 954 0012 | 0060 | 0108 | 0157 | 0205 | 0253 | 0301 | 0350 | 0398 | 0446 | |
| 6 | 0494 | 0543 | 0591 | 0639 | 0688 | 0736 | 0784 | 0832 | 0881 | 0929 | |
| 7 | 0977 | 1025 | 1074 | 1122 | 1170 | 1219 | 1267 | 1315 | 1363 | 1412 | |
| 8 | 1460 | 1508 | 1556 | 1605 | 1653 | 1701 | 1749 | 1798 | 1846 | 1894 | |
| 9 | 1943 | 1991 | 2039 | 2087 | 2136 | 2184 | 2232 | 2280 | 2329 | 2377 | |
| N. | 0 | 1 | 2 | 3 | 4 | 5 | 6 | 7 | 8 | 9 | |

| | | | |
|---|---|---|---|
| 89500″ = 24° 51′ 40″ | 8950″ = 2° 29′ 10″ | S = $\bar{6}$,6854386 | T. 8475 |
| 89600 = 24 53 20 | 8960 = 2 29 20 | 4383 | 8482 |
| 89700 = 24 55 0 | 8970 = 2 29 30 | 4380 | 8488 |
| 89800 = 24 56 40 | 8980 = 2 29 40 | 4377 | 8494 |
| 89900 = 24 58 20 | 8990 = 2 29 50 | 4374 | 8500 |

| N. | 0 | 1 | 2 | 3 | 4 | 5 | 6 | 7 | 8 | 9 | Diff. et p. p. |
|---|---|---|---|---|---|---|---|---|---|---|---|
| 9000 | 954 2425 | 2473 | 2522 | 2570 | 2618 | 2666 | 2715 | 2763 | 2811 | 2859 | |
| 1 | 2908 | 2956 | 3004 | 3052 | 3101 | 3149 | 3197 | 3245 | 3294 | 3342 | |
| 2 | 3390 | 3438 | 3487 | 3535 | 3583 | 3631 | 3680 | 3728 | 3776 | 3824 | |
| 3 | 3873 | 3921 | 3969 | 4017 | 4065 | 4114 | 4162 | 4210 | 4258 | 4307 | |
| 4 | 4355 | 4403 | 4451 | 4500 | 4548 | 4596 | 4644 | 4692 | 4741 | 4789 | |
| 5 | 4837 | 4885 | 4934 | 4982 | 5030 | 5078 | 5127 | 5175 | 5223 | 5271 | |
| 6 | 5319 | 5368 | 5416 | 5464 | 5512 | 5561 | 5609 | 5657 | 5705 | 5753 | |
| 7 | 5802 | 5850 | 5898 | 5946 | 5994 | 6043 | 6091 | 6139 | 6187 | 6236 | |
| 8 | 6284 | 6332 | 6380 | 6428 | 6477 | 6525 | 6573 | 6621 | 6669 | 6718 | |
| 9 | 6766 | 6814 | 6862 | 6910 | 6959 | 7007 | 7055 | 7103 | 7152 | 7200 | |
| 9010 | 7248 | 7296 | 7344 | 7393 | 7441 | 7489 | 7537 | 7585 | 7634 | 7682 | |
| 1 | 7730 | 7778 | 7826 | 7874 | 7923 | 7971 | 8019 | 8067 | 8115 | 8164 | 49 |
| 2 | 8212 | 8260 | 8308 | 8356 | 8405 | 8453 | 8501 | 8549 | 8597 | 8646 | 1 \| 4,9 |
| 3 | 8694 | 8742 | 8790 | 8838 | 8886 | 8935 | 8983 | 9031 | 9079 | 9127 | 2 \| 9,8 |
| 4 | 9176 | 9224 | 9272 | 9320 | 9368 | 9416 | 9465 | 9513 | 9561 | 9609 | 3 \| 14,7 |
| 5 | 9657 | 9705 | 9754 | 9802 | 9850 | 9898 | 9946 | 9995 | *0043 | *0091 | 4 \| 19,6 |
| 6 | 955 0139 | 0187 | 0235 | 0284 | 0332 | 0380 | 0428 | 0476 | 0524 | 0573 | 5 \| 24,5 |
| 7 | 0621 | 0669 | 0717 | 0765 | 0813 | 0862 | 0910 | 0958 | 1006 | 1054 | 6 \| 29,4 |
| 8 | 1102 | 1150 | 1199 | 1247 | 1295 | 1343 | 1391 | 1439 | 1488 | 1536 | 7 \| 34,3 |
| 9 | 1584 | 1632 | 1680 | 1728 | 1776 | 1825 | 1873 | 1921 | 1969 | 2017 | 8 \| 39,2 |
| 9020 | 2065 | 2114 | 2162 | 2210 | 2258 | 2306 | 2354 | 2402 | 2451 | 2499 | 9 \| 44,1 |
| 1 | 2547 | 2595 | 2643 | 2691 | 2739 | 2788 | 2836 | 2884 | 2932 | 2980 | |
| 2 | 3028 | 3076 | 3125 | 3173 | 3221 | 3269 | 3317 | 3365 | 3413 | 3461 | |
| 3 | 3510 | 3558 | 3606 | 3654 | 3702 | 3750 | 3798 | 3846 | 3895 | 3943 | |
| 4 | 3991 | 4039 | 4087 | 4135 | 4183 | 4231 | 4280 | 4328 | 4376 | 4424 | |
| 5 | 4472 | 4520 | 4568 | 4616 | 4665 | 4713 | 4761 | 4809 | 4857 | 4905 | |
| 6 | 4953 | 5001 | 5050 | 5098 | 5146 | 5194 | 5242 | 5290 | 5338 | 5386 | |
| 7 | 5434 | 5483 | 5531 | 5579 | 5627 | 5675 | 5723 | 5771 | 5819 | 5867 | |
| 8 | 5916 | 5964 | 6012 | 6060 | 6108 | 6156 | 6204 | 6252 | 6300 | 6348 | |
| 9 | 6397 | 6445 | 6493 | 6541 | 6589 | 6637 | 6685 | 6733 | 6781 | 6829 | |
| 9030 | 6878 | 6926 | 6974 | 7022 | 7070 | 7118 | 7166 | 7214 | 7262 | 7310 | |
| 1 | 7358 | 7407 | 7455 | 7503 | 7551 | 7599 | 7647 | 7695 | 7743 | 7791 | 48 |
| 2 | 7839 | 7887 | 7935 | 7984 | 8032 | 8080 | 8128 | 8176 | 8224 | 8272 | 1 \| 4,8 |
| 3 | 8320 | 8368 | 8416 | 8464 | 8512 | 8560 | 8609 | 8657 | 8705 | 8753 | 2 \| 9,6 |
| 4 | 8801 | 8849 | 8897 | 8945 | 8993 | 9041 | 9089 | 9137 | 9185 | 9234 | 3 \| 14,4 |
| 5 | 9282 | 9330 | 9378 | 9426 | 9474 | 9522 | 9570 | 9618 | 9666 | 9714 | 4 \| 19,2 |
| 6 | 9762 | 9810 | 9858 | 9906 | 9954 | *0003 | *0051 | *0099 | *0147 | *0195 | 5 \| 24,0 |
| 7 | 956 0243 | 0291 | 0339 | 0387 | 0435 | 0483 | 0531 | 0579 | 0627 | 0675 | 6 \| 28,8 |
| 8 | 0723 | 0771 | 0819 | 0868 | 0916 | 0964 | 1012 | 1060 | 1108 | 1156 | 7 \| 33,6 |
| 9 | 1204 | 1252 | 1300 | 1348 | 1396 | 1444 | 1492 | 1540 | 1588 | 1636 | 8 \| 38,4 |
| 9040 | 1684 | 1732 | 1780 | 1828 | 1876 | 1925 | 1973 | 2021 | 2069 | 2117 | 9 \| 43,2 |
| 1 | 2165 | 2213 | 2261 | 2309 | 2357 | 2405 | 2453 | 2501 | 2549 | 2597 | |
| 2 | 2645 | 2693 | 2741 | 2789 | 2837 | 2885 | 2933 | 2981 | 3029 | 3077 | |
| 3 | 3125 | 3173 | 3221 | 3269 | 3317 | 3365 | 3413 | 3461 | 3509 | 3558 | |
| 4 | 3606 | 3654 | 3702 | 3750 | 3798 | 3846 | 3894 | 3942 | 3990 | 4038 | |
| 5 | 4086 | 4134 | 4182 | 4230 | 4278 | 4326 | 4374 | 4422 | 4470 | 4518 | |
| 6 | 4566 | 4614 | 4662 | 4710 | 4758 | 4806 | 4854 | 4902 | 4950 | 4998 | |
| 7 | 5046 | 5094 | 5142 | 5190 | 5238 | 5286 | 5334 | 5382 | 5430 | 5478 | |
| 8 | 5526 | 5574 | 5622 | 5670 | 5718 | 5766 | 5814 | 5862 | 5910 | 5958 | |
| 9 | 6006 | 6054 | 6102 | 6150 | 6198 | 6246 | 6294 | 6342 | 6390 | 6438 | |
| N. | 0 | 1 | 2 | 3 | 4 | 5 | 6 | 7 | 8 | 9 | |

| | | | |
|---|---|---|---|
| 90 000″ = 25° 0′ 0″ | 9000″ = 2° 30′ 0″ | S = $\bar{6}$,685 4371 | T. 8506 |
| 90 100 = 25 1 40 | 9010 = 2 30 10 | 4367 | 8512 |
| 90 200 = 25 3 20 | 9020 = 2 30 20 | 4364 | 8518 |
| 90 300 = 25 5 0 | 9030 = 2 30 30 | 4361 | 8524 |
| 90 400 = 25 6 40 | 9040 = 2 30 40 | 4358 | 8531 |

| N. | 0 | 1 | 2 | 3 | 4 | 5 | 6 | 7 | 8 | 9 | Diff. et p. p. |
|---|---|---|---|---|---|---|---|---|---|---|---|
| 9050 | 956 6486 | 6534 | 6582 | 6630 | 6678 | 6726 | 6774 | 6822 | 6870 | 6918 | |
| 1 | 6966 | 7014 | 7062 | 7110 | 7158 | 7206 | 7254 | 7302 | 7349 | 7397 | |
| 2 | 7445 | 7493 | 7541 | 7589 | 7637 | 7685 | 7733 | 7781 | 7829 | 7877 | |
| 3 | 7925 | 7973 | 8021 | 8069 | 8117 | 8165 | 8213 | 8261 | 8309 | 8357 | |
| 4 | 8405 | 8453 | 8501 | 8549 | 8597 | 8645 | 8693 | 8741 | 8789 | 8837 | |
| 5 | 8885 | 8933 | 8980 | 9028 | 9076 | 9124 | 9172 | 9220 | 9268 | 9316 | |
| 6 | 9364 | 9412 | 9460 | 9508 | 9556 | 9604 | 9652 | 9700 | 9748 | 9796 | |
| 7 | 9844 | 9892 | 9940 | 9988 | *0035 | *0083 | *0131 | *0179 | *0227 | *0275 | |
| 8 | 957 0323 | 0371 | 0419 | 0467 | 0515 | 0563 | 0611 | 0659 | 0707 | 0755 | |
| 9 | 0803 | 0851 | 0898 | 0946 | 0994 | 1042 | 1090 | 1138 | 1186 | 1234 | |
| 9060 | 1282 | 1330 | 1378 | 1426 | 1474 | 1522 | 1570 | 1618 | 1665 | 1713 | |
| 1 | 1761 | 1809 | 1857 | 1905 | 1953 | 2001 | 2049 | 2097 | 2145 | 2193 | 48 |
| 2 | 2241 | 2289 | 2336 | 2384 | 2432 | 2480 | 2528 | 2576 | 2624 | 2672 | 1 \| 4,8 |
| 3 | 2720 | 2768 | 2816 | 2864 | 2911 | 2959 | 3007 | 3055 | 3103 | 3151 | 2 \| 9,6 |
| 4 | 3199 | 3247 | 3295 | 3343 | 3391 | 3439 | 3486 | 3534 | 3582 | 3630 | 3 \| 14,4 |
| 5 | 3678 | 3726 | 3774 | 3822 | 3870 | 3918 | 3966 | 4013 | 4061 | 4109 | 4 \| 19,2 |
| 6 | 4157 | 4205 | 4253 | 4301 | 4349 | 4397 | 4445 | 4492 | 4540 | 4588 | 5 \| 24,0 |
| 7 | 4636 | 4684 | 4732 | 4780 | 4828 | 4876 | 4924 | 4971 | 5019 | 5067 | 6 \| 28,8 |
| 8 | 5115 | 5163 | 5211 | 5259 | 5307 | 5355 | 5402 | 5450 | 5498 | 5546 | 7 \| 33,6 |
| 9 | 5594 | 5642 | 5690 | 5738 | 5786 | 5833 | 5881 | 5929 | 5977 | 6025 | 8 \| 38,4 |
| 9070 | 6073 | 6121 | 6169 | 6217 | 6264 | 6312 | 6360 | 6408 | 6456 | 6504 | 9 \| 43,2 |
| 1 | 6552 | 6600 | 6647 | 6695 | 6743 | 6791 | 6839 | 6887 | 6935 | 6983 | |
| 2 | 7030 | 7078 | 7126 | 7174 | 7222 | 7270 | 7318 | 7366 | 7413 | 7461 | |
| 3 | 7509 | 7557 | 7605 | 7653 | 7701 | 7748 | 7796 | 7844 | 7892 | 7940 | |
| 4 | 7988 | 8036 | 8083 | 8131 | 8179 | 8227 | 8275 | 8323 | 8371 | 8418 | |
| 5 | 8466 | 8514 | 8562 | 8610 | 8658 | 8706 | 8753 | 8801 | 8849 | 8897 | |
| 6 | 8945 | 8993 | 9041 | 9088 | 9136 | 9184 | 9232 | 9280 | 9328 | 9376 | |
| 7 | 9423 | 9471 | 9519 | 9567 | 9615 | 9663 | 9710 | 9758 | 9806 | 9854 | |
| 8 | 9902 | 9950 | 9997 | *0045 | *0093 | *0141 | *0189 | *0237 | *0284 | *0332 | |
| 9 | 958 0380 | 0428 | 0476 | 0524 | 0571 | 0619 | 0667 | 0715 | 0763 | 0811 | |
| 9080 | 0858 | 0906 | 0954 | 1002 | 1050 | 1098 | 1145 | 1193 | 1241 | 1289 | |
| 1 | 1337 | 1385 | 1432 | 1480 | 1528 | 1576 | 1624 | 1672 | 1719 | 1767 | 47 |
| 2 | 1815 | 1863 | 1911 | 1958 | 2006 | 2054 | 2102 | 2150 | 2198 | 2245 | 1 \| 4,7 |
| 3 | 2293 | 2341 | 2389 | 2437 | 2484 | 2532 | 2580 | 2628 | 2676 | 2723 | 2 \| 9,4 |
| 4 | 2771 | 2819 | 2867 | 2915 | 2962 | 3010 | 3058 | 3106 | 3154 | 3202 | 3 \| 14,1 |
| 5 | 3249 | 3297 | 3345 | 3393 | 3441 | 3488 | 3536 | 3584 | 3632 | 3680 | 4 \| 18,8 |
| 6 | 3727 | 3775 | 3823 | 3871 | 3919 | 3966 | 4014 | 4062 | 4110 | 4157 | 5 \| 23,5 |
| 7 | 4205 | 4253 | 4301 | 4349 | 4396 | 4444 | 4492 | 4540 | 4588 | 4635 | 6 \| 28,2 |
| 8 | 4683 | 4731 | 4779 | 4827 | 4874 | 4922 | 4970 | 5018 | 5065 | 5113 | 7 \| 32,9 |
| 9 | 5161 | 5209 | 5257 | 5304 | 5352 | 5400 | 5448 | 5495 | 5543 | 5591 | 8 \| 37,6 |
| 9090 | 5639 | 5687 | 5734 | 5782 | 5830 | 5878 | 5925 | 5973 | 6021 | 6069 | 9 \| 42,3 |
| 1 | 6117 | 6164 | 6212 | 6260 | 6308 | 6355 | 6403 | 6451 | 6499 | 6547 | |
| 2 | 6594 | 6642 | 6690 | 6738 | 6785 | 6833 | 6881 | 6929 | 6976 | 7024 | |
| 3 | 7072 | 7120 | 7167 | 7215 | 7263 | 7311 | 7358 | 7406 | 7454 | 7502 | |
| 4 | 7549 | 7597 | 7645 | 7693 | 7741 | 7788 | 7836 | 7884 | 7932 | 7979 | |
| 5 | 8027 | 8075 | 8123 | 8170 | 8218 | 8266 | 8314 | 8361 | 8409 | 8457 | |
| 6 | 8505 | 8552 | 8600 | 8648 | 8696 | 8743 | 8791 | 8839 | 8886 | 8934 | |
| 7 | 8982 | 9030 | 9077 | 9125 | 9173 | 9221 | 9268 | 9316 | 9364 | 9412 | |
| 8 | 9459 | 9507 | 9555 | 9603 | 9650 | 9698 | 9746 | 9793 | 9841 | 9889 | |
| 9 | 9937 | 9984 | *0032 | *0080 | *0128 | *0175 | *0223 | *0271 | *0318 | *0366 | |
| N. | 0 | 1 | 2 | 3 | 4 | 5 | 6 | 7 | 8 | 9 | |

| | | | |
|---|---|---|---|
| 90500″ = 25° 8′ 20″ | 9050″ = 2° 30′ 50″ | S = $\bar{6}$,6854355 | T. 8537 |
| 90600 = 25 10 0 | 9060 = 2 31 0 | 4352 | 8543 |
| 90700 = 25 11 40 | 9070 = 2 31 10 | 4349 | 8549 |
| 90800 = 25 13 20 | 9080 = 2 31 20 | 4346 | 8555 |
| 90900 = 25 15 0 | 9090 = 2 31 30 | 4343 | 8561 |

| N. | 0 | 1 | 2 | 3 | 4 | 5 | 6 | 7 | 8 | 9 | Diff. et p. p. |
|---|---|---|---|---|---|---|---|---|---|---|---|
| 9100 | 959 0414 | 0462 | 0509 | 0557 | 0605 | 0653 | 0700 | 0748 | 0796 | 0843 | |
| 1 | 0891 | 0939 | 0987 | 1034 | 1082 | 1130 | 1177 | 1225 | 1273 | 1321 | |
| 2 | 1368 | 1416 | 1464 | 1511 | 1559 | 1607 | 1655 | 1702 | 1750 | 1798 | |
| 3 | 1845 | 1893 | 1941 | 1989 | 2036 | 2084 | 2132 | 2179 | 2227 | 2275 | |
| 4 | 2322 | 2370 | 2418 | 2466 | 2513 | 2561 | 2609 | 2656 | 2704 | 2752 | |
| 5 | 2800 | 2847 | 2895 | 2943 | 2990 | 3038 | 3086 | 3133 | 3181 | 3229 | |
| 6 | 3276 | 3324 | 3372 | 3420 | 3467 | 3515 | 3563 | 3610 | 3658 | 3706 | |
| 7 | 3753 | 3801 | 3849 | 3896 | 3944 | 3992 | 4039 | 4087 | 4135 | 4183 | |
| 8 | 4230 | 4278 | 4326 | 4373 | 4421 | 4469 | 4516 | 4564 | 4612 | 4659 | |
| 9 | 4707 | 4755 | 4802 | 4850 | 4898 | 4945 | 4993 | 5041 | 5088 | 5136 | |
| 9110 | 5184 | 5231 | 5279 | 5327 | 5374 | 5422 | 5470 | 5517 | 5565 | 5613 | |
| 1 | 5660 | 5708 | 5756 | 5803 | 5851 | 5899 | 5946 | 5994 | 6042 | 6089 | 48 |
| 2 | 6137 | 6185 | 6232 | 6280 | 6328 | 6375 | 6423 | 6471 | 6518 | 6566 | 1 \| 4,8 |
| 3 | 6614 | 6661 | 6709 | 6757 | 6804 | 6852 | 6900 | 6947 | 6995 | 7043 | 2 \| 9,6 |
| 4 | 7090 | 7138 | 7186 | 7233 | 7281 | 7328 | 7376 | 7424 | 7471 | 7519 | 3 \| 14,4 |
| 5 | 7567 | 7614 | 7662 | 7710 | 7757 | 7805 | 7853 | 7900 | 7948 | 7996 | 4 \| 19,2 |
| 6 | 8043 | 8091 | 8138 | 8186 | 8234 | 8281 | 8329 | 8377 | 8424 | 8472 | 5 \| 24,0 |
| 7 | 8520 | 8567 | 8615 | 8662 | 8710 | 8758 | 8805 | 8853 | 8901 | 8948 | 6 \| 28,8 |
| 8 | 8996 | 9044 | 9091 | 9139 | 9186 | 9234 | 9282 | 9329 | 9377 | 9425 | 7 \| 33,6 |
| 9 | 9472 | 9520 | 9567 | 9615 | 9663 | 9710 | 9758 | 9806 | 9853 | 9901 | 8 \| 38,4 |
| 9120 | 9948 | 9996 | *0044 | *0091 | *0139 | *0186 | *0234 | *0282 | *0329 | *0377 | 9 \| 43,2 |
| 1 | 960 0425 | 0472 | 0520 | 0567 | 0615 | 0663 | 0710 | 0758 | 0805 | 0853 | |
| 2 | 0901 | 0948 | 0996 | 1044 | 1091 | 1139 | 1186 | 1234 | 1282 | 1329 | |
| 3 | 1377 | 1424 | 1472 | 1520 | 1567 | 1615 | 1662 | 1710 | 1758 | 1805 | |
| 4 | 1853 | 1900 | 1948 | 1996 | 2043 | 2091 | 2138 | 2186 | 2234 | 2281 | |
| 5 | 2329 | 2376 | 2424 | 2472 | 2519 | 2567 | 2614 | 2662 | 2709 | 2757 | |
| 6 | 2805 | 2852 | 2900 | 2947 | 2995 | 3043 | 3090 | 3138 | 3185 | 3233 | |
| 7 | 3281 | 3328 | 3376 | 3423 | 3471 | 3518 | 3566 | 3614 | 3661 | 3709 | |
| 8 | 3756 | 3804 | 3851 | 3899 | 3947 | 3994 | 4042 | 4089 | 4137 | 4184 | |
| 9 | 4232 | 4280 | 4327 | 4375 | 4422 | 4470 | 4517 | 4565 | 4613 | 4660 | |
| 9130 | 4708 | 4755 | 4803 | 4850 | 4898 | 4946 | 4993 | 5041 | 5088 | 5136 | |
| 1 | 5183 | 5231 | 5279 | 5326 | 5374 | 5421 | 5469 | 5516 | 5564 | 5611 | 47 |
| 2 | 5659 | 5707 | 5754 | 5802 | 5849 | 5897 | 5944 | 5992 | 6039 | 6087 | 1 \| 4,7 |
| 3 | 6135 | 6182 | 6230 | 6277 | 6325 | 6372 | 6420 | 6467 | 6515 | 6563 | 2 \| 9,4 |
| 4 | 6610 | 6658 | 6705 | 6753 | 6800 | 6848 | 6895 | 6943 | 6990 | 7038 | 3 \| 14,1 |
| 5 | 7086 | 7133 | 7181 | 7228 | 7276 | 7323 | 7371 | 7418 | 7466 | 7513 | 4 \| 18,8 |
| 6 | 7561 | 7608 | 7656 | 7704 | 7751 | 7799 | 7846 | 7894 | 7941 | 7989 | 5 \| 23,5 |
| 7 | 8036 | 8084 | 8131 | 8179 | 8226 | 8274 | 8321 | 8369 | 8416 | 8464 | 6 \| 28,2 |
| 8 | 8512 | 8559 | 8607 | 8654 | 8702 | 8749 | 8797 | 8844 | 8892 | 8939 | 7 \| 32,9 |
| 9 | 8987 | 9034 | 9082 | 9129 | 9177 | 9224 | 9272 | 9319 | 9367 | 9414 | 8 \| 37,6 |
| 9140 | 9462 | 9509 | 9557 | 9605 | 9652 | 9700 | 9747 | 9795 | 9842 | 9890 | 9 \| 42,3 |
| 1 | 9937 | 9985 | *0032 | *0080 | *0127 | *0175 | *0222 | *0270 | *0317 | *0365 | |
| 2 | 961 0412 | 0460 | 0507 | 0555 | 0602 | 0650 | 0697 | 0745 | 0792 | 0840 | |
| 3 | 0887 | 0935 | 0982 | 1030 | 1077 | 1125 | 1172 | 1220 | 1267 | 1315 | |
| 4 | 1362 | 1410 | 1457 | 1505 | 1552 | 1600 | 1647 | 1695 | 1742 | 1790 | |
| 5 | 1837 | 1885 | 1932 | 1980 | 2027 | 2075 | 2122 | 2170 | 2217 | 2264 | |
| 6 | 2312 | 2359 | 2407 | 2454 | 2502 | 2549 | 2597 | 2644 | 2692 | 2739 | |
| 7 | 2787 | 2834 | 2882 | 2929 | 2977 | 3024 | 3072 | 3119 | 3167 | 3214 | |
| 8 | 3262 | 3309 | 3357 | 3404 | 3451 | 3499 | 3546 | 3594 | 3641 | 3689 | |
| 9 | 3736 | 3784 | 3831 | 3879 | 3926 | 3974 | 4021 | 4069 | 4116 | 4163 | |
| N. | 0 | 1 | 2 | 3 | 4 | 5 | 6 | 7 | 8 | 9 | |

| | | S | T |
|---|---|---|---|
| 91 000" = 25° 16′ 40″ | 9100" = 2° 31′ 40″ | S = $\bar{6}$,6854340 | T. 8568 |
| 91 100 = 25 18 20 | 9110 = 2 31 50 | 4337 | 8574 |
| 91 200 = 25 20 0 | 9120 = 2 32 0 | 4334 | 8580 |
| 91 300 = 25 21 40 | 9130 = 2 32 10 | 4330 | 8586 |
| 91 400 = 25 23 20 | 9140 = 2 32 20 | 4327 | 8593 |

| N. | 0 | 1 | 2 | 3 | 4 | 5 | 6 | 7 | 8 | 9 | Diff. et p. p. |
|---|---|---|---|---|---|---|---|---|---|---|---|
| 9150 | 961 4211 | 4258 | 4306 | 4353 | 4401 | 4448 | 4496 | 4543 | 4591 | 4638 | |
| 1 | 4686 | 4733 | 4780 | 4828 | 4875 | 4923 | 4970 | 5018 | 5065 | 5113 | |
| 2 | 5160 | 5208 | 5255 | 5302 | 5350 | 5397 | 5445 | 5492 | 5540 | 5587 | |
| 3 | 5635 | 5682 | 5730 | 5777 | 5824 | 5872 | 5919 | 5967 | 6014 | 6062 | |
| 4 | 6109 | 6157 | 6204 | 6251 | 6299 | 6346 | 6394 | 6441 | 6489 | 6536 | |
| 5 | 6583 | 6631 | 6678 | 6726 | 6773 | 6821 | 6868 | 6916 | 6963 | 7010 | |
| 6 | 7058 | 7105 | 7153 | 7200 | 7248 | 7295 | 7342 | 7390 | 7437 | 7485 | |
| 7 | 7532 | 7580 | 7627 | 7674 | 7722 | 7769 | 7817 | 7864 | 7912 | 7959 | |
| 8 | 8006 | 8054 | 8101 | 8149 | 8196 | 8243 | 8291 | 8338 | 8386 | 8433 | |
| 9 | 8481 | 8528 | 8575 | 8623 | 8670 | 8718 | 8765 | 8812 | 8860 | 8907 | |
| 9160 | 8955 | 9002 | 9050 | 9097 | 9144 | 9192 | 9239 | 9287 | 9334 | 9381 | |
| 1 | 9429 | 9476 | 9524 | 9571 | 9618 | 9666 | 9713 | 9761 | 9808 | 9855 | 48 |
| 2 | 9903 | 9950 | 9998 | *0045 | *0092 | *0140 | *0187 | *0235 | *0282 | *0329 | 1 4,8 |
| 3 | 962 0377 | 0424 | 0472 | 0519 | 0566 | 0614 | 0661 | 0709 | 0756 | 0803 | 2 9,6 |
| 4 | 0851 | 0898 | 0946 | 0993 | 1040 | 1088 | 1135 | 1183 | 1230 | 1277 | 3 14,4 |
| 5 | 1325 | 1372 | 1419 | 1467 | 1514 | 1562 | 1609 | 1656 | 1704 | 1751 | 4 19,2 |
| 6 | 1799 | 1846 | 1893 | 1941 | 1988 | 2035 | 2083 | 2130 | 2178 | 2225 | 5 24,0 |
| 7 | 2272 | 2320 | 2367 | 2414 | 2462 | 2509 | 2557 | 2604 | 2651 | 2699 | 6 28,8 |
| 8 | 2746 | 2793 | 2841 | 2888 | 2936 | 2983 | 3030 | 3078 | 3125 | 3172 | 7 33,6 |
| 9 | 3220 | 3267 | 3314 | 3362 | 3409 | 3457 | 3504 | 3551 | 3599 | 3646 | 8 38,4 |
| 9170 | 3693 | 3741 | 3788 | 3835 | 3883 | 3930 | 3978 | 4025 | 4072 | 4120 | 9 43,2 |
| 1 | 4167 | 4214 | 4262 | 4309 | 4356 | 4404 | 4451 | 4498 | 4546 | 4593 | |
| 2 | 4640 | 4688 | 4735 | 4783 | 4830 | 4877 | 4925 | 4972 | 5019 | 5067 | |
| 3 | 5114 | 5161 | 5209 | 5256 | 5303 | 5351 | 5398 | 5445 | 5493 | 5540 | |
| 4 | 5587 | 5635 | 5682 | 5729 | 5777 | 5824 | 5871 | 5919 | 5966 | 6013 | |
| 5 | 6061 | 6108 | 6155 | 6203 | 6250 | 6297 | 6345 | 6392 | 6439 | 6487 | |
| 6 | 6534 | 6581 | 6629 | 6676 | 6723 | 6771 | 6818 | 6865 | 6913 | 6960 | |
| 7 | 7007 | 7055 | 7102 | 7149 | 7197 | 7244 | 7291 | 7339 | 7386 | 7433 | |
| 8 | 7481 | 7528 | 7575 | 7622 | 7670 | 7717 | 7764 | 7812 | 7859 | 7906 | |
| 9 | 7954 | 8001 | 8048 | 8096 | 8143 | 8190 | 8238 | 8285 | 8332 | 8380 | |
| 9180 | 8427 | 8474 | 8521 | 8569 | 8616 | 8663 | 8711 | 8758 | 8805 | 8853 | |
| 1 | 8900 | 8947 | 8994 | 9042 | 9089 | 9136 | 9184 | 9231 | 9278 | 9326 | 47 |
| 2 | 9373 | 9420 | 9467 | 9515 | 9562 | 9609 | 9657 | 9704 | 9751 | 9799 | 1 4,7 |
| 3 | 9846 | 9893 | 9940 | 9988 | *0035 | *0082 | *0130 | *0177 | *0224 | *0271 | 2 9,4 |
| 4 | 963 0319 | 0366 | 0413 | 0461 | 0508 | 0555 | 0602 | 0650 | 0697 | 0744 | 3 14,1 |
| 5 | 0792 | 0839 | 0886 | 0933 | 0981 | 1028 | 1075 | 1123 | 1170 | 1217 | 4 18,8 |
| 6 | 1264 | 1312 | 1359 | 1406 | 1454 | 1501 | 1548 | 1595 | 1643 | 1690 | 5 23,5 |
| 7 | 1737 | 1784 | 1832 | 1879 | 1926 | 1974 | 2021 | 2068 | 2115 | 2163 | 6 28,2 |
| 8 | 2210 | 2257 | 2304 | 2352 | 2399 | 2446 | 2493 | 2541 | 2588 | 2635 | 7 32,9 |
| 9 | 2683 | 2730 | 2777 | 2824 | 2872 | 2919 | 2966 | 3013 | 3061 | 3108 | 8 37,6 |
| 9190 | 3155 | 3202 | 3250 | 3297 | 3344 | 3391 | 3439 | 3486 | 3533 | 3580 | 9 42,3 |
| 1 | 3628 | 3675 | 3722 | 3769 | 3817 | 3864 | 3911 | 3958 | 4006 | 4053 | |
| 2 | 4100 | 4147 | 4195 | 4242 | 4289 | 4336 | 4384 | 4431 | 4478 | 4525 | |
| 3 | 4573 | 4620 | 4667 | 4714 | 4762 | 4809 | 4856 | 4903 | 4951 | 4998 | |
| 4 | 5045 | 5092 | 5139 | 5187 | 5234 | 5281 | 5328 | 5376 | 5423 | 5470 | |
| 5 | 5517 | 5565 | 5612 | 5659 | 5706 | 5753 | 5801 | 5848 | 5895 | 5942 | |
| 6 | 5990 | 6037 | 6084 | 6131 | 6179 | 6226 | 6273 | 6320 | 6367 | 6415 | |
| 7 | 6462 | 6509 | 6556 | 6604 | 6651 | 6698 | 6745 | 6792 | 6840 | 6887 | |
| 8 | 6934 | 6981 | 7028 | 7076 | 7123 | 7170 | 7217 | 7265 | 7312 | 7359 | |
| 9 | 7406 | 7453 | 7501 | 7548 | 7595 | 7642 | 7689 | 7737 | 7784 | 7831 | |
| N. | 0 | 1 | 2 | 3 | 4 | 5 | 6 | 7 | 8 | 9 | |

| | | | |
|---|---|---|---|
| 91500″ = 25° 25′ 0″ | 9150″ = 2° 32′ 30″ | S = $\bar{6}$,6854324 | T. 8599 |
| 91600 = 25 26 40 | 9160 = 2 32 40 | 4321 | 8605 |
| 91700 = 25 28 20 | 9170 = 2 32 50 | 4318 | 8611 |
| 91800 = 25 30 0 | 9180 = 2 33 0 | 4315 | 8617 |
| 91900 = 25 31 40 | 9190 = 2 33 10 | 4312 | 8624 |

| N. | 0 | 1 | 2 | 3 | 4 | 5 | 6 | 7 | 8 | 9 | Diff. et p. p. |
|---|---|---|---|---|---|---|---|---|---|---|---|
| 9200 | 963 7878 | 7925 | 7973 | 8020 | 8067 | 8114 | 8161 | 8209 | 8256 | 8303 | |
| 1 | 8350 | 8398 | 8445 | 8492 | 8539 | 8586 | 8634 | 8681 | 8728 | 8775 | |
| 2 | 8822 | 8869 | 8917 | 8964 | 9011 | 9058 | 9105 | 9153 | 9200 | 9247 | |
| 3 | 9294 | 9341 | 9389 | 9436 | 9483 | 9530 | 9577 | 9625 | 9672 | 9719 | |
| 4 | 9766 | 9813 | 9860 | 9908 | 9955 | *0002 | *0049 | *0096 | *0144 | *0191 | |
| 5 | 964 0238 | 0285 | 0332 | 0379 | 0427 | 0474 | 0521 | 0568 | 0615 | 0663 | |
| 6 | 0710 | 0757 | 0804 | 0851 | 0898 | 0946 | 0993 | 1040 | 1087 | 1134 | 48 |
| 7 | 1181 | 1229 | 1276 | 1323 | 1370 | 1417 | 1464 | 1512 | 1559 | 1606 | 1 \| 4,8 |
| 8 | 1653 | 1700 | 1747 | 1795 | 1842 | 1889 | 1936 | 1983 | 2030 | 2078 | 2 \| 9,6 |
| 9 | 2125 | 2172 | 2219 | 2266 | 2313 | 2361 | 2408 | 2455 | 2502 | 2549 | 3 \| 14,4 |
| 9210 | 2596 | 2643 | 2691 | 2738 | 2785 | 2832 | 2879 | 2926 | 2974 | 3021 | 4 \| 19,2 |
| 1 | 3068 | 3115 | 3162 | 3209 | 3256 | 3304 | 3351 | 3398 | 3445 | 3492 | 5 \| 24,0 |
| 2 | 3539 | 3586 | 3634 | 3681 | 3728 | 3775 | 3822 | 3869 | 3916 | 3964 | 6 \| 28,8 |
| 3 | 4011 | 4058 | 4105 | 4152 | 4199 | 4246 | 4294 | 4341 | 4388 | 4435 | 7 \| 33,6 |
| 4 | 4482 | 4529 | 4576 | 4623 | 4671 | 4718 | 4765 | 4812 | 4859 | 4906 | 8 \| 38,4 |
| 5 | 4953 | 5001 | 5048 | 5095 | 5142 | 5189 | 5236 | 5283 | 5330 | 5378 | 9 \| 43,2 |
| 6 | 5425 | 5472 | 5519 | 5566 | 5613 | 5660 | 5707 | 5755 | 5802 | 5849 | |
| 7 | 5896 | 5943 | 5990 | 6037 | 6084 | 6131 | 6179 | 6226 | 6273 | 6320 | |
| 8 | 6367 | 6414 | 6461 | 6508 | 6555 | 6603 | 6650 | 6697 | 6744 | 6791 | |
| 9 | 6838 | 6885 | 6932 | 6979 | 7027 | 7074 | 7121 | 7168 | 7215 | 7262 | |
| 9220 | 7309 | 7356 | 7403 | 7451 | 7498 | 7545 | 7592 | 7639 | 7686 | 7733 | |
| 1 | 7780 | 7827 | 7874 | 7922 | 7969 | 8016 | 8063 | 8110 | 8157 | 8204 | 47 |
| 2 | 8251 | 8298 | 8345 | 8392 | 8440 | 8487 | 8534 | 8581 | 8628 | 8675 | 1 \| 4,7 |
| 3 | 8722 | 8769 | 8816 | 8863 | 8910 | 8958 | 9005 | 9052 | 9099 | 9146 | 2 \| 9,4 |
| 4 | 9193 | 9240 | 9287 | 9334 | 9381 | 9428 | 9475 | 9523 | 9570 | 9617 | 3 \| 14,1 |
| 5 | 9664 | 9711 | 9758 | 9805 | 9852 | 9899 | 9946 | 9993 | *0040 | *0087 | 4 \| 18,8 |
| 6 | 965 0135 | 0182 | 0229 | 0276 | 0323 | 0370 | 0417 | 0464 | 0511 | 0558 | 5 \| 23,5 |
| 7 | 0605 | 0652 | 0699 | 0746 | 0793 | 0841 | 0888 | 0935 | 0982 | 1029 | 6 \| 28,2 |
| 8 | 1076 | 1123 | 1170 | 1217 | 1264 | 1311 | 1358 | 1405 | 1452 | 1499 | 7 \| 32,9 |
| 9 | 1546 | 1594 | 1641 | 1688 | 1735 | 1782 | 1829 | 1876 | 1923 | 1970 | 8 \| 37,6 |
| 9230 | 2017 | 2064 | 2111 | 2158 | 2205 | 2252 | 2299 | 2346 | 2393 | 2440 | 9 \| 42,3 |
| 1 | 2488 | 2535 | 2582 | 2629 | 2676 | 2723 | 2770 | 2817 | 2864 | 2911 | |
| 2 | 2958 | 3005 | 3052 | 3099 | 3146 | 3193 | 3240 | 3287 | 3334 | 3381 | |
| 3 | 3428 | 3475 | 3522 | 3569 | 3617 | 3664 | 3711 | 3758 | 3805 | 3852 | |
| 4 | 3899 | 3946 | 3993 | 4040 | 4087 | 4134 | 4181 | 4228 | 4275 | 4322 | |
| 5 | 4369 | 4416 | 4463 | 4510 | 4557 | 4604 | 4651 | 4698 | 4745 | 4792 | |
| 6 | 4839 | 4886 | 4933 | 4980 | 5027 | 5074 | 5121 | 5168 | 5215 | 5262 | 46 |
| 7 | 5309 | 5356 | 5403 | 5450 | 5497 | 5545 | 5592 | 5639 | 5686 | 5733 | 1 \| 4,6 |
| 8 | 5780 | 5827 | 5874 | 5921 | 5968 | 6015 | 6062 | 6109 | 6156 | 6203 | 2 \| 9,2 |
| 9 | 6250 | 6297 | 6344 | 6391 | 6438 | 6485 | 6532 | 6579 | 6626 | 6673 | 3 \| 13,8 |
| 9240 | 6720 | 6767 | 6814 | 6861 | 6908 | 6955 | 7002 | 7049 | 7096 | 7143 | 4 \| 18,4 |
| 1 | 7190 | 7237 | 7284 | 7331 | 7378 | 7425 | 7472 | 7519 | 7566 | 7613 | 5 \| 23,0 |
| 2 | 7660 | 7707 | 7754 | 7801 | 7848 | 7895 | 7942 | 7989 | 8036 | 8083 | 6 \| 27,6 |
| 3 | 8130 | 8177 | 8224 | 8270 | 8317 | 8364 | 8411 | 8458 | 8505 | 8552 | 7 \| 32,2 |
| 4 | 8599 | 8646 | 8693 | 8740 | 8787 | 8834 | 8881 | 8928 | 8975 | 9022 | 8 \| 36,8 |
| 5 | 9069 | 9116 | 9163 | 9210 | 9257 | 9304 | 9351 | 9398 | 9445 | 9492 | 9 \| 41,4 |
| 6 | 9539 | 9586 | 9633 | 9680 | 9727 | 9774 | 9821 | 9868 | 9915 | 9962 | |
| 7 | 966 0009 | 0056 | 0103 | 0149 | 0196 | 0243 | 0290 | 0337 | 0384 | 0431 | |
| 8 | 0478 | 0525 | 0572 | 0619 | 0666 | 0713 | 0760 | 0807 | 0854 | 0901 | |
| 9 | 0948 | 0995 | 1042 | 1089 | 1136 | 1183 | 1230 | 1276 | 1323 | 1370 | |
| N. | 0 | 1 | 2 | 3 | 4 | 5 | 6 | 7 | 8 | 9 | |

| | | | |
|---|---|---|---|
| 92000″ = 25° 33′ 20″ | 9200″ = 2° 33′ 20″ | S = $\overline{6}$,685 4309 | T. 8630 |
| 92100 = 25 35 0 | 9210 = 2 33 30 | 4305 | 8636 |
| 92200 = 25 36 40 | 9220 = 2 33 40 | 4302 | 8643 |
| 92300 = 25 38 20 | 9230 = 2 33 50 | 4299 | 8649 |
| 92400 = 25 40 0 | 9240 = 2 34 0 | 4296 | 8655 |

| N. | 0 | 1 | 2 | 3 | 4 | 5 | 6 | 7 | 8 | 9 | Diff. et p. p. |
|---|---|---|---|---|---|---|---|---|---|---|---|
| 9250 | 966 1417 | 1464 | 1511 | 1558 | 1605 | 1652 | 1699 | 1746 | 1793 | 1840 | |
| 1 | 1887 | 1934 | 1981 | 2028 | 2075 | 2122 | 2168 | 2215 | 2262 | 2309 | |
| 2 | 2356 | 2403 | 2450 | 2497 | 2544 | 2591 | 2638 | 2685 | 2732 | 2779 | |
| 3 | 2826 | 2873 | 2919 | 2966 | 3013 | 3060 | 3107 | 3154 | 3201 | 3248 | |
| 4 | 3295 | 3342 | 3389 | 3436 | 3483 | 3530 | 3577 | 3623 | 3670 | 3717 | |
| 5 | 3764 | 3811 | 3858 | 3905 | 3952 | 3999 | 4046 | 4093 | 4140 | 4187 | |
| 6 | 4233 | 4280 | 4327 | 4374 | 4421 | 4468 | 4515 | 4562 | 4609 | 4656 | |
| 7 | 4703 | 4750 | 4796 | 4843 | 4890 | 4937 | 4984 | 5031 | 5078 | 5125 | |
| 8 | 5172 | 5219 | 5266 | 5312 | 5359 | 5406 | 5453 | 5500 | 5547 | 5594 | |
| 9 | 5641 | 5688 | 5735 | 5782 | 5828 | 5875 | 5922 | 5969 | 6016 | 6063 | |
| 9260 | 6110 | 6157 | 6204 | 6251 | 6297 | 6344 | 6391 | 6438 | 6485 | 6532 | |
| 1 | 6579 | 6626 | 6673 | 6720 | 6766 | 6813 | 6860 | 6907 | 6954 | 7001 | 47 |
| 2 | 7048 | 7095 | 7142 | 7188 | 7235 | 7282 | 7329 | 7376 | 7423 | 7470 | 1 \| 4,7 |
| 3 | 7517 | 7564 | 7610 | 7657 | 7704 | 7751 | 7798 | 7845 | 7892 | 7939 | 2 \| 9,4 |
| 4 | 7985 | 8032 | 8079 | 8126 | 8173 | 8220 | 8267 | 8314 | 8360 | 8407 | 3 \| 14,1 |
| 5 | 8454 | 8501 | 8548 | 8595 | 8642 | 8689 | 8735 | 8782 | 8829 | 8876 | 4 \| 18,8 |
| 6 | 8923 | 8970 | 9017 | 9064 | 9110 | 9157 | 9204 | 9251 | 9298 | 9345 | 5 \| 23,5 |
| 7 | 9392 | 9438 | 9485 | 9532 | 9579 | 9626 | 9673 | 9720 | 9767 | 9813 | 6 \| 28,2 |
| 8 | 9860 | 9907 | 9954 | *0001 | *0048 | *0095 | *0141 | *0188 | *0235 | *0282 | 7 \| 32,9 |
| 9 | 967 0329 | 0376 | 0423 | 0469 | 0516 | 0563 | 0610 | 0657 | 0704 | 0750 | 8 \| 37,6 |
| 9270 | 0797 | 0844 | 0891 | 0938 | 0985 | 1032 | 1078 | 1125 | 1172 | 1219 | 9 \| 42,3 |
| 1 | 1266 | 1313 | 1359 | 1406 | 1453 | 1500 | 1547 | 1594 | 1641 | 1687 | |
| 2 | 1734 | 1781 | 1828 | 1875 | 1922 | 1968 | 2015 | 2062 | 2109 | 2156 | |
| 3 | 2203 | 2249 | 2296 | 2343 | 2390 | 2437 | 2484 | 2530 | 2577 | 2624 | |
| 4 | 2671 | 2718 | 2765 | 2811 | 2858 | 2905 | 2952 | 2999 | 3046 | 3092 | |
| 5 | 3139 | 3186 | 3233 | 3280 | 3326 | 3373 | 3420 | 3467 | 3514 | 3561 | |
| 6 | 3607 | 3654 | 3701 | 3748 | 3795 | 3841 | 3888 | 3935 | 3982 | 4029 | |
| 7 | 4076 | 4122 | 4169 | 4216 | 4263 | 4310 | 4356 | 4403 | 4450 | 4497 | |
| 8 | 4544 | 4590 | 4637 | 4684 | 4731 | 4778 | 4825 | 4871 | 4918 | 4965 | |
| 9 | 5012 | 5059 | 5105 | 5152 | 5199 | 5246 | 5293 | 5339 | 5386 | 5433 | |
| 9280 | 5480 | 5527 | 5573 | 5620 | 5667 | 5714 | 5761 | 5807 | 5854 | 5901 | |
| 1 | 5948 | 5995 | 6041 | 6088 | 6135 | 6182 | 6228 | 6275 | 6322 | 6369 | 46 |
| 2 | 6416 | 6462 | 6509 | 6556 | 6603 | 6650 | 6696 | 6743 | 6790 | 6837 | 1 \| 4,6 |
| 3 | 6884 | 6930 | 6977 | 7024 | 7071 | 7117 | 7164 | 7211 | 7258 | 7305 | 2 \| 9,2 |
| 4 | 7351 | 7398 | 7445 | 7492 | 7538 | 7585 | 7632 | 7679 | 7726 | 7772 | 3 \| 13,8 |
| 5 | 7819 | 7866 | 7913 | 7959 | 8006 | 8053 | 8100 | 8146 | 8193 | 8240 | 4 \| 18,4 |
| 6 | 8287 | 8334 | 8380 | 8427 | 8474 | 8521 | 8567 | 8614 | 8661 | 8708 | 5 \| 23,0 |
| 7 | 8754 | 8801 | 8848 | 8895 | 8942 | 8988 | 9035 | 9082 | 9129 | 9175 | 6 \| 27,6 |
| 8 | 9222 | 9269 | 9316 | 9362 | 9409 | 9456 | 9503 | 9549 | 9596 | 9643 | 7 \| 32,2 |
| 9 | 9690 | 9736 | 9783 | 9830 | 9877 | 9923 | 9970 | *0017 | *0064 | *0110 | 8 \| 36,8 |
| 9290 | 968 0157 | 0204 | 0251 | 0297 | 0344 | 0391 | 0438 | 0484 | 0531 | 0578 | 9 \| 41,4 |
| 1 | 0625 | 0671 | 0718 | 0765 | 0812 | 0858 | 0905 | 0952 | 0999 | 1045 | |
| 2 | 1092 | 1139 | 1185 | 1232 | 1279 | 1326 | 1372 | 1419 | 1466 | 1513 | |
| 3 | 1559 | 1606 | 1653 | 1700 | 1746 | 1793 | 1840 | 1886 | 1933 | 1980 | |
| 4 | 2027 | 2073 | 2120 | 2167 | 2214 | 2260 | 2307 | 2354 | 2400 | 2447 | |
| 5 | 2494 | 2541 | 2587 | 2634 | 2681 | 2728 | 2774 | 2821 | 2868 | 2914 | |
| 6 | 2961 | 3008 | 3055 | 3101 | 3148 | 3195 | 3241 | 3288 | 3335 | 3382 | |
| 7 | 3428 | 3475 | 3522 | 3568 | 3615 | 3662 | 3709 | 3755 | 3802 | 3849 | |
| 8 | 3895 | 3942 | 3989 | 4036 | 4082 | 4129 | 4176 | 4222 | 4269 | 4316 | |
| 9 | 4362 | 4409 | 4456 | 4503 | 4549 | 4596 | 4643 | 4689 | 4736 | 4783 | |
| N. | 0 | 1 | 2 | 3 | 4 | 5 | 6 | 7 | 8 | 9 | |

| | | | |
|---|---|---|---|
| 92 500″ = 25° 41′ 40″ | 9250″ = 2° 34′ 10″ | S = $\bar{6}$,685 4293 | T. 8661 |
| 92 600 = 25 43 20 | 9260 = 2 34 20 | 4290 | 8668 |
| 92 700 = 25 45 0 | 9270 = 2 34 30 | 4287 | 8674 |
| 92 800 = 25 46 40 | 9280 = 2 34 40 | 4283 | 8680 |
| 92 900 = 25 48 20 | 9290 = 2 34 50 | 4280 | 8687 |

| N. | 0 | 1 | 2 | 3 | 4 | 5 | 6 | 7 | 8 | 9 | Diff. et p. p. |
|---|---|---|---|---|---|---|---|---|---|---|---|
| 9300 | 968 4829 | 4876 | 4923 | 4970 | 5016 | 5063 | 5110 | 5156 | 5203 | 5250 | |
| 1 | 5296 | 5343 | 5390 | 5437 | 5483 | 5530 | 5577 | 5623 | 5670 | 5717 | |
| 2 | 5763 | 5810 | 5857 | 5903 | 5950 | 5997 | 6043 | 6090 | 6137 | 6184 | |
| 3 | 6230 | 6277 | 6324 | 6370 | 6417 | 6464 | 6510 | 6557 | 6604 | 6650 | |
| 4 | 6697 | 6744 | 6790 | 6837 | 6884 | 6930 | 6977 | 7024 | 7070 | 7117 | |
| 5 | 7164 | 7210 | 7257 | 7304 | 7350 | 7397 | 7444 | 7490 | 7537 | 7584 | |
| 6 | 7630 | 7677 | 7724 | 7770 | 7817 | 7864 | 7910 | 7957 | 8004 | 8050 | |
| 7 | 8097 | 8144 | 8190 | 8237 | 8284 | 8330 | 8377 | 8424 | 8470 | 8517 | |
| 8 | 8564 | 8610 | 8657 | 8704 | 8750 | 8797 | 8844 | 8890 | 8937 | 8984 | |
| 9 | 9030 | 9077 | 9124 | 9170 | 9217 | 9264 | 9310 | 9357 | 9404 | 9450 | |
| 9310 | 9497 | 9543 | 9590 | 9637 | 9683 | 9730 | 9777 | 9823 | 9870 | 9917 | |
| 1 | 9963 | *0010 | *0057 | *0103 | *0150 | *0196 | *0243 | *0290 | *0336 | *0383 | |
| 2 | 969 0430 | 0476 | 0523 | 0570 | 0616 | 0663 | 0709 | 0756 | 0803 | 0849 | 47 |
| 3 | 0896 | 0943 | 0989 | 1036 | 1083 | 1129 | 1176 | 1222 | 1269 | 1316 | 1 4,7 |
| 4 | 1362 | 1409 | 1456 | 1502 | 1549 | 1595 | 1642 | 1689 | 1735 | 1782 | 2 9,4 |
| 5 | 1829 | 1875 | 1922 | 1968 | 2015 | 2062 | 2108 | 2155 | 2202 | 2248 | 3 14,1 |
| 6 | 2295 | 2341 | 2388 | 2435 | 2481 | 2528 | 2574 | 2621 | 2668 | 2714 | 4 18,8 |
| 7 | 2761 | 2808 | 2854 | 2901 | 2947 | 2994 | 3041 | 3087 | 3134 | 3180 | 5 23,5 |
| 8 | 3227 | 3274 | 3320 | 3367 | 3413 | 3460 | 3507 | 3553 | 3600 | 3647 | 6 28,2 |
| 9 | 3693 | 3740 | 3786 | 3833 | 3880 | 3926 | 3973 | 4019 | 4066 | 4113 | 7 32,9 |
| 9320 | 4159 | 4206 | 4252 | 4299 | 4346 | 4392 | 4439 | 4485 | 4532 | 4578 | 8 37,6 |
| 1 | 4625 | 4672 | 4718 | 4765 | 4811 | 4858 | 4905 | 4951 | 4998 | 5044 | 9 42,3 |
| 2 | 5091 | 5138 | 5184 | 5231 | 5277 | 5324 | 5371 | 5417 | 5464 | 5510 | |
| 3 | 5557 | 5603 | 5650 | 5697 | 5743 | 5790 | 5836 | 5883 | 5929 | 5976 | |
| 4 | 6023 | 6069 | 6116 | 6162 | 6209 | 6256 | 6302 | 6349 | 6395 | 6442 | |
| 5 | 6488 | 6535 | 6582 | 6628 | 6675 | 6721 | 6768 | 6814 | 6861 | 6908 | |
| 6 | 6954 | 7001 | 7047 | 7094 | 7140 | 7187 | 7234 | 7280 | 7327 | 7373 | |
| 7 | 7420 | 7466 | 7513 | 7559 | 7606 | 7653 | 7699 | 7746 | 7792 | 7839 | |
| 8 | 7885 | 7932 | 7978 | 8025 | 8072 | 8118 | 8165 | 8211 | 8258 | 8304 | |
| 9 | 8351 | 8397 | 8444 | 8491 | 8537 | 8584 | 8630 | 8677 | 8723 | 8770 | |
| 9330 | 8816 | 8863 | 8910 | 8956 | 9003 | 9049 | 9096 | 9142 | 9189 | 9235 | |
| 1 | 9282 | 9328 | 9375 | 9422 | 9468 | 9515 | 9561 | 9608 | 9654 | 9701 | |
| 2 | 9747 | 9794 | 9840 | 9887 | 9933 | 9980 | *0027 | *0073 | *0120 | *0166 | 46 |
| 3 | 970 0213 | 0259 | 0306 | 0352 | 0399 | 0445 | 0492 | 0538 | 0585 | 0631 | 1 4,6 |
| 4 | 0678 | 0724 | 0771 | 0818 | 0864 | 0911 | 0957 | 1004 | 1050 | 1097 | 2 9,2 |
| 5 | 1143 | 1190 | 1236 | 1283 | 1329 | 1376 | 1422 | 1469 | 1515 | 1562 | 3 13,8 |
| 6 | 1608 | 1655 | 1701 | 1748 | 1794 | 1841 | 1888 | 1934 | 1981 | 2027 | 4 18,4 |
| 7 | 2074 | 2120 | 2167 | 2213 | 2260 | 2306 | 2353 | 2399 | 2446 | 2492 | 5 23,0 |
| 8 | 2539 | 2585 | 2632 | 2678 | 2725 | 2771 | 2818 | 2864 | 2911 | 2957 | 6 27,6 |
| 9 | 3004 | 3050 | 3097 | 3143 | 3190 | 3236 | 3283 | 3329 | 3376 | 3422 | 7 32,2 |
| 9340 | 3469 | 3515 | 3562 | 3608 | 3655 | 3701 | 3748 | 3794 | 3841 | 3887 | 8 36,8 |
| 1 | 3934 | 3980 | 4027 | 4073 | 4120 | 4166 | 4213 | 4259 | 4306 | 4352 | 9 41,4 |
| 2 | 4399 | 4445 | 4492 | 4538 | 4585 | 4631 | 4678 | 4724 | 4771 | 4817 | |
| 3 | 4863 | 4910 | 4956 | 5003 | 5049 | 5096 | 5142 | 5189 | 5235 | 5282 | |
| 4 | 5328 | 5375 | 5421 | 5468 | 5514 | 5561 | 5607 | 5654 | 5700 | 5747 | |
| 5 | 5793 | 5840 | 5886 | 5932 | 5979 | 6025 | 6072 | 6118 | 6165 | 6211 | |
| 6 | 6258 | 6304 | 6351 | 6397 | 6444 | 6490 | 6537 | 6583 | 6629 | 6676 | |
| 7 | 6722 | 6769 | 6815 | 6862 | 6908 | 6955 | 7001 | 7048 | 7094 | 7141 | |
| 8 | 7187 | 7233 | 7280 | 7326 | 7373 | 7419 | 7466 | 7512 | 7559 | 7605 | |
| 9 | 7652 | 7698 | 7745 | 7791 | 7837 | 7884 | 7930 | 7977 | 8023 | 8070 | |
| N. | 0 | 1 | 2 | 3 | 4 | 5 | 6 | 7 | 8 | 9 | |

| | | | |
|---|---|---|---|
| 93000″ = 25°50′ 0″ | 9300″ = 2°35′ 0″ | S = $\bar{6}$,685 4277 | T. 8693 |
| 93100 = 25 51 40 | 9310 = 2 35 10 | 4274 | 8699 |
| 93200 = 25 53 20 | 9320 = 2 35 20 | 4271 | 8706 |
| 93300 = 25 55 0 | 9330 = 2 35 30 | 4268 | 8712 |
| 93400 = 25 56 40 | 9340 = 2 35 40 | 4264 | 8718 |

| N. | 0 | 1 | 2 | 3 | 4 | 5 | 6 | 7 | 8 | 9 | Diff. et p. p. |
|---|---|---|---|---|---|---|---|---|---|---|---|
| 9350 | 970 8116 | 8163 | 8209 | 8255 | 8302 | 8348 | 8395 | 8441 | 8488 | 8534 | |
| 1 | 8581 | 8627 | 8673 | 8720 | 8766 | 8813 | 8859 | 8906 | 8952 | 8999 | |
| 2 | 9045 | 9091 | 9138 | 9184 | 9231 | 9277 | 9324 | 9370 | 9416 | 9463 | |
| 3 | 9509 | 9556 | 9602 | 9649 | 9695 | 9742 | 9788 | 9834 | 9881 | 9927 | |
| 4 | 9974 | *0020 | *0067 | *0113 | *0159 | *0206 | *0252 | *0299 | *0345 | *0391 | |
| 5 | 971 0438 | 0484 | 0531 | 0577 | 0624 | 0670 | 0716 | 0763 | 0809 | 0856 | |
| 6 | 0902 | 0949 | 0995 | 1041 | 1088 | 1134 | 1181 | 1227 | 1273 | 1320 | |
| 7 | 1366 | 1413 | 1459 | 1506 | 1552 | 1598 | 1645 | 1691 | 1738 | 1784 | |
| 8 | 1830 | 1877 | 1923 | 1970 | 2016 | 2062 | 2109 | 2155 | 2202 | 2248 | |
| 9 | 2294 | 2341 | 2387 | 2434 | 2480 | 2526 | 2573 | 2619 | 2666 | 2712 | |
| 9360 | 2758 | 2805 | 2851 | 2898 | 2944 | 2990 | 3037 | 3083 | 3130 | 3176 | |
| 1 | 3222 | 3269 | 3315 | 3362 | 3408 | 3454 | 3501 | 3547 | 3594 | 3640 | 47 |
| 2 | 3686 | 3733 | 3779 | 3826 | 3872 | 3918 | 3965 | 4011 | 4057 | 4104 | 1 \| 4,7 |
| 3 | 4150 | 4197 | 4243 | 4289 | 4336 | 4382 | 4429 | 4475 | 4521 | 4568 | 2 \| 9,4 |
| 4 | 4614 | 4660 | 4707 | 4753 | 4800 | 4846 | 4892 | 4939 | 4985 | 5031 | 3 \| 14,1 |
| 5 | 5078 | 5124 | 5171 | 5217 | 5263 | 5310 | 5356 | 5402 | 5449 | 5495 | 4 \| 18,8 |
| 6 | 5542 | 5588 | 5634 | 5681 | 5727 | 5773 | 5820 | 5866 | 5912 | 5959 | 5 \| 23.5 |
| 7 | 6005 | 6052 | 6098 | 6144 | 6191 | 6237 | 6283 | 6330 | 6376 | 6422 | 6 \| 28,2 |
| 8 | 6469 | 6515 | 6562 | 6608 | 6654 | 6701 | 6747 | 6793 | 6840 | 6886 | 7 \| 32,9 |
| 9 | 6932 | 6979 | 7025 | 7071 | 7118 | 7164 | 7211 | 7257 | 7303 | 7350 | 8 \| 37,6 |
| 9370 | 7396 | 7442 | 7489 | 7535 | 7581 | 7628 | 7674 | 7720 | 7767 | 7813 | 9 \| 42,3 |
| 1 | 7859 | 7906 | 7952 | 7998 | 8045 | 8091 | 8137 | 8184 | -8230 | 8276 | |
| 2 | 8323 | 8369 | 8415 | 8462 | 8508 | 8554 | 8601 | 8647 | 8694 | 8740 | |
| 3 | 8786 | 8833 | 8879 | 8925 | 8972 | 9018 | 9064 | 9111 | 9157 | 9203 | |
| 4 | 9249 | 9296 | 9342 | 9388 | 9435 | 9481 | 9527 | 9574 | 9620 | 9666 | |
| 5 | 9713 | 9759 | 9805 | 9852 | 9898 | 9944 | 9991 | *0037 | *0083 | *0130 | |
| 6 | 972 0176 | 0222 | 0269 | 0315 | 0361 | 0408 | 0454 | 0500 | 0547 | 0593 | |
| 7 | 0639 | 0685 | 0732 | 0778 | 0824 | 0871 | 0917 | 0963 | 1010 | 1056 | |
| 8 | 1102 | 1149 | 1195 | 1241 | 1288 | 1334 | 1380 | 1426 | 1473 | 1519 | |
| 9 | 1565 | 1612 | 1658 | 1704 | 1751 | 1797 | 1843 | 1889 | 1936 | 1982 | |
| 9380 | 2028 | 2075 | 2121 | 2167 | 2214 | 2260 | 2306 | 2352 | 2399 | 2445 | |
| 1 | 2491 | 2538 | 2584 | 2630 | 2677 | 2723 | 2769 | 2815 | 2862 | 2908 | 46 |
| 2 | 2954 | 3001 | 3047 | 3093 | 3139 | 3186 | 3232 | 3278 | 3325 | 3371 | 1 \| 4,6 |
| 3 | 3417 | 3463 | 3510 | 3556 | 3602 | 3649 | 3695 | 3741 | 3787 | 3834 | 2 \| 9,2 |
| 4 | 3880 | 3926 | 3973 | 4019 | 4065 | 4111 | 4158 | 4204 | 4250 | 4296 | 3 \| 13,8 |
| 5 | 4343 | 4389 | 4435 | 4482 | 4528 | 4574 | 4620 | 4667 | 4713 | 4759 | 4 \| 18,4 |
| 6 | 4805 | 4852 | 4898 | 4944 | 4991 | 5037 | 5083 | 5129 | 5176 | 5222 | 5 \| 23,0 |
| 7 | 5268 | 5314 | 5361 | 5407 | 5453 | 5500 | 5546 | 5592 | 5638 | 5685 | 6 \| 27,6 |
| 8 | 5731 | 5777 | 5823 | 5870 | 5916 | 5962 | 6008 | 6055 | 6101 | 6147 | 7 \| 32,2 |
| 9 | 6193 | 6240 | 6286 | 6332 | 6378 | 6425 | 6471 | 6517 | 6563 | 6610 | 8 \| 36,8 |
| 9390 | 6656 | 6702 | 6748 | 6795 | 6841 | 6887 | 6933 | 6980 | 7026 | 7072 | 9 \| 41,4 |
| 1 | 7118 | 7165 | 7211 | 7257 | 7303 | 7350 | 7396 | 7442 | 7488 | 7535 | |
| 2 | 7581 | 7627 | 7673 | 7720 | 7766 | 7812 | 7858 | 7905 | 7951 | 7997 | |
| 3 | 8043 | 8089 | 8136 | 8182 | 8228 | 8274 | 8321 | 8367 | 8413 | 8459 | |
| 4 | 8506 | 8552 | 8598 | 8644 | 8690 | 8737 | 8783 | 8829 | 8875 | 8922 | |
| 5 | 8968 | 9014 | 9060 | 9107 | 9153 | 9199 | 9245 | 9291 | 9338 | 9384 | |
| 6 | 9430 | 9476 | 9523 | 9569 | 9615 | 9661 | 9707 | 9754 | 9800 | 9846 | |
| 7 | 9892 | 9938 | 9985 | *0031 | *0077 | *0123 | *0170 | *0216 | *0262 | *0308 | |
| 8 | 973 0354 | 0401 | 0447 | 0493 | 0539 | 0585 | 0632 | 0678 | 0724 | 0770 | |
| 9 | 0816 | 0863 | 0909 | 0955 | 1001 | 1048 | 1094 | 1140 | 1186 | 1232 | |
| N. | 0 | 1 | 2 | 3 | 4 | 5 | 6 | 7 | 8 | 9 | |

| | | | |
|---|---|---|---|
| 93500″ = 25° 58′ 20″ | 9350″ = 2° 35′ 50″ | S = $\bar{6}$,685 4261 | T. 8725 |
| 93600 = 26 0 0 | 9360 = 2 36 0 | 4258 | 8731 |
| 93700 = 26 1 40 | 9370 = 2 36 10 | 4255 | 8737 |
| 93800 = 26 3 20 | 9380 = 2 36 20 | 4252 | 8744 |
| 93900 = 26 5 0 | 9390 = 2 36 30 | 4248 | 8750 |

| N. | 0 | 1 | 2 | 3 | 4 | 5 | 6 | 7 | 8 | 9 | Diff. et p. p. |
|---|---|---|---|---|---|---|---|---|---|---|---|
| 9400 | 973 1279 | 1325 | 1371 | 1417 | 1463 | 1510 | 1556 | 1602 | 1648 | 1694 | |
| 1 | 1741 | 1787 | 1833 | 1879 | 1925 | 1972 | 2018 | 2064 | 2110 | 2156 | |
| 2 | 2202 | 2249 | 2295 | 2341 | 2387 | 2433 | 2480 | 2526 | 2572 | 2618 | |
| 3 | 2664 | 2711 | 2757 | 2803 | 2849 | 2895 | 2941 | 2988 | 3034 | 3080 | |
| 4 | 3126 | 3172 | 3219 | 3265 | 3311 | 3357 | 3403 | 3449 | 3496 | 3542 | |
| 5 | 3588 | 3634 | 3680 | 3727 | 3773 | 3819 | 3865 | 3911 | 3957 | 4004 | |
| 6 | 4050 | 4096 | 4142 | 4188 | 4234 | 4281 | 4327 | 4373 | 4419 | 4465 | 47 |
| 7 | 4511 | 4558 | 4604 | 4650 | 4696 | 4742 | 4788 | 4835 | 4881 | 4927 | 1 \| 4,7 |
| 8 | 4973 | 5019 | 5065 | 5112 | 5158 | 5204 | 5250 | 5296 | 5342 | 5389 | 2 \| 9,4 |
| 9 | 5435 | 5481 | 5527 | 5573 | 5619 | 5665 | 5712 | 5758 | 5804 | 5850 | 3 \| 14,1 |
| 9410 | 5896 | 5942 | 5989 | 6035 | 6081 | 6127 | 6173 | 6219 | 6265 | 6312 | 4 \| 18,8 |
| 1 | 6358 | 6404 | 6450 | 6496 | 6542 | 6588 | 6635 | 6681 | 6727 | 6773 | 5 \| 23,5 |
| 2 | 6819 | 6865 | 6911 | 6958 | 7004 | 7050 | 7096 | 7142 | 7188 | 7234 | 6 \| 28,2 |
| 3 | 7281 | 7327 | 7373 | 7419 | 7465 | 7511 | 7557 | 7604 | 7650 | 7696 | 7 \| 32,9 |
| 4 | 7742 | 7788 | 7834 | 7880 | 7926 | 7973 | 8019 | 8065 | 8111 | 8157 | 8 \| 37,6 |
| 5 | 8203 | 8249 | 8295 | 8342 | 8388 | 8434 | 8480 | 8526 | 8572 | 8618 | 9 \| 42,3 |
| 6 | 8664 | 8711 | 8757 | 8803 | 8849 | 8895 | 8941 | 8987 | 9033 | 9080 | |
| 7 | 9126 | 9172 | 9218 | 9264 | 9310 | 9356 | 9402 | 9449 | 9495 | 9541 | |
| 8 | 9587 | 9633 | 9679 | 9725 | 9771 | 9817 | 9864 | 9910 | 9956 | *0002 | |
| 9 | 974 0048 | 0094 | 0140 | 0186 | 0232 | 0279 | 0325 | 0371 | 0417 | 0463 | |
| 9420 | 0509 | 0555 | 0601 | 0647 | 0693 | 0740 | 0786 | 0832 | 0878 | 0924 | |
| 1 | 0970 | 1016 | 1062 | 1108 | 1154 | 1201 | 1247 | 1293 | 1339 | 1385 | 46 |
| 2 | 1431 | 1477 | 1523 | 1569 | 1615 | 1661 | 1708 | 1754 | 1800 | 1846 | 1 \| 4,6 |
| 3 | 1892 | 1938 | 1984 | 2030 | 2076 | 2122 | 2168 | 2215 | 2261 | 2307 | 2 \| 9,2 |
| 4 | 2353 | 2399 | 2445 | 2491 | 2537 | 2583 | 2629 | 2675 | 2721 | 2768 | 3 \| 13,8 |
| 5 | 2814 | 2860 | 2906 | 2952 | 2998 | 3044 | 3090 | 3136 | 3182 | 3228 | 4 \| 18,4 |
| 6 | 3274 | 3320 | 3367 | 3413 | 3459 | 3505 | 3551 | 3597 | 3643 | 3689 | 5 \| 23,0 |
| 7 | 3735 | 3781 | 3827 | 3873 | 3919 | 3965 | 4011 | 4058 | 4104 | 4150 | 6 \| 27,6 |
| 8 | 4196 | 4242 | 4288 | 4334 | 4380 | 4426 | 4472 | 4518 | 4564 | 4610 | 7 \| 32,2 |
| 9 | 4656 | 4702 | 4748 | 4795 | 4841 | 4887 | 4933 | 4979 | 5025 | 5071 | 8 \| 36,8 |
| 9430 | 5117 | 5163 | 5209 | 5255 | 5301 | 5347 | 5393 | 5439 | 5485 | 5531 | 9 \| 41,4 |
| 1 | 5577 | 5623 | 5670 | 5716 | 5762 | 5808 | 5854 | 5900 | 5946 | 5992 | |
| 2 | 6038 | 6084 | 6130 | 6176 | 6222 | 6268 | 6314 | 6360 | 6406 | 6452 | |
| 3 | 6498 | 6544 | 6590 | 6636 | 6683 | 6729 | 6775 | 6821 | 6867 | 6913 | |
| 4 | 6959 | 7005 | 7051 | 7097 | 7143 | 7189 | 7235 | 7281 | 7327 | 7373 | |
| 5 | 7419 | 7465 | 7511 | 7557 | 7603 | 7649 | 7695 | 7741 | 7787 | 7833 | |
| 6 | 7879 | 7925 | 7971 | 8017 | 8063 | 8109 | 8155 | 8201 | 8248 | 8294 | 45 |
| 7 | 8340 | 8386 | 8432 | 8478 | 8524 | 8570 | 8616 | 8662 | 8708 | 8754 | 1 \| 4,5 |
| 8 | 8800 | 8846 | 8892 | 8938 | 8984 | 9030 | 9076 | 9122 | 9168 | 9214 | 2 \| 9,0 |
| 9 | 9260 | 9306 | 9352 | 9398 | 9444 | 9490 | 9536 | 9582 | 9628 | 9674 | 3 \| 13,5 |
| 9440 | 9720 | 9766 | 9812 | 9858 | 9904 | 9950 | 9996 | *0042 | *0088 | *0134 | 4 \| 18,0 |
| 1 | 975 0180 | 0226 | 0272 | 0318 | 0364 | 0410 | 0456 | 0502 | 0548 | 0594 | 5 \| 22,5 |
| 2 | 0640 | 0686 | 0732 | 0778 | 0824 | 0870 | 0916 | 0962 | 1008 | 1054 | 6 \| 27,0 |
| 3 | 1100 | 1146 | 1192 | 1238 | 1284 | 1330 | 1376 | 1422 | 1468 | 1514 | 7 \| 31,5 |
| 4 | 1560 | 1606 | 1652 | 1698 | 1744 | 1790 | 1836 | 1882 | 1928 | 1974 | 8 \| 36,0 |
| 5 | 2020 | 2066 | 2112 | 2158 | 2204 | 2250 | 2296 | 2341 | 2387 | 2433 | 9 \| 40,5 |
| 6 | 2479 | 2525 | 2571 | 2617 | 2663 | 2709 | 2755 | 2801 | 2847 | 2893 | |
| 7 | 2939 | 2985 | 3031 | 3077 | 3123 | 3169 | 3215 | 3261 | 3307 | 3353 | |
| 8 | 3399 | 3445 | 3491 | 3537 | 3583 | 3629 | 3675 | 3721 | 3767 | 3813 | |
| 9 | 3858 | 3904 | 3950 | 3996 | 4042 | 4088 | 4134 | 4180 | 4226 | 4272 | |
| N. | 0 | 1 | 2 | 3 | 4 | 5 | 6 | 7 | 8 | 9 | |

| | | | |
|---|---|---|---|
| 94000″ = 26° 6′ 40″ | 9400″ = 2° 36′ 40″ | S = $\overline{6}$,685 4245 | T. 8757 |
| 94100 = 26 8 20 | 9410 = 2 36 50 | 4242 | 8763 |
| 94200 = 26 10 0 | 9420 = 2 37 0 | 4239 | 8769 |
| 94300 = 26 11 40 | 9430 = 2 37 10 | 4236 | 8776 |
| 94400 = 26 13 20 | 9440 = 2 37 20 | 4232 | 8782 |

| N. | 0 | 1 | 2 | 3 | 4 | 5 | 6 | 7 | 8 | 9 | Diff. et p. p. |
|---|---|---|---|---|---|---|---|---|---|---|---|
| 9450 | 975 4318 | 4364 | 4410 | 4456 | 4502 | 4548 | 4594 | 4640 | 4686 | 4732 | |
| 1 | 4778 | 4824 | 4870 | 4915 | 4961 | 5007 | 5053 | 5099 | 5145 | 5191 | |
| 2 | 5237 | 5283 | 5329 | 5375 | 5421 | 5467 | 5513 | 5559 | 5605 | 5651 | |
| 3 | 5697 | 5743 | 5788 | 5834 | 5880 | 5926 | 5972 | 6018 | 6064 | 6110 | |
| 4 | 6156 | 6202 | 6248 | 6294 | 6340 | 6386 | 6432 | 6478 | 6523 | 6569 | |
| 5 | 6615 | 6661 | 6707 | 6753 | 6799 | 6845 | 6891 | 6937 | 6983 | 7029 | |
| 6 | 7075 | 7121 | 7166 | 7212 | 7258 | 7304 | 7350 | 7396 | 7442 | 7488 | |
| 7 | 7534 | 7580 | 7626 | 7672 | 7718 | 7763 | 7809 | 7855 | 7901 | 7947 | |
| 8 | 7993 | 8039 | 8085 | 8131 | 8177 | 8223 | 8269 | 8315 | 8360 | 8406 | |
| 9 | 8452 | 8498 | 8544 | 8590 | 8636 | 8682 | 8728 | 8774 | 8820 | 8865 | |
| 9460 | 8911 | 8957 | 9003 | 9049 | 9095 | 9141 | 9187 | 9233 | 9279 | 9325 | |
| 1 | 9370 | 9416 | 9462 | 9508 | 9554 | 9600 | 9646 | 9692 | 9738 | 9784 | 46 |
| 2 | 9829 | 9875 | 9921 | 9967 | *0013 | *0059 | *0105 | *0151 | *0197 | *0243 | 1 4,6 |
| 3 | 976 0288 | 0334 | 0380 | 0426 | 0472 | 0518 | 0564 | 0610 | 0656 | 0701 | 2 9,2 |
| 4 | 0747 | 0793 | 0839 | 0885 | 0931 | 0977 | 1023 | 1069 | 1114 | 1160 | 3 13,8 |
| 5 | 1206 | 1252 | 1298 | 1344 | 1390 | 1436 | 1481 | 1527 | 1573 | 1619 | 4 18,4 |
| 6 | 1665 | 1711 | 1757 | 1803 | 1849 | 1894 | 1940 | 1986 | 2032 | 2078 | 5 23,0 |
| 7 | 2124 | 2170 | 2216 | 2261 | 2307 | 2353 | 2399 | 2445 | 2491 | 2537 | 6 27,6 |
| 8 | 2582 | 2628 | 2674 | 2720 | 2766 | 2812 | 2858 | 2904 | 2949 | 2995 | 7 32,2 |
| 9 | 3041 | 3087 | 3133 | 3179 | 3225 | 3270 | 3316 | 3362 | 3408 | 3454 | 8 36,8 |
| 9470 | 3500 | 3546 | 3592 | 3637 | 3683 | 3729 | 3775 | 3821 | 3867 | 3913 | 9 41,4 |
| 1 | 3958 | 4004 | 4050 | 4096 | 4142 | 4188 | 4233 | 4279 | 4325 | 4371 | |
| 2 | 4417 | 4463 | 4509 | 4554 | 4600 | 4646 | 4692 | 4738 | 4784 | 4830 | |
| 3 | 4875 | 4921 | 4967 | 5013 | 5059 | 5105 | 5150 | 5196 | 5242 | 5288 | |
| 4 | 5334 | 5380 | 5425 | 5471 | 5517 | 5563 | 5609 | 5655 | 5701 | 5746 | |
| 5 | 5792 | 5838 | 5884 | 5930 | 5976 | 6021 | 6067 | 6113 | 6159 | 6205 | |
| 6 | 6251 | 6296 | 6342 | 6388 | 6434 | 6480 | 6525 | 6571 | 6617 | 6663 | |
| 7 | 6709 | 6755 | 6800 | 6846 | 6892 | 6938 | 6984 | 7030 | 7075 | 7121 | |
| 8 | 7167 | 7213 | 7259 | 7305 | 7350 | 7396 | 7442 | 7488 | 7534 | 7579 | |
| 9 | 7625 | 7671 | 7717 | 7763 | 7808 | 7854 | 7900 | 7946 | 7992 | 8038 | |
| 9480 | 8083 | 8129 | 8175 | 8221 | 8267 | 8312 | 8358 | 8404 | 8450 | 8496 | |
| 1 | 8541 | 8587 | 8633 | 8679 | 8725 | 8770 | 8816 | 8862 | 8908 | 8954 | 45 |
| 2 | 9000 | 9045 | 9091 | 9137 | 9183 | 9229 | 9274 | 9320 | 9366 | 9412 | 1 4,5 |
| 3 | 9458 | 9503 | 9549 | 9595 | 9641 | 9686 | 9732 | 9778 | 9824 | 9870 | 2 9,0 |
| 4 | 9915 | 9961 | *0007 | *0053 | *0099 | *0144 | *0190 | *0236 | *0282 | *0328 | 3 13,5 |
| 5 | 977 0373 | 0419 | 0465 | 0511 | 0556 | 0602 | 0648 | 0694 | 0740 | 0785 | 4 18,0 |
| 6 | 0831 | 0877 | 0923 | 0969 | 1014 | 1060 | 1106 | 1152 | 1197 | 1243 | 5 22,5 |
| 7 | 1289 | 1335 | 1381 | 1426 | 1472 | 1518 | 1564 | 1609 | 1655 | 1701 | 6 27,0 |
| 8 | 1747 | 1793 | 1838 | 1884 | 1930 | 1976 | 2021 | 2067 | 2113 | 2159 | 7 31,5 |
| 9 | 2204 | 2250 | 2296 | 2342 | 2388 | 2433 | 2479 | 2525 | 2571 | 2616 | 8 36,0 |
| 9490 | 2662 | 2708 | 2754 | 2799 | 2845 | 2891 | 2937 | 2982 | 3028 | 3074 | 9 40,5 |
| 1 | 3120 | 3165 | 3211 | 3257 | 3303 | 3349 | 3394 | 3440 | 3486 | 3532 | |
| 2 | 3577 | 3623 | 3669 | 3715 | 3760 | 3806 | 3852 | 3898 | 3943 | 3989 | |
| 3 | 4035 | 4081 | 4126 | 4172 | 4218 | 4264 | 4309 | 4355 | 4401 | 4447 | |
| 4 | 4492 | 4538 | 4584 | 4630 | 4675 | 4721 | 4767 | 4812 | 4858 | 4904 | |
| 5 | 4950 | 4995 | 5041 | 5087 | 5133 | 5178 | 5224 | 5270 | 5316 | 5361 | |
| 6 | 5407 | 5453 | 5499 | 5544 | 5590 | 5636 | 5681 | 5727 | 5773 | 5819 | |
| 7 | 5864 | 5910 | 5956 | 6002 | 6047 | 6093 | 6139 | 6184 | 6230 | 6276 | |
| 8 | 6322 | 6367 | 6413 | 6459 | 6505 | 6550 | 6596 | 6642 | 6687 | 6733 | |
| 9 | 6779 | 6825 | 6870 | 6916 | 6962 | 7007 | 7053 | 7099 | 7145 | 7190 | |
| N. | 0 | 1 | 2 | 3 | 4 | 5 | 6 | 7 | 8 | 9 | |

94500″ = 26° 15′ 0″ 9450″ = 2° 37′ 30″ S = $\overline{6}$,685 4229 T. 8789
94600 = 26 16 40 9460 = 2 37 40 4226 8795
94700 = 26 18 20 9470 = 2 37 50 4223 8802
94800 = 26 20 0 9480 = 2 38 0 4220 8808
94900 = 26 21 40 9490 = 2 38 10 4216 8815

| N. | 0 | 1 | 2 | 3 | 4 | 5 | 6 | 7 | 8 | 9 | Diff. et p. p. |
|---|---|---|---|---|---|---|---|---|---|---|---|
| 9500 | 977 7236 | 7282 | 7327 | 7373 | 7419 | 7465 | 7510 | 7556 | 7602 | 7647 | |
| 1 | 7693 | 7739 | 7785 | 7830 | 7876 | 7922 | 7967 | 8013 | 8059 | 8105 | |
| 2 | 8150 | 8196 | 8242 | 8287 | 8333 | 8379 | 8424 | 8470 | 8516 | 8562 | |
| 3 | 8607 | 8653 | 8699 | 8744 | 8790 | 8836 | 8881 | 8927 | 8973 | 9019 | |
| 4 | 9064 | 9110 | 9156 | 9201 | 9247 | 9293 | 9338 | 9384 | 9430 | 9476 | |
| 5 | 9521 | 9567 | 9613 | 9658 | 9704 | 9750 | 9795 | 9841 | 9887 | 9932 | |
| 6 | 9978 | *0024 | *0069 | *0115 | *0161 | *0207 | *0252 | *0298 | *0344 | *0389 | |
| 7 | 978 0435 | 0481 | 0526 | 0572 | 0618 | 0663 | 0709 | 0755 | 0800 | 0846 | |
| 8 | 0892 | 0937 | 0983 | 1029 | 1074 | 1120 | 1166 | 1211 | 1257 | 1303 | |
| 9 | 1348 | 1394 | 1440 | 1485 | 1531 | 1577 | 1622 | 1668 | 1714 | 1760 | |
| 9510 | 1805 | 1851 | 1897 | 1942 | 1988 | 2033 | 2079 | 2125 | 2170 | 2216 | |
| 1 | 2262 | 2307 | 2353 | 2399 | 2444 | 2490 | 2536 | 2581 | 2627 | 2673 | 46 |
| 2 | 2718 | 2764 | 2810 | 2855 | 2901 | 2947 | 2992 | 3038 | 3084 | 3129 | 1 \| 4,6 |
| 3 | 3175 | 3221 | 3266 | 3312 | 3358 | 3403 | 3449 | 3495 | 3540 | 3586 | 2 \| 9,2 |
| 4 | 3631 | 3677 | 3723 | 3768 | 3814 | 3860 | 3905 | 3951 | 3997 | 4042 | 3 \| 13,8 |
| 5 | 4088 | 4134 | 4179 | 4225 | 4270 | 4316 | 4362 | 4407 | 4453 | 4499 | 4 \| 18,4 |
| 6 | 4544 | 4590 | 4636 | 4681 | 4727 | 4773 | 4818 | 4864 | 4909 | 4955 | 5 \| 23,0 |
| 7 | 5001 | 5046 | 5092 | 5138 | 5183 | 5229 | 5274 | 5320 | 5366 | 5411 | 6 \| 27,6 |
| 8 | 5457 | 5503 | 5548 | 5594 | 5640 | 5685 | 5731 | 5776 | 5822 | 5868 | 7 \| 32,2 |
| 9 | 5913 | 5959 | 6005 | 6050 | 6096 | 6141 | 6187 | 6233 | 6278 | 6324 | 8 \| 36,8 |
| 9520 | 6369 | 6415 | 6461 | 6506 | 6552 | 6598 | 6643 | 6689 | 6734 | 6780 | 9 \| 41,4 |
| 1 | 6826 | 6871 | 6917 | 6962 | 7008 | 7054 | 7099 | 7145 | 7191 | 7236 | |
| 2 | 7282 | 7327 | 7373 | 7419 | 7464 | 7510 | 7555 | 7601 | 7647 | 7692 | |
| 3 | 7738 | 7783 | 7829 | 7875 | 7920 | 7966 | 8011 | 8057 | 8103 | 8148 | |
| 4 | 8194 | 8239 | 8285 | 8331 | 8376 | 8422 | 8467 | 8513 | 8559 | 8604 | |
| 5 | 8650 | 8695 | 8741 | 8787 | 8832 | 8878 | 8923 | 8969 | 9015 | 9060 | |
| 6 | 9106 | 9151 | 9197 | 9243 | 9288 | 9334 | 9379 | 9425 | 9470 | 9516 | |
| 7 | 9562 | 9607 | 9653 | 9698 | 9744 | 9790 | 9835 | 9881 | 9926 | 9972 | |
| 8 | 979 0017 | 0063 | 0109 | 0154 | 0200 | 0245 | 0291 | 0337 | 0382 | 0428 | |
| 9 | 0473 | 0519 | 0564 | 0610 | 0656 | 0701 | 0747 | 0792 | 0838 | 0883 | |
| 9530 | 0929 | 0975 | 1020 | 1066 | 1111 | 1157 | 1202 | 1248 | 1294 | 1339 | |
| 1 | 1385 | 1430 | 1476 | 1521 | 1567 | 1613 | 1658 | 1704 | 1749 | 1795 | 45 |
| 2 | 1840 | 1886 | 1931 | 1977 | 2023 | 2068 | 2114 | 2159 | 2205 | 2250 | 1 \| 4,5 |
| 3 | 2296 | 2341 | 2387 | 2433 | 2478 | 2524 | 2569 | 2615 | 2660 | 2706 | 2 \| 9,0 |
| 4 | 2751 | 2797 | 2843 | 2888 | 2934 | 2979 | 3025 | 3070 | 3116 | 3161 | 3 \| 13,5 |
| 5 | 3207 | 3253 | 3298 | 3344 | 3389 | 3435 | 3480 | 3526 | 3571 | 3617 | 4 \| 18,0 |
| 6 | 3662 | 3708 | 3754 | 3799 | 3845 | 3890 | 3936 | 3981 | 4027 | 4072 | 5 \| 22,5 |
| 7 | 4118 | 4163 | 4209 | 4254 | 4300 | 4346 | 4391 | 4437 | 4482 | 4528 | 6 \| 27,0 |
| 8 | 4573 | 4619 | 4664 | 4710 | 4755 | 4801 | 4846 | 4892 | 4937 | 4983 | 7 \| 31,5 |
| 9 | 5028 | 5074 | 5120 | 5165 | 5211 | 5256 | 5302 | 5347 | 5393 | 5438 | 8 \| 36,0 |
| 9540 | 5484 | 5529 | 5575 | 5620 | 5666 | 5711 | 5757 | 5802 | 5848 | 5893 | 9 \| 40,5 |
| 1 | 5939 | 5984 | 6030 | 6076 | 6121 | 6167 | 6212 | 6258 | 6303 | 6349 | |
| 2 | 6394 | 6440 | 6485 | 6531 | 6576 | 6622 | 6667 | 6713 | 6758 | 6804 | |
| 3 | 6849 | 6895 | 6940 | 6986 | 7031 | 7077 | 7122 | 7168 | 7213 | 7259 | |
| 4 | 7304 | 7350 | 7395 | 7441 | 7486 | 7532 | 7577 | 7623 | 7668 | 7714 | |
| 5 | 7759 | 7805 | 7850 | 7896 | 7941 | 7987 | 8032 | 8078 | 8123 | 8169 | |
| 6 | 8214 | 8260 | 8305 | 8351 | 8396 | 8442 | 8487 | 8533 | 8578 | 8624 | |
| 7 | 8669 | 8715 | 8760 | 8806 | 8851 | 8897 | 8942 | 8988 | 9033 | 9079 | |
| 8 | 9124 | 9170 | 9215 | 9261 | 9306 | 9352 | 9397 | 9442 | 9488 | 9533 | |
| 9 | 9579 | 9624 | 9670 | 9715 | 9761 | 9806 | 9852 | 9897 | 9943 | 9988 | |
| N. | 0 | 1 | 2 | 3 | 4 | 5 | 6 | 7 | 8 | 9 | |

| | | | |
|---|---|---|---|
| 95000″ = 26° 23′ 20″ | 9500″ = 2° 38′ 20″ | S = $\bar{6}$,6854213 | T. 8821 |
| 95100 = 26 25 0 | 9510 = 2 38 30 | 4210 | 8828 |
| 95200 = 26 26 40 | 9520 = 2 38 40 | 4207 | 8834 |
| 95300 = 26 28 20 | 9530 = 2 38.50 | 4203 | 8840 |
| 95400 = 26 30 0 | 9540 = 2 39 0 | 4200 | 8847 |

| N. | 0 | 1 | 2 | 3 | 4 | 5 | 6 | 7 | 8 | 9 |
|---|---|---|---|---|---|---|---|---|---|---|
| 9550 | 980 0034 | 0079 | 0125 | 0170 | 0216 | 0261 | 0307 | 0352 | 0398 | 0443 |
| 1 | 0488 | 0534 | 0579 | 0625 | 0670 | 0716 | 0761 | 0807 | 0852 | 0898 |
| 2 | 0943 | 0989 | 1034 | 1080 | 1125 | 1170 | 1216 | 1261 | 1307 | 1352 |
| 3 | 1398 | 1443 | 1489 | 1534 | 1580 | 1625 | 1671 | 1716 | 1761 | 1807 |
| 4 | 1852 | 1898 | 1943 | 1989 | 2034 | 2080 | 2125 | 2171 | 2216 | 2261 |
| 5 | 2307 | 2352 | 2398 | 2443 | 2489 | 2534 | 2580 | 2625 | 2671 | 2716 |
| 6 | 2761 | 2807 | 2852 | 2898 | 2943 | 2989 | 3034 | 3080 | 3125 | 3170 |
| 7 | 3216 | 3261 | 3307 | 3352 | 3398 | 3443 | 3489 | 3534 | 3579 | 3625 |
| 8 | 3670 | 3716 | 3761 | 3807 | 3852 | 3897 | 3943 | 3988 | 4034 | 4079 |
| 9 | 4125 | 4170 | 4215 | 4261 | 4306 | 4352 | 4397 | 4443 | 4488 | 4533 |
| 9560 | 4579 | 4624 | 4670 | 4715 | 4761 | 4806 | 4851 | 4897 | 4942 | 4988 |
| 1 | 5033 | 5079 | 5124 | 5169 | 5215 | 5260 | 5306 | 5351 | 5397 | 5442 |
| 2 | 5487 | 5533 | 5578 | 5624 | 5669 | 5714 | 5760 | 5805 | 5851 | 5896 |
| 3 | 5942 | 5987 | 6032 | 6078 | 6123 | 6169 | 6214 | 6259 | 6305 | 6350 |
| 4 | 6396 | 6441 | 6486 | 6532 | 6577 | 6623 | 6668 | 6714 | 6759 | 6804 |
| 5 | 6850 | 6895 | 6941 | 6986 | 7031 | 7077 | 7122 | 7168 | 7213 | 7258 |
| 6 | 7304 | 7349 | 7395 | 7440 | 7485 | 7531 | 7576 | 7622 | 7667 | 7712 |
| 7 | 7758 | 7803 | 7849 | 7894 | 7939 | 7985 | 8030 | 8075 | 8121 | 8166 |
| 8 | 8212 | 8257 | 8302 | 8348 | 8393 | 8439 | 8484 | 8529 | 8575 | 8620 |
| 9 | 8666 | 8711 | 8756 | 8802 | 8847 | 8892 | 8938 | 8983 | 9029 | 9074 |
| 9570 | 9119 | 9165 | 9210 | 9256 | 9301 | 9346 | 9392 | 9437 | 9482 | 9528 |
| 1 | 9573 | 9619 | 9664 | 9709 | 9755 | 9800 | 9845 | 9891 | 9936 | 9982 |
| 2 | 981 0027 | 0072 | 0118 | 0163 | 0208 | 0254 | 0299 | 0344 | 0390 | 0435 |
| 3 | 0481 | 0526 | 0571 | 0617 | 0662 | 0707 | 0753 | 0798 | 0844 | 0889 |
| 4 | 0934 | 0980 | 1025 | 1070 | 1116 | 1161 | 1206 | 1252 | 1297 | 1342 |
| 5 | 1388 | 1433 | 1479 | 1524 | 1569 | 1615 | 1660 | 1705 | 1751 | 1796 |
| 6 | 1841 | 1887 | 1932 | 1977 | 2023 | 2068 | 2113 | 2159 | 2204 | 2250 |
| 7 | 2295 | 2340 | 2386 | 2431 | 2476 | 2522 | 2567 | 2612 | 2658 | 2703 |
| 8 | 2748 | 2794 | 2839 | 2884 | 2930 | 2975 | 3020 | 3066 | 3111 | 3156 |
| 9 | 3202 | 3247 | 3292 | 3338 | 3383 | 3428 | 3474 | 3519 | 3564 | 3610 |
| 9580 | 3655 | 3700 | 3746 | 3791 | 3836 | 3882 | 3927 | 3972 | 4018 | 4063 |
| 1 | 4108 | 4154 | 4199 | 4244 | 4290 | 4335 | 4380 | 4426 | 4471 | 4516 |
| 2 | 4562 | 4607 | 4652 | 4698 | 4743 | 4788 | 4834 | 4879 | 4924 | 4970 |
| 3 | 5015 | 5060 | 5106 | 5151 | 5196 | 5241 | 5287 | 5332 | 5377 | 5423 |
| 4 | 5468 | 5513 | 5559 | 5604 | 5649 | 5695 | 5740 | 5785 | 5831 | 5876 |
| 5 | 5921 | 5966 | 6012 | 6057 | 6102 | 6148 | 6193 | 6238 | 6284 | 6329 |
| 6 | 6374 | 6420 | 6465 | 6510 | 6555 | 6601 | 6646 | 6691 | 6737 | 6782 |
| 7 | 6827 | 6873 | 6918 | 6963 | 7008 | 7054 | 7099 | 7144 | 7190 | 7235 |
| 8 | 7280 | 7326 | 7371 | 7416 | 7461 | 7507 | 7552 | 7597 | 7643 | 7688 |
| 9 | 7733 | 7778 | 7824 | 7869 | 7914 | 7960 | 8005 | 8050 | 8095 | 8141 |
| 9590 | 8186 | 8231 | 8277 | 8322 | 8367 | 8412 | 8458 | 8503 | 8548 | 8594 |
| 1 | 8639 | 8684 | 8729 | 8775 | 8820 | 8865 | 8911 | 8956 | 9001 | 9046 |
| 2 | 9092 | 9137 | 9182 | 9228 | 9273 | 9318 | 9363 | 9409 | 9454 | 9499 |
| 3 | 9544 | 9590 | 9635 | 9680 | 9726 | 9771 | 9816 | 9861 | 9907 | 9952 |
| 4 | 9997 | *0042 | *0088 | *0133 | *0178 | *0223 | *0269 | *0314 | *0359 | *0405 |
| 5 | 982 0450 | 0495 | 0540 | 0586 | 0631 | 0676 | 0721 | 0767 | 0812 | 0857 |
| 6 | 0902 | 0948 | 0993 | 1038 | 1083 | 1129 | 1174 | 1219 | 1264 | 1310 |
| 7 | 1355 | 1400 | 1445 | 1491 | 1536 | 1581 | 1626 | 1672 | 1717 | 1762 |
| 8 | 1807 | 1853 | 1898 | 1943 | 1988 | 2034 | 2079 | 2124 | 2169 | 2215 |
| 9 | 2260 | 2305 | 2350 | 2396 | 2441 | 2486 | 2531 | 2577 | 2622 | 2667 |
| N. | 0 | 1 | 2 | 3 | 4 | 5 | 6 | 7 | 8 | 9 |

Diff. et p. p.

| 46 | |
|---|---|
| 1 | 4,6 |
| 2 | 9,2 |
| 3 | 13,8 |
| 4 | 18,4 |
| 5 | 23,0 |
| 6 | 27,6 |
| 7 | 32,2 |
| 8 | 36,8 |
| 9 | 41,4 |

| 45 | |
|---|---|
| 1 | 4,5 |
| 2 | 9,0 |
| 3 | 13,5 |
| 4 | 18,0 |
| 5 | 22,5 |
| 6 | 27,0 |
| 7 | 31,5 |
| 8 | 36,0 |
| 9 | 40,5 |

| | | | |
|---|---|---|---|
| 95500″ = 26° 31′ 40″ | 9550″ = 2° 39′ 10″ | S = $\overline{6}$,685 4197 | T. 8853 |
| 95600 = 26 33 20 | 9560 = 2 39 20 | 4194 | 8860 |
| 95700 = 26 35 0 | 9570 = 2 39 30 | 4190 | 8867 |
| 95800 = 26 36 40 | 9580 = 2 39 40 | 4187 | 8873 |
| 95900 = 26 38 20 | 9590 = 2 39 50 | 4184 | 8880 |

| N. | 0 | 1 | 2 | 3 | 4 | 5 | 6 | 7 | 8 | 9 | Diff. et p. p. |
|---|---|---|---|---|---|---|---|---|---|---|---|
| 9600 | 982 2712 | 2758 | 2803 | 2848 | 2893 | 2939 | 2984 | 3029 | 3074 | 3119 | |
| 1 | 3165 | 3210 | 3255 | 3300 | 3346 | 3391 | 3436 | 3481 | 3527 | 3572 | |
| 2 | 3617 | 3662 | 3707 | 3753 | 3798 | 3843 | 3888 | 3934 | 3979 | 4024 | |
| 3 | 4069 | 4115 | 4160 | 4205 | 4250 | 4295 | 4341 | 4386 | 4431 | 4476 | |
| 4 | 4522 | 4567 | 4612 | 4657 | 4702 | 4748 | 4793 | 4838 | 4883 | 4928 | |
| 5 | 4974 | 5019 | 5064 | 5109 | 5155 | 5200 | 5245 | 5290 | 5335 | 5381 | |
| 6 | 5426 | 5471 | 5516 | 5561 | 5607 | 5652 | 5697 | 5742 | 5787 | 5833 | |
| 7 | 5878 | 5923 | 5968 | 6014 | 6059 | 6104 | 6149 | 6194 | 6240 | 6285 | |
| 8 | 6330 | 6375 | 6420 | 6466 | 6511 | 6556 | 6601 | 6646 | 6692 | 6737 | |
| 9 | 6782 | 6827 | 6872 | 6918 | 6963 | 7008 | 7053 | 7098 | 7143 | 7189 | |
| 9610 | 7234 | 7279 | 7324 | 7369 | 7415 | 7460 | 7505 | 7550 | 7595 | 7641 | |
| 1 | 7686 | 7731 | 7776 | 7821 | 7867 | 7912 | 7957 | 8002 | 8047 | 8092 | 46 |
| 2 | 8138 | 8183 | 8228 | 8273 | 8318 | 8364 | 8409 | 8454 | 8499 | 8544 | 1 \| 4,6 |
| 3 | 8589 | 8635 | 8680 | 8725 | 8770 | 8815 | 8860 | 8906 | 8951 | 8996 | 2 \| 9,2 |
| 4 | 9041 | 9086 | 9132 | 9177 | 9222 | 9267 | 9312 | 9357 | 9403 | 9448 | 3 \| 13,8 |
| 5 | 9493 | 9538 | 9583 | 9628 | 9674 | 9719 | 9764 | 9809 | 9854 | 9899 | 4 \| 18,4 |
| 6 | 9945 | 9990 | *0035 | *0080 | *0125 | *0170 | *0216 | *0261 | *0306 | *0351 | 5 \| 23,0 |
| 7 | 983 0396 | 0441 | 0486 | 0532 | 0577 | 0622 | 0667 | 0712 | 0757 | 0803 | 6 \| 27,6 |
| 8 | 0848 | 0893 | 0938 | 0983 | 1028 | 1073 | 1119 | 1164 | 1209 | 1254 | 7 \| 32,2 |
| 9 | 1299 | 1344 | 1390 | 1435 | 1480 | 1525 | 1570 | 1615 | 1660 | 1706 | 8 \| 36,8 |
| 9620 | 1751 | 1796 | 1841 | 1886 | 1931 | 1976 | 2022 | 2067 | 2112 | 2157 | 9 \| 41,4 |
| 1 | 2202 | 2247 | 2292 | 2338 | 2383 | 2428 | 2473 | 2518 | 2563 | 2608 | |
| 2 | 2654 | 2699 | 2744 | 2789 | 2834 | 2879 | 2924 | 2969 | 3015 | 3060 | |
| 3 | 3105 | 3150 | 3195 | 3240 | 3285 | 3331 | 3376 | 3421 | 3466 | 3511 | |
| 4 | 3556 | 3601 | 3646 | 3692 | 3737 | 3782 | 3827 | 3872 | 3917 | 3962 | |
| 5 | 4007 | 4053 | 4098 | 4143 | 4188 | 4233 | 4278 | 4323 | 4368 | 4413 | |
| 6 | 4459 | 4504 | 4549 | 4594 | 4639 | 4684 | 4729 | 4774 | 4819 | 4865 | |
| 7 | 4910 | 4955 | 5000 | 5045 | 5090 | 5135 | 5180 | 5225 | 5271 | 5316 | |
| 8 | 5361 | 5406 | 5451 | 5496 | 5541 | 5586 | 5631 | 5677 | 5722 | 5767 | |
| 9 | 5812 | 5857 | 5902 | 5947 | 5992 | 6037 | 6082 | 6128 | 6173 | 6218 | |
| 9630 | 6263 | 6308 | 6353 | 6398 | 6443 | 6488 | 6533 | 6579 | 6624 | 6669 | |
| 1 | 6714 | 6759 | 6804 | 6849 | 6894 | 6939 | 6984 | 7029 | 7075 | 7120 | 45 |
| 2 | 7165 | 7210 | 7255 | 7300 | 7345 | 7390 | 7435 | 7480 | 7525 | 7571 | 1 \| 4,5 |
| 3 | 7616 | 7661 | 7706 | 7751 | 7796 | 7841 | 7886 | 7931 | 7976 | 8021 | 2 \| 9,0 |
| 4 | 8066 | 8111 | 8157 | 8202 | 8247 | 8292 | 8337 | 8382 | 8427 | 8472 | 3 \| 13,5 |
| 5 | 8517 | 8562 | 8607 | 8652 | 8697 | 8743 | 8788 | 8833 | 8878 | 8923 | 4 \| 18,0 |
| 6 | 8968 | 9013 | 9058 | 9103 | 9148 | 9193 | 9238 | 9283 | 9328 | 9374 | 5 \| 22,5 |
| 7 | 9419 | 9464 | 9509 | 9554 | 9599 | 9644 | 9689 | 9734 | 9779 | 9824 | 6 \| 27,0 |
| 8 | 9869 | 9914 | 9959 | *0004 | *0049 | *0095 | *0140 | *0185 | *0230 | *0275 | 7 \| 31,5 |
| 9 | 984 0320 | 0365 | 0410 | 0455 | 0500 | 0545 | 0590 | 0635 | 0680 | 0725 | 8 \| 36,0 |
| 9640 | 0770 | 0815 | 0860 | 0905 | 0951 | 0996 | 1041 | 1086 | 1131 | 1176 | 9 \| 40,5 |
| 1 | 1221 | 1266 | 1311 | 1356 | 1401 | 1446 | 1491 | 1536 | 1581 | 1626 | |
| 2 | 1671 | 1716 | 1761 | 1806 | 1851 | 1896 | 1942 | 1987 | 2032 | 2077 | |
| 3 | 2122 | 2167 | 2212 | 2257 | 2302 | 2347 | 2392 | 2437 | 2482 | 2527 | |
| 4 | 2572 | 2617 | 2662 | 2707 | 2752 | 2797 | 2842 | 2887 | 2932 | 2977 | |
| 5 | 3022 | 3067 | 3112 | 3157 | 3202 | 3247 | 3292 | 3338 | 3383 | 3428 | |
| 6 | 3473 | 3518 | 3563 | 3608 | 3653 | 3698 | 3743 | 3788 | 3833 | 3878 | |
| 7 | 3923 | 3968 | 4013 | 4058 | 4103 | 4148 | 4193 | 4238 | 4283 | 4328 | |
| 8 | 4373 | 4418 | 4463 | 4508 | 4553 | 4598 | 4643 | 4688 | 4733 | 4778 | |
| 9 | 4823 | 4868 | 4913 | 4958 | 5003 | 5048 | 5093 | 5138 | 5183 | 5228 | |
| N. | 0 | 1 | 2 | 3 | 4 | 5 | 6 | 7 | 8 | 9 | |

| | | | |
|---|---|---|---|
| 96000″ = 26° 40′ 0″ | 9600″ = 2° 40′ 0″ | S = $\bar{6}$,685 4181 | T. 8886 |
| 96100 = 26 41 40 | 9610 = 2 40 10 | 4177 | 8893 |
| 96200 = 26 43 20 | 9620 = 2 40 20 | 4174 | 8899 |
| 96300 = 26 45 0 | 9630 = 2 40 30 | 4171 | 8906 |
| 96400 = 26 46 40 | 9640 = 2 40 40 | 4168 | 8912 |

| N. | 0 | 1 | 2 | 3 | 4 | 5 | 6 | 7 | 8 | 9 | Diff. et p. p. |
|---|---|---|---|---|---|---|---|---|---|---|---|
| 9650 | 984 5273 | 5318 | 5363 | 5408 | 5453 | 5498 | 5543 | 5588 | 5633 | 5678 | |
| 1 | 5723 | 5768 | 5813 | 5858 | 5903 | 5948 | 5993 | 6038 | 6083 | 6128 | |
| 2 | 6173 | 6218 | 6263 | 6308 | 6353 | 6398 | 6443 | 6488 | 6533 | 6578 | |
| 3 | 6623 | 6668 | 6713 | 6758 | 6803 | 6848 | 6893 | 6938 | 6983 | 7028 | |
| 4 | 7073 | 7118 | 7163 | 7208 | 7253 | 7298 | 7343 | 7388 | 7433 | 7478 | |
| 5 | 7523 | 7568 | 7613 | 7658 | 7703 | 7748 | 7793 | 7838 | 7883 | 7928 | |
| 6 | 7973 | 8018 | 8063 | 8107 | 8152 | 8197 | 8242 | 8287 | 8332 | 8377 | |
| 7 | 8422 | 8467 | 8512 | 8557 | 8602 | 8647 | 8692 | 8737 | 8782 | 8827 | |
| 8 | 8872 | 8917 | 8962 | 9007 | 9052 | 9097 | 9142 | 9187 | 9232 | 9277 | |
| 9 | 9322 | 9367 | 9412 | 9457 | 9502 | 9546 | 9591 | 9636 | 9681 | 9726 | |
| 9660 | 9771 | 9816 | 9861 | 9906 | 9951 | 9996 | *0041 | *0086 | *0131 | *0176 | |
| 1 | 985 0221 | 0266 | 0311 | 0356 | 0401 | 0446 | 0491 | 0535 | 0580 | 0625 | 45 |
| 2 | 0670 | 0715 | 0760 | 0805 | 0850 | 0895 | 0940 | 0985 | 1030 | 1075 | 1 \| 4,5 |
| 3 | 1120 | 1165 | 1210 | 1255 | 1300 | 1345 | 1389 | 1434 | 1479 | 1524 | 2 \| 9,0 |
| 4 | 1569 | 1614 | 1659 | 1704 | 1749 | 1794 | 1839 | 1884 | 1929 | 1974 | 3 \| 13,5 |
| 5 | 2019 | 2064 | 2108 | 2153 | 2198 | 2243 | 2288 | 2333 | 2378 | 2423 | 4 \| 18,0 |
| 6 | 2468 | 2513 | 2558 | 2603 | 2648 | 2693 | 2737 | 2782 | 2827 | 2872 | 5 \| 22,5 |
| 7 | 2917 | 2962 | 3007 | 3052 | 3097 | 3142 | 3187 | 3232 | 3277 | 3321 | 6 \| 27,0 |
| 8 | 3366 | 3411 | 3456 | 3501 | 3546 | 3591 | 3636 | 3681 | 3726 | 3771 | 7 \| 31,5 |
| 9 | 3816 | 3861 | 3905 | 3950 | 3995 | 4040 | 4085 | 4130 | 4175 | 4220 | 8 \| 36,0 |
| 9670 | 4265 | 4310 | 4355 | 4399 | 4444 | 4489 | 4534 | 4579 | 4624 | 4669 | 9 \| 40,5 |
| 1 | 4714 | 4759 | 4804 | 4849 | 4893 | 4938 | 4983 | 5028 | 5073 | 5118 | |
| 2 | 5163 | 5208 | 5253 | 5298 | 5342 | 5387 | 5432 | 5477 | 5522 | 5567 | |
| 3 | 5612 | 5657 | 5702 | 5747 | 5791 | 5836 | 5881 | 5926 | 5971 | 6016 | |
| 4 | 6061 | 6106 | 6151 | 6196 | 6240 | 6285 | 6330 | 6375 | 6420 | 6465 | |
| 5 | 6510 | 6555 | 6600 | 6644 | 6689 | 6734 | 6779 | 6824 | 6869 | 6914 | |
| 6 | 6959 | 7003 | 7048 | 7093 | 7138 | 7183 | 7228 | 7273 | 7318 | 7363 | |
| 7 | 7407 | 7452 | 7497 | 7542 | 7587 | 7632 | 7677 | 7722 | 7766 | 7811 | |
| 8 | 7856 | 7901 | 7946 | 7991 | 8036 | 8081 | 8125 | 8170 | 8215 | 8260 | |
| 9 | 8305 | 8350 | 8395 | 8440 | 8484 | 8529 | 8574 | 8619 | 8664 | 8709 | |
| 9680 | 8754 | 8798 | 8843 | 8888 | 8933 | 8978 | 9023 | 9068 | 9112 | 9157 | |
| 1 | 9202 | 9247 | 9292 | 9337 | 9382 | 9426 | 9471 | 9516 | 9561 | 9606 | 44 |
| 2 | 9651 | 9696 | 9740 | 9785 | 9830 | 9875 | 9920 | 9965 | *0010 | *0054 | 1 \| 4,4 |
| 3 | 986 0099 | 0144 | 0189 | 0234 | 0279 | 0324 | 0368 | 0413 | 0458 | 0503 | 2 \| 8,8 |
| 4 | 0548 | 0593 | 0637 | 0682 | 0727 | 0772 | 0817 | 0862 | 0907 | 0951 | 3 \| 13,2 |
| 5 | 0996 | 1041 | 1086 | 1131 | 1176 | 1220 | 1265 | 1310 | 1355 | 1400 | 4 \| 17,6 |
| 6 | 1445 | 1489 | 1534 | 1579 | 1624 | 1669 | 1714 | 1758 | 1803 | 1848 | 5 \| 22,0 |
| 7 | 1893 | 1938 | 1983 | 2027 | 2072 | 2117 | 2162 | 2207 | 2252 | 2296 | 6 \| 26,4 |
| 8 | 2341 | 2386 | 2431 | 2476 | 2521 | 2565 | 2610 | 2655 | 2700 | 2745 | 7 \| 30,8 |
| 9 | 2790 | 2834 | 2879 | 2924 | 2969 | 3014 | 3058 | 3103 | 3148 | 3193 | 8 \| 35,2 |
| 9690 | 3238 | 3283 | 3327 | 3372 | 3417 | 3462 | 3507 | 3551 | 3596 | 3641 | 9 \| 39,6 |
| 1 | 3686 | 3731 | 3776 | 3820 | 3865 | 3910 | 3955 | 4000 | 4044 | 4089 | |
| 2 | 4134 | 4179 | 4224 | 4268 | 4313 | 4358 | 4403 | 4448 | 4493 | 4537 | |
| 3 | 4582 | 4627 | 4672 | 4717 | 4761 | 4806 | 4851 | 4896 | 4941 | 4985 | |
| 4 | 5030 | 5075 | 5120 | 5165 | 5209 | 5254 | 5299 | 5344 | 5389 | 5433 | |
| 5 | 5478 | 5523 | 5568 | 5613 | 5657 | 5702 | 5747 | 5792 | 5836 | 5881 | |
| 6 | 5926 | 5971 | 6016 | 6060 | 6105 | 6150 | 6195 | 6240 | 6284 | 6329 | |
| 7 | 6374 | 6419 | 6464 | 6508 | 6553 | 6598 | 6643 | 6687 | 6732 | 6777 | |
| 8 | 6822 | 6867 | 6911 | 6956 | 7001 | 7046 | 7090 | 7135 | 7180 | 7225 | |
| 9 | 7270 | 7314 | 7359 | 7404 | 7449 | 7493 | 7538 | 7583 | 7628 | 7673 | |
| N. | 0 | 1 | 2 | 3 | 4 | 5 | 6 | 7 | 8 | 9 | |

96500″ = 26° 48′ 20″ — 9650″ = 2° 40′ 50″ — S = $\bar{6}$,6854164 — T. 8919
96600 = 26 50 0 — 9660 = 2 41 0 — 4161 — 8925
96700 = 26 51 40 — 9670 = 2 41 10 — 4158 — 8932
96800 = 26 53 20 — 9680 = 2 41 20 — 4154 — 8939
96900 = 26 55 0 — 9690 = 2 41 30 — 4151 — 8945

| N. | 0 | 1 | 2 | 3 | 4 | 5 | 6 | 7 | 8 | 9 | Diff. et p. p. |
|---|---|---|---|---|---|---|---|---|---|---|---|
| 9700 | 986 7717 | 7762 | 7807 | 7852 | 7896 | 7941 | 7986 | 8031 | 8076 | 8120 | |
| 1 | 8165 | 8210 | 8255 | 8299 | 8344 | 8389 | 8434 | 8478 | 8523 | 8568 | |
| 2 | 8613 | 8657 | 8702 | 8747 | 8792 | 8837 | 8881 | 8926 | 8971 | 9016 | |
| 3 | 9060 | 9105 | 9150 | 9195 | 9239 | 9284 | 9329 | 9374 | 9418 | 9463 | |
| 4 | 9508 | 9553 | 9597 | 9642 | 9687 | 9732 | 9776 | 9821 | 9866 | 9911 | |
| 5 | 9955 | *0000 | *0045 | *0090 | *0134 | *0179 | *0224 | *0269 | *0313 | *0358 | |
| 6 | 987 0403 | 0448 | 0492 | 0537 | 0582 | 0627 | 0671 | 0716 | 0761 | 0806 | |
| 7 | 0850 | 0895 | 0940 | 0985 | 1029 | 1074 | 1119 | 1163 | 1208 | 1253 | |
| 8 | 1298 | 1342 | 1387 | 1432 | 1477 | 1521 | 1566 | 1611 | 1656 | 1700 | |
| 9 | 1745 | 1790 | 1834 | 1879 | 1924 | 1969 | 2013 | 2058 | 2103 | 2148 | |
| 9710 | 2192 | 2237 | 2282 | 2326 | 2371 | 2416 | 2461 | 2505 | 2550 | 2595 | |
| 1 | 2640 | 2684 | 2729 | 2774 | 2818 | 2863 | 2908 | 2953 | 2997 | 3042 | 45 |
| 2 | 3087 | 3131 | 3176 | 3221 | 3266 | 3310 | 3355 | 3400 | 3444 | 3489 | 1 \| 4,5 |
| 3 | 3534 | 3579 | 3623 | 3668 | 3713 | 3757 | 3802 | 3847 | 3892 | 3936 | 2 \| 9,0 |
| 4 | 3981 | 4026 | 4070 | 4115 | 4160 | 4205 | 4249 | 4294 | 4339 | 4383 | 3 \| 13,5 |
| 5 | 4428 | 4473 | 4517 | 4562 | 4607 | 4652 | 4696 | 4741 | 4786 | 4830 | 4 \| 18,0 |
| 6 | 4875 | 4920 | 4964 | 5009 | 5054 | 5099 | 5143 | 5188 | 5233 | 5277 | 5 \| 22,5 |
| 7 | 5322 | 5367 | 5411 | 5456 | 5501 | 5545 | 5590 | 5635 | 5680 | 5724 | 6 \| 27,0 |
| 8 | 5769 | 5814 | 5858 | 5903 | 5948 | 5992 | 6037 | 6082 | 6126 | 6171 | 7 \| 31,5 |
| 9 | 6216 | 6261 | 6305 | 6350 | 6395 | 6439 | 6484 | 6529 | 6573 | 6618 | 8 \| 36,0 |
| 9720 | 6663 | 6707 | 6752 | 6797 | 6841 | 6886 | 6931 | 6975 | 7020 | 7065 | 9 \| 40,5 |
| 1 | 7109 | 7154 | 7199 | 7243 | 7288 | 7333 | 7377 | 7422 | 7467 | 7511 | |
| 2 | 7556 | 7601 | 7646 | 7690 | 7735 | 7780 | 7824 | 7869 | 7914 | 7958 | |
| 3 | 8003 | 8048 | 8092 | 8137 | 8182 | 8226 | 8271 | 8316 | 8360 | 8405 | |
| 4 | 8450 | 8494 | 8539 | 8583 | 8628 | 8673 | 8717 | 8762 | 8807 | 8851 | |
| 5 | 8896 | 8941 | 8985 | 9030 | 9075 | 9119 | 9164 | 9209 | 9253 | 9298 | |
| 6 | 9343 | 9387 | 9432 | 9477 | 9521 | 9566 | 9611 | 9655 | 9700 | 9745 | |
| 7 | 9789 | 9834 | 9878 | 9923 | 9968 | *0012 | *0057 | *0102 | *0146 | *0191 | |
| 8 | 988 0236 | 0280 | 0325 | 0370 | 0414 | 0459 | 0503 | 0548 | 0593 | 0637 | |
| 9 | 0682 | 0727 | 0771 | 0816 | 0861 | 0905 | 0950 | 0994 | 1039 | 1084 | |
| 9730 | 1128 | 1173 | 1218 | 1262 | 1307 | 1352 | 1396 | 1441 | 1485 | 1530 | |
| 1 | 1575 | 1619 | 1664 | 1709 | 1753 | 1798 | 1842 | 1887 | 1932 | 1976 | 44 |
| 2 | 2021 | 2066 | 2110 | 2155 | 2200 | 2244 | 2289 | 2333 | 2378 | 2423 | 1 \| 4,4 |
| 3 | 2467 | 2512 | 2556 | 2601 | 2646 | 2690 | 2735 | 2780 | 2824 | 2869 | 2 \| 8,8 |
| 4 | 2913 | 2958 | 3003 | 3047 | 3092 | 3136 | 3181 | 3226 | 3270 | 3315 | 3 \| 13,2 |
| 5 | 3360 | 3404 | 3449 | 3493 | 3538 | 3583 | 3627 | 3672 | 3716 | 3761 | 4 \| 17,6 |
| 6 | 3806 | 3850 | 3895 | 3939 | 3984 | 4029 | 4073 | 4118 | 4162 | 4207 | 5 \| 22,0 |
| 7 | 4252 | 4296 | 4341 | 4386 | 4430 | 4475 | 4519 | 4564 | 4609 | 4653 | 6 \| 26,4 |
| 8 | 4698 | 4742 | 4787 | 4831 | 4876 | 4921 | 4965 | 5010 | 5054 | 5099 | 7 \| 30,8 |
| 9 | 5144 | 5188 | 5233 | 5277 | 5322 | 5367 | 5411 | 5456 | 5500 | 5545 | 8 \| 35,2 |
| 9740 | 5590 | 5634 | 5679 | 5723 | 5768 | 5813 | 5857 | 5902 | 5946 | 5991 | 9 \| 39,6 |
| 1 | 6035 | 6080 | 6125 | 6169 | 6214 | 6258 | 6303 | 6348 | 6392 | 6437 | |
| 2 | 6481 | 6526 | 6570 | 6615 | 6660 | 6704 | 6749 | 6793 | 6838 | 6882 | |
| 3 | 6927 | 6972 | 7016 | 7061 | 7105 | 7150 | 7194 | 7239 | 7284 | 7328 | |
| 4 | 7373 | 7417 | 7462 | 7506 | 7551 | 7596 | 7640 | 7685 | 7729 | 7774 | |
| 5 | 7818 | 7863 | 7908 | 7952 | 7997 | 8041 | 8086 | 8130 | 8175 | 8220 | |
| 6 | 8264 | 8309 | 8353 | 8398 | 8442 | 8487 | 8531 | 8576 | 8621 | 8665 | |
| 7 | 8710 | 8754 | 8799 | 8843 | 8888 | 8932 | 8977 | 9022 | 9066 | 9111 | |
| 8 | 9155 | 9200 | 9244 | 9289 | 9333 | 9378 | 9423 | 9467 | 9512 | 9556 | |
| 9 | 9601 | 9645 | 9690 | 9734 | 9779 | 9823 | 9868 | 9913 | 9957 | *0002 | |
| N. | 0 | 1 | 2 | 3 | 4 | 5 | 6 | 7 | 8 | 9 | |

| | | S | T. |
|---|---|---|---|
| 97000″ = 26° 56′ 40″ | 9700″ = 2° 41′ 40″ | S = $\bar{6}$,685 4148 | T. 8952 |
| 97100 = 26 58 20 | 9710 = 2 41 50 | 4144 | 8958 |
| 97200 = 27 0 0 | 9720 = 2 42 0 | 4141 | 8965 |
| 97300 = 27 1 40 | 9730 = 2 42 10 | 4138 | 8972 |
| 97400 = 27 3 20 | 9740 = 2 42 20 | 4135 | 8978 |

| N. | 0 | 1 | 2 | 3 | 4 | 5 | 6 | 7 | 8 | 9 | Diff. et p. p. |
|---|---|---|---|---|---|---|---|---|---|---|---|
| 9750 | 989 0046 | 0091 | 0135 | 0180 | 0224 | 0269 | 0313 | 0358 | 0402 | 0447 | |
| 1 | 0492 | 0536 | 0581 | 0625 | 0670 | 0714 | 0759 | 0803 | 0848 | 0892 | |
| 2 | 0937 | 0981 | 1026 | 1071 | 1115 | 1160 | 1204 | 1249 | 1293 | 1338 | |
| 3 | 1382 | 1427 | 1471 | 1516 | 1560 | 1605 | 1649 | 1694 | 1738 | 1783 | |
| 4 | 1828 | 1872 | 1917 | 1961 | 2006 | 2050 | 2095 | 2139 | 2184 | 2228 | |
| 5 | 2273 | 2317 | 2362 | 2406 | 2451 | 2495 | 2540 | 2584 | 2629 | 2673 | |
| 6 | 2718 | 2762 | 2807 | 2851 | 2896 | 2940 | 2985 | 3030 | 3074 | 3119 | |
| 7 | 3163 | 3208 | 3252 | 3297 | 3341 | 3386 | 3430 | 3475 | 3519 | 3564 | |
| 8 | 3608 | 3653 | 3697 | 3742 | 3786 | 3831 | 3875 | 3920 | 3964 | 4009 | |
| 9 | 4053 | 4098 | 4142 | 4187 | 4231 | 4276 | 4320 | 4365 | 4409 | 4454 | |
| 9760 | 4498 | 4543 | 4587 | 4632 | 4676 | 4721 | 4765 | 4810 | 4854 | 4899 | |
| 1 | 4943 | 4988 | 5032 | 5077 | 5121 | 5166 | 5210 | 5255 | 5299 | 5344 | 45 |
| 2 | 5388 | 5433 | 5477 | 5521 | 5566 | 5610 | 5655 | 5699 | 5744 | 5788 | 1 \| 4,5 |
| 3 | 5833 | 5877 | 5922 | 5966 | 6011 | 6055 | 6100 | 6144 | 6189 | 6233 | 2 \| 9,0 |
| 4 | 6278 | 6322 | 6367 | 6411 | 6456 | 6500 | 6545 | 6589 | 6634 | 6678 | 3 \| 13,5 |
| 5 | 6722 | 6767 | 6811 | 6856 | 6900 | 6945 | 6989 | 7034 | 7078 | 7123 | 4 \| 18,0 |
| 6 | 7167 | 7212 | 7256 | 7301 | 7345 | 7390 | 7434 | 7478 | 7523 | 7567 | 5 \| 22,5 |
| 7 | 7612 | 7656 | 7701 | 7745 | 7790 | 7834 | 7879 | 7923 | 7968 | 8012 | 6 \| 27,0 |
| 8 | 8057 | 8101 | 8145 | 8190 | 8234 | 8279 | 8323 | 8368 | 8412 | 8457 | 7 \| 31,5 |
| 9 | 8501 | 8546 | 8590 | 8634 | 8679 | 8723 | 8768 | 8812 | 8857 | 8901 | 8 \| 36,0 |
| 9770 | 8946 | 8990 | 9035 | 9079 | 9123 | 9168 | 9212 | 9257 | 9301 | 9346 | 9 \| 40,5 |
| 1 | 9390 | 9435 | 9479 | 9523 | 9568 | 9612 | 9657 | 9701 | 9746 | 9790 | |
| 2 | 9835 | 9879 | 9923 | 9968 | *0012 | *0057 | *0101 | *0146 | *0190 | *0235 | |
| 3 | 990 0279 | 0323 | 0368 | 0412 | 0457 | 0501 | 0546 | 0590 | 0634 | 0679 | |
| 4 | 0723 | 0768 | 0812 | 0857 | 0901 | 0946 | 0990 | 1034 | 1079 | 1123 | |
| 5 | 1168 | 1212 | 1257 | 1301 | 1345 | 1390 | 1434 | 1479 | 1523 | 1568 | |
| 6 | 1612 | 1656 | 1701 | 1745 | 1790 | 1834 | 1878 | 1923 | 1967 | 2012 | |
| 7 | 2056 | 2101 | 2145 | 2189 | 2234 | 2278 | 2323 | 2367 | 2411 | 2456 | |
| 8 | 2500 | 2545 | 2589 | 2634 | 2678 | 2722 | 2767 | 2811 | 2856 | 2900 | |
| 9 | 2944 | 2989 | 3033 | 3078 | 3122 | 3167 | 3211 | 3255 | 3300 | 3344 | |
| 9780 | 3389 | 3433 | 3477 | 3522 | 3566 | 3611 | 3655 | 3699 | 3744 | 3788 | |
| 1 | 3833 | 3877 | 3921 | 3966 | 4010 | 4055 | 4099 | 4143 | 4188 | 4232 | 44 |
| 2 | 4277 | 4321 | 4365 | 4410 | 4454 | 4499 | 4543 | 4587 | 4632 | 4676 | 1 \| 4,4 |
| 3 | 4721 | 4765 | 4809 | 4854 | 4898 | 4942 | 4987 | 5031 | 5076 | 5120 | 2 \| 8,8 |
| 4 | 5164 | 5209 | 5253 | 5298 | 5342 | 5386 | 5431 | 5475 | 5520 | 5564 | 3 \| 13,2 |
| 5 | 5608 | 5653 | 5697 | 5741 | 5786 | 5830 | 5875 | 5919 | 5963 | 6008 | 4 \| 17,6 |
| 6 | 6052 | 6096 | 6141 | 6185 | 6230 | 6274 | 6318 | 6363 | 6407 | 6452 | 5 \| 22,0 |
| 7 | 6496 | 6540 | 6585 | 6629 | 6673 | 6718 | 6762 | 6806 | 6851 | 6895 | 6 \| 26,4 |
| 8 | 6940 | 6984 | 7028 | 7073 | 7117 | 7161 | 7206 | 7250 | 7295 | 7339 | 7 \| 30,8 |
| 9 | 7383 | 7428 | 7472 | 7516 | 7561 | 7605 | 7649 | 7694 | 7738 | 7783 | 8 \| 35,2 |
| 9790 | 7827 | 7871 | 7916 | 7960 | 8004 | 8049 | 8093 | 8137 | 8182 | 8226 | 9 \| 39,6 |
| 1 | 8271 | 8315 | 8359 | 8404 | 8448 | 8492 | 8537 | 8581 | 8625 | 8670 | |
| 2 | 8714 | 8758 | 8803 | 8847 | 8891 | 8936 | 8980 | 9025 | 9069 | 9113 | |
| 3 | 9158 | 9202 | 9246 | 9291 | 9335 | 9379 | 9424 | 9468 | 9512 | 9557 | |
| 4 | 9601 | 9645 | 9690 | 9734 | 9778 | 9823 | 9867 | 9911 | 9956 | *0000 | |
| 5 | 991 0044 | 0089 | 0133 | 0177 | 0222 | 0266 | 0310 | 0355 | 0399 | 0443 | |
| 6 | 0488 | 0532 | 0576 | 0621 | 0665 | 0709 | 0754 | 0798 | 0842 | 0887 | |
| 7 | 0931 | 0975 | 1020 | 1064 | 1108 | 1153 | 1197 | 1241 | 1286 | 1330 | |
| 8 | 1374 | 1419 | 1463 | 1507 | 1552 | 1596 | 1640 | 1685 | 1729 | 1773 | |
| 9 | 1818 | 1862 | 1906 | 1951 | 1995 | 2039 | 2083 | 2128 | 2172 | 2216 | |
| N. | 0 | 1 | 2 | 3 | 4 | 5 | 6 | 7 | 8 | 9 | |

| | | | |
|---|---|---|---|
| 97500″ = 27° 5′ 0″ | 9750″ = 2° 42′ 30″ | S = $\bar{6}$,685 4131 | T. 8985 |
| 97600 = 27 6 40 | 9760 = 2 42 40 | 4128 | 8992 |
| 97700 = 27 8 20 | 9770 = 2 42 50 | 4125 | 8998 |
| 97800 = 27 10 0 | 9780 = 2 43 0 | 4121 | 9005 |
| 97900 = 27 11 40 | 9790 = 2 43 10 | 4118 | 9012 |

| N. | 0 | 1 | 2 | 3 | 4 | 5 | 6 | 7 | 8 | 9 | Diff. et p. p. |
|---|---|---|---|---|---|---|---|---|---|---|---|
| 9800 | 991 2261 | 2305 | 2349 | 2394 | 2438 | 2482 | 2527 | 2571 | 2615 | 2660 | |
| 1 | 2704 | 2748 | 2793 | 2837 | 2881 | 2925 | 2970 | 3014 | 3058 | 3103 | |
| 2 | 3147 | 3191 | 3236 | 3280 | 3324 | 3369 | 3413 | 3457 | 3501 | 3546 | |
| 3 | 3590 | 3634 | 3679 | 3723 | 3767 | 3812 | 3856 | 3900 | 3944 | 3989 | |
| 4 | 4033 | 4077 | 4122 | 4166 | 4210 | 4255 | 4299 | 4343 | 4387 | 4432 | |
| 5 | 4476 | 4520 | 4565 | 4609 | 4653 | 4697 | 4742 | 4786 | 4830 | 4875 | |
| 6 | 4919 | 4963 | 5007 | 5052 | 5096 | 5140 | 5185 | 5229 | 5273 | 5317 | |
| 7 | 5362 | 5406 | 5450 | 5495 | 5539 | 5583 | 5627 | 5672 | 5716 | 5760 | |
| 8 | 5805 | 5849 | 5893 | 5937 | 5982 | 6026 | 6070 | 6115 | 6159 | 6203 | |
| 9 | 6247 | 6292 | 6336 | 6380 | 6424 | 6469 | 6513 | 6557 | 6602 | 6646 | |
| 9810 | 6690 | 6734 | 6779 | 6823 | 6867 | 6911 | 6956 | 7000 | 7044 | 7088 | |
| 1 | 7133 | 7177 | 7221 | 7266 | 7310 | 7354 | 7398 | 7443 | 7487 | 7531 | 45 |
| 2 | 7575 | 7620 | 7664 | 7708 | 7752 | 7797 | 7841 | 7885 | 7929 | 7974 | 1 \| 4,5 |
| 3 | 8018 | 8062 | 8107 | 8151 | 8195 | 8239 | 8284 | 8328 | 8372 | 8416 | 2 \| 9,0 |
| 4 | 8461 | 8505 | 8549 | 8593 | 8638 | 8682 | 8726 | 8770 | 8815 | 8859 | 3 \| 13,5 |
| 5 | 8903 | 8947 | 8992 | 9036 | 9080 | 9124 | 9169 | 9213 | 9257 | 9301 | 4 \| 18,0 |
| 6 | 9345 | 9390 | 9434 | 9478 | 9522 | 9567 | 9611 | 9655 | 9699 | 9744 | 5 \| 22,5 |
| 7 | 9788 | 9832 | 9876 | 9921 | 9965 | *0009 | *0053 | *0098 | *0142 | *0186 | 6 \| 27,0 |
| 8 | 992 0230 | 0275 | 0319 | 0363 | 0407 | 0451 | 0496 | 0540 | 0584 | 0628 | 7 \| 31,5 |
| 9 | 0673 | 0717 | 0761 | 0805 | 0850 | 0894 | 0938 | 0982 | 1026 | 1071 | 8 \| 36,0 |
| 9820 | 1115 | 1159 | 1203 | 1248 | 1292 | 1336 | 1380 | 1424 | 1469 | 1513 | 9 \| 40,5 |
| 1 | 1557 | 1601 | 1646 | 1690 | 1734 | 1778 | 1822 | 1867 | 1911 | 1955 | |
| 2 | 1999 | 2044 | 2088 | 2132 | 2176 | 2220 | 2265 | 2309 | 2353 | 2397 | |
| 3 | 2441 | 2486 | 2530 | 2574 | 2618 | 2662 | 2707 | 2751 | 2795 | 2839 | |
| 4 | 2884 | 2928 | 2972 | 3016 | 3060 | 3105 | 3149 | 3193 | 3237 | 3281 | |
| 5 | 3326 | 3370 | 3414 | 3458 | 3502 | 3547 | 3591 | 3635 | 3679 | 3723 | |
| 6 | 3768 | 3812 | 3856 | 3900 | 3944 | 3989 | 4033 | 4077 | 4121 | 4165 | |
| 7 | 4210 | 4254 | 4298 | 4342 | 4386 | 4431 | 4475 | 4519 | 4563 | 4607 | |
| 8 | 4651 | 4696 | 4740 | 4784 | 4828 | 4872 | 4917 | 4961 | 5005 | 5049 | |
| 9 | 5093 | 5138 | 5182 | 5226 | 5270 | 5314 | 5358 | 5403 | 5447 | 5491 | |
| 9830 | 5535 | 5579 | 5624 | 5668 | 5712 | 5756 | 5800 | 5844 | 5889 | 5933 | |
| 1 | 5977 | 6021 | 6065 | 6109 | 6154 | 6198 | 6242 | 6286 | 6330 | 6375 | 44 |
| 2 | 6419 | 6463 | 6507 | 6551 | 6595 | 6640 | 6684 | 6728 | 6772 | 6816 | 1 \| 4,4 |
| 3 | 6860 | 6905 | 6949 | 6993 | 7037 | 7081 | 7125 | 7170 | 7214 | 7258 | 2 \| 8,8 |
| 4 | 7302 | 7346 | 7390 | 7435 | 7479 | 7523 | 7567 | 7611 | 7655 | 7699 | 3 \| 13,2 |
| 5 | 7744 | 7788 | 7832 | 7876 | 7920 | 7964 | 8009 | 8053 | 8097 | 8141 | 4 \| 17,6 |
| 6 | 8185 | 8229 | 8274 | 8318 | 8362 | 8406 | 8450 | 8494 | 8538 | 8583 | 5 \| 22,0 |
| 7 | 8627 | 8671 | 8715 | 8759 | 8803 | 8847 | 8892 | 8936 | 8980 | 9024 | 6 \| 26,4 |
| 8 | 9068 | 9112 | 9156 | 9201 | 9245 | 9289 | 9333 | 9377 | 9421 | 9465 | 7 \| 30,8 |
| 9 | 9510 | 9554 | 9598 | 9642 | 9686 | 9730 | 9774 | 9819 | 9863 | 9907 | 8 \| 35,2 |
| 9840 | 9951 | 9995 | *0039 | *0083 | *0128 | *0172 | *0216 | *0260 | *0304 | *0348 | 9 \| 39,6 |
| 1 | 993 0392 | 0436 | 0481 | 0525 | 0569 | 0613 | 0657 | 0701 | 0745 | 0789 | |
| 2 | 0834 | 0878 | 0922 | 0966 | 1010 | 1054 | 1098 | 1142 | 1187 | 1231 | |
| 3 | 1275 | 1319 | 1363 | 1407 | 1451 | 1495 | 1540 | 1584 | 1628 | 1672 | |
| 4 | 1716 | 1760 | 1804 | 1848 | 1893 | 1937 | 1981 | 2025 | 2069 | 2113 | |
| 5 | 2157 | 2201 | 2245 | 2290 | 2334 | 2378 | 2422 | 2466 | 2510 | 2554 | |
| 6 | 2598 | 2642 | 2687 | 2731 | 2775 | 2819 | 2863 | 2907 | 2951 | 2995 | |
| 7 | 3039 | 3083 | 3128 | 3172 | 3216 | 3260 | 3304 | 3348 | 3392 | 3436 | |
| 8 | 3480 | 3524 | 3569 | 3613 | 3657 | 3701 | 3745 | 3789 | 3833 | 3877 | |
| 9 | 3921 | 3965 | 4010 | 4054 | 4098 | 4142 | 4186 | 4230 | 4274 | 4318 | |
| N. | 0 | 1 | 2 | 3 | 4 | 5 | 6 | 7 | 8 | 9 | |

| | | | |
|---|---|---|---|
| 98000″ = 27° 13′ 20″ | 9800″ = 2° 43′ 20″ | S = $\bar{6}$,685 4115 | T. 9018 |
| 98100 = 27 15 0 | 9810 = 2 43 30 | 4111 | 9025 |
| 98200 = 27 16 40 | 9820 = 2 43 40 | 4108 | 9032 |
| 98300 = 27 18 20 | 9830 = 2 43 50 | 4105 | 9038 |
| 98400 = 27 20 0 | 9840 = 2 44 0 | 4101 | 9045 |

| N. | 0 | 1 | 2 | 3 | 4 | 5 | 6 | 7 | 8 | 9 | Diff. et p. p. |
|---|---|---|---|---|---|---|---|---|---|---|---|
| 9850 | 993 4362 | 4406 | 4450 | 4495 | 4539 | 4583 | 4627 | 4671 | 4715 | 4759 | |
| 1 | 4803 | 4847 | 4891 | 4935 | 4980 | 5024 | 5068 | 5112 | 5156 | 5200 | |
| 2 | 5244 | 5288 | 5332 | 5376 | 5420 | 5464 | 5509 | 5553 | 5597 | 5641 | |
| 3 | 5685 | 5729 | 5773 | 5817 | 5861 | 5905 | 5949 | 5993 | 6037 | 6082 | |
| 4 | 6126 | 6170 | 6214 | 6258 | 6302 | 6346 | 6390 | 6434 | 6478 | 6522 | |
| 5 | 6566 | 6610 | 6654 | 6698 | 6743 | 6787 | 6831 | 6875 | 6919 | 6963 | |
| 6 | 7007 | 7051 | 7095 | 7139 | 7183 | 7227 | 7271 | 7315 | 7359 | 7404 | 45 |
| 7 | 7448 | 7492 | 7536 | 7580 | 7624 | 7668 | 7712 | 7756 | 7800 | 7844 | 1 \| 4,5 |
| 8 | 7888 | 7932 | 7976 | 8020 | 8064 | 8108 | 8152 | 8197 | 8241 | 8285 | 2 \| 9,0 |
| 9 | 8329 | 8373 | 8417 | 8461 | 8505 | 8549 | 8593 | 8637 | 8681 | 8725 | 3 \| 13,5 |
| 9860 | 8769 | 8813 | 8857 | 8901 | 8945 | 8989 | 9033 | 9077 | 9122 | 9166 | 4 \| 18,0 |
| 1 | 9210 | 9254 | 9298 | 9342 | 9386 | 9430 | 9474 | 9518 | 9562 | 9606 | 5 \| 22,5 |
| 2 | 9650 | 9694 | 9738 | 9782 | 9826 | 9870 | 9914 | 9958 | *0002 | *0046 | 6 \| 27,0 |
| 3 | 994 0090 | 0134 | 0178 | 0222 | 0266 | 0310 | 0355 | 0399 | 0443 | 0487 | 7 \| 31,5 |
| 4 | 0531 | 0575 | 0619 | 0663 | 0707 | 0751 | 0795 | 0839 | 0883 | 0927 | 8 \| 36,0 |
| 5 | 0971 | 1015 | 1059 | 1103 | 1147 | 1191 | 1235 | 1279 | 1323 | 1367 | 9 \| 40,5 |
| 6 | 1411 | 1455 | 1499 | 1543 | 1587 | 1631 | 1675 | 1719 | 1763 | 1807 | |
| 7 | 1851 | 1895 | 1939 | 1983 | 2027 | 2071 | 2115 | 2159 | 2203 | 2247 | |
| 8 | 2291 | 2335 | 2379 | 2423 | 2467 | 2511 | 2555 | 2599 | 2643 | 2687 | |
| 9 | 2731 | 2775 | 2820 | 2864 | 2908 | 2952 | 2996 | 3040 | 3084 | 3128 | |
| 9870 | 3172 | 3216 | 3260 | 3304 | 3348 | 3392 | 3436 | 3480 | 3524 | 3568 | |
| 1 | 3612 | 3656 | 3700 | 3744 | 3788 | 3831 | 3875 | 3919 | 3963 | 4007 | 44 |
| 2 | 4051 | 4095 | 4139 | 4183 | 4227 | 4271 | 4315 | 4359 | 4403 | 4447 | 1 \| 4,4 |
| 3 | 4491 | 4535 | 4579 | 4623 | 4667 | 4711 | 4755 | 4799 | 4843 | 4887 | 2 \| 8,8 |
| 4 | 4931 | 4975 | 5019 | 5063 | 5107 | 5151 | 5195 | 5239 | 5283 | 5327 | 3 \| 13,2 |
| 5 | 5371 | 5415 | 5459 | 5503 | 5547 | 5591 | 5635 | 5679 | 5723 | 5767 | 4 \| 17,6 |
| 6 | 5811 | 5855 | 5899 | 5943 | 5987 | 6031 | 6075 | 6119 | 6163 | 6207 | 5 \| 22,0 |
| 7 | 6251 | 6295 | 6338 | 6382 | 6426 | 6470 | 6514 | 6558 | 6602 | 6646 | 6 \| 26,4 |
| 8 | 6690 | 6734 | 6778 | 6822 | 6866 | 6910 | 6954 | 6998 | 7042 | 7086 | 7 \| 30,8 |
| 9 | 7130 | 7174 | 7218 | 7262 | 7306 | 7350 | 7394 | 7438 | 7482 | 7525 | 8 \| 35,2 |
| 9880 | 7569 | 7613 | 7657 | 7701 | 7745 | 7789 | 7833 | 7877 | 7921 | 7965 | 9 \| 39,6 |
| 1 | 8009 | 8053 | 8097 | 8141 | 8185 | 8229 | 8273 | 8317 | 8361 | 8405 | |
| 2 | 8448 | 8492 | 8536 | 8580 | 8624 | 8668 | 8712 | 8756 | 8800 | 8844 | |
| 3 | 8888 | 8932 | 8976 | 9020 | 9064 | 9108 | 9152 | 9196 | 9239 | 9283 | |
| 4 | 9327 | 9371 | 9415 | 9459 | 9503 | 9547 | 9591 | 9635 | 9679 | 9723 | |
| 5 | 9767 | 9811 | 9855 | 9899 | 9942 | 9986 | *0030 | *0074 | *0118 | *0162 | |
| 6 | 995 0206 | 0250 | 0294 | 0338 | 0382 | 0426 | 0470 | 0514 | 0557 | 0601 | 43 |
| 7 | 0645 | 0689 | 0733 | 0777 | 0821 | 0865 | 0909 | 0953 | 0997 | 1041 | 1 \| 4,3 |
| 8 | 1085 | 1128 | 1172 | 1216 | 1260 | 1304 | 1348 | 1392 | 1436 | 1480 | 2 \| 8,6 |
| 9 | 1524 | 1568 | 1612 | 1656 | 1699 | 1743 | 1787 | 1831 | 1875 | 1919 | 3 \| 12,9 |
| 9890 | 1963 | 2007 | 2051 | 2095 | 2139 | 2182 | 2226 | 2270 | 2314 | 2358 | 4 \| 17,2 |
| 1 | 2402 | 2446 | 2490 | 2534 | 2578 | 2622 | 2665 | 2709 | 2753 | 2797 | 5 \| 21,5 |
| 2 | 2841 | 2885 | 2929 | 2973 | 3017 | 3061 | 3104 | 3148 | 3192 | 3236 | 6 \| 25,8 |
| 3 | 3280 | 3324 | 3368 | 3412 | 3456 | 3500 | 3543 | 3587 | 3631 | 3675 | 7 \| 30,1 |
| 4 | 3719 | 3763 | 3807 | 3851 | 3895 | 3939 | 3982 | 4026 | 4070 | 4114 | 8 \| 34,4 |
| 5 | 4158 | 4202 | 4246 | 4290 | 4334 | 4377 | 4421 | 4465 | 4509 | 4553 | 9 \| 38,7 |
| 6 | 4597 | 4641 | 4685 | 4729 | 4772 | 4816 | 4860 | 4904 | 4948 | 4992 | |
| 7 | 5036 | 5080 | 5123 | 5167 | 5211 | 5255 | 5299 | 5343 | 5387 | 5431 | |
| 8 | 5474 | 5518 | 5562 | 5606 | 5650 | 5694 | 5738 | 5782 | 5825 | 5869 | |
| 9 | 5913 | 5957 | 6001 | 6045 | 6089 | 6133 | 6176 | 6220 | 6264 | 6308 | |
| N. | 0 | 1 | 2 | 3 | 4 | 5 | 6 | 7 | 8 | 9 | |

98 500″ = 27° 21′ 40″ — 9850″ = 2° 44′ 10″ — S = $\bar{6}$,685 4098 — T. 9052
98 600 = 27 23 20 — 9860 = 2 44 20 — 4095 — 9058
98 700 = 27 25 0 — 9870 = 2 44 30 — 4091 — 9065
98 800 = 27 26 40 — 9880 = 2 44 40 — 4088 — 9072
98 900 = 27 28 20 — 9890 = 2 44 50 — 4084 — 9079

| N. | 0 | 1 | 2 | 3 | 4 | 5 | 6 | 7 | 8 | 9 | Diff. et p. p. |
|---|---|---|---|---|---|---|---|---|---|---|---|
| 9900 | 995 6352 | 6396 | 6440 | 6484 | 6527 | 6571 | 6615 | 6659 | 6703 | 6747 | |
| 1 | 6791 | 6834 | 6878 | 6922 | 6966 | 7010 | 7054 | 7098 | 7142 | 7185 | |
| 2 | 7229 | 7273 | 7317 | 7361 | 7405 | 7449 | 7492 | 7536 | 7580 | 7624 | |
| 3 | 7668 | 7712 | 7755 | 7799 | 7843 | 7887 | 7931 | 7975 | 8019 | 8062 | |
| 4 | 8106 | 8150 | 8194 | 8238 | 8282 | 8326 | 8369 | 8413 | 8457 | 8501 | |
| 5 | 8545 | 8589 | 8632 | 8676 | 8720 | 8764 | 8808 | 8852 | 8896 | 8939 | |
| 6 | 8983 | 9027 | 9071 | 9115 | 9159 | 9202 | 9246 | 9290 | 9334 | 9378 | |
| 7 | 9422 | 9465 | 9509 | 9553 | 9597 | 9641 | 9685 | 9728 | 9772 | 9816 | |
| 8 | 9860 | 9904 | 9948 | 9991 | *0035 | *0079 | *0123 | *0167 | *0211 | *0254 | |
| 9 | 996 0298 | 0342 | 0386 | 0430 | 0474 | 0517 | 0561 | 0605 | 0649 | 0693 | |
| 9910 | 0737 | 0780 | 0824 | 0868 | 0912 | 0956 | 0999 | 1043 | 1087 | 1131 | |
| 1 | 1175 | 1219 | 1262 | 1306 | 1350 | 1394 | 1438 | 1481 | 1525 | 1569 | 44 |
| 2 | 1613 | 1657 | 1701 | 1744 | 1788 | 1832 | 1876 | 1920 | 1963 | 2007 | 1 \| 4,4 |
| 3 | 2051 | 2095 | 2139 | 2182 | 2226 | 2270 | 2314 | 2358 | 2402 | 2445 | 2 \| 8,8 |
| 4 | 2489 | 2533 | 2577 | 2621 | 2664 | 2708 | 2752 | 2796 | 2840 | 2883 | 3 \| 13,2 |
| 5 | 2927 | 2971 | 3015 | 3059 | 3102 | 3146 | 3190 | 3234 | 3278 | 3321 | 4 \| 17,6 |
| 6 | 3365 | 3409 | 3453 | 3497 | 3540 | 3584 | 3628 | 3672 | 3716 | 3759 | 5 \| 22,0 |
| 7 | 3803 | 3847 | 3891 | 3935 | 3978 | 4022 | 4066 | 4110 | 4153 | 4197 | 6 \| 26,4 |
| 8 | 4241 | 4285 | 4329 | 4372 | 4416 | 4460 | 4504 | 4548 | 4591 | 4635 | 7 \| 30,8 |
| 9 | 4679 | 4723 | 4766 | 4810 | 4854 | 4898 | 4942 | 4985 | 5029 | 5073 | 8 \| 35,2 |
| 9920 | 5117 | 5161 | 5204 | 5248 | 5292 | 5336 | 5379 | 5423 | 5467 | 5511 | 9 \| 39,6 |
| 1 | 5554 | 5598 | 5642 | 5686 | 5730 | 5773 | 5817 | 5861 | 5905 | 5948 | |
| 2 | 5992 | 6036 | 6080 | 6124 | 6167 | 6211 | 6255 | 6299 | 6342 | 6386 | |
| 3 | 6430 | 6474 | 6517 | 6561 | 6605 | 6649 | 6693 | 6736 | 6780 | 6824 | |
| 4 | 6868 | 6911 | 6955 | 6999 | 7043 | 7086 | 7130 | 7174 | 7218 | 7261 | |
| 5 | 7305 | 7349 | 7393 | 7436 | 7480 | 7524 | 7568 | 7611 | 7655 | 7699 | |
| 6 | 7743 | 7786 | 7830 | 7874 | 7918 | 7961 | 8005 | 8049 | 8093 | 8136 | |
| 7 | 8180 | 8224 | 8268 | 8311 | 8355 | 8399 | 8443 | 8486 | 8530 | 8574 | |
| 8 | 8618 | 8661 | 8705 | 8749 | 8793 | 8836 | 8880 | 8924 | 8968 | 9011 | |
| 9 | 9055 | 9099 | 9143 | 9186 | 9230 | 9274 | 9318 | 9361 | 9405 | 9449 | |
| 9930 | 9492 | 9536 | 9580 | 9624 | 9667 | 9711 | 9755 | 9799 | 9842 | 9886 | |
| 1 | 9930 | 9974 | *0017 | *0061 | *0105 | *0148 | *0192 | *0236 | *0280 | *0323 | 43 |
| 2 | 997 0367 | 0411 | 0455 | 0498 | 0542 | 0586 | 0629 | 0673 | 0717 | 0761 | 1 \| 4,3 |
| 3 | 0804 | 0848 | 0892 | 0936 | 0979 | 1023 | 1067 | 1110 | 1154 | 1198 | 2 \| 8,6 |
| 4 | 1242 | 1285 | 1329 | 1373 | 1416 | 1460 | 1504 | 1548 | 1591 | 1635 | 3 \| 12,9 |
| 5 | 1679 | 1722 | 1766 | 1810 | 1854 | 1897 | 1941 | 1985 | 2028 | 2072 | 4 \| 17,2 |
| 6 | 2116 | 2160 | 2203 | 2247 | 2291 | 2334 | 2378 | 2422 | 2465 | 2509 | 5 \| 21,5 |
| 7 | 2553 | 2597 | 2640 | 2684 | 2728 | 2771 | 2815 | 2859 | 2903 | 2946 | 6 \| 25,8 |
| 8 | 2990 | 3034 | 3077 | 3121 | 3165 | 3208 | 3252 | 3296 | 3340 | 3383 | 7 \| 30,1 |
| 9 | 3427 | 3471 | 3514 | 3558 | 3602 | 3645 | 3689 | 3733 | 3776 | 3820 | 8 \| 34,4 |
| 9940 | 3864 | 3908 | 3951 | 3995 | 4039 | 4082 | 4126 | 4170 | 4213 | 4257 | 9 \| 38,7 |
| 1 | 4301 | 4344 | 4388 | 4432 | 4475 | 4519 | 4563 | 4607 | 4650 | 4694 | |
| 2 | 4738 | 4781 | 4825 | 4869 | 4912 | 4956 | 5000 | 5043 | 5087 | 5131 | |
| 3 | 5174 | 5218 | 5262 | 5305 | 5349 | 5393 | 5436 | 5480 | 5524 | 5567 | |
| 4 | 5611 | 5655 | 5699 | 5742 | 5786 | 5830 | 5873 | 5917 | 5961 | 6004 | |
| 5 | 6048 | 6092 | 6135 | 6179 | 6223 | 6266 | 6310 | 6354 | 6397 | 6441 | |
| 6 | 6485 | 6528 | 6572 | 6616 | 6659 | 6703 | 6747 | 6790 | 6834 | 6878 | |
| 7 | 6921 | 6965 | 7009 | 7052 | 7096 | 7139 | 7183 | 7227 | 7270 | 7314 | |
| 8 | 7358 | 7401 | 7445 | 7489 | 7532 | 7576 | 7620 | 7663 | 7707 | 7751 | |
| 9 | 7794 | 7838 | 7882 | 7925 | 7969 | 8013 | 8056 | 8100 | 8144 | 8187 | |
| N | 0 | 1 | 2 | 3 | 4 | 5 | 6 | 7 | 8 | 9 | |

99000″ = 27° 30′ 0″ — 9900″ = 2° 45′ 0″ — $S = \bar{6},6854081$ — T. 9085
99100 = 27 31 40 — 9910 = 2 45 10 — 4078 — 9092
99200 = 27 33 20 — 9920 = 2 45 20 — 4074 — 9099
99300 = 27 35 0 — 9930 = 2 45 30 — 4071 — 9106
99400 = 27 36 40 — 9940 = 2 45 40 — 4068 — 9112

| N. | 0 | 1 | 2 | 3 | 4 | 5 | 6 | 7 | 8 | 9 |
|---|---|---|---|---|---|---|---|---|---|---|
| 9950 | 997 8231 | 8274 | 8318 | 8362 | 8405 | 8449 | 8493 | 8536 | 8580 | 8624 |
| 1 | 8667 | 8711 | 8755 | 8798 | 8842 | 8885 | 8929 | 8973 | 9016 | 9060 |
| 2 | 9104 | 9147 | 9191 | 9235 | 9278 | 9322 | 9365 | 9409 | 9453 | 9496 |
| 3 | 9540 | 9584 | 9627 | 9671 | 9715 | 9758 | 9802 | 9845 | 9889 | 9933 |
| 4 | 9976 | *0020 | *0064 | *0107 | *0151 | *0195 | *0238 | *0282 | *0325 | *0369 |
| 5 | 998 0413 | 0456 | 0500 | 0544 | 0587 | 0631 | 0674 | 0718 | 0762 | 0805 |
| 6 | 0849 | 0893 | 0936 | 0980 | 1023 | 1067 | 1111 | 1154 | 1198 | 1241 |
| 7 | 1285 | 1329 | 1372 | 1416 | 1460 | 1503 | 1547 | 1590 | 1634 | 1678 |
| 8 | 1721 | 1765 | 1808 | 1852 | 1896 | 1939 | 1983 | 2026 | 2070 | 2114 |
| 9 | 2157 | 2201 | 2245 | 2288 | 2332 | 2375 | 2419 | 2463 | 2506 | 2550 |
| 9960 | 2593 | 2637 | 2681 | 2724 | 2768 | 2811 | 2855 | 2899 | 2942 | 2986 |
| 1 | 3029 | 3073 | 3117 | 3160 | 3204 | 3247 | 3291 | 3335 | 3378 | 3422 |
| 2 | 3465 | 3509 | 3553 | 3596 | 3640 | 3683 | 3727 | 3771 | 3814 | 3858 |
| 3 | 3901 | 3945 | 3988 | 4032 | 4076 | 4119 | 4163 | 4206 | 4250 | 4294 |
| 4 | 4337 | 4381 | 4424 | 4468 | 4512 | 4555 | 4599 | 4642 | 4686 | 4729 |
| 5 | 4773 | 4817 | 4860 | 4904 | 4947 | 4991 | 5035 | 5078 | 5122 | 5165 |
| 6 | 5209 | 5252 | 5296 | 5340 | 5383 | 5427 | 5470 | 5514 | 5557 | 5601 |
| 7 | 5645 | 5688 | 5732 | 5775 | 5819 | 5862 | 5906 | 5950 | 5993 | 6037 |
| 8 | 6080 | 6124 | 6167 | 6211 | 6255 | 6298 | 6342 | 6385 | 6429 | 6472 |
| 9 | 6516 | 6560 | 6603 | 6647 | 6690 | 6734 | 6777 | 6821 | 6864 | 6908 |
| 9970 | 6952 | 6995 | 7039 | 7082 | 7126 | 7169 | 7213 | 7256 | 7300 | 7344 |
| 1 | 7387 | 7431 | 7474 | 7518 | 7561 | 7605 | 7648 | 7692 | 7736 | 7779 |
| 2 | 7823 | 7866 | 7910 | 7953 | 7997 | 8040 | 8084 | 8128 | 8171 | 8215 |
| 3 | 8258 | 8302 | 8345 | 8389 | 8432 | 8476 | 8519 | 8563 | 8607 | 8650 |
| 4 | 8694 | 8737 | 8781 | 8824 | 8868 | 8911 | 8955 | 8998 | 9042 | 9086 |
| 5 | 9129 | 9173 | 9216 | 9260 | 9303 | 9347 | 9390 | 9434 | 9477 | 9521 |
| 6 | 9564 | 9608 | 9651 | 9695 | 9739 | 9782 | 9826 | 9869 | 9913 | 9956 |
| 7 | 999 0000 | 0043 | 0087 | 0130 | 0174 | 0217 | 0261 | 0304 | 0348 | 0391 |
| 8 | 0435 | 0479 | 0522 | 0566 | 0609 | 0653 | 0696 | 0740 | 0783 | 0827 |
| 9 | 0870 | 0914 | 0957 | 1001 | 1044 | 1088 | 1131 | 1175 | 1218 | 1262 |
| 9980 | 1305 | 1349 | 1392 | 1436 | 1479 | 1523 | 1567 | 1610 | 1654 | 1697 |
| 1 | 1741 | 1784 | 1828 | 1871 | 1915 | 1958 | 2002 | 2045 | 2089 | 2132 |
| 2 | 2176 | 2219 | 2263 | 2306 | 2350 | 2393 | 2437 | 2480 | 2524 | 2567 |
| 3 | 2611 | 2654 | 2698 | 2741 | 2785 | 2828 | 2872 | 2915 | 2959 | 3002 |
| 4 | 3046 | 3089 | 3133 | 3176 | 3220 | 3263 | 3307 | 3350 | 3394 | 3437 |
| 5 | 3481 | 3524 | 3568 | 3611 | 3655 | 3698 | 3742 | 3785 | 3829 | 3872 |
| 6 | 3916 | 3959 | 4003 | 4046 | 4090 | 4133 | 4177 | 4220 | 4264 | 4307 |
| 7 | 4350 | 4394 | 4437 | 4481 | 4524 | 4568 | 4611 | 4655 | 4698 | 4742 |
| 8 | 4785 | 4829 | 4872 | 4916 | 4959 | 5003 | 5046 | 5090 | 5133 | 5177 |
| 9 | 5220 | 5264 | 5307 | 5351 | 5394 | 5438 | 5481 | 5524 | 5568 | 5611 |
| 9990 | 5655 | 5698 | 5742 | 5785 | 5829 | 5872 | 5916 | 5959 | 6003 | 6046 |
| 1 | 6090 | 6133 | 6177 | 6220 | 6263 | 6307 | 6350 | 6394 | 6437 | 6481 |
| 2 | 6524 | 6568 | 6611 | 6655 | 6698 | 6742 | 6785 | 6828 | 6872 | 6915 |
| 3 | 6959 | 7002 | 7046 | 7089 | 7133 | 7176 | 7220 | 7263 | 7307 | 7350 |
| 4 | 7393 | 7437 | 7480 | 7524 | 7567 | 7611 | 7654 | 7698 | 7741 | 7785 |
| 5 | 7828 | 7871 | 7915 | 7958 | 8002 | 8045 | 8089 | 8132 | 8176 | 8219 |
| 6 | 8262 | 8306 | 8349 | 8393 | 8436 | 8480 | 8523 | 8567 | 8610 | 8653 |
| 7 | 8697 | 8740 | 8784 | 8827 | 8871 | 8914 | 8958 | 9001 | 9044 | 9088 |
| 8 | 9131 | 9175 | 9218 | 9262 | 9305 | 9349 | 9392 | 9435 | 9479 | 9522 |
| 9 | 9566 | 9609 | 9653 | 9696 | 9739 | 9783 | 9826 | 9870 | 9913 | 9957 |
| N. | 0 | 1 | 2 | 3 | 4 | 5 | 6 | 7 | 8 | 9 |

Diff. et p. p.

| 44 | |
|---|---|
| 1 | 4,4 |
| 2 | 8,8 |
| 3 | 13,2 |
| 4 | 17,6 |
| 5 | 22,0 |
| 6 | 26,4 |
| 7 | 30,8 |
| 8 | 35,2 |
| 9 | 39,6 |

| 43 | |
|---|---|
| 1 | 4,3 |
| 2 | 8,6 |
| 3 | 12,9 |
| 4 | 17,2 |
| 5 | 21,5 |
| 6 | 25,8 |
| 7 | 30,1 |
| 8 | 34,4 |
| 9 | 38,7 |

| | | | |
|---|---|---|---|
| 99500″ = 27° 38′ 20″ | 9950″ = 2° 45′ 50″ | S = $\bar{6}$,685 4064 | T. 9119 |
| 99600 = 27 40 0 | 9960 = 2 46 0 | 4061 | 9126 |
| 99700 = 27 41 40 | 9970 = 2 46 10 | 4057 | 9133 |
| 99800 = 27 43 20 | 9980 = 2 46 20 | 4054 | 9140 |
| 99900 = 27 45 0 | 9990 = 2 46 30 | 4051 | 9146 |

## III. LOGARITHMES NATURELS DES NOMBRES DE 1 A 1000. — 1[er] TABLEAU.

| N. | Log. nat. | N. | Log. nat. | N. | Log. nat. | N. | Log. nat. | N. | Log. nat. |
|---|---|---|---|---|---|---|---|---|---|
| 0 | — ∞ | 50 | 3,9120 230 | 100 | 4,6051 702 | 150 | 5,0106 353 | 200 | 5,2983 174 |
| 1 | 0,0000 000 | 1 | 9318 256 | 1 | 6151 205 | 1 | 0172 798 | 1 | 3033 049 |
| 2 | 6931 472 | 2 | 9512 437 | 2 | 6249 728 | 2 | 0238 805 | 2 | 3082 677 |
| 3 | 1,0986 123 | 3 | 9702 919 | 3 | 6347 290 | 3 | 0304 379 | 3 | 3132 060 |
| 4 | 3862 944 | 4 | 9889 840 | 4 | 6443 909 | 4 | 0369 526 | 4 | 3181 200 |
| 5 | 6094 379 | 5 | 4,0073 332 | 5 | 6539 604 | 5 | 0434 251 | 5 | 3230 100 |
| 6 | 7917 595 | 6 | 0253 517 | 6 | 6634 391 | 6 | 0498 560 | 6 | 3278 762 |
| 7 | 9459 101 | 7 | 0430 513 | 7 | 6728 288 | 7 | 0562 458 | 7 | 3327 188 |
| 8 | 2,0794 415 | 8 | 0604 430 | 8 | 6821 312 | 8 | 0625 950 | 8 | 3375 381 |
| 9 | 1972 246 | 9 | 0775 374 | 9 | 6913 479 | 9 | 0689 042 | 9 | 3423 343 |
| 10 | 3025 851 | 60 | 0943 446 | 110 | 7004 804 | 160 | 0751 738 | 210 | 3471 075 |
| 1 | 3978 953 | 1 | 1108 739 | 1 | 7095 302 | 1 | 0814 044 | 1 | 3518 581 |
| 2 | 4849 066 | 2 | 1271 344 | 2 | 7184 989 | 2 | 0875 963 | 2 | 3565 863 |
| 3 | 5649 494 | 3 | 1431 347 | 3 | 7273 878 | 3 | 0937 502 | 3 | 3612 922 |
| 4 | 6390 573 | 4 | 1588 831 | 4 | 7361 984 | 4 | 0998 664 | 4 | 3659 760 |
| 5 | 7080 502 | 5 | 1743 873 | 5 | 7449 321 | 5 | 1059 455 | 5 | 3706 380 |
| 6 | 7725 887 | 6 | 1896 547 | 6 | 7535 902 | 6 | 1119 878 | 6 | 3752 784 |
| 7 | 8332 133 | 7 | 2046 926 | 7 | 7621 739 | 7 | 1179 938 | 7 | 3798 974 |
| 8 | 8903 718 | 8 | 2195 077 | 8 | 7706 846 | 8 | 1239 640 | 8 | 3844 951 |
| 9 | 9444 390 | 9 | 2341 065 | 9 | 7791 235 | 9 | 1298 987 | 9 | 3890 717 |
| 20 | 9957 323 | 70 | 2484 952 | 120 | 7874 917 | 170 | 1357 984 | 220 | 3936 275 |
| 1 | 3,0445 224 | 1 | 2626 799 | 1 | 7957 905 | 1 | 1416 636 | 1 | 3981 627 |
| 2 | 0910 425 | 2 | 2766 661 | 2 | 8040 210 | 2 | 1474 945 | 2 | 4026 774 |
| 3 | 1354 942 | 3 | 2904 594 | 3 | 8121 844 | 3 | 1532 916 | 3 | 4071 718 |
| 4 | 1780 538 | 4 | 3040 651 | 4 | 8202 816 | 4 | 1590 553 | 4 | 4116 461 |
| 5 | 2188 758 | 5 | 3174 881 | 5 | 8283 137 | 5 | 1647 860 | 5 | 4161 004 |
| 6 | 2580 965 | 6 | 3307 333 | 6 | 8362 819 | 6 | 1704 840 | 6 | 4205 350 |
| 7 | 2958 369 | 7 | 3438 054 | 7 | 8441 871 | 7 | 1761 497 | 7 | 4249 500 |
| 8 | 3322 045 | 8 | 3567 088 | 8 | 8520 303 | 8 | 1817 836 | 8 | 4293 456 |
| 9 | 3672 958 | 9 | 3694 479 | 9 | 8598 124 | 9 | 1873 858 | 9 | 4337 220 |
| 30 | 4011 974 | 80 | 3820 266 | 130 | 8675 345 | 180 | 1929 569 | 230 | 4380 793 |
| 1 | 4339 872 | 1 | 3944 492 | 1 | 8751 973 | 1 | 1984 970 | 1 | 4424 177 |
| 2 | 4657 359 | 2 | 4067 192 | 2 | 8828 019 | 2 | 2040 067 | 2 | 4467 374 |
| 3 | 4965 076 | 3 | 4188 406 | 3 | 8903 491 | 3 | 2094 862 | 3 | 4510 385 |
| 4 | 5263 605 | 4 | 4308 168 | 4 | 8978 398 | 4 | 2149 358 | 4 | 4553 211 |
| 5 | 5553 481 | 5 | 4426 513 | 5 | 9052 748 | 5 | 2203 558 | 5 | 4595 855 |
| 6 | 5835 189 | 6 | 4543 473 | 6 | 9126 549 | 6 | 2257 467 | 6 | 4638 318 |
| 7 | 6109 179 | 7 | 4659 081 | 7 | 9199 809 | 7 | 2311 086 | 7 | 4680 601 |
| 8 | 6375 862 | 8 | 4773 368 | 8 | 9272 537 | 8 | 2364 420 | 8 | 4722 707 |
| 9 | 6635 616 | 9 | 4886 364 | 9 | 9344 739 | 9 | 2417 470 | 9 | 4764 636 |
| 40 | 6888 795 | 90 | 4998 097 | 140 | 9416 424 | 190 | 2470 241 | 240 | 4806 389 |
| 1 | 7135 721 | 1 | 5108 595 | 1 | 9487 599 | 1 | 2522 734 | 1 | 4847 969 |
| 2 | 7376 696 | 2 | 5217 886 | 2 | 9558 271 | 2 | 2574 954 | 2 | 4889 377 |
| 3 | 7612 001 | 3 | 5325 995 | 3 | 9628 446 | 3 | 2626 902 | 3 | 4930 614 |
| 4 | 7841 896 | 4 | 5432 948 | 4 | 9698 133 | 4 | 2678 582 | 4 | 4971 682 |
| 5 | 8066 625 | 5 | 5538 769 | 5 | 9767 337 | 5 | 2729 996 | 5 | 5012 582 |
| 6 | 8286 414 | 6 | 5643 482 | 6 | 9836 066 | 6 | 2781 147 | 6 | 5053 315 |
| 7 | 8501 476 | 7 | 5747 110 | 7 | 9904 326 | 7 | 2832 037 | 7 | 5093 883 |
| 8 | 8712 010 | 8 | 5849 675 | 8 | 9972 123 | 8 | 2882 670 | 8 | 5134 287 |
| 9 | 8918 203 | 9 | 5951 199 | 9 | 5,0039 463 | 9 | 2933 048 | 9 | 5174 529 |
| N. | Log. nat. | N. | Log. nat. | N. | Log. nat. | N. | Log. nat. | N. | Log. nat. |

## III. LOGARITHMES NATURELS DES NOMBRES DE 1 A 1000. — 2ᵉ TABLEAU.

| N. | Log. nat. | N. | Log. nat. | N. | Log. nat. | N. | Log. nat. | N. | Log. nat. |
|---|---|---|---|---|---|---|---|---|---|
| 250 | 5,5214 609 | 300 | 5,7037 825 | 350 | 5,8579 332 | 400 | 5,9914 645 | 450 | 6,1092 476 |
| 1 | 5254 529 | 1 | 7071 103 | 1 | 8607 862 | 1 | 9939 614 | 1 | 1114 673 |
| 2 | 5294 291 | 2 | 7104 270 | 2 | 8636 312 | 2 | 9964 521 | 2 | 1136 822 |
| 3 | 5333 895 | 3 | 7137 328 | 3 | 8664 681 | 3 | 9989 366 | 3 | 1158 921 |
| 4 | 5373 343 | 4 | 7170 277 | 4 | 8692 969 | 4 | 6,0014 149 | 4 | 1180 972 |
| 5 | 5412 635 | 5 | 7203 118 | 5 | 8721 178 | 5 | 0038 871 | 5 | 1202 974 |
| 6 | 5451 774 | 6 | 7235 851 | 6 | 8749 307 | 6 | 0063 532 | 6 | 1224 928 |
| 7 | 5490 761 | 7 | 7268 477 | 7 | 8777 358 | 7 | 0088 132 | 7 | 1246 834 |
| 8 | 5529 596 | 8 | 7300 998 | 8 | 8805 330 | 8 | 0112 672 | 8 | 1268 692 |
| 9 | 5568 281 | 9 | 7333 413 | 9 | 8833 224 | 9 | 0137 152 | 9 | 1290 502 |
| 260 | 5606 816 | 310 | 7365 723 | 360 | 8861 040 | 410 | 0161 572 | 460 | 1312 265 |
| 1 | 5645 204 | 1 | 7397 929 | 1 | 8888 780 | 1 | 0185 932 | 1 | 1333 980 |
| 2 | 5683 445 | 2 | 7430 032 | 2 | 8916 442 | 2 | 0210 233 | 2 | 1355 649 |
| 3 | 5721 540 | 3 | 7462 032 | 3 | 8944 028 | 3 | 0234 476 | 3 | 1377 271 |
| 4 | 5759 491 | 4 | 7493 930 | 4 | 8971 539 | 4 | 0258 660 | 4 | 1398 846 |
| 5 | 5797 298 | 5 | 7525 726 | 5 | 8998 974 | 5 | 0282 785 | 5 | 1420 374 |
| 6 | 5834 963 | 6 | 7557 422 | 6 | 9026 333 | 6 | 0306 853 | 6 | 1441 856 |
| 7 | 5872 487 | 7 | 7589 018 | 7 | 9053 618 | 7 | 0330 862 | 7 | 1463 293 |
| 8 | 5909 870 | 8 | 7620 514 | 8 | 9080 829 | 8 | 0354 814 | 8 | 1484 683 |
| 9 | 5947 114 | 9 | 7651 911 | 9 | 9107 966 | 9 | 0378 709 | 9 | 1506 028 |
| 270 | 5984 220 | 320 | 7683 210 | 370 | 9135 030 | 420 | 0402 547 | 470 | 1527 327 |
| 1 | 6021 188 | 1 | 7714 411 | 1 | 9162 021 | 1 | 0426 328 | 1 | 1548 581 |
| 2 | 6058 021 | 2 | 7745 515 | 2 | 9188 939 | 2 | 0450 053 | 2 | 1569 790 |
| 3 | 6094 718 | 3 | 7776 523 | 3 | 9215 784 | 3 | 0473 722 | 3 | 1590 954 |
| 4 | 6131 281 | 4 | 7807 435 | 4 | 9242 558 | 4 | 0497 335 | 4 | 1612 073 |
| 5 | 6167 711 | 5 | 7838 252 | 5 | 9269 260 | 5 | 0520 892 | 5 | 1633 148 |
| 6 | 6204 009 | 6 | 7868 974 | 6 | 9295 891 | 6 | 0544 393 | 6 | 1654 179 |
| 7 | 6240 175 | 7 | 7899 602 | 7 | 9322 452 | 7 | 0567 840 | 7 | 1675 165 |
| 8 | 6276 211 | 8 | 7930 136 | 8 | 9348 942 | 8 | 0591 232 | 8 | 1696 107 |
| 9 | 6312 118 | 9 | 7960 578 | 9 | 9375 362 | 9 | 0614 569 | 9 | 1717 006 |
| 280 | 6347 896 | 330 | 7990 927 | 380 | 9401 713 | 430 | 0637 852 | 480 | 1737 861 |
| 1 | 6383 547 | 1 | 8021 184 | 1 | 9427 994 | 1 | 0661 081 | 1 | 1758 673 |
| 2 | 6419 071 | 2 | 8051 350 | 2 | 9454 206 | 2 | 0684 256 | 2 | 1779 441 |
| 3 | 6454 469 | 3 | 8081 425 | 3 | 9480 350 | 3 | 0707 377 | 3 | 1800 167 |
| 4 | 6489 742 | 4 | 8111 410 | 4 | 9506 426 | 4 | 0730 445 | 4 | 1820 849 |
| 5 | 6524 892 | 5 | 8141 305 | 5 | 9532 433 | 5 | 0753 460 | 5 | 1841 489 |
| 6 | 6559 918 | 6 | 8171 112 | 6 | 9558 374 | 6 | 0776 422 | 6 | 1862 086 |
| 7 | 6594 822 | 7 | 8200 829 | 7 | 9584 247 | 7 | 0799 332 | 7 | 1882 641 |
| 8 | 6629 605 | 8 | 8230 459 | 8 | 9610 053 | 8 | 0822 189 | 8 | 1903 154 |
| 9 | 6664 267 | 9 | 8260 001 | 9 | 9635 793 | 9 | 0844 994 | 9 | 1923 625 |
| 290 | 6698 809 | 340 | 8289 456 | 390 | 9661 467 | 440 | 0867 747 | 490 | 1944 054 |
| 1 | 6733 233 | 1 | 8318 825 | 1 | 9687 076 | 1 | 0890 449 | 1 | 1964 441 |
| 2 | 6767 538 | 2 | 8348 107 | 2 | 9712 618 | 2 | 0913 099 | 2 | 1984 787 |
| 3 | 6801 726 | 3 | 8377 304 | 3 | 9738 096 | 3 | 0935 698 | 3 | 2005 092 |
| 4 | 6835 798 | 4 | 8406 417 | 4 | 9763 509 | 4 | 0958 246 | 4 | 2025 355 |
| 5 | 6869 754 | 5 | 8435 444 | 5 | 9788 858 | 5 | 0980 743 | 5 | 2045 578 |
| 6 | 6903 595 | 6 | 8464 388 | 6 | 9814 142 | 6 | 1003 190 | 6 | 2065 759 |
| 7 | 6937 321 | 7 | 8493 248 | 7 | 9839 363 | 7 | 1025 586 | 7 | 2085 900 |
| 8 | 6970 935 | 8 | 8522 025 | 8 | 9864 520 | 8 | 1047 932 | 8 | 2106 001 |
| 9 | 7004 436 | 9 | 8550 719 | 9 | 9889 614 | 9 | 1070 229 | 9 | 2126 061 |
| N. | Log. nat. | N. | Log. nat. | N. | Log. nat. | N. | Log. nat. | N. | Log. nat. |

## III. LOGARITHMES NATURELS DES NOMBRES DE 1 A 1000. — 3^e TABLEAU.

| N. | Log. nat. | N. | Log. nat. | N. | Log. nat. | N. | Log. nat. | N. | Log. nat. |
|---|---|---|---|---|---|---|---|---|---|
| 500 | 6,2146 081 | 550 | 6,3099 183 | 600 | 6,3969 297 | 650 | 6,4769 724 | 700 | 6,5510 803 |
| 1 | 2166 061 | 1 | 3117 348 | 1 | 3985 949 | 1 | 4785 096 | 1 | 5525 079 |
| 2 | 2186 001 | 2 | 3135 480 | 2 | 4002 574 | 2 | 4800 446 | 2 | 5539 334 |
| 3 | 2205 902 | 3 | 3153 580 | 3 | 4019 172 | 3 | 4815 771 | 3 | 5553 569 |
| 4 | 2225 763 | 4 | 3171 647 | 4 | 4035 742 | 4 | 4831 074 | 4 | 5567 784 |
| 5 | 2245 584 | 5 | 3189 681 | 5 | 4052 285 | 5 | 4846 352 | 5 | 5581 978 |
| 6 | 2265 367 | 6 | 3207 683 | 6 | 4068 800 | 6 | 4861 608 | 6 | 5596 152 |
| 7 | 2285 110 | 7 | 3225 652 | 7 | 4085 288 | 7 | 4876 840 | 7 | 5610 307 |
| 8 | 2304 814 | 8 | 3243 590 | 8 | 4101 749 | 8 | 4892 049 | 8 | 5624 441 |
| 9 | 2324 480 | 9 | 3261 495 | 9 | 4118 183 | 9 | 4907 235 | 9 | 5638 555 |
| 510 | 2344 107 | 560 | 3279 368 | 610 | 4134 590 | 660 | 4922 398 | 710 | 5652 650 |
| 1 | 2363 696 | 1 | 3297 209 | 1 | 4150 970 | 1 | 4937 538 | 1 | 5666 724 |
| 2 | 2383 246 | 2 | 3315 018 | 2 | 4167 323 | 2 | 4952 656 | 2 | 5680 779 |
| 3 | 2402 758 | 3 | 3332 796 | 3 | 4183 649 | 3 | 4967 750 | 3 | 5694 814 |
| 4 | 2422 233 | 4 | 3350 543 | 4 | 4199 949 | 4 | 4982 821 | 4 | 5708 830 |
| 5 | 2441 669 | 5 | 3368 257 | 5 | 4216 223 | 5 | 4997 870 | 5 | 5722 825 |
| 6 | 2461 068 | 6 | 3385 941 | 6 | 4232 470 | 6 | 5012 897 | 6 | 5736 802 |
| 7 | 2480 429 | 7 | 3403 593 | 7 | 4248 690 | 7 | 5027 900 | 7 | 5750 758 |
| 8 | 2499 752 | 8 | 3421 214 | 8 | 4264 885 | 8 | 5042 882 | 8 | 5764 696 |
| 9 | 2519 039 | 9 | 3438 804 | 9 | 4281 053 | 9 | 5057 841 | 9 | 5778 614 |
| 520 | 2538 288 | 570 | 3456 364 | 620 | 4297 195 | 670 | 5072 777 | 720 | 5792 512 |
| 1 | 2557 500 | 1 | 3473 892 | 1 | 4313 311 | 1 | 5087 691 | 1 | 5806 391 |
| 2 | 2576 676 | 2 | 3491 390 | 2 | 4329 401 | 2 | 5102 583 | 2 | 5820 251 |
| 3 | 2595 815 | 3 | 3508 857 | 3 | 4345 465 | 3 | 5117 453 | 3 | 5834 092 |
| 4 | 2614 917 | 4 | 3526 294 | 4 | 4361 504 | 4 | 5132 301 | 4 | 5847 914 |
| 5 | 2633 983 | 5 | 3543 700 | 5 | 4377 516 | 5 | 5147 127 | 5 | 5861 717 |
| 6 | 2653 012 | 6 | 3561 077 | 6 | 4393 504 | 6 | 5161 931 | 6 | 5875 500 |
| 7 | 2672 005 | 7 | 3578 423 | 7 | 4409 465 | 7 | 5176 713 | 7 | 5889 265 |
| 8 | 2690 963 | 8 | 3595 739 | 8 | 4425 402 | 8 | 5191 473 | 8 | 5903 010 |
| 9 | 2709 884 | 9 | 3613 025 | 9 | 4441 313 | 9 | 5206 211 | 9 | 5916 737 |
| 530 | 2728 770 | 580 | 3630 281 | 630 | 4457 198 | 680 | 5220 928 | 730 | 5930 445 |
| 1 | 2747 620 | 1 | 3647 508 | 1 | 4473 059 | 1 | 5235 623 | 1 | 5944 135 |
| 2 | 2766 435 | 2 | 3664 704 | 2 | 4488 894 | 2 | 5250 297 | 2 | 5957 805 |
| 3 | 2785 214 | 3 | 3681 872 | 3 | 4504 704 | 3 | 5264 949 | 3 | 5971 457 |
| 4 | 2803 958 | 4 | 3699 010 | 4 | 4520 490 | 4 | 5279 579 | 4 | 5985 090 |
| 5 | 2822 667 | 5 | 3716 118 | 5 | 4536 250 | 5 | 5294 188 | 5 | 5998 705 |
| 6 | 2841 342 | 6 | 3733 198 | 6 | 4551 986 | 6 | 5308 776 | 6 | 6012 301 |
| 7 | 2859 981 | 7 | 3750 248 | 7 | 4567 697 | 7 | 5323 343 | 7 | 6025 879 |
| 8 | 2878 586 | 8 | 3767 269 | 8 | 4583 383 | 8 | 5337 888 | 8 | 6039 438 |
| 9 | 2897 156 | 9 | 3784 262 | 9 | 4599 045 | 9 | 5352 413 | 9 | 6052 979 |
| 540 | 2915 691 | 590 | 3801 225 | 640 | 4614 682 | 690 | 5366 916 | 740 | 6066 502 |
| 1 | 2934 193 | 1 | 3818 160 | 1 | 4630 295 | 1 | 5381 398 | 1 | 6080 006 |
| 2 | 2952 660 | 2 | 2835 066 | 2 | 4645 883 | 2 | 5395 860 | 2 | 6093 492 |
| 3 | 2971 093 | 3 | 3851 944 | 3 | 4661 447 | 3 | 5410 300 | 3 | 6106 960 |
| 4 | 2989 492 | 4 | 3868 793 | 4 | 4676 987 | 4 | 5424 720 | 4 | 6120 410 |
| 5 | 3007 858 | 5 | 3885 614 | 5 | 4692 503 | 5 | 5439 118 | 5 | 6133 842 |
| 6 | 3026 190 | 6 | 3902 407 | 6 | 4707 995 | 6 | 5453 497 | 6 | 6147 256 |
| 7 | 3044 488 | 7 | 3919 171 | 7 | 4723 463 | 7 | 5467 854 | 7 | 6160 652 |
| 8 | 3062 753 | 8 | 3935 908 | 8 | 4738 907 | 8 | 5482 191 | 8 | 6174 030 |
| 9 | 3080 984 | 9 | 3952 616 | 9 | 4754 327 | 9 | 5496 507 | 9 | 6187 390 |
| N. | Log. nat. | N. | Log. nat. | N. | Log. nat. | N. | Log. nat. | N. | Log. nat. |

III. LOGARITHMES NATURELS DES NOMBRES DE 1 A 1000. — 4ᵉ TABLEAU.

| N. | Log. nat. | N. | Log. nat. | N. | Log. nat. | N. | Log. nat. | N. | Log. nat. |
|---|---|---|---|---|---|---|---|---|---|
| 750 | 6,6200 732 | 800 | 6,6846 117 | 850 | 6,7452 363 | 900 | 6,8023 948 | 950 | 6,8564 620 |
| 1 | 6214 057 | 1 | 6858 609 | 1 | 7464 121 | 1 | 8035 053 | 1 | 8575 141 |
| 2 | 6227 363 | 2 | 6871 086 | 2 | 7475 865 | 2 | 8046 145 | 2 | 8585 650 |
| 3 | 6240 652 | 3 | 6883 547 | 3 | 7487 595 | 3 | 8057 226 | 3 | 8596 149 |
| 4 | 6253 924 | 4 | 6895 993 | 4 | 7499 312 | 4 | 8068 294 | 4 | 8606 637 |
| 5 | 6267 177 | 5 | 6908 423 | 5 | 7511 015 | 5 | 8079 349 | 5 | 8617 113 |
| 6 | 6280 414 | 6 | 6920 837 | 6 | 7522 704 | 6 | 8090 393 | 6 | 8627 579 |
| 7 | 6293 633 | 7 | 6933 237 | 7 | 7534 379 | 7 | 8101 425 | 7 | 8638 034 |
| 8 | 6306 834 | 8 | 6945 621 | 8 | 7546 041 | 8 | 8112 444 | 8 | 8648 478 |
| 9 | 6320 018 | 9 | 6957 989 | 9 | 7557 689 | 9 | 8123 451 | 9 | 8658 911 |
| 760 | 6333 184 | 810 | 6970 342 | 860 | 7569 324 | 910 | 8134 446 | 960 | 8669 333 |
| 1 | 6346 334 | 1 | 6982 681 | 1 | 7580 945 | 1 | 8145 429 | 1 | 8679 744 |
| 2 | 6359 466 | 2 | 6995 003 | 2 | 7592 553 | 2 | 8156 400 | 2 | 8690 145 |
| 3 | 6372 580 | 3 | 7007 311 | 3 | 7604 147 | 3 | 8167 359 | 3 | 8700 534 |
| 4 | 6385 678 | 4 | 7019 604 | 4 | 7615 728 | 4 | 8178 306 | 4 | 8710 913 |
| 5 | 6398 758 | 5 | 7031 881 | 5 | 7627 295 | 5 | 8189 241 | 5 | 8721 281 |
| 6 | 6411 822 | 6 | 7044 144 | 6 | 7638 849 | 6 | 8200 164 | 6 | 8731 638 |
| 7 | 6424 868 | 7 | 7056 391 | 7 | 7650 390 | 7 | 8211 075 | 7 | 8741 985 |
| 8 | 6437 897 | 8 | 7068 623 | 8 | 7661 917 | 8 | 8221 974 | 8 | 8752 321 |
| 9 | 6450 910 | 9 | 7080 841 | 9 | 7673 431 | 9 | 8232 861 | 9 | 8762 646 |
| 770 | 6463 905 | 820 | 7093 043 | 870 | 7684 932 | 920 | 8243 737 | 970 | 8772 961 |
| 1 | 6476 884 | 1 | 7105 231 | 1 | 7696 420 | 1 | 8254 600 | 1 | 8783 265 |
| 2 | 6489 846 | 2 | 7117 404 | 2 | 7707 894 | 2 | 8265 452 | 2 | 8793 558 |
| 3 | 6502 790 | 3 | 7129 562 | 3 | 7719 356 | 3 | 8276 292 | 3 | 8803 841 |
| 4 | 6515 719 | 4 | 7141 705 | 4 | 7730 804 | 4 | 8287 121 | 4 | 8814 113 |
| 5 | 6528 630 | 5 | 7153 834 | 5 | 7742 239 | 5 | 8297 937 | 5 | 8824 375 |
| 6 | 6541 525 | 6 | 7165 948 | 6 | 7753 661 | 6 | 8308 742 | 6 | 8834 626 |
| 7 | 6554 404 | 7 | 7178 047 | 7 | 7765 070 | 7 | 8319 536 | 7 | 8844 867 |
| 8 | 6567 265 | 8 | 7190 132 | 8 | 7776 466 | 8 | 8330 317 | 8 | 8855 097 |
| 9 | 6580 110 | 9 | 7202 202 | 9 | 7787 849 | 9 | 8341 087 | 9 | 8865 316 |
| 780 | 6592 939 | 830 | 7214 257 | 880 | 7799 219 | 930 | 8351 846 | 980 | 8875 526 |
| 1 | 6605 751 | 1 | 7226 298 | 1 | 7810 576 | 1 | 8362 593 | 1 | 8885 725 |
| 2 | 6618 547 | 2 | 7238 324 | 2 | 7821 921 | 2 | 8373 328 | 2 | 8895 913 |
| 3 | 6631 327 | 3 | 7250 336 | 3 | 7833 252 | 3 | 8384 052 | 3 | 8906 091 |
| 4 | 6644 090 | 4 | 7262 334 | 4 | 7844 571 | 4 | 8394 764 | 4 | 8916 259 |
| 5 | 6656 837 | 5 | 7274 317 | 5 | 7855 876 | 5 | 8405 465 | 5 | 8926 416 |
| 6 | 6669 568 | 6 | 7286 286 | 6 | 7867 170 | 6 | 8416 155 | 6 | 8936 564 |
| 7 | 6682 282 | 7 | 7298 241 | 7 | 7878 450 | 7 | 8426 833 | 7 | 8946 700 |
| 8 | 6694 981 | 8 | 7310 181 | 8 | 7889 717 | 8 | 8437 499 | 8 | 8956 827 |
| 9 | 6707 663 | 9 | 7322 107 | 9 | 7900 972 | 9 | 8448 155 | 9 | 8966 943 |
| 790 | 6720 329 | 840 | 7334 019 | 890 | 7912 215 | 940 | 8458 799 | 990 | 8977 049 |
| 1 | 6732 980 | 1 | 7345 917 | 1 | 7923 444 | 1 | 8469 431 | 1 | 8987 145 |
| 2 | 6745 614 | 2 | 7357 800 | 2 | 7934 661 | 2 | 8480 053 | 2 | 8997 231 |
| 3 | 6758 232 | 3 | 7369 670 | 3 | 7945 866 | 3 | 8490 663 | 3 | 9007 307 |
| 4 | 6770 835 | 4 | 7381 525 | 4 | 7957 058 | 4 | 8501 262 | 4 | 9017 372 |
| 5 | 6783 421 | 5 | 7393 366 | 5 | 7968 237 | 5 | 8511 849 | 5 | 9027 427 |
| 6 | 6795 992 | 6 | 7405 194 | 6 | 7979 404 | 6 | 8522 426 | 6 | 9037 473 |
| 7 | 6808 547 | 7 | 7417 007 | 7 | 7990 559 | 7 | 8532 991 | 7 | 9047 508 |
| 8 | 6821 086 | 8 | 7428 806 | 8 | 8001 701 | 8 | 8543 545 | 8 | 9057 533 |
| 9 | 6833 609 | 9 | 7440 592 | 9 | 8012 830 | 9 | 8554 088 | 9 | 9067 548 |
| N. | Log. nat. | N. | Log. nat. | N. | Log. nat. | N. | Log. nat. | N. | Log. nat. |

## IV. MULTIPLES DU MODULE M.

POUR CONVERTIR LES LOGARITHMES NATURELS EN LOGARITHMES VULGAIRES.

Log. vulgaire A = 0,4342945 × log. naturel A.

| N. | Multiples. | N. | Multiples. |
|---|---|---|---|
| 0 | 0,0000 000 | 50 | 21,7147 241 |
| 1 | 0,4342 945 | 1 | 22,1490 186 |
| 2 | 0,8685 890 | 2 | 22,5833 131 |
| 3 | 1,3028 834 | 3 | 23,0176 075 |
| 4 | 1,7371 779 | 4 | 23,4519 020 |
| 5 | 2,1714 724 | 5 | 23,8861 965 |
| 6 | 2,6057 669 | 6 | 24,3204 910 |
| 7 | 3,0400 614 | 7 | 24,7547 855 |
| 8 | 3,4743 559 | 8 | 25,1890 800 |
| 9 | 3,9086 503 | 9 | 25,6233 744 |
| 10 | 4,3429 448 | 60 | 26,0576 689 |
| 1 | 4,7772 393 | 1 | 26,4919 634 |
| 2 | 5,2115 338 | 2 | 26,9262 579 |
| 3 | 5,6458 283 | 3 | 27,3605 524 |
| 4 | 6,0801 227 | 4 | 27,7948 468 |
| 5 | 6,5144 172 | 5 | 28,2291 413 |
| 6 | 6,9487 117 | 6 | 28,6634 358 |
| 7 | 7,3830 062 | 7 | 29,0977 303 |
| 8 | 7,8173 007 | 8 | 29,5320 248 |
| 9 | 8,2515 952 | 9 | 29,9663 193 |
| 20 | 8,6858 896 | 70 | 30,4006 137 |
| 1 | 9,1201 841 | 1 | 30,8349 082 |
| 2 | 9,5544 786 | 2 | 31,2692 027 |
| 3 | 9,9887 731 | 3 | 31,7034 972 |
| 4 | 10,4230 676 | 4 | 32,1377 917 |
| 5 | 10,8573 620 | 5 | 32,5720 861 |
| 6 | 11,2916 565 | 6 | 33,0063 806 |
| 7 | 11,7259 510 | 7 | 33,4406 751 |
| 8 | 12,1602 455 | 8 | 33,8749 696 |
| 9 | 12,5945 400 | 9 | 34,3092 641 |
| 30 | 13,0288 345 | 80 | 34,7435 586 |
| 1 | 13,4631 289 | 1 | 35,1778 530 |
| 2 | 13,8974 234 | 2 | 35,6121 475 |
| 3 | 14,3317 179 | 3 | 36,0464 420 |
| 4 | 14,7660 124 | 4 | 36,4807 365 |
| 5 | 15,2003 069 | 5 | 36,9150 310 |
| 6 | 15,6346 013 | 6 | 37,3493 254 |
| 7 | 16,0688 958 | 7 | 37,7836 199 |
| 8 | 16,5031 903 | 8 | 38,2179 144 |
| 9 | 16,9374 848 | 9 | 38,6522 089 |
| 40 | 17,3717 793 | 90 | 39,0865 034 |
| 1 | 17,8060 738 | 1 | 39,5207 979 |
| 2 | 18,2403 682 | 2 | 39,9550 923 |
| 3 | 18,6746 627 | 3 | 40,3893 868 |
| 4 | 19,1089 572 | 4 | 40,8236 813 |
| 5 | 19,5432 517 | 5 | 41,2579 758 |
| 6 | 19,9775 462 | 6 | 41,6922 703 |
| 7 | 20,4118 406 | 7 | 42,1265 647 |
| 8 | 20,8461 351 | 8 | 42,5608 592 |
| 9 | 21,2804 296 | 9 | 42,9951 537 |
| N. | Multiples. | N. | Multiples. |

## V. MULTIPLES DE 1/M.

POUR CONVERTIR LES LOGARITHMES VULGAIRES EN LOGARITHMES NATURELS.

Log. naturel A = 2,3025851 × log. vulgaire A.

| N. | Multiples. | N. | Multiples. |
|---|---|---|---|
| 0 | 0,0000 000 | 50 | 115,1292 546 |
| 1 | 2,3025 851 | 1 | 117,4318 397 |
| 2 | 4,6051 702 | 2 | 119,7344 248 |
| 3 | 6,9077 553 | 3 | 122,0370 099 |
| 4 | 9,2103 404 | 4 | 124,3395 950 |
| 5 | 11,5129 255 | 5 | 126,6421 801 |
| 6 | 13,8155 106 | 6 | 128,9447 652 |
| 7 | 16,1180 957 | 7 | 131,2473 503 |
| 8 | 18,4206 807 | 8 | 133,5499 354 |
| 9 | 20,7232 658 | 9 | 135,8525 205 |
| 10 | 23,0258 509 | 60 | 138,1551 056 |
| 1 | 25,3284 360 | 1 | 140,4576 907 |
| 2 | 27,6310 211 | 2 | 142,7602 758 |
| 3 | 29,9336 062 | 3 | 145,0628 609 |
| 4 | 32,2361 913 | 4 | 147,3654 460 |
| 5 | 34,5387 764 | 5 | 149,6680 310 |
| 6 | 36,8413 615 | 6 | 151,9706 161 |
| 7 | 39,1439 466 | 7 | 154,2732 012 |
| 8 | 41,4465 317 | 8 | 156 5757 863 |
| 9 | 43,7491 168 | 9 | 158,8783 714 |
| 20 | 46,051 7019 | 70 | 161,1809 565 |
| 1 | 48,3542 870 | 1 | 163,4835 416 |
| 2 | 50,6568 720 | 2 | 165,7861 267 |
| 3 | 52,9594 571 | 3 | 168,0887 118 |
| 4 | 55,2620 422 | 4 | 170,3912 969 |
| 5 | 57,5646 273 | 5 | 172,6938 820 |
| 6 | 59,8672 124 | 6 | 174,9964 671 |
| 7 | 62,1697 975 | 7 | 177,2990 522 |
| 8 | 64,4723 826 | 8 | 179,6016 373 |
| 9 | 66,7749 677 | 9 | 181,9042 223 |
| 30 | 69,0775 528 | 80 | 184,2068 074 |
| 1 | 71,3801 379 | 1 | 186,5093 925 |
| 2 | 73,6827 230 | 2 | 188,8119 776 |
| 3 | 75,9853 081 | 3 | 191,1145 627 |
| 4 | 78,2878 932 | 4 | 193,4171 478 |
| 5 | 80,5904 783 | 5 | 195,7197 329 |
| 6 | 82,8930 633 | 6 | 198,0223 180 |
| 7 | 85,1956 484 | 7 | 200,3249 031 |
| 8 | 87,4982 335 | 8 | 202,6274 882 |
| 9 | 89,8008 186 | 9 | 204,9300 733 |
| 40 | 92,1034 037 | 90 | 207,2326 584 |
| 1 | 94,4059 888 | 1 | 209,5352 435 |
| 2 | 96,7085 739 | 2 | 211,8378 286 |
| 3 | 99,0111 590 | 3 | 214,1404 136 |
| 4 | 101,3137 441 | 4 | 216,4429 987 |
| 5 | 103,6163 292 | 5 | 218,7455 838 |
| 6 | 105,9189 143 | 6 | 221,0481 689 |
| 7 | 108,2214 994 | 7 | 223,3507 540 |
| 8 | 110,5240 845 | 8 | 225,6533 391 |
| 9 | 112,8266 696 | 9 | 227,9559 242 |
| N. | Multiples. | N. | Multiples. |

# VI — VIII. TABLES

# DES LOGARITHMES

## DES SINUS ET DES TANGENTES

### DE SECONDE EN SECONDE

POUR LES CINQ PREMIERS DEGRÉS

### ET DE DIX SECONDES EN DIX SECONDES

POUR TOUS LES DEGRÉS DU QUART DE CERCLE

| ″ | 0′ | 1′ | 2′ | 3′ | 4′ | 5′ | ″ |
|---|---|---|---|---|---|---|---|
| 0 | — ∞ | $\bar{4}$,4637 261 | $\bar{4}$,7647 561 | $\bar{4}$,9408 473 | $\bar{3}$,0657 860 | $\bar{3}$,1626 960 | 60 |
| 1 | $\bar{6}$,6855 749 | 4709 047 | 7683 602 | 9432 534 | 0675 918 | 1641 412 | 9 |
| 2 | $\bar{6}$,9866 049 | 4779 665 | 7719 347 | 9456 462 | 0693 901 | 1655 817 | 8 |
| 3 | $\bar{5}$,1626 961 | 4849 154 | 7754 800 | 9480 259 | 0711 810 | 1670 173 | 7 |
| 4 | 2876 349 | 4917 548 | 7789 965 | 9503 926 | 0729 646 | 1684 483 | 6 |
| 5 | 3845 449 | 4984 882 | 7824 849 | 9527 465 | 0747 408 | 1698 745 | 5 |
| 6 | 4637 261 | 5051 188 | 7859 454 | 9550 878 | 0765 099 | 1712 961 | 4 |
| 7 | 5306 729 | 5116 497 | 7893 786 | 9574 164 | 0782 717 | 1727 131 | 3 |
| 8 | 5886 649 | 5180 838 | 7927 848 | 9597 327 | 0800 264 | 1741 254 | 2 |
| 9 | 6398 174 | 5244 239 | 7961 645 | 9620 366 | 0817 741 | 1755 332 | 1 |
| 10 | 6855 749 | 5306 729 | 7995 182 | 9643 284 | 0835 148 | 1769 364 | 50 |
| 1 | 7269 676 | 5368 332 | 8028 461 | 9666 082 | 0852 485 | 1783 351 | 9 |
| 2 | 7647 561 | 5429 074 | 8061 488 | 9688 760 | 0869 753 | 1797 293 | 8 |
| 3 | 7995 182 | 5488 977 | 8094 265 | 9711 321 | 0886 953 | 1811 190 | 7 |
| 4 | 8317 029 | 5548 066 | 8126 796 | 9733 765 | 0904 085 | 1825 043 | 6 |
| 5 | 8616 661 | 5606 361 | 8159 086 | 9756 094 | 0921 149 | 1838 853 | 5 |
| 6 | 8896 948 | 5663 884 | 8191 137 | 9778 309 | 0938 147 | 1852 618 | 4 |
| 7 | 9160 238 | 5720 656 | 8222 954 | 9800 410 | 0955 079 | 1866 340 | 3 |
| 8 | 9408 474 | 5776 695 | 8254 539 | 9822 400 | 0971 945 | 1880 018 | 2 |
| 9 | 9643 285 | 5832 019 | 8285 896 | 9844 279 | 0988 745 | 1893 654 | 1 |
| 20 | $\bar{5}$,9866 049 | 5886 648 | 8317 029 | 9866 048 | 1005 481 | 1907 247 | 40 |
| 1 | $\bar{4}$,0077 942 | 5940 599 | 8347 939 | 9887 709 | 1022 153 | 1920 797 | 9 |
| 2 | 0279 975 | 5993 887 | 8378 632 | 9909 262 | 1038 760 | 1934 306 | 8 |
| 3 | 0473 027 | 6046 529 | 8409 109 | 9930 708 | 1055 305 | 1947 772 | 7 |
| 4 | 0657 861 | 6098 541 | 8439 373 | 9952 050 | 1071 787 | 1961 197 | 6 |
| 5 | 0835 149 | 6149 938 | 8469 428 | 9973 287 | 1088 206 | 1974 580 | 5 |
| 6 | 1005 482 | 6200 733 | 8499 277 | $\bar{4}$,9994 420 | 1104 564 | 1987 923 | 4 |
| 7 | 1169 386 | 6250 941 | 8528 922 | $\bar{3}$,0015 451 | 1120 860 | 2001 224 | 3 |
| 8 | 1327 329 | 6300 575 | 8558 365 | 0036 381 | 1137 095 | 2014 485 | 2 |
| 9 | 1479 729 | 6349 649 | 8587 611 | 0057 211 | 1153 270 | 2027 706 | 1 |
| 30 | 1626 961 | 6398 174 | 8616 661 | 0077 941 | 1169 385 | 2040 886 | 30 |
| 1 | 1769 366 | 6446 162 | 8645 518 | 0098 572 | 1185 440 | 2054 027 | 9 |
| 2 | 1907 248 | 6493 627 | 8674 184 | 0119 107 | 1201 436 | 2067 128 | 8 |
| 3 | 2040 888 | 6540 578 | 8702 663 | 0139 544 | 1217 374 | 2080 189 | 7 |
| 4 | 2170 538 | 6587 027 | 8730 955 | 0159 886 | 1233 253 | 2093 211 | 6 |
| 5 | 2296 429 | 6632 985 | 8759 065 | 0180 132 | 1249 074 | 2106 195 | 5 |
| 6 | 2418 774 | 6678 461 | 8786 994 | 0200 285 | 1264 838 | 2119 140 | 4 |
| 7 | 2537 766 | 6723 466 | 8814 745 | 0220 345 | 1280 545 | 2132 046 | 3 |
| 8 | 2653 585 | 6768 009 | 8842 319 | 0240 313 | 1296 195 | 2144 914 | 2 |
| 9 | 2766 395 | 6812 100 | 8869 719 | 0260 189 | 1311 789 | 2157 744 | 1 |
| 40 | 2876 349 | 6855 748 | 8896 948 | 0279 975 | 1327 328 | 2170 536 | 20 |
| 1 | 2983 587 | 6898 962 | 8924 007 | 0299 671 | 1342 811 | 2183 290 | 9 |
| 2 | 3088 242 | 6941 750 | 8950 898 | 0319 278 | 1358 238 | 2196 008 | 8 |
| 3 | 3190 433 | 6984 121 | 8977 624 | 0338 796 | 1373 612 | 2208 688 | 7 |
| 4 | 3290 275 | 7026 082 | 9004 187 | 0358 228 | 1388 931 | 2221 331 | 6 |
| 5 | 3387 874 | 7067 641 | 9030 588 | 0377 573 | 1404 196 | 2233 938 | 5 |
| 6 | 3483 327 | 7108 807 | 9056 829 | 0396 832 | 1419 408 | 2246 508 | 4 |
| 7 | 3576 727 | 7149 586 | 9082 913 | 0416 006 | 1434 566 | 2259 041 | 3 |
| 8 | 3668 161 | 7189 986 | 9108 841 | 0435 096 | 1449 672 | 2271 539 | 2 |
| 9 | 3757 709 | 7230 013 | 9134 615 | 0454 103 | 1464 726 | 2284 001 | 1 |
| 50 | 3845 449 | 7269 675 | 9160 237 | 0473 026 | 1479 727 | 2296 427 | 10 |
| 1 | 3931 450 | 7308 978 | 9185 709 | 0491 868 | 1494 677 | 2308 818 | 9 |
| 2 | 4015 782 | 7347 929 | 9211 033 | 0510 628 | 1509 576 | 2321 173 | 8 |
| 3 | 4098 507 | 7386 533 | 9236 209 | 0529 307 | 1524 423 | 2333 494 | 7 |
| 4 | 4179 686 | 7424 797 | 9261 241 | 0547 906 | 1539 221 | 2345 779 | 6 |
| 5 | 4259 376 | 7462 727 | 9286 129 | 0566 426 | 1553 967 | 2358 030 | 5 |
| 6 | 4337 629 | 7500 328 | 9310 875 | 0584 868 | 1568 664 | 2370 246 | 4 |
| 7 | 4414 497 | 7537 607 | 9335 481 | 0603 231 | 1583 312 | 2382 429 | 3 |
| 8 | 4490 029 | 7574 569 | 9359 948 | 0621 517 | 1597 910 | 2394 577 | 2 |
| 9 | 4564 269 | 7611 218 | 9384 278 | 0639 727 | 1612 459 | 2406 691 | 1 |
| 60 | $\bar{4}$,4637 261 | $\bar{4}$,7647 561 | $\bar{4}$,9408 473 | $\bar{3}$,0657 860 | $\bar{3}$,1626 960 | $\bar{3}$,2418 771 | 0 |
| ″ | 59′ | 58′ | 57′ | 56′ | 55′ | 54′ | ″ |

COSINUS 89°

| ″ | 0′ | 1′ | 2′ | 3′ | 4′ | 5′ | ″ |
|---|---|---|---|---|---|---|---|
| 0 | — ∞ | $\bar{4}$,4637 261 | $\bar{4}$,7647 562 | $\bar{4}$,9408 475 | $\bar{3}$,0657 863 | $\bar{3}$,1626 964 | 60 |
| 1 | $\bar{6}$,6855 749 | 4709 047 | 7683 603 | 9432 536 | 0675 921 | 1641 417 | 9 |
| 2 | $\bar{6}$,9866 049 | 4779 666 | 7719 347 | 9456 464 | 0693 904 | 1655 821 | 8 |
| 3 | $\bar{5}$,1626 961 | 4849 154 | 7754 800 | 9480 261 | 0711 813 | 1670 178 | 7 |
| 4 | 2876 349 | 4917 549 | 7789 966 | 9503 928 | 0729 649 | 1684 488 | 6 |
| 5 | 3845 449 | 4984 882 | 7824 849 | 9527 467 | 0747 412 | 1698 756 | 5 |
| 6 | 4637 261 | 5051 188 | 7859 455 | 9550 879 | 0765 102 | 1712 966 | 4 |
| 7 | 5306 729 | 5116 497 | 7893 786 | 9574 166 | 0782 720 | 1727 136 | 3 |
| 8 | 5886 649 | 5180 838 | 7927 849 | 9597 328 | 0800 268 | 1741 259 | 2 |
| 9 | 6398 174 | 5244 240 | 7961 646 | 9620 368 | 0817 744 | 1755 337 | 1 |
| 10 | 6855 749 | 5306 729 | 7995 183 | 9643 286 | 0835 151 | 1769 369 | 50 |
| 1 | 7269 676 | 5368 332 | 8028 462 | 9666 084 | 0852 488 | 1783 356 | 9 |
| 2 | 7647 561 | 5429 074 | 8061 489 | 9688 762 | 0869 756 | 1797 298 | 8 |
| 3 | 7995 182 | 5488 977 | 8094 266 | 9711 323 | 0886 956 | 1811 195 | 7 |
| 4 | 8317 029 | 5548 066 | 8126 797 | 9733 767 | 0904 088 | 1825 049 | 6 |
| 5 | 8616 661 | 5606 361 | 8159 087 | 9756 096 | 0921 153 | 1838 858 | 5 |
| 6 | 8896 948 | 5663 885 | 8191 138 | 9778 311 | 0938 151 | 1852 623 | 4 |
| 7 | 9160 238 | 5720 656 | 8222 955 | 9800 412 | 0955 082 | 1866 345 | 3 |
| 8 | 9408 474 | 5776 695 | 8254 540 | 9822 402 | 0971 948 | 1880 023 | 2 |
| 9 | 9643 285 | 5832 020 | 8285 897 | 9844 281 | 0988 749 | 1893 659 | 1 |
| 20 | $\bar{5}$,9866 049 | 5886 649 | 8317 030 | 9866 050 | 1005 484 | 1907 252 | 40 |
| 1 | $\bar{4}$,0077 942 | 5940 599 | 8347 940 | 9887 711 | 1022 156 | 1920 802 | 9 |
| 2 | 0279 975 | 5993 887 | 8378 633 | 9909 264 | 1038 764 | 1934 311 | 8 |
| 3 | 0473 027 | 6046 530 | 8409 110 | 9930 710 | 1055 309 | 1947 777 | 7 |
| 4 | 0657 861 | 6098 542 | 8439 374 | 9952 052 | 1071 790 | 1961 202 | 6 |
| 5 | 0835 149 | 6149 938 | 8469 429 | 9973 289 | 1088 210 | 1974 586 | 5 |
| 6 | 1005 482 | 6200 733 | 8499 278 | $\bar{4}$,9994 422 | 1104 567 | 1987 928 | 4 |
| 7 | 1169 386 | 6250 941 | 8528 923 | $\bar{3}$,0015 454 | 1120 864 | 2001 230 | 3 |
| 8 | 1327 329 | 6300 576 | 8558 367 | 0036 383 | 1137 099 | 2014 491 | 2 |
| 9 | 1479 729 | 6349 649 | 8587 612 | 0057 213 | 1153 274 | 2027 711 | 1 |
| 30 | 1626 961 | 6398 174 | 8616 662 | 0077 943 | 1169 389 | 2040 892 | 30 |
| 1 | 1769 366 | 6446 163 | 8645 519 | 0098 575 | 1185 444 | 2054 032 | 9 |
| 2 | 1907 248 | 6493 627 | 8674 185 | 0119 109 | 1201 440 | 2067 133 | 8 |
| 3 | 2040 888 | 6540 578 | 8702 664 | 0139 546 | 1217 378 | 2080 195 | 7 |
| 4 | 2170 538 | 6587 028 | 8730 957 | 0159 888 | 1233 257 | 2093 217 | 6 |
| 5 | 2296 429 | 6632 985 | 8759 066 | 0180 135 | 1249 078 | 2106 201 | 5 |
| 6 | 2418 774 | 6678 461 | 8786 995 | 0200 288 | 1264 842 | 2119 145 | 4 |
| 7 | 2537 766 | 6723 466 | 8814 746 | 0220 348 | 1280 549 | 2132 052 | 3 |
| 8 | 2653 585 | 6768 010 | 8842 320 | 0240 315 | 1296 199 | 2144 920 | 2 |
| 9 | 2766 395 | 6812 101 | 8869 721 | 0260 191 | 1311 793 | 2157 750 | 1 |
| 40 | 2876 349 | 6855 749 | 8896 949 | 0279 977 | 1327 332 | 2170 542 | 20 |
| 1 | 2983 587 | 6898 963 | 8924 008 | 0299 673 | 1342 815 | 2183 296 | 9 |
| 2 | 3088 242 | 6941 751 | 8950 900 | 0319 280 | 1358 242 | 2196 014 | 8 |
| 3 | 3190 433 | 6984 121 | 8977 626 | 0338 799 | 1373 616 | 2208 694 | 7 |
| 4 | 3290 275 | 7026 082 | 9004 188 | 0358 231 | 1388 935 | 2221 337 | 6 |
| 5 | 3387 874 | 7067 642 | 9030 589 | 0377 576 | 1404 200 | 2233 944 | 5 |
| 6 | 3483 327 | 7108 808 | 9056 830 | 0396 835 | 1419 412 | 2246 514 | 4 |
| 7 | 3576 727 | 7149 587 | 9082 914 | 0416 009 | 1434 570 | 2259 048 | 3 |
| 8 | 3668 161 | 7180 087 | 9108 842 | 0435 099 | 1449 676 | 2271 545 | 2 |
| 9 | 3757 710 | 7230 014 | 9134 617 | 0454 105 | 1464 730 | 2284 007 | 1 |
| 50 | 3845 449 | 7269 676 | 9160 239 | 0473 029 | 1479 732 | 2296 433 | 10 |
| 1 | 3931 451 | 7308 979 | 9185 711 | 0491 870 | 1494 681 | 2308 824 | 9 |
| 2 | 4015 782 | 7347 929 | 9211 034 | 0510 630 | 1509 580 | 2321 180 | 8 |
| 3 | 4098 507 | 7386 534 | 9236 211 | 0529 310 | 1524 428 | 2333 500 | 7 |
| 4 | 4179 686 | 7424 798 | 9261 242 | 0547 909 | 1539 225 | 2345 786 | 6 |
| 5 | 4259 376 | 7462 728 | 9286 130 | 0566 429 | 1553 972 | 2358 036 | 5 |
| 6 | 4337 629 | 7500 329 | 9310 876 | 0584 871 | 1568 669 | 2370 253 | 4 |
| 7 | 4414 497 | 7537 608 | 9335 482 | 0603 234 | 1583 316 | 2382 435 | 3 |
| 8 | 4490 029 | 7574 569 | 9359 950 | 0621 520 | 1597 914 | 2394 583 | 2 |
| 9 | 4564 269 | 7611 219 | 9384 280 | 0639 730 | 1612 464 | 2406 698 | 1 |
| 60 | $\bar{4}$,4637 261 | $\bar{4}$,7647 562 | $\bar{4}$,9408 475 | $\bar{3}$,0657 863 | $\bar{3}$,1626 964 | $\bar{3}$,2418 778 | 0 |
| ″ | 59′ | 58′ | 57′ | 56′ | 55′ | 54′ | ″ |

COTANGENTE 89°

| ″ | 6′ | 7′ | 8′ | 9′ | 10′ | 11′ | ″ |
|---|---|---|---|---|---|---|---|
| 0 | $\bar{3}$,2 418 771 | $\bar{3}$,3 088 239 | $\bar{3}$,3 668 157 | $\bar{3}$,4 179 681 | $\bar{3}$,4 637 255 | $\bar{3}$,5 051 181 | 60 |
| 1 | 430 818 | 098 567 | 677 195 | 187 716 | 644 487 | 057 756 | 9 |
| 2 | 442 832 | 108 870 | 686 215 | 195 737 | 651 707 | 064 321 | 8 |
| 3 | 454 813 | 119 149 | 695 216 | 203 742 | 658 916 | 070 876 | 7 |
| 4 | 466 760 | 129 404 | 704 198 | 211 733 | 666 112 | 077 422 | 6 |
| 5 | 478 675 | 139 635 | 713 162 | 219 709 | 673 296 | 083 958 | 5 |
| 6 | 490 557 | 149 842 | 722 107 | 227 670 | 680 469 | 090 483 | 4 |
| 7 | 502 407 | 160 024 | 731 034 | 235 617 | 687 629 | 096 999 | 3 |
| 8 | 514 225 | 170 183 | 739 943 | 243 549 | 694 778 | 103 506 | 2 |
| 9 | 526 010 | 180 318 | 748 833 | 251 467 | 701 915 | 110 002 | 1 |
| 10 | 537 764 | 190 430 | 757 705 | 259 370 | 709 041 | 116 489 | 50 |
| 1 | 549 485 | 200 518 | 766 559 | 267 259 | 716 154 | 122 966 | 9 |
| 2 | 561 176 | 210 583 | 775 396 | 275 134 | 723 257 | 129 434 | 8 |
| 3 | 572 835 | 220 624 | 784 214 | 282 995 | 730 347 | 135 892 | 7 |
| 4 | 584 462 | 230 643 | 793 014 | 290 841 | 737 426 | 142 340 | 6 |
| 5 | 596 059 | 240 638 | 801 796 | 298 673 | 744 493 | 148 779 | 5 |
| 6 | 607 625 | 250 610 | 810 561 | 306 491 | 751 549 | 155 208 | 4 |
| 7 | 619 160 | 260 560 | 819 308 | 314 295 | 758 594 | 161 628 | 3 |
| 8 | 630 664 | 270 487 | 828 038 | 322 085 | 765 627 | 168 038 | 2 |
| 9 | 642 138 | 280 391 | 836 750 | 329 861 | 772 649 | 174 439 | 1 |
| 20 | 653 582 | 290 272 | 845 444 | 337 624 | 779 659 | 180 830 | 40 |
| 1 | 664 996 | 300 131 | 854 122 | 345 372 | 786 658 | 187 212 | 9 |
| 2 | 676 380 | 309 968 | 862 782 | 353 106 | 793 646 | 193 585 | 8 |
| 3 | 687 734 | 319 783 | 871 424 | 360 827 | 800 623 | 199 948 | 7 |
| 4 | 699 058 | 329 575 | 880 050 | 368 534 | 807 588 | 206 302 | 6 |
| 5 | 710 353 | 339 345 | 888 658 | 376 228 | 814 542 | 212 646 | 5 |
| 6 | 721 619 | 349 094 | 897 249 | 383 908 | 821 485 | 218 982 | 4 |
| 7 | 732 856 | 358 821 | 905 824 | 391 574 | 828 417 | 225 308 | 3 |
| 8 | 744 063 | 368 525 | 914 381 | 399 227 | 835 338 | 231 625 | 2 |
| 9 | 755 242 | 378 209 | 922 922 | 406 866 | 842 248 | 237 933 | 1 |
| 30 | 766 392 | 387 870 | 931 446 | 414 492 | 849 147 | 244 231 | 30 |
| 1 | 777 514 | 397 511 | 939 953 | 422 104 | 856 035 | 250 521 | 9 |
| 2 | 788 607 | 407 130 | 948 444 | 429 703 | 862 913 | 256 801 | 8 |
| 3 | 799 672 | 416 727 | 956 918 | 437 289 | 869 779 | 263 073 | 7 |
| 4 | 810 708 | 426 304 | 965 375 | 444 862 | 876 634 | 269 335 | 6 |
| 5 | 821 717 | 435 859 | 973 816 | 452 421 | 883 479 | 275 588 | 5 |
| 6 | 832 698 | 445 394 | 982 241 | 459 968 | 890 313 | 281 833 | 4 |
| 7 | 843 651 | 454 907 | 990 650 | 467 501 | 897 136 | 288 068 | 3 |
| 8 | 854 577 | 464 400 | $\bar{3}$,3 999 042 | 475 021 | 903 949 | 294 295 | 2 |
| 9 | 865 475 | 473 872 | $\bar{3}$,4 007 418 | 482 529 | 910 750 | 300 512 | 1 |
| 40 | 876 346 | 483 323 | 015 778 | 490 023 | 917 541 | 306 721 | 20 |
| 1 | 887 190 | 492 754 | 024 121 | 497 504 | 924 322 | 312 920 | 9 |
| 2 | 898 006 | 502 165 | 032 449 | 504 973 | 931 092 | 319 111 | 8 |
| 3 | 908 796 | 511 555 | 040 761 | 512 428 | 937 851 | 325 294 | 7 |
| 4 | 919 560 | 520 925 | 049 057 | 519 871 | 944 600 | 331 467 | 6 |
| 5 | 930 296 | 530 275 | 057 337 | 527 302 | 951 339 | 337 631 | 5 |
| 6 | 941 006 | 539 604 | 065 601 | 534 719 | 958 067 | 343 787 | 4 |
| 7 | 951 690 | 548 914 | 073 850 | 542 124 | 964 784 | 349 934 | 3 |
| 8 | 962 347 | 558 203 | 082 083 | 549 516 | 971 492 | 356 073 | 2 |
| 9 | 972 979 | 567 473 | 090 301 | 556 896 | 978 188 | 362 202 | 1 |
| 50 | 983 584 | 576 723 | 098 503 | 564 263 | 984 875 | 368 324 | 10 |
| 1 | $\bar{3}$,2 994 164 | 585 954 | 106 689 | 571 618 | 991 551 | 374 436 | 9 |
| 2 | $\bar{3}$,3 004 718 | 595 165 | 114 860 | 578 960 | $\bar{3}$,4 998 217 | 380 540 | 8 |
| 3 | 015 246 | 604 356 | 123 016 | 586 290 | $\bar{3}$,5 004 873 | 386 635 | 7 |
| 4 | 025 749 | 613 528 | 131 156 | 593 607 | 011 519 | 392 722 | 6 |
| 5 | 036 227 | 622 681 | 139 282 | 600 912 | 018 154 | 398 800 | 5 |
| 6 | 046 679 | 631 814 | 147 392 | 608 205 | 024 780 | 404 870 | 4 |
| 7 | 057 106 | 640 929 | 155 487 | 615 486 | 031 395 | 410 931 | 3 |
| 8 | 067 509 | 650 024 | 163 567 | 622 754 | 038 000 | 416 984 | 2 |
| 9 | 077 886 | 659 100 | 171 631 | 630 011 | 044 595 | 423 029 | 1 |
| 60 | $\bar{3}$,3 088 239 | $\bar{3}$,3 668 157 | $\bar{3}$,4 179 681 | $\bar{3}$,4 637 255 | $\bar{3}$,5 051 181 | $\bar{3}$,5 429 065 | 0 |
| ″ | 53′ | 52′ | 51′ | 50′ | 49′ | 48′ | ″ |

COSINUS 89°

| ″ | 6′ | 7′ | 8′ | 9′ | 10′ | 11′ | ″ |
|---|---|---|---|---|---|---|---|
| 0 | $\bar{3}$,2 418 778 | $\bar{3}$,3 088 248 | $\bar{3}$,3 668 169 | $\bar{3}$,4 179 696 | $\bar{3}$,4 637 273 | $\bar{3}$,5 051 203 | 60 |
| 1 | 430 825 | 098 576 | 677 207 | 187 731 | 644 506 | 057 778 | 9 |
| 2 | 442 839 | 108 879 | 686 227 | 195 752 | 651 726 | 064 343 | 8 |
| 3 | 454 819 | 119 158 | 695 228 | 203 757 | 658 934 | 070 899 | 7 |
| 4 | 466 767 | 129 413 | 704 210 | 211 748 | 666 130 | 077 444 | 6 |
| 5 | 478 682 | 139 644 | 713 174 | 219 724 | 673 315 | 083 980 | 5 |
| 6 | 490 564 | 149 851 | 722 119 | 227 685 | 680 487 | 090 506 | 4 |
| 7 | 502 414 | 160 034 | 731 046 | 235 632 | 687 648 | 097 022 | 3 |
| 8 | 514 231 | 170 193 | 739 955 | 243 564 | 694 797 | 103 528 | 2 |
| 9 | 526 017 | 180 328 | 748 845 | 251 482 | 701 934 | 110 025 | 1 |
| 10 | 537 771 | 190 440 | 757 718 | 259 386 | 709 060 | 116 512 | 50 |
| 1 | 549 492 | 200 528 | 766 572 | 267 275 | 716 173 | 122 989 | 9 |
| 2 | 561 183 | 210 592 | 775 408 | 275 150 | 723 276 | 129 457 | 8 |
| 3 | 572 842 | 220 634 | 784 226 | 283 010 | 730 366 | 135 915 | 7 |
| 4 | 584 469 | 230 652 | 793 026 | 290 857 | 737 445 | 142 363 | 6 |
| 5 | 596 066 | 240 648 | 801 809 | 298 689 | 744 513 | 148 802 | 5 |
| 6 | 607 632 | 250 620 | 810 574 | 306 507 | 751 569 | 155 231 | 4 |
| 7 | 619 167 | 260 570 | 819 321 | 314 311 | 758 613 | 161 651 | 3 |
| 8 | 630 672 | 270 496 | 828 051 | 322 101 | 765 646 | 168 061 | 2 |
| 9 | 642 146 | 280 400 | 836 763 | 329 877 | 772 668 | 174 462 | 1 |
| 20 | 653 590 | 290 282 | 845 457 | 337 640 | 779 679 | 180 854 | 40 |
| 1 | 665 003 | 300 141 | 854 134 | 345 388 | 786 678 | 187 236 | 9 |
| 2 | 676 387 | 309 978 | 862 794 | 353 123 | 793 666 | 193 608 | 8 |
| 3 | 687 741 | 319 793 | 871 437 | 360 843 | 800 642 | 199 972 | 7 |
| 4 | 699 066 | 329 585 | 880 063 | 368 551 | 807 608 | 206 326 | 6 |
| 5 | 710 361 | 339 356 | 888 671 | 376 244 | 814 562 | 212 670 | 5 |
| 6 | 721 627 | 349 104 | 897 263 | 383 924 | 821 505 | 219 006 | 4 |
| 7 | 732 863 | 358 831 | 905 837 | 391 590 | 828 437 | 225 332 | 3 |
| 8 | 744 071 | 368 536 | 914 395 | 399 243 | 835 359 | 231 649 | 2 |
| 9 | 755 250 | 378 219 | 922 935 | 406 882 | 842 269 | 237 957 | 1 |
| 30 | 766 400 | 387 881 | 931 459 | 414 508 | 849 168 | 244 256 | 30 |
| 1 | 777 521 | 397 521 | 939 967 | 422 121 | 856 056 | 250 545 | 9 |
| 2 | 788 615 | 407 140 | 948 457 | 429 720 | 862 933 | 256 826 | 8 |
| 3 | 799 679 | 416 738 | 956 931 | 437 306 | 869 799 | 263 097 | 7 |
| 4 | 810 716 | 426 314 | 965 389 | 444 879 | 876 655 | 269 360 | 6 |
| 5 | 821 725 | 435 870 | 973 830 | 452 438 | 883 500 | 275 613 | 5 |
| 6 | 832 706 | 445 404 | 982 255 | 459 985 | 890 334 | 281 858 | 4 |
| 7 | 843 659 | 454 918 | 990 663 | 467 518 | 897 157 | 288 093 | 3 |
| 8 | 854 585 | 464 411 | $\bar{3}$,3 999 055 | 475 038 | 903 969 | 294 319 | 2 |
| 9 | 865 483 | 473 883 | $\bar{3}$,4 007 431 | 482 546 | 910 771 | 300 537 | 1 |
| 40 | 876 354 | 483 334 | 015 791 | 490 040 | 917 562 | 306 746 | 20 |
| 1 | 887 198 | 492 765 | 024 135 | 497 521 | 924 343 | 312 946 | 9 |
| 2 | 898 015 | 502 176 | 032 463 | 504 990 | 931 113 | 319 137 | 8 |
| 3 | 908 805 | 511 566 | 040 775 | 512 446 | 937 872 | 325 319 | 7 |
| 4 | 919 568 | 520 936 | 049 071 | 519 889 | 944 621 | 331 492 | 6 |
| 5 | 930 304 | 530 286 | 057 351 | 527 319 | 951 360 | 337 657 | 5 |
| 6 | 941 015 | 539 615 | 065 616 | 534 737 | 958 088 | 343 813 | 4 |
| 7 | 951 698 | 548 925 | 073 864 | 542 141 | 964 806 | 349 960 | 3 |
| 8 | 962 356 | 558 215 | 082 097 | 549 524 | 971 513 | 356 098 | 2 |
| 9 | 972 987 | 567 485 | 090 315 | 556 913 | 978 210 | 362 228 | 1 |
| 50 | 983 593 | 576 735 | 098 517 | 564 281 | 984 897 | 368 349 | 10 |
| 1 | $\bar{3}$,2 994 173 | 585 965 | 106 703 | 571 635 | 991 573 | 374 462 | 9 |
| 2 | $\bar{3}$,3 004 727 | 595 176 | 114 875 | 578 978 | $\bar{3}$,4 998 239 | 380 566 | 8 |
| 3 | 015 255 | 604 368 | 123 030 | 586 308 | $\bar{3}$,5 004 895 | 386 661 | 7 |
| 4 | 025 758 | 613 540 | 131 171 | 593 625 | 011 541 | 392 748 | 6 |
| 5 | 036 235 | 622 692 | 139 296 | 600 930 | 018 176 | 398 826 | 5 |
| 6 | 046 688 | 631 826 | 147 406 | 608 223 | 024 802 | 404 896 | 4 |
| 7 | 057 115 | 640 940 | 155 501 | 615 504 | 031 417 | 410 958 | 3 |
| 8 | 067 517 | 650 035 | 163 581 | 622 773 | 038 022 | 417 011 | 2 |
| 9 | 077 895 | 659 112 | 171 646 | 630 030 | 044 618 | 423 055 | 1 |
| 60 | $\bar{3}$,3 088 248 | $\bar{3}$,3 668 169 | $\bar{3}$,4 179 696 | $\bar{3}$,4 637 273 | $\bar{3}$,5 051 203 | $\bar{3}$,5 429 091 | 0 |
| ″ | 53′ | 52′ | 51′ | 50′ | 49′ | 48′ | ″ |

| ″ | 12′ | 13′ | 14′ | 15′ | 16′ | 17′ | ″ |
|---|---|---|---|---|---|---|---|
| 0 | $\bar{3}$,5 429 065 | $\bar{3}$,5 776 684 | $\bar{3}$,6 098 530 | $\bar{3}$,6 398 160 | $\bar{3}$,6 678 445 | $\bar{3}$,6 941 733 | 60 |
| 1 | 435 092 | 782 249 | 103 697 | 402 983 | 682 967 | 945 988 | 9 |
| 2 | 441 112 | 787 806 | 108 858 | 407 800 | 687 484 | 950 240 | 8 |
| 3 | 447 123 | 793 356 | 114 012 | 412 612 | 691 996 | 954 487 | 7 |
| 4 | 453 125 | 798 899 | 119 161 | 417 419 | 696 503 | 958 730 | 6 |
| 5 | 459 120 | 804 435 | 124 304 | 422 221 | 701 006 | 962 969 | 5 |
| 6 | 465 106 | 809 964 | 129 440 | 427 017 | 705 504 | 967 204 | 4 |
| 7 | 471 084 | 815 485 | 134 571 | 431 808 | 709 998 | 971 435 | 3 |
| 8 | 477 053 | 821 000 | 139 695 | 436 593 | 714 486 | 975 662 | 2 |
| 9 | 483 015 | 826 508 | 144 813 | 441 373 | 718 970 | 979 884 | 1 |
| 10 | 488 968 | 832 009 | 149 926 | 446 149 | 723 450 | 984 103 | 50 |
| 1 | 494 913 | 837 503 | 155 032 | 450 918 | 727 925 | 988 317 | 9 |
| 2 | 500 850 | 842 990 | 160 132 | 455 683 | 732 395 | 992 528 | 8 |
| 3 | 506 779 | 848 470 | 165 227 | 460 442 | 736 861 | $\bar{3}$,6 996 734 | 7 |
| 4 | 512 700 | 853 943 | 170 315 | 465 196 | 741 322 | $\bar{3}$,7 000 936 | 6 |
| 5 | 518 613 | 859 409 | 175 397 | 469 945 | 745 779 | 005 134 | 5 |
| 6 | 524 518 | 864 869 | 180 474 | 474 689 | 750 231 | 009 328 | 4 |
| 7 | 530 414 | 870 321 | 185 544 | 479 428 | 754 678 | 013 518 | 3 |
| 8 | 536 303 | 875 767 | 190 609 | 484 161 | 759 121 | 017 704 | 2 |
| 9 | 542 184 | 881 206 | 195 668 | 488 889 | 763 559 | 021 886 | 1 |
| 20 | 548 057 | 886 638 | 200 721 | 493 613 | 767 993 | 026 064 | 40 |
| 1 | 553 921 | 892 063 | 205 768 | 498 331 | 772 422 | 030 238 | 9 |
| 2 | 559 778 | 897 481 | 210 809 | 503 043 | 776 847 | 034 407 | 8 |
| 3 | 565 627 | 902 893 | 215 844 | 507 751 | 781 267 | 038 573 | 7 |
| 4 | 571 469 | 908 298 | 220 873 | 512 454 | 785 683 | 042 735 | 6 |
| 5 | 577 302 | 913 696 | 225 897 | 517 151 | 790 094 | 046 893 | 5 |
| 6 | 583 127 | 919 088 | 230 915 | 521 844 | 794 501 | 051 047 | 4 |
| 7 | 588 945 | 924 473 | 235 927 | 526 531 | 798 904 | 055 197 | 3 |
| 8 | 594 755 | 929 851 | 240 933 | 531 214 | 803 302 | 059 343 | 2 |
| 9 | 600 557 | 935 223 | 245 934 | 535 891 | 807 695 | 063 485 | 1 |
| 30 | 606 352 | 940 588 | 250 928 | 540 563 | 812 084 | 067 623 | 30 |
| 1 | 612 138 | 945 946 | 255 917 | 545 231 | 816 469 | 071 757 | 9 |
| 2 | 617 917 | 951 298 | 260 901 | 549 893 | 820 849 | 075 887 | 8 |
| 3 | 623 689 | 956 643 | 265 878 | 554 550 | 825 224 | 080 014 | 7 |
| 4 | 629 452 | 961 981 | 270 850 | 559 203 | 829 596 | 084 136 | 6 |
| 5 | 635 208 | 967 313 | 275 816 | 563 850 | 833 963 | 088 254 | 5 |
| 6 | 640 957 | 972 639 | 280 777 | 568 492 | 838 325 | 092 369 | 4 |
| 7 | 646 698 | 977 958 | 285 732 | 573 130 | 842 683 | 096 480 | 3 |
| 8 | 652 431 | 983 270 | 290 681 | 577 762 | 847 037 | 100 586 | 2 |
| 9 | 658 157 | 988 576 | 295 624 | 582 390 | 851 387 | 104 689 | 1 |
| 40 | 663 875 | 993 876 | 300 562 | 587 012 | 855 732 | 108 788 | 20 |
| 1 | 669 585 | $\bar{3}$,5 999 169 | 305 495 | 591 630 | 860 072 | 112 883 | 9 |
| 2 | 675 289 | $\bar{3}$,6 004 455 | 310 421 | 596 243 | 864 409 | 116 975 | 8 |
| 3 | 680 984 | 009 735 | 315 342 | 600 850 | 868 741 | 121 062 | 7 |
| 4 | 686 672 | 015 009 | 320 258 | 605 453 | 873 069 | 125 146 | 6 |
| 5 | 692 353 | 020 277 | 325 168 | 610 052 | 877 392 | 129 225 | 5 |
| 6 | 698 026 | 025 538 | 330 073 | 614 645 | 881 711 | 133 301 | 4 |
| 7 | 703 692 | 030 792 | 334 971 | 619 233 | 886 026 | 137 373 | 3 |
| 8 | 709 351 | 036 040 | 339 865 | 623 817 | 890 337 | 141 442 | 2 |
| 9 | 715 002 | 041 282 | 344 753 | 628 395 | 894 643 | 145 506 | 1 |
| 50 | 720 646 | 046 518 | 349 635 | 632 969 | 898 945 | 149 567 | 10 |
| 1 | 726 282 | 051 747 | 354 512 | 637 538 | 903 243 | 153 624 | 9 |
| 2 | 731 912 | 056 970 | 359 384 | 642 103 | 907 536 | 157 677 | 8 |
| 3 | 737 533 | 062 187 | 364 250 | 646 662 | 911 826 | 161 726 | 7 |
| 4 | 743 148 | 067 397 | 369 110 | 651 217 | 916 111 | 165 772 | 6 |
| 5 | 748 755 | 072 602 | 373 965 | 655 767 | 920 392 | 169 814 | 5 |
| 6 | 754 356 | 077 800 | 378 815 | 660 312 | 924 668 | 173 852 | 4 |
| 7 | 759 949 | 082 991 | 383 659 | 664 852 | 928 941 | 177 886 | 3 |
| 8 | 765 534 | 088 177 | 388 498 | 669 388 | 933 209 | 181 917 | 2 |
| 9 | 771 113 | 093 356 | 393 332 | 673 919 | 937 473 | 185 943 | 1 |
| 60 | $\bar{3}$,5 776 684 | 3,6 098 530 | 3,6 398 160 | $\bar{3}$,6 678 445 | $\bar{3}$,6 941 733 | $\bar{3}$,7 189 966 | 0 |
| ″ | 47′ | 46′ | 45′ | 44′ | 43′ | 42′ | ″ |

COSINUS 89°

| ″ | 12′ | 13′ | 14′ | 15′ | 16′ | 17′ | ″ |
|---|---|---|---|---|---|---|---|
| 0 | $\bar{3}$,5 429 091 | $\bar{3}$,5 776 715 | $\bar{3}$,6 098 566 | $\bar{3}$,6 398 201 | $\bar{3}$,6 678 492 | $\bar{3}$,6 941 786 | 60 |
| 1 | 435 119 | 782 280 | 103 733 | 403 024 | 683 014 | 946 042 | 9 |
| 2 | 441 138 | 787 837 | 108 894 | 407 842 | 687 531 | 950 293 | 8 |
| 3 | 447 149 | 793 387 | 114 049 | 412 654 | 692 043 | 954 541 | 7 |
| 4 | 453 152 | 798 930 | 119 197 | 417 461 | 696 551 | 958 784 | 6 |
| 5 | 459 147 | 804 466 | 124 340 | 422 262 | 701 053 | 963 023 | 5 |
| 6 | 465 133 | 809 995 | 129 477 | 427 059 | 705 552 | 967 258 | 4 |
| 7 | 471 111 | 815 517 | 134 607 | 431 850 | 710 045 | 971 489 | 3 |
| 8 | 477 080 | 821 032 | 139 732 | 436 635 | 714 534 | 975 716 | 2 |
| 9 | 483 042 | 826 540 | 144 850 | 441 416 | 719 018 | 979 938 | 1 |
| 10 | 488 995 | 832 041 | 149 963 | 446 191 | 723 498 | 984 157 | 50 |
| 1 | 494 941 | 837 535 | 155 069 | 450 961 | 727 973 | 988 371 | 9 |
| 2 | 500 878 | 843 022 | 160 169 | 455 725 | 732 443 | 992 582 | 8 |
| 3 | 506 807 | 848 502 | 165 264 | 460 485 | 736 909 | $\bar{3}$,6 996 788 | 7 |
| 4 | 512 728 | 853 975 | 170 352 | 465 239 | 741 371 | $\bar{3}$,7 000 990 | 6 |
| 5 | 518 640 | 859 441 | 175 435 | 469 988 | 745 827 | 005 189 | 5 |
| 6 | 524 545 | 864 901 | 180 511 | 474 732 | 750 279 | 009 383 | 4 |
| 7 | 530 442 | 870 353 | 185 582 | 479 471 | 754 727 | 013 573 | 3 |
| 8 | 536 331 | 875 799 | 190 647 | 484 204 | 759 170 | 017 759 | 2 |
| 9 | 542 212 | 881 238 | 195 705 | 488 933 | 763 608 | 021 941 | 1 |
| 20 | 548 084 | 886 670 | 200 758 | 493 656 | 768 042 | 026 119 | 40 |
| 1 | 553 949 | 892 096 | 205 805 | 498 374 | 772 471 | 030 293 | 9 |
| 2 | 559 806 | 897 514 | 210 847 | 503 087 | 776 896 | 034 463 | 8 |
| 3 | 565 656 | 902 926 | 215 882 | 507 795 | 781 317 | 038 629 | 7 |
| 4 | 571 497 | 908 331 | 220 911 | 512 497 | 785 733 | 042 791 | 6 |
| 5 | 577 330 | 913 730 | 225 935 | 517 195 | 790 144 | 046 949 | 5 |
| 6 | 583 156 | 919 121 | 230 953 | 521 888 | 794 551 | 051 103 | 4 |
| 7 | 588 974 | 924 506 | 235 965 | 526 575 | 798 953 | 055 253 | 3 |
| 8 | 594 784 | 929 884 | 240 972 | 531 258 | 803 351 | 059 399 | 2 |
| 9 | 600 586 | 935 256 | 245 972 | 535 935 | 807 745 | 063 541 | 1 |
| 30 | 606 380 | 940 621 | 250 967 | 540 608 | 812 134 | 067 679 | 30 |
| 1 | 612 167 | 945 980 | 255 956 | 545 275 | 816 519 | 071 813 | 9 |
| 2 | 617 946 | 951 331 | 260 939 | 549 937 | 820 899 | 075 944 | 8 |
| 3 | 623 718 | 956 677 | 265 917 | 554 595 | 825 275 | 080 070 | 7 |
| 4 | 629 481 | 962 015 | 270 889 | 559 247 | 829 646 | 084 193 | 6 |
| 5 | 635 238 | 967 347 | 275 855 | 563 895 | 834 013 | 088 311 | 5 |
| 6 | 640 986 | 972 673 | 280 816 | 568 537 | 838 376 | 092 426 | 4 |
| 7 | 646 727 | 977 992 | 285 771 | 573 174 | 842 734 | 096 537 | 3 |
| 8 | 652 460 | 983 304 | 290 720 | 577 807 | 847 088 | 100 643 | 2 |
| 9 | 658 186 | 988 611 | 295 664 | 582 435 | 851 438 | 104 746 | 1 |
| 40 | 663 904 | 993 910 | 300 602 | 587 057 | 855 783 | 108 846 | 20 |
| 1 | 669 615 | $\bar{3}$,5 999 203 | 305 534 | 591 675 | 860 124 | 112 941 | 9 |
| 2 | 675 318 | $\bar{3}$,6 004 490 | 310 461 | 596 288 | 864 460 | 117 032 | 8 |
| 3 | 681 014 | 009 770 | 315 382 | 600 896 | 868 792 | 121 120 | 7 |
| 4 | 686 702 | 015 044 | 320 298 | 605 499 | 873 120 | 125 203 | 6 |
| 5 | 692 383 | 020 311 | 325 208 | 610 097 | 877 444 | 129 283 | 5 |
| 6 | 698 056 | 025 572 | 330 113 | 614 690 | 881 763 | 133 359 | 4 |
| 7 | 703 722 | 030 827 | 335 012 | 619 279 | 886 078 | 137 432 | 3 |
| 8 | 709 381 | 036 075 | 339 905 | 623 803 | 890 389 | 141 500 | 2 |
| 9 | 715 032 | 041 317 | 344 793 | 628 441 | 894 695 | 145 565 | 1 |
| 50 | 720 676 | 046 553 | 349 676 | 633 015 | 898 997 | 149 625 | 10 |
| 1 | 726 313 | 051 782 | 354 553 | 637 585 | 903 295 | 153 682 | 9 |
| 2 | 731 942 | 057 005 | 359 424 | 642 149 | 907 589 | 157 736 | 8 |
| 3 | 737 564 | 062 222 | 364 290 | 646 709 | 911 878 | 161 785 | 7 |
| 4 | 743 179 | 067 433 | 369 151 | 651 263 | 916 163 | 165 831 | 6 |
| 5 | 748 786 | 072 637 | 374 006 | 655 813 | 920 444 | 169 873 | 5 |
| 6 | 754 386 | 077 835 | 378 856 | 660 359 | 924 721 | 173 911 | 4 |
| 7 | 759 979 | 083 027 | 383 700 | 664 899 | 928 993 | 177 945 | 3 |
| 8 | 765 565 | 088 213 | 388 539 | 669 435 | 933 262 | 181 976 | 2 |
| 9 | 771 144 | 093 392 | 393 373 | 673 966 | 937 526 | 186 003 | 1 |
| 60 | $\bar{3}$,5 776 715 | $\bar{3}$,6 098 566 | $\bar{3}$,6 398 201 | $\bar{3}$,6 678 492 | $\bar{3}$,6 941 786 | $\bar{3}$,7 190 026 | 0 |
| ″ | 47′ | 46′ | 45′ | 44′ | 43′ | 42′ | ″ |

COTANGENTE 89°

| ″ | 18′ | 19′ | 20′ | 21′ | 22′ | 23′ | ″ |
|---|---|---|---|---|---|---|---|
| 0 | $\bar{3}$,7 189 966 | $\bar{3}$,7 424 775 | $\bar{3}$,7 647 537 | $\bar{3}$,7 859 427 | $\bar{3}$,8 061 458 | $\bar{3}$,8 254 507 | 60 |
| 1 | 193 986 | 428 583 | 651 154 | 862 872 | 064 747 | 257 653 | 9 |
| 2 | 198 001 | 432 388 | 654 769 | 866 315 | 068 033 | 260 797 | 8 |
| 3 | 202 013 | 436 189 | 658 380 | 869 755 | 071 317 | 263 938 | 7 |
| 4 | 206 021 | 439 987 | 661 989 | 873 192 | 074 599 | 267 077 | 6 |
| 5 | 210 026 | 443 781 | 665 594 | 876 627 | 077 878 | 270 214 | 5 |
| 6 | 214 027 | 447 573 | 669 197 | 880 058 | 081 154 | 273 348 | 4 |
| 7 | 218 024 | 451 360 | 672 797 | 883 488 | 084 428 | 276 481 | 3 |
| 8 | 222 017 | 455 145 | 676 393 | 886 914 | 087 699 | 279 611 | 2 |
| 9 | 226 007 | 458 926 | 679 987 | 890 337 | 090 968 | 282 738 | 1 |
| 10 | 229 993 | 462 705 | 683 577 | 893 758 | 094 235 | 285 864 | 50 |
| 1 | 233 976 | 466 479 | 687 165 | 897 177 | 097 499 | 288 987 | 9 |
| 2 | 237 955 | 470 251 | 690 750 | 900 592 | 100 761 | 292 108 | 8 |
| 3 | 241 930 | 474 019 | 694 332 | 904 005 | 104 020 | 295 227 | 7 |
| 4 | 245 902 | 477 784 | 697 910 | 907 415 | 107 277 | 298 343 | 6 |
| 5 | 249 869 | 481 546 | 701 486 | 910 823 | 110 531 | 301 458 | 5 |
| 6 | 253 834 | 485 304 | 705 059 | 914 228 | 113 783 | 304 570 | 4 |
| 7 | 257 794 | 489 059 | 708 629 | 917 630 | 117 032 | 307 680 | 3 |
| 8 | 261 752 | 492 811 | 712 196 | 921 029 | 120 279 | 310 787 | 2 |
| 9 | 265 705 | 496 560 | 715 760 | 924 426 | 123 524 | 313 893 | 1 |
| 20 | 269 655 | 500 306 | 719 322 | 927 820 | 126 766 | 316 996 | 40 |
| 1 | 273 601 | 504 048 | 722 880 | 931 212 | 130 006 | 320 097 | 9 |
| 2 | 277 544 | 507 787 | 726 435 | 934 601 | 133 243 | 323 195 | 8 |
| 3 | 281 483 | 511 523 | 729 988 | 937 987 | 136 478 | 326 292 | 7 |
| 4 | 285 419 | 515 255 | 733 537 | 941 371 | 139 711 | 329 386 | 6 |
| 5 | 289 351 | 518 985 | 737 084 | 944 752 | 142 941 | 332 478 | 5 |
| 6 | 293 279 | 522 711 | 740 628 | 948 130 | 146 168 | 335 568 | 4 |
| 7 | 297 204 | 526 434 | 744 169 | 951 506 | 149 394 | 338 656 | 3 |
| 8 | 301 125 | 530 154 | 747 707 | 954 879 | 152 617 | 341 741 | 2 |
| 9 | 305 043 | 533 871 | 751 242 | 958 250 | 155 837 | 344 825 | 1 |
| 30 | 308 957 | 537 584 | 754 774 | 961 617 | 159 055 | 347 906 | 30 |
| 1 | 312 868 | 541 294 | 758 303 | 964 983 | 162 271 | 350 985 | 9 |
| 2 | 316 776 | 545 001 | 761 830 | 968 345 | 165 484 | 354 062 | 8 |
| 3 | 320 679 | 548 705 | 765 354 | 971 705 | 168 695 | 357 136 | 7 |
| 4 | 324 579 | 552 406 | 768 874 | 975 063 | 171 904 | 360 209 | 6 |
| 5 | 328 476 | 556 104 | 772 392 | 978 418 | 175 110 | 363 279 | 5 |
| 6 | 332 369 | 559 798 | 775 907 | 981 770 | 178 314 | 366 347 | 4 |
| 7 | 336 259 | 563 490 | 779 420 | 985 120 | 181 516 | 369 413 | 3 |
| 8 | 340 145 | 567 178 | 782 929 | 988 467 | 184 715 | 372 477 | 2 |
| 9 | 344 028 | 570 863 | 786 436 | 991 811 | 187 912 | 375 538 | 1 |
| 40 | 347 908 | 574 545 | 789 939 | 995 153 | 191 106 | 378 598 | 20 |
| 1 | 351 783 | 578 224 | 793 440 | $\bar{3}$,7 998 493 | 194 298 | 381 655 | 9 |
| 2 | 355 656 | 581 900 | 796 938 | $\bar{3}$,8 001 830 | 197 488 | 384 710 | 8 |
| 3 | 359 525 | 585 572 | 800 434 | 005 164 | 200 676 | 387 763 | 7 |
| 4 | 363 390 | 589 242 | 803 926 | 008 496 | 203 861 | 390 814 | 6 |
| 5 | 367 252 | 592 908 | 807 416 | 011 825 | 207 043 | 393 863 | 5 |
| 6 | 371 111 | 596 572 | 810 903 | 015 151 | 210 224 | 396 909 | 4 |
| 7 | 374 966 | 600 232 | 814 387 | 018 475 | 213 402 | 399 954 | 3 |
| 8 | 378 818 | 603 889 | 817 868 | 021 797 | 216 578 | 402 996 | 2 |
| 9 | 382 666 | 607 543 | 821 347 | 025 116 | 219 751 | 406 036 | 1 |
| 50 | 386 511 | 611 194 | 824 822 | 028 432 | 222 922 | 409 074 | 10 |
| 1 | 390 353 | 614 842 | 828 295 | 031 746 | 226 091 | 412 110 | 9 |
| 2 | 394 191 | 618 487 | 831 765 | 035 058 | 229 258 | 415 144 | 8 |
| 3 | 398 026 | 622 129 | 835 233 | 038 367 | 232 422 | 418 176 | 7 |
| 4 | 401 857 | 625 768 | 838 697 | 041 673 | 235 584 | 421 205 | 6 |
| 5 | 405 685 | 629 403 | 842 159 | 044 977 | 238 743 | 424 233 | 5 |
| 6 | 409 510 | 633 036 | 845 618 | 048 278 | 241 901 | 427 258 | 4 |
| 7 | 413 331 | 636 666 | 849 075 | 051 577 | 245 056 | 430 281 | 3 |
| 8 | 417 149 | 640 292 | 852 528 | 054 873 | 248 209 | 433 302 | 2 |
| 9 | 420 964 | 643 916 | 855 979 | 058 167 | 251 359 | 436 321 | 1 |
| 60 | $\bar{3}$,7 424 775 | $\bar{3}$,7 647 537 | $\bar{3}$,7 859 427 | $\bar{3}$,8 061 458 | $\bar{3}$,8 254 507 | $\bar{3}$,8 439 338 | 0 |
| ″ | 41′ | 40′ | 39′ | 38′ | 37′ | 36′ | ″ |

COSINUS 89°

| ″ | 18′ | 19′ | 20′ | 21′ | 22′ | 23′ | ″ |
|---|---|---|---|---|---|---|---|
| 0 | $\bar{3}$,7 190 026 | $\bar{3}$,7 424 841 | $\bar{3}$,7 647 610 | $\bar{3}$,7 859 508 | $\bar{3}$,8 061 547 | $\bar{3}$,8 254 604 | 60 |
| 1 | 194 045 | 428 649 | 651 228 | 862 954 | 064 836 | 257 750 | 9 |
| 2 | 198 061 | 432 454 | 654 843 | 866 396 | 068 123 | 260 894 | 8 |
| 3 | 202 073 | 436 255 | 658 454 | 869 836 | 071 407 | 264 036 | 7 |
| 4 | 206 081 | 440 053 | 662 063 | 873 274 | 074 688 | 267 175 | 6 |
| 5 | 210 086 | 443 848 | 665 669 | 876 708 | 077 967 | 270 312 | 5 |
| 6 | 214 087 | 447 640 | 669 271 | 880 140 | 081 244 | 273 446 | 4 |
| 7 | 218 084 | 451 428 | 672 871 | 883 569 | 084 518 | 276 579 | 3 |
| 8 | 222 078 | 455 212 | 676 468 | 886 996 | 087 789 | 279 709 | 2 |
| 9 | 226 068 | 458 994 | 680 061 | 890 420 | 091 059 | 282 837 | 1 |
| 10 | 230 054 | 462 772 | 683 652 | 893 841 | 094 325 | 285 962 | 50 |
| 1 | 234 037 | 466 547 | 687 240 | 897 259 | 097 590 | 289 086 | 9 |
| 2 | 238 016 | 470 319 | 690 825 | 900 675 | 100 851 | 292 207 | 8 |
| 3 | 241 991 | 474 087 | 694 407 | 904 088 | 104 111 | 295 326 | 7 |
| 4 | 245 963 | 477 852 | 697 986 | 907 498 | 107 368 | 298 443 | 6 |
| 5 | 249 931 | 481 614 | 701 562 | 910 906 | 110 622 | 301 557 | 5 |
| 6 | 253 895 | 485 372 | 705 135 | 914 311 | 113 874 | 304 669 | 4 |
| 7 | 257 856 | 489 128 | 708 705 | 917 713 | 117 124 | 307 779 | 3 |
| 8 | 261 813 | 492 880 | 712 272 | 921 113 | 120 371 | 310 887 | 2 |
| 9 | 265 767 | 496 629 | 715 836 | 924 510 | 123 615 | 313 992 | 1 |
| 20 | 269 717 | 500 374 | 719 398 | 927 904 | 126 858 | 317 096 | 40 |
| 1 | 273 663 | 504 117 | 722 956 | 931 296 | 130 098 | 320 197 | 9 |
| 2 | 277 606 | 507 856 | 726 512 | 934 685 | 133 335 | 323 296 | 8 |
| 3 | 281 545 | 511 592 | 730 064 | 938 071 | 136 570 | 326 392 | 7 |
| 4 | 285 481 | 515 325 | 733 614 | 941 455 | 139 803 | 329 487 | 6 |
| 5 | 289 413 | 519 054 | 737 161 | 944 836 | 143 033 | 332 579 | 5 |
| 6 | 293 342 | 522 780 | 740 705 | 948 215 | 146 261 | 335 669 | 4 |
| 7 | 297 267 | 526 504 | 744 246 | 951 590 | 149 486 | 338 757 | 3 |
| 8 | 301 188 | 530 224 | 747 784 | 954 964 | 152 709 | 341 843 | 2 |
| 9 | 305 106 | 533 940 | 751 319 | 958 334 | 155 930 | 344 926 | 1 |
| 30 | 309 020 | 537 654 | 754 851 | 961 702 | 159 148 | 348 007 | 30 |
| 1 | 312 931 | 541 364 | 758 381 | 965 068 | 162 364 | 351 087 | 9 |
| 2 | 316 839 | 545 072 | 761 907 | 968 431 | 165 578 | 354 163 | 8 |
| 3 | 320 742 | 548 776 | 765 431 | 971 791 | 168 789 | 357 238 | 7 |
| 4 | 324 643 | 552 477 | 768 952 | 975 148 | 171 998 | 360 311 | 6 |
| 5 | 328 540 | 556 174 | 772 470 | 978 503 | 175 204 | 363 381 | 5 |
| 6 | 332 433 | 559 869 | 775 985 | 981 856 | 178 408 | 366 449 | 4 |
| 7 | 336 323 | 563 560 | 779 498 | 985 206 | 181 610 | 369 515 | 3 |
| 8 | 340 209 | 567 249 | 783 007 | 988 553 | 184 809 | 372 579 | 2 |
| 9 | 344 092 | 570 934 | 786 514 | 991 898 | 188 006 | 375 641 | 1 |
| 40 | 347 972 | 574 616 | 790 018 | 995 240 | 191 201 | 378 701 | 20 |
| 1 | 351 848 | 578 295 | 793 519 | $\bar{3}$,7 998 579 | 194 393 | 381 758 | 9 |
| 2 | 355 720 | 581 971 | 797 017 | $\bar{3}$,8 001 916 | 197 583 | 384 813 | 8 |
| 3 | 359 589 | 585 644 | 800 513 | 005 251 | 200 770 | 387 867 | 7 |
| 4 | 363 455 | 589 313 | 804 005 | 008 582 | 203 956 | 390 918 | 6 |
| 5 | 367 317 | 592 980 | 807 495 | 011 912 | 207 139 | 393 966 | 5 |
| 6 | 371 176 | 596 643 | 810 982 | 015 238 | 210 319 | 397 013 | 4 |
| 7 | 375 031 | 600 304 | 814 466 | 018 563 | 213 497 | 400 058 | 3 |
| 8 | 378 883 | 603 961 | 817 948 | 021 884 | 216 673 | 403 100 | 2 |
| 9 | 382 731 | 607 615 | 821 426 | 025 203 | 219 847 | 406 140 | 1 |
| 50 | 386 577 | 611 266 | 824 902 | 028 520 | 223 018 | 409 179 | 10 |
| 1 | 390 418 | 614 915 | 828 375 | 031 834 | 226 187 | 412 215 | 9 |
| 2 | 394 257 | 618 560 | 831 845 | 035 146 | 229 354 | 415 249 | 8 |
| 3 | 398 091 | 622 202 | 835 313 | 038 455 | 232 518 | 418 280 | 7 |
| 4 | 401 923 | 625 840 | 838 778 | 041 761 | 235 680 | 421 310 | 6 |
| 5 | 405 751 | 629 476 | 842 240 | 045 065 | 238 840 | 424 338 | 5 |
| 6 | 409 576 | 633 109 | 845 699 | 048 366 | 241 997 | 427 363 | 4 |
| 7 | 413 397 | 636 739 | 849 155 | 051 665 | 245 153 | 430 387 | 3 |
| 8 | 417 215 | 640 366 | 852 609 | 054 962 | 248 305 | 433 408 | 2 |
| 9 | 421 030 | 643 989 | 856 060 | 058 256 | 251 456 | 436 427 | 1 |
| 60 | $\bar{3}$,7 424 841 | $\bar{3}$,7 647 610 | $\bar{3}$,7 859 508 | $\bar{3}$,8 061 547 | $\bar{3}$,8 254 604 | $\bar{3}$,8 439 444 | 0 |
| ″ | 41′ | 40′ | 39′ | 38′ | 37′ | 36′ | ″ |

COTANGENTE 89°

| ″ | 24′ | 25′ | 26′ | 27′ | 28′ | 29′ | ″ |
|---|---|---|---|---|---|---|---|
| 0 | $\bar{3}$,8 439 338 | $\bar{3}$,8 616 623 | $\bar{3}$,8 786 953 | $\bar{3}$,8 950 854 | $\bar{3}$,9 108 793 | $\bar{3}$,9 261 190 | 60 |
| 1 | 442 353 | 619 517 | 789 736 | 953 534 | 111 378 | 263 685 | 9 |
| 2 | 445 366 | 622 410 | 792 517 | 956 212 | 113 960 | 266 179 | 8 |
| 3 | 448 377 | 625 300 | 795 297 | 958 889 | 116 542 | 268 671 | 7 |
| 4 | 451 385 | 628 189 | 798 075 | 961 564 | 119 121 | 271 162 | 6 |
| 5 | 454 392 | 631 075 | 800 850 | 964 237 | 121 699 | 273 651 | 5 |
| 6 | 457 396 | 633 960 | 803 625 | 966 909 | 124 276 | 276 139 | 4 |
| 7 | 460 398 | 636 843 | 806 397 | 969 579 | 126 851 | 278 626 | 3 |
| 8 | 463 399 | 639 723 | 809 167 | 972 248 | 129 425 | 281 111 | 2 |
| 9 | 466 397 | 642 602 | 811 936 | 974 914 | 131 997 | 283 595 | 1 |
| 10 | 469 393 | 645 479 | 814 703 | 977 580 | 134 567 | 286 077 | 50 |
| 1 | 472 387 | 648 354 | 817 469 | 980 243 | 137 136 | 288 558 | 9 |
| 2 | 475 379 | 651 228 | 820 232 | 982 905 | 139 704 | 291 037 | 8 |
| 3 | 478 369 | 654 099 | 822 994 | 985 565 | 142 269 | 293 516 | 7 |
| 4 | 481 357 | 656 968 | 825 754 | 988 224 | 144 834 | 295 992 | 6 |
| 5 | 484 343 | 659 836 | 828 512 | 990 881 | 147 397 | 298 467 | 5 |
| 6 | 487 326 | 662 702 | 831 269 | 993 536 | 149 958 | 300 941 | 4 |
| 7 | 490 308 | 665 565 | 834 023 | 996 190 | 152 518 | 303 414 | 3 |
| 8 | 493 288 | 668 427 | 836 776 | $\bar{3}$,8 998 842 | 155 076 | 305 885 | 2 |
| 9 | 496 265 | 671 287 | 839 528 | $\bar{3}$,9 001 493 | 157 633 | 308 354 | 1 |
| 20 | 499 241 | 674 145 | 842 277 | 004 141 | 160 189 | 310 823 | 40 |
| 1 | 502 215 | 677 001 | 845 025 | 006 789 | 162 743 | 313 289 | 9 |
| 2 | 505 186 | 679 856 | 847 771 | 009 434 | 165 295 | 315 755 | 8 |
| 3 | 508 156 | 682 708 | 850 515 | 012 078 | 167 846 | 318 219 | 7 |
| 4 | 511 123 | 685 559 | 853 258 | 014 721 | 170 395 | 320 682 | 6 |
| 5 | 514 088 | 688 408 | 855 999 | 017 362 | 172 943 | 323 143 | 5 |
| 6 | 517 052 | 691 254 | 858 738 | 020 001 | 175 489 | 325 603 | 4 |
| 7 | 520 013 | 694 099 | 861 475 | 022 639 | 178 034 | 328 061 | 3 |
| 8 | 522 973 | 696 942 | 864 211 | 025 275 | 180 578 | 330 518 | 2 |
| 9 | 525 930 | 699 784 | 866 945 | 027 909 | 183 120 | 332 974 | 1 |
| 30 | 528 885 | 702 623 | 869 677 | 030 542 | 185 660 | 335 428 | 30 |
| 1 | 531 839 | 705 461 | 872 407 | 033 173 | 188 199 | 337 881 | 9 |
| 2 | 534 790 | 708 296 | 875 136 | 035 803 | 190 736 | 340 332 | 8 |
| 3 | 537 739 | 711 130 | 877 863 | 038 431 | 193 272 | 342 783 | 7 |
| 4 | 540 687 | 713 962 | 880 589 | 041 057 | 195 807 | 345 231 | 6 |
| 5 | 543 632 | 716 792 | 883 312 | 043 682 | 198 340 | 347 679 | 5 |
| 6 | 546 575 | 719 621 | 886 034 | 046 305 | 200 871 | 350 125 | 4 |
| 7 | 549 517 | 722 447 | 888 754 | 048 927 | 203 401 | 352 569 | 3 |
| 8 | 552 456 | 725 272 | 891 473 | 051 547 | 205 930 | 355 012 | 2 |
| 9 | 555 393 | 728 095 | 894 190 | 054 166 | 208 457 | 357 454 | 1 |
| 40 | 558 329 | 730 916 | 896 905 | 056 783 | 210 983 | 359 895 | 20 |
| 1 | 561 262 | 733 735 | 899 618 | 059 398 | 213 507 | 362 334 | 9 |
| 2 | 564 193 | 736 552 | 902 330 | 062 012 | 216 030 | 364 772 | 8 |
| 3 | 567 123 | 739 367 | 905 040 | 064 624 | 218 551 | 367 208 | 7 |
| 4 | 570 050 | 742 181 | 907 749 | 067 235 | 221 071 | 369 643 | 6 |
| 5 | 572 976 | 744 993 | 910 455 | 069 844 | 223 589 | 372 077 | 5 |
| 6 | 575 899 | 747 803 | 913 160 | 072 451 | 226 106 | 374 509 | 4 |
| 7 | 578 821 | 750 611 | 915 864 | 075 057 | 228 621 | 376 940 | 3 |
| 8 | 581 740 | 753 417 | 918 565 | 077 662 | 231 135 | 379 369 | 2 |
| 9 | 584 658 | 756 222 | 921 265 | 080 265 | 233 648 | 381 798 | 1 |
| 50 | 587 574 | 759 025 | 923 963 | 082 866 | 236 159 | 384 224 | 10 |
| 1 | 590 487 | 761 826 | 926 660 | 085 466 | 238 668 | 386 650 | 9 |
| 2 | 593 399 | 764 625 | 929 355 | 088 064 | 241 177 | 389 074 | 8 |
| 3 | 596 309 | 767 422 | 932 048 | 090 660 | 243 683 | 391 497 | 7 |
| 4 | 599 217 | 770 218 | 934 740 | 093 256 | 246 188 | 393 918 | 6 |
| 5 | 602 123 | 773 011 | 937 430 | 095 849 | 248 692 | 396 338 | 5 |
| 6 | 605 027 | 775 803 | 940 118 | 098 441 | 251 195 | 398 757 | 4 |
| 7 | 607 929 | 778 594 | 942 804 | 101 031 | 253 696 | 401 175 | 3 |
| 8 | 610 829 | 781 382 | 945 489 | 103 620 | 256 195 | 403 591 | 2 |
| 9 | 613 727 | 784 168 | 948 173 | 106 208 | 258 693 | 406 005 | 1 |
| 60 | $\bar{3}$,8 616 623 | $\bar{3}$,8 786 953 | $\bar{3}$,8 950 854 | $\bar{3}$,9 108 793 | $\bar{3}$,9 261 190 | $\bar{3}$,9 408 419 | 0 |
| ″ | 35′ | 34′ | 33′ | 32′ | 31′ | 30′ | ″ |

COSINUS 89°

| " | 24′ | 25′ | 26′ | 27′ | 28′ | 29′ | " |
|---|---|---|---|---|---|---|---|
| 0 | 3̄,8 439 444 | 3̄,8 616 738 | 3̄,8 787 077 | 3̄,8 950 988 | 3,9 108 938 | 3̄,9 261 344 | 60 |
| 1 | 442 459 | 619 632 | 789 861 | 953 668 | 111 522 | 263 840 | 9 |
| 2 | 445 472 | 622 525 | 792 642 | 956 347 | 114 105 | 266 333 | 8 |
| 3 | 448 483 | 625 415 | 795 422 | 959 023 | 116 686 | 268 826 | 7 |
| 4 | 451 492 | 628 304 | 798 199 | 961 699 | 119 266 | 271 317 | 6 |
| 5 | 454 498 | 631 191 | 800 975 | 964 372 | 121 844 | 273 807 | 5 |
| 6 | 457 503 | 634 076 | 803 750 | 967 044 | 124 421 | 276 295 | 4 |
| 7 | 460 505 | 636 958 | 806 522 | 969 714 | 126 996 | 278 782 | 3 |
| 8 | 463 506 | 639 839 | 809 293 | 972 383 | 129 570 | 281 267 | 2 |
| 9 | 466 504 | 642 719 | 812 062 | 975 050 | 132 142 | 283 751 | 1 |
| 10 | 469 500 | 645 596 | 814 829 | 977 715 | 134 713 | 286 233 | 50 |
| 1 | 472 494 | 648 471 | 817 594 | 980 379 | 137 282 | 288 714 | 9 |
| 2 | 475 487 | 651 344 | 820 358 | 983 041 | 139 850 | 291 194 | 8 |
| 3 | 478 477 | 654 216 | 823 120 | 985 701 | 142 416 | 293 672 | 7 |
| 4 | 481 465 | 657 085 | 825 880 | 988 360 | 144 980 | 296 149 | 6 |
| 5 | 484 451 | 659 953 | 828 639 | 991 017 | 147 543 | 298 625 | 5 |
| 6 | 487 435 | 662 819 | 831 395 | 993 673 | 150 105 | 301 099 | 4 |
| 7 | 490 416 | 665 683 | 834 150 | 996 327 | 152 665 | 303 571 | 3 |
| 8 | 493 396 | 668 545 | 836 903 | 3̄,8 998 979 | 155 224 | 306 043 | 2 |
| 9 | 496 374 | 671 405 | 839 655 | 3̄,9 001 630 | 157 781 | 308 512 | 1 |
| 20 | 499 350 | 674 263 | 842 404 | 004 279 | 160 336 | 310 981 | 40 |
| 1 | 502 323 | 677 120 | 845 152 | 006 926 | 162 890 | 313 448 | 9 |
| 2 | 505 295 | 679 974 | 847 899 | 009 572 | 165 443 | 315 913 | 8 |
| 3 | 508 265 | 682 827 | 850 643 | 012 216 | 167 994 | 318 378 | 7 |
| 4 | 511 232 | 685 677 | 853 386 | 014 859 | 170 543 | 320 840 | 6 |
| 5 | 514 198 | 688 526 | 856 127 | 017 500 | 173 091 | 323 302 | 5 |
| 6 | 517 161 | 691 373 | 858 866 | 020 139 | 175 638 | 325 762 | 4 |
| 7 | 520 123 | 694 218 | 861 604 | 022 777 | 178 183 | 328 220 | 3 |
| 8 | 523 083 | 697 062 | 864 339 | 025 413 | 180 727 | 330 678 | 2 |
| 9 | 526 040 | 699 903 | 867 074 | 028 048 | 183 269 | 333 133 | 1 |
| 30 | 528 996 | 702 743 | 869 806 | 030 681 | 185 809 | 335 588 | 30 |
| 1 | 531 949 | 705 580 | 872 537 | 033 312 | 188 348 | 338 041 | 9 |
| 2 | 534 900 | 708 416 | 875 266 | 035 942 | 190 886 | 340 493 | 8 |
| 3 | 537 850 | 711 250 | 877 993 | 038 570 | 193 422 | 342 943 | 7 |
| 4 | 540 797 | 714 082 | 880 718 | 041 197 | 195 957 | 345 392 | 6 |
| 5 | 543 743 | 716 913 | 883 442 | 043 822 | 198 490 | 347 839 | 5 |
| 6 | 546 686 | 719 741 | 886 164 | 046 445 | 201 022 | 350 286 | 4 |
| 7 | 549 628 | 722 568 | 888 885 | 049 067 | 203 552 | 352 730 | 3 |
| 8 | 552 567 | 725 393 | 891 603 | 051 687 | 206 081 | 355 174 | 2 |
| 9 | 555 505 | 728 215 | 894 320 | 054 306 | 208 608 | 357 616 | 1 |
| 40 | 558 440 | 731 037 | 897 036 | 056 923 | 211 134 | 360 057 | 20 |
| 1 | 561 374 | 733 856 | 899 749 | 059 539 | 213 658 | 362 496 | 9 |
| 2 | 564 305 | 736 673 | 902 461 | 062 153 | 216 181 | 364 934 | 8 |
| 3 | 567 235 | 739 489 | 905 171 | 064 765 | 218 702 | 367 370 | 7 |
| 4 | 570 163 | 742 303 | 907 880 | 067 376 | 221 222 | 369 805 | 6 |
| 5 | 573 088 | 745 115 | 910 587 | 069 985 | 223 741 | 372 239 | 5 |
| 6 | 576 012 | 747 925 | 913 292 | 072 593 | 226 258 | 374 672 | 4 |
| 7 | 578 934 | 750 733 | 915 995 | 075 199 | 228 774 | 377 103 | 3 |
| 8 | 581 853 | 753 540 | 918 697 | 077 804 | 231 288 | 379 533 | 2 |
| 9 | 584 771 | 756 344 | 921 397 | 080 407 | 233 800 | 381 961 | 1 |
| 50 | 587 687 | 759 147 | 924 096 | 083 008 | 236 312 | 384 388 | 10 |
| 1 | 590 601 | 761 949 | 926 792 | 085 608 | 238 821 | 386 814 | 9 |
| 2 | 593 513 | 764 748 | 929 487 | 088 207 | 241 330 | 389 238 | 8 |
| 3 | 596 423 | 767 545 | 932 181 | 090 803 | 243 836 | 391 661 | 7 |
| 4 | 599 331 | 770 341 | 934 873 | 093 399 | 246 342 | 394 083 | 6 |
| 5 | 602 237 | 773 135 | 937 563 | 095 992 | 248 846 | 396 503 | 5 |
| 6 | 605 141 | 775 927 | 940 251 | 098 584 | 251 348 | 398 922 | 4 |
| 7 | 608 043 | 778 717 | 942 938 | 101 175 | 253 850 | 401 339 | 3 |
| 8 | 610 943 | 781 506 | 945 623 | 103 764 | 256 349 | 403 756 | 2 |
| 9 | 613 841 | 784 293 | 948 306 | 106 352 | 258 847 | 406 170 | 1 |
| 60 | 3̄,8 616 738 | 3̄,8 787 077 | 3̄,8 950 988 | 3̄,9 108 938 | 3,9 261 344 | 3̄,9 408 584 | 0 |
| " | 35′ | 34′ | 33′ | 32′ | 31′ | 30′ | " |

COTANGENTE 89°

| ″ | 30′ | 31′ | 32′ | 33′ | 34′ | 35′ | ″ |
|---|---|---|---|---|---|---|---|
| 0 | $\bar{3}$,9 408 419 | $\bar{3}$,9 550 819 | $\bar{3}$,9 688 698 | $\bar{3}$,9 822 334 | $\bar{3}$,9 951 980 | $\bar{2}$,0 077 867 | 60 |
| 1 | 410 831 | 553 153 | 690 960 | 824 527 | 954 108 | 079 934 | 9 |
| 2 | 413 241 | 555 486 | 693 220 | 826 718 | 956 235 | 082 001 | 8 |
| 3 | 415 651 | 557 818 | 695 479 | 828 909 | 958 361 | 084 066 | 7 |
| 4 | 418 059 | 560 149 | 697 736 | 831 098 | 960 487 | 086 131 | 6 |
| 5 | 420 465 | 562 478 | 699 993 | 833 287 | 962 611 | 088 194 | 5 |
| 6 | 422 871 | 564 806 | 702 248 | 835 474 | 964 734 | 090 257 | 4 |
| 7 | 425 275 | 567 133 | 704 503 | 837 660 | 966 856 | 092 318 | 3 |
| 8 | 427 677 | 569 458 | 706 756 | 839 845 | 968 977 | 094 379 | 2 |
| 9 | 430 079 | 571 782 | 709 008 | 842 029 | 971 097 | 096 439 | 1 |
| 10 | 432 479 | 574 105 | 711 258 | 844 212 | 973 216 | 098 497 | 50 |
| 1 | 434 877 | 576 427 | 713 508 | 846 394 | 975 334 | 100 555 | 9 |
| 2 | 437 275 | 578 747 | 715 756 | 848 574 | 977 451 | 102 612 | 8 |
| 3 | 439 671 | 581 067 | 718 004 | 850 754 | 979 566 | 104 668 | 7 |
| 4 | 442 066 | 583 385 | 720 250 | 852 933 | 981 681 | 106 722 | 6 |
| 5 | 444 459 | 585 702 | 722 495 | 855 110 | 983 795 | 108 776 | 5 |
| 6 | 446 851 | 588 017 | 724 738 | 857 286 | 985 908 | 110 829 | 4 |
| 7 | 449 242 | 590 331 | 726 981 | 859 461 | 988 020 | 112 881 | 3 |
| 8 | 451 631 | 592 645 | 729 222 | 861 636 | 990 130 | 114 932 | 2 |
| 9 | 454 019 | 594 956 | 731 463 | 863 809 | 992 240 | 116 982 | 1 |
| 20 | 456 406 | 597 267 | 733 702 | 865 981 | 994 349 | 119 031 | 40 |
| 1 | 458 792 | 599 576 | 735 940 | 868 151 | 996 456 | 121 079 | 9 |
| 2 | 461 176 | 601 885 | 738 177 | 870 321 | $\bar{3}$,9 998 563 | 123 126 | 8 |
| 3 | 463 559 | 604 192 | 740 412 | 872 490 | $\bar{2}$,0 000 669 | 125 172 | 7 |
| 4 | 465 940 | 606 497 | 742 647 | 874 658 | 002 773 | 127 217 | 6 |
| 5 | 468 321 | 608 802 | 744 880 | 876 824 | 004 877 | 129 261 | 5 |
| 6 | 470 700 | 611 105 | 747 113 | 878 989 | 006 979 | 131 304 | 4 |
| 7 | 473 077 | 613 407 | 749 344 | 881 154 | 009 081 | 133 347 | 3 |
| 8 | 475 454 | 615 708 | 751 574 | 883 317 | 011 181 | 135 388 | 2 |
| 9 | 477 829 | 618 008 | 753 802 | 885 479 | 013 281 | 137 428 | 1 |
| 30 | 480 203 | 620 306 | 756 030 | 887 641 | 015 379 | 139 468 | 30 |
| 1 | 482 575 | 622 603 | 758 257 | 889 801 | 017 477 | 141 506 | 9 |
| 2 | 484 946 | 624 899 | 760 482 | 891 960 | 019 573 | 143 543 | 8 |
| 3 | 487 316 | 627 194 | 762 706 | 894 117 | 021 669 | 145 580 | 7 |
| 4 | 489 685 | 629 487 | 764 929 | 896 274 | 023 763 | 147 615 | 6 |
| 5 | 492 052 | 631 780 | 767 151 | 898 430 | 025 856 | 149 650 | 5 |
| 6 | 494 418 | 634 071 | 769 372 | 900 585 | 027 949 | 151 684 | 4 |
| 7 | 496 783 | 636 361 | 771 592 | 902 738 | 030 040 | 153 716 | 3 |
| 8 | 499 146 | 638 649 | 773 810 | 904 891 | 032 131 | 155 748 | 2 |
| 9 | 501 508 | 640 937 | 776 028 | 907 043 | 034 220 | 157 779 | 1 |
| 40 | 503 869 | 643 223 | 778 244 | 909 193 | 036 308 | 159 808 | 20 |
| 1 | 506 229 | 645 508 | 780 459 | 911 342 | 038 396 | 161 837 | 9 |
| 2 | 508 587 | 647 792 | 782 673 | 913 491 | 040 482 | 163 865 | 8 |
| 3 | 510 944 | 650 075 | 784 886 | 915 638 | 042 568 | 165 892 | 7 |
| 4 | 513 300 | 652 356 | 787 098 | 917 784 | 044 652 | 167 918 | 6 |
| 5 | 515 654 | 654 637 | 789 309 | 919 929 | 046 735 | 169 943 | 5 |
| 6 | 518 008 | 656 916 | 791 518 | 922 073 | 048 818 | 171 967 | 4 |
| 7 | 520 360 | 659 194 | 793 726 | 924 216 | 050 899 | 173 991 | 3 |
| 8 | 522 710 | 661 470 | 795 934 | 926 358 | 052 979 | 176 013 | 2 |
| 9 | 525 060 | 663 746 | 798 140 | 928 499 | 055 059 | 178 034 | 1 |
| 50 | 527 408 | 666 020 | 800 345 | 930 639 | 057 137 | 180 055 | 10 |
| 1 | 529 755 | 668 293 | 802 549 | 932 778 | 059 215 | 182 074 | 9 |
| 2 | 532 100 | 670 565 | 804 752 | 934 915 | 061 291 | 184 093 | 8 |
| 3 | 534 444 | 672 836 | 806 953 | 937 052 | 063 366 | 186 110 | 7 |
| 4 | 536 787 | 675 106 | 809 154 | 939 188 | 065 441 | 188 127 | 6 |
| 5 | 539 129 | 677 374 | 811 353 | 941 322 | 067 514 | 190 142 | 5 |
| 6 | 541 470 | 679 641 | 813 552 | 943 456 | 069 587 | 192 157 | 4 |
| 7 | 543 809 | 681 907 | 815 749 | 945 588 | 071 658 | 194 171 | 3 |
| 8 | 546 147 | 684 172 | 817 945 | 947 720 | 073 729 | 196 184 | 2 |
| 9 | 548 484 | 686 436 | 820 140 | 949 850 | 075 798 | 198 196 | 1 |
| 60 | $\bar{3}$,9 550 819 | $\bar{3}$,9 688 698 | $\bar{3}$,9 822 334 | $\bar{3}$,9 951 980 | $\bar{2}$,0 077 867 | $\bar{2}$,0 200 207 | 0 |
| ″ | 29′ | 28′ | 27′ | 26′ | 25′ | 24′ | ″ |

COSINUS 89°

| ″ | 30′ | 31′ | 32′ | 33′ | 34′ | 35′ | ″ |
|---|---|---|---|---|---|---|---|
| 0 | $\bar{3}$,9 408 584 | $\bar{3}$,9 550 996 | $\bar{3}$,9 688 886 | $\bar{3}$,9 822 534 | $\bar{3}$,9 952 192 | $\bar{2}$,0 078 092 | 60 |
| 1 | 410 996 | 553 330 | 691 148 | 824 727 | 954 320 | 080 159 | 9 |
| 2 | 413 407 | 555 663 | 693 408 | 826 919 | 956 448 | 082 226 | 8 |
| 3 | 415 817 | 557 995 | 695 667 | 829 110 | 958 574 | 084 292 | 7 |
| 4 | 418 225 | 560 326 | 697 925 | 831 299 | 960 700 | 086 357 | 5 |
| 5 | 420 632 | 562 655 | 700 182 | 833 488 | 962 824 | 088 420 | 5 |
| 6 | 423 037 | 564 984 | 702 438 | 835 675 | 964 947 | 090 483 | 4 |
| 7 | 425 441 | 567 310 | 704 692 | 837 862 | 967 070 | 092 545 | 3 |
| 8 | 427 844 | 569 636 | 706 945 | 840 047 | 969 191 | 094 606 | 2 |
| 9 | 430 246 | 571 961 | 709 198 | 842 231 | 971 311 | 096 666 | 1 |
| 10 | 432 646 | 574 284 | 711 449 | 844 414 | 973 430 | 098 725 | 50 |
| 1 | 435 045 | 576 606 | 713 698 | 846 596 | 975 548 | 100 783 | 9 |
| 2 | 437 442 | 578 926 | 715 947 | 848 777 | 977 666 | 102 840 | 8 |
| 3 | 439 839 | 581 246 | 718 194 | 850 957 | 979 782 | 104 896 | 7 |
| 4 | 442 233 | 583 564 | 720 441 | 853 136 | 981 897 | 106 951 | 6 |
| 5 | 444 627 | 585 881 | 722 686 | 855 313 | 984 011 | 109 005 | 5 |
| 6 | 447 019 | 588 197 | 724 930 | 857 490 | 986 124 | 111 058 | 4 |
| 7 | 449 410 | 590 511 | 727 173 | 859 665 | 988 236 | 113 110 | 3 |
| 8 | 451 800 | 592 825 | 729 414 | 861 839 | 990 346 | 115 161 | 2 |
| 9 | 454 188 | 595 137 | 731 655 | 864 013 | 992 456 | 117 211 | 1 |
| 20 | 456 575 | 597 447 | 733 894 | 866 185 | 994 565 | 119 260 | 40 |
| 1 | 458 961 | 599 757 | 736 132 | 868 356 | 996 673 | 121 308 | 9 |
| 2 | 461 345 | 602 065 | 738 369 | 870 526 | $\bar{3}$,9 998 780 | 123 356 | 8 |
| 3 | 463 728 | 604 373 | 740 605 | 872 695 | $\bar{2}$,0 000 886 | 125 402 | 7 |
| 4 | 466 110 | 606 678 | 742 840 | 874 862 | 002 991 | 127 447 | 6 |
| 5 | 468 491 | 608 983 | 745 073 | 877 029 | 005 094 | 129 492 | 5 |
| 6 | 470 870 | 611 287 | 747 306 | 879 195 | 007 197 | 131 535 | 4 |
| 7 | 473 248 | 613 589 | 749 537 | 881 359 | 009 299 | 133 578 | 3 |
| 8 | 475 624 | 615 890 | 751 767 | 883 523 | 011 400 | 135 619 | 2 |
| 9 | 478 000 | 618 190 | 753 996 | 885 685 | 013 499 | 137 660 | 1 |
| 30 | 480 374 | 620 488 | 756 224 | 887 847 | 015 598 | 139 699 | 30 |
| 1 | 482 746 | 622 786 | 758 451 | 890 007 | 017 696 | 141 738 | 9 |
| 2 | 485 118 | 625 082 | 760 676 | 892 166 | 019 792 | 143 775 | 8 |
| 3 | 487 488 | 627 377 | 762 901 | 894 324 | 021 888 | 145 812 | 7 |
| 4 | 489 856 | 629 670 | 765 124 | 896 481 | 023 983 | 147 848 | 6 |
| 5 | 492 224 | 631 963 | 767 346 | 898 637 | 026 076 | 149 883 | 5 |
| 6 | 494 590 | 634 254 | 769 567 | 900 792 | 028 169 | 151 916 | 4 |
| 7 | 496 955 | 636 544 | 771 787 | 902 946 | 030 260 | 153 949 | 3 |
| 8 | 499 319 | 638 833 | 774 006 | 905 099 | 032 351 | 155 981 | 2 |
| 9 | 501 681 | 641 121 | 776 224 | 907 251 | 034 441 | 158 012 | 1 |
| 40 | 504 042 | 643 408 | 778 440 | 909 401 | 036 529 | 160 042 | 20 |
| 1 | 506 402 | 645 693 | 780 655 | 911 551 | 038 617 | 162 071 | 9 |
| 2 | 508 760 | 647 977 | 782 870 | 913 699 | 040 703 | 164 099 | 8 |
| 3 | 511 118 | 650 260 | 785 083 | 915 847 | 042 789 | 166 127 | 7 |
| 4 | 513 474 | 652 541 | 787 295 | 917 993 | 044 874 | 168 153 | 6 |
| 5 | 515 828 | 654 822 | 789 506 | 920 138 | 046 957 | 170 178 | 5 |
| 6 | 518 182 | 657 101 | 791 715 | 922 283 | 049 040 | 172 203 | 4 |
| 7 | 520 534 | 659 379 | 793 924 | 924 426 | 051 121 | 174 226 | 3 |
| 8 | 522 885 | 661 050 | 796 131 | 926 568 | 053 202 | 176 248 | 2 |
| 9 | 525 234 | 663 932 | 798 338 | 928 709 | 055 282 | 178 270 | 1 |
| 50 | 527 582 | 666 206 | 800 543 | 930 849 | 057 360 | 180 291 | 10 |
| 1 | 529 929 | 668 480 | 802 747 | 932 988 | 059 438 | 182 310 | 9 |
| 2 | 532 275 | 670 752 | 804 950 | 935 126 | 061 514 | 184 329 | 8 |
| 3 | 534 620 | 673 023 | 807 152 | 937 263 | 063 590 | 186 347 | 7 |
| 4 | 536 963 | 675 293 | 809 353 | 939 399 | 065 665 | 188 364 | 6 |
| 5 | 539 305 | 677 561 | 811 552 | 941 534 | 067 738 | 190 379 | 5 |
| 6 | 541 646 | 679 829 | 813 751 | 943 667 | 069 811 | 192 394 | 4 |
| 7 | 543 985 | 682 095 | 815 948 | 945 800 | 071 883 | 194 408 | 3 |
| 8 | 546 323 | 684 360 | 818 145 | 947 932 | 073 953 | 196 422 | 2 |
| 9 | 548 660 | 686 624 | 820 340 | 950 062 | 076 023 | 198 434 | 1 |
| 60 | $\bar{3}$,9 550 996 | $\bar{3}$,9 688 886 | $\bar{3}$,9 822 534 | $\bar{3}$,9 952 192 | $\bar{2}$,0 078 092 | $\bar{2}$,0 200 445 | 0 |
| ″ | 29′ | 28′ | 27′ | 26′ | 25′ | 24′ | ″ |

COTANGENTE 89°

| ″ | 36′ | 37′ | 38′ | 39′ | 40′ | 41′ | ″ |
|---|---|---|---|---|---|---|---|
| 0 | $\bar{3}$,0 200 207 | $\bar{3}$,0 319 195 | $\bar{3}$,0 435 009 | $\bar{3}$,0 547 814 | $\bar{3}$,0 657 763 | $\bar{3}$,0 764 997 | 60 |
| 1 | 202 217 | 321 150 | 436 913 | 549 670 | 659 572 | 766 762 | 9 |
| 2 | 204 226 | 323 105 | 438 816 | 551 524 | 661 381 | 768 526 | 8 |
| 3 | 206 234 | 325 059 | 440 719 | 553 378 | 663 188 | 770 290 | 7 |
| 4 | 208 242 | 327 012 | 442 621 | 555 231 | 664 995 | 772 052 | 6 |
| 5 | 210 248 | 328 965 | 444 522 | 557 084 | 666 801 | 773 815 | 5 |
| 6 | 212 253 | 330 916 | 446 422 | 558 935 | 668 606 | 775 576 | 4 |
| 7 | 214 258 | 332 866 | 448 321 | 560 786 | 670 411 | 777 337 | 3 |
| 8 | 216 261 | 334 816 | 450 220 | 562 636 | 672 215 | 779 097 | 2 |
| 9 | 218 264 | 336 765 | 452 117 | 564 485 | 674 018 | 780 856 | 1 |
| 10 | 220 266 | 338 713 | 454 014 | 566 333 | 675 820 | 782 614 | 50 |
| 1 | 222 267 | 340 660 | 455 910 | 568 181 | 677 622 | 784 372 | 9 |
| 2 | 224 267 | 342 606 | 457 805 | 570 028 | 679 423 | 786 129 | 8 |
| 3 | 226 266 | 344 551 | 459 700 | 571 874 | 681 223 | 787 886 | 7 |
| 4 | 228 264 | 346 495 | 461 593 | 573 719 | 683 022 | 789 641 | 6 |
| 5 | 230 261 | 348 439 | 463 486 | 575 563 | 684 821 | 791 396 | 5 |
| 6 | 232 257 | 350 382 | 465 378 | 577 407 | 686 619 | 793 151 | 4 |
| 7 | 234 252 | 352 323 | 467 269 | 579 250 | 688 416 | 794 904 | 3 |
| 8 | 236 247 | 354 264 | 469 159 | 581 092 | 690 212 | 796 657 | 2 |
| 9 | 238 240 | 356 204 | 471 048 | 582 933 | 692 008 | 798 409 | 1 |
| 20 | 240 233 | 358 143 | 472 937 | 584 774 | 693 803 | 800 161 | 40 |
| 1 | 242 224 | 360 082 | 474 825 | 586 614 | 695 597 | 801 912 | 9 |
| 2 | 244 215 | 362 019 | 476 712 | 588 453 | 697 390 | 803 662 | 8 |
| 3 | 246 205 | 363 956 | 478 598 | 590 291 | 699 183 | 805 411 | 7 |
| 4 | 248 194 | 365 892 | 480 483 | 592 128 | 700 975 | 807 160 | 6 |
| 5 | 250 182 | 367 826 | 482 368 | 593 965 | 702 766 | 808 908 | 5 |
| 6 | 252 169 | 369 760 | 484 251 | 595 801 | 704 557 | 810 655 | 4 |
| 7 | 254 155 | 371 693 | 486 134 | 597 636 | 706 346 | 812 401 | 3 |
| 8 | 256 140 | 373 626 | 488 016 | 599 470 | 708 135 | 814 147 | 2 |
| 9 | 258 125 | 375 557 | 489 897 | 601 304 | 709 923 | 815 892 | 1 |
| 30 | 260 108 | 377 488 | 491 778 | 603 137 | 711 711 | 817 637 | 30 |
| 1 | 262 091 | 379 417 | 493 657 | 604 969 | 713 498 | 819 380 | 9 |
| 2 | 264 072 | 381 346 | 495 536 | 606 800 | 715 284 | 821 123 | 8 |
| 3 | 266 053 | 383 274 | 497 414 | 608 630 | 717 069 | 822 866 | 7 |
| 4 | 268 033 | 385 201 | 499 291 | 610 460 | 718 854 | 824 607 | 6 |
| 5 | 270 012 | 387 128 | 501 167 | 612 289 | 720 637 | 826 348 | 5 |
| 6 | 271 990 | 389 053 | 503 043 | 614 117 | 722 421 | 828 088 | 4 |
| 7 | 273 967 | 390 978 | 504 918 | 615 944 | 724 203 | 829 828 | 3 |
| 8 | 275 943 | 392 901 | 506 792 | 617 771 | 725 985 | 831 567 | 2 |
| 9 | 277 919 | 394 824 | 508 665 | 619 597 | 727 765 | 833 305 | 1 |
| 40 | 279 893 | 396 746 | 510 537 | 621 422 | 729 546 | 835 042 | 20 |
| 1 | 281 867 | 398 667 | 512 408 | 623 246 | 731 325 | 836 779 | 9 |
| 2 | 283 839 | 400 588 | 514 279 | 625 070 | 733 104 | 838 515 | 8 |
| 3 | 285 811 | 402 507 | 516 149 | 626 892 | 734 882 | 840 251 | 7 |
| 4 | 287 782 | 404 426 | 518 018 | 628 714 | 736 659 | 841 985 | 6 |
| 5 | 289 752 | 406 343 | 519 886 | 630 536 | 738 436 | 843 719 | 5 |
| 6 | 291 721 | 408 260 | 521 754 | 632 356 | 740 211 | 845 452 | 4 |
| 7 | 293 689 | 410 176 | 523 620 | 634 176 | 741 986 | 847 185 | 3 |
| 8 | 295 656 | 412 092 | 525 486 | 635 995 | 743 761 | 848 917 | 2 |
| 9 | 297 623 | 414 006 | 527 351 | 637 813 | 745 534 | 850 648 | 1 |
| 50 | 299 588 | 415 920 | 529 216 | 639 630 | 747 307 | 852 379 | 10 |
| 1 | 301 553 | 417 832 | 531 079 | 641 447 | 749 080 | 854 109 | 9 |
| 2 | 303 517 | 419 744 | 532 942 | 643 263 | 750 851 | 855 838 | 8 |
| 3 | 305 479 | 421 655 | 534 803 | 645 078 | 752 622 | 857 566 | 7 |
| 4 | 307 441 | 423 565 | 536 665 | 646 893 | 754 392 | 859 294 | 6 |
| 5 | 309 403 | 425 475 | 538 525 | 648 706 | 756 161 | 861 021 | 5 |
| 6 | 311 363 | 427 383 | 540 384 | 650 519 | 757 930 | 862 747 | 4 |
| 7 | 313 322 | 429 291 | 542 243 | 652 331 | 759 698 | 864 473 | 3 |
| 8 | 315 280 | 431 198 | 544 101 | 654 143 | 761 465 | 866 198 | 2 |
| 9 | 317 238 | 433 104 | 545 958 | 655 953 | 763 231 | 867 922 | 1 |
| 60 | $\bar{3}$,0 319 195 | $\bar{3}$,0 435 009 | $\bar{3}$,0 547 814 | $\bar{3}$,0 657 763 | $\bar{3}$,0 764 997 | $\bar{3}$,0 869 646 | 0 |
| ″ | 23′ | 22′ | 21′ | 20′ | 19′ | 18′ | ″ |

| ″ | 36′ | 37′ | 38′ | 39′ | 40′ | 41′ | ″ |
|---|---|---|---|---|---|---|---|
| 0 | $\bar{2}$,0 200 445 | $\bar{2}$,0 319 446 | $\bar{2}$,0 435 274 | $\bar{2}$,0 548 094 | $\bar{2}$,0 658 057 | $\bar{2}$,0 765 306 | 60 |
| 1 | 202 455 | 321 402 | 437 179 | 549 949 | 659 866 | 767 071 | 9 |
| 2 | 204 465 | 323 357 | 439 082 | 551 804 | 661 675 | 768 835 | 8 |
| 3 | 206 473 | 325 311 | 440 985 | 553 658 | 663 483 | 770 599 | 7 |
| 4 | 208 481 | 327 265 | 442 887 | 555 512 | 665 290 | 772 362 | 6 |
| 5 | 210 487 | 329 217 | 444 788 | 557 364 | 667 096 | 774 125 | 5 |
| 6 | 212 493 | 331 169 | 446 689 | 559 216 | 668 902 | 775 886 | 4 |
| 7 | 214 498 | 333 120 | 448 588 | 561 067 | 670 707 | 777 647 | 3 |
| 8 | 216 501 | 335 069 | 450 487 | 562 917 | 672 511 | 779 407 | 2 |
| 9 | 218 504 | 337 018 | 452 385 | 564 767 | 674 314 | 781 167 | 1 |
| 10 | 220 506 | 338 967 | 454 282 | 566 615 | 676 117 | 782 926 | 50 |
| 1 | 222 507 | 340 914 | 456 178 | 568 463 | 677 919 | 784 684 | 9 |
| 2 | 224 507 | 342 860 | 458 074 | 570 310 | 679 720 | 786 441 | 8 |
| 3 | 226 507 | 344 806 | 459 968 | 572 156 | 681 520 | 788 198 | 7 |
| 4 | 228 505 | 346 750 | 461 862 | 574 002 | 683 320 | 789 954 | 6 |
| 5 | 230 502 | 348 694 | 463 755 | 575 846 | 685 118 | 791 709 | 5 |
| 6 | 232 499 | 350 637 | 465 647 | 577 690 | 686 917 | 793 464 | 4 |
| 7 | 234 494 | 352 579 | 467 538 | 579 534 | 688 714 | 795 218 | 3 |
| 8 | 236 489 | 354 520 | 469 429 | 581 376 | 690 511 | 796 971 | 2 |
| 9 | 238 483 | 356 460 | 471 318 | 583 217 | 692 306 | 798 723 | 1 |
| 20 | 240 475 | 358 400 | 473 207 | 585 058 | 694 102 | 800 475 | 40 |
| 1 | 242 467 | 360 338 | 475 095 | 586 898 | 695 896 | 802 226 | 9 |
| 2 | 244 458 | 362 276 | 476 982 | 588 737 | 697 690 | 803 976 | 8 |
| 3 | 246 448 | 364 213 | 478 869 | 590 576 | 699 483 | 805 726 | 7 |
| 4 | 248 437 | 366 149 | 480 754 | 592 414 | 701 275 | 807 475 | 6 |
| 5 | 250 426 | 368 084 | 482 639 | 594 250 | 703 066 | 809 223 | 5 |
| 6 | 252 413 | 370 018 | 484 523 | 596 087 | 704 857 | 810 970 | 4 |
| 7 | 254 399 | 371 951 | 486 406 | 597 922 | 706 647 | 812 717 | 3 |
| 8 | 256 385 | 373 884 | 488 288 | 599 756 | 708 436 | 814 463 | 2 |
| 9 | 258 369 | 375 815 | 490 169 | 601 590 | 710 225 | 816 208 | 1 |
| 30 | 260 353 | 377 746 | 492 050 | 603 423 | 712 012 | 817 953 | 30 |
| 1 | 262 336 | 379 676 | 493 930 | 605 255 | 713 799 | 819 697 | 9 |
| 2 | 264 318 | 381 605 | 495 809 | 607 087 | 715 586 | 821 440 | 8 |
| 3 | 266 299 | 383 533 | 497 687 | 608 918 | 717 371 | 823 183 | 7 |
| 4 | 268 279 | 385 461 | 499 564 | 610 748 | 719 156 | 824 925 | 6 |
| 5 | 270 258 | 387 387 | 501 441 | 612 577 | 720 940 | 826 666 | 5 |
| 6 | 272 236 | 389 313 | 503 317 | 614 405 | 722 723 | 828 406 | 4 |
| 7 | 274 213 | 391 238 | 505 192 | 616 233 | 724 506 | 830 146 | 3 |
| 8 | 276 190 | 393 162 | 507 066 | 618 060 | 726 288 | 831 885 | 2 |
| 9 | 278 166 | 395 085 | 508 939 | 619 886 | 728 069 | 833 624 | 1 |
| 40 | 280 140 | 397 007 | 510 812 | 621 711 | 729 850 | 835 361 | 20 |
| 1 | 282 114 | 398 928 | 512 683 | 623 536 | 731 629 | 837 098 | 9 |
| 2 | 284 087 | 400 849 | 514 554 | 625 359 | 733 408 | 838 835 | 8 |
| 3 | 286 059 | 402 768 | 516 424 | 627 182 | 735 186 | 840 570 | 7 |
| 4 | 288 030 | 404 687 | 518 294 | 629 005 | 736 964 | 842 305 | 6 |
| 5 | 290 000 | 406 605 | 520 162 | 630 826 | 738 741 | 844 039 | 5 |
| 6 | 291 969 | 408 522 | 522 030 | 632 647 | 740 517 | 845 773 | 4 |
| 7 | 293 938 | 410 439 | 523 897 | 634 467 | 742 292 | 847 506 | 3 |
| 8 | 295 905 | 412 354 | 525 762 | 636 286 | 744 067 | 849 238 | 2 |
| 9 | 297 872 | 414 269 | 527 628 | 638 104 | 745 841 | 850 969 | 1 |
| 50 | 299 838 | 416 183 | 529 493 | 639 922 | 747 614 | 852 700 | 10 |
| 1 | 301 802 | 418 096 | 531 356 | 641 739 | 749 386 | 854 430 | 9 |
| 2 | 303 766 | 420 008 | 533 219 | 643 555 | 751 158 | 856 160 | 8 |
| 3 | 305 729 | 421 919 | 535 081 | 645 371 | 752 929 | 857 888 | 7 |
| 4 | 307 692 | 423 829 | 536 943 | 647 185 | 754 699 | 859 616 | 6 |
| 5 | 309 653 | 425 739 | 538 803 | 648 999 | 756 469 | 861 344 | 5 |
| 6 | 311 613 | 427 648 | 540 663 | 650 812 | 758 238 | 863 070 | 4 |
| 7 | 313 573 | 429 555 | 542 522 | 652 625 | 760 006 | 864 796 | 3 |
| 8 | 315 531 | 431 462 | 544 380 | 654 436 | 761 773 | 866 522 | 2 |
| 9 | 317 489 | 433 369 | 546 237 | 656 247 | 763 540 | 868 246 | 1 |
| 60 | $\bar{2}$,0 319 446 | $\bar{2}$,0 435 274 | $\bar{2}$,0 548 094 | $\bar{2}$,0 658 057 | $\bar{2}$,0 765 306 | $\bar{2}$,0 869 970 | 0 |
| ″ | 23′ | 22′ | 21′ | 20′ | 19′ | 18′ | ″ |

COTANGENTE 89°

| ″ | 42′ | 43′ | 44′ | 45′ | 46′ | 47′ | ″ |
|---|---|---|---|---|---|---|---|
| 0 | $\bar{2}$,0 869 646 | $\bar{2}$,0 971 832 | $\bar{2}$,1 071 669 | $\bar{2}$,1 169 262 | $\bar{2}$,1 264 710 | $\bar{2}$,1 358 104 | 60 |
| 1 | 871 369 | 973 515 | 073 314 | 170 870 | 266 283 | 359 644 | 9 |
| 2 | 873 091 | 975 198 | 074 958 | 172 478 | 267 856 | 361 183 | 8 |
| 3 | 874 813 | 976 879 | 076 601 | 174 085 | 269 428 | 362 722 | 7 |
| 4 | 876 534 | 978 560 | 078 244 | 175 691 | 270 999 | 364 260 | 6 |
| 5 | 878 254 | 980 240 | 079 886 | 177 297 | 272 570 | 365 797 | 5 |
| 6 | 879 974 | 981 920 | 081 528 | 178 902 | 274 140 | 367 334 | 4 |
| 7 | 881 692 | 983 599 | 083 169 | 180 507 | 275 710 | 368 871 | 3 |
| 8 | 883 411 | 985 277 | 084 809 | 182 111 | 277 279 | 370 407 | 2 |
| 9 | 885 128 | 986 955 | 086 449 | 183 714 | 278 848 | 371 942 | 1 |
| 10 | 886 845 | 988 632 | 088 088 | 185 317 | 280 416 | 373 477 | 50 |
| 1 | 888 561 | 990 309 | 089 726 | 186 919 | 281 983 | 375 011 | 9 |
| 2 | 890 277 | 991 984 | 091 364 | 188 520 | 283 550 | 376 545 | 8 |
| 3 | 891 991 | 993 659 | 093 001 | 190 121 | 285 117 | 378 078 | 7 |
| 4 | 893 706 | 995 334 | 094 638 | 191 722 | 286 682 | 379 610 | 6 |
| 5 | 895 419 | 997 008 | 096 274 | 193 322 | 288 248 | 381 143 | 5 |
| 6 | 897 132 | $\bar{2}$,0 998 681 | 097 909 | 194 921 | 289 812 | 382 674 | 4 |
| 7 | 898 844 | $\bar{2}$,1 000 353 | 099 544 | 196 519 | 291 376 | 384 205 | 3 |
| 8 | 900 555 | 002 025 | 101 178 | 198 118 | 292 940 | 385 736 | 2 |
| 9 | 902 266 | 003 697 | 102 812 | 199 715 | 294 503 | 387 265 | 1 |
| 20 | 903 976 | 005 367 | 104 445 | 201 312 | 296 065 | 388 795 | 40 |
| 1 | 905 685 | 007 037 | 106 077 | 202 908 | 297 627 | 390 324 | 9 |
| 2 | 907 394 | 008 706 | 107 709 | 204 504 | 299 188 | 391 852 | 8 |
| 3 | 909 102 | 010 375 | 109 340 | 206 099 | 300 749 | 393 380 | 7 |
| 4 | 910 810 | 012 043 | 110 970 | 207 693 | 302 309 | 394 907 | 6 |
| 5 | 912 516 | 013 710 | 112 600 | 209 287 | 303 869 | 396 434 | 5 |
| 6 | 914 222 | 015 377 | 114 229 | 210 881 | 305 428 | 397 960 | 4 |
| 7 | 915 928 | 017 043 | 115 858 | 212 474 | 306 986 | 399 485 | 3 |
| 8 | 917 632 | 018 709 | 117 486 | 214 066 | 308 544 | 401 011 | 2 |
| 9 | 919 336 | 020 374 | 119 113 | 215 657 | 310 101 | 402 535 | 1 |
| 30 | 921 040 | 022 038 | 120 740 | 217 248 | 311 658 | 404 059 | 30 |
| 1 | 922 743 | 023 701 | 122 366 | 218 839 | 313 215 | 405 583 | 9 |
| 2 | 924 445 | 025 364 | 123 992 | 220 429 | 314 770 | 407 105 | 8 |
| 3 | 926 146 | 027 027 | 125 617 | 222 018 | 316 325 | 408 628 | 7 |
| 4 | 927 847 | 028 688 | 127 241 | 223 607 | 317 880 | 410 150 | 6 |
| 5 | 929 547 | 030 349 | 128 865 | 225 195 | 319 434 | 411 671 | 5 |
| 6 | 931 246 | 032 010 | 130 488 | 226 782 | 320 987 | 413 192 | 4 |
| 7 | 932 945 | 033 669 | 132 110 | 228 369 | 322 540 | 414 712 | 3 |
| 8 | 934 643 | 035 328 | 133 732 | 229 956 | 324 093 | 416 232 | 2 |
| 9 | 936 340 | 036 987 | 135 354 | 231 541 | 325 644 | 417 751 | 1 |
| 40 | 938 037 | 038 645 | 136 974 | 233 127 | 327 196 | 419 270 | 20 |
| 1 | 939 733 | 040 302 | 138 595 | 234 711 | 328 746 | 420 788 | 9 |
| 2 | 941 428 | 041 959 | 140 214 | 236 295 | 330 296 | 422 306 | 8 |
| 3 | 943 123 | 043 615 | 141 833 | 237 879 | 331 846 | 423 823 | 7 |
| 4 | 944 817 | 045 270 | 143 451 | 239 462 | 333 395 | 425 339 | 6 |
| 5 | 946 510 | 046 925 | 145 069 | 241 044 | 334 943 | 426 855 | 5 |
| 6 | 948 203 | 048 579 | 146 686 | 242 626 | 336 491 | 428 371 | 4 |
| 7 | 949 895 | 050 232 | 148 302 | 244 207 | 338 039 | 429 886 | 3 |
| 8 | 951 587 | 051 885 | 149 918 | 245 787 | 339 586 | 431 400 | 2 |
| 9 | 953 277 | 053 537 | 151 534 | 247 367 | 341 132 | 432 914 | 1 |
| 50 | 954 968 | 055 188 | 153 148 | 248 947 | 342 678 | 434 427 | 10 |
| 1 | 956 657 | 056 839 | 154 762 | 250 526 | 344 223 | 435 940 | 9 |
| 2 | 958 346 | 058 490 | 156 376 | 252 104 | 345 767 | 437 453 | 8 |
| 3 | 960 034 | 060 139 | 157 989 | 253 682 | 347 311 | 438 964 | 7 |
| 4 | 961 721 | 061 788 | 159 601 | 255 259 | 348 855 | 440 476 | 6 |
| 5 | 963 408 | 063 437 | 161 213 | 256 836 | 350 398 | 441 987 | 5 |
| 6 | 965 094 | 065 085 | 162 824 | 258 412 | 351 940 | 443 497 | 4 |
| 7 | 966 780 | 066 732 | 164 434 | 259 987 | 353 482 | 445 006 | 3 |
| 8 | 968 465 | 068 378 | 166 044 | 261 562 | 355 023 | 446 516 | 2 |
| 9 | 970 149 | 070 024 | 167 654 | 263 136 | 356 564 | 448 024 | 1 |
| 60 | $\bar{2}$,0 971 832 | $\bar{2}$,1 071 669 | $\bar{2}$,1 169 262 | $\bar{2}$,1 264 710 | $\bar{2}$,1 358 104 | $\bar{2}$,1 449 532 | 0 |
| ″ | 17′ | 16′ | 15′ | 14′ | 13′ | 12′ | ″ |

COSINUS 89°

| ″ | 42′ | 43′ | 44′ | 45′ | 46′ | 47′ | ″ |
|---|---|---|---|---|---|---|---|
| 0 | $\bar{2}$,0 869 970 | $\bar{2}$,0 972 172 | $\bar{2}$,1 072 025 | $\bar{2}$,1 169 634 | $\bar{2}$,1 265 099 | $\bar{2}$,1 358 510 | 60 |
| 1 | 871 693 | 973 855 | 073 670 | 171 243 | 266 672 | 360 050 | 9 |
| 2 | 873 416 | 975 538 | 075 314 | 172 851 | 268 245 | 361 590 | 8 |
| 3 | 875 138 | 977 220 | 076 958 | 174 458 | 269 817 | 363 129 | 7 |
| 4 | 876 859 | 978 901 | 078 601 | 176 064 | 271 389 | 364 667 | 6 |
| 5 | 878 579 | 980 582 | 080 243 | 177 670 | 272 960 | 366 205 | 5 |
| 6 | 880 299 | 982 261 | 081 885 | 179 276 | 274 531 | 367 742 | 4 |
| 7 | 882 018 | 983 941 | 083 526 | 180 881 | 276 101 | 369 279 | 3 |
| 8 | 883 737 | 985 619 | 085 167 | 182 485 | 277 670 | 370 815 | 2 |
| 9 | 885 455 | 987 297 | 086 807 | 184 088 | 279 239 | 372 350 | 1 |
| 10 | 887 172 | 988 975 | 088 446 | 185 691 | 280 807 | 373 886 | 50 |
| 1 | 888 888 | 990 651 | 090 085 | 187 294 | 282 375 | 375 420 | 9 |
| 2 | 890 604 | 992 327 | 091 723 | 188 896 | 283 942 | 376 954 | 8 |
| 3 | 892 319 | 994 003 | 093 361 | 190 497 | 285 509 | 378 488 | 7 |
| 4 | 894 033 | 995 677 | 094 998 | 192 098 | 287 075 | 380 020 | 6 |
| 5 | 895 747 | 997 351 | 096 634 | 193 698 | 288 641 | 381 553 | 5 |
| 6 | 897 460 | $\bar{2}$,0 999 025 | 098 269 | 195 297 | 290 206 | 383 085 | 4 |
| 7 | 899 172 | $\bar{2}$,1 000 698 | 099 904 | 196 896 | 291 770 | 384 616 | 3 |
| 8 | 900 884 | 002 370 | 101 539 | 198 495 | 293 334 | 386 147 | 2 |
| 9 | 902 595 | 004 041 | 103 173 | 200 092 | 294 897 | 387 677 | 1 |
| 20 | 904 305 | 005 712 | 104 806 | 201 689 | 296 460 | 389 207 | 40 |
| 1 | 906 015 | 007 382 | 106 438 | 203 286 | 298 022 | 390 736 | 9 |
| 2 | 907 724 | 009 052 | 108 070 | 204 882 | 299 583 | 392 264 | 8 |
| 3 | 909 432 | 010 721 | 109 702 | 206 477 | 301 144 | 393 792 | 7 |
| 4 | 911 140 | 012 389 | 111 332 | 208 072 | 302 705 | 395 320 | 6 |
| 5 | 912 847 | 014 057 | 112 962 | 209 666 | 304 265 | 396 847 | 5 |
| 6 | 914 553 | 015 724 | 114 592 | 211 260 | 305 824 | 398 373 | 4 |
| 7 | 916 259 | 017 390 | 116 221 | 212 853 | 307 383 | 399 899 | 3 |
| 8 | 917 964 | 019 056 | 117 849 | 214 446 | 308 941 | 401 425 | 2 |
| 9 | 919 668 | 020 721 | 119 477 | 216 037 | 310 498 | 402 949 | 1 |
| 30 | 921 372 | 022 386 | 121 104 | 217 629 | 312 056 | 404 474 | 30 |
| 1 | 923 075 | 024 049 | 122 730 | 219 219 | 313 612 | 405 997 | 9 |
| 2 | 924 777 | 025 713 | 124 356 | 220 810 | 315 168 | 407 521 | 8 |
| 3 | 926 479 | 027 375 | 125 981 | 222 399 | 316 723 | 409 043 | 7 |
| 4 | 928 180 | 029 037 | 127 606 | 223 988 | 318 278 | 410 566 | 6 |
| 5 | 929 880 | 030 698 | 129 230 | 225 577 | 319 833 | 412 087 | 5 |
| 6 | 931 579 | 032 359 | 130 853 | 227 164 | 321 386 | 413 608 | 4 |
| 7 | 933 278 | 034 019 | 132 476 | 228 752 | 322 940 | 415 129 | 3 |
| 8 | 934 977 | 035 678 | 134 098 | 230 338 | 324 492 | 416 649 | 2 |
| 9 | 936 674 | 037 337 | 135 720 | 231 924 | 326 044 | 418 168 | 1 |
| 40 | 938 371 | 038 995 | 137 341 | 233 510 | 327 596 | 419 687 | 20 |
| 1 | 940 068 | 040 653 | 138 961 | 235 095 | 329 147 | 421 206 | 9 |
| 2 | 941 763 | 042 309 | 140 581 | 236 679 | 330 697 | 422 724 | 8 |
| 3 | 943 458 | 043 966 | 142 200 | 238 263 | 332 247 | 424 241 | 7 |
| 4 | 945 153 | 045 621 | 143 819 | 239 846 | 333 796 | 425 758 | 6 |
| 5 | 946 846 | 047 276 | 145 437 | 241 429 | 335 345 | 427 274 | 5 |
| 6 | 948 539 | 048 931 | 147 054 | 243 011 | 336 893 | 428 790 | 4 |
| 7 | 950 232 | 050 584 | 148 671 | 244 592 | 338 441 | 430 305 | 3 |
| 8 | 951 910 | 052 237 | 150 287 | 246 173 | 339 988 | 431 820 | 2 |
| 9 | 953 614 | 053 890 | 151 903 | 247 753 | 341 506 | 433 334 | 1 |
| 50 | 955 305 | 055 542 | 153 518 | 249 333 | 343 081 | 434 848 | 10 |
| 1 | 956 994 | 057 193 | 155 132 | 250 912 | 344 626 | 436 361 | 9 |
| 2 | 958 683 | 058 843 | 156 746 | 252 491 | 346 171 | 437 874 | 8 |
| 3 | 960 372 | 060 493 | 158 359 | 254 069 | 347 715 | 439 386 | 7 |
| 4 | 962 060 | 062 142 | 159 972 | 255 646 | 349 259 | 440 897 | 6 |
| 5 | 963 747 | 063 791 | 161 584 | 257 223 | 350 802 | 442 408 | 5 |
| 6 | 965 433 | 065 439 | 163 195 | 258 799 | 352 345 | 443 919 | 4 |
| 7 | 967 119 | 067 087 | 164 806 | 260 375 | 353 887 | 445 429 | 3 |
| 8 | 968 804 | 068 733 | 166 416 | 261 950 | 355 429 | 446 938 | 2 |
| 9 | 970 488 | 070 380 | 168 025 | 263 525 | 356 970 | 448 447 | 1 |
| 60 | $\bar{2}$,0 972 172 | $\bar{2}$,1 072 025 | $\bar{2}$,1 169 634 | $\bar{2}$,1 265 099 | $\bar{2}$,1 358 510 | $\bar{2}$,1 449 956 | 0 |
| ″ | 17′ | 16′ | 15′ | 14′ | 13′ | 12′ | ″ |

COTANGENTE 89°

| ″ | 48′ | 49′ | 50′ | 51′ | 52′ | 53′ | ″ |
|---|---|---|---|---|---|---|---|
| 0 | $\bar{2}$,1 449 532 | $\bar{2}$,1 539 075 | $\bar{2}$,1 626 808 | $\bar{2}$,1 712 804 | $\bar{2}$,1 797 129 | $\bar{2}$,1 879 848 | 60 |
| 1 | 451 040 | 540 552 | 628 255 | 714 223 | 798 521 | 881 213 | 9 |
| 2 | 452 547 | 542 028 | 629 702 | 715 641 | 799 912 | 882 578 | 8 |
| 3 | 454 054 | 543 504 | 631 149 | 717 059 | 801 303 | 883 943 | 7 |
| 4 | 455 560 | 544 979 | 632 594 | 718 477 | 802 693 | 885 307 | 6 |
| 5 | 457 065 | 546 454 | 634 040 | 719 894 | 804 083 | 886 670 | 5 |
| 6 | 458 570 | 547 928 | 635 485 | 721 310 | 805 472 | 888 034 | 4 |
| 7 | 460 075 | 549 402 | 636 929 | 722 726 | 806 861 | 889 397 | 3 |
| 8 | 461 579 | 550 876 | 638 373 | 724 142 | 808 250 | 890 759 | 2 |
| 9 | 463 082 | 552 348 | 639 817 | 725 557 | 809 638 | 892 121 | 1 |
| 10 | 464 585 | 553 821 | 641 259 | 726 972 | 811 025 | 893 482 | 50 |
| 1 | 466 087 | 555 293 | 642 702 | 728 386 | 812 413 | 894 843 | 9 |
| 2 | 467 589 | 556 764 | 644 144 | 729 800 | 813 799 | 896 204 | 8 |
| 3 | 469 091 | 558 235 | 645 586 | 731 214 | 815 186 | 897 564 | 7 |
| 4 | 470 591 | 559 705 | 647 027 | 732 627 | 816 571 | 898 924 | 6 |
| 5 | 472 092 | 561 175 | 648 467 | 734 039 | 817 957 | 900 284 | 5 |
| 6 | 473 592 | 562 644 | 649 907 | 735 451 | 819 342 | 901 643 | 4 |
| 7 | 475 091 | 564 113 | 651 347 | 736 863 | 820 726 | 903 001 | 3 |
| 8 | 476 590 | 565 582 | 652 786 | 738 274 | 822 111 | 904 359 | 2 |
| 9 | 478 088 | 567 049 | 654 225 | 739 684 | 823 494 | 905 717 | 1 |
| 20 | 479 586 | 568 517 | 655 663 | 741 094 | 824 877 | 907 074 | 40 |
| 1 | 481 083 | 569 984 | 657 101 | 742 504 | 826 260 | 908 431 | 9 |
| 2 | 482 579 | 571 450 | 658 538 | 743 913 | 827 643 | 909 788 | 8 |
| 3 | 484 076 | 572 916 | 659 975 | 745 322 | 829 024 | 911 144 | 7 |
| 4 | 485 571 | 574 381 | 661 411 | 746 731 | 830 406 | 912 499 | 6 |
| 5 | 487 066 | 575 846 | 662 847 | 748 138 | 831 787 | 913 854 | 5 |
| 6 | 488 561 | 577 310 | 664 282 | 749 546 | 833 167 | 915 209 | 4 |
| 7 | 490 055 | 578 774 | 665 717 | 750 953 | 834 548 | 916 563 | 3 |
| 8 | 491 549 | 580 238 | 667 151 | 752 359 | 835 927 | 917 917 | 2 |
| 9 | 493 042 | 581 701 | 668 585 | 753 765 | 837 307 | 919 271 | 1 |
| 30 | 494 534 | 583 163 | 670 019 | 755 171 | 838 685 | 920 624 | 30 |
| 1 | 496 027 | 584 625 | 671 452 | 756 576 | 840 064 | 921 976 | 9 |
| 2 | 497 518 | 586 086 | 672 884 | 757 981 | 841 442 | 923 329 | 8 |
| 3 | 499 009 | 587 547 | 674 316 | 759 385 | 842 819 | 924 680 | 7 |
| 4 | 500 500 | 589 008 | 675 748 | 760 789 | 844 196 | 926 032 | 6 |
| 5 | 501 990 | 590 468 | 677 179 | 762 192 | 845 573 | 927 383 | 5 |
| 6 | 503 479 | 591 927 | 678 610 | 763 595 | 846 949 | 928 733 | 4 |
| 7 | 504 968 | 593 386 | 680 040 | 764 998 | 848 325 | 930 083 | 3 |
| 8 | 506 457 | 594 845 | 681 469 | 766 400 | 849 700 | 931 433 | 2 |
| 9 | 507 945 | 596 303 | 682 899 | 767 801 | 851 075 | 932 782 | 1 |
| 40 | 509 432 | 597 760 | 684 327 | 769 202 | 852 450 | 934 131 | 20 |
| 1 | 510 919 | 599 217 | 685 756 | 770 603 | 853 824 | 935 479 | 9 |
| 2 | 512 406 | 600 674 | 687 183 | 772 003 | 855 197 | 936 827 | 8 |
| 3 | 513 891 | 602 130 | 688 611 | 773 403 | 856 570 | 938 175 | 7 |
| 4 | 515 377 | 603 585 | 690 038 | 774 802 | 857 943 | 939 522 | 6 |
| 5 | 516 862 | 605 040 | 691 464 | 776 201 | 859 315 | 940 869 | 5 |
| 6 | 518 346 | 606 495 | 692 890 | 777 599 | 860 687 | 942 215 | 4 |
| 7 | 519 830 | 607 949 | 694 315 | 778 997 | 862 059 | 943 561 | 3 |
| 8 | 521 314 | 609 403 | 695 740 | 780 394 | 863 430 | 944 907 | 2 |
| 9 | 522 796 | 610 856 | 697 165 | 781 791 | 864 800 | 946 252 | 1 |
| 50 | 524 279 | 612 308 | 698 589 | 783 188 | 866 170 | 947 596 | 10 |
| 1 | 525 761 | 613 761 | 700 012 | 784 584 | 867 540 | 948 941 | 9 |
| 2 | 527 242 | 615 212 | 701 435 | 785 980 | 868 909 | 950 284 | 8 |
| 3 | 528 723 | 616 663 | 702 858 | 787 375 | 870 278 | 951 628 | 7 |
| 4 | 530 203 | 618 114 | 704 280 | 788 770 | 871 646 | 952 971 | 6 |
| 5 | 531 683 | 619 564 | 705 702 | 790 164 | 873 014 | 954 313 | 5 |
| 6 | 533 163 | 621 014 | 707 123 | 791 558 | 874 382 | 955 656 | 4 |
| 7 | 534 641 | 622 463 | 708 544 | 792 951 | 875 749 | 956 997 | 3 |
| 8 | 536 120 | 623 912 | 709 964 | 794 344 | 877 116 | 958 339 | 2 |
| 9 | 537 598 | 625 360 | 711 384 | 795 737 | 878 482 | 959 680 | 1 |
| 60 | $\bar{2}$,1 539 075 | $\bar{2}$,1 626 808 | $\bar{2}$,1 712 804 | $\bar{2}$,1 797 129 | $\bar{2}$,1 879 848 | $\bar{2}$,1 961 020 | 0 |
| ″ | 11′ | 10′ | 9′ | 8′ | 7′ | 6′ | ″ |

COSINUS 89°

| ″ | 48′ | 49′ | 50′ | 51′ | 52′ | 53′ | ″ |
|---|---|---|---|---|---|---|---|
| 0 | $\bar{2}$,1 449 956 | $\bar{2}$,1 539 516 | $\bar{2}$,1 627 267 | $\bar{2}$,1 713 282 | $\bar{2}$,1 797 626 | $\bar{2}$,1 880 364 | 60 |
| 1 | 451 464 | 540 993 | 628 715 | 714 701 | 799 018 | 881 730 | 9 |
| 2 | 452 971 | 542 470 | 630 162 | 716 120 | 800 409 | 883 095 | 8 |
| 3 | 454 478 | 543 946 | 631 609 | 717 538 | 801 800 | 884 460 | 7 |
| 4 | 455 984 | 545 422 | 633 055 | 718 956 | 803 191 | 885 824 | 6 |
| 5 | 457 490 | 546 897 | 634 501 | 720 373 | 804 581 | 887 188 | 5 |
| 6 | 458 995 | 548 371 | 635 946 | 721 790 | 805 971 | 888 552 | 4 |
| 7 | 460 500 | 549 846 | 637 391 | 723 207 | 807 360 | 889 915 | 3 |
| 8 | 462 004 | 551 319 | 638 835 | 724 623 | 808 749 | 891 278 | 2 |
| 9 | 463 508 | 552 792 | 640 279 | 726 038 | 810 137 | 892 640 | 1 |
| 10 | 465 011 | 554 265 | 641 722 | 727 453 | 811 525 | 894 002 | 50 |
| 1 | 466 514 | 555 737 | 643 165 | 728 868 | 812 913 | 895 363 | 9 |
| 2 | 468 016 | 557 209 | 644 607 | 730 282 | 814 300 | 896 724 | 8 |
| 3 | 469 518 | 558 680 | 646 049 | 731 696 | 815 687 | 898 085 | 7 |
| 4 | 471 019 | 560 151 | 647 490 | 733 109 | 817 073 | 899 445 | 6 |
| 5 | 472 520 | 561 621 | 648 931 | 734 522 | 818 459 | 900 805 | 5 |
| 6 | 474 020 | 563 090 | 650 372 | 735 934 | 819 844 | 902 164 | 4 |
| 7 | 475 519 | 564 559 | 651 812 | 737 346 | 821 229 | 903 523 | 3 |
| 8 | 477 018 | 566 028 | 653 251 | 738 757 | 822 613 | 904 881 | 2 |
| 9 | 478 517 | 567 496 | 654 690 | 740 168 | 823 997 | 906 239 | 1 |
| 20 | 480 015 | 568 964 | 656 128 | 741 579 | 825 381 | 907 597 | 40 |
| 1 | 481 512 | 570 431 | 657 566 | 742 989 | 826 764 | 908 954 | 9 |
| 2 | 483 009 | 571 898 | 659 004 | 744 398 | 828 146 | 910 311 | 8 |
| 3 | 484 506 | 573 364 | 660 441 | 745 807 | 829 529 | 911 667 | 7 |
| 4 | 486 002 | 574 830 | 661 878 | 747 216 | 830 910 | 913 023 | 6 |
| 5 | 487 497 | 576 295 | 663 314 | 748 624 | 832 292 | 914 379 | 5 |
| 6 | 488 992 | 577 759 | 664 749 | 750 032 | 833 673 | 915 734 | 4 |
| 7 | 490 487 | 579 224 | 666 185 | 751 439 | 835 053 | 917 088 | 3 |
| 8 | 491 980 | 580 687 | 667 619 | 752 846 | 836 433 | 918 442 | 2 |
| 9 | 493 474 | 582 151 | 669 054 | 754 252 | 837 813 | 919 796 | 1 |
| 30 | 494 967 | 583 613 | 670 487 | 755 658 | 839 192 | 921 150 | 30 |
| 1 | 496 459 | 585 076 | 671 921 | 757 064 | 840 571 | 922 503 | 9 |
| 2 | 497 951 | 586 537 | 673 353 | 758 469 | 841 949 | 923 855 | 8 |
| 3 | 499 442 | 587 999 | 674 786 | 759 873 | 843 327 | 925 207 | 7 |
| 4 | 500 933 | 589 459 | 676 218 | 761 278 | 844 704 | 926 559 | 6 |
| 5 | 502 423 | 590 920 | 677 649 | 762 681 | 846 081 | 927 910 | 5 |
| 6 | 503 913 | 592 379 | 679 080 | 764 084 | 847 458 | 929 261 | 4 |
| 7 | 505 402 | 593 839 | 680 510 | 765 487 | 848 834 | 930 611 | 3 |
| 8 | 506 891 | 595 297 | 681 940 | 766 889 | 850 209 | 931 961 | 2 |
| 9 | 508 380 | 596 756 | 683 370 | 768 291 | 851 585 | 933 311 | 1 |
| 40 | 509 867 | 598 213 | 684 799 | 769 693 | 852 959 | 934 660 | 20 |
| 1 | 511 355 | 599 671 | 686 228 | 771 094 | 854 334 | 936 009 | 9 |
| 2 | 512 841 | 601 128 | 687 656 | 772 494 | 855 708 | 937 357 | 8 |
| 3 | 514 328 | 602 584 | 689 083 | 773 894 | 857 081 | 938 705 | 7 |
| 4 | 515 813 | 604 040 | 690 510 | 775 294 | 858 454 | 940 053 | 6 |
| 5 | 517 299 | 605 495 | 691 937 | 776 693 | 859 827 | 941 400 | 5 |
| 6 | 518 783 | 606 950 | 693 363 | 778 091 | 861 199 | 942 746 | 4 |
| 7 | 520 267 | 608 404 | 694 789 | 779 490 | 862 571 | 944 093 | 3 |
| 8 | 521 761 | 609 858 | 696 214 | 780 887 | 863 942 | 945 439 | 2 |
| 9 | 523 234 | 611 312 | 697 639 | 782 285 | 865 313 | 946 784 | 1 |
| 50 | 524 717 | 612 765 | 699 064 | 783 682 | 866 683 | 948 129 | 10 |
| 1 | 526 199 | 614 217 | 700 487 | 785 078 | 868 053 | 949 473 | 9 |
| 2 | 527 681 | 615 669 | 701 911 | 786 474 | 869 423 | 950 818 | 8 |
| 3 | 529 162 | 617 121 | 703 334 | 787 870 | 870 792 | 952 161 | 7 |
| 4 | 530 643 | 618 572 | 704 756 | 789 265 | 872 161 | 953 505 | 6 |
| 5 | 532 123 | 620 022 | 706 178 | 790 659 | 873 529 | 954 848 | 5 |
| 6 | 533 603 | 621 472 | 707 600 | 792 054 | 874 897 | 956 190 | 4 |
| 7 | 535 082 | 622 922 | 709 021 | 793 447 | 876 264 | 957 532 | 3 |
| 8 | 536 560 | 624 371 | 710 442 | 794 841 | 877 631 | 958 874 | 2 |
| 9 | 538 038 | 625 819 | 711 862 | 796 233 | 878 998 | 960 215 | 1 |
| 60 | $\bar{2}$,1 539 516 | $\bar{2}$,1 627 267 | $\bar{2}$,1 713 282 | $\bar{2}$,1 797 626 | $\bar{2}$,1 880 364 | $\bar{2}$,1 961 556 | 0 |
| ″ | 11′ | 10′ | 9′ | 8′ | 7′ | 6′ | ″ |

| " | 54′ | 55′ | 56′ | 57′ | 58′ | 59′ | " |
|---|---|---|---|---|---|---|---|
| 0 | $\bar{2}$,1 961 020 | $\bar{2}$,2 040 703 | $\bar{2}$,2 118 949 | $\bar{2}$,2 195 811 | $\bar{2}$,2 271 335 | $\bar{2}$,2 345 568 | 60 |
| 1 | 962 360 | 042 019 | 120 242 | 197 080 | 272 583 | 346 795 | 9 |
| 2 | 963 700 | 043 334 | 121 533 | 198 349 | 273 830 | 348 021 | 8 |
| 3 | 965 039 | 044 649 | 122 825 | 199 618 | 275 077 | 349 247 | 7 |
| 4 | 966 378 | 045 963 | 124 116 | 200 887 | 276 324 | 350 472 | 6 |
| 5 | 967 717 | 047 277 | 125 407 | 202 155 | 277 570 | 351 697 | 5 |
| 6 | 969 055 | 048 591 | 126 697 | 203 423 | 278 816 | 352 922 | 4 |
| 7 | 970 392 | 049 905 | 127 987 | 204 690 | 280 061 | 354 147 | 3 |
| 8 | 971 729 | 051 218 | 129 277 | 205 957 | 281 306 | 355 371 | 2 |
| 9 | 973 066 | 052 530 | 130 566 | 207 223 | 282 551 | 356 594 | 1 |
| 10 | 974 403 | 053 842 | 131 854 | 208 490 | 283 796 | 357 818 | 50 |
| 1 | 975 739 | 055 154 | 133 143 | 209 756 | 285 040 | 359 041 | 9 |
| 2 | 977 074 | 056 465 | 134 431 | 211 021 | 286 284 | 360 264 | 8 |
| 3 | 978 409 | 057 776 | 135 719 | 212 286 | 287 527 | 361 486 | 7 |
| 4 | 979 744 | 059 087 | 137 006 | 213 551 | 288 770 | 362 708 | 6 |
| 5 | 981 078 | 060 397 | 138 293 | 214 815 | 290 013 | 363 930 | 5 |
| 6 | 982 412 | 061 707 | 139 579 | 216 079 | 291 255 | 365 151 | 4 |
| 7 | 983 746 | 063 016 | 140 865 | 217 343 | 292 497 | 366 372 | 3 |
| 8 | 985 079 | 064 325 | 142 151 | 218 606 | 293 739 | 367 593 | 2 |
| 9 | 986 412 | 065 634 | 143 436 | 219 869 | 294 980 | 368 813 | 1 |
| 20 | 987 744 | 066 942 | 144 721 | 221 132 | 296 221 | 370 033 | 40 |
| 1 | 989 076 | 068 250 | 146 006 | 222 394 | 297 461 | 371 253 | 9 |
| 2 | 990 407 | 069 557 | 147 290 | 223 656 | 298 701 | 372 472 | 8 |
| 3 | 991 738 | 070 864 | 148 574 | 224 917 | 299 941 | 373 691 | 7 |
| 4 | 993 069 | 072 171 | 149 857 | 226 178 | 301 181 | 374 910 | 6 |
| 5 | 994 399 | 073 477 | 151 140 | 227 439 | 302 420 | 376 128 | 5 |
| 6 | 995 729 | 074 783 | 152 423 | 228 699 | 303 659 | 377 346 | 4 |
| 7 | 997 058 | 076 088 | 153 705 | 229 959 | 304 897 | 378 563 | 3 |
| 8 | 998 387 | 077 393 | 154 987 | 231 219 | 306 135 | 379 781 | 2 |
| 9 | $\bar{2}$,1 999 716 | 078 698 | 156 269 | 232 478 | 307 373 | 380 997 | 1 |
| 30 | $\bar{2}$,2 001 044 | 080 002 | 157 550 | 233 737 | 308 610 | 382 214 | 30 |
| 1 | 002 372 | 081 306 | 158 831 | 234 996 | 309 847 | 383 430 | 9 |
| 2 | 003 699 | 082 610 | 160 111 | 236 254 | 311 084 | 384 646 | 8 |
| 3 | 005 026 | 083 913 | 161 391 | 237 512 | 312 320 | 385 862 | 7 |
| 4 | 006 353 | 085 216 | 162 671 | 238 769 | 313 556 | 387 077 | 6 |
| 5 | 007 679 | 086 518 | 163 950 | 240 026 | 314 792 | 388 292 | 5 |
| 6 | 009 005 | 087 820 | 165 229 | 241 283 | 316 027 | 389 506 | 4 |
| 7 | 010 330 | 089 121 | 166 508 | 242 539 | 317 262 | 390 720 | 3 |
| 8 | 011 655 | 090 422 | 167 786 | 243 795 | 318 496 | 391 934 | 2 |
| 9 | 012 980 | 091 723 | 169 064 | 245 051 | 319 731 | 393 148 | 1 |
| 40 | 014 304 | 093 024 | 170 341 | 246 306 | 320 965 | 394 361 | 20 |
| 1 | 015 628 | 094 324 | 171 618 | 247 561 | 322 198 | 395 574 | 9 |
| 2 | 016 951 | 095 623 | 172 895 | 248 815 | 323 431 | 396 786 | 8 |
| 3 | 018 274 | 096 922 | 174 171 | 250 070 | 324 664 | 397 998 | 7 |
| 4 | 019 597 | 098 221 | 175 447 | 251 323 | 325 896 | 399 210 | 6 |
| 5 | 020 919 | 099 520 | 176 723 | 252 577 | 327 128 | 400 422 | 5 |
| 6 | 022 241 | 100 818 | 177 998 | 253 830 | 328 360 | 401 633 | 4 |
| 7 | 023 562 | 102 115 | 179 273 | 255 083 | 329 592 | 402 844 | 3 |
| 8 | 024 883 | 103 412 | 180 547 | 256 335 | 330 823 | 404 054 | 2 |
| 9 | 026 203 | 104 709 | 181 821 | 257 587 | 332 053 | 405 264 | 1 |
| 50 | 027 523 | 106 006 | 183 095 | 258 839 | 333 284 | 406 474 | 10 |
| 1 | 028 843 | 107 302 | 184 368 | 260 090 | 334 514 | 407 683 | 9 |
| 2 | 030 163 | 108 598 | 185 641 | 261 341 | 335 743 | 408 892 | 8 |
| 3 | 031 481 | 109 893 | 186 913 | 262 591 | 336 973 | 410 101 | 7 |
| 4 | 032 800 | 111 188 | 188 186 | 263 841 | 338.202 | 411 310 | 6 |
| 5 | 034 118 | 112 482 | 189 457 | 265 091 | 339 430 | 412 518 | 5 |
| 6 | 035 436 | 113 777 | 190 729 | 266 341 | 340 659 | 413 725 | 4 |
| 7 | 036 753 | 115 070 | 192 000 | 267 590 | 341 886 | 414 933 | 3 |
| 8 | 038 070 | 116 364 | 193 270 | 268 839 | 343 114 | 416 140 | 2 |
| 9 | 039 387 | 117 657 | 194 541 | 270 087 | 344 341 | 417 347 | 1 |
| 60 | $\bar{2}$,2 040 703 | $\bar{2}$,2 118 949 | $\bar{2}$,2 195 811 | $\bar{2}$,2 271 335 | $\bar{2}$,2 345 568 | $\bar{2}$,2 418 553 | 0 |
| " | 5′ | 4′ | 3′ | 2′ | 1′ | 0′ | " |

| ″ | 54′ | 55′ | 56′ | 57′ | 58′ | 59′ | ″ |
|---|---|---|---|---|---|---|---|
| 0 | $\bar{2}$,1 961 556 | $\bar{2}$,2 041 259 | $\bar{2}$,2 119 526 | $\bar{2}$,2 196 408 | $\bar{2}$,2 271 953 | $\bar{2}$,2 346 208 | 60 |
| 1 | 962 896 | 042 575 | 120 818 | 197 678 | 273 201 | 347 435 | 9 |
| 2 | 964 236 | 043 890 | 122 110 | 198 947 | 274 449 | 348 661 | 8 |
| 3 | 965 576 | 045 206 | 123 402 | 200 216 | 275 696 | 349 887 | 7 |
| 4 | 966 915 | 046 521 | 124 694 | 201 485 | 276 943 | 351 113 | 6 |
| 5 | 968 254 | 047 835 | 125 985 | 202 754 | 278 190 | 352 339 | 5 |
| 6 | 969 592 | 049 149 | 127 275 | 204 022 | 279 436 | 353 564 | 4 |
| 7 | 970 930 | 050 463 | 128 566 | 205 289 | 280 682 | 354 789 | 3 |
| 8 | 972 268 | 051 776 | 129 855 | 206 557 | 281 927 | 356 013 | 2 |
| 9 | 973 605 | 053 089 | 131 145 | 207 824 | 283 173 | 357 237 | 1 |
| 10 | 974 942 | 054 401 | 132 434 | 209 090 | 284 417 | 358 461 | 50 |
| 1 | 976 278 | 055 714 | 133 723 | 210 356 | 285 662 | 359 684 | 9 |
| 2 | 977 614 | 057 025 | 135 011 | 211 622 | 286 906 | 360 908 | 8 |
| 3 | 978 949 | 058 337 | 136 299 | 212 888 | 288 150 | 362 130 | 7 |
| 4 | 980 284 | 059 647 | 137 587 | 214 153 | 289 393 | 363 353 | 6 |
| 5 | 981 619 | 060 958 | 138 874 | 215 418 | 290 636 | 364 575 | 5 |
| 6 | 982 953 | 062 268 | 140 161 | 216 682 | 291 879 | 365 796 | 4 |
| 7 | 984 287 | 063 578 | 141 447 | 217 946 | 293 121 | 367 018 | 3 |
| 8 | 985 621 | 064 887 | 142 733 | 219 210 | 294 363 | 368 239 | 2 |
| 9 | 986 954 | 066 196 | 144 019 | 220 473 | 295 605 | 369 460 | 1 |
| 20 | 988 286 | 067 505 | 145 304 | 221 736 | 296 846 | 370 680 | 40 |
| 1 | 989 619 | 068 813 | 146 589 | 222 998 | 298 087 | 371 900 | 9 |
| 2 | 990 950 | 070 120 | 147 874 | 224 260 | 299 327 | 373 120 | 8 |
| 3 | 992 282 | 071 428 | 149 158 | 225 522 | 300 568 | 374 339 | 7 |
| 4 | 993 613 | 072 735 | 150 442 | 226 784 | 301 807 | 375 558 | 6 |
| 5 | 994 943 | 074 041 | 151 725 | 228 045 | 303 047 | 376 776 | 5 |
| 6 | 996 273 | 075 348 | 153 008 | 229 305 | 304 286 | 377 995 | 4 |
| 7 | 997 603 | 076 653 | 154 291 | 230 566 | 305 525 | 379 213 | 3 |
| 8 | $\bar{2}$,1 998 933 | 077 959 | 155 573 | 231 826 | 306 763 | 380 430 | 2 |
| 9 | $\bar{2}$,2 000 262 | 079 264 | 156 855 | 233 085 | 308 001 | 381 648 | 1 |
| 30 | 001 590 | 080 568 | 158 137 | 234 345 | 309 239 | 382 865 | 30 |
| 1 | 002 918 | 081 873 | 159 418 | 235 604 | 310 476 | 384 081 | 9 |
| 2 | 004 246 | 083 176 | 160 699 | 236 862 | 311 713 | 385 297 | 8 |
| 3 | 005 573 | 084 480 | 161 979 | 238 120 | 312 950 | 386 513 | 7 |
| 4 | 006 900 | 085 783 | 163 259 | 239 378 | 314 186 | 387 729 | 6 |
| 5 | 008 227 | 087 086 | 164 539 | 240 635 | 315 422 | 388 944 | 5 |
| 6 | 009 553 | 088 388 | 165 818 | 241 892 | 316 658 | 390 159 | 4 |
| 7 | 010 879 | 089 690 | 167 097 | 243 149 | 317 893 | 391 373 | 3 |
| 8 | 012 204 | 090 991 | 168 375 | 244 405 | 319 128 | 392 588 | 2 |
| 9 | 013 529 | 092 292 | 169 653 | 245 661 | 320 363 | 393 802 | 1 |
| 40 | 014 853 | 093 593 | 170 931 | 246 917 | 321 597 | 395 015 | 20 |
| 1 | 016 177 | 094 893 | 172 209 | 248 172 | 322 831 | 396 228 | 9 |
| 2 | 017 501 | 096 193 | 173 486 | 249 427 | 324 064 | 397 441 | 8 |
| 3 | 018 824 | 097 493 | 174 762 | 250 682 | 325 297 | 398 654 | 7 |
| 4 | 020 147 | 098 792 | 176 038 | 251 936 | 326 530 | 399 866 | 6 |
| 5 | 021 470 | 100 091 | 177 314 | 253 190 | 327 763 | 401 078 | 5 |
| 6 | 022 792 | 101 389 | 178 590 | 254 443 | 328 995 | 402 289 | 4 |
| 7 | 024 113 | 102 687 | 179 865 | 255 696 | 330 227 | 403 500 | 3 |
| 8 | 025 435 | 103 985 | 181 140 | 256 949 | 331 458 | 404 711 | 2 |
| 9 | 026 756 | 105 282 | 182 414 | 258 201 | 332 689 | 405 922 | 1 |
| 50 | 028 076 | 106 579 | 183 688 | 259 453 | 333 920 | 407 132 | 10 |
| 1 | 029 396 | 107 875 | 184 962 | 260 705 | 335 150 | 408 342 | 9 |
| 2 | 030 716 | 109 171 | 186 235 | 261 956 | 336 380 | 409 551 | 8 |
| 3 | 032 035 | 110 467 | 187 508 | 263 207 | 337 610 | 410 760 | 7 |
| 4 | 033 354 | 111 762 | 188 780 | 264 457 | 338 839 | 411 969 | 6 |
| 5 | 034 672 | 113 057 | 190 053 | 265 708 | 340 068 | 413 177 | 5 |
| 6 | 035 990 | 114 351 | 191 324 | 266 957 | 341 297 | 414 386 | 4 |
| 7 | 037 308 | 115 646 | 192 596 | 268 207 | 342 525 | 415 593 | 3 |
| 8 | 038 625 | 116 939 | 193 867 | 269 456 | 343 753 | 416 801 | 2 |
| 9 | 039 942 | 118 233 | 195 137 | 270 705 | 344 980 | 418 008 | 1 |
| 60 | $\bar{2}$,2 041 259 | $\bar{2}$,2 119 526 | $\bar{2}$,2 196 408 | $\bar{2}$,2 271 953 | $\bar{2}$,2 346 208 | $\bar{2}$,2 419 215 | 0 |
| ″ | 5′ | 4′ | 3′ | 2′ | 1′ | 0′ | ″ |

| ″ | 0′ | 1′ | 2′ | 3′ | 4′ | 5′ | ″ |
|---|---|---|---|---|---|---|---|
| 0 | $\bar{2}$,2 418 553 | $\bar{2}$,2 490 332 | $\bar{2}$,2 560 943 | $\bar{2}$,2 630 424 | $\bar{2}$,2 698 810 | $\bar{2}$,2 766 136 | 60 |
| 1 | 419 759 | 491 518 | 562 110 | 631 572 | 699 941 | 767 249 | 9 |
| 2 | 420 965 | 492 704 | 563 277 | 632 721 | 701 071 | 768 362 | 8 |
| 3 | 422 170 | 493 890 | 564 443 | 633 869 | 702 201 | 769 475 | 7 |
| 4 | 423 376 | 495 075 | 565 609 | 635 016 | 703 331 | 770 587 | 6 |
| 5 | 424 580 | 496 260 | 566 775 | 636 164 | 704 461 | 771 700 | 5 |
| 6 | 425 785 | 497 445 | 567 941 | 637 311 | 705 590 | 772 811 | 4 |
| 7 | 426 989 | 498 629 | 569 106 | 638 458 | 706 719 | 773 923 | 3 |
| 8 | 428 192 | 499 813 | 570 271 | 639 604 | 707 847 | 775 034 | 2 |
| 9 | 429 396 | 500 997 | 571 436 | 640 750 | 708 976 | 776 145 | 1 |
| 10 | 430 599 | 502 180 | 572 600 | 641 896 | 710 104 | 777 256 | 50 |
| 1 | 431 802 | 503 363 | 573 764 | 643 042 | 711 232 | 778 367 | 9 |
| 2 | 433 004 | 504 546 | 574 928 | 644 187 | 712 359 | 779 477 | 8 |
| 3 | 434 206 | 505 728 | 576 091 | 645 332 | 713 486 | 780 587 | 7 |
| 4 | 435 408 | 506 911 | 577 255 | 646 477 | 714 613 | 781 696 | 6 |
| 5 | 436 609 | 508 092 | 578 417 | 647 621 | 715 740 | 782 806 | 5 |
| 6 | 437 810 | 509 274 | 579 580 | 648 766 | 716 866 | 783 915 | 4 |
| 7 | 439 011 | 510 455 | 580 742 | 649 909 | 717 992 | 785 023 | 3 |
| 8 | 440 212 | 511 636 | 581 904 | 651 053 | 719 118 | 786 132 | 2 |
| 9 | 441 412 | 512 816 | 583 065 | 652 196 | 720 243 | 787 240 | 1 |
| 20 | 442 611 | 513 996 | 584 227 | 653 339 | 721 368 | 788 348 | 40 |
| 1 | 443 811 | 515 176 | 585 388 | 654 482 | 722 493 | 789 456 | 9 |
| 2 | 445 010 | 516 356 | 586 548 | 655 624 | 723 618 | 790 563 | 8 |
| 3 | 446 209 | 517 535 | 587 709 | 656 766 | 724 742 | 791 670 | 7 |
| 4 | 447 407 | 518 714 | 588 869 | 657 908 | 725 866 | 792 777 | 6 |
| 5 | 448 605 | 519 893 | 590 028 | 659 049 | 726 990 | 793 883 | 5 |
| 6 | 449 803 | 521 071 | 591 188 | 660 190 | 728 113 | 794 989 | 4 |
| 7 | 451 000 | 522 249 | 592 347 | 661 331 | 729 236 | 796 095 | 3 |
| 8 | 452 198 | 523 426 | 593 505 | 662 471 | 730 359 | 797 201 | 2 |
| 9 | 453 394 | 524 604 | 594 664 | 663 612 | 731 481 | 798 306 | 1 |
| 30 | 454 591 | 525 781 | 595 822 | 664 751 | 732 604 | 799 411 | 30 |
| 1 | 455 787 | 526 957 | 596 980 | 665 891 | 733 725 | 800 516 | 9 |
| 2 | 456 983 | 528 134 | 598 137 | 667 030 | 734 847 | 801 621 | 8 |
| 3 | 458 178 | 529 310 | 599 295 | 668 169 | 735 968 | 802 725 | 7 |
| 4 | 459 373 | 530 485 | 600 452 | 669 308 | 737 089 | 803 829 | 6 |
| 5 | 460 568 | 531 661 | 601 608 | 670 446 | 738 210 | 804 933 | 5 |
| 6 | 461 762 | 532 836 | 602 764 | 671 585 | 739 331 | 806 036 | 4 |
| 7 | 462 957 | 534 011 | 603 920 | 672 722 | 740 451 | 807 139 | 3 |
| 8 | 464 150 | 535 185 | 605 076 | 673 860 | 741 571 | 808 242 | 2 |
| 9 | 465 344 | 536 359 | 606 232 | 674 997 | 742 690 | 809 345 | 1 |
| 40 | 466 537 | 537 533 | 607 387 | 676 134 | 743 810 | 810 447 | 20 |
| 1 | 467 730 | 538 706 | 608 541 | 677 271 | 744 929 | 811 549 | 9 |
| 2 | 468 922 | 539 880 | 609 696 | 678 407 | 746 048 | 812 650 | 8 |
| 3 | 470 115 | 541 052 | 610 850 | 679 543 | 747 166 | 813 752 | 7 |
| 4 | 471 306 | 542 225 | 612 004 | 680 679 | 748 284 | 814 853 | 6 |
| 5 | 472 498 | 543 397 | 613 157 | 681 814 | 749 402 | 815 954 | 5 |
| 6 | 473 689 | 544 569 | 614 311 | 682 949 | 750 520 | 817 055 | 4 |
| 7 | 474 880 | 545 741 | 615 463 | 684 084 | 751 637 | 818 155 | 3 |
| 8 | 476 071 | 546 912 | 616 616 | 685 219 | 752 754 | 819 255 | 2 |
| 9 | 477 261 | 548 083 | 617 768 | 686 353 | 753 871 | 820 355 | 1 |
| 50 | 478 451 | 549 254 | 618 920 | 687 487 | 754 987 | 821 454 | 10 |
| 1 | 479 640 | 550 424 | 620 072 | 688 620 | 756 103 | 822 553 | 9 |
| 2 | 480 829 | 551 594 | 621 223 | 689 754 | 757 219 | 823 652 | 8 |
| 3 | 482 018 | 552 764 | 622 375 | 690 887 | 758 335 | 824 751 | 7 |
| 4 | 483 207 | 553 933 | 623 525 | 692 020 | 759 450 | 825 849 | 6 |
| 5 | 484 395 | 555 102 | 624 676 | 693 152 | 760 565 | 826 947 | 5 |
| 6 | 485 583 | 556 271 | 625 826 | 694 284 | 761 680 | 828 045 | 4 |
| 7 | 486 771 | 557 439 | 626 976 | 695 416 | 762 794 | 829 143 | 3 |
| 8 | 487 958 | 558 607 | 628 125 | 696 548 | 763 909 | 830 240 | 2 |
| 9 | 489 145 | 559 775 | 629 275 | 697 679 | 765 022 | 831 337 | 1 |
| 60 | $\bar{2}$,2 490 332 | $\bar{2}$,2 560 943 | $\bar{2}$,2 630 424 | $\bar{2}$,2 698 810 | $\bar{2}$,2 766 136 | $\bar{2}$,2 832 434 | 0 |
| ″ | 59′ | 58′ | 57′ | 56′ | 55′ | 54′ | ″ |

COSINUS 88°

| " | 0' | 1' | 2' | 3' | 4' | 5' | " |
|---|---|---|---|---|---|---|---|
| 0 | $\bar{2}$,2 419 215 | $\bar{2}$,2 491 015 | $\bar{2}$,2 561 649 | $\bar{2}$,2 631 153 | $\bar{2}$,2 699 563 | $\bar{2}$,2 766 912 | 60 |
| 1 | 420 421 | 492 202 | 562 817 | 632 302 | 700 694 | 768 026 | 9 |
| 2 | 421 627 | 493 388 | 563 984 | 633 451 | 701 825 | 769 139 | 8 |
| 3 | 422 833 | 494 574 | 565 151 | 634 599 | 702 955 | 770 253 | 7 |
| 4 | 424 038 | 495 760 | 566 317 | 635 747 | 704 085 | 771 365 | 6 |
| 5 | 425 244 | 496 946 | 567 484 | 636 895 | 705 215 | 772 478 | 5 |
| 6 | 426 448 | 498 131 | 568 650 | 638 043 | 706 345 | 773 590 | 4 |
| 7 | 427 653 | 499 315 | 569 815 | 639 190 | 707 474 | 774 702 | 3 |
| 8 | 428 857 | 500 500 | 570 981 | 640 337 | 708 603 | 775 814 | 2 |
| 9 | 430 061 | 501 684 | 572 146 | 641 483 | 709 732 | 776 925 | 1 |
| 10 | 431 264 | 502 868 | 573 310 | 642 630 | 710 860 | 778 036 | 50 |
| 1 | 432 467 | 504 051 | 574 475 | 643 776 | 711 989 | 779 147 | 9 |
| 2 | 433 670 | 505 234 | 575 639 | 644 921 | 713 116 | 780 258 | 8 |
| 3 | 434 872 | 506 417 | 576 803 | 646 067 | 714 244 | 781 368 | 7 |
| 4 | 436 075 | 507 600 | 577 966 | 647 212 | 715 371 | 782 478 | 6 |
| 5 | 437 276 | 508 782 | 579 129 | 648 357 | 716 498 | 783 588 | 5 |
| 6 | 438 478 | 509 964 | 580 292 | 649 501 | 717 625 | 784 697 | 4 |
| 7 | 439 679 | 511 145 | 581 455 | 650 645 | 718 751 | 785 806 | 3 |
| 8 | 440 880 | 512 326 | 582 617 | 651 789 | 719 877 | 786 915 | 2 |
| 9 | 442 080 | 513 507 | 583 779 | 652 933 | 721 003 | 788 024 | 1 |
| 20 | 443 280 | 514 688 | 584 941 | 654 076 | 722 129 | 789 132 | 40 |
| 1 | 444 480 | 515 868 | 586 102 | 655 219 | 723 254 | 790 240 | 9 |
| 2 | 445 680 | 517 048 | 587 263 | 656 362 | 724 379 | 791 348 | 8 |
| 3 | 446 879 | 518 227 | 588 424 | 657 504 | 725 504 | 792 455 | 7 |
| 4 | 448 077 | 519 407 | 589 584 | 658 646 | 726 628 | 793 563 | 6 |
| 5 | 449 276 | 520 586 | 590 744 | 659 788 | 727 752 | 794 670 | 5 |
| 6 | 450 474 | 521 764 | 591 904 | 660 929 | 728 876 | 795 776 | 4 |
| 7 | 451 672 | 522 943 | 593 063 | 662 071 | 729 999 | 796 882 | 3 |
| 8 | 452 869 | 524 121 | 594 223 | 663 212 | 731 122 | 797 988 | 2 |
| 9 | 454 066 | 525 298 | 595 381 | 664 352 | 732 245 | 799 094 | 1 |
| 30 | 455 263 | 526 476 | 596 540 | 665 492 | 733 368 | 800 200 | 30 |
| 1 | 456 460 | 527 653 | 597 698 | 666 632 | 734 490 | 801 305 | 9 |
| 2 | 457 656 | 528 829 | 598 856 | 667 772 | 735 612 | 802 410 | 8 |
| 3 | 458 852 | 530 006 | 600 014 | 668 911 | 736 734 | 803 515 | 7 |
| 4 | 460 047 | 531 182 | 601 171 | 670 051 | 737 856 | 804 619 | 6 |
| 5 | 461 242 | 532 358 | 602 328 | 671 189 | 738 977 | 805 723 | 5 |
| 6 | 462 437 | 533 533 | 603 485 | 672 328 | 740 098 | 806 827 | 4 |
| 7 | 463 632 | 534 708 | 604 641 | 673 466 | 741 218 | 807 930 | 3 |
| 8 | 464 826 | 535 883 | 605 797 | 674 604 | 742 338 | 809 034 | 2 |
| 9 | 466 020 | 537 058 | 606 953 | 675 742 | 743 458 | 810 136 | 1 |
| 40 | 467 213 | 538 232 | 608 108 | 676 879 | 744 578 | 811 239 | 20 |
| 1 | 468 407 | 539 406 | 609 263 | 678 016 | 745 698 | 812 342 | 9 |
| 2 | 469 599 | 540 579 | 610 418 | 679 153 | 746 817 | 813 444 | 8 |
| 3 | 470 792 | 541 752 | 611 573 | 680 289 | 747 936 | 814 545 | 7 |
| 4 | 471 984 | 542 925 | 612 727 | 681 425 | 749 054 | 815 647 | 6 |
| 5 | 473 176 | 544 098 | 613 881 | 682 561 | 750 173 | 816 748 | 5 |
| 6 | 474 368 | 545 270 | 615 034 | 683 696 | 751 291 | 817 849 | 4 |
| 7 | 475 559 | 546 442 | 616 188 | 684 832 | 752 408 | 818 950 | 3 |
| 8 | 476 750 | 547 614 | 617 341 | 685 967 | 753 526 | 820 051 | 2 |
| 9 | 477 940 | 548 785 | 618 493 | 687 101 | 754 643 | 821 151 | 1 |
| 50 | 479 131 | 549 956 | 619 646 | 688 236 | 755 760 | 822 251 | 10 |
| 1 | 480 321 | 551 127 | 620 798 | 689 370 | 756 876 | 823 350 | 9 |
| 2 | 481 510 | 552 297 | 621 950 | 690 503 | 757 992 | 824 450 | 8 |
| 3 | 482 699 | 553 467 | 623 101 | 691 637 | 759 108 | 825 549 | 7 |
| 4 | 483 888 | 554 637 | 624 252 | 692 770 | 760 224 | 826 647 | 6 |
| 5 | 485 077 | 555 806 | 625 403 | 693 903 | 761 340 | 827 746 | 5 |
| 6 | 486 265 | 556 976 | 626 554 | 695 035 | 762 455 | 828 844 | 4 |
| 7 | 487 453 | 558 144 | 627 704 | 696 168 | 763 570 | 829 942 | 3 |
| 8 | 488 641 | 559 313 | 628 854 | 697 300 | 764 684 | 831 040 | 2 |
| 9 | 489 828 | 560 481 | 630 004 | 698 431 | 765 798 | 832 137 | 1 |
| 60 | $\bar{2}$,2 491 015 | $\bar{2}$,2 561 649 | $\bar{2}$,2 631 153 | $\bar{2}$,2 699 563 | $\bar{2}$,2 766 912 | $\bar{2}$,2 833 234 | 0 |
| " | 59' | 58' | 57' | 56' | 55' | 54' | " |

COTANGENTE 88°

| ″ | 6′ | 7′ | 8′ | 9′ | 10′ | 11′ | ″ |
|---|---|---|---|---|---|---|---|
| 0 | $\bar{2}$,2 832 434 | $\bar{2}$,2 897 734 | $\bar{2}$,2 962 067 | $\bar{2}$,3 025 460 | $\bar{2}$,3 087 941 | $\bar{2}$,3 149 536 | 60 |
| 1 | 833 530 | 898 814 | 963 131 | 026 509 | 088 975 | 150 555 | 9 |
| 2 | 834 626 | 899 894 | 964 195 | 027 558 | 090 009 | 151 574 | 8 |
| 3 | 835 722 | 900 974 | 965 259 | 028 606 | 091 042 | 152 593 | 7 |
| 4 | 836 818 | 902 053 | 966 322 | 029 654 | 092 075 | 153 611 | 6 |
| 5 | 837 913 | 903 132 | 967 385 | 030 702 | 093 108 | 154 630 | 5 |
| 6 | 839 008 | 904 211 | 968 448 | 031 749 | 094 140 | 155 648 | 4 |
| 7 | 840 103 | 905 289 | 969 511 | 032 796 | 095 173 | 156 665 | 3 |
| 8 | 841 197 | 906 367 | 970 573 | 033 843 | 096 205 | 157 683 | 2 |
| 9 | 842 292 | 907 445 | 971 635 | 034 890 | 097 237 | 158 700 | 1 |
| 10 | 843 386 | 908 523 | 972 697 | 035 937 | 098 268 | 159 717 | 50 |
| 1 | 844 479 | 909 600 | 973 759 | 036 983 | 099 299 | 160 734 | 9 |
| 2 | 845 573 | 910 677 | 974 820 | 038 029 | 100 330 | 161 751 | 8 |
| 3 | 846 666 | 911 754 | 975 881 | 039 075 | 101 361 | 162 767 | 7 |
| 4 | 847 759 | 912 831 | 976 942 | 040 120 | 102 392 | 163 783 | 6 |
| 5 | 848 851 | 913 907 | 978 002 | 041 165 | 103 422 | 164 799 | 5 |
| 6 | 849 943 | 914 983 | 979 063 | 042 210 | 104 452 | 165 815 | 4 |
| 7 | 851 035 | 916 059 | 980 123 | 043 255 | 105 482 | 166 830 | 3 |
| 8 | 852 127 | 917 134 | 981 182 | 044 299 | 106 512 | 167 845 | 2 |
| 9 | 853 219 | 918 210 | 982 242 | 045 344 | 107 541 | 168 860 | 1 |
| 20 | 854 310 | 919 285 | 983 301 | 046 388 | 108 570 | 169 875 | 40 |
| 1 | 855 401 | 920 359 | 984 360 | 047 431 | 109 599 | 170 889 | 9 |
| 2 | 856 491 | 921 434 | 985 419 | 048 475 | 110 628 | 171 903 | 8 |
| 3 | 857 582 | 922 508 | 986 477 | 049 518 | 111 656 | 172 917 | 7 |
| 4 | 858 672 | 923 582 | 987 536 | 050 561 | 112 684 | 173 931 | 6 |
| 5 | 859 762 | 924 656 | 988 594 | 051 604 | 113 712 | 174 945 | 5 |
| 6 | 860 851 | 925 729 | 989 651 | 052 646 | 114 740 | 175 958 | 4 |
| 7 | 861 941 | 926 802 | 990 709 | 053 688 | 115 767 | 176 971 | 3 |
| 8 | 863 030 | 927 875 | 991 766 | 054 730 | 116 794 | 177 984 | 2 |
| 9 | 864 118 | 928 948 | 992 823 | 055 772 | 117 821 | 178 996 | 1 |
| 30 | 865 207 | 930 020 | 993 879 | 056 813 | 118 848 | 180 008 | 30 |
| 1 | 866 295 | 931 092 | 994 936 | 057 855 | 119 874 | 181 021 | 9 |
| 2 | 867 383 | 932 164 | 995 992 | 058 896 | 120 901 | 182 032 | 8 |
| 3 | 868 471 | 933 235 | 997 048 | 059 936 | 121 927 | 183 044 | 7 |
| 4 | 869 558 | 934 306 | 998 104 | 060 977 | 122 952 | 184 055 | 6 |
| 5 | 870 645 | 935 378 | $\bar{2}$,2 999 159 | 062 017 | 123 978 | 185 067 | 5 |
| 6 | 871 732 | 936 448 | $\bar{2}$,3 000 214 | 063 057 | 125 003 | 186 077 | 4 |
| 7 | 872 818 | 937 519 | 001 269 | 064 097 | 126 028 | 187 088 | 3 |
| 8 | 873 905 | 938 589 | 002 324 | 065 136 | 127 053 | 188 098 | 2 |
| 9 | 874 991 | 939 659 | 003 378 | 066 175 | 128 077 | 189 109 | 1 |
| 40 | 876 076 | 940 729 | 004 432 | 067 214 | 129 101 | 190 119 | 20 |
| 1 | 877 162 | 941 798 | 005 486 | 068 253 | 130 125 | 191 128 | 9 |
| 2 | 878 247 | 942 867 | 006 539 | 069 291 | 131 149 | 192 138 | 8 |
| 3 | 879 332 | 943 936 | 007 593 | 070 330 | 132 173 | 193 147 | 7 |
| 4 | 880 417 | 945 005 | 008 646 | 071 368 | 133 196 | 194 156 | 6 |
| 5 | 881 501 | 946 073 | 009 699 | 072 405 | 134 219 | 195 165 | 5 |
| 6 | 882 585 | 947 141 | 010 751 | 073 443 | 135 242 | 196 173 | 4 |
| 7 | 883 669 | 948 209 | 011 804 | 074 480 | 136 264 | 197 182 | 3 |
| 8 | 884 752 | 949 277 | 012 856 | 075 517 | 137 287 | 198 190 | 2 |
| 9 | 885 836 | 950 344 | 013 907 | 076 554 | 138 309 | 199 198 | 1 |
| 50 | 886 919 | 951 411 | 014 959 | 077 590 | 139 331 | 200 205 | 10 |
| 1 | 888 002 | 952 478 | 016 010 | 078 626 | 140 352 | 201 213 | 9 |
| 2 | 889 084 | 953 544 | 017 061 | 079 662 | 141 374 | 202 220 | 8 |
| 3 | 890 166 | 954 611 | 018 112 | 080 698 | 142 395 | 203 227 | 7 |
| 4 | 891 248 | 955 677 | 019 163 | 081 734 | 143 416 | 204 233 | 6 |
| 5 | 892 330 | 956 742 | 020 213 | 082 769 | 144 436 | 205 240 | 5 |
| 6 | 893 411 | 957 808 | 021 263 | 083 804 | 145 457 | 206 246 | 4 |
| 7 | 894 492 | 958 873 | 022 313 | 084 839 | 146 477 | 207 252 | 3 |
| 8 | 895 573 | 959 938 | 023 362 | 085 873 | 147 497 | 208 258 | 2 |
| 9 | 896 654 | 961 003 | 024 411 | 086 907 | 148 516 | 209 263 | 1 |
| 60 | $\bar{2}$,2 897 734 | $\bar{2}$,2 962 067 | $\bar{2}$,3 025 460 | $\bar{2}$,3 087 941 | $\bar{2}$,3 149 536 | $\bar{2}$,3 210 269 | 0 |
| ″ | 53′ | 52′ | 51′ | 50′ | 49′ | 48′ | ″ |

COSINUS 88°

| ″ | 6′ | 7′ | 8′ | 9′ | 10′ | 11′ | ″ |
|---|---|---|---|---|---|---|---|
| 0 | $\bar{2}$,2 833 234 | $\bar{2}$,2 898 559 | $\bar{2}$,2 962 917 | $\bar{2}$,3 026 335 | $\bar{2}$,3 088 842 | $\bar{2}$,3 150 462 | 60 |
| 1 | 834 331 | 899 640 | 963 981 | 027 385 | 089 876 | 151 482 | 9 |
| 2 | 835 428 | 900 720 | 965 046 | 028 433 | 090 910 | 152 501 | 8 |
| 3 | 836 524 | 901 800 | 966 110 | 029 482 | 091 944 | 153 520 | 7 |
| 4 | 837 620 | 902 879 | 967 174 | 030 531 | 092 977 | 154 539 | 6 |
| 5 | 838 716 | 903 959 | 968 237 | 031 579 | 094 010 | 155 558 | 5 |
| 6 | 839 811 | 905 038 | 969 300 | 032 627 | 095 043 | 156 576 | 4 |
| 7 | 840 906 | 906 117 | 970 363 | 033 674 | 096 076 | 157 595 | 3 |
| 8 | 842 001 | 907 195 | 971 426 | 034 722 | 097 109 | 158 613 | 2 |
| 9 | 843 096 | 908 274 | 972 489 | 035 769 | 098 141 | 159 630 | 1 |
| 10 | 844 190 | 909 352 | 973 551 | 036 816 | 099 173 | 160 648 | 50 |
| 1 | 845 284 | 910 430 | 974 613 | 037 862 | 100 205 | 161 665 | 9 |
| 2 | 846 378 | 911 507 | 975 675 | 038 909 | 101 236 | 162 682 | 8 |
| 3 | 847 471 | 912 584 | 976 736 | 039 955 | 102 267 | 163 699 | 7 |
| 4 | 848 565 | 913 661 | 977 797 | 041 001 | 103 298 | 164 715 | 6 |
| 5 | 849 658 | 914 738 | 978 858 | 042 046 | 104 329 | 165 732 | 5 |
| 6 | 850 750 | 915 815 | 979 919 | 043 092 | 105 360 | 166 748 | 4 |
| 7 | 851 843 | 916 891 | 980 980 | 044 137 | 106 390 | 167 764 | 3 |
| 8 | 852 935 | 917 967 | 982 040 | 045 182 | 107 420 | 168 779 | 2 |
| 9 | 854 027 | 919 042 | 983 100 | 046 226 | 108 450 | 169 795 | 1 |
| 20 | 855 118 | 920 118 | 984 159 | 047 271 | 109 479 | 170 810 | 40 |
| 1 | 856 210 | 921 193 | 985 219 | 048 315 | 110 508 | 171 825 | 9 |
| 2 | 857 301 | 922 268 | 986 278 | 049 359 | 111 538 | 172 839 | 8 |
| 3 | 858 392 | 923 342 | 987 337 | 050 403 | 112 566 | 173 854 | 7 |
| 4 | 859 482 | 924 417 | 988 395 | 051 446 | 113 595 | 174 868 | 6 |
| 5 | 860 572 | 925 491 | 989 454 | 052 489 | 114 623 | 175 882 | 5 |
| 6 | 861 662 | 926 565 | 990 512 | 053 532 | 115 651 | 176 895 | 4 |
| 7 | 862 752 | 927 638 | 991 570 | 054 575 | 116 679 | 177 909 | 3 |
| 8 | 863 841 | 928 711 | 992 627 | 055 617 | 117 707 | 178 922 | 2 |
| 9 | 864 931 | 929 784 | 993 685 | 056 659 | 118 734 | 179 935 | 1 |
| 30 | 866 019 | 930 857 | 994 742 | 057 701 | 119 761 | 180 948 | 30 |
| 1 | 867 108 | 931 930 | 995 799 | 058 743 | 120 788 | 181 960 | 9 |
| 2 | 868 196 | 933 002 | 996 855 | 059 784 | 121 815 | 182 973 | 8 |
| 3 | 869 284 | 934 074 | 997 911 | 060 825 | 122 841 | 183 985 | 7 |
| 4 | 870 372 | 935 145 | $\bar{2}$,2 998 967 | 061 866 | 123 867 | 184 997 | 6 |
| 5 | 871 460 | 936 217 | $\bar{2}$,3 000 023 | 062 907 | 124 893 | 186 008 | 5 |
| 6 | 872 547 | 937 288 | 001 079 | 063 947 | 125 919 | 187 019 | 4 |
| 7 | 873 634 | 938 359 | 002 134 | 064 987 | 126 944 | 188 031 | 3 |
| 8 | 874 720 | 939 429 | 003 189 | 066 027 | 127 969 | 189 041 | 2 |
| 9 | 875 807 | 940 500 | 004 244 | 067 067 | 128 994 | 190 052 | 1 |
| 40 | 876 893 | 941 570 | 005 298 | 068 106 | 130 019 | 191 062 | 20 |
| 1 | 877 979 | 942 640 | 006 353 | 069 145 | 131 043 | 192 073 | 9 |
| 2 | 879 065 | 943 709 | 007 407 | 070 184 | 132 068 | 193 083 | 8 |
| 3 | 880 150 | 944 779 | 008 460 | 071 223 | 133 092 | 194 092 | 7 |
| 4 | 881 235 | 945 848 | 009 514 | 072 261 | 134 115 | 195 102 | 6 |
| 5 | 882 320 | 946 916 | 010 567 | 073 299 | 135 139 | 196 111 | 5 |
| 6 | 883 404 | 947 985 | 011 620 | 074 337 | 136 162 | 197 120 | 4 |
| 7 | 884 488 | 949 053 | 012 673 | 075 375 | 137 185 | 198 129 | 3 |
| 8 | 885 572 | 950 121 | 013 725 | 076 412 | 138 208 | 199 107 | 2 |
| 9 | 886 656 | 951 189 | 014 778 | 077 449 | 139 230 | 200 145 | 1 |
| 50 | 887 740 | 952 256 | 015 830 | 078 486 | 140 253 | 201 154 | 10 |
| 1 | 888 823 | 953 324 | 016 881 | 079 523 | 141 275 | 202 161 | 9 |
| 2 | 889 906 | 954 391 | 017 933 | 080 559 | 142 296 | 203 169 | 8 |
| 3 | 890 988 | 955 457 | 018 984 | 081 596 | 143 318 | 204 176 | 7 |
| 4 | 892 071 | 956 524 | 020 035 | 082 631 | 144 339 | 205 183 | 6 |
| 5 | 893 153 | 957 590 | 021 086 | 083 667 | 145 360 | 206 190 | 5 |
| 6 | 894 235 | 958 656 | 022 136 | 084 703 | 146 381 | 207 197 | 4 |
| 7 | 895 316 | 959 721 | 023 186 | 085 738 | 147 402 | 208 203 | 3 |
| 8 | 896 397 | 960 787 | 024 236 | 086 773 | 148 422 | 209 210 | 2 |
| 9 | 897 478 | 961 852 | 025 286 | 087 807 | 149 442 | 210 215 | 1 |
| 60 | $\bar{2}$,2 898 559 | $\bar{2}$,2 962 917 | $\bar{2}$,3 026 335 | $\bar{2}$,3 088 842 | $\bar{2}$,3 150 462 | $\bar{2}$,3 211 221 | 0 |
| ″ | 53′ | 52′ | 51′ | 50′ | 49′ | 48′ | ″ |

| ″ | 12′ | 13′ | 14′ | 15′ | 16′ | 17′ | ″ |
|---|---|---|---|---|---|---|---|
| 0 | $\bar{2}$,3 210 269 | $\bar{2}$,3 270 163 | $\bar{2}$,3 329 243 | $\bar{2}$,3 387 529 | $\bar{2}$,3 445 043 | $\bar{2}$,3 501 805 | 60 |
| 1 | 211 274 | 271 155 | 330 221 | 388 494 | 445 995 | 502 745 | 9 |
| 2 | 212 278 | 272 146 | 331 199 | 389 459 | 446 947 | 503 685 | 8 |
| 3 | 213 283 | 273 137 | 332 176 | 390 423 | 447 899 | 504 624 | 7 |
| 4 | 214 287 | 274 127 | 333 153 | 391 387 | 448 851 | 505 563 | 6 |
| 5 | 215 292 | 275 118 | 334 130 | 392 351 | 449 802 | 506 502 | 5 |
| 6 | 216 295 | 276 108 | 335 107 | 393 315 | 450 753 | 507 441 | 4 |
| 7 | 217 299 | 277 098 | 336 084 | 394 279 | 451 704 | 508 379 | 3 |
| 8 | 218 303 | 278 087 | 337 060 | 395 242 | 452 655 | 509 318 | 2 |
| 9 | 219 306 | 279 077 | 338 036 | 396 205 | 453 605 | 510 256 | 1 |
| 10 | 220 309 | 280 066 | 339 012 | 397 168 | 454 555 | 511 194 | 50 |
| 1 | 221 311 | 281 055 | 339 988 | 398 131 | 455 505 | 512 132 | 9 |
| 2 | 222 314 | 282 044 | 340 963 | 399 093 | 456 455 | 513 069 | 8 |
| 3 | 223 316 | 283 032 | 341 938 | 400 055 | 457 405 | 514 006 | 7 |
| 4 | 224 318 | 284 021 | 342 913 | 401 018 | 458 354 | 514 944 | 6 |
| 5 | 225 320 | 285 009 | 343 888 | 401 979 | 459 304 | 515 881 | 5 |
| 6 | 226 322 | 285 997 | 344 863 | 402 941 | 460 253 | 516 817 | 4 |
| 7 | 227 323 | 286 984 | 345 837 | 403 902 | 461 201 | 517 754 | 3 |
| 8 | 228 324 | 287 972 | 346 811 | 404 864 | 462 150 | 518 690 | 2 |
| 9 | 229 325 | 288 959 | 347 785 | 405 825 | 463 098 | 519 626 | 1 |
| 20 | 230 326 | 289 946 | 348 759 | 406 785 | 464 047 | 520 562 | 40 |
| 1 | 231 326 | 290 933 | 349 732 | 407 746 | 464 995 | 521 498 | 9 |
| 2 | 232 326 | 291 919 | 350 706 | 408 706 | 465 942 | 522 433 | 8 |
| 3 | 233 326 | 292 906 | 351 679 | 409 666 | 466 890 | 523 369 | 7 |
| 4 | 234 326 | 293 892 | 352 651 | 410 626 | 467 837 | 524 304 | 6 |
| 5 | 235 325 | 294 878 | 353 624 | 411 586 | 468 784 | 525 239 | 5 |
| 6 | 236 325 | 295 863 | 354 597 | 412 546 | 469 731 | 526 173 | 4 |
| 7 | 237 324 | 296 849 | 355 569 | 413 505 | 470 678 | 527 108 | 3 |
| 8 | 238 322 | 297 834 | 356 541 | 414 464 | 471 625 | 528 042 | 2 |
| 9 | 239 321 | 298 819 | 357 512 | 415 423 | 472 571 | 528 976 | 1 |
| 30 | 240 319 | 299 804 | 358 484 | 416 382 | 473 517 | 529 910 | 30 |
| 1 | 241 317 | 300 788 | 359 455 | 417 340 | 474 463 | 530 844 | 9 |
| 2 | 242 315 | 301 773 | 360 426 | 418 298 | 475 409 | 531 778 | 8 |
| 3 | 243 313 | 302 757 | 361 397 | 419 256 | 476 354 | 532 711 | 7 |
| 4 | 244 310 | 303 740 | 362 368 | 420 214 | 477 300 | 533 644 | 6 |
| 5 | 245 308 | 304 724 | 363 338 | 421 172 | 478 245 | 534 577 | 5 |
| 6 | 246 305 | 305 708 | 364 309 | 422 129 | 479 189 | 535 510 | 4 |
| 7 | 247 301 | 306 691 | 365 279 | 423 086 | 480 134 | 536 442 | 3 |
| 8 | 248 298 | 307 674 | 366 248 | 424 043 | 481 079 | 537 374 | 2 |
| 9 | 249 294 | 308 656 | 367 218 | 425 000 | 482 023 | 538 306 | 1 |
| 40 | 250 290 | 309 639 | 368 187 | 425 957 | 482 967 | 539 238 | 20 |
| 1 | 251 286 | 310 621 | 369 156 | 426 913 | 483 911 | 540 170 | 9 |
| 2 | 252 282 | 311 603 | 370 125 | 427 869 | 484 854 | 541 102 | 8 |
| 3 | 253 277 | 312 585 | 371 094 | 428 825 | 485 798 | 542 033 | 7 |
| 4 | 254 272 | 313 567 | 372 063 | 429 781 | 486 741 | 542 964 | 6 |
| 5 | 255 267 | 314 548 | 373 031 | 430 736 | 487 684 | 543 895 | 5 |
| 6 | 256 262 | 315 529 | 373 999 | 431 691 | 488 627 | 544 826 | 4 |
| 7 | 257 256 | 316 510 | 374 967 | 432 646 | 489 570 | 545 756 | 3 |
| 8 | 258 250 | 317 491 | 375 934 | 433 601 | 490 512 | 546 686 | 2 |
| 9 | 259 244 | 318 472 | 376 902 | 434 556 | 491 454 | 547 617 | 1 |
| 50 | 260 238 | 319 452 | 377 869 | 435 510 | 492 396 | 548 546 | 10 |
| 1 | 261 232 | 320 432 | 378 836 | 436 465 | 493 338 | 549 476 | 9 |
| 2 | 262 225 | 321 412 | 379 803 | 437 419 | 494 280 | 550 406 | 8 |
| 3 | 263 218 | 322 392 | 380 769 | 438 372 | 495 221 | 551 335 | 7 |
| 4 | 264 211 | 323 371 | 381 736 | 439 326 | 496 162 | 552 264 | 6 |
| 5 | 265 204 | 324 350 | 382 702 | 440 279 | 497 103 | 553 193 | 5 |
| 6 | 266 196 | 325 329 | 383 668 | 441 233 | 498 044 | 554 122 | 4 |
| 7 | 267 188 | 326 308 | 384 633 | 442 186 | 498 985 | 555 050 | 3 |
| 8 | 268 180 | 327 287 | 385 599 | 443 138 | 499 925 | 555 979 | 2 |
| 9 | 269 172 | 328 265 | 386 564 | 444 091 | 500 865 | 556 907 | 1 |
| 60 | $\bar{2}$,3 270 163 | $\bar{2}$,3 329 243 | $\bar{2}$,3 387 529 | $\bar{2}$,3 445 043 | $\bar{2}$,3 501 805 | $\bar{2}$,3 557 835 | 0 |
| ″ | 47′ | 46′ | 45′ | 44′ | 43′ | 42′ | ″ |

COSINUS 88°

| " | 12′ | 13′ | 14′ | 15′ | 16′ | 17′ | " |
|---|---|---|---|---|---|---|---|
| 0 | $\bar{2}$,3 214 221 | $\bar{2}$,3 271 143 | $\bar{2}$,3 330 249 | $\bar{2}$,3 388 563 | $\bar{2}$,3 446 105 | $\bar{2}$,3 502 895 | 60 |
| 1 | 212 227 | 272 134 | 331 228 | 389 528 | 447 057 | 503 835 | 9 |
| 2 | 213 232 | 273 126 | 332 206 | 390 493 | 448 010 | 504 775 | 8 |
| 3 | 214 237 | 274 117 | 333 184 | 391 458 | 448 962 | 505 715 | 7 |
| 4 | 215 242 | 275 108 | 334 161 | 392 423 | 449 914 | 506 655 | 6 |
| 5 | 216 246 | 276 099 | 335 139 | 393 387 | 450 866 | 507 594 | 5 |
| 6 | 217 251 | 277 090 | 336 116 | 394 351 | 451 817 | 508 533 | 4 |
| 7 | 218 255 | 278 080 | 337 093 | 395 316 | 452 769 | 509 472 | 3 |
| 8 | 219 259 | 279 070 | 338 070 | 396 279 | 453 720 | 510 411 | 2 |
| 9 | 220 262 | 280 060 | 339 046 | 397 243 | 454 671 | 511 350 | 1 |
| 10 | 221 266 | 281 050 | 340 023 | 398 206 | 455 621 | 512 288 | 50 |
| 1 | 222 269 | 282 039 | 340 999 | 399 169 | 456 572 | 513 226 | 9 |
| 2 | 223 272 | 283 028 | 341 975 | 400 132 | 457 522 | 514 164 | 8 |
| 3 | 224 274 | 284 017 | 342 950 | 401 095 | 458 472 | 515 102 | 7 |
| 4 | 225 277 | 285 006 | 343 926 | 402 058 | 459 422 | 516 040 | 6 |
| 5 | 226 279 | 285 995 | 344 901 | 403 020 | 460 372 | 516 977 | 5 |
| 6 | 227 281 | 286 983 | 345 876 | 403 982 | 461 321 | 517 914 | 4 |
| 7 | 228 283 | 287 971 | 346 851 | 404 944 | 462 271 | 518 851 | 3 |
| 8 | 229 285 | 288 959 | 347 826 | 405 906 | 463 220 | 519 788 | 2 |
| 9 | 230 286 | 289 947 | 348 800 | 406 867 | 464 169 | 520 725 | 1 |
| 20 | 231 287 | 290 934 | 349 774 | 407 828 | 465 117 | 521 661 | 40 |
| 1 | 232 288 | 291 921 | 350 748 | 408 789 | 466 066 | 522 597 | 9 |
| 2 | 233 288 | 292 908 | 351 722 | 409 750 | 467 014 | 523 533 | 8 |
| 3 | 234 289 | 293 895 | 352 695 | 410 711 | 467 962 | 524 469 | 7 |
| 4 | 235 289 | 294 882 | 353 669 | 411 671 | 468 910 | 525 405 | 6 |
| 5 | 236 289 | 295 868 | 354 642 | 412 631 | 469 857 | 526 340 | 5 |
| 6 | 237 289 | 296 854 | 355 615 | 413 591 | 470 805 | 527 275 | 4 |
| 7 | 238 288 | 297 840 | 356 587 | 414 551 | 471 752 | 528 210 | 3 |
| 8 | 239 287 | 298 826 | 357 560 | 415 511 | 472 699 | 529 145 | 2 |
| 9 | 240 286 | 299 811 | 358 532 | 416 470 | 473 646 | 530 080 | 1 |
| 30 | 241 285 | 300 796 | 359 504 | 417 429 | 474 592 | 531 014 | 30 |
| 1 | 242 284 | 301 781 | 360 476 | 418 388 | 475 539 | 531 948 | 9 |
| 2 | 243 282 | 302 766 | 361 447 | 419 347 | 476 485 | 532 882 | 8 |
| 3 | 244 280 | 303 751 | 362 419 | 420 305 | 477 431 | 533 816 | 7 |
| 4 | 245 278 | 304 735 | 363 390 | 421 263 | 478 377 | 534 750 | 6 |
| 5 | 246 276 | 305 719 | 364 361 | 422 221 | 479 322 | 535 683 | 5 |
| 6 | 247 273 | 306 703 | 365 331 | 423 179 | 480 268 | 536 616 | 4 |
| 7 | 248 270 | 307 687 | 366 302 | 424 137 | 481 213 | 537 549 | 3 |
| 8 | 249 267 | 308 670 | 367 272 | 425 094 | 482 158 | 538 482 | 2 |
| 9 | 250 264 | 309 653 | 368 242 | 426 052 | 483 103 | 539 414 | 1 |
| 40 | 251 260 | 310 636 | 369 212 | 427 009 | 484 047 | 540 347 | 20 |
| 1 | 252 257 | 311 619 | 370 181 | 427 965 | 484 991 | 541 279 | 9 |
| 2 | 253 253 | 312 601 | 371 151 | 428 922 | 485 936 | 542 211 | 8 |
| 3 | 254 249 | 313 584 | 372 120 | 429 878 | 486 879 | 543 143 | 7 |
| 4 | 255 244 | 314 566 | 373 089 | 430 835 | 487 823 | 544 074 | 6 |
| 5 | 256 240 | 315 548 | 374 058 | 431 791 | 488 767 | 545 006 | 5 |
| 6 | 257 235 | 316 529 | 375 026 | 432 746 | 489 710 | 545 937 | 4 |
| 7 | 258 230 | 317 511 | 375 994 | 433 702 | 490 653 | 546 868 | 3 |
| 8 | 259 224 | 318 492 | 376 963 | 434 657 | 491 596 | 547 799 | 2 |
| 9 | 260 219 | 319 473 | 377 930 | 435 612 | 492 539 | 548 729 | 1 |
| 50 | 261 213 | 320 454 | 378 898 | 436 567 | 493 481 | 549 660 | 10 |
| 1 | 262 207 | 321 434 | 379 866 | 437 522 | 494 423 | 550 590 | 9 |
| 2 | 263 201 | 322 415 | 380 833 | 438 476 | 495 365 | 551 520 | 8 |
| 3 | 264 194 | 323 395 | 381 800 | 439 431 | 496 307 | 552 450 | 7 |
| 4 | 265 188 | 324 375 | 382 767 | 440 385 | 497 249 | 553 379 | 6 |
| 5 | 266 181 | 325 354 | 383 733 | 441 339 | 498 191 | 554 309 | 5 |
| 6 | 267 173 | 326 334 | 384 700 | 442 292 | 499 132 | 555 238 | 4 |
| 7 | 268 166 | 327 313 | 385 666 | 443 246 | 500 073 | 556 167 | 3 |
| 8 | 269 158 | 328 292 | 386 632 | 444 199 | 501 014 | 557 096 | 2 |
| 9 | 270 151 | 329 271 | 387 597 | 445 152 | 501 954 | 558 024 | 1 |
| 60 | $\bar{2}$,3 271 143 | $\bar{2}$,3 330 249 | $\bar{2}$,3 388 563 | $\bar{2}$,3 446 105 | $\bar{2}$,3 502 895 | $\bar{2}$,3 558 953 | 0 |
| " | 47′ | 46′ | 45′ | 44′ | 43′ | 42′ | " |

COTANGENTE 88°

| ″ | 18′ | 19′ | 20′ | 21′ | 22′ | 23′ | ″ |
|---|---|---|---|---|---|---|---|
| 0 | $\bar{2}$,3 557 835 | $\bar{2}$,3 613 150 | $\bar{2}$,3 667 769 | $\bar{2}$,3 721 710 | $\bar{2}$,3 774 988 | $\bar{2}$,3 827 620 | 60 |
| 1 | 558 762 | 614 066 | 668 674 | 722 603 | 775 870 | 828 492 | 9 |
| 2 | 559 690 | 614 982 | 669 578 | 723 496 | 776 753 | 829 364 | 8 |
| 3 | 560 617 | 615 897 | 670 482 | 724 389 | 777 635 | 830 235 | 7 |
| 4 | 561 544 | 616 813 | 671 386 | 725 282 | 778 517 | 831 106 | 6 |
| 5 | 562 471 | 617 728 | 672 290 | 726 174 | 779 398 | 831 978 | 5 |
| 6 | 563 398 | 618 643 | 673 193 | 727 067 | 780 280 | 832 848 | 4 |
| 7 | 564 324 | 619 558 | 674 097 | 727 959 | 781 161 | 833 719 | 3 |
| 8 | 565 251 | 620 472 | 675 000 | 728 851 | 782 042 | 834 590 | 2 |
| 9 | 566 177 | 621 387 | 675 903 | 729 743 | 782 924 | 835 460 | 1 |
| 10 | 567 103 | 622 301 | 676 806 | 730 635 | 783 804 | 836 330 | 50 |
| 1 | 568 029 | 623 215 | 677 708 | 731 526 | 784 685 | 837 201 | 9 |
| 2 | 568 954 | 624 129 | 678 611 | 732 418 | 785 566 | 838 070 | 8 |
| 3 | 569 880 | 625 042 | 679 513 | 733 309 | 786 446 | 838 940 | 7 |
| 4 | 570 805 | 625 956 | 680 415 | 734 200 | 787 326 | 839 810 | 6 |
| 5 | 571 730 | 626 869 | 681 317 | 735 091 | 788 206 | 840 679 | 5 |
| 6 | 572 654 | 627 782 | 682 219 | 735 981 | 789 086 | 841 548 | 4 |
| 7 | 573 579 | 628 695 | 683 120 | 736 872 | 789 965 | 842 417 | 3 |
| 8 | 574 503 | 629 608 | 684 022 | 737 762 | 790 845 | 843 286 | 2 |
| 9 | 575 427 | 630 520 | 684 923 | 738 652 | 791 724 | 844 155 | 1 |
| 20 | 576 351 | 631 433 | 685 824 | 739 542 | 792 603 | 845 023 | 40 |
| 1 | 577 275 | 632 345 | 686 725 | 740 431 | 793 482 | 845 892 | 9 |
| 2 | 578 199 | 633 257 | 687 625 | 741 321 | 794 361 | 846 760 | 8 |
| 3 | 579 122 | 634 169 | 688 526 | 742 210 | 795 239 | 847 628 | 7 |
| 4 | 580 045 | 635 080 | 689 426 | 743 099 | 796 117 | 848 496 | 6 |
| 5 | 580 968 | 635 991 | 690 326 | 743 988 | 796 996 | 849 363 | 5 |
| 6 | 581 891 | 636 903 | 691 226 | 744 877 | 797 874 | 850 231 | 4 |
| 7 | 582 814 | 637 814 | 692 125 | 745 766 | 798 751 | 851 098 | 3 |
| 8 | 583 736 | 638 724 | 693 025 | 746 654 | 799 629 | 851 965 | 2 |
| 9 | 584 658 | 639 635 | 693 924 | 747 542 | 800 507 | 852 832 | 1 |
| 30 | 585 580 | 640 545 | 694 823 | 748 430 | 801 384 | 853 699 | 30 |
| 1 | 586 502 | 641 456 | 695 722 | 749 318 | 802 261 | 854 565 | 9 |
| 2 | 587 424 | 642 366 | 696 621 | 750 206 | 803 138 | 855 432 | 8 |
| 3 | 588 345 | 643 275 | 697 519 | 751 094 | 804 015 | 856 298 | 7 |
| 4 | 589 266 | 644 185 | 698 418 | 751 981 | 804 891 | 857 164 | 6 |
| 5 | 590 187 | 645 095 | 699 316 | 752 868 | 805 768 | 858 030 | 5 |
| 6 | 591 108 | 646 004 | 700 214 | 753 755 | 806 644 | 858 896 | 4 |
| 7 | 592 029 | 646 913 | 701 111 | 754 642 | 807 520 | 859 761 | 3 |
| 8 | 592 949 | 647 822 | 702 009 | 755 528 | 808 396 | 860 627 | 2 |
| 9 | 593 870 | 648 730 | 702 907 | 756 415 | 809 271 | 861 492 | 1 |
| 40 | 594 790 | 649 639 | 703 804 | 757 301 | 810 147 | 862 357 | 20 |
| 1 | 595 709 | 650 547 | 704 701 | 758 187 | 811 022 | 863 222 | 9 |
| 2 | 596 629 | 651 455 | 705 598 | 759 073 | 811 897 | 864 087 | 8 |
| 3 | 597 549 | 652 363 | 706 494 | 759 959 | 812 772 | 864 951 | 7 |
| 4 | 598 468 | 653 271 | 707 391 | 760 844 | 813 647 | 865 816 | 6 |
| 5 | 599 387 | 654 179 | 708 287 | 761 729 | 814 522 | 866 680 | 5 |
| 6 | 600 306 | 655 086 | 709 183 | 762 615 | 815 396 | 867 544 | 4 |
| 7 | 601 225 | 655 993 | 710 079 | 763 500 | 816 271 | 868 408 | 3 |
| 8 | 602 143 | 656 900 | 710 975 | 764 384 | 817 145 | 869 271 | 2 |
| 9 | 603 061 | 657 807 | 711 870 | 765 269 | 818 019 | 870 135 | 1 |
| 50 | 603 979 | 658 713 | 712 766 | 766 153 | 818 892 | 870 998 | 10 |
| 1 | 604 897 | 659 620 | 713 661 | 767 038 | 819 766 | 871 861 | 9 |
| 2 | 605 815 | 660 526 | 714 556 | 767 922 | 820 639 | 872 724 | 8 |
| 3 | 606 733 | 661 432 | 715 451 | 768 806 | 821 513 | 873 587 | 7 |
| 4 | 607 650 | 662 338 | 716 346 | 769 689 | 822 386 | 874 450 | 6 |
| 5 | 608 567 | 663 244 | 717 240 | 770 573 | 823 258 | 875 312 | 5 |
| 6 | 609 484 | 664 149 | 718 134 | 771 456 | 824 131 | 876 174 | 4 |
| 7 | 610 401 | 665 054 | 719 028 | 772 339 | 825 004 | 877 037 | 3 |
| 8 | 611 317 | 665 959 | 719 922 | 773 222 | 825 876 | 877 898 | 2 |
| 9 | 612 234 | 666 864 | 720 816 | 774 105 | 826 748 | 878 760 | 1 |
| 60 | $\bar{2}$,3 613 150 | $\bar{2}$,3 667 769 | $\bar{2}$,3 721 710 | $\bar{2}$,3 774 988 | $\bar{2}$,3 827 620 | $\bar{2}$,3 879 622 | 0 |
| ″ | 41′ | 40′ | 39′ | 38′ | 37′ | 36′ | ″ |

COSINUS 88°

| ″ | 18′ | 19′ | 20′ | 21′ | 22′ | 23′ | ″ |
|---|---|---|---|---|---|---|---|
| 0 | $\bar{2}$,3 558 953 | $\bar{2}$,3 614 297 | $\bar{2}$,3 668 945 | $\bar{2}$,3 722 915 | $\bar{2}$,3 776 223 | $\bar{2}$,3 828 886 | 60 |
| 1 | 559 881 | 615 213 | 669 850 | 723 809 | 777 106 | 829 758 | 9 |
| 2 | 560 809 | 616 129 | 670 755 | 724 703 | 777 989 | 830 631 | 8 |
| 3 | 561 737 | 617 045 | 671 660 | 725 596 | 778 872 | 831 503 | 7 |
| 4 | 562 664 | 617 961 | 672 564 | 726 489 | 779 754 | 832 374 | 6 |
| 5 | 563 592 | 618 877 | 673 468 | 727 383 | 780 636 | 833 246 | 5 |
| 6 | 564 519 | 619 793 | 674 372 | 728 275 | 781 519 | 834 117 | 4 |
| 7 | 565 446 | 620 708 | 675 276 | 729 168 | 782 400 | 834 989 | 3 |
| 8 | 566 373 | 621 623 | 676 180 | 730 061 | 783 282 | 835 860 | 2 |
| 9 | 567 299 | 622 538 | 677 083 | 730 953 | 784 164 | 836 731 | 1 |
| 10 | 568 226 | 623 453 | 677 987 | 731 845 | 785 045 | 837 601 | 50 |
| 1 | 569 152 | 624 367 | 678 890 | 732 737 | 785 926 | 838 472 | 9 |
| 2 | 570 078 | 625 281 | 679 793 | 733 629 | 786 807 | 839 342 | 8 |
| 3 | 571 004 | 626 196 | 680 696 | 734 521 | 787 688 | 840 213 | 7 |
| 4 | 571 929 | 627 110 | 681 598 | 735 412 | 788 569 | 841 083 | 6 |
| 5 | 572 855 | 628 023 | 682 501 | 736 304 | 789 449 | 841 953 | 5 |
| 6 | 573 780 | 628 937 | 683 403 | 737 195 | 790 329 | 842 822 | 4 |
| 7 | 574 705 | 629 850 | 684 305 | 738 086 | 791 209 | 843 692 | 3 |
| 8 | 575 630 | 630 763 | 685 207 | 738 976 | 792 089 | 844 561 | 2 |
| 9 | 576 555 | 631 676 | 686 108 | 739 867 | 792 969 | 845 430 | 1 |
| 20 | 577 479 | 632 589 | 687 010 | 740 757 | 793 849 | 846 299 | 40 |
| 1 | 578 403 | 633 502 | 687 911 | 741 647 | 794 728 | 847 168 | 9 |
| 2 | 579 327 | 634 414 | 688 812 | 742 538 | 795 607 | 848 037 | 8 |
| 3 | 580 251 | 635 327 | 689 713 | 743 427 | 796 486 | 848 905 | 7 |
| 4 | 581 175 | 636 239 | 690 614 | 744 317 | 797 365 | 849 774 | 6 |
| 5 | 582 098 | 637 150 | 691 514 | 745 206 | 798 244 | 850 642 | 5 |
| 6 | 583 022 | 638 062 | 692 414 | 746 096 | 799 122 | 851 510 | 4 |
| 7 | 583 945 | 638 974 | 693 315 | 746 985 | 800 001 | 852 378 | 3 |
| 8 | 584 868 | 639 885 | 694 215 | 747 874 | 800 879 | 853 245 | 2 |
| 9 | 585 790 | 640 796 | 695 114 | 748 762 | 801 757 | 854 113 | 1 |
| 30 | 586 713 | 641 707 | 696 014 | 749 651 | 802 634 | 854 980 | 30 |
| 1 | 587 635 | 642 617 | 696 913 | 750 539 | 803 512 | 855 847 | 9 |
| 2 | 588 557 | 643 528 | 697 812 | 751 428 | 804 390 | 856 714 | 8 |
| 3 | 589 479 | 644 438 | 698 712 | 752 316 | 805 267 | 857 581 | 7 |
| 4 | 590 401 | 645 348 | 699 610 | 753 203 | 806 144 | 858 448 | 6 |
| 5 | 591 322 | 646 258 | 700 509 | 754 091 | 807 021 | 859 314 | 5 |
| 6 | 592 243 | 647 168 | 701 407 | 754 979 | 807 898 | 860 180 | 4 |
| 7 | 593 165 | 648 078 | 702 306 | 755 866 | 808 774 | 861 046 | 3 |
| 8 | 594 086 | 648 987 | 703 204 | 756 753 | 809 650 | 861 912 | 2 |
| 9 | 595 006 | 649 896 | 704 102 | 757 640 | 810 527 | 862 778 | 1 |
| 40 | 595 927 | 650 805 | 704 999 | 758 527 | 811 403 | 863 643 | 20 |
| 1 | 596 847 | 651 714 | 705 897 | 759 413 | 812 278 | 864 509 | 9 |
| 2 | 597 767 | 652 623 | 706 794 | 760 299 | 813 154 | 865 374 | 8 |
| 3 | 598 687 | 653 531 | 707 692 | 761 186 | 814 030 | 866 239 | 7 |
| 4 | 599 607 | 654 439 | 708 589 | 762 072 | 814 905 | 867 104 | 6 |
| 5 | 600 527 | 655 347 | 709 485 | 762 958 | 815 780 | 867 969 | 5 |
| 6 | 601 446 | 656 255 | 710 382 | 763 843 | 816 655 | 868 833 | 4 |
| 7 | 602 365 | 657 163 | 711 278 | 764 729 | 817 530 | 869 698 | 3 |
| 8 | 603 [illegible] | 658 070 | 712 175 | 765 614 | 818 404 | 870 562 | 2 |
| 9 | 604 203 | 658 978 | 713 071 | 766 499 | 819 279 | 871 4[illegible] | 1 |
| 50 | 605 121 | 659 885 | 713 967 | 767 384 | 820 153 | 872 290 | 10 |
| 1 | 606 040 | 660 792 | 714 862 | 768 269 | 821 027 | 873 153 | 9 |
| 2 | 606 958 | 661 698 | 715 758 | 769 153 | 821 901 | 874 017 | 8 |
| 3 | 607 876 | 662 605 | 716 653 | 770 038 | 822 775 | 874 880 | 7 |
| 4 | 608 794 | 663 511 | 717 548 | 770 922 | 823 648 | 875 743 | 6 |
| 5 | 609 711 | 664 417 | 718 443 | 771 806 | 824 522 | 876 606 | 5 |
| 6 | 610 629 | 665 323 | 719 338 | 772 690 | 825 395 | 877 469 | 4 |
| 7 | 611 546 | 666 229 | 720 232 | 773 574 | 826 268 | 878 332 | 3 |
| 8 | 612 463 | 667 135 | 721 127 | 774 457 | 827 141 | 879 194 | 2 |
| 9 | 613 380 | 668 040 | 722 021 | 775 340 | 828 014 | 880 056 | 1 |
| 60 | $\bar{2}$,3 614 297 | $\bar{2}$,3 668 945 | $\bar{2}$,3 722 915 | $\bar{2}$,3 776 223 | $\bar{2}$,3 828 886 | $\bar{2}$,3 880 918 | 0 |
| ″ | 41′ | 40′ | 39′ | 38′ | 37′ | 36′ | ″ |

COTANGENTE 88°

| ″ | 24′ | 25′ | 26′ | 27′ | 28′ | 29′ | ″ |
|---|---|---|---|---|---|---|---|
| 0 | $\bar{2}$,3 879 622 | $\bar{2}$,3 931 008 | $\bar{2}$,3 981 793 | $\bar{2}$,4 031 990 | $\bar{2}$,4 081 614 | $\bar{2}$,4 130 676 | 60 |
| 1 | 880 483 | 931 859 | 982 634 | 032 822 | 082 436 | 131 489 | 9 |
| 2 | 881 345 | 932 710 | 983 475 | 033 653 | 083 258 | 132 302 | 8 |
| 3 | 882 206 | 933 561 | 984 316 | 034 485 | 084 080 | 133 115 | 7 |
| 4 | 883 067 | 934 412 | 985 157 | 035 316 | 084 902 | 133 927 | 6 |
| 5 | 883 927 | 935 263 | 985 998 | 036 147 | 085 723 | 134 740 | 5 |
| 6 | 884 788 | 936 113 | 986 839 | 036 978 | 086 545 | 135 552 | 4 |
| 7 | 885 648 | 936 964 | 987 679 | 037 809 | 087 366 | 136 364 | 3 |
| 8 | 886 509 | 937 814 | 988 519 | 038 639 | 088 187 | 137 176 | 2 |
| 9 | 887 369 | 938 664 | 989 359 | 039 470 | 089 008 | 137 988 | 1 |
| 10 | 888 229 | 939 513 | 990 199 | 040 300 | 089 829 | 138 800 | 50 |
| 1 | 889 088 | 940 363 | 991 039 | 041 130 | 090 650 | 139 611 | 9 |
| 2 | 889 948 | 941 213 | 991 879 | 041 960 | 091 471 | 140 422 | 8 |
| 3 | 890 807 | 942 062 | 992 718 | 042 790 | 092 291 | 141 234 | 7 |
| 4 | 891 666 | 942 911 | 993 557 | 043 620 | 093 111 | 142 045 | 6 |
| 5 | 892 526 | 943 760 | 994 397 | 044 449 | 093 931 | 142 856 | 5 |
| 6 | 893 384 | 944 609 | 995 236 | 045 279 | 094 751 | 143 666 | 4 |
| 7 | 894 243 | 945 457 | 996 074 | 046 108 | 095 571 | 144 477 | 3 |
| 8 | 895 102 | 946 306 | 996 913 | 046 937 | 096 391 | 145 287 | 2 |
| 9 | 895 960 | 947 154 | 997 751 | 047 766 | 097 210 | 146 098 | 1 |
| 20 | 896 818 | 948 002 | 998 590 | 048 594 | 098 029 | 146 908 | 40 |
| 1 | 897 676 | 948 850 | $\bar{2}$,3 999 428 | 049 423 | 098 849 | 147 718 | 9 |
| 2 | 898 534 | 949 698 | $\bar{2}$,4 000 266 | 050 251 | 099 668 | 148 528 | 8 |
| 3 | 899 392 | 950 546 | 001 104 | 051 080 | 100 486 | 149 337 | 7 |
| 4 | 900 249 | 951 393 | 001 941 | 051 908 | 101 305 | 150 147 | 6 |
| 5 | 901 107 | 952 240 | 002 779 | 052 736 | 102 124 | 150 956 | 5 |
| 6 | 901 964 | 953 088 | 003 616 | 053 563 | 102 942 | 151 765 | 4 |
| 7 | 902 821 | 953 935 | 004 453 | 054 391 | 103 760 | 152 575 | 3 |
| 8 | 903 678 | 954 781 | 005 290 | 055 218 | 104 578 | 153 383 | 2 |
| 9 | 904 534 | 955 628 | 006 127 | 056 046 | 105 396 | 154 192 | 1 |
| 30 | 905 391 | 956 475 | 006 964 | 056 873 | 106 214 | 155 001 | 30 |
| 1 | 906 247 | 957 321 | 007 801 | 057 700 | 107 032 | 155 809 | 9 |
| 2 | 907 103 | 958 167 | 008 637 | 058 527 | 107 849 | 156 618 | 8 |
| 3 | 907 959 | 959 013 | 009 473 | 059 353 | 108 667 | 157 426 | 7 |
| 4 | 908 815 | 959 859 | 010 309 | 060 180 | 109 484 | 158 234 | 6 |
| 5 | 909 671 | 960 705 | 011 145 | 061 006 | 110 301 | 159 042 | 5 |
| 6 | 910 526 | 961 550 | 011 981 | 061 832 | 111 118 | 159 850 | 4 |
| 7 | 911 382 | 962 395 | 012 816 | 062 658 | 111 934 | 160 657 | 3 |
| 8 | 912 237 | 963 241 | 013 652 | 063 484 | 112 751 | 161 465 | 2 |
| 9 | 913 092 | 964 086 | 014 487 | 064 310 | 113 567 | 162 272 | 1 |
| 40 | 913 947 | 964 930 | 015 322 | 065 135 | 114 383 | 163 079 | 20 |
| 1 | 914 801 | 965 775 | 016 157 | 065 961 | 115 200 | 163 886 | 9 |
| 2 | 915 656 | 966 620 | 016 992 | 066 786 | 116 015 | 164 693 | 8 |
| 3 | 916 510 | 967 464 | 017 826 | 067 611 | 116 831 | 165 499 | 7 |
| 4 | 917 364 | 968 308 | 018 661 | 068 436 | 117 647 | 166 306 | 6 |
| 5 | 918 218 | 969 152 | 019 495 | 069 261 | 118 462 | 167 112 | 5 |
| 6 | 919 072 | 969 996 | 020 329 | 070 085 | 119 278 | 167 919 | 4 |
| 7 | 919 926 | 970 840 | 021 163 | 070 910 | 120 093 | 168 725 | 3 |
| 8 | 920 779 | 971 683 | 021 997 | 071 734 | 120 908 | 169 531 | 2 |
| 9 | 921 633 | 972 527 | 022 831 | 072 558 | 121 723 | 170 336 | 1 |
| 50 | 922 486 | 973 370 | 023 664 | 073 382 | 122 537 | 171 142 | 10 |
| 1 | 923 339 | 974 213 | 024 497 | 074 206 | 123 352 | 171 948 | 9 |
| 2 | 924 191 | 975 056 | 025 331 | 075 030 | 124 166 | 172 753 | 8 |
| 3 | 925 044 | 975 898 | 026 164 | 075 853 | 124 981 | 173 558 | 7 |
| 4 | 925 897 | 976 741 | 026 996 | 076 677 | 125 795 | 174 363 | 6 |
| 5 | 926 749 | 977 583 | 027 829 | 077 500 | 126 609 | 175 168 | 5 |
| 6 | 927 601 | 978 425 | 028 662 | 078 323 | 127 422 | 175 973 | 4 |
| 7 | 928 453 | 979 268 | 029 494 | 079 146 | 128 236 | 176 777 | 3 |
| 8 | 929 305 | 980 109 | 030 326 | 079 969 | 129 050 | 177 582 | 2 |
| 9 | 930 156 | 980 951 | 031 158 | 080 791 | 129 863 | 178 386 | 1 |
| 60 | $\bar{2}$,3 931 008 | $\bar{2}$,3 981 793 | $\bar{2}$,4 031 990 | $\bar{2}$,4 081 614 | $\bar{2}$,4 130 676 | $\bar{2}$,4 179 190 | 0 |
| ″ | 35′ | 34′ | 33′ | 32′ | 31′ | 30′ | ″ |

COSINUS 88°

| ″ | 24′ | 25′ | 26′ | 27′ | 28′ | 29′ | ″ |
|---|---|---|---|---|---|---|---|
| 0 | $\bar{2}$,3 880 918 | $\bar{2}$,3 932 336 | $\bar{2}$,3 983 152 | $\bar{2}$,4 033 381 | $\bar{2}$,4 083 037 | $\bar{2}$,4 132 132 | 60 |
| 1 | 881 780 | 933 187 | 983 994 | 034 213 | 083 859 | 132 945 | 9 |
| 2 | 882 642 | 934 039 | 984 835 | 035 045 | 084 682 | 133 759 | 8 |
| 3 | 883 504 | 934 891 | 985 677 | 035 877 | 085 505 | 134 572 | 7 |
| 4 | 884 365 | 935 742 | 986 519 | 036 709 | 086 327 | 135 385 | 6 |
| 5 | 885 227 | 936 593 | 987 360 | 037 541 | 087 149 | 136 198 | 5 |
| 6 | 886 088 | 937 444 | 988 201 | 038 372 | 087 971 | 137 011 | 4 |
| 7 | 886 949 | 938 295 | 989 042 | 039 203 | 088 793 | 137 823 | 3 |
| 8 | 887 809 | 939 145 | 989 883 | 040 035 | 089 615 | 138 636 | 2 |
| 9 | 888 670 | 939 996 | 990 723 | 040 866 | 090 436 | 139 448 | 1 |
| 10 | 889 530 | 940 846 | 991 564 | 041 696 | 091 258 | 140 261 | 50 |
| 1 | 890 391 | 941 696 | 992 404 | 042 527 | 092 079 | 141 073 | 9 |
| 2 | 891 251 | 942 546 | 993 244 | 043 358 | 092 900 | 141 885 | 8 |
| 3 | 892 111 | 943 396 | 994 084 | 044 188 | 093 721 | 142 696 | 7 |
| 4 | 892 970 | 944 246 | 994 924 | 045 018 | 094 542 | 143 508 | 6 |
| 5 | 893 830 | 945 095 | 995 764 | 045 848 | 095 362 | 144 319 | 5 |
| 6 | 894 689 | 945 945 | 996 603 | 046 678 | 096 183 | 145 131 | 4 |
| 7 | 895 548 | 946 794 | 997 442 | 047 508 | 097 003 | 145 942 | 3 |
| 8 | 896 408 | 947 643 | 998 282 | 048 337 | 097 823 | 146 753 | 2 |
| 9 | 897 266 | 948 492 | 999 121 | 049 167 | 098 643 | 147 564 | 1 |
| 20 | 898 125 | 949 340 | $\bar{2}$,3 999 959 | 049 996 | 099 463 | 148 374 | 40 |
| 1 | 898 984 | 950 189 | $\bar{2}$,4 000 798 | 050 825 | 100 283 | 149 185 | 9 |
| 2 | 899 842 | 951 037 | 001 637 | 051 654 | 101 103 | 149 995 | 8 |
| 3 | 900 700 | 951 885 | 002 475 | 052 483 | 101 922 | 150 805 | 7 |
| 4 | 901 558 | 952 733 | 003 313 | 053 311 | 102 741 | 151 616 | 6 |
| 5 | 902 416 | 953 581 | 004 151 | 054 140 | 103 560 | 152 425 | 5 |
| 6 | 903 274 | 954 429 | 004 989 | 054 968 | 104 379 | 153 235 | 4 |
| 7 | 904 131 | 955 276 | 005 827 | 055 796 | 105 198 | 154 045 | 3 |
| 8 | 904 989 | 956 124 | 006 664 | 056 624 | 106 017 | 154 854 | 2 |
| 9 | 905 846 | 956 971 | 007 502 | 057 452 | 106 835 | 155 664 | 1 |
| 30 | 906 703 | 957 818 | 008 339 | 058 280 | 107 653 | 156 473 | 30 |
| 1 | 907 560 | 958 665 | 009 176 | 059 107 | 108 472 | 157 282 | 9 |
| 2 | 908 417 | 959 511 | 010 013 | 059 935 | 109 290 | 158 091 | 8 |
| 3 | 909 273 | 960 358 | 010 850 | 060 762 | 110 107 | 158 900 | 7 |
| 4 | 910 129 | 961 204 | 011 686 | 061 589 | 110 925 | 159 708 | 6 |
| 5 | 910 986 | 962 050 | 012 523 | 062 416 | 111 743 | 160 517 | 5 |
| 6 | 911 842 | 962 897 | 013 359 | 063 242 | 112 560 | 161 325 | 4 |
| 7 | 912 697 | 963 742 | 014 195 | 064 069 | 113 377 | 162 133 | 3 |
| 8 | 913 553 | 964 588 | 015 031 | 064 895 | 114 194 | 162 941 | 2 |
| 9 | 914 409 | 965 434 | 015 867 | 065 722 | 115 011 | 163 749 | 1 |
| 40 | 915 264 | 966 279 | 016 702 | 066 548 | 115 828 | 164 556 | 20 |
| 1 | 916 119 | 967 124 | 017 538 | 067 374 | 116 645 | 165 364 | 9 |
| 2 | 916 974 | 967 969 | 018 373 | 068 199 | 117 461 | 166 171 | 8 |
| 3 | 917 829 | 968 814 | 019 208 | 069 025 | 118 278 | 166 979 | 7 |
| 4 | 918 684 | 969 659 | 020 043 | 069 850 | 119 094 | 167 786 | 6 |
| 5 | 919 538 | 970 503 | 020 878 | 070 676 | 119 910 | 168 593 | 5 |
| 6 | 920 393 | 971 348 | 021 713 | 071 501 | 120 726 | 169 399 | 4 |
| 7 | 921 247 | 972 192 | 022 547 | 072 326 | 121 541 | 170 206 | 3 |
| 8 | 922 101 | 973 036 | 023 381 | 073 151 | 122 357 | 171 012 | 2 |
| 9 | 922 955 | 973 880 | 024 210 | 073 975 | 123 172 | 171 819 | 1 |
| 50 | 923 808 | 974 724 | 025 050 | 074 800 | 123 988 | 172 625 | 10 |
| 1 | 924 662 | 975 567 | 025 884 | 075 624 | 124 803 | 173 431 | 9 |
| 2 | 925 515 | 976 411 | 026 717 | 076 449 | 125 618 | 174 237 | 8 |
| 3 | 926 368 | 977 254 | 027 551 | 077 273 | 126 432 | 175 043 | 7 |
| 4 | 927 221 | 978 097 | 028 384 | 078 097 | 127 247 | 175 848 | 6 |
| 5 | 928 074 | 978 940 | 029 217 | 078 920 | 128 062 | 176 654 | 5 |
| 6 | 928 927 | 979 782 | 030 050 | 079 744 | 128 876 | 177 459 | 4 |
| 7 | 929 779 | 980 625 | 030 883 | 080 567 | 129 690 | 178 264 | 3 |
| 8 | 930 631 | 981 467 | 031 716 | 081 391 | 130 504 | 179 069 | 2 |
| 9 | 931 484 | 982 310 | 032 549 | 082 214 | 131 318 | 179 874 | 1 |
| 60 | $\bar{2}$,3 932 336 | $\bar{2}$,3 983 152 | $\bar{2}$,4 033 381 | $\bar{2}$,4 083 037 | $\bar{2}$,4 132 132 | $\bar{2}$,4 180 679 | 0 |
| ″ | 35′ | 34′ | 33′ | 32′ | 31′ | 30′ | ″ |

COTANGENTE 88°

| ″ | 30′ | 31′ | 32′ | 33′ | 34′ | 35′ | ″ |
|---|---|---|---|---|---|---|---|
| 0 | $\bar{2}$,4 179 190 | $\bar{2}$,4 227 168 | $\bar{2}$,4 274 621 | $\bar{2}$,4 321 561 | $\bar{2}$,4 367 999 | $\bar{2}$,4 413 944 | 60 |
| 1 | 179 994 | 227 963 | 275 408 | 322 339 | 368 768 | 414 706 | 9 |
| 2 | 180 798 | 228 758 | 276 194 | 323 117 | 369 538 | 415 468 | 8 |
| 3 | 181 602 | 229 553 | 276 980 | 323 895 | 370 307 | 416 229 | 7 |
| 4 | 182 405 | 230 348 | 277 766 | 324 672 | 371 077 | 416 990 | 6 |
| 5 | 183 209 | 231 142 | 278 552 | 325 450 | 371 846 | 417 751 | 5 |
| 6 | 184 012 | 231 937 | 279 338 | 326 227 | 372 615 | 418 512 | 4 |
| 7 | 184 815 | 232 731 | 280 124 | 327 004 | 373 384 | 419 273 | 3 |
| 8 | 185 618 | 233 525 | 280 909 | 327 781 | 374 153 | 420 034 | 2 |
| 9 | 186 421 | 234 319 | 281 694 | 328 558 | 374 921 | 420 795 | 1 |
| 10 | 187 223 | 235 113 | 282 480 | 329 335 | 375 690 | 421 555 | 50 |
| 1 | 188 026 | 235 907 | 283 265 | 330 112 | 376 458 | 422 315 | 9 |
| 2 | 188 828 | 236 700 | 284 050 | 330 888 | 377 227 | 423 076 | 8 |
| 3 | 189 630 | 237 494 | 284 835 | 331 665 | 377 995 | 423 836 | 7 |
| 4 | 190 432 | 238 287 | 285 619 | 332 441 | 378 763 | 424 596 | 6 |
| 5 | 191 234 | 239 080 | 286 404 | 333 217 | 379 531 | 425 355 | 5 |
| 6 | 192 036 | 239 873 | 287 188 | 333 993 | 380 298 | 426 115 | 4 |
| 7 | 192 838 | 240 666 | 287 972 | 334 769 | 381 066 | 426 875 | 3 |
| 8 | 193 639 | 241 458 | 288 756 | 335 544 | 381 833 | 427 634 | 2 |
| 9 | 194 441 | 242 251 | 289 540 | 336 320 | 382 601 | 428 393 | 1 |
| 20 | 195 242 | 243 043 | 290 324 | 337 095 | 383 368 | 429 152 | 40 |
| 1 | 196 043 | 243 836 | 291 108 | 337 871 | 384 135 | 429 911 | 9 |
| 2 | 196 844 | 244 628 | 291 891 | 338 646 | 384 902 | 430 670 | 8 |
| 3 | 197 644 | 245 420 | 292 675 | 339 421 | 385 669 | 431 429 | 7 |
| 4 | 198 445 | 246 211 | 293 458 | 340 196 | 386 435 | 432 187 | 6 |
| 5 | 199 245 | 247 003 | 294 241 | 340 970 | 387 202 | 432 946 | 5 |
| 6 | 200 046 | 247 795 | 295 024 | 341 745 | 387 968 | 433 704 | 4 |
| 7 | 200 846 | 248 586 | 295 807 | 342 519 | 388 734 | 434 462 | 3 |
| 8 | 201 646 | 249 377 | 296 590 | 343 294 | 389 501 | 435 221 | 2 |
| 9 | 202 446 | 250 168 | 297 372 | 344 068 | 390 266 | 435 978 | 1 |
| 30 | 203 245 | 250 959 | 298 154 | 344 842 | 391 032 | 436 736 | 30 |
| 1 | 204 045 | 251 750 | 298 937 | 345 616 | 391 798 | 437 494 | 9 |
| 2 | 204 844 | 252 541 | 299 719 | 346 389 | 392 564 | 438 251 | 8 |
| 3 | 205 644 | 253 331 | 300 501 | 347 163 | 393 329 | 439 009 | 7 |
| 4 | 206 443 | 254 122 | 301 283 | 347 937 | 394 094 | 439 766 | 6 |
| 5 | 207 242 | 254 912 | 302 064 | 348 710 | 394 859 | 440 523 | 5 |
| 6 | 208 040 | 255 702 | 302 846 | 349 483 | 395 624 | 441 280 | 4 |
| 7 | 208 839 | 256 492 | 303 627 | 350 256 | 396 389 | 442 037 | 3 |
| 8 | 209 638 | 257 282 | 304 409 | 351 029 | 397 154 | 442 794 | 2 |
| 9 | 210 436 | 258 071 | 305 190 | 351 802 | 397 919 | 443 551 | 1 |
| 40 | 211 234 | 258 861 | 305 971 | 352 574 | 398 683 | 444 307 | 20 |
| 1 | 212 032 | 259 650 | 306 751 | 353 347 | 399 447 | 445 063 | 9 |
| 2 | 212 830 | 260 439 | 307 532 | 354 119 | 400 212 | 445 820 | 8 |
| 3 | 213 628 | 261 229 | 308 313 | 354 892 | 400 976 | 446 576 | 7 |
| 4 | 214 426 | 262 018 | 309 093 | 355 664 | 401 740 | 447 332 | 6 |
| 5 | 215 223 | 262 806 | 309 873 | 356 436 | 402 503 | 448 087 | 5 |
| 6 | 216 020 | 263 595 | 310 654 | 357 207 | 403 267 | 448 843 | 4 |
| 7 | 216 818 | 264 383 | 311 434 | 357 979 | 404 031 | 449 599 | 3 |
| 8 | 217 615 | 265 172 | 312 213 | 358 751 | 404 794 | 450 354 | 2 |
| 9 | 218 412 | 265 960 | 312 993 | 359 522 | 405 557 | 451 109 | 1 |
| 50 | 219 208 | 266 748 | 313 773 | 360 293 | 406 321 | 451 865 | 10 |
| 1 | 220 005 | 267 536 | 314 552 | 361 064 | 407 083 | 452 620 | 9 |
| 2 | 220 801 | 268 324 | 315 332 | 361 835 | 407 846 | 453 375 | 8 |
| 3 | 221 598 | 269 111 | 316 111 | 362 606 | 408 609 | 454 129 | 7 |
| 4 | 222 394 | 269 899 | 316 890 | 363 377 | 409 372 | 454 884 | 6 |
| 5 | 223 190 | 270 686 | 317 669 | 364 148 | 410 134 | 455 638 | 5 |
| 6 | 223 986 | 271 474 | 318 447 | 364 918 | 410 896 | 456 393 | 4 |
| 7 | 224 782 | 272 261 | 319 226 | 365 688 | 411 659 | 457 147 | 3 |
| 8 | 225 577 | 273 048 | 320 004 | 366 459 | 412 421 | 457 901 | 2 |
| 9 | 226 373 | 273 834 | 320 783 | 367 229 | 413 183 | 458 655 | 1 |
| 60 | $\bar{2}$,4 227 168 | $\bar{2}$,4 274 621 | $\bar{2}$,4 321 561 | $\bar{2}$,4 367 999 | $\bar{2}$,4 413 944 | $\bar{2}$,4 459 409 | 0 |
| ″ | 29′ | 28′ | 27′ | 26′ | 25′ | 24′ | ″ |

COSINUS 88°

| " | 30′ | 31′ | 32′ | 33′ | 34′ | 35′ | " |
|---|---|---|---|---|---|---|---|
| 0 | $\bar{2}$,4 180 679 | $\bar{2}$,4 228 690 | $\bar{2}$,4 276 176 | $\bar{2}$,4 323 150 | $\bar{2}$,4 369 622 | $\bar{2}$,4 415 603 | 60 |
| 1 | 181 483 | 229 485 | 276 963 | 323 929 | 370 393 | 416 365 | 9 |
| 2 | 182 288 | 230 281 | 277 750 | 324 707 | 371 163 | 417 127 | 8 |
| 3 | 183 092 | 231 076 | 278 537 | 325 486 | 371 933 | 417 889 | 7 |
| 4 | 183 896 | 231 872 | 279 324 | 326 264 | 372 703 | 418 651 | 6 |
| 5 | 184 700 | 232 667 | 280 110 | 327 042 | 373 473 | 419 413 | 5 |
| 6 | 185 504 | 233 462 | 280 897 | 327 820 | 374 242 | 420 174 | 4 |
| 7 | 186 307 | 234 257 | 281 683 | 328 598 | 375 012 | 420 936 | 3 |
| 8 | 187 111 | 235 051 | 282 469 | 329 375 | 375 781 | 421 697 | 2 |
| 9 | 187 914 | 235 846 | 283 255 | 330 153 | 376 550 | 422 458 | 1 |
| 10 | 188 717 | 236 640 | 284 041 | 330 930 | 377 320 | 423 219 | 50 |
| 1 | 189 520 | 237 434 | 284 826 | 331 707 | 378 089 | 423 980 | 9 |
| 2 | 190 323 | 238 229 | 285 612 | 332 484 | 378 857 | 424 741 | 8 |
| 3 | 191 126 | 239 023 | 286 397 | 333 261 | 379 626 | 425 502 | 7 |
| 4 | 191 929 | 239 816 | 287 182 | 334 038 | 380 395 | 426 262 | 6 |
| 5 | 192 731 | 240 610 | 287 968 | 334 815 | 381 163 | 427 023 | 5 |
| 6 | 193 533 | 241 404 | 288 752 | 335 591 | 381 931 | 427 783 | 4 |
| 7 | 194 336 | 242 197 | 289 537 | 336 368 | 382 700 | 428 543 | 3 |
| 8 | 195 138 | 242 990 | 290 322 | 337 144 | 383 468 | 429 303 | 2 |
| 9 | 195 940 | 243 783 | 291 106 | 337 920 | 384 235 | 430 063 | 1 |
| 20 | 196 741 | 244 576 | 291 891 | 338 696 | 385 003 | 430 822 | 40 |
| 1 | 197 543 | 245 369 | 292 675 | 339 472 | 385 771 | 431 582 | 9 |
| 2 | 198 344 | 246 162 | 293 459 | 340 248 | 386 538 | 432 341 | 8 |
| 3 | 199 146 | 246 954 | 294 243 | 341 023 | 387 306 | 433 101 | 7 |
| 4 | 199 947 | 247 747 | 295 027 | 341 799 | 388 073 | 433 860 | 6 |
| 5 | 200 748 | 248 539 | 295 811 | 342 574 | 388 840 | 434 619 | 5 |
| 6 | 201 549 | 249 331 | 296 594 | 343 349 | 389 607 | 435 378 | 4 |
| 7 | 202 349 | 250 123 | 297 377 | 344 124 | 390 374 | 436 137 | 3 |
| 8 | 203 150 | 250 915 | 298 161 | 344 899 | 391 140 | 436 895 | 2 |
| 9 | 203 950 | 251 706 | 298 944 | 345 674 | 391 907 | 437 654 | 1 |
| 30 | 204 750 | 252 498 | 299 727 | 346 448 | 392 673 | 438 412 | 30 |
| 1 | 205 550 | 253 289 | 300 510 | 347 223 | 393 440 | 439 171 | 9 |
| 2 | 206 350 | 254 080 | 301 292 | 347 997 | 394 206 | 439 929 | 8 |
| 3 | 207 150 | 254 872 | 302 075 | 348 771 | 394 972 | 440 687 | 7 |
| 4 | 207 950 | 255 662 | 302 857 | 349 545 | 395 738 | 441 444 | 6 |
| 5 | 208 749 | 256 453 | 303 639 | 350 319 | 396 503 | 442 202 | 5 |
| 6 | 209 549 | 257 244 | 304 422 | 351 093 | 397 269 | 442 960 | 4 |
| 7 | 210 348 | 258 034 | 305 204 | 351 867 | 398 034 | 443 717 | 3 |
| 8 | 211 147 | 258 825 | 305 985 | 352 640 | 398 800 | 444 475 | 2 |
| 9 | 211 946 | 259 615 | 306 767 | 353 413 | 399 565 | 445 232 | 1 |
| 40 | 212 745 | 260 405 | 307 549 | 354 187 | 400 330 | 445 989 | 20 |
| 1 | 213 543 | 261 195 | 308 330 | 354 960 | 401 095 | 446 746 | 9 |
| 2 | 214 342 | 261 985 | 309 111 | 355 733 | 401 860 | 447 503 | 8 |
| 3 | 215 140 | 262 774 | 309 892 | 356 506 | 402 624 | 448 259 | 7 |
| 4 | 215 938 | 263 564 | 310 673 | 357 278 | 403 389 | 449 016 | 6 |
| 5 | 216 736 | 264 353 | 311 454 | 358 051 | 404 153 | 449 772 | 5 |
| 6 | 217 534 | 265 142 | 312 235 | 358 823 | 404 918 | 450 529 | 4 |
| 7 | 218 332 | 265 932 | 313 016 | 359 595 | 405 682 | 451 285 | 3 |
| 8 | 219 130 | 266 720 | 313 796 | 360 368 | 406 446 | 452 041 | 2 |
| 9 | 219 927 | 267 509 | 314 5[illegible] | 361 139 | 407 [illegible] | 452 797 | 1 |
| 50 | 220 725 | 268 298 | 315 356 | 361 911 | 407 973 | 453 552 | 10 |
| 1 | 221 522 | 269 086 | 316 136 | 362 683 | 408 737 | 454 308 | 9 |
| 2 | 222 319 | 269 875 | 316 916 | 363 455 | 409 500 | 455 063 | 8 |
| 3 | 223 116 | 270 663 | 317 696 | 364 226 | 410 263 | 455 819 | 7 |
| 4 | 223 912 | 271 451 | 318 476 | 364 997 | 411 027 | 456 574 | 6 |
| 5 | 224 709 | 272 239 | 319 255 | 365 769 | 411 790 | 457 329 | 5 |
| 6 | 225 505 | 273 027 | 320 034 | 366 540 | 412 553 | 458 084 | 4 |
| 7 | 226 302 | 273 814 | 320 814 | 367 310 | 413 315 | 458 839 | 3 |
| 8 | 227 098 | 274 602 | 321 593 | 368 081 | 414 078 | 459 594 | 2 |
| 9 | 227 894 | 275 389 | 322 372 | 368 852 | 414 841 | 460 348 | 1 |
| 60 | $\bar{2}$,4 228 690 | $\bar{2}$,4 276 176 | $\bar{2}$,4 323 150 | $\bar{2}$,4 369 622 | $\bar{2}$,4 415 603 | $\bar{2}$,4 461 103 | 0 |
| " | 29′ | 28′ | 27′ | 26′ | 25′ | 24′ | " |

COTANGENTE 88°

| ″ | 36′ | 37′ | 38′ | 39′ | 40′ | 41′ | ″ |
|---|---|---|---|---|---|---|---|
| 0 | $\bar{2}$,4 459 409 | $\bar{2}$,4 504 402 | $\bar{2}$,4 548 934 | $\bar{2}$,4 593 013 | $\bar{2}$,4 636 649 | $\bar{2}$,4 679 850 | 60 |
| 1 | 460 163 | 505 148 | 549 672 | 593 744 | 637 372 | 680 567 | 9 |
| 2 | 460 916 | 505 894 | 550 410 | 594 474 | 638 096 | 681 283 | 8 |
| 3 | 461 670 | 506 640 | 551 148 | 595 205 | 638 819 | 681 999 | 7 |
| 4 | 462 423 | 507 385 | 551 886 | 595 936 | 639 542 | 682 715 | 6 |
| 5 | 463 176 | 508 131 | 552 624 | 596 666 | 640 265 | 683 431 | 5 |
| 6 | 463 929 | 508 876 | 553 362 | 597 396 | 640 988 | 684 147 | 4 |
| 7 | 464 682 | 509 621 | 554 099 | 598 126 | 641 711 | 684 862 | 3 |
| 8 | 465 435 | 510 366 | 554 837 | 598 856 | 642 434 | 685 578 | 2 |
| 9 | 466 188 | 511 111 | 555 574 | 599 586 | 643 156 | 686 293 | 1 |
| 10 | 466 940 | 511 856 | 556 311 | 600 316 | 643 879 | 687 009 | 50 |
| 1 | 467 693 | 512 601 | 557 048 | 601 046 | 644 601 | 687 724 | 9 |
| 2 | 468 445 | 513 345 | 557 785 | 601 775 | 645 323 | 688 439 | 8 |
| 3 | 469 197 | 514 090 | 558 522 | 602 505 | 646 046 | 689 154 | 7 |
| 4 | 469 949 | 514 834 | 559 259 | 603 234 | 646 768 | 689 869 | 6 |
| 5 | 470 701 | 515 578 | 559 996 | 603 963 | 647 489 | 690 584 | 5 |
| 6 | 471 453 | 516 322 | 560 732 | 604 692 | 648 211 | 691 298 | 4 |
| 7 | 472 205 | 517 066 | 561 468 | 605 421 | 648 933 | 692 013 | 3 |
| 8 | 472 956 | 517 810 | 562 205 | 606 150 | 649 654 | 692 727 | 2 |
| 9 | 473 707 | 518 553 | 562 941 | 606 878 | 650 376 | 693 441 | 1 |
| 20 | 474 459 | 519 297 | 563 677 | 607 607 | 651 097 | 694 156 | 40 |
| 1 | 475 210 | 520 040 | 564 412 | 608 335 | 651 818 | 694 870 | 9 |
| 2 | 475 961 | 520 784 | 565 148 | 609 064 | 652 539 | 695 583 | 8 |
| 3 | 476 712 | 521 527 | 565 884 | 609 792 | 653 260 | 696 297 | 7 |
| 4 | 477 462 | 522 270 | 566 619 | 610 520 | 653 981 | 697 011 | 6 |
| 5 | 478 213 | 523 013 | 567 354 | 611 248 | 654 702 | 697 725 | 5 |
| 6 | 478 963 | 523 755 | 568 090 | 611 976 | 655 422 | 698 438 | 4 |
| 7 | 479 714 | 524 498 | 568 825 | 612 703 | 656 143 | 699 151 | 3 |
| 8 | 480 464 | 525 240 | 569 560 | 613 431 | 656 863 | 699 865 | 2 |
| 9 | 481 214 | 525 983 | 570 295 | 614 158 | 657 583 | 700 578 | 1 |
| 30 | 481 964 | 526 725 | 571 029 | 614 886 | 658 303 | 701 291 | 30 |
| 1 | 482 714 | 527 467 | 571 764 | 615 613 | 659 023 | 702 003 | 9 |
| 2 | 483 463 | 528 209 | 572 498 | 616 340 | 659 743 | 702 716 | 8 |
| 3 | 484 213 | 528 951 | 573 233 | 617 067 | 660 463 | 703 429 | 7 |
| 4 | 484 962 | 529 693 | 573 967 | 617 794 | 661 182 | 704 141 | 6 |
| 5 | 485 712 | 530 434 | 574 701 | 618 520 | 661 902 | 704 854 | 5 |
| 6 | 486 461 | 531 176 | 575 435 | 619 247 | 662 621 | 705 566 | 4 |
| 7 | 487 210 | 531 917 | 576 169 | 619 973 | 663 340 | 706 278 | 3 |
| 8 | 487 959 | 532 659 | 576 902 | 620 700 | 664 059 | 706 990 | 2 |
| 9 | 488 708 | 533 400 | 577 636 | 621 426 | 664 778 | 707 702 | 1 |
| 40 | 489 456 | 534 141 | 578 369 | 622 152 | 665 497 | 708 414 | 20 |
| 1 | 490 205 | 534 881 | 579 103 | 622 878 | 666 216 | 709 126 | 9 |
| 2 | 490 953 | 535 622 | 579 836 | 623 604 | 666 935 | 709 837 | 8 |
| 3 | 491 701 | 536 363 | 580 569 | 624 330 | 667 653 | 710 549 | 7 |
| 4 | 492 450 | 537 103 | 581 302 | 625 055 | 668 372 | 711 260 | 6 |
| 5 | 493 198 | 537 844 | 582 035 | 625 781 | 669 090 | 711 971 | 5 |
| 6 | 493 945 | 538 584 | 582 768 | 626 506 | 669 808 | 712 682 | 4 |
| 7 | 494 693 | 539 324 | 583 500 | 627 231 | 670 526 | 713 393 | 3 |
| 8 | 495 441 | 540 064 | 584 233 | 627 957 | 671 244 | 714 104 | 2 |
| 9 | 496 188 | 540 804 | 584 965 | 628 682 | 671 962 | 714 815 | 1 |
| 50 | 496 936 | 541 543 | 585 697 | 629 406 | 672 680 | 715 526 | 10 |
| 1 | 497 683 | 542 283 | 586 429 | 630 131 | 673 397 | 716 236 | 9 |
| 2 | 498 430 | 543 023 | 587 161 | 630 856 | 674 115 | 716 947 | 8 |
| 3 | 499 177 | 543 762 | 587 893 | 631 580 | 674 832 | 717 657 | 7 |
| 4 | 499 924 | 544 501 | 588 625 | 632 305 | 675 549 | 718 367 | 6 |
| 5 | 500 671 | 545 240 | 589 357 | 633 029 | 676 266 | 719 077 | 5 |
| 6 | 501 417 | 545 979 | 590 088 | 633 753 | 676 983 | 719 787 | 4 |
| 7 | 502 164 | 546 718 | 590 819 | 634 477 | 677 700 | 720 497 | 3 |
| 8 | 502 910 | 547 457 | 591 551 | 635 201 | 678 417 | 721 207 | 2 |
| 9 | 503 656 | 548 195 | 592 282 | 635 925 | 679 134 | 721 916 | 1 |
| 60 | $\bar{2}$,4 504 402 | $\bar{2}$,4 548 934 | $\bar{2}$,4 593 013 | $\bar{2}$,4 636 649 | $\bar{2}$,4 679 850 | $\bar{2}$,4 722 626 | 0 |
| ″ | 23′ | 22′ | 21′ | 20′ | 19′ | 18′ | ″ |

COSINUS 88°

| ″ | 36′ | 37′ | 38′ | 39′ | 40′ | 41′ | ″ |
|---|---|---|---|---|---|---|---|
| 0 | $\bar{2}$,4 461 103 | $\bar{2}$,4 506 131 | $\bar{2}$,4 550 699 | $\bar{2}$,4 594 814 | $\bar{2}$,4 638 486 | $\bar{2}$,4 681 725 | 60 |
| 1 | 461 857 | 506 878 | 551 438 | 595 545 | 639 211 | 682 442 | 9 |
| 2 | 462 611 | 507 624 | 552 176 | 596 277 | 639 935 | 683 159 | 8 |
| 3 | 463 365 | 508 371 | 552 915 | 597 008 | 640 659 | 683 875 | 7 |
| 4 | 464 119 | 509 117 | 553 654 | 597 739 | 641 382 | 684 592 | 6 |
| 5 | 464 873 | 509 863 | 554 392 | 598 470 | 642 106 | 685 309 | 5 |
| 6 | 465 627 | 510 609 | 555 130 | 599 201 | 642 830 | 686 025 | 4 |
| 7 | 466 380 | 511 354 | 555 868 | 599 932 | 643 553 | 686 741 | 3 |
| 8 | 467 133 | 512 100 | 556 607 | 600 662 | 644 276 | 687 458 | 2 |
| 9 | 467 887 | 512 846 | 557 344 | 601 393 | 645 000 | 688 174 | 1 |
| 10 | 468 640 | 513 591 | 558 082 | 602 123 | 645 723 | 688 890 | 50 |
| 1 | 469 393 | 514 336 | 558 820 | 602 853 | 646 446 | 689 605 | 9 |
| 2 | 470 146 | 515 081 | 559 558 | 603 584 | 647 168 | 690 321 | 8 |
| 3 | 470 898 | 515 826 | 560 295 | 604 314 | 647 891 | 691 037 | 7 |
| 4 | 471 651 | 516 571 | 561 032 | 605 043 | 648 614 | 691 752 | 6 |
| 5 | 472 404 | 517 316 | 561 769 | 605 773 | 649 336 | 692 468 | 5 |
| 6 | 473 156 | 518 061 | 562 506 | 606 503 | 650 059 | 693 183 | 4 |
| 7 | 473 908 | 518 805 | 563 243 | 607 232 | 650 781 | 693 898 | 3 |
| 8 | 474 660 | 519 549 | 563 980 | 607 962 | 651 503 | 694 613 | 2 |
| 9 | 475 412 | 520 294 | 564 717 | 608 691 | 652 225 | 695 328 | 1 |
| 20 | 476 164 | 521 038 | 565 453 | 609 420 | 652 947 | 696 043 | 40 |
| 1 | 476 916 | 521 782 | 566 190 | 610 149 | 653 669 | 696 757 | 9 |
| 2 | 477 667 | 522 526 | 566 926 | 610 878 | 654 390 | 697 472 | 8 |
| 3 | 478 419 | 523 269 | 567 662 | 611 607 | 655 112 | 698 186 | 7 |
| 4 | 479 170 | 524 013 | 568 398 | 612 336 | 655 833 | 698 900 | 6 |
| 5 | 479 921 | 524 757 | 569 134 | 613 064 | 656 555 | 699 615 | 5 |
| 6 | 480 672 | 525 500 | 569 870 | 613 792 | 657 276 | 700 329 | 4 |
| 7 | 481 423 | 526 243 | 570 606 | 614 521 | 657 997 | 701 043 | 3 |
| 8 | 482 174 | 526 986 | 571 341 | 615 249 | 658 718 | 701 756 | 2 |
| 9 | 482 925 | 527 729 | 572 077 | 615 977 | 659 439 | 702 470 | 1 |
| 30 | 483 675 | 528 472 | 572.812 | 616 705 | 660 159 | 703 184 | 30 |
| 1 | 484 426 | 529 215 | 573 547 | 617 433 | 660 880 | 703 897 | 9 |
| 2 | 485 176 | 529 957 | 574 282 | 618 160 | 661 600 | 704 611 | 8 |
| 3 | 485 926 | 530 700 | 575 017 | 618 888 | 662 321 | 705 324 | 7 |
| 4 | 486 676 | 531 442 | 575 752 | 619 615 | 663 041 | 706 037 | 6 |
| 5 | 487 426 | 532 184 | 576 487 | 620 343 | 663 761 | 706 750 | 5 |
| 6 | 488 176 | 532 926 | 577 221 | 621 070 | 664 481 | 707 463 | 4 |
| 7 | 488 925 | 533 668 | 577 956 | 621 797 | 665 201 | 708 176 | 3 |
| 8 | 489 675 | 534 410 | 578 690 | 622 524 | 665 921 | 708 888 | 2 |
| 9 | 490 424 | 535 152 | 579 424 | 623 251 | 666 640 | 709 601 | 1 |
| 40 | 491 173 | 535 893 | 580 158 | 623 978 | 667 360 | 710 313 | 20 |
| 1 | 491 923 | 536 635 | 580 892 | 624 704 | 668 079 | 711 026 | 9 |
| 2 | 492 672 | 537 376 | 581 626 | 625 431 | 668 798 | 711 738 | 8 |
| 3 | 493 420 | 538 117 | 582 360 | 626 157 | 669 517 | 712 450 | 7 |
| 4 | 494 169 | 538 859 | 583 094 | 626 883 | 670 236 | 713 162 | 6 |
| 5 | 494 918 | 539 599 | 583 827 | 627 609 | 670 955 | 713 874 | 5 |
| 6 | 495 666 | 540 340 | 584 560 | 628 335 | 671 674 | 714 586 | 4 |
| 7 | 496 415 | 541 081 | 585 293 | 629 061 | 672 393 | 715 297 | 3 |
| 8 | 497 163 | 541 822 | 586 027 | 629 787 | 673 111 | 716 009 | 2 |
| 9 | 497 911 | 542 562 | 586 780 | 630 511 | 673 830 | 716 720 | 1 |
| 50 | 498 659 | 543 302 | 587 492 | 631 238 | 674 548 | 717 431 | 10 |
| 1 | 499 407 | 544 043 | 588 225 | 631 963 | 675 266 | 718 142 | 9 |
| 2 | 500 154 | 544 783 | 588 958 | 632 689 | 675 984 | 718 853 | 8 |
| 3 | 500 902 | 545 523 | 589 690 | 633 414 | 676 702 | 719 564 | 7 |
| 4 | 501 649 | 546 262 | 590 422 | 634 139 | 677 420 | 720 275 | 6 |
| 5 | 502 397 | 547 002 | 591 155 | 634 864 | 678 138 | 720 986 | 5 |
| 6 | 503 144 | 547 742 | 591 887 | 635 588 | 678 855 | 721 696 | 4 |
| 7 | 503 891 | 548 481 | 592 619 | 636 313 | 679 573 | 722 407 | 3 |
| 8 | 504 638 | 549 220 | 593 351 | 637 038 | 680 290 | 723 117 | 2 |
| 9 | 505 385 | 549 960 | 594 082 | 637 762 | 681 008 | 723 827 | 1 |
| 60 | $\bar{2}$,4 506 131 | $\bar{2}$,4 550 699 | $\bar{2}$,4 594 814 | $\bar{2}$,4 638 486 | $\bar{2}$,4 681 725 | $\bar{2}$,4 724 538 | 0 |
| ″ | 23′ | 22′ | 21′ | 20′ | 19′ | 18′ | ″ |

COTANGENTE 88°

| ″ | 42′ | 43′ | 44′ | 45′ | 46′ | 47′ | ″ |
|---|---|---|---|---|---|---|---|
| 0 | $\bar{2}$,4 722 626 | $\bar{2}$,4 764 984 | $\bar{2}$,4 806 932 | $\bar{2}$,4 848 479 | $\bar{2}$,4 889 632 | $\bar{2}$,4 930 398 | 60 |
| 1 | 723 335 | 765 686 | 807 628 | 849 168 | 890 314 | 931 074 | 9 |
| 2 | 724 044 | 766 388 | 808 323 | 849 857 | 890 997 | 931 750 | 8 |
| 3 | 724 753 | 767 091 | 809 019 | 850 546 | 891 679 | 932 426 | 7 |
| 4 | 725 462 | 767 793 | 809 714 | 851 235 | 892 361 | 933 102 | 6 |
| 5 | 726 171 | 768 495 | 810 410 | 851 923 | 893 043 | 933 778 | 5 |
| 6 | 726 880 | 769 197 | 811 105 | 852 612 | 893 726 | 934 453 | 4 |
| 7 | 727 589 | 769 899 | 811 800 | 853 300 | 894 407 | 935 129 | 3 |
| 8 | 728 297 | 770 600 | 812 495 | 853 989 | 895 089 | 935 804 | 2 |
| 9 | 729 006 | 771 302 | 813 190 | 854 677 | 895 771 | 936 480 | 1 |
| 10 | 729 714 | 772 003 | 813 884 | 855 365 | 896 453 | 937 155 | 50 |
| 1 | 730 422 | 772 705 | 814 579 | 856 053 | 897 134 | 937 830 | 9 |
| 2 | 731 130 | 773 406 | 815 273 | 856 741 | 897 816 | 938 505 | 8 |
| 3 | 731 838 | 774 107 | 815 968 | 857 429 | 898 497 | 939 180 | 7 |
| 4 | 732 546 | 774 808 | 816 662 | 858 116 | 899 178 | 939 855 | 6 |
| 5 | 733 254 | 775 509 | 817 356 | 858 804 | 899 859 | 940 530 | 5 |
| 6 | 733 962 | 776 210 | 818 050 | 859 491 | 900 540 | 941 204 | 4 |
| 7 | 734 669 | 776 910 | 818 744 | 860 179 | 901 221 | 941 879 | 3 |
| 8 | 735 377 | 777 611 | 819 438 | 860 866 | 901 902 | 942 553 | 2 |
| 9 | 736 084 | 778 311 | 820 132 | 861 553 | 902 582 | 943 228 | 1 |
| 20 | 736 791 | 779 012 | 820 825 | 862 240 | 903 263 | 943 902 | 40 |
| 1 | 737 498 | 779 712 | 821 519 | 862 927 | 903 943 | 944 576 | 9 |
| 2 | 738 205 | 780 412 | 822 212 | 863 614 | 904 624 | 945 250 | 8 |
| 3 | 738 912 | 781 112 | 822 905 | 864 300 | 905 304 | 945 924 | 7 |
| 4 | 739 618 | 781 812 | 823 599 | 864 987 | 905 984 | 946 597 | 6 |
| 5 | 740 325 | 782 511 | 824 292 | 865 673 | 906 664 | 947 271 | 5 |
| 6 | 741 032 | 783 211 | 824 985 | 866 360 | 907 344 | 947 945 | 4 |
| 7 | 741 738 | 783 911 | 825 677 | 867 046 | 908 024 | 948 618 | 3 |
| 8 | 742 444 | 784 610 | 826 370 | 867 732 | 908 703 | 949 292 | 2 |
| 9 | 743 150 | 785 309 | 827 063 | 868 418 | 909 383 | 949 965 | 1 |
| 30 | 743 856 | 786 009 | 827 755 | 869 104 | 910 063 | 950 638 | 30 |
| 1 | 744 562 | 786 708 | 828 448 | 869 790 | 910 742 | 951 311 | 9 |
| 2 | 745 268 | 787 407 | 829 140 | 870 476 | 911 421 | 951 984 | 8 |
| 3 | 745 974 | 788 105 | 829 832 | 871 161 | 912 100 | 952 657 | 7 |
| 4 | 746 679 | 788 804 | 830 524 | 871 847 | 912 779 | 953 330 | 6 |
| 5 | 747 385 | 789 503 | 831 216 | 872 532 | 913 458 | 954 002 | 5 |
| 6 | 748 090 | 790 201 | 831 908 | 873 217 | 914 137 | 954 675 | 4 |
| 7 | 748 795 | 790 900 | 832 600 | 873 903 | 914 816 | 955 347 | 3 |
| 8 | 749 500 | 791 598 | 833 291 | 874 588 | 915 495 | 956 020 | 2 |
| 9 | 750 205 | 792 296 | 833 983 | 875 273 | 916 173 | 956 692 | 1 |
| 40 | 750 910 | 792 994 | 834 674 | 875 957 | 916 852 | 957 364 | 20 |
| 1 | 751 615 | 793 692 | 835 365 | 876 642 | 917 530 | 958 036 | 9 |
| 2 | 752 320 | 794 390 | 836 057 | 877 327 | 918 208 | 958 708 | 8 |
| 3 | 753 024 | 795 088 | 836 748 | 878 011 | 918 886 | 959 380 | 7 |
| 4 | 753 729 | 795 785 | 837 439 | 878 696 | 919 564 | 960 051 | 6 |
| 5 | 754 433 | 796 483 | 838 129 | 879 380 | 920 242 | 960 723 | 5 |
| 6 | 755 137 | 797 180 | 838 820 | 880 064 | 920 920 | 961 394 | 4 |
| 7 | 755 841 | 797 878 | 839 511 | 880 748 | 921 598 | 962 066 | 3 |
| 8 | 756 545 | 798 575 | 840 201 | 881 432 | 922 275 | 962 737 | 2 |
| 9 | 757 249 | 799 272 | 840 892 | 882 116 | 922 953 | 963 408 | 1 |
| 50 | 757 953 | 799 969 | 841 582 | 882 800 | 923 630 | 964 079 | 10 |
| 1 | 758 656 | 800 666 | 842 272 | 883 484 | 924 307 | 964 750 | 9 |
| 2 | 759 360 | 801 362 | 842 962 | 884 167 | 924 984 | 965 421 | 8 |
| 3 | 760 063 | 802 059 | 843 652 | 884 851 | 925 661 | 966 092 | 7 |
| 4 | 760 766 | 802 755 | 844 342 | 885 534 | 926 338 | 966 763 | 6 |
| 5 | 761 470 | 803 452 | 845 032 | 886 217 | 927 015 | 967 433 | 5 |
| 6 | 762 173 | 804 148 | 845 721 | 886 900 | 927 692 | 968 104 | 4 |
| 7 | 762 876 | 804 844 | 846 411 | 887 583 | 928 368 | 968 774 | 3 |
| 8 | 763 578 | 805 540 | 847 100 | 888 266 | 929 045 | 969 444 | 2 |
| 9 | 764 281 | 806 236 | 847 790 | 888 949 | 929 721 | 970 114 | 1 |
| 60 | $\bar{2}$,4 764 984 | $\bar{2}$,4 806 932 | $\bar{2}$,4 848 479 | $\bar{2}$,4 889 632 | $\bar{2}$,4 930 398 | $\bar{2}$,4 970 784 | 0 |
| ″ | 17′ | 16′ | 15′ | 14′ | 13′ | 12′ | ″ |

| ″ | 42′ | 43′ | 44′ | 45′ | 46′ | 47′ | ″ |
|---|---|---|---|---|---|---|---|
| 0 | $\bar{2}$,4 724 538 | $\bar{2}$,4 766 933 | $\bar{2}$,4 808 920 | $\bar{2}$,4 850 505 | $\bar{2}$,4 891 696 | $\bar{2}$,4 932 502 | 60 |
| 1 | 725 248 | 767 636 | 809 616 | 851 195 | 892 380 | 933 179 | 9 |
| 2 | 725 957 | 768 339 | 810 312 | 851 884 | 893 063 | 933 855 | 8 |
| 3 | 726 667 | 769 042 | 811 008 | 852 574 | 893 746 | 934 532 | 7 |
| 4 | 727 377 | 769 745 | 811 704 | 853 263 | 894 429 | 935 208 | 6 |
| 5 | 728 086 | 770 448 | 812 400 | 853 953 | 895 112 | 935 885 | 5 |
| 6 | 728 796 | 771 150 | 813 096 | 854 642 | 895 794 | 936 561 | 4 |
| 7 | 729 505 | 771 853 | 813 792 | 855 331 | 896 477 | 937 237 | 3 |
| 8 | 730 214 | 772 555 | 814 487 | 856 020 | 897 159 | 937 914 | 2 |
| 9 | 730 923 | 773 257 | 815 183 | 856 709 | 897 842 | 938 590 | 1 |
| 10 | 731 632 | 773 959 | 815 878 | 857 397 | 898 524 | 939 266 | 50 |
| 1 | 732 341 | 774 661 | 816 574 | 858 086 | 899 206 | 939 941 | 9 |
| 2 | 733 050 | 775 363 | 817 269 | 858 775 | 899 888 | 940 617 | 8 |
| 3 | 733 758 | 776 065 | 817 964 | 859 463 | 900 570 | 941 293 | 7 |
| 4 | 734 467 | 776 766 | 818 659 | 860 151 | 901 252 | 941 968 | 6 |
| 5 | 735 175 | 777 468 | 819 353 | 860 839 | 901 934 | 942 643 | 5 |
| 6 | 735 884 | 778 169 | 820 048 | 861 528 | 902 615 | 943 319 | 4 |
| 7 | 736 592 | 778 871 | 820 743 | 862 216 | 903 297 | 943 994 | 3 |
| 8 | 737 300 | 779 572 | 821 437 | 862 903 | 903 978 | 944 669 | 2 |
| 9 | 738 008 | 780 273 | 822 131 | 863 591 | 904 660 | 945 344 | 1 |
| 20 | 738 715 | 780 974 | 822 826 | 864 279 | 905 341 | 946 019 | 40 |
| 1 | 739 423 | 781 675 | 823 520 | 864 966 | 906 022 | 946 694 | 9 |
| 2 | 740 131 | 782 375 | 824 214 | 865 654 | 906 703 | 947 368 | 8 |
| 3 | 740 838 | 783 076 | 824 908 | 866 341 | 907 384 | 948 043 | 7 |
| 4 | 741 545 | 783 776 | 825 602 | 867 028 | 908 065 | 948 717 | 6 |
| 5 | 742 253 | 784 477 | 826 295 | 867 716 | 908 745 | 949 392 | 5 |
| 6 | 742 960 | 785 177 | 826 989 | 868 403 | 909 426 | 950 066 | 4 |
| 7 | 743 667 | 785 877 | 827 682 | 869 089 | 910 106 | 950 740 | 3 |
| 8 | 744 374 | 786 577 | 828 376 | 869 776 | 910 787 | 951 414 | 2 |
| 9 | 745 080 | 787 277 | 829 069 | 870 463 | 911 467 | 952 088 | 1 |
| 30 | 745 787 | 787 977 | 829 762 | 871 149 | 912 147 | 952 762 | 30 |
| 1 | 746 494 | 788 677 | 830 455 | 871 836 | 912 827 | 953 435 | 9 |
| 2 | 747 200 | 789 376 | 831 148 | 872 522 | 913 507 | 954 109 | 8 |
| 3 | 747 906 | 790 076 | 831 841 | 873 209 | 914 187 | 954 783 | 7 |
| 4 | 748 612 | 790 775 | 832 533 | 873 895 | 914 866 | 955 456 | 6 |
| 5 | 749 319 | 791 475 | 833 226 | 874 581 | 915 546 | 956 129 | 5 |
| 6 | 750 025 | 792 174 | 833 919 | 875 267 | 916 226 | 956 802 | 4 |
| 7 | 750 730 | 792 873 | 834 611 | 875 952 | 916 905 | 957 476 | 3 |
| 8 | 751 436 | 793 572 | 835 303 | 876 638 | 917 584 | 958 148 | 2 |
| 9 | 752 142 | 794 271 | 835 995 | 877 324 | 918 263 | 958 821 | 1 |
| 40 | 752 847 | 794 969 | 836 687 | 878 009 | 918 942 | 959 494 | 20 |
| 1 | 753 553 | 795 668 | 837 379 | 878 695 | 919 621 | 960 167 | 9 |
| 2 | 754 258 | 796 366 | 838 071 | 879 380 | 920 300 | 960 839 | 8 |
| 3 | 754 963 | 797 065 | 838 763 | 880 065 | 920 979 | 961 512 | 7 |
| 4 | 755 668 | 797 763 | 839 454 | 880 750 | 921 658 | 962 184 | 6 |
| 5 | 756 373 | 798 461 | 840 146 | 881 435 | 922 336 | 962 856 | 5 |
| 6 | 757 078 | 799 159 | 840 837 | 882 120 | 923 015 | 963 529 | 4 |
| 7 | 757 783 | 799 857 | 841 528 | 882 805 | 923 693 | 964 201 | 3 |
| 8 | 758 487 | 800 555 | 842 220 | 883 489 | 924 371 | 964 873 | 2 |
| 9 | 759 192 | 801 252 | 842 911 | 884 174 | 925 049 | 965 544 | 1 |
| 50 | 759 896 | 801 950 | 843 602 | 884 858 | 925 727 | 966 216 | 10 |
| 1 | 760 600 | 802 648 | 844 292 | 885 543 | 926 405 | 966 888 | 9 |
| 2 | 761 304 | 803 345 | 844 983 | 886 227 | 927 083 | 967 559 | 8 |
| 3 | 762 008 | 804 042 | 845 674 | 886 911 | 927 761 | 968 231 | 7 |
| 4 | 762 712 | 804 739 | 846 364 | 887 595 | 928 438 | 968 902 | 6 |
| 5 | 763 416 | 805 436 | 847 055 | 888 279 | 929 116 | 969 573 | 5 |
| 6 | 764 120 | 806 133 | 847 745 | 888 962 | 929 793 | 970 244 | 4 |
| 7 | 764 823 | 806 830 | 848 435 | 889 646 | 930 471 | 970 915 | 3 |
| 8 | 765 527 | 807 627 | 849 125 | 890 330 | 931 148 | 971 586 | 2 |
| 9 | 766 230 | 808 223 | 849 815 | 891 013 | 931 825 | 972 257 | 1 |
| 60 | $\bar{2}$,4 766 933 | $\bar{2}$,4 808 920 | $\bar{2}$,4 850 505 | $\bar{2}$,4 891 696 | $\bar{2}$,4 932 502 | $\bar{2}$,4 972 928 | 0 |
| ″ | 17′ | 16′ | 15′ | 14′ | 13′ | 12′ | ″ |

COTANGENTE 88°

| ″ | 48′ | 49′ | 50′ | 51′ | 52′ | 53′ | ″ |
|---|---|---|---|---|---|---|---|
| 0 | $\bar{2}$,4 970 784 | $\bar{2}$,5 010 798 | $\bar{2}$,5 050 447 | $\bar{2}$,5 089 736 | $\bar{2}$,5 128 673 | $\bar{2}$,5 167 264 | 60 |
| 1 | 971 454 | 011 462 | 051 105 | 090 388 | 129 319 | 167 904 | 9 |
| 2 | 972 124 | 012 126 | 051 762 | 091 040 | 129 965 | 168 544 | 8 |
| 3 | 972 794 | 012 790 | 052 420 | 091 691 | 130 611 | 169 184 | 7 |
| 4 | 973 463 | 013 453 | 053 077 | 092 343 | 131 256 | 169 824 | 6 |
| 5 | 974 133 | 014 116 | 053 735 | 092 994 | 131 902 | 170 464 | 5 |
| 6 | 974 802 | 014 780 | 054 392 | 093 646 | 132 548 | 171 104 | 4 |
| 7 | 975 472 | 015 443 | 055 049 | 094 297 | 133 193 | 171 743 | 3 |
| 8 | 976 141 | 016 106 | 055 706 | 094 948 | 133 838 | 172 383 | 2 |
| 9 | 976 810 | 016 769 | 056 363 | 095 599 | 134 484 | 173 023 | 1 |
| 10 | 977 479 | 017 432 | 057 020 | 096 250 | 135 129 | 173 662 | 50 |
| 1 | 978 148 | 018 095 | 057 677 | 096 901 | 135 774 | 174 301 | 9 |
| 2 | 978 817 | 018 757 | 058 333 | 097 552 | 136 419 | 174 941 | 8 |
| 3 | 979 485 | 019 420 | 058 990 | 098 202 | 137 064 | 175 580 | 7 |
| 4 | 980 154 | 020 082 | 059 646 | 098 853 | 137 708 | 176 219 | 6 |
| 5 | 980 823 | 020 745 | 060 303 | 099 503 | 138 353 | 176 858 | 5 |
| 6 | 981 491 | 021 407 | 060 959 | 100 154 | 138 997 | 177 497 | 4 |
| 7 | 982 159 | 022 069 | 061 615 | 100 804 | 139 642 | 178 135 | 3 |
| 8 | 982 827 | 022 731 | 062 271 | 101 454 | 140 286 | 178 774 | 2 |
| 9 | 983 495 | 023 393 | 062 927 | 102 104 | 140 931 | 179 413 | 1 |
| 20 | 984 163 | 024 055 | 063 583 | 102 754 | 141 575 | 180 051 | 40 |
| 1 | 984 831 | 024 717 | 064 239 | 103 404 | 142 219 | 180 689 | 9 |
| 2 | 985 499 | 025 378 | 064 894 | 104 054 | 142 863 | 181 328 | 8 |
| 3 | 986 167 | 026 040 | 065 550 | 104 703 | 143 507 | 181 966 | 7 |
| 4 | 986 834 | 026 701 | 066 205 | 105 353 | 144 150 | 182 604 | 6 |
| 5 | 987 502 | 027 363 | 066 861 | 106 002 | 144 794 | 183 242 | 5 |
| 6 | 988 169 | 028 024 | 067 516 | 106 652 | 145 438 | 183 880 | 4 |
| 7 | 988 836 | 028 685 | 068 171 | 107 301 | 146 081 | 184 518 | 3 |
| 8 | 989 504 | 029 346 | 068 826 | 107 950 | 146 725 | 185 156 | 2 |
| 9 | 990 171 | 030 007 | 069 481 | 108 599 | 147 368 | 185 793 | 1 |
| 30 | 990 838 | 030 668 | 070 136 | 109 248 | 148 011 | 186 431 | 30 |
| 1 | 991 504 | 031 329 | 070 791 | 109 897 | 148 654 | 187 068 | 9 |
| 2 | 992 171 | 031 989 | 071 446 | 110 546 | 149 297 | 187 706 | 8 |
| 3 | 992 838 | 032 650 | 072 100 | 111 195 | 149 940 | 188 343 | 7 |
| 4 | 993 504 | 033 310 | 072 755 | 111 843 | 150 583 | 188 980 | 6 |
| 5 | 994 171 | 033 971 | 073 409 | 112 492 | 151 226 | 189 617 | 5 |
| 6 | 994 837 | 034 631 | 074 063 | 113 140 | 151 869 | 190 254 | 4 |
| 7 | 995 503 | 035 291 | 074 717 | 113 789 | 152 511 | 190 891 | 3 |
| 8 | 996 169 | 035 951 | 075 371 | 114 437 | 153 154 | 191 528 | 2 |
| 9 | 996 835 | 036 611 | 076 025 | 115 085 | 153 796 | 192 164 | 1 |
| 40 | 997 501 | 037 271 | 076 679 | 115 733 | 154 438 | 192 801 | 20 |
| 1 | 998 167 | 037 931 | 077 333 | 116 381 | 155 080 | 193 438 | 9 |
| 2 | 998 833 | 038 590 | 077 987 | 117 029 | 155 722 | 194 074 | 8 |
| 3 | $\bar{2}$,4 999 499 | 039 250 | 078 640 | 117 676 | 156 364 | 194 710 | 7 |
| 4 | $\bar{2}$,5 000 164 | 039 909 | 079 294 | 118 324 | 157 006 | 195 347 | 6 |
| 5 | 000 829 | 040 569 | 079 947 | 118 972 | 157 648 | 195 983 | 5 |
| 6 | 001 495 | 041 228 | 080 601 | 119 619 | 158 290 | 196 619 | 4 |
| 7 | 002 160 | 041 887 | 081 254 | 120 266 | 158 931 | 197 255 | 3 |
| 8 | 002 825 | 042 546 | 081 907 | 120 914 | 159 573 | 197 891 | 2 |
| 9 | 003 490 | 043 205 | 082 560 | 121 561 | 160 214 | 198 526 | 1 |
| 50 | 004 155 | 043 864 | 083 213 | 122 208 | 160 856 | 199 162 | 10 |
| 1 | 004 820 | 044 523 | 083 866 | 122 855 | 161 497 | 199 798 | 9 |
| 2 | 005 485 | 045 181 | 084 518 | 123 502 | 162 138 | 200 433 | 8 |
| 3 | 006 149 | 045 840 | 085 171 | 124 148 | 162 779 | 201 069 | 7 |
| 4 | 006 814 | 046 498 | 085 823 | 124 795 | 163 420 | 201 704 | 6 |
| 5 | 007 478 | 047 157 | 086 476 | 125 442 | 164 061 | 202 339 | 5 |
| 6 | 008 142 | 047 815 | 087 128 | 126 088 | 164 701 | 202 974 | 4 |
| 7 | 008 806 | 048 473 | 087 780 | 126 735 | 165 342 | 203 609 | 3 |
| 8 | 009 471 | 049 131 | 088 432 | 127 381 | 165 983 | 204 244 | 2 |
| 9 | 010 135 | 049 789 | 089 084 | 128 027 | 166 623 | 204 879 | 1 |
| 60 | $\bar{2}$,5 010 798 | $\bar{2}$,5 050 447 | $\bar{2}$,5 089 736 | $\bar{2}$,5 128 673 | $\bar{2}$,5 167 264 | $\bar{2}$,5 205 514 | 0 |
| ″ | 11′ | 10′ | 9′ | 8′ | 7′ | 6′ | ″ |

COSINUS 88°

| ″ | 48′ | 49′ | 50′ | 51′ | 52′ | 53′ | ″ |
|---|---|---|---|---|---|---|---|
| 0 | $\bar{1}$,4 972 928 | $\bar{1}$,5 012 982 | $\bar{1}$,5 052 671 | $\bar{1}$,5 092 001 | $\bar{1}$,5 130 978 | $\bar{1}$,5 169 610 | 60 |
| 1 | 973 598 | 013 646 | 053 329 | 092 653 | 131 625 | 170 251 | 9 |
| 2 | 974 269 | 014 311 | 053 987 | 093 305 | 132 272 | 170 892 | 8 |
| 3 | 974 939 | 014 975 | 054 646 | 093 958 | 132 918 | 171 533 | 7 |
| 4 | 975 610 | 015 639 | 055 304 | 094 610 | 133 564 | 172 173 | 6 |
| 5 | 976 280 | 016 303 | 055 962 | 095 262 | 134 211 | 172 814 | 5 |
| 6 | 976 950 | 016 967 | 056 620 | 095 914 | 134 857 | 173 455 | 4 |
| 7 | 977 620 | 017 631 | 057 277 | 096 566 | 135 503 | 174 095 | 3 |
| 8 | 978 290 | 018 295 | 057 935 | 097 218 | 136 149 | 174 735 | 2 |
| 9 | 978 959 | 018 958 | 058 593 | 097 870 | 136 795 | 175 375 | 1 |
| 10 | 979 629 | 019 622 | 059 250 | 098 521 | 137 441 | 176 016 | 50 |
| 1 | 980 299 | 020 285 | 059 908 | 099 173 | 138 087 | 176 656 | 9 |
| 2 | 980 968 | 020 949 | 060 565 | 099 824 | 138 732 | 177 296 | 8 |
| 3 | 981 638 | 021 612 | 061 222 | 100 475 | 139 378 | 177 935 | 7 |
| 4 | 982 307 | 022 275 | 061 879 | 101 127 | 140 023 | 178 575 | 6 |
| 5 | 982 976 | 022 938 | 062 536 | 101 778 | 140 668 | 179 215 | 5 |
| 6 | 983 645 | 023 601 | 063 193 | 102 429 | 141 314 | 179 854 | 4 |
| 7 | 984 314 | 024 264 | 063 850 | 103 080 | 141 959 | 180 494 | 3 |
| 8 | 984 983 | 024 927 | 064 507 | 103 731 | 142 604 | 181 133 | 2 |
| 9 | 985 652 | 025 589 | 065 164 | 104 381 | 143 249 | 181 772 | 1 |
| 20 | 986 320 | 026 252 | 065 820 | 105 032 | 143 894 | 182 412 | 40 |
| 1 | 986 989 | 026 914 | 066 477 | 105 683 | 144 539 | 183 051 | 9 |
| 2 | 987 657 | 027 576 | 067 133 | 106 333 | 145 183 | 183 690 | 8 |
| 3 | 988 325 | 028 239 | 067 789 | 106 983 | 145 828 | 184 329 | 7 |
| 4 | 988 994 | 028 901 | 068 445 | 107 634 | 146 472 | 184 967 | 6 |
| 5 | 989 662 | 029 563 | 069 101 | 108 284 | 147 117 | 185 606 | 5 |
| 6 | 990 330 | 030 225 | 069 757 | 108 934 | 147 761 | 186 245 | 4 |
| 7 | 990 998 | 030 887 | 070 413 | 109 584 | 148 405 | 186 883 | 3 |
| 8 | 991 666 | 031 548 | 071 069 | 110 234 | 149 049 | 187 522 | 2 |
| 9 | 992 333 | 032 210 | 071 724 | 110 883 | 149 693 | 188 160 | 1 |
| 30 | 993 001 | 032 871 | 072 380 | 111 533 | 150 337 | 188 798 | 30 |
| 1 | 993 668 | 033 533 | 073 035 | 112 183 | 150 981 | 189 436 | 9 |
| 2 | 994 336 | 034 194 | 073 691 | 112 832 | 151 625 | 190 074 | 8 |
| 3 | 995 003 | 034 855 | 074 346 | 113 482 | 152 268 | 190 712 | 7 |
| 4 | 995 670 | 035 517 | 075 001 | 114 131 | 152 912 | 191 350 | 6 |
| 5 | 996 337 | 036 178 | 075 656 | 114 780 | 153 555 | 191 988 | 5 |
| 6 | 997 004 | 036 838 | 076 311 | 115 429 | 154 199 | 192 626 | 4 |
| 7 | 997 671 | 037 499 | 076 966 | 116 078 | 154 842 | 193 263 | 3 |
| 8 | 998 338 | 038 160 | 077 621 | 116 727 | 155 485 | 193 901 | 2 |
| 9 | 999 005 | 038 821 | 078 275 | 117 376 | 156 128 | 194 538 | 1 |
| 40 | $\bar{1}$,4 999 671 | 039 481 | 078 930 | 118 025 | 156 771 | 195 175 | 20 |
| 1 | $\bar{1}$,5 000 338 | 040 142 | 079 584 | 118 673 | 157 414 | 195 813 | 9 |
| 2 | 001 004 | 040 802 | 080 239 | 119 322 | 158 057 | 196 450 | 8 |
| 3 | 001 671 | 041 462 | 080 893 | 119 970 | 158 699 | 197 087 | 7 |
| 4 | 002 337 | 042 122 | 081 547 | 120 618 | 159 342 | 197 724 | 6 |
| 5 | 003 003 | 042 782 | 082 201 | 121 267 | 159 984 | 198 361 | 5 |
| 6 | 003 669 | 043 442 | 082 855 | 121 915 | 160 627 | 198 997 | 4 |
| 7 | 004 335 | 044 102 | 083 509 | 122 563 | 161 269 | 199 634 | 3 |
| 8 | 005 000 | 044 762 | 084 163 | 123 211 | 161 911 | 200 271 | 2 |
| 9 | 005 666 | 045 421 | 084 817 | 123 859 | [illegible] | 200 907 | 1 |
| 50 | 006 332 | 046 081 | 085 470 | 124 506 | 163 195 | 201 543 | 10 |
| 1 | 006 997 | 046 740 | 086 124 | 125 154 | 163 837 | 202 180 | 9 |
| 2 | 007 663 | 047 400 | 086 777 | 125 801 | 164 479 | 202 816 | 8 |
| 3 | 008 328 | 048 059 | 087 430 | 126 449 | 165 121 | 203 452 | 7 |
| 4 | 008 993 | 048 718 | 088 084 | 127 096 | 165 762 | 204 088 | 6 |
| 5 | 009 658 | 049 377 | 088 737 | 127 743 | 166 404 | 204 724 | 5 |
| 6 | 010 323 | 050 036 | 089 390 | 128 391 | 167 045 | 205 360 | 4 |
| 7 | 010 988 | 050 695 | 090 042 | 129 038 | 167 687 | 205 995 | 3 |
| 8 | 011 653 | 051 353 | 090 695 | 129 685 | 168 328 | 206 631 | 2 |
| 9 | 012 317 | 052 012 | 091 348 | 130 332 | 168 969 | 207 267 | 1 |
| 60 | $\bar{1}$,5 012 982 | $\bar{1}$,5 052 671 | $\bar{1}$,5 092 001 | $\bar{1}$,5 130 978 | $\bar{1}$,5 169 610 | $\bar{1}$,5 207 902 | 0 |
| ″ | 11′ | 10′ | 9′ | 8′ | 7′ | 6′ | ″ |

COTANGENTE 88°

| ″ | 54′ | 55′ | 56′ | 57′ | 58′ | 59′ | ″ |
|---|---|---|---|---|---|---|---|
| 0 | $\bar{2}$,5 205 514 | $\bar{2}$,5 243 430 | $\bar{2}$,5 281 017 | $\bar{2}$,5 318 281 | $\bar{2}$,5 355 228 | $\bar{2}$,5 391 863 | 60 |
| 1 | 206 148 | 244 059 | 281 641 | 318 900 | 355 842 | 392 471 | 9 |
| 2 | 206 783 | 244 688 | 282 264 | 319 518 | 356 455 | 393 079 | 8 |
| 3 | 207 417 | 245 317 | 282 888 | 320 136 | 357 068 | 393 687 | 7 |
| 4 | 208 052 | 245 946 | 283 511 | 320 754 | 357 680 | 394 295 | 6 |
| 5 | 208 686 | 246 574 | 284 135 | 321 372 | 358 293 | 394 902 | 5 |
| 6 | 209 320 | 247 203 | 284 758 | 321 990 | 358 906 | 395 510 | 4 |
| 7 | 209 954 | 247 832 | 285 381 | 322 608 | 359 518 | 396 117 | 3 |
| 8 | 210 588 | 248 460 | 286 004 | 323 226 | 360 131 | 396 725 | 2 |
| 9 | 211 222 | 249 088 | 286 627 | 323 844 | 360 743 | 397 332 | 1 |
| 10 | 211 856 | 249 717 | 287 250 | 324 461 | 361 356 | 397 939 | 50 |
| 1 | 212 490 | 250 345 | 287 873 | 325 079 | 361 968 | 398 546 | 9 |
| 2 | 213 123 | 250 973 | 288 495 | 325 696 | 362 580 | 399 153 | 8 |
| 3 | 213 757 | 251 601 | 289 118 | 326 313 | 363 192 | 399 760 | 7 |
| 4 | 214 390 | 252 229 | 289 741 | 326 931 | 363 804 | 400 367 | 6 |
| 5 | 215 024 | 252 857 | 290 363 | 327 548 | 364 416 | 400 974 | 5 |
| 6 | 215 657 | 253 485 | 290 985 | 328 165 | 365 028 | 401 581 | 4 |
| 7 | 216 290 | 254 112 | 291 608 | 328 782 | 365 640 | 402 187 | 3 |
| 8 | 216 923 | 254 740 | 292 230 | 329 399 | 366 251 | 402 794 | 2 |
| 9 | 217 556 | 255 367 | 292 852 | 330 015 | 366 863 | 403 400 | 1 |
| 20 | 218 189 | 255 995 | 293 474 | 330 632 | 367 474 | 404 007 | 40 |
| 1 | 218 822 | 256 622 | 294 096 | 331 249 | 368 086 | 404 613 | 9 |
| 2 | 219 455 | 257 249 | 294 718 | 331 865 | 368 697 | 405 219 | 8 |
| 3 | 220 087 | 257 877 | 295 339 | 332 482 | 369 308 | 405 825 | 7 |
| 4 | 220 720 | 258 504 | 295 961 | 333 098 | 369 920 | 406 431 | 6 |
| 5 | 221 352 | 259 131 | 296 583 | 333 714 | 370 531 | 407 037 | 5 |
| 6 | 221 985 | 259 757 | 297 204 | 334 330 | 371 142 | 407 643 | 4 |
| 7 | 222 617 | 260 384 | 297 826 | 334 946 | 371 752 | 408 249 | 3 |
| 8 | 223 249 | 261 011 | 298 447 | 335 562 | 372 363 | 408 854 | 2 |
| 9 | 223 881 | 261 637 | 299 068 | 336 178 | 372 974 | 409 460 | 1 |
| 30 | 224 513 | 262 264 | 299 689 | 336 794 | 373 585 | 410 066 | 30 |
| 1 | 225 145 | 262 890 | 300 310 | 337 410 | 374 195 | 410 671 | 9 |
| 2 | 225 777 | 263 517 | 300 931 | 338 026 | 374 806 | 411 276 | 8 |
| 3 | 226 408 | 264 143 | 301 552 | 338 641 | 375 416 | 411 882 | 7 |
| 4 | 227 040 | 264 769 | 302 173 | 339 257 | 376 026 | 412 487 | 6 |
| 5 | 227 672 | 265 395 | 302 793 | 339 872 | 376 636 | 413 092 | 5 |
| 6 | 228 303 | 266 021 | 303 414 | 340 487 | 377 247 | 413 697 | 4 |
| 7 | 228 934 | 266 647 | 304 034 | 341 103 | 377 857 | 414 302 | 3 |
| 8 | 229 566 | 267 273 | 304 655 | 341 718 | 378 466 | 414 907 | 2 |
| 9 | 230 197 | 267 898 | 305 275 | 342 333 | 379 076 | 415 511 | 1 |
| 40 | 230 828 | 268 524 | 305 895 | 342 948 | 379 686 | 416 116 | 20 |
| 1 | 231 459 | 269 149 | 306 516 | 343 563 | 380 296 | 416 721 | 9 |
| 2 | 232 090 | 269 775 | 307 136 | 344 177 | 380 905 | 417 325 | 8 |
| 3 | 232 720 | 270 400 | 307 756 | 344 792 | 381 515 | 417 929 | 7 |
| 4 | 233 351 | 271 025 | 308 375 | 345 407 | 382 124 | 418 534 | 6 |
| 5 | 233 982 | 271 651 | 308 995 | 346 021 | 382 734 | 419 138 | 5 |
| 6 | 234 612 | 272 276 | 309 615 | 346 636 | 383 343 | 419 742 | 4 |
| 7 | 235 243 | 272 901 | 310 235 | 347 250 | 383 952 | 420 346 | 3 |
| 8 | 235 873 | 273 525 | 310 854 | 347 864 | 384 561 | 420 950 | 2 |
| 9 | 236 503 | 274 150 | 311 473 | 348 478 | 385 170 | 421 554 | 1 |
| 50 | 237 133 | 274 775 | 312 093 | 349 092 | 385 779 | 422 158 | 10 |
| 1 | 237 763 | 275 400 | 312 712 | 349 706 | 386 388 | 422 762 | 9 |
| 2 | 238 393 | 276 024 | 313 331 | 350 320 | 386 997 | 423 365 | 8 |
| 3 | 239 023 | 276 648 | 313 950 | 350 934 | 387 605 | 423 969 | 7 |
| 4 | 239 653 | 277 273 | 314 569 | 351 548 | 388 214 | 424 572 | 6 |
| 5 | 240 283 | 277 897 | 315 188 | 352 161 | 388 822 | 425 176 | 5 |
| 6 | 240 912 | 278 521 | 315 807 | 352 775 | 389 431 | 425 779 | 4 |
| 7 | 241 542 | 279 145 | 316 426 | 353 389 | 390 039 | 426 382 | 3 |
| 8 | 242 171 | 279 769 | 317 044 | 354 002 | 390 647 | 426 986 | 2 |
| 9 | 242 800 | 280 393 | 317 663 | 354 615 | 391 255 | 427 589 | 1 |
| 60 | $\bar{2}$,5 243 430 | $\bar{2}$,5 281 017 | $\bar{2}$,5 318 281 | $\bar{2}$,5 355 228 | $\bar{2}$,5 391 863 | $\bar{2}$,5 428 192 | 0 |
| ″ | 5′ | 4′ | 3′ | 2′ | 1′ | 0′ | ″ |

| ″ | 54′ | 55′ | 56′ | 57′ | 58′ | 59′ | ″ |
|---|---|---|---|---|---|---|---|
| 0 | $\bar{2}$,5 207 902 | $\bar{2}$,5 245 860 | $\bar{2}$,5 283 490 | $\bar{2}$,5 320 797 | $\bar{2}$,5 357 787 | $\bar{2}$,5 394 466 | 60 |
| 1 | 208 537 | 246 490 | 284 114 | 321 416 | 358 401 | 395 075 | 9 |
| 2 | 209 173 | 247 120 | 284 739 | 322 035 | 359 015 | 395 683 | 8 |
| 3 | 209 808 | 247 749 | 285 363 | 322 654 | 359 629 | 396 292 | 7 |
| 4 | 210 443 | 248 379 | 285 987 | 323 273 | 360 242 | 396 900 | 6 |
| 5 | 211 078 | 249 008 | 286 611 | 323 892 | 360 856 | 397 509 | 5 |
| 6 | 211 713 | 249 638 | 287 235 | 324 510 | 361 469 | 398 117 | 4 |
| 7 | 212 348 | 250 267 | 287 859 | 325 129 | 362 082 | 398 725 | 3 |
| 8 | 212 982 | 250 896 | 288 483 | 325 747 | 362 696 | 399 333 | 2 |
| 9 | 213 617 | 251 525 | 289 106 | 326 366 | 363 309 | 399 941 | 1 |
| 10 | 214 251 | 252 154 | 289 730 | 326 984 | 363 922 | 400 549 | 50 |
| 1 | 214 886 | 252 783 | 290 353 | 327 602 | 364 535 | 401 157 | 9 |
| 2 | 215 520 | 253 412 | 290 977 | 328 220 | 365 148 | 401 765 | 8 |
| 3 | 216 154 | 254 041 | 291 600 | 328 838 | 365 761 | 402 372 | 7 |
| 4 | 216 789 | 254 669 | 292 223 | 329 456 | 366 373 | 402 980 | 6 |
| 5 | 217 423 | 255 298 | 292 847 | 330 074 | 366 986 | 403 587 | 5 |
| 6 | 218 057 | 255 926 | 293 470 | 330 692 | 367 599 | 404 195 | 4 |
| 7 | 218 690 | 256 555 | 294 093 | 331 310 | 368 211 | 404 802 | 3 |
| 8 | 219 324 | 257 183 | 294 716 | 331 927 | 368 823 | 405 409 | 2 |
| 9 | 219 958 | 257 811 | 295 338 | 332 545 | 369 436 | 406 017 | 1 |
| 20 | 220 591 | 258 439 | 295 961 | 333 162 | 370 048 | 406 624 | 40 |
| 1 | 221 225 | 259 067 | 296 584 | 333 779 | 370 660 | 407 231 | 9 |
| 2 | 221 858 | 259 695 | 297 206 | 334 397 | 371 272 | 407 838 | 8 |
| 3 | 222 492 | 260 323 | 297 829 | 335 014 | 371 884 | 408 445 | 7 |
| 4 | 223 125 | 260 951 | 298 451 | 335 631 | 372 496 | 409 051 | 6 |
| 5 | 223 758 | 261 579 | 299 073 | 336 248 | 373 108 | 409 658 | 5 |
| 6 | 224 391 | 262 206 | 299 696 | 336 865 | 373 719 | 410 264 | 4 |
| 7 | 225 024 | 262 834 | 300 318 | 337 482 | 374 331 | 410 871 | 3 |
| 8 | 225 657 | 263 461 | 300 940 | 338 098 | 374 942 | 411 477 | 2 |
| 9 | 226 290 | 264 088 | 301 562 | 338 715 | 375 554 | 412 084 | 1 |
| 30 | 226 922 | 264 716 | 302 183 | 339 331 | 376 165 | 412 690 | 30 |
| 1 | 227 555 | 265 343 | 302 805 | 339 948 | 376 777 | 413 296 | 9 |
| 2 | 228 187 | 265 970 | 303 427 | 340 564 | 377 388 | 413 902 | 8 |
| 3 | 228 820 | 266 597 | 304 048 | 341 181 | 377 999 | 414 508 | 7 |
| 4 | 229 452 | 267 223 | 304 670 | 341 797 | 378 610 | 415 114 | 6 |
| 5 | 230 084 | 267 850 | 305 291 | 342 413 | 379 221 | 415 720 | 5 |
| 6 | 230 717 | 268 477 | 305 912 | 343 029 | 379 832 | 416 326 | 4 |
| 7 | 231 349 | 269 103 | 306 534 | 343 645 | 380 442 | 416 931 | 3 |
| 8 | 231 980 | 269 730 | 307 155 | 344 261 | 381 053 | 417 537 | 2 |
| 9 | 232 612 | 270 356 | 307 776 | 344 876 | 381 664 | 418 142 | 1 |
| 40 | 233 244 | 270 983 | 308 397 | 345 492 | 382 274 | 418 748 | 20 |
| 1 | 233 876 | 271 609 | 309 018 | 346 108 | 382 884 | 419 353 | 9 |
| 2 | 234 507 | 272 235 | 309 638 | 346 723 | 383 495 | 419 958 | 8 |
| 3 | 235 139 | 272 861 | 310 259 | 347 339 | 384 105 | 420 563 | 7 |
| 4 | 235 770 | 273 487 | 310 880 | 347 954 | 384 715 | 421 168 | 6 |
| 5 | 236 401 | 274 113 | 311 500 | 348 569 | 385 325 | 421 773 | 5 |
| 6 | 237 033 | 274 739 | 312 121 | 349 184 | 385 935 | 422 378 | 4 |
| 7 | 237 664 | 275 364 | 312 741 | 349 799 | 386 545 | 422 983 | 3 |
| 8 | 238 295 | 275 990 | [illegible] | [illegible] | 387 155 | 423 588 | 2 |
| 9 | 238 926 | 276 615 | 313 981 | 351 029 | 387 765 | 424 193 | 1 |
| 50 | 239 557 | 277 241 | 314 601 | 351 644 | 388 374 | 424 797 | 10 |
| 1 | 240 187 | 277 866 | 315 221 | 352 259 | 388 984 | 425 402 | 9 |
| 2 | 240 818 | 278 491 | 315 841 | 352 873 | 389 593 | 426 006 | 8 |
| 3 | 241 449 | 279 116 | 316 461 | 353 488 | 390 203 | 426 610 | 7 |
| 4 | 242 079 | 279 741 | 317 081 | 354 102 | 390 812 | 427 214 | 6 |
| 5 | 242 709 | 280 366 | 317 700 | 354 717 | 391 421 | 427 819 | 5 |
| 6 | 243 340 | 280 991 | 318 320 | 355 331 | 392 030 | 428 423 | 4 |
| 7 | 243 970 | 281 616 | 318 939 | 355 945 | 392 639 | 429 027 | 3 |
| 8 | 244 600 | 282 241 | 319 559 | 356 559 | 393 248 | 429 631 | 2 |
| 9 | 245 230 | 282 865 | 320 178 | 357 173 | 393 857 | 430 234 | 1 |
| 60 | $\bar{2}$,5 245 860 | $\bar{2}$,5 283 490 | $\bar{2}$,5 320 797 | $\bar{2}$,5 357 787 | $\bar{2}$,5 394 466 | $\bar{2}$,5 430 838 | 0 |
| ″ | 5′ | 4′ | 3′ | 2′ | 1′ | 0′ | ″ |

COTANGENTE 88°

| ″ | 0′ | 1′ | 2′ | 3′ | 4′ | 5′ | ″ |
|---|---|---|---|---|---|---|---|
| 0 | $\bar{2}$,5 428 192 | $\bar{2}$,5 464 218 | $\bar{2}$,5 499 948 | $\bar{2}$,5 535 386 | $\bar{2}$,5 570 536 | $\bar{2}$,5 605 404 | 60 |
| 1 | 428 795 | 464 816 | 500 541 | 535 974 | 571 120 | 605 983 | 9 |
| 2 | 429 397 | 465 414 | 501 134 | 536 562 | 571 703 | 606 562 | 8 |
| 3 | 430 000 | 466 012 | 501 727 | 537 150 | 572 286 | 607 140 | 7 |
| 4 | 430 603 | 466 609 | 502 319 | 537 738 | 572 870 | 607 719 | 6 |
| 5 | 431 205 | 467 207 | 502 912 | 538 326 | 573 453 | 608 297 | 5 |
| 6 | 431 808 | 467 804 | 503 505 | 538 914 | 574 036 | 608 876 | 4 |
| 7 | 432 410 | 468 402 | 504 097 | 539 501 | 574 619 | 609 454 | 3 |
| 8 | 433 012 | 468 999 | 504 690 | 540 089 | 575 202 | 610 032 | 2 |
| 9 | 433 615 | 469 596 | 505 282 | 540 676 | 575 784 | 610 610 | 1 |
| 10 | 434 217 | 470 194 | 505 874 | 541 264 | 576 367 | 611 188 | 50 |
| 1 | 434 819 | 470 791 | 506 466 | 541 851 | 576 950 | 611 766 | 9 |
| 2 | 435 421 | 471 388 | 507 059 | 542 439 | 577 532 | 612 344 | 8 |
| 3 | 436 023 | 471 985 | 507 651 | 543 026 | 578 115 | 612 922 | 7 |
| 4 | 436 625 | 472 581 | 508 243 | 543 613 | 578 697 | 613 500 | 6 |
| 5 | 437 226 | 473 178 | 508 834 | 544 200 | 579 280 | 614 078 | 5 |
| 6 | 437 828 | 473 775 | 509 426 | 544 787 | 579 862 | 614 655 | 4 |
| 7 | 438 430 | 474 371 | 510 018 | 545 374 | 580 444 | 615 233 | 3 |
| 8 | 439 031 | 474 968 | 510 610 | 545 961 | 581 026 | 615 810 | 2 |
| 9 | 439 632 | 475 564 | 511 201 | 546 548 | 581 608 | 616 388 | 1 |
| 20 | 440 234 | 476 161 | 511 793 | 547 134 | 582 190 | 616 965 | 40 |
| 1 | 440 835 | 476 757 | 512 384 | 547 721 | 582 772 | 617 542 | 9 |
| 2 | 441 436 | 477 353 | 512 975 | 548 307 | 583 354 | 618 119 | 8 |
| 3 | 442 037 | 477 949 | 513 567 | 548 894 | 583 935 | 618 696 | 7 |
| 4 | 442 638 | 478 545 | 514 158 | 549 480 | 584 517 | 619 273 | 6 |
| 5 | 443 239 | 479 141 | 514 749 | 550 066 | 585 099 | 619 850 | 5 |
| 6 | 443 840 | 479 737 | 515 340 | 550 653 | 585 680 | 620 427 | 4 |
| 7 | 444 441 | 480 333 | 515 931 | 551 239 | 586 262 | 621 004 | 3 |
| 8 | 445 041 | 480 929 | 516 522 | 551 825 | 586 843 | 621 581 | 2 |
| 9 | 445 642 | 481 524 | 517 112 | 552 411 | 587 424 | 622 157 | 1 |
| 30 | 446 242 | 482 120 | 517 703 | 552 997 | 588 005 | 622 734 | 30 |
| 1 | 446 843 | 482 715 | 518 294 | 553 582 | 588 586 | 623 310 | 9 |
| 2 | 447 443 | 483 311 | 518 884 | 554 168 | 589 167 | 623 887 | 8 |
| 3 | 448 043 | 483 906 | 519 474 | 554 754 | 589 748 | 624 463 | 7 |
| 4 | 448 643 | 484 501 | 520 065 | 555 339 | 590 329 | 625 039 | 6 |
| 5 | 449 243 | 485 096 | 520 655 | 555 925 | 590 910 | 625 615 | 5 |
| 6 | 449 843 | 485 691 | 521 245 | 556 510 | 591 491 | 626 191 | 4 |
| 7 | 450 443 | 486 286 | 521 835 | 557 095 | 592 071 | 626 767 | 3 |
| 8 | 451 043 | 486 881 | 522 425 | 557 681 | 592 652 | 627 343 | 2 |
| 9 | 451 643 | 487 476 | 523 015 | 558 266 | 593 232 | 627 919 | 1 |
| 40 | 452 243 | 488 071 | 523 605 | 558 851 | 593 813 | 628 495 | 20 |
| 1 | 452 842 | 488 665 | 524 195 | 559 436 | 594 393 | 629 071 | 9 |
| 2 | 453 442 | 489 260 | 524 785 | 560 021 | 594 973 | 629 646 | 8 |
| 3 | 454 041 | 489 854 | 525 374 | 560 606 | 595 553 | 630 222 | 7 |
| 4 | 454 640 | 490 449 | 525 964 | 561 191 | 596 134 | 630 797 | 6 |
| 5 | 455 240 | 491 043 | 526 553 | 561 775 | 596 714 | 631 373 | 5 |
| 6 | 455 839 | 491 637 | 527 143 | 562 360 | 597 293 | 631 948 | 4 |
| 7 | 456 438 | 492 231 | 527 732 | 562 944 | 597 873 | 632 523 | 3 |
| 8 | 457 037 | 492 825 | 528 321 | 563 529 | 598 453 | 633 098 | 2 |
| 9 | 457 636 | 493 419 | 528 910 | 564 143 | 599 033 | 633 673 | 1 |
| 50 | 458 234 | 494 013 | 529 499 | 564 698 | 599 612 | 634 248 | 10 |
| 1 | 458 833 | 494 607 | 530 088 | 565 282 | 600 192 | 634 823 | 9 |
| 2 | 459 432 | 495 201 | 530 677 | 565 866 | 600 771 | 635 398 | 8 |
| 3 | 460 030 | 495 795 | 531 266 | 566 450 | 601 351 | 635 973 | 7 |
| 4 | 460 629 | 496 388 | 531 855 | 567 034 | 601 930 | 636 548 | 6 |
| 5 | 461 227 | 496 982 | 532 444 | 567 618 | 602 509 | 637 122 | 5 |
| 6 | 461 826 | 497 575 | 533 032 | 568 202 | 603 088 | 637 697 | 4 |
| 7 | 462 424 | 498 168 | 533 621 | 568 785 | 603 668 | 638 271 | 3 |
| 8 | 463 022 | 498 762 | 534 209 | 569 369 | 604 247 | 638 846 | 2 |
| 9 | 463 620 | 499 355 | 534 797 | 569 953 | 604 825 | 639 420 | 1 |
| 60 | $\bar{2}$,5 464 218 | $\bar{2}$,5 499 948 | $\bar{2}$,5 535 386 | $\bar{2}$,5 570 536 | $\bar{2}$,5 605 404 | $\bar{2}$,5 639 994 | 0 |
| ″ | 59′ | 58′ | 57′ | 56′ | 55′ | 54′ | ″ |

COSINUS 87°

| ″ | 0′ | 1′ | 2′ | 3′ | 4′ | 5′ | ″ |
|---|---|---|---|---|---|---|---|
| 0 | $\bar{2}$,5 430 838 | $\bar{2}$,5 466 909 | $\bar{2}$,5 502 683 | $\bar{2}$,5 538 166 | $\bar{2}$,5 573 362 | $\bar{2}$,5 608 276 | 60 |
| 1 | 431 442 | 467 507 | 503 277 | 538 755 | 573 946 | 608 855 | 9 |
| 2 | 432 045 | 468 106 | 503 871 | 539 344 | 574 530 | 609 435 | 8 |
| 3 | 432 649 | 468 705 | 504 464 | 539 933 | 575 114 | 610 014 | 7 |
| 4 | 433 252 | 469 303 | 505 058 | 540 521 | 575 698 | 610 594 | 6 |
| 5 | 433 855 | 469 901 | 505 651 | 541 110 | 576 282 | 611 173 | 5 |
| 6 | 434 459 | 470 500 | 506 245 | 541 698 | 576 866 | 611 752 | 4 |
| 7 | 435 062 | 471 098 | 506 838 | 542 287 | 577 450 | 612 331 | 3 |
| 8 | 435 665 | 471 696 | 507 431 | 542 875 | 578 033 | 612 910 | 2 |
| 9 | 436 268 | 472 294 | 508 024 | 543 464 | 578 617 | 613 489 | 1 |
| 10 | 436 871 | 472 892 | 508 617 | 544 052 | 579 201 | 614 068 | 50 |
| 1 | 437 473 | 473 490 | 509 210 | 544 640 | 579 784 | 614 646 | 9 |
| 2 | 438 076 | 474 087 | 509 803 | 545 228 | 580 367 | 615 225 | 8 |
| 3 | 438 679 | 474 685 | 510 396 | 545 816 | 580 951 | 615 804 | 7 |
| 4 | 439 281 | 475 283 | 510 988 | 546 404 | 581 534 | 616 382 | 6 |
| 5 | 439 884 | 475 880 | 511 581 | 546 992 | 582 117 | 616 961 | 5 |
| 6 | 440 486 | 476 477 | 512 174 | 547 580 | 582 700 | 617 539 | 4 |
| 7 | 441 088 | 477 075 | 512 766 | 548 167 | 583 283 | 618 117 | 3 |
| 8 | 441 691 | 477 672 | 513 358 | 548 755 | 583 866 | 618 696 | 2 |
| 9 | 442 293 | 478 269 | 513 951 | 549 342 | 584 448 | 619 274 | 1 |
| 20 | 442 895 | 478 866 | 514 543 | 549 930 | 585 031 | 619 852 | 40 |
| 1 | 443 497 | 479 463 | 515 135 | 550 517 | 585 614 | 620 430 | 9 |
| 2 | 444 099 | 480 060 | 515 727 | 551 104 | 586 196 | 621 008 | 8 |
| 3 | 444 701 | 480 657 | 516 319 | 551 692 | 586 779 | 621 586 | 7 |
| 4 | 445 302 | 481 254 | 516 911 | 552 279 | 587 361 | 622 163 | 6 |
| 5 | 445 904 | 481 851 | 517 503 | 552 866 | 587 944 | 622 741 | 5 |
| 6 | 446 505 | 482 447 | 518 095 | 553 453 | 588 526 | 623 319 | 4 |
| 7 | 447 107 | 483 044 | 518 686 | 554 039 | 589 108 | 623 896 | 3 |
| 8 | 447 708 | 483 640 | 519 278 | 554 626 | 589 690 | 624 474 | 2 |
| 9 | 448 310 | 484 236 | 519 869 | 555 213 | 590 272 | 625 051 | 1 |
| 30 | 448 911 | 484 833 | 520 461 | 555 800 | 590 854 | 625 628 | 30 |
| 1 | 449 512 | 485 429 | 521 052 | 556 386 | 591 436 | 626 206 | 9 |
| 2 | 450 113 | 486 025 | 521 643 | 556 973 | 592 018 | 626 783 | 8 |
| 3 | 450 714 | 486 621 | 522 235 | 557 559 | 592 599 | 627 360 | 7 |
| 4 | 451 315 | 487 217 | 522 826 | 558 145 | 593 181 | 627 937 | 6 |
| 5 | 451 916 | 487 813 | 523 417 | 558 732 | 593 762 | 628 514 | 5 |
| 6 | 452 516 | 488 409 | 524 008 | 559 318 | 594 344 | 629 091 | 4 |
| 7 | 453 117 | 489 004 | 524 598 | 559 904 | 594 925 | 629 667 | 3 |
| 8 | 453 718 | 489 600 | 525 189 | 560 490 | 595 507 | 630 244 | 2 |
| 9 | 454 318 | 490 196 | 525 780 | 561 076 | 596 088 | 630 821 | 1 |
| 40 | 454 918 | 490 791 | 526 371 | 561 662 | 596 669 | 631 397 | 20 |
| 1 | 455 519 | 491 386 | 526 961 | 562 247 | 597 250 | 631 974 | 9 |
| 2 | 456 119 | 491 982 | 527 552 | 562 833 | 597 831 | 632 550 | 8 |
| 3 | 456 719 | 492 577 | 528 142 | 563 419 | 598 412 | 633 126 | 7 |
| 4 | 457 319 | 493 172 | 528 732 | 564 004 | 598 993 | 633 703 | 6 |
| 5 | 457 919 | 493 767 | 529 322 | 564 590 | 599 574 | 634 279 | 5 |
| 6 | 458 519 | 494 362 | 529 913 | 565 175 | 600 154 | 634 855 | 4 |
| 7 | 459 119 | 494 957 | 530 503 | 565 760 | 600 735 | 635 431 | 3 |
| 8 | 459 719 | 495 552 | 531 093 | 566 346 | 601 315 | 636 007 | 2 |
| 9 | 460 318 | 496 147 | 531 682 | 566 931 | 601 896 | 636 583 | 1 |
| 50 | 460 918 | 496 741 | 532 272 | 567 516 | 602 476 | 637 158 | 10 |
| 1 | 461 517 | 497 336 | 532 862 | 568 101 | 603 057 | 637 734 | 9 |
| 2 | 462 117 | 497 930 | 533 452 | 568 686 | 603 637 | 638 310 | 8 |
| 3 | 462 716 | 498 525 | 534 041 | 569 270 | 604 217 | 638 885 | 7 |
| 4 | 463 315 | 499 119 | 534 631 | 569 855 | 604 797 | 639 461 | 6 |
| 5 | 463 914 | 499 713 | 535 220 | 570 440 | 605 377 | 640 036 | 5 |
| 6 | 464 513 | 500 307 | 535 810 | 571 024 | 605 957 | 640 611 | 4 |
| 7 | 465 112 | 500 901 | 536 399 | 571 609 | 606 537 | 641 187 | 3 |
| 8 | 465 711 | 501 495 | 536 988 | 572 193 | 607 117 | 641 762 | 2 |
| 9 | 466 310 | 502 089 | 537 577 | 572 778 | 607 696 | 642 337 | 1 |
| 60 | $\bar{2}$,5 466 909 | $\bar{2}$,5 502 683 | $\bar{2}$,5 538 166 | $\bar{2}$,5 573 362 | $\bar{2}$,5 608 276 | $\bar{2}$,5 642 912 | 0 |
| ″ | 59′ | 58′ | 57′ | 56′ | 55′ | 54′ | ″ |

| ″ | 6′ | 7′ | 8′ | 9′ | 10′ | 11′ | ″ |
|---|---|---|---|---|---|---|---|
| 0 | $\bar{2}$,5 639 994 | $\bar{2}$,5 674 310 | $\bar{2}$,5 708 357 | $\bar{2}$,5 742 139 | $\bar{2}$,5 775 660 | $\bar{2}$,5 808 923 | 60 |
| 1 | 640 568 | 674 880 | 708 923 | 742 700 | 776 216 | 809 475 | 9 |
| 2 | 641 142 | 675 450 | 709 488 | 743 261 | 776 772 | 810 027 | 8 |
| 3 | 641 716 | 676 019 | 710 053 | 743 821 | 777 329 | 810 580 | 7 |
| 4 | 642 290 | 676 589 | 710 618 | 744 382 | 777 885 | 811 132 | 6 |
| 5 | 642 864 | 677 158 | 711 183 | 744 942 | 778 441 | 811 683 | 5 |
| 6 | 643 438 | 677 727 | 711 747 | 745 503 | 778 997 | 812 235 | 4 |
| 7 | 644 012 | 678 296 | 712 312 | 746 063 | 779 553 | 812 787 | 3 |
| 8 | 644 585 | 678 866 | 712 877 | 746 623 | 780 109 | 813 339 | 2 |
| 9 | 645 159 | 679 435 | 713 441 | 747 184 | 780 665 | 813 891 | 1 |
| 10 | 645 732 | 680 004 | 714 006 | 747 744 | 781 221 | 814 442 | 50 |
| 1 | 646 306 | 680 572 | 714 570 | 748 304 | 781 777 | 814 994 | 9 |
| 2 | 646 879 | 681 141 | 715 135 | 748 864 | 782 333 | 815 545 | 8 |
| 3 | 647 452 | 681 710 | 715 699 | 749 424 | 782 888 | 816 097 | 7 |
| 4 | 648 026 | 682 279 | 716 263 | 749 984 | 783 444 | 816 648 | 6 |
| 5 | 648 599 | 682 847 | 716 827 | 750 543 | 783 999 | 817 199 | 5 |
| 6 | 649 172 | 683 416 | 717 392 | 751 103 | 784 555 | 817 750 | 4 |
| 7 | 649 745 | 683 984 | 717 956 | 751 663 | 785 110 | 818 301 | 3 |
| 8 | 650 318 | 684 553 | 718 520 | 752 222 | 785 665 | 818 853 | 2 |
| 9 | 650 890 | 685 121 | 719 083 | 752 782 | 786 221 | 819 403 | 1 |
| 20 | 651 463 | 685 689 | 719 647 | 753 341 | 786 776 | 819 954 | 40 |
| 1 | 652 036 | 686 257 | 720 211 | 753 901 | 787 331 | 820 505 | 9 |
| 2 | 652 608 | 686 825 | 720 775 | 754 460 | 787 886 | 821 056 | 8 |
| 3 | 653 181 | 687 393 | 721 338 | 755 019 | 788 441 | 821 607 | 7 |
| 4 | 653 753 | 687 961 | 721 902 | 755 578 | 788 996 | 822 157 | 6 |
| 5 | 654 326 | 688 529 | 722 465 | 756 137 | 789 550 | 822 708 | 5 |
| 6 | 654 898 | 689 097 | 723 028 | 756 696 | 790 105 | 823 258 | 4 |
| 7 | 655 470 | 689 665 | 723 592 | 757 255 | 790 660 | 823 809 | 3 |
| 8 | 656 042 | 690 232 | 724 155 | 757 814 | 791 214 | 824 359 | 2 |
| 9 | 656 614 | 690 800 | 724 718 | 758 373 | 791 769 | 824 909 | 1 |
| 30 | 657 186 | 691 367 | 725 281 | 758 932 | 792 323 | 825 460 | 30 |
| 1 | 657 758 | 691 935 | 725 844 | 759 490 | 792 878 | 826 010 | 9 |
| 2 | 658 330 | 692 502 | 726 407 | 760 049 | 793 432 | 826 560 | 8 |
| 3 | 658 902 | 693 069 | 726 970 | 760 607 | 793 986 | 827 110 | 7 |
| 4 | 659 473 | 693 637 | 727 533 | 761 166 | 794 540 | 827 660 | 6 |
| 5 | 660 045 | 694 204 | 728 095 | 761 724 | 795 094 | 828 210 | 5 |
| 6 | 660 617 | 694 771 | 728 658 | 762 282 | 795 648 | 828 759 | 4 |
| 7 | 661 188 | 695 338 | 729 220 | 762 841 | 796 202 | 829 309 | 3 |
| 8 | 661 759 | 695 905 | 729 783 | 763 399 | 796 756 | 829 859 | 2 |
| 9 | 662 331 | 696 471 | 730 345 | 763 957 | 797 310 | 830 408 | 1 |
| 40 | 662 902 | 697 038 | 730 908 | 764 515 | 797 864 | 830 958 | 20 |
| 1 | 663 473 | 697 605 | 731 470 | 765 073 | 798 417 | 831 507 | 9 |
| 2 | 664 044 | 698 171 | 732 032 | 765 631 | 798 971 | 832 057 | 8 |
| 3 | 664 615 | 698 738 | 732 594 | 766 188 | 799 524 | 832 606 | 7 |
| 4 | 665 186 | 699 304 | 733 156 | 766 746 | 800 078 | 833 155 | 6 |
| 5 | 665 757 | 699 871 | 733 718 | 767 304 | 800 631 | 833 704 | 5 |
| 6 | 666 328 | 700 437 | 734 280 | 767 861 | 801 184 | 834 253 | 4 |
| 7 | 666 898 | 701 003 | 734 842 | 768 419 | 801 738 | 834 802 | 3 |
| 8 | 667 469 | 701 569 | 735 404 | 768 976 | 802 291 | 835 351 | 2 |
| 9 | 668 039 | 702 135 | 735 965 | 769 533 | 802 844 | 835 900 | 1 |
| 50 | 668 610 | 702 701 | 736 527 | 770 091 | 803 397 | 836 449 | 10 |
| 1 | 669 180 | 703 267 | 737 089 | 770 648 | 803 950 | 836 998 | 9 |
| 2 | 669 751 | 703 833 | 737 650 | 771 205 | 804 503 | 837 546 | 8 |
| 3 | 670 321 | 704 399 | 738 211 | 771 762 | 805 055 | 838 095 | 7 |
| 4 | 670 891 | 704 965 | 738 773 | 772 319 | 805 608 | 838 644 | 6 |
| 5 | 671 461 | 705 530 | 739 334 | 772 876 | 806 161 | 839 192 | 5 |
| 6 | 672 031 | 706 096 | 739 895 | 773 433 | 806 713 | 839 740 | 4 |
| 7 | 672 601 | 706 661 | 740 456 | 773 990 | 807 266 | 840 289 | 3 |
| 8 | 673 171 | 707 227 | 741 017 | 774 546 | 807 818 | 840 837 | 2 |
| 9 | 673 741 | 707 792 | 741 578 | 775 103 | 808 371 | 841 385 | 1 |
| 60 | $\bar{2}$,5 674 310 | $\bar{2}$,5 708 357 | $\bar{2}$,5 742 139 | $\bar{2}$,5 775 660 | $\bar{2}$,5 808 923 | $\bar{2}$,5 841 933 | 0 |
| ″ | 53′ | 52′ | 51′ | 50′ | 49′ | 48′ | ″ |

COSINUS 87°

| ″ | 6′ | 7′ | 8′ | 9′ | 10′ | 11′ | ″ |
|---|---|---|---|---|---|---|---|
| 0 | 2̄,5 642 912 | 2̄,5 677 275 | 2̄,5 711 368 | 2̄,5 745 197 | 2̄,5 778 766 | 2̄,5 812 077 | 60 |
| 1 | 643 487 | 677 845 | 711 934 | 745 759 | 779 323 | 812 630 | 9 |
| 2 | 644 062 | 678 415 | 712 500 | 746 320 | 779 880 | 813 183 | 8 |
| 3 | 644 637 | 678 986 | 713 066 | 746 882 | 780 437 | 813 736 | 7 |
| 4 | 645 211 | 679 556 | 713 632 | 747 443 | 780 994 | 814 289 | 6 |
| 5 | 645 786 | 680 126 | 714 198 | 748 005 | 781 551 | 814 841 | 5 |
| 6 | 646 360 | 680 696 | 714 763 | 748 566 | 782 108 | 815 394 | 4 |
| 7 | 646 935 | 681 266 | 715 329 | 749 127 | 782 665 | 815 947 | 3 |
| 8 | 647 509 | 681 836 | 715 894 | 749 688 | 783 222 | 816 499 | 2 |
| 9 | 648 084 | 682 406 | 716 460 | 750 249 | 783 779 | 817 052 | 1 |
| 10 | 648 658 | 682 976 | 717 025 | 750 810 | 784 335 | 817 604 | 50 |
| 1 | 649 232 | 683 545 | 717 590 | 751 371 | 784 892 | 818 157 | 9 |
| 2 | 649 806 | 684 115 | 718 155 | 751 932 | 785 448 | 818 709 | 8 |
| 3 | 650 380 | 684 684 | 718 720 | 752 492 | 786 005 | 819 261 | 7 |
| 4 | 650 954 | 685 254 | 719 285 | 753 053 | 786 561 | 819 813 | 6 |
| 5 | 651 528 | 685 823 | 719 850 | 753 614 | 787 117 | 820 365 | 5 |
| 6 | 652 102 | 686 393 | 720 415 | 754 174 | 787 674 | 820 917 | 4 |
| 7 | 652 676 | 686 962 | 720 980 | 754 735 | 788 230 | 821 469 | 3 |
| 8 | 653 249 | 687 531 | 721 545 | 755 295 | 788 786 | 822 021 | 2 |
| 9 | 653 823 | 688 100 | 722 109 | 755 855 | 789 342 | 822 573 | 1 |
| 20 | 654 396 | 688 669 | 722 674 | 756 416 | 789 898 | 823 124 | 40 |
| 1 | 654 970 | 689 238 | 723 238 | 756 976 | 790 454 | 823 676 | 9 |
| 2 | 655 543 | 689 807 | 723 803 | 757 536 | 791 009 | 824 228 | 8 |
| 3 | 656 116 | 690 376 | 724 367 | 758 096 | 791 565 | 824 779 | 7 |
| 4 | 656 690 | 690 944 | 724 932 | 758 656 | 792 121 | 825 331 | 6 |
| 5 | 657 263 | 691 513 | 725 496 | 759 216 | 792 676 | 825 882 | 5 |
| 6 | 657 836 | 692 081 | 726 060 | 759 775 | 793 232 | 826 433 | 4 |
| 7 | 658 409 | 692 650 | 726 624 | 760 335 | 793 787 | 826 984 | 3 |
| 8 | 658 982 | 693 218 | 727 188 | 760 895 | 794 343 | 827 536 | 2 |
| 9 | 659 554 | 693 787 | 727 752 | 761 454 | 794 898 | 828 087 | 1 |
| 30 | 660 127 | 694 355 | 728 316 | 762 014 | 795 453 | 828 638 | 30 |
| 1 | 660 700 | 694 923 | 728 880 | 762 573 | 796 008 | 829 189 | 9 |
| 2 | 661 272 | 695 491 | 729 443 | 763 133 | 796 563 | 829 739 | 8 |
| 3 | 661 845 | 696 059 | 730 007 | 763 692 | 797 118 | 830 290 | 7 |
| 4 | 662 417 | 696 627 | 730 570 | 764 251 | 797 673 | 830 841 | 6 |
| 5 | 662 990 | 697 195 | 731 134 | 764 810 | 798 228 | 831 392 | 5 |
| 6 | 663 562 | 697 763 | 731 697 | 765 369 | 798 783 | 831 942 | 4 |
| 7 | 664 134 | 698 331 | 732 261 | 765 928 | 799 338 | 832 493 | 3 |
| 8 | 664 706 | 698 898 | 732 824 | 766 487 | 799 892 | 833 043 | 2 |
| 9 | 665 279 | 699 466 | 733 387 | 767 046 | 800 447 | 833 594 | 1 |
| 40 | 665 851 | 700 034 | 733 950 | 767 605 | 801 001 | 834 144 | 20 |
| 1 | 666 422 | 700 601 | 734 513 | 768 164 | 801 556 | 834 694 | 9 |
| 2 | 666 994 | 701 168 | 735 076 | 768 722 | 802 110 | 835 244 | 8 |
| 3 | 667 566 | 701 736 | 735 639 | 769 281 | 802 665 | 835 794 | 7 |
| 4 | 668 138 | 702 303 | 736 202 | 769 839 | 803 219 | 836 344 | 6 |
| 5 | 668 709 | 702 870 | 736 765 | 770 398 | 803 773 | 836 894 | 5 |
| 6 | 669 281 | 703 437 | 737 327 | 770 956 | 804 327 | 837 444 | 4 |
| 7 | 669 852 | 704 004 | 737 890 | 771 514 | 804 881 | 837 994 | 3 |
| 8 | 670 424 | 704 571 | 738 453 | 772 073 | 805 435 | 838 544 | 2 |
| 9 | 670 995 | 705 138 | 739 016 | 772 631 | 805 989 | 839 094 | 1 |
| 50 | 671 566 | 705 705 | 739 577 | 773 189 | 806 543 | 839 643 | 10 |
| 1 | 672 138 | 706 271 | 740 140 | 773 747 | 807 096 | 840 193 | 9 |
| 2 | 672 709 | 706 838 | 740 702 | 774 305 | 807 650 | 840 742 | 8 |
| 3 | 673 280 | 707 405 | 741 264 | 774 863 | 808 204 | 841 292 | 7 |
| 4 | 673 851 | 707 971 | 741 826 | 775 420 | 808 757 | 841 841 | 6 |
| 5 | 674 421 | 708 537 | 742 388 | 775 978 | 809 311 | 842 390 | 5 |
| 6 | 674 992 | 709 104 | 742 950 | 776 536 | 809 864 | 842 939 | 4 |
| 7 | 675 563 | 709 670 | 743 512 | 777 093 | 810 417 | 843 489 | 3 |
| 8 | 676 134 | 710 236 | 744 074 | 777 651 | 810 971 | 844 038 | 2 |
| 9 | 676 704 | 710 802 | 744 636 | 778 208 | 811 524 | 844 587 | 1 |
| 60 | 2,5 677 275 | 2,5 711 368 | 2,5 745 197 | 2,5 778 766 | 2,5 812 077 | 2,5 845 136 | 0 |
| ″ | 53′ | 52′ | 51′ | 50′ | 49′ | 48′ | ″ |

COTANGENTE 87°

| ″ | 12′ | 13′ | 14′ | 15′ | 16′ | 17′ | ″ |
|---|---|---|---|---|---|---|---|
| 0 | $\bar{2}$,5 841 933 | $\bar{2}$,5 874 694 | $\bar{2}$,5 907 209 | $\bar{2}$,5 939 483 | $\bar{2}$,5 971 517 | $\bar{2}$,6 003 317 | 60 |
| 1 | 842 481 | 875 238 | 907 749 | 940 018 | 972 049 | 003 845 | 9 |
| 2 | 843 029 | 875 782 | 908 289 | 940 554 | 972 581 | 004 373 | 8 |
| 3 | 843 577 | 876 326 | 908 829 | 941 090 | 973 113 | 004 901 | 7 |
| 4 | 844 125 | 876 869 | 909 368 | 941 626 | 973 645 | 005 429 | 6 |
| 5 | 844 673 | 877 413 | 909 908 | 942 161 | 974 176 | 005 957 | 5 |
| 6 | 845 221 | 877 957 | 910 448 | 942 697 | 974 708 | 006 484 | 4 |
| 7 | 845 768 | 878 500 | 910 987 | 943 232 | 975 239 | 007 012 | 3 |
| 8 | 846 316 | 879 044 | 911 526 | 943 768 | 975 771 | 007 540 | 2 |
| 9 | 846 863 | 879 587 | 912 066 | 944 303 | 976 302 | 008 067 | 1 |
| 10 | 847 411 | 880 130 | 912 605 | 944 838 | 976 834 | 008 595 | 50 |
| 1 | 847 958 | 880 674 | 913 144 | 945 373 | 977 365 | 009 122 | 9 |
| 2 | 848 505 | 881 217 | 913 683 | 945 908 | 977 896 | 009 649 | 8 |
| 3 | 849 052 | 881 760 | 914 222 | 946 444 | 978 427 | 010 177 | 7 |
| 4 | 849 600 | 882 303 | 914 761 | 946 979 | 978 958 | 010 704 | 6 |
| 5 | 850 147 | 882 846 | 915 300 | 947 513 | 979 489 | 011 231 | 5 |
| 6 | 850 694 | 883 389 | 915 839 | 948 048 | 980 020 | 011 758 | 4 |
| 7 | 851 241 | 883 932 | 916 378 | 948 583 | 980 551 | 012 285 | 3 |
| 8 | 851 788 | 884 474 | 916 917 | 949 118 | 981 082 | 012 812 | 2 |
| 9 | 852 334 | 885 017 | 917 455 | 949 653 | 981 613 | 013 339 | 1 |
| 20 | 852 881 | 885 560 | 917 994 | 950 187 | 982 143 | 013 866 | 40 |
| 1 | 853 428 | 886 102 | 918 532 | 950 722 | 982 674 | 014 392 | 9 |
| 2 | 853 974 | 886 645 | 919 071 | 951 256 | 983 204 | 014 919 | 8 |
| 3 | 854 521 | 887 187 | 919 609 | 951 791 | 983 735 | 015 446 | 7 |
| 4 | 855 067 | 887 729 | 920 147 | 952 325 | 984 265 | 015 972 | 6 |
| 5 | 855 614 | 888 272 | 920 686 | 952 859 | 984 796 | 016 499 | 5 |
| 6 | 856 160 | 888 814 | 921 224 | 953 393 | 985 326 | 017 025 | 4 |
| 7 | 856 706 | 889 356 | 921 762 | 953 928 | 985 856 | 017 551 | 3 |
| 8 | 857 252 | 889 898 | 922 300 | 954 462 | 986 386 | 018 078 | 2 |
| 9 | 857 799 | 890 440 | 922 838 | 954 996 | 986 916 | 018 604 | 1 |
| 30 | 858 345 | 890 982 | 923 376 | 955 530 | 987 446 | 019 130 | 30 |
| 1 | 858 891 | 891 524 | 923 914 | 956 063 | 987 976 | 019 656 | 9 |
| 2 | 859 437 | 892 066 | 924 452 | 956 597 | 988 506 | 020 182 | 8 |
| 3 | 859 982 | 892 608 | 924 989 | 957 131 | 989 036 | 020 708 | 7 |
| 4 | 860 528 | 893 149 | 925 527 | 957 665 | 989 566 | 021 234 | 6 |
| 5 | 861 074 | 893 691 | 926 065 | 958 198 | 990 096 | 021 760 | 5 |
| 6 | 861 619 | 894 233 | 926 602 | 958 732 | 990 625 | 022 286 | 4 |
| 7 | 862 165 | 894 774 | 927 140 | 959 265 | 991 155 | 022 812 | 3 |
| 8 | 862 711 | 895 315 | 927 677 | 959 799 | 991 684 | 023 337 | 2 |
| 9 | 863 256 | 895 857 | 928 214 | 960 332 | 992 214 | 023 863 | 1 |
| 40 | 863 801 | 896 398 | 928 751 | 960 865 | 992 743 | 024 388 | 20 |
| 1 | 864 347 | 896 939 | 929 289 | 961 399 | 993 272 | 024 914 | 9 |
| 2 | 864 892 | 897 480 | 929 826 | 961 932 | 993 802 | 025 439 | 8 |
| 3 | 865 437 | 898 021 | 930 363 | 962 465 | 994 331 | 025 965 | 7 |
| 4 | 865 982 | 898 562 | 930 900 | 962 998 | 994 860 | 026 490 | 6 |
| 5 | 866 527 | 899 103 | 931 437 | 963 531 | 995 389 | 027 015 | 5 |
| 6 | 867 072 | 899 644 | 931 974 | 964 064 | 995 918 | 027 540 | 4 |
| 7 | 867 617 | 900 185 | 932 510 | 964 597 | 996 447 | 028 065 | 3 |
| 8 | 868 162 | 900 726 | 933 047 | 965 129 | 996 976 | 028 590 | 2 |
| 9 | 868 706 | 901 266 | 933 584 | 965 662 | 997 505 | 029 115 | 1 |
| 50 | 869 251 | 901 807 | 934 120 | 966 195 | 998 033 | 029 640 | 10 |
| 1 | 869 796 | 902 348 | 934 657 | 966 727 | 998 562 | 030 165 | 9 |
| 2 | 870 340 | 902 888 | 935 193 | 967 260 | 999 091 | 030 690 | 8 |
| 3 | 870 885 | 903 428 | 935 730 | 967 792 | $\bar{2}$,5 999 619 | 031 214 | 7 |
| 4 | 871 429 | 903 969 | 936 266 | 968 325 | $\bar{2}$,6 000 148 | 031 739 | 6 |
| 5 | 871 973 | 904 509 | 936 802 | 968 857 | 000 676 | 032 264 | 5 |
| 6 | 872 518 | 905 049 | 937 338 | 969 389 | 001 204 | 032 788 | 4 |
| 7 | 873 062 | 905 589 | 937 875 | 969 921 | 001 733 | 033 313 | 3 |
| 8 | 873 606 | 906 129 | 938 411 | 970 453 | 002 261 | 033 837 | 2 |
| 9 | 874 150 | 906 669 | 938 947 | 970 985 | 002 789 | 034 361 | 1 |
| 60 | $\bar{2}$,5 874 694 | $\bar{2}$,5 907 209 | $\bar{2}$,5 939 483 | $\bar{2}$,5 971 517 | $\bar{2}$,6 003 317 | $\bar{2}$,6 034 886 | 0 |
| ″ | 47′ | 46′ | 45′ | 44′ | 43′ | 42′ | ″ |

COSINUS 87°

| " | 12' | 13' | 14' | 15' | 16' | 17' | " |
|---|---|---|---|---|---|---|---|
| 0 | $\bar{2}$,5 845 136 | $\bar{2}$,5 877 945 | $\bar{2}$,5 910 509 | $\bar{2}$,5 942 832 | $\bar{2}$,5 974 917 | $\bar{2}$,6 006 767 | 60 |
| 1 | 845 684 | 878 490 | 911 050 | 943 369 | 975 449 | 007 296 | 9 |
| 2 | 846 233 | 879 035 | 911 591 | 943 905 | 975 982 | 007 824 | 8 |
| 3 | 846 782 | 879 579 | 912 131 | 944 442 | 976 515 | 008 353 | 7 |
| 4 | 847 331 | 880 124 | 912 672 | 944 978 | 977 047 | 008 882 | 6 |
| 5 | 847 879 | 880 668 | 913 212 | 945 515 | 977 580 | 009 410 | 5 |
| 6 | 848 428 | 881 213 | 913 753 | 946 051 | 978 112 | 009 939 | 4 |
| 7 | 848 976 | 881 757 | 914 293 | 946 588 | 978 645 | 010 468 | 3 |
| 8 | 849 524 | 882 301 | 914 833 | 947 124 | 979 177 | 010 996 | 2 |
| 9 | 850 073 | 882 845 | 915 373 | 947 660 | 979 709 | 011 524 | 1 |
| 10 | 850 621 | 883 389 | 915 913 | 948 196 | 980 241 | 012 053 | 50 |
| 1 | 851 169 | 883 934 | 916 453 | 948 732 | 980 773 | 012 581 | 9 |
| 2 | 851 717 | 884 478 | 916 993 | 949 268 | 981 305 | 013 109 | 8 |
| 3 | 852 265 | 885 021 | 917 533 | 949 804 | 981 837 | 013 637 | 7 |
| 4 | 852 813 | 885 565 | 918 073 | 950 340 | 982 369 | 014 165 | 6 |
| 5 | 853 361 | 886 109 | 918 613 | 950 875 | 982 901 | 014 693 | 5 |
| 6 | 853 909 | 886 653 | 919 152 | 951 411 | 983 433 | 015 221 | 4 |
| 7 | 854 457 | 887 196 | 919 692 | 951 947 | 983 965 | 015 749 | 3 |
| 8 | 855 004 | 887 740 | 920 231 | 952 482 | 984 496 | 016 277 | 2 |
| 9 | 855 552 | 888 284 | 920 771 | 953 018 | 985 028 | 016 804 | 1 |
| 20 | 856 100 | 888 827 | 921 310 | 953 553 | 985 559 | 017 332 | 40 |
| 1 | 856 647 | 889 370 | 921 850 | 954 089 | 986 091 | 017 860 | 9 |
| 2 | 857 194 | 889 914 | 922 389 | 954 624 | 986 622 | 018 387 | 8 |
| 3 | 857 742 | 890 457 | 922 928 | 955 159 | 987 153 | 018 915 | 7 |
| 4 | 858 289 | 891 000 | 923 467 | 955 694 | 987 685 | 019 442 | 6 |
| 5 | 858 836 | 891 543 | 924 006 | 956 229 | 988 216 | 019 969 | 5 |
| 6 | 859 383 | 892 086 | 924 545 | 956 764 | 988 747 | 020 496 | 4 |
| 7 | 859 930 | 892 629 | 925 084 | 957 299 | 989 278 | 021 024 | 3 |
| 8 | 860 477 | 893 172 | 925 623 | 957 834 | 989 809 | 021 551 | 2 |
| 9 | 861 024 | 893 715 | 926 162 | 958 369 | 990 340 | 022 078 | 1 |
| 30 | 861 571 | 894 258 | 926 701 | 958 904 | 990 871 | 022 605 | 30 |
| 1 | 862 118 | 894 800 | 927 239 | 959 439 | 991 402 | 023 132 | 9 |
| 2 | 862 665 | 895 343 | 927 778 | 959 973 | 991 932 | 023 659 | 8 |
| 3 | 863 211 | 895 886 | 928 317 | 960 508 | 992 463 | 024 186 | 7 |
| 4 | 863 758 | 896 428 | 928 855 | 961 042 | 992 994 | 024 712 | 6 |
| 5 | 864 304 | 896 971 | 929 393 | 961 577 | 993 524 | 025 239 | 5 |
| 6 | 864 851 | 897 513 | 929 932 | 962 111 | 994 055 | 025 766 | 4 |
| 7 | 865 397 | 898 055 | 930 470 | 962 646 | 994 585 | 026 292 | 3 |
| 8 | 865 944 | 898 597 | 931 008 | 963 180 | 995 115 | 026 819 | 2 |
| 9 | 866 490 | 899 140 | 931 546 | 963 714 | 995 646 | 027 345 | 1 |
| 40 | 867 036 | 899 682 | 932 085 | 964 248 | 996 176 | 027 872 | 20 |
| 1 | 867 582 | 900 224 | 932 623 | 964 782 | 996 706 | 028 398 | 9 |
| 2 | 868 128 | 900 766 | 933 160 | 965 316 | 997 236 | 028 924 | 8 |
| 3 | 868 674 | 901 308 | 933 698 | 965 850 | 997 766 | 029 450 | 7 |
| 4 | 869 220 | 901 849 | 934 236 | 966 384 | 998 296 | 029 976 | 6 |
| 5 | 869 766 | 902 391 | 934 774 | 966 918 | 998 826 | 030 502 | 5 |
| 6 | 870 312 | 902 933 | 935 312 | 967 451 | 999 356 | 031 028 | 4 |
| 7 | 870 857 | 903 474 | 935 849 | 967 985 | $\bar{2}$,5 999 886 | 031 554 | 3 |
| 8 | 871 403 | 904 016 | 936 387 | 968 519 | $\bar{2}$,6 000 415 | 032 080 | 2 |
| 9 | 871 949 | 904 558 | 936 924 | 969 052 | 000 946 | 032 606 | 1 |
| 50 | 872 494 | 905 099 | 937 462 | 969 586 | 001 475 | 033 132 | 10 |
| 1 | 873 039 | 905 640 | 937 999 | 970 119 | 002 004 | 033 657 | 9 |
| 2 | 873 585 | 906 182 | 938 536 | 970 652 | 002 534 | 034 183 | 8 |
| 3 | 874 130 | 906 723 | 939 073 | 971 186 | 003 063 | 034 709 | 7 |
| 4 | 874 675 | 907 264 | 939 611 | 971 719 | 003 592 | 035 234 | 6 |
| 5 | 875 220 | 907 805 | 940 148 | 972 252 | 004 121 | 035 760 | 5 |
| 6 | 875 766 | 908 346 | 940 685 | 972 785 | 004 651 | 036 285 | 4 |
| 7 | 876 311 | 908 887 | 941 222 | 973 318 | 005 180 | 036 810 | 3 |
| 8 | 876 855 | 909 428 | 941 759 | 973 851 | 005 709 | 037 335 | 2 |
| 9 | 877 400 | 909 969 | 942 295 | 974 384 | 006 238 | 037 861 | 1 |
| 60 | $\bar{2}$,5 877 945 | $\bar{2}$,5 910 509 | $\bar{2}$,5 942 832 | $\bar{2}$,5 974 917 | $\bar{2}$,6 006 767 | $\bar{2}$,6 038 386 | 0 |
| " | 47' | 46' | 45' | 44' | 43' | 42' | " |

| ″ | 18′ | 19′ | 20′ | 21′ | 22′ | 23′ | ″ |
|---|---|---|---|---|---|---|---|
| 0 | $\bar{2}$,6 034 886 | $\bar{2}$,6 066 226 | $\bar{2}$,6 097 341 | $\bar{2}$,6 128 235 | $\bar{2}$,6 158 910 | $\bar{2}$,6 189 369 | 60 |
| 1 | 035 410 | 066 746 | 097 858 | 128 748 | 159 419 | 189 875 | 9 |
| 2 | 035 934 | 067 267 | 098 374 | 129 261 | 159 928 | 190 381 | 8 |
| 3 | 036 458 | 067 787 | 098 891 | 129 773 | 160 438 | 190 886 | 7 |
| 4 | 036 982 | 068 307 | 099 407 | 130 286 | 160 947 | 191 392 | 6 |
| 5 | 037 506 | 068 827 | 099 924 | 130 799 | 161 456 | 191 898 | 5 |
| 6 | 038 030 | 069 347 | 100 440 | 131 312 | 161 965 | 192 403 | 4 |
| 7 | 038 554 | 069 867 | 100 957 | 131 825 | 162 474 | 192 909 | 3 |
| 8 | 039 077 | 070 387 | 101 473 | 132 337 | 162 983 | 193 414 | 2 |
| 9 | 039 601 | 070 907 | 101 989 | 132 850 | 163 492 | 193 920 | 1 |
| 10 | 040 125 | 071 427 | 102 505 | 133 362 | 164 001 | 194 425 | 50 |
| 1 | 040 648 | 071 947 | 103 021 | 133 875 | 164 510 | 194 930 | 9 |
| 2 | 041 172 | 072 467 | 103 537 | 134 387 | 165 019 | 195 435 | 8 |
| 3 | 041 695 | 072 986 | 104 053 | 134 899 | 165 527 | 195 940 | 7 |
| 4 | 042 219 | 073 506 | 104 569 | 135 412 | 166 036 | 196 446 | 6 |
| 5 | 042 742 | 074 026 | 105 085 | 135 924 | 166 545 | 196 951 | 5 |
| 6 | 043 265 | 074 545 | 105 601 | 136 436 | 167 053 | 197 456 | 4 |
| 7 | 043 788 | 075 064 | 106 117 | 136 948 | 167 561 | 197 960 | 3 |
| 8 | 044 311 | 075 584 | 106 632 | 137 460 | 168 070 | 198 465 | 2 |
| 9 | 044 835 | 076 103 | 107 148 | 137 972 | 168 578 | 198 970 | 1 |
| 20 | 045 357 | 076 622 | 107 663 | 138 484 | 169 087 | 199 475 | 40 |
| 1 | 045 880 | 077 142 | 108 179 | 138 996 | 169 595 | 199 979 | 9 |
| 2 | 046 403 | 077 661 | 108 694 | 139 507 | 170 103 | 200 484 | 8 |
| 3 | 046 926 | 078 180 | 109 210 | 140 019 | 170 611 | 200 989 | 7 |
| 4 | 047 449 | 078 699 | 109 725 | 140 531 | 171 119 | 201 493 | 6 |
| 5 | 047 972 | 079 218 | 110 240 | 141 042 | 171 627 | 201 998 | 5 |
| 6 | 048 494 | 079 736 | 110 755 | 141 554 | 172 135 | 202 502 | 4 |
| 7 | 049 017 | 080 255 | 111 270 | 142 065 | 172 643 | 203 006 | 3 |
| 8 | 049 539 | 080 774 | 111 785 | 142 577 | 173 151 | 203 511 | 2 |
| 9 | 050 062 | 081 293 | 112 300 | 143 088 | 173 658 | 204 015 | 1 |
| 30 | 050 584 | 081 811 | 112 815 | 143 599 | 174 166 | 204 519 | 30 |
| 1 | 051 106 | 082 330 | 113 330 | 144 110 | 174 674 | 205 023 | 9 |
| 2 | 051 629 | 082 848 | 113 845 | 144 622 | 175 181 | 205 527 | 8 |
| 3 | 052 151 | 083 367 | 114 360 | 145 133 | 175 689 | 206 031 | 7 |
| 4 | 052 673 | 083 885 | 114 874 | 145 644 | 176 196 | 206 535 | 6 |
| 5 | 053 195 | 084 403 | 115 389 | 146 155 | 176 704 | 207 039 | 5 |
| 6 | 053 717 | 084 922 | 115 904 | 146 666 | 177 211 | 207 543 | 4 |
| 7 | 054 239 | 085 440 | 116 418 | 147 176 | 177 718 | 208 046 | 3 |
| 8 | 054 761 | 085 958 | 116 932 | 147 687 | 178 225 | 208 550 | 2 |
| 9 | 055 282 | 086 476 | 117 447 | 148 198 | 178 733 | 209 054 | 1 |
| 40 | 055 804 | 086 994 | 117 961 | 148 709 | 179 240 | 209 557 | 20 |
| 1 | 056 326 | 087 512 | 118 475 | 149 219 | 179 747 | 210 061 | 9 |
| 2 | 056 847 | 088 030 | 118 990 | 149 730 | 180 254 | 210 564 | 8 |
| 3 | 057 369 | 088 548 | 119 504 | 150 240 | 180 761 | 211 067 | 7 |
| 4 | 057 891 | 089 065 | 120 018 | 150 751 | 181 267 | 211 571 | 6 |
| 5 | 058 412 | 089 583 | 120 532 | 151 261 | 181 774 | 212 074 | 5 |
| 6 | 058 933 | 090 101 | 121 046 | 151 771 | 182 281 | 212 577 | 4 |
| 7 | 059 455 | 090 618 | 121 560 | 152 282 | 182 788 | 213 080 | 3 |
| 8 | 059 976 | 091 136 | 122 073 | 152 792 | 183 294 | 213 583 | 2 |
| 9 | 060 497 | 091 653 | 122 587 | 153 302 | 183 801 | 214 086 | 1 |
| 50 | 061 018 | 092 171 | 123 101 | 153 812 | 184 307 | 214 589 | 10 |
| 1 | 061 539 | 092 688 | 123 615 | 154 322 | 184 814 | 215 092 | 9 |
| 2 | 062 060 | 093 205 | 124 128 | 154 832 | 185 320 | 215 595 | 8 |
| 3 | 062 581 | 093 722 | 124 642 | 155 342 | 185 826 | 216 098 | 7 |
| 4 | 063 102 | 094 240 | 125 155 | 155 852 | 186 333 | 216 601 | 6 |
| 5 | 063 623 | 094 757 | 125 669 | 156 362 | 186 839 | 217 103 | 5 |
| 6 | 064 143 | 095 274 | 126 182 | 156 871 | 187 345 | 217 606 | 4 |
| 7 | 064 664 | 095 791 | 126 695 | 157 381 | 187 851 | 218 109 | 3 |
| 8 | 065 185 | 096 307 | 127 208 | 157 891 | 188 357 | 218 611 | 2 |
| 9 | 065 705 | 096 824 | 127 721 | 158 400 | 188 863 | 219 114 | 1 |
| 60 | $\bar{2}$,6 066 226 | $\bar{2}$,6 097 341 | $\bar{2}$,6 128 235 | $\bar{2}$,6 158 910 | $\bar{2}$,6 189 369 | $\bar{2}$,6 219 616 | 0 |
| ″ | 41′ | 40′ | 39′ | 38′ | 37′ | 36′ | ″ |

COSINUS 87°

| " | 18' | 19' | 20' | 21' | 22' | 23' | " |
|---|---|---|---|---|---|---|---|
| 0 | $\bar{2}$,6 038 386 | $\bar{2}$,6 069 777 | $\bar{2}$,6 100 943 | $\bar{2}$,6 131 889 | $\bar{2}$,6 162 616 | $\bar{2}$,6 193 127 | 60 |
| 1 | 038 911 | 070 298 | 101 461 | 132 402 | 163 126 | 193 634 | 9 |
| 2 | 039 436 | 070 819 | 101 978 | 132 916 | 163 636 | 194 141 | 8 |
| 3 | 039 961 | 071 340 | 102 496 | 133 430 | 164 146 | 194 647 | 7 |
| 4 | 040 485 | 071 862 | 103 013 | 133 944 | 164 656 | 195 154 | 6 |
| 5 | 041 010 | 072 383 | 103 531 | 134 457 | 165 166 | 195 660 | 5 |
| 6 | 041 535 | 072 903 | 104 048 | 134 971 | 165 676 | 196 167 | 4 |
| 7 | 042 060 | 073 424 | 104 565 | 135 485 | 166 186 | 196 673 | 3 |
| 8 | 042 584 | 073 945 | 105 082 | 135 998 | 166 696 | 197 180 | 2 |
| 9 | 043 109 | 074 466 | 105 599 | 136 511 | 167 206 | 197 686 | 1 |
| 10 | 043 633 | 074 987 | 106 116 | 137 025 | 167 716 | 198 192 | 50 |
| 1 | 044 158 | 075 507 | 106 633 | 137 538 | 168 225 | 198 698 | 9 |
| 2 | 044 682 | 076 028 | 107 150 | 138 051 | 168 735 | 199 204 | 8 |
| 3 | 045 206 | 076 548 | 107 667 | 138 564 | 169 245 | 199 710 | 7 |
| 4 | 045 731 | 077 069 | 108 184 | 139 078 | 169 754 | 200 216 | 6 |
| 5 | 046 255 | 077 589 | 108 700 | 139 591 | 170 264 | 200 722 | 5 |
| 6 | 046 779 | 078 110 | 109 217 | 140 104 | 170 773 | 201 228 | 4 |
| 7 | 047 303 | 078 630 | 109 733 | 140 617 | 171 282 | 201 734 | 3 |
| 8 | 047 827 | 079 150 | 110 250 | 141 129 | 171 792 | 202 239 | 2 |
| 9 | 048 351 | 079 670 | 110 766 | 141 642 | 172 301 | 202 745 | 1 |
| 20 | 048 875 | 080 190 | 111 283 | 142 155 | 172 810 | 203 251 | 40 |
| 1 | 049 398 | 080 710 | 111 799 | 142 668 | 173 319 | 203 756 | 9 |
| 2 | 049 922 | 081 230 | 112 315 | 143 180 | 173 828 | 204 262 | 8 |
| 3 | 050 446 | 081 750 | 112 832 | 143 693 | 174 337 | 204 767 | 7 |
| 4 | 050 969 | 082 270 | 113 348 | 144 205 | 174 846 | 205 273 | 6 |
| 5 | 051 493 | 082 790 | 113 864 | 144 718 | 175 355 | 205 778 | 5 |
| 6 | 052 016 | 083 310 | 114 380 | 145 230 | 175 864 | 206 283 | 4 |
| 7 | 052 540 | 083 829 | 114 896 | 145 743 | 176 372 | 206 788 | 3 |
| 8 | 053 063 | 084 349 | 115 412 | 146 255 | 176 881 | 207 294 | 2 |
| 9 | 053 586 | 084 868 | 115 928 | 146 767 | 177 390 | 207 799 | 1 |
| 30 | 054 110 | 085 388 | 116 443 | 147 279 | 177 898 | 208 304 | 30 |
| 1 | 054 633 | 085 907 | 116 959 | 147 791 | 178 407 | 208 809 | 9 |
| 2 | 055 156 | 086 427 | 117 475 | 148 303 | 178 915 | 209 314 | 8 |
| 3 | 055 679 | 086 946 | 117 990 | 148 815 | 179 424 | 209 818 | 7 |
| 4 | 056 202 | 087 465 | 118 506 | 149 327 | 179 932 | 210 323 | 6 |
| 5 | 056 725 | 087 984 | 119 021 | 149 839 | 180 440 | 210 828 | 5 |
| 6 | 057 247 | 088 503 | 119 537 | 150 351 | 180 948 | 211 333 | 4 |
| 7 | 057 770 | 089 022 | 120 052 | 150 862 | 181 456 | 211 837 | 3 |
| 8 | 058 293 | 089 541 | 120 567 | 151 374 | 181 965 | 212 342 | 2 |
| 9 | 058 816 | 090 060 | 121 083 | 151 886 | 182 473 | 212 846 | 1 |
| 40 | 059 338 | 090 579 | 121 598 | 152 397 | 182 981 | 213 351 | 20 |
| 1 | 059 861 | 091 098 | 122 113 | 152 909 | 183 488 | 213 855 | 9 |
| 2 | 060 383 | 091 617 | 122 628 | 153 420 | 183 996 | 214 359 | 8 |
| 3 | 060 906 | 092 135 | 123 143 | 153 932 | 184 504 | 214 864 | 7 |
| 4 | 061 428 | 092 654 | 123 658 | 154 443 | 185 012 | 215 368 | 6 |
| 5 | 061 950 | 093 173 | 124 173 | 154 954 | 185 519 | 215 872 | 5 |
| 6 | 062 472 | 093 691 | 124 688 | 155 465 | 186 027 | 216 376 | 4 |
| 7 | 062 995 | 094 209 | 125 202 | 155 976 | 186 535 | 216 880 | 3 |
| 8 | 063 517 | 094 728 | 125 717 | 156 487 | 187 042 | 217 384 | 2 |
| 9 | 064 039 | 095 246 | 126 231 | 156 998 | 187 550 | 217 888 | 1 |
| 50 | 064 561 | 095 764 | 126 746 | 157 509 | 188 057 | 218 392 | 10 |
| 1 | 065 083 | 096 283 | 127 261 | 158 020 | 188 564 | 218 896 | 9 |
| 2 | 065 604 | 096 801 | 127 775 | 158 531 | 189 072 | 219 399 | 8 |
| 3 | 066 126 | 097 319 | 128 290 | 159 042 | 189 579 | 219 903 | 7 |
| 4 | 066 648 | 097 837 | 128 804 | 159 553 | 190 086 | 220 407 | 6 |
| 5 | 067 169 | 098 355 | 129 318 | 160 063 | 190 593 | 220 910 | 5 |
| 6 | 067 691 | 098 872 | 129 832 | 160 574 | 191 100 | 221 414 | 4 |
| 7 | 068 213 | 099 390 | 130 347 | 161 084 | 191 607 | 221 917 | 3 |
| 8 | 068 734 | 099 908 | 130 861 | 161 595 | 192 114 | 222 421 | 2 |
| 9 | 069 255 | 100 426 | 131 375 | 162 105 | 192 621 | 222 924 | 1 |
| 60 | $\bar{2}$,6 069 777 | $\bar{2}$,6 100 943 | $\bar{2}$,6 131 889 | $\bar{2}$,6 162 616 | $\bar{2}$,6 193 127 | $\bar{2}$,6 223 427 | 0 |
| " | 41' | 40' | 39' | 38' | 37' | 36' | " |

COTANGENTE 87°

| ″ | 24′ | 25′ | 26′ | 27′ | 28′ | 29′ | ″ |
|---|---|---|---|---|---|---|---|
| 0 | $\bar{2}$,6 219 616 | $\bar{2}$,6 249 653 | $\bar{2}$,6 279 484 | $\bar{2}$,6 309 111 | $\bar{2}$,6 338 537 | $\bar{2}$,6 367 764 | 60 |
| 1 | 220 118 | 250 152 | 279 980 | 309 603 | 339 025 | 368 249 | 9 |
| 2 | 220 621 | 250 651 | 280 475 | 310 095 | 339 514 | 368 735 | 8 |
| 3 | 221 123 | 251 150 | 280 970 | 310 587 | 340 003 | 369 220 | 7 |
| 4 | 221 625 | 251 649 | 281 466 | 311 079 | 340 491 | 369 706 | 6 |
| 5 | 222 127 | 252 147 | 281 961 | 311 571 | 340 980 | 370 191 | 5 |
| 6 | 222 629 | 252 646 | 282 456 | 312 063 | 341 468 | 370 676 | 4 |
| 7 | 223 131 | 253 144 | 282 951 | 312 554 | 341 957 | 371 161 | 3 |
| 8 | 223 633 | 253 643 | 283 446 | 313 046 | 342 445 | 371 646 | 2 |
| 9 | 224 135 | 254 141 | 283 941 | 313 538 | 342 933 | 372 131 | 1 |
| 10 | 224 637 | 254 639 | 284 436 | 314 029 | 343 422 | 372 616 | 50 |
| 1 | 225 138 | 255 138 | 284 931 | 314 521 | 343 910 | 373 101 | 9 |
| 2 | 225 640 | 255 636 | 285 426 | 315 012 | 344 398 | 373 586 | 8 |
| 3 | 226 142 | 256 134 | 285 920 | 315 503 | 344 886 | 374 071 | 7 |
| 4 | 226 643 | 256 632 | 286 415 | 315 995 | 345 374 | 374 555 | 6 |
| 5 | 227 145 | 257 130 | 286 910 | 316 486 | 345 862 | 375 040 | 5 |
| 6 | 227 646 | 257 628 | 287 404 | 316 977 | 346 350 | 375 525 | 4 |
| 7 | 228 148 | 258 126 | 287 899 | 317 469 | 346 838 | 376 009 | 3 |
| 8 | 228 649 | 258 624 | 288 393 | 317 960 | 347 326 | 376 494 | 2 |
| 9 | 229 150 | 259 122 | 288 888 | 318 451 | 347 813 | 376 978 | 1 |
| 20 | 229 652 | 259 620 | 289 382 | 318 942 | 348 301 | 377 463 | 40 |
| 1 | 230 153 | 260 118 | 289 877 | 319 433 | 348 789 | 377 947 | 9 |
| 2 | 230 654 | 260 615 | 290 371 | 319 924 | 349 276 | 378 432 | 8 |
| 3 | 231 155 | 261 113 | 290 865 | 320 414 | 349 764 | 378 916 | 7 |
| 4 | 231 656 | 261 610 | 291 359 | 320 905 | 350 251 | 379 400 | 6 |
| 5 | 232 157 | 262 108 | 291 853 | 321 396 | 350 739 | 379 884 | 5 |
| 6 | 232 658 | 262 605 | 292 347 | 321 887 | 351 226 | 380 368 | 4 |
| 7 | 233 159 | 263 103 | 292 841 | 322 377 | 351 713 | 380 852 | 3 |
| 8 | 233 659 | 263 600 | 293 335 | 322 868 | 352 201 | 381 336 | 2 |
| 9 | 234 160 | 264 097 | 293 829 | 323 358 | 352 688 | 381 820 | 1 |
| 30 | 234 661 | 264 594 | 294 323 | 323 849 | 353 175 | 382 304 | 30 |
| 1 | 235 161 | 265 092 | 294 817 | 324 339 | 353 662 | 382 788 | 9 |
| 2 | 235 662 | 265 589 | 295 310 | 324 830 | 354 149 | 383 272 | 8 |
| 3 | 236 162 | 266 086 | 295 804 | 325 320 | 354 636 | 383 755 | 7 |
| 4 | 236 663 | 266 583 | 296 298 | 325 810 | 355 123 | 384 239 | 6 |
| 5 | 237 163 | 267 080 | 296 791 | 326 300 | 355 610 | 384 723 | 5 |
| 6 | 237 663 | 267 576 | 297 285 | 326 790 | 356 097 | 385 206 | 4 |
| 7 | 238 164 | 268 073 | 297 778 | 327 280 | 356 583 | 385 690 | 3 |
| 8 | 238 664 | 268 570 | 298 271 | 327 770 | 357 070 | 386 173 | 2 |
| 9 | 239 164 | 269 067 | 298 765 | 328 260 | 357 557 | 386 657 | 1 |
| 40 | 239 664 | 269 563 | 299 258 | 328 750 | 358 043 | 387 140 | 20 |
| 1 | 240 164 | 270 060 | 299 751 | 329 240 | 358 530 | 387 623 | 9 |
| 2 | 240 664 | 270 556 | 300 244 | 329 730 | 359 016 | 388 107 | 8 |
| 3 | 241 164 | 271 053 | 300 737 | 330 220 | 359 503 | 388 590 | 7 |
| 4 | 241 664 | 271 549 | 301 230 | 330 709 | 359 989 | 389 073 | 6 |
| 5 | 242 164 | 272 046 | 301 723 | 331 199 | 360 476 | 389 556 | 5 |
| 6 | 242 663 | 272 542 | 302 216 | 331 689 | 360 962 | 390 039 | 4 |
| 7 | 243 163 | 273 038 | 302 709 | 332 178 | 361 448 | 390 522 | 3 |
| 8 | 243 663 | 273 534 | 303 202 | 332 667 | 361 934 | 391 005 | 2 |
| 9 | 244 162 | 274 030 | 303 694 | 333 157 | 362 420 | 391 488 | 1 |
| 50 | 244 662 | 274 527 | 304 187 | 333 646 | 362 906 | 391 971 | 10 |
| 1 | 245 161 | 275 023 | 304 680 | 334 136 | 363 392 | 392 453 | 9 |
| 2 | 245 660 | 275 519 | 305 172 | 334 625 | 363 878 | 392 936 | 8 |
| 3 | 246 160 | 276 014 | 305 665 | 335 114 | 364 364 | 393 419 | 7 |
| 4 | 246 659 | 276 510 | 306 157 | 335 603 | 364 850 | 393 901 | 6 |
| 5 | 247 158 | 277 006 | 306 650 | 336 092 | 365 336 | 394 384 | 5 |
| 6 | 247 657 | 277 502 | 307 142 | 336 581 | 365 822 | 394 866 | 4 |
| 7 | 248 156 | 277 997 | 307 634 | 337 070 | 366 307 | 395 349 | 3 |
| 8 | 248 655 | 278 493 | 308 127 | 337 559 | 366 793 | 395 831 | 2 |
| 9 | 249 154 | 278 989 | 308 619 | 338 048 | 367 279 | 396 313 | 1 |
| 60 | $\bar{2}$,6 249 653 | $\bar{2}$,6 279 484 | $\bar{2}$,6 309 111 | $\bar{2}$,6 338 537 | $\bar{2}$,6 367 764 | $\bar{2}$,6 396 796 | 0 |
| ″ | 35′ | 34′ | 33′ | 32′ | 31′ | 30′ | ″ |

COSINUS 87°

| ″ | 24′ | 25′ | 26′ | 27′ | 28′ | 29′ | ″ |
|---|---|---|---|---|---|---|---|
| 0 | $\bar{2}$,6 223 427 | $\bar{2}$,6 253 518 | $\bar{2}$,6 283 402 | $\bar{2}$,6 313 083 | $\bar{2}$,6 342 563 | $\bar{2}$,6 371 845 | 60 |
| 1 | 223 930 | 254 017 | 283 898 | 313 576 | 343 052 | 372 331 | 9 |
| 2 | 224 434 | 254 517 | 284 395 | 314 069 | 343 542 | 372 817 | 8 |
| 3 | 224 937 | 255 017 | 284 891 | 314 561 | 344 031 | 373 303 | 7 |
| 4 | 225 440 | 255 516 | 285 387 | 315 054 | 344 521 | 373 790 | 6 |
| 5 | 225 943 | 256 016 | 285 883 | 315 547 | 345 010 | 374 276 | 5 |
| 6 | 226 446 | 256 515 | 286 379 | 316 040 | 345 500 | 374 762 | 4 |
| 7 | 226 948 | 257 015 | 286 875 | 316 532 | 345 989 | 375 248 | 3 |
| 8 | 227 451 | 257 514 | 287 371 | 317 025 | 346 478 | 375 734 | 2 |
| 9 | 227 954 | 258 013 | 287 867 | 317 517 | 346 967 | 376 220 | 1 |
| 10 | 228 457 | 258 513 | 288 363 | 318 010 | 347 457 | 376 706 | 50 |
| 1 | 228 959 | 259 012 | 288 859 | 318 502 | 347 946 | 377 192 | 9 |
| 2 | 229 462 | 259 511 | 289 354 | 318 995 | 348 435 | 377 677 | 8 |
| 3 | 229 964 | 260 010 | 289 850 | 319 487 | 348 924 | 378 163 | 7 |
| 4 | 230 467 | 260 509 | 290 346 | 319 979 | 349 413 | 378 649 | 6 |
| 5 | 230 969 | 261 008 | 290 841 | 320 471 | 349 902 | 379 134 | 5 |
| 6 | 231 472 | 261 507 | 291 337 | 320 963 | 350 390 | 379 620 | 4 |
| 7 | 231 974 | 262 006 | 291 832 | 321 456 | 350 879 | 380 105 | 3 |
| 8 | 232 476 | 262 505 | 292 327 | 321 948 | 351 368 | 380 591 | 2 |
| 9 | 232 978 | 263 003 | 292 823 | 322 440 | 351 857 | 381 076 | 1 |
| 20 | 233 480 | 263 502 | 293 318 | 322 931 | 352 345 | 381 562 | 40 |
| 1 | 233 983 | 264 001 | 293 813 | 323 423 | 352 834 | 382 047 | 9 |
| 2 | 234 485 | 264 499 | 294 308 | 323 915 | 353 322 | 382 532 | 8 |
| 3 | 234 986 | 264 998 | 294 803 | 324 407 | 353 811 | 383 017 | 7 |
| 4 | 235 488 | 265 496 | 295 298 | 324 899 | 354 299 | 383 502 | 6 |
| 5 | 235 990 | 265 994 | 295 793 | 325 390 | 354 787 | 383 988 | 5 |
| 6 | 236 492 | 266 493 | 296 288 | 325 882 | 355 276 | 384 473 | 4 |
| 7 | 236 994 | 266 991 | 296 783 | 326 373 | 355 764 | 384 958 | 3 |
| 8 | 237 495 | 267 489 | 297 278 | 326 865 | 356 252 | 385 442 | 2 |
| 9 | 237 997 | 267 987 | 297 773 | 327 356 | 356 740 | 385 927 | 1 |
| 30 | 238 498 | 268 485 | 298 268 | 327 848 | 357 228 | 386 412 | 30 |
| 1 | 239 000 | 268 983 | 298 762 | 328 339 | 357 716 | 386 897 | 9 |
| 2 | 239 501 | 269 481 | 299 257 | 328 830 | 358 204 | 387 382 | 8 |
| 3 | 240 003 | 269 979 | 299 751 | 329 321 | 358 692 | 387 866 | 7 |
| 4 | 240 504 | 270 477 | 300 246 | 329 812 | 359 180 | 388 351 | 6 |
| 5 | 241 005 | 270 975 | 300 740 | 330 303 | 359 668 | 388 835 | 5 |
| 6 | 241 506 | 271 473 | 301 235 | 330 795 | 360 155 | 389 320 | 4 |
| 7 | 242 008 | 271 971 | 301 729 | 331 285 | 360 643 | 389 804 | 3 |
| 8 | 242 509 | 272 468 | 302 223 | 331 776 | 361 131 | 390 289 | 2 |
| 9 | 243 010 | 272 966 | 302 717 | 332 267 | 361 618 | 390 773 | 1 |
| 40 | 243 511 | 273 463 | 303 211 | 332 758 | 362 106 | 391 257 | 20 |
| 1 | 244 011 | 273 961 | 303 706 | 333 249 | 362 593 | 391 741 | 9 |
| 2 | 244 512 | 274 458 | 304 200 | 333 740 | 363 081 | 392 225 | 8 |
| 3 | 245 013 | 274 956 | 304 694 | 334 230 | 363 568 | 392 710 | 7 |
| 4 | 245 514 | 275 453 | 305 188 | 334 721 | 364 055 | 393 194 | 6 |
| 5 | 246 015 | 275 950 | 305 681 | 335 211 | 364 542 | 393 678 | 5 |
| 6 | 246 515 | 276 447 | 306 175 | 335 702 | 365 030 | 394 162 | 4 |
| 7 | 247 016 | 276 944 | 306 669 | 336 192 | 365 517 | 394 645 | 3 |
| 8 | 247 516 | 277 441 | 307 163 | 336 683 | 366 004 | 395 129 | 2 |
| 9 | 248 017 | 277 938 | 307 656 | 337 173 | 366 491 | 395 613 | 1 |
| 50 | 248 517 | 278 435 | 308 150 | 337 663 | 366 978 | 396 097 | 10 |
| 1 | 249 017 | 278 932 | 308 643 | 338 153 | 367 465 | 396 580 | 9 |
| 2 | 249 518 | 279 429 | 309 137 | 338 643 | 367 952 | 397 064 | 8 |
| 3 | 250 018 | 279 926 | 309 630 | 339 134 | 368 438 | 397 548 | 7 |
| 4 | 250 518 | 280 423 | 310 124 | 339 624 | 368 925 | 398 031 | 6 |
| 5 | 251 018 | 280 919 | 310 617 | 340 114 | 369 412 | 398 515 | 5 |
| 6 | 251 518 | 281 416 | 311 110 | 340 603 | 369 899 | 398 998 | 4 |
| 7 | 252 018 | 281 913 | 311 603 | 341 093 | 370 385 | 399 481 | 3 |
| 8 | 252 518 | 282 409 | 312 097 | 341 583 | 370 872 | 399 965 | 2 |
| 9 | 253 018 | 282 906 | 312 590 | 342 073 | 371 358 | 400 448 | 1 |
| 60 | $\bar{2}$,6 253 518 | $\bar{2}$,6 283 402 | $\bar{2}$,6 313 083 | $\bar{2}$,6 342 563 | $\bar{2}$,6 371 845 | $\bar{2}$,6 400 931 | 0 |
| ″ | 35′ | 34′ | 33′ | 32′ | 31′ | 30′ | ″ |

COTANGENTE 87°

| ″ | 30′ | 31′ | 32′ | 33′ | 34′ | 35′ | ″ |
|---|---|---|---|---|---|---|---|
| 0 | $\bar{2}$,6 396 796 | $\bar{2}$,6 425 634 | $\bar{2}$,6 454 282 | $\bar{2}$,6 482 742 | $\bar{2}$,6 511 016 | $\bar{2}$,6 539 107 | 60 |
| 1 | 397 278 | 426 113 | 454 758 | 483 214 | 511 485 | 539 573 | 9 |
| 2 | 397 760 | 426 592 | 455 234 | 483 687 | 511 955 | 540 040 | 8 |
| 3 | 398 242 | 427 071 | 455 709 | 484 160 | 512 425 | 540 506 | 7 |
| 4 | 398 724 | 427 550 | 456 185 | 484 632 | 512 894 | 540 973 | 6 |
| 5 | 399 206 | 428 029 | 456 661 | 485 105 | 513 364 | 541 439 | 5 |
| 6 | 399 688 | 428 507 | 457 136 | 485 577 | 513 833 | 541 906 | 4 |
| 7 | 400 170 | 428 986 | 457 612 | 486 050 | 514 302 | 542 372 | 3 |
| 8 | 400 652 | 429 465 | 458 087 | 486 522 | 514 772 | 542 838 | 2 |
| 9 | 401 134 | 429 943 | 458 563 | 486 995 | 515 241 | 543 305 | 1 |
| 10 | 401 615 | 430 422 | 459 038 | 487 467 | 515 710 | 543 771 | 50 |
| 1 | 402 097 | 430 900 | 459 514 | 487 939 | 516 179 | 544 237 | 9 |
| 2 | 402 579 | 431 379 | 459 989 | 488 411 | 516 649 | 544 703 | 8 |
| 3 | 403 060 | 431 857 | 460 464 | 488 883 | 517 118 | 545 169 | 7 |
| 4 | 403 542 | 432 336 | 460 939 | 489 355 | 517 587 | 545 635 | 6 |
| 5 | 404 023 | 432 814 | 461 414 | 489 827 | 518 056 | 546 101 | 5 |
| 6 | 404 505 | 433 292 | 461 889 | 490 299 | 518 524 | 546 567 | 4 |
| 7 | 404 986 | 433 770 | 462 364 | 490 771 | 518 993 | 547 033 | 3 |
| 8 | 405 467 | 434 248 | 462 839 | 491 243 | 519 462 | 547 498 | 2 |
| 9 | 405 949 | 434 726 | 463 314 | 491 715 | 519 931 | 547 964 | 1 |
| 20 | 406 430 | 435 204 | 463 789 | 492 187 | 520 400 | 548 430 | 40 |
| 1 | 406 911 | 435 682 | 464 264 | 492 659 | 520 868 | 548 896 | 9 |
| 2 | 407 392 | 436 160 | 464 739 | 493 130 | 521 337 | 549 361 | 8 |
| 3 | 407 873 | 436 638 | 465 214 | 493 602 | 521 805 | 549 827 | 7 |
| 4 | 408 354 | 437 116 | 465 688 | 494 073 | 522 274 | 550 292 | 6 |
| 5 | 408 835 | 437 594 | 466 163 | 494 545 | 522 742 | 550 758 | 5 |
| 6 | 409 316 | 438 071 | 466 637 | 495 016 | 523 211 | 551 223 | 4 |
| 7 | 409 797 | 438 549 | 467 112 | 495 488 | 523 679 | 551 688 | 3 |
| 8 | 410 277 | 439 027 | 467 586 | 495 959 | 524 147 | 552 154 | 2 |
| 9 | 410 758 | 439 504 | 468 061 | 496 430 | 524 616 | 552 619 | 1 |
| 30 | 411 239 | 439 982 | 468 535 | 496 902 | 525 084 | 553 084 | 30 |
| 1 | 411 719 | 440 459 | 469 009 | 497 373 | 525 552 | 553 549 | 9 |
| 2 | 412 200 | 440 936 | 469 484 | 497 844 | 526 020 | 554 014 | 8 |
| 3 | 412 680 | 441 414 | 469 958 | 498 315 | 526 488 | 554 479 | 7 |
| 4 | 413 161 | 441 891 | 470 432 | 498 786 | 526 956 | 554 944 | 6 |
| 5 | 413 641 | 442 368 | 470 906 | 499 257 | 527 424 | 555 409 | 5 |
| 6 | 414 122 | 442 845 | 471 380 | 499 728 | 527 892 | 555 874 | 4 |
| 7 | 414 602 | 443 323 | 471 854 | 500 199 | 528 360 | 556 339 | 3 |
| 8 | 415 082 | 443 800 | 472 328 | 500 670 | 528 828 | 556 804 | 2 |
| 9 | 415 562 | 444 277 | 472 802 | 501 141 | 529 295 | 557 268 | 1 |
| 40 | 416 043 | 444 754 | 473 276 | 501 612 | 529 763 | 557 733 | 20 |
| 1 | 416 523 | 445 231 | 473 750 | 502 082 | 530 231 | 558 198 | 9 |
| 2 | 417 003 | 445 707 | 474 223 | 502 553 | 530 698 | 558 662 | 8 |
| 3 | 417 483 | 446 184 | 474 697 | 503 023 | 531 166 | 559 127 | 7 |
| 4 | 417 963 | 446 661 | 475 171 | 503 494 | 531 633 | 559 591 | 6 |
| 5 | 418 442 | 447 138 | 475 644 | 503 964 | 532 101 | 560 056 | 5 |
| 6 | 418 922 | 447 614 | 476 118 | 504 435 | 532 568 | 560 520 | 4 |
| 7 | 419 402 | 448 091 | 476 591 | 504 905 | 533 036 | 560 985 | 3 |
| 8 | 419 882 | 448 567 | 477 065 | 505 376 | 533 503 | 561 449 | 2 |
| 9 | 420 361 | 449 044 | 477 538 | 505 846 | 533 970 | 561 913 | 1 |
| 50 | 420 841 | 449 520 | 478 011 | 506 316 | 534 437 | 562 377 | 10 |
| 1 | 421 321 | 449 997 | 478 485 | 506 786 | 534 905 | 562 841 | 9 |
| 2 | 421 800 | 450 473 | 478 958 | 507 257 | 535 372 | 563 306 | 8 |
| 3 | 422 279 | 450 949 | 479 431 | 507 727 | 535 839 | 563 770 | 7 |
| 4 | 422 759 | 451 426 | 479 904 | 508 197 | 536 306 | 564 234 | 6 |
| 5 | 423 238 | 451 902 | 480 377 | 508 667 | 536 773 | 564 698 | 5 |
| 6 | 423 717 | 452 378 | 480 850 | 509 137 | 537 240 | 565 161 | 4 |
| 7 | 424 197 | 452 854 | 481 323 | 509 606 | 537 706 | 565 625 | 3 |
| 8 | 424 676 | 453 330 | 481 796 | 510 076 | 538 173 | 566 089 | 2 |
| 9 | 425 155 | 453 806 | 482 269 | 510 546 | 538 640 | 566 553 | 1 |
| 60 | $\bar{2}$,6 425 634 | $\bar{2}$,6 454 282 | $\bar{2}$,6 482 742 | $\bar{2}$,6 511 016 | $\bar{2}$,6 539 107 | $\bar{2}$,6 567 017 | 0 |
| ″ | 29′ | 28′ | 27′ | 26′ | 25′ | 24′ | ″ |

| ″ | 30′ | 31′ | 32′ | 33′ | 34′ | 35′ | ″ |
|---|---|---|---|---|---|---|---|
| 0 | $\bar{2}$,6 400 931 | $\bar{2}$,6 429 825 | $\bar{2}$,6 458 528 | $\bar{2}$,6 487 044 | $\bar{2}$,6 515 375 | $\bar{2}$,6 543 522 | 60 |
| 1 | 401 414 | 430 305 | 459 005 | 487 518 | 515 845 | 543 990 | 9 |
| 2 | 401 897 | 430 785 | 459 482 | 487 992 | 516 316 | 544 458 | 8 |
| 3 | 402 380 | 431 265 | 459 959 | 488 465 | 516 787 | 544 925 | 7 |
| 4 | 402 863 | 431 744 | 460 435 | 488 939 | 517 257 | 545 393 | 6 |
| 5 | 403 346 | 432 224 | 460 912 | 489 412 | 517 727 | 545 860 | 5 |
| 6 | 403 829 | 432 704 | 461 388 | 489 886 | 518 198 | 546 327 | 4 |
| 7 | 404 312 | 433 183 | 461 865 | 490 359 | 518 668 | 546 795 | 3 |
| 8 | 404 795 | 433 663 | 462 341 | 490 832 | 519 138 | 547 262 | 2 |
| 9 | 405 277 | 434 142 | 462 818 | 491 306 | 519 609 | 547 729 | 1 |
| 10 | 405 760 | 434 622 | 463 294 | 491 779 | 520 079 | 548 196 | 50 |
| 1 | 406 243 | 435 101 | 463 770 | 492 252 | 520 549 | 548 663 | 9 |
| 2 | 406 725 | 435 581 | 464 247 | 492 725 | 521 019 | 549 130 | 8 |
| 3 | 407 208 | 436 060 | 464 723 | 493 198 | 521 489 | 549 597 | 7 |
| 4 | 407 690 | 436 539 | 465 199 | 493 671 | 521 959 | 550 064 | 6 |
| 5 | 408 173 | 437 019 | 465 675 | 494 144 | 522 429 | 550 531 | 5 |
| 6 | 408 655 | 437 498 | 466 151 | 494 617 | 522 899 | 550 998 | 4 |
| 7 | 409 137 | 437 977 | 466 627 | 495 090 | 523 368 | 551 465 | 3 |
| 8 | 409 619 | 438 456 | 467 103 | 495 563 | 523 838 | 551 931 | 2 |
| 9 | 410 102 | 438 935 | 467 579 | 496 036 | 524 308 | 552 398 | 1 |
| 20 | 410 584 | 439 414 | 468 054 | 496 508 | 524 778 | 552 865 | 40 |
| 1 | 411 066 | 439 893 | 468 530 | 496 981 | 525 247 | 553 331 | 9 |
| 2 | 411 548 | 440 371 | 469 006 | 497 454 | 525 717 | 553 798 | 8 |
| 3 | 412 030 | 440 850 | 469 482 | 497 926 | 526 186 | 554 264 | 7 |
| 4 | 412 512 | 441 329 | 469 957 | 498 399 | 526 656 | 554 731 | 6 |
| 5 | 412 993 | 441 808 | 470 433 | 498 871 | 527 125 | 555 197 | 5 |
| 6 | 413 475 | 442 286 | 470 908 | 499 343 | 527 594 | 555 664 | 4 |
| 7 | 413 957 | 442 765 | 471 384 | 499 816 | 528 064 | 556 130 | 3 |
| 8 | 414 439 | 443 243 | 471 859 | 500 288 | 528 533 | 556 596 | 2 |
| 9 | 414 920 | 443 722 | 472 334 | 500 760 | 529 002 | 557 062 | 1 |
| 30 | 415 402 | 444 200 | 472 810 | 501 233 | 529 471 | 557 528 | 30 |
| 1 | 415 883 | 444 679 | 473 285 | 501 705 | 529 940 | 557 995 | 9 |
| 2 | 416 365 | 445 157 | 473 760 | 502 177 | 530 410 | 558 461 | 8 |
| 3 | 416 846 | 445 635 | 474 235 | 502 649 | 530 879 | 558 927 | 7 |
| 4 | 417 328 | 446 113 | 474 710 | 503 121 | 531 347 | 559 393 | 6 |
| 5 | 417 809 | 446 592 | 475 185 | 503 593 | 531 816 | 559 858 | 5 |
| 6 | 418 290 | 447 070 | 475 660 | 504 065 | 532 285 | 560 324 | 4 |
| 7 | 418 772 | 447 548 | 476 135 | 504 537 | 532 754 | 560 790 | 3 |
| 8 | 419 253 | 448 026 | 476 610 | 505 008 | 533 223 | 561 256 | 2 |
| 9 | 419 734 | 448 504 | 477 085 | 505 480 | 533 691 | 561 721 | 1 |
| 40 | 420 215 | 448 982 | 477 560 | 505 952 | 534 160 | 562 187 | 20 |
| 1 | 420 696 | 449 459 | 478 034 | 506 423 | 534 629 | 562 653 | 9 |
| 2 | 421 177 | 449 937 | 478 509 | 506 895 | 535 097 | 563 118 | 8 |
| 3 | 421 658 | 450 415 | 478 984 | 507 366 | 535 566 | 563 584 | 7 |
| 4 | 422 139 | 450 893 | 479 458 | 507 838 | 536 034 | 564 049 | 6 |
| 5 | 422 619 | 451 370 | 479 933 | 508 309 | 536 503 | 564 515 | 5 |
| 6 | 423 100 | 451 848 | 480 407 | 508 781 | 536 971 | 564 980 | 4 |
| 7 | 423 581 | 452 325 | 480 882 | 509 252 | 537 439 | 565 445 | 3 |
| 8 | 424 061 | 452 803 | 481 356 | 509 723 | 537 907 | 565 911 | 2 |
| 9 | 424 542 | 453 280 | 481 830 | 510 195 | 538 376 | 566 376 | 1 |
| 50 | 425 023 | 453 758 | 482 305 | 510 666 | 538 844 | 566 841 | 10 |
| 1 | 425 503 | 454 235 | 482 779 | 511 137 | 539 312 | 567 306 | 9 |
| 2 | 425 983 | 454 712 | 483 253 | 511 608 | 539 780 | 567 771 | 8 |
| 3 | 426 464 | 455 189 | 483 727 | 512 079 | 540 248 | 568 236 | 7 |
| 4 | 426 944 | 455 667 | 484 201 | 512 550 | 540 716 | 568 701 | 6 |
| 5 | 427 424 | 456 144 | 484 675 | 513 021 | 541 184 | 569 166 | 5 |
| 6 | 427 905 | 456 621 | 485 149 | 513 492 | 541 652 | 569 631 | 4 |
| 7 | 428 385 | 457 098 | 485 623 | 513 963 | 542 119 | 570 096 | 3 |
| 8 | 428 865 | 457 575 | 486 097 | 514 433 | 542 587 | 570 560 | 2 |
| 9 | 429 345 | 458 052 | 486 571 | 514 904 | 543 055 | 571 025 | 1 |
| 60 | $\bar{2}$,6 429 825 | $\bar{2}$,6 458 528 | $\bar{2}$,6 487 044 | $\bar{2}$,6 515 375 | $\bar{2}$,6 543 522 | $\bar{2}$,6 571 490 | 0 |
| ″ | 29′ | 28′ | 27′ | 26′ | 25′ | 24′ | ″ |

| " | 36′ | 37′ | 38′ | 39′ | 40′ | 41′ | " |
|---|---|---|---|---|---|---|---|
| 0 | $\bar{2}$,6 567 017 | $\bar{2}$,6 594 748 | $\bar{2}$,6 622 303 | $\bar{2}$,6 649 684 | $\bar{2}$,6 676 893 | $\bar{2}$,6 703 932 | 60 |
| 1 | 567 480 | 595 209 | 622 761 | 650 139 | 677 345 | 704 381 | 9 |
| 2 | 567 944 | 595 669 | 623 218 | 650 594 | 677 797 | 704 831 | 8 |
| 3 | 568 407 | 596 130 | 623 676 | 651 048 | 678 249 | 705 280 | 7 |
| 4 | 568 871 | 596 590 | 624 134 | 651 503 | 678 701 | 705 729 | 6 |
| 5 | 569 334 | 597 051 | 624 591 | 651 958 | 679 153 | 706 178 | 5 |
| 6 | 569 798 | 597 511 | 625 049 | 652 413 | 679 604 | 706 627 | 4 |
| 7 | 570 261 | 597 972 | 625 506 | 652 867 | 680 056 | 707 076 | 3 |
| 8 | 570 724 | 598 432 | 625 964 | 653 322 | 680 508 | 707 525 | 2 |
| 9 | 571 188 | 598 892 | 626 421 | 653 776 | 680 960 | 707 974 | 1 |
| 10 | 571 651 | 599 353 | 626 878 | 654 231 | 681 411 | 708 422 | 50 |
| 1 | 572 114 | 599 813 | 627 336 | 654 685 | 681 863 | 708 871 | 9 |
| 2 | 572 577 | 600 273 | 627 793 | 655 139 | 682 314 | 709 320 | 8 |
| 3 | 573 040 | 600 733 | 628 250 | 655 594 | 682 766 | 709 769 | 7 |
| 4 | 573 503 | 601 193 | 628 707 | 656 048 | 683 217 | 710 217 | 6 |
| 5 | 573 966 | 601 653 | 629 164 | 656 502 | 683 669 | 710 666 | 5 |
| 6 | 574 429 | 602 113 | 629 621 | 656 956 | 684 120 | 711 114 | 4 |
| 7 | 574 892 | 602 573 | 630 078 | 657 411 | 684 571 | 711 563 | 3 |
| 8 | 575 355 | 603 033 | 630 535 | 657 865 | 685 022 | 712 011 | 2 |
| 9 | 575 817 | 603 493 | 630 992 | 658 319 | 685 474 | 712 460 | 1 |
| 20 | 576 280 | 603 952 | 631 449 | 658 773 | 685 925 | 712 908 | 40 |
| 1 | 576 743 | 604 412 | 631 906 | 659 227 | 686 376 | 713 356 | 9 |
| 2 | 577 205 | 604 872 | 632 363 | 659 680 | 686 827 | 713 805 | 8 |
| 3 | 577 668 | 605 331 | 632 819 | 660 134 | 687 278 | 714 253 | 7 |
| 4 | 578 130 | 605 791 | 633 276 | 660 588 | 687 729 | 714 701 | 6 |
| 5 | 578 593 | 606 250 | 633 733 | 661 042 | 688 180 | 715 149 | 5 |
| 6 | 579 055 | 606 710 | 634 189 | 661 495 | 688 631 | 715 597 | 4 |
| 7 | 579 518 | 607 169 | 634 646 | 661 949 | 689 082 | 716 045 | 3 |
| 8 | 579 980 | 607 629 | 635 102 | 662 403 | 689 532 | 716 493 | 2 |
| 9 | 580 442 | 608 088 | 635 559 | 662 856 | 689 983 | 716 941 | 1 |
| 30 | 580 904 | 608 547 | 636 015 | 663 310 | 690 434 | 717 389 | 30 |
| 1 | 581 367 | 609 007 | 636 471 | 663 763 | 690 884 | 717 837 | 9 |
| 2 | 581 829 | 609 466 | 636 928 | 664 217 | 691 335 | 718 284 | 8 |
| 3 | 582 291 | 609 925 | 637 384 | 664 670 | 691 785 | 718 732 | 7 |
| 4 | 582 753 | 610 384 | 637 840 | 665 123 | 692 236 | 719 180 | 6 |
| 5 | 583 215 | 610 843 | 638 296 | 665 577 | 692 686 | 719 628 | 5 |
| 6 | 583 677 | 611 302 | 638 752 | 666 030 | 693 137 | 720 075 | 4 |
| 7 | 584 139 | 611 761 | 639 208 | 666 483 | 693 587 | 720 523 | 3 |
| 8 | 584 600 | 612 220 | 639 664 | 666 936 | 694 037 | 720 970 | 2 |
| 9 | 585 062 | 612 679 | 640 120 | 667 389 | 694 488 | 721 418 | 1 |
| 40 | 585 524 | 613 137 | 640 576 | 667 842 | 694 938 | 721 865 | 20 |
| 1 | 585 985 | 613 596 | 641 032 | 668 295 | 695 388 | 722 313 | 9 |
| 2 | 586 447 | 614 055 | 641 488 | 668 748 | 695 838 | 722 760 | 8 |
| 3 | 586 909 | 614 513 | 641 944 | 669 201 | 696 288 | 723 207 | 7 |
| 4 | 587 370 | 614 972 | 642 399 | 669 654 | 696 738 | 723 654 | 6 |
| 5 | 587 832 | 615 431 | 642 855 | 670 107 | 697 188 | 724 102 | 5 |
| 6 | 588 293 | 615 889 | 643 310 | 670 559 | 697 638 | 724 549 | 4 |
| 7 | 588 754 | 616 348 | 643 766 | 671 012 | 698 088 | 724 996 | 3 |
| 8 | 589 216 | 616 806 | 644 222 | 671 465 | 698 538 | 725 443 | 2 |
| 9 | 589 677 | 617 264 | 644 677 | 671 917 | 698 988 | 725 890 | 1 |
| 50 | 590 138 | 617 723 | 645 132 | 672 370 | 699 437 | 726 337 | 10 |
| 1 | 590 600 | 618 181 | 645 588 | 672 822 | 699 887 | 726 784 | 9 |
| 2 | 591 061 | 618 639 | 646 043 | 673 275 | 700 337 | 727 231 | 8 |
| 3 | 591 522 | 619 097 | 646 498 | 673 727 | 700 786 | 727 677 | 7 |
| 4 | 591 983 | 619 555 | 646 954 | 674 180 | 701 236 | 728 124 | 6 |
| 5 | 592 444 | 620 013 | 647 409 | 674 632 | 701 685 | 728 571 | 5 |
| 6 | 592 905 | 620 471 | 647 864 | 675 084 | 702 135 | 729 018 | 4 |
| 7 | 593 366 | 620 929 | 648 319 | 675 537 | 702 584 | 729 464 | 3 |
| 8 | 593 826 | 621 387 | 648 774 | 675 989 | 703 034 | 729 911 | 2 |
| 9 | 594 287 | 621 845 | 649 229 | 676 441 | 703 483 | 730 357 | 1 |
| 60 | $\bar{2}$,6 594 748 | $\bar{2}$,6 622 303 | $\bar{2}$,6 649 684 | $\bar{2}$,6 676 893 | $\bar{2}$,6 703 932 | $\bar{2}$,6 730 804 | 0 |
| " | 23′ | 22′ | 21′ | 20′ | 19′ | 18′ | " |

COSINUS 87°

| ″ | 36′ | 37′ | 38′ | 39′ | 40′ | 41′ | ″ |
|---|---|---|---|---|---|---|---|
| 0 | 2̄,6 571 490 | 2̄,6 599 279 | 2̄,6 626 891 | 2̄,6 654 331 | 2̄,6 681 598 | 2̄,6 708 697 | 60 |
| 1 | 571 954 | 599 740 | 627 350 | 654 787 | 682 051 | 709 147 | 9 |
| 2 | 572 419 | 600 202 | 627 809 | 655 242 | 682 504 | 709 597 | 8 |
| 3 | 572 883 | 600 663 | 628 268 | 655 698 | 682 957 | 710 047 | 7 |
| 4 | 573 348 | 601 125 | 628 726 | 656 154 | 683 410 | 710 497 | 6 |
| 5 | 573 812 | 601 586 | 629 185 | 656 610 | 683 863 | 710 947 | 5 |
| 6 | 574 276 | 602 048 | 629 643 | 657 065 | 684 316 | 711 397 | 4 |
| 7 | 574 741 | 602 509 | 630 102 | 657 521 | 684 769 | 711 847 | 3 |
| 8 | 575 205 | 602 970 | 630 560 | 657 976 | 685 221 | 712 297 | 2 |
| 9 | 575 669 | 603 432 | 631 018 | 658 432 | 685 674 | 712 747 | 1 |
| 10 | 576 133 | 603 893 | 631 477 | 658 887 | 686 127 | 713 197 | 50 |
| 1 | 576 598 | 604 354 | 631 935 | 659 343 | 686 579 | 713 647 | 9 |
| 2 | 577 062 | 604 815 | 632 393 | 659 798 | 687 032 | 714 096 | 8 |
| 3 | 577 526 | 605 276 | 632 851 | 660 253 | 687 484 | 714 546 | 7 |
| 4 | 577 990 | 605 737 | 633 309 | 660 708 | 687 936 | 714 996 | 6 |
| 5 | 578 453 | 606 198 | 633 768 | 661 164 | 688 389 | 715 445 | 5 |
| 6 | 578 917 | 606 659 | 634 226 | 661 619 | 688 841 | 715 895 | 4 |
| 7 | 579 381 | 607 120 | 634 683 | 662 074 | 689 293 | 716 344 | 3 |
| 8 | 579 845 | 607 581 | 635 141 | 662 529 | 689 746 | 716 793 | 2 |
| 9 | 580 309 | 608 042 | 635 599 | 662 984 | 690 198 | 717 243 | 1 |
| 20 | 580 772 | 608 502 | 636 057 | 663 439 | 690 650 | 717 692 | 40 |
| 1 | 581 236 | 608 963 | 636 515 | 663 894 | 691 102 | 718 142 | 9 |
| 2 | 581 699 | 609 424 | 636 973 | 664 349 | 691 554 | 718 591 | 8 |
| 3 | 582 163 | 609 884 | 637 430 | 664 804 | 692 006 | 719 040 | 7 |
| 4 | 582 626 | 610 345 | 637 888 | 665 258 | 692 458 | 719 489 | 6 |
| 5 | 583 090 | 610 805 | 638 345 | 665 713 | 692 910 | 719 938 | 5 |
| 6 | 583 553 | 611 266 | 638 803 | 666 168 | 693 362 | 720 387 | 4 |
| 7 | 584 017 | 611 726 | 639 261 | 666 622 | 693 814 | 720 836 | 3 |
| 8 | 584 480 | 612 186 | 639 718 | 667 077 | 694 265 | 721 285 | 2 |
| 9 | 584 943 | 612 647 | 640 175 | 667 531 | 694 717 | 721 734 | 1 |
| 30 | 585 406 | 613 107 | 640 633 | 667 986 | 695 169 | 722 183 | 30 |
| 1 | 585 869 | 613 567 | 641 090 | 668 440 | 695 620 | 722 632 | 9 |
| 2 | 586 332 | 614 027 | 641 547 | 668 895 | 696 072 | 723 081 | 8 |
| 3 | 586 795 | 614 487 | 642 004 | 669 349 | 696 523 | 723 529 | 7 |
| 4 | 587 258 | 614 947 | 642 462 | 669 803 | 696 975 | 723 978 | 6 |
| 5 | 587 721 | 615 407 | 642 919 | 670 258 | 697 426 | 724 427 | 5 |
| 6 | 588 184 | 615 867 | 643 376 | 670 712 | 697 878 | 724 875 | 4 |
| 7 | 588 647 | 616 327 | 643 833 | 671 166 | 698 329 | 725 324 | 3 |
| 8 | 589 110 | 616 787 | 644 290 | 671 620 | 698 780 | 725 772 | 2 |
| 9 | 589 573 | 617 247 | 644 747 | 672 074 | 699 231 | 726 221 | 1 |
| 40 | 590 035 | 617 707 | 645 203 | 672 528 | 699 683 | 726 669 | 20 |
| 1 | 590 498 | 618 166 | 645 660 | 672 982 | 700 134 | 727 118 | 9 |
| 2 | 590 960 | 618 626 | 646 117 | 673 436 | 700 585 | 727 566 | 8 |
| 3 | 591 423 | 619 086 | 646 574 | 673 890 | 701 036 | 728 014 | 7 |
| 4 | 591 885 | 619 545 | 647 030 | 674 344 | 701 487 | 728 462 | 6 |
| 5 | 592 348 | 620 005 | 647 487 | 674 797 | 701 938 | 728 911 | 5 |
| 6 | 592 810 | 620 464 | 647 944 | 675 251 | 702 389 | 729 359 | 4 |
| 7 | 593 273 | 620 924 | 648 400 | 675 705 | 702 840 | 729 807 | 3 |
| 8 | 593 735 | 621 383 | 648 857 | 676 159 | 703 291 | 730 255 | 2 |
| 9 | 594 197 | 621 842 | 649 313 | 676 612 | 703 741 | 730 703 | 1 |
| 50 | 594 659 | 622 301 | 649 770 | 677 066 | 704 192 | 731 151 | 10 |
| 1 | 595 121 | 622 761 | 650 226 | 677 519 | 704 643 | 731 599 | 9 |
| 2 | 595 584 | 623 220 | 650 682 | 677 973 | 705 093 | 732 047 | 8 |
| 3 | 596 046 | 623 679 | 651 138 | 678 426 | 705 544 | 732 494 | 7 |
| 4 | 596 508 | 624 138 | 651 595 | 678 879 | 705 994 | 732 942 | 6 |
| 5 | 596 970 | 624 597 | 652 051 | 679 333 | 706 445 | 733 390 | 5 |
| 6 | 597 431 | 625 056 | 652 507 | 679 786 | 706 895 | 733 837 | 4 |
| 7 | 597 893 | 625 515 | 652 963 | 680 239 | 707 346 | 734 285 | 3 |
| 8 | 598 355 | 625 974 | 653 419 | 680 692 | 707 796 | 734 733 | 2 |
| 9 | 598 817 | 626 433 | 653 875 | 681 145 | 708 246 | 735 180 | 1 |
| 60 | 2̄,6 599 279 | 2̄,6 626 891 | 2̄,6 654 331 | 2̄,6 681 598 | 2̄,6 708 697 | 2̄,6 735 628 | 0 |
| ″ | 23′ | 22′ | 21′ | 20′ | 19′ | 18′ | ″ |

| " | 42′ | 43′ | 44′ | 45′ | 46′ | 47′ | " |
|---|---|---|---|---|---|---|---|
| 0 | $\bar{2}$,6 730 804 | $\bar{2}$,6 757 510 | $\bar{2}$,6 784 052 | $\bar{2}$,6 810 433 | $\bar{2}$,6 836 654 | $\bar{2}$,6 862 718 | 60 |
| 1 | 731 250 | 757 954 | 784 493 | 810 871 | 837 090 | 863 151 | 9 |
| 2 | 731 697 | 758 397 | 784 934 | 811 310 | 837 526 | 863 584 | 8 |
| 3 | 732 143 | 758 841 | 785 375 | 811 748 | 837 961 | 864 017 | 7 |
| 4 | 732 589 | 759 284 | 785 816 | 812 186 | 838 397 | 864 450 | 6 |
| 5 | 733 036 | 759 728 | 786 257 | 812 624 | 838 832 | 864 883 | 5 |
| 6 | 733 482 | 760 171 | 786 698 | 813 062 | 839 268 | 865 315 | 4 |
| 7 | 733 928 | 760 615 | 787 138 | 813 500 | 839 703 | 865 748 | 3 |
| 8 | 734 374 | 761 058 | 787 579 | 813 938 | 840 138 | 866 181 | 2 |
| 9 | 734 820 | 761 502 | 788 020 | 814 376 | 840 574 | 866 614 | 1 |
| 10 | 735 266 | 761 945 | 788 460 | 814 814 | 841 009 | 867 046 | 50 |
| 1 | 735 712 | 762 388 | 788 901 | 815 252 | 841 444 | 867 479 | 9 |
| 2 | 736 158 | 762 831 | 789 341 | 815 690 | 841 879 | 867 912 | 8 |
| 3 | 736 604 | 763 274 | 789 782 | 816 128 | 842 315 | 868 344 | 7 |
| 4 | 737 050 | 763 718 | 790 222 | 816 566 | 842 750 | 868 777 | 6 |
| 5 | 737 496 | 764 161 | 790 663 | 817 003 | 843 185 | 869 209 | 5 |
| 6 | 737 942 | 764 604 | 791 103 | 817 441 | 843 620 | 869 641 | 4 |
| 7 | 738 387 | 765 047 | 791 543 | 817 878 | 844 055 | 870 074 | 3 |
| 8 | 738 833 | 765 490 | 791 983 | 818 316 | 844 490 | 870 506 | 2 |
| 9 | 739 279 | 765 933 | 792 424 | 818 754 | 844 925 | 870 938 | 1 |
| 20 | 739 724 | 766 375 | 792 864 | 819 191 | 845 359 | 871 371 | 40 |
| 1 | 740 170 | 766 818 | 793 304 | 819 629 | 845 794 | 871 803 | 9 |
| 2 | 740 615 | 767 261 | 793 744 | 820 066 | 846 229 | 872 235 | 8 |
| 3 | 741 061 | 767 704 | 794 184 | 820 503 | 846 664 | 872 667 | 7 |
| 4 | 741 506 | 768 146 | 794 624 | 820 941 | 847 098 | 873 099 | 6 |
| 5 | 741 951 | 768 589 | 795 064 | 821 378 | 847 533 | 873 531 | 5 |
| 6 | 742 397 | 769 031 | 795 504 | 821 815 | 847 968 | 873 963 | 4 |
| 7 | 742 842 | 769 474 | 795 943 | 822 252 | 848 402 | 874 395 | 3 |
| 8 | 743 287 | 769 917 | 796 383 | 822 689 | 848 837 | 874 827 | 2 |
| 9 | 743 732 | 770 359 | 796 823 | 823 126 | 849 271 | 875 259 | 1 |
| 30 | 744 177 | 770 801 | 797 263 | 823 563 | 849 706 | 875 691 | 30 |
| 1 | 744 622 | 771 244 | 797 702 | 824 000 | 850 140 | 876 123 | 9 |
| 2 | 745 068 | 771 686 | 798 142 | 824 437 | 850 574 | 876 554 | 8 |
| 3 | 745 512 | 772 128 | 798 582 | 824 874 | 851 008 | 876 986 | 7 |
| 4 | 745 957 | 772 570 | 799 021 | 825 311 | 851 443 | 877 418 | 6 |
| 5 | 746 402 | 773 013 | 799 461 | 825 748 | 851 877 | 877 849 | 5 |
| 6 | 746 847 | 773 455 | 799 900 | 826 185 | 852 311 | 878 281 | 4 |
| 7 | 747 292 | 773 897 | 800 339 | 826 621 | 852 745 | 878 712 | 3 |
| 8 | 747 737 | 774 339 | 800 779 | 827 058 | 853 179 | 879 144 | 2 |
| 9 | 748 181 | 774 781 | 801 218 | 827 495 | 853 613 | 879 575 | 1 |
| 40 | 748 626 | 775 223 | 801 657 | 827 931 | 854 047 | 880 007 | 20 |
| 1 | 749 071 | 775 665 | 802 096 | 828 368 | 854 481 | 880 438 | 9 |
| 2 | 749 515 | 776 107 | 802 536 | 828 804 | 854 915 | 880 869 | 8 |
| 3 | 749 960 | 776 548 | 802 975 | 829 241 | 855 349 | 881 300 | 7 |
| 4 | 750 404 | 776 990 | 803 414 | 829 677 | 855 783 | 881 732 | 6 |
| 5 | 750 849 | 777 432 | 803 853 | 830 114 | 856 216 | 882 163 | 5 |
| 6 | 751 293 | 777 874 | 804 292 | 830 550 | 856 650 | 882 594 | 4 |
| 7 | 751 737 | 778 315 | 804 731 | 830 986 | 857 084 | 883 025 | 3 |
| 8 | 752 182 | 778 757 | 805 170 | 831 423 | 857 517 | 883 456 | 2 |
| 9 | 752 626 | 779 198 | 805 609 | 831 859 | 857 951 | 883 887 | 1 |
| 50 | 753 070 | 779 640 | 806 047 | 832 295 | 858 385 | 884 318 | 10 |
| 1 | 753 514 | 780 081 | 806 486 | 832 731 | 858 818 | 884 749 | 9 |
| 2 | 753 959 | 780 523 | 806 925 | 833 167 | 859 252 | 885 180 | 8 |
| 3 | 754 403 | 780 964 | 807 364 | 833 603 | 859 685 | 885 611 | 7 |
| 4 | 754 847 | 781 405 | 807 802 | 834 039 | 860 118 | 886 041 | 6 |
| 5 | 755 291 | 781 847 | 808 241 | 834 475 | 860 552 | 886 472 | 5 |
| 6 | 755 735 | 782 288 | 808 679 | 834 911 | 860 985 | 886 903 | 4 |
| 7 | 756 178 | 782 729 | 809 118 | 835 347 | 861 418 | 887 334 | 3 |
| 8 | 756 622 | 783 170 | 809 556 | 835 783 | 861 851 | 887 764 | 2 |
| 9 | 757 066 | 783 611 | 809 995 | 836 218 | 862 285 | 888 195 | 1 |
| 60 | $\bar{2}$,6 757 510 | $\bar{2}$,6 784 052 | $\bar{2}$,6 810 433 | $\bar{2}$,6 836 654 | $\bar{2}$,6 862 718 | $\bar{2}$,6 888 625 | 0 |
| " | 17′ | 16′ | 15′ | 14′ | 13′ | 12′ | " |

COSINUS 87°

| ″ | 42′ | 43′ | 44′ | 45′ | 46′ | 47′ | ″ |
|---|---|---|---|---|---|---|---|
| 0 | $\bar{2}$,6 735 628 | $\bar{2}$,6 762 393 | $\bar{2}$,6 788 996 | $\bar{2}$,6 815 437 | $\bar{2}$,6 841 719 | $\bar{2}$,6 867 844 | 60 |
| 1 | 736 075 | 762 838 | 789 438 | 815 877 | 842 156 | 868 278 | 9 |
| 2 | 736 523 | 763 283 | 789 880 | 816 316 | 842 593 | 868 712 | 8 |
| 3 | 736 970 | 763 727 | 790 322 | 816 755 | 843 029 | 869 146 | 7 |
| 4 | 737 417 | 764 172 | 790 764 | 817 194 | 843 466 | 869 580 | 6 |
| 5 | 737 864 | 764 617 | 791 206 | 817 634 | 843 902 | 870 014 | 5 |
| 6 | 738 312 | 765 061 | 791 647 | 818 073 | 844 339 | 870 448 | 4 |
| 7 | 738 759 | 765 505 | 792 089 | 818 512 | 844 775 | 870 882 | 3 |
| 8 | 739 206 | 765 950 | 792 531 | 818 951 | 845 212 | 871 316 | 2 |
| 9 | 739 653 | 766 394 | 792 972 | 819 390 | 845 648 | 871 749 | 1 |
| 10 | 740 100 | 766 839 | 793 414 | 819 829 | 846 084 | 872 183 | 50 |
| 1 | 740 547 | 767 283 | 793 856 | 820 268 | 846 521 | 872 617 | 9 |
| 2 | 740 994 | 767 727 | 794 297 | 820 706 | 846 957 | 873 050 | 8 |
| 3 | 741 441 | 768 171 | 794 739 | 821 145 | 847 393 | 873 484 | 7 |
| 4 | 741 888 | 768 615 | 795 180 | 821 584 | 847 829 | 873 917 | 6 |
| 5 | 742 335 | 769 059 | 795 621 | 822 023 | 848 265 | 874 351 | 5 |
| 6 | 742 781 | 769 503 | 796 063 | 822 461 | 848 701 | 874 784 | 4 |
| 7 | 743 228 | 769 947 | 796 504 | 822 900 | 849 137 | 875 218 | 3 |
| 8 | 743 675 | 770 391 | 796 945 | 823 339 | 849 573 | 875 651 | 2 |
| 9 | 744 121 | 770 835 | 797 386 | 823 777 | 850 009 | 876 084 | 1 |
| 20 | 744 568 | 771 279 | 797 828 | 824 216 | 850 445 | 876 518 | 40 |
| 1 | 745 014 | 771 723 | 798 269 | 824 654 | 850 881 | 876 951 | 9 |
| 2 | 745 461 | 772 167 | 798 710 | 825 092 | 851 317 | 877 384 | 8 |
| 3 | 745 907 | 772 610 | 799 151 | 825 531 | 851 752 | 877 817 | 7 |
| 4 | 746 354 | 773 054 | 799 592 | 825 969 | 852 188 | 878 250 | 6 |
| 5 | 746 800 | 773 498 | 800 033 | 826 407 | 852 624 | 878 683 | 5 |
| 6 | 747 246 | 773 941 | 800 474 | 826 846 | 853 059 | 879 116 | 4 |
| 7 | 747 693 | 774 385 | 800 914 | 827 284 | 853 495 | 879 549 | 3 |
| 8 | 748 139 | 774 828 | 801 355 | 827 722 | 853 930 | 879 982 | 2 |
| 9 | 748 585 | 775 272 | 801 796 | 828 160 | 854 366 | 880 415 | 1 |
| 30 | 749 031 | 775 715 | 802 237 | 828 598 | 854 801 | 880 848 | 30 |
| 1 | 749 477 | 776 158 | 802 677 | 829 036 | 855 237 | 881 281 | 9 |
| 2 | 749 923 | 776 602 | 803 118 | 829 474 | 855 672 | 881 713 | 8 |
| 3 | 750 369 | 777 045 | 803 559 | 829 912 | 856 107 | 882 146 | 7 |
| 4 | 750 815 | 777 488 | 803 999 | 830 350 | 856 543 | 882 579 | 6 |
| 5 | 751 261 | 777 931 | 804 440 | 830 788 | 856 978 | 883 011 | 5 |
| 6 | 751 707 | 778 374 | 804 880 | 831 226 | 857 413 | 883 444 | 4 |
| 7 | 752 153 | 778 818 | 805 320 | 831 663 | 857 848 | 883 877 | 3 |
| 8 | 752 598 | 779 261 | 805 761 | 832 101 | 858 283 | 884 309 | 2 |
| 9 | 753 044 | 779 704 | 806 201 | 832 539 | 858 718 | 884 742 | 1 |
| 40 | 753 490 | 780 147 | 806 641 | 832 976 | 859 153 | 885 174 | 20 |
| 1 | 753 935 | 780 589 | 807 082 | 833 414 | 859 588 | 885 606 | 9 |
| 2 | 754 381 | 781 032 | 807 522 | 833 851 | 860 023 | 886 039 | 8 |
| 3 | 754 826 | 781 475 | 807 962 | 834 289 | 860 458 | 886 471 | 7 |
| 4 | 755 272 | 781 918 | 808 402 | 834 726 | 860 893 | 886 903 | 6 |
| 5 | 755 717 | 782 361 | 808 842 | 835 164 | 861 327 | 887 335 | 5 |
| 6 | 756 163 | 782 803 | 809 282 | 835 601 | 861 762 | 887 768 | 4 |
| 7 | 756 608 | 783 246 | 809 722 | 836 038 | 862 197 | 888 200 | 3 |
| 8 | 757 053 | 783 688 | 810 162 | 836 476 | [illegible] | [illegible] | 2 |
| 9 | 757 499 | 784 131 | 810 602 | 836 913 | 863 066 | 889 064 | 1 |
| 50 | 757 944 | 784 573 | 811 042 | 837 350 | 863 501 | 889 496 | 10 |
| 1 | 758 389 | 785 016 | 811 481 | 837 787 | 863 935 | 889 928 | 9 |
| 2 | 758 834 | 785 458 | 811 921 | 838 224 | 864 370 | 890 360 | 8 |
| 3 | 759 279 | 785 901 | 812 361 | 838 661 | 864 804 | 890 791 | 7 |
| 4 | 759 724 | 786 343 | 812 800 | 839 098 | 865 239 | 891 223 | 6 |
| 5 | 760 169 | 786 785 | 813 240 | 839 535 | 865 673 | 891 655 | 5 |
| 6 | 760 614 | 787 228 | 813 680 | 839 972 | 866 107 | 892 087 | 4 |
| 7 | 761 059 | 787 670 | 814 119 | 840 409 | 866 541 | 892 518 | 3 |
| 8 | 761 504 | 788 112 | 814 559 | 840 846 | 866 976 | 892 950 | 2 |
| 9 | 761 949 | 788 554 | 814 998 | 841 283 | 867 410 | 893 382 | 1 |
| 60 | $\bar{2}$,6 762 393 | $\bar{2}$,6 788 996 | $\bar{2}$,6 815 437 | $\bar{2}$,6 841 719 | $\bar{2}$,6 867 844 | $\bar{2}$,6 893 813 | 0 |
| ″ | 17′ | 16′ | 15′ | 14′ | 13′ | 12′ | ″ |

COTANGENTE 87°

| ″ | 48′ | 49′ | 50′ | 51′ | 52′ | 53′ | ″ |
|---|---|---|---|---|---|---|---|
| 0 | $\bar{2}$,6 888 625 | $\bar{2}$,6 914 379 | $\bar{2}$,6 939 980 | $\bar{2}$,6 965 431 | $\bar{2}$,6 990 734 | $\bar{2}$,7 015 889 | 60 |
| 1 | 889 056 | 914 807 | 940 406 | 965 854 | 991 154 | 016 307 | 9 |
| 2 | 889 486 | 915 235 | 940 831 | 966 277 | 991 574 | 016 725 | 8 |
| 3 | 889 917 | 915 662 | 941 256 | 966 700 | 991 995 | 017 143 | 7 |
| 4 | 890 347 | 916 090 | 941 682 | 967 123 | 992 415 | 017 561 | 6 |
| 5 | 890 777 | 916 518 | 942 107 | 967 545 | 992 835 | 017 979 | 5 |
| 6 | 891 207 | 916 946 | 942 532 | 967 968 | 993 256 | 018 397 | 4 |
| 7 | 891 638 | 917 373 | 942 957 | 968 391 | 993 676 | 018 814 | 3 |
| 8 | 892 068 | 917 801 | 943 382 | 968 813 | 994 096 | 019 232 | 2 |
| 9 | 892 498 | 918 229 | 943 807 | 969 236 | 994 516 | 019 650 | 1 |
| 10 | 892 928 | 918 656 | 944 232 | 969 659 | 994 936 | 020 067 | 50 |
| 1 | 893 358 | 919 084 | 944 657 | 970 081 | 995 356 | 020 485 | 9 |
| 2 | 893 788 | 919 511 | 945 082 | 970 504 | 995 776 | 020 903 | 8 |
| 3 | 894 218 | 919 939 | 945 507 | 970 926 | 996 196 | 021 320 | 7 |
| 4 | 894 648 | 920 366 | 945 932 | 971 348 | 996 616 | 021 738 | 6 |
| 5 | 895 078 | 920 793 | 946 357 | 971 771 | 997 036 | 022 155 | 5 |
| 6 | 895 508 | 921 221 | 946 782 | 972 193 | 997 456 | 022 573 | 4 |
| 7 | 895 938 | 921 648 | 947 207 | 972 615 | 997 876 | 022 990 | 3 |
| 8 | 896 367 | 922 075 | 947 631 | 973 037 | 998 296 | 023 407 | 2 |
| 9 | 896 797 | 922 502 | 948 056 | 973 460 | 998 715 | 023 825 | 1 |
| 20 | 897 227 | 922 929 | 948 480 | 973 882 | 999 135 | 024 242 | 40 |
| 1 | 897 656 | 923 357 | 948 905 | 974 304 | 999 555 | 024 659 | 9 |
| 2 | 898 086 | 923 784 | 949 330 | 974 726 | $\bar{2}$,6 999 974 | 025 076 | 8 |
| 3 | 898 516 | 924 211 | 949 754 | 975 148 | $\bar{2}$,7 000 394 | 025 493 | 7 |
| 4 | 898 945 | 924 638 | 950 179 | 975 570 | 000 813 | 025 910 | 6 |
| 5 | 899 374 | 925 064 | 950 603 | 975 992 | 001 233 | 026 327 | 5 |
| 6 | 899 804 | 925 491 | 951 027 | 976 414 | 001 652 | 026 744 | 4 |
| 7 | 900 233 | 925 918 | 951 452 | 976 836 | 002 072 | 027 161 | 3 |
| 8 | 900 663 | 926 345 | 951 876 | 977 257 | 002 491 | 027 578 | 2 |
| 9 | 901 092 | [illegible]26 772 | 952 300 | 977 679 | 002 910 | 027 995 | 1 |
| 30 | 901 52[illegible] | [illegible]198 | 952 724 | 978 101 | 003 330 | 028 412 | 30 |
| 1 | 901 [illegible] | [illegible]5 | 953 149 | 978 523 | 003 749 | 028 829 | 9 |
| 2 | 90[illegible] | [illegible] | 953 573 | 978 944 | 004 168 | 029 246 | 8 |
| 3 | 9[illegible] | [illegible] | 953 997 | 979 366 | 004 587 | 029 662 | 7 |
| 4 | 903 [illegible] | [illegible] | 954 421 | 979 787 | 005 006 | 030 079 | 6 |
| 5 | 903 66[illegible] | [illegible] | 954 845 | 980 209 | 005 425 | 030 496 | 5 |
| 6 | 904 096 | [illegible] | 955 269 | 980 630 | 005 844 | 030 912 | 4 |
| 7 | 904 525 | [illegible] | 955 693 | 981 052 | 006 263 | 031 329 | 3 |
| 8 | 904 954 | [illegible] | 956 117 | 981 473 | 006 682 | 031 746 | 2 |
| 9 | 905 382 | 931 [illegible] | 956 540 | 981 895 | 007 101 | 032 162 | 1 |
| 40 | 905 811 | 931 463 | 956 964 | 982 316 | 007 520 | 032 578 | 20 |
| 1 | 906 240 | 931 889 | 957 388 | 982 737 | 007 939 | 032 995 | 9 |
| 2 | 906 669 | 932 316 | 957 812 | 983 158 | 008 358 | 033 411 | 8 |
| 3 | 907 097 | 932 742 | 958 235 | 983 580 | 008 776 | 033 828 | 7 |
| 4 | 907 526 | 933 168 | 958 659 | 984 001 | 009 195 | 034 244 | 6 |
| 5 | 907 955 | 933 594 | 959 082 | 984 422 | 009 614 | 034 660 | 5 |
| 6 | 908 383 | 934 020 | 959 506 | 984 843 | 010 032 | 035 076 | 4 |
| 7 | 908 812 | 934 446 | 959 929 | 985 264 | 010 451 | 035 493 | 3 |
| 8 | 909 240 | 934 872 | 960 353 | 985 685 | 010 870 | 035 909 | 2 |
| 9 | 909 669 | 935 298 | 960 776 | 986 106 | 011 288 | 036 325 | 1 |
| 50 | 910 097 | 935 724 | 961 200 | 986 527 | 011 707 | 036 741 | 10 |
| 1 | 910 526 | 936 150 | 961 623 | 986 948 | 012 125 | 037 157 | 9 |
| 2 | 910 954 | 936 575 | 962 046 | 987 368 | 012 543 | 037 573 | 8 |
| 3 | 911 382 | 937 001 | 962 470 | 987 789 | 012 962 | 037 989 | 7 |
| 4 | 911 810 | 937 427 | 962 893 | 988 210 | 013 380 | 038 405 | 6 |
| 5 | 912 239 | 937 853 | 963 316 | 988 631 | 013 798 | 038 821 | 5 |
| 6 | 912 667 | 938 278 | 963 739 | 989 051 | 014 216 | 039 236 | 4 |
| 7 | 913 095 | 938 704 | 964 162 | 989 472 | 014 635 | 039 652 | 3 |
| 8 | 913 523 | 939 129 | 964 585 | 989 893 | 015 053 | 040 068 | 2 |
| 9 | 913 951 | 939 555 | 965 008 | 990 313 | 015 471 | 040 484 | 1 |
| 60 | $\bar{2}$,6 914 379 | $\bar{2}$,6 939 980 | $\bar{2}$,6 965 431 | $\bar{2}$,6 990 734 | $\bar{2}$,7 015 889 | $\bar{2}$,7 040 899 | 0 |
| ″ | 11′ | 10′ | 9′ | 8′ | 7′ | 6′ | ″ |

COSINUS 87°

| ″ | 48′ | 49′ | 50′ | 51′ | 52′ | 53′ | ″ |
|---|---|---|---|---|---|---|---|
| 0 | $\bar{2}$,6 893 813 | $\bar{2}$,6 919 629 | $\bar{2}$,6 945 292 | $\bar{2}$,6 970 806 | $\bar{2}$,6 996 172 | $\bar{2}$,7 021 390 | 60 |
| 1 | 894 245 | 920 058 | 945 719 | 971 230 | 996 593 | 021 810 | 9 |
| 2 | 894 676 | 920 487 | 946 145 | 971 654 | 997 015 | 022 229 | 8 |
| 3 | 895 108 | 920 916 | 946 572 | 972 078 | 997 436 | 022 648 | 7 |
| 4 | 895 539 | 921 344 | 946 998 | 972 502 | 997 857 | 023 067 | 6 |
| 5 | 895 970 | 921 773 | 947 424 | 972 926 | 998 279 | 023 486 | 5 |
| 6 | 896 402 | 922 202 | 947 851 | 973 349 | 998 700 | 023 904 | 4 |
| 7 | 896 833 | 922 631 | 948 277 | 973 773 | 999 121 | 024 323 | 3 |
| 8 | 897 264 | 923 059 | 948 703 | 974 197 | 999 543 | 024 742 | 2 |
| 9 | 897 695 | 923 488 | 949 129 | 974 620 | $\bar{2}$,6 999 964 | 025 161 | 1 |
| 10 | 898 126 | 923 917 | 949 555 | 975 044 | $\bar{2}$,7 000 385 | 025 580 | 50 |
| 1 | 898 557 | 924 345 | 949 981 | 975 468 | 000 806 | 025 998 | 9 |
| 2 | 898 989 | 924 774 | 950 407 | 975 891 | 001 227 | 026 417 | 8 |
| 3 | 899 420 | 925 202 | 950 833 | 976 315 | 001 648 | 026 835 | 7 |
| 4 | 899 850 | 925 630 | 951 259 | 976 738 | 002 069 | 027 254 | 6 |
| 5 | 900 281 | 926 059 | 951 685 | 977 161 | 002 490 | 027 673 | 5 |
| 6 | 900 712 | 926 487 | 952 111 | 977 585 | 002 911 | 028 091 | 4 |
| 7 | 901 143 | 926 915 | 952 537 | 978 008 | 003 332 | 028 509 | 3 |
| 8 | 901 574 | 927 344 | 952 962 | 978 431 | 003 753 | 028 928 | 2 |
| 9 | 902 005 | 927 772 | 953 388 | 978 855 | 004 173 | 029 346 | 1 |
| 20 | 902 435 | 928 200 | 953 814 | 979 278 | 004 594 | 029 765 | 40 |
| 1 | 902 866 | 928 628 | 954 239 | 979 701 | 005 015 | 030 183 | 9 |
| 2 | 903 297 | 929 056 | 954 665 | 980 124 | 005 435 | 030 601 | 8 |
| 3 | 903 727 | 929 484 | 955 090 | 980 547 | 005 856 | 031 019 | 7 |
| 4 | 904 158 | 929 912 | 955 516 | 980 970 | 006 277 | 031 437 | 6 |
| 5 | 904 588 | 930 340 | 955 941 | 981 393 | 006 697 | 031 856 | 5 |
| 6 | 905 019 | 930 768 | 956 367 | 981 816 | 007 118 | 032 274 | 4 |
| 7 | 905 449 | 931 196 | 956 792 | 982 239 | 007 538 | 032 692 | 3 |
| 8 | 905 879 | 931 624 | 957 217 | 982 662 | 007 959 | 033 110 | 2 |
| 9 | 906 310 | 932 052 | 957 643 | 983 085 | 008 379 | 033 528 | 1 |
| 30 | 906 740 | 932 479 | 958 068 | 983 507 | 008 799 | 033 946 | 30 |
| 1 | 907 170 | 932 907 | 958 493 | 983 930 | 009 220 | 034 363 | 9 |
| 2 | 907 600 | 933 335 | 958 918 | 984 353 | 009 640 | 034 781 | 8 |
| 3 | 908 031 | 933 762 | 959 343 | 984 775 | 010 060 | 035 199 | 7 |
| 4 | 908 461 | 934 190 | 959 769 | 985 198 | 010 480 | 035 617 | 6 |
| 5 | 908 891 | 934 618 | 960 194 | 985 621 | 010 900 | 036 035 | 5 |
| 6 | 909 321 | 935 045 | 960 619 | 986 043 | 011 320 | 036 452 | 4 |
| 7 | 909 751 | 935 473 | 961 044 | 986 466 | 011 740 | 036 870 | 3 |
| 8 | 910 181 | 935 900 | 961 468 | 986 888 | 012 160 | 037 287 | 2 |
| 9 | 910 611 | 936 327 | 961 893 | 987 310 | 012 580 | 037 705 | 1 |
| 40 | 911 041 | 936 755 | 962 318 | 987 733 | 013 000 | 038 122 | 20 |
| 1 | 911 470 | 937 182 | 962 743 | 988 155 | 013 420 | 038 540 | 9 |
| 2 | 911 900 | 937 609 | 963 168 | 988 577 | 013 840 | 038 957 | 8 |
| 3 | 912 330 | 938 036 | 963 592 | 989 000 | 014 260 | 039 375 | 7 |
| 4 | 912 760 | 938 464 | 964 017 | 989 422 | 014 680 | 039 792 | 6 |
| 5 | 913 189 | 938 891 | 964 442 | 989 844 | 015 099 | 040 209 | 5 |
| 6 | 913 619 | 939 318 | 964 866 | 990 266 | 015 519 | 040 627 | 4 |
| 7 | 914 048 | 939 745 | 965 291 | 990 688 | 015 939 | 041 044 | 3 |
| 8 | 914 478 | 940 172 | 965 715 | 991 110 | 016 358 | 041 461 | 2 |
| 9 | 914 907 | 940 599 | 966 140 | 991 532 | 016 778 | 041 878 | 1 |
| 50 | 915 337 | 941 026 | 966 564 | 991 954 | 017 197 | 042 295 | 10 |
| 1 | 915 766 | 941 453 | 966 989 | 992 376 | 017 617 | 042 713 | 9 |
| 2 | 916 195 | 941 879 | 967 413 | 992 798 | 018 036 | 043 130 | 8 |
| 3 | 916 625 | 942 306 | 967 837 | 993 220 | 018 456 | 043 547 | 7 |
| 4 | 917 054 | 942 733 | 968 262 | 993 642 | 018 875 | 043 964 | 6 |
| 5 | 917 483 | 943 160 | 968 686 | 994 063 | 019 294 | 044 380 | 5 |
| 6 | 917 912 | 943 586 | 969 110 | 994 485 | 019 714 | 044 797 | 4 |
| 7 | 918 342 | 944 013 | 969 534 | 994 907 | 020 133 | 045 214 | 3 |
| 8 | 918 771 | 944 439 | 969 958 | 995 328 | 020 552 | 045 631 | 2 |
| 9 | 919 200 | 944 866 | 970 382 | 995 750 | 020 971 | 046 048 | 1 |
| 60 | $\bar{2}$,6 919 629 | $\bar{2}$,6 945 292 | $\bar{2}$,6 970 806 | $\bar{2}$,6 996 172 | $\bar{2}$,7 021 390 | $\bar{2}$,7 046 465 | 0 |
| ″ | 11′ | 10′ | 9′ | 8′ | 7′ | 6′ | ″ |

| " | 54′ | 55′ | 56′ | 57′ | 58′ | 59′ | " |
|---|---|---|---|---|---|---|---|
| 0 | $\bar{2}$,7 040 899 | $\bar{2}$,7 065 766 | $\bar{2}$,7 090 490 | $\bar{2}$,7 115 075 | $\bar{2}$,7 139 520 | $\bar{2}$,7 163 829 | 60 |
| 1 | 041 315 | 066 179 | 090 901 | 115 483 | 139 927 | 164 233 | 9 |
| 2 | 041 730 | 066 592 | 091 312 | 115 892 | 140 333 | 164 637 | 8 |
| 3 | 042 146 | 067 005 | 091 723 | 116 300 | 140 739 | 165 041 | 7 |
| 4 | 042 561 | 067 419 | 092 134 | 116 709 | 141 145 | 165 445 | 6 |
| 5 | 042 977 | 067 832 | 092 545 | 117 117 | 141 551 | 165 848 | 5 |
| 6 | 043 392 | 068 245 | 092 955 | 117 526 | 141 957 | 166 252 | 4 |
| 7 | 043 808 | 068 658 | 093 366 | 117 934 | 142 363 | 166 656 | 3 |
| 8 | 044 223 | 069 071 | 093 776 | 118 342 | 142 769 | 167 060 | 2 |
| 9 | 044 638 | 069 484 | 094 187 | 118 751 | 143 175 | 167 463 | 1 |
| 10 | 045 054 | 069 896 | 094 598 | 119 159 | 143 581 | 167 867 | 50 |
| 1 | 045 469 | 070 309 | 095 008 | 119 567 | 143 987 | 168 271 | 9 |
| 2 | 045 884 | 070 722 | 095 419 | 119 975 | 144 393 | 168 674 | 8 |
| 3 | 046 299 | 071 135 | 095 829 | 120 383 | 144 799 | 169 078 | 7 |
| 4 | 046 714 | 071 548 | 096 239 | 120 791 | 145 205 | 169 481 | 6 |
| 5 | 047 129 | 071 960 | 096 650 | 121 199 | 145 610 | 169 885 | 5 |
| 6 | 047 544 | 072 373 | 097 060 | 121 607 | 146 016 | 170 288 | 4 |
| 7 | 047 959 | 072 785 | 097 470 | 122 015 | 146 422 | 170 692 | 3 |
| 8 | 048 374 | 073 198 | 097 880 | 122 423 | 146 827 | 171 095 | 2 |
| 9 | 048 789 | 073 611 | 098 291 | 122 831 | 147 233 | 171 498 | 1 |
| 20 | 049 204 | 074 023 | 098 701 | 123 239 | 147 638 | 171 901 | 40 |
| 1 | 049 619 | 074 436 | 099 111 | 123 647 | 148 044 | 172 305 | 9 |
| 2 | 050 034 | 074 848 | 099 521 | 124 054 | 148 449 | 172 708 | 8 |
| 3 | 050 448 | 075 260 | 099 931 | 124 462 | 148 855 | 173 111 | 7 |
| 4 | 050 863 | 075 673 | 100 341 | 124 870 | 149 260 | 173 514 | 6 |
| 5 | 051 278 | 076 085 | 100 751 | 125 277 | 149 666 | 173 917 | 5 |
| 6 | 051 692 | 076 497 | 101 161 | 125 685 | 150 071 | 174 320 | 4 |
| 7 | 052 107 | 076 909 | 101 571 | 126 092 | 150 476 | 174 723 | 3 |
| 8 | 052 521 | 077 322 | 101 981 | 126 500 | 150 881 | 175 126 | 2 |
| 9 | 052 936 | 077 734 | 102 390 | 126 907 | 151 287 | 175 529 | 1 |
| 30 | 053 350 | 078 146 | 102 800 | 127 315 | 151 692 | 175 932 | 30 |
| 1 | 053 765 | 078 558 | 103 210 | 127 722 | 152 097 | 176 335 | 9 |
| 2 | 054 179 | 078 970 | 103 620 | 128 130 | 152 502 | 176 738 | 8 |
| 3 | 054 593 | 079 382 | 104 029 | 128 537 | 152 907 | 177 141 | 7 |
| 4 | 055 008 | 079 794 | 104 439 | 128 944 | 153 312 | 177 543 | 6 |
| 5 | 055 422 | 080 206 | 104 848 | 129 352 | 153 717 | 177 946 | 5 |
| 6 | 055 836 | 080 618 | 105 258 | 129 759 | 154 122 | 178 349 | 4 |
| 7 | 056 250 | 081 029 | 105 667 | 130 166 | 154 527 | 178 751 | 3 |
| 8 | 056 665 | 081 441 | 106 077 | 130 573 | 154 932 | 179 154 | 2 |
| 9 | 057 079 | 081 853 | 106 486 | 130 980 | 155 336 | 179 557 | 1 |
| 40 | 057 493 | 082 265 | 106 896 | 131 387 | 155 741 | 179 959 | 20 |
| 1 | 057 907 | 082 676 | 107 305 | 131 794 | 156 146 | 180 362 | 9 |
| 2 | 058 321 | 083 088 | 107 714 | 132 201 | 156 551 | 180 764 | 8 |
| 3 | 058 735 | 083 499 | 108 123 | 132 608 | 156 955 | 181 166 | 7 |
| 4 | 059 149 | 083 911 | 108 533 | 133 015 | 157 360 | 181 569 | 6 |
| 5 | 059 563 | 084 323 | 108 942 | 133 422 | 157 765 | 181 971 | 5 |
| 6 | 059 976 | 084 734 | 109 351 | 133 829 | 158 169 | 182 373 | 4 |
| 7 | 060 390 | 085 145 | 109 760 | 134 236 | 158 574 | 182 776 | 3 |
| 8 | 060 804 | 085 557 | 110 169 | 134 642 | 158 978 | 183 178 | 2 |
| 9 | 061 218 | 085 968 | 110 578 | 135 049 | 159 383 | 183 580 | 1 |
| 50 | 061 631 | 086 380 | 110 987 | 135 456 | 159 787 | 183 982 | 10 |
| 1 | 062 045 | 086 791 | 111 396 | 135 862 | 160 191 | 184 384 | 9 |
| 2 | 062 458 | 087 202 | 111 805 | 136 269 | 160 596 | 184 786 | 8 |
| 3 | 062 872 | 087 613 | 112 214 | 136 676 | 161 000 | 185 188 | 7 |
| 4 | 063 286 | 088 024 | 112 623 | 137 082 | 161 404 | 185 590 | 6 |
| 5 | 063 699 | 088 435 | 113 031 | 137 489 | 161 808 | 185 992 | 5 |
| 6 | 064 112 | 088 847 | 113 440 | 137 895 | 162 213 | 186 394 | 4 |
| 7 | 064 526 | 089 258 | 113 849 | 138 301 | 162 617 | 186 796 | 3 |
| 8 | 064 939 | 089 669 | 114 258 | 138 708 | 163 021 | 187 198 | 2 |
| 9 | 065 353 | 090 080 | 114 666 | 139 114 | 163 425 | 187 600 | 1 |
| 60 | $\bar{2}$,7 065 766 | $\bar{2}$,7 090 490 | $\bar{2}$,7 115 075 | $\bar{2}$,7 139 520 | $\bar{2}$,7 163 829 | $\bar{2}$,7 188 002 | 0 |
| " | 5′ | 4′ | 3′ | 2′ | 1′ | 0′ | " |

COSINUS 87°

| ″ | 54′ | 55′ | 56′ | 57′ | 58′ | 59′ | ″ |
|---|---|---|---|---|---|---|---|
| 0 | $\bar{2}$,7 046 465 | $\bar{2}$,7 071 395 | $\bar{2}$,7 096 185 | $\bar{2}$,7 120 834 | $\bar{2}$,7 145 345 | $\bar{2}$,7 169 719 | 60 |
| 1 | 046 881 | 071 810 | 096 597 | 121 243 | 145 752 | 170 124 | 9 |
| 2 | 047 298 | 072 224 | 097 008 | 121 653 | 146 159 | 170 529 | 8 |
| 3 | 047 714 | 072 638 | 097 420 | 122 063 | 146 567 | 170 934 | 7 |
| 4 | 048 131 | 073 052 | 097 832 | 122 472 | 146 974 | 171 339 | 6 |
| 5 | 048 548 | 073 466 | 098 244 | 122 882 | 147 381 | 171 744 | 5 |
| 6 | 048 964 | 073 881 | 098 656 | 123 291 | 147 788 | 172 149 | 4 |
| 7 | 049 380 | 074 295 | 099 067 | 123 701 | 148 195 | 172 554 | 3 |
| 8 | 049 797 | 074 709 | 099 479 | 124 110 | 148 602 | 172 958 | 2 |
| 9 | 050 213 | 075 123 | 099 891 | 124 519 | 149 010 | 173 363 | 1 |
| 10 | 050 630 | 075 537 | 100 302 | 124 929 | 149 417 | 173 768 | 50 |
| 1 | 051 046 | 075 951 | 100 714 | 125 338 | 149 824 | 174 173 | 9 |
| 2 | 051 462 | 076 364 | 101 126 | 125 747 | 150 230 | 174 577 | 8 |
| 3 | 051 878 | 076 778 | 101 537 | 126 156 | 150 637 | 174 982 | 7 |
| 4 | 052 294 | 077 192 | 101 949 | 126 565 | 151 044 | 175 387 | 6 |
| 5 | 052 711 | 077 606 | 102 360 | 126 974 | 151 451 | 175 791 | 5 |
| 6 | 053 127 | 078 020 | 102 771 | 127 384 | 151 858 | 176 196 | 4 |
| 7 | 053 543 | 078 433 | 103 183 | 127 793 | 152 265 | 176 600 | 3 |
| 8 | 053 959 | 078 847 | 103 594 | 128 202 | 152 671 | 177 005 | 2 |
| 9 | 054 375 | 079 260 | 104 005 | 128 611 | 153 078 | 177 409 | 1 |
| 20 | 054 791 | 079 674 | 104 416 | 129 019 | 153 485 | 177 813 | 40 |
| 1 | 055 206 | 080 088 | 104 828 | 129 428 | 153 891 | 178 218 | 9 |
| 2 | 055 622 | 080 501 | 105 239 | 129 837 | 154 298 | 178 622 | 8 |
| 3 | 056 038 | 080 914 | 105 650 | 130 246 | 154 704 | 179 026 | 7 |
| 4 | 056 454 | 081 328 | 106 061 | 130 655 | 155 111 | 179 430 | 6 |
| 5 | 056 870 | 081 741 | 106 472 | 131 063 | 155 517 | 179 835 | 5 |
| 6 | 057 285 | 082 155 | 106 883 | 131 472 | 155 924 | 180 239 | 4 |
| 7 | 057 701 | 082 568 | 107 294 | 131 881 | 156 330 | 180 643 | 3 |
| 8 | 058 117 | 082 981 | 107 705 | 132 289 | 156 736 | 181 047 | 2 |
| 9 | 058 532 | 083 394 | 108 116 | 132 698 | 157 143 | 181 451 | 1 |
| 30 | 058 948 | 083 808 | 108 527 | 133 106 | 157 549 | 181 855 | 30 |
| 1 | 059 363 | 084 221 | 108 937 | 133 515 | 157 955 | 182 259 | 9 |
| 2 | 059 779 | 084 634 | 109 348 | 133 923 | 158 361 | 182 663 | 8 |
| 3 | 060 194 | 085 047 | 109 759 | 134 332 | 158 767 | 183 067 | 7 |
| 4 | 060 609 | 085 460 | 110 170 | 134 740 | 159 173 | 183 471 | 6 |
| 5 | 061 025 | 085 873 | 110 580 | 135 149 | 159 579 | 183 874 | 5 |
| 6 | 061 440 | 086 286 | 110 991 | 135 557 | 159 985 | 184 278 | 4 |
| 7 | 061 855 | 086 699 | 111 401 | 135 965 | 160 391 | 184 682 | 3 |
| 8 | 062 271 | 087 111 | 111 812 | 136 373 | 160 797 | 185 086 | 2 |
| 9 | 062 686 | 087 524 | 112 222 | 136 782 | 161 203 | 185 489 | 1 |
| 40 | 063 101 | 087 937 | 112 633 | 137 190 | 161 609 | 185 893 | 20 |
| 1 | 063 516 | 088 350 | 113 043 | 137 598 | 162 015 | 186 297 | 9 |
| 2 | 063 931 | 088 763 | 113 454 | 138 006 | 162 421 | 186 700 | 8 |
| 3 | 064 346 | 089 175 | 113 864 | 138 414 | 162 827 | 187 104 | 7 |
| 4 | 064 761 | 089 588 | 114 274 | 138 822 | 163 232 | 187 507 | 6 |
| 5 | 065 176 | 090 000 | 114 685 | 139 230 | 163 638 | 187 910 | 5 |
| 6 | 065 591 | 090 413 | 115 095 | 139 638 | 164 044 | 188 314 | 4 |
| 7 | 066 006 | 090 825 | 115 505 | 140 046 | 164 449 | 188 717 | 3 |
| 8 | 066 421 | 091 238 | 115 915 | 140 454 | 164 855 | 189 121 | 2 |
| 9 | 066 835 | 091 650 | 116 325 | 140 861 | 165 260 | 189 524 | 1 |
| 50 | 067 250 | 092 063 | 116 735 | 141 269 | 165 666 | 189 927 | 10 |
| 1 | 067 665 | 092 475 | 117 145 | 141 677 | 166 071 | 190 330 | 9 |
| 2 | 068 079 | 092 887 | 117 555 | 142 085 | 166 477 | 190 734 | 8 |
| 3 | 068 494 | 093 300 | 117 965 | 142 492 | 166 882 | 191 137 | 7 |
| 4 | 068 909 | 093 712 | 118 375 | 142 900 | 167 288 | 191 540 | 6 |
| 5 | 069 323 | 094 124 | 118 785 | 143 307 | 167 693 | 191 943 | 5 |
| 6 | 069 738 | 094 536 | 119 195 | 143 715 | 168 098 | 192 346 | 4 |
| 7 | 070 152 | 094 948 | 119 605 | 144 122 | 168 503 | 192 749 | 3 |
| 8 | 070 567 | 095 361 | 120 014 | 144 530 | 168 909 | 193 152 | 2 |
| 9 | 070 981 | 095 773 | 120 424 | 144 937 | 169 314 | 193 555 | 1 |
| 60 | $\bar{2}$,7 071 395 | $\bar{2}$,7 096 185 | $\bar{2}$,7 120 834 | $\bar{2}$,7 145 345 | $\bar{2}$,7 169 719 | $\bar{2}$,7 193 958 | 0 |
| ″ | 5′ | 4′ | 3′ | 2′ | 1′ | 0′ | ″ |

| ″ | 0′ | 1′ | 2′ | 3′ | 4′ | 5′ | ″ |
|---|---|---|---|---|---|---|---|
| 0 | $\bar{1}$,7 188 002 | $\bar{1}$,7 212 040 | $\bar{1}$,7 235 946 | $\bar{1}$,7 259 721 | $\bar{1}$,7 283 366 | $\bar{1}$,7 306 882 | 60 |
| 1 | 188 403 | 212 440 | 236 343 | 260 116 | 283 759 | 307 273 | 9 |
| 2 | 188 805 | 212 839 | 236 741 | 260 511 | 284 152 | 307 664 | 8 |
| 3 | 189 207 | 213 239 | 237 138 | 260 906 | 284 544 | 308 055 | 7 |
| 4 | 189 608 | 213 638 | 237 535 | 261 301 | 284 937 | 308 445 | 6 |
| 5 | 190 010 | 214 037 | 237 932 | 261 696 | 285 330 | 308 836 | 5 |
| 6 | 190 412 | 214 437 | 238 329 | 262 091 | 285 723 | 309 227 | 4 |
| 7 | 190 813 | 214 836 | 238 727 | 262 486 | 286 116 | 309 617 | 3 |
| 8 | 191 215 | 215 235 | 239 124 | 262 881 | 286 509 | 310 008 | 2 |
| 9 | 191 616 | 215 635 | 239 521 | 263 276 | 286 901 | 310 399 | 1 |
| 10 | 192 017 | 216 034 | 239 918 | 263 671 | 287 294 | 310 789 | 50 |
| 1 | 192 419 | 216 433 | 240 315 | 264 065 | 287 687 | 311 180 | 9 |
| 2 | 192 820 | 216 832 | 240 711 | 264 460 | 288 079 | 311 570 | 8 |
| 3 | 193 221 | 217 231 | 241 108 | 264 855 | 288 472 | 311 961 | 7 |
| 4 | 193 623 | 217 630 | 241 505 | 265 249 | 288 864 | 312 351 | 6 |
| 5 | 194 024 | 218 029 | 241 902 | 265 644 | 289 257 | 312 741 | 5 |
| 6 | 194 425 | 218 428 | 242 299 | 266 039 | 289 649 | 313 132 | 4 |
| 7 | 194 826 | 218 827 | 242 696 | 266 433 | 290 042 | 313 522 | 3 |
| 8 | 195 227 | 219 226 | 243 092 | 266 828 | 290 434 | 313 912 | 2 |
| 9 | 195 628 | 219 625 | 243 489 | 267 222 | 290 826 | 314 302 | 1 |
| 20 | 196 029 | 220 024 | 243 886 | 267 617 | 291 219 | 314 693 | 40 |
| 1 | 196 430 | 220 422 | 244 282 | 268 011 | 291 611 | 315 083 | 9 |
| 2 | 196 831 | 220 821 | 244 679 | 268 406 | 292 003 | 315 473 | 8 |
| 3 | 197 232 | 221 220 | 245 075 | 268 800 | 292 395 | 315 863 | 7 |
| 4 | 197 633 | 221 618 | 245 472 | 269 194 | 292 788 | 316 253 | 6 |
| 5 | 198 034 | 222 017 | 245 868 | 269 588 | 293 180 | 316 643 | 5 |
| 6 | 198 435 | 222 416 | 246 264 | 269 983 | 293 572 | 317 033 | 4 |
| 7 | 198 836 | 222 814 | 246 661 | 270 377 | 293 964 | 317 423 | 3 |
| 8 | 199 236 | 223 213 | 247 057 | 270 771 | 294 356 | 317 813 | 2 |
| 9 | 199 637 | 223 611 | 247 453 | 271 165 | 294 748 | 318 203 | 1 |
| 30 | 200 038 | 224 010 | 247 850 | 271 559 | 295 140 | 318 593 | 30 |
| 1 | 200 438 | 224 408 | 248 246 | 271 953 | 295 532 | 318 982 | 9 |
| 2 | 200 839 | 224 806 | 248 642 | 272 347 | 295 924 | 319 372 | 8 |
| 3 | 201 239 | 225 205 | 249 038 | 272 741 | 296 315 | 319 762 | 7 |
| 4 | 201 640 | 225 603 | 249 434 | 273 135 | 296 707 | 320 152 | 6 |
| 5 | 202 040 | 226 001 | 249 831 | 273 529 | 297 099 | 320 541 | 5 |
| 6 | 202 441 | 226 400 | 250 227 | 273 923 | 297 491 | 320 931 | 4 |
| 7 | 202 841 | 226 798 | 250 623 | 274 317 | 297 883 | 321 320 | 3 |
| 8 | 203 242 | 227 196 | 251 019 | 274 711 | 298 274 | 321 710 | 2 |
| 9 | 203 642 | 227 594 | 251 414 | 275 105 | 298 666 | 322 100 | 1 |
| 40 | 204 042 | 227 992 | 251 810 | 275 498 | 299 057 | 322 489 | 20 |
| 1 | 204 442 | 228 390 | 252 206 | 275 892 | 299 449 | 322 879 | 9 |
| 2 | 204 843 | 228 788 | 252 602 | 276 286 | 299 841 | 323 268 | 8 |
| 3 | 205 243 | 229 186 | 252 998 | 276 679 | 300 232 | 323 657 | 7 |
| 4 | 205 643 | 229 584 | 253 394 | 277 073 | 300 623 | 324 047 | 6 |
| 5 | 206 043 | 229 982 | 253 789 | 277 467 | 301 015 | 324 436 | 5 |
| 6 | 206 443 | 230 380 | 254 185 | 277 860 | 301 406 | 324 825 | 4 |
| 7 | 206 843 | 230 778 | 254 581 | 278 254 | 301 798 | 325 215 | 3 |
| 8 | 207 243 | 231 175 | 254 976 | 278 647 | 302 189 | 325 604 | 2 |
| 9 | 207 643 | 231 573 | 255 372 | 279 040 | 302 580 | 325 993 | 1 |
| 50 | 208 043 | 231 971 | 255 767 | 279 434 | 302 972 | 326 382 | 10 |
| 1 | 208 443 | 232 369 | 256 163 | 279 827 | 303 363 | 326 771 | 9 |
| 2 | 208 843 | 232 766 | 256 558 | 280 220 | 303 754 | 327 160 | 8 |
| 3 | 209 243 | 233 164 | 256 954 | 280 614 | 304 145 | 327 549 | 7 |
| 4 | 209 642 | 233 561 | 257 349 | 281 007 | 304 536 | 327 938 | 6 |
| 5 | 210 042 | 233 959 | 257 745 | 281 400 | 304 927 | 328 327 | 5 |
| 6 | 210 442 | 234 356 | 258 140 | 281 793 | 305 318 | 328 716 | 4 |
| 7 | 210 841 | 234 754 | 258 535 | 282 186 | 305 709 | 329 105 | 3 |
| 8 | 211 241 | 235 151 | 258 930 | 282 580 | 306 100 | 329 494 | 2 |
| 9 | 211 641 | 235 549 | 259 326 | 282 973 | 306 491 | 329 883 | 1 |
| 60 | $\bar{1}$,7 212 040 | $\bar{1}$,7 235 946 | $\bar{1}$,7 259 721 | $\bar{1}$,7 283 366 | $\bar{1}$,7 306 882 | $\bar{1}$,7 330 272 | 0 |
| ″ | 59′ | 58′ | 57′ | 56′ | 55′ | 54′ | ″ |

| " | 0' | 1' | 2' | 3' | 4' | 5' | " |
|---|---|---|---|---|---|---|---|
| 0 | $\bar{2}$,7 193 958 | $\bar{2}$,7 218 063 | $\bar{2}$,7 242 035 | $\bar{2}$,7 265 877 | $\bar{2}$,7 289 589 | $\bar{2}$,7 313 174 | 60 |
| 1 | 194 360 | 218 463 | 242 434 | 266 273 | 289 983 | 313 566 | 9 |
| 2 | 194 763 | 218 864 | 242 832 | 266 669 | 290 378 | 313 958 | 8 |
| 3 | 195 166 | 219 264 | 243 230 | 267 066 | 290 772 | 314 350 | 7 |
| 4 | 195 569 | 219 665 | 243 629 | 267 462 | 291 166 | 314 741 | 6 |
| 5 | 195 971 | 220 065 | 244 027 | 267 858 | 291 560 | 315 133 | 5 |
| 6 | 196 374 | 220 466 | 244 425 | 268 254 | 291 954 | 315 525 | 4 |
| 7 | 196 777 | 220 866 | 244 823 | 268 650 | 292 347 | 315 917 | 3 |
| 8 | 197 179 | 221 267 | 245 222 | 269 046 | 292 741 | 316 309 | 2 |
| 9 | 197 582 | 221 667 | 245 620 | 269 442 | 293 135 | 316 700 | 1 |
| 10 | 197 984 | 222 067 | 246 018 | 269 838 | 293 529 | 317 092 | 50 |
| 1 | 198 387 | 222 467 | 246 416 | 270 234 | 293 923 | 317 484 | 9 |
| 2 | 198 789 | 222 868 | 246 814 | 270 630 | 294 316 | 317 875 | 8 |
| 3 | 199 192 | 223 268 | 247 212 | 271 026 | 294 710 | 318 267 | 7 |
| 4 | 199 594 | 223 668 | 247 610 | 271 421 | 295 104 | 318 658 | 6 |
| 5 | 199 996 | 224 068 | 248 008 | 271 817 | 295 497 | 319 050 | 5 |
| 6 | 200 399 | 224 468 | 248 406 | 272 213 | 295 891 | 319 441 | 4 |
| 7 | 200 801 | 224 868 | 248 804 | 272 609 | 296 284 | 319 833 | 3 |
| 8 | 201 203 | 225 268 | 249 201 | 273 004 | 296 678 | 320 224 | 2 |
| 9 | 201 605 | 225 668 | 249 599 | 273 400 | 297 071 | 320 616 | 1 |
| 20 | 202 007 | 226 068 | 249 997 | 273 795 | 297 465 | 321 007 | 40 |
| 1 | 202 409 | 226 468 | 250 395 | 274 191 | 297 858 | 321 398 | 9 |
| 2 | 202 812 | 226 868 | 250 792 | 274 586 | 298 252 | 321 789 | 8 |
| 3 | 203 214 | 227 268 | 251 190 | 274 982 | 298 645 | 322 181 | 7 |
| 4 | 203 616 | 227 667 | 251 588 | 275 377 | 299 038 | 322 572 | 6 |
| 5 | 204 017 | 228 067 | 251 985 | 275 773 | 299 432 | 322 963 | 5 |
| 6 | 204 419 | 228 467 | 252 383 | 276 168 | 299 825 | 323 354 | 4 |
| 7 | 204 821 | 228 867 | 252 780 | 276 563 | 300 218 | 323 745 | 3 |
| 8 | 205 223 | 229 266 | 253 178 | 276 959 | 300 611 | 324 136 | 2 |
| 9 | 205 625 | 229 666 | 253 575 | 277 354 | 301 004 | 324 527 | 1 |
| 30 | 206 027 | 230 065 | 253 972 | 277 749 | 301 397 | 324 918 | 30 |
| 1 | 206 428 | 230 465 | 254 370 | 278 144 | 301 790 | 325 309 | 9 |
| 2 | 206 830 | 230 864 | 254 767 | 278 540 | 302 183 | 325 700 | 8 |
| 3 | 207 232 | 231 264 | 255 164 | 278 935 | 302 576 | 326 091 | 7 |
| 4 | 207 633 | 231 663 | 255 562 | 279 330 | 302 969 | 326 482 | 6 |
| 5 | 208 035 | 232 063 | 255 959 | 279 725 | 303 362 | 326 873 | 5 |
| 6 | 208 437 | 232 462 | 256 356 | 280 120 | 303 755 | 327 263 | 4 |
| 7 | 208 838 | 232 861 | 256 753 | 280 515 | 304 148 | 327 654 | 3 |
| 8 | 209 239 | 233 261 | 257 150 | 280 910 | 304 541 | 328 045 | 2 |
| 9 | 209 641 | 233 660 | 257 547 | 281 305 | 304 934 | 328 435 | 1 |
| 40 | 210 042 | 234 059 | 257 944 | 281 700 | 305 326 | 328 826 | 20 |
| 1 | 210 444 | 234 458 | 258 341 | 282 094 | 305 719 | 329 217 | 9 |
| 2 | 210 845 | 234 857 | 258 738 | 282 489 | 306 112 | 329 607 | 8 |
| 3 | 211 246 | 235 256 | 259 135 | 282 884 | 306 504 | 329 998 | 7 |
| 4 | 211 648 | 235 655 | 259 532 | 283 279 | 306 897 | 330 388 | 6 |
| 5 | 212 049 | 236 054 | 259 929 | 283 673 | 307 290 | 330 779 | 5 |
| 6 | 212 450 | 236 453 | 260 326 | 284 068 | 307 682 | 331 169 | 4 |
| 7 | 212 851 | 236 852 | 260 722 | 284 463 | 308 075 | 331 560 | 3 |
| 8 | [illegible] | 237 254 | 261 119 | 284 857 | 308 467 | 331 950 | 2 |
| 9 | 213 653 | 237 650 | 261 516 | 285 252 | 308 859 | 332 340 | 1 |
| 50 | 214 054 | 238 049 | 261 912 | 285 646 | 309 252 | 332 730 | 10 |
| 1 | 214 455 | 238 448 | 262 309 | 286 041 | 309 644 | 333 121 | 9 |
| 2 | 214 856 | 238 846 | 262 706 | 286 435 | 310 036 | 333 511 | 8 |
| 3 | 215 257 | 239 245 | 263 102 | 286 830 | 310 429 | 333 901 | 7 |
| 4 | 215 658 | 239 644 | 263 499 | 287 224 | 310 821 | 334 291 | 6 |
| 5 | 216 059 | 240 043 | 263 895 | 287 618 | 311 213 | 334 681 | 5 |
| 6 | 216 460 | 240 441 | 264 292 | 288 013 | 311 605 | 335 071 | 4 |
| 7 | 216 860 | 240 840 | 264 688 | 288 407 | 311 997 | 335 461 | 3 |
| 8 | 217 261 | 241 238 | 265 084 | 288 801 | 312 390 | 335 851 | 2 |
| 9 | 217 662 | 241 637 | 265 481 | 289 196 | 312 782 | 336 241 | 1 |
| 60 | $\bar{2}$,7 218 063 | $\bar{2}$,7 242 035 | $\bar{2}$,7 265 877 | $\bar{2}$,7 289 589 | $\bar{2}$,7 313 174 | $\bar{2}$,7 336 631 | 0 |
| " | 59' | 58' | 57' | 56' | 55' | 54' | " |

COTANGENTE 86°

| " | 6′ | 7′ | 8′ | 9′ | 10′ | 11′ | " |
|---|---|---|---|---|---|---|---|
| 0 | $\bar{3}$,7 330 272 | $\bar{3}$,7 353 535 | $\bar{3}$,7 376 675 | $\bar{3}$,7 399 691 | $\bar{3}$,7 422 586 | $\bar{3}$,7 445 360 | 60 |
| 1 | 330 660 | 353 922 | 377 059 | 400 074 | 422 966 | 445 739 | 9 |
| 2 | 331 049 | 354 309 | 377 444 | 400 456 | 423 347 | 446 117 | 8 |
| 3 | 331 438 | 354 695 | 377 828 | 400 839 | 423 728 | 446 496 | 7 |
| 4 | 331 826 | 355 082 | 378 213 | 401 221 | 424 108 | 446 874 | 6 |
| 5 | 332 215 | 355 468 | 378 597 | 401 604 | 424 488 | 447 253 | 5 |
| 6 | 332 604 | 355 855 | 378 982 | 401 986 | 424 869 | 447 631 | 4 |
| 7 | 332 992 | 356 241 | 379 366 | 402 368 | 425 249 | 448 009 | 3 |
| 8 | 333 381 | 356 628 | 379 751 | 402 751 | 425 629 | 448 388 | 2 |
| 9 | 333 769 | 357 014 | 380 135 | 403 133 | 426 010 | 448 766 | 1 |
| 10 | 334 157 | 357 400 | 380 519 | 403 515 | 426 390 | 449 144 | 50 |
| 1 | 334 546 | 357 787 | 380 904 | 403 898 | 426 770 | 449 523 | 9 |
| 2 | 334 934 | 358 173 | 381 288 | 404 280 | 427 150 | 449 901 | 8 |
| 3 | 335 323 | 358 559 | 381 672 | 404 662 | 427 531 | 450 279 | 7 |
| 4 | 335 711 | 358 946 | 382 056 | 405 044 | 427 911 | 450 657 | 6 |
| 5 | 336 099 | 359 332 | 382 440 | 405 426 | 428 291 | 451 035 | 5 |
| 6 | 336 487 | 359 718 | 382 824 | 405 808 | 428 671 | 451 413 | 4 |
| 7 | 336 876 | 360 104 | 383 208 | 406 190 | 429 051 | 451 791 | 3 |
| 8 | 337 264 | 360 490 | 383 593 | 406 572 | 429 431 | 452 169 | 2 |
| 9 | 337 652 | 360 876 | 383 977 | 406 954 | 429 811 | 452 547 | 1 |
| 20 | 338 040 | 361 262 | 384 360 | 407 336 | 430 191 | 452 925 | 40 |
| 1 | 338 428 | 361 648 | 384 744 | 407 718 | 430 571 | 453 303 | 9 |
| 2 | 338 816 | 362 034 | 385 128 | 408 100 | 430 950 | 453 681 | 8 |
| 3 | 339 204 | 362 420 | 385 512 | 408 482 | 431 330 | 454 059 | 7 |
| 4 | 339 592 | 362 806 | 385 896 | 408 864 | 431 710 | 454 437 | 6 |
| 5 | 339 980 | 363 192 | 386 280 | 409 245 | 432 090 | 454 814 | 5 |
| 6 | 340 368 | 363 578 | 386 664 | 409 627 | 432 470 | 455 192 | 4 |
| 7 | 340 756 | 363 963 | 387 047 | 410 009 | 432 849 | 455 570 | 3 |
| 8 | 341 143 | 364 349 | 387 431 | 410 390 | 433 229 | 455 947 | 2 |
| 9 | 341 531 | 364 735 | 387 815 | 410 772 | 433 608 | 456 325 | 1 |
| 30 | 341 919 | 365 120 | 388 198 | 411 154 | 433 988 | 456 703 | 30 |
| 1 | 342 307 | 365 506 | 388 582 | 411 535 | 434 368 | 457 080 | 9 |
| 2 | 342 694 | 365 892 | 388 965 | 411 917 | 434 747 | 457 458 | 8 |
| 3 | 343 082 | 366 277 | 389 349 | 412 298 | 435 127 | 457 835 | 7 |
| 4 | 343 470 | 366 663 | 389 732 | 412 680 | 435 506 | 458 213 | 6 |
| 5 | 343 857 | 367 048 | 390 116 | 413 061 | 435 886 | 458 590 | 5 |
| 6 | 344 245 | 367 434 | 390 499 | 413 443 | 436 265 | 458 968 | 4 |
| 7 | 344 632 | 367 819 | 390 883 | 413 824 | 436 644 | 459 345 | 3 |
| 8 | 345 020 | 368 205 | 391 266 | 414 205 | 437 024 | 459 722 | 2 |
| 9 | 345 407 | 368 590 | 391 649 | 414 587 | 437 403 | 460 100 | 1 |
| 40 | 345 795 | 368 975 | 392 033 | 414 968 | 437 782 | 460 477 | 20 |
| 1 | 346 182 | 369 361 | 392 416 | 415 349 | 438 161 | 460 854 | 9 |
| 2 | 346 569 | 369 746 | 392 799 | 415 730 | 438 541 | 461 231 | 8 |
| 3 | 346 957 | 370 131 | 393 182 | 416 111 | 438 920 | 461 608 | 7 |
| 4 | 347 344 | 370 516 | 393 565 | 416 492 | 439 299 | 461 986 | 6 |
| 5 | 347 731 | 370 901 | 393 949 | 416 874 | 439 678 | 462 363 | 5 |
| 6 | 348 118 | 371 287 | 394 332 | 417 255 | 440 057 | 462 740 | 4 |
| 7 | 348 505 | 371 672 | 394 715 | 417 636 | 440 436 | 463 117 | 3 |
| 8 | 348 893 | 372 057 | 395 098 | 418 017 | 440 815 | 463 494 | 2 |
| 9 | 349 280 | 372 442 | 395 481 | 418 398 | 441 194 | 463 871 | 1 |
| 50 | 349 667 | 372 827 | 395 864 | 418 779 | 441 573 | 464 248 | 10 |
| 1 | 350 054 | 373 212 | 396 247 | 419 159 | 441 952 | 464 625 | 9 |
| 2 | 350 441 | 373 597 | 396 629 | 419 540 | 442 331 | 465 002 | 8 |
| 3 | 350 828 | 373 981 | 397 012 | 419 921 | 442 709 | 465 378 | 7 |
| 4 | 351 215 | 374 366 | 397 395 | 420 302 | 443 088 | 465 755 | 6 |
| 5 | 351 601 | 374 751 | 397 778 | 420 683 | 443 467 | 466 132 | 5 |
| 6 | 351 988 | 375 136 | 398 161 | 421 063 | 443 846 | 466 509 | 4 |
| 7 | 352 375 | 375 521 | 398 543 | 421 444 | 444 224 | 466 885 | 3 |
| 8 | 352 762 | 375 905 | 398 926 | 421 825 | 444 603 | 467 262 | 2 |
| 9 | 353 149 | 376 290 | 399 309 | 422 205 | 444 982 | 467 639 | 1 |
| 60 | $\bar{3}$,7 353 535 | $\bar{3}$,7 376 675 | $\bar{3}$,7 399 691 | $\bar{3}$,7 422 586 | $\bar{3}$,7 445 360 | $\bar{3}$,7 468 015 | 0 |
| " | 53′ | 52′ | 51′ | 50′ | 49′ | 48′ | " |

COSINUS 86°

| ″ | 6′ | 7′ | 8′ | 9′ | 10′ | 11′ | ″ |
|---|---|---|---|---|---|---|---|
| 0 | $\bar{2}$,7 336 631 | $\bar{2}$,7 359 964 | $\bar{2}$,7 383 172 | $\bar{2}$,7 406 258 | $\bar{2}$,7 429 222 | $\bar{2}$,7 452 067 | 60 |
| 1 | 337 021 | 360 352 | 383 558 | 406 642 | 429 604 | 452 447 | 9 |
| 2 | 337 411 | 360 739 | 383 944 | 407 025 | 429 986 | 452 826 | 8 |
| 3 | 337 801 | 361 127 | 384 329 | 407 409 | 430 367 | 453 206 | 7 |
| 4 | 338 191 | 361 515 | 384 715 | 407 793 | 430 749 | 453 585 | 6 |
| 5 | 338 580 | 361 902 | 385 101 | 408 176 | 431 131 | 453 965 | 5 |
| 6 | 338 970 | 362 290 | 385 486 | 408 560 | 431 512 | 454 345 | 4 |
| 7 | 339 360 | 362 678 | 385 872 | 408 943 | 431 894 | 454 724 | 3 |
| 8 | 339 750 | 363 065 | 386 257 | 409 327 | 432 275 | 455 104 | 2 |
| 9 | 340 139 | 363 453 | 386 643 | 409 710 | 432 657 | 455 483 | 1 |
| 10 | 340 529 | 363 840 | 387 028 | 410 094 | 433 038 | 455 863 | 50 |
| 1 | 340 918 | 364 228 | 387 414 | 410 477 | 433 419 | 456 242 | 9 |
| 2 | 341 308 | 364 615 | 387 799 | 410 860 | 433 801 | 456 621 | 8 |
| 3 | 341 697 | 365 003 | 388 184 | 411 244 | 434 182 | 457 001 | 7 |
| 4 | 342 087 | 365 390 | 388 570 | 411 627 | 434 563 | 457 380 | 6 |
| 5 | 342 476 | 365 777 | 388 955 | 412 010 | 434 945 | 457 759 | 5 |
| 6 | 342 865 | 366 165 | 389 340 | 412 394 | 435 326 | 458 138 | 4 |
| 7 | 343 255 | 366 552 | 389 725 | 412 777 | 435 707 | 458 518 | 3 |
| 8 | 343 644 | 366 939 | 390 111 | 413 160 | 436 088 | 458 897 | 2 |
| 9 | 344 033 | 367 326 | 390 496 | 413 543 | 436 469 | 459 276 | 1 |
| 20 | 344 423 | 367 714 | 390 881 | 413 926 | 436 850 | 459 655 | 40 |
| 1 | 344 812 | 368 101 | 391 266 | 414 309 | 437 232 | 460 034 | 9 |
| 2 | 345 201 | 368 488 | 391 651 | 414 692 | 437 613 | 460 413 | 8 |
| 3 | 345 590 | 368 875 | 392 036 | 415 075 | 437 994 | 460 792 | 7 |
| 4 | 345 979 | 369 262 | 392 421 | 415 458 | 438 374 | 461 171 | 6 |
| 5 | 346 368 | 369 649 | 392 806 | 415 841 | 438 755 | 461 550 | 5 |
| 6 | 346 757 | 370 036 | 393 191 | 416 224 | 439 136 | 461 929 | 4 |
| 7 | 347 146 | 370 423 | 393 576 | 416 607 | 439 517 | 462 308 | 3 |
| 8 | 347 535 | 370 810 | 393 961 | 416 990 | 439 898 | 462 687 | 2 |
| 9 | 347 924 | 371 196 | 394 345 | 417 372 | 440 279 | 463 066 | 1 |
| 30 | 348 313 | 371 583 | 394 730 | 417 755 | 440 660 | 463 444 | 30 |
| 1 | 348 702 | 371 970 | 395 115 | 418 138 | 441 040 | 463 823 | 9 |
| 2 | 349 091 | 372 357 | 395 500 | 418 521 | 441 421 | 464 202 | 8 |
| 3 | 349 480 | 372 744 | 395 884 | 418 903 | 441 802 | 464 580 | 7 |
| 4 | 349 868 | 373 130 | 396 269 | 419 286 | 442 182 | 464 959 | 6 |
| 5 | 350 257 | 373 517 | 396 654 | 419 669 | 442 563 | 465 338 | 5 |
| 6 | 350 646 | 373 904 | 397 038 | 420 051 | 442 943 | 465 716 | 4 |
| 7 | 351 034 | 374 290 | 397 423 | 420 434 | 443 324 | 466 095 | 3 |
| 8 | 351 423 | 374 677 | 397 807 | 420 816 | 443 704 | 466 473 | 2 |
| 9 | 351 812 | 375 063 | 398 192 | 421 199 | 444 085 | 466 852 | 1 |
| 40 | 352 200 | 375 450 | 398 576 | 421 581 | 444 465 | 467 230 | 20 |
| 1 | 352 589 | 375 836 | 398 961 | 421 963 | 444 846 | 467 609 | 9 |
| 2 | 352 977 | 376 223 | 399 345 | 422 346 | 445 226 | 467 987 | 8 |
| 3 | 353 365 | 376 609 | 399 729 | 422 728 | 445 606 | 468 365 | 7 |
| 4 | 353 754 | 376 995 | 400 114 | 423 110 | 445 987 | 468 744 | 6 |
| 5 | 354 142 | 377 382 | 400 498 | 423 493 | 446 367 | 469 122 | 5 |
| 6 | 354 531 | 377 768 | 400 882 | 423 875 | 446 747 | 469 500 | 4 |
| 7 | 354 919 | 378 154 | 401 266 | 424 257 | 447 127 | 469 879 | 3 |
| 8 | 355 307 | 378 540 | 401 651 | 424 639 | 447 507 | 470 257 | 2 |
| 9 | 355 695 | 378 926 | 402 035 | 425 021 | 447 888 | 470 635 | 1 |
| 50 | 356 084 | 379 313 | 402 419 | 425 403 | 448 268 | 471 013 | 10 |
| 1 | 356 472 | 379 699 | 402 803 | 425 785 | 448 648 | 471 391 | 9 |
| 2 | 356 860 | 380 085 | 403 187 | 426 167 | 449 028 | 471 769 | 8 |
| 3 | 357 248 | 380 471 | 403 571 | 426 549 | 449 408 | 472 147 | 7 |
| 4 | 357 636 | 380 857 | 403 955 | 426 931 | 449 788 | 472 525 | 6 |
| 5 | 358 024 | 381 243 | 404 339 | 427 313 | 450 168 | 472 903 | 5 |
| 6 | 358 412 | 381 629 | 404 723 | 427 695 | 450 548 | 473 281 | 4 |
| 7 | 358 800 | 382 015 | 405 107 | 428 077 | 450 927 | 473 659 | 3 |
| 8 | 359 188 | 382 400 | 405 490 | 428 459 | 451 307 | 474 037 | 2 |
| 9 | 359 576 | 382 786 | 405 874 | 428 841 | 451 687 | 474 415 | 1 |
| 60 | $\bar{2}$,7 359 964 | $\bar{2}$,7 383 172 | $\bar{2}$,7 406 258 | $\bar{2}$,7 429 222 | $\bar{2}$,7 452 067 | $\bar{2}$,7 474 792 | 0 |
| ″ | 53′ | 52′ | 51′ | 50′ | 49′ | 48′ | ″ |

COTANGENTE 86°

| " | 12' | 13' | 14' | 15' | 16' | 17' | " |
|---|---|---|---|---|---|---|---|
| 0 | $\bar{2}$,7 468 015 | $\bar{2}$,7 490 553 | $\bar{2}$,7 512 973 | $\bar{2}$,7 535 278 | $\bar{2}$,7 557 469 | $\bar{2}$,7 579 546 | 60 |
| 1 | 468 392 | 490 927 | 513 346 | 535 649 | 557 838 | 579 913 | 9 |
| 2 | 468 769 | 491 302 | 513 718 | 536 020 | 558 206 | 580 280 | 8 |
| 3 | 469 145 | 491 676 | 514 091 | 536 390 | 558 575 | 580 647 | 7 |
| 4 | 469 522 | 492 051 | 514 464 | 536 761 | 558 944 | 581 014 | 6 |
| 5 | 469 898 | 492 425 | 514 836 | 537 132 | 559 313 | 581 381 | 5 |
| 6 | 470 274 | 492 800 | 515 209 | 537 502 | 559 682 | 581 748 | 4 |
| 7 | 470 651 | 493 174 | 515 581 | 537 873 | 560 050 | 582 115 | 3 |
| 8 | 471 027 | 493 549 | 515 954 | 538 243 | 560 419 | 582 481 | 2 |
| 9 | 471 403 | 493 923 | 516 326 | 538 614 | 560 788 | 582 848 | 1 |
| 10 | 471 780 | 494 297 | 516 699 | 538 984 | 561 156 | 583 215 | 50 |
| 1 | 472 156 | 494 672 | 517 071 | 539 355 | 561 525 | 583 582 | 9 |
| 2 | 472 532 | 495 046 | 517 443 | 539 725 | 561 893 | 583 948 | 8 |
| 3 | 472 908 | 495 420 | 517 816 | 540 096 | 562 262 | 584 315 | 7 |
| 4 | 473 285 | 495 794 | 518 188 | 540 466 | 562 630 | 584 681 | 6 |
| 5 | 473 661 | 496 169 | 518 560 | 540 836 | 562 999 | 585 048 | 5 |
| 6 | 474 037 | 496 543 | 518 932 | 541 207 | 563 367 | 585 415 | 4 |
| 7 | 474 413 | 496 917 | 519 305 | 541 577 | 563 735 | 585 781 | 3 |
| 8 | 474 789 | 497 291 | 519 677 | 541 947 | 564 104 | 586 148 | 2 |
| 9 | 475 165 | 497 665 | 520 049 | 542 317 | 564 472 | 586 514 | 1 |
| 20 | 475 541 | 498 039 | 520 421 | 542 688 | 564 840 | 586 880 | 40 |
| 1 | 475 917 | 498 413 | 520 793 | 543 058 | 565 209 | 587 247 | 9 |
| 2 | 476 293 | 498 787 | 521 165 | 543 428 | 565 577 | 587 613 | 8 |
| 3 | 476 669 | 499 161 | 521 537 | 543 798 | 565 945 | 587 980 | 7 |
| 4 | 477 044 | 499 535 | 521 909 | 544 168 | 566 313 | 588 346 | 6 |
| 5 | 477 420 | 499 909 | 522 281 | 544 538 | 566 681 | 588 712 | 5 |
| 6 | 477 796 | 500 282 | 522 653 | 544 908 | 567 049 | 589 078 | 4 |
| 7 | 478 172 | 500 656 | 523 025 | 545 278 | 567 418 | 589 444 | 3 |
| 8 | 478 547 | 501 030 | 523 396 | 545 648 | 567 786 | 589 811 | 2 |
| 9 | 478 923 | 501 404 | 523 768 | 546 018 | 568 154 | 590 177 | 1 |
| 30 | 479 299 | 501 777 | 524 140 | 546 388 | 568 522 | 590 543 | 30 |
| 1 | 479 674 | 502 151 | 524 512 | 546 757 | 568 890 | 590 909 | 9 |
| 2 | 480 050 | 502 525 | 524 883 | 547 127 | 569 257 | 591 275 | 8 |
| 3 | 480 425 | 502 898 | 525 255 | 547 497 | 569 625 | 591 641 | 7 |
| 4 | 480 801 | 503 272 | 525 627 | 547 867 | 569 993 | 592 007 | 6 |
| 5 | 481 176 | 503 645 | 525 998 | 548 236 | 570 361 | 592 373 | 5 |
| 6 | 481 552 | 504 019 | 526 370 | 548 606 | 570 729 | 592 739 | 4 |
| 7 | 481 927 | 504 392 | 526 741 | 548 976 | 571 097 | 593 105 | 3 |
| 8 | 482 303 | 504 766 | 527 113 | 549 345 | 571 464 | 593 471 | 2 |
| 9 | 482 678 | 505 139 | 527 484 | 549 715 | 571 832 | 593 836 | 1 |
| 40 | 483 053 | 505 513 | 527 856 | 550 085 | 572 200 | 594 202 | 20 |
| 1 | 483 429 | 505 886 | 528 227 | 550 454 | 572 567 | 594 568 | 9 |
| 2 | 483 804 | 506 259 | 528 599 | 550 824 | 572 935 | 594 934 | 8 |
| 3 | 484 179 | 506 632 | 528 970 | 551 193 | 573 302 | 595 299 | 7 |
| 4 | 484 554 | 507 006 | 529 341 | 551 562 | 573 670 | 595 665 | 6 |
| 5 | 484 929 | 507 379 | 529 713 | 551 932 | 574 037 | 596 031 | 5 |
| 6 | 485 304 | 507 752 | 530 084 | 552 301 | 574 405 | 596 396 | 4 |
| 7 | 485 680 | 508 125 | 530 455 | 552 670 | 574 772 | 596 762 | 3 |
| 8 | 486 055 | 508 498 | 530 826 | 553 040 | 575 140 | 597 127 | 2 |
| 9 | 486 430 | 508 871 | 531 197 | 553 409 | 575 507 | 597 493 | 1 |
| 50 | 486 805 | 509 244 | 531 569 | 553 778 | 575 874 | 597 859 | 10 |
| 1 | 487 180 | 509 617 | 531 940 | 554 147 | 576 242 | 598 224 | 9 |
| 2 | 487 554 | 509 990 | 532 311 | 554 517 | 576 609 | 598 589 | 8 |
| 3 | 487 929 | 510 363 | 532 682 | 554 886 | 576 976 | 598 955 | 7 |
| 4 | 488 304 | 510 736 | 633 053 | 555 255 | 577 344 | 599 320 | 6 |
| 5 | 488 679 | 511 109 | 533 424 | 555 624 | 577 711 | 599 685 | 5 |
| 6 | 489 054 | 511 482 | 533 795 | 555 993 | 578 078 | 600 051 | 4 |
| 7 | 489 429 | 511 855 | 534 166 | 556 362 | 578 445 | 600 416 | 3 |
| 8 | 489 803 | 512 228 | 534 536 | 556 731 | 578 812 | 600 781 | 2 |
| 9 | 490 178 | 512 600 | 534 907 | 557 100 | 579 179 | 601 147 | 1 |
| 60 | $\bar{2}$,7 490 553 | $\bar{2}$,7 512 973 | $\bar{2}$,7 535 278 | $\bar{2}$,7 557 469 | $\bar{2}$,7 579 546 | $\bar{2}$,7 601 512 | 0 |
| " | 47' | 46' | 45' | 44' | 43' | 42' | " |

| ″ | 12′ | 13′ | 14′ | 15′ | 16′ | 17′ | ″ |
|---|---|---|---|---|---|---|---|
| 0 | $\bar{2}$,7 474 792 | $\bar{2}$,7 497 400 | $\bar{2}$,7 519 892 | $\bar{2}$,7 542 269 | $\bar{2}$,7 564 531 | $\bar{2}$,7 586 681 | 60 |
| 1 | 475 170 | 497 776 | 520 266 | 542 641 | 564 901 | 587 049 | 9 |
| 2 | 475 548 | 498 152 | 520 640 | 543 013 | 565 271 | 587 417 | 8 |
| 3 | 475 926 | 498 528 | 521 014 | 543 384 | 565 641 | 587 786 | 7 |
| 4 | 476 303 | 498 903 | 521 387 | 543 756 | 566 011 | 588 154 | 6 |
| 5 | 476 681 | 499 279 | 521 761 | 544 128 | 566 381 | 588 522 | 5 |
| 6 | 477 058 | 499 655 | 522 135 | 544 500 | 566 751 | 588 890 | 4 |
| 7 | 477 436 | 500 030 | 522 509 | 544 872 | 567 121 | 589 258 | 3 |
| 8 | 477 814 | 500 406 | 522 882 | 545 244 | 567 491 | 589 626 | 2 |
| 9 | 478 191 | 500 782 | 523 256 | 545 615 | 567 861 | 589 994 | 1 |
| 10 | 478 569 | 501 157 | 523 629 | 545 987 | 568 231 | 590 362 | 50 |
| 1 | 478 946 | 501 533 | 524 003 | 546 359 | 568 600 | 590 730 | 9 |
| 2 | 479 323 | 501 908 | 524 377 | 546 730 | 568 970 | 591 097 | 8 |
| 3 | 479 701 | 502 283 | 524 750 | 547 102 | 569 340 | 591 465 | 7 |
| 4 | 480 078 | 502 659 | 525 124 | 547 473 | 569 710 | 591 833 | 6 |
| 5 | 480 455 | 503 034 | 525 497 | 547 845 | 570 079 | 592 201 | 5 |
| 6 | 480 833 | 503 410 | 525 870 | 548 216 | 570 449 | 592 569 | 4 |
| 7 | 481 210 | 503 785 | 526 244 | 548 588 | 570 818 | 592 936 | 3 |
| 8 | 481 587 | 504 160 | 526 617 | 548 959 | 571 188 | 593 304 | 2 |
| 9 | 481 964 | 504 535 | 526 990 | 549 331 | 571 557 | 593 672 | 1 |
| 20 | 482 341 | 504 911 | 527 364 | 549 702 | 571 927 | 594 039 | 40 |
| 1 | 482 718 | 505 286 | 527 737 | 550 073 | 572 296 | 594 407 | 9 |
| 2 | 483 096 | 505 661 | 528 110 | 550 445 | 572 666 | 594 774 | 8 |
| 3 | 483 473 | 506 036 | 528 483 | 550 816 | 573 035 | 595 142 | 7 |
| 4 | 483 850 | 506 411 | 528 856 | 551 187 | 573 405 | 595 510 | 6 |
| 5 | 484 227 | 506 786 | 529 230 | 551 558 | 573 774 | 595 877 | 5 |
| 6 | 484 604 | 507 161 | 529 603 | 551 930 | 574 143 | 596 244 | 4 |
| 7 | 484 980 | 507 536 | 529 976 | 552 301 | 574 512 | 596 612 | 3 |
| 8 | 485 357 | 507 911 | 530 349 | 552 672 | 574 882 | 596 979 | 2 |
| 9 | 485 734 | 508 286 | 530 722 | 553 043 | 575 251 | 597 347 | 1 |
| 30 | 486 111 | 508 661 | 531 095 | 553 414 | 575 620 | 597 714 | 30 |
| 1 | 486 488 | 509 036 | 531 468 | 553 785 | 575 989 | 598 081 | 9 |
| 2 | 486 865 | 509 410 | 531 840 | 554 156 | 576 358 | 598 448 | 8 |
| 3 | 487 241 | 509 785 | 532 213 | 554 527 | 576 727 | 598 816 | 7 |
| 4 | 487 618 | 510 160 | 532 586 | 554 898 | 577 097 | 599 183 | 6 |
| 5 | 487 995 | 510 535 | 532 959 | 555 269 | 577 466 | 599 550 | 5 |
| 6 | 488 371 | 510 909 | 533 332 | 555 640 | 577 835 | 599 917 | 4 |
| 7 | 488 748 | 511 284 | 533 704 | 556 011 | 578 203 | 600 284 | 3 |
| 8 | 489 124 | 511 659 | 534 077 | 556 381 | 578 572 | 600 651 | 2 |
| 9 | 489 501 | 512 033 | 534 450 | 556 752 | 578 941 | 601 018 | 1 |
| 40 | 489 877 | 512 408 | 534 823 | 557 123 | 579 310 | 601 385 | 20 |
| 1 | 490 254 | 512 782 | 535 195 | 557 494 | 579 679 | 601 752 | 9 |
| 2 | 490 630 | 513 157 | 535 568 | 557 864 | 580 048 | 602 119 | 8 |
| 3 | 491 007 | 513 531 | 535 940 | 558 235 | 580 417 | 602 486 | 7 |
| 4 | 491 383 | 513 906 | 536 313 | 558 606 | 580 785 | 602 853 | 6 |
| 5 | 491 759 | 514 280 | 536 685 | 558 976 | 581 154 | 603 220 | 5 |
| 6 | 492 136 | 514 654 | 537 058 | 559 347 | 581 523 | 603 587 | 4 |
| 7 | 492 512 | 515 029 | 537 430 | 559 717 | 581 891 | 603 954 | 3 |
| 8 | 492 888 | 515 403 | 537 802 | 560 088 | 582 260 | 604 320 | 2 |
| 9 | 493 264 | 515 777 | 538 175 | 560 458 | 582 629 | 604 687 | 1 |
| 50 | 493 641 | 516 152 | 538 547 | 560 829 | 582 997 | 605 054 | 10 |
| 1 | 494 017 | 516 526 | 538 919 | 561 199 | 583 366 | 605 420 | 9 |
| 2 | 494 393 | 516 900 | 539 292 | 561 569 | 583 734 | 605 787 | 8 |
| 3 | 494 769 | 517 274 | 539 664 | 561 940 | 584 103 | 606 154 | 7 |
| 4 | 495 145 | 517 648 | 540 036 | 562 310 | 584 471 | 606 520 | 6 |
| 5 | 495 521 | 518 022 | 540 408 | 562 680 | 584 839 | 606 887 | 5 |
| 6 | 495 897 | 518 396 | 540 780 | 563 051 | 585 208 | 607 253 | 4 |
| 7 | 496 273 | 518 770 | 541 153 | 563 421 | 585 576 | 607 620 | 3 |
| 8 | 496 649 | 519 144 | 541 525 | 563 791 | 585 944 | 607 986 | 2 |
| 9 | 497 025 | 519 518 | 541 897 | 564 161 | 586 312 | 608 353 | 1 |
| 60 | $\bar{2}$,7 497 400 | $\bar{2}$,7 519 892 | $\bar{2}$,7 542 269 | $\bar{2}$,7 564 531 | $\bar{2}$,7 586 681 | $\bar{2}$,7 608 719 | 0 |
| ″ | 47′ | 46′ | 45′ | 44′ | 43′ | 42′ | ″ |

COTANGENTE 86°

| ″ | 18′ | 19′ | 20′ | 21′ | 22′ | 23′ | ″ |
|---|---|---|---|---|---|---|---|
| 0 | $\bar{2}$,7 601 512 | $\bar{2}$,7 623 366 | $\bar{2}$,7 645 111 | $\bar{2}$,7 666 747 | $\bar{2}$,7 688 275 | $\bar{2}$,7 709 697 | 60 |
| 1 | 601 877 | 623 730 | 645 472 | 667 107 | 688 633 | 710 053 | 9 |
| 2 | 602 242 | 624 093 | 645 834 | 667 466 | 688 991 | 710 410 | 8 |
| 3 | 602 607 | 624 456 | 646 195 | 667 826 | 689 349 | 710 766 | 7 |
| 4 | 602 972 | 624 819 | 646 557 | 668 186 | 689 707 | 711 122 | 6 |
| 5 | 603 337 | 625 182 | 646 918 | 668 545 | 690 065 | 711 478 | 5 |
| 6 | 603 702 | 625 546 | 647 279 | 668 905 | 690 422 | 711 834 | 4 |
| 7 | 604 067 | 625 909 | 647 641 | 669 264 | 690 780 | 712 190 | 3 |
| 8 | 604 432 | 626 272 | 648 002 | 669 624 | 691 138 | 712 546 | 2 |
| 9 | 604 797 | 626 635 | 648 363 | 669 983 | 691 496 | 712 901 | 1 |
| 10 | 605 162 | 626 998 | 648 724 | 670 343 | 691 853 | 713 257 | 50 |
| 1 | 605 527 | 627 361 | 649 086 | 670 702 | 692 211 | 713 613 | 9 |
| 2 | 605 891 | 627 724 | 649 447 | 671 061 | 692 568 | 713 969 | 8 |
| 3 | 606 256 | 628 087 | 649 808 | 671 421 | 692 926 | 714 325 | 7 |
| 4 | 606 621 | 628 450 | 650 169 | 671 780 | 693 283 | 714 681 | 6 |
| 5 | 606 986 | 628 813 | 650 530 | 672 139 | 693 641 | 715 036 | 5 |
| 6 | 607 350 | 629 176 | 650 891 | 672 498 | 693 998 | 715 392 | 4 |
| 7 | 607 715 | 629 538 | 651 252 | 672 858 | 694 356 | 715 748 | 3 |
| 8 | 608 080 | 629 901 | 651 613 | 673 217 | 694 713 | 716 103 | 2 |
| 9 | 608 444 | 630 264 | 651 974 | 673 576 | 695 071 | 716 459 | 1 |
| 20 | 608 809 | 630 627 | 652 335 | 673 935 | 695 428 | 716 814 | 40 |
| 1 | 609 173 | 630 989 | 652 696 | 674 294 | 695 785 | 717 170 | 9 |
| 2 | 609 538 | 631 352 | 653 057 | 674 653 | 696 142 | 717 526 | 8 |
| 3 | 609 902 | 631 715 | 653 418 | 675 012 | 696 500 | 717 881 | 7 |
| 4 | 610 267 | 632 077 | 653 778 | 675 371 | 696 857 | 718 236 | 6 |
| 5 | 610 631 | 632 440 | 654 139 | 675 730 | 697 214 | 718 592 | 5 |
| 6 | 610 996 | 632 802 | 654 500 | 676 089 | 697 571 | 718 947 | 4 |
| 7 | 611 360 | 633 165 | 654 861 | 678 448 | 697 928 | 719 303 | 3 |
| 8 | 611 724 | 633 527 | 655 221 | 676 807 | 698 286 | 719 658 | 2 |
| 9 | 612 088 | 633 890 | 655 582 | 677 166 | 698 643 | 720 013 | 1 |
| 30 | 612 453 | 634 252 | 655 943 | 677 525 | 699 000 | 720 369 | 30 |
| 1 | 612 817 | 634 615 | 656 303 | 677 883 | 699 357 | 720 724 | 9 |
| 2 | 613 181 | 634 977 | 656 664 | 678 242 | 699 714 | 721 079 | 8 |
| 3 | 613 545 | 635 339 | 657 024 | 678 601 | 700 071 | 721 434 | 7 |
| 4 | 613 909 | 635 702 | 657 385 | 678 960 | 700 428 | 721 789 | 6 |
| 5 | 614 274 | 636 064 | 657 745 | 679 318 | 700 784 | 722 145 | 5 |
| 6 | 614 638 | 636 426 | 658 106 | 679 677 | 701 141 | 722 500 | 4 |
| 7 | 615 002 | 636 788 | 658 466 | 680 036 | 701 498 | 722 855 | 3 |
| 8 | 615 366 | 637 151 | 658 826 | 680 394 | 701 855 | 723 210 | 2 |
| 9 | 615 730 | 637 513 | 659 187 | 680 753 | 702 212 | 723 565 | 1 |
| 40 | 616 094 | 637 875 | 659 547 | 681 111 | 702 568 | 723 920 | 20 |
| 1 | 616 458 | 638 237 | 659 907 | 681 470 | 702 925 | 724 275 | 9 |
| 2 | 616 821 | 638 599 | 660 268 | 681 828 | 703 282 | 724 630 | 8 |
| 3 | 617 185 | 638 961 | 660 628 | 682 187 | 703 639 | 724 985 | 7 |
| 4 | 617 549 | 639 323 | 660 988 | 682 545 | 703 995 | 725 340 | 6 |
| 5 | 617 913 | 639 685 | 661 348 | 682 903 | 704 352 | 725 694 | 5 |
| 6 | 618 277 | 640 047 | 661 708 | 683 262 | 704 708 | 726 049 | 4 |
| 7 | 618 640 | 640 409 | 662 068 | 683 620 | 705 065 | 726 404 | 3 |
| 8 | 619 004 | 640 771 | 662 428 | 683 978 | 705 421 | 726 759 | 2 |
| 9 | 619 368 | 641 133 | 662 789 | 684 337 | 705 778 | 727 114 | 1 |
| 50 | 619 731 | 641 494 | 663 149 | 684 695 | 706 134 | 727 468 | 10 |
| 1 | 620 095 | 641 856 | 663 509 | 685 053 | 706 491 | 727 823 | 9 |
| 2 | 620 459 | 642 218 | 663 868 | 685 411 | 706 847 | 728 178 | 8 |
| 3 | 620 822 | 642 580 | 664 228 | 685 769 | 707 204 | 728 532 | 7 |
| 4 | 621 186 | 642 941 | 664 588 | 686 127 | 707 560 | 728 887 | 6 |
| 5 | 621 549 | 643 303 | 664 948 | 686 486 | 707 916 | 729 241 | 5 |
| 6 | 621 913 | 643 665 | 665 308 | 686 844 | 708 272 | 729 596 | 4 |
| 7 | 622 276 | 644 026 | 665 668 | 687 202 | 708 629 | 729 950 | 3 |
| 8 | 622 640 | 644 388 | 666 028 | 687 560 | 708 985 | 730 305 | 2 |
| 9 | 623 003 | 644 749 | 666 387 | 687 918 | 709 341 | 730 659 | 1 |
| 60 | $\bar{2}$,7 623 366 | $\bar{2}$,7 645 111 | $\bar{2}$,7 666 747 | $\bar{2}$,7 688 275 | $\bar{2}$,7 709 697 | $\bar{2}$,7 731 014 | 0 |
| ″ | 41′ | 40′ | 39′ | 38′ | 37′ | 36′ | ″ |

COSINUS 86°

| ″ | 18′ | 19′ | 20′ | 21′ | 22′ | 23′ | ″ |
|---|---|---|---|---|---|---|---|
| 0 | $\bar{2}$,7 608 719 | $\bar{2}$,7 630 647 | $\bar{2}$,7 652 465 | $\bar{2}$,7 674 175 | $\bar{2}$,7 695 777 | $\bar{2}$,7 717 274 | 60 |
| 1 | 609 085 | 631 011 | 652 827 | 674 536 | 696 136 | 717 631 | 9 |
| 2 | 609 452 | 631 376 | 653 190 | 674 896 | 696 495 | 717 988 | 8 |
| 3 | 609 818 | 631 740 | 653 553 | 675 257 | 696 854 | 718 346 | 7 |
| 4 | 610 184 | 632 105 | 653 915 | 675 618 | 697 214 | 718 703 | 6 |
| 5 | 610 551 | 632 469 | 654 278 | 675 979 | 697 573 | 719 060 | 5 |
| 6 | 610 917 | 632 833 | 654 641 | 676 340 | 697 932 | 719 417 | 4 |
| 7 | 611 283 | 633 198 | 655 003 | 676 700 | 698 291 | 719 775 | 3 |
| 8 | 611 649 | 633 562 | 655 366 | 677 061 | 698 649 | 720 132 | 2 |
| 9 | 612 015 | 633 926 | 655 728 | 677 422 | 699 008 | 720 489 | 1 |
| 10 | 612 381 | 634 291 | 656 091 | 677 782 | 699 367 | 720 846 | 50 |
| 1 | 612 747 | 634 655 | 656 453 | 678 143 | 699 726 | 721 203 | 9 |
| 2 | 613 113 | 635 019 | 656 815 | 678 504 | 700 085 | 721 560 | 8 |
| 3 | 613 479 | 635 383 | 657 178 | 678 864 | 700 444 | 721 917 | 7 |
| 4 | 613 845 | 635 747 | 657 540 | 679 225 | 700 802 | 722 274 | 6 |
| 5 | 614 211 | 636 111 | 657 902 | 679 585 | 701 161 | 722 631 | 5 |
| 6 | 614 577 | 636 475 | 658 265 | 679 946 | 701 520 | 722 988 | 4 |
| 7 | 614 943 | 636 839 | 658 627 | 680 306 | 701 879 | 723 345 | 3 |
| 8 | 615 309 | 637 204 | 658 989 | 680 667 | 702 237 | 723 702 | 2 |
| 9 | 615 675 | 637 567 | 659 351 | 681 027 | 702 596 | 724 059 | 1 |
| 20 | 616 040 | 637 931 | 659 713 | 681 387 | 702 954 | 724 416 | 40 |
| 1 | 616 406 | 638 295 | 660 075 | 681 748 | 703 313 | 724 772 | 9 |
| 2 | 616 772 | 638 659 | 660 438 | 682 108 | 703 671 | 725 129 | 8 |
| 3 | 617 138 | 639 023 | 660 800 | 682 468 | 704 030 | 725 486 | 7 |
| 4 | 617 503 | 639 387 | 661 162 | 682 828 | 704 388 | 725 843 | 6 |
| 5 | 617 869 | 639 751 | 661 524 | 683 189 | 704 747 | 726 199 | 5 |
| 6 | 618 235 | 640 115 | 661 886 | 683 549 | 705 105 | 726 556 | 4 |
| 7 | 618 600 | 640 478 | 662 248 | 683 909 | 705 464 | 726 913 | 3 |
| 8 | 618 966 | 640 842 | 662 609 | 684 269 | 705 822 | 727 269 | 2 |
| 9 | 619 331 | 641 206 | 662 971 | 684 629 | 706 180 | 727 626 | 1 |
| 30 | 619 697 | 641 569 | 663 333 | 684 989 | 706 539 | 727 982 | 30 |
| 1 | 620 062 | 641 933 | 663 695 | 685 349 | 706 897 | 728 339 | 9 |
| 2 | 620 427 | 642 297 | 664 057 | 685 709 | 707 255 | 728 695 | 8 |
| 3 | 620 793 | 642 660 | 664 419 | 686 069 | 707 613 | 729 052 | 7 |
| 4 | 621 158 | 643 024 | 664 780 | 686 429 | 707 971 | 729 408 | 6 |
| 5 | 621 523 | 643 387 | 665 142 | 686 789 | 708 330 | 729 764 | 5 |
| 6 | 621 889 | 643 751 | 665 504 | 687 149 | 708 688 | 730 121 | 4 |
| 7 | 622 254 | 644 114 | 665 865 | 687 509 | 709 046 | 730 477 | 3 |
| 8 | 622 619 | 644 477 | 666 227 | 687 869 | 709 404 | 730 833 | 2 |
| 9 | 622 984 | 644 841 | 666 588 | 688 228 | 709 762 | 731 190 | 1 |
| 40 | 623 350 | 645 204 | 666 950 | 688 588 | 710 120 | 731 546 | 20 |
| 1 | 623 715 | 645 567 | 667 311 | 688 948 | 710 478 | 731 902 | 9 |
| 2 | 624 080 | 645 931 | 667 673 | 689 308 | 710 836 | 732 258 | 8 |
| 3 | 624 445 | 646 294 | 668 034 | 689 667 | 711 194 | 732 615 | 7 |
| 4 | 624 810 | 646 657 | 668 396 | 690 027 | 711 551 | 732 971 | 6 |
| 5 | 625 175 | 647 020 | 668 757 | 690 387 | 711 909 | 733 327 | 5 |
| 6 | 625 540 | 647 384 | 669 119 | 690 746 | 712 267 | 733 683 | 4 |
| 7 | 625 905 | 647 747 | 669 480 | 691 106 | 712 625 | 734 039 | 3 |
| 8 | 626 270 | 648 110 | 669 841 | 691 465 | 712 983 | 734 395 | 2 |
| 9 | 626 635 | 648 473 | 670 203 | 691 825 | 713 340 | 734 751 | 1 |
| 50 | 627 000 | 648 836 | 670 564 | 692 184 | 713 698 | 735 107 | 10 |
| 1 | 627 364 | 649 199 | 670 925 | 692 544 | 714 056 | 735 463 | 9 |
| 2 | 627 729 | 649 562 | 671 286 | 692 903 | 714 413 | 735 819 | 8 |
| 3 | 628 094 | 649 925 | 671 647 | 693 262 | 714 771 | 736 174 | 7 |
| 4 | 628 459 | 650 288 | 672 008 | 693 622 | 715 129 | 736 530 | 6 |
| 5 | 628 824 | 650 651 | 672 370 | 693 981 | 715 486 | 736 886 | 5 |
| 6 | 629 188 | 651 014 | 672 731 | 694 340 | 715 844 | 737 242 | 4 |
| 7 | 629 553 | 651 376 | 673 092 | 694 700 | 716 201 | 737 598 | 3 |
| 8 | 629 917 | 651 739 | 673 453 | 695 059 | 716 559 | 737 953 | 2 |
| 9 | 630 282 | 652 102 | 673 814 | 695 418 | 716 916 | 738 309 | 1 |
| 60 | $\bar{2}$,7 630 647 | $\bar{2}$,7 652 465 | $\bar{2}$,7 674 175 | $\bar{2}$,7 695 777 | $\bar{2}$,7 717 274 | $\bar{2}$,7 738 665 | 0 |
| ″ | 41′ | 40′ | 39′ | 38′ | 37′ | 36′ | ″ |

COTANGENTE 86°

| ″ | 24′ | 25′ | 26′ | 27′ | 28′ | 29′ | ″ |
|---|---|---|---|---|---|---|---|
| 0 | $\bar{2}$,7 731 014 | $\bar{2}$,7 752 226 | $\bar{2}$,7 773 334 | $\bar{2}$,7 794 340 | $\bar{2}$,7 815 244 | $\bar{2}$,7 836 048 | 60 |
| 1 | 731 368 | 752 578 | 773 685 | 794 689 | 815 592 | 836 394 | 9 |
| 2 | 731 722 | 752 931 | 774 036 | 795 038 | 815 939 | 836 740 | 8 |
| 3 | 732 077 | 753 283 | 774 387 | 795 388 | 816 287 | 837 086 | 7 |
| 4 | 732 431 | 753 636 | 774 738 | 795 737 | 816 634 | 837 432 | 6 |
| 5 | 732 785 | 753 989 | 775 088 | 796 086 | 816 982 | 837 778 | 5 |
| 6 | 733 140 | 754 341 | 775 439 | 796 435 | 817 329 | 838 123 | 4 |
| 7 | 733 494 | 754 694 | 775 790 | 796 784 | 817 677 | 838 469 | 3 |
| 8 | 733 848 | 755 046 | 776 141 | 797 133 | 818 024 | 838 815 | 2 |
| 9 | 734 202 | 755 398 | 776 491 | 797 482 | 818 371 | 839 160 | 1 |
| 10 | 734 556 | 755 751 | 776 842 | 797 831 | 818 719 | 839 506 | 50 |
| 1 | 734 910 | 756 103 | 777 193 | 798 180 | 819 066 | 839 852 | 9 |
| 2 | 735 264 | 756 455 | 777 543 | 798 529 | 819 413 | 840 197 | 8 |
| 3 | 735 618 | 756 808 | 777 894 | 798 878 | 819 760 | 840 543 | 7 |
| 4 | 735 972 | 757 160 | 778 245 | 799 227 | 820 108 | 840 888 | 6 |
| 5 | 736 326 | 757 512 | 778 595 | 799 576 | 820 455 | 841 234 | 5 |
| 6 | 736 680 | 757 865 | 778 946 | 799 924 | 820 802 | 841 579 | 4 |
| 7 | 737 034 | 758 217 | 779 296 | 800 273 | 821 149 | 841 925 | 3 |
| 8 | 737 388 | 758 569 | 779 646 | 800 622 | 821 496 | 842 270 | 2 |
| 9 | 737 742 | 758 921 | 779 997 | 800 971 | 821 843 | 842 615 | 1 |
| 20 | 738 096 | 759 273 | 780 347 | 801 319 | 822 190 | 842 961 | 40 |
| 1 | 738 450 | 759 625 | 780 698 | 801 668 | 822 537 | 843 306 | 9 |
| 2 | 738 803 | 759 977 | 781 048 | 802 017 | 822 884 | 843 651 | 8 |
| 3 | 739 157 | 760 329 | 781 398 | 802 365 | 823 231 | 843 997 | 7 |
| 4 | 739 511 | 760 681 | 781 749 | 802 714 | 823 578 | 844 342 | 6 |
| 5 | 739 865 | 761 033 | 782 099 | 803 062 | 823 925 | 844 687 | 5 |
| 6 | 740 218 | 761 385 | 782 449 | 803 411 | 824 272 | 845 032 | 4 |
| 7 | 740 572 | 761 737 | 782 799 | 803 759 | 824 619 | 845 378 | 3 |
| 8 | 740 926 | 762 089 | 783 149 | 804 108 | 824 965 | 845 723 | 2 |
| 9 | 741 279 | 762 441 | 783 500 | 804 456 | 825 312 | 846 068 | 1 |
| 30 | 741 633 | 762 793 | 783 850 | 804 805 | 825 659 | 846 413 | 30 |
| 1 | 741 986 | 763 144 | 784 200 | 805 153 | 826 006 | 846 758 | 9 |
| 2 | 742 340 | 763 496 | 784 550 | 805 502 | 826 352 | 847 103 | 8 |
| 3 | 742 693 | 763 848 | 784 900 | 805 850 | 826 699 | 847 448 | 7 |
| 4 | 743 047 | 764 200 | 785 250 | 806 198 | 827 046 | 847 793 | 6 |
| 5 | 743 400 | 764 551 | 785 600 | 806 546 | 827 392 | 848 138 | 5 |
| 6 | 743 753 | 764 903 | 785 950 | 806 895 | 827 739 | 848 483 | 4 |
| 7 | 744 107 | 765 255 | 786 300 | 807 243 | 828 085 | 848 828 | 3 |
| 8 | 744 460 | 765 606 | 786 650 | 807 591 | 828 432 | 849 173 | 2 |
| 9 | 744 813 | 765 958 | 786 999 | 807 939 | 828 778 | 849 518 | 1 |
| 40 | 745 166 | 766 309 | 787 349 | 808 287 | 829 125 | 849 862 | 20 |
| 1 | 745 520 | 766 661 | 787 699 | 808 636 | 829 471 | 850 207 | 9 |
| 2 | 745 873 | 767 012 | 788 049 | 808 984 | 829 818 | 850 552 | 8 |
| 3 | 746 226 | 767 364 | 788 399 | 809 332 | 830 164 | 850 897 | 7 |
| 4 | 746 579 | 767 715 | 788 748 | 809 680 | 830 510 | 851 241 | 6 |
| 5 | 746 932 | 768 067 | 789 098 | 810 028 | 830 857 | 851 586 | 5 |
| 6 | 747 285 | 768 418 | 789 448 | 810 376 | 831 203 | 851 931 | 4 |
| 7 | 747 638 | 768 769 | 789 797 | 810 724 | 831 549 | 852 275 | 3 |
| 8 | 747 992 | 769 121 | 790 147 | 811 072 | 831 896 | 852 620 | 2 |
| 9 | 748 345 | 769 472 | 790 496 | 811 419 | 832 242 | 852 964 | 1 |
| 50 | 748 697 | 769 823 | 790 846 | 811 767 | 832 588 | 853 309 | 10 |
| 1 | 749 050 | 770 174 | 791 196 | 812 115 | 832 934 | 853 653 | 9 |
| 2 | 749 403 | 770 525 | 791 545 | 812 463 | 833 280 | 853 998 | 8 |
| 3 | 749 756 | 770 877 | 791 894 | 812 811 | 833 626 | 854 342 | 7 |
| 4 | 750 109 | 771 228 | 792 244 | 813 158 | 833 972 | 854 687 | 6 |
| 5 | 750 462 | 771 579 | 792 593 | 813 506 | 834 319 | 855 031 | 5 |
| 6 | 750 815 | 771 930 | 792 943 | 813 854 | 834 665 | 855 376 | 4 |
| 7 | 751 167 | 772 281 | 793 292 | 814 202 | 835 011 | 855 720 | 3 |
| 8 | 751 520 | 772 632 | 793 641 | 814 549 | 835 357 | 856 064 | 2 |
| 9 | 751 873 | 772 983 | 793 991 | 814 897 | 835 702 | 856 409 | 1 |
| 60 | $\bar{2}$,7 752 226 | $\bar{2}$,7 773 334 | $\bar{2}$,7 794 340 | $\bar{2}$,7 815 244 | $\bar{2}$,7 836 048 | $\bar{2}$,7 856 753 | 0 |
| ″ | 35′ | 34′ | 33′ | 32′ | 31′ | 30′ | ″ |

COSINUS 86°

| ″ | 24′ | 25′ | 26′ | 27′ | 28′ | 29′ | ″ |
|---|---|---|---|---|---|---|---|
| 0 | $\bar{3}$,7 738 665 | $\bar{3}$,7 759 952 | $\bar{3}$,7 781 136 | $\bar{3}$,7 802 218 | $\bar{3}$,7 823 199 | $\bar{3}$,7 844 079 | 60 |
| 1 | 739 020 | 760 306 | 781 488 | 802 568 | 823 547 | 844 426 | 9 |
| 2 | 739 376 | 760 660 | 781 840 | 802 919 | 823 896 | 844 774 | 8 |
| 3 | 739 732 | 761 014 | 782 192 | 803 269 | 824 245 | 845 121 | 7 |
| 4 | 740 087 | 761 367 | 782 545 | 803 620 | 824 594 | 845 468 | 6 |
| 5 | 740 443 | 761 721 | 782 897 | 803 970 | 824 943 | 845 815 | 5 |
| 6 | 740 798 | 762 075 | 783 249 | 804 320 | 825 291 | 846 162 | 4 |
| 7 | 741 154 | 762 429 | 783 601 | 804 671 | 825 640 | 846 509 | 3 |
| 8 | 741 509 | 762 782 | 783 953 | 805 021 | 825 988 | 846 856 | 2 |
| 9 | 741 864 | 763 136 | 784 305 | 805 371 | 826 337 | 847 203 | 1 |
| 10 | 742 220 | 763 490 | 784 657 | 805 722 | 826 686 | 847 550 | 50 |
| 1 | 742 575 | 763 843 | 785 009 | 806 072 | 827 034 | 847 897 | 9 |
| 2 | 742 930 | 764 197 | 785 360 | 806 422 | 827 383 | 848 244 | 8 |
| 3 | 743 286 | 764 550 | 785 712 | 806 772 | 827 731 | 848 590 | 7 |
| 4 | 743 641 | 764 904 | 786 064 | 807 122 | 828 080 | 848 937 | 6 |
| 5 | 743 996 | 765 258 | 786 416 | 807 472 | 828 428 | 849 284 | 5 |
| 6 | 744 351 | 765 611 | 786 768 | 807 823 | 828 777 | 849 631 | 4 |
| 7 | 744 707 | 765 964 | 787 119 | 808 173 | 829 125 | 849 977 | 3 |
| 8 | 745 062 | 766 318 | 787 471 | 808 523 | 829 473 | 850 324 | 2 |
| 9 | 745 417 | 766 671 | 787 823 | 808 873 | 829 822 | 850 671 | 1 |
| 20 | 745 772 | 767 025 | 788 175 | 809 223 | 830 170 | 851 017 | 40 |
| 1 | 746 127 | 767 378 | 788 526 | 809 573 | 830 518 | 851 364 | 9 |
| 2 | 746 482 | 767 731 | 788 878 | 809 922 | 830 866 | 851 711 | 8 |
| 3 | 746 837 | 768 085 | 789 229 | 810 272 | 831 215 | 852 057 | 7 |
| 4 | 747 192 | 768 438 | 789 581 | 810 622 | 831 563 | 852 404 | 6 |
| 5 | 747 547 | 768 791 | 789 932 | 810 972 | 831 911 | 852 750 | 5 |
| 6 | 747 902 | 769 144 | 790 284 | 811 322 | 832 259 | 853 097 | 4 |
| 7 | 748 257 | 769 497 | 790 635 | 811 672 | 832 607 | 853 443 | 3 |
| 8 | 748 612 | 769 851 | 790 987 | 812 021 | 832 955 | 853 790 | 2 |
| 9 | 748 966 | 770 204 | 791 338 | 812 371 | 833 303 | 854 136 | 1 |
| 30 | 749 321 | 770 557 | 791 690 | 812 721 | 833 651 | 854 482 | 30 |
| 1 | 749 676 | 770 910 | 792 041 | 813 070 | 833 999 | 854 829 | 9 |
| 2 | 750 031 | 771 263 | 792 392 | 813 420 | 834 347 | 855 175 | 8 |
| 3 | 750 385 | 771 616 | 792 744 | 813 770 | 834 695 | 855 521 | 7 |
| 4 | 750 740 | 771 969 | 793 095 | 814 119 | 835 043 | 855 868 | 6 |
| 5 | 751 095 | 772 322 | 793 446 | 814 469 | 835 391 | 856 214 | 5 |
| 6 | 751 449 | 772 675 | 793 797 | 814 818 | 835 739 | 856 560 | 4 |
| 7 | 751 804 | 773 027 | 794 148 | 815 168 | 836 087 | 856 906 | 3 |
| 8 | 752 159 | 773 380 | 794 500 | 815 517 | 836 435 | 857 252 | 2 |
| 9 | 752 513 | 773 733 | 794 851 | 815 867 | 836 782 | 857 599 | 1 |
| 40 | 752 868 | 774 086 | 795 202 | 816 216 | 837 130 | 857 945 | 20 |
| 1 | 753 222 | 774 439 | 795 553 | 816 566 | 837 478 | 858 291 | 9 |
| 2 | 753 577 | 774 791 | 795 904 | 816 915 | 837 826 | 858 637 | 8 |
| 3 | 753 931 | 775 144 | 796 255 | 817 264 | 838 173 | 858 983 | 7 |
| 4 | 754 285 | 775 497 | 796 606 | 817 614 | 838 521 | 859 329 | 6 |
| 5 | 754 640 | 775 850 | 796 957 | 817 963 | 838 868 | 859 675 | 5 |
| 6 | 754 994 | 776 202 | 797 308 | 818 312 | 839 216 | 860 021 | 4 |
| 7 | 755 348 | 776 555 | 797 659 | 818 661 | 839 564 | 860 367 | 3 |
| 8 | 755 703 | 776 907 | 798 010 | 819 011 | 839 911 | 860 712 | 2 |
| 9 | 756 057 | 777 260 | 798 360 | 819 360 | 840 259 | 861 058 | 1 |
| 50 | 756 411 | 777 612 | 798 711 | 819 709 | 840 606 | 861 404 | 10 |
| 1 | 756 765 | 777 965 | 799 062 | 820 058 | 840 954 | 861 750 | 9 |
| 2 | 757 120 | 778 317 | 799 413 | 820 407 | 841 301 | 862 096 | 8 |
| 3 | 757 474 | 778 670 | 799 763 | 820 756 | 841 648 | 862 441 | 7 |
| 4 | 757 828 | 779 022 | 800 114 | 821 105 | 841 996 | 862 787 | 6 |
| 5 | 758 182 | 779 374 | 800 465 | 821 454 | 842 343 | 863 133 | 5 |
| 6 | 758 536 | 779 727 | 800 816 | 821 803 | 842 690 | 863 478 | 4 |
| 7 | 758 890 | 780 079 | 801 166 | 822 152 | 843 038 | 863 824 | 3 |
| 8 | 759 244 | 780 431 | 801 517 | 822 501 | 843 385 | 864 170 | 2 |
| 9 | 759 598 | 780 784 | 801 867 | 822 850 | 843 732 | 864 515 | 1 |
| 60 | $\bar{3}$,7 759 952 | $\bar{3}$,7 781 136 | $\bar{3}$,7 802 218 | $\bar{3}$,7 823 199 | $\bar{3}$,7 844 079 | $\bar{3}$,7 864 861 | 0 |
| ″ | 35′ | 34′ | 33′ | 32′ | 31′ | 30′ | ″ |

COTANGENTE 86°

| ″ | 30′ | 31′ | 32′ | 33′ | 34′ | 35′ | ″ |
|---|---|---|---|---|---|---|---|
| 0 | $\bar{3}$,7 856 753 | $\bar{3}$,7 877 359 | $\bar{3}$,7 897 867 | $\bar{3}$,7 918 278 | $\bar{3}$,7 938 594 | $\bar{3}$,7 958 814 | 60 |
| 1 | 857 097 | 877 701 | 898 208 | 918 618 | 938 931 | 959 150 | 9 |
| 2 | 857 441 | 878 044 | 898 549 | 918 957 | 939 269 | 959 487 | 8 |
| 3 | 857 785 | 878 386 | 898 890 | 919 296 | 939 607 | 959 823 | 7 |
| 4 | 858 130 | 878 729 | 899 231 | 919 635 | 939 945 | 960 159 | 6 |
| 5 | 858 474 | 879 071 | 899 571 | 919 975 | 940 282 | 960 495 | 5 |
| 6 | 858 818 | 879 414 | 899 912 | 920 314 | 940 620 | 960 831 | 4 |
| 7 | 859 162 | 879 756 | 900 253 | 920 653 | 940 958 | 961 167 | 3 |
| 8 | 859 506 | 880 099 | 900 594 | 920 992 | 941 295 | 961 503 | 2 |
| 9 | 859 850 | 880 441 | 900 935 | 921 332 | 941 633 | 961 839 | 1 |
| 10 | 860 194 | 880 783 | 901 275 | 921 671 | 941 970 | 962 175 | 50 |
| 1 | 860 538 | 881 126 | 901 616 | 922 010 | 942 308 | 962 511 | 9 |
| 2 | 860 882 | 881 468 | 901 957 | 922 349 | 942 645 | 962 847 | 8 |
| 3 | 861 226 | 881 810 | 902 297 | 922 688 | 942 983 | 963 183 | 7 |
| 4 | 861 570 | 882 153 | 902 638 | 923 027 | 943 320 | 963 519 | 6 |
| 5 | 861 913 | 882 495 | 902 979 | 923 366 | 943 658 | 963 855 | 5 |
| 6 | 862 257 | 882 837 | 903 319 | 923 705 | 943 995 | 964 190 | 4 |
| 7 | 862 601 | 883 179 | 903 660 | 924 044 | 944 332 | 964 526 | 3 |
| 8 | 862 945 | 883 521 | 904 000 | 924 383 | 944 670 | 964 862 | 2 |
| 9 | 863 289 | 883 863 | 904 341 | 924 722 | 945 007 | 965 198 | 1 |
| 20 | 863 632 | 884 205 | 904 681 | 925 061 | 945 344 | 965 534 | 40 |
| 1 | 863 976 | 884 548 | 905 022 | 925 399 | 945 682 | 965 869 | 9 |
| 2 | 864 320 | 884 890 | 905 362 | 925 738 | 946 019 | 966 205 | 8 |
| 3 | 864 663 | 885 232 | 905 702 | 926 077 | 946 356 | 966 540 | 7 |
| 4 | 865 007 | 885 574 | 906 043 | 926 416 | 946 693 | 966 876 | 6 |
| 5 | 865 350 | 885 915 | 906 383 | 926 755 | 947 030 | 967 212 | 5 |
| 6 | 865 694 | 886 257 | 906 724 | 927 093 | 947 368 | 967 547 | 4 |
| 7 | 866 038 | 886 599 | 907 064 | 927 432 | 947 705 | 967 883 | 3 |
| 8 | 866 381 | 886 941 | 907 404 | 927 771 | 948 042 | 968 218 | 2 |
| 9 | 866 725 | 887 283 | 907 744 | 928 109 | 948 379 | 968 554 | 1 |
| 30 | 867 068 | 887 625 | 908 084 | 928 448 | 948 716 | 968 889 | 30 |
| 1 | 867 411 | 887 967 | 908 425 | 928 786 | 949 053 | 969 225 | 9 |
| 2 | 867 755 | 888 308 | 908 765 | 929 125 | 949 390 | 969 560 | 8 |
| 3 | 868 098 | 888 650 | 909 105 | 929 463 | 949 727 | 969 895 | 7 |
| 4 | 868 441 | 888 992 | 909 445 | 929 802 | 950 064 | 970 231 | 6 |
| 5 | 868 785 | 889 333 | 909 785 | 930 140 | 950 400 | 970 566 | 5 |
| 6 | 869 128 | 889 675 | 910 125 | 930 479 | 950 737 | 970 901 | 4 |
| 7 | 869 471 | 890 017 | 910 465 | 930 817 | 951 074 | 971 237 | 3 |
| 8 | 869 815 | 890 358 | 910 805 | 931 156 | 951 411 | 971 572 | 2 |
| 9 | 870 158 | 890 700 | 911 145 | 931 494 | 951 748 | 971 907 | 1 |
| 40 | 870 501 | 891 041 | 911 485 | 931 832 | 952 085 | 972 242 | 20 |
| 1 | 870 844 | 891 383 | 911 825 | 932 171 | 952 421 | 972 577 | 9 |
| 2 | 871 187 | 891 725 | 912 165 | 932 509 | 952 758 | 972 913 | 8 |
| 3 | 871 530 | 892 066 | 912 505 | 932 847 | 953 095 | 973 248 | 7 |
| 4 | 871 873 | 892 407 | 912 845 | 933 186 | 953 431 | 973 583 | 6 |
| 5 | 872 216 | 892 749 | 913 184 | 933 524 | 953 768 | 973 918 | 5 |
| 6 | 872 559 | 893 090 | 913 524 | 933 862 | 954 105 | 974 253 | 4 |
| 7 | 872 902 | 893 432 | 913 864 | 934 200 | 954 441 | 974 588 | 3 |
| 8 | 873 245 | 893 773 | 914 204 | 934 538 | 954 778 | 974 923 | 2 |
| 9 | 873.588 | 894 114 | 914 543 | 934 876 | 955 114 | 975 258 | 1 |
| 50 | 873 931 | 894 455 | 914 883 | 935 214 | 955 451 | 975 593 | 10 |
| 1 | 874 274 | 894 797 | 915 223 | 935 552 | 955 787 | 975 928 | 9 |
| 2 | 874 617 | 895 138 | 915 562 | 935 890 | 956 124 | 976 263 | 8 |
| 3 | 874 960 | 895 479 | 915 902 | 936 228 | 956 460 | 976 597 | 7 |
| 4 | 875 302 | 895 820 | 916 241 | 936 566 | 956 796 | 976 932 | 6 |
| 5 | 875 645 | 896 161 | 916 581 | 936 904 | 957 133 | 977 267 | 5 |
| 6 | 875 988 | 896 503 | 916 920 | 937 242 | 957 469 | 977 602 | 4 |
| 7 | 876 331 | 896 844 | 917 260 | 937 580 | 957 805 | 977 937 | 3 |
| 8 | 876 673 | 897 185 | 917 599 | 937 918 | 958 142 | 978 271 | 2 |
| 9 | 877 016 | 897 526 | 917 939 | 938 256 | 958 478 | 978 606 | 1 |
| 60 | $\bar{3}$,7 877 359 | $\bar{3}$,7 897 867 | $\bar{3}$,7 918 278 | $\bar{3}$,7 938 594 | $\bar{3}$,7 958 814 | $\bar{3}$,7 978 941 | 0 |
| ″ | 29′ | 28′ | 27′ | 26′ | 25′ | 24′ | ″ |

COSINUS 86°

| " | 30' | 31' | 32' | 33' | 34' | 35' | " |
|---|---|---|---|---|---|---|---|
| 0 | $\bar{2}$,7 864 861 | $\bar{2}$,7 885 544 | $\bar{2}$,7 906 130 | $\bar{2}$,7 926 620 | $\bar{2}$,7 947 014 | $\bar{2}$,7 967 313 | 60 |
| 1 | 865 206 | 885 888 | 906 472 | 926 960 | 947 353 | 967 651 | 9 |
| 2 | 865 552 | 886 232 | 906 815 | 927 301 | 947 692 | 967 988 | 8 |
| 3 | 865 897 | 886 576 | 907 157 | 927 642 | 948 031 | 968 326 | 7 |
| 4 | 866 243 | 886 919 | 907 499 | 927 982 | 948 370 | 968 663 | 6 |
| 5 | 866 588 | 887 263 | 907 841 | 928 323 | 948 709 | 969 001 | 5 |
| 6 | 866 934 | 887 607 | 908 183 | 928 663 | 949 048 | 969 338 | 4 |
| 7 | 867 279 | 887 951 | 908 525 | 929 004 | 949 387 | 969 675 | 3 |
| 8 | 867 624 | 888 294 | 908 868 | 929 344 | 949 726 | 970 013 | 2 |
| 9 | 867 970 | 888 638 | 909 210 | 929 685 | 950 065 | 970 350 | 1 |
| 10 | 868 315 | 888 982 | 909 552 | 930 025 | 950 404 | 970 687 | 50 |
| 1 | 868 660 | 889 325 | 909 894 | 930 366 | 950 742 | 971 025 | 9 |
| 2 | 869 005 | 889 669 | 910 236 | 930 706 | 951 081 | 971 362 | 8 |
| 3 | 869 350 | 890 013 | 910 578 | 931 046 | 951 420 | 971 699 | 7 |
| 4 | 869 696 | 890 356 | 910 920 | 931 387 | 951 759 | 972 036 | 6 |
| 5 | 870 041 | 890 700 | 911 261 | 931 727 | 952 097 | 972 373 | 5 |
| 6 | 870 386 | 891 043 | 911 603 | 932 067 | 952 436 | 972 711 | 4 |
| 7 | 870 731 | 891 387 | 911 945 | 932 408 | 952 775 | 973 048 | 3 |
| 8 | 871 076 | 891 730 | 912 287 | 932 748 | 953 113 | 973 385 | 2 |
| 9 | 871 421 | 892 073 | 912 629 | 933 088 | 953 452 | 973 722 | 1 |
| 20 | 871 766 | 892 417 | 912 971 | 933 428 | 953 791 | 974 059 | 40 |
| 1 | 872 111 | 892 760 | 913 312 | 933 768 | 954 129 | 974 396 | 9 |
| 2 | 872 456 | 893 104 | 913 654 | 934 109 | 954 468 | 974 733 | 8 |
| 3 | 872 801 | 893 447 | 913 996 | 934 449 | 954 806 | 975 070 | 7 |
| 4 | 873 146 | 893 790 | 914 337 | 934 789 | 955 145 | 975 407 | 6 |
| 5 | 873 491 | 894 133 | 914 679 | 935 129 | 955 483 | 975 744 | 5 |
| 6 | 873 836 | 894 477 | 915 021 | 935 469 | 955 822 | 976 081 | 4 |
| 7 | 874 180 | 894 820 | 915 362 | 935 809 | 956 160 | 976 417 | 3 |
| 8 | 874 525 | 895 163 | 915 704 | 936 149 | 956 499 | 976 754 | 2 |
| 9 | 874 870 | 895 506 | 916 045 | 936 489 | 956 837 | 977 091 | 1 |
| 30 | 875 215 | 895 849 | 916 387 | 936 829 | 957 175 | 977 428 | 30 |
| 1 | 875 559 | 896 192 | 916 728 | 937 168 | 957 514 | 977 765 | 9 |
| 2 | 875 904 | 896 535 | 917 070 | 937 508 | 957 852 | 978 101 | 8 |
| 3 | 876 249 | 896 878 | 917 411 | 937 848 | 958 190 | 978 438 | 7 |
| 4 | 876 593 | 897 221 | 917 753 | 938 188 | 958 528 | 978 775 | 6 |
| 5 | 876 938 | 897 564 | 918 094 | 938 528 | 958 867 | 979 111 | 5 |
| 6 | 877 283 | 897 907 | 918 435 | 938 867 | 959 205 | 979 448 | 4 |
| 7 | 877 627 | 898 250 | 918 777 | 939 207 | 959 543 | 979 785 | 3 |
| 8 | 877 972 | 898 593 | 919 118 | 939 547 | 959 881 | 980 121 | 2 |
| 9 | 878 316 | 898 936 | 919 459 | 939 887 | 960 219 | 980 458 | 1 |
| 40 | 878 661 | 899 279 | 919 800 | 940 226 | 960 557 | 980 794 | 20 |
| 1 | 879 005 | 899 622 | 920 142 | 940 566 | 960 895 | 981 131 | 9 |
| 2 | 879 349 | 899 964 | 920 483 | 940 905 | 961 233 | 981 467 | 8 |
| 3 | 879 694 | 900 307 | 920 824 | 941 245 | 961 571 | 981 804 | 7 |
| 4 | 880 038 | 900 650 | 921 165 | 941 585 | 961 909 | 982 140 | 6 |
| 5 | 880 382 | 900 993 | 921 506 | 941 924 | 962 247 | 982 476 | 5 |
| 6 | 880 727 | 901 335 | 921 847 | 942 264 | 962 585 | 982 813 | 4 |
| 7 | 881 071 | 901 678 | 922 188 | 942 603 | 962 923 | 983 149 | 3 |
| 8 | 881 415 | [illegible] | [illegible] | 942 943 | 963 261 | 983 485 | 2 |
| 9 | 881 759 | 902 363 | 922 870 | 943 282 | 963 599 | 983 822 | 1 |
| 50 | 882 104 | 902 706 | 923 211 | 943 621 | 963 937 | 984 158 | 10 |
| 1 | 882 448 | 903 048 | 923 552 | 943 961 | 964 274 | 984 494 | 9 |
| 2 | 882 792 | 903 391 | 923 893 | 944 300 | 964 612 | 984 830 | 8 |
| 3 | 883 136 | 903 733 | 924 234 | 944 639 | 964 950 | 985 166 | 7 |
| 4 | 883 480 | 904 076 | 924 575 | 944 979 | 965 288 | 985 503 | 6 |
| 5 | 883 824 | 904 418 | 924 916 | 945 318 | 965 625 | 985 839 | 5 |
| 6 | 884 168 | 904 761 | 925 257 | 945 657 | 965 963 | 986 175 | 4 |
| 7 | 884 512 | 905 103 | 925 597 | 945 996 | 966 300 | 986 511 | 3 |
| 8 | 884 856 | 905 445 | 925 938 | 946 335 | 966 638 | 986 847 | 2 |
| 9 | 885 200 | 905 788 | 926 279 | 946 675 | 966 976 | 987 183 | 1 |
| 60 | $\bar{2}$,7 885 544 | $\bar{2}$,7 906 130 | $\bar{2}$,7 926 620 | $\bar{2}$,7 947 014 | $\bar{2}$,7 967 313 | $\bar{2}$,7 987 519 | 0 |
| " | 29' | 28' | 27' | 26' | 25' | 24' | " |

COTANGENTE 86°

| ″ | 36′ | 37′ | 38′ | 39′ | 40′ | 41′ | ″ |
|---|---|---|---|---|---|---|---|
| 0 | $\bar{2}$,7 978 941 | $\bar{2}$,7 998 974 | $\bar{2}$,8 018 915 | $\bar{2}$,8 038 764 | $\bar{2}$,8 058 523 | $\bar{2}$,8 078 192 | 60 |
| 1 | 979 275 | 999 307 | 019 247 | 039 095 | 058 852 | 078 519 | 9 |
| 2 | 979 610 | 999 640 | 019 578 | 039 425 | 059 180 | 078 846 | 8 |
| 3 | 979 945 | $\bar{2}$,7 999 973 | 019 910 | 039 755 | 059 509 | 079 173 | 7 |
| 4 | 980 279 | $\bar{2}$,8 000 306 | 020 241 | 040 085 | 059 837 | 079 500 | 6 |
| 5 | 980 614 | 000 639 | 020 573 | 040 414 | 060 166 | 079 827 | 5 |
| 6 | 980 948 | 000 972 | 020 904 | 040 744 | 060 494 | 080 154 | 4 |
| 7 | 981 283 | 001 305 | 021 235 | 041 074 | 060 823 | 080 481 | 3 |
| 8 | 981 617 | 001 638 | 021 567 | 041 404 | 061 151 | 080 808 | 2 |
| 9 | 981 952 | 001 971 | 021 898 | 041 734 | 061 479 | 081 135 | 1 |
| 10 | 982 286 | 002 304 | 022 230 | 042 064 | 061 808 | 081 462 | 50 |
| 1 | 982 620 | 002 637 | 022 561 | 042 394 | 062 136 | 081 788 | 9 |
| 2 | 982 955 | 002 970 | 022 892 | 042 723 | 062 464 | 082 115 | 8 |
| 3 | 983 289 | 003 302 | 023 223 | 043 053 | 062 792 | 082 442 | 7 |
| 4 | 983 624 | 003 635 | 023 555 | 043 383 | 063 121 | 082 769 | 6 |
| 5 | 983 958 | 003 968 | 023 886 | 043 713 | 063 449 | 083 095 | 5 |
| 6 | 984 292 | 004 301 | 024 217 | 044 042 | 063 777 | 083 422 | 4 |
| 7 | 984 626 | 004 633 | 024 548 | 044 372 | 064 105 | 083 749 | 3 |
| 8 | 984 961 | 004 966 | 024 879 | 044 702 | 064 433 | 084 075 | 2 |
| 9 | 985 295 | 005 299 | 025 211 | 045 031 | 064 761 | 084 402 | 1 |
| 20 | 985 629 | 005 631 | 025 542 | 045 361 | 065 089 | 084 729 | 40 |
| 1 | 985 963 | 005 964 | 025 873 | 045 690 | 065 418 | 085 055 | 9 |
| 2 | 986 297 | 006 296 | 026 204 | 046 020 | 065 746 | 085 382 | 8 |
| 3 | 986 631 | 006 629 | 026 535 | 046 349 | 066 074 | 085 708 | 7 |
| 4 | 986 965 | 006 961 | 026 866 | 046 679 | 066 402 | 086 035 | 6 |
| 5 | 987 299 | 007 294 | 027 197 | 047 008 | 066 729 | 086 361 | 5 |
| 6 | 987 633 | 007 626 | 027 528 | 047 338 | 067 057 | 086 688 | 4 |
| 7 | 987 967 | 007 959 | 027 859 | 047 667 | 067 385 | 087 014 | 3 |
| 8 | 988 301 | 008 291 | 028 189 | 047 996 | 067 713 | 087 340 | 2 |
| 9 | 988 635 | 008 624 | 028 520 | 048 326 | 068 041 | 087 667 | 1 |
| 30 | 988 969 | 008 956 | 028 851 | 048 655 | 068 369 | 087 993 | 30 |
| 1 | 989 303 | 009 288 | 029 182 | 048 984 | 068 697 | 088 319 | 9 |
| 2 | 989 637 | 009 621 | 029 513 | 049 314 | 069 024 | 088 646 | 8 |
| 3 | 989 971 | 009 953 | 029 843 | 049 643 | 069 352 | 088 972 | 7 |
| 4 | 990 304 | 010 285 | 030 174 | 049 972 | 069 680 | 089 298 | 6 |
| 5 | 990 638 | 010 617 | 030 505 | 050 301 | 070 008 | 089 624 | 5 |
| 6 | 990 972 | 010 950 | 030 836 | 050 631 | 070 335 | 089 951 | 4 |
| 7 | 991 306 | 011 282 | 031 166 | 050 960 | 070 663 | 090 277 | 3 |
| 8 | 991 639 | 011 614 | 031 497 | 051 289 | 070 991 | 090 603 | 2 |
| 9 | 991 973 | 011 946 | 031 828 | 051 618 | 071 318 | 090 929 | 1 |
| 40 | 992 307 | 012 278 | 032 158 | 051 947 | 071 646 | 091 255 | 20 |
| 1 | 992 640 | 012 610 | 032 489 | 052 276 | 071 973 | 091 581 | 9 |
| 2 | 992 974 | 012 942 | 032 819 | 052 605 | 072 301 | 091 907 | 8 |
| 3 | 993 307 | 013 274 | 033 150 | 052 934 | 072 628 | 092 233 | 7 |
| 4 | 993 641 | 013 606 | 033 480 | 053 263 | 072 956 | 092 559 | 6 |
| 5 | 993 974 | 013 938 | 033 811 | 053 592 | 073 283 | 092 885 | 5 |
| 6 | 994 308 | 014 270 | 034 141 | 053 921 | 073 611 | 093 211 | 4 |
| 7 | 994 641 | 014 602 | 034 471 | 054 250 | 073 938 | 093 537 | 3 |
| 8 | 994 975 | 014 934 | 034 802 | 054 579 | 074 265 | 093 863 | 2 |
| 9 | 995 308 | 015 266 | 035 132 | 054 908 | 074 593 | 094 189 | 1 |
| 50 | 995 642 | 015 598 | 035 463 | 055 236 | 074 920 | 094 515 | 10 |
| 1 | 995 975 | 015 930 | 035 793 | 055 565 | 075 247 | 094 841 | 9 |
| 2 | 996 308 | 016 262 | 036 123 | 055 894 | 075 575 | 095 166 | 8 |
| 3 | 996 642 | 016 593 | 036 453 | 056 223 | 075 902 | 095 492 | 7 |
| 4 | 996 975 | 016 925 | 036 784 | 056 551 | 076 229 | 095 818 | 6 |
| 5 | 997 308 | 017 257 | 037 114 | 056 880 | 076 556 | 096 144 | 5 |
| 6 | 997 641 | 017 588 | 037 444 | 057 209 | 076 884 | 096 469 | 4 |
| 7 | 997 975 | 017 920 | 037 774 | 057 537 | 077 211 | 096 795 | 3 |
| 8 | 998 308 | 018 252 | 038 104 | 057 866 | 077 538 | 097 121 | 2 |
| 9 | 998 641 | 018 583 | 038 434 | 058 195 | 077 865 | 097 446 | 1 |
| 60 | $\bar{2}$,7 998 974 | $\bar{2}$,8 018 915 | $\bar{2}$,8 038 764 | $\bar{2}$,8 058 523 | $\bar{2}$,8 078 192 | $\bar{2}$,8 097 772 | 0 |
| ″ | 23′ | 22′ | 21′ | 20′ | 19′ | 18′ | ″ |

COSINUS 86°

| ″ | 36′ | 37′ | 38′ | 39′ | 40′ | 41′ | ″ |
|---|---|---|---|---|---|---|---|
| 0 | $\bar{2}$,7 987 519 | $\bar{2}$,8 007 632 | $\bar{2}$,8 027 653 | $\bar{2}$,8 047 583 | $\bar{2}$,8 067 422 | $\bar{2}$,8 087 172 | 60 |
| 1 | 987 855 | 007 966 | 027 986 | 047 914 | 067 752 | 087 501 | 9 |
| 2 | 988 191 | 008 301 | 028 319 | 048 246 | 068 082 | 087 829 | 8 |
| 3 | 988 527 | 008 635 | 028 652 | 048 577 | 068 412 | 088 158 | 7 |
| 4 | 988 863 | 008 970 | 028 984 | 048 908 | 068 742 | 088 486 | 6 |
| 5 | 989 199 | 009 304 | 029 317 | 049 240 | 069 072 | 088 814 | 5 |
| 6 | 989 535 | 009 638 | 029 650 | 049 571 | 069 401 | 089 143 | 4 |
| 7 | 989 870 | 009 973 | 029 983 | 049 902 | 069 731 | 089 471 | 3 |
| 8 | 990 206 | 010 307 | 030 316 | 050 233 | 070 061 | 089 799 | 2 |
| 9 | 990 542 | 010 641 | 030 648 | 050 564 | 070 391 | 090 127 | 1 |
| 10 | 990 878 | 010 975 | 030 981 | 050 896 | 070 720 | 090 455 | 50 |
| 1 | 991 213 | 011 309 | 031 314 | 051 227 | 071 050 | 090 784 | 9 |
| 2 | 991 549 | 011 644 | 031 646 | 051 558 | 071 380 | 091 112 | 8 |
| 3 | 991 885 | 011 978 | 031 979 | 051 889 | 071 709 | 091 440 | 7 |
| 4 | 992 220 | 012 312 | 032 311 | 052 220 | 072 039 | 091 768 | 6 |
| 5 | 992 556 | 012 646 | 032 644 | 052 551 | 072 368 | 092 096 | 5 |
| 6 | 992 892 | 012 980 | 032 976 | 052 882 | 072 698 | 092 424 | 4 |
| 7 | 993 227 | 013 314 | 033 309 | 053 213 | 073 027 | 092 752 | 3 |
| 8 | 993 563 | 013 648 | 033 641 | 053 544 | 073 357 | 093 080 | 2 |
| 9 | 993 898 | 013 982 | 033 974 | 053 875 | 073 686 | 093 408 | 1 |
| 20 | 994 234 | 014 316 | 034 306 | 054 206 | 074 016 | 093 736 | 40 |
| 1 | 994 569 | 014 650 | 034 639 | 054 537 | 074 345 | 094 064 | 9 |
| 2 | 994 905 | 014 984 | 034 971 | 054 868 | 074 674 | 094 392 | 8 |
| 3 | 995 240 | 015 318 | 035 303 | 055 199 | 075 004 | 094 720 | 7 |
| 4 | 995 575 | 015 651 | 035 636 | 055 529 | 075 333 | 095 048 | 6 |
| 5 | 995 911 | 015 985 | 035 968 | 055 860 | 075 662 | 095 375 | 5 |
| 6 | 996 246 | 016 319 | 036 300 | 056 191 | 075 992 | 095 703 | 4 |
| 7 | 996 581 | 016 653 | 036 633 | 056 522 | 076 321 | 096 031 | 3 |
| 8 | 996 917 | 016 987 | 036 965 | 056 852 | 076 650 | 096 359 | 2 |
| 9 | 997 252 | 017 320 | 037 297 | 057 183 | 076 979 | 096 686 | 1 |
| 30 | 997 587 | 017 654 | 037 629 | 057 514 | 077 309 | 097 014 | 30 |
| 1 | 997 922 | 017 988 | 037 961 | 057 844 | 077 638 | 097 342 | 9 |
| 2 | 998 257 | 018 321 | 038 294 | 058 175 | 077 967 | 097 669 | 8 |
| 3 | 998 593 | 018 655 | 038 626 | 058 506 | 078 296 | 097 997 | 7 |
| 4 | 998 928 | 018 988 | 038 958 | 058 836 | 078 625 | 098 325 | 6 |
| 5 | 999 263 | 019 322 | 039 290 | 059 167 | 078 954 | 098 652 | 5 |
| 6 | 999 598 | 019 656 | 039 622 | 059 497 | 079 283 | 098 980 | 4 |
| 7 | $\bar{2}$,7999 933 | 019 989 | 039 954 | 059 828 | 079 612 | 099 307 | 3 |
| 8 | $\bar{2}$,8 000 268 | 020 323 | 040 286 | 060 158 | 079 941 | 099 635 | 2 |
| 9 | 000 603 | 020 656 | 040 618 | 060 489 | 080 270 | 099 962 | 1 |
| 40 | 000 938 | 020 989 | 040 950 | 060 819 | 080 599 | 100 290 | 20 |
| 1 | 001 273 | 021 323 | 041 282 | 061 150 | 080 928 | 100 617 | 9 |
| 2 | 001 608 | 021 656 | 041 613 | 061 480 | 081 257 | 100 945 | 8 |
| 3 | 001 943 | 021 990 | 041 945 | 061 810 | 081 586 | 101 272 | 7 |
| 4 | 002 278 | 022 323 | 042 277 | 062 141 | 081 914 | 101 599 | 6 |
| 5 | 002 612 | 022 656 | 042 609 | 062 471 | 082 243 | 101 927 | 5 |
| 6 | 002 947 | 022 990 | 042 941 | 062 801 | 082 572 | 102 254 | 4 |
| 7 | 003 282 | 023 323 | 043 272 | 063 131 | 082 901 | 102 581 | 3 |
| 8 | 003 617 | 023 656 | 043 604 | 063 462 | 083 230 | 102 909 | 2 |
| 9 | 003 952 | 023 989 | 043 938 | 063 792 | 083 558 | 103 236 | 1 |
| 50 | 004 286 | 024 323 | 044 267 | 064 122 | 083 887 | 103 563 | 10 |
| 1 | 004 621 | 024 656 | 044 599 | 064 452 | 084 216 | 103 890 | 9 |
| 2 | 004 956 | 024 989 | 044 931 | 064 782 | 084 544 | 104 217 | 8 |
| 3 | 005 290 | 025 322 | 045 262 | 065 112 | 084 873 | 104 545 | 7 |
| 4 | 005 625 | 025 655 | 045 594 | 065 442 | 085 201 | 104 872 | 6 |
| 5 | 005 959 | 025 988 | 045 925 | 065 773 | 085 530 | 105 199 | 5 |
| 6 | 006 294 | 026 321 | 046 257 | 066 103 | 085 859 | 105 526 | 4 |
| 7 | 006 629 | 026 654 | 046 588 | 066 433 | 086 187 | 105 853 | 3 |
| 8 | 006 963 | 026 987 | 046 920 | 066 762 | 086 516 | 106 180 | 2 |
| 9 | 007 298 | 027 320 | 047 251 | 067 092 | 086 844 | 106 507 | 1 |
| 60 | $\bar{2}$,8 007 632 | $\bar{2}$,8 027 653 | $\bar{2}$,8 047 583 | $\bar{2}$,8 067 422 | $\bar{2}$,8 087 172 | $\bar{2}$,8 106 834 | 0 |
| ″ | 23′ | 22′ | 21′ | 20′ | 19′ | 18′ | ″ |

COTANGENTE 86°

| ″ | 42′ | 43′ | 44′ | 45′ | 46′ | 47′ | ″ |
|---|---|---|---|---|---|---|---|
| 0 | $\bar{2}$,8 097 772 | $\bar{2}$,8 117 264 | $\bar{2}$,8 136 668 | $\bar{2}$,8 155 985 | $\bar{2}$,8 175 217 | $\bar{2}$,8 194 363 | 60 |
| 1 | 098 098 | 117 588 | 136 990 | 156 307 | 175 537 | 194 682 | 9 |
| 2 | 098 423 | 117 912 | 137 313 | 156 628 | 175 856 | 195 000 | 8 |
| 3 | 098 749 | 118 236 | 137 636 | 156 949 | 176 176 | 195 318 | 7 |
| 4 | 099 074 | 118 560 | 137 958 | 157 270 | 176 496 | 195 637 | 6 |
| 5 | 099 400 | 118 884 | 138 281 | 157 591 | 176 816 | 195 955 | 5 |
| 6 | 099 725 | 119 208 | 138 603 | 157 912 | 177 135 | 196 273 | 4 |
| 7 | 100 051 | 119 532 | 138 926 | 158 233 | 177 455 | 196 592 | 3 |
| 8 | 100 376 | 119 856 | 139 248 | 158 554 | 177 775 | 196 910 | 2 |
| 9 | 100 701 | 120 180 | 139 571 | 158 875 | 178 094 | 197 228 | 1 |
| 10 | 101 027 | 120 504 | 139 893 | 159 196 | 178 414 | 197 546 | 50 |
| 1 | 101 352 | 120 828 | 140 216 | 159 517 | 178 733 | 197 864 | 9 |
| 2 | 101 677 | 121 151 | 140 538 | 159 838 | 179 053 | 198 182 | 8 |
| 3 | 102 003 | 121 475 | 140 861 | 160 159 | 179 372 | 198 501 | 7 |
| 4 | 102 328 | 121 799 | 141 183 | 160 480 | 179 692 | 198 819 | 6 |
| 5 | 102 653 | 122 123 | 141 505 | 160 801 | 180 011 | 199 137 | 5 |
| 6 | 102 978 | 122 447 | 141 828 | 161 122 | 180 331 | 199 455 | 4 |
| 7 | 103 304 | 122 770 | 142 150 | 161 443 | 180 650 | 199 773 | 3 |
| 8 | 103 629 | 123 094 | 142 472 | 161 764 | 180 970 | 200 091 | 2 |
| 9 | 103 954 | 123 418 | 142 794 | 162 085 | 181 289 | 200 409 | 1 |
| 20 | 104 279 | 123 741 | 143 117 | 162 405 | 181 608 | 200 727 | 40 |
| 1 | 104 604 | 124 065 | 143 439 | 162 726 | 181 928 | 201 045 | 9 |
| 2 | 104 929 | 124 389 | 143 761 | 163 047 | 182 247 | 201 362 | 8 |
| 3 | 105 254 | 124 712 | 144 083 | 163 367 | 182 566 | 201 680 | 7 |
| 4 | 105 579 | 125 036 | 144 405 | 163 688 | 182 886 | 201 998 | 6 |
| 5 | 105 904 | 125 359 | 144 727 | 164 009 | 183 205 | 202 316 | 5 |
| 6 | 106 229 | 125 683 | 145 049 | 164 329 | 183 524 | 202 634 | 4 |
| 7 | 106 554 | 126 006 | 145 371 | 164 650 | 183 843 | 202 952 | 3 |
| 8 | 106 879 | 126 330 | 145 693 | 164 971 | 184 162 | 203 269 | 2 |
| 9 | 107 204 | 126 653 | 146 015 | 165 291 | 184 482 | 203 587 | 1 |
| 30 | 107 529 | 126 977 | 146 337 | 165 612 | 184 801 | 203 905 | 30 |
| 1 | 107 854 | 127 300 | 146 659 | 165 932 | 185 120 | 204 222 | 9 |
| 2 | 108 178 | 127 623 | 146 981 | 166 253 | 185 439 | 204 540 | 8 |
| 3 | 108 503 | 127 947 | 147 303 | 166 573 | 185 758 | 204 858 | 7 |
| 4 | 108 828 | 128 270 | 147 625 | 166 894 | 186 077 | 205 175 | 6 |
| 5 | 109 153 | 128 593 | 147 947 | 167 214 | 186 396 | 205 493 | 5 |
| 6 | 109 478 | 128 917 | 148 269 | 167 534 | 186 715 | 205 811 | 4 |
| 7 | 109 802 | 129 240 | 148 590 | 167 855 | 187 034 | 206 128 | 3 |
| 8 | 110 127 | 129 563 | 148 912 | 168 175 | 187 353 | 206 446 | 2 |
| 9 | 110 452 | 129 886 | 149 234 | 168 496 | 187 672 | 206 763 | 1 |
| 40 | 110 776 | 130 209 | 149 556 | 168 816 | 187 991 | 207 081 | 20 |
| 1 | 111 101 | 130 533 | 149 877 | 169 136 | 188 309 | 207 398 | 9 |
| 2 | 111 425 | 130 856 | 150 199 | 169 456 | 188 628 | 207 716 | 8 |
| 3 | 111 750 | 131 179 | 150 521 | 169 777 | 188 947 | 208 033 | 7 |
| 4 | 112 074 | 131 502 | 150 842 | 170 097 | 189 266 | 208 350 | 6 |
| 5 | 112 399 | 131 825 | 151 164 | 170 417 | 189 585 | 208 668 | 5 |
| 6 | 112 723 | 132 148 | 151 486 | 170 737 | 189 903 | 208 985 | 4 |
| 7 | 113 048 | 132 471 | 151 807 | 171 057 | 190 222 | 209 302 | 3 |
| 8 | 113 372 | 132 794 | 152 129 | 171 377 | 190 541 | 209 620 | 2 |
| 9 | 113 697 | 133 117 | 152 450 | 171 697 | 190 859 | 209 937 | 1 |
| 50 | 114 021 | 133 440 | 152 772 | 172 018 | 191 178 | 210 254 | 10 |
| 1 | 114 345 | 133 763 | 153 093 | 172 338 | 191 497 | 210 571 | 9 |
| 2 | 114 670 | 134 086 | 153 415 | 172 658 | 191 815 | 210 889 | 8 |
| 3 | 114 994 | 134 408 | 153 736 | 172 978 | 192 134 | 211 206 | 7 |
| 4 | 115 318 | 134 731 | 154 057 | 173 298 | 192 452 | 211 523 | 6 |
| 5 | 115 643 | 135 054 | 154 379 | 173 617 | 192 771 | 211 840 | 5 |
| 6 | 115 967 | 135 377 | 154 700 | 173 937 | 193 089 | 212 157 | 4 |
| 7 | 116 291 | 135 700 | 155 021 | 174 257 | 193 408 | 212 474 | 3 |
| 8 | 116 615 | 136 022 | 155 343 | 174 577 | 193 726 | 212 791 | 2 |
| 9 | 116 939 | 136 345 | 155 664 | 174 897 | 194 045 | 213 108 | 1 |
| 60 | $\bar{2}$,8 117 264 | $\bar{2}$,8 136 668 | $\bar{2}$,8 155 985 | $\bar{2}$,8 175 217 | $\bar{2}$,8 194 363 | $\bar{2}$,8 213 425 | 0 |
| ″ | 17′ | 16′ | 15′ | 14′ | 13′ | 12′ | ″ |

| " | 42' | 43' | 44' | 45' | 46' | 47' | " |
|---|---|---|---|---|---|---|---|
| 0 | $\bar{2}$,8 106 834 | $\bar{2}$,8 126 407 | $\bar{2}$,8 145 894 | $\bar{2}$,8 165 294 | $\bar{2}$,8 184 608 | $\bar{2}$,8 203 838 | 60 |
| 1 | 107 161 | 126 733 | 146 218 | 165 616 | 184 930 | 204 158 | 9 |
| 2 | 107 488 | 127 058 | 146 542 | 165 939 | 185 251 | 204 478 | 8 |
| 3 | 107 815 | 127 384 | 146 866 | 166 262 | 185 572 | 204 797 | 7 |
| 4 | 108 141 | 127 709 | 147 190 | 166 584 | 185 893 | 205 117 | 6 |
| 5 | 108 468 | 128 034 | 147 514 | 166 907 | 186 214 | 205 437 | 5 |
| 6 | 108 795 | 128 360 | 147 838 | 167 229 | 186 535 | 205 757 | 4 |
| 7 | 109 122 | 128 685 | 148 161 | 167 552 | 186 856 | 206 076 | 3 |
| 8 | 109 449 | 129 011 | 148 485 | 167 874 | 187 177 | 206 396 | 2 |
| 9 | 109 775 | 129 336 | 148 809 | 168 196 | 187 498 | 206 715 | 1 |
| 10 | 110 102 | 129 661 | 149 133 | 168 519 | 187 819 | 207 035 | 50 |
| 1 | 110 429 | 129 986 | 149 457 | 168 841 | 188 140 | 207 354 | 9 |
| 2 | 110 756 | 130 312 | 149 781 | 169 164 | 188 461 | 207 674 | 8 |
| 3 | 111 082 | 130 637 | 150 104 | 169 486 | 188 782 | 207 994 | 7 |
| 4 | 111 409 | 130 962 | 150 428 | 169 808 | 189 103 | 208 313 | 6 |
| 5 | 111 735 | 131 287 | 150 752 | 170 130 | 189 424 | 208 632 | 5 |
| 6 | 112 062 | 131 612 | 151 075 | 170 453 | 189 745 | 208 952 | 4 |
| 7 | 112 389 | 131 937 | 151 399 | 170 775 | 190 065 | 209 271 | 3 |
| 8 | 112 715 | 132 262 | 151 723 | 171 097 | 190 386 | 209 591 | 2 |
| 9 | 113 042 | 132 587 | 152 046 | 171 419 | 190 707 | 209 910 | 1 |
| 20 | 113 368 | 132 912 | 152 370 | 171 741 | 191 028 | 210 229 | 40 |
| 1 | 113 694 | 133 237 | 152 694 | 172 064 | 191 348 | 210 549 | 9 |
| 2 | 114 021 | 133 562 | 153 017 | 172 386 | 191 669 | 210 868 | 8 |
| 3 | 114 347 | 133 887 | 153 341 | 172 708 | 191 990 | 211 187 | 7 |
| 4 | 114 674 | 134 212 | 153 664 | 173 030 | 192 310 | 211 507 | 6 |
| 5 | 115 000 | 134 537 | 153 988 | 173 352 | 192 631 | 211 826 | 5 |
| 6 | 115 326 | 134 862 | 154 311 | 173 674 | 192 952 | 212 145 | 4 |
| 7 | 115 653 | 135 187 | 154 634 | 173 996 | 193 272 | 212 464 | 3 |
| 8 | 115 979 | 135 512 | 154 958 | 174 318 | 193 593 | 212 783 | 2 |
| 9 | 116 305 | 135 837 | 155 281 | 174 640 | 193 913 | 213 102 | 1 |
| 30 | 116 631 | 136 161 | 155 605 | 174 962 | 194 234 | 213 422 | 30 |
| 1 | 116 958 | 136 486 | 155 928 | 175 284 | 194 554 | 213 741 | 9 |
| 2 | 117 284 | 136 811 | 156 251 | 175 606 | 194 875 | 214 060 | 8 |
| 3 | 117 610 | 137 136 | 156 574 | 175 927 | 195 195 | 214 379 | 7 |
| 4 | 117 936 | 137 460 | 156 898 | 176 249 | 195 516 | 214 698 | 6 |
| 5 | 118 262 | 137 785 | 157 221 | 176 571 | 195 836 | 215 017 | 5 |
| 6 | 118 588 | 138 110 | 157 544 | 176 893 | 196 156 | 215 336 | 4 |
| 7 | 118 914 | 138 434 | 157 867 | 177 215 | 196 477 | 215 655 | 3 |
| 8 | 119 241 | 138 759 | 158 190 | 177 536 | 196 797 | 215 974 | 2 |
| 9 | 119 567 | 139 083 | 158 514 | 177 858 | 197 117 | 216 292 | 1 |
| 40 | 119 893 | 139 408 | 158 837 | 178 180 | 197 438 | 216 611 | 20 |
| 1 | 120 218 | 139 732 | 159 160 | 178 501 | 197 758 | 216 930 | 9 |
| 2 | 120 544 | 140 057 | 159 483 | 178 823 | 198 078 | 217 249 | 8 |
| 3 | 120 870 | 140 381 | 159 806 | 179 145 | 198 398 | 217 568 | 7 |
| 4 | 121 196 | 140 706 | 160 129 | 179 466 | 198 718 | 217 887 | 6 |
| 5 | 121 522 | 141 030 | 160 452 | 179 788 | 199 039 | 218 205 | 5 |
| 6 | 121 848 | 141 355 | 160 775 | 180 109 | 199 359 | 218 524 | 4 |
| 7 | 122 174 | 141 679 | 161 098 | 180 431 | 199 679 | 218 843 | 3 |
| 8 | 122 500 | 142 003 | 161 421 | 180 752 | 199 999 | 219 161 | 2 |
| 9 | 122 825 | 142 328 | 161 744 | 181 074 | 200 319 | 219 480 | 1 |
| 50 | 123 151 | 142 652 | 162 066 | 181 395 | 200 639 | 219 799 | 10 |
| 1 | 123 477 | 142 976 | 162 389 | 181 717 | 200 959 | 220 117 | 9 |
| 2 | 123 803 | 143 301 | 162 712 | 182 038 | 201 279 | 220 436 | 8 |
| 3 | 124 128 | 143 625 | 163 035 | 182 359 | 201 599 | 220 755 | 7 |
| 4 | 124 454 | 143 949 | 163 358 | 182 681 | 201 919 | 221 073 | 6 |
| 5 | 124 780 | 144 273 | 163 680 | 183 002 | 202 239 | 221 392 | 5 |
| 6 | 125 105 | 144 597 | 164 003 | 183 323 | 202 559 | 221 710 | 4 |
| 7 | 125 431 | 144 921 | 164 326 | 183 645 | 202 879 | 222 029 | 3 |
| 8 | 125 756 | 145 246 | 164 649 | 183 966 | 203 199 | 222 347 | 2 |
| 9 | 126 082 | 145 570 | 164 971 | 184 287 | 203 518 | 222 666 | 1 |
| 60 | $\bar{2}$,8 126 407 | $\bar{2}$,8 145 894 | $\bar{2}$,8 165 294 | $\bar{2}$,8 184 608 | $\bar{2}$,8 203 838 | $\bar{2}$,8 222 984 | 0 |
| " | 17' | 16' | 15' | 14' | 13' | 12' | " |

COTANGENTE 86°

| ″ | 48′ | 49′ | 50′ | 51′ | 52′ | 53′ | ″ |
|---|---|---|---|---|---|---|---|
| 0 | $\bar{3}$,8 213 425 | $\bar{3}$,8 232 404 | $\bar{3}$,8 251 299 | $\bar{3}$,8 270 112 | $\bar{3}$,8 288 844 | $\bar{3}$,8 307 495 | 60 |
| 1 | 213 742 | 232 719 | 251 613 | 270 425 | 289 155 | 307 805 | 9 |
| 2 | 214 059 | 233 035 | 251 928 | 270 738 | 289 467 | 308 115 | 8 |
| 3 | 214 376 | 233 350 | 252 242 | 271 051 | 289 778 | 308 425 | 7 |
| 4 | 214 693 | 233 666 | 252 556 | 271 364 | 290 090 | 308 735 | 6 |
| 5 | 215 010 | 233 981 | 252 870 | 271 676 | 290 401 | 309 045 | 5 |
| 6 | 215 327 | 234 297 | 253 184 | 271 989 | 290 713 | 309 356 | 4 |
| 7 | 215 644 | 234 612 | 253 498 | 272 302 | 291 024 | 309 666 | 3 |
| 8 | 215 961 | 234 928 | 253 812 | 272 615 | 291 335 | 309 976 | 2 |
| 9 | 216 277 | 235 243 | 254 126 | 272 927 | 291 647 | 310 286 | 1 |
| 10 | 216 594 | 235 559 | 254 440 | 273 240 | 291 958 | 310 596 | 50 |
| 1 | 216 911 | 235 874 | 254 754 | 273 552 | 292 269 | 310 905 | 9 |
| 2 | 217 228 | 236 189 | 255 068 | 273 865 | 292 581 | 311 215 | 8 |
| 3 | 217 544 | 236 505 | 255 382 | 274 178 | 292 892 | 311 525 | 7 |
| 4 | 217 861 | 236 820 | 255 696 | 274 490 | 293 203 | 311 835 | 6 |
| 5 | 218 178 | 237 135 | 256 010 | 274 803 | 293 514 | 312 145 | 5 |
| 6 | 218 494 | 237 451 | 256 324 | 275 115 | 293 825 | 312 455 | 4 |
| 7 | 218 811 | 237 766 | 256 638 | 275 428 | 294 137 | 312 765 | 3 |
| 8 | 219 128 | 238 081 | 256 952 | 275 740 | 294 448 | 313 074 | 2 |
| 9 | 219 444 | 238 396 | 257 265 | 276 053 | 294 759 | 313 384 | 1 |
| 20 | 219 761 | 238 711 | 257 579 | 276 365 | 295 070 | 313 694 | 40 |
| 1 | 220 077 | 239 026 | 257 893 | 276 678 | 295 381 | 314 004 | 9 |
| 2 | 220 394 | 239 342 | 258 207 | 276 990 | 295 692 | 314 313 | 8 |
| 3 | 220 710 | 239 657 | 258 520 | 277 302 | 296 003 | 314 623 | 7 |
| 4 | 221 027 | 239 972 | 258 834 | 277 615 | 296 314 | 314 933 | 6 |
| 5 | 221 343 | 240 287 | 259 148 | 277 927 | 296 625 | 315 242 | 5 |
| 6 | 221 659 | 240 602 | 259 462 | 278 239 | 296 936 | 315 552 | 4 |
| 7 | 221 976 | 240 917 | 259 775 | 278 552 | 297 247 | 315 862 | 3 |
| 8 | 222 292 | 241 232 | 260 089 | 278 864 | 297 558 | 316 171 | 2 |
| 9 | 222 609 | 241 547 | 260 402 | 279 176 | 297 869 | 316 481 | 1 |
| 30 | 222 925 | 241 862 | 260 716 | 279 488 | 298 179 | 316 790 | 30 |
| 1 | 223 241 | 242 177 | 261 029 | 279 800 | 298 490 | 317 100 | 9 |
| 2 | 223 557 | 242 491 | 261 343 | 280 113 | 298 801 | 317 409 | 8 |
| 3 | 223 874 | 242 806 | 261 656 | 280 425 | 299 112 | 317 719 | 7 |
| 4 | 224 190 | 243 121 | 261 970 | 280 737 | 299 423 | 318 028 | 6 |
| 5 | 224 506 | 243 436 | 262 283 | 281 049 | 299 733 | 318 337 | 5 |
| 6 | 224 822 | 243 751 | 262 597 | 281 361 | 300 044 | 318 647 | 4 |
| 7 | 225 138 | 244 066 | 262 910 | 281 673 | 300 355 | 318 956 | 3 |
| 8 | 225 455 | 244 380 | 263 224 | 281 985 | 300 666 | 319 266 | 2 |
| 9 | 225 771 | 244 695 | 263 537 | 282 297 | 300 976 | 319 575 | 1 |
| 40 | 226 087 | 245 010 | 263 850 | 282 609 | 301 287 | 319 884 | 20 |
| 1 | 226 403 | 245 324 | 264 164 | 282 921 | 301 597 | 320 193 | 9 |
| 2 | 226 719 | 245 639 | 264 477 | 283 233 | 301 908 | 320 503 | 8 |
| 3 | 227 035 | 245 954 | 264 790 | 283 545 | 302 219 | 320 812 | 7 |
| 4 | 227 351 | 246 268 | 265 103 | 283 857 | 302 529 | 321 121 | 6 |
| 5 | 227 667 | 246 583 | 265 417 | 284 169 | 302 840 | 321 430 | 5 |
| 6 | 227 983 | 246 898 | 265 730 | 284 480 | 303 150 | 321 740 | 4 |
| 7 | 228 299 | 247 212 | 266 043 | 284 792 | 303 461 | 322 049 | 3 |
| 8 | 228 615 | 247 527 | 266 356 | 285 104 | 303 771 | 322 358 | 2 |
| 9 | 228 931 | 247 841 | 266 669 | 285 416 | 304 082 | 322 667 | 1 |
| 50 | 229 246 | 248 156 | 266 982 | 285 728 | 304 392 | 322 976 | 10 |
| 1 | 229 562 | 248 470 | 267 296 | 286 039 | 304 702 | 323 285 | 9 |
| 2 | 229 878 | 248 784 | 267 609 | 286 351 | 305 013 | 323 594 | 8 |
| 3 | 230 194 | 249 099 | 267 922 | 286 663 | 305 323 | 323 903 | 7 |
| 4 | 230 510 | 249 413 | 268 235 | 286 974 | 305 633 | 324 212 | 6 |
| 5 | 230 825 | 249 728 | 268 548 | 287 286 | 305 944 | 324 521 | 5 |
| 6 | 231 141 | 250 042 | 268 861 | 287 598 | 306 254 | 324 830 | 4 |
| 7 | 231 457 | 250 356 | 269 174 | 287 909 | 306 564 | 325 139 | 3 |
| 8 | 231 772 | 250 671 | 269 486 | 288 221 | 306 874 | 325 448 | 2 |
| 9 | 232 088 | 250 985 | 269 799 | 288 532 | 307 185 | 325 757 | 1 |
| 60 | $\bar{3}$,8 232 404 | $\bar{3}$,8 251 299 | $\bar{3}$,8 270 112 | $\bar{3}$,8 288 844 | $\bar{3}$,8 307 495 | $\bar{3}$,8 326 066 | 0 |
| ″ | 11′ | 10′ | 9′ | 8′ | 7′ | 6′ | ″ |

| ″ | 48′ | 49′ | 50′ | 51′ | 52′ | 53′ | ″ |
|---|---|---|---|---|---|---|---|
| 0 | $\bar{2}$,8 222 984 | $\bar{2}$,8 242 046 | $\bar{2}$,8 261 026 | $\bar{2}$,8 279 924 | $\bar{2}$,8 298 741 | $\bar{2}$,8 317 478 | 60 |
| 1 | 223 302 | 242 363 | 261 342 | 280 239 | 299 054 | 317 789 | 9 |
| 2 | 223 621 | 242 680 | 261 657 | 280 553 | 299 367 | 318 101 | 8 |
| 3 | 223 939 | 242 997 | 261 973 | 280 867 | 299 680 | 318 412 | 7 |
| 4 | 224 257 | 243 314 | 262 289 | 281 181 | 299 993 | 318 724 | 6 |
| 5 | 224 576 | 243 631 | 262 604 | 281 495 | 300 306 | 319 035 | 5 |
| 6 | 224 894 | 243 948 | 262 920 | 281 810 | 300 618 | 319 347 | 4 |
| 7 | 225 212 | 244 265 | 263 235 | 282 124 | 300 931 | 319 658 | 3 |
| 8 | 225 530 | 244 582 | 263 551 | 282 438 | 301 244 | 319 970 | 2 |
| 9 | 225 849 | 244 899 | 263 866 | 282 752 | 301 557 | 320 281 | 1 |
| 10 | 226 167 | 245 215 | 264 182 | 283 066 | 301 869 | 320 593 | 50 |
| 1 | 226 485 | 245 532 | 264 497 | 283 380 | 302 182 | 320 904 | 9 |
| 2 | 226 803 | 245 849 | 264 812 | 283 694 | 302 495 | 321 215 | 8 |
| 3 | 227 121 | 246 166 | 265 128 | 284 008 | 302 808 | 321 527 | 7 |
| 4 | 227 439 | 246 482 | 265 443 | 284 322 | 303 120 | 321 838 | 6 |
| 5 | 227 757 | 246 799 | 265 758 | 284 636 | 303 433 | 322 149 | 5 |
| 6 | 228 075 | 247 116 | 266 074 | 284 950 | 303 745 | 322 460 | 4 |
| 7 | 228 393 | 247 432 | 266 389 | 285 264 | 304 058 | 322 772 | 3 |
| 8 | 228 711 | 247 749 | 266 704 | 285 578 | 304 371 | 323 083 | 2 |
| 9 | 229 029 | 248 066 | 267 019 | 285 892 | 304 683 | 323 394 | 1 |
| 20 | 229 347 | 248 382 | 267 335 | 286 206 | 304 996 | 323 705 | 40 |
| 1 | 229 665 | 248 699 | 267 650 | 286 519 | 305 308 | 324 016 | 9 |
| 2 | 229 983 | 249 015 | 267 965 | 286 833 | 305 620 | 324 328 | 8 |
| 3 | 230 301 | 249 332 | 268 280 | 287 147 | 305 933 | 324 639 | 7 |
| 4 | 230 619 | 249 648 | 268 595 | 287 461 | 306 245 | 324 950 | 6 |
| 5 | 230 937 | 249 965 | 268 910 | 287 774 | 306 558 | 325 261 | 5 |
| 6 | 231 254 | 250 281 | 269 225 | 288 088 | 306 870 | 325 572 | 4 |
| 7 | 231 572 | 250 597 | 269 540 | 288 402 | 307 182 | 325 883 | 3 |
| 8 | 231 890 | 250 914 | 269 855 | 288 716 | 307 495 | 326 194 | 2 |
| 9 | 232 208 | 251 230 | 270 170 | 289 029 | 307 807 | 326 505 | 1 |
| 30 | 232 526 | 251 547 | 270 485 | 289 343 | 308 119 | 326 816 | 30 |
| 1 | 232 843 | 251 863 | 270 800 | 289 656 | 308 432 | 327 127 | 9 |
| 2 | 233 161 | 252 179 | 271 115 | 289 970 | 308 744 | 327 438 | 8 |
| 3 | 233 479 | 252 495 | 271 430 | 290 284 | 309 056 | 327 749 | 7 |
| 4 | 233 796 | 252 812 | 271 745 | 290 597 | 309 368 | 328 059 | 6 |
| 5 | 234 114 | 253 128 | 272 060 | 290 911 | 309 680 | 328 370 | 5 |
| 6 | 234 431 | 253 444 | 272 375 | 291 224 | 309 993 | 328 681 | 4 |
| 7 | 234 749 | 253 760 | 272 690 | 291 538 | 310 305 | 328 992 | 3 |
| 8 | 235 066 | 254 077 | 273 004 | 291 851 | 310 617 | 329 303 | 2 |
| 9 | 235 384 | 254 393 | 273 319 | 292 164 | 310 929 | 329 613 | 1 |
| 40 | 235 701 | 254 709 | 273 634 | 292 478 | 311 241 | 329 924 | 20 |
| 1 | 236 019 | 255 025 | 273 949 | 292 791 | 311 553 | 330 235 | 9 |
| 2 | 236 336 | 255 341 | 274 263 | 293 105 | 311 865 | 330 546 | 8 |
| 3 | 236 654 | 255 657 | 274 578 | 293 418 | 312 177 | 330 856 | 7 |
| 4 | 236 971 | 255 973 | 274 893 | 293 731 | 312 489 | 331 167 | 6 |
| 5 | 237 289 | 256 289 | 275 207 | 294 045 | 312 801 | 331 478 | 5 |
| 6 | 237 606 | 256 605 | 275 522 | 294 358 | 313 113 | 331 788 | 4 |
| 7 | 237 923 | 256 921 | 275 837 | 294 671 | 313 425 | 332 099 | 3 |
| 8 | 238 241 | 257 237 | 276 151 | 294 984 | 313 737 | 332 409 | 2 |
| 9 | 238 558 | 257 553 | 276 466 | 295 297 | 314 049 | 332 720 | 1 |
| 50 | 238 875 | 257 869 | 276 780 | 295 611 | 314 360 | 333 030 | 10 |
| 1 | 239 192 | 258 185 | 277 095 | 295 924 | 314 672 | 333 341 | 9 |
| 2 | 239 509 | 258 500 | 277 409 | 296 237 | 314 984 | 333 651 | 8 |
| 3 | 239 827 | 258 816 | 277 724 | 296 550 | 315 296 | 333 962 | 7 |
| 4 | 240 144 | 259 132 | 278 038 | 296 863 | 315 608 | 334 272 | 6 |
| 5 | 240 461 | 259 448 | 278 353 | 297 176 | 315 919 | 334 583 | 5 |
| 6 | 240 778 | 259 763 | 278 667 | 297 489 | 316 231 | 334 893 | 4 |
| 7 | 241 095 | 260 079 | 278 981 | 297 802 | 316 543 | 335 203 | 3 |
| 8 | 241 412 | 260 395 | 279 296 | 298 115 | 316 854 | 335 514 | 2 |
| 9 | 241 729 | 260 711 | 279 610 | 298 428 | 317 166 | 335 824 | 1 |
| 60 | $\bar{2}$,8 242 046 | $\bar{2}$,8 261 026 | $\bar{2}$,8 279 924 | $\bar{2}$,8 298 741 | $\bar{2}$,8 317 478 | $\bar{2}$,8 336 134 | 0 |
| ″ | 11′ | 10′ | 9′ | 8′ | 7′ | 6′ | ″ |

| " | 54′ | 55′ | 56′ | 57′ | 58′ | 59′ | " |
|---|---|---|---|---|---|---|---|
| 0 | $\bar{2}$,8 326 066 | $\bar{2}$,8 344 557 | $\bar{2}$,8 362 969 | $\bar{2}$,8 381 304 | $\bar{2}$,8 399 561 | $\bar{2}$,8 417 741 | 60 |
| 1 | 326 374 | 344 864 | 363 276 | 381 609 | 399 865 | 418 043 | 9 |
| 2 | 326 683 | 345 172 | 363 582 | 381 914 | 400 168 | 418 346 | 8 |
| 3 | 326 992 | 345 479 | 363 888 | 382 219 | 400 472 | 418 648 | 7 |
| 4 | 327 301 | 345 787 | 364 194 | 382 523 | 400 775 | 418 950 | 6 |
| 5 | 327 610 | 346 094 | 364 500 | 382 828 | 401 079 | 419 253 | 5 |
| 6 | 327 918 | 346 402 | 364 806 | 383 133 | 401 382 | 419 555 | 4 |
| 7 | 328 227 | 346 709 | 365 112 | 383 438 | 401 686 | 419 857 | 3 |
| 8 | 328 536 | 347 016 | 365 419 | 383 743 | 401 989 | 420 159 | 2 |
| 9 | 328 844 | 347 324 | 365 725 | 384 047 | 402 293 | 420 462 | 1 |
| 10 | 329 153 | 347 631 | 366 031 | 384 352 | 402 596 | 420 764 | 50 |
| 1 | 329 462 | 347 938 | 366 337 | 384 657 | 402 900 | 421 066 | 9 |
| 2 | 329 770 | 348 246 | 366 643 | 384 961 | 403 203 | 421 368 | 8 |
| 3 | 330 079 | 348 553 | 366 949 | 385 266 | 403 506 | 421 670 | 7 |
| 4 | 330 387 | 348 860 | 367 254 | 385 571 | 403 810 | 421 972 | 6 |
| 5 | 330 696 | 349 167 | 367 560 | 385 875 | 404 113 | 422 274 | 5 |
| 6 | 331 004 | 349 475 | 367 866 | 386 180 | 404 416 | 422 576 | 4 |
| 7 | 331 313 | 349 782 | 368 172 | 386 485 | 404 720 | 422 878 | 3 |
| 8 | 331 621 | 350 089 | 368 478 | 386 789 | 405 023 | 423 180 | 2 |
| 9 | 331 930 | 350 396 | 368 784 | 387 094 | 405 326 | 423 482 | 1 |
| 20 | 332 238 | 350 703 | 369 090 | 387 398 | 405 629 | 423 784 | 40 |
| 1 | 332 547 | 351 010 | 369 395 | 387 703 | 405 933 | 424 086 | 9 |
| 2 | 332 855 | 351 317 | 369 701 | 388 007 | 406 236 | 424 388 | 8 |
| 3 | 333 163 | 351 624 | 370 007 | 388 312 | 406 539 | 424 690 | 7 |
| 4 | 333 472 | 351 931 | 370 313 | 388 616 | 406 842 | 424 992 | 6 |
| 5 | 333 780 | 352 238 | 370 618 | 388 920 | 407 145 | 425 294 | 5 |
| 6 | 334 088 | 352 545 | 370 924 | 389 225 | 407 448 | 425 596 | 4 |
| 7 | 334 396 | 352 852 | 371 230 | 389 529 | 407 751 | 425 897 | 3 |
| 8 | 334 705 | 353 159 | 371 535 | 389 833 | 408 055 | 426 199 | 2 |
| 9 | 335 013 | 353 466 | 371 841 | 390 138 | 408 358 | 426 501 | 1 |
| 30 | 335 321 | 353 773 | 372 146 | 390 442 | 408 661 | 426 803 | 30 |
| 1 | 335 629 | 354 080 | 372 452 | 390 746 | 408 964 | 427 104 | 9 |
| 2 | 335 937 | 354 387 | 372 758 | 391 051 | 409 267 | 427 406 | 8 |
| 3 | 336 246 | 354 694 | 373 063 | 391 355 | 409 569 | 427 708 | 7 |
| 4 | 336 554 | 355 000 | 373 369 | 391 659 | 409 872 | 428 009 | 6 |
| 5 | 336 862 | 355 307 | 373 674 | 391 963 | 410 175 | 428 311 | 5 |
| 6 | 337 170 | 355 614 | 373 979 | 392 267 | 410 478 | 428 613 | 4 |
| 7 | 337 478 | 355 921 | 374 285 | 392 572 | 410 781 | 428 914 | 3 |
| 8 | 337 786 | 356 227 | 374 590 | 392 876 | 411 084 | 429 216 | 2 |
| 9 | 338 094 | 356 534 | 374 896 | 393 180 | 411 387 | 429 517 | 1 |
| 40 | 338 402 | 356 841 | 375 201 | 393 484 | 411 690 | 429 819 | 20 |
| 1 | 338 710 | 357 147 | 375 506 | 393 788 | 411 992 | 430 120 | 9 |
| 2 | 339 018 | 357 454 | 375 812 | 394 092 | 412 295 | 430 422 | 8 |
| 3 | 339 326 | 357 761 | 376 117 | 394 396 | 412 598 | 430 723 | 7 |
| 4 | 339 634 | 358 067 | 376 422 | 394 700 | 412 901 | 431 025 | 6 |
| 5 | 339 941 | 358 374 | 376 728 | 395 004 | 413 203 | 431 326 | 5 |
| 6 | 340 249 | 358 680 | 377 033 | 395 308 | 413 506 | 431 628 | 4 |
| 7 | 340 557 | 358 987 | 377 338 | 395 612 | 413 809 | 431 929 | 3 |
| 8 | 340 865 | 359 293 | 377 643 | 395 916 | 414 111 | 432 230 | 2 |
| 9 | 341 173 | 359 600 | 377 948 | 396 220 | 414 414 | 432 532 | 1 |
| 50 | 341 481 | 359 906 | 378 254 | 396 523 | 414 716 | 432 833 | 10 |
| 1 | 341 788 | 360 213 | 378 559 | 396 827 | 415 019 | 433 134 | 9 |
| 2 | 342 096 | 360 519 | 378 864 | 397 131 | 415 322 | 433 436 | 8 |
| 3 | 342 404 | 360 825 | 379 169 | 397 435 | 415 624 | 433 737 | 7 |
| 4 | 342 711 | 361 132 | 379 474 | 397 739 | 415 927 | 434 038 | 6 |
| 5 | 343 019 | 361 438 | 379 779 | 398 042 | 416 229 | 434 339 | 5 |
| 6 | 343 327 | 361 744 | 380 084 | 398 346 | 416 531 | 434 641 | 4 |
| 7 | 343 634 | 362 051 | 380 389 | 398 650 | 416 834 | 434 942 | 3 |
| 8 | 343 942 | 362 357 | 380 694 | 398 954 | 417 136 | 435 243 | 2 |
| 9 | 344 249 | 362 663 | 380 999 | 399 257 | 417 439 | 435 544 | 1 |
| 60 | $\bar{2}$,8 344 557 | $\bar{2}$,8 362 969 | $\bar{2}$,8 381 304 | $\bar{2}$,8 399 561 | $\bar{2}$,8 417 741 | $\bar{2}$,8 435 845 | 0 |
| " | 5′ | 4′ | 3′ | 2′ | 1′ | 0′ | " |

| ″ | 54′ | 55′ | 56′ | 57′ | 58′ | 59′ | ″ |
|---|---|---|---|---|---|---|---|
| 0 | 2̄,8 336 134 | 2̄,8 354 712 | 2̄,8 373 211 | 2̄,8 391 633 | 2̄,8 409 977 | 2̄,8 428 245 | 60 |
| 1 | 336 445 | 355 021 | 373 519 | 391 939 | 410 282 | 428 549 | 9 |
| 2 | 336 755 | 355 330 | 373 826 | 392 245 | 410 587 | 428 853 | 8 |
| 3 | 337,065 | 355 639 | 374 134 | 392 552 | 410 892 | 429 156 | 7 |
| 4 | 337 375 | 355 948 | 374 442 | 392 858 | 411 197 | 429 460 | 6 |
| 5 | 337 685 | 356 257 | 374 749 | 393 164 | 411 502 | 429 764 | 5 |
| 6 | 337 996 | 356 565 | 375 057 | 393 471 | 411 807 | 430 068 | 4 |
| 7 | 338 306 | 356 874 | 375 364 | 393 777 | 412 112 | 430 371 | 3 |
| 8 | 338 616 | 357 183 | 375 672 | 394 083 | 412 417 | 430 675 | 2 |
| 9 | 338 926 | 357 492 | 375 979 | 394 389 | 412 722 | 430 979 | 1 |
| 10 | 339 236 | 357 801 | 376 287 | 394 695 | 413 027 | 431 282 | 50 |
| 1 | 339 546 | 358 109 | 376 594 | 395 002 | 413 332 | 431 586 | 9 |
| 2 | 339 856 | 358 418 | 376 902 | 395 308 | 413 637 | 431 890 | 8 |
| 3 | 340 166 | 358 727 | 377 209 | 395 614 | 413 942 | 432 193 | 7 |
| 4 | 340 476 | 359 035 | 377 516 | 395 920 | 414 246 | 432 497 | 6 |
| 5 | 340 786 | 359 344 | 377 824 | 396 226 | 414 551 | 432 800 | 5 |
| 6 | 341 096 | 359 653 | 378 131 | 396 532 | 414 856 | 433 104 | 4 |
| 7 | 341 406 | 359 961 | 378 438 | 396 838 | 415 161 | 433 407 | 3 |
| 8 | 341 716 | 360 270 | 378 746 | 397 144 | 415 465 | 433 711 | 2 |
| 9 | 342 026 | 360 578 | 379 053 | 397 450 | 415 770 | 434 014 | 1 |
| 20 | 342 336 | 360 887 | 379 360 | 397 756 | 416 075 | 434 318 | 40 |
| 1 | 342 645 | 361 196 | 379 667 | 398 062 | 416 380 | 434 621 | 9 |
| 2 | 342 955 | 361 504 | 379 975 | 398 368 | 416 684 | 434 924 | 8 |
| 3 | 343 265 | 361 813 | 380 282 | 398 674 | 416 989 | 435 228 | 7 |
| 4 | 343 575 | 362 121 | 380 589 | 398 980 | 417 293 | 435 531 | 6 |
| 5 | 343 885 | 362 429 | 380 896 | 399 285 | 417 598 | 435 834 | 5 |
| 6 | 344 194 | 362 738 | 381 203 | 399 591 | 417 903 | 436 138 | 4 |
| 7 | 344 504 | 363 046 | 381 510 | 399 897 | 418 207 | 436 441 | 3 |
| 8 | 344 814 | 363 355 | 381 817 | 400 203 | 418 512 | 436 744 | 2 |
| 9 | 345 123 | 363 663 | 382 125 | 400 509 | 418 816 | 437 047 | 1 |
| 30 | 345 433 | 363 971 | 382 432 | 400 814 | 419 121 | 437 351 | 30 |
| 1 | 345 743 | 364 280 | 382 739 | 401 120 | 419 425 | 437 654 | 9 |
| 2 | 346 052 | 364 588 | 383 046 | 401 426 | 419 729 | 437 957 | 8 |
| 3 | 346 362 | 364 896 | 383 353 | 401 732 | 420 034 | 438 260 | 7 |
| 4 | 346 671 | 365 204 | 383 659 | 402 037 | 420 338 | 438 563 | 6 |
| 5 | 346 981 | 365 513 | 383 966 | 402 343 | 420 643 | 438 866 | 5 |
| 6 | 347 290 | 365 821 | 384 273 | 402 649 | 420 947 | 439 169 | 4 |
| 7 | 347 600 | 366 129 | 384 580 | 402 954 | 421 251 | 439 473 | 3 |
| 8 | 347 909 | 366 437 | 384 887 | 403 260 | 421 556 | 439 776 | 2 |
| 9 | 348 219 | 366 745 | 385 194 | 403 565 | 421 860 | 440 079 | 1 |
| 40 | 348 528 | 367 053 | 385 501 | 403 871 | 422 164 | 440 382 | 20 |
| 1 | 348 838 | 367 361 | 385 808 | 404 176 | 422 468 | 440 685 | 9 |
| 2 | 349 147 | 367 670 | 386 114 | 404 482 | 422 773 | 440 988 | 8 |
| 3 | 349 456 | 367 978 | 386 421 | 404 787 | 423 077 | 441 290 | 7 |
| 4 | 349 766 | 368 286 | 386 728 | 405 093 | 423 381 | 441 593 | 6 |
| 5 | 350 075 | 368 594 | 387 035 | 405 398 | 423 685 | 441 896 | 5 |
| 6 | 350 384 | 368 902 | 387 341 | 405 704 | 423 989 | 442 199 | 4 |
| 7 | 350 693 | 369 210 | 387 648 | 406 009 | 424 293 | 442 502 | 3 |
| 8 | 351 00[illegible] | 369 [illegible]18 | 387 955 | 406 314 | 424 598 | 442 805 | 2 |
| 9 | 351 312 | 369 825 | 388 261 | 406 620 | 424 902 | 443 108 | 1 |
| 50 | 351 621 | 370 133 | 388 568 | 406 925 | 425 206 | 443 410 | 10 |
| 1 | 351 930 | 370 441 | 388 874 | 407 230 | 425 510 | 443 713 | 9 |
| 2 | 352 239 | 370 749 | 389 181 | 407 536 | 425 814 | 444 016 | 8 |
| 3 | 352 549 | 371 057 | 389 487 | 407 841 | 426 118 | 444 319 | 7 |
| 4 | 352 858 | 371 365 | 389 794 | 408 146 | 426 422 | 444 621 | 6 |
| 5 | 353 167 | 371 673 | 390 100 | 408 451 | 426 726 | 444 924 | 5 |
| 6 | 353 476 | 371 980 | 390 407 | 408 756 | 427 030 | 445 227 | 4 |
| 7 | 353 785 | 372 288 | 390 713 | 409 062 | 427 333 | 445 529 | 3 |
| 8 | 354 094 | 372 596 | 391 020 | 409 367 | 427 637 | 445 832 | 2 |
| 9 | 354 403 | 372 903 | 391 326 | 409 672 | 427 941 | 446 135 | 1 |
| 60 | 2̄,8 354 712 | 2̄,8 373 211 | 2̄,8 391 633 | 2̄,8 409 977 | 2̄,8 428 245 | 2̄,8 446 437 | 0 |
| ″ | 5′ | 4′ | 3′ | 2′ | 1′ | 0′ | ″ |

COTANGENTE 86°

| " | 0′ | 1′ | 2′ | 3′ | 4′ | 5′ | " |
|---|---|---|---|---|---|---|---|
| 0 | $\bar{2}$,8 435 845 | $\bar{2}$,8 453 874 | $\bar{2}$,8 471 827 | $\bar{2}$,8 489 707 | $\bar{2}$,8 507 512 | $\bar{2}$,8 525 245 | 60 |
| 1 | 436 146 | 454 174 | 472 126 | 490 004 | 507 809 | 525 540 | 9 |
| 2 | 436 447 | 454 473 | 472 425 | 490 301 | 508 105 | 525 835 | 8 |
| 3 | 436 748 | 454 773 | 472 723 | 490 599 | 508 401 | 526 130 | 7 |
| 4 | 437 049 | 455 073 | 473 022 | 490 896 | 508 697 | 526 425 | 6 |
| 5 | 437 350 | 455 373 | 473 320 | 491 193 | 508 993 | 526 719 | 5 |
| 6 | 437 651 | 455 672 | 473 619 | 491 491 | 509 289 | 527 014 | 4 |
| 7 | 437 952 | 455 972 | 473 917 | 491 788 | 509 585 | 527 309 | 3 |
| 8 | 438 253 | 456 272 | 474 216 | 492 085 | 509 881 | 527 604 | 2 |
| 9 | 438 554 | 456 572 | 474 514 | 492 382 | 510 177 | 527 899 | 1 |
| 10 | 438 855 | 456 871 | 474 812 | 492 679 | 510 473 | 528 193 | 50 |
| 1 | 439 156 | 457 171 | 475 111 | 492 977 | 510 769 | 528 488 | 9 |
| 2 | 439 457 | 457 470 | 475 409 | 493 274 | 511 065 | 528 783 | 8 |
| 3 | 439 758 | 457 770 | 475 708 | 493 571 | 511 361 | 529 078 | 7 |
| 4 | 440 059 | 458 070 | 476 006 | 493 868 | 511 657 | 529 372 | 6 |
| 5 | 440 359 | 458 369 | 476 304 | 494 165 | 511 952 | 529 667 | 5 |
| 6 | 440 660 | 458 669 | 476 602 | 494 462 | 512 248 | 529 961 | 4 |
| 7 | 440 961 | 458 968 | 476 901 | 494 759 | 512 544 | 530 256 | 3 |
| 8 | 441 262 | 459 268 | 477 199 | 495 056 | 512 840 | 530 551 | 2 |
| 9 | 441 562 | 459 567 | 477 497 | 495 353 | 513 136 | 530 845 | 1 |
| 20 | 441 863 | 459 867 | 477 795 | 495 650 | 513 431 | 531 140 | 40 |
| 1 | 442 164 | 460 166 | 478 094 | 495 947 | 513 727 | 531 434 | 9 |
| 2 | 442 464 | 460 465 | 478 392 | 496 244 | 514 023 | 531 729 | 8 |
| 3 | 442 765 | 460 765 | 478 690 | 496 541 | 514 319 | 532 023 | 7 |
| 4 | 443 066 | 461 064 | 478 988 | 496 838 | 514 614 | 532 318 | 6 |
| 5 | 443 366 | 461 363 | 479 286 | 497 135 | 514 910 | 532 612 | 5 |
| 6 | 443 667 | 461 663 | 479 584 | 497 432 | 515 205 | 532 907 | 4 |
| 7 | 443 967 | 461 962 | 479 882 | 497 728 | 515 501 | 533 201 | 3 |
| 8 | 444 268 | 462 261 | 480 180 | 498 025 | 515 797 | 533 495 | 2 |
| 9 | 444 568 | 462 561 | 480 478 | 498 322 | 516 092 | 533 790 | 1 |
| 30 | 444 869 | 462 860 | 480 776 | 498 619 | 516 388 | 534 084 | 30 |
| 1 | 445 169 | 463 159 | 481 074 | 498 915 | 516 683 | 534 378 | 9 |
| 2 | 445 470 | 463 458 | 481 372 | 499 212 | 516 979 | 534 673 | 8 |
| 3 | 445 770 | 463 757 | 481 670 | 499 509 | 517 274 | 534 967 | 7 |
| 4 | 446 071 | 464 057 | 481 968 | 499 806 | 517 570 | 535 261 | 6 |
| 5 | 446 371 | 464 356 | 482 266 | 500 102 | 517 865 | 535 556 | 5 |
| 6 | 446 671 | 464 655 | 482 564 | 500 399 | 518 161 | 535 850 | 4 |
| 7 | 446 972 | 464 954 | 482 862 | 500 696 | 518 456 | 536 144 | 3 |
| 8 | 447 272 | 465 253 | 483 160 | 500 992 | 518 752 | 536 438 | 2 |
| 9 | 447 572 | 465 552 | 483 457 | 501 289 | 519 047 | 536 732 | 1 |
| 40 | 447 873 | 465 851 | 483 755 | 501 585 | 519 342 | 537 026 | 20 |
| 1 | 448 173 | 466 150 | 484 053 | 501 882 | 519 638 | 537 321 | 9 |
| 2 | 448 473 | 466 449 | 484 351 | 502 178 | 519 933 | 537 615 | 8 |
| 3 | 448 773 | 466 748 | 484 648 | 502 475 | 520 228 | 537 909 | 7 |
| 4 | 449 073 | 467 047 | 484 946 | 502 771 | 520 523 | 538 203 | 6 |
| 5 | 449 374 | 467 346 | 485 244 | 503 068 | 520 819 | 538 497 | 5 |
| 6 | 449 674 | 467 645 | 485 541 | 503 364 | 521 114 | 538 791 | 4 |
| 7 | 449 974 | 467 944 | 485 839 | 503 661 | 521 409 | 539 085 | 3 |
| 8 | 450 274 | 468 243 | 486 137 | 503 957 | 521 704 | 539 379 | 2 |
| 9 | 450 574 | 468 541 | 486 434 | 504 254 | 522 000 | 539 673 | 1 |
| 50 | 456 874 | 468 840 | 486 732 | 504 550 | 522 295 | 539 967 | 10 |
| 1 | 451 174 | 469 139 | 487 030 | 504 846 | 522 590 | 540 261 | 9 |
| 2 | 451 474 | 469 438 | 487 327 | 505 143 | 522 885 | 540 555 | 8 |
| 3 | 451 774 | 469 737 | 487 625 | 505 439 | 523 180 | 540 849 | 7 |
| 4 | 452 074 | 470 035 | 487 922 | 505 735 | 523 475 | 541 142 | 6 |
| 5 | 452 374 | 470 334 | 488 220 | 506 031 | 523 770 | 541 436 | 5 |
| 6 | 452 674 | 470 633 | 488 517 | 506 328 | 524 065 | 541 730 | 4 |
| 7 | 452 974 | 470 931 | 488 815 | 506 624 | 524 360 | 542 024 | 3 |
| 8 | 453 274 | 471 230 | 489 112 | 506 920 | 524 655 | 542 318 | 2 |
| 9 | 453 574 | 471 529 | 489 409 | 507 216 | 524 950 | 542 611 | 1 |
| 60 | $\bar{2}$,8 453 874 | $\bar{2}$,8 471 827 | $\bar{2}$,8 489 707 | $\bar{2}$,8 507 512 | $\bar{2}$,8 525 245 | $\bar{2}$,8 542 905 | 0 |
| " | 59′ | 58′ | 57′ | 56′ | 55′ | 54′ | " |

COSINUS 85°

| " | 0' | 1' | 2' | 3' | 4' | 5' | " |
|---|---|---|---|---|---|---|---|
| 0 | 2,8 446 437 | 2,8 464 554 | 2,8 482 597 | 2,8 500 566 | 2,8 518 461 | 2,8 536 283 | 60 |
| 1 | 446 740 | 464 856 | 482 897 | 500 864 | 518 758 | 536 580 | 9 |
| 2 | 447 042 | 465 157 | 483 197 | 501 163 | 519 056 | 536 876 | 8 |
| 3 | 447 345 | 465 458 | 483 497 | 501 462 | 519 354 | 537 173 | 7 |
| 4 | 447 647 | 465 759 | 483 797 | 501 761 | 519 651 | 537 469 | 6 |
| 5 | 447 950 | 466 061 | 484 097 | 502 060 | 519 949 | 537 765 | 5 |
| 6 | 448 252 | 466 362 | 484 397 | 502 358 | 520 246 | 538 062 | 4 |
| 7 | 448 555 | 466 663 | 484 697 | 502 657 | 520 544 | 538 358 | 3 |
| 8 | 448 857 | 466 964 | 484 997 | 502 956 | 520 841 | 538 654 | 2 |
| 9 | 449 160 | 467 265 | 485 297 | 503 254 | 521 139 | 538 951 | 1 |
| 10 | 449 462 | 467 567 | 485 597 | 503 553 | 521 436 | 539 247 | 50 |
| 1 | 449 764 | 467 868 | 485 897 | 503 852 | 521 734 | 539 543 | 9 |
| 2 | 450 067 | 468 169 | 486 197 | 504 150 | 522 031 | 539 839 | 8 |
| 3 | 450 369 | 468 470 | 486 496 | 504 449 | 522 329 | 540 135 | 7 |
| 4 | 450 671 | 468 771 | 486 796 | 504 748 | 522 626 | 540 432 | 6 |
| 5 | 450 974 | 469 072 | 487 096 | 505 046 | 522 923 | 540 728 | 5 |
| 6 | 451 276 | 469 373 | 487 396 | 505 345 | 523 221 | 541 024 | 4 |
| 7 | 451 578 | 469 674 | 487 695 | 505 643 | 523 518 | 541 320 | 3 |
| 8 | 451 880 | 469 975 | 487 995 | 505 942 | 523 815 | 541 616 | 2 |
| 9 | 452 182 | 470 276 | 488 295 | 506 240 | 524 112 | 541 912 | 1 |
| 20 | 452 485 | 470 577 | 488 595 | 506 539 | 524 410 | 542 208 | 40 |
| 1 | 452 787 | 470 878 | 488 894 | 506 837 | 524 707 | 542 504 | 9 |
| 2 | 453 089 | 471 179 | 489 194 | 507 136 | 525 004 | 542 800 | 8 |
| 3 | 453 391 | 471 479 | 489 494 | 507 434 | 525 301 | 543 096 | 7 |
| 4 | 453 693 | 471 780 | 489 793 | 507 732 | 525 599 | 543 392 | 6 |
| 5 | 453 995 | 472 081 | 490 093 | 508 031 | 525 896 | 543 688 | 5 |
| 6 | 454 297 | 472 382 | 490 392 | 508 329 | 526 193 | 543 984 | 4 |
| 7 | 454 599 | 472 683 | 490 692 | 508 627 | 526 490 | 544 280 | 3 |
| 8 | 454 901 | 472 983 | 490 991 | 508 926 | 526 787 | 544 576 | 2 |
| 9 | 455 203 | 473 284 | 491 291 | 509 224 | 527 084 | 544 872 | 1 |
| 30 | 455 505 | 473 585 | 491 590 | 509 522 | 527 381 | 545 168 | 30 |
| 1 | 455 807 | 473 886 | 491 890 | 509 821 | 527 678 | 545 464 | 9 |
| 2 | 456 109 | 474 186 | 492 189 | 510 119 | 527 975 | 545 759 | 8 |
| 3 | 456 411 | 474 487 | 492 489 | 510 417 | 528 272 | 546 055 | 7 |
| 4 | 456 713 | 474 788 | 492 788 | 510 715 | 528 569 | 546 351 | 6 |
| 5 | 457 015 | 475 088 | 493 088 | 511 013 | 528 866 | 546 647 | 5 |
| 6 | 457 317 | 475 389 | 493 387 | 511 311 | 529 163 | 546 942 | 4 |
| 7 | 457 618 | 475 689 | 493 686 | 511 610 | 529 460 | 547 238 | 3 |
| 8 | 457 920 | 475 990 | 493 986 | 511 908 | 529 757 | 547 534 | 2 |
| 9 | 458 222 | 476 290 | 494 285 | 512 206 | 530 054 | 547 829 | 1 |
| 40 | 458 524 | 476 591 | 494 584 | 512 504 | 530 351 | 548 125 | 20 |
| 1 | 458 825 | 476 891 | 494 883 | 512 802 | 530 647 | 548 421 | 9 |
| 2 | 459 127 | 477 192 | 495 183 | 513 100 | 530 944 | 548 716 | 8 |
| 3 | 459 429 | 477 492 | 495 482 | 513 398 | 531 241 | 549 012 | 7 |
| 4 | 459 730 | 477 793 | 495 781 | 513 696 | 531 538 | 549 308 | 6 |
| 5 | 460 032 | 478 093 | 496 080 | 513 994 | 531 835 | 549 603 | 5 |
| 6 | 460 334 | 478 394 | 496 379 | 514 292 | 532 131 | 549 899 | 4 |
| 7 | 460 635 | 478 694 | 496 679 | 514 590 | 532 428 | 550 194 | 3 |
| 8 | 460 937 | 478 994 | 496 978 | 514 888 | [illegible] | 550 490 | 2 |
| 9 | 461 238 | 479 295 | 497 277 | 515 185 | 533 021 | 550 785 | 1 |
| 50 | 461 540 | 479 595 | 497 576 | 515 483 | 533 318 | 551 081 | 10 |
| 1 | 461 842 | 479 895 | 497 875 | 515 781 | 533 615 | 551 376 | 9 |
| 2 | 462 143 | 480 195 | 498 174 | 516 079 | 533 911 | 551 671 | 8 |
| 3 | 462 445 | 480 496 | 498 473 | 516 377 | 534 208 | 551 967 | 7 |
| 4 | 462 746 | 480 796 | 498 772 | 516 675 | 534 504 | 552 262 | 6 |
| 5 | 463 047 | 481 096 | 499 071 | 516 972 | 534 801 | 552 557 | 5 |
| 6 | 463 349 | 481 396 | 499 370 | 517 270 | 535 098 | 552 853 | 4 |
| 7 | 463 650 | 481 697 | 499 669 | 517 568 | 535 394 | 553 148 | 3 |
| 8 | 463 952 | 481 997 | 499 968 | 517 865 | 535 691 | 553 443 | 2 |
| 9 | 464 253 | 482 297 | 500 267 | 518 163 | 535 987 | 553 739 | 1 |
| 60 | 2,8 464 554 | 2,8 482 597 | 2,8 500 566 | 2,8 518 461 | 2,8 536 283 | 2,8 554 034 | 0 |
| " | 59' | 58' | 57' | 56' | 55' | 54' | " |

COTANGENTE 85°

| ″ | 6′ | 7′ | 8′ | 9′ | 10′ | 11′ | ″ |
|---|---|---|---|---|---|---|---|
| 0 | $\bar{3}$,8 542 905 | $\bar{3}$,8 560 493 | $\bar{3}$,8 578 010 | $\bar{3}$,8 595 457 | $\bar{3}$,8 612 833 | $\bar{3}$,8 630 139 | 60 |
| 1 | 543 199 | 560 786 | 578 302 | 595 747 | 613 122 | 630 427 | 9 |
| 2 | 543 493 | 561 078 | 578 593 | 596 037 | 613 411 | 630 715 | 8 |
| 3 | 543 786 | 561 371 | 578 884 | 596 327 | 613 700 | 631 003 | 7 |
| 4 | 544 080 | 561 663 | 579 176 | 596 617 | 613 989 | 631 290 | 6 |
| 5 | 544 374 | 561 956 | 579 467 | 596 907 | 614 277 | 631 578 | 5 |
| 6 | 544 667 | 562 248 | 579 758 | 597 197 | 614 566 | 631 866 | 4 |
| 7 | 544 961 | 562 541 | 580 049 | 597 487 | 614 855 | 632 154 | 3 |
| 8 | 545 254 | 562 833 | 580 341 | 597 777 | 615 144 | 632 441 | 2 |
| 9 | 545 548 | 563 126 | 580 632 | 598 067 | 615 433 | 632 729 | 1 |
| 10 | 545 842 | 563 418 | 580 923 | 598 357 | 615 722 | 633 017 | 50 |
| 1 | 546 135 | 563 710 | 581 214 | 598 647 | 616 011 | 633 304 | 9 |
| 2 | 546 429 | 564 003 | 581 505 | 598 937 | 616 299 | 633 592 | 8 |
| 3 | 546 722 | 564 295 | 581 796 | 599 227 | 616 588 | 633 880 | 7 |
| 4 | 547 016 | 564 587 | 582 087 | 599 517 | 616 877 | 634 167 | 6 |
| 5 | 547 309 | 564 879 | 582 379 | 599 807 | 617 166 | 634 455 | 5 |
| 6 | 547 602 | 565 172 | 582 670 | 600 097 | 617 454 | 634 742 | 4 |
| 7 | 547 896 | 565 464 | 582 961 | 600 387 | 617 743 | 635 030 | 3 |
| 8 | 548 189 | 565 756 | 583 252 | 600 677 | 618 032 | 635 318 | 2 |
| 9 | 548 483 | 566 048 | 583 543 | 600 967 | 618 321 | 635 605 | 1 |
| 20 | 548 776 | 566 340 | 583 834 | 601 256 | 618 609 | 635 893 | 40 |
| 1 | 549 069 | 566 632 | 584 125 | 601 546 | 618 898 | 636 180 | 9 |
| 2 | 549 363 | 566 925 | 584 416 | 601 836 | 619 186 | 636 467 | 8 |
| 3 | 549 656 | 567 217 | 584 706 | 602 126 | 619 475 | 636 755 | 7 |
| 4 | 549 949 | 567 509 | 584 997 | 602 415 | 619 764 | 637 042 | 6 |
| 5 | 550 242 | 567 801 | 585 288 | 602 705 | 620 052 | 637 330 | 5 |
| 6 | 550 536 | 568 093 | 585 579 | 602 995 | 620 341 | 637 617 | 4 |
| 7 | 550 829 | 568 385 | 585 870 | 603 284 | 620 629 | 637 904 | 3 |
| 8 | 551 122 | 568 677 | 586 161 | 603 574 | 620 918 | 638 192 | 2 |
| 9 | 551 415 | 568 969 | 586 452 | 603 864 | 621 206 | 638 479 | 1 |
| 30 | 551 708 | 569 261 | 586 742 | 604 153 | 621 495 | 638 766 | 30 |
| 1 | 552 001 | 569 553 | 587 033 | 604 443 | 621 783 | 639 054 | 9 |
| 2 | 552 294 | 569 845 | 587 324 | 604 733 | 622 071 | 639 341 | 8 |
| 3 | 552 588 | 570 137 | 587 615 | 605 022 | 622 360 | 639 628 | 7 |
| 4 | 552 881 | 570 428 | 587 905 | 605 312 | 622 648 | 639 915 | 6 |
| 5 | 553 174 | 570 720 | 588 196 | 605 601 | 622 936 | 640 203 | 5 |
| 6 | 553 467 | 571 012 | 588 487 | 605 891 | 623 225 | 640 490 | 4 |
| 7 | 553 760 | 571 304 | 588 777 | 606 180 | 623 513 | 640 777 | 3 |
| 8 | 554 053 | 571 596 | 589 068 | 606 470 | 623 801 | 641 064 | 2 |
| 9 | 554 346 | 571 888 | 589 358 | 606 759 | 624 090 | 641 351 | 1 |
| 40 | 554 639 | 572 179 | 589 649 | 607 048 | 624 378 | 641 638 | 20 |
| 1 | 554 932 | 572 471 | 589 940 | 607 338 | 624 666 | 641 925 | 9 |
| 2 | 555 224 | 572 763 | 590 230 | 607 627 | 624 954 | 642 212 | 8 |
| 3 | 555 517 | 573 054 | 590 521 | 607 917 | 625 243 | 642 500 | 7 |
| 4 | 555 810 | 573 346 | 590 811 | 608 206 | 625 531 | 642 787 | 6 |
| 5 | 556 103 | 573 638 | 591 102 | 608 495 | 625 819 | 643 074 | 5 |
| 6 | 556 396 | 573 929 | 591 392 | 608 784 | 626 107 | 643 361 | 4 |
| 7 | 556 689 | 574 221 | 591 683 | 609 074 | 626 395 | 643 648 | 3 |
| 8 | 556 982 | 574 513 | 591 973 | 609 363 | 626 683 | 643 934 | 2 |
| 9 | 557 274 | 574 804 | 592 263 | 609 652 | 626 971 | 644 221 | 1 |
| 50 | 557 567 | 575 096 | 592 554 | 609 941 | 627 259 | 644 508 | 10 |
| 1 | 557 860 | 575 387 | 592 844 | 610 231 | 627 548 | 644 795 | 9 |
| 2 | 558 152 | 575 679 | 593 135 | 610 520 | 627 836 | 645 082 | 8 |
| 3 | 558 445 | 575 970 | 593 425 | 610 809 | 628 124 | 645 369 | 7 |
| 4 | 558 738 | 576 262 | 593 715 | 611 098 | 628 412 | 645 656 | 6 |
| 5 | 559 030 | 576 553 | 594 005 | 611 387 | 628 700 | 645 943 | 5 |
| 6 | 559 323 | 576 845 | 594 296 | 611 676 | 628 987 | 646 229 | 4 |
| 7 | 559 616 | 577 136 | 594 586 | 611 965 | 629 275 | 646 516 | 3 |
| 8 | 559 908 | 577 428 | 594 876 | 612 255 | 629 563 | 646 803 | 2 |
| 9 | 560 201 | 577 719 | 595 166 | 612 544 | 629 851 | 647 090 | 1 |
| 60 | $\bar{3}$,8 560 493 | $\bar{3}$,8 578 010 | $\bar{3}$,8 595 457 | $\bar{3}$,8 612 833 | $\bar{3}$,8 630 139 | $\bar{3}$,8 647 376 | 0 |
| ″ | 53′ | 52′ | 51′ | 50′ | 49′ | 48′ | ″ |

COSINUS 85°

| ″ | 6′ | 7′ | 8′ | 9′ | 10′ | 11′ | ″ |
|---|---|---|---|---|---|---|---|
| 0 | 3̄,8 554 034 | 3̄,8 571 713 | 3̄,8 589 321 | 3̄,8 606 859 | 3̄,8 624 327 | 3̄,8 641 725 | 60 |
| 1 | 554 329 | 572 007 | 589 614 | 607 150 | 624 617 | 642 015 | 9 |
| 2 | 554 624 | 572 301 | 589 907 | 607 442 | 624 908 | 642 304 | 8 |
| 3 | 554 920 | 572 595 | 590 200 | 607 734 | 625 198 | 642 593 | 7 |
| 4 | 555 215 | 572 889 | 590 492 | 608 025 | 625 489 | 642 883 | 6 |
| 5 | 555 510 | 573 183 | 590 785 | 608 317 | 625 779 | 643 172 | 5 |
| 6 | 555 805 | 573 477 | 591 078 | 608 609 | 626 070 | 643 461 | 4 |
| 7 | 556 100 | 573 771 | 591 371 | 608 900 | 626 360 | 643 751 | 3 |
| 8 | 556 395 | 574 065 | 591 663 | 609 192 | 626 650 | 644 040 | 2 |
| 9 | 556 690 | 574 359 | 591 956 | 609 483 | 626 941 | 644 329 | 1 |
| 10 | 556 985 | 574 653 | 592 249 | 609 775 | 627 231 | 644 618 | 50 |
| 1 | 557 280 | 574 946 | 592 542 | 610 066 | 627 522 | 644 908 | 9 |
| 2 | 557 575 | 575 240 | 592 834 | 610 358 | 627 812 | 645 197 | 8 |
| 3 | 557 870 | 575 534 | 593 127 | 610 649 | 628 102 | 645 486 | 7 |
| 4 | 558 165 | 575 828 | 593 419 | 610 941 | 628 392 | 645 775 | 6 |
| 5 | 558 460 | 576 122 | 593 712 | 611 232 | 628 683 | 646 064 | 5 |
| 6 | 558 755 | 576 415 | 594 005 | 611 524 | 628 973 | 646 353 | 4 |
| 7 | 559 050 | 576 709 | 594 297 | 611 815 | 629 263 | 646 642 | 3 |
| 8 | 559 345 | 577 003 | 594 590 | 612 106 | 629 553 | 646 931 | 2 |
| 9 | 559 640 | 577 296 | 594 882 | 612 398 | 629 844 | 647 220 | 1 |
| 20 | 559 935 | 577 590 | 595 175 | 612 689 | 630 134 | 647 510 | 40 |
| 1 | 560 230 | 577 884 | 595 467 | 612 980 | 630 424 | 647 799 | 9 |
| 2 | 560 525 | 578 177 | 595 760 | 613 272 | 630 714 | 648 088 | 8 |
| 3 | 560 819 | 578 471 | 596 052 | 613 563 | 631 004 | 648 376 | 7 |
| 4 | 561 114 | 578 765 | 596 345 | 613 854 | 631 294 | 648 665 | 6 |
| 5 | 561 409 | 579 058 | 596 637 | 614 145 | 631 584 | 648 954 | 5 |
| 6 | 561 704 | 579 352 | 596 929 | 614 437 | 631 874 | 649 243 | 4 |
| 7 | 561 998 | 579 645 | 597 222 | 614 728 | 632 165 | 649 532 | 3 |
| 8 | 562 293 | 579 939 | 597 514 | 615 019 | 632 455 | 649 821 | 2 |
| 9 | 562 588 | 580 232 | 597 806 | 615 310 | 632 745 | 650 110 | 1 |
| 30 | 562 882 | 580 526 | 598 099 | 615 601 | 633 035 | 650 399 | 30 |
| 1 | 563 177 | 580 819 | 598 391 | 615 892 | 633 325 | 650 688 | 9 |
| 2 | 563 472 | 581 113 | 598 683 | 616 184 | 633 614 | 650 976 | 8 |
| 3 | 563 766 | 581 406 | 598 975 | 616 475 | 633 904 | 651 265 | 7 |
| 4 | 564 061 | 581 700 | 599 268 | 616 766 | 634 194 | 651 554 | 6 |
| 5 | 564 355 | 581 993 | 599 560 | 617 057 | 634 484 | 651 843 | 5 |
| 6 | 564 650 | 582 286 | 599 852 | 617 348 | 634 774 | 652 131 | 4 |
| 7 | 564 944 | 582 580 | 600 144 | 617 639 | 635 064 | 652 420 | 3 |
| 8 | 565 239 | 582 873 | 600 436 | 617 930 | 635 354 | 652 709 | 2 |
| 9 | 565 533 | 583 166 | 600 728 | 618 221 | 635 644 | 652 998 | 1 |
| 40 | 565 828 | 583 460 | 601 021 | 618 512 | 635 933 | 653 286 | 20 |
| 1 | 566 122 | 583 753 | 601 313 | 618 803 | 636 223 | 653 575 | 9 |
| 2 | 566 417 | 584 046 | 601 605 | 619 094 | 636 513 | 653 863 | 8 |
| 3 | 566 711 | 584 339 | 601 897 | 619 384 | 636 803 | 654 152 | 7 |
| 4 | 567 006 | 584 632 | 602 189 | 619 675 | 637 092 | 654 441 | 6 |
| 5 | 567 300 | 584 926 | 602 481 | 619 966 | 637 382 | 654 729 | 5 |
| 6 | 567 594 | 585 219 | 602 773 | 620 257 | 637 672 | 655 018 | 4 |
| 7 | 567 889 | 585 512 | 603 065 | 620 548 | 637 961 | 655 306 | 3 |
| 8 | 568 183 | 585 805 | 603 357 | 620 839 | 638 251 | 655 595 | 2 |
| 9 | 568 477 | 586 098 | 603 649 | 621 129 | 638 541 | 655 883 | 1 |
| 50 | 568 771 | 586 391 | 603 941 | 621 420 | 638 830 | 656 172 | 10 |
| 1 | 569 066 | 586 684 | 604 233 | 621 711 | 639 120 | 656 460 | 9 |
| 2 | 569 360 | 586 977 | 604 524 | 622 002 | 639 409 | 656 749 | 8 |
| 3 | 569 654 | 587 270 | 604 816 | 622 292 | 639 699 | 657 037 | 7 |
| 4 | 569 948 | 587 563 | 605 108 | 622 583 | 639 988 | 657 325 | 6 |
| 5 | 570 242 | 587 856 | 605 400 | 622 874 | 640 278 | 657 614 | 5 |
| 6 | 570 537 | 588 149 | 605 692 | 623 164 | 640 567 | 657 902 | 4 |
| 7 | 570 831 | 588 442 | 605 983 | 623 455 | 640 857 | 658 190 | 3 |
| 8 | 571 125 | 588 735 | 606 275 | 623 745 | 641 146 | 658 479 | 2 |
| 9 | 571 419 | 589 028 | 606 567 | 624 036 | 641 436 | 658 767 | 1 |
| 60 | 3̄,8 571 713 | 3̄,8 589 321 | 3̄,8 606 859 | 3̄,8 624 327 | 3̄,8 641 725 | 3̄,8 659 055 | 0 |
| ″ | 53′ | 52′ | 51′ | 50′ | 49′ | 48′ | ″ |

| " | 12' | 13' | 14' | 15' | 16' | 17' | " |
|---|---|---|---|---|---|---|---|
| 0 | $\bar{2}$,8 647 376 | $\bar{2}$,8 664 545 | $\bar{2}$,8 681 646 | $\bar{2}$,8 698 680 | $\bar{2}$,8 715 646 | $\bar{2}$,8 732 546 | 60 |
| 1 | 647 663 | 664 831 | 681 931 | 698 963 | 715 928 | 732 827 | 9 |
| 2 | 647 950 | 665 116 | 682 215 | 699 246 | 716 211 | 733 109 | 8 |
| 3 | 648 237 | 665 402 | 682 499 | 699 530 | 716 493 | 733 390 | 7 |
| 4 | 648 523 | 665 687 | 682 784 | 699 813 | 716 775 | 733 671 | 6 |
| 5 | 648 810 | 665 973 | 683 068 | 700 096 | 717 057 | 733 952 | 5 |
| 6 | 649 096 | 666 258 | 683 353 | 700 379 | 717 339 | 734 233 | 4 |
| 7 | 649 383 | 666 544 | 683 637 | 700 663 | 717 621 | 734 514 | 3 |
| 8 | 649 670 | 666 829 | 683 921 | 700 946 | 717 903 | 734 795 | 2 |
| 9 | 649 956 | 667 115 | 684 206 | 701 229 | 718 185 | 735 076 | 1 |
| 10 | 650 243 | 667 400 | 684 490 | 701 512 | 718 467 | 735 357 | 50 |
| 1 | 650 529 | 667 686 | 684 774 | 701 795 | 718 750 | 735 638 | 9 |
| 2 | 650 816 | 667 971 | 685 058 | 702 078 | 719 032 | 735 918 | 8 |
| 3 | 651 102 | 668 256 | 685 342 | 702 361 | 719 314 | 736 199 | 7 |
| 4 | 651 389 | 668 542 | 685 627 | 702 644 | 719 595 | 736 480 | 6 |
| 5 | 651 675 | 668 827 | 685 911 | 702 928 | 719 877 | 736 761 | 5 |
| 6 | 651 961 | 669 112 | 686 195 | 703 211 | 720 159 | 737 042 | 4 |
| 7 | 652 248 | 669 397 | 686 479 | 703 494 | 720 441 | 737 323 | 3 |
| 8 | 652 534 | 669 683 | 686 763 | 703 777 | 720 723 | 737 604 | 2 |
| 9 | 652 821 | 669 968 | 687 047 | 704 060 | 721 005 | 737 884 | 1 |
| 20 | 653 107 | 670 253 | 687 331 | 704 343 | 721 287 | 738 165 | 40 |
| 1 | 653 393 | 670 538 | 687 616 | 704 626 | 721 569 | 738 446 | 9 |
| 2 | 653 680 | 670 824 | 687 900 | 704 908 | 721 851 | 738 727 | 8 |
| 3 | 653 966 | 671 109 | 688 184 | 705 191 | 722 132 | 739 007 | 7 |
| 4 | 654 252 | 671 394 | 688 468 | 705 474 | 722 414 | 739 288 | 6 |
| 5 | 654 538 | 671 679 | 688 752 | 705 757 | 722 696 | 739 569 | 5 |
| 6 | 654 825 | 671 964 | 689 036 | 706 040 | 722 978 | 739 849 | 4 |
| 7 | 655 111 | 672 249 | 689 320 | 706 323 | 723 259 | 740 130 | 3 |
| 8 | 655 397 | 672 534 | 689 604 | 706 606 | 723 541 | 740 411 | 2 |
| 9 | 655 683 | 672 819 | 689 887 | 706 888 | 723 823 | 740 691 | 1 |
| 30 | 655 969 | 673 104 | 690 171 | 707 171 | 724 105 | 740 972 | 30 |
| 1 | 656 256 | 673 389 | 690 455 | 707 454 | 724 386 | 741 252 | 9 |
| 2 | 656 542 | 673 674 | 690 739 | 707 737 | 724 668 | 741 533 | 8 |
| 3 | 656 828 | 673 959 | 691 023 | 708 019 | 724 949 | 741 813 | 7 |
| 4 | 657 114 | 674 244 | 691 307 | 708 302 | 725 231 | 742 094 | 6 |
| 5 | 657 400 | 674 529 | 691 591 | 708 585 | 725 513 | 742 374 | 5 |
| 6 | 657 686 | 674 814 | 691 874 | 708 868 | 725 794 | 742 655 | 4 |
| 7 | 657 972 | 675 099 | 692 158 | 709 150 | 726 076 | 742 935 | 3 |
| 8 | 658 258 | 675 384 | 692 442 | 709 433 | 726 357 | 743 216 | 2 |
| 9 | 658 544 | 675 669 | 692 726 | 709 715 | 726 639 | 743 496 | 1 |
| 40 | 658 830 | 675 953 | 693 009 | 709 998 | 726 920 | 743 776 | 20 |
| 1 | 659 116 | 676 238 | 693 293 | 710 281 | 727 202 | 744 057 | 9 |
| 2 | 659 402 | 676 523 | 693 577 | 710 563 | 727 483 | 744 337 | 8 |
| 3 | 659 688 | 676 808 | 693 860 | 710 846 | 727 765 | 744 618 | 7 |
| 4 | 659 974 | 677 093 | 694 144 | 711 128 | 728 046 | 744 898 | 6 |
| 5 | 660 259 | 677 377 | 694 428 | 711 411 | 728 328 | 745 178 | 5 |
| 6 | 660 545 | 677 662 | 694 711 | 711 693 | 728 609 | 745 458 | 4 |
| 7 | 660 831 | 677 947 | 694 995 | 711 976 | 728 890 | 745 739 | 3 |
| 8 | 661 117 | 678 231 | 695 278 | 712 258 | 729 172 | 746 019 | 2 |
| 9 | 661 403 | 678 516 | 695 562 | 712 541 | 729 453 | 746 299 | 1 |
| 50 | 661 689 | 678 801 | 695 845 | 712 823 | 729 734 | 746 579 | 10 |
| 1 | 661 974 | 679 085 | 696 129 | 713 105 | 730 016 | 746 860 | 9 |
| 2 | 662 260 | 679 370 | 696 412 | 713 388 | 730 297 | 747 140 | 8 |
| 3 | 662 546 | 679 655 | 696 696 | 713 670 | 730 578 | 747 420 | 7 |
| 4 | 662 831 | 679 939 | 696 979 | 713 953 | 730 859 | 747 700 | 6 |
| 5 | 663 117 | 680 224 | 697 263 | 714 235 | 731 141 | 747 980 | 5 |
| 6 | 663 403 | 680 508 | 697 546 | 714 517 | 731 422 | 748 260 | 4 |
| 7 | 663 688 | 680 793 | 697 830 | 714 799 | 731 703 | 748 540 | 3 |
| 8 | 663 974 | 681 077 | 698 113 | 715 082 | 731 984 | 748 821 | 2 |
| 9 | 664 260 | 681 362 | 698 396 | 715 364 | 732 265 | 749 101 | 1 |
| 60 | $\bar{2}$,8 664 545 | $\bar{2}$,8 681 646 | $\bar{2}$,8 698 680 | $\bar{2}$,8 715 646 | $\bar{2}$,8 732 546 | $\bar{2}$,8 749 381 | 0 |
| " | 47' | 46' | 45' | 44' | 43' | 42' | " |

COSINUS 85°

| " | 12' | 13' | 14' | 15' | 16' | 17' | " |
|---|---|---|---|---|---|---|---|
| 0 | 2̄,8 659 055 | 2̄,8 676 317 | 2̄,8 693 511 | 2̄,8 710 638 | 2̄,8 727 699 | 2̄,8 744 694 | 60 |
| 1 | 659 343 | 676 604 | 693 797 | 710 923 | 727 983 | 744 976 | 9 |
| 2 | 659 632 | 676 891 | 694 083 | 711 208 | 728 267 | 745 259 | 8 |
| 3 | 659 920 | 677 178 | 694 369 | 711 493 | 728 550 | 745 542 | 7 |
| 4 | 660 208 | 677 465 | 694 655 | 711 778 | 728 834 | 745 824 | 6 |
| 5 | 660 496 | 677 752 | 694 941 | 712 063 | 729 118 | 746 107 | 5 |
| 6 | 660 784 | 678 039 | 695 227 | 712 347 | 729 401 | 746 389 | 4 |
| 7 | 661 073 | 678 326 | 695 513 | 712 632 | 729 685 | 746 672 | 3 |
| 8 | 661 361 | 678 613 | 695 799 | 712 917 | 729 969 | 746 955 | 2 |
| 9 | 661 649 | 678 900 | 696 085 | 713 202 | 730 252 | 747 237 | 1 |
| 10 | 661 937 | 679 187 | 696 370 | 713 486 | 730 536 | 747 520 | 50 |
| 1 | 662 225 | 679 474 | 696 656 | 713 771 | 730 820 | 747 802 | 9 |
| 2 | 662 513 | 679 761 | 696 942 | 714 056 | 731 103 | 748 085 | 8 |
| 3 | 662 801 | 680 048 | 697 228 | 714 340 | 731 387 | 748 367 | 7 |
| 4 | 663 089 | 680 335 | 697 514 | 714 625 | 731 670 | 748 650 | 6 |
| 5 | 663 377 | 680 622 | 697 799 | 714 910 | 731 954 | 748 932 | 5 |
| 6 | 663 665 | 680 909 | 698 085 | 715 194 | 732 237 | 749 214 | 4 |
| 7 | 663 953 | 681 196 | 698 371 | 715 479 | 732 521 | 749 497 | 3 |
| 8 | 664 241 | 681 482 | 698 656 | 715 764 | 732 804 | 749 779 | 2 |
| 9 | 664 529 | 681 769 | 698 942 | 716 048 | 733 088 | 750 062 | 1 |
| 20 | 664 817 | 682 056 | 699 228 | 716 333 | 733 371 | 750 344 | 40 |
| 1 | 665 105 | 682 343 | 699 513 | 716 617 | 733 655 | 750 626 | 9 |
| 2 | 665 392 | 682 629 | 699 799 | 716 902 | 733 938 | 750 908 | 8 |
| 3 | 665 680 | 682 916 | 700 085 | 717 186 | 734 221 | 751 191 | 7 |
| 4 | 665 968 | 683 203 | 700 370 | 717 471 | 734 505 | 751 473 | 6 |
| 5 | 666 256 | 683 489 | 700 656 | 717 755 | 734 788 | 751 755 | 5 |
| 6 | 666 544 | 683 776 | 700 941 | 718 039 | 735 071 | 752 038 | 4 |
| 7 | 666 831 | 684 063 | 701 227 | 718 324 | 735 355 | 752 320 | 3 |
| 8 | 667 119 | 684 349 | 701 512 | 718 608 | 735 638 | 752 602 | 2 |
| 9 | 667 407 | 684 636 | 701 798 | 718 893 | 735 921 | 752 884 | 1 |
| 30 | 667 695 | 684 923 | 702 083 | 719 177 | 736 205 | 753 166 | 30 |
| 1 | 667 982 | 685 209 | 702 369 | 719 461 | 736 488 | 753 448 | 9 |
| 2 | 668 270 | 685 496 | 702 654 | 719 746 | 736 771 | 753 731 | 8 |
| 3 | 668 558 | 685 782 | 702 939 | 720 030 | 737 054 | 754 013 | 7 |
| 4 | 668 845 | 686 069 | 703 225 | 720 314 | 737 337 | 754 295 | 6 |
| 5 | 669 133 | 686 355 | 703 510 | 720 598 | 737 621 | 754 577 | 5 |
| 6 | 669 420 | 686 642 | 703 796 | 720 883 | 737 904 | 754 859 | 4 |
| 7 | 669 708 | 686 928 | 704 081 | 721 167 | 738 187 | 755 141 | 3 |
| 8 | 669 996 | 687 215 | 704 366 | 721 451 | 738 470 | 755 423 | 2 |
| 9 | 670 283 | 687 501 | 704 651 | 721 735 | 738 753 | 755 705 | 1 |
| 40 | 670 571 | 687 787 | 704 937 | 722 019 | 739 036 | 755 987 | 20 |
| 1 | 670 858 | 688 074 | 705 222 | 722 304 | 739 319 | 756 269 | 9 |
| 2 | 671 146 | 688 360 | 705 507 | 722 588 | 739 602 | 756 551 | 8 |
| 3 | 671 433 | 688 646 | 705 792 | 722 872 | 739 885 | 756 833 | 7 |
| 4 | 671 721 | 688 933 | 706 078 | 723 156 | 740 168 | 757 115 | 6 |
| 5 | 672 008 | 689 219 | 706 363 | 723 440 | 740 451 | 757 397 | 5 |
| 6 | 672 295 | 689 505 | 706 648 | 723 724 | 740 734 | 757 678 | 4 |
| 7 | 672 583 | 689 792 | 706 933 | 724 008 | 741 017 | 757 960 | 3 |
| 8 | 672 870 | 690 078 | 707 218 | 724 292 | 741 300 | 758 242 | 2 |
| 9 | 673 157 | 690 364 | 707 503 | 724 576 | 741 583 | 758 524 | 1 |
| 50 | 673 445 | 690 650 | 707 789 | 724 860 | 741 866 | 758 806 | 10 |
| 1 | 673 732 | 690 936 | 708 074 | 725 144 | 742 149 | 759 087 | 9 |
| 2 | 674 019 | 691 223 | 708 359 | 725 428 | 742 431 | 759 369 | 8 |
| 3 | 674 307 | 691 509 | 708 644 | 725 712 | 742 714 | 759 651 | 7 |
| 4 | 674 594 | 691 795 | 708 929 | 725 996 | 742 997 | 759 933 | 6 |
| 5 | 674 881 | 692 081 | 709 214 | 726 280 | 743 280 | 760 214 | 5 |
| 6 | 675 168 | 692 367 | 709 499 | 726 564 | 743 563 | 760 496 | 4 |
| 7 | 675 456 | 692 653 | 709 784 | 726 848 | 743 845 | 760 778 | 3 |
| 8 | 675 743 | 692 939 | 710 069 | 727 131 | 744 128 | 761 059 | 2 |
| 9 | 676 030 | 693 225 | 710 353 | 727 415 | 744 411 | 761 341 | 1 |
| 60 | 2̄,8 676 317 | 2̄,8 693 511 | 2̄,8 710 638 | 2,8 727 699 | 2̄,8 744 694 | 2̄,8 761 623 | 0 |
| " | 47' | 46' | 45' | 44' | 43' | 42' | " |

COTANGENTE 85°

| ″ | 18′ | 19′ | 20′ | 21′ | 22′ | 23′ | ″ |
|---|---|---|---|---|---|---|---|
| 0 | $\bar{2}$,8 749 381 | $\bar{2}$,8 766 150 | $\bar{2}$,8 782 854 | $\bar{2}$,8 799 493 | $\bar{2}$,8 816 069 | $\bar{2}$,8 832 581 | 60 |
| 1 | 749 661 | 766 428 | 783 131 | 799 770 | 816 345 | 832 856 | 9 |
| 2 | 749 941 | 766 707 | 783 409 | 800 047 | 816 620 | 833 131 | 8 |
| 3 | 750 221 | 766 986 | 783 687 | 800 324 | 816 896 | 833 405 | 7 |
| 4 | 750 501 | 767 265 | 783 965 | 800 600 | 817 172 | 833 680 | 6 |
| 5 | 750 781 | 767 544 | 784 243 | 800 877 | 817 447 | 833 955 | 5 |
| 6 | 751 060 | 767 823 | 784 520 | 801 154 | 817 723 | 834 229 | 4 |
| 7 | 751 340 | 768 102 | 784 798 | 801 430 | 817 999 | 834 504 | 3 |
| 8 | 751 620 | 768 380 | 785 076 | 801 707 | 818 274 | 834 778 | 2 |
| 9 | 751 900 | 768 659 | 785 354 | 801 984 | 818 550 | 835 053 | 1 |
| 10 | 752 180 | 768 938 | 785 631 | 802 260 | 818 825 | 835 327 | 50 |
| 1 | 752 460 | 769 217 | 785 909 | 802 537 | 819 101 | 835 602 | 9 |
| 2 | 752 740 | 769 496 | 786 187 | 802 813 | 819 377 | 835 876 | 8 |
| 3 | 753 019 | 769 774 | 786 464 | 803 090 | 819 652 | 836 151 | 7 |
| 4 | 753 299 | 770 053 | 786 742 | 803 367 | 819 928 | 836 425 | 6 |
| 5 | 753 579 | 770 332 | 787 019 | 803 643 | 820 203 | 836 700 | 5 |
| 6 | 753 859 | 770 610 | 787 297 | 803 920 | 820 479 | 836 974 | 4 |
| 7 | 754 138 | 770 889 | 787 575 | 804 196 | 820 754 | 837 248 | 3 |
| 8 | 754 418 | 771 168 | 787 852 | 804 473 | 821 029 | 837 523 | 2 |
| 9 | 754 698 | 771 446 | 788 130 | 804 749 | 821 305 | 837 797 | 1 |
| 20 | 754 977 | 771 725 | 788 407 | 805 026 | 821 580 | 838 072 | 40 |
| 1 | 755 257 | 772 003 | 788 685 | 805 302 | 821 856 | 838 346 | 9 |
| 2 | 755 537 | 772 282 | 788 962 | 805 578 | 822 131 | 838 620 | 8 |
| 3 | 755 816 | 772 560 | 789 240 | 805 855 | 822 406 | 838 894 | 7 |
| 4 | 756 096 | 772 839 | 789 517 | 806 131 | 822 682 | 839 169 | 6 |
| 5 | 756 376 | 773 117 | 789 795 | 806 408 | 822 957 | 839 443 | 5 |
| 6 | 756 655 | 773 396 | 790 072 | 806 684 | 823 232 | 839 717 | 4 |
| 7 | 756 935 | 773 674 | 790 349 | 806 960 | 823 507 | 839 991 | 3 |
| 8 | 757 214 | 773 953 | 790 627 | 807 237 | 823 783 | 840 266 | 2 |
| 9 | 757 494 | 774 231 | 790 904 | 807 513 | 824 058 | 840 540 | 1 |
| 30 | 757 773 | 774 510 | 791 181 | 807 789 | 824 333 | 840 814 | 30 |
| 1 | 758 053 | 774 788 | 791 459 | 808 065 | 824 608 | 841 088 | 9 |
| 2 | 758 332 | 775 066 | 791 736 | 808 342 | 824 884 | 841 362 | 8 |
| 3 | 758 612 | 775 345 | 792 013 | 808 618 | 825 159 | 841 636 | 7 |
| 4 | 758 891 | 775 623 | 792 291 | 808 894 | 825 434 | 841 911 | 6 |
| 5 | 759 170 | 775 901 | 792 568 | 809 170 | 825 709 | 842 185 | 5 |
| 6 | 759 450 | 776 180 | 792 845 | 809 446 | 825 984 | 842 459 | 4 |
| 7 | 759 729 | 776 458 | 793 122 | 809 722 | 826 259 | 842 733 | 3 |
| 8 | 760 008 | 776 736 | 793 399 | 809 999 | 826 534 | 843 007 | 2 |
| 9 | 760 288 | 777 014 | 793 677 | 810 275 | 826 809 | 843 281 | 1 |
| 40 | 760 567 | 777 293 | 793 954 | 810 551 | 827 084 | 843 555 | 20 |
| 1 | 760 846 | 777 571 | 794 231 | 810 827 | 827 359 | 843 829 | 9 |
| 2 | 761 126 | 777 849 | 794 508 | 811 103 | 827 634 | 844 103 | 8 |
| 3 | 761 405 | 778 127 | 794 785 | 811 379 | 827 909 | 844 377 | 7 |
| 4 | 761 684 | 778 405 | 795 062 | 811 655 | 828 184 | 844 651 | 6 |
| 5 | 761 963 | 778 684 | 795 339 | 811 931 | 828 459 | 844 924 | 5 |
| 6 | 762 243 | 778 962 | 795 616 | 812 207 | 828 734 | 845 198 | 4 |
| 7 | 762 522 | 779 240 | 795 893 | 812 483 | 829 009 | 845 472 | 3 |
| 8 | 762 801 | 779 518 | 796 170 | 812 759 | 829 284 | 845 746 | 2 |
| 9 | 763 080 | 779 796 | 796 447 | 813 035 | 829 559 | 846 020 | 1 |
| 50 | 763 359 | 780 074 | 796 724 | 813 311 | 829 834 | 846 294 | 10 |
| 1 | 763 638 | 780 352 | 797 001 | 813 587 | 830 109 | 846 567 | 9 |
| 2 | 763 917 | 780 630 | 797 278 | 813 863 | 830 383 | 846 841 | 8 |
| 3 | 764 197 | 780 908 | 797 555 | 814 138 | 830 658 | 847 115 | 7 |
| 4 | 764 476 | 781 186 | 797 832 | 814 414 | 830 933 | 847 389 | 6 |
| 5 | 764 755 | 781 464 | 798 109 | 814 690 | 831 208 | 847 663 | 5 |
| 6 | 765 034 | 781 742 | 798 386 | 814 966 | 831 483 | 847 936 | 4 |
| 7 | 765 313 | 782 020 | 798 663 | 815 242 | 831 757 | 848 210 | 3 |
| 8 | 765 592 | 782 298 | 798 940 | 815 518 | 832 032 | 848 484 | 2 |
| 9 | 765 871 | 782 576 | 799 216 | 815 793 | 832 307 | 848 757 | 1 |
| 60 | $\bar{2}$,8 766 150 | $\bar{2}$,8 782 854 | $\bar{2}$,8 799 493 | $\bar{2}$,8 816 069 | $\bar{2}$,8 832 581 | $\bar{2}$,8 849 031 | 0 |
| ″ | 41′ | 40′ | 39′ | 38′ | 37′ | 36′ | ″ |

| ″ | 18′ | 19′ | 20′ | 21′ | 22′ | 23′ | ″ |
|---|---|---|---|---|---|---|---|
| 0 | $\bar{2}$,8 761 623 | $\bar{2}$,8 778 487 | $\bar{2}$,8 795 286 | $\bar{2}$,8 812 022 | $\bar{2}$,8 828 694 | $\bar{2}$,8 845 303 | 60 |
| 1 | 761 904 | 778 767 | 795 566 | 812 300 | 828 971 | 845 579 | 9 |
| 2 | 762 186 | 779 048 | 795 845 | 812 579 | 829 249 | 845 856 | 8 |
| 3 | 762 467 | 779 328 | 796 125 | 812 857 | 829 526 | 846 132 | 7 |
| 4 | 762 749 | 779 609 | 796 404 | 813 135 | 829 803 | 846 408 | 6 |
| 5 | 763 030 | 779 889 | 796 683 | 813 414 | 830 080 | 846 684 | 5 |
| 6 | 763 312 | 780 170 | 796 963 | 813 692 | 830 358 | 846 961 | 4 |
| 7 | 763 593 | 780 450 | 797 242 | 813 970 | 830 635 | 847 237 | 3 |
| 8 | 763 875 | 780 730 | 797 521 | 814 249 | 830 912 | 847 513 | 2 |
| 9 | 764 156 | 781 011 | 797 801 | 814 527 | 831 189 | 847 789 | 1 |
| 10 | 764 438 | 781 291 | 798 080 | 814 805 | 831 467 | 848 065 | 50 |
| 1 | 764 719 | 781 571 | 798 359 | 815 083 | 831 744 | 848 341 | 9 |
| 2 | 765 001 | 781 852 | 798 639 | 815 361 | 832 021 | 848 617 | 8 |
| 3 | 765 282 | 782 132 | 798 918 | 815 640 | 832 298 | 848 893 | 7 |
| 4 | 765 563 | 782 412 | 799 197 | 815 918 | 832 575 | 849 169 | 6 |
| 5 | 765 845 | 782 693 | 799 476 | 816 196 | 832 852 | 849 446 | 5 |
| 6 | 766 126 | 782 973 | 799 755 | 816 474 | 833 129 | 849 722 | 4 |
| 7 | 766 407 | 783 253 | 800 035 | 816 752 | 833 406 | 849 998 | 3 |
| 8 | 766 689 | 783 533 | 800 314 | 817 030 | 833 683 | 850 274 | 2 |
| 9 | 766 970 | 783 814 | 800 593 | 817 308 | 833 960 | 850 550 | 1 |
| 20 | 767 251 | 784 094 | 800 872 | 817 586 | 834 237 | 850 825 | 40 |
| 1 | 767 532 | 784 374 | 801 151 | 817 864 | 834 514 | 851 101 | 9 |
| 2 | 767 814 | 784 654 | 801 430 | 818 142 | 834 791 | 851 377 | 8 |
| 3 | 768 095 | 784 934 | 801 709 | 818 420 | 835 068 | 851 653 | 7 |
| 4 | 768 376 | 785 214 | 801 988 | 818 698 | 835 345 | 851 929 | 6 |
| 5 | 768 657 | 785 494 | 802 267 | 818 976 | 835 622 | 852 205 | 5 |
| 6 | 768 938 | 785 774 | 802 546 | 819 254 | 835 899 | 852 481 | 4 |
| 7 | 769 220 | 786 055 | 802 825 | 819 532 | 836 176 | 852 757 | 3 |
| 8 | 769 501 | 786 335 | 803 104 | 819 810 | 836 453 | 853 033 | 2 |
| 9 | 769 782 | 786 615 | 803 383 | 820 088 | 836 730 | 853 308 | 1 |
| 30 | 770 063 | 786 895 | 803 662 | 820 366 | 837 006 | 853 584 | 30 |
| 1 | 770 344 | 787 175 | 803 941 | 820 644 | 837 283 | 853 860 | 9 |
| 2 | 770 625 | 787 455 | 804 220 | 820 922 | 837 560 | 854 136 | 8 |
| 3 | 770 906 | 787 734 | 804 499 | 821 199 | 837 837 | 854 411 | 7 |
| 4 | 771 187 | 788 014 | 804 778 | 821 477 | 838 113 | 854 687 | 6 |
| 5 | 771 468 | 788 294 | 805 056 | 821 755 | 838 390 | 854 963 | 5 |
| 6 | 771 749 | 788 574 | 805 335 | 822 033 | 838 667 | 855 238 | 4 |
| 7 | 772 030 | 788 854 | 805 614 | 822 310 | 838 944 | 855 514 | 3 |
| 8 | 772 311 | 789 134 | 805 893 | 822 588 | 839 220 | 855 790 | 2 |
| 9 | 772 592 | 789 414 | 806 172 | 822 866 | 839 497 | 856 065 | 1 |
| 40 | 772 873 | 789 694 | 806 450 | 823 144 | 839 774 | 856 341 | 20 |
| 1 | 773 153 | 789 973 | 806 729 | 823 421 | 840 050 | 856 617 | 9 |
| 2 | 773 434 | 790 253 | 807 008 | 823 699 | 840 327 | 856 892 | 8 |
| 3 | 773 715 | 790 533 | 807 287 | 823 977 | 840 604 | 857 168 | 7 |
| 4 | 773 996 | 790 813 | 807 565 | 824 254 | 840 880 | 857 443 | 6 |
| 5 | 774 277 | 791 092 | 807 844 | 824 532 | 841 157 | 857 719 | 5 |
| 6 | 774 558 | 791 372 | 808 123 | 824 809 | 841 433 | 857 994 | 4 |
| 7 | 774 838 | 791 652 | 808 401 | 825 087 | 841 710 | 858 270 | 3 |
| 8 | 775 119 | 791 932 | 808 680 | 825 365 | 841 986 | 858 545 | 2 |
| 9 | 775 400 | 792 211 | 808 958 | 825 642 | 842 263 | 858 821 | 1 |
| 50 | 775 681 | 792 491 | 809 237 | 825 920 | 842 539 | 859 096 | 10 |
| 1 | 775 961 | 792 770 | 809 516 | 826 197 | 842 816 | 859 372 | 9 |
| 2 | 776 242 | 793 050 | 809 794 | 826 475 | 843 092 | 859 647 | 8 |
| 3 | 776 523 | 793 330 | 810 073 | 826 752 | 843 369 | 859 922 | 7 |
| 4 | 776 803 | 793 609 | 810 351 | 827 030 | 843 645 | 860 198 | 6 |
| 5 | 777 084 | 793 889 | 810 630 | 827 307 | 843 921 | 860 473 | 5 |
| 6 | 777 364 | 794 168 | 810 908 | 827 584 | 844 198 | 860 748 | 4 |
| 7 | 777 645 | 794 448 | 811 187 | 827 862 | 844 474 | 861 024 | 3 |
| 8 | 777 926 | 794 727 | 811 465 | 828 139 | 844 750 | 861 299 | 2 |
| 9 | 778 206 | 795 007 | 811 744 | 828 417 | 845 027 | 861 574 | 1 |
| 60 | $\bar{2}$,8 778 487 | $\bar{2}$,8 795 286 | $\bar{2}$,8 812 022 | $\bar{2}$,8 828 694 | $\bar{2}$,8 845 303 | $\bar{2}$,8 861 850 | 0 |
| ″ | 41′ | 40′ | 39′ | 38′ | 37′ | 36′ | ″ |

| ″ | 24′ | 25′ | 26′ | 27′ | 28′ | 29′ | ″ |
|---|---|---|---|---|---|---|---|
| 0 | $\bar{2}$,8 849 031 | $\bar{2}$,8 865 418 | $\bar{2}$,8 881 743 | $\bar{2}$,8 898 007 | $\bar{2}$,8 914 209 | $\bar{2}$,8 930 351 | 60 |
| 1 | 849 305 | 865 691 | 882 015 | 898 277 | 914 479 | 930 620 | 9 |
| 2 | 849 578 | 865 963 | 882 286 | 898 548 | 914 748 | 930 888 | 8 |
| 3 | 849 852 | 866 236 | 882 558 | 898 818 | 915 018 | 931 157 | 7 |
| 4 | 850 125 | 866 508 | 882 829 | 899 089 | 915 287 | 931 425 | 6 |
| 5 | 850 399 | 866 781 | 883 101 | 899 359 | 915 557 | 931 694 | 5 |
| 6 | 850 672 | 867 053 | 883 372 | 899 630 | 915 826 | 931 962 | 4 |
| 7 | 850 946 | 867 326 | 883 644 | 899 900 | 916 096 | 932 230 | 3 |
| 8 | 851 219 | 867 598 | 883 915 | 900 171 | 916 365 | 932 499 | 2 |
| 9 | 851 493 | 867 871 | 884 187 | 900 441 | 916 634 | 932 767 | 1 |
| 10 | 851 766 | 868 143 | 884 458 | 900 711 | 916 904 | 933 036 | 50 |
| 1 | 852 040 | 868 416 | 884 729 | 900 982 | 917 173 | 933 304 | 9 |
| 2 | 852 313 | 868 688 | 885 001 | 901 252 | 917 442 | 933 572 | 8 |
| 3 | 852 587 | 868 960 | 885 272 | 901 522 | 917 712 | 933 841 | 7 |
| 4 | 852 860 | 869 233 | 885 543 | 901 793 | 917 981 | 934 109 | 6 |
| 5 | 853 134 | 869 505 | 885 815 | 902 063 | 918 250 | 934 377 | 5 |
| 6 | 853 407 | 869 777 | 886 086 | 902 333 | 918 520 | 934 646 | 4 |
| 7 | 853 680 | 870 050 | 886 357 | 902 604 | 918 789 | 934 914 | 3 |
| 8 | 853 954 | 870 322 | 886 629 | 902 874 | 919 058 | 935 182 | 2 |
| 9 | 854 227 | 870 594 | 886 900 | 903 144 | 919 327 | 935 450 | 1 |
| 20 | 854 500 | 870 867 | 887 171 | 903 414 | 919 597 | 935 718 | 40 |
| 1 | 854 773 | 871 139 | 887 442 | 903 684 | 919 866 | 935 987 | 9 |
| 2 | 855 047 | 871 411 | 887 714 | 903 955 | 920 135 | 936 255 | 8 |
| 3 | 855 320 | 871 683 | 887 985 | 904 225 | 920 404 | 936 523 | 7 |
| 4 | 855 593 | 871 955 | 888 256 | 904 495 | 920 673 | 936 791 | 6 |
| 5 | 855 866 | 872 228 | 888 527 | 904 765 | 920 942 | 937 059 | 5 |
| 6 | 856 140 | 872 500 | 888 798 | 905 035 | 921 211 | 937 327 | 4 |
| 7 | 856 413 | 872 772 | 889 069 | 905 305 | 921 481 | 937 595 | 3 |
| 8 | 856 686 | 873 044 | 889 340 | 905 575 | 921 750 | 937 863 | 2 |
| 9 | 856 959 | 873 316 | 889 611 | 905 845 | 922 019 | 938 132 | 1 |
| 30 | 857 232 | 873 588 | 889 883 | 906 116 | 922 288 | 938 400 | 30 |
| 1 | 857 505 | 873 860 | 890 154 | 906 386 | 922 557 | 938 668 | 9 |
| 2 | 857 778 | 874 132 | 890 425 | 906 656 | 922 826 | 938 936 | 8 |
| 3 | 858 052 | 874 404 | 890 696 | 906 926 | 923 095 | 939 204 | 7 |
| 4 | 858 325 | 874 676 | 890 967 | 907 196 | 923 364 | 939 472 | 6 |
| 5 | 858 598 | 874 948 | 891 238 | 907 466 | 923 633 | 939 740 | 5 |
| 6 | 858 871 | 875 220 | 891 509 | 907 735 | 923 902 | 940 007 | 4 |
| 7 | 859 144 | 875 492 | 891 780 | 908 005 | 924 171 | 940 275 | 3 |
| 8 | 859 417 | 875 764 | 892 050 | 908 275 | 924 439 | 940 543 | 2 |
| 9 | 859 690 | 876 036 | 892 321 | 908 545 | 924 708 | 940 811 | 1 |
| 40 | 859 963 | 876 308 | 892 592 | 908 815 | 924 977 | 941 079 | 20 |
| 1 | 860 235 | 876 580 | 892 863 | 909 085 | 925 246 | 941 347 | 9 |
| 2 | 860 508 | 876 852 | 893 134 | 909 355 | 925 515 | 941 615 | 8 |
| 3 | 860 781 | 877 124 | 893 405 | 909 625 | 925 784 | 941 883 | 7 |
| 4 | 861 054 | 877 396 | 893 676 | 909 894 | 926 053 | 942 150 | 6 |
| 5 | 861 327 | 877 668 | 893 947 | 910 164 | 926 321 | 942 418 | 5 |
| 6 | 861 600 | 877 939 | 894 217 | 910 434 | 926 590 | 942 686 | 4 |
| 7 | 861 873 | 878 211 | 894 488 | 910 704 | 926 859 | 942 954 | 3 |
| 8 | 862 146 | 878 483 | 894 759 | 910 974 | 927 128 | 943 221 | 2 |
| 9 | 862 418 | 878 755 | 895 030 | 911 243 | 927 396 | 943 489 | 1 |
| 50 | 862 691 | 879 027 | 895 300 | 911 513 | 927 665 | 943 757 | 10 |
| 1 | 862 964 | 879 298 | 895 571 | 911 783 | 927 934 | 944 025 | 9 |
| 2 | 863 237 | 879 570 | 895 842 | 912 052 | 928 202 | 944 292 | 8 |
| 3 | 863 509 | 879 842 | 896 112 | 912 322 | 928 471 | 944 560 | 7 |
| 4 | 863 782 | 880 113 | 896 383 | 912 592 | 928 740 | 944 827 | 6 |
| 5 | 864 055 | 880 385 | 896 654 | 912 861 | 929 008 | 945 095 | 5 |
| 6 | 864 327 | 880 657 | 896 924 | 913 131 | 929 277 | 945 363 | 4 |
| 7 | 864 600 | 880 928 | 897 195 | 913 401 | 929 546 | 945 630 | 3 |
| 8 | 864 873 | 881 200 | 897 466 | 913 670 | 929 814 | 945 898 | 2 |
| 9 | 865 145 | 881 471 | 897 736 | 913 940 | 930 083 | 946 165 | 1 |
| 60 | $\bar{2}$,8 865 418 | $\bar{2}$,8 881 743 | $\bar{2}$,8 898 007 | $\bar{2}$,8 914 209 | $\bar{2}$,8 930 351 | $\bar{2}$,8 946 433 | 0 |
| ″ | 35′ | 34′ | 33′ | 32′ | 31′ | 30′ | ″ |

COSINUS 85°

| " | 24′ | 25′ | 26′ | 27′ | 28′ | 29′ | " |
|---|---|---|---|---|---|---|---|
| 0 | $\bar{3}$,8 861 850 | $\bar{3}$,8 878 334 | $\bar{3}$,8 894 757 | $\bar{3}$,8 911 119 | $\bar{3}$,8 927 420 | $\bar{3}$,8 943 660 | 60 |
| 1 | 862 125 | 878 608 | 895 030 | 911 391 | 927 691 | 943 931 | 9 |
| 2 | 862 400 | 878 882 | 895 303 | 911 663 | 927 962 | 944 201 | 8 |
| 3 | 862 675 | 879 157 | 895 576 | 911 935 | 928 233 | 944 471 | 7 |
| 4 | 862 950 | 879 431 | 895 850 | 912 207 | 928 504 | 944 741 | 6 |
| 5 | 863 226 | 879 705 | 896 123 | 912 479 | 928 775 | 945 011 | 5 |
| 6 | 863 501 | 879 979 | 896 396 | 912 751 | 929 046 | 945 281 | 4 |
| 7 | 863 776 | 880 253 | 896 669 | 913 023 | 929 317 | 945 551 | 3 |
| 8 | 864 051 | 880 527 | 896 942 | 913 296 | 929 589 | 945 821 | 2 |
| 9 | 864 326 | 880 801 | 897 215 | 913 568 | 929 860 | 946 091 | 1 |
| 10 | 864 601 | 881 075 | 897 488 | 913 840 | 930 131 | 946 361 | 50 |
| 1 | 864 876 | 881 349 | 897 761 | 914 112 | 930 402 | 946 631 | 9 |
| 2 | 865 151 | 881 623 | 898 034 | 914 384 | 930 673 | 946 901 | 8 |
| 3 | 865 426 | 881 898 | 898 307 | 914 656 | 930 944 | 947 171 | 7 |
| 4 | 865 701 | 882 172 | 898 580 | 914 928 | 931 215 | 947 441 | 6 |
| 5 | 865 976 | 882 445 | 898 853 | 915 200 | 931 485 | 947 711 | 5 |
| 6 | 866 251 | 882 719 | 899 126 | 915 471 | 931 756 | 947 981 | 4 |
| 7 | 866 526 | 882 993 | 899 399 | 915 743 | 932 027 | 948 251 | 3 |
| 8 | 866 801 | 883 267 | 899 672 | 916 015 | 932 298 | 948 521 | 2 |
| 9 | 867 076 | 883 541 | 899 945 | 916 287 | 932 569 | 948 791 | 1 |
| 20 | 867 351 | 883 815 | 900 218 | 916 559 | 932 840 | 949 061 | 40 |
| 1 | 867 626 | 884 089 | 900 490 | 916 831 | 933 111 | 949 331 | 9 |
| 2 | 867 901 | 884 363 | 900 763 | 917 103 | 933 382 | 949 600 | 8 |
| 3 | 868 176 | 884 637 | 901 036 | 917 374 | 933 652 | 949 870 | 7 |
| 4 | 868 451 | 884 911 | 901 309 | 917 646 | 933 923 | 950 140 | 6 |
| 5 | 868 726 | 885 184 | 901 582 | 917 918 | 934 194 | 950 410 | 5 |
| 6 | 869 000 | 885 458 | 901 854 | 918 190 | 934 465 | 950 680 | 4 |
| 7 | 869 275 | 885 732 | 902 127 | 918 462 | 934 735 | 950 949 | 3 |
| 8 | 869 550 | 886 006 | 902 400 | 918 733 | 935 006 | 951 219 | 2 |
| 9 | 869 825 | 886 279 | 902 673 | 919 005 | 935 277 | 951 489 | 1 |
| 30 | 870 100 | 886 553 | 902 945 | 919 277 | 935 548 | 951 758 | 30 |
| 1 | 870 374 | 886 827 | 903 218 | 919 548 | 935 818 | 952 028 | 9 |
| 2 | 870 649 | 887 100 | 903 491 | 919 820 | 936 089 | 952 298 | 8 |
| 3 | 870 924 | 887 374 | 903 763 | 920 092 | 936 360 | 952 567 | 7 |
| 4 | 871 198 | 887 648 | 904 036 | 920 363 | 936 630 | 952 837 | 6 |
| 5 | 871 473 | 887 921 | 904 309 | 920 635 | 936 901 | 953 107 | 5 |
| 6 | 871 748 | 888 195 | 904 581 | 920 906 | 937 171 | 953 376 | 4 |
| 7 | 872 022 | 888 469 | 904 854 | 921 178 | 937 442 | 953 646 | 3 |
| 8 | 872 297 | 888 742 | 905 126 | 921 450 | 937 712 | 953 915 | 2 |
| 9 | 872 571 | 889 016 | 905 399 | 921 721 | 937 983 | 954 185 | 1 |
| 40 | 872 846 | 889 289 | 905 671 | 921 993 | 938 254 | 954 454 | 20 |
| 1 | 873 121 | 889 563 | 905 944 | 922 264 | 938 524 | 954 724 | 9 |
| 2 | 873 395 | 889 836 | 906 216 | 922 536 | 938 795 | 954 993 | 8 |
| 3 | 873 670 | 890 110 | 906 489 | 922 807 | 939 065 | 955 263 | 7 |
| 4 | 873 944 | 890 383 | 906 761 | 923 079 | 939 335 | 955 532 | 6 |
| 5 | 874 219 | 890 657 | 907 034 | 923 350 | 939 606 | 955 802 | 5 |
| 6 | 874 493 | 890 930 | 907 306 | 923 621 | 939 876 | 956 071 | 4 |
| 7 | 874 768 | 891 204 | 907 579 | 923 893 | 940 147 | 956 341 | 3 |
| 8 | 875 042 | 891 477 | 907 851 | 924 164 | 940 417 | 956 610 | 2 |
| 9 | 875 316 | 891 751 | 908 123 | 924 436 | 940 687 | 956 879 | 1 |
| 50 | 875 591 | 892 024 | 908 396 | 924 707 | 940 958 | 957 149 | 10 |
| 1 | 875 865 | 892 297 | 908 668 | 924 978 | 941 228 | 957 418 | 9 |
| 2 | 876 140 | 892 571 | 908 941 | 925 250 | 941 498 | 957 687 | 8 |
| 3 | 876 414 | 892 844 | 909 213 | 925 521 | 941 769 | 957 957 | 7 |
| 4 | 876 688 | 893 117 | 909 485 | 925 792 | 942 039 | 958 226 | 6 |
| 5 | 876 963 | 893 391 | 909 757 | 926 064 | 942 309 | 958 495 | 5 |
| 6 | 877 237 | 893 664 | 910 030 | 926 335 | 942 580 | 958 765 | 4 |
| 7 | 877 511 | 893 937 | 910 302 | 926 606 | 942 850 | 959 034 | 3 |
| 8 | 877 786 | 894 210 | 910 574 | 926 877 | 943 120 | 959 303 | 2 |
| 9 | 878 060 | 894 484 | 910 846 | 927 148 | 943 390 | 959 572 | 1 |
| 60 | $\bar{3}$,8 878 334 | $\bar{3}$,8 894 757 | $\bar{3}$,8 911 119 | $\bar{3}$,8 927 420 | $\bar{3}$,8 943 660 | $\bar{3}$,8 959 842 | 0 |
| " | 35′ | 34′ | 33′ | 32′ | 31′ | 30′ | " |

COTANGENTE 85°

| ″ | 30′ | 31′ | 32′ | 33′ | 34′ | 35′ | ″ |
|---|---|---|---|---|---|---|---|
| 0 | $\bar{2}$,8 946 433 | $\bar{2}$,8 962 455 | $\bar{2}$,8 978 418 | $\bar{2}$,8 994 322 | $\bar{2}$,9 010 168 | $\bar{2}$,9 025 955 | 60 |
| 1 | 946 701 | 962 722 | 978 684 | 994 587 | 010 431 | 026 218 | 9 |
| 2 | 946 968 | 962 988 | 978 949 | 994 851 | 010 695 | 026 481 | 8 |
| 3 | 947 236 | 963 255 | 979 215 | 995 116 | 010 958 | 026 743 | 7 |
| 4 | 947 503 | 963 521 | 979 480 | 995 380 | 011 222 | 027 006 | 6 |
| 5 | 947 770 | 963 788 | 979 746 | 995 645 | 011 485 | 027 268 | 5 |
| 6 | 948 038 | 964 054 | 980 011 | 995 909 | 011 749 | 027 531 | 4 |
| 7 | 948 305 | 964 320 | 980 276 | 996 174 | 012 013 | 027 793 | 3 |
| 8 | 948 573 | 964 587 | 980 542 | 996 438 | 012 276 | 028 056 | 2 |
| 9 | 948 840 | 964 853 | 980 807 | 996 703 | 012 539 | 028 318 | 1 |
| 10 | 949 107 | 965 120 | 981 073 | 996 967 | 012 803 | 028 581 | 50 |
| 1 | 949 375 | 965 386 | 981 338 | 997 231 | 013 066 | 028 843 | 9 |
| 2 | 949 642 | 965 652 | 981 603 | 997 496 | 013 330 | 029 106 | 8 |
| 3 | 949 909 | 965 919 | 981 869 | 997 760 | 013 593 | 029 368 | 7 |
| 4 | 950 177 | 966 185 | 982 134 | 998 025 | 013 857 | 029 631 | 6 |
| 5 | 950 444 | 966 451 | 982 399 | 998 289 | 014 120 | 029 893 | 5 |
| 6 | 950 711 | 966 718 | 982 665 | 998 553 | 014 383 | 030 156 | 4 |
| 7 | 950 979 | 966 984 | 982 930 | 998 818 | 014 647 | 030 418 | 3 |
| 8 | 951 246 | 967 250 | 983 195 | 999 082 | 014 910 | 030 680 | 2 |
| 9 | 951 513 | 967 516 | 983 461 | 999 346 | 015 173 | 030 943 | 1 |
| 20 | 951 780 | 967 783 | 983 726 | 999 610 | 015 437 | 031 205 | 40 |
| 1 | 952 047 | 968 049 | 983 991 | $\bar{2}$,8 999 875 | 015 700 | 031 467 | 9 |
| 2 | 952 315 | 968 315 | 984 256 | $\bar{2}$,9 000 139 | 015 963 | 031 730 | 8 |
| 3 | 952 582 | 968 581 | 984 521 | 000 403 | 016 226 | 031 992 | 7 |
| 4 | 952 849 | 968 847 | 984 787 | 000 667 | 016 490 | 032 254 | 6 |
| 5 | 953 116 | 969 113 | 985 052 | 000 931 | 016 753 | 032 516 | 5 |
| 6 | 953 383 | 969 380 | 985 317 | 001 196 | 017 016 | 032 779 | 4 |
| 7 | 953 650 | 969 646 | 985 582 | 001 460 | 017 279 | 033 041 | 3 |
| 8 | 953 917 | 969 912 | 985 847 | 001 724 | 017 542 | 033 303 | 2 |
| 9 | 954 184 | 970 178 | 986 112 | 001 988 | 017 806 | 033 565 | 1 |
| 30 | 954 451 | 970 444 | 986 377 | 002 252 | 018 069 | 033 828 | 30 |
| 1 | 954 719 | 970 710 | 986 642 | 002 516 | 018 332 | 034 090 | 9 |
| 2 | 954 986 | 970 976 | 986 907 | 002 780 | 018 595 | 034 352 | 8 |
| 3 | 955 253 | 971 242 | 987 172 | 003 044 | 018 858 | 034 614 | 7 |
| 4 | 955 519 | 971 508 | 987 437 | 003 308 | 019 121 | 034 876 | 6 |
| 5 | 955 786 | 971 774 | 987 702 | 003 572 | 019 384 | 035 138 | 5 |
| 6 | 956 053 | 972 040 | 987 967 | 003 836 | 019 647 | 035 400 | 4 |
| 7 | 956 320 | 972 306 | 988 232 | 004 100 | 019 910 | 035 662 | 3 |
| 8 | 956 587 | 972 572 | 988 497 | 004 364 | 020 173 | 035 924 | 2 |
| 9 | 956 854 | 972 838 | 988 762 | 004 628 | 020 436 | 036 186 | 1 |
| 40 | 957 121 | 973 104 | 989 027 | 004 892 | 020 699 | 036 448 | 20 |
| 1 | 957 388 | 973 369 | 989 292 | 005 156 | 020 962 | 036 710 | 9 |
| 2 | 957 655 | 973 635 | 989 557 | 005 420 | 021 225 | 036 972 | 8 |
| 3 | 957 922 | 973 901 | 989 822 | 005 684 | 021 488 | 037 234 | 7 |
| 4 | 958 188 | 974 167 | 990 087 | 005 948 | 021 751 | 037 496 | 6 |
| 5 | 958 455 | 974 433 | 990 351 | 006 212 | 022 014 | 037 758 | 5 |
| 6 | 958 722 | 974 699 | 990 616 | 006 476 | 022 277 | 038 020 | 4 |
| 7 | 958 989 | 974 964 | 990 881 | 006 739 | 022 540 | 038 282 | 3 |
| 8 | 959 255 | 975 230 | 991 146 | 007 003 | 022 802 | 038 544 | 2 |
| 9 | 959 522 | 975 496 | 991 411 | 007 267 | 023 065 | 038 806 | 1 |
| 50 | 959 789 | 975 762 | 991 675 | 007 531 | 023 328 | 039 068 | 10 |
| 1 | 960 056 | 976 027 | 991 940 | 007 795 | 023 591 | 039 330 | 9 |
| 2 | 960 322 | 976 293 | 992 205 | 008 058 | 023 854 | 039 591 | 8 |
| 3 | 960 589 | 976 559 | 992 470 | 008 322 | 024 116 | 039 853 | 7 |
| 4 | 960 856 | 976 824 | 992 734 | 008 586 | 024 379 | 040 115 | 6 |
| 5 | 961 122 | 977 090 | 992 999 | 008 849 | 024 642 | 040 377 | 5 |
| 6 | 961 389 | 977 356 | 993 264 | 009 113 | 024 905 | 040 639 | 4 |
| 7 | 961 655 | 977 621 | 993 528 | 009 377 | 025 167 | 040 900 | 3 |
| 8 | 961 922 | 977 887 | 993 793 | 009 640 | 025 430 | 041 162 | 2 |
| 9 | 962 189 | 978 152 | 994 057 | 009 904 | 025 693 | 041 424 | 1 |
| 60 | $\bar{2}$,8 962 455 | $\bar{2}$,8 978 418 | $\bar{2}$,8 994 322 | $\bar{2}$,9 010 168 | $\bar{2}$,9 025 955 | $\bar{2}$,9 041 685 | 0 |
| ″ | 20′ | 28′ | 27′ | 26′ | 25′ | 24′ | ″ |

COSINUS 85°

| ″ | 30′ | 31′ | 32′ | 33′ | 34′ | 35′ | ″ |
|---|---|---|---|---|---|---|---|
| 0 | 2̄,8 959 842 | 2̄,8 975 963 | 2̄,8 992 026 | 2̄,9 008 030 | 2̄,9 023 977 | 2̄,9 039 866 | 60 |
| 1 | 960 111 | 976 231 | 992 293 | 008 297 | 024 242 | 040 130 | 9 |
| 2 | 960 380 | 976 500 | 992 560 | 008 563 | 024 507 | 040 394 | 8 |
| 3 | 960 649 | 976 768 | 992 828 | 008 829 | 024 773 | 040 659 | 7 |
| 4 | 960 918 | 977 036 | 993 095 | 009 095 | 025 038 | 040 923 | 6 |
| 5 | 961 187 | 977 304 | 993 362 | 009 362 | 025 303 | 041 187 | 5 |
| 6 | 961 456 | 977 572 | 993 629 | 009 628 | 025 568 | 041 451 | 4 |
| 7 | 961 725 | 977 840 | 993 896 | 009 894 | 025 833 | 041 716 | 3 |
| 8 | 961 994 | 978 108 | 994 163 | 010 160 | 026 099 | 041 980 | 2 |
| 9 | 962 264 | 978 376 | 994 430 | 010 426 | 026 364 | 042 244 | 1 |
| 10 | 962 533 | 978 644 | 994 698 | 010 692 | 026 629 | 042 508 | 50 |
| 1 | 962 802 | 978 912 | 994 965 | 010 958 | 026 894 | 042 772 | 9 |
| 2 | 963 071 | 979 181 | 995 232 | 011 224 | 027 159 | 043 036. | 8 |
| 3 | 963 340 | 979 449 | 995 499 | 011 490 | 027 424 | 043 301 | 7 |
| 4 | 963 609 | 979 716 | 995 766 | 011 756 | 027 689 | 043 565 | 6 |
| 5 | 963 877 | 979 984 | 996 033 | 012 022 | 027 954 | 043 829 | 5 |
| 6 | 964 146 | 980 252 | 996 300 | 012 288 | 028 219 | 044 093 | 4 |
| 7 | 964 415 | 980 520 | 996 567 | 012 554 | 028 484 | 044 357 | 3 |
| 8 | 964 684 | 980 788 | 996 834 | 012 820 | 028 749 | 044 621 | 2 |
| 9 | 964 953 | 981 056 | 997 100 | 013 086 | 029 014 | 044 885 | 1 |
| 20 | 965 222 | 981 324 | 997 367 | 013 352 | 029 279 | 045 149 | 40 |
| 1 | 965 491 | 981 592 | 997 634 | 013 618 | 029 544 | 045 413 | 9 |
| 2 | 965 760 | 981 860 | 997 901 | 013 884 | 029 809 | 045 677 | 8 |
| 3 | 966 028 | 982 128 | 998 168 | 014 150 | 030 074 | 045 941 | 7 |
| 4 | 966 297 | 982 395 | 998 435 | 014 416 | 030 339 | 046 205 | 6 |
| 5 | 966 566 | 982 663 | 998 702 | 014 682 | 030 604 | 046 469 | 5 |
| 6 | 966 835 | 982 931 | 998 968 | 014 948 | 030 869 | 046 733 | 4 |
| 7 | 967 104 | 983 199 | 999 235 | 015 213 | 031 134 | 046 997 | 3 |
| 8 | 967 372 | 983 467 | 999 502 | 015 479 | 031 399 | 047 261 | 2 |
| 9 | 967 641 | 983 734 | 2̄,8 999 769 | 015 745 | 031 664 | 047 525 | 1 |
| 30 | 967 910 | 984 002 | 2̄,9 000 036 | 016 011 | 031 928 | 047 788 | 30 |
| 1 | 968 178 | 984 270 | 000 302 | 016 277 | 032 193 | 048 052 | 9 |
| 2 | 968 447 | 984 537 | 000 569 | 016 542 | 032 458 | 048 316 | 8 |
| 3 | 968 716 | 984 805 | 000 836 | 016 808 | 032 723 | 048 580 | 7 |
| 4 | 968 984 | 985 073 | 001 102 | 017 074 | 032 988 | 048 844 | 6 |
| 5 | 969 253 | 985 340 | 001 369 | 017 340 | 033 252 | 049 108 | 5 |
| 6 | 969 522 | 985 608 | 001 636 | 017 605 | 033 517 | 049 371 | 4 |
| 7 | 969 790 | 985 876 | 001 902 | 017 871 | 033 782 | 049 635 | 3 |
| 8 | 970 059 | 986 143 | 002 169 | 018 137 | 034 046 | 049 899 | 2 |
| 9 | 970 327 | 986 411 | 002 436 | 018 402 | 034 311 | 050 163 | 1 |
| 40 | 970 596 | 986 678 | 002 702 | 018 668 | 034 576 | 050 426 | 20 |
| 1 | 970 864 | 986 946 | 002 969 | 018 933 | 034 840 | 050 690 | 9 |
| 2 | 971 133 | 987 213 | 003 235 | 019 199 | 035 105 | 050 954 | 8 |
| 3 | 971 401 | 987 481 | 003 502 | 019 465 | 035 370 | 051 217 | 7 |
| 4 | 971 670 | 987 748 | 003 768 | 019 730 | 035 634 | 051 481 | 6 |
| 5 | 971 938 | 988 016 | 004 035 | 019 996 | 035 899 | 051 745 | 5 |
| 6 | 972 207 | 988 283 | 004 301 | 020 261 | 036 163 | 052 008 | 4 |
| 7 | 972 475 | 988 551 | 004 568 | 020 527 | 036 428 | 052 272 | 3 |
| 8 | 972 744 | 988 818 | 004 834 | 020 792 | 036 692 | 052 535 | 2 |
| 9 | 973 012 | 989 086 | 005 101 | 021 058 | 036 957 | 052 799 | 1 |
| 50 | 973 280 | 989 353 | 005 367 | 021 323 | 037 221 | 053 063 | 10 |
| 1 | 973 549 | 989 620 | 005 634 | 021 589 | 037 486 | 053 326 | 9 |
| 2 | 973 817 | 989 888 | 005 900 | 021 854 | 037 750 | 053 590 | 8 |
| 3 | 974 085 | 990 155 | 006 166 | 022 119 | 038 015 | 053 853 | 7 |
| 4 | 974 354 | 990 422 | 006 433 | 022 385 | 038 279 | 054 117 | 6 |
| 5 | 974 622 | 990 690 | 006 699 | 022 650 | 038 544 | 054 380 | 5 |
| 6 | 974 890 | 990 957 | 006 965 | 022 916 | 038 808 | 054 643 | 4 |
| 7 | 975 159 | 991 224 | 007 232 | 023 181 | 039 073 | 054 907 | 3 |
| 8 | 975 427 | 991 492 | 007 498 | 023 446 | 039 337 | 055 170 | 2 |
| 9 | 975 695 | 991 759 | 007 764 | 023 712 | 039 601 | 055 434 | 1 |
| 60 | 2̄,8 975 963 | 2̄,8 992 026 | 2̄,9 008 030 | 2̄,9 023 977 | 2̄,9 039 866 | 2̄,9 055 697 | 0 |
| ″ | 29′ | 28′ | 27′ | 26′ | 25′ | 24′ | ″ |

| " | 36′ | 37′ | 38′ | 39′ | 40′ | 41′ | " |
|---|---|---|---|---|---|---|---|
| 0 | $\bar{2}$,9 041 685 | $\bar{2}$,9 057 358 | $\bar{2}$,9 072 975 | $\bar{2}$,9 088 535 | $\bar{2}$,9 104 039 | $\bar{2}$,9 119 487 | 60 |
| 1 | 041 947 | 057 619 | 073 234 | 088 793 | 104 297 | 119 744 | 9 |
| 2 | 042 209 | 057 880 | 073 494 | 089 052 | 104 554 | 120 001 | 8 |
| 3 | 042 470 | 058 141 | 073 754 | 089 311 | 104 812 | 120 258 | 7 |
| 4 | 042 732 | 058 401 | 074 014 | 089 570 | 105 070 | 120 515 | 6 |
| 5 | 042 994 | 058 662 | 074 273 | 089 829 | 105 328 | 120 772 | 5 |
| 6 | 043 255 | 058 923 | 074 533 | 090 088 | 105 586 | 121 029 | 4 |
| 7 | 043 517 | 059 183 | 074 793 | 090 346 | 105 844 | 121 286 | 3 |
| 8 | 043 778 | 059 444 | 075 053 | 090 605 | 106 102 | 121 543 | 2 |
| 9 | 044 040 | 059 704 | 075 312 | 090 864 | 106 359 | 121 800 | 1 |
| 10 | 044 302 | 059 965 | 075 572 | 091 123 | 106 617 | 122 057 | 50 |
| 1 | 044 563 | 060 226 | 075 832 | 091 381 | 106 875 | 122 313 | 9 |
| 2 | 044 825 | 060 486 | 076 091 | 091 640 | 107 133 | 122 570 | 8 |
| 3 | 045 086 | 060 747 | 076 351 | 091 899 | 107 391 | 122 827 | 7 |
| 4 | 045 348 | 061 007 | 076 610 | 092 157 | 107 648 | 123 084 | 6 |
| 5 | 045 609 | 061 268 | 076 870 | 092 416 | 107 906 | 123 341 | 5 |
| 6 | 045 870 | 061 528 | 077 129 | 092 674 | 108 164 | 123 597 | 4 |
| 7 | 046 132 | 061 789 | 077 389 | 092 933 | 108 421 | 123 854 | 3 |
| 8 | 046 393 | 062 049 | 077 649 | 093 192 | 108 679 | 124 111 | 2 |
| 9 | 046 655 | 062 310 | 077 908 | 093 450 | 108 937 | 124 368 | 1 |
| 20 | 046 916 | 062 570 | 078 168 | 093 709 | 109 194 | 124 624 | 40 |
| 1 | 047 177 | 062 831 | 078 427 | 093 967 | 109 452 | 124 881 | 9 |
| 2 | 047 439 | 063 091 | 078 687 | 094 226 | 109 710 | 125 138 | 8 |
| 3 | 047 700 | 063 351 | 078 946 | 094 484 | 109 967 | 125 394 | 7 |
| 4 | 047 961 | 063 612 | 079 205 | 094 743 | 110 225 | 125 651 | 6 |
| 5 | 048 223 | 063 872 | 079 465 | 095 001 | 110 482 | 125 908 | 5 |
| 6 | 048 484 | 064 132 | 079 724 | 095 260 | 110 740 | 126 164 | 4 |
| 7 | 048 745 | 064 393 | 079 984 | 095 518 | 110 997 | 126 421 | 3 |
| 8 | 049 007 | 064 653 | 080 243 | 095 777 | 111 255 | 126 678 | 2 |
| 9 | 049 268 | 064 913 | 080 502 | 096 035 | 111 512 | 126 934 | 1 |
| 30 | 049 529 | 065 174 | 080 762 | 096 294 | 111 770 | 127 191 | 30 |
| 1 | 049 790 | 065 434 | 081 021 | 096 552 | 112 027 | 127 447 | 9 |
| 2 | 050 051 | 065 694 | 081 280 | 096 810 | 112 285 | 127 704 | 8 |
| 3 | 050 313 | 065 954 | 081 540 | 097 069 | 112 542 | 127 960 | 7 |
| 4 | 050 574 | 066 215 | 081 799 | 097 327 | 112 800 | 128 217 | 6 |
| 5 | 050 835 | 066 475 | 082 058 | 097 585 | 113 057 | 128 473 | 5 |
| 6 | 051 096 | 066 735 | 082 317 | 097 844 | 113 314 | 128 730 | 4 |
| 7 | 051 357 | 066 995 | 082 577 | 098 102 | 113 572 | 128 986 | 3 |
| 8 | 051 618 | 067 255 | 082 836 | 098 360 | 113 829 | 129 243 | 2 |
| 9 | 051 879 | 067 515 | 083 095 | 098 619 | 114 086 | 129 499 | 1 |
| 40 | 052 140 | 067 776 | 083 354 | 098 877 | 114 344 | 129 756 | 20 |
| 1 | 052 401 | 068 036 | 083 613 | 099 135 | 114 601 | 130 012 | 9 |
| 2 | 052 662 | 068 296 | 083 873 | 099 393 | 114 858 | 130 268 | 8 |
| 3 | 052 924 | 068 556 | 084 132 | 099 651 | 115 116 | 130 525 | 7 |
| 4 | 053 185 | 068 816 | 084 391 | 099 910 | 115 373 | 130 781 | 6 |
| 5 | 053 446 | 069 076 | 084 650 | 100 168 | 115 630 | 131 037 | 5 |
| 6 | 053 706 | 069 336 | 084 909 | 100 426 | 115 887 | 131 294 | 4 |
| 7 | 053 967 | 069 596 | 085 168 | 100 684 | 116 145 | 131 550 | 3 |
| 8 | 054 228 | 069 856 | 085 427 | 100 942 | 116 402 | 131 806 | 2 |
| 9 | 054 489 | 070 116 | 085 686 | 101 200 | 116 659 | 132 063 | 1 |
| 50 | 054 750 | 070 376 | 085 945 | 101 459 | 116 916 | 132 319 | 10 |
| 1 | 055 011 | 070 636 | 086 204 | 101 717 | 117 173 | 132 575 | 9 |
| 2 | 055 272 | 070 896 | 086 463 | 101 975 | 117 431 | 132 831 | 8 |
| 3 | 055 533 | 071 156 | 086 722 | 102 233 | 117 688 | 133 087 | 7 |
| 4 | 055 794 | 071 416 | 086 981 | 102 491 | 117 945 | 133 344 | 6 |
| 5 | 056 055 | 071 675 | 087 240 | 102 749 | 118 202 | 133 600 | 5 |
| 6 | 056 315 | 071 935 | 087 499 | 103 007 | 118 459 | 133 856 | 4 |
| 7 | 056 576 | 072 195 | 087 758 | 103 265 | 118 716 | 134 112 | 3 |
| 8 | 056 837 | 072 455 | 088 017 | 103 523 | 118 973 | 134 368 | 2 |
| 9 | 057 098 | 072 715 | 088 276 | 103 781 | 119 230 | 134 624 | 1 |
| 60 | $\bar{2}$,9 057 358 | $\bar{2}$,9 072 975 | $\bar{2}$,9 088 535 | $\bar{2}$,9 104 039 | $\bar{2}$,9 119 487 | $\bar{2}$,9 134 881 | 0 |
| " | 23′ | 22′ | 21′ | 20′ | 19′ | 18′ | " |

| ″ | 36′ | 37′ | 38′ | 39′ | 40′ | 41′ | ″ |
|---|---|---|---|---|---|---|---|
| 0 | $\bar{1}$,9 055 697 | $\bar{1}$,9 071 472 | $\bar{1}$,9 087 190 | $\bar{1}$,9 102 853 | $\bar{1}$,9 118 460 | $\bar{1}$,9 134 012 | 60 |
| 1 | 055 961 | 071 734 | 087 452 | 103 114 | 118 720 | 134 270 | 9 |
| 2 | 056 224 | 071 997 | 087 713 | 103 374 | 118 979 | 134 529 | 8 |
| 3 | 056 487 | 072 259 | 087 975 | 103 635 | 119 239 | 134 788 | 7 |
| 4 | 056 751 | 072 522 | 088 236 | 103 895 | 119 498 | 135 047 | 6 |
| 5 | 057 014 | 072 784 | 088 498 | 104 156 | 119 758 | 135 305 | 5 |
| 6 | 057 277 | 073 046 | 088 759 | 104 416 | 120 018 | 135 564 | 4 |
| 7 | 057 540 | 073 309 | 089 021 | 104 677 | 120 277 | 135 823 | 3 |
| 8 | 057 804 | 073 571 | 089 282 | 104 937 | 120 537 | 136 081 | 2 |
| 9 | 058 067 | 073 833 | 089 543 | 105 198 | 120 796 | 136 340 | 1 |
| 10 | 058 330 | 074 096 | 089 805 | 105 458 | 121 056 | 136 598 | 50 |
| 1 | 058 593 | 074 358 | 090 066 | 105 718 | 121 315 | 136 857 | 9 |
| 2 | 058 857 | 074 620 | 090 327 | 105 979 | 121 575 | 137 116 | 8 |
| 3 | 059 120 | 074 882 | 090 589 | 106 239 | 121 834 | 137 374 | 7 |
| 4 | 059 383 | 075 145 | 090 850 | 106 500 | 122 094 | 137 633 | 6 |
| 5 | 059 646 | 075 407 | 091 111 | 106 760 | 122 353 | 137 891 | 5 |
| 6 | 059 909 | 075 669 | 091 373 | 107 020 | 122 612 | 138 150 | 4 |
| 7 | 060 172 | 075 931 | 091 634 | 107 281 | 122 872 | 138 408 | 3 |
| 8 | 060 436 | 076 193 | 091 895 | 107 541 | 123 131 | 138 667 | 2 |
| 9 | 060 699 | 076 456 | 092 156 | 107 801 | 123 391 | 138 925 | 1 |
| 20 | 060 962 | 076 718 | 092 417 | 108 061 | 123 650 | 139 183 | 40 |
| 1 | 061 225 | 076 980 | 092 679 | 108 322 | 123 909 | 139 442 | 9 |
| 2 | 061 488 | 077 242 | 092 940 | 108 582 | 124 169 | 139 700 | 8 |
| 3 | 061 751 | 077 504 | 093 201 | 108 842 | 124 428 | 139 959 | 7 |
| 4 | 062 014 | 077 766 | 093 462 | 109 102 | 124 687 | 140 217 | 6 |
| 5 | 062 277 | 078 028 | 093 723 | 109 363 | 124 947 | 140 475 | 5 |
| 6 | 062 540 | 078 290 | 093 984 | 109 623 | 125 206 | 140 734 | 4 |
| 7 | 062 803 | 078 552 | 094 245 | 109 883 | 125 465 | 140 992 | 3 |
| 8 | 063 066 | 078 814 | 094 507 | 110 143 | 125 724 | 141 250 | 2 |
| 9 | 063 329 | 079 076 | 094 768 | 110 403 | 125 983 | 141 509 | 1 |
| 30 | 063 592 | 079 338 | 095 029 | 110 663 | 126 243 | 141 767 | 30 |
| 1 | 063 855 | 079 600 | 095 290 | 110 923 | 126 502 | 142 025 | 9 |
| 2 | 064 117 | 079 862 | 095 551 | 111 184 | 126 761 | 142 284 | 8 |
| 3 | 064 380 | 080 124 | 095 812 | 111 444 | 127 020 | 142 542 | 7 |
| 4 | 064 643 | 080 386 | 096 073 | 111 704 | 127 279 | 142 800 | 6 |
| 5 | 064 906 | 080 648 | 096 334 | 111 964 | 127 538 | 143 058 | 5 |
| 6 | 065 169 | 080 910 | 096 595 | 112 224 | 127 798 | 143 317 | 4 |
| 7 | 065 432 | 081 172 | 096 856 | 112 484 | 128 057 | 143 575 | 3 |
| 8 | 065 694 | 081 434 | 097 117 | 112 744 | 128 316 | 143 833 | 2 |
| 9 | 065 957 | 081 695 | 097 377 | 113 004 | 128 575 | 144 091 | 1 |
| 40 | 066 220 | 081 957 | 097 638 | 113 264 | 128 834 | 144 349 | 20 |
| 1 | 066 483 | 082 219 | 097 899 | 113 524 | 129 093 | 144 607 | 9 |
| 2 | 066 745 | 082 481 | 098 160 | 113 784 | 129 352 | 144 865 | 8 |
| 3 | 067 008 | 082 743 | 098 421 | 114 044 | 129 611 | 145 124 | 7 |
| 4 | 067 271 | 083 004 | 098 682 | 114 303 | 129 870 | 145 382 | 6 |
| 5 | 067 534 | 083 266 | 098 943 | 114 563 | 130 129 | 145 640 | 5 |
| 6 | 067 796 | 083 528 | 099 203 | 114 823 | 130 388 | 145 898 | 4 |
| 7 | 068 059 | 083 790 | 099 464 | 115 083 | 130 647 | 146 156 | 3 |
| 8 | 068 322 | 084 051 | 099 725 | 115 343 | 130 906 | 146 414 | 2 |
| 9 | 068 584 | 084 313 | 099 986 | 115 603 | 131 165 | 146 672 | 1 |
| 50 | 068 847 | 084 575 | 100 246 | 115 863 | 131 424 | 146 930 | 10 |
| 1 | 069 109 | 084 836 | 100 507 | 116 122 | 131 682 | 147 188 | 9 |
| 2 | 069 372 | 085 098 | 100 768 | 116 382 | 131 941 | 147 446 | 8 |
| 3 | 069 634 | 085 360 | 101 029 | 116 642 | 132 200 | 147 704 | 7 |
| 4 | 069 897 | 085 621 | 101 289 | 116 902 | 132 459 | 147 962 | 6 |
| 5 | 070 160 | 085 883 | 101 550 | 117 161 | 132 718 | 148 219 | 5 |
| 6 | 070 422 | 086 144 | 101 811 | 117 421 | 132 977 | 148 477 | 4 |
| 7 | 070 685 | 086 406 | 102 071 | 117 681 | 133 235 | 148 735 | 3 |
| 8 | 070 947 | 086 667 | 102 332 | 117 941 | 133 494 | 148 993 | 2 |
| 9 | 071 210 | 086 929 | 102 592 | 118 200 | 133 753 | 149 251 | 1 |
| 60 | $\bar{1}$,9 071 472 | $\bar{1}$,9 087 190 | $\bar{1}$,9 102 853 | $\bar{1}$,9 118 460 | $\bar{1}$,9 134 012 | $\bar{1}$,9 149 509 | 0 |
| ″ | 23′ | 22′ | 21′ | 20′ | 19′ | 18′ | ″ |

COTANGENTE 85°

| ″ | 42′ | 43′ | 44′ | 45′ | 46′ | 47′ | ″ |
|---|---|---|---|---|---|---|---|
| 0 | $\bar{3}$,9 134 881 | $\bar{3}$,9 150 219 | $\bar{3}$,9 165 504 | $\bar{3}$,9 180 734 | $\bar{3}$,9 195 911 | $\bar{3}$,9 211 034 | 60 |
| 1 | 135 137 | 150 474 | 165 758 | 180 987 | 196 163 | 211 286 | 9 |
| 2 | 135 393 | 150 730 | 166 012 | 181 241 | 196 416 | 211 537 | 8 |
| 3 | 135 649 | 150 985 | 166 266 | 181 494 | 196 668 | 211 789 | 7 |
| 4 | 135 905 | 151 240 | 166 521 | 181 747 | 196 920 | 212 040 | 6 |
| 5 | 136 161 | 151 495 | 166 775 | 182 001 | 197 173 | 212 292 | 5 |
| 6 | 136 417 | 151 750 | 167 029 | 182 254 | 197 425 | 212 544 | 4 |
| 7 | 136 673 | 152 005 | 167 283 | 182 507 | 197 678 | 212 795 | 3 |
| 8 | 136 929 | 152 260 | 167 537 | 182 760 | 197 930 | 213 047 | 2 |
| 9 | 137 185 | 152 515 | 167 791 | 183 014 | 198 182 | 213 298 | 1 |
| 10 | 137 441 | 152 770 | 168 046 | 183 267 | 198 435 | 213 550 | 50 |
| 1 | 137 697 | 153 025 | 168 300 | 183 520 | 198 687 | 213 801 | 9 |
| 2 | 137 953 | 153 280 | 168 554 | 183 773 | 198 940 | 214 052 | 8 |
| 3 | 138 209 | 153 535 | 168 808 | 184 027 | 199 192 | 214 304 | 7 |
| 4 | 138 464 | 153 790 | 169 062 | 184 280 | 199 444 | 214 555 | 6 |
| 5 | 138 720 | 154 045 | 169 316 | 184 533 | 199 696 | 214 807 | 5 |
| 6 | 138 976 | 154 300 | 169 570 | 184 786 | 199 949 | 215 058 | 4 |
| 7 | 139 232 | 154 555 | 169 824 | 185 039 | 200 201 | 215 309 | 3 |
| 8 | 139 488 | 154 810 | 170 078 | 185 292 | 200 453 | 215 561 | 2 |
| 9 | 139 744 | 155 065 | 170 332 | 185 546 | 200 705 | 215 812 | 1 |
| 20 | 139 999 | 155 320 | 170 586 | 185 799 | 200 958 | 216 064 | 40 |
| 1 | 140 255 | 155 575 | 170 840 | 186 052 | 201 210 | 216 315 | 9 |
| 2 | 140 511 | 155 830 | 171 094 | 186 305 | 201 462 | 216 566 | 8 |
| 3 | 140 767 | 156 085 | 171 348 | 186 558 | 201 714 | 216 817 | 7 |
| 4 | 141 023 | 156 339 | 171 602 | 186 811 | 201 966 | 217 069 | 6 |
| 5 | 141 278 | 156 594 | 171 856 | 187 064 | 202 218 | 217 320 | 5 |
| 6 | 141 534 | 156 849 | 172 110 | 187 317 | 202 471 | 217 571 | 4 |
| 7 | 141 790 | 157 104 | 172 364 | 187 570 | 202 723 | 217 822 | 3 |
| 8 | 142 045 | 157 359 | 172 618 | 187 823 | 202 975 | 218 074 | 2 |
| 9 | 142 301 | 157 613 | 172 872 | 188 076 | 203 227 | 218 325 | 1 |
| 30 | 142 557 | 157 868 | 173 125 | 188 329 | 203 479 | 218 576 | 30 |
| 1 | 142 812 | 158 123 | 173 379 | 188 582 | 203 731 | 218 827 | 9 |
| 2 | 143 068 | 158 378 | 173 633 | 188 835 | 203 983 | 219 078 | 8 |
| 3 | 143 324 | 158 632 | 173 887 | 189 088 | 204 235 | 219 329 | 7 |
| 4 | 143 579 | 158 887 | 174 141 | 189 341 | 204 487 | 219 581 | 6 |
| 5 | 143 835 | 159 142 | 174 394 | 189 593 | 204 739 | 219 832 | 5 |
| 6 | 144 090 | 159 396 | 174 648 | 189 846 | 204 991 | 220 083 | 4 |
| 7 | 144 346 | 159 651 | 174 902 | 190 099 | 205 243 | 220 334 | 3 |
| 8 | 144 601 | 159 906 | 175 156 | 190 352 | 205 495 | 220 585 | 2 |
| 9 | 144 857 | 160 160 | 175 409 | 190 605 | 205 747 | 220 836 | 1 |
| 40 | 145 112 | 160 415 | 175 663 | 190 858 | 205 999 | 221 087 | 20 |
| 1 | 145 368 | 160 669 | 175 917 | 191 110 | 206 251 | 221 338 | 9 |
| 2 | 145 623 | 160 924 | 176 170 | 191 363 | 206 503 | 221 589 | 8 |
| 3 | 145 879 | 161 178 | 176 424 | 191 616 | 206 754 | 221 840 | 7 |
| 4 | 146 134 | 161 433 | 176 678 | 191 869 | 207 006 | 222 091 | 6 |
| 5 | 146 390 | 161 688 | 176 931 | 192 121 | 207 258 | 222 342 | 5 |
| 6 | 146 645 | 161 942 | 177 185 | 192 374 | 207 510 | 222 593 | 4 |
| 7 | 146 900 | 162 196 | 177 438 | 192 627 | 207 762 | 222 844 | 3 |
| 8 | 147 156 | 162 451 | 177 692 | 192 880 | 208 014 | 223 095 | 2 |
| 9 | 147 411 | 162 705 | 177 946 | 193 132 | 208 265 | 223 346 | 1 |
| 50 | 147 667 | 162 960 | 178 199 | 193 385 | 208 517 | 223 597 | 10 |
| 1 | 147 922 | 163 214 | 178 453 | 193 637 | 208 769 | 223 848 | 9 |
| 2 | 148 177 | 163 469 | 178 706 | 193 890 | 209 021 | 224 098 | 8 |
| 3 | 148 433 | 163 723 | 178 960 | 194 143 | 209 272 | 224 349 | 7 |
| 4 | 148 688 | 163 978 | 179 213 | 194 395 | 209 524 | 224 600 | 6 |
| 5 | 148 943 | 164 232 | 179 467 | 194 648 | 209 776 | 224 851 | 5 |
| 6 | 149 198 | 164 486 | 179 720 | 194 900 | 210 028 | 225 102 | 4 |
| 7 | 149 454 | 164 741 | 179 974 | 195 153 | 210 279 | 225 352 | 3 |
| 8 | 149 709 | 164 995 | 180 227 | 195 406 | 210 531 | 225 603 | 2 |
| 9 | 149 964 | 165 249 | 180 480 | 195 658 | 210 782 | 225 854 | 1 |
| 60 | $\bar{3}$,9 150 219 | $\bar{3}$,9 165 504 | $\bar{3}$,9 180 734 | $\bar{3}$,9 195 911 | $\bar{3}$,9 211 034 | $\bar{3}$,9 226 105 | 0 |
| ″ | 17′ | 16′ | 15′ | 14′ | 13′ | 12′ | ″ |

COSINUS 85°

| ″ | 42′ | 43′ | 44′ | 45′ | 46′ | 47′ | ″ |
|---|---|---|---|---|---|---|---|
| 0 | $\bar{2}$,9 149 509 | $\bar{2}$,9 164 952 | $\bar{2}$,9 180 340 | $\bar{2}$,9 195 675 | $\bar{2}$,9 210 957 | $\bar{2}$,9 226 186 | 60 |
| 1 | 149 767 | 165 208 | 180 596 | 195 930 | 211 211 | 226 440 | 9 |
| 2 | 150 024 | 165 465 | 180 852 | 196 186 | 211 466 | 226 693 | 8 |
| 3 | 150 282 | 165 722 | 181 108 | 196 441 | 211 720 | 226 946 | 7 |
| 4 | 150 540 | 165 979 | 181 364 | 196 696 | 211 974 | 227 200 | 6 |
| 5 | 150 798 | 166 236 | 181 620 | 196 951 | 212 228 | 227 453 | 5 |
| 6 | 151 056 | 166 493 | 181 876 | 197 206 | 212 483 | 227 706 | 4 |
| 7 | 151 313 | 166 750 | 182 132 | 197 461 | 212 737 | 227 960 | 3 |
| 8 | 151 571 | 167 006 | 182 388 | 197 716 | 212 991 | 228 213 | 2 |
| 9 | 151 829 | 167 263 | 182 644 | 197 971 | 213 245 | 228 466 | 1 |
| 10 | 152 086 | 167 520 | 182 900 | 198 226 | 213 499 | 228 719 | 50 |
| 1 | 152 344 | 167 777 | 183 156 | 198 481 | 213 753 | 228 973 | 9 |
| 2 | 152 602 | 168 034 | 183 412 | 198 736 | 214 007 | 229 226 | 8 |
| 3 | 152 859 | 168 290 | 183 667 | 198 991 | 214 261 | 229 479 | 7 |
| 4 | 153 117 | 168 547 | 183 923 | 199 246 | 214 515 | 229 732 | 6 |
| 5 | 153 375 | 168 804 | 184 179 | 199 501 | 214 769 | 229 985 | 5 |
| 6 | 153 632 | 169 060 | 184 435 | 199 756 | 215 023 | 230 239 | 4 |
| 7 | 153 890 | 169 317 | 184 691 | 200 011 | 215 277 | 230 492 | 3 |
| 8 | 154 147 | 169 574 | 184 946 | 200 265 | 215 531 | 230 745 | 2 |
| 9 | 154 405 | 169 830 | 185 202 | 200 520 | 215 785 | 230 998 | 1 |
| 20 | 154 662 | 170 087 | 185 458 | 200 775 | 216 039 | 231 251 | 40 |
| 1 | 154 920 | 170 344 | 185 714 | 201 030 | 216 293 | 231 504 | 9 |
| 2 | 155 177 | 170 600 | 185 969 | 201 285 | 216 547 | 231 757 | 8 |
| 3 | 155 435 | 170 857 | 186 225 | 201 540 | 216 801 | 232 010 | 7 |
| 4 | 155 692 | 171 113 | 186 481 | 201 794 | 217 055 | 232 263 | 6 |
| 5 | 155 950 | 171 370 | 186 736 | 202 049 | 217 309 | 232 516 | 5 |
| 6 | 156 207 | 171 627 | 186 992 | 202 304 | 217 563 | 232 769 | 4 |
| 7 | 156 465 | 171 883 | 187 248 | 202 559 | 217 817 | 233 022 | 3 |
| 8 | 156 722 | 172 140 | 187 503 | 202 813 | 218 071 | 233 275 | 2 |
| 9 | 156 980 | 172 396 | 187 759 | 203 068 | 218 325 | 233 528 | 1 |
| 30 | 157 237 | 172 653 | 188 014 | 203 323 | 218 578 | 233 781 | 30 |
| 1 | 157 494 | 172 909 | 188 270 | 203 578 | 218 832 | 234 034 | 9 |
| 2 | 157 752 | 173 166 | 188 526 | 203 832 | 219 086 | 234 287 | 8 |
| 3 | 158 009 | 173 422 | 188 781 | 204 087 | 219 340 | 234 540 | 7 |
| 4 | 158 266 | 173 678 | 189 037 | 204 342 | 219 594 | 234 793 | 6 |
| 5 | 158 524 | 173 935 | 189 292 | 204 596 | 219 847 | 235 046 | 5 |
| 6 | 158 781 | 174 191 | 189 548 | 204 851 | 220 101 | 235 299 | 4 |
| 7 | 159 038 | 174 448 | 189 803 | 205 105 | 220 355 | 235 551 | 3 |
| 8 | 159 295 | 174 704 | 190 059 | 205 360 | 220 608 | 235 804 | 2 |
| 9 | 159 553 | 174 960 | 190 314 | 205 615 | 220 862 | 236 057 | 1 |
| 40 | 159 810 | 175 217 | 190 570 | 205 869 | 221 116 | 236 310 | 20 |
| 1 | 160 067 | 175 473 | 190 825 | 206 124 | 221 369 | 236 563 | 9 |
| 2 | 160 324 | 175 729 | 191 080 | 206 378 | 221 623 | 236 815 | 8 |
| 3 | 160 582 | 175 986 | 191 336 | 206 633 | 221 877 | 237 068 | 7 |
| 4 | 160 839 | 176 242 | 191 591 | 206 887 | 222 130 | 237 321 | 6 |
| 5 | 161 096 | 176 498 | 191 847 | 207 142 | 222 384 | 237 574 | 5 |
| 6 | 161 353 | 176 754 | 192 102 | 207 396 | 222 638 | 237 826 | 4 |
| 7 | 161 610 | 177 011 | 192 357 | 207 651 | 222 891 | 238 079 | 3 |
| 8 | 161 867 | 177 267 | 192 613 | 207 905 | 223 145 | 238 332 | 2 |
| 9 | 162 124 | 177 523 | 192 868 | 208 160 | 223 398 | 238 584 | 1 |
| 50 | 162 381 | 177 779 | 193 123 | 208 414 | 223 652 | 238 837 | 10 |
| 1 | 162 639 | 178 035 | 193 378 | 208 668 | 223 905 | 239 090 | 9 |
| 2 | 162 896 | 178 291 | 193 634 | 208 923 | 224 159 | 239 342 | 8 |
| 3 | 163 153 | 178 548 | 193 889 | 209 177 | 224 412 | 239 595 | 7 |
| 4 | 163 410 | 178 804 | 194 144 | 209 431 | 224 666 | 239 848 | 6 |
| 5 | 163 667 | 179 060 | 194 399 | 209 686 | 224 919 | 240 100 | 5 |
| 6 | 163 924 | 179 316 | 194 655 | 209 940 | 225 173 | 240 353 | 4 |
| 7 | 164 181 | 179 572 | 194 910 | 210 194 | 225 426 | 240 605 | 3 |
| 8 | 164 438 | 179 828 | 195 165 | 210 449 | 225 680 | 240 858 | 2 |
| 9 | 164 695 | 180 084 | 195 420 | 210 703 | 225 933 | 241 110 | 1 |
| 60 | $\bar{2}$,9 164 952 | $\bar{2}$,9 180 340 | $\bar{2}$,9 195 675 | $\bar{2}$,9 210 957 | $\bar{2}$,9 226 186 | $\bar{2}$,9 241 363 | 0 |
| ″ | 17′ | 16′ | 15′ | 14′ | 13′ | 12′ | ″ |

| ″ | 48′ | 49′ | 50′ | 51′ | 52′ | 53′ | ″ |
|---|---|---|---|---|---|---|---|
| 0 | $\bar{1}$,9 226 105 | $\bar{1}$,9 241 123 | $\bar{1}$,9 256 089 | $\bar{1}$,9 271 003 | $\bar{1}$,9 285 866 | $\bar{1}$,9 300 678 | 60 |
| 1 | 226 356 | 241 373 | 256 338 | 271 251 | 286 114 | 300 925 | 9 |
| 2 | 226 606 | 241 623 | 256 587 | 271 500 | 286 361 | 301 171 | 8 |
| 3 | 226 857 | 241 873 | 256 836 | 271 748 | 286 608 | 301 417 | 7 |
| 4 | 227 108 | 242 122 | 257 085 | 271 996 | 286 855 | 301 664 | 6 |
| 5 | 227 358 | 242 372 | 257 334 | 272 244 | 287 103 | 301 910 | 5 |
| 6 | 227 609 | 242 622 | 257 583 | 272 492 | 287 350 | 302 156 | 4 |
| 7 | 227 860 | 242 872 | 257 832 | 272 740 | 287 597 | 302 403 | 3 |
| 8 | 228 110 | 243 121 | 258 081 | 272 988 | 287 844 | 302 649 | 2 |
| 9 | 228 361 | 243 371 | 258 329 | 273 236 | 288 091 | 302 895 | 1 |
| 10 | 228 611 | 243 621 | 258 578 | 273 484 | 288 338 | 303 142 | 50 |
| 1 | 228 862 | 243 871 | 258 827 | 273 732 | 288 586 | 303 388 | 9 |
| 2 | 229 113 | 244 120 | 259 076 | 273 980 | 288 833 | 303 634 | 8 |
| 3 | 229 363 | 244 370 | 259 325 | 274 228 | 289 080 | 303 881 | 7 |
| 4 | 229 614 | 244 620 | 259 574 | 274 476 | 289 327 | 304 127 | 6 |
| 5 | 229 864 | 244 869 | 259 822 | 274 724 | 289 574 | 304 373 | 5 |
| 6 | 230 115 | 245 119 | 260 071 | 274 972 | 289 821 | 304 619 | 4 |
| 7 | 230 365 | 245 369 | 260 320 | 275 220 | 290 068 | 304 866 | 3 |
| 8 | 230 616 | 245 618 | 260 569 | 275 468 | 290 315 | 305 112 | 2 |
| 9 | 230 866 | 245 868 | 260 817 | 275 715 | 290 562 | 305 358 | 1 |
| 20 | 231 117 | 246 117 | 261 066 | 275 963 | 290 809 | 305 604 | 40 |
| 1 | 231 367 | 246 367 | 261 315 | 276 211 | 291 056 | 305 850 | 9 |
| 2 | 231 618 | 246 617 | 261 564 | 276 459 | 291 303 | 306 096 | 8 |
| 3 | 231 868 | 246 866 | 261 812 | 276 707 | 291 550 | 306 343 | 7 |
| 4 | 232 118 | 247 116 | 262 061 | 276 955 | 291 797 | 306 589 | 6 |
| 5 | 232 369 | 247 365 | 262 310 | 277 202 | 292 044 | 306 835 | 5 |
| 6 | 232 619 | 247 615 | 262 558 | 277 450 | 292 291 | 307 081 | 4 |
| 7 | 232 869 | 247 864 | 262 807 | 277 698 | 292 538 | 307 327 | 3 |
| 8 | 233 120 | 248 114 | 263 055 | 277 946 | 292 785 | 307 573 | 2 |
| 9 | 233 370 | 248 363 | 263 304 | 278 193 | 293 032 | 307 819 | 1 |
| 30 | 233 620 | 248 613 | 263 553 | 278 441 | 293 279 | 308 065 | 30 |
| 1 | 233 871 | 248 862 | 263 801 | 278 689 | 293 525 | 308 311 | 9 |
| 2 | 234 121 | 249 111 | 264 050 | 278 937 | 293 772 | 308 557 | 8 |
| 3 | 234 371 | 249 361 | 264 298 | 279 184 | 294 019 | 308 803 | 7 |
| 4 | 234 622 | 249 610 | 264 547 | 279 432 | 294 266 | 309 049 | 6 |
| 5 | 234 872 | 249 859 | 264 795 | 279 680 | 294 513 | 309 295 | 5 |
| 6 | 235 122 | 250 109 | 265 044 | 279 927 | 294 759 | 309 541 | 4 |
| 7 | 235 372 | 250 358 | 265 292 | 280 175 | 295 006 | 309 787 | 3 |
| 8 | 235 622 | 250 608 | 265 541 | 280 422 | 295 253 | 310 033 | 2 |
| 9 | 235 873 | 250 857 | 265 789 | 280 670 | 295 500 | 310 279 | 1 |
| 40 | 236 123 | 251 106 | 266 038 | 280 918 | 295 746 | 310 524 | 20 |
| 1 | 236 373 | 251 355 | 266 286 | 281 165 | 295 993 | 310 770 | 9 |
| 2 | 236 623 | 251 605 | 266 534 | 281 413 | 296 240 | 311 016 | 8 |
| 3 | 236 873 | 251 854 | 266 783 | 281 660 | 296 487 | 311 262 | 7 |
| 4 | 237 123 | 252 103 | 267 031 | 281 908 | 296 733 | 311 508 | 6 |
| 5 | 237 373 | 252 352 | 267 280 | 282 155 | 296 980 | 311 754 | 5 |
| 6 | 237 623 | 252 602 | 267 528 | 282 403 | 297 227 | 311 999 | 4 |
| 7 | 237 873 | 252 851 | 267 776 | 282 650 | 297 473 | 312 246 | 3 |
| 8 | 238 124 | 253 100 | 268 025 | 282 898 | 297 720 | 312 491 | 2 |
| 9 | 238 374 | 253 349 | 268 273 | 283 145 | 297 966 | 312 737 | 1 |
| 50 | 238 624 | 253 598 | 268 521 | 283 393 | 298 213 | 312 983 | 10 |
| 1 | 238 874 | 253 847 | 268 769 | 283 640 | 298 460 | 313 228 | 9 |
| 2 | 239 124 | 254 097 | 269 018 | 283 887 | 298 706 | 313 474 | 8 |
| 3 | 239 374 | 254 346 | 269 266 | 284 135 | 298 953 | 313 720 | 7 |
| 4 | 239 624 | 254 595 | 269 514 | 284 382 | 299 199 | 313 965 | 6 |
| 5 | 239 873 | 254 844 | 269 762 | 284 630 | 299 446 | 314 211 | 5 |
| 6 | 240 123 | 255 093 | 270 011 | 284 877 | 299 692 | 314 457 | 4 |
| 7 | 240 373 | 255 342 | 270 259 | 285 124 | 299 939 | 314 702 | 3 |
| 8 | 240 623 | 255 591 | 270 507 | 285 372 | 300 185 | 314 948 | 2 |
| 9 | 240 873 | 255 840 | 270 755 | 285 619 | 300 432 | 315 194 | 1 |
| 60 | $\bar{1}$,9 241 123 | $\bar{1}$,9 256 089 | $\bar{1}$,9 271 003 | $\bar{1}$,9 285 866 | $\bar{1}$,9 300 678 | $\bar{1}$,9 315 439 | 0 |
| ″ | 11′ | 10′ | 9′ | 8′ | 7′ | 6′ | ″ |

COSINUS 85°

| ″ | 48′ | 49′ | 50′ | 51′ | 52′ | 53′ | ″ |
|---|---|---|---|---|---|---|---|
| 0 | $\bar{2}$,9 241 363 | $\bar{2}$,9 256 487 | $\bar{2}$,9 271 560 | $\bar{2}$,9 286 581 | $\bar{2}$,9 301 552 | $\bar{2}$,9 316 471 | 60 |
| 1 | 241 615 | 256 739 | 271 811 | 286 831 | 301 801 | 316 719 | 9 |
| 2 | 241 868 | 256 991 | 272 062 | 287 081 | 302 050 | 316 968 | 8 |
| 3 | 242 120 | 257 242 | 272 312 | 287 331 | 302 299 | 317 216 | 7 |
| 4 | 242 373 | 257 494 | 272 563 | 287 581 | 302 548 | 317 464 | 6 |
| 5 | 242 625 | 257 745 | 272 814 | 287 831 | 302 797 | 317 712 | 5 |
| 6 | 242 878 | 257 997 | 273 064 | 288 081 | 303 046 | 317 960 | 4 |
| 7 | 243 130 | 258 248 | 273 315 | 288 331 | 303 295 | 318 209 | 3 |
| 8 | 243 382 | 258 500 | 273 566 | 288 580 | 303 544 | 318 457 | 2 |
| 9 | 243 635 | 258 752 | 273 817 | 288 830 | 303 793 | 318 705 | 1 |
| 10 | 243 887 | 259 003 | 274 067 | 289 080 | 304 042 | 318 953 | 50 |
| 1 | 244 140 | 259 255 | 274 318 | 289 330 | 304 291 | 319 201 | 9 |
| 2 | 244 392 | 259 506 | 274 568 | 289 579 | 304 540 | 319 449 | 8 |
| 3 | 244 644 | 259 757 | 274 819 | 289 829 | 304 789 | 319 697 | 7 |
| 4 | 244 897 | 260 009 | 275 070 | 290 079 | 305 037 | 319 945 | 6 |
| 5 | 245 149 | 260 260 | 275 320 | 290 329 | 305 286 | 320 193 | 5 |
| 6 | 245 401 | 260 512 | 275 571 | 290 578 | 305 535 | 320 441 | 4 |
| 7 | 245 653 | 260 763 | 275 821 | 290 828 | 305 784 | 320 689 | 3 |
| 8 | 245 906 | 261 015 | 276 072 | 291 078 | 306 033 | 320 937 | 2 |
| 9 | 246 158 | 261 266 | 276 322 | 291 327 | 306 282 | 321 185 | 1 |
| 20 | 246 410 | 261 517 | 276 573 | 291 577 | 306 530 | 321 433 | 40 |
| 1 | 246 662 | 261 769 | 276 823 | 291 827 | 306 779 | 321 681 | 9 |
| 2 | 246 915 | 262 020 | 277 074 | 292 076 | 307 028 | 321 929 | 8 |
| 3 | 247 167 | 262 271 | 277 324 | 292 326 | 307 277 | 322 177 | 7 |
| 4 | 247 419 | 262 523 | 277 575 | 292 576 | 307 526 | 322 425 | 6 |
| 5 | 247 671 | 262 774 | 277 825 | 292 825 | 307 774 | 322 673 | 5 |
| 6 | 247 923 | 263 025 | 278 076 | 293 075 | 308 023 | 322 921 | 4 |
| 7 | 248 175 | 263 276 | 278 326 | 293 324 | 308 272 | 323 169 | 3 |
| 8 | 248 427 | 263 528 | 278 576 | 293 574 | 308 520 | 323 416 | 2 |
| 9 | 248 680 | 263 779 | 278 827 | 293 823 | 308 769 | 323 664 | 1 |
| 30 | 248 932 | 264 030 | 279 077 | 294 073 | 309 018 | 323 912 | 30 |
| 1 | 249 184 | 264 281 | 279 327 | 294 322 | 309 266 | 324 160 | 9 |
| 2 | 249 436 | 264 533 | 279 578 | 294 572 | 309 515 | 324 408 | 8 |
| 3 | 249 688 | 264 784 | 279 828 | 294 821 | 309 764 | 324 656 | 7 |
| 4 | 249 940 | 265 035 | 280 078 | 295 071 | 310 012 | 324 903 | 6 |
| 5 | 250 192 | 265 286 | 280 329 | 295 320 | 310 261 | 325 151 | 5 |
| 6 | 250 444 | 265 537 | 280 579 | 295 570 | 310 509 | 325 399 | 4 |
| 7 | 250 696 | 265 788 | 280 829 | 295 819 | 310 758 | 325 647 | 3 |
| 8 | 250 948 | 266 039 | 281 079 | 296 068 | 311 007 | 325 894 | 2 |
| 9 | 251 200 | 266 290 | 281 330 | 296 318 | 311 255 | 326 142 | 1 |
| 40 | 251 452 | 266 542 | 281 580 | 296 567 | 311 504 | 326 390 | 20 |
| 1 | 251 704 | 266 793 | 281 830 | 296 817 | 311 752 | 326 637 | 9 |
| 2 | 251 955 | 267 044 | 282 080 | 297 066 | 312 001 | 326 885 | 8 |
| 3 | 252 207 | 267 295 | 282 331 | 297 315 | 312 249 | 327 133 | 7 |
| 4 | 252 459 | 267 546 | 282 581 | 297 565 | 312 498 | 327 380 | 6 |
| 5 | 252 711 | 267 797 | 282 831 | 297 814 | 312 746 | 327 628 | 5 |
| 6 | 252 963 | 268 048 | 283 081 | 298 063 | 312 995 | 327 875 | 4 |
| 7 | 253 215 | 268 299 | 283 331 | 298 312 | 313 243 | 328 123 | 3 |
| 8 | 253 467 | 268 550 | 283 581 | 298 562 | 313 491 | 328 371 | 2 |
| 9 | 253 718 | 268 801 | 283 831 | 298 811 | 313 740 | 328 618 | 1 |
| 50 | 253 970 | 269 052 | 284 081 | 299 060 | 313 988 | 328 866 | 10 |
| 1 | 254 222 | 269 302 | 284 331 | 299 309 | 314 237 | 329 113 | 9 |
| 2 | 254 474 | 269 553 | 284 581 | 299 559 | 314 485 | 329 361 | 8 |
| 3 | 254 725 | 269 804 | 284 832 | 299 808 | 314 733 | 329 608 | 7 |
| 4 | 254 977 | 270 055 | 285 082 | 300 057 | 314 982 | 329 856 | 6 |
| 5 | 255 229 | 270 306 | 285 332 | 300 306 | 315 230 | 330 103 | 5 |
| 6 | 255 481 | 270 557 | 285 582 | 300 555 | 315 478 | 330 351 | 4 |
| 7 | 255 732 | 270 808 | 285 832 | 300 804 | 315 726 | 330 598 | 3 |
| 8 | 255 984 | 271 058 | 286 081 | 301 053 | 315 975 | 330 846 | 2 |
| 9 | 256 236 | 271 309 | 286 331 | 301 303 | 316 223 | 331 093 | 1 |
| 60 | $\bar{2}$,9 256 487 | $\bar{2}$,9 271 560 | $\bar{2}$,9 286 581 | $\bar{2}$,9 301 552 | $\bar{2}$,9 316 471 | $\bar{2}$,9 331 340 | 0 |
| ″ | 11′ | 10′ | 9′ | 8′ | 7′ | 6′ | ″ |

| ″ | 54′ | 55′ | 56′ | 57′ | 58′ | 59′ | ″ |
|---|---|---|---|---|---|---|---|
| 0 | $\bar{3}$,9 315 439 | $\bar{3}$,9 330 150 | $\bar{3}$,9 344 811 | $\bar{3}$,9 359 422 | $\bar{3}$,9 373 983 | $\bar{3}$,9 388 496 | 60 |
| 1 | 315 685 | 330 395 | 345 055 | 359 665 | 374 226 | 388 738 | 9 |
| 2 | 315 930 | 330 639 | 345 299 | 359 908 | 374 468 | 388 979 | 8 |
| 3 | 316 176 | 330 884 | 345 542 | 360 151 | 374 710 | 389 220 | 7 |
| 4 | 316 422 | 331 129 | 345 786 | 360 394 | 374 952 | 389 462 | 6 |
| 5 | 316 667 | 331 374 | 346 030 | 360 637 | 375 195 | 389 703 | 5 |
| 6 | 316 913 | 331 618 | 346 274 | 360 880 | 375 437 | 389 945 | 4 |
| 7 | 317 158 | 331 863 | 346 518 | 361 123 | 375 679 | 390 186 | 3 |
| 8 | 317 404 | 332 108 | 346 762 | 361 366 | 375 921 | 390 427 | 2 |
| 9 | 317 649 | 332 352 | 347 006 | 361 609 | 376 163 | 390 669 | 1 |
| 10 | 317 895 | 332 597 | 347 249 | 361 852 | 376 406 | 390 910 | 50 |
| 1 | 318 140 | 332 842 | 347 493 | 362 095 | 376 648 | 391 151 | 9 |
| 2 | 318 385 | 333 086 | 347 737 | 362 338 | 376 890 | 391 393 | 8 |
| 3 | 318 631 | 333 331 | 347 981 | 362 581 | 377 132 | 391 634 | 7 |
| 4 | 318 876 | 333 575 | 348 224 | 362 824 | 377 374 | 391 875 | 6 |
| 5 | 319 122 | 333 820 | 348 468 | 363 067 | 377 616 | 392 117 | 5 |
| 6 | 319 367 | 334 064 | 348 712 | 363 310 | 377 858 | 392 358 | 4 |
| 7 | 319 612 | 334 309 | 348 956 | 363 553 | 378 100 | 392 599 | 3 |
| 8 | 319 858 | 334 553 | 349 199 | 363 795 | 378 342 | 392 840 | 2 |
| 9 | 320 103 | 334 798 | 349 443 | 364 038 | 378 584 | 393 082 | 1 |
| 20 | 320 348 | 335 042 | 349 687 | 364 281 | 378 826 | 393 323 | 40 |
| 1 | 320 594 | 335 287 | 349 930 | 364 524 | 379 068 | 393 564 | 9 |
| 2 | 320 839 | 335 531 | 350 174 | 364 767 | 379 310 | 393 805 | 8 |
| 3 | 321 084 | 335 776 | 350 417 | 365 010 | 379 552 | 394 046 | 7 |
| 4 | 321 330 | 336 020 | 350 661 | 365 252 | 379 794 | 394 288 | 6 |
| 5 | 321 575 | 336 265 | 350 905 | 365 495 | 380 036 | 394 529 | 5 |
| 6 | 321 820 | 336 509 | 351 148 | 365 738 | 380 278 | 394 770 | 4 |
| 7 | 322 065 | 336 753 | 351 392 | 365 981 | 380 520 | 395 011 | 3 |
| 8 | 322 311 | 336 998 | 351 635 | 366 223 | 380 762 | 395 252 | 2 |
| 9 | 322 556 | 337 242 | 351 879 | 366 466 | 381 004 | 395 493 | 1 |
| 30 | 322 801 | 337 487 | 352 122 | 366 709 | 381 246 | 395 734 | 30 |
| 1 | 323 046 | 337 731 | 352 366 | 366 951 | 381 488 | 395 975 | 9 |
| 2 | 323 291 | 337 975 | 352 609 | 367 194 | 381 730 | 396 216 | 8 |
| 3 | 323 536 | 338 220 | 352 853 | 367 437 | 381 971 | 396 457 | 7 |
| 4 | 323 781 | 338 464 | 353 096 | 367 679 | 382 213 | 396 698 | 6 |
| 5 | 324 027 | 338 708 | 353 340 | 367 922 | 382 455 | 396 939 | 5 |
| 6 | 324 272 | 338 952 | 353 583 | 368 165 | 382 697 | 397 180 | 4 |
| 7 | 324 517 | 339 197 | 353 827 | 368 407 | 382 939 | 397 421 | 3 |
| 8 | 324 762 | 339 441 | 354 070 | 368 650 | 383 180 | 397 662 | 2 |
| 9 | 325 007 | 339 685 | 354 314 | 368 892 | 383 422 | 397 903 | 1 |
| 40 | 325 252 | 339 929 | 354 557 | 369 135 | 383 664 | 398 144 | 20 |
| 1 | 325 497 | 340 174 | 354 800 | 369 378 | 383 906 | 398 385 | 9 |
| 2 | 325 742 | 340 418 | 355 044 | 369 620 | 384 147 | 398 626 | 8 |
| 3 | 325 987 | 340 662 | 355 287 | 369 863 | 384 389 | 398 867 | 7 |
| 4 | 326 232 | 340 906 | 355 530 | 370 105 | 384 631 | 399 108 | 6 |
| 5 | 326 477 | 341 150 | 355 774 | 370 348 | 384 873 | 399 349 | 5 |
| 6 | 326 722 | 341 394 | 356 017 | 370 590 | 385 114 | 399 589 | 4 |
| 7 | 326 967 | 341 638 | 356 260 | 370 833 | 385 356 | 399 830 | 3 |
| 8 | 327 212 | 341 883 | 356 504 | 371 075 | 385 597 | 400 071 | 2 |
| 9 | 327 457 | 342 127 | 356 747 | 371 318 | 385 839 | 400 312 | 1 |
| 50 | 327 702 | 342 371 | 356 990 | 371 560 | 386 081 | 400 553 | 10 |
| 1 | 327 947 | 342 615 | 357 233 | 371 802 | 386 322 | 400 794 | 9 |
| 2 | 328 191 | 342 859 | 357 476 | 372 045 | 386 564 | 401 034 | 8 |
| 3 | 328 436 | 343 103 | 357 720 | 372 287 | 386 805 | 401 275 | 7 |
| 4 | 328 681 | 343 347 | 357 963 | 372 530 | 387 047 | 401 516 | 6 |
| 5 | 328 926 | 343 591 | 358 206 | 372 772 | 387 289 | 401 757 | 5 |
| 6 | 329 171 | 343 835 | 358 449 | 373 014 | 387 530 | 401 997 | 4 |
| 7 | 329 416 | 344 079 | 358 692 | 373 257 | 387 772 | 402 238 | 3 |
| 8 | 329 660 | 344 323 | 358 936 | 373 499 | 388 013 | 402 479 | 2 |
| 9 | 329 905 | 344 567 | 359 179 | 373 741 | 388 255 | 402 719 | 1 |
| 60 | $\bar{3}$,9 330 150 | $\bar{3}$,9 344 811 | $\bar{3}$,9 359 422 | $\bar{3}$,9 373 983 | $\bar{3}$,9 388 496 | $\bar{3}$,9 402 960 | 0 |
| ″ | 5′ | 4′ | 3′ | 2′ | 1′ | 0′ | ″ |

COSINUS 85°

| " | 54' | 55' | 56' | 57' | 58' | 59' | " |
|---|---|---|---|---|---|---|---|
| 0 | $\bar{2}$,9 331 340 | $\bar{2}$,9 346 160 | $\bar{2}$,9 360 929 | $\bar{2}$,9 375 650 | $\bar{2}$,9 390 321 | $\bar{2}$,9 404 944 | 60 |
| 1 | 331 588 | 346 406 | 361 175 | 375 895 | 390 565 | 405 187 | 9 |
| 2 | 331 835 | 346 653 | 361 421 | 376 139 | 390 809 | 405 430 | 8 |
| 3 | 332 083 | 346 899 | 361 667 | 376 384 | 391 053 | 405 673 | 7 |
| 4 | 332 330 | 347 146 | 361 912 | 376 629 | 391 297 | 405 917 | 6 |
| 5 | 332 577 | 347 392 | 362 158 | 376 874 | 391 541 | 406 160 | 5 |
| 6 | 332 825 | 347 639 | 362 404 | 377 119 | 391 785 | 406 403 | 4 |
| 7 | 333 072 | 347 885 | 362 649 | 377 364 | 392 029 | 406 646 | 3 |
| 8 | 333 319 | 348 132 | 362 895 | 377 609 | 392 273 | 406 890 | 2 |
| 9 | 333 567 | 348 378 | 363 141 | 377 853 | 392 517 | 407 133 | 1 |
| 10 | 333 814 | 348 625 | 363 386 | 378 098 | 392 761 | 407 376 | 50 |
| 1 | 334 061 | 348 871 | 363 632 | 378 343 | 393 005 | 407 619 | 9 |
| 2 | 334 308 | 349 118 | 363 877 | 378 588 | 393 249 | 407 862 | 8 |
| 3 | 334 556 | 349 364 | 364 123 | 378 833 | 393 493 | 408 105 | 7 |
| 4 | 334 803 | 349 610 | 364 368 | 379 077 | 393 737 | 408 349 | 6 |
| 5 | 335 050 | 349 857 | 364 614 | 379 322 | 393 981 | 408 592 | 5 |
| 6 | 335 297 | 350 103 | 364 860 | 379 567 | 394 225 | 408 835 | 4 |
| 7 | 335 544 | 350 349 | 365 105 | 379 811 | 394 469 | 409 078 | 3 |
| 8 | 335 791 | 350 596 | 365 351 | 380 056 | 394 713 | 409 321 | 2 |
| 9 | 336 039 | 350 842 | 365 596 | 380 301 | 394 957 | 409 564 | 1 |
| 20 | 336 286 | 351 088 | 365 842 | 380 545 | 395 200 | 409 807 | 40 |
| 1 | 336 533 | 351 335 | 366 087 | 380 790 | 395 444 | 410 050 | 9 |
| 2 | 336 780 | 351 581 | 366 332 | 381 035 | 395 688 | 410 293 | 8 |
| 3 | 337 027 | 351 827 | 366 578 | 381 279 | 395 932 | 410 536 | 7 |
| 4 | 337 274 | 352 074 | 366 823 | 381 524 | 396 176 | 410 779 | 6 |
| 5 | 337 521 | 352 320 | 367 069 | 381 769 | 396 420 | 411 022 | 5 |
| 6 | 337 768 | 352 566 | 367 314 | 382 013 | 396 663 | 411 265 | 4 |
| 7 | 338 015 | 352 812 | 367 560 | 382 258 | 396 907 | 411 508 | 3 |
| 8 | 338 262 | 353 058 | 367 805 | 382 502 | 397 151 | 411 751 | 2 |
| 9 | 338 509 | 353 305 | 368 050 | 382 747 | 397 395 | 411 994 | 1 |
| 30 | 338 756 | 353 551 | 368 296 | 382 991 | 397 638 | 412 237 | 30 |
| 1 | 339 003 | 353 797 | 368 541 | 383 236 | 397 882 | 412 480 | 9 |
| 2 | 339 250 | 354 043 | 368 786 | 383 480 | 398 126 | 412 722 | 8 |
| 3 | 339 497 | 354 289 | 369 032 | 383 725 | 398 369 | 412 965 | 7 |
| 4 | 339 744 | 354 535 | 369 277 | 383 969 | 398 613 | 413 208 | 6 |
| 5 | 339 991 | 354 781 | 369 522 | 384 214 | 398 857 | 413 451 | 5 |
| 6 | 340 238 | 355 027 | 369 767 | 384 458 | 399 100 | 413 694 | 4 |
| 7 | 340 485 | 355 274 | 370 013 | 384 703 | 399 344 | 413 937 | 3 |
| 8 | 340 732 | 355 520 | 370 258 | 384 947 | 399 588 | 414 180 | 2 |
| 9 | 340 979 | 355 766 | 370 503 | 385 191 | 399 831 | 414 422 | 1 |
| 40 | 341 226 | 356 012 | 370 748 | 385 436 | 400 075 | 414 665 | 20 |
| 1 | 341 472 | 356 258 | 370 994 | 385 680 | 400 318 | 414 908 | 9 |
| 2 | 341 719 | 356 504 | 371 239 | 385 925 | 400 562 | 415 151 | 8 |
| 3 | 341 966 | 356 750 | 371 484 | 386 169 | 400 805 | 415 393 | 7 |
| 4 | 342 213 | 356 996 | 371 729 | 386 413 | 401 049 | 415 636 | 6 |
| 5 | 342 460 | 357 242 | 371 974 | 386 658 | 401 292 | 415 879 | 5 |
| 6 | 342 706 | 357 488 | 372 219 | 386 902 | 401 536 | 416 121 | 4 |
| 7 | 342 953 | 357 733 | 372 464 | 387 146 | 401 779 | 416 364 | 3 |
| 8 | 343 200 | 357 979 | 372 709 | 387 391 | 402 023 | 416 607 | 2 |
| 9 | 343 447 | 358 225 | 372 955 | 387 635 | 402 266 | 416 849 | 1 |
| 50 | 343 693 | 358 471 | 373 200 | 387 879 | 402 510 | 417 092 | 10 |
| 1 | 343 940 | 358 717 | 373 445 | 388 123 | 402 753 | 417 335 | 9 |
| 2 | 344 187 | 358 963 | 373 690 | 388 368 | 402 997 | 417 577 | 8 |
| 3 | 344 433 | 359 209 | 373 935 | 388 612 | 403 240 | 417 820 | 7 |
| 4 | 344 680 | 359 455 | 374 180 | 388 856 | 403 483 | 418 063 | 6 |
| 5 | 344 927 | 359 700 | 374 425 | 389 100 | 403 727 | 418 305 | 5 |
| 6 | 345 173 | 359 946 | 374 670 | 389 344 | 403 970 | 418 548 | 4 |
| 7 | 345 420 | 360 192 | 374 915 | 389 588 | 404 214 | 418 790 | 3 |
| 8 | 345 667 | 360 438 | 375 160 | 389 833 | 404 457 | 419 033 | 2 |
| 9 | 345 913 | 360 684 | 375 405 | 390 077 | 404 700 | 419 275 | 1 |
| 60 | $\bar{2}$,9 346 160 | $\bar{2}$,9 360 929 | $\bar{2}$,9 375 650 | $\bar{2}$,9 390 321 | $\bar{2}$,9 404 944 | $\bar{2}$,9 419 518 | 0 |
| " | 5' | 4' | 3' | 2' | 1' | 0' | " |

| ′ | ″ | Sin. | D. | Tang. | D.c. | Cotg. | Cos. | ″ | ′ |
|---|---|---|---|---|---|---|---|---|---|
| 0 | 0 | — ∞ | | — ∞ | | + ∞ | 0,0000 000 | 0 | 60 |
| | 10 | $\bar{5}$,6855 749 | ″ | $\bar{5}$,6855 749 | ″ | 4,3144 251 | 0000 000 | 50 | |
| | 20 | $\bar{5}$,9866 049 | 3010300 | $\bar{5}$,9866 049 | 3010300 | 4,0133 951 | 0000 000 | 40 | |
| | 30 | $\bar{4}$,1626 961 | 1760912 | $\bar{4}$,1626 961 | 1760912 | 3,8373 039 | 0000 000 | 30 | |
| | 40 | 2876 349 | 1249388 | 2876 349 | 1249388 | 7123 651 | 0000 000 | 20 | |
| | 50 | 3845 449 | 969100 | 3845 449 | 969100 | 6154 551 | 0000 000 | 10 | |
| 1 | 0 | 4637 261 | 791812 | 4637 261 | 791812 | 5362 739 | 0000 000 | 0 | 59 |
| | 10 | 5306 729 | 669468 | 5306 729 | 669468 | 4693 271 | 0000 000 | 50 | |
| | 20 | 5886 648 | 579919 | 5886 649 | 579920 | 4113 351 | 0000 000 | 40 | |
| | 30 | 6398 174 | 511526 | 6398 174 | 511525 | 3601 826 | 0,0000 000 | 30 | |
| | 40 | 6855 748 | 457574 | 6855 749 | 457575 | 3144 251 | $\bar{1}$,9999 999 | 20 | |
| | 50 | 7269 675 | 413927 | 7269 676 | 413927 | 2730 324 | 9999 999 | 10 | |
| 2 | 0 | 7647 561 | 377886 | 7647 562 | 377886 | 2352 438 | 9999 999 | 0 | 58 |
| | 10 | 7995 182 | 347621 | 7995 183 | 347621 | 2004 817 | 9999 999 | 50 | |
| | 20 | 8317 029 | 321847 | 8317 030 | 321847 | 1682 970 | 9999 999 | 40 | |
| | 30 | 8616 661 | 299632 | 8616 662 | 299632 | 1383 338 | 9999 999 | 30 | |
| | 40 | 8896 948 | 280287 | 8896 949 | 280287 | 1103 051 | 9999 999 | 20 | |
| | 50 | 9160 237 | 263289 | 9160 239 | 263290 | 0839 761 | 9999 999 | 10 | |
| 3 | 0 | 9408 473 | 248236 | 9408 475 | 248236 | 0591 525 | 9999 998 | 0 | 57 |
| | 10 | 9643 284 | 234811 | 9643 286 | 234811 | 0356 714 | 9999 998 | 50 | |
| | 20 | $\bar{4}$,9866 048 | 222764 | $\bar{4}$,9866 050 | 222764 | 3,0133 950 | 9999 998 | 40 | |
| | 30 | $\bar{3}$,0077 941 | 211893 | $\bar{3}$,0077 943 | 211893 | 2,9922 057 | 9999 998 | 30 | |
| | 40 | 0279 975 | 202034 | 0279 977 | 202034 | 9720 023 | 9999 998 | 20 | |
| | 50 | 0473 026 | 193051 | 0473 029 | 193052 | 9526 971 | 9999 997 | 10 | |
| 4 | 0 | 0657 860 | 184834 | 0657 863 | 184834 | 9342 137 | 9999 997 | 0 | 56 |
| | 10 | 0835 148 | 177288 | 0835 151 | 177288 | 9164 849 | 9999 997 | 50 | |
| | 20 | 1005 481 | 170333 | 1005 484 | 170333 | 8994 516 | 9999 997 | 40 | |
| | 30 | 1169 385 | 163904 | 1169 389 | 163905 | 8830 611 | 9999 996 | 30 | |
| | 40 | 1327 328 | 157943 | 1327 332 | 157943 | 8672 668 | 9999 996 | 20 | |
| | 50 | 1479 727 | 152399 | 1479 732 | 152400 | 8520 268 | 9999 996 | 10 | |
| 5 | 0 | 1626 960 | 147233 | 1626 964 | 147232 | 8373 036 | 9999 995 | 0 | 55 |
| | 10 | 1769 364 | 142404 | 1769 369 | 142405 | 8230 631 | 9999 995 | 50 | |
| | 20 | 1907 247 | 137883 | 1907 252 | 137883 | 8092 748 | 9999 995 | 40 | |
| | 30 | 2040 886 | 133639 | 2040 892 | 133640 | 7959 108 | 9999 994 | 30 | |
| | 40 | 2170 536 | 129650 | 2170 542 | 129650 | 7829 458 | 9999 994 | 20 | |
| | 50 | 2296 427 | 125891 | 2296 433 | 125891 | 7703 567 | 9999 994 | 10 | |
| 6 | 0 | 2418 771 | 122344 | 2418 778 | 122345 | 7581 222 | 9999 993 | 0 | 54 |
| | 10 | 2537 764 | 118993 | 2537 771 | 118993 | 7462 229 | 9999 993 | 50 | |
| | 20 | 2653 582 | 115818 | 2653 590 | 115819 | 7346 410 | 9999 993 | 40 | |
| | 30 | 2766 392 | 112810 | 2766 400 | 112810 | 7233 600 | 9999 992 | 30 | |
| | 40 | 2876 346 | 109954 | 2876 354 | 109954 | 7123 646 | 9999 992 | 20 | |
| | 50 | 2983 584 | 107238 | 2983 593 | 107239 | 7016 407 | 9999 991 | 10 | |
| 7 | 0 | 3088 239 | 104655 | 3088 248 | 104655 | 6911 752 | 9999 991 | 0 | 53 |
| | 10 | 3190 430 | 102191 | 3190 440 | 102192 | 6809 560 | 9999 991 | 50 | |
| | 20 | 3290 272 | 99842 | 3290 282 | 99842 | 6709 718 | 9999 990 | 40 | |
| | 30 | 3387 870 | 97598 | 3387 881 | 97599 | 6612 119 | 9999 990 | 30 | |
| | 40 | 3483 323 | 95453 | 3483 334 | 95453 | 6516 666 | 9999 989 | 20 | |
| | 50 | 3576 723 | 93400 | 3576 735 | 93401 | 6423 265 | 9999 989 | 10 | |
| 8 | 0 | 3668 157 | 91434 | 3668 169 | 91434 | 6331 831 | 9999 988 | 0 | 52 |
| | 10 | 3757 705 | 89548 | 3757 718 | 89549 | 6242 282 | 9999 988 | 50 | |
| | 20 | 3845 444 | 87739 | 3845 457 | 87739 | 6154 543 | 9999 987 | 40 | |
| | 30 | 3931 446 | 86002 | 3931 459 | 86002 | 6068 541 | 9999 987 | 30 | |
| | 40 | 4015 778 | 84332 | 4015 791 | 84332 | 5984 209 | 9999 986 | 20 | |
| | 50 | 4098 503 | 82725 | 4098 517 | 82726 | 5901 483 | 9999 986 | 10 | |
| 9 | 0 | 4179 681 | 81178 | 4179 696 | 81179 | 5820 304 | 9999 985 | 0 | 51 |
| | 10 | 4259 370 | 79689 | 4259 386 | 79690 | 5740 614 | 9999 985 | 50 | |
| | 20 | 4337 624 | 78254 | 4337 640 | 78254 | 5662 360 | 9999 984 | 40 | |
| | 30 | 4414 492 | 76868 | 4414 508 | 76868 | 5585 492 | 9999 983 | 30 | |
| | 40 | 4490 023 | 75531 | 4490 040 | 75532 | 5509 960 | 9999 983 | 20 | |
| | 50 | 4564 263 | 74240 | 4564 281 | 74241 | 5435 719 | 9999 982 | 10 | |
| 10 | 0 | $\bar{3}$,4637 255 | 72992 | $\bar{3}$,4637 273 | 72992 | 2,5362 727 | $\bar{1}$,9999 982 | 0 | 50 |
| ′ | ″ | Cos. | | Cotg. | | Tang. | Sin. | ″ | ′ |

89°

| ′ | ″ | Sin. | D. | Tang. | D.c. | Cotg. | Cos. | ″ | ′ |
|---|---|---|---|---|---|---|---|---|---|
| 10 | 0 | $\bar{3}$,4637 255 | 71786 | $\bar{3}$,4637 273 | 71787 | 2,5362 727 | $\bar{1}$,9999 982 | 0 | 50 |
| | 10 | 4709 041 | 70618 | 4709 060 | 70619 | 5290 940 | 9999 981 | 50 | |
| | 20 | 4779 659 | 69488 | 4779 679 | 69489 | 5220 321 | 9999 980 | 40 | |
| | 30 | 4849 147 | 68394 | 4849 168 | 68394 | 5150 832 | 9999 980 | 30 | |
| | 40 | 4917 541 | 67334 | 4917 562 | 67335 | 5082 438 | 9999 979 | 20 | |
| | 50 | 4984 875 | 66306 | 4984 897 | 66306 | 5015 103 | 9999 978 | 10 | |
| 11 | 0 | 5051 181 | 65308 | 5051 203 | 65309 | 4948 797 | 9999 978 | 0 | 49 |
| | 10 | 5116 489 | 64341 | 5116 512 | 64342 | 4883 488 | 9999 977 | 50 | |
| | 20 | 5180 830 | 63401 | 5180 854 | 63402 | 4819 146 | 9999 976 | 40 | |
| | 30 | 5244 231 | 62490 | 5244 256 | 62490 | 4755 744 | 9999 976 | 30 | |
| | 40 | 5306 721 | 61603 | 5306 746 | 61603 | 4693 254 | 9999 975 | 20 | |
| | 50 | 5368 324 | 60741 | 5368 349 | 60742 | 4631 651 | 9999 974 | 10 | |
| 12 | 0 | 5429 065 | 59903 | 5429 091 | 59904 | 4570 909 | 9999 974 | 0 | 48 |
| | 10 | 5488 968 | 59089 | 5488 995 | 59089 | 4511 005 | 9999 973 | 50 | |
| | 20 | 5548 057 | 58295 | 5548 084 | 58296 | 4451 916 | 9999 972 | 40 | |
| | 30 | 5606 352 | 57523 | 5606 380 | 57524 | 4393 620 | 9999 971 | 30 | |
| | 40 | 5663 875 | 56771 | 5663 904 | 56772 | 4336 096 | 9999 971 | 20 | |
| | 50 | 5720 646 | 56038 | 5720 676 | 56039 | 4279 324 | 9999 970 | 10 | |
| 13 | 0 | 5776 684 | 55325 | 5776 715 | 55326 | 4223 285 | 9999 969 | 0 | 47 |
| | 10 | 5832 009 | 54629 | 5832 041 | 54629 | 4167 959 | 9999 968 | 50 | |
| | 20 | 5886 638 | 53950 | 5886 670 | 53951 | 4113 330 | 9999 967 | 40 | |
| | 30 | 5940 588 | 53288 | 5940 621 | 53289 | 4059 379 | 9999 967 | 30 | |
| | 40 | 5993 876 | 52642 | 5993 910 | 52643 | 4006 090 | 9999 966 | 20 | |
| | 50 | 6046 518 | 52012 | 6046 553 | 52013 | 3953 447 | 9999 965 | 10 | |
| 14 | 0 | 6098 530 | 51396 | 6098 566 | 51397 | 3901 434 | 9999 964 | 0 | 46 |
| | 10 | 6149 926 | 50795 | 6149 963 | 50795 | 3850 037 | 9999 963 | 50 | |
| | 20 | 6200 721 | 50207 | 6200 758 | 50209 | 3799 242 | 9999 962 | 40 | |
| | 30 | 6250 928 | 49634 | 6250 967 | 49635 | 3749 033 | 9999 961 | 30 | |
| | 40 | 6300 562 | 49073 | 6300 602 | 49074 | 3699 398 | 9999 960 | 20 | |
| | 50 | 6349 635 | 48525 | 6349 676 | 48525 | 3650 324 | 9999 960 | 10 | |
| 15 | 0 | 6398 160 | 47989 | 6398 201 | 47990 | 3601 799 | 9999 959 | 0 | 45 |
| | 10 | 6446 149 | 47464 | 6446 191 | 47465 | 3553 809 | 9999 958 | 50 | |
| | 20 | 6493 613 | 46950 | 6493 656 | 46952 | 3506 344 | 9999 957 | 40 | |
| | 30 | 6540 563 | 46449 | 6540 608 | 46449 | 3459 392 | 9999 956 | 30 | |
| | 40 | 6587 012 | 45957 | 6587 057 | 45958 | 3412 943 | 9999 955 | 20 | |
| | 50 | 6632 969 | 45476 | 6633 015 | 45477 | 3366 985 | 9999 954 | 10 | |
| 16 | 0 | 6678 445 | 45005 | 6678 492 | 45006 | 3321 508 | 9999 953 | 0 | 44 |
| | 10 | 6723 450 | 44543 | 6723 498 | 44544 | 3276 502 | 9999 952 | 50 | |
| | 20 | 6767 993 | 44091 | 6768 042 | 44092 | 3231 958 | 9999 951 | 40 | |
| | 30 | 6812 084 | 43648 | 6812 134 | 43649 | 3187 866 | 9999 950 | 30 | |
| | 40 | 6855 732 | 43213 | 6855 783 | 43214 | 3144 217 | 9999 949 | 20 | |
| | 50 | 6898 945 | 42788 | 6898 997 | 42789 | 3101 003 | 9999 948 | 10 | |
| 17 | 0 | 6941 733 | 42370 | 6941 786 | 42371 | 3058 214 | 9999 947 | 0 | 43 |
| | 10 | 6984 103 | 41961 | 6984 157 | 41962 | 3015 843 | 9999 946 | 50 | |
| | 20 | 7026 064 | 41559 | 7026 119 | 41560 | 2973 881 | 9999 945 | 40 | |
| | 30 | 7067 623 | 41165 | 7067 679 | 41167 | 2932 321 | 9999 944 | 30 | |
| | 40 | 7108 788 | 40779 | 7108 846 | 40779 | 2891 154 | 9999 943 | 20 | |
| | 50 | 7149 567 | 40399 | 7149 625 | 40401 | 2850 375 | 9999 942 | 10 | |
| 18 | 0 | 7189 9[illegible] | 40027 | 7190 0[illegible] | 40028 | 2809 974 | 9999 940 | 0 | 42 |
| | 10 | 7229 993 | 39662 | 7230 054 | 39663 | 2769 946 | 9999 939 | 50 | |
| | 20 | 7269 655 | 39302 | 7269 717 | 39303 | 2730 283 | 9999 938 | 40 | |
| | 30 | 7308 957 | 38951 | 7309 020 | 38952 | 2690 980 | 9999 937 | 30 | |
| | 40 | 7347 908 | 38603 | 7347 972 | 38605 | 2652 028 | 9999 936 | 20 | |
| | 50 | 7386 511 | 38264 | 7386 577 | 38264 | 2613 423 | 9999 935 | 10 | |
| 19 | 0 | 7424 775 | 37930 | 7424 841 | 37931 | 2575 159 | 9999 934 | 0 | 41 |
| | 10 | 7462 705 | 37601 | 7462 772 | 37602 | 2537 228 | 9999 933 | 50 | |
| | 20 | 7500 306 | 37278 | 7500 374 | 37280 | 2499 626 | 9999 931 | 40 | |
| | 30 | 7537 584 | 36961 | 7537 654 | 36962 | 2462 346 | 9999 930 | 30 | |
| | 40 | 7574 545 | 36649 | 7574 616 | 36650 | 2425 384 | 9999 929 | 20 | |
| | 50 | 7611 194 | 36343 | 7611 2[illegible] | 36344 | 2388 734 | 9999 928 | 10 | |
| 20 | 0 | $\bar{3}$,7647 537 | | $\bar{3}$,7647 610 | | 2,2352 390 | $\bar{1}$,9999 927 | 0 | 40 |
| ′ | ″ | Cos. | | Cotg. | | Tang. | Sin. | ″ | ′ |

| ′ | ″ | Sin. | D. | Tang. | D.c. | Cotg. | Cos. | ″ | ′ |
|---|---|---|---|---|---|---|---|---|---|
| 20 | 0 | $\bar{3}$,7 647 537 | 36040 | $\bar{3}$,7 647 610 | 36042 | 2,2 352 390 | $\bar{1}$,9 999 927 | 0 | 40 |
| | 10 | 683 577 | 35745 | 683 652 | 35746 | 316 348 | 999 925 | 50 | |
| | 20 | 719 322 | 35452 | 719 398 | 35453 | 280 602 | 999 924 | 40 | |
| | 30 | 754 774 | 35165 | 754 851 | 35167 | 245 149 | 999 923 | 30 | |
| | 40 | 789 939 | 34883 | 790 018 | 34884 | 209 982 | 999 922 | 20 | |
| | 50 | 824 822 | 34605 | 824 902 | 34606 | 175 098 | 999 920 | 10 | |
| 21 | 0 | 859 427 | 34331 | 859 508 | 34333 | 140 492 | 999 919 | 0 | 39 |
| | 10 | 893 758 | 34062 | 893 841 | 34063 | 106 159 | 999 918 | 50 | |
| | 20 | 927 820 | 33797 | 927 904 | 33798 | 072 096 | 999 916 | 40 | |
| | 30 | 961 617 | 33536 | 961 702 | 33538 | 038 298 | 999 915 | 30 | |
| | 40 | $\bar{3}$,7 995 153 | 33279 | $\bar{3}$,7 995 240 | 33280 | 2,2 004 760 | 999 914 | 20 | |
| | 50 | $\bar{3}$,8 028 432 | 33026 | $\bar{3}$,8 028 520 | 33027 | 2,1 971 480 | 999 912 | 10 | |
| 22 | 0 | 061 458 | 32777 | 061 547 | 32778 | 938 453 | 999 911 | 0 | 38 |
| | 10 | 094 235 | 32531 | 094 325 | 32533 | 905 675 | 999 910 | 50 | |
| | 20 | 126 766 | 32289 | 126 858 | 32290 | 873 142 | 999 908 | 40 | |
| | 30 | 159 055 | 32051 | 159 148 | 32053 | 840 852 | 999 907 | 30 | |
| | 40 | 191 106 | 31816 | 191 201 | 31817 | 808 799 | 999 906 | 20 | |
| | 50 | 222 922 | 31585 | 223 018 | 31586 | 776 982 | 999 904 | 10 | |
| 23 | 0 | 254 507 | 31357 | 254 604 | 31358 | 745 396 | 999 903 | 0 | 37 |
| | 10 | 285 864 | 31132 | 285 962 | 31134 | 714 038 | 999 901 | 50 | |
| | 20 | 316 996 | 30910 | 317 096 | 30911 | 682 904 | 999 900 | 40 | |
| | 30 | 347 906 | 30692 | 348 007 | 30694 | 651 993 | 999 899 | 30 | |
| | 40 | 378 598 | 30476 | 378 701 | 30478 | 621 299 | 999 897 | 20 | |
| | 50 | 409 074 | 30264 | 409 179 | 30265 | 590 821 | 999 896 | 10 | |
| 24 | 0 | 439 338 | 30055 | 439 444 | 30056 | 560 556 | 999 894 | 0 | 36 |
| | 10 | 469 393 | 29848 | 469 500 | 29850 | 530 500 | 999 893 | 50 | |
| | 20 | 499 241 | 29644 | 499 350 | 29646 | 500 650 | 999 891 | 40 | |
| | 30 | 528 885 | 29444 | 528 996 | 29444 | 471 004 | 999 890 | 30 | |
| | 40 | 558 329 | 29245 | 558 440 | 29247 | 441 560 | 999 888 | 20 | |
| | 50 | 587 574 | 29049 | 587 687 | 29051 | 412 313 | 999 887 | 10 | |
| 25 | 0 | 616 623 | 28856 | 616 738 | 28858 | 383 262 | 999 885 | 0 | 35 |
| | 10 | 645 479 | 28666 | 645 596 | 28667 | 354 404 | 999 884 | 50 | |
| | 20 | 674 145 | 28478 | 674 263 | 28480 | 325 737 | 999 882 | 40 | |
| | 30 | 702 623 | 28293 | 702 743 | 28294 | 297 257 | 999 881 | 30 | |
| | 40 | 730 916 | 28109 | 731 037 | 28110 | 268 963 | 999 879 | 20 | |
| | 50 | 759 025 | 27928 | 759 147 | 27930 | 240 853 | 999 877 | 10 | |
| 26 | 0 | 786 953 | 27750 | 787 077 | 27752 | 212 923 | 999 876 | 0 | 34 |
| | 10 | 814 703 | 27574 | 814 829 | 27575 | 185 171 | 999 874 | 50 | |
| | 20 | 842 277 | 27400 | 842 404 | 27402 | 157 596 | 999 873 | 40 | |
| | 30 | 869 677 | 27228 | 869 806 | 27230 | 130 194 | 999 871 | 30 | |
| | 40 | 896 905 | 27058 | 897 036 | 27060 | 102 964 | 999 869 | 20 | |
| | 50 | 923 963 | 26891 | 924 096 | 26892 | 075 904 | 999 868 | 10 | |
| 27 | 0 | 950 854 | 26726 | 950 988 | 26727 | 049 012 | 999 866 | 0 | 33 |
| | 10 | $\bar{3}$,8 977 580 | 26561 | $\bar{3}$,8 977 715 | 26564 | 2,1 022 285 | 999 864 | 50 | |
| | 20 | $\bar{3}$,9 004 141 | 26401 | $\bar{3}$,9 004 279 | 26402 | 2,0 995 721 | 999 863 | 40 | |
| | 30 | 030 542 | 26241 | 030 681 | 26242 | 969 319 | 999 861 | 30 | |
| | 40 | 056 783 | 26083 | 056 923 | 26085 | 943 077 | 999 859 | 20 | |
| | 50 | 082 866 | 25927 | 083 008 | 25930 | 916 992 | 999 858 | 10 | |
| 28 | 0 | 108 793 | 25774 | 108 938 | 25775 | 891 062 | 999 856 | 0 | 32 |
| | 10 | 134 567 | 25622 | 134 713 | 25623 | 865 287 | 999 854 | 50 | |
| | 20 | 160 189 | 25471 | 160 336 | 25473 | 839 664 | 999 852 | 40 | |
| | 30 | 185 660 | 25323 | 185 809 | 25325 | 814 191 | 999 851 | 30 | |
| | 40 | 210 983 | 25176 | 211 134 | 25178 | 788 866 | 999 849 | 20 | |
| | 50 | 236 159 | 25031 | 236 312 | 25032 | 763 688 | 999 847 | 10 | |
| 29 | 0 | 261 190 | 24887 | 261 344 | 24889 | 738 656 | 999 845 | 0 | 31 |
| | 10 | 286 077 | 24746 | 286 233 | 24748 | 713 767 | 999 844 | 50 | |
| | 20 | 310 823 | 24605 | 310 981 | 24607 | 689 019 | 999 842 | 40 | |
| | 30 | 335 428 | 24467 | 335 588 | 24469 | 664 412 | 999 840 | 30 | |
| | 40 | 359 895 | 24329 | 360 057 | 24331 | 639 943 | 999 838 | 20 | |
| | 50 | 384 224 | 24195 | 384 388 | 24196 | 615 612 | 999 836 | 10 | |
| 30 | 0 | $\bar{3}$,9 408 419 | | $\bar{3}$,9 408 584 | | 2,0 591 416 | $\bar{1}$,9 999 835 | 0 | 30 |
| ′ | ″ | Cos. | | Cotg. | | Tang. | Sin. | ″ | ′ |

| ′ | ″ | Sin. | D. | Tang. | D.c. | Cotg. | Cos. | ″ | ′ |
|---|---|---|---|---|---|---|---|---|---|
| 30 | 0 | 3̄,9 408 419 | 24060 | 3̄,9 408 584 | 24062 | 2,0 591 416 | 1̄,9 999 835 | 0 | 30 |
| | 10 | 432 479 | 23927 | 432 646 | 23929 | 567 354 | 999 833 | 50 | |
| | 20 | 456 406 | 23797 | 456 575 | 23799 | 543 425 | 999 831 | 40 | |
| | 30 | 480 203 | 23666 | 480 374 | 23668 | 519 626 | 999 829 | 30 | |
| | 40 | 503 869 | 23539 | 504 042 | 23540 | 495 958 | 999 827 | 20 | |
| | 50 | 527 408 | 23411 | 527 582 | 23414 | 472 418 | 999 825 | 10 | |
| 31 | 0 | 550 819 | 23286 | 550 996 | 23288 | 449 004 | 999 823 | 0 | 29 |
| | 10 | 574 105 | 23162 | 574 284 | 23163 | 425 716 | 999 822 | 50 | |
| | 20 | 597 267 | 23039 | 597 447 | 23041 | 402 553 | 999 820 | 40 | |
| | 30 | 620 306 | 22917 | 620 488 | 22920 | 379 512 | 999 818 | 30 | |
| | 40 | 643 223 | 22797 | 643 408 | 22798 | 356 592 | 999 816 | 20 | |
| | 50 | 666 020 | 22678 | 666 206 | 22680 | 333 794 | 999 814 | 10 | |
| 32 | 0 | 688 698 | 22560 | 688 886 | 22563 | 311 114 | 999 812 | 0 | 28 |
| | 10 | 711 258 | 22444 | 711 449 | 22445 | 288 551 | 999 810 | 50 | |
| | 20 | 733 702 | 22328 | 733 894 | 22330 | 266 106 | 999 808 | 40 | |
| | 30 | 756 030 | 22214 | 756 224 | 22216 | 243 776 | 999 806 | 30 | |
| | 40 | 778 244 | 22101 | 778 440 | 22103 | 221 560 | 999 804 | 20 | |
| | 50 | 800 345 | 21989 | 800 543 | 21991 | 199 457 | 999 802 | 10 | |
| 33 | 0 | 822 334 | 21878 | 822 534 | 21880 | 177 466 | 999 800 | 0 | 27 |
| | 10 | 844 212 | 21769 | 844 414 | 21771 | 155 586 | 999 798 | 50 | |
| | 20 | 865 981 | 21660 | 866 185 | 21662 | 133 815 | 999 796 | 40 | |
| | 30 | 887 641 | 21552 | 887 847 | 21554 | 112 153 | 999 794 | 30 | |
| | 40 | 909 193 | 21446 | 909 401 | 21448 | 090 599 | 999 792 | 20 | |
| | 50 | 930 639 | 21341 | 930 849 | 21343 | 069 151 | 999 790 | 10 | |
| 34 | 0 | 951 980 | 21236 | 952 192 | 21238 | 047 808 | 999 788 | 0 | 26 |
| | 10 | 973 216 | 21133 | 973 430 | 21135 | 026 570 | 999 786 | 50 | |
| | 20 | 3̄,9 994 349 | 21030 | 3̄,9 994 565 | 21033 | 2,0 005 435 | 999 783 | 40 | |
| | 30 | 2̄,0 015 379 | 20929 | 2̄,0 015 598 | 20931 | 1,9 984 402 | 999 781 | 30 | |
| | 40 | 036 308 | 20829 | 036 529 | 20831 | 963 471 | 999 779 | 20 | |
| | 50 | 057 137 | 20730 | 057 360 | 20732 | 942 640 | 999 777 | 10 | |
| 35 | 0 | 077 867 | 20630 | 078 092 | 20633 | 921 908 | 999 775 | 0 | 25 |
| | 10 | 098 497 | 20534 | 098 725 | 20535 | 901 275 | 999 773 | 50 | |
| | 20 | 119 031 | 20437 | 119 260 | 20439 | 880 740 | 999 771 | 40 | |
| | 30 | 139 468 | 20340 | 139 699 | 20343 | 860 301 | 999 768 | 30 | |
| | 40 | 159 808 | 20247 | 160 042 | 20249 | 839 958 | 999 766 | 20 | |
| | 50 | 180 055 | 20152 | 180 291 | 20154 | 819 709 | 999 764 | 10 | |
| 36 | 0 | 200 207 | 20059 | 200 445 | 20061 | 799 555 | 999 762 | 0 | 24 |
| | 10 | 220 266 | 19967 | 220 506 | 19969 | 779 494 | 999 760 | 50 | |
| | 20 | 240 233 | 19875 | 240 475 | 19878 | 759 525 | 999 757 | 40 | |
| | 30 | 260 108 | 19785 | 260 353 | 19787 | 739 647 | 999 755 | 30 | |
| | 40 | 279 893 | 19695 | 280 140 | 19698 | 719 860 | 999 753 | 20 | |
| | 50 | 299 588 | 19607 | 299 838 | 19608 | 700 162 | 999 751 | 10 | |
| 37 | 0 | 319 195 | 19518 | 319 446 | 19521 | 680 554 | 999 748 | 0 | 23 |
| | 10 | 338 713 | 19430 | 338 967 | 19433 | 661 033 | 999 746 | 50 | |
| | 20 | 358 143 | 19345 | 358 400 | 19346 | 641 600 | 999 744 | 40 | |
| | 30 | 377 488 | 19258 | 377 746 | 19261 | 622 254 | 999 742 | 30 | |
| | 40 | 396 746 | 19174 | 397 007 | 19176 | 602 993 | 999 739 | 20 | |
| | 50 | 415 920 | 19089 | 416 183 | 19091 | 583 817 | 999 737 | 10 | |
| 38 | 0 | 435 009 | 19005 | 435 274 | 19008 | 564 726 | 999 735 | 0 | 22 |
| | 10 | 454 014 | 18923 | 454 282 | 18925 | 545 718 | 999 732 | 50 | |
| | 20 | 472 937 | 18841 | 473 207 | 18843 | 526 793 | 999 730 | 40 | |
| | 30 | 491 778 | 18759 | 492 050 | 18762 | 507 950 | 999 728 | 30 | |
| | 40 | 510 537 | 18679 | 510 812 | 18681 | 489 188 | 999 725 | 20 | |
| | 50 | 529 216 | 18598 | 529 493 | 18601 | 470 507 | 999 723 | 10 | |
| 39 | 0 | 547 814 | 18519 | 548 094 | 18521 | 451 906 | 999 721 | 0 | 21 |
| | 10 | 566 333 | 18441 | 566 615 | 18443 | 433 385 | 999 718 | 50 | |
| | 20 | 584 774 | 18363 | 585 058 | 18365 | 414 942 | 999.716 | 40 | |
| | 30 | 603 137 | 18285 | 603 423 | 18288 | 396 577 | 999 713 | 30 | |
| | 40 | 621 422 | 18208 | 621 711 | 18211 | 378 289 | 999 711 | 20 | |
| | 50 | 639 630 | 18133 | 639 922 | 18135 | 360 078 | 999 708 | 10 | |
| 40 | 0 | 2̄,0 657 763 | | 2̄,0 658 057 | | 1,9 341 943 | 1̄,9 999 706 | 0 | 20 |
| ′ | ″ | Cos. | | Cotg. | | Tang. | Sin. | ″ | ′ |

| ′ | ″ | Sin. | D. | Tang. | D.c. | Cotg. | Cos. | ″ | ′ |
|---|---|---|---|---|---|---|---|---|---|
| 40 | 0 | $\bar{2}$,0 657 763 | 18057 | $\bar{2}$,0 658 057 | 18060 | 1,9 341 943 | $\bar{1}$,9 999 706 | 0 | 20 |
| | 10 | 675 820 | 17983 | 676 117 | 17985 | 323 883 | 999 704 | 50 | |
| | 20 | 693 803 | 17908 | 694 102 | 17910 | 305 898 | 999 701 | 40 | |
| | 30 | 711 711 | 17835 | 712 012 | 17838 | 287 988 | 999 699 | 30 | |
| | 40 | 729 546 | 17761 | 729 850 | 17764 | 270 150 | 999 696 | 20 | |
| | 50 | 747 307 | 17690 | 747 614 | 17692 | 252 386 | 999 694 | 10 | |
| 41 | 0 | 764 997 | 17617 | 765 306 | 17620 | 234 694 | 999 691 | 0 | 19 |
| | 10 | 782 614 | 17547 | 782 926 | 17549 | 217 074 | 999 689 | 50 | |
| | 20 | 800 161 | 17476 | 800 475 | 17478 | 199 525 | 999 686 | 40 | |
| | 30 | 817 637 | 17405 | 817 953 | 17408 | 182 047 | 999 684 | 30 | |
| | 40 | 835 042 | 17337 | 835 361 | 17339 | 164 639 | 999 681 | 20 | |
| | 50 | 852 379 | 17267 | 852 700 | 17270 | 147 300 | 999 678 | 10 | |
| 42 | 0 | 869 646 | 17199 | 869 970 | 17202 | 130 030 | 999 676 | 0 | 18 |
| | 10 | 886 845 | 17131 | 887 172 | 17133 | 112 828 | 999 673 | 50 | |
| | 20 | 903 976 | 17064 | 904 305 | 17067 | 095 695 | 999 671 | 40 | |
| | 30 | 921 040 | 16997 | 921 372 | 16999 | 078 628 | 999 668 | 30 | |
| | 40 | 938 037 | 16931 | 938 371 | 16934 | 061 629 | 999 666 | 20 | |
| | 50 | 954 968 | 16864 | 955 305 | 16867 | 044 695 | 999 663 | 10 | |
| 43 | 0 | 971 832 | 16800 | 972 172 | 16803 | 027 828 | 999 660 | 0 | 17 |
| | 10 | $\bar{2}$,0 988 632 | 16735 | $\bar{2}$,0 988 975 | 16737 | 1,9 011 025 | 999 658 | 50 | |
| | 20 | $\bar{2}$,1 005 367 | 16671 | $\bar{2}$,1 005 712 | 16674 | 1,8 994 288 | 999 655 | 40 | |
| | 30 | 022 038 | 16607 | 022 386 | 16609 | 977 614 | 999 652 | 30 | |
| | 40 | 038 645 | 16543 | 038 995 | 16547 | 961 005 | 999 650 | 20 | |
| | 50 | 055 188 | 16481 | 055 542 | 16483 | 944 458 | 999 647 | 10 | |
| 44 | 0 | 071 669 | 16419 | 072 025 | 16421 | 927 975 | 999 644 | 0 | 16 |
| | 10 | 088 088 | 16357 | 088 446 | 16360 | 911 554 | 999 642 | 50 | |
| | 20 | 104 445 | 16295 | 104 806 | 16298 | 895 194 | 999 639 | 40 | |
| | 30 | 120 740 | 16234 | 121 104 | 16237 | 878 896 | 999 636 | 30 | |
| | 40 | 136 974 | 16174 | 137 341 | 16177 | 862 659 | 999 633 | 20 | |
| | 50 | 153 148 | 16114 | 153 518 | 16116 | 846 482 | 999 631 | 10 | |
| 45 | 0 | 169 262 | 16055 | 169 634 | 16057 | 830 366 | 999 628 | 0 | 15 |
| | 10 | 185 317 | 15995 | 185 691 | 15998 | 814 309 | 999 625 | 50 | |
| | 20 | 201 312 | 15936 | 201 689 | 15940 | 798 311 | 999 622 | 40 | |
| | 30 | 217 248 | 15879 | 217 629 | 15881 | 782 371 | 999 620 | 30 | |
| | 40 | 233 127 | 15820 | 233 510 | 15823 | 766 490 | 999 617 | 20 | |
| | 50 | 248 947 | 15763 | 249 333 | 15766 | 750 667 | 999 614 | 10 | |
| 46 | 0 | 264 710 | 15706 | 265 099 | 15708 | 734 901 | 999 611 | 0 | 14 |
| | 10 | 280 416 | 15649 | 280 807 | 15653 | 719 193 | 999 608 | 50 | |
| | 20 | 296 065 | 15593 | 296 460 | 15596 | 703 540 | 999 606 | 40 | |
| | 30 | 311 658 | 15538 | 312 056 | 15540 | 687 944 | 999 603 | 30 | |
| | 40 | 327 196 | 15482 | 327 596 | 15485 | 672 404 | 999 600 | 20 | |
| | 50 | 342 678 | 15426 | 343 081 | 15429 | 656 919 | 999 597 | 10 | |
| 47 | 0 | 358 104 | 15373 | 358 510 | 15376 | 641 490 | 999 594 | 0 | 13 |
| | 10 | 373 477 | 15318 | 373 886 | 15321 | 626 114 | 999 591 | 50 | |
| | 20 | 388 795 | 15264 | 389 207 | 15267 | 610 793 | 999 588 | 40 | |
| | 30 | 404 059 | 15211 | 404 474 | 15213 | 595 526 | 999 585 | 30 | |
| | 40 | 419 270 | 15157 | 419 687 | 15161 | 580 313 | 999 583 | 20 | |
| | 50 | 434 427 | 15105 | 434 848 | 15108 | 565 152 | 999 580 | 10 | |
| 48 | 0 | 449 532 | 15053 | 449 956 | 15055 | 550 044 | 999 577 | 0 | 12 |
| | 10 | 464 585 | 15001 | 465 011 | 15004 | 534 989 | 999 574 | 50 | |
| | 20 | 479 586 | 14948 | 480 015 | 14952 | 519 985 | 999 571 | 40 | |
| | 30 | 494 534 | 14898 | 494 967 | 14900 | 505 033 | 999 568 | 30 | |
| | 40 | 509 432 | 14847 | 509 867 | 14850 | 490 133 | 999 565 | 20 | |
| | 50 | 524 279 | 14796 | 524 717 | 14799 | 475 283 | 999 562 | 10 | |
| 49 | 0 | 539 075 | 14746 | 539 516 | 14749 | 460 484 | 999 559 | 0 | 11 |
| | 10 | 553 821 | 14696 | 554 265 | 14699 | 445 735 | 999 556 | 50 | |
| | 20 | 568 517 | 14646 | 568 964 | 14649 | 431 036 | 999 553 | 40 | |
| | 30 | 583 163 | 14597 | 583 613 | 14600 | 416 387 | 999 550 | 30 | |
| | 40 | 597 760 | 14548 | 598 213 | 14552 | 401 787 | 999 547 | 20 | |
| | 50 | 612 308 | 14500 | 612 765 | 14502 | 387 235 | 999 544 | 10 | |
| 50 | 0 | $\bar{2}$,1 626 808 | | $\bar{2}$,1 627 267 | | 1,8 372 733 | $\bar{1}$,9 999 541 | 0 | 10 |
| ′ | ″ | Cos. | | Cotg. | | Tang. | Sin. | ″ | ′ |

| ′ | ″ | Sin. | D. | Tang. | D.c. | Cotg. | Cos. | ″ | ′ |
|---|---|---|---|---|---|---|---|---|---|
| 50 | 0 | $\bar{3}$,1 626 808 | 14451 | $\bar{3}$,1 627 267 | 14455 | 1,8 372 733 | $\bar{1}$,9 999 541 | 0 | 10 |
| | 10 | 641 259 | 14404 | 641 722 | 14406 | 358 278 | 999 538 | 50 | |
| | 20 | 655 663 | 14356 | 656 128 | 14359 | 343 872 | 999 534 | 40 | |
| | 30 | 670 019 | 14308 | 670 487 | 14312 | 329 513 | 999 531 | 30 | |
| | 40 | 684 327 | 14262 | 684 799 | 14265 | 315 201 | 999 528 | 20 | |
| | 50 | 698 589 | 14215 | 699 064 | 14218 | 300 936 | 999 525 | 10 | |
| 51 | 0 | 712 804 | 14168 | 713 282 | 14171 | 286 718 | 999 522 | 0 | 9 |
| | 10 | 726 972 | 14122 | 727 453 | 14126 | 272 547 | 999 519 | 50 | |
| | 20 | 741 094 | 14077 | 741 579 | 14079 | 258 421 | 999 516 | 40 | |
| | 30 | 755 171 | 14031 | 755 658 | 14035 | 244 342 | 999 513 | 30 | |
| | 40 | 769 202 | 13986 | 769 693 | 13989 | 230 307 | 999 509 | 20 | |
| | 50 | 783 188 | 13941 | 783 682 | 13944 | 216 318 | 999 506 | 10 | |
| 52 | 0 | 797 129 | 13896 | 797 626 | 13899 | 202 374 | 999 503 | 0 | 8 |
| | 10 | 811 025 | 13852 | 811 525 | 13856 | 188 475 | 999 500 | 50 | |
| | 20 | 824 877 | 13808 | 825 381 | 13811 | 174 619 | 999 497 | 40 | |
| | 30 | 838 685 | 13765 | 839 192 | 13767 | 160 808 | 999 494 | 30 | |
| | 40 | 852 450 | 13720 | 852 959 | 13724 | 147 041 | 999 490 | 20 | |
| | 50 | 866 170 | 13678 | 866 683 | 13681 | 133 317 | 999 487 | 10 | |
| 53 | 0 | 879 848 | 13634 | 880 364 | 13638 | 119 636 | 999 484 | 0 | 7 |
| | 10 | 893 482 | 13592 | 894 002 | 13595 | 105 998 | 999 481 | 50 | |
| | 20 | 907 074 | 13550 | 907 597 | 13553 | 092 403 | 999 477 | 40 | |
| | 30 | 920 624 | 13507 | 921 150 | 13510 | 078 850 | 999 474 | 30 | |
| | 40 | 934 131 | 13465 | 934 660 | 13469 | 065 340 | 999 471 | 20 | |
| | 50 | 947 596 | 13424 | 948 129 | 13427 | 051 871 | 999 467 | 10 | |
| 54 | 0 | 961 020 | 13383 | 961 556 | 13386 | 038 444 | 999 464 | 0 | 6 |
| | 10 | 974 403 | 13341 | 974 942 | 13344 | 025 058 | 999 461 | 50 | |
| | 20 | $\bar{3}$,1 987 744 | 13300 | $\bar{3}$,1 988 286 | 13304 | 1,8 011 714 | 999 458 | 40 | |
| | 30 | $\bar{3}$,2 001 044 | 13260 | $\bar{3}$,2 001 590 | 13263 | 1,7 998 410 | 999 454 | 30 | |
| | 40 | 014 304 | 13219 | 014 853 | 13223 | 985 147 | 999 451 | 20 | |
| | 50 | 027 523 | 13180 | 028 076 | 13183 | 971 924 | 999 448 | 10 | |
| 55 | 0 | 040 703 | 13139 | 041 259 | 13142 | 958 741 | 999 444 | 0 | 5 |
| | 10 | 053 842 | 13100 | 054 401 | 13104 | 945 599 | 999 441 | 50 | |
| | 20 | 066 942 | 13060 | 067 505 | 13063 | 932 495 | 999 437 | 40 | |
| | 30 | 080 002 | 13022 | 080 568 | 13025 | 919 432 | 999 434 | 30 | |
| | 40 | 093 024 | 12982 | 093 593 | 12986 | 906 407 | 999 431 | 20 | |
| | 50 | 106 006 | 12943 | 106 579 | 12947 | 893 421 | 999 427 | 10 | |
| 56 | 0 | 118 949 | 12905 | 119 526 | 12908 | 880 474 | 999 424 | 0 | 4 |
| | 10 | 131 854 | 12867 | 132 434 | 12870 | 867 566 | 999 420 | 50 | |
| | 20 | 144 721 | 12829 | 145 304 | 12833 | 854 696 | 999 417 | 40 | |
| | 30 | 157 550 | 12791 | 158 137 | 12794 | 841 863 | 999 413 | 30 | |
| | 40 | 170 341 | 12754 | 170 931 | 12757 | 829 069 | 999 410 | 20 | |
| | 50 | 183 095 | 12716 | 183 688 | 12720 | 816 312 | 999 406 | 10 | |
| 57 | 0 | 195 811 | 12679 | 196 408 | 12682 | 803 592 | 999 403 | 0 | 3 |
| | 10 | 208 490 | 12642 | 209 090 | 12646 | 790 910 | 999 400 | 50 | |
| | 20 | 221 132 | 12605 | 221 736 | 12609 | 778 264 | 999 396 | 40 | |
| | 30 | 233 737 | 12569 | 234 345 | 12572 | 765 655 | 999 392 | 30 | |
| | 40 | 246 306 | 12533 | 246 917 | 12536 | 753 083 | 999 389 | 20 | |
| | 50 | 258 839 | 12496 | 259 453 | 12500 | 740 547 | 999 385 | 10 | |
| 58 | 0 | 271 335 | 12461 | 271 953 | 12464 | 728 047 | 999 382 | 0 | 2 |
| | 10 | 283 796 | 12425 | 284 417 | 12429 | 715 583 | 999 378 | 50 | |
| | 20 | 296 221 | 12389 | 296 846 | 12393 | 703 154 | 999 375 | 40 | |
| | 30 | 308 610 | 12355 | 309 239 | 12358 | 690 761 | 999 371 | 30 | |
| | 40 | 320 965 | 12319 | 321 597 | 12323 | 678 403 | 999 368 | 20 | |
| | 50 | 333 284 | 12284 | 333 920 | 12288 | 666 080 | 999 364 | 10 | |
| 59 | 0 | 345 568 | 12250 | 346 208 | 12253 | 653 792 | 999 360 | 0 | 1 |
| | 10 | 357 818 | 12215 | 358 461 | 12219 | 641 539 | 999 357 | 50 | |
| | 20 | 370 033 | 12181 | 370 680 | 12185 | 629 320 | 999 353 | 40 | |
| | 30 | 382 214 | 12147 | 382 865 | 12150 | 617 135 | 999 349 | 30 | |
| | 40 | 394 361 | 12113 | 395 015 | 12117 | 604 985 | 999 346 | 20 | |
| | 50 | 406 474 | 12079 | 407 132 | 12083 | 592 868 | 999 342 | 10 | |
| 60 | 0 | $\bar{3}$,2 418 553 | | $\bar{3}$,2 419 215 | | 1,7 580 785 | $\bar{1}$,9 999 338 | 0 | 0 |
| ′ | ″ | Cos. | | Cotg. | | Tang. | Sin. | ″ | ′ |

| ′ | ″ | Sin. | D. | Tang. | D.c. | Cotg. | Cos. | D. | ″ | ′ |
|---|---|---|---|---|---|---|---|---|---|---|
| 0 | 0 | $\bar{3}$,2 418 553 | 12046 | $\bar{3}$,2 419 215 | 12049 | 1,7 580 785 | $\bar{1}$,9 999 338 | 3 | 0 | 60 |
| | 10 | 430 599 | 12012 | 431 264 | 12016 | 568 736 | 999 335 | 4 | 50 | |
| | 20 | 442 611 | 11980 | 443 280 | 11983 | 556 720 | 999 331 | 4 | 40 | |
| | 30 | 454 591 | 11946 | 455 263 | 11950 | 544 737 | 999 327 | 3 | 30 | |
| | 40 | 466 537 | 11914 | 467 213 | 11918 | 532 787 | 999 324 | 4 | 20 | |
| | 50 | 478 451 | 11881 | 479 131 | 11884 | 520 869 | 999 320 | 4 | 10 | |
| 1 | 0 | 490 332 | 11848 | 491 015 | 11853 | 508 985 | 999 316 | 3 | 0 | 59 |
| | 10 | 502 180 | 11816 | 502 868 | 11820 | 497 132 | 999 313 | 4 | 50 | |
| | 20 | 513 996 | 11785 | 514 688 | 11788 | 485 312 | 999 309 | 4 | 40 | |
| | 30 | 525 781 | 11752 | 526 476 | 11756 | 473 524 | 999 305 | 4 | 30 | |
| | 40 | 537 533 | 11721 | 538 232 | 11724 | 461 768 | 999 301 | 4 | 20 | |
| | 50 | 549 254 | 11689 | 549 956 | 11693 | 450 044 | 999 297 | 3 | 10 | |
| 2 | 0 | 560 943 | 11657 | 561 649 | 11661 | 438 351 | 999 294 | 4 | 0 | 58 |
| | 10 | 572 600 | 11627 | 573 310 | 11631 | 426 690 | 999 290 | 4 | 50 | |
| | 20 | 584 227 | 11595 | 584 941 | 11599 | 415 059 | 999 286 | 4 | 40 | |
| | 30 | 595 822 | 11565 | 596 540 | 11568 | 403 460 | 999 282 | 4 | 30 | |
| | 40 | 607 387 | 11533 | 608 108 | 11538 | 391 892 | 999 278 | 3 | 20 | |
| | 50 | 618 920 | 11504 | 619 646 | 11507 | 380 354 | 999 275 | 4 | 10 | |
| 3 | 0 | 630 424 | 11472 | 631 153 | 11477 | 368 847 | 999 271 | 4 | 0 | 57 |
| | 10 | 641 896 | 11443 | 642 630 | 11446 | 357 370 | 999 267 | 4 | 50 | |
| | 20 | 653 339 | 11412 | 654 076 | 11416 | 345 924 | 999 263 | 4 | 40 | |
| | 30 | 664 751 | 11383 | 665 492 | 11387 | 334 508 | 999 259 | 4 | 30 | |
| | 40 | 676 134 | 11353 | 676 879 | 11357 | 323 121 | 999 255 | 4 | 20 | |
| | 50 | 687 487 | 11323 | 688 236 | 11327 | 311 764 | 999 251 | 4 | 10 | |
| 4 | 0 | 698 810 | 11294 | 699 563 | 11297 | 300 437 | 999 247 | 4 | 0 | 56 |
| | 10 | 710 104 | 11264 | 710 860 | 11269 | 289 140 | 999 243 | 4 | 50 | |
| | 20 | 721 368 | 11236 | 722 129 | 11239 | 277 871 | 999 239 | 3 | 40 | |
| | 30 | 732 604 | 11206 | 733 368 | 11210 | 266 632 | 999 236 | 4 | 30 | |
| | 40 | 743 810 | 11177 | 744 578 | 11182 | 255 422 | 999 232 | 4 | 20 | |
| | 50 | 754 987 | 11149 | 755 760 | 11152 | 244 240 | 999 228 | 4 | 10 | |
| 5 | 0 | 766 136 | 11120 | 766 912 | 11124 | 233 088 | 999 224 | 4 | 0 | 55 |
| | 10 | 777 256 | 11092 | 778 036 | 11096 | 221 964 | 999 220 | 4 | 50 | |
| | 20 | 788 348 | 11063 | 789 132 | 11068 | 210 868 | 999 216 | 4 | 40 | |
| | 30 | 799 411 | 11036 | 800 200 | 11039 | 199 800 | 999 212 | 4 | 30 | |
| | 40 | 810 447 | 11007 | 811 239 | 11012 | 188 761 | 999 208 | 4 | 20 | |
| | 50 | 821 454 | 10980 | 822 251 | 10983 | 177 749 | 999 204 | 4 | 10 | |
| 6 | 0 | 832 434 | 10952 | 833 234 | 10956 | 166 766 | 999 200 | 4 | 0 | 54 |
| | 10 | 843 386 | 10924 | 844 190 | 10928 | 155 810 | 999 196 | 5 | 50 | |
| | 20 | 854 310 | 10897 | 855 118 | 10901 | 144 882 | 999 191 | 4 | 40 | |
| | 30 | 865 207 | 10869 | 866 019 | 10874 | 133 981 | 999 187 | 4 | 30 | |
| | 40 | 876 076 | 10843 | 876 893 | 10847 | 123 107 | 999 183 | 4 | 20 | |
| | 50 | 886 919 | 10815 | 887 740 | 10819 | 112 260 | 999 179 | 4 | 10 | |
| 7 | 0 | 897 734 | 10789 | 898 559 | 10793 | 101 441 | 999 175 | 4 | 0 | 53 |
| | 10 | 908 523 | 10762 | 909 352 | 10766 | 090 648 | 999 171 | 4 | 50 | |
| | 20 | 919 285 | 10735 | 920 118 | 10739 | 079 882 | 999 167 | 4 | 40 | |
| | 30 | 930 020 | 10709 | 930 857 | 10713 | 069 143 | 999 163 | 4 | 30 | |
| | 40 | 940 729 | 10682 | 941 570 | 10686 | 058 430 | 999 159 | 5 | 20 | |
| | 50 | 951 411 | 10656 | 952 256 | 10661 | 047 744 | 999 154 | 4 | 10 | |
| 8 | 0 | 962 067 | 10630 | 962 917 | 10634 | 037 083 | 999 150 | 4 | 0 | 52 |
| | 10 | 972 697 | 10604 | 973 551 | 10608 | 026 449 | 999 146 | 4 | 50 | |
| | 20 | 983 301 | 10578 | 984 159 | 10583 | 015 841 | 999 142 | 4 | 40 | |
| | 30 | $\bar{3}$,2 993 879 | 10553 | $\bar{3}$,2 994 742 | 10556 | 1,7 005 258 | 999 138 | 4 | 30 | |
| | 40 | $\bar{3}$,3 004 432 | 10527 | $\bar{3}$,3 005 298 | 10532 | 1,6 994 702 | 999 134 | 5 | 20 | |
| | 50 | 014 959 | 10501 | 015 830 | 10505 | 984 170 | 999 129 | 4 | 10 | |
| 9 | 0 | 025 460 | 10477 | 026 335 | 10481 | 973 665 | 999 125 | 4 | 0 | 51 |
| | 10 | 035 937 | 10451 | 036 816 | 10455 | 963 184 | 999 121 | 4 | 50 | |
| | 20 | 046 388 | 10425 | 047 271 | 10430 | 952 729 | 999 117 | 5 | 40 | |
| | 30 | 056 813 | 10401 | 057 701 | 10405 | 942 299 | 999 112 | 4 | 30 | |
| | 40 | 067 214 | 10376 | 068 106 | 10380 | 931 894 | 999 108 | 4 | 20 | |
| | 50 | 077 590 | 10351 | 078 486 | 10356 | 921 514 | 999 104 | 4 | 10 | |
| 10 | 0 | $\bar{3}$,3 087 941 | | $\bar{3}$,3 088 842 | | 1,6 911 158 | $\bar{1}$,9 999 100 | | 0 | 50 |
| ′ | ″ | Cos. | | Cotg. | | Tang. | Sin. | | ″ | ′ |

88°

| ′ | ″ | Sin. | D. | Tang. | D.c. | Cotg. | Cos. | D. | ″ | ′ |
|---|---|---|---|---|---|---|---|---|---|---|
| 10 | 0 | $\bar{2}$,3 087 941 | 10327 | $\bar{2}$,3 088 842 | 10331 | 1,6 911 158 | $\bar{1}$,9 999 100 | 5 | 0 | 50 |
| | 10 | 098 268 | 10302 | 099 173 | 10306 | 900 827 | 999 095 | 4 | 50 | |
| | 20 | 108 570 | 10278 | 109 479 | 10282 | 890 521 | 999 091 | 4 | 40 | |
| | 30 | 118 848 | 10253 | 119 761 | 10258 | 880 239 | 999 087 | 5 | 30 | |
| | 40 | 129 101 | 10230 | 130 019 | 10234 | 869 981 | 999 082 | 4 | 20 | |
| | 50 | 139 331 | 10205 | 140 253 | 10209 | 859 747 | 999 078 | 4 | 10 | |
| 11 | 0 | 149 536 | 10181 | 150 462 | 10186 | 849 538 | 999 074 | 5 | 0 | 49 |
| | 10 | 159 717 | 10158 | 160 648 | 10162 | 839 352 | 999 069 | 4 | 50 | |
| | 20 | 169 875 | 10133 | 170 810 | 10138 | 829 190 | 999 065 | 4 | 40 | |
| | 30 | 180 008 | 10111 | 180 948 | 10114 | 819 052 | 999 061 | 5 | 30 | |
| | 40 | 190 119 | 10086 | 191 062 | 10092 | 808 938 | 999 056 | 4 | 20 | |
| | 50 | 200 205 | 10064 | 201 154 | 10067 | 798 846 | 999 052 | 5 | 10 | |
| 12 | 0 | 210 269 | 10040 | 211 221 | 10045 | 788 779 | 999 047 | 4 | 0 | 48 |
| | 10 | 220 309 | 10017 | 221 266 | 10021 | 778 734 | 999 043 | 4 | 50 | |
| | 20 | 230 326 | 9993 | 231 287 | 9998 | 768 713 | 999 039 | 5 | 40 | |
| | 30 | 240 319 | 9971 | 241 285 | 9975 | 758 715 | 999 034 | 4 | 30 | |
| | 40 | 250 290 | 9948 | 251 260 | 9953 | 748 740 | 999 030 | 5 | 20 | |
| | 50 | 260 238 | 9925 | 261 213 | 9930 | 738 787 | 999 025 | 4 | 10 | |
| 13 | 0 | 270 163 | 9903 | 271 143 | 9907 | 728 857 | 999 021 | 5 | 0 | 47 |
| | 10 | 280 066 | 9880 | 281 050 | 9884 | 718 950 | 999 016 | 4 | 50 | |
| | 20 | 289 946 | 9858 | 290 934 | 9862 | 709 066 | 999 012 | 5 | 40 | |
| | 30 | 299 804 | 9835 | 300 796 | 9840 | 699 204 | 999 007 | 4 | 30 | |
| | 40 | 309 639 | 9813 | 310 636 | 9818 | 689 364 | 999 003 | 5 | 20 | |
| | 50 | 319 452 | 9791 | 320 454 | 9795 | 679 546 | 998 998 | 4 | 10 | |
| 14 | 0 | 329 243 | 9769 | 330 249 | 9774 | 669 751 | 998 994 | 5 | 0 | 46 |
| | 10 | 339 012 | 9747 | 340 023 | 9751 | 659 977 | 998 989 | 4 | 50 | |
| | 20 | 348 759 | 9725 | 349 774 | 9730 | 650 226 | 998 985 | 5 | 40 | |
| | 30 | 358 484 | 9703 | 359 504 | 9708 | 640 496 | 998 980 | 4 | 30 | |
| | 40 | 368 187 | 9682 | 369 212 | 9686 | 630 788 | 998 976 | 5 | 20 | |
| | 50 | 377 869 | 9660 | 378 898 | 9665 | 621 102 | 998 971 | 5 | 10 | |
| 15 | 0 | 387 529 | 9639 | 388 563 | 9643 | 611 437 | 998 966 | 4 | 0 | 45 |
| | 10 | 397 168 | 9617 | 398 206 | 9622 | 601 794 | 998 962 | 5 | 50 | |
| | 20 | 406 785 | 9597 | 407 828 | 9601 | 592 172 | 998 957 | 4 | 40 | |
| | 30 | 416 382 | 9575 | 417 429 | 9580 | 582 571 | 998 953 | 5 | 30 | |
| | 40 | 425 957 | 9553 | 427 009 | 9558 | 572 991 | 998 948 | 5 | 20 | |
| | 50 | 435 510 | 9533 | 436 567 | 9538 | 563 433 | 998 943 | 4 | 10 | |
| 16 | 0 | 445 043 | 9512 | 446 105 | 9516 | 553 895 | 998 939 | 5 | 0 | 44 |
| | 10 | 454 555 | 9492 | 455 621 | 9496 | 544 379 | 998 934 | 5 | 50 | |
| | 20 | 464 047 | 9470 | 465 117 | 9475 | 534 883 | 998 929 | 4 | 40 | |
| | 30 | 473 517 | 9450 | 474 592 | 9455 | 525 408 | 998 925 | 5 | 30 | |
| | 40 | 482 967 | 9429 | 484 047 | 9434 | 515 953 | 998 920 | 5 | 20 | |
| | 50 | 492 396 | 9409 | 493 481 | 9414 | 506 519 | 998 915 | 4 | 10 | |
| 17 | 0 | 501 805 | 9389 | 502 895 | 9393 | 497 105 | 998 911 | 5 | 0 | 43 |
| | 10 | 511 194 | 9368 | 512 288 | 9373 | 487 712 | 998 906 | 5 | 50 | |
| | 20 | 520 562 | 9348 | 521 661 | 9353 | 478 339 | 998 901 | 5 | 40 | |
| | 30 | 529 910 | 9328 | 531 014 | 9333 | 468 986 | 998 896 | 4 | 30 | |
| | 40 | 539 238 | 9308 | 540 347 | 9313 | 459 653 | 998 892 | 5 | 20 | |
| | 50 | 548 546 | 9289 | 549 660 | 9293 | 450 340 | 998 887 | 5 | 10 | |
| 18 | 0 | 557 835 | 9208 | 558 953 | [illegible] | 441 047 | 998 882 | 6 | 0 | 42 |
| | 10 | 567 103 | 9248 | 568 226 | 9253 | 431 774 | 998 877 | 5 | 50 | |
| | 20 | 576 351 | 9229 | 577 479 | 9234 | 422 521 | 998 872 | 4 | 40 | |
| | 30 | 585 580 | 9210 | 586 713 | 9214 | 413 287 | 998 868 | 5 | 30 | |
| | 40 | 594 790 | 9189 | 595 927 | 9194 | 404 073 | 998 863 | 5 | 20 | |
| | 50 | 603 979 | 9171 | 605 121 | 9176 | 394 879 | 998 858 | 5 | 10 | |
| 19 | 0 | 613 150 | 9151 | 614 297 | 9156 | 385 703 | 998 853 | 5 | 0 | 41 |
| | 10 | 622 301 | 9132 | 623 453 | 9136 | 376 547 | 998 848 | 5 | 50 | |
| | 20 | 631 433 | 9112 | 632 589 | 9118 | 367 411 | 998 843 | 4 | 40 | |
| | 30 | 640 545 | 9094 | 641 707 | 9098 | 358 293 | 998 839 | 5 | 30 | |
| | 40 | 649 639 | 9074 | 650 805 | 9080 | 349 195 | 998 834 | 5 | 20 | |
| | 50 | 658 713 | 9056 | 659 885 | 9060 | 340 115 | 998 829 | 5 | 10 | |
| 20 | 0 | $\bar{2}$,3 667 769 | | $\bar{2}$,3 668 945 | | 1,6 331 055 | $\bar{1}$,9 998 824 | | 0 | 40 |
| ′ | ″ | Cos. | | Cotg. | | Tang. | Sin. | | ″ | ′ |

1°

| ′ | ″ | Sin. | D. | Tang. | D.c. | Cotg. | Cos. | D. | ″ | ′ |
|---|---|---|---|---|---|---|---|---|---|---|
| 20 | 0 | $\bar{3}$,3 667 769 | | $\bar{3}$,3 668 945 | | 1,6 331 055 | $\bar{1}$,9 998 824 | | 0 | 40 |
| | 10 | 676 806 | 9037 | 677 987 | 9042 | 322 013 | 998 819 | 5 | 50 | |
| | 20 | 685 824 | 9018 | 687 010 | 9023 | 312 990 | 998 814 | 5 | 40 | |
| | 30 | 694 823 | 8999 | 696 014 | 9004 | 303 986 | 998 809 | 5 | 30 | |
| | 40 | 703 804 | 8981 | 704 999 | 8985 | 295 001 | 998 804 | 5 | 20 | |
| | 50 | 712 766 | 8962 | 713 967 | 8968 | 286 033 | 998 799 | 5 | 10 | |
| 21 | 0 | 721 710 | 8944 | 722 915 | 8948 | 277 085 | 998 794 | 5 | 0 | 39 |
| | 10 | 730 635 | 8925 | 731 845 | 8930 | 268 155 | 998 789 | 5 | 50 | |
| | 20 | 739 542 | 8907 | 740 757 | 8912 | 259 243 | 998 784 | 5 | 40 | |
| | 30 | 748 430 | 8888 | 749 651 | 8894 | 250 349 | 998 779 | 5 | 30 | |
| | 40 | 757 301 | 8871 | 758 527 | 8876 | 241 473 | 998 774 | 5 | 20 | |
| | 50 | 766 153 | 8852 | 767 384 | 8857 | 232 616 | 998 769 | 5 | 10 | |
| 22 | 0 | 774 988 | 8835 | 776 223 | 8839 | 223 777 | 998 764 | 5 | 0 | 38 |
| | 10 | 783 804 | 8816 | 785 045 | 8822 | 214 955 | 998 759 | 5 | 50 | |
| | 20 | 792 603 | 8799 | 793 849 | 8804 | 206 151 | 998 754 | 5 | 40 | |
| | 30 | 801 384 | 8781 | 802 634 | 8785 | 197 366 | 998 749 | 5 | 30 | |
| | 40 | 810 147 | 8763 | 811 403 | 8769 | 188 597 | 998 744 | 5 | 20 | |
| | 50 | 818 892 | 8745 | 820 153 | 8750 | 179 847 | 998 739 | 5 | 10 | |
| 23 | 0 | 827 620 | 8728 | 828 886 | 8733 | 171 114 | 998 734 | 5 | 0 | 37 |
| | 10 | 836 330 | 8710 | 837 601 | 8715 | 162 399 | 998 729 | 5 | 50 | |
| | 20 | 845 023 | 8693 | 846 299 | 8698 | 153 701 | 998 724 | 5 | 40 | |
| | 30 | 853 699 | 8676 | 854 980 | 8681 | 145 020 | 998 719 | 5 | 30 | |
| | 40 | 862 357 | 8658 | 863 643 | 8663 | 136 357 | 998 714 | 5 | 20 | |
| | 50 | 870 998 | 8641 | 872 290 | 8647 | 127 710 | 998 709 | 5 | 10 | |
| 24 | 0 | 879 622 | 8624 | 880 918 | 8628 | 119 082 | 998 703 | 6 | 0 | 36 |
| | 10 | 888 229 | 8607 | 889 530 | 8612 | 110 470 | 998 698 | 5 | 50 | |
| | 20 | 896 818 | 8589 | 898 125 | 8595 | 101 875 | 998 693 | 5 | 40 | |
| | 30 | 905 391 | 8573 | 906 703 | 8578 | 093 297 | 998 688 | 5 | 30 | |
| | 40 | 913 947 | 8556 | 915 264 | 8561 | 084 736 | 998 683 | 5 | 20 | |
| | 50 | 922 486 | 8539 | 923 808 | 8544 | 076 192 | 998 678 | 5 | 10 | |
| 25 | 0 | 931 008 | 8522 | 932 336 | 8528 | 067 664 | 998 672 | 6 | 0 | 35 |
| | 10 | 939 513 | 8505 | 940 846 | 8510 | 059 154 | 998 667 | 5 | 50 | |
| | 20 | 948 002 | 8489 | 949 340 | 8494 | 050 660 | 998 662 | 5 | 40 | |
| | 30 | 956 475 | 8473 | 957 818 | 8478 | 042 182 | 998 657 | 5 | 30 | |
| | 40 | 964 930 | 8455 | 966 279 | 8461 | 033 721 | 998 651 | 6 | 20 | |
| | 50 | 973 370 | 8440 | 974 724 | 8445 | 025 276 | 998 646 | 5 | 10 | |
| 26 | 0 | 981 793 | 8423 | 983 152 | 8428 | 016 848 | 998 641 | 5 | 0 | 34 |
| | 10 | 990 199 | 8406 | 991 564 | 8412 | 008 436 | 998 636 | 5 | 50 | |
| | 20 | $\bar{3}$,3 998 590 | 8391 | $\bar{3}$,3 999 959 | 8395 | 1,6 000 041 | 998 630 | 6 | 40 | |
| | 30 | $\bar{3}$,4 006 964 | 8374 | $\bar{3}$,4 008 339 | 8380 | 1,5 991 661 | 998 625 | 5 | 30 | |
| | 40 | 015 322 | 8358 | 016 702 | 8363 | 983 298 | 998 620 | 5 | 20 | |
| | 50 | 023 664 | 8342 | 025 050 | 8348 | 974 950 | 998 614 | 6 | 10 | |
| 27 | 0 | 031 990 | 8326 | 033 381 | 8331 | 966 619 | 998 609 | 5 | 0 | 33 |
| | 10 | 040 300 | 8310 | 041 696 | 8315 | 958 304 | 998 604 | 5 | 50 | |
| | 20 | 048 594 | 8294 | 049 996 | 8300 | 950 004 | 998 598 | 6 | 40 | |
| | 30 | 056 873 | 8279 | 058 280 | 8284 | 941 720 | 998 593 | 5 | 30 | |
| | 40 | 065 135 | 8262 | 066 548 | 8268 | 933 452 | 998 588 | 5 | 20 | |
| | 50 | 073 382 | 8247 | 074 800 | 8252 | 925 200 | 998 582 | 6 | 10 | |
| 28 | 0 | 081 614 | 8232 | 083 037 | 8237 | 916 963 | 998 577 | 5 | 0 | 32 |
| | 10 | 089 829 | 8215 | 091 258 | 8221 | 908 742 | 998 572 | 5 | 50 | |
| | 20 | 098 029 | 8200 | 099 463 | 8205 | 900 537 | 998 566 | 6 | 40 | |
| | 30 | 106 214 | 8185 | 107 653 | 8190 | 892 347 | 998 561 | 5 | 30 | |
| | 40 | 114 383 | 8169 | 115 828 | 8175 | 884 172 | 998 555 | 6 | 20 | |
| | 50 | 122 537 | 8154 | 123 988 | 8160 | 876 012 | 998 550 | 5 | 10 | |
| 29 | 0 | 130 676 | 8139 | 132 132 | 8144 | 867 868 | 998 544 | 6 | 0 | 31 |
| | 10 | 138 800 | 8124 | 140 261 | 8129 | 859 739 | 998 539 | 5 | 50 | |
| | 20 | 146 908 | 8108 | 148 374 | 8113 | 851 626 | 998 533 | 6 | 40 | |
| | 30 | 155 001 | 8093 | 156 473 | 8099 | 843 527 | 998 528 | 5 | 30 | |
| | 40 | 163 079 | 8078 | 164 556 | 8083 | 835 444 | 998 523 | 5 | 20 | |
| | 50 | 171 142 | 8063 | 172 625 | 8069 | 827 375 | 998 517 | 6 | 10 | |
| 30 | 0 | $\bar{3}$,4 179 190 | 8048 | $\bar{3}$,4 180 679 | 8054 | 1,5 819 321 | $\bar{1}$,9 998 512 | 5 | 0 | 30 |
| ′ | ″ | Cos. | | Cotg. | | Tang. | Sin. | | ″ | ′ |

88°

| ′ | ″ | Sin. | D. | Tang. | D.c. | Cotg. | Cos. | D. | ″ | ′ |
|---|---|---|---|---|---|---|---|---|---|---|
| 30 | 0 | $\bar{2}$,4 179 190 | 8033 | $\bar{2}$,4 180 679 | 8038 | 1,5 819 321 | $\bar{1}$,9 998 512 | 6 | 0 | 30 |
| | 10 | 187 223 | 8019 | 188 717 | 8024 | 811 283 | 998 506 | 6 | 50 | |
| | 20 | 195 242 | 8003 | 196 741 | 8009 | 803 259 | 998 500 | 5 | 40 | |
| | 30 | 203 245 | 7989 | 204 750 | 7995 | 795 250 | 998 495 | 6 | 30 | |
| | 40 | 211 234 | 7974 | 212 745 | 7980 | 787 255 | 998 489 | 5 | 20 | |
| | 50 | 219 208 | 7960 | 220 725 | 7965 | 779 275 | 998 484 | 6 | 10 | |
| 31 | 0 | 227 168 | 7945 | 228 690 | 7950 | 771 310 | 998 478 | 5 | 0 | 29 |
| | 10 | 235 113 | 7930 | 236 640 | 7936 | 763 360 | 998 473 | 6 | 50 | |
| | 20 | 243 043 | 7916 | 244 576 | 7922 | 755 424 | 998 467 | 6 | 40 | |
| | 30 | 250 959 | 7902 | 252 498 | 7907 | 747 502 | 998 461 | 5 | 30 | |
| | 40 | 258 861 | 7887 | 260 405 | 7893 | 739 595 | 998 456 | 6 | 20 | |
| | 50 | 266 748 | 7873 | 268 298 | 7878 | 731 702 | 998 450 | 5 | 10 | |
| 32 | 0 | 274 621 | 7859 | 276 176 | 7865 | 723 824 | 998 445 | 6 | 0 | 28 |
| | 10 | 282 480 | 7844 | 284 041 | 7850 | 715 959 | 998 439 | 6 | 50 | |
| | 20 | 290 324 | 7830 | 291 891 | 7836 | 708 109 | 998 433 | 5 | 40 | |
| | 30 | 298 154 | 7817 | 299 727 | 7822 | 700 273 | 998 428 | 6 | 30 | |
| | 40 | 305 971 | 7802 | 307 549 | 7807 | 692 451 | 998 422 | 6 | 20 | |
| | 50 | 313 773 | 7788 | 315 356 | 7794 | 684 644 | 998 416 | 5 | 10 | |
| 33 | 0 | 321 561 | 7774 | 323 150 | 7780 | 676 850 | 998 411 | 6 | 0 | 27 |
| | 10 | 329 335 | 7760 | 330 930 | 7766 | 669 070 | 998 405 | 6 | 50 | |
| | 20 | 337 095 | 7747 | 338 696 | 7752 | 661 304 | 998 399 | 6 | 40 | |
| | 30 | 344 842 | 7732 | 346 448 | 7739 | 653 552 | 998 393 | 5 | 30 | |
| | 40 | 352 574 | 7719 | 354 187 | 7724 | 645 813 | 998 388 | 6 | 20 | |
| | 50 | 360 293 | 7706 | 361 911 | 7711 | 638 089 | 998 382 | 6 | 10 | |
| 34 | 0 | 367 999 | 7691 | 369 622 | 7698 | 630 378 | 998 376 | 6 | 0 | 26 |
| | 10 | 375 690 | 7678 | 377 320 | 7683 | 622 680 | 998 370 | 5 | 50 | |
| | 20 | 383 368 | 7664 | 385 003 | 7670 | 614 997 | 998 365 | 6 | 40 | |
| | 30 | 391 032 | 7651 | 392 673 | 7657 | 607 327 | 998 359 | 6 | 30 | |
| | 40 | 398 683 | 7638 | 400 330 | 7643 | 599 670 | 998 353 | 6 | 20 | |
| | 50 | 406 321 | 7623 | 407 973 | 7630 | 592 027 | 998 347 | 5 | 10 | |
| 35 | 0 | 413 944 | 7611 | 415 603 | 7616 | 584 397 | 998 342 | 6 | 0 | 25 |
| | 10 | 421 555 | 7597 | 423 219 | 7603 | 576 781 | 998 336 | 6 | 50 | |
| | 20 | 429 152 | 7584 | 430 822 | 7590 | 569 178 | 998 330 | 6 | 40 | |
| | 30 | 436 736 | 7571 | 438 412 | 7577 | 561 588 | 998 324 | 6 | 30 | |
| | 40 | 444 307 | 7558 | 445 989 | 7563 | 554 011 | 998 318 | 6 | 20 | |
| | 50 | 451 865 | 7544 | 453 552 | 7551 | 546 448 | 998 312 | 6 | 10 | |
| 36 | 0 | 459 409 | 7531 | 461 103 | 7537 | 538 897 | 998 306 | 5 | 0 | 24 |
| | 10 | 466 940 | 7519 | 468 640 | 7524 | 531 360 | 998 301 | 6 | 50 | |
| | 20 | 474 459 | 7505 | 476 164 | 7511 | 523 836 | 998 295 | 6 | 40 | |
| | 30 | 481 964 | 7492 | 483 675 | 7498 | 516 325 | 998 289 | 6 | 30 | |
| | 40 | 489 456 | 7480 | 491 173 | 7486 | 508 827 | 998 283 | 6 | 20 | |
| | 50 | 496 936 | 7466 | 498 659 | 7472 | 501 341 | 998 277 | 6 | 10 | |
| 37 | 0 | 504 402 | 7454 | 506 131 | 7460 | 493 869 | 998 271 | 6 | 0 | 23 |
| | 10 | 511 856 | 7441 | 513 591 | 7447 | 486 409 | 998 265 | 6 | 50 | |
| | 20 | 519 297 | 7428 | 521 038 | 7434 | 478 962 | 998 259 | 6 | 40 | |
| | 30 | 526 725 | 7416 | 528 472 | 7421 | 471 528 | 998 253 | 6 | 30 | |
| | 40 | 534 141 | 7402 | 535 893 | 7409 | 464 107 | 998 247 | 6 | 20 | |
| | 50 | 541 543 | 7391 | 543 302 | 7397 | 456 698 | 998 241 | 6 | 10 | |
| 38 | 0 | 540 904 | 7377 | 550 600 | 7383 | 449 301 | 998 235 | 6 | 0 | 22 |
| | 10 | 556 311 | 7366 | 558 082 | 7371 | 441 918 | 998 229 | 6 | 50 | |
| | 20 | 563 677 | 7352 | 565 453 | 7359 | 434 547 | 998 223 | 6 | 40 | |
| | 30 | 571 029 | 7340 | 572 812 | 7346 | 427 188 | 998 217 | 6 | 30 | |
| | 40 | 578 369 | 7328 | 580 158 | 7334 | 419 842 | 998 211 | 6 | 20 | |
| | 50 | 585 697 | 7316 | 587 492 | 7322 | 412 508 | 998 205 | 6 | 10 | |
| 39 | 0 | 593 013 | 7303 | 594 814 | 7309 | 405 186 | 998 199 | 6 | 0 | 21 |
| | 10 | 600 316 | 7291 | 602 123 | 7297 | 397 877 | 998 193 | 6 | 50 | |
| | 20 | 607 607 | 7279 | 609 420 | 7285 | 390 580 | 998 187 | 6 | 40 | |
| | 30 | 614 886 | 7266 | 616 705 | 7273 | 383 295 | 998 181 | 6 | 30 | |
| | 40 | 622 152 | 7254 | 623 978 | 7260 | 376 022 | 998 175 | 7 | 20 | |
| | 50 | 629 406 | 7243 | 631 238 | 7248 | 368 762 | 998 168 | 6 | 10 | |
| 40 | 0 | $\bar{2}$,4 636 649 | | $\bar{2}$,4 638 486 | | 1,5 361 514 | $\bar{1}$,9 998 162 | | 0 | 20 |
| ′ | ″ | Cos. | | Cotg. | | Tang. | Sin. | | ″ | ′ |

| ′ | ″ | Sin. | D. | Tang. | D.c. | Cotg. | Cos. | D. | ″ | ′ |
|---|---|---|---|---|---|---|---|---|---|---|
| 40 | 0 | 3̄,4 636 649 | 7230 | 3̄,4 638 486 | 7237 | 1,5 361 514 | 1̄,9 998 162 | 6 | 0 | 20 |
| | 10 | 643 879 | 7218 | 645 723 | 7224 | 354 277 | 998 156 | 6 | 50 | |
| | 20 | 651 097 | 7206 | 652 947 | 7212 | 347 053 | 998 150 | 6 | 40 | |
| | 30 | 658 303 | 7194 | 660 159 | 7201 | 339 841 | 998 144 | 6 | 30 | |
| | 40 | 665 497 | 7183 | 667 360 | 7188 | 332 640 | 998 138 | 6 | 20 | |
| | 50 | 672 680 | 7170 | 674 548 | 7177 | 325 452 | 998 132 | 7 | 10 | |
| 41 | 0 | 679 850 | 7159 | 681 725 | 7165 | 318 275 | 998 125 | 6 | 0 | 19 |
| | 10 | 687 009 | 7147 | 688 890 | 7153 | 311 110 | 998 119 | 6 | 50 | |
| | 20 | 694 156 | 7135 | 696 043 | 7141 | 303 957 | 998 113 | 6 | 40 | |
| | 30 | 701 291 | 7123 | 703 184 | 7129 | 296 816 | 998 107 | 6 | 30 | |
| | 40 | 708 414 | 7112 | 710 313 | 7118 | 289 687 | 998 101 | 7 | 20 | |
| | 50 | 715 526 | 7100 | 717 431 | 7107 | 282 569 | 998 094 | 6 | 10 | |
| 42 | 0 | 722 626 | 7088 | 724 538 | 7094 | 275 462 | 998 088 | 6 | 0 | 18 |
| | 10 | 729 714 | 7077 | 731 632 | 7083 | 268 368 | 998 082 | 6 | 50 | |
| | 20 | 736 791 | 7065 | 738 715 | 7072 | 261 285 | 998 076 | 7 | 40 | |
| | 30 | 743 856 | 7054 | 745 787 | 7060 | 254 213 | 998 069 | 6 | 30 | |
| | 40 | 750 910 | 7043 | 752 847 | 7049 | 247 153 | 998 063 | 6 | 20 | |
| | 50 | 757 953 | 7031 | 759 896 | 7037 | 240 104 | 998 057 | 7 | 10 | |
| 43 | 0 | 764 984 | 7019 | 766 933 | 7026 | 233 067 | 998 050 | 6 | 0 | 17 |
| | 10 | 772 003 | 7009 | 773 959 | 7015 | 226 041 | 998 044 | 6 | 50 | |
| | 20 | 779 012 | 6997 | 780 974 | 7003 | 219 026 | 998 038 | 7 | 40 | |
| | 30 | 786 009 | 6985 | 787 977 | 6992 | 212 023 | 998 031 | 6 | 30 | |
| | 40 | 792 994 | 6975 | 794 969 | 6981 | 205 031 | 998 025 | 6 | 20 | |
| | 50 | 799 969 | 6963 | 801 950 | 6970 | 198 050 | 998 019 | 7 | 10 | |
| 44 | 0 | 806 932 | 6952 | 808 920 | 6958 | 191 080 | 998 012 | 6 | 0 | 16 |
| | 10 | 813 884 | 6941 | 815 878 | 6948 | 184 122 | 998 006 | 6 | 50 | |
| | 20 | 820 825 | 6930 | 822 826 | 6936 | 177 174 | 998 000 | 7 | 40 | |
| | 30 | 827 755 | 6919 | 829 762 | 6925 | 170 238 | 997 993 | 6 | 30 | |
| | 40 | 834 674 | 6908 | 836 687 | 6915 | 163 313 | 997 987 | 7 | 20 | |
| | 50 | 841 582 | 6897 | 843 602 | 6903 | 156 398 | 997 980 | 6 | 10 | |
| 45 | 0 | 848 479 | 6886 | 850 505 | 6892 | 149 495 | 997 974 | 6 | 0 | 15 |
| | 10 | 855 365 | 6875 | 857 397 | 6882 | 142 603 | 997 968 | 7 | 50 | |
| | 20 | 862 240 | 6864 | 864 279 | 6870 | 135 721 | 997 961 | 6 | 40 | |
| | 30 | 869 104 | 6853 | 871 149 | 6860 | 128 851 | 997 955 | 7 | 30 | |
| | 40 | 875 957 | 6843 | 878 009 | 6849 | 121 991 | 997 948 | 6 | 20 | |
| | 50 | 882 800 | 6832 | 884 858 | 6838 | 115 142 | 997 942 | 7 | 10 | |
| 46 | 0 | 889 632 | 6821 | 891 696 | 6828 | 108 304 | 997 935 | 6 | 0 | 14 |
| | 10 | 896 453 | 6810 | 898 524 | 6817 | 101 476 | 997 929 | 7 | 50 | |
| | 20 | 903 263 | 6800 | 905 341 | 6806 | 094 659 | 997 922 | 6 | 40 | |
| | 30 | 910 063 | 6789 | 912 147 | 6795 | 087 853 | 997 916 | 7 | 30 | |
| | 40 | 916 852 | 6778 | 918 942 | 6785 | 081 058 | 997 909 | 6 | 20 | |
| | 50 | 923 630 | 6768 | 925 727 | 6775 | 074 273 | 997 903 | 7 | 10 | |
| 47 | 0 | 930 398 | 6757 | 932 502 | 6764 | 067 498 | 997 896 | 7 | 0 | 13 |
| | 10 | 937 155 | 6747 | 939 266 | 6753 | 060 734 | 997 889 | 6 | 50 | |
| | 20 | 943 902 | 6736 | 946 019 | 6743 | 053 981 | 997 883 | 7 | 40 | |
| | 30 | 950 638 | 6726 | 952 762 | 6732 | 047 238 | 997 876 | 6 | 30 | |
| | 40 | 957 364 | 6715 | 959 494 | 6722 | 040 506 | 997 870 | 7 | 20 | |
| | 50 | 964 079 | 6705 | 966 216 | 6712 | 033 784 | 997 863 | 7 | 10 | |
| 48 | 0 | 970 784 | 6695 | 972 928 | 6701 | 027 072 | 997 856 | 6 | 0 | 12 |
| | 10 | 977 479 | 6684 | 979 629 | 6691 | 020 371 | 997 850 | 7 | 50 | |
| | 20 | 984 163 | 6675 | 986 320 | 6681 | 013 680 | 997 843 | 6 | 40 | |
| | 30 | 990 838 | 6663 | 993 001 | 6670 | 006 999 | 997 837 | 7 | 30 | |
| | 40 | 3̄,4 997 501 | 6654 | 3̄,4 999 671 | 6661 | 1,5 000 329 | 997 830 | 7 | 20 | |
| | 50 | 3̄,5 004 155 | 6643 | 3̄,5 006 332 | 6650 | 1,4 993 668 | 997 823 | 6 | 10 | |
| 49 | 0 | 010 798 | 6634 | 012 982 | 6640 | 987 018 | 997 817 | 7 | 0 | 11 |
| | 10 | 017 432 | 6623 | 019 622 | 6630 | 980 378 | 997 810 | 7 | 50 | |
| | 20 | 024 055 | 6613 | 026 252 | 6619 | 973 748 | 997 803 | 6 | 40 | |
| | 30 | 030 668 | 6603 | 032 871 | 6610 | 967 129 | 997 797 | 7 | 30 | |
| | 40 | 037 271 | 6593 | 039 481 | 6600 | 960 519 | 997 790 | 7 | 20 | |
| | 50 | 043 864 | 6583 | 046 081 | 6590 | 953 919 | 997 783 | 7 | 10 | |
| 50 | 0 | 3̄,5 050 447 | | 3̄,5 052 671 | | 1,4 947 329 | 1̄,9 997 776 | | 0 | 10 |
| ′ | ″ | Cos. | | Cotg. | | Tang. | Sin. | | ″ | ′ |

| ′ | ″ | Sin. | D. | Tang. | D.c. | Cotg. | Cos. | D. | ″ | ′ |
|---|---|---|---|---|---|---|---|---|---|---|
| 50 | 0 | $\bar{3}$,5 050 447 | 6573 | $\bar{3}$,5 052 671 | 6579 | 1,4 947 329 | $\bar{1}$,9 997 776 | 6 | 0 | 10 |
| | 10 | 057 020 | 6563 | 059 250 | 6570 | 940 750 | 997 770 | 7 | 50 | |
| | 20 | 063 583 | 6553 | 065 820 | 6560 | 934 180 | 997 763 | 7 | 40 | |
| | 30 | 070 136 | 6543 | 072 380 | 6550 | 927 620 | 997 756 | 7 | 30 | |
| | 40 | 076 679 | 6534 | 078 930 | 6540 | 921 070 | 997 749 | 6 | 20 | |
| | 50 | 083 213 | 6523 | 085 470 | 6531 | 914 530 | 997 743 | 7 | 10 | |
| 51 | 0 | 089 736 | 6514 | 092 001 | 6520 | 907 999 | 997 736 | 7 | 0 | 9 |
| | 10 | 096 250 | 6504 | 098 521 | 6511 | 901 479 | 997 729 | 7 | 50 | |
| | 20 | 102 754 | 6494 | 105 032 | 6501 | 894 968 | 997 722 | 7 | 40 | |
| | 30 | 109 248 | 6485 | 111 533 | 6492 | 888 467 | 997 715 | 7 | 30 | |
| | 40 | 115 733 | 6475 | 118 025 | 6481 | 881 975 | 997 708 | 6 | 20 | |
| | 50 | 122 208 | 6465 | 124 506 | 6472 | 875 494 | 997 702 | 7 | 10 | |
| 52 | 0 | 128 673 | 6456 | 130 978 | 6463 | 869 022 | 997 695 | 7 | 0 | 8 |
| | 10 | 135 129 | 6446 | 137 441 | 6453 | 862 559 | 997 688 | 7 | 50 | |
| | 20 | 141 575 | 6436 | 143 894 | 6443 | 856 106 | 997 681 | 7 | 40 | |
| | 30 | 148 011 | 6427 | 150 337 | 6434 | 849 663 | 997 674 | 7 | 30 | |
| | 40 | 154 438 | 6418 | 156 771 | 6424 | 843 229 | 997 667 | 7 | 20 | |
| | 50 | 160 856 | 6408 | 163 195 | 6415 | 836 805 | 997 660 | 7 | 10 | |
| 53 | 0 | 167 264 | 6398 | 169 610 | 6406 | 830 390 | 997 653 | 7 | 0 | 7 |
| | 10 | 173 662 | 6389 | 176 016 | 6396 | 823 984 | 997 646 | 6 | 50 | |
| | 20 | 180 051 | 6380 | 182 412 | 6386 | 817 588 | 997 640 | 7 | 40 | |
| | 30 | 186 431 | 6370 | 188 798 | 6377 | 811 202 | 997 633 | 7 | 30 | |
| | 40 | 192 801 | 6361 | 195 175 | 6368 | 804 825 | 997 626 | 7 | 20 | |
| | 50 | 199 162 | 6352 | 201 543 | 6359 | 798 457 | 997 619 | 7 | 10 | |
| 54 | 0 | 205 514 | 6342 | 207 902 | 6349 | 792 098 | 997 612 | 7 | 0 | 6 |
| | 10 | 211 856 | 6333 | 214 251 | 6340 | 785 749 | 997 605 | 7 | 50 | |
| | 20 | 218 189 | 6324 | 220 591 | 6331 | 779 409 | 997 598 | 7 | 40 | |
| | 30 | 224 513 | 6315 | 226 922 | 6322 | 773 078 | 997 591 | 7 | 30 | |
| | 40 | 230 828 | 6305 | 233 244 | 6313 | 766 756 | 997 584 | 7 | 20 | |
| | 50 | 237 133 | 6297 | 239 557 | 6303 | 760 443 | 997 577 | 7 | 10 | |
| 55 | 0 | 243 430 | 6287 | 245 860 | 6294 | 754 140 | 997 570 | 7 | 0 | 5 |
| | 10 | 249 717 | 6278 | 252 154 | 6285 | 747 846 | 997 563 | 8 | 50 | |
| | 20 | 255 995 | 6269 | 258 439 | 6277 | 741 561 | 997 555 | 7 | 40 | |
| | 30 | 262 264 | 6260 | 264 716 | 6267 | 735 284 | 997 548 | 7 | 30 | |
| | 40 | 268 524 | 6251 | 270 983 | 6258 | 729 017 | 997 541 | 7 | 20 | |
| | 50 | 274 775 | 6242 | 277 241 | 6249 | 722 759 | 997 534 | 7 | 10 | |
| 56 | 0 | 281 017 | 6233 | 283 490 | 6240 | 716 510 | 997 527 | 7 | 0 | 4 |
| | 10 | 287 250 | 6224 | 289 730 | 6231 | 710 270 | 997 520 | 7 | 50 | |
| | 20 | 293 474 | 6215 | 295 961 | 6222 | 704 039 | 997 513 | 7 | 40 | |
| | 30 | 299 689 | 6206 | 302 183 | 6214 | 697 817 | 997 506 | 7 | 30 | |
| | 40 | 305 895 | 6198 | 308 397 | 6204 | 691 603 | 997 499 | 8 | 20 | |
| | 50 | 312 093 | 6188 | 314 601 | 6196 | 685 399 | 997 491 | 7 | 10 | |
| 57 | 0 | 318 281 | 6180 | 320 797 | 6187 | 679 203 | 997 484 | 7 | 0 | 3 |
| | 10 | 324 461 | 6171 | 326 984 | 6178 | 673 016 | 997 477 | 7 | 50 | |
| | 20 | 330 632 | 6162 | 333 162 | 6169 | 666 838 | 997 470 | 7 | 40 | |
| | 30 | 336 794 | 6154 | 339 331 | 6161 | 660 669 | 997 463 | 7 | 30 | |
| | 40 | 342 948 | 6144 | 345 492 | 6152 | 654 508 | 997 456 | 8 | 20 | |
| | 50 | 349 092 | 6136 | 351 644 | 6143 | 648 356 | 997 448 | 7 | 10 | |
| 58 | 0 | 355 228 | 6128 | 357 787 | 6135 | 642 213 | 997 441 | 7 | 0 | 2 |
| | 10 | 361 356 | 6118 | 363 922 | 6126 | 636 078 | 997 434 | 7 | 50 | |
| | 20 | 367 474 | 6111 | 370 048 | 6117 | 629 952 | 997 427 | 8 | 40 | |
| | 30 | 373 585 | 6101 | 376 165 | 6109 | 623 835 | 997 419 | 7 | 30 | |
| | 40 | 379 686 | 6093 | 382 274 | 6100 | 617 726 | 997 412 | 7 | 20 | |
| | 50 | 385 779 | 6084 | 388 374 | 6092 | 611 626 | 997 405 | 7 | 10 | |
| 59 | 0 | 391 863 | 6076 | 394 466 | 6083 | 605 534 | 997 398 | 8 | 0 | 1 |
| | 10 | 397 939 | 6068 | 400 549 | 6075 | 599 451 | 997 390 | 7 | 50 | |
| | 20 | 404 007 | 6059 | 406 624 | 6066 | 593 376 | 997 383 | 7 | 40 | |
| | 30 | 410 066 | 6050 | 412 690 | 6058 | 587 310 | 997 376 | 8 | 30 | |
| | 40 | 416 116 | 6042 | 418 748 | 6049 | 581 252 | 997 368 | 7 | 20 | |
| | 50 | 422 158 | 6034 | 424 797 | 6041 | 575 203 | 997 361 | 7 | 10 | |
| 60 | 0 | $\bar{3}$,5 428 192 | | $\bar{3}$,5 430 838 | | 1,4 569 162 | $\bar{1}$,9 997 354 | | 0 | 0 |
| ′ | ″ | Cos. | | Cotg. | | Tang. | Sin. | | ″ | ′ |

| ′ | ″ | Sin. | D. | Tang. | D.c. | Cotg. | Cos. | D. | ″ | ′ |
|---|---|---|---|---|---|---|---|---|---|---|
| 0 | 0 | $\bar{2}$,5 428 192 | 6025 | $\bar{2}$,5 430 838 | 6033 | 1,4 569 162 | $\bar{1}$,9 997 354 | 8 | 0 | 60 |
| | 10 | 434 217 | 6017 | 436 871 | 6024 | 563 129 | 997 346 | 7 | 50 | |
| | 20 | 440 234 | 6008 | 442 895 | 6016 | 557 105 | 997 339 | 8 | 40 | |
| | 30 | 446 242 | 6001 | 448 911 | 6007 | 551 089 | 997 331 | 7 | 30 | |
| | 40 | 452 243 | 5991 | 454 918 | 6000 | 545 082 | 997 324 | 7 | 20 | |
| | 50 | 458 234 | 5984 | 460 918 | 5991 | 539 082 | 997 317 | 8 | 10 | |
| 1 | 0 | 464 218 | 5976 | 466 909 | 5983 | 533 091 | 997 309 | 7 | 0 | 59 |
| | 10 | 470 194 | 5967 | 472 892 | 5974 | 527 108 | 997 302 | 8 | 50 | |
| | 20 | 476 161 | 5959 | 478 866 | 5967 | 521 134 | 997 294 | 7 | 40 | |
| | 30 | 482 120 | 5951 | 484 833 | 5958 | 515 167 | 997 287 | 7 | 30 | |
| | 40 | 488 071 | 5942 | 490 791 | 5950 | 509 209 | 997 280 | 8 | 20 | |
| | 50 | 494 013 | 5935 | 496 741 | 5942 | 503 259 | 997 272 | 7 | 10 | |
| 2 | 0 | 499 948 | 5926 | 502 683 | 5934 | 497 317 | 997 265 | 8 | 0 | 58 |
| | 10 | 505 874 | 5919 | 508 617 | 5926 | 491 383 | 997 257 | 7 | 50 | |
| | 20 | 511 793 | 5910 | 514 543 | 5918 | 485 457 | 997 250 | 8 | 40 | |
| | 30 | 517 703 | 5902 | 520 461 | 5910 | 479 539 | 997 242 | 7 | 30 | |
| | 40 | 523 605 | 5894 | 526 371 | 5901 | 473 629 | 997 235 | 8 | 20 | |
| | 50 | 529 499 | 5887 | 532 272 | 5894 | 467 728 | 997 227 | 7 | 10 | |
| 3 | 0 | 535 386 | 5878 | 538 166 | 5886 | 461 834 | 997 220 | 8 | 0 | 57 |
| | 10 | 541 264 | 5870 | 544 052 | 5878 | 455 948 | 997 212 | 8 | 50 | |
| | 20 | 547 134 | 5863 | 549 930 | 5870 | 450 070 | 997 204 | 7 | 40 | |
| | 30 | 552 997 | 5854 | 555 800 | 5862 | 444 200 | 997 197 | 8 | 30 | |
| | 40 | 558 851 | 5847 | 561 662 | 5854 | 438 338 | 997 189 | 7 | 20 | |
| | 50 | 564 698 | 5838 | 567 516 | 5846 | 432 484 | 997 182 | 8 | 10 | |
| 4 | 0 | 570 536 | 5831 | 573 362 | 5839 | 426 638 | 997 174 | 7 | 0 | 56 |
| | 10 | 576 367 | 5823 | 579 201 | 5830 | 420 799 | 997 167 | 8 | 50 | |
| | 20 | 582 190 | 5815 | 585 031 | 5823 | 414 969 | 997 159 | 8 | 40 | |
| | 30 | 588 005 | 5808 | 590 854 | 5815 | 409 146 | 997 151 | 7 | 30 | |
| | 40 | 593 813 | 5799 | 596 669 | 5807 | 403 331 | 997 144 | 8 | 20 | |
| | 50 | 599 612 | 5792 | 602 476 | 5800 | 397 524 | 997 136 | 8 | 10 | |
| 5 | 0 | 605 404 | 5784 | 608 276 | 5792 | 391 724 | 997 128 | 7 | 0 | 55 |
| | 10 | 611 188 | 5777 | 614 068 | 5784 | 385 932 | 997 121 | 8 | 50 | |
| | 20 | 616 965 | 5769 | 619 852 | 5776 | 380 148 | 997 113 | 8 | 40 | |
| | 30 | 622 734 | 5761 | 625 628 | 5769 | 374 372 | 997 105 | 7 | 30 | |
| | 40 | 628 495 | 5753 | 631 397 | 5761 | 368 603 | 997 098 | 8 | 20 | |
| | 50 | 634 248 | 5746 | 637 158 | 5754 | 362 842 | 997 090 | 8 | 10 | |
| 6 | 0 | 639 994 | 5738 | 642 912 | 5746 | 357 088 | 997 082 | 7 | 0 | 54 |
| | 10 | 645 732 | 5731 | 648 658 | 5738 | 351 342 | 997 075 | 8 | 50 | |
| | 20 | 651 463 | 5723 | 654 396 | 5731 | 345 604 | 997 067 | 8 | 40 | |
| | 30 | 657 186 | 5716 | 660 127 | 5724 | 339 873 | 997 059 | 8 | 30 | |
| | 40 | 662 902 | 5708 | 665 851 | 5715 | 334 149 | 997 051 | 7 | 20 | |
| | 50 | 668 610 | 5700 | 671 566 | 5709 | 328 434 | 997 044 | 8 | 10 | |
| 7 | 0 | 674 310 | 5694 | 677 275 | 5701 | 322 725 | 997 036 | 8 | 0 | 53 |
| | 10 | 680 004 | 5685 | 682 976 | 5693 | 317 024 | 997 028 | 8 | 50 | |
| | 20 | 685 689 | 5678 | 688 669 | 5686 | 311 331 | 997 020 | 8 | 40 | |
| | 30 | 691 367 | 5671 | 694 355 | 5679 | 305 645 | 997 012 | 7 | 30 | |
| | 40 | 697 038 | 5663 | 700 034 | 5671 | 299 966 | 997 005 | 8 | 20 | |
| | 50 | 702 701 | 5656 | 705 705 | 5663 | 294 295 | 996 997 | 8 | 10 | |
| 8 | 0 | 708 357 | 5649 | 711 368 | 5657 | 288 632 | 996 989 | 8 | 0 | 52 |
| | 10 | 714 006 | 5641 | 717 025 | 5649 | 282 975 | 996 981 | 8 | 50 | |
| | 20 | 719 647 | 5634 | 722 674 | 5642 | 277 326 | 996 973 | 8 | 40 | |
| | 30 | 725 281 | 5627 | 728 316 | 5634 | 271 684 | 996 965 | 8 | 30 | |
| | 40 | 730 908 | 5619 | 733 950 | 5627 | 266 050 | 996 957 | 7 | 20 | |
| | 50 | 736 527 | 5612 | 739 577 | 5620 | 260 423 | 996 950 | 8 | 10 | |
| 9 | 0 | 742 139 | 5605 | 745 197 | 5613 | 254 803 | 996 942 | 8 | 0 | 51 |
| | 10 | 747 744 | 5597 | 750 810 | 5606 | 249 190 | 996 934 | 8 | 50 | |
| | 20 | 753 341 | 5591 | 756 416 | 5598 | 243 584 | 996 926 | 8 | 40 | |
| | 30 | 758 932 | 5583 | 762 014 | 5591 | 237 986 | 996 918 | 8 | 30 | |
| | 40 | 764 515 | 5576 | 767 605 | 5584 | 232 395 | 996 910 | 8 | 20 | |
| | 50 | 770 091 | 5569 | 773 189 | 5577 | 226 811 | 996 902 | 8 | 10 | |
| 10 | 0 | $\bar{2}$,5 775 660 | | $\bar{2}$,5 778 766 | | 1,4 221 234 | $\bar{1}$,9 996 894 | | 0 | 50 |
| ′ | ″ | Cos. | | Cotg. | | Tang. | Sin. | | ″ | ′ |

87°

| ′ | ″ | Sin. | D. | Tang. | D.c. | Cotg. | Cos. | D. | ″ | ′ |
|---|---|---|---|---|---|---|---|---|---|---|
| 10 | 0 | 2̄,5 775 660 | 5561 | 2̄,5 778 766 | 5569 | 1,4 221 234 | 1̄,9 996 894 | 8 | 0 | 50 |
| | 10 | 781 221 | 5555 | 784 335 | 5563 | 215 665 | 996 886 | 8 | 50 | |
| | 20 | 786 776 | 5547 | 789 898 | 5555 | 210 102 | 996 878 | 8 | 40 | |
| | 30 | 792 323 | 5541 | 795 453 | 5548 | 204 547 | 996 870 | 8 | 30 | |
| | 40 | 797 864 | 5533 | 801 001 | 5542 | 198 999 | 996 862 | 8 | 20 | |
| | 50 | 803 397 | 5526 | 806 543 | 5534 | 193 457 | 996 854 | 8 | 10 | |
| 11 | 0 | 808 923 | 5519 | 812 077 | 5527 | 187 923 | 996 846 | 8 | 0 | 49 |
| | 10 | 814 442 | 5512 | 817 604 | 5520 | 182 396 | 996 838 | 8 | 50 | |
| | 20 | 819 954 | 5506 | 823 124 | 5514 | 176 876 | 996 830 | 8 | 40 | |
| | 30 | 825 460 | 5498 | 828 638 | 5506 | 171 362 | 996 822 | 8 | 30 | |
| | 40 | 830 958 | 5491 | 834 144 | 5499 | 165 856 | 996 814 | 8 | 20 | |
| | 50 | 836 449 | 5484 | 839 643 | 5493 | 160 357 | 996 806 | 8 | 10 | |
| 12 | 0 | 841 933 | 5478 | 845 136 | 5485 | 154 864 | 996 798 | 8 | 0 | 48 |
| | 10 | 847 411 | 5470 | 850 621 | 5479 | 149 379 | 996 790 | 8 | 50 | |
| | 20 | 852 881 | 5464 | 856 100 | 5471 | 143 900 | 996 782 | 9 | 40 | |
| | 30 | 858 345 | 5456 | 861 571 | 5465 | 138 429 | 996 773 | 8 | 30 | |
| | 40 | 863 801 | 5450 | 867 036 | 5458 | 132 964 | 996 765 | 8 | 20 | |
| | 50 | 869 251 | 5443 | 872 494 | 5451 | 127 506 | 996 757 | 8 | 10 | |
| 13 | 0 | 874 694 | 5436 | 877 945 | 5444 | 122 055 | 996 749 | 8 | 0 | 47 |
| | 10 | 880 130 | 5430 | 883 389 | 5438 | 116 611 | 996 741 | 8 | 50 | |
| | 20 | 885 560 | 5422 | 888 827 | 5431 | 111 173 | 996 733 | 9 | 40 | |
| | 30 | 890 982 | 5416 | 894 258 | 5424 | 105 742 | 996 724 | 8 | 30 | |
| | 40 | 896 398 | 5409 | 899 682 | 5417 | 100 318 | 996 716 | 8 | 20 | |
| | 50 | 901 807 | 5402 | 905 099 | 5410 | 094 901 | 996 708 | 8 | 10 | |
| 14 | 0 | 907 209 | 5396 | 910 509 | 5404 | 089 491 | 996 700 | 8 | 0 | 46 |
| | 10 | 912 605 | 5389 | 915 913 | 5397 | 084 087 | 996 692 | 9 | 50 | |
| | 20 | 917 994 | 5382 | 921 310 | 5391 | 078 690 | 996 683 | 8 | 40 | |
| | 30 | 923 376 | 5375 | 926 701 | 5384 | 073 299 | 996 675 | 8 | 30 | |
| | 40 | 928 751 | 5369 | 932 085 | 5377 | 067 915 | 996 667 | 8 | 20 | |
| | 50 | 934 120 | 5363 | 937 462 | 5370 | 062 538 | 996 659 | 9 | 10 | |
| 15 | 0 | 939 483 | 5355 | 942 832 | 5364 | 057 168 | 996 650 | 8 | 0 | 45 |
| | 10 | 944 838 | 5349 | 948 196 | 5357 | 051 804 | 996 642 | 8 | 50 | |
| | 20 | 950 187 | 5343 | 953 553 | 5351 | 046 447 | 996 634 | 8 | 40 | |
| | 30 | 955 530 | 5335 | 958 904 | 5344 | 041 096 | 996 626 | 9 | 30 | |
| | 40 | 960 865 | 5330 | 964 248 | 5338 | 035 752 | 996 617 | 8 | 20 | |
| | 50 | 966 195 | 5322 | 969 586 | 5331 | 030 414 | 996 609 | 8 | 10 | |
| 16 | 0 | 971 517 | 5317 | 974 917 | 5324 | 025 083 | 996 601 | 9 | 0 | 44 |
| | 10 | 976 834 | 5309 | 980 241 | 5318 | 019 759 | 996 592 | 8 | 50 | |
| | 20 | 982 143 | 5303 | 985 559 | 5312 | 014 441 | 996 584 | 8 | 40 | |
| | 30 | 987 446 | 5297 | 990 871 | 5305 | 009 129 | 996 576 | 9 | 30 | |
| | 40 | 992 743 | 5290 | 2̄,5 996 176 | 5299 | 1,4 003 824 | 996 567 | 8 | 20 | |
| | 50 | 2̄,5 998 033 | 5284 | 2̄,6 001 475 | 5292 | 1,3 998 525 | 996 559 | 9 | 10 | |
| 17 | 0 | 2̄,6 003 317 | 5278 | 006 767 | 5286 | 993 233 | 996 550 | 8 | 0 | 43 |
| | 10 | 008 595 | 5271 | 012 053 | 5279 | 987 947 | 996 542 | 8 | 50 | |
| | 20 | 013 866 | 5264 | 017 332 | 5273 | 982 668 | 996 534 | 9 | 40 | |
| | 30 | 019 130 | 5258 | 022 605 | 5267 | 977 395 | 996 525 | 8 | 30 | |
| | 40 | 024 388 | 5252 | 027 872 | 5260 | 972 128 | 996 517 | 9 | 20 | |
| | 50 | 029 640 | 5246 | 033 132 | 5254 | 966 868 | 996 508 | 8 | 10 | |
| 10 | 0 | 034 880 | 5239 | 038 386 | 5247 | 961 614 | 996 500 | 9 | 0 | 42 |
| | 10 | 040 125 | 5232 | 043 633 | 5242 | 956 367 | 996 491 | 8 | 50 | |
| | 20 | 045 357 | 5227 | 048 875 | 5235 | 951 125 | 996 483 | 9 | 40 | |
| | 30 | 050 584 | 5220 | 054 110 | 5228 | 945 890 | 996 474 | 8 | 30 | |
| | 40 | 055 804 | 5214 | 059 338 | 5223 | 940 662 | 996 466 | 9 | 20 | |
| | 50 | 061 018 | 5208 | 064 561 | 5216 | 935 439 | 996 457 | 8 | 10 | |
| 19 | 0 | 066 226 | 5201 | 069 777 | 5210 | 930 223 | 996 449 | 9 | 0 | 41 |
| | 10 | 071 427 | 5195 | 074 987 | 5203 | 925 013 | 996 440 | 8 | 50 | |
| | 20 | 076 622 | 5189 | 080 190 | 5198 | 919 810 | 996 432 | 9 | 40 | |
| | 30 | 081 811 | 5183 | 085 388 | 5191 | 914 612 | 996 423 | 8 | 30 | |
| | 40 | 086 994 | 5177 | 090 579 | 5185 | 909 421 | 996 415 | 9 | 20 | |
| | 50 | 092 171 | 5170 | 095 764 | 5179 | 904 236 | 996 406 | 8 | 10 | |
| 20 | 0 | 2̄,6 097 341 | | 2̄,6 100 943 | | 1,3 899 057 | 1̄,9 996 398 | | 0 | 40 |
| ′ | ″ | Cos. | | Cotg. | | Tang. | Sin. | | ″ | ′ |

| ′ | ″ | Sin. | D. | Tang. | D.c. | Cotg. | Cos. | D. | ″ | ′ |
|---|---|---|---|---|---|---|---|---|---|---|
| 20 | 0 | $\bar{2}$,6 097 341 | 5164 | $\bar{2}$,6 100 943 | 5173 | 1,3 899 057 | $\bar{1}$,9 996 398 | | 0 | 40 |
| | 10 | 102 505 | 5158 | 106 116 | 5167 | 893 884 | 996 389 | 9 | 50 | |
| | 20 | 107 663 | 5152 | 111 283 | 5160 | 888 717 | 996 380 | 9 | 40 | |
| | 30 | 112 815 | 5146 | 116 443 | 5155 | 883 557 | 996 372 | 8 | 30 | |
| | 40 | 117 961 | 5140 | 121 598 | 5148 | 878 402 | 996 363 | 9 | 20 | |
| | 50 | 123 101 | 5134 | 126 746 | 5143 | 873 254 | 996 355 | 8 | 10 | |
| 21 | 0 | 128 235 | 5127 | 131 889 | 5136 | 868 111 | 996 346 | 9 | 0 | 39 |
| | 10 | 133 362 | 5122 | 137 025 | 5130 | 862 975 | 996 337 | 9 | 50 | |
| | 20 | 138 484 | 5115 | 142 155 | 5124 | 857 845 | 996 329 | 8 | 40 | |
| | 30 | 143 599 | 5110 | 147 279 | 5118 | 852 721 | 996 320 | 9 | 30 | |
| | 40 | 148 709 | 5103 | 152 397 | 5112 | 847 603 | 996 311 | 9 | 20 | |
| | 50 | 153 812 | 5098 | 157 509 | 5107 | 842 491 | 996 303 | 8 | 10 | |
| 22 | 0 | 158 910 | 5091 | 162 616 | 5100 | 837 384 | 996 294 | 9 | 0 | 38 |
| | 10 | 164 001 | 5086 | 167 716 | 5094 | 832 284 | 996 285 | 9 | 50 | |
| | 20 | 169 087 | 5079 | 172 810 | 5088 | 827 190 | 996 277 | 8 | 40 | |
| | 30 | 174 166 | 5074 | 177 898 | 5083 | 822 102 | 996 268 | 9 | 30 | |
| | 40 | 179 240 | 5067 | 182 981 | 5076 | 817 019 | 996 259 | 9 | 20 | |
| | 50 | 184 307 | 5062 | 188 057 | 5070 | 811 943 | 996 250 | 9 | 10 | |
| 23 | 0 | 189 369 | 5056 | 193 127 | 5065 | 806 873 | 996 242 | 8 | 0 | 37 |
| | 10 | 194 425 | 5050 | 198 192 | 5059 | 801 808 | 996 233 | 9 | 50 | |
| | 20 | 199 475 | 5044 | 203 251 | 5053 | 796 749 | 996 224 | 9 | 40 | |
| | 30 | 204 519 | 5038 | 208 304 | 5047 | 791 696 | 996 215 | 9 | 30 | |
| | 40 | 209 557 | 5032 | 213 351 | 5041 | 786 649 | 996 206 | 9 | 20 | |
| | 50 | 214 589 | 5027 | 218 392 | 5035 | 781 608 | 996 198 | 8 | 10 | |
| 24 | 0 | 219 616 | 5021 | 223 427 | 5030 | 776 573 | 996 189 | 9 | 0 | 36 |
| | 10 | 224 637 | 5015 | 228 457 | 5023 | 771 543 | 996 180 | 9 | 50 | |
| | 20 | 229 652 | 5009 | 233 480 | 5018 | 766 520 | 996 171 | 9 | 40 | |
| | 30 | 234 661 | 5003 | 238 498 | 5013 | 761 502 | 996 162 | 9 | 30 | |
| | 40 | 239 664 | 4998 | 243 511 | 5006 | 756 489 | 996 153 | 9 | 20 | |
| | 50 | 244 662 | 4991 | 248 517 | 5001 | 751 483 | 996 145 | 8 | 10 | |
| 25 | 0 | 249 653 | 4986 | 253 518 | 4995 | 746 482 | 996 136 | 9 | 0 | 35 |
| | 10 | 254 639 | 4981 | 258 513 | 4989 | 741 487 | 996 127 | 9 | 50 | |
| | 20 | 259 620 | 4974 | 263 502 | 4983 | 736 498 | 996 118 | 9 | 40 | |
| | 30 | 264 594 | 4969 | 268 485 | 4978 | 731 515 | 996 109 | 9 | 30 | |
| | 40 | 269 563 | 4964 | 273 463 | 4972 | 726 537 | 996 100 | 9 | 20 | |
| | 50 | 274 527 | 4957 | 278 435 | 4967 | 721 565 | 996 091 | 9 | 10 | |
| 26 | 0 | 279 484 | 4952 | 283 402 | 4961 | 716 598 | 996 082 | 9 | 0 | 34 |
| | 10 | 284 436 | 4946 | 288 363 | 4955 | 711 637 | 996 073 | 9 | 50 | |
| | 20 | 289 382 | 4941 | 293 318 | 4950 | 706 682 | 996 064 | 9 | 40 | |
| | 30 | 294 323 | 4935 | 298 268 | 4943 | 701 732 | 996 055 | 9 | 30 | |
| | 40 | 299 258 | 4929 | 303 211 | 4939 | 696 789 | 996 046 | 9 | 20 | |
| | 50 | 304 187 | 4924 | 308 150 | 4933 | 691 850 | 996 037 | 9 | 10 | |
| 27 | 0 | 309 111 | 4918 | 313 083 | 4927 | 686 917 | 996 028 | 9 | 0 | 33 |
| | 10 | 314 029 | 4913 | 318 010 | 4921 | 681 990 | 996 019 | 9 | 50 | |
| | 20 | 318 942 | 4907 | 322 931 | 4917 | 677 069 | 996 010 | 9 | 40 | |
| | 30 | 323 849 | 4901 | 327 848 | 4910 | 672 152 | 996 001 | 9 | 30 | |
| | 40 | 328 750 | 4896 | 332 758 | 4905 | 667 242 | 995 992 | 9 | 20 | |
| | 50 | 333 646 | 4891 | 337 663 | 4900 | 662 337 | 995 983 | 9 | 10 | |
| 28 | 0 | 338 537 | 4885 | 342 563 | 4894 | 657 437 | 995 974 | 9 | 0 | 32 |
| | 10 | 343 422 | 4879 | 347 457 | 4888 | 652 543 | 995 965 | 9 | 50 | |
| | 20 | 348 301 | 4874 | 352 345 | 4883 | 647 655 | 995 956 | 9 | 40 | |
| | 30 | 353 175 | 4868 | 357 228 | 4878 | 642 772 | 995 947 | 9 | 30 | |
| | 40 | 358 043 | 4863 | 362 106 | 4872 | 637 894 | 995 938 | 9 | 20 | |
| | 50 | 362 906 | 4858 | 366 978 | 4867 | 633 022 | 995 929 | 9 | 10 | |
| 29 | 0 | 367 764 | 4852 | 371 845 | 4861 | 628 155 | 995 919 | 10 | 0 | 31 |
| | 10 | 372 616 | 4847 | 376 706 | 4856 | 623 294 | 995 910 | 9 | 50 | |
| | 20 | 377 463 | 4841 | 381 562 | 4850 | 618 438 | 995 901 | 9 | 40 | |
| | 30 | 382 304 | 4836 | 386 412 | 4845 | 613 588 | 995 892 | 9 | 30 | |
| | 40 | 387 140 | 4831 | 391 257 | 4840 | 608 743 | 995 883 | 9 | 20 | |
| | 50 | 391 971 | 4825 | 396 097 | 4834 | 603 903 | 995 874 | 9 | 10 | |
| 30 | 0 | $\bar{2}$,6 396 796 | | $\bar{2}$,6 400 931 | | 1,3 599 069 | $\bar{1}$,9 995 865 | 9 | 0 | 30 |
| ′ | ″ | Cos. | | Cotg. | | Tang. | Sin. | | ″ | ′ |

| ′ | ″ | Sin. | D. | Tang. | D.c. | Cotg. | Cos. | D. | ″ | ′ |
|---|---|---|---|---|---|---|---|---|---|---|
| 30 | 0 | 2̄,6 396 796 | | 2̄,6 400 931 | | 1,3 599 069 | 1̄,9 995 865 | | 0 | 30 |
| | 10 | 401 615 | 4819 | 405 760 | 4829 | 594 240 | 995 855 | 10 | 50 | |
| | 20 | 406 430 | 4815 | 410 584 | 4824 | 589 416 | 995 846 | 9 | 40 | |
| | 30 | 411 239 | 4809 | 415 402 | 4818 | 584 598 | 995 837 | 9 | 30 | |
| | 40 | 416 043 | 4804 | 420 215 | 4813 | 579 785 | 995 828 | 9 | 20 | |
| | 50 | 420 841 | 4798 | 425 023 | 4808 | 574 977 | 995 818 | 10 | 10 | |
| 31 | 0 | 425 634 | 4793 | 429 825 | 4802 | 570 175 | 995 809 | 9 | 0 | 29 |
| | 10 | 430 422 | 4788 | 434 622 | 4797 | 565 378 | 995 800 | 9 | 50 | |
| | 20 | 435 204 | 4782 | 439 414 | 4792 | 560 586 | 995 791 | 9 | 40 | |
| | 30 | 439 982 | 4778 | 444 200 | 4786 | 555 800 | 995 781 | 10 | 30 | |
| | 40 | 444 754 | 4772 | 448 982 | 4782 | 551 018 | 995 772 | 9 | 20 | |
| | 50 | 449 520 | 4766 | 453 758 | 4776 | 546 242 | 995 763 | 9 | 10 | |
| 32 | 0 | 454 282 | 4762 | 458 528 | 4770 | 541 472 | 995 753 | 10 | 0 | 28 |
| | 10 | 459 038 | 4756 | 463 294 | 4766 | 536 706 | 995 744 | 9 | 50 | |
| | 20 | 463 789 | 4751 | 468 054 | 4760 | 531 946 | 995 735 | 9 | 40 | |
| | 30 | 468 535 | 4746 | 472 810 | 4756 | 527 190 | 995 725 | 10 | 30 | |
| | 40 | 473 276 | 4741 | 477 560 | 4750 | 522 440 | 995 716 | 9 | 20 | |
| | 50 | 478 011 | 4735 | 482 305 | 4745 | 517 695 | 995 707 | 9 | 10 | |
| 33 | 0 | 482 742 | 4731 | 487 044 | 4739 | 512 956 | 995 697 | 10 | 0 | 27 |
| | 10 | 487 467 | 4725 | 491 779 | 4735 | 508 221 | 995 688 | 9 | 50 | |
| | 20 | 492 187 | 4720 | 496 508 | 4729 | 503 492 | 995 679 | 9 | 40 | |
| | 30 | 496 902 | 4715 | 501 233 | 4725 | 498 767 | 995 669 | 10 | 30 | |
| | 40 | 501 612 | 4710 | 505 952 | 4719 | 494 048 | 995 660 | 9 | 20 | |
| | 50 | 506 316 | 4704 | 510 666 | 4714 | 489 334 | 995 650 | 10 | 10 | |
| 34 | 0 | 511 016 | 4700 | 515 375 | 4709 | 484 625 | 995 641 | 9 | 0 | 26 |
| | 10 | 515 710 | 4694 | 520 079 | 4704 | 479 921 | 995 631 | 10 | 50 | |
| | 20 | 520 400 | 4690 | 524 778 | 4699 | 475 222 | 995 622 | 9 | 40 | |
| | 30 | 525 084 | 4684 | 529 471 | 4693 | 470 529 | 995 613 | 9 | 30 | |
| | 40 | 529 763 | 4679 | 534 160 | 4689 | 465 840 | 995 603 | 10 | 20 | |
| | 50 | 534 437 | 4674 | 538 844 | 4684 | 461 156 | 995 594 | 9 | 10 | |
| 35 | 0 | 539 107 | 4670 | 543 522 | 4678 | 456 478 | 995 584 | 10 | 0 | 25 |
| | 10 | 543 771 | 4664 | 548 196 | 4674 | 451 804 | 995 575 | 9 | 50 | |
| | 20 | 548 430 | 4659 | 652 865 | 4669 | 447 135 | 995 565 | 10 | 40 | |
| | 30 | 553 084 | 4654 | 557 528 | 4663 | 442 472 | 995 556 | 9 | 30 | |
| | 40 | 557 733 | 4649 | 562 187 | 4659 | 437 813 | 995 546 | 10 | 20 | |
| | 50 | 562 377 | 4644 | 566 841 | 4654 | 433 159 | 995 536 | 10 | 10 | |
| 36 | 0 | 567 017 | 4640 | 571 490 | 4649 | 428 510 | 995 527 | 9 | 0 | 24 |
| | 10 | 571 651 | 4634 | 576 133 | 4643 | 423 867 | 995 517 | 10 | 50 | |
| | 20 | 576 280 | 4629 | 580 772 | 4639 | 419 228 | 995 508 | 9 | 40 | |
| | 30 | 580 904 | 4624 | 585 406 | 4634 | 414 594 | 995 498 | 10 | 30 | |
| | 40 | 585 524 | 4620 | 590 035 | 4629 | 409 965 | 995 489 | 9 | 20 | |
| | 50 | 590 138 | 4614 | 594 659 | 4624 | 405 341 | 995 479 | 10 | 10 | |
| 37 | 0 | 594 748 | 4610 | 599 279 | 4620 | 400 721 | 995 469 | 10 | 0 | 23 |
| | 10 | 599 353 | 4605 | 603 893 | 4614 | 396 107 | 995 460 | 9 | 50 | |
| | 20 | 603 952 | 4599 | 608 502 | 4609 | 391 498 | 995 450 | 10 | 40 | |
| | 30 | 608 547 | 4595 | 613 107 | 4605 | 386 893 | 995 440 | 10 | 30 | |
| | 40 | 613 137 | 4590 | 617 707 | 4600 | 382 293 | 995 431 | 9 | 20 | |
| | 50 | 617 723 | 4586 | 622 301 | 4594 | 377 699 | 995 421 | 10 | 10 | |
| 38 | 0 | 622 303 | 4580 | [illegible] | 4590 | 373 109 | 995 411 | 10 | 0 | 22 |
| | 10 | 626 878 | 4575 | 631 477 | 4586 | 368 523 | 995 402 | 9 | 50 | |
| | 20 | 631 449 | 4571 | 636 057 | 4580 | 363 943 | 995 392 | 10 | 40 | |
| | 30 | 636 015 | 4566 | 640 633 | 4576 | 359 367 | 995 382 | 10 | 30 | |
| | 40 | 640 576 | 4561 | 645 203 | 4570 | 354 797 | 995 373 | 9 | 20 | |
| | 50 | 645 132 | 4556 | 649 770 | 4567 | 350 230 | 995 363 | 10 | 10 | |
| 39 | 0 | 649 684 | 4552 | 654 331 | 4561 | 345 669 | 995 353 | 10 | 0 | 21 |
| | 10 | 654 231 | 4547 | 658 887 | 4556 | 341 113 | 995 343 | 10 | 50 | |
| | 20 | 658 773 | 4542 | 663 439 | 4552 | 336 561 | 995 334 | 9 | 40 | |
| | 30 | 663 310 | 4537 | 667 986 | 4547 | 332 014 | 995 324 | 10 | 30 | |
| | 40 | 667 842 | 4532 | 672 528 | 4542 | 327 472 | 995 314 | 10 | 20 | |
| | 50 | 672 370 | 4528 | 677 066 | 4538 | 322 934 | 995 304 | 10 | 10 | |
| 40 | 0 | 2̄,6 676 893 | 4523 | 2̄,6 681 598 | 4532 | 1,3 318 402 | 1̄,9 995 295 | 9 | 0 | 20 |
| ′ | ″ | Cos. | | Cotg. | | Tang. | Sin. | | ″ | ′ |

| ′ | ″ | Sin. | D. | Tang. | D.c. | Cotg. | Cos. | D. | ″ | ′ |
|---|---|---|---|---|---|---|---|---|---|---|
| 40 | 0 | $\bar{2}$,6 676 893 | | $\bar{2}$,6 681 598 | | 1,3 318 402 | $\bar{1}$,9 995 295 | | 0 | 20 |
| | 10 | 681 411 | 4518 | 686 127 | 4529 | 313 873 | 995 285 | 10 | 50 | |
| | 20 | 685 925 | 4514 | 690 650 | 4523 | 309 350 | 995 275 | 10 | 40 | |
| | 30 | 690 434 | 4509 | 695 169 | 4519 | 304 831 | 995 265 | 10 | 30 | |
| | 40 | 694 938 | 4504 | 699 683 | 4514 | 300 317 | 995 255 | 10 | 20 | |
| | 50 | 699 437 | 4499 | 704 192 | 4509 | 295 808 | 995 245 | 10 | 10 | |
| 41 | 0 | 703 932 | 4495 | 708 697 | 4505 | 291 303 | 995 236 | 9 | 0 | 19 |
| | 10 | 708 422 | 4490 | 713 197 | 4500 | 286 803 | 995 226 | 10 | 50 | |
| | 20 | 712 908 | 4486 | 717 692 | 4495 | 282 308 | 995 216 | 10 | 40 | |
| | 30 | 717 389 | 4481 | 722 183 | 4491 | 277 817 | 995 206 | 10 | 30 | |
| | 40 | 721 865 | 4476 | 726 669 | 4486 | 273 331 | 995 196 | 10 | 20 | |
| | 50 | 726 337 | 4472 | 731 151 | 4482 | 268 849 | 995 186 | 10 | 10 | |
| 42 | 0 | 730 804 | 4467 | 735 628 | 4477 | 264 372 | 995 176 | 10 | 0 | 18 |
| | 10 | 735 266 | 4462 | 740 100 | 4472 | 259 900 | 995 166 | 10 | 50 | |
| | 20 | 739 724 | 4458 | 744 568 | 4468 | 255 432 | 995 156 | 10 | 40 | |
| | 30 | 744 177 | 4453 | 749 031 | 4463 | 250 969 | 995 146 | 10 | 30 | |
| | 40 | 748 626 | 4449 | 753 490 | 4459 | 246 510 | 995 136 | 10 | 20 | |
| | 50 | 753 070 | 4444 | 757 944 | 4454 | 242 056 | 995 126 | 10 | 10 | |
| 43 | 0 | 757 510 | 4440 | 762 393 | 4449 | 237 607 | 995 116 | 10 | 0 | 17 |
| | 10 | 761 945 | 4435 | 766 839 | 4446 | 233 161 | 995 106 | 10 | 50 | |
| | 20 | 766 375 | 4430 | 771 279 | 4440 | 228 721 | 995 096 | 10 | 40 | |
| | 30 | 770 801 | 4426 | 775 715 | 4436 | 224 285 | 995 086 | 10 | 30 | |
| | 40 | 775 223 | 4422 | 780 147 | 4432 | 219 853 | 995 076 | 10 | 20 | |
| | 50 | 779 640 | 4417 | 784 573 | 4426 | 215 427 | 995 066 | 10 | 10 | |
| 44 | 0 | 784 052 | 4412 | 788 996 | 4423 | 211 004 | 995 056 | 10 | 0 | 16 |
| | 10 | 788 460 | 4408 | 793 414 | 4418 | 206 586 | 995 046 | 10 | 50 | |
| | 20 | 792 864 | 4404 | 797 828 | 4414 | 202 172 | 995 036 | 10 | 40 | |
| | 30 | 797 263 | 4399 | 802 237 | 4409 | 197 763 | 995 026 | 10 | 30 | |
| | 40 | 801 657 | 4394 | 806 641 | 4404 | 193 359 | 995 016 | 10 | 20 | |
| | 50 | 806 047 | 4390 | 811 042 | 4401 | 188 958 | 995 006 | 10 | 10 | |
| 45 | 0 | 810 433 | 4386 | 815 437 | 4395 | 184 563 | 994 996 | 10 | 0 | 15 |
| | 10 | 814 814 | 4381 | 819 829 | 4392 | 180 171 | 994 986 | 10 | 50 | |
| | 20 | 819 191 | 4377 | 824 216 | 4387 | 175 784 | 994 975 | 11 | 40 | |
| | 30 | 823 563 | 4372 | 828 598 | 4382 | 171 402 | 994 965 | 10 | 30 | |
| | 40 | 827 931 | 4368 | 832 976 | 4378 | 167 024 | 994 955 | 10 | 20 | |
| | 50 | 832 295 | 4364 | 837 350 | 4374 | 162 650 | 994 945 | 10 | 10 | |
| 46 | 0 | 836 654 | 4359 | 841 719 | 4369 | 158 281 | 994 935 | 10 | 0 | 14 |
| | 10 | 841 009 | 4355 | 846 084 | 4365 | 153 916 | 994 925 | 10 | 50 | |
| | 20 | 845 359 | 4350 | 850 445 | 4361 | 149 555 | 994 914 | 11 | 40 | |
| | 30 | 849 706 | 4347 | 854 801 | 4356 | 145 199 | 994 904 | 10 | 30 | |
| | 40 | 854 047 | 4341 | 859 153 | 4352 | 140 847 | 994 894 | 10 | 20 | |
| | 50 | 858 385 | 4338 | 863 501 | 4348 | 136 499 | 994 884 | 10 | 10 | |
| 47 | 0 | 862 718 | 4333 | 867 844 | 4343 | 132 156 | 994 874 | 10 | 0 | 13 |
| | 10 | 867 046 | 4328 | 872 183 | 4339 | 127 817 | 994 863 | 11 | 50 | |
| | 20 | 871 371 | 4325 | 876 518 | 4335 | 123 482 | 994 853 | 10 | 40 | |
| | 30 | 875 691 | 4320 | 880 848 | 4330 | 119 152 | 994 843 | 10 | 30 | |
| | 40 | 880 007 | 4316 | 885 174 | 4326 | 114 826 | 994 833 | 10 | 20 | |
| | 50 | 884 318 | 4311 | 889 496 | 4322 | 110 504 | 994 822 | 11 | 10 | |
| 48 | 0 | 888 625 | 4307 | 893 813 | 4317 | 106 187 | 994 812 | 10 | 0 | 12 |
| | 10 | 892 928 | 4303 | 898 126 | 4313 | 101 874 | 994 802 | 10 | 50 | |
| | 20 | 897 227 | 4299 | 902 435 | 4309 | 097 565 | 994 791 | 11 | 40 | |
| | 30 | 901 521 | 4294 | 906 740 | 4305 | 093 260 | 994 781 | 10 | 30 | |
| | 40 | 905 811 | 4290 | 911 041 | 4301 | 088 959 | 994 771 | 10 | 20 | |
| | 50 | 910 097 | 4286 | 915 337 | 4296 | 084 663 | 994 760 | 11 | 10 | |
| 49 | 0 | 914 379 | 4282 | 919 629 | 4292 | 080 371 | 994 750 | 10 | 0 | 11 |
| | 10 | 918 656 | 4277 | 923 917 | 4288 | 076 083 | 994 740 | 10 | 50 | |
| | 20 | 922 929 | 4273 | 928 200 | 4283 | 071 800 | 994 729 | 11 | 40 | |
| | 30 | 927 198 | 4269 | 932 479 | 4279 | 067 521 | 994 719 | 10 | 30 | |
| | 40 | 931 463 | 4265 | 936 755 | 4276 | 063 245 | 994 709 | 10 | 20 | |
| | 50 | 935 724 | 4261 | 941 026 | 4271 | 058 974 | 994 698 | 11 | 10 | |
| 50 | 0 | $\bar{2}$,6 939 980 | 4256 | $\bar{2}$,6 945 292 | 4266 | 1,3 054 708 | $\bar{1}$,9 994 688 | 10 | 0 | 10 |
| ′ | ″ | Cos. | | Cotg. | | Tang. | Sin. | | ″ | ′ |

| ′ | ″ | Sin. | D. | Tang. | D.c. | Cotg. | Cos. | D. | ″ | ′ |
|---|---|---|---|---|---|---|---|---|---|---|
| 50 | 0 | $\bar{2}$,6 939 980 | | $\bar{2}$,6 945 292 | | 1,3 054 708 | $\bar{1}$,9 994 688 | | 0 | 10 |
| | 10 | 944 232 | 4252 | 949 555 | 4263 | 050 445 | 994 677 | 11 | 50 | |
| | 20 | 948 480 | 4248 | 953 814 | 4259 | 046 186 | 994 667 | 10 | 40 | |
| | 30 | 952 724 | 4244 | 958 068 | 4254 | 041 932 | 994 656 | 11 | 30 | |
| | 40 | 956 964 | 4240 | 962 318 | 4250 | 037 682 | 994 646 | 10 | 20 | |
| | 50 | 961 200 | 4236 | 966 564 | 4246 | 033 436 | 994 635 | 11 | 10 | |
| 51 | 0 | 965 431 | 4231 | 970 806 | 4242 | 029 194 | 994 625 | 10 | 0 | 9 |
| | 10 | 969 659 | 4228 | 975 044 | 4238 | 024 956 | 994 615 | 10 | 50 | |
| | 20 | 973 882 | 4223 | 979 278 | 4234 | 020 722 | 994 604 | 11 | 40 | |
| | 30 | 978 101 | 4219 | 983 507 | 4229 | 016 493 | 994 594 | 10 | 30 | |
| | 40 | 982 316 | 4215 | 987 733 | 4226 | 012 267 | 994 583 | 11 | 20 | |
| | 50 | 986 527 | 4211 | 991 954 | 4221 | 008 046 | 994 572 | 11 | 10 | |
| 52 | 0 | 990 734 | 4207 | $\bar{2}$,6 996 172 | 4218 | 1,3 003 828 | 994 562 | 10 | 0 | 8 |
| | 10 | 994 936 | 4202 | $\bar{2}$,7 000 385 | 4213 | 1,2 999 615 | 994 551 | 11 | 50 | |
| | 20 | $\bar{2}$,6 999 135 | 4199 | 004 594 | 4209 | 995 406 | 994 541 | 10 | 40 | |
| | 30 | $\bar{2}$,7 003 330 | 4195 | 008 799 | 4205 | 991 201 | 994 530 | 11 | 30 | |
| | 40 | 007 520 | 4190 | 013 000 | 4201 | 987 000 | 994 520 | 10 | 20 | |
| | 50 | 011 707 | 4187 | 017 197 | 4197 | 982 803 | 994 509 | 11 | 10 | |
| 53 | 0 | 015 889 | 4182 | 021 390 | 4193 | 978 610 | 994 498 | 11 | 0 | 7 |
| | 10 | 020 067 | 4178 | 025 580 | 4190 | 974 420 | 994 488 | 10 | 50 | |
| | 20 | 024 242 | 4175 | 029 765 | 4185 | 970 235 | 994 477 | 11 | 40 | |
| | 30 | 028 412 | 4170 | 033 946 | 4181 | 966 054 | 994 467 | 10 | 30 | |
| | 40 | 032 578 | 4166 | 038 122 | 4176 | 961 878 | 994 456 | 11 | 20 | |
| | 50 | 036 741 | 4163 | 042 295 | 4173 | 957 705 | 994 445 | 11 | 10 | |
| 54 | 0 | 040 899 | 4158 | 046 465 | 4170 | 953 535 | 994 435 | 10 | 0 | 6 |
| | 10 | 045 054 | 4155 | 050 630 | 4165 | 949 370 | 994 424 | 11 | 50 | |
| | 20 | 049 204 | 4150 | 054 791 | 4161 | 945 209 | 994 413 | 11 | 40 | |
| | 30 | 053 350 | 4146 | 058 948 | 4157 | 941 052 | 994 403 | 10 | 30 | |
| | 40 | 057 493 | 4143 | 063 101 | 4153 | 936 899 | 994 392 | 11 | 20 | |
| | 50 | 061 631 | 4138 | 067 250 | 4149 | 932 750 | 994 381 | 11 | 10 | |
| 55 | 0 | 065 766 | 4135 | 071 395 | 4145 | 928 605 | 994 370 | 11 | 0 | 5 |
| | 10 | 069 896 | 4130 | 075 537 | 4142 | 924 463 | 994 360 | 10 | 50 | |
| | 20 | 074 023 | 4127 | 079 674 | 4137 | 920 326 | 994 349 | 11 | 40 | |
| | 30 | 078 146 | 4123 | 083 808 | 4134 | 916 192 | 994 338 | 11 | 30 | |
| | 40 | 082 265 | 4119 | 087 937 | 4129 | 912 063 | 994 328 | 10 | 20 | |
| | 50 | 086 380 | 4115 | 092 063 | 4126 | 907 937 | 994 317 | 11 | 10 | |
| 56 | 0 | 090 490 | 4110 | 096 185 | 4122 | 903 815 | 994 306 | 11 | 0 | 4 |
| | 10 | 094 598 | 4108 | 100 302 | 4117 | 899 698 | 994 295 | 11 | 50 | |
| | 20 | 098 701 | 4103 | 104 416 | 4114 | 895 584 | 994 284 | 11 | 40 | |
| | 30 | 102 800 | 4099 | 108 527 | 4111 | 891 473 | 994 274 | 10 | 30 | |
| | 40 | 106 896 | 4096 | 112 633 | 4106 | 887 367 | 994 263 | 11 | 20 | |
| | 50 | 110 987 | 4091 | 116 735 | 4102 | 883 265 | 994 252 | 11 | 10 | |
| 57 | 0 | 115 075 | 4088 | 120 834 | 4099 | 879 166 | 994 241 | 11 | 0 | 3 |
| | 10 | 119 159 | 4084 | 124 929 | 4095 | 875 071 | 994 230 | 11 | 50 | |
| | 20 | 123 239 | 4080 | 129 019 | 4090 | 870 981 | 994 219 | 11 | 40 | |
| | 30 | 127 315 | 4076 | 133 106 | 4087 | 866 894 | 994 208 | 11 | 30 | |
| | 40 | 131 387 | 4072 | 137 190 | 4084 | 862 810 | 994 198 | 10 | 20 | |
| | 50 | 135 456 | 4069 | 141 269 | 4079 | 858 731 | 994 187 | 11 | 10 | |
| 58 | 0 | 139 520 | 4064 | 145 345 | 4076 | 854 655 | 994 176 | 11 | 0 | 2 |
| | 10 | 143 581 | 4061 | 149 417 | 4072 | 850 583 | 994 165 | 11 | 50 | |
| | 20 | 147 638 | 4057 | 153 485 | 4068 | 846 515 | 994 154 | 11 | 40 | |
| | 30 | 151 692 | 4054 | 157 549 | 4064 | 842 451 | 994 143 | 11 | 30 | |
| | 40 | 155 741 | 4049 | 161 609 | 4060 | 838 391 | 994 132 | 11 | 20 | |
| | 50 | 159 787 | 4046 | 165 666 | 4057 | 834 334 | 994 121 | 11 | 10 | |
| 59 | 0 | 163 829 | 4042 | 169 719 | 4053 | 830 281 | 994 110 | 11 | 0 | 1 |
| | 10 | 167 867 | 4038 | 173 768 | 4049 | 826 232 | 994 099 | 11 | 50 | |
| | 20 | 171 901 | 4034 | 177 813 | 4045 | 822 187 | 994 088 | 11 | 40 | |
| | 30 | 175 932 | 4031 | 181 855 | 4042 | 818 145 | 994 077 | 11 | 30 | |
| | 40 | 179 959 | 4027 | 185 893 | 4038 | 814 107 | 994 066 | 11 | 20 | |
| | 50 | 183 982 | 4023 | 189 927 | 4034 | 810 073 | 994 055 | 11 | 10 | |
| 60 | 0 | $\bar{2}$,7 188 002 | 4020 | $\bar{2}$,7 193 958 | 4031 | 1,2 806 042 | $\bar{1}$,9 994 044 | 11 | 0 | 0 |
| ′ | ″ | Cos. | | Cotg. | | Tang. | Sin. | | ″ | ′ |

| ′ | ″ | Sin. | D. | Tang. | D.c. | Cotg. | Cos. | D. | ″ | ′ |
|---|---|---|---|---|---|---|---|---|---|---|
| 0 | 0 | $\bar{2}$,7 188 002 | 4015 | $\bar{2}$,7 193 958 | 4026 | 1,2 806 042 | $\bar{1}$,9 994 044 | 11 | 0 | 60 |
| | 10 | 192 017 | 4012 | 197 984 | 4023 | 802 016 | 994 033 | 11 | 50 | |
| | 20 | 196 029 | 4009 | 202 007 | 4020 | 797 993 | 994 022 | 11 | 40 | |
| | 30 | 200 038 | 4004 | 206 027 | 4015 | 793 973 | 994 011 | 11 | 30 | |
| | 40 | 204 042 | 4001 | 210 042 | 4012 | 789 958 | 994 000 | 11 | 20 | |
| | 50 | 208 043 | 3997 | 214 054 | 4009 | 785 946 | 993 989 | 11 | 10 | |
| 1 | 0 | 212 040 | 3994 | 218 063 | 4004 | 781 937 | 993 978 | 11 | 0 | 59 |
| | 10 | 216 034 | 3990 | 222 067 | 4001 | 777 933 | 993 967 | 12 | 50 | |
| | 20 | 220 024 | 3986 | 226 068 | 3997 | 773 932 | 993 955 | 11 | 40 | |
| | 30 | 224 010 | 3982 | 230 065 | 3994 | 769 935 | 993 944 | 11 | 30 | |
| | 40 | 227 992 | 3979 | 234 059 | 3990 | 765 941 | 993 933 | 11 | 20 | |
| | 50 | 231 971 | 3975 | 238 049 | 3986 | 761 951 | 993 922 | 11 | 10 | |
| 2 | 0 | 235 946 | 3972 | 242 035 | 3983 | 757 965 | 993 911 | 11 | 0 | 58 |
| | 10 | 239 918 | 3968 | 246 018 | 3979 | 753 982 | 993 900 | 11 | 50 | |
| | 20 | 243 886 | 3964 | 249 997 | 3975 | 750 003 | 993 889 | 12 | 40 | |
| | 30 | 247 850 | 3960 | 253 972 | 3972 | 746 028 | 993 877 | 11 | 30 | |
| | 40 | 251 810 | 3957 | 257 944 | 3968 | 742 056 | 993 866 | 11 | 20 | |
| | 50 | 255 767 | 3954 | 261 912 | 3965 | 738 088 | 993 855 | 11 | 10 | |
| 3 | 0 | 259 721 | 3950 | 265 877 | 3961 | 734 123 | 993 844 | 11 | 0 | 57 |
| | 10 | 263 671 | 3946 | 269 838 | 3957 | 730 162 | 993 833 | 12 | 50 | |
| | 20 | 267 617 | 3942 | 273 795 | 3954 | 726 205 | 993 821 | 11 | 40 | |
| | 30 | 271 559 | 3939 | 277 749 | 3951 | 722 251 | 993 810 | 11 | 30 | |
| | 40 | 275 498 | 3936 | 281 700 | 3946 | 718 300 | 993 799 | 11 | 20 | |
| | 50 | 279 434 | 3932 | 285 646 | 3943 | 714 354 | 993 788 | 12 | 10 | |
| 4 | 0 | 283 366 | 3928 | 289 589 | 3940 | 710 411 | 993 776 | 11 | 0 | 56 |
| | 10 | 287 294 | 3925 | 293 529 | 3936 | 706 471 | 993 765 | 11 | 50 | |
| | 20 | 291 219 | 3921 | 297 465 | 3932 | 702 535 | 993 754 | 12 | 40 | |
| | 30 | 295 140 | 3917 | 301 397 | 3929 | 698 603 | 993 742 | 11 | 30 | |
| | 40 | 299 057 | 3915 | 305 326 | 3926 | 694 674 | 993 731 | 11 | 20 | |
| | 50 | 302 972 | 3910 | 309 252 | 3922 | 690 748 | 993 720 | 12 | 10 | |
| 5 | 0 | 306 882 | 3907 | 313 174 | 3918 | 686 826 | 993 708 | 11 | 0 | 55 |
| | 10 | 310 789 | 3904 | 317 092 | 3915 | 682 908 | 993 697 | 11 | 50 | |
| | 20 | 314 693 | 3900 | 321 007 | 3911 | 678 993 | 993 686 | 12 | 40 | |
| | 30 | 318 593 | 3896 | 324 918 | 3908 | 675 082 | 993 674 | 11 | 30 | |
| | 40 | 322 489 | 3893 | 328 826 | 3904 | 671 174 | 993 663 | 11 | 20 | |
| | 50 | 326 382 | 3890 | 332 730 | 3901 | 667 270 | 993 652 | 12 | 10 | |
| 6 | 0 | 330 272 | 3885 | 336 631 | 3898 | 663 369 | 993 640 | 11 | 0 | 54 |
| | 10 | 334 157 | 3883 | 340 529 | 3894 | 659 471 | 993 629 | 12 | 50 | |
| | 20 | 338 040 | 3879 | 344 423 | 3890 | 655 577 | 993 617 | 11 | 40 | |
| | 30 | 341 919 | 3876 | 348 313 | 3887 | 651 687 | 993 606 | 12 | 30 | |
| | 40 | 345 795 | 3872 | 352 200 | 3884 | 647 800 | 993 594 | 11 | 20 | |
| | 50 | 349 667 | 3868 | 356 084 | 3880 | 643 916 | 993 583 | 11 | 10 | |
| 7 | 0 | 353 535 | 3865 | 359 964 | 3876 | 640 036 | 993 572 | 12 | 0 | 53 |
| | 10 | 357 400 | 3862 | 363 840 | 3874 | 636 160 | 993 560 | 11 | 50 | |
| | 20 | 361 262 | 3858 | 367 714 | 3869 | 632 286 | 993 549 | 12 | 40 | |
| | 30 | 365 120 | 3855 | 371 583 | 3867 | 628 417 | 993 537 | 11 | 30 | |
| | 40 | 368 975 | 3852 | 375 450 | 3863 | 624 550 | 993 526 | 12 | 20 | |
| | 50 | 372 827 | 3848 | 379 313 | 3859 | 620 687 | 993 514 | 11 | 10 | |
| 8 | 0 | 376 675 | 3844 | 383 172 | 3856 | 616 828 | 993 503 | 12 | 0 | 52 |
| | 10 | 380 519 | 3841 | 387 028 | 3853 | 612 972 | 993 491 | 11 | 50 | |
| | 20 | 384 360 | 3838 | 390 881 | 3849 | 609 119 | 993 480 | 12 | 40 | |
| | 30 | 388 198 | 3835 | 394 730 | 3846 | 605 270 | 993 468 | 12 | 30 | |
| | 40 | 392 033 | 3831 | 398 576 | 3843 | 601 424 | 993 456 | 11 | 20 | |
| | 50 | 395 864 | 3827 | 402 419 | 3839 | 597 581 | 993 445 | 12 | 10 | |
| 9 | 0 | 399 691 | 3824 | 406 258 | 3836 | 593 742 | 993 433 | 11 | 0 | 51 |
| | 10 | 403 515 | 3821 | 410 094 | 3832 | 589 906 | 993 422 | 12 | 50 | |
| | 20 | 407 336 | 3818 | 413 926 | 3829 | 586 074 | 993 410 | 12 | 40 | |
| | 30 | 411 154 | 3814 | 417 755 | 3826 | 582 245 | 993 398 | 11 | 30 | |
| | 40 | 414 968 | 3811 | 421 581 | 3822 | 578 419 | 993 387 | 12 | 20 | |
| | 50 | 418 779 | 3807 | 425 403 | 3819 | 574 597 | 993 375 | 11 | 10 | |
| 10 | 0 | $\bar{2}$,7 422 586 | | $\bar{2}$,7 429 222 | | 1,2 570 778 | $\bar{1}$,9 993 364 | | 0 | 50 |
| ′ | ″ | Cos. | | Cotg. | | Tang. | Sin. | | ″ | ′ |

| ′ | ″ | Sin. | D. | Tang. | D.c. | Cotg. | Cos. | D. | ″ | ′ |
|---|---|---|---|---|---|---|---|---|---|---|
| 10 | 0 | $\bar{2}$,7 422 586 | 3804 | $\bar{2}$,7 429 222 | 3816 | 1,2 570 778 | $\bar{1}$,9 993 364 | 12 | 0 | 50 |
| | 10 | 426 390 | 3801 | 433 038 | 3812 | 566 962 | 993 352 | 12 | 50 | |
| | 20 | 430 191 | 3797 | 436 850 | 3810 | 563 150 | 993 340 | 11 | 40 | |
| | 30 | 433 988 | 3794 | 440 660 | 3805 | 559 340 | 993 329 | 12 | 30 | |
| | 40 | 437 782 | 3791 | 444 465 | 3803 | 555 535 | 993 317 | 12 | 20 | |
| | 50 | 441 573 | 3787 | 448 268 | 3799 | 551 732 | 993 305 | 12 | 10 | |
| 11 | 0 | 445 360 | 3784 | 452 067 | 3796 | 547 933 | 993 293 | 11 | 0 | 49 |
| | 10 | 449 144 | 3781 | 455 863 | 3792 | 544 137 | 993 282 | 12 | 50 | |
| | 20 | 452 925 | 3778 | 459 655 | 3789 | 540 345 | 993 270 | 12 | 40 | |
| | 30 | 456 703 | 3774 | 463 444 | 3786 | 536 556 | 993 258 | 11 | 30 | |
| | 40 | 460 477 | 3771 | 467 230 | 3783 | 532 770 | 993 247 | 12 | 20 | |
| | 50 | 464 248 | 3767 | 471 013 | 3779 | 528 987 | 993 235 | 12 | 10 | |
| 12 | 0 | 468 015 | 3765 | 474 792 | 3777 | 525 208 | 993 223 | 12 | 0 | 48 |
| | 10 | 471 780 | 3761 | 478 569 | 3772 | 521 431 | 993 211 | 12 | 50 | |
| | 20 | 475 541 | 3758 | 482 341 | 3770 | 517 659 | 993 199 | 11 | 40 | |
| | 30 | 479 299 | 3754 | 486 111 | 3766 | 513 889 | 993 188 | 12 | 30 | |
| | 40 | 483 053 | 3752 | 489 877 | 3764 | 510 123 | 993 176 | 12 | 20 | |
| | 50 | 486 805 | 3748 | 493 641 | 3759 | 506 359 | 993 164 | 12 | 10 | |
| 13 | 0 | 490 553 | 3744 | 497 400 | 3757 | 502 600 | 993 152 | 12 | 0 | 47 |
| | 10 | 494 297 | 3742 | 501 157 | 3754 | 498 843 | 993 140 | 11 | 50 | |
| | 20 | 498 039 | 3738 | 504 911 | 3750 | 495 089 | 993 129 | 12 | 40 | |
| | 30 | 501 777 | 3736 | 508 661 | 3747 | 491 339 | 993 117 | 12 | 30 | |
| | 40 | 505 513 | 3731 | 512 408 | 3744 | 487 592 | 993 105 | 12 | 20 | |
| | 50 | 509 244 | 3729 | 516 152 | 3740 | 483 848 | 993 093 | 12 | 10 | |
| 14 | 0 | 512 973 | 3726 | 519 892 | 3737 | 480 108 | 993 081 | 12 | 0 | 46 |
| | 10 | 516 699 | 3722 | 523 629 | 3735 | 476 371 | 993 069 | 12 | 50 | |
| | 20 | 520 421 | 3719 | 527 364 | 3731 | 472 636 | 993 057 | 12 | 40 | |
| | 30 | 524 140 | 3716 | 531 095 | 3728 | 468 905 | 993 045 | 12 | 30 | |
| | 40 | 527 856 | 3713 | 534 823 | 3724 | 465 177 | 993 033 | 12 | 20 | |
| | 50 | 531 569 | 3709 | 538 547 | 3722 | 461 453 | 993 021 | 12 | 10 | |
| 15 | 0 | 535 278 | 3706 | 542 269 | 3718 | 457 731 | 993 009 | 11 | 0 | 45 |
| | 10 | 538 984 | 3704 | 545 987 | 3715 | 454 013 | 992 998 | 12 | 50 | |
| | 20 | 542 688 | 3700 | 549 702 | 3712 | 450 298 | 992 986 | 12 | 40 | |
| | 30 | 546 388 | 3697 | 553 414 | 3709 | 446 586 | 992 974 | 12 | 30 | |
| | 40 | 550 085 | 3693 | 557 123 | 3706 | 442 877 | 992 962 | 12 | 20 | |
| | 50 | 553 778 | 3691 | 560 829 | 3702 | 439 171 | 992 950 | 12 | 10 | |
| 16 | 0 | 557 469 | 3687 | 564 531 | 3700 | 435 469 | 992 938 | 12 | 0 | 44 |
| | 10 | 561 156 | 3684 | 568 231 | 3696 | 431 769 | 992 926 | 12 | 50 | |
| | 20 | 564 840 | 3682 | 571 927 | 3693 | 428 073 | 992 914 | 13 | 40 | |
| | 30 | 568 522 | 3678 | 575 620 | 3690 | 424 380 | 992 901 | 12 | 30 | |
| | 40 | 572 200 | 3674 | 579 310 | 3687 | 420 690 | 992 889 | 12 | 20 | |
| | 50 | 575 874 | 3672 | 582 997 | 3684 | 417 003 | 992 877 | 12 | 10 | |
| 17 | 0 | 579 546 | 3669 | 586 681 | 3681 | 413 319 | 992 865 | 12 | 0 | 43 |
| | 10 | 583 215 | 3665 | 590 362 | 3677 | 409 638 | 992 853 | 12 | 50 | |
| | 20 | 586 880 | 3663 | 594 039 | 3675 | 405 961 | 992 841 | 12 | 40 | |
| | 30 | 590 543 | 3659 | 597 714 | 3671 | 402 286 | 992 829 | 12 | 30 | |
| | 40 | 594 202 | 3657 | 601 385 | 3669 | 398 615 | 992 817 | 12 | 20 | |
| | 50 | 597 859 | 3653 | 605 054 | 3665 | 394 946 | 992 805 | 12 | 10 | |
| 18 | 0 | 601 512 | 3650 | 608 719 | 3662 | 391 281 | 992 793 | 13 | 0 | 42 |
| | 10 | 605 162 | 3647 | 612 384 | 3659 | 387 619 | 992 780 | 12 | 50 | |
| | 20 | 608 809 | 3644 | 616 040 | 3657 | 383 960 | 992 768 | 12 | 40 | |
| | 30 | 612 453 | 3641 | 619 697 | 3653 | 380 303 | 992 756 | 12 | 30 | |
| | 40 | 616 094 | 3637 | 623 350 | 3650 | 376 650 | 992 744 | 12 | 20 | |
| | 50 | 619 731 | 3635 | 627 000 | 3647 | 373 000 | 992 732 | 12 | 10 | |
| 19 | 0 | 623 366 | 3632 | 630 647 | 3644 | 369 353 | 992 720 | 13 | 0 | 41 |
| | 10 | 626 998 | 3629 | 634 291 | 3640 | 365 709 | 992 707 | 12 | 50 | |
| | 20 | 630 627 | 3625 | 637 931 | 3638 | 362 069 | 992 695 | 12 | 40 | |
| | 30 | 634 252 | 3623 | 641 569 | 3635 | 358 431 | 992 683 | 12 | 30 | |
| | 40 | 637 875 | 3619 | 645 204 | 3632 | 354 796 | 992 671 | 13 | 20 | |
| | 50 | 641 494 | 3617 | 648 836 | 3629 | 351 164 | 992 658 | 12 | 10 | |
| 20 | 0 | $\bar{2}$,7 645 111 | | $\bar{2}$,7 652 465 | | 1,2 347 535 | $\bar{1}$,9 992 646 | | 0 | 40 |
| | ″ | Cos. | | Cotg. | | Tang. | Sin. | | ″ | ′ |

| ' | " | Sin. | D. | Tang. | D.c. | Cotg. | Cos. | D. | " | ' |
|---|---|---|---|---|---|---|---|---|---|---|
| 20 | 0 | $\bar{3}$,7 645 111 | 3613 | $\bar{3}$,7 652 465 | 3626 | 1,2 347 535 | $\bar{1}$,9 992 646 | 12 | 0 | 40 |
| | 10 | 648 724 | 3611 | 656 091 | 3622 | 343 909 | 992 634 | 12 | 50 | |
| | 20 | 652 335 | 3608 | 659 713 | 3620 | 340 287 | 992 622 | 13 | 40 | |
| | 30 | 655 943 | 3604 | 663 333 | 3617 | 336 667 | 992 609 | 12 | 30 | |
| | 40 | 659 547 | 3602 | 666 950 | 3614 | 333 050 | 992 597 | 12 | 20 | |
| | 50 | 663 149 | 3598 | 670 564 | 3611 | 329 436 | 992 585 | 13 | 10 | |
| 21 | 0 | 666 747 | 3596 | 674 175 | 3607 | 325 825 | 992 572 | 12 | 0 | 39 |
| | 10 | 670 343 | 3592 | 677 782 | 3605 | 322 218 | 992 560 | 12 | 50 | |
| | 20 | 673 935 | 3590 | 681 387 | 3602 | 318 613 | 992 548 | 13 | 40 | |
| | 30 | 677 525 | 3586 | 684 989 | 3599 | 315 011 | 992 535 | 12 | 30 | |
| | 40 | 681 111 | 3584 | 688 588 | 3596 | 311 412 | 992 523 | 12 | 20 | |
| | 50 | 684 695 | 3580 | 692 184 | 3593 | 307 816 | 992 511 | 13 | 10 | |
| 22 | 0 | 688 275 | 3578 | 695 777 | 3590 | 304 223 | 992 498 | 12 | 0 | 38 |
| | 10 | 691 853 | 3575 | 699 367 | 3587 | 300 633 | 992 486 | 12 | 50 | |
| | 20 | 695 428 | 3572 | 702 954 | 3585 | 297 046 | 992 474 | 13 | 40 | |
| | 30 | 699 000 | 3568 | 706 539 | 3581 | 293 461 | 992 461 | 12 | 30 | |
| | 40 | 702 568 | 3566 | 710 120 | 3578 | 289 880 | 992 449 | 13 | 20 | |
| | 50 | 706 134 | 3563 | 713 698 | 3576 | 286 302 | 992 436 | 12 | 10 | |
| 23 | 0 | 709 697 | 3560 | 717 274 | 3572 | 282 726 | 992 424 | 13 | 0 | 37 |
| | 10 | 713 257 | 3557 | 720 846 | 3570 | 279 154 | 992 411 | 12 | 50 | |
| | 20 | 716 814 | 3555 | 724 416 | 3566 | 275 584 | 992 399 | 13 | 40 | |
| | 30 | 720 369 | 3551 | 727 982 | 3564 | 272 018 | 992 386 | 12 | 30 | |
| | 40 | 723 920 | 3548 | 731 546 | 3561 | 268 454 | 992 374 | 13 | 20 | |
| | 50 | 727 468 | 3546 | 735 107 | 3558 | 264 893 | 992 361 | 12 | 10 | |
| 24 | 0 | 731 014 | 3542 | 738 665 | 3555 | 261 335 | 992 349 | 13 | 0 | 36 |
| | 10 | 734 556 | 3540 | 742 220 | 3552 | 257 780 | 992 336 | 12 | 50 | |
| | 20 | 738 096 | 3537 | 745 772 | 3549 | 254 228 | 992 324 | 13 | 40 | |
| | 30 | 741 633 | 3533 | 749 321 | 3547 | 250 679 | 992 311 | 12 | 30 | |
| | 40 | 745 166 | 3531 | 752 868 | 3543 | 247 132 | 992 299 | 13 | 20 | |
| | 50 | 748 697 | 3529 | 756 411 | 3541 | 243 589 | 992 286 | 12 | 10 | |
| 25 | 0 | 752 226 | 3525 | 759 952 | 3538 | 240 048 | 992 274 | 13 | 0 | 35 |
| | 10 | 755 751 | 3522 | 763 490 | 3535 | 236 510 | 992 261 | 12 | 50 | |
| | 20 | 759 273 | 3520 | 767 025 | 3532 | 232 975 | 992 249 | 13 | 40 | |
| | 30 | 762 793 | 3516 | 770 557 | 3529 | 229 443 | 992 236 | 13 | 30 | |
| | 40 | 766 309 | 3514 | 774 086 | 3526 | 225 914 | 992 223 | 12 | 20 | |
| | 50 | 769 823 | 3511 | 777 612 | 3524 | 222 388 | 992 211 | 13 | 10 | |
| 26 | 0 | 773 334 | 3508 | 781 136 | 3521 | 218 864 | 992 198 | 13 | 0 | 34 |
| | 10 | 776 842 | 3505 | 784 657 | 3518 | 215 343 | 992 185 | 12 | 50 | |
| | 20 | 780 347 | 3503 | 788 175 | 3515 | 211 825 | 992 173 | 13 | 40 | |
| | 30 | 783 850 | 3499 | 791 690 | 3512 | 208 310 | 992 160 | 13 | 30 | |
| | 40 | 787 349 | 3497 | 795 202 | 3509 | 204 798 | 992 147 | 12 | 20 | |
| | 50 | 790 846 | 3494 | 798 711 | 3507 | 201 289 | 992 135 | 13 | 10 | |
| 27 | 0 | 794 340 | 3491 | 802 218 | 3504 | 197 782 | 992 122 | 13 | 0 | 33 |
| | 10 | 797 831 | 3488 | 805 722 | 3501 | 194 278 | 992 109 | 12 | 50 | |
| | 20 | 801 319 | 3486 | 809 223 | 3498 | 190 777 | 992 097 | 13 | 40 | |
| | 30 | 804 805 | 3482 | 812 721 | 3495 | 187 279 | 992 084 | 13 | 30 | |
| | 40 | 808 287 | 3480 | 816 216 | 3493 | 183 784 | 992 071 | 12 | 20 | |
| | 50 | 811 767 | 3477 | 819 709 | 3490 | 180 291 | 992 059 | 13 | 10 | |
| 28 | 0 | 815 244 | 3475 | 823 199 | 3487 | 176 801 | 992 046 | 13 | 0 | 32 |
| | 10 | 818 719 | 3471 | 826 686 | 3484 | 173 314 | 992 033 | 13 | 50 | |
| | 20 | 822 190 | 3469 | 830 170 | 3481 | 169 830 | 992 020 | 13 | 40 | |
| | 30 | 825 659 | 3466 | 833 651 | 3479 | 166 349 | 992 007 | 12 | 30 | |
| | 40 | 829 125 | 3463 | 837 130 | 3476 | 162 870 | 991 995 | 13 | 20 | |
| | 50 | 832 588 | 3460 | 840 606 | 3473 | 159 394 | 991 982 | 13 | 10 | |
| 29 | 0 | 836 048 | 3458 | 844 079 | 3471 | 155 921 | 991 969 | 13 | 0 | 31 |
| | 10 | 839 506 | 3455 | 847 550 | 3467 | 152 450 | 991 956 | 13 | 50 | |
| | 20 | 842 961 | 3452 | 851 017 | 3465 | 148 983 | 991 943 | 12 | 40 | |
| | 30 | 846 413 | 3449 | 854 482 | 3463 | 145 518 | 991 931 | 13 | 30 | |
| | 40 | 849 862 | 3447 | 857 945 | 3459 | 142 055 | 991 918 | 13 | 20 | |
| | 50 | 853 309 | 3444 | 861 404 | 3457 | 138 596 | 991 905 | 13 | 10 | |
| 30 | 0 | $\bar{3}$,7 856 753 | | $\bar{3}$,7 864 861 | | 1,2 135 139 | $\bar{1}$,9 991 892 | | 0 | 30 |
| ' | " | Cos. | | Cotg. | | Tang. | Sin. | | " | ' |

| ′ | ″ | Sin. | D. | Tang. | D.c. | Cotg. | Cos. | D. | ″ | ′ |
|---|---|---|---|---|---|---|---|---|---|---|
| 30 | 0 | $\bar{3}$,7 856 753 | | $\bar{3}$,7 864 861 | | 1,2 135 139 | $\bar{1}$,9 991 892 | | 0 | 30 |
| | 10 | 860 194 | 3441 | 868 315 | 3454 | 131 685 | 991 879 | 13 | 50 | |
| | 20 | 863 632 | 3438 | 871 766 | 3451 | 128 234 | 991 866 | 13 | 40 | |
| | 30 | 867 068 | 3436 | 875 215 | 3449 | 124 785 | 991 853 | 13 | 30 | |
| | 40 | 870 501 | 3433 | 878 661 | 3446 | 121 339 | 991 840 | 13 | 20 | |
| | 50 | 873 931 | 3430 | 882 104 | 3443 | 117 896 | 991 827 | 13 | 10 | |
| 31 | 0 | 877 359 | 3428 | 885 544 | 3440 | 114 456 | 991 815 | 12 | 0 | 29 |
| | 10 | 880 783 | 3424 | 888 982 | 3438 | 111 018 | 991 802 | 13 | 50 | |
| | 20 | 884 205 | 3422 | 892 417 | 3435 | 107 583 | 991 789 | 13 | 40 | |
| | 30 | 887 625 | 3420 | 895 849 | 3432 | 104 151 | 991 776 | 13 | 30 | |
| | 40 | 891 041 | 3416 | 899 279 | 3430 | 100 721 | 991 763 | 13 | 20 | |
| | 50 | 894 455 | 3414 | 902 706 | 3427 | 097 294 | 991 750 | 13 | 10 | |
| 32 | 0 | 897 867 | 3412 | 906 130 | 3424 | 093 870 | 991 737 | 13 | 0 | 28 |
| | 10 | 901 275 | 3408 | 909 552 | 3422 | 090 448 | 991 724 | 13 | 50 | |
| | 20 | 904 681 | 3406 | 912 971 | 3419 | 087 029 | 991 711 | 13 | 40 | |
| | 30 | 908 084 | 3403 | 916 387 | 3416 | 083 613 | 991 698 | 13 | 30 | |
| | 40 | 911 485 | 3401 | 919 800 | 3413 | 080 200 | 991 685 | 13 | 20 | |
| | 50 | 914 883 | 3398 | 923 211 | 3411 | 076 789 | 991 672 | 13 | 10 | |
| 33 | 0 | 918 278 | 3395 | 926 620 | 3409 | 073 380 | 991 659 | 13 | 0 | 27 |
| | 10 | 921 671 | 3393 | 930 025 | 3405 | 069 975 | 991 645 | 14 | 50 | |
| | 20 | 925 061 | 3390 | 933 428 | 3403 | 066 572 | 991 632 | 13 | 40 | |
| | 30 | 928 448 | 3387 | 936 829 | 3401 | 063 171 | 991 619 | 13 | 30 | |
| | 40 | 931 832 | 3384 | 940 226 | 3397 | 059 774 | 991 606 | 13 | 20 | |
| | 50 | 935 214 | 3382 | 943 621 | 3395 | 056 379 | 991 593 | 13 | 10 | |
| 34 | 0 | 938 594 | 3380 | 947 014 | 3393 | 052 986 | 991 580 | 13 | 0 | 26 |
| | 10 | 941 970 | 3376 | 950 404 | 3390 | 049 596 | 991 567 | 13 | 50 | |
| | 20 | 945 344 | 3374 | 953 791 | 3387 | 046 209 | 991 554 | 13 | 40 | |
| | 30 | 948 716 | 3372 | 957 175 | 3384 | 042 825 | 991 541 | 13 | 30 | |
| | 40 | 952 085 | 3369 | 960 557 | 3382 | 039 443 | 991 527 | 14 | 20 | |
| | 50 | 955 451 | 3366 | 963 937 | 3380 | 036 063 | 991 514 | 13 | 10 | |
| 35 | 0 | 958 814 | 3363 | 967 313 | 3376 | 032 687 | 991 501 | 13 | 0 | 25 |
| | 10 | 962 175 | 3361 | 970 687 | 3374 | 029 313 | 991 488 | 13 | 50 | |
| | 20 | 965 534 | 3359 | 974 059 | 3372 | 025 941 | 991 475 | 13 | 40 | |
| | 30 | 968 889 | 3355 | 977 428 | 3369 | 022 572 | 991 461 | 14 | 30 | |
| | 40 | 972 242 | 3353 | 980 794 | 3366 | 019 206 | 991 448 | 13 | 20 | |
| | 50 | 975 593 | 3351 | 984 158 | 3364 | 015 842 | 991 435 | 13 | 10 | |
| 36 | 0 | 978 941 | 3348 | 987 519 | 3361 | 012 481 | 991 422 | 13 | 0 | 24 |
| | 10 | 982 286 | 3345 | 990 878 | 3359 | 009 122 | 991 408 | 14 | 50 | |
| | 20 | 985 629 | 3343 | 994 234 | 3356 | 005 766 | 991 395 | 13 | 40 | |
| | 30 | 988 969 | 3340 | $\bar{3}$,7 997 587 | 3353 | 1,2 002 413 | 991 382 | 13 | 30 | |
| | 40 | 992 307 | 3338 | $\bar{3}$,8 000 938 | 3351 | 1,1 999 062 | 991 369 | 13 | 20 | |
| | 50 | 995 642 | 3335 | 004 286 | 3348 | 995 714 | 991 355 | 14 | 10 | |
| 37 | 0 | $\bar{3}$,7 998 974 | 3332 | 007 632 | 3346 | 992 368 | 991 342 | 13 | 0 | 23 |
| | 10 | $\bar{3}$,8 002 304 | 3330 | 010 975 | 3343 | 989 025 | 991 329 | 13 | 50 | |
| | 20 | 005 631 | 3327 | 014 316 | 3341 | 985 684 | 991 315 | 14 | 40 | |
| | 30 | 008 956 | 3325 | 017 654 | 3338 | 982 346 | 991 302 | 13 | 30 | |
| | 40 | 012 278 | 3322 | 020 989 | 3335 | 979 011 | 991 289 | 13 | 20 | |
| | 50 | 015 598 | 3320 | 024 323 | 3334 | 975 677 | 991 275 | 14 | 10 | |
| 38 | 0 | 018 915 | 3317 | 027 653 | 3330 | 972 347 | 991 262 | 13 | 0 | 22 |
| | 10 | 022 230 | 3315 | 030 981 | 3328 | 969 019 | 991 249 | 13 | 50 | |
| | 20 | 025 542 | 3312 | 034 306 | 3325 | 965 694 | 991 235 | 14 | 40 | |
| | 30 | 028 851 | 3309 | 037 629 | 3323 | 962 371 | 991 222 | 13 | 30 | |
| | 40 | 032 158 | 3307 | 040 950 | 3321 | 959 050 | 991 208 | 14 | 20 | |
| | 50 | 035 463 | 3305 | 044 267 | 3317 | 955 733 | 991 195 | 13 | 10 | |
| 39 | 0 | 038 764 | 3301 | 047 583 | 3316 | 952 417 | 991 182 | 13 | 0 | 21 |
| | 10 | 042 064 | 3300 | 050 896 | 3313 | 949 104 | 991 168 | 14 | 50 | |
| | 20 | 045 361 | 3297 | 054 206 | 3310 | 945 794 | 991 155 | 13 | 40 | |
| | 30 | 048 655 | 3294 | 057 514 | 3308 | 942 486 | 991 141 | 14 | 30 | |
| | 40 | 051 947 | 3292 | 060 819 | 3305 | 939 181 | 991 128 | 13 | 20 | |
| | 50 | 055 236 | 3289 | 064 122 | 3303 | 935 878 | 991 114 | 14 | 10 | |
| 40 | 0 | $\bar{3}$,8 058 523 | 3287 | $\bar{3}$,8 067 422 | 3300 | 1,1 932 578 | $\bar{1}$,9 991 101 | 13 | 0 | 20 |
| ′ | ″ | Cos. | | Cotg. | | Tang. | Sin. | | ″ | ′ |

| ′ | ″ | Sin. | D. | Tang. | D.c. | Cotg. | Cos. | D. | ″ | ′ |
|---|---|---|---|---|---|---|---|---|---|---|
| 40 | 0 | 2̄,8 058 523 | 3285 | 2̄,8 067 422 | 3298 | 1,1 932 578 | 1̄,9 991 101 | 14 | 0 | 20 |
| | 10 | 061 808 | 3281 | 070 720 | 3296 | 929 280 | 991 087 | 13 | 50 | |
| | 20 | 065 089 | 3280 | 074 016 | 3293 | 925 984 | 991 074 | 14 | 40 | |
| | 30 | 068 369 | 3277 | 077 309 | 3290 | 922 691 | 991 060 | 13 | 30 | |
| | 40 | 071 646 | 3274 | 080 599 | 3288 | 919 401 | 991 047 | 14 | 20 | |
| | 50 | 074 920 | 3272 | 083 887 | 3285 | 916 113 | 991 033 | 13 | 10 | |
| 41 | 0 | 078 192 | 3270 | 087 172 | 3283 | 912 828 | 991 020 | 14 | 0 | 19 |
| | 10 | 081 462 | 3267 | 090 455 | 3281 | 909 545 | 991 006 | 13 | 50 | |
| | 20 | 084 729 | 3264 | 093 736 | 3278 | 906 264 | 990 993 | 14 | 40 | |
| | 30 | 087 993 | 3262 | 097 014 | 3276 | 902 986 | 990 979 | 14 | 30 | |
| | 40 | 091 255 | 3260 | 100 290 | 3273 | 899 710 | 990 965 | 13 | 20 | |
| | 50 | 094 515 | 3257 | 103 563 | 3271 | 896 437 | 990 952 | 14 | 10 | |
| 42 | 0 | 097 772 | 3255 | 106 834 | 3268 | 893 166 | 990 938 | 13 | 0 | 18 |
| | 10 | 101 027 | 3252 | 110 102 | 3266 | 889 898 | 990 925 | 14 | 50 | |
| | 20 | 104 279 | 3250 | 113 368 | 3263 | 886 632 | 990 911 | 14 | 40 | |
| | 30 | 107 529 | 3247 | 116 631 | 3262 | 883 369 | 990 897 | 13 | 30 | |
| | 40 | 110 776 | 3245 | 119 893 | 3258 | 880 107 | 990 884 | 14 | 20 | |
| | 50 | 114 021 | 3243 | 123 151 | 3256 | 876 849 | 990 870 | 14 | 10 | |
| 43 | 0 | 117 264 | 3240 | 126 407 | 3254 | 873 593 | 990 856 | 13 | 0 | 17 |
| | 10 | 120 504 | 3237 | 129 661 | 3251 | 870 339 | 990 843 | 14 | 50 | |
| | 20 | 123 741 | 3236 | 132 912 | 3249 | 867 088 | 990 829 | 14 | 40 | |
| | 30 | 126 977 | 3232 | 136 161 | 3247 | 863 839 | 990 815 | 13 | 30 | |
| | 40 | 130 209 | 3231 | 139 408 | 3244 | 860 592 | 990 802 | 14 | 20 | |
| | 50 | 133 440 | 3228 | 142 652 | 3242 | 857 348 | 990 788 | 14 | 10 | |
| 44 | 0 | 136 668 | 3225 | 145 894 | 3239 | 854 106 | 990 774 | 14 | 0 | 16 |
| | 10 | 139 893 | 3224 | 149 133 | 3237 | 850 867 | 990 760 | 13 | 50 | |
| | 20 | 143 117 | 3220 | 152 370 | 3235 | 847 630 | 990 747 | 14 | 40 | |
| | 30 | 146 337 | 3219 | 155 605 | 3232 | 844 395 | 990 733 | 14 | 30 | |
| | 40 | 149 556 | 3216 | 158 837 | 3229 | 841 163 | 990 719 | 14 | 20 | |
| | 50 | 152 772 | 3213 | 162 066 | 3228 | 837 934 | 990 705 | 14 | 10 | |
| 45 | 0 | 155 985 | 3211 | 165 294 | 3225 | 834 706 | 990 691 | 13 | 0 | 15 |
| | 10 | 159 196 | 3209 | 168 519 | 3222 | 831 481 | 990 678 | 14 | 50 | |
| | 20 | 162 405 | 3207 | 171 741 | 3221 | 828 259 | 990 664 | 14 | 40 | |
| | 30 | 165 612 | 3204 | 174 962 | 3218 | 825 038 | 990 650 | 14 | 30 | |
| | 40 | 168 816 | 3202 | 178 180 | 3215 | 821 820 | 990 636 | 14 | 20 | |
| | 50 | 172 018 | 3199 | 181 395 | 3213 | 818 605 | 990 622 | 14 | 10 | |
| 46 | 0 | 175 217 | 3197 | 184 608 | 3211 | 815 392 | 990 608 | 13 | 0 | 14 |
| | 10 | 178 414 | 3194 | 187 819 | 3209 | 812 181 | 990 595 | 14 | 50 | |
| | 20 | 181 608 | 3193 | 191 028 | 3206 | 808 972 | 990 581 | 14 | 40 | |
| | 30 | 184 801 | 3190 | 194 234 | 3204 | 805 766 | 990 567 | 14 | 30 | |
| | 40 | 187 991 | 3187 | 197 438 | 3201 | 802 562 | 990 553 | 14 | 20 | |
| | 50 | 191 178 | 3185 | 200 639 | 3199 | 799 361 | 990 539 | 14 | 10 | |
| 47 | 0 | 194 363 | 3183 | 203 838 | 3197 | 796 162 | 990 525 | 14 | 0 | 13 |
| | 10 | 197 546 | 3181 | 207 035 | 3194 | 792 965 | 990 511 | 14 | 50 | |
| | 20 | 200 727 | 3178 | 210 229 | 3193 | 789 771 | 990 497 | 14 | 40 | |
| | 30 | 203 905 | 3176 | 213 422 | 3189 | 786 578 | 990 483 | 14 | 30 | |
| | 40 | 207 081 | 3173 | 216 611 | 3188 | 783 389 | 990 469 | 14 | 20 | |
| | 50 | 210 254 | 3171 | 219 799 | 3185 | 780 201 | 990 455 | 14 | 10 | |
| 48 | 0 | 213 425 | 3169 | 222 984 | 3183 | 777 016 | 990 441 | 14 | 0 | 12 |
| | 10 | 216 594 | 3167 | 226 167 | 3180 | 773 833 | 990 427 | 14 | 50 | |
| | 20 | 219 761 | 3164 | 229 347 | 3179 | 770 653 | 990 413 | 14 | 40 | |
| | 30 | 222 925 | 3162 | 232 526 | 3175 | 767 474 | 990 399 | 14 | 30 | |
| | 40 | 226 087 | 3159 | 235 701 | 3174 | 764 299 | 990 385 | 14 | 20 | |
| | 50 | 229 246 | 3158 | 238 875 | 3171 | 761 125 | 990 371 | 14 | 10 | |
| 49 | 0 | 232 404 | 3155 | 242 046 | 3169 | 757 954 | 990 357 | 14 | 0 | 11 |
| | 10 | 235 559 | 3152 | 245 215 | 3167 | 754 785 | 990 343 | 14 | 50 | |
| | 20 | 238 711 | 3151 | 248 382 | 3165 | 751 618 | 990 329 | 14 | 40 | |
| | 30 | 241 862 | 3148 | 251 547 | 3162 | 748 453 | 990 315 | 14 | 30 | |
| | 40 | 245 010 | 3146 | 254 709 | 3160 | 745 291 | 990 301 | 14 | 20 | |
| | 50 | 248 156 | 3143 | 257 869 | 3157 | 742 131 | 990 287 | 14 | 10 | |
| 50 | 0 | 2̄,8 251 299 | | 2̄,8 261 026 | | 1,1 738 974 | 1̄,9 990 273 | | 0 | 10 |
| ′ | ″ | Cos. | | Cotg. | | Tang. | Sin. | | ″ | ′ |

| ′ | ″ | Sin. | D. | Tang. | D.c. | Cotg. | Cos. | D. | ″ | ′ |
|---|---|---|---|---|---|---|---|---|---|---|
| 50 | 0 | $\bar{2}$,8 251 299 | 3141 | $\bar{2}$,8 261 026 | 3156 | 1,1 738 974 | $\bar{1}$,9 990 273 | 14 | 0 | 10 |
| | 10 | 254 440 | 3139 | 264 182 | 3153 | 735 818 | 990 259 | 14 | 50 | |
| | 20 | 257 579 | 3137 | 267 335 | 3150 | 732 665 | 990 245 | 15 | 40 | |
| | 30 | 260 716 | 3134 | 270 485 | 3149 | 729 515 | 990 230 | 14 | 30 | |
| | 40 | 263 850 | 3132 | 273 634 | 3146 | 726 366 | 990 216 | 14 | 20 | |
| | 50 | 266 982 | 3130 | 276 780 | 3144 | 723 220 | 990 202 | 14 | 10 | |
| 51 | 0 | 270 112 | 3128 | 279 924 | 3142 | 720 076 | 990 188 | 14 | 0 | 9 |
| | 10 | 273 240 | 3125 | 283 066 | 3140 | 716 934 | 990 174 | 14 | 50 | |
| | 20 | 276 365 | 3123 | 286 206 | 3137 | 713 794 | 990 160 | 15 | 40 | |
| | 30 | 279 488 | 3121 | 289 343 | 3135 | 710 657 | 990 145 | 14 | 30 | |
| | 40 | 282 609 | 3119 | 292 478 | 3133 | 707 522 | 990 131 | 14 | 20 | |
| | 50 | 285 728 | 3116 | 295 611 | 3130 | 704 389 | 990 117 | 14 | 10 | |
| 52 | 0 | 288 844 | 3114 | 298 741 | 3128 | 701 259 | 990 103 | 14 | 0 | 8 |
| | 10 | 291 958 | 3112 | 301 869 | 3127 | 698 131 | 990 089 | 15 | 50 | |
| | 20 | 295 070 | 3109 | 304 996 | 3123 | 695 004 | 990 074 | 14 | 40 | |
| | 30 | 298 179 | 3108 | 308 119 | 3122 | 691 881 | 990 060 | 14 | 30 | |
| | 40 | 301 287 | 3105 | 311 241 | 3119 | 688 759 | 990 046 | 14 | 20 | |
| | 50 | 304 392 | 3103 | 314 360 | 3118 | 685 640 | 990 032 | 15 | 10 | |
| 53 | 0 | 307 495 | 3101 | 317 478 | 3115 | 682 522 | 990 017 | 14 | 0 | 7 |
| | 10 | 310 596 | 3098 | 320 593 | 3112 | 679 407 | 990 003 | 14 | 50 | |
| | 20 | 313 694 | 3096 | 323 705 | 3111 | 676 295 | 989 989 | 15 | 40 | |
| | 30 | 316 790 | 3094 | 326 816 | 3108 | 673 184 | 989 974 | 14 | 30 | |
| | 40 | 319 884 | 3092 | 329 924 | 3106 | 670 076 | 989 960 | 14 | 20 | |
| | 50 | 322 976 | 3090 | 333 030 | 3104 | 666 970 | 989 946 | 15 | 10 | |
| 54 | 0 | 326 066 | 3087 | 336 134 | 3102 | 663 866 | 989 931 | 14 | 0 | 6 |
| | 10 | 329 153 | 3085 | 339 236 | 3100 | 660 764 | 989 917 | 14 | 50 | |
| | 20 | 332 238 | 3083 | 342 336 | 3097 | 657 664 | 989 903 | 15 | 40 | |
| | 30 | 335 321 | 3081 | 345 433 | 3095 | 654 567 | 989 888 | 14 | 30 | |
| | 40 | 338 402 | 3079 | 348 528 | 3093 | 651 472 | 989 874 | 15 | 20 | |
| | 50 | 341 481 | 3076 | 351 621 | 3091 | 648 379 | 989 859 | 14 | 10 | |
| 55 | 0 | 344 557 | 3074 | 354 712 | 3089 | 645 288 | 989 845 | 14 | 0 | 5 |
| | 10 | 347 631 | 3072 | 357 801 | 3086 | 642 199 | 989 831 | 15 | 50 | |
| | 20 | 350 703 | 3070 | 360 887 | 3084 | 639 113 | 989 816 | 14 | 40 | |
| | 30 | 353 773 | 3068 | 363 971 | 3082 | 636 029 | 989 802 | 15 | 30 | |
| | 40 | 356 841 | 3065 | 367 053 | 3080 | 632 947 | 989 787 | 14 | 20 | |
| | 50 | 359 906 | 3063 | 370 133 | 3078 | 629 867 | 989 773 | 15 | 10 | |
| 56 | 0 | 362 969 | 3062 | 373 211 | 3076 | 626 789 | 989 758 | 14 | 0 | 4 |
| | 10 | 366 031 | 3059 | 376 287 | 3073 | 623 713 | 989 744 | 15 | 50 | |
| | 20 | 369 090 | 3056 | 379 360 | 3072 | 620 640 | 989 729 | 14 | 40 | |
| | 30 | 372 146 | 3055 | 382 432 | 3069 | 617 568 | 989 715 | 15 | 30 | |
| | 40 | 375 201 | 3053 | 385 501 | 3067 | 614 499 | 989 700 | 14 | 20 | |
| | 50 | 378 254 | 3050 | 388 568 | 3065 | 611 432 | 989 686 | 15 | 10 | |
| 57 | 0 | 381 304 | 3048 | 391 633 | 3062 | 608 367 | 989 671 | 14 | 0 | 3 |
| | 10 | 384 352 | 3046 | 394 695 | 3061 | 605 305 | 989 657 | 15 | 50 | |
| | 20 | 387 398 | 3044 | 397 756 | 3058 | 602 244 | 989 642 | 14 | 40 | |
| | 30 | 390 442 | 3042 | 400 814 | 3057 | 599 186 | 989 628 | 15 | 30 | |
| | 40 | 393 484 | 3039 | 403 871 | 3054 | 596 129 | 989 613 | 15 | 20 | |
| | 50 | 396 523 | 3038 | 406 925 | 3052 | 593 075 | 989 598 | 14 | 10 | |
| 58 | 0 | 399 561 | 3035 | 409 977 | 3050 | 590 023 | 989 584 | 15 | 0 | 2 |
| | 10 | 402 596 | 3033 | 413 027 | 3048 | 586 973 | 989 569 | 14 | 50 | |
| | 20 | 405 629 | 3032 | 416 075 | 3046 | 583 925 | 989 555 | 15 | 40 | |
| | 30 | 408 661 | 3029 | 419 121 | 3043 | 580 879 | 989 540 | 15 | 30 | |
| | 40 | 411 690 | 3026 | 422 164 | 3042 | 577 836 | 989 525 | 14 | 20 | |
| | 50 | 414 716 | 3025 | 425 206 | 3039 | 574 794 | 989 511 | 15 | 10 | |
| 59 | 0 | 417 741 | 3023 | 428 245 | 3037 | 571 755 | 989 496 | 15 | 0 | 1 |
| | 10 | 420 764 | 3020 | 431 282 | 3036 | 568 718 | 989 481 | 14 | 50 | |
| | 20 | 423 784 | 3019 | 434 318 | 3033 | 565 682 | 989 467 | 15 | 40 | |
| | 30 | 426 803 | 3016 | 437 351 | 3031 | 562 649 | 989 452 | 15 | 30 | |
| | 40 | 429 819 | 3014 | 440 382 | 3028 | 559 618 | 989 437 | 14 | 20 | |
| | 50 | 432 833 | 3012 | 443 410 | 3027 | 556 590 | 989 423 | 15 | 10 | |
| 60 | 0 | $\bar{2}$,8 435 845 | | $\bar{2}$,8 446 437 | | 1,1 553 563 | $\bar{1}$,9 989 408 | | 0 | 0 |
| ′ | ″ | Cos. | | Cotg. | | Tang. | Sin. | | ″ | ′ |

| ' | " | Sin. | D. | Tang. | D.c. | Cotg. | Cos. | D. | " | ' |
|---|---|---|---|---|---|---|---|---|---|---|
| 0 | 0 | $\bar{2}$,8 435 845 | 3010 | $\bar{2}$,8 446 437 | 3025 | 1,1 553 563 | $\bar{1}$,9 989 408 | 15 | 0 | 60 |
| | 10 | 438 855 | 3008 | 449 462 | 3023 | 550 538 | 989 393 | 15 | 50 | |
| | 20 | 441 863 | 3006 | 452 485 | 3020 | 547 515 | 989 378 | 14 | 40 | |
| | 30 | 444 869 | 3004 | 455 505 | 3019 | 544 495 | 989 364 | 15 | 30 | |
| | 40 | 447 873 | 3001 | 458 524 | 3016 | 541 476 | 989 349 | 15 | 20 | |
| | 50 | 450 874 | 3000 | 461 540 | 3014 | 538 460 | 989 334 | 15 | 10 | |
| 1 | 0 | 453 874 | 2997 | 464 554 | 3013 | 535 446 | 989 319 | 14 | 0 | 59 |
| | 10 | 456 871 | 2996 | 467 567 | 3010 | 532 433 | 989 305 | 15 | 50 | |
| | 20 | 459 867 | 2993 | 470 577 | 3008 | 529 423 | 989 290 | 15 | 40 | |
| | 30 | 462 860 | 2991 | 473 585 | 3006 | 526 415 | 989 275 | 15 | 30 | |
| | 40 | 465 851 | 2989 | 476 591 | 3004 | 523 409 | 989 260 | 15 | 20 | |
| | 50 | 468 840 | 2987 | 479 595 | 3002 | 520 405 | 989 245 | 15 | 10 | |
| 2 | 0 | 471 827 | 2985 | 482 597 | 3000 | 517 403 | 989 230 | 14 | 0 | 58 |
| | 10 | 474 812 | 2983 | 485 597 | 2998 | 514 403 | 989 216 | 15 | 50 | |
| | 20 | 477 795 | 2981 | 488 595 | 2995 | 511 405 | 989 201 | 15 | 40 | |
| | 30 | 480 776 | 2979 | 491 590 | 2994 | 508 410 | 989 186 | 15 | 30 | |
| | 40 | 483 755 | 2977 | 494 584 | 2992 | 505 416 | 989 171 | 15 | 20 | |
| | 50 | 486 732 | 2975 | 497 576 | 2990 | 502 424 | 989 156 | 15 | 10 | |
| 3 | 0 | 489 707 | 2972 | 500 566 | 2987 | 499 434 | 989 141 | 15 | 0 | 57 |
| | 10 | 492 679 | 2971 | 503 553 | 2986 | 496 447 | 989 126 | 15 | 50 | |
| | 20 | 495 650 | 2969 | 506 539 | 2983 | 493 461 | 989 111 | 15 | 40 | |
| | 30 | 498 619 | 2966 | 509 522 | 2982 | 490 478 | 989 096 | 14 | 30 | |
| | 40 | 501 585 | 2965 | 512 504 | 2979 | 487 496 | 989 082 | 15 | 20 | |
| | 50 | 504 550 | 2962 | 515 483 | 2978 | 484 517 | 989 067 | 15 | 10 | |
| 4 | 0 | 507 512 | 2961 | 518 461 | 2975 | 481 539 | 989 052 | 15 | 0 | 56 |
| | 10 | 510 473 | 2958 | 521 436 | 2974 | 478 564 | 989 037 | 15 | 50 | |
| | 20 | 513 431 | 2957 | 524 410 | 2971 | 475 590 | 989 022 | 15 | 40 | |
| | 30 | 516 388 | 2954 | 527 381 | 2970 | 472 619 | 989 007 | 15 | 30 | |
| | 40 | 519 342 | 2953 | 530 351 | 2967 | 469 649 | 988 992 | 15 | 20 | |
| | 50 | 522 295 | 2950 | 533 318 | 2965 | 466 682 | 988 977 | 15 | 10 | |
| 5 | 0 | 525 245 | 2948 | 536 283 | 2964 | 463 717 | 988 962 | 15 | 0 | 55 |
| | 10 | 528 193 | 2947 | 539 247 | 2961 | 460 753 | 988 947 | 15 | 50 | |
| | 20 | 531 140 | 2944 | 542 208 | 2960 | 457 792 | 988 932 | 16 | 40 | |
| | 30 | 534 084 | 2942 | 545 168 | 2957 | 454 832 | 988 916 | 15 | 30 | |
| | 40 | 537 026 | 2941 | 548 125 | 2956 | 451 875 | 988 901 | 15 | 20 | |
| | 50 | 539 967 | 2938 | 551 081 | 2953 | 448 919 | 988 886 | 15 | 10 | |
| 6 | 0 | 542 905 | 2937 | 554 034 | 2951 | 445 966 | 988 871 | 15 | 0 | 54 |
| | 10 | 545 842 | 2934 | 556 985 | 2950 | 443 015 | 988 856 | 15 | 50 | |
| | 20 | 548 776 | 2932 | 559 935 | 2947 | 440 065 | 988 841 | 15 | 40 | |
| | 30 | 551 708 | 2931 | 562 882 | 2946 | 437 118 | 988 826 | 15 | 30 | |
| | 40 | 554 639 | 2928 | 565 828 | 2943 | 434 172 | 988 811 | 15 | 20 | |
| | 50 | 557 567 | 2926 | 568 771 | 2942 | 431 229 | 988 796 | 16 | 10 | |
| 7 | 0 | 560 493 | 2925 | 571 713 | 2940 | 428 287 | 988 780 | 15 | 0 | 53 |
| | 10 | 563 418 | 2922 | 574 653 | 2937 | 425 347 | 988 765 | 15 | 50 | |
| | 20 | 566 340 | 2921 | 577 590 | 2936 | 422 410 | 988 750 | 15 | 40 | |
| | 30 | 569 261 | 2918 | 580 526 | 2934 | 419 474 | 988 735 | 15 | 30 | |
| | 40 | 572 179 | 2917 | 583 460 | 2931 | 416 540 | 988 720 | 15 | 20 | |
| | 50 | 575 096 | 2914 | 586 391 | 2930 | 413 609 | 988 705 | 16 | 10 | |
| 8 | 0 | 578 010 | 2913 | 589 321 | 2928 | 410 679 | 988 689 | 15 | 0 | 52 |
| | 10 | 580 923 | 2911 | 592 249 | 2926 | 407 751 | 988 674 | 15 | 50 | |
| | 20 | 583 834 | 2908 | 595 175 | 2924 | 404 825 | 988 659 | 15 | 40 | |
| | 30 | 586 742 | 2907 | 598 099 | 2922 | 401 901 | 988 644 | 16 | 30 | |
| | 40 | 589 649 | 2905 | 601 021 | 2920 | 398 979 | 988 628 | 15 | 20 | |
| | 50 | 592 554 | 2903 | 603 941 | 2918 | 396 059 | 988 613 | 15 | 10 | |
| 9 | 0 | 595 457 | 2900 | 606 859 | 2916 | 393 141 | 988 598 | 15 | 0 | 51 |
| | 10 | 598 357 | 2899 | 609 775 | 2914 | 390 225 | 988 583 | 16 | 50 | |
| | 20 | 601 256 | 2897 | 612 689 | 2912 | 387 311 | 988 567 | 15 | 40 | |
| | 30 | 604 153 | 2895 | 615 601 | 2911 | 384 399 | 988 552 | 15 | 30 | |
| | 40 | 607 048 | 2893 | 618 512 | 2908 | 381 488 | 988 537 | 16 | 20 | |
| | 50 | 609 941 | 2892 | 621 420 | 2907 | 378 580 | 988 521 | 15 | 10 | |
| 10 | 0 | $\bar{2}$,8 612 833 | | $\bar{2}$,8 624 327 | | 1,1 375 673 | $\bar{1}$,9 988 506 | | 0 | 50 |
| ' | " | Cos. | | Cotg. | | Tang. | Sin. | | " | ' |

| ′ | ″ | Sin. | D. | Tang. | D.c. | Cotg. | Cos. | D. | ″ | ′ |
|---|---|---|---|---|---|---|---|---|---|---|
| 10 | 0 | $\bar{2}$,8 642 833 | 2889 | $\bar{2}$,8 624 327 | 2904 | 1,1 375 673 | $\bar{1}$,9 988 506 | 15 | 0 | 50 |
| | 10 | 645 722 | 2887 | 627 231 | 2903 | 372 769 | 988 491 | 16 | 50 | |
| | 20 | 648 609 | 2886 | 630 134 | 2901 | 369 866 | 988 475 | 15 | 40 | |
| | 30 | 651 495 | 2883 | 633 035 | 2898 | 366 965 | 988 460 | 15 | 30 | |
| | 40 | 654 378 | 2881 | 635 933 | 2897 | 364 067 | 988 445 | 16 | 20 | |
| | 50 | 657 259 | 2880 | 638 830 | 2895 | 361 170 | 988 429 | 15 | 10 | |
| 11 | 0 | 630 139 | 2878 | 641 725 | 2893 | 358 275 | 988 414 | 16 | 0 | 49 |
| | 10 | 633 017 | 2876 | 644 618 | 2892 | 355 382 | 988 398 | 15 | 50 | |
| | 20 | 635 893 | 2873 | 647 510 | 2889 | 352 490 | 988 383 | 15 | 40 | |
| | 30 | 638 766 | 2872 | 650 399 | 2887 | 349 601 | 988 368 | 16 | 30 | |
| | 40 | 641 638 | 2870 | 653 286 | 2886 | 346 714 | 988 352 | 15 | 20 | |
| | 50 | 644 508 | 2868 | 656 172 | 2883 | 343 828 | 988 337 | 16 | 10 | |
| 12 | 0 | 647 376 | 2867 | 659 055 | 2882 | 340 945 | 988 321 | 15 | 0 | 48 |
| | 10 | 650 243 | 2864 | 661 937 | 2880 | 338 063 | 988 306 | 16 | 50 | |
| | 20 | 653 107 | 2862 | 664 817 | 2878 | 335 183 | 988 290 | 15 | 40 | |
| | 30 | 655 969 | 2861 | 667 695 | 2876 | 332 305 | 988 275 | 16 | 30 | |
| | 40 | 658 830 | 2859 | 670 571 | 2874 | 329 429 | 988 259 | 15 | 20 | |
| | 50 | 661 689 | 2856 | 673 445 | 2872 | 326 555 | 988 244 | 16 | 10 | |
| 13 | 0 | 664 545 | 2855 | 676 317 | 2870 | 323 683 | 988 228 | 15 | 0 | 47 |
| | 10 | 667 400 | 2853 | 679 187 | 2869 | 320 813 | 988 213 | 16 | 50 | |
| | 20 | 670 253 | 2851 | 682 056 | 2867 | 317 944 | 988 197 | 15 | 40 | |
| | 30 | 673 104 | 2849 | 684 923 | 2864 | 315 077 | 988 182 | 16 | 30 | |
| | 40 | 675 953 | 2848 | 687 787 | 2863 | 312 213 | 988 166 | 15 | 20 | |
| | 50 | 678 801 | 2845 | 690 650 | 2861 | 309 350 | 988 151 | 16 | 10 | |
| 14 | 0 | 681 646 | 2844 | 693 511 | 2859 | 306 489 | 988 135 | 16 | 0 | 46 |
| | 10 | 684 490 | 2841 | 696 370 | 2858 | 303 630 | 988 119 | 15 | 50 | |
| | 20 | 687 331 | 2840 | 699 228 | 2855 | 300 772 | 988 104 | 16 | 40 | |
| | 30 | 690 171 | 2838 | 702 083 | 2854 | 297 917 | 988 088 | 15 | 30 | |
| | 40 | 693 009 | 2836 | 704 937 | 2852 | 295 063 | 988 073 | 16 | 20 | |
| | 50 | 695 845 | 2835 | 707 789 | 2849 | 292 211 | 988 057 | 16 | 10 | |
| 15 | 0 | 698 680 | 2832 | 710 638 | 2848 | 289 362 | 988 041 | 15 | 0 | 45 |
| | 10 | 701 512 | 2831 | 713 486 | 2847 | 286 514 | 988 026 | 16 | 50 | |
| | 20 | 704 343 | 2828 | 716 333 | 2844 | 283 667 | 988 010 | 16 | 40 | |
| | 30 | 707 171 | 2827 | 719 177 | 2842 | 280 823 | 987 994 | 15 | 30 | |
| | 40 | 709 998 | 2825 | 722 019 | 2841 | 277 981 | 987 979 | 16 | 20 | |
| | 50 | 712 823 | 2823 | 724 860 | 2839 | 275 140 | 987 963 | 16 | 10 | |
| 16 | 0 | 715 646 | 2821 | 727 699 | 2837 | 272 301 | 987 947 | 16 | 0 | 44 |
| | 10 | 718 467 | 2820 | 730 536 | 2835 | 269 464 | 987 931 | 15 | 50 | |
| | 20 | 721 287 | 2818 | 733 371 | 2834 | 266 629 | 987 916 | 16 | 40 | |
| | 30 | 724 105 | 2815 | 736 205 | 2831 | 263 795 | 987 900 | 16 | 30 | |
| | 40 | 726 920 | 2814 | 739 036 | 2830 | 260 964 | 987 884 | 15 | 20 | |
| | 50 | 729 734 | 2812 | 741 866 | 2828 | 258 134 | 987 869 | 16 | 10 | |
| 17 | 0 | 732 546 | 2811 | 744 694 | 2826 | 255 306 | 987 853 | 16 | 0 | 43 |
| | 10 | 735 357 | 2808 | 747 520 | 2824 | 252 480 | 987 837 | 16 | 50 | |
| | 20 | 738 165 | 2807 | 750 344 | 2822 | 249 656 | 987 821 | 16 | 40 | |
| | 30 | 740 972 | 2804 | 753 166 | 2821 | 246 834 | 987 805 | 15 | 30 | |
| | 40 | 743 776 | 2803 | 755 987 | 2819 | 244 013 | 987 790 | 16 | 20 | |
| | 50 | 746 579 | 2802 | 758 806 | 2817 | 241 194 | 987 774 | 16 | 10 | |
| 18 | 0 | 749 381 | 2799 | 761 623 | 2815 | 238 377 | 987 758 | 16 | 0 | 42 |
| | 10 | 752 180 | 2797 | 764 438 | 2813 | 235 562 | 987 742 | 16 | 50 | |
| | 20 | 754 977 | 2796 | 767 251 | 2812 | 232 749 | 987 726 | 16 | 40 | |
| | 30 | 757 773 | 2794 | 770 063 | 2810 | 229 937 | 987 710 | 15 | 30 | |
| | 40 | 760 567 | 2792 | 772 873 | 2808 | 227 127 | 987 695 | 16 | 20 | |
| | 50 | 763 359 | 2791 | 775 681 | 2806 | 224 319 | 987 679 | 16 | 10 | |
| 19 | 0 | 766 150 | 2788 | 778 487 | 2804 | 221 513 | 987 663 | 16 | 0 | 41 |
| | 10 | 768 938 | 2787 | 781 291 | 2803 | 218 709 | 987 647 | 16 | 50 | |
| | 20 | 771 725 | 2785 | 784 094 | 2801 | 215 906 | 987 631 | 16 | 40 | |
| | 30 | 774 510 | 2783 | 786 895 | 2799 | 213 105 | 987 615 | 16 | 30 | |
| | 40 | 777 293 | 2781 | 789 694 | 2797 | 210 306 | 987 599 | 16 | 20 | |
| | 50 | 780 074 | 2780 | 792 491 | 2795 | 207 509 | 987 583 | 16 | 10 | |
| 20 | 0 | $\bar{2}$,8 782 854 | | $\bar{2}$,8 795 286 | | 1,1 204 714 | $\bar{1}$,9 987 567 | | 0 | 40 |
| ′ | ″ | Cos. | | Cotg. | | Tang. | Sin. | | ″ | ′ |

| ′ | ″ | Sin. | D. | Tang. | D.c. | Cotg. | Cos. | D. | ″ | ′ |
|---|---|---|---|---|---|---|---|---|---|---|
| 20 | 0 | $\bar{2}$,8 782 854 | 2777 | $\bar{2}$,8 795 286 | 2794 | 1,1 204 714 | $\bar{1}$,9 987 567 | 16 | 0 | 40 |
| | 10 | 785 631 | 2776 | 798 080 | 2792 | 201 920 | 987 551 | 16 | 50 | |
| | 20 | 788 407 | 2774 | 800 872 | 2790 | 199 128 | 987 535 | 16 | 40 | |
| | 30 | 791 181 | 2773 | 803 662 | 2788 | 196 338 | 987 519 | 16 | 30 | |
| | 40 | 793 954 | 2770 | 806 450 | 2787 | 193 550 | 987 503 | 16 | 20 | |
| | 50 | 796 724 | 2769 | 809 237 | 2785 | 190 763 | 987 487 | 16 | 10 | |
| 21 | 0 | 799 493 | 2767 | 812 022 | 2783 | 187 978 | 987 471 | 16 | 0 | 39 |
| | 10 | 802 260 | 2766 | 814 805 | 2781 | 185 195 | 987 455 | 16 | 50 | |
| | 20 | 805 026 | 2763 | 817 586 | 2780 | 182 414 | 987 439 | 16 | 40 | |
| | 30 | 807 789 | 2762 | 820 366 | 2778 | 179 634 | 987 423 | 16 | 30 | |
| | 40 | 810 551 | 2760 | 823 144 | 2776 | 176 856 | 987 407 | 16 | 20 | |
| | 50 | 813 311 | 2758 | 825 920 | 2774 | 174 080 | 987 391 | 16 | 10 | |
| 22 | 0 | 816 069 | 2756 | 828 694 | 2773 | 171 306 | 987 375 | 16 | 0 | 38 |
| | 10 | 818 825 | 2755 | 831 467 | 2770 | 168 533 | 987 359 | 16 | 50 | |
| | 20 | 821 580 | 2753 | 834 237 | 2769 | 165 763 | 987 343 | 16 | 40 | |
| | 30 | 824 333 | 2751 | 837 006 | 2768 | 162 994 | 987 327 | 16 | 30 | |
| | 40 | 827 084 | 2750 | 839 774 | 2765 | 160 226 | 987 311 | 16 | 20 | |
| | 50 | 829 834 | 2747 | 842 539 | 2764 | 157 461 | 987 295 | 17 | 10 | |
| 23 | 0 | 832 581 | 2746 | 845 303 | 2762 | 154 697 | 987 278 | 16 | 0 | 37 |
| | 10 | 835 327 | 2745 | 848 065 | 2760 | 151 935 | 987 262 | 16 | 50 | |
| | 20 | 838 072 | 2742 | 850 825 | 2759 | 149 175 | 987 246 | 16 | 40 | |
| | 30 | 840 814 | 2741 | 853 584 | 2757 | 146 416 | 987 230 | 16 | 30 | |
| | 40 | 843 555 | 2739 | 856 341 | 2755 | 143 659 | 987 214 | 16 | 20 | |
| | 50 | 846 294 | 2737 | 859 096 | 2754 | 140 904 | 987 198 | 17 | 10 | |
| 24 | 0 | 849 031 | 2735 | 861 850 | 2751 | 138 150 | 987 181 | 16 | 0 | 36 |
| | 10 | 851 766 | 2734 | 864 601 | 2750 | 135 399 | 987 165 | 16 | 50 | |
| | 20 | 854 500 | 2732 | 867 351 | 2749 | 132 649 | 987 149 | 16 | 40 | |
| | 30 | 857 232 | 2731 | 870 100 | 2746 | 129 900 | 987 133 | 17 | 30 | |
| | 40 | 859 963 | 2728 | 872 846 | 2745 | 127 154 | 987 116 | 16 | 20 | |
| | 50 | 862 691 | 2727 | 875 591 | 2743 | 124 409 | 987 100 | 16 | 10 | |
| 25 | 0 | 865 418 | 2725 | 878 334 | 2741 | 121 666 | 987 084 | 16 | 0 | 35 |
| | 10 | 868 143 | 2724 | 881 075 | 2740 | 118 925 | 987 068 | 17 | 50 | |
| | 20 | 870 867 | 2721 | 883 815 | 2738 | 116 185 | 987 051 | 16 | 40 | |
| | 30 | 873 588 | 2720 | 886 553 | 2736 | 113 447 | 987 035 | 16 | 30 | |
| | 40 | 876 308 | 2719 | 889 289 | 2735 | 110 711 | 987 019 | 16 | 20 | |
| | 50 | 879 027 | 2716 | 892 024 | 2733 | 107 976 | 987 003 | 17 | 10 | |
| 26 | 0 | 881 743 | 2715 | 894 757 | 2731 | 105 243 | 986 986 | 16 | 0 | 34 |
| | 10 | 884 458 | 2713 | 897 488 | 2730 | 102 512 | 986 970 | 16 | 50 | |
| | 20 | 887 171 | 2712 | 900 218 | 2727 | 099 782 | 986 954 | 17 | 40 | |
| | 30 | 889 883 | 2709 | 902 945 | 2726 | 097 055 | 986 937 | 16 | 30 | |
| | 40 | 892 592 | 2708 | 905 671 | 2725 | 094 329 | 986 921 | 17 | 20 | |
| | 50 | 895 300 | 2707 | 908 396 | 2723 | 091 604 | 986 904 | 16 | 10 | |
| 27 | 0 | 898 007 | 2704 | 911 119 | 2721 | 088 881 | 986 888 | 16 | 0 | 33 |
| | 10 | 900 711 | 2703 | 913 840 | 2719 | 086 160 | 986 872 | 17 | 50 | |
| | 20 | 903 414 | 2702 | 916 559 | 2718 | 083 441 | 986 855 | 16 | 40 | |
| | 30 | 906 116 | 2699 | 919 277 | 2716 | 080 723 | 986 839 | 17 | 30 | |
| | 40 | 908 815 | 2698 | 921 993 | 2714 | 078 007 | 986 822 | 16 | 20 | |
| | 50 | 911 513 | 2696 | 924 707 | 2713 | 075 293 | 986 806 | 16 | 10 | |
| 28 | 0 | 914 209 | 2695 | 927 420 | 2711 | 072 580 | 986 790 | 17 | 0 | 32 |
| | 10 | 916 904 | 2693 | 930 131 | 2709 | 069 869 | 986 773 | 16 | 50 | |
| | 20 | 919 597 | 2691 | 932 840 | 2708 | 067 160 | 986 757 | 17 | 40 | |
| | 30 | 922 288 | 2689 | 935 548 | 2706 | 064 452 | 986 740 | 16 | 30 | |
| | 40 | 924 977 | 2688 | 938 254 | 2704 | 061 746 | 986 724 | 17 | 20 | |
| | 50 | 927 665 | 2686 | 940 958 | 2702 | 059 042 | 986 707 | 16 | 10 | |
| 29 | 0 | 930 351 | 2685 | 943 660 | 2701 | 056 340 | 986 691 | 17 | 0 | 31 |
| | 10 | 933 036 | 2682 | 946 361 | 2700 | 053 639 | 986 674 | 16 | 50 | |
| | 20 | 935 718 | 2682 | 949 061 | 2697 | 050 939 | 986 658 | 17 | 40 | |
| | 30 | 938 400 | 2679 | 951 758 | 2696 | 048 242 | 986 641 | 16 | 30 | |
| | 40 | 941 079 | 2678 | 954 454 | 2695 | 045 546 | 986 625 | 17 | 20 | |
| | 50 | 943 757 | 2676 | 957 149 | 2693 | 042 851 | 986 608 | 17 | 10 | |
| 30 | 0 | $\bar{2}$,8 946 433 | | $\bar{2}$,8 959 842 | | 1,1 040 158 | $\bar{1}$,9 986 591 | | 0 | 30 |
| ′ | ″ | Cos. | | Cotg. | | Tang. | Sin. | | ″ | ′ |

| ′ | ″ | Sin. | D. | Tang. | D.c. | Cotg. | Cos. | D. | ″ | ′ |
|---|---|---|---|---|---|---|---|---|---|---|
| 30 | 0 | $\bar{3}$,8 946 433 | 2674 | $\bar{3}$,8 959 842 | 2691 | 1,1 040 158 | $\bar{1}$,9 986 591 | 16 | 0 | 30 |
| | 10 | 949 107 | 2673 | 962 533 | 2689 | 037 467 | 986 575 | 17 | 50 | |
| | 20 | 951 780 | 2671 | 965 222 | 2688 | 034 778 | 986 558 | 16 | 40 | |
| | 30 | 954 451 | 2670 | 967 910 | 2686 | 032 090 | 986 542 | 17 | 30 | |
| | 40 | 957 121 | 2668 | 970 596 | 2684 | 029 404 | 986 525 | 17 | 20 | |
| | 50 | 959 789 | 2666 | 973 280 | 2683 | 026 720 | 986 508 | 16 | 10 | |
| 31 | 0 | 962 455 | 2665 | 975 963 | 2681 | 024 037 | 986 492 | 17 | 0 | 29 |
| | 10 | 965 120 | 2663 | 978 644 | 2680 | 021 356 | 986 475 | 16 | 50 | |
| | 20 | 967 783 | 2661 | 981 324 | 2678 | 018 676 | 986 459 | 17 | 40 | |
| | 30 | 970 444 | 2660 | 98[illegible] 002 | 2676 | 015 998 | 986 442 | 17 | 30 | |
| | 40 | 973 104 | 2658 | 986 678 | 2675 | 013 322 | 986 425 | 16 | 20 | |
| | 50 | 975 762 | 2656 | 989 353 | 2673 | 010 647 | 986 409 | 17 | 10 | |
| 32 | 0 | 978 418 | 2655 | 992 026 | 2672 | 007 974 | 986 392 | 17 | 0 | 28 |
| | 10 | 981 073 | 2653 | 994 698 | 2669 | 005 302 | 986 375 | 17 | 50 | |
| | 20 | 983 726 | 2651 | $\bar{3}$,8 997 367 | 2669 | 1,1 002 633 | 986 358 | 16 | 40 | |
| | 30 | 986 377 | 2650 | $\bar{3}$,9 000 036 | 2666 | 1,0 999 964 | 986 342 | 17 | 30 | |
| | 40 | 989 027 | 2648 | 002 702 | 2665 | 997 298 | 986 325 | 17 | 20 | |
| | 50 | 991 675 | 2647 | 005 367 | 2663 | 994 633 | 986 308 | 16 | 10 | |
| 33 | 0 | 994 322 | 2645 | 008 030 | 2662 | 991 970 | 986 292 | 17 | 0 | 27 |
| | 10 | 996 967 | 2643 | 010 692 | 2660 | 989 308 | 986 275 | 17 | 50 | |
| | 20 | $\bar{3}$,8 999 610 | 2642 | 013 352 | 2659 | 986 648 | 986 258 | 17 | 40 | |
| | 30 | $\bar{3}$,9 002 252 | 2640 | 016 011 | 2657 | 983 989 | 986 241 | 17 | 30 | |
| | 40 | 004 892 | 2639 | 018 668 | 2655 | 981 332 | 986 224 | 16 | 20 | |
| | 50 | 007 531 | 2637 | 021 323 | 2654 | 978 677 | 986 208 | 17 | 10 | |
| 34 | 0 | 010 168 | 2635 | 023 977 | 2652 | 976 023 | 986 191 | 17 | 0 | 26 |
| | 10 | 012 803 | 2634 | 026 629 | 2650 | 973 371 | 986 174 | 17 | 50 | |
| | 20 | 015 437 | 2632 | 029 279 | 2649 | 970 721 | 986 157 | 17 | 40 | |
| | 30 | 018 069 | 2630 | 031 928 | 2648 | 968 072 | 986 140 | 17 | 30 | |
| | 40 | 020 699 | 2629 | 034 576 | 2645 | 965 424 | 986 123 | 16 | 20 | |
| | 50 | 023 328 | 2627 | 037 221 | 2645 | 962 779 | 986 107 | 17 | 10 | |
| 35 | 0 | 025 955 | 2626 | 039 866 | 2642 | 960 134 | 986 090 | 17 | 0 | 25 |
| | 10 | 028 581 | 2624 | 042 508 | 2641 | 957 492 | 986 073 | 17 | 50 | |
| | 20 | 031 205 | 2623 | 045 149 | 2639 | 954 851 | 986 056 | 17 | 40 | |
| | 30 | 033 828 | 2620 | 047 788 | 2638 | 952 212 | 986 039 | 17 | 30 | |
| | 40 | 036 448 | 2620 | 050 426 | 2637 | 949 574 | 986 022 | 17 | 20 | |
| | 50 | 039 068 | 2617 | 053 063 | 2634 | 946 937 | 986 005 | 17 | 10 | |
| 36 | 0 | 041 685 | 2617 | 055 697 | 2633 | 944 303 | 985 988 | 17 | 0 | 24 |
| | 10 | 044 302 | 2614 | 058 330 | 2632 | 941 670 | 985 971 | 17 | 50 | |
| | 20 | 046 916 | 2613 | 060 962 | 2630 | 939 038 | 985 954 | 17 | 40 | |
| | 30 | 049 529 | 2611 | 063 592 | 2628 | 936 408 | 985 937 | 17 | 30 | |
| | 40 | 052 140 | 2610 | 066 220 | 2627 | 933 780 | 985 920 | 17 | 20 | |
| | 50 | 054 750 | 2608 | 068 847 | 2625 | 931 153 | 985 903 | 17 | 10 | |
| 37 | 0 | 057 358 | 2607 | 071 472 | 2624 | 928 528 | 985 886 | 17 | 0 | 23 |
| | 10 | 059 965 | 2605 | 074 096 | 2622 | 925 904 | 985 869 | 17 | 50 | |
| | 20 | 062 570 | 2604 | 076 718 | 2620 | 923 282 | 985 852 | 17 | 40 | |
| | 30 | 065 174 | 2602 | 079 338 | 2619 | 920 662 | 985 835 | 17 | 30 | |
| | 40 | 067 776 | 2600 | 081 957 | 2618 | 918 043 | 985 818 | 17 | 20 | |
| | 50 | 070 376 | 2599 | 084 575 | 2615 | 915 425 | 985 801 | 17 | 10 | |
| 38 | 0 | 072 975 | 2597 | 087 190 | 2615 | 912 810 | 985 784 | 17 | 0 | 22 |
| | 10 | 075 572 | 2596 | 089 805 | 2612 | 910 195 | 985 767 | 17 | 50 | |
| | 20 | 078 168 | 2594 | 092 417 | 2612 | 907 583 | 985 750 | 17 | 40 | |
| | 30 | 080 762 | 2592 | 095 029 | 2609 | 904 971 | 985 733 | 17 | 30 | |
| | 40 | 083 354 | 2591 | 097 638 | 2608 | 902 362 | 985 716 | 17 | 20 | |
| | 50 | 085 945 | 2590 | 100 246 | 2607 | 899 754 | 985 699 | 17 | 10 | |
| 39 | 0 | 088 535 | 2588 | 102 853 | 2605 | 897 147 | 985 682 | 17 | 0 | 21 |
| | 10 | 091 123 | 2586 | 105 458 | 2603 | 894 542 | 985 665 | 18 | 50 | |
| | 20 | 093 709 | 2585 | 108 061 | 2602 | 891 939 | 985 647 | 17 | 40 | |
| | 30 | 096 294 | 2583 | 110 663 | 2601 | 889 337 | 985 630 | 17 | 30 | |
| | 40 | 098 877 | 2582 | 113 264 | 2599 | 886 736 | 985 613 | 17 | 20 | |
| | 50 | 101 459 | 2580 | 115 863 | 2597 | 884 137 | 985 596 | 17 | 10 | |
| 40 | 0 | $\bar{3}$,9 104 039 | | $\bar{3}$,9 118 460 | | 1,0 881 540 | $\bar{1}$,9 985 579 | | 0 | 20 |
| ′ | ″ | Cos. | | Cotg. | | Tang. | Sin. | | ″ | ′ |

| ′ | ″ | Sin. | D. | Tang. | D.c. | Cotg. | Cos. | D. | ″ | ′ |
|---|---|---|---|---|---|---|---|---|---|---|
| 40 | 0 | 3̄,9 104 039 | | 3̄,9 118 460 | | 1,0 881 540 | 1̄,9 985 579 | | 0 | 20 |
| | 10 | 106 617 | 2578 | 121 056 | 2596 | 878 944 | 985 562 | 17 | 50 | |
| | 20 | 109 194 | 2577 | 123 650 | 2594 | 876 350 | 985 544 | 18 | 40 | |
| | 30 | 111 770 | 2576 | 126 243 | 2593 | 873 757 | 985 527 | 17 | 30 | |
| | 40 | 114 344 | 2574 | 128 834 | 2591 | 871 166 | 985 510 | 17 | 20 | |
| | 50 | 116 916 | 2572 | 131 424 | 2590 | 868 576 | 985 493 | 17 | 10 | |
| 41 | 0 | 119 487 | 2571 | 134 012 | 2588 | 865 988 | 985 475 | 18 | 0 | 19 |
| | 10 | 122 057 | 2570 | 136 598 | 2586 | 863 402 | 985 458 | 17 | 50 | |
| | 20 | 124 624 | 2567 | 139 183 | 2585 | 860 817 | 985 441 | 17 | 40 | |
| | 30 | 127 191 | 2567 | 141 767 | 2584 | [illegible]8 233 | 985 424 | 17 | 30 | |
| | 40 | 129 756 | 2565 | 144 349 | 2582 | 855 651 | 985 406 | 18 | 20 | |
| | 50 | 132 319 | 2563 | 146 930 | 2581 | 853 070 | 985 389 | 17 | 10 | |
| 42 | 0 | 134 881 | 2562 | 149 509 | 2579 | 850 491 | 985 372 | 17 | 0 | 18 |
| | 10 | 137 441 | 2560 | 152 086 | 2577 | 847 914 | 985 354 | 18 | 50 | |
| | 20 | 139 999 | 2558 | 154 662 | 2576 | 845 338 | 985 337 | 17 | 40 | |
| | 30 | 142 557 | 2558 | 157 237 | 2575 | 842 763 | 985 320 | 17 | 30 | |
| | 40 | 145 112 | 2555 | 159 810 | 2573 | 840 190 | 985 302 | 18 | 20 | |
| | 50 | 147 667 | 2555 | 162 381 | 2571 | 837 619 | 985 285 | 17 | 10 | |
| 43 | 0 | 150 219 | 2552 | 164 952 | 2571 | 835 048 | 985 268 | 17 | 0 | 17 |
| | 10 | 152 770 | 2551 | 167 520 | 2568 | 832 480 | 985 250 | 18 | 50 | |
| | 20 | 155 320 | 2550 | 170 087 | 2567 | 829 913 | 985 233 | 17 | 40 | |
| | 30 | 157 868 | 2548 | 172 653 | 2566 | 827 347 | 985 216 | 17 | 30 | |
| | 40 | 160 415 | 2547 | 175 217 | 2564 | 824 783 | 985 198 | 18 | 20 | |
| | 50 | 162 960 | 2545 | 177 779 | 2562 | 822 221 | 985 181 | 17 | 10 | |
| 44 | 0 | 165 504 | 2544 | 180 340 | 2561 | 819 660 | 985 163 | 18 | 0 | 16 |
| | 10 | 168 046 | 2542 | 182 900 | 2560 | 817 100 | 985 146 | 17 | 50 | |
| | 20 | 170 586 | 2540 | 185 458 | 2558 | 814 542 | 985 128 | 18 | 40 | |
| | 30 | 173 125 | 2539 | 188 014 | 2556 | 811 986 | 985 111 | 17 | 30 | |
| | 40 | 175 663 | 2538 | 190 570 | 2556 | 809 430 | 985 093 | 18 | 20 | |
| | 50 | 178 199 | 2536 | 193 123 | 2553 | 806 877 | 985 076 | 17 | 10 | |
| 45 | 0 | 180 734 | 2535 | 195 675 | 2552 | 804 325 | 985 058 | 18 | 0 | 15 |
| | 10 | 183 267 | 2533 | 198 226 | 2551 | 801 774 | 985 041 | 17 | 50 | |
| | 20 | 185 799 | 2532 | 200 775 | 2549 | 799 225 | 985 023 | 18 | 40 | |
| | 30 | 188 329 | 2530 | 203 323 | 2548 | 796 677 | 985 006 | 17 | 30 | |
| | 40 | 190 858 | 2529 | 205 869 | 2546 | 794 131 | 984 988 | 18 | 20 | |
| | 50 | 193 385 | 2527 | 208 414 | 2545 | 791 586 | 984 971 | 17 | 10 | |
| 46 | 0 | 195 911 | 2526 | 210 957 | 2543 | 789 043 | 984 953 | 18 | 0 | 14 |
| | 10 | 198 435 | 2524 | 213 499 | 2542 | 786 501 | 984 936 | 17 | 50 | |
| | 20 | 200 958 | 2523 | 216 039 | 2540 | 783 961 | 984 918 | 18 | 40 | |
| | 30 | 203 479 | 2521 | 218 578 | 2539 | 781 422 | 984 901 | 17 | 30 | |
| | 40 | 205 999 | 2520 | 221 116 | 2538 | 778 884 | 984 883 | 18 | 20 | |
| | 50 | 208 517 | 2518 | 223 652 | 2536 | 776 348 | 984 865 | 18 | 10 | |
| 47 | 0 | 211 034 | 2517 | 226 186 | 2534 | 773 814 | 984 848 | 17 | 0 | 13 |
| | 10 | 213 550 | 2516 | 228 719 | 2533 | 771 281 | 984 830 | 18 | 50 | |
| | 20 | 216 064 | 2514 | 231 251 | 2532 | 768 749 | 984 813 | 17 | 40 | |
| | 30 | 218 576 | 2512 | 233 781 | 2530 | 766 219 | 984 795 | 18 | 30 | |
| | 40 | 221 087 | 2511 | 236 310 | 2529 | 763 690 | 984 777 | 18 | 20 | |
| | 50 | 223 597 | 2510 | 238 837 | 2527 | 761 163 | 984 760 | 17 | 10 | |
| 48 | 0 | 226 105 | 2508 | 241 363 | 2526 | 758 637 | 984 742 | 18 | 0 | 12 |
| | 10 | 228 611 | 2506 | 243 887 | 2524 | 756 113 | 984 724 | 18 | 50 | |
| | 20 | 231 117 | 2506 | 246 410 | 2523 | 753 590 | 984 707 | 17 | 40 | |
| | 30 | 233 620 | 2503 | 248 932 | 2522 | 751 068 | 984 689 | 18 | 30 | |
| | 40 | 236 123 | 2503 | 251 452 | 2520 | 748 548 | 984 671 | 18 | 20 | |
| | 50 | 238 624 | 2501 | 253 970 | 2518 | 746 030 | 984 653 | 18 | 10 | |
| 49 | 0 | 241 123 | 2499 | 256 487 | 2517 | 743 513 | 984 636 | 17 | 0 | 11 |
| | 10 | 243 621 | 2498 | 259 003 | 2516 | 740 997 | 984 618 | 18 | 50 | |
| | 20 | 246 117 | 2496 | 261 547 | 2514 | 738 483 | 984 600 | 18 | 40 | |
| | 30 | 248 613 | 2496 | 264 030 | 2513 | 735 970 | 984 582 | 18 | 30 | |
| | 40 | 251 106 | 2493 | 266 542 | 2512 | 733 458 | 984 565 | 17 | 20 | |
| | 50 | 253 598 | 2492 | 269 052 | 2510 | 730 948 | 984 547 | 18 | 10 | |
| 50 | 0 | 3̄,9 256 089 | 2491 | 3̄,9 271 560 | 2508 | 1,0 728 440 | 1̄,9 984 529 | 18 | 0 | 10 |
| ′ | ″ | Cos. | | Cotg. | | Tang. | Sin. | | ″ | ′ |

| ′ | ″ | Sin. | D. | Tang. | D.c. | Cotg. | Cos. | D. | ″ | ′ |
|---|---|---|---|---|---|---|---|---|---|---|
| 50 | 0 | $\bar{2}$,9 256 089 | 2489 | $\bar{2}$,9 271 560 | 2507 | 1,0 728 440 | $\bar{1}$,9 984 529 | 18 | 0 | 10 |
| | 10 | 258 578 | 2488 | 274 067 | 2506 | 725 933 | 984 511 | 18 | 50 | |
| | 20 | 261 066 | 2487 | 276 573 | 2504 | 723 427 | 984 493 | 17 | 40 | |
| | 30 | 263 553 | 2485 | 279 077 | 2503 | 720 923 | 984 476 | 18 | 30 | |
| | 40 | 266 038 | 2483 | 281 580 | 2501 | 718 420 | 984 458 | 18 | 20 | |
| | 50 | 268 521 | 2482 | 284 081 | 2500 | 715 919 | 984 440 | 18 | 10 | |
| 51 | 0 | 271 003 | 2481 | 286 581 | 2499 | 713 419 | 984 422 | 18 | 0 | 9 |
| | 10 | 273 484 | 2479 | 289 080 | 2497 | 710 920 | 984 404 | 18 | 50 | |
| | 20 | 275 963 | 2478 | 291 577 | 2496 | 708 423 | 984 386 | 18 | 40 | |
| | 30 | 278 441 | 2477 | 294 073 | 2494 | 705 927 | 984 368 | 18 | 30 | |
| | 40 | 280 918 | 2475 | 296 567 | 2493 | 703 433 | 984 350 | 17 | 20 | |
| | 50 | 283 393 | 2473 | 299 060 | 2492 | 700 940 | 984 333 | 18 | 10 | |
| 52 | 0 | 285 866 | 2472 | 301 552 | 2490 | 698 448 | 984 315 | 18 | 0 | 8 |
| | 10 | 288 338 | 2471 | 304 042 | 2488 | 695 958 | 984 297 | 18 | 50 | |
| | 20 | 290 809 | 2470 | 306 530 | 2488 | 693 470 | 984 279 | 18 | 40 | |
| | 30 | 293 279 | 2467 | 309 018 | 2486 | 690 982 | 984 261 | 18 | 30 | |
| | 40 | 295 746 | 2467 | 311 504 | 2484 | 688 496 | 984 243 | 18 | 20 | |
| | 50 | 298 213 | 2465 | 313 988 | 2483 | 686 012 | 984 225 | 18 | 10 | |
| 53 | 0 | 300 678 | 2464 | 316 471 | 2482 | 683 529 | 984 207 | 18 | 0 | 7 |
| | 10 | 303 142 | 2462 | 318 953 | 2480 | 681 047 | 984 189 | 18 | 50 | |
| | 20 | 305 604 | 2461 | 321 433 | 2479 | 678 567 | 984 171 | 18 | 40 | |
| | 30 | 308 065 | 2459 | 323 912 | 2478 | 676 088 | 984 153 | 18 | 30 | |
| | 40 | 310 524 | 2459 | 326 390 | 2476 | 673 610 | 984 135 | 18 | 20 | |
| | 50 | 312 983 | 2456 | 328 866 | 2474 | 671 134 | 984 117 | 18 | 10 | |
| 54 | 0 | 315 439 | 2456 | 331 340 | 2474 | 668 660 | 984 099 | 18 | 0 | 6 |
| | 10 | 317 895 | 2453 | 333 814 | 2472 | 666 186 | 984 081 | 18 | 50 | |
| | 20 | 320 348 | 2453 | 336 286 | 2470 | 663 714 | 984 063 | 18 | 40 | |
| | 30 | 322 801 | 2451 | 338 756 | 2470 | 661 244 | 984 045 | 19 | 30 | |
| | 40 | 325 252 | 2450 | 341 226 | 2467 | 658 774 | 984 026 | 18 | 20 | |
| | 50 | 327 702 | 2448 | 343 693 | 2467 | 656 307 | 984 008 | 18 | 10 | |
| 55 | 0 | 330 150 | 2447 | 346 160 | 2465 | 653 840 | 983 990 | 18 | 0 | 5 |
| | 10 | 332 597 | 2445 | 348 625 | 2463 | 651 375 | 983 972 | 18 | 50 | |
| | 20 | 335 042 | 2445 | 351 088 | 2463 | 648 912 | 983 954 | 18 | 40 | |
| | 30 | 337 487 | 2442 | 353 551 | 2461 | 646 449 | 983 936 | 18 | 30 | |
| | 40 | 339 929 | 2442 | 356 012 | 2459 | 643 988 | 983 918 | 18 | 20 | |
| | 50 | 342 371 | 2440 | 358 471 | 2458 | 641 529 | 983 900 | 19 | 10 | |
| 56 | 0 | 344 811 | 2438 | 360 929 | 2457 | 639 071 | 983 881 | 18 | 0 | 4 |
| | 10 | 347 249 | 2438 | 363 386 | 2456 | 636 614 | 983 863 | 18 | 50 | |
| | 20 | 349 687 | 2435 | 365 842 | 2454 | 634 158 | 983 845 | 18 | 40 | |
| | 30 | 352 122 | 2435 | 368 296 | 2452 | 631 704 | 983 827 | 18 | 30 | |
| | 40 | 354 557 | 2433 | 370 748 | 2452 | 629 252 | 983 809 | 19 | 20 | |
| | 50 | 356 990 | 2432 | 373 200 | 2450 | 626 800 | 983 790 | 18 | 10 | |
| 57 | 0 | 359 422 | 2430 | 375 650 | 2448 | 624 350 | 983 772 | 18 | 0 | 3 |
| | 10 | 361 852 | 2429 | 378 098 | 2447 | 621 902 | 983 754 | 18 | 50 | |
| | 20 | 364 281 | 2428 | 380 545 | 2446 | 619 455 | 983 736 | 19 | 40 | |
| | 30 | 366 709 | 2426 | 382 991 | 2445 | 617 009 | 983 717 | 18 | 30 | |
| | 40 | 369 135 | 2425 | 385 436 | 2443 | 614 564 | 983 699 | 18 | 20 | |
| | 50 | 371 560 | [illegible] | 387 879 | [illegible] | 612 121 | 983 681 | 18 | 10 | |
| 58 | 0 | 373 983 | 2423 | 390 321 | 2440 | 609 679 | 983 663 | 19 | 0 | 2 |
| | 10 | 376 406 | 2420 | 392 761 | 2439 | 607 239 | 983 644 | 18 | 50 | |
| | 20 | 378 826 | 2420 | 395 200 | 2438 | 604 800 | 983 626 | 18 | 40 | |
| | 30 | 381 246 | 2418 | 397 638 | 2437 | 602 362 | 983 608 | 19 | 30 | |
| | 40 | 383 664 | 2417 | 400 075 | 2435 | 599 925 | 983 589 | 18 | 20 | |
| | 50 | 386 081 | 2415 | 402 510 | 2434 | 597 490 | 983 571 | 18 | 10 | |
| 59 | 0 | 388 496 | 2414 | 404 944 | 2432 | 595 056 | 983 553 | 19 | 0 | 1 |
| | 10 | 390 910 | 2413 | 407 376 | 2431 | 592 624 | 983 534 | 18 | 50 | |
| | 20 | 393 323 | 2411 | 409 807 | 2430 | 590 193 | 983 516 | 19 | 40 | |
| | 30 | 395 734 | 2410 | 412 237 | 2428 | 587 763 | 983 497 | 18 | 30 | |
| | 40 | 398 144 | 2409 | 414 665 | 2427 | 585 335 | 983 479 | 18 | 20 | |
| | 50 | 400 553 | 2407 | 417 092 | 2426 | 582 908 | 983 461 | 19 | 10 | |
| 60 | 0 | $\bar{2}$,9 402 960 | | $\bar{2}$,9 419 518 | | 1,0 580 482 | $\bar{1}$,9 983 442 | | 0 | 0 |
| ′ | ″ | Cos. | | Cotg. | | Tang. | Sin. | | ″ | ′ |

| ′ | ″ | Sin. | D. | Tang. | D.c. | Cotg. | Cos. | D. | ″ | ′ |
|---|---|---|---|---|---|---|---|---|---|---|
| 0 | 0 | $\bar{2}$,9 402 960 | 2406 | $\bar{2}$,9 419 518 | 2424 | 1,0 580 482 | $\bar{1}$,9 983 442 | 18 | 0 | 60 |
| | 10 | 405 366 | 2405 | 421 942 | 2423 | 578 058 | 983 424 | 19 | 50 | |
| | 20 | 407 771 | 2403 | 424 365 | 2422 | 575 635 | 983 405 | 18 | 40 | |
| | 30 | 410 174 | 2402 | 426 787 | 2420 | 573 213 | 983 387 | 19 | 30 | |
| | 40 | 412 576 | 2400 | 429 207 | 2419 | 570 793 | 983 368 | 18 | 20 | |
| | 50 | 414 976 | 2400 | 431 626 | 2418 | 568 374 | 983 350 | 18 | 10 | |
| 1 | 0 | 417 376 | 2398 | 434 044 | 2417 | 565 956 | 983 332 | 19 | 0 | 59 |
| | 10 | 419 774 | 2396 | 436 461 | 2415 | 563 539 | 983 313 | 18 | 50 | |
| | 20 | 422 170 | 2395 | 438 876 | 2413 | 561 124 | 983 295 | 19 | 40 | |
| | 30 | 424 565 | 2394 | 441 289 | 2413 | 558 711 | 983 276 | 18 | 30 | |
| | 40 | 426 959 | 2393 | 443 702 | 2411 | 556 298 | 983 258 | 19 | 20 | |
| | 50 | 429 352 | 2391 | 446 113 | 2410 | 553 887 | 983 239 | 19 | 10 | |
| 2 | 0 | 431 743 | 2390 | 448 523 | 2408 | 551 477 | 983 220 | 18 | 0 | 58 |
| | 10 | 434 133 | 2389 | 450 931 | 2407 | 549 069 | 983 202 | 19 | 50 | |
| | 20 | 436 522 | 2387 | 453 338 | 2406 | 546 662 | 983 183 | 18 | 40 | |
| | 30 | 438 909 | 2386 | 455 744 | 2405 | 544 256 | 983 165 | 19 | 30 | |
| | 40 | 441 295 | 2385 | 458 149 | 2403 | 541 851 | 983 146 | 18 | 20 | |
| | 50 | 443 680 | 2383 | 460 552 | 2402 | 539 448 | 983 128 | 19 | 10 | |
| 3 | 0 | 446 063 | 2382 | 462 954 | 2401 | 537 046 | 983 109 | 19 | 0 | 57 |
| | 10 | 448 445 | 2381 | 465 355 | 2399 | 534 645 | 983 090 | 18 | 50 | |
| | 20 | 450 826 | 2379 | 467 754 | 2398 | 532 246 | 983 072 | 19 | 40 | |
| | 30 | 453 205 | 2378 | 470 152 | 2397 | 529 848 | 983 053 | 18 | 30 | |
| | 40 | 455 583 | 2377 | 472 549 | 2395 | 527 451 | 983 035 | 19 | 20 | |
| | 50 | 457 960 | 2375 | 474 944 | 2394 | 525 056 | 983 016 | 19 | 10 | |
| 4 | 0 | 460 335 | 2374 | 477 338 | 2393 | 522 662 | 982 997 | 18 | 0 | 56 |
| | 10 | 462 709 | 2373 | 479 731 | 2391 | 520 269 | 982 979 | 19 | 50 | |
| | 20 | 465 082 | 2372 | 482 122 | 2391 | 517 878 | 982 960 | 19 | 40 | |
| | 30 | 467 454 | 2370 | 484 513 | 2389 | 515 487 | 982 941 | 19 | 30 | |
| | 40 | 469 824 | 2369 | 486 902 | 2387 | 513 098 | 982 922 | 18 | 20 | |
| | 50 | 472 193 | 2368 | 489 289 | 2387 | 510 711 | 982 904 | 19 | 10 | |
| 5 | 0 | 474 561 | 2366 | 491 676 | 2385 | 508 324 | 982 885 | 19 | 0 | 55 |
| | 10 | 476 927 | 2365 | 494 061 | 2383 | 505 939 | 982 866 | 18 | 50 | |
| | 20 | 479 292 | 2364 | 496 444 | 2383 | 503 556 | 982 848 | 19 | 40 | |
| | 30 | 481 656 | 2362 | 498 827 | 2381 | 501 173 | 982 829 | 19 | 30 | |
| | 40 | 484 018 | 2361 | 501 208 | 2380 | 498 792 | 982 810 | 19 | 20 | |
| | 50 | 486 379 | 2360 | 503 588 | 2379 | 496 412 | 982 791 | 19 | 10 | |
| 6 | 0 | 488 739 | 2359 | 505 967 | 2377 | 494 033 | 982 772 | 18 | 0 | 54 |
| | 10 | 491 098 | 2357 | 508 344 | 2376 | 491 656 | 982 754 | 19 | 50 | |
| | 20 | 493 455 | 2356 | 510 720 | 2375 | 489 280 | 982 735 | 19 | 40 | |
| | 30 | 495 811 | 2354 | 513 095 | 2373 | 486 905 | 982 716 | 19 | 30 | |
| | 40 | 498 165 | 2354 | 515 468 | 2372 | 484 532 | 982 697 | 19 | 20 | |
| | 50 | 500 519 | 2352 | 517 840 | 2371 | 482 160 | 982 678 | 18 | 10 | |
| 7 | 0 | 502 871 | 2351 | 520 211 | 2370 | 479 789 | 982 660 | 19 | 0 | 53 |
| | 10 | 505 222 | 2349 | 522 581 | 2368 | 477 419 | 982 641 | 19 | 50 | |
| | 20 | 507 571 | 2349 | 524 949 | 2368 | 475 051 | 982 622 | 19 | 40 | |
| | 30 | 509 920 | 2347 | 527 317 | 2365 | 472 683 | 982 603 | 19 | 30 | |
| | 40 | 512 267 | 2345 | 529 682 | 2365 | 470 318 | 982 534 | 19 | 20 | |
| | 50 | 514 612 | 2345 | 532 047 | 2363 | 467 953 | 982 565 | 19 | 10 | |
| 8 | 0 | 516 957 | 2343 | 534 410 | 2363 | 465 590 | 982 546 | 19 | 0 | 52 |
| | 10 | 519 300 | 2342 | 536 773 | 2360 | 463 227 | 982 527 | 19 | 50 | |
| | 20 | 521 642 | 2340 | 539 133 | 2360 | 460 867 | 982 508 | 19 | 40 | |
| | 30 | 523 982 | 2340 | 541 493 | 2358 | 458 507 | 982 489 | 19 | 30 | |
| | 40 | 526 322 | 2338 | 543 851 | 2357 | 456 149 | 982 470 | 18 | 20 | |
| | 50 | 528 660 | 2336 | 546 208 | 2356 | 453 792 | 982 452 | 19 | 10 | |
| 9 | 0 | 530 996 | 2336 | 548 564 | 2354 | 451 436 | 982 433 | 19 | 0 | 51 |
| | 10 | 533 332 | 2334 | 550 918 | 2354 | 449 082 | 982 414 | 19 | 50 | |
| | 20 | 535 666 | 2333 | 553 272 | 2352 | 446 728 | 982 395 | 19 | 40 | |
| | 30 | 537 999 | 2332 | 555 624 | 2350 | 444 376 | 982 376 | 19 | 30 | |
| | 40 | 540 331 | 2330 | 557 974 | 2350 | 442 026 | 982 357 | 19 | 20 | |
| | 50 | 542 661 | 2330 | 560 324 | 2348 | 439 676 | 982 338 | 20 | 10 | |
| 10 | 0 | $\bar{2}$,9 544 991 | | $\bar{2}$,9 562 672 | | 1,0 437 328 | $\bar{1}$,9 982 318 | | 0 | 50 |
| ′ | ″ | Cos. | | Cotg. | | Tang. | Sin. | | ″ | ′ |

| 2400 | | 2390 | | 2380 | | 2370 | | 2360 | | 2350 | | 2340 | | 2330 | |
|---|---|---|---|---|---|---|---|---|---|---|---|---|---|---|---|
| 1 | 240 | 1 | 239 | 1 | 238 | 1 | 237 | 1 | 236 | 1 | 235 | 1 | 234 | 1 | 233 |
| 2 | 480 | 2 | 478 | 2 | 476 | 2 | 474 | 2 | 472 | 2 | 470 | 2 | 468 | 2 | 466 |
| 3 | 720 | 3 | 717 | 3 | 714 | 3 | 711 | 3 | 708 | 3 | 705 | 3 | 702 | 3 | 699 |
| 4 | 960 | 4 | 956 | 4 | 952 | 4 | 948 | 4 | 944 | 4 | 940 | 4 | 936 | 4 | 932 |
| 5 | 1200 | 5 | 1195 | 5 | 1190 | 5 | 1185 | 5 | 1180 | 5 | 1175 | 5 | 1170 | 5 | 1165 |
| 6 | 1440 | 6 | 1434 | 6 | 1428 | 6 | 1422 | 6 | 1416 | 6 | 1410 | 6 | 1404 | 6 | 1398 |
| 7 | 1680 | 7 | 1673 | 7 | 1666 | 7 | 1659 | 7 | 1652 | 7 | 1645 | 7 | 1638 | 7 | 1631 |
| 8 | 1920 | 8 | 1912 | 8 | 1904 | 8 | 1896 | 8 | 1888 | 8 | 1880 | 8 | 1872 | 8 | 1864 |
| 9 | 2160 | 9 | 2151 | 9 | 2142 | 9 | 2133 | 9 | 2124 | 9 | 2115 | 9 | 2106 | 9 | 2097 |

| ′ | ″ | Sin. | D. | Tang. | D.c. | Cotg. | Cos. | D. | ″ | ′ |
|---|---|---|---|---|---|---|---|---|---|---|
| 10 | 0 | $\bar{2}$,9 544 991 | 2328 | $\bar{2}$,9 562 672 | 2347 | 1,0 437 328 | $\bar{1}$,9 982 318 | 19 | 0 | 50 |
| | 10 | 547 319 | 2326 | 565 019 | 2346 | 434 981 | 982 299 | 19 | 50 | |
| | 20 | 549 645 | 2326 | 567 365 | 2344 | 432 635 | 982 280 | 19 | 40 | |
| | 30 | 551 971 | 2324 | 569 709 | 2344 | 430 291 | 982 261 | 19 | 30 | |
| | 40 | 554 295 | 2323 | 572 053 | 2342 | 427 947 | 982 242 | 19 | 20 | |
| | 50 | 556 618 | 2322 | 574 395 | 2340 | 425 605 | 982 223 | 19 | 10 | |
| 11 | 0 | 558 940 | 2320 | 576 735 | 2340 | 423 265 | 982 204 | 19 | 0 | 49 |
| | 10 | 561 260 | 2319 | 579 075 | 2338 | 420 925 | 982 185 | 19 | 50 | |
| | 20 | 563 579 | 2318 | 581 413 | 2337 | 418 587 | 982 166 | 19 | 40 | |
| | 30 | 565 897 | 2317 | 583 750 | 2336 | 416 250 | 982 147 | 19 | 30 | |
| | 40 | 568 214 | 2315 | 586 086 | 2335 | 413 914 | 982 128 | 20 | 20 | |
| | 50 | 570 529 | 2314 | 588 421 | 2333 | 411 579 | 982 108 | 19 | 10 | |
| 12 | 0 | 572 843 | 2313 | 590 754 | 2332 | 409 246 | 982 089 | 19 | 0. | 48 |
| | 10 | 575 156 | 2312 | 593 086 | 2331 | 406 914 | 982 070 | 19 | 50 | |
| | 20 | 577 468 | 2311 | 595 417 | 2330 | 404 583 | 982 051 | 19 | 40 | |
| | 30 | 579 779 | 2309 | 597 747 | 2328 | 402 253 | 982 032 | 19 | 30 | |
| | 40 | 582 088 | 2308 | 600 075 | 2327 | 399 925 | 982 013 | 20 | 20 | |
| | 50 | 584 396 | 2307 | 602 402 | 2326 | 397 598 | 981 993 | 19 | 10 | |
| 13 | 0 | 586 703 | 2305 | 604 728 | 2325 | 395 272 | 981 974 | 19 | 0 | 47 |
| | 10 | 589 008 | 2304 | 607 053 | 2324 | 392 947 | 981 955 | 19 | 50 | |
| | 20 | 591 312 | 2303 | 609 377 | 2322 | 390 623 | 981 936 | 20 | 40 | |
| | 30 | 593 615 | 2302 | 611 699 | 2321 | 388 301 | 981 916 | 19 | 30 | |
| | 40 | 595 917 | 2301 | 614 020 | 2320 | 385 980 | 981 897 | 19 | 20 | |
| | 50 | 598 218 | 2299 | 616 340 | 2319 | 383 660 | 981 878 | 19 | 10 | |
| 14 | 0 | 600 517 | 2298 | 618 659 | 2317 | 381 341 | 981 859 | 20 | 0 | 46 |
| | 10 | 602 815 | 2297 | 620 976 | 2316 | 379 024 | 981 839 | 19 | 50 | |
| | 20 | 605 112 | 2296 | 623 292 | 2315 | 376 708 | 981 820 | 19 | 40 | |
| | 30 | 607 408 | 2294 | 625 607 | 2314 | 374 393 | 981 801 | 20 | 30 | |
| | 40 | 609 702 | 2294 | 627 921 | 2313 | 372 079 | 981 781 | 19 | 20 | |
| | 50 | 611 996 | 2292 | 630 234 | 2311 | 369 766 | 981 762 | 19 | 10 | |
| 15 | 0 | 614 288 | 2291 | 632 545 | 2310 | 367 455 | 981 743 | 20 | 0 | 45 |
| | 10 | 616 579 | 2289 | 634 855 | 2309 | 365 145 | 981 723 | 19 | 50 | |
| | 20 | 618 868 | 2289 | 637 164 | 2308 | 362 836 | 981 704 | 19 | 40 | |
| | 30 | 621 157 | 2287 | 639 472 | 2306 | 360 528 | 981 685 | 20 | 30 | |
| | 40 | 623 444 | 2286 | 641 778 | 2306 | 358 222 | 981 665 | 19 | 20 | |
| | 50 | 625 730 | 2284 | 644 084 | 2304 | 355 916 | 981 646 | 20 | 10 | |
| 16 | 0 | 628 014 | 2284 | 646 388 | 2303 | 353 612 | 981 626 | 19 | 0 | 44 |
| | 10 | 630 298 | 2282 | 648 691 | 2302 | 351 309 | 981 607 | 19 | 50 | |
| | 20 | 632 580 | 2281 | 650 993 | 2300 | 349 007 | 981 588 | 20 | 40 | |
| | 30 | 634 861 | 2280 | 653 293 | 2299 | 346 707 | 981 568 | 19 | 30 | |
| | 40 | 637 141 | 2279 | 655 592 | 2299 | 344 408 | 981 549 | 20 | 20 | |
| | 50 | 639 420 | 2277 | 657 891 | 2297 | 342 109 | 981 529 | 19 | 10 | |
| 17 | 0 | 641 697 | 2277 | 660 188 | 2295 | 339 812 | 981 510 | 20 | 0 | 43 |
| | 10 | 643 974 | 2275 | 662 483 | 2295 | 337 517 | 981 490 | 19 | 50 | |
| | 20 | 646 249 | 2274 | 664 778 | 2293 | 335 222 | 981 471 | 20 | 40 | |
| | 30 | 648 523 | 2272 | 667 071 | 2292 | 332 929 | 981 451 | 19 | 30 | |
| | 40 | 650 795 | 2272 | 669 363 | 2291 | 330 637 | 981 432 | 20 | 20 | |
| | 50 | 653 067 | 2270 | 671 654 | 2290 | 328 346 | 981 412 | 19 | 10 | |
| 18 | 0 | 655 337 | 2269 | 673 944 | 2289 | 326 056 | 981 393 | 20 | 0 | 42 |
| | 10 | 657 606 | 2268 | 676 233 | 2287 | 323 767 | 981 373 | 19 | 50 | |
| | 20 | 659 874 | 2267 | 678 520 | 2287 | 321 480 | 981 354 | 20 | 40 | |
| | 30 | 662 141 | 2265 | 680 807 | 2285 | 319 193 | 981 334 | 19 | 30 | |
| | 40 | 664 406 | 2265 | 683 092 | 2284 | 316 908 | 981 315 | 20 | 20 | |
| | 50 | 666 671 | 2263 | 685 376 | 2282 | 314 624 | 981 295 | 20 | 10 | |
| 19 | 0 | 668 934 | 2262 | 687 658 | 2282 | 312 342 | 981 275 | 19 | 0 | 41 |
| | 10 | 671 196 | 2260 | 689 940 | 2280 | 310 060 | 981 256 | 20 | 50 | |
| | 20 | 673 456 | 2260 | 692 220 | 2279 | 307 780 | 981 236 | 19 | 40 | |
| | 30 | 675 716 | 2258 | 694 499 | 2278 | 305 501 | 981 217 | 20 | 30 | |
| | 40 | 677 974 | 2257 | 696 777 | 2277 | 303 223 | 981 197 | 20 | 20 | |
| | 50 | 680 231 | 2256 | 699 054 | 2276 | 300 946 | 981 177 | 19 | 10 | |
| 20 | 0 | $\bar{2}$,9 682 487 | | $\bar{2}$,9 701 330 | | 1,0 298 670 | $\bar{1}$,9 981 158 | | 0 | 40 |
| ′ | ″ | Cos. | | Cotg. | | Tang. | Sin. | | ″ | ′ |

| 2320 | |
|---|---|
| 1 | 232 |
| 2 | 464 |
| 3 | 696 |
| 4 | 928 |
| 5 | 1160 |
| 6 | 1392 |
| 7 | 1624 |
| 8 | 1856 |
| 9 | 2088 |

| 2310 | |
|---|---|
| 1 | 231 |
| 2 | 462 |
| 3 | 693 |
| 4 | 924 |
| 5 | 1155 |
| 6 | 1386 |
| 7 | 1617 |
| 8 | 1848 |
| 9 | 2079 |

| 2300 | |
|---|---|
| 1 | 230 |
| 2 | 460 |
| 3 | 690 |
| 4 | 920 |
| 5 | 1150 |
| 6 | 1380 |
| 7 | 1610 |
| 8 | 1840 |
| 9 | 2070 |

| 2290 | |
|---|---|
| 1 | 229 |
| 2 | 458 |
| 3 | 687 |
| 4 | 916 |
| 5 | 1145 |
| 6 | 1374 |
| 7 | 1603 |
| 8 | 1832 |
| 9 | 2061 |

| 2280 | |
|---|---|
| 1 | 228 |
| 2 | 456 |
| 3 | 684 |
| 4 | 912 |
| 5 | 1140 |
| 6 | 1368 |
| 7 | 1596 |
| 8 | 1824 |
| 9 | 2052 |

| 2270 | |
|---|---|
| 1 | 227 |
| 2 | 454 |
| 3 | 681 |
| 4 | 908 |
| 5 | 1135 |
| 6 | 1362 |
| 7 | 1589 |
| 8 | 1816 |
| 9 | 2043 |

| 2260 | |
|---|---|
| 1 | 226 |
| 2 | 452 |
| 3 | 678 |
| 4 | 904 |
| 5 | 1130 |
| 6 | 1356 |
| 7 | 1582 |
| 8 | 1808 |
| 9 | 2034 |

| 2250 | |
|---|---|
| 1 | 225 |
| 2 | 450 |
| 3 | 675 |
| 4 | 900 |
| 5 | 1125 |
| 6 | 1350 |
| 7 | 1575 |
| 8 | 1800 |
| 9 | 2025 |

| 2270 | |
|---|---|
| 1 | 227 |
| 2 | 454 |
| 3 | 681 |
| 4 | 908 |
| 5 | 1135 |
| 6 | 1362 |
| 7 | 1589 |
| 8 | 1816 |
| 9 | 2043 |

| 2260 | |
|---|---|
| 1 | 226 |
| 2 | 452 |
| 3 | 678 |
| 4 | 904 |
| 5 | 1130 |
| 6 | 1356 |
| 7 | 1582 |
| 8 | 1808 |
| 9 | 2034 |

| 2250 | |
|---|---|
| 1 | 225 |
| 2 | 450 |
| 3 | 675 |
| 4 | 900 |
| 5 | 1125 |
| 6 | 1350 |
| 7 | 1575 |
| 8 | 1800 |
| 9 | 2025 |

| 2240 | |
|---|---|
| 1 | 224 |
| 2 | 448 |
| 3 | 672 |
| 4 | 896 |
| 5 | 1120 |
| 6 | 1344 |
| 7 | 1568 |
| 8 | 1792 |
| 9 | 2016 |

| 2230 | |
|---|---|
| 1 | 223 |
| 2 | 446 |
| 3 | 669 |
| 4 | 892 |
| 5 | 1115 |
| 6 | 1338 |
| 7 | 1561 |
| 8 | 1784 |
| 9 | 2007 |

| 2220 | |
|---|---|
| 1 | 222 |
| 2 | 444 |
| 3 | 666 |
| 4 | 888 |
| 5 | 1110 |
| 6 | 1332 |
| 7 | 1554 |
| 8 | 1776 |
| 9 | 1998 |

| 2210 | |
|---|---|
| 1 | 221 |
| 2 | 442 |
| 3 | 663 |
| 4 | 884 |
| 5 | 1105 |
| 6 | 1326 |
| 7 | 1547 |
| 8 | 1768 |
| 9 | 1989 |

| 2200 | |
|---|---|
| 1 | 220 |
| 2 | 440 |
| 3 | 660 |
| 4 | 880 |
| 5 | 1100 |
| 6 | 1320 |
| 7 | 1540 |
| 8 | 1760 |
| 9 | 1980 |

| ′ | ″ | Sin. | D. | Tang. | D.c. | Cotg. | Cos. | D. | ″ | ′ |
|---|---|---|---|---|---|---|---|---|---|---|
| 20 | 0 | 2̄,9 682 487 | 2255 | 2̄,9 701 330 | 2274 | 1,0 298 670 | 1̄,9 981 158 | 20 | 0 | 40 |
| | 10 | 684 742 | 2254 | 703 604 | 2274 | 296 396 | 981 138 | 20 | 50 | |
| | 20 | 686 996 | 2252 | 705 878 | 2272 | 294 122 | 981 118 | 19 | 40 | |
| | 30 | 689 248 | 2252 | 708 150 | 2271 | 291 850 | 981 099 | 20 | 30 | |
| | 40 | 691 500 | 2250 | 710 421 | 2270 | 289 579 | 981 079 | 20 | 20 | |
| | 50 | 693 750 | 2249 | 712 691 | 2268 | 287 309 | 981 059 | 19 | 10 | |
| 21 | 0 | 695 999 | 2247 | 714 959 | 2268 | 285 041 | 981 040 | 20 | 0 | 39 |
| | 10 | 698 246 | 2247 | 717 227 | 2266 | 282 773 | 981 020 | 20 | 50 | |
| | 20 | 700 493 | 2245 | 719 493 | 2265 | 280 507 | 981 000 | 20 | 40 | |
| | 30 | 702 738 | 2245 | 721 758 | 2264 | 278 242 | 980 980 | 19 | 30 | |
| | 40 | 704 983 | 2243 | 724 022 | 2263 | 275 978 | 980 961 | 20 | 20 | |
| | 50 | 707 226 | 2242 | 726 285 | 2262 | 273 715 | 980 941 | 20 | 10 | |
| 22 | 0 | 709 468 | 2240 | 728 547 | 2260 | 271 453 | 980 921 | 20 | 0 | 38 |
| | 10 | 711 708 | 2240 | 730 807 | 2260 | 269 193 | 980 901 | 20 | 50 | |
| | 20 | 713 948 | 2238 | 733 067 | 2258 | 266 933 | 980 881 | 19 | 40 | |
| | 30 | 716 186 | 2238 | 735 325 | 2257 | 264 675 | 980 862 | 20 | 30 | |
| | 40 | 718 424 | 2236 | 737 582 | 2256 | 262 418 | 980 842 | 20 | 20 | |
| | 50 | 720 660 | 2235 | 739 838 | 2254 | 260 162 | 980 822 | 20 | 10 | |
| 23 | 0 | 722 895 | 2233 | 742 092 | 2254 | 257 908 | 980 802 | 20 | 0 | 37 |
| | 10 | 725 128 | 2233 | 744 346 | 2253 | 255 654 | 980 782 | 20 | 50 | |
| | 20 | 727 361 | 2231 | 746 599 | 2251 | 253 401 | 980 762 | 19 | 40 | |
| | 30 | 729 592 | 2231 | 748 850 | 2250 | 251 150 | 980 743 | 20 | 30 | |
| | 40 | 731 823 | 2229 | 751 100 | 2249 | 248 900 | 980 723 | 20 | 20 | |
| | 50 | 734 052 | 2228 | 753 349 | 2248 | 246 651 | 980 703 | 20 | 10 | |
| 24 | 0 | 736 280 | 2227 | 755 597 | 2247 | 244 403 | 980 683 | 20 | 0 | 36 |
| | 10 | 738 507 | 2225 | 757 844 | 2245 | 242 156 | 980 663 | 20 | 50 | |
| | 20 | 740 732 | 2225 | 760 089 | 2245 | 239 911 | 980 643 | 20 | 40 | |
| | 30 | 742 957 | 2223 | 762 334 | 2243 | 237 666 | 980 623 | 20 | 30 | |
| | 40 | 745 180 | 2223 | 764 577 | 2242 | 235 423 | 980 603 | 20 | 20 | |
| | 50 | 747 403 | 2221 | 766 819 | 2241 | 233 181 | 980 583 | 20 | 10 | |
| 25 | 0 | 749 624 | 2220 | 769 060 | 2240 | 230 940 | 980 563 | 20 | 0 | 35 |
| | 10 | 751 844 | 2218 | 771 300 | 2239 | 228 700 | 980 543 | 20 | 50 | |
| | 20 | 754 062 | 2218 | 773 539 | 2238 | 226 461 | 980 523 | 20 | 40 | |
| | 30 | 756 280 | 2217 | 775 777 | 2236 | 224 223 | 980 503 | 20 | 30 | |
| | 40 | 758 497 | 2215 | 778 013 | 2235 | 221 987 | 980 483 | 20 | 20 | |
| | 50 | 760 712 | 2214 | 780 248 | 2235 | 219 752 | 980 463 | 20 | 10 | |
| 26 | 0 | 762 926 | 2213 | 782 483 | 2233 | 217 517 | 980 443 | 20 | 0 | 34 |
| | 10 | 765 139 | 2212 | 784 716 | 2232 | 215 284 | 980 423 | 20 | 50 | |
| | 20 | 767 351 | 2211 | 786 948 | 2231 | 213 052 | 980 403 | 20 | 40 | |
| | 30 | 769 562 | 2210 | 789 179 | 2229 | 210 821 | 980 383 | 20 | 30 | |
| | 40 | 771 772 | 2208 | 791 408 | 2229 | 208 592 | 980 363 | 20 | 20 | |
| | 50 | 773 980 | 2208 | 793 637 | 2228 | 206 363 | 980 343 | 20 | 10 | |
| 27 | 0 | 776 188 | 2206 | 795 865 | 2226 | 204 135 | 980 323 | 20 | 0 | 33 |
| | 10 | 778 394 | 2205 | 798 091 | 2225 | 201 909 | 980 303 | 20 | 50 | |
| | 20 | 780 599 | 2204 | 800 316 | 2224 | 199 684 | 980 283 | 20 | 40 | |
| | 30 | 782 803 | 2203 | 802 540 | 2223 | 197 460 | 980 263 | 20 | 30 | |
| | 40 | 785 006 | 2202 | 804 763 | 2222 | 195 237 | 980 243 | 21 | 20 | |
| | 50 | 787 208 | 2200 | 806 985 | 2221 | 193 015 | 980 222 | 20 | 10 | |
| 28 | 0 | 789 408 | 2200 | 809 206 | 2220 | 190 794 | 980 202 | 20 | 0 | 32 |
| | 10 | 791 608 | 2198 | 811 426 | 2218 | 188 574 | 980 182 | 20 | 50 | |
| | 20 | 793 806 | 2198 | 813 644 | 2218 | 186 356 | 980 162 | 20 | 40 | |
| | 30 | 796 004 | 2196 | 815 862 | 2216 | 184 138 | 980 142 | 20 | 30 | |
| | 40 | 798 200 | 2195 | 818 078 | 2215 | 181 922 | 980 122 | 21 | 20 | |
| | 50 | 800 395 | 2194 | 820 293 | 2214 | 179 707 | 980 101 | 20 | 10 | |
| 29 | 0 | 802 589 | 2192 | 822 507 | 2213 | 177 493 | 980 081 | 20 | 0 | 31 |
| | 10 | 804 781 | 2192 | 824 720 | 2212 | 175 280 | 980 061 | 20 | 50 | |
| | 20 | 806 973 | 2191 | 826 932 | 2211 | 173 068 | 980 041 | 20 | 40 | |
| | 30 | 809 164 | 2189 | 829 143 | 2210 | 170 857 | 980 021 | 21 | 30 | |
| | 40 | 811 353 | 2188 | 831 353 | 2208 | 168 647 | 980 000 | 20 | 20 | |
| | 50 | 813 541 | 2188 | 833 561 | 2208 | 166 439 | 979 980 | 20 | 10 | |
| 30 | 0 | 2̄,9 815 729 | | 2̄,9 835 769 | | 1,0 164 231 | 1̄,9 979 960 | | 0 | 30 |
| ′ | ″ | Cos. | | Cotg. | | Tang. | Sin. | | ″ | ′ |

| ′ | ″ | Sin. | D. | Tang. | D.c. | Cotg. | Cos. | D. | ″ | ′ |
|---|---|---|---|---|---|---|---|---|---|---|
| 30 | 0 | 2̄,9 815 729 | 2186 | 2̄,9 835 769 | 2206 | 1,0 164 231 | 1̄,9 979 960 | 21 | 0 | 30 |
| | 10 | 817 915 | 2185 | 837 975 | 2206 | 162 025 | 979 939 | 20 | 50 | |
| | 20 | 820 100 | 2184 | 840 181 | 2204 | 159 819 | 979 919 | 20 | 40 | |
| | 30 | 822 284 | 2182 | 842 385 | 2203 | 157 615 | 979 899 | 20 | 30 | |
| | 40 | 824 466 | 2182 | 844 588 | 2202 | 155 412 | 979 879 | 21 | 20 | |
| | 50 | 826 648 | 2181 | 846 790 | 2201 | 153 210 | 979 858 | 20 | 10 | |
| 31 | 0 | 828 829 | 2179 | 848 991 | 2200 | 151 009 | 979 838 | 20 | 0 | 29 |
| | 10 | 831 008 | 2179 | 851 191 | 2198 | 148 809 | 979 818 | 21 | 50 | |
| | 20 | 833 187 | 2177 | 853 389 | 2198 | 146 611 | 979 797 | 20 | 40 | |
| | 30 | 835 364 | 2176 | 855 587 | 2196 | 144 413 | 979 777 | 20 | 30 | |
| | 40 | 837 540 | 2175 | 857 783 | 2196 | 142 217 | 979 757 | 21 | 20 | |
| | 50 | 839 715 | 2174 | 859 979 | 2194 | 140 021 | 979 736 | 20 | 10 | |
| 32 | 0 | 841 889 | 2173 | 862 173 | 2194 | 137 827 | 979 716 | 21 | 0 | 28 |
| | 10 | 844 062 | 2172 | 864 367 | 2192 | 135 633 | 979 695 | 20 | 50 | |
| | 20 | 846 234 | 2170 | 866 559 | 2191 | 133 441 | 979 675 | 20 | 40 | |
| | 30 | 848 404 | 2170 | 868 750 | 2190 | 131 250 | 979 655 | 21 | 30 | |
| | 40 | 850 574 | 2168 | 870 940 | 2189 | 129 060 | 979 634 | 20 | 20 | |
| | 50 | 852 742 | 2168 | 873 129 | 2188 | 126 871 | 979 614 | 21 | 10 | |
| 33 | 0 | 854 910 | 2166 | 875 317 | 2186 | 124 683 | 979 593 | 20 | 0 | 27 |
| | 10 | 857 076 | 2165 | 877 503 | 2186 | 122 497 | 979 573 | 21 | 50 | |
| | 20 | 859 241 | 2164 | 879 689 | 2185 | 120 311 | 979 552 | 20 | 40 | |
| | 30 | 861 405 | 2163 | 881 874 | 2183 | 118 126 | 979 532 | 21 | 30 | |
| | 40 | 863 568 | 2162 | 884 057 | 2183 | 115 943 | 979 511 | 20 | 20 | |
| | 50 | 865 730 | 2161 | 886 240 | 2181 | 113 760 | 979 491 | 21 | 10 | |
| 34 | 0 | 867 891 | 2160 | 888 421 | 2180 | 111 579 | 979 470 | 20 | 0 | 26 |
| | 10 | 870 051 | 2159 | 890 601 | 2179 | 109 399 | 979 450 | 21 | 50 | |
| | 20 | 872 210 | 2157 | 892 780 | 2179 | 107 220 | 979 429 | 20 | 40 | |
| | 30 | 874 367 | 2157 | 894 959 | 2177 | 105 041 | 979 409 | 21 | 30 | |
| | 40 | 876 524 | 2155 | 897 136 | 2176 | 102 864 | 979 388 | 20 | 20 | |
| | 50 | 878 679 | 2155 | 899 312 | 2175 | 100 688 | 979 368 | 21 | 10 | |
| 35 | 0 | 880 834 | 2153 | 901 487 | 2174 | 098 513 | 979 347 | 21 | 0 | 25 |
| | 10 | 882 987 | 2152 | 903 661 | 2172 | 096 339 | 979 326 | 20 | 50 | |
| | 20 | 885 139 | 2151 | 905 833 | 2172 | 094 167 | 979 306 | 21 | 40 | |
| | 30 | 887 290 | 2150 | 908 005 | 2171 | 091 995 | 979 285 | 20 | 30 | |
| | 40 | 889 440 | 2149 | 910 176 | 2169 | 089 824 | 979 265 | 21 | 20 | |
| | 50 | 891 589 | 2148 | 912 345 | 2169 | 087 655 | 979 244 | 21 | 10 | |
| 36 | 0 | 893 737 | 2147 | 914 514 | 2167 | 085 486 | 979 223 | 20 | 0 | 24 |
| | 10 | 895 884 | 2146 | 916 681 | 2167 | 083 319 | 979 203 | 21 | 50 | |
| | 20 | 898 030 | 2144 | 918 848 | 2165 | 081 152 | 979 182 | 21 | 40 | |
| | 30 | 900 174 | 2144 | 921 013 | 2165 | 078 987 | 979 161 | 20 | 30 | |
| | 40 | 902 318 | 2143 | 923 178 | 2163 | 076 822 | 979 141 | 21 | 20 | |
| | 50 | 904 461 | 2141 | 925 341 | 2162 | 074 659 | 979 120 | 21 | 10 | |
| 37 | 0 | 906 602 | 2141 | 927 503 | 2161 | 072 497 | 979 099 | 21 | 0 | 23 |
| | 10 | 908 743 | 2139 | 929 664 | 2160 | 070 336 | 979 078 | 20 | 50 | |
| | 20 | 910 882 | 2138 | 931 824 | 2159 | 068 176 | 979 058 | 21 | 40 | |
| | 30 | 913 020 | 2138 | 933 983 | 2158 | 066 017 | 979 037 | 21 | 30 | |
| | 40 | 915 158 | 2136 | 936 141 | 2157 | 063 859 | 979 016 | 20 | 20 | |
| | 50 | 917 294 | 2135 | 938 298 | 2156 | 061 702 | 978 996 | 21 | 10 | |
| 38 | 0 | 919 429 | 2134 | 940 454 | 2155 | 059 546 | 978 975 | 21 | 0 | 22 |
| | 10 | 921 563 | 2133 | 942 609 | 2154 | 057 391 | 978 954 | 21 | 50 | |
| | 20 | 923 696 | 2132 | 944 763 | 2152 | 055 237 | 978 933 | 21 | 40 | |
| | 30 | 925 828 | 2131 | 946 915 | 2152 | 053 085 | 978 912 | 20 | 30 | |
| | 40 | 927 959 | 2130 | 949 067 | 2151 | 050 933 | 978 892 | 21 | 20 | |
| | 50 | 930 089 | 2128 | 951 218 | 2149 | 048 782 | 978 871 | 21 | 10 | |
| 39 | 0 | 932 217 | 2128 | 953 367 | 2149 | 046 633 | 978 850 | 21 | 0 | 21 |
| | 10 | 934 345 | 2127 | 955 516 | 2147 | 044 484 | 978 829 | 21 | 50 | |
| | 20 | 936 472 | 2125 | 957 663 | 2147 | 042 337 | 978 808 | 21 | 40 | |
| | 30 | 938 597 | 2125 | 959 810 | 2145 | 040 190 | 978 787 | 20 | 30 | |
| | 40 | 940 722 | 2123 | 961 955 | 2145 | 038 045 | 978 767 | 21 | 20 | |
| | 50 | 942 845 | 2123 | 964 100 | 2143 | 035 900 | 978 746 | 21 | 10 | |
| 40 | 0 | 2̄,9 944 968 | | 2̄,9 966 243 | | 1,0 033 757 | 1̄,9 978 725 | | 0 | 20 |
| ′ | ″ | Cos. | | Cotg. | | Tang. | Sin. | | ″ | ′ |

| | 2190 | 2180 | 2170 | 2160 | 2150 | 2140 | 2130 | 2120 |
|---|---|---|---|---|---|---|---|---|
| 1 | 219 | 218 | 217 | 216 | 215 | 214 | 213 | 212 |
| 2 | 438 | 436 | 434 | 432 | 430 | 428 | 426 | 424 |
| 3 | 657 | 654 | 651 | 648 | 645 | 642 | 639 | 636 |
| 4 | 876 | 872 | 868 | 864 | 860 | 856 | 852 | 848 |
| 5 | 1095 | 1090 | 1085 | 1080 | 1075 | 1070 | 1065 | 1060 |
| 6 | 1314 | 1308 | 1302 | 1296 | 1290 | 1284 | 1278 | 1272 |
| 7 | 1533 | 1526 | 1519 | 1512 | 1505 | 1498 | 1491 | 1484 |
| 8 | 1752 | 1744 | 1736 | 1728 | 1720 | 1712 | 1704 | 1696 |
| 9 | 1971 | 1962 | 1953 | 1944 | 1935 | 1926 | 1917 | 1908 |

| ′ | ″ | Sin. | D. | Tang. | D.c. | Cotg. | Cos. | D. | ″ | ′ |
|---|---|---|---|---|---|---|---|---|---|---|
| 40 | 0 | $\bar{2}$,9 944 968 | 2121 | $\bar{2}$,9 966 243 | 2142 | 1,0 033 757 | $\bar{1}$,9 978 725 | 21 | 0 | 20 |
| | 10 | 947 089 | 2121 | 968 385 | 2142 | 031 615 | 978 704 | 21 | 50 | |
| | 20 | 949 210 | 2119 | 970 527 | 2140 | 029 473 | 978 683 | 21 | 40 | |
| | 30 | 951 329 | 2118 | 972 667 | 2139 | 027 333 | 978 662 | 21 | 30 | |
| | 40 | 953 447 | 2118 | 974 806 | 2138 | 025 194 | 978 641 | 21 | 20 | |
| | 50 | 955 565 | 2116 | 976 944 | 2137 | 023 056 | 978 620 | 21 | 10 | |
| 41 | 0 | 957 681 | 2115 | 979 081 | 2137 | 020 919 | 978 599 | 21 | 0 | 19 |
| | 10 | 959 796 | 2114 | 981 218 | 2135 | 018 782 | 978 578 | 21 | 50 | |
| | 20 | 961 910 | 2113 | 983 353 | 2134 | 016 647 | 978 557 | 21 | 40 | |
| | 30 | 964 023 | 2112 | 985 487 | 2133 | 014 513 | 978 536 | 21 | 30 | |
| | 40 | 966 135 | 2111 | 987 620 | 2132 | 012 380 | 978 515 | 21 | 20 | |
| | 50 | 968 246 | 2110 | 989 752 | 2131 | 010 248 | 978 494 | 21 | 10 | |
| 42 | 0 | 970 356 | 2109 | 991 883 | 2130 | 008 117 | 978 473 | 21 | 0 | 18 |
| | 10 | 972 465 | 2108 | 994 013 | 2129 | 005 987 | 978 452 | 21 | 50 | |
| | 20 | 974 573 | 2107 | 996 142 | 2128 | 003 858 | 978 431 | 21 | 40 | |
| | 30 | 976 680 | 2106 | $\bar{2}$,9 998 270 | 2127 | 1,0 001 730 | 978 410 | 21 | 30 | |
| | 40 | 978 786 | 2105 | $\bar{1}$,0 000 397 | 2125 | 0,9 999 603 | 978 389 | 21 | 20 | |
| | 50 | 980 891 | 2103 | 002 522 | 2125 | 997 478 | 978 368 | 21 | 10 | |
| 43 | 0 | 982 994 | 2103 | 004 647 | 2124 | 995 353 | 978 347 | 21 | 0 | 17 |
| | 10 | 985 097 | 2102 | 006 771 | 2123 | 993 229 | 978 326 | 21 | 50 | |
| | 20 | 987 199 | 2101 | 008 894 | 2122 | 991 106 | 978 305 | 21 | 40 | |
| | 30 | 989 300 | 2099 | 011 016 | 2120 | 988 984 | 978 284 | 21 | 30 | |
| | 40 | 991 399 | 2099 | 013 136 | 2120 | 986 864 | 978 263 | 21 | 20 | |
| | 50 | 993 498 | 2097 | 015 256 | 2119 | 984 744 | 978 242 | 22 | 10 | |
| 44 | 0 | 995 595 | 2097 | 017 375 | 2118 | 982 625 | 978 220 | 21 | 0 | 16 |
| | 10 | 997 692 | 2096 | 019 493 | 2117 | 980 507 | 978 199 | 21 | 50 | |
| | 20 | $\bar{2}$,9 999 788 | 2094 | 021 610 | 2115 | 978 390 | 978 178 | 21 | 40 | |
| | 30 | $\bar{1}$,0 001 882 | 2094 | 023 725 | 2115 | 976 275 | 978 157 | 21 | 30 | |
| | 40 | 003 976 | 2092 | 025 840 | 2114 | 974 160 | 978 136 | 21 | 20 | |
| | 50 | 006 068 | 2092 | 027 954 | 2112 | 972 046 | 978 115 | 22 | 10 | |
| 45 | 0 | 008 160 | 2090 | 030 066 | 2112 | 969 934 | 978 093 | 21 | 0 | 15 |
| | 10 | 010 250 | 2090 | 032 178 | 2111 | 967 822 | 978 072 | 21 | 50 | |
| | 20 | 012 340 | 2088 | 034 289 | 2109 | 965 711 | 978 051 | 21 | 40 | |
| | 30 | 014 428 | 2088 | 036 398 | 2109 | 963 602 | 978 030 | 21 | 30 | |
| | 40 | 016 516 | 2086 | 038 507 | 2108 | 961 493 | 978 009 | 22 | 20 | |
| | 50 | 018 602 | 2085 | 040 615 | 2106 | 959 385 | 977 987 | 21 | 10 | |
| 46 | 0 | 020 687 | 2085 | 042 721 | 2106 | 957 279 | 977 966 | 21 | 0 | 14 |
| | 10 | 022 772 | 2083 | 044 827 | 2105 | 955 173 | 977 945 | 22 | 50 | |
| | 20 | 024 855 | 2083 | 046 932 | 2103 | 953 068 | 977 923 | 21 | 40 | |
| | 30 | 026 938 | 2081 | 049 035 | 2103 | 950 965 | 977 902 | 21 | 30 | |
| | 40 | 029 019 | 2080 | 051 138 | 2102 | 948 862 | 977 881 | 21 | 20 | |
| | 50 | 031 099 | 2080 | 053 240 | 2100 | 946 760 | 977 860 | 22 | 10 | |
| 47 | 0 | 033 179 | 2078 | 055 340 | 2100 | 944 660 | 977 838 | 21 | 0 | 13 |
| | 10 | 035 257 | 2077 | 057 440 | 2099 | 942 560 | 977 817 | 21 | 50 | |
| | 20 | 037 334 | 2077 | 059 539 | 2098 | 940 461 | 977 796 | 22 | 40 | |
| | 30 | 039 411 | 2075 | 061 637 | 2096 | 938 363 | 977 774 | 21 | 30 | |
| | 40 | 041 486 | 2074 | 063 733 | 2096 | 936 267 | 977 753 | 22 | 20 | |
| | 50 | 043 560 | 2074 | 065 829 | 2095 | 934 171 | 977 731 | 21 | 10 | |
| 48 | 0 | 045 634 | 2072 | 067 924 | 2093 | 932 076 | 977 710 | 21 | 0 | 12 |
| | 10 | 047 706 | 2072 | 070 017 | 2093 | 929 983 | 977 689 | 22 | 50 | |
| | 20 | 049 778 | 2070 | 072 110 | 2092 | 927 890 | 977 667 | 21 | 40 | |
| | 30 | 051 848 | 2069 | 074 202 | 2091 | 925 798 | 977 646 | 22 | 30 | |
| | 40 | 053 917 | 2069 | 076 293 | 2090 | 923 707 | 977 624 | 21 | 20 | |
| | 50 | 055 986 | 2067 | 078 383 | 2088 | 921 617 | 977 603 | 21 | 10 | |
| 49 | 0 | 058 053 | 2066 | 080 471 | 2088 | 919 529 | 977 582 | 22 | 0 | 11 |
| | 10 | 060 119 | 2066 | 082 559 | 2087 | 917 441 | 977 560 | 21 | 50 | |
| | 20 | 062 185 | 2064 | 084 646 | 2086 | 915 354 | 977 539 | 22 | 40 | |
| | 30 | 064 249 | 2063 | 086 732 | 2085 | 913 268 | 977 517 | 21 | 30 | |
| | 40 | 066 312 | 2063 | 088 817 | 2084 | 911 183 | 977 496 | 22 | 20 | |
| | 50 | 068 375 | 2061 | 090 901 | 2083 | 909 099 | 977 474 | 21 | 10 | |
| 50 | 0 | $\bar{1}$,0 070 436 | | $\bar{1}$,0 092 984 | | 0,9 907 016 | $\bar{1}$,9 977 453 | | 0 | 10 |
| ′ | ″ | Cos. | | Cotg. | | Tang. | Sin. | | ″ | ′ |

| 2140 | 2130 | 2120 | 2110 | 2100 | 2090 | 2080 | 2070 |
|---|---|---|---|---|---|---|---|
| 1 214 | 1 213 | 1 212 | 1 211 | 1 210 | 1 209 | 1 208 | 1 207 |
| 2 428 | 2 426 | 2 424 | 2 422 | 2 420 | 2 418 | 2 416 | 2 414 |
| 3 642 | 3 639 | 3 636 | 3 633 | 3 630 | 3 627 | 3 624 | 3 621 |
| 4 856 | 4 852 | 4 848 | 4 844 | 4 840 | 4 836 | 4 832 | 4 828 |
| 5 1070 | 5 1065 | 5 1060 | 5 1055 | 5 1050 | 5 1045 | 5 1040 | 5 1035 |
| 6 1284 | 6 1278 | 6 1272 | 6 1266 | 6 1260 | 6 1254 | 6 1248 | 6 1242 |
| 7 1498 | 7 1491 | 7 1484 | 7 1477 | 7 1470 | 7 1463 | 7 1456 | 7 1449 |
| 8 1712 | 8 1704 | 8 1696 | 8 1688 | 8 1680 | 8 1672 | 8 1664 | 8 1656 |
| 9 1926 | 9 1917 | 9 1908 | 9 1899 | 9 1890 | 9 1881 | 9 1872 | 9 1863 |

| ' | " | Sin. | D. | Tang. | D.c. | Cotg. | Cos. | D. | " | ' |
|---|---|---|---|---|---|---|---|---|---|---|
| 50 | 0 | $\bar{1}$,0 070 436 | | $\bar{1}$,0 092 984 | | 0,9 907 016 | $\bar{1}$,9 977 453 | | 0 | 10 |
| | 10 | 072 497 | 2061 | 095 065 | 2081 | 904 935 | 977 431 | 22 | 50 | |
| | 20 | 074 556 | 2059 | 097 146 | 2081 | 902 854 | 977 410 | 21 | 40 | |
| | 30 | 076 615 | 2059 | 099 226 | 2080 | 900 774 | 977 388 | 22 | 30 | |
| | 40 | 078 672 | 2057 | 101 305 | 2079 | 898 695 | 977 367 | 21 | 20 | |
| | 50 | 080 729 | 2057 | 103 383 | 2078 | 896 617 | 977 345 | 22 | 10 | |
| 51 | 0 | 082 784 | 2055 | 105 461 | 2078 | 894 539 | 977 323 | 22 | 0 | 9 |
| | 10 | 084 839 | 2055 | 107 537 | 2076 | 892 463 | 977 302 | 21 | 50 | |
| | 20 | 086 892 | 2053 | 109 612 | 2075 | 890 388 | 977 280 | 22 | 40 | |
| | 30 | 088 945 | 2053 | 111 686 | 2074 | 888 314 | 977 259 | 21 | 30 | |
| | 40 | 090 996 | 2051 | 113 759 | 2073 | 886 241 | 977 237 | 22 | 20 | |
| | 50 | 093 047 | 2051 | 115 831 | 2072 | 884 169 | 977 215 | 22 | 10 | |
| 52 | 0 | 095 096 | 2049 | 117 903 | 2072 | 882 097 | 977 194 | 21 | 0 | 8 |
| | 10 | 097 145 | 2049 | 119 973 | 2070 | 880 027 | 977 172 | 22 | 50 | |
| | 20 | 099 193 | 2048 | 122 042 | 2069 | 877 958 | 977 151 | 21 | 40 | |
| | 30 | 101 239 | 2046 | 124 110 | 2068 | 875 890 | 977 129 | 22 | 30 | |
| | 40 | 103 285 | 2046 | 126 178 | 2068 | 873 822 | 977 107 | 22 | 20 | |
| | 50 | 105 330 | 2045 | 128 244 | 2066 | 871 756 | 977 086 | 21 | 10 | |
| 53 | 0 | 107 374 | 2044 | 130 310 | 2066 | 869 690 | 977 064 | 22 | 0 | 7 |
| | 10 | 109 416 | 2042 | 132 374 | 2064 | 867 626 | 977 042 | 22 | 50 | |
| | 20 | 111 458 | 2042 | 134 438 | 2064 | 865 562 | 977 020 | 22 | 40 | |
| | 30 | 113 499 | 2041 | 136 500 | 2062 | 863 500 | 976 999 | 21 | 30 | |
| | 40 | 115 539 | 2040 | 138 562 | 2062 | 861 438 | 976 977 | 22 | 20 | |
| | 50 | 117 578 | 2039 | 140 623 | 2061 | 859 377 | 976 955 | 22 | 10 | |
| 54 | 0 | 119 616 | 2038 | 142 682 | 2059 | 857 318 | 976 933 | 22 | 0 | 6 |
| | 10 | 121 653 | 2037 | 144 741 | 2059 | 855 259 | 976 912 | 21 | 50 | |
| | 20 | 123 689 | 2036 | 146 799 | 2058 | 853 201 | 976 890 | 22 | 40 | |
| | 30 | 125 724 | 2035 | 148 856 | 2057 | 851 144 | 976 868 | 22 | 30 | |
| | 40 | 127 758 | 2034 | 150 912 | 2056 | 849 088 | 976 846 | 22 | 20 | |
| | 50 | 129 791 | 2033 | 152 967 | 2055 | 847 033 | 976 825 | 21 | 10 | |
| 55 | 0 | 131 823 | 2032 | 155 021 | 2054 | 844 979 | 976 803 | 22 | 0 | 5 |
| | 10 | 133 855 | 2032 | 157 074 | 2053 | 842 926 | 976 781 | 22 | 50 | |
| | 20 | 135 885 | 2030 | 159 126 | 2052 | 840 874 | 976 759 | 22 | 40 | |
| | 30 | 137 914 | 2029 | 161 177 | 2051 | 838 823 | 976 737 | 22 | 30 | |
| | 40 | 139 942 | 2028 | 163 227 | 2050 | 836 773 | 976 715 | 22 | 20 | |
| | 50 | 141 970 | 2028 | 165 276 | 2049 | 834 724 | 976 694 | 21 | 10 | |
| 56 | 0 | 143 996 | 2026 | 167 325 | 2049 | 832 675 | 976 672 | 22 | 0 | 4 |
| | 10 | 146 022 | 2026 | 169 372 | 2047 | 830 628 | 976 650 | 22 | 50 | |
| | 20 | 148 046 | 2024 | 171 418 | 2046 | 828 582 | 976 628 | 22 | 40 | |
| | 30 | 150 070 | 2024 | 173 464 | 2046 | 826 536 | 976 606 | 22 | 30 | |
| | 40 | 152 092 | 2022 | 175 508 | 2044 | 824 492 | 976 584 | 22 | 20 | |
| | 50 | 154 114 | 2022 | 177 552 | 2044 | 822 448 | 976 562 | 22 | 10 | |
| 57 | 0 | 156 135 | 2021 | 179 594 | 2042 | 820 406 | 976 540 | 22 | 0 | 3 |
| | 10 | 158 154 | 2019 | 181 636 | 2042 | 818 364 | 976 518 | 22 | 50 | |
| | 20 | 160 173 | 2019 | 183 677 | 2041 | 816 323 | 976 496 | 22 | 40 | |
| | 30 | 162 191 | 2018 | 185 717 | 2040 | 814 283 | 976 474 | 22 | 30 | |
| | 40 | 164 208 | 2017 | 187 756 | 2039 | 812 244 | 976 452 | 22 | 20 | |
| | 50 | 166 224 | 2016 | 189 794 | 2038 | 810 206 | 976 430 | 22 | 10 | |
| 58 | 0 | 168 239 | 2015 | 191 831 | 2037 | 808 169 | 976 408 | 22 | 0 | 2 |
| | 10 | 170 253 | 2014 | 193 867 | 2036 | 806 133 | 976 386 | 22 | 50 | |
| | 20 | 172 266 | 2013 | 195 902 | 2035 | 804 098 | 976 364 | 22 | 40 | |
| | 30 | 174 278 | 2012 | 197 936 | 2034 | 802 064 | 976 342 | 22 | 30 | |
| | 40 | 176 290 | 2012 | 199 969 | 2033 | 800 031 | 976 320 | 22 | 20 | |
| | 50 | 178 300 | 2010 | 202 002 | 2033 | 797 998 | 976 298 | 22 | 10 | |
| 59 | 0 | 180 309 | 2009 | 204 033 | 2031 | 795 967 | 976 276 | 22 | 0 | 1 |
| | 10 | 182 318 | 2009 | 206 064 | 2031 | 793 936 | 976 254 | 22 | 50 | |
| | 20 | 184 325 | 2007 | 208 093 | 2029 | 791 907 | 976 232 | 22 | 40 | |
| | 30 | 186 332 | 2007 | 210 122 | 2029 | 789 878 | 976 210 | 22 | 30 | |
| | 40 | 188 337 | 2005 | 212 150 | 2028 | 787 850 | 976 188 | 22 | 20 | |
| | 50 | 190 342 | 2005 | 214 176 | 2026 | 785 824 | 976 166 | 22 | 10 | |
| 60 | 0 | $\bar{1}$,0 192 346 | 2004 | $\bar{1}$,0 216 202 | 2026 | 0,9 783 798 | $\bar{1}$,9 976 143 | 23 | 0 | 0 |
| ' | " | Cos. | | Cotg. | | Tang. | Sin. | | " | ' |

| | 2070 | 2060 | 2050 | 2040 | 2030 | 2020 | 2010 | 2000 |
|---|---|---|---|---|---|---|---|---|
| 1 | 207 | 206 | 205 | 204 | 203 | 202 | 201 | 200 |
| 2 | 414 | 412 | 410 | 408 | 406 | 404 | 402 | 400 |
| 3 | 621 | 618 | 615 | 612 | 609 | 606 | 603 | 600 |
| 4 | 828 | 824 | 820 | 816 | 812 | 808 | 804 | 800 |
| 5 | 1035 | 1030 | 1025 | 1020 | 1015 | 1010 | 1005 | 1000 |
| 6 | 1242 | 1236 | 1230 | 1224 | 1218 | 1212 | 1206 | 1200 |
| 7 | 1449 | 1442 | 1435 | 1428 | 1421 | 1414 | 1407 | 1400 |
| 8 | 1656 | 1648 | 1640 | 1632 | 1624 | 1616 | 1608 | 1600 |
| 9 | 1863 | 1854 | 1845 | 1836 | 1827 | 1818 | 1809 | 1800 |

| | 2020 | 2010 | 2000 | 1990 | 1980 | 1970 | 1960 | 1950 |
|---|---|---|---|---|---|---|---|---|
| 1 | 202 | 201 | 200 | 199 | 198 | 197 | 196 | 195 |
| 2 | 404 | 402 | 400 | 398 | 396 | 394 | 392 | 390 |
| 3 | 606 | 603 | 600 | 597 | 594 | 591 | 588 | 585 |
| 4 | 808 | 804 | 800 | 796 | 792 | 788 | 784 | 780 |
| 5 | 1010 | 1005 | 1000 | 995 | 990 | 985 | 980 | 975 |
| 6 | 1212 | 1206 | 1200 | 1194 | 1188 | 1182 | 1176 | 1170 |
| 7 | 1414 | 1407 | 1400 | 1393 | 1386 | 1379 | 1372 | 1365 |
| 8 | 1616 | 1608 | 1600 | 1592 | 1584 | 1576 | 1568 | 1560 |
| 9 | 1818 | 1809 | 1800 | 1791 | 1782 | 1773 | 1764 | 1755 |

| ′ | ″ | Sin. | D. | Tang. | D.c. | Cotg. | Cos. | D. | ″ | ′ |
|---|---|---|---|---|---|---|---|---|---|---|
| 0 | 0 | $\bar{1}$,0 192 346 | 2002 | $\bar{1}$,0 216 202 | 2025 | 0,9 783 798 | $\bar{1}$,9 976 143 | 22 | 0 | 60 |
| | 10 | 194 348 | 2002 | 218 227 | 2024 | 781 773 | 976 121 | 22 | 50 | |
| | 20 | 196 350 | 2001 | 220 251 | 2023 | 779 749 | 976 099 | 22 | 40 | |
| | 30 | 198 351 | 2000 | 222 274 | 2022 | 777 726 | 976 077 | 22 | 30 | |
| | 40 | 200 351 | 1999 | 224 296 | 2022 | 775 704 | 976 055 | 22 | 20 | |
| | 50 | 202 350 | 1998 | 226 318 | 2020 | 773 682 | 976 023 | 22 | 10 | |
| 1 | 0 | 204 348 | 1998 | 228 338 | 2019 | 771 662 | 976 011 | 23 | 0 | 59 |
| | 10 | 206 346 | 1996 | 230 357 | 2019 | 769 643 | 975 988 | 22 | 50 | |
| | 20 | 208 342 | 1995 | 232 376 | 2017 | 767 624 | 975 966 | 22 | 40 | |
| | 30 | 210 337 | 1995 | 234 393 | 2017 | 765 607 | 975 944 | 22 | 30 | |
| | 40 | 212 332 | 1993 | 236 410 | 2016 | 763 590 | 975 922 | 23 | 20 | |
| | 50 | 214 325 | 1993 | 238 426 | 2015 | 761 574 | 975 899 | 22 | 10 | |
| 2 | 0 | 216 318 | 1992 | 240 441 | 2014 | 759 559 | 975 877 | 22 | 0 | 58 |
| | 10 | 218 310 | 1990 | 242 455 | 2013 | 757 545 | 975 855 | 22 | 50 | |
| | 20 | 220 300 | 1990 | 244 468 | 2012 | 755 532 | 975 833 | 23 | 40 | |
| | 30 | 222 290 | 1989 | 246 480 | 2011 | 753 520 | 975 810 | 22 | 30 | |
| | 40 | 224 279 | 1988 | 248 491 | 2010 | 751 509 | 975 788 | 22 | 20 | |
| | 50 | 226 267 | 1987 | 250 501 | 2009 | 749 499 | 975 766 | 23 | 10 | |
| 3 | 0 | 228 254 | 1986 | 252 510 | 2009 | 747 490 | 975 743 | 22 | 0 | 57 |
| | 10 | 230 240 | 1985 | 254 519 | 2007 | 745 481 | 975 721 | 22 | 50 | |
| | 20 | 232 225 | 1985 | 256 526 | 2007 | 743 474 | 975 699 | 23 | 40 | |
| | 30 | 234 210 | 1983 | 258 533 | 2006 | 741 467 | 975 676 | 22 | 30 | |
| | 40 | 236 193 | 1982 | 260 539 | 2005 | 739 461 | 975 654 | 22 | 20 | |
| | 50 | 238 175 | 1982 | 262 544 | 2004 | 737 456 | 975 632 | 23 | 10 | |
| 4 | 0 | 240 157 | 1981 | 264 548 | 2003 | 735 452 | 975 609 | 22 | 0 | 56 |
| | 10 | 242 138 | 1979 | 266 551 | 2002 | 733 449 | 975 587 | 22 | 50 | |
| | 20 | 244 117 | 1979 | 268 553 | 2001 | 731 447 | 975 565 | 23 | 40 | |
| | 30 | 246 096 | 1978 | 270 554 | 2000 | 729 446 | 975 542 | 22 | 30 | |
| | 40 | 248 074 | 1977 | 272 554 | 2000 | 727 446 | 975 520 | 23 | 20 | |
| | 50 | 250 051 | 1976 | 274 554 | 1998 | 725 446 | 975 497 | 22 | 10 | |
| 5 | 0 | 252 027 | 1975 | 276 552 | 1998 | 723 448 | 975 475 | 22 | 0 | 55 |
| | 10 | 254 002 | 1975 | 278 550 | 1996 | 721 450 | 975 453 | 23 | 50 | |
| | 20 | 255 977 | 1973 | 280 546 | 1996 | 719 454 | 975 430 | 22 | 40 | |
| | 30 | 257 950 | 1972 | 282 542 | 1995 | 717 458 | 975 408 | 23 | 30 | |
| | 40 | 259 922 | 1972 | 284 537 | 1994 | 715 463 | 975 385 | 22 | 20 | |
| | 50 | 261 894 | 1971 | 286 531 | 1993 | 713 469 | 975 363 | 23 | 10 | |
| 6 | 0 | 263 865 | 1969 | 288 524 | 1993 | 711 476 | 975 340 | 22 | 0 | 54 |
| | 10 | 265 834 | 1969 | 290 517 | 1991 | 709 483 | 975 318 | 23 | 50 | |
| | 20 | 267 803 | 1968 | 292 508 | 1990 | 707 492 | 975 295 | 22 | 40 | |
| | 30 | 269 771 | 1967 | 294 498 | 1990 | 705 502 | 975 273 | 23 | 30 | |
| | 40 | 271 738 | 1966 | 296 488 | 1989 | 703 512 | 975 250 | 23 | 20 | |
| | 50 | 273 704 | 1965 | 298 477 | 1987 | 701 523 | 975 227 | 22 | 10 | |
| 7 | 0 | 275 669 | 1965 | 300 464 | 1987 | 699 536 | 975 205 | 23 | 0 | 53 |
| | 10 | 277 634 | 1963 | 302 451 | 1986 | 697 549 | 975 182 | 22 | 50 | |
| | 20 | 279 597 | 1963 | 304 437 | 1985 | 695 563 | 975 160 | 23 | 40 | |
| | 30 | 281 560 | 1961 | 306 422 | 1985 | 693 578 | 975 137 | 22 | 30 | |
| | 40 | 283 521 | 1961 | 308 407 | 1983 | 691 593 | 975 115 | 23 | 20 | |
| | 50 | 285 482 | 1960 | 310 390 | 1983 | 689 610 | 975 092 | 23 | 10 | |
| 8 | 0 | 287 442 | 1959 | 312 373 | 1981 | 687 627 | 975 069 | 22 | 0 | 52 |
| | 10 | 289 401 | 1958 | 314 354 | 1981 | 685 646 | 975 047 | 23 | 50 | |
| | 20 | 291 359 | 1957 | 316 335 | 1980 | 683 665 | 975 024 | 23 | 40 | |
| | 30 | 293 316 | 1956 | 318 315 | 1979 | 681 685 | 975 001 | 22 | 30 | |
| | 40 | 295 272 | 1956 | 320 294 | 1978 | 679 706 | 974 979 | 23 | 20 | |
| | 50 | 297 228 | 1954 | 322 272 | 1977 | 677 728 | 974 956 | 23 | 10 | |
| 9 | 0 | 299 182 | 1954 | 324 249 | 1976 | 675 751 | 974 933 | 22 | 0 | 51 |
| | 10 | 301 136 | 1952 | 326 225 | 1975 | 673 775 | 974 911 | 23 | 50 | |
| | 20 | 303 088 | 1952 | 328 200 | 1975 | 671 800 | 974 888 | 23 | 40 | |
| | 30 | 305 040 | 1951 | 330 175 | 1974 | 669 825 | 974 865 | 22 | 30 | |
| | 40 | 306 991 | 1950 | 332 149 | 1972 | 667 851 | 974 843 | 23 | 20 | |
| | 50 | 308 941 | 1949 | 334 121 | 1972 | 665 879 | 974 820 | 23 | 10 | |
| 10 | 0 | $\bar{1}$,0 310 890 | | $\bar{1}$,0 336 093 | | 0,9 663 907 | $\bar{1}$,9 974 797 | | 0 | 50 |
| ′ | ″ | Cos. | | Cotg. | | Tang. | Sin. | | ″ | ′ |

83°

| ′ | ″ | Sin. | D. | Tang. | D.c. | Cotg | Cos. | D. | ″ | ′ |
|---|---|---|---|---|---|---|---|---|---|---|
| 10 | 0 | 1̄,0 310 890 | | 1̄,0 336 093 | | 0,9 663 907 | 1̄,9 974 797 | | 0 | 50 |
| | 10 | 312 839 | 1949 | 338 064 | 1971 | 661 936 | 974 774 | 23 | 50 | |
| | 20 | 314 786 | 1947 | 340 035 | 1971 | 659 965 | 974 752 | 22 | 40 | |
| | 30 | 316 733 | 1947 | 342 004 | 1969 | 657 996 | 974 729 | 23 | 30 | |
| | 40 | 318 678 | 1945 | 343 972 | 1968 | 656 028 | 974 706 | 23 | 20 | |
| | 50 | 320 623 | 1945 | 345 940 | 1968 | 654 060 | 974 683 | 23 | 10 | |
| 11 | 0 | 322 567 | 1944 | 347 906 | 1966 | 652 094 | 974 660 | 23 | 0 | 49 |
| | 10 | 324 510 | 1943 | 349 872 | 1966 | 650 128 | 974 638 | 22 | 50 | |
| | 20 | 326 452 | 1942 | 351 837 | 1965 | 648 163 | 974 615 | 23 | 40 | |
| | 30 | 328 393 | 1941 | 353 801 | 1964 | 646 199 | 974 592 | 23 | 30 | |
| | 40 | 330 334 | 1941 | 355 764 | 1963 | 644 236 | 974 569 | 23 | 20 | |
| | 50 | 332 273 | 1939 | 357 727 | 1963 | 642 273 | 974 546 | 23 | 10 | |
| 12 | 0 | 334 212 | 1939 | 359 688 | 1961 | 640 312 | 974 523 | 23 | 0 | 48 |
| | 10 | 336 149 | 1937 | 361 649 | 1961 | 638 351 | 974 501 | 22 | 50 | |
| | 20 | 338 086 | 1937 | 363 609 | 1960 | 636 391 | 974 478 | 23 | 40 | |
| | 30 | 340 022 | 1936 | 365 567 | 1958 | 634 433 | 974 455 | 23 | 30 | |
| | 40 | 341 957 | 1936 | 367 526 | 1959 | 632 474 | 974 432 | 23 | 20 | |
| | 50 | 343 892 | 1935 | 369 483 | 1957 | 630 517 | 974 409 | 23 | 10 | |
| 13 | 0 | 345 825 | 1933 | 371 439 | 1956 | 628 561 | 974 386 | 23 | 0 | 47 |
| | 10 | 347 757 | 1932 | 373 394 | 1955 | 626 606 | 974 363 | 23 | 50 | |
| | 20 | 349 689 | 1932 | 375 349 | 1955 | 624 651 | 974 340 | 23 | 40 | |
| | 30 | 351 620 | 1931 | 377 303 | 1954 | 622 697 | 974 317 | 23 | 30 | |
| | 40 | 353 550 | 1930 | 379 256 | 1953 | 620 744 | 974 294 | 23 | 20 | |
| | 50 | 355 479 | 1929 | 381 208 | 1952 | 618 792 | 974 271 | 23 | 10 | |
| 14 | 0 | 357 407 | 1928 | 383 159 | 1951 | 616 841 | 974 248 | 23 | 0 | 46 |
| | 10 | 359 334 | 1927 | 385 109 | 1950 | 614 891 | 974 225 | 23 | 50 | |
| | 20 | 361 261 | 1927 | 387 058 | 1949 | 612 942 | 974 202 | 23 | 40 | |
| | 30 | 363 186 | 1925 | 389 007 | 1949 | 610 993 | 974 179 | 23 | 30 | |
| | 40 | 365 111 | 1925 | 390 955 | 1948 | 609 045 | 974 156 | 23 | 20 | |
| | 50 | 367 035 | 1924 | 392 902 | 1947 | 607 098 | 974 133 | 23 | 10 | |
| 15 | 0 | 368 958 | 1923 | 394 848 | 1946 | 605 152 | 974 110 | 23 | 0 | 45 |
| | 10 | 370 880 | 1922 | 396 793 | 1945 | 603 207 | 974 087 | 23 | 50 | |
| | 20 | 372 801 | 1921 | 398 737 | 1944 | 601 263 | 974 064 | 23 | 40 | |
| | 30 | 374 721 | 1920 | 400 681 | 1944 | 599 319 | 974 041 | 23 | 30 | |
| | 40 | 376 641 | 1920 | 402 623 | 1942 | 597 377 | 974 018 | 23 | 20 | |
| | 50 | 378 559 | 1918 | 404 565 | 1942 | 595 435 | 973 995 | 23 | 10 | |
| 16 | 0 | 380 477 | 1918 | 406 506 | 1941 | 593 494 | 973 971 | 24 | 0 | 44 |
| | 10 | 382 394 | 1917 | 408 446 | 1940 | 591 554 | 973 948 | 23 | 50 | |
| | 20 | 384 310 | 1916 | 410 385 | 1939 | 589 615 | 973 925 | 23 | 40 | |
| | 30 | 386 226 | 1916 | 412 324 | 1939 | 587 676 | 973 902 | 23 | 30 | |
| | 40 | 388 140 | 1914 | 414 261 | 1937 | 585 739 | 973 879 | 23 | 20 | |
| | 50 | 390 054 | 1914 | 416 198 | 1937 | 583 802 | 973 856 | 23 | 10 | |
| 17 | 0 | 391 966 | 1912 | 418 134 | 1936 | 581 866 | 973 833 | 23 | 0 | 43 |
| | 10 | 393 878 | 1912 | 420 069 | 1935 | 579 931 | 973 809 | 24 | 50 | |
| | 20 | 395 789 | 1911 | 422 003 | 1934 | 577 997 | 973 786 | 23 | 40 | |
| | 30 | 397 699 | 1910 | 423 936 | 1933 | 576 064 | 973 763 | 23 | 30 | |
| | 40 | 399 608 | 1909 | 425 869 | 1933 | 574 131 | 973 740 | 23 | 20 | |
| | 50 | 401 517 | 1909 | 427 800 | 1931 | 572 200 | 973 716 | 24 | 10 | |
| 18 | 0 | 403 424 | 1907 | 429 731 | 1931 | 570 269 | 973 693 | 23 | 0 | 42 |
| | 10 | 405 331 | 1907 | 431 661 | 1930 | 568 339 | 973 670 | 23 | 50 | |
| | 20 | 407 237 | 1906 | 433 590 | 1929 | 566 410 | 973 647 | 23 | 40 | |
| | 30 | 409 142 | 1905 | 435 519 | 1929 | 564 481 | 973 623 | 24 | 30 | |
| | 40 | 411 046 | 1904 | 437 446 | 1927 | 562 554 | 973 600 | 23 | 20 | |
| | 50 | 412 950 | 1904 | 439 373 | 1927 | 560 627 | 973 577 | 23 | 10 | |
| 19 | 0 | 414 852 | 1902 | 441 299 | 1926 | 558 701 | 973 554 | 23 | 0 | 41 |
| | 10 | 416 754 | 1902 | 443 223 | 1924 | 556 777 | 973 530 | 24 | 50 | |
| | 20 | 418 655 | 1901 | 445 148 | 1925 | 554 852 | 973 507 | 23 | 40 | |
| | 30 | 420 555 | 1900 | 447 071 | 1923 | 552 929 | 973 484 | 23 | 30 | |
| | 40 | 422 454 | 1899 | 448 993 | 1922 | 551 007 | 973 460 | 24 | 20 | |
| | 50 | 424 352 | 1898 | 450 915 | 1922 | 549 086 | 973 437 | 23 | 10 | |
| 20 | 0 | 1̄,0 426 249 | 1897 | 1̄,0 452 836 | 1921 | 0,9 547 164 | 1̄,9 973 414 | 23 | 0 | 40 |
| ′ | ″ | Cos. | | Cotg. | | Tang. | Sin. | | ″ | ′ |

83°

| 1960 | |
|---|---|
| 1 | 196 |
| 2 | 392 |
| 3 | 588 |
| 4 | 784 |
| 5 | 980 |
| 6 | 1176 |
| 7 | 1372 |
| 8 | 1568 |
| 9 | 1764 |

| 1950 | |
|---|---|
| 1 | 195 |
| 2 | 390 |
| 3 | 585 |
| 4 | 780 |
| 5 | 975 |
| 6 | 1170 |
| 7 | 1365 |
| 8 | 1560 |
| 9 | 1755 |

| 1940 | |
|---|---|
| 1 | 194 |
| 2 | 388 |
| 3 | 582 |
| 4 | 776 |
| 5 | 970 |
| 6 | 1164 |
| 7 | 1358 |
| 8 | 1552 |
| 9 | 1746 |

| 1930 | |
|---|---|
| 1 | 193 |
| 2 | 386 |
| 3 | 579 |
| 4 | 772 |
| 5 | 965 |
| 6 | 1158 |
| 7 | 1351 |
| 8 | 1544 |
| 9 | 1737 |

| 1920 | |
|---|---|
| 1 | 192 |
| 2 | 384 |
| 3 | 576 |
| 4 | 768 |
| 5 | 960 |
| 6 | 1152 |
| 7 | 1344 |
| 8 | 1536 |
| 9 | 1728 |

| 1910 | |
|---|---|
| 1 | 191 |
| 2 | 382 |
| 3 | 573 |
| 4 | 764 |
| 5 | 955 |
| 6 | 1146 |
| 7 | 1337 |
| 8 | 1528 |
| 9 | 1719 |

| 1900 | |
|---|---|
| 1 | 190 |
| 2 | 380 |
| 3 | 570 |
| 4 | 760 |
| 5 | 950 |
| 6 | 1140 |
| 7 | 1330 |
| 8 | 1520 |
| 9 | 1710 |

| 1890 | |
|---|---|
| 1 | 189 |
| 2 | 378 |
| 3 | 567 |
| 4 | 756 |
| 5 | 945 |
| 6 | 1134 |
| 7 | 1323 |
| 8 | 1512 |
| 9 | 1701 |

| 1920 | |
|---|---|
| 1 | 192 |
| 2 | 384 |
| 3 | 576 |
| 4 | 768 |
| 5 | 960 |
| 6 | 1152 |
| 7 | 1344 |
| 8 | 1536 |
| 9 | 1728 |

| 1910 | |
|---|---|
| 1 | 191 |
| 2 | 382 |
| 3 | 573 |
| 4 | 764 |
| 5 | 955 |
| 6 | 1146 |
| 7 | 1337 |
| 8 | 1528 |
| 9 | 1719 |

| 1900 | |
|---|---|
| 1 | 190 |
| 2 | 380 |
| 3 | 570 |
| 4 | 760 |
| 5 | 950 |
| 6 | 1140 |
| 7 | 1330 |
| 8 | 1520 |
| 9 | 1710 |

| 1890 | |
|---|---|
| 1 | 189 |
| 2 | 378 |
| 3 | 567 |
| 4 | 756 |
| 5 | 945 |
| 6 | 1134 |
| 7 | 1323 |
| 8 | 1512 |
| 9 | 1701 |

| 1880 | |
|---|---|
| 1 | 188 |
| 2 | 376 |
| 3 | 564 |
| 4 | 752 |
| 5 | 940 |
| 6 | 1128 |
| 7 | 1316 |
| 8 | 1504 |
| 9 | 1692 |

| 1870 | |
|---|---|
| 1 | 187 |
| 2 | 374 |
| 3 | 561 |
| 4 | 748 |
| 5 | 935 |
| 6 | 1122 |
| 7 | 1309 |
| 8 | 1496 |
| 9 | 1683 |

| 1860 | |
|---|---|
| 1 | 186 |
| 2 | 372 |
| 3 | 558 |
| 4 | 744 |
| 5 | 930 |
| 6 | 1116 |
| 7 | 1302 |
| 8 | 1488 |
| 9 | 1674 |

| 1850 | |
|---|---|
| 1 | 185 |
| 2 | 370 |
| 3 | 555 |
| 4 | 740 |
| 5 | 925 |
| 6 | 1110 |
| 7 | 1295 |
| 8 | 1480 |
| 9 | 1665 |

| ′ | ″ | Sin. | D. | Tang. | D.c. | Cotg. | Cos. | D. | ″ | ′ |
|---|---|---|---|---|---|---|---|---|---|---|
| 20 | 0 | ī,0 426 249 | 1897 | ī,0 452 836 | 1920 | 0,9 547 164 | ī,9 973 414 | 24 | 0 | 40 |
| | 10 | 428 146 | 1896 | 454 756 | 1919 | 545 244 | 973 390 | 23 | 50 | |
| | 20 | 430 042 | 1895 | 456 675 | 1918 | 543 325 | 973 367 | 24 | 40 | |
| | 30 | 431 937 | 1894 | 458 593 | 1918 | 541 407 | 973 343 | 23 | 30 | |
| | 40 | 433 831 | 1893 | 460 511 | 1917 | 539 489 | 973 320 | 23 | 20 | |
| | 50 | 435 724 | 1893 | 462 428 | 1915 | 537 572 | 973 297 | 24 | 10 | |
| 21 | 0 | 437 617 | 1891 | 464 343 | 1915 | 535 657 | 973 273 | 23 | 0 | 39 |
| | 10 | 439 508 | 1891 | 466 258 | 1915 | 533 742 | 973 250 | 24 | 50 | |
| | 20 | 441 399 | 1890 | 468 173 | 1913 | 531 827 | 973 226 | 23 | 40 | |
| | 30 | 443 289 | 1889 | 470 086 | 1913 | 529 914 | 973 203 | 24 | 30 | |
| | 40 | 445 178 | 1888 | 471 999 | 1911 | 528 001 | 973 179 | 23 | 20 | |
| | 50 | 447 066 | 1888 | 473 910 | 1911 | 526 090 | 973 156 | 24 | 10 | |
| 22 | 0 | 448 954 | 1886 | 475 821 | 1910 | 524 179 | 973 132 | 23 | 0 | 38 |
| | 10 | 450 840 | 1886 | 477 731 | 1910 | 522 269 | 973 109 | 24 | 50 | |
| | 20 | 452 726 | 1885 | 479 641 | 1908 | 520 359 | 973 085 | 23 | 40 | |
| | 30 | 454 611 | 1884 | 481 549 | 1908 | 518 451 | 973 062 | 24 | 30 | |
| | 40 | 456 495 | 1883 | 483 457 | 1907 | 516 543 | 973 038 | 23 | 20 | |
| | 50 | 458 378 | 1883 | 485 364 | 1906 | 514 636 | 973 015 | 24 | 10 | |
| 23 | 0 | 460 261 | 1882 | 487 270 | 1905 | 512 730 | 972 991 | 23 | 0 | 37 |
| | 10 | 462 143 | 1880 | 489 175 | 1904 | 510 825 | 972 968 | 24 | 50 | |
| | 20 | 464 023 | 1880 | 491 079 | 1904 | 508 921 | 972 944 | 23 | 40 | |
| | 30 | 465 903 | 1880 | 492 983 | 1903 | 507 017 | 972 921 | 24 | 30 | |
| | 40 | 467 783 | 1878 | 494 886 | 1902 | 505 114 | 972 897 | 24 | 20 | |
| | 50 | 469 661 | 1877 | 496 788 | 1901 | 503 212 | 972 873 | 23 | 10 | |
| 24 | 0 | 471 538 | 1877 | 498 689 | 1900 | 501 311 | 972 850 | 24 | 0 | 36 |
| | 10 | 473 415 | 1876 | 500 589 | 1900 | 499 411 | 972 826 | 24 | 50 | |
| | 20 | 475 291 | 1875 | 502 489 | 1898 | 497 511 | 972 802 | 23 | 40 | |
| | 30 | 477 166 | 1874 | 504 387 | 1898 | 495 613 | 972 779 | 24 | 30 | |
| | 40 | 479 040 | 1874 | 506 285 | 1897 | 493 715 | 972 755 | 23 | 20 | |
| | 50 | 480 914 | 1872 | 508 182 | 1896 | 491 818 | 972 732 | 24 | 10 | |
| 25 | 0 | 482 786 | 1872 | 510 078 | 1896 | 489 922 | 972 708 | 24 | 0 | 35 |
| | 10 | 484 658 | 1871 | 511 974 | 1895 | 488 026 | 972 684 | 24 | 50 | |
| | 20 | 486 529 | 1870 | 513 869 | 1893 | 486 131 | 972 660 | 23 | 40 | |
| | 30 | 488 399 | 1870 | 515 762 | 1894 | 484 238 | 972 637 | 24 | 30 | |
| | 40 | 490 269 | 1868 | 517 656 | 1892 | 482 344 | 972 613 | 24 | 20 | |
| | 50 | 492 137 | 1868 | 519 548 | 1891 | 480 452 | 972 589 | 23 | 10 | |
| 26 | 0 | 494 005 | 1867 | 521 439 | 1891 | 478 561 | 972 566 | 24 | 0 | 34 |
| | 10 | 495 872 | 1866 | 523 330 | 1890 | 476 670 | 972 542 | 24 | 50 | |
| | 20 | 497 738 | 1865 | 525 220 | 1889 | 474 780 | 972 518 | 24 | 40 | |
| | 30 | 499 603 | 1865 | 527 109 | 1888 | 472 891 | 972 494 | 23 | 30 | |
| | 40 | 501 468 | 1863 | 528 997 | 1887 | 471 003 | 972 471 | 24 | 20 | |
| | 50 | 503 331 | 1863 | 530 884 | 1887 | 469 116 | 972 447 | 24 | 10 | |
| 27 | 0 | 505 194 | 1862 | 532 771 | 1886 | 467 229 | 972 423 | 24 | 0 | 33 |
| | 10 | 507 056 | 1861 | 534 657 | 1885 | 465 343 | 972 399 | 24 | 50 | |
| | 20 | 508 917 | 1861 | 536 542 | 1884 | 463 458 | 972 375 | 24 | 40 | |
| | 30 | 510 778 | 1859 | 538 426 | 1884 | 461 574 | 972 351 | 23 | 30 | |
| | 40 | 512 637 | 1859 | 540 310 | 1882 | 459 690 | 972 328 | 24 | 20 | |
| | 50 | 514 496 | 1858 | 542 192 | 1882 | 457 808 | 972 304 | 24 | 10 | |
| 28 | 0 | 516 354 | 1857 | 544 074 | 1881 | 455 926 | 972 280 | 24 | 0 | 32 |
| | 10 | 518 211 | 1857 | 545 955 | 1881 | 454 045 | 972 256 | 24 | 50 | |
| | 20 | 520 068 | 1855 | 547 836 | 1879 | 452 164 | 972 232 | 24 | 40 | |
| | 30 | 521 923 | 1855 | 549 715 | 1879 | 450 285 | 972 208 | 24 | 30 | |
| | 40 | 523 778 | 1854 | 551 594 | 1878 | 448 406 | 972 184 | 24 | 20 | |
| | 50 | 525 632 | 1853 | 553 472 | 1877 | 446 528 | 972 160 | 23 | 10 | |
| 29 | 0 | 527 485 | 1853 | 555 349 | 1876 | 444 651 | 972 137 | 24 | 0 | 31 |
| | 10 | 529 338 | 1851 | 557 225 | 1876 | 442 775 | 972 113 | 24 | 50 | |
| | 20 | 531 189 | 1851 | 559 101 | 1874 | 440 899 | 972 089 | 24 | 40 | |
| | 30 | 533 040 | 1850 | 560 975 | 1874 | 439 025 | 972 065 | 24 | 30 | |
| | 40 | 534 890 | 1849 | 562 849 | 1873 | 437 151 | 972 041 | 24 | 20 | |
| | 50 | 536 739 | 1849 | 564 722 | 1873 | 435 278 | 972 017 | 24 | 10 | |
| 30 | 0 | ī,0 538 588 | | ī,0 566 595 | | 0,9 433 405 | ī,9 971 993 | | 0 | 30 |
| ′ | ″ | Cos. | | Cotg. | | Tang. | Sin. | | ″ | ′ |

| ′ | ″ | Sin. | D. | Tang. | D.c. | Cotg. | Cos. | D. | ″ | ′ |
|---|---|---|---|---|---|---|---|---|---|---|
| 30 | 0 | 1̄,0 538 588 | 1847 | 1̄,0 566 595 | 1871 | 0,9 433 405 | 1̄,9 971 993 | 24 | 0 | 30 |
| | 10 | 540 435 | 1847 | 568 466 | 1871 | 431 534 | 971 969 | 24 | 50 | |
| | 20 | 542 282 | 1846 | 570 337 | 1870 | 429 663 | 971 945 | 24 | 40 | |
| | 30 | 544 128 | 1845 | 572 207 | 1869 | 427 793 | 971 921 | 24 | 30 | |
| | 40 | 545 973 | 1845 | 574 076 | 1869 | 425 924 | 971 897 | 24 | 20 | |
| | 50 | 547 818 | 1843 | 575 945 | 1868 | 424 055 | 971 873 | 24 | 10 | |
| 31 | 0 | 549 661 | 1843 | 577 813 | 1866 | 422 187 | 971 849 | 24 | 0 | 29 |
| | 10 | 551 504 | 1842 | 579 679 | 1866 | 420 321 | 971 825 | 24 | 50 | |
| | 20 | 553 346 | 1841 | 581 545 | 1866 | 418 455 | 971 801 | 25 | 40 | |
| | 30 | 555 187 | 1841 | 583 411 | 1864 | 416 589 | 971 776 | 24 | 30 | |
| | 40 | 557 028 | 1839 | 585 275 | 1864 | 414 725 | 971 752 | 24 | 20 | |
| | 50 | 558 867 | 1839 | 587 139 | 1863 | 412 861 | 971 728 | 24 | 10 | |
| 32 | 0 | 560 706 | 1838 | 589 002 | 1862 | 410 998 | 971 704 | 24 | 0 | 28 |
| | 10 | 562 544 | 1838 | 590 864 | 1862 | 409 136 | 971 680 | 24 | 50 | |
| | 20 | 564 382 | 1836 | 592 726 | 1860 | 407 274 | 971 656 | 24 | 40 | |
| | 30 | 566 218 | 1836 | 594 586 | 1860 | 405 414 | 971 632 | 24 | 30 | |
| | 40 | 568 054 | 1835 | 596 446 | 1859 | 403 554 | 971 608 | 25 | 20 | |
| | 50 | 569 889 | 1834 | 598 305 | 1859 | 401 695 | 971 583 | 24 | 10 | |
| 33 | 0 | 571 723 | 1833 | 600 164 | 1857 | 399 836 | 971 559 | 24 | 0 | 27 |
| | 10 | 573 556 | 1833 | 602 021 | 1857 | 397 979 | 971 535 | 24 | 50 | |
| | 20 | 575 389 | 1832 | 603 878 | 1856 | 396 122 | 971 511 | 24 | 40 | |
| | 30 | 577 221 | 1831 | 605 734 | 1855 | 394 266 | 971 487 | 24 | 30 | |
| | 40 | 579 052 | 1830 | 607 589 | 1855 | 392 411 | 971 463 | 25 | 20 | |
| | 50 | 580 882 | 1829 | 609 444 | 1853 | 390 556 | 971 438 | 24 | 10 | |
| 34 | 0 | 582 711 | 1829 | 611 297 | 1853 | 388 703 | 971 414 | 24 | 0 | 26 |
| | 10 | 584 540 | 1828 | 613 150 | 1852 | 386 850 | 971 390 | 24 | 50 | |
| | 20 | 586 368 | 1827 | 615 002 | 1852 | 384 998 | 971 366 | 25 | 40 | |
| | 30 | 588 195 | 1827 | 616 854 | 1850 | 383 146 | 971 341 | 24 | 30 | |
| | 40 | 590 022 | 1825 | 618 704 | 1850 | 381 296 | 971 317 | 24 | 20 | |
| | 50 | 591 847 | 1825 | 620 554 | 1849 | 379 446 | 971 293 | 25 | 10 | |
| 35 | 0 | 593 672 | 1824 | 622 403 | 1849 | 377 597 | 971 268 | 24 | 0 | 25 |
| | 10 | 595 496 | 1823 | 624 252 | 1847 | 375 748 | 971 244 | 24 | 50 | |
| | 20 | 597 319 | 1823 | 626 099 | 1847 | 373 901 | 971 220 | 24 | 40 | |
| | 30 | 599 142 | 1821 | 627 946 | 1846 | 372 054 | 971 196 | 25 | 30 | |
| | 40 | 600 963 | 1821 | 629 792 | 1845 | 370 208 | 971 171 | 24 | 20 | |
| | 50 | 602 784 | 1820 | 631 637 | 1845 | 368 363 | 971 147 | 25 | 10 | |
| 36 | 0 | 604 604 | 1820 | 633 482 | 1843 | 366 518 | 971 122 | 24 | 0 | 24 |
| | 10 | 606 424 | 1818 | 635 325 | 1843 | 364 675 | 971 098 | 24 | 50 | |
| | 20 | 608 242 | 1818 | 637 168 | 1843 | 362 832 | 971 074 | 25 | 40 | |
| | 30 | 610 060 | 1817 | 639 011 | 1841 | 360 989 | 971 049 | 24 | 30 | |
| | 40 | 611 877 | 1816 | 640 852 | 1841 | 359 148 | 971 025 | 24 | 20 | |
| | 50 | 613 693 | 1816 | 642 693 | 1840 | 357 307 | 971 001 | 25 | 10 | |
| 37 | 0 | 615 509 | 1815 | 644 533 | 1839 | 355 467 | 970 976 | 24 | 0 | 23 |
| | 10 | 617 324 | 1814 | 646 372 | 1838 | 353 628 | 970 952 | 25 | 50 | |
| | 20 | 619 138 | 1813 | 648 210 | 1838 | 351 790 | 970 927 | 24 | 40 | |
| | 30 | 620 951 | 1812 | 650 048 | 1837 | 349 952 | 970 903 | 25 | 30 | |
| | 40 | 622 763 | 1812 | 651 885 | 1836 | 348 115 | 970 878 | 24 | 20 | |
| | 50 | 624 575 | 1811 | 653 721 | 1835 | 346 279 | 970 854 | 25 | 10 | |
| 38 | 0 | 626 386 | 1810 | 655 556 | 1835 | 344 444 | 970 829 | 24 | 0 | 22 |
| | 10 | 628 196 | 1809 | 657 391 | 1834 | 342 609 | 970 805 | 25 | 50 | |
| | 20 | 630 005 | 1809 | 659 225 | 1833 | 340 775 | 970 780 | 24 | 40 | |
| | 30 | 631 814 | 1808 | 661 058 | 1832 | 338 942 | 970 756 | 25 | 30 | |
| | 40 | 633 622 | 1807 | 662 890 | 1832 | 337 110 | 970 731 | 24 | 20 | |
| | 50 | 635 429 | 1806 | 664 722 | 1831 | 335 278 | 970 707 | 25 | 10 | |
| 39 | 0 | 637 235 | 1806 | 666 553 | 1830 | 333 447 | 970 682 | 24 | 0 | 21 |
| | 10 | 639 041 | 1805 | 668 383 | 1829 | 331 617 | 970 658 | 25 | 50 | |
| | 20 | 640 846 | 1804 | 670 212 | 1829 | 329 788 | 970 633 | 24 | 40 | |
| | 30 | 642 650 | 1803 | 672 041 | 1828 | 327 959 | 970 609 | 25 | 30 | |
| | 40 | 644 453 | 1802 | 673 869 | 1827 | 326 131 | 970 584 | 25 | 20 | |
| | 50 | 646 255 | 1802 | 675 696 | 1826 | 324 304 | 970 559 | 24 | 10 | |
| 40 | 0 | 1̄,0 648 057 | | 1̄,0 677 522 | | 0,9 322 478 | 1̄,9 970 535 | | 0 | 20 |
| ′ | ″ | Cos. | | Cotg. | | Tang. | Sin. | | ″ | ′ |

| | 1870 | 1860 | 1850 | 1840 | 1830 | 1820 | 1810 | 1800 |
|---|---|---|---|---|---|---|---|---|
| 1 | 187 | 186 | 185 | 184 | 183 | 182 | 181 | 180 |
| 2 | 374 | 372 | 370 | 368 | 366 | 364 | 362 | 360 |
| 3 | 561 | 558 | 555 | 552 | 549 | 546 | 543 | 540 |
| 4 | 748 | 744 | 740 | 736 | 732 | 728 | 724 | 720 |
| 5 | 935 | 930 | 925 | 920 | 915 | 910 | 905 | 900 |
| 6 | 1122 | 1116 | 1110 | 1104 | 1098 | 1092 | 1086 | 1080 |
| 7 | 1309 | 1302 | 1295 | 1288 | 1281 | 1274 | 1267 | 1260 |
| 8 | 1496 | 1488 | 1480 | 1472 | 1464 | 1456 | 1448 | 1440 |
| 9 | 1683 | 1674 | 1665 | 1656 | 1647 | 1638 | 1629 | 1620 |

| ′ | ″ | Sin. | D. | Tang. | D.c. | Cotg. | Cos. | D. | ″ | ′ |
|---|---|---|---|---|---|---|---|---|---|---|
| 40 | 0 | $\bar{1}$,0 648 057 | | $\bar{1}$,0 677 522 | | 0,9 322 478 | $\bar{1}$,9 970 535 | | 0 | 20 |
| | 10 | 649 858 | 1801 | 679 348 | 1826 | 320 652 | 970 510 | 25 | 50 | |
| | 20 | 651 658 | 1800 | 681 173 | 1825 | 318 827 | 970 486 | 24 | 40 | |
| | 30 | 653 458 | 1800 | 682 997 | 1824 | 317 003 | 970 461 | 25 | 30 | |
| | 40 | 655 257 | 1799 | 684 820 | 1823 | 315 180 | 970 436 | 25 | 20 | |
| | 50 | 657 055 | 1798 | 686 643 | 1823 | 313 357 | 970 412 | 24 | 10 | |
| 41 | 0 | 658 852 | 1797 | 688 465 | 1822 | 311 535 | 970 387 | 25 | 0 | 19 |
| | 10 | 660 648 | 1796 | 690 286 | 1821 | 309 714 | 970 362 | 25 | 50 | |
| | 20 | 662 444 | 1796 | 692 106 | 1820 | 307 894 | 970 338 | 24 | 40 | |
| | 30 | 664 239 | 1795 | 693 926 | 1820 | 306 074 | 970 313 | 25 | 30 | |
| | 40 | 666 033 | 1794 | 695 745 | 1819 | 304 255 | 970 288 | 25 | 20 | |
| | 50 | 667 827 | 1794 | 697 563 | 1818 | 302 437 | 970 263 | 25 | 10 | |
| 42 | 0 | 669 619 | 1792 | 699 381 | 1818 | 300 619 | 970 239 | 24 | 0 | 18 |
| | 10 | 671 411 | 1792 | 701 197 | 1816 | 298 803 | 970 214 | 25 | 50 | |
| | 20 | 673 203 | 1792 | 703 013 | 1816 | 296 987 | 970 189 | 25 | 40 | |
| | 30 | 674 993 | 1790 | 704 829 | 1816 | 295 171 | 970 165 | 24 | 30 | |
| | 40 | 676 783 | 1790 | 706 643 | 1814 | 293 357 | 970 140 | 25 | 20 | |
| | 50 | 678 572 | 1789 | 708 457 | 1814 | 291 543 | 970 115 | 25 | 10 | |
| 43 | 0 | 680 360 | 1788 | 710 270 | 1813 | 289 730 | 970 090 | 25 | 0 | 17 |
| | 10 | 682 147 | 1787 | 712 082 | 1812 | 287 918 | 970 065 | 25 | 50 | |
| | 20 | 683 934 | 1787 | 713 894 | 1812 | 286 106 | 970 041 | 24 | 40 | |
| | 30 | 685 720 | 1786 | 715 704 | 1810 | 284 296 | 970 016 | 25 | 30 | |
| | 40 | 687 505 | 1785 | 717 515 | 1811 | 282 485 | 969 991 | 25 | 20 | |
| | 50 | 689 290 | 1785 | 719 324 | 1809 | 280 676 | 969 966 | 25 | 10 | |
| 44 | 0 | 691 074 | 1784 | 721 133 | 1809 | 278 867 | 969 941 | 25 | 0 | 16 |
| | 10 | 692 857 | 1783 | 722 940 | 1807 | 277 060 | 969 916 | 25 | 50 | |
| | 20 | 694 639 | 1782 | 724 748 | 1808 | 275 252 | 969 891 | 25 | 40 | |
| | 30 | 696 421 | 1782 | 726 554 | 1806 | 273 446 | 969 867 | 24 | 30 | |
| | 40 | 698 201 | 1780 | 728 360 | 1806 | 271 640 | 969 842 | 25 | 20 | |
| | 50 | 699 981 | 1780 | 730 165 | 1805 | 269 835 | 969 817 | 25 | 10 | |
| 45 | 0 | 701 761 | 1780 | 731 969 | 1804 | 268 031 | 969 792 | 25 | 0 | 15 |
| | 10 | 703 539 | 1778 | 733 772 | 1803 | 266 228 | 969 767 | 25 | 50 | |
| | 20 | 705 317 | 1778 | 735 575 | 1803 | 264 425 | 969 742 | 25 | 40 | |
| | 30 | 707 094 | 1777 | 737 377 | 1802 | 262 623 | 969 717 | 25 | 30 | |
| | 40 | 708 871 | 1777 | 739 178 | 1801 | 260 822 | 969 692 | 25 | 20 | |
| | 50 | 710 646 | 1775 | 740 979 | 1801 | 259 021 | 969 667 | 25 | 10 | |
| 46 | 0 | 712 421 | 1775 | 742 779 | 1800 | 257 221 | 969 642 | 25 | 0 | 14 |
| | 10 | 714 195 | 1774 | 744 578 | 1799 | 255 422 | 969 617 | 25 | 50 | |
| | 20 | 715 969 | 1774 | 746 376 | 1798 | 253 624 | 969 592 | 25 | 40 | |
| | 30 | 717 741 | 1772 | 748 174 | 1798 | 251 826 | 969 567 | 25 | 30 | |
| | 40 | 719 513 | 1772 | 749 971 | 1797 | 250 029 | 969 542 | 25 | 20 | |
| | 50 | 721 285 | 1772 | 751 767 | 1796 | 248 233 | 969 517 | 25 | 10 | |
| 47 | 0 | 723 055 | 1770 | 753 563 | 1796 | 246 437 | 969 492 | 25 | 0 | 13 |
| | 10 | 724 825 | 1770 | 755 358 | 1795 | 244 642 | 969 467 | 25 | 50 | |
| | 20 | 726 594 | 1769 | 757 152 | 1794 | 242 848 | 969 442 | 25 | 40 | |
| | 30 | 728 362 | 1768 | 758 945 | 1793 | 241 055 | 969 417 | 25 | 30 | |
| | 40 | 730 130 | 1768 | 760 738 | 1793 | 239 262 | 969 392 | 25 | 20 | |
| | 50 | 731 896 | 1766 | 762 530 | 1792 | 237 470 | 969 367 | 25 | 10 | |
| 48 | 0 | 733 663 | 1767 | 764 321 | 1791 | 235 679 | 969 342 | 25 | 0 | 12 |
| | 10 | 735 428 | 1765 | 766 111 | 1790 | 233 889 | 969 317 | 25 | 50 | |
| | 20 | 737 193 | 1765 | 767 901 | 1790 | 232 099 | 969 291 | 26 | 40 | |
| | 30 | 738 957 | 1764 | 769 690 | 1789 | 230 310 | 969 266 | 25 | 30 | |
| | 40 | 740 720 | 1763 | 771 479 | 1789 | 228 521 | 969 241 | 25 | 20 | |
| | 50 | 742 482 | 1762 | 773 266 | 1787 | 226 734 | 969 216 | 25 | 10 | |
| 49 | 0 | 744 244 | 1762 | 775 053 | 1787 | 224 947 | 969 191 | 25 | 0 | 11 |
| | 10 | 746 005 | 1761 | 776 839 | 1786 | 223 161 | 969 166 | 25 | 50 | |
| | 20 | 747 765 | 1760 | 778 625 | 1786 | 221 375 | 969 140 | 26 | 40 | |
| | 30 | 749 525 | 1760 | 780 410 | 1785 | 219 590 | 969 115 | 25 | 30 | |
| | 40 | 751 284 | 1759 | 782 194 | 1784 | 217 806 | 969 090 | 25 | 20 | |
| | 50 | 753 042 | 1758 | 783 977 | 1783 | 216 023 | 969 065 | 25 | 10 | |
| 50 | 0 | $\bar{1}$,0 754 799 | 1757 | $\bar{1}$,0 785 760 | 1783 | 0,9 214 240 | $\bar{1}$,9 969 040 | 25 | 0 | 10 |
| ′ | ″ | Cos. | | Cotg. | | Tang. | Sin. | | ″ | ′ |

| | 1820 | 1810 | 1800 | 1790 | 1780 | 1770 | 1760 | 1750 |
|---|---|---|---|---|---|---|---|---|
| 1 | 182 | 181 | 180 | 179 | 178 | 177 | 176 | 175 |
| 2 | 364 | 362 | 360 | 358 | 356 | 354 | 352 | 350 |
| 3 | 546 | 543 | 540 | 537 | 534 | 531 | 528 | 525 |
| 4 | 728 | 724 | 720 | 716 | 712 | 708 | 704 | 700 |
| 5 | 910 | 905 | 900 | 895 | 890 | 885 | 880 | 875 |
| 6 | 1092 | 1086 | 1080 | 1074 | 1068 | 1062 | 1056 | 1050 |
| 7 | 1274 | 1267 | 1260 | 1253 | 1246 | 1239 | 1232 | 1225 |
| 8 | 1456 | 1448 | 1440 | 1432 | 1424 | 1416 | 1408 | 1400 |
| 9 | 1638 | 1629 | 1620 | 1611 | 1602 | 1593 | 1584 | 1575 |

| ′ | ″ | Sin. | D. | Tang. | D.c. | Cotg. | Cos. | D. | ″ | ′ |
|---|---|---|---|---|---|---|---|---|---|---|
| 50 | 0 | 1̄,0 754 799 | 1757 | 1̄,0 785 760 | 1782 | 0,9 214 240 | 1̄,9 969 040 | 26 | 0 | 10 |
| | 10 | 756 556 | 1756 | 787 542 | 1781 | 212 458 | 969 014 | 25 | 50 | |
| | 20 | 758 312 | 1755 | 789 323 | 1780 | 210 677 | 968 989 | 25 | 40 | |
| | 30 | 760 067 | 1755 | 791 103 | 1780 | 208 897 | 968 964 | 25 | 30 | |
| | 40 | 761 822 | 1753 | 792 883 | 1779 | 207 117 | 968 939 | 26 | 20 | |
| | 50 | 763 575 | 1754 | 794 662 | 1779 | 205 338 | 968 913 | 25 | 10 | |
| 51 | 0 | 765 329 | 1752 | 796 441 | 1777 | 203 559 | 968 888 | 25 | 0 | 9 |
| | 10 | 767 081 | 1752 | 798 218 | 1777 | 201 782 | 968 863 | 26 | 50 | |
| | 20 | 768 833 | 1751 | 799 995 | 1776 | 200 005 | 968 837 | 25 | 40 | |
| | 30 | 770 584 | 1750 | 801 771 | 1776 | 198 229 | 968 812 | 25 | 30 | |
| | 40 | 772 334 | 1749 | 803 547 | 1775 | 196 453 | 968 787 | 26 | 20 | |
| | 50 | 774 083 | 1749 | 805 322 | 1774 | 194 678 | 968 761 | 25 | 10 | |
| 52 | 0 | 775 832 | 1748 | 807 096 | 1773 | 192 904 | 968 736 | 25 | 0 | 8 |
| | 10 | 777 580 | 1747 | 808 869 | 1773 | 191 131 | 968 711 | 26 | 50 | |
| | 20 | 779 327 | 1747 | 810 642 | 1772 | 189 358 | 968 685 | 25 | 40 | |
| | 30 | 781 074 | 1746 | 812 414 | 1771 | 187 586 | 968 660 | 25 | 30 | |
| | 40 | 782 820 | 1745 | 814 185 | 1771 | 185 815 | 968 635 | 26 | 20 | |
| | 50 | 784 565 | 1745 | 815 956 | 1770 | 184 044 | 968 609 | 25 | 10 | |
| 53 | 0 | 786 310 | 1744 | 817 726 | 1769 | 182 274 | 968 584 | 26 | 0 | 7 |
| | 10 | 788 054 | 1743 | 819 495 | 1769 | 180 505 | 968 558 | 25 | 50 | |
| | 20 | 789 797 | 1742 | 821 264 | 1768 | 178 736 | 968 533 | 26 | 40 | |
| | 30 | 791 539 | 1742 | 823 032 | 1767 | 176 968 | 968 507 | 25 | 30 | |
| | 40 | 793 281 | 1741 | 824 799 | 1766 | 175 201 | 968 482 | 25 | 20 | |
| | 50 | 795 022 | 1740 | 826 565 | 1766 | 173 435 | 968 457 | 26 | 10 | |
| 54 | 0 | 796 762 | 1740 | 828 331 | 1765 | 171 669 | 968 431 | 25 | 0 | 6 |
| | 10 | 798 502 | 1738 | 830 096 | 1764 | 169 904 | 968 406 | 26 | 50 | |
| | 20 | 800 240 | 1739 | 831 860 | 1764 | 168 140 | 968 380 | 25 | 40 | |
| | 30 | 801 979 | 1737 | 833 624 | 1763 | 166 376 | 968 355 | 26 | 30 | |
| | 40 | 803 716 | 1737 | 835 387 | 1762 | 164 613 | 968 329 | 25 | 20 | |
| | 50 | 805 453 | 1736 | 837 149 | 1762 | 162 851 | 968 304 | 26 | 10 | |
| 55 | 0 | 807 189 | 1735 | 838 911 | 1761 | 161 089 | 968 278 | 26 | 0 | 5 |
| | 10 | 808 924 | 1735 | 840 672 | 1760 | 159 328 | 968 252 | 25 | 50 | |
| | 20 | 810 659 | 1734 | 842 432 | 1759 | 157 568 | 968 227 | 26 | 40 | |
| | 30 | 812 393 | 1733 | 844 191 | 1759 | 155 809 | 968 201 | 25 | 30 | |
| | 40 | 814 126 | 1732 | 845 950 | 1758 | 154 050 | 968 176 | 26 | 20 | |
| | 50 | 815 858 | 1732 | 847 708 | 1758 | 152 292 | 968 150 | 25 | 10 | |
| 56 | 0 | 817 590 | 1731 | 849 466 | 1756 | 150 534 | 968 125 | 26 | 0 | 4 |
| | 10 | 819 321 | 1731 | 851 222 | 1756 | 148 778 | 968 099 | 26 | 50 | |
| | 20 | 821 052 | 1729 | 852 978 | 1756 | 147 022 | 968 073 | 25 | 40 | |
| | 30 | 822 781 | 1729 | 854 734 | 1754 | 145 266 | 968 048 | 26 | 30 | |
| | 40 | 824 510 | 1729 | 856 488 | 1754 | 143 512 | 968 022 | 26 | 20 | |
| | 50 | 826 239 | 1727 | 858 242 | 1754 | 141 758 | 967 996 | 25 | 10 | |
| 57 | 0 | 827 966 | 1727 | 859 996 | 1752 | 140 004 | 967 971 | 26 | 0 | 3 |
| | 10 | 829 693 | 1726 | 861 748 | 1752 | 138 252 | 967 945 | 26 | 50 | |
| | 20 | 831 419 | 1726 | 863 500 | 1751 | 136 500 | 967 919 | 25 | 40 | |
| | 30 | 833 145 | 1725 | 865 251 | 1751 | 134 749 | 967 894 | 26 | 30 | |
| | 40 | 834 870 | 1724 | 867 002 | 1750 | 132 998 | 967 868 | 26 | 20 | |
| | 50 | 836 594 | 1723 | 868 752 | 1749 | 131 248 | 967 842 | 25 | 10 | |
| 58 | 0 | [illegible] | 1723 | 870 601 | 1748 | 129 499 | 967 817 | 26 | 0 | 2 |
| | 10 | 840 040 | 1722 | 872 249 | 1748 | 127 751 | 967 791 | 26 | 50 | |
| | 20 | 841 762 | 1722 | 873 997 | 1747 | 126 003 | 967 765 | 26 | 40 | |
| | 30 | 843 484 | 1720 | 875 744 | 1747 | 124 256 | 967 739 | 25 | 30 | |
| | 40 | 845 204 | 1720 | 877 491 | 1745 | 122 509 | 967 714 | 26 | 20 | |
| | 50 | 846 924 | 1719 | 879 236 | 1745 | 120 764 | 967 688 | 26 | 10 | |
| 59 | 0 | 848 643 | 1719 | 880 981 | 1745 | 119 019 | 967 662 | 26 | 0 | 1 |
| | 10 | 850 362 | 1718 | 882 726 | 1744 | 117 274 | 967 636 | 26 | 50 | |
| | 20 | 852 080 | 1717 | 884 470 | 1743 | 115 530 | 967 610 | 25 | 40 | |
| | 30 | 853 797 | 1717 | 886 213 | 1742 | 113 787 | 967 585 | 26 | 30 | |
| | 40 | 855 514 | 1716 | 887 955 | 1742 | 112 045 | 967 559 | 26 | 20 | |
| | 50 | 857 230 | 1715 | 889 697 | 1741 | 110 303 | 967 533 | 26 | 10 | |
| 60 | 0 | 1̄,0 858 945 | | 1̄,0 891 438 | | 0,9 108 562 | 1̄,9 967 507 | | 0 | 0 |
| ′ | ″ | Cos. | | Cotg. | | Tang. | Sin. | | ″ | ′ |

83°

| 1780 | |
|---|---|
| 1 | 178 |
| 2 | 356 |
| 3 | 534 |
| 4 | 712 |
| 5 | 890 |
| 6 | 1068 |
| 7 | 1246 |
| 8 | 1424 |
| 9 | 1602 |

| 1770 | |
|---|---|
| 1 | 177 |
| 2 | 354 |
| 3 | 531 |
| 4 | 708 |
| 5 | 885 |
| 6 | 1062 |
| 7 | 1239 |
| 8 | 1416 |
| 9 | 1593 |

| 1760 | |
|---|---|
| 1 | 176 |
| 2 | 352 |
| 3 | 528 |
| 4 | 704 |
| 5 | 880 |
| 6 | 1056 |
| 7 | 1232 |
| 8 | 1408 |
| 9 | 1584 |

| 1750 | |
|---|---|
| 1 | 175 |
| 2 | 350 |
| 3 | 525 |
| 4 | 700 |
| 5 | 875 |
| 6 | 1050 |
| 7 | 1225 |
| 8 | 1400 |
| 9 | 1575 |

| 1740 | |
|---|---|
| 1 | 174 |
| 2 | 348 |
| 3 | 522 |
| 4 | 696 |
| 5 | 870 |
| 6 | 1044 |
| 7 | 1218 |
| 8 | 1392 |
| 9 | 1566 |

| 1730 | |
|---|---|
| 1 | 173 |
| 2 | 346 |
| 3 | 519 |
| 4 | 692 |
| 5 | 865 |
| 6 | 1038 |
| 7 | 1211 |
| 8 | 1384 |
| 9 | 1557 |

| 1720 | |
|---|---|
| 1 | 172 |
| 2 | 344 |
| 3 | 516 |
| 4 | 688 |
| 5 | 860 |
| 6 | 1032 |
| 7 | 1204 |
| 8 | 1376 |
| 9 | 1548 |

| 1710 | |
|---|---|
| 1 | 171 |
| 2 | 342 |
| 3 | 513 |
| 4 | 684 |
| 5 | 855 |
| 6 | 1026 |
| 7 | 1197 |
| 8 | 1368 |
| 9 | 1539 |

| | 1740 | 1730 | 1720 | 1710 | 1700 | 1690 | 1680 | 1670 |
|---|---|---|---|---|---|---|---|---|
| 1 | 174 | 173 | 172 | 171 | 170 | 169 | 168 | 167 |
| 2 | 348 | 346 | 344 | 342 | 340 | 338 | 336 | 334 |
| 3 | 522 | 519 | 516 | 513 | 510 | 507 | 504 | 501 |
| 4 | 696 | 692 | 688 | 684 | 680 | 676 | 672 | 668 |
| 5 | 870 | 865 | 860 | 855 | 850 | 845 | 840 | 835 |
| 6 | 1044 | 1038 | 1032 | 1026 | 1020 | 1014 | 1008 | 1002 |
| 7 | 1218 | 1211 | 1204 | 1197 | 1190 | 1183 | 1176 | 1169 |
| 8 | 1392 | 1384 | 1376 | 1368 | 1360 | 1352 | 1344 | 1336 |
| 9 | 1566 | 1557 | 1548 | 1539 | 1530 | 1521 | 1512 | 1503 |

| ′ | ″ | Sin. | D. | Tang. | D.c. | Cotg. | Cos. | D. | ″ | ′ |
|---|---|---|---|---|---|---|---|---|---|---|
| 0 | 0 | 1̄,0 858 945 | | 1̄,0 891 438 | | 0,9 108 562 | 1̄,9 967 507 | | 0 | 60 |
| | 10 | 860 659 | 1714 | 893 178 | 1740 | 106 822 | 967 481 | 26 | 50 | |
| | 20 | 862 373 | 1714 | 894 918 | 1740 | 105 082 | 967 455 | 26 | 40 | |
| | 30 | 864 086 | 1713 | 896 657 | 1739 | 103 343 | 967 429 | 26 | 30 | |
| | 40 | 865 798 | 1712 | 898 395 | 1738 | 101 605 | 967 404 | 25 | 20 | |
| | 50 | 867 510 | 1712 | 900 132 | 1737 | 099 868 | 967 378 | 26 | 10 | |
| 1 | 0 | 869 221 | 1711 | 901 869 | 1737 | 098 131 | 967 352 | 26 | 0 | 59 |
| | 10 | 870 932 | 1711 | 903 606 | 1737 | 096 394 | 967 326 | 26 | 50 | |
| | 20 | 872 641 | 1709 | 905 341 | 1735 | 094 659 | 967 300 | 26 | 40 | |
| | 30 | 874 350 | 1709 | 907 076 | 1735 | 092 924 | 967 274 | 26 | 30 | |
| | 40 | 876 059 | 1709 | 908 810 | 1734 | 091 190 | 967 248 | 26 | 20 | |
| | 50 | 877 766 | 1707 | 910 544 | 1734 | 089 456 | 967 222 | 26 | 10 | |
| 2 | 0 | 879 473 | 1707 | 912 277 | 1733 | 087 723 | 967 196 | 26 | 0 | 58 |
| | 10 | 881 179 | 1706 | 914 009 | 1732 | 085 991 | 967 170 | 26 | 50 | |
| | 20 | 882 885 | 1706 | 915 741 | 1732 | 084 259 | 967 144 | 26 | 40 | |
| | 30 | 884 590 | 1705 | 917 472 | 1731 | 082 528 | 967 118 | 26 | 30 | |
| | 40 | 886 294 | 1704 | 919 202 | 1730 | 080 798 | 967 092 | 26 | 20 | |
| | 50 | 887 998 | 1704 | 920 931 | 1729 | 079 069 | 967 066 | 26 | 10 | |
| 3 | 0 | 889 700 | 1702 | 922 660 | 1729 | 077 340 | 967 040 | 26 | 0 | 57 |
| | 10 | 891 403 | 1703 | 924 389 | 1729 | 075 611 | 967 014 | 26 | 50 | |
| | 20 | 893 104 | 1701 | 926 116 | 1727 | 073 884 | 966 988 | 26 | 40 | |
| | 30 | 894 805 | 1701 | 927 843 | 1727 | 072 157 | 966 962 | 26 | 30 | |
| | 40 | 896 505 | 1700 | 929 569 | 1726 | 070 431 | 966 936 | 26 | 20 | |
| | 50 | 898 205 | 1700 | 931 295 | 1726 | 068 705 | 966 910 | 26 | 10 | |
| 4 | 0 | 899 903 | 1698 | 933 020 | 1725 | 066 980 | 966 884 | 26 | 0 | 56 |
| | 10 | 901 602 | 1699 | 934 744 | 1724 | 065 256 | 966 858 | 26 | 50 | |
| | 20 | 903 299 | 1697 | 936 468 | 1724 | 063 532 | 966 831 | 27 | 40 | |
| | 30 | 904 996 | 1697 | 938 190 | 1722 | 061 810 | 966 805 | 26 | 30 | |
| | 40 | 906 692 | 1696 | 939 913 | 1723 | 060 087 | 966 779 | 26 | 20 | |
| | 50 | 908 387 | 1695 | 941 634 | 1721 | 058 366 | 966 753 | 26 | 10 | |
| 5 | 0 | 910 082 | 1695 | 943 355 | 1721 | 056 645 | 966 727 | 26 | 0 | 55 |
| | 10 | 911 776 | 1694 | 945 075 | 1720 | 054 925 | 966 701 | 26 | 50 | |
| | 20 | 913 470 | 1694 | 946 795 | 1720 | 053 205 | 966 675 | 26 | 40 | |
| | 30 | 915 162 | 1692 | 948 514 | 1719 | 051 486 | 966 648 | 27 | 30 | |
| | 40 | 916 854 | 1692 | 950 232 | 1718 | 049 768 | 966 622 | 26 | 20 | |
| | 50 | 918 546 | 1692 | 951 950 | 1718 | 048 050 | 966 596 | 26 | 10 | |
| 6 | 0 | 920 237 | 1691 | 953 667 | 1717 | 046 333 | 966 570 | 26 | 0 | 54 |
| | 10 | 921 927 | 1690 | 955 383 | 1716 | 044 617 | 966 543 | 27 | 50 | |
| | 20 | 923 616 | 1689 | 957 099 | 1716 | 042 901 | 966 517 | 26 | 40 | |
| | 30 | 925 305 | 1689 | 958 814 | 1715 | 041 186 | 966 491 | 26 | 30 | |
| | 40 | 926 993 | 1688 | 960 528 | 1714 | 039 472 | 966 465 | 26 | 20 | |
| | 50 | 928 680 | 1687 | 962 242 | 1714 | 037 758 | 966 438 | 27 | 10 | |
| 7 | 0 | 930 367 | 1687 | 963 955 | 1713 | 036 045 | 966 412 | 26 | 0 | 53 |
| | 10 | 932 053 | 1686 | 965 667 | 1712 | 034 333 | 966 386 | 26 | 50 | |
| | 20 | 933 739 | 1686 | 967 379 | 1712 | 032 621 | 966 360 | 26 | 40 | |
| | 30 | 935 423 | 1684 | 969 090 | 1711 | 030 910 | 966 333 | 27 | 30 | |
| | 40 | 937 107 | 1684 | 970 800 | 1710 | 029 200 | 966 307 | 26 | 20 | |
| | 50 | 938 791 | 1684 | 972 510 | 1710 | 027 490 | 966 281 | 26 | 10 | |
| 8 | 0 | 940 474 | 1683 | 974 219 | 1709 | 025 781 | 966 254 | 27 | 0 | 52 |
| | 10 | 942 156 | 1682 | 975 928 | 1709 | 024 072 | 966 228 | 26 | 50 | |
| | 20 | 943 837 | 1681 | 977 636 | 1708 | 022 364 | 966 202 | 26 | 40 | |
| | 30 | 945 518 | 1681 | 979 343 | 1707 | 020 657 | 966 175 | 27 | 30 | |
| | 40 | 947 198 | 1680 | 981 049 | 1706 | 018 951 | 966 149 | 26 | 20 | |
| | 50 | 948 877 | 1679 | 982 755 | 1706 | 017 245 | 966 122 | 27 | 10 | |
| 9 | 0 | 950 556 | 1679 | 984 460 | 1705 | 015 540 | 966 096 | 26 | 0 | 51 |
| | 10 | 952 234 | 1678 | 986 165 | 1705 | 013 835 | 966 070 | 26 | 50 | |
| | 20 | 953 912 | 1678 | 987 869 | 1704 | 012 131 | 966 043 | 27 | 40 | |
| | 30 | 955 589 | 1677 | 989 572 | 1703 | 010 428 | 966 017 | 26 | 30 | |
| | 40 | 957 265 | 1676 | 991 275 | 1703 | 008 725 | 965 990 | 27 | 20 | |
| | 50 | 958 940 | 1675 | 992 977 | 1702 | 007 023 | 965 964 | 26 | 10 | |
| 10 | 0 | 1̄,0 960 615 | 1675 | 1̄,0 994 678 | 1701 | 0,9 005 322 | 1̄,9 965 937 | 27 | 0 | 50 |
| ′ | ″ | Cos. | | Cotg. | | Tang. | Sin. | | ″ | ′ |

| ′ | ″ | Sin. | D. | Tang. | D.c. | Cotg. | Cos. | D. | ″ | ′ |
|---|---|---|---|---|---|---|---|---|---|---|
| 10 | 0 | 1̄,0 960 615 | 1674 | 1̄,0 994 678 | 1701 | 0,9 005 322 | 1̄,9 965 937 | 26 | 0 | 50 |
| | 10 | 962 289 | 1674 | 996 379 | 1700 | 003 621 | 965 911 | 27 | 50 | |
| | 20 | 963 963 | 1673 | 998 079 | 1699 | 001 921 | 965 884 | 26 | 40 | |
| | 30 | 965 636 | 1672 | 1̄,0 999 778 | 1699 | 0,9 000 222 | 965 858 | 27 | 30 | |
| | 40 | 967 308 | 1672 | 1̄,1 001 477 | 1698 | 0,8 998 523 | 965 831 | 26 | 20 | |
| | 50 | 968 980 | 1671 | 003 175 | 1697 | 996 825 | 965 805 | 27 | 10 | |
| 11 | 0 | 970 651 | 1670 | 004 872 | 1697 | 995 128 | 965 778 | 26 | 0 | 49 |
| | 10 | 972 321 | 1669 | 006 569 | 1696 | 993 431 | 965 752 | 27 | 50 | |
| | 20 | 973 990 | 1669 | 008 265 | 1696 | 991 735 | 965 725 | 26 | 40 | |
| | 30 | 975 659 | 1669 | 009 961 | 1695 | 990 039 | 965 699 | 27 | 30 | |
| | 40 | 977 328 | 1667 | 011 656 | 1694 | 988 344 | 965 672 | 27 | 20 | |
| | 50 | 978 995 | 1667 | 013 350 | 1694 | 986 650 | 965 645 | 26 | 10 | |
| 12 | 0 | 980 662 | 1667 | 015 044 | 1693 | 984 956 | 965 619 | 27 | 0 | 48 |
| | 10 | 982 329 | 1666 | 016 737 | 1692 | 983 263 | 965 592 | 26 | 50 | |
| | 20 | 983 995 | 1665 | 018 429 | 1692 | 981 571 | 965 566 | 27 | 40 | |
| | 30 | 985 660 | 1664 | 020 121 | 1691 | 979 879 | 965 539 | 27 | 30 | |
| | 40 | 987 324 | 1664 | 021 812 | 1690 | 978 188 | 965 512 | 26 | 20 | |
| | 50 | 988 988 | 1663 | 023 502 | 1690 | 976 498 | 965 486 | 27 | 10 | |
| 13 | 0 | 990 651 | 1662 | 025 192 | 1689 | 974 808 | 965 459 | 27 | 0 | 47 |
| | 10 | 992 313 | 1662 | 026 881 | 1688 | 973 119 | 965 432 | 26 | 50 | |
| | 20 | 993 975 | 1661 | 028 569 | 1688 | 971 431 | 965 406 | 27 | 40 | |
| | 30 | 995 636 | 1661 | 030 257 | 1688 | 969 743 | 965 379 | 27 | 30 | |
| | 40 | 997 297 | 1660 | 031 945 | 1686 | 968 055 | 965 352 | 26 | 20 | |
| | 50 | 1̄,0 998 957 | 1659 | 033 631 | 1686 | 966 369 | 965 326 | 27 | 10 | |
| 14 | 0 | 1̄,1 000 616 | 1659 | 035 317 | 1685 | 964 683 | 965 299 | 27 | 0 | 46 |
| | 10 | 002 275 | 1658 | 037 002 | 1685 | 962 998 | 965 272 | 27 | 50 | |
| | 20 | 003 933 | 1657 | 038 687 | 1684 | 961 313 | 965 245 | 26 | 40 | |
| | 30 | 005 590 | 1657 | 040 371 | 1684 | 959 629 | 965 219 | 27 | 30 | |
| | 40 | 007 247 | 1656 | 042 055 | 1683 | 957 945 | 965 192 | 27 | 20 | |
| | 50 | 008 903 | 1655 | 043 738 | 1682 | 956 262 | 965 165 | 27 | 10 | |
| 15 | 0 | 010 558 | 1655 | 045 420 | 1681 | 954 580 | 965 138 | 26 | 0 | 45 |
| | 10 | 012 213 | 1654 | 047 101 | 1681 | 952 899 | 965 112 | 27 | 50 | |
| | 20 | 013 867 | 1653 | 048 782 | 1680 | 951 218 | 965 085 | 27 | 40 | |
| | 30 | 015 520 | 1653 | 050 462 | 1680 | 949 538 | 965 058 | 27 | 30 | |
| | 40 | 017 173 | 1652 | 052 142 | 1679 | 947 858 | 965 031 | 27 | 20 | |
| | 50 | 018 825 | 1652 | 053 821 | 1679 | 946 179 | 965 004 | 27 | 10 | |
| 16 | 0 | 020 477 | 1651 | 055 500 | 1677 | 944 500 | 964 977 | 26 | 0 | 44 |
| | 10 | 022 128 | 1650 | 057 177 | 1677 | 942 823 | 964 951 | 27 | 50 | |
| | 20 | 023 778 | 1650 | 058 854 | 1677 | 941 146 | 964 924 | 27 | 40 | |
| | 30 | 025 428 | 1649 | 060 531 | 1676 | 939 469 | 964 897 | 27 | 30 | |
| | 40 | 027 077 | 1648 | 062 207 | 1675 | 937 793 | 964 870 | 27 | 20 | |
| | 50 | 028 725 | 1648 | 063 882 | 1675 | 936 118 | 964 843 | 27 | 10 | |
| 17. | 0 | 030 373 | 1647 | 065 557 | 1674 | 934 443 | 964 816 | 27 | 0 | 43 |
| | 10 | 032 020 | 1647 | 067 231 | 1673 | 932 769 | 964 789 | 27 | 50 | |
| | 20 | 033 667 | 1645 | 068 904 | 1673 | 931 096 | 964 762 | 27 | 40 | |
| | 30 | 035 312 | 1646 | 070 577 | 1672 | 929 423 | 964 735 | 27 | 30 | |
| | 40 | 036 958 | 1644 | 072 249 | 1672 | 927 751 | 964 708 | 26 | 20 | |
| | 50 | 038 602 | 1644 | 073 921 | 1670 | 926 079 | 964 682 | 27 | 10 | |
| 18 | 0 | 040 246 | 1643 | 075 591 | 1671 | 924 409 | 964 655 | 27 | 0 | 42 |
| | 10 | 041 889 | 1643 | 077 262 | 1669 | 922 738 | 964 628 | 27 | 50 | |
| | 20 | 043 532 | 1642 | 078 931 | 1669 | 921 069 | 964 601 | 27 | 40 | |
| | 30 | 045 174 | 1641 | 080 600 | 1669 | 919 400 | 964 574 | 27 | 30 | |
| | 40 | 046 815 | 1641 | 082 269 | 1668 | 917 731 | 964 547 | 27 | 20 | |
| | 50 | 048 456 | 1640 | 083 937 | 1667 | 916 063 | 964 520 | 27 | 10 | |
| 19 | 0 | 050 096 | 1640 | 085 604 | 1666 | 914 396 | 964 493 | 27 | 0 | 41 |
| | 10 | 051 736 | 1639 | 087 270 | 1666 | 912 730 | 964 466 | 28 | 50 | |
| | 20 | 053 375 | 1638 | 088 936 | 1666 | 911 064 | 964 438 | 27 | 40 | |
| | 30 | 055 013 | 1638 | 090 602 | 1664 | 909 398 | 964 411 | 27 | 30 | |
| | 40 | 056 651 | 1637 | 092 266 | 1664 | 907 734 | 964 384 | 27 | 20 | |
| | 50 | 058 288 | 1636 | 093 930 | 1664 | 906 070 | 964 357 | 27 | 10 | |
| 20 | 0 | 1̄,1 059 924 | | 1̄,1 095 594 | | 0,8 904 406 | 1̄,9 964 330 | | 0 | 40 |
| ′ | ″ | Cos. | | Cotg. | | Tang. | Sin. | | ″ | ′ |

| 1700 | |
|---|---|
| 1 | 170 |
| 2 | 340 |
| 3 | 510 |
| 4 | 680 |
| 5 | 850 |
| 6 | 1020 |
| 7 | 1190 |
| 8 | 1360 |
| 9 | 1530 |

| 1690 | |
|---|---|
| 1 | 169 |
| 2 | 338 |
| 3 | 507 |
| 4 | 676 |
| 5 | 845 |
| 6 | 1014 |
| 7 | 1183 |
| 8 | 1352 |
| 9 | 1521 |

| 1680 | |
|---|---|
| 1 | 168 |
| 2 | 336 |
| 3 | 504 |
| 4 | 672 |
| 5 | 840 |
| 6 | 1008 |
| 7 | 1176 |
| 8 | 1344 |
| 9 | 1512 |

| 1670 | |
|---|---|
| 1 | 167 |
| 2 | 334 |
| 3 | 501 |
| 4 | 668 |
| 5 | 835 |
| 6 | 1002 |
| 7 | 1169 |
| 8 | 1336 |
| 9 | 1503 |

| 1660 | |
|---|---|
| 1 | 166 |
| 2 | 332 |
| 3 | 498 |
| 4 | 664 |
| 5 | 830 |
| 6 | 996 |
| 7 | 1162 |
| 8 | 1328 |
| 9 | 1494 |

| 1650 | |
|---|---|
| 1 | 165 |
| 2 | 330 |
| 3 | 495 |
| 4 | 660 |
| 5 | 825 |
| 6 | 990 |
| 7 | 1155 |
| 8 | 1320 |
| 9 | 1485 |

| 1640 | |
|---|---|
| 1 | 164 |
| 2 | 328 |
| 3 | 492 |
| 4 | 656 |
| 5 | 820 |
| 6 | 984 |
| 7 | 1148 |
| 8 | 1312 |
| 9 | 1476 |

| 1630 | |
|---|---|
| 1 | 163 |
| 2 | 326 |
| 3 | 489 |
| 4 | 652 |
| 5 | 815 |
| 6 | 978 |
| 7 | 1141 |
| 8 | 1304 |
| 9 | 1467 |

| 1660 | |
|---|---|
| 1 | 166 |
| 2 | 332 |
| 3 | 498 |
| 4 | 664 |
| 5 | 830 |
| 6 | 996 |
| 7 | 1162 |
| 8 | 1328 |
| 9 | 1494 |
| **1650** | |
| 1 | 165 |
| 2 | 330 |
| 3 | 495 |
| 4 | 660 |
| 5 | 825 |
| 6 | 990 |
| 7 | 1155 |
| 8 | 1320 |
| 9 | 1485 |
| **1640** | |
| 1 | 164 |
| 2 | 328 |
| 3 | 492 |
| 4 | 656 |
| 5 | 820 |
| 6 | 984 |
| 7 | 1148 |
| 8 | 1312 |
| 9 | 1476 |
| **1630** | |
| 1 | 163 |
| 2 | 326 |
| 3 | 489 |
| 4 | 652 |
| 5 | 815 |
| 6 | 978 |
| 7 | 1141 |
| 8 | 1304 |
| 9 | 1467 |
| **1620** | |
| 1 | 162 |
| 2 | 324 |
| 3 | 486 |
| 4 | 648 |
| 5 | 810 |
| 6 | 972 |
| 7 | 1134 |
| 8 | 1296 |
| 9 | 1458 |
| **1610** | |
| 1 | 161 |
| 2 | 322 |
| 3 | 483 |
| 4 | 644 |
| 5 | 805 |
| 6 | 966 |
| 7 | 1127 |
| 8 | 1288 |
| 9 | 1449 |
| **1600** | |
| 1 | 160 |
| 2 | 320 |
| 3 | 480 |
| 4 | 640 |
| 5 | 800 |
| 6 | 960 |
| 7 | 1120 |
| 8 | 1280 |
| 9 | 1440 |
| **27** | |
| 1 | 2,7 |
| 2 | 5,4 |
| 3 | 8,1 |
| 4 | 10,8 |
| 5 | 13,5 |
| 6 | 16,2 |
| 7 | 18,9 |
| 8 | 21,6 |
| 9 | 24,3 |

| ′ | ″ | Sin. | D. | Tang. | D.c. | Cotg. | Cos. | D. | ″ | ′ |
|---|---|---|---|---|---|---|---|---|---|---|
| 20 | 0 | 1̄,1 059 924 | | 1̄,1 095 594 | | 0,8 904 406 | 1̄,9 964 330 | | 0 | 40 |
| | 10 | 061 560 | 1636 | 097 257 | 1663 | 902 743 | 964 303 | 27 | 50 | |
| | 20 | 063 195 | 1635 | 098 919 | 1662 | 901 081 | 964 276 | 27 | 40 | |
| | 30 | 064 829 | 1634 | 100 581 | 1662 | 899 419 | 964 249 | 27 | 30 | |
| | 40 | 066 463 | 1634 | 102 242 | 1661 | 897 758 | 964 222 | 27 | 20 | |
| | 50 | 068 097 | 1634 | 103 902 | 1660 | 896 098 | 964 195 | 27 | 10 | |
| 21 | 0 | 069 729 | 1632 | 105 562 | 1660 | 894 438 | 964 167 | 28 | 0 | 39 |
| | 10 | 071 361 | 1632 | 107 221 | 1659 | 892 779 | 964 140 | 27 | 50 | |
| | 20 | 072 993 | 1632 | 108 879 | 1658 | 891 121 | 964 113 | 27 | 40 | |
| | 30 | 074 623 | 1630 | 110 537 | 1658 | 889 463 | 964 086 | 27 | 30 | |
| | 40 | 076 253 | 1630 | 112 195 | 1658 | 887 805 | 964 059 | 27 | 20 | |
| | 50 | 077 883 | 1630 | 113 851 | 1656 | 886 149 | 964 031 | 28 | 10 | |
| 22 | 0 | 079 512 | 1629 | 115 508 | 1657 | 884 492 | 964 004 | 27 | 0 | 38 |
| | 10 | 081 140 | 1628 | 117 163 | 1655 | 882 837 | 963 977 | 27 | 50 | |
| | 20 | 082 768 | 1628 | 118 818 | 1655 | 881 182 | 963 950 | 27 | 40 | |
| | 30 | 084 395 | 1627 | 120 472 | 1654 | 879 528 | 963 923 | 27 | 30 | |
| | 40 | 086 021 | 1626 | 122 126 | 1654 | 877 874 | 963 895 | 28 | 20 | |
| | 50 | 087 647 | 1626 | 123 779 | 1653 | 876 221 | 963 868 | 27 | 10 | |
| 23 | 0 | 089 272 | 1625 | 125 431 | 1652 | 874 569 | 963 841 | 27 | 0 | 37 |
| | 10 | 090 897 | 1625 | 127 083 | 1652 | 872 917 | 963 813 | 28 | 50 | |
| | 20 | 092 521 | 1624 | 128 734 | 1651 | 871 266 | 963 786 | 27 | 40 | |
| | 30 | 094 144 | 1623 | 130 385 | 1651 | 869 615 | 963 759 | 27 | 30 | |
| | 40 | 095 767 | 1623 | 132 035 | 1650 | 867 965 | 963 732 | 27 | 20 | |
| | 50 | 097 389 | 1622 | 133 685 | 1650 | 866 315 | 963 704 | 28 | 10 | |
| 24 | 0 | 099 010 | 1621 | 135 333 | 1648 | 864 667 | 963 677 | 27 | 0 | 36 |
| | 10 | 100 631 | 1621 | 136 982 | 1649 | 863 018 | 963 649 | 28 | 50 | |
| | 20 | 102 251 | 1620 | 138 629 | 1647 | 861 371 | 963 622 | 27 | 40 | |
| | 30 | 103 871 | 1620 | 140 276 | 1647 | 859 724 | 963 595 | 27 | 30 | |
| | 40 | 105 490 | 1619 | 141 922 | 1646 | 858 078 | 963 567 | 28 | 20 | |
| | 50 | 107 108 | 1618 | 143 568 | 1646 | 856 432 | 963 540 | 27 | 10 | |
| 25 | 0 | 108 726 | 1618 | 145 213 | 1645 | 854 787 | 963 513 | 27 | 0 | 35 |
| | 10 | 110 343 | 1617 | 146 858 | 1645 | 853 142 | 963 485 | 28 | 50 | |
| | 20 | 111 960 | 1617 | 148 502 | 1644 | 851 498 | 963 458 | 27 | 40 | |
| | 30 | 113 576 | 1616 | 150 145 | 1643 | 849 855 | 963 430 | 28 | 30 | |
| | 40 | 115 191 | 1615 | 151 788 | 1643 | 848 212 | 963 403 | 27 | 20 | |
| | 50 | 116 806 | 1615 | 153 430 | 1642 | 846 570 | 963 375 | 28 | 10 | |
| 26 | 0 | 118 420 | 1614 | 155 072 | 1642 | 844 928 | 963 348 | 27 | 0 | 34 |
| | 10 | 120 033 | 1613 | 156 713 | 1641 | 843 287 | 963 320 | 28 | 50 | |
| | 20 | 121 646 | 1613 | 158 353 | 1640 | 841 647 | 963 293 | 27 | 40 | |
| | 30 | 123 259 | 1613 | 159 993 | 1640 | 840 007 | 963 265 | 28 | 30 | |
| | 40 | 124 870 | 1611 | 161 632 | 1639 | 838 368 | 963 238 | 27 | 20 | |
| | 50 | 126 481 | 1611 | 163 271 | 1639 | 836 729 | 963 210 | 28 | 10 | |
| 27 | 0 | 128 092 | 1611 | 164 909 | 1638 | 835 091 | 963 183 | 27 | 0 | 33 |
| | 10 | 129 702 | 1610 | 166 546 | 1637 | 833 454 | 963 155 | 28 | 50 | |
| | 20 | 131 311 | 1609 | 168 183 | 1637 | 831 817 | 963 128 | 27 | 40 | |
| | 30 | 132 920 | 1609 | 169 819 | 1636 | 830 181 | 963 100 | 28 | 30 | |
| | 40 | 134 528 | 1608 | 171 455 | 1636 | 828 545 | 963 073 | 27 | 20 | |
| | 50 | 136 135 | 1607 | 173 090 | 1635 | 826 910 | 963 045 | 28 | 10 | |
| 28 | 0 | 137 742 | 1607 | 174 724 | 1634 | 825 276 | 963 018 | 27 | 0 | 32 |
| | 10 | 139 348 | 1606 | 176 358 | 1634 | 823 642 | 962 990 | 28 | 50 | |
| | 20 | 140 954 | 1606 | 177 991 | 1633 | 822 009 | 962 962 | 28 | 40 | |
| | 30 | 142 559 | 1605 | 179 624 | 1633 | 820 376 | 962 935 | 27 | 30 | |
| | 40 | 144 163 | 1604 | 181 256 | 1632 | 818 744 | 962 907 | 28 | 20 | |
| | 50 | 145 767 | 1604 | 182 887 | 1631 | 817 113 | 962 879 | 28 | 10 | |
| 29 | 0 | 147 370 | 1603 | 184 518 | 1631 | 815 482 | 962 852 | 27 | 0 | 31 |
| | 10 | 148 973 | 1603 | 186 149 | 1631 | 813 851 | 962 824 | 28 | 50 | |
| | 20 | 150 575 | 1602 | 187 778 | 1629 | 812 222 | 962 796 | 28 | 40 | |
| | 30 | 152 176 | 1601 | 189 407 | 1629 | 810 593 | 962 769 | 27 | 30 | |
| | 40 | 153 777 | 1601 | 191 036 | 1629 | 808 964 | 962 741 | 28 | 20 | |
| | 50 | 155 377 | 1600 | 192 664 | 1628 | 807 336 | 962 713 | 28 | 10 | |
| 30 | 0 | 1̄,1 156 977 | 1600 | 1̄,1 194 291 | 1627 | 0,8 805 709 | 1̄,9 962 686 | 27 | 0 | 30 |
| ′ | ″ | Cos. | | Cotg. | | Tang. | Sin. | | ″ | ′ |

| ′ | ″ | Sin. | D. | Tang. | D.c. | Cotg. | Cos. | D. | ″ | ′ |
|---|---|---|---|---|---|---|---|---|---|---|
| 30 | 0 | $\bar{1}$,1 156 977 | 1599 | $\bar{1}$,1 194 291 | 1627 | 0,8 805 709 | $\bar{1}$,9 962 686 | 28 | 0 | 30 |
| | 10 | 158 576 | 1598 | 195 918 | 1626 | 804 082 | 962 658 | 28 | 50 | |
| | 20 | 160 174 | 1598 | 197 544 | 1625 | 802 456 | 962 630 | 28 | 40 | |
| | 30 | 161 772 | 1597 | 199 169 | 1625 | 800 831 | 962 602 | 27 | 30 | |
| | 40 | 163 369 | 1597 | 200 794 | 1625 | 799 206 | 962 575 | 28 | 20 | |
| | 50 | 164 966 | 1596 | 202 419 | 1624 | 797 581 | 962 547 | 28 | 10 | |
| 31 | 0 | 166 562 | 1595 | 204 043 | 1623 | 795 957 | 962 519 | 28 | 0 | 29 |
| | 10 | 168 157 | 1595 | 205 666 | 1622 | 794 334 | 962 491 | 27 | 50 | |
| | 20 | 169 752 | 1594 | 207 288 | 1622 | 792 712 | 962 464 | 28 | 40 | |
| | 30 | 171 346 | 1594 | 208 910 | 1622 | 791 090 | 962 436 | 28 | 30 | |
| | 40 | 172 940 | 1593 | 210 532 | 1621 | 789 468 | 962 408 | 28 | 20 | |
| | 50 | 174 533 | 1592 | 212 153 | 1620 | 787 847 | 962 380 | 28 | 10 | |
| 32 | 0 | 176 125 | 1592 | 213 773 | 1620 | 786 227 | 962 352 | 28 | 0 | 28 |
| | 10 | 177 717 | 1591 | 215 393 | 1619 | 784 607 | 962 324 | 27 | 50 | |
| | 20 | 179 308 | 1591 | 217 012 | 1618 | 782 988 | 962 297 | 28 | 40 | |
| | 30 | 180 899 | 1590 | 218 630 | 1618 | 781 370 | 962 269 | 28 | 30 | |
| | 40 | 182 489 | 1590 | 220 248 | 1618 | 779 752 | 962 241 | 28 | 20 | |
| | 50 | 184 079 | 1588 | 221 866 | 1616 | 778 134 | 962 213 | 28 | 10 | |
| 33 | 0 | 185 667 | 1589 | 223 482 | 1617 | 776 518 | 962 185 | 28 | 0 | 27 |
| | 10 | 187 256 | 1587 | 225 099 | 1615 | 774 901 | 962 157 | 28 | 50 | |
| | 20 | 188 843 | 1588 | 226 714 | 1615 | 773 286 | 962 129 | 28 | 40 | |
| | 30 | 190 431 | 1586 | 228 329 | 1615 | 771 671 | 962 101 | 28 | 30 | |
| | 40 | 192 017 | 1586 | 229 944 | 1614 | 770 056 | 962 073 | 28 | 20 | |
| | 50 | 193 603 | 1585 | 231 558 | 1613 | 768 442 | 962 045 | 28 | 10 | |
| 34 | 0 | 195 188 | 1585 | 233 171 | 1613 | 766 829 | 962 017 | 28 | 0 | 26 |
| | 10 | 196 773 | 1584 | 234 784 | 1612 | 765 216 | 961 989 | 28 | 50 | |
| | 20 | 198 357 | 1584 | 236 396 | 1611 | 763 604 | 961 961 | 28 | 40 | |
| | 30 | 199 941 | 1583 | 238 007 | 1611 | 761 993 | 961 933 | 28 | 30 | |
| | 40 | 201 524 | 1582 | 239 618 | 1611 | 760 382 | 961 905 | 28 | 20 | |
| | 50 | 203 106 | 1582 | 241 229 | 1610 | 758 771 | 961 877 | 28 | 10 | |
| 35 | 0 | 204 688 | 1581 | 242 839 | 1609 | 757 161 | 961 849 | 28 | 0 | 25 |
| | 10 | 206 269 | 1581 | 244 448 | 1609 | 755 552 | 961 821 | 28 | 50 | |
| | 20 | 207 850 | 1580 | 246 057 | 1608 | 753 943 | 961 793 | 28 | 40 | |
| | 30 | 209 430 | 1579 | 247 665 | 1607 | 752 335 | 961 765 | 28 | 30 | |
| | 40 | 211 009 | 1579 | 249 272 | 1607 | 750 728 | 961 737 | 28 | 20 | |
| | 50 | 212 588 | 1579 | 250 879 | 1607 | 749 121 | 961 709 | 28 | 10 | |
| 36 | 0 | 214 167 | 1577 | 252 486 | 1605 | 747 514 | 961 681 | 28 | 0 | 24 |
| | 10 | 215 744 | 1578 | 254 091 | 1606 | 745 909 | 961 653 | 28 | 50 | |
| | 20 | 217 322 | 1576 | 255 697 | 1604 | 744 303 | 961 625 | 28 | 40 | |
| | 30 | 218 898 | 1576 | 257 301 | 1604 | 742 699 | 961 597 | 28 | 30 | |
| | 40 | 220 474 | 1575 | 258 905 | 1604 | 741 095 | 961 569 | 29 | 20 | |
| | 50 | 222 049 | 1575 | 260 509 | 1603 | 739 491 | 961 540 | 28 | 10 | |
| 37 | 0 | 223 624 | 1574 | 262 112 | 1602 | 737 888 | 961 512 | 28 | 0 | 23 |
| | 10 | 225 198 | 1574 | 263 714 | 1602 | 736 286 | 961 484 | 28 | 50 | |
| | 20 | 226 772 | 1573 | 265 316 | 1601 | 734 684 | 961 456 | 28 | 40 | |
| | 30 | 228 345 | 1573 | 266 917 | 1601 | 733 083 | 961 428 | 28 | 30 | |
| | 40 | 229 918 | 1572 | 268 518 | 1600 | 731 482 | 961 400 | 29 | 20 | |
| | 50 | 231 490 | 1571 | 270 118 | 1600 | 729 882 | 961 371 | 28 | 10 | |
| 38 | 0 | 233 061 | 1571 | 271 718 | 1599 | 728 282 | 961 343 | 28 | 0 | 22 |
| | 10 | 234 632 | 1570 | 273 317 | 1598 | 726 683 | 961 315 | 28 | 50 | |
| | 20 | 236 202 | 1569 | 274 915 | 1598 | 725 085 | 961 287 | 29 | 40 | |
| | 30 | 237 771 | 1569 | 276 513 | 1597 | 723 487 | 961 258 | 28 | 30 | |
| | 40 | 239 340 | 1569 | 278 110 | 1597 | 721 890 | 961 230 | 28 | 20 | |
| | 50 | 240 909 | 1568 | 279 707 | 1596 | 720 293 | 961 202 | 28 | 10 | |
| 39 | 0 | 242 477 | 1567 | 281 303 | 1596 | 718 697 | 961 174 | 29 | 0 | 21 |
| | 10 | 244 044 | 1567 | 282 899 | 1595 | 717 101 | 961 145 | 28 | 50 | |
| | 20 | 245 611 | 1566 | 284 494 | 1594 | 715 506 | 961 117 | 28 | 40 | |
| | 30 | 247 177 | 1565 | 286 088 | 1594 | 713 912 | 961 089 | 29 | 30 | |
| | 40 | 248 742 | 1566 | 287 682 | 1593 | 712 318 | 961 060 | 28 | 20 | |
| | 50 | 250 307 | 1565 | 289 275 | 1593 | 710 725 | 961 032 | 28 | 10 | |
| 40 | 0 | $\bar{1}$,1 251 872 | | $\bar{1}$,1 290 868 | | 0,8 709 132 | $\bar{1}$,9 961 004 | | 0 | 20 |
| ′ | ″ | Cos. | | Cotg. | | Tang. | Sin. | | ″ | ′ |

82°

| 1620 | |
|---|---|
| 1 | 162 |
| 2 | 324 |
| 3 | 486 |
| 4 | 648 |
| 5 | 810 |
| 6 | 972 |
| 7 | 1134 |
| 8 | 1296 |
| 9 | 1458 |

| 1610 | |
|---|---|
| 1 | 161 |
| 2 | 322 |
| 3 | 483 |
| 4 | 644 |
| 5 | 805 |
| 6 | 966 |
| 7 | 1127 |
| 8 | 1288 |
| 9 | 1449 |

| 1600 | |
|---|---|
| 1 | 160 |
| 2 | 320 |
| 3 | 480 |
| 4 | 640 |
| 5 | 800 |
| 6 | 960 |
| 7 | 1120 |
| 8 | 1280 |
| 9 | 1440 |

| 1590 | |
|---|---|
| 1 | 159 |
| 2 | 318 |
| 3 | 477 |
| 4 | 636 |
| 5 | 795 |
| 6 | 954 |
| 7 | 1113 |
| 8 | 1272 |
| 9 | 1431 |

| 1580 | |
|---|---|
| 1 | 158 |
| 2 | 316 |
| 3 | 474 |
| 4 | 632 |
| 5 | 790 |
| 6 | 948 |
| 7 | 1106 |
| 8 | 1264 |
| 9 | 1422 |

| 1570 | |
|---|---|
| 1 | 157 |
| 2 | 314 |
| 3 | 471 |
| 4 | 628 |
| 5 | 785 |
| 6 | 942 |
| 7 | 1099 |
| 8 | 1256 |
| 9 | 1413 |

| 1560 | |
|---|---|
| 1 | 156 |
| 2 | 312 |
| 3 | 468 |
| 4 | 624 |
| 5 | 780 |
| 6 | 936 |
| 7 | 1092 |
| 8 | 1248 |
| 9 | 1404 |

| 28 | |
|---|---|
| 1 | 2,8 |
| 2 | 5,6 |
| 3 | 8,4 |
| 4 | 11,2 |
| 5 | 14,0 |
| 6 | 16,8 |
| 7 | 19,6 |
| 8 | 22,4 |
| 9 | 25,2 |

| | 1590 | 1580 | 1570 | 1560 | 1550 | 1540 | 1530 | 28 |
|---|---|---|---|---|---|---|---|---|
| 1 | 159 | 158 | 157 | 156 | 155 | 154 | 153 | 2,8 |
| 2 | 318 | 316 | 314 | 312 | 310 | 308 | 306 | 5,6 |
| 3 | 477 | 474 | 471 | 468 | 465 | 462 | 459 | 8,4 |
| 4 | 636 | 632 | 628 | 624 | 620 | 616 | 612 | 11,2 |
| 5 | 795 | 790 | 785 | 780 | 775 | 770 | 765 | 14,0 |
| 6 | 954 | 948 | 942 | 936 | 930 | 924 | 918 | 16,8 |
| 7 | 1113 | 1106 | 1099 | 1092 | 1085 | 1078 | 1071 | 19,6 |
| 8 | 1272 | 1264 | 1256 | 1248 | 1240 | 1232 | 1224 | 22,4 |
| 9 | 1431 | 1422 | 1413 | 1404 | 1395 | 1386 | 1377 | 25,2 |

| ′ | ″ | Sin. | D. | Tang. | D.c. | Cotg. | Cos. | D. | ″ | ′ |
|---|---|---|---|---|---|---|---|---|---|---|
| 40 | 0 | $\bar{1}$,1 251 872 | 1564 | $\bar{1}$,1 290 868 | 1592 | 0,8 709 132 | $\bar{1}$,9 961 004 | 29 | 0 | 20 |
| | 10 | 253 436 | 1563 | 292 460 | 1592 | 707 540 | 960 975 | 28 | 50 | |
| | 20 | 254 999 | 1563 | 294 052 | 1591 | 705 948 | 960 947 | 28 | 40 | |
| | 30 | 256 562 | 1562 | 295 643 | 1590 | 704 357 | 960 919 | 29 | 30 | |
| | 40 | 258 124 | 1561 | 297 233 | 1590 | 702 767 | 960 890 | 28 | 20 | |
| | 50 | 259 685 | 1561 | 298 823 | 1590 | 701 177 | 960 862 | 28 | 10 | |
| 41 | 0 | 261 246 | 1561 | 300 413 | 1589 | 699 587 | 960 834 | 29 | 0 | 19 |
| | 10 | 262 807 | 1560 | 302 002 | 1588 | 697 998 | 960 805 | 28 | 50 | |
| | 20 | 264 367 | 1559 | 303 590 | 1588 | 696 410 | 960 777 | 29 | 40 | |
| | 30 | 265 926 | 1559 | 305 178 | 1587 | 694 822 | 960 748 | 28 | 30 | |
| | 40 | 267 485 | 1558 | 306 765 | 1586 | 693 235 | 960 720 | 29 | 20 | |
| | 50 | 269 043 | 1557 | 308 351 | 1586 | 691 649 | 960 691 | 28 | 10 | |
| 42 | 0 | 270 600 | 1557 | 309 937 | 1586 | 690 063 | 960 663 | 29 | 0 | 18 |
| | 10 | 272 157 | 1557 | 311 523 | 1585 | 688 477 | 960 634 | 28 | 50 | |
| | 20 | 273 714 | 1555 | 313 108 | 1584 | 686 892 | 960 606 | 29 | 40 | |
| | 30 | 275 269 | 1556 | 314 692 | 1584 | 685 308 | 960 577 | 28 | 30 | |
| | 40 | 276 825 | 1555 | 316 276 | 1583 | 683 724 | 960 549 | 29 | 20 | |
| | 50 | 278 380 | 1554 | 317 859 | 1583 | 682 141 | 960 520 | 28 | 10 | |
| 43 | 0 | 279 934 | 1553 | 319 442 | 1582 | 680 558 | 960 492 | 29 | 0 | 17 |
| | 10 | 281 487 | 1553 | 321 024 | 1581 | 678 976 | 960 463 | 28 | 50 | |
| | 20 | 283 040 | 1553 | 322 605 | 1581 | 677 395 | 960 435 | 29 | 40 | |
| | 30 | 284 593 | 1552 | 324 186 | 1581 | 675 814 | 960 406 | 28 | 30 | |
| | 40 | 286 145 | 1551 | 325 767 | 1580 | 674 233 | 960 378 | 29 | 20 | |
| | 50 | 287 696 | 1551 | 327 347 | 1579 | 672 653 | 960 349 | 28 | 10 | |
| 44 | 0 | 289 247 | 1550 | 328 926 | 1579 | 671 074 | 960 321 | 29 | 0 | 16 |
| | 10 | 290 797 | 1550 | 330 505 | 1578 | 669 495 | 960 292 | 29 | 50 | |
| | 20 | 292 347 | 1549 | 332 083 | 1578 | 667 917 | 960 263 | 28 | 40 | |
| | 30 | 293 896 | 1548 | 333 661 | 1577 | 666 339 | 960 235 | 29 | 30 | |
| | 40 | 295 444 | 1548 | 335 238 | 1577 | 664 762 | 960 206 | 29 | 20 | |
| | 50 | 296 992 | 1547 | 336 815 | 1576 | 663 185 | 960 177 | 28 | 10 | |
| 45 | 0 | 298 539 | 1547 | 338 391 | 1575 | 661 609 | 960 149 | 29 | 0 | 15 |
| | 10 | 300 086 | 1547 | 339 966 | 1575 | 660 034 | 960 120 | 29 | 50 | |
| | 20 | 301 633 | 1545 | 341 541 | 1574 | 658 459 | 960 091 | 28 | 40 | |
| | 30 | 303 178 | 1545 | 343 115 | 1574 | 656 885 | 960 063 | 29 | 30 | |
| | 40 | 304 723 | 1545 | 344 689 | 1574 | 655 311 | 960 034 | 29 | 20 | |
| | 50 | 306 268 | 1544 | 346 263 | 1572 | 653 737 | 960 005 | 28 | 10 | |
| 46 | 0 | 307 812 | 1543 | 347 835 | 1573 | 652 165 | 959 977 | 29 | 0 | 14 |
| | 10 | 309 355 | 1543 | 349 408 | 1571 | 650 592 | 959 948 | 29 | 50 | |
| | 20 | 310 898 | 1543 | 350 979 | 1571 | 649 021 | 959 919 | 28 | 40 | |
| | 30 | 312 441 | 1542 | 352 550 | 1571 | 647 450 | 959 891 | 29 | 30 | |
| | 40 | 313 983 | 1541 | 354 121 | 1570 | 645 879 | 959 862 | 29 | 20 | |
| | 50 | 315 524 | 1540 | 355 691 | 1569 | 644 309 | 959 833 | 29 | 10 | |
| 47 | 0 | 317 064 | 1541 | 357 260 | 1569 | 642 740 | 959 804 | 29 | 0 | 13 |
| | 10 | 318 605 | 1539 | 358 829 | 1568 | 641 171 | 959 775 | 28 | 50 | |
| | 20 | 320 144 | 1539 | 360 397 | 1568 | 639 603 | 959 747 | 29 | 40 | |
| | 30 | 321 683 | 1539 | 361 965 | 1568 | 638 035 | 959 718 | 29 | 30 | |
| | 40 | 323 222 | 1537 | 363 533 | 1566 | 636 467 | 959 689 | 29 | 20 | |
| | 50 | 324 759 | 1538 | 365 099 | 1566 | 634 901 | 959 660 | 29 | 10 | |
| 48 | 0 | 326 297 | 1537 | 366 665 | 1566 | 633 335 | 959 631 | 29 | 0 | 12 |
| | 10 | 327 834 | 1536 | 368 231 | 1565 | 631 769 | 959 602 | 28 | 50 | |
| | 20 | 329 370 | 1536 | 369 796 | 1565 | 630 204 | 959 574 | 29 | 40 | |
| | 30 | 330 906 | 1535 | 371 361 | 1564 | 628 639 | 959 545 | 29 | 30 | |
| | 40 | 332 441 | 1534 | 372 925 | 1563 | 627 075 | 959 516 | 29 | 20 | |
| | 50 | 333 975 | 1534 | 374 488 | 1563 | 625 512 | 959 487 | 29 | 10 | |
| 49 | 0 | 335 509 | 1534 | 376 051 | 1563 | 623 949 | 959 458 | 29 | 0 | 11 |
| | 10 | 337 043 | 1533 | 377 614 | 1561 | 622 386 | 959 429 | 29 | 50 | |
| | 20 | 338 576 | 1532 | 379 175 | 1562 | 620 825 | 959 400 | 29 | 40 | |
| | 30 | 340 108 | 1532 | 380 737 | 1560 | 619 263 | 959 371 | 29 | 30 | |
| | 40 | 341 640 | 1531 | 382 297 | 1561 | 617 703 | 959 342 | 29 | 20 | |
| | 50 | 343 171 | 1531 | 383 858 | 1559 | 616 142 | 959 313 | 29 | 10 | |
| 50 | 0 | $\bar{1}$,1 344 702 | | $\bar{1}$,1 385 417 | | 0,8 614 583 | $\bar{1}$,9 959 284 | | 0 | 10 |
| ′ | ″ | Cos. | | Cotg. | | Tang. | Sin. | | ″ | ′ |

| ′ | ″ | Sin. | D. | Tang. | D.c. | Cotg. | Cos. | D. | ″ | ′ |
|---|---|---|---|---|---|---|---|---|---|---|
| 50 | 0 | ī,1 344 702 | | ī,1 385 417 | | 0,8 614 583 | ī,9 959 284 | | 0 | 10 |
| | 10 | 346 232 | 1530 | 386 976 | 1559 | 613 024 | 959 256 | 28 | 50 | |
| | 20 | 347 762 | 1530 | 388 535 | 1559 | 611 465 | 959 227 | 29 | 40 | |
| | 30 | 349 291 | 1529 | 390 093 | 1558 | 609 907 | 959 198 | 29 | 30 | |
| | 40 | 350 819 | 1528 | 391 651 | 1558 | 608 349 | 959 169 | 29 | 20 | |
| | 50 | 352 347 | 1528 | 393 208 | 1557 | 606 792 | 959 140 | 29 | 10 | |
| 51 | 0 | 353 875 | 1528 | 394 764 | 1556 | 605 236 | 959 111 | 29 | 0 | 9 |
| | 10 | 355 402 | 1527 | 396 320 | 1556 | 603 680 | 959 081 | 30 | 50 | |
| | 20 | 356 928 | 1526 | 397 875 | 1555 | 602 125 | 959 052 | 29 | 40 | |
| | 30 | 358 454 | 1526 | 399 430 | 1555 | 600 570 | 959 023 | 29 | 30 | |
| | 40 | 359 979 | 1525 | 400 985 | 1555 | 599 015 | 958 994 | 29 | 20 | |
| | 50 | 361 504 | 1525 | 402 538 | 1553 | 597 462 | 958 965 | 29 | 10 | |
| 52 | 0 | 363 028 | 1524 | 404 092 | 1554 | 595 908 | 958 936 | 29 | 0 | 8 |
| | 10 | 364 551 | 1523 | 405 644 | 1552 | 594 356 | 958 907 | 29 | 50 | |
| | 20 | 366 074 | 1523 | 407 196 | 1552 | 592 804 | 958 878 | 29 | 40 | |
| | 30 | 367 597 | 1523 | 408 748 | 1552 | 591 252 | 958 849 | 29 | 30 | |
| | 40 | 369 119 | 1522 | 410 299 | 1551 | 589 701 | 958 820 | 29 | 20 | |
| | 50 | 370 640 | 1521 | 411 850 | 1551 | 588 150 | 958 791 | 29 | 10 | |
| 53 | 0 | 372 161 | 1521 | 413 400 | 1550 | 586 600 | 958 761 | 30 | 0 | 7 |
| | 10 | 373 682 | 1521 | 414 949 | 1549 | 585 051 | 958 732 | 29 | 50 | |
| | 20 | 375 201 | 1519 | 416 498 | 1549 | 583 502 | 958 703 | 29 | 40 | |
| | 30 | 376 721 | 1520 | 418 047 | 1549 | 581 953 | 958 674 | 29 | 30 | |
| | 40 | 378 239 | 1518 | 419 595 | 1548 | 580 405 | 958 645 | 29 | 20 | |
| | 50 | 379 757 | 1518 | 421 142 | 1547 | 578 858 | 958 616 | 29 | 10 | |
| 54 | 0 | 381 275 | 1518 | 422 689 | 1547 | 577 311 | 958 586 | 30 | 0 | 6 |
| | 10 | 382 792 | 1517 | 424 235 | 1546 | 575 765 | 958 557 | 29 | 50 | |
| | 20 | 384 309 | 1517 | 425 781 | 1546 | 574 219 | 958 528 | 29 | 40 | |
| | 30 | 385 825 | 1516 | 427 326 | 1545 | 572 674 | 958 499 | 29 | 30 | |
| | 40 | 387 340 | 1515 | 428 871 | 1545 | 571 129 | 958 469 | 30 | 20 | |
| | 50 | 388 855 | 1515 | 430 415 | 1544 | 569 585 | 958 440 | 29 | 10 | |
| 55 | 0 | 390 370 | 1515 | 431 959 | 1544 | 568 041 | 958 411 | 29 | 0 | 5 |
| | 10 | 391 883 | 1513 | 433 502 | 1543 | 566 498 | 958 382 | 29 | 50 | |
| | 20 | 393 397 | 1514 | 435 045 | 1543 | 564 955 | 958 352 | 30 | 40 | |
| | 30 | 394 910 | 1513 | 436 587 | 1542 | 563 413 | 958 323 | 29 | 30 | |
| | 40 | 396 422 | 1512 | 438 128 | 1541 | 561 872 | 958 294 | 29 | 20 | |
| | 50 | 397 934 | 1512 | 439 669 | 1541 | 560 331 | 958 264 | 30 | 10 | |
| 56 | 0 | 399 445 | 1511 | 441 210 | 1541 | 558 790 | 958 235 | 29 | 0 | 4 |
| | 10 | 400 955 | 1510 | 442 750 | 1540 | 557 250 | 958 206 | 29 | 50 | |
| | 20 | 402 465 | 1510 | 444 289 | 1539 | 555 711 | 958 176 | 30 | 40 | |
| | 30 | 403 975 | 1510 | 445 828 | 1539 | 554 172 | 958 147 | 29 | 30 | |
| | 40 | 405 484 | 1509 | 447 367 | 1539 | 552 633 | 958 117 | 30 | 20 | |
| | 50 | 406 993 | 1509 | 448 904 | 1537 | 551 096 | 958 088 | 29 | 10 | |
| 57 | 0 | 408 501 | 1508 | 450 442 | 1538 | 549 558 | 958 059 | 29 | 0 | 3 |
| | 10 | 410 008 | 1507 | 451 979 | 1537 | 548 021 | 958 029 | 30 | 50 | |
| | 20 | 411 515 | 1507 | 453 515 | 1536 | 546 485 | 958 000 | 29 | 40 | |
| | 30 | 413 021 | 1506 | 455 051 | 1536 | 544 949 | 957 970 | 30 | 30 | |
| | 40 | 414 527 | 1506 | 456 586 | 1535 | 543 414 | 957 941 | 29 | 20 | |
| | 50 | 416 032 | 1505 | 458 121 | 1535 | 541 879 | 957 912 | 29 | 10 | |
| 58 | 0 | 417 [illegible] | 1505 | [illegible] 655 | 1534 | 540 345 | 957 88[illegible] | 30 | 0 | 2 |
| | 10 | 419 041 | 1504 | 461 189 | 1534 | 538 811 | 957 853 | 29 | 50 | |
| | 20 | 420 545 | 1504 | 462 722 | 1533 | 537 278 | 957 823 | 30 | 40 | |
| | 30 | 422 048 | 1503 | 464 255 | 1533 | 535 745 | 957 794 | 29 | 30 | |
| | 40 | 423 551 | 1503 | 465 787 | 1532 | 534 213 | 957 764 | 30 | 20 | |
| | 50 | 425 053 | 1502 | 467 318 | 1531 | 532 682 | 957 735 | 29 | 10 | |
| 59 | 0 | 426 555 | 1502 | 468 849 | 1531 | 531 151 | 957 705 | 30 | 0 | 1 |
| | 10 | 428 056 | 1501 | 470 380 | 1531 | 529 620 | 957 676 | 29 | 50 | |
| | 20 | 429 556 | 1500 | 471 910 | 1530 | 528 090 | 957 646 | 30 | 40 | |
| | 30 | 431 056 | 1500 | 473 440 | 1530 | 526 560 | 957 616 | 30 | 30 | |
| | 40 | 432 556 | 1500 | 474 969 | 1529 | 525 031 | 957 587 | 29 | 20 | |
| | 50 | 434 055 | 1499 | 476 497 | 1528 | 523 502 | 957 557 | 30 | 10 | |
| 60 | 0 | ī,1 435 553 | 1498 | ī,1 478 025 | 1528 | 0,8 521 975 | ī,9 957 528 | 29 | 0 | 0 |
| ′ | ″ | Cos. | | Cotg. | | Tang. | Sin. | | ″ | ′ |

| 1550 | |
|---|---|
| 1 | 155 |
| 2 | 310 |
| 3 | 465 |
| 4 | 620 |
| 5 | 775 |
| 6 | 930 |
| 7 | 1085 |
| 8 | 1240 |
| 9 | 1395 |

| 1540 | |
|---|---|
| 1 | 154 |
| 2 | 308 |
| 3 | 462 |
| 4 | 616 |
| 5 | 770 |
| 6 | 924 |
| 7 | 1078 |
| 8 | 1232 |
| 9 | 1386 |

| 1530 | |
|---|---|
| 1 | 153 |
| 2 | 306 |
| 3 | 459 |
| 4 | 612 |
| 5 | 765 |
| 6 | 918 |
| 7 | 1071 |
| 8 | 1224 |
| 9 | 1377 |

| 1520 | |
|---|---|
| 1 | 152 |
| 2 | 304 |
| 3 | 456 |
| 4 | 608 |
| 5 | 760 |
| 6 | 912 |
| 7 | 1064 |
| 8 | 1216 |
| 9 | 1368 |

| 1510 | |
|---|---|
| 1 | 151 |
| 2 | 302 |
| 3 | 453 |
| 4 | 604 |
| 5 | 755 |
| 6 | 906 |
| 7 | 1057 |
| 8 | 1208 |
| 9 | 1359 |

| 1500 | |
|---|---|
| 1 | 150 |
| 2 | 300 |
| 3 | 450 |
| 4 | 600 |
| 5 | 750 |
| 6 | 900 |
| 7 | 1050 |
| 8 | 1200 |
| 9 | 1350 |

| 1490 | |
|---|---|
| 1 | 149 |
| 2 | 298 |
| 3 | 447 |
| 4 | 596 |
| 5 | 745 |
| 6 | 894 |
| 7 | 1043 |
| 8 | 1192 |
| 9 | 1341 |

| 29 | |
|---|---|
| 1 | 2,9 |
| 2 | 5,8 |
| 3 | 8,7 |
| 4 | 11,6 |
| 5 | 14,5 |
| 6 | 17,4 |
| 7 | 20,3 |
| 8 | 23,2 |
| 9 | 26,1 |

| ′ | ″ | Sin. | D. | Tang. | D.c. | Cotg. | Cos. | D. | ″ | ′ |
|---|---|---|---|---|---|---|---|---|---|---|
| 0 | 0 | 1̄,1 435 553 | 1498 | 1̄,1 478 025 | 1528 | 0,8 521 975 | 1̄,9 957 528 | 30 | 0 | 60 |
| | 10 | 437 051 | 1497 | 479 553 | 1527 | 520 447 | 957 498 | 29 | 50 | |
| | 20 | 438 548 | 1497 | 481 080 | 1526 | 518 920 | 957 469 | 30 | 40 | |
| | 30 | 440 045 | 1496 | 482 606 | 1526 | 517 394 | 957 439 | 30 | 30 | |
| | 40 | 441 541 | 1496 | 484 132 | 1526 | 515 868 | 957 409 | 29 | 20 | |
| | 50 | 443 037 | 1495 | 485 658 | 1524 | 514 342 | 957 380 | 30 | 10 | |
| 1 | 0 | 444 532 | 1495 | 487 182 | 1525 | 512 818 | 957 350 | 30 | 0 | 59 |
| | 10 | 446 027 | 1494 | 488 707 | 1524 | 511 293 | 957 320 | 29 | 50 | |
| | 20 | 447 521 | 1494 | 490 231 | 1523 | 509 769 | 957 291 | 30 | 40 | |
| | 30 | 449 015 | 1493 | 491 754 | 1523 | 508 246 | 957 261 | 30 | 30 | |
| | 40 | 450 508 | 1493 | 493 277 | 1522 | 506 723 | 957 231 | 29 | 20 | |
| | 50 | 452 001 | 1492 | 494 799 | 1522 | 505 201 | 957 202 | 30 | 10 | |
| 2 | 0 | 453 493 | 1492 | 496 321 | 1521 | 503 679 | 957 172 | 30 | 0 | 58 |
| | 10 | 454 985 | 1491 | 497 842 | 1521 | 502 158 | 957 142 | 30 | 50 | |
| | 20 | 456 476 | 1490 | 499 363 | 1521 | 500 637 | 957 112 | 29 | 40 | |
| | 30 | 457 966 | 1490 | 500 884 | 1519 | 499 116 | 957 083 | 30 | 30 | |
| | 40 | 459 456 | 1490 | 502 403 | 1520 | 497 597 | 957 053 | 30 | 20 | |
| | 50 | 460 946 | 1489 | 503 923 | 1518 | 496 077 | 957 023 | 30 | 10 | |
| 3 | 0 | 462 435 | 1488 | 505 441 | 1519 | 494 559 | 956 993 | 29 | 0 | 57 |
| | 10 | 463 923 | 1488 | 506 960 | 1517 | 493 040 | 956 964 | 30 | 50 | |
| | 20 | 465 411 | 1488 | 508 477 | 1518 | 491 523 | 956 934 | 30 | 40 | |
| | 30 | 466 899 | 1487 | 509 995 | 1516 | 490 005 | 956 904 | 30 | 30 | |
| | 40 | 468 386 | 1486 | 511 511 | 1517 | 488 489 | 956 874 | 30 | 20 | |
| | 50 | 469 872 | 1486 | 513 028 | 1515 | 486 972 | 956 844 | 29 | 10 | |
| 4 | 0 | 471 358 | 1485 | 514 543 | 1515 | 485 457 | 956 815 | 30 | 0 | 56 |
| | 10 | 472 843 | 1485 | 516 058 | 1515 | 483 942 | 956 785 | 30 | 50 | |
| | 20 | 474 328 | 1484 | 517 573 | 1514 | 482 427 | 956 755 | 30 | 40 | |
| | 30 | 475 812 | 1484 | 519 087 | 1514 | 480 913 | 956 725 | 30 | 30 | |
| | 40 | 477 296 | 1483 | 520 601 | 1513 | 479 399 | 956 695 | 30 | 20 | |
| | 50 | 478 779 | 1483 | 522 114 | 1513 | 477 886 | 956 665 | 30 | 10 | |
| 5 | 0 | 480 262 | 1482 | 523 627 | 1512 | 476 373 | 956 635 | 30 | 0 | 55 |
| | 10 | 481 744 | 1482 | 525 139 | 1512 | 474 861 | 956 605 | 29 | 50 | |
| | 20 | 483 226 | 1481 | 526 651 | 1511 | 473 349 | 956 576 | 30 | 40 | |
| | 30 | 484 707 | 1481 | 528 162 | 1510 | 471 838 | 956 546 | 30 | 30 | |
| | 40 | 486 188 | 1480 | 529 672 | 1511 | 470 328 | 956 516 | 30 | 20 | |
| | 50 | 487 668 | 1480 | 531 183 | 1509 | 468 817 | 956 486 | 30 | 10 | |
| 6 | 0 | 489 148 | 1479 | 532 692 | 1509 | 467 308 | 956 456 | 30 | 0 | 54 |
| | 10 | 490 627 | 1479 | 534 201 | 1509 | 465 799 | 956 426 | 30 | 50 | |
| | 20 | 492 106 | 1478 | 535 710 | 1508 | 464 290 | 956 396 | 30 | 40 | |
| | 30 | 493 584 | 1477 | 537 218 | 1508 | 462 782 | 956 366 | 30 | 30 | |
| | 40 | 495 061 | 1478 | 538 726 | 1507 | 461 274 | 956 336 | 30 | 20 | |
| | 50 | 496 539 | 1476 | 540 233 | 1506 | 459 767 | 956 306 | 30 | 10 | |
| 7 | 0 | 498 015 | 1476 | 541 739 | 1507 | 458 261 | 956 276 | 30 | 0 | 53 |
| | 10 | 499 491 | 1476 | 543 246 | 1505 | 456 754 | 956 246 | 30 | 50 | |
| | 20 | 500 967 | 1475 | 544 751 | 1505 | 455 249 | 956 216 | 30 | 40 | |
| | 30 | 502 442 | 1474 | 546 256 | 1505 | 453 744 | 956 186 | 30 | 30 | |
| | 40 | 503 916 | 1474 | 547 761 | 1504 | 452 239 | 956 156 | 31 | 20 | |
| | 50 | 505 390 | 1474 | 549 265 | 1504 | 450 735 | 956 125 | 30 | 10 | |
| 8 | 0 | 506 864 | 1473 | 550 769 | 1503 | 449 231 | 956 095 | 30 | 0 | 52 |
| | 10 | 508 337 | 1472 | 552 272 | 1502 | 447 728 | 956 065 | 30 | 50 | |
| | 20 | 509 809 | 1472 | 553 774 | 1502 | 446 226 | 956 035 | 30 | 40 | |
| | 30 | 511 281 | 1472 | 555 276 | 1502 | 444 724 | 956 005 | 30 | 30 | |
| | 40 | 512 753 | 1471 | 556 778 | 1501 | 443 222 | 955 975 | 30 | 20 | |
| | 50 | 514 224 | 1470 | 558 279 | 1501 | 441 721 | 955 945 | 30 | 10 | |
| 9 | 0 | 515 694 | 1470 | 559 780 | 1500 | 440 220 | 955 915 | 31 | 0 | 51 |
| | 10 | 517 164 | 1470 | 561 280 | 1500 | 438 720 | 955 884 | 30 | 50 | |
| | 20 | 518 634 | 1469 | 562 780 | 1499 | 437 220 | 955 854 | 30 | 40 | |
| | 30 | 520 103 | 1468 | 564 279 | 1498 | 435 721 | 955 824 | 30 | 30 | |
| | 40 | 521 571 | 1468 | 565 777 | 1498 | 434 223 | 955 794 | 30 | 20 | |
| | 50 | 523 039 | 1468 | 567 275 | 1498 | 432 725 | 955 764 | 30 | 10 | |
| 10 | 0 | 1̄,1 524 507 | | 1̄,1 568 773 | | 0,8 431 227 | 1̄,9 955 734 | | 0 | 50 |
| ′ | ″ | Cos. | | Cotg. | | Tang. | Sin. | | ″ | ′ |

| | 1520 | 1510 | 1500 | 1490 | 1480 | 1470 | 1460 | 29 |
|---|---|---|---|---|---|---|---|---|
| 1 | 152 | 151 | 150 | 149 | 148 | 147 | 146 | 2,9 |
| 2 | 304 | 302 | 300 | 298 | 296 | 294 | 292 | 5,8 |
| 3 | 456 | 453 | 450 | 447 | 444 | 441 | 438 | 8,7 |
| 4 | 608 | 604 | 600 | 596 | 592 | 588 | 584 | 11,6 |
| 5 | 760 | 755 | 750 | 745 | 740 | 735 | 730 | 14,5 |
| 6 | 912 | 906 | 900 | 894 | 888 | 882 | 876 | 17,4 |
| 7 | 1064 | 1057 | 1050 | 1043 | 1036 | 1029 | 1022 | 20,3 |
| 8 | 1216 | 1208 | 1200 | 1192 | 1184 | 1176 | 1168 | 23,2 |
| 9 | 1368 | 1359 | 1350 | 1341 | 1332 | 1323 | 1314 | 26,1 |

| ′ | ″ | Sin. | D. | Tang. | D.c. | Cotg. | Cos. | D. | ″ | ′ |
|---|---|---|---|---|---|---|---|---|---|---|
| 10 | 0 | $\bar{1}$,1 524 507 | 1467 | $\bar{1}$,1 568 773 | 1497 | 0,8 431 227 | $\bar{1}$,9 955 734 | 31 | 0 | 50 |
| | 10 | 525 974 | 1466 | 570 270 | 1497 | 429 730 | 955 703 | 30 | 50 | |
| | 20 | 527 440 | 1466 | 571 767 | 1496 | 428 233 | 955 673 | 30 | 40 | |
| | 30 | 528 906 | 1465 | 573 263 | 1496 | 426 737 | 955 643 | 30 | 30 | |
| | 40 | 530 371 | 1465 | 574 759 | 1495 | 425 241 | 955 613 | 31 | 20 | |
| | 50 | 531 836 | 1465 | 576 254 | 1494 | 423 746 | 955 582 | 30 | 10 | |
| 11 | 0 | 533 301 | 1463 | 577 748 | 1495 | 422 252 | 955 552 | 30 | 0 | 49 |
| | 10 | 534 764 | 1464 | 579 243 | 1493 | 420 757 | 955 522 | 31 | 50 | |
| | 20 | 536 228 | 1463 | 580 736 | 1494 | 419 264 | 955 491 | 30 | 40 | |
| | 30 | 537 691 | 1462 | 582 230 | 1492 | 417 770 | 955 461 | 30 | 30 | |
| | 40 | 539 153 | 1462 | 583 722 | 1492 | 416 278 | 955 431 | 30 | 20 | |
| | 50 | 540 615 | 1461 | 585 214 | 1492 | 414 786 | 955 401 | 31 | 10 | |
| 12 | 0 | 542 076 | 1461 | 586 706 | 1491 | 413 294 | 955 370 | 30 | 0 | 48 |
| | 10 | 543 537 | 1461 | 588 197 | 1491 | 411 803 | 955 340 | 31 | 50 | |
| | 20 | 544 998 | 1459 | 589 688 | 1490 | 410 312 | 955 309 | 30 | 40 | |
| | 30 | 546 457 | 1460 | 591 178 | 1490 | 408 822 | 955 279 | 30 | 30 | |
| | 40 | 547 917 | 1459 | 592 668 | 1489 | 407 332 | 955 249 | 31 | 20 | |
| | 50 | 549 376 | 1458 | 594 157 | 1489 | 405 843 | 955 218 | 30 | 10 | |
| 13 | 0 | 550 834 | 1458 | 595 646 | 1488 | 404 354 | 955 188 | 30 | 0 | 47 |
| | 10 | 552 292 | 1457 | 597 134 | 1488 | 402 866 | 955 158 | 31 | 50 | |
| | 20 | 553 749 | 1457 | 598 622 | 1488 | 401 378 | 955 127 | 30 | 40 | |
| | 30 | 555 206 | 1457 | 600 110 | 1486 | 399 890 | 955 097 | 31 | 30 | |
| | 40 | 556 663 | 1455 | 601 596 | 1487 | 398 404 | 955 066 | 30 | 20 | |
| | 50 | 558 118 | 1456 | 603 083 | 1486 | 396 917 | 955 036 | 31 | 10 | |
| 14 | 0 | 559 574 | 1455 | 604 569 | 1485 | 395 431 | 955 005 | 30 | 0 | 46 |
| | 10 | 561 029 | 1454 | 606 054 | 1485 | 393 946 | 954 975 | 31 | 50 | |
| | 20 | 562 483 | 1454 | 607 539 | 1484 | 392 461 | 954 944 | 30 | 40 | |
| | 30 | 563 937 | 1453 | 609 023 | 1484 | 390 977 | 954 914 | 31 | 30 | |
| | 40 | 565 390 | 1453 | 610 507 | 1483 | 389 493 | 954 883 | 30 | 20 | |
| | 50 | 566 843 | 1453 | 611 990 | 1483 | 388 010 | 954 853 | 31 | 10 | |
| 15 | 0 | 568 296 | 1452 | 613 473 | 1483 | 386 527 | 954 822 | 30 | 0 | 45 |
| | 10 | 569 748 | 1451 | 614 956 | 1482 | 385 044 | 954 792 | 31 | 50 | |
| | 20 | 571 199 | 1451 | 616 438 | 1481 | 383 562 | 954 761 | 30 | 40 | |
| | 30 | 572 650 | 1450 | 617 919 | 1481 | 382 081 | 954 731 | 31 | 30 | |
| | 40 | 574 100 | 1450 | 619 400 | 1481 | 380 600 | 954 700 | 30 | 20 | |
| | 50 | 575 550 | 1450 | 620 881 | 1480 | 379 119 | 954 670 | 31 | 10 | |
| 16 | 0 | 577 000 | 1449 | 622 361 | 1479 | 377 639 | 954 639 | 31 | 0 | 44 |
| | 10 | 578 449 | 1448 | 623 840 | 1479 | 376 160 | 954 608 | 30 | 50 | |
| | 20 | 579 897 | 1448 | 625 319 | 1479 | 374 681 | 954 578 | 31 | 40 | |
| | 30 | 581 345 | 1447 | 626 798 | 1478 | 373 202 | 954 547 | 30 | 30 | |
| | 40 | 582 792 | 1447 | 628 276 | 1478 | 371 724 | 954 517 | 31 | 20 | |
| | 50 | 584 239 | 1447 | 629 754 | 1477 | 370 246 | 954 486 | 31 | 10 | |
| 17 | 0 | 585 686 | 1446 | 631 231 | 1476 | 368 769 | 954 455 | 30 | 0 | 43 |
| | 10 | 587 132 | 1445 | 632 707 | 1476 | 367 293 | 954 425 | 31 | 50 | |
| | 20 | 588 577 | 1445 | 634 183 | 1476 | 365 817 | 954 394 | 31 | 40 | |
| | 30 | 590 022 | 1445 | 635 659 | 1475 | 364 341 | 954 363 | 30 | 30 | |
| | 40 | 591 467 | 1444 | 637 134 | 1475 | 362 866 | 954 333 | 31 | 20 | |
| | 50 | 592 911 | 1443 | 638 609 | 1474 | 361 391 | 954 302 | 31 | 10 | |
| 18 | 0 | 594 354 | 1443 | 640 083 | 1474 | 359 917 | 954 271 | 31 | 0 | 42 |
| | 10 | 595 797 | 1443 | 641 557 | 1473 | 358 443 | 954 240 | 30 | 50 | |
| | 20 | 597 240 | 1442 | 643 030 | 1473 | 356 970 | 954 210 | 31 | 40 | |
| | 30 | 598 682 | 1442 | 644 503 | 1472 | 355 497 | 954 179 | 31 | 30 | |
| | 40 | 600 124 | 1441 | 645 975 | 1472 | 354 025 | 954 148 | 31 | 20 | |
| | 50 | 601 565 | 1440 | 647 447 | 1472 | 352 553 | 954 117 | 30 | 10 | |
| 19 | 0 | 603 005 | 1440 | 648 919 | 1471 | 351 081 | 954 087 | 31 | 0 | 41 |
| | 10 | 604 445 | 1440 | 650 390 | 1470 | 349 610 | 954 056 | 31 | 50 | |
| | 20 | 605 885 | 1439 | 651 860 | 1470 | 348 140 | 954 025 | 31 | 40 | |
| | 30 | 607 324 | 1439 | 653 330 | 1469 | 346 670 | 953 994 | 31 | 30 | |
| | 40 | 608 763 | 1438 | 654 799 | 1469 | 345 201 | 953 963 | 30 | 20 | |
| | 50 | 610 201 | 1438 | 656 268 | 1469 | 343 732 | 953 933 | 31 | 10 | |
| 20 | 0 | $\bar{1}$,1 611 639 | | $\bar{1}$,1 657 737 | | 0,8 342 263 | $\bar{1}$,9 953 902 | | 0 | 40 |
| ′ | ″ | Cos. | | Cotg. | | Tang. | Sin. | | ″ | ′ |

| | 1490 | 1480 | 1470 | 1460 | 1450 | 1440 | 1430 | 31 |
|---|---|---|---|---|---|---|---|---|
| 1 | 149 | 148 | 147 | 146 | 145 | 144 | 143 | 3,1 |
| 2 | 298 | 296 | 294 | 292 | 290 | 288 | 286 | 6,2 |
| 3 | 447 | 444 | 441 | 438 | 435 | 432 | 429 | 9,3 |
| 4 | 596 | 592 | 588 | 584 | 580 | 576 | 572 | 12,4 |
| 5 | 745 | 740 | 735 | 730 | 725 | 720 | 715 | 15,5 |
| 6 | 894 | 888 | 882 | 876 | 870 | 864 | 858 | 18,6 |
| 7 | 1043 | 1036 | 1029 | 1022 | 1015 | 1008 | 1001 | 21,7 |
| 8 | 1192 | 1184 | 1176 | 1168 | 1160 | 1152 | 1144 | 24,8 |
| 9 | 1341 | 1332 | 1323 | 1314 | 1305 | 1296 | 1287 | 27,9 |

| ′ | ″ | Sin. | D. | Tang. | D.c. | Cotg. | Cos. | D. | ″ | ′ |
|---|---|---|---|---|---|---|---|---|---|---|
| 20 | 0 | $\bar{1}$,1 611 639 | 1437 | $\bar{1}$,1 657 737 | 1468 | 0,8 342 263 | $\bar{1}$,9 953 902 | 31 | 0 | 40 |
| | 10 | 613 076 | 1437 | 659 205 | 1467 | 340 795 | 953 871 | 31 | 50 | |
| | 20 | 614 513 | 1436 | 660 672 | 1467 | 339 328 | 953 840 | 31 | 40 | |
| | 30 | 615 949 | 1435 | 662 139 | 1467 | 337 861 | 953 809 | 31 | 30 | |
| | 40 | 617 384 | 1436 | 663 606 | 1466 | 336 394 | 953 778 | 31 | 20 | |
| | 50 | 618 820 | 1434 | 665 072 | 1466 | 334 928 | 953 747 | 30 | 10 | |
| 21 | 0 | 620 254 | 1435 | 666 538 | 1465 | 333 462 | 953 717 | 31 | 0 | 39 |
| | 10 | 621 689 | 1434 | 668 003 | 1465 | 331 997 | 953 686 | 31 | 50 | |
| | 20 | 623 123 | 1433 | 669 468 | 1464 | 330 532 | 953 655 | 31 | 40 | |
| | 30 | 624 556 | 1433 | 670 932 | 1464 | 329 068 | 953 624 | 31 | 30 | |
| | 40 | 625 989 | 1432 | 672 396 | 1463 | 327 604 | 953 593 | 31 | 20 | |
| | 50 | 627 421 | 1432 | 673 859 | 1463 | 326 141 | 953 562 | 31 | 10 | |
| 22 | 0 | 628 853 | 1431 | 675 322 | 1462 | 324 678 | 953 531 | 31 | 0 | 38 |
| | 10 | 630 284 | 1431 | 676 784 | 1462 | 323 216 | 953 500 | 31 | 50 | |
| | 20 | 631 715 | 1431 | 678 246 | 1462 | 321 754 | 953 469 | 31 | 40 | |
| | 30 | 633 146 | 1429 | 679 708 | 1460 | 320 292 | 953 438 | 31 | 30 | |
| | 40 | 634 575 | 1430 | 681 168 | 1461 | 318 832 | 953 407 | 31 | 20 | |
| | 50 | 636 005 | 1429 | 682 629 | 1460 | 317 371 | 953 376 | 31 | 10 | |
| 23 | 0 | 637 434 | 1428 | 684 089 | 1459 | 315 911 | 953 345 | 31 | 0 | 37 |
| | 10 | 638 862 | 1428 | 685 548 | 1459 | 314 452 | 953 314 | 31 | 50 | |
| | 20 | 640 290 | 1428 | 687 007 | 1459 | 312 993 | 953 283 | 31 | 40 | |
| | 30 | 641 718 | 1427 | 688 466 | 1458 | 311 534 | 953 252 | 31 | 30 | |
| | 40 | 643 145 | 1427 | 689 924 | 1458 | 310 076 | 953 221 | 31 | 20 | |
| | 50 | 644 572 | 1426 | 691 382 | 1457 | 308 618 | 953 190 | 31 | 10 | |
| 24 | 0 | 645 998 | 1425 | 692 839 | 1457 | 307 161 | 953 159 | 31 | 0 | 36 |
| | 10 | 647 423 | 1425 | 694 296 | 1456 | 305 704 | 953 128 | 32 | 50 | |
| | 20 | 648 848 | 1425 | 695 752 | 1456 | 304 248 | 953 096 | 31 | 40 | |
| | 30 | 650 273 | 1424 | 697 208 | 1455 | 302 792 | 953 065 | 31 | 30 | |
| | 40 | 651 697 | 1424 | 698 663 | 1455 | 301 337 | 953 034 | 31 | 20 | |
| | 50 | 653 121 | 1423 | 700 118 | 1454 | 299 882 | 953 003 | 31 | 10 | |
| 25 | 0 | 654 544 | 1423 | 701 572 | 1454 | 298 428 | 952 972 | 31 | 0 | 35 |
| | 10 | 655 967 | 1422 | 703 026 | 1454 | 296 974 | 952 941 | 31 | 50 | |
| | 20 | 657 389 | 1422 | 704 480 | 1453 | 295 520 | 952 910 | 32 | 40 | |
| | 30 | 658 811 | 1421 | 705 933 | 1452 | 294 067 | 952 878 | 31 | 30 | |
| | 40 | 660 232 | 1421 | 707 385 | 1452 | 292 615 | 952 847 | 31 | 20 | |
| | 50 | 661 653 | 1421 | 708 837 | 1452 | 291 163 | 952 816 | 31 | 10 | |
| 26 | 0 | 663 074 | 1419 | 710 289 | 1451 | 289 711 | 952 785 | 31 | 0 | 34 |
| | 10 | 664 493 | 1420 | 711 740 | 1451 | 288 260 | 952 754 | 32 | 50 | |
| | 20 | 665 913 | 1419 | 713 191 | 1450 | 286 809 | 952 722 | 31 | 40 | |
| | 30 | 667 332 | 1418 | 714 641 | 1449 | 285 359 | 952 691 | 31 | 30 | |
| | 40 | 668 750 | 1418 | 716 090 | 1450 | 283 910 | 952 660 | 31 | 20 | |
| | 50 | 670 168 | 1418 | 717 540 | 1449 | 282 460 | 952 629 | 32 | 10 | |
| 27 | 0 | 671 586 | 1417 | 718 989 | 1448 | 281 011 | 952 597 | 31 | 0 | 33 |
| | 10 | 673 003 | 1416 | 720 437 | 1448 | 279 563 | 952 566 | 31 | 50 | |
| | 20 | 674 419 | 1417 | 721 885 | 1447 | 278 115 | 952 535 | 32 | 40 | |
| | 30 | 675 836 | 1415 | 723 332 | 1447 | 276 668 | 952 503 | 31 | 30 | |
| | 40 | 677 251 | 1415 | 724 779 | 1447 | 275 221 | 952 472 | 31 | 20 | |
| | 50 | 678 666 | 1415 | 726 226 | 1446 | 273 774 | 952 441 | 32 | 10 | |
| 28 | 0 | 680 081 | 1414 | 727 672 | 1445 | 272 328 | 952 409 | 31 | 0 | 32 |
| | 10 | 681 495 | 1414 | 729 117 | 1445 | 270 883 | 952 378 | 31 | 50 | |
| | 20 | 682 909 | 1413 | 730 562 | 1445 | 269 438 | 952 347 | 32 | 40 | |
| | 30 | 684 322 | 1413 | 732 007 | 1444 | 267 993 | 952 315 | 31 | 30 | |
| | 40 | 685 735 | 1413 | 733 451 | 1444 | 266 549 | 952 284 | 31 | 20 | |
| | 50 | 687 148 | 1411 | 734 895 | 1443 | 265 105 | 952 253 | 32 | 10 | |
| 29 | 0 | 688 559 | 1412 | 736 338 | 1443 | 263 662 | 952 221 | 31 | 0 | 31 |
| | 10 | 689 971 | 1411 | 737 781 | 1442 | 262 219 | 952 190 | 32 | 50 | |
| | 20 | 691 382 | 1410 | 739 223 | 1442 | 260 777 | 952 158 | 31 | 40 | |
| | 30 | 692 792 | 1410 | 740 665 | 1442 | 259 335 | 952 127 | 32 | 30 | |
| | 40 | 694 202 | 1410 | 742 107 | 1441 | 257 893 | 952 095 | 31 | 20 | |
| | 50 | 695 612 | 1409 | 743 548 | 1440 | 256 452 | 952 064 | 31 | 10 | |
| 30 | 0 | $\bar{1}$,1 697 021 | | $\bar{1}$,1 744 988 | | 0,8 255 012 | $\bar{1}$,9 952 033 | | 0 | 30 |
| ′ | ″ | Cos. | | Cotg. | | Tang. | Sin. | | ″ | ′ |

| | 1460 | 1450 | 1440 | 1430 | 1420 | 1410 | 1400 | 31 |
|---|---|---|---|---|---|---|---|---|
| 1 | 146 | 145 | 144 | 143 | 142 | 141 | 140 | 3,1 |
| 2 | 292 | 290 | 288 | 286 | 284 | 282 | 280 | 6,2 |
| 3 | 438 | 435 | 432 | 429 | 426 | 423 | 420 | 9,3 |
| 4 | 584 | 580 | 576 | 572 | 568 | 564 | 560 | 12,4 |
| 5 | 730 | 725 | 720 | 715 | 710 | 705 | 700 | 15,5 |
| 6 | 876 | 870 | 864 | 858 | 852 | 846 | 840 | 18,6 |
| 7 | 1022 | 1015 | 1008 | 1001 | 994 | 987 | 980 | 21,7 |
| 8 | 1168 | 1160 | 1152 | 1144 | 1136 | 1128 | 1120 | 24,8 |
| 9 | 1314 | 1305 | 1296 | 1287 | 1278 | 1269 | 1260 | 27,9 |

81°

| ′ | ″ | Sin. | D. | Tang. | D.c. | Cotg. | Cos. | D. | ″ | ′ |
|---|---|---|---|---|---|---|---|---|---|---|
| 30 | 0 | $\bar{1}$,1 697 021 | | $\bar{1}$,1 744 988 | | 0,8 255 012 | $\bar{1}$,9 952 033 | | 0 | 30 |
| | 10 | 698 429 | 1408 | 746 428 | 1440 | 253 572 | 952 001 | 32 | 50 | |
| | 20 | 699 838 | 1409 | 747 868 | 1440 | 252 132 | 951 970 | 31 | 40 | |
| | 30 | 701 245 | 1407 | 749 307 | 1439 | 250 693 | 951 938 | 32 | 30 | |
| | 40 | 702 652 | 1407 | 750 746 | 1439 | 249 254 | 951 907 | 31 | 20 | |
| | 50 | 704 059 | 1407 | 752 184 | 1438 | 247 816 | 951 875 | 32 | 10 | |
| 31 | 0 | 705 465 | 1406 | 753 622 | 1438 | 246 378 | 951 844 | 31 | 0 | 29 |
| | 10 | 706 871 | 1406 | 755 059 | 1437 | 244 941 | 951 812 | 32 | 50 | |
| | 20 | 708 277 | 1406 | 756 496 | 1437 | 243 504 | 951 781 | 31 | 40 | |
| | 30 | 709 682 | 1405 | 757 933 | 1437 | 242 067 | 951 749 | 32 | 30 | |
| | 40 | 711 086 | 1404 | 759 369 | 1436 | 240 631 | 951 717 | 32 | 20 | |
| | 50 | 712 490 | 1404 | 760 804 | 1435 | 239 196 | 951 686 | 31 | 10 | |
| 32 | 0 | 713 893 | 1403 | 762 239 | 1435 | 237 761 | 951 654 | 32 | 0 | 28 |
| | 10 | 715 296 | 1403 | 763 674 | 1435 | 236 326 | 951 623 | 31 | 50 | |
| | 20 | 716 699 | 1403 | 765 108 | 1434 | 234 892 | 951 591 | 32 | 40 | |
| | 30 | 718 101 | 1402 | 766 542 | 1434 | 233 458 | 951 559 | 32 | 30 | |
| | 40 | 719 503 | 1402 | 767 975 | 1433 | 232 025 | 951 528 | 31 | 20 | |
| | 50 | 720 904 | 1401 | 769 408 | 1433 | 230 592 | 951 496 | 32 | 10 | |
| 33 | 0 | 722 305 | 1401 | 770 840 | 1432 | 229 160 | 951 464 | 32 | 0 | 27 |
| | 10 | 723 705 | 1400 | 772 272 | 1432 | 227 728 | 951 433 | 31 | 50 | |
| | 20 | 725 105 | 1400 | 773 703 | 1431 | 226 297 | 951 401 | 32 | 40 | |
| | 30 | 726 504 | 1399 | 775 134 | 1431 | 224 866 | 951 369 | 32 | 30 | |
| | 40 | 727 903 | 1399 | 776 565 | 1431 | 223 435 | 951 338 | 31 | 20 | |
| | 50 | 729 301 | 1398 | 777 995 | 1430 | 222 005 | 951 306 | 32 | 10 | |
| 34 | 0 | 730 699 | 1398 | 779 425 | 1430 | 220 575 | 951 274 | 32 | 0 | 26 |
| | 10 | 732 097 | 1398 | 780 854 | 1429 | 219 146 | 951 243 | 31 | 50 | |
| | 20 | 733 494 | 1397 | 782 283 | 1429 | 217 717 | 951 211 | 32 | 40 | |
| | 30 | 734 890 | 1396 | 783 711 | 1428 | 216 289 | 951 179 | 32 | 30 | |
| | 40 | 736 286 | 1396 | 785 139 | 1428 | 214 861 | 951 147 | 32 | 20 | |
| | 50 | 737 682 | 1396 | 786 566 | 1427 | 213 434 | 951 116 | 31 | 10 | |
| 35 | 0 | 739 077 | 1395 | 787 993 | 1427 | 212 007 | 951 084 | 32 | 0 | 25 |
| | 10 | 740 472 | 1395 | 789 420 | 1427 | 210 580 | 951 052 | 32 | 50 | |
| | 20 | 741 866 | 1394 | 790 846 | 1426 | 209 154 | 951 020 | 32 | 40 | |
| | 30 | 743 260 | 1394 | 792 271 | 1425 | 207 729 | 950 988 | 32 | 30 | |
| | 40 | 744 653 | 1393 | 793 697 | 1426 | 206 303 | 950 957 | 31 | 20 | |
| | 50 | 746 046 | 1393 | 795 121 | 1424 | 204 879 | 950 925 | 32 | 10 | |
| 36 | 0 | 747 439 | 1393 | 796 546 | 1425 | 203 454 | 950 893 | 32 | 0 | 24 |
| | 10 | 748 831 | 1392 | 797 969 | 1423 | 202 031 | 950 861 | 32 | 50 | |
| | 20 | 750 222 | 1391 | 799 393 | 1424 | 200 607 | 950 829 | 32 | 40 | |
| | 30 | 751 613 | 1391 | 800 816 | 1423 | 199 184 | 950 797 | 32 | 30 | |
| | 40 | 753 004 | 1391 | 802 238 | 1422 | 197 762 | 950 766 | 31 | 20 | |
| | 50 | 754 394 | 1390 | 803 660 | 1422 | 196 340 | 950 734 | 32 | 10 | |
| 37 | 0 | 755 784 | 1390 | 805 082 | 1422 | 194 918 | 950 702 | 32 | 0 | 23 |
| | 10 | 757 173 | 1389 | 806 503 | 1421 | 193 497 | 950 670 | 32 | 50 | |
| | 20 | 758 562 | 1389 | 807 924 | 1421 | 192 076 | 950 638 | 32 | 40 | |
| | 30 | 759 950 | 1388 | 809 344 | 1420 | 190 656 | 950 606 | 32 | 30 | |
| | 40 | 761 338 | 1388 | 810 764 | 1420 | 189 236 | 950 574 | 32 | 20 | |
| | 50 | 762 725 | 1387 | 812 183 | 1419 | 187 817 | 950 542 | 32 | 10 | |
| 38 | 0 | 764 112 | 1387 | 813 602 | 1419 | 186 398 | 950 510 | 32 | 0 | 22 |
| | 10 | 765 499 | 1387 | 815 021 | 1419 | 184 979 | 950 478 | 32 | 50 | |
| | 20 | 766 885 | 1386 | 816 439 | 1418 | 183 561 | 950 446 | 32 | 40 | |
| | 30 | 768 270 | 1385 | 817 856 | 1417 | 182 144 | 950 414 | 32 | 30 | |
| | 40 | 769 656 | 1386 | 819 273 | 1417 | 180 727 | 950 382 | 32 | 20 | |
| | 50 | 771 040 | 1384 | 820 690 | 1417 | 179 310 | 950 350 | 32 | 10 | |
| 39 | 0 | 772 425 | 1385 | 822 106 | 1416 | 177 894 | 950 318 | 32 | 0 | 21 |
| | 10 | 773 808 | 1383 | 823 522 | 1416 | 176 478 | 950 286 | 32 | 50 | |
| | 20 | 775 192 | 1384 | 824 938 | 1416 | 175 062 | 950 254 | 32 | 40 | |
| | 30 | 776 575 | 1383 | 826 353 | 1415 | 173 647 | 950 222 | 32 | 30 | |
| | 40 | 777 957 | 1382 | 827 767 | 1414 | 172 233 | 950 190 | 32 | 20 | |
| | 50 | 779 339 | 1382 | 829 181 | 1414 | 170 819 | 950 158 | 32 | 10 | |
| 40 | 0 | $\bar{1}$,1 780 721 | 1382 | $\bar{1}$,1 830 595 | 1414 | 0,8 169 405 | $\bar{1}$,9 950 126 | 32 | 0 | 20 |
| ′ | ″ | Cos. | | Cotg. | | Tang. | Sin. | | ″ | ′ |

| | 1440 | 1430 | 1420 | 1410 | 1400 | 1390 | 1380 | 32 |
|---|---|---|---|---|---|---|---|---|
| 1 | 144 | 143 | 142 | 141 | 140 | 139 | 138 | 3,2 |
| 2 | 288 | 286 | 284 | 282 | 280 | 278 | 276 | 6,4 |
| 3 | 432 | 429 | 426 | 423 | 420 | 417 | 414 | 9,6 |
| 4 | 576 | 572 | 568 | 564 | 560 | 556 | 552 | 12,8 |
| 5 | 720 | 715 | 710 | 705 | 700 | 695 | 690 | 16,0 |
| 6 | 864 | 858 | 852 | 846 | 840 | 834 | 828 | 19,2 |
| 7 | 1008 | 1001 | 994 | 987 | 980 | 973 | 966 | 22,4 |
| 8 | 1152 | 1144 | 1136 | 1128 | 1120 | 1112 | 1104 | 25,6 |
| 9 | 1296 | 1287 | 1278 | 1269 | 1260 | 1251 | 1242 | 28,8 |

| 1410 | |
|---|---|
| 1 | 141 |
| 2 | 282 |
| 3 | 423 |
| 4 | 564 |
| 5 | 705 |
| 6 | 846 |
| 7 | 987 |
| 8 | 1128 |
| 9 | 1269 |

| 1400 | |
|---|---|
| 1 | 140 |
| 2 | 280 |
| 3 | 420 |
| 4 | 560 |
| 5 | 700 |
| 6 | 840 |
| 7 | 980 |
| 8 | 1120 |
| 9 | 1260 |

| 1390 | |
|---|---|
| 1 | 139 |
| 2 | 278 |
| 3 | 417 |
| 4 | 556 |
| 5 | 695 |
| 6 | 834 |
| 7 | 973 |
| 8 | 1112 |
| 9 | 1251 |

| 1380 | |
|---|---|
| 1 | 138 |
| 2 | 276 |
| 3 | 414 |
| 4 | 552 |
| 5 | 690 |
| 6 | 828 |
| 7 | 966 |
| 8 | 1104 |
| 9 | 1242 |

| 1370 | |
|---|---|
| 1 | 137 |
| 2 | 274 |
| 3 | 411 |
| 4 | 548 |
| 5 | 685 |
| 6 | 822 |
| 7 | 959 |
| 8 | 1096 |
| 9 | 1233 |

| 1360 | |
|---|---|
| 1 | 136 |
| 2 | 272 |
| 3 | 408 |
| 4 | 544 |
| 5 | 680 |
| 6 | 816 |
| 7 | 952 |
| 8 | 1088 |
| 9 | 1224 |

| 1350 | |
|---|---|
| 1 | 135 |
| 2 | 270 |
| 3 | 405 |
| 4 | 540 |
| 5 | 675 |
| 6 | 810 |
| 7 | 945 |
| 8 | 1080 |
| 9 | 1215 |

| 32 | |
|---|---|
| 1 | 3,2 |
| 2 | 6,4 |
| 3 | 9,6 |
| 4 | 12,8 |
| 5 | 16,0 |
| 6 | 19,2 |
| 7 | 22,4 |
| 8 | 25,6 |
| 9 | 28,8 |

| ′ | ″ | Sin. | D. | Tang. | D.c. | Cotg. | Cos. | D. | ″ | ′ |
|---|---|---|---|---|---|---|---|---|---|---|
| 40 | 0 | $\bar{1}$,1 780 721 | 1381 | $\bar{1}$,1 830 595 | 1413 | 0,8 169 405 | $\bar{1}$,9 950 126 | 32 | 0 | 20 |
| | 10 | 782 102 | 1381 | 832 008 | 1413 | 167 992 | 950 094 | 32 | 50 | |
| | 20 | 783 483 | 1380 | 833 421 | 1412 | 166 579 | 950 062 | 33 | 40 | |
| | 30 | 784 863 | 1380 | 834 833 | 1412 | 165 167 | 950 029 | 32 | 30 | |
| | 40 | 786 243 | 1379 | 836 245 | 1412 | 163 755 | 949 997 | 32 | 20 | |
| | 50 | 787 622 | 1379 | 837 657 | 1411 | 162 343 | 949 965 | 32 | 10 | |
| 41 | 0 | 789 001 | 1378 | 839 068 | 1410 | 160 932 | 949 933 | 32 | 0 | 19 |
| | 10 | 790 379 | 1378 | 840 478 | 1410 | 159 522 | 949 901 | 32 | 50 | |
| | 20 | 791 757 | 1378 | 841 888 | 1410 | 158 112 | 949 869 | 33 | 40 | |
| | 30 | 793 135 | 1377 | 843 298 | 1409 | 156 702 | 949 836 | 32 | 30 | |
| | 40 | 794 512 | 1376 | 844 707 | 1409 | 155 293 | 949 804 | 32 | 20 | |
| | 50 | 795 888 | 1377 | 846 116 | 1409 | 153 884 | 949 772 | 32 | 10 | |
| 42 | 0 | 797 265 | 1375 | 847 525 | 1408 | 152 475 | 949 740 | 32 | 0 | 18 |
| | 10 | 798 640 | 1376 | 848 933 | 1407 | 151 067 | 949 708 | 33 | 50 | |
| | 20 | 800 016 | 1374 | 850 340 | 1407 | 149 660 | 949 675 | 32 | 40 | |
| | 30 | 801 390 | 1375 | 851 747 | 1407 | 148 253 | 949 643 | 32 | 30 | |
| | 40 | 802 765 | 1374 | 853 154 | 1406 | 146 846 | 949 611 | 32 | 20 | |
| | 50 | 804 139 | 1373 | 854 560 | 1406 | 145 440 | 949 579 | 33 | 10 | |
| 43 | 0 | 805 512 | 1373 | 855 966 | 1405 | 144 034 | 949 546 | 32 | 0 | 17 |
| | 10 | 806 885 | 1373 | 857 371 | 1405 | 142 629 | 949 514 | 32 | 50 | |
| | 20 | 808 258 | 1372 | 858 776 | 1405 | 141 224 | 949 482 | 33 | 40 | |
| | 30 | 809 630 | 1372 | 860 181 | 1404 | 139 819 | 949 449 | 32 | 30 | |
| | 40 | 811 002 | 1371 | 861 585 | 1403 | 138 415 | 949 417 | 32 | 20 | |
| | 50 | 812 373 | 1371 | 862 988 | 1404 | 137 012 | 949 385 | 33 | 10 | |
| 44 | 0 | 813 744 | 1370 | 864 392 | 1402 | 135 608 | 949 352 | 32 | 0 | 16 |
| | 10 | 815 114 | 1370 | 865 794 | 1403 | 134 206 | 949 320 | 32 | 50 | |
| | 20 | 816 484 | 1370 | 867 197 | 1402 | 132 803 | 949 288 | 33 | 40 | |
| | 30 | 817 854 | 1369 | 868 599 | 1401 | 131 401 | 949 255 | 32 | 30 | |
| | 40 | 819 223 | 1369 | 870 000 | 1401 | 130 000 | 949 223 | 32 | 20 | |
| | 50 | 820 592 | 1368 | 871 401 | 1401 | 128 599 | 949 191 | 33 | 10 | |
| 45 | 0 | 821 960 | 1368 | 872 802 | 1400 | 127 198 | 949 158 | 32 | 0 | 15 |
| | 10 | 823 328 | 1367 | 874 202 | 1400 | 125 798 | 949 126 | 33 | 50 | |
| | 20 | 824 695 | 1367 | 875 602 | 1399 | 124 398 | 949 093 | 32 | 40 | |
| | 30 | 826 062 | 1366 | 877 001 | 1399 | 122 999 | 949 061 | 32 | 30 | |
| | 40 | 827 428 | 1366 | 878 400 | 1398 | 121 600 | 949 029 | 33 | 20 | |
| | 50 | 828 794 | 1366 | 879 798 | 1398 | 120 202 | 948 996 | 32 | 10 | |
| 46 | 0 | 830 160 | 1365 | 881 196 | 1398 | 118 804 | 948 964 | 33 | 0 | 14 |
| | 10 | 831 525 | 1365 | 882 594 | 1397 | 117 406 | 948 931 | 32 | 50 | |
| | 20 | 832 890 | 1364 | 883 991 | 1397 | 116 009 | 948 899 | 33 | 40 | |
| | 30 | 834 254 | 1364 | 885 388 | 1396 | 114 612 | 948 866 | 32 | 30 | |
| | 40 | 835 618 | 1363 | 886 784 | 1396 | 113 216 | 948 834 | 33 | 20 | |
| | 50 | 836 981 | 1363 | 888 180 | 1395 | 111 820 | 948 801 | 32 | 10 | |
| 47 | 0 | 838 344 | 1362 | 889 575 | 1395 | 110 425 | 948 769 | 33 | 0 | 13 |
| | 10 | 839 706 | 1362 | 890 970 | 1395 | 109 030 | 948 736 | 32 | 50 | |
| | 20 | 841 068 | 1362 | 892 365 | 1394 | 107 635 | 948 704 | 33 | 40 | |
| | 30 | 842 430 | 1361 | 893 759 | 1394 | 106 241 | 948 671 | 33 | 30 | |
| | 40 | 843 791 | 1361 | 895 153 | 1393 | 104 847 | 948 638 | 32 | 20 | |
| | 50 | 845 152 | 1360 | 896 546 | 1393 | 103 454 | 948 606 | 33 | 10 | |
| 48 | 0 | 846 512 | 1360 | 897 939 | 1392 | 102 061 | 948 573 | 32 | 0 | 12 |
| | 10 | 847 872 | 1360 | 899 331 | 1393 | 100 669 | 948 541 | 33 | 50 | |
| | 20 | 849 232 | 1359 | 900 724 | 1391 | 099 276 | 948 508 | 33 | 40 | |
| | 30 | 850 591 | 1358 | 902 115 | 1391 | 097 885 | 948 475 | 32 | 30 | |
| | 40 | 851 949 | 1358 | 903 506 | 1391 | 096 494 | 948 443 | 33 | 20 | |
| | 50 | 853 307 | 1358 | 904 897 | 1390 | 095 103 | 948 410 | 33 | 10 | |
| 49 | 0 | 854 665 | 1357 | 906 287 | 1390 | 093 713 | 948 377 | 32 | 0 | 11 |
| | 10 | 856 022 | 1357 | 907 677 | 1390 | 092 323 | 948 345 | 33 | 50 | |
| | 20 | 857 379 | 1356 | 909 067 | 1389 | 090 933 | 948 312 | 33 | 40 | |
| | 30 | 858 735 | 1356 | 910 456 | 1389 | 089 544 | 948 279 | 32 | 30 | |
| | 40 | 860 091 | 1356 | 911 845 | 1388 | 088 155 | 948 247 | 33 | 20 | |
| | 50 | 861 447 | 1355 | 913 233 | 1388 | 086 767 | 948 214 | 33 | 10 | |
| 50 | 0 | $\bar{1}$,1 862 802 | | $\bar{1}$,1 914 621 | | 0,8 085 379 | $\bar{1}$,9 948 181 | | 0 | 10 |
| | ″ | Cos. | | Cotg. | | Tang. | Sin. | | ″ | ′ |

| ′ | ″ | Sin. | D. | Tang. | D.c. | Cotg. | Cos. | D. | ″ | ′ |
|---|---|---|---|---|---|---|---|---|---|---|
| 50 | 0 | Ī,1 862 802 | 1355 | Ī,1 914 621 | 1387 | 0,8 085 379 | Ī,9 948 181 | 32 | 0 | 10 |
| | 10 | 864 157 | 1354 | 916 008 | 1387 | 083 992 | 948 149 | 33 | 50 | |
| | 20 | 865 511 | 1354 | 917 395 | 1386 | 082 605 | 948 116 | 33 | 40 | |
| | 30 | 866 865 | 1353 | 918 781 | 1387 | 081 219 | 948 083 | 33 | 30 | |
| | 40 | 868 218 | 1353 | 920 168 | 1385 | 079 832 | 948 050 | 32 | 20 | |
| | 50 | 869 571 | 1352 | 921 553 | 1386 | 078 447 | 948 018 | 33 | 10 | |
| 51 | 0 | 870 923 | 1352 | 922 939 | 1384 | 077 061 | 947 985 | 33 | 0 | 9 |
| | 10 | 872 275 | 1352 | 924 323 | 1385 | 075 677 | 947 952 | 33 | 50 | |
| | 20 | 873 627 | 1351 | 925 708 | 1384 | 074 292 | 947 919 | 33 | 40 | |
| | 30 | 874 978 | 1351 | 927 092 | 1383 | 072 908 | 947 886 | 32 | 30 | |
| | 40 | 876 329 | 1350 | 928 475 | 1384 | 071 525 | 947 854 | 33 | 20 | |
| | 50 | 877 679 | 1350 | 929 859 | 1382 | 070 141 | 947 821 | 33 | 10 | |
| 52 | 0 | 879 029 | 1350 | 931 241 | 1383 | 068 759 | 947 788 | 33 | 0 | 8 |
| | 10 | 880 379 | 1349 | 932 624 | 1382 | 067 376 | 947 755 | 33 | 50 | |
| | 20 | 881 728 | 1348 | 934 006 | 1381 | 065 994 | 947 722 | 33 | 40 | |
| | 30 | 883 076 | 1349 | 935 387 | 1381 | 064 613 | 947 689 | 33 | 30 | |
| | 40 | 884 425 | 1347 | 936 768 | 1381 | 063 232 | 947 656 | 32 | 20 | |
| | 50 | 885 772 | 1348 | 938 149 | 1380 | 061 851 | 947 624 | 33 | 10 | |
| 53 | 0 | 887 120 | 1347 | 939 529 | 1380 | 060 471 | 947 591 | 33 | 0 | 7 |
| | 10 | 888 467 | 1346 | 940 909 | 1379 | 059 091 | 947 558 | 33 | 50 | |
| | 20 | 889 813 | 1346 | 942 288 | 1379 | 057 712 | 947 525 | 33 | 40 | |
| | 30 | 891 159 | 1346 | 943 667 | 1379 | 056 333 | 947 492 | 33 | 30 | |
| | 40 | 892 505 | 1345 | 945 046 | 1378 | 054 954 | 947 459 | 33 | 20 | |
| | 50 | 893 850 | 1345 | 946 424 | 1378 | 053 576 | 947 426 | 33 | 10 | |
| 54 | 0 | 895 195 | 1344 | 947 802 | 1377 | 052 198 | 947 393 | 33 | 0 | 6 |
| | 10 | 896 539 | 1344 | 949 179 | 1377 | 050 821 | 947 360 | 33 | 50 | |
| | 20 | 897 883 | 1343 | 950 556 | 1376 | 049 444 | 947 327 | 33 | 40 | |
| | 30 | 899 226 | 1344 | 951 932 | 1376 | 048 068 | 947 294 | 33 | 30 | |
| | 40 | 900 570 | 1342 | 953 308 | 1376 | 046 692 | 947 261 | 33 | 20 | |
| | 50 | 901 912 | 1342 | 954 684 | 1375 | 045 316 | 947 228 | 33 | 10 | |
| 55 | 0 | 903 254 | 1342 | 956 059 | 1375 | 043 941 | 947 195 | 33 | 0 | 5 |
| | 10 | 904 596 | 1342 | 957 434 | 1375 | 042 566 | 947 162 | 33 | 50 | |
| | 20 | 905 938 | 1340 | 958 809 | 1374 | 041 191 | 947 129 | 33 | 40 | |
| | 30 | 907 278 | 1341 | 960 183 | 1373 | 039 817 | 947 096 | 33 | 30 | |
| | 40 | 908 619 | 1340 | 961 556 | 1373 | 038 444 | 947 063 | 33 | 20 | |
| | 50 | 909 959 | 1340 | 962 929 | 1373 | 037 071 | 947 030 | 33 | 10 | |
| 56 | 0 | 911 299 | 1339 | 964 302 | 1372 | 035 698 | 946 997 | 33 | 0 | 4 |
| | 10 | 912 638 | 1339 | 965 674 | 1372 | 034 326 | 946 964 | 34 | 50 | |
| | 20 | 913 977 | 1338 | 967 046 | 1372 | 032 954 | 946 930 | 33 | 40 | |
| | 30 | 915 315 | 1338 | 968 418 | 1371 | 031 582 | 946 897 | 33 | 30 | |
| | 40 | 916 653 | 1338 | 969 789 | 1371 | 030 211 | 946 864 | 33 | 20 | |
| | 50 | 917 991 | 1337 | 971 160 | 1370 | 028 840 | 946 831 | 33 | 10 | |
| 57 | 0 | 919 328 | 1337 | 972 530 | 1370 | 027 470 | 946 798 | 33 | 0 | 3 |
| | 10 | 920 665 | 1336 | 973 900 | 1369 | 026 100 | 946 765 | 33 | 50 | |
| | 20 | 922 001 | 1336 | 975 269 | 1369 | 024 731 | 946 732 | 34 | 40 | |
| | 30 | 923 337 | 1335 | 976 638 | 1369 | 023 362 | 946 698 | 33 | 30 | |
| | 40 | 924 672 | 1335 | 978 007 | 1368 | 021 993 | 946 665 | 33 | 20 | |
| | 50 | 926 007 | 1335 | 979 375 | 1368 | 020 625 | 946 632 | 33 | 10 | |
| 58 | 0 | 927 342 | 1334 | 980 743 | 1368 | 019 257 | 946 599 | 34 | 0 | 2 |
| | 10 | 928 676 | 1334 | 982 111 | 1367 | 017 889 | 946 565 | 33 | 50 | |
| | 20 | 930 010 | 1333 | 983 478 | 1366 | 016 522 | 946 532 | 33 | 40 | |
| | 30 | 931 343 | 1333 | 984 844 | 1366 | 015 156 | 946 499 | 33 | 30 | |
| | 40 | 932 676 | 1333 | 986 210 | 1366 | 013 790 | 946 466 | 34 | 20 | |
| | 50 | 934 009 | 1332 | 987 576 | 1365 | 012 424 | 946 432 | 33 | 10 | |
| 59 | 0 | 935 341 | 1331 | 988 941 | 1365 | 011 059 | 946 399 | 33 | 0 | 1 |
| | 10 | 936 672 | 1332 | 990 306 | 1365 | 009 694 | 946 366 | 33 | 50 | |
| | 20 | 938 004 | 1330 | 991 671 | 1364 | 008 329 | 946 333 | 34 | 40 | |
| | 30 | 939 334 | 1331 | 993 035 | 1364 | 006 965 | 946 299 | 33 | 30 | |
| | 40 | 940 665 | 1330 | 994 399 | 1363 | 005 601 | 946 266 | 33 | 20 | |
| | 50 | 941 995 | 1329 | 995 762 | 1363 | 004 238 | 946 233 | 34 | 10 | |
| 60 | 0 | Ī,1 943 324 | | Ī,1 997 125 | | 0,8 002 875 | Ī,9 946 199 | | 0 | 0 |
| ′ | ″ | Cos. | | Cotg. | | Tang. | Sin. | | ″ | ′ |

81°

| | 1380 | 1370 | 1360 | 1350 | 1340 | 1330 | 1320 | 33 |
|---|---|---|---|---|---|---|---|---|
| 1 | 138 | 137 | 136 | 135 | 134 | 133 | 132 | 3,3 |
| 2 | 276 | 274 | 272 | 270 | 268 | 266 | 264 | 6,6 |
| 3 | 414 | 411 | 408 | 405 | 402 | 399 | 396 | 9,9 |
| 4 | 552 | 548 | 544 | 540 | 536 | 532 | 528 | 13,2 |
| 5 | 690 | 685 | 680 | 675 | 670 | 665 | 660 | 16,5 |
| 6 | 828 | 822 | 816 | 810 | 804 | 798 | 792 | 19,8 |
| 7 | 966 | 959 | 952 | 945 | 938 | 931 | 924 | 23,1 |
| 8 | 1104 | 1096 | 1088 | 1080 | 1072 | 1064 | 1056 | 26,4 |
| 9 | 1242 | 1233 | 1224 | 1215 | 1206 | 1197 | 1188 | 29,7 |

1360

1 136
2 272
3 408
4 544
5 680
6 816
7 952
8 1088
9 1224

1350

1 135
2 270
3 405
4 540
5 675
6 810
7 945
8 1080
9 1215

1340

1 134
2 268
3 402
4 536
5 670
6 804
7 938
8 1072
9 1206

1330

1 133
2 266
3 399
4 532
5 665
6 798
7 931
8 1064
9 1197

1320

1 132
2 264
3 396
4 528
5 660
6 792
7 924
8 1056
9 1188

1310

1 131
2 262
3 393
4 524
5 655
6 786
7 917
8 1048
9 1179

1300

1 130
2 260
3 390
4 520
5 650
6 780
7 910
8 1040
9 1170

33

1 3,3
2 6,6
3 9,9
4 13,2
5 16,5
6 19,8
7 23,1
8 26,4
9 29,7

| ′ | ″ | Sin. | D. | Tang. | D.c. | Cotg. | Cos. | D. | ″ | ′ |
|---|---|---|---|---|---|---|---|---|---|---|
| 0 | 0 | $\bar{1}$,1 943 324 | 1330 | $\bar{1}$,1 997 125 | 1363 | 0,8 002 875 | $\bar{1}$,9 946 199 | 33 | 0 | 60 |
| | 10 | 944 654 | 1328 | 998 488 | 1362 | 001 512 | 946 166 | 33 | 50 | |
| | 20 | 945 982 | 1329 | $\bar{1}$,1 999 850 | 1361 | 0,8 000 150 | 946 133 | 34 | 40 | |
| | 30 | 947 311 | 1328 | $\bar{1}$,2 001 211 | 1362 | 0,7 998 789 | 946 099 | 33 | 30 | |
| | 40 | 948 639 | 1327 | 002 573 | 1361 | 997 427 | 946 066 | 34 | 20 | |
| | 50 | 949 966 | 1327 | 003 934 | 1360 | 996 066 | 946 032 | 33 | 10 | |
| 1 | 0 | 951 293 | 1327 | 005 294 | 1360 | 994 706 | 945 999 | 33 | 0 | 59 |
| | 10 | 952 620 | 1326 | 006 654 | 1360 | 993 346 | 945 966 | 34 | 50 | |
| | 20 | 953 946 | 1326 | 008 014 | 1359 | 991 986 | 945 932 | 33 | 40 | |
| | 30 | 955 272 | 1325 | 009 373 | 1359 | 990 627 | 945 899 | 34 | 30 | |
| | 40 | 956 597 | 1325 | 010 732 | 1359 | 989 268 | 945 865 | 33 | 20 | |
| | 50 | 957 922 | 1325 | 012 091 | 1358 | 987 909 | 945 832 | 34 | 10 | |
| 2 | 0 | 959 247 | 1324 | 013 449 | 1357 | 986 551 | 945 798 | 33 | 0 | 58 |
| | 10 | 960 571 | 1324 | 014 806 | 1357 | 985 194 | 945 765 | 34 | 50 | |
| | 20 | 961 895 | 1323 | 016 163 | 1357 | 983 837 | 945 731 | 33 | 40 | |
| | 30 | 963 218 | 1323 | 017 520 | 1357 | 982 480 | 945 698 | 34 | 30 | |
| | 40 | 964 541 | 1323 | 018 877 | 1356 | 981 123 | 945 664 | 33 | 20 | |
| | 50 | 965 864 | 1322 | 020 233 | 1355 | 979 767 | 945 631 | 34 | 10 | |
| 3 | 0 | 967 186 | 1321 | 021 588 | 1356 | 978 412 | 945 597 | 33 | 0 | 57 |
| | 10 | 968 507 | 1322 | 022 944 | 1355 | 977 056 | 945 564 | 34 | 50 | |
| | 20 | 969 829 | 1321 | 024 299 | 1354 | 975 701 | 945 530 | 33 | 40 | |
| | 30 | 971 150 | 1320 | 025 653 | 1354 | 974 347 | 945 497 | 34 | 30 | |
| | 40 | 972 470 | 1320 | 027 007 | 1354 | 972 993 | 945 463 | 34 | 20 | |
| | 50 | 973 790 | 1320 | 028 361 | 1353 | 971 639 | 945 429 | 33 | 10 | |
| 4 | 0 | 975 110 | 1319 | 029 714 | 1353 | 970 286 | 945 396 | 34 | 0 | 56 |
| | 10 | 976 429 | 1319 | 031 067 | 1352 | 968 933 | 945 362 | 33 | 50 | |
| | 20 | 977 748 | 1318 | 032 419 | 1352 | 967 581 | 945 329 | 34 | 40 | |
| | 30 | 979 066 | 1318 | 033 771 | 1352 | 966 229 | 945 295 | 34 | 30 | |
| | 40 | 980 384 | 1318 | 035 123 | 1351 | 964 877 | 945 261 | 33 | 20 | |
| | 50 | 981 702 | 1317 | 036 474 | 1351 | 963 526 | 945 228 | 34 | 10 | |
| 5 | 0 | 983 019 | 1317 | 037 825 | 1350 | 962 175 | 945 194 | 34 | 0 | 55 |
| | 10 | 984 336 | 1316 | 039 175 | 1350 | 960 825 | 945 160 | 33 | 50 | |
| | 20 | 985 652 | 1316 | 040 525 | 1350 | 959 475 | 945 127 | 34 | 40 | |
| | 30 | 986 968 | 1316 | 041 875 | 1349 | 958 125 | 945 093 | 34 | 30 | |
| | 40 | 988 284 | 1315 | 043 224 | 1349 | 956 776 | 945 059 | 33 | 20 | |
| | 50 | 989 599 | 1314 | 044 573 | 1349 | 955 427 | 945 026 | 34 | 10 | |
| 6 | 0 | 990 913 | 1315 | 045 922 | 1348 | 954 078 | 944 992 | 34 | 0 | 54 |
| | 10 | 992 228 | 1314 | 047 270 | 1347 | 952 730 | 944 958 | 34 | 50 | |
| | 20 | 993 542 | 1313 | 048 617 | 1347 | 951 383 | 944 924 | 33 | 40 | |
| | 30 | 994 855 | 1313 | 049 964 | 1347 | 950 036 | 944 891 | 34 | 30 | |
| | 40 | 996 168 | 1313 | 051 311 | 1347 | 948 689 | 944 857 | 34 | 20 | |
| | 50 | 997 481 | 1312 | 052 658 | 1346 | 947 342 | 944 823 | 34 | 10 | |
| 7 | 0 | $\bar{1}$,1 998 793 | 1312 | 054 004 | 1346 | 945 996 | 944 789 | 33 | 0 | 53 |
| | 10 | $\bar{1}$,2 000 105 | 1312 | 055 350 | 1345 | 944 650 | 944 756 | 34 | 50 | |
| | 20 | 001 417 | 1311 | 056 695 | 1345 | 943 305 | 944 722 | 34 | 40 | |
| | 30 | 002 728 | 1310 | 058 040 | 1344 | 941 960 | 944 688 | 34 | 30 | |
| | 40 | 004 038 | 1311 | 059 384 | 1344 | 940 616 | 944 654 | 34 | 20 | |
| | 50 | 005 349 | 1309 | 060 728 | 1344 | 939 272 | 944 620 | 33 | 10 | |
| 8 | 0 | 006 658 | 1310 | 062 072 | 1343 | 937 928 | 944 587 | 34 | 0 | 52 |
| | 10 | 007 968 | 1309 | 063 415 | 1343 | 936 585 | 944 553 | 34 | 50 | |
| | 20 | 009 277 | 1309 | 064 758 | 1343 | 935 242 | 944 519 | 34 | 40 | |
| | 30 | 010 586 | 1308 | 066 101 | 1342 | 933 899 | 944 485 | 34 | 30 | |
| | 40 | 011 894 | 1308 | 067 443 | 1341 | 932 557 | 944 451 | 34 | 20 | |
| | 50 | 013 202 | 1307 | 068 784 | 1342 | 931 216 | 944 417 | 34 | 10 | |
| 9 | 0 | 014 509 | 1307 | 070 126 | 1341 | 929 874 | 944 383 | 34 | 0 | 51 |
| | 10 | 015 816 | 1307 | 071 467 | 1340 | 928 533 | 944 349 | 34 | 50 | |
| | 20 | 017 123 | 1306 | 072 807 | 1340 | 927 193 | 944 315 | 34 | 40 | |
| | 30 | 018 429 | 1306 | 074 147 | 1340 | 925 853 | 944 281 | 34 | 30 | |
| | 40 | 019 735 | 1305 | 075 487 | 1339 | 924 513 | 944 247 | 33 | 20 | |
| | 50 | 021 040 | 1305 | 076 826 | 1339 | 923 174 | 944 214 | 34 | 10 | |
| 10 | 0 | $\bar{1}$,2 022 345 | | $\bar{1}$,2 078 165 | | 0,7 921 835 | $\bar{1}$,9 944 180 | | 0 | 50 |
| ′ | ″ | Cos. | | Cotg. | | Tang. | Sin. | | ″ | ′ |

80°

| ′ | ″ | Sin. | D. | Tang. | D. c. | Cotg. | Cos. | D. | ″ | ′ |
|---|---|---|---|---|---|---|---|---|---|---|
| 10 | 0 | Ī,2 022 345 | | Ī,2 078 165 | | 0,7 921 835 | Ī,9 944 180 | | 0 | 50 |
| | 10 | 023 650 | 1305 | 079 504 | 1339 | 920 496 | 944 146 | 34 | 50 | |
| | 20 | 024 954 | 1304 | 080 842 | 1338 | 919 158 | 944 112 | 34 | 40 | |
| | 30 | 026 258 | 1304 | 082 180 | 1338 | 917 820 | 944 078 | 34 | 30 | |
| | 40 | 027 561 | 1303 | 083 517 | 1337 | 916 483 | 944 044 | 34 | 20 | |
| | 50 | 028 864 | 1303 | 084 854 | 1337 | 915 146 | 944 010 | 34 | 10 | |
| 11 | 0 | 030 167 | 1303 | 086 191 | 1337 | 913 809 | 943 975 | 35 | 0 | 49 |
| | 10 | 031 469 | 1302 | 087 527 | 1336 | 912 473 | 943 941 | 34 | 50 | |
| | 20 | 032 771 | 1302 | 088 863 | 1336 | 911 137 | 943 907 | 34 | 40 | |
| | 30 | 034 072 | 1301 | 090 199 | 1336 | 909 801 | 943 873 | 34 | 30 | |
| | 40 | 035 373 | 1301 | 091 534 | 1335 | 908 466 | 943 839 | 34 | 20 | |
| | 50 | 036 673 | 1300 | 092 868 | 1334 | 907 132 | 943 805 | 34 | 10 | |
| 12 | 0 | 037 974 | 1301 | 094 203 | 1335 | 905 797 | 943 771 | 34 | 0 | 48 |
| | 10 | 039 273 | 1299 | 095 536 | 1333 | 904 464 | 943 737 | 34 | 50 | |
| | 20 | 040 573 | 1300 | 096 870 | 1334 | 903 130 | 943 703 | 34 | 40 | |
| | 30 | 041 872 | 1299 | 098 203 | 1333 | 901 797 | 943 669 | 34. | 30 | |
| | 40 | 043 170 | 1298 | 099 536 | 1333 | 900 464 | 943 635 | 34 | 20 | |
| | 50 | 044 469 | 1299 | 100 868 | 1332 | 899 132 | 943 600 | 35 | 10 | |
| 13 | 0 | 045 766 | 1297 | 102 200 | 1332 | 897 800 | 943 566 | 34 | 0 | 47 |
| | 10 | 047 064 | 1298 | 103 532 | 1332 | 896 468 | 943 532 | 34 | 50 | |
| | 20 | 048 361 | 1297 | 104 863 | 1331 | 895 137 | 943 498 | 34 | 40 | |
| | 30 | 049 657 | 1296 | 106 194 | 1331 | 893 806 | 943 464 | 34 | 30 | |
| | 40 | 050 954 | 1297 | 107 524 | 1330 | 892 476 | 943 430 | 34 | 20 | |
| | 50 | 052 249 | 1295 | 108 854 | 1330 | 891 146 | 943 395 | 35 | 10 | |
| 14 | 0 | 053 545 | 1296 | 110 184 | 1330 | 889 816 | 943 361 | 34 | 0 | 46 |
| | 10 | 054 840 | 1295 | 111 513 | 1329 | 888 487 | 943 327 | 34 | 50 | |
| | 20 | 056 134 | 1294 | 112 842 | 1329 | 887 158 | 943 293 | 34 | 40 | |
| | 30 | 057 429 | 1295 | 114 170 | 1328 | 885 830 | 943 258 | 35 | 30 | |
| | 40 | 058 722 | 1293 | 115 498 | 1328 | 884 502 | 943 224 | 34 | 20 | |
| | 50 | 060 016 | 1294 | 116 826 | 1328 | 883 174 | 943 190 | 34 | 10 | |
| 15 | 0 | 061 309 | 1293 | 118 153 | 1327 | 881 847 | 943 156 | 34 | 0 | 45 |
| | 10 | 062 602 | 1293 | 119 480 | 1327 | 880 520 | 943 121 | 35 | 50 | |
| | 20 | 063 894 | 1292 | 120 807 | 1327 | 879 193 | 943 087 | 34 | 40 | |
| | 30 | 065 186 | 1292 | 122 133 | 1326 | 877 867 | 943 053 | 34 | 30 | |
| | 40 | 066 477 | 1291 | 123 459 | 1326 | 876 541 | 943 018 | 35 | 20 | |
| | 50 | 067 768 | 1291 | 124 784 | 1325 | 875 216 | 942 984 | 34 | 10 | |
| 16 | 0 | 069 059 | 1291 | 126 109 | 1325 | 873 891 | 942 950 | 34 | 0 | 44 |
| | 10 | 070 349 | 1290 | 127 434 | 1325 | 872 566 | 942 915 | 35 | 50 | |
| | 20 | 071 639 | 1290 | 128 758 | 1324 | 871 242 | 942 881 | 34 | 40 | |
| | 30 | 072 929 | 1290 | 130 082 | 1324 | 869 918 | 942 846 | 35 | 30 | |
| | 40 | 074 218 | 1289 | 131 406 | 1324 | 868 594 | 942 812 | 34 | 20 | |
| | 50 | 075 506 | 1288 | 132 729 | 1323 | 867 271 | 942 778 | 34 | 10 | |
| 17 | 0 | 076 795 | 1289 | 134 051 | 1322 | 865 949 | 942 743 | 35 | 0 | 43 |
| | 10 | 078 083 | 1288 | 135 374 | 1323 | 864 626 | 942 709 | 34 | 50 | |
| | 20 | 079 370 | 1287 | 136 696 | 1322 | 863 304 | 942 674 | 35 | 40 | |
| | 30 | 080 657 | 1287 | 138 017 | 1321 | 861 983 | 942 640 | 34 | 30 | |
| | 40 | 081 944 | 1287 | 139 338 | 1321 | 860 662 | 942 606 | 34 | 20 | |
| | 50 | 083 230 | 1286 | 140 659 | 1321 | 859 341 | 942 571 | 35 | 10 | |
| 18 | 0 | 084 516 | 1286 | 141 980 | 1321 | 858 020 | 942 537 | 34 | 0 | 42 |
| | 10 | 085 802 | 1286 | 143 300 | 1320 | 856 700 | 942 502 | 35 | 50 | |
| | 20 | 087 087 | 1285 | 144 619 | 1319 | 855 381 | 942 468 | 34 | 40 | |
| | 30 | 088 372 | 1285 | 145 939 | 1320 | 854 061 | 942 433 | 35 | 30 | |
| | 40 | 089 656 | 1284 | 147 258 | 1319 | 852 742 | 942 399 | 34 | 20 | |
| | 50 | 090 940 | 1284 | 148 576 | 1318 | 851 424 | 942 364 | 35 | 10 | |
| 19 | 0 | 092 224 | 1284 | 149 894 | 1318 | 850 106 | 942 330 | 34 | 0 | 41 |
| | 10 | 093 507 | 1283 | 151 212 | 1318 | 848 788 | 942 295 | 35 | 50 | |
| | 20 | 094 790 | 1283 | 152 529 | 1317 | 847 471 | 942 260 | 35 | 40 | |
| | 30 | 096 072 | 1282 | 153 846 | 1317 | 846 154 | 942 226 | 34 | 30 | |
| | 40 | 097 354 | 1282 | 155 163 | 1317 | 844 837 | 942 191 | 35 | 20 | |
| | 50 | 098 636 | 1282 | 156 479 | 1316 | 843 521 | 942 157 | 34 | 10 | |
| 20 | 0 | Ī,2 099 917 | 1281 | Ī,2 157 795 | 1316 | 0,7 842 205 | Ī,9 942 122 | 35 | 0 | 40 |
| ′ | ″ | Cos. | | Cotg. | | Tang. | Sin. | | ″ | ′ |

80°

| | 1330 | 1320 | 1310 | 1300 | 1290 | 1280 | 34 | 35 |
|---|---|---|---|---|---|---|---|---|
| 1 | 133 | 132 | 131 | 130 | 129 | 128 | 3,4 | 3,5 |
| 2 | 266 | 264 | 262 | 260 | 258 | 256 | 6,8 | 7,0 |
| 3 | 399 | 396 | 393 | 390 | 387 | 384 | 10,2 | 10,5 |
| 4 | 532 | 528 | 524 | 520 | 516 | 512 | 13,6 | 14,0 |
| 5 | 665 | 660 | 655 | 650 | 645 | 640 | 17,0 | 17,5 |
| 6 | 798 | 792 | 786 | 780 | 774 | 768 | 20,4 | 21,0 |
| 7 | 931 | 924 | 917 | 910 | 903 | 896 | 23,8 | 24,5 |
| 8 | 1064 | 1056 | 1048 | 1040 | 1032 | 1024 | 27,2 | 28,0 |
| 9 | 1197 | 1188 | 1179 | 1170 | 1161 | 1152 | 30,6 | 31,5 |

| 1310 | |
|---|---|
| 1 | 131 |
| 2 | 262 |
| 3 | 393 |
| 4 | 524 |
| 5 | 655 |
| 6 | 786 |
| 7 | 917 |
| 8 | 1048 |
| 9 | 1179 |
| **1300** | |
| 1 | 130 |
| 2 | 260 |
| 3 | 390 |
| 4 | 520 |
| 5 | 650 |
| 6 | 780 |
| 7 | 910 |
| 8 | 1040 |
| 9 | 1170 |
| **1290** | |
| 1 | 129 |
| 2 | 258 |
| 3 | 387 |
| 4 | 516 |
| 5 | 645 |
| 6 | 774 |
| 7 | 903 |
| 8 | 1032 |
| 9 | 1161 |
| **1280** | |
| 1 | 128 |
| 2 | 256 |
| 3 | 384 |
| 4 | 512 |
| 5 | 640 |
| 6 | 768 |
| 7 | 896 |
| 8 | 1024 |
| 9 | 1152 |
| **1270** | |
| 1 | 127 |
| 2 | 254 |
| 3 | 381 |
| 4 | 508 |
| 5 | 635 |
| 6 | 762 |
| 7 | 889 |
| 8 | 1016 |
| 9 | 1143 |
| **1260** | |
| 1 | 126 |
| 2 | 252 |
| 3 | 378 |
| 4 | 504 |
| 5 | 630 |
| 6 | 756 |
| 7 | 882 |
| 8 | 1008 |
| 9 | 1134 |
| **1250** | |
| 1 | 125 |
| 2 | 250 |
| 3 | 375 |
| 4 | 500 |
| 5 | 625 |
| 6 | 750 |
| 7 | 875 |
| 8 | 1000 |
| 9 | 1125 |
| **34** | |
| 1 | 3,4 |
| 2 | 6,8 |
| 3 | 10,2 |
| 4 | 13,6 |
| 5 | 17,0 |
| 6 | 20,4 |
| 7 | 23,8 |
| 8 | 27,2 |
| 9 | 30,6 |

| ′ | ″ | Sin. | D. | Tang. | D.c. | Cotg. | Cos. | D. | ″ | ′ |
|---|---|---|---|---|---|---|---|---|---|---|
| 20 | 0 | $\bar{1}$,2 099 917 | 1281 | $\bar{1}$,2 157 795 | 1316 | 0,7 842 205 | $\bar{1}$,9 942 122 | 35 | 0 | 40 |
| | 10 | 101 198 | 1281 | 159 111 | 1315 | 840 889 | 942 087 | 34 | 50 | |
| | 20 | 102 479 | 1280 | 160 426 | 1315 | 839 574 | 942 053 | 35 | 40 | |
| | 30 | 103 759 | 1280 | 161 741 | 1314 | 838 259 | 942 018 | 34 | 30 | |
| | 40 | 105 039 | 1279 | 163 055 | 1314 | 836 945 | 941 984 | 35 | 20 | |
| | 50 | 106 318 | 1279 | 164 369 | 1314 | 835 631 | 941 949 | 35 | 10 | |
| 21 | 0 | 107 597 | 1278 | 165 683 | 1313 | 834 317 | 941 914 | 34 | 0 | 39 |
| | 10 | 108 875 | 1279 | 166 996 | 1313 | 833 004 | 941 880 | 35 | 50 | |
| | 20 | 110 154 | 1277 | 168 309 | 1312 | 831 691 | 941 845 | 35 | 40 | |
| | 30 | 111 431 | 1278 | 169 621 | 1312 | 830 379 | 941 810 | 34 | 30 | |
| | 40 | 112 709 | 1277 | 170 933 | 1312 | 829 067 | 941 776 | 35 | 20 | |
| | 50 | 113 986 | 1277 | 172 245 | 1311 | 827 755 | 941 741 | 35 | 10 | |
| 22 | 0 | 115 263 | 1276 | 173 556 | 1311 | 826 444 | 941 706 | 35 | 0 | 38 |
| | 10 | 116 539 | 1276 | 174 867 | 1311 | 825 133 | 941 671 | 34 | 50 | |
| | 20 | 117 815 | 1275 | 176 178 | 1310 | 823 822 | 941 637 | 35 | 40 | |
| | 30 | 119 090 | 1275 | 177 488 | 1310 | 822 512 | 941 602 | 35 | 30 | |
| | 40 | 120 365 | 1275 | 178 798 | 1310 | 821 202 | 941 567 | 35 | 20 | |
| | 50 | 121 640 | 1274 | 180 108 | 1309 | 819 892 | 941 532 | 34 | 10 | |
| 23 | 0 | 122 914 | 1274 | 181 417 | 1309 | 818 583 | 941 498 | 35 | 0 | 37 |
| | 10 | 124 188 | 1274 | 182 726 | 1308 | 817 274 | 941 463 | 35 | 50 | |
| | 20 | 125 462 | 1273 | 184 034 | 1308 | 815 966 | 941 428 | 35 | 40 | |
| | 30 | 126 735 | 1273 | 185 342 | 1308 | 814 658 | 941 393 | 35 | 30 | |
| | 40 | 128 008 | 1272 | 186 650 | 1307 | 813 350 | 941 358 | 35 | 20 | |
| | 50 | 129 280 | 1272 | 187 957 | 1307 | 812 043 | 941 323 | 34 | 10 | |
| 24 | 0 | 130 552 | 1272 | 189 264 | 1306 | 810 736 | 941 289 | 35 | 0 | 36 |
| | 10 | 131 824 | 1271 | 190 570 | 1306 | 809 430 | 941 254 | 35 | 50 | |
| | 20 | 133 095 | 1271 | 191 876 | 1306 | 808 124 | 941 219 | 35 | 40 | |
| | 30 | 134 366 | 1271 | 193 182 | 1306 | 806 818 | 941 184 | 35 | 30 | |
| | 40 | 135 637 | 1270 | 194 488 | 1305 | 805 512 | 941 149 | 35 | 20 | |
| | 50 | 136 907 | 1269 | 195 793 | 1304 | 804 207 | 941 114 | 35 | 10 | |
| 25 | 0 | 138 176 | 1270 | 197 097 | 1304 | 802 903 | 941 079 | 35 | 0 | 35 |
| | 10 | 139 446 | 1269 | 198 401 | 1304 | 801 599 | 941 044 | 35 | 50 | |
| | 20 | 140 715 | 1268 | 199 705 | 1304 | 800 295 | 941 009 | 35 | 40 | |
| | 30 | 141 983 | 1269 | 201 009 | 1303 | 798 991 | 940 974 | 35 | 30 | |
| | 40 | 143 252 | 1267 | 202 312 | 1303 | 797 688 | 940 939 | 34 | 20 | |
| | 50 | 144 519 | 1268 | 203 615 | 1302 | 796 385 | 940 905 | 35 | 10 | |
| 26 | 0 | 145 787 | 1267 | 204 917 | 1302 | 795 083 | 940 870 | 35 | 0 | 34 |
| | 10 | 147 054 | 1267 | 206 219 | 1302 | 793 781 | 940 835 | 35 | 50 | |
| | 20 | 148 321 | 1266 | 207 521 | 1301 | 792 479 | 940 800 | 35 | 40 | |
| | 30 | 149 587 | 1266 | 208 822 | 1301 | 791 178 | 940 765 | 35 | 30 | |
| | 40 | 150 853 | 1265 | 210 123 | 1301 | 789 877 | 940 730 | 36 | 20 | |
| | 50 | 152 118 | 1266 | 211 424 | 1300 | 788 576 | 940 694 | 35 | 10 | |
| 27 | 0 | 153 384 | 1264 | 212 724 | 1300 | 787 276 | 940 659 | 35 | 0 | 33 |
| | 10 | 154 648 | 1265 | 214 024 | 1300 | 785 976 | 940 624 | 35 | 50 | |
| | 20 | 155 913 | 1264 | 215 324 | 1299 | 784 676 | 940 589 | 35 | 40 | |
| | 30 | 157 177 | 1264 | 216 623 | 1298 | 783 377 | 940 554 | 35 | 30 | |
| | 40 | 158 441 | 1263 | 217 921 | 1299 | 782 079 | 940 519 | 35 | 20 | |
| | 50 | 159 704 | 1263 | 219 220 | 1298 | 780 780 | 940 484 | 35 | 10 | |
| 28 | 0 | 160 967 | 1262 | 220 518 | 1297 | 779 482 | 940 449 | 35 | 0 | 32 |
| | 10 | 162 229 | 1262 | 221 815 | 1298 | 778 185 | 940 414 | 35 | 50 | |
| | 20 | 163 491 | 1262 | 223 113 | 1297 | 776 887 | 940 379 | 35 | 40 | |
| | 30 | 164 753 | 1262 | 224 410 | 1296 | 775 590 | 940 344 | 36 | 30 | |
| | 40 | 166 015 | 1261 | 225 706 | 1296 | 774 294 | 940 308 | 35 | 20 | |
| | 50 | 167 276 | 1260 | 227 002 | 1296 | 772 998 | 940 273 | 35 | 10 | |
| 29 | 0 | 168 536 | 1261 | 228 298 | 1296 | 771 702 | 940 238 | 35 | 0 | 31 |
| | 10 | 169 797 | 1259 | 229 594 | 1295 | 770 406 | 940 203 | 35 | 50 | |
| | 20 | 171 056 | 1260 | 230 889 | 1294 | 769 111 | 940 168 | 35 | 40 | |
| | 30 | 172 316 | 1259 | 232 183 | 1295 | 767 817 | 940 133 | 36 | 30 | |
| | 40 | 173 575 | 1259 | 233 478 | 1294 | 766 522 | 940 097 | 35 | 20 | |
| | 50 | 174 834 | 1258 | 234 772 | 1293 | 765 228 | 940 062 | 35 | 10 | |
| 30 | 0 | $\bar{1}$,2 176 092 | | $\bar{1}$,2 236 065 | | 0,7 763 935 | $\bar{1}$,9 940 027 | | 0 | 30 |
| ′ | ″ | Cos. | | Cotg. | | Tang. | Sin. | | ″ | ′ |

| ′ | ″ | Sin. | D. | Tang. | D.c. | Cotg. | Cos. | D. | ″ | ′ |
|---|---|---|---|---|---|---|---|---|---|---|
| 30 | 0 | $\bar{1}$,2 176 092 | | $\bar{1}$,2 236 065 | | 0,7 763 935 | $\bar{1}$,9 940 027 | | 0 | 30 |
| | 10 | 177 350 | 1258 | 237 359 | 1294 | 762 641 | 939 992 | 35 | 50 | |
| | 20 | 178 608 | 1258 | 238 652 | 1293 | 761 348 | 939 956 | 36 | 40 | |
| | 30 | 179 865 | 1257 | 239 944 | 1292 | 760 056 | 939 921 | 35 | 30 | |
| | 40 | 181 122 | 1257 | 241 236 | 1292 | 758 764 | 939 886 | 35 | 20 | |
| | 50 | 182 379 | 1257 | 242 528 | 1292 | 757 472 | 939 851 | 35 | 10 | |
| 31 | 0 | 183 635 | 1256 | 243 819 | 1291 | 756 181 | 939 815 | 36 | 0 | 29 |
| | 10 | 184 891 | 1256 | 245 111 | 1292 | 754 889 | 939 780 | 35 | 50 | |
| | 20 | 186 146 | 1255 | 246 401 | 1290 | 753 599 | 939 745 | 35 | 40 | |
| | 30 | 187 401 | 1255 | 247 692 | 1291 | 752 308 | 939 709 | 36 | 30 | |
| | 40 | 188 656 | 1255 | 248 982 | 1290 | 751 018 | 939 674 | 35 | 20 | |
| | 50 | 189 910 | 1254 | 250 271 | 1289 | 749 729 | 939 639 | 35 | 10 | |
| 32 | 0 | 191 164 | 1254 | 251 561 | 1290 | 748 439 | 939 603 | 36 | 0 | 28 |
| | 10 | 192 417 | 1253 | 252 849 | 1288 | 747 151 | 939 568 | 35 | 50 | |
| | 20 | 193 671 | 1254 | 254 138 | 1289 | 745 862 | 939 533 | 35 | 40 | |
| | 30 | 194 923 | 1252 | 255 426 | 1288 | 744 574 | 939 497 | 36 | 30 | |
| | 40 | 196 176 | 1253 | 256 714 | 1288 | 743 286 | 939 462 | 35 | 20 | |
| | 50 | 197 428 | 1252 | 258 001 | 1287 | 741 999 | 939 426 | 36 | 10 | |
| 33 | 0 | 198 680 | 1252 | 259 289 | 1288 | 740 711 | 939 391 | 35 | 0 | 27 |
| | 10 | 199 931 | 1251 | 260 575 | 1286 | 739 425 | 939 356 | 35 | 50 | |
| | 20 | 201 182 | 1251 | 261 862 | 1287 | 738 138 | 939 320 | 36 | 40 | |
| | 30 | 202 432 | 1250 | 263 148 | 1286 | 736 852 | 939 285 | 35 | 30 | |
| | 40 | 203 683 | 1251 | 264 433 | 1285 | 735 567 | 939 249 | 36 | 20 | |
| | 50 | 204 932 | 1249 | 265 719 | 1286 | 734 281 | 939 214 | 35 | 10 | |
| 34 | 0 | 206 182 | 1250 | 267 004 | 1285 | 732 996 | 939 178 | 36 | 0 | 26 |
| | 10 | 207 431 | 1249 | 268 288 | 1284 | 731 712 | 939 143 | 35 | 50 | |
| | 20 | 208 680 | 1249 | 269 572 | 1284 | 730 428 | 939 107 | 36 | 40 | |
| | 30 | 209 928 | 1248 | 270 856 | 1284 | 729 144 | 939 072 | 35 | 30 | |
| | 40 | 211 176 | 1248 | 272 140 | 1284 | 727 860 | 939 036 | 36 | 20 | |
| | 50 | 212 424 | 1248 | 273 423 | 1283 | 726 577 | 939 001 | 35 | 10 | |
| 35 | 0 | 213 671 | 1247 | 274 706 | 1283 | 725 294 | 938 965 | 36 | 0 | 25 |
| | 10 | 214 918 | 1247 | 275 988 | 1282 | 724 012 | 938 930 | 35 | 50 | |
| | 20 | 216 164 | 1246 | 277 270 | 1282 | 722 730 | 938 894 | 36 | 40 | |
| | 30 | 217 410 | 1246 | 278 552 | 1282 | 721 448 | 938 858 | 36 | 30 | |
| | 40 | 218 656 | 1246 | 279 833 | 1281 | 720 167 | 938 823 | 35 | 20 | |
| | 50 | 219 902 | 1246 | 281 114 | 1281 | 718 886 | 938 787 | 36 | 10 | |
| 36 | 0 | 221 147 | 1245 | 282 395 | 1281 | 717 605 | 938 752 | 35 | 0 | 24 |
| | 10 | 222 391 | 1244 | 283 675 | 1280 | 716 325 | 938 716 | 36 | 50 | |
| | 20 | 223 636 | 1245 | 284 955 | 1280 | 715 045 | 938 680 | 36 | 40 | |
| | 30 | 224 880 | 1244 | 286 235 | 1280 | 713 765 | 938 645 | 35 | 30 | |
| | 40 | 226 123 | 1243 | 287 514 | 1279 | 712 486 | 938 609 | 36 | 20 | |
| | 50 | 227 366 | 1243 | 288 793 | 1279 | 711 207 | 938 574 | 35 | 10 | |
| 37 | 0 | 228 609 | 1243 | 290 071 | 1278 | 709 929 | 938 538 | 36 | 0 | 23 |
| | 10 | 229 852 | 1243 | 291 350 | 1279 | 708 650 | 938 502 | 36 | 50 | |
| | 20 | 231 094 | 1242 | 292 627 | 1277 | 707 373 | 938 466 | 36 | 40 | |
| | 30 | 232 336 | 1242 | 293 905 | 1278 | 706 095 | 938 431 | 35 | 30 | |
| | 40 | 233 577 | 1241 | 295 182 | 1277 | 704 818 | 938 395 | 36 | 20 | |
| | 50 | 234 818 | 1241 | 296 459 | 1277 | 703 541 | 938 359 | 36 | 10 | |
| 38 | 0 | 236 059 | 1241 | 297 735 | 1276 | 702 265 | 938 324 | 35 | 0 | 22 |
| | 10 | 237 299 | 1240 | 299 011 | 1276 | 700 989 | 938 288 | 36 | 50 | |
| | 20 | 238 539 | 1240 | 300 287 | 1276 | 699 713 | 938 252 | 36 | 40 | |
| | 30 | 239 778 | 1239 | 301 562 | 1275 | 698 438 | 938 216 | 36 | 30 | |
| | 40 | 241 018 | 1240 | 302 837 | 1275 | 697 163 | 938 181 | 35 | 20 | |
| | 50 | 242 256 | 1238 | 304 112 | 1275 | 695 888 | 938 145 | 36 | 10 | |
| 39 | 0 | 243 495 | 1239 | 305 386 | 1274 | 694 614 | 938 109 | 36 | 0 | 21 |
| | 10 | 244 733 | 1238 | 306 660 | 1274 | 693 340 | 938 073 | 36 | 50 | |
| | 20 | 245 971 | 1238 | 307 933 | 1273 | 692 067 | 938 037 | 36 | 40 | |
| | 30 | 247 208 | 1237 | 309 207 | 1274 | 690 793 | 938 002 | 35 | 30 | |
| | 40 | 248 445 | 1237 | 310 479 | 1272 | 689 521 | 937 966 | 36 | 20 | |
| | 50 | 249 682 | 1237 | 311 752 | 1273 | 688 248 | 937 930 | 36 | 10 | |
| 40 | 0 | $\bar{1}$,2 250 918 | 1236 | $\bar{1}$,2 313 024 | 1272 | 0,7 686 976 | $\bar{1}$,9 937 894 | 36 | 0 | 20 |
| ′ | ″ | Cos. | | Cotg. | | Tang. | Sin. | | ″ | ′ |

| 1290 | |
|---|---|
| 1 | 129 |
| 2 | 258 |
| 3 | 387 |
| 4 | 516 |
| 5 | 645 |
| 6 | 774 |
| 7 | 903 |
| 8 | 1032 |
| 9 | 1161 |

| 1280 | |
|---|---|
| 1 | 128 |
| 2 | 256 |
| 3 | 384 |
| 4 | 512 |
| 5 | 640 |
| 6 | 768 |
| 7 | 896 |
| 8 | 1024 |
| 9 | 1152 |

| 1270 | |
|---|---|
| 1 | 127 |
| 2 | 254 |
| 3 | 381 |
| 4 | 508 |
| 5 | 635 |
| 6 | 762 |
| 7 | 889 |
| 8 | 1016 |
| 9 | 1143 |

| 1250 | |
|---|---|
| 1 | 125 |
| 2 | 250 |
| 3 | 375 |
| 4 | 500 |
| 5 | 625 |
| 6 | 750 |
| 7 | 875 |
| 8 | 1000 |
| 9 | 1125 |

| 1240 | |
|---|---|
| 1 | 124 |
| 2 | 248 |
| 3 | 372 |
| 4 | 496 |
| 5 | 620 |
| 6 | 744 |
| 7 | 868 |
| 8 | 992 |
| 9 | 1116 |

| 1230 | |
|---|---|
| 1 | 123 |
| 2 | 246 |
| 3 | 369 |
| 4 | 492 |
| 5 | 615 |
| 6 | 738 |
| 7 | 861 |
| 8 | 984 |
| 9 | 1107 |

| 35 | |
|---|---|
| 1 | 3,5 |
| 2 | 7,0 |
| 3 | 10,5 |
| 4 | 14,0 |
| 5 | 17,5 |
| 6 | 21,0 |
| 7 | 24,5 |
| 8 | 28,0 |
| 9 | 31,5 |

| 36 | |
|---|---|
| 1 | 3,6 |
| 2 | 7,2 |
| 3 | 10,8 |
| 4 | 14,4 |
| 5 | 18,0 |
| 6 | 21,6 |
| 7 | 25,2 |
| 8 | 28,8 |
| 9 | 32,4 |

| 1270 | | 1260 | | 1250 | | 1230 | | 1220 | | 1210 | | 36 | | 37 | |
|---|---|---|---|---|---|---|---|---|---|---|---|---|---|---|---|
| 1 | 127 | 1 | 126 | 1 | 125 | 1 | 123 | 1 | 122 | 1 | 121 | 1 | 3,6 | 1 | 3,7 |
| 2 | 254 | 2 | 252 | 2 | 250 | 2 | 246 | 2 | 244 | 2 | 242 | 2 | 7,2 | 2 | 7,4 |
| 3 | 381 | 3 | 378 | 3 | 375 | 3 | 369 | 3 | 366 | 3 | 363 | 3 | 10,8 | 3 | 11,1 |
| 4 | 508 | 4 | 504 | 4 | 500 | 4 | 492 | 4 | 488 | 4 | 484 | 4 | 14,4 | 4 | 14,8 |
| 5 | 635 | 5 | 630 | 5 | 625 | 5 | 615 | 5 | 610 | 5 | 605 | 5 | 18,0 | 5 | 18,5 |
| 6 | 762 | 6 | 756 | 6 | 750 | 6 | 738 | 6 | 732 | 6 | 726 | 6 | 21,6 | 6 | 22,2 |
| 7 | 889 | 7 | 882 | 7 | 875 | 7 | 861 | 7 | 854 | 7 | 847 | 7 | 25,2 | 7 | 25,9 |
| 8 | 1016 | 8 | 1008 | 8 | 1000 | 8 | 984 | 8 | 976 | 8 | 968 | 8 | 28,8 | 8 | 29,6 |
| 9 | 1143 | 9 | 1134 | 9 | 1125 | 9 | 1107 | 9 | 1098 | 9 | 1089 | 9 | 32,4 | 9 | 33,3 |

| ' | " | Sin. | D. | Tang. | D.c. | Cotg. | Cos. | D. | " | ' |
|---|---|---|---|---|---|---|---|---|---|---|
| 40 | 0 | $\bar{1}$,2 250 918 | 1236 | $\bar{1}$,2 313 024 | 1272 | 0,7 686 976 | $\bar{1}$,9 937 894 | 36 | 0 | 20 |
| | 10 | 252 154 | 1236 | 314 296 | 1271 | 685 704 | 937 858 | 36 | 50 | |
| | 20 | 253 390 | 1235 | 315 567 | 1271 | 684 433 | 937 822 | 36 | 40 | |
| | 30 | 254 625 | 1235 | 316 838 | 1271 | 683 162 | 937 786 | 36 | 30 | |
| | 40 | 255 860 | 1234 | 318 109 | 1271 | 681 891 | 937 750 | 36 | 20 | |
| | 50 | 257 094 | 1234 | 319 380 | 1270 | 680 620 | 937 715 | 35 | 10 | |
| 41 | 0 | 258 328 | 1234 | 320 650 | 1269 | 679 350 | 937 679 | 36 | 0 | 19 |
| | 10 | 259 562 | 1233 | 321 919 | 1270 | 678 081 | 937 643 | 36 | 50 | |
| | 20 | 260 795 | 1233 | 323 189 | 1269 | 676 811 | 937 607 | 36 | 40 | |
| | 30 | 262 028 | 1233 | 324 458 | 1268 | 675 542 | 937 571 | 36 | 30 | |
| | 40 | 263 261 | 1232 | 325 726 | 1269 | 674 274 | 937 535 | 36 | 20 | |
| | 50 | 264 493 | 1232 | 326 995 | 1267 | 673 005 | 937 499 | 36 | 10 | |
| 42 | 0 | 265 725 | 1232 | 328 262 | 1268 | 671 738 | 937 463 | 36 | 0 | 18 |
| | 10 | 266 957 | 1231 | 329 530 | 1267 | 670 470 | 937 427 | 36 | 50 | |
| | 20 | 268 188 | 1231 | 330 797 | 1267 | 669 203 | 937 391 | 36 | 40 | |
| | 30 | 269 419 | 1231 | 332 064 | 1267 | 667 936 | 937 355 | 36 | 30 | |
| | 40 | 270 650 | 1230 | 333 331 | 1266 | 666 669 | 937 319 | 36 | 20 | |
| | 50 | 271 880 | 1230 | 334 597 | 1266 | 665 403 | 937 283 | 36 | 10 | |
| 43 | 0 | 273 110 | 1229 | 335 863 | 1265 | 664 137 | 937 247 | 36 | 0 | 17 |
| | 10 | 274 339 | 1229 | 337 128 | 1265 | 662 872 | 937 211 | 36 | 50 | |
| | 20 | 275 568 | 1229 | 338 393 | 1265 | 661 607 | 937 175 | 36 | 40 | |
| | 30 | 276 797 | 1228 | 339 658 | 1265 | 660 342 | 937 139 | 36 | 30 | |
| | 40 | 278 025 | 1228 | 340 923 | 1264 | 659 077 | 937 102 | 37 | 20 | |
| | 50 | 279 253 | 1228 | 342 187 | 1264 | 657 813 | 937 066 | 36 | 10 | |
| 44 | 0 | 280 481 | 1227 | 343 451 | 1263 | 656 549 | 937 030 | 36 | 0 | 16 |
| | 10 | 281 708 | 1227 | 344 714 | 1263 | 655 286 | 936 994 | 36 | 50 | |
| | 20 | 282 935 | 1227 | 345 977 | 1263 | 654 023 | 936 958 | 36 | 40 | |
| | 30 | 284 162 | 1226 | 347 240 | 1262 | 652 760 | 936 922 | 36 | 30 | |
| | 40 | 285 388 | 1226 | 348 502 | 1262 | 651 498 | 936 886 | 36 | 20 | |
| | 50 | 286 614 | 1225 | 349 764 | 1262 | 650 236 | 936 849 | 37 | 10 | |
| 45 | 0 | 287 839 | 1225 | 351 026 | 1261 | 648 974 | 936 813 | 36 | 0 | 15 |
| | 10 | 289 064 | 1225 | 352 287 | 1261 | 647 713 | 936 777 | 36 | 50 | |
| | 20 | 290 289 | 1225 | 353 548 | 1261 | 646 452 | 936 741 | 36 | 40 | |
| | 30 | 291 514 | 1224 | 354 809 | 1260 | 645 191 | 936 705 | 36 | 30 | |
| | 40 | 292 738 | 1224 | 356 069 | 1260 | 643 931 | 936 669 | 36 | 20 | |
| | 50 | 293 962 | 1223 | 357 329 | 1260 | 642 671 | 936 632 | 37 | 10 | |
| 46 | 0 | 295 185 | 1223 | 358 589 | 1259 | 641 411 | 936 596 | 36 | 0 | 14 |
| | 10 | 296 408 | 1223 | 359 848 | 1259 | 640 152 | 936 560 | 36 | 50 | |
| | 20 | 297 631 | 1222 | 361 107 | 1259 | 638 893 | 936 524 | 36 | 40 | |
| | 30 | 298 853 | 1222 | 362 366 | 1258 | 637 634 | 936 487 | 37 | 30 | |
| | 40 | 300 075 | 1222 | 363 624 | 1258 | 636 376 | 936 451 | 36 | 20 | |
| | 50 | 301 297 | 1221 | 364 882 | 1257 | 635 118 | 936 415 | 36 | 10 | |
| 47 | 0 | 302 518 | 1221 | 366 139 | 1258 | 633 861 | 936 378 | 37 | 0 | 13 |
| | 10 | 303 739 | 1220 | 367 397 | 1256 | 632 603 | 936 342 | 36 | 50 | |
| | 20 | 304 959 | 1220 | 368 653 | 1257 | 631 347 | 936 306 | 36 | 40 | |
| | 30 | 306 179 | 1220 | 369 910 | 1256 | 630 090 | 936 269 | 37 | 30 | |
| | 40 | 307 399 | 1220 | 371 166 | 1256 | 628 834 | 936 233 | 36 | 20 | |
| | 50 | 308 619 | 1219 | 372 422 | 1256 | 627 578 | 936 197 | 36 | 10 | |
| 48 | 0 | 309 838 | 1219 | 373 678 | 1255 | 626 322 | 936 160 | 37 | 0 | 12 |
| | 10 | 311 057 | 1218 | 374 933 | 1255 | 625 067 | 936 124 | 36 | 50 | |
| | 20 | 312 275 | 1218 | 376 188 | 1254 | 623 812 | 936 088 | 36 | 40 | |
| | 30 | 313 493 | 1218 | 377 442 | 1254 | 622 558 | 936 051 | 37 | 30 | |
| | 40 | 314 711 | 1217 | 378 696 | 1254 | 621 304 | 936 015 | 36 | 20 | |
| | 50 | 315 928 | 1217 | 379 950 | 1253 | 620 050 | 935 978 | 37 | 10 | |
| 49 | 0 | 317 145 | 1217 | 381 203 | 1254 | 618 797 | 935 942 | 36 | 0 | 11 |
| | 10 | 318 362 | 1216 | 382 457 | 1252 | 617 543 | 935 906 | 36 | 50 | |
| | 20 | 319 578 | 1216 | 383 709 | 1253 | 616 291 | 935 869 | 37 | 40 | |
| | 30 | 320 794 | 1216 | 384 962 | 1252 | 615 038 | 935 833 | 36 | 30 | |
| | 40 | 322 010 | 1215 | 386 214 | 1252 | 613 786 | 935 796 | 37 | 20 | |
| | 50 | 323 225 | 1215 | 387 466 | 1251 | 612 534 | 935 760 | 36 | 10 | |
| 50 | 0 | $\bar{1}$,2 324 440 | | $\bar{1}$,2 388 717 | | 0,7 611 283 | $\bar{1}$,9 935 723 | 37 | 0 | 10 |
| ' | " | Cos. | | Cotg. | | Tang. | Sin. | | " | ' |

| ′ | ″ | Sin. | D. | Tang. | D.c. | Cotg. | Cos. | D. | ″ | ′ |
|---|---|---|---|---|---|---|---|---|---|---|
| 50 | 0 | $\bar{1}$,2 324 440 | 1215 | $\bar{1}$,2 388 717 | 1251 | 0,7 611 283 | $\bar{1}$,9 935 723 | 36 | 0 | 10 |
| | 10 | 325 655 | 1214 | 389 968 | 1251 | 610 032 | 935 687 | 37 | 50 | |
| | 20 | 326 869 | 1214 | 391 219 | 1250 | 608 781 | 935 650 | 36 | 40 | |
| | 30 | 328 083 | 1213 | 392 469 | 1250 | 607 531 | 935 614 | 37 | 30 | |
| | 40 | 329 296 | 1214 | 393 719 | 1250 | 606 281 | 935 577 | 36 | 20 | |
| | 50 | 330 510 | 1212 | 394 969 | 1249 | 605 031 | 935 541 | 37 | 10 | |
| 51 | 0 | 331 722 | 1213 | 396 218 | 1249 | 603 782 | 935 504 | 37 | 0 | 9 |
| | 10 | 332 935 | 1212 | 397 467 | 1249 | 602 533 | 935 467 | 36 | 50 | |
| | 20 | 334 147 | 1212 | 398 716 | 1248 | 601 284 | 935 431 | 37 | 40 | |
| | 30 | 335 359 | 1211 | 399 964 | 1249 | 600 036 | 935 394 | 36 | 30 | |
| | 40 | 336 570 | 1211 | 401 213 | 1247 | 598 787 | 935 358 | 37 | 20 | |
| | 50 | 337 781 | 1211 | 402 460 | 1248 | 597 540 | 935 321 | 36 | 10 | |
| 52 | 0 | 338 992 | 1210 | 403 708 | 1247 | 596 292 | 935 285 | 37 | 0 | 8 |
| | 10 | 340 202 | 1211 | 404 955 | 1246 | 595 045 | 935 248 | 37 | 50 | |
| | 20 | 341 413 | 1209 | 406 201 | 1247 | 593 799 | 935 211 | 36 | 40 | |
| | 30 | 342 622 | 1210 | 407 448 | 1246 | 592 552 | 935 175 | 37 | 30 | |
| | 40 | 343 832 | 1209 | 408 694 | 1245 | 591 306 | 935 138 | 37 | 20 | |
| | 50 | 345 041 | 1208 | 409 939 | 1246 | 590 061 | 935 101 | 36 | 10 | |
| 53 | 0 | 346 249 | 1209 | 411 185 | 1245 | 588 815 | 935 065 | 37 | 0 | 7 |
| | 10 | 347 458 | 1208 | 412 430 | 1244 | 587 570 | 935 028 | 37 | 50 | |
| | 20 | 348 666 | 1207 | 413 674 | 1245 | 586 326 | 934 991 | 36 | 40 | |
| | 30 | 349 873 | 1207 | 414 919 | 1244 | 585 081 | 934 955 | 37 | 30 | |
| | 40 | 351 080 | 1207 | 416 163 | 1243 | 583 837 | 934 918 | 37 | 20 | |
| | 50 | 352 287 | 1207 | 417 406 | 1244 | 582 594 | 934 881 | 37 | 10 | |
| 54 | 0 | 353 494 | 1206 | 418 650 | 1243 | 581 350 | 934 844 | 36 | 0 | 6 |
| | 10 | 354 700 | 1206 | 419 893 | 1242 | 580 107 | 934 808 | 37 | 50 | |
| | 20 | 355 906 | 1206 | 421 135 | 1243 | 578 865 | 934 771 | 37 | 40 | |
| | 30 | 357 112 | 1205 | 422 378 | 1242 | 577 622 | 934 734 | 37 | 30 | |
| | 40 | 358 317 | 1205 | 423 620 | 1241 | 576 380 | 934 697 | 37 | 20 | |
| | 50 | 359 522 | 1204 | 424 861 | 1242 | 575 139 | 934 660 | 36 | 10 | |
| 55 | 0 | 360 726 | 1204 | 426 103 | 1240 | 573 897 | 934 624 | 37 | 0 | 5 |
| | 10 | 361 930 | 1204 | 427 343 | 1241 | 572 657 | 934 587 | 37 | 50 | |
| | 20 | 363 134 | 1204 | 428 584 | 1240 | 571 416 | 934 550 | 37 | 40 | |
| | 30 | 364 338 | 1203 | 429 824 | 1240 | 570 176 | 934 513 | 37 | 30 | |
| | 40 | 365 541 | 1203 | 431 064 | 1240 | 568 936 | 934 476 | 37 | 20 | |
| | 50 | 366 744 | 1202 | 432 304 | 1239 | 567 696 | 934 439 | 36 | 10 | |
| 56 | 0 | 367 946 | 1202 | 433 543 | 1239 | 566 457 | 934 403 | 37 | 0 | 4 |
| | 10 | 369 148 | 1202 | 434 782 | 1239 | 565 218 | 934 366 | 37 | 50 | |
| | 20 | 370 350 | 1201 | 436 021 | 1238 | 563 979 | 934 329 | 37 | 40 | |
| | 30 | 371 551 | 1201 | 437 259 | 1238 | 562 741 | 934 292 | 37 | 30 | |
| | 40 | 372 752 | 1201 | 438 497 | 1238 | 561 503 | 934 255 | 37 | 20 | |
| | 50 | 373 953 | 1200 | 439 735 | 1237 | 560 265 | 934 218 | 37 | 10 | |
| 57 | 0 | 375 153 | 1201 | 440 972 | 1237 | 559 028 | 934 181 | 37 | 0 | 3 |
| | 10 | 376 354 | 1199 | 442 209 | 1237 | 557 791 | 934 144 | 37 | 50 | |
| | 20 | 377 553 | 1200 | 443 446 | 1236 | 556 554 | 934 107 | 37 | 40 | |
| | 30 | 378 753 | 1199 | 444 682 | 1236 | 555 318 | 934 070 | 37 | 30 | |
| | 40 | 379 952 | 1198 | 445 918 | 1236 | 554 082 | 934 033 | 37 | 20 | |
| | 50 | 381 150 | 1199 | 447 154 | 1235 | 552 846 | 933 996 | 37 | 10 | |
| 58 | 0 | 382 340 | 1198 | 448 389 | 1235 | 551 611 | 933 959 | 37 | 0 | 2 |
| | 10 | 383 547 | 1197 | 449 624 | 1235 | 550 376 | 933 922 | 37 | 50 | |
| | 20 | 384 744 | 1198 | 450 859 | 1234 | 549 141 | 933 885 | 37 | 40 | |
| | 30 | 385 942 | 1197 | 452 093 | 1234 | 547 907 | 933 848 | 37 | 30 | |
| | 40 | 387 139 | 1196 | 453 327 | 1234 | 546 673 | 933 811 | 37 | 20 | |
| | 50 | 388 335 | 1197 | 454 561 | 1233 | 545 439 | 933 774 | 37 | 10 | |
| 59 | 0 | 389 532 | 1196 | 455 794 | 1233 | 544 206 | 933 737 | 37 | 0 | 1 |
| | 10 | 390 728 | 1195 | 457 027 | 1233 | 542 973 | 933 700 | 37 | 50 | |
| | 20 | 391 923 | 1195 | 458 260 | 1233 | 541 740 | 933 663 | 37 | 40 | |
| | 30 | 393 118 | 1195 | 459 493 | 1232 | 540 507 | 933 626 | 37 | 30 | |
| | 40 | 394 313 | 1195 | 460 725 | 1231 | 539 275 | 933 589 | 37 | 20 | |
| | 50 | 395 508 | 1194 | 461 956 | 1232 | 538 044 | 933 552 | 37 | 10 | |
| 60 | 0 | $\bar{1}$,2 396 702 | | $\bar{1}$,2 463 188 | | 0,7 536 812 | $\bar{1}$,9 933 515 | | 0 | 0 |
| ′ | ″ | Cos. | | Cotg. | | Tang. | Sin. | | ″ | ′ |

80°

| 1250 | |
|---|---|
| 1 | 125 |
| 2 | 250 |
| 3 | 375 |
| 4 | 500 |
| 5 | 625 |
| 6 | 750 |
| 7 | 875 |
| 8 | 1000 |
| 9 | 1125 |

| 1240 | |
|---|---|
| 1 | 124 |
| 2 | 248 |
| 3 | 372 |
| 4 | 496 |
| 5 | 620 |
| 6 | 744 |
| 7 | 868 |
| 8 | 992 |
| 9 | 1116 |

| 1230 | |
|---|---|
| 1 | 123 |
| 2 | 246 |
| 3 | 369 |
| 4 | 492 |
| 5 | 615 |
| 6 | 738 |
| 7 | 861 |
| 8 | 984 |
| 9 | 1107 |

| 1210 | |
|---|---|
| 1 | 121 |
| 2 | 242 |
| 3 | 363 |
| 4 | 484 |
| 5 | 605 |
| 6 | 726 |
| 7 | 847 |
| 8 | 968 |
| 9 | 1089 |

| 1200 | |
|---|---|
| 1 | 120 |
| 2 | 240 |
| 3 | 360 |
| 4 | 480 |
| 5 | 600 |
| 6 | 720 |
| 7 | 840 |
| 8 | 960 |
| 9 | 1080 |

| 1190 | |
|---|---|
| 1 | 119 |
| 2 | 238 |
| 3 | 357 |
| 4 | 476 |
| 5 | 595 |
| 6 | 714 |
| 7 | 833 |
| 8 | 952 |
| 9 | 1071 |

| 36 | |
|---|---|
| 1 | 3,6 |
| 2 | 7,2 |
| 3 | 10,8 |
| 4 | 14,4 |
| 5 | 18,0 |
| 6 | 21,6 |
| 7 | 25,2 |
| 8 | 28,8 |
| 9 | 32,4 |

| 37 | |
|---|---|
| 1 | 3,7 |
| 2 | 7,4 |
| 3 | 11,1 |
| 4 | 14,8 |
| 5 | 18,5 |
| 6 | 22,2 |
| 7 | 25,9 |
| 8 | 29,6 |
| 9 | 33,3 |

| | 1230 | 1220 | 1210 | 1190 | 1180 | 1170 | 37 | 38 |
|---|---|---|---|---|---|---|---|---|
| 1 | 123 | 122 | 121 | 119 | 118 | 117 | 3,7 | 3,8 |
| 2 | 246 | 244 | 242 | 238 | 236 | 234 | 7,4 | 7,6 |
| 3 | 369 | 366 | 363 | 357 | 354 | 351 | 11,1 | 11,4 |
| 4 | 492 | 488 | 484 | 476 | 472 | 468 | 14,8 | 15,2 |
| 5 | 615 | 610 | 605 | 595 | 590 | 585 | 18,5 | 19,0 |
| 6 | 738 | 732 | 726 | 714 | 708 | 702 | 22,2 | 22,8 |
| 7 | 861 | 854 | 847 | 833 | 826 | 819 | 25,9 | 26,6 |
| 8 | 984 | 976 | 968 | 952 | 944 | 936 | 29,6 | 30,4 |
| 9 | 1107 | 1098 | 1089 | 1071 | 1062 | 1053 | 33,3 | 34,2 |

| ′ | ″ | Sin. | D. | Tang. | D.c. | Cotg. | Cos. | D. | ″ | ′ |
|---|---|---|---|---|---|---|---|---|---|---|
| 0 | 0 | 1̄,2 396 702 | 1194 | 1̄,2 463 188 | 1231 | 0,7 536 812 | 1̄,9 933 515 | 38 | 0 | 60 |
| | 10 | 397 896 | 1194 | 464 419 | 1231 | 535 581 | 933 477 | 37 | 50 | |
| | 20 | 399 090 | 1193 | 465 650 | 1230 | 534 350 | 933 440 | 37 | 40 | |
| | 30 | 400 283 | 1193 | 466 880 | 1230 | 533 120 | 933 403 | 37 | 30 | |
| | 40 | 401 476 | 1193 | 468 110 | 1230 | 531 890 | 933 366 | 37 | 20 | |
| | 50 | 402 669 | 1192 | 469 340 | 1229 | 530 660 | 933 329 | 37 | 10 | |
| 1 | 0 | 403 861 | 1192 | 470 569 | 1229 | 529 431 | 933 292 | 38 | 0 | 59 |
| | 10 | 405 053 | 1191 | 471 798 | 1229 | 528 202 | 933 254 | 37 | 50 | |
| | 20 | 406 244 | 1192 | 473 027 | 1228 | 526 973 | 933 217 | 37 | 40 | |
| | 30 | 407 436 | 1190 | 474 255 | 1229 | 525 745 | 933 180 | 37 | 30 | |
| | 40 | 408 626 | 1191 | 475 484 | 1227 | 524 516 | 933 143 | 37 | 20 | |
| | 50 | 409 817 | 1190 | 476 711 | 1228 | 523 289 | 933 106 | 38 | 10 | |
| 2 | 0 | 411 007 | 1190 | 477 939 | 1227 | 522 061 | 933 068 | 37 | 0 | 58 |
| | 10 | 412 197 | 1190 | 479 166 | 1227 | 520 834 | 933 031 | 37 | 50 | |
| | 20 | 413 387 | 1189 | 480 393 | 1226 | 519 607 | 932 994 | 37 | 40 | |
| | 30 | 414 576 | 1189 | 481 619 | 1226 | 518 381 | 932 957 | 38 | 30 | |
| | 40 | 415 765 | 1188 | 482 845 | 1226 | 517 155 | 932 919 | 37 | 20 | |
| | 50 | 416 953 | 1188 | 484 071 | 1226 | 515 929 | 932 882 | 37 | 10 | |
| 3 | 0 | 418 141 | 1188 | 485 297 | 1225 | 514 703 | 932 845 | 38 | 0 | 57 |
| | 10 | 419 329 | 1188 | 486 522 | 1225 | 513 478 | 932 807 | 37 | 50 | |
| | 20 | 420 517 | 1187 | 487 747 | 1224 | 512 253 | 932 770 | 37 | 40 | |
| | 30 | 421 704 | 1187 | 488 971 | 1225 | 511 029 | 932 733 | 38 | 30 | |
| | 40 | 422 891 | 1186 | 490 196 | 1224 | 509 804 | 932 695 | 37 | 20 | |
| | 50 | 424 077 | 1187 | 491 420 | 1223 | 508 580 | 932 658 | 37 | 10 | |
| 4 | 0 | 425 264 | 1185 | 492 643 | 1223 | 507 357 | 932 621 | 38 | 0 | 56 |
| | 10 | 426 449 | 1186 | 493 866 | 1223 | 506 134 | 932 583 | 37 | 50 | |
| | 20 | 427 635 | 1185 | 495 089 | 1223 | 504 911 | 932 546 | 38 | 40 | |
| | 30 | 428 820 | 1185 | 496 312 | 1222 | 503 688 | 932 508 | 37 | 30 | |
| | 40 | 430 005 | 1185 | 497 534 | 1222 | 502 466 | 932 471 | 37 | 20 | |
| | 50 | 431 190 | 1184 | 498 756 | 1222 | 501 244 | 932 434 | 38 | 10 | |
| 5 | 0 | 432 374 | 1184 | 499 978 | 1221 | 500 022 | 932 396 | 37 | 0 | 55 |
| | 10 | 433 558 | 1183 | 501 199 | 1221 | 498 801 | 932 359 | 38 | 50 | |
| | 20 | 434 741 | 1183 | 502 420 | 1221 | 497 580 | 932 321 | 37 | 40 | |
| | 30 | 435 924 | 1183 | 503 641 | 1220 | 496 359 | 932 284 | 38 | 30 | |
| | 40 | 437 107 | 1183 | 504 861 | 1220 | 495 139 | 932 246 | 37 | 20 | |
| | 50 | 438 290 | 1182 | 506 081 | 1220 | 493 919 | 932 209 | 38 | 10 | |
| 6 | 0 | 439 472 | 1182 | 507 301 | 1219 | 492 699 | 932 171 | 37 | 0 | 54 |
| | 10 | 440 654 | 1181 | 508 520 | 1219 | 491 480 | 932 134 | 38 | 50 | |
| | 20 | 441 835 | 1182 | 509 739 | 1219 | 490 261 | 932 096 | 37 | 40 | |
| | 30 | 443 017 | 1180 | 510 958 | 1218 | 489 042 | 932 059 | 38 | 30 | |
| | 40 | 444 197 | 1181 | 512 176 | 1218 | 487 824 | 932 021 | 37 | 20 | |
| | 50 | 445 378 | 1180 | 513 394 | 1218 | 486 606 | 931 984 | 38 | 10 | |
| 7 | 0 | 446 558 | 1180 | 514 612 | 1218 | 485 388 | 931 946 | 38 | 0 | 53 |
| | 10 | 447 738 | 1180 | 515 830 | 1217 | 484 170 | 931 908 | 37 | 50 | |
| | 20 | 448 918 | 1179 | 517 047 | 1217 | 482 953 | 931 871 | 38 | 40 | |
| | 30 | 450 097 | 1179 | 518 264 | 1216 | 481 736 | 931 833 | 37 | 30 | |
| | 40 | 451 276 | 1178 | 519 480 | 1216 | 480 520 | 931 796 | 38 | 20 | |
| | 50 | 452 454 | 1178 | 520 696 | 1216 | 479 304 | 931 758 | 38 | 10 | |
| 8 | 0 | 453 632 | 1178 | 521 912 | 1216 | 478 088 | 931 720 | 37 | 0 | 52 |
| | 10 | 454 810 | 1178 | 523 128 | 1215 | 476 872 | 931 683 | 38 | 50 | |
| | 20 | 455 988 | 1177 | 524 343 | 1215 | 475 657 | 931 645 | 38 | 40 | |
| | 30 | 457 165 | 1177 | 525 558 | 1214 | 474 442 | 931 607 | 37 | 30 | |
| | 40 | 458 342 | 1177 | 526 772 | 1215 | 473 228 | 931 570 | 38 | 20 | |
| | 50 | 459 519 | 1176 | 527 987 | 1213 | 472 013 | 931 532 | 38 | 10 | |
| 9 | 0 | 460 695 | 1176 | 529 200 | 1214 | 470 800 | 931 494 | 37 | 0 | 51 |
| | 10 | 461 871 | 1175 | 530 414 | 1213 | 469 586 | 931 457 | 38 | 50 | |
| | 20 | 463 046 | 1176 | 531 627 | 1213 | 468 373 | 931 419 | 38 | 40 | |
| | 30 | 464 222 | 1175 | 532 840 | 1213 | 467 160 | 931 381 | 37 | 30 | |
| | 40 | 465 397 | 1174 | 534 053 | 1212 | 465 947 | 931 344 | 38 | 20 | |
| | 50 | 466 571 | 1175 | 535 265 | 1212 | 464 735 | 931 306 | 38 | 10 | |
| 10 | 0 | 1̄,2 467 746 | | 1̄,2 536 477 | | 0,7 463 523 | 1̄,9 931 268 | | 0 | 50 |
| ′ | ″ | Cos. | | Cotg. | | Tang. | Sin. | | ″ | ′ |

| ' | " | Sin. | D. | Tang. | D.c. | Cotg. | Cos. | D. | " | ' |
|---|---|---|---|---|---|---|---|---|---|---|
| 10 | 0 | $\bar{1}$,2 467 746 | 1173 | $\bar{1}$,2 536 477 | 1212 | 0,7 463 523 | $\bar{1}$,9 931 268 | 38 | 0 | 50 |
| | 10 | 468 919 | 1174 | 537 689 | 1212 | 462 311 | 931 230 | 37 | 50 | |
| | 20 | 470 093 | 1173 | 538 901 | 1211 | 461 099 | 931 193 | 38 | 40 | |
| | 30 | 471 266 | 1173 | 540 112 | 1210 | 459 888 | 931 155 | 38 | 30 | |
| | 40 | 472 439 | 1173 | 541 322 | 1211 | 458 678 | 931 117 | 38 | 20 | |
| | 50 | 473 612 | 1172 | 542 533 | 1210 | 457 467 | 931 079 | 38 | 10 | |
| 11 | 0 | 474 784 | 1172 | 543 743 | 1210 | 456 257 | 931 041 | 37 | 0 | 49 |
| | 10 | 475 956 | 1172 | 544 953 | 1209 | 455 047 | 931 004 | 38 | 50 | |
| | 20 | 477 128 | 1171 | 546 162 | 1209 | 453 838 | 930 966 | 38 | 40 | |
| | 30 | 478 299 | 1171 | 547 371 | 1209 | 452 629 | 930 928 | 38 | 30 | |
| | 40 | 479 470 | 1171 | 548 580 | 1209 | 451 420 | 930 890 | 38 | 20 | |
| | 50 | 480 641 | 1170 | 549 789 | 1208 | 450 211 | 930 852 | 38 | 10 | |
| 12 | 0 | 481 811 | 1170 | 550 997 | 1208 | 449 003 | 930 814 | 38 | 0 | 48 |
| | 10 | 482 981 | 1170 | 552 205 | 1208 | 447 795 | 930 776 | 38 | 50 | |
| | 20 | 484 151 | 1170 | 553 413 | 1207 | 446 587 | 930 738 | 37 | 40 | |
| | 30 | 485 321 | 1169 | 554 620 | 1207 | 445 380 | 930 701 | 38 | 30 | |
| | 40 | 486 490 | 1168 | 555 827 | 1207 | 444 173 | 930 663 | 38 | 20 | |
| | 50 | 487 658 | 1169 | 557 034 | 1206 | 442 966 | 930 625 | 38 | 10 | |
| 13 | 0 | 488 827 | 1168 | 558 240 | 1206 | 441 760 | 930 587 | 38 | 0 | 47 |
| | 10 | 489 995 | 1168 | 559 446 | 1206 | 440 554 | 930 549 | 38 | 50 | |
| | 20 | 491 163 | 1167 | 560 652 | 1205 | 439 348 | 930 511 | 38 | 40 | |
| | 30 | 492 330 | 1167 | 561 857 | 1205 | 438 143 | 930 473 | 38 | 30 | |
| | 40 | 493 497 | 1167 | 563 062 | 1205 | 436 938 | 930 435 | 38 | 20 | |
| | 50 | 494 664 | 1166 | 564 267 | 1205 | 435 733 | 930 397 | 38 | 10 | |
| 14 | 0 | 495 830 | 1167 | 565 472 | 1204 | 434 528 | 930 359 | 38 | 0 | 46 |
| | 10 | 496 997 | 1165 | 566 676 | 1204 | 433 324 | 930 321 | 38 | 50 | |
| | 20 | 498 162 | 1166 | 567 880 | 1203 | 432 120 | 930 283 | 38 | 40 | |
| | 30 | 499 328 | 1165 | 569 083 | 1203 | 430 917 | 930 245 | 38 | 30 | |
| | 40 | 500 493 | 1165 | 570 286 | 1203 | 429 714 | 930 207 | 38 | 20 | |
| | 50 | 501 658 | 1164 | 571 489 | 1203 | 428 511 | 930 169 | 38 | 10 | |
| 15 | 0 | 502 822 | 1165 | 572 692 | 1202 | 427 308 | 930 131 | 38 | 0 | 45 |
| | 10 | 503 987 | 1163 | 573 894 | 1202 | 426 106 | 930 093 | 39 | 50 | |
| | 20 | 505 150 | 1164 | 575 096 | 1202 | 424 904 | 930 054 | 38 | 40 | |
| | 30 | 506 314 | 1163 | 576 298 | 1201 | 423 702 | 930 016 | 38 | 30 | |
| | 40 | 507 477 | 1163 | 577 499 | 1201 | 422 501 | 929 978 | 38 | 20 | |
| | 50 | 508 640 | 1163 | 578 700 | 1201 | 421 300 | 929 940 | 38 | 10 | |
| 16 | 0 | 509 803 | 1162 | 579 901 | 1200 | 420 099 | 929 902 | 38 | 0 | 44 |
| | 10 | 510 965 | 1162 | 581 101 | 1200 | 418 899 | 929 864 | 38 | 50 | |
| | 20 | 512 127 | 1162 | 582 301 | 1200 | 417 699 | 929 826 | 38 | 40 | |
| | 30 | 513 289 | 1161 | 583 501 | 1200 | 416 499 | 929 788 | 39 | 30 | |
| | 40 | 514 450 | 1161 | 584 701 | 1199 | 415 299 | 929 749 | 38 | 20 | |
| | 50 | 515 611 | 1161 | 585 900 | 1199 | 414 100 | 929 711 | 38 | 10 | |
| 17 | 0 | 516 772 | 1160 | 587 099 | 1198 | 412 901 | 929 673 | 38 | 0 | 43 |
| | 10 | 517 932 | 1160 | 588 297 | 1198 | 411 703 | 929 635 | 38 | 50 | |
| | 20 | 519 092 | 1160 | 589 495 | 1198 | 410 505 | 929 597 | 39 | 40 | |
| | 30 | 520 252 | 1159 | 590 693 | 1198 | 409 307 | 929 558 | 38 | 30 | |
| | 40 | 521 411 | 1159 | 591 891 | 1197 | 408 109 | 929 520 | 38 | 20 | |
| | 50 | 522 570 | 1159 | 593 088 | 1197 | 406 912 | 929 482 | 38 | 10 | |
| 18 | 0 | 523 729 | 1158 | 594 285 | 1197 | 405 715 | 929 444 | 39 | 0 | 42 |
| | 10 | 524 887 | 1158 | 595 482 | 1196 | 404 518 | 929 405 | 38 | 50 | |
| | 20 | 526 045 | 1158 | 596 678 | 1197 | 403 322 | 929 367 | 38 | 40 | |
| | 30 | 527 203 | 1158 | 597 875 | 1195 | 402 125 | 929 329 | 39 | 30 | |
| | 40 | 528 361 | 1157 | 599 070 | 1196 | 400 930 | 929 290 | 38 | 20 | |
| | 50 | 529 518 | 1157 | 600 266 | 1195 | 399 734 | 929 252 | 38 | 10 | |
| 19 | 0 | 530 675 | 1156 | 601 461 | 1195 | 398 539 | 929 214 | 39 | 0 | 41 |
| | 10 | 531 831 | 1156 | 602 656 | 1194 | 397 344 | 929 175 | 38 | 50 | |
| | 20 | 532 987 | 1156 | 603 850 | 1195 | 396 150 | 929 137 | 38 | 40 | |
| | 30 | 534 143 | 1156 | 605 045 | 1194 | 394 955 | 929 099 | 39 | 30 | |
| | 40 | 535 299 | 1155 | 606 239 | 1193 | 393 761 | 929 060 | 38 | 20 | |
| | 50 | 536 454 | 1155 | 607 432 | 1193 | 392 568 | 929 022 | 38 | 10 | |
| 20 | 0 | $\bar{1}$,2 537 609 | | $\bar{1}$,2 608 625 | | 0,7 391 375 | $\bar{1}$,9 928 984 | | 0 | 40 |
| ' | " | Cos. | | Cotg. | | Tang. | Sin. | | " | ' |

79°

| 1210 | |
|---|---|
| 1 | 121 |
| 2 | 242 |
| 3 | 363 |
| 4 | 484 |
| 5 | 605 |
| 6 | 726 |
| 7 | 847 |
| 8 | 968 |
| 9 | 1089 |

| 1200 | |
|---|---|
| 1 | 120 |
| 2 | 240 |
| 3 | 360 |
| 4 | 480 |
| 5 | 600 |
| 6 | 720 |
| 7 | 840 |
| 8 | 960 |
| 9 | 1080 |

| 1190 | |
|---|---|
| 1 | 119 |
| 2 | 238 |
| 3 | 357 |
| 4 | 476 |
| 5 | 595 |
| 6 | 714 |
| 7 | 833 |
| 8 | 952 |
| 9 | 1071 |

| 1170 | |
|---|---|
| 1 | 117 |
| 2 | 234 |
| 3 | 351 |
| 4 | 468 |
| 5 | 585 |
| 6 | 702 |
| 7 | 819 |
| 8 | 936 |
| 9 | 1053 |

| 1160 | |
|---|---|
| 1 | 116 |
| 2 | 232 |
| 3 | 348 |
| 4 | 464 |
| 5 | 580 |
| 6 | 696 |
| 7 | 812 |
| 8 | 928 |
| 9 | 1044 |

| 1150 | |
|---|---|
| 1 | 115 |
| 2 | 230 |
| 3 | 345 |
| 4 | 460 |
| 5 | 575 |
| 6 | 690 |
| 7 | 805 |
| 8 | 920 |
| 9 | 1035 |

| 38 | |
|---|---|
| 1 | 3,8 |
| 2 | 7,6 |
| 3 | 11,4 |
| 4 | 15,2 |
| 5 | 19,0 |
| 6 | 22,8 |
| 7 | 26,6 |
| 8 | 30,4 |
| 9 | 34,2 |

| 39 | |
|---|---|
| 1 | 3,9 |
| 2 | 7,8 |
| 3 | 11,7 |
| 4 | 15,6 |
| 5 | 19,5 |
| 6 | 23,4 |
| 7 | 27,3 |
| 8 | 31,2 |
| 9 | 35,1 |

| | 1190 | | 1180 | | 1170 | | 1150 | | 1140 | | 1130 | | 38 | | 39 |
|---|---|---|---|---|---|---|---|---|---|---|---|---|---|---|---|
| 1 | 119 | 1 | 118 | 1 | 117 | 1 | 115 | 1 | 114 | 1 | 113 | 1 | 3,8 | 1 | 3,9 |
| 2 | 238 | 2 | 236 | 2 | 234 | 2 | 230 | 2 | 228 | 2 | 226 | 2 | 7,6 | 2 | 7,8 |
| 3 | 357 | 3 | 354 | 3 | 351 | 3 | 345 | 3 | 342 | 3 | 339 | 3 | 11,4 | 3 | 11,7 |
| 4 | 476 | 4 | 472 | 4 | 468 | 4 | 460 | 4 | 456 | 4 | 452 | 4 | 15,2 | 4 | 15,6 |
| 5 | 595 | 5 | 590 | 5 | 585 | 5 | 575 | 5 | 570 | 5 | 565 | 5 | 19,0 | 5 | 19,5 |
| 6 | 714 | 6 | 708 | 6 | 702 | 6 | 690 | 6 | 684 | 6 | 678 | 6 | 22,8 | 6 | 23,4 |
| 7 | 833 | 7 | 826 | 7 | 819 | 7 | 805 | 7 | 798 | 7 | 791 | 7 | 26,6 | 7 | 27,3 |
| 8 | 952 | 8 | 944 | 8 | 936 | 8 | 920 | 8 | 912 | 8 | 904 | 8 | 30,4 | 8 | 31,2 |
| 9 | 1071 | 9 | 1062 | 9 | 1053 | 9 | 1035 | 9 | 1026 | 9 | 1017 | 9 | 34,2 | 9 | 35,1 |

| ′ | ″ | Sin. | D. | Tang. | D.c. | Cotg. | Cos. | D. | ″ | ′ |
|---|---|---|---|---|---|---|---|---|---|---|
| 20 | 0 | 1̄,2 537 609 | 1155 | 1̄,2 608 625 | 1193 | 0,7 391 375 | 1̄,9 928 984 | 39 | 0 | 40 |
| | 10 | 538 764 | 1154 | 609 818 | 1193 | 390 182 | 928 945 | 38 | 50 | |
| | 20 | 539 918 | 1154 | 611 011 | 1193 | 388 989 | 928 907 | 39 | 40 | |
| | 30 | 541 072 | 1154 | 612 204 | 1192 | 387 796 | 928 868 | 38 | 30 | |
| | 40 | 542 226 | 1153 | 613 396 | 1191 | 386 604 | 928 830 | 38 | 20 | |
| | 50 | 543 379 | 1153 | 614 587 | 1192 | 385 413 | 928 792 | 39 | 10 | |
| 21 | 0 | 544 532 | 1153 | 615 779 | 1191 | 384 221 | 928 753 | 38 | 0 | 39 |
| | 10 | 545 685 | 1152 | 616 970 | 1191 | 383 030 | 928 715 | 39 | 50 | |
| | 20 | 546 837 | 1152 | 618 161 | 1191 | 381 839 | 928 676 | 38 | 40 | |
| | 30 | 547 989 | 1152 | 619 352 | 1190 | 380 648 | 928 638 | 39 | 30 | |
| | 40 | 549 141 | 1151 | 620 542 | 1190 | 379 458 | 928 599 | 38 | 20 | |
| | 50 | 550 292 | 1152 | 621 732 | 1189 | 378 268 | 928 561 | 39 | 10 | |
| 22 | 0 | 551 444 | 1150 | 622 921 | 1190 | 377 079 | 928 522 | 38 | 0 | 38 |
| | 10 | 552 594 | 1151 | 624 111 | 1189 | 375 889 | 928 484 | 39 | 50 | |
| | 20 | 553 745 | 1150 | 625 300 | 1189 | 374 700 | 928 445 | 38 | 40 | |
| | 30 | 554 895 | 1150 | 626 489 | 1188 | 373 511 | 928 407 | 39 | 30 | |
| | 40 | 556 045 | 1150 | 627 677 | 1188 | 372 323 | 928 368 | 39 | 20 | |
| | 50 | 557 195 | 1149 | 628 865 | 1188 | 371 135 | 928 329 | 38 | 10 | |
| 23 | 0 | 558 344 | 1149 | 630 053 | 1187 | 369 947 | 928 291 | 39 | 0 | 37 |
| | 10 | 559 493 | 1148 | 631 240 | 1188 | 368 760 | 928 252 | 38 | 50 | |
| | 20 | 560 641 | 1149 | 632 428 | 1187 | 367 572 | 928 214 | 39 | 40 | |
| | 30 | 561 790 | 1148 | 633 615 | 1186 | 366 385 | 928 175 | 39 | 30 | |
| | 40 | 562 938 | 1147 | 634 801 | 1186 | 365 199 | 928 136 | 38 | 20 | |
| | 50 | 564 085 | 1148 | 635 987 | 1186 | 364 013 | 928 098 | 39 | 10 | |
| 24 | 0 | 565 233 | 1147 | 637 173 | 1186 | 362 827 | 928 059 | 38 | 0 | 36 |
| | 10 | 566 380 | 1146 | 638 359 | 1186 | 361 641 | 928 021 | 39 | 50 | |
| | 20 | 567 526 | 1147 | 639 545 | 1185 | 360 455 | 927 982 | 39 | 40 | |
| | 30 | 568 673 | 1146 | 640 730 | 1184 | 359 270 | 927 943 | 38 | 30 | |
| | 40 | 569 819 | 1146 | 641 914 | 1185 | 358 086 | 927 905 | 39 | 20 | |
| | 50 | 570 965 | 1145 | 643 099 | 1184 | 356 901 | 927 866 | 39 | 10 | |
| 25 | 0 | 572 110 | 1145 | 644 283 | 1184 | 355 717 | 927 827 | 39 | 0 | 35 |
| | 10 | 573 255 | 1145 | 645 467 | 1184 | 354 533 | 927 788 | 38 | 50 | |
| | 20 | 574 400 | 1145 | 646 651 | 1183 | 353 349 | 927 750 | 39 | 40 | |
| | 30 | 575 545 | 1144 | 647 834 | 1183 | 352 166 | 927 711 | 39 | 30 | |
| | 40 | 576 689 | 1144 | 649 017 | 1183 | 350 983 | 927 672 | 38 | 20 | |
| | 50 | 577 833 | 1144 | 650 200 | 1182 | 349 800 | 927 634 | 39 | 10 | |
| 26 | 0 | 578 977 | 1143 | 651 382 | 1182 | 348 618 | 927 595 | 39 | 0 | 34 |
| | 10 | 580 120 | 1143 | 652 564 | 1182 | 347 436 | 927 556 | 39 | 50 | |
| | 20 | 581 263 | 1143 | 653 746 | 1181 | 346 254 | 927 517 | 39 | 40 | |
| | 30 | 582 406 | 1142 | 654 927 | 1181 | 345 073 | 927 478 | 38 | 30 | |
| | 40 | 583 548 | 1142 | 656 108 | 1181 | 343 892 | 927 440 | 39 | 20 | |
| | 50 | 584 690 | 1142 | 657 289 | 1181 | 342 711 | 927 401 | 39 | 10 | |
| 27 | 0 | 585 832 | 1141 | 658 470 | 1180 | 341 530 | 927 362 | 39 | 0 | 33 |
| | 10 | 586 973 | 1141 | 659 650 | 1180 | 340 350 | 927 323 | 39 | 50 | |
| | 20 | 588 114 | 1141 | 660 830 | 1180 | 339 170 | 927 284 | 39 | 40 | |
| | 30 | 589 255 | 1141 | 662 010 | 1179 | 337 990 | 927 245 | 38 | 30 | |
| | 40 | 590 396 | 1140 | 663 189 | 1179 | 336 811 | 927 207 | 39 | 20 | |
| | 50 | 591 536 | 1140 | 664 368 | 1179 | 335 632 | 927 168 | 39 | 10 | |
| 28 | 0 | 592 676 | 1139 | 665 547 | 1179 | 334 453 | 927 129 | 39 | 0 | 32 |
| | 10 | 593 815 | 1140 | 666 726 | 1178 | 333 274 | 927 090 | 39 | 50 | |
| | 20 | 594 955 | 1139 | 667 904 | 1178 | 332 096 | 927 051 | 39 | 40 | |
| | 30 | 596 094 | 1138 | 669 082 | 1177 | 330 918 | 927 012 | 39 | 30 | |
| | 40 | 597 232 | 1139 | 670 259 | 1178 | 329 741 | 926 973 | 39 | 20 | |
| | 50 | 598 371 | 1138 | 671 437 | 1176 | 328 563 | 926 934 | 39 | 10 | |
| 29 | 0 | 599 509 | 1137 | 672 613 | 1177 | 327 387 | 926 895 | 39 | 0 | 31 |
| | 10 | 600 646 | 1138 | 673 790 | 1177 | 326 210 | 926 856 | 39 | 50 | |
| | 20 | 601 784 | 1137 | 674 967 | 1176 | 325 033 | 926 817 | 39 | 40 | |
| | 30 | 602 921 | 1137 | 676 143 | 1175 | 323 857 | 926 778 | 39 | 30 | |
| | 40 | 604 058 | 1136 | 677 318 | 1176 | 322 682 | 926 739 | 39 | 20 | |
| | 50 | 605 194 | 1136 | 678 494 | 1175 | 321 506 | 926 700 | 39 | 10 | |
| 30 | 0 | 1̄,2 606 330 | | 1̄,2 679 669 | | 0,7 320 331 | 1̄,9 926 661 | | 0 | 30 |
| ′ | ″ | Cos. | | Cotg. | | Tang. | Sin. | | ″ | ′ |

| ′ | ″ | Sin. | D. | Tang. | D.c. | Cotg. | Cos. | D. | ″ | ′ |
|---|---|---|---|---|---|---|---|---|---|---|
| 30 | 0 | $\bar{1}$,2 606 330 | | $\bar{1}$,2 679 669 | | 0,7 320 331 | $\bar{1}$,9 926 661 | | 0 | 30 |
| | 10 | 607 466 | 1136 | 680 844 | 1175 | 319 156 | 926 622 | 39 | 50 | |
| | 20 | 608 602 | 1136 | 682 019 | 1175 | 317 981 | 926 583 | 39 | 40 | |
| | 30 | 609 737 | 1135 | 683 193 | 1174 | 316 807 | 926 544 | 39 | 30 | |
| | 40 | 610 872 | 1135 | 684 367 | 1174 | 315 633 | 926 505 | 39 | 20 | |
| | 50 | 612 007 | 1135 | 685 541 | 1174 | 314 459 | 926 466 | 39 | 10 | |
| 31 | 0 | 613 141 | 1134 | 686 714 | 1173 | 313 286 | 926 427 | 39 | 0 | 29 |
| | 10 | 614 275 | 1134 | 687 887 | 1173 | 312 113 | 926 388 | 39 | 50 | |
| | 20 | 615 409 | 1134 | 689 060 | 1173 | 310 940 | 926 349 | 39 | 40 | |
| | 30 | 616 542 | 1133 | 690 233 | 1173 | 309 767 | 926 310 | 39 | 30 | |
| | 40 | 617 675 | 1133 | 691 405 | 1172 | 308 595 | 926 270 | 40 | 20 | |
| | 50 | 618 808 | 1133 | 692 577 | 1172 | 307 423 | 926 231 | 39 | 10 | |
| 32 | 0 | 619 941 | 1133 | 693 749 | 1172 | 306 251 | 926 192 | 39 | 0 | 28 |
| | 10 | 621 073 | 1132 | 694 920 | 1171 | 305 080 | 926 153 | 39 | 50 | |
| | 20 | 622 205 | 1132 | 696 091 | 1171 | 303 909 | 926 114 | 39 | 40 | |
| | 30 | 623 336 | 1131 | 697 262 | 1171 | 302 738 | 926 075 | 39 | 30 | |
| | 40 | 624 468 | 1132 | 698 432 | 1170 | 301 568 | 926 035 | 40 | 20 | |
| | 50 | 625 599 | 1131 | 699 602 | 1170 | 300 398 | 925 996 | 39 | 10 | |
| 33 | 0 | 626 729 | 1130 | 700 772 | 1170 | 299 228 | 925 957 | 39 | 0 | 27 |
| | 10 | 627 860 | 1131 | 701 942 | 1170 | 298 058 | 925 918 | 39 | 50 | |
| | 20 | 628 990 | 1130 | 703 111 | 1169 | 296 889 | 925 879 | 39 | 40 | |
| | 30 | 630 120 | 1130 | 704 280 | 1169 | 295 720 | 925 839 | 40 | 30 | |
| | 40 | 631 249 | 1129 | 705 449 | 1169 | 294 551 | 925 800 | 39 | 20 | |
| | 50 | 632 378 | 1129 | 706 617 | 1168 | 293 383 | 925 761 | 39 | 10 | |
| 34 | 0 | 633 507 | 1129 | 707 786 | 1169 | 292 214 | 925 722 | 39 | 0 | 26 |
| | 10 | 634 636 | 1129 | 708 953 | 1167 | 291 047 | 925 682 | 40 | 50 | |
| | 20 | 635 764 | 1128 | 710 121 | 1168 | 289 879 | 925 643 | 39 | 40 | |
| | 30 | 636 892 | 1128 | 711 288 | 1167 | 288 712 | 925 604 | 39 | 30 | |
| | 40 | 638 020 | 1128 | 712 455 | 1167 | 287 545 | 925 564 | 40 | 20 | |
| | 50 | 639 147 | 1127 | 713 622 | 1167 | 286 378 | 925 525 | 39 | 10 | |
| 35 | 0 | 640 274 | 1127 | 714 788 | 1166 | 285 212 | 925 486 | 39 | 0 | 25 |
| | 10 | 641 401 | 1127 | 715 954 | 1166 | 284 046 | 925 446 | 40 | 50 | |
| | 20 | 642 527 | 1126 | 717 120 | 1166 | 282 880 | 925 407 | 39 | 40 | |
| | 30 | 643 653 | 1126 | 718 286 | 1166 | 281 714 | 925 368 | 39 | 30 | |
| | 40 | 644 779 | 1126 | 719 451 | 1165 | 280 549 | 925 328 | 40 | 20 | |
| | 50 | 645 905 | 1126 | 720 616 | 1165 | 279 384 | 925 289 | 39 | 10 | |
| 36 | 0 | 647 030 | 1125 | 721 780 | 1164 | 278 220 | 925 250 | 39 | 0 | 24 |
| | 10 | 648 155 | 1125 | 722 945 | 1165 | 277 055 | 925 210 | 40 | 50 | |
| | 20 | 649 279 | 1124 | 724 109 | 1164 | 275 891 | 925 171 | 39 | 40 | |
| | 30 | 650 404 | 1125 | 725 272 | 1163 | 274 728 | 925 131 | 40 | 30 | |
| | 40 | 651 528 | 1124 | 726 436 | 1164 | 273 564 | 925 092 | 39 | 20 | |
| | 50 | 652 651 | 1123 | 727 599 | 1163 | 272 401 | 925 052 | 40 | 10 | |
| 37 | 0 | 653 775 | 1124 | 728 762 | 1163 | 271 238 | 925 013 | 39 | 0 | 23 |
| | 10 | 654 898 | 1123 | 729 924 | 1162 | 270 076 | 924 973 | 40 | 50 | |
| | 20 | 656 021 | 1123 | 731 087 | 1163 | 268 913 | 924 934 | 39 | 40 | |
| | 30 | 657 143 | 1122 | 732 249 | 1162 | 267 751 | 924 894 | 40 | 30 | |
| | 40 | 658 265 | 1122 | 733 411 | 1162 | 266 589 | 924 855 | 39 | 20 | |
| | 50 | 659 387 | 1122 | 734 572 | 1161 | 265 428 | 924 815 | 40 | 10 | |
| 38 | 0 | 660 509 | 1122 | 735 733 | 1161 | 264 267 | 924 776 | 39 | 0 | 22 |
| | 10 | 661 630 | 1121 | 736 894 | 1161 | 263 106 | 924 736 | 40 | 50 | |
| | 20 | 662 751 | 1121 | 738 055 | 1161 | 261 945 | 924 697 | 39 | 40 | |
| | 30 | 663 872 | 1121 | 739 215 | 1160 | 260 785 | 924 657 | 40 | 30 | |
| | 40 | 664 992 | 1120 | 740 375 | 1160 | 259 625 | 924 618 | 39 | 20 | |
| | 50 | 666 113 | 1121 | 741 534 | 1159 | 258 466 | 924 578 | 40 | 10 | |
| 39 | 0 | 667 232 | 1119 | 742 694 | 1160 | 257 306 | 924 539 | 39 | 0 | 21 |
| | 10 | 668 352 | 1120 | 743 853 | 1159 | 256 147 | 924 499 | 40 | 50 | |
| | 20 | 669 471 | 1119 | 745 012 | 1159 | 254 988 | 924 459 | 40 | 40 | |
| | 30 | 670 590 | 1119 | 746 170 | 1158 | 253 830 | 924 420 | 39 | 30 | |
| | 40 | 671 709 | 1119 | 747 329 | 1159 | 252 671 | 924 380 | 40 | 20 | |
| | 50 | 672 827 | 1118 | 748 487 | 1158 | 251 513 | 924 340 | 40 | 10 | |
| 40 | 0 | $\bar{1}$,2 673 945 | 1118 | $\bar{1}$,2 749 644 | 1157 | 0,7 250 356 | $\bar{1}$,9 924 301 | 39 | 0 | 20 |
| ′ | ″ | Cos. | | Cotg. | | Tang. | Sin. | | ″ | ′ |

| 1170 | | 1160 | | 1150 | | 1130 | |
|---|---|---|---|---|---|---|---|
| 1 | 117 | 1 | 116 | 1 | 115 | 1 | 113 |
| 2 | 234 | 2 | 232 | 2 | 230 | 2 | 226 |
| 3 | 351 | 3 | 348 | 3 | 345 | 3 | 339 |
| 4 | 468 | 4 | 464 | 4 | 460 | 4 | 452 |
| 5 | 585 | 5 | 580 | 5 | 575 | 5 | 565 |
| 6 | 702 | 6 | 696 | 6 | 690 | 6 | 678 |
| 7 | 819 | 7 | 812 | 7 | 805 | 7 | 791 |
| 8 | 936 | 8 | 928 | 8 | 920 | 8 | 904 |
| 9 | 1053 | 9 | 1044 | 9 | 1035 | 9 | 1017 |

| 1120 | | 1110 | | 39 | | 40 | |
|---|---|---|---|---|---|---|---|
| 1 | 112 | 1 | 111 | 1 | 3,9 | 1 | 4 |
| 2 | 224 | 2 | 222 | 2 | 7,8 | 2 | 8 |
| 3 | 336 | 3 | 333 | 3 | 11,7 | 3 | 12 |
| 4 | 448 | 4 | 444 | 4 | 15,6 | 4 | 16 |
| 5 | 560 | 5 | 555 | 5 | 19,5 | 5 | 20 |
| 6 | 672 | 6 | 666 | 6 | 23,4 | 6 | 24 |
| 7 | 784 | 7 | 777 | 7 | 27,3 | 7 | 28 |
| 8 | 896 | 8 | 888 | 8 | 31,2 | 8 | 32 |
| 9 | 1008 | 9 | 999 | 9 | 35,1 | 9 | 36 |

| 1150 | |
|---|---|
| 1 | 115 |
| 2 | 230 |
| 3 | 345 |
| 4 | 460 |
| 5 | 575 |
| 6 | 690 |
| 7 | 805 |
| 8 | 920 |
| 9 | 1035 |

| 1140 | |
|---|---|
| 1 | 114 |
| 2 | 228 |
| 3 | 342 |
| 4 | 456 |
| 5 | 570 |
| 6 | 684 |
| 7 | 798 |
| 8 | 912 |
| 9 | 1026 |

| 1110 | |
|---|---|
| 1 | 111 |
| 2 | 222 |
| 3 | 333 |
| 4 | 444 |
| 5 | 555 |
| 6 | 666 |
| 7 | 777 |
| 8 | 888 |
| 9 | 999 |

| 1100 | |
|---|---|
| 1 | 110 |
| 2 | 220 |
| 3 | 330 |
| 4 | 440 |
| 5 | 550 |
| 6 | 660 |
| 7 | 770 |
| 8 | 880 |
| 9 | 990 |

| 39 | |
|---|---|
| 1 | 3,9 |
| 2 | 7,8 |
| 3 | 11,7 |
| 4 | 15,6 |
| 5 | 19,5 |
| 6 | 23,4 |
| 7 | 27,3 |
| 8 | 31,2 |
| 9 | 35,1 |

| 40 | |
|---|---|
| 1 | 4 |
| 2 | 8 |
| 3 | 12 |
| 4 | 16 |
| 5 | 20 |
| 6 | 24 |
| 7 | 28 |
| 8 | 32 |
| 9 | 36 |

| 41 | |
|---|---|
| 1 | 4,1 |
| 2 | 8,2 |
| 3 | 12,3 |
| 4 | 16,4 |
| 5 | 20,5 |
| 6 | 24,6 |
| 7 | 28,7 |
| 8 | 32,8 |
| 9 | 36,9 |

| ′ | ″ | Sin. | D. | Tang. | D.c. | Cotg. | Cos. | D. | ″ | ′ |
|---|---|---|---|---|---|---|---|---|---|---|
| 40 | 0 | 1̄,2 673 945 | | 1̄,2 749 644 | | 0,7 250 356 | 1̄,9 924 301 | | 0 | 20 |
| | 10 | 675 063 | 1118 | 750 802 | 1158 | 249 198 | 924 261 | 40 | 50 | |
| | 20 | 676 180 | 1117 | 751 959 | 1157 | 248 041 | 924 221 | 40 | 40 | |
| | 30 | 677 297 | 1117 | 753 116 | 1157 | 246 884 | 924 182 | 39 | 30 | |
| | 40 | 678 414 | 1117 | 754 272 | 1156 | 245 728 | 924 142 | 40 | 20 | |
| | 50 | 679 531 | 1117 | 755 428 | 1156 | 244 572 | 924 102 | 40 | 10 | |
| 41 | 0 | 680 647 | 1116 | 756 584 | 1156 | 243 416 | 924 063 | 39 | 0 | 19 |
| | 10 | 681 763 | 1116 | 757 740 | 1156 | 242 260 | 924 023 | 40 | 50 | |
| | 20 | 682 879 | 1116 | 758 895 | 1155 | 241 105 | 923 983 | 40 | 40 | |
| | 30 | 683 994 | 1115 | 760 050 | 1155 | 239 950 | 923 943 | 40 | 30 | |
| | 40 | 685 109 | 1115 | 761 205 | 1155 | 238 795 | 923 904 | 39 | 20 | |
| | 50 | 686 224 | 1115 | 762 360 | 1155 | 237 640 | 923 864 | 40 | 10 | |
| 42 | 0 | 687 338 | 1114 | 763 514 | 1154 | 236 486 | 923 824 | 40 | 0 | 18 |
| | 10 | 688 452 | 1114 | 764 668 | 1154 | 235 332 | 923 784 | 40 | 50 | |
| | 20 | 689 566 | 1114 | 765 822 | 1154 | 234 178 | 923 745 | 39 | 40 | |
| | 30 | 690 680 | 1114 | 766 975 | 1153 | 233 025 | 923 705 | 40 | 30 | |
| | 40 | 691 793 | 1113 | 768 128 | 1153 | 231 872 | 923 665 | 40 | 20 | |
| | 50 | 692 906 | 1113 | 769 281 | 1153 | 230 719 | 923 625 | 40 | 10 | |
| 43 | 0 | 694 019 | 1113 | 770 434 | 1153 | 229 566 | 923 585 | 40 | 0 | 17 |
| | 10 | 695 131 | 1112 | 771 586 | 1152 | 228 414 | 923 545 | 40 | 50 | |
| | 20 | 696 243 | 1112 | 772 738 | 1152 | 227 262 | 923 506 | 39 | 40 | |
| | 30 | 697 355 | 1112 | 773 889 | 1151 | 226 111 | 923 466 | 40 | 30 | |
| | 40 | 698 467 | 1112 | 775 041 | 1152 | 224 959 | 923 426 | 40 | 20 | |
| | 50 | 699 578 | 1111 | 776 192 | 1151 | 223 808 | 923 386 | 40 | 10 | |
| 44 | 0 | 700 689 | 1111 | 777 343 | 1151 | 222 657 | 923 346 | 40 | 0 | 16 |
| | 10 | 701 799 | 1110 | 778 493 | 1150 | 221 507 | 923 306 | 40 | 50 | |
| | 20 | 702 910 | 1111 | 779 644 | 1151 | 220 356 | 923 266 | 40 | 40 | |
| | 30 | 704 020 | 1110 | 780 793 | 1149 | 219 207 | 923 226 | 40 | 30 | |
| | 40 | 705 129 | 1109 | 781 943 | 1150 | 218 057 | 923 186 | 40 | 20 | |
| | 50 | 706 239 | 1110 | 783 093 | 1150 | 216 907 | 923 146 | 40 | 10 | |
| 45 | 0 | 707 348 | 1109 | 784 242 | 1149 | 215 758 | 923 106 | 40 | 0 | 15 |
| | 10 | 708 457 | 1109 | 785 391 | 1149 | 214 609 | 923 066 | 40 | 50 | |
| | 20 | 709 565 | 1108 | 786 539 | 1148 | 213 461 | 923 026 | 40 | 40 | |
| | 30 | 710 674 | 1109 | 787 687 | 1148 | 212 313 | 922 986 | 40 | 30 | |
| | 40 | 711 782 | 1108 | 788 835 | 1148 | 211 165 | 922 946 | 40 | 20 | |
| | 50 | 712 889 | 1107 | 789 983 | 1148 | 210 017 | 922 906 | 40 | 10 | |
| 46 | 0 | 713 997 | 1108 | 791 131 | 1148 | 208 869 | 922 866 | 40 | 0 | 14 |
| | 10 | 715 104 | 1107 | 792 278 | 1147 | 207 722 | 922 826 | 40 | 50 | |
| | 20 | 716 211 | 1107 | 793 425 | 1147 | 206 575 | 922 786 | 40 | 40 | |
| | 30 | 717 317 | 1106 | 794 571 | 1146 | 205 429 | 922 746 | 40 | 30 | |
| | 40 | 718 423 | 1106 | 795 717 | 1146 | 204 283 | 922 706 | 40 | 20 | |
| | 50 | 719 529 | 1106 | 796 863 | 1146 | 203 137 | 922 666 | 40 | 10 | |
| 47 | 0 | 720 635 | 1106 | 798 009 | 1146 | 201 991 | 922 626 | 40 | 0 | 13 |
| | 10 | 721 740 | 1105 | 799 155 | 1146 | 200 845 | 922 586 | 40 | 50 | |
| | 20 | 722 845 | 1105 | 800 300 | 1145 | 199 700 | 922 546 | 40 | 40 | |
| | 30 | 723 950 | 1105 | 801 445 | 1145 | 198 555 | 922 506 | 40 | 30 | |
| | 40 | 725 055 | 1105 | 802 589 | 1144 | 197 411 | 922 465 | 41 | 20 | |
| | 50 | 726 159 | 1104 | 803 734 | 1145 | 196 266 | 922 425 | 40 | 10 | |
| 48 | 0 | 727 263 | 1104 | 804 878 | 1144 | 195 122 | 922 385 | 40 | 0 | 12 |
| | 10 | 728 366 | 1103 | 806 022 | 1144 | 193 978 | 922 345 | 40 | 50 | |
| | 20 | 729 470 | 1104 | 807 165 | 1143 | 192 835 | 922 305 | 40 | 40 | |
| | 30 | 730 573 | 1103 | 808 308 | 1143 | 191 692 | 922 265 | 40 | 30 | |
| | 40 | 731 675 | 1102 | 809 451 | 1143 | 190 549 | 922 224 | 41 | 20 | |
| | 50 | 732 778 | 1103 | 810 594 | 1143 | 189 406 | 922 184 | 40 | 10 | |
| 49 | 0 | 733 880 | 1102 | 811 736 | 1142 | 188 264 | 922 144 | 40 | 0 | 11 |
| | 10 | 734 982 | 1102 | 812 878 | 1142 | 187 122 | 922 104 | 40 | 50 | |
| | 20 | 736 084 | 1102 | 814 020 | 1142 | 185 980 | 922 063 | 41 | 40 | |
| | 30 | 737 185 | 1101 | 815 162 | 1142 | 184 838 | 922 023 | 40 | 30 | |
| | 40 | 738 286 | 1101 | 816 303 | 1141 | 183 697 | 921 983 | 40 | 20 | |
| | 50 | 739 387 | 1101 | 817 444 | 1141 | 182 556 | 921 943 | 40 | 10 | |
| 50 | 0 | 1̄,2 740 487 | 1100 | 1̄,2 818 585 | 1141 | 0,7 181 415 | 1̄,9 921 902 | 41 | 0 | 10 |
| ′ | ″ | Cos. | | Cotg. | | Tang. | Sin. | | ″ | ′ |

| ′ | ″ | Sin. | D. | Tang. | D.c. | Cotg. | Cos. | D. | ″ | ′ |
|---|---|---|---|---|---|---|---|---|---|---|
| 50 | 0 | 1̄,2 740 487 | | 1̄,2 818 585 | | 0,7 181 415 | 1̄,9 921 902 | | 0 | 10 |
| | 10 | 741 587 | 1100 | 819 725 | 1140 | 180 275 | 921 862 | 40 | 50 | |
| | 20 | 742 687 | 1100 | 820 865 | 1140 | 179 135 | 921 822 | 40 | 40 | |
| | 30 | 743 786 | 1099 | 822 005 | 1140 | 177 995 | 921 781 | 41 | 30 | |
| | 40 | 744 886 | 1100 | 823 145 | 1140 | 176 855 | 921 741 | 40 | 20 | |
| | 50 | 745 985 | 1099 | 824 284 | 1139 | 175 716 | 921 701 | 40 | 10 | |
| 51 | 0 | 747 083 | 1098 | 825 423 | 1139 | 174 577 | 921 660 | 41 | 0 | 9 |
| | 10 | 748 182 | 1099 | 826 562 | 1139 | 173 438 | 921 620 | 40 | 50 | |
| | 20 | 749 280 | 1098 | 827 700 | 1138 | 172 300 | 921 580 | 40 | 40 | |
| | 30 | 750 378 | 1098 | 828 838 | 1138 | 171 162 | 921 539 | 41 | 30 | |
| | 40 | 751 475 | 1097 | 829 976 | 1138 | 170 024 | 921 499 | 40 | 20 | |
| | 50 | 752 573 | 1098 | 831 114 | 1138 | 168 886 | 921 458 | 41 | 10 | |
| 52 | 0 | 753 669 | 1096 | 832 251 | 1137 | 167 749 | 921 418 | 40 | 0 | 8 |
| | 10 | 754 766 | 1097 | 833 388 | 1137 | 166 612 | 921 378 | 40 | 50 | |
| | 20 | 755 863 | 1097 | 834 525 | 1137 | 165 475 | 921 337 | 41 | 40 | |
| | 30 | 756 959 | 1096 | 835 662 | 1137 | 164 338 | 921 297 | 40 | 30 | |
| | 40 | 758 054 | 1095 | 836 798 | 1136 | 163 202 | 921 256 | 41 | 20 | |
| | 50 | 759 150 | 1096 | 837 934 | 1136 | 162 066 | 921 216 | 40 | 10 | |
| 53 | 0 | 760 245 | 1095 | 839 070 | 1136 | 160 930 | 921 175 | 41 | 0 | 7 |
| | 10 | 761 340 | 1095 | 840 205 | 1135 | 159 795 | 921 135 | 40 | 50 | |
| | 20 | 762 435 | 1095 | 841 340 | 1135 | 158 660 | 921 094 | 41 | 40 | |
| | 30 | 763 529 | 1094 | 842 475 | 1135 | 157 525 | 921 054 | 40 | 30 | |
| | 40 | 764 623 | 1094 | 843 610 | 1135 | 156 390 | 921 013 | 41 | 20 | |
| | 50 | 765 717 | 1094 | 844 744 | 1134 | 155 256 | 920 973 | 40 | 10 | |
| 54 | 0 | 766 811 | 1094 | 845 878 | 1134 | 154 122 | 920 932 | 41 | 0 | 6 |
| | 10 | 767 904 | 1093 | 847 012 | 1134 | 152 988 | 920 892 | 40 | 50 | |
| | 20 | 768 997 | 1093 | 848 146 | 1134 | 151 854 | 920 851 | 41 | 40 | |
| | 30 | 770 089 | 1092 | 849 279 | 1133 | 150 721 | 920 811 | 40 | 30 | |
| | 40 | 771 182 | 1093 | 850 412 | 1133 | 149 588 | 920 770 | 41 | 20 | |
| | 50 | 772 274 | 1092 | 851 545 | 1133 | 148 455 | 920 729 | 41 | 10 | |
| 55 | 0 | 773 366 | 1092 | 852 677 | 1132 | 147 323 | 920 689 | 40 | 0 | 5 |
| | 10 | 774 457 | 1091 | 853 809 | 1132 | 146 191 | 920 648 | 41 | 50 | |
| | 20 | 775 549 | 1092 | 854 941 | 1132 | 145 059 | 920 608 | 40 | 40 | |
| | 30 | 776 640 | 1091 | 856 073 | 1132 | 143 927 | 920 567 | 41 | 30 | |
| | 40 | 777 730 | 1090 | 857 204 | 1131 | 142 796 | 920 526 | 41 | 20 | |
| | 50 | 778 821 | 1091 | 858 335 | 1131 | 141 665 | 920 486 | 40 | 10 | |
| 56 | 0 | 779 911 | 1090 | 859 466 | 1131 | 140 534 | 920 445 | 41 | 0 | 4 |
| | 10 | 781 001 | 1090 | 860 596 | 1130 | 139 404 | 920 404 | 41 | 50 | |
| | 20 | 782 090 | 1089 | 861 726 | 1130 | 138 274 | 920 364 | 40 | 40 | |
| | 30 | 783 179 | 1089 | 862 856 | 1130 | 137 144 | 920 323 | 41 | 30 | |
| | 40 | 784 268 | 1089 | 863 986 | 1130 | 136 014 | 920 282 | 41 | 20 | |
| | 50 | 785 357 | 1089 | 865 115 | 1129 | 134 885 | 920 241 | 41 | 10 | |
| 57 | 0 | 786 445 | 1088 | 866 245 | 1130 | 133 755 | 920 201 | 40 | 0 | 3 |
| | 10 | 787 533 | 1088 | 867 373 | 1128 | 132 627 | 920 160 | 41 | 50 | |
| | 20 | 788 621 | 1088 | 868 502 | 1129 | 131 498 | 920 119 | 41 | 40 | |
| | 30 | 789 709 | 1088 | 869 630 | 1128 | 130 370 | 920 078 | 41 | 30 | |
| | 40 | 790 796 | 1087 | 870 758 | 1128 | 129 242 | 920 038 | 40 | 20 | |
| | 50 | 791 883 | 1087 | 871 886 | 1128 | 128 114 | 919 997 | 41 | 10 | |
| 58 | 0 | 792 970 | 1087 | 873 014 | 1128 | 126 986 | 919 956 | 41 | 0 | 2 |
| | 10 | 794 056 | 1086 | 874 141 | 1127 | 125 859 | 919 915 | 41 | 50 | |
| | 20 | 795 142 | 1086 | 875 268 | 1127 | 124 732 | 919 875 | 40 | 40 | |
| | 30 | 796 228 | 1086 | 876 395 | 1127 | 123 605 | 919 834 | 41 | 30 | |
| | 40 | 797 314 | 1086 | 877 521 | 1126 | 122 479 | 919 793 | 41 | 20 | |
| | 50 | 798 399 | 1085 | 878 647 | 1126 | 121 353 | 919 752 | 41 | 10 | |
| 59 | 0 | 799 484 | 1085 | 879 773 | 1126 | 120 227 | 919 711 | 41 | 0 | 1 |
| | 10 | 800 569 | 1085 | 880 899 | 1126 | 119 101 | 919 670 | 41 | 50 | |
| | 20 | 801 653 | 1084 | 882 024 | 1125 | 117 976 | 919 629 | 41 | 40 | |
| | 30 | 802 738 | 1085 | 883 149 | 1125 | 116 851 | 919 588 | 41 | 30 | |
| | 40 | 803 821 | 1083 | 884 274 | 1125 | 115 726 | 919 548 | 40 | 20 | |
| | 50 | 804 905 | 1084 | 885 398 | 1124 | 114 602 | 919 507 | 41 | 10 | |
| 60 | 0 | 1̄,2 805 988 | 1083 | 1̄,2 886 523 | 1125 | 0,7 113 477 | 1̄,9 919 466 | 41 | 0 | 0 |
| ′ | ″ | Cos. | | Cotg. | | Tang. | Sin. | | ″ | ′ |



| 1140 | |
|---|---|
| 1 | 114 |
| 2 | 228 |
| 3 | 342 |
| 4 | 456 |
| 5 | 570 |
| 6 | 684 |
| 7 | 798 |
| 8 | 912 |
| 9 | 1026 |

| 1130 | |
|---|---|
| 1 | 113 |
| 2 | 226 |
| 3 | 339 |
| 4 | 452 |
| 5 | 565 |
| 6 | 678 |
| 7 | 791 |
| 8 | 904 |
| 9 | 1017 |

| 1120 | |
|---|---|
| 1 | 112 |
| 2 | 224 |
| 3 | 336 |
| 4 | 448 |
| 5 | 560 |
| 6 | 672 |
| 7 | 784 |
| 8 | 896 |
| 9 | 1008 |

| 1100 | |
|---|---|
| 1 | 110 |
| 2 | 220 |
| 3 | 330 |
| 4 | 440 |
| 5 | 550 |
| 6 | 660 |
| 7 | 770 |
| 8 | 880 |
| 9 | 990 |

| 1090 | |
|---|---|
| 1 | 109 |
| 2 | 218 |
| 3 | 327 |
| 4 | 436 |
| 5 | 545 |
| 6 | 654 |
| 7 | 763 |
| 8 | 872 |
| 9 | 981 |

| 1080 | |
|---|---|
| 1 | 108 |
| 2 | 216 |
| 3 | 324 |
| 4 | 432 |
| 5 | 540 |
| 6 | 648 |
| 7 | 756 |
| 8 | 864 |
| 9 | 972 |

| 40 | |
|---|---|
| 1 | 4 |
| 2 | 8 |
| 3 | 12 |
| 4 | 16 |
| 5 | 20 |
| 6 | 24 |
| 7 | 28 |
| 8 | 32 |
| 9 | 36 |

| 41 | |
|---|---|
| 1 | 4,1 |
| 2 | 8,2 |
| 3 | 12,3 |
| 4 | 16,4 |
| 5 | 20,5 |
| 6 | 24,6 |
| 7 | 28,7 |
| 8 | 32,8 |
| 9 | 36,9 |

| 1120 | | 1110 | | 1100 | | 1080 | | 1070 | | 1060 | | 41 | | 42 | |
|---|---|---|---|---|---|---|---|---|---|---|---|---|---|---|---|
| 1 | 112 | 1 | 111 | 1 | 110 | 1 | 108 | 1 | 107 | 1 | 106 | 1 | 4,1 | 1 | 4,2 |
| 2 | 224 | 2 | 222 | 2 | 220 | 2 | 216 | 2 | 214 | 2 | 212 | 2 | 8,2 | 2 | 8,4 |
| 3 | 336 | 3 | 333 | 3 | 330 | 3 | 324 | 3 | 321 | 3 | 318 | 3 | 12,3 | 3 | 12,6 |
| 4 | 448 | 4 | 444 | 4 | 440 | 4 | 432 | 4 | 428 | 4 | 424 | 4 | 16,4 | 4 | 16,8 |
| 5 | 560 | 5 | 555 | 5 | 550 | 5 | 540 | 5 | 535 | 5 | 530 | 5 | 20,5 | 5 | 21,0 |
| 6 | 672 | 6 | 666 | 6 | 660 | 6 | 648 | 6 | 642 | 6 | 636 | 6 | 24,6 | 6 | 25,2 |
| 7 | 784 | 7 | 777 | 7 | 770 | 7 | 756 | 7 | 749 | 7 | 742 | 7 | 28,7 | 7 | 29,4 |
| 8 | 896 | 8 | 888 | 8 | 880 | 8 | 864 | 8 | 856 | 8 | 848 | 8 | 32,8 | 8 | 33,6 |
| 9 | 1008 | 9 | 999 | 9 | 990 | 9 | 972 | 9 | 963 | 9 | 954 | 9 | 36,9 | 9 | 37,8 |

| ′ | ″ | Sin. | D. | Tang. | D.c. | Cotg. | Cos. | D. | ″ | ′ |
|---|---|---|---|---|---|---|---|---|---|---|
| 0 | 0 | 1̄,2 805 988 | | 1̄,2 886 523 | | 0,7 113 477 | 1̄,9 919 466 | | 0 | 60 |
| | 10 | 807 072 | 1084 | 887 647 | 1124 | 112 353 | 919 425 | 41 | 50 | |
| | 20 | 808 154 | 1082 | 888 770 | 1123 | 111 230 | 919 384 | 41 | 40 | |
| | 30 | 809 237 | 1083 | 889 894 | 1124 | 110 106 | 919 343 | 41 | 30 | |
| | 40 | 810 319 | 1082 | 891 017 | 1123 | 108 983 | 919 302 | 41 | 20 | |
| | 50 | 811 401 | 1082 | 892 140 | 1123 | 107 860 | 919 261 | 41 | 10 | |
| 1 | 0 | 812 483 | 1082 | 893 263 | 1123 | 106 737 | 919 220 | 41 | 0 | 59 |
| | 10 | 813 564 | 1081 | 894 385 | 1122 | 105 615 | 919 179 | 41 | 50 | |
| | 20 | 814 645 | 1081 | 895 507 | 1122 | 104 493 | 919 138 | 41 | 40 | |
| | 30 | 815 726 | 1081 | 896 629 | 1122 | 103 371 | 919 097 | 41 | 30 | |
| | 40 | 816 806 | 1080 | 897 750 | 1121 | 102 250 | 919 056 | 41 | 20 | |
| | 50 | 817 887 | 1081 | 898 872 | 1122 | 101 128 | 919 015 | 41 | 10 | |
| 2 | 0 | 818 967 | 1080 | 899 993 | 1121 | 100 007 | 918 974 | 41 | 0 | 58 |
| | 10 | 820 046 | 1079 | 901 114 | 1121 | 098 886 | 918 933 | 41 | 50 | |
| | 20 | 821 126 | 1080 | 902 234 | 1120 | 097 766 | 918 892 | 41 | 40 | |
| | 30 | 822 205 | 1079 | 903 354 | 1120 | 096 646 | 918 851 | 41 | 30 | |
| | 40 | 823 284 | 1079 | 904 474 | 1120 | 095 526 | 918 810 | 41 | 20 | |
| | 50 | 824 362 | 1078 | 965 594 | 1120 | 094 406 | 918 768 | 42 | 10 | |
| 3 | 0 | 825 441 | 1079 | 906 713 | 1119 | 093 287 | 918 727 | 41 | 0 | 57 |
| | 10 | 826 519 | 1078 | 907 832 | 1119 | 092 168 | 918 686 | 41 | 50 | |
| | 20 | 827 596 | 1077 | 908 951 | 1119 | 091 049 | 918 645 | 41 | 40 | |
| | 30 | 828 674 | 1078 | 910 070 | 1119 | 089 930 | 918 604 | 41 | 30 | |
| | 40 | 829 751 | 1077 | 911 188 | 1118 | 088 812 | 918 563 | 41 | 20 | |
| | 50 | 830 828 | 1077 | 912 306 | 1118 | 087 694 | 918 522 | 41 | 10 | |
| 4 | 0 | 831 905 | 1077 | 913 424 | 1118 | 086 576 | 918 480 | 42 | 0 | 56 |
| | 10 | 832 981 | 1076 | 914 542 | 1118 | 085 458 | 918 439 | 41 | 50 | |
| | 20 | 834 057 | 1076 | 915 659 | 1117 | 084 341 | 918 398 | 41 | 40 | |
| | 30 | 835 133 | 1076 | 916 776 | 1117 | 083 224 | 918 357 | 41 | 30 | |
| | 40 | 836 209 | 1076 | 917 893 | 1117 | 082 107 | 918 316 | 41 | 20 | |
| | 50 | 837 284 | 1075 | 919 009 | 1116 | 080 991 | 918 274 | 42 | 10 | |
| 5 | 0 | 838 359 | 1075 | 920 126 | 1117 | 079 874 | 918 233 | 41 | 0 | 55 |
| | 10 | 839 433 | 1074 | 921 242 | 1116 | 078 758 | 918 192 | 41 | 50 | |
| | 20 | 840 508 | 1075 | 922 357 | 1115 | 077 643 | 918 151 | 41 | 40 | |
| | 30 | 841 582 | 1074 | 923 473 | 1116 | 076 527 | 918 109 | 42 | 30 | |
| | 40 | 842 656 | 1074 | 924 588 | 1115 | 075 412 | 918 068 | 41 | 20 | |
| | 50 | 843 730 | 1074 | 925 703 | 1115 | 074 297 | 918 027 | 41 | 10 | |
| 6 | 0 | 844 803 | 1073 | 926 817 | 1114 | 073 183 | 917 986 | 41 | 0 | 54 |
| | 10 | 845 876 | 1073 | 927 932 | 1115 | 072 068 | 917 944 | 42 | 50 | |
| | 20 | 846 949 | 1073 | 929 046 | 1114 | 070 954 | 917 903 | 41 | 40 | |
| | 30 | 848 021 | 1072 | 930 160 | 1114 | 069 840 | 917 862 | 41 | 30 | |
| | 40 | 849 093 | 1072 | 931 273 | 1113 | 068 727 | 917 820 | 42 | 20 | |
| | 50 | 850 165 | 1072 | 932 387 | 1114 | 067 613 | 917 779 | 41 | 10 | |
| 7 | 0 | 851 237 | 1072 | 933 500 | 1113 | 066 500 | 917 737 | 42 | 0 | 53 |
| | 10 | 852 308 | 1071 | 934 612 | 1112 | 065 388 | 917 696 | 41 | 50 | |
| | 20 | 853 380 | 1072 | 935 725 | 1113 | 064 275 | 917 655 | 41 | 40 | |
| | 30 | 854 450 | 1070 | 936 837 | 1112 | 063 163 | 917 613 | 42 | 30 | |
| | 40 | 855 521 | 1071 | 937 949 | 1112 | 062 051 | 917 572 | 41 | 20 | |
| | 50 | 856 591 | 1070 | 939 061 | 1112 | 060 939 | 917 530 | 42 | 10 | |
| 8 | 0 | 857 661 | 1070 | 940 172 | 1111 | 059 828 | 917 489 | 41 | 0 | 52 |
| | 10 | 858 731 | 1070 | 941 284 | 1112 | 058 716 | 917 448 | 41 | 50 | |
| | 20 | 859 801 | 1070 | 942 394 | 1110 | 057 606 | 917 406 | 42 | 40 | |
| | 30 | 860 870 | 1069 | 943 505 | 1111 | 056 495 | 917 365 | 41 | 30 | |
| | 40 | 861 939 | 1069 | 944 616 | 1111 | 055 384 | 917 323 | 42 | 20 | |
| | 50 | 863 007 | 1068 | 945 726 | 1110 | 054 274 | 917 282 | 41 | 10 | |
| 9 | 0 | 864 076 | 1069 | 946 836 | 1110 | 053 164 | 917 240 | 42 | 0 | 51 |
| | 10 | 865 144 | 1068 | 947 945 | 1109 | 052 055 | 917 199 | 41 | 50 | |
| | 20 | 866 212 | 1068 | 949 055 | 1110 | 050 945 | 917 157 | 42 | 40 | |
| | 30 | 867 279 | 1067 | 950 164 | 1109 | 049 836 | 917 116 | 41 | 30 | |
| | 40 | 868 347 | 1068 | 951 273 | 1109 | 048 727 | 917 074 | 42 | 20 | |
| | 50 | 869 414 | 1067 | 952 381 | 1108 | 047 619 | 917 033 | 41 | 10 | |
| 10 | 0 | 1̄,2 870 480 | 1066 | 1̄,2 953 489 | 1108 | 0,7 046 511 | 1̄,9 916 991 | 42 | 0 | 50 |
| ′ | ″ | Cos. | | Cotg. | | Tang. | Sin. | | ″ | ′ |

| ′ | ″ | Sin. | D. | Tang. | D.c. | Cotg. | Cos. | D. | ″ | ′ |
|---|---|---|---|---|---|---|---|---|---|---|
| 10 | 0 | $\bar{1}$,2 870 480 | 1067 | $\bar{1}$,2 953 489 | 1108 | 0,7 046 511 | $\bar{1}$,9 916 991 | 42 | 0 | 50 |
| | 10 | 871 547 | 1066 | 954 597 | 1108 | 045 403 | 916 949 | 41 | 50 | |
| | 20 | 872 613 | 1066 | 955 705 | 1108 | 044 295 | 916 908 | 42 | 40 | |
| | 30 | 873 679 | 1066 | 956 813 | 1107 | 043 187 | 916 866 | 41 | 30 | |
| | 40 | 874 745 | 1065 | 957 920 | 1107 | 042 080 | 916 825 | 42 | 20 | |
| | 50 | 875 810 | 1065 | 959 027 | 1107 | 040 973 | 916 783 | 42 | 10 | |
| 11 | 0 | 876 875 | 1065 | 960 134 | 1106 | 039 866 | 916 741 | 41 | 0 | 49 |
| | 10 | 877 940 | 1065 | 961 240 | 1107 | 038 760 | 916 700 | 42 | 50 | |
| | 20 | 879 005 | 1064 | 962 347 | 1106 | 037 653 | 916 658 | 41 | 40 | |
| | 30 | 880 069 | 1064 | 963 453 | 1105 | 036 547 | 916 617 | 42 | 30 | |
| | 40 | 881 133 | 1064 | 964 558 | 1106 | 035 442 | 916 575 | 42 | 20 | |
| | 50 | 882 197 | 1063 | 965 664 | 1105 | 034 336 | 916 533 | 41 | 10 | |
| 12 | 0 | 883 260 | 1064 | 966 769 | 1105 | 033 231 | 916 492 | 42 | 0 | 48 |
| | 10 | 884 324 | 1063 | 967 874 | 1104 | 032 126 | 916 450 | 42 | 50 | |
| | 20 | 885 387 | 1062 | 968 978 | 1105 | 031 022 | 916 408 | 42 | 40 | |
| | 30 | 886 449 | 1063 | 970 083 | 1104 | 029 917 | 916 366 | 41 | 30 | |
| | 40 | 887 512 | 1062 | 971 187 | 1104 | 028 813 | 916 325 | 42 | 20 | |
| | 50 | 888 574 | 1062 | 972 291 | 1104 | 027 709 | 916 283 | 42 | 10 | |
| 13 | 0 | 889 636 | 1061 | 973 395 | 1103 | 026 605 | 916 241 | 42 | 0 | 47 |
| | 10 | 890 697 | 1062 | 974 498 | 1103 | 025 502 | 916 199 | 41 | 50 | |
| | 20 | 891 759 | 1061 | 975 601 | 1103 | 024 399 | 916 158 | 42 | 40 | |
| | 30 | 892 820 | 1061 | 976 704 | 1102 | 023 296 | 916 116 | 42 | 30 | |
| | 40 | 893 881 | 1060 | 977 806 | 1103 | 022 194 | 916 074 | 42 | 20 | |
| | 50 | 894 941 | 1060 | 978 909 | 1102 | 021 091 | 916 032 | 42 | 10 | |
| 14 | 0 | 896 001 | 1060 | 980 011 | 1102 | 019 989 | 915 990 | 41 | 0 | 46 |
| | 10 | 897 061 | 1060 | 981 113 | 1101 | 018 887 | 915 949 | 42 | 50 | |
| | 20 | 898 121 | 1060 | 982 214 | 1102 | 017 786 | 915 907 | 42 | 40 | |
| | 30 | 899 181 | 1059 | 983 316 | 1101 | 016 684 | 915 865 | 42 | 30 | |
| | 40 | 900 240 | 1059 | 984 417 | 1100 | 015 583 | 915 823 | 42 | 20 | |
| | 50 | 901 299 | 1058 | 985 517 | 1101 | 014 483 | 915 781 | 42 | 10 | |
| 15 | 0 | 902 357 | 1059 | 986 618 | 1100 | 013 382 | 915 739 | 41 | 0 | 45 |
| | 10 | 903 416 | 1058 | 987 718 | 1100 | 012 282 | 915 698 | 42 | 50 | |
| | 20 | 904 474 | 1058 | 988 818 | 1100 | 011 182 | 915 656 | 42 | 40 | |
| | 30 | 905 532 | 1057 | 989 918 | 1099 | 010 082 | 915 614 | 42 | 30 | |
| | 40 | 906 589 | 1057 | 991 017 | 1100 | 008 983 | 915 572 | 42 | 20 | |
| | 50 | 907 646 | 1058 | 992 117 | 1099 | 007 883 | 915 530 | 42 | 10 | |
| 16 | 0 | 908 704 | 1056 | 993 216 | 1098 | 006 784 | 915 488 | 42 | 0 | 44 |
| | 10 | 909 760 | 1057 | 994 314 | 1099 | 005 686 | 915 446 | 42 | 50 | |
| | 20 | 910 817 | 1056 | 995 413 | 1098 | 004 587 | 915 404 | 42 | 40 | |
| | 30 | 911 873 | 1056 | 996 511 | 1098 | 003 489 | 915 362 | 42 | 30 | |
| | 40 | 912 929 | 1056 | 997 609 | 1098 | 002 391 | 915 320 | 42 | 20 | |
| | 50 | 913 985 | 1055 | 998 707 | 1097 | 001 293 | 915 278 | 42 | 10 | |
| 17 | 0 | 915 040 | 1055 | $\bar{1}$,2 999 804 | 1097 | 0,7 000 196 | 915 236 | 42 | 0 | 43 |
| | 10 | 916 095 | 1055 | $\bar{1}$,3 000 901 | 1097 | 0,6 999 099 | 915 194 | 42 | 50 | |
| | 20 | 917 150 | 1055 | 001 998 | 1097 | 998 002 | 915 152 | 42 | 40 | |
| | 30 | 918 205 | 1054 | 003 095 | 1096 | 996 905 | 915 110 | 42 | 30 | |
| | 40 | 919 259 | 1054 | 004 191 | 1097 | 995 809 | 915 068 | 42 | 20 | |
| | 50 | 920 313 | 1054 | 005 288 | 1095 | 994 712 | 915 026 | 42 | 10 | |
| 18 | 0 | 921 367 | 1054 | 006 383 | 1096 | 993 617 | 914 984 | 42 | 0 | 42 |
| | 10 | 922 421 | 1053 | 007 479 | 1095 | 992 521 | 914 942 | 42 | 50 | |
| | 20 | 923 474 | 1053 | 008 574 | 1096 | 991 426 | 914 900 | 42 | 40 | |
| | 30 | 924 527 | 1053 | 009 670 | 1094 | 990 330 | 914 858 | 43 | 30 | |
| | 40 | 925 580 | 1052 | 010 764 | 1095 | 989 236 | 914 815 | 42 | 20 | |
| | 50 | 926 632 | 1053 | 011 859 | 1095 | 988 141 | 914 773 | 42 | 10 | |
| 19 | 0 | 927 685 | 1052 | 012 954 | 1094 | 987 046 | 914 731 | 42 | 0 | 41 |
| | 10 | 928 737 | 1051 | 014 048 | 1094 | 985 952 | 914 689 | 42 | 50 | |
| | 20 | 929 788 | 1052 | 015 142 | 1093 | 984 858 | 914 647 | 42 | 40 | |
| | 30 | 930 840 | 1051 | 016 235 | 1093 | 983 765 | 914 605 | 42 | 30 | |
| | 40 | 931 891 | 1051 | 017 328 | 1094 | 982 672 | 914 563 | 43 | 20 | |
| | 50 | 932 942 | 1051 | 018 422 | 1092 | 981 578 | 914 520 | 42 | 10 | |
| 20 | 0 | $\bar{1}$,2 953 993 | | $\bar{1}$,3 019 514 | | 0,6 980 486 | $\bar{1}$,9 914 478 | | 0 | 40 |
| ′ | ″ | Cos. | | Cotg. | | Tang. | Sin. | | ″ | ′ |

| | 1100 | 1090 | 1060 | 1050 | 41 | 42 | 43 |
|---|---|---|---|---|---|---|---|
| 1 | 110 | 109 | 106 | 105 | 4,1 | 4,2 | 4,3 |
| 2 | 220 | 218 | 212 | 210 | 8,2 | 8,4 | 8,6 |
| 3 | 330 | 327 | 318 | 315 | 12,3 | 12,6 | 12,9 |
| 4 | 440 | 436 | 424 | 420 | 16,4 | 16,8 | 17,2 |
| 5 | 550 | 545 | 530 | 525 | 20,5 | 21,0 | 21,5 |
| 6 | 660 | 654 | 636 | 630 | 24,6 | 25,2 | 25,8 |
| 7 | 770 | 763 | 742 | 735 | 28,7 | 29,4 | 30,1 |
| 8 | 880 | 872 | 848 | 840 | 32,8 | 33,6 | 34,4 |
| 9 | 990 | 981 | 954 | 945 | 36,9 | 37,8 | 38,7 |

| 1090 | |
|---|---|
| 1 | 109 |
| 2 | 218 |
| 3 | 327 |
| 4 | 436 |
| 5 | 545 |
| 6 | 654 |
| 7 | 763 |
| 8 | 872 |
| 9 | 981 |
| **1080** | |
| 1 | 108 |
| 2 | 216 |
| 3 | 324 |
| 4 | 432 |
| 5 | 540 |
| 6 | 648 |
| 7 | 756 |
| 8 | 864 |
| 9 | 972 |
| **1070** | |
| 1 | 107 |
| 2 | 214 |
| 3 | 321 |
| 4 | 428 |
| 5 | 535 |
| 6 | 642 |
| 7 | 749 |
| 8 | 856 |
| 9 | 963 |
| **1050** | |
| 1 | 105 |
| 2 | 210 |
| 3 | 315 |
| 4 | 420 |
| 5 | 525 |
| 6 | 630 |
| 7 | 735 |
| 8 | 840 |
| 9 | 945 |
| **1040** | |
| 1 | 104 |
| 2 | 208 |
| 3 | 312 |
| 4 | 416 |
| 5 | 520 |
| 6 | 624 |
| 7 | 728 |
| 8 | 832 |
| 9 | 936 |
| **1030** | |
| 1 | 103 |
| 2 | 206 |
| 3 | 309 |
| 4 | 412 |
| 5 | 515 |
| 6 | 618 |
| 7 | 721 |
| 8 | 824 |
| 9 | 927 |
| **42** | |
| 1 | 4,2 |
| 2 | 8,4 |
| 3 | 12,6 |
| 4 | 16,8 |
| 5 | 21,0 |
| 6 | 25,2 |
| 7 | 29,4 |
| 8 | 33,6 |
| 9 | 37,8 |
| **43** | |
| 1 | 4,3 |
| 2 | 8,6 |
| 3 | 12,9 |
| 4 | 17,2 |
| 5 | 21,5 |
| 6 | 25,8 |
| 7 | 30,1 |
| 8 | 34,4 |
| 9 | 38,7 |

| ′ | ″ | Sin | D. | Tang. | D.c. | Cotg. | Cos. | D. | ″ | ′ |
|---|---|---|---|---|---|---|---|---|---|---|
| **20** | 0 | $\bar{1}$,2 933 993 | 1050 | $\bar{1}$,3 019 514 | 1093 | 0,6 980 486 | $\bar{1}$,9 914 478 | 42 | 0 | **40** |
| | 10 | 935 043 | 1050 | 020 607 | 1092 | 979 393 | 914 436 | 42 | 50 | |
| | 20 | 936 093 | 1050 | 021 699 | 1092 | 978 301 | 914 394 | 42 | 40 | |
| | 30 | 937 143 | 1050 | 022 791 | 1092 | 977 209 | 914 352 | 43 | 30 | |
| | 40 | 938 193 | 1049 | 023 883 | 1092 | 976 117 | 914 309 | 42 | 20 | |
| | 50 | 939 242 | 1049 | 024 975 | 1091 | 975 025 | 914 267 | 42 | 10 | |
| **21** | 0 | 940 291 | 1049 | 026 066 | 1091 | 973 934 | 914 225 | 42 | 0 | **39** |
| | 10 | 941 340 | 1048 | 027 157 | 1091 | 972 843 | 914 183 | 43 | 50 | |
| | 20 | 942 388 | 1049 | 028 248 | 1091 | 971 752 | 914 140 | 42 | 40 | |
| | 30 | 943 437 | 1048 | 029 339 | 1090 | 970 661 | 914 098 | 42 | 30 | |
| | 40 | 944 485 | 1047 | 030 429 | 1090 | 969 571 | 914 056 | 43 | 20 | |
| | 50 | 945 532 | 1048 | 031 519 | 1090 | 968 481 | 914 013 | 42 | 10 | |
| **22** | 0 | 946 580 | 1047 | 032 609 | 1090 | 967 391 | 913 971 | 42 | 0 | **38** |
| | 10 | 947 627 | 1047 | 033 699 | 1089 | 966 301 | 913 929 | 43 | 50 | |
| | 20 | 948 674 | 1047 | 034 788 | 1089 | 965 212 | 913 886 | 42 | 40 | |
| | 30 | 949 721 | 1046 | 035 877 | 1089 | 964 123 | 913 844 | 42 | 30 | |
| | 40 | 950 767 | 1047 | 036 966 | 1088 | 963 034 | 913 802 | 43 | 20 | |
| | 50 | 951 814 | 1045 | 038 054 | 1089 | 961 946 | 913 759 | 42 | 10 | |
| **23** | 0 | 952 859 | 1046 | 039 143 | 1088 | 960 857 | 913 717 | 43 | 0 | **37** |
| | 10 | 953 905 | 1045 | 040 231 | 1087 | 959 769 | 913 674 | 42 | 50 | |
| | 20 | 954 950 | 1046 | 041 318 | 1088 | 958 682 | 913 632 | 42 | 40 | |
| | 30 | 955 996 | 1045 | 042 406 | 1087 | 957 594 | 913 590 | 43 | 30 | |
| | 40 | 957 041 | 1044 | 043 493 | 1087 | 956 507 | 913 547 | 42 | 20 | |
| | 50 | 958 085 | 1044 | 044 580 | 1087 | 955 420 | 913 505 | 43 | 10 | |
| **24** | 0 | 959 129 | 1045 | 045 667 | 1087 | 954 333 | 913 462 | 42 | 0 | **36** |
| | 10 | 960 174 | 1043 | 046 754 | 1086 | 953 246 | 913 420 | 43 | 50 | |
| | 20 | 961 217 | 1044 | 047 840 | 1086 | 952 160 | 913 377 | 42 | 40 | |
| | 30 | 962 261 | 1043 | 048 926 | 1086 | 951 074 | 913 335 | 43 | 30 | |
| | 40 | 963 304 | 1043 | 050 012 | 1085 | 949 988 | 913 292 | 42 | 20 | |
| | 50 | 964 347 | 1043 | 051 097 | 1086 | 948 903 | 913 250 | 43 | 10 | |
| **25** | 0 | 965 390 | 1043 | 052 183 | 1085 | 947 817 | 913 207 | 42 | 0 | **35** |
| | 10 | 966 433 | 1042 | 053 268 | 1085 | 946 732 | 913 165 | 43 | 50 | |
| | 20 | 967 475 | 1042 | 054 353 | 1084 | 945 647 | 913 122 | 42 | 40 | |
| | 30 | 968 517 | 1042 | 055 437 | 1084 | 944 563 | 913 080 | 43 | 30 | |
| | 40 | 969 559 | 1041 | 056 521 | 1084 | 943 479 | 913 037 | 42 | 20 | |
| | 50 | 970 600 | 1041 | 057 605 | 1084 | 942 395 | 912 995 | 43 | 10 | |
| **26** | 0 | 971 641 | 1041 | 058 689 | 1084 | 941 311 | 912 952 | 42 | 0 | **34** |
| | 10 | 972 682 | 1041 | 059 773 | 1083 | 940 227 | 912 910 | 43 | 50 | |
| | 20 | 973 723 | 1040 | 060 856 | 1083 | 939 144 | 912 867 | 43 | 40 | |
| | 30 | 974 763 | 1041 | 061 939 | 1083 | 938 061 | 912 824 | 42 | 30 | |
| | 40 | 975 804 | 1040 | 063 022 | 1083 | 936 978 | 912 782 | 43 | 20 | |
| | 50 | 976 844 | 1039 | 064 105 | 1082 | 935 895 | 912 739 | 43 | 10 | |
| **27** | 0 | 977 883 | 1040 | 065 187 | 1082 | 934 813 | 912 696 | 42 | 0 | **33** |
| | 10 | 978 923 | 1039 | 066 269 | 1082 | 933 731 | 912 654 | 43 | 50 | |
| | 20 | 979 962 | 1039 | 067 351 | 1081 | 932 649 | 912 611 | 43 | 40 | |
| | 30 | 981 001 | 1038 | 068 432 | 1082 | 931 568 | 912 568 | 42 | 30 | |
| | 40 | 982 039 | 1039 | 069 514 | 1081 | 930 486 | 912 526 | 43 | 20 | |
| | 50 | 983 078 | 1038 | 070 595 | 1080 | 929 405 | 912 483 | 43 | 10 | |
| **28** | 0 | 984 116 | 1038 | 071 675 | 1081 | 928 325 | 912 440 | 42 | 0 | **32** |
| | 10 | 985 154 | 1037 | 072 756 | 1080 | 927 244 | 912 398 | 43 | 50 | |
| | 20 | 986 191 | 1038 | 073 836 | 1080 | 926 164 | 912 355 | 43 | 40 | |
| | 30 | 987 229 | 1037 | 074 916 | 1080 | 925 084 | 912 312 | 43 | 30 | |
| | 40 | 988 266 | 1037 | 075 996 | 1080 | 924 004 | 912 269 | 42 | 20 | |
| | 50 | 989 303 | 1036 | 077 076 | 1079 | 922 924 | 912 227 | 43 | 10 | |
| **29** | 0 | 990 339 | 1036 | 078 155 | 1079 | 921 845 | 912 184 | 43 | 0 | **31** |
| | 10 | 991 375 | 1036 | 079 234 | 1079 | 920 766 | 912 141 | 43 | 50 | |
| | 20 | 992 411 | 1036 | 080 313 | 1079 | 919 687 | 912 098 | 42 | 40 | |
| | 30 | 993 447 | 1036 | 081 392 | 1078 | 918 608 | 912 056 | 43 | 30 | |
| | 40 | 994 483 | 1035 | 082 470 | 1078 | 917 530 | 912 013 | 43 | 20 | |
| | 50 | 995 518 | 1035 | 083 548 | 1078 | 916 452 | 911 970 | 43 | 10 | |
| **30** | 0 | $\bar{1}$,2 996 553 | | $\bar{1}$,3 084 626 | | 0,6 915 374 | $\bar{1}$,9 911 927 | | 0 | **30** |
| ′ | ″ | Cos. | | Cotg. | | Tang. | Sin. | | ″ | ′ |

| ' | " | Sin. | D. | Tang. | D.c. | Cotg. | Cos. | D. | " | ' |
|---|---|---|---|---|---|---|---|---|---|---|
| 30 | 0 | $\bar{1}$,2 996 553 | 1035 | $\bar{1}$,3 084 626 | 1078 | 0,6 915 374 | $\bar{1}$,9 911 927 | 43 | 0 | 30 |
| | 10 | 997 588 | 1034 | 085 704 | 1077 | 914 296 | 911 884 | 43 | 50 | |
| | 20 | 998 622 | 1035 | 086 781 | 1077 | 913 219 | 911 841 | 42 | 40 | |
| | 30 | $\bar{1}$,2 999 657 | 1034 | 087 858 | 1077 | 912 142 | 911 799 | 43 | 30 | |
| | 40 | $\bar{1}$,3 000 691 | 1033 | 088 935 | 1077 | 911 065 | 911 756 | 43 | 20 | |
| | 50 | 001 724 | 1034 | 090 012 | 1076 | 909 988 | 911 713 | 43 | 10 | |
| 31 | 0 | 002 758 | 1033 | 091 088 | 1076 | 908 912 | 911 670 | 43 | 0 | 29 |
| | 10 | 003 791 | 1033 | 092 164 | 1076 | 907 836 | 911 627 | 43 | 50 | |
| | 20 | 004 824 | 1033 | 093 240 | 1076 | 906 760 | 911 584 | 43 | 40 | |
| | 30 | 005 857 | 1032 | 094 316 | 1075 | 905 684 | 911 541 | 43 | 30 | |
| | 40 | 006 889 | 1032 | 095 391 | 1075 | 904 609 | 911 498 | 43 | 20 | |
| | 50 | 007 921 | 1032 | 096 466 | 1075 | 903 534 | 911 455 | 43 | 10 | |
| 32 | 0 | 008 953 | 1032 | 097 541 | 1075 | 902 459 | 911 412 | 43 | 0 | 28 |
| | 10 | 009 985 | 1032 | 098 616 | 1074 | 901 384 | 911 369 | 43 | 50 | |
| | 20 | 011 017 | 1031 | 099 690 | 1074 | 900 310 | 911 326 | 43 | 40 | |
| | 30 | 012 048 | 1031 | 100 764 | 1074 | 899 236 | 911 283 | 43 | 30 | |
| | 40 | 013 079 | 1030 | 101 838 | 1074 | 898 162 | 911 240 | 43 | 20 | |
| | 50 | 014 109 | 1031 | 102 912 | 1073 | 897 088 | 911 197 | 43 | 10 | |
| 33 | 0 | 015 140 | 1030 | 103 985 | 1074 | 896 015 | 911 154 | 43 | 0 | 27 |
| | 10 | 016 170 | 1030 | 105 059 | 1073 | 894 941 | 911 111 | 43 | 50 | |
| | 20 | 017 200 | 1029 | 106 132 | 1072 | 893 868 | 911 068 | 43 | 40 | |
| | 30 | 018 229 | 1030 | 107 204 | 1073 | 892 796 | 911 025 | 43 | 30 | |
| | 40 | 019 259 | 1029 | 108 277 | 1072 | 891 723 | 910 982 | 43 | 20 | |
| | 50 | 020 288 | 1029 | 109 349 | 1072 | 890 651 | 910 939 | 43 | 10 | |
| 34 | 0 | 021 317 | 1029 | 110 421 | 1072 | 889 579 | 910 896 | 43 | 0 | 26 |
| | 10 | 022 346 | 1028 | 111 493 | 1071 | 888 507 | 910 853 | 43 | 50 | |
| | 20 | 023 374 | 1028 | 112 564 | 1071 | 887 436 | 910 810 | 43 | 40 | |
| | 30 | 024 402 | 1028 | 113 635 | 1071 | 886 365 | 910 767 | 44 | 30 | |
| | 40 | 025 430 | 1028 | 114 706 | 1071 | 885 294 | 910 723 | 43 | 20 | |
| | 50 | 026 458 | 1027 | 115 777 | 1071 | 884 223 | 910 680 | 43 | 10 | |
| 35 | 0 | 027 485 | 1027 | 116 848 | 1070 | 883 152 | 910 637 | 43 | 0 | 25 |
| | 10 | 028 512 | 1027 | 117 918 | 1070 | 882 082 | 910 594 | 43 | 50 | |
| | 20 | 029 539 | 1027 | 118 988 | 1070 | 881 012 | 910 551 | 43 | 40 | |
| | 30 | 030 566 | 1026 | 120 058 | 1069 | 879 942 | 910 508 | 44 | 30 | |
| | 40 | 031 592 | 1026 | 121 127 | 1070 | 878 873 | 910 464 | 43 | 20 | |
| | 50 | 032 618 | 1026 | 122 197 | 1069 | 877 803 | 910 421 | 43 | 10 | |
| 36 | 0 | 033 644 | 1025 | 123 266 | 1069 | 876 734 | 910 378 | 43 | 0 | 24 |
| | 10 | 034 669 | 1026 | 124 335 | 1068 | 875 665 | 910 335 | 43 | 50 | |
| | 20 | 035 695 | 1025 | 125 403 | 1069 | 874 597 | 910 292 | 44 | 40 | |
| | 30 | 036 720 | 1025 | 126 472 | 1068 | 873 528 | 910 248 | 43 | 30 | |
| | 40 | 037 745 | 1024 | 127 540 | 1068 | 872 460 | 910 205 | 43 | 20 | |
| | 50 | 038 769 | 1025 | 128 608 | 1067 | 871 392 | 910 162 | 43 | 10 | |
| 37 | 0 | 039 794 | 1024 | 129 675 | 1068 | 870 325 | 910 119 | 44 | 0 | 23 |
| | 10 | 040 818 | 1024 | 130 743 | 1067 | 869 257 | 910 075 | 43 | 50 | |
| | 20 | 041 842 | 1023 | 131 810 | 1067 | 868 190 | 910 032 | 43 | 40 | |
| | 30 | 042 865 | 1024 | 132 877 | 1066 | 867 123 | 909 989 | 44 | 30 | |
| | 40 | 043 889 | 1023 | 133 943 | 1067 | 866 057 | 909 945 | 43 | 20 | |
| | 50 | 044 912 | 1022 | 135 010 | 1066 | 864 990 | 909 902 | 43 | 10 | |
| 38 | 0 | 045 934 | [illegible] | 136 076 | 1066 | 863 924 | 909 859 | 44 | 0 | 22 |
| | 10 | 046 957 | 1022 | 137 142 | 1065 | 862 858 | 909 815 | 43 | 50 | |
| | 20 | 047 979 | 1022 | 138 207 | 1066 | 861 793 | 909 772 | 43 | 40 | |
| | 30 | 049 001 | 1022 | 139 273 | 1065 | 860 727 | 909 729 | 44 | 30 | |
| | 40 | 050 023 | 1022 | 140 338 | 1065 | 859 662 | 909 685 | 43 | 20 | |
| | 50 | 051 045 | 1021 | 141 403 | 1065 | 858 597 | 909 642 | 44 | 10 | |
| 39 | 0 | 052 066 | 1021 | 142 468 | 1064 | 857 532 | 909 598 | 43 | 0 | 21 |
| | 10 | 053 087 | 1021 | 143 532 | 1065 | 856 468 | 909 555 | 43 | 50 | |
| | 20 | 054 108 | 1021 | 144 597 | 1064 | 855 403 | 909 512 | 44 | 40 | |
| | 30 | 055 129 | 1020 | 145 661 | 1063 | 854 339 | 909 468 | 43 | 30 | |
| | 40 | 056 149 | 1020 | 146 724 | 1064 | 853 276 | 909 425 | 44 | 20 | |
| | 50 | 067 169 | 1020 | 147 788 | 1063 | 852 212 | 909 381 | 43 | 10 | |
| 40 | 0 | $\bar{1}$,3 058 189 | | $\bar{1}$,3 148 851 | | 0,6 851 149 | $\bar{1}$,9 909 338 | | 0 | 20 |
| ' | " | Cos. | | Cotg. | | Tang. | Sin. | | " | ' |

78°

| | 1070 |
|---|---|
| 1 | 107 |
| 2 | 214 |
| 3 | 321 |
| 4 | 428 |
| 5 | 535 |
| 6 | 642 |
| 7 | 749 |
| 8 | 856 |
| 9 | 963 |

| | 1060 |
|---|---|
| 1 | 106 |
| 2 | 212 |
| 3 | 318 |
| 4 | 424 |
| 5 | 530 |
| 6 | 636 |
| 7 | 742 |
| 8 | 848 |
| 9 | 954 |

| | 1030 |
|---|---|
| 1 | 103 |
| 2 | 206 |
| 3 | 309 |
| 4 | 412 |
| 5 | 515 |
| 6 | 618 |
| 7 | 721 |
| 8 | 824 |
| 9 | 927 |

| | 1020 |
|---|---|
| 1 | 102 |
| 2 | 204 |
| 3 | 306 |
| 4 | 408 |
| 5 | 510 |
| 6 | 612 |
| 7 | 714 |
| 8 | 816 |
| 9 | 918 |

| | 42 |
|---|---|
| 1 | 4,2 |
| 2 | 8,4 |
| 3 | 12,6 |
| 4 | 16,8 |
| 5 | 21,0 |
| 6 | 25,2 |
| 7 | 29,4 |
| 8 | 33,6 |
| 9 | 37,8 |

| | 43 |
|---|---|
| 1 | 4,3 |
| 2 | 8,6 |
| 3 | 12,9 |
| 4 | 17,2 |
| 5 | 21,5 |
| 6 | 25,8 |
| 7 | 30,1 |
| 8 | 34,4 |
| 9 | 38,7 |

| | 44 |
|---|---|
| 1 | 4,4 |
| 2 | 8,8 |
| 3 | 13,2 |
| 4 | 17,6 |
| 5 | 22,0 |
| 6 | 26,4 |
| 7 | 30,8 |
| 8 | 35,2 |
| 9 | 39,6 |

| 1060 | |
|---|---|
| 1 | 106 |
| 2 | 212 |
| 3 | 318 |
| 4 | 424 |
| 5 | 530 |
| 6 | 636 |
| 7 | 742 |
| 8 | 848 |
| 9 | 954 |

| 1050 | |
|---|---|
| 1 | 105 |
| 2 | 210 |
| 3 | 315 |
| 4 | 420 |
| 5 | 525 |
| 6 | 630 |
| 7 | 735 |
| 8 | 840 |
| 9 | 945 |

| 1040 | |
|---|---|
| 1 | 104 |
| 2 | 208 |
| 3 | 312 |
| 4 | 416 |
| 5 | 520 |
| 6 | 624 |
| 7 | 728 |
| 8 | 832 |
| 9 | 936 |

| 1020 | |
|---|---|
| 1 | 102 |
| 2 | 204 |
| 3 | 306 |
| 4 | 408 |
| 5 | 510 |
| 6 | 612 |
| 7 | 714 |
| 8 | 816 |
| 9 | 918 |

| 1010 | |
|---|---|
| 1 | 101 |
| 2 | 202 |
| 3 | 303 |
| 4 | 404 |
| 5 | 505 |
| 6 | 606 |
| 7 | 707 |
| 8 | 808 |
| 9 | 909 |

| 43 | |
|---|---|
| 1 | 4,3 |
| 2 | 8,6 |
| 3 | 12,9 |
| 4 | 17,2 |
| 5 | 21,5 |
| 6 | 25,8 |
| 7 | 30,1 |
| 8 | 34,4 |
| 9 | 38,7 |

| 44 | |
|---|---|
| 1 | 4,4 |
| 2 | 8,8 |
| 3 | 13,2 |
| 4 | 17,6 |
| 5 | 22,0 |
| 6 | 26,4 |
| 7 | 30,8 |
| 8 | 35,2 |
| 9 | 39,6 |

| ′ | ″ | Sin. | D. | Tang | D.c. | Cotg. | Cos. | D. | ″ | ′ |
|---|---|---|---|---|---|---|---|---|---|---|
| 40 | 0 | 1̄,3 058 189 | 1020 | 1̄,3 148 851 | 1063 | 0,6 851 149 | 1̄,9 909 338 | 44 | 0 | 20 |
| | 10 | 059 209 | 1019 | 149 914 | 1063 | 850 086 | 909 294 | 43 | 50 | |
| | 20 | 060 228 | 1019 | 150 977 | 1063 | 849 023 | 909 251 | 44 | 40 | |
| | 30 | 061 247 | 1019 | 152 040 | 1062 | 847 960 | 909 207 | 43 | 30 | |
| | 40 | 062 266 | 1018 | 153 102 | 1062 | 846 898 | 909 164 | 44 | 20 | |
| | 50 | 063 284 | 1019 | 154 164 | 1062 | 845 836 | 909 120 | 43 | 10 | |
| 41 | 0 | 064 303 | 1018 | 155 226 | 1062 | 844 774 | 909 077 | 44 | 0 | 19 |
| | 10 | 065 321 | 1018 | 156 288 | 1061 | 843 712 | 909 033 | 43 | 50 | |
| | 20 | 066 339 | 1017 | 157 349 | 1061 | 842 651 | 908 990 | 44 | 40 | |
| | 30 | 067 356 | 1017 | 158 410 | 1061 | 841 590 | 908 946 | 44 | 30 | |
| | 40 | 068 373 | 1018 | 159 471 | 1061 | 840 529 | 908 902 | 43 | 20 | |
| | 50 | 069 391 | 1016 | 160 532 | 1060 | 839 468 | 908 859 | 44 | 10 | |
| 42 | 0 | 070 407 | 1017 | 161 592 | 1060 | 838 408 | 908 815 | 43 | 0 | 18 |
| | 10 | 071 424 | 1016 | 162 652 | 1060 | 837 348 | 908 772 | 44 | 50 | |
| | 20 | 072 440 | 1016 | 163 712 | 1060 | 836 288 | 908 728 | 44 | 40 | |
| | 30 | 073 456 | 1016 | 164 772 | 1060 | 835 228 | 908 684 | 43 | 30 | |
| | 40 | 074 472 | 1016 | 165 832 | 1059 | 834 168 | 908 641 | 44 | 20 | |
| | 50 | 075 488 | 1015 | 166 891 | 1059 | 833 109 | 908 597 | 44 | 10 | |
| 43 | 0 | 076 503 | 1015 | 167 950 | 1059 | 832 050 | 908 553 | 43 | 0 | 17 |
| | 10 | 077 518 | 1015 | 169 009 | 1058 | 830 991 | 908 510 | 44 | 50 | |
| | 20 | 078 533 | 1015 | 170 067 | 1058 | 829 933 | 908 466 | 44 | 40 | |
| | 30 | 079 548 | 1014 | 171 125 | 1059 | 828 875 | 908 422 | 43 | 30 | |
| | 40 | 080 562 | 1014 | 172 184 | 1057 | 827 816 | 908 379 | 44 | 20 | |
| | 50 | 081 576 | 1014 | 173 241 | 1058 | 826 759 | 908 335 | 44 | 10 | |
| 44 | 0 | 082 590 | 1014 | 174 299 | 1057 | 825 701 | 908 291 | 44 | 0 | 16 |
| | 10 | 083 604 | 1013 | 175 356 | 1057 | 824 644 | 908 247 | 43 | 50 | |
| | 20 | 084 617 | 1013 | 176 413 | 1057 | 823 587 | 908 204 | 44 | 40 | |
| | 30 | 085 630 | 1013 | 177 470 | 1057 | 822 530 | 908 160 | 44 | 30 | |
| | 40 | 086 643 | 1013 | 178 527 | 1056 | 821 473 | 908 116 | 44 | 20 | |
| | 50 | 087 656 | 1012 | 179 583 | 1057 | 820 417 | 908 072 | 43 | 10 | |
| 45 | 0 | 088 668 | 1012 | 180 640 | 1056 | 819 360 | 908 029 | 44 | 0 | 15 |
| | 10 | 089 680 | 1012 | 181 696 | 1055 | 818 304 | 907 985 | 44 | 50 | |
| | 20 | 090 692 | 1012 | 182 751 | 1056 | 817 249 | 907 941 | 44 | 40 | |
| | 30 | 091 704 | 1011 | 183 807 | 1055 | 816 193 | 907 897 | 44 | 30 | |
| | 40 | 092 715 | 1011 | 184 862 | 1055 | 815 138 | 907 853 | 43 | 20 | |
| | 50 | 093 726 | 1011 | 185 917 | 1055 | 814 083 | 907 810 | 44 | 10 | |
| 46 | 0 | 094 737 | 1011 | 186 972 | 1054 | 813 028 | 907 766 | 44 | 0 | 14 |
| | 10 | 095 748 | 1011 | 188 026 | 1055 | 811 974 | 907 722 | 44 | 50 | |
| | 20 | 096 759 | 1010 | 189 081 | 1054 | 810 919 | 907 678 | 44 | 40 | |
| | 30 | 097 769 | 1010 | 190 135 | 1053 | 809 865 | 907 634 | 44 | 30 | |
| | 40 | 098 779 | 1009 | 191 188 | 1054 | 808 812 | 907 590 | 44 | 20 | |
| | 50 | 099 788 | 1010 | 192 242 | 1053 | 807 758 | 907 546 | 44 | 10 | |
| 47 | 0 | 100 798 | 1009 | 193 295 | 1054 | 806 705 | 907 502 | 44 | 0 | 13 |
| | 10 | 101 807 | 1009 | 194 349 | 1052 | 805 651 | 907 458 | 44 | 50 | |
| | 20 | 102 816 | 1009 | 195 401 | 1053 | 804 599 | 907 414 | 43 | 40 | |
| | 30 | 103 825 | 1008 | 196 454 | 1053 | 803 546 | 907 371 | 44 | 30 | |
| | 40 | 104 833 | 1008 | 197 507 | 1052 | 802 493 | 907 327 | 44 | 20 | |
| | 50 | 105 841 | 1008 | 198 559 | 1052 | 801 441 | 907 283 | 44 | 10 | |
| 48 | 0 | 106 849 | 1008 | 199 611 | 1051 | 800 389 | 907 239 | 44 | 0 | 12 |
| | 10 | 107 857 | 1007 | 200 662 | 1052 | 799 338 | 907 195 | 44 | 50 | |
| | 20 | 108 864 | 1008 | 201 714 | 1051 | 798 286 | 907 151 | 44 | 40 | |
| | 30 | 109 872 | 1007 | 202 765 | 1051 | 797 235 | 907 107 | 44 | 30 | |
| | 40 | 110 879 | 1007 | 203 816 | 1051 | 796 184 | 907 063 | 44 | 20 | |
| | 50 | 111 886 | 1006 | 204 867 | 1051 | 795 133 | 907 019 | 45 | 10 | |
| 49 | 0 | 112 892 | 1006 | 205 918 | 1050 | 794 082 | 906 974 | 44 | 0 | 11 |
| | 10 | 113 898 | 1006 | 206 968 | 1050 | 793 032 | 906 930 | 44 | 50 | |
| | 20 | 114 904 | 1006 | 208 018 | 1050 | 791 982 | 906 886 | 44 | 40 | |
| | 30 | 115 910 | 1006 | 209 068 | 1049 | 790 932 | 906 842 | 44 | 30 | |
| | 40 | 116 916 | 1005 | 210 117 | 1050 | 789 883 | 906 798 | 44 | 20 | |
| | 50 | 117 921 | 1005 | 211 167 | 1049 | 788 833 | 906 754 | 44 | 10 | |
| 50 | 0 | 1̄,3 118 926 | | 1̄,3 212 216 | | 0,6 787 784 | 1̄,9 906 710 | | 0 | 10 |
| ′ | ″ | Cos. | | Cotg. | | Tang. | Sin. | | ″ | ′ |

| ′ | ″ | Sin. | D. | Tang. | D.c. | Cotg. | Cos. | D. | ″ | ′ |
|---|---|---|---|---|---|---|---|---|---|---|
| 50 | 0 | ī,3 118 926 | 1005 | ī,3 212 216 | 1049 | 0,6 787 784 | ī,9 906 710 | 44 | 0 | 10 |
| | 10 | 119 931 | 1004 | 213 265 | 1049 | 786 735 | 906 666 | 44 | 50 | |
| | 20 | 120 935 | 1005 | 214 314 | 1048 | 785 686 | 906 622 | 44 | 40 | |
| | 30 | 121 940 | 1004 | 215 362 | 1048 | 784 638 | 906 578 | 45 | 30 | |
| | 40 | 122 944 | 1004 | 216 410 | 1048 | 783 590 | 906 533 | 44 | 20 | |
| | 50 | 123 948 | 1003 | 217 458 | 1048 | 782 542 | 906 489 | 44 | 10 | |
| 51 | 0 | 124 951 | 1004 | 218 506 | 1048 | 781 494 | 906 445 | 44 | 0 | 9 |
| | 10 | 125 955 | 1003 | 219 554 | 1047 | 780 446 | 906 401 | 44 | 50 | |
| | 20 | 126 958 | 1003 | 220 601 | 1047 | 779 399 | 906 357 | 44 | 40 | |
| | 30 | 127 961 | 1002 | 221 648 | 1047 | 778 352 | 906 313 | 45 | 30 | |
| | 40 | 128 963 | 1003 | 222 695 | 1047 | 777 305 | 906 268 | 44 | 20 | |
| | 50 | 129 966 | 1002 | 223 742 | 1046 | 776 258 | 906 224 | 44 | 10 | |
| 52 | 0 | 130 968 | 1002 | 224 788 | 1046 | 775 212 | 906 180 | 44 | 0 | 8 |
| | 10 | 131 970 | 1001 | 225 834 | 1046 | 774 166 | 906 136 | 45 | 50 | |
| | 20 | 132 971 | 1002 | 226 880 | 1046 | 773 120 | 906 091 | 44 | 40 | |
| | 30 | 133 973 | 1001 | 227 926 | 1045 | 772 074 | 906 047 | 44 | 30 | |
| | 40 | 134 974 | 1001 | 228 971 | 1045 | 771 029 | 906 003 | 44 | 20 | |
| | 50 | 135 975 | 1001 | 230 016 | 1045 | 769 984 | 905 959 | 45 | 10 | |
| 53 | 0 | 136 976 | 1000 | 231 061 | 1045 | 768 939 | 905 914 | 44 | 0 | 7 |
| | 10 | 137 976 | 1000 | 232 106 | 1045 | 767 894 | 905 870 | 44 | 50 | |
| | 20 | 138 976 | 1000 | 233 151 | 1044 | 766 849 | 905 826 | 45 | 40 | |
| | 30 | 139 976 | 1000 | 234 195 | 1044 | 765 805 | 905 781 | 44 | 30 | |
| | 40 | 140 976 | 1000 | 235 239 | 1044 | 764 761 | 905 737 | 44 | 20 | |
| | 50 | 141 976 | 999 | 236 283 | 1044 | 763 717 | 905 693 | 45 | 10 | |
| 54 | 0 | 142 975 | 999 | 237 327 | 1043 | 762 673 | 905 648 | 44 | 0 | 6 |
| | 10 | 143 974 | 999 | 238 370 | 1043 | 761 630 | 905 604 | 45 | 50 | |
| | 20 | 144 973 | 998 | 239 413 | 1043 | 760 587 | 905 559 | 44 | 40 | |
| | 30 | 145 971 | 998 | 240 456 | 1043 | 759 544 | 905 515 | 44 | 30 | |
| | 40 | 146 969 | 998 | 241 499 | 1042 | 758 501 | 905 471 | 45 | 20 | |
| | 50 | 147 967 | 998 | 242 541 | 1043 | 757 459 | 905 426 | 44 | 10 | |
| 55 | 0 | 148 965 | 998 | 243 584 | 1042 | 756 416 | 905 382 | 45 | 0 | 5 |
| | 10 | 149 963 | 997 | 244 626 | 1041 | 755 374 | 905 337 | 44 | 50 | |
| | 20 | 150 960 | 997 | 245 667 | 1042 | 754 333 | 905 293 | 45 | 40 | |
| | 30 | 151 957 | 997 | 246 709 | 1041 | 753 291 | 905 248 | 44 | 30 | |
| | 40 | 152 954 | 997 | 247 750 | 1041 | 752 250 | 905 204 | 45 | 20 | |
| | 50 | 153 951 | 996 | 248 791 | 1041 | 751 209 | 905 159 | 44 | 10 | |
| 56 | 0 | 154 947 | 996 | 249 832 | 1041 | 750 168 | 905 115 | 45 | 0 | 4 |
| | 10 | 155 943 | 996 | 250 873 | 1040 | 749 127 | 905 070 | 44 | 50 | |
| | 20 | 156 939 | 996 | 251 913 | 1040 | 748 087 | 905 026 | 45 | 40 | |
| | 30 | 157 935 | 995 | 252 953 | 1040 | 747 047 | 904 981 | 44 | 30 | |
| | 40 | 158 930 | 996 | 253 993 | 1040 | 746 007 | 904 937 | 45 | 20 | |
| | 50 | 159 926 | 995 | 255 033 | 1040 | 744 967 | 904 892 | 44 | 10 | |
| 57 | 0 | 160 921 | 994 | 256 073 | 1039 | 743 927 | 904 848 | 45 | 0 | 3 |
| | 10 | 161 915 | 995 | 257 112 | 1039 | 742 888 | 904 803 | 44 | 50 | |
| | 20 | 162 910 | 994 | 258 151 | 1039 | 741 849 | 904 759 | 45 | 40 | |
| | 30 | 163 904 | 994 | 259 190 | 1038 | 740 810 | 904 714 | 45 | 30 | |
| | 40 | 164 898 | 994 | 260 228 | 1039 | 739 772 | 904 669 | 44 | 20 | |
| | 50 | 165 892 | 993 | 261 267 | 1038 | 738 733 | 904 625 | 45 | 10 | |
| 58 | 0 | 166 885 | 994 | 262 305 | 1038 | 737 695 | 904 580 | 44 | 0 | 2 |
| | 10 | 167 879 | 993 | 263 343 | 1038 | 736 657 | 904 536 | 45 | 50 | |
| | 20 | 168 872 | 992 | 264 381 | 1037 | 735 619 | 904 491 | 45 | 40 | |
| | 30 | 169 864 | 993 | 265 418 | 1037 | 734 582 | 904 446 | 44 | 30 | |
| | 40 | 170 857 | 992 | 266 455 | 1037 | 733 545 | 904 402 | 45 | 20 | |
| | 50 | 171 849 | 992 | 267 492 | 1037 | 732 508 | 904 357 | 45 | 10 | |
| 59 | 0 | 172 841 | 992 | 268 529 | 1037 | 731 471 | 904 312 | 44 | 0 | 1 |
| | 10 | 173 833 | 992 | 269 566 | 1036 | 730 434 | 904 268 | 45 | 50 | |
| | 20 | 174 825 | 991 | 270 602 | 1036 | 729 398 | 904 223 | 45 | 40 | |
| | 30 | 175 816 | 991 | 271 638 | 1036 | 728 362 | 904 178 | 45 | 30 | |
| | 40 | 176 807 | 991 | 272 674 | 1036 | 727 326 | 904 133 | 44 | 20 | |
| | 50 | 177 798 | 991 | 273 710 | 1035 | 726 290 | 904 089 | 45 | 10 | |
| 60 | 0 | ī,3 178 789 | | ī,3 274 745 | | 0,6 725 255 | ī,9 904 044 | | 0 | 0 |
| ′ | ″ | Cos. | | Cotg. | | Tang. | Sin. | | ″ | ′ |

| | 1040 |
|---|---|
| 1 | 104 |
| 2 | 208 |
| 3 | 312 |
| 4 | 416 |
| 5 | 520 |
| 6 | 624 |
| 7 | 728 |
| 8 | 832 |
| 9 | 936 |

| | 1030 |
|---|---|
| 1 | 103 |
| 2 | 206 |
| 3 | 309 |
| 4 | 412 |
| 5 | 515 |
| 6 | 618 |
| 7 | 721 |
| 8 | 824 |
| 9 | 927 |

| | 1000 |
|---|---|
| 1 | 100 |
| 2 | 200 |
| 3 | 300 |
| 4 | 400 |
| 5 | 500 |
| 6 | 600 |
| 7 | 700 |
| 8 | 800 |
| 9 | 900 |

| | 990 |
|---|---|
| 1 | 99 |
| 2 | 198 |
| 3 | 297 |
| 4 | 396 |
| 5 | 495 |
| 6 | 594 |
| 7 | 693 |
| 8 | 792 |
| 9 | 891 |

| | 44 |
|---|---|
| 1 | 4,4 |
| 2 | 8,8 |
| 3 | 13,2 |
| 4 | 17,6 |
| 5 | 22,0 |
| 6 | 26,4 |
| 7 | 30,8 |
| 8 | [illegible] |
| 9 | 39,6 |

| | 45 |
|---|---|
| 1 | 4,5 |
| 2 | 9,0 |
| 3 | 13,5 |
| 4 | 18,0 |
| 5 | 22,5 |
| 6 | 27,0 |
| 7 | 31,5 |
| 8 | 36,0 |
| 9 | 40,5 |

| 1030 | |
|---|---|
| 1 | 103 |
| 2 | 206 |
| 3 | 309 |
| 4 | 412 |
| 5 | 515 |
| 6 | 618 |
| 7 | 721 |
| 8 | 824 |
| 9 | 927 |

| 1020 | |
|---|---|
| 1 | 102 |
| 2 | 204 |
| 3 | 306 |
| 4 | 408 |
| 5 | 510 |
| 6 | 612 |
| 7 | 714 |
| 8 | 816 |
| 9 | 918 |

| 990 | |
|---|---|
| 1 | 99 |
| 2 | 198 |
| 3 | 297 |
| 4 | 396 |
| 5 | 495 |
| 6 | 594 |
| 7 | 693 |
| 8 | 792 |
| 9 | 891 |

| 980 | |
|---|---|
| 1 | 98 |
| 2 | 196 |
| 3 | 294 |
| 4 | 392 |
| 5 | 490 |
| 6 | 588 |
| 7 | 686 |
| 8 | 784 |
| 9 | 882 |

| 970 | |
|---|---|
| 1 | 97 |
| 2 | 194 |
| 3 | 291 |
| 4 | 388 |
| 5 | 485 |
| 6 | 582 |
| 7 | 679 |
| 8 | 776 |
| 9 | 873 |

| 44 | |
|---|---|
| 1 | 4,4 |
| 2 | 8,8 |
| 3 | 13,2 |
| 4 | 17,6 |
| 5 | 22,0 |
| 6 | 26,4 |
| 7 | 30,8 |
| 8 | 35,2 |
| 9 | 39,6 |

| 45 | |
|---|---|
| 1 | 4,5 |
| 2 | 9,0 |
| 3 | 13,5 |
| 4 | 18,0 |
| 5 | 22,5 |
| 6 | 27,0 |
| 7 | 31,5 |
| 8 | 36,0 |
| 9 | 40,5 |

| ′ | ″ | Sin. | D. | Tang. | D.c. | Cotg. | Cos. | D. | ″ | ′ |
|---|---|---|---|---|---|---|---|---|---|---|
| 0 | 0 | $\bar{1}$,3 178 789 | | $\bar{1}$,3 274 745 | | 0,6 725 255 | $\bar{1}$,9 904 044 | | 0 | 60 |
| | 10 | 179 780 | 991 | 275 780 | 1035 | 724 220 | 903 999 | 45 | 50 | |
| | 20 | 180 770 | 990 | 276 815 | 1035 | 723 185 | 903 954 | 45 | 40 | |
| | 30 | 181 760 | 990 | 277 850 | 1035 | 722 150 | 903 910 | 44 | 30 | |
| | 40 | 182 749 | 989 | 278 885 | 1035 | 721 115 | 903 865 | 45 | 20 | |
| | 50 | 183 739 | 990 | 279 919 | 1034 | 720 081 | 903 820 | 45 | 10 | |
| 1 | 0 | 184 728 | 989 | 280 953 | 1034 | 719 047 | 903 775 | 45 | 0 | 59 |
| | 10 | 185 717 | 989 | 281 987 | 1034 | 718 013 | 903 730 | 45 | 50 | |
| | 20 | 186 706 | 989 | 283 021 | 1034 | 716 979 | 903 686 | 44 | 40 | |
| | 30 | 187 695 | 989 | 284 054 | 1033 | 715 946 | 903 641 | 45 | 30 | |
| | 40 | 188 683 | 988 | 285 087 | 1033 | 714 913 | 903 596 | 45 | 20 | |
| | 50 | 189 671 | 988 | 286 120 | 1033 | 713 880 | 903 551 | 45 | 10 | |
| 2 | 0 | 190 659 | 988 | 287 153 | 1033 | 712 847 | 903 506 | 45 | 0 | 58 |
| | 10 | 191 647 | 988 | 288 185 | 1032 | 711 815 | 903 461 | 45 | 50 | |
| | 20 | 192 634 | 987 | 289 218 | 1033 | 710 782 | 903 416 | 45 | 40 | |
| | 30 | 193 621 | 987 | 290 250 | 1032 | 709 750 | 903 371 | 45 | 30 | |
| | 40 | 194 608 | 987 | 291 282 | 1032 | 708 718 | 903 327 | 44 | 20 | |
| | 50 | 195 595 | 987 | 292 313 | 1031 | 707 687 | 903 282 | 45 | 10 | |
| 3 | 0 | 196 581 | 986 | 293 345 | 1032 | 706 655 | 903 237 | 45 | 0 | 57 |
| | 10 | 197 567 | 986 | 294 376 | 1031 | 705 624 | 903 192 | 45 | 50 | |
| | 20 | 198 553 | 986 | 295 407 | 1031 | 704 593 | 903 147 | 45 | 40 | |
| | 30 | 199 539 | 986 | 296 437 | 1030 | 703 563 | 903 102 | 45 | 30 | |
| | 40 | 200 525 | 986 | 297 468 | 1031 | 702 532 | 903 057 | 45 | 20 | |
| | 50 | 201 510 | 985 | 298 498 | 1030 | 701 502 | 903 012 | 45 | 10 | |
| 4 | 0 | 202 495 | 985 | 299 528 | 1030 | 700 472 | 902 967 | 45 | 0 | 56 |
| | 10 | 203 480 | 985 | 300 558 | 1030 | 699 442 | 902 922 | 45 | 50 | |
| | 20 | 204 464 | 984 | 301 588 | 1030 | 698 412 | 902 877 | 45 | 40 | |
| | 30 | 205 449 | 985 | 302 617 | 1029 | 697 383 | 902 832 | 45 | 30 | |
| | 40 | 206 433 | 984 | 303 646 | 1029 | 696 354 | 902 787 | 45 | 20 | |
| | 50 | 207 417 | 984 | 304 675 | 1029 | 695 325 | 902 742 | 45 | 10 | |
| 5 | 0 | 208 400 | 983 | 305 704 | 1029 | 694 296 | 902 697 | 45 | 0 | 55 |
| | 10 | 209 384 | 984 | 306 732 | 1028 | 693 268 | 902 651 | 46 | 50 | |
| | 20 | 210 367 | 983 | 307 761 | 1029 | 692 239 | 902 606 | 45 | 40 | |
| | 30 | 211 350 | 983 | 308 789 | 1028 | 691 211 | 902 561 | 45 | 30 | |
| | 40 | 212 333 | 983 | 309 817 | 1028 | 690 183 | 902 516 | 45 | 20 | |
| | 50 | 213 315 | 982 | 310 844 | 1027 | 689 156 | 902 471 | 45 | 10 | |
| 6 | 0 | 214 297 | 982 | 311 872 | 1028 | 688 128 | 902 426 | 45 | 0 | 54 |
| | 10 | 215 279 | 982 | 312 899 | 1027 | 687 101 | 902 381 | 45 | 50 | |
| | 20 | 216 261 | 982 | 313 926 | 1027 | 686 074 | 902 336 | 45 | 40 | |
| | 30 | 217 243 | 982 | 314 952 | 1026 | 685 048 | 902 290 | 46 | 30 | |
| | 40 | 218 224 | 981 | 315 979 | 1027 | 684 021 | 902 245 | 45 | 20 | |
| | 50 | 219 205 | 981 | 317 005 | 1026 | 682 995 | 902 200 | 45 | 10 | |
| 7 | 0 | 220 186 | 981 | 318 031 | 1026 | 681 969 | 902 155 | 45 | 0 | 53 |
| | 10 | 221 167 | 981 | 319 057 | 1026 | 680 943 | 902 110 | 45 | 50 | |
| | 20 | 222 147 | 980 | 320 083 | 1026 | 679 917 | 902 064 | 46 | 40 | |
| | 30 | 223 127 | 980 | 321 108 | 1025 | 678 892 | 902 019 | 45 | 30 | |
| | 40 | 224 107 | 980 | 322 133 | 1025 | 677 867 | 901 974 | 45 | 20 | |
| | 50 | 225 087 | 980 | 323 158 | 1025 | 676 842 | 901 929 | 45 | 10 | |
| 8 | 0 | 226 066 | 979 | 324 183 | 1025 | 675 817 | 901 883 | 46 | 0 | 52 |
| | 10 | 227 046 | 980 | 325 207 | 1024 | 674 793 | 901 838 | 45 | 50 | |
| | 20 | 228 025 | 979 | 326 232 | 1025 | 673 768 | 901 793 | 45 | 40 | |
| | 30 | 229 003 | 978 | 327 256 | 1024 | 672 744 | 901 748 | 45 | 30 | |
| | 40 | 229 982 | 979 | 328 280 | 1024 | 671 720 | 901 702 | 46 | 20 | |
| | 50 | 230 960 | 978 | 329 303 | 1023 | 670 697 | 901 657 | 45 | 10 | |
| 9 | 0 | 231 938 | 978 | 330 327 | 1024 | 669 673 | 901 612 | 45 | 0 | 51 |
| | 10 | 232 916 | 978 | 331 350 | 1023 | 668 650 | 901 566 | 46 | 50 | |
| | 20 | 233 894 | 978 | 332 373 | 1023 | 667 627 | 901 521 | 45 | 40 | |
| | 30 | 234 871 | 977 | 333 396 | 1023 | 666 604 | 901 476 | 45 | 30 | |
| | 40 | 235 848 | 977 | 334 418 | 1022 | 665 582 | 901 430 | 46 | 20 | |
| | 50 | 236 825 | 977 | 335 440 | 1022 | 664 560 | 901 385 | 45 | 10 | |
| 10 | 0 | $\bar{1}$,3 237 802 | 977 | $\bar{1}$,3 336 463 | 1023 | 0,6 663 537 | $\bar{1}$,9 901 339 | 46 | 0 | 50 |
| ′ | ″ | Cos. | | Cotg. | | Tang. | Sin. | | ″ | ′ |

| ′ | ″ | Sin. | D. | Tang. | D. c. | Cotg. | Cos. | D. | ″ | ′ |
|---|---|---|---|---|---|---|---|---|---|---|
| 10 | 0 | 1̄,3 237 802 | | 1̄,3 336 463 | | 0,6 663 537 | 1̄,9 901 339 | | 0 | 50 |
| | 10 | 238 778 | 976 | 337 484 | 1021 | 662 516 | 901 294 | 45 | 50 | |
| | 20 | 239 755 | 977 | 338 506 | 1022 | 661 494 | 901 249 | 45 | 40 | |
| | 30 | 240 731 | 976 | 339 528 | 1022 | 660 472 | 901 203 | 46 | 30 | |
| | 40 | 241 707 | 976 | 340 549 | 1021 | 659 451 | 901 158 | 45 | 20 | |
| | 50 | 242 682 | 975 | 341 570 | 1021 | 658 430 | 901 112 | 46 | 10 | |
| 11 | 0 | 243 657 | 975 | 342 591 | 1021 | 657 409 | 901 067 | 45 | 0 | 49 |
| | 10 | 244 633 | 976 | 343 611 | 1020 | 656 389 | 901 021 | 46 | 50 | |
| | 20 | 245 607 | 974 | 344 631 | 1020 | 655 369 | 900 976 | 45 | 40 | |
| | 30 | 246 582 | 975 | 345 652 | 1021 | 654 348 | 900 930 | 46 | 30 | |
| | 40 | 247 556 | 974 | 346 671 | 1019 | 653 329 | 900 885 | 45 | 20 | |
| | 50 | 248 531 | 975 | 347 691 | 1020 | 652 309 | 900 839 | 46 | 10 | |
| 12 | 0 | 249 505 | 974 | 348 711 | 1020 | 651 289 | 900 794 | 45 | 0 | 48 |
| | 10 | 250 478 | 973 | 349 730 | 1019 | 650 270 | 900 748 | 46 | 50 | |
| | 20 | 251 452 | 974 | 350 749 | 1019 | 649 251 | 900 703 | 45 | 40 | |
| | 30 | 252 425 | 973 | 351 768 | 1019 | 648 232 | 900 657 | 46 | 30 | |
| | 40 | 253 398 | 973 | 352 786 | 1018 | 647 214 | 900 612 | 45 | 20 | |
| | 50 | 254 371 | 973 | 353 805 | 1019 | 646 195 | 900 566 | 46 | 10 | |
| 13 | 0 | 255 344 | 973 | 354 823 | 1018 | 645 177 | 900 521 | 45 | 0 | 47 |
| | 10 | 256 316 | 972 | 355 841 | 1018 | 644 159 | 900 475 | 46 | 50 | |
| | 20 | 257 288 | 972 | 356 859 | 1018 | 643 141 | 900 429 | 46 | 40 | |
| | 30 | 258 260 | 972 | 357 876 | 1017 | 642 124 | 900 384 | 45 | 30 | |
| | 40 | 259 232 | 972 | 358 893 | 1017 | 641 107 | 900 338 | 46 | 20 | |
| | 50 | 260 203 | 971 | 359 910 | 1017 | 640 090 | 900 293 | 45 | 10 | |
| 14 | 0 | 261 174 | 971 | 360 927 | 1017 | 639 073 | 900 247 | 46 | 0 | 46 |
| | 10 | 262 145 | 971 | 361 944 | 1017 | 638 056 | 900 201 | 46 | 50 | |
| | 20 | 263 116 | 971 | 362 960 | 1016 | 637 040 | 900 156 | 45 | 40 | |
| | 30 | 264 087 | 971 | 363 977 | 1017 | 636 023 | 900 110 | 46 | 30 | |
| | 40 | 265 057 | 970 | 364 993 | 1016 | 635 007 | 900 064 | 46 | 20 | |
| | 50 | 266 027 | 970 | 366 008 | 1015 | 633 992 | 900 019 | 45 | 10 | |
| 15 | 0 | 266 997 | 970 | 367 024 | 1016 | 632 976 | 899 973 | 46 | 0 | 45 |
| | 10 | 267 966 | 969 | 368 039 | 1015 | 631 961 | 899 927 | 46 | 50 | |
| | 20 | 268 936 | 970 | 369 054 | 1015 | 630 946 | 899 881 | 46 | 40 | |
| | 30 | 269 905 | 969 | 370 069 | 1015 | 629 931 | 899 836 | 45 | 30 | |
| | 40 | 270 874 | 969 | 371 084 | 1015 | 628 916 | 899 790 | 46 | 20 | |
| | 50 | 271 843 | 969 | 372 099 | 1015 | 627 901 | 899 744 | 46 | 10 | |
| 16 | 0 | 272 811 | 968 | 373 113 | 1014 | 626 887 | 899 698 | 46 | 0 | 44 |
| | 10 | 273 779 | 968 | 374 127 | 1014 | 625 873 | 899 653 | 45 | 50 | |
| | 20 | 274 748 | 969 | 375 141 | 1014 | 624 859 | 899 607 | 46 | 40 | |
| | 30 | 275 715 | 967 | 376 154 | 1013 | 623 846 | 899 561 | 46 | 30 | |
| | 40 | 276 683 | 968 | 377 168 | 1014 | 622 832 | 899 515 | 46 | 20 | |
| | 50 | 277 650 | 967 | 378 181 | 1013 | 621 819 | 899 469 | 46 | 10 | |
| 17 | 0 | 278 617 | 967 | 379 194 | 1013 | 620 806 | 899 423 | 46 | 0 | 43 |
| | 10 | 279 584 | 967 | 380 207 | 1013 | 619 793 | 899 378 | 45 | 50 | |
| | 20 | 280 551 | 967 | 381 219 | 1012 | 618 781 | 899 332 | 46 | 40 | |
| | 30 | 281 518 | 967 | 382 232 | 1013 | 617 768 | 899 286 | 46 | 30 | |
| | 40 | 282 484 | 966 | 383 244 | 1012 | 616 756 | 899 240 | 46 | 20 | |
| | 50 | 283 450 | 966 | 384 256 | 1012 | 615 744 | 899 194 | 46 | 10 | |
| 18 | 0 | 284 416 | 966 | 385 267 | 1011 | 614 733 | 899 148 | 46 | 0 | 42 |
| | 10 | 285 381 | 965 | 386 279 | 1012 | 613 721 | 899 102 | 46 | 50 | |
| | 20 | 286 346 | 965 | 387 290 | 1011 | 612 710 | 899 056 | 46 | 40 | |
| | 30 | 287 312 | 966 | 388 301 | 1011 | 611 699 | 899 010 | 46 | 30 | |
| | 40 | 288 276 | 964 | 389 312 | 1011 | 610 688 | 898 965 | 45 | 20 | |
| | 50 | 289 241 | 965 | 390 323 | 1011 | 609 677 | 898 919 | 46 | 10 | |
| 19 | 0 | 290 206 | 965 | 391 333 | 1010 | 608 667 | 898 873 | 46 | 0 | 41 |
| | 10 | 291 170 | 964 | 392 343 | 1010 | 607 657 | 898 827 | 46 | 50 | |
| | 20 | 292 134 | 964 | 393 353 | 1010 | 606 647 | 898 781 | 46 | 40 | |
| | 30 | 293 098 | 964 | 394 363 | 1010 | 605 637 | 898 735 | 46 | 30 | |
| | 40 | 294 061 | 963 | 395 372 | 1009 | 604 628 | 898 689 | 46 | 20 | |
| | 50 | 295 024 | 963 | 396 382 | 1010 | 603 618 | 898 643 | 46 | 10 | |
| 20 | 0 | 1̄,3 295 988 | 964 | 1̄,3 397 391 | 1009 | 0,6 602 609 | 1̄,9 898 597 | 46 | 0 | 40 |
| ′ | ″ | Cos. | | Cotg. | | Tang. | Sin. | | ″ | ′ |

| 1020 | |
|---|---|
| 1 | 102 |
| 2 | 204 |
| 3 | 306 |
| 4 | 408 |
| 5 | 510 |
| 6 | 612 |
| 7 | 714 |
| 8 | 816 |
| 9 | 918 |

| 1010 | |
|---|---|
| 1 | 101 |
| 2 | 202 |
| 3 | 303 |
| 4 | 404 |
| 5 | 505 |
| 6 | 606 |
| 7 | 707 |
| 8 | 808 |
| 9 | 909 |

| 970 | |
|---|---|
| 1 | 97 |
| 2 | 194 |
| 3 | 291 |
| 4 | 388 |
| 5 | 485 |
| 6 | 582 |
| 7 | 679 |
| 8 | 776 |
| 9 | 873 |

| 960 | |
|---|---|
| 1 | 96 |
| 2 | 192 |
| 3 | 288 |
| 4 | 384 |
| 5 | 480 |
| 6 | 576 |
| 7 | 672 |
| 8 | 768 |
| 9 | 864 |

| 45 | |
|---|---|
| 1 | 4,5 |
| 2 | 9,0 |
| 3 | 13,5 |
| 4 | 18,0 |
| 5 | 22,5 |
| 6 | 27,0 |
| 7 | 31,5 |
| 8 | 36,0 |
| 9 | 40,5 |

| 46 | |
|---|---|
| 1 | 4,6 |
| 2 | 9,2 |
| 3 | 13,8 |
| 4 | 18,4 |
| 5 | 23,0 |
| 6 | 27,6 |
| 7 | 32,2 |
| 8 | 36,8 |
| 9 | 41,4 |

| ′ | ″ | Sin. | D. | Tang. | D.c. | Cotg. | Cos. | D. | ″ | ′ |
|---|---|---|---|---|---|---|---|---|---|---|
| 20 | 0 | $\bar{1}$,3 295 988 | 962 | $\bar{1}$,3 397 391 | 1009 | 0,6 602 609 | $\bar{1}$,9 898 597 | 46 | 0 | 40 |
| | 10 | 296 950 | 963 | 398 400 | 1009 | 601 600 | 898 551 | 47 | 50 | |
| | 20 | 297 913 | 962 | 399 409 | 1008 | 600 591 | 898 504 | 46 | 40 | |
| | 30 | 298 875 | 963 | 400 417 | 1008 | 599 583 | 898 458 | 46 | 30 | |
| | 40 | 299 838 | 962 | 401 425 | 1008 | 598 575 | 898 412 | 46 | 20 | |
| | 50 | 300 800 | 961 | 402 433 | 1008 | 597 567 | 898 366 | 46 | 10 | |
| 21 | 0 | 301 761 | 962 | 403 441 | 1008 | 596 559 | 898 320 | 46 | 0 | 39 |
| | 10 | 302 723 | 961 | 404 449 | 1007 | 595 551 | 898 274 | 46 | 50 | |
| | 20 | 303 684 | 961 | 405 456 | 1008 | 594 544 | 898 228 | 46 | 40 | |
| | 30 | 304 645 | 961 | 406 464 | 1007 | 593 536 | 898 182 | 46 | 30 | |
| | 40 | 305 606 | 961 | 407 471 | 1006 | 592 529 | 898 136 | 46 | 20 | |
| | 50 | 306 567 | 960 | 408 477 | 1007 | 591 523 | 898 090 | 47 | 10 | |
| 22 | 0 | 307 527 | 960 | 409 484 | 1006 | 590 516 | 898 043 | 46 | 0 | 38 |
| | 10 | 308 487 | 960 | 410 490 | 1006 | 589 510 | 897 997 | 46 | 50 | |
| | 20 | 309 447 | 960 | 411 496 | 1006 | 588 504 | 897 951 | 46 | 40 | |
| | 30 | 310 407 | 960 | 412 502 | 1006 | 587 498 | 897 905 | 46 | 30 | |
| | 40 | 311 367 | 959 | 413 508 | 1006 | 586 492 | 897 859 | 47 | 20 | |
| | 50 | 312 326 | 959 | 414 514 | 1005 | 585 486 | 897 812 | 46 | 10 | |
| 23 | 0 | 313 285 | 959 | 415 519 | 1005 | 584 481 | 897 766 | 46 | 0 | 37 |
| | 10 | 314 244 | 959 | 416 524 | 1005 | 583 476 | 897 720 | 46 | 50 | |
| | 20 | 315 203 | 958 | 417 529 | 1005 | 582 471 | 897 674 | 47 | 40 | |
| | 30 | 316 161 | 958 | 418 534 | 1004 | 581 466 | 897 627 | 46 | 30 | |
| | 40 | 317 119 | 958 | 419 538 | 1004 | 580 462 | 897 581 | 46 | 20 | |
| | 50 | 318 077 | 958 | 420 542 | 1004 | 579 458 | 897 535 | 46 | 10 | |
| 24 | 0 | 319 035 | 958 | 421 546 | 1004 | 578 454 | 897 489 | 47 | 0 | 36 |
| | 10 | 319 993 | 957 | 422 550 | 1004 | 577 450 | 897 442 | 46 | 50 | |
| | 20 | 320 950 | 957 | 423 554 | 1003 | 576 446 | 897 396 | 46 | 40 | |
| | 30 | 321 907 | 957 | 424 557 | 1003 | 575 443 | 897 350 | 47 | 30 | |
| | 40 | 322 864 | 956 | 425 560 | 1003 | 574 440 | 897 303 | 46 | 20 | |
| | 50 | 323 820 | 957 | 426 563 | 1003 | 573 437 | 897 257 | 46 | 10 | |
| 25 | 0 | 324 777 | 956 | 427 566 | 1003 | 572 434 | 897 211 | 47 | 0 | 35 |
| | 10 | 325 733 | 956 | 428 569 | 1002 | 571 431 | 897 164 | 46 | 50 | |
| | 20 | 326 689 | 956 | 429 571 | 1002 | 570 429 | 897 118 | 46 | 40 | |
| | 30 | 327 645 | 955 | 430 573 | 1002 | 569 427 | 897 072 | 47 | 30 | |
| | 40 | 328 600 | 956 | 431 575 | 1002 | 568 425 | 897 025 | 46 | 20 | |
| | 50 | 329 556 | 955 | 432 577 | 1001 | 567 423 | 896 979 | 47 | 10 | |
| 26 | 0 | 330 511 | 955 | 433 578 | 1002 | 566 422 | 896 932 | 46 | 0 | 34 |
| | 10 | 331 466 | 954 | 434 580 | 1001 | 565 420 | 896 886 | 47 | 50 | |
| | 20 | 332 420 | 955 | 435 581 | 1001 | 564 419 | 896 839 | 46 | 40 | |
| | 30 | 333 375 | 954 | 436 582 | 1000 | 563 418 | 896 793 | 46 | 30 | |
| | 40 | 334 329 | 954 | 437 582 | 1001 | 562 418 | 896 747 | 47 | 20 | |
| | 50 | 335 283 | 954 | 438 583 | 1000 | 561 417 | 896 700 | 46 | 10 | |
| 27 | 0 | 336 237 | 953 | 439 583 | 1000 | 560 417 | 896 654 | 47 | 0 | 33 |
| | 10 | 337 190 | 954 | 440 583 | 1000 | 559 417 | 896 607 | 46 | 50 | |
| | 20 | 338 144 | 953 | 441 583 | 1000 | 558 417 | 896 561 | 47 | 40 | |
| | 30 | 339 097 | 953 | 442 583 | 999 | 557 417 | 896 514 | 46 | 30 | |
| | 40 | 340 050 | 952 | 443 582 | 999 | 556 418 | 896 468 | 47 | 20 | |
| | 50 | 341 002 | 953 | 444 581 | 999 | 555 419 | 896 421 | 47 | 10 | |
| 28 | 0 | 341 955 | 952 | 445 580 | 999 | 554 420 | 896 374 | 46 | 0 | 32 |
| | 10 | 342 907 | 952 | 446 579 | 999 | 553 421 | 896 328 | 47 | 50 | |
| | 20 | 343 859 | 952 | 447 578 | 998 | 552 422 | 896 281 | 46 | 40 | |
| | 30 | 344 811 | 952 | 448 576 | 998 | 551 424 | 896 235 | 47 | 30 | |
| | 40 | 345 763 | 951 | 449 574 | 998 | 550 426 | 896 188 | 46 | 20 | |
| | 50 | 346 714 | 951 | 450 572 | 998 | 549 428 | 896 142 | 47 | 10 | |
| 29 | 0 | 347 665 | 951 | 451 570 | 998 | 548 430 | 896 095 | 47 | 0 | 31 |
| | 10 | 348 616 | 951 | 452 568 | 997 | 547 432 | 896 048 | 46 | 50 | |
| | 20 | 349 567 | 950 | 453 565 | 997 | 546 435 | 896 002 | 47 | 40 | |
| | 30 | 350 517 | 951 | 454 562 | 997 | 545 438 | 895 955 | 47 | 30 | |
| | 40 | 351 468 | 950 | 455 559 | 997 | 544 441 | 895 908 | 46 | 20 | |
| | 50 | 352 418 | 950 | 456 556 | 996 | 543 444 | 895 862 | 47 | 10 | |
| 30 | 0 | $\bar{1}$,3 353 368 | | $\bar{1}$,3 457 552 | | 0,6 542 448 | $\bar{1}$,9 895 815 | | 0 | 30 |
| ′ | ″ | Cos. | | Cotg. | | Tang. | Sin. | | ″ | ′ |

| | 1000 |
|---|---|
| 1 | 100 |
| 2 | 200 |
| 3 | 300 |
| 4 | 400 |
| 5 | 500 |
| 6 | 600 |
| 7 | 700 |
| 8 | 800 |
| 9 | 900 |

| | 990 |
|---|---|
| 1 | 99 |
| 2 | 198 |
| 3 | 297 |
| 4 | 396 |
| 5 | 495 |
| 6 | 594 |
| 7 | 693 |
| 8 | 792 |
| 9 | 891 |

| | 960 |
|---|---|
| 1 | 96 |
| 2 | 192 |
| 3 | 288 |
| 4 | 384 |
| 5 | 480 |
| 6 | 576 |
| 7 | 672 |
| 8 | 768 |
| 9 | 864 |

| | 950 |
|---|---|
| 1 | 95 |
| 2 | 190 |
| 3 | 285 |
| 4 | 380 |
| 5 | 475 |
| 6 | 570 |
| 7 | 665 |
| 8 | 760 |
| 9 | 855 |

| | 46 |
|---|---|
| 1 | 4,6 |
| 2 | 9,2 |
| 3 | 13,8 |
| 4 | 18,4 |
| 5 | 23,0 |
| 6 | 27,6 |
| 7 | 32,2 |
| 8 | 36,8 |
| 9 | 41,4 |

| | 47 |
|---|---|
| 1 | 4,7 |
| 2 | 9,4 |
| 3 | 14,1 |
| 4 | 18,8 |
| 5 | 23,5 |
| 6 | 28,2 |
| 7 | 32,9 |
| 8 | 37,6 |
| 9 | 42,3 |

| ' | " | Sin. | D. | Tang. | D.c. | Cotg. | Cos. | D. | " | ' |
|---|---|---|---|---|---|---|---|---|---|---|
| 30 | 0 | 1̄,3 353 368 | | 1̄,3 457 552 | | 0,6 542 448 | 1̄,9 895 815 | | 0 | 30 |
| | 10 | 354 317 | 949 | 458 549 | 997 | 541 451 | 895 768 | 47 | 50 | |
| | 20 | 355 267 | 950 | 459 545 | 996 | 540 455 | 895 722 | 46 | 40 | |
| | 30 | 356 216 | 949 | 460 541 | 996 | 539 459 | 895 675 | 47 | 30 | |
| | 40 | 357 165 | 949 | 461 536 | 995 | 538 464 | 895 628 | 47 | 20 | |
| | 50 | 358 113 | 948 | 462 532 | 996 | 537 468 | 895 582 | 46 | 10 | |
| 31 | 0 | 359 062 | 949 | 463 527 | 995 | 536 473 | 895 535 | 47 | 0 | 29 |
| | 10 | 360 010 | 948 | 464 522 | 995 | 535 478 | 895 488 | 47 | 50 | |
| | 20 | 360 958 | 948 | 465 517 | 995 | 534 483 | 895 441 | 47 | 40 | |
| | 30 | 361 906 | 948 | 466 512 | 995 | 533 488 | 895 395 | 46 | 30 | |
| | 40 | 362 854 | 948 | 467 506 | 994 | 532 494 | 895 348 | 47 | 20 | |
| | 50 | 363 801 | 947 | 468 500 | 994 | 531 500 | 895 301 | 47 | 10 | |
| 32 | 0 | 364 749 | 948 | 469 494 | 994 | 530 506 | 895 254 | 47 | 0 | 28 |
| | 10 | 365 696 | 947 | 470 488 | 994 | 529 512 | 895 207 | 47 | 50 | |
| | 20 | 366 643 | 947 | 471 482 | 994 | 528 518 | 895 161 | 46 | 40 | |
| | 30 | 367 589 | 946 | 472 475 | 993 | 527 525 | 895 114 | 47 | 30 | |
| | 40 | 368 535 | 946 | 473 469 | 994 | 526 531 | 895 067 | 47 | 20 | |
| | 50 | 369 482 | 947 | 474 462 | 993 | 525 538 | 895 020 | 47 | 10 | |
| 33 | 0 | 370 428 | 946 | 475 454 | 992 | 524 546 | 894 973 | 47 | 0 | 27 |
| | 10 | 371 373 | 945 | 476 447 | 993 | 523 553 | 894 926 | 47 | 50 | |
| | 20 | 372 319 | 946 | 477 439 | 992 | 522 561 | 894 879 | 47 | 40 | |
| | 30 | 373 264 | 945 | 478 432 | 993 | 521 568 | 894 833 | 46 | 30 | |
| | 40 | 374 209 | 945 | 479 424 | 992 | 520 576 | 894 786 | 47 | 20 | |
| | 50 | 375 154 | 945 | 480 415 | 991 | 519 585 | 894 739 | 47 | 10 | |
| 34 | 0 | 376 099 | 945 | 481 407 | 992 | 518 593 | 894 692 | 47 | 0 | 26 |
| | 10 | 377 043 | 944 | 482 398 | 991 | 517 602 | 894 645 | 47 | 50 | |
| | 20 | 377 987 | 944 | 483 389 | 991 | 516 611 | 894 598 | 47 | 40 | |
| | 30 | 378 931 | 944 | 484 380 | 991 | 515 620 | 894 551 | 47 | 30 | |
| | 40 | 379 875 | 944 | 485 371 | 991 | 514 629 | 894 504 | 47 | 20 | |
| | 50 | 380 819 | 944 | 486 362 | 991 | 513 638 | 894 457 | 47 | 10 | |
| 35 | 0 | 381 762 | 943 | 487 352 | 990 | 512 648 | 894 410 | 47 | 0 | 25 |
| | 10 | 382 705 | 943 | 488 342 | 990 | 511 658 | 894 363 | 47 | 50 | |
| | 20 | 383 648 | 943 | 489 332 | 990 | 510 668 | 894 316 | 47 | 40 | |
| | 30 | 384 591 | 943 | 490 322 | 990 | 509 678 | 894 269 | 47 | 30 | |
| | 40 | 385 533 | 942 | 491 311 | 989 | 508 689 | 894 222 | 47 | 20 | |
| | 50 | 386 476 | 943 | 492 301 | 990 | 507 699 | 894 175 | 47 | 10 | |
| 36 | 0 | 387 418 | 942 | 493 290 | 989 | 506 710 | 894 128 | 47 | 0 | 24 |
| | 10 | 388 359 | 941 | 494 279 | 989 | 505 721 | 894 081 | 47 | 50 | |
| | 20 | 389 301 | 942 | 495 267 | 988 | 504 733 | 894 034 | 47 | 40 | |
| | 30 | 390 243 | 942 | 496 256 | 989 | 503 744 | 893 987 | 47 | 30 | |
| | 40 | 391 184 | 941 | 497 244 | 988 | 502 756 | 893 939 | 48 | 20 | |
| | 50 | 392 125 | 941 | 498 232 | 988 | 501 768 | 893 892 | 47 | 10 | |
| 37 | 0 | 393 065 | 940 | 499 220 | 988 | 500 780 | 893 845 | 47 | 0 | 23 |
| | 10 | 394 006 | 941 | 500 208 | 988 | 499 792 | 893 798 | 47 | 50 | |
| | 20 | 394 946 | 940 | 501 195 | 987 | 498 805 | 893 751 | 47 | 40 | |
| | 30 | 395 887 | 941 | 502 183 | 988 | 497 817 | 893 704 | 47 | 30 | |
| | 40 | 396 826 | 939 | 503 170 | 987 | 496 830 | 893 657 | 47 | 20 | |
| | 50 | 397 766 | 940 | 504 157 | 987 | 495 843 | 893 609 | 48 | 10 | |
| 38 | 0 | 398 700 | 940 | 505 143 | 986 | 494 857 | 893 562 | 47 | 0 | 22 |
| | 10 | 399 645 | 939 | 506 130 | 987 | 493 870 | 893 515 | 47 | 50 | |
| | 20 | 400 584 | 939 | 507 116 | 986 | 492 884 | 893 468 | 47 | 40 | |
| | 30 | 401 523 | 939 | 508 102 | 986 | 491 898 | 893 421 | 47 | 30 | |
| | 40 | 402 462 | 939 | 509 088 | 986 | 490 912 | 893 373 | 48 | 20 | |
| | 50 | 403 400 | 938 | 510 074 | 986 | 489 926 | 893 326 | 47 | 10 | |
| 39 | 0 | 404 338 | 938 | 511 059 | 985 | 488 941 | 893 279 | 47 | 0 | 21 |
| | 10 | 405 276 | 938 | 512 045 | 986 | 487 955 | 893 232 | 47 | 50 | |
| | 20 | 406 214 | 938 | 513 030 | 985 | 486 970 | 893 184 | 48 | 40 | |
| | 30 | 407 152 | 938 | 514 014 | 984 | 485 986 | 893 137 | 47 | 30 | |
| | 40 | 408 089 | 937 | 514 999 | 985 | 485 001 | 893 090 | 47 | 20 | |
| | 50 | 409 026 | 937 | 515 984 | 985 | 484 016 | 893 042 | 48 | 10 | |
| 40 | 0 | 1̄,3 409 963 | 937 | 1̄,3 516 968 | 984 | 0,6 483 032 | 1̄,9 892 995 | 47 | 0 | 20 |
| ' | " | Cos. | | Cotg. | | Tang. | Sin. | | " | ' |

| 990 | |
|---|---|
| 1 | 99 |
| 2 | 198 |
| 3 | 297 |
| 4 | 396 |
| 5 | 495 |
| 6 | 594 |
| 7 | 693 |
| 8 | 792 |
| 9 | 891 |

| 980 | |
|---|---|
| 1 | 98 |
| 2 | 196 |
| 3 | 294 |
| 4 | 392 |
| 5 | 490 |
| 6 | 588 |
| 7 | 686 |
| 8 | 784 |
| 9 | 882 |

| 940 | |
|---|---|
| 1 | 94 |
| 2 | 188 |
| 3 | 282 |
| 4 | 376 |
| 5 | 470 |
| 6 | 564 |
| 7 | 658 |
| 8 | 752 |
| 9 | 846 |

| 930 | |
|---|---|
| 1 | 93 |
| 2 | 186 |
| 3 | 279 |
| 4 | 372 |
| 5 | 465 |
| 6 | 558 |
| 7 | 651 |
| 8 | 744 |
| 9 | 837 |

| 47 | |
|---|---|
| 1 | 4,7 |
| 2 | 9,4 |
| 3 | 14,1 |
| 4 | 18,8 |
| 5 | 23,5 |
| 6 | 28,2 |
| 7 | 32,9 |
| 8 | 37,6 |
| 9 | 42,3 |

| 48 | |
|---|---|
| 1 | 4,8 |
| 2 | 9,6 |
| 3 | 14,4 |
| 4 | 19,2 |
| 5 | 24,0 |
| 6 | 28,8 |
| 7 | 33,6 |
| 8 | 38,4 |
| 9 | 43,2 |

77°

| ′ | ″ | Sin. | D. | Tang. | D.c. | Cotg. | Cos. | D. | ″ | ′ |
|---|---|---|---|---|---|---|---|---|---|---|
| 40 | 0 | $\bar{1}$,3 409 963 | 937 | $\bar{1}$,3 516 968 | 984 | 0,6 483 032 | $\bar{1}$,9 892 995 | 47 | 0 | 20 |
| | 10 | 410 900 | 936 | 517 952 | 984 | 482 048 | 892 948 | 48 | 50 | |
| | 20 | 411 836 | 937 | 518 936 | 983 | 481 064 | 892 900 | 47 | 40 | |
| | 30 | 412 773 | 936 | 519 919 | 984 | 480 081 | 892 853 | 47 | 30 | |
| | 40 | 413 709 | 935 | 520 903 | 983 | 479 097 | 892 806 | 48 | 20 | |
| | 50 | 414 644 | 936 | 521 886 | 983 | 478 114 | 892 758 | 47 | 10 | |
| 41 | 0 | 415 580 | 936 | 522 869 | 983 | 477 131 | 892 711 | 47 | 0 | 19 |
| | 10 | 416 516 | 935 | 523 852 | 983 | 476 148 | 892 664 | 48 | 50 | |
| | 20 | 417 451 | 935 | 524 835 | 982 | 475 165 | 892 616 | 47 | 40 | |
| | 30 | 418 386 | 935 | 525 817 | 982 | 474 183 | 892 569 | 48 | 30 | |
| | 40 | 419 321 | 934 | 526 799 | 982 | 473 201 | 892 521 | 47 | 20 | |
| | 50 | 420 255 | 935 | 527 781 | 982 | 472 219 | 892 474 | 47 | 10 | |
| 42 | 0 | 421 190 | 934 | 528 763 | 982 | 471 237 | 892 427 | 48 | 0 | 18 |
| | 10 | 422 124 | 934 | 529 745 | 981 | 470 255 | 892 379 | 47 | 50 | |
| | 20 | 423 058 | 934 | 530 726 | 982 | 469 274 | 892 332 | 48 | 40 | |
| | 30 | 423 992 | 933 | 531 708 | 981 | 468 292 | 892 284 | 47 | 30 | |
| | 40 | 424 925 | 934 | 532 689 | 980 | 467 311 | 892 237 | 48 | 20 | |
| | 50 | 425 859 | 933 | 533 669 | 981 | 466 331 | 892 189 | 47 | 10 | |
| 43 | 0 | 426 792 | 933 | 534 650 | 980 | 465 350 | 892 142 | 48 | 0 | 17 |
| | 10 | 427 725 | 932 | 535 630 | 981 | 464 370 | 892 094 | 47 | 50 | |
| | 20 | 428 657 | 933 | 536 611 | 980 | 463 389 | 892 047 | 48 | 40 | |
| | 30 | 429 590 | 932 | 537 591 | 980 | 462 409 | 891 999 | 48 | 30 | |
| | 40 | 430 522 | 932 | 538 571 | 979 | 461 429 | 891 951 | 47 | 20 | |
| | 50 | 431 454 | 932 | 539 550 | 980 | 460 450 | 891 904 | 48 | 10 | |
| 44 | 0 | 432 386 | 932 | 540 530 | 979 | 459 470 | 891 856 | 47 | 0 | 16 |
| | 10 | 433 318 | 931 | 541 509 | 979 | 458 491 | 891 809 | 48 | 50 | |
| | 20 | 434 249 | 931 | 542 488 | 979 | 457 512 | 891 761 | 47 | 40 | |
| | 30 | 435 180 | 931 | 543 467 | 978 | 456 533 | 891 714 | 48 | 30 | |
| | 40 | 436 111 | 931 | 544 445 | 979 | 455 555 | 891 666 | 48 | 20 | |
| | 50 | 437 042 | 931 | 545 424 | 978 | 454 576 | 891 618 | 47 | 10 | |
| 45 | 0 | 437 973 | 930 | 546 402 | 978 | 453 598 | 891 571 | 48 | 0 | 15 |
| | 10 | 438 903 | 930 | 547 380 | 978 | 452 620 | 891 523 | 48 | 50 | |
| | 20 | 439 833 | 930 | 548 358 | 978 | 451 642 | 891 475 | 47 | 40 | |
| | 30 | 440 763 | 930 | 549 336 | 977 | 450 664 | 891 428 | 48 | 30 | |
| | 40 | 441 693 | 930 | 550 313 | 977 | 449 687 | 891 380 | 48 | 20 | |
| | 50 | 442 623 | 929 | 551 290 | 977 | 448 710 | 891 332 | 47 | 10 | |
| 46 | 0 | 443 552 | 929 | 552 267 | 977 | 447 733 | 891 285 | 48 | 0 | 14 |
| | 10 | 444 481 | 929 | 553 244 | 977 | 446 756 | 891 237 | 48 | 50 | |
| | 20 | 445 410 | 929 | 554 221 | 976 | 445 779 | 891 189 | 48 | 40 | |
| | 30 | 446 339 | 928 | 555 197 | 977 | 444 803 | 891 141 | 47 | 30 | |
| | 40 | 447 267 | 929 | 556 174 | 976 | 443 826 | 891 094 | 48 | 20 | |
| | 50 | 448 196 | 928 | 557 150 | 976 | 442 850 | 891 046 | 48 | 10 | |
| 47 | 0 | 449 124 | 928 | 558 126 | 975 | 441 874 | 890 998 | 48 | 0 | 13 |
| | 10 | 450 052 | 927 | 559 101 | 976 | 440 899 | 890 950 | 47 | 50 | |
| | 20 | 450 979 | 928 | 560 077 | 975 | 439 923 | 890 903 | 48 | 40 | |
| | 30 | 451 907 | 927 | 561 052 | 975 | 438 948 | 890 855 | 48 | 30 | |
| | 40 | 452 834 | 927 | 562 027 | 975 | 437 973 | 890 807 | 48 | 20 | |
| | 50 | 453 761 | 927 | 563 002 | 975 | 436 998 | 890 759 | 48 | 10 | |
| 48 | 0 | 454 688 | 927 | 563 977 | 974 | 436 023 | 890 711 | 47 | 0 | 12 |
| | 10 | 455 615 | 926 | 564 951 | 974 | 435 049 | 890 664 | 48 | 50 | |
| | 20 | 456 541 | 926 | 565 925 | 975 | 434 075 | 890 616 | 48 | 40 | |
| | 30 | 457 467 | 926 | 566 900 | 973 | 433 100 | 890 568 | 48 | 30 | |
| | 40 | 458 393 | 926 | 567 873 | 974 | 432 127 | 890 520 | 48 | 20 | |
| | 50 | 459 319 | 926 | 568 847 | 974 | 431 153 | 890 472 | 48 | 10 | |
| 49 | 0 | 460 245 | 925 | 569 821 | 973 | 430 179 | 890 424 | 48 | 0 | 11 |
| | 10 | 461 170 | 925 | 570 794 | 973 | 429 206 | 890 376 | 48 | 50 | |
| | 20 | 462 095 | 925 | 571 767 | 973 | 428 233 | 890 328 | 48 | 40 | |
| | 30 | 463 020 | 925 | 572 740 | 973 | 427 260 | 890 280 | 48 | 30 | |
| | 40 | 463 945 | 925 | 573 713 | 972 | 426 287 | 890 232 | 47 | 20 | |
| | 50 | 464 870 | 924 | 574 685 | 973 | 425 315 | 890 185 | 48 | 10 | |
| 50 | 0 | $\bar{1}$,3 465 794 | | $\bar{1}$,3 575 658 | | 0,6 424 342 | $\bar{1}$,9 890 137 | | 0 | 10 |
| ′ | ″ | Cos. | | Cotg. | | Tang. | Sin. | | ″ | ′ |

| | 980 | 970 | 930 | 920 | 47 | 48 |
|---|---|---|---|---|---|---|
| 1 | 98 | 97 | 93 | 92 | 4,7 | 4,8 |
| 2 | 196 | 194 | 186 | 184 | 9,4 | 9,6 |
| 3 | 294 | 291 | 279 | 276 | 14,1 | 14,4 |
| 4 | 392 | 388 | 372 | 368 | 18,8 | 19,2 |
| 5 | 490 | 485 | 465 | 460 | 23,5 | 24,0 |
| 6 | 588 | 582 | 558 | 552 | 28,2 | 28,8 |
| 7 | 686 | 679 | 651 | 644 | 32,9 | 33,6 |
| 8 | 784 | 776 | 744 | 736 | 37,6 | 38,4 |
| 9 | 882 | 873 | 837 | 828 | 42,3 | 43,2 |

| ′ | ″ | Sin. | D. | Tang. | D.c. | Cotg. | Cos | D. | ″ | ′ |
|---|---|---|---|---|---|---|---|---|---|---|
| 50 | 0 | $\bar{1}$,3 465 794 | | $\bar{1}$,3 575 658 | | 0,6 424 342 | $\bar{1}$,9 890 137 | | 0 | 10 |
| | 10 | 466 718 | 924 | 576 630 | 972 | 423 370 | 890 089 | 48 | 50 | |
| | 20 | 467 642 | 924 | 577 602 | 972 | 422 398 | 890 041 | 48 | 40 | |
| | 30 | 468 566 | 924 | 578 573 | 971 | 421 427 | 889 993 | 48 | 30 | |
| | 40 | 469 489 | 923 | 579 545 | 972 | 420 455 | 889 945 | 48 | 20 | |
| | 50 | 470 413 | 924 | 580 516 | 971 | 419 484 | 889 897 | 48 | 10 | |
| 51 | 0 | 471 336 | 923 | 581 487 | 971 | 418 513 | 889 849 | 48 | 0 | 9 |
| | 10 | 472 259 | 923 | 582 458 | 971 | 417 542 | 889 801 | 48 | 50 | |
| | 20 | 473 182 | 923 | 583 429 | 971 | 416 571 | 889 753 | 48 | 40 | |
| | 30 | 474 104 | 922 | 584 400 | 971 | 415 600 | 889 704 | 49 | 30 | |
| | 40 | 475 026 | 922 | 585 370 | 970 | 414 630 | 889 656 | 48 | 20 | |
| | 50 | 475 948 | 922 | 586 340 | 970 | 413 660 | 889 608 | 48 | 10 | |
| 52 | 0 | 476 870 | 922 | 587 310 | 970 | 412 690 | 889 560 | 48 | 0 | 8 |
| | 10 | 477 792 | 922 | 588 280 | 970 | 411 720 | 889 512 | 48 | 50 | |
| | 20 | 478 713 | 921 | 589 249 | 969 | 410 751 | 889 464 | 48 | 40 | |
| | 30 | 479 635 | 922 | 590 219 | 970 | 409 781 | 889 416 | 48 | 30 | |
| | 40 | 480 556 | 921 | 591 188 | 969 | 408 812 | 889 368 | 48 | 20 | |
| | 50 | 481 477 | 921 | 592 157 | 969 | 407 843 | 889 320 | 48 | 10 | |
| 53 | 0 | 482 397 | 920 | 593 126 | 969 | 406 874 | 889 271 | 49 | 0 | 7 |
| | 10 | 483 318 | 921 | 594 094 | 968 | 405 906 | 889 223 | 48 | 50 | |
| | 20 | 484 238 | 920 | 595 063 | 969 | 404 937 | 889 175 | 48 | 40 | |
| | 30 | 485 158 | 920 | 596 031 | 968 | 403 969 | 889 127 | 48 | 30 | |
| | 40 | 486 078 | 920 | 596 999 | 968 | 403 001 | 889 079 | 48 | 20 | |
| | 50 | 486 998 | 920 | 597 967 | 968 | 402 033 | 889 031 | 48 | 10 | |
| 54 | 0 | 487 917 | 919 | 598 935 | 968 | 401 065 | 888 982 | 49 | 0 | 6 |
| | 10 | 488 836 | 919 | 599 902 | 967 | 400 098 | 888 934 | 48 | 50 | |
| | 20 | 489 755 | 919 | 600 869 | 967 | 399 131 | 888 886 | 48 | 40 | |
| | 30 | 490 674 | 919 | 601 836 | 967 | 398 164 | 888 838 | 48 | 30 | |
| | 40 | 491 593 | 919 | 602 803 | 967 | 397 197 | 888 789 | 49 | 20 | |
| | 50 | 492 511 | 918 | 603 770 | 967 | 396 230 | 888 741 | 48 | 10 | |
| 55 | 0 | 493 429 | 918 | 604 736 | 966 | 395 264 | 888 693 | 48 | 0 | 5 |
| | 10 | 494 347 | 918 | 605 703 | 967 | 394 297 | 888 644 | 49 | 50 | |
| | 20 | 495 265 | 918 | 606 669 | 966 | 393 331 | 888 596 | 48 | 40 | |
| | 30 | 496 183 | 918 | 607 635 | 966 | 392 365 | 888 548 | 48 | 30 | |
| | 40 | 497 100 | 917 | 608 600 | 965 | 391 400 | 888 500 | 48 | 20 | |
| | 50 | 498 017 | 917 | 609 566 | 966 | 390 434 | 888 451 | 49 | 10 | |
| 56 | 0 | 498 934 | 917 | 610 531 | 965 | 389 469 | 888 403 | 48 | 0 | 4 |
| | 10 | 499 851 | 917 | 611 496 | 965 | 388 504 | 888 355 | 48 | 50 | |
| | 20 | 500 767 | 916 | 612 461 | 965 | 387 539 | 888 306 | 49 | 40 | |
| | 30 | 501 684 | 917 | 613 426 | 965 | 386 574 | 888 258 | 48 | 30 | |
| | 40 | 502 600 | 916 | 614 390 | 964 | 385 610 | 888 209 | 49 | 20 | |
| | 50 | 503 516 | 916 | 615 355 | 965 | 384 645 | 888 161 | 48 | 10 | |
| 57 | 0 | 504 432 | 916 | 616 319 | 964 | 383 681 | 888 113 | 48 | 0 | 3 |
| | 10 | 505 347 | 915 | 617 283 | 964 | 382 717 | 888 064 | 49 | 50 | |
| | 20 | 506 262 | 915 | 618 247 | 964 | 381 753 | 888 016 | 48 | 40 | |
| | 30 | 507 178 | 916 | 619 210 | 963 | 380 790 | 887 967 | 49 | 30 | |
| | 40 | 508 093 | 915 | 620 174 | 964 | 379 826 | 887 919 | 48 | 20 | |
| | 50 | 509 007 | 914 | 621 137 | 963 | 378 863 | 887 870 | 49 | 10 | |
| 58 | 0 | 509 922 | 915 | 622 100 | 963 | 377 900 | 887 8[illegible] | 48 | 0 | 2 |
| | 10 | 510 836 | 914 | 623 063 | 963 | 376 937 | 887 773 | 49 | 50 | |
| | 20 | 511 750 | 914 | 624 025 | 962 | 375 975 | 887 725 | 48 | 40 | |
| | 30 | 512 664 | 914 | 624 988 | 963 | 375 012 | 887 676 | 49 | 30 | |
| | 40 | 513 578 | 914 | 625 950 | 962 | 374 050 | 887 628 | 48 | 20 | |
| | 50 | 514 491 | 913 | 626 912 | 962 | 373 088 | 887 579 | 49 | 10 | |
| 59 | 0 | 515 405 | 914 | 627 874 | 962 | 372 126 | 887 531 | 48 | 0 | 1 |
| | 10 | 516 318 | 913 | 628 836 | 962 | 371 164 | 887 482 | 49 | 50 | |
| | 20 | 517 231 | 913 | 629 797 | 961 | 370 203 | 887 434 | 48 | 40 | |
| | 30 | 518 143 | 912 | 630 758 | 961 | 369 242 | 887 385 | 49 | 30 | |
| | 40 | 519 056 | 913 | 631 719 | 961 | 368 281 | 887 337 | 48 | 20 | |
| | 50 | 519 968 | 912 | 632 680 | 961 | 367 320 | 887 288 | 49 | 10 | |
| 60 | 0 | $\bar{1}$,3 520 880 | 912 | $\bar{1}$,3 633 641 | 961 | 0,6 366 359 | $\bar{1}$,9 887 239 | 49 | 0 | 0 |
| ′ | ″ | Cos. | | Cotg. | | Tang. | Sin. | | ″ | ′ |

| 970 | |
|---|---|
| 1 | 97 |
| 2 | 194 |
| 3 | 291 |
| 4 | 388 |
| 5 | 485 |
| 6 | 582 |
| 7 | 679 |
| 8 | 776 |
| 9 | 873 |

| 960 | |
|---|---|
| 1 | 96 |
| 2 | 192 |
| 3 | 288 |
| 4 | 384 |
| 5 | 480 |
| 6 | 576 |
| 7 | 672 |
| 8 | 768 |
| 9 | 864 |

| 920 | |
|---|---|
| 1 | 92 |
| 2 | 184 |
| 3 | 276 |
| 4 | 368 |
| 5 | 460 |
| 6 | 552 |
| 7 | 644 |
| 8 | 736 |
| 9 | 828 |

| 910 | |
|---|---|
| 1 | 91 |
| 2 | 182 |
| 3 | 273 |
| 4 | 364 |
| 5 | 455 |
| 6 | 546 |
| 7 | 637 |
| 8 | 728 |
| 9 | 819 |

| 48 | |
|---|---|
| 1 | 4,8 |
| 2 | 9,6 |
| 3 | 14,4 |
| 4 | 19,2 |
| 5 | 24,0 |
| 6 | 28,8 |
| 7 | 33,6 |
| 8 | 38,4 |
| 9 | 43,2 |

| 49 | |
|---|---|
| 1 | 4,9 |
| 2 | 9,8 |
| 3 | 14,7 |
| 4 | 19,6 |
| 5 | 24,5 |
| 6 | 29,4 |
| 7 | 34,3 |
| 8 | 39,2 |
| 9 | 44,1 |

| 960 | |
|---|---|
| 1 | 96 |
| 2 | 192 |
| 3 | 288 |
| 4 | 384 |
| 5 | 480 |
| 6 | 576 |
| 7 | 672 |
| 8 | 768 |
| 9 | 864 |

| 950 | |
|---|---|
| 1 | 95 |
| 2 | 190 |
| 3 | 285 |
| 4 | 380 |
| 5 | 475 |
| 6 | 570 |
| 7 | 665 |
| 8 | 760 |
| 9 | 855 |

| 910 | |
|---|---|
| 1 | 91 |
| 2 | 182 |
| 3 | 273 |
| 4 | 364 |
| 5 | 455 |
| 6 | 546 |
| 7 | 637 |
| 8 | 728 |
| 9 | 819 |

| 900 | |
|---|---|
| 1 | 90 |
| 2 | 180 |
| 3 | 270 |
| 4 | 360 |
| 5 | 450 |
| 6 | 540 |
| 7 | 630 |
| 8 | 720 |
| 9 | 810 |

| 48 | |
|---|---|
| 1 | 4,8 |
| 2 | 9,6 |
| 3 | 14,4 |
| 4 | 19,2 |
| 5 | 24,0 |
| 6 | 28,8 |
| 7 | 33,6 |
| 8 | 38,4 |
| 9 | 43,2 |

| 49 | |
|---|---|
| 1 | 4,9 |
| 2 | 9,8 |
| 3 | 14,7 |
| 4 | 19,6 |
| 5 | 24,5 |
| 6 | 29,4 |
| 7 | 34,3 |
| 8 | 39,2 |
| 9 | 44,1 |

| ′ | ″ | Sin. | D. | Tang. | D.c. | Cotg. | Cos. | D. | ″ | ′ |
|---|---|---|---|---|---|---|---|---|---|---|
| 0 | 0 | 1̄,3 520 880 | | 1̄,3 633 641 | | 0,6 366 359 | 1̄,9 887 239 | | 0 | 60 |
| | 10 | 521 792 | 912 | 634 602 | 961 | 365 398 | 887 191 | 48 | 50 | |
| | 20 | 522 704 | 912 | 635 562 | 960 | 364 438 | 887 142 | 49 | 40 | |
| | 30 | 523 615 | 911 | 636 522 | 960 | 363 478 | 887 093 | 49 | 30 | |
| | 40 | 524 527 | 912 | 637 482 | 960 | 362 518 | 887 045 | 48 | 20 | |
| | 50 | 525 438 | 911 | 638 442 | 960 | 361 558 | 886 996 | 49 | 10 | |
| 1 | 0 | 526 349 | 911 | 639 401 | 959 | 360 599 | 886 947 | 49 | 0 | 59 |
| | 10 | 527 259 | 910 | 640 361 | 960 | 359 639 | 886 899 | 48 | 50 | |
| | 20 | 528 170 | 911 | 641 320 | 959 | 358 680 | 886 850 | 49 | 40 | |
| | 30 | 529 080 | 910 | 642 279 | 959 | 357 721 | 886 801 | 49 | 30 | |
| | 40 | 529 990 | 910 | 643 238 | 959 | 356 762 | 886 753 | 48 | 20 | |
| | 50 | 530 900 | 910 | 644 196 | 958 | 355 804 | 886 704 | 49 | 10 | |
| 2 | 0 | 531 810 | 910 | 645 155 | 959 | 354 845 | 886 655 | 49 | 0 | 58 |
| | 10 | 532 719 | 909 | 646 113 | 958 | 353 887 | 886 606 | 49 | 50 | |
| | 20 | 533 629 | 910 | 647 071 | 958 | 352 929 | 886 558 | 48 | 40 | |
| | 30 | 534 538 | 909 | 648 029 | 958 | 351 971 | 886 509 | 49 | 30 | |
| | 40 | 535 447 | 909 | 648 986 | 957 | 351 014 | 886 460 | 49 | 20 | |
| | 50 | 536 355 | 908 | 649 944 | 958 | 350 056 | 886 411 | 49 | 10 | |
| 3 | 0 | 537 264 | 909 | 650 901 | 957 | 349 099 | 886 363 | 48 | 0 | 57 |
| | 10 | 538 172 | 908 | 651 858 | 957 | 348 142 | 886 314 | 49 | 50 | |
| | 20 | 539 080 | 908 | 652 815 | 957 | 347 185 | 886 265 | 49 | 40 | |
| | 30 | 539 988 | 908 | 653 772 | 957 | 346 228 | 886 216 | 49 | 30 | |
| | 40 | 540 896 | 908 | 654 728 | 956 | 345 272 | 886 167 | 49 | 20 | |
| | 50 | 541 803 | 907 | 655 685 | 957 | 344 315 | 886 118 | 49 | 10 | |
| 4 | 0 | 542 710 | 907 | 656 641 | 956 | 343 359 | 886 070 | 48 | 0 | 56 |
| | 10 | 543 618 | 908 | 657 597 | 956 | 342 403 | 886 021 | 49 | 50 | |
| | 20 | 544 524 | 906 | 658 553 | 956 | 341 447 | 885 972 | 49 | 40 | |
| | 30 | 545 431 | 907 | 659 508 | 955 | 340 492 | 885 923 | 49 | 30 | |
| | 40 | 546 338 | 907 | 660 464 | 956 | 339 536 | 885 874 | 49 | 20 | |
| | 50 | 547 244 | 906 | 661 419 | 955 | 338 581 | 885 825 | 49 | 10 | |
| 5 | 0 | 548 150 | 906 | 662 374 | 955 | 337 626 | 885 776 | 49 | 0 | 55 |
| | 10 | 549 056 | 906 | 663 329 | 955 | 336 671 | 885 727 | 49 | 50 | |
| | 20 | 549 962 | 906 | 664 283 | 954 | 335 717 | 885 678 | 49 | 40 | |
| | 30 | 550 867 | 905 | 665 238 | 955 | 334 762 | 885 629 | 49 | 30 | |
| | 40 | 551 772 | 905 | 666 192 | 954 | 333 808 | 885 580 | 49 | 20 | |
| | 50 | 552 677 | 905 | 667 146 | 954 | 332 854 | 885 531 | 49 | 10 | |
| 6 | 0 | 553 582 | 905 | 668 100 | 954 | 331 900 | 885 482 | 49 | 0 | 54 |
| | 10 | 554 487 | 905 | 669 054 | 954 | 330 946 | 885 433 | 49 | 50 | |
| | 20 | 555 391 | 904 | 670 007 | 953 | 329 993 | 885 384 | 49 | 40 | |
| | 30 | 556 296 | 905 | 670 960 | 953 | 329 040 | 885 335 | 49 | 30 | |
| | 40 | 557 200 | 904 | 671 914 | 954 | 328 086 | 885 286 | 49 | 20 | |
| | 50 | 558 104 | 904 | 672 866 | 952 | 327 134 | 885 237 | 49 | 10 | |
| 7 | 0 | 559 007 | 903 | 673 819 | 953 | 326 181 | 885 188 | 49 | 0 | 53 |
| | 10 | 559 911 | 904 | 674 772 | 953 | 325 228 | 885 139 | 49 | 50 | |
| | 20 | 560 814 | 903 | 675 724 | 952 | 324 276 | 885 090 | 49 | 40 | |
| | 30 | 561 717 | 903 | 676 676 | 952 | 323 324 | 885 041 | 49 | 30 | |
| | 40 | 562 620 | 903 | 677 628 | 952 | 322 372 | 884 992 | 49 | 20 | |
| | 50 | 563 523 | 903 | 678 580 | 952 | 321 420 | 884 943 | 49 | 10 | |
| 8 | 0 | 564 426 | 903 | 679 532 | 952 | 320 468 | 884 894 | 49 | 0 | 52 |
| | 10 | 565 328 | 902 | 680 483 | 951 | 319 517 | 884 845 | 49 | 50 | |
| | 20 | 566 230 | 902 | 681 435 | 952 | 318 565 | 884 795 | 50 | 40 | |
| | 30 | 567 132 | 902 | 682 386 | 951 | 317 614 | 884 746 | 49 | 30 | |
| | 40 | 568 034 | 902 | 683 337 | 951 | 316 663 | 884 697 | 49 | 20 | |
| | 50 | 568 935 | 901 | 684 287 | 950 | 315 713 | 884 648 | 49 | 10 | |
| 9 | 0 | 569 836 | 901 | 685 238 | 951 | 314 762 | 884 599 | 49 | 0 | 51 |
| | 10 | 570 738 | 902 | 686 188 | 950 | 313 812 | 884 550 | 49 | 50 | |
| | 20 | 571 639 | 901 | 687 138 | 950 | 312 862 | 884 500 | 50 | 40 | |
| | 30 | 572 539 | 900 | 688 088 | 950 | 311 912 | 884 451 | 49 | 30 | |
| | 40 | 573 440 | 901 | 689 038 | 950 | 310 962 | 884 402 | 49 | 20 | |
| | 50 | 574 340 | 900 | 689 988 | 950 | 310 012 | 884 353 | 49 | 10 | |
| 10 | 0 | 1̄,3 575 240 | 900 | 1̄,3 690 937 | 949 | 0,6 309 063 | 1̄,9 884 303 | 50 | 0 | 50 |
| ′ | ″ | Cos. | | Cotg. | | Tang. | Sin. | | ″ | ′ |

| ′ | ″ | Sin | D. | Tang | D c. | Cotg. | Cos. | D. | ″ | ′ |
|---|---|---|---|---|---|---|---|---|---|---|
| 10 | 0 | 1̄,3 575 240 | | 1̄,3 690 937 | | 0,6 309 063 | 1̄,9 884 303 | | 0 | 50 |
| | 10 | 576 140 | 900 | 691 886 | 949 | 308 114 | 884 254 | 49 | 50 | |
| | 20 | 577 040 | 900 | 692 835 | 949 | 307 165 | 884 205 | 49 | 40 | |
| | 30 | 577 940 | 900 | 693 784 | 949 | 306 216 | 884 156 | 49 | 30 | |
| | 40 | 578 839 | 899 | 694 733 | 949 | 305 267 | 884 106 | 50 | 20 | |
| | 50 | 579 738 | 899 | 695 681 | 948 | 304 319 | 884 057 | 49 | 10 | |
| 11 | 0 | 580 637 | 899 | 696 629 | 948 | 303 371 | 884 008 | 49 | 0 | 49 |
| | 10 | 581 536 | 899 | 697 577 | 948 | 302 423 | 883 958 | 50 | 50 | |
| | 20 | 582 434 | 898 | 698 525 | 948 | 301 475 | 883 909 | 49 | 40 | |
| | 30 | 583 333 | 899 | 699 473 | 948 | 300 527 | 883 860 | 49 | 30 | |
| | 40 | 584 231 | 898 | 700 421 | 948 | 299 579 | 883 810 | 50 | 20 | |
| | 50 | 585 129 | 898 | 701 368 | 947 | 298 632 | 883 761 | 49 | 10 | |
| 12 | 0 | 586 027 | 898 | 702 315 | 947 | 297 685 | 883 712 | 49 | 0 | 48 |
| | 10 | 586 924 | 897 | 703 262 | 947 | 296 738 | 883 662 | 50 | 50 | |
| | 20 | 587 822 | 898 | 704 209 | 947 | 295 791 | 883 613 | 49 | 40 | |
| | 30 | 588 719 | 897 | 705 156 | 947 | 294 844 | 883 563 | 50 | 30 | |
| | 40 | 589 616 | 897 | 706 102 | 946 | 293 898 | 883 514 | 49 | 20 | |
| | 50 | 590 513 | 897 | 707 048 | 946 | 292 952 | 883 464 | 50 | 10 | |
| 13 | 0 | 591 409 | 896 | 707 994 | 946 | 292 006 | 883 415 | 49 | 0 | 47 |
| | 10 | 592 306 | 897 | 708 940 | 946 | 291 060 | 883 366 | 49 | 50 | |
| | 20 | 593 202 | 896 | 709 886 | 946 | 290 114 | 883 316 | 50 | 40 | |
| | 30 | 594 098 | 896 | 710 831 | 945 | 289 169 | 883 267 | 49 | 30 | |
| | 40 | 594 994 | 896 | 711 777 | 946 | 288 223 | 883 217 | 50 | 20 | |
| | 50 | 595 890 | 896 | 712 722 | 945 | 287 278 | 883 168 | 49 | 10 | |
| 14 | 0 | 596 785 | 895 | 713 667 | 945 | 286 333 | 883 118 | 50 | 0 | 46 |
| | 10 | 597 680 | 895 | 714 612 | 945 | 285 388 | 883 069 | 49 | 50 | |
| | 20 | 598 575 | 895 | 715 556 | 944 | 284 444 | 883 019 | 50 | 40 | |
| | 30 | 599 470 | 895 | 716 501 | 945 | 283 499 | 882 970 | 49 | 30 | |
| | 40 | 600 365 | 895 | 717 445 | 944 | 282 555 | 882 920 | 50 | 20 | |
| | 50 | 601 259 | 894 | 718 389 | 944 | 281 611 | 882 870 | 50 | 10 | |
| 15 | 0 | 602 154 | 895 | 719 333 | 944 | 280 667 | 882 821 | 49 | 0 | 45 |
| | 10 | 603 048 | 894 | 720 276 | 943 | 279 724 | 882 771 | 50 | 50 | |
| | 20 | 603 942 | 894 | 721 220 | 944 | 278 780 | 882 722 | 49 | 40 | |
| | 30 | 604 835 | 893 | 722 163 | 943 | 277 837 | 882 672 | 50 | 30 | |
| | 40 | 605 729 | 894 | 723 106 | 943 | 276 894 | 882 622 | 50 | 20 | |
| | 50 | 606 622 | 893 | 724 049 | 943 | 275 951 | 882 573 | 49 | 10 | |
| 16 | 0 | 607 515 | 893 | 724 992 | 943 | 275 008 | 882 523 | 50 | 0 | 44 |
| | 10 | 608 408 | 893 | 725 934 | 942 | 274 066 | 882 474 | 49 | 50 | |
| | 20 | 609 301 | 893 | 726 877 | 943 | 273 123 | 882 424 | 50 | 40 | |
| | 30 | 610 193 | 892 | 727 819 | 942 | 272 181 | 882 374 | 50 | 30 | |
| | 40 | 611 086 | 893 | 728 761 | 942 | 271 239 | 882 325 | 49 | 20 | |
| | 50 | 611 978 | 892 | 729 703 | 942 | 270 297 | 882 275 | 50 | 10 | |
| 17 | 0 | 612 870 | 892 | 730 645 | 942 | 269 355 | 882 225 | 50 | 0 | 43 |
| | 10 | 613 762 | 892 | 731 586 | 941 | 268 414 | 882 175 | 50 | 50 | |
| | 20 | 614 653 | 891 | 732 527 | 941 | 267 473 | 882 126 | 49 | 40 | |
| | 30 | 615 544 | 891 | 733 468 | 941 | 266 532 | 882 076 | 50 | 30 | |
| | 40 | 616 436 | 892 | 734 409 | 941 | 265 591 | 882 026 | 50 | 20 | |
| | 50 | 617 327 | 891 | 735 350 | 941 | 264 650 | 881 976 | 50 | 10 | |
| 18 | 0 | 618 217 | 890 | 736 291 | 941 | 263 709 | 881 927 | 49 | 0 | 42 |
| | 10 | 619 108 | 891 | 737 231 | 940 | 262 769 | 881 877 | 50 | 50 | |
| | 20 | 619 998 | 890 | 738 171 | 940 | 261 829 | 881 827 | 50 | 40 | |
| | 30 | 620 889 | 891 | 739 111 | 940 | 260 889 | 881 777 | 50 | 30 | |
| | 40 | 621 779 | 890 | 740 051 | 940 | 259 949 | 881 728 | 49 | 20 | |
| | 50 | 622 668 | 889 | 740 991 | 940 | 259 009 | 881 678 | 50 | 10 | |
| 19 | 0 | 623 558 | 890 | 741 930 | 939 | 258 070 | 881 628 | 50 | 0 | 41 |
| | 10 | 624 448 | 890 | 742 870 | 940 | 257 130 | 881 578 | 50 | 50 | |
| | 20 | 625 337 | 889 | 743 809 | 939 | 256 191 | 881 528 | 50 | 40 | |
| | 30 | 626 226 | 889 | 744 748 | 939 | 255 252 | 881 478 | 50 | 30 | |
| | 40 | 627 115 | 889 | 745 686 | 938 | 254 314 | 881 428 | 50 | 20 | |
| | 50 | 628 003 | 888 | 746 625 | 939 | 253 375 | 881 379 | 49 | 10 | |
| 20 | 0 | 1̄,3 628 892 | 889 | 1̄,3 747 563 | 938 | 0,6 252 437 | 1̄,9 881 329 | 50 | 0 | 40 |
| ′ | ″ | Cos. | | Cotg. | | Tang. | Sin. | | ″ | ′ |

| | 940 |
|---|---|
| 1 | 94 |
| 2 | 188 |
| 3 | 282 |
| 4 | 376 |
| 5 | 470 |
| 6 | 564 |
| 7 | 658 |
| 8 | 752 |
| 9 | 846 |

| | 930 |
|---|---|
| 1 | 93 |
| 2 | 186 |
| 3 | 279 |
| 4 | 372 |
| 5 | 465 |
| 6 | 558 |
| 7 | 651 |
| 8 | 744 |
| 9 | 837 |

| | 900 |
|---|---|
| 1 | 90 |
| 2 | 180 |
| 3 | 270 |
| 4 | 360 |
| 5 | 450 |
| 6 | 540 |
| 7 | 630 |
| 8 | 720 |
| 9 | 810 |

| | 890 |
|---|---|
| 1 | 89 |
| 2 | 178 |
| 3 | 267 |
| 4 | 356 |
| 5 | 445 |
| 6 | 534 |
| 7 | 623 |
| 8 | 712 |
| 9 | 801 |

| | 880 |
|---|---|
| 1 | 88 |
| 2 | 176 |
| 3 | 264 |
| 4 | 352 |
| 5 | 440 |
| 6 | 528 |
| 7 | 616 |
| 8 | 704 |
| 9 | 792 |

| | 49 |
|---|---|
| 1 | 4,9 |
| 2 | 9,8 |
| 3 | 14,7 |
| 4 | 19,6 |
| 5 | 24,5 |
| 6 | 29,4 |
| 7 | 34,3 |
| 8 | 39,2 |
| 9 | 44,1 |

| | 50 |
|---|---|
| 1 | 5 |
| 2 | 10 |
| 3 | 15 |
| 4 | 20 |
| 5 | 25 |
| 6 | 30 |
| 7 | 35 |
| 8 | 40 |
| 9 | 45 |

| 930 | |
|---|---|
| 1 | 93 |
| 2 | 186 |
| 3 | 279 |
| 4 | 372 |
| 5 | 465 |
| 6 | 558 |
| 7 | 651 |
| 8 | 744 |
| 9 | 837 |

| 920 | |
|---|---|
| 1 | 92 |
| 2 | 184 |
| 3 | 276 |
| 4 | 368 |
| 5 | 460 |
| 6 | 552 |
| 7 | 644 |
| 8 | 736 |
| 9 | 828 |

| 880 | |
|---|---|
| 1 | 88 |
| 2 | 176 |
| 3 | 264 |
| 4 | 352 |
| 5 | 440 |
| 6 | 528 |
| 7 | 616 |
| 8 | 704 |
| 9 | 792 |

| 870 | |
|---|---|
| 1 | 87 |
| 2 | 174 |
| 3 | 261 |
| 4 | 348 |
| 5 | 435 |
| 6 | 522 |
| 7 | 609 |
| 8 | 696 |
| 9 | 783 |

| 50 | |
|---|---|
| 1 | 5 |
| 2 | 10 |
| 3 | 15 |
| 4 | 20 |
| 5 | 25 |
| 6 | 30 |
| 7 | 35 |
| 8 | 40 |
| 9 | 45 |

| 51 | |
|---|---|
| 1 | 5,1 |
| 2 | 10,2 |
| 3 | 15,3 |
| 4 | 20,4 |
| 5 | 25,5 |
| 6 | 30,6 |
| 7 | 35,7 |
| 8 | 40,8 |
| 9 | 45,9 |

| ′ | ″ | Sin. | D. | Tang. | D.c. | Cotg. | Cos. | D. | ″ | ′ |
|---|---|---|---|---|---|---|---|---|---|---|
| 20 | 0 | $\bar{1}$,3 628 892 | | $\bar{1}$,3 747 563 | | 0,6 252 437 | $\bar{1}$,9 881 329 | | 0 | 40 |
| | 10 | 629 780 | 888 | 748 501 | 938 | 251 499 | 881 279 | 50 | 50 | |
| | 20 | 630 668 | 888 | 749 439 | 938 | 250 561 | 881 229 | 50 | 40 | |
| | 30 | 631 556 | 888 | 750 377 | 938 | 249 623 | 881 179 | 50 | 30 | |
| | 40 | 632 444 | 888 | 751 315 | 938 | 248 685 | 881 129 | 50 | 20 | |
| | 50 | 633 331 | 887 | 752 252 | 937 | 247 748 | 881 079 | 50 | 10 | |
| 21 | 0 | 634 219 | 888 | 753 190 | 938 | 246 810 | 881 029 | 50 | 0 | 39 |
| | 10 | 635 106 | 887 | 754 127 | 937 | 245 873 | 880 979 | 50 | 50 | |
| | 20 | 635 993 | 887 | 755 064 | 937 | 244 936 | 880 929 | 50 | 40 | |
| | 30 | 636 880 | 887 | 756 001 | 937 | 243 999 | 880 879 | 50 | 30 | |
| | 40 | 637 766 | 886 | 756 937 | 936 | 243 063 | 880 829 | 50 | 20 | |
| | 50 | 638 653 | 887 | 757 873 | 936 | 242 127 | 880 779 | 50 | 10 | |
| 22 | 0 | 639 539 | 886 | 758 810 | 937 | 241 190 | 880 729 | 50 | 0 | 38 |
| | 10 | 640 425 | 886 | 759 746 | 936 | 240 254 | 880 679 | 50 | 50 | |
| | 20 | 641 311 | 886 | 760 682 | 936 | 239 318 | 880 629 | 50 | 40 | |
| | 30 | 642 196 | 885 | 761 617 | 935 | 238 383 | 880 579 | 50 | 30 | |
| | 40 | 643 082 | 886 | 762 553 | 936 | 237 447 | 880 529 | 50 | 20 | |
| | 50 | 643 967 | 885 | 763 488 | 935 | 236 512 | 880 479 | 50 | 10 | |
| 23 | 0 | 644 852 | 885 | 764 423 | 935 | 235 577 | 880 429 | 50 | 0 | 37 |
| | 10 | 645 737 | 885 | 765 358 | 935 | 234 642 | 880 379 | 50 | 50 | |
| | 20 | 646 621 | 884 | 766 293 | 935 | 233 707 | 880 328 | 51 | 40 | |
| | 30 | 647 506 | 885 | 767 228 | 935 | 232 772 | 880 278 | 50 | 30 | |
| | 40 | 648 390 | 884 | 768 162 | 934 | 231 838 | 880 228 | 50 | 20 | |
| | 50 | 649 274 | 884 | 769 096 | 934 | 230 904 | 880 178 | 50 | 10 | |
| 24 | 0 | 650 158 | 884 | 770 030 | 934 | 229 970 | 880 128 | 50 | 0 | 36 |
| | 10 | 651 042 | 884 | 770 964 | 934 | 229 036 | 880 078 | 50 | 50 | |
| | 20 | 651 925 | 883 | 771 898 | 934 | 228 102 | 880 028 | 50 | 40 | |
| | 30 | 652 809 | 884 | 772 831 | 933 | 227 169 | 879 977 | 51 | 30 | |
| | 40 | 653 692 | 883 | 773 765 | 934 | 226 235 | 879 927 | 50 | 20 | |
| | 50 | 654 575 | 883 | 774 698 | 933 | 225 302 | 879 877 | 50 | 10 | |
| 25 | 0 | 655 458 | 883 | 775 631 | 933 | 224 369 | 879 827 | 50 | 0 | 35 |
| | 10 | 656 340 | 882 | 776 564 | 933 | 223 436 | 879 777 | 50 | 50 | |
| | 20 | 657 222 | 882 | 777 496 | 932 | 222 504 | 879 726 | 51 | 40 | |
| | 30 | 658 105 | 883 | 778 429 | 933 | 221 571 | 879 676 | 50 | 30 | |
| | 40 | 658 987 | 882 | 779 361 | 932 | 220 639 | 879 626 | 50 | 20 | |
| | 50 | 659 869 | 882 | 780 293 | 932 | 219 707 | 879 576 | 50 | 10 | |
| 26 | 0 | 660 750 | 881 | 781 225 | 932 | 218 775 | 879 525 | 51 | 0 | 34 |
| | 10 | 661 632 | 882 | 782 157 | 932 | 217 843 | 879 475 | 50 | 50 | |
| | 20 | 662 513 | 881 | 783 088 | 931 | 216 912 | 879 425 | 50 | 40 | |
| | 30 | 663 394 | 881 | 784 020 | 932 | 215 980 | 879 374 | 51 | 30 | |
| | 40 | 664 275 | 881 | 784 951 | 931 | 215 049 | 879 324 | 50 | 20 | |
| | 50 | 665 155 | 880 | 785 882 | 931 | 214 118 | 879 274 | 50 | 10 | |
| 27 | 0 | 666 036 | 881 | 786 813 | 931 | 213 187 | 879 223 | 51 | 0 | 33 |
| | 10 | 666 916 | 880 | 787 743 | 930 | 212 257 | 879 173 | 50 | 50 | |
| | 20 | 667 796 | 880 | 788 674 | 931 | 211 326 | 879 123 | 50 | 40 | |
| | 30 | 668 676 | 880 | 789 604 | 930 | 210 396 | 879 072 | 51 | 30 | |
| | 40 | 669 556 | 880 | 790 534 | 930 | 209 466 | 879 022 | 50 | 20 | |
| | 50 | 670 436 | 880 | 791 464 | 930 | 208 536 | 878 971 | 51 | 10 | |
| 28 | 0 | 671 315 | 879 | 792 394 | 930 | 207 606 | 878 921 | 50 | 0 | 32 |
| | 10 | 672 194 | 879 | 793 324 | 930 | 206 676 | 878 871 | 50 | 50 | |
| | 20 | 673 073 | 879 | 794 253 | 929 | 205 747 | 878 820 | 51 | 40 | |
| | 30 | 673 952 | 879 | 795 182 | 929 | 204 818 | 878 770 | 50 | 30 | |
| | 40 | 674 830 | 878 | 796 111 | 929 | 203 889 | 878 719 | 51 | 20 | |
| | 50 | 675 709 | 879 | 797 040 | 929 | 202 960 | 878 669 | 50 | 10 | |
| 29 | 0 | 676 587 | 878 | 797 969 | 929 | 202 031 | 878 618 | 51 | 0 | 31 |
| | 10 | 677 465 | 878 | 798 897 | 928 | 201 103 | 878 568 | 50 | 50 | |
| | 20 | 678 343 | 878 | 799 826 | 929 | 200 174 | 878 517 | 51 | 40 | |
| | 30 | 679 221 | 878 | 800 754 | 928 | 199 246 | 878 467 | 50 | 30 | |
| | 40 | 680 098 | 877 | 801 682 | 928 | 198 318 | 878 416 | 51 | 20 | |
| | 50 | 680 975 | 877 | 802 610 | 928 | 197 390 | 878 366 | 50 | 10 | |
| 30 | 0 | $\bar{1}$,3 681 853 | 878 | $\bar{1}$,3 803 537 | 927 | 0,6 196 463 | $\bar{1}$,9 878 315 | 51 | 0 | 30 |
| ′ | ″ | Cos. | | Cotg. | | Tang. | Sin. | | ″ | ′ |

76°

| ′ | ″ | Sin. | D. | Tang. | D.c. | Cotg. | Cos. | D. | ″ | ′ |
|---|---|---|---|---|---|---|---|---|---|---|
| 30 | 0 | ī,3 681 853 | | ī,3 803 537 | | 0,6 196 463 | ī,9 878 315 | | 0 | 30 |
| | 10 | 682 729 | 876 | 804 465 | 928 | 195 535 | 878 265 | 50 | 50 | |
| | 20 | 683 606 | 877 | 805 392 | 927 | 194 608 | 878 214 | 51 | 40 | |
| | 30 | 684 483 | 877 | 806 319 | 927 | 193 681 | 878 163 | 51 | 30 | |
| | 40 | 685 359 | 876 | 807 246 | 927 | 192 754 | 878 113 | 50 | 20 | |
| | 50 | 686 235 | 876 | 808 173 | 927 | 191 827 | 878 062 | 51 | 10 | |
| 31 | 0 | 687 111 | 876 | 809 100 | 927 | 190 900 | 878 012 | 50 | 0 | 29 |
| | 10 | 687 987 | 876 | 810 026 | 926 | 189 974 | 877 961 | 51 | 50 | |
| | 20 | 688 863 | 876 | 810 952 | 926 | 189 048 | 877 910 | 51 | 40 | |
| | 30 | 689 738 | 875 | 811 878 | 926 | 188 122 | 877 860 | 50 | 30 | |
| | 40 | 690 613 | 875 | 812 804 | 926 | 187 196 | 877 809 | 51 | 20 | |
| | 50 | 691 488 | 875 | 813 730 | 926 | 186 270 | 877 758 | 51 | 10 | |
| 32 | 0 | 692 363 | 875 | 814 655 | 925 | 185 345 | 877 708 | 50 | 0 | 28 |
| | 10 | 693 238 | 875 | 815 581 | 926 | 184 419 | 877 657 | 51 | 50 | |
| | 20 | 694 112 | 874 | 816 506 | 925 | 183 494 | 877 606 | 51 | 40 | |
| | 30 | 694 987 | 875 | 817 431 | 925 | 182 569 | 877 556 | 50 | 30 | |
| | 40 | 695 861 | 874 | 818 356 | 925 | 181 644 | 877 505 | 51 | 20 | |
| | 50 | 696 735 | 874 | 819 280 | 924 | 180 720 | 877 454 | 51 | 10 | |
| 33 | 0 | 697 608 | 873 | 820 205 | 925 | 179 795 | 877 404 | 50 | 0 | 27 |
| | 10 | 698 482 | 874 | 821 129 | 924 | 178 871 | 877 353 | 51 | 50 | |
| | 20 | 699 355 | 873 | 822 053 | 924 | 177 947 | 877 302 | 51 | 40 | |
| | 30 | 700 229 | 874 | 822 977 | 924 | 177 023 | 877 251 | 51 | 30 | |
| | 40 | 701 102 | 873 | 823 901 | 924 | 176 099 | 877 200 | 51 | 20 | |
| | 50 | 701 974 | 872 | 824 825 | 924 | 175 175 | 877 150 | 50 | 10 | |
| 34 | 0 | 702 847 | 873 | 825 748 | 923 | 174 252 | 877 099 | 51 | 0 | 26 |
| | 10 | 703 719 | 872 | 826 671 | 923 | 173 329 | 877 048 | 51 | 50 | |
| | 20 | 704 592 | 873 | 827 595 | 924 | 172 405 | 876 997 | 51 | 40 | |
| | 30 | 705 464 | 872 | 828 517 | 922 | 171 483 | 876 946 | 51 | 30 | |
| | 40 | 706 336 | 872 | 829 440 | 923 | 170 560 | 876 896 | 50 | 20 | |
| | 50 | 707 207 | 871 | 830 363 | 923 | 169 637 | 876 845 | 51 | 10 | |
| 35 | 0 | 708 079 | 872 | 831 285 | 922 | 168 715 | 876 794 | 51 | 0 | 25 |
| | 10 | 708 950 | 871 | 832 207 | 922 | 167 793 | 876 743 | 51 | 50 | |
| | 20 | 709 821 | 871 | 833 129 | 922 | 166 871 | 876 692 | 51 | 40 | |
| | 30 | 710 692 | 871 | 834 051 | 922 | 165 949 | 876 641 | 51 | 30 | |
| | 40 | 711 563 | 871 | 834 973 | 922 | 165 027 | 876 590 | 51 | 20 | |
| | 50 | 712 434 | 871 | 835 894 | 921 | 164 106 | 876 539 | 51 | 10 | |
| 36 | 0 | 713 304 | 870 | 836 816 | 922 | 163 184 | 876 488 | 51 | 0 | 24 |
| | 10 | 714 174 | 870 | 837 737 | 921 | 162 263 | 876 437 | 51 | 50 | |
| | 20 | 715 044 | 870 | 838 658 | 921 | 161 342 | 876 386 | 51 | 40 | |
| | 30 | 715 914 | 870 | 839 579 | 921 | 160 421 | 876 336 | 50 | 30 | |
| | 40 | 716 784 | 870 | 840 499 | 920 | 159 501 | 876 285 | 51 | 20 | |
| | 50 | 717 653 | 869 | 841 420 | 921 | 158 580 | 876 234 | 51 | 10 | |
| 37 | 0 | 718 523 | 870 | 842 340 | 920 | 157 660 | 876 183 | 51 | 0 | 23 |
| | 10 | 719 392 | 869 | 843 260 | 920 | 156 740 | 876 132 | 51 | 50 | |
| | 20 | 720 261 | 869 | 844 180 | 920 | 155 820 | 876 081 | 51 | 40 | |
| | 30 | 721 130 | 869 | 845 100 | 920 | 154 900 | 876 030 | 51 | 30 | |
| | 40 | 721 998 | 868 | 846 020 | 920 | 153 980 | 875 978 | 52 | 20 | |
| | 50 | 722 867 | 869 | 846 939 | 919 | 153 061 | 875 927 | 51 | 10 | |
| 38 | 0 | 723 7[illegible]6 | 868 | 847 858 | 919 | 152 142 | 875 876 | 51 | 0 | 22 |
| | 10 | 724 603 | 868 | 848 777 | 919 | 151 223 | 875 825 | 51 | 50 | |
| | 20 | 725 471 | 868 | 849 696 | 919 | 150 304 | 875 774 | 51 | 40 | |
| | 30 | 726 338 | 867 | 850 615 | 919 | 149 385 | 875 723 | 51 | 30 | |
| | 40 | 727 206 | 868 | 851 534 | 919 | 148 466 | 875 672 | 51 | 20 | |
| | 50 | 728 073 | 867 | 852 452 | 918 | 147 548 | 875 621 | 51 | 10 | |
| 39 | 0 | 728 940 | 867 | 853 370 | 918 | 146 630 | 875 570 | 51 | 0 | 21 |
| | 10 | 729 807 | 867 | 854 288 | 918 | 145 712 | 875 519 | 51 | 50 | |
| | 20 | 730 674 | 867 | 855 206 | 918 | 144 794 | 875 467 | 52 | 40 | |
| | 30 | 731 540 | 866 | 856 124 | 918 | 143 876 | 875 416 | 51 | 30 | |
| | 40 | 732 407 | 867 | 857 041 | 917 | 142 959 | 875 365 | 51 | 20 | |
| | 50 | 733 273 | 866 | 857 959 | 918 | 140 041 | 875 314 | 51 | 10 | |
| 40 | 0 | ī,3 734 139 | 866 | ī,3 858 876 | 917 | 0,6 141 124 | ī,9 875 263 | 51 | 0 | 20 |
| ′ | ″ | Cos. | | Cotg. | | Tang. | Sin. | | ″ | ′ |

76°

| 920 | |
|---|---|
| 1 | 92 |
| 2 | 184 |
| 3 | 276 |
| 4 | 368 |
| 5 | 460 |
| 6 | 552 |
| 7 | 644 |
| 8 | 736 |
| 9 | 828 |

| 910 | |
|---|---|
| 1 | 91 |
| 2 | 182 |
| 3 | 273 |
| 4 | 364 |
| 5 | 455 |
| 6 | 546 |
| 7 | 637 |
| 8 | 728 |
| 9 | 819 |

| 870 | |
|---|---|
| 1 | 87 |
| 2 | 174 |
| 3 | 261 |
| 4 | 348 |
| 5 | 435 |
| 6 | 522 |
| 7 | 609 |
| 8 | 696 |
| 9 | 783 |

| 860 | |
|---|---|
| 1 | 86 |
| 2 | 172 |
| 3 | 258 |
| 4 | 344 |
| 5 | 430 |
| 6 | 516 |
| 7 | 602 |
| 8 | 688 |
| 9 | 774 |

| 51 | |
|---|---|
| 1 | 5,1 |
| 2 | 10,2 |
| 3 | 15,3 |
| 4 | 20,4 |
| 5 | 25,5 |
| 6 | 30,6 |
| 7 | 35,7 |
| 8 | 40,8 |
| 9 | 45,9 |

| 52 | |
|---|---|
| 1 | 5,2 |
| 2 | 10,4 |
| 3 | 15,6 |
| 4 | 20,8 |
| 5 | 26,0 |
| 6 | 31,2 |
| 7 | 36,4 |
| 8 | 41,6 |
| 9 | 46,8 |

| 910 | |
|---|---|
| 1 | 91 |
| 2 | 182 |
| 3 | 273 |
| 4 | 364 |
| 5 | 455 |
| 6 | 546 |
| 7 | 637 |
| 8 | 728 |
| 9 | 819 |

| 900 | |
|---|---|
| 1 | 90 |
| 2 | 180 |
| 3 | 270 |
| 4 | 360 |
| 5 | 450 |
| 6 | 540 |
| 7 | 630 |
| 8 | 720 |
| 9 | 810 |

| 860 | |
|---|---|
| 1 | 86 |
| 2 | 172 |
| 3 | 258 |
| 4 | 344 |
| 5 | 430 |
| 6 | 516 |
| 7 | 602 |
| 8 | 688 |
| 9 | 774 |

| 850 | |
|---|---|
| 1 | 85 |
| 2 | 170 |
| 3 | 255 |
| 4 | 340 |
| 5 | 425 |
| 6 | 510 |
| 7 | 595 |
| 8 | 680 |
| 9 | 765 |

| 51 | |
|---|---|
| 1 | 5,1 |
| 2 | 10,2 |
| 3 | 15,3 |
| 4 | 20,4 |
| 5 | 25,5 |
| 6 | 30,6 |
| 7 | 35,7 |
| 8 | 40,8 |
| 9 | 45,9 |

| 52 | |
|---|---|
| 1 | 5,2 |
| 2 | 10,4 |
| 3 | 15,6 |
| 4 | 20,8 |
| 5 | 26,0 |
| 6 | 31,2 |
| 7 | 36,4 |
| 8 | 41,6 |
| 9 | 46,8 |

| ′ | ″ | Sin. | D. | Tang | D.c. | Cotg. | Cos. | D. | ″ | ′ |
|---|---|---|---|---|---|---|---|---|---|---|
| 40 | 0 | 1̄,3 734 139 | 866 | 1̄,3 858 876 | 917 | 0,6 141 124 | 1̄,9 875 263 | 51 | 0 | 20 |
| | 10 | 735 005 | 865 | 859 793 | 917 | 140 207 | 875 212 | 52 | 50 | |
| | 20 | 735 870 | 866 | 860 710 | 917 | 139 290 | 875 160 | 51 | 40 | |
| | 30 | 736 736 | 865 | 861 627 | 916 | 138 373 | 875 109 | 51 | 30 | |
| | 40 | 737 601 | 865 | 862 543 | 916 | 137 457 | 875 058 | 51 | 20 | |
| | 50 | 738 466 | 865 | 863 459 | 917 | 136 541 | 875 007 | 52 | 10 | |
| 41 | 0 | 739 331 | 865 | 864 376 | 916 | 135 624 | 874 955 | 51 | 0 | 19 |
| | 10 | 740 196 | 864 | 865 292 | 915 | 134 708 | 874 904 | 51 | 50 | |
| | 20 | 741 060 | 865 | 866 207 | 916 | 133 793 | 874 853 | 51 | 40 | |
| | 30 | 741 925 | 864 | 867 123 | 915 | 132 877 | 874 802 | 52 | 30 | |
| | 40 | 742 789 | 864 | 868 038 | 916 | 131 962 | 874 750 | 51 | 20 | |
| | 50 | 743 653 | 864 | 868 954 | 915 | 131 046 | 874 699 | 51 | 10 | |
| 42 | 0 | 744 517 | 863 | 869 869 | 915 | 130 131 | 874 648 | 52 | 0 | 18 |
| | 10 | 745 380 | 864 | 870 784 | 915 | 129 216 | 874 596 | 51 | 50 | |
| | 20 | 746 244 | 863 | 871 699 | 914 | 128 301 | 874 545 | 51 | 40 | |
| | 30 | 747 107 | 863 | 872 613 | 915 | 127 387 | 874 494 | 52 | 30 | |
| | 40 | 747 970 | 863 | 873 528 | 914 | 126 472 | 874 442 | 51 | 20 | |
| | 50 | 748 833 | 863 | 874 442 | 914 | 125 558 | 874 391 | 52 | 10 | |
| 43 | 0 | 749 696 | 862 | 875 356 | 914 | 124 644 | 874 339 | 51 | 0 | 17 |
| | 10 | 750 558 | 862 | 876 270 | 914 | 123 730 | 874 288 | 51 | 50 | |
| | 20 | 751 420 | 863 | 877 184 | 913 | 122 816 | 874 237 | 52 | 40 | |
| | 30 | 752 283 | 862 | 878 097 | 914 | 121 903 | 874 185 | 51 | 30 | |
| | 40 | 753 145 | 861 | 879 011 | 913 | 120 989 | 874 134 | 52 | 20 | |
| | 50 | 754 006 | 862 | 879 924 | 913 | 120 076 | 874 082 | 51 | 10 | |
| 44 | 0 | 754 868 | 862 | 880 837 | 913 | 119 163 | 874 031 | 52 | 0 | 16 |
| | 10 | 755 730 | 861 | 881 750 | 913 | 118 250 | 873 979 | 51 | 50 | |
| | 20 | 756 591 | 861 | 882 663 | 912 | 117 337 | 873 928 | 51 | 40 | |
| | 30 | 757 452 | 861 | 883 575 | 913 | 116 425 | 873 877 | 52 | 30 | |
| | 40 | 758 313 | 861 | 884 488 | 912 | 115 512 | 873 825 | 51 | 20 | |
| | 50 | 759 174 | 860 | 885 400 | 912 | 114 600 | 873 774 | 52 | 10 | |
| 45 | 0 | 760 034 | 860 | 886 312 | 912 | 113 688 | 873 722 | 52 | 0 | 15 |
| | 10 | 760 894 | 861 | 887 224 | 912 | 112 776 | 873 670 | 51 | 50 | |
| | 20 | 761 755 | 860 | 888 136 | 911 | 111 864 | 873 619 | 52 | 40 | |
| | 30 | 762 615 | 859 | 889 047 | 912 | 110 953 | 873 567 | 51 | 30 | |
| | 40 | 763 474 | 860 | 889 959 | 911 | 110 041 | 873 516 | 52 | 20 | |
| | 50 | 764 334 | 860 | 890 870 | 911 | 109 130 | 873 464 | 51 | 10 | |
| 46 | 0 | 765 194 | 859 | 891 781 | 911 | 108 219 | 873 413 | 52 | 0 | 14 |
| | 10 | 766 053 | 859 | 892 692 | 910 | 107 308 | 873 361 | 52 | 50 | |
| | 20 | 766 912 | 859 | 893 602 | 911 | 106 398 | 873 309 | 51 | 40 | |
| | 30 | 767 771 | 859 | 894 513 | 910 | 105 487 | 873 258 | 52 | 30 | |
| | 40 | 768 630 | 858 | 895 423 | 911 | 104 577 | 873 206 | 51 | 20 | |
| | 50 | 769 488 | 859 | 896 334 | 910 | 103 666 | 873 155 | 52 | 10 | |
| 47 | 0 | 770 347 | 858 | 897 244 | 909 | 102 756 | 873 103 | 52 | 0 | 13 |
| | 10 | 771 205 | 858 | 898 153 | 910 | 101 847 | 873 051 | 51 | 50 | |
| | 20 | 772 063 | 858 | 899 063 | 910 | 100 937 | 873 000 | 52 | 40 | |
| | 30 | 772 921 | 857 | 899 973 | 909 | 100 027 | 872 948 | 52 | 30 | |
| | 40 | 773 778 | 858 | 900 882 | 909 | 099 118 | 872 896 | 51 | 20 | |
| | 50 | 774 636 | 857 | 901 791 | 909 | 098 209 | 872 845 | 52 | 10 | |
| 48 | 0 | 775 493 | 857 | 902 700 | 909 | 097 300 | 872 793 | 52 | 0 | 12 |
| | 10 | 776 350 | 857 | 903 609 | 909 | 096 391 | 872 741 | 52 | 50 | |
| | 20 | 777 207 | 857 | 904 518 | 908 | 095 482 | 872 689 | 51 | 40 | |
| | 30 | 778 064 | 856 | 905 426 | 909 | 094 574 | 872 638 | 52 | 30 | |
| | 40 | 778 920 | 857 | 906 335 | 908 | 093 665 | 872 586 | 52 | 20 | |
| | 50 | 779 777 | 856 | 907 243 | 908 | 092 757 | 872 534 | 52 | 10 | |
| 49 | 0 | 786 633 | 856 | 908 151 | 908 | 091 849 | 872 482 | 51 | 0 | 11 |
| | 10 | 781 489 | 856 | 909 059 | 907 | 090 941 | 872 431 | 52 | 50 | |
| | 20 | 782 345 | 856 | 909 966 | 908 | 090 034 | 872 379 | 52 | 40 | |
| | 30 | 783 201 | 855 | 910 874 | 907 | 089 126 | 872 327 | 52 | 30 | |
| | 40 | 784 056 | 856 | 911 781 | 907 | 088 219 | 872 275 | 52 | 20 | |
| | 50 | 784 912 | 855 | 912 688 | 907 | 087 312 | 872 223 | 52 | 10 | |
| 50 | 0 | 1̄,3 785 767 | | 1̄,3 913 595 | | 0,6 086 405 | 1̄,9 872 171 | | 0 | 10 |
| ′ | ″ | Cos. | | Cotg. | | Tang. | Sin. | | ″ | ′ |

| ′ | ″ | Sin. | D. | Tang. | D.c. | Cotg. | Cos. | D. | ″ | ′ |
|---|---|---|---|---|---|---|---|---|---|---|
| 50 | 0 | $\bar{1}$,3 785 767 | | $\bar{1}$,3 913 595 | | 0,6 086 405 | $\bar{1}$,9 872 171 | | 0 | 10 |
| | 10 | 786 622 | 855 | 914 502 | 907 | 085 498 | 872 120 | 51 | 50 | |
| | 20 | 787 476 | 854 | 915 409 | 907 | 084 591 | 872 068 | 52 | 40 | |
| | 30 | 788 331 | 855 | 916 315 | 906 | 083 685 | 872 016 | 52 | 30 | |
| | 40 | 789 186 | 855 | 917 222 | 907 | 082 778 | 871 964 | 52 | 20 | |
| | 50 | 790 040 | 854 | 918 128 | 906 | 081 872 | 871 912 | 52 | 10 | |
| 51 | 0 | 790 894 | 854 | 919 034 | 906 | 080 966 | 871 860 | 52 | 0 | 9 |
| | 10 | 791 748 | 854 | 919 940 | 906 | 080 060 | 871 808 | 52 | 50 | |
| | 20 | 792 602 | 854 | 920 845 | 905 | 079 155 | 871 756 | 52 | 40 | |
| | 30 | 793 455 | 853 | 921 751 | 906 | 078 249 | 871 704 | 52 | 30 | |
| | 40 | 794 308 | 853 | 922 656 | 905 | 077 344 | 871 652 | 52 | 20 | |
| | 50 | 795 162 | 854 | 923 561 | 905 | 076 439 | 871 601 | 51 | 10 | |
| 52 | 0 | 796 015 | 853 | 924 466 | 905 | 075 534 | 871 549 | 52 | 0 | 8 |
| | 10 | 796 867 | 852 | 925 371 | 905 | 074 629 | 871 497 | 52 | 50 | |
| | 20 | 797 720 | 853 | 926 276 | 905 | 073 724 | 871 445 | 52 | 40 | |
| | 30 | 798 573 | 853 | 927 180 | 904 | 072 820 | 871 393 | 52 | 30 | |
| | 40 | 799 425 | 852 | 928 084 | 904 | 071 916 | 871 341 | 52 | 20 | |
| | 50 | 800 277 | 852 | 928 989 | 905 | 071 011 | 871 289 | 52 | 10 | |
| 53 | 0 | 801 129 | 852 | 929 893 | 904 | 070 107 | 871 236 | 53 | 0 | 7 |
| | 10 | 801 981 | 852 | 930 796 | 903 | 069 204 | 871 184 | 52 | 50 | |
| | 20 | 802 832 | 851 | 931 700 | 904 | 068 300 | 871 132 | 52 | 40 | |
| | 30 | 803 684 | 852 | 932 604 | 904 | 067 396 | 871 080 | 52 | 30 | |
| | 40 | 804 535 | 851 | 933 507 | 903 | 066 493 | 871 028 | 52 | 20 | |
| | 50 | 805 386 | 851 | 934 410 | 903 | 065 590 | 870 976 | 52 | 10 | |
| 54 | 0 | 806 237 | 851 | 935 313 | 903 | 064 687 | 870 924 | 52 | 0 | 6 |
| | 10 | 807 088 | 851 | 936 216 | 903 | 063 784 | 870 872 | 52 | 50 | |
| | 20 | 807 938 | 850 | 937 118 | 902 | 062 882 | 870 820 | 52 | 40 | |
| | 30 | 808 789 | 851 | 938 021 | 903 | 061 979 | 870 768 | 52 | 30 | |
| | 40 | 809 639 | 850 | 938 923 | 902 | 061 077 | 870 716 | 52 | 20 | |
| | 50 | 810 489 | 850 | 939 825 | 902 | 060 175 | 870 663 | 53 | 10 | |
| 55 | 0 | 811 339 | 850 | 940 727 | 902 | 059 273 | 870 611 | 52 | 0 | 5 |
| | 10 | 812 188 | 849 | 941 629 | 902 | 058 371 | 870 559 | 52 | 50 | |
| | 20 | 813 038 | 850 | 942 531 | 902 | 057 469 | 870 507 | 52 | 40 | |
| | 30 | 813 887 | 849 | 943 432 | 901 | 056 568 | 870 455 | 52 | 30 | |
| | 40 | 814 736 | 849 | 944 334 | 902 | 055 666 | 870 402 | 53 | 20 | |
| | 50 | 815 585 | 849 | 945 235 | 901 | 054 765 | 870 350 | 52 | 10 | |
| 56 | 0 | 816 434 | 849 | 946 136 | 901 | 053 864 | 870 298 | 52 | 0 | 4 |
| | 10 | 817 283 | 849 | 947 037 | 901 | 052 963 | 870 246 | 52 | 50 | |
| | 20 | 818 131 | 848 | 947 937 | 900 | 052 063 | 870 193 | 53 | 40 | |
| | 30 | 818 979 | 848 | 948 838 | 901 | 051 162 | 870 141 | 52 | 30 | |
| | 40 | 819 827 | 848 | 949 738 | 900 | 050 262 | 870 089 | 52 | 20 | |
| | 50 | 820 675 | 848 | 950 638 | 900 | 049 362 | 870 037 | 52 | 10 | |
| 57 | 0 | 821 523 | 848 | 951 538 | 900 | 048 462 | 869 984 | 53 | 0 | 3 |
| | 10 | 822 370 | 847 | 952 438 | 900 | 047 562 | 869 932 | 52 | 50 | |
| | 20 | 823 218 | 848 | 953 338 | 900 | 046 662 | 869 880 | 52 | 40 | |
| | 30 | 824 065 | 847 | 954 238 | 900 | 045 762 | 869 827 | 53 | 30 | |
| | 40 | 824 912 | 847 | 955 137 | 899 | 044 863 | 869 775 | 52 | 20 | |
| | 50 | 825 759 | 847 | 956 036 | 899 | 043 964 | 869 723 | 52 | 10 | |
| 58 | 0 | 826 605 | 846 | 956 935 | 899 | 043 065 | 869 670 | 53 | 0 | 2 |
| | 10 | 827 452 | 847 | 957 834 | 899 | 042 166 | 869 618 | 52 | 50 | |
| | 20 | 828 298 | 846 | 958 733 | 899 | 041 267 | 869 566 | 52 | 40 | |
| | 30 | 829 144 | 846 | 959 631 | 898 | 040 369 | 869 513 | 53 | 30 | |
| | 40 | 829 990 | 846 | 960 530 | 899 | 039 470 | 869 461 | 52 | 20 | |
| | 50 | 830 836 | 846 | 961 428 | 898 | 038 572 | 869 408 | 53 | 10 | |
| 59 | 0 | 831 682 | 846 | 962 326 | 898 | 037 674 | 869 356 | 52 | 0 | 1 |
| | 10 | 832 527 | 845 | 963 224 | 898 | 036 776 | 869 304 | 52 | 50 | |
| | 20 | 833 372 | 845 | 964 121 | 897 | 035 879 | 869 251 | 53 | 40 | |
| | 30 | 834 218 | 846 | 965 019 | 898 | 034 981 | 869 199 | 52 | 30 | |
| | 40 | 835 062 | 844 | 965 916 | 897 | 034 084 | 869 146 | 53 | 20 | |
| | 50 | 835 907 | 845 | 966 814 | 898 | 033 186 | 869 094 | 52 | 10 | |
| 60 | 0 | $\bar{1}$,3 836 752 | 845 | $\bar{1}$,3 967 711 | 897 | 0,6 032 289 | $\bar{1}$,9 869 041 | 53 | 0 | 0 |
| ′ | ″ | Cos. | | Cotg. | | Tang. | Sin. | | ″ | ′ |

| | 900 |
|---|---|
| 1 | 90 |
| 2 | 180 |
| 3 | 270 |
| 4 | 360 |
| 5 | 450 |
| 6 | 540 |
| 7 | 630 |
| 8 | 720 |
| 9 | 810 |

| | 890 |
|---|---|
| 1 | 89 |
| 2 | 178 |
| 3 | 267 |
| 4 | 356 |
| 5 | 445 |
| 6 | 534 |
| 7 | 623 |
| 8 | 712 |
| 9 | 801 |

| | 850 |
|---|---|
| 1 | 85 |
| 2 | 170 |
| 3 | 255 |
| 4 | 340 |
| 5 | 425 |
| 6 | 510 |
| 7 | 595 |
| 8 | 680 |
| 9 | 765 |

| | 840 |
|---|---|
| 1 | 84 |
| 2 | 168 |
| 3 | 252 |
| 4 | 336 |
| 5 | 420 |
| 6 | 504 |
| 7 | 588 |
| 8 | 672 |
| 9 | 756 |

| | 52 |
|---|---|
| 1 | 5,2 |
| 2 | 10,4 |
| 3 | 15,6 |
| 4 | 20,8 |
| 5 | 26,0 |
| 6 | 31,2 |
| 7 | 36,4 |
| 8 | 41,6 |
| 9 | 46,8 |

| | 53 |
|---|---|
| 1 | 5,3 |
| 2 | 10,6 |
| 3 | 15,9 |
| 4 | 21,2 |
| 5 | 26,5 |
| 6 | 31,8 |
| 7 | 37,1 |
| 8 | 42,4 |
| 9 | 47,7 |

| | 896 | 894 | 892 | 890 | 888 | 840 | 830 | 53 |
|---|---|---|---|---|---|---|---|---|
| 1 | 89,6 | 89,4 | 89,2 | 89 | 88,8 | 84 | 83 | 5,3 |
| 2 | 179,2 | 178,8 | 178,4 | 178 | 177,6 | 168 | 166 | 10,6 |
| 3 | 268,8 | 268,2 | 267,6 | 267 | 266,4 | 252 | 249 | 15,9 |
| 4 | 358,4 | 357,6 | 356,8 | 356 | 355,2 | 336 | 332 | 21,2 |
| 5 | 448,0 | 447,0 | 446,0 | 445 | 444,0 | 420 | 415 | 26,5 |
| 6 | 537,6 | 536,4 | 535,2 | 534 | 532,8 | 504 | 498 | 31,8 |
| 7 | 627,2 | 625,8 | 624,4 | 623 | 621,6 | 588 | 581 | 37,1 |
| 8 | 716,8 | 715,2 | 713,6 | 712 | 710,4 | 672 | 664 | 42,4 |
| 9 | 806,4 | 804,6 | 802,8 | 801 | 799,2 | 756 | 747 | 47,7 |

| ′ | ″ | Sin. | D. | Tang. | D.c. | Cotg. | Cos. | D. | ″ | ′ |
|---|---|---|---|---|---|---|---|---|---|---|
| 0 | 0 | $\bar{1}$,3 836 752 | 844 | $\bar{1}$,3 967 711 | 896 | 0,6 032 289 | $\bar{1}$,9 869 041 | 52 | 0 | 60 |
| | 10 | 837 596 | 844 | 968 607 | 897 | 031 393 | 868 989 | 53 | 50 | |
| | 20 | 838 440 | 844 | 969 504 | 897 | 030 496 | 868 936 | 52 | 40 | |
| | 30 | 839 284 | 844 | 970 401 | 896 | 029 599 | 868 884 | 53 | 30 | |
| | 40 | 840 128 | 844 | 971 297 | 896 | 028 703 | 868 831 | 52 | 20 | |
| | 50 | 840 972 | 843 | 972 193 | 896 | 027 807 | 868 779 | 53 | 10 | |
| 1 | 0 | 841 815 | 844 | 973 089 | 896 | 026 911 | 868 726 | 53 | 0 | 59 |
| | 10 | 842 659 | 843 | 973 985 | 896 | 026 015 | 868 673 | 52 | 50 | |
| | 20 | 843 502 | 843 | 974 881 | 896 | 025 119 | 868 621 | 53 | 40 | |
| | 30 | 844 345 | 843 | 975 777 | 895 | 024 223 | 868 568 | 52 | 30 | |
| | 40 | 845 188 | 842 | 976 672 | 895 | 023 328 | 868 516 | 53 | 20 | |
| | 50 | 846 030 | 843 | 977 567 | 896 | 022 433 | 868 463 | 53 | 10 | |
| 2 | 0 | 846 873 | 842 | 978 463 | 894 | 021 537 | 868 410 | 52 | 0 | 58 |
| | 10 | 847 715 | 842 | 979 357 | 895 | 020 643 | 868 358 | 53 | 50 | |
| | 20 | 848 557 | 842 | 980 252 | 895 | 019 748 | 868 305 | 52 | 40 | |
| | 30 | 849 399 | 842 | 981 147 | 894 | 018 853 | 868 253 | 53 | 30 | |
| | 40 | 850 241 | 842 | 982 041 | 895 | 017 959 | 868 200 | 53 | 20 | |
| | 50 | 851 083 | 841 | 982 936 | 894 | 017 064 | 868 147 | 53 | 10 | |
| 3 | 0 | 851 924 | 841 | 983 830 | 894 | 016 170 | 868 094 | 52 | 0 | 57 |
| | 10 | 852 765 | 842 | 984 724 | 893 | 015 276 | 868 042 | 53 | 50 | |
| | 20 | 853 607 | 840 | 985 617 | 894 | 014 383 | 867 989 | 53 | 40 | |
| | 30 | 854 447 | 841 | 986 511 | 894 | 013 489 | 867 936 | 52 | 30 | |
| | 40 | 855 288 | 841 | 987 405 | 893 | 012 595 | 867 884 | 53 | 20 | |
| | 50 | 856 129 | 840 | 988 298 | 893 | 011 702 | 867 831 | 53 | 10 | |
| 4 | 0 | 856 969 | 840 | 989 191 | 893 | 010 809 | 867 778 | 53 | 0 | 56 |
| | 10 | 857 809 | 840 | 990 084 | 893 | 009 916 | 867 725 | 52 | 50 | |
| | 20 | 858 649 | 840 | 990 977 | 892 | 009 023 | 867 673 | 53 | 40 | |
| | 30 | 859 489 | 840 | 991 869 | 893 | 008 131 | 867 620 | 53 | 30 | |
| | 40 | 860 329 | 840 | 992 762 | 892 | 007 238 | 867 567 | 53 | 20 | |
| | 50 | 861 169 | 839 | 993 654 | 893 | 006 346 | 867 514 | 53 | 10 | |
| 5 | 0 | 862 008 | 839 | 994 547 | 892 | 005 453 | 867 461 | 52 | 0 | 55 |
| | 10 | 862 847 | 839 | 995 439 | 891 | 004 561 | 867 409 | 53 | 50 | |
| | 20 | 863 686 | 839 | 996 330 | 892 | 003 670 | 867 356 | 53 | 40 | |
| | 30 | 864 525 | 839 | 997 222 | 892 | 002 778 | 867 303 | 53 | 30 | |
| | 40 | 865 364 | 838 | 998 114 | 891 | 001 886 | 867 250 | 53 | 20 | |
| | 50 | 866 202 | 838 | 999 005 | 891 | 000 995 | 867 197 | 53 | 10 | |
| 6 | 0 | 867 040 | 839 | $\bar{1}$,3 999 896 | 891 | 0,6 000 104 | 867 144 | 53 | 0 | 54 |
| | 10 | 867 879 | 838 | $\bar{1}$,4 000 787 | 891 | 0,5 999 213 | 867 091 | 53 | 50 | |
| | 20 | 868 717 | 837 | 001 678 | 891 | 998 322 | 867 038 | 52 | 40 | |
| | 30 | 869 554 | 838 | 002 569 | 890 | 997 431 | 866 986 | 53 | 30 | |
| | 40 | 870 392 | 838 | 003 459 | 891 | 996 541 | 866 933 | 53 | 20 | |
| | 50 | 871 230 | 837 | 004 350 | 890 | 995 650 | 866 880 | 53 | 10 | |
| 7 | 0 | 872 067 | 837 | 005 240 | 890 | 994 760 | 866 827 | 53 | 0 | 53 |
| | 10 | 872 904 | 837 | 006 130 | 890 | 993 870 | 866 774 | 53 | 50 | |
| | 20 | 873 741 | 837 | 007 020 | 890 | 992 980 | 866 721 | 53 | 40 | |
| | 30 | 874 578 | 836 | 007 910 | 889 | 992 090 | 866 668 | 53 | 30 | |
| | 40 | 875 414 | 837 | 008 799 | 890 | 991 201 | 866 615 | 53 | 20 | |
| | 50 | 876 251 | 836 | 009 689 | 889 | 990 311 | 866 562 | 53 | 10 | |
| 8 | 0 | 877 087 | 836 | 010 578 | 889 | 989 422 | 866 509 | 53 | 0 | 52 |
| | 10 | 877 923 | 836 | 011 467 | 889 | 988 533 | 866 456 | 53 | 50 | |
| | 20 | 878 759 | 836 | 012 356 | 889 | 987 644 | 866 403 | 53 | 40 | |
| | 30 | 879 595 | 835 | 013 245 | 889 | 986 755 | 866 350 | 53 | 30 | |
| | 40 | 880 430 | 836 | 014 134 | 888 | 985 866 | 866 297 | 53 | 20 | |
| | 50 | 881 266 | 835 | 015 022 | 888 | 984 978 | 866 244 | 53 | 10 | |
| 9 | 0 | 882 101 | 835 | 015 910 | 889 | 984 090 | 866 191 | 54 | 0 | 51 |
| | 10 | 882 936 | 835 | 016 799 | 888 | 983 201 | 866 137 | 53 | 50 | |
| | 20 | 883 771 | 835 | 017 687 | 887 | 982 313 | 866 084 | 53 | 40 | |
| | 30 | 884 606 | 834 | 018 574 | 888 | 981 426 | 866 031 | 53 | 30 | |
| | 40 | 885 440 | 835 | 019 462 | 888 | 980 538 | 865 978 | 53 | 20 | |
| | 50 | 886 275 | 834 | 020 350 | 887 | 979 650 | 865 925 | 53 | 10 | |
| 10 | 0 | $\bar{1}$,3 887 109 | | $\bar{1}$,4 021 237 | | 0,5 978 763 | $\bar{1}$,9 865 872 | | 0 | 50 |
| ′ | ″ | Cos. | | Cotg. | | Tang. | Sin. | | ″ | ′ |

75°

| ′ | ″ | Sin. | D. | Tang. | D.c. | Cotg. | Cos. | D. | ″ | ′ |
|---|---|---|---|---|---|---|---|---|---|---|
| 10 | 0 | $\bar{1}$,3 887 109 | 834 | $\bar{1}$,4 021 237 | 887 | 0,5 978 763 | $\bar{1}$,9 865 872 | 53 | 0 | 50 |
| | 10 | 887 943 | 834 | 022 124 | 887 | 977 876 | 865 819 | 53 | 50 | |
| | 20 | 888 777 | 834 | 023 011 | 887 | 976 989 | 865 766 | 54 | 40 | |
| | 30 | 889 611 | 833 | 023 898 | 887 | 976 102 | 865 712 | 53 | 30 | |
| | 40 | 890 444 | 833 | 024 785 | 886 | 975 215 | 865 659 | 53 | 20 | |
| | 50 | 891 277 | 834 | 025 671 | 887 | 974 329 | 865 606 | 53 | 10 | |
| 11 | 0 | 892 111 | 833 | 026 558 | 886 | 973 442 | 865 553 | 53 | 0 | 49 |
| | 10 | 892 944 | 833 | 027 444 | 886 | 972 556 | 865 500 | 54 | 50 | |
| | 20 | 893 777 | 832 | 028 330 | 886 | 971 670 | 865 446 | 53 | 40 | |
| | 30 | 894 609 | 833 | 029 216 | 886 | 970 784 | 865 393 | 53 | 30 | |
| | 40 | 895 442 | 832 | 030 102 | 885 | 969 898 | 865 340 | 53 | 20 | |
| | 50 | 896 274 | 832 | 030 987 | 886 | 969 013 | 865 287 | 54 | 10 | |
| 12 | 0 | 897 106 | 832 | 031 873 | 885 | 968 127 | 865 233 | 53 | 0 | 48 |
| | 10 | 897 938 | 832 | 032 758 | 885 | 967 242 | 865 180 | 53 | 50 | |
| | 20 | 898 770 | 832 | 033 643 | 885 | 966 357 | 865 127 | 54 | 40 | |
| | 30 | 899 602 | 831 | 034 528 | 885 | 965 472 | 865 073 | 53 | 30 | |
| | 40 | 900 433 | 832 | 035 413 | 885 | 964 587 | 865 020 | 53 | 20 | |
| | 50 | 901 265 | 831 | 036 298 | 884 | 963 702 | 864 967 | 54 | 10 | |
| 13 | 0 | 902 096 | 831 | 037 182 | 885 | 962 818 | 864 913 | 53 | 0 | 47 |
| | 10 | 902 927 | 831 | 038 067 | 884 | 961 933 | 864 860 | 53 | 50 | |
| | 20 | 903 758 | 830 | 038 951 | 884 | 961 049 | 864 807 | 54 | 40 | |
| | 30 | 904 588 | 831 | 039 835 | 884 | 960 165 | 864 753 | 53 | 30 | |
| | 40 | 905 419 | 830 | 040 719 | 883 | 959 281 | 864 700 | 53 | 20 | |
| | 50 | 906 249 | 830 | 041 602 | 884 | 958 398 | 864 647 | 54 | 10 | |
| 14 | 0 | 907 079 | 830 | 042 486 | 883 | 957 514 | 864 593 | 53 | 0 | 46 |
| | 10 | 907 909 | 830 | 043 369 | 884 | 956 631 | 864 540 | 54 | 50 | |
| | 20 | 908 739 | 830 | 044 253 | 883 | 955 747 | 864 486 | 53 | 40 | |
| | 30 | 909 569 | 829 | 045 136 | 883 | 954 864 | 864 433 | 54 | 30 | |
| | 40 | 910 398 | 829 | 046 019 | 882 | 953 981 | 864 379 | 53 | 20 | |
| | 50 | 911 227 | 830 | 046 901 | 883 | 953 099 | 864 326 | 53 | 10 | |
| 15 | 0 | 912 057 | 828 | 047 784 | 882 | 952 216 | 864 273 | 54 | 0 | 45 |
| | 10 | 912 885 | 829 | 048 666 | 883 | 951 334 | 864 219 | 53 | 50 | |
| | 20 | 913 714 | 829 | 049 549 | 882 | 950 451 | 864 166 | 54 | 40 | |
| | 30 | 914 543 | 828 | 050 431 | 882 | 949 569 | 864 112 | 53 | 30 | |
| | 40 | 915 371 | 829 | 051 313 | 882 | 948 687 | 864 059 | 54 | 20 | |
| | 50 | 916 200 | 828 | 052 195 | 881 | 947 805 | 864 005 | 53 | 10 | |
| 16 | 0 | 917 028 | 828 | 053 076 | 882 | 946 924 | 863 952 | 54 | 0 | 44 |
| | 10 | 917 856 | 828 | 053 958 | 881 | 946 042 | 863 898 | 54 | 50 | |
| | 20 | 918 684 | 827 | 054 839 | 881 | 945 161 | 863 844 | 53 | 40 | |
| | 30 | 919 511 | 828 | 055 720 | 881 | 944 280 | 863 791 | 54 | 30 | |
| | 40 | 920 339 | 827 | 056 601 | 881 | 943 399 | 863 737 | 53 | 20 | |
| | 50 | 921 166 | 827 | 057 482 | 881 | 942 518 | 863 684 | 54 | 10 | |
| 17 | 0 | 921 993 | 827 | 058 363 | 880 | 941 637 | 863 630 | 54 | 0 | 43 |
| | 10 | 922 820 | 827 | 059 243 | 881 | 940 757 | 863 576 | 53 | 50 | |
| | 20 | 923 647 | 826 | 060 124 | 880 | 939 876 | 863 523 | 54 | 40 | |
| | 30 | 924 473 | 827 | 061 004 | 880 | 938 996 | 863 469 | 53 | 30 | |
| | 40 | 925 300 | 826 | 061 884 | 880 | 938 116 | 863 416 | 54 | 20 | |
| | 50 | 926 126 | 826 | 062 764 | 880 | 937 236 | 863 362 | 54 | 10 | |
| 18 | 0 | 926 952 | 826 | 063 644 | 880 | 936 356 | 863 308 | 53 | 0 | 42 |
| | 10 | 927 778 | 826 | 064 524 | 879 | 935 476 | 863 255 | 54 | 50 | |
| | 20 | 928 604 | 826 | 065 403 | 879 | 934 597 | 863 201 | 54 | 40 | |
| | 30 | 929 430 | 825 | 066 282 | 879 | 933 718 | 863 147 | 53 | 30 | |
| | 40 | 930 255 | 825 | 067 161 | 879 | 932 839 | 863 094 | 54 | 20 | |
| | 50 | 931 080 | 825 | 068 040 | 879 | 931 960 | 863 040 | 54 | 10 | |
| 19 | 0 | 931 905 | 825 | 068 919 | 879 | 931 081 | 862 986 | 54 | 0 | 41 |
| | 10 | 932 730 | 825 | 069 798 | 878 | 930 202 | 862 932 | 53 | 50 | |
| | 20 | 933 555 | 825 | 070 676 | 879 | 929 324 | 862 879 | 54 | 40 | |
| | 30 | 934 380 | 824 | 071 555 | 878 | 928 445 | 862 825 | 54 | 30 | |
| | 40 | 935 204 | 824 | 072 433 | 878 | 927 567 | 862 771 | 54 | 20 | |
| | 50 | 936 028 | 824 | 073 311 | 878 | 926 689 | 862 717 | 54 | 10 | |
| 20 | 0 | $\bar{1}$,3 936 852 | | $\bar{1}$,4 074 189 | | 0,5 925 811 | $\bar{1}$,9 862 663 | | 0 | 40 |
| ′ | ″ | Cos. | | Cotg. | | Tang. | Sin. | | ″ | ′ |

| 886 | |
|---|---|
| 1 | 88,6 |
| 2 | 177,2 |
| 3 | 265,8 |
| 4 | 354,4 |
| 5 | 443,0 |
| 6 | 531,6 |
| 7 | 620,2 |
| 8 | 708,8 |
| 9 | 797,4 |

| 884 | |
|---|---|
| 1 | 88,4 |
| 2 | 176,8 |
| 3 | 265,2 |
| 4 | 353,6 |
| 5 | 442,0 |
| 6 | 530,4 |
| 7 | 618,8 |
| 8 | 707,2 |
| 9 | 795,6 |

| 882 | |
|---|---|
| 1 | 88,2 |
| 2 | 176,4 |
| 3 | 264,6 |
| 4 | 352,8 |
| 5 | 441,0 |
| 6 | 529,2 |
| 7 | 617,4 |
| 8 | 705,6 |
| 9 | 793,8 |

| 880 | |
|---|---|
| 1 | 88 |
| 2 | 176 |
| 3 | 264 |
| 4 | 352 |
| 5 | 440 |
| 6 | 528 |
| 7 | 616 |
| 8 | 704 |
| 9 | 792 |

| 878 | |
|---|---|
| 1 | 87,8 |
| 2 | 175,6 |
| 3 | 263,4 |
| 4 | 351,2 |
| 5 | 439,0 |
| 6 | 526,8 |
| 7 | 614,6 |
| 8 | 702,4 |
| 9 | 790,2 |

| 830 | |
|---|---|
| 1 | 83 |
| 2 | 166 |
| 3 | 249 |
| 4 | 332 |
| 5 | 415 |
| 6 | 498 |
| 7 | 581 |
| 8 | 664 |
| 9 | 747 |

| 820 | |
|---|---|
| 1 | 82 |
| 2 | 164 |
| 3 | 246 |
| 4 | 328 |
| 5 | 410 |
| 6 | 492 |
| 7 | 574 |
| 8 | 656 |
| 9 | 738 |

| 54 | |
|---|---|
| 1 | 5,4 |
| 2 | 10,8 |
| 3 | 16,2 |
| 4 | 21,6 |
| 5 | 27,0 |
| 6 | 32,4 |
| 7 | 37,8 |
| 8 | 43,2 |
| 9 | 48,6 |

| ′ | ″ | Sin. | D. | Tang. | D.c. | Cotg. | Cos. | D. | ″ | ′ |
|---|---|---|---|---|---|---|---|---|---|---|
| 20 | 0 | 1̄,3 936 852 | | 1̄,4 074 189 | | 0,5 925 811 | 1̄,9 862 663 | | 0 | 40 |
| | 10 | 937 676 | 824 | 075 067 | 878 | 924 933 | 862 610 | 53 | 50 | |
| | 20 | 938 500 | 824 | 075 944 | 877 | 924 056 | 862 556 | 54 | 40 | |
| | 30 | 939 324 | 824 | 076 822 | 878 | 923 178 | 862 502 | 54 | 30 | |
| | 40 | 940 147 | 823 | 077 699 | 877 | 922 301 | 862 448 | 54 | 20 | |
| | 50 | 940 971 | 824 | 078 576 | 877 | 921 424 | 862 394 | 54 | 10 | |
| 21 | 0 | 941 794 | 823 | 079 453 | 877 | 920 547 | 862 340 | 54 | 0 | 39 |
| | 10 | 942 617 | 823 | 080 330 | 877 | 919 670 | 862 287 | 53 | 50 | |
| | 20 | 943 439 | 822 | 081 207 | 877 | 918 793 | 862 233 | 54 | 40 | |
| | 30 | 944 262 | 823 | 082 083 | 876 | 917 917 | 862 179 | 54 | 30 | |
| | 40 | 945 084 | 822 | 082 959 | 876 | 917 041 | 862 125 | 54 | 20 | |
| | 50 | 945 907 | 823 | 083 836 | 877 | 916 164 | 862 071 | 54 | 10 | |
| 22 | 0 | 946 729 | 822 | 084 712 | 876 | 915 288 | 862 017 | 54 | 0 | 38 |
| | 10 | 947 551 | 822 | 085 588 | 876 | 914 412 | 861 963 | 54 | 50 | |
| | 20 | 948 373 | 822 | 086 463 | 875 | 913 537 | 861 909 | 54 | 40 | |
| | 30 | 949 194 | 821 | 087 339 | 876 | 912 661 | 861 855 | 54 | 30 | |
| | 40 | 950 016 | 822 | 088 214 | 875 | 911 786 | 861 801 | 54 | 20 | |
| | 50 | 950 837 | 821 | 089 090 | 876 | 910 910 | 861 747 | 54 | 10 | |
| 23 | 0 | 951 658 | 821 | 089 965 | 875 | 910 035 | 861 693 | 54 | 0 | 37 |
| | 10 | 952 479 | 821 | 090 840 | 875 | 909 160 | 861 639 | 54 | 50 | |
| | 20 | 953 300 | 821 | 091 714 | 874 | 908 286 | 861 585 | 54 | 40 | |
| | 30 | 954 120 | 820 | 092 589 | 875 | 907 411 | 861 531 | 54 | 30 | |
| | 40 | 954 941 | 821 | 093 464 | 875 | 906 536 | 861 477 | 54 | 20 | |
| | 50 | 955 761 | 820 | 094 338 | 874 | 905 662 | 861 423 | 54 | 10 | |
| 24 | 0 | 956 581 | 820 | 095 212 | 874 | 904 788 | 861 369 | 54 | 0 | 36 |
| | 10 | 957 401 | 820 | 096 086 | 874 | 903 914 | 861 315 | 54 | 50 | |
| | 20 | 958 221 | 820 | 096 960 | 874 | 903 040 | 861 261 | 54 | 40 | |
| | 30 | 959 041 | 820 | 097 834 | 874 | 902 166 | 861 207 | 54 | 30 | |
| | 40 | 959 860 | 819 | 098 707 | 873 | 901 293 | 861 153 | 54 | 20 | |
| | 50 | 960 679 | 819 | 099 581 | 874 | 900 419 | 861 099 | 54 | 10 | |
| 25 | 0 | 961 499 | 820 | 100 454 | 873 | 899 546 | 861 045 | 54 | 0 | 35 |
| | 10 | 962 318 | 819 | 101 327 | 873 | 898 673 | 860 990 | 55 | 50 | |
| | 20 | 963 136 | 818 | 102 200 | 873 | 897 800 | 860 936 | 54 | 40 | |
| | 30 | 963 955 | 819 | 103 073 | 873 | 896 927 | 860 882 | 54 | 30 | |
| | 40 | 964 773 | 818 | 103 945 | 872 | 896 055 | 860 828 | 54 | 20 | |
| | 50 | 965 592 | 819 | 104 818 | 873 | 895 182 | 860 774 | 54 | 10 | |
| 26 | 0 | 966 410 | 818 | 105 690 | 872 | 894 310 | 860 720 | 54 | 0 | 34 |
| | 10 | 967 228 | 818 | 106 562 | 872 | 893 438 | 860 665 | 55 | 50 | |
| | 20 | 968 046 | 818 | 107 435 | 873 | 892 565 | 860 611 | 54 | 40 | |
| | 30 | 968 863 | 817 | 108 306 | 871 | 891 694 | 860 557 | 54 | 30 | |
| | 40 | 969 681 | 818 | 109 178 | 872 | 890 822 | 860 503 | 54 | 20 | |
| | 50 | 970 498 | 817 | 110 050 | 872 | 889 950 | 860 449 | 54 | 10 | |
| 27 | 0 | 971 315 | 817 | 110 921 | 871 | 889 079 | 860 394 | 55 | 0 | 33 |
| | 10 | 972 132 | 817 | 111 792 | 871 | 888 208 | 860 340 | 54 | 50 | |
| | 20 | 972 949 | 817 | 112 663 | 871 | 887 337 | 860 286 | 54 | 40 | |
| | 30 | 973 766 | 817 | 113 534 | 871 | 886 466 | 860 231 | 55 | 30 | |
| | 40 | 974 582 | 816 | 114 405 | 871 | 885 595 | 860 177 | 54 | 20 | |
| | 50 | 975 399 | 817 | 115 276 | 871 | 884 724 | 860 123 | 54 | 10 | |
| 28 | 0 | 976 215 | 816 | 116 146 | 870 | 883 854 | 860 069 | 54 | 0 | 32 |
| | 10 | 977 031 | 816 | 117 017 | 871 | 882 983 | 860 014 | 55 | 50 | |
| | 20 | 977 847 | 816 | 117 887 | 870 | 882 113 | 859 960 | 54 | 40 | |
| | 30 | 978 663 | 816 | 118 757 | 870 | 881 243 | 859 906 | 54 | 30 | |
| | 40 | 979 478 | 815 | 119 627 | 870 | 880 373 | 859 851 | 55 | 20 | |
| | 50 | 980 293 | 815 | 120 497 | 870 | 879 503 | 859 797 | 54 | 10 | |
| 29 | 0 | 981 109 | 816 | 121 366 | 869 | 878 634 | 859 742 | 55 | 0 | 31 |
| | 10 | 981 924 | 815 | 122 236 | 870 | 877 764 | 859 688 | 54 | 50 | |
| | 20 | 982 739 | 815 | 123 105 | 869 | 876 895 | 859 634 | 54 | 40 | |
| | 30 | 983 553 | 814 | 123 974 | 869 | 876 026 | 859 579 | 55 | 30 | |
| | 40 | 984 368 | 815 | 124 843 | 869 | 875 157 | 859 525 | 54 | 20 | |
| | 50 | 985 182 | 814 | 125 712 | 869 | 874 288 | 859 470 | 55 | 10 | |
| 30 | 0 | 1̄,3 985 996 | 814 | 1̄,4 126 581 | 869 | 0,5 873 419 | 1̄,9 859 416 | 54 | 0 | 30 |
| ′ | ″ | Cos. | | Cotg. | | Tang. | Sin. | | ″ | ′ |

| | 878 | 876 | 874 | 872 | 870 | 820 | 810 | 54 |
|---|---|---|---|---|---|---|---|---|
| 1 | 87,8 | 87,6 | 87,4 | 87,2 | 87 | 82 | 81 | 5,4 |
| 2 | 175,6 | 175,2 | 174,8 | 174,4 | 174 | 164 | 162 | 10,8 |
| 3 | 263,4 | 262,8 | 262,2 | 261,6 | 261 | 246 | 243 | 16,2 |
| 4 | 351,2 | 350,4 | 349,6 | 348,8 | 348 | 328 | 324 | 21,6 |
| 5 | 439,0 | 438,0 | 437,0 | 436,0 | 435 | 410 | 405 | 27,0 |
| 6 | 526,8 | 525,6 | 524,4 | 523,2 | 522 | 492 | 486 | 32,4 |
| 7 | 614,6 | 613,2 | 611,8 | 610,4 | 609 | 574 | 567 | 37,8 |
| 8 | 702,4 | 700,8 | 699,2 | 697,6 | 696 | 656 | 648 | 43,2 |
| 9 | 790,2 | 788,4 | 786,6 | 784,8 | 783 | 738 | 729 | 48,6 |

| ′ | ″ | Sin. | D. | Tang. | D.c. | Cotg. | Cos. | D. | ″ | ′ |
|---|---|---|---|---|---|---|---|---|---|---|
| 30 | 0 | $\bar{1}$,3 985 996 | 814 | $\bar{1}$,4 126 581 | 868 | 0,5 873 419 | $\bar{1}$,9 859 416 | 55 | 0 | 30 |
| | 10 | 986 810 | 814 | 127 449 | 868 | 872 551 | 859 361 | 54 | 50 | |
| | 20 | 987 624 | 814 | 128 317 | 869 | 871 683 | 859 307 | 54 | 40 | |
| | 30 | 988 438 | 814 | 129 186 | 868 | 870 814 | 859 253 | 55 | 30 | |
| | 40 | 989 252 | 813 | 130 054 | 868 | 869 946 | 859 198 | 54 | 20 | |
| | 50 | 990 065 | 813 | 130 922 | 867 | 869 078 | 859 144 | 55 | 10 | |
| 31 | 0 | 990 878 | 813 | 131 789 | 868 | 868 211 | 859 089 | 55 | 0 | 29 |
| | 10 | 991 691 | 813 | 132 657 | 867 | 867 343 | 859 034 | 54 | 50 | |
| | 20 | 992 504 | 813 | 133 524 | 868 | 866 476 | 858 980 | 55 | 40 | |
| | 30 | 993 317 | 813 | 134 392 | 867 | 865 608 | 858 925 | 54 | 30 | |
| | 40 | 994 130 | 812 | 135 259 | 867 | 864 741 | 858 871 | 55 | 20 | |
| | 50 | 994 942 | 812 | 136 126 | 867 | 863 874 | 858 816 | 54 | 10 | |
| 32 | 0 | 995 754 | 813 | 136 993 | 866 | 863 007 | 858 762 | 55 | 0 | 28 |
| | 10 | 996 567 | 812 | 137 859 | 867 | 862 141 | 858 707 | 54 | 50 | |
| | 20 | 997 379 | 811 | 138 726 | 866 | 861 274 | 858 653 | 55 | 40 | |
| | 30 | 998 190 | 812 | 139 592 | 867 | 860 408 | 858 598 | 55 | 30 | |
| | 40 | 999 002 | 811 | 140 459 | 866 | 859 541 | 858 543 | 54 | 20 | |
| | 50 | $\bar{1}$,3 999 813 | 812 | 141 325 | 866 | 858 675 | 858 489 | 55 | 10 | |
| 33 | 0 | $\bar{1}$,4 000 625 | 811 | 142 191 | 865 | 857 809 | 858 434 | 55 | 0 | 27 |
| | 10 | 001 436 | 811 | 143 056 | 866 | 856 944 | 858 379 | 54 | 50 | |
| | 20 | 002 247 | 811 | 143 922 | 866 | 856 078 | 858 325 | 55 | 40 | |
| | 30 | 003 058 | 810 | 144 788 | 865 | 855 212 | 858 270 | 55 | 30 | |
| | 40 | 003 868 | 811 | 145 653 | 865 | 854 347 | 858 215 | 54 | 20 | |
| | 50 | 004 679 | 810 | 146 518 | 865 | 853 482 | 858 161 | 55 | 10 | |
| 34 | 0 | 005 489 | 810 | 147 383 | 865 | 852 617 | 858 106 | 55 | 0 | 26 |
| | 10 | 006 299 | 810 | 148 248 | 865 | 851 752 | 858 051 | 55 | 50 | |
| | 20 | 007 109 | 810 | 149 113 | 864 | 850 887 | 857 996 | 54 | 40 | |
| | 30 | 007 919 | 810 | 149 977 | 865 | 850 023 | 857 942 | 55 | 30 | |
| | 40 | 008 729 | 809 | 150 842 | 864 | 849 158 | 857 887 | 55 | 20 | |
| | 50 | 009 538 | 810 | 151 706 | 864 | 848 294 | 857 832 | 55 | 10 | |
| 35 | 0 | 010 348 | 809 | 152 570 | 864 | 847 430 | 857 777 | 54 | 0 | 25 |
| | 10 | 011 157 | 809 | 153 434 | 864 | 846 566 | 857 723 | 55 | 50 | |
| | 20 | 011 966 | 809 | 154 298 | 864 | 845 702 | 857 668 | 55 | 40 | |
| | 30 | 012 775 | 809 | 155 162 | 863 | 844 838 | 857 613 | 55 | 30 | |
| | 40 | 013 584 | 808 | 156 025 | 864 | 843 975 | 857 558 | 55 | 20 | |
| | 50 | 014 392 | 809 | 156 889 | 863 | 843 111 | 857 503 | 54 | 10 | |
| 36 | 0 | 015 201 | 808 | 157 752 | 863 | 842 248 | 857 449 | 55 | 0 | 24 |
| | 10 | 016 009 | 808 | 158 615 | 863 | 841 385 | 857 394 | 55 | 50 | |
| | 20 | 016 817 | 808 | 159 478 | 863 | 840 522 | 857 339 | 55 | 40 | |
| | 30 | 017 625 | 808 | 160 341 | 862 | 839 659 | 857 284 | 55 | 30 | |
| | 40 | 018 433 | 807 | 161 203 | 863 | 838 797 | 857 229 | 55 | 20 | |
| | 50 | 019 240 | 808 | 162 066 | 862 | 837 934 | 857 174 | 55 | 10 | |
| 37 | 0 | 020 048 | 807 | 162 928 | 862 | 837 072 | 857 119 | 55 | 0 | 23 |
| | 10 | 020 855 | 807 | 163 790 | 863 | 836 210 | 857 064 | 55 | 50 | |
| | 20 | 021 662 | 807 | 164 653 | 861 | 835 347 | 857 009 | 54 | 40 | |
| | 30 | 022 469 | 807 | 165 514 | 862 | 834 486 | 856 955 | 55 | 30 | |
| | 40 | 023 276 | 806 | 166 376 | 862 | 833 624 | 856 900 | 55 | 20 | |
| | 50 | 024 082 | 807 | 167 238 | 861 | 832 762 | 856 845 | 55 | 10 | |
| 38 | 0 | 024 889 | 806 | 168 099 | 862 | 831 901 | 856 790 | 55 | 0 | 22 |
| | 10 | 025 695 | 806 | 168 961 | 861 | 831 039 | 856 735 | 55 | 50 | |
| | 20 | 026 501 | 806 | 169 822 | 861 | 830 178 | 856 680 | 55 | 40 | |
| | 30 | 027 307 | 806 | 170 683 | 861 | 829 317 | 856 625 | 55 | 30 | |
| | 40 | 028 113 | 806 | 171 544 | 860 | 828 456 | 856 570 | 55 | 20 | |
| | 50 | 028 919 | 805 | 172 404 | 861 | 827 596 | 856 515 | 55 | 10 | |
| 39 | 0 | 029 724 | 806 | 173 265 | 860 | 826 735 | 856 460 | 55 | 0 | 21 |
| | 10 | 030 530 | 805 | 174 125 | 860 | 825 875 | 856 405 | 56 | 50 | |
| | 20 | 031 335 | 805 | 174 985 | 861 | 825 015 | 856 349 | 55 | 40 | |
| | 30 | 032 140 | 805 | 175 846 | 860 | 824 154 | 856 294 | 55 | 30 | |
| | 40 | 032 945 | 806 | 176 706 | 859 | 823 294 | 856 239 | 55 | 20 | |
| | 50 | 033 750 | 804 | 177 565 | 860 | 822 435 | 856 184 | 55 | 10 | |
| 40 | 0 | $\bar{1}$,4 034 554 | | $\bar{1}$,4 178 425 | | 0,5 821 575 | $\bar{1}$,9 856 129 | | 0 | 20 |
| ′ | ″ | Cos. | | Cotg. | | Tang. | Sin. | | ″ | ′ |

| 868 | |
|---|---|
| 1 | 86,8 |
| 2 | 173,6 |
| 3 | 260,4 |
| 4 | 347,2 |
| 5 | 434,0 |
| 6 | 520,8 |
| 7 | 607,6 |
| 8 | 694,4 |
| 9 | 781,2 |

| 866 | |
|---|---|
| 1 | 86,6 |
| 2 | 173,2 |
| 3 | 259,8 |
| 4 | 346,4 |
| 5 | 433,0 |
| 6 | 519,6 |
| 7 | 606,2 |
| 8 | 692,8 |
| 9 | 779,4 |

| 864 | |
|---|---|
| 1 | 86,4 |
| 2 | 172,8 |
| 3 | 259,2 |
| 4 | 345,6 |
| 5 | 432,0 |
| 6 | 518,4 |
| 7 | 604,8 |
| 8 | 691,2 |
| 9 | 777,6 |

| 862 | |
|---|---|
| 1 | 86,2 |
| 2 | 172,4 |
| 3 | 258,6 |
| 4 | 344,8 |
| 5 | 431,0 |
| 6 | 517,2 |
| 7 | 603,4 |
| 8 | 689,6 |
| 9 | 775,8 |

| 860 | |
|---|---|
| 1 | 86 |
| 2 | 172 |
| 3 | 258 |
| 4 | 344 |
| 5 | 430 |
| 6 | 516 |
| 7 | 602 |
| 8 | 688 |
| 9 | 774 |

| 810 | |
|---|---|
| 1 | 81 |
| 2 | 162 |
| 3 | 243 |
| 4 | 324 |
| 5 | 405 |
| 6 | 486 |
| 7 | 567 |
| 8 | 648 |
| 9 | 729 |

| 800 | |
|---|---|
| 1 | 80 |
| 2 | 160 |
| 3 | 240 |
| 4 | 320 |
| 5 | 400 |
| 6 | 480 |
| 7 | 560 |
| 8 | 640 |
| 9 | 720 |

| 55 | |
|---|---|
| 1 | 5,5 |
| 2 | 11,0 |
| 3 | 16,5 |
| 4 | 22,0 |
| 5 | 27,5 |
| 6 | 33,0 |
| 7 | 38,5 |
| 8 | 44,0 |
| 9 | 49,5 |

| ' | " | Sin. | D. | Tang. | D.c. | Cotg. | Cos. | D. | " | ' |
|---|---|---|---|---|---|---|---|---|---|---|
| 40 | 0 | $\bar{1}$,4 034 554 | | $\bar{1}$,4 178 425 | | 0,5 821 575 | $\bar{1}$,9 856 129 | | 0 | 20 |
| | 10 | 035 359 | 805 | 179 284 | 859 | 820 716 | 856 074 | 55 | 50 | |
| | 20 | 036 163 | 804 | 180 144 | 860 | 819 856 | 856 019 | 55 | 40 | |
| | 30 | 036 967 | 804 | 181 003 | 859 | 818 997 | 855 964 | 55 | 30 | |
| | 40 | 037 771 | 804 | 181 862 | 859 | 818 138 | 855 909 | 55 | 20 | |
| | 50 | 038 575 | 804 | 182 721 | 859 | 817 279 | 855 853 | 56 | 10 | |
| 41 | 0 | 039 378 | 803 | 183 580 | 859 | 816 420 | 855 798 | 55 | 0 | 19 |
| | 10 | 040 182 | 804 | 184 438 | 858 | 815 562 | 855 743 | 55 | 50 | |
| | 20 | 040 985 | 803 | 185 297 | 859 | 814 703 | 855 688 | 55 | 40 | |
| | 30 | 041 788 | 803 | 186 155 | 858 | 813 845 | 855 633 | 55 | 30 | |
| | 40 | 042 591 | 803 | 187 013 | 858 | 812 987 | 855 578 | 55 | 20 | |
| | 50 | 043 394 | 803 | 187 871 | 858 | 812 129 | 855 522 | 56 | 10 | |
| 42 | 0 | 044 196 | 802 | 188 729 | 858 | 811 271 | 855 467 | 55 | 0 | 18 |
| | 10 | 044 999 | 803 | 189 587 | 858 | 810 413 | 855 412 | 55 | 50 | |
| | 20 | 045 801 | 802 | 190 445 | 858 | 809 555 | 855 357 | 55 | 40 | |
| | 30 | 046 603 | 802 | 191 302 | 857 | 808 698 | 855 301 | 56 | 30 | |
| | 40 | 047 406 | 803 | 192 159 | 857 | 807 841 | 855 246 | 55 | 20 | |
| | 50 | 048 207 | 801 | 193 017 | 858 | 806 983 | 855 191 | 55 | 10 | |
| 43 | 0 | 049 009 | 802 | 193 874 | 857 | 806 126 | 855 135 | 56 | 0 | 17 |
| | 10 | 049 811 | 802 | 194 730 | 856 | 805 270 | 855 080 | 55 | 50 | |
| | 20 | 050 612 | 801 | 195 587 | 857 | 804 413 | 855 025 | 55 | 40 | |
| | 30 | 051 413 | 801 | 196 444 | 857 | 803 556 | 854 970 | 55 | 30 | |
| | 40 | 052 214 | 801 | 197 300 | 856 | 802 700 | 854 914 | 56 | 20 | |
| | 50 | 053 015 | 801 | 198 156 | 856 | 801 844 | 854 859 | 55 | 10 | |
| 44 | 0 | 053 816 | 801 | 199 013 | 857 | 800 987 | 854 803 | 56 | 0 | 16 |
| | 10 | 054 617 | 801 | 199 869 | 856 | 800 131 | 854 748 | 55 | 50 | |
| | 20 | 055 417 | 800 | 200 724 | 855 | 799 276 | 854 693 | 55 | 40 | |
| | 30 | 056 217 | 800 | 201 580 | 856 | 798 420 | 854 637 | 56 | 30 | |
| | 40 | 057 017 | 800 | 202 436 | 856 | 797 564 | 854 582 | 55 | 20 | |
| | 50 | 057 817 | 800 | 203 291 | 855 | 796 709 | 854 526 | 56 | 10 | |
| 45 | 0 | 058 617 | 800 | 204 146 | 855 | 795 854 | 854 471 | 55 | 0 | 15 |
| | 10 | 059 417 | 800 | 205 001 | 855 | 794 999 | 854 416 | 55 | 50 | |
| | 20 | 060 216 | 799 | 205 856 | 855 | 794 144 | 854 360 | 56 | 40 | |
| | 30 | 061 016 | 800 | 206 711 | 855 | 793 289 | 854 305 | 55 | 30 | |
| | 40 | 061 815 | 799 | 207 566 | 855 | 792 434 | 854 249 | 56 | 20 | |
| | 50 | 062 614 | 799 | 208 420 | 854 | 791 580 | 854 194 | 55 | 10 | |
| 46 | 0 | 063 413 | 799 | 209 275 | 855 | 790 725 | 854 138 | 56 | 0 | 14 |
| | 10 | 064 211 | 798 | 210 129 | 854 | 789 871 | 854 083 | 55 | 50 | |
| | 20 | 065 010 | 799 | 210 983 | 854 | 789 017 | 854 027 | 56 | 40 | |
| | 30 | 065 808 | 798 | 211 837 | 854 | 788 163 | 853 972 | 55 | 30 | |
| | 40 | 066 607 | 799 | 212 691 | 854 | 787 309 | 853 916 | 56 | 20 | |
| | 50 | 067 405 | 798 | 213 544 | 853 | 786 456 | 853 861 | 55 | 10 | |
| 47 | 0 | 068 203 | 798 | 214 398 | 854 | 785 602 | 853 805 | 56 | 0 | 13 |
| | 10 | 069 000 | 797 | 215 251 | 853 | 784 749 | 853 749 | 56 | 50 | |
| | 20 | 069 798 | 798 | 216 104 | 853 | 783 896 | 853 694 | 55 | 40 | |
| | 30 | 070 596 | 798 | 216 957 | 853 | 783 043 | 853 638 | 56 | 30 | |
| | 40 | 071 393 | 797 | 217 810 | 853 | 782 190 | 853 583 | 55 | 20 | |
| | 50 | 072 190 | 797 | 218 663 | 853 | 781 337 | 853 527 | 56 | 10 | |
| 48 | 0 | 072 987 | 797 | 219 515 | 852 | 780 485 | 853 471 | 56 | 0 | 12 |
| | 10 | 073 784 | 797 | 220 368 | 853 | 779 632 | 853 416 | 55 | 50 | |
| | 20 | 074 580 | 796 | 221 220 | 852 | 778 780 | 853 360 | 56 | 40 | |
| | 30 | 075 377 | 797 | 222 072 | 852 | 777 928 | 853 305 | 55 | 30 | |
| | 40 | 076 173 | 796 | 222 924 | 852 | 777 076 | 853 249 | 56 | 20 | |
| | 50 | 076 970 | 797 | 223 776 | 852 | 776 224 | 853 193 | 56 | 10 | |
| 49 | 0 | 077 766 | 796 | 224 628 | 852 | 775 372 | 853 138 | 55 | 0 | 11 |
| | 10 | 078 561 | 795 | 225 480 | 852 | 774 520 | 853 082 | 56 | 50 | |
| | 20 | 079 357 | 796 | 226 331 | 851 | 773 669 | 853 026 | 56 | 40 | |
| | 30 | 080 153 | 796 | 227 182 | 851 | 772 818 | 852 970 | 56 | 30 | |
| | 40 | 080 948 | 795 | 228 034 | 852 | 771 966 | 852 915 | 55 | 20 | |
| | 50 | 081 743 | 795 | 228 885 | 851 | 771 115 | 852 859 | 56 | 10 | |
| 50 | 0 | $\bar{1}$,4 082 539 | 796 | $\bar{1}$,4 229 735 | 850 | 0,5 770 265 | $\bar{1}$,9 852 803 | 56 | 0 | 10 |
| ' | " | Cos. | | Cotg. | | Tang. | Sin. | | " | ' |

| | 860 | 858 | 856 | 854 | 852 | 800 | 790 | 55 |
|---|---|---|---|---|---|---|---|---|
| 1 | 86 | 85,8 | 85,6 | 85,4 | 85,2 | 80 | 79 | 5,5 |
| 2 | 172 | 171,6 | 171,2 | 170,8 | 170,4 | 160 | 158 | 11,0 |
| 3 | 258 | 257,4 | 256,8 | 256,2 | 255,6 | 240 | 237 | 16,5 |
| 4 | 344 | 343,2 | 342,4 | 341,6 | 340,8 | 320 | 316 | 22,0 |
| 5 | 430 | 429,0 | 428,0 | 427,0 | 426,0 | 400 | 395 | 27,5 |
| 6 | 516 | 514,8 | 513,6 | 512,4 | 511,2 | 480 | 474 | 33,0 |
| 7 | 602 | 600,6 | 599,2 | 597,8 | 596,4 | 560 | 553 | 38,5 |
| 8 | 688 | 686,4 | 684,8 | 683,2 | 681,6 | 640 | 632 | 44,0 |
| 9 | 774 | 772,2 | 770,4 | 768,6 | 766,8 | 720 | 711 | 49,5 |

| ′ | ″ | Sin. | D. | Tang. | D.c. | Cotg. | Cos. | D. | ″ | ′ |
|---|---|---|---|---|---|---|---|---|---|---|
| 50 | 0 | ī,4 082 539 | 795 | ī,4 229 735 | 851 | 0,5 770 265 | ī,9 852 803 | 56 | 0 | 10 |
| | 10 | 083 334 | 794 | 230 586 | 851 | 769 414 | 852 747 | 55 | 50 | |
| | 20 | 084 128 | 795 | 231 437 | 850 | 768 563 | 852 692 | 56 | 40 | |
| | 30 | 084 923 | 794 | 232 287 | 850 | 767 713 | 852 636 | 56 | 30 | |
| | 40 | 085 717 | 795 | 233 137 | 851 | 766 863 | 852 580 | 56 | 20 | |
| | 50 | 086 512 | 794 | 233 988 | 850 | 766 012 | 852 524 | 56 | 10 | |
| 51 | 0 | 087 306 | 794 | 234 838 | 849 | 765 162 | 852 468 | 55 | 0 | 9 |
| | 10 | 088 100 | 794 | 235 687 | 850 | 764 313 | 852 413 | 56 | 50 | |
| | 20 | 088 894 | 794 | 236 537 | 850 | 763 463 | 852 357 | 56 | 40 | |
| | 30 | 089 688 | 793 | 237 387 | 849 | 762 613 | 852 301 | 56 | 30 | |
| | 40 | 090 481 | 794 | 238 236 | 849 | 761 764 | 852 245 | 56 | 20 | |
| | 50 | 091 275 | 793 | 239 085 | 850 | 760 915 | 852 189 | 56 | 10 | |
| 52 | 0 | 092 068 | 793 | 239 935 | 849 | 760 065 | 852 133 | 56 | 0 | 8 |
| | 10 | 092 861 | 793 | 240 784 | 848 | 759 216 | 852 077 | 56 | 50 | |
| | 20 | 093 654 | 793 | 241 632 | 849 | 758 368 | 852 021 | 56 | 40 | |
| | 30 | 094 447 | 792 | 242 481 | 849 | 757 519 | 851 965 | 55 | 30 | |
| | 40 | 095 239 | 793 | 243 330 | 848 | 756 670 | 851 910 | 56 | 20 | |
| | 50 | 096 032 | 792 | 244 178 | 848 | 755 822 | 851 854 | 56 | 10 | |
| 53 | 0 | 096 824 | 792 | 245 026 | 848 | 754 974 | 851 798 | 56 | 0 | 7 |
| | 10 | 097 616 | 792 | 245 874 | 848 | 754 126 | 851 742 | 56 | 50 | |
| | 20 | 098 408 | 792 | 246 722 | 848 | 753 278 | 851 686 | 56 | 40 | |
| | 30 | 099 200 | 792 | 247 570 | 848 | 752 430 | 851 630 | 56 | 30 | |
| | 40 | 099 992 | 791 | 248 418 | 848 | 751 582 | 851 574 | 56 | 20 | |
| | 50 | 100 783 | 792 | 249 266 | 847 | 750 734 | 851 518 | 56 | 10 | |
| 54 | 0 | 101 575 | 791 | 250 113 | 847 | 749 887 | 851 462 | 56 | 0 | 6 |
| | 10 | 102 366 | 791 | 250 960 | 847 | 749 040 | 851 406 | 56 | 50 | |
| | 20 | 103 157 | 791 | 251 807 | 847 | 748 193 | 851 350 | 56 | 40 | |
| | 30 | 103 948 | 791 | 252 654 | 847 | 747 346 | 851 294 | 56 | 30 | |
| | 40 | 104 739 | 790 | 253 501 | 847 | 746 499 | 851 238 | 57 | 20 | |
| | 50 | 105 529 | 791 | 254 348 | 846 | 745 652 | 851 181 | 56 | 10 | |
| 55 | 0 | 106 320 | 790 | 255 194 | 847 | 744 806 | 851 125 | 56 | 0 | 5 |
| | 10 | 107 110 | 790 | 256 041 | 846 | 743 959 | 851 069 | 56 | 50 | |
| | 20 | 107 900 | 790 | 256 887 | 846 | 743 113 | 851 013 | 56 | 40 | |
| | 30 | 108 690 | 790 | 257 733 | 846 | 742 267 | 850 957 | 56 | 30 | |
| | 40 | 109 480 | 790 | 258 579 | 846 | 741 421 | 850 901 | 56 | 20 | |
| | 50 | 110 270 | 789 | 259 425 | 846 | 740 575 | 850 845 | 56 | 10 | |
| 56 | 0 | 111 059 | 790 | 260 271 | 845 | 739 729 | 850 789 | 57 | 0 | 4 |
| | 10 | 111 849 | 789 | 261 116 | 846 | 738 884 | 850 732 | 56 | 50 | |
| | 20 | 112 638 | 789 | 261 962 | 845 | 738 038 | 850 676 | 56 | 40 | |
| | 30 | 113 427 | 789 | 262 807 | 845 | 737 193 | 850 620 | 56 | 30 | |
| | 40 | 114 216 | 789 | 263 652 | 845 | 736 348 | 850 564 | 56 | 20 | |
| | 50 | 115 005 | 788 | 264 497 | 845 | 735 503 | 850 508 | 56 | 10 | |
| 57 | 0 | 115 793 | 789 | 265 342 | 845 | 734 658 | 850 452 | 57 | 0 | 3 |
| | 10 | 116 582 | 788 | 266 187 | 844 | 733 813 | 850 395 | 56 | 50 | |
| | 20 | 117 370 | 788 | 267 031 | 844 | 732 969 | 850 339 | 56 | 40 | |
| | 30 | 118 158 | 788 | 267 875 | 845 | 732 125 | 850 283 | 56 | 30 | |
| | 40 | 118 946 | 788 | 268 720 | 844 | 731 280 | 850 227 | 57 | 20 | |
| | 50 | 119 734 | 788 | 269 564 | 844 | 730 436 | 850 170 | 56 | 10 | |
| 58 | 0 | 120 522 | 787 | 270 408 | 844 | 729 592 | 850 114 | 56 | 0 | 2 |
| | 10 | 121 309 | 788 | 271 252 | 843 | 728 748 | 850 058 | 57 | 50 | |
| | 20 | 122 097 | 787 | 272 095 | 844 | 727 905 | 850 001 | 56 | 40 | |
| | 30 | 122 884 | 787 | 272 939 | 843 | 727 061 | 849 945 | 56 | 30 | |
| | 40 | 123 671 | 787 | 273 782 | 844 | 726 218 | 849 889 | 57 | 20 | |
| | 50 | 124 458 | 787 | 274 626 | 843 | 725 374 | 849 832 | 56 | 10 | |
| 59 | 0 | 125 245 | 786 | 275 469 | 843 | 724 531 | 849 776 | 56 | 0 | 1 |
| | 10 | 126 031 | 787 | 276 312 | 843 | 723 688 | 849 720 | 57 | 50 | |
| | 20 | 126 818 | 786 | 277 155 | 842 | 722 845 | 849 663 | 56 | 40 | |
| | 30 | 127 604 | 786 | 277 997 | 843 | 722 003 | 849 607 | 56 | 30 | |
| | 40 | 128 390 | 786 | 278 840 | 842 | 721 160 | 849 551 | 57 | 20 | |
| | 50 | 129 176 | 786 | 279 682 | 843 | 720 318 | 849 494 | 56 | 10 | |
| 60 | 0 | ī,4 129 962 | | ī,4 280 525 | | 0,5 719 475 | ī,9 849 438 | | 0 | 0 |
| ′ | ″ | Cos. | | Cotg. | | Tang. | Sin. | | ″ | ′ |

75°

| | 850 |
|---|---|
| 1 | 85 |
| 2 | 170 |
| 3 | 255 |
| 4 | 340 |
| 5 | 425 |
| 6 | 510 |
| 7 | 595 |
| 8 | 680 |
| 9 | 765 |

| | 848 |
|---|---|
| 1 | 84,8 |
| 2 | 169,6 |
| 3 | 254,4 |
| 4 | 339,2 |
| 5 | 424,0 |
| 6 | 508,8 |
| 7 | 593,6 |
| 8 | 678,4 |
| 9 | 763,2 |

| | 846 |
|---|---|
| 1 | 84,6 |
| 2 | 169,2 |
| 3 | 253,8 |
| 4 | 338,4 |
| 5 | 423,0 |
| 6 | 507,6 |
| 7 | 592,2 |
| 8 | 676,8 |
| 9 | 761,4 |

| | 844 |
|---|---|
| 1 | 84,4 |
| 2 | 168,8 |
| 3 | 253,2 |
| 4 | 337,6 |
| 5 | 422,0 |
| 6 | 506,4 |
| 7 | 590,8 |
| 8 | 675,2 |
| 9 | 759,6 |

| | 842 |
|---|---|
| 1 | 84,2 |
| 2 | 168,4 |
| 3 | 252,6 |
| 4 | 336,8 |
| 5 | 421,0 |
| 6 | 505,2 |
| 7 | 589,4 |
| 8 | 673,6 |
| 9 | 757,8 |

| | 790 |
|---|---|
| 1 | 79 |
| 2 | 158 |
| 3 | 237 |
| 4 | 316 |
| 5 | 395 |
| 6 | 474 |
| 7 | 553 |
| 8 | 632 |
| 9 | 711 |

| | 780 |
|---|---|
| 1 | 78 |
| 2 | 156 |
| 3 | 234 |
| 4 | 312 |
| 5 | 390 |
| 6 | 468 |
| 7 | 546 |
| 8 | 624 |
| 9 | 702 |

| | 56 |
|---|---|
| 1 | 5,6 |
| 2 | 11,2 |
| 3 | 16,8 |
| 4 | 22,4 |
| 5 | 28,0 |
| 6 | 33,6 |
| 7 | 39,2 |
| 8 | 44,8 |
| 9 | 50,4 |

| | 842 | 840 | 838 | 836 | 834 | 780 | 770 | 57 |
|---|---|---|---|---|---|---|---|---|
| 1 | 84,2 | 84 | 83,8 | 83,6 | 83,4 | 78 | 77 | 5,7 |
| 2 | 168,4 | 168 | 167,6 | 167,2 | 166,8 | 156 | 154 | 11,4 |
| 3 | 252,6 | 252 | 251,4 | 250,8 | 250,2 | 234 | 231 | 17,1 |
| 4 | 336,8 | 336 | 335,2 | 334,4 | 333,6 | 312 | 308 | 22,8 |
| 5 | 421,0 | 420 | 419,0 | 418,0 | 417,0 | 390 | 385 | 28,5 |
| 6 | 505,2 | 504 | 502,8 | 501,6 | 500,4 | 468 | 462 | 34,2 |
| 7 | 589,4 | 588 | 586,6 | 585,2 | 583,8 | 546 | 539 | 39,9 |
| 8 | 673,6 | 672 | 670,4 | 668,8 | 667,2 | 624 | 616 | 45,6 |
| 9 | 757,8 | 756 | 754,2 | 752,4 | 750,6 | 702 | 693 | 51,3 |

| ′ | ″ | Sin. | D. | Tang. | D.c. | Cotg. | Cos. | D. | ″ | ′ |
|---|---|---|---|---|---|---|---|---|---|---|
| 0 | 0 | 1̄,4 129 962 | | 1̄,4 280 525 | | 0,5 719 475 | 1̄,9 849 438 | | 0 | 60 |
| | 10 | 130 748 | 786 | 281 367 | 842 | 718 633 | 849 381 | 57 | 50 | |
| | 20 | 131 534 | 786 | 282 209 | 842 | 717 791 | 849 325 | 56 | 40 | |
| | 30 | 132 319 | 785 | 283 051 | 842 | 716 949 | 849 268 | 57 | 30 | |
| | 40 | 133 104 | 785 | 283 892 | 841 | 716 108 | 849 212 | 56 | 20 | |
| | 50 | 133 889 | 785 | 284 734 | 842 | 715 266 | 849 156 | 56 | 10 | |
| 1 | 0 | 134 674 | 785 | 285 575 | 841 | 714 425 | 849 099 | 57 | 0 | 59 |
| | 10 | 135 459 | 785 | 286 417 | 842 | 713 583 | 849 043 | 56 | 50 | |
| | 20 | 136 244 | 785 | 287 258 | 841 | 712 742 | 848 986 | 57 | 40 | |
| | 30 | 137 028 | 784 | 288 099 | 841 | 711 901 | 848 930 | 56 | 30 | |
| | 40 | 137 813 | 785 | 288 940 | 841 | 711 060 | 848 873 | 57 | 20 | |
| | 50 | 138 597 | 784 | 289 780 | 840 | 710 220 | 848 817 | 56 | 10 | |
| 2 | 0 | 139 381 | 784 | 290 621 | 841 | 709 379 | 848 760 | 57 | 0 | 58 |
| | 10 | 140 165 | 784 | 291 461 | 840 | 708 539 | 848 703 | 57 | 50 | |
| | 20 | 140 948 | 783 | 292 302 | 841 | 707 698 | 848 647 | 56 | 40 | |
| | 30 | 141 732 | 784 | 293 142 | 840 | 706 858 | 848 590 | 57 | 30 | |
| | 40 | 142 515 | 783 | 293 982 | 840 | 706 018 | 848 534 | 56 | 20 | |
| | 50 | 143 299 | 784 | 294 822 | 840 | 705 178 | 848 477 | 57 | 10 | |
| 3 | 0 | 144 082 | 783 | 295 661 | 839 | 704 339 | 848 420 | 57 | 0 | 57 |
| | 10 | 144 865 | 783 | 296 501 | 840 | 703 499 | 848 364 | 56 | 50 | |
| | 20 | 145 648 | 783 | 297 340 | 839 | 702 660 | 848 307 | 57 | 40 | |
| | 30 | 146 430 | 782 | 298 180 | 840 | 701 820 | 848 251 | 56 | 30 | |
| | 40 | 147 213 | 783 | 299 019 | 839 | 700 981 | 848 194 | 57 | 20 | |
| | 50 | 147 995 | 782 | 299 858 | 839 | 700 142 | 848 137 | 57 | 10 | |
| 4 | 0 | 148 778 | 783 | 300 697 | 839 | 699 303 | 848 081 | 56 | 0 | 56 |
| | 10 | 149 560 | 782 | 301 536 | 839 | 698 464 | 848 024 | 57 | 50 | |
| | 20 | 150 342 | 782 | 302 374 | 838 | 697 626 | 847 967 | 57 | 40 | |
| | 30 | 151 123 | 781 | 303 213 | 839 | 696 787 | 847 911 | 56 | 30 | |
| | 40 | 151 905 | 782 | 304 051 | 838 | 695 949 | 847 854 | 57 | 20 | |
| | 50 | 152 686 | 781 | 304 889 | 838 | 695 111 | 847 797 | 57 | 10 | |
| 5 | 0 | 153 468 | 782 | 305 727 | 838 | 694 273 | 847 740 | 57 | 0 | 55 |
| | 10 | 154 249 | 781 | 306 565 | 838 | 693 435 | 847 684 | 56 | 50 | |
| | 20 | 155 030 | 781 | 307 403 | 838 | 692 597 | 847 627 | 57 | 40 | |
| | 30 | 155 811 | 781 | 308 241 | 838 | 691 759 | 847 570 | 57 | 30 | |
| | 40 | 156 591 | 780 | 309 078 | 837 | 690 922 | 847 513 | 57 | 20 | |
| | 50 | 157 372 | 781 | 309 916 | 838 | 690 084 | 847 456 | 57 | 10 | |
| 6 | 0 | 158 152 | 780 | 310 753 | 837 | 689 247 | 847 400 | 56 | 0 | 54 |
| | 10 | 158 933 | 781 | 311 590 | 837 | 688 410 | 847 343 | 57 | 50 | |
| | 20 | 159 713 | 780 | 312 427 | 837 | 687 573 | 847 286 | 57 | 40 | |
| | 30 | 160 493 | 780 | 313 264 | 837 | 686 736 | 847 229 | 57 | 30 | |
| | 40 | 161 273 | 780 | 314 100 | 836 | 685 900 | 847 172 | 57 | 20 | |
| | 50 | 162 052 | 779 | 314 937 | 837 | 685 063 | 847 115 | 57 | 10 | |
| 7 | 0 | 162 832 | 780 | 315 773 | 836 | 684 227 | 847 059 | 56 | 0 | 53 |
| | 10 | 163 611 | 779 | 316 609 | 836 | 683 391 | 847 002 | 57 | 50 | |
| | 20 | 164 390 | 779 | 317 446 | 837 | 682 554 | 846 945 | 57 | 40 | |
| | 30 | 165 169 | 779 | 318 281 | 835 | 681 719 | 846 888 | 57 | 30 | |
| | 40 | 165 948 | 779 | 319 117 | 836 | 680 883 | 846 831 | 57 | 20 | |
| | 50 | 166 727 | 779 | 319 953 | 836 | 680 047 | 846 774 | 57 | 10 | |
| 8 | 0 | 167 506 | 779 | 320 789 | 836 | 679 211 | 846 717 | 57 | 0 | 52 |
| | 10 | 168 284 | 778 | 321 624 | 835 | 678 376 | 846 660 | 57 | 50 | |
| | 20 | 169 062 | 778 | 322 459 | 835 | 677 541 | 846 603 | 57 | 40 | |
| | 30 | 169 841 | 779 | 323 294 | 835 | 676 706 | 846 546 | 57 | 30 | |
| | 40 | 170 619 | 778 | 324 129 | 835 | 675 871 | 846 489 | 57 | 20 | |
| | 50 | 171 397 | 778 | 324 964 | 835 | 675 036 | 846 432 | 57 | 10 | |
| 9 | 0 | 172 174 | 777 | 325 799 | 835 | 674 201 | 846 375 | 57 | 0 | 51 |
| | 10 | 172 952 | 778 | 326 634 | 835 | 673 366 | 846 318 | 57 | 50 | |
| | 20 | 173 729 | 777 | 327 468 | 834 | 672 532 | 846 261 | 57 | 40 | |
| | 30 | 174 506 | 777 | 328 302 | 834 | 671 698 | 846 204 | 57 | 30 | |
| | 40 | 175 284 | 778 | 329 136 | 834 | 670 864 | 846 147 | 57 | 20 | |
| | 50 | 176 061 | 777 | 329 970 | 834 | 670 030 | 846 090 | 57 | 10 | |
| 10 | 0 | 1̄,4 176 837 | 776 | 1̄,4 330 804 | 834 | 0,5 669 196 | 1̄,9 846 033 | 57 | 0 | 50 |
| ′ | ″ | Cos. | | Cotg. | | Tang. | Sin. | | ″ | ′ |

| ′ | ″ | Sin. | D. | Tang. | D.c. | Cotg. | Cos. | D. | ″ | ′ |
|---|---|---|---|---|---|---|---|---|---|---|
| 10 | 0 | Ī,4 176 837 | 777 | Ī,4 330 804 | 834 | 0,5 669 196 | Ī,9 846 033 | 57 | 0 | 50 |
| | 10 | 177 614 | 777 | 331 638 | 834 | 668 362 | 845 976 | 57 | 50 | |
| | 20 | 178.391 | 776 | 332 472 | 833 | 667 528 | 845 919 | 57 | 40 | |
| | 30 | 179 167 | 776 | 333 305 | 834 | 666 695 | 845 862 | 57 | 30 | |
| | 40 | 179 943 | 776 | 334 139 | 833 | 665 861 | 845 805 | 57 | 20 | |
| | 50 | 180 719 | 776 | 334 972 | 833 | 665 028 | 845 748 | 58 | 10 | |
| 11 | 0 | 181 495 | 776 | 335 805 | 833 | 664 195 | 845 690 | 57 | 0 | 49 |
| | 10 | 182 271 | 776 | 336 638 | 833 | 663 362 | 845 633 | 57 | 50 | |
| | 20 | 183 047 | 775 | 337 471 | 832 | 662 529 | 845 576 | 57 | 40 | |
| | 30 | 183 822 | 775 | 338 303 | 833 | 661 697 | 845 519 | 57 | 30 | |
| | 40 | 184 597 | 776 | 339 136 | 832 | 660 864 | 845 462 | 57 | 20 | |
| | 50 | 185 373 | 775 | 339 968 | 832 | 660 032 | 845 405 | 58 | 10 | |
| 12 | 0 | 186 148 | 775 | 340 800 | 832 | 659 200 | 845 347 | 57 | 0 | 48 |
| | 10 | 186 923 | 774 | 341 632 | 832 | 658 368 | 845 290 | 57 | 50 | |
| | 20 | 187 697 | 775 | 342 464 | 832 | 657 536 | 845 233 | 57 | 40 | |
| | 30 | 188 472 | 774 | 343 296 | 832 | 656 704 | 845 176 | 58 | 30 | |
| | 40 | 189 246 | 775 | 344 128 | 831 | 655 872 | 845 118 | 57 | 20 | |
| | 50 | 190 021 | 774 | 344 959 | 832 | 655 041 | 845 061 | 57 | 10 | |
| 13 | 0 | 190 795 | 774 | 345 791 | 831 | 654 209 | 845 004 | 57 | 0 | 47 |
| | 10 | 191 569 | 774 | 346 622 | 831 | 653 378 | 844 947 | 58 | 50 | |
| | 20 | 192 343 | 773 | 347 453 | 831 | 652 547 | 844 889 | 57 | 40 | |
| | 30 | 193 116 | 774 | 348 284 | 831 | 651 716 | 844 832 | 57 | 30 | |
| | 40 | 193 890 | 773 | 349 115 | 831 | 650 885 | 844 775 | 58 | 20 | |
| | 50 | 194 663 | 773 | 349 946 | 830 | 650 054 | 844 717 | 57 | 10 | |
| 14 | 0 | 195 436 | 774 | 350 776 | 831 | 649 224 | 844 660 | 57 | 0 | 46 |
| | 10 | 196 210 | 773 | 351 607 | 830 | 648 393 | 844 603 | 58 | 50 | |
| | 20 | 196 983 | 772 | 352 437 | 830 | 647 563 | 844 545 | 57 | 40 | |
| | 30 | 197 755 | 773 | 353 267 | 830 | 646 733 | 844 488 | 57 | 30 | |
| | 40 | 198 528 | 773 | 354 097 | 830 | 645 903 | 844 431 | 58 | 20 | |
| | 50 | 199 301 | 772 | 354 927 | 830 | 645 073 | 844 373 | 57 | 10 | |
| 15 | 0 | 200 073 | 772 | 355 757 | 830 | 644 243 | 844 316 | 58 | 0 | 45 |
| | 10 | 200 845 | 772 | 356 587 | 829 | 643 413 | 844 258 | 57 | 50 | |
| | 20 | 201 617 | 772 | 357 416 | 829 | 642 584 | 844 201 | 57 | 40 | |
| | 30 | 202 389 | 772 | 358 245 | 830 | 641 755 | 844 144 | 58 | 30 | |
| | 40 | 203 161 | 772 | 359 075 | 829 | 640 925 | 844 086 | 57 | 20 | |
| | 50 | 203 933 | 771 | 359 904 | 829 | 640 096 | 844 029 | 58 | 10 | |
| 16 | 0 | 204 704 | 771 | 360 733 | 829 | 639 267 | 843 971 | 57 | 0 | 44 |
| | 10 | 205 475 | 772 | 361 562 | 828 | 638 438 | 843 914 | 58 | 50 | |
| | 20 | 206 247 | 771 | 362 390 | 829 | 637 610 | 843 856 | 57 | 40 | |
| | 30 | 207 018 | 770 | 363 219 | 828 | 636 781 | 843 799 | 58 | 30 | |
| | 40 | 207 788 | 771 | 364 047 | 828 | 635 953 | 843 741 | 57 | 20 | |
| | 50 | 208 559 | 771 | 364 875 | 829 | 635 125 | 843 684 | 58 | 10 | |
| 17 | 0 | 209 330 | 770 | 365 704 | 828 | 634 296 | 843 626 | 57 | 0 | 43 |
| | 10 | 210 100 | 771 | 366 532 | 827 | 633 468 | 843 569 | 58 | 50 | |
| | 20 | 210 871 | 770 | 367 359 | 828 | 632 641 | 843 511 | 57 | 40 | |
| | 30 | 211 641 | 770 | 368 187 | 828 | 631 813 | 843 454 | 58 | 30 | |
| | 40 | 212 411 | 770 | 369 015 | 827 | 630 985 | 843 396 | 58 | 20 | |
| | 50 | 213 181 | 769 | 369 842 | 828 | 630 158 | 843 338 | 57 | 10 | |
| 18 | 0 | 213 950 | 770 | 370 670 | 827 | 629 330 | 843 281 | 58 | 0 | 42 |
| | 10 | 214 720 | 769 | 371 497 | 827 | 628 503 | 843 223 | 57 | 50 | |
| | 20 | 215 489 | 770 | 372 324 | 827 | 627 676 | 843 166 | 58 | 40 | |
| | 30 | 216 259 | 769 | 373 151 | 826 | 626 849 | 843 108 | 58 | 30 | |
| | 40 | 217 028 | 769 | 373 977 | 827 | 626 023 | 843 050 | 57 | 20 | |
| | 50 | 217 797 | 769 | 374 804 | 827 | 625 196 | 842 993 | 58 | 10 | |
| 19 | 0 | 218 566 | 768 | 375 631 | 826 | 624 369 | 842 935 | 58 | 0 | 41 |
| | 10 | 219 334 | 769 | 376 457 | 826 | 623 543 | 842 877 | 57 | 50 | |
| | 20 | 220 103 | 768 | 377 283 | 826 | 622 717 | 842 820 | 58 | 40 | |
| | 30 | 220 871 | 769 | 378 109 | 826 | 621 891 | 842 762 | 58 | 30 | |
| | 40 | 221 640 | 768 | 378 935 | 826 | 621 065 | 842 704 | 57 | 20 | |
| | 50 | 222 408 | 768 | 379 761 | 826 | 620 239 | 842 647 | 58 | 10 | |
| 20 | 0 | Ī,4 223 176 | | Ī,4 380 587 | | 0,5 619 413 | Ī,9 842 589 | | 0 | 40 |
| ′ | ″ | Cos. | | Cotg. | | Tang. | Sin. | | ″ | ′ |

74°

| 832 | |
|---|---|
| 1 | 83,2 |
| 2 | 166,4 |
| 3 | 249,6 |
| 4 | 332,8 |
| 5 | 416,0 |
| 6 | 499,2 |
| 7 | 582,4 |
| 8 | 665,6 |
| 9 | 748,8 |

| 830 | |
|---|---|
| 1 | 83 |
| 2 | 166 |
| 3 | 249 |
| 4 | 332 |
| 5 | 415 |
| 6 | 498 |
| 7 | 581 |
| 8 | 664 |
| 9 | 747 |

| 828 | |
|---|---|
| 1 | 82,8 |
| 2 | 165,6 |
| 3 | 248,4 |
| 4 | 331,2 |
| 5 | 414,0 |
| 6 | 496,8 |
| 7 | 579,6 |
| 8 | 662,4 |
| 9 | 745,2 |

| 826 | |
|---|---|
| 1 | 82,6 |
| 2 | 165,2 |
| 3 | 247,8 |
| 4 | 330,4 |
| 5 | 413,0 |
| 6 | 495,6 |
| 7 | 578,2 |
| 8 | 660,8 |
| 9 | 743,4 |

| 770 | |
|---|---|
| 1 | 77 |
| 2 | 154 |
| 3 | 231 |
| 4 | 308 |
| 5 | 385 |
| 6 | 462 |
| 7 | 539 |
| 8 | 616 |
| 9 | 693 |

| 760 | |
|---|---|
| 1 | 76 |
| 2 | 152 |
| 3 | 228 |
| 4 | 304 |
| 5 | 380 |
| 6 | 456 |
| 7 | 532 |
| 8 | 608 |
| 9 | 684 |

| 58 | |
|---|---|
| 1 | 5,8 |
| 2 | 11,6 |
| 3 | 17,4 |
| 4 | 23,2 |
| 5 | 29,0 |
| 6 | 34,8 |
| 7 | 40,6 |
| 8 | 46,4 |
| 9 | 52,2 |

| 824 | |
|---|---|
| 1 | 82,4 |
| 2 | 164,8 |
| 3 | 247,2 |
| 4 | 329,6 |
| 5 | 412,0 |
| 6 | 494,4 |
| 7 | 576,8 |
| 8 | 659,2 |
| 9 | 741,6 |

| 822 | |
|---|---|
| 1 | 82,2 |
| 2 | 164,4 |
| 3 | 246,6 |
| 4 | 328,8 |
| 5 | 411,0 |
| 6 | 493,2 |
| 7 | 575,4 |
| 8 | 657,6 |
| 9 | 739,8 |

| 820 | |
|---|---|
| 1 | 82 |
| 2 | 164 |
| 3 | 246 |
| 4 | 328 |
| 5 | 410 |
| 6 | 492 |
| 7 | 574 |
| 8 | 656 |
| 9 | 738 |

| 818 | |
|---|---|
| 1 | 81,8 |
| 2 | 163,6 |
| 3 | 245,4 |
| 4 | 327,2 |
| 5 | 409,0 |
| 6 | 490,8 |
| 7 | 572,6 |
| 8 | 654,4 |
| 9 | 736,2 |

| 765 | |
|---|---|
| 1 | 76,5 |
| 2 | 153,0 |
| 3 | 229,5 |
| 4 | 306,0 |
| 5 | 382,5 |
| 6 | 459,0 |
| 7 | 535,5 |
| 8 | 612,0 |
| 9 | 688,5 |

| 760 | |
|---|---|
| 1 | 76 |
| 2 | 152 |
| 3 | 228 |
| 4 | 304 |
| 5 | 380 |
| 6 | 456 |
| 7 | 532 |
| 8 | 608 |
| 9 | 684 |

| 58 | |
|---|---|
| 1 | 5,8 |
| 2 | 11,6 |
| 3 | 17,4 |
| 4 | 23,2 |
| 5 | 29,0 |
| 6 | 34,8 |
| 7 | 40,6 |
| 8 | 46,4 |
| 9 | 52,2 |

| ′ | ″ | Sin. | D. | Tang. | D.c. | Cotg. | Cos. | D. | ″ | ′ |
|---|---|---|---|---|---|---|---|---|---|---|
| 20 | 0 | 1̄,4 223 176 | | 1̄,4 380 587 | | 0,5 619 413 | 1̄,9 842 589 | | 0 | 40 |
| | 10 | 223 943 | 767 | 381 412 | 825 | 618 588 | 842 531 | 58 | 50 | |
| | 20 | 224 711 | 768 | 382 238 | 826 | 617 762 | 842 473 | 58 | 40 | |
| | 30 | 225 479 | 768 | 383 063 | 825 | 616 937 | 842 416 | 57 | 30 | |
| | 40 | 226 246 | 767 | 383 888 | 825 | 616 112 | 842 358 | 58 | 20 | |
| | 50 | 227 013 | 767 | 384 713 | 825 | 615 287 | 842 300 | 58 | 10 | |
| 21 | 0 | 227 780 | 767 | 385 538 | 825 | 614 462 | 842 242 | 58 | 0 | 39 |
| | 10 | 228 547 | 767 | 386 363 | 825 | 613 637 | 842 184 | 58 | 50 | |
| | 20 | 229 314 | 767 | 387 187 | 824 | 612 813 | 842 127 | 57 | 40 | |
| | 30 | 230 081 | 767 | 388 012 | 825 | 611 988 | 842 069 | 58 | 30 | |
| | 40 | 230 847 | 766 | 388 836 | 824 | 611 164 | 842 011 | 58 | 20 | |
| | 50 | 231 614 | 767 | 389 660 | 824 | 610 340 | 841 953 | 58 | 10 | |
| 22 | 0 | 232 380 | 766 | 390 485 | 825 | 609 515 | 841 895 | 58 | 0 | 38 |
| | 10 | 233 146 | 766 | 391 308 | 823 | 608 692 | 841 837 | 58 | 50 | |
| | 20 | 233 912 | 766 | 392 132 | 824 | 607 868 | 841 780 | 57 | 40 | |
| | 30 | 234 678 | 766 | 392 956 | 824 | 607 044 | 841 722 | 58 | 30 | |
| | 40 | 235 443 | 765 | 393 779 | 823 | 606 221 | 841 664 | 58 | 20 | |
| | 50 | 236 209 | 766 | 394 603 | 824 | 605 397 | 841 606 | 58 | 10 | |
| 23 | 0 | 236 974 | 765 | 395 426 | 823 | 604 574 | 841 548 | 58 | 0 | 37 |
| | 10 | 237 739 | 765 | 396 249 | 823 | 603 751 | 841 490 | 58 | 50 | |
| | 20 | 238 504 | 765 | 397 072 | 823 | 602 928 | 841 432 | 58 | 40 | |
| | 30 | 239 269 | 765 | 397 895 | 823 | 602 105 | 841 374 | 58 | 30 | |
| | 40 | 240 034 | 765 | 398 718 | 823 | 601 282 | 841 316 | 58 | 20 | |
| | 50 | 240 799 | 765 | 399 541 | 823 | 600 459 | 841 258 | 58 | 10 | |
| 24 | 0 | 241 563 | 764 | 400 363 | 822 | 599 637 | 841 200 | 58 | 0 | 36 |
| | 10 | 242 327 | 764 | 401 185 | 822 | 598 815 | 841 142 | 58 | 50 | |
| | 20 | 243 092 | 765 | 402 008 | 823 | 597 992 | 841 084 | 58 | 40 | |
| | 30 | 243 856 | 764 | 402 830 | 822 | 597 170 | 841 026 | 58 | 30 | |
| | 40 | 244 620 | 764 | 403 652 | 822 | 596 348 | 840 968 | 58 | 20 | |
| | 50 | 245 383 | 763 | 404 473 | 821 | 595 527 | 840 910 | 58 | 10 | |
| 25 | 0 | 246 147 | 764 | 405 295 | 822 | 594 705 | 840 852 | 58 | 0 | 35 |
| | 10 | 246 910 | 763 | 406 117 | 822 | 593 883 | 840 794 | 58 | 50 | |
| | 20 | 247 674 | 764 | 406 938 | 821 | 593 062 | 840 736 | 58 | 40 | |
| | 30 | 248 437 | 763 | 407 759 | 821 | 592 241 | 840 678 | 58 | 30 | |
| | 40 | 249 200 | 763 | 408 580 | 821 | 591 420 | 840 620 | 58 | 20 | |
| | 50 | 249 963 | 763 | 409 401 | 821 | 590 599 | 840 562 | 58 | 10 | |
| 26 | 0 | 250 726 | 763 | 410 222 | 821 | 589 778 | 840 503 | 59 | 0 | 34 |
| | 10 | 251 488 | 762 | 411 043 | 821 | 588 957 | 840 445 | 58 | 50 | |
| | 20 | 252 251 | 763 | 411 863 | 820 | 588 137 | 840 387 | 58 | 40 | |
| | 30 | 253 013 | 762 | 412 684 | 821 | 587 316 | 840 329 | 58 | 30 | |
| | 40 | 253 775 | 762 | 413 504 | 820 | 586 496 | 840 271 | 58 | 20 | |
| | 50 | 254 537 | 762 | 414 324 | 820 | 585 676 | 840 213 | 58 | 10 | |
| 27 | 0 | 255 299 | 762 | 415 145 | 821 | 584 855 | 840 154 | 59 | 0 | 33 |
| | 10 | 256 061 | 762 | 415 964 | 819 | 584 036 | 840 096 | 58 | 50 | |
| | 20 | 256 822 | 761 | 416 784 | 820 | 583 216 | 840 038 | 58 | 40 | |
| | 30 | 257 584 | 762 | 417 604 | 820 | 582 396 | 839 980 | 58 | 30 | |
| | 40 | 258 345 | 761 | 418 423 | 819 | 581 577 | 839 922 | 58 | 20 | |
| | 50 | 259 106 | 761 | 419 243 | 820 | 580 757 | 839 863 | 59 | 10 | |
| 28 | 0 | 259 867 | 761 | 420 062 | 819 | 579 938 | 839 805 | 58 | 0 | 32 |
| | 10 | 260 628 | 761 | 420 881 | 819 | 579 119 | 839 747 | 58 | 50 | |
| | 20 | 261 389 | 761 | 421 700 | 819 | 578 300 | 839 689 | 58 | 40 | |
| | 30 | 262 149 | 760 | 422 519 | 819 | 577 481 | 839 630 | 59 | 30 | |
| | 40 | 262 910 | 761 | 423 338 | 819 | 576 662 | 839 572 | 58 | 20 | |
| | 50 | 263 670 | 760 | 424 157 | 819 | 575 843 | 839 514 | 58 | 10 | |
| 29 | 0 | 264 430 | 760 | 424 975 | 818 | 575 025 | 839 455 | 59 | 0 | 31 |
| | 10 | 265 190 | 760 | 425 793 | 818 | 574 207 | 839 397 | 58 | 50 | |
| | 20 | 265 950 | 760 | 426 612 | 819 | 573 388 | 839 339 | 58 | 40 | |
| | 30 | 266 710 | 760 | 427 430 | 818 | 572 570 | 839 280 | 59 | 30 | |
| | 40 | 267 470 | 760 | 428 248 | 818 | 571 752 | 839 222 | 58 | 20 | |
| | 50 | 268 229 | 759 | 429 065 | 817 | 570 935 | 839 164 | 58 | 10 | |
| 30 | 0 | 1̄,4 268 988 | 759 | 1̄,4 429 883 | 818 | 0,5 570 117 | 1̄,9 839 105 | 59 | 0 | 30 |
| ′ | ″ | Cos. | | Cotg. | | Tang. | Sin. | | ″ | ′ |

| ' | " | Sin. | D. | Tang. | D.c. | Cotg. | Cos. | D. | " | ' |
|---|---|---|---|---|---|---|---|---|---|---|
| 30 | 0 | 1̄,4 268 988 | 759 | 1̄,4 429 883 | 818 | 0,5 570 117 | 1̄,9 839 105 | 58 | 0 | 30 |
| | 10 | 269 747 | 759 | 430 701 | 817 | 569 299 | 839 047 | 59 | 50 | |
| | 20 | 270 506 | 759 | 431 518 | 817 | 568 482 | 838 988 | 58 | 40 | |
| | 30 | 271 265 | 759 | 432 335 | 817 | 567 665 | 838 930 | 58 | 30 | |
| | 40 | 272 024 | 759 | 433 152 | 818 | 566 848 | 838 872 | 59 | 20 | |
| | 50 | 272 783 | 758 | 433 970 | 816 | 566 030 | 838 813 | 58 | 10 | |
| 31 | 0 | 273 541 | 758 | 434 786 | 817 | 565 214 | 838 755 | 59 | 0 | 29 |
| | 10 | 274 299 | 758 | 435 603 | 817 | 564 397 | 838 696 | 58 | 50 | |
| | 20 | 275 057 | 758 | 436 420 | 816 | 563 580 | 838 638 | 59 | 40 | |
| | 30 | 275 815 | 758 | 437 236 | 817 | 562 764 | 838 579 | 58 | 30 | |
| | 40 | 276 573 | 758 | 438 053 | 816 | 561 947 | 838 521 | 59 | 20 | |
| | 50 | 277 331 | 758 | 438 869 | 816 | 561 131 | 838 462 | 58 | 10 | |
| 32 | 0 | 278 089 | 757 | 439 685 | 816 | 560 315 | 838 404 | 59 | 0 | 28 |
| | 10 | 278 846 | 757 | 440 501 | 816 | 559 499 | 838 345 | 58 | 50 | |
| | 20 | 279 603 | 758 | 441 317 | 816 | 558 683 | 838 287 | 59 | 40 | |
| | 30 | 280 361 | 757 | 442 133 | 815 | 557 867 | 838 228 | 59 | 30 | |
| | 40 | 281 118 | 756 | 442 948 | 816 | 557 052 | 838 169 | 58 | 20 | |
| | 50 | 281 874 | 757 | 443 764 | 815 | 556 236 | 838 111 | 59 | 10 | |
| 33 | 0 | 282 631 | 757 | 444 579 | 815 | 555 421 | 838 052 | 58 | 0 | 27 |
| | 10 | 283 388 | 756 | 445 394 | 815 | 554 606 | 837 994 | 59 | 50 | |
| | 20 | 284 144 | 757 | 446 209 | 815 | 553 791 | 837 935 | 58 | 40 | |
| | 30 | 284 901 | 756 | 447 024 | 815 | 552 976 | 837 877 | 59 | 30 | |
| | 40 | 285 657 | 756 | 447 839 | 814 | 552 161 | 837 818 | 59 | 20 | |
| | 50 | 286 413 | 756 | 448 653 | 815 | 551 347 | 837 759 | 58 | 10 | |
| 34 | 0 | 287 169 | 755 | 449 468 | 814 | 550 532 | 837 701 | 59 | 0 | 26 |
| | 10 | 287 924 | 756 | 450 282 | 815 | 549 718 | 837 642 | 59 | 50 | |
| | 20 | 288 680 | 755 | 451 097 | 814 | 548 903 | 837 583 | 58 | 40 | |
| | 30 | 289 435 | 756 | 451 911 | 814 | 548 089 | 837 525 | 59 | 30 | |
| | 40 | 290 191 | 755 | 452 725 | 814 | 547 275 | 837 466 | 59 | 20 | |
| | 50 | 290 946 | 755 | 453 539 | 813 | 546 461 | 837 407 | 59 | 10 | |
| 35 | 0 | 291 701 | 755 | 454 352 | 814 | 545 648 | 837 348 | 58 | 0 | 25 |
| | 10 | 292 456 | 755 | 455 166 | 814 | 544 834 | 837 290 | 59 | 50 | |
| | 20 | 293 211 | 754 | 455 980 | 813 | 544 020 | 837 231 | 59 | 40 | |
| | 30 | 293 965 | 755 | 456 793 | 813 | 543 207 | 837 172 | 58 | 30 | |
| | 40 | 294 720 | 754 | 457 606 | 813 | 542 394 | 837 114 | 59 | 20 | |
| | 50 | 295 474 | 754 | 458 419 | 813 | 541 581 | 837 055 | 59 | 10 | |
| 36 | 0 | 296 228 | 754 | 459 232 | 813 | 540 768 | 836 996 | 59 | 0 | 24 |
| | 10 | 296 982 | 754 | 460 045 | 813 | 539 955 | 836 937 | 59 | 50 | |
| | 20 | 297 736 | 754 | 460 858 | 812 | 539 142 | 836 878 | 58 | 40 | |
| | 30 | 298 490 | 753 | 461 670 | 813 | 538 330 | 836 820 | 59 | 30 | |
| | 40 | 299 243 | 754 | 462 483 | 812 | 537 517 | 836 761 | 59 | 20 | |
| | 50 | 299 997 | 753 | 463 295 | 812 | 536 705 | 836 702 | 59 | 10 | |
| 37 | 0 | 300 750 | 753 | 464 107 | 812 | 535 893 | 836 643 | 59 | 0 | 23 |
| | 10 | 301 503 | 754 | 464 919 | 812 | 535 081 | 836 584 | 59 | 50 | |
| | 20 | 302 257 | 752 | 465 731 | 812 | 534 269 | 836 525 | 59 | 40 | |
| | 30 | 303 009 | 753 | 466 543 | 812 | 533 457 | 836 466 | 58 | 30 | |
| | 40 | 303 762 | 753 | 467 355 | 811 | 532 645 | 836 408 | 59 | 20 | |
| | 50 | 304 515 | 752 | 468 166 | 812 | 531 834 | 836 349 | 59 | 10 | |
| 38 | 0 | 305 267 | 753 | 468 978 | 811 | 531 022 | 836 290 | 59 | 0 | 22 |
| | 10 | 306 020 | 752 | 469 789 | 811 | 530 211 | 836 231 | 59 | 50 | |
| | 20 | 306 772 | 752 | 470 600 | 811 | 529 400 | 836 172 | 59 | 40 | |
| | 30 | 307 524 | 752 | 471 411 | 811 | 528 589 | 836 113 | 59 | 30 | |
| | 40 | 308 276 | 752 | 472 222 | 811 | 527 778 | 836 054 | 59 | 20 | |
| | 50 | 309 028 | 751 | 473 033 | 810 | 526 967 | 835 995 | 59 | 10 | |
| 39 | 0 | 309 779 | 752 | 473 843 | 811 | 526 157 | 835 936 | 59 | 0 | 21 |
| | 10 | 310 531 | 751 | 474 654 | 810 | 525 346 | 835 877 | 59 | 50 | |
| | 20 | 311 282 | 751 | 475 464 | 810 | 524 536 | 835 818 | 59 | 40 | |
| | 30 | 312 033 | 752 | 476 274 | 811 | 523 726 | 835 759 | 59 | 30 | |
| | 40 | 312 785 | 750 | 477 085 | 810 | 522 915 | 835 700 | 59 | 20 | |
| | 50 | 313 535 | 751 | 477 895 | 809 | 522 105 | 835 641 | 59 | 10 | |
| 40 | 0 | 1̄,4 314 286 | | 1̄,4 478 704 | | 0,5 521 296 | 1̄,9 835 582 | | 0 | 20 |
| ' | " | Cos. | | Cotg. | | Tang. | Sin. | | " | ' |

| | 816 | 814 | 812 | 810 | 755 | 750 | 59 |
|---|---|---|---|---|---|---|---|
| 1 | 81,6 | 81,4 | 81,2 | 81 | 75,5 | 75 | 5,9 |
| 2 | 163,2 | 162,8 | 162,4 | 162 | 151,0 | 150 | 11,8 |
| 3 | 244,8 | 244,2 | 243,6 | 243 | 226,5 | 225 | 17,7 |
| 4 | 326,4 | 325,6 | 324,8 | 324 | 302,0 | 300 | 23,6 |
| 5 | 408,0 | 407,0 | 406,0 | 405 | 377,5 | 375 | 29,5 |
| 6 | 489,6 | 488,4 | 487,2 | 486 | 453,0 | 450 | 35,4 |
| 7 | 571,2 | 569,8 | 568,4 | 567 | 528,5 | 525 | 41,3 |
| 8 | 652,8 | 651,2 | 649,6 | 648 | 604,0 | 600 | 47,2 |
| 9 | 734,4 | 732,6 | 730,8 | 729 | 679,5 | 675 | 53,1 |

74°

| 810 | |
|---|---|
| 1 | 81 |
| 2 | 162 |
| 3 | 243 |
| 4 | 324 |
| 5 | 405 |
| 6 | 486 |
| 7 | 567 |
| 8 | 648 |
| 9 | 729 |

| 808 | |
|---|---|
| 1 | 80,8 |
| 2 | 161,6 |
| 3 | 242,4 |
| 4 | 323,2 |
| 5 | 404,0 |
| 6 | 484,8 |
| 7 | 565,6 |
| 8 | 646,4 |
| 9 | 727,2 |

| 806 | |
|---|---|
| 1 | 80,6 |
| 2 | 161,2 |
| 3 | 241,8 |
| 4 | 322,4 |
| 5 | 403,0 |
| 6 | 483,6 |
| 7 | 564,2 |
| 8 | 644,8 |
| 9 | 725,4 |

| 804 | |
|---|---|
| 1 | 80,4 |
| 2 | 160,8 |
| 3 | 241,2 |
| 4 | 321,6 |
| 5 | 402,0 |
| 6 | 482,4 |
| 7 | 562,8 |
| 8 | 643,2 |
| 9 | 723,6 |

| 802 | |
|---|---|
| 1 | 80,2 |
| 2 | 160,4 |
| 3 | 240,6 |
| 4 | 320,8 |
| 5 | 401,0 |
| 6 | 481,2 |
| 7 | 561,4 |
| 8 | 641,6 |
| 9 | 721,8 |

| 745 | |
|---|---|
| 1 | 74,5 |
| 2 | 149,0 |
| 3 | 223,5 |
| 4 | 298,0 |
| 5 | 372,5 |
| 6 | 447,0 |
| 7 | 521,5 |
| 8 | 596,0 |
| 9 | 670,5 |

| 740 | |
|---|---|
| 1 | 74 |
| 2 | 148 |
| 3 | 222 |
| 4 | 296 |
| 5 | 370 |
| 6 | 444 |
| 7 | 518 |
| 8 | 592 |
| 9 | 666 |

| 59 | |
|---|---|
| 1 | 5,9 |
| 2 | 11,8 |
| 3 | 17,7 |
| 4 | 23,6 |
| 5 | 29,5 |
| 6 | 35,4 |
| 7 | 41,3 |
| 8 | 47,2 |
| 9 | 53,1 |

| ′ | ″ | Sin. | D. | Tang. | D.c. | Cotg. | Cos. | D. | ″ | ′ |
|---|---|---|---|---|---|---|---|---|---|---|
| 40 | 0 | 1̄,4 314 286 | | 1̄,4 478 704 | | 0,5 521 296 | 1̄,9 835 582 | | 0 | 20 |
| | 10 | 315 037 | 751 | 479 514 | 810 | 520 486 | 835 523 | 59 | 50 | |
| | 20 | 315 787 | 750 | 480 324 | 810 | 519 676 | 835 464 | 59 | 40 | |
| | 30 | 316 538 | 751 | 481 133 | 809 | 518 867 | 835 405 | 59 | 30 | |
| | 40 | 317 288 | 750 | 481 943 | 810 | 518 057 | 835 346 | 59 | 20 | |
| | 50 | 318 038 | 750 | 482 752 | 809 | 517 248 | 835 286 | 60 | 10 | |
| 41 | 0 | 318 788 | 750 | 483 561 | 809 | 516 439 | 835 227 | 59 | 0 | 19 |
| | 10 | 319 538 | 750 | 484 370 | 809 | 515 630 | 835 168 | 59 | 50 | |
| | 20 | 320 288 | 750 | 485 179 | 809 | 514 821 | 835 109 | 59 | 40 | |
| | 30 | 321 037 | 749 | 485 987 | 808 | 514 013 | 835 050 | 59 | 30 | |
| | 40 | 321 787 | 750 | 486 796 | 809 | 513 204 | 834 991 | 59 | 20 | |
| | 50 | 322 536 | 749 | 487 604 | 808 | 512 396 | 834 932 | 59 | 10 | |
| 42 | 0 | 323 285 | 749 | 488 413 | 809 | 511 587 | 834 872 | 60 | 0 | 18 |
| | 10 | 324 034 | 749 | 489 221 | 808 | 510 779 | 834 813 | 59 | 50 | |
| | 20 | 324 783 | 749 | 490 029 | 808 | 509 971 | 834 754 | 59 | 40 | |
| | 30 | 325 532 | 749 | 490 837 | 808 | 509 163 | 834 695 | 59 | 30 | |
| | 40 | 326 280 | 748 | 491 645 | 808 | 508 355 | 834 636 | 59 | 20 | |
| | 50 | 327 029 | 749 | 492 452 | 807 | 507 548 | 834 576 | 60 | 10 | |
| 43 | 0 | 327 777 | 748 | 493 260 | 808 | 506 740 | 834 517 | 59 | 0 | 17 |
| | 10 | 328 525 | 748 | 494 067 | 807 | 505 933 | 834 458 | 59 | 50 | |
| | 20 | 329 273 | 748 | 494 874 | 807 | 505 126 | 834 399 | 59 | 40 | |
| | 30 | 330 021 | 748 | 495 682 | 808 | 504 318 | 834 339 | 60 | 30 | |
| | 40 | 330 769 | 748 | 496 489 | 807 | 503 511 | 834 280 | 59 | 20 | |
| | 50 | 331 516 | 747 | 497 296 | 807 | 502 704 | 834 221 | 59 | 10 | |
| 44 | 0 | 332 264 | 748 | 498 102 | 806 | 501 898 | 834 161 | 60 | 0 | 16 |
| | 10 | 333 011 | 747 | 498 909 | 807 | 501 091 | 834 102 | 59 | 50 | |
| | 20 | 333 758 | 747 | 499 715 | 806 | 500 285 | 834 043 | 59 | 40 | |
| | 30 | 334 505 | 747 | 500 522 | 807 | 499 478 | 833 983 | 60 | 30 | |
| | 40 | 335 252 | 747 | 501 328 | 806 | 498 672 | 833 924 | 59 | 20 | |
| | 50 | 335 999 | 747 | 502 134 | 806 | 497 866 | 833 865 | 59 | 10 | |
| 45 | 0 | 336 746 | 747 | 502 940 | 806 | 497 060 | 833 805 | 60 | 0 | 15 |
| | 10 | 337 492 | 746 | 503 746 | 806 | 496 254 | 833 746 | 59 | 50 | |
| | 20 | 338 239 | 747 | 504 552 | 806 | 495 448 | 833 687 | 59 | 40 | |
| | 30 | 338 985 | 746 | 505 358 | 806 | 494 642 | 833 627 | 60 | 30 | |
| | 40 | 339 731 | 746 | 506 163 | 805 | 493 837 | 833 568 | 59 | 20 | |
| | 50 | 340 477 | 746 | 506 968 | 805 | 493 032 | 833 508 | 60 | 10 | |
| 46 | 0 | 341 223 | 746 | 507 774 | 806 | 492 226 | 833 449 | 59 | 0 | 14 |
| | 10 | 341 968 | 745 | 508 579 | 805 | 491 421 | 833 389 | 60 | 50 | |
| | 20 | 342 714 | 746 | 509 384 | 805 | 490 616 | 833 330 | 59 | 40 | |
| | 30 | 343 459 | 745 | 510 189 | 805 | 489 811 | 833 271 | 59 | 30 | |
| | 40 | 344 204 | 745 | 510 993 | 804 | 489 007 | 833 211 | 60 | 20 | |
| | 50 | 344 949 | 745 | 511 798 | 805 | 488 202 | 833 152 | 59 | 10 | |
| 47 | 0 | 345 694 | 745 | 512 602 | 804 | 487 398 | 833 092 | 60 | 0 | 13 |
| | 10 | 346 439 | 745 | 513 407 | 805 | 486 593 | 833 033 | 59 | 50 | |
| | 20 | 347 184 | 745 | 514 211 | 804 | 485 789 | 832 973 | 60 | 40 | |
| | 30 | 347 929 | 745 | 515 015 | 804 | 484 985 | 832 913 | 60 | 30 | |
| | 40 | 348 673 | 744 | 515 819 | 804 | 484 181 | 832 854 | 59 | 20 | |
| | 50 | 349 417 | 744 | 516 623 | 804 | 483 377 | 832 794 | 60 | 10 | |
| 48 | 0 | 350 161 | 744 | 517 427 | 804 | 482 573 | 832 735 | 59 | 0 | 12 |
| | 10 | 350 905 | 744 | 518 230 | 803 | 481 770 | 832 675 | 60 | 50 | |
| | 20 | 351 649 | 744 | 519 034 | 804 | 480 966 | 832 616 | 59 | 40 | |
| | 30 | 352 393 | 744 | 519 837 | 803 | 480 163 | 832 556 | 60 | 30 | |
| | 40 | 353 137 | 744 | 520 640 | 803 | 479 360 | 832 496 | 60 | 20 | |
| | 50 | 353 880 | 743 | 521 443 | 803 | 478 557 | 832 437 | 59 | 10 | |
| 49 | 0 | 354 623 | 743 | 522 246 | 803 | 477 754 | 832 377 | 60 | 0 | 11 |
| | 10 | 355 367 | 744 | 523 049 | 803 | 476 951 | 832 317 | 60 | 50 | |
| | 20 | 356 110 | 743 | 523 852 | 803 | 476 148 | 832 258 | 59 | 40 | |
| | 30 | 356 852 | 742 | 524 654 | 802 | 475 346 | 832 198 | 60 | 30 | |
| | 40 | 357 595 | 743 | 525 457 | 803 | 474 543 | 832 138 | 60 | 20 | |
| | 50 | 358 338 | 743 | 526 259 | 802 | 473 741 | 832 079 | 59 | 10 | |
| 50 | 0 | 1̄,4 359 080 | 742 | 1̄,4 527 061 | 802 | 0,5 472 939 | 1̄,9 832 019 | 60 | 0 | 10 |
| ′ | ″ | Cos. | | Cotg. | | Tang. | Sin. | | ″ | ′ |

| ' | " | Sin. | D. | Tang. | D.c. | Cotg. | Cos. | D. | " | ' |
|---|---|---|---|---|---|---|---|---|---|---|
| 50 | 0 | $\bar{1}$,4 359 080 | | $\bar{1}$,4 527 061 | | 0,5 472 939 | $\bar{1}$,9 832 019 | | 0 | 10 |
| | 10 | 359 823 | 743 | 527 863 | 802 | 472 137 | 831 959 | 60 | 50 | |
| | 20 | 360 565 | 742 | 528 665 | 802 | 471 335 | 831 900 | 59 | 40 | |
| | 30 | 361 307 | 742 | 529 467 | 802 | 470 533 | 831 840 | 60 | 30 | |
| | 40 | 362 049 | 742 | 530 269 | 802 | 469 731 | 831 780 | 60 | 20 | |
| | 50 | 362 791 | 742 | 531 070 | 801 | 468 930 | 831 720 | 60 | 10 | |
| 51 | 0 | 363 532 | 741 | 531 872 | 802 | 468 128 | 831 661 | 59 | 0 | 9 |
| | 10 | 364 274 | 742 | 532 673 | 801 | 467 327 | 831 601 | 60 | 50 | |
| | 20 | 365 015 | 741 | 533 474 | 801 | 466 526 | 831 541 | 60 | 40 | |
| | 30 | 365 757 | 742 | 534 276 | 802 | 465 724 | 831 481 | 60 | 30 | |
| | 40 | 366 498 | 741 | 535 076 | 800 | 464 924 | 831 421 | 60 | 20 | |
| | 50 | 367 239 | 741 | 535 877 | 801 | 464 123 | 831 361 | 60 | 10 | |
| 52 | 0 | 367 980 | 741 | 536 678 | 801 | 463 322 | 831 302 | 59 | 0 | 8 |
| | 10 | 368 720 | 740 | 537 479 | 801 | 462 521 | 831 242 | 60 | 50 | |
| | 20 | 369 461 | 741 | 538 279 | 800 | 461 721 | 831 182 | 60 | 40 | |
| | 30 | 370 201 | 740 | 539 079 | 800 | 460 921 | 831 122 | 60 | 30 | |
| | 40 | 370 942 | 741 | 539 879 | 800 | 460 121 | 831 062 | 60 | 20 | |
| | 50 | 371 682 | 740 | 540 680 | 801 | 459 320 | 831 002 | 60 | 10 | |
| 53 | 0 | 372 422 | 740 | 541 479 | 799 | 458 521 | 830 942 | 60 | 0 | 7 |
| | 10 | 373 162 | 740 | 542 279 | 800 | 457 721 | 830 882 | 60 | 50 | |
| | 20 | 373 902 | 740 | 543 079 | 800 | 456 921 | 830 823 | 59 | 40 | |
| | 30 | 374 641 | 739 | 543 879 | 800 | 456 121 | 830 763 | 60 | 30 | |
| | 40 | 375 381 | 740 | 544 678 | 799 | 455 322 | 830 703 | 60 | 20 | |
| | 50 | 376 120 | 739 | 545 477 | 799 | 454 523 | 830 643 | 60 | 10 | |
| 54 | 0 | 376 859 | 739 | 546 276 | 799 | 453 724 | 830 583 | 60 | 0 | 6 |
| | 10 | 377 598 | 739 | 547 076 | 800 | 452 924 | 830 523 | 60 | 50 | |
| | 20 | 378 337 | 739 | 547 874 | 798 | 452 126 | 830 463 | 60 | 40 | |
| | 30 | 379 076 | 739 | 548 673 | 799 | 451 327 | 830 403 | 60 | 30 | |
| | 40 | 379 815 | 739 | 549 472 | 799 | 450 528 | 830 343 | 60 | 20 | |
| | 50 | 380 553 | 738 | 550 271 | 799 | 449 729 | 830 283 | 60 | 10 | |
| 55 | 0 | 381 292 | 739 | 551 069 | 798 | 448 931 | 830 223 | 60 | 0 | 5 |
| | 10 | 382 030 | 738 | 551 867 | 798 | 448 133 | 830 163 | 60 | 50 | |
| | 20 | 382 768 | 738 | 552 665 | 798 | 447 335 | 830 103 | 60 | 40 | |
| | 30 | 383 506 | 738 | 553 464 | 799 | 446 536 | 830 042 | 61 | 30 | |
| | 40 | 384 244 | 738 | 554 261 | 797 | 445 739 | 829 982 | 60 | 20 | |
| | 50 | 384 982 | 738 | 555 059 | 798 | 444 941 | 829 922 | 60 | 10 | |
| 56 | 0 | 385 719 | 737 | 555 857 | 798 | 444 143 | 829 862 | 60 | 0 | 4 |
| | 10 | 386 457 | 738 | 556 655 | 798 | 443 345 | 829 802 | 60 | 50 | |
| | 20 | 387 194 | 737 | 557 452 | 797 | 442 548 | 829 742 | 60 | 40 | |
| | 30 | 387 931 | 737 | 558 249 | 797 | 441 751 | 829 682 | 60 | 30 | |
| | 40 | 388 668 | 737 | 559 047 | 798 | 440 953 | 829 622 | 60 | 20 | |
| | 50 | 389 405 | 737 | 559 844 | 797 | 440 156 | 829 561 | 61 | 10 | |
| 57 | 0 | 390 142 | 737 | 560 641 | 797 | 439 359 | 829 501 | 60 | 0 | 3 |
| | 10 | 390 879 | 737 | 561 437 | 796 | 438 563 | 829 441 | 60 | 50 | |
| | 20 | 391 615 | 736 | 562 234 | 797 | 437 766 | 829 381 | 60 | 40 | |
| | 30 | 392 351 | 736 | 563 031 | 797 | 436 969 | 829 321 | 60 | 30 | |
| | 40 | 393 088 | 737 | 563 827 | 796 | 436 173 | 829 261 | 60 | 20 | |
| | 50 | 393 824 | 736 | 564 623 | 796 | 435 377 | 829 200 | 61 | 10 | |
| 58 | 0 | 394 560 | 736 | 565 420 | 797 | 434 580 | 829 140 | 60 | 0 | 2 |
| | 10 | 395 296 | 736 | 566 216 | 796 | 433 784 | 829 080 | 60 | 50 | |
| | 20 | 396 031 | 735 | 567 012 | 796 | 432 988 | 829 020 | 60 | 40 | |
| | 30 | 396 767 | 736 | 567 807 | 795 | 432 193 | 828 959 | 61 | 30 | |
| | 40 | 397 502 | 735 | 568 603 | 796 | 431 397 | 828 899 | 60 | 20 | |
| | 50 | 398 237 | 735 | 569 399 | 796 | 430 601 | 828 839 | 60 | 10 | |
| 59 | 0 | 398 973 | 736 | 570 194 | 795 | 429 806 | 828 778 | 61 | 0 | 1 |
| | 10 | 399 708 | 735 | 570 990 | 796 | 429 010 | 828 718 | 60 | 50 | |
| | 20 | 400 443 | 735 | 571 785 | 795 | 428 215 | 828 658 | 60 | 40 | |
| | 30 | 401 177 | 734 | 572 580 | 795 | 427 420 | 828 597 | 61 | 30 | |
| | 40 | 401 912 | 735 | 573 375 | 795 | 426 625 | 828 537 | 60 | 20 | |
| | 50 | 402 646 | 734 | 574 170 | 795 | 425 830 | 828 477 | 60 | 10 | |
| 60 | 0 | $\bar{1}$,4 403 381 | 735 | $\bar{1}$,4 574 964 | 794 | 0,5 425 036 | $\bar{1}$,9 828 416 | 61 | 0 | 0 |
| ' | " | Cos. | | Cotg. | | Tang. | Sin. | | " | ' |

| 802 | |
|---|---|
| 1 | 80,2 |
| 2 | 160,4 |
| 3 | 240,6 |
| 4 | 320,8 |
| 5 | 401,0 |
| 6 | 481,2 |
| 7 | 561,4 |
| 8 | 641,6 |
| 9 | 721,8 |

| 800 | |
|---|---|
| 1 | 80 |
| 2 | 160 |
| 3 | 240 |
| 4 | 320 |
| 5 | 400 |
| 6 | 480 |
| 7 | 560 |
| 8 | 640 |
| 9 | 720 |

| 798 | |
|---|---|
| 1 | 79,8 |
| 2 | 159,6 |
| 3 | 239,4 |
| 4 | 319,2 |
| 5 | 399,0 |
| 6 | 478,8 |
| 7 | 558,6 |
| 8 | 638,4 |
| 9 | 718,2 |

| 796 | |
|---|---|
| 1 | 79,6 |
| 2 | 159,2 |
| 3 | 238,8 |
| 4 | 318,4 |
| 5 | 398,0 |
| 6 | 477,6 |
| 7 | 557,2 |
| 8 | 636,8 |
| 9 | 716,4 |

| 794 | |
|---|---|
| 1 | 79,4 |
| 2 | 158,8 |
| 3 | 238,2 |
| 4 | 317,6 |
| 5 | 397,0 |
| 6 | 476,4 |
| 7 | 555,8 |
| 8 | 635,2 |
| 9 | 714,6 |

| 740 | |
|---|---|
| 1 | 74 |
| 2 | 148 |
| 3 | 222 |
| 4 | 296 |
| 5 | 370 |
| 6 | 444 |
| 7 | 518 |
| 8 | 592 |
| 9 | 666 |

| 735 | |
|---|---|
| 1 | 73,5 |
| 2 | 147,0 |
| 3 | 220,5 |
| 4 | 294,0 |
| 5 | 367,5 |
| 6 | 441,0 |
| 7 | 514,5 |
| 8 | 588,0 |
| 9 | 661,5 |

| 60 | |
|---|---|
| 1 | 6 |
| 2 | 12 |
| 3 | 18 |
| 4 | 24 |
| 5 | 30 |
| 6 | 36 |
| 7 | 42 |
| 8 | 48 |
| 9 | 54 |

| ′ | ″ | Sin. | D. | Tang. | D.c. | Cotg. | Cos. | D. | ″ | ′ |
|---|---|---|---|---|---|---|---|---|---|---|
| 0 | 0 | 1̄,4 403 381 | | 1̄,4 574 964 | | 0,5 425 036 | 1̄,9 828 416 | | 0 | 60 |
| | 10 | 404 115 | 734 | 575 759 | 795 | 424 241 | 828 356 | 60 | 50 | |
| | 20 | 404 849 | 734 | 576 553 | 794 | 423 447 | 828 296 | 60 | 40 | |
| | 30 | 405 583 | 734 | 577 348 | 795 | 422 652 | 828 235 | 61 | 30 | |
| | 40 | 406 317 | 734 | 578 142 | 794 | 421 858 | 828 175 | 60 | 20 | |
| | 50 | 407 050 | 733 | 578 936 | 794 | 421 064 | 828 114 | 61 | 10 | |
| 1 | 0 | 407 784 | 734 | 579 730 | 794 | 420 270 | 828 054 | 60 | 0 | 59 |
| | 10 | 408 517 | 733 | 580 524 | 794 | 419 476 | 827 993 | 61 | 50 | |
| | 20 | 409 251 | 734 | 581 318 | 794 | 418 682 | 827 933 | 60 | 40 | |
| | 30 | 409 984 | 733 | 582 111 | 793 | 417 889 | 827 873 | 60 | 30 | |
| | 40 | 410 717 | 733 | 582 905 | 794 | 417 095 | 827 812 | 61 | 20 | |
| | 50 | 411 450 | 733 | 583 698 | 793 | 416 302 | 827 752 | 60 | 10 | |
| 2 | 0 | 412 182 | 732 | 584 491 | 793 | 415 509 | 827 691 | 61 | 0 | 58 |
| | 10 | 412 915 | 733 | 585 285 | 794 | 414 715 | 827 631 | 60 | 50 | |
| | 20 | 413 648 | 733 | 586 078 | 793 | 413 922 | 827 570 | 61 | 40 | |
| | 30 | 414 380 | 732 | 586 870 | 792 | 413 130 | 827 510 | 60 | 30 | |
| | 40 | 415 112 | 732 | 587 663 | 793 | 412 337 | 827 449 | 61 | 20 | |
| | 50 | 415 844 | 732 | 588 456 | 793 | 411 544 | 827 388 | 61 | 10 | |
| 3 | 0 | 416 576 | 732 | 589 248 | 792 | 410 752 | 827 328 | 60 | 0 | 57 |
| | 10 | 417 308 | 732 | 590 041 | 793 | 409 959 | 827 267 | 61 | 50 | |
| | 20 | 418 040 | 732 | 590 833 | 792 | 409 167 | 827 207 | 60 | 40 | |
| | 30 | 418 771 | 731 | 591 625 | 792 | 408 375 | 827 146 | 61 | 30 | |
| | 40 | 419 503 | 732 | 592 417 | 792 | 407 583 | 827 085 | 61 | 20 | |
| | 50 | 420 234 | 731 | 593 209 | 792 | 406 791 | 827 025 | 60 | 10 | |
| 4 | 0 | 420 965 | 731 | 594 001 | 792 | 405 999 | 826 964 | 61 | 0 | 56 |
| | 10 | 421 696 | 731 | 594 792 | 791 | 405 208 | 826 904 | 60 | 50 | |
| | 20 | 422 427 | 731 | 595 584 | 792 | 404 416 | 826 843 | 61 | 40 | |
| | 30 | 423 158 | 731 | 596 375 | 791 | 403 625 | 826 782 | 61 | 30 | |
| | 40 | 423 888 | 730 | 597 167 | 792 | 402 833 | 826 722 | 60 | 20 | |
| | 50 | 424 619 | 731 | 597 958 | 791 | 402 042 | 826 661 | 61 | 10 | |
| 5 | 0 | 425 349 | 730 | 598 749 | 791 | 401 251 | 826 600 | 61 | 0 | 55 |
| | 10 | 426 079 | 730 | 599 540 | 791 | 400 460 | 826 539 | 61 | 50 | |
| | 20 | 426 809 | 730 | 600 331 | 791 | 399 669 | 826 479 | 60 | 40 | |
| | 30 | 427 539 | 730 | 601 121 | 790 | 398 879 | 826 418 | 61 | 30 | |
| | 40 | 428 269 | 730 | 601 912 | 791 | 398 088 | 826 357 | 61 | 20 | |
| | 50 | 428 999 | 730 | 602 702 | 790 | 397 298 | 826 296 | 61 | 10 | |
| 6 | 0 | 429 728 | 729 | 603 492 | 790 | 396 508 | 826 236 | 60 | 0 | 54 |
| | 10 | 430 458 | 730 | 604 283 | 791 | 395 717 | 826 175 | 61 | 50 | |
| | 20 | 431 187 | 729 | 605 073 | 790 | 394 927 | 826 114 | 61 | 40 | |
| | 30 | 431 916 | 729 | 605 863 | 790 | 394 137 | 826 053 | 61 | 30 | |
| | 40 | 432 645 | 729 | 606 652 | 789 | 393 348 | 825 993 | 60 | 20 | |
| | 50 | 433 374 | 729 | 607 442 | 790 | 392 558 | 825 932 | 61 | 10 | |
| 7 | 0 | 434 103 | 729 | 608 232 | 790 | 391 768 | 825 871 | 61 | 0 | 53 |
| | 10 | 434 831 | 728 | 609 021 | 789 | 390 979 | 825 810 | 61 | 50 | |
| | 20 | 435 560 | 729 | 609 811 | 790 | 390 189 | 825 749 | 61 | 40 | |
| | 30 | 436 288 | 728 | 610 600 | 789 | 389 400 | 825 688 | 61 | 30 | |
| | 40 | 437 016 | 728 | 611 389 | 789 | 388 611 | 825 627 | 61 | 20 | |
| | 50 | 437 744 | 728 | 612 178 | 789 | 387 822 | 825 567 | 60 | 10 | |
| 8 | 0 | 438 472 | 728 | 612 967 | 789 | 387 033 | 825 506 | 61 | 0 | 52 |
| | 10 | 439 200 | 728 | 613 755 | 788 | 386 245 | 825 445 | 61 | 50 | |
| | 20 | 439 928 | 728 | 614 544 | 789 | 385 456 | 825 384 | 61 | 40 | |
| | 30 | 440 655 | 727 | 615 333 | 789 | 384 667 | 825 323 | 61 | 30 | |
| | 40 | 441 383 | 728 | 616 121 | 788 | 383 879 | 825 262 | 61 | 20 | |
| | 50 | 442 110 | 727 | 616 909 | 788 | 383 091 | 825 201 | 61 | 10 | |
| 9 | 0 | 442 837 | 727 | 617 697 | 788 | 382 303 | 825 140 | 61 | 0 | 51 |
| | 10 | 443 564 | 727 | 618 485 | 788 | 381 515 | 825 079 | 61 | 50 | |
| | 20 | 444 291 | 727 | 619 273 | 788 | 380 727 | 825 018 | 61 | 40 | |
| | 30 | 445 018 | 727 | 620 061 | 788 | 379 939 | 824 957 | 61 | 30 | |
| | 40 | 445 745 | 727 | 620 849 | 788 | 379 151 | 824 896 | 61 | 20 | |
| | 50 | 446 471 | 726 | 621 636 | 787 | 378 364 | 824 835 | 61 | 10 | |
| 10 | 0 | 1̄,4 447 197 | 726 | 1̄,4 622 423 | 787 | 0,5 377 577 | 1̄,9 824 774 | 61 | 0 | 50 |
| ′ | ″ | Cos. | | Cotg. | | Tang. | Sin. | | ″ | ′ |

73°

| | 794 | 792 | 790 | 788 | 730 | 728 | 726 | 61 |
|---|---|---|---|---|---|---|---|---|
| 1 | 79,4 | 79,2 | 79 | 78,8 | 73 | 72,8 | 72,6 | 6,1 |
| 2 | 158,8 | 158,4 | 158 | 157,6 | 146 | 145,6 | 145,2 | 12,2 |
| 3 | 238,2 | 237,6 | 237 | 236,4 | 219 | 218,4 | 217,8 | 18,3 |
| 4 | 317,6 | 316,8 | 316 | 315,2 | 292 | 291,2 | 290,4 | 24,4 |
| 5 | 397,0 | 396,0 | 395 | 394,0 | 365 | 364,0 | 363,0 | 30,5 |
| 6 | 476,4 | 475,2 | 474 | 472,8 | 438 | 436,8 | 435,6 | 36,6 |
| 7 | 555,8 | 554,4 | 553 | 551,6 | 511 | 509,6 | 508,2 | 42,7 |
| 8 | 635,2 | 633,6 | 632 | 630,4 | 584 | 582,4 | 580,8 | 48,8 |
| 9 | 714,6 | 712,8 | 711 | 709,2 | 657 | 655,2 | 653,4 | 54,9 |

| ′ | ″ | Sin. | D. | Tang. | D.c. | Cotg. | Cos. | D. | ″ | ′ |
|---|---|---|---|---|---|---|---|---|---|---|
| 10 | 0 | 1̄,4 447 197 | 727 | 1̄,4 622 423 | 788 | 0,5 377 577 | 1̄,9 824 774 | 61 | 0 | 50 |
| | 10 | 447 924 | 726 | 623 211 | 787 | 376 789 | 824 713 | 61 | 50 | |
| | 20 | 448 650 | 726 | 623 998 | 787 | 376 002 | 824 652 | 61 | 40 | |
| | 30 | 449 376 | 726 | 624 785 | 787 | 375 215 | 824 591 | 61 | 30 | |
| | 40 | 450 102 | 725 | 625 572 | 787 | 374 428 | 824 530 | 61 | 20 | |
| | 50 | 450 827 | 726 | 626 359 | 786 | 373 641 | 824 469 | 61 | 10 | |
| 11 | 0 | 451 553 | 725 | 627 145 | 787 | 372 855 | 824 408 | 62 | 0 | 49 |
| | 10 | 452 278 | 726 | 627 932 | 786 | 372 068 | 824 346 | 61 | 50 | |
| | 20 | 453 004 | 725 | 628 718 | 787 | 371 282 | 824 285 | 61 | 40 | |
| | 30 | 453 729 | 725 | 629 505 | 786 | 370 495 | 824 224 | 61 | 30 | |
| | 40 | 454 454 | 725 | 630 291 | 786 | 369 709 | 824 163 | 61 | 20 | |
| | 50 | 455 179 | 725 | 631 077 | 786 | 368 923 | 824 102 | 61 | 10 | |
| 12 | 0 | 455 904 | 724 | 631 863 | 786 | 368 137 | 824 041 | 61 | 0 | 48 |
| | 10 | 456 628 | 725 | 632 649 | 785 | 367 351 | 823 980 | 62 | 50 | |
| | 20 | 457 353 | 724 | 633 434 | 786 | 366 566 | 823 918 | 61 | 40 | |
| | 30 | 458 077 | 724 | 634 220 | 785 | 365 780 | 823 857 | 61 | 30 | |
| | 40 | 458 801 | 725 | 635 005 | 786 | 364 995 | 823 796 | 61 | 20 | |
| | 50 | 459 526 | 724 | 635 791 | 785 | 364 209 | 823 735 | 61 | 10 | |
| 13 | 0 | 460 250 | 723 | 636 576 | 785 | 363 424 | 823 674 | 62 | 0 | 47 |
| | 10 | 460 973 | 724 | 637 361 | 785 | 362 639 | 823 612 | 61 | 50 | |
| | 20 | 461 697 | 724 | 638 146 | 785 | 361 854 | 823 551 | 61 | 40 | |
| | 30 | 462 421 | 723 | 638 931 | 785 | 361 069 | 823 490 | 62 | 30 | |
| | 40 | 463 144 | 724 | 639 716 | 784 | 360 284 | 823 428 | 61 | 20 | |
| | 50 | 463 868 | 723 | 640 500 | 785 | 359 500 | 823 367 | 61 | 10 | |
| 14 | 0 | 464 591 | 723 | 641 285 | 784 | 358 715 | 823 306 | 61 | 0 | 46 |
| | 10 | 465 314 | 723 | 642 069 | 785 | 357 931 | 823 245 | 62 | 50 | |
| | 20 | 466 037 | 723 | 642 854 | 784 | 357 146 | 823 183 | 61 | 40 | |
| | 30 | 466 760 | 722 | 643 638 | 784 | 356 362 | 823 122 | 61 | 30 | |
| | 40 | 467 482 | 723 | 644 422 | 784 | 355 578 | 823 061 | 62 | 20 | |
| | 50 | 468 205 | 722 | 645 206 | 784 | 354 794 | 822 999 | 61 | 10 | |
| 15 | 0 | 468 927 | 723 | 645 990 | 783 | 354 010 | 822 938 | 62 | 0 | 45 |
| | 10 | 469 650 | 722 | 646 773 | 784 | 353 227 | 822 876 | 61 | 50 | |
| | 20 | 470 372 | 722 | 647 557 | 783 | 352 443 | 822 815 | 61 | 40 | |
| | 30 | 471 094 | 722 | 648 340 | 784 | 351 660 | 822 754 | 62 | 30 | |
| | 40 | 471 816 | 722 | 649 124 | 783 | 350 876 | 822 692 | 61 | 20 | |
| | 50 | 472 538 | 721 | 649 907 | 783 | 350 093 | 822 631 | 62 | 10 | |
| 16 | 0 | 473 259 | 722 | 650 690 | 783 | 349 310 | 822 569 | 61 | 0 | 44 |
| | 10 | 473 981 | 721 | 651 473 | 783 | 348 527 | 822 508 | 61 | 50 | |
| | 20 | 474 702 | 721 | 652 256 | 782 | 347 744 | 822 447 | 62 | 40 | |
| | 30 | 475 423 | 722 | 653 038 | 783 | 346 962 | 822 385 | 61 | 30 | |
| | 40 | 476 145 | 721 | 653 821 | 783 | 346 179 | 822 324 | 62 | 20 | |
| | 50 | 476 866 | 720 | 654 604 | 782 | 345 396 | 822 262 | 61 | 10 | |
| 17 | 0 | 477 586 | 721 | 655 386 | 782 | 344 614 | 822 201 | 62 | 0 | 43 |
| | 10 | 478 307 | 721 | 656 168 | 782 | 343 832 | 822 139 | 61 | 50 | |
| | 20 | 479 028 | 720 | 656 950 | 782 | 343 050 | 822 078 | 62 | 40 | |
| | 30 | 479 748 | 721 | 657 732 | 782 | 342 268 | 822 016 | 61 | 30 | |
| | 40 | 480 469 | 720 | 658 514 | 782 | 341 486 | 821 955 | 62 | 20 | |
| | 50 | 481 189 | 720 | 659 296 | 782 | 340 704 | 821 893 | 62 | 10 | |
| 18 | 0 | 481 909 | 720 | 660 078 | 781 | 339 922 | 821 831 | 61 | 0 | 42 |
| | 10 | 482 629 | 720 | 660 859 | 782 | 339 141 | 821 770 | 62 | 50 | |
| | 20 | 483 349 | 720 | 661 641 | 781 | 338 359 | 821 708 | 61 | 40 | |
| | 30 | 484 069 | 719 | 662 422 | 781 | 337 578 | 821 647 | 62 | 30 | |
| | 40 | 484 788 | 720 | 663 203 | 781 | 336 797 | 821 585 | 62 | 20 | |
| | 50 | 485 508 | 719 | 663 984 | 781 | 336 016 | 821 523 | 61 | 10 | |
| 19 | 0 | 486 227 | 719 | 664 765 | 781 | 335 235 | 821 462 | 62 | 0 | 41 |
| | 10 | 486 946 | 719 | 665 546 | 781 | 334 454 | 821 400 | 62 | 50 | |
| | 20 | 487 665 | 719 | 666 327 | 780 | 333 673 | 821 338 | 61 | 40 | |
| | 30 | 488 384 | 719 | 667 107 | 781 | 332 893 | 821 277 | 62 | 30 | |
| | 40 | 489 103 | 719 | 667 888 | 780 | 332 112 | 821 215 | 62 | 20 | |
| | 50 | 489 822 | 718 | 668 668 | 780 | 331 332 | 821 153 | 61 | 10 | |
| 20 | 0 | 1̄,4 490 540 | | 1̄,4 669 448 | | 0,5 330 552 | 1̄,9 821 092 | | 0 | 40 |
| ′ | ″ | Cos. | | Cotg. | | Tang. | Sin. | | ″ | ′ |

73°

| | 786 | 784 | 782 | 724 | 722 | 720 | 718 | 62 |
|---|---|---|---|---|---|---|---|---|
| 1 | 78,6 | 78,4 | 78,2 | 72,4 | 72,2 | 72 | 71,8 | 6,2 |
| 2 | 157,2 | 156,8 | 156,4 | 144,8 | 144,4 | 144 | 143,6 | 12,4 |
| 3 | 235,8 | 235,2 | 234,6 | 217,2 | 216,6 | 216 | 215,4 | 18,6 |
| 4 | 314,4 | 313,6 | 312,8 | 289,6 | 288,8 | 288 | 287,2 | 24,8 |
| 5 | 393,0 | 392,0 | 391,0 | 362,0 | 361,0 | 360 | 359,0 | 31,0 |
| 6 | 471,6 | 470,4 | 469,2 | 434,4 | 433,2 | 432 | 430,8 | 37,2 |
| 7 | 550,2 | 548,8 | 547,4 | 506,8 | 505,4 | 504 | 502,6 | 43,4 |
| 8 | 628,8 | 627,2 | 625,6 | 579,2 | 577,6 | 576 | 574,4 | 49,6 |
| 9 | 707,4 | 705,6 | 703,8 | 651,6 | 649,8 | 648 | 646,2 | 55,8 |

| 780 | |
|---|---|
| 1 | 78 |
| 2 | 156 |
| 3 | 234 |
| 4 | 312 |
| 5 | 390 |
| 6 | 468 |
| 7 | 546 |
| 8 | 624 |
| 9 | 702 |

| 778 | |
|---|---|
| 1 | 77,8 |
| 2 | 155,6 |
| 3 | 233,4 |
| 4 | 311,2 |
| 5 | 389,0 |
| 6 | 466,8 |
| 7 | 544,6 |
| 8 | 622,4 |
| 9 | 700,2 |

| 776 | |
|---|---|
| 1 | 77,6 |
| 2 | 155,2 |
| 3 | 232,8 |
| 4 | 310,4 |
| 5 | 388,0 |
| 6 | 465,6 |
| 7 | 543,2 |
| 8 | 620,8 |
| 9 | 698,4 |

| 774 | |
|---|---|
| 1 | 77,4 |
| 2 | 154,8 |
| 3 | 232,2 |
| 4 | 309,6 |
| 5 | 387,0 |
| 6 | 464,4 |
| 7 | 541,8 |
| 8 | 619,2 |
| 9 | 696,6 |

| 716 | |
|---|---|
| 1 | 71,6 |
| 2 | 143,2 |
| 3 | 214,8 |
| 4 | 286,4 |
| 5 | 358,0 |
| 6 | 429,6 |
| 7 | 501,2 |
| 8 | 572,8 |
| 9 | 644,4 |

| 714 | |
|---|---|
| 1 | 71,4 |
| 2 | 142,8 |
| 3 | 214,2 |
| 4 | 285,6 |
| 5 | 357,0 |
| 6 | 428,4 |
| 7 | 499,8 |
| 8 | 571,2 |
| 9 | 642,6 |

| 712 | |
|---|---|
| 1 | 71,2 |
| 2 | 142,4 |
| 3 | 213,6 |
| 4 | 284,8 |
| 5 | 356,0 |
| 6 | 427,2 |
| 7 | 498,4 |
| 8 | 569,6 |
| 9 | 640,8 |

| 62 | |
|---|---|
| 1 | 6,2 |
| 2 | 12,4 |
| 3 | 18,6 |
| 4 | 24,8 |
| 5 | 31,0 |
| 6 | 37,2 |
| 7 | 43,4 |
| 8 | 49,6 |
| 9 | 55,8 |

| ′ | ″ | Sin. | D. | Tang. | D.c. | Cotg. | Cos. | D. | ″ | ′ |
|---|---|---|---|---|---|---|---|---|---|---|
| 20 | 0 | 1̄,4 490 540 | | 1̄,4 669 448 | | 0,5 330 552 | 1̄,9 821 092 | | 0 | 40 |
| | 10 | 491 258 | 718 | 670 228 | 780 | 329 772 | 821 030 | 62 | 50 | |
| | 20 | 491 977 | 719 | 671 008 | 780 | 328 992 | 820 968 | 62 | 40 | |
| | 30 | 492 695 | 718 | 671 788 | 780 | 328 212 | 820 907 | 61 | 30 | |
| | 40 | 493 413 | 718 | 672 568 | 780 | 327 432 | 820 845 | 62 | 20 | |
| | 50 | 494 131 | 718 | 673 348 | 780 | 326 652 | 820 783 | 62 | 10 | |
| 21 | 0 | 494 849 | 718 | 674 127 | 779 | 325 873 | 820 721 | 62 | 0 | 39 |
| | 10 | 495 566 | 717 | 674 907 | 780 | 325 093 | 820 660 | 61 | 50 | |
| | 20 | 496 284 | 718 | 675 686 | 779 | 324 314 | 820 598 | 62 | 40 | |
| | 30 | 497 001 | 717 | 676 465 | 779 | 323 535 | 820 536 | 62 | 30 | |
| | 40 | 497 718 | 717 | 677 244 | 779 | 322 756 | 820 474 | 62 | 20 | |
| | 50 | 498 436 | 718 | 678 023 | 779 | 321 977 | 820 412 | 62 | 10 | |
| 22 | 0 | 499 153 | 717 | 678 802 | 779 | 321 198 | 820 351 | 61 | 0 | 38 |
| | 10 | 499 869 | 716 | 679 581 | 779 | 320 419 | 820 289 | 62 | 50 | |
| | 20 | 500 586 | 717 | 680 359 | 778 | 319 641 | 820 227 | 62 | 40 | |
| | 30 | 501 303 | 717 | 681 138 | 779 | 318 862 | 820 165 | 62 | 30 | |
| | 40 | 502 019 | 716 | 681 916 | 778 | 318 084 | 820 103 | 62 | 20 | |
| | 50 | 502 736 | 717 | 682 694 | 778 | 317 306 | 820 041 | 62 | 10 | |
| 23 | 0 | 503 452 | 716 | 683 473 | 779 | 316 527 | 819 979 | 62 | 0 | 37 |
| | 10 | 504 168 | 716 | 684 251 | 778 | 315 749 | 819 917 | 62 | 50 | |
| | 20 | 504 884 | 716 | 685 028 | 777 | 314 972 | 819 855 | 62 | 40 | |
| | 30 | 505 600 | 716 | 685 806 | 778 | 314 194 | 819 794 | 61 | 30 | |
| | 40 | 506 315 | 715 | 686 584 | 778 | 313 416 | 819 732 | 62 | 20 | |
| | 50 | 507 031 | 716 | 687 361 | 777 | 312 639 | 819 670 | 62 | 10 | |
| 24 | 0 | 507 747 | 716 | 688 139 | 778 | 311 861 | 819 608 | 62 | 0 | 36 |
| | 10 | 508 462 | 715 | 688 916 | 777 | 311 084 | 819 546 | 62 | 50 | |
| | 20 | 509 177 | 715 | 689 693 | 777 | 310 307 | 819 484 | 62 | 40 | |
| | 30 | 509 892 | 715 | 640 470 | 777 | 309 530 | 819 422 | 62 | 30 | |
| | 40 | 510 607 | 715 | 691 247 | 777 | 308 753 | 819 360 | 62 | 20 | |
| | 50 | 511 322 | 715 | 692 024 | 777 | 307 976 | 819 298 | 62 | 10 | |
| 25 | 0 | 512 037 | 715 | 692 801 | 777 | 307 199 | 819 236 | 62 | 0 | 35 |
| | 10 | 512 751 | 714 | 693 577 | 776 | 306 423 | 819 174 | 62 | 50 | |
| | 20 | 513 466 | 715 | 694 354 | 777 | 305 646 | 819 112 | 62 | 40 | |
| | 30 | 514 180 | 714 | 695 130 | 776 | 304 870 | 819 050 | 62 | 30 | |
| | 40 | 514 894 | 714 | 695 907 | 777 | 304 093 | 818 987 | 63 | 20 | |
| | 50 | 515 608 | 714 | 696 683 | 776 | 303 317 | 818 925 | 62 | 10 | |
| 26 | 0 | 516 322 | 714 | 697 459 | 776 | 302 541 | 818 863 | 62 | 0 | 34 |
| | 10 | 517 036 | 714 | 698 235 | 776 | 301 765 | 818 801 | 62 | 50 | |
| | 20 | 517 749 | 713 | 699 010 | 775 | 300 990 | 818 739 | 62 | 40 | |
| | 30 | 518 463 | 714 | 699 786 | 776 | 300 214 | 818 677 | 62 | 30 | |
| | 40 | 519 176 | 713 | 700 562 | 776 | 299 438 | 818 615 | 62 | 20 | |
| | 50 | 519 890 | 714 | 701 337 | 775 | 298 663 | 818 553 | 62 | 10 | |
| 27 | 0 | 520 603 | 713 | 702 112 | 775 | 297 888 | 818 490 | 63 | 0 | 33 |
| | 10 | 521 316 | 713 | 702 888 | 776 | 297 112 | 818 428 | 62 | 50 | |
| | 20 | 522 029 | 713 | 703 663 | 775 | 296 337 | 818 366 | 62 | 40 | |
| | 30 | 522 742 | 713 | 704 438 | 775 | 295 562 | 818 304 | 62 | 30 | |
| | 40 | 523 454 | 712 | 705 213 | 775 | 294 787 | 818 242 | 62 | 20 | |
| | 50 | 524 167 | 713 | 705 987 | 774 | 294 013 | 818 179 | 63 | 10 | |
| 28 | 0 | 524 879 | 712 | 706 762 | 775 | 293 238 | 818 117 | 62 | 0 | 32 |
| | 10 | 525 591 | 712 | 707 536 | 774 | 292 464 | 818 055 | 62 | 50 | |
| | 20 | 526 304 | 713 | 708 311 | 775 | 291 689 | 817 993 | 62 | 40 | |
| | 30 | 527 016 | 712 | 709 085 | 774 | 290 915 | 817 931 | 62 | 30 | |
| | 40 | 527 728 | 712 | 709 859 | 774 | 290 141 | 817 868 | 63 | 20 | |
| | 50 | 528 439 | 711 | 710 633 | 774 | 289 367 | 817 806 | 62 | 10 | |
| 29 | 0 | 529 151 | 712 | 711 407 | 774 | 288 593 | 817 744 | 62 | 0 | 31 |
| | 10 | 529 862 | 711 | 712 181 | 774 | 287 819 | 817 681 | 63 | 50 | |
| | 20 | 530 574 | 712 | 712 955 | 774 | 287 045 | 817 619 | 62 | 40 | |
| | 30 | 531 285 | 711 | 713 728 | 773 | 286 272 | 817 557 | 62 | 30 | |
| | 40 | 531 996 | 711 | 714 502 | 774 | 285 498 | 817 494 | 63 | 20 | |
| | 50 | 532 707 | 711 | 715 275 | 773 | 284 725 | 817 432 | 62 | 10 | |
| 30 | 0 | 1̄,4 533 418 | 711 | 1̄,4 716 048 | 773 | 0,5 283 952 | 1̄,9 817 370 | 62 | 0 | 30 |
| ′ | ″ | Cos. | | Cotg. | | Tang. | Sin. | | ″ | ′ |

| ′ | ″ | Sin. | D. | Tang. | D.c. | Cotg. | Cos. | D. | ″ | ′ |
|---|---|---|---|---|---|---|---|---|---|---|
| 30 | 0 | 1̄,4 533 418 | | 1̄,4 716 048 | | 0,5 283 952 | 1̄,9 817 370 | | 0 | 30 |
| | 10 | 534 129 | 711 | 716 822 | 774 | 283 178 | 817 307 | 63 | 50 | |
| | 20 | 534 839 | 710 | 717 595 | 773 | 282 405 | 817 245 | 62 | 40 | |
| | 30 | 535 550 | 711 | 718 367 | 772 | 281 633 | 817 182 | 63 | 30 | |
| | 40 | 536 260 | 710 | 719 140 | 773 | 280 860 | 817 120 | 62 | 20 | |
| | 50 | 536 971 | 711 | 719 913 | 773 | 280 087 | 817 058 | 62 | 10 | |
| 31 | 0 | 537 681 | 710 | 720 685 | 772 | 279 315 | 816 995 | 63 | 0 | 29 |
| | 10 | 538 391 | 710 | 721 458 | 773 | 278 542 | 816 933 | 62 | 50 | |
| | 20 | 539 100 | 709 | 722 230 | 772 | 277 770 | 816 870 | 63 | 40 | |
| | 30 | 539 810 | 710 | 723 002 | 772 | 276 998 | 816 808 | 62 | 30 | |
| | 40 | 540 520 | 710 | 723 774 | 772 | 276 226 | 816 745 | 63 | 20 | |
| | 50 | 541 229 | 709 | 724 546 | 772 | 275 454 | 816 683 | 62 | 10 | |
| 32 | 0 | 541 939 | 710 | 725 318 | 772 | 274 682 | 816 620 | 63 | 0 | 28 |
| | 10 | 542 648 | 709 | 726 090 | 772 | 273 910 | 816 558 | 62 | 50 | |
| | 20 | 543 357 | 709 | 726 862 | 772 | 273 138 | 816 495 | 63 | 40 | |
| | 30 | 544 066 | 709 | 727 633 | 771 | 272 367 | 816 433 | 62 | 30 | |
| | 40 | 544 775 | 709 | 728 405 | 772 | 271 595 | 816 370 | 63 | 20 | |
| | 50 | 545 484 | 709 | 729 176 | 771 | 270 824 | 816 308 | 62 | 10 | |
| 33 | 0 | 546 192 | 708 | 729 947 | 771 | 270 053 | 816 245 | 63 | 0 | 27 |
| | 10 | 546 901 | 709 | 730 718 | 771 | 269 282 | 816 183 | 62 | 50 | |
| | 20 | 547 609 | 708 | 731 489 | 771 | 268 511 | 816 120 | 63 | 40 | |
| | 30 | 548 317 | 708 | 732 260 | 771 | 267 740 | 816 057 | 63 | 30 | |
| | 40 | 549 025 | 708 | 733 030 | 770 | 266 970 | 815 995 | 62 | 20 | |
| | 50 | 549 733 | 708 | 733 801 | 771 | 266 199 | 815 932 | 63 | 10 | |
| 34 | 0 | 550 441 | 708 | 734 572 | 771 | 265 428 | 815 870 | 62 | 0 | 26 |
| | 10 | 551 149 | 708 | 735 342 | 770 | 264 658 | 815 807 | 63 | 50 | |
| | 20 | 551 856 | 707 | 736 112 | 770 | 263 888 | 815 744 | 63 | 40 | |
| | 30 | 552 564 | 708 | 736 882 | 770 | 263 118 | 815 682 | 62 | 30 | |
| | 40 | 553 271 | 707 | 737 652 | 770 | 262 348 | 815 619 | 63 | 20 | |
| | 50 | 553 979 | 708 | 738 422 | 770 | 261 578 | 815 556 | 63 | 10 | |
| 35 | 0 | 554 686 | 707 | 739 192 | 770 | 260 808 | 815 494 | 62 | 0 | 25 |
| | 10 | 555 393 | 707 | 739 962 | 770 | 260 038 | 815 431 | 63 | 50 | |
| | 20 | 556 099 | 706 | 740 731 | 769 | 259 269 | 815 368 | 63 | 40 | |
| | 30 | 556 806 | 707 | 741 501 | 770 | 258 499 | 815 305 | 63 | 30 | |
| | 40 | 557 513 | 707 | 742 270 | 769 | 257 730 | 815 243 | 62 | 20 | |
| | 50 | 558 219 | 706 | 743 039 | 769 | 256 961 | 815 180 | 63 | 10 | |
| 36 | 0 | 558 926 | 707 | 743 808 | 769 | 256 192 | 815 117 | 63 | 0 | 24 |
| | 10 | 559 632 | 706 | 744 577 | 769 | 255 423 | 815 054 | 63 | 50 | |
| | 20 | 560 338 | 706 | 745 346 | 769 | 254 654 | 814 992 | 62 | 40 | |
| | 30 | 561 044 | 706 | 746 115 | 769 | 253 885 | 814 929 | 63 | 30 | |
| | 40 | 561 750 | 706 | 746 884 | 769 | 253 116 | 814 866 | 63 | 20 | |
| | 50 | 562 455 | 705 | 747 652 | 768 | 252 348 | 814 803 | 63 | 10 | |
| 37 | 0 | 563 161 | 706 | 748 421 | 769 | 251 579 | 814 740 | 63 | 0 | 23 |
| | 10 | 563 866 | 705 | 749 189 | 768 | 250 811 | 814 678 | 62 | 50 | |
| | 20 | 564 572 | 706 | 749 957 | 768 | 250 043 | 814 615 | 63 | 40 | |
| | 30 | 565 277 | 705 | 750 725 | 768 | 249 275 | 814 552 | 63 | 30 | |
| | 40 | 565 982 | 705 | 751 493 | 768 | 248 507 | 814 489 | 63 | 20 | |
| | 50 | 566 687 | 705 | 752 261 | 768 | 247 739 | 814 426 | 63 | 10 | |
| 38 | 0 | 567 392 | 705 | 753 029 | 768 | 246 971 | 814 363 | 63 | 0 | 22 |
| | 10 | 568 097 | 705 | 753 796 | 767 | 246 204 | 814 300 | 63 | 50 | |
| | 20 | 568 801 | 704 | 754 564 | 768 | 245 436 | 814 237 | 63 | 40 | |
| | 30 | 569 506 | 705 | 755 331 | 767 | 244 669 | 814 174 | 63 | 30 | |
| | 40 | 570 210 | 704 | 756 099 | 768 | 243 901 | 814 111 | 63 | 20 | |
| | 50 | 570 914 | 704 | 756 866 | 767 | 243 134 | 814 049 | 62 | 10 | |
| 39 | 0 | 571 618 | 704 | 757 633 | 767 | 242 367 | 813 986 | 63 | 0 | 21 |
| | 10 | 572 322 | 704 | 758 400 | 767 | 241 600 | 813 923 | 63 | 50 | |
| | 20 | 573 026 | 704 | 759 167 | 767 | 240 833 | 813 860 | 63 | 40 | |
| | 30 | 573 730 | 704 | 759 933 | 766 | 240 067 | 813 797 | 63 | 30 | |
| | 40 | 574 434 | 704 | 760 700 | 767 | 239 300 | 813 734 | 63 | 20 | |
| | 50 | 575 137 | 703 | 761 466 | 766 | 238 534 | 813 671 | 63 | 10 | |
| 40 | 0 | 1̄,4 575 840 | 703 | 1̄,4 762 233 | 767 | 0,5 237 767 | 1̄,9 813 608 | 63 | 0 | 20 |
| ′ | ″ | Cos. | | Cotg. | | Tang. | Sin. | | ″ | ′ |

| | 772 | 770 | 768 | 710 | 708 | 706 | 704 | 63 |
|---|---|---|---|---|---|---|---|---|
| 1 | 77,2 | 77 | 76,8 | 71 | 70,8 | 70,6 | 70,4 | 6,3 |
| 2 | 154,4 | 154 | 153,6 | 142 | 141,6 | 141,2 | 140,8 | 12,6 |
| 3 | 231,6 | 231 | 230,4 | 213 | 212,4 | 211,8 | 211,2 | 18,9 |
| 4 | 308,8 | 308 | 307,2 | 284 | 283,2 | 282,4 | 281,6 | 25,2 |
| 5 | 386,0 | 385 | 384,0 | 355 | 354,0 | 353,0 | 352,0 | 31,5 |
| 6 | 463,2 | 462 | 460,8 | 426 | 424,8 | 423,6 | 422,4 | 37,8 |
| 7 | 540,4 | 539 | 537,6 | 497 | 495,6 | 494,2 | 492,8 | 44,1 |
| 8 | 617,6 | 616 | 614,4 | 568 | 566,4 | 564,8 | 563,2 | 50,4 |
| 9 | 694,8 | 693 | 691,2 | 639 | 637,2 | 635,4 | 633,6 | 56,7 |

| | 766 | 764 | 762 | 760 | 702 | 700 | 698 | 63 |
|---|---|---|---|---|---|---|---|---|
| 1 | 76,6 | 76,4 | 76,2 | 76 | 70,2 | 70 | 69,8 | 6,3 |
| 2 | 153,2 | 152,8 | 152,4 | 152 | 140,4 | 140 | 139,6 | 12,6 |
| 3 | 229,8 | 229,2 | 228,6 | 228 | 210,6 | 210 | 209,4 | 18,9 |
| 4 | 306,4 | 305,6 | 304,8 | 304 | 280,8 | 280 | 279,2 | 25,2 |
| 5 | 383,0 | 382,0 | 381,0 | 380 | 351,0 | 350 | 349,0 | 31,5 |
| 6 | 459,6 | 458,4 | 457,2 | 456 | 421,2 | 420 | 418,8 | 37,8 |
| 7 | 536,2 | 534,8 | 533,4 | 532 | 491,4 | 490 | 488,6 | 44,1 |
| 8 | 612,8 | 611,2 | 609,6 | 608 | 561,6 | 560 | 558,4 | 50,4 |
| 9 | 689,4 | 687,6 | 685,8 | 684 | 631,8 | 630 | 628,2 | 56,7 |

| ′ | ″ | Sin. | D. | Tang. | D. c. | Cotg. | Cos. | D. | ″ | ′ |
|---|---|---|---|---|---|---|---|---|---|---|
| 40 | 0 | 1̄,4 575 840 | 704 | 1̄,4 762 233 | 766 | 0,5 237 767 | 1̄,9 813 608 | 63 | 0 | 20 |
| | 10 | 576 544 | 703 | 762 999 | 766 | 237 001 | 813 545 | 64 | 50 | |
| | 20 | 577 247 | 703 | 763 765 | 766 | 236 235 | 813 481 | 63 | 40 | |
| | 30 | 577 950 | 703 | 764 531 | 766 | 235 469 | 813 418 | 63 | 30 | |
| | 40 | 578 653 | 702 | 765 297 | 766 | 234 703 | 813 355 | 63 | 20 | |
| | 50 | 579 355 | 703 | 766 063 | 766 | 233 937 | 813 292 | 63 | 10 | |
| 41 | 0 | 580 058 | 702 | 766 829 | 765 | 233 171 | 813 229 | 63 | 0 | 19 |
| | 10 | 580 760 | 703 | 767 594 | 766 | 232 406 | 813 166 | 63 | 50 | |
| | 20 | 581 463 | 702 | 768 360 | 765 | 231 640 | 813 103 | 63 | 40 | |
| | 30 | 582 165 | 702 | 769 125 | 766 | 230 875 | 813 040 | 63 | 30 | |
| | 40 | 582 867 | 702 | 769 891 | 765 | 230 109 | 812 977 | 64 | 20 | |
| | 50 | 583 569 | 702 | 770 656 | 765 | 229 344 | 812 913 | 63 | 10 | |
| 42 | 0 | 584 271 | 702 | 771 421 | 765 | 228 579 | 812 850 | 63 | 0 | 18 |
| | 10 | 584 973 | 701 | 772 186 | 764 | 227 814 | 812 787 | 63 | 50 | |
| | 20 | 585 674 | 702 | 772 950 | 765 | 227 050 | 812 724 | 63 | 40 | |
| | 30 | 586 376 | 701 | 773 715 | 765 | 226 285 | 812 661 | 63 | 30 | |
| | 40 | 587 077 | 701 | 774 480 | 764 | 225 520 | 812 598 | 64 | 20 | |
| | 50 | 587 778 | 702 | 775 244 | 765 | 224 756 | 812 534 | 63 | 10 | |
| 43 | 0 | 588 480 | 701 | 776 009 | 764 | 223 991 | 812 471 | 63 | 0 | 17 |
| | 10 | 589 181 | 701 | 776 773 | 764 | 223 227 | 812 408 | 63 | 50 | |
| | 20 | 589 882 | 700 | 777 537 | 764 | 222 463 | 812 345 | 64 | 40 | |
| | 30 | 590 582 | 701 | 778 301 | 764 | 221 699 | 812 281 | 63 | 30 | |
| | 40 | 591 283 | 700 | 779 065 | 764 | 220 935 | 812 218 | 63 | 20 | |
| | 50 | 591 983 | 701 | 779 829 | 763 | 220 171 | 812 155 | 64 | 10 | |
| 44 | 0 | 592 684 | 700 | 780 592 | 764 | 219 408 | 812 091 | 63 | 0 | 16 |
| | 10 | 593 384 | 700 | 781 356 | 763 | 218 644 | 812 028 | 63 | 50 | |
| | 20 | 594 084 | 700 | 782 119 | 764 | 217 881 | 811 965 | 63 | 40 | |
| | 30 | 594 784 | 700 | 782 883 | 763 | 217 117 | 811 902 | 64 | 30 | |
| | 40 | 595 484 | 700 | 783 646 | 763 | 216 354 | 811 838 | 63 | 20 | |
| | 50 | 596 184 | 700 | 784 409 | 763 | 215 591 | 811 775 | 64 | 10 | |
| 45 | 0 | 596 884 | 699 | 785 172 | 763 | 214 828 | 811 711 | 63 | 0 | 15 |
| | 10 | 597 583 | 699 | 785 935 | 763 | 214 065 | 811 648 | 63 | 50 | |
| | 20 | 598 282 | 700 | 786 698 | 762 | 213 302 | 811 585 | 64 | 40 | |
| | 30 | 598 982 | 699 | 787 460 | 763 | 212 540 | 811 521 | 63 | 30 | |
| | 40 | 599 681 | 699 | 788 223 | 762 | 211 777 | 811 458 | 63 | 20 | |
| | 50 | 600 380 | 699 | 788 985 | 763 | 211 015 | 811 395 | 64 | 10 | |
| 46 | 0 | 601 079 | 699 | 789 748 | 762 | 210 252 | 811 331 | 63 | 0 | 14 |
| | 10 | 601 778 | 698 | 790 510 | 762 | 209 490 | 811 268 | 64 | 50 | |
| | 20 | 602 476 | 699 | 791 272 | 762 | 208 728 | 811 204 | 63 | 40 | |
| | 30 | 603 175 | 698 | 792 034 | 762 | 207 966 | 811 141 | 64 | 30 | |
| | 40 | 603 873 | 699 | 792 796 | 762 | 207 204 | 811 077 | 63 | 20 | |
| | 50 | 604 572 | 698 | 793 558 | 761 | 206 442 | 811 014 | 64 | 10 | |
| 47 | 0 | 605 270 | 698 | 794 319 | 762 | 205 681 | 810 950 | 63 | 0 | 13 |
| | 10 | 605 968 | 698 | 795 081 | 761 | 204 919 | 810 887 | 64 | 50 | |
| | 20 | 606 666 | 698 | 795 842 | 762 | 204 158 | 810 823 | 63 | 40 | |
| | 30 | 607 364 | 697 | 796 604 | 761 | 203 396 | 810 760 | 64 | 30 | |
| | 40 | 608 061 | 698 | 797 365 | 761 | 202 635 | 810 696 | 63 | 20 | |
| | 50 | 608 759 | 697 | 798 126 | 761 | 201 874 | 810 633 | 64 | 10 | |
| 48 | 0 | 609 456 | 698 | 798 887 | 761 | 201 113 | 810 569 | 64 | 0 | 12 |
| | 10 | 610 154 | 697 | 799 648 | 761 | 200 352 | 810 505 | 63 | 50 | |
| | 20 | 610 851 | 697 | 800 409 | 761 | 199 591 | 810 442 | 64 | 40 | |
| | 30 | 611 548 | 697 | 801 170 | 760 | 198 830 | 810 378 | 63 | 30 | |
| | 40 | 612 245 | 697 | 801 930 | 761 | 198 070 | 810 315 | 64 | 20 | |
| | 50 | 612 942 | 696 | 802 691 | 760 | 197 309 | 810 251 | 64 | 10 | |
| 49 | 0 | 613 638 | 697 | 803 451 | 760 | 196 549 | 810 187 | 63 | 0 | 11 |
| | 10 | 614 335 | 696 | 804 211 | 760 | 195 789 | 810 124 | 64 | 50 | |
| | 20 | 615 031 | 697 | 804 971 | 760 | 195 029 | 810 060 | 64 | 40 | |
| | 30 | 615 728 | 696 | 805 731 | 760 | 194 269 | 809 996 | 63 | 30 | |
| | 40 | 616 424 | 696 | 806 491 | 760 | 193 509 | 809 933 | 64 | 20 | |
| | 50 | 617 120 | 696 | 807 251 | 760 | 192 749 | 809 869 | 64 | 10 | |
| 50 | 0 | 1̄,4 617 816 | | 1̄,4 808 011 | | 0,5 191 989 | 1̄,9 809 805 | | 0 | 10 |
| ′ | ″ | Cos. | | Cotg. | | Tang. | Sin. | | ″ | ′ |

| ′ | ″ | Sin. | D. | Tang. | D.c. | Cotg. | Cos. | D. | ″ | ′ |
|---|---|---|---|---|---|---|---|---|---|---|
| 50 | 0 | $\bar{1}$,4 617 816 | 696 | $\bar{1}$,4 808 011 | 759 | 0,5 191 989 | $\bar{1}$,9 809 805 | 63 | 0 | 10 |
| | 10 | 618 512 | 696 | 808 770 | 760 | 191 230 | 809 742 | 64 | 50 | |
| | 20 | 619 208 | 695 | 809 530 | 759 | 190 470 | 809 678 | 64 | 40 | |
| | 30 | 619 903 | 696 | 810 289 | 759 | 189 711 | 809 614 | 63 | 30 | |
| | 40 | 620 599 | 695 | 811 048 | 759 | 188 952 | 809 551 | 64 | 20 | |
| | 50 | 621 294 | 695 | 811 807 | 759 | 188 193 | 809 487 | 64 | 10 | |
| 51 | 0 | 621 989 | 695 | 812 566 | 759 | 187 434 | 809 423 | 64 | 0 | 9 |
| | 10 | 622 684 | 695 | 813 325 | 759 | 186 675 | 809 359 | 64 | 50 | |
| | 20 | 623 379 | 695 | 814 084 | 759 | 185 916 | 809 295 | 63 | 40 | |
| | 30 | 624 074 | 695 | 814 843 | 758 | 185 157 | 809 232 | 64 | 30 | |
| | 40 | 624 769 | 695 | 815 601 | 759 | 184 399 | 809 168 | 64 | 20 | |
| | 50 | 625 464 | 694 | 816 360 | 758 | 183 640 | 809 104 | 64 | 10 | |
| 52 | 0 | 626 158 | 695 | 817 118 | 758 | 182 882 | 809 040 | 64 | 0 | 8 |
| | 10 | 626 853 | 694 | 817 876 | 758 | 182 124 | 808 976 | 64 | 50 | |
| | 20 | 627 547 | 694 | 818 634 | 759 | 181 366 | 808 912 | 63 | 40 | |
| | 30 | 628 241 | 694 | 819 393 | 757 | 180 607 | 808 849 | 64 | 30 | |
| | 40 | 628 935 | 694 | 820 150 | 758 | 179 850 | 808 785 | 64 | 20 | |
| | 50 | 629 629 | 694 | 820 908 | 758 | 179 092 | 808 721 | 64 | 10 | |
| 53 | 0 | 630 323 | 694 | 821 666 | 758 | 178 334 | 808 657 | 64 | 0 | 7 |
| | 10 | 631 017 | 693 | 822 424 | 757 | 177 576 | 808 593 | 64 | 50 | |
| | 20 | 631 710 | 694 | 823 181 | 757 | 176 819 | 808 529 | 64 | 40 | |
| | 30 | 632 404 | 693 | 823 938 | 758 | 176 062 | 808 465 | 64 | 30 | |
| | 40 | 633 097 | 693 | 824 696 | 757 | 175 304 | 808 401 | 64 | 20 | |
| | 50 | 633 790 | 693 | 825 453 | 757 | 174 547 | 808 337 | 64 | 10 | |
| 54 | 0 | 634 483 | 693 | 826 210 | 757 | 173 790 | 808 273 | 64 | 0 | 6 |
| | 10 | 635 176 | 693 | 826 967 | 757 | 173 033 | 808 209 | 64 | 50 | |
| | 20 | 635 869 | 693 | 827 724 | 756 | 172 276 | 808 145 | 64 | 40 | |
| | 30 | 636 562 | 692 | 828 480 | 757 | 171 520 | 808 081 | 64 | 30 | |
| | 40 | 637 254 | 693 | 829 237 | 756 | 170 763 | 808 017 | 64 | 20 | |
| | 50 | 637 947 | 692 | 829 993 | 757 | 170 007 | 807 953 | 64 | 10 | |
| 55 | 0 | 638 639 | 692 | 830 750 | 756 | 169 250 | 807 889 | 64 | 0 | 5 |
| | 10 | 639 331 | 692 | 831 506 | 756 | 168 494 | 807 825 | 64 | 50 | |
| | 20 | 640 023 | 692 | 832 262 | 756 | 167 738 | 807 761 | 64 | 40 | |
| | 30 | 640 715 | 692 | 833 018 | 756 | 166 982 | 807 697 | 64 | 30 | |
| | 40 | 641 407 | 692 | 833 774 | 756 | 166 226 | 807 633 | 64 | 20 | |
| | 50 | 642 099 | 691 | 834 530 | 756 | 165 470 | 807 569 | 64 | 10 | |
| 56 | 0 | 642 790 | 692 | 835 286 | 755 | 164 714 | 807 505 | 64 | 0 | 4 |
| | 10 | 643 482 | 691 | 836 041 | 756 | 163 959 | 807 441 | 64 | 50 | |
| | 20 | 644 173 | 692 | 836 797 | 755 | 163 203 | 807 377 | 64 | 40 | |
| | 30 | 644 865 | 691 | 837 552 | 755 | 162 448 | 807 313 | 65 | 30 | |
| | 40 | 645 556 | 691 | 838 307 | 756 | 161 693 | 807 248 | 64 | 20 | |
| | 50 | 646 247 | 691 | 839 063 | 755 | 160 937 | 807 184 | 64 | 10 | |
| 57 | 0 | 646 938 | 690 | 839 818 | 755 | 160 182 | 807 120 | 64 | 0 | 3 |
| | 10 | 647 628 | 691 | 840 573 | 754 | 159 427 | 807 056 | 64 | 50 | |
| | 20 | 648 319 | 691 | 841 327 | 755 | 158 673 | 806 992 | 65 | 40 | |
| | 30 | 649 010 | 690 | 842 082 | 755 | 157 918 | 806 927 | 64 | 30 | |
| | 40 | 649 700 | 690 | 842 837 | 754 | 157 163 | 806 863 | 64 | 20 | |
| | 50 | 650 390 | 691 | 843 591 | 755 | 156 409 | 806 799 | 64 | 10 | |
| 58 | 0 | 651 081 | 690 | 844 346 | 754 | 155 654 | 806 735 | 64 | 0 | 2 |
| | 10 | 651 771 | 690 | 845 100 | 754 | 154 900 | 806 671 | 65 | 50 | |
| | 20 | 652 461 | 689 | 845 854 | 754 | 154 146 | 806 606 | 64 | 40 | |
| | 30 | 653 150 | 690 | 846 608 | 754 | 153 392 | 806 542 | 64 | 30 | |
| | 40 | 653 840 | 690 | 847 362 | 754 | 152 638 | 806 478 | 65 | 20 | |
| | 50 | 654 530 | 689 | 848 116 | 754 | 151 884 | 806 413 | 64 | 10 | |
| 59 | 0 | 655 219 | 689 | 848 870 | 754 | 151 130 | 806 349 | 64 | 0 | 1 |
| | 10 | 655 908 | 690 | 849 624 | 753 | 150 376 | 806 285 | 64 | 50 | |
| | 20 | 656 598 | 689 | 850 377 | 754 | 149 623 | 806 221 | 65 | 40 | |
| | 30 | 657 287 | 689 | 851 131 | 753 | 148 869 | 806 156 | 64 | 30 | |
| | 40 | 657 976 | 689 | 851 884 | 753 | 148 116 | 806 092 | 64 | 20 | |
| | 50 | 658 665 | 688 | 852 637 | 753 | 147 363 | 806 028 | 65 | 10 | |
| 60 | 0 | $\bar{1}$,4 659 353 | | $\bar{1}$,4 853 390 | | 0,5 146 610 | $\bar{1}$,9 805 963 | | 0 | 0 |
| ′ | ″ | Cos. | | Cotg. | | Tang. | Sin. | | ″ | ′ |

73°

| 758 | |
|---|---|
| 1 | 75,8 |
| 2 | 151,6 |
| 3 | 227,4 |
| 4 | 303,2 |
| 5 | 379,0 |
| 6 | 454,8 |
| 7 | 530,6 |
| 8 | 606,4 |
| 9 | 682,2 |

| 756 | |
|---|---|
| 1 | 75,6 |
| 2 | 151,2 |
| 3 | 226,8 |
| 4 | 302,4 |
| 5 | 378,0 |
| 6 | 453,6 |
| 7 | 529,2 |
| 8 | 604,8 |
| 9 | 680,4 |

| 754 | |
|---|---|
| 1 | 75,4 |
| 2 | 150,8 |
| 3 | 226,2 |
| 4 | 301,6 |
| 5 | 377,0 |
| 6 | 452,4 |
| 7 | 527,8 |
| 8 | 603,2 |
| 9 | 678,6 |

| 696 | |
|---|---|
| 1 | 69,6 |
| 2 | 139,2 |
| 3 | 208,8 |
| 4 | 278,4 |
| 5 | 348,0 |
| 6 | 417,6 |
| 7 | 487,2 |
| 8 | 556,8 |
| 9 | 626,4 |

| 694 | |
|---|---|
| 1 | 69,4 |
| 2 | 138,8 |
| 3 | 208,2 |
| 4 | 277,6 |
| 5 | 347,0 |
| 6 | 416,4 |
| 7 | 485,8 |
| 8 | 555,2 |
| 9 | 624,6 |

| 692 | |
|---|---|
| 1 | 69,2 |
| 2 | 138,4 |
| 3 | 207,6 |
| 4 | 276,8 |
| 5 | 346,0 |
| 6 | 415,2 |
| 7 | 484,4 |
| 8 | 553,6 |
| 9 | 622,8 |

| 690 | |
|---|---|
| 1 | 69 |
| 2 | 138 |
| 3 | 207 |
| 4 | 276 |
| 5 | 345 |
| 6 | 414 |
| 7 | 483 |
| 8 | 552 |
| 9 | 621 |

| 64 | |
|---|---|
| 1 | 6,4 |
| 2 | 12,8 |
| 3 | 19,2 |
| 4 | 25,6 |
| 5 | 32,0 |
| 6 | 38,4 |
| 7 | 44,8 |
| 8 | 51,2 |
| 9 | 57,6 |

| | 752 | 750 | 748 | 688 | 686 | 684 | 682 | 65 |
|---|---|---|---|---|---|---|---|---|
| 1 | 75,2 | 75 | 74,8 | 68,8 | 68,6 | 68,4 | 68,2 | 6,5 |
| 2 | 150,4 | 150 | 149,6 | 137,6 | 137,2 | 136,8 | 136,4 | 13,0 |
| 3 | 225,6 | 225 | 224,4 | 206,4 | 205,8 | 205,2 | 204,6 | 19,5 |
| 4 | 300,8 | 300 | 299,2 | 275,2 | 274,4 | 273,6 | 272,8 | 26,0 |
| 5 | 376,0 | 375 | 374,0 | 344,0 | 343,0 | 342,0 | 341,0 | 32,5 |
| 6 | 451,2 | 450 | 448,8 | 412,8 | 411,6 | 410,4 | 409,2 | 39,0 |
| 7 | 526,4 | 525 | 523,6 | 481,6 | 480,2 | 478,8 | 477,4 | 45,5 |
| 8 | 601,6 | 600 | 598,4 | 550,4 | 548,8 | 547,2 | 545,6 | 52,0 |
| 9 | 676,8 | 675 | 673,2 | 619,2 | 617,4 | 615,6 | 613,8 | 53,5 |

| ′ | ″ | Sin. | D. | Tang. | D.c. | Cotg. | Cos. | D. | ″ | ′ |
|---|---|---|---|---|---|---|---|---|---|---|
| 0 | 0 | 1̄,4 659 353 | 689 | 1̄,4 853 390 | 753 | 0,5 146 610 | 1̄,9 805 963 | 64 | 0 | 60 |
| | 10 | 660 042 | 689 | 854 143 | 753 | 145 857 | 805 899 | 65 | 50 | |
| | 20 | 660 731 | 688 | 854 896 | 753 | 145 104 | 805 834 | 64 | 40 | |
| | 30 | 661 419 | 688 | 855 649 | 753 | 144 351 | 805 770 | 64 | 30 | |
| | 40 | 662 107 | 688 | 856 402 | 752 | 143 598 | 805 706 | 65 | 20 | |
| | 50 | 662 795 | 688 | 857 154 | 753 | 142 846 | 805 641 | 64 | 10 | |
| 1 | 0 | 663 483 | 688 | 857 907 | 752 | 142 093 | 805 577 | 65 | 0 | 59 |
| | 10 | 664 171 | 688 | 858 659 | 752 | 141 341 | 805 512 | 64 | 50 | |
| | 20 | 664 859 | 688 | 859 411 | 752 | 140 589 | 805 448 | 65 | 40 | |
| | 30 | 665 547 | 687 | 860 163 | 752 | 139 837 | 805 383 | 64 | 30 | |
| | 40 | 666 234 | 688 | 860 915 | 752 | 139 085 | 805 319 | 65 | 20 | |
| | 50 | 666 922 | 687 | 861 667 | 752 | 138 333 | 805 254 | 64 | 10 | |
| 2 | 0 | 667 609 | 687 | 862 419 | 752 | 137 581 | 805 190 | 65 | 0 | 58 |
| | 10 | 668 296 | 687 | 863 171 | 751 | 136 829 | 805 125 | 64 | 50 | |
| | 20 | 668 983 | 687 | 863 922 | 752 | 136 078 | 805 061 | 65 | 40 | |
| | 30 | 669 670 | 687 | 864 674 | 751 | 135 326 | 804 996 | 64 | 30 | |
| | 40 | 670 357 | 687 | 865 425 | 752 | 134 575 | 804 932 | 65 | 20 | |
| | 50 | 671 044 | 686 | 866 177 | 751 | 133 823 | 804 867 | 64 | 10 | |
| 3 | 0 | 671 730 | 687 | 866 928 | 751 | 133 072 | 804 803 | 65 | 0 | 57 |
| | 10 | 672 417 | 686 | 867 679 | 751 | 132 321 | 804 738 | 65 | 50 | |
| | 20 | 673 103 | 686 | 868 430 | 751 | 131 570 | 804 673 | 64 | 40 | |
| | 30 | 673 789 | 687 | 869 181 | 750 | 130 819 | 804 609 | 65 | 30 | |
| | 40 | 674 476 | 686 | 869 931 | 751 | 130 069 | 804 544 | 64 | 20 | |
| | 50 | 675 162 | 686 | 870 682 | 751 | 129 318 | 804 480 | 65 | 10 | |
| 4 | 0 | 675 848 | 685 | 871 433 | 750 | 128 567 | 804 415 | 65 | 0 | 56 |
| | 10 | 676 533 | 686 | 872 183 | 750 | 127 817 | 804 350 | 64 | 50 | |
| | 20 | 677 219 | 685 | 872 933 | 750 | 127 067 | 804 286 | 65 | 40 | |
| | 30 | 677 904 | 686 | 873 683 | 751 | 126 317 | 804 221 | 65 | 30 | |
| | 40 | 678 590 | 685 | 874 434 | 750 | 125 566 | 804 156 | 64 | 20 | |
| | 50 | 679 275 | 685 | 875 184 | 749 | 124 816 | 804 092 | 65 | 10 | |
| 5 | 0 | 679 960 | 685 | 875 933 | 750 | 124 067 | 804 027 | 65 | 0 | 55 |
| | 10 | 680 645 | 685 | 876 683 | 750 | 123 317 | 803 962 | 64 | 50 | |
| | 20 | 681 330 | 685 | 877 433 | 749 | 122 567 | 803 898 | 65 | 40 | |
| | 30 | 682 015 | 685 | 878 182 | 750 | 121 818 | 803 833 | 65 | 30 | |
| | 40 | 682 700 | 684 | 878 932 | 749 | 121 068 | 803 768 | 65 | 20 | |
| | 50 | 683 384 | 685 | 879 681 | 749 | 120 319 | 803 703 | 64 | 10 | |
| 6 | 0 | 684 069 | 684 | 880 430 | 750 | 119 570 | 803 639 | 65 | 0 | 54 |
| | 10 | 684 753 | 685 | 881 180 | 749 | 118 820 | 803 574 | 65 | 50 | |
| | 20 | 685 438 | 684 | 881 929 | 748 | 118 071 | 803 509 | 65 | 40 | |
| | 30 | 686 122 | 684 | 882 677 | 749 | 117 323 | 803 444 | 65 | 30 | |
| | 40 | 686 806 | 684 | 883 426 | 749 | 116 574 | 803 379 | 64 | 20 | |
| | 50 | 687 490 | 683 | 884 175 | 749 | 115 825 | 803 315 | 65 | 10 | |
| 7 | 0 | 688 173 | 684 | 884 924 | 748 | 115 076 | 803 250 | 65 | 0 | 53 |
| | 10 | 688 857 | 683 | 885 672 | 748 | 114 328 | 803 185 | 65 | 50 | |
| | 20 | 689 540 | 684 | 886 420 | 749 | 113 580 | 803 120 | 65 | 40 | |
| | 30 | 690 224 | 683 | 887 169 | 748 | 112 831 | 803 055 | 65 | 30 | |
| | 40 | 690 907 | 683 | 887 917 | 748 | 112 083 | 802 990 | 65 | 20 | |
| | 50 | 691 590 | 683 | 888 665 | 748 | 111 335 | 802 925 | 65 | 10 | |
| 8 | 0 | 692 273 | 683 | 889 413 | 748 | 110 587 | 802 860 | 64 | 0 | 52 |
| | 10 | 692 956 | 683 | 890 161 | 748 | 109 839 | 802 796 | 65 | 50 | |
| | 20 | 693 639 | 683 | 890 909 | 747 | 109 091 | 802 731 | 65 | 40 | |
| | 30 | 694 322 | 682 | 891 656 | 748 | 108 344 | 802 666 | 65 | 30 | |
| | 40 | 695 004 | 683 | 892 404 | 747 | 107 596 | 802 601 | 65 | 20 | |
| | 50 | 695 687 | 682 | 893 151 | 747 | 106 849 | 802 536 | 65 | 10 | |
| 9 | 0 | 696 369 | 682 | 893 898 | 748 | 106 102 | 802 471 | 65 | 0 | 51 |
| | 10 | 697 051 | 683 | 894 646 | 747 | 105 354 | 802 406 | 65 | 50 | |
| | 20 | 697 734 | 682 | 895 393 | 747 | 104 607 | 802 341 | 65 | 40 | |
| | 30 | 698 416 | 681 | 896 140 | 747 | 103 860 | 802 276 | 65 | 30 | |
| | 40 | 699 097 | 682 | 896 887 | 746 | 103 113 | 802 211 | 65 | 20 | |
| | 50 | 699 779 | 682 | 897 633 | 747 | 102 367 | 802 146 | 65 | 10 | |
| 10 | 0 | 1̄,4 700 461 | | 1̄,4 898 380 | | 0,5 101 620 | 1̄,9 802 081 | | 0 | 50 |
| ′ | ″ | Cos. | | Cotg. | | Tang. | Sin. | | ″ | ′ |

72°

| ′ | ″ | Sin. | D. | Tang. | D.c. | Cotg | Cos. | D. | ″ | ′ |
|---|---|---|---|---|---|---|---|---|---|---|
| 10 | 0 | 1̄,4 700 461 | | 1̄,4 898 380 | | 0,5 101 620 | 1̄,9 802 081 | | 0 | 50 |
| | 10 | 701 142 | 681 | 899 127 | 747 | 100 873 | 802 016 | 65 | 50 | |
| | 20 | 701 824 | 682 | 899 873 | 746 | 100 127 | 801 951 | 65 | 40 | |
| | 30 | 702 505 | 681 | 900 620 | 747 | 099 380 | 801 886 | 65 | 30 | |
| | 40 | 703 186 | 681 | 901 366 | 746 | 098 634 | 801 820 | 66 | 20 | |
| | 50 | 703 867 | 681 | 902 112 | 746 | 097 888 | 801 755 | 65 | 10 | |
| 11 | 0 | 704 548 | 681 | 902 858 | 746 | 097 142 | 801 690 | 65 | 0 | 49 |
| | 10 | 705 229 | 681 | 903 604 | 746 | 096 396 | 801 625 | 65 | 50 | |
| | 20 | 705 910 | 681 | 904 350 | 746 | 095 650 | 801 560 | 65 | 40 | |
| | 30 | 706 590 | 680 | 905 096 | 746 | 094 904 | 801 495 | 65 | 30 | |
| | 40 | 707 271 | 681 | 905 841 | 745 | 094 159 | 801 430 | 65 | 20 | |
| | 50 | 707 951 | 680 | 906 587 | 746 | 093 413 | 801 365 | 65 | 10 | |
| 12 | 0 | 708 631 | 680 | 907 332 | 745 | 092 668 | 801 299 | 66 | 0 | 48 |
| | 10 | 709 312 | 681 | 908 077 | 745 | 091 923 | 801 234 | 65 | 50 | |
| | 20 | 709 992 | 680 | 908 823 | 746 | 091 177 | 801 169 | 65 | 40 | |
| | 30 | 710 671 | 679 | 909 568 | 745 | 090 432 | 801 104 | 65 | 30 | |
| | 40 | 711 351 | 680 | 910 313 | 745 | 089 687 | 801 039 | 65 | 20 | |
| | 50 | 712 031 | 680 | 911 058 | 745 | 088 942 | 800 973 | 66 | 10 | |
| 13 | 0 | 712 710 | 679 | 911 802 | 744 | 088 198 | 800 908 | 65 | 0 | 47 |
| | 10 | 713 390 | 680 | 912 547 | 745 | 087 453 | 800 843 | 65 | 50 | |
| | 20 | 714 069 | 679 | 913 292 | 745 | 086 708 | 800 778 | 65 | 40 | |
| | 30 | 714 748 | 679 | 914 036 | 744 | 085 964 | 800 712 | 66 | 30 | |
| | 40 | 715 427 | 679 | 914 780 | 744 | 085 220 | 800 647 | 65 | 20 | |
| | 50 | 716 106 | 679 | 915 525 | 745 | 084 475 | 800 582 | 65 | 10 | |
| 14 | 0 | 716 785 | 679 | 916 269 | 744 | 083 731 | 800 516 | 66 | 0 | 46 |
| | 10 | 717 464 | 679 | 917 013 | 744 | 082 987 | 800 451 | 65 | 50 | |
| | 20 | 718 143 | 679 | 917 757 | 744 | 082 243 | 800 386 | 65 | 40 | |
| | 30 | 718 821 | 678 | 918 501 | 744 | 081 499 | 800 320 | 66 | 30 | |
| | 40 | 719 499 | 678 | 919 244 | 743 | 080 756 | 800 255 | 65 | 20 | |
| | 50 | 720 178 | 679 | 919 988 | 744 | 080 012 | 800 190 | 65 | 10 | |
| 15 | 0 | 720 856 | 678 | 920 731 | 743 | 079 269 | 800 124 | 66 | 0 | 45 |
| | 10 | 721 534 | 678 | 921 475 | 744 | 078 525 | 800 059 | 65 | 50 | |
| | 20 | 722 212 | 678 | 922 218 | 743 | 077 782 | 799 994 | 65 | 40 | |
| | 30 | 722 890 | 678 | 922 961 | 743 | 077 039 | 799 928 | 66 | 30 | |
| | 40 | 723 567 | 677 | 923 705 | 744 | 076 295 | 799 863 | 65 | 20 | |
| | 50 | 724 245 | 678 | 924 448 | 743 | 075 552 | 799 797 | 66 | 10 | |
| 16 | 0 | 724 922 | 677 | 925 190 | 742 | 074 810 | 799 732 | 65 | 0 | 44 |
| | 10 | 725 600 | 678 | 925 933 | 743 | 074 067 | 799 666 | 66 | 50 | |
| | 20 | 726 277 | 677 | 926 676 | 743 | 073 324 | 799 601 | 65 | 40 | |
| | 30 | 726 954 | 677 | 927 418 | 742 | 072 582 | 799 536 | 65 | 30 | |
| | 40 | 727 631 | 677 | 928 161 | 743 | 071 839 | 799 470 | 66 | 20 | |
| | 50 | 728 308 | 677 | 928 903 | 742 | 071 097 | 799 405 | 65 | 10 | |
| 17 | 0 | 728 985 | 677 | 929 646 | 743 | 070 354 | 799 339 | 66 | 0 | 43 |
| | 10 | 729 661 | 676 | 930 388 | 742 | 069 612 | 799 274 | 65 | 50 | |
| | 20 | 730 338 | 677 | 931 130 | 742 | 068 870 | 799 208 | 66 | 40 | |
| | 30 | 731 014 | 676 | 931 872 | 742 | 068 128 | 799 142 | 66 | 30 | |
| | 40 | 731 690 | 676 | 932 614 | 742 | 067 386 | 799 077 | 65 | 20 | |
| | 50 | 732 367 | 677 | 933 355 | 741 | 066 645 | 799 011 | 66 | 10 | |
| 18 | 0 | 733 043 | 676 | 934 097 | 742 | 065 903 | 798 946 | 65 | 0 | 42 |
| | 10 | 733 719 | 676 | 934 838 | 741 | 065 162 | 798 880 | 66 | 50 | |
| | 20 | 734 394 | 675 | 935 580 | 742 | 064 420 | 798 815 | 65 | 40 | |
| | 30 | 735 070 | 676 | 936 321 | 741 | 063 679 | 798 749 | 66 | 30 | |
| | 40 | 735 746 | 676 | 937 062 | 741 | 062 938 | 798 683 | 66 | 20 | |
| | 50 | 736 421 | 675 | 937 804 | 742 | 062 196 | 798 618 | 65 | 10 | |
| 19 | 0 | 737 097 | 676 | 938 545 | 741 | 061 455 | 798 552 | 66 | 0 | 41 |
| | 10 | 737 772 | 675 | 939 285 | 740 | 060 715 | 798 486 | 66 | 50 | |
| | 20 | 738 447 | 675 | 940 026 | 741 | 059 974 | 798 421 | 65 | 40 | |
| | 30 | 739 122 | 675 | 940 767 | 741 | 059 233 | 798 355 | 66 | 30 | |
| | 40 | 739 797 | 675 | 941 508 | 741 | 058 492 | 798 289 | 66 | 20 | |
| | 50 | 740 472 | 675 | 942 248 | 740 | 057 752 | 798 224 | 65 | 10 | |
| 20 | 0 | 1̄,4 741 146 | 674 | 1̄,4 942 988 | 740 | 0,5 057 012 | 1̄,9 798 158 | 66 | 0 | 40 |
| ′ | ″ | Cos. | | Cotg. | | Tang. | Sin. | | ″ | ′ |

| | 746 | 744 | 742 | 740 | 680 | 678 | 676 | 66 |
|---|---|---|---|---|---|---|---|---|
| 1 | 74,6 | 74,4 | 74,2 | 74 | 68 | 67,8 | 67,6 | 6,6 |
| 2 | 149,2 | 148,8 | 148,4 | 148 | 136 | 135,6 | 135,2 | 13,2 |
| 3 | 223,8 | 223,2 | 222,6 | 222 | 204 | 203,4 | 202,8 | 19,8 |
| 4 | 298,4 | 297,6 | 296,8 | 296 | 272 | 271,2 | 270,4 | 26,4 |
| 5 | 373,0 | 372,0 | 371,0 | 370 | 340 | 339,0 | 338,0 | 33,0 |
| 6 | 447,6 | 446,4 | 445,2 | 444 | 408 | 406,8 | 405,6 | 39,6 |
| 7 | 522,2 | 520,8 | 519,4 | 518 | 476 | 474,6 | 473,2 | 46,2 |
| 8 | 596,8 | 595,2 | 593,6 | 592 | 544 | 542,4 | 540,8 | 52,8 |
| 9 | 671,4 | 669,6 | 667,8 | 666 | 612 | 610,2 | 608,4 | 59,4 |

| 740 | |
|---|---|
| 1 | 74 |
| 2 | 148 |
| 3 | 222 |
| 4 | 296 |
| 5 | 370 |
| 6 | 444 |
| 7 | 518 |
| 8 | 592 |
| 9 | 666 |

| 738 | |
|---|---|
| 1 | 73,8 |
| 2 | 147,6 |
| 3 | 221,4 |
| 4 | 295,2 |
| 5 | 369,0 |
| 6 | 442,8 |
| 7 | 516,6 |
| 8 | 590,4 |
| 9 | 664,2 |

| 736 | |
|---|---|
| 1 | 73,6 |
| 2 | 147,2 |
| 3 | 220,8 |
| 4 | 294,4 |
| 5 | 368,0 |
| 6 | 441,6 |
| 7 | 515,2 |
| 8 | 588,8 |
| 9 | 662,4 |

| 674 | |
|---|---|
| 1 | 67,4 |
| 2 | 134,8 |
| 3 | 202,2 |
| 4 | 269,6 |
| 5 | 337,0 |
| 6 | 404,4 |
| 7 | 471,8 |
| 8 | 539,2 |
| 9 | 606,6 |

| 672 | |
|---|---|
| 1 | 67,2 |
| 2 | 134,4 |
| 3 | 201,6 |
| 4 | 268,8 |
| 5 | 336,0 |
| 6 | 403,2 |
| 7 | 470,4 |
| 8 | 537,6 |
| 9 | 604,8 |

| 670 | |
|---|---|
| 1 | 67 |
| 2 | 134 |
| 3 | 201 |
| 4 | 268 |
| 5 | 335 |
| 6 | 402 |
| 7 | 469 |
| 8 | 536 |
| 9 | 603 |

| 668 | |
|---|---|
| 1 | 66,8 |
| 2 | 133,6 |
| 3 | 200,4 |
| 4 | 267,2 |
| 5 | 334,0 |
| 6 | 400,8 |
| 7 | 467,6 |
| 8 | 534,4 |
| 9 | 601,2 |

| 66 | |
|---|---|
| 1 | 6,6 |
| 2 | 13,2 |
| 3 | 19,8 |
| 4 | 26,4 |
| 5 | 33,0 |
| 6 | 39,6 |
| 7 | 46,2 |
| 8 | 52,8 |
| 9 | 59,4 |

| ′ | ″ | Sin. | D. | Tang. | D.c. | Cotg. | Cos. | D. | ″ | ′ |
|---|---|---|---|---|---|---|---|---|---|---|
| 20 | 0 | 1̄,4 741 146 | 675 | 1̄,4 942 988 | 741 | 0,5 057 012 | 1̄,9 798 158 | 66 | 0 | 40 |
| | 10 | 741 821 | 674 | 943 729 | 740 | 056 271 | 798 092 | 65 | 50 | |
| | 20 | 742 495 | 675 | 944 469 | 740 | 055 531 | 798 027 | 66 | 40 | |
| | 30 | 743 170 | 674 | 945 209 | 740 | 054 791 | 797 961 | 66 | 30 | |
| | 40 | 743 844 | 674 | 945 949 | 740 | 054 051 | 797 895 | 66 | 20 | |
| | 50 | 744 518 | 674 | 946 689 | 740 | 053 311 | 797 829 | 65 | 10 | |
| 21 | 0 | 745 192 | 674 | 947 429 | 739 | 052 571 | 797 764 | 66 | 0 | 39 |
| | 10 | 745 866 | 674 | 948 168 | 740 | 051 832 | 797 698 | 66 | 50 | |
| | 20 | 746 540 | 673 | 948 908 | 739 | 051 092 | 797 632 | 66 | 40 | |
| | 30 | 747 213 | 674 | 949 647 | 740 | 050 353 | 797 566 | 66 | 30 | |
| | 40 | 747 887 | 673 | 950 387 | 739 | 049 613 | 797 500 | 65 | 20 | |
| | 50 | 748 560 | 674 | 951 126 | 739 | 048 874 | 797 435 | 66 | 10 | |
| 22 | 0 | 749 234 | 673 | 951 865 | 739 | 048 135 | 797 369 | 66 | 0 | 38 |
| | 10 | 749 907 | 673 | 952 604 | 739 | 047 396 | 797 303 | 66 | 50 | |
| | 20 | 750 580 | 673 | 953 343 | 739 | 046 657 | 797 237 | 66 | 40 | |
| | 30 | 751 253 | 673 | 954 082 | 739 | 045 918 | 797 171 | 66 | 30 | |
| | 40 | 751 926 | 672 | 954 821 | 738 | 045 179 | 797 105 | 66 | 20 | |
| | 50 | 752 598 | 673 | 955 559 | 739 | 044 441 | 797 039 | 66 | 10 | |
| 23 | 0 | 753 271 | 673 | 956 298 | 738 | 043 702 | 796 973 | 66 | 0 | 37 |
| | 10 | 753 944 | 672 | 957 036 | 738 | 042 964 | 796 907 | 65 | 50 | |
| | 20 | 754 616 | 672 | 957 774 | 739 | 042 226 | 796 842 | 66 | 40 | |
| | 30 | 755 288 | 672 | 958 513 | 738 | 041 487 | 796 776 | 66 | 30 | |
| | 40 | 755 960 | 672 | 959 251 | 738 | 040 749 | 796 710 | 66 | 20 | |
| | 50 | 756 632 | 672 | 959 989 | 738 | 040 011 | 796 644 | 66 | 10 | |
| 24 | 0 | 757 304 | 672 | 960 727 | 737 | 039 273 | 796 578 | 66 | 0 | 36 |
| | 10 | 757 976 | 672 | 961 464 | 738 | 038 536 | 796 512 | 66 | 50 | |
| | 20 | 758 648 | 671 | 962 202 | 738 | 037 798 | 796 446 | 66 | 40 | |
| | 30 | 759 319 | 672 | 962 940 | 737 | 037 060 | 796 380 | 66 | 30 | |
| | 40 | 759 991 | 671 | 963 677 | 738 | 036 323 | 796 314 | 66 | 20 | |
| | 50 | 760 662 | 672 | 964 415 | 737 | 035 585 | 796 248 | 66 | 10 | |
| 25 | 0 | 761 334 | 671 | 965 152 | 737 | 034 848 | 796 182 | 66 | 0 | 35 |
| | 10 | 762 005 | 671 | 965 889 | 737 | 034 111 | 796 116 | 67 | 50 | |
| | 20 | 762 676 | 671 | 966 626 | 737 | 033 374 | 796 049 | 66 | 40 | |
| | 30 | 763 347 | 670 | 967 363 | 737 | 032 637 | 795 983 | 66 | 30 | |
| | 40 | 764 017 | 671 | 968 100 | 737 | 031 900 | 795 917 | 66 | 20 | |
| | 50 | 764 688 | 671 | 968 837 | 737 | 031 163 | 795 851 | 66 | 10 | |
| 26 | 0 | 765 359 | 670 | 969 574 | 736 | 030 426 | 795 785 | 66 | 0 | 34 |
| | 10 | 766 029 | 670 | 970 310 | 737 | 029 690 | 795 719 | 66 | 50 | |
| | 20 | 766 699 | 671 | 971 047 | 736 | 028 953 | 795 653 | 66 | 40 | |
| | 30 | 767 370 | 670 | 971 783 | 736 | 028 217 | 795 587 | 66 | 30 | |
| | 40 | 768 040 | 670 | 972 519 | 736 | 027 481 | 795 521 | 67 | 20 | |
| | 50 | 768 710 | 670 | 973 255 | 736 | 026 745 | 795 454 | 66 | 10 | |
| 27 | 0 | 769 380 | 669 | 973 991 | 736 | 026 009 | 795 388 | 66 | 0 | 33 |
| | 10 | 770 049 | 670 | 974 727 | 736 | 025 273 | 795 322 | 66 | 50 | |
| | 20 | 770 719 | 670 | 975 463 | 736 | 024 537 | 795 256 | 66 | 40 | |
| | 30 | 771 389 | 669 | 976 199 | 736 | 023 801 | 795 190 | 67 | 30 | |
| | 40 | 772 058 | 669 | 976 935 | 735 | 023 065 | 795 123 | 66 | 20 | |
| | 50 | 772 727 | 669 | 977 670 | 736 | 022 330 | 795 057 | 66 | 10 | |
| 28 | 0 | 773 396 | 670 | 978 406 | 735 | 021 594 | 794 991 | 66 | 0 | 32 |
| | 10 | 774 066 | 669 | 979 141 | 735 | 020 859 | 794 925 | 67 | 50 | |
| | 20 | 774 735 | 668 | 979 876 | 735 | 020 124 | 794 858 | 66 | 40 | |
| | 30 | 775 403 | 669 | 980 611 | 735 | 019 389 | 794 792 | 66 | 30 | |
| | 40 | 776 072 | 669 | 981 346 | 735 | 018 654 | 794 726 | 67 | 20 | |
| | 50 | 776 741 | 668 | 982 081 | 735 | 017 919 | 794 659 | 66 | 10 | |
| 29 | 0 | 777 409 | 669 | 982 816 | 735 | 017 184 | 794 593 | 66 | 0 | 31 |
| | 10 | 778 078 | 668 | 983 551 | 735 | 016 449 | 794 527 | 67 | 50 | |
| | 20 | 778 746 | 668 | 984 286 | 734 | 015 714 | 794 460 | 66 | 40 | |
| | 30 | 779 414 | 668 | 985 020 | 734 | 014 980 | 794 394 | 66 | 30 | |
| | 40 | 780 082 | 668 | 985 754 | 735 | 014 246 | 794 328 | 67 | 20 | |
| | 50 | 780 750 | 668 | 986 489 | 734 | 013 511 | 794 261 | 66 | 10 | |
| 30 | 0 | 1̄,4 781 418 | | 1̄,4 987 223 | | 0,5 012 777 | 1̄,9 794 195 | | 0 | 30 |
| ′ | ″ | Cos. | | Cotg. | | Tang. | Sin. | | ″ | ′ |

| ′ | ″ | Sin. | D. | Tang. | D.c. | Cotg. | Cos. | D. | ″ | ′ |
|---|---|---|---|---|---|---|---|---|---|---|
| 30 | 0 | 1̄,4 781 418 | 668 | 1̄,4 987 223 | 734 | 0,5 012 777 | 1̄,9 794 195 | 66 | 0 | 30 |
| | 10 | 782 086 | 667 | 987 957 | 734 | 012 043 | 794 129 | 67 | 50 | |
| | 20 | 782 753 | 668 | 988 691 | 734 | 011 309 | 794 062 | 66 | 40 | |
| | 30 | 783 421 | 667 | 989 425 | 734 | 010 575 | 793 996 | 67 | 30 | |
| | 40 | 784 088 | 668 | 990 159 | 734 | 009 841 | 793 929 | 66 | 20 | |
| | 50 | 784 756 | 667 | 990 893 | 733 | 009 107 | 793 863 | 67 | 10 | |
| 31 | 0 | 785 423 | 667 | 991 626 | 734 | 008 374 | 793 796 | 66 | 0 | 29 |
| | 10 | 786 090 | 667 | 992 360 | 733 | 007 640 | 793 730 | 66 | 50 | |
| | 20 | 786 757 | 667 | 993 093 | 733 | 006 907 | 793 664 | 67 | 40 | |
| | 30 | 787 424 | 666 | 993 826 | 734 | 006 174 | 793 597 | 66 | 30 | |
| | 40 | 788 090 | 667 | 994 560 | 733 | 005 440 | 793 531 | 67 | 20 | |
| | 50 | 788 757 | 666 | 995 293 | 733 | 004 707 | 793 464 | 66 | 10 | |
| 32 | 0 | 789 423 | 667 | 996 026 | 733 | 003 974 | 793 398 | 67 | 0 | 28 |
| | 10 | 790 090 | 666 | 996 759 | 732 | 003 241 | 793 331 | 66 | 50 | |
| | 20 | 790 756 | 666 | 997 491 | 733 | 002 509 | 793 265 | 67 | 40 | |
| | 30 | 791 422 | 666 | 998 224 | 733 | 001 776 | 793 198 | 67 | 30 | |
| | 40 | 792 088 | 666 | 998 957 | 732 | 001 043 | 793 131 | 66 | 20 | |
| | 50 | 792 754 | 666 | 1̄,4 999 689 | 733 | 0,5 000 311 | 793 065 | 67 | 10 | |
| 33 | 0 | 793 420 | 666 | 1̄,5 000 422 | 732 | 0,4 999 578 | 792 998 | 66 | 0 | 27 |
| | 10 | 794 086 | 665 | 001 154 | 732 | 998 846 | 792 932 | 67 | 50 | |
| | 20 | 794 751 | 666 | 001 886 | 732 | 998 114 | 792 865 | 67 | 40 | |
| | 30 | 795 417 | 665 | 002 618 | 732 | 997 382 | 792 798 | 66 | 30 | |
| | 40 | 796 082 | 665 | 003 350 | 732 | 996 650 | 792 732 | 67 | 20 | |
| | 50 | 796 747 | 665 | 004 082 | 732 | 995 918 | 792 665 | 66 | 10 | |
| 34 | 0 | 797 412 | 665 | 004 814 | 732 | 995 186 | 792 599 | 67 | 0 | 26 |
| | 10 | 798 077 | 665 | 005 546 | 731 | 994 454 | 792 532 | 67 | 50 | |
| | 20 | 798 742 | 665 | 006 277 | 732 | 993 723 | 792 465 | 67 | 40 | |
| | 30 | 799 407 | 665 | 007 009 | 731 | 992 991 | 792 398 | 66 | 30 | |
| | 40 | 800 072 | 664 | 007 740 | 731 | 992 260 | 792 332 | 67 | 20 | |
| | 50 | 800 736 | 665 | 008 471 | 732 | 991 529 | 792 265 | 67 | 10 | |
| 35 | 0 | 801 401 | 664 | 009 203 | 731 | 990 797 | 792 198 | 66 | 0 | 25 |
| | 10 | 802 065 | 665 | 009 934 | 731 | 990 066 | 792 132 | 67 | 50 | |
| | 20 | 802 730 | 664 | 010 665 | 731 | 989 335 | 792 065 | 67 | 40 | |
| | 30 | 803 394 | 664 | 011 396 | 730 | 988 604 | 791 998 | 67 | 30 | |
| | 40 | 804 058 | 664 | 012 126 | 731 | 987 874 | 791 931 | 66 | 20 | |
| | 50 | 804 722 | 663 | 012 857 | 731 | 987 143 | 791 865 | 67 | 10 | |
| 36 | 0 | 805 385 | 664 | 013 588 | 730 | 986 412 | 791 798 | 67 | 0 | 24 |
| | 10 | 806 049 | 664 | 014 318 | 730 | 985 682 | 791 731 | 67 | 50 | |
| | 20 | 806 713 | 663 | 015 048 | 731 | 984 952 | 791 664 | 67 | 40 | |
| | 30 | 807 376 | 664 | 015 779 | 730 | 984 221 | 791 597 | 66 | 30 | |
| | 40 | 808 040 | 663 | 016 509 | 730 | 983 491 | 791 531 | 67 | 20 | |
| | 50 | 808 703 | 663 | 017 239 | 730 | 982 761 | 791 464 | 67 | 10 | |
| 37 | 0 | 809 366 | 663 | 017 969 | 730 | 982 031 | 791 397 | 67 | 0 | 23 |
| | 10 | 810 029 | 663 | 018 699 | 730 | 981 301 | 791 330 | 67 | 50 | |
| | 20 | 810 692 | 663 | 019 429 | 729 | 980 571 | 791 263 | 67 | 40 | |
| | 30 | 811 355 | 662 | 020 158 | 730 | 979 842 | 791 196 | 67 | 30 | |
| | 40 | 812 017 | 663 | 020 888 | 729 | 979 112 | 791 129 | 67 | 20 | |
| | 50 | 812 680 | 662 | 021 617 | 730 | 978 383 | 791 062 | 66 | 10 | |
| 38 | 0 | 813 342 | 663 | 022 347 | 729 | 977 653 | 790 996 | 67 | 0 | 22 |
| | 10 | 814 005 | 662 | 023 076 | 729 | 976 924 | 790 929 | 67 | 50 | |
| | 20 | 814 667 | 662 | 023 805 | 729 | 976 195 | 790 862 | 67 | 40 | |
| | 30 | 815 329 | 662 | 024 534 | 729 | 975 466 | 790 795 | 67 | 30 | |
| | 40 | 815 991 | 662 | 025 263 | 729 | 974 737 | 790 728 | 67 | 20 | |
| | 50 | 816 653 | 662 | 025 992 | 729 | 974 008 | 790 661 | 67 | 10 | |
| 39 | 0 | 817 315 | 661 | 026 721 | 729 | 973 279 | 790 594 | 67 | 0 | 21 |
| | 10 | 817 976 | 662 | 027 450 | 728 | 972 550 | 790 527 | 67 | 50 | |
| | 20 | 818 638 | 661 | 028 178 | 729 | 971 822 | 790 460 | 67 | 40 | |
| | 30 | 819 299 | 662 | 028 907 | 728 | 971 093 | 790 393 | 67 | 30 | |
| | 40 | 819 961 | 661 | 029 635 | 728 | 970 365 | 790 326 | 67 | 20 | |
| | 50 | 820 622 | 661 | 030 363 | 729 | 969 637 | 790 259 | 67 | 10 | |
| 40 | 0 | 1̄,4 821 283 | | 1̄,5 031 092 | | 0,4 968 908 | 1̄,9 790 192 | | 0 | 20 |
| ′ | ″ | Cos. | | Cotg. | | Tang. | Sin. | | ″ | ′ |

72°

| | 734 | 732 | 730 | 728 | 666 | 664 | 662 | 67 |
|---|---|---|---|---|---|---|---|---|
| 1 | 73,4 | 73,2 | 73 | 72,8 | 66,6 | 66,4 | 66,2 | 6,7 |
| 2 | 146,8 | 146,4 | 146 | 145,6 | 133,2 | 132,8 | 132,4 | 13,4 |
| 3 | 220,2 | 219,6 | 219 | 218,4 | 199,8 | 199,2 | 198,6 | 20,1 |
| 4 | 293,6 | 292,8 | 292 | 291,2 | 266,4 | 265 6 | 264,8 | 26,8 |
| 5 | 367,0 | 366,0 | 365 | 364,0 | 333,0 | 332,0 | 331,0 | 33,5 |
| 6 | 440,4 | 439,2 | 438 | 436,8 | 399,6 | 398,4 | 397,2 | 40,2 |
| 7 | 513,8 | 512,4 | 511 | 509,6 | 466,2 | 464,8 | 463,4 | 46,9 |
| 8 | 587,2 | 585,6 | 584 | 582,4 | 532,8 | 531,2 | 529,6 | 53,6 |
| 9 | 660,6 | 658,8 | 657 | 655,2 | 599,4 | 597,6 | 595,8 | 60,3 |

| ′ | ″ | Sin. | D. | Tang. | D.c. | Cotg. | Cos. | D. | ″ | ′ |
|---|---|---|---|---|---|---|---|---|---|---|
| 40 | 0 | $\bar{1}$,4 821 283 | 661 | $\bar{1}$,5 031 092 | 728 | 0,4 968 908 | $\bar{1}$,9 790 192 | 67 | 0 | 20 |
| | 10 | 821 944 | 661 | 031 820 | 728 | 968 180 | 790 125 | 68 | 50 | |
| | 20 | 822 605 | 661 | 032 548 | 728 | 967 452 | 790 057 | 67 | 40 | |
| | 30 | 823 266 | 661 | 033 276 | 727 | 966 724 | 789 990 | 67 | 30 | |
| | 40 | 823 927 | 660 | 034 003 | 728 | 965 997 | 789 923 | 67 | 20 | |
| | 50 | 824 587 | 661 | 034 731 | 728 | 965 269 | 789 856 | 67 | 10 | |
| 41 | 0 | 825 248 | 660 | 035 459 | 727 | 964 541 | 789 789 | 67 | 0 | 19 |
| | 10 | 825 908 | 660 | 036 186 | 727 | 963 814 | 789 722 | 67 | 50 | |
| | 20 | 826 568 | 660 | 036 913 | 728 | 963 087 | 789 655 | 67 | 40 | |
| | 30 | 827 228 | 660 | 037 641 | 727 | 962 359 | 789 588 | 68 | 30 | |
| | 40 | 827 888 | 660 | 038 368 | 727 | 961 632 | 789 520 | 67 | 20 | |
| | 50 | 828 548 | 660 | 039 095 | 727 | 960 905 | 789 453 | 67 | 10 | |
| 42 | 0 | 829 208 | 660 | 039 822 | 727 | 960 178 | 789 386 | 67 | 0 | 18 |
| | 10 | 829 868 | 659 | 040 549 | 727 | 959 451 | 789 319 | 67 | 50 | |
| | 20 | 830 527 | 660 | 041 276 | 726 | 958 724 | 789 252 | 68 | 40 | |
| | 30 | 831 187 | 659 | 042 002 | 727 | 957 998 | 789 184 | 67 | 30 | |
| | 40 | 831 846 | 659 | 042 729 | 727 | 957 271 | 789 117 | 67 | 20 | |
| | 50 | 832 505 | 660 | 043 456 | 726 | 956 544 | 789 050 | 67 | 10 | |
| 43 | 0 | 833 165 | 659 | 044 182 | 726 | 955 818 | 788 983 | 68 | 0 | 17 |
| | 10 | 833 824 | 659 | 044 908 | 726 | 955 092 | 788 915 | 67 | 50 | |
| | 20 | 834 483 | 658 | 045 634 | 727 | 954 366 | 788 848 | 67 | 40 | |
| | 30 | 835 141 | 659 | 046 361 | 726 | 953 639 | 788 781 | 67 | 30 | |
| | 40 | 835 800 | 659 | 047 087 | 725 | 952 913 | 788 714 | 68 | 20 | |
| | 50 | 836 459 | 658 | 047 812 | 726 | 952 188 | 788 646 | 67 | 10 | |
| 44 | 0 | 837 117 | 659 | 048 538 | 726 | 951 462 | 788 579 | 67 | 0 | 16 |
| | 10 | 837 776 | 658 | 049 264 | 726 | 950 736 | 788 512 | 68 | 50 | |
| | 20 | 838 434 | 658 | 049 990 | 725 | 950 010 | 788 444 | 67 | 40 | |
| | 30 | 839 092 | 658 | 050 715 | 725 | 949 285 | 788 377 | 68 | 30 | |
| | 40 | 839 750 | 658 | 051 440 | 726 | 948 560 | 788 309 | 67 | 20 | |
| | 50 | 840 408 | 658 | 052 166 | 725 | 947 834 | 788 242 | 67 | 10 | |
| 45 | 0 | 841 066 | 657 | 052 891 | 725 | 947 109 | 788 175 | 68 | 0 | 15 |
| | 10 | 841 723 | 658 | 053 616 | 725 | 946 384 | 788 107 | 67 | 50 | |
| | 20 | 842 381 | 657 | 054 341 | 725 | 945 659 | 788 040 | 68 | 40 | |
| | 30 | 843 038 | 658 | 055 066 | 725 | 944 934 | 787 972 | 67 | 30 | |
| | 40 | 843 696 | 657 | 055 791 | 725 | 944 209 | 787 905 | 67 | 20 | |
| | 50 | 844 353 | 657 | 056 516 | 724 | 943 484 | 787 838 | 68 | 10 | |
| 46 | 0 | 845 010 | 657 | 057 240 | 725 | 942 760 | 787 770 | 67 | 0 | 14 |
| | 10 | 845 667 | 657 | 057 965 | 724 | 942 035 | 787 703 | 68 | 50 | |
| | 20 | 846 324 | 657 | 058 689 | 724 | 941 311 | 787 635 | 67 | 40 | |
| | 30 | 846 981 | 657 | 059 413 | 725 | 940 587 | 787 568 | 68 | 30 | |
| | 40 | 847 638 | 656 | 060 138 | 724 | 939 862 | 787 500 | 67 | 20 | |
| | 50 | 848 294 | 657 | 060 862 | 724 | 939 138 | 787 433 | 68 | 10 | |
| 47 | 0 | 848 951 | 656 | 061 586 | 724 | 938 414 | 787 365 | 67 | 0 | 13 |
| | 10 | 849 607 | 657 | 062 310 | 724 | 937 690 | 787 298 | 68 | 50 | |
| | 20 | 850 264 | 656 | 063 034 | 723 | 936 966 | 787 230 | 68 | 40 | |
| | 30 | 850 920 | 656 | 063 757 | 724 | 936 243 | 787 162 | 67 | 30 | |
| | 40 | 851 576 | 656 | 064 481 | 724 | 935 519 | 787 095 | 68 | 20 | |
| | 50 | 852 232 | 656 | 065 205 | 723 | 934 795 | 787 027 | 67 | 10 | |
| 48 | 0 | 852 888 | 655 | 065 928 | 723 | 934 072 | 786 960 | 68 | 0 | 12 |
| | 10 | 853 543 | 656 | 066 651 | 724 | 933 349 | 786 892 | 68 | 50 | |
| | 20 | 854 199 | 656 | 067 375 | 723 | 932 625 | 786 824 | 67 | 40 | |
| | 30 | 854 855 | 655 | 068 098 | 723 | 931 902 | 786 757 | 68 | 30 | |
| | 40 | 855 510 | 655 | 068 821 | 723 | 931 179 | 786 689 | 67 | 20 | |
| | 50 | 856 165 | 655 | 069 544 | 723 | 930 456 | 786 622 | 68 | 10 | |
| 49 | 0 | 856 820 | 656 | 070 267 | 722 | 929 733 | 786 554 | 68 | 0 | 11 |
| | 10 | 857 476 | 655 | 070 989 | 723 | 929 011 | 786 486 | 67 | 50 | |
| | 20 | 858 131 | 654 | 071 712 | 723 | 928 288 | 786 419 | 68 | 40 | |
| | 30 | 858 785 | 655 | 072 435 | 722 | 927 565 | 786 351 | 68 | 30 | |
| | 40 | 859 440 | 655 | 073 157 | 722 | 926 843 | 786 283 | 68 | 20 | |
| | 50 | 860 095 | 654 | 073 879 | 723 | 926 121 | 786 215 | 67 | 10 | |
| 50 | 0 | $\bar{1}$,4 860 749 | | $\bar{1}$,5 074 602 | | 0,4 925 398 | $\bar{1}$,9 786 148 | | 0 | 10 |
| ′ | ″ | Cos. | | Cotg. | | Tang. | Sin. | | ″ | ′ |

| | 728 | 726 | 724 | 722 | 660 | 658 | 656 | 67 |
|---|---|---|---|---|---|---|---|---|
| 1 | 72,8 | 72,6 | 72,4 | 72,2 | 66 | 65,8 | 65,6 | 6,7 |
| 2 | 145,6 | 145,2 | 144,8 | 144,4 | 132 | 131,6 | 131,2 | 13,4 |
| 3 | 218,4 | 217,8 | 217,2 | 216,6 | 198 | 197,4 | 196,8 | 20,1 |
| 4 | 291,2 | 290,4 | 289,6 | 288,8 | 264 | 263,2 | 262,4 | 26,8 |
| 5 | 364,0 | 363,0 | 362,0 | 361,0 | 330 | 329,0 | 328,0 | 33,5 |
| 6 | 436,8 | 435,6 | 434,4 | 433,2 | 396 | 394,8 | 393,6 | 40,2 |
| 7 | 509,6 | 508,2 | 506,8 | 505,4 | 462 | 460,6 | 459,2 | 46,9 |
| 8 | 582,4 | 580,8 | 579,2 | 577,6 | 528 | 526,4 | 524,8 | 53,6 |
| 9 | 655,2 | 653,4 | 651,6 | 649,8 | 594 | 592,2 | 590,4 | 60,3 |

| ′ | ″ | Sin. | D. | Tang. | D.c. | Cotg. | Cos. | D. | ″ | ′ |
|---|---|---|---|---|---|---|---|---|---|---|
| 50 | 0 | 1̄,4 860 749 | | 1̄,5 074 602 | | 0,4 925 398 | 1̄,9 786 148 | | 0 | 10 |
| | 10 | 861 404 | 655 | 075 324 | 722 | 924 676 | 786 080 | 68 | 50 | |
| | 20 | 862 058 | 654 | 076 046 | 722 | 923 954 | 786 012 | 68 | 40 | |
| | 30 | 862 712 | 654 | 076 768 | 722 | 923 232 | 785 944 | 68 | 30 | |
| | 40 | 863 366 | 654 | 077 490 | 722 | 922 510 | 785 877 | 67 | 20 | |
| | 50 | 864 020 | 654 | 078 212 | 722 | 921 788 | 785 809 | 68 | 10 | |
| 51 | 0 | 864 674 | 654 | 078 933 | 721 | 921 067 | 785 741 | 68 | 0 | 9 |
| | 10 | 865 328 | 654 | 079 655 | 722 | 920 345 | 785 673 | 68 | 50 | |
| | 20 | 865 982 | 654 | 080 376 | 721 | 919 624 | 785 605 | 68 | 40 | |
| | 30 | 866 635 | 653 | 081 098 | 722 | 918 902 | 785 538 | 67 | 30 | |
| | 40 | 867 289 | 654 | 081 819 | 721 | 918 181 | 785 470 | 68 | 20 | |
| | 50 | 867 942 | 653 | 082 540 | 721 | 917 460 | 785 402 | 68 | 10 | |
| 52 | 0 | 868 595 | 653 | 083 261 | 721 | 916 739 | 785 334 | 68 | 0 | 8 |
| | 10 | 869 248 | 653 | 083 982 | 721 | 916 018 | 785 266 | 68 | 50 | |
| | 20 | 869 901 | 653 | 084 703 | 721 | 915 297 | 785 198 | 68 | 40 | |
| | 30 | 870 554 | 653 | 085 424 | 721 | 914 576 | 785 130 | 68 | 30 | |
| | 40 | 871 207 | 653 | 086 145 | 721 | 913 855 | 785 062 | 68 | 20 | |
| | 50 | 871 860 | 653 | 086 865 | 720 | 913 135 | 784 995 | 67 | 10 | |
| 53 | 0 | 872 512 | 652 | 087 586 | 721 | 912 414 | 784 927 | 68 | 0 | 7 |
| | 10 | 873 165 | 653 | 088 306 | 720 | 911 694 | 784 859 | 68 | 50 | |
| | 20 | 873 817 | 652 | 089 027 | 721 | 910 973 | 784 791 | 68 | 40 | |
| | 30 | 874 470 | 653 | 089 747 | 720 | 910 253 | 784 723 | 68 | 30 | |
| | 40 | 875 122 | 652 | 090 467 | 720 | 909 533 | 784 655 | 68 | 20 | |
| | 50 | 875 774 | 652 | 091 187 | 720 | 908 813 | 784 587 | 68 | 10 | |
| 54 | 0 | 876 426 | 652 | 091 907 | 720 | 908 093 | 784 519 | 68 | 0 | 6 |
| | 10 | 877 078 | 652 | 092 627 | 720 | 907 373 | 784 451 | 68 | 50 | |
| | 20 | 877 729 | 651 | 093 346 | 719 | 906 654 | 784 383 | 68 | 40 | |
| | 30 | 878 381 | 652 | 094 066 | 720 | 905 934 | 784 315 | 68 | 30 | |
| | 40 | 879 032 | 651 | 094 786 | 720 | 905 214 | 784 247 | 68 | 20 | |
| | 50 | 879 684 | 652 | 095 505 | 719 | 904 495 | 784 179 | 68 | 10 | |
| 55 | 0 | 880 335 | 651 | 096 224 | 719 | 903 776 | 784 111 | 68 | 0 | 5 |
| | 10 | 880 986 | 651 | 096 944 | 720 | 903 056 | 784 042 | 69 | 50 | |
| | 20 | 881 637 | 651 | 097 663 | 719 | 902 337 | 783 974 | 68 | 40 | |
| | 30 | 882 288 | 651 | 098 382 | 719 | 901 618 | 783 906 | 68 | 30 | |
| | 40 | 882 939 | 651 | 099 101 | 719 | 900 899 | 783 838 | 68 | 20 | |
| | 50 | 883 590 | 651 | 099 820 | 719 | 900 180 | 783 770 | 68 | 10 | |
| 56 | 0 | 884 240 | 650 | 100 539 | 719 | 899 461 | 783 702 | 68 | 0 | 4 |
| | 10 | 884 891 | 651 | 101 257 | 718 | 898 743 | 783 634 | 68 | 50 | |
| | 20 | 885 541 | 650 | 101 976 | 719 | 898 024 | 783 566 | 68 | 40 | |
| | 30 | 886 192 | 651 | 102 694 | 718 | 897 306 | 783 497 | 69 | 30 | |
| | 40 | 886 842 | 650 | 103 413 | 719 | 896 587 | 783 429 | 68 | 20 | |
| | 50 | 887 492 | 650 | 104 131 | 718 | 895 869 | 783 361 | 68 | 10 | |
| 57 | 0 | 888 142 | 650 | 104 849 | 718 | 895 151 | 783 293 | 68 | 0 | 3 |
| | 10 | 888 792 | 650 | 105 567 | 718 | 894 433 | 783 225 | 68 | 50 | |
| | 20 | 889 442 | 650 | 106 285 | 718 | 893 715 | 783 156 | 69 | 40 | |
| | 30 | 890 091 | 649 | 107 003 | 718 | 892 997 | 783 088 | 68 | 30 | |
| | 40 | 890 741 | 650 | 107 721 | 718 | 892 279 | 783 020 | 68 | 20 | |
| | 50 | 891 390 | 649 | 108 439 | 718 | 891 561 | 782 952 | 68 | 10 | |
| 58 | 0 | 892 040 | 650 | 109 156 | 717 | 890 844 | 782 883 | 69 | 0 | 2 |
| | 10 | 892 689 | 649 | 109 874 | 718 | 890 126 | 782 815 | 68 | 50 | |
| | 20 | 893 338 | 649 | 110 591 | 717 | 889 409 | 782 747 | 68 | 40 | |
| | 30 | 893 987 | 649 | 111 309 | 718 | 888 691 | 782 679 | 68 | 30 | |
| | 40 | 894 636 | 649 | 112 026 | 717 | 887 974 | 782 610 | 69 | 20 | |
| | 50 | 895 285 | 649 | 112 743 | 717 | 887 257 | 782 542 | 68 | 10 | |
| 59 | 0 | 895 934 | 649 | 113 460 | 717 | 886 540 | 782 474 | 68 | 0 | 1 |
| | 10 | 896 582 | 648 | 114 177 | 717 | 885 823 | 782 405 | 69 | 50 | |
| | 20 | 897 231 | 649 | 114 894 | 717 | 885 106 | 782 337 | 68 | 40 | |
| | 30 | 897 879 | 648 | 115 611 | 717 | 884 389 | 782 268 | 69 | 30 | |
| | 40 | 898 527 | 648 | 116 327 | 716 | 883 673 | 782 200 | 68 | 20 | |
| | 50 | 899 176 | 649 | 117 044 | 717 | 882 956 | 782 132 | 68 | 10 | |
| 60 | 0 | 1̄,4 899 824 | 648 | 1̄,5 117 760 | 716 | 0,4 882 240 | 1̄,9 782 063 | 69 | 0 | 0 |
| ′ | ″ | Cos. | | Cotg. | | Tang. | Sin. | | ″ | ′ |

72°

| | 720 | 718 | 716 | 654 | 652 | 650 | 648 | 68 |
|---|---|---|---|---|---|---|---|---|
| 1 | 72 | 71,8 | 71,6 | 65,4 | 65,2 | 65 | 64,8 | 6,8 |
| 2 | 144 | 143,6 | 143,2 | 130,8 | 130,4 | 130 | 129,6 | 13,6 |
| 3 | 216 | 215,4 | 214,8 | 196,2 | 195,6 | 195 | 194,4 | 20,4 |
| 4 | 288 | 287,2 | 286,4 | 261,6 | 260,8 | 260 | 259,2 | 27,2 |
| 5 | 360 | 359,0 | 358,0 | 327,0 | 326,0 | 325 | 324,0 | 34,0 |
| 6 | 432 | 430,8 | 429,6 | 392,4 | 391,2 | 390 | 388,8 | 40,8 |
| 7 | 504 | 502,6 | 501,2 | 457,8 | 456,4 | 455 | 453,6 | 47,6 |
| 8 | 576 | 574,4 | 572,8 | 523,2 | 521,6 | 520 | 518,4 | 54,4 |
| 9 | 648 | 646,2 | 644,4 | 588,6 | 586,8 | 585 | 583,2 | 61,2 |

| ′ | ″ | Sin. | D. | Tang. | D.c. | Cotg. | Cos. | D. | ″ | ′ |
|---|---|---|---|---|---|---|---|---|---|---|
| 0 | 0 | 1̄,4 899 824 | 648 | 1̄,5 117 760 | 717 | 0,4 882 240 | 1̄,9 782 063 | 68 | 0 | 60 |
| | 10 | 900 472 | 647 | 118 477 | 716 | 881 523 | 781 995 | 69 | 50 | |
| | 20 | 901 119 | 648 | 119 193 | 716 | 880 807 | 781 926 | 68 | 40 | |
| | 30 | 901 767 | 648 | 119 909 | 716 | 880 091 | 781 858 | 68 | 30 | |
| | 40 | 902 415 | 647 | 120 625 | 716 | 879 375 | 781 790 | 69 | 20 | |
| | 50 | 903 062 | 648 | 121 341 | 716 | 878 659 | 781 721 | 68 | 10 | |
| 1 | 0 | 903 710 | 647 | 122 057 | 716 | 877 943 | 781 653 | 69 | 0 | 59 |
| | 10 | 904 357 | 647 | 122 773 | 716 | 877 227 | 781 584 | 68 | 50 | |
| | 20 | 905 004 | 647 | 123 489 | 715 | 876 511 | 781 516 | 69 | 40 | |
| | 30 | 905 651 | 647 | 124 204 | 716 | 875 796 | 781 447 | 68 | 30 | |
| | 40 | 906 298 | 647 | 124 920 | 715 | 875 080 | 781 379 | 69 | 20 | |
| | 50 | 906 945 | 647 | 125 635 | 716 | 874 365 | 781 310 | 69 | 10 | |
| 2 | 0 | 907 592 | 647 | 126 351 | 715 | 873 649 | 781 241 | 68 | 0 | 58 |
| | 10 | 908 239 | 646 | 127 066 | 715 | 872 934 | 781 173 | 69 | 50 | |
| | 20 | 908 885 | 647 | 127 781 | 715 | 872 219 | 781 104 | 68 | 40 | |
| | 30 | 909 532 | 646 | 128 496 | 715 | 871 504 | 781 036 | 69 | 30 | |
| | 40 | 910 178 | 646 | 129 211 | 715 | 870 789 | 780 967 | 68 | 20 | |
| | 50 | 910 824 | 647 | 129 926 | 715 | 870 074 | 780 899 | 69 | 10 | |
| 3 | 0 | 911 471 | 646 | 130 641 | 714 | 869 359 | 780 830 | 69 | 0 | 57 |
| | 10 | 912 117 | 646 | 131 355 | 715 | 868 645 | 780 761 | 68 | 50 | |
| | 20 | 912 763 | 645 | 132 070 | 714 | 867 930 | 780 693 | 69 | 40 | |
| | 30 | 913 408 | 646 | 132 784 | 715 | 867 216 | 780 624 | 69 | 30 | |
| | 40 | 914 054 | 646 | 133 499 | 714 | 866 501 | 780 555 | 68 | 20 | |
| | 50 | 914 700 | 645 | 134 213 | 714 | 865 787 | 780 487 | 69 | 10 | |
| 4 | 0 | 915 345 | 646 | 134 927 | 714 | 865 073 | 780 418 | 69 | 0 | 56 |
| | 10 | 915 991 | 645 | 135 641 | 714 | 864 359 | 780 349 | 68 | 50 | |
| | 20 | 916 636 | 645 | 136 355 | 714 | 863 645 | 780 281 | 69 | 40 | |
| | 30 | 917 281 | 645 | 137 069 | 714 | 862 931 | 780 212 | 69 | 30 | |
| | 40 | 917 926 | 645 | 137 783 | 714 | 862 217 | 780 143 | 68 | 20 | |
| | 50 | 918 571 | 645 | 138 497 | 713 | 861 503 | 780 075 | 69 | 10 | |
| 5 | 0 | 919 216 | 645 | 139 210 | 714 | 860 790 | 780 006 | 69 | 0 | 55 |
| | 10 | 919 861 | 644 | 139 924 | 713 | 860 076 | 779 937 | 69 | 50 | |
| | 20 | 920 505 | 645 | 140 637 | 714 | 859 363 | 779 868 | 69 | 40 | |
| | 30 | 921 150 | 644 | 141 351 | 713 | 858 649 | 779 799 | 68 | 30 | |
| | 40 | 921 794 | 645 | 142 064 | 713 | 857 936 | 779 731 | 69 | 20 | |
| | 50 | 922 439 | 644 | 142 777 | 713 | 857 223 | 779 662 | 69 | 10 | |
| 6 | 0 | 923 083 | 644 | 143 490 | 713 | 856 510 | 779 593 | 69 | 0 | 54 |
| | 10 | 923 727 | 644 | 144 203 | 713 | 855 797 | 779 524 | 69 | 50 | |
| | 20 | 924 371 | 644 | 144 916 | 713 | 855 084 | 779 455 | 68 | 40 | |
| | 30 | 925 015 | 644 | 145 629 | 712 | 854 371 | 779 387 | 69 | 30 | |
| | 40 | 925 659 | 644 | 146 341 | 713 | 853 659 | 779 318 | 69 | 20 | |
| | 50 | 926 303 | 643 | 147 054 | 712 | 852 946 | 779 249 | 69 | 10 | |
| 7 | 0 | 926 946 | 644 | 147 766 | 713 | 852 234 | 779 180 | 69 | 0 | 53 |
| | 10 | 927 590 | 643 | 148 479 | 712 | 851 521 | 779 111 | 69 | 50 | |
| | 20 | 928 233 | 643 | 149 191 | 712 | 850 809 | 779 042 | 69 | 40 | |
| | 30 | 928 876 | 644 | 149 903 | 712 | 850 097 | 778.973 | 69 | 30 | |
| | 40 | 929 520 | 643 | 150 615 | 712 | 849 385 | 778 904 | 69 | 20 | |
| | 50 | 930 163 | 643 | 151 327 | 712 | 848 673 | 778 835 | 69 | 10 | |
| 8 | 0 | 930 806 | 643 | 152 039 | 712 | 847 961 | 778 766 | 69 | 0 | 52 |
| | 10 | 931 449 | 642 | 152 751 | 712 | 847 249 | 778 697 | 68 | 50 | |
| | 20 | 932 091 | 643 | 153 463 | 711 | 846 537 | 778 629 | 69 | 40 | |
| | 30 | 932 734 | 642 | 154 174 | 712 | 845 826 | 778 560 | 69 | 30 | |
| | 40 | 933 376 | 643 | 154 886 | 711 | 845 114 | 778 491 | 69 | 20 | |
| | 50 | 934 019 | 642 | 155 597 | 712 | 844 403 | 778 422 | 69 | 10 | |
| 9 | 0 | 934 661 | 643 | 156 309 | 711 | 843 691 | 778 353 | 70 | 0 | 51 |
| | 10 | 935 304 | 642 | 157 020 | 711 | 842 980 | 778 283 | 69 | 50 | |
| | 20 | 935 946 | 642 | 157 731 | 711 | 842 269 | 778 214 | 69 | 40 | |
| | 30 | 936 588 | 642 | 158 442 | 711 | 841 558 | 778 145 | 69 | 30 | |
| | 40 | 937 230 | 641 | 159 153 | 711 | 840 847 | 778 076 | 69 | 20 | |
| | 50 | 937 871 | 642 | 159 864 | 711 | 840 136 | 778 007 | 69 | 10 | |
| 10 | 0 | 1̄,4 938 513 | | 1̄,5 160 575 | | 0,4 839 425 | 1̄,9 777 938 | | 0 | 50 |
| ′ | ″ | Cos. | | Cotg. | | Tang. | Sin. | | ″ | ′ |

| | 716 | 714 | 712 | 648 | 646 | 644 | 642 | 69 |
|---|---|---|---|---|---|---|---|---|
| 1 | 71,6 | 71,4 | 71,2 | 64,8 | 64,6 | 64,4 | 64,2 | 6,9 |
| 2 | 143,2 | 142,8 | 142,4 | 129,6 | 129,2 | 128,8 | 128,4 | 13,8 |
| 3 | 214,8 | 214,2 | 213,6 | 194,4 | 193,8 | 193,2 | 192,6 | 20,7 |
| 4 | 286,4 | 285,6 | 284,8 | 259,2 | 258,4 | 257,6 | 256,8 | 27,6 |
| 5 | 358,0 | 357,0 | 356,0 | 324,0 | 323,0 | 322,0 | 321,0 | 34,5 |
| 6 | 429,6 | 428,4 | 427,2 | 388,8 | 387,6 | 386,4 | 385,2 | 41,4 |
| 7 | 501,2 | 499,8 | 498,4 | 453,6 | 452,2 | 450,8 | 449,4 | 48,3 |
| 8 | 572,8 | 571,2 | 569,6 | 518,4 | 516,8 | 515,2 | 513,6 | 55,2 |
| 9 | 644,4 | 642,6 | 640,8 | 583,2 | 581,4 | 579,6 | 577,8 | 62,1 |

| ′ | ″ | Sin. | D. | Tang. | D.c. | Cotg. | Cos. | D. | ″ | ′ |
|---|---|---|---|---|---|---|---|---|---|---|
| 10 | 0 | $\bar{1}$,4 938 513 | 642 | $\bar{1}$,5 160 575 | 711 | 0,4 839 425 | $\bar{1}$,9 777 938 | 69 | 0 | 50 |
| | 10 | 939 155 | 641 | 161 286 | 710 | 838 714 | 777 869 | 69 | 50 | |
| | 20 | 939 796 | 642 | 161 996 | 711 | 838 004 | 777 800 | 69 | 40 | |
| | 30 | 940 438 | 641 | 162 707 | 710 | 837 293 | 777 731 | 69 | 30 | |
| | 40 | 941 079 | 641 | 163 417 | 710 | 836 583 | 777 662 | 69 | 20 | |
| | 50 | 941 720 | 641 | 164 127 | 711 | 835 873 | 777 593 | 70 | 10 | |
| 11 | 0 | 942 361 | 641 | 164 838 | 710 | 835 162 | 777 523 | 69 | 0 | 49 |
| | 10 | 943 002 | 641 | 165 548 | 710 | 834 452 | 777 454 | 69 | 50 | |
| | 20 | 943 643 | 641 | 166 258 | 710 | 833 742 | 777 385 | 69 | 40 | |
| | 30 | 944 284 | 640 | 166 968 | 710 | 833 032 | 777 316 | 69 | 30 | |
| | 40 | 944 924 | 641 | 167 678 | 709 | 832 322 | 777 247 | 69 | 20 | |
| | 50 | 945 565 | 640 | 168 387 | 710 | 831 613 | 777 178 | 70 | 10 | |
| 12 | 0 | 946 205 | 641 | 169 097 | 710 | 830 903 | 777 108 | 69 | 0 | 48 |
| | 10 | 946 846 | 640 | 169 807 | 709 | 830 193 | 777 039 | 69 | 50 | |
| | 20 | 947 486 | 640 | 170 516 | 710 | 829 484 | 776 970 | 69 | 40 | |
| | 30 | 948 126 | 640 | 171 226 | 709 | 828 774 | 776 901 | 70 | 30 | |
| | 40 | 948 766 | 640 | 171 935 | 709 | 828 065 | 776 831 | 69 | 20 | |
| | 50 | 949 406 | 640 | 172 644 | 709 | 827 356 | 776 762 | 69 | 10 | |
| 13 | 0 | 950 046 | 640 | 173 353 | 709 | 826 647 | 776 693 | 70 | 0 | 47 |
| | 10 | 950 686 | 639 | 174 062 | 709 | 825 938 | 776 623 | 69 | 50 | |
| | 20 | 951 325 | 640 | 174 771 | 709 | 825 229 | 776 554 | 69 | 40 | |
| | 30 | 951 965 | 639 | 175 480 | 709 | 824 520 | 776 485 | 70 | 30 | |
| | 40 | 952 604 | 639 | 176 189 | 708 | 823 811 | 776 415 | 69 | 20 | |
| | 50 | 953 243 | 640 | 176 897 | 709 | 823 103 | 776 346 | 69 | 10 | |
| 14 | 0 | 953 883 | 639 | 177 606 | 708 | 822 394 | 776 277 | 70 | 0 | 46 |
| | 10 | 954 522 | 639 | 178 314 | 709 | 821 686 | 776 207 | 69 | 50 | |
| | 20 | 955 161 | 639 | 179 023 | 708 | 820 977 | 776 138 | 69 | 40 | |
| | 30 | 955 800 | 638 | 179 731 | 708 | 820 269 | 776 069 | 70 | 30 | |
| | 40 | 956 438 | 639 | 180 439 | 708 | 819 561 | 775 999 | 69 | 20 | |
| | 50 | 957 077 | 639 | 181 147 | 708 | 818 853 | 775 930 | 70 | 10 | |
| 15 | 0 | 957 716 | 638 | 181 855 | 708 | 818 145 | 775 860 | 69 | 0 | 45 |
| | 10 | 958 354 | 638 | 182 563 | 708 | 817 437 | 775 791 | 69 | 50 | |
| | 20 | 958 992 | 639 | 183 271 | 708 | 816 729 | 775 722 | 70 | 40 | |
| | 30 | 959 631 | 638 | 183 979 | 707 | 816 021 | 775 652 | 69 | 30 | |
| | 40 | 960 269 | 638 | 184 686 | 708 | 815 314 | 775 583 | 70 | 20 | |
| | 50 | 960 907 | 638 | 185 394 | 707 | 814 606 | 775 513 | 69 | 10 | |
| 16 | 0 | 961 545 | 638 | 186 101 | 708 | 813 899 | 775 444 | 70 | 0 | 44 |
| | 10 | 962 183 | 637 | 186 809 | 707 | 843 191 | 775 374 | 69 | 50 | |
| | 20 | 962 820 | 638 | 187 516 | 707 | 812 484 | 775 305 | 70 | 40 | |
| | 30 | 963 458 | 638 | 188 223 | 707 | 811 777 | 775 235 | 69 | 30 | |
| | 40 | 964 096 | 637 | 188 930 | 707 | 811 070 | 775 166 | 70 | 20 | |
| | 50 | 964 733 | 637 | 189 637 | 707 | 810 363 | 775 096 | 70 | 10 | |
| 17 | 0 | 965 370 | 638 | 190 344 | 707 | 809 656 | 775 026 | 69 | 0 | 43 |
| | 10 | 966 008 | 637 | 191 051 | 706 | 808 949 | 774 957 | 70 | 50 | |
| | 20 | 966 645 | 637 | 191 757 | 707 | 808 243 | 774 887 | 69 | 40 | |
| | 30 | 967 282 | 637 | 192 464 | 707 | 807 536 | 774 818 | 70 | 30 | |
| | 40 | 967 919 | 636 | 193 171 | 706 | 806 829 | 774 748 | 70 | 20 | |
| | 50 | 968 555 | 637 | 193 877 | 706 | 806 123 | 774 678 | 69 | 10 | |
| 18 | 0 | 969 192 | 637 | 194 583 | 707 | 805 417 | 774 609 | 70 | 0 | 42 |
| | 10 | 969 829 | 636 | 195 290 | 706 | 804 710 | 774 539 | 69 | 50 | |
| | 20 | 970 465 | 637 | 195 996 | 706 | 804 004 | 774 470 | 70 | 40 | |
| | 30 | 971 102 | 636 | 196 702 | 706 | 803 298 | 774 400 | 70 | 30 | |
| | 40 | 971 738 | 636 | 197 408 | 706 | 802 592 | 774 330 | 69 | 20 | |
| | 50 | 972 374 | 636 | 198 114 | 705 | 801 886 | 774 261 | 70 | 10 | |
| 19 | 0 | 973 010 | 636 | 198 819 | 706 | 801 181 | 774 191 | 70 | 0 | 41 |
| | 10 | 973 646 | 636 | 199 525 | 706 | 800 475 | 774 121 | 70 | 50 | |
| | 20 | 974 282 | 636 | 200 231 | 705 | 799 769 | 774 051 | 69 | 40 | |
| | 30 | 974 918 | 635 | 200 936 | 706 | 799 064 | 773 982 | 70 | 30 | |
| | 40 | 975 553 | 636 | 201 642 | 705 | 798 358 | 773 912 | 70 | 20 | |
| | 50 | 976 189 | 635 | 202 347 | 705 | 797 653 | 773 842 | 70 | 10 | |
| 20 | 0 | $\bar{1}$,4 976 824 | | $\bar{1}$,5 203 052 | | 0,4 796 948 | $\bar{1}$,9 773 772 | | 0 | 40 |
| ′ | ″ | Cos. | | Cotg. | | Tang. | Sin. | | ″ | ′ |

| | 710 | 708 | 706 | 640 | 638 | 636 | 68 | 70 |
|---|---|---|---|---|---|---|---|---|
| 1 | 71 | 70,8 | 70,6 | 64 | 63,8 | 63,6 | 6,8 | 7 |
| 2 | 142 | 141,6 | 141,2 | 128 | 127,6 | 127,2 | 13,6 | 14 |
| 3 | 213 | 212,4 | 211,8 | 192 | 191,4 | 190,8 | 20,4 | 21 |
| 4 | 284 | 283,2 | 282,4 | 256 | 255,2 | 254,4 | 27,2 | 28 |
| 5 | 355 | 354,0 | 353,0 | 320 | 319,0 | 318,0 | 34,0 | 35 |
| 6 | 426 | 424,8 | 423,6 | 384 | 382,8 | 381,6 | 40,8 | 42 |
| 7 | 497 | 495,6 | 494,2 | 448 | 446,6 | 445,2 | 47,6 | 49 |
| 8 | 568 | 566,4 | 564,8 | 512 | 510,4 | 508,8 | 54,4 | 56 |
| 9 | 639 | 637,2 | 635,4 | 576 | 574,2 | 572,4 | 61,2 | 63 |

| 704 | |
|---|---|
| 1 | 70,4 |
| 2 | 140,8 |
| 3 | 211,2 |
| 4 | 281,6 |
| 5 | 352,0 |
| 6 | 422,4 |
| 7 | 492,8 |
| 8 | 563,2 |
| 9 | 633,6 |

| 702 | |
|---|---|
| 1 | 70,2 |
| 2 | 140,4 |
| 3 | 210,6 |
| 4 | 280,8 |
| 5 | 351,0 |
| 6 | 421,2 |
| 7 | 491,4 |
| 8 | 561,6 |
| 9 | 631,8 |

| 700 | |
|---|---|
| 1 | 70 |
| 2 | 140 |
| 3 | 210 |
| 4 | 280 |
| 5 | 350 |
| 6 | 420 |
| 7 | 490 |
| 8 | 560 |
| 9 | 630 |

| 636 | |
|---|---|
| 1 | 63,6 |
| 2 | 127,2 |
| 3 | 190,8 |
| 4 | 254,4 |
| 5 | 318,0 |
| 6 | 381,6 |
| 7 | 445,2 |
| 8 | 508,8 |
| 9 | 572,4 |

| 634 | |
|---|---|
| 1 | 63,4 |
| 2 | 126,8 |
| 3 | 190,2 |
| 4 | 253,6 |
| 5 | 317,0 |
| 6 | 380,4 |
| 7 | 443,8 |
| 8 | 507,2 |
| 9 | 570,6 |

| 632 | |
|---|---|
| 1 | 63,2 |
| 2 | 126,4 |
| 3 | 189,6 |
| 4 | 252,8 |
| 5 | 316,0 |
| 6 | 379,2 |
| 7 | 442,4 |
| 8 | 505,6 |
| 9 | 568,8 |

| 630 | |
|---|---|
| 1 | 63 |
| 2 | 126 |
| 3 | 189 |
| 4 | 252 |
| 5 | 315 |
| 6 | 378 |
| 7 | 441 |
| 8 | 504 |
| 9 | 567 |

| 69 | |
|---|---|
| 1 | 6,9 |
| 2 | 13,8 |
| 3 | 20,7 |
| 4 | 27,6 |
| 5 | 34,5 |
| 6 | 41,4 |
| 7 | 48,3 |
| 8 | 55,2 |
| 9 | 62,1 |

| ' | " | Sin. | D. | Tang. | D.c. | Cotg. | Cos. | D. | " | ' |
|---|---|---|---|---|---|---|---|---|---|---|
| 20 | 0 | 1̄,4 976 824 | | 1̄,5 203 052 | | 0,4 796 948 | 1̄,9 773 772 | | 0 | 40 |
| | 10 | 977 460 | 636 | 203 757 | 705 | 796 243 | 773 703 | 69 | 50 | |
| | 20 | 978 095 | 635 | 204 462 | 705 | 795 538 | 773 633 | 70 | 40 | |
| | 30 | 978 730 | 635 | 205 167 | 705 | 794 833 | 773 563 | 70 | 30 | |
| | 40 | 979 365 | 635 | 205 872 | 705 | 794 128 | 773 493 | 70 | 20 | |
| | 50 | 980 000 | 635 | 206 577 | 705 | 793 423 | 773 423 | 70 | 10 | |
| 21 | 0 | 980 635 | 635 | 207 282 | 705 | 792 718 | 773 354 | 69 | 0 | 39 |
| | 10 | 981 270 | 635 | 207 986 | 704 | 792 014 | 773 284 | 70 | 50 | |
| | 20 | 981 904 | 634 | 208 691 | 705 | 791 309 | 773 214 | 70 | 40 | |
| | 30 | 982 539 | 635 | 209 395 | 704 | 790 605 | 773 144 | 70 | 30 | |
| | 40 | 983 173 | 634 | 210 099 | 704 | 789 901 | 773 074 | 70 | 20 | |
| | 50 | 983 808 | 635 | 210 804 | 705 | 789 196 | 773 004 | 70 | 10 | |
| 22 | 0 | 984 442 | 634 | 211 508 | 704 | 788 492 | 772 934 | 70 | 0 | 38 |
| | 10 | 985 076 | 634 | 212 212 | 704 | 787 788 | 772 864 | 70 | 50 | |
| | 20 | 985 710 | 634 | 212 916 | 704 | 787 084 | 772 795 | 69 | 40 | |
| | 30 | 986 344 | 634 | 213 619 | 703 | 786 381 | 772 725 | 70 | 30 | |
| | 40 | 986 978 | 634 | 214 323 | 704 | 785 677 | 772 655 | 70 | 20 | |
| | 50 | 987 612 | 634 | 215 027 | 704 | 784 973 | 772 585 | 70 | 10 | |
| 23 | 0 | 988 245 | 633 | 215 730 | 703 | 784 270 | 772 515 | 70 | 0 | 37 |
| | 10 | 988 879 | 634 | 216 434 | 704 | 783 566 | 772 445 | 70 | 50 | |
| | 20 | 989 512 | 633 | 217 137 | 703 | 782 863 | 772 375 | 70 | 40 | |
| | 30 | 990 145 | 633 | 217 841 | 704 | 782 159 | 772 305 | 70 | 30 | |
| | 40 | 990 779 | 634 | 218 544 | 703 | 781 456 | 772 235 | 70 | 20 | |
| | 50 | 991 412 | 633 | 219 247 | 703 | 780 753 | 772 165 | 70 | 10 | |
| 24 | 0 | 992 045 | 633 | 219 950 | 703 | 780 050 | 772 095 | 70 | 0 | 36 |
| | 10 | 992 678 | 633 | 220 653 | 703 | 779 347 | 772 025 | 70 | 50 | |
| | 20 | 993 310 | 632 | 221 356 | 703 | 778 644 | 771 955 | 70 | 40 | |
| | 30 | 993 943 | 633 | 222 059 | 703 | 777 941 | 771 884 | 71 | 30 | |
| | 40 | 994 576 | 633 | 222 761 | 702 | 777 239 | 771 814 | 70 | 20 | |
| | 50 | 995 208 | 632 | 223 464 | 703 | 776 536 | 771 744 | 70 | 10 | |
| 25 | 0 | 995 840 | 632 | 224 166 | 702 | 775 834 | 771 674 | 70 | 0 | 35 |
| | 10 | 996 473 | 633 | 224 869 | 703 | 775 131 | 771 604 | 70 | 50 | |
| | 20 | 997 105 | 632 | 225 571 | 702 | 774 429 | 771 534 | 70 | 40 | |
| | 30 | 997 737 | 632 | 226 273 | 702 | 773 727 | 771 464 | 70 | 30 | |
| | 40 | 998 369 | 632 | 226 975 | 702 | 773 025 | 771 394 | 70 | 20 | |
| | 50 | 999 001 | 632 | 227 677 | 702 | 772 323 | 771 324 | 70 | 10 | |
| 26 | 0 | 1̄,4 999 633 | 632 | 228 379 | 702 | 771 621 | 771 253 | 71 | 0 | 34 |
| | 10 | 1̄,5 000 264 | 631 | 229 081 | 702 | 770 919 | 771 183 | 70 | 50 | |
| | 20 | 000 896 | 632 | 229 783 | 702 | 770 217 | 771 113 | 70 | 40 | |
| | 30 | 001 527 | 631 | 230 485 | 702 | 769 515 | 771 043 | 70 | 30 | |
| | 40 | 002 159 | 632 | 231 186 | 701 | 768 814 | 770 973 | 70 | 20 | |
| | 50 | 002 790 | 631 | 231 888 | 702 | 768 112 | 770 902 | 71 | 10 | |
| 27 | 0 | 003 421 | 631 | 232 589 | 701 | 767 411 | 770 832 | 70 | 0 | 33 |
| | 10 | 004 052 | 631 | 233 290 | 701 | 766 710 | 770 762 | 70 | 50 | |
| | 20 | 004 683 | 631 | 233 992 | 702 | 766 008 | 770 692 | 70 | 40 | |
| | 30 | 005 314 | 631 | 234 693 | 701 | 765 307 | 770 621 | 71 | 30 | |
| | 40 | 005 945 | 631 | 235 394 | 701 | 764 606 | 770 551 | 70 | 20 | |
| | 50 | 006 575 | 630 | 236 095 | 701 | 763 905 | 770 481 | 70 | 10 | |
| 28 | 0 | 007 206 | 631 | 236 795 | 700 | 763 205 | 770 410 | 71 | 0 | 32 |
| | 10 | 007 836 | 630 | 237 496 | 701 | 762 504 | 770 340 | 70 | 50 | |
| | 20 | 008 467 | 631 | 238 197 | 701 | 761 803 | 770 270 | 70 | 40 | |
| | 30 | 009 097 | 630 | 238 897 | 700 | 761 103 | 770 199 | 71 | 30 | |
| | 40 | 009 727 | 630 | 239 598 | 701 | 760 402 | 770 129 | 70 | 20 | |
| | 50 | 010 357 | 630 | 240 298 | 700 | 759 702 | 770 059 | 70 | 10 | |
| 29 | 0 | 010 987 | 630 | 240 999 | 701 | 759 001 | 769 988 | 71 | 0 | 31 |
| | 10 | 011 617 | 630 | 241 699 | 700 | 758 301 | 769 918 | 70 | 50 | |
| | 20 | 012 247 | 630 | 242 399 | 700 | 757 601 | 769 848 | 70 | 40 | |
| | 30 | 012 876 | 629 | 243 099 | 700 | 756 901 | 769 777 | 71 | 30 | |
| | 40 | 013 506 | 630 | 243 799 | 700 | 756 201 | 769 707 | 70 | 20 | |
| | 50 | 014 135 | 629 | 244 499 | 700 | 755 501 | 769 636 | 71 | 10 | |
| 30 | 0 | 1̄,5 014 764 | 629 | 1̄,5 245 199 | 700 | 0,4 754 801 | 1̄,9 769 566 | 70 | 0 | 30 |
| ' | " | Cos. | | Cotg. | | Tang. | Sin. | | " | ' |

| ′ | ″ | Sin. | D. | Tang. | D.c. | Cotg. | Cos. | D. | ″ | ′ |
|---|---|---|---|---|---|---|---|---|---|---|
| 30 | 0 | 1̄,5 014 764 | 630 | 1̄,5 245 199 | 699 | 0,4 754 801 | 1̄,9 769 566 | | 0 | 30 |
| | 10 | 015 394 | 629 | 245 898 | 700 | 754 102 | 769 495 | 71 | 50 | |
| | 20 | 016 023 | 629 | 246 598 | 699 | 753 402 | 769 425 | 70 | 40 | |
| | 30 | 016 652 | 629 | 247 297 | 700 | 752 703 | 769 354 | 71 | 30 | |
| | 40 | 017 281 | 629 | 247 997 | 699 | 752 003 | 769 284 | 70 | 20 | |
| | 50 | 017 910 | 628 | 248 696 | 699 | 751 304 | 769 213 | 71 | 10 | |
| 31 | 0 | 018 538 | 629 | 249 395 | 699 | 750 605 | 769 143 | 70 | 0 | 29 |
| | 10 | 019 167 | 628 | 250 094 | 700 | 749 906 | 769 072 | 71 | 50 | |
| | 20 | 019 795 | 629 | 250 794 | 698 | 749 206 | 769 002 | 70 | 40 | |
| | 30 | 020 424 | 628 | 251 492 | 699 | 748 508 | 768 931 | 71 | 30 | |
| | 40 | 021 052 | 628 | 252 191 | 699 | 747 809 | 768 861 | 70 | 20 | |
| | 50 | 021 680 | 628 | 252 890 | 699 | 747 110 | 768 790 | 71 | 10 | |
| 32 | 0 | 022 308 | 628 | 253 589 | 698 | 746 411 | 768 720 | 70 | 0 | 28 |
| | 10 | 022 936 | 628 | 254 287 | 699 | 745 713 | 768 649 | 71 | 50 | |
| | 20 | 023 564 | 628 | 254 986 | 698 | 745 014 | 768 578 | 71 | 40 | |
| | 30 | 024 192 | 628 | 255 684 | 699 | 744 316 | 768 508 | 70 | 30 | |
| | 40 | 024 820 | 627 | 256 383 | 698 | 743 617 | 768 437 | 71 | 20 | |
| | 50 | 025 447 | 628 | 257 081 | 698 | 742 919 | 768 367 | 70 | 10 | |
| 33 | 0 | 026 075 | 627 | 257 779 | 698 | 742 221 | 768 296 | 71 | 0 | 27 |
| | 10 | 026 702 | 628 | 258 477 | 698 | 741 523 | 768 225 | 71 | 50 | |
| | 20 | 027 330 | 627 | 259 175 | 698 | 740 825 | 768 155 | 70 | 40 | |
| | 30 | 027 957 | 627 | 259 873 | 698 | 740 127 | 768 084 | 71 | 30 | |
| | 40 | 028 584 | 627 | 260 571 | 697 | 739 429 | 768 013 | 71 | 20 | |
| | 50 | 029 211 | 627 | 261 268 | 698 | 738 732 | 767 942 | 71 | 10 | |
| 34 | 0 | 029 838 | 627 | 261 966 | 698 | 738 034 | 767 872 | 70 | 0 | 26 |
| | 10 | 030 465 | 626 | 262 664 | 697 | 737 336 | 767 801 | 71 | 50 | |
| | 20 | 031 091 | 627 | 263 361 | 697 | 736 639 | 767 730 | 71 | 40 | |
| | 30 | 031 718 | 626 | 264 058 | 698 | 735 942 | 767 660 | 70 | 30 | |
| | 40 | 032 344 | 627 | 264 756 | 697 | 735 244 | 767 589 | 71 | 20 | |
| | 50 | 032 971 | 626 | 265 453 | 697 | 734 547 | 767 518 | 71 | 10 | |
| 35 | 0 | 033 597 | 626 | 266 150 | 697 | 733 850 | 767 447 | 71 | 0 | 25 |
| | 10 | 034 223 | 626 | 266 847 | 697 | 733 153 | 767 376 | 71 | 50 | |
| | 20 | 034 849 | 626 | 267 544 | 697 | 732 456 | 767 306 | 70 | 40 | |
| | 30 | 035 475 | 626 | 268 241 | 696 | 731 759 | 767 235 | 71 | 30 | |
| | 40 | 036 101 | 626 | 268 937 | 697 | 731 063 | 767 164 | 71 | 20 | |
| | 50 | 036 727 | 626 | 269 634 | 697 | 730 366 | 767 093 | 71 | 10 | |
| 36 | 0 | 037 353 | 625 | 270 331 | 696 | 729 669 | 767 022 | 71 | 0 | 24 |
| | 10 | 037 978 | 626 | 271 027 | 696 | 728 973 | 766 951 | 71 | 50 | |
| | 20 | 038 604 | 625 | 271 723 | 697 | 728 277 | 766 881 | 70 | 40 | |
| | 30 | 039 229 | 626 | 272 420 | 696 | 727 580 | 766 810 | 71 | 30 | |
| | 40 | 039 855 | 625 | 273 116 | 696 | 726 884 | 766 739 | 71 | 20 | |
| | 50 | 040 480 | 625 | 273 812 | 696 | 726 188 | 766 668 | 71 | 10 | |
| 37 | 0 | 041 105 | 625 | 274 508 | 696 | 725 492 | 766 597 | 71 | 0 | 23 |
| | 10 | 041 730 | 625 | 275 204 | 696 | 724 796 | 766 526 | 71 | 50 | |
| | 20 | 042 355 | 625 | 275 900 | 695 | 724 100 | 766 455 | 71 | 40 | |
| | 30 | 042 980 | 624 | 276 595 | 696 | 723 405 | 766 384 | 71 | 30 | |
| | 40 | 043 604 | 625 | 277 291 | 696 | 722 709 | 766 313 | 71 | 20 | |
| | 50 | 044 229 | 624 | 277 987 | 695 | 722 013 | 766 242 | 71 | 10 | |
| 38 | 0 | 044 853 | 625 | 278 682 | 696 | 721 318 | 766 171 | 71 | 0 | 22 |
| | 10 | 045 478 | 624 | 279 378 | 695 | 720 622 | 766 100 | 71 | 50 | |
| | 20 | 046 102 | 624 | 280 073 | 695 | 719 927 | 766 029 | 71 | 40 | |
| | 30 | 046 726 | 624 | 280 768 | 695 | 719 232 | 765 958 | 71 | 30 | |
| | 40 | 047 350 | 624 | 281 463 | 695 | 718 537 | 765 887 | 71 | 20 | |
| | 50 | 047 974 | 624 | 282 158 | 695 | 717 842 | 765 816 | 71 | 10 | |
| 39 | 0 | 048 598 | 624 | 282 853 | 695 | 717 147 | 765 745 | 71 | 0 | 21 |
| | 10 | 049 222 | 624 | 283 548 | 695 | 716 452 | 765 674 | 71 | 50 | |
| | 20 | 049 846 | 623 | 284 243 | 694 | 715 757 | 765 603 | 71 | 40 | |
| | 30 | 050 469 | 624 | 284 937 | 695 | 715 063 | 765 532 | 71 | 30 | |
| | 40 | 051 093 | 623 | 285 632 | 695 | 714 368 | 765 461 | 71 | 20 | |
| | 50 | 051 716 | 623 | 286 327 | 694 | 713 673 | 765 390 | 71 | 10 | |
| 40 | 0 | 1̄,5 052 339 | | 1̄,5 287 021 | | 0,4 712 979 | 1̄,9 765 318 | 72 | 0 | 20 |
| ′ | ″ | Cos. | | Cotg. | | Tang. | Sin. | | ″ | ′ |

| | 700 | 698 | 696 | 694 | 628 | 626 | 624 | 71 |
|---|---|---|---|---|---|---|---|---|
| 1 | 70 | 69,8 | 69,6 | 69,4 | 62,8 | 62,6 | 62,4 | 7,1 |
| 2 | 140 | 139,6 | 139,2 | 138,8 | 125,6 | 125,2 | 124,8 | 14,2 |
| 3 | 210 | 209,4 | 208,8 | 208,2 | 188,4 | 187,8 | 187,2 | 21,3 |
| 4 | 280 | 279,2 | 278,4 | 277,6 | 251,2 | 250,4 | 249,6 | 28,4 |
| 5 | 350 | 349,0 | 348,0 | 347,0 | 314,0 | 313,0 | 312,0 | 35,5 |
| 6 | 420 | 418,8 | 417,6 | 416,4 | 376,8 | 375,6 | 374,4 | 42,6 |
| 7 | 490 | 488,6 | 487,2 | 485,8 | 439,6 | 438,2 | 436,8 | 49,7 |
| 8 | 560 | 558,4 | 556,8 | 555,2 | 502,4 | 500,8 | 499,2 | 56,8 |
| 9 | 630 | 628,2 | 626,4 | 624,6 | 565,2 | 563,4 | 561,6 | 63,9 |

| | 694 | 692 | 690 | 624 | 622 | 620 | 618 | 71 |
|---|---|---|---|---|---|---|---|---|
| 1 | 69,4 | 69,2 | 69 | 62,4 | 62,2 | 62 | 61,8 | 7,1 |
| 2 | 138,8 | 138,4 | 138 | 124,8 | 124,4 | 124 | 123,6 | 14,2 |
| 3 | 208,2 | 207,6 | 207 | 187,2 | 186,6 | 186 | 185,4 | 21,3 |
| 4 | 277,6 | 276,8 | 276 | 249,6 | 248,8 | 248 | 247,2 | 28,4 |
| 5 | 347,0 | 346,0 | 345 | 312,0 | 311,0 | 310 | 309,0 | 35,5 |
| 6 | 416,4 | 415,2 | 414 | 374,4 | 373,2 | 372 | 370,8 | 42,6 |
| 7 | 485,8 | 484,4 | 483 | 436,8 | 435,4 | 434 | 432,6 | 49,7 |
| 8 | 555,2 | 553,6 | 552 | 499,2 | 497,6 | 496 | 494,4 | 56,8 |
| 9 | 624,6 | 622,8 | 621 | 561,6 | 559,8 | 558 | 556,2 | 63,9 |

| ′ | ″ | Sin. | D. | Tang. | D.c. | Cotg. | Cos. | D. | ″ | ′ |
|---|---|---|---|---|---|---|---|---|---|---|
| 40 | 0 | $\bar{1}$,5 052 339 | 624 | $\bar{1}$,5 287 021 | 694 | 0,4 712 979 | $\bar{1}$,9 765 318 | 71 | 0 | 20 |
| | 10 | 052 963 | 623 | 287 715 | 695 | 712 285 | 765 247 | 71 | 50 | |
| | 20 | 053 586 | 623 | 288 410 | 694 | 711 590 | 765 176 | 71 | 40 | |
| | 30 | 054 209 | 623 | 289 104 | 694 | 710 896 | 765 105 | 71 | 30 | |
| | 40 | 054 832 | 622 | 289 798 | 694 | 710 202 | 765 034 | 71 | 20 | |
| | 50 | 055 454 | 623 | 290 492 | 694 | 709 508 | 764 963 | 72 | 10 | |
| 41 | 0 | 056 077 | 623 | 291 186 | 693 | 708 814 | 764 891 | 71 | 0 | 19 |
| | 10 | 056 700 | 622 | 291 879 | 694 | 708 121 | 764 820 | 71 | 50 | |
| | 20 | 057 322 | 623 | 292 573 | 694 | 707 427 | 764 749 | 71 | 40 | |
| | 30 | 057 945 | 622 | 293 267 | 693 | 706 733 | 764 678 | 71 | 30 | |
| | 40 | 058 567 | 622 | 293 960 | 694 | 706 040 | 764 607 | 72 | 20 | |
| | 50 | 059 189 | 622 | 294 654 | 693 | 705 346 | 764 535 | 71 | 10 | |
| 42 | 0 | 059 811 | 622 | 295 347 | 693 | 704 653 | 764 464 | 71 | 0 | 18 |
| | 10 | 060 433 | 622 | 296 040 | 694 | 703 960 | 764 393 | 72 | 50 | |
| | 20 | 061 055 | 622 | 296 734 | 693 | 703 266 | 764 321 | 71 | 40 | |
| | 30 | 061 677 | 622 | 297 427 | 693 | 702 573 | 764 250 | 71 | 30 | |
| | 40 | 062 299 | 621 | 298 120 | 693 | 701 880 | 764 179 | 71 | 20 | |
| | 50 | 062 920 | 622 | 298 813 | 692 | 701 187 | 764 108 | 72 | 10 | |
| 43 | 0 | 063 542 | 621 | 299 505 | 693 | 700 495 | 764 036 | 71 | 0 | 17 |
| | 10 | 064 163 | 621 | 300 198 | 693 | 699 802 | 763 965 | 71 | 50 | |
| | 20 | 064 784 | 622 | 300 891 | 692 | 699 109 | 763 894 | 72 | 40 | |
| | 30 | 065 406 | 621 | 301 583 | 693 | 698 417 | 763 822 | 71 | 30 | |
| | 40 | 066 027 | 621 | 302 276 | 692 | 697 724 | 763 751 | 72 | 20 | |
| | 50 | 066 648 | 621 | 302 968 | 693 | 697 032 | 763 679 | 71 | 10 | |
| 44 | 0 | 067 269 | 620 | 303 661 | 692 | 696 339 | 763 608 | 71 | 0 | 16 |
| | 10 | 067 889 | 621 | 304 353 | 692 | 695 647 | 763 537 | 72 | 50 | |
| | 20 | 068 510 | 621 | 305 045 | 692 | 694 955 | 763 465 | 71 | 40 | |
| | 30 | 069 131 | 620 | 305 737 | 692 | 694 263 | 763 394 | 72 | 30 | |
| | 40 | 069 751 | 621 | 306 429 | 692 | 693 571 | 763 322 | 71 | 20 | |
| | 50 | 070 372 | 620 | 307 121 | 692 | 692 879 | 763 251 | 72 | 10 | |
| 45 | 0 | 070 992 | 620 | 307 813 | 691 | 692 187 | 763 179 | 71 | 0 | 15 |
| | 10 | 071 612 | 620 | 308 504 | 692 | 691 496 | 763 108 | 72 | 50 | |
| | 20 | 072 232 | 620 | 309 196 | 691 | 690 804 | 763 036 | 71 | 40 | |
| | 30 | 072 852 | 620 | 309 887 | 692 | 690 113 | 762 965 | 72 | 30 | |
| | 40 | 073 472 | 620 | 310 579 | 691 | 689 421 | 762 893 | 71 | 20 | |
| | 50 | 074 092 | 620 | 311 270 | 691 | 688 730 | 762 822 | 72 | 10 | |
| 46 | 0 | 074 712 | 619 | 311 961 | 692 | 688 039 | 762 750 | 71 | 0 | 14 |
| | 10 | 075 331 | 620 | 312 653 | 691 | 687 347 | 762 679 | 72 | 50 | |
| | 20 | 075 951 | 619 | 313 344 | 691 | 686 656 | 762 607 | 71 | 40 | |
| | 30 | 076 570 | 620 | 314 035 | 691 | 685 965 | 762 536 | 72 | 30 | |
| | 40 | 077 190 | 619 | 314 726 | 690 | 685 274 | 762 464 | 72 | 20 | |
| | 50 | 077 809 | 619 | 315 416 | 691 | 684 584 | 762 392 | 71 | 10 | |
| 47 | 0 | 078 428 | 619 | 316 107 | 691 | 683 893 | 762 321 | 72 | 0 | 13 |
| | 10 | 079 047 | 619 | 316 798 | 690 | 683 202 | 762 249 | 71 | 50 | |
| | 20 | 079 666 | 619 | 317 488 | 691 | 682 512 | 762 178 | 72 | 40 | |
| | 30 | 080 285 | 619 | 318 179 | 690 | 681 821 | 762 106 | 72 | 30 | |
| | 40 | 080 904 | 618 | 318 869 | 691 | 681 131 | 762 034 | 71 | 20 | |
| | 50 | 081 522 | 619 | 319 560 | 690 | 680 440 | 761 963 | 72 | 10 | |
| 48 | 0 | 082 141 | 618 | 320 250 | 690 | 679 750 | 761 891 | 72 | 0 | 12 |
| | 10 | 082 759 | 619 | 320 940 | 690 | 679 060 | 761 819 | 71 | 50 | |
| | 20 | 083 378 | 618 | 321 630 | 690 | 678 370 | 761 748 | 72 | 40 | |
| | 30 | 083 996 | 618 | 322 320 | 690 | 677 680 | 761 676 | 72 | 30 | |
| | 40 | 084 614 | 618 | 323 010 | 690 | 676 990 | 761 604 | 72 | 20 | |
| | 50 | 085 232 | 618 | 323 700 | 689 | 676 300 | 761 532 | 71 | 10 | |
| 49 | 0 | 085 850 | 618 | 324 389 | 690 | 675 611 | 761 461 | 72 | 0 | 11 |
| | 10 | 086 468 | 618 | 325 079 | 689 | 674 921 | 761 389 | 72 | 50 | |
| | 20 | 087 086 | 617 | 325 768 | 690 | 674 232 | 761 317 | 72 | 40 | |
| | 30 | 087 703 | 618 | 326 458 | 689 | 673 542 | 761 245 | 71 | 30 | |
| | 40 | 088 321 | 617 | 327 147 | 689 | 672 853 | 761 174 | 72 | 20 | |
| | 50 | 088 938 | 618 | 327 836 | 690 | 672 164 | 761 102 | 72 | 10 | |
| 50 | 0 | $\bar{1}$,5 089 556 | | $\bar{1}$,5 328 526 | | 0,4 671 474 | $\bar{1}$,9 761 030 | | 0 | 10 |
| ′ | ″ | Cos. | | Cotg. | | Tang. | Sin. | | ″ | ′ |

| ′ | ″ | Sin. | D. | Tang. | D.c. | Cotg. | Cos. | D. | ″ | ′ |
|---|---|---|---|---|---|---|---|---|---|---|
| 50 | 0 | 1̄,5 089 556 | 617 | 1̄,5 328 526 | 689 | 0,4 671 474 | 1̄,9 761 030 | 72 | 0 | 10 |
| | 10 | 090 173 | 617 | 329 215 | 689 | 670 785 | 760 958 | 72 | 50 | |
| | 20 | 090 790 | 617 | 329 904 | 689 | 670 096 | 760 886 | 71 | 40 | |
| | 30 | 091 407 | 617 | 330 593 | 688 | 669 407 | 760 815 | 72 | 30 | |
| | 40 | 092 024 | 617 | 331 281 | 689 | 668 719 | 760 743 | 72 | 20 | |
| | 50 | 092 641 | 617 | 331 970 | 689 | 668 030 | 760 671 | 72 | 10 | |
| 51 | 0 | 093 258 | 616 | 332 659 | 688 | 667 341 | 760 599 | 72 | 0 | 9 |
| | 10 | 093 874 | 617 | 333 347 | 689 | 666 653 | 760 527 | 72 | 50 | |
| | 20 | 094 491 | 616 | 334 036 | 688 | 665 964 | 760 455 | 72 | 40 | |
| | 30 | 095 107 | 617 | 334 724 | 689 | 665 276 | 760 383 | 72 | 30 | |
| | 40 | 095 724 | 616 | 335 413 | 688 | 664 587 | 760 311 | 72 | 20 | |
| | 50 | 096 340 | 616 | 336 101 | 688 | 663 899 | 760 239 | 72 | 10 | |
| 52 | 0 | 096 956 | 616 | 336 789 | 688 | 663 211 | 760 167 | 72 | 0 | 8 |
| | 10 | 097 572 | 616 | 337 477 | 688 | 662 523 | 760 095 | 71 | 50 | |
| | 20 | 098 188 | 616 | 338 165 | 688 | 661 835 | 760 024 | 72 | 40 | |
| | 30 | 098 804 | 616 | 338 853 | 688 | 661 147 | 759 952 | 72 | 30 | |
| | 40 | 099 420 | 616 | 339 541 | 687 | 660 459 | 759 880 | 72 | 20 | |
| | 50 | 100 036 | 615 | 340 228 | 688 | 659 772 | 759 808 | 72 | 10 | |
| 53 | 0 | 100 651 | 616 | 340 916 | 687 | 659 084 | 759 736 | 72 | 0 | 7 |
| | 10 | 101 267 | 615 | 341 603 | 688 | 658 397 | 759 664 | 73 | 50 | |
| | 20 | 101 882 | 616 | 342 291 | 687 | 657 709 | 759 591 | 72 | 40 | |
| | 30 | 102 498 | 615 | 342 978 | 688 | 657 022 | 759 519 | 72 | 30 | |
| | 40 | 103 113 | 615 | 343 666 | 687 | 656 334 | 759 447 | 72 | 20 | |
| | 50 | 103 728 | 615 | 344 353 | 687 | 655 647 | 759 375 | 72 | 10 | |
| 54 | 0 | 104 343 | 615 | 345 040 | 687 | 654 960 | 759 303 | 72 | 0 | 6 |
| | 10 | 104 958 | 615 | 345 727 | 687 | 654 273 | 759 231 | 72 | 50 | |
| | 20 | 105 573 | 614 | 346 414 | 687 | 653 586 | 759 159 | 72 | 40 | |
| | 30 | 106 187 | 615 | 347 101 | 686 | 652 899 | 759 087 | 72 | 30 | |
| | 40 | 106 802 | 615 | 347 787 | 687 | 652 213 | 759 015 | 72 | 20 | |
| | 50 | 107 417 | 614 | 348 474 | 687 | 651 526 | 758 943 | 73 | 10 | |
| 55 | 0 | 108 031 | 614 | 349 161 | 686 | 650 839 | 758 870 | 72 | 0 | 5 |
| | 10 | 108 645 | 615 | 349 847 | 687 | 650 153 | 758 798 | 72 | 50 | |
| | 20 | 109 260 | 614 | 350 534 | 686 | 649 466 | 758 726 | 72 | 40 | |
| | 30 | 109 874 | 614 | 351 220 | 686 | 648 780 | 758 654 | 72 | 30 | |
| | 40 | 110 488 | 614 | 351 906 | 686 | 648 094 | 758 582 | 72 | 20 | |
| | 50 | 111 102 | 614 | 352 592 | 686 | 647 408 | 758 510 | 73 | 10 | |
| 56 | 0 | 111 716 | 613 | 353 278 | 686 | 646 722 | 758 437 | 72 | 0 | 4 |
| | 10 | 112 329 | 614 | 353 964 | 686 | 646 036 | 758 365 | 72 | 50 | |
| | 20 | 112 943 | 614 | 354 650 | 686 | 645 350 | 758 293 | 72 | 40 | |
| | 30 | 113 557 | 613 | 355 336 | 686 | 644 664 | 758 221 | 73 | 30 | |
| | 40 | 114 170 | 614 | 356 022 | 685 | 643 978 | 758 148 | 72 | 20 | |
| | 50 | 114 784 | 613 | 356 707 | 686 | 643 293 | 758 076 | 72 | 10 | |
| 57 | 0 | 115 397 | 613 | 357 393 | 685 | 642 607 | 758 004 | 73 | 0 | 3 |
| | 10 | 116 010 | 613 | 358 078 | 686 | 641 922 | 757 931 | 72 | 50 | |
| | 20 | 116 623 | 613 | 358 764 | 685 | 641 236 | 757 859 | 72 | 40 | |
| | 30 | 117 236 | 613 | 359 449 | 685 | 640 551 | 757 787 | 72 | 30 | |
| | 40 | 117 849 | 613 | 360 134 | 686 | 639 866 | 757 715 | 73 | 20 | |
| | 50 | 118 462 | 612 | 360 820 | 685 | 639 180 | 757 642 | 72 | 10 | |
| 58 | 0 | 119 074 | 613 | 361 505 | 685 | 638 495 | 757 570 | 73 | 0 | 2 |
| | 10 | 119 687 | 612 | 362 190 | 684 | 637 810 | 757 497 | 72 | 50 | |
| | 20 | 120 299 | 613 | 362 874 | 685 | 637 126 | 757 425 | 72 | 40 | |
| | 30 | 120 912 | 612 | 363 559 | 685 | 636 441 | 757 353 | 73 | 30 | |
| | 40 | 121 524 | 612 | 364 244 | 685 | 635 756 | 757 280 | 72 | 20 | |
| | 50 | 122 136 | 613 | 364 929 | 684 | 635 071 | 757 208 | 73 | 10 | |
| 59 | 0 | 122 749 | 612 | 365 613 | 685 | 634 387 | 757 135 | 72 | 0 | 1 |
| | 10 | 123 361 | 611 | 366 298 | 684 | 633 702 | 757 063 | 72 | 50 | |
| | 20 | 123 972 | 612 | 366 982 | 684 | 633 018 | 756 991 | 73 | 40 | |
| | 30 | 124 584 | 612 | 367 666 | 684 | 632 334 | 756 918 | 72 | 30 | |
| | 40 | 125 196 | 612 | 368 350 | 684 | 631 650 | 756 846 | 73 | 20 | |
| | 50 | 125 808 | 611 | 369 034 | 685 | 630 966 | 756 773 | 72 | 10 | |
| 60 | 0 | 1̄,5 126 419 | | 1̄,5 369 719 | | 0,4 630 281 | 1̄,9 756 701 | | 0 | 0 |
| ′ | ″ | Cos. | | Cotg. | | Tang. | Sin. | | ″ | ′ |

71°

| | 688 | 686 | 684 | 616 | 614 | 612 | 72 |
|---|---|---|---|---|---|---|---|
| 1 | 68,8 | 68,6 | 68,4 | 61,6 | 61,4 | 61,2 | 7,2 |
| 2 | 137,6 | 137,2 | 136,8 | 123,2 | 122,8 | 122,4 | 14,4 |
| 3 | 206,4 | 205,8 | 205,2 | 184,8 | 184,2 | 183,6 | 21,6 |
| 4 | 275,2 | 274,4 | 273,6 | 246,4 | 245,6 | 244,8 | 28,8 |
| 5 | 344,0 | 343,0 | 342,0 | 308,0 | 307,0 | 306,0 | 36,0 |
| 6 | 412,8 | 411,6 | 410,4 | 369,6 | 368,4 | 367,2 | 43,2 |
| 7 | 481,6 | 480,2 | 478,8 | 431,2 | 429,8 | 428,4 | 50,4 |
| 8 | 550,4 | 548,8 | 547,2 | 492,8 | 491,2 | 489,6 | 57,6 |
| 9 | 619,2 | 617,4 | 615,6 | 554,4 | 552,6 | 550,8 | 64,8 |

| 684 | |
|---|---|
| 1 | 68,4 |
| 2 | 136,8 |
| 3 | 205,2 |
| 4 | 273,6 |
| 5 | 342,0 |
| 6 | 410,4 |
| 7 | 478,8 |
| 8 | 547,2 |
| 9 | 615,6 |

| 682 | |
|---|---|
| 1 | 68,2 |
| 2 | 136,4 |
| 3 | 204,6 |
| 4 | 272,8 |
| 5 | 341,0 |
| 6 | 409,2 |
| 7 | 477,4 |
| 8 | 545,6 |
| 9 | 613,8 |

| 680 | |
|---|---|
| 1 | 68 |
| 2 | 136 |
| 3 | 204 |
| 4 | 272 |
| 5 | 340 |
| 6 | 408 |
| 7 | 476 |
| 8 | 544 |
| 9 | 612 |

| 612 | |
|---|---|
| 1 | 61,2 |
| 2 | 122,4 |
| 3 | 183,6 |
| 4 | 244,8 |
| 5 | 306,0 |
| 6 | 367,2 |
| 7 | 428,4 |
| 8 | 489,6 |
| 9 | 550,8 |

| 610 | |
|---|---|
| 1 | 61 |
| 2 | 122 |
| 3 | 183 |
| 4 | 244 |
| 5 | 305 |
| 6 | 366 |
| 7 | 427 |
| 8 | 488 |
| 9 | 549 |

| 608 | |
|---|---|
| 1 | 60,8 |
| 2 | 121,6 |
| 3 | 182,4 |
| 4 | 243,2 |
| 5 | 304,0 |
| 6 | 364,8 |
| 7 | 425,6 |
| 8 | 486,4 |
| 9 | 547,2 |

| 606 | |
|---|---|
| 1 | 60,6 |
| 2 | 121,2 |
| 3 | 181,8 |
| 4 | 242,4 |
| 5 | 303,0 |
| 6 | 363,6 |
| 7 | 424,2 |
| 8 | 484,8 |
| 9 | 545,4 |

| 73 | |
|---|---|
| 1 | 7,3 |
| 2 | 14,6 |
| 3 | 21,9 |
| 4 | 29,2 |
| 5 | 36,5 |
| 6 | 43,8 |
| 7 | 51,1 |
| 8 | 58,4 |
| 9 | 65,7 |

| ′ | ″ | Sin. | D. | Tang. | D.c. | Cotg. | Cos. | D. | ″ | ′ |
|---|---|---|---|---|---|---|---|---|---|---|
| 0 | 0 | $\bar{1}$,5 126 419 | 612 | $\bar{1}$,5 369 719 | 683 | 0,4 630 281 | $\bar{1}$,9 756 701 | 73 | 0 | 60 |
| | 10 | 127 031 | 611 | 370 402 | 684 | 629 598 | 756 628 | 72 | 50 | |
| | 20 | 127 642 | 611 | 371 086 | 684 | 628 914 | 756 556 | 73 | 40 | |
| | 30 | 128 253 | 611 | 371 770 | 684 | 628 230 | 756 483 | 72 | 30 | |
| | 40 | 128 864 | 611 | 372 454 | 683 | 627 546 | 756 411 | 73 | 20 | |
| | 50 | 129 475 | 611 | 373 137 | 684 | 626 863 | 756 338 | 73 | 10 | |
| 1 | 0 | 130 086 | 611 | 373 821 | 683 | 626 179 | 756 265 | 72 | 0 | 59 |
| | 10 | 130 697 | 611 | 374 504 | 684 | 625 496 | 756 193 | 73 | 50 | |
| | 20 | 131 308 | 611 | 375 188 | 683 | 624 812 | 756 120 | 72 | 40 | |
| | 30 | 131 919 | 610 | 375 871 | 683 | 624 129 | 756 048 | 73 | 30 | |
| | 40 | 132 529 | 611 | 376 554 | 683 | 623 446 | 755 975 | 73 | 20 | |
| | 50 | 133 140 | 610 | 377 237 | 683 | 622 763 | 755 902 | 72 | 10 | |
| 2 | 0 | 133 750 | 610 | 377 920 | 683 | 622 080 | 755 830 | 73 | 0 | 58 |
| | 10 | 134 360 | 611 | 378 603 | 683 | 621 397 | 755 757 | 72 | 50 | |
| | 20 | 134 971 | 610 | 379 286 | 683 | 620 714 | 755 685 | 73 | 40 | |
| | 30 | 135 581 | 610 | 379 969 | 682 | 620 031 | 755 612 | 73 | 30 | |
| | 40 | 136 191 | 610 | 380 651 | 683 | 619 349 | 755 539 | 72 | 20 | |
| | 50 | 136 801 | 609 | 381 334 | 683 | 618 666 | 755 467 | 73 | 10 | |
| 3 | 0 | 137 410 | 610 | 382 017 | 682 | 617 983 | 755 394 | 73 | 0 | 57 |
| | 10 | 138 020 | 610 | 382 699 | 682 | 617 301 | 755 321 | 73 | 50 | |
| | 20 | 138 630 | 609 | 383 381 | 683 | 616 619 | 755 248 | 72 | 40 | |
| | 30 | 139 239 | 610 | 384 064 | 682 | 615 936 | 755 176 | 73 | 30 | |
| | 40 | 139 849 | 609 | 384 746 | 682 | 615 254 | 755 103 | 73 | 20 | |
| | 50 | 140 458 | 609 | 385 428 | 682 | 614 572 | 755 030 | 73 | 10 | |
| 4 | 0 | 141 067 | 609 | 386 110 | 682 | 613 890 | 754 957 | 72 | 0 | 56 |
| | 10 | 141 676 | 609 | 386 792 | 682 | 613 208 | 754 885 | 73 | 50 | |
| | 20 | 142 285 | 609 | 387 474 | 681 | 612 526 | 754 812 | 73 | 40 | |
| | 30 | 142 894 | 609 | 388 155 | 682 | 611 845 | 754 739 | 73 | 30 | |
| | 40 | 143 503 | 609 | 388 837 | 682 | 611 163 | 754 666 | 73 | 20 | |
| | 50 | 144 112 | 609 | 389 519 | 681 | 610 481 | 754 593 | 72 | 10 | |
| 5 | 0 | 144 721 | 608 | 390 200 | 681 | 609 800 | 754 521 | 73 | 0 | 55 |
| | 10 | 145 329 | 609 | 390 881 | 682 | 609 119 | 754 448 | 73 | 50 | |
| | 20 | 145 938 | 608 | 391 563 | 681 | 608 437 | 754 375 | 73 | 40 | |
| | 30 | 146 546 | 608 | 392 244 | 681 | 607 756 | 754 302 | 73 | 30 | |
| | 40 | 147 154 | 608 | 392 925 | 681 | 607 075 | 754 229 | 73 | 20 | |
| | 50 | 147 762 | 609 | 393 606 | 681 | 606 394 | 754 156 | 73 | 10 | |
| 6 | 0 | 148 371 | 608 | 394 287 | 681 | 605 713 | 754 083 | 73 | 0 | 54 |
| | 10 | 148 979 | 607 | 394 968 | 681 | 605 032 | 754 010 | 73 | 50 | |
| | 20 | 149 586 | 608 | 395 649 | 681 | 604 351 | 753 937 | 72 | 40 | |
| | 30 | 150 194 | 608 | 396 330 | 680 | 603 670 | 753 865 | 73 | 30 | |
| | 40 | 150 802 | 608 | 397 010 | 681 | 602 990 | 753 792 | 73 | 20 | |
| | 50 | 151 410 | 607 | 397 691 | 680 | 602 309 | 753 719 | 73 | 10 | |
| 7 | 0 | 152 017 | 607 | 398 371 | 681 | 601 629 | 753 646 | 73 | 0 | 53 |
| | 10 | 152 624 | 608 | 399 052 | 680 | 600 948 | 753 573 | 73 | 50 | |
| | 20 | 153 232 | 607 | 399 732 | 680 | 600 268 | 753 500 | 73 | 40 | |
| | 30 | 153 839 | 607 | 400 412 | 681 | 599 588 | 753 427 | 73 | 30 | |
| | 40 | 154 446 | 607 | 401 093 | 680 | 598 907 | 753 354 | 73 | 20 | |
| | 50 | 155 053 | 607 | 401 773 | 680 | 598 227 | 753 281 | 73 | 10 | |
| 8 | 0 | 155 660 | 607 | 402 453 | 679 | 597 547 | 753 208 | 74 | 0 | 52 |
| | 10 | 156 267 | 607 | 403 132 | 680 | 596 868 | 753 134 | 73 | 50 | |
| | 20 | 156 874 | 606 | 403 812 | 680 | 596 188 | 753 061 | 73 | 40 | |
| | 30 | 157 480 | 607 | 404 492 | 680 | 595 508 | 752 988 | 73 | 30 | |
| | 40 | 158 087 | 606 | 405 172 | 679 | 594 828 | 752 915 | 73 | 20 | |
| | 50 | 158 693 | 607 | 405 851 | 680 | 594 149 | 752 842 | 73 | 10 | |
| 9 | 0 | 159 300 | 606 | 406 531 | 679 | 593 469 | 752 769 | 73 | 0 | 51 |
| | 10 | 159 906 | 606 | 407 210 | 679 | 592 790 | 752 696 | 73 | 50 | |
| | 20 | 160 512 | 606 | 407 889 | 680 | 592 111 | 752 623 | 73 | 40 | |
| | 30 | 161 118 | 606 | 408 569 | 679 | 591 431 | 752 550 | 73 | 30 | |
| | 40 | 161 724 | 606 | 409 248 | 679 | 590 752 | 752 477 | 74 | 20 | |
| | 50 | 162 330 | 606 | 409 927 | 679 | 590 073 | 752 403 | 73 | 10 | |
| 10 | 0 | $\bar{1}$,5 162 936 | | $\bar{1}$,5 410 606 | | 0,4 589 394 | $\bar{1}$,9 752 330 | | 0 | 50 |
| ′ | ″ | Cos. | | Cotg. | | Tang. | Sin. | | ″ | ′ |

70°

| ′ | ″ | Sin. | D. | Tang. | D.c. | Cotg. | Cos. | D. | ″ | ′ |
|---|---|---|---|---|---|---|---|---|---|---|
| 10 | 0 | 1̄,5 162 936 | 606 | 1̄,5 410 606 | 679 | 0,4 589 394 | 1̄,9 752 330 | 73 | 0 | 50 |
| | 10 | 163 542 | 605 | 411 285 | 679 | 588 715 | 752 257 | 73 | 50 | |
| | 20 | 164 147 | 606 | 411 964 | 678 | 588 036 | 752 184 | 73 | 40 | |
| | 30 | 164 753 | 605 | 412 642 | 679 | 587 358 | 752 111 | 74 | 30 | |
| | 40 | 165 358 | 606 | 413 321 | 679 | 586 679 | 752 037 | 73 | 20 | |
| | 50 | 165 964 | 605 | 414 000 | 678 | 586 000 | 751 964 | 73 | 10 | |
| 11 | 0 | 166 569 | 605 | 414 678 | 678 | 585 322 | 751 891 | 73 | 0 | 49 |
| | 10 | 167 174 | 605 | 415 356 | 679 | 584 644 | 751 818 | 74 | 50 | |
| | 20 | 167 779 | 605 | 416 035 | 678 | 583 965 | 751 744 | 73 | 40 | |
| | 30 | 168 384 | 605 | 416 713 | 678 | 583 287 | 751 671 | 73 | 30 | |
| | 40 | 168 989 | 605 | 417 391 | 678 | 582 609 | 751 598 | 74 | 20 | |
| | 50 | 169 594 | 604 | 418 069 | 678 | 581 931 | 751 524 | 73 | 10 | |
| 12 | 0 | 170 198 | 605 | 418 747 | 678 | 581 253 | 751 451 | 73 | 0 | 48 |
| | 10 | 170 803 | 604 | 419 425 | 678 | 580 575 | 751 378 | 74 | 50 | |
| | 20 | 171 407 | 605 | 420 103 | 678 | 579 897 | 751 304 | 73 | 40 | |
| | 30 | 172 012 | 604 | 420 781 | 677 | 579 219 | 751 231 | 73 | 30 | |
| | 40 | 172 616 | 604 | 421 458 | 678 | 578 542 | 751 158 | 74 | 20 | |
| | 50 | 173 220 | 604 | 422 136 | 677 | 577 864 | 751 084 | 73 | 10 | |
| 13 | 0 | 173 824 | 604 | 422 813 | 678 | 577 187 | 751 011 | 73 | 0 | 47 |
| | 10 | 174 428 | 604 | 423 491 | 677 | 576 509 | 750 938 | 74 | 50 | |
| | 20 | 175 032 | 604 | 424 168 | 677 | 575 832 | 750 864 | 73 | 40 | |
| | 30 | 175 636 | 604 | 424 845 | 677 | 575 155 | 750 791 | 74 | 30 | |
| | 40 | 176 240 | 603 | 425 522 | 678 | 574 478 | 750 717 | 73 | 20 | |
| | 50 | 176 843 | 604 | 426 200 | 677 | 573 800 | 750 644 | 74 | 10 | |
| 14 | 0 | 177 447 | 603 | 426 877 | 676 | 573 123 | 750 570 | 73 | 0 | 46 |
| | 10 | 178 050 | 604 | 427 553 | 677 | 572 447 | 750 497 | 74 | 50 | |
| | 20 | 178 654 | 603 | 428 230 | 677 | 571 770 | 750 423 | 73 | 40 | |
| | 30 | 179 257 | 603 | 428 907 | 677 | 571 093 | 750 350 | 73 | 30 | |
| | 40 | 179 860 | 603 | 429 584 | 676 | 570 416 | 750 277 | 74 | 20 | |
| | 50 | 180 463 | 603 | 430 260 | 677 | 569 740 | 750 203 | 74 | 10 | |
| 15 | 0 | 181 066 | 603 | 430 937 | 676 | 569 063 | 750 129 | 73 | 0 | 45 |
| | 10 | 181 669 | 603 | 431 613 | 677 | 568 387 | 750 056 | 74 | 50 | |
| | 20 | 182 272 | 603 | 432 290 | 676 | 567 710 | 749 982 | 73 | 40 | |
| | 30 | 182 875 | 602 | 432 966 | 676 | 567 034 | 749 909 | 74 | 30 | |
| | 40 | 183 477 | 603 | 433 642 | 676 | 566 358 | 749 835 | 73 | 20 | |
| | 50 | 184 080 | 602 | 434 318 | 676 | 565 682 | 749 762 | 74 | 10 | |
| 16 | 0 | 184 682 | 602 | 434 994 | 676 | 565 006 | 749 688 | 74 | 0 | 44 |
| | 10 | 185 284 | 603 | 435 670 | 676 | 564 330 | 749 614 | 73 | 50 | |
| | 20 | 185 887 | 602 | 436 346 | 676 | 563 654 | 749 541 | 74 | 40 | |
| | 30 | 186 489 | 602 | 437 022 | 675 | 562 978 | 749 467 | 73 | 30 | |
| | 40 | 187 091 | 602 | 437 697 | 676 | 562 303 | 749 394 | 74 | 20 | |
| | 50 | 187 693 | 602 | 438 373 | 675 | 561 627 | 749 320 | 74 | 10 | |
| 17 | 0 | 188 295 | 601 | 439 048 | 676 | 560 952 | 749 246 | 73 | 0 | 43 |
| | 10 | 188 896 | 602 | 439 724 | 675 | 560 276 | 749 173 | 74 | 50 | |
| | 20 | 189 498 | 602 | 440 399 | 675 | 559 601 | 749 099 | 74 | 40 | |
| | 30 | 190 100 | 601 | 441 074 | 676 | 558 926 | 749 025 | 73 | 30 | |
| | 40 | 190 701 | 601 | 441 750 | 675 | 558 250 | 748 952 | 74 | 20 | |
| | 50 | 191 302 | 602 | 442 425 | 675 | 557 575 | 748 878 | 74 | 10 | |
| 18 | 0 | 191 904 | 601 | 443 100 | 675 | 556 900 | 748 804 | 74 | 0 | 42 |
| | 10 | 192 505 | 601 | 443 775 | 674 | 556 225 | 748 730 | 73 | 50 | |
| | 20 | 193 106 | 601 | 444 449 | 675 | 555 551 | 748 657 | 74 | 40 | |
| | 30 | 193 707 | 601 | 445 124 | 675 | 554 876 | 748 583 | 74 | 30 | |
| | 40 | 194 308 | 601 | 445 799 | 675 | 554 201 | 748 509 | 74 | 20 | |
| | 50 | 194 909 | 601 | 446 474 | 674 | 553 526 | 748 435 | 74 | 10 | |
| 19 | 0 | 195 510 | 600 | 447 148 | 674 | 552 852 | 748 361 | 73 | 0 | 41 |
| | 10 | 196 110 | 601 | 447 822 | 675 | 552 178 | 748 288 | 74 | 50 | |
| | 20 | 196 711 | 600 | 448 497 | 674 | 551 503 | 748 214 | 74 | 40 | |
| | 30 | 197 311 | 601 | 449 171 | 674 | 550 829 | 748 140 | 74 | 30 | |
| | 40 | 197 912 | 600 | 449 845 | 674 | 550 155 | 748 066 | 74 | 20 | |
| | 50 | 198 512 | 600 | 450 519 | 674 | 549 481 | 747 992 | 74 | 10 | |
| 20 | 0 | 1̄,5 199 112 | | 1̄,5 451 193 | | 0,4 548 807 | 1̄,9 747 918 | | 0 | 40 |
| ′ | ″ | Cos. | | Cotg. | | Tang. | Sin. | | ″ | ′ |



| | 678 |
|---|---|
| 1 | 67,8 |
| 2 | 135,6 |
| 3 | 203,4 |
| 4 | 271,2 |
| 5 | 339,0 |
| 6 | 406,8 |
| 7 | 474,6 |
| 8 | 542,4 |
| 9 | 610,2 |

| | 676 |
|---|---|
| 1 | 67,6 |
| 2 | 135,2 |
| 3 | 202,8 |
| 4 | 270,4 |
| 5 | 338,0 |
| 6 | 405,6 |
| 7 | 473,2 |
| 8 | 540,8 |
| 9 | 608,4 |

| | 674 |
|---|---|
| 1 | 67,4 |
| 2 | 134,8 |
| 3 | 202,2 |
| 4 | 269,6 |
| 5 | 337,0 |
| 6 | 404,4 |
| 7 | 471,8 |
| 8 | 539,2 |
| 9 | 606,6 |

| | 604 |
|---|---|
| 1 | 60,4 |
| 2 | 120,8 |
| 3 | 181,2 |
| 4 | 241,6 |
| 5 | 302,0 |
| 6 | 362,4 |
| 7 | 422,8 |
| 8 | 483,2 |
| 9 | 543,6 |

| | 602 |
|---|---|
| 1 | 60,2 |
| 2 | 120,4 |
| 3 | 180,6 |
| 4 | 240,8 |
| 5 | 301,0 |
| 6 | 361,2 |
| 7 | 421,4 |
| 8 | 481,6 |
| 9 | 541,8 |

| | 600 |
|---|---|
| 1 | 60 |
| 2 | 120 |
| 3 | 180 |
| 4 | 240 |
| 5 | [illegible] |
| 6 | 360 |
| 7 | 420 |
| 8 | 480 |
| 9 | 540 |

| | 74 |
|---|---|
| 1 | 7,4 |
| 2 | 14,8 |
| 3 | 22,2 |
| 4 | 29,6 |
| 5 | 37,0 |
| 6 | 44,4 |
| 7 | 51,8 |
| 8 | 59,2 |
| 9 | 66,6 |

| ′ | ″ | Sin. | D. | Tang. | D.c. | Cotg. | Cos. | D. | ″ | ′ |
|---|---|---|---|---|---|---|---|---|---|---|
| 20 | 0 | 1̄,5 199 112 | | 1̄,5 451 193 | | 0,4 548 807 | 1̄,9 747 918 | | 0 | 40 |
| | 10 | 199 712 | 600 | 451 867 | 674 | 548 133 | 747 845 | 73 | 50 | |
| | 20 | 200 312 | 600 | 452 541 | 674 | 547 459 | 747 771 | 74 | 40 | |
| | 30 | 200 912 | 600 | 453 215 | 674 | 546 785 | 747 697 | 74 | 30 | |
| | 40 | 201 512 | 600 | 453 889 | 674 | 546 111 | 747 623 | 74 | 20 | |
| | 50 | 202 111 | 599 | 454 562 | 673 | 545 438 | 747 549 | 74 | 10 | |
| 21 | 0 | 202 711 | 600 | 455 236 | 674 | 544 764 | 747 475 | 74 | 0 | 39 |
| | 10 | 203 311 | 600 | 455 909 | 673 | 544 091 | 747 401 | 74 | 50 | |
| | 20 | 203 910 | 599 | 456 583 | 674 | 543 417 | 747 327 | 74 | 40 | |
| | 30 | 204 509 | 599 | 457 256 | 673 | 542 744 | 747 253 | 74 | 30 | |
| | 40 | 205 109 | 600 | 457 929 | 673 | 542 071 | 747 179 | 74 | 20 | |
| | 50 | 205 708 | 599 | 458 602 | 673 | 541 398 | 747 105 | 74 | 10 | |
| 22 | 0 | 206 307 | 599 | 459 276 | 674 | 540 724 | 747 031 | 74 | 0 | 38 |
| | 10 | 206 906 | 599 | 459 949 | 673 | 540 051 | 746 957 | 74 | 50 | |
| | 20 | 207 505 | 599 | 460 621 | 672 | 539 379 | 746 883 | 74 | 40 | |
| | 30 | 208 103 | 598 | 461 294 | 673 | 538 706 | 746 809 | 74 | 30 | |
| | 40 | 208 702 | 599 | 461 967 | 673 | 538 033 | 746 735 | 74 | 20 | |
| | 50 | 209 301 | 599 | 462 640 | 673 | 537 360 | 746 661 | 74 | 10 | |
| 23 | 0 | 209 899 | 598 | 463 312 | 672 | 536 688 | 746 587 | 74 | 0 | 37 |
| | 10 | 210 497 | 598 | 463 985 | 673 | 536 015 | 746 513 | 74 | 50 | |
| | 20 | 211 096 | 599 | 464 657 | 672 | 535 343 | 746 439 | 74 | 40 | |
| | 30 | 211 694 | 598 | 465 329 | 672 | 534 671 | 746 365 | 74 | 30 | |
| | 40 | 212 292 | 598 | 466 002 | 673 | 533 998 | 746 291 | 74 | 20 | |
| | 50 | 212 890 | 598 | 466 674 | 672 | 533 326 | 746 216 | 75 | 10 | |
| 24 | 0 | 213 488 | 598 | 467 346 | 672 | 532 654 | 746 142 | 74 | 0 | 36 |
| | 10 | 214 086 | 598 | 468 018 | 672 | 531 982 | 746 068 | 74 | 50 | |
| | 20 | 214 684 | 598 | 468 690 | 672 | 531 310 | 745 994 | 74 | 40 | |
| | 30 | 215 281 | 597 | 469 362 | 672 | 530 638 | 745 920 | 74 | 30 | |
| | 40 | 215 879 | 598 | 470 033 | 671 | 529 967 | 745 846 | 74 | 20 | |
| | 50 | 216 476 | 597 | 470 705 | 672 | 529 295 | 745 771 | 75 | 10 | |
| 25 | 0 | 217 074 | 598 | 471 377 | 672 | 528 623 | 745 697 | 74 | 0 | 35 |
| | 10 | 217 671 | 597 | 472 048 | 671 | 527 952 | 745 623 | 74 | 50 | |
| | 20 | 218 268 | 597 | 472 720 | 672 | 527 280 | 745 549 | 74 | 40 | |
| | 30 | 218 865 | 597 | 473 391 | 671 | 526 609 | 745 474 | 75 | 30 | |
| | 40 | 219 462 | 597 | 474 062 | 671 | 525 938 | 745 400 | 74 | 20 | |
| | 50 | 220 059 | 597 | 474 733 | 671 | 525 267 | 745 326 | 74 | 10 | |
| 26 | 0 | 220 656 | 597 | 475 405 | 672 | 524 595 | 745 252 | 74 | 0 | 34 |
| | 10 | 221 253 | 597 | 476 076 | 671 | 523 924 | 745 177 | 75 | 50 | |
| | 20 | 221 850 | 597 | 476 747 | 671 | 523 253 | 745 103 | 74 | 40 | |
| | 30 | 222 446 | 596 | 477 417 | 670 | 522 583 | 745 029 | 74 | 30 | |
| | 40 | 223 043 | 597 | 478 088 | 671 | 521 912 | 744 954 | 75 | 20 | |
| | 50 | 223 639 | 596 | 478 759 | 671 | 521 241 | 744 880 | 74 | 10 | |
| 27 | 0 | 224 235 | 596 | 479 430 | 671 | 520 570 | 744 806 | 74 | 0 | 33 |
| | 10 | 224 831 | 596 | 480 100 | 670 | 519 900 | 744 731 | 75 | 50 | |
| | 20 | 225 428 | 597 | 480 771 | 671 | 519 229 | 744 657 | 74 | 40 | |
| | 30 | 226 024 | 596 | 481 441 | 670 | 518 559 | 744 583 | 74 | 30 | |
| | 40 | 226 619 | 595 | 482 111 | 670 | 517 889 | 744 508 | 75 | 20 | |
| | 50 | 227 215 | 596 | 482 781 | 670 | 517 219 | 744 434 | 74 | 10 | |
| 28 | 0 | 227 811 | 596 | 483 452 | 671 | 516 548 | 744 359 | 75 | 0 | 32 |
| | 10 | 228 407 | 596 | 484 122 | 670 | 515 878 | 744 285 | 74 | 50 | |
| | 20 | 229 002 | 595 | 484 792 | 670 | 515 208 | 744 211 | 74 | 40 | |
| | 30 | 229 598 | 596 | 485 462 | 670 | 514 538 | 744 136 | 75 | 30 | |
| | 40 | 230 193 | 595 | 486 131 | 669 | 513 869 | 744 062 | 74 | 20 | |
| | 50 | 230 788 | 595 | 486 801 | 670 | 513 199 | 743 987 | 75 | 10 | |
| 29 | 0 | 231 383 | 595 | 487 471 | 670 | 512 529 | 743 913 | 74 | 0 | 31 |
| | 10 | 231 979 | 596 | 488 140 | 669 | 511 860 | 743 838 | 75 | 50 | |
| | 20 | 232 574 | 595 | 488 810 | 670 | 511 190 | 743 764 | 74 | 40 | |
| | 30 | 233 168 | 594 | 489 479 | 669 | 510 521 | 743 689 | 75 | 30 | |
| | 40 | 233 763 | 595 | 490 149 | 670 | 509 851 | 743 615 | 74 | 20 | |
| | 50 | 234 358 | 595 | 490 818 | 669 | 509 182 | 743 540 | 75 | 10 | |
| 30 | 0 | 1̄,5 234 953 | 595 | 1̄,5 491 487 | 669 | 0,4 508 513 | 1̄,9 743 466 | 74 | 0 | 30 |
| ′ | ″ | Cos. | | Cotg. | | Tang. | Sin. | | ″ | ′ |

| | 674 | 672 | 670 | 598 | 596 | 594 | 74 |
|---|---|---|---|---|---|---|---|
| 1 | 67,4 | 67,2 | 67 | 59,8 | 59,6 | 59,4 | 7,4 |
| 2 | 134,8 | 134,4 | 134 | 119,6 | 119,2 | 118,8 | 14,8 |
| 3 | 202,2 | 201,6 | 201 | 179,4 | 178,8 | 178,2 | 22,2 |
| 4 | 269,6 | 268,8 | 268 | 239,2 | 238,4 | 237,6 | 29,6 |
| 5 | 337,0 | 336,0 | 335 | 299,0 | 298,0 | 297,0 | 37,0 |
| 6 | 404,4 | 403,2 | 402 | 358,8 | 357,6 | 356,4 | 44,4 |
| 7 | 471,8 | 470,4 | 469 | 418,6 | 417,2 | 415,8 | 51,8 |
| 8 | 539,2 | 537,6 | 536 | 478,4 | 476,8 | 475,2 | 59,2 |
| 9 | 606,6 | 604,8 | 603 | 538,2 | 536,4 | 534,6 | 66,6 |

| ′ | ″ | Sin. | D. | Tang. | D.c. | Cotg. | Cos. | D. | ″ | ′ |
|---|---|---|---|---|---|---|---|---|---|---|
| 30 | 0 | 1̄,5 234 953 | | 1̄,5 491 487 | | 0,4 508 513 | 1̄,9 743 466 | | 0 | 30 |
| | 10 | 235 547 | 594 | 492 156 | 669 | 507 844 | 743 391 | 75 | 50 | |
| | 20 | 236 142 | 595 | 492 825 | 669 | 507 175 | 743 316 | 75 | 40 | |
| | 30 | 236 736 | 594 | 493 494 | 669 | 506 506 | 743 242 | 74 | 30 | |
| | 40 | 237 330 | 594 | 494 163 | 669 | 505 837 | 743 167 | 75 | 20 | |
| | 50 | 237 924 | 594 | 494 832 | 669 | 505 168 | 743 093 | 74 | 10 | |
| 31 | 0 | 238 518 | 594 | 495 500 | 668 | 504 500 | 743 018 | 75 | 0 | 29 |
| | 10 | 239 112 | 594 | 496 169 | 669 | 503 831 | 742 943 | 75 | 50 | |
| | 20 | 239 706 | 594 | 496 838 | 669 | 503 162 | 742 869 | 74 | 40 | |
| | 30 | 240 300 | 594 | 497 506 | 668 | 502 494 | 742 794 | 75 | 30 | |
| | 40 | 240 894 | 594 | 498 174 | 668 | 501 826 | 742 719 | 75 | 20 | |
| | 50 | 241 487 | 593 | 498 843 | 669 | 501 157 | 742 645 | 74 | 10 | |
| 32 | 0 | 242 081 | 594 | 499 511 | 668 | 500 489 | 742 570 | 75 | 0 | 28 |
| | 10 | 242 674 | 593 | 500 179 | 668 | 499 821 | 742 495 | 75 | 50 | |
| | 20 | 243 268 | 594 | 500 847 | 668 | 499 153 | 742 421 | 74 | 40 | |
| | 30 | 243 861 | 593 | 501 515 | 668 | 498 485 | 742 346 | 75 | 30 | |
| | 40 | 244 454 | 593 | 502 183 | 668 | 497 817 | 742 271 | 75 | 20 | |
| | 50 | 245 047 | 593 | 502 851 | 668 | 497 149 | 742 196 | 75 | 10 | |
| 33 | 0 | 245 640 | 593 | 503 519 | 668 | 496 481 | 742 122 | 74 | 0 | 27 |
| | 10 | 246 233 | 593 | 504 186 | 667 | 495 814 | 742 047 | 75 | 50 | |
| | 20 | 246 826 | 593 | 504 854 | 668 | 495 146 | 741 972 | 75 | 40 | |
| | 30 | 247 419 | 593 | 505 521 | 667 | 494 479 | 741 897 | 75 | 30 | |
| | 40 | 248 011 | 592 | 506 189 | 668 | 493 811 | 741 822 | 75 | 20 | |
| | 50 | 248 604 | 593 | 506 856 | 667 | 493 144 | 741 748 | 74 | 10 | |
| 34 | 0 | 249 196 | 592 | 507 523 | 667 | 492 477 | 741 673 | 75 | 0 | 26 |
| | 10 | 249 789 | 593 | 508 191 | 668 | 491 809 | 741 598 | 75 | 50 | |
| | 20 | 250 381 | 592 | 508 858 | 667 | 491 142 | 741 523 | 75 | 40 | |
| | 30 | 250 973 | 592 | 509 525 | 667 | 490 475 | 741 448 | 75 | 30 | |
| | 40 | 251 565 | 592 | 510 192 | 667 | 489 808 | 741 373 | 75 | 20 | |
| | 50 | 252 157 | 592 | 510 859 | 667 | 489 141 | 741 298 | 75 | 10 | |
| 35 | 0 | 252 749 | 592 | 511 525 | 666 | 488 475 | 741 224 | 74 | 0 | 25 |
| | 10 | 253 341 | 592 | 512 192 | 667 | 487 808 | 741 149 | 75 | 50 | |
| | 20 | 253 932 | 591 | 512 859 | 667 | 487 141 | 741 074 | 75 | 40 | |
| | 30 | 254 524 | 592 | 513 525 | 666 | 486 475 | 740 999 | 75 | 30 | |
| | 40 | 255 116 | 592 | 514 192 | 667 | 485 808 | 740 924 | 75 | 20 | |
| | 50 | 255 707 | 591 | 514 858 | 666 | 485 142 | 740 849 | 75 | 10 | |
| 36 | 0 | 256 298 | 591 | 515 524 | 666 | 484 476 | 740 774 | 75 | 0 | 24 |
| | 10 | 256 890 | 592 | 516 191 | 667 | 483 809 | 740 699 | 75 | 50 | |
| | 20 | 257 481 | 591 | 516 857 | 666 | 483 143 | 740 624 | 75 | 40 | |
| | 30 | 258 072 | 591 | 517 523 | 666 | 482 477 | 740 549 | 75 | 30 | |
| | 40 | 258 663 | 591 | 518 189 | 666 | 481 811 | 740 474 | 75 | 20 | |
| | 50 | 259 254 | 591 | 518 855 | 666 | 481 145 | 740 399 | 75 | 10 | |
| 37 | 0 | 259 844 | 590 | 519 521 | 666 | 480 479 | 740 324 | 75 | 0 | 23 |
| | 10 | 260 435 | 591 | 520 186 | 665 | 479 814 | 740 249 | 75 | 50 | |
| | 20 | 261 026 | 591 | 520 852 | 666 | 479 148 | 740 174 | 75 | 40 | |
| | 30 | 261 616 | 590 | 521 518 | 666 | 478 482 | 740 099 | 75 | 30 | |
| | 40 | 262 207 | 591 | 522 183 | 665 | 477 817 | 740 024 | 75 | 20 | |
| | 50 | 262 797 | 590 | 522 849 | 666 | 477 151 | 739 948 | 76 | 10 | |
| 38 | 0 | 263 387 | 590 | 523 514 | 665 | 476 486 | 739 873 | 75 | 0 | 22 |
| | 10 | 263 97[illegible] | 591 | 524 179 | 665 | 475 821 | 739 798 | 75 | 50 | |
| | 20 | 264 568 | 590 | 524 844 | 665 | 475 156 | 739 723 | 75 | 40 | |
| | 30 | 265 158 | 590 | 525 510 | 666 | 474 490 | 739 648 | 75 | 30 | |
| | 40 | 265 747 | 589 | 526 175 | 665 | 473 825 | 739 573 | 75 | 20 | |
| | 50 | 266 337 | 590 | 526 840 | 665 | 473 160 | 739 498 | 75 | 10 | |
| 39 | 0 | 266 927 | 590 | 527 504 | 664 | 472 496 | 739 422 | 76 | 0 | 21 |
| | 10 | 267 517 | 590 | 528 169 | 665 | 471 831 | 739 347 | 75 | 50 | |
| | 20 | 268 106 | 589 | 528 834 | 665 | 471 166 | 739 272 | 75 | 40 | |
| | 30 | 268 696 | 590 | 529 499 | 665 | 470 501 | 739 197 | 75 | 30 | |
| | 40 | 269 285 | 589 | 530 163 | 664 | 469 837 | 739 122 | 75 | 20 | |
| | 50 | 269 874 | 589 | 530 828 | 665 | 469 172 | 739 046 | 76 | 10 | |
| 40 | 0 | 1̄,5 270 463 | 689 | 1̄,5 531 492 | 664 | 0,4 468 508 | 1̄,9 738 971 | 75 | 0 | 20 |
| ′ | ″ | Cos. | | Cotg. | | Tang. | Sin. | | ″ | ′ |

70°

| 668 | |
|---|---|
| 1 | 66,8 |
| 2 | 133,6 |
| 3 | 200,4 |
| 4 | 267,2 |
| 5 | 334,0 |
| 6 | 400,8 |
| 7 | 467,6 |
| 8 | 534,4 |
| 9 | 601,2 |

| 666 | |
|---|---|
| 1 | 66,6 |
| 2 | 133,2 |
| 3 | 199,8 |
| 4 | 266,4 |
| 5 | 333,0 |
| 6 | 399,6 |
| 7 | 466,2 |
| 8 | 532,8 |
| 9 | 599,4 |

| 664 | |
|---|---|
| 1 | 66,4 |
| 2 | 132,8 |
| 3 | 199,2 |
| 4 | 265,6 |
| 5 | 332,0 |
| 6 | 398,4 |
| 7 | 464,8 |
| 8 | 531,2 |
| 9 | 597,6 |

| 594 | |
|---|---|
| 1 | 59,4 |
| 2 | 118,8 |
| 3 | 178,2 |
| 4 | 237,6 |
| 5 | 297,0 |
| 6 | 356,4 |
| 7 | 415,8 |
| 8 | 475,2 |
| 9 | 534,6 |

| 592 | |
|---|---|
| 1 | 59,2 |
| 2 | 118,4 |
| 3 | 177,6 |
| 4 | 236,8 |
| 5 | 296,0 |
| 6 | 355,2 |
| 7 | 414,4 |
| 8 | 473,6 |
| 9 | 532,8 |

| 590 | |
|---|---|
| 1 | 59 |
| 2 | 118 |
| 3 | 177 |
| 4 | 236 |
| 5 | 295 |
| 6 | 354 |
| 7 | 413 |
| 8 | 472 |
| 9 | 531 |

| 75 | |
|---|---|
| 1 | 7,5 |
| 2 | 15,0 |
| 3 | 22,5 |
| 4 | 30,0 |
| 5 | 37,5 |
| 6 | 45,0 |
| 7 | 52,5 |
| 8 | 60,0 |
| 9 | 67,5 |

| 664 | |
|---|---|
| 1 | 66,4 |
| 2 | 132,8 |
| 3 | 199,2 |
| 4 | 265,6 |
| 5 | 332,0 |
| 6 | 398,4 |
| 7 | 464,8 |
| 8 | 531,2 |
| 9 | 597,6 |

| 662 | |
|---|---|
| 1 | 66,2 |
| 2 | 132,4 |
| 3 | 198,6 |
| 4 | 264,8 |
| 5 | 331,0 |
| 6 | 397,2 |
| 7 | 463,4 |
| 8 | 529,6 |
| 9 | 595,8 |

| 660 | |
|---|---|
| 1 | 66 |
| 2 | 132 |
| 3 | 198 |
| 4 | 264 |
| 5 | 330 |
| 6 | 396 |
| 7 | 462 |
| 8 | 528 |
| 9 | 594 |

| 588 | |
|---|---|
| 1 | 58,8 |
| 2 | 117,6 |
| 3 | 176,4 |
| 4 | 235,2 |
| 5 | 294,0 |
| 6 | 352,8 |
| 7 | 411,6 |
| 8 | 470,4 |
| 9 | 529,2 |

| 586 | |
|---|---|
| 1 | 58,6 |
| 2 | 117,2 |
| 3 | 175,8 |
| 4 | 234,4 |
| 5 | 293,0 |
| 6 | 351,6 |
| 7 | 410,2 |
| 8 | 468,8 |
| 9 | 527,4 |

| 584 | |
|---|---|
| 1 | 58,4 |
| 2 | 116,8 |
| 3 | 175,2 |
| 4 | 233,6 |
| 5 | 292,0 |
| 6 | 350,4 |
| 7 | 408,8 |
| 8 | 467,2 |
| 9 | 525,6 |

| 76 | |
|---|---|
| 1 | 7,6 |
| 2 | 15,2 |
| 3 | 22,8 |
| 4 | 30,4 |
| 5 | 38,0 |
| 6 | 45,6 |
| 7 | 53,2 |
| 8 | 60,8 |
| 9 | 68,4 |

| ′ | ″ | Sin. | D. | Tang. | D.c. | Cotg. | Cos. | D. | ″ | ′ |
|---|---|---|---|---|---|---|---|---|---|---|
| 40 | 0 | $\bar{1}$,5 270 463 | 589 | $\bar{1}$,5 531 492 | 665 | 0,4 468 508 | $\bar{1}$,9 738 971 | 75 | 0 | 20 |
| | 10 | 271 052 | 589 | 532 157 | 664 | 467 843 | 738 896 | 75 | 50 | |
| | 20 | 271 641 | 589 | 532 821 | 664 | 467 179 | 738 821 | 76 | 40 | |
| | 30 | 272 230 | 589 | 533 485 | 664 | 466 515 | 738 745 | 75 | 30 | |
| | 40 | 272 819 | 589 | 534 149 | 664 | 465 851 | 738 670 | 75 | 20 | |
| | 50 | 273 408 | 589 | 534 813 | 664 | 465 187 | 738 595 | 76 | 10 | |
| 41 | 0 | 273 997 | 588 | 535 477 | 664 | 464 523 | 738 519 | 75 | 0 | 19 |
| | 10 | 274 585 | 589 | 536 141 | 664 | 463 859 | 738 444 | 75 | 50 | |
| | 20 | 275 174 | 588 | 536 805 | 663 | 463 195 | 738 369 | 76 | 40 | |
| | 30 | 275 762 | 588 | 537 468 | 664 | 462 532 | 738 293 | 75 | 30 | |
| | 40 | 276 350 | 588 | 538 132 | 664 | 461 868 | 738 218 | 75 | 20 | |
| | 50 | 276 938 | 588 | 538 796 | 663 | 461 204 | 738 143 | 76 | 10 | |
| 42 | 0 | 277 526 | 588 | 539 459 | 663 | 460 541 | 738 067 | 75 | 0 | 18 |
| | 10 | 278 114 | 588 | 540 122 | 664 | 459 878 | 737 992 | 75 | 50 | |
| | 20 | 278 702 | 588 | 540 786 | 663 | 459 214 | 737 917 | 76 | 40 | |
| | 30 | 279 290 | 588 | 541 449 | 663 | 458 551 | 737 841 | 75 | 30 | |
| | 40 | 279 878 | 588 | 542 112 | 663 | 457 888 | 737 766 | 76 | 20 | |
| | 50 | 280 466 | 587 | 542 775 | 663 | 457 225 | 737 690 | 75 | 10 | |
| 43 | 0 | 281 053 | 588 | 543 438 | 663 | 456 562 | 737 615 | 76 | 0 | 17 |
| | 10 | 281 641 | 587 | 544 101 | 663 | 455 899 | 737 539 | 75 | 50 | |
| | 20 | 282 228 | 587 | 544 764 | 663 | 455 236 | 737 464 | 76 | 40 | |
| | 30 | 282 815 | 587 | 545 427 | 663 | 454 573 | 737 388 | 75 | 30 | |
| | 40 | 283 402 | 588 | 546 090 | 662 | 453 910 | 737 313 | 76 | 20 | |
| | 50 | 283 990 | 587 | 546 752 | 663 | 453 248 | 737 237 | 75 | 10 | |
| 44 | 0 | 284 577 | 586 | 547 415 | 662 | 452 585 | 737 162 | 76 | 0 | 16 |
| | 10 | 285 163 | 587 | 548 077 | 663 | 451 923 | 737 086 | 75 | 50 | |
| | 20 | 285 750 | 587 | 548 740 | 662 | 451 260 | 737 011 | 76 | 40 | |
| | 30 | 286 337 | 587 | 549 402 | 662 | 450 598 | 736 935 | 75 | 30 | |
| | 40 | 286 924 | 586 | 550 064 | 662 | 449 936 | 736 860 | 76 | 20 | |
| | 50 | 287 510 | 587 | 550 726 | 662 | 449 274 | 736 784 | 75 | 10 | |
| 45 | 0 | 288 097 | 586 | 551 388 | 662 | 448 612 | 736 709 | 76 | 0 | 15 |
| | 10 | 288 683 | 586 | 552 050 | 662 | 447 950 | 736 633 | 76 | 50 | |
| | 20 | 289 269 | 587 | 552 712 | 662 | 447 288 | 736 557 | 75 | 40 | |
| | 30 | 289 856 | 586 | 553 374 | 662 | 446 626 | 736 482 | 76 | 30 | |
| | 40 | 290 442 | 586 | 554 036 | 661 | 445 964 | 736 406 | 76 | 20 | |
| | 50 | 291 028 | 586 | 554 697 | 662 | 445 303 | 736 330 | 75 | 10 | |
| 46 | 0 | 291 614 | 586 | 555 359 | 662 | 444 641 | 736 255 | 76 | 0 | 14 |
| | 10 | 292 200 | 585 | 556 021 | 661 | 443 979 | 736 179 | 76 | 50 | |
| | 20 | 292 785 | 586 | 556 682 | 661 | 443 318 | 736 103 | 75 | 40 | |
| | 30 | 293 371 | 586 | 557 343 | 662 | 442 657 | 736 028 | 76 | 30 | |
| | 40 | 293 957 | 585 | 558 005 | 661 | 441 995 | 735 952 | 76 | 20 | |
| | 50 | 294 542 | 586 | 558 666 | 661 | 441 334 | 735 876 | 75 | 10 | |
| 47 | 0 | 295 128 | 585 | 559 327 | 661 | 440 673 | 735 801 | 76 | 0 | 13 |
| | 10 | 295 713 | 585 | 559 988 | 661 | 440 012 | 735 725 | 76 | 50 | |
| | 20 | 296 298 | 585 | 560 649 | 661 | 439 351 | 735 649 | 76 | 40 | |
| | 30 | 296 883 | 585 | 561 310 | 661 | 438 690 | 735 573 | 75 | 30 | |
| | 40 | 297 468 | 585 | 561 971 | 661 | 438 029 | 735 498 | 76 | 20 | |
| | 50 | 298 053 | 585 | 562 632 | 660 | 437 368 | 735 422 | 76 | 10 | |
| 48 | 0 | 298 638 | 585 | 563 292 | 661 | 436 708 | 735 346 | 76 | 0 | 12 |
| | 10 | 299 223 | 585 | 563 953 | (60 | 436 047 | 735 270 | 76 | 50 | |
| | 20 | 299 808 | 584 | 564 613 | 661 | 435 387 | 735 194 | 76 | 40 | |
| | 30 | 300 392 | 585 | 565 274 | 660 | 434 726 | 735 118 | 75 | 30 | |
| | 40 | 300 977 | 584 | 565 934 | 660 | 434 066 | 735 043 | 76 | 20 | |
| | 50 | 301 561 | 585 | 566 594 | 661 | 433 406 | 734 967 | 76 | 10 | |
| 49 | 0 | 302 146 | 584 | 567 255 | 660 | 432 745 | 734 891 | 76 | 0 | 11 |
| | 10 | 302 730 | 584 | 567 915 | 660 | 432 085 | 734 815 | 76 | 50 | |
| | 20 | 303 314 | 584 | 568 575 | 660 | 431 425 | 734 739 | 76 | 40 | |
| | 30 | 303 898 | 584 | 569 235 | 660 | 430 765 | 734 663 | 76 | 30 | |
| | 40 | 304 482 | 584 | 569 895 | 660 | 430 105 | 734 587 | 76 | 20 | |
| | 50 | 305 066 | 584 | 570 555 | 659 | 429 445 | 734 511 | 76 | 10 | |
| 50 | 0 | $\bar{1}$,5 305 650 | | $\bar{1}$,5 571 214 | | 0,4 428 786 | $\bar{1}$,9 734 435 | | 0 | 10 |
| ′ | ″ | Cos. | | Cotg. | | Tang. | Sin. | | ″ | ′ |

70°

| ′ | ″ | Sin. | D. | Tang. | D.c. | Cotg. | Cos. | D. | ″ | ′ |
|---|---|---|---|---|---|---|---|---|---|---|
| 50 | 0 | 1̄,5 305 650 | 583 | 1̄,5 571 214 | 660 | 0,4 428 786 | 1̄,9 734 435 | 75 | 0 | 10 |
| | 10 | 306 233 | 584 | 571 874 | 660 | 428 126 | 734 360 | 76 | 50 | |
| | 20 | 306 817 | 584 | 572 534 | 659 | 427 466 | 734 284 | 76 | 40 | |
| | 30 | 307 401 | 583 | 573 193 | 659 | 426 807 | 734 208 | 76 | 30 | |
| | 40 | 307 984 | 583 | 573 852 | 660 | 426 148 | 734 132 | 76 | 20 | |
| | 50 | 308 567 | 584 | 574 512 | 659 | 425 488 | 734 056 | 76 | 10 | |
| 51 | 0 | 309 151 | 583 | 575 171 | 659 | 424 829 | 733 980 | 76 | 0 | 9 |
| | 10 | 309 734 | 583 | 575 830 | 659 | 424 170 | 733 904 | 76 | 50 | |
| | 20 | 310 317 | 583 | 576 489 | 660 | 423 511 | 733 828 | 76 | 40 | |
| | 30 | 310 900 | 583 | 577 149 | 658 | 422 851 | 733 752 | 77 | 30 | |
| | 40 | 311 483 | 583 | 577 807 | 659 | 422 193 | 733 675 | 76 | 20 | |
| | 50 | 312 066 | 583 | 578 466 | 659 | 421 534 | 733 599 | 76 | 10 | |
| 52 | 0 | 312 649 | 582 | 579 125 | 659 | 420 875 | 733 523 | 76 | 0 | 8 |
| | 10 | 313 231 | 583 | 579 784 | 659 | 420 216 | 733 447 | 76 | 50 | |
| | 20 | 313 814 | 582 | 580 443 | 658 | 419 557 | 733 371 | 76 | 40 | |
| | 30 | 314 396 | 583 | 581 101 | 659 | 418 899 | 733 295 | 76 | 30 | |
| | 40 | 314 979 | 582 | 581 760 | 658 | 418 240 | 733 219 | 76 | 20 | |
| | 50 | 315 561 | 582 | 582 418 | 659 | 417 582 | 733 143 | 76 | 10 | |
| 53 | 0 | 316 143 | 582 | 583 077 | 658 | 416 923 | 733 067 | 77 | 0 | 7 |
| | 10 | 316 725 | 582 | 583 735 | 658 | 416 265 | 732 990 | 76 | 50 | |
| | 20 | 317 307 | 582 | 584 393 | 658 | 415 607 | 732 914 | 76 | 40 | |
| | 30 | 317 889 | 582 | 585 051 | 658 | 414 949 | 732 838 | 76 | 30 | |
| | 40 | 318 471 | 582 | 585 709 | 658 | 414 291 | 732 762 | 76 | 20 | |
| | 50 | 319 053 | 582 | 586 367 | 658 | 413 633 | 732 686 | 76 | 10 | |
| 54 | 0 | 319 635 | 581 | 587 025 | 658 | 412 975 | 732 610 | 77 | 0 | 6 |
| | 10 | 320 216 | 582 | 587 683 | 658 | 412 317 | 732 533 | 76 | 50 | |
| | 20 | 320 798 | 581 | 588 341 | 657 | 411 659 | 732 457 | 76 | 40 | |
| | 30 | 321 379 | 581 | 588 998 | 658 | 411 002 | 732 381 | 76 | 30 | |
| | 40 | 321 960 | 582 | 589 656 | 657 | 410 344 | 732 305 | 77 | 20 | |
| | 50 | 322 542 | 581 | 590 313 | 658 | 409 687 | 732 228 | 76 | 10 | |
| 55 | 0 | 323 123 | 581 | 590 971 | 657 | 409 029 | 732 152 | 76 | 0 | 5 |
| | 10 | 323 704 | 581 | 591 628 | 658 | 408 372 | 732 076 | 77 | 50 | |
| | 20 | 324 285 | 581 | 592 286 | 657 | 407 714 | 731 999 | 76 | 40 | |
| | 30 | 324 866 | 581 | 592 943 | 657 | 407 057 | 731 923 | 76 | 30 | |
| | 40 | 325 447 | 580 | 593 600 | 657 | 406 400 | 731 847 | 77 | 20 | |
| | 50 | 326 027 | 581 | 594 257 | 657 | 405 743 | 731 770 | 76 | 10 | |
| 56 | 0 | 326 608 | 581 | 594 914 | 657 | 405 086 | 731 694 | 76 | 0 | 4 |
| | 10 | 327 189 | 580 | 595 571 | 657 | 404 429 | 731 618 | 77 | 50 | |
| | 20 | 327 769 | 580 | 596 228 | 656 | 403 772 | 731 541 | 76 | 40 | |
| | 30 | 328 349 | 581 | 596 884 | 657 | 403 116 | 731 465 | 76 | 30 | |
| | 40 | 328 930 | 580 | 597 541 | 657 | 402 459 | 731 389 | 77 | 20 | |
| | 50 | 329 510 | 580 | 598 198 | 656 | 401 802 | 731 312 | 76 | 10 | |
| 57 | 0 | 330 090 | 580 | 598 854 | 657 | 401 146 | 731 236 | 77 | 0 | 3 |
| | 10 | 330 670 | 580 | 599 511 | 656 | 400 489 | 731 159 | 76 | 50 | |
| | 20 | 331 250 | 580 | 600 167 | 656 | 399 833 | 731 083 | 77 | 40 | |
| | 30 | 331 830 | 579 | 600 823 | 657 | 399 177 | 731 006 | 76 | 30 | |
| | 40 | 332 409 | 580 | 601 480 | 656 | 398 520 | 730 930 | 77 | 20 | |
| | 50 | 332 989 | 580 | 602 136 | 656 | 397 864 | 730 853 | 76 | 10 | |
| 58 | 0 | 333 569 | 579 | 602 792 | 656 | 397 208 | 730 777 | 77 | 0 | 2 |
| | 10 | 334 148 | 580 | 603 448 | 656 | 396 552 | 730 700 | 76 | 50 | |
| | 20 | 334 728 | 579 | 604 104 | 656 | 395 896 | 730 624 | 77 | 40 | |
| | 30 | 335 307 | 579 | 604 760 | 655 | 395 240 | 730 547 | 76 | 30 | |
| | 40 | 335 886 | 579 | 605 415 | 656 | 394 585 | 730 471 | 77 | 20 | |
| | 50 | 336 465 | 579 | 606 071 | 656 | 393 929 | 730 394 | 76 | 10 | |
| 59 | 0 | 337 044 | 579 | 606 727 | 655 | 393 273 | 730 318 | 77 | 0 | 1 |
| | 10 | 337 623 | 579 | 607 382 | 656 | 392 618 | 730 241 | 76 | 50 | |
| | 20 | 338 202 | 579 | 608 038 | 655 | 391 962 | 730 165 | 77 | 40 | |
| | 30 | 338 781 | 579 | 608 693 | 655 | 391 307 | 730 088 | 77 | 30 | |
| | 40 | 339 360 | 578 | 609 348 | 656 | 390 652 | 730 011 | 76 | 20 | |
| | 50 | 339 938 | 579 | 610 004 | 655 | 389 996 | 729 935 | 77 | 10 | |
| 60 | 0 | 1̄,5 340 517 | | 1̄,5 610 659 | | 0,4 389 341 | 1̄,9 729 858 | | 0 | 0 |
| ′ | ″ | Cos. | | Cotg. | | Tang. | Sin. | | ″ | ′ |

70°

| | 660 | 658 | 656 | 584 | 582 | 580 | 578 | 77 |
|---|---|---|---|---|---|---|---|---|
| 1 | 66 | 65,8 | 65,6 | 58,4 | 58,2 | 58 | 57,8 | 7,7 |
| 2 | 132 | 131,6 | 131,2 | 116,8 | 116,4 | 116 | 115,6 | 15,4 |
| 3 | 198 | 197,4 | 196,8 | 175,2 | 174,6 | 174 | 173,4 | 23,1 |
| 4 | 264 | 263,2 | 262,4 | 233,6 | 232,8 | 232 | 231,2 | 30,8 |
| 5 | 330 | 329,0 | 328,0 | 292,0 | 291,0 | 290 | 289,0 | 38,5 |
| 6 | 396 | 394,8 | 393,6 | 350,4 | 349,2 | 348 | 346,8 | 46,2 |
| 7 | 462 | 460,6 | 459,2 | 408,8 | 407,4 | 406 | 404,6 | 53,9 |
| 8 | 528 | 526,4 | 524,8 | 467,2 | 465,6 | 464 | 462,4 | 61,6 |
| 9 | 594 | 592,2 | 590,4 | 525,6 | 523,8 | 522 | 520,2 | 69,3 |

| ′ | ″ | Sin. | D. | Tang. | D.c. | Cotg. | Cos. | D. | ″ | ′ |
|---|---|---|---|---|---|---|---|---|---|---|
| 0 | 0 | $\bar{1}$,5 340 517 | | $\bar{1}$,5 610 659 | | 0,4 389 341 | $\bar{1}$,9 729 858 | | 0 | 60 |
| | 10 | 341 095 | 578 | 611 314 | 655 | 388 686 | 729 782 | 76 | 50 | |
| | 20 | 341 674 | 579 | 611 969 | 655 | 388 031 | 729 705 | 77 | 40 | |
| | 30 | 342 252 | 578 | 612 624 | 655 | 387 376 | 729 628 | 77 | 30 | |
| | 40 | 342 830 | 578 | 613 279 | 655 | 386 721 | 729 552 | 76 | 20 | |
| | 50 | 343 408 | 578 | 613 933 | 654 | 386 067 | 729 475 | 77 | 10 | |
| 1 | 0 | 343 986 | 578 | 614 588 | 655 | 385 412 | 729 398 | 77 | 0 | 59 |
| | 10 | 344 564 | 578 | 615 243 | 655 | 384 757 | 729 321 | 77 | 50 | |
| | 20 | 345 142 | 578 | 615 897 | 654 | 384 103 | 729 245 | 76 | 40 | |
| | 30 | 345 720 | 578 | 616 552 | 655 | 383 448 | 729 168 | 77 | 30 | |
| | 40 | 346 297 | 577 | 617 206 | 654 | 382 794 | 729 091 | 77 | 20 | |
| | 50 | 346 875 | 578 | 617 860 | 654 | 382 140 | 729 014 | 77 | 10 | |
| 2 | 0 | 347 452 | 577 | 618 515 | 655 | 381 485 | 728 938 | 76 | 0 | 58 |
| | 10 | 348 030 | 578 | 619 169 | 654 | 380 831 | 728 861 | 77 | 50 | |
| | 20 | 348 607 | 577 | 619 823 | 654 | 380 177 | 728 784 | 77 | 40 | |
| | 30 | 349 184 | 577 | 620 477 | 654 | 379 523 | 728 707 | 77 | 30 | |
| | 40 | 349 761 | 577 | 621 131 | 654 | 378 869 | 728 631 | 76 | 20 | |
| | 50 | 350 339 | 578 | 621 785 | 654 | 378 215 | 728 554 | 77 | 10 | |
| 3 | 0 | 350 915 | 576 | 622 439 | 654 | 377 561 | 728 477 | 77 | 0 | 57 |
| | 10 | 351 492 | 577 | 623 092 | 653 | 376 908 | 728 400 | 77 | 50 | |
| | 20 | 352 069 | 577 | 623 746 | 654 | 376 254 | 728 323 | 77 | 40 | |
| | 30 | 352 646 | 577 | 624 400 | 654 | 375 600 | 728 246 | 77 | 30 | |
| | 40 | 353 222 | 576 | 625 053 | 653 | 374 947 | 728 169 | 77 | 20 | |
| | 50 | 352 799 | 577 | 625 706 | 653 | 374 294 | 728 093 | 76 | 10 | |
| 4 | 0 | 354 375 | 576 | 626 360 | 654 | 373 640 | 728 016 | 77 | 0 | 56 |
| | 10 | 354 952 | 577 | 627 013 | 653 | 372 987 | 727 939 | 77 | 50 | |
| | 20 | 355 528 | 576 | 627 666 | 653 | 372 334 | 727 862 | 77 | 40 | |
| | 30 | 356 104 | 576 | 628 319 | 653 | 371 681 | 727 785 | 77 | 30 | |
| | 40 | 356 680 | 576 | 628 972 | 653 | 371 028 | 727 708 | 77 | 20 | |
| | 50 | 357 256 | 576 | 629 625 | 653 | 370 375 | 727 631 | 77 | 10 | |
| 5 | 0 | 357 832 | 576 | 630 278 | 653 | 369 722 | 727 554 | 77 | 0 | 55 |
| | 10 | 358 408 | 576 | 630 931 | 653 | 369 069 | 727 477 | 77 | 50 | |
| | 20 | 358 984 | 576 | 631 584 | 653 | 368 416 | 727 400 | 77 | 40 | |
| | 30 | 359 560 | 576 | 632 237 | 653 | 367 763 | 727 323 | 77 | 30 | |
| | 40 | 360 135 | 575 | 632 889 | 652 | 367 111 | 727 246 | 77 | 20 | |
| | 50 | 360 711 | 576 | 633 542 | 653 | 366 458 | 727 169 | 77 | 10 | |
| 6 | 0 | 361 286 | 575 | 634 194 | 652 | 365 806 | 727 092 | 77 | 0 | 54 |
| | 10 | 361 861 | 575 | 634 847 | 653 | 365 153 | 727 015 | 77 | 50 | |
| | 20 | 362 437 | 576 | 635 499 | 652 | 364 501 | 726 938 | 77 | 40 | |
| | 30 | 363 012 | 575 | 636 151 | 652 | 363 849 | 726 861 | 77 | 30 | |
| | 40 | 363 587 | 575 | 636 803 | 652 | 363 197 | 726 784 | 77 | 20 | |
| | 50 | 364 162 | 575 | 637 455 | 652 | 362 545 | 726 706 | 78 | 10 | |
| 7 | 0 | 364 737 | 575 | 638 107 | 652 | 361 893 | 726 629 | 77 | 0 | 53 |
| | 10 | 365 311 | 574 | 638 759 | 652 | 361 241 | 726 552 | 77 | 50 | |
| | 20 | 365 886 | 575 | 639 411 | 652 | 360 589 | 726 475 | 77 | 40 | |
| | 30 | 366 461 | 575 | 640 063 | 652 | 359 937 | 726 398 | 77 | 30 | |
| | 40 | 367 035 | 574 | 640 715 | 652 | 359 285 | 726 321 | 77 | 20 | |
| | 50 | 367 610 | 575 | 641 366 | 651 | 358 634 | 726 244 | 77 | 10 | |
| 8 | 0 | 368 184 | 574 | 642 018 | 652 | 357 982 | 726 166 | 78 | 0 | 52 |
| | 10 | 368 758 | 574 | 642 669 | 651 | 357 331 | 726 089 | 77 | 50 | |
| | 20 | 369 333 | 575 | 643 321 | 652 | 356 679 | 726 012 | 77 | 40 | |
| | 30 | 369 907 | 574 | 643 972 | 651 | 356 028 | 725 935 | 77 | 30 | |
| | 40 | 370 481 | 574 | 644 623 | 651 | 355 377 | 725 858 | 77 | 20 | |
| | 50 | 371 055 | 574 | 645 274 | 651 | 354 726 | 725 780 | 78 | 10 | |
| 9 | 0 | 371 629 | 574 | 645 925 | 651 | 354 075 | 725 703 | 77 | 0 | 51 |
| | 10 | 372 202 | 573 | 646 577 | 652 | 353 423 | 725 626 | 77 | 50 | |
| | 20 | 372 776 | 574 | 647 227 | 650 | 352 773 | 725 548 | 78 | 40 | |
| | 30 | 373 350 | 574 | 647 878 | 651 | 352 122 | 725 471 | 77 | 30 | |
| | 40 | 373 923 | 573 | 648 529 | 651 | 351 471 | 725 394 | 77 | 20 | |
| | 50 | 374 496 | 573 | 649 180 | 651 | 350 820 | 725 317 | 77 | 10 | |
| 10 | 0 | $\bar{1}$,5 375 070 | 574 | $\bar{1}$,5 649 831 | 651 | 0,4 350 169 | $\bar{1}$,9 725 239 | 78 | 0 | 50 |
| ′ | ″ | Cos. | | Cotg. | | Tang. | Sin. | | ″ | ′ |

| | 654 | 653 | 652 | 651 | 578 | 576 | 574 | 77 |
|---|---|---|---|---|---|---|---|---|
| 1 | 65,4 | 65,3 | 65,2 | 65,1 | 57,8 | 57,6 | 57,4 | 7,7 |
| 2 | 130,8 | 130,6 | 130,4 | 130,2 | 115,6 | 115,2 | 114,8 | 15,4 |
| 3 | 196,2 | 195,9 | 195,6 | 195,3 | 173,4 | 172,8 | 172,2 | 23,1 |
| 4 | 261,6 | 261,2 | 260,8 | 260,4 | 231,2 | 230,4 | 229,6 | 30,8 |
| 5 | 327,0 | 326,5 | 326,0 | 325,5 | 289,0 | 288,0 | 287,0 | 38,5 |
| 6 | 392,4 | 391,8 | 391,2 | 390,6 | 346,8 | 345,6 | 344,4 | 46,2 |
| 7 | 457,8 | 457,1 | 456,4 | 455,7 | 404,6 | 403,2 | 401,8 | 53,9 |
| 8 | 523,2 | 522,4 | 521,6 | 520,8 | 462,4 | 460,8 | 459,2 | 61,6 |
| 9 | 588,6 | 587,7 | 586,8 | 585,9 | 520,2 | 518,4 | 516,6 | 69,3 |

| ′ | ″ | Sin. | D. | Tang. | D.c. | Cotg. | Cos. | D. | ″ | ′ |
|---|---|---|---|---|---|---|---|---|---|---|
| 10 | 0 | 1̄,5 375 070 | | 1̄,5 649 831 | | 0,4 350 169 | 1̄,9 725 239 | | 0 | 50 |
| | 10 | 375 643 | 573 | 650 481 | 650 | 349 519 | 725 162 | 77 | 50 | |
| | 20 | 376 216 | 573 | 651 132 | 651 | 348 868 | 725 085 | 77 | 40 | |
| | 30 | 376 789 | 573 | 651 782 | 650 | 348 218 | 725 007 | 78 | 30 | |
| | 40 | 377 362 | 573 | 652 432 | 650 | 347 568 | 724 930 | 77 | 20 | |
| | 50 | 377 935 | 573 | 653 083 | 651 | 346 917 | 724 852 | 78 | 10 | |
| 11 | 0 | 378 508 | 573 | 653 733 | 650 | 346 267 | 724 775 | 77 | 0 | 49 |
| | 10 | 379 081 | 573 | 654 383 | 650 | 345 617 | 724 698 | 77 | 50 | |
| | 20 | 379 653 | 572 | 655 033 | 650 | 344 967 | 724 620 | 78 | 40 | |
| | 30 | 380 226 | 573 | 655 683 | 650 | 344 317 | 724 543 | 77 | 30 | |
| | 40 | 380 798 | 572 | 656 333 | 650 | 343 667 | 724 465 | 78 | 20 | |
| | 50 | 381 371 | 573 | 656 983 | 650 | 343 017 | 724 388 | 77 | 10 | |
| 12 | 0 | 381 943 | 572 | 657 633 | 650 | 342 367 | 724 310 | 78 | 0 | 48 |
| | 10 | 382 515 | 572 | 658 282 | 649 | 341 718 | 724 233 | 77 | 50 | |
| | 20 | 383 087 | 572 | 658 932 | 650 | 341 068 | 724 156 | 77 | 40 | |
| | 30 | 383 660 | 573 | 659 582 | 650 | 340 418 | 724 078 | 78 | 30 | |
| | 40 | 384 232 | 572 | 660 231 | 649 | 339 769 | 724 001 | 77 | 20 | |
| | 50 | 384 803 | 571 | 660 880 | 649 | 339 120 | 723 923 | 78 | 10 | |
| 13 | 0 | 385 375 | 572 | 661 530 | 650 | 338 470 | 723 845 | 78 | 0 | 47 |
| | 10 | 385 947 | 572 | 662 179 | 649 | 337 821 | 723 768 | 77 | 50 | |
| | 20 | 386 519 | 572 | 662 828 | 649 | 337 172 | 723 690 | 78 | 40 | |
| | 30 | 387 090 | 571 | 663 477 | 649 | 336 523 | 723 613 | 77 | 30 | |
| | 40 | 387 661 | 571 | 664 126 | 649 | 335 874 | 723 535 | 78 | 20 | |
| | 50 | 388 233 | 572 | 664 775 | 649 | 335 225 | 723 458 | 77 | 10 | |
| 14 | 0 | 388 804 | 571 | 665 424 | 649 | 334 576 | 723 380 | 78 | 0 | 46 |
| | 10 | 389 375 | 571 | 666 073 | 649 | 333 927 | 723 302 | 78 | 50 | |
| | 20 | 389 946 | 571 | 666 722 | 649 | 333 278 | 723 225 | 77 | 40 | |
| | 30 | 390 517 | 571 | 667 370 | 648 | 332 630 | 723 147 | 78 | 30 | |
| | 40 | 391 088 | 571 | 668 019 | 649 | 331 981 | 723 070 | 77 | 20 | |
| | 50 | 391 659 | 571 | 668 667 | 648 | 331 333 | 722 992 | 78 | 10 | |
| 15 | 0 | 392 230 | 571 | 669 316 | 649 | 330 684 | 722 914 | 78 | 0 | 45 |
| | 10 | 392 801 | 571 | 669 964 | 648 | 330 036 | 722 836 | 78 | 50 | |
| | 20 | 393 371 | 570 | 670 613 | 649 | 329 387 | 722 759 | 77 | 40 | |
| | 30 | 393 942 | 571 | 671 261 | 648 | 328 739 | 722 681 | 78 | 30 | |
| | 40 | 394 512 | 570 | 671 909 | 648 | 328 091 | 722 603 | 78 | 20 | |
| | 50 | 395 083 | 571 | 672 557 | 648 | 327 443 | 722 526 | 77 | 10 | |
| 16 | 0 | 395 653 | 570 | 673 205 | 648 | 326 795 | 722 448 | 78 | 0 | 44 |
| | 10 | 396 223 | 570 | 673 853 | 648 | 326 147 | 722 370 | 78 | 50 | |
| | 20 | 396 793 | 570 | 674 501 | 648 | 325 499 | 722 292 | 78 | 40 | |
| | 30 | 397 363 | 570 | 675 148 | 647 | 324 852 | 722 215 | 77 | 30 | |
| | 40 | 397 933 | 570 | 675 796 | 648 | 324 204 | 722 137 | 78 | 20 | |
| | 50 | 398 503 | 570 | 676 444 | 648 | 323 556 | 722 059 | 78 | 10 | |
| 17 | 0 | 399 073 | 570 | 677 091 | 647 | 322 909 | 721 981 | 78 | 0 | 43 |
| | 10 | 399 642 | 569 | 677 739 | 648 | 322 261 | 721 903 | 78 | 50 | |
| | 20 | 400 212 | 570 | 678 386 | 647 | 321 614 | 721 826 | 77 | 40 | |
| | 30 | 400 781 | 569 | 679 034 | 648 | 320 966 | 721 748 | 78 | 30 | |
| | 40 | 401 351 | 570 | 679 681 | 647 | 320 319 | 721 670 | 78 | 20 | |
| | 50 | 401 920 | 569 | 680 328 | 647 | 319 672 | 721 592 | 78 | 10 | |
| 18 | 0 | 402 489 | 569 | 680 975 | 647 | 319 025 | 721 514 | 78 | 0 | 42 |
| | 10 | 403 058 | 569 | 681 622 | 647 | 318 378 | 721 436 | 78 | 50 | |
| | 20 | 403 628 | 570 | 682 269 | 647 | 317 731 | 721 358 | 78 | 40 | |
| | 30 | 404 197 | 569 | 682 916 | 647 | 317 084 | 721 280 | 78 | 30 | |
| | 40 | 404 765 | 568 | 683 563 | 647 | 316 437 | 721 202 | 78 | 20 | |
| | 50 | 405 334 | 569 | 684 210 | 647 | 315 790 | 721 125 | 77 | 10 | |
| 19 | 0 | 405 903 | 569 | 684 856 | 646 | 315 144 | 721 047 | 78 | 0 | 41 |
| | 10 | 406 472 | 569 | 685 503 | 647 | 314 497 | 720 969 | 78 | 50 | |
| | 20 | 407 040 | 568 | 686 149 | 646 | 313 851 | 720 891 | 78 | 40 | |
| | 30 | 407 609 | 569 | 686 796 | 647 | 313 204 | 720 813 | 78 | 30 | |
| | 40 | 408 177 | 568 | 687 442 | 646 | 312 558 | 720 735 | 78 | 20 | |
| | 50 | 408 745 | 568 | 688 089 | 647 | 311 911 | 720 657 | 78 | 10 | |
| 20 | 0 | 1̄,5 409 314 | 569 | 1̄,5 688 735 | 646 | 0,4 311 265 | 1̄,9 720 579 | 78 | 0 | 40 |
| ′ | ″ | Cos. | | Cotg. | | Tang. | Sin. | | ″ | ′ |

69°

| 650 | |
|---|---|
| 1 | 65 |
| 2 | 130 |
| 3 | 195 |
| 4 | 260 |
| 5 | 325 |
| 6 | 390 |
| 7 | 455 |
| 8 | 520 |
| 9 | 585 |

| 649 | |
|---|---|
| 1 | 64,9 |
| 2 | 129,8 |
| 3 | 194,7 |
| 4 | 259,6 |
| 5 | 324,5 |
| 6 | 389,4 |
| 7 | 454,3 |
| 8 | 519,2 |
| 9 | 584,1 |

| 648 | |
|---|---|
| 1 | 64,8 |
| 2 | 129,6 |
| 3 | 194,4 |
| 4 | 259,2 |
| 5 | 324,0 |
| 6 | 388,8 |
| 7 | 453,6 |
| 8 | 518,4 |
| 9 | 583,2 |

| 647 | |
|---|---|
| 1 | 64,7 |
| 2 | 129,4 |
| 3 | 194,1 |
| 4 | 258,8 |
| 5 | 323,5 |
| 6 | 388,2 |
| 7 | 452,9 |
| 8 | 517,6 |
| 9 | 582,3 |

| 572 | |
|---|---|
| 1 | 57,2 |
| 2 | 114,4 |
| 3 | 171,6 |
| 4 | 228,8 |
| 5 | 286,0 |
| 6 | 343,2 |
| 7 | 400,4 |
| 8 | 457,6 |
| 9 | 514,8 |

| 570 | |
|---|---|
| 1 | 57 |
| 2 | 114 |
| 3 | 171 |
| 4 | 228 |
| 5 | 285 |
| 6 | 342 |
| 7 | 399 |
| 8 | 456 |
| 9 | 513 |

| 568 | |
|---|---|
| 1 | 56,8 |
| 2 | 113,6 |
| 3 | 170,4 |
| 4 | 227,2 |
| 5 | 284,0 |
| 6 | 340,8 |
| 7 | 397,6 |
| 8 | 454,4 |
| 9 | 511,2 |

| 78 | |
|---|---|
| 1 | 7,8 |
| 2 | 15,6 |
| 3 | 23,4 |
| 4 | 31,2 |
| 5 | 39,0 |
| 6 | 46,8 |
| 7 | 54,6 |
| 8 | 62,4 |
| 9 | 70,2 |

| 646 | 645 | 644 | 643 | 568 | 566 | 564 | 78 |
|---|---|---|---|---|---|---|---|
| 1 64,6 | 1 64,5 | 1 64,4 | 1 64,3 | 1 56,8 | 1 56,6 | 1 56,4 | 1 7,8 |
| 2 129,2 | 2 129,0 | 2 128,8 | 2 128,6 | 2 113,6 | 2 113,2 | 2 112,8 | 2 15,6 |
| 3 193,8 | 3 193,5 | 3 193,2 | 3 192,9 | 3 170,4 | 3 169,8 | 3 169,2 | 3 23,4 |
| 4 258,4 | 4 258,0 | 4 257,6 | 4 257,2 | 4 227,2 | 4 226,4 | 4 225,6 | 4 31,2 |
| 5 323,0 | 5 322,5 | 5 322,0 | 5 321,5 | 5 284,0 | 5 283,0 | 5 282,0 | 5 39,0 |
| 6 387,6 | 6 387,0 | 6 386,4 | 6 385,8 | 6 340,8 | 6 339,6 | 6 338,4 | 6 46,8 |
| 7 452,2 | 7 451,5 | 7 450,8 | 7 450,1 | 7 397,6 | 7 396,2 | 7 394,8 | 7 54,6 |
| 8 516,8 | 8 516,0 | 8 515,2 | 8 514,4 | 8 454,4 | 8 452,8 | 8 451,2 | 8 62,4 |
| 9 581,4 | 9 580,5 | 9 579,6 | 9 578,7 | 9 511,2 | 9 509,4 | 9 507,6 | 9 70,2 |

| ′ | ″ | Sin. | D. | Tang. | D.c. | Cotg. | Cos. | D. | ″ | ′ |
|---|---|---|---|---|---|---|---|---|---|---|
| 20 | 0 | 1̄,5 409 314 | 568 | 1̄,5 688 735 | 646 | 0,4 311 265 | 1̄,9 720 579 | 78 | 0 | 40 |
| | 10 | 409 882 | 568 | 689 381 | 646 | 310 619 | 720 501 | 78 | 50 | |
| | 20 | 410 450 | 568 | 690 027 | 646 | 309 973 | 720 423 | 78 | 40 | |
| | 30 | 411 018 | 568 | 690 673 | 646 | 309 327 | 720 345 | 79 | 30 | |
| | 40 | 411 586 | 567 | 691 319 | 646 | 308 681 | 720 266 | 78 | 20 | |
| | 50 | 412 153 | 568 | 691 965 | 646 | 308 035 | 720 188 | 78 | 10 | |
| 21 | 0 | 412 721 | 568 | 692 611 | 646 | 307 389 | 720 110 | 78 | 0 | 39 |
| | 10 | 413 289 | 567 | 693 257 | 645 | 306 743 | 720 032 | 78 | 50 | |
| | 20 | 413 856 | 568 | 693 902 | 646 | 306 098 | 719 954 | 78 | 40 | |
| | 30 | 414 424 | 567 | 694 548 | 645 | 305 452 | 719 876 | 78 | 30 | |
| | 40 | 414 991 | 567 | 695 193 | 646 | 304 807 | 719 798 | 78 | 20 | |
| | 50 | 415 558 | 568 | 695 839 | 645 | 304 161 | 719 720 | 78 | 10 | |
| 22 | 0 | 416 126 | 567 | 696 484 | 645 | 303 516 | 719 642 | 79 | 0 | 38 |
| | 10 | 416 693 | 567 | 697 129 | 646 | 302 871 | 719 563 | 78 | 50 | |
| | 20 | 417 260 | 567 | 697 775 | 645 | 302 225 | 719 485 | 78 | 40 | |
| | 30 | 417 827 | 567 | 698 420 | 645 | 301 580 | 719 407 | 78 | 30 | |
| | 40 | 418 394 | 566 | 699 065 | 645 | 300 935 | 719 329 | 78 | 20 | |
| | 50 | 418 960 | 567 | 699 710 | 645 | 300 290 | 719 251 | 79 | 10 | |
| 23 | 0 | 419 527 | 567 | 700 355 | 645 | 299 645 | 719 172 | 78 | 0 | 37 |
| | 10 | 420 094 | 566 | 701 000 | 644 | 299 000 | 719 094 | 78 | 50 | |
| | 20 | 420 660 | 567 | 701 644 | 645 | 298 356 | 719 016 | 78 | 40 | |
| | 30 | 421 227 | 566 | 702 289 | 645 | 297 711 | 718 938 | 79 | 30 | |
| | 40 | 421 793 | 566 | 702 934 | 644 | 297 066 | 718 859 | 78 | 20 | |
| | 50 | 422 359 | 567 | 703 578 | 645 | 296 422 | 718 781 | 78 | 10 | |
| 24 | 0 | 422 926 | 566 | 704 223 | 644 | 295 777 | 718 703 | 79 | 0 | 36 |
| | 10 | 423 492 | 566 | 704 867 | 645 | 295 133 | 718 624 | 78 | 50 | |
| | 20 | 424 058 | 566 | 705 512 | 644 | 294 488 | 718 546 | 78 | 40 | |
| | 30 | 424 624 | 566 | 706 156 | 644 | 293 844 | 718 468 | 79 | 30 | |
| | 40 | 425 190 | 565 | 706 800 | 644 | 293 200 | 718 389 | 78 | 20 | |
| | 50 | 425 755 | 566 | 707 444 | 644 | 292 556 | 718 311 | 78 | 10 | |
| 25 | 0 | 426 321 | 566 | 708 088 | 644 | 291 912 | 718 233 | 79 | 0 | 35 |
| | 10 | 426 887 | 565 | 708 732 | 644 | 291 268 | 718 154 | 78 | 50 | |
| | 20 | 427 452 | 566 | 709 376 | 644 | 290 624 | 718 076 | 78 | 40 | |
| | 30 | 428 018 | 565 | 710 020 | 644 | 289 980 | 717 998 | 79 | 30 | |
| | 40 | 428 583 | 565 | 710 664 | 644 | 289 336 | 717 919 | 78 | 20 | |
| | 50 | 429 148 | 565 | 711 308 | 643 | 288 692 | 717 841 | 79 | 10 | |
| 26 | 0 | 429 713 | 566 | 711 951 | 644 | 288 049 | 717 762 | 78 | 0 | 34 |
| | 10 | 430 279 | 565 | 712 595 | 643 | 287 405 | 717 684 | 79 | 50 | |
| | 20 | 430 844 | 564 | 713 238 | 644 | 286 762 | 717 605 | 78 | 40 | |
| | 30 | 431 408 | 565 | 713 882 | 643 | 286 118 | 717 527 | 79 | 30 | |
| | 40 | 431 973 | 565 | 714 525 | 643 | 285 475 | 717 448 | 78 | 20 | |
| | 50 | 432 538 | 565 | 715 168 | 643 | 284 832 | 717 370 | 79 | 10 | |
| 27 | 0 | 433 103 | 564 | 715 811 | 644 | 284 189 | 717 291 | 78 | 0 | 33 |
| | 10 | 433 667 | 565 | 716 455 | 643 | 283 545 | 717 213 | 79 | 50 | |
| | 20 | 434 232 | 564 | 717 098 | 643 | 282 902 | 717 134 | 78 | 40 | |
| | 30 | 434 796 | 565 | 717 741 | 643 | 282 259 | 717 056 | 79 | 30 | |
| | 40 | 435 361 | 564 | 718 384 | 642 | 281 616 | 716 977 | 78 | 20 | |
| | 50 | 435 925 | 564 | 719 026 | 643 | 280 974 | 716 899 | 79 | 10 | |
| 28 | 0 | 436 489 | 564 | 719 669 | 643 | 280 331 | 716 820 | 79 | 0 | 32 |
| | 10 | 437 053 | 564 | 720 312 | 642 | 279 688 | 716 741 | 78 | 50 | |
| | 20 | 437 617 | 564 | 720 954 | 643 | 279 046 | 716 663 | 79 | 40 | |
| | 30 | 438 181 | 564 | 721 597 | 642 | 278 403 | 716 584 | 78 | 30 | |
| | 40 | 438 745 | 564 | 722 239 | 643 | 277 761 | 716 506 | 79 | 20 | |
| | 50 | 439 309 | 564 | 722 882 | 642 | 277 118 | 716 427 | 79 | 10 | |
| 29 | 0 | 439 873 | 563 | 723 524 | 642 | 276 476 | 716 348 | 78 | 0 | 31 |
| | 10 | 440 436 | 564 | 724 166 | 643 | 275 834 | 716 270 | 79 | 50 | |
| | 20 | 441 000 | 563 | 724 809 | 642 | 275 191 | 716 191 | 79 | 40 | |
| | 30 | 441 563 | 563 | 725 451 | 642 | 274 549 | 716 112 | 78 | 30 | |
| | 40 | 442 126 | 564 | 726 093 | 642 | 273 907 | 716 034 | 79 | 20 | |
| | 50 | 442 690 | 563 | 726 735 | 642 | 273 265 | 715 955 | 79 | 10 | |
| 30 | 0 | 1̄,5 443 253 | | 1̄,5 727 377 | | 0,4 272 623 | 1̄,9 7 5 876 | | 0 | 30 |
| ′ | ″ | Cos. | | Cotg. | | Tang. | Sin. | | ″ | ′ |

| ′ | ″ | Sin. | D. | Tang. | D.c. | Cotg. | Cos. | D. | ″ | ′ |
|---|---|---|---|---|---|---|---|---|---|---|
| 30 | 0 | 1̄,5 443 253 | 563 | 1̄,5 727 377 | 642 | 0,4 272 623 | 1̄,9 715 876 | 78 | 0 | 30 |
| | 10 | 443 816 | 563 | 728 019 | 641 | 271 981 | 715 798 | 79 | 50 | |
| | 20 | 444 379 | 563 | 728 660 | 642 | 271 340 | 715 719 | 79 | 40 | |
| | 30 | 444 942 | 563 | 729 302 | 642 | 270 698 | 715 640 | 79 | 30 | |
| | 40 | 445 505 | 563 | 729 944 | 641 | 270 056 | 715 561 | 78 | 20 | |
| | 50 | 446 068 | 562 | 730 585 | 642 | 269 415 | 715 483 | 79 | 10 | |
| 31 | 0 | 446 630 | 563 | 731 227 | 641 | 268 773 | 715 404 | 79 | 0 | 29 |
| | 10 | 447 193 | 562 | 731 868 | 641 | 268 132 | 715 325 | 79 | 50 | |
| | 20 | 447 755 | 563 | 732 509 | 642 | 267 491 | 715 246 | 79 | 40 | |
| | 30 | 448 318 | 562 | 733 151 | 641 | 266 849 | 715 167 | 79 | 30 | |
| | 40 | 448 880 | 563 | 733 792 | 641 | 266 208 | 715 088 | 78 | 20 | |
| | 50 | 449 443 | 562 | 734 433 | 641 | 265 567 | 715 010 | 79 | 10 | |
| 32 | 0 | 450 005 | 562 | 735 074 | 641 | 264 926 | 714 931 | 79 | 0 | 28 |
| | 10 | 450 567 | 562 | 735 715 | 641 | 264 285 | 714 852 | 79 | 50 | |
| | 20 | 451 129 | 562 | 736 356 | 641 | 263 644 | 714 773 | 79 | 40 | |
| | 30 | 451 691 | 562 | 736 997 | 640 | 263 003 | 714 694 | 79 | 30 | |
| | 40 | 452 253 | 561 | 737 637 | 641 | 262 363 | 714 615 | 79 | 20 | |
| | 50 | 452 814 | 562 | 738 278 | 641 | 261 722 | 714 536 | 79 | 10 | |
| 33 | 0 | 453 376 | 562 | 738 919 | 640 | 261 081 | 714 457 | 79 | 0 | 27 |
| | 10 | 453 938 | 561 | 739 559 | 641 | 260 441 | 714 378 | 79 | 50 | |
| | 20 | 454 499 | 562 | 740 200 | 640 | 259 800 | 714 299 | 78 | 40 | |
| | 30 | 455 061 | 561 | 740 840 | 641 | 259 160 | 714 221 | 79 | 30 | |
| | 40 | 455 622 | 561 | 741 481 | 640 | 258 519 | 714 142 | 79 | 20 | |
| | 50 | 456 183 | 562 | 742 121 | 640 | 257 879 | 714 063 | 79 | 10 | |
| 34 | 0 | 456 745 | 561 | 742 761 | 640 | 257 239 | 713 984 | 79 | 0 | 26 |
| | 10 | 457 306 | 561 | 743 401 | 640 | 256 599 | 713 905 | 79 | 50 | |
| | 20 | 457 867 | 561 | 744 041 | 640 | 255 959 | 713 826 | 79 | 40 | |
| | 30 | 458 428 | 561 | 744 681 | 640 | 255 319 | 713 747 | 80 | 30 | |
| | 40 | 458 989 | 560 | 745 321 | 640 | 254 679 | 713 667 | 79 | 20 | |
| | 50 | 459 549 | 561 | 745 961 | 640 | 254 039 | 713 588 | 79 | 10 | |
| 35 | 0 | 460 110 | 561 | 746 601 | 639 | 253 399 | 713 509 | 79 | 0 | 25 |
| | 10 | 460 671 | 560 | 747 240 | 640 | 252 760 | 713 430 | 79 | 50 | |
| | 20 | 461 231 | 561 | 747 880 | 640 | 252 120 | 713 351 | 79 | 40 | |
| | 30 | 461 792 | 560 | 748 520 | 639 | 251 480 | 713 272 | 79 | 30 | |
| | 40 | 462 352 | 560 | 749 159 | 639 | 250 841 | 713 193 | 79 | 20 | |
| | 50 | 462 912 | 560 | 749 798 | 640 | 250 202 | 713 114 | 79 | 10 | |
| 36 | 0 | 463 472 | 561 | 750 438 | 639 | 249 562 | 713 035 | 79 | 0 | 24 |
| | 10 | 464 033 | 560 | 751 077 | 639 | 248 923 | 712 956 | 80 | 50 | |
| | 20 | 464 593 | 560 | 751 716 | 639 | 248 284 | 712 876 | 79 | 40 | |
| | 30 | 465 153 | 559 | 752 355 | 639 | 247 645 | 712 797 | 79 | 30 | |
| | 40 | 465 712 | 560 | 752 994 | 639 | 247 006 | 712 718 | 79 | 20 | |
| | 50 | 466 272 | 560 | 753 633 | 639 | 246 367 | 712 639 | 79 | 10 | |
| 37 | 0 | 466 832 | 560 | 754 272 | 639 | 245 728 | 712 560 | 80 | 0 | 23 |
| | 10 | 467 392 | 559 | 754 911 | 639 | 245 089 | 712 480 | 79 | 50 | |
| | 20 | 467 951 | 560 | 755 550 | 639 | 244 450 | 712 401 | 79 | 40 | |
| | 30 | 468 511 | 559 | 756 189 | 638 | 243 811 | 712 322 | 79 | 30 | |
| | 40 | 469 070 | 559 | 756 827 | 639 | 243 173 | 712 243 | 80 | 20 | |
| | 50 | 469 629 | 560 | 757 466 | 638 | 242 534 | 712 163 | 79 | 10 | |
| 38 | 0 | 470 189 | 559 | 758 104 | 639 | 241 896 | 712 084 | 79 | 0 | 22 |
| | 10 | 470 748 | 559 | 758 743 | 638 | 241 257 | 712 005 | 79 | 50 | |
| | 20 | 471 307 | 559 | 759 381 | 638 | 240 619 | 711 926 | 80 | 40 | |
| | 30 | 471 866 | 559 | 760 019 | 639 | 239 981 | 711 846 | 79 | 30 | |
| | 40 | 472 425 | 558 | 760 658 | 638 | 239 342 | 711 767 | 79 | 20 | |
| | 50 | 472 983 | 559 | 761 296 | 638 | 238 704 | 711 688 | 80 | 10 | |
| 39 | 0 | 473 542 | 559 | 761 934 | 638 | 238 066 | 711 608 | 79 | 0 | 21 |
| | 10 | 474 101 | 558 | 762 572 | 638 | 237 428 | 711 529 | 79 | 50 | |
| | 20 | 474 659 | 559 | 763 210 | 638 | 236 790 | 711 450 | 80 | 40 | |
| | 30 | 475 218 | 558 | 763 848 | 637 | 236 152 | 711 370 | 79 | 30 | |
| | 40 | 475 776 | 558 | 764 485 | 638 | 235 515 | 711 291 | 80 | 20 | |
| | 50 | 476 334 | 559 | 765 123 | 638 | 234 877 | 711 211 | 79 | 10 | |
| 40 | 0 | 1̄,5 476 893 | | 1̄,5 765 761 | | 0,4 234 239 | 1̄,9 711 132 | | 0 | 20 |
| ′ | ″ | Cos. | | Cotg. | | Tang. | Sin. | | ″ | ′ |

69°

| | 642 | 641 | 640 | 639 | 562 | 560 | 558 | 79 |
|---|---|---|---|---|---|---|---|---|
| 1 | 64,2 | 64,1 | 64 | 63,9 | 56,2 | 56 | 55,8 | 7,9 |
| 2 | 128,4 | 128,2 | 128 | 127,8 | 112,4 | 112 | 111,6 | 15,8 |
| 3 | 192,6 | 192,3 | 192 | 191,7 | 168,6 | 168 | 167,4 | 23,7 |
| 4 | 256,8 | 256,4 | 256 | 255,6 | 224,8 | 224 | 223,2 | 31,6 |
| 5 | 321,0 | 320,5 | 320 | 319,5 | 281,0 | 280 | 279,0 | 39,5 |
| 6 | 385,2 | 384,6 | 384 | 383,4 | 337,2 | 336 | 334,8 | 47,4 |
| 7 | 449,4 | 448,7 | 448 | 447,3 | 393,4 | 392 | 390,6 | 55,3 |
| 8 | 513,6 | 512,8 | 512 | 511,2 | 449,6 | 448 | 446,4 | 63,2 |
| 9 | 577,8 | 576,9 | 576 | 575,1 | 505,8 | 504 | 502,2 | 71,1 |

| 637 | |
|---|---|
| 1 | 63,7 |
| 2 | 127,4 |
| 3 | 191,1 |
| 4 | 254,8 |
| 5 | 318,5 |
| 6 | 382,2 |
| 7 | 445,9 |
| 8 | 509,6 |
| 9 | 573,3 |
| **636** | |
| 1 | 63,6 |
| 2 | 127,2 |
| 3 | 190,8 |
| 4 | 254,4 |
| 5 | 318,0 |
| 6 | 381,6 |
| 7 | 445,2 |
| 8 | 508,8 |
| 9 | 572,4 |
| **635** | |
| 1 | 63,5 |
| 2 | 127,0 |
| 3 | 190,5 |
| 4 | 254,0 |
| 5 | 317,5 |
| 6 | 381,0 |
| 7 | 444,5 |
| 8 | 508,0 |
| 9 | 571,5 |
| **634** | |
| 1 | 63,4 |
| 2 | 126,8 |
| 3 | 190,2 |
| 4 | 253,6 |
| 5 | 317,0 |
| 6 | 380,4 |
| 7 | 443,8 |
| 8 | 507,2 |
| 9 | 570,6 |
| **558** | |
| 1 | 55,8 |
| 2 | 111,6 |
| 3 | 167,4 |
| 4 | 223,2 |
| 5 | 279,0 |
| 6 | 334,8 |
| 7 | 390,6 |
| 8 | 446,4 |
| 9 | 502,2 |
| **556** | |
| 1 | 55,6 |
| 2 | 111,2 |
| 3 | 166,8 |
| 4 | 222,4 |
| 5 | 278,0 |
| 6 | 333,6 |
| 7 | 389,2 |
| 8 | 444,8 |
| 9 | 500,4 |
| **554** | |
| 1 | 55,4 |
| 2 | 110,8 |
| 3 | 166,2 |
| 4 | 221,6 |
| 5 | 277,0 |
| 6 | 332,4 |
| 7 | 387,8 |
| 8 | 443,2 |
| 9 | 498,6 |
| **80** | |
| 1 | 8 |
| 2 | 16 |
| 3 | 24 |
| 4 | 32 |
| 5 | 40 |
| 6 | 48 |
| 7 | 56 |
| 8 | 64 |
| 9 | 72 |

| ′ | ″ | Sin. | D. | Tang. | D. c. | Cotg. | Cos. | D. | ″ | ′ |
|---|---|---|---|---|---|---|---|---|---|---|
| 40 | 0 | 1̄,5 476 893 | | 1̄,5 765 761 | | 0,4 234 239 | 1̄,9 714 132 | | 0 | 20 |
| | 10 | 477 451 | 558 | 766 398 | 637 | 233 602 | 714 053 | 79 | 50 | |
| | 20 | 478 009 | 558 | 767 036 | 638 | 232 964 | 710 973 | 80 | 40 | |
| | 30 | 478 567 | 558 | 767 673 | 637 | 232 327 | 710 894 | 79 | 30 | |
| | 40 | 479 125 | 558 | 768 311 | 638 | 231 689 | 710 814 | 80 | 20 | |
| | 50 | 479 683 | 558 | 768 948 | 637 | 231 052 | 710 735 | 79 | 10 | |
| 41 | 0 | 480 240 | 557 | 769 585 | 637 | 230 415 | 710 655 | 80 | 0 | 19 |
| | 10 | 480 798 | 558 | 770 222 | 637 | 229 778 | 710 576 | 79 | 50 | |
| | 20 | 481 356 | 558 | 770 859 | 637 | 229 141 | 710 496 | 80 | 40 | |
| | 30 | 481 913 | 557 | 771 496 | 637 | 228 504 | 710 417 | 79 | 30 | |
| | 40 | 482 471 | 558 | 772 133 | 637 | 227 867 | 710 337 | 80 | 20 | |
| | 50 | 483 028 | 557 | 772 770 | 637 | 227 230 | 710 258 | 79 | 10 | |
| 42 | 0 | 483 585 | 557 | 773 407 | 637 | 226 593 | 710 178 | 80 | 0 | 18 |
| | 10 | 484 142 | 557 | 774 044 | 637 | 225 956 | 710 099 | 79 | 50 | |
| | 20 | 484 699 | 557 | 774 680 | 636 | 225 320 | 710 019 | 80 | 40 | |
| | 30 | 485 256 | 557 | 775 317 | 637 | 224 683 | 709 939 | 80 | 30 | |
| | 40 | 485 813 | 557 | 775 954 | 637 | 224 046 | 709 860 | 79 | 20 | |
| | 50 | 486 370 | 557 | 776 590 | 636 | 223 410 | 709 780 | 80 | 10 | |
| 43 | 0 | 486 927 | 557 | 777 226 | 636 | 222 774 | 709 701 | 79 | 0 | 17 |
| | 10 | 487 484 | 557 | 777 863 | 637 | 222 137 | 709 621 | 80 | 50 | |
| | 20 | 488 040 | 556 | 778 499 | 636 | 221 501 | 709 541 | 80 | 40 | |
| | 30 | 488 597 | 557 | 779 135 | 636 | 220 865 | 709 462 | 79 | 30 | |
| | 40 | 489 153 | 556 | 779 771 | 636 | 220 229 | 709 382 | 80 | 20 | |
| | 50 | 489 709 | 556 | 780 407 | 636 | 219 593 | 709 302 | 80 | 10 | |
| 44 | 0 | 490 266 | 557 | 781 043 | 636 | 218 957 | 709 223 | 79 | 0 | 16 |
| | 10 | 490 822 | 556 | 781 679 | 636 | 218 321 | 709 143 | 80 | 50 | |
| | 20 | 491 378 | 556 | 782 315 | 636 | 217 685 | 709 063 | 80 | 40 | |
| | 30 | 491 934 | 556 | 782 951 | 636 | 217 049 | 708 983 | 80 | 30 | |
| | 40 | 492 490 | 556 | 783 586 | 635 | 216 414 | 708 904 | 79 | 20 | |
| | 50 | 493 046 | 556 | 784 222 | 636 | 215 778 | 708 824 | 80 | 10 | |
| 45 | 0 | 493 602 | 556 | 784 858 | 636 | 215 142 | 708 744 | 80 | 0 | 15 |
| | 10 | 494 157 | 555 | 785 493 | 635 | 214 507 | 708 664 | 80 | 50 | |
| | 20 | 494 713 | 556 | 786 128 | 635 | 213 872 | 708 585 | 79 | 40 | |
| | 30 | 495 269 | 556 | 786 764 | 636 | 213 236 | 708 505 | 80 | 30 | |
| | 40 | 495 824 | 555 | 787 399 | 635 | 212 601 | 708 425 | 80 | 20 | |
| | 50 | 496 379 | 555 | 788 034 | 635 | 211 966 | 708 345 | 80 | 10 | |
| 46 | 0 | 496 935 | 556 | 788 669 | 635 | 211 331 | 708 265 | 80 | 0 | 14 |
| | 10 | 497 490 | 555 | 789 304 | 635 | 210 696 | 708 185 | 80 | 50 | |
| | 20 | 498 045 | 555 | 789 939 | 635 | 210 061 | 708 106 | 79 | 40 | |
| | 30 | 498 600 | 555 | 790 574 | 635 | 209 426 | 708 026 | 80 | 30 | |
| | 40 | 499 155 | 555 | 791 209 | 635 | 208 791 | 707 946 | 80 | 20 | |
| | 50 | 499 710 | 555 | 791 844 | 635 | 208 156 | 707 866 | 80 | 10 | |
| 47 | 0 | 500 265 | 555 | 792 479 | 635 | 207 521 | 707 786 | 80 | 0 | 13 |
| | 10 | 500 819 | 554 | 793 113 | 634 | 206 887 | 707 706 | 80 | 50 | |
| | 20 | 501 374 | 555 | 793 748 | 635 | 206 252 | 707 626 | 80 | 40 | |
| | 30 | 501 929 | 555 | 794 382 | 634 | 205 618 | 707 546 | 80 | 30 | |
| | 40 | 502 483 | 554 | 795 017 | 635 | 204 983 | 707 466 | 80 | 20 | |
| | 50 | 503 038 | 555 | 795 651 | 634 | 204 349 | 707 386 | 80 | 10 | |
| 48 | 0 | 503 592 | 554 | 796 286 | 635 | 203 714 | 707 306 | 80 | 0 | 12 |
| | 10 | 504 146 | 554 | 796 920 | 634 | 203 080 | 707 226 | 80 | 50 | |
| | 20 | 504 700 | 554 | 797 554 | 634 | 202 446 | 707 146 | 80 | 40 | |
| | 30 | 505 254 | 554 | 798 188 | 634 | 201 812 | 707 066 | 80 | 30 | |
| | 40 | 505 808 | 554 | 798 822 | 634 | 201 178 | 706 986 | 80 | 20 | |
| | 50 | 506 362 | 554 | 799 456 | 634 | 200 544 | 706 906 | 80 | 10 | |
| 49 | 0 | 506 916 | 554 | 800 090 | 634 | 199 910 | 706 826 | 80 | 0 | 11 |
| | 10 | 507 470 | 554 | 800 724 | 634 | 199 276 | 706 746 | 80 | 50 | |
| | 20 | 508 024 | 554 | 801 357 | 633 | 198 643 | 706 666 | 80 | 40 | |
| | 30 | 508 577 | 553 | 801 991 | 634 | 198 009 | 706 586 | 80 | 30 | |
| | 40 | 509 131 | 554 | 802 625 | 634 | 197 375 | 706 506 | 80 | 20 | |
| | 50 | 509 684 | 553 | 803 258 | 633 | 196 742 | 706 426 | 80 | 10 | |
| 50 | 0 | 1̄,5 510 237 | 553 | 1̄,5 803 892 | 634 | 0,4 196 108 | 1̄,9 706 346 | 80 | 0 | 10 |
| ′ | ″ | Cos. | | Cotg. | | Tang. | Sin. | | ″ | ′ |

| ′ | ″ | Sin. | D. | Tang. | D.c. | Cotg. | Cos. | D. | ″ | ′ |
|---|---|---|---|---|---|---|---|---|---|---|
| 50 | 0 | ī,5 510 237 | 554 | ī,5 803 892 | 633 | 0,4 196 108 | ī,9 706 346 | 80 | 0 | 10 |
| | 10 | 510 791 | 553 | 804 525 | 633 | 195 475 | 706 266 | 81 | 50 | |
| | 20 | 511 344 | 553 | 805 158 | 634 | 194 842 | 706 185 | 80 | 40 | |
| | 30 | 511 897 | 553 | 805 792 | 633 | 194 208 | 706 105 | 80 | 30 | |
| | 40 | 512 450 | 553 | 806 425 | 633 | 193 575 | 706 025 | 80 | 20 | |
| | 50 | 513 003 | 553 | 807 058 | 633 | 192 942 | 705 945 | 80 | 10 | |
| 51 | 0 | 513 556 | 553 | 807 691 | 633 | 192 309 | 705 865 | 80 | 0 | 9 |
| | 10 | 514 109 | 552 | 808 324 | 633 | 191 676 | 705 785 | 81 | 50 | |
| | 20 | 514 661 | 553 | 808 957 | 633 | 191 043 | 705 704 | 80 | 40 | |
| | 30 | 515 214 | 553 | 809 590 | 633 | 190 410 | 705 624 | 80 | 30 | |
| | 40 | 515 767 | 552 | 810 223 | 632 | 189 777 | 705 544 | 80 | 20 | |
| | 50 | 516 319 | 552 | 810 855 | 633 | 189 145 | 705 464 | 81 | 10 | |
| 52 | 0 | 516 871 | 553 | 811 488 | 633 | 188 512 | 705 383 | 80 | 0 | 8 |
| | 10 | 517 424 | 552 | 812 121 | 632 | 187 879 | 705 303 | 80 | 50 | |
| | 20 | 517 976 | 552 | 812 753 | 632 | 187 247 | 705 223 | 80 | 40 | |
| | 30 | 518 528 | 552 | 813 385 | 633 | 186 615 | 705 143 | 81 | 30 | |
| | 40 | 519 080 | 552 | 814 018 | 632 | 185 982 | 705 062 | 80 | 20 | |
| | 50 | 519 632 | 552 | 814 650 | 632 | 185 350 | 704 982 | 80 | 10 | |
| 53 | 0 | 520 184 | 552 | 815 282 | 633 | 184 718 | 704 902 | 81 | 0 | 7 |
| | 10 | 520 736 | 552 | 815 915 | 632 | 184 085 | 704 821 | 80 | 50 | |
| | 20 | 521 288 | 551 | 816 547 | 632 | 183 453 | 704 741 | 80 | 40 | |
| | 30 | 521 839 | 552 | 817 179 | 632 | 182 821 | 704 661 | 81 | 30 | |
| | 40 | 522 391 | 551 | 817 811 | 631 | 182 189 | 704 580 | 80 | 20 | |
| | 50 | 522 942 | 552 | 818 442 | 632 | 181 558 | 704 500 | 81 | 10 | |
| 54 | 0 | 523 494 | 551 | 819 074 | 632 | 180 926 | 704 419 | 80 | 0 | 6 |
| | 10 | 524 045 | 551 | 819 706 | 632 | 180 294 | 704 339 | 80 | 50 | |
| | 20 | 524 596 | 552 | 820 338 | 631 | 179 662 | 704 259 | 81 | 40 | |
| | 30 | 525 148 | 551 | 820 969 | 632 | 179 031 | 704 178 | 80 | 30 | |
| | 40 | 525 699 | 551 | 821 601 | 631 | 178 399 | 704 098 | 81 | 20 | |
| | 50 | 526 250 | 551 | 822 232 | 632 | 177 768 | 704 017 | 80 | 10 | |
| 55 | 0 | 526 801 | 550 | 822 864 | 631 | 177 136 | 703 937 | 81 | 0 | 5 |
| | 10 | 527 351 | 551 | 823 495 | 631 | 176 505 | 703 856 | 80 | 50 | |
| | 20 | 527 902 | 551 | 824 126 | 632 | 175 874 | 703 776 | 81 | 40 | |
| | 30 | 528 453 | 551 | 824 758 | 631 | 175 242 | 703 695 | 80 | 30 | |
| | 40 | 529 004 | 550 | 825 389 | 631 | 174 611 | 703 615 | 81 | 20 | |
| | 50 | 529 554 | 551 | 826 020 | 631 | 173 980 | 703 534 | 80 | 10 | |
| 56 | 0 | 530 105 | 550 | 826 651 | 631 | 173 349 | 703 454 | 81 | 0 | 4 |
| | 10 | 530 655 | 550 | 827 282 | 631 | 172 718 | 703 373 | 80 | 50 | |
| | 20 | 531 205 | 550 | 827 913 | 630 | 172 087 | 703 293 | 81 | 40 | |
| | 30 | 531 755 | 551 | 828 543 | 631 | 171 457 | 703 212 | 80 | 30 | |
| | 40 | 532 306 | 550 | 829 174 | 631 | 170 826 | 703 132 | 81 | 20 | |
| | 50 | 532 856 | 550 | 829 805 | 630 | 170 195 | 703 051 | 81 | 10 | |
| 57 | 0 | 533 406 | 550 | 830 435 | 631 | 169 565 | 702 970 | 80 | 0 | 3 |
| | 10 | 533 956 | 549 | 831 066 | 630 | 168 934 | 702 890 | 81 | 50 | |
| | 20 | 534 505 | 550 | 831 696 | 631 | 168 304 | 702 809 | 81 | 40 | |
| | 30 | 535 055 | 550 | 832 327 | 630 | 167 673 | 702 728 | 80 | 30 | |
| | 40 | 535 605 | 549 | 832 957 | 630 | 167 043 | 702 648 | 81 | 20 | |
| | 50 | 536 154 | 550 | 833 587 | 630 | 166 413 | 702 567 | 81 | 10 | |
| 58 | 0 | 536 704 | 549 | 834 217 | 631 | 165 783 | 702 486 | 80 | 0 | 2 |
| | 10 | 537 253 | 550 | 834 848 | 630 | 165 152 | 702 406 | 81 | 50 | |
| | 20 | 537 803 | 549 | 835 478 | 630 | 164 522 | 702 325 | 81 | 40 | |
| | 30 | 538 352 | 549 | 836 108 | 629 | 163 892 | 702 244 | 80 | 30 | |
| | 40 | 538 901 | 549 | 836 737 | 630 | 163 263 | 702 164 | 81 | 20 | |
| | 50 | 539 450 | 549 | 837 367 | 630 | 162 633 | 702 083 | 81 | 10 | |
| 59 | 0 | 539 999 | 549 | 837 997 | 630 | 162 003 | 702 002 | 81 | 0 | 1 |
| | 10 | 540 548 | 549 | 838 627 | 629 | 161 373 | 701 921 | 80 | 50 | |
| | 20 | 541 097 | 549 | 839 256 | 630 | 160 744 | 701 841 | 81 | 40 | |
| | 30 | 541 646 | 548 | 839 886 | 629 | 160 114 | 701 760 | 81 | 30 | |
| | 40 | 542 194 | 549 | 840 515 | 630 | 159 485 | 701 679 | 81 | 20 | |
| | 50 | 542 743 | 549 | 841 145 | 629 | 158 855 | 701 598 | 81 | 10 | |
| 60 | 0 | ī,5 543 292 | | ī,5 841 774 | | 0,4 158 226 | ī,9 701 517 | | 0 | 0 |
| ′ | ″ | Cos. | | Cotg. | | Tang. | Sin. | | ″ | ′ |

| | 633 | 632 | 631 | 630 | 552 | 550 | 548 | 81 |
|---|---|---|---|---|---|---|---|---|
| 1 | 63,3 | 63,2 | 63,1 | 63 | 55,2 | 55 | 54,8 | 8,1 |
| 2 | 126,6 | 126,4 | 126,2 | 126 | 110,4 | 110 | 109,6 | 16,2 |
| 3 | 189,9 | 189,6 | 189,3 | 189 | 165,6 | 165 | 164,4 | 24,3 |
| 4 | 253,2 | 252,8 | 252,4 | 252 | 220,8 | 220 | 219,2 | 32,4 |
| 5 | 316,5 | 316,0 | 315,5 | 315 | 276,0 | 275 | 274,0 | 40,5 |
| 6 | 379,8 | 379,2 | 378,6 | 378 | 331,2 | 330 | 328,8 | 48,6 |
| 7 | 443,1 | 442,4 | 441,7 | 441 | 386,4 | 385 | 383,6 | 56,7 |
| 8 | 506,4 | 505,6 | 504,8 | 504 | 441,6 | 440 | 438,4 | 64,8 |
| 9 | 569,7 | 568,8 | 567,9 | 567 | 496,8 | 495 | 493,2 | 72,9 |

69°

| | 629 | 628 | 627 | 626 | 546 | 545 | 544 | 81 |
|---|---|---|---|---|---|---|---|---|
| 1 | 62,9 | 62,8 | 62,7 | 62,6 | 54,6 | 54,5 | 54,4 | 8,1 |
| 2 | 125,8 | 125,6 | 125,4 | 125,2 | 109,2 | 109,0 | 108,8 | 16,2 |
| 3 | 188,7 | 188,4 | 188,1 | 187,8 | 163,8 | 163,5 | 163,2 | 24,3 |
| 4 | 251,6 | 251,2 | 250,8 | 250,4 | 218,4 | 218,0 | 217,6 | 32,4 |
| 5 | 314,5 | 314,0 | 313,5 | 313,0 | 273,0 | 272,5 | 272,0 | 40,5 |
| 6 | 377,4 | 376,8 | 376,2 | 375,6 | 327,6 | 327,0 | 326,4 | 48,6 |
| 7 | 440,3 | 439,6 | 438,9 | 438,2 | 382,2 | 381,5 | 380,8 | 56,7 |
| 8 | 503,2 | 502,4 | 501,6 | 500,8 | 436,8 | 436,0 | 435,2 | 64,8 |
| 9 | 566,1 | 565,2 | 564,3 | 563,4 | 491,4 | 490,5 | 489,6 | 72,9 |

| ′ | ″ | Sin. | D. | Tang. | D.c. | Cotg. | Cos. | D. | ″ | ′ |
|---|---|---|---|---|---|---|---|---|---|---|
| 0 | 0 | ī,5 543 292 | 548 | ī,5 841 774 | 630 | 0,4 158 226 | ī,9 701 517 | 80 | 0 | 60 |
| | 10 | 543 840 | 548 | 842 404 | 629 | 157 596 | 701 437 | 81 | 50 | |
| | 20 | 544 388 | 549 | 843 033 | 629 | 156 967 | 701 356 | 81 | 40 | |
| | 30 | 544 937 | 548 | 843 662 | 629 | 156 338 | 701 275 | 81 | 30 | |
| | 40 | 545 485 | 548 | 844 291 | 629 | 155 709 | 701 194 | 81 | 20 | |
| | 50 | 546 033 | 548 | 844 920 | 629 | 155 080 | 701 113 | 81 | 10 | |
| 1 | 0 | 546 581 | 548 | 845 549 | 629 | 154 451 | 701 032 | 81 | 0 | 59 |
| | 10 | 547 129 | 548 | 846 178 | 629 | 153 822 | 700 951 | 81 | 50 | |
| | 20 | 547 677 | 548 | 846 807 | 628 | 153 193 | 700 870 | 81 | 40 | |
| | 30 | 548 225 | 548 | 847 435 | 629 | 152 565 | 700 789 | 80 | 30 | |
| | 40 | 548 773 | 547 | 848 064 | 629 | 151 936 | 700 709 | 81 | 20 | |
| | 50 | 549 320 | 548 | 848 693 | 628 | 151 307 | 700 628 | 81 | 10 | |
| 2 | 0 | 549 868 | 547 | 849 321 | 629 | 150 679 | 700 547 | 81 | 0 | 58 |
| | 10 | 550 415 | 548 | 849 950 | 628 | 150 050 | 700 466 | 81 | 50 | |
| | 20 | 550 963 | 547 | 850 578 | 629 | 149 422 | 700 385 | 81 | 40 | |
| | 30 | 551 510 | 548 | 851 207 | 628 | 148 793 | 700 304 | 81 | 30 | |
| | 40 | 552 058 | 547 | 851 835 | 628 | 148 165 | 700 223 | 81 | 20 | |
| | 50 | 552 605 | 547 | 852 463 | 628 | 147 537 | 700 142 | 81 | 10 | |
| 3 | 0 | 553 152 | 547 | 853 091 | 628 | 146 909 | 700 061 | 81 | 0 | 57 |
| | 10 | 553 699 | 547 | 853 719 | 628 | 146 281 | 699 980 | 81 | 50 | |
| | 20 | 554 246 | 547 | 854 347 | 628 | 145 653 | 699 899 | 81 | 40 | |
| | 30 | 554 793 | 547 | 854 975 | 628 | 145 025 | 699 818 | 82 | 30 | |
| | 40 | 555 340 | 546 | 855 603 | 628 | 144 397 | 699 736 | 81 | 20 | |
| | 50 | 555 886 | 547 | 856 231 | 628 | 143 769 | 699 655 | 81 | 10 | |
| 4 | 0 | 556 433 | 546 | 856 859 | 627 | 143 141 | 699 574 | 81 | 0 | 56 |
| | 10 | 556 979 | 547 | 857 486 | 628 | 142 514 | 699 493 | 81 | 50 | |
| | 20 | 557 526 | 546 | 858 114 | 628 | 141 886 | 699 412 | 81 | 40 | |
| | 30 | 558 072 | 547 | 858 742 | 627 | 141 258 | 699 331 | 81 | 30 | |
| | 40 | 558 619 | 546 | 859 369 | 627 | 140 631 | 699 250 | 81 | 20 | |
| | 50 | 559 165 | 546 | 859 996 | 628 | 140 004 | 699 169 | 82 | 10 | |
| 5 | 0 | 559 711 | 546 | 860 624 | 627 | 139 376 | 699 087 | 81 | 0 | 55 |
| | 10 | 560 257 | 546 | 861 251 | 627 | 138 749 | 699 006 | 81 | 50 | |
| | 20 | 560 803 | 546 | 861 878 | 627 | 138 122 | 698 925 | 81 | 40 | |
| | 30 | 561 349 | 546 | 862 505 | 627 | 137 495 | 698 844 | 81 | 30 | |
| | 40 | 561 895 | 546 | 863 132 | 627 | 136 868 | 698 763 | 82 | 20 | |
| | 50 | 562 441 | 546 | 863 759 | 627 | 136 241 | 698 681 | 81 | 10 | |
| 6 | 0 | 562 987 | 545 | 864 386 | 627 | 135 614 | 698 600 | 81 | 0 | 54 |
| | 10 | 563 532 | 546 | 865 013 | 627 | 134 987 | 698 519 | 81 | 50 | |
| | 20 | 564 078 | 545 | 865 640 | 627 | 134 360 | 698 438 | 82 | 40 | |
| | 30 | 564 623 | 546 | 866 267 | 626 | 133 733 | 698 356 | 81 | 30 | |
| | 40 | 565 169 | 545 | 866 893 | 627 | 133 107 | 698 275 | 81 | 20 | |
| | 50 | 565 714 | 545 | 867 520 | 627 | 132 480 | 698 194 | 82 | 10 | |
| 7 | 0 | 566 259 | 545 | 868 147 | 626 | 131 853 | 698 112 | 81 | 0 | 53 |
| | 10 | 566 804 | 545 | 868 773 | 626 | 131 227 | 698 031 | 81 | 50 | |
| | 20 | 567 349 | 545 | 869 399 | 627 | 130 601 | 697 950 | 82 | 40 | |
| | 30 | 567 894 | 545 | 870 026 | 626 | 129 974 | 697 868 | 81 | 30 | |
| | 40 | 568 439 | 545 | 870 652 | 626 | 129 348 | 697 787 | 81 | 20 | |
| | 50 | 568 984 | 545 | 871 278 | 626 | 128 722 | 697 706 | 82 | 10 | |
| 8 | 0 | 569 529 | 544 | 871 904 | 626 | 128 096 | 697 624 | 81 | 0 | 52 |
| | 10 | 570 073 | 545 | 872 530 | 626 | 127 470 | 697 543 | 81 | 50 | |
| | 20 | 570 618 | 545 | 873 156 | 626 | 126 844 | 697 462 | 82 | 40 | |
| | 30 | 571 163 | 544 | 873 782 | 626 | 126 218 | 697 380 | 81 | 30 | |
| | 40 | 571 707 | 544 | 874 408 | 626 | 125 592 | 697 299 | 82 | 20 | |
| | 50 | 572 251 | 545 | 875 034 | 626 | 124 966 | 697 217 | 81 | 10 | |
| 9 | 0 | 572 796 | 544 | 875 660 | 625 | 124 340 | 697 136 | 82 | 0 | 51 |
| | 10 | 573 340 | 544 | 876 285 | 626 | 123 715 | 697 054 | 81 | 50 | |
| | 20 | 573 884 | 544 | 876 911 | 626 | 123 089 | 696 973 | 82 | 40 | |
| | 30 | 574 428 | 544 | 877 537 | 625 | 122 463 | 696 891 | 81 | 30 | |
| | 40 | 574 972 | 544 | 878 162 | 625 | 121 838 | 696 810 | 82 | 20 | |
| | 50 | 575 516 | 544 | 878 787 | 626 | 121 213 | 696 728 | 81 | 10 | |
| 10 | 0 | ī,5 576 060 | | ī,5 879 413 | | 0,4 120 587 | ī,9 696 647 | | 0 | 50 |
| ′ | ″ | Cos. | | Cotg. | | Tang. | Sin. | | ″ | ′ |

| ′ | ″ | Sin. | D. | Tang. | D.c. | Cotg. | Cos. | D. | ″ | ′ |
|---|---|---|---|---|---|---|---|---|---|---|
| 10 | 0 | 1̄,5 576 060 | 543 | 1̄,5 879 413 | 625 | 0,4 120 587 | 1̄,9 696 647 | 82 | 0 | 50 |
| | 10 | 576 603 | 544 | 880 038 | 625 | 119 962 | 696 565 | 81 | 50 | |
| | 20 | 577 147 | 544 | 880 663 | 625 | 119 337 | 696 484 | 82 | 40 | |
| | 30 | 577 691 | 543 | 881 288 | 625 | 118 712 | 696 402 | 81 | 30 | |
| | 40 | 578 234 | 544 | 881 913 | 625 | 118 087 | 696 321 | 82 | 20 | |
| | 50 | 578 778 | 543 | 882 538 | 625 | 117 462 | 696 239 | 81 | 10 | |
| 11 | 0 | 579 321 | 543 | 883 163 | 625 | 116 837 | 696 158 | 82 | 0 | 49 |
| | 10 | 579 864 | 543 | 883 788 | 625 | 116 212 | 696 076 | 82 | 50 | |
| | 20 | 580 407 | 543 | 884 413 | 625 | 115 587 | 695 994 | 81 | 40 | |
| | 30 | 580 950 | 543 | 885 038 | 624 | 114 962 | 695 913 | 82 | 30 | |
| | 40 | 581 493 | 543 | 885 662 | 625 | 114 338 | 695 831 | 82 | 20 | |
| | 50 | 582 036 | 543 | 886 287 | 625 | 113 713 | 695 749 | 81 | 10 | |
| 12 | 0 | 582 579 | 543 | 886 912 | 624 | 113 088 | 695 668 | 82 | 0 | 48 |
| | 10 | 583 122 | 543 | 887 536 | 624 | 112 464 | 695 586 | 82 | 50 | |
| | 20 | 583 665 | 542 | 888 160 | 625 | 111 840 | 695 504 | 81 | 40 | |
| | 30 | 584 207 | 543 | 888 785 | 624 | 111 215 | 695 423 | 82 | 30 | |
| | 40 | 584 750 | 543 | 889 409 | 624 | 110 591 | 695 341 | 82 | 20 | |
| | 50 | 585 293 | 542 | 890 033 | 624 | 109 967 | 695 259 | 82 | 10 | |
| 13 | 0 | 585 835 | 542 | 890 657 | 624 | 109 343 | 695 177 | 81 | 0 | 47 |
| | 10 | 586 377 | 542 | 891 281 | 624 | 108 719 | 695 096 | 82 | 50 | |
| | 20 | 586 919 | 543 | 891 905 | 624 | 108 095 | 695 014 | 82 | 40 | |
| | 30 | 587 462 | 542 | 892 529 | 624 | 107 471 | 694 932 | 82 | 30 | |
| | 40 | 588 004 | 542 | 893 153 | 624 | 106 847 | 694 850 | 81 | 20 | |
| | 50 | 588 546 | 542 | 893 777 | 624 | 106 223 | 694 769 | 82 | 10 | |
| 14 | 0 | 589 088 | 542 | 894 401 | 624 | 105 599 | 694 687 | 82 | 0 | 46 |
| | 10 | 589 630 | 541 | 895 025 | 623 | 104 975 | 694 605 | 82 | 50 | |
| | 20 | 590 171 | 542 | 895 648 | 624 | 104 352 | 694 523 | 82 | 40 | |
| | 30 | 590 713 | 542 | 896 272 | 623 | 103 728 | 694 441 | 81 | 30 | |
| | 40 | 591 255 | 541 | 896 895 | 624 | 103 105 | 694 360 | 82 | 20 | |
| | 50 | 591 796 | 542 | 897 519 | 623 | 102 481 | 694 278 | 82 | 10 | |
| 15 | 0 | 592 338 | 541 | 898 142 | 623 | 101 858 | 694 196 | 82 | 0 | 45 |
| | 10 | 592 879 | 541 | 898 765 | 623 | 101 235 | 694 114 | 82 | 50 | |
| | 20 | 593 420 | 542 | 899 388 | 624 | 100 612 | 694 032 | 82 | 40 | |
| | 30 | 593 962 | 541 | 900 012 | 623 | 099 988 | 693 950 | 82 | 30 | |
| | 40 | 594 503 | 541 | 900 635 | 623 | 099 365 | 693 868 | 82 | 20 | |
| | 50 | 545 044 | 541 | 901 258 | 623 | 098 742 | 693 786 | 82 | 10 | |
| 16 | 0 | 595 585 | 541 | 901 881 | 622 | 098 119 | 693 704 | 82 | 0 | 44 |
| | 10 | 596 126 | 541 | 902 503 | 623 | 097 497 | 693 622 | 82 | 50 | |
| | 20 | 596 667 | 540 | 903 126 | 623 | 096 874 | 693 540 | 82 | 40 | |
| | 30 | 597 207 | 541 | 903 749 | 623 | 096 251 | 693 458 | 82 | 30 | |
| | 40 | 597 748 | 541 | 904 372 | 622 | 095 628 | 693 376 | 82 | 20 | |
| | 50 | 598 289 | 540 | 904 994 | 623 | 095 006 | 693 294 | 82 | 10 | |
| 17 | 0 | 598 829 | 541 | 905 617 | 622 | 094 383 | 693 212 | 82 | 0 | 43 |
| | 10 | 599 370 | 540 | 906 239 | 623 | 093 761 | 693 130 | 82 | 50 | |
| | 20 | 599 910 | 540 | 906 862 | 622 | 093 138 | 693 048 | 82 | 40 | |
| | 30 | 600 450 | 541 | 907 484 | 622 | 092 516 | 692 966 | 82 | 30 | |
| | 40 | 600 991 | 540 | 908 106 | 623 | 091 894 | 692 884 | 82 | 20 | |
| | 50 | 601 531 | 540 | 908 729 | 622 | 091 271 | 692 802 | 82 | 10 | |
| 18 | 0 | 602 071 | 540 | 909 351 | 622 | 090 649 | 692 720 | 82 | 0 | 42 |
| | 10 | 602 611 | 540 | 909 973 | 622 | 090 027 | 692 638 | 82 | 50 | |
| | 20 | 603 151 | 540 | 910 595 | 622 | 089 405 | 692 556 | 82 | 40 | |
| | 30 | 603 691 | 539 | 911 217 | 622 | 088 783 | 692 474 | 82 | 30 | |
| | 40 | 604 230 | 540 | 911 839 | 622 | 088 161 | 692 392 | 83 | 20 | |
| | 50 | 604 770 | 540 | 912 461 | 621 | 087 539 | 692 309 | 82 | 10 | |
| 19 | 0 | 605 310 | 539 | 913 082 | 622 | 086 918 | 692 227 | 82 | 0 | 41 |
| | 10 | 605 849 | 540 | 913 704 | 622 | 086 296 | 692 145 | 82 | 50 | |
| | 20 | 606 389 | 539 | 914 326 | 621 | 085 674 | 692 063 | 82 | 40 | |
| | 30 | 606 928 | 539 | 914 947 | 622 | 085 053 | 691 981 | 82 | 30 | |
| | 40 | 607 467 | 540 | 915 569 | 621 | 084 431 | 691 899 | 83 | 20 | |
| | 50 | 608 007 | 539 | 916 190 | 622 | 083 810 | 691 816 | 82 | 10 | |
| 20 | 0 | 1̄,5 608 546 | | 1̄,5 916 812 | | 0,4 083 188 | 1̄,9 691 734 | | 0 | 40 |
| ′ | ″ | Cos. | | Cotg. | | Tang. | Sin. | | ″ | ′ |

| | 625 | 624 | 623 | 622 | 542 | 541 | 540 | 82 |
|---|---|---|---|---|---|---|---|---|
| 1 | 62,5 | 62,4 | 62,3 | 62,2 | 54,2 | 54,1 | 54 | 8,2 |
| 2 | 125,0 | 124,8 | 124,6 | 124,4 | 108,4 | 108,2 | 108 | 16,4 |
| 3 | 187,5 | 187,2 | 186,9 | 186,6 | 162,6 | 162,3 | 162 | 24,6 |
| 4 | 250,0 | 249,6 | 249,2 | 248,8 | 216,8 | 216,4 | 216 | 32,8 |
| 5 | 312,5 | 312,0 | 311,5 | 311,0 | 271,0 | 270,5 | 270 | 41,0 |
| 6 | 375,0 | 374,4 | 373,8 | 373,2 | 325,2 | 324,6 | 324 | 49,2 |
| 7 | 437,5 | 436,8 | 436,1 | 435,4 | 379,4 | 378,7 | 378 | 57,4 |
| 8 | 500,0 | 499,2 | 498,4 | 497,6 | 433,6 | 432,8 | 432 | 65,6 |
| 9 | 562,5 | 561,6 | 560,7 | 559,8 | 487,8 | 486,9 | 486 | 73,8 |

| 621 | |
|---|---|
| 1 | 62,1 |
| 2 | 124,2 |
| 3 | 186,3 |
| 4 | 248,4 |
| 5 | 310,5 |
| 6 | 372,6 |
| 7 | 434,7 |
| 8 | 496,8 |
| 9 | 558,9 |

| 620 | |
|---|---|
| 1 | 62 |
| 2 | 124 |
| 3 | 186 |
| 4 | 248 |
| 5 | 310 |
| 6 | 372 |
| 7 | 434 |
| 8 | 496 |
| 9 | 558 |

| 619 | |
|---|---|
| 1 | 61,9 |
| 2 | 123,8 |
| 3 | 185,7 |
| 4 | 247,6 |
| 5 | 309,5 |
| 6 | 371,4 |
| 7 | 433,3 |
| 8 | 495,2 |
| 9 | 557,1 |

| 618 | |
|---|---|
| 1 | 61,8 |
| 2 | 123,6 |
| 3 | 185,4 |
| 4 | 247,2 |
| 5 | 309,0 |
| 6 | 370,8 |
| 7 | 432,6 |
| 8 | 494,4 |
| 9 | 556,2 |

| 538 | |
|---|---|
| 1 | 53,8 |
| 2 | 107,6 |
| 3 | 161,4 |
| 4 | 215,2 |
| 5 | 269,0 |
| 6 | 322,8 |
| 7 | 376,6 |
| 8 | 430,4 |
| 9 | 484,2 |

| 536 | |
|---|---|
| 1 | 53,6 |
| 2 | 107,2 |
| 3 | 160,8 |
| 4 | 214,4 |
| 5 | 268,0 |
| 6 | 321,6 |
| 7 | 375,2 |
| 8 | 428,8 |
| 9 | 482,4 |

| 535 | |
|---|---|
| 1 | 53,5 |
| 2 | 107,0 |
| 3 | 160,5 |
| 4 | 214,0 |
| 5 | 267,5 |
| 6 | 321,0 |
| 7 | 374,5 |
| 8 | 428,0 |
| 9 | 481,5 |

| 83 | |
|---|---|
| 1 | 8,3 |
| 2 | 16,6 |
| 3 | 24,9 |
| 4 | 33,2 |
| 5 | 41,5 |
| 6 | 49,8 |
| 7 | 58,1 |
| 8 | 66,4 |
| 9 | 74,7 |

| ′ | ″ | Sin. | D. | Tang. | D. c. | Cotg. | Cos. | D. | ″ | ′ |
|---|---|---|---|---|---|---|---|---|---|---|
| 20 | 0 | 1̄,5 608 546 | 539 | 1̄,5 916 812 | 621 | 0,4 083 188 | 1̄,9 691 734 | 82 | 0 | 40 |
| | 10 | 609 085 | 539 | 917 433 | 621 | 082 567 | 691 652 | 82 | 50 | |
| | 20 | 609 624 | 539 | 918 054 | 621 | 081 946 | 691 570 | 83 | 40 | |
| | 30 | 610 163 | 539 | 918 675 | 622 | 081 325 | 691 487 | 82 | 30 | |
| | 40 | 610 702 | 538 | 919 297 | 621 | 080 703 | 691 405 | 82 | 20 | |
| | 50 | 611 240 | 539 | 919 918 | 621 | 080 082 | 691 323 | 82 | 10 | |
| 21 | 0 | 611 779 | 539 | 920 539 | 620 | 079 461 | 691 241 | 83 | 0 | 39 |
| | 10 | 612 318 | 538 | 921 159 | 621 | 078 841 | 691 158 | 82 | 50 | |
| | 20 | 612 856 | 539 | 921 780 | 621 | 078 220 | 691 076 | 82 | 40 | |
| | 30 | 613 395 | 538 | 922 401 | 621 | 077 599 | 690 994 | 83 | 30 | |
| | 40 | 613 933 | 538 | 923 022 | 621 | 076 978 | 690 911 | 82 | 20 | |
| | 50 | 614 471 | 539 | 923 643 | 620 | 076 357 | 690 829 | 83 | 10 | |
| 22 | 0 | 615 010 | 538 | 924 263 | 621 | 075 737 | 690 746 | 82 | 0 | 38 |
| | 10 | 615 548 | 538 | 924 884 | 620 | 075 116 | 690 664 | 82 | 50 | |
| | 20 | 616 086 | 538 | 925 504 | 620 | 074 496 | 690 582 | 83 | 40 | |
| | 30 | 616 624 | 538 | 926 124 | 621 | 073 876 | 690 499 | 82 | 30 | |
| | 40 | 617 162 | 538 | 926 745 | 620 | 073 255 | 690 417 | 83 | 20 | |
| | 50 | 617 700 | 537 | 927 365 | 620 | 072 635 | 690 334 | 82 | 10 | |
| 23 | 0 | 618 237 | 538 | 927 985 | 620 | 072 015 | 690 252 | 82 | 0 | 37 |
| | 10 | 618 775 | 538 | 928 605 | 621 | 071 395 | 690 170 | 83 | 50 | |
| | 20 | 619 313 | 537 | 929 226 | 620 | 070 774 | 690 087 | 82 | 40 | |
| | 30 | 619 850 | 538 | 929 846 | 619 | 070 154 | 690 005 | 83 | 30 | |
| | 40 | 620 388 | 537 | 930 465 | 620 | 069 535 | 689 922 | 82 | 20 | |
| | 50 | 620 925 | 537 | 931 085 | 620 | 068 915 | 689 840 | 83 | 10 | |
| 24 | 0 | 621 462 | 538 | 931 705 | 620 | 068 295 | 689 757 | 82 | 0 | 36 |
| | 10 | 622 000 | 537 | 932 325 | 620 | 067 675 | 689 675 | 83 | 50 | |
| | 20 | 622 537 | 537 | 932 945 | 619 | 067 055 | 689 592 | 82 | 40 | |
| | 30 | 623 074 | 537 | 933 564 | 620 | 066 436 | 689 510 | 83 | 30 | |
| | 40 | 623 611 | 537 | 934 184 | 619 | 065 816 | 689 427 | 83 | 20 | |
| | 50 | 624 148 | 537 | 934 803 | 620 | 065 197 | 689 344 | 82 | 10 | |
| 25 | 0 | 624 685 | 536 | 935 423 | 619 | 064 577 | 689 262 | 83 | 0 | 35 |
| | 10 | 625 221 | 537 | 936 042 | 619 | 063 958 | 689 179 | 82 | 50 | |
| | 20 | 625 758 | 537 | 936 661 | 620 | 063 339 | 689 097 | 83 | 40 | |
| | 30 | 626 295 | 536 | 937 281 | 619 | 062 719 | 689 014 | 83 | 30 | |
| | 40 | 626 831 | 537 | 937 900 | 619 | 062 100 | 688 931 | 82 | 20 | |
| | 50 | 627 368 | 536 | 938 519 | 619 | 061 481 | 688 849 | 83 | 10 | |
| 26 | 0 | 627 904 | 536 | 939 138 | 619 | 060 862 | 688 766 | 83 | 0 | 34 |
| | 10 | 628 440 | 537 | 939 757 | 619 | 060 243 | 688 683 | 82 | 50 | |
| | 20 | 628 977 | 536 | 940 376 | 619 | 059 624 | 688 601 | 83 | 40 | |
| | 30 | 629 513 | 536 | 940 995 | 618 | 059 005 | 688 518 | 83 | 30 | |
| | 40 | 630 049 | 536 | 941 613 | 619 | 058 387 | 688 435 | 82 | 20 | |
| | 50 | 630 585 | 536 | 942 232 | 619 | 057 768 | 688 353 | 83 | 10 | |
| 27 | 0 | 631 121 | 536 | 942 851 | 618 | 057 149 | 688 270 | 83 | 0 | 33 |
| | 10 | 631 657 | 535 | 943 469 | 619 | 056 531 | 688 187 | 82 | 50 | |
| | 20 | 632 192 | 536 | 944 088 | 618 | 055 912 | 688 105 | 83 | 40 | |
| | 30 | 632 728 | 536 | 944 706 | 619 | 055 294 | 688 022 | 83 | 30 | |
| | 40 | 633 264 | 535 | 945 325 | 618 | 054 675 | 687 939 | 83 | 20 | |
| | 50 | 633 799 | 536 | 945 943 | 618 | 054 057 | 687 856 | 83 | 10 | |
| 28 | 0 | 634 335 | 535 | 946 561 | 618 | 053 439 | 687 773 | 82 | 0 | 32 |
| | 10 | 634 870 | 535 | 947 179 | 619 | 052 821 | 687 691 | 83 | 50 | |
| | 20 | 635 405 | 536 | 947 798 | 618 | 052 202 | 687 608 | 83 | 40 | |
| | 30 | 635 941 | 535 | 948 416 | 618 | 051 584 | 687 525 | 83 | 30 | |
| | 40 | 636 476 | 535 | 949 034 | 618 | 050 966 | 687 442 | 83 | 20 | |
| | 50 | 637 011 | 535 | 949 652 | 617 | 050 348 | 687 359 | 83 | 10 | |
| 29 | 0 | 637 546 | 535 | 950 269 | 618 | 049 731 | 687 276 | 82 | 0 | 31 |
| | 10 | 638 081 | 535 | 950 887 | 618 | 049 113 | 687 194 | 83 | 50 | |
| | 20 | 638 616 | 534 | 951 505 | 618 | 048 495 | 687 111 | 83 | 40 | |
| | 30 | 639 150 | 535 | 952 123 | 617 | 047 877 | 687 028 | 83 | 30 | |
| | 40 | 639 685 | 535 | 952 740 | 618 | 047 260 | 686 945 | 83 | 20 | |
| | 50 | 640 220 | 534 | 953 358 | 617 | 046 642 | 686 862 | 83 | 10 | |
| 30 | 0 | 1̄,5 640 754 | | 1̄,5 953 975 | | 0,4 046 025 | 1̄,9 686 779 | | 0 | 30 |
| ′ | ″ | Cos. | | Cotg. | | Tang. | Sin. | | ″ | ′ |

| ′ | ″ | Sin. | D. | Tang. | D.c. | Cotg. | Cos. | D. | ″ | ′ |
|---|---|---|---|---|---|---|---|---|---|---|
| 30 | 0 | Ī,5 640 754 | | Ī,5 953 975 | | 0,4 046 025 | Ī,9 686 779 | | 0 | 30 |
| | 10 | 641 289 | 535 | 954 593 | 618 | 045 407 | 686 696 | 83 | 50 | |
| | 20 | 641 823 | 534 | 955 210 | 617 | 044 790 | 686 613 | 83 | 40 | |
| | 30 | 642 358 | 535 | 955 827 | 617 | 044 173 | 686 530 | 83 | 30 | |
| | 40 | 642 892 | 534 | 956 445 | 618 | 043 555 | 686 447 | 83 | 20 | |
| | 50 | 643 426 | 534 | 957 062 | 617 | 042 938 | 686 364 | 83 | 10 | |
| 31 | 0 | 643 960 | 534 | 957 679 | 617 | 042 321 | 686 281 | 83 | 0 | 29 |
| | 10 | 644 494 | 534 | 958 296 | 617 | 041 704 | 686 198 | 83 | 50 | |
| | 20 | 645 028 | 534 | 958 913 | 617 | 041 087 | 686 115 | 83 | 40 | |
| | 30 | 645 562 | 534 | 959 530 | 617 | 040 470 | 686 032 | 83 | 30 | |
| | 40 | 646 096 | 534 | 960 147 | 617 | 039 853 | 685 949 | 83 | 20 | |
| | 50 | 646 629 | 533 | 960 763 | 616 | 039 237 | 685 866 | 83 | 10 | |
| 32 | 0 | 647 163 | 534 | 961 380 | 617 | 038 620 | 685 783 | 83 | 0 | 28 |
| | 10 | 647 697 | 534 | 961 997 | 617 | 038 003 | 685 700 | 83 | 50 | |
| | 20 | 648 230 | 533 | 962 613 | 616 | 037 387 | 685 617 | 83 | 40 | |
| | 30 | 648 764 | 534 | 963 230 | 617 | 036 770 | 685 534 | 83 | 30 | |
| | 40 | 649 297 | 533 | 963 846 | 616 | 036 154 | 685 450 | 84 | 20 | |
| | 50 | 649 830 | 533 | 964 463 | 617 | 035 537 | 685 367 | 83 | 10 | |
| 33 | 0 | 650 363 | 533 | 965 079 | 616 | 034 921 | 685 284 | 83 | 0 | 27 |
| | 10 | 650 896 | 533 | 965 695 | 616 | 034 305 | 685 201 | 83 | 50 | |
| | 20 | 651 429 | 533 | 966 312 | 617 | 033 688 | 685 118 | 83 | 40 | |
| | 30 | 651 962 | 533 | 966 928 | 616 | 033 072 | 685 035 | 83 | 30 | |
| | 40 | 652 495 | 533 | 967 544 | 616 | 032 456 | 684 952 | 83 | 20 | |
| | 50 | 653 028 | 533 | 968 160 | 616 | 031 840 | 684 868 | 84 | 10 | |
| 34 | 0 | 653 561 | 533 | 968 776 | 616 | 031 224 | 684 785 | 83 | 0 | 26 |
| | 10 | 654 094 | 533 | 969 392 | 616 | 030 608 | 684 702 | 83 | 50 | |
| | 20 | 654 626 | 532 | 970 008 | 616 | 029 992 | 684 619 | 83 | 40 | |
| | 30 | 655 159 | 533 | 970 623 | 615 | 029 377 | 684 535 | 84 | 30 | |
| | 40 | 655 691 | 532 | 971 239 | 616 | 028 761 | 684 452 | 83 | 20 | |
| | 50 | 656 223 | 532 | 971 855 | 616 | 028 145 | 684 369 | 83 | 10 | |
| 35 | 0 | 656 756 | 533 | 972 470 | 615 | 027 530 | 684 286 | 83 | 0 | 25 |
| | 10 | 657 288 | 532 | 973 086 | 616 | 026 914 | 684 202 | 84 | 50 | |
| | 20 | 657 820 | 532 | 973 701 | 615 | 026 299 | 684 119 | 83 | 40 | |
| | 30 | 658 352 | 532 | 974 317 | 616 | 025 683 | 684 036 | 83 | 30 | |
| | 40 | 658 884 | 532 | 974 932 | 615 | 025 068 | 683 952 | 84 | 20 | |
| | 50 | 659 416 | 532 | 975 547 | 615 | 024 453 | 683 869 | 83 | 10 | |
| 36 | 0 | 659 948 | 532 | 976 162 | 615 | 023 838 | 683 786 | 83 | 0 | 24 |
| | 10 | 660 480 | 532 | 976 777 | 615 | 023 223 | 683 702 | 84 | 50 | |
| | 20 | 661 011 | 531 | 977 392 | 615 | 022 608 | 683 619 | 83 | 40 | |
| | 30 | 661 543 | 532 | 978 007 | 615 | 021 993 | 683 535 | 84 | 30 | |
| | 40 | 662 074 | 531 | 978 622 | 615 | 021 378 | 683 452 | 83 | 20 | |
| | 50 | 662 606 | 532 | 979 237 | 615 | 020 763 | 683 369 | 83 | 10 | |
| 37 | 0 | 663 137 | 531 | 979 852 | 615 | 020 148 | 683 285 | 84 | 0 | 23 |
| | 10 | 663 669 | 532 | 980 467 | 615 | 019 533 | 683 202 | 83 | 50 | |
| | 20 | 664 200 | 531 | 981 081 | 614 | 018 919 | 683 118 | 84 | 40 | |
| | 30 | 664 731 | 531 | 981 696 | 615 | 018 304 | 683 035 | 83 | 30 | |
| | 40 | 665 262 | 531 | 982 311 | 615 | 017 689 | 682 951 | 84 | 20 | |
| | 50 | 665 793 | 531 | 982 925 | 614 | 017 075 | 682 868 | 83 | 10 | |
| 38 | 0 | 666 324 | 531 | 983 540 | 615 | 016 460 | 682 784 | 84 | 0 | 22 |
| | 10 | 666 855 | 531 | 984 154 | 614 | 015 846 | 682 701 | 83 | 50 | |
| | 20 | 667 386 | 531 | 984 768 | 614 | 015 232 | 682 617 | 84 | 40 | |
| | 30 | 667 916 | 530 | 985 382 | 614 | 014 618 | 682 534 | 83 | 30 | |
| | 40 | 668 447 | 531 | 985 997 | 615 | 014 003 | 682 450 | 84 | 20 | |
| | 50 | 668 977 | 530 | 986 611 | 614 | 013 389 | 682 367 | 83 | 10 | |
| 39 | 0 | 669 508 | 531 | 987 225 | 614 | 012 775 | 682 283 | 84 | 0 | 21 |
| | 10 | 670 038 | 530 | 987 839 | 614 | 012 161 | 682 200 | 83 | 50 | |
| | 20 | 670 569 | 531 | 988 453 | 614 | 011 547 | 682 116 | 84 | 40 | |
| | 30 | 671 099 | 530 | 989 067 | 614 | 010 933 | 682 032 | 84 | 30 | |
| | 40 | 671 629 | 530 | 989 680 | 613 | 010 320 | 681 949 | 83 | 20 | |
| | 50 | 672 159 | 530 | 990 294 | 614 | 009 706 | 681 865 | 84 | 10 | |
| 40 | 0 | Ī,5 672 689 | 530 | Ī,5 990 908 | 614 | 0,4 009 092 | Ī,9 681 781 | 84 | 0 | 20 |
| ′ | ″ | Cos. | | Cotg. | | Tang. | Sin. | | ″ | ′ |

68°

| | 617 | 616 | 615 | 614 | 534 | 532 | 530 | 84 |
|---|---|---|---|---|---|---|---|---|
| 1 | 61,7 | 61,6 | 61,5 | 61,4 | 53,4 | 53,2 | 53 | 8,4 |
| 2 | 123,4 | 123,2 | 123,0 | 122,8 | 106,8 | 106,4 | 106 | 16,8 |
| 3 | 185,1 | 184,8 | 184,5 | 184,2 | 160,2 | 159,6 | 159 | 25,2 |
| 4 | 246,8 | 246,4 | 246,0 | 245,6 | 213,6 | 212,8 | 212 | 33,6 |
| 5 | 308,5 | 308,0 | 307,5 | 307,0 | 267,0 | 266,0 | 265 | 42,0 |
| 6 | 370,2 | 369,6 | 369,0 | 368,4 | 320,4 | 319,2 | 318 | 50,4 |
| 7 | 431,9 | 431,2 | 430,5 | 429,8 | 373,8 | 372,4 | 371 | 58,8 |
| 8 | 493,6 | 492,8 | 492,0 | 491,2 | 427,2 | 425,6 | 424 | 67,2 |
| 9 | 555,3 | 554,4 | 553,5 | 552,6 | 480,6 | 478,8 | 477 | 75,6 |

| 613 | |
|---|---|
| 1 | 61,3 |
| 2 | 122,6 |
| 3 | 183,9 |
| 4 | 245,2 |
| 5 | 306,5 |
| 6 | 367,8 |
| 7 | 429,1 |
| 8 | 490,4 |
| 9 | 551,7 |

| 612 | |
|---|---|
| 1 | 61,2 |
| 2 | 122,4 |
| 3 | 183,6 |
| 4 | 244,8 |
| 5 | 306,0 |
| 6 | 367,2 |
| 7 | 428,4 |
| 8 | 489,6 |
| 9 | 550,8 |

| 611 | |
|---|---|
| 1 | 61,1 |
| 2 | 122,2 |
| 3 | 183,3 |
| 4 | 244,4 |
| 5 | 305,5 |
| 6 | 366,6 |
| 7 | 427,7 |
| 8 | 488,8 |
| 9 | 549,9 |

| 610 | |
|---|---|
| 1 | 61 |
| 2 | 122 |
| 3 | 183 |
| 4 | 244 |
| 5 | 305 |
| 6 | 366 |
| 7 | 427 |
| 8 | 488 |
| 9 | 549 |

| 528 | |
|---|---|
| 1 | 52,8 |
| 2 | 105,6 |
| 3 | 158,4 |
| 4 | 211,2 |
| 5 | 264,0 |
| 6 | 316,8 |
| 7 | 369,6 |
| 8 | 422,4 |
| 9 | 475,2 |

| 527 | |
|---|---|
| 1 | 52,7 |
| 2 | 105,4 |
| 3 | 158,1 |
| 4 | 210,8 |
| 5 | 263,5 |
| 6 | 316,2 |
| 7 | 368,9 |
| 8 | 421,6 |
| 9 | 474,3 |

| 526 | |
|---|---|
| 1 | 52,6 |
| 2 | 105,2 |
| 3 | 157,8 |
| 4 | 210,4 |
| 5 | 263,0 |
| 6 | 315,6 |
| 7 | 368,2 |
| 8 | 420,8 |
| 9 | 473,4 |

| 84 | |
|---|---|
| 1 | 8,4 |
| 2 | 16,8 |
| 3 | 25,2 |
| 4 | 33,6 |
| 5 | 42,0 |
| 6 | 50,4 |
| 7 | 58,8 |
| 8 | 67,2 |
| 9 | 75.6 |

| ′ | ″ | Sin. | D. | Tang. | D. c. | Cotg. | Cos. | D. | ″ | ′ |
|---|---|---|---|---|---|---|---|---|---|---|
| 40 | 0 | 1̄,5 672 689 | 530 | 1̄,5 990 908 | 613 | 0,4 009 092 | 1̄,9 681 781 | 83 | 0 | 20 |
| | 10 | 673 219 | 530 | 991 521 | 614 | 008 479 | 681 698 | 84 | 50 | |
| | 20 | 673 749 | 530 | 992 135 | 613 | 007 865 | 681 614 | 84 | 40 | |
| | 30 | 674 279 | 530 | 992 748 | 614 | 007 252 | 681 530 | 83 | 30 | |
| | 40 | 674 809 | 529 | 993 362 | 613 | 006 638 | 681 447 | 84 | 20 | |
| | 50 | 675 338 | 530 | 993 975 | 613 | 006 025 | 681 363 | 84 | 10 | |
| 41 | 0 | 675 868 | 529 | 994 588 | 614 | 005 412 | 681 279 | 83 | 0 | 19 |
| | 10 | 676 397 | 530 | 995 202 | 613 | 004 798 | 681 196 | 84 | 50 | |
| | 20 | 676 927 | 529 | 995 815 | 613 | 004 185 | 681 112 | 84 | 40 | |
| | 30 | 677 456 | 529 | 996 428 | 613 | 003 572 | 681 028 | 84 | 30 | |
| | 40 | 677 985 | 530 | 997 041 | 613 | 002 959 | 680 944 | 83 | 20 | |
| | 50 | 678 515 | 529 | 997 654 | 613 | 002 346 | 680 861 | 84 | 10 | |
| 42 | 0 | 679 044 | 529 | 998 267 | 613 | 001 733 | 680 777 | 84 | 0 | 18 |
| | 10 | 679 573 | 529 | 998 880 | 613 | 001 120 | 680 693 | 84 | 50 | |
| | 20 | 680 102 | 529 | 1̄,5 999 493 | 612 | 0,4 000 507 | 680 609 | 84 | 40 | |
| | 30 | 680 631 | 529 | 1̄,6 000 105 | 613 | 0,3 999 895 | 680 525 | 83 | 30 | |
| | 40 | 681 160 | 528 | 000 718 | 613 | 999 282 | 680 442 | 84 | 20 | |
| | 50 | 681 688 | 529 | 001 331 | 612 | 998 669 | 680 358 | 84 | 10 | |
| 43 | 0 | 682 217 | 529 | 001 943 | 613 | 998 057 | 680 274 | 84 | 0 | 17 |
| | 10 | 682 746 | 528 | 002 556 | 612 | 997 444 | 680 190 | 84 | 50 | |
| | 20 | 683 274 | 529 | 003 168 | 612 | 996 832 | 680 106 | 84 | 40 | |
| | 30 | 683 803 | 528 | 003 780 | 613 | 996 220 | 680 022 | 84 | 30 | |
| | 40 | 684 331 | 528 | 004 393 | 612 | 995 607 | 679 938 | 84 | 20 | |
| | 50 | 684 859 | 528 | 005 005 | 612 | 994 995 | 679 854 | 83 | 10 | |
| 44 | 0 | 685 387 | 529 | 005 617 | 612 | 994 383 | 679 771 | 84 | 0 | 16 |
| | 10 | 685 916 | 528 | 006 229 | 612 | 993 771 | 679 687 | 84 | 50 | |
| | 20 | 686 444 | 528 | 006 841 | 612 | 993 159 | 679 603 | 84 | 40 | |
| | 30 | 686 972 | 528 | 007 453 | 612 | 992 547 | 679 519 | 84 | 30 | |
| | 40 | 687 500 | 528 | 008 065 | 612 | 991 935 | 679 435 | 84 | 20 | |
| | 50 | 688 028 | 527 | 008 677 | 612 | 991 323 | 679 351 | 84 | 10 | |
| 45 | 0 | 688 555 | 528 | 009 289 | 611 | 990 711 | 679 267 | 84 | 0 | 15 |
| | 10 | 689 083 | 528 | 009 900 | 612 | 990 100 | 679 183 | 84 | 50 | |
| | 20 | 689 611 | 527 | 010 512 | 612 | 989 488 | 679 099 | 84 | 40 | |
| | 30 | 690 138 | 528 | 011 124 | 611 | 988 876 | 679 015 | 84 | 30 | |
| | 40 | 690 666 | 527 | 011 735 | 612 | 988 265 | 678 931 | 84 | 20 | |
| | 50 | 691 193 | 528 | 012 347 | 611 | 987 653 | 678 847 | 84 | 10 | |
| 46 | 0 | 691 721 | 527 | 012 958 | 611 | 987 042 | 678 763 | 85 | 0 | 14 |
| | 10 | 692 248 | 527 | 013 569 | 612 | 986 431 | 678 678 | 84 | 50 | |
| | 20 | 692 775 | 527 | 014 181 | 611 | 985 819 | 678 594 | 84 | 40 | |
| | 30 | 693 302 | 527 | 014 792 | 611 | 985 208 | 678 510 | 84 | 30 | |
| | 40 | 693 829 | 527 | 015 403 | 611 | 984 597 | 678 426 | 84 | 20 | |
| | 50 | 694 356 | 527 | 016 014 | 611 | 983 986 | 678 342 | 84 | 10 | |
| 47 | 0 | 694 883 | 527 | 016 625 | 611 | 983 375 | 678 258 | 84 | 0 | 13 |
| | 10 | 695 410 | 527 | 017 236 | 611 | 982 764 | 678 174 | 84 | 50 | |
| | 20 | 695 937 | 526 | 017 847 | 611 | 982 153 | 678 090 | 85 | 40 | |
| | 30 | 696 463 | 527 | 018 458 | 611 | 981 542 | 678 005 | 84 | 30 | |
| | 40 | 696 990 | 526 | 019 069 | 610 | 980 931 | 677 921 | 84 | 20 | |
| | 50 | 697 516 | 527 | 019 679 | 611 | 980 321 | 677 837 | 84 | 10 | |
| 48 | 0 | 698 043 | 526 | 020 290 | 611 | 979 710 | 677 753 | 84 | 0 | 12 |
| | 10 | 698 569 | 527 | 020 901 | 610 | 979 099 | 677 669 | 85 | 50 | |
| | 20 | 699 096 | 526 | 021 511 | 611 | 978 489 | 677 584 | 84 | 40 | |
| | 30 | 699 622 | 526 | 022 122 | 610 | 977 878 | 677 500 | 84 | 30 | |
| | 40 | 700 148 | 526 | 022 732 | 610 | 977 268 | 677 416 | 84 | 20 | |
| | 50 | 700 674 | 526 | 023 342 | 611 | 976 658 | 677 332 | 85 | 10 | |
| 49 | 0 | 701 200 | 526 | 023 953 | 610 | 976 047 | 677 247 | 84 | 0 | 11 |
| | 10 | 701 726 | 526 | 024 563 | 610 | 975 437 | 677 163 | 84 | 50 | |
| | 20 | 702 252 | 526 | 025 173 | 610 | 974 827 | 677 079 | 85 | 40 | |
| | 30 | 702 778 | 525 | 025 783 | 610 | 974 217 | 676 994 | 84 | 30 | |
| | 40 | 703 303 | 526 | 026 393 | 610 | 973 607 | 676 910 | 84 | 20 | |
| | 50 | 703 829 | 526 | 027 003 | 610 | 972 997 | 676 826 | 85 | 10 | |
| 50 | 0 | 1̄,5 704 355 | | 1̄,6 027 613 | | 0,3 972 387 | 1̄,9 676 741 | | 0 | 10 |
| ′ | ″ | Cos. | | Cotg. | | Tang. | Sin. | | ″ | ′ |

| ′ | ″ | Sin. | D. | Tang. | D.c. | Cotg. | Cos. | D. | ″ | ′ |
|---|---|---|---|---|---|---|---|---|---|---|
| 50 | 0 | 1̄,5 704 355 | | 1̄,6 027 613 | | 0,3 972 387 | 1̄,9 676 741 | | 0 | 10 |
| | 10 | 704 880 | 525 | 028 223 | 610 | 971 777 | 676 657 | 84 | 50 | |
| | 20 | 705 405 | 525 | 028 833 | 610 | 971 167 | 676 573 | 84 | 40 | |
| | 30 | 705 931 | 526 | 029 443 | 610 | 970 557 | 676 488 | 85 | 30 | |
| | 40 | 706 456 | 525 | 030 052 | 609 | 969 948 | 676 404 | 84 | 20 | |
| | 50 | 706 981 | 525 | 030 662 | 610 | 969 338 | 676 319 | 85 | 10 | |
| 51 | 0 | 707 506 | 525 | 031 271 | 609 | 968 729 | 676 235 | 84 | 0 | 9 |
| | 10 | 708 031 | 525 | 031 881 | 610 | 968 119 | 676 151 | 84 | 50 | |
| | 20 | 708 556 | 525 | 032 490 | 609 | 967 510 | 676 066 | 85 | 40 | |
| | 30 | 709 081 | 525 | 033 100 | 610 | 966 900 | 675 982 | 84 | 30 | |
| | 40 | 709 606 | 525 | 033 709 | 609 | 966 291 | 675 897 | 85 | 20 | |
| | 50 | 710 131 | 525 | 034 318 | 609 | 965 682 | 675 813 | 84 | 10 | |
| 52 | 0 | 710 656 | 525 | 034 927 | 609 | 965 073 | 675 728 | 85 | 0 | 8 |
| | 10 | 711 180 | 524 | 035 536 | 609 | 964 464 | 675 644 | 84 | 50 | |
| | 20 | 711 705 | 525 | 036 146 | 610 | 963 854 | 675 559 | 85 | 40 | |
| | 30 | 712 229 | 524 | 036 755 | 609 | 963 245 | 675 475 | 84 | 30 | |
| | 40 | 712 754 | 525 | 037 363 | 608 | 962 637 | 675 390 | 85 | 20 | |
| | 50 | 713 278 | 524 | 037 972 | 609 | 962 028 | 675 306 | 84 | 10 | |
| 53 | 0 | 713 802 | 524 | 038 581 | 609 | 961 419 | 675 221 | 85 | 0 | 7 |
| | 10 | 714 326 | 524 | 039 190 | 609 | 960 810 | 675 136 | 85 | 50 | |
| | 20 | 714 850 | 524 | 039 799 | 609 | 960 201 | 675 052 | 84 | 40 | |
| | 30 | 715 374 | 524 | 040 407 | 608 | 959 593 | 674 967 | 85 | 30 | |
| | 40 | 715 898 | 524 | 041 016 | 609 | 958 984 | 674 883 | 84 | 20 | |
| | 50 | 716 422 | 524 | 041 624 | 608 | 958 376 | 674 798 | 85 | 10 | |
| 54 | 0 | 716 946 | 524 | 042 233 | 609 | 957 767 | 674 713 | 85 | 0 | 6 |
| | 10 | 717 470 | 524 | 042 841 | 608 | 957 159 | 674 629 | 84 | 50 | |
| | 20 | 717 993 | 523 | 043 449 | 608 | 956 551 | 674 544 | 85 | 40 | |
| | 30 | 718 517 | 524 | 044 058 | 609 | 955 942 | 674 459 | 85 | 30 | |
| | 40 | 719 041 | 524 | 044 666 | 608 | 955 334 | 674 375 | 84 | 20 | |
| | 50 | 719 564 | 523 | 045 274 | 608 | 954 726 | 674 290 | 85 | 10 | |
| 55 | 0 | 720 087 | 523 | 045 882 | 608 | 954 118 | 674 205 | 85 | 0 | 5 |
| | 10 | 720 611 | 524 | 046 490 | 608 | 953 510 | 674 121 | 84 | 50 | |
| | 20 | 721 134 | 523 | 047 098 | 608 | 952 902 | 674 036 | 85 | 40 | |
| | 30 | 721 657 | 523 | 047 706 | 608 | 952 294 | 673 951 | 85 | 30 | |
| | 40 | 722 180 | 523 | 048 314 | 608 | 951 686 | 673 866 | 85 | 20 | |
| | 50 | 722 703 | 523 | 048 921 | 607 | 951 079 | 673 782 | 84 | 10 | |
| 56 | 0 | 723 226 | 523 | 049 529 | 608 | 950 471 | 673 697 | 85 | 0 | 4 |
| | 10 | 723 749 | 523 | 050 137 | 608 | 949 863 | 673 612 | 85 | 50 | |
| | 20 | 724 272 | 523 | 050 744 | 607 | 949 256 | 673 527 | 85 | 40 | |
| | 30 | 724 794 | 522 | 051 352 | 608 | 948 648 | 673 442 | 85 | 30 | |
| | 40 | 725 317 | 523 | 051 959 | 607 | 948 041 | 673 358 | 84 | 20 | |
| | 50 | 725 839 | 522 | 052 567 | 608 | 947 433 | 673 273 | 85 | 10 | |
| 57 | 0 | 726 362 | 523 | 053 174 | 607 | 946 826 | 673 188 | 85 | 0 | 3 |
| | 10 | 726 884 | 522 | 053 781 | 607 | 946 219 | 673 103 | 85 | 50 | |
| | 20 | 727 407 | 523 | 054 389 | 608 | 945 611 | 673 018 | 85 | 40 | |
| | 30 | 727 929 | 522 | 054 996 | 607 | 945 004 | 672 933 | 85 | 30 | |
| | 40 | 728 461 | 522 | 055 603 | 607 | 944 397 | 672 848 | 85 | 20 | |
| | 50 | 728 973 | 522 | 056 210 | 607 | 943 790 | 672 763 | 85 | 10 | |
| 58 | 0 | 729 495 | 522 | 056 817 | 607 | 943 183 | 672 679 | 84 | 0 | 2 |
| | 10 | 730 017 | 522 | 057 424 | 607 | 942 576 | 672 594 | 86 | 50 | |
| | 20 | 730 539 | 522 | 058 030 | 606 | 941 970 | 672 509 | 85 | 40 | |
| | 30 | 731 061 | 522 | 058 637 | 607 | 941 363 | 672 424 | 85 | 30 | |
| | 40 | 731 583 | 522 | 059 244 | 607 | 940 756 | 672 339 | 85 | 20 | |
| | 50 | 732 104 | 521 | 059 851 | 607 | 940 149 | 672 254 | 85 | 10 | |
| 59 | 0 | 732 626 | 522 | 060 457 | 606 | 939 543 | 672 169 | 85 | 0 | 1 |
| | 10 | 733 148 | 522 | 061 064 | 607 | 938 936 | 672 084 | 85 | 50 | |
| | 20 | 733 669 | 521 | 061 670 | 606 | 938 330 | 671 999 | 85 | 40 | |
| | 30 | 734 190 | 521 | 062 277 | 607 | 937 723 | 671 914 | 85 | 30 | |
| | 40 | 734 712 | 522 | 062 883 | 606 | 937 117 | 671 829 | 85 | 20 | |
| | 50 | 735 233 | 521 | 063 489 | 606 | 936 511 | 671 744 | 85 | 10 | |
| 60 | 0 | 1̄,5 735 754 | 521 | 1̄,6 064 096 | 607 | 0,3 935 904 | 1̄,9 671 659 | 85 | 0 | 0 |
| ′ | ″ | Cos. | | Cotg. | | Tang. | Sin. | | ″ | ′ |

| 609 | |
|---|---|
| 1 | 60,9 |
| 2 | 121,8 |
| 3 | 182,7 |
| 4 | 243,6 |
| 5 | 304,5 |
| 6 | 365,4 |
| 7 | 426,3 |
| 8 | 487,2 |
| 9 | 548,1 |

| 608 | |
|---|---|
| 1 | 60,8 |
| 2 | 121,6 |
| 3 | 182,4 |
| 4 | 243,2 |
| 5 | 304,0 |
| 6 | 364,8 |
| 7 | 425,6 |
| 8 | 486,4 |
| 9 | 547,2 |

| 607 | |
|---|---|
| 1 | 60,7 |
| 2 | 121,4 |
| 3 | 182,1 |
| 4 | 242,8 |
| 5 | 303,5 |
| 6 | 364,2 |
| 7 | 424,9 |
| 8 | 485,6 |
| 9 | 546,3 |

| 525 | |
|---|---|
| 1 | 52,5 |
| 2 | 105,0 |
| 3 | 157,5 |
| 4 | 210,0 |
| 5 | 262,5 |
| 6 | 315,0 |
| 7 | 367,5 |
| 8 | 420,0 |
| 9 | 472,5 |

| 524 | |
|---|---|
| 1 | 52,4 |
| 2 | 104,8 |
| 3 | 157,2 |
| 4 | 209,6 |
| 5 | 262,0 |
| 6 | 314,4 |
| 7 | 366,8 |
| 8 | 419,2 |
| 9 | 471,6 |

| 523 | |
|---|---|
| 1 | 52,3 |
| 2 | 104,6 |
| 3 | 156,9 |
| 4 | 209,2 |
| 5 | 261,5 |
| 6 | 313,8 |
| 7 | 366,1 |
| 8 | 418,4 |
| 9 | 470,7 |

| 522 | |
|---|---|
| 1 | 52,2 |
| 2 | 104,4 |
| 3 | 156,6 |
| 4 | 208,8 |
| 5 | 261,0 |
| 6 | 313,2 |
| 7 | 365,4 |
| 8 | 417,6 |
| 9 | 469,8 |

| 85 | |
|---|---|
| 1 | 8,5 |
| 2 | 17,0 |
| 3 | 25,5 |
| 4 | 34,0 |
| 5 | 42,5 |
| 6 | 51,0 |
| 7 | 59,5 |
| 8 | 68,0 |
| 9 | 76,5 |

| | 606 | 605 | 604 | 603 | 520 | 519 | 518 | 85 |
|---|---|---|---|---|---|---|---|---|
| 1 | 60,6 | 60,5 | 60,4 | 60,3 | 52 | 51,9 | 51,8 | 8,5 |
| 2 | 121,2 | 121,0 | 120,8 | 120,6 | 104 | 103,8 | 103,6 | 17,0 |
| 3 | 181,8 | 181,5 | 181,2 | 180,9 | 156 | 155,7 | 155,4 | 25,5 |
| 4 | 242,4 | 242,0 | 241,6 | 241,2 | 208 | 207,6 | 207,2 | 34,0 |
| 5 | 303,0 | 302,5 | 302,0 | 301,5 | 260 | 259,5 | 259,0 | 42,5 |
| 6 | 363,6 | 363,0 | 362,4 | 361,8 | 312 | 311,4 | 310,8 | 51,0 |
| 7 | 424,2 | 423,5 | 422,8 | 422,1 | 364 | 363,3 | 362,6 | 59,5 |
| 8 | 484,8 | 484,0 | 483,2 | 482,4 | 416 | 415,2 | 414,4 | 68,0 |
| 9 | 545,4 | 544,5 | 543,6 | 542,7 | 468 | 467,1 | 466,2 | 76,5 |

| ′ | ″ | Sin. | D. | Tang. | D.c. | Cotg. | Cos. | D. | ″ | ′ |
|---|---|---|---|---|---|---|---|---|---|---|
| 0 | 0 | ī,5 735 754 | | ī,6 064 096 | | 0,3 935 904 | ī,9 671 659 | | 0 | 60 |
| | 10 | 736 275 | 521 | 064 702 | 606 | 935 298 | 671 574 | 85 | 50 | |
| | 20 | 736 796 | 521 | 065 308 | 606 | 934 692 | 671 488 | 86 | 40 | |
| | 30 | 737 317 | 521 | 065 914 | 606 | 934 086 | 671 403 | 85 | 30 | |
| | 40 | 737 838 | 521 | 066 520 | 606 | 933 480 | 671 318 | 85 | 20 | |
| | 50 | 738 359 | 521 | 067 126 | 606 | 932 874 | 671 233 | 85 | 10 | |
| 1 | 0 | 738 880 | 521 | 067 732 | 606 | 932 268 | 671 148 | 85 | 0 | 59 |
| | 10 | 739 400 | 520 | 068 337 | 605 | 931 663 | 671 063 | 85 | 50 | |
| | 20 | 739 921 | 521 | 068 943 | 606 | 931 057 | 670 978 | 85 | 40 | |
| | 30 | 740 441 | 520 | 069 549 | 606 | 930 451 | 670 893 | 85 | 30 | |
| | 40 | 740 962 | 521 | 070 155 | 606 | 929 845 | 670 807 | 86 | 20 | |
| | 50 | 741 482 | 520 | 070 760 | 605 | 929 240 | 670 722 | 85 | 10 | |
| 2 | 0 | 742 003 | 521 | 071 366 | 606 | 928 634 | 670 637 | 85 | 0 | 58 |
| | 10 | 742 523 | 520 | 071 971 | 605 | 928 029 | 670 552 | 85 | 50 | |
| | 20 | 743 043 | 520 | 072 576 | 605 | 927 424 | 670 466 | 86 | 40 | |
| | 30 | 743 563 | 520 | 073 182 | 606 | 926 818 | 670 381 | 85 | 30 | |
| | 40 | 744 083 | 520 | 073 787 | 605 | 926 213 | 670 296 | 85 | 20 | |
| | 50 | 744 603 | 520 | 074 392 | 605 | 925 608 | 670 211 | 85 | 10 | |
| 3 | 0 | 745 123 | 520 | 074 997 | 605 | 925 003 | 670 125 | 86 | 0 | 57 |
| | 10 | 745 643 | 520 | 075 602 | 605 | 924 398 | 670 040 | 85 | 50 | |
| | 20 | 746 162 | 519 | 076 207 | 605 | 923 793 | 669 955 | 85 | 40 | |
| | 30 | 746 682 | 520 | 076 812 | 605 | 923 188 | 669 870 | 85 | 30 | |
| | 40 | 747 202 | 520 | 077 417 | 605 | 922 583 | 669 784 | 86 | 20 | |
| | 50 | 747 721 | 519 | 078 022 | 605 | 921 978 | 669 699 | 85 | 10 | |
| 4 | 0 | 748 240 | 519 | 078 627 | 605 | 921 373 | 669 614 | 85 | 0 | 56 |
| | 10 | 748 760 | 520 | 079 232 | 605 | 920 768 | 669 528 | 86 | 50 | |
| | 20 | 749 279 | 519 | 079 836 | 604 | 920 164 | 669 443 | 85 | 40 | |
| | 30 | 749 798 | 519 | 080 441 | 605 | 919 559 | 669 357 | 86 | 30 | |
| | 40 | 750 317 | 519 | 081 045 | 604 | 918 955 | 669 272 | 85 | 20 | |
| | 50 | 750 837 | 520 | 081 650 | 605 | 918 350 | 669 187 | 85 | 10 | |
| 5 | 0 | 751 356 | 519 | 082 254 | 604 | 917 746 | 669 101 | 86 | 0 | 55 |
| | 10 | 751 874 | 518 | 082 859 | 605 | 917 141 | 669 016 | 85 | 50 | |
| | 20 | 752 393 | 519 | 083 463 | 604 | 916 537 | 668 930 | 86 | 40 | |
| | 30 | 752 912 | 519 | 084 067 | 604 | 915 933 | 668 845 | 85 | 30 | |
| | 40 | 753 431 | 519 | 084 671 | 604 | 915 329 | 668 759 | 86 | 20 | |
| | 50 | 753 949 | 518 | 085 276 | 605 | 914 724 | 668 674 | 85 | 10 | |
| 6 | 0 | 754 468 | 519 | 085 880 | 604 | 914 120 | 668 588 | 86 | 0 | 54 |
| | 10 | 754 986 | 518 | 086 484 | 604 | 913 516 | 668 503 | 85 | 50 | |
| | 20 | 755 505 | 519 | 087 087 | 603 | 912 913 | 668 417 | 86 | 40 | |
| | 30 | 756 023 | 518 | 087 691 | 604 | 912 309 | 668 332 | 85 | 30 | |
| | 40 | 756 542 | 519 | 088 295 | 604 | 911 705 | 668 246 | 86 | 20 | |
| | 50 | 757 060 | 518 | 088 899 | 604 | 911 101 | 668 161 | 85 | 10 | |
| 7 | 0 | 757 578 | 518 | 089 503 | 604 | 910 497 | 668 075 | 86 | 0 | 53 |
| | 10 | 758 096 | 518 | 090 106 | 603 | 909 894 | 667 990 | 85 | 50 | |
| | 20 | 758 614 | 518 | 090 710 | 604 | 909 290 | 667 904 | 86 | 40 | |
| | 30 | 759 132 | 518 | 091 313 | 603 | 908 687 | 667 818 | 86 | 30 | |
| | 40 | 759 650 | 518 | 091 917 | 604 | 908 083 | 667 733 | 85 | 20 | |
| | 50 | 760 167 | 517 | 092 520 | 603 | 907 480 | 667 647 | 86 | 10 | |
| 8 | 0 | 760 685 | 518 | 093 124 | 604 | 906 876 | 667 562 | 85 | 0 | 52 |
| | 10 | 761 203 | 518 | 093 727 | 603 | 906 273 | 667 476 | 86 | 50 | |
| | 20 | 761 720 | 517 | 094 330 | 603 | 905 670 | 667 390 | 86 | 40 | |
| | 30 | 762 238 | 518 | 094 933 | 603 | 905 067 | 667 305 | 85 | 30 | |
| | 40 | 762 755 | 517 | 095 536 | 603 | 904 464 | 667 219 | 86 | 20 | |
| | 50 | 763 273 | 518 | 096 139 | 603 | 903 861 | 667 133 | 86 | 10 | |
| 9 | 0 | 763 790 | 517 | 096 742 | 603 | 903 258 | 667 048 | 85 | 0 | 51 |
| | 10 | 764 307 | 517 | 097 345 | 603 | 902 655 | 666 962 | 86 | 50 | |
| | 20 | 764 824 | 517 | 097 948 | 603 | 902 052 | 666 876 | 86 | 40 | |
| | 30 | 765 341 | 517 | 098 551 | 603 | 901 449 | 666 790 | 86 | 30 | |
| | 40 | 765 858 | 517 | 099 154 | 603 | 900 846 | 666 705 | 85 | 20 | |
| | 50 | 766 375 | 517 | 099 756 | 602 | 900 244 | 666 619 | 86 | 10 | |
| 10 | 0 | ī,5 766 892 | 517 | ī,6 100 359 | 603 | 0,3 899 641 | ī,9 666 533 | 86 | 0 | 50 |
| ′ | ″ | Cos. | | Cotg. | | Tang. | Sin. | | ″ | ′ |

| ' | " | Sin. | D. | Tang. | D.c. | Cotg. | Cos. | D. | " | ' |
|---|---|---|---|---|---|---|---|---|---|---|
| 10 | 0 | 1̄,5 766 892 | 517 | 1̄,6 100 359 | 602 | 0,3 899 641 | 1̄,9 666 533 | 86 | 0 | 50 |
| | 10 | 767 409 | 516 | 100 961 | 603 | 899 039 | 666 447 | 85 | 50 | |
| | 20 | 767 925 | 517 | 101 564 | 602 | 898 436 | 666 362 | 86 | 40 | |
| | 30 | 768 442 | 517 | 102 166 | 603 | 897 834 | 666 276 | 86 | 30 | |
| | 40 | 768 959 | 516 | 102 769 | 602 | 897 231 | 666 190 | 86 | 20 | |
| | 50 | 769 475 | 516 | 103 371 | 602 | 896 629 | 666 104 | 86 | 10 | |
| 11 | 0 | 769 991 | 517 | 103 973 | 602 | 896 027 | 666 018 | 86 | 0 | 49 |
| | 10 | 770 508 | 516 | 104 575 | 603 | 895 425 | 665 932 | 86 | 50 | |
| | 20 | 771 024 | 516 | 105 178 | 602 | 894 822 | 665 846 | 85 | 40 | |
| | 30 | 771 540 | 516 | 105 780 | 602 | 894 220 | 665 761 | 86 | 30 | |
| | 40 | 772 056 | 516 | 106 382 | 602 | 893 618 | 665 675 | 86 | 20 | |
| | 50 | 772 572 | 516 | 106 984 | 602 | 893 016 | 665 589 | 86 | 10 | |
| 12 | 0 | 773 088 | 516 | 107 586 | 601 | 892 414 | 665 503 | 86 | 0 | 48 |
| | 10 | 773 604 | 516 | 108 187 | 602 | 891 813 | 665 417 | 86 | 50 | |
| | 20 | 774 120 | 516 | 108 789 | 602 | 891 211 | 665 331 | 86 | 40 | |
| | 30 | 774 636 | 516 | 109 391 | 601 | 890 609 | 665 245 | 86 | 30 | |
| | 40 | 775 152 | 515 | 109 992 | 602 | 890 008 | 665 159 | 86 | 20 | |
| | 50 | 775 667 | 516 | 110 594 | 602 | 889 406 | 665 073 | 86 | 10 | |
| 13 | 0 | 776 183 | 515 | 111 196 | 601 | 888 804 | 664 987 | 86 | 0 | 47 |
| | 10 | 776 698 | 516 | 111 797 | 602 | 888 203 | 664 901 | 86 | 50 | |
| | 20 | 777 214 | 515 | 112 399 | 601 | 887 601 | 664 815 | 86 | 40 | |
| | 30 | 777 729 | 515 | 113 000 | 601 | 887 000 | 664 729 | 86 | 30 | |
| | 40 | 778 244 | 515 | 113 601 | 601 | 886 399 | 664 643 | 86 | 20 | |
| | 50 | 778 759 | 516 | 114 202 | 602 | 885 798 | 664 557 | 86 | 10 | |
| 14 | 0 | 779 275 | 515 | 114 804 | 601 | 885 196 | 664 471 | 86 | 0 | 46 |
| | 10 | 779 790 | 515 | 115 405 | 601 | 884 595 | 664 385 | 86 | 50 | |
| | 20 | 780 305 | 514 | 116 006 | 601 | 883 994 | 664 299 | 86 | 40 | |
| | 30 | 780 819 | 515 | 116 607 | 601 | 883 393 | 664 213 | 86 | 30 | |
| | 40 | 781 334 | 515 | 117 208 | 601 | 882 792 | 664 127 | 87 | 20 | |
| | 50 | 781 849 | 515 | 117 809 | 600 | 882 191 | 664 040 | 86 | 10 | |
| 15 | 0 | 782 364 | 514 | 118 409 | 601 | 881 591 | 663 954 | 86 | 0 | 45 |
| | 10 | 782 878 | 515 | 119 010 | 601 | 880 990 | 663 868 | 86 | 50 | |
| | 20 | 783 393 | 514 | 119 611 | 601 | 880 389 | 663 782 | 86 | 40 | |
| | 30 | 783 907 | 515 | 120 212 | 600 | 879 788 | 663 696 | 86 | 30 | |
| | 40 | 784 422 | 514 | 120 812 | 601 | 879 188 | 663 610 | 87 | 20 | |
| | 50 | 784 936 | 514 | 121 413 | 600 | 878 587 | 663 523 | 86 | 10 | |
| 16 | 0 | 785 450 | 515 | 122 013 | 601 | 877 987 | 663 437 | 86 | 0 | 44 |
| | 10 | 785 965 | 514 | 122 614 | 600 | 877 386 | 663 351 | 86 | 50 | |
| | 20 | 786 479 | 514 | 123 214 | 600 | 876 786 | 663 265 | 86 | 40 | |
| | 30 | 786 993 | 514 | 123 814 | 600 | 876 186 | 663 179 | 87 | 30 | |
| | 40 | 787 507 | 514 | 124 414 | 601 | 875 586 | 663 092 | 86 | 20 | |
| | 50 | 788 021 | 514 | 125 015 | 600 | 874 985 | 663 006 | 86 | 10 | |
| 17 | 0 | 788 535 | 513 | 125 615 | 600 | 874 385 | 662 920 | 87 | 0 | 43 |
| | 10 | 789 048 | 514 | 126 215 | 600 | 873 785 | 662 833 | 86 | 50 | |
| | 20 | 789 562 | 514 | 126 815 | 600 | 873 185 | 662 747 | 86 | 40 | |
| | 30 | 790 076 | 513 | 127 415 | 600 | 872 585 | 662 661 | 86 | 30 | |
| | 40 | 790 589 | 514 | 128 015 | 599 | 871 985 | 662 575 | 87 | 20 | |
| | 50 | 791 103 | 513 | 128 614 | 600 | 871 386 | 662 488 | 86 | 10 | |
| 18 | 0 | 791 616 | 513 | 129 214 | 600 | 870 786 | 662 402 | 87 | 0 | 42 |
| | 10 | 792 129 | 514 | 129 814 | 600 | 870 186 | 662 315 | 86 | 50 | |
| | 20 | 792 643 | 513 | 130 414 | 599 | 869 586 | 662 229 | 86 | 40 | |
| | 30 | 793 156 | 513 | 131 013 | 600 | 868 987 | 662 143 | 87 | 30 | |
| | 40 | 793 669 | 513 | 131 613 | 599 | 868 387 | 662 056 | 86 | 20 | |
| | 50 | 794 182 | 513 | 132 212 | 600 | 867 788 | 661 970 | 86 | 10 | |
| 19 | 0 | 794 695 | 513 | 132 812 | 599 | 867 188 | 661 884 | 87 | 0 | 41 |
| | 10 | 795 208 | 513 | 133 411 | 599 | 866 589 | 661 797 | 86 | 50 | |
| | 20 | 795 721 | 513 | 134 010 | 599 | 865 990 | 661 711 | 87 | 40 | |
| | 30 | 796 234 | 512 | 134 609 | 600 | 865 391 | 661 624 | 86 | 30 | |
| | 40 | 796 746 | 513 | 135 209 | 599 | 864 791 | 661 538 | 87 | 20 | |
| | 50 | 797 259 | 513 | 135 808 | 599 | 864 192 | 661 451 | 88 | 10 | |
| 20 | 0 | 1̄,5 797 772 | | 1̄,6 136 407 | | 0,3 863 593 | 1̄,9 661 365 | | 0 | 40 |
| ' | " | Cos. | | Cotg. | | Tang. | Sin. | | " | ' |

67°

| 602 | |
|---|---|
| 1 | 60,2 |
| 2 | 120,4 |
| 3 | 180,6 |
| 4 | 240,8 |
| 5 | 301,0 |
| 6 | 361,2 |
| 7 | 421,4 |
| 8 | 481,6 |
| 9 | 541,8 |

| 601 | |
|---|---|
| 1 | 60,1 |
| 2 | 120,2 |
| 3 | 180,3 |
| 4 | 240,4 |
| 5 | 300,5 |
| 6 | 360,6 |
| 7 | 420,7 |
| 8 | 480,8 |
| 9 | 540,9 |

| 600 | |
|---|---|
| 1 | 60 |
| 2 | 120 |
| 3 | 180 |
| 4 | 240 |
| 5 | 300 |
| 6 | 360 |
| 7 | 420 |
| 8 | 480 |
| 9 | 540 |

| 516 | |
|---|---|
| 1 | 51,6 |
| 2 | 103,2 |
| 3 | 154,8 |
| 4 | 206,4 |
| 5 | 258,0 |
| 6 | 309,6 |
| 7 | 361,2 |
| 8 | 412,8 |
| 9 | 464,4 |

| 515 | |
|---|---|
| 1 | 51,5 |
| 2 | 103,0 |
| 3 | 154,5 |
| 4 | 206,0 |
| 5 | 257,5 |
| 6 | 309,0 |
| 7 | 360,5 |
| 8 | 412,0 |
| 9 | 463,5 |

| 514 | |
|---|---|
| 1 | 51,4 |
| 2 | 102,8 |
| 3 | 154,2 |
| 4 | 205,6 |
| 5 | 257,0 |
| 6 | 308,4 |
| 7 | 359,8 |
| 8 | 411,2 |
| 9 | 462,6 |

| 513 | |
|---|---|
| 1 | 51,3 |
| 2 | 102,6 |
| 3 | 153,9 |
| 4 | 205,2 |
| 5 | 256,5 |
| 6 | 307,8 |
| 7 | 359,1 |
| 8 | 410,4 |
| 9 | 461,7 |

| 86 | |
|---|---|
| 1 | 8,6 |
| 2 | 17,2 |
| 3 | 25,8 |
| 4 | 34,4 |
| 5 | 43,0 |
| 6 | 51,6 |
| 7 | 60,2 |
| 8 | 68,8 |
| 9 | 77,4 |

| ′ | ″ | Sin. | D. | Tang. | D.c. | Cotg. | Cos. | D. | ″ | ′ |
|---|---|---|---|---|---|---|---|---|---|---|
| 20 | 0 | 1̄,5 797 772 | 512 | 1̄,6 136 407 | 599 | 0,3 863 593 | 1̄,9 661 365 | 87 | 0 | 40 |
| | 10 | 798 284 | 512 | 137 006 | 599 | 862 994 | 661 278 | 86 | 50 | |
| | 20 | 798 796 | 513 | 137 605 | 599 | 862 395 | 661 192 | 87 | 40 | |
| | 30 | 799 309 | 512 | 138 204 | 598 | 861 796 | 661 105 | 86 | 30 | |
| | 40 | 799 821 | 512 | 138 802 | 599 | 861 198 | 661 019 | 87 | 20 | |
| | 50 | 800 333 | 512 | 139 401 | 599 | 860 599 | 660 932 | 86 | 10 | |
| 21 | 0 | 800 845 | 512 | 140 000 | 598 | 860 000 | 660 846 | 87 | 0 | 39 |
| | 10 | 801 357 | 512 | 140 598 | 599 | 859 402 | 660 759 | 87 | 50 | |
| | 20 | 801 869 | 512 | 141 197 | 599 | 858 803 | 660 672 | 86 | 40 | |
| | 30 | 802 381 | 512 | 141 796 | 598 | 858 204 | 660 586 | 87 | 30 | |
| | 40 | 802 893 | 512 | 142 394 | 598 | 857 606 | 660 499 | 86 | 20 | |
| | 50 | 803 405 | 512 | 142 992 | 599 | 857 008 | 660 413 | 87 | 10 | |
| 22 | 0 | 803 917 | 511 | 143 591 | 598 | 856 409 | 660 326 | 87 | 0 | 38 |
| | 10 | 804 428 | 512 | 144 189 | 598 | 855 811 | 660 239 | 86 | 50 | |
| | 20 | 804 940 | 512 | 144 787 | 599 | 855 213 | 660 153 | 87 | 40 | |
| | 30 | 805 452 | 511 | 145 386 | 598 | 854 614 | 660 066 | 87 | 30 | |
| | 40 | 805 963 | 511 | 145 984 | 598 | 854 016 | 659 979 | 86 | 20 | |
| | 50 | 806 474 | 512 | 146 582 | 598 | 853 418 | 659 893 | 87 | 10 | |
| 23 | 0 | 806 986 | 511 | 147 180 | 598 | 852 820 | 659 806 | 87 | 0 | 37 |
| | 10 | 807 497 | 511 | 147 778 | 598 | 852 222 | 659 719 | 87 | 50 | |
| | 20 | 808 008 | 511 | 148 376 | 597 | 851 624 | 659 632 | 86 | 40 | |
| | 30 | 808 519 | 511 | 148 973 | 598 | 851 027 | 659 546 | 87 | 30 | |
| | 40 | 809 030 | 511 | 149 571 | 598 | 850 429 | 659 459 | 87 | 20 | |
| | 50 | 809 541 | 511 | 150 169 | 597 | 849 831 | 659 372 | 87 | 10 | |
| 24 | 0 | 810 052 | 511 | 150 766 | 598 | 849 234 | 659 285 | 86 | 0 | 36 |
| | 10 | 810 563 | 510 | 151 364 | 598 | 848 636 | 659 199 | 87 | 50 | |
| | 20 | 811 073 | 511 | 151 962 | 597 | 848 038 | 659 112 | 87 | 40 | |
| | 30 | 811 584 | 511 | 152 559 | 598 | 847 441 | 659 025 | 87 | 30 | |
| | 40 | 812 095 | 510 | 153 157 | 597 | 846 843 | 658 938 | 87 | 20 | |
| | 50 | 812 605 | 511 | 153 754 | 597 | 846 246 | 658 851 | 87 | 10 | |
| 25 | 0 | 813 116 | 510 | 154 351 | 597 | 845 649 | 658 764 | 86 | 0 | 35 |
| | 10 | 813 626 | 510 | 154 948 | 598 | 845 052 | 658 678 | 87 | 50 | |
| | 20 | 814 136 | 511 | 155 546 | 597 | 844 454 | 658 591 | 87 | 40 | |
| | 30 | 814 647 | 510 | 156 143 | 597 | 843 857 | 658 504 | 87 | 30 | |
| | 40 | 815 157 | 510 | 156 740 | 597 | 843 260 | 658 417 | 87 | 20 | |
| | 50 | 815 667 | 510 | 157 337 | 597 | 842 663 | 658 330 | 87 | 10 | |
| 26 | 0 | 816 177 | 510 | 157 934 | 597 | 842 066 | 658 243 | 87 | 0 | 34 |
| | 10 | 816 687 | 510 | 158 531 | 596 | 841 469 | 658 156 | 87 | 50 | |
| | 20 | 817 197 | 510 | 159 127 | 597 | 840 873 | 658 069 | 87 | 40 | |
| | 30 | 817 707 | 509 | 159 724 | 597 | 840 276 | 657 982 | 87 | 30 | |
| | 40 | 818 216 | 510 | 160 321 | 597 | 839 679 | 657 895 | 87 | 20 | |
| | 50 | 818 726 | 510 | 160 918 | 596 | 839 082 | 657 808 | 87 | 10 | |
| 27 | 0 | 819 236 | 509 | 161 514 | 597 | 838 486 | 657 721 | 87 | 0 | 33 |
| | 10 | 819 745 | 510 | 162 111 | 596 | 837 889 | 657 634 | 87 | 50 | |
| | 20 | 820 255 | 509 | 162 707 | 597 | 837 293 | 657 547 | 87 | 40 | |
| | 30 | 820 764 | 509 | 163 304 | 596 | 836 696 | 657 460 | 87 | 30 | |
| | 40 | 821 273 | 510 | 163 900 | 596 | 836 100 | 657 373 | 87 | 20 | |
| | 50 | 821 783 | 509 | 164 496 | 597 | 835 504 | 657 286 | 87 | 10 | |
| 28 | 0 | 822 292 | 509 | 165 093 | 596 | 834 907 | 657 199 | 87 | 0 | 32 |
| | 10 | 822 801 | 509 | 165 689 | 596 | 834 311 | 657 112 | 87 | 50 | |
| | 20 | 823 310 | 509 | 166 285 | 596 | 833 715 | 657 025 | 87 | 40 | |
| | 30 | 823 819 | 509 | 166 881 | 596 | 833 119 | 656 938 | 87 | 30 | |
| | 40 | 824 328 | 509 | 167 477 | 596 | 832 523 | 656 851 | 87 | 20 | |
| | 50 | 824 837 | 508 | 168 073 | 596 | 831 927 | 656 764 | 87 | 10 | |
| 29 | 0 | 825 345 | 509 | 168 669 | 596 | 831 331 | 656 677 | 88 | 0 | 31 |
| | 10 | 825 854 | 509 | 169 265 | 596 | 830 735 | 656 589 | 87 | 50 | |
| | 20 | 826 363 | 508 | 169 861 | 595 | 830 139 | 656 502 | 87 | 40 | |
| | 30 | 826 871 | 509 | 170 456 | 596 | 829 544 | 656 415 | 87 | 30 | |
| | 40 | 827 380 | 508 | 171 052 | 596 | 828 948 | 656 328 | 87 | 20 | |
| | 50 | 827 888 | 509 | 171 648 | 595 | 828 352 | 656 241 | 88 | 10 | |
| 30 | 0 | 1̄,5 828 397 | | 1̄,6 172 243 | | 0,3 827 757 | 1̄,9 656 153 | | 0 | 30 |
| ′ | ″ | Cos. | | Cotg. | | Tang. | Sin. | | ″ | ′ |

| | 599 | 598 | 597 | 596 | 512 | 511 | 510 | 87 |
|---|---|---|---|---|---|---|---|---|
| 1 | 59,9 | 59,8 | 59,7 | 59,6 | 51,2 | 51,1 | 51 | 8,7 |
| 2 | 119,8 | 119,6 | 119,4 | 119,2 | 102,4 | 102,2 | 102 | 17,4 |
| 3 | 179,7 | 179,4 | 179,1 | 178,8 | 153,6 | 153,3 | 153 | 26,1 |
| 4 | 239,6 | 239,2 | 238,8 | 238,4 | 204,8 | 204,4 | 204 | 34,8 |
| 5 | 299,5 | 299,0 | 298,5 | 298,0 | 256,0 | 255,5 | 255 | 43,5 |
| 6 | 359,4 | 358,8 | 358,2 | 357,6 | 307,2 | 306,6 | 306 | 52,2 |
| 7 | 419,3 | 418,6 | 417,9 | 417,2 | 358,4 | 357,7 | 357 | 60,9 |
| 8 | 479,2 | 478,4 | 477,6 | 476,8 | 409,6 | 408,8 | 408 | 69,6 |
| 9 | 539,1 | 538,2 | 537,3 | 536,4 | 460,8 | 459,9 | 459 | 78,3 |

| ′ | ″ | Sin. | D. | Tang. | D.c. | Cotg. | Cos. | D. | ″ | ′ |
|---|---|---|---|---|---|---|---|---|---|---|
| 30 | 0 | 1̄,5 828 397 | 508 | 1̄,6 172 243 | 596 | 0,3 827 757 | 1̄,9 656 153 | 87 | 0 | 30 |
| | 10 | 828 905 | 508 | 172 839 | 595 | 827 161 | 656 066 | 87 | 50 | |
| | 20 | 829 413 | 508 | 173 434 | 595 | 826 566 | 655 979 | 87 | 40 | |
| | 30 | 829 921 | 508 | 174 029 | 596 | 825 971 | 655 892 | 87 | 30 | |
| | 40 | 830 429 | 508 | 174 625 | 595 | 825 375 | 655 805 | 88 | 20 | |
| | 50 | 830 937 | 508 | 175 220 | 595 | 824 780 | 655 717 | 87 | 10 | |
| 31 | 0 | 831 445 | 508 | 175 815 | 595 | 824 185 | 655 630 | 87 | 0 | 29 |
| | 10 | 831 953 | 508 | 176 410 | 596 | 823 590 | 655 543 | 88 | 50 | |
| | 20 | 832 461 | 508 | 177 006 | 595 | 822 994 | 655 455 | 87 | 40 | |
| | 30 | 832 969 | 507 | 177 601 | 595 | 822 399 | 655 368 | 87 | 30 | |
| | 40 | 833 476 | 508 | 178 196 | 594 | 821 804 | 655 281 | 88 | 20 | |
| | 50 | 833 984 | 507 | 178 790 | 595 | 821 210 | 655 193 | 87 | 10 | |
| 32 | 0 | 834 491 | 508 | 179 385 | 595 | 820 615 | 655 106 | 87 | 0 | 28 |
| | 10 | 834 999 | 507 | 179 980 | 595 | 820 020 | 655 019 | 88 | 50 | |
| | 20 | 835 506 | 508 | 180 575 | 595 | 819 425 | 654 931 | 87 | 40 | |
| | 30 | 836 014 | 507 | 181 170 | 594 | 818 830 | 654 844 | 87 | 30 | |
| | 40 | 836 521 | 507 | 181 764 | 595 | 818 236 | 654 757 | 88 | 20 | |
| | 50 | 837 028 | 507 | 182 359 | 594 | 817 641 | 654 669 | 87 | 10 | |
| 33 | 0 | 837 535 | 507 | 182 953 | 595 | 817 047 | 654 582 | 88 | 0 | 27 |
| | 10 | 838 042 | 507 | 183 548 | 594 | 816 452 | 654 494 | 87 | 50 | |
| | 20 | 838 549 | 507 | 184 142 | 595 | 815 858 | 654 407 | 88 | 40 | |
| | 30 | 839 056 | 507 | 184 737 | 594 | 815 263 | 654 319 | 87 | 30 | |
| | 40 | 839 563 | 506 | 185 331 | 594 | 814 669 | 654 232 | 88 | 20 | |
| | 50 | 840 069 | 507 | 185 925 | 594 | 814 075 | 654 144 | 87 | 10 | |
| 34 | 0 | 840 576 | 507 | 186 519 | 594 | 813 481 | 654 057 | 88 | 0 | 26 |
| | 10 | 841 083 | 506 | 187 113 | 594 | 812 887 | 653 969 | 87 | 50 | |
| | 20 | 841 589 | 507 | 187 707 | 594 | 812 293 | 653 882 | 88 | 40 | |
| | 30 | 842 096 | 506 | 188 301 | 594 | 811 699 | 653 794 | 87 | 30 | |
| | 40 | 842 602 | 507 | 188 895 | 594 | 811 105 | 653 707 | 88 | 20 | |
| | 50 | 843 109 | 506 | 189 489 | 594 | 810 511 | 653 619 | 87 | 10 | |
| 35 | 0 | 843 615 | 506 | 190 083 | 594 | 809 917 | 653 532 | 88 | 0 | 25 |
| | 10 | 844 121 | 506 | 190 677 | 594 | 809 323 | 653 444 | 87 | 50 | |
| | 20 | 844 627 | 506 | 191 271 | 593 | 808 729 | 653 357 | 88 | 40 | |
| | 30 | 845 133 | 506 | 191 864 | 594 | 808 136 | 653 269 | 88 | 30 | |
| | 40 | 845 639 | 506 | 192 458 | 593 | 807 542 | 653 181 | 87 | 20 | |
| | 50 | 846 145 | 506 | 193 051 | 594 | 806 949 | 653 094 | 88 | 10 | |
| 36 | 0 | 846 651 | 506 | 193 645 | 593 | 806 355 | 653 006 | 88 | 0 | 24 |
| | 10 | 847 157 | 505 | 194 238 | 594 | 805 762 | 652 918 | 87 | 50 | |
| | 20 | 847 662 | 506 | 194 832 | 593 | 805 168 | 652 831 | 88 | 40 | |
| | 30 | 848 168 | 506 | 195 425 | 593 | 804 575 | 652 743 | 88 | 30 | |
| | 40 | 848 674 | 505 | 196 018 | 594 | 803 982 | 652 655 | 87 | 20 | |
| | 50 | 849 179 | 506 | 196 612 | 593 | 803 388 | 652 568 | 88 | 10 | |
| 37 | 0 | 849 685 | 505 | 197 205 | 593 | 802 795 | 652 480 | 88 | 0 | 23 |
| | 10 | 850 190 | 505 | 197 798 | 593 | 802 202 | 652 392 | 88 | 50 | |
| | 20 | 850 695 | 506 | 198 391 | 593 | 801 609 | 652 304 | 87 | 40 | |
| | 30 | 851 201 | 505 | 198 984 | 593 | 801 016 | 652 217 | 88 | 30 | |
| | 40 | 851 706 | 505 | 199 577 | 593 | 800 423 | 652 129 | 88 | 20 | |
| | 50 | 852 211 | 505 | 200 170 | 592 | 799 830 | 652 041 | 88 | 10 | |
| 38 | 0 | 852 716 | 505 | 200 762 | 593 | 799 238 | 651 953 | 87 | 0 | 22 |
| | 10 | 853 221 | 505 | 201 355 | 593 | 798 645 | 651 866 | 88 | 50 | |
| | 20 | 853 726 | 504 | 201 948 | 592 | 798 052 | 651 778 | 88 | 40 | |
| | 30 | 854 230 | 505 | 202 540 | 593 | 797 460 | 651 690 | 88 | 30 | |
| | 40 | 854 735 | 505 | 203 133 | 593 | 796 867 | 651 602 | 88 | 20 | |
| | 50 | 855 240 | 505 | 203 726 | 592 | 796 274 | 651 514 | 88 | 10 | |
| 39 | 0 | 855 745 | 504 | 204 318 | 592 | 795 682 | 651 426 | 87 | 0 | 21 |
| | 10 | 856 249 | 505 | 204 910 | 593 | 795 090 | 651 339 | 88 | 50 | |
| | 20 | 856 754 | 504 | 205 503 | 592 | 794 497 | 651 251 | 88 | 40 | |
| | 30 | 857 258 | 504 | 206 095 | 592 | 793 905 | 651 163 | 88 | 30 | |
| | 40 | 857 762 | 505 | 206 687 | 593 | 793 313 | 651 075 | 88 | 20 | |
| | 50 | 858 267 | 504 | 207 280 | 592 | 792 720 | 650 987 | 88 | 10 | |
| 40 | 0 | 1̄,5 858 771 | | 1̄,6 207 872 | | 0,3 792 128 | 1̄,9 650 899 | | 0 | 20 |
| ′ | ″ | Cos. | | Cotg. | | Tang. | Sin. | | ″ | ′ |

67°

| | 595 | 594 | 593 | 508 | 507 | 506 | 505 | 88 |
|---|---|---|---|---|---|---|---|---|
| 1 | 59,5 | 59,4 | 59,3 | 50,8 | 50,7 | 50,6 | 50,5 | 8,8 |
| 2 | 119,0 | 118,8 | 118,6 | 101,6 | 101,4 | 101,2 | 101,0 | 17,6 |
| 3 | 178,5 | 178,2 | 177,9 | 152,4 | 152,1 | 151,8 | 151,5 | 26,4 |
| 4 | 238,0 | 237,6 | 237,2 | 203,2 | 202,8 | 202,4 | 202,0 | 35,2 |
| 5 | 297,5 | 297,0 | 296,5 | 254,0 | 253,5 | 253,0 | 252,5 | 44,0 |
| 6 | 357,0 | 356,4 | 355,8 | 304,8 | 304,2 | 303,6 | 303,0 | 52,8 |
| 7 | 416,5 | 415,8 | 415,1 | 355,6 | 354,9 | 354,2 | 353,5 | 61,6 |
| 8 | 476,0 | 475,2 | 474,4 | 406,4 | 405,6 | 404,8 | 404,0 | 70,4 |
| 9 | 535,5 | 534,6 | 533,7 | 457,2 | 456,3 | 455,4 | 454,5 | 79,2 |

| | 592 | 591 | 590 | 589 | 503 | 502 | 501 | 88 |
|---|---|---|---|---|---|---|---|---|
| 1 | 59,2 | 59,1 | 59 | 58,9 | 50,3 | 50,2 | 50,1 | 8,8 |
| 2 | 118,4 | 118,2 | 118 | 117,8 | 100,6 | 100,4 | 100,2 | 17,6 |
| 3 | 177,6 | 177,3 | 177 | 176,7 | 150,9 | 150,6 | 150,3 | 26,4 |
| 4 | 236,8 | 236,4 | 236 | 235,6 | 201,2 | 200,8 | 200,4 | 35,2 |
| 5 | 296,0 | 295,5 | 295 | 294,5 | 251,5 | 251,0 | 250,5 | 44,0 |
| 6 | 355,2 | 354,6 | 354 | 353,4 | 301,8 | 301,2 | 300,6 | 52,8 |
| 7 | 414,4 | 413,7 | 413 | 412,3 | 352,1 | 351,4 | 350,7 | 61,6 |
| 8 | 473,6 | 472,8 | 472 | 471,2 | 402,4 | 401,6 | 400,8 | 70,4 |
| 9 | 532,8 | 531,9 | 531 | 530,1 | 452,7 | 451,8 | 450,9 | 79,2 |

| ′ | ″ | Sin. | D. | Tang. | D.c. | Cotg. | Cos. | D. | ″ | ′ |
|---|---|---|---|---|---|---|---|---|---|---|
| 40 | 0 | 1̄,5 858 771 | 504 | 1̄,6 207 872 | 592 | 0,3 792 128 | 1̄,9 650 899 | 88 | 0 | 20 |
| | 10 | 859 275 | 504 | 208 464 | 592 | 791 536 | 650 811 | 88 | 50 | |
| | 20 | 859 779 | 504 | 209 056 | 592 | 790 944 | 650 723 | 88 | 40 | |
| | 30 | 860 283 | 504 | 209 648 | 592 | 790 352 | 650 635 | 88 | 30 | |
| | 40 | 860 787 | 504 | 210 240 | 591 | 789 760 | 650 547 | 88 | 20 | |
| | 50 | 861 291 | 504 | 210 831 | 592 | 789 169 | 650 459 | 88 | 10 | |
| 41 | 0 | 861 795 | 503 | 211 423 | 592 | 788 577 | 650 371 | 88 | 0 | 19 |
| | 10 | 862 298 | 504 | 212 015 | 592 | 787 985 | 650 283 | 88 | 50 | |
| | 20 | 862 802 | 503 | 212 607 | 591 | 787 393 | 650 195 | 88 | 40 | |
| | 30 | 863 305 | 504 | 213 198 | 592 | 786 802 | 650 107 | 88 | 30 | |
| | 40 | 863 809 | 503 | 213 790 | 591 | 786 210 | 650 019 | 88 | 20 | |
| | 50 | 864 312 | 504 | 214 381 | 592 | 785 619 | 649 931 | 88 | 10 | |
| 42 | 0 | 864 816 | 503 | 214 973 | 591 | 785 027 | 649 843 | 88 | 0 | 18 |
| | 10 | 865 319 | 503 | 215 564 | 591 | 784 436 | 649 755 | 88 | 50 | |
| | 20 | 865 822 | 503 | 216 155 | 592 | 783 845 | 649 667 | 88 | 40 | |
| | 30 | 866 325 | 504 | 216 747 | 591 | 783 253 | 649 579 | 88 | 30 | |
| | 40 | 866 829 | 503 | 217 338 | 591 | 782 662 | 649 491 | 88 | 20 | |
| | 50 | 867 332 | 503 | 217 929 | 591 | 782 071 | 649 403 | 89 | 10 | |
| 43 | 0 | 867 835 | 502 | 218 520 | 591 | 781 480 | 649 314 | 88 | 0 | 17 |
| | 10 | 868 337 | 503 | 219 111 | 591 | 780 889 | 649 226 | 88 | 50 | |
| | 20 | 868 840 | 503 | 219 702 | 591 | 780 298 | 649 138 | 88 | 40 | |
| | 30 | 869 343 | 503 | 220 293 | 591 | 779 707 | 649 050 | 88 | 30 | |
| | 40 | 869 846 | 502 | 220 884 | 591 | 779 116 | 648 962 | 88 | 20 | |
| | 50 | 870 348 | 503 | 221 475 | 591 | 778 525 | 648 874 | 89 | 10 | |
| 44 | 0 | 870 851 | 502 | 222 066 | 590 | 777 934 | 648 785 | 88 | 0 | 16 |
| | 10 | 871 353 | 503 | 222 656 | 591 | 777 344 | 648 697 | 88 | 50 | |
| | 20 | 871 856 | 502 | 223 247 | 591 | 776 753 | 648 609 | 88 | 40 | |
| | 30 | 872 358 | 502 | 223 838 | 590 | 776 162 | 648 521 | 89 | 30 | |
| | 40 | 872 860 | 503 | 224 428 | 591 | 775 572 | 648 432 | 88 | 20 | |
| | 50 | 873 363 | 502 | 225 019 | 590 | 774 981 | 648 344 | 88 | 10 | |
| 45 | 0 | 873 865 | 502 | 225 609 | 590 | 774 391 | 648 256 | 89 | 0 | 15 |
| | 10 | 874 367 | 502 | 226 199 | 591 | 773 801 | 648 167 | 88 | 50 | |
| | 20 | 874 869 | 502 | 226 790 | 590 | 773 210 | 648 079 | 88 | 40 | |
| | 30 | 875 371 | 502 | 227 380 | 590 | 772 620 | 647 991 | 89 | 30 | |
| | 40 | 875 873 | 502 | 227 970 | 590 | 772 030 | 647 902 | 88 | 20 | |
| | 50 | 876 375 | 501 | 228 560 | 590 | 771 440 | 647 814 | 88 | 10 | |
| 46 | 0 | 876 876 | 502 | 229 150 | 590 | 770 850 | 647 726 | 89 | 0 | 14 |
| | 10 | 877 378 | 502 | 229 740 | 590 | 770 260 | 647 637 | 88 | 50 | |
| | 20 | 877 880 | 501 | 230 330 | 590 | 769 670 | 647 549 | 88 | 40 | |
| | 30 | 878 381 | 502 | 230 920 | 590 | 769 080 | 647 461 | 89 | 30 | |
| | 40 | 878 883 | 501 | 231 510 | 590 | 768 490 | 647 372 | 88 | 20 | |
| | 50 | 879 384 | 501 | 232 100 | 590 | 767 900 | 647 284 | 89 | 10 | |
| 47 | 0 | 879 885 | 501 | 232 690 | 590 | 767 310 | 647 195 | 88 | 0 | 13 |
| | 10 | 880 386 | 502 | 233 280 | 589 | 766 720 | 647 107 | 89 | 50 | |
| | 20 | 880 888 | 501 | 233 869 | 590 | 766 131 | 647 018 | 88 | 40 | |
| | 30 | 881 389 | 501 | 234 459 | 589 | 765 541 | 646 930 | 88 | 30 | |
| | 40 | 881 890 | 501 | 235 048 | 590 | 764 952 | 646 842 | 89 | 20 | |
| | 50 | 882 391 | 501 | 235 638 | 589 | 764 362 | 646 753 | 88 | 10 | |
| 48 | 0 | 882 892 | 501 | 236 227 | 590 | 763 773 | 646 665 | 89 | 0 | 12 |
| | 10 | 883 393 | 500 | 236 817 | 589 | 763 183 | 646 576 | 88 | 50 | |
| | 20 | 883 893 | 501 | 237 406 | 589 | 762 594 | 646 488 | 89 | 40 | |
| | 30 | 884 394 | 501 | 237 995 | 589 | 762 005 | 646 399 | 89 | 30 | |
| | 40 | 884 895 | 500 | 238 584 | 589 | 761 416 | 646 310 | 88 | 20 | |
| | 50 | 885 395 | 501 | 239 173 | 590 | 760 827 | 646 222 | 89 | 10 | |
| 49 | 0 | 885 896 | 500 | 239 763 | 589 | 760 237 | 646 133 | 88 | 0 | 11 |
| | 10 | 886 396 | 501 | 240 352 | 589 | 759 648 | 646 045 | 89 | 50 | |
| | 20 | 886 897 | 500 | 240 941 | 588 | 759 059 | 645 956 | 88 | 40 | |
| | 30 | 887 397 | 500 | 241 529 | 589 | 758 471 | 645 868 | 89 | 30 | |
| | 40 | 887 897 | 500 | 242 118 | 589 | 757 882 | 645 779 | 89 | 20 | |
| | 50 | 888 397 | 500 | 242 707 | 589 | 757 293 | 645 690 | 88 | 10 | |
| 50 | 0 | 1̄,5 888 897 | | 1̄,6 243 296 | | 0,3 756 704 | 1̄,9 645 602 | | 0 | 10 |
| ′ | ″ | Cos. | | Cotg. | | Tang. | Sin. | | ″ | ′ |

| ′ | ″ | Sin. | D. | Tang. | D.c. | Cotg. | Cos. | D. | ″ | ′ |
|---|---|---|---|---|---|---|---|---|---|---|
| 50 | 0 | 1̄,5 888 897 | 500 | 1̄,6 243 296 | 589 | 0,3 756 704 | 1̄,9 645 602 | 89 | 0 | 10 |
| | 10 | 889 397 | 500 | 243 885 | 588 | 756 115 | 645 513 | 89 | 50 | |
| | 20 | 889 897 | 500 | 244 473 | 589 | 755 527 | 645 424 | 88 | 40 | |
| | 30 | 890 397 | 500 | 245 062 | 588 | 754 938 | 645 336 | 89 | 30 | |
| | 40 | 890 897 | 500 | 245 650 | 589 | 754 350 | 645 247 | 89 | 20 | |
| | 50 | 891 397 | 500 | 246 239 | 588 | 753 761 | 645 158 | 89 | 10 | |
| 51 | 0 | 891 897 | 499 | 246 827 | 589 | 753 173 | 645 069 | 88 | 0 | 9 |
| | 10 | 892 396 | 500 | 247 416 | 588 | 752 584 | 644 981 | 89 | 50 | |
| | 20 | 892 896 | 499 | 248 004 | 588 | 751 996 | 644 892 | 89 | 40 | |
| | 30 | 893 395 | 500 | 248 592 | 588 | 751 408 | 644 803 | 89 | 30 | |
| | 40 | 893 895 | 499 | 249 180 | 588 | 750 820 | 644 714 | 88 | 20 | |
| | 50 | 894 394 | 499 | 249 768 | 588 | 750 232 | 644 626 | 89 | 10 | |
| 52 | 0 | 894 893 | 500 | 250 356 | 589 | 749 644 | 644 537 | 89 | 0 | 8 |
| | 10 | 895 393 | 499 | 250 945 | 587 | 749 055 | 644 448 | 89 | 50 | |
| | 20 | 895 892 | 499 | 251 532 | 588 | 748 468 | 644 359 | 89 | 40 | |
| | 30 | 896 391 | 499 | 252 120 | 588 | 747 880 | 644 270 | 88 | 30 | |
| | 40 | 896 890 | 499 | 252 708 | 588 | 747 292 | 644 182 | 89 | 20 | |
| | 50 | 897 389 | 499 | 253 296 | 588 | 746 704 | 644 093 | 89 | 10 | |
| 53 | 0 | 897 888 | 499 | 253 884 | 588 | 746 116 | 644 004 | 89 | 0 | 7 |
| | 10 | 898 387 | 498 | 254 472 | 587 | 745 528 | 643 915 | 89 | 50 | |
| | 20 | 898 885 | 499 | 255 059 | 588 | 744 941 | 643 826 | 89 | 40 | |
| | 30 | 899 384 | 499 | 255 647 | 587 | 744 353 | 643 737 | 89 | 30 | |
| | 40 | 899 883 | 498 | 256 234 | 588 | 743 766 | 643 648 | 89 | 20 | |
| | 50 | 900 381 | 499 | 256 822 | 587 | 743 178 | 643 559 | 89 | 10 | |
| 54 | 0 | 900 880 | 498 | 257 409 | 587 | 742 591 | 643 470 | 88 | 0 | 6 |
| | 10 | 901 378 | 498 | 257 996 | 588 | 742 004 | 643 382 | 89 | 50 | |
| | 20 | 901 876 | 499 | 258 584 | 587 | 741 416 | 643 293 | 89 | 40 | |
| | 30 | 902 375 | 498 | 259 171 | 587 | 740 829 | 643 204 | 89 | 30 | |
| | 40 | 902 873 | 498 | 259 758 | 587 | 740 242 | 643 115 | 89 | 20 | |
| | 50 | 903 371 | 498 | 260 345 | 587 | 739 655 | 643 026 | 89 | 10 | |
| 55 | 0 | 903 869 | 498 | 260 932 | 587 | 739 068 | 642 937 | 89 | 0 | 5 |
| | 10 | 904 367 | 498 | 261 519 | 587 | 738 481 | 642 848 | 89 | 50 | |
| | 20 | 904 865 | 498 | 262 106 | 587 | 737 894 | 642 759 | 89 | 40 | |
| | 30 | 905 363 | 498 | 262 693 | 587 | 737 307 | 642 670 | 90 | 30 | |
| | 40 | 905 861 | 497 | 263 280 | 587 | 736 720 | 642 580 | 89 | 20 | |
| | 50 | 906 358 | 498 | 263 867 | 587 | 736 133 | 642 491 | 89 | 10 | |
| 56 | 0 | 906 856 | 498 | 264 454 | 586 | 735 546 | 642 402 | 89 | 0 | 4 |
| | 10 | 907 354 | 497 | 265 040 | 587 | 734 960 | 642 313 | 89 | 50 | |
| | 20 | 907 851 | 498 | 265 627 | 587 | 734 373 | 642 224 | 89 | 40 | |
| | 30 | 908 349 | 497 | 266 214 | 586 | 733 786 | 642 135 | 89 | 30 | |
| | 40 | 908 846 | 497 | 266 800 | 587 | 733 200 | 642 046 | 89 | 20 | |
| | 50 | 909 343 | 498 | 267 387 | 586 | 732 613 | 641 957 | 89 | 10 | |
| 57 | 0 | 909 841 | 497 | 267 973 | 587 | 732 027 | 641 868 | 90 | 0 | 3 |
| | 10 | 910 338 | 497 | 268 560 | 586 | 731 440 | 641 778 | 89 | 50 | |
| | 20 | 910 835 | 497 | 269 146 | 586 | 730 854 | 641 689 | 89 | 40 | |
| | 30 | 911 332 | 497 | 269 732 | 586 | 730 268 | 641 600 | 89 | 30 | |
| | 40 | 911 829 | 497 | 270 318 | 586 | 729 682 | 641 511 | 89 | 20 | |
| | 50 | 912 326 | 497 | 270 904 | 587 | 729 096 | 641 422 | 90 | 10 | |
| 58 | 0 | 912 823 | 497 | 271 491 | 586 | 728 509 | [illegible] | 89 | 0 | 2 |
| | 10 | 913 320 | 496 | 272 077 | 586 | 727 923 | 641 243 | 89 | 50 | |
| | 20 | 913 816 | 497 | 272 663 | 585 | 727 337 | 641 154 | 89 | 40 | |
| | 30 | 914 313 | 497 | 273 248 | 586 | 726 752 | 641 065 | 90 | 30 | |
| | 40 | 914 810 | 496 | 273 834 | 586 | 726 166 | 640 975 | 89 | 20 | |
| | 50 | 915 306 | 497 | 274 420 | 586 | 725 580 | 640 886 | 89 | 10 | |
| 59 | 0 | 915 803 | 496 | 275 006 | 586 | 724 994 | 640 797 | 89 | 0 | 1 |
| | 10 | 916 299 | 496 | 275 592 | 585 | 724 408 | 640 708 | 90 | 50 | |
| | 20 | 916 795 | 497 | 276 177 | 586 | 723 823 | 640 618 | 89 | 40 | |
| | 30 | 917 292 | 496 | 276 763 | 585 | 723 237 | 640 529 | 89 | 30 | |
| | 40 | 917 788 | 496 | 277 348 | 586 | 722 652 | 640 440 | 90 | 20 | |
| | 50 | 918 284 | 496 | 277 934 | 585 | 722 066 | 640 350 | 89 | 10 | |
| 60 | 0 | 1̄,5 918 780 | | 1̄,6 278 519 | | 0,3 721 481 | 1̄,9 640 261 | | 0 | 0 |
| ′ | ″ | Cos. | | Cotg. | | Tang. | Sin. | | ″ | ′ |

67°

| | 588 | 587 | 586 | 499 | 498 | 497 | 496 | 89 |
|---|---|---|---|---|---|---|---|---|
| 1 | 58,8 | 58,7 | 58,6 | 49,9 | 49,8 | 49,7 | 49,6 | 8,9 |
| 2 | 117,6 | 117,4 | 117,2 | 99,8 | 99,6 | 99,4 | 99,2 | 17,8 |
| 3 | 176,4 | 176,1 | 175,8 | 149,7 | 149,4 | 149,1 | 148,8 | 26,7 |
| 4 | 235,2 | 234,8 | 234,4 | 199,6 | 199,2 | 198,8 | 198,4 | 35,6 |
| 5 | 294,0 | 293,5 | 293,0 | 249,5 | 249,0 | 248,5 | 248,0 | 44,5 |
| 6 | 352,8 | 352,2 | 351,6 | 299,4 | 298,8 | 298,2 | 297,6 | 53,4 |
| 7 | 411,6 | 410,9 | 410,2 | 349,3 | 348,6 | 347,9 | 347,2 | 62,3 |
| 8 | 470,4 | 469,6 | 468,8 | 399,2 | 398,4 | 397,6 | 396,8 | 71,2 |
| 9 | 529,2 | 528,3 | 527,4 | 449,1 | 448,2 | 447,3 | 446,4 | 80,1 |

| | 585 | 584 | 583 | 495 | 494 | 493 | 492 | 90 |
|---|---|---|---|---|---|---|---|---|
| 1 | 58,5 | 58,4 | 58,3 | 49,5 | 49,4 | 49,3 | 49,2 | 9 |
| 2 | 117,0 | 116,8 | 116,6 | 99,0 | 98,8 | 98,6 | 98,4 | 18 |
| 3 | 175,5 | 175,2 | 174,9 | 148,5 | 148,2 | 147,9 | 147,6 | 27 |
| 4 | 234,0 | 233,6 | 233,2 | 198,0 | 197,6 | 197,2 | 196,8 | 36 |
| 5 | 292,5 | 292,0 | 291,5 | 247,5 | 247,0 | 246,5 | 246,0 | 45 |
| 6 | 351,0 | 350,4 | 349,8 | 297,0 | 296,4 | 295,8 | 295,2 | 54 |
| 7 | 409,5 | 408,8 | 408,1 | 346,5 | 345,8 | 345,1 | 344,4 | 63 |
| 8 | 468,0 | 467,2 | 466,4 | 396,0 | 395,2 | 394,4 | 393,6 | 72 |
| 9 | 526,5 | 525,6 | 524,7 | 445,5 | 444,6 | 443,7 | 442,8 | 81 |

| ′ | ″ | Sin. | D. | Tang. | D.c. | Cotg. | Cos. | D. | ″ | ′ |
|---|---|---|---|---|---|---|---|---|---|---|
| 0 | 0 | $\bar{1}$,5 918 780 | | $\bar{1}$,6 278 519 | | 0,3 721 481 | $\bar{1}$,9 640 261 | | 0 | 60 |
| | 10 | 919 276 | 496 | 279 105 | 586 | 720 895 | 640 171 | 90 | 50 | |
| | 20 | 919 772 | 496 | 279 690 | 585 | 720 310 | 640 082 | 89 | 40 | |
| | 30 | 920 268 | 496 | 280 275 | 585 | 719 725 | 639 993 | 89 | 30 | |
| | 40 | 920 764 | 496 | 280 860 | 585 | 719 140 | 639 903 | 90 | 20 | |
| | 50 | 921 259 | 495 | 281 446 | 586 | 718 554 | 639 814 | 89 | 10 | |
| 1 | 0 | 921 755 | 496 | 282 031 | 585 | 717 969 | 639 724 | 90 | 0 | 59 |
| | 10 | 922 251 | 496 | 282 616 | 585 | 717 384 | 639 635 | 89 | 50 | |
| | 20 | 922 746 | 495 | 283 201 | 585 | 716 799 | 639 545 | 90 | 40 | |
| | 30 | 923 242 | 496 | 283 786 | 585 | 716 214 | 639 456 | 89 | 30 | |
| | 40 | 923 737 | 495 | 284 371 | 585 | 715 629 | 639 366 | 90 | 20 | |
| | 50 | 924 232 | 495 | 284 955 | 584 | 715 045 | 639 277 | 89 | 10 | |
| 2 | 0 | 924 728 | 496 | 285 540 | 585 | 714 460 | 639 187 | 90 | 0 | 58 |
| | 10 | 925 223 | 495 | 286 125 | 585 | 713 875 | 639 098 | 89 | 50 | |
| | 20 | 925 718 | 495 | 286 710 | 585 | 713 290 | 639 008 | 90 | 40 | |
| | 30 | 926 213 | 495 | 287 294 | 584 | 712 706 | 638 919 | 89 | 30 | |
| | 40 | 926 708 | 495 | 287 879 | 585 | 712 121 | 638 829 | 90 | 20 | |
| | 50 | 927 203 | 495 | 288 463 | 584 | 711 537 | 638 740 | 89 | 10 | |
| 3 | 0 | 927 698 | 495 | 289 048 | 585 | 710 952 | 638 650 | 90 | 0 | 57 |
| | 10 | 928 193 | 495 | 289 632 | 584 | 710 368 | 638 561 | 89 | 50 | |
| | 20 | 928 687 | 494 | 290 216 | 584 | 709 784 | 638 471 | 90 | 40 | |
| | 30 | 929 182 | 495 | 290 801 | 585 | 709 199 | 638 381 | 90 | 30 | |
| | 40 | 929 677 | 495 | 291 385 | 584 | 708 615 | 638 292 | 89 | 20 | |
| | 50 | 930 171 | 494 | 291 969 | 584 | 708 031 | 638 202 | 90 | 10 | |
| 4 | 0 | 930 666 | 495 | 292 553 | 584 | 707 447 | 638 112 | 90 | 0 | 56 |
| | 10 | 931 160 | 494 | 293 137 | 584 | 706 863 | 638 023 | 89 | 50 | |
| | 20 | 931 654 | 494 | 293 721 | 584 | 706 279 | 637 933 | 90 | 40 | |
| | 30 | 932 149 | 495 | 294 305 | 584 | 705 695 | 637 843 | 90 | 30 | |
| | 40 | 932 643 | 494 | 294 889 | 584 | 705 111 | 637 754 | 89 | 20 | |
| | 50 | 933 137 | 494 | 295 473 | 584 | 704 527 | 637 664 | 90 | 10 | |
| 5 | 0 | 933 631 | 494 | 296 057 | 584 | 703 943 | 637 574 | 90 | 0 | 55 |
| | 10 | 934 125 | 494 | 296 641 | 584 | 703 359 | 637 484 | 90 | 50 | |
| | 20 | 934 619 | 494 | 297 224 | 583 | 702 776 | 637 395 | 89 | 40 | |
| | 30 | 935 113 | 494 | 297 808 | 584 | 702 192 | 637 305 | 90 | 30 | |
| | 40 | 935 607 | 494 | 298 391 | 583 | 701 609 | 637 215 | 90 | 20 | |
| | 50 | 936 100 | 493 | 298 975 | 584 | 701 025 | 637 125 | 90 | 10 | |
| 6 | 0 | 936 594 | 494 | 299 558 | 583 | 700 442 | 637 036 | 89 | 0 | 54 |
| | 10 | 937 088 | 494 | 300 142 | 584 | 699 858 | 636 946 | 90 | 50 | |
| | 20 | 937 581 | 493 | 300 725 | 583 | 699 275 | 636 856 | 90 | 40 | |
| | 30 | 938 075 | 494 | 301 308 | 583 | 698 692 | 636 766 | 90 | 30 | |
| | 40 | 938 568 | 493 | 301 892 | 584 | 698 108 | 636 676 | 90 | 20 | |
| | 50 | 939 061 | 493 | 302 475 | 583 | 697 525 | 636 586 | 90 | 10 | |
| 7 | 0 | 939 555 | 494 | 303 058 | 583 | 696 942 | 636 496 | 90 | 0 | 53 |
| | 10 | 940 048 | 493 | 303 641 | 583 | 696 359 | 636 407 | 89 | 50 | |
| | 20 | 940 541 | 493 | 304 224 | 583 | 695 776 | 636 317 | 90 | 40 | |
| | 30 | 941 034 | 493 | 304 807 | 583 | 695 193 | 636 227 | 90 | 30 | |
| | 40 | 941 527 | 493 | 305 390 | 583 | 694 610 | 636 137 | 90 | 20 | |
| | 50 | 942 020 | 493 | 305 973 | 583 | 694 027 | 636 047 | 90 | 10 | |
| 8 | 0 | 942 513 | 493 | 306 556 | 583 | 693 444 | 635 957 | 90 | 0 | 52 |
| | 10 | 943 006 | 493 | 307 139 | 583 | 692 861 | 635 867 | 90 | 50 | |
| | 20 | 943 498 | 492 | 307 721 | 582 | 692 279 | 635 777 | 90 | 40 | |
| | 30 | 943 991 | 493 | 308 304 | 583 | 691 696 | 635 687 | 90 | 30 | |
| | 40 | 944 484 | 493 | 308 887 | 583 | 691 113 | 635 597 | 90 | 20 | |
| | 50 | 944 976 | 492 | 309 469 | 582 | 690 531 | 635 507 | 90 | 10 | |
| 9 | 0 | 945 469 | 493 | 310 052 | 583 | 689 948 | 635 417 | 90 | 0 | 51 |
| | 10 | 945 961 | 492 | 310 634 | 582 | 689 366 | 635 327 | 90 | 50 | |
| | 20 | 946 453 | 492 | 311 216 | 582 | 688 784 | 635 237 | 90 | 40 | |
| | 30 | 946 946 | 493 | 311 799 | 583 | 688 201 | 635 147 | 90 | 30 | |
| | 40 | 947 438 | 492 | 312 381 | 582 | 687 619 | 635 057 | 90 | 20 | |
| | 50 | 947 930 | 492 | 312 963 | 582 | 687 037 | 634 967 | 90 | 10 | |
| 10 | 0 | $\bar{1}$,5 948 422 | 492 | $\bar{1}$,6 313 545 | 582 | 0,3 686 455 | $\bar{1}$,9 634 877 | 90 | 0 | 50 |
| ′ | ″ | Cos. | | Cotg. | | Tang. | Sin. | | ″ | ′ |

| ′ | ″ | Sin. | D. | Tang. | D.c. | Cotg. | Cos. | D. | ″ | ′ |
|---|---|---|---|---|---|---|---|---|---|---|
| 10 | 0 | 1̄,5 948 422 | 492 | 1̄,6 313 545 | 582 | 0,3 686 455 | 1̄,9 634 877 | 90 | 0 | 50 |
| | 10 | 948 914 | 492 | 314 127 | 583 | 685 873 | 634 787 | 91 | 50 | |
| | 20 | 949 406 | 492 | 314 710 | 582 | 685 290 | 634 696 | 90 | 40 | |
| | 30 | 949 898 | 492 | 315 292 | 582 | 684 708 | 634 606 | 90 | 30 | |
| | 40 | 950 390 | 491 | 315 874 | 581 | 684 126 | 634 516 | 90 | 20 | |
| | 50 | 950 881 | 492 | 316 455 | 582 | 683 545 | 634 426 | 90 | 10 | |
| 11 | 0 | 951 373 | 492 | 317 037 | 582 | 682 963 | 634 336 | 90 | 0 | 49 |
| | 10 | 951 865 | 491 | 317 619 | 582 | 682 381 | 634 246 | 90 | 50 | |
| | 20 | 952 356 | 492 | 318 201 | 581 | 681 799 | 634 156 | 91 | 40 | |
| | 30 | 952 848 | 491 | 318 782 | 582 | 681 218 | 634 065 | 90 | 30 | |
| | 40 | 953 339 | 492 | 319 364 | 582 | 680 636 | 633 975 | 90 | 20 | |
| | 50 | 953 831 | 491 | 319 946 | 581 | 680 054 | 633 885 | 90 | 10 | |
| 12 | 0 | 954 322 | 491 | 320 527 | 582 | 679 473 | 633 795 | 91 | 0 | 48 |
| | 10 | 954 813 | 491 | 321 109 | 581 | 678 891 | 633 704 | 90 | 50 | |
| | 20 | 955 304 | 491 | 321 690 | 581 | 678 310 | 633 614 | 90 | 40 | |
| | 30 | 955 795 | 491 | 322 271 | 582 | 677 729 | 633 524 | 90 | 30 | |
| | 40 | 956 286 | 491 | 322 853 | 581 | 677 147 | 633 434 | 91 | 20 | |
| | 50 | 956 777 | 491 | 323 434 | 581 | 676 566 | 633 343 | 90 | 10 | |
| 13 | 0 | 957 268 | 491 | 324 015 | 581 | 675 985 | 633 253 | 90 | 0 | 47 |
| | 10 | 957 759 | 491 | 324 596 | 581 | 675 404 | 633 163 | 91 | 50 | |
| | 20 | 958 250 | 490 | 325 177 | 582 | 674 823 | 633 072 | 90 | 40 | |
| | 30 | 958 740 | 491 | 325 759 | 581 | 674 241 | 632 982 | 90 | 30 | |
| | 40 | 959 231 | 491 | 326 340 | 580 | 673 660 | 632 892 | 91 | 20 | |
| | 50 | 959 722 | 490 | 326 920 | 581 | 673 080 | 632 801 | 90 | 10 | |
| 14 | 0 | 960 212 | 491 | 327 501 | 581 | 672 499 | 632 711 | 91 | 0 | 46 |
| | 10 | 960 703 | 490 | 328 082 | 581 | 671 918 | 632 620 | 90 | 50 | |
| | 20 | 961 193 | 490 | 328 663 | 581 | 671 337 | 632 530 | 90 | 40 | |
| | 30 | 961 683 | 491 | 329 244 | 580 | 670 756 | 632 440 | 91 | 30 | |
| | 40 | 962 174 | 490 | 329 824 | 581 | 670 176 | 632 349 | 90 | 20 | |
| | 50 | 962 664 | 490 | 330 405 | 580 | 669 595 | 632 259 | 91 | 10 | |
| 15 | 0 | 963 154 | 490 | 330 985 | 581 | 669 015 | 632 168 | 90 | 0 | 45 |
| | 10 | 963 644 | 490 | 331 566 | 580 | 668 434 | 632 078 | 91 | 50 | |
| | 20 | 964 134 | 490 | 332 146 | 581 | 667 854 | 631 987 | 90 | 40 | |
| | 30 | 964 624 | 490 | 332 727 | 580 | 667 273 | 631 897 | 91 | 30 | |
| | 40 | 965 114 | 489 | 333 307 | 580 | 666 693 | 631 806 | 90 | 20 | |
| | 50 | 965 603 | 490 | 333 887 | 581 | 666 113 | 631 716 | 91 | 10 | |
| 16 | 0 | 966 093 | 490 | 334 468 | 580 | 665 532 | 631 625 | 90 | 0 | 44 |
| | 10 | 966 583 | 489 | 335 048 | 580 | 664 952 | 631 535 | 91 | 50 | |
| | 20 | 967 072 | 490 | 335 628 | 580 | 664 372 | 631 444 | 90 | 40 | |
| | 30 | 967 562 | 489 | 336 208 | 580 | 663 792 | 631 354 | 91 | 30 | |
| | 40 | 968 051 | 490 | 336 788 | 580 | 663 212 | 631 263 | 90 | 20 | |
| | 50 | 968 541 | 489 | 337 368 | 580 | 662 632 | 631 173 | 91 | 10 | |
| 17 | 0 | 969 030 | 489 | 337 948 | 580 | 662 052 | 631 082 | 91 | 0 | 43 |
| | 10 | 969 519 | 489 | 338 528 | 580 | 661 472 | 630 991 | 90 | 50 | |
| | 20 | 970 008 | 490 | 339 108 | 579 | 660 892 | 630 901 | 91 | 40 | |
| | 30 | 970 498 | 489 | 339 687 | 580 | 660 313 | 630 810 | 91 | 30 | |
| | 40 | 970 987 | 489 | 340 267 | 580 | 659 733 | 630 719 | 90 | 20 | |
| | 50 | 971 476 | 489 | 340 847 | 579 | 659 153 | 630 629 | 91 | 10 | |
| 18 | 0 | 971 965 | 488 | 341 426 | 580 | 658 574 | 630 538 | 91 | 0 | 42 |
| | 10 | 972 453 | 489 | 342 006 | 579 | 657 994 | 630 447 | 90 | 50 | |
| | 20 | 972 942 | 489 | 342 585 | 580 | 657 415 | 630 357 | 91 | 40 | |
| | 30 | 973 431 | 489 | 343 165 | 579 | 656 835 | 630 266 | 91 | 30 | |
| | 40 | 973 920 | 488 | 343 744 | 580 | 656 256 | 630 175 | 90 | 20 | |
| | 50 | 974 408 | 489 | 344 324 | 579 | 655 676 | 630 085 | 91 | 10 | |
| 19 | 0 | 974 897 | 488 | 344 903 | 579 | 655 097 | 629 994 | 91 | 0 | 41 |
| | 10 | 975 385 | 489 | 345 482 | 579 | 654 518 | 629 903 | 91 | 50 | |
| | 20 | 975 874 | 488 | 346 061 | 579 | 653 939 | 629 812 | 91 | 40 | |
| | 30 | 976 362 | 488 | 346 640 | 580 | 653 360 | 629 721 | 90 | 30 | |
| | 40 | 976 850 | 488 | 347 220 | 579 | 652 780 | 629 631 | 91 | 20 | |
| | 50 | 977 338 | 489 | 347 799 | 579 | 652 201 | 629 540 | 91 | 10 | |
| 20 | 0 | 1̄,5 977 827 | | 1̄,6 348 378 | | 0,3 651 622 | 1̄,9 629 449 | | 0 | 40 |
| ′ | ″ | Cos. | | Cotg. | | Tang. | Sin. | | ″ | ′ |

| | 582 | 581 | 580 | 491 | 490 | 489 | 488 | 91 |
|---|---|---|---|---|---|---|---|---|
| 1 | 58,2 | 58,1 | 58 | 49,1 | 49 | 48,9 | 48,8 | 9,1 |
| 2 | 116,4 | 116,2 | 116 | 98,2 | 98 | 97,8 | 97,6 | 18,2 |
| 3 | 174,6 | 174,3 | 174 | 147,3 | 147 | 146,7 | 146,4 | 27,3 |
| 4 | 232,8 | 232,4 | 232 | 196,4 | 196 | 195,6 | 195,2 | 36,4 |
| 5 | 291,0 | 290,5 | 290 | 245,5 | 245 | 244,5 | 244,0 | 45,5 |
| 6 | 349,2 | 348,6 | 348 | 294,6 | 294 | 293,4 | 292,8 | 54,6 |
| 7 | 407,4 | 406,7 | 406 | 343,7 | 343 | 342,3 | 341,6 | 63,7 |
| 8 | 465,6 | 464,8 | 464 | 392,8 | 392 | 391,2 | 390,4 | 72,8 |
| 9 | 523,8 | 522,9 | 522 | 441,9 | 441 | 440,1 | 439,2 | 81,9 |

| 579 | |
|---|---|
| 1 | 57,9 |
| 2 | 115,8 |
| 3 | 173,7 |
| 4 | 231,6 |
| 5 | 289,5 |
| 6 | 347,4 |
| 7 | 405,3 |
| 8 | 463,2 |
| 9 | 521,1 |

| 578 | |
|---|---|
| 1 | 57,8 |
| 2 | 115,6 |
| 3 | 173,4 |
| 4 | 231,2 |
| 5 | 289,0 |
| 6 | 346,8 |
| 7 | 404,6 |
| 8 | 462,4 |
| 9 | 520,2 |

| 577 | |
|---|---|
| 1 | 57,7 |
| 2 | 115,4 |
| 3 | 173,1 |
| 4 | 230,8 |
| 5 | 288,5 |
| 6 | 346,2 |
| 7 | 403,9 |
| 8 | 461,6 |
| 9 | 519,3 |

| 576 | |
|---|---|
| 1 | 57,6 |
| 2 | 115,2 |
| 3 | 172,8 |
| 4 | 230,4 |
| 5 | 288,0 |
| 6 | 345,6 |
| 7 | 403,2 |
| 8 | 460,8 |
| 9 | 518,4 |

| 487 | |
|---|---|
| 1 | 48,7 |
| 2 | 97,4 |
| 3 | 146,1 |
| 4 | 194,8 |
| 5 | 243,5 |
| 6 | 292,2 |
| 7 | 340,9 |
| 8 | 389,6 |
| 9 | 438,3 |

| 486 | |
|---|---|
| 1 | 48,6 |
| 2 | 97,2 |
| 3 | 145,8 |
| 4 | 194,4 |
| 5 | 243,0 |
| 6 | 291,6 |
| 7 | 340,2 |
| 8 | 388,8 |
| 9 | 437,4 |

| 485 | |
|---|---|
| 1 | 48,5 |
| 2 | 97,0 |
| 3 | 145,5 |
| 4 | 194,0 |
| 5 | 242,5 |
| 6 | 291,0 |
| 7 | 339,5 |
| 8 | 388,0 |
| 9 | 436,5 |

| 91 | |
|---|---|
| 1 | 9,1 |
| 2 | 18,2 |
| 3 | 27,3 |
| 4 | 36,4 |
| 5 | 45,5 |
| 6 | 54,6 |
| 7 | 63,7 |
| 8 | 72,8 |
| 9 | 81,9 |

| ′ | ″ | Sin. | D. | Tang. | D.c. | Cotg. | Cos. | D. | ″ | ′ |
|---|---|---|---|---|---|---|---|---|---|---|
| 20 | 0 | 1̄,5 977 827 | | 1̄,6 348 378 | | 0,3 651 622 | 1̄,9 629 449 | | 0 | 40 |
| | 10 | 978 315 | 488 | 348 956 | 578 | 651 044 | 629 358 | 91 | 50 | |
| | 20 | 978 803 | 488 | 349 535 | 579 | 650 465 | 629 267 | 91 | 40 | |
| | 30 | 979 291 | 488 | 350 114 | 579 | 649 886 | 629 177 | 90 | 30 | |
| | 40 | 979 779 | 488 | 350 693 | 579 | 649 307 | 629 086 | 91 | 20 | |
| | 50 | 980 266 | 487 | 351 272 | 579 | 648 728 | 628 995 | 91 | 10 | |
| 21 | 0 | 980 754 | 488 | 351 850 | 578 | 648 150 | 628 904 | 91 | 0 | 39 |
| | 10 | 981 242 | 488 | 352 429 | 579 | 647 571 | 628 813 | 91 | 50 | |
| | 20 | 981 729 | 487 | 353 007 | 578 | 646 993 | 628 722 | 91 | 40 | |
| | 30 | 982 217 | 488 | 353 586 | 579 | 646 414 | 628 631 | 91 | 30 | |
| | 40 | 982 704 | 487 | 354 164 | 578 | 645 836 | 628 540 | 91 | 20 | |
| | 50 | 983 192 | 488 | 354 743 | 579 | 645 257 | 628 449 | 91 | 10 | |
| 22 | 0 | 983 679 | 487 | 355 321 | 578 | 644 679 | 628 358 | 91 | 0 | 38 |
| | 10 | 984 167 | 488 | 355 899 | 578 | 644 101 | 628 267 | 91 | 50 | |
| | 20 | 984 654 | 487 | 356 477 | 578 | 643 523 | 628 176 | 91 | 40 | |
| | 30 | 985 141 | 487 | 357 056 | 579 | 642 944 | 628 085 | 91 | 30 | |
| | 40 | 985 628 | 487 | 357 634 | 578 | 642 366 | 627 994 | 91 | 20 | |
| | 50 | 986 115 | 487 | 358 212 | 578 | 641 788 | 627 903 | 91 | 10 | |
| 23 | 0 | 986 602 | 487 | 358 790 | 578 | 641 210 | 627 812 | 91 | 0 | 37 |
| | 10 | 987 089 | 487 | 359 368 | 578 | 640 632 | 627 721 | 91 | 50 | |
| | 20 | 987 576 | 487 | 359 946 | 578 | 640 054 | 627 630 | 91 | 40 | |
| | 30 | 988 063 | 487 | 360 524 | 578 | 639 476 | 627 539 | 91 | 30 | |
| | 40 | 988 549 | 486 | 361 101 | 577 | 638 899 | 627 448 | 91 | 20 | |
| | 50 | 989 036 | 487 | 361 679 | 578 | 638 321 | 627 357 | 91 | 10 | |
| 24 | 0 | 989 523 | 487 | 362 257 | 578 | 637 743 | 627 266 | 91 | 0 | 36 |
| | 10 | 990 009 | 486 | 362 834 | 577 | 637 166 | 627 175 | 91 | 50 | |
| | 20 | 990 496 | 487 | 363 412 | 578 | 636 588 | 627 084 | 91 | 40 | |
| | 30 | 990 982 | 486 | 363 990 | 578 | 636 010 | 626 992 | 92 | 30 | |
| | 40 | 991 468 | 486 | 364 567 | 577 | 635 433 | 626 901 | 91 | 20 | |
| | 50 | 991 955 | 487 | 365 144 | 577 | 634 856 | 626 810 | 91 | 10 | |
| 25 | 0 | 992 441 | 486 | 365 722 | 578 | 634 278 | 626 719 | 91 | 0 | 35 |
| | 10 | 992 927 | 486 | 366 299 | 577 | 633 701 | 626 628 | 91 | 50 | |
| | 20 | 993 413 | 486 | 366 876 | 577 | 633 124 | 626 537 | 91 | 40 | |
| | 30 | 993 899 | 486 | 367 454 | 578 | 632 546 | 626 445 | 92 | 30 | |
| | 40 | 994 385 | 486 | 368 031 | 577 | 631 969 | 626 354 | 91 | 20 | |
| | 50 | 994 871 | 486 | 368 608 | 577 | 631 392 | 626 263 | 91 | 10 | |
| 26 | 0 | 995 357 | 486 | 369 185 | 577 | 630 815 | 626 172 | 91 | 0 | 34 |
| | 10 | 995 842 | 485 | 369 762 | 577 | 630 238 | 626 080 | 92 | 50 | |
| | 20 | 996 328 | 486 | 370 339 | 577 | 629 661 | 625 989 | 91 | 40 | |
| | 30 | 996 814 | 486 | 370 916 | 577 | 629 084 | 625 898 | 91 | 30 | |
| | 40 | 997 299 | 485 | 371 493 | 577 | 628 507 | 625 806 | 92 | 20 | |
| | 50 | 997 785 | 486 | 372 070 | 577 | 627 930 | 625 715 | 91 | 10 | |
| 27 | 0 | 998 270 | 485 | 372 646 | 576 | 627 354 | 625 624 | 91 | 0 | 33 |
| | 10 | 998 756 | 486 | 373 223 | 577 | 626 777 | 625 532 | 92 | 50 | |
| | 20 | 999 241 | 485 | 373 800 | 577 | 626 200 | 625 441 | 91 | 40 | |
| | 30 | 1̄,5 999 726 | 485 | 374 376 | 576 | 625 624 | 625 350 | 91 | 30 | |
| | 40 | 1̄,6 000 211 | 485 | 374 953 | 577 | 625 047 | 625 258 | 92 | 20 | |
| | 50 | 000 696 | 485 | 375 529 | 576 | 624 471 | 625 167 | 91 | 10 | |
| 28 | 0 | 001 181 | 485 | 376 106 | 577 | 623 894 | 625 076 | 91 | 0 | 32 |
| | 10 | 001 666 | 485 | 376 682 | 576 | 623 318 | 624 984 | 92 | 50 | |
| | 20 | 002 151 | 485 | 377 258 | 576 | 622 742 | 624 893 | 91 | 40 | |
| | 30 | 002 636 | 485 | 377 835 | 577 | 622 165 | 624 801 | 92 | 30 | |
| | 40 | 003 121 | 485 | 378 411 | 576 | 621 589 | 624 710 | 91 | 20 | |
| | 50 | 003 606 | 485 | 378 987 | 576 | 621 013 | 624 618 | 92 | 10 | |
| 29 | 0 | 004 090 | 484 | 379 563 | 576 | 620 437 | 624 527 | 91 | 0 | 31 |
| | 10 | 004 575 | 485 | 380 139 | 576 | 619 861 | 624 435 | 92 | 50 | |
| | 20 | 005 059 | 484 | 380 715 | 576 | 619 285 | 624 344 | 91 | 40 | |
| | 30 | 005 544 | 485 | 381 291 | 576 | 618 709 | 624 252 | 92 | 30 | |
| | 40 | 006 028 | 484 | 381 867 | 576 | 618 133 | 624 161 | 91 | 20 | |
| | 50 | 006 513 | 485 | 382 443 | 576 | 617 557 | 624 069 | 92 | 10 | |
| 30 | 0 | 1̄,6 006 997 | 484 | 1̄,6 383 019 | 576 | 0,3 616 981 | 1̄,9 623 978 | 91 | 0 | 30 |
| ′ | ″ | Cos. | | Cotg. | | Tang. | Sin. | | ″ | ′ |

| ′ | ″ | Sin. | D. | Tang. | D.c. | Cotg. | Cos. | D. | ″ | ′ |
|---|---|---|---|---|---|---|---|---|---|---|
| 30 | 0 | 1̄,6 006 997 | | 1̄,6 383 019 | | 0,3 616 981 | 1̄,9 623 978 | | 0 | 30 |
| | 10 | 007 481 | 484 | 383 595 | 576 | 616 405 | 623 886 | 92 | 50 | |
| | 20 | 007 965 | 484 | 384 170 | 575 | 615 830 | 623 795 | 91 | 40 | |
| | 30 | 008 449 | 484 | 384 746 | 576 | 615 254 | 623 703 | 92 | 30 | |
| | 40 | 008 933 | 484 | 385 322 | 576 | 614 678 | 623 612 | 91 | 20 | |
| | 50 | 009 417 | 484 | 385 897 | 575 | 614 103 | 623 520 | 92 | 10 | |
| 31 | 0 | 009 901 | 484 | 386 473 | 576 | 613 527 | 623 428 | 92 | 0 | 29 |
| | 10 | 010 385 | 484 | 387 048 | 575 | 612 952 | 623 337 | 91 | 50 | |
| | 20 | 010 869 | 484 | 387 624 | 576 | 612 376 | 623 245 | 92 | 40 | |
| | 30 | 011 352 | 483 | 388 199 | 575 | 611 801 | 623 153 | 92 | 30 | |
| | 40 | 011 836 | 484 | 388 774 | 575 | 611 226 | 623 062 | 91 | 20 | |
| | 50 | 012 320 | 484 | 389 349 | 575 | 610 651 | 622 970 | 92 | 10 | |
| 32 | 0 | 012 803 | 483 | 389 925 | 576 | 610 075 | 622 878 | 92 | 0 | 28 |
| | 10 | 013 286 | 483 | 390 500 | 575 | 609 500 | 622 787 | 91 | 50 | |
| | 20 | 013 770 | 484 | 391 075 | 575 | 608 925 | 622 695 | 92 | 40 | |
| | 30 | 014 253 | 483 | 391 650 | 575 | 608 350 | 622 603 | 92 | 30 | |
| | 40 | 014 736 | 483 | 392 225 | 575 | 607 775 | 622 511 | 92 | 20 | |
| | 50 | 015 220 | 484 | 392 800 | 575 | 607 200 | 622 420 | 91 | 10 | |
| 33 | 0 | 015 703 | 483 | 393 375 | 575 | 606 625 | 622 328 | 92 | 0 | 27 |
| | 10 | 016 186 | 483 | 393 950 | 575 | 606 050 | 622 236 | 92 | 50 | |
| | 20 | 016 669 | 483 | 394 524 | 574 | 605 476 | 622 144 | 92 | 40 | |
| | 30 | 017 152 | 483 | 395 099 | 575 | 604 901 | 622 053 | 91 | 30 | |
| | 40 | 017 635 | 483 | 395 674 | 575 | 604 326 | 621 961 | 92 | 20 | |
| | 50 | 018 117 | 482 | 396 248 | 574 | 603 752 | 621 869 | 92 | 10 | |
| 34 | 0 | 018 600 | 483 | 396 823 | 575 | 603 177 | 621 777 | 92 | 0 | 26 |
| | 10 | 019 083 | 483 | 397 397 | 574 | 602 603 | 621 685 | 92 | 50 | |
| | 20 | 019 565 | 482 | 397 972 | 575 | 602 028 | 621 593 | 92 | 40 | |
| | 30 | 020 048 | 483 | 398 546 | 574 | 601 454 | 621 502 | 91 | 30 | |
| | 40 | 020 530 | 482 | 399 121 | 575 | 600 879 | 621 410 | 92 | 20 | |
| | 50 | 021 013 | 483 | 399 695 | 574 | 600 305 | 621 318 | 92 | 10 | |
| 35 | 0 | 021 495 | 482 | 400 269 | 574 | 599 731 | 621 226 | 92 | 0 | 25 |
| | 10 | 021 977 | 482 | 400 843 | 574 | 599 157 | 621 134 | 92 | 50 | |
| | 20 | 022 460 | 483 | 401 418 | 575 | 598 582 | 621 042 | 92 | 40 | |
| | 30 | 022 942 | 482 | 401 992 | 574 | 598 008 | 620 950 | 92 | 30 | |
| | 40 | 023 424 | 482 | 402 566 | 574 | 597 434 | 620 858 | 92 | 20 | |
| | 50 | 023 906 | 482 | 403 140 | 574 | 596 860 | 620 766 | 92 | 10 | |
| 36 | 0 | 024 388 | 482 | 403 714 | 574 | 596 286 | 620 674 | 92 | 0 | 24 |
| | 10 | 024 870 | 482 | 404 288 | 574 | 595 712 | 620 582 | 92 | 50 | |
| | 20 | 025 352 | 482 | 404 861 | 573 | 595 139 | 620 490 | 92 | 40 | |
| | 30 | 025 833 | 481 | 405 435 | 574 | 594 565 | 620 398 | 92 | 30 | |
| | 40 | 026 315 | 482 | 406 009 | 574 | 593 991 | 620 306 | 92 | 20 | |
| | 50 | 026 797 | 482 | 406 583 | 574 | 593 417 | 620 214 | 92 | 10 | |
| 37 | 0 | 027 278 | 481 | 407 156 | 573 | 592 844 | 620 122 | 92 | 0 | 23 |
| | 10 | 027 760 | 482 | 407 730 | 574 | 592 270 | 620 030 | 92 | 50 | |
| | 20 | 028 241 | 481 | 408 303 | 573 | 591 697 | 619 938 | 92 | 40 | |
| | 30 | 028 723 | 482 | 408 877 | 574 | 591 123 | 619 846 | 92 | 30 | |
| | 40 | 029 204 | 481 | 409 450 | 573 | 590 550 | 619 754 | 92 | 20 | |
| | 50 | 029 685 | 481 | 410 024 | 574 | 589 976 | 619 662 | 92 | 10 | |
| 38 | 0 | 030 166 | 481 | 410 597 | 573 | 589 403 | 619 569 | 93 | 0 | 22 |
| | 10 | 030 648 | 482 | 411 170 | 573 | 588 830 | 619 477 | 92 | 50 | |
| | 20 | 031 129 | 481 | 411 744 | 574 | 588 256 | 619 385 | 92 | 40 | |
| | 30 | 031 610 | 481 | 412 317 | 573 | 587 683 | 619 293 | 92 | 30 | |
| | 40 | 032 091 | 481 | 412 890 | 573 | 587 110 | 619 201 | 92 | 20 | |
| | 50 | 032 572 | 481 | 413 463 | 573 | 586 537 | 619 109 | 92 | 10 | |
| 39 | 0 | 033 052 | 480 | 414 036 | 573 | 585 964 | 619 016 | 93 | 0 | 21 |
| | 10 | 033 533 | 481 | 414 609 | 573 | 585 391 | 618 924 | 92 | 50 | |
| | 20 | 034 014 | 481 | 415 182 | 573 | 584 818 | 618 832 | 92 | 40 | |
| | 30 | 034 494 | 480 | 415 755 | 573 | 584 245 | 618 740 | 92 | 30 | |
| | 40 | 034 975 | 481 | 416 328 | 573 | 583 672 | 618 647 | 93 | 20 | |
| | 50 | 035 456 | 481 | 416 900 | 572 | 583 100 | 618 555 | 92 | 10 | |
| 40 | 0 | 1̄,6 035 936 | 480 | 1̄,6 417 473 | 573 | 0,3 582 527 | 1̄,9 618 463 | 92 | 0 | 20 |
| ′ | ″ | Cos. | | Cotg. | | Tang. | Sin. | | ″ | ′ |

66°

| | 575 | 574 | 573 | 484 | 483 | 482 | 481 | 92 |
|---|---|---|---|---|---|---|---|---|
| 1 | 57,5 | 57,4 | 57,3 | 48,4 | 48,3 | 48,2 | 48,1 | 9,2 |
| 2 | 115,0 | 114,8 | 114,6 | 96,8 | 96,6 | 96,4 | 96,2 | 18,4 |
| 3 | 172,5 | 172,2 | 171,9 | 145,2 | 144,9 | 144,6 | 144,3 | 27,6 |
| 4 | 230,0 | 229,6 | 229,2 | 193,6 | 193,2 | 192,8 | 192,4 | 36,8 |
| 5 | 287,5 | 287,0 | 286,5 | 242,0 | 241,5 | 241,0 | 240,5 | 46,0 |
| 6 | 345,0 | 344,4 | 343,8 | 290,4 | 289,8 | 289,2 | 288,6 | 55,2 |
| 7 | 402,5 | 401,8 | 401,1 | 338,8 | 338,1 | 337,4 | 336,7 | 64,4 |
| 8 | 460,0 | 459,2 | 458,4 | 387,2 | 386,4 | 385,6 | 384,8 | 73,6 |
| 9 | 517,5 | 516,6 | 515,7 | 435,6 | 434,7 | 433,8 | 432,9 | 82,8 |

| 572 | |
|---|---|
| 1 | 57,2 |
| 2 | 114,4 |
| 3 | 171,6 |
| 4 | 228,8 |
| 5 | 286,0 |
| 6 | 343,2 |
| 7 | 400,4 |
| 8 | 457,6 |
| 9 | 514,8 |

| 571 | |
|---|---|
| 1 | 57,1 |
| 2 | 114,2 |
| 3 | 171,3 |
| 4 | 228,4 |
| 5 | 285,5 |
| 6 | 342,6 |
| 7 | 399,7 |
| 8 | 456,8 |
| 9 | 513,9 |

| 570 | |
|---|---|
| 1 | 57 |
| 2 | 114 |
| 3 | 171 |
| 4 | 228 |
| 5 | 285 |
| 6 | 342 |
| 7 | 399 |
| 8 | 456 |
| 9 | 513 |

| 480 | |
|---|---|
| 1 | 48 |
| 2 | 96 |
| 3 | 144 |
| 4 | 192 |
| 5 | 240 |
| 6 | 288 |
| 7 | 336 |
| 8 | 384 |
| 9 | 432 |

| 479 | |
|---|---|
| 1 | 47,9 |
| 2 | 95,8 |
| 3 | 143,7 |
| 4 | 191,6 |
| 5 | 239,5 |
| 6 | 287,4 |
| 7 | 335,3 |
| 8 | 383,2 |
| 9 | 431,1 |

| 478 | |
|---|---|
| 1 | 47,8 |
| 2 | 95,6 |
| 3 | 143,4 |
| 4 | 191,2 |
| 5 | 239,0 |
| 6 | 286,8 |
| 7 | 334,6 |
| 8 | 382,4 |
| 9 | 430,2 |

| 477 | |
|---|---|
| 1 | 47,7 |
| 2 | 95,4 |
| 3 | 143,1 |
| 4 | 190,8 |
| 5 | 238,5 |
| 6 | 286,2 |
| 7 | 333,9 |
| 8 | 381,6 |
| 9 | 429,3 |

| 93 | |
|---|---|
| 1 | 9,3 |
| 2 | 18,6 |
| 3 | 27,9 |
| 4 | 37,2 |
| 5 | 46,5 |
| 6 | 55,8 |
| 7 | 65,1 |
| 8 | 74,4 |
| 9 | 83,7 |

| ' | " | Sin. | D. | Tang. | D. c. | Cotg. | Cos. | D. | " | ' |
|---|---|---|---|---|---|---|---|---|---|---|
| 40 | 0 | 1̄,6 035 936 | | 1̄,6 417 473 | | 0,3 582 527 | 1̄,9 618 463 | | 0 | 20 |
| | 10 | 036 416 | 480 | 418 046 | 573 | 581 954 | 618 371 | 92 | 50 | |
| | 20 | 036 897 | 481 | 418 618 | 572 | 581 382 | 618 278 | 93 | 40 | |
| | 30 | 037 377 | 480 | 419 191 | 573 | 580 809 | 618 186 | 92 | 30 | |
| | 40 | 037 857 | 480 | 419 763 | 572 | 580 237 | 618 094 | 92 | 20 | |
| | 50 | 038 337 | 480 | 420 336 | 573 | 579 664 | 618 001 | 93 | 10 | |
| 41 | 0 | 038 817 | 480 | 420 908 | 572 | 579 092 | 617 909 | 92 | 0 | 19 |
| | 10 | 039 297 | 480 | 421 481 | 573 | 578 519 | 617 817 | 92 | 50 | |
| | 20 | 039 777 | 480 | 422 053 | 572 | 577 947 | 617 724 | 93 | 40 | |
| | 30 | 040 257 | 480 | 422 625 | 572 | 577 375 | 617 632 | 92 | 30 | |
| | 40 | 040 737 | 480 | 423 197 | 572 | 576 803 | 617 540 | 92 | 20 | |
| | 50 | 041 217 | 480 | 423 769 | 572 | 576 231 | 617 447 | 93 | 10 | |
| 42 | 0 | 041 696 | 479 | 424 342 | 573 | 575 658 | 617 355 | 92 | 0 | 18 |
| | 10 | 042 176 | 480 | 424 914 | 572 | 575 086 | 617 262 | 93 | 50 | |
| | 20 | 042 655 | 479 | 425 486 | 572 | 574 514 | 617 170 | 92 | 40 | |
| | 30 | 043 135 | 480 | 426 058 | 572 | 573 942 | 617 077 | 93 | 30 | |
| | 40 | 043 614 | 479 | 426 629 | 571 | 573 371 | 616 985 | 92 | 20 | |
| | 50 | 044 094 | 480 | 427 201 | 572 | 572 799 | 616 892 | 93 | 10 | |
| 43 | 0 | 044 573 | 479 | 427 773 | 572 | 572 227 | 616 800 | 92 | 0 | 17 |
| | 10 | 045 052 | 479 | 428 345 | 572 | 571 655 | 616 707 | 93 | 50 | |
| | 20 | 045 531 | 479 | 428 917 | 572 | 571 083 | 616 615 | 92 | 40 | |
| | 30 | 046 011 | 480 | 429 488 | 571 | 570 512 | 616 522 | 93 | 30 | |
| | 40 | 046 490 | 479 | 430 060 | 572 | 569 940 | 616 430 | 92 | 20 | |
| | 50 | 046 969 | 479 | 430 631 | 571 | 569 369 | 616 337 | 93 | 10 | |
| 44 | 0 | 047 448 | 479 | 431 203 | 572 | 568 797 | 616 245 | 92 | 0 | 16 |
| | 10 | 047 926 | 478 | 431 774 | 571 | 568 226 | 616 152 | 93 | 50 | |
| | 20 | 048 405 | 479 | 432 346 | 572 | 567 654 | 616 060 | 92 | 40 | |
| | 30 | 048 884 | 479 | 432 917 | 571 | 567 083 | 615 967 | 93 | 30 | |
| | 40 | 049 363 | 479 | 433 488 | 571 | 566 512 | 615 874 | 93 | 20 | |
| | 50 | 049 841 | 478 | 434 060 | 572 | 565 940 | 615 782 | 92 | 10 | |
| 45 | 0 | 050 320 | 479 | 434 631 | 571 | 565 369 | 615 689 | 93 | 0 | 15 |
| | 10 | 050 798 | 478 | 435 202 | 571 | 564 798 | 615 596 | 93 | 50 | |
| | 20 | 051 277 | 479 | 435 773 | 571 | 564 227 | 615 504 | 92 | 40 | |
| | 30 | 051 755 | 478 | 436 344 | 571 | 563 656 | 615 411 | 93 | 30 | |
| | 40 | 052 233 | 478 | 436 915 | 571 | 563 085 | 615 318 | 93 | 20 | |
| | 50 | 052 712 | 479 | 437 486 | 571 | 562 514 | 615 226 | 92 | 10 | |
| 46 | 0 | 053 190 | 478 | 438 057 | 571 | 561 943 | 615 133 | 93 | 0 | 14 |
| | 10 | 053 668 | 478 | 438 628 | 571 | 561 372 | 615 040 | 93 | 50 | |
| | 20 | 054 146 | 478 | 439 198 | 570 | 560 802 | 614 948 | 92 | 40 | |
| | 30 | 054 624 | 478 | 439 769 | 571 | 560 231 | 614 855 | 93 | 30 | |
| | 40 | 055 102 | 478 | 440 340 | 571 | 559 660 | 614 762 | 93 | 20 | |
| | 50 | 055 580 | 478 | 440 910 | 570 | 559 090 | 614 669 | 93 | 10 | |
| 47 | 0 | 056 057 | 477 | 441 481 | 571 | 558 519 | 614 576 | 93 | 0 | 13 |
| | 10 | 056 535 | 478 | 442 052 | 571 | 557 948 | 614 484 | 92 | 50 | |
| | 20 | 057 013 | 478 | 442 622 | 570 | 557 378 | 614 391 | 93 | 40 | |
| | 30 | 057 490 | 477 | 443 192 | 570 | 556 808 | 614 298 | 93 | 30 | |
| | 40 | 057 968 | 478 | 443 763 | 571 | 556 237 | 614 205 | 93 | 20 | |
| | 50 | 058 445 | 477 | 444 333 | 570 | 555 667 | 614 112 | 93 | 10 | |
| 48 | 0 | 058 923 | 478 | 444 903 | 570 | 555 097 | 614 020 | 92 | 0 | 12 |
| | 10 | 059 400 | 477 | 445 474 | 571 | 554 526 | 613 927 | 93 | 50 | |
| | 20 | 059 878 | 478 | 446 044 | 570 | 553 956 | 613 834 | 93 | 40 | |
| | 30 | 060 355 | 477 | 446 614 | 570 | 553 386 | 613 741 | 93 | 30 | |
| | 40 | 060 832 | 477 | 447 184 | 570 | 552 816 | 613 648 | 93 | 20 | |
| | 50 | 061 309 | 477 | 447 754 | 570 | 552 246 | 613 555 | 93 | 10 | |
| 49 | 0 | 061 786 | 477 | 448 324 | 570 | 551 676 | 613 462 | 93 | 0 | 11 |
| | 10 | 062 263 | 477 | 448 894 | 570 | 551 106 | 613 369 | 93 | 50 | |
| | 20 | 062 740 | 477 | 449 464 | 570 | 550 536 | 613 276 | 93 | 40 | |
| | 30 | 063 217 | 477 | 450 034 | 570 | 549 966 | 613 183 | 93 | 30 | |
| | 40 | 063 694 | 477 | 450 603 | 569 | 549 397 | 613 090 | 93 | 20 | |
| | 50 | 064 170 | 476 | 451 173 | 570 | 548 827 | 612 997 | 93 | 10 | |
| 50 | 0 | 1̄,6 064 647 | 477 | 1̄,6 451 743 | 570 | 0,3 548 257 | 1̄,9 612 904 | 93 | 0 | 10 |
| ' | " | Cos. | | Cotg. | | Tang. | Sin. | | " | ' |

| ′ | ″ | Sin. | D. | Tang. | D.c. | Cotg. | Cos. | D. | ″ | ′ |
|---|---|---|---|---|---|---|---|---|---|---|
| 50 | 0 | 1̄,6 064 647 | 477 | 1̄,6 451 743 | 569 | 0,3 548 257 | 1̄,9 612 904 | 93 | 0 | 10 |
| | 10 | 065 124 | 476 | 452 312 | 570 | 547 688 | 612 811 | 93 | 50 | |
| | 20 | 065 600 | 477 | 452 882 | 569 | 547 118 | 612 718 | 93 | 40 | |
| | 30 | 066 077 | 476 | 453 451 | 570 | 546 549 | 612 625 | 93 | 30 | |
| | 40 | 066 553 | 476 | 454 021 | 569 | 545 979 | 612 532 | 93 | 20 | |
| | 50 | 067 029 | 477 | 454 590 | 570 | 545 410 | 612 439 | 93 | 10 | |
| 51 | 0 | 067 506 | 476 | 455 160 | 569 | 544 840 | 612 346 | 93 | 0 | 9 |
| | 10 | 067 982 | 476 | 455 729 | 569 | 544 271 | 612 253 | 93 | 50 | |
| | 20 | 068 458 | 476 | 456 298 | 570 | 543 702 | 612 160 | 93 | 40 | |
| | 30 | 068 934 | 476 | 456 868 | 569 | 543 132 | 612 067 | 93 | 30 | |
| | 40 | 069 410 | 476 | 457 437 | 569 | 542 563 | 611 974 | 94 | 20 | |
| | 50 | 069 886 | 476 | 458 006 | 569 | 541 994 | 611 880 | 93 | 10 | |
| 52 | 0 | 070 362 | 476 | 458 575 | 569 | 541 425 | 611 787 | 93 | 0 | 8 |
| | 10 | 070 838 | 476 | 459 144 | 569 | 540 856 | 611 694 | 93 | 50 | |
| | 20 | 071 314 | 475 | 459 713 | 569 | 540 287 | 611 601 | 93 | 40 | |
| | 30 | 071 789 | 476 | 460 282 | 569 | 539 718 | 611 508 | 93 | 30 | |
| | 40 | 072 265 | 476 | 460 851 | 568 | 539 149 | 611 415 | 94 | 20 | |
| | 50 | 072 741 | 475 | 461 419 | 569 | 538 581 | 611 321 | 93 | 10 | |
| 53 | 0 | 073 216 | 476 | 461 988 | 569 | 538 012 | 611 228 | 93 | 0 | 7 |
| | 10 | 073 692 | 475 | 462 557 | 569 | 537 443 | 611 135 | 93 | 50 | |
| | 20 | 074 167 | 476 | 463 126 | 568 | 536 874 | 611 042 | 94 | 40 | |
| | 30 | 074 643 | 475 | 463 694 | 569 | 536 306 | 610 948 | 93 | 30 | |
| | 40 | 075 118 | 475 | 464 263 | 568 | 535 737 | 610 855 | 93 | 20 | |
| | 50 | 075 593 | 475 | 464 831 | 569 | 535 169 | 610 762 | 94 | 10 | |
| 54 | 0 | 076 068 | 475 | 465 400 | 568 | 534 600 | 610 668 | 93 | 0 | 6 |
| | 10 | 076 543 | 475 | 465 968 | 569 | 534 032 | 610 575 | 93 | 50 | |
| | 20 | 077 018 | 475 | 466 537 | 568 | 533 463 | 610 482 | 93 | 40 | |
| | 30 | 077 493 | 475 | 467 105 | 568 | 532 895 | 610 389 | 94 | 30 | |
| | 40 | 077 968 | 475 | 467 673 | 568 | 532 327 | 610 295 | 93 | 20 | |
| | 50 | 078 443 | 475 | 468 241 | 569 | 531 759 | 610 202 | 94 | 10 | |
| 55 | 0 | 078 918 | 475 | 468 810 | 568 | 531 190 | 610 108 | 93 | 0 | 5 |
| | 10 | 079 393 | 474 | 469 378 | 568 | 530 622 | 610 015 | 93 | 50 | |
| | 20 | 079 867 | 475 | 469 946 | 568 | 530 054 | 609 922 | 94 | 40 | |
| | 30 | 080 342 | 475 | 470 514 | 568 | 529 486 | 609 828 | 93 | 30 | |
| | 40 | 080 817 | 474 | 471 082 | 568 | 528 918 | 609 735 | 94 | 20 | |
| | 50 | 081 291 | 474 | 471 650 | 567 | 528 350 | 609 641 | 93 | 10 | |
| 56 | 0 | 081 765 | 475 | 472 217 | 568 | 527 783 | 609 548 | 94 | 0 | 4 |
| | 10 | 082 240 | 474 | 472 785 | 568 | 527 215 | 609 454 | 93 | 50 | |
| | 20 | 082 714 | 474 | 473 353 | 568 | 526 647 | 609 361 | 93 | 40 | |
| | 30 | 083 188 | 474 | 473 921 | 567 | 526 079 | 609 268 | 94 | 30 | |
| | 40 | 083 662 | 475 | 474 488 | 568 | 525 512 | 609 174 | 93 | 20 | |
| | 50 | 084 137 | 474 | 475 056 | 568 | 524 944 | 609 081 | 94 | 10 | |
| 57 | 0 | 084 611 | 474 | 475 624 | 567 | 524 376 | 608 987 | 93 | 0 | 3 |
| | 10 | 085 085 | 474 | 476 191 | 568 | 523 809 | 608 894 | 94 | 50 | |
| | 20 | 085 559 | 473 | 476 759 | 567 | 523 241 | 608 800 | 94 | 40 | |
| | 30 | 086 032 | 474 | 477 326 | 567 | 522 674 | 608 706 | 93 | 30 | |
| | 40 | 086 506 | 474 | 477 893 | 568 | 522 107 | 608 613 | 94 | 20 | |
| | 50 | 086 980 | 474 | 478 461 | 567 | 521 539 | 608 519 | 93 | 10 | |
| 58 | 0 | 087 454 | 473 | 479 028 | 567 | 520 972 | 608 426 | 94 | 0 | 2 |
| | 10 | 087 927 | 474 | 479 595 | 567 | 520 405 | 608 332 | 94 | 50 | |
| | 20 | 088 401 | 473 | 480 162 | 568 | 519 838 | 608 238 | 93 | 40 | |
| | 30 | 088 874 | 474 | 480 730 | 567 | 519 270 | 608 145 | 94 | 30 | |
| | 40 | 089 348 | 473 | 481 297 | 567 | 518 703 | 608 051 | 93 | 20 | |
| | 50 | 089 821 | 473 | 481 864 | 567 | 518 136 | 607 958 | 94 | 10 | |
| 59 | 0 | 090 294 | 474 | 482 431 | 566 | 517 569 | 607 864 | 94 | 0 | 1 |
| | 10 | 090 768 | 473 | 482 997 | 567 | 517 003 | 607 770 | 93 | 50 | |
| | 20 | 091 241 | 473 | 483 564 | 567 | 516 436 | 607 677 | 94 | 40 | |
| | 30 | 091 714 | 473 | 484 131 | 567 | 515 869 | 607 583 | 94 | 30 | |
| | 40 | 092 187 | 473 | 484 698 | 567 | 515 302 | 607 489 | 94 | 20 | |
| | 50 | 092 660 | 473 | 485 265 | 566 | 514 735 | 607 396 | 93 | 10 | |
| 60 | 0 | 1̄,6 093 133 | | 1̄,6 485 831 | | 0,3 514 169 | 1̄,9 607 302 | | 0 | 0 |
| ′ | ″ | Cos. | | Cotg. | | Tang. | Sin. | | ″ | ′ |

| | 569 | 568 | 567 | 476 | 475 | 474 | 473 | 94 |
|---|---|---|---|---|---|---|---|---|
| 1 | 56,9 | 56,8 | 56,7 | 47,6 | 47,5 | 47,4 | 47,3 | 9,4 |
| 2 | 113,8 | 113,6 | 113,4 | 95,2 | 95,0 | 94,8 | 94,6 | 18,8 |
| 3 | 170,7 | 170,4 | 170,1 | 142,8 | 142,5 | 142,2 | 141,9 | 28,2 |
| 4 | 227,6 | 227,2 | 226,8 | 190,4 | 190,0 | 189,6 | 189,2 | 37,6 |
| 5 | 284,5 | 284,0 | 283,5 | 238,0 | 237,5 | 237,0 | 236,5 | 47,0 |
| 6 | 341,4 | 340,8 | 340,2 | 285,6 | 285,0 | 284,4 | 283,8 | 56,4 |
| 7 | 398,3 | 397,6 | 396,9 | 333,2 | 332,5 | 331,8 | 331,1 | 65,8 |
| 8 | 455,2 | 454,4 | 453,6 | 380,8 | 380,0 | 379,2 | 378,4 | 75,2 |
| 9 | 512,1 | 511,2 | 510,3 | 428,4 | 427,5 | 426,6 | 425,7 | 84,6 |

| ' | " | Sin. | D. | Tang. | D.c. | Cotg. | Cos. | D. | " | ' |
|---|---|---|---|---|---|---|---|---|---|---|
| 0 | 0 | $\bar{1}$,6 093 133 | 473 | $\bar{1}$,6 485 831 | 567 | 0,3 514 169 | $\bar{1}$,9 607 302 | 94 | 0 | 60 |
| | 10 | 093 606 | 473 | 486 398 | 567 | 513 602 | 607 208 | 94 | 50 | |
| | 20 | 094 079 | 472 | 486 965 | 566 | 513 035 | 607 114 | 94 | 40 | |
| | 30 | 094 551 | 473 | 487 531 | 567 | 512 469 | 607 020 | 93 | 30 | |
| | 40 | 095 024 | 473 | 488 098 | 566 | 511 902 | 606 927 | 94 | 20 | |
| | 50 | 095 497 | 472 | 488 664 | 566 | 511 336 | 606 833 | 94 | 10 | |
| 1 | 0 | 095 969 | 473 | 489 230 | 567 | 510 770 | 606 739 | 94 | 0 | 59 |
| | 10 | 096 442 | 472 | 489 797 | 566 | 510 203 | 606 645 | 94 | 50 | |
| | 20 | 096 914 | 473 | 490 363 | 566 | 509 637 | 606 551 | 94 | 40 | |
| | 30 | 097 387 | 472 | 490 929 | 566 | 509 071 | 606 457 | 93 | 30 | |
| | 40 | 097 859 | 472 | 491 495 | 567 | 508 505 | 606 364 | 94 | 20 | |
| | 50 | 098 331 | 472 | 492 062 | 566 | 507 938 | 606 270 | 94 | 10 | |
| 2 | 0 | 098 803 | 473 | 492 628 | 566 | 507 372 | 606 176 | 94 | 0 | 58 |
| | 10 | 099 276 | 472 | 493 194 | 566 | 506 806 | 606 082 | 94 | 50 | |
| | 20 | 099 748 | 472 | 493 760 | 566 | 506 240 | 605 988 | 94 | 40 | |
| | 30 | 100 220 | 472 | 494 326 | 565 | 505 674 | 605 894 | 94 | 30 | |
| | 40 | 100 692 | 472 | 494 891 | 566 | 505 109 | 605 800 | 94 | 20 | |
| | 50 | 101 164 | 471 | 495 457 | 566 | 504 543 | 605 706 | 94 | 10 | |
| 3 | 0 | 101 635 | 472 | 496 023 | 566 | 503 977 | 605 612 | 94 | 0 | 57 |
| | 10 | 102 107 | 472 | 496 589 | 566 | 503 411 | 605 518 | 94 | 50 | |
| | 20 | 102 579 | 471 | 497 155 | 565 | 502 845 | 605 424 | 94 | 40 | |
| | 30 | 103 050 | 472 | 497 720 | 566 | 502 280 | 605 330 | 94 | 30 | |
| | 40 | 103 522 | 472 | 498 286 | 565 | 501 714 | 605 236 | 94 | 20 | |
| | 50 | 103 994 | 471 | 498 851 | 566 | 501 149 | 605 142 | 94 | 10 | |
| 4 | 0 | 104 465 | 471 | 499 417 | 565 | 500 583 | 605 048 | 94 | 0 | 56 |
| | 10 | 104 936 | 472 | 499 982 | 566 | 500 018 | 604 954 | 94 | 50 | |
| | 20 | 105 408 | 471 | 500 548 | 565 | 499 452 | 604 860 | 94 | 40 | |
| | 30 | 105 879 | 471 | 501 113 | 565 | 498 887 | 604 766 | 94 | 30 | |
| | 40 | 106 350 | 471 | 501 678 | 566 | 498 322 | 604 672 | 94 | 20 | |
| | 50 | 106 821 | 472 | 502 244 | 565 | 497 756 | 604 578 | 94 | 10 | |
| 5 | 0 | 107 293 | 471 | 502 809 | 565 | 497 191 | 604 484 | 94 | 0 | 55 |
| | 10 | 107 764 | 471 | 503 374 | 565 | 496 626 | 604 390 | 94 | 50 | |
| | 20 | 108 235 | 470 | 503 939 | 565 | 496 061 | 604 296 | 95 | 40 | |
| | 30 | 108 705 | 471 | 504 504 | 565 | 495 496 | 604 201 | 94 | 30 | |
| | 40 | 109 176 | 471 | 505 069 | 565 | 494 931 | 604 107 | 94 | 20 | |
| | 50 | 109 647 | 471 | 505 634 | 565 | 494 366 | 604 013 | 94 | 10 | |
| 6 | 0 | 110 118 | 470 | 506 199 | 565 | 493 801 | 603 919 | 94 | 0 | 54 |
| | 10 | 110 588 | 471 | 506 764 | 565 | 493 236 | 603 825 | 94 | 50 | |
| | 20 | 111 059 | 471 | 507 329 | 564 | 492 671 | 603 731 | 95 | 40 | |
| | 30 | 111 530 | 470 | 507 893 | 565 | 492 107 | 603 636 | 94 | 30 | |
| | 40 | 112 000 | 470 | 508 458 | 565 | 491 542 | 603 542 | 94 | 20 | |
| | 50 | 112 470 | 471 | 509 023 | 564 | 490 977 | 603 448 | 94 | 10 | |
| 7 | 0 | 112 941 | 470 | 509 587 | 565 | 490 413 | 603 354 | 95 | 0 | 53 |
| | 10 | 113 411 | 470 | 510 152 | 564 | 489 848 | 603 259 | 94 | 50 | |
| | 20 | 113 881 | 471 | 510 716 | 565 | 489 284 | 603 165 | 94 | 40 | |
| | 30 | 114 352 | 470 | 511 281 | 564 | 488 719 | 603 071 | 95 | 30 | |
| | 40 | 114 822 | 470 | 511 845 | 565 | 488 155 | 602 976 | 94 | 20 | |
| | 50 | 115 292 | 470 | 512 410 | 564 | 487 590 | 602 882 | 94 | 10 | |
| 8 | 0 | 115 762 | 470 | 512 974 | 564 | 487 026 | 602 788 | 95 | 0 | 52 |
| | 10 | 116 232 | 470 | 513 538 | 564 | 486 462 | 602 693 | 94 | 50 | |
| | 20 | 116 702 | 469 | 514 102 | 565 | 485 898 | 602 599 | 94 | 40 | |
| | 30 | 117 171 | 470 | 514 667 | 564 | 485 333 | 602 505 | 95 | 30 | |
| | 40 | 117 641 | 470 | 515 231 | 564 | 484 769 | 602 410 | 94 | 20 | |
| | 50 | 118 111 | 469 | 515 795 | 564 | 484 205 | 602 316 | 94 | 10 | |
| 9 | 0 | 118 580 | 470 | 516 359 | 564 | 483 641 | 602 222 | 95 | 0 | 51 |
| | 10 | 119 050 | 469 | 516 923 | 564 | 483 077 | 602 127 | 94 | 50 | |
| | 20 | 119 519 | 470 | 517 487 | 564 | 482 513 | 602 033 | 95 | 40 | |
| | 30 | 119 989 | 469 | 518 051 | 563 | 481 949 | 601 938 | 94 | 30 | |
| | 40 | 120 458 | 470 | 518 614 | 564 | 481 386 | 601 844 | 95 | 20 | |
| | 50 | 120 928 | 469 | 519 178 | 564 | 480 822 | 601 749 | 94 | 10 | |
| 10 | 0 | $\bar{1}$,6 121 397 | | $\bar{1}$,6 519 742 | | 0,3 480 258 | $\bar{1}$,9 601 655 | | 0 | 50 |
| ' | " | Cos. | | Cotg. | | Tang. | Sin. | | " | ' |

65°

| | 567 | 566 | 565 | 564 | 472 | 471 | 470 | 94 |
|---|---|---|---|---|---|---|---|---|
| 1 | 56,7 | 56,6 | 56,5 | 56,4 | 47,2 | 47,1 | 47 | 9,4 |
| 2 | 113,4 | 113,2 | 113,0 | 112,8 | 94,4 | 94,2 | 94 | 18,8 |
| 3 | 170,1 | 169,8 | 169,5 | 169,2 | 141,6 | 141,3 | 141 | 28,2 |
| 4 | 226,8 | 226,4 | 226,0 | 225,6 | 188,8 | 188,4 | 188 | 37,6 |
| 5 | 283,5 | 283,0 | 282,5 | 282,0 | 236,0 | 235,5 | 235 | 47,0 |
| 6 | 340,2 | 339,6 | 339,0 | 338,4 | 283,2 | 282,6 | 282 | 56,4 |
| 7 | 396,9 | 396,2 | 395,5 | 394,8 | 330,4 | 329,7 | 329 | 65,8 |
| 8 | 453,6 | 452,8 | 452,0 | 451,2 | 377,6 | 376,8 | 376 | 75,2 |
| 9 | 510,3 | 509,4 | 508,5 | 507,6 | 424,8 | 423,9 | 423 | 84,6 |

| ′ | ″ | Sin. | D. | Tang. | D.c. | Cotg. | Cos. | D. | ″ | ′ |
|---|---|---|---|---|---|---|---|---|---|---|
| 10 | 0 | $\bar{1}$,6 121 397 | 469 | $\bar{1}$,6 519 742 | 564 | 0,3 480 258 | $\bar{1}$,9 601 655 | 95 | 0 | 50 |
| | 10 | 121 866 | 469 | 520 306 | 563 | 479 694 | 601 560 | 94 | 50 | |
| | 20 | 122 335 | 469 | 520 869 | 564 | 479 131 | 601 466 | 95 | 40 | |
| | 30 | 122 804 | 469 | 521 433 | 563 | 478 567 | 601 371 | 94 | 30 | |
| | 40 | 123 273 | 469 | 521 996 | 564 | 478 004 | 601 277 | 95 | 20 | |
| | 50 | 123 742 | 469 | 522 560 | 563 | 477 440 | 601 182 | 94 | 10 | |
| 11 | 0 | 124 211 | 469 | 523 123 | 564 | 476 877 | 601 088 | 95 | 0 | 49 |
| | 10 | 124 680 | 469 | 523 687 | 563 | 476 313 | 600 993 | 94 | 50 | |
| | 20 | 125 149 | 468 | 524 250 | 563 | 475 750 | 600 899 | 95 | 40 | |
| | 30 | 125 617 | 469 | 524 813 | 564 | 475 187 | 600 804 | 94 | 30 | |
| | 40 | 126 086 | 469 | 525 377 | 563 | 474 623 | 600 710 | 95 | 20 | |
| | 50 | 126 555 | 468 | 525 940 | 563 | 474 060 | 600 615 | 95 | 10 | |
| 12 | 0 | 127 023 | 469 | 526 503 | 563 | 473 497 | 600 520 | 94 | 0 | 48 |
| | 10 | 127 492 | 468 | 527 066 | 563 | 472 934 | 600 426 | 95 | 50 | |
| | 20 | 127 960 | 468 | 527 629 | 563 | 472 371 | 600 331 | 95 | 40 | |
| | 30 | 128 428 | 469 | 528 192 | 563 | 471 808 | 600 236 | 94 | 30 | |
| | 40 | 128 897 | 468 | 528 755 | 563 | 471 245 | 600 142 | 95 | 20 | |
| | 50 | 129 365 | 468 | 529 318 | 563 | 470 682 | 600 047 | 95 | 10 | |
| 13 | 0 | 129 833 | 468 | 529 881 | 563 | 470 119 | 599 952 | 94 | 0 | 47 |
| | 10 | 130 301 | 468 | 530 444 | 562 | 469 556 | 599 858 | 95 | 50 | |
| | 20 | 130 769 | 468 | 531 006 | 563 | 468 994 | 599 763 | 95 | 40 | |
| | 30 | 131 237 | 468 | 531 569 | 563 | 468 431 | 599 668 | 95 | 30 | |
| | 40 | 131 705 | 468 | 532 132 | 562 | 467 868 | 599 573 | 94 | 20 | |
| | 50 | 132 173 | 468 | 532 694 | 563 | 467 306 | 599 479 | 95 | 10 | |
| 14 | 0 | 132 641 | 468 | 533 257 | 562 | 466 743 | 599 384 | 95 | 0 | 46 |
| | 10 | 133 109 | 467 | 533 819 | 563 | 466 181 | 599 289 | 95 | 50 | |
| | 20 | 133 576 | 468 | 534 382 | 562 | 465 618 | 599 194 | 94 | 40 | |
| | 30 | 134 044 | 467 | 534 944 | 563 | 465 056 | 599 100 | 95 | 30 | |
| | 40 | 134 511 | 468 | 535 507 | 562 | 464 493 | 599 005 | 95 | 20 | |
| | 50 | 134 979 | 467 | 536 069 | 562 | 463 931 | 598 910 | 95 | 10 | |
| 15 | 0 | 135 446 | 468 | 536 631 | 563 | 463 369 | 598 815 | 95 | 0 | 45 |
| | 10 | 135 914 | 467 | 537 194 | 562 | 462 806 | 598 720 | 95 | 50 | |
| | 20 | 136 381 | 467 | 537 756 | 562 | 462 244 | 598 625 | 95 | 40 | |
| | 30 | 136 848 | 468 | 538 318 | 562 | 461 682 | 598 530 | 94 | 30 | |
| | 40 | 137 316 | 467 | 538 880 | 562 | 461 120 | 598 436 | 95 | 20 | |
| | 50 | 137 783 | 467 | 539 442 | 562 | 460 558 | 598 341 | 95 | 10 | |
| 16 | 0 | 138 250 | 467 | 540 004 | 562 | 459 996 | 598 246 | 95 | 0 | 44 |
| | 10 | 138 717 | 467 | 540 566 | 562 | 459 434 | 598 151 | 95 | 50 | |
| | 20 | 139 184 | 467 | 541 128 | 562 | 458 872 | 598 056 | 95 | 40 | |
| | 30 | 139 651 | 466 | 541 690 | 561 | 458 310 | 597 961 | 95 | 30 | |
| | 40 | 140 117 | 467 | 542 251 | 562 | 457 749 | 597 866 | 95 | 20 | |
| | 50 | 140 584 | 467 | 542 813 | 562 | 457 187 | 597 771 | 95 | 10 | |
| 17 | 0 | 141 051 | 467 | 543 375 | 562 | 456 625 | 597 676 | 95 | 0 | 43 |
| | 10 | 141 518 | 466 | 543 937 | 561 | 456 063 | 597 581 | 95 | 50 | |
| | 20 | 141 984 | 467 | 544 498 | 562 | 455 502 | 597 486 | 95 | 40 | |
| | 30 | 142 451 | 466 | 545 060 | 561 | 454 940 | 597 391 | 95 | 30 | |
| | 40 | 142 917 | 467 | 545 621 | 562 | 454 379 | 597 296 | 95 | 20 | |
| | 50 | 143 384 | 466 | 546 183 | 561 | 453 817 | 597 201 | 95 | 10 | |
| 18 | 0 | 143 850 | 466 | 546 744 | 561 | 453 256 | 597 106 | 95 | 0 | 42 |
| | 10 | 144 316 | 466 | 547 305 | 562 | 452 695 | 597 011 | 95 | 50 | |
| | 20 | 144 782 | 467 | 547 867 | 561 | 452 133 | 596 916 | 95 | 40 | |
| | 30 | 145 249 | 466 | 548 428 | 561 | 451 572 | 596 821 | 96 | 30 | |
| | 40 | 145 715 | 466 | 548 989 | 561 | 451 011 | 596 725 | 95 | 20 | |
| | 50 | 146 181 | 466 | 549 550 | 562 | 450 450 | 596 630 | 95 | 10 | |
| 19 | 0 | 146 647 | 466 | 550 112 | 561 | 449 888 | 596 535 | 95 | 0 | 41 |
| | 10 | 147 113 | 466 | 550 673 | 561 | 449 327 | 596 440 | 95 | 50 | |
| | 20 | 147 579 | 465 | 551 234 | 561 | 448 766 | 596 345 | 95 | 40 | |
| | 30 | 148 044 | 466 | 551 795 | 561 | 448 205 | 596 250 | 95 | 30 | |
| | 40 | 148 510 | 466 | 552 356 | 560 | 447 644 | 596 155 | 96 | 20 | |
| | 50 | 148 976 | 465 | 552 916 | 561 | 447 084 | 596 059 | 95 | 10 | |
| 20 | 0 | $\bar{1}$,6 149 441 | | $\bar{1}$,6 553 477 | | 0,3 446 523 | $\bar{1}$,9 595 964 | | 0 | 40 |
| ′ | ″ | Cos. | | Cotg. | | Tang. | Sin. | | ″ | ′ |

| | 563 | 562 | 561 | 469 | 468 | 467 | 466 | 95 |
|---|---|---|---|---|---|---|---|---|
| 1 | 56,3 | 56,2 | 56,1 | 46,9 | 46,8 | 46,7 | 46,6 | 9,5 |
| 2 | 112,6 | 112,4 | 112,2 | 93,8 | 93,6 | 93,4 | 93,2 | 19,0 |
| 3 | 168,9 | 168,6 | 168,3 | 140,7 | 140,4 | 140,1 | 139,8 | 28,5 |
| 4 | 225,2 | 224,8 | 224,4 | 187,6 | 187,2 | 186,8 | 186,4 | 38,0 |
| 5 | 281,5 | 281,0 | 280,5 | 234,5 | 234,0 | 233,5 | 233,0 | 47,5 |
| 6 | 337,8 | 337,2 | 336,6 | 281,4 | 280,8 | 280,2 | 279,6 | 57,0 |
| 7 | 394,1 | 393,4 | 392,7 | 328,3 | 327,6 | 326,9 | 326,2 | 66,5 |
| 8 | 450,4 | 449,6 | 448,8 | 375,2 | 374,4 | 373,6 | 372,8 | 76,0 |
| 9 | 506,7 | 505,8 | 504,9 | 422,1 | 421,2 | 420,3 | 419,4 | 85,5 |

| 560 | |
|---|---|
| 1 | 56 |
| 2 | 112 |
| 3 | 168 |
| 4 | 224 |
| 5 | 280 |
| 6 | 336 |
| 7 | 392 |
| 8 | 448 |
| 9 | 504 |

| 559 | |
|---|---|
| 1 | 55,9 |
| 2 | 111,8 |
| 3 | 167,7 |
| 4 | 223,6 |
| 5 | 279,5 |
| 6 | 335,4 |
| 7 | 391,3 |
| 8 | 447,2 |
| 9 | 503,1 |

| 558 | |
|---|---|
| 1 | 55,8 |
| 2 | 111,6 |
| 3 | 167,4 |
| 4 | 223,2 |
| 5 | 279,0 |
| 6 | 334,8 |
| 7 | 390,6 |
| 8 | 446,4 |
| 9 | 502,2 |

| 465 | |
|---|---|
| 1 | 46,5 |
| 2 | 93,0 |
| 3 | 139,5 |
| 4 | 186,0 |
| 5 | 232,5 |
| 6 | 279,0 |
| 7 | 325,5 |
| 8 | 372,0 |
| 9 | 418,5 |

| 464 | |
|---|---|
| 1 | 46,4 |
| 2 | 92,8 |
| 3 | 139,2 |
| 4 | 185,6 |
| 5 | 232,0 |
| 6 | 278,4 |
| 7 | 324,8 |
| 8 | 371,2 |
| 9 | 417,6 |

| 463 | |
|---|---|
| 1 | 46,3 |
| 2 | 92,6 |
| 3 | 138,9 |
| 4 | 185,2 |
| 5 | 231,5 |
| 6 | 277,8 |
| 7 | 324,1 |
| 8 | 370,4 |
| 9 | 416,7 |

| 462 | |
|---|---|
| 1 | 46,2 |
| 2 | 92,4 |
| 3 | 138,6 |
| 4 | 184,8 |
| 5 | 231,0 |
| 6 | 277,2 |
| 7 | 323,4 |
| 8 | 369,6 |
| 9 | 415,8 |

| 95 | |
|---|---|
| 1 | 9,5 |
| 2 | 19,0 |
| 3 | 28,5 |
| 4 | 38,0 |
| 5 | 47,5 |
| 6 | 57,0 |
| 7 | 66,5 |
| 8 | 76,0 |
| 9 | 85,5 |

| ′ | ″ | Sin. | D. | Tang. | D. c. | Cotg. | Cos. | D. | ″ | ′ |
|---|---|---|---|---|---|---|---|---|---|---|
| 20 | 0 | $\bar{1}$,6 149 444 | | $\bar{1}$,6 553 477 | | 0,3 446 523 | $\bar{1}$,9 595 964 | | 0 | 40 |
| | 10 | 149 907 | 466 | 554 038 | 561 | 445 962 | 595 869 | 95 | 50 | |
| | 20 | 150 373 | 466 | 554 599 | 561 | 445 401 | 595 774 | 95 | 40 | |
| | 30 | 150 838 | 465 | 555 160 | 561 | 444 840 | 595 678 | 96 | 30 | |
| | 40 | 151 303 | 465 | 555 720 | 560 | 444 280 | 595 583 | 95 | 20 | |
| | 50 | 151 769 | 466 | 556 281 | 561 | 443 719 | 595 488 | 95 | 10 | |
| 21 | 0 | 152 234 | 465 | 556 841 | 560 | 443 159 | 595 393 | 95 | 0 | 39 |
| | 10 | 152 699 | 465 | 557 402 | 561 | 442 598 | 595 297 | 96 | 50 | |
| | 20 | 153 164 | 465 | 557 962 | 560 | 442 038 | 595 202 | 95 | 40 | |
| | 30 | 153 629 | 465 | 558 523 | 561 | 441 477 | 595 107 | 95 | 30 | |
| | 40 | 154 094 | 465 | 559 083 | 560 | 440 917 | 595 011 | 96 | 20 | |
| | 50 | 154 559 | 465 | 559 643 | 560 | 440 357 | 594 916 | 95 | 10 | |
| 22 | 0 | 155 024 | 465 | 560 204 | 561 | 439 796 | 594 821 | 95 | 0 | 38 |
| | 10 | 155 489 | 465 | 560 764 | 560 | 439 236 | 594 725 | 96 | 50 | |
| | 20 | 155 954 | 465 | 561 324 | 560 | 438 676 | 594 630 | 95 | 40 | |
| | 30 | 156 419 | 465 | 561 884 | 560 | 438 116 | 594 535 | 95 | 30 | |
| | 40 | 156 883 | 464 | 562 444 | 560 | 437 556 | 594 439 | 96 | 20 | |
| | 50 | 157 348 | 465 | 563 004 | 560 | 436 996 | 594 344 | 95 | 10 | |
| 23 | 0 | 157 812 | 464 | 563 564 | 560 | 436 436 | 594 248 | 96 | 0 | 37 |
| | 10 | 158 277 | 465 | 564 124 | 560 | 435 876 | 594 153 | 95 | 50 | |
| | 20 | 158 741 | 464 | 564 684 | 560 | 435 316 | 594 057 | 96 | 40 | |
| | 30 | 159 206 | 465 | 565 244 | 560 | 434 756 | 593 962 | 95 | 30 | |
| | 40 | 159 670 | 464 | 565 804 | 560 | 434 196 | 593 866 | 96 | 20 | |
| | 50 | 160 134 | 464 | 566 363 | 559 | 433 637 | 593 771 | 95 | 10 | |
| 24 | 0 | 160 599 | 465 | 566 923 | 560 | 433 077 | 593 675 | 96 | 0 | 36 |
| | 10 | 161 063 | 464 | 567 483 | 560 | 432 517 | 593 580 | 95 | 50 | |
| | 20 | 161 527 | 464 | 568 042 | 559 | 431 958 | 593 484 | 96 | 40 | |
| | 30 | 161 991 | 464 | 568 602 | 560 | 431 398 | 593 389 | 95 | 30 | |
| | 40 | 162 455 | 464 | 569 161 | 559 | 430 839 | 593 293 | 96 | 20 | |
| | 50 | 162 919 | 464 | 569 721 | 560 | 430 279 | 593 198 | 95 | 10 | |
| 25 | 0 | 163 382 | 463 | 570 280 | 559 | 429 720 | 593 102 | 96 | 0 | 35 |
| | 10 | 163 846 | 464 | 570 840 | 560 | 429 160 | 593 007 | 95 | 50 | |
| | 20 | 164 310 | 464 | 571 399 | 559 | 428 601 | 592 911 | 96 | 40 | |
| | 30 | 164 774 | 464 | 571 958 | 559 | 428 042 | 592 815 | 96 | 30 | |
| | 40 | 165 237 | 463 | 572 517 | 559 | 427 483 | 592 720 | 95 | 20 | |
| | 50 | 165 701 | 464 | 573 077 | 560 | 426 923 | 592 624 | 96 | 10 | |
| 26 | 0 | 166 164 | 463 | 573 636 | 559 | 426 364 | 592 528 | 96 | 0 | 34 |
| | 10 | 166 628 | 464 | 574 195 | 559 | 425 805 | 592 433 | 95 | 50 | |
| | 20 | 167 091 | 463 | 574 754 | 559 | 425 246 | 592 337 | 96 | 40 | |
| | 30 | 167 554 | 463 | 575 313 | 559 | 424 687 | 592 241 | 96 | 30 | |
| | 40 | 168 017 | 463 | 575 872 | 559 | 424 128 | 592 146 | 95 | 20 | |
| | 50 | 168 481 | 464 | 576 431 | 559 | 423 569 | 592 050 | 96 | 10 | |
| 27 | 0 | 168 944 | 463 | 576 989 | 558 | 423 011 | 591 954 | 96 | 0 | 33 |
| | 10 | 169 407 | 463 | 577 548 | 559 | 422 452 | 591 859 | 95 | 50 | |
| | 20 | 169 870 | 463 | 578 107 | 559 | 421 893 | 591 763 | 96 | 40 | |
| | 30 | 170 333 | 463 | 578 666 | 559 | 421 334 | 591 667 | 96 | 30 | |
| | 40 | 170 796 | 463 | 579 224 | 558 | 420 776 | 591 571 | 96 | 20 | |
| | 50 | 171 258 | 462 | 579 783 | 559 | 420 217 | 591 475 | 96 | 10 | |
| 28 | 0 | 171 721 | 463 | 580 341 | 558 | 419 659 | 591 380 | 95 | 0 | 32 |
| | 10 | 172 184 | 463 | 580 900 | 559 | 419 100 | 591 284 | 96 | 50 | |
| | 20 | 172 646 | 462 | 581 458 | 558 | 418 542 | 591 188 | 96 | 40 | |
| | 30 | 173 109 | 463 | 582 017 | 559 | 417 983 | 591 092 | 96 | 30 | |
| | 40 | 173 572 | 463 | 582 575 | 558 | 417 425 | 590 996 | 96 | 20 | |
| | 50 | 174 034 | 462 | 583 134 | 559 | 416 866 | 590 900 | 96 | 10 | |
| 29 | 0 | 174 496 | 462 | 583 692 | 558 | 416 308 | 590 805 | 95 | 0 | 31 |
| | 10 | 174 959 | 463 | 584 250 | 558 | 415 750 | 590 709 | 96 | 50 | |
| | 20 | 175 421 | 462 | 584 808 | 558 | 415 192 | 590 613 | 96 | 40 | |
| | 30 | 175 883 | 462 | 585 366 | 558 | 414 634 | 590 517 | 96 | 30 | |
| | 40 | 176 345 | 462 | 585 924 | 558 | 414 076 | 590 421 | 96 | 20 | |
| | 50 | 176 808 | 463 | 586 483 | 559 | 413 517 | 590 325 | 96 | 10 | |
| 30 | 0 | $\bar{1}$,6 177 270 | 462 | $\bar{1}$,6 587 041 | 558 | 0,3 412 959 | $\bar{1}$,9 590 229 | 96 | 0 | 30 |
| ′ | ″ | Cos. | | Cotg. | | Tang. | Sin. | | ″ | ′ |

| ′ | ″ | Sin. | D. | Tang. | D.c. | Cotg. | Cos. | D. | ″ | ′ |
|---|---|---|---|---|---|---|---|---|---|---|
| 30 | 0 | 1̄,6 177 270 | 462 | 1̄,6 587 041 | 557 | 0,3 412 959 | 1̄,9 590 229 | 96 | 0 | 30 |
| | 10 | 177 732 | 461 | 587 598 | 558 | 412 402 | 590 133 | 96 | 50 | |
| | 20 | 178 193 | 462 | 588 156 | 558 | 411 844 | 590 037 | 96 | 40 | |
| | 30 | 178 655 | 462 | 588 714 | 558 | 411 286 | 589 941 | 96 | 30 | |
| | 40 | 179 117 | 462 | 589 272 | 558 | 410 728 | 589 845 | 96 | 20 | |
| | 50 | 179 579 | 462 | 589 830 | 557 | 410 170 | 589 749 | 96 | 10 | |
| 31 | 0 | 180 041 | 461 | 590 387 | 558 | 409 613 | 589 653 | 96 | 0 | 29 |
| | 10 | 180 502 | 462 | 590 945 | 558 | 409 055 | 589 557 | 96 | 50 | |
| | 20 | 180 964 | 461 | 591 503 | 557 | 408 497 | 589 461 | 96 | 40 | |
| | 30 | 181 425 | 462 | 592 060 | 558 | 407 940 | 589 365 | 96 | 30 | |
| | 40 | 181 887 | 461 | 592 618 | 557 | 407 382 | 589 269 | 96 | 20 | |
| | 50 | 182 348 | 461 | 593 175 | 558 | 406 825 | 589 173 | 96 | 10 | |
| 32 | 0 | 182 809 | 462 | 593 733 | 557 | 406 267 | 589 077 | 96 | 0 | 28 |
| | 10 | 183 271 | 461 | 594 290 | 557 | 405 710 | 588 981 | 96 | 50 | |
| | 20 | 183 732 | 461 | 594 847 | 558 | 405 153 | 588 885 | 97 | 40 | |
| | 30 | 184 193 | 461 | 595 405 | 557 | 404 595 | 588 788 | 96 | 30 | |
| | 40 | 184 654 | 461 | 595 962 | 557 | 404 038 | 588 692 | 96 | 20 | |
| | 50 | 185 115 | 461 | 596 519 | 557 | 403 481 | 588 596 | 96 | 10 | |
| 33 | 0 | 185 576 | 461 | 597 076 | 557 | 402 924 | 588 500 | 96 | 0 | 27 |
| | 10 | 186 037 | 461 | 597 633 | 557 | 402 367 | 588 404 | 96 | 50 | |
| | 20 | 186 498 | 461 | 598 190 | 557 | 401 810 | 588 308 | 97 | 40 | |
| | 30 | 186 959 | 461 | 598 747 | 557 | 401 253 | 588 211 | 96 | 30 | |
| | 40 | 187 420 | 460 | 599 304 | 557 | 400 696 | 588 115 | 96 | 20 | |
| | 50 | 187 880 | 461 | 599 861 | 557 | 400 139 | 588 019 | 96 | 10 | |
| 34 | 0 | 188 341 | 460 | 600 418 | 557 | 399 582 | 587 923 | 97 | 0 | 26 |
| | 10 | 188 801 | 461 | 600 975 | 557 | 399 025 | 587 826 | 96 | 50 | |
| | 20 | 189 262 | 460 | 601 532 | 557 | 398 468 | 587 730 | 96 | 40 | |
| | 30 | 189 722 | 461 | 602 089 | 556 | 397 911 | 587 634 | 96 | 30 | |
| | 40 | 190 183 | 460 | 602 645 | 557 | 397 355 | 587 538 | 97 | 20 | |
| | 50 | 190 643 | 460 | 603 202 | 556 | 396 798 | 587 441 | 96 | 10 | |
| 35 | 0 | 191 103 | 461 | 603 758 | 557 | 396 242 | 587 345 | 96 | 0 | 25 |
| | 10 | 191 564 | 460 | 604 315 | 556 | 395 685 | 587 249 | 97 | 50 | |
| | 20 | 192 024 | 460 | 604 871 | 557 | 395 129 | 587 152 | 96 | 40 | |
| | 30 | 192 484 | 460 | 605 428 | 556 | 394 572 | 587 056 | 96 | 30 | |
| | 40 | 192 944 | 460 | 605 984 | 557 | 394 016 | 586 960 | 97 | 20 | |
| | 50 | 193 404 | 460 | 606 541 | 556 | 393 459 | 586 863 | 96 | 10 | |
| 36 | 0 | 193 864 | 460 | 607 097 | 556 | 392 903 | 586 767 | 97 | 0 | 24 |
| | 10 | 194 324 | 459 | 607 653 | 556 | 392 347 | 586 670 | 96 | 50 | |
| | 20 | 194 783 | 460 | 608 209 | 557 | 391 791 | 586 574 | 97 | 40 | |
| | 30 | 195 243 | 460 | 608 766 | 556 | 391 234 | 586 477 | 96 | 30 | |
| | 40 | 195 703 | 459 | 609 322 | 556 | 390 678 | 586 381 | 96 | 20 | |
| | 50 | 196 162 | 460 | 609 878 | 556 | 390 122 | 586 285 | 97 | 10 | |
| 37 | 0 | 196 622 | 459 | 610 434 | 556 | 389 566 | 586 188 | 96 | 0 | 23 |
| | 10 | 197 081 | 460 | 610 990 | 556 | 389 010 | 586 092 | 97 | 50 | |
| | 20 | 197 541 | 459 | 611 546 | 556 | 388 454 | 585 995 | 96 | 40 | |
| | 30 | 198 000 | 460 | 612 102 | 555 | 387 898 | 585 899 | 97 | 30 | |
| | 40 | 198 460 | 459 | 612 657 | 556 | 387 343 | 585 802 | 96 | 20 | |
| | 50 | 198 919 | 459 | 613 213 | 556 | 386 787 | 585 706 | 97 | 10 | |
| 38 | 0 | 199 378 | 459 | 613 769 | 556 | 386 231 | 585 609 | 96 | 0 | 22 |
| | 10 | 199 837 | 459 | 614 325 | 555 | 385 675 | 585 513 | 97 | 50 | |
| | 20 | 200 296 | 459 | 614 880 | 556 | 385 120 | 585 416 | 97 | 40 | |
| | 30 | 200 755 | 459 | 615 436 | 556 | 384 564 | 585 319 | 96 | 30 | |
| | 40 | 201 214 | 459 | 615 992 | 555 | 384 008 | 585 223 | 97 | 20 | |
| | 50 | 201 673 | 459 | 616 547 | 556 | 383 453 | 585 126 | 96 | 10 | |
| 39 | 0 | 202 132 | 459 | 617 103 | 555 | 382 897 | 585 030 | 97 | 0 | 21 |
| | 10 | 202 591 | 459 | 617 658 | 555 | 382 342 | 584 933 | 97 | 50 | |
| | 20 | 203 050 | 458 | 618 213 | 556 | 381 787 | 584 836 | 96 | 40 | |
| | 30 | 203 508 | 459 | 618 769 | 555 | 381 231 | 584 740 | 97 | 30 | |
| | 40 | 203 967 | 459 | 619 324 | 555 | 380 676 | 584 643 | 97 | 20 | |
| | 50 | 204 426 | 458 | 619 879 | 555 | 380 121 | 584 546 | 96 | 10 | |
| 40 | 0 | 1̄,6 204 884 | | 1̄,6 620 434 | | 0,3 379 566 | 1̄,9 584 450 | | 0 | 20 |
| ′ | ″ | Cos. | | Cotg. | | Tang. | Sin. | | ″ | ′ |

65°

| | 557 |
|---|---|
| 1 | 55,7 |
| 2 | 111,4 |
| 3 | 167,1 |
| 4 | 222,8 |
| 5 | 278,5 |
| 6 | 334,2 |
| 7 | 389,9 |
| 8 | 445,6 |
| 9 | 501,3 |

| | 556 |
|---|---|
| 1 | 55,6 |
| 2 | 111,2 |
| 3 | 166,8 |
| 4 | 222,4 |
| 5 | 278,0 |
| 6 | 333,6 |
| 7 | 389,2 |
| 8 | 444,8 |
| 9 | 500,4 |

| | 555 |
|---|---|
| 1 | 55,5 |
| 2 | 111,0 |
| 3 | 166,5 |
| 4 | 222,0 |
| 5 | 277,5 |
| 6 | 333,0 |
| 7 | 388,5 |
| 8 | 444,0 |
| 9 | 499,5 |

| | 461 |
|---|---|
| 1 | 46,1 |
| 2 | 92,2 |
| 3 | 138,3 |
| 4 | 184,4 |
| 5 | 230,5 |
| 6 | 276,6 |
| 7 | 322,7 |
| 8 | 368,8 |
| 9 | 414,9 |

| | 460 |
|---|---|
| 1 | 46 |
| 2 | 92 |
| 3 | 138 |
| 4 | 184 |
| 5 | 230 |
| 6 | 276 |
| 7 | 322 |
| 8 | 368 |
| 9 | 414 |

| | 459 |
|---|---|
| 1 | 45,9 |
| 2 | 91,8 |
| 3 | 137,7 |
| 4 | 183,6 |
| 5 | 229,5 |
| 6 | 275,4 |
| 7 | 321,3 |
| 8 | 367,2 |
| 9 | 413,1 |

| | 96 |
|---|---|
| 1 | 9,6 |
| 2 | 19,2 |
| 3 | 28,8 |
| 4 | 38,4 |
| 5 | 48,0 |
| 6 | 57,6 |
| 7 | 67,2 |
| 8 | 76,8 |
| 9 | 86,4 |

| | 97 |
|---|---|
| 1 | 9,7 |
| 2 | 19,4 |
| 3 | 29,1 |
| 4 | 38,8 |
| 5 | 48,5 |
| 6 | 58,2 |
| 7 | 67,9 |
| 8 | 77,6 |
| 9 | 87,3 |

| ′ | ″ | Sin. | D. | Tang. | D.c. | Cotg. | Cos. | D. | ″ | ′ |
|---|---|---|---|---|---|---|---|---|---|---|
| 40 | 0 | $\bar{1}$,6 204 884 | | $\bar{1}$,6 620 434 | | 0,3 379 566 | $\bar{1}$,9 584 450 | | 0 | 20 |
| | 10 | 205 342 | 458 | 620 990 | 556 | 379 010 | 584 353 | 97 | 50 | |
| | 20 | 205 801 | 459 | 621 545 | 555 | 378 455 | 584 256 | 97 | 40 | |
| | 30 | 206 259 | 458 | 622 100 | 555 | 377 900 | 584 159 | 97 | 30 | |
| | 40 | 206 717 | 458 | 622 655 | 555 | 377 345 | 584 063 | 96 | 20 | |
| | 50 | 207 176 | 459 | 623 210 | 555 | 376 790 | 583 966 | 97 | 10 | |
| 41 | 0 | 207 634 | 458 | 623 765 | 555 | 376 235 | 583 869 | 97 | 0 | 19 |
| | 10 | 208 092 | 458 | 624 319 | 554 | 375 681 | 583 772 | 97 | 50 | |
| | 20 | 208 550 | 458 | 624 874 | 555 | 375 126 | 583 676 | 96 | 40 | |
| | 30 | 209 008 | 458 | 625 429 | 555 | 374 571 | 583 579 | 97 | 30 | |
| | 40 | 209 466 | 458 | 625 984 | 555 | 374 016 | 583 482 | 97 | 20 | |
| | 50 | 209 924 | 458 | 626 538 | 554 | 373 462 | 583 385 | 97 | 10 | |
| 42 | 0 | 210 382 | 458 | 627 093 | 555 | 372 907 | 583 288 | 97 | 0 | 18 |
| | 10 | 210 839 | 457 | 627 648 | 555 | 372 352 | 583 192 | 96 | 50 | |
| | 20 | 211 297 | 458 | 628 202 | 554 | 371 798 | 583 095 | 97 | 40 | |
| | 30 | 211 755 | 458 | 628 757 | 555 | 371 243 | 582 998 | 97 | 30 | |
| | 40 | 212 212 | 457 | 629 311 | 554 | 370 689 | 582 901 | 97 | 20 | |
| | 50 | 212 670 | 458 | 629 866 | 555 | 370 134 | 582 804 | 97 | 10 | |
| 43 | 0 | 213 127 | 457 | 630 420 | 554 | 369 580 | 582 707 | 97 | 0 | 17 |
| | 10 | 213 584 | 457 | 630 974 | 554 | 369 026 | 582 610 | 97 | 50 | |
| | 20 | 214 042 | 458 | 631 529 | 555 | 368 471 | 582 513 | 97 | 40 | |
| | 30 | 214 499 | 457 | 632 083 | 554 | 367 917 | 582 416 | 97 | 30 | |
| | 40 | 214 956 | 457 | 632 637 | 554 | 367 363 | 582 319 | 97 | 20 | |
| | 50 | 215 413 | 457 | 633 191 | 554 | 366 809 | 582 222 | 97 | 10 | |
| 44 | 0 | 215 871 | 458 | 633 745 | 554 | 366 255 | 582 125 | 97 | 0 | 16 |
| | 10 | 216 328 | 457 | 634 299 | 554 | 365 701 | 582 028 | 97 | 50 | |
| | 20 | 216 785 | 457 | 634 853 | 554 | 365 147 | 581 931 | 97 | 40 | |
| | 30 | 217 242 | 457 | 635 407 | 554 | 364 593 | 581 834 | 97 | 30 | |
| | 40 | 217 698 | 456 | 635 961 | 554 | 364 039 | 581 737 | 97 | 20 | |
| | 50 | 218 155 | 457 | 636 515 | 554 | 363 485 | 581 640 | 97 | 10 | |
| 45 | 0 | 218 612 | 457 | 637 069 | 554 | 362 931 | 581 543 | 97 | 0 | 15 |
| | 10 | 219 069 | 457 | 637 623 | 554 | 362 377 | 581 446 | 97 | 50 | |
| | 20 | 219 525 | 456 | 638 176 | 553 | 361 824 | 581 349 | 97 | 40 | |
| | 30 | 219 982 | 457 | 638 730 | 554 | 361 270 | 581 252 | 97 | 30 | |
| | 40 | 220 438 | 456 | 639 284 | 554 | 360 716 | 581 155 | 97 | 20 | |
| | 50 | 220 895 | 457 | 639 837 | 553 | 360 163 | 581 058 | 97 | 10 | |
| 46 | 0 | 221 351 | 456 | 640 391 | 554 | 359 609 | 580 961 | 97 | 0 | 14 |
| | 10 | 221 808 | 457 | 640 944 | 553 | 359 056 | 580 863 | 98 | 50 | |
| | 20 | 222 264 | 456 | 641 498 | 554 | 358 502 | 580 766 | 97 | 40 | |
| | 30 | 222 720 | 456 | 642 051 | 553 | 357 949 | 580 669 | 97 | 30 | |
| | 40 | 223 176 | 456 | 642 604 | 553 | 357 396 | 580 572 | 97 | 20 | |
| | 50 | 223 632 | 456 | 643 158 | 554 | 356 842 | 580 475 | 97 | 10 | |
| 47 | 0 | 224 088 | 456 | 643 711 | 553 | 356 289 | 580 378 | 97 | 0 | 13 |
| | 10 | 224 544 | 456 | 644 264 | 553 | 355 736 | 580 280 | 98 | 50 | |
| | 20 | 225 000 | 456 | 644 817 | 553 | 355 183 | 580 183 | 97 | 40 | |
| | 30 | 225 456 | 456 | 645 370 | 553 | 354 630 | 580 086 | 97 | 30 | |
| | 40 | 225 912 | 456 | 645 923 | 553 | 354 077 | 579 989 | 97 | 20 | |
| | 50 | 226 368 | 456 | 646 477 | 554 | 353 523 | 579 891 | 98 | 10 | |
| 48 | 0 | 226 824 | 456 | 647 030 | 553 | 352 970 | 579 794 | 97 | 0 | 12 |
| | 10 | 227 279 | 455 | 647 582 | 552 | 352 418 | 579 697 | 97 | 50 | |
| | 20 | 227 735 | 456 | 648 135 | 553 | 351 865 | 579 599 | 98 | 40 | |
| | 30 | 228 190 | 455 | 648 688 | 553 | 351 312 | 579 502 | 97 | 30 | |
| | 40 | 228 646 | 456 | 649 241 | 553 | 350 759 | 579 405 | 97 | 20 | |
| | 50 | 229 101 | 455 | 649 794 | 553 | 350 206 | 579 307 | 98 | 10 | |
| 49 | 0 | 229 557 | 456 | 650 346 | 552 | 349 654 | 579 210 | 97 | 0 | 11 |
| | 10 | 230 012 | 455 | 650 899 | 553 | 349 101 | 579 113 | 97 | 50 | |
| | 20 | 230 467 | 455 | 651 452 | 553 | 348 548 | 579 015 | 98 | 40 | |
| | 30 | 230 922 | 455 | 652 004 | 552 | 347 996 | 578 918 | 97 | 30 | |
| | 40 | 231 377 | 455 | 652 557 | 553 | 347 443 | 578 821 | 97 | 20 | |
| | 50 | 231 832 | 455 | 653 109 | 552 | 346 891 | 578 723 | 98 | 10 | |
| 50 | 0 | $\bar{1}$,6 232 287 | 455 | $\bar{1}$,6 653 662 | 553 | 0,3 346 338 | $\bar{1}$,9 578 626 | 97 | 0 | 10 |
| ′ | ″ | Cos. | | Cotg. | | Tang. | Sin. | | ″ | ′ |

| | 555 | 554 | 553 | 458 | 457 | 456 | 455 | 97 |
|---|---|---|---|---|---|---|---|---|
| 1 | 55,5 | 55,4 | 55,3 | 45,8 | 45,7 | 45,6 | 45,5 | 9,7 |
| 2 | 111,0 | 110,8 | 110,6 | 91,6 | 91,4 | 91,2 | 91,0 | 19,4 |
| 3 | 166,5 | 166,2 | 165,9 | 137,4 | 137,1 | 136,8 | 136,5 | 29,1 |
| 4 | 222,0 | 221,6 | 221,2 | 183,2 | 182,8 | 182,4 | 182,0 | 38,8 |
| 5 | 277,5 | 277,0 | 276,5 | 229,0 | 228,5 | 228,0 | 227,5 | 48,5 |
| 6 | 333,0 | 332,4 | 331,8 | 274,8 | 274,2 | 273,6 | 273,0 | 58,2 |
| 7 | 388,5 | 387,8 | 387,1 | 320,6 | 319,9 | 319,2 | 318,5 | 67,9 |
| 8 | 444,0 | 443,2 | 442,4 | 366,4 | 365,6 | 364,8 | 364,0 | 77,6 |
| 9 | 499,5 | 498,6 | 497,7 | 412,2 | 411,3 | 410,4 | 409,5 | 87,3 |

| ′ | ″ | Sin. | D. | Tang. | D.c. | Cotg. | Cos. | D. | ″ | ′ |
|---|---|---|---|---|---|---|---|---|---|---|
| 50 | 0 | $\bar{1}$,6 232 287 | 455 | $\bar{1}$,6 653 662 | 552 | 0,3 346 338 | $\bar{1}$,9 578 626 | 98 | 0 | 10 |
| | 10 | 232 742 | 455 | 654 214 | 553 | 345 786 | 578 528 | 97 | 50 | |
| | 20 | 233 197 | 455 | 654 767 | 552 | 345 233 | 578 431 | 98 | 40 | |
| | 30 | 233 652 | 455 | 655 319 | 552 | 344 681 | 578 333 | 97 | 30 | |
| | 40 | 234 107 | 455 | 655 871 | 552 | 344 129 | 578 236 | 98 | 20 | |
| | 50 | 234 562 | 454 | 656 423 | 552 | 343 577 | 578 138 | 97 | 10 | |
| 51 | 0 | 235 016 | 455 | 656 975 | 553 | 343 025 | 578 041 | 98 | 0 | 9 |
| | 10 | 235 471 | 454 | 657 528 | 552 | 342 472 | 577 943 | 97 | 50 | |
| | 20 | 235 925 | 455 | 658 080 | 552 | 341 920 | 577 846 | 98 | 40 | |
| | 30 | 236 380 | 454 | 658 632 | 552 | 341 368 | 577 748 | 97 | 30 | |
| | 40 | 236 834 | 455 | 659 184 | 552 | 340 816 | 577 651 | 98 | 20 | |
| | 50 | 237 289 | 454 | 659 736 | 552 | 340 264 | 577 553 | 97 | 10 | |
| 52 | 0 | 237 743 | 454 | 660 288 | 551 | 339 712 | 577 456 | 98 | 0 | 8 |
| | 10 | 238 197 | 455 | 660 839 | 552 | 339 161 | 577 358 | 98 | 50 | |
| | 20 | 238 652 | 454 | 661 391 | 552 | 338 609 | 577 260 | 97 | 40 | |
| | 30 | 239 106 | 454 | 661 943 | 552 | 338 057 | 577 163 | 98 | 30 | |
| | 40 | 239 560 | 454 | 662 495 | 551 | 337 505 | 577 065 | 98 | 20 | |
| | 50 | 240 014 | 454 | 663 046 | 552 | 336 954 | 576 967 | 97 | 10 | |
| 53 | 0 | 240 468 | 454 | 663 598 | 552 | 336 402 | 576 870 | 98 | 0 | 7 |
| | 10 | 240 922 | 454 | 664 150 | 551 | 335 850 | 576 772 | 98 | 50 | |
| | 20 | 241 376 | 453 | 664 701 | 552 | 335 299 | 576 674 | 97 | 40 | |
| | 30 | 241 829 | 454 | 665 253 | 551 | 334 747 | 576 577 | 98 | 30 | |
| | 40 | 242 283 | 454 | 665 804 | 551 | 334 196 | 576 479 | 98 | 20 | |
| | 50 | 242 737 | 453 | 666 355 | 552 | 333 645 | 576 381 | 97 | 10 | |
| 54 | 0 | 243 190 | 454 | 666 907 | 551 | 333 093 | 576 284 | 98 | 0 | 6 |
| | 10 | 243 644 | 453 | 667 458 | 551 | 332 542 | 576 186 | 98 | 50 | |
| | 20 | 244 097 | 454 | 668 009 | 552 | 331 991 | 576 088 | 98 | 40 | |
| | 30 | 244 551 | 453 | 668 561 | 551 | 331 439 | 575 990 | 97 | 30 | |
| | 40 | 245 004 | 454 | 669 112 | 551 | 330 888 | 575 893 | 98 | 20 | |
| | 50 | 245 458 | 453 | 669 663 | 551 | 330 337 | 575 795 | 98 | 10 | |
| 55 | 0 | 245 911 | 453 | 670 214 | 551 | 329 786 | 575 697 | 98 | 0 | 5 |
| | 10 | 246 364 | 453 | 670 765 | 551 | 329 235 | 575 599 | 98 | 50 | |
| | 20 | 246 817 | 453 | 671 316 | 551 | 328 684 | 575 501 | 98 | 40 | |
| | 30 | 247 270 | 453 | 671 867 | 551 | 328 133 | 575 403 | 97 | 30 | |
| | 40 | 247 723 | 453 | 672 418 | 551 | 327 582 | 575 306 | 98 | 20 | |
| | 50 | 248 176 | 453 | 672 969 | 550 | 327 031 | 575 208 | 98 | 10 | |
| 56 | 0 | 248 629 | 453 | 673 519 | 551 | 326 481 | 575 110 | 98 | 0 | 4 |
| | 10 | 249 082 | 453 | 674 070 | 551 | 325 930 | 575 012 | 98 | 50 | |
| | 20 | 249 535 | 453 | 674 621 | 551 | 325 379 | 574 914 | 98 | 40 | |
| | 30 | 249 988 | 453 | 675 172 | 550 | 324 828 | 574 816 | 98 | 30 | |
| | 40 | 250 441 | 452 | 675 722 | 551 | 324 278 | 574 718 | 98 | 20 | |
| | 50 | 250 893 | 453 | 676 273 | 550 | 323 727 | 574 620 | 98 | 10 | |
| 57 | 0 | 251 346 | 452 | 676 823 | 551 | 323 177 | 574 522 | 98 | 0 | 3 |
| | 10 | 251 798 | 453 | 677 374 | 550 | 322 626 | 574 424 | 98 | 50 | |
| | 20 | 252 251 | 452 | 677 924 | 551 | 322 076 | 574 326 | 98 | 40 | |
| | 30 | 252 703 | 453 | 678 475 | 550 | 321 525 | 574 228 | 98 | 30 | |
| | 40 | 253 156 | 452 | 679 025 | 550 | 320 975 | 574 130 | 98 | 20 | |
| | 50 | 253 608 | 452 | 679 575 | 551 | 320 425 | 574 032 | 98 | 10 | |
| 58 | 0 | 254 060 | 452 | 680 126 | 550 | 319 874 | 573 934 | 98 | 0 | 2 |
| | 10 | 254 512 | 452 | 680 676 | 550 | 319 324 | 573 836 | 98 | 50 | |
| | 20 | 254 964 | 453 | 681 226 | 550 | 318 774 | 573 738 | 98 | 40 | |
| | 30 | 255 417 | 452 | 681 776 | 550 | 318 224 | 573 640 | 98 | 30 | |
| | 40 | 255 869 | 451 | 682 326 | 550 | 317 674 | 573 542 | 98 | 20 | |
| | 50 | 256 320 | 452 | 682 876 | 550 | 317 124 | 573 444 | 98 | 10 | |
| 59 | 0 | 256 772 | 452 | 683 426 | 550 | 316 574 | 573 346 | 98 | 0 | 1 |
| | 10 | 257 224 | 452 | 683 976 | 550 | 316 024 | 573 248 | 98 | 50 | |
| | 20 | 257 676 | 452 | 684 526 | 550 | 315 474 | 573 150 | 98 | 40 | |
| | 30 | 258 128 | 451 | 685 076 | 550 | 314 924 | 573 052 | 99 | 30 | |
| | 40 | 258 579 | 452 | 685 626 | 550 | 314 374 | 572 953 | 98 | 20 | |
| | 50 | 259 031 | 452 | 686 176 | 549 | 313 824 | 572 855 | 98 | 10 | |
| 60 | 0 | $\bar{1}$,6 259 483 | | $\bar{1}$,6 686 725 | | 0,3 313 275 | $\bar{1}$,9 572 757 | | 0 | 0 |
| ′ | ″ | Cos. | | Cotg. | | Tang. | Sin. | | ″ | ′ |

65°

| | 552 | 551 | 550 | 455 | 454 | 453 | 452 | 98 |
|---|---|---|---|---|---|---|---|---|
| 1 | 55,2 | 55,1 | 55 | 45,5 | 45,4 | 45,3 | 45,2 | 9,8 |
| 2 | 110,4 | 110,2 | 110 | 91,0 | 90,8 | 90,6 | 90,4 | 19,6 |
| 3 | 165,6 | 165,3 | 165 | 136,5 | 136,2 | 135,9 | 135,6 | 29,4 |
| 4 | 220,8 | 220,4 | 220 | 182,0 | 181,6 | 181,2 | 180,8 | 39,2 |
| 5 | 276,0 | 275,5 | 275 | 227,5 | 227,0 | 226,5 | 226,0 | 49,0 |
| 6 | 331,2 | 330,6 | 330 | 273,0 | 272,4 | 271,8 | 271,2 | 58,8 |
| 7 | 386,4 | 385,7 | 385 | 318,5 | 317,8 | 317,1 | 316,4 | 68,6 |
| 8 | 441,6 | 440,8 | 440 | 364,0 | 363,2 | 362,4 | 361,6 | 78,4 |
| 9 | 496,8 | 495,9 | 495 | 409,5 | 408,6 | 407,7 | 406,8 | 88,2 |

| 550 | |
|---|---|
| 1 | 55 |
| 2 | 110 |
| 3 | 165 |
| 4 | 220 |
| 5 | 275 |
| 6 | 330 |
| 7 | 385 |
| 8 | 440 |
| 9 | 495 |

| 549 | |
|---|---|
| 1 | 54,9 |
| 2 | 109,8 |
| 3 | 164,7 |
| 4 | 219,6 |
| 5 | 274,5 |
| 6 | 329,4 |
| 7 | 384,3 |
| 8 | 439,2 |
| 9 | 494,1 |

| 548 | |
|---|---|
| 1 | 54,8 |
| 2 | 109,6 |
| 3 | 164,4 |
| 4 | 219,2 |
| 5 | 274,0 |
| 6 | 328,8 |
| 7 | 383,6 |
| 8 | 438,4 |
| 9 | 493,2 |

| 451 | |
|---|---|
| 1 | 45,1 |
| 2 | 90,2 |
| 3 | 135,3 |
| 4 | 180,4 |
| 5 | 225,5 |
| 6 | 270,6 |
| 7 | 315,7 |
| 8 | 360,8 |
| 9 | 405,9 |

| 450 | |
|---|---|
| 1 | 45 |
| 2 | 90 |
| 3 | 135 |
| 4 | 180 |
| 5 | 225 |
| 6 | 270 |
| 7 | 315 |
| 8 | 360 |
| 9 | 405 |

| 449 | |
|---|---|
| 1 | 44,9 |
| 2 | 89,8 |
| 3 | 134,7 |
| 4 | 179,6 |
| 5 | 224,5 |
| 6 | 269,4 |
| 7 | 314,3 |
| 8 | 359,2 |
| 9 | 404,1 |

| 448 | |
|---|---|
| 1 | 44,8 |
| 2 | 89,6 |
| 3 | 134,4 |
| 4 | 179,2 |
| 5 | 224,0 |
| 6 | 268,8 |
| 7 | 313,6 |
| 8 | 358,4 |
| 9 | 403,2 |

| 98 | |
|---|---|
| 1 | 9,8 |
| 2 | 19,6 |
| 3 | 29,4 |
| 4 | 39,2 |
| 5 | 49,0 |
| 6 | 58,8 |
| 7 | 68,6 |
| 8 | 78,4 |
| 9 | 88,2 |

| ' | " | Sin. | D. | Tang. | D.c. | Cotg. | Cos. | D. | " | ' |
|---|---|---|---|---|---|---|---|---|---|---|
| 0 | 0 | $\bar{1}$,6 259 483 | 451 | $\bar{1}$,6 686 725 | 550 | 0,3 313 275 | $\bar{1}$,9 572 757 | 98 | 0 | 60 |
| | 10 | 259 934 | 452 | 687 275 | 550 | 312 725 | 572 659 | 98 | 50 | |
| | 20 | 260 386 | 451 | 687 825 | 549 | 312 175 | 572 561 | 98 | 40 | |
| | 30 | 260 837 | 451 | 688 374 | 550 | 311 626 | 572 463 | 99 | 30 | |
| | 40 | 261 288 | 452 | 688 924 | 549 | 311 076 | 572 364 | 98 | 20 | |
| | 50 | 261 740 | 451 | 689 473 | 550 | 310 527 | 572 266 | 98 | 10 | |
| 1 | 0 | 262 191 | 451 | 690 023 | 549 | 309 977 | 572 168 | 98 | 0 | 59 |
| | 10 | 262 642 | 451 | 690 572 | 550 | 309 428 | 572 070 | 99 | 50 | |
| | 20 | 263 093 | 451 | 691 122 | 549 | 308 878 | 571 971 | 98 | 40 | |
| | 30 | 263 544 | 451 | 691 671 | 549 | 308 329 | 571 873 | 98 | 30 | |
| | 40 | 263 995 | 451 | 692 220 | 550 | 307 780 | 571 775 | 99 | 20 | |
| | 50 | 264 446 | 451 | 692 770 | 549 | 307 230 | 571 676 | 98 | 10 | |
| 2 | 0 | 264 897 | 451 | 693 319 | 549 | 306 681 | 571 578 | 98 | 0 | 58 |
| | 10 | 265 348 | 450 | 693 868 | 549 | 306 132 | 571 480 | 99 | 50 | |
| | 20 | 265 798 | 451 | 694 417 | 549 | 305 583 | 571 381 | 98 | 40 | |
| | 30 | 266 249 | 451 | 694 966 | 549 | 305 034 | 571 283 | 98 | 30 | |
| | 40 | 266 700 | 450 | 695 515 | 549 | 304 485 | 571 185 | 99 | 20 | |
| | 50 | 267 150 | 451 | 696 064 | 549 | 303 936 | 571 086 | 98 | 10 | |
| 3 | 0 | 267 601 | 450 | 696 613 | 549 | 303 387 | 570 988 | 99 | 0 | 57 |
| | 10 | 268 051 | 451 | 697 162 | 549 | 302 838 | 570 889 | 98 | 50 | |
| | 20 | 268 502 | 450 | 697 711 | 549 | 302 289 | 570 791 | 98 | 40 | |
| | 30 | 268 952 | 450 | 698 260 | 548 | 301 740 | 570 693 | 99 | 30 | |
| | 40 | 269 402 | 451 | 698 808 | 549 | 301 192 | 570 594 | 98 | 20 | |
| | 50 | 269 853 | 450 | 699 357 | 549 | 300 643 | 570 496 | 99 | 10 | |
| 4 | 0 | 270 303 | 450 | 699 906 | 548 | 300 094 | 570 397 | 98 | 0 | 56 |
| | 10 | 270 753 | 450 | 700 454 | 549 | 299 546 | 570 299 | 99 | 50 | |
| | 20 | 271 203 | 450 | 701 003 | 548 | 298 997 | 570 200 | 98 | 40 | |
| | 30 | 271 653 | 450 | 701 551 | 549 | 298 449 | 570 102 | 99 | 30 | |
| | 40 | 272 103 | 450 | 702 100 | 548 | 297 900 | 570 003 | 98 | 20 | |
| | 50 | 272 553 | 450 | 702 648 | 549 | 297 352 | 569 905 | 99 | 10 | |
| 5 | 0 | 273 003 | 450 | 703 197 | 548 | 296 803 | 569 806 | 99 | 0 | 55 |
| | 10 | 273 453 | 449 | 703 745 | 548 | 296 255 | 569 707 | 98 | 50 | |
| | 20 | 273 902 | 450 | 704 293 | 549 | 295 707 | 569 609 | 99 | 40 | |
| | 30 | 274 352 | 450 | 704 842 | 548 | 295 158 | 569 510 | 98 | 30 | |
| | 40 | 274 802 | 449 | 705 390 | 548 | 294 610 | 569 412 | 99 | 20 | |
| | 50 | 275 251 | 450 | 705 938 | 548 | 294 062 | 569 313 | 98 | 10 | |
| 6 | 0 | 275 701 | 449 | 706 486 | 548 | 293 514 | 569 215 | 99 | 0 | 54 |
| | 10 | 276 150 | 450 | 707 034 | 548 | 292 966 | 569 116 | 99 | 50 | |
| | 20 | 276 600 | 449 | 707 582 | 548 | 292 418 | 569 017 | 98 | 40 | |
| | 30 | 277 049 | 449 | 708 130 | 548 | 291 870 | 568 919 | 99 | 30 | |
| | 40 | 277 498 | 449 | 708 678 | 548 | 291 322 | 568 820 | 99 | 20 | |
| | 50 | 277 947 | 450 | 709 226 | 548 | 290 774 | 568 721 | 98 | 10 | |
| 7 | 0 | 278 397 | 449 | 709 774 | 548 | 290 226 | 568 623 | 99 | 0 | 53 |
| | 10 | 278 846 | 449 | 710 322 | 548 | 289 678 | 568 524 | 99 | 50 | |
| | 20 | 279 295 | 449 | 710 870 | 547 | 289 130 | 568 425 | 99 | 40 | |
| | 30 | 279 744 | 449 | 711 417 | 548 | 288 583 | 568 326 | 98 | 30 | |
| | 40 | 280 193 | 449 | 711 965 | 548 | 288 035 | 568 228 | 99 | 20 | |
| | 50 | 280 642 | 448 | 712 513 | 547 | 287 487 | 568 129 | 99 | 10 | |
| 8 | 0 | 281 090 | 449 | 713 060 | 548 | 286 940 | 568 030 | 99 | 0 | 52 |
| | 10 | 281 539 | 449 | 713 608 | 547 | 286 392 | 567 931 | 99 | 50 | |
| | 20 | 281 988 | 449 | 714 155 | 548 | 285 845 | 567 832 | 98 | 40 | |
| | 30 | 282 437 | 448 | 714 703 | 547 | 285 297 | 567 734 | 99 | 30 | |
| | 40 | 282 885 | 449 | 715 250 | 548 | 284 750 | 567 635 | 99 | 20 | |
| | 50 | 283 334 | 448 | 715 798 | 547 | 284 202 | 567 536 | 99 | 10 | |
| 9 | 0 | 283 782 | 449 | 716 345 | 547 | 283 655 | 567 437 | 99 | 0 | 51 |
| | 10 | 284 231 | 448 | 716 892 | 548 | 283 108 | 567 338 | 99 | 50 | |
| | 20 | 284 679 | 448 | 717 440 | 547 | 282 560 | 567 239 | 98 | 40 | |
| | 30 | 285 127 | 449 | 717 987 | 547 | 282 013 | 567 141 | 99 | 30 | |
| | 40 | 285 576 | 448 | 718 534 | 547 | 281 466 | 567 042 | 99 | 20 | |
| | 50 | 286 024 | 448 | 719 081 | 547 | 280 919 | 566 943 | 99 | 10 | |
| 10 | 0 | $\bar{1}$,6 286 472 | | $\bar{1}$,6 719 628 | | 0,3 280 372 | $\bar{1}$,9 566 844 | | 0 | 50 |
| ' | " | Cos. | | Cotg. | | Tang. | Sin. | | " | ' |

| ′ | ″ | Sin. | D. | Tang. | D c. | Cotg. | Cos. | D. | ″ | ′ |
|---|---|---|---|---|---|---|---|---|---|---|
| 10 | 0 | $\bar{1}$,6 286 472 | 448 | $\bar{1}$,6 719 628 | 547 | 0,3 280 372 | $\bar{1}$,9 566 844 | 99 | 0 | 50 |
| | 10 | 286 920 | 448 | 720 175 | 547 | 279 825 | 566 745 | 99 | 50 | |
| | 20 | 287 368 | 448 | 720 722 | 547 | 279 278 | 566 646 | 99 | 40 | |
| | 30 | 287 816 | 448 | 721 269 | 547 | 278 731 | 566 547 | 99 | 30 | |
| | 40 | 288 264 | 448 | 721 816 | 547 | 278 184 | 566 448 | 99 | 20 | |
| | 50 | 288 712 | 448 | 722 363 | 547 | 277 637 | 566 349 | 99 | 10 | |
| 11 | 0 | 289 160 | 447 | 722 910 | 546 | 277 090 | 566 250 | 99 | 0 | 49 |
| | 10 | 289 607 | 448 | 723 456 | 547 | 276 544 | 566 151 | 99 | 50 | |
| | 20 | 290 055 | 448 | 724 003 | 547 | 275 997 | 566 052 | 99 | 40 | |
| | 30 | 290 503 | 447 | 724 550 | 546 | 275 450 | 565 953 | 99 | 30 | |
| | 40 | 290 950 | 448 | 725 096 | 547 | 274 904 | 565 854 | 99 | 20 | |
| | 50 | 291 398 | 447 | 725 643 | 547 | 274 357 | 565 755 | 99 | 10 | |
| 12 | 0 | 291 845 | 448 | 726 190 | 546 | 273 810 | 565 656 | 99 | 0 | 48 |
| | 10 | 292 293 | 447 | 726 736 | 547 | 273 264 | 565 557 | 99 | 50 | |
| | 20 | 292 740 | 447 | 727 283 | 546 | 272 717 | 565 458 | 100 | 40. | |
| | 30 | 293 187 | 448 | 727 829 | 546 | 272 171 | 565 358 | 99 | 30 | |
| | 40 | 293 635 | 447 | 728 375 | 547 | 271 625 | 565 259 | 99 | 20 | |
| | 50 | 294 082 | 447 | 728 922 | 546 | 271 078 | 565 160 | 99 | 10 | |
| 13 | 0 | 294 529 | 447 | 729 468 | 546 | 270 532 | 565 061 | 99 | 0 | 47 |
| | 10 | 294 976 | 447 | 730 014 | 546 | 269 986 | 564 962 | 99 | 50 | |
| | 20 | 295 423 | 447 | 730 560 | 547 | 269 440 | 564 863 | 99 | 40 | |
| | 30 | 295 870 | 447 | 731 107 | 546 | 268 893 | 564 764 | 100 | 30 | |
| | 40 | 296 317 | 447 | 731 653 | 546 | 268 347 | 564 664 | 99 | 20 | |
| | 50 | 296 764 | 447 | 732 199 | 546 | 267 801 | 564 565 | 99 | 10 | |
| 14 | 0 | 297 211 | 446 | 732 745 | 546 | 267 255 | 564 466 | 99 | 0 | 46 |
| | 10 | 297 657 | 447 | 733 291 | 546 | 266 709 | 564 367 | 100 | 50 | |
| | 20 | 298 104 | 447 | 733 837 | 546 | 266 163 | 564 267 | 99 | 40 | |
| | 30 | 298 551 | 446 | 734 383 | 545 | 265 617 | 564 168 | 99 | 30 | |
| | 40 | 298 997 | 447 | 734 928 | 546 | 265 072 | 564 069 | 99 | 20 | |
| | 50 | 299 444 | 446 | 735 474 | 546 | 264 526 | 563 970 | 100 | 10 | |
| 15 | 0 | 299 890 | 447 | 736 020 | 546 | 263 980 | 563 870 | 99 | 0 | 45 |
| | 10 | 300 337 | 446 | 736 566 | 545 | 263 434 | 563 771 | 99 | 50 | |
| | 20 | 300 783 | 446 | 737 111 | 546 | 262 889 | 563 672 | 100 | 40 | |
| | 30 | 301 229 | 447 | 737 657 | 546 | 262 343 | 563 572 | 99 | 30 | |
| | 40 | 301 676 | 446 | 738 203 | 545 | 261 797 | 563 473 | 99 | 20 | |
| | 50 | 302 122 | 446 | 738 748 | 546 | 261 252 | 563 374 | 100 | 10 | |
| 16 | 0 | 302 568 | 446 | 739 294 | 545 | 260 706 | 563 274 | 99 | 0 | 44 |
| | 10 | 303 014 | 446 | 739 839 | 545 | 260 161 | 563 175 | 99 | 50 | |
| | 20 | 303 460 | 446 | 740 384 | 546 | 259 616 | 563 076 | 100 | 40 | |
| | 30 | 303 906 | 446 | 740 930 | 545 | 259 070 | 562 976 | 99 | 30 | |
| | 40 | 304 352 | 446 | 741 475 | 545 | 258 525 | 562 877 | 100 | 20 | |
| | 50 | 304 798 | 445 | 742 020 | 546 | 257 980 | 562 777 | 99 | 10 | |
| 17 | 0 | 305 243 | 446 | 742 566 | 545 | 257 434 | 562 678 | 100 | 0 | 43 |
| | 10 | 305 689 | 446 | 743 111 | 545 | 256 889 | 562 578 | 99 | 50 | |
| | 20 | 306 135 | 445 | 743 656 | 445 | 256 344 | 562 479 | 100 | 40 | |
| | 30 | 306 580 | 446 | 744 201 | 545 | 255 799 | 562 379 | 99 | 30 | |
| | 40 | 307 026 | 446 | 744 746 | 545 | 255 254 | 562 280 | 100 | 20 | |
| | 50 | 307 472 | 445 | 745 291 | 545 | 254 709 | 562 180 | 99 | 10 | |
| 18 | 0 | 307 917 | 445 | 745 836 | 545 | 254 164 | 562 081 | 100 | 0 | 42 |
| | 10 | 308 362 | 446 | 746 381 | 545 | 253 619 | 561 981 | 99 | 50 | |
| | 20 | 308 808 | 445 | 746 926 | 545 | 253 074 | 561 882 | 100 | 40 | |
| | 30 | 309 253 | 445 | 747 471 | 545 | 252 529 | 561 782 | 99 | 30 | |
| | 40 | 309 698 | 445 | 748 016 | 544 | 251 984 | 561 683 | 100 | 20 | |
| | 50 | 310 143 | 446 | 748 560 | 545 | 251 440 | 561 583 | 100 | 10 | |
| 19 | 0 | 310 589 | 445 | 749 105 | 545 | 250 895 | 561 483 | 99 | 0 | 41 |
| | 10 | 311 034 | 445 | 749 650 | 544 | 250 350 | 561 384 | 100 | 50 | |
| | 20 | 311 479 | 445 | 750 194 | 545 | 249 806 | 561 284 | 99 | 40 | |
| | 30 | 311 924 | 444 | 750 739 | 544 | 249 261 | 561 185 | 100 | 30 | |
| | 40 | 312 368 | 445 | 751 283 | 545 | 248 717 | 561 085 | 100 | 20 | |
| | 50 | 312 813 | 445 | 751 828 | 544 | 248 172 | 560 985 | 99 | 10 | |
| 20 | 0 | $\bar{1}$,6 313 258 | | $\bar{1}$,6 752 372 | | 0,3 247 628 | $\bar{1}$,9 560 886 | | 0 | 40 |
| ′ | ″ | Cos. | | Cotg. | | Tang. | Sin. | | ″ | ′ |

| | 547 | 546 | 545 | 448 | 447 | 446 | 445 | 99 |
|---|---|---|---|---|---|---|---|---|
| 1 | 54,7 | 54,6 | 54,5 | 44,8 | 44,7 | 44,6 | 44,5 | 9,9 |
| 2 | 109,4 | 109,2 | 109,0 | 89,6 | 89,4 | 89,2 | 89,0 | 19,8 |
| 3 | 164,1 | 163,8 | 163,5 | 134,4 | 134,1 | 133,8 | 133,5 | 29,7 |
| 4 | 218,8 | 218,4 | 218,0 | 179,2 | 178,8 | 178,4 | 178,0 | 39,6 |
| 5 | 273,5 | 273,0 | 272,5 | 224,0 | 223,5 | 223,0 | 222,5 | 49,5 |
| 6 | 328,2 | 327,6 | 327,0 | 268,8 | 268,2 | 267,6 | 267,0 | 59,4 |
| 7 | 382,9 | 382,2 | 381,5 | 313,6 | 312,9 | 312,2 | 311,5 | 69,3 |
| 8 | 437,6 | 436,8 | 436,0 | 358,4 | 357,6 | 356,8 | 356,0 | 79,2 |
| 9 | 492,3 | 491,4 | 490,5 | 403,2 | 402,3 | 401,4 | 400,5 | 89,1 |

| 545 | |
|---|---|
| 1 | 54,5 |
| 2 | 109,0 |
| 3 | 163,5 |
| 4 | 218,0 |
| 5 | 272,5 |
| 6 | 327,0 |
| 7 | 381,5 |
| 8 | 436,0 |
| 9 | 490,5 |

| 544 | |
|---|---|
| 1 | 54,4 |
| 2 | 108,8 |
| 3 | 163,2 |
| 4 | 217,6 |
| 5 | 272,0 |
| 6 | 326,4 |
| 7 | 380,8 |
| 8 | 435,2 |
| 9 | 489,6 |

| 543 | |
|---|---|
| 1 | 54,3 |
| 2 | 108,6 |
| 3 | 162,9 |
| 4 | 217,2 |
| 5 | 271,5 |
| 6 | 325,8 |
| 7 | 380,1 |
| 8 | 434,4 |
| 9 | 488,7 |

| 445 | |
|---|---|
| 1 | 44,5 |
| 2 | 89,0 |
| 3 | 133,5 |
| 4 | 178,0 |
| 5 | 222,5 |
| 6 | 267,0 |
| 7 | 311,5 |
| 8 | 356,0 |
| 9 | 400,5 |

| 444 | |
|---|---|
| 1 | 44,4 |
| 2 | 88,8 |
| 3 | 133,2 |
| 4 | 177,6 |
| 5 | 222,0 |
| 6 | 266,4 |
| 7 | 310,8 |
| 8 | 355,2 |
| 9 | 399,6 |

| 443 | |
|---|---|
| 1 | 44,3 |
| 2 | 88,6 |
| 3 | 132,9 |
| 4 | 177,2 |
| 5 | 221,5 |
| 6 | 265,8 |
| 7 | 310,1 |
| 8 | 354,4 |
| 9 | 398,7 |

| 442 | |
|---|---|
| 1 | 44,2 |
| 2 | 88,4 |
| 3 | 132,6 |
| 4 | 176,8 |
| 5 | 221,0 |
| 6 | 265,2 |
| 7 | 309,4 |
| 8 | 353,6 |
| 9 | 397,8 |

| 99 | |
|---|---|
| 1 | 9,9 |
| 2 | 19,8 |
| 3 | 29,7 |
| 4 | 39,6 |
| 5 | 49,5 |
| 6 | 59,4 |
| 7 | 69,3 |
| 8 | 79,2 |
| 9 | 89,1 |

| ′ | ″ | Sin. | D. | Tang. | D.c. | Cotg. | Cos. | D. | ″ | ′ |
|---|---|---|---|---|---|---|---|---|---|---|
| 20 | 0 | $\bar{1}$,6 313 258 | | $\bar{1}$,6 752 372 | | 0,3 247 628 | $\bar{1}$,9 560 886 | | 0 | 40 |
| | 10 | 313 703 | 445 | 752 917 | 545 | 247 083 | 560 786 | 100 | 50 | |
| | 20 | 314 147 | 444 | 753 461 | 544 | 246 539 | 560 686 | 100 | 40 | |
| | 30 | 314 592 | 445 | 754 006 | 545 | 245 994 | 560 587 | 99 | 30 | |
| | 40 | 315 037 | 445 | 754 550 | 544 | 245 450 | 560 487 | 100 | 20 | |
| | 50 | 315 481 | 444 | 755 094 | 544 | 244 906 | 560 387 | 100 | 10 | |
| 21 | 0 | 315 926 | 445 | 755 638 | 544 | 244 362 | 560 287 | 100 | 0 | 39 |
| | 10 | 316 370 | 444 | 756 182 | 544 | 243 818 | 560 188 | 99 | 50 | |
| | 20 | 316 814 | 444 | 756 727 | 545 | 243 273 | 560 088 | 100 | 40 | |
| | 30 | 317 259 | 445 | 757 271 | 544 | 242 729 | 559 988 | 100 | 30 | |
| | 40 | 317 703 | 444 | 757 815 | 544 | 242 185 | 559 888 | 100 | 20 | |
| | 50 | 318 147 | 444 | 758 359 | 544 | 241 641 | 559 788 | 100 | 10 | |
| 22 | 0 | 318 591 | 444 | 758 903 | 544 | 241 097 | 559 689 | 99 | 0 | 38 |
| | 10 | 319 035 | 444 | 759 446 | 543 | 240 554 | 559 589 | 100 | 50 | |
| | 20 | 319 479 | 444 | 759 990 | 544 | 240 010 | 559 489 | 100 | 40 | |
| | 30 | 319 923 | 444 | 760 534 | 544 | 239 466 | 559 389 | 100 | 30 | |
| | 40 | 320 367 | 444 | 761 078 | 544 | 238 922 | 559 289 | 100 | 20 | |
| | 50 | 320 811 | 444 | 761 622 | 544 | 238 378 | 559 189 | 100 | 10 | |
| 23 | 0 | 321 255 | 444 | 762 165 | 543 | 237 835 | 559 089 | 100 | 0 | 37 |
| | 10 | 321 698 | 443 | 762 709 | 544 | 237 291 | 558 990 | 99 | 50 | |
| | 20 | 322 142 | 444 | 763 252 | 543 | 236 748 | 558 890 | 100 | 40 | |
| | 30 | 322 586 | 444 | 763 796 | 544 | 236 204 | 558 790 | 100 | 30 | |
| | 40 | 323 029 | 443 | 764 340 | 544 | 235 660 | 558 690 | 100 | 20 | |
| | 50 | 323 473 | 444 | 764 883 | 543 | 235 117 | 558 590 | 100 | 10 | |
| 24 | 0 | 323 916 | 443 | 765 426 | 543 | 234 574 | 558 490 | 100 | 0 | 36 |
| | 10 | 324 360 | 444 | 765 970 | 544 | 234 030 | 558 390 | 100 | 50 | |
| | 20 | 324 803 | 443 | 766 513 | 543 | 233 487 | 558 290 | 100 | 40 | |
| | 30 | 325 246 | 443 | 767 056 | 543 | 232 944 | 558 190 | 100 | 30 | |
| | 40 | 325 689 | 443 | 767 600 | 544 | 232 400 | 558 090 | 100 | 20 | |
| | 50 | 326 133 | 444 | 768 143 | 543 | 231 857 | 557 990 | 100 | 10 | |
| 25 | 0 | 326 576 | 443 | 768 686 | 543 | 231 314 | 557 890 | 100 | 0 | 35 |
| | 10 | 327 019 | 443 | 769 229 | 543 | 230 771 | 557 790 | 100 | 50 | |
| | 20 | 327 462 | 443 | 769 772 | 543 | 230 228 | 557 690 | 100 | 40 | |
| | 30 | 327 905 | 443 | 770 315 | 543 | 229 685 | 557 589 | 101 | 30 | |
| | 40 | 328 348 | 443 | 770 858 | 543 | 229 142 | 557 489 | 100 | 20 | |
| | 50 | 328 790 | 442 | 771 401 | 543 | 228 599 | 557 389 | 100 | 10 | |
| 26 | 0 | 329 233 | 443 | 771 944 | 543 | 228 056 | 557 289 | 100 | 0 | 34 |
| | 10 | 329 676 | 443 | 772 487 | 543 | 227 513 | 557 189 | 100 | 50 | |
| | 20 | 330 119 | 443 | 773 030 | 543 | 226 970 | 557 089 | 100 | 40 | |
| | 30 | 330 561 | 442 | 773 573 | 543 | 226 427 | 556 989 | 100 | 30 | |
| | 40 | 331 004 | 443 | 774 115 | 542 | 225 885 | 556 889 | 100 | 20 | |
| | 50 | 331 446 | 442 | 774 658 | 543 | 225 342 | 556 788 | 101 | 10 | |
| 27 | 0 | 331 889 | 443 | 775 201 | 543 | 224 799 | 556 688 | 100 | 0 | 33 |
| | 10 | 332 331 | 442 | 775 743 | 542 | 224 257 | 556 588 | 100 | 50 | |
| | 20 | 332 774 | 443 | 776 286 | 543 | 223 714 | 556 488 | 100 | 40 | |
| | 30 | 333 216 | 442 | 776 828 | 542 | 223 172 | 556 387 | 101 | 30 | |
| | 40 | 333 658 | 442 | 777 371 | 543 | 222 629 | 556 287 | 100 | 20 | |
| | 50 | 334 100 | 442 | 777 913 | 542 | 222 087 | 556 187 | 100 | 10 | |
| 28 | 0 | 334 542 | 442 | 778 456 | 543 | 221 544 | 556 087 | 100 | 0 | 32 |
| | 10 | 334 984 | 442 | 778 998 | 542 | 221 002 | 555 986 | 101 | 50 | |
| | 20 | 335 426 | 442 | 779 540 | 542 | 220 460 | 555 886 | 100 | 40 | |
| | 30 | 335 868 | 442 | 780 083 | 543 | 219 917 | 555 786 | 100 | 30 | |
| | 40 | 336 310 | 442 | 780 625 | 542 | 219 375 | 555 686 | 100 | 20 | |
| | 50 | 336 752 | 442 | 781 167 | 542 | 218 833 | 555 585 | 101 | 10 | |
| 29 | 0 | 337 194 | 442 | 781 709 | 542 | 218 291 | 555 485 | 100 | 0 | 31 |
| | 10 | 337 636 | 442 | 782 251 | 542 | 217 749 | 555 384 | 101 | 50 | |
| | 20 | 338 077 | 441 | 782 793 | 542 | 217 207 | 555 284 | 100 | 40 | |
| | 30 | 338 519 | 442 | 783 335 | 542 | 216 665 | 555 184 | 100 | 30 | |
| | 40 | 338 961 | 442 | 783 877 | 542 | 216 123 | 555 083 | 101 | 20 | |
| | 50 | 339 402 | 441 | 784 419 | 542 | 215 581 | 554 983 | 100 | 10 | |
| 30 | 0 | $\bar{1}$,6 339 844 | 442 | $\bar{1}$,6 784 961 | 542 | 0,3 215 039 | $\bar{1}$,9 554 882 | 101 | 0 | 30 |
| ′ | ″ | Cos. | | Cotg. | | Tang. | Sin. | | ″ | ′ |

| ′ | ″ | Sin. | D. | Tang. | D.c. | Cotg. | Cos. | D. | ″ | ′ |
|---|---|---|---|---|---|---|---|---|---|---|
| 30 | 0 | $\bar{1}$,6 339 844 | | $\bar{1}$,6 784 961 | | 0,3 215 039 | $\bar{1}$,9 554 882 | | 0 | 30 |
| | 10 | 340 285 | 441 | 785 503 | 542 | 214 497 | 554 782 | 100 | 50 | |
| | 20 | 340 726 | 441 | 786 045 | 542 | 213 955 | 554 682 | 100 | 40 | |
| | 30 | 341 168 | 442 | 786 586 | 541 | 213 414 | 554 581 | 101 | 30 | |
| | 40 | 341 609 | 441 | 787 128 | 542 | 212 872 | 554 481 | 100 | 20 | |
| | 50 | 342 050 | 441 | 787 670 | 542 | 212 330 | 554 380 | 101 | 10 | |
| 31 | 0 | 342 491 | 441 | 788 211 | 541 | 211 789 | 554 280 | 100 | 0 | 29 |
| | 10 | 342 932 | 441 | 788 753 | 542 | 211 247 | 554 179 | 101 | 50 | |
| | 20 | 343 373 | 441 | 789 295 | 542 | 210 705 | 554 079 | 100 | 40 | |
| | 30 | 343 814 | 441 | 789 836 | 541 | 210 164 | 553 978 | 101 | 30 | |
| | 40 | 344 255 | 441 | 790 377 | 541 | 209 623 | 553 878 | 100 | 20 | |
| | 50 | 344 696 | 441 | 790 919 | 542 | 209 081 | 553 777 | 101 | 10 | |
| 32 | 0 | 345 137 | 441 | 791 460 | 541 | 208 540 | 553 676 | 101 | 0 | 28 |
| | 10 | 345 577 | 440 | 792 002 | 542 | 207 998 | 553 576 | 100 | 50 | |
| | 20 | 346 018 | 441 | 792 543 | 541 | 207 457 | 553 475 | 101 | 40 | |
| | 30 | 346 459 | 441 | 793 084 | 541 | 206 916 | 553 375 | 100 | 30 | |
| | 40 | 346 899 | 440 | 793 625 | 541 | 206 375 | 553 274 | 101 | 20 | |
| | 50 | 347 340 | 441 | 794 166 | 541 | 205 834 | 553 173 | 101 | 10 | |
| 33 | 0 | 347 780 | 440 | 794 708 | 542 | 205 292 | 553 073 | 100 | 0 | 27 |
| | 10 | 348 221 | 441 | 795 249 | 541 | 204 751 | 552 972 | 101 | 50 | |
| | 20 | 348 661 | 440 | 795 790 | 541 | 204 210 | 552 871 | 101 | 40 | |
| | 30 | 349 101 | 440 | 796 331 | 541 | 203 669 | 552 771 | 100 | 30 | |
| | 40 | 349 542 | 441 | 796 872 | 541 | 203 128 | 552 670 | 101 | 20 | |
| | 50 | 349 982 | 440 | 797 413 | 541 | 202 587 | 552 569 | 101 | 10 | |
| 34 | 0 | 350 422 | 440 | 797 953 | 540 | 202 047 | 552 469 | 100 | 0 | 26 |
| | 10 | 350 862 | 440 | 798 494 | 541 | 201 506 | 552 368 | 101 | 50 | |
| | 20 | 351 302 | 440 | 799 035 | 541 | 200 965 | 552 267 | 101 | 40 | |
| | 30 | 351 742 | 440 | 799 576 | 541 | 200 424 | 552 166 | 101 | 30 | |
| | 40 | 352 182 | 440 | 800 116 | 540 | 199 884 | 552 066 | 100 | 20 | |
| | 50 | 352 622 | 440 | 800 657 | 541 | 199 343 | 551 965 | 101 | 10 | |
| 35 | 0 | 353 062 | 440 | 801 198 | 541 | 198 802 | 551 864 | 101 | 0 | 25 |
| | 10 | 353 501 | 439 | 801 738 | 540 | 198 262 | 551 763 | 101 | 50 | |
| | 20 | 353 941 | 440 | 802 279 | 541 | 197 721 | 551 662 | 101 | 40 | |
| | 30 | 354 381 | 440 | 802 819 | 540 | 197 181 | 551 562 | 100 | 30 | |
| | 40 | 354 820 | 439 | 803 360 | 541 | 196 640 | 551 461 | 101 | 20 | |
| | 50 | 355 260 | 440 | 803 900 | 540 | 196 100 | 551 360 | 101 | 10 | |
| 36 | 0 | 355 699 | 439 | 804 440 | 540 | 195 560 | 551 259 | 101 | 0 | 24 |
| | 10 | 356 139 | 440 | 804 981 | 541 | 195 019 | 551 158 | 101 | 50 | |
| | 20 | 356 578 | 439 | 805 521 | 540 | 194 479 | 551 057 | 101 | 40 | |
| | 30 | 357 018 | 440 | 806 061 | 540 | 193 939 | 550 956 | 101 | 30 | |
| | 40 | 357 457 | 439 | 806 601 | 540 | 193 399 | 550 855 | 101 | 20 | |
| | 50 | 357 896 | 439 | 807 142 | 541 | 192 858 | 550 754 | 101 | 10 | |
| 37 | 0 | 358 335 | 439 | 807 682 | 540 | 192 318 | 550 653 | 101 | 0 | 23 |
| | 10 | 358 774 | 439 | 808 222 | 540 | 191 778 | 550 552 | 101 | 50 | |
| | 20 | 359 213 | 439 | 808 762 | 540 | 191 238 | 550 452 | 100 | 40 | |
| | 30 | 359 652 | 439 | 809 302 | 540 | 190 698 | 550 351 | 101 | 30 | |
| | 40 | 360 091 | 439 | 809 842 | 540 | 190 158 | 550 250 | 101 | 20 | |
| | 50 | 360 530 | 439 | 810 382 | 540 | 189 618 | 550 149 | 101 | 10 | |
| 38 | 0 | 360 969 | 439 | 810 921 | 539 | 189 079 | 550 047 | 102 | 0 | 22 |
| | 10 | 361 408 | 439 | 811 461 | 540 | 188 539 | 549 946 | 101 | 50 | |
| | 20 | 361 846 | 438 | 812 001 | 540 | 187 999 | 549 845 | 101 | 40 | |
| | 30 | 362 285 | 439 | 812 541 | 540 | 187 459 | 549 744 | 101 | 30 | |
| | 40 | 362 724 | 439 | 813 080 | 539 | 186 920 | 549 643 | 101 | 20 | |
| | 50 | 363 162 | 438 | 813 620 | 540 | 186 380 | 549 542 | 101 | 10 | |
| 39 | 0 | 363 601 | 439 | 814 160 | 540 | 185 840 | 549 441 | 101 | 0 | 21 |
| | 10 | 364 039 | 438 | 814 699 | 539 | 185 301 | 549 340 | 101 | 50 | |
| | 20 | 364 478 | 439 | 815 239 | 540 | 184 761 | 549 239 | 101 | 40 | |
| | 30 | 364 916 | 438 | 815 778 | 539 | 184 222 | 549 138 | 101 | 30 | |
| | 40 | 365 354 | 438 | 816 318 | 540 | 183 682 | 549 037 | 101 | 20 | |
| | 50 | 365 792 | 438 | 816 857 | 539 | 183 143 | 548 935 | 102 | 10 | |
| 40 | 0 | $\bar{1}$,6 366 231 | 439 | $\bar{1}$,6 817 396 | 539 | 0,3 182 604 | $\bar{1}$,9 548 834 | 101 | 0 | 20 |
| ′ | ″ | Cos. | | Cotg. | | Tang. | Sin. | | ″ | ′ |

| | 542 | 541 | 540 | 441 | 440 | 439 | 438 | 101 |
|---|---|---|---|---|---|---|---|---|
| 1 | 54,2 | 54,1 | 54 | 44,1 | 44 | 43,9 | 43,8 | 10,1 |
| 2 | 108,4 | 108,2 | 108 | 88,2 | 88 | 87,8 | 87,6 | 20,2 |
| 3 | 162,6 | 162,3 | 162 | 132,3 | 132 | 131,7 | 131,4 | 30,3 |
| 4 | 216,8 | 216,4 | 216 | 176,4 | 176 | 175,6 | 175,2 | 40,4 |
| 5 | 271,0 | 270,5 | 270 | 220,5 | 220 | 219,5 | 219,0 | 50,5 |
| 6 | 325,2 | 324,6 | 324 | 264,6 | 264 | 263,4 | 262,8 | 60,6 |
| 7 | 379,4 | 378,7 | 378 | 308,7 | 308 | 307,3 | 306,6 | 70,7 |
| 8 | 433,6 | 432,8 | 432 | 352,8 | 352 | 351,2 | 350,4 | 80,8 |
| 9 | 487,8 | 486,9 | 486 | 396,9 | 396 | 395,1 | 394,2 | 90,9 |

| ' | " | Sin. | D. | Tang. | D. c. | Cotg. | Cos. | D. | " | ' |
|---|---|---|---|---|---|---|---|---|---|---|
| 40 | 0 | $\bar{1}$,6 366 231 | | $\bar{1}$,6 817 396 | | 0,3 182 604 | $\bar{1}$,9 548 834 | | 0 | 20 |
| | 10 | 366 669 | 438 | 817 936 | 540 | 182 064 | 548 733 | 101 | 50 | |
| | 20 | 367 107 | 438 | 818 475 | 539 | 181 525 | 548 632 | 101 | 40 | |
| | 30 | 367 545 | 438 | 819 014 | 539 | 180 986 | 548 531 | 101 | 30 | |
| | 40 | 367 983 | 438 | 819 553 | 539 | 180 447 | 548 429 | 102 | 20 | |
| | 50 | 368 421 | 438 | 820 093 | 540 | 179 907 | 548 328 | 101 | 10 | |
| 41 | 0 | 368 859 | 438 | 820 632 | 539 | 179 368 | 548 227 | 101 | 0 | 19 |
| | 10 | 369 296 | 437 | 821 171 | 539 | 178 829 | 548 126 | 101 | 50 | |
| | 20 | 369 734 | 438 | 821 710 | 539 | 178 290 | 548 024 | 102 | 40 | |
| | 30 | 370 172 | 438 | 822 249 | 539 | 177 751 | 547 923 | 101 | 30 | |
| | 40 | 370 609 | 437 | 822 788 | 539 | 177 212 | 547 822 | 101 | 20 | |
| | 50 | 371 047 | 438 | 823 326 | 538 | 176 674 | 547 720 | 102 | 10 | |
| 42 | 0 | 371 484 | 437 | 823 865 | 539 | 176 135 | 547 619 | 101 | 0 | 18 |
| | 10 | 371 922 | 438 | 824 404 | 539 | 175 596 | 547 518 | 101 | 50 | |
| | 20 | 372 359 | 437 | 824 943 | 539 | 175 057 | 547 416 | 102 | 40 | |
| | 30 | 372 797 | 438 | 825 482 | 539 | 174 518 | 547 315 | 101 | 30 | |
| | 40 | 373 234 | 437 | 826 020 | 538 | 173 980 | 547 214 | 101 | 20 | |
| | 50 | 373 671 | 437 | 826 559 | 539 | 173 441 | 547 112 | 102 | 10 | |
| 43 | 0 | 374 108 | 437 | 827 098 | 539 | 172 902 | 547 011 | 101 | 0 | 17 |
| | 10 | 374 546 | 438 | 827 636 | 538 | 172 364 | 546 910 | 101 | 50 | |
| | 20 | 374 983 | 437 | 828 175 | 539 | 171 825 | 546 808 | 102 | 40 | |
| | 30 | 375 420 | 437 | 828 713 | 538 | 171 287 | 546 707 | 101 | 30 | |
| | 40 | 375 857 | 437 | 829 252 | 539 | 170 748 | 546 605 | 102 | 20 | |
| | 50 | 376 294 | 437 | 829 790 | 538 | 170 210 | 546 504 | 101 | 10 | |
| 44 | 0 | 376 731 | 437 | 830 328 | 538 | 169 672 | 546 402 | 102 | 0 | 16 |
| | 10 | 377 167 | 436 | 830 867 | 539 | 169 133 | 546 301 | 101 | 50 | |
| | 20 | 377 604 | 437 | 831 405 | 538 | 168 595 | 546 199 | 102 | 40 | |
| | 30 | 378 041 | 437 | 831 943 | 538 | 168 057 | 546 098 | 101 | 30 | |
| | 40 | 378 477 | 436 | 832 481 | 538 | 167 519 | 545 996 | 102 | 20 | |
| | 50 | 378 914 | 437 | 833 019 | 538 | 166 981 | 545 895 | 101 | 10 | |
| 45 | 0 | 379 351 | 437 | 833 557 | 538 | 166 443 | 545 793 | 102 | 0 | 15 |
| | 10 | 379 787 | 436 | 834 096 | 539 | 165 904 | 545 692 | 101 | 50 | |
| | 20 | 380 224 | 437 | 834 634 | 538 | 165 366 | 545 590 | 102 | 40 | |
| | 30 | 380 660 | 436 | 835 172 | 538 | 164 828 | 545 488 | 102 | 30 | |
| | 40 | 381 096 | 436 | 835 709 | 537 | 164 291 | 545 387 | 101 | 20 | |
| | 50 | 381 533 | 437 | 836 247 | 538 | 163 753 | 545 285 | 102 | 10 | |
| 46 | 0 | 381 969 | 436 | 836 785 | 538 | 163 215 | 545 184 | 101 | 0 | 14 |
| | 10 | 382 405 | 436 | 837 323 | 538 | 162 677 | 545 082 | 102 | 50 | |
| | 20 | 382 841 | 436 | 837 861 | 538 | 162 139 | 544 980 | 102 | 40 | |
| | 30 | 383 277 | 436 | 838 398 | 537 | 161 602 | 544 879 | 101 | 30 | |
| | 40 | 383 713 | 436 | 838 936 | 538 | 161 064 | 544 777 | 102 | 20 | |
| | 50 | 384 149 | 436 | 839 474 | 538 | 160 526 | 544 675 | 102 | 10 | |
| 47 | 0 | 384 585 | 436 | 840 011 | 537 | 159 989 | 544 574 | 101 | 0 | 13 |
| | 10 | 385 021 | 436 | 840 549 | 538 | 159 451 | 544 472 | 102 | 50 | |
| | 20 | 385 457 | 436 | 841 086 | 537 | 158 914 | 544 370 | 102 | 40 | |
| | 30 | 385 892 | 435 | 841 624 | 538 | 158 376 | 544 268 | 102 | 30 | |
| | 40 | 386 328 | 436 | 842 161 | 537 | 157 839 | 544 167 | 101 | 20 | |
| | 50 | 386 764 | 436 | 842 699 | 538 | 157 301 | 544 065 | 102 | 10 | |
| 48 | 0 | 387 199 | 435 | 843 236 | 537 | 156 764 | 543 963 | 102 | 0 | 12 |
| | 10 | 387 635 | 436 | 843 773 | 537 | 156 227 | 543 861 | 102 | 50 | |
| | 20 | 388 070 | 435 | 844 311 | 538 | 155 689 | 543 759 | 102 | 40 | |
| | 30 | 388 506 | 436 | 844 848 | 537 | 155 152 | 543 658 | 101 | 30 | |
| | 40 | 388 941 | 435 | 845 385 | 537 | 154 615 | 543 556 | 102 | 20 | |
| | 50 | 389 376 | 435 | 845 922 | 537 | 154 078 | 543 454 | 102 | 10 | |
| 49 | 0 | 389 812 | 436 | 846 459 | 537 | 153 541 | 543 352 | 102 | 0 | 11 |
| | 10 | 390 247 | 435 | 846 996 | 537 | 153 004 | 543 250 | 102 | 50 | |
| | 20 | 390 682 | 435 | 847 533 | 537 | 152 467 | 543 148 | 102 | 40 | |
| | 30 | 391 117 | 435 | 848 070 | 537 | 151 930 | 543 046 | 102 | 30 | |
| | 40 | 391 552 | 435 | 848 607 | 537 | 151 393 | 542 945 | 101 | 20 | |
| | 50 | 391 987 | 435 | 849 144 | 537 | 150 856 | 542 843 | 102 | 10 | |
| 50 | 0 | $\bar{1}$,6 392 422 | 435 | $\bar{1}$,6 849 681 | 537 | 0,3 150 319 | $\bar{1}$,9 542 741 | 102 | 0 | 10 |
| ' | " | Cos. | | Cotg. | | Tang. | Sin. | | " | ' |

| | 539 | 538 | 537 | 438 | 437 | 436 | 435 | 102 |
|---|---|---|---|---|---|---|---|---|
| 1 | 53,9 | 53,8 | 53,7 | 43,8 | 43,7 | 43,6 | 43,5 | 10,2 |
| 2 | 107,8 | 107,6 | 107,4 | 87,6 | 87,4 | 87,2 | 87,0 | 20,4 |
| 3 | 161,7 | 161,4 | 161,1 | 131,4 | 131,1 | 130,8 | 130,5 | 30,6 |
| 4 | 215,6 | 215,2 | 214,8 | 175,2 | 174,8 | 174,4 | 174,0 | 40,8 |
| 5 | 269,5 | 269,0 | 268,5 | 219,0 | 218,5 | 218,0 | 217,5 | 51,0 |
| 6 | 323,4 | 322,8 | 322,2 | 262,8 | 262,2 | 261,6 | 261,0 | 61,2 |
| 7 | 377,3 | 376,6 | 375,9 | 306,6 | 305,9 | 305,2 | 304,5 | 71,4 |
| 8 | 431,2 | 430,4 | 429,6 | 350,4 | 349,6 | 348,8 | 348,0 | 81,6 |
| 9 | 485,1 | 484,2 | 483,3 | 394,2 | 393,3 | 392,4 | 391,5 | 91,8 |

| ′ | ″ | Sin. | D. | Tang. | D.c. | Cotg. | Cos. | D. | ″ | ′ |
|---|---|---|---|---|---|---|---|---|---|---|
| 50 | 0 | 1̄,6 392 422 | 435 | 1̄,6 849 681 | 537 | 0,3 150 319 | 1̄,9 542 741 | 102 | 0 | 10 |
| | 10 | 392 857 | 435 | 850 218 | 537 | 149 782 | 542 639 | 102 | 50 | |
| | 20 | 393 292 | 434 | 850 755 | 536 | 149 245 | 542 537 | 102 | 40 | |
| | 30 | 393 726 | 435 | 851 291 | 537 | 148 709 | 542 435 | 102 | 30 | |
| | 40 | 394 161 | 435 | 851 828 | 537 | 148 172 | 542 333 | 102 | 20 | |
| | 50 | 394 596 | 434 | 852 365 | 536 | 147 635 | 542 231 | 102 | 10 | |
| 51 | 0 | 395 030 | 435 | 852 901 | 537 | 147 099 | 542 129 | 102 | 0 | 9 |
| | 10 | 395 465 | 434 | 853 438 | 537 | 146 562 | 542 027 | 102 | 50 | |
| | 20 | 395 899 | 435 | 853 975 | 536 | 146 025 | 541 925 | 102 | 40 | |
| | 30 | 396 334 | 434 | 854 511 | 536 | 145 489 | 541 823 | 102 | 30 | |
| | 40 | 396 768 | 435 | 855 047 | 537 | 144 953 | 541 721 | 102 | 20 | |
| | 50 | 397 203 | 434 | 855 584 | 536 | 144 416 | 541 619 | 102 | 10 | |
| 52 | 0 | 397 637 | 434 | 856 120 | 537 | 143 880 | 541 517 | 103 | 0 | 8 |
| | 10 | 398 071 | 434 | 856 657 | 536 | 143 343 | 541 414 | 102 | 50 | |
| | 20 | 398 505 | 434 | 857 193 | 536 | 142 807 | 541 312 | 102 | 40 | |
| | 30 | 398 939 | 434 | 857 729 | 536 | 142 271 | 541 210 | 102 | 30 | |
| | 40 | 399 373 | 434 | 858 265 | 536 | 141 735 | 541 108 | 102 | 20 | |
| | 50 | 399 807 | 434 | 858 801 | 537 | 141 199 | 541 006 | 102 | 10 | |
| 53 | 0 | 400 241 | 434 | 859 338 | 536 | 140 662 | 540 904 | 102 | 0 | 7 |
| | 10 | 400 675 | 434 | 859 874 | 536 | 140 126 | 540 802 | 103 | 50 | |
| | 20 | 401 109 | 434 | 860 410 | 536 | 139 590 | 540 699 | 102 | 40 | |
| | 30 | 401 543 | 434 | 860 946 | 536 | 139 054 | 540 597 | 102 | 30 | |
| | 40 | 401 977 | 433 | 861 482 | 536 | 138 518 | 540 495 | 102 | 20 | |
| | 50 | 402 410 | 434 | 862 018 | 535 | 137 982 | 540 393 | 102 | 10 | |
| 54 | 0 | 402 844 | 434 | 862 553 | 536 | 137 447 | 540 291 | 103 | 0 | 6 |
| | 10 | 403 278 | 433 | 863 089 | 536 | 136 911 | 540 188 | 102 | 50 | |
| | 20 | 403 711 | 434 | 863 625 | 536 | 136 375 | 540 086 | 102 | 40 | |
| | 30 | 404 145 | 433 | 864 161 | 536 | 135 839 | 539 984 | 102 | 30 | |
| | 40 | 404 578 | 433 | 864 697 | 535 | 135 303 | 539 882 | 103 | 20 | |
| | 50 | 405 011 | 434 | 865 232 | 536 | 134 768 | 539 779 | 102 | 10 | |
| 55 | 0 | 405 445 | 433 | 865 768 | 535 | 134 232 | 539 677 | 102 | 0 | 5 |
| | 10 | 405 878 | 433 | 866 303 | 536 | 133 697 | 539 575 | 103 | 50 | |
| | 20 | 406 311 | 433 | 866 839 | 535 | 133 161 | 539 472 | 102 | 40 | |
| | 30 | 406 744 | 434 | 867 374 | 536 | 132 626 | 539 370 | 102 | 30 | |
| | 40 | 407 178 | 433 | 867 910 | 535 | 132 090 | 539 268 | 103 | 20 | |
| | 50 | 407 611 | 433 | 868 445 | 536 | 131 555 | 539 165 | 102 | 10 | |
| 56 | 0 | 408 044 | 433 | 868 981 | 535 | 131 019 | 539 063 | 103 | 0 | 4 |
| | 10 | 408 477 | 432 | 869 516 | 535 | 130 484 | 538 960 | 102 | 50 | |
| | 20 | 408 909 | 433 | 870 051 | 536 | 129 949 | 538 858 | 102 | 40 | |
| | 30 | 409 342 | 433 | 870 587 | 535 | 129 413 | 538 756 | 103 | 30 | |
| | 40 | 409 775 | 433 | 871 122 | 535 | 128 878 | 538 653 | 102 | 20 | |
| | 50 | 410 208 | 432 | 871 657 | 535 | 128 343 | 538 551 | 103 | 10 | |
| 57 | 0 | 410 640 | 433 | 872 192 | 535 | 127 808 | 538 448 | 102 | 0 | 3 |
| | 10 | 411 073 | 433 | 872 727 | 535 | 127 273 | 538 346 | 103 | 50 | |
| | 20 | 411 506 | 432 | 873 262 | 535 | 126 738 | 538 243 | 102 | 40 | |
| | 30 | 411 938 | 433 | 873 797 | 535 | 126 203 | 538 141 | 103 | 30 | |
| | 40 | 412 371 | 432 | 874 332 | 535 | 125 668 | 538 038 | 102 | 20 | |
| | 50 | 412 803 | 432 | 874 867 | 535 | 125 133 | 537 936 | 103 | 10 | |
| 58 | 0 | 413 235 | 433 | 875 402 | 535 | 124 598 | 537 833 | 102 | 0 | 2 |
| | 10 | 413 668 | 432 | 875 937 | 535 | 124 063 | 537 731 | 103 | 50 | |
| | 20 | 414 100 | 432 | 876 472 | 535 | 123 528 | 537 628 | 102 | 40 | |
| | 30 | 414 532 | 432 | 877 007 | 534 | 122 993 | 537 526 | 103 | 30 | |
| | 40 | 414 964 | 432 | 877 541 | 535 | 122 459 | 537 423 | 103 | 20 | |
| | 50 | 415 396 | 432 | 878 076 | 535 | 121 924 | 537 320 | 102 | 10 | |
| 59 | 0 | 415 828 | 432 | 878 611 | 534 | 121 389 | 537 218 | 103 | 0 | 1 |
| | 10 | 416 260 | 432 | 879 145 | 535 | 120 855 | 537 115 | 102 | 50 | |
| | 20 | 416 692 | 432 | 879 680 | 534 | 120 320 | 537 013 | 103 | 40 | |
| | 30 | 417 124 | 432 | 880 214 | 535 | 119 786 | 536 910 | 103 | 30 | |
| | 40 | 417 556 | 432 | 880 749 | 534 | 119 251 | 536 807 | 102 | 20 | |
| | 50 | 417 988 | 432 | 881 283 | 535 | 118 717 | 536 706 | 103 | 10 | |
| 60 | 0 | 1̄,6 418 420 | | 1̄,6 881 818 | | 0,3 118 182 | 1̄,9 536 602 | | 0 | 0 |
| ′ | ″ | Cos. | | Cotg. | | Tang. | Sin. | | ″ | ′ |

| | 537 | 536 | 535 | 435 | 434 | 433 | 432 | 103 |
|---|---|---|---|---|---|---|---|---|
| 1 | 53,7 | 53,6 | 53,5 | 43,5 | 43,4 | 43,3 | 43,2 | 10,3 |
| 2 | 107,4 | 107,2 | 107,0 | 87,0 | 86,8 | 86,6 | 86,4 | 20,6 |
| 3 | 161,1 | 160,8 | 160,5 | 130,5 | 130,2 | 129,9 | 129,6 | 30,9 |
| 4 | 214,8 | 214,4 | 214,0 | 174,0 | 173,6 | 173,2 | 172,8 | 41,2 |
| 5 | 268,5 | 268,0 | 267,5 | 217,5 | 217,0 | 216,5 | 216,0 | 51,5 |
| 6 | 322,2 | 321,6 | 321,0 | 261,0 | 260,4 | 259,8 | 259,2 | 61,8 |
| 7 | 375,9 | 375,2 | 374,5 | 304,5 | 303,8 | 303,1 | 302,4 | 72,1 |
| 8 | 429,6 | 428,8 | 428,0 | 348,0 | 347,2 | 346,4 | 345,6 | 82,4 |
| 9 | 483,3 | 482,4 | 481,5 | 391,5 | 390,6 | 389,7 | 388,8 | 92,7 |

| | 534 | 533 | 532 | 432 | 431 | 430 | 420 | 103 |
|---|---|---|---|---|---|---|---|---|
| 1 | 53,4 | 53,3 | 53,2 | 43,2 | 43,1 | 43 | 42,9 | 10,3 |
| 2 | 106,8 | 106,6 | 106,4 | 86,4 | 86,2 | 86 | 85,8 | 20,6 |
| 3 | 160,2 | 159,9 | 159,6 | 129,6 | 129,3 | 129 | 128,7 | 30,9 |
| 4 | 213,6 | 213,2 | 212,8 | 172,8 | 172,4 | 172 | 171,6 | 41,2 |
| 5 | 267,0 | 266,5 | 266,0 | 216,0 | 215,5 | 215 | 214,5 | 51,5 |
| 6 | 320,4 | 319,8 | 319,2 | 259,2 | 258,6 | 258 | 257,4 | 61,8 |
| 7 | 373,8 | 373,1 | 372,4 | 302,4 | 301,7 | 301 | 300,3 | 72,1 |
| 8 | 427,2 | 426,4 | 425,6 | 345,6 | 344,8 | 344 | 343,2 | 82,4 |
| 9 | 480,6 | 479,7 | 478,8 | 388,8 | 387,9 | 387 | 386,1 | 92,7 |

| ′ | ″ | Sin. | D. | Tang. | D.c. | Cotg. | Cos. | D. | ″ | ′ |
|---|---|---|---|---|---|---|---|---|---|---|
| 0 | 0 | $\bar{1}$,6 418 420 | | $\bar{1}$,6 881 818 | | 0,3 118 182 | $\bar{1}$,9 536 602 | | 0 | 60 |
| | 10 | 418 851 | 431 | 882 352 | 534 | 117 648 | 536 499 | 103 | 50 | |
| | 20 | 419 283 | 432 | 882 886 | 534 | 117 114 | 536 396 | 103 | 40 | |
| | 30 | 419 714 | 431 | 883 421 | 535 | 116 579 | 536 294 | 102 | 30 | |
| | 40 | 420 146 | 432 | 883 955 | 534 | 116 045 | 536 191 | 103 | 20 | |
| | 50 | 420 577 | 431 | 884 489 | 534 | 115 511 | 536 088 | 103 | 10 | |
| 1 | 0 | 421 009 | 432 | 885 023 | 534 | 114 977 | 535 985 | 103 | 0 | 59 |
| | 10 | 421 440 | 431 | 885 557 | 534 | 114 443 | 535 883 | 102 | 50 | |
| | 20 | 421 871 | 431 | 886 092 | 535 | 113 908 | 535 780 | 103 | 40 | |
| | 30 | 422 303 | 432 | 886 626 | 534 | 113 374 | 535 677 | 103 | 30 | |
| | 40 | 422 734 | 431 | 887 160 | 534 | 112 840 | 535 574 | 103 | 20 | |
| | 50 | 423 165 | 431 | 887 694 | 534 | 112 306 | 535 471 | 103 | 10 | |
| 2 | 0 | 423 596 | 431 | 888 227 | 533 | 111 773 | 535 369 | 102 | 0 | 58 |
| | 10 | 424 027 | 431 | 888 761 | 534 | 111 239 | 535 266 | 103 | 50 | |
| | 20 | 424 458 | 431 | 889 295 | 534 | 110 705 | 535 163 | 103 | 40 | |
| | 30 | 424 889 | 431 | 889 829 | 534 | 110 171 | 535 060 | 103 | 30 | |
| | 40 | 425 320 | 431 | 890 363 | 534 | 109 637 | 534 957 | 103 | 20 | |
| | 50 | 425 751 | 431 | 890 897 | 534 | 109 103 | 534 854 | 103 | 10 | |
| 3 | 0 | 426 182 | 431 | 891 430 | 533 | 108 570 | 534 751 | 103 | 0 | 57 |
| | 10 | 426 612 | 430 | 891 964 | 534 | 108 036 | 534 648 | 103 | 50 | |
| | 20 | 427 043 | 431 | 892 497 | 533 | 107 503 | 534 545 | 103 | 40 | |
| | 30 | 427 474 | 431 | 893 031 | 534 | 106 969 | 534 443 | 102 | 30 | |
| | 40 | 427 904 | 430 | 893 565 | 534 | 106 435 | 534 340 | 103 | 20 | |
| | 50 | 428 335 | 431 | 894 098 | 533 | 105 902 | 534 237 | 103 | 10 | |
| 4 | 0 | 428 765 | 430 | 894 631 | 533 | 105 369 | 534 134 | 103 | 0 | 56 |
| | 10 | 429 195 | 430 | 895 165 | 534 | 104 835 | 534 031 | 103 | 50 | |
| | 20 | 429 626 | 431 | 895 698 | 533 | 104 302 | 533 928 | 103 | 40 | |
| | 30 | 430 056 | 430 | 896 232 | 534 | 103 768 | 533 825 | 103 | 30 | |
| | 40 | 430 486 | 430 | 896 765 | 533 | 103 235 | 533 722 | 103 | 20 | |
| | 50 | 430 916 | 430 | 897 298 | 533 | 102 702 | 533 618 | 104 | 10 | |
| 5 | 0 | 431 347 | 431 | 897 831 | 533 | 102 169 | 533 515 | 103 | 0 | 55 |
| | 10 | 431 777 | 430 | 898 364 | 533 | 101 636 | 533 412 | 103 | 50 | |
| | 20 | 432 207 | 430 | 898 898 | 534 | 101 102 | 533 309 | 103 | 40 | |
| | 30 | 432 637 | 430 | 899 431 | 533 | 100 569 | 533 206 | 103 | 30 | |
| | 40 | 433 067 | 430 | 899 964 | 533 | 100 036 | 533 103 | 103 | 20 | |
| | 50 | 433 496 | 429 | 900 497 | 533 | 099 503 | 533 000 | 103 | 10 | |
| 6 | 0 | 433 926 | 430 | 901 030 | 533 | 098 970 | 532 897 | 103 | 0 | 54 |
| | 10 | 434 356 | 430 | 901 563 | 533 | 098 437 | 532 794 | 103 | 50 | |
| | 20 | 434 786 | 430 | 902 095 | 532 | 097 905 | 532 690 | 104 | 40 | |
| | 30 | 435 215 | 429 | 902 628 | 533 | 097 372 | 532 587 | 103 | 30 | |
| | 40 | 435 645 | 430 | 903 161 | 533 | 096 839 | 532 484 | 103 | 20 | |
| | 50 | 436 075 | 430 | 903 694 | 533 | 096 306 | 532 381 | 103 | 10 | |
| 7 | 0 | 436 504 | 429 | 904 226 | 532 | 095 774 | 532 278 | 103 | 0 | 53 |
| | 10 | 436 934 | 430 | 904 759 | 533 | 095 241 | 532 174 | 104 | 50 | |
| | 20 | 437 363 | 429 | 905 292 | 533 | 094 708 | 532 071 | 103 | 40 | |
| | 30 | 437 792 | 429 | 905 824 | 532 | 094 176 | 531 968 | 103 | 30 | |
| | 40 | 438 222 | 430 | 906 357 | 533 | 093 643 | 531 865 | 103 | 20 | |
| | 50 | 438 651 | 429 | 906 889 | 532 | 093 111 | 531 761 | 104 | 10 | |
| 8 | 0 | 439 080 | 429 | 907 422 | 533 | 092 578 | 531 658 | 103 | 0 | 52 |
| | 10 | 439 509 | 429 | 907 954 | 532 | 092 046 | 531 555 | 103 | 50 | |
| | 20 | 439 938 | 429 | 908 487 | 533 | 091 513 | 531 451 | 104 | 40 | |
| | 30 | 440 367 | 429 | 909 019 | 532 | 090 981 | 531 348 | 103 | 30 | |
| | 40 | 440 796 | 429 | 909 551 | 532 | 090 449 | 531 245 | 103 | 20 | |
| | 50 | 441 225 | 429 | 910 084 | 533 | 089 916 | 531 141 | 104 | 10 | |
| 9 | 0 | 441 654 | 429 | 910 616 | 532 | 089 384 | 531 038 | 103 | 0 | 51 |
| | 10 | 442 083 | 429 | 911 148 | 532 | 088 852 | 530 935 | 103 | 50 | |
| | 20 | 442 512 | 429 | 911 680 | 532 | 088 320 | 530 831 | 104 | 40 | |
| | 30 | 442 940 | 428 | 912 212 | 532 | 087 788 | 530 728 | 103 | 30 | |
| | 40 | 443 369 | 429 | 912 745 | 533 | 087 255 | 530 624 | 104 | 20 | |
| | 50 | 443 798 | 429 | 913 277 | 532 | 086 723 | 530 521 | 103 | 10 | |
| 10 | 0 | $\bar{1}$,6 444 226 | 428 | $\bar{1}$,6 913 809 | 532 | 0,3 086 191 | $\bar{1}$,9 530 418 | 103 | 0 | 50 |
| ′ | ″ | Cos. | | Cotg. | | Tang. | Sin. | | ″ | ′ |

| ′ | ″ | Sin. | D. | Tang. | D.c. | Cotg. | Cos. | D. | ″ | ′ |
|---|---|---|---|---|---|---|---|---|---|---|
| 10 | 0 | 1̄,6 444 226 | 429 | 1̄,6 913 809 | 532 | 0,3 086 191 | 1̄,9 530 418 | 104 | 0 | 50 |
| | 10 | 444 655 | 428 | 914 341 | 531 | 085 659 | 530 314 | 103 | 50 | |
| | 20 | 445 083 | 428 | 914 872 | 532 | 085 128 | 530 211 | 104 | 40 | |
| | 30 | 445 511 | 429 | 915 404 | 532 | 084 596 | 530 107 | 103 | 30 | |
| | 40 | 445 940 | 428 | 915 936 | 532 | 084 064 | 530 004 | 104 | 20 | |
| | 50 | 446 368 | 428 | 916 468 | 532 | 083 532 | 529 900 | 103 | 10 | |
| 11 | 0 | 446 796 | 429 | 917 000 | 531 | 083 000 | 529 797 | 104 | 0 | 49 |
| | 10 | 447 225 | 428 | 917 531 | 532 | 082 469 | 529 693 | 104 | 50 | |
| | 20 | 447 653 | 428 | 918 063 | 532 | 081 937 | 529 589 | 103 | 40 | |
| | 30 | 448 081 | 428 | 918 595 | 531 | 081 405 | 529 486 | 104 | 30 | |
| | 40 | 448 509 | 428 | 919 126 | 532 | 080 874 | 529 382 | 103 | 20 | |
| | 50 | 448 937 | 428 | 919 658 | 531 | 080 342 | 529 279 | 104 | 10 | |
| 12 | 0 | 449 365 | 428 | 920 189 | 532 | 079 811 | 529 175 | 103 | 0 | 48 |
| | 10 | 449 793 | 427 | 920 721 | 531 | 079 279 | 529 072 | 104 | 50 | |
| | 20 | 450 220 | 428 | 921 252 | 532 | 078 748 | 528 968 | 104 | 40 | |
| | 30 | 450 648 | 428 | 921 784 | 531 | 078 216 | 528 864 | 103 | 30 | |
| | 40 | 451 076 | 427 | 922 315 | 531 | 077 685 | 528 761 | 104 | 20 | |
| | 50 | 451 503 | 428 | 922 846 | 532 | 077 154 | 528 657 | 104 | 10 | |
| 13 | 0 | 451 931 | 428 | 923 378 | 531 | 076 622 | 528 553 | 103 | 0 | 47 |
| | 10 | 452 359 | 427 | 923 909 | 531 | 076 091 | 528 450 | 104 | 50 | |
| | 20 | 452 786 | 428 | 924 440 | 531 | 075 560 | 528 346 | 104 | 40 | |
| | 30 | 453 214 | 427 | 924 971 | 532 | 075 029 | 528 242 | 103 | 30 | |
| | 40 | 453 641 | 427 | 925 503 | 531 | 074 497 | 528 139 | 104 | 20 | |
| | 50 | 454 068 | 428 | 926 034 | 531 | 073 966 | 528 035 | 104 | 10 | |
| 14 | 0 | 454 496 | 427 | 926 565 | 531 | 073 435 | 527 931 | 104 | 0 | 46 |
| | 10 | 454 923 | 427 | 927 096 | 531 | 072 904 | 527 827 | 104 | 50 | |
| | 20 | 455 350 | 427 | 927 627 | 531 | 072 373 | 527 723 | 103 | 40 | |
| | 30 | 455 777 | 427 | 928 158 | 530 | 071 842 | 527 620 | 104 | 30 | |
| | 40 | 456 204 | 427 | 928 688 | 531 | 071 312 | 527 516 | 104 | 20 | |
| | 50 | 456 631 | 427 | 929 219 | 531 | 070 781 | 527 412 | 104 | 10 | |
| 15 | 0 | 457 058 | 427 | 929 750 | 531 | 070 250 | 527 308 | 104 | 0 | 45 |
| | 10 | 457 485 | 427 | 930 281 | 531 | 069 719 | 527 204 | 103 | 50 | |
| | 20 | 457 912 | 427 | 930 812 | 530 | 069 188 | 527 101 | 104 | 40 | |
| | 30 | 458 339 | 427 | 931 342 | 531 | 068 658 | 526 997 | 104 | 30 | |
| | 40 | 458 766 | 426 | 931 873 | 531 | 068 127 | 526 893 | 104 | 20 | |
| | 50 | 459 192 | 427 | 932 404 | 530 | 067 596 | 526 789 | 104 | 10 | |
| 16 | 0 | 459 619 | 427 | 932 934 | 531 | 067 066 | 526 685 | 104 | 0 | 44 |
| | 10 | 460 046 | 426 | 933 465 | 530 | 066 535 | 526 581 | 104 | 50 | |
| | 20 | 460 472 | 427 | 933 995 | 531 | 066 005 | 526 477 | 104 | 40 | |
| | 30 | 460 899 | 426 | 934 526 | 530 | 065 474 | 526 373 | 104 | 30 | |
| | 40 | 461 325 | 427 | 935 056 | 530 | 064 944 | 526 269 | 104 | 20 | |
| | 50 | 461 752 | 426 | 935 586 | 531 | 064 414 | 526 165 | 104 | 10 | |
| 17 | 0 | 462 178 | 426 | 936 117 | 530 | 063 883 | 526 061 | 104 | 0 | 43 |
| | 10 | 462 604 | 427 | 936 647 | 530 | 063 353 | 525 957 | 104 | 50 | |
| | 20 | 463 031 | 426 | 937 177 | 531 | 062 823 | 525 853 | 104 | 40 | |
| | 30 | 463 457 | 426 | 937 708 | 530 | 062 292 | 525 749 | 104 | 30 | |
| | 40 | 463 883 | 426 | 938 238 | 530 | 061 762 | 525 645 | 104 | 20 | |
| | 50 | 464 309 | 426 | 938 768 | 530 | 061 232 | 525 541 | 104 | 10 | |
| 18 | 0 | 464 735 | 426 | 939 298 | 530 | 060 702 | 525 437 | 104 | 0 | 42 |
| | 10 | 465 161 | 426 | 939 828 | 530 | 060 172 | 525 333 | 104 | 50 | |
| | 20 | 465 587 | 426 | 940 358 | 530 | 059 642 | 525 229 | 104 | 40 | |
| | 30 | 466 013 | 426 | 940 888 | 530 | 059 112 | 525 125 | 104 | 30 | |
| | 40 | 466 439 | 426 | 941 418 | 530 | 058 582 | 525 021 | 104 | 20 | |
| | 50 | 466 865 | 425 | 941 948 | 530 | 058 052 | 524 917 | 104 | 10 | |
| 19 | 0 | 467 290 | 426 | 942 478 | 530 | 057 522 | 524 813 | 105 | 0 | 41 |
| | 10 | 467 716 | 426 | 943 008 | 529 | 056 992 | 524 708 | 104 | 50 | |
| | 20 | 468 142 | 425 | 943 537 | 530 | 056 463 | 524 604 | 104 | 40 | |
| | 30 | 468 567 | 426 | 944 067 | 530 | 055 933 | 524 500 | 104 | 30 | |
| | 40 | 468 993 | 425 | 944 597 | 529 | 055 403 | 524 396 | 104 | 20 | |
| | 50 | 469 418 | 426 | 945 126 | 530 | 054 874 | 524 292 | 104 | 10 | |
| 20 | 0 | 1̄,6 469 844 | | 1̄,6 945 656 | | 0,3 054 344 | 1̄,9 524 188 | | 0 | 40 |
| ′ | ″ | Cos. | | Cotg. | | Tang. | Sin. | | ″ | ′ |

| | 531 | 530 | 529 | 428 | 427 | 426 | 425 | 104 |
|---|---|---|---|---|---|---|---|---|
| 1 | 53,1 | 53 | 52,9 | 42,8 | 42,7 | 42,6 | 42,5 | 10,4 |
| 2 | 106,2 | 106 | 105,8 | 85,6 | 85,4 | 85,2 | 85,0 | 20,8 |
| 3 | 159,3 | 159 | 158,7 | 128,4 | 128,1 | 127,8 | 127,5 | 31,2 |
| 4 | 212,4 | 212 | 211,6 | 171,2 | 170,8 | 170,4 | 170,0 | 41,6 |
| 5 | 265,5 | 265 | 264,5 | 214,0 | 213,5 | 213,0 | 212,5 | 52,0 |
| 6 | 318,6 | 318 | 317,4 | 256,8 | 256,2 | 255,6 | 255,0 | 62,4 |
| 7 | 371,7 | 371 | 370,3 | 299,6 | 298,9 | 298,2 | 297,5 | 72,8 |
| 8 | 424,8 | 424 | 423,2 | 342,4 | 341,6 | 340,8 | 340,0 | 83,2 |
| 9 | 477,9 | 477 | 476,1 | 385,2 | 384,3 | 383,4 | 382,5 | 93,6 |

| | 530 | 529 | 528 | 425 | 424 | 423 | 104 | 105 |
|---|---|---|---|---|---|---|---|---|
| 1 | 53 | 52,9 | 52,8 | 42,5 | 42,4 | 42,3 | 10,4 | 10,5 |
| 2 | 106 | 105,8 | 105,6 | 85,0 | 84,8 | 84,6 | 20,8 | 21,0 |
| 3 | 159 | 158,7 | 158,4 | 127,5 | 127,2 | 126,9 | 31,2 | 31,5 |
| 4 | 212 | 211,6 | 211,2 | 170,0 | 169,6 | 169,2 | 41,6 | 42,0 |
| 5 | 265 | 264,5 | 264,0 | 212,5 | 212,0 | 211,5 | 52,0 | 52,5 |
| 6 | 318 | 317,4 | 316,8 | 255,0 | 254,4 | 253,8 | 62,4 | 63,0 |
| 7 | 371 | 370,3 | 369,6 | 297,5 | 296,8 | 296,1 | 72,8 | 73,5 |
| 8 | 424 | 423,2 | 422,4 | 340,0 | 339,2 | 338,4 | 83,2 | 84,0 |
| 9 | 477 | 476,1 | 475,2 | 382,5 | 381,6 | 380,7 | 93,6 | 94,5 |

| ′ | ″ | Sin. | D. | Tang. | D.c. | Cotg. | Cos. | D. | ″ | ′ |
|---|---|---|---|---|---|---|---|---|---|---|
| 20 | 0 | $\bar{1}$,6 469 844 | 425 | $\bar{1}$,6 945 656 | 530 | 0,3 054 344 | $\bar{1}$,9 524 188 | 105 | 0 | 40 |
| | 10 | 470 269 | 425 | 946 186 | 529 | 053 814 | 524 083 | 104 | 50 | |
| | 20 | 470 694 | 426 | 946 715 | 530 | 053 285 | 523 979 | 104 | 40 | |
| | 30 | 471 120 | 425 | 947 245 | 529 | 052 755 | 523 875 | 104 | 30 | |
| | 40 | 471 545 | 425 | 947 774 | 530 | 052 226 | 523 771 | 105 | 20 | |
| | 50 | 471 970 | 425 | 948 304 | 529 | 051 696 | 523 666 | 104 | 10 | |
| 21 | 0 | 472 395 | 425 | 948 833 | 529 | 051 167 | 523 562 | 104 | 0 | 39 |
| | 10 | 472 820 | 425 | 949 362 | 530 | 050 638 | 523 458 | 105 | 50 | |
| | 20 | 473 245 | 425 | 949 892 | 529 | 050 108 | 523 353 | 104 | 40 | |
| | 30 | 473 670 | 425 | 950 421 | 529 | 049 579 | 523 249 | 104 | 30 | |
| | 40 | 474 095 | 425 | 950 950 | 529 | 049 050 | 523 145 | 105 | 20 | |
| | 50 | 474 520 | 425 | 951 479 | 530 | 048 521 | 523 040 | 104 | 10 | |
| 22 | 0 | 474 945 | 424 | 952 009 | 529 | 047 991 | 522 936 | 104 | 0 | 38 |
| | 10 | 475 369 | 425 | 952 538 | 529 | 047 462 | 522 832 | 105 | 50 | |
| | 20 | 475 794 | 425 | 953 067 | 529 | 046 933 | 522 727 | 104 | 40 | |
| | 30 | 476 219 | 424 | 953 596 | 529 | 046 404 | 522 623 | 104 | 30 | |
| | 40 | 476 643 | 425 | 954 125 | 529 | 045 875 | 522 519 | 105 | 20 | |
| | 50 | 477 068 | 424 | 954 654 | 529 | 045 346 | 522 414 | 104 | 10 | |
| 23 | 0 | 477 492 | 425 | 955 183 | 529 | 044 817 | 522 310 | 105 | 0 | 37 |
| | 10 | 477 917 | 424 | 955 712 | 528 | 044 288 | 522 205 | 104 | 50 | |
| | 20 | 478 341 | 425 | 956 240 | 529 | 043 760 | 522 101 | 105 | 40 | |
| | 30 | 478 766 | 424 | 956 769 | 529 | 043 231 | 521 996 | 104 | 30 | |
| | 40 | 479 190 | 424 | 957 298 | 529 | 042 702 | 521 892 | 105 | 20 | |
| | 50 | 479 614 | 424 | 957 827 | 528 | 042 173 | 521 787 | 104 | 10 | |
| 24 | 0 | 480 038 | 424 | 958 355 | 529 | 041 645 | 521 683 | 105 | 0 | 36 |
| | 10 | 480 462 | 424 | 958 884 | 529 | 041 116 | 521 578 | 104 | 50 | |
| | 20 | 480 886 | 424 | 959 413 | 528 | 040 587 | 521 474 | 105 | 40 | |
| | 30 | 481 310 | 424 | 959 941 | 529 | 040 059 | 521 369 | 104 | 30 | |
| | 40 | 481 734 | 424 | 960 470 | 528 | 039 530 | 521 265 | 105 | 20 | |
| | 50 | 482 158 | 424 | 960 998 | 529 | 039,002 | 521 160 | 105 | 10 | |
| 25 | 0 | 482 582 | 424 | 961 527 | 528 | 038 473 | 521 055 | 104 | 0 | 35 |
| | 10 | 483 006 | 424 | 962 055 | 529 | 037 945 | 520 951 | 105 | 50 | |
| | 20 | 483 430 | 424 | 962 584 | 528 | 037 416 | 520 846 | 104 | 40 | |
| | 30 | 483 854 | 423 | 963 112 | 528 | 036 888 | 520 742 | 105 | 30 | |
| | 40 | 484 277 | 424 | 963 640 | 528 | 036 360 | 520 637 | 105 | 20 | |
| | 50 | 484 701 | 423 | 964 168 | 529 | 035 832 | 520 532 | 104 | 10 | |
| 26 | 0 | 485 124 | 424 | 964 697 | 528 | 035 303 | 520 428 | 105 | 0 | 34 |
| | 10 | 485 548 | 423 | 965 225 | 528 | 034 775 | 520 323 | 105 | 50 | |
| | 20 | 485 971 | 424 | 965 753 | 528 | 034 247 | 520 218 | 104 | 40 | |
| | 30 | 486 395 | 423 | 966 281 | 528 | 033 719 | 520 114 | 105 | 30 | |
| | 40 | 486 818 | 423 | 966 809 | 528 | 033 191 | 520 009 | 105 | 20 | |
| | 50 | 487 241 | 424 | 967 337 | 528 | 032 663 | 519 904 | 105 | 10 | |
| 27 | 0 | 487 665 | 423 | 967 865 | 528 | 032 135 | 519 799 | 104 | 0 | 33 |
| | 10 | 488 088 | 423 | 968 393 | 528 | 031 607 | 519 695 | 105 | 50 | |
| | 20 | 488 511 | 423 | 968 921 | 528 | 031 079 | 519 590 | 105 | 40 | |
| | 30 | 488 934 | 423 | 969 449 | 528 | 030 551 | 519 485 | 105 | 30 | |
| | 40 | 489 357 | 423 | 969 977 | 528 | 030 023 | 519 380 | 105 | 20 | |
| | 50 | 489 780 | 423 | 970 505 | 527 | 029 495 | 519 275 | 104 | 10 | |
| 28 | 0 | 490 203 | 423 | 971 032 | 528 | 028 968 | 519 171 | 105 | 0 | 32 |
| | 10 | 490 626 | 423 | 971 560 | 528 | 028 440 | 519 066 | 105 | 50 | |
| | 20 | 491 049 | 423 | 972 088 | 527 | 027 912 | 518 961 | 105 | 40 | |
| | 30 | 491 472 | 422 | 972 615 | 528 | 027 385 | 518 856 | 105 | 30 | |
| | 40 | 491 894 | 423 | 973 143 | 528 | 026 857 | 518 751 | 105 | 20 | |
| | 50 | 492 317 | 423 | 973 671 | 527 | 026 329 | 518 646 | 105 | 10 | |
| 29 | 0 | 492 740 | 422 | 974 198 | 528 | 025 802 | 518 541 | 104 | 0 | 31 |
| | 10 | 493 162 | 423 | 974 726 | 527 | 025 274 | 518 437 | 105 | 50 | |
| | 20 | 493 585 | 422 | 975 253 | 528 | 024 747 | 518 332 | 105 | 40 | |
| | 30 | 494 007 | 423 | 975 781 | 527 | 024 219 | 518 227 | 105 | 30 | |
| | 40 | 494 430 | 422 | 976 308 | 527 | 023 692 | 518 122 | 105 | 20 | |
| | 50 | 494 852 | 422 | 976 835 | 528 | 023 165 | 518 017 | 105 | 10 | |
| 30 | 0 | $\bar{1}$,6 495 274 | | $\bar{1}$,6 977 363 | | 0,3 022 637 | $\bar{1}$,9 517 912 | | 0 | 30 |
| ′ | ″ | Cos. | | Cotg. | | Tang. | Sin. | | ″ | ′ |

| ′ | ″ | Sin. | D. | Tang. | D.c. | Cotg. | Cos. | D. | ″ | ′ |
|---|---|---|---|---|---|---|---|---|---|---|
| 30 | 0 | 1̄,6 495 274 | 423 | 1̄,6 977 363 | 527 | 0,3 022 637 | 1̄,9 517 912 | 105 | 0 | 30 |
| | 10 | 495 697 | 422 | 977 890 | 527 | 022 110 | 517 807 | 105 | 50 | |
| | 20 | 496 119 | 422 | 978 417 | 527 | 021 583 | 517 702 | 105 | 40 | |
| | 30 | 496 541 | 422 | 978 944 | 527 | 021 056 | 517 597 | 105 | 30 | |
| | 40 | 496 963 | 422 | 979 471 | 527 | 020 529 | 517 492 | 105 | 20 | |
| | 50 | 497 385 | 422 | 979 998 | 528 | 020 002 | 517 387 | 105 | 10 | |
| 31 | 0 | 497 807 | 422 | 980 526 | 527 | 019 474 | 517 282 | 105 | 0 | 29 |
| | 10 | 498 229 | 422 | 981 053 | 527 | 018 947 | 517 177 | 105 | 50 | |
| | 20 | 498 651 | 422 | 981 580 | 526 | 018 420 | 517 072 | 105 | 40 | |
| | 30 | 499 073 | 422 | 982 106 | 527 | 017 894 | 516 967 | 106 | 30 | |
| | 40 | 499 495 | 422 | 982 633 | 527 | 017 367 | 516 861 | 105 | 20 | |
| | 50 | 499 917 | 421 | 983 160 | 527 | 016 840 | 516 756 | 105 | 10 | |
| 32 | 0 | 500 338 | 422 | 983 687 | 527 | 016 313 | 516 651 | 105 | 0 | 28 |
| | 10 | 500 760 | 422 | 984 214 | 527 | 015 786 | 516 546 | 105 | 50 | |
| | 20 | 501 182 | 421 | 984 741 | 526 | 015 259 | 516 441 | 105 | 40 | |
| | 30 | 501 603 | 422 | 985 267 | 527 | 014 733 | 516 336 | 105 | 30 | |
| | 40 | 502 025 | 421 | 985 794 | 527 | 014 206 | 516 231 | 106 | 20 | |
| | 50 | 502 446 | 422 | 986 321 | 526 | 013 679 | 516 125 | 105 | 10 | |
| 33 | 0 | 502 868 | 421 | 986 847 | 527 | 013 153 | 516 020 | 105 | 0 | 27 |
| | 10 | 503 289 | 421 | 987 374 | 526 | 012 626 | 515 915 | 105 | 50 | |
| | 20 | 503 710 | 421 | 987 900 | 527 | 012 100 | 515 810 | 106 | 40 | |
| | 30 | 504 131 | 422 | 988 427 | 526 | 011 573 | 515 704 | 105 | 30 | |
| | 40 | 504 553 | 421 | 988 953 | 527 | 011 047 | 515 599 | 105 | 20 | |
| | 50 | 504 974 | 421 | 989 480 | 526 | 010 520 | 515 494 | 105 | 10 | |
| 34 | 0 | 505 395 | 421 | 990 006 | 527 | 009 994 | 515 389 | 106 | 0 | 26 |
| | 10 | 505 816 | 421 | 990 533 | 526 | 009 467 | 515 283 | 105 | 50 | |
| | 20 | 506 237 | 421 | 991 059 | 526 | 008 941 | 515 178 | 105 | 40 | |
| | 30 | 506 658 | 421 | 991 585 | 526 | 008 415 | 515 073 | 106 | 30 | |
| | 40 | 507 079 | 421 | 992 111 | 526 | 007 889 | 514 967 | 105 | 20 | |
| | 50 | 507 500 | 420 | 992 637 | 527 | 007 363 | 514 862 | 105 | 10 | |
| 35 | 0 | 507 920 | 421 | 993 164 | 526 | 006 836 | 514 757 | 106 | 0 | 25 |
| | 10 | 508 341 | 421 | 993 690 | 526 | 006 310 | 514 651 | 105 | 50 | |
| | 20 | 508 762 | 420 | 994 216 | 526 | 005 784 | 514 546 | 105 | 40 | |
| | 30 | 509 182 | 421 | 994 742 | 526 | 005 258 | 514 441 | 106 | 30 | |
| | 40 | 509 603 | 421 | 995 268 | 526 | 004 732 | 514 335 | 105 | 20 | |
| | 50 | 510 024 | 420 | 995 794 | 526 | 004 206 | 514 230 | 106 | 10 | |
| 36 | 0 | 510 444 | 421 | 996 320 | 526 | 003 680 | 514 124 | 105 | 0 | 24 |
| | 10 | 510 865 | 420 | 996 846 | 525 | 003 154 | 514 019 | 106 | 50 | |
| | 20 | 511 285 | 420 | 997 371 | 526 | 002 629 | 513 913 | 105 | 40 | |
| | 30 | 511 705 | 421 | 997 897 | 526 | 002 103 | 513 808 | 105 | 30 | |
| | 40 | 512 126 | 420 | 998 423 | 526 | 001 577 | 513 703 | 106 | 20 | |
| | 50 | 512 546 | 420 | 998 949 | 525 | 001 051 | 513 597 | 105 | 10 | |
| 37 | 0 | 512 966 | 420 | 1̄,6 999 474 | 526 | 000 526 | 513 492 | 106 | 0 | 23 |
| | 10 | 513 386 | 420 | 1̄,7 000 000 | 526 | 0,3 000 000 | 513 386 | 106 | 50 | |
| | 20 | 513 806 | 420 | 000 526 | 525 | 0,2 999 474 | 513 280 | 105 | 40 | |
| | 30 | 514 226 | 420 | 001 051 | 526 | 998 949 | 513 175 | 106 | 30 | |
| | 40 | 514 646 | 420 | 001 577 | 525 | 998 423 | 513 069 | 105 | 20 | |
| | 50 | 515 066 | 420 | 002 102 | 526 | 997 898 | 512 964 | 106 | 10 | |
| 38 | 0 | 515 486 | 420 | 002 628 | 525 | 997 372 | 512 858 | 105 | 0 | 22 |
| | 10 | 515 906 | 420 | 003 153 | 526 | 996 847 | 512 753 | 106 | 50 | |
| | 20 | 516 326 | 419 | 003 679 | 525 | 996 321 | 512 647 | 106 | 40 | |
| | 30 | 516 745 | 420 | 004 204 | 525 | 995 796 | 512 541 | 105 | 30 | |
| | 40 | 517 165 | 420 | 004 729 | 525 | 995 271 | 512 436 | 106 | 20 | |
| | 50 | 517 585 | 419 | 005 254 | 526 | 994 746 | 512 330 | 106 | 10 | |
| 39 | 0 | 518 004 | 420 | 005 780 | 525 | 994 220 | 512 224 | 105 | 0 | 21 |
| | 10 | 518 424 | 419 | 006 305 | 525 | 993 695 | 512 119 | 106 | 50 | |
| | 20 | 518 843 | 420 | 006 830 | 525 | 993 170 | 512 013 | 106 | 40 | |
| | 30 | 519 263 | 419 | 007 355 | 525 | 992 645 | 511 907 | 105 | 30 | |
| | 40 | 519 682 | 419 | 007 880 | 525 | 992 120 | 511 802 | 106 | 20 | |
| | 50 | 520 101 | 420 | 008 405 | 525 | 991 595 | 511 696 | 106 | 10 | |
| 40 | 0 | 1̄,6 520 521 | | 1̄,7 008 930 | | 0,2 991 070 | 1̄,9 511 590 | | 0 | 20 |
| ′ | ″ | Cos. | | Cotg. | | Tang. | Sin. | | ″ | ′ |

| | 527 | 526 | 525 | 422 | 421 | 420 | 419 | 106 |
|---|---|---|---|---|---|---|---|---|
| 1 | 52,7 | 52,6 | 52,5 | 42,2 | 42,1 | 42 | 41,9 | 10,6 |
| 2 | 105,4 | 105,2 | 105,0 | 84,4 | 84,2 | 84 | 83,8 | 21,2 |
| 3 | 158,1 | 157,8 | 157,5 | 126,6 | 126,3 | 126 | 125,7 | 31,8 |
| 4 | 210,8 | 210,4 | 210,0 | 168,8 | 168,4 | 168 | 167,6 | 42,4 |
| 5 | 263,5 | 263,0 | 262,5 | 211,0 | 210,5 | 210 | 209,5 | 53,0 |
| 6 | 316,2 | 315,6 | 315,0 | 253,2 | 252,6 | 252 | 251,4 | 63,6 |
| 7 | 368,9 | 368,2 | 367,5 | 295,4 | 294,7 | 294 | 293,3 | 74,2 |
| 8 | 421,6 | 420,8 | 420,0 | 337,6 | 336,8 | 336 | 335,2 | 84,8 |
| 9 | 474,3 | 473,4 | 472,5 | 379,8 | 378,9 | 378 | 377,1 | 95,4 |

| | 525 | 524 | 523 | 419 | 418 | 417 | 416 | 106 |
|---|---|---|---|---|---|---|---|---|
| 1 | 52,5 | 52,4 | 52,3 | 41,9 | 41,8 | 41,7 | 41,6 | 10,6 |
| 2 | 105,0 | 104,8 | 104,6 | 83,8 | 83,6 | 83,4 | 83,2 | 21,2 |
| 3 | 157,5 | 157,2 | 156,9 | 125,7 | 125,4 | 125,1 | 124,8 | 31,8 |
| 4 | 210,0 | 209,6 | 209,2 | 167,6 | 167,2 | 166,8 | 166,4 | 42,4 |
| 5 | 262,5 | 262,0 | 261,5 | 209,5 | 209,0 | 208,5 | 208,0 | 53,0 |
| 6 | 315,0 | 314,4 | 313,8 | 251,4 | 250,8 | 250,2 | 249,6 | 63,6 |
| 7 | 367,5 | 366,8 | 366,1 | 293,3 | 292,6 | 291,9 | 291,2 | 74,2 |
| 8 | 420,0 | 419,2 | 418,4 | 335,2 | 334,4 | 333,6 | 332,8 | 84,8 |
| 9 | 472,5 | 471,6 | 470,7 | 377,1 | 376,2 | 375,3 | 374,4 | 95,4 |

| ′ | ″ | Sin. | D. | Tang. | D. c. | Cotg. | Cos. | D. | ″ | ′ |
|---|---|---|---|---|---|---|---|---|---|---|
| 40 | 0 | $\bar{1}$,6 520 521 | | $\bar{1}$,7 008 930 | | 0,2 991 070 | $\bar{1}$,9 511 590 | | 0 | 20 |
| | 10 | 520 940 | 419 | 009 455 | 525 | 990 545 | 511 484 | 106 | 50 | |
| | 20 | 521 359 | 419 | 009 980 | 525 | 990 020 | 511 379 | 105 | 40 | |
| | 30 | 521 778 | 419 | 010 505 | 525 | 989 495 | 511 273 | 106 | 30 | |
| | 40 | 522 197 | 419 | 011 030 | 525 | 988 970 | 511 167 | 106 | 20 | |
| | 50 | 522 616 | 419 | 011 555 | 525 | 988 445 | 511 061 | 106 | 10 | |
| 41 | 0 | 523 035 | 419 | 012 080 | 525 | 987 920 | 510 956 | 105 | 0 | 19 |
| | 10 | 523 454 | 419 | 012 604 | 524 | 987 396 | 510 850 | 106 | 50 | |
| | 20 | 523 873 | 419 | 013 129 | 525 | 986 871 | 510 744 | 106 | 40 | |
| | 30 | 524 292 | 419 | 013 654 | 525 | 986 346 | 510 638 | 106 | 30 | |
| | 40 | 524 710 | 418 | 014 178 | 524 | 985 822 | 510 532 | 106 | 20 | |
| | 50 | 525 129 | 419 | 014 703 | 525 | 985 297 | 510 426 | 106 | 10 | |
| 42 | 0 | 525 548 | 419 | 015 227 | 524 | 984 773 | 510 320 | 106 | 0 | 18 |
| | 10 | 525 966 | 418 | 015 752 | 525 | 984 248 | 510 214 | 106 | 50 | |
| | 20 | 526 385 | 419 | 016 276 | 524 | 983 724 | 510 109 | 105 | 40 | |
| | 30 | 526 804 | 419 | 016 801 | 525 | 983 199 | 510 003 | 106 | 30 | |
| | 40 | 527 222 | 418 | 017 325 | 524 | 982 675 | 509 897 | 106 | 20 | |
| | 50 | 527 640 | 418 | 017 850 | 525 | 982 150 | 509 791 | 106 | 10 | |
| 43 | 0 | 528 059 | 419 | 018 374 | 524 | 981 626 | 509 685 | 106 | 0 | 17 |
| | 10 | 528 477 | 418 | 018 898 | 524 | 981 102 | 509 579 | 106 | 50 | |
| | 20 | 528 895 | 418 | 019 422 | 524 | 980 578 | 509 473 | 106 | 40 | |
| | 30 | 529 313 | 418 | 019 947 | 525 | 980 053 | 509 367 | 106 | 30 | |
| | 40 | 529 732 | 419 | 020 471 | 524 | 979 529 | 509 261 | 106 | 20 | |
| | 50 | 530 150 | 418 | 020 995 | 524 | 979 005 | 509 155 | 106 | 10 | |
| 44 | 0 | 530 568 | 418 | 021 519 | 524 | 978 481 | 509 049 | 106 | 0 | 16 |
| | 10 | 530 986 | 418 | 022 043 | 524 | 977 957 | 508 943 | 106 | 50 | |
| | 20 | 531 404 | 418 | 022 567 | 524 | 977 433 | 508 837 | 106 | 40 | |
| | 30 | 531 822 | 418 | 023 091 | 524 | 976 909 | 508 731 | 106 | 30 | |
| | 40 | 532 240 | 418 | 023 615 | 524 | 976 385 | 508 624 | 107 | 20 | |
| | 50 | 532 657 | 417 | 024 139 | 524 | 975 861 | 508 518 | 106 | 10 | |
| 45 | 0 | 533 075 | 418 | 024 663 | 524 | 975 337 | 508 412 | 106 | 0 | 15 |
| | 10 | 533 493 | 418 | 025 187 | 524 | 974 813 | 508 306 | 106 | 50 | |
| | 20 | 533 910 | 417 | 025 711 | 524 | 974 289 | 508 200 | 106 | 40 | |
| | 30 | 534 328 | 418 | 026 234 | 523 | 973 766 | 508 094 | 106 | 30 | |
| | 40 | 534 746 | 418 | 026 758 | 524 | 973 242 | 507 988 | 106 | 20 | |
| | 50 | 535 163 | 417 | 027 282 | 524 | 972 718 | 507 881 | 107 | 10 | |
| 46 | 0 | 535 581 | 418 | 027 805 | 523 | 972 195 | 507 775 | 106 | 0 | 14 |
| | 10 | 535 998 | 417 | 028 329 | 524 | 971 671 | 507 669 | 106 | 50 | |
| | 20 | 536 415 | 417 | 028 853 | 524 | 971 147 | 507 563 | 106 | 40 | |
| | 30 | 536 833 | 418 | 029 376 | 523 | 970 624 | 507 457 | 106 | 30 | |
| | 40 | 537 250 | 417 | 029 900 | 524 | 970 100 | 507 350 | 107 | 20 | |
| | 50 | 537 667 | 417 | 030 423 | 523 | 969 577 | 507 244 | 106 | 10 | |
| 47 | 0 | 538 084 | 417 | 030 946 | 523 | 969 054 | 507 138 | 106 | 0 | 13 |
| | 10 | 538 501 | 417 | 031 470 | 524 | 968 530 | 507 031 | 107 | 50 | |
| | 20 | 538 918 | 417 | 031 993 | 523 | 968 007 | 506 925 | 106 | 40 | |
| | 30 | 539 335 | 417 | 032 516 | 523 | 967 484 | 506 819 | 106 | 30 | |
| | 40 | 539 752 | 417 | 033 040 | 524 | 966 960 | 506 713 | 106 | 20 | |
| | 50 | 540 169 | 417 | 033 563 | 523 | 966 437 | 506 606 | 107 | 10 | |
| 48 | 0 | 540 586 | 417 | 034 086 | 523 | 965 914 | 506 500 | 106 | 0 | 12 |
| | 10 | 541 003 | 417 | 034 609 | 523 | 965 391 | 506 393 | 107 | 50 | |
| | 20 | 541 420 | 417 | 035 132 | 523 | 964 868 | 506 287 | 106 | 40 | |
| | 30 | 541 836 | 416 | 035 656 | 524 | 964 344 | 506 181 | 106 | 30 | |
| | 40 | 542 253 | 417 | 036 179 | 523 | 963 821 | 506 074 | 107 | 20 | |
| | 50 | 542 670 | 417 | 036 702 | 523 | 963 298 | 505 968 | 106 | 10 | |
| 49 | 0 | 543 086 | 416 | 037 225 | 523 | 962 775 | 505 861 | 107 | 0 | 11 |
| | 10 | 543 503 | 417 | 037 748 | 523 | 962 252 | 505 755 | 106 | 50 | |
| | 20 | 543 919 | 416 | 038 270 | 522 | 961 730 | 505 649 | 106 | 40 | |
| | 30 | 544 335 | 416 | 038 793 | 523 | 961 207 | 505 542 | 107 | 30 | |
| | 40 | 544 752 | 417 | 039 316 | 523 | 960 684 | 505 436 | 106 | 20 | |
| | 50 | 545 168 | 416 | 039 839 | 523 | 960 161 | 505 329 | 107 | 10 | |
| 50 | 0 | $\bar{1}$,6 545 584 | 416 | $\bar{1}$,7 040 362 | 523 | 0,2 959 638 | $\bar{1}$,9 505 223 | 106 | 0 | 10 |
| ′ | ″ | Cos. | | Cotg. | | Tang. | Sin. | | ″ | ′ |

| ′ | ″ | Sin. | D. | Tang. | D.c. | Cotg. | Cos. | D. | ″ | ′ |
|---|---|---|---|---|---|---|---|---|---|---|
| 50 | 0 | 1̄,6 545 584 | | 1̄,7 040 362 | | 0,2 959 638 | 1̄,9 505 223 | | 0 | 10 |
| | 10 | 546 000 | 416 | 040 884 | 522 | 959 116 | 505 116 | 107 | 50 | |
| | 20 | 546 417 | 417 | 041 407 | 523 | 958 593 | 505 010 | 106 | 40 | |
| | 30 | 546 833 | 416 | 041 930 | 523 | 958 070 | 504 903 | 107 | 30 | |
| | 40 | 547 249 | 416 | 042 452 | 522 | 957 548 | 504 796 | 107 | 20 | |
| | 50 | 547 665 | 416 | 042 975 | 523 | 957 025 | 504 690 | 106 | 10 | |
| 51 | 0 | 548 081 | 416 | 043 497 | 522 | 956 503 | 504 583 | 107 | 0 | 9 |
| | 10 | 548 497 | 416 | 044 020 | 523 | 955 980 | 504 477 | 106 | 50 | |
| | 20 | 548 912 | 415 | 044 542 | 522 | 955 458 | 504 370 | 107 | 40 | |
| | 30 | 549 328 | 416 | 045 065 | 523 | 954 935 | 504 263 | 107 | 30 | |
| | 40 | 549 744 | 416 | 045 587 | 522 | 954 413 | 504 157 | 106 | 20 | |
| | 50 | 550 160 | 416 | 046 109 | 522 | 953 891 | 504 050 | 107 | 10 | |
| 52 | 0 | 550 575 | 415 | 046 632 | 523 | 953 368 | 503 944 | 106 | 0 | 8 |
| | 10 | 550 991 | 416 | 047 154 | 522 | 952 846 | 503 837 | 107 | 50 | |
| | 20 | 551 406 | 415 | 047 676 | 522 | 952 324 | 503 730 | 107 | 40 | |
| | 30 | 551 822 | 416 | 048 198 | 522 | 951 802 | 503 624 | 106 | 30 | |
| | 40 | 552 237 | 415 | 048 721 | 523 | 951 279 | 503 517 | 107 | 20 | |
| | 50 | 552 653 | 416 | 049 243 | 522 | 950 757 | 503 410 | 107 | 10 | |
| 53 | 0 | 553 068 | 415 | 049 765 | 522 | 950 235 | 503 303 | 107 | 0 | 7 |
| | 10 | 553 483 | 415 | 050 287 | 522 | 949 713 | 503 197 | 106 | 50 | |
| | 20 | 553 899 | 416 | 050 809 | 522 | 949 191 | 503 090 | 107 | 40 | |
| | 30 | 554 314 | 415 | 051 331 | 522 | 948 669 | 502 983 | 107 | 30 | |
| | 40 | 554 729 | 415 | 051 853 | 522 | 948 147 | 502 876 | 107 | 20 | |
| | 50 | 555 144 | 415 | 052 375 | 522 | 947 625 | 502 769 | 107 | 10 | |
| 54 | 0 | 555 559 | 415 | 052 897 | 522 | 947 103 | 502 663 | 106 | 0 | 6 |
| | 10 | 555 974 | 415 | 053 418 | 521 | 946 582 | 502 556 | 107 | 50 | |
| | 20 | 556 389 | 415 | 053 940 | 522 | 946 060 | 502 449 | 107 | 40 | |
| | 30 | 556 804 | 415 | 054 462 | 522 | 945 538 | 502 342 | 107 | 30 | |
| | 40 | 557 219 | 415 | 054 984 | 522 | 945 016 | 502 235 | 107 | 20 | |
| | 50 | 557 634 | 415 | 055 505 | 521 | 944 495 | 502 128 | 107 | 10 | |
| 55 | 0 | 558 048 | 414 | 056 027 | 522 | 943 973 | 502 022 | 106 | 0 | 5 |
| | 10 | 558 463 | 415 | 056 548 | 521 | 943 452 | 501 915 | 107 | 50 | |
| | 20 | 558 878 | 415 | 057 070 | 522 | 942 930 | 501 808 | 107 | 40 | |
| | 30 | 559 292 | 414 | 057 592 | 522 | 942 408 | 501 701 | 107 | 30 | |
| | 40 | 559 707 | 415 | 058 113 | 521 | 941 887 | 501 594 | 107 | 20 | |
| | 50 | 560 121 | 414 | 058 634 | 521 | 941 366 | 501 487 | 107 | 10 | |
| 56 | 0 | 560 536 | 415 | 059 156 | 522 | 940 844 | 501 380 | 107 | 0 | 4 |
| | 10 | 560 950 | 414 | 059 677 | 521 | 940 323 | 501 273 | 107 | 50 | |
| | 20 | 561 365 | 415 | 060 199 | 522 | 939 801 | 501 166 | 107 | 40 | |
| | 30 | 561 779 | 414 | 060 720 | 521 | 939 280 | 501 059 | 107 | 30 | |
| | 40 | 562 193 | 414 | 061 241 | 521 | 938 759 | 500 952 | 107 | 20 | |
| | 50 | 562 607 | 414 | 061 762 | 521 | 938 238 | 500 845 | 107 | 10 | |
| 57 | 0 | 563 021 | 414 | 062 284 | 522 | 937 716 | 500 738 | 107 | 0 | 3 |
| | 10 | 563 436 | 415 | 062 805 | 521 | 937 195 | 500 631 | 107 | 50 | |
| | 20 | 563 850 | 414 | 063 326 | 521 | 936 674 | 500 524 | 107 | 40 | |
| | 30 | 564 264 | 414 | 063 847 | 521 | 936 153 | 500 417 | 107 | 30 | |
| | 40 | 564 678 | 414 | 064 368 | 521 | 935 632 | 500 310 | 107 | 20 | |
| | 50 | 565 091 | 413 | 064 889 | 521 | 935 111 | 500 202 | 108 | 10 | |
| 58 | 0 | 565 505 | 414 | 065 410 | 521 | 934 590 | 500 095 | 107 | 0 | 2 |
| | 10 | 565 919 | 414 | 065 931 | 521 | 934 069 | 499 988 | 107 | 50 | |
| | 20 | 566 333 | 414 | 066 452 | 521 | 933 548 | 499 881 | 107 | 40 | |
| | 30 | 566 747 | 414 | 066 973 | 521 | 933 027 | 499 774 | 107 | 30 | |
| | 40 | 567 160 | 413 | 067 494 | 521 | 932 506 | 499 667 | 107 | 20 | |
| | 50 | 567 574 | 414 | 068 014 | 520 | 931 986 | 499 559 | 108 | 10 | |
| 59 | 0 | 567 987 | 413 | 068 535 | 521 | 931 465 | 499 452 | 107 | 0 | 1 |
| | 10 | 568 401 | 414 | 069 056 | 521 | 930 944 | 499 345 | 107 | 50 | |
| | 20 | 568 814 | 413 | 069 576 | 520 | 930 424 | 499 238 | 107 | 40 | |
| | 30 | 569 228 | 414 | 070 097 | 521 | 929 903 | 499 131 | 107 | 30 | |
| | 40 | 569 641 | 413 | 070 618 | 521 | 929 382 | 499 023 | 108 | 20 | |
| | 50 | 570 054 | 413 | 071 138 | 520 | 928 862 | 498 916 | 107 | 10 | |
| 60 | 0 | 1̄,6 570 468 | 414 | 1̄,7 071 659 | 521 | 0,2 928 341 | 1̄,9 498 809 | 107 | 0 | 0 |
| ′ | ″ | Cos. | | Cotg. | | Tang. | Sin. | | ″ | ′ |

63°

| 522 | |
|---|---|
| 1 | 52,2 |
| 2 | 104,4 |
| 3 | 156,6 |
| 4 | 208,8 |
| 5 | 261,0 |
| 6 | 313,2 |
| 7 | 365,4 |
| 8 | 417,6 |
| 9 | 469,8 |

| 521 | |
|---|---|
| 1 | 52,1 |
| 2 | 104,2 |
| 3 | 156,3 |
| 4 | 208,4 |
| 5 | 260,5 |
| 6 | 312,6 |
| 7 | 364,7 |
| 8 | 416,8 |
| 9 | 468,9 |

| 520 | |
|---|---|
| 1 | 52 |
| 2 | 104 |
| 3 | 156 |
| 4 | 208 |
| 5 | 260 |
| 6 | 312 |
| 7 | 364 |
| 8 | 416 |
| 9 | 468 |

| 416 | |
|---|---|
| 1 | 41,6 |
| 2 | 83,2 |
| 3 | 124,8 |
| 4 | 166,4 |
| 5 | 208,0 |
| 6 | 249,6 |
| 7 | 291,2 |
| 8 | 332,8 |
| 9 | 374,4 |

| 415 | |
|---|---|
| 1 | 41,5 |
| 2 | 83,0 |
| 3 | 124,5 |
| 4 | 166,0 |
| 5 | 207,5 |
| 6 | 249,0 |
| 7 | 290,5 |
| 8 | 332,0 |
| 9 | 373,5 |

| 414 | |
|---|---|
| 1 | 41,4 |
| 2 | 82,8 |
| 3 | 124,2 |
| 4 | 165,6 |
| 5 | 207,0 |
| 6 | 248,4 |
| 7 | 289,8 |
| 8 | 331,2 |
| 9 | 372,6 |

| 413 | |
|---|---|
| 1 | 41,3 |
| 2 | 82,6 |
| 3 | 123,9 |
| 4 | 165,2 |
| 5 | 206,5 |
| 6 | 247,8 |
| 7 | 289,1 |
| 8 | 330,4 |
| 9 | 371,7 |

| 107 | |
|---|---|
| 1 | 10,7 |
| 2 | 21,4 |
| 3 | 32,1 |
| 4 | 42,8 |
| 5 | 53,5 |
| 6 | 64,2 |
| 7 | 74,9 |
| 8 | 85,6 |
| 9 | 96,3 |

| | 520 | 519 | 518 | 413 | 412 | 411 | 410 | 108 |
|---|---|---|---|---|---|---|---|---|
| 1 | 52 | 51,9 | 51,8 | 41,3 | 41,2 | 41,1 | 41 | 10,8 |
| 2 | 104 | 103,8 | 103,6 | 82,6 | 82,4 | 82,2 | 82 | 21,6 |
| 3 | 156 | 155,7 | 155,4 | 123,9 | 123,6 | 123,3 | 123 | 32,4 |
| 4 | 208 | 207,6 | 207,2 | 165,2 | 164,8 | 164,4 | 164 | 43,2 |
| 5 | 260 | 259,5 | 259,0 | 206,5 | 206,0 | 205,5 | 205 | 54,0 |
| 6 | 312 | 311,4 | 310,8 | 247,8 | 247,2 | 246,6 | 246 | 64,8 |
| 7 | 364 | 363,3 | 362,6 | 289,1 | 288,4 | 287,7 | 287 | 75,6 |
| 8 | 416 | 415,2 | 414,4 | 330,4 | 329,6 | 328,8 | 328 | 86,4 |
| 9 | 468 | 467,1 | 466,2 | 371,7 | 370,8 | 369,9 | 369 | 97,2 |

| ′ | ″ | Sin. | D. | Tang. | D.c. | Cotg. | Cos. | D. | ″ | ′ |
|---|---|---|---|---|---|---|---|---|---|---|
| 0 | 0 | $\bar{1}$,6 570 468 | | $\bar{1}$,7 071 659 | | 0,2 928 341 | $\bar{1}$,9 498 809 | | 0 | 60 |
| | 10 | 570 881 | 413 | 072 179 | 520 | 927 821 | 498 702 | 107 | 50 | |
| | 20 | 571 294 | 413 | 072 700 | 521 | 927 300 | 498 594 | 108 | 40 | |
| | 30 | 571 707 | 413 | 073 220 | 520 | 926 780 | 498 487 | 107 | 30 | |
| | 40 | 572 120 | 413 | 073 741 | 521 | 926 259 | 498 380 | 107 | 20 | |
| | 50 | 572 533 | 413 | 074 261 | 520 | 925 739 | 498 272 | 108 | 10 | |
| 1 | 0 | 572 946 | 413 | 074 781 | 520 | 925 219 | 498 165 | 107 | 0 | 59 |
| | 10 | 573 359 | 413 | 075 302 | 521 | 924 698 | 498 058 | 107 | 50 | |
| | 20 | 573 772 | 413 | 075 822 | 520 | 924 178 | 497 950 | 108 | 40 | |
| | 30 | 574 185 | 413 | 076 342 | 520 | 923 658 | 497 843 | 107 | 30 | |
| | 40 | 574 597 | 412 | 076 862 | 520 | 923 138 | 497 735 | 108 | 20 | |
| | 50 | 575 010 | 413 | 077 382 | 520 | 922 618 | 497 628 | 107 | 10 | |
| 2 | 0 | 575 423 | 413 | 077 902 | 520 | 922 098 | 497 521 | 107 | 0 | 58 |
| | 10 | 575 835 | 412 | 078 422 | 520 | 921 578 | 497 413 | 108 | 50 | |
| | 20 | 576 248 | 413 | 078 942 | 520 | 921 058 | 497 306 | 107 | 40 | |
| | 30 | 576 661 | 413 | 079 462 | 520 | 920 538 | 497 198 | 108 | 30 | |
| | 40 | 577 073 | 412 | 079 982 | 520 | 920 018 | 497 091 | 107 | 20 | |
| | 50 | 577 485 | 412 | 080 502 | 520 | 919 498 | 496 983 | 108 | 10 | |
| 3 | 0 | 577 898 | 413 | 081 022 | 520 | 918 978 | 496 876 | 107 | 0 | 57 |
| | 10 | 578 310 | 412 | 081 542 | 520 | 918 458 | 496 768 | 108 | 50 | |
| | 20 | 578 722 | 412 | 082 062 | 520 | 917 938 | 496 661 | 107 | 40 | |
| | 30 | 579 135 | 413 | 082 582 | 520 | 917 418 | 496 553 | 108 | 30 | |
| | 40 | 579 547 | 412 | 083 101 | 519 | 916 899 | 496 446 | 107 | 20 | |
| | 50 | 579 959 | 412 | 083 621 | 520 | 916 379 | 496 338 | 108 | 10 | |
| 4 | 0 | 580 371 | 412 | 084 141 | 520 | 915 859 | 496 230 | 108 | 0 | 56 |
| | 10 | 580 783 | 412 | 084 660 | 519 | 915 340 | 496 123 | 107 | 50 | |
| | 20 | 581 195 | 412 | 085 180 | 520 | 914 820 | 496 015 | 108 | 40 | |
| | 30 | 581 607 | 412 | 085 699 | 519 | 914 301 | 495 908 | 107 | 30 | |
| | 40 | 582 019 | 412 | 086 219 | 520 | 913 781 | 495 800 | 108 | 20 | |
| | 50 | 582 431 | 412 | 086 738 | 519 | 913 262 | 495 692 | 108 | 10 | |
| 5 | 0 | 582 842 | 411 | 087 258 | 520 | 912 742 | 495 585 | 107 | 0 | 55 |
| | 10 | 583 254 | 412 | 087 777 | 519 | 912 223 | 495 477 | 108 | 50 | |
| | 20 | 583 666 | 412 | 088 297 | 520 | 911 703 | 495 369 | 108 | 40 | |
| | 30 | 584 077 | 411 | 088 816 | 519 | 911 184 | 495 262 | 107 | 30 | |
| | 40 | 584 489 | 412 | 089 335 | 519 | 910 665 | 495 154 | 108 | 20 | |
| | 50 | 584 900 | 411 | 089 854 | 519 | 910 146 | 495 046 | 108 | 10 | |
| 6 | 0 | 585 312 | 412 | 090 374 | 520 | 909 626 | 494 938 | 108 | 0 | 54 |
| | 10 | 585 723 | 411 | 090 893 | 519 | 909 107 | 494 831 | 107 | 50 | |
| | 20 | 586 135 | 412 | 091 412 | 519 | 908 588 | 494 723 | 108 | 40 | |
| | 30 | 586 546 | 411 | 091 931 | 519 | 908 069 | 494 615 | 108 | 30 | |
| | 40 | 586 957 | 411 | 092 450 | 519 | 907 550 | 494 507 | 108 | 20 | |
| | 50 | 587 369 | 412 | 092 969 | 519 | 907 031 | 494 399 | 108 | 10 | |
| 7 | 0 | 587 780 | 411 | 093 488 | 519 | 906 512 | 494 292 | 107 | 0 | 53 |
| | 10 | 588 191 | 411 | 094 007 | 519 | 905 993 | 494 184 | 108 | 50 | |
| | 20 | 588 602 | 411 | 094 526 | 519 | 905 474 | 494 076 | 108 | 40 | |
| | 30 | 589 013 | 411 | 095 045 | 519 | 904 955 | 493 968 | 108 | 30 | |
| | 40 | 589 424 | 411 | 095 564 | 519 | 904 436 | 493 860 | 108 | 20 | |
| | 50 | 589 835 | 411 | 096 083 | 519 | 903 917 | 493 752 | 108 | 10 | |
| 8 | 0 | 590 246 | 411 | 096 601 | 518 | 903 399 | 493 645 | 107 | 0 | 52 |
| | 10 | 590 657 | 411 | 097 120 | 519 | 902 880 | 493 537 | 108 | 50 | |
| | 20 | 591 068 | 411 | 097 639 | 519 | 902 361 | 493 429 | 108 | 40 | |
| | 30 | 591 478 | 410 | 098 158 | 519 | 901 842 | 493 321 | 108 | 30 | |
| | 40 | 591 889 | 411 | 098 676 | 518 | 901 324 | 493 213 | 108 | 20 | |
| | 50 | 592 300 | 411 | 099 195 | 519 | 900 805 | 493 105 | 108 | 10 | |
| 9 | 0 | 592 710 | 410 | 099 713 | 518 | 900 287 | 492 997 | 108 | 0 | 51 |
| | 10 | 593 121 | 411 | 100 232 | 519 | 899 768 | 492 889 | 108 | 50 | |
| | 20 | 593 531 | 410 | 100 750 | 518 | 899 250 | 492 781 | 108 | 40 | |
| | 30 | 593 942 | 411 | 101 269 | 519 | 898 731 | 492 673 | 108 | 30 | |
| | 40 | 594 352 | 410 | 101 787 | 518 | 898 213 | 492 565 | 108 | 20 | |
| | 50 | 594 762 | 410 | 102 306 | 519 | 897 694 | 492 457 | 108 | 10 | |
| 10 | 0 | $\bar{1}$,6 595 173 | 411 | $\bar{1}$,7 102 824 | 518 | 0,2 897 176 | $\bar{1}$,9 492 349 | 108 | 0 | 50 |
| ′ | ″ | Cos. | | Cotg. | | Tang. | Sin. | | ″ | ′ |

| ′ | ″ | Sin. | D. | Tang. | D.c. | Cotg. | Cos. | D. | ″ | ′ |
|---|---|---|---|---|---|---|---|---|---|---|
| 10 | 0 | 1̄,6 595 173 | 410 | 1̄,7 102 824 | 518 | 0,2 897 176 | 1̄,9 492 349 | 108 | 0 | 50 |
| | 10 | 595 583 | 410 | 103 342 | 519 | 896 658 | 492 241 | 108 | 50 | |
| | 20 | 595 993 | 410 | 103 861 | 518 | 896 139 | 492 133 | 108 | 40 | |
| | 30 | 596 403 | 410 | 104 379 | 518 | 895 621 | 492 025 | 109 | 30 | |
| | 40 | 596 813 | 410 | 104 897 | 518 | 895 103 | 491 916 | 108 | 20 | |
| | 50 | 597 223 | 410 | 105 415 | 518 | 894 585 | 491 808 | 108 | 10 | |
| 11 | 0 | 597 633 | 410 | 105 933 | 518 | 894 067 | 491 700 | 108 | 0 | 49 |
| | 10 | 598 043 | 410 | 106 451 | 518 | 893 549 | 491 592 | 108 | 50 | |
| | 20 | 598 453 | 410 | 106 969 | 518 | 893 031 | 491 484 | 108 | 40 | |
| | 30 | 598 863 | 410 | 107 487 | 518 | 892 513 | 491 376 | 108 | 30 | |
| | 40 | 599 273 | 410 | 108 005 | 518 | 891 995 | 491 268 | 109 | 20 | |
| | 50 | 599 683 | 410 | 108 523 | 518 | 891 477 | 491 159 | 108 | 10 | |
| 12 | 0 | 600 093 | 409 | 109 041 | 518 | 890 959 | 491 051 | 108 | 0 | 48 |
| | 10 | 600 502 | 410 | 109 559 | 518 | 890 441 | 490 943 | 108 | 50 | |
| | 20 | 600 912 | 409 | 110 077 | 518 | 889 923 | 490 835 | 108 | 40 | |
| | 30 | 601 321 | 410 | 110 595 | 518 | 889 405 | 490 727 | 109 | 30 | |
| | 40 | 601 731 | 409 | 111 113 | 517 | 888 887 | 490 618 | 108 | 20 | |
| | 50 | 602 140 | 410 | 111 630 | 518 | 888 370 | 490 510 | 108 | 10 | |
| 13 | 0 | 602 550 | 409 | 112 148 | 518 | 887 852 | 490 402 | 109 | 0 | 47 |
| | 10 | 602 959 | 409 | 112 666 | 517 | 887 334 | 490 293 | 108 | 50 | |
| | 20 | 603 368 | 410 | 113 183 | 518 | 886 817 | 490 185 | 108 | 40 | |
| | 30 | 603 778 | 409 | 113 701 | 518 | 886 299 | 490 077 | 109 | 30 | |
| | 40 | 604 187 | 409 | 114 219 | 517 | 885 781 | 489 968 | 108 | 20 | |
| | 50 | 604 596 | 409 | 114 736 | 518 | 885 264 | 489 860 | 108 | 10 | |
| 14 | 0 | 605 005 | 409 | 115 254 | 517 | 884 746 | 489 752 | 109 | 0 | 46 |
| | 10 | 605 414 | 409 | 115 771 | 517 | 884 229 | 489 643 | 108 | 50 | |
| | 20 | 605 823 | 409 | 116 288 | 518 | 883 712 | 489 535 | 108 | 40 | |
| | 30 | 606 232 | 409 | 116 806 | 517 | 883 194 | 489 427 | 109 | 30 | |
| | 40 | 606 641 | 409 | 117 323 | 517 | 882 677 | 489 318 | 108 | 20 | |
| | 50 | 607 050 | 409 | 117 840 | 518 | 882 160 | 489 210 | 109 | 10 | |
| 15 | 0 | 607 459 | 409 | 118 358 | 517 | 881 642 | 489 101 | 108 | 0 | 45 |
| | 10 | 607 868 | 409 | 118 875 | 517 | 881 125 | 488 993 | 109 | 50 | |
| | 20 | 608 277 | 408 | 119 392 | 517 | 880 608 | 488 884 | 108 | 40 | |
| | 30 | 608 685 | 409 | 119 909 | 517 | 880 091 | 488 776 | 109 | 30 | |
| | 40 | 609 094 | 408 | 120 426 | 517 | 879 574 | 488 667 | 108 | 20 | |
| | 50 | 609 502 | 409 | 120 943 | 518 | 879 057 | 488 559 | 109 | 10 | |
| 16 | 0 | 609 911 | 409 | 121 461 | 517 | 878 539 | 488 450 | 108 | 0 | 44 |
| | 10 | 610 320 | 408 | 121 978 | 517 | 878 022 | 488 342 | 109 | 50 | |
| | 20 | 610 728 | 408 | 122 495 | 517 | 877 505 | 488 233 | 108 | 40 | |
| | 30 | 611 136 | 409 | 123 012 | 516 | 876 988 | 488 125 | 109 | 30 | |
| | 40 | 611 545 | 408 | 123 528 | 517 | 876 472 | 488 016 | 108 | 20 | |
| | 50 | 611 953 | 408 | 124 045 | 517 | 875 955 | 487 908 | 109 | 10 | |
| 17 | 0 | 612 361 | 408 | 124 562 | 517 | 875 438 | 487 799 | 108 | 0 | 43 |
| | 10 | 612 769 | 409 | 125 079 | 517 | 874 921 | 487 691 | 109 | 50 | |
| | 20 | 613 178 | 408 | 125 596 | 516 | 874 404 | 487 582 | 109 | 40 | |
| | 30 | 613 586 | 408 | 126 112 | 517 | 873 888 | 487 473 | 108 | 30 | |
| | 40 | 613 994 | 408 | 126 629 | 517 | 873 371 | 487 365 | 109 | 20 | |
| | 50 | 614 402 | 408 | 127 146 | 516 | 872 854 | 487 256 | 109 | 10 | |
| 18 | 0 | 614 810 | 408 | 127 662 | 517 | 872 338 | 487 147 | 108 | 0 | 42 |
| | 10 | 615 218 | 408 | 128 179 | 517 | 871 821 | 487 039 | 109 | 50 | |
| | 20 | 615 626 | 407 | 128 696 | 516 | 871 304 | 486 930 | 109 | 40 | |
| | 30 | 616 033 | 408 | 129 212 | 517 | 870 788 | 486 821 | 108 | 30 | |
| | 40 | 616 441 | 408 | 129 729 | 516 | 870 271 | 486 713 | 109 | 20 | |
| | 50 | 616 849 | 408 | 130 245 | 516 | 869 755 | 486 604 | 109 | 10 | |
| 19 | 0 | 617 257 | 407 | 130 761 | 517 | 869 239 | 486 495 | 109 | 0 | 41 |
| | 10 | 617 664 | 408 | 131 278 | 516 | 868 722 | 486 386 | 108 | 50 | |
| | 20 | 618 072 | 407 | 131 794 | 517 | 868 206 | 486 278 | 109 | 40 | |
| | 30 | 618 479 | 408 | 132 311 | 516 | 867 689 | 486 169 | 109 | 30 | |
| | 40 | 618 887 | 407 | 132 827 | 516 | 867 173 | 486 060 | 109 | 20 | |
| | 50 | 619 294 | 408 | 133 343 | 516 | 866 657 | 485 951 | 109 | 10 | |
| 20 | 0 | 1̄,6 619 702 | | 1̄,7 133 859 | | 0,2 866 141 | 1̄,9 485 842 | | 0 | 40 |
| ′ | ″ | Cos. | | Cotg. | | Tang. | Sin. | | ″ | ′ |

62°

| | 518 | 517 | 516 | 410 | 409 | 408 | 407 | 109 |
|---|---|---|---|---|---|---|---|---|
| 1 | 51,8 | 51,7 | 51,6 | 41 | 40,9 | 40,8 | 40,7 | 10,9 |
| 2 | 103,6 | 103,4 | 103,2 | 82 | 81,8 | 81,6 | 81,4 | 21,8 |
| 3 | 155,4 | 155,1 | 154,8 | 123 | 122,7 | 122,4 | 122,1 | 32,7 |
| 4 | 207,2 | 206,8 | 206,4 | 164 | 163,6 | 163,2 | 162,8 | 43,6 |
| 5 | 259,0 | 258,5 | 258,0 | 205 | 204,5 | 204,0 | 203,5 | 54,5 |
| 6 | 310,8 | 310,2 | 309,6 | 246 | 245,4 | 244,8 | 244,2 | 65,4 |
| 7 | 362,6 | 361,9 | 361,2 | 287 | 286,3 | 285,6 | 284,9 | 76,3 |
| 8 | 414,4 | 413,6 | 412,8 | 328 | 327,2 | 326,4 | 325,6 | 87,2 |
| 9 | 466,2 | 465,3 | 464,4 | 369 | 368,1 | 367,2 | 366,3 | 98,1 |

| | 516 | 515 | 514 | 407 | 406 | 405 | 404 | 109 |
|---|---|---|---|---|---|---|---|---|
| 1 | 51,6 | 51,5 | 51,4 | 40,7 | 40,6 | 40,5 | 40,4 | 10,9 |
| 2 | 103,2 | 103,0 | 102,8 | 81,4 | 81,2 | 81,0 | 80,8 | 21,8 |
| 3 | 154,8 | 154,5 | 154,2 | 122,1 | 121,8 | 121,5 | 121,2 | 32,7 |
| 4 | 206,4 | 206,0 | 205,6 | 162,8 | 162,4 | 162,0 | 161,6 | 43,6 |
| 5 | 258,0 | 257,5 | 257,0 | 203,5 | 203,0 | 202,5 | 202,0 | 54,5 |
| 6 | 309,6 | 309,0 | 308,4 | 244,2 | 243,6 | 243,0 | 242,4 | 65,4 |
| 7 | 361,2 | 360,5 | 359,8 | 284,9 | 284,2 | 283,5 | 282,8 | 76,3 |
| 8 | 412,8 | 412,0 | 411,2 | 325,6 | 324,8 | 324,0 | 323,2 | 87,2 |
| 9 | 464,4 | 463,5 | 462,6 | 366,3 | 365,4 | 364,5 | 363,6 | 98,1 |

| ′ | ″ | Sin. | D. | Tang. | D.c. | Cotg. | Cos. | D. | ″ | ′ |
|---|---|---|---|---|---|---|---|---|---|---|
| 20 | 0 | $\bar{1}$,6 619 702 | | $\bar{1}$,7 133 859 | | 0,2 866 141 | $\bar{1}$,9 485 842 | | 0 | 40 |
| | 10 | 620 109 | 407 | 134 375 | 516 | 865 625 | 485 733 | 109 | 50 | |
| | 20 | 620 516 | 407 | 134 892 | 517 | 865 108 | 485 625 | 108 | 40 | |
| | 30 | 620 923 | 407 | 135 408 | 516 | 864 592 | 485 516 | 109 | 30 | |
| | 40 | 621 331 | 408 | 135 924 | 516 | 864 076 | 485 407 | 109 | 20 | |
| | 50 | 621 738 | 407 | 136 440 | 516 | 863 560 | 485 298 | 109 | 10 | |
| 21 | 0 | 622 145 | 407 | 136 956 | 516 | 863 044 | 485 189 | 109 | 0 | 39 |
| | 10 | 622 552 | 407 | 137 472 | 516 | 862 528 | 485 080 | 109 | 50 | |
| | 20 | 622 959 | 407 | 137 988 | 516 | 862 012 | 484 971 | 109 | 40 | |
| | 30 | 623 366 | 407 | 138 503 | 515 | 861 497 | 484 862 | 109 | 30 | |
| | 40 | 623 773 | 407 | 139 019 | 516 | 860 981 | 484 753 | 109 | 20 | |
| | 50 | 624 179 | 406 | 139 535 | 516 | 860 465 | 484 644 | 109 | 10 | |
| 22 | 0 | 624 586 | 407 | 140 051 | 516 | 859 949 | 484 535 | 109 | 0 | 38 |
| | 10 | 624 993 | 407 | 140 567 | 516 | 859 433 | 484 426 | 109 | 50 | |
| | 20 | 625 400 | 407 | 141 082 | 515 | 858 918 | 484 317 | 109 | 40 | |
| | 30 | 625 806 | 406 | 141 598 | 516 | 858 402 | 484 208 | 109 | 30 | |
| | 40 | 626 213 | 407 | 142 114 | 516 | 857 886 | 484 099 | 109 | 20 | |
| | 50 | 626 620 | 407 | 142 629 | 515 | 857 371 | 483 990 | 109 | 10 | |
| 23 | 0 | 627 026 | 406 | 143 145 | 516 | 856 855 | 483 881 | 109 | 0 | 37 |
| | 10 | 627 433 | 407 | 143 660 | 515 | 856 340 | 483 772 | 109 | 50 | |
| | 20 | 627 839 | 406 | 144 176 | 516 | 855 824 | 483 663 | 109 | 40 | |
| | 30 | 628 245 | 406 | 144 691 | 515 | 855 309 | 483 554 | 109 | 30 | |
| | 40 | 628 652 | 407 | 145 207 | 516 | 854 793 | 483 445 | 109 | 20 | |
| | 50 | 629 058 | 406 | 145 722 | 515 | 854 278 | 483 336 | 109 | 10 | |
| 24 | 0 | 629 464 | 406 | 146 237 | 515 | 853 763 | 483 227 | 109 | 0 | 36 |
| | 10 | 629 870 | 406 | 146 753 | 516 | 853 247 | 483 118 | 109 | 50 | |
| | 20 | 630 276 | 406 | 147 268 | 515 | 852 732 | 483 008 | 110 | 40 | |
| | 30 | 630 682 | 406 | 147 783 | 515 | 852 217 | 482 899 | 109 | 30 | |
| | 40 | 631 089 | 407 | 148 299 | 516 | 851 701 | 482 790 | 109 | 20 | |
| | 50 | 631 494 | 405 | 148 814 | 515 | 851 186 | 482 681 | 109 | 10 | |
| 25 | 0 | 631 900 | 406 | 149 329 | 515 | 850 671 | 482 572 | 109 | 0 | 35 |
| | 10 | 632 306 | 406 | 149 844 | 515 | 850 156 | 482 462 | 110 | 50 | |
| | 20 | 632 712 | 406 | 150 359 | 515 | 849 641 | 482 353 | 109 | 40 | |
| | 30 | 633 118 | 406 | 150 874 | 515 | 849 126 | 482 244 | 109 | 30 | |
| | 40 | 633 524 | 406 | 151 389 | 515 | 848 611 | 482 135 | 109 | 20 | |
| | 50 | 633 929 | 405 | 151 904 | 515 | 848 096 | 482 025 | 110 | 10 | |
| 26 | 0 | 634 335 | 406 | 152 419 | 515 | 847 581 | 481 916 | 109 | 0 | 34 |
| | 10 | 634 741 | 406 | 152 934 | 515 | 847 066 | 481 807 | 109 | 50 | |
| | 20 | 635 146 | 405 | 153 449 | 515 | 846 551 | 481 697 | 110 | 40 | |
| | 30 | 635 552 | 406 | 153 964 | 515 | 846 036 | 481 588 | 109 | 30 | |
| | 40 | 635 957 | 405 | 154 478 | 514 | 845 522 | 481 479 | 109 | 20 | |
| | 50 | 636 362 | 405 | 154 993 | 515 | 845 007 | 481 369 | 110 | 10 | |
| 27 | 0 | 636 768 | 406 | 155 508 | 515 | 844 492 | 481 260 | 109 | 0 | 33 |
| | 10 | 637 173 | 405 | 156 022 | 514 | 843 978 | 481 151 | 109 | 50 | |
| | 20 | 637 578 | 405 | 156 537 | 515 | 843 463 | 481 041 | 110 | 40 | |
| | 30 | 637 984 | 406 | 157 052 | 515 | 842 948 | 480 932 | 109 | 30 | |
| | 40 | 638 389 | 405 | 157 566 | 514 | 842 434 | 480 822 | 110 | 20 | |
| | 50 | 638 794 | 405 | 158 081 | 515 | 841 919 | 480 713 | 109 | 10 | |
| 28 | 0 | 639 199 | 405 | 158 595 | 514 | 841 405 | 480 604 | 109 | 0 | 32 |
| | 10 | 639 604 | 405 | 159 110 | 515 | 840 890 | 480 494 | 110 | 50 | |
| | 20 | 640 009 | 405 | 159 624 | 514 | 840 376 | 480 385 | 109 | 40 | |
| | 30 | 640 414 | 405 | 160 139 | 515 | 839 861 | 480 275 | 110 | 30 | |
| | 40 | 640 819 | 405 | 160 653 | 514 | 839 347 | 480 166 | 109 | 20 | |
| | 50 | 641 224 | 405 | 161 167 | 514 | 838 833 | 480 056 | 110 | 10 | |
| 29 | 0 | 641 628 | 404 | 161 682 | 515 | 838 318 | 479 947 | 109 | 0 | 31 |
| | 10 | 642 033 | 405 | 162 196 | 514 | 837 804 | 479 837 | 110 | 50 | |
| | 20 | 642 438 | 405 | 162 710 | 514 | 837 290 | 479 728 | 109 | 40 | |
| | 30 | 642 842 | 404 | 163 224 | 514 | 836 776 | 479 618 | 110 | 30 | |
| | 40 | 643 247 | 405 | 163 739 | 515 | 836 261 | 479 508 | 110 | 20 | |
| | 50 | 643 652 | 405 | 164 253 | 514 | 835 747 | 479 399 | 109 | 10 | |
| 30 | 0 | $\bar{1}$,6 644 056 | 404 | $\bar{1}$,7 164 767 | 514 | 0,2 835 233 | $\bar{1}$,9 479 289 | 110 | 0 | 30 |
| ′ | ″ | Cos. | | Cotg. | | Tang. | Sin. | | ″ | ′ |

| ′ | ″ | Sin. | D. | Tang. | D.c. | Cotg. | Cos. | D. | ″ | ′ |
|---|---|---|---|---|---|---|---|---|---|---|
| 30 | 0 | $\bar{1}$,6 644 056 | 404 | $\bar{1}$,7 164 767 | 514 | 0,2 835 233 | $\bar{1}$,9 479 289 | 109 | 0 | 30 |
| | 10 | 644 460 | 405 | 165 281 | 514 | 834 719 | 479 180 | 110 | 50 | |
| | 20 | 644 865 | 404 | 165 795 | 514 | 834 205 | 479 070 | 110 | 40 | |
| | 30 | 645 269 | 404 | 166 309 | 514 | 833 691 | 478 960 | 109 | 30 | |
| | 40 | 645 673 | 405 | 166 823 | 514 | 833 177 | 478 851 | 110 | 20 | |
| | 50 | 646 078 | 404 | 167 337 | 514 | 832 663 | 478 741 | 110 | 10 | |
| 31 | 0 | 646 482 | 404 | 167 851 | 513 | 832 149 | 478 631 | 109 | 0 | 29 |
| | 10 | 646 886 | 404 | 168 364 | 514 | 831 636 | 478 522 | 110 | 50 | |
| | 20 | 647 290 | 404 | 168 878 | 514 | 831 122 | 478 412 | 110 | 40 | |
| | 30 | 647 694 | 404 | 169 392 | 514 | 830 608 | 478 302 | 109 | 30 | |
| | 40 | 648 098 | 404 | 169 906 | 513 | 830 094 | 478 193 | 110 | 20 | |
| | 50 | 648 502 | 404 | 170 419 | 514 | 829 581 | 478 083 | 110 | 10 | |
| 32 | 0 | 648 906 | 404 | 170 933 | 514 | 829 067 | 477 973 | 110 | 0 | 28 |
| | 10 | 649 310 | 404 | 171 447 | 513 | 828 553 | 477 863 | 110 | 50 | |
| | 20 | 649 714 | 404 | 171 960 | 514 | 828 040 | 477 753 | 109 | 40 | |
| | 30 | 650 118 | 403 | 172 474 | 513 | 827 526 | 477 644 | 110 | 30 | |
| | 40 | 650 521 | 404 | 172 987 | 514 | 827 013 | 477 534 | 110 | 20 | |
| | 50 | 650 925 | 404 | 173 501 | 513 | 826 499 | 477 424 | 110 | 10 | |
| 33 | 0 | 651 329 | 403 | 174 014 | 514 | 825 986 | 477 314 | 110 | 0 | 27 |
| | 10 | 651 732 | 404 | 174 528 | 513 | 825 472 | 477 204 | 109 | 50 | |
| | 20 | 652 136 | 403 | 175 041 | 514 | 824 959 | 477 095 | 110 | 40 | |
| | 30 | 652 539 | 404 | 175 555 | 513 | 824 445 | 476 985 | 110 | 30 | |
| | 40 | 652 943 | 403 | 176 068 | 513 | 823 932 | 476 875 | 110 | 20 | |
| | 50 | 653 346 | 403 | 176 581 | 513 | 823 419 | 476 765 | 110 | 10 | |
| 34 | 0 | 653 749 | 404 | 177 094 | 514 | 822 906 | 476 655 | 110 | 0 | 26 |
| | 10 | 654 153 | 403 | 177 608 | 513 | 822 392 | 476 545 | 110 | 50 | |
| | 20 | 654 556 | 403 | 178 121 | 513 | 821 879 | 476 435 | 110 | 40 | |
| | 30 | 654 959 | 403 | 178 634 | 513 | 821 366 | 476 325 | 110 | 30 | |
| | 40 | 655 362 | 403 | 179 147 | 513 | 820 853 | 476 215 | 110 | 20 | |
| | 50 | 655 765 | 403 | 179 660 | 513 | 820 340 | 476 105 | 110 | 10 | |
| 35 | 0 | 656 168 | 403 | 180 173 | 513 | 819 827 | 475 995 | 110 | 0 | 25 |
| | 10 | 656 571 | 403 | 180 686 | 513 | 819 314 | 475 885 | 110 | 50 | |
| | 20 | 656 974 | 403 | 181 199 | 513 | 818 801 | 475 775 | 110 | 40 | |
| | 30 | 657 377 | 403 | 181 712 | 513 | 818 288 | 475 665 | 110 | 30 | |
| | 40 | 657 780 | 403 | 182 225 | 513 | 817 775 | 475 555 | 110 | 20 | |
| | 50 | 658 183 | 403 | 182 738 | 513 | 817 262 | 475 445 | 110 | 10 | |
| 36 | 0 | 658 586 | 403 | 183 251 | 513 | 816 749 | 475 335 | 110 | 0 | 24 |
| | 10 | 658 989 | 402 | 183 764 | 512 | 816 236 | 475 225 | 110 | 50 | |
| | 20 | 659 391 | 403 | 184 276 | 513 | 815 724 | 475 115 | 110 | 40 | |
| | 30 | 659 794 | 402 | 184 789 | 513 | 815 211 | 475 005 | 110 | 30 | |
| | 40 | 660 196 | 403 | 185 302 | 513 | 814 698 | 474 895 | 111 | 20 | |
| | 50 | 660 599 | 402 | 185 815 | 512 | 814 185 | 474 784 | 110 | 10 | |
| 37 | 0 | 661 001 | 403 | 186 327 | 513 | 813 673 | 474 674 | 110 | 0 | 23 |
| | 10 | 661 404 | 402 | 186 840 | 512 | 813 160 | 474 564 | 110 | 50 | |
| | 20 | 661 806 | 403 | 187 352 | 513 | 812 648 | 474 454 | 110 | 40 | |
| | 30 | 662 209 | 402 | 187 865 | 512 | 812 135 | 474 344 | 110 | 30 | |
| | 40 | 662 611 | 402 | 188 377 | 513 | 811 623 | 474 234 | 111 | 20 | |
| | 50 | 663 013 | 402 | 188 890 | 512 | 811 110 | 474 123 | 110 | 10 | |
| 38 | 0 | 663 415 | 403 | 189 402 | 513 | 810 598 | 474 013 | 110 | 0 | 22 |
| | 10 | 663 818 | 402 | 189 915 | 512 | 810 085 | 473 903 | 110 | 50 | |
| | 20 | 664 220 | 402 | 190 427 | 512 | 809 573 | 473 793 | 111 | 40 | |
| | 30 | 664 622 | 402 | 190 939 | 513 | 809 061 | 473 682 | 110 | 30 | |
| | 40 | 665 024 | 402 | 191 452 | 512 | 808 548 | 473 572 | 110 | 20 | |
| | 50 | 665 426 | 402 | 191 964 | 512 | 808 036 | 473 462 | 110 | 10 | |
| 39 | 0 | 665 828 | 401 | 192 476 | 512 | 807 524 | 473 352 | 111 | 0 | 21 |
| | 10 | 666 229 | 402 | 192 988 | 512 | 807 012 | 473 241 | 110 | 50 | |
| | 20 | 666 631 | 402 | 193 500 | 513 | 806 500 | 473 131 | 110 | 40 | |
| | 30 | 667 033 | 402 | 194 013 | 512 | 805 987 | 473 021 | 111 | 30 | |
| | 40 | 667 435 | 401 | 194 525 | 512 | 805 475 | 472 910 | 110 | 20 | |
| | 50 | 667 836 | 402 | 195 037 | 512 | 804 963 | 472 800 | 111 | 10 | |
| 40 | 0 | $\bar{1}$,6 668 238 | | $\bar{1}$,7 195 549 | | 0,2 804 451 | $\bar{1}$,9 472 689 | | 0 | 20 |
| ′ | ″ | Cos. | | Cotg. | | Tang. | Sin. | | ″ | ′ |

| | 514 | 513 | 512 | 404 | 403 | 402 | 401 | 110 |
|---|---|---|---|---|---|---|---|---|
| 1 | 51,4 | 51,3 | 51,2 | 40,4 | 40,3 | 40,2 | 40,1 | 11 |
| 2 | 102,8 | 102,6 | 102,4 | 80,8 | 80,6 | 80,4 | 80,2 | 22 |
| 3 | 154,2 | 153,9 | 153,6 | 121,2 | 120,9 | 120,6 | 120,3 | 33 |
| 4 | 205,6 | 205,2 | 204,8 | 161,6 | 161,2 | 160,8 | 160,4 | 44 |
| 5 | 257,0 | 256,5 | 256,0 | 202,0 | 201,5 | 201,0 | 200,5 | 55 |
| 6 | 308,4 | 307,8 | 307,2 | 242,4 | 241,8 | 241,2 | 240,6 | 66 |
| 7 | 359,8 | 359,1 | 358,4 | 282,8 | 282,1 | 281,4 | 280,7 | 77 |
| 8 | 411,2 | 410,4 | 409,6 | 323,2 | 322,4 | 321,6 | 320,8 | 88 |
| 9 | 462,6 | 461,7 | 460,8 | 363,6 | 362,7 | 361,8 | 360,9 | 99 |

| 512 | |
|---|---|
| 1 | 51,2 |
| 2 | 102,4 |
| 3 | 153,6 |
| 4 | 204,8 |
| 5 | 256,0 |
| 6 | 307,2 |
| 7 | 358,4 |
| 8 | 409,6 |
| 9 | 460,8 |

| 511 | |
|---|---|
| 1 | 51,1 |
| 2 | 102,2 |
| 3 | 153,3 |
| 4 | 204,4 |
| 5 | 255,5 |
| 6 | 306,6 |
| 7 | 357,7 |
| 8 | 408,8 |
| 9 | 459,9 |

| 510 | |
|---|---|
| 1 | 51 |
| 2 | 102 |
| 3 | 153 |
| 4 | 204 |
| 5 | 255 |
| 6 | 306 |
| 7 | 357 |
| 8 | 408 |
| 9 | 459 |

| 402 | |
|---|---|
| 1 | 40,2 |
| 2 | 80,4 |
| 3 | 120,6 |
| 4 | 160,8 |
| 5 | 201,0 |
| 6 | 241,2 |
| 7 | 281,4 |
| 8 | 321,6 |
| 9 | 361,8 |

| 401 | |
|---|---|
| 1 | 40,1 |
| 2 | 80,2 |
| 3 | 120,3 |
| 4 | 160,4 |
| 5 | 200,5 |
| 6 | 240,6 |
| 7 | 280,7 |
| 8 | 320,8 |
| 9 | 360,9 |

| 400 | |
|---|---|
| 1 | 40 |
| 2 | 80 |
| 3 | 120 |
| 4 | 160 |
| 5 | 200 |
| 6 | 240 |
| 7 | 280 |
| 8 | 320 |
| 9 | 360 |

| 399 | |
|---|---|
| 1 | 39,9 |
| 2 | 79,8 |
| 3 | 119,7 |
| 4 | 159,6 |
| 5 | 199,5 |
| 6 | 239,4 |
| 7 | 279,3 |
| 8 | 319,2 |
| 9 | 359,1 |

| 111 | |
|---|---|
| 1 | 11,1 |
| 2 | 22,2 |
| 3 | 33,3 |
| 4 | 44,4 |
| 5 | 55,5 |
| 6 | 66,6 |
| 7 | 77,7 |
| 8 | 88,8 |
| 9 | 99,9 |

| ′ | ″ | Sin. | D. | Tang. | D. c. | Cotg. | Cos. | D. | ″ | ′ |
|---|---|---|---|---|---|---|---|---|---|---|
| 40 | 0 | 1̄,6 668 238 | | 1̄,7 195 549 | | 0,2 804 451 | 1̄,9 472 689 | | 0 | 20 |
| | 10 | 668 640 | 402 | 196 061 | 512 | 803 939 | 472 579 | 110 | 50 | |
| | 20 | 669 041 | 401 | 196 573 | 512 | 803 427 | 472 469 | 110 | 40 | |
| | 30 | 669 443 | 402 | 197 084 | 511 | 802 916 | 472 358 | 111 | 30 | |
| | 40 | 669 844 | 401 | 197 596 | 512 | 802 404 | 472 248 | 110 | 20 | |
| | 50 | 670 246 | 402 | 198 108 | 512 | 801 892 | 472 137 | 111 | 10 | |
| 41 | 0 | 670 647 | 401 | 198 620 | 512 | 801 380 | 472 027 | 110 | 0 | 19 |
| | 10 | 671 048 | 401 | 199 132 | 512 | 800 868 | 471 916 | 111 | 50 | |
| | 20 | 671 449 | 401 | 199 644 | 512 | 800 356 | 471 806 | 110 | 40 | |
| | 30 | 671 851 | 402 | 200 155 | 511 | 799 845 | 471 695 | 111 | 30 | |
| | 40 | 672 252 | 401 | 200 667 | 512 | 799 333 | 471 585 | 110 | 20 | |
| | 50 | 672 653 | 401 | 201 179 | 512 | 798 821 | 471 474 | 111 | 10 | |
| 42 | 0 | 673 054 | 401 | 201 690 | 511 | 798 310 | 471 364 | 110 | 0 | 18 |
| | 10 | 673 455 | 401 | 202 202 | 512 | 797 798 | 471 253 | 111 | 50 | |
| | 20 | 673 856 | 401 | 202 713 | 511 | 797 287 | 471 143 | 110 | 40 | |
| | 30 | 674 257 | 401 | 203 225 | 512 | 796 775 | 471 032 | 111 | 30 | |
| | 40 | 674 658 | 401 | 203 736 | 511 | 796 264 | 470 922 | 110 | 20 | |
| | 50 | 675 059 | 401 | 204 248 | 512 | 795 752 | 470 811 | 111 | 10 | |
| 43 | 0 | 675 459 | 400 | 204 759 | 511 | 795 241 | 470 700 | 111 | 0 | 17 |
| | 10 | 675 860 | 401 | 205 270 | 511 | 794 730 | 470 590 | 110 | 50 | |
| | 20 | 676 261 | 401 | 205 782 | 512 | 794 218 | 470 479 | 111 | 40 | |
| | 30 | 676 662 | 401 | 206 293 | 511 | 793 707 | 470 369 | 110 | 30 | |
| | 40 | 677 062 | 400 | 206 804 | 511 | 793 196 | 470 258 | 111 | 20 | |
| | 50 | 677 463 | 401 | 207 315 | 511 | 792 685 | 470 147 | 111 | 10 | |
| 44 | 0 | 677 863 | 400 | 207 827 | 512 | 792 173 | 470 036 | 111 | 0 | 16 |
| | 10 | 678 264 | 401 | 208 338 | 511 | 791 662 | 469 926 | 110 | 50 | |
| | 20 | 678 664 | 400 | 208 849 | 511 | 791 151 | 469 815 | 111 | 40 | |
| | 30 | 679 064 | 400 | 209 360 | 511 | 790 640 | 469 704 | 111 | 30 | |
| | 40 | 679 465 | 401 | 209 871 | 511 | 790 129 | 469 594 | 110 | 20 | |
| | 50 | 679 865 | 400 | 210 382 | 511 | 789 618 | 469 483 | 111 | 10 | |
| 45 | 0 | 680 265 | 400 | 210 893 | 511 | 789 107 | 469 372 | 111 | 0 | 15 |
| | 10 | 680 665 | 400 | 211 404 | 511 | 788 596 | 469 261 | 111 | 50 | |
| | 20 | 681 065 | 400 | 211 915 | 511 | 788 085 | 469 150 | 111 | 40 | |
| | 30 | 681 466 | 401 | 212 426 | 511 | 787 574 | 469 040 | 110 | 30 | |
| | 40 | 681 866 | 400 | 212 937 | 511 | 787 063 | 468 929 | 111 | 20 | |
| | 50 | 682 266 | 400 | 213 448 | 511 | 786 552 | 468 818 | 111 | 10 | |
| 46 | 0 | 682 665 | 399 | 213 958 | 510 | 786 042 | 468 707 | 111 | 0 | 14 |
| | 10 | 683 065 | 400 | 214 469 | 511 | 785 531 | 468 596 | 111 | 50 | |
| | 20 | 683 465 | 400 | 214 980 | 511 | 785 020 | 468 485 | 111 | 40 | |
| | 30 | 683 865 | 400 | 215 490 | 510 | 784 510 | 468 375 | 110 | 30 | |
| | 40 | 684 265 | 400 | 216 001 | 511 | 783 999 | 468 264 | 111 | 20 | |
| | 50 | 684 664 | 399 | 216 512 | 511 | 783 488 | 468 153 | 111 | 10 | |
| 47 | 0 | 685 064 | 400 | 217 022 | 510 | 782 978 | 468 042 | 111 | 0 | 13 |
| | 10 | 685 464 | 400 | 217 533 | 511 | 782 467 | 467 931 | 111 | 50 | |
| | 20 | 685 863 | 399 | 218 043 | 510 | 781 957 | 467 820 | 111 | 40 | |
| | 30 | 686 263 | 400 | 218 554 | 511 | 781 446 | 467 709 | 111 | 30 | |
| | 40 | 686 662 | 399 | 219 064 | 510 | 780 936 | 467 598 | 111 | 20 | |
| | 50 | 687 062 | 400 | 219 575 | 511 | 780 425 | 467 487 | 111 | 10 | |
| 48 | 0 | 687 461 | 399 | 220 085 | 510 | 779 915 | 467 376 | 111 | 0 | 12 |
| | 10 | 687 860 | 399 | 220 595 | 510 | 779 405 | 467 265 | 111 | 50 | |
| | 20 | 688 260 | 400 | 221 106 | 511 | 778 894 | 467 154 | 111 | 40 | |
| | 30 | 688 659 | 399 | 221 616 | 510 | 778 384 | 467 043 | 111 | 30 | |
| | 40 | 689 058 | 399 | 222 126 | 510 | 777 874 | 466 932 | 111 | 20 | |
| | 50 | 689 457 | 399 | 222 636 | 510 | 777 364 | 466 821 | 111 | 10 | |
| 49 | 0 | 689 856 | 399 | 223 147 | 511 | 776 853 | 466 710 | 111 | 0 | 11 |
| | 10 | 690 255 | 399 | 223 657 | 510 | 776 343 | 466 599 | 111 | 50 | |
| | 20 | 690 654 | 399 | 224 167 | 510 | 775 833 | 466 487 | 112 | 40 | |
| | 30 | 691 053 | 399 | 224 677 | 510 | 775 323 | 466 376 | 111 | 30 | |
| | 40 | 691 452 | 399 | 225 187 | 510 | 774 813 | 466 265 | 111 | 20 | |
| | 50 | 691 851 | 399 | 225 697 | 510 | 774 303 | 466 154 | 111 | 10 | |
| 50 | 0 | 1̄,6 692 250 | 399 | 1̄,7 226 207 | 510 | 0,2 773 793 | 1̄,9 466 043 | 111 | 0 | 10 |
| ′ | ″ | Cos. | | Cotg. | | Tang. | Sin. | | ″ | ′ |

| ′ | ″ | Sin. | D. | Tang. | D.c. | Cotg. | Cos. | D. | ″ | ′ |
|---|---|---|---|---|---|---|---|---|---|---|
| 50 | 0 | $\bar{1}$,6 692 250 | | $\bar{1}$,7 226 207 | | 0,2 773 793 | $\bar{1}$,9 466 043 | | 0 | 10 |
| | 10 | 692 649 | 399 | 226 717 | 510 | 773 283 | 465 932 | 111 | 50 | |
| | 20 | 693 047 | 398 | 227 227 | 510 | 772 773 | 465 821 | 111 | 40 | |
| | 30 | 693 446 | 399 | 227 737 | 510 | 772 263 | 465 709 | 112 | 30 | |
| | 40 | 693 845 | 399 | 228 246 | 509 | 771 754 | 465 598 | 111 | 20 | |
| | 50 | 694 243 | 398 | 228 756 | 510 | 771 244 | 465 487 | 111 | 10 | |
| 51 | 0 | 694 642 | 399 | 229 266 | 510 | 770 734 | 465 376 | 111 | 0 | 9 |
| | 10 | 695 040 | 398 | 229 776 | 510 | 770 224 | 465 264 | 112 | 50 | |
| | 20 | 695 439 | 399 | 230 285 | 509 | 769 715 | 465 153 | 111 | 40 | |
| | 30 | 695 837 | 398 | 230 795 | 510 | 769 205 | 465 042 | 111 | 30 | |
| | 40 | 696 235 | 398 | 231 305 | 510 | 768 695 | 464 931 | 111 | 20 | |
| | 50 | 696 634 | 399 | 231 814 | 509 | 768 186 | 464 819 | 112 | 10 | |
| 52 | 0 | 697 032 | 398 | 232 324 | 510 | 767 676 | 464 708 | 111 | 0 | 8 |
| | 10 | 697 430 | 398 | 232 833 | 509 | 767 167 | 464 597 | 111 | 50 | |
| | 20 | 697 828 | 398 | 233 343 | 510 | 766 657 | 464 485 | 112 | 40 | |
| | 30 | 698 226 | 398 | 233 852 | 509 | 766 148 | 464 374 | 111 | 30 | |
| | 40 | 698 624 | 398 | 234 362 | 510 | 765 638 | 464 263 | 111 | 20 | |
| | 50 | 699 022 | 398 | 234 871 | 509 | 765 129 | 464 151 | 112 | 10 | |
| 53 | 0 | 699 420 | 398 | 235 381 | 510 | 764 619 | 464 040 | 111 | 0 | 7 |
| | 10 | 699 818 | 398 | 235 890 | 509 | 764 110 | 463 928 | 112 | 50 | |
| | 20 | 700 216 | 398 | 236 399 | 509 | 763 601 | 463 817 | 111 | 40 | |
| | 30 | 700 614 | 398 | 236 909 | 510 | 763 091 | 463 705 | 112 | 30 | |
| | 40 | 701 012 | 398 | 237 418 | 509 | 762 582 | 463 594 | 111 | 20 | |
| | 50 | 701 409 | 397 | 237 927 | 509 | 762 073 | 463 483 | 111 | 10 | |
| 54 | 0 | 701 807 | 398 | 238 436 | 509 | 761 564 | 463 371 | 112 | 0 | 6 |
| | 10 | 702 205 | 398 | 238 945 | 509 | 761 055 | 463 260 | 111 | 50 | |
| | 20 | 702 602 | 397 | 239 454 | 509 | 760 546 | 463 148 | 112 | 40 | |
| | 30 | 703 000 | 398 | 239 963 | 509 | 760 037 | 463 037 | 111 | 30 | |
| | 40 | 703 397 | 397 | 240 472 | 509 | 759 528 | 462 925 | 112 | 20 | |
| | 50 | 703 795 | 398 | 240 981 | 509 | 759 019 | 462 814 | 111 | 10 | |
| 55 | 0 | 704 192 | 397 | 241 490 | 509 | 758 510 | 462 702 | 112 | 0 | 5 |
| | 10 | 704 590 | 398 | 241 999 | 509 | 758 001 | 462 590 | 112 | 50 | |
| | 20 | 704 987 | 397 | 242 508 | 509 | 757 492 | 462 479 | 111 | 40 | |
| | 30 | 705 384 | 397 | 243 017 | 509 | 756 983 | 462 367 | 112 | 30 | |
| | 40 | 705 781 | 397 | 243 526 | 509 | 756 474 | 462 256 | 111 | 20 | |
| | 50 | 706 179 | 398 | 244 035 | 509 | 755 965 | 462 144 | 112 | 10 | |
| 56 | 0 | 706 576 | 397 | 244 543 | 508 | 755 457 | 462 032 | 112 | 0 | 4 |
| | 10 | 706 973 | 397 | 245 052 | 509 | 754 948 | 461 921 | 111 | 50 | |
| | 20 | 707 370 | 397 | 245 561 | 509 | 754 439 | 461 809 | 112 | 40 | |
| | 30 | 707 767 | 397 | 246 069 | 508 | 753 931 | 461 697 | 112 | 30 | |
| | 40 | 708 164 | 397 | 246 578 | 509 | 753 422 | 461 586 | 111 | 20 | |
| | 50 | 708 561 | 397 | 247 087 | 509 | 752 913 | 461 474 | 112 | 10 | |
| 57 | 0 | 708 958 | 397 | 247 595 | 508 | 752 405 | 461 362 | 112 | 0 | 3 |
| | 10 | 709 354 | 396 | 248 104 | 509 | 751 896 | 461 251 | 111 | 50 | |
| | 20 | 709 751 | 397 | 248 612 | 508 | 751 388 | 461 139 | 112 | 40 | |
| | 30 | 710 148 | 397 | 249 121 | 509 | 750 879 | 461 027 | 112 | 30 | |
| | 40 | 710 544 | 396 | 249 629 | 508 | 750 371 | 460 915 | 112 | 20 | |
| | 50 | 710 941 | 397 | 250 138 | 509 | 749 862 | 460 804 | 111 | 10 | |
| 58 | 0 | 711 338 | 397 | 250 646 | 508 | 749 354 | 460 692 | 112 | 0 | 2 |
| | 10 | 711 734 | 396 | 251 154 | 508 | 748 846 | 460 580 | 112 | 50 | |
| | 20 | 712 131 | 397 | 251 663 | 509 | 748 337 | 460 468 | 112 | 40 | |
| | 30 | 712 527 | 396 | 252 171 | 508 | 747 829 | 460 356 | 112 | 30 | |
| | 40 | 712 924 | 397 | 252 679 | 508 | 747 321 | 460 244 | 112 | 20 | |
| | 50 | 713 320 | 396 | 253 187 | 508 | 746 813 | 460 133 | 111 | 10 | |
| 59 | 0 | 713 716 | 396 | 253 695 | 508 | 746 305 | 460 021 | 112 | 0 | 1 |
| | 10 | 714 112 | 396 | 254 204 | 509 | 745 796 | 459 909 | 112 | 50 | |
| | 20 | 714 509 | 397 | 254 712 | 508 | 745 288 | 459 797 | 112 | 40 | |
| | 30 | 714 905 | 396 | 255 220 | 508 | 744 780 | 459 685 | 112 | 30 | |
| | 40 | 715 301 | 396 | 255 728 | 508 | 744 272 | 459 573 | 112 | 20 | |
| | 50 | 715 697 | 396 | 256 236 | 508 | 743 764 | 459 461 | 112 | 10 | |
| 60 | 0 | $\bar{1}$,6 716 093 | 396 | $\bar{1}$,7 256 744 | 508 | 0,2 743 256 | $\bar{1}$,9 459 349 | 112 | 0 | 0 |
| ′ | ″ | Cos. | | Cotg. | | Tang. | Sin. | | ″ | ′ |

| | 510 | 509 | 508 | 399 | 398 | 397 | 396 | 112 |
|---|---|---|---|---|---|---|---|---|
| 1 | 51 | 50,9 | 50,8 | 39,9 | 39,8 | 39,7 | 39,6 | 11,2 |
| 2 | 102 | 101,8 | 101,6 | 79,8 | 79,6 | 79,4 | 79,2 | 22,4 |
| 3 | 153 | 152,7 | 152,4 | 119,7 | 119,4 | 119,1 | 118,8 | 33,6 |
| 4 | 204 | 203,6 | 203,2 | 159,6 | 159,2 | 158,8 | 158,4 | 44,8 |
| 5 | 255 | 254,5 | 254,0 | 199,5 | 199,0 | 198,5 | 198,0 | 56,0 |
| 6 | 306 | 305,4 | 304,8 | 239,4 | 238,8 | 238,2 | 237,6 | 67,2 |
| 7 | 357 | 356,3 | 355,6 | 279,3 | 278,6 | 277,9 | 277,2 | 78,4 |
| 8 | 408 | 407,2 | 406,4 | 319,2 | 318,4 | 317,6 | 316,8 | 89,6 |
| 9 | 459 | 458,1 | 457,2 | 359,1 | 358,2 | 357,3 | 356,4 | 100,8 |

| 508 | |
|---|---|
| 1 | 50,8 |
| 2 | 101,6 |
| 3 | 152,4 |
| 4 | 203,2 |
| 5 | 254,0 |
| 6 | 304,8 |
| 7 | 355,6 |
| 8 | 406,4 |
| 9 | 457,2 |
| **507** | |
| 1 | 50,7 |
| 2 | 101,4 |
| 3 | 152,1 |
| 4 | 202,8 |
| 5 | 253,5 |
| 6 | 304,2 |
| 7 | 354,9 |
| 8 | 405,6 |
| 9 | 456,3 |
| **506** | |
| 1 | 50,6 |
| 2 | 101,2 |
| 3 | 151,8 |
| 4 | 202,4 |
| 5 | 253,0 |
| 6 | 303,6 |
| 7 | 354,2 |
| 8 | 404,8 |
| 9 | 455,4 |
| **396** | |
| 1 | 39,6 |
| 2 | 79,2 |
| 3 | 118,8 |
| 4 | 158,4 |
| 5 | 198,0 |
| 6 | 237,6 |
| 7 | 277,2 |
| 8 | 316,8 |
| 9 | 356,4 |
| **395** | |
| 1 | 39,5 |
| 2 | 79,0 |
| 3 | 118,5 |
| 4 | 158,0 |
| 5 | 197,5 |
| 6 | 237,0 |
| 7 | 276,5 |
| 8 | 316,0 |
| 9 | 355,5 |
| **394** | |
| 1 | 39,4 |
| 2 | 78,8 |
| 3 | 118,2 |
| 4 | 157,6 |
| 5 | 197,0 |
| 6 | 236,4 |
| 7 | 275,8 |
| 8 | 315,2 |
| 9 | 354,6 |
| **393** | |
| 1 | 39,3 |
| 2 | 78,6 |
| 3 | 117,9 |
| 4 | 157,2 |
| 5 | 196,5 |
| 6 | 235,8 |
| 7 | 275,1 |
| 8 | 314,4 |
| 9 | 353,7 |
| **112** | |
| 1 | 11,2 |
| 2 | 22,4 |
| 3 | 33,6 |
| 4 | 44,8 |
| 5 | 56,0 |
| 6 | 67,2 |
| 7 | 78,4 |
| 8 | 89,6 |
| 9 | 100,8 |

| ′ | ″ | Sin. | D. | Tang. | D.c. | Cotg. | Cos. | D. | ″ | ′ |
|---|---|---|---|---|---|---|---|---|---|---|
| 0 | 0 | $\bar{1}$,6 716 093 | 396 | $\bar{1}$,7 256 744 | 508 | 0,2 743 256 | $\bar{1}$,9 459 349 | 112 | 0 | 60 |
| | 10 | 716 489 | 396 | 257 252 | 507 | 742 748 | 459 237 | 112 | 50 | |
| | 20 | 716 885 | 396 | 257 759 | 508 | 742 241 | 459 125 | 112 | 40 | |
| | 30 | 717 281 | 396 | 258 267 | 508 | 741 733 | 459 013 | 112 | 30 | |
| | 40 | 717 677 | 395 | 258 775 | 508 | 741 225 | 458 901 | 112 | 20 | |
| | 50 | 718 072 | 396 | 259 283 | 508 | 740 717 | 458 789 | 112 | 10 | |
| 1 | 0 | 718 468 | 396 | 259 791 | 507 | 740 209 | 458 677 | 112 | 0 | 59 |
| | 10 | 718 864 | 395 | 260 298 | 508 | 739 702 | 458 565 | 112 | 50 | |
| | 20 | 719 259 | 396 | 260 806 | 508 | 739 194 | 458 453 | 112 | 40 | |
| | 30 | 719 655 | 396 | 261 314 | 507 | 738 686 | 458 341 | 112 | 30 | |
| | 40 | 720 051 | 395 | 261 821 | 508 | 738 179 | 458 229 | 112 | 20 | |
| | 50 | 720 446 | 395 | 262 329 | 508 | 737 671 | 458 117 | 112 | 10 | |
| 2 | 0 | 720 841 | 396 | 262 837 | 507 | 737 163 | 458 005 | 112 | 0 | 58 |
| | 10 | 721 237 | 395 | 263 344 | 508 | 736 656 | 457 893 | 112 | 50 | |
| | 20 | 721 632 | 396 | 263 852 | 507 | 736 148 | 457 781 | 112 | 40 | |
| | 30 | 722 028 | 395 | 264 359 | 507 | 735 641 | 457 669 | 113 | 30 | |
| | 40 | 722 423 | 395 | 264 866 | 508 | 735 134 | 457 556 | 112 | 20 | |
| | 50 | 722 818 | 395 | 265 374 | 507 | 734 626 | 457 444 | 112 | 10 | |
| 3 | 0 | 723 213 | 395 | 265 881 | 508 | 734 119 | 457 332 | 112 | 0 | 57 |
| | 10 | 723 608 | 395 | 266 389 | 507 | 733 611 | 457 220 | 112 | 50 | |
| | 20 | 724 003 | 396 | 266 896 | 507 | 733 104 | 457 108 | 113 | 40 | |
| | 30 | 724 399 | 395 | 267 403 | 507 | 732 597 | 456 995 | 112 | 30 | |
| | 40 | 724 794 | 394 | 267 910 | 508 | 732 090 | 456 883 | 112 | 20 | |
| | 50 | 725 188 | 395 | 268 418 | 507 | 731 582 | 456 771 | 112 | 10 | |
| 4 | 0 | 725 583 | 395 | 268 925 | 507 | 731 075 | 456 659 | 113 | 0 | 56 |
| | 10 | 725 978 | 395 | 269 432 | 507 | 730 568 | 456 546 | 112 | 50 | |
| | 20 | 726 373 | 395 | 269 939 | 507 | 730 061 | 456 434 | 112 | 40 | |
| | 30 | 726 768 | 395 | 270 446 | 507 | 729 554 | 456 322 | 113 | 30 | |
| | 40 | 727 163 | 394 | 270 953 | 507 | 729 047 | 456 209 | 112 | 20 | |
| | 50 | 727 557 | 395 | 271 460 | 507 | 728 540 | 456 097 | 112 | 10 | |
| 5 | 0 | 727 952 | 394 | 271 967 | 507 | 728 033 | 455 985 | 113 | 0 | 55 |
| | 10 | 728 346 | 395 | 272 474 | 507 | 727 526 | 455 872 | 112 | 50 | |
| | 20 | 728 741 | 394 | 272 981 | 507 | 727 019 | 455 760 | 112 | 40 | |
| | 30 | 729 135 | 395 | 273 488 | 507 | 726 512 | 455 648 | 113 | 30 | |
| | 40 | 729 530 | 394 | 273 995 | 506 | 726 005 | 455 535 | 112 | 20 | |
| | 50 | 729 924 | 395 | 274 501 | 507 | 725 499 | 455 423 | 113 | 10 | |
| 6 | 0 | 730 319 | 394 | 275 008 | 507 | 724 992 | 455 310 | 112 | 0 | 54 |
| | 10 | 730 713 | 394 | 275 515 | 507 | 724 485 | 455 198 | 112 | 50 | |
| | 20 | 731 107 | 394 | 276 022 | 506 | 723 978 | 455 086 | 113 | 40 | |
| | 30 | 731 501 | 395 | 276 528 | 507 | 723 472 | 454 973 | 112 | 30 | |
| | 40 | 731 896 | 394 | 277 035 | 506 | 722 965 | 454 861 | 113 | 20 | |
| | 50 | 732 290 | 394 | 277 541 | 507 | 722 459 | 454 748 | 112 | 10 | |
| 7 | 0 | 732 684 | 394 | 278 048 | 507 | 721 952 | 454 636 | 113 | 0 | 53 |
| | 10 | 733 078 | 394 | 278 555 | 506 | 721 445 | 454 523 | 112 | 50 | |
| | 20 | 733 472 | 394 | 279 061 | 507 | 720 939 | 454 411 | 113 | 40 | |
| | 30 | 733 866 | 394 | 279 568 | 506 | 720 432 | 454 298 | 112 | 30 | |
| | 40 | 734 260 | 393 | 280 074 | 506 | 719 926 | 454 186 | 113 | 20 | |
| | 50 | 734 653 | 394 | 280 580 | 507 | 719 420 | 454 073 | 113 | 10 | |
| 8 | 0 | 735 047 | 394 | 281 087 | 506 | 718 913 | 453 960 | 112 | 0 | 52 |
| | 10 | 735 441 | 394 | 281 593 | 506 | 718 407 | 453 848 | 113 | 50 | |
| | 20 | 735 835 | 393 | 282 099 | 507 | 717 901 | 453 735 | 112 | 40 | |
| | 30 | 736 228 | 394 | 282 606 | 506 | 717 394 | 453 623 | 113 | 30 | |
| | 40 | 736 622 | 394 | 283 112 | 506 | 716 888 | 453 510 | 113 | 20 | |
| | 50 | 737 016 | 393 | 283 618 | 506 | 716 382 | 453 397 | 112 | 10 | |
| 9 | 0 | 737 409 | 394 | 284 124 | 507 | 715 876 | 453 285 | 113 | 0 | 51 |
| | 10 | 737 803 | 393 | 284 631 | 506 | 715 369 | 453 172 | 113 | 50 | |
| | 20 | 738 196 | 393 | 285 137 | 506 | 714 863 | 453 059 | 112 | 40 | |
| | 30 | 738 589 | 394 | 285 643 | 506 | 714 357 | 452 947 | 113 | 30 | |
| | 40 | 738 983 | 393 | 286 149 | 506 | 713 851 | 452 834 | 113 | 20 | |
| | 50 | 739 376 | 393 | 286 655 | 506 | 713 345 | 452 721 | 112 | 10 | |
| 10 | 0 | $\bar{1}$,6 739 769 | | $\bar{1}$,7 287 161 | | 0,2 712 839 | $\bar{1}$,9 452 609 | | 0 | 50 |
| ′ | ″ | Cos. | | Cotg. | | Tang. | Sin. | | ″ | ′ |

| ′ | ″ | Sin. | D. | Tang. | D.c. | Cotg. | Cos. | D. | ″ | ′ |
|---|---|---|---|---|---|---|---|---|---|---|
| 10 | 0 | $\bar{1}$,6 739 769 | 393 | $\bar{1}$,7 287 161 | 506 | 0,2 712 839 | $\bar{1}$,9 452 609 | 113 | 0 | 50 |
| | 10 | 740 162 | 394 | 287 667 | 506 | 712 333 | 452 496 | 113 | 50 | |
| | 20 | 740 556 | 393 | 288 173 | 506 | 711 827 | 452 383 | 113 | 40 | |
| | 30 | 740 949 | 393 | 288 679 | 505 | 711 321 | 452 270 | 113 | 30 | |
| | 40 | 741 342 | 393 | 289 184 | 506 | 710 816 | 452 157 | 112 | 20 | |
| | 50 | 741 735 | 393 | 289 690 | 506 | 710 310 | 452 045 | 113 | 10 | |
| 11 | 0 | 742 128 | 393 | 290 196 | 506 | 709 804 | 451 932 | 113 | 0 | 49 |
| | 10 | 742 521 | 393 | 290 702 | 505 | 709 298 | 451 819 | 113 | 50 | |
| | 20 | 742 914 | 392 | 291 207 | 506 | 708 793 | 451 706 | 113 | 40 | |
| | 30 | 743 306 | 393 | 291 713 | 506 | 708 287 | 451 593 | 113 | 30 | |
| | 40 | 743 699 | 393 | 292 219 | 505 | 707 781 | 451 480 | 112 | 20 | |
| | 50 | 744 092 | 393 | 292 724 | 506 | 707 276 | 451 368 | 113 | 10 | |
| 12 | 0 | 744 485 | 392 | 293 230 | 506 | 706 770 | 451 255 | 113 | 0 | 48 |
| | 10 | 744 877 | 393 | 293 736 | 505 | 706 264 | 451 142 | 113 | 50 | |
| | 20 | 745 270 | 393 | 294 241 | 506 | 705 759 | 451 029 | 113 | 40 | |
| | 30 | 745 663 | 392 | 294 747 | 505 | 705 253 | 450 916 | 113 | 30 | |
| | 40 | 746 055 | 393 | 295 252 | 505 | 704 748 | 450 803 | 113 | 20 | |
| | 50 | 746 448 | 392 | 295 757 | 506 | 704 243 | 450 690 | 113 | 10 | |
| 13 | 0 | 746 840 | 392 | 296 263 | 505 | 703 737 | 450 577 | 113 | 0 | 47 |
| | 10 | 747 232 | 393 | 296 768 | 506 | 703 232 | 450 464 | 113 | 50 | |
| | 20 | 747 625 | 392 | 297 274 | 505 | 702 726 | 450 351 | 113 | 40 | |
| | 30 | 748 017 | 392 | 297 779 | 505 | 702 221 | 450 238 | 113 | 30 | |
| | 40 | 748 409 | 392 | 298 284 | 505 | 701 716 | 450 125 | 113 | 20 | |
| | 50 | 748 801 | 393 | 298 789 | 506 | 701 211 | 450 012 | 113 | 10 | |
| 14 | 0 | 749 194 | 392 | 299 295 | 505 | 700 705 | 449 899 | 113 | 0 | 46 |
| | 10 | 749 586 | 392 | 299 800 | 505 | 700 200 | 449 786 | 113 | 50 | |
| | 20 | 749 978 | 392 | 300 305 | 505 | 699 695 | 449 673 | 113 | 40 | |
| | 30 | 750 370 | 392 | 300 810 | 505 | 699 190 | 449 560 | 113 | 30 | |
| | 40 | 750 762 | 392 | 301 315 | 505 | 698 685 | 449 447 | 113 | 20 | |
| | 50 | 751 154 | 392 | 301 820 | 505 | 698 180 | 449 334 | 114 | 10 | |
| 15 | 0 | 751 546 | 391 | 302 325 | 505 | 697 675 | 449 220 | 113 | 0 | 45 |
| | 10 | 751 937 | 392 | 302 830 | 505 | 697 170 | 449 107 | 113 | 50 | |
| | 20 | 752 329 | 392 | 303 335 | 505 | 696 665 | 448 994 | 113 | 40 | |
| | 30 | 752 721 | 392 | 303 840 | 505 | 696 160 | 448 881 | 113 | 30 | |
| | 40 | 753 113 | 391 | 304 345 | 505 | 695 655 | 448 768 | 113 | 20 | |
| | 50 | 753 504 | 392 | 304 850 | 504 | 695 150 | 448 655 | 114 | 10 | |
| 16 | 0 | 753 896 | 391 | 305 354 | 505 | 694 646 | 448 541 | 113 | 0 | 44 |
| | 10 | 754 287 | 392 | 305 859 | 505 | 694 141 | 448 428 | 113 | 50 | |
| | 20 | 754 679 | 391 | 306 364 | 505 | 693 636 | 448 315 | 113 | 40 | |
| | 30 | 755 070 | 392 | 306 869 | 504 | 693 131 | 448 202 | 114 | 30 | |
| | 40 | 755 462 | 391 | 307 373 | 505 | 692 627 | 448 088 | 113 | 20 | |
| | 50 | 755 853 | 392 | 307 878 | 505 | 692 122 | 447 975 | 113 | 10 | |
| 17 | 0 | 756 245 | 391 | 308 383 | 504 | 691 617 | 447 862 | 113 | 0 | 43 |
| | 10 | 756 636 | 391 | 308 887 | 505 | 691 113 | 447 749 | 114 | 50 | |
| | 20 | 757 027 | 391 | 309 392 | 504 | 690 608 | 447 635 | 113 | 40 | |
| | 30 | 757 418 | 391 | 309 896 | 505 | 690 104 | 447 522 | 113 | 30 | |
| | 40 | 757 809 | 391 | 310 401 | 504 | 689 599 | 447 409 | 114 | 20 | |
| | 50 | 758 200 | 392 | 310 905 | 505 | 689 095 | 447 295 | 113 | 10 | |
| 18 | 0 | 758 592 | 391 | 311 410 | 504 | 688 590 | 447 182 | 113 | 0 | 42 |
| | 10 | 758 983 | 391 | 311 914 | 504 | 688 086 | 447 069 | 114 | 50 | |
| | 20 | 759 374 | 390 | 312 418 | 505 | 687 582 | 446 955 | 113 | 40 | |
| | 30 | 759 764 | 391 | 312 923 | 504 | 687 077 | 446 842 | 114 | 30 | |
| | 40 | 760 155 | 391 | 313 427 | 504 | 686 573 | 446 728 | 113 | 20 | |
| | 50 | 760 546 | 391 | 313 931 | 505 | 686 069 | 446 615 | 114 | 10 | |
| 19 | 0 | 760 937 | 391 | 314 436 | 504 | 685 564 | 446 501 | 113 | 0 | 41 |
| | 10 | 761 328 | 390 | 314 940 | 504 | 685 060 | 446 388 | 113 | 50 | |
| | 20 | 761 718 | 391 | 315 444 | 504 | 684 556 | 446 275 | 114 | 40 | |
| | 30 | 762 109 | 391 | 315 948 | 504 | 684 052 | 446 161 | 113 | 30 | |
| | 40 | 762 500 | 390 | 316 452 | 504 | 683 548 | 446 048 | 114 | 20 | |
| | 50 | 762 890 | 391 | 316 956 | 504 | 683 044 | 445 934 | 113 | 10 | |
| 20 | 0 | $\bar{1}$,6 763 281 | | $\bar{1}$,7 317 460 | | 0,2 682 540 | $\bar{1}$,9 445 821 | | 0 | 40 |
| ′ | ″ | Cos. | | Cotg. | | Tang. | Sin. | | ″ | ′ |

| | 506 | 505 | 504 | 393 | 392 | 391 | 390 | 113 |
|---|---|---|---|---|---|---|---|---|
| 1 | 50,6 | 50,5 | 50,4 | 39,3 | 39,2 | 39,1 | 39 | 11,3 |
| 2 | 101,2 | 101,0 | 100,8 | 78,6 | 78,4 | 78,2 | 78 | 22,6 |
| 3 | 151,8 | 151,5 | 151,2 | 117,9 | 117,6 | 117,3 | 117 | 33,9 |
| 4 | 202,4 | 202,0 | 201,6 | 157,2 | 156,8 | 156,4 | 156 | 45,2 |
| 5 | 253,0 | 252,5 | 252,0 | 196,5 | 196,0 | 195,5 | 195 | 56,5 |
| 6 | 303,6 | 303,0 | 302,4 | 235,8 | 235,2 | 234,6 | 234 | 67,8 |
| 7 | 354,2 | 353,5 | 352,8 | 275,1 | 274,4 | 273,7 | 273 | 79,1 |
| 8 | 404,8 | 404,0 | 403,2 | 314,4 | 313,6 | 312,8 | 312 | 90,4 |
| 9 | 455,4 | 454,5 | 453,6 | 353,7 | 352,8 | 351,9 | 351 | 101,7 |

| | 504 | 503 | 502 | 391 | 390 | 389 | 388 | 114 |
|---|---|---|---|---|---|---|---|---|
| 1 | 50,4 | 50,3 | 50,2 | 39,1 | 39 | 38,9 | 38,8 | 11,4 |
| 2 | 100,8 | 100,6 | 100,4 | 78,2 | 78 | 77,8 | 77,6 | 22,8 |
| 3 | 151,2 | 150,9 | 150,6 | 117,3 | 117 | 116,7 | 116,4 | 34,2 |
| 4 | 201,6 | 201,2 | 200,8 | 156,4 | 156 | 155,6 | 155,2 | 45,6 |
| 5 | 252,0 | 251,5 | 251,0 | 195,5 | 195 | 194,5 | 194,0 | 57,0 |
| 6 | 302,4 | 301,8 | 301,2 | 234,6 | 234 | 233,4 | 232,8 | 68,4 |
| 7 | 352,8 | 352,1 | 351,4 | 273,7 | 273 | 272,3 | 271,6 | 79,8 |
| 8 | 403,2 | 402,4 | 401,6 | 312,8 | 312 | 311,2 | 310,4 | 91,2 |
| 9 | 453,6 | 452,7 | 451,8 | 351,9 | 351 | 350,1 | 349,2 | 102,6 |

| ′ | ″ | Sin. | D. | Tang. | D. c. | Cotg. | Cos. | D. | ″ | ′ |
|---|---|---|---|---|---|---|---|---|---|---|
| 20 | 0 | 1̄,6 763 281 | | 1̄,7 317 460 | | 0,2 682 540 | 1̄,9 445 821 | | 0 | 40 |
| | 10 | 763 671 | 390 | 317 964 | 504 | 682 036 | 445 707 | 114 | 50 | |
| | 20 | 764 062 | 391 | 318 468 | 504 | 681 532 | 445 593 | 114 | 40 | |
| | 30 | 764 452 | 390 | 318 972 | 504 | 681 028 | 445 480 | 113 | 30 | |
| | 40 | 764 842 | 390 | 319 476 | 504 | 680 524 | 445 366 | 114 | 20 | |
| | 50 | 765 233 | 391 | 319 980 | 504 | 680 020 | 445 253 | 113 | 10 | |
| 21 | 0 | 765 623 | 390 | 320 484 | 504 | 679 516 | 445 139 | 114 | 0 | 39 |
| | 10 | 766 013 | 390 | 320 988 | 504 | 679 012 | 445 025 | 114 | 50 | |
| | 20 | 766 403 | 390 | 321 491 | 503 | 678 509 | 444 912 | 113 | 40 | |
| | 30 | 766 793 | 390 | 321 995 | 504 | 678 005 | 444 798 | 114 | 30 | |
| | 40 | 767 183 | 390 | 322 499 | 504 | 677 501 | 444 685 | 113 | 20 | |
| | 50 | 767 573 | 390 | 323 003 | 504 | 676 997 | 444 571 | 114 | 10 | |
| 22 | 0 | 767 963 | 390 | 323 506 | 503 | 676 494 | 444 457 | 114 | 0 | 38 |
| | 10 | 768 353 | 390 | 324 010 | 504 | 675 990 | 444 344 | 113 | 50 | |
| | 20 | 768 743 | 390 | 324 513 | 503 | 675 487 | 444 230 | 114 | 40 | |
| | 30 | 769 133 | 390 | 325 017 | 504 | 674 983 | 444 116 | 114 | 30 | |
| | 40 | 769 523 | 390 | 325 520 | 503 | 674 480 | 444 002 | 114 | 20 | |
| | 50 | 769 913 | 390 | 326 024 | 504 | 673 976 | 443 889 | 113 | 10 | |
| 23 | 0 | 770 302 | 389 | 326 527 | 503 | 673 473 | 443 775 | 114 | 0 | 37 |
| | 10 | 770 692 | 390 | 327 031 | 504 | 672 969 | 443 661 | 114 | 50 | |
| | 20 | 771 082 | 390 | 327 534 | 503 | 672 466 | 443 547 | 114 | 40 | |
| | 30 | 771 471 | 389 | 328 038 | 504 | 671 962 | 443 433 | 114 | 30 | |
| | 40 | 771 861 | 390 | 328 541 | 503 | 671 459 | 443 320 | 113 | 20 | |
| | 50 | 772 250 | 389 | 329 044 | 503 | 670 956 | 443 206 | 114 | 10 | |
| 24 | 0 | 772 640 | 390 | 329 547 | 503 | 670 453 | 443 092 | 114 | 0 | 36 |
| | 10 | 773 029 | 389 | 330 051 | 504 | 669 949 | 442 978 | 114 | 50 | |
| | 20 | 773 418 | 389 | 330 554 | 503 | 669 446 | 442 864 | 114 | 40 | |
| | 30 | 773 808 | 390 | 331 057 | 503 | 668 943 | 442 750 | 114 | 30 | |
| | 40 | 774 197 | 389 | 331 560 | 503 | 668 440 | 442 637 | 113 | 20 | |
| | 50 | 774 586 | 389 | 332 063 | 503 | 667 937 | 442 523 | 114 | 10 | |
| 25 | 0 | 774 975 | 389 | 332 566 | 503 | 667 434 | 442 409 | 114 | 0 | 35 |
| | 10 | 775 364 | 389 | 333 069 | 503 | 666 931 | 442 295 | 114 | 50 | |
| | 20 | 775 753 | 389 | 333 572 | 503 | 666 428 | 442 181 | 114 | 40 | |
| | 30 | 776 142 | 389 | 334 075 | 503 | 665 925 | 442 067 | 114 | 30 | |
| | 40 | 776 531 | 389 | 334 578 | 503 | 665 422 | 441 953 | 114 | 20 | |
| | 50 | 776 920 | 389 | 335 081 | 503 | 664 919 | 441 839 | 114 | 10 | |
| 26 | 0 | 777 309 | 389 | 335 584 | 503 | 664 416 | 441 725 | 114 | 0 | 34 |
| | 10 | 777 698 | 389 | 336 087 | 503 | 663 913 | 441 611 | 114 | 50 | |
| | 20 | 778 087 | 389 | 336 590 | 503 | 663 410 | 441 497 | 114 | 40 | |
| | 30 | 778 476 | 389 | 337 093 | 503 | 662 907 | 441 383 | 114 | 30 | |
| | 40 | 778 864 | 388 | 337 595 | 502 | 662 405 | 441 269 | 114 | 20 | |
| | 50 | 779 253 | 389 | 338 098 | 503 | 661 902 | 441 155 | 114 | 10 | |
| 27 | 0 | 779 642 | 389 | 338 601 | 503 | 661 399 | 441 041 | 114 | 0 | 33 |
| | 10 | 780 030 | 388 | 339 104 | 503 | 660 896 | 440 927 | 114 | 50 | |
| | 20 | 780 419 | 389 | 339 606 | 502 | 660 394 | 440 812 | 115 | 40 | |
| | 30 | 780 807 | 388 | 340 109 | 503 | 659 891 | 440 698 | 114 | 30 | |
| | 40 | 781 196 | 389 | 340 611 | 502 | 659 389 | 440 584 | 114 | 20 | |
| | 50 | 781 584 | 388 | 341 114 | 503 | 658 886 | 440 470 | 114 | 10 | |
| 28 | 0 | 781 972 | 388 | 341 616 | 502 | 658 384 | 440 356 | 114 | 0 | 32 |
| | 10 | 782 361 | 389 | 342 119 | 503 | 657 881 | 440 242 | 114 | 50 | |
| | 20 | 782 749 | 388 | 342 621 | 502 | 657 379 | 440 128 | 114 | 40 | |
| | 30 | 783 137 | 388 | 343 124 | 503 | 656 876 | 440 013 | 115 | 30 | |
| | 40 | 783 525 | 388 | 343 626 | 502 | 656 374 | 439 899 | 114 | 20 | |
| | 50 | 783 913 | 388 | 344 128 | 502 | 655 872 | 439 785 | 114 | 10 | |
| 29 | 0 | 784 301 | 388 | 344 631 | 503 | 655 369 | 439 671 | 114 | 0 | 31 |
| | 10 | 784 690 | 389 | 345 133 | 502 | 654 867 | 439 556 | 115 | 50 | |
| | 20 | 785 078 | 388 | 345 635 | 502 | 654 365 | 439 442 | 114 | 40 | |
| | 30 | 785 465 | 387 | 346 137 | 502 | 653 863 | 439 328 | 114 | 30 | |
| | 40 | 785 853 | 388 | 346 640 | 503 | 653 360 | 439 214 | 114 | 20 | |
| | 50 | 786 241 | 388 | 347 142 | 502 | 652 858 | 439 099 | 115 | 10 | |
| 30 | 0 | 1̄,6 786 629 | 388 | 1̄,7 347 644 | 502 | 0,2 652 356 | 1̄,9 438 985 | 114 | 0 | 30 |
| ′ | ″ | Cos. | | Cotg. | | Tang. | Sin. | | ″ | ′ |

| ′ | ″ | Sin. | D. | Tang. | D.c. | Cotg. | Cos. | D. | ″ | ′ |
|---|---|---|---|---|---|---|---|---|---|---|
| 30 | 0 | 1̄,6 786 629 | | 1̄,7 347 644 | | 0,2 652 356 | 1̄,9 438 985 | | 0 | 30 |
| | 10 | 787 017 | 388 | 348 146 | 502 | 651 854 | 438 871 | 114 | 50 | |
| | 20 | 787 405 | 388 | 348 648 | 502 | 651 352 | 438 756 | 115 | 40 | |
| | 30 | 787 792 | 387 | 349 150 | 502 | 650 850 | 438 642 | 114 | 30 | |
| | 40 | 788 180 | 388 | 349 652 | 502 | 650 348 | 438 528 | 114 | 20 | |
| | 50 | 788 567 | 387 | 350 154 | 502 | 649 846 | 438 413 | 115 | 10 | |
| 31 | 0 | 788 955 | 388 | 350 656 | 502 | 649 344 | 438 299 | 114 | 0 | 29 |
| | 10 | 789 342 | 387 | 351 158 | 502 | 648 842 | 438 184 | 115 | 50 | |
| | 20 | 789 730 | 388 | 351 660 | 502 | 648 340 | 438 070 | 114 | 40 | |
| | 30 | 790 117 | 387 | 352 162 | 502 | 647 838 | 437 956 | 114 | 30 | |
| | 40 | 790 505 | 388 | 352 663 | 501 | 647 337 | 437 841 | 115 | 20 | |
| | 50 | 790 892 | 387 | 353 165 | 502 | 646 835 | 437 727 | 114 | 10 | |
| 32 | 0 | 791 279 | 387 | 353 667 | 502 | 646 333 | 437 612 | 115 | 0 | 28 |
| | 10 | 791 666 | 387 | 354 169 | 502 | 645 831 | 437 498 | 114 | 50 | |
| | 20 | 792 054 | 388 | 354 670 | 501 | 645 330 | 437 383 | 115 | 40 | |
| | 30 | 792 441 | 387 | 355 172 | 502 | 644 828 | 437 269 | 114 | 30 | |
| | 40 | 792 828 | 387 | 355 674 | 502 | 644 326 | 437 154 | 115 | 20 | |
| | 50 | 793 215 | 387 | 356 175 | 501 | 643 825 | 437 040 | 114 | 10 | |
| 33 | 0 | 793 602 | 387 | 356 677 | 502 | 643 323 | 436 925 | 115 | 0 | 27 |
| | 10 | 793 989 | 387 | 357 178 | 501 | 642 822 | 436 811 | 114 | 50 | |
| | 20 | 794 376 | 387 | 357 680 | 502 | 642 320 | 436 696 | 115 | 40 | |
| | 30 | 794 763 | 387 | 358 181 | 501 | 641 819 | 436 581 | 115 | 30 | |
| | 40 | 795 150 | 387 | 358 683 | 502 | 641 317 | 436 467 | 114 | 20 | |
| | 50 | 795 536 | 386 | 359 184 | 501 | 640 816 | 436 352 | 115 | 10 | |
| 34 | 0 | 795 923 | 387 | 359 685 | 501 | 640 315 | 436 238 | 114 | 0 | 26 |
| | 10 | 796 310 | 387 | 360 187 | 502 | 639 813 | 436 123 | 115 | 50 | |
| | 20 | 796 696 | 386 | 360 688 | 501 | 639 312 | 436 008 | 115 | 40 | |
| | 30 | 797 083 | 387 | 361 189 | 501 | 638 811 | 435 894 | 114 | 30 | |
| | 40 | 797 470 | 387 | 361 691 | 502 | 638 309 | 435 779 | 115 | 20 | |
| | 50 | 797 856 | 386 | 362 192 | 501 | 637 808 | 435 664 | 115 | 10 | |
| 35 | 0 | 798 243 | 387 | 362 693 | 501 | 637 307 | 435 549 | 115 | 0 | 25 |
| | 10 | 798 629 | 386 | 363 194 | 501 | 636 806 | 435 435 | 114 | 50 | |
| | 20 | 799 015 | 386 | 363 695 | 501 | 636 305 | 435 320 | 115 | 40 | |
| | 30 | 799 402 | 387 | 364 196 | 501 | 635 804 | 435 205 | 115 | 30 | |
| | 40 | 799 788 | 386 | 364 697 | 501 | 635 303 | 435 091 | 114 | 20 | |
| | 50 | 800 174 | 386 | 365 198 | 501 | 634 802 | 434 976 | 115 | 10 | |
| 36 | 0 | 800 560 | 386 | 365 699 | 501 | 634 301 | 434 861 | 115 | 0 | 24 |
| | 10 | 800 947 | 387 | 366 200 | 501 | 633 800 | 434 746 | 115 | 50 | |
| | 20 | 801 333 | 386 | 366 701 | 501 | 633 299 | 434 631 | 115 | 40 | |
| | 30 | 801 719 | 386 | 367 202 | 501 | 632 798 | 434 516 | 115 | 30 | |
| | 40 | 802 105 | 386 | 367 703 | 501 | 632 297 | 434 402 | 114 | 20 | |
| | 50 | 802 491 | 386 | 368 204 | 501 | 631 796 | 434 287 | 115 | 10 | |
| 37 | 0 | 802 877 | 386 | 368 705 | 501 | 631 295 | 434 172 | 115 | 0 | 23 |
| | 10 | 803 263 | 386 | 369 206 | 501 | 630 794 | 434 057 | 115 | 50 | |
| | 20 | 803 648 | 385 | 369 706 | 500 | 630 294 | 433 942 | 115 | 40 | |
| | 30 | 804 034 | 386 | 370 207 | 501 | 629 793 | 433 827 | 115 | 30 | |
| | 40 | 804 420 | 386 | 370 708 | 501 | 629 292 | 433 712 | 115 | 20 | |
| | 50 | 804 806 | 386 | 371 208 | 500 | 628 792 | 433 597 | 115 | 10 | |
| 38 | 0 | 805 191 | 385 | 371 709 | 501 | 628 291 | 433 482 | 115 | 0 | 22 |
| | 10 | 805 577 | 386 | 372 210 | 501 | 627 790 | 433 367 | 115 | 50 | |
| | 20 | 805 963 | 386 | 372 710 | 500 | 627 290 | 433 252 | 115 | 40 | |
| | 30 | 806 348 | 385 | 373 211 | 501 | 626 789 | 433 138 | 114 | 30 | |
| | 40 | 806 734 | 386 | 373 711 | 500 | 626 289 | 433 023 | 115 | 20 | |
| | 50 | 807 119 | 385 | 374 212 | 501 | 625 788 | 432 907 | 116 | 10 | |
| 39 | 0 | 807 504 | 385 | 374 712 | 500 | 625 288 | 432 792 | 115 | 0 | 21 |
| | 10 | 807 890 | 386 | 375 212 | 500 | 624 788 | 432 677 | 115 | 50 | |
| | 20 | 808 275 | 385 | 375 713 | 501 | 624 287 | 432 562 | 115 | 40 | |
| | 30 | 808 660 | 385 | 376 213 | 500 | 623 787 | 432 447 | 115 | 30 | |
| | 40 | 809 046 | 386 | 376 713 | 500 | 623 287 | 432 332 | 115 | 20 | |
| | 50 | 809 431 | 385 | 377 214 | 501 | 622 786 | 432 217 | 115 | 10 | |
| 40 | 0 | 1̄,6 809 816 | 385 | 1̄,7 377 714 | 500 | 0,2 622 286 | 1̄,9 432 102 | 115 | 0 | 20 |
| ′ | ″ | Cos. | | Cotg. | | Tang. | Sin. | | ″ | ′ |

| | 502 | 501 | 500 | 388 | 387 | 386 | 385 | 115 |
|---|---|---|---|---|---|---|---|---|
| 1 | 50,2 | 50,1 | 50 | 38,8 | 38,7 | 38,6 | 38,5 | 11,5 |
| 2 | 100,4 | 100,2 | 100 | 77,6 | 77,4 | 77,2 | 77,0 | 23,0 |
| 3 | 150,6 | 150,3 | 150 | 116,4 | 116,1 | 115,8 | 115,5 | 34,5 |
| 4 | 200,8 | 200,4 | 200 | 155,2 | 154,8 | 154,4 | 154,0 | 46,0 |
| 5 | 251,0 | 250,5 | 250 | 194,0 | 193,5 | 193,0 | 192,5 | 57,5 |
| 6 | 301,2 | 300,6 | 300 | 232,8 | 232,2 | 231,6 | 231,0 | 69,0 |
| 7 | 351,4 | 350,7 | 350 | 271,6 | 270,9 | 270,2 | 269,5 | 80,5 |
| 8 | 401,6 | 400,8 | 400 | 310,4 | 309,6 | 308,8 | 308,0 | 92,0 |
| 9 | 451,8 | 450,9 | 450 | 349,2 | 348,3 | 347,4 | 346,5 | 103,5 |

| | 500 | 499 | 498 | 385 | 384 | 383 | 115 | 116 |
|---|---|---|---|---|---|---|---|---|
| 1 | 50 | 49,9 | 49,8 | 38,5 | 38,4 | 38,3 | 11,5 | 11,6 |
| 2 | 100 | 99,8 | 99,6 | 77,0 | 76,8 | 76,6 | 23,0 | 23,2 |
| 3 | 150 | 149,7 | 149,4 | 115,5 | 115,2 | 114,9 | 34,5 | 34,8 |
| 4 | 200 | 199,6 | 199,2 | 154,0 | 153,6 | 153,2 | 46,0 | 46,4 |
| 5 | 250 | 249,5 | 249,0 | 192,5 | 192,0 | 191,5 | 57,5 | 58,0 |
| 6 | 300 | 299,4 | 298,8 | 231,0 | 230,4 | 229,8 | 69,0 | 69,6 |
| 7 | 350 | 349,3 | 348,6 | 269,5 | 268,8 | 268,1 | 80,5 | 81,2 |
| 8 | 400 | 399,2 | 398,4 | 308,0 | 307,2 | 306,4 | 92,0 | 92,8 |
| 9 | 450 | 449,1 | 448,2 | 346,5 | 345,6 | 344,7 | 103,5 | 104,4 |

| ′ | ″ | Sin. | D. | Tang. | D.c. | Cotg. | Cos. | D. | ″ | ′ |
|---|---|---|---|---|---|---|---|---|---|---|
| 40 | 0 | 1̄,6 809 816 | 385 | 1̄,7 377 714 | 500 | 0,2 622 286 | 1̄,9 432 102 | 115 | 0 | 20 |
| | 10 | 810 201 | 385 | 378 214 | 500 | 621 786 | 431 987 | 115 | 50 | |
| | 20 | 810 586 | 385 | 378 714 | 500 | 621 286 | 431 872 | 115 | 40 | |
| | 30 | 810 971 | 385 | 379 214 | 501 | 620 786 | 431 757 | 116 | 30 | |
| | 40 | 811 356 | 385 | 379 715 | 500 | 620 285 | 431 641 | 115 | 20 | |
| | 50 | 811 741 | 385 | 380 215 | 500 | 619 785 | 431 526 | 115 | 10 | |
| 41 | 0 | 812 126 | 385 | 380 715 | 500 | 619 285 | 431 411 | 115 | 0 | 19 |
| | 10 | 812 511 | 384 | 381 215 | 500 | 618 785 | 431 296 | 115 | 50 | |
| | 20 | 812 895 | 385 | 381 715 | 500 | 618 285 | 431 181 | 116 | 40 | |
| | 30 | 813 280 | 385 | 382 215 | 500 | 617 785 | 431 065 | 115 | 30 | |
| | 40 | 813 665 | 384 | 382 715 | 500 | 617 285 | 430 950 | 115 | 20 | |
| | 50 | 814 049 | 385 | 383 215 | 499 | 616 785 | 430 835 | 115 | 10 | |
| 42 | 0 | 814 434 | 385 | 383 714 | 500 | 616 286 | 430 720 | 116 | 0 | 18 |
| | 10 | 814 819 | 384 | 384 214 | 500 | 615 786 | 430 604 | 115 | 50 | |
| | 20 | 815 203 | 385 | 384 714 | 500 | 615 286 | 430 489 | 115 | 40 | |
| | 30 | 815 588 | 384 | 385 214 | 500 | 614 786 | 430 374 | 116 | 30 | |
| | 40 | 815 972 | 384 | 385 714 | 499 | 614 286 | 430 258 | 115 | 20 | |
| | 50 | 816 356 | 385 | 386 213 | 500 | 613 787 | 430 143 | 115 | 10 | |
| 43 | 0 | 816 741 | 384 | 386 713 | 500 | 613 287 | 430 028 | 116 | 0 | 17 |
| | 10 | 817 125 | 384 | 387 213 | 499 | 612 787 | 429 912 | 115 | 50 | |
| | 20 | 817 509 | 385 | 387 712 | 500 | 612 288 | 429 797 | 115 | 40 | |
| | 30 | 817 894 | 384 | 388 212 | 499 | 611 788 | 429 682 | 116 | 30 | |
| | 40 | 818 278 | 384 | 388 711 | 500 | 611 289 | 429 566 | 115 | 20 | |
| | 50 | 818 662 | 384 | 389 211 | 499 | 610 789 | 429 451 | 116 | 10 | |
| 44 | 0 | 819 046 | 384 | 389 710 | 500 | 610 290 | 429 335 | 115 | 0 | 16 |
| | 10 | 819 430 | 384 | 390 210 | 499 | 609 790 | 429 220 | 115 | 50 | |
| | 20 | 819 814 | 384 | 390 709 | 500 | 609 291 | 429 105 | 116 | 40 | |
| | 30 | 820 198 | 384 | 391 209 | 499 | 608 791 | 428 989 | 115 | 30 | |
| | 40 | 820 582 | 384 | 391 708 | 499 | 608 292 | 428 874 | 116 | 20 | |
| | 50 | 820 966 | 383 | 392 207 | 500 | 607 793 | 428 758 | 115 | 10 | |
| 45 | 0 | 821 349 | 384 | 392 707 | 499 | 607 293 | 428 643 | 116 | 0 | 15 |
| | 10 | 821 733 | 384 | 393 206 | 499 | 606 794 | 428 527 | 115 | 50 | |
| | 20 | 822 117 | 384 | 393 705 | 500 | 606 295 | 428 412 | 116 | 40 | |
| | 30 | 822 501 | 383 | 394 205 | 499 | 605 795 | 428 296 | 116 | 30 | |
| | 40 | 822 884 | 384 | 394 704 | 499 | 605 296 | 428 180 | 115 | 20 | |
| | 50 | 823 268 | 383 | 395 203 | 499 | 604 797 | 428 065 | 116 | 10 | |
| 46 | 0 | 823 651 | 384 | 395 702 | 499 | 604 298 | 427 949 | 115 | 0 | 14 |
| | 10 | 824 035 | 383 | 396 201 | 499 | 603 799 | 427 834 | 116 | 50 | |
| | 20 | 824 418 | 384 | 396 700 | 499 | 603 300 | 427 718 | 116 | 40 | |
| | 30 | 824 802 | 383 | 397 199 | 499 | 602 801 | 427 602 | 115 | 30 | |
| | 40 | 825 185 | 383 | 397 698 | 499 | 602 302 | 427 487 | 116 | 20 | |
| | 50 | 825 568 | 384 | 398 197 | 499 | 601 803 | 427 371 | 116 | 10 | |
| 47 | 0 | 825 952 | 383 | 398 696 | 499 | 601 304 | 427 255 | 115 | 0 | 13 |
| | 10 | 826 335 | 383 | 399 195 | 499 | 600 805 | 427 140 | 116 | 50 | |
| | 20 | 826 718 | 383 | 399 694 | 499 | 600 306 | 427 024 | 116 | 40 | |
| | 30 | 827 101 | 383 | 400 193 | 499 | 599 807 | 426 908 | 115 | 30 | |
| | 40 | 827 484 | 383 | 400 692 | 498 | 599 308 | 426 793 | 116 | 20 | |
| | 50 | 827 867 | 383 | 401 190 | 499 | 598 810 | 426 677 | 116 | 10 | |
| 48 | 0 | 828 250 | 383 | 401 689 | 499 | 598 311 | 426 561 | 116 | 0 | 12 |
| | 10 | 828 633 | 383 | 402 188 | 499 | 597 812 | 426 445 | 115 | 50 | |
| | 20 | 829 016 | 383 | 402 687 | 498 | 597 313 | 426 330 | 116 | 40 | |
| | 30 | 829 399 | 383 | 403 185 | 499 | 596 815 | 426 214 | 116 | 30 | |
| | 40 | 829 782 | 383 | 403 684 | 498 | 596 316 | 426 098 | 116 | 20 | |
| | 50 | 830 165 | 383 | 404 182 | 499 | 595 818 | 425 982 | 116 | 10 | |
| 49 | 0 | 830 548 | 382 | 404 681 | 499 | 595 319 | 425 866 | 115 | 0 | 11 |
| | 10 | 830 930 | 383 | 405 180 | 498 | 594 820 | 425 751 | 116 | 50 | |
| | 20 | 831 313 | 383 | 405 678 | 499 | 594 322 | 425 635 | 116 | 40 | |
| | 30 | 831 696 | 382 | 406 177 | 498 | 593 823 | 425 519 | 116 | 30 | |
| | 40 | 832 078 | 383 | 406 675 | 498 | 593 325 | 425 403 | 116 | 20 | |
| | 50 | 832 461 | 382 | 407 173 | 499 | 592 827 | 425 287 | 116 | 10 | |
| 50 | 0 | 1̄,6 832 843 | | 1̄,7 407 672 | | 0,2 592 328 | 1̄,9 425 171 | | 0 | 10 |
| ′ | ″ | Cos. | | Cotg. | | Tang. | Sin. | | ″ | ′ |

| ′ | ″ | Sin. | D. | Tang. | D.c. | Cotg. | Cos. | D. | ″ | ′ |
|---|---|---|---|---|---|---|---|---|---|---|
| 50 | 0 | 1̄,6 832 843 | 383 | 1̄,7 407 672 | 498 | 0,2 592 328 | 1̄,9 425 171 | 116 | 0 | 10 |
| | 10 | 833 226 | 382 | 408 170 | 499 | 591 830 | 425 055 | 116 | 50 | |
| | 20 | 833 608 | 382 | 408 669 | 498 | 591 331 | 424 939 | 116 | 40 | |
| | 30 | 833 990 | 383 | 409 167 | 498 | 590 833 | 424 823 | 116 | 30 | |
| | 40 | 834 373 | 382 | 409 665 | 498 | 590 335 | 424 707 | 115 | 20 | |
| | 50 | 834 755 | 382 | 410 163 | 499 | 589 837 | 424 592 | 116 | 10 | |
| 51 | 0 | 835 137 | 382 | 410 662 | 498 | 589 338 | 424 476 | 116 | 0 | 9 |
| | 10 | 835 519 | 382 | 411 160 | 498 | 588 840 | 424 360 | 116 | 50 | |
| | 20 | 835 901 | 383 | 411 658 | 498 | 588 342 | 424 244 | 116 | 40 | |
| | 30 | 836 284 | 382 | 412 156 | 498 | 587 844 | 424 128 | 117 | 30 | |
| | 40 | 836 666 | 382 | 412 654 | 498 | 587 346 | 424 011 | 116 | 20 | |
| | 50 | 837 048 | 382 | 413 152 | 498 | 586 848 | 423 895 | 116 | 10 | |
| 52 | 0 | 837 430 | 381 | 413 650 | 498 | 586 350 | 423 779 | 116 | 0 | 8 |
| | 10 | 837 811 | 382 | 414 148 | 498 | 585 852 | 423 663 | 116 | 50 | |
| | 20 | 838 193 | 382 | 414 646 | 498 | 585 354 | 423 547 | 116 | 40 | |
| | 30 | 838 575 | 382 | 415 144 | 498 | 584 856 | 423 431 | 116 | 30 | |
| | 40 | 838 957 | 382 | 415 642 | 498 | 584 358 | 423 315 | 116 | 20 | |
| | 50 | 839 339 | 381 | 416 140 | 498 | 583 860 | 423 199 | 116 | 10 | |
| 53 | 0 | 839 720 | 382 | 416 638 | 498 | 583 362 | 423 083 | 116 | 0 | 7 |
| | 10 | 840 102 | 382 | 417 136 | 497 | 582 864 | 422 967 | 117 | 50 | |
| | 20 | 840 484 | 381 | 417 633 | 498 | 582 367 | 422 850 | 116 | 40 | |
| | 30 | 840 865 | 382 | 418 131 | 498 | 581 869 | 422 734 | 116 | 30 | |
| | 40 | 841 247 | 381 | 418 629 | 497 | 581 371 | 422 618 | 116 | 20 | |
| | 50 | 841 628 | 382 | 419 126 | 498 | 580 874 | 422 502 | 116 | 10 | |
| 54 | 0 | 842 010 | 381 | 419 624 | 498 | 580 376 | 422 386 | 117 | 0 | 6 |
| | 10 | 842 391 | 381 | 420 122 | 497 | 579 878 | 422 269 | 116 | 50 | |
| | 20 | 842 772 | 382 | 420 619 | 498 | 579 381 | 422 153 | 116 | 40 | |
| | 30 | 843 154 | 381 | 421 117 | 497 | 578 883 | 422 037 | 116 | 30 | |
| | 40 | 843 535 | 381 | 421 614 | 498 | 578 386 | 421 921 | 117 | 20 | |
| | 50 | 843 916 | 381 | 422 112 | 497 | 577 888 | 421 804 | 116 | 10 | |
| 55 | 0 | 844 297 | 381 | 422 609 | 498 | 577 391 | 421 688 | 116 | 0 | 5 |
| | 10 | 844 678 | 382 | 423 107 | 497 | 576 893 | 421 572 | 117 | 50 | |
| | 20 | 845 060 | 381 | 423 604 | 498 | 576 396 | 421 455 | 116 | 40 | |
| | 30 | 845 441 | 381 | 424 102 | 497 | 575 898 | 421 339 | 116 | 30 | |
| | 40 | 845 822 | 381 | 424 599 | 497 | 575 401 | 421 223 | 117 | 20 | |
| | 50 | 846 203 | 380 | 425 096 | 498 | 574 904 | 421 106 | 116 | 10 | |
| 56 | 0 | 846 583 | 381 | 425 594 | 497 | 574 406 | 420 990 | 117 | 0 | 4 |
| | 10 | 846 964 | 381 | 426 091 | 497 | 573 909 | 420 873 | 116 | 50 | |
| | 20 | 847 345 | 381 | 426 588 | 497 | 573 412 | 420 757 | 116 | 40 | |
| | 30 | 847 726 | 381 | 427 085 | 498 | 572 915 | 420 641 | 117 | 30 | |
| | 40 | 848 107 | 380 | 427 583 | 497 | 572 417 | 420 524 | 116 | 20 | |
| | 50 | 848 487 | 381 | 428 080 | 497 | 571 920 | 420 408 | 117 | 10 | |
| 57 | 0 | 848 868 | 381 | 428 577 | 497 | 571 423 | 420 291 | 116 | 0 | 3 |
| | 10 | 849 249 | 380 | 429 074 | 497 | 570 926 | 420 175 | 117 | 50 | |
| | 20 | 849 629 | 381 | 429 571 | 497 | 570 429 | 420 058 | 116 | 40 | |
| | 30 | 850 010 | 380 | 430 068 | 497 | 569 932 | 419 942 | 117 | 30 | |
| | 40 | 850 390 | 381 | 430 565 | 497 | 569 435 | 419 825 | 116 | 20 | |
| | 50 | 850 771 | 380 | 431 062 | 497 | 568 938 | 419 709 | 117 | 10 | |
| 58 | 0 | 851 151 | 380 | 431 559 | 497 | 568 441 | 419 592 | 116 | 0 | 2 |
| | 10 | 851 531 | 381 | 432 056 | 497 | 567 944 | 419 476 | 117 | 50 | |
| | 20 | 851 912 | 380 | 432 553 | 496 | 567 447 | 419 359 | 117 | 40 | |
| | 30 | 852 292 | 380 | 433 049 | 497 | 566 951 | 419 242 | 116 | 30 | |
| | 40 | 852 672 | 380 | 433 546 | 497 | 566 454 | 419 126 | 117 | 20 | |
| | 50 | 853 052 | 380 | 434 043 | 497 | 565 957 | 419 009 | 116 | 10 | |
| 59 | 0 | 853 432 | 381 | 434 540 | 497 | 565 460 | 418 893 | 117 | 0 | 1 |
| | 10 | 853 813 | 380 | 435 037 | 496 | 564 963 | 418 776 | 117 | 50 | |
| | 20 | 854 193 | 380 | 435 533 | 497 | 564 467 | 418 659 | 116 | 40 | |
| | 30 | 854 573 | 380 | 436 030 | 497 | 563 970 | 418 543 | 117 | 30 | |
| | 40 | 854 953 | 379 | 436 527 | 496 | 563 473 | 418 426 | 117 | 20 | |
| | 50 | 855 332 | 380 | 437 023 | 497 | 562 977 | 418 309 | 116 | 10 | |
| 60 | 0 | 1̄,6 855 712 | | 1̄,7 437 520 | | 0,2 562 480 | 1̄,9 418 193 | | 0 | 0 |
| ′ | ″ | Cos. | | Cotg. | | Tang. | Sin. | | ″ | ′ |

| 498 | |
|---|---|
| 1 | 49,8 |
| 2 | 99,6 |
| 3 | 149,4 |
| 4 | 199,2 |
| 5 | 249,0 |
| 6 | 298,8 |
| 7 | 348,6 |
| 8 | 398,4 |
| 9 | 448,2 |

| 497 | |
|---|---|
| 1 | 49,7 |
| 2 | 99,4 |
| 3 | 149,1 |
| 4 | 198,8 |
| 5 | 248,5 |
| 6 | 298,2 |
| 7 | 347,9 |
| 8 | 397,6 |
| 9 | 447,3 |

| 496 | |
|---|---|
| 1 | 49,6 |
| 2 | 99,2 |
| 3 | 148,8 |
| 4 | 198,4 |
| 5 | 248,0 |
| 6 | 297,6 |
| 7 | 347,2 |
| 8 | 396,8 |
| 9 | 446,4 |

| 382 | |
|---|---|
| 1 | 38,2 |
| 2 | 76,4 |
| 3 | 114,6 |
| 4 | 152,8 |
| 5 | 191,0 |
| 6 | 229,2 |
| 7 | 267,4 |
| 8 | 305,6 |
| 9 | 343,8 |

| 381 | |
|---|---|
| 1 | 38,1 |
| 2 | 76,2 |
| 3 | 114,3 |
| 4 | 152,4 |
| 5 | 190,5 |
| 6 | 228,6 |
| 7 | 266,7 |
| 8 | 304,8 |
| 9 | 342,9 |

| 380 | |
|---|---|
| 1 | 38 |
| 2 | 76 |
| 3 | 114 |
| 4 | 152 |
| 5 | 190 |
| 6 | 228 |
| 7 | 266 |
| 8 | 304 |
| 9 | 342 |

| 116 | |
|---|---|
| 1 | 11,6 |
| 2 | 23,2 |
| 3 | 34,8 |
| 4 | 46,4 |
| 5 | 58,0 |
| 6 | 69,6 |
| 7 | 81,2 |
| 8 | 92,8 |
| 9 | 104,4 |

| 117 | |
|---|---|
| 1 | 11,7 |
| 2 | 23,4 |
| 3 | 35,1 |
| 4 | 46,8 |
| 5 | 58,5 |
| 6 | 70,2 |
| 7 | 81,9 |
| 8 | 93,6 |
| 9 | 105,3 |

| 497 | |
|---|---|
| 1 | 49,7 |
| 2 | 99,4 |
| 3 | 149,1 |
| 4 | 198,8 |
| 5 | 248,5 |
| 6 | 298,2 |
| 7 | 347,9 |
| 8 | 397,6 |
| 9 | 447,3 |

| 496 | |
|---|---|
| 1 | 49,6 |
| 2 | 99,2 |
| 3 | 148,8 |
| 4 | 198,4 |
| 5 | 248,0 |
| 6 | 297 6 |
| 7 | 347,2 |
| 8 | 396,8 |
| 9 | 446,4 |

| 495 | |
|---|---|
| 1 | 49,5 |
| 2 | 99,0 |
| 3 | 148,5 |
| 4 | 198,0 |
| 5 | 247,5 |
| 6 | 297,0 |
| 7 | 346,5 |
| 8 | 396,0 |
| 9 | 445,5 |

| 380 | |
|---|---|
| 1 | 38 |
| 2 | 76 |
| 3 | 114 |
| 4 | 152 |
| 5 | 190 |
| 6 | 228 |
| 7 | 266 |
| 8 | 304 |
| 9 | 342 |

| 379 | |
|---|---|
| 1 | 37,9 |
| 2 | 75,8 |
| 3 | 113,7 |
| 4 | 151,6 |
| 5 | 189,5 |
| 6 | 227,4 |
| 7 | 265,3 |
| 8 | 303,2 |
| 9 | 341,1 |

| 378 | |
|---|---|
| 1 | 37,8 |
| 2 | 75,6 |
| 3 | 113,4 |
| 4 | 151,2 |
| 5 | 189,0 |
| 6 | 226,8 |
| 7 | 264,6 |
| 8 | 302,4 |
| 9 | 340,2 |

| 377 | |
|---|---|
| 1 | 37,7 |
| 2 | 75,4 |
| 3 | 113,1 |
| 4 | 150,8 |
| 5 | 188,5 |
| 6 | 226,2 |
| 7 | 263,9 |
| 8 | 301,6 |
| 9 | 339,3 |

| 117 | |
|---|---|
| 1 | 11,7 |
| 2 | 23,4 |
| 3 | 35,1 |
| 4 | 46,8 |
| 5 | 58,5 |
| 6 | 70,2 |
| 7 | 81,9 |
| 8 | 93,6 |
| 9 | 105,3 |

| ′ | ″ | Sin. | D. | Tang. | D.c. | Cotg. | Cos. | D. | ″ | ′ |
|---|---|---|---|---|---|---|---|---|---|---|
| 0 | 0 | $\bar{1}$,6 855 712 | 380 | $\bar{1}$,7 437 520 | 496 | 0,2 562 480 | $\bar{1}$,9 418 193 | 117 | 0 | 60 |
| | 10 | 856 092 | 380 | 438 016 | 497 | 561 984 | 418 076 | 117 | 50 | |
| | 20 | 856 472 | 380 | 438 513 | 496 | 561 487 | 417 959 | 117 | 40 | |
| | 30 | 856 852 | 379 | 439 009 | 497 | 560 991 | 417 842 | 116 | 30 | |
| | 40 | 857 231 | 380 | 439 506 | 496 | 560 494 | 417 726 | 117 | 20 | |
| | 50 | 857 611 | 380 | 440 002 | 497 | 559 998 | 417 609 | 117 | 10 | |
| 1 | 0 | 857 991 | 379 | 440 499 | 496 | 559 501 | 417 492 | 117 | 0 | 59 |
| | 10 | 858 370 | 380 | 440 995 | 496 | 559 005 | 417 375 | 117 | 50 | |
| | 20 | 858 750 | 379 | 441 491 | 496 | 558 509 | 417 258 | 116 | 40 | |
| | 30 | 859 129 | 380 | 441 987 | 497 | 558 013 | 417 142 | 117 | 30 | |
| | 40 | 859 509 | 379 | 442 484 | 496 | 557 516 | 417 025 | 117 | 20 | |
| | 50 | 859 888 | 379 | 442 980 | 496 | 557 020 | 416 908 | 117 | 10 | |
| 2 | 0 | 860 267 | 380 | 443 476 | 496 | 556 524 | 416 791 | 117 | 0 | 58 |
| | 10 | 860 647 | 379 | 443 972 | 497 | 556 028 | 416 674 | 117 | 50 | |
| | 20 | 861 026 | 379 | 444 469 | 496 | 555 531 | 416 557 | 117 | 40 | |
| | 30 | 861 405 | 379 | 444 965 | 496 | 555 035 | 416 440 | 116 | 30 | |
| | 40 | 861 784 | 379 | 445 461 | 496 | 554 539 | 416 324 | 117 | 20 | |
| | 50 | 862 163 | 379 | 445 957 | 496 | 554 043 | 416 207 | 117 | 10 | |
| 3 | 0 | 862 542 | 380 | 446 453 | 496 | 553 547 | 416 090 | 117 | 0 | 57 |
| | 10 | 862 922 | 379 | 446 949 | 496 | 553 051 | 415 973 | 117 | 50 | |
| | 20 | 863 301 | 378 | 447 445 | 496 | 552 555 | 415 856 | 117 | 40 | |
| | 30 | 863 679 | 379 | 447 941 | 496 | 552 059 | 415 739 | 117 | 30 | |
| | 40 | 864 058 | 379 | 448 437 | 496 | 551 563 | 415 622 | 117 | 20 | |
| | 50 | 864 437 | 379 | 448 933 | 495 | 551 067 | 415 505 | 117 | 10 | |
| 4 | 0 | 864 816 | 379 | 449 428 | 496 | 550 572 | 415 388 | 117 | 0 | 56 |
| | 10 | 865 195 | 379 | 449 924 | 496 | 550 076 | 415 271 | 117 | 50 | |
| | 20 | 865 574 | 378 | 450 420 | 496 | 549 580 | 415 154 | 117 | 40 | |
| | 30 | 865 952 | 379 | 450 916 | 496 | 549 084 | 415 037 | 118 | 30 | |
| | 40 | 866 331 | 379 | 451 412 | 495 | 548 588 | 414 919 | 117 | 20 | |
| | 50 | 866 710 | 378 | 451 907 | 496 | 548 093 | 414 802 | 117 | 10 | |
| 5 | 0 | 867 088 | 379 | 452 403 | 496 | 547 597 | 414 685 | 117 | 0 | 55 |
| | 10 | 867 467 | 378 | 452 899 | 495 | 547 101 | 414 568 | 117 | 50 | |
| | 20 | 867 845 | 379 | 453 394 | 496 | 546 606 | 414 451 | 117 | 40 | |
| | 30 | 868 224 | 378 | 453 890 | 495 | 546 110 | 414 334 | 117 | 30 | |
| | 40 | 868 602 | 378 | 454 385 | 496 | 545 615 | 414 217 | 117 | 20 | |
| | 50 | 868 980 | 379 | 454 881 | 495 | 545 119 | 414 100 | 118 | 10 | |
| 6 | 0 | 869 359 | 378 | 455 376 | 496 | 544 624 | 413 982 | 117 | 0 | 54 |
| | 10 | 869 737 | 378 | 455 872 | 495 | 544 128 | 413 865 | 117 | 50 | |
| | 20 | 870 115 | 378 | 456 367 | 496 | 543 633 | 413 748 | 117 | 40 | |
| | 30 | 870 493 | 378 | 456 863 | 495 | 543 137 | 413 631 | 118 | 30 | |
| | 40 | 870 871 | 379 | 457 358 | 495 | 542 642 | 413 513 | 117 | 20 | |
| | 50 | 871 250 | 378 | 457 853 | 496 | 542 147 | 413 396 | 117 | 10 | |
| 7 | 0 | 871 628 | 378 | 458 349 | 495 | 541 651 | 413 279 | 117 | 0 | 53 |
| | 10 | 872 006 | 378 | 458 844 | 495 | 541 156 | 413 162 | 118 | 50 | |
| | 20 | 872 384 | 377 | 459 339 | 495 | 540 661 | 413 044 | 117 | 40 | |
| | 30 | 872 761 | 378 | 459 834 | 496 | 540 166 | 412 927 | 117 | 30 | |
| | 40 | 873 139 | 378 | 460 330 | 495 | 539 670 | 412 810 | 118 | 20 | |
| | 50 | 873 517 | 378 | 460 825 | 495 | 539 175 | 412 692 | 117 | 10 | |
| 8 | 0 | 873 895 | 378 | 461 320 | 495 | 538 680 | 412 575 | 117 | 0 | 52 |
| | 10 | 874 273 | 377 | 461 815 | 495 | 538 185 | 412 458 | 118 | 50 | |
| | 20 | 874 650 | 378 | 462 310 | 495 | 537 690 | 412 340 | 117 | 40 | |
| | 30 | 875 028 | 378 | 462 805 | 495 | 537 195 | 412 223 | 117 | 30 | |
| | 40 | 875 406 | 377 | 463 300 | 495 | 536 700 | 412 106 | 118 | 20 | |
| | 50 | 875 783 | 378 | 463 795 | 495 | 536 205 | 411 988 | 117 | 10 | |
| 9 | 0 | 876 161 | 377 | 464 290 | 495 | 535 710 | 411 871 | 118 | 0 | 51 |
| | 10 | 876 538 | 378 | 464 785 | 495 | 535 215 | 411 753 | 117 | 50 | |
| | 20 | 876 916 | 377 | 465 280 | 495 | 534 720 | 411 636 | 118 | 40 | |
| | 30 | 877 293 | 378 | 465 775 | 495 | 534 225 | 411 518 | 117 | 30 | |
| | 40 | 877 671 | 377 | 466 270 | 494 | 533 730 | 411 401 | 118 | 20 | |
| | 50 | 878 048 | 377 | 466 764 | 495 | 533 236 | 411 283 | 117 | 10 | |
| 10 | 0 | $\bar{1}$,6 878 425 | | $\bar{1}$,7 467 259 | | 0,2 532 741 | $\bar{1}$,9 411 166 | | 0 | 50 |
| ′ | ″ | Cos. | | Cotg. | | Tang. | Sin. | | ″ | ′ |

60°

| ′ | ″ | Sin. | D. | Tang. | D.c. | Cotg. | Cos. | D. | ″ | ′ |
|---|---|---|---|---|---|---|---|---|---|---|
| 10 | 0 | $\bar{1}$,6 878 425 | 377 | $\bar{1}$,7 467 259 | 495 | 0,2 532 741 | $\bar{1}$,9 411 166 | 118 | 0 | 50 |
| | 10 | 878 802 | 378 | 467 754 | 495 | 532 246 | 411 048 | 117 | 50 | |
| | 20 | 879 180 | 377 | 468 249 | 494 | 531 751 | 410 931 | 118 | 40 | |
| | 30 | 879 557 | 377 | 468 743 | 495 | 531 257 | 410 813 | 117 | 30 | |
| | 40 | 879 934 | 377 | 469 238 | 495 | 530 762 | 410 696 | 118 | 20 | |
| | 50 | 880 311 | 377 | 469 733 | 494 | 530 267 | 410 578 | 117 | 10 | |
| 11 | 0 | 880 688 | 377 | 470 227 | 495 | 529 773 | 410 461 | 118 | 0 | 49 |
| | 10 | 881 065 | 377 | 470 722 | 494 | 529 278 | 410 343 | 118 | 50 | |
| | 20 | 881 442 | 377 | 471 216 | 495 | 528 784 | 410 225 | 117 | 40 | |
| | 30 | 881 819 | 377 | 471 711 | 494 | 528 289 | 410 108 | 118 | 30 | |
| | 40 | 882 196 | 376 | 472 205 | 495 | 527 795 | 409 990 | 118 | 20 | |
| | 50 | 882 572 | 377 | 472 700 | 494 | 527 300 | 409 872 | 117 | 10 | |
| 12 | 0 | 882 949 | 377 | 473 194 | 495 | 526 806 | 409 755 | 118 | 0 | 48 |
| | 10 | 883 326 | 376 | 473 689 | 494 | 526 311 | 409 637 | 118 | 50 | |
| | 20 | 883 702 | 377 | 474 183 | 494 | 525 817 | 409 519 | 117 | 40 | |
| | 30 | 884 079 | 377 | 474 677 | 495 | 525 323 | 409 402 | 118 | 30 | |
| | 40 | 884 456 | 376 | 475 172 | 494 | 524 828 | 409 284 | 118 | 20 | |
| | 50 | 884 832 | 377 | 475 666 | 494 | 524 334 | 409 166 | 118 | 10 | |
| 13 | 0 | 885 209 | 376 | 476 160 | 494 | 523 840 | 409 048 | 117 | 0 | 47 |
| | 10 | 885 585 | 377 | 476 654 | 495 | 523 346 | 408 931 | 118 | 50 | |
| | 20 | 885 962 | 376 | 477 149 | 494 | 522 851 | 408 813 | 118 | 40 | |
| | 30 | 886 338 | 376 | 477 643 | 494 | 522 357 | 408 695 | 118 | 30 | |
| | 40 | 886 714 | 377 | 478 137 | 494 | 521 863 | 408 577 | 117 | 20 | |
| | 50 | 887 091 | 376 | 478 631 | 494 | 521 369 | 408 460 | 118 | 10 | |
| 14 | 0 | 887 467 | 376 | 479 125 | 494 | 520 875 | 408 342 | 118 | 0 | 46 |
| | 10 | 887 843 | 376 | 479 619 | 494 | 520 381 | 408 224 | 118 | 50 | |
| | 20 | 888 219 | 376 | 480 113 | 494 | 519 887 | 408 106 | 118 | 40 | |
| | 30 | 888 595 | 376 | 480 607 | 494 | 519 393 | 407 988 | 118 | 30 | |
| | 40 | 888 971 | 376 | 481 101 | 494 | 518 899 | 407 870 | 118 | 20 | |
| | 50 | 889 347 | 376 | 481 595 | 494 | 518 405 | 407 752 | 118 | 10 | |
| 15 | 0 | 889 723 | 376 | 482 089 | 494 | 517 911 | 407 634 | 117 | 0 | 45 |
| | 10 | 890 099 | 376 | 482 583 | 494 | 517 417 | 407 517 | 118 | 50 | |
| | 20 | 890 475 | 376 | 483 077 | 493 | 516 923 | 407 399 | 118 | 40 | |
| | 30 | 890 851 | 376 | 483 570 | 494 | 516 430 | 407 281 | 118 | 30 | |
| | 40 | 891 227 | 376 | 484 064 | 494 | 515 936 | 407 163 | 118 | 20 | |
| | 50 | 891 603 | 375 | 484 558 | 494 | 515 442 | 407 045 | 118 | 10 | |
| 16 | 0 | 891 978 | 376 | 485 052 | 493 | 514 948 | 406 927 | 118 | 0 | 44 |
| | 10 | 892 354 | 376 | 485 545 | 494 | 514 455 | 406 809 | 118 | 50 | |
| | 20 | 892 730 | 375 | 486 039 | 494 | 513 961 | 406 691 | 118 | 40 | |
| | 30 | 893 105 | 376 | 486 533 | 493 | 513 467 | 406 573 | 118 | 30 | |
| | 40 | 893 481 | 375 | 487 026 | 494 | 512 974 | 406 455 | 118 | 20 | |
| | 50 | 893 856 | 376 | 487 520 | 493 | 512 480 | 406 3[illegible]7 | 118 | 10 | |
| 17 | 0 | 894 232 | 375 | 488 013 | 494 | 511 987 | 406 219 | 119 | 0 | 43 |
| | 10 | 894 607 | 376 | 488 507 | 493 | 511 493 | 406 100 | 118 | 50 | |
| | 20 | 894 983 | 375 | 489 000 | 494 | 511 000 | 405 982 | 118 | 40 | |
| | 30 | 895 358 | 375 | 489 494 | 493 | 510 506 | 405 864 | 118 | 30 | |
| | 40 | 895 733 | 376 | 489 987 | 494 | 510 013 | 405 746 | 118 | 20 | |
| | 50 | 896 109 | 375 | 490 481 | 493 | 509 519 | 405 628 | 118 | 10 | |
| 18 | 0 | 896 484 | 375 | 490 974 | 493 | 509 026 | 405 510 | 118 | 0 | 42 |
| | 10 | 896 859 | 375 | 491 467 | 494 | 508 533 | 405 392 | 118 | 50 | |
| | 20 | 897 234 | 375 | 491 961 | 493 | 508 039 | 405 274 | 119 | 40 | |
| | 30 | 897 609 | 375 | 492 454 | 493 | 507 546 | 405 155 | 118 | 30 | |
| | 40 | 897 984 | 375 | 492 947 | 493 | 507 053 | 405 037 | 118 | 20 | |
| | 50 | 898 359 | 375 | 493 440 | 494 | 506 560 | 404 919 | 118 | 10 | |
| 19 | 0 | 898 734 | 375 | 493 934 | 493 | 506 066 | 404 801 | 119 | 0 | 41 |
| | 10 | 899 109 | 375 | 494 427 | 493 | 505 573 | 404 682 | 118 | 50 | |
| | 20 | 899 484 | 375 | 494 920 | 493 | 505 080 | 404 564 | 118 | 40 | |
| | 30 | 899 859 | 375 | 495 413 | 493 | 504 587 | 404 446 | 118 | 30 | |
| | 40 | 900 234 | 375 | 495 906 | 493 | 504 094 | 404 328 | 119 | 20 | |
| | 50 | 900 609 | 374 | 496 399 | 493 | 503 601 | 404 209 | 118 | 10 | |
| 20 | 0 | $\bar{1}$,6 900 983 | | $\bar{1}$,7 495 892 | | 0,2 503 108 | $\bar{1}$,9 404 091 | | 0 | 40 |
| ′ | ″ | Cos. | | Cotg. | | Tang. | Sin. | | ″ | ′ |

| | 495 | 494 | 493 | 377 | 376 | 375 | 118 | 119 |
|---|---|---|---|---|---|---|---|---|
| 1 | 49,5 | 49,4 | 49,3 | 37,7 | 37,6 | 37,5 | 11,8 | 11,9 |
| 2 | 99,0 | 98,8 | 98,6 | 75,4 | 75,2 | 75,0 | 23,6 | 23,8 |
| 3 | 148,5 | 148,2 | 147,9 | 113,1 | 112,8 | 112,5 | 35,4 | 35,7 |
| 4 | 198,0 | 197,6 | 197,2 | 150,8 | 150,4 | 150,0 | 47,2 | 47,6 |
| 5 | 247,5 | 247,0 | 246,5 | 188,5 | 188,0 | 187,5 | 59,0 | 59,5 |
| 6 | 297,0 | 296,4 | 295,8 | 226,2 | 225,6 | 225,0 | 70,8 | 71,4 |
| 7 | 346,5 | 345,8 | 345,1 | 263,9 | 263,2 | 262,5 | 82,6 | 83,3 |
| 8 | 396,0 | 395,2 | 394,4 | 301,6 | 300,8 | 300,0 | 94,4 | 95,2 |
| 9 | 445,5 | 444,6 | 443,7 | 339,3 | 338,4 | 337,5 | 106,2 | 107,1 |

| | 493 | 492 | 491 | 375 | 374 | 373 | 372 | 118 |
|---|---|---|---|---|---|---|---|---|
| 1 | 49,3 | 49,2 | 49,1 | 37,5 | 37,4 | 37,3 | 37,2 | 11,8 |
| 2 | 98,6 | 98,4 | 98,2 | 75,0 | 74,8 | 74,6 | 74,4 | 23,6 |
| 3 | 147,9 | 147,6 | 147,3 | 112,5 | 112,2 | 111,9 | 111,6 | 35,4 |
| 4 | 197,2 | 196,8 | 196,4 | 150,0 | 149,6 | 149,2 | 148,8 | 47,2 |
| 5 | 246,5 | 246,0 | 245,5 | 187,5 | 187,0 | 186,5 | 186,0 | 59,0 |
| 6 | 295,8 | 295,2 | 294,6 | 225,0 | 224,4 | 223,8 | 223,2 | 70,8 |
| 7 | 345,1 | 344,4 | 343,7 | 262,5 | 261,8 | 261,1 | 260,4 | 82,6 |
| 8 | 394,4 | 393,6 | 392,8 | 300,0 | 299,2 | 298,4 | 297,6 | 94,4 |
| 9 | 443,7 | 442,8 | 441,9 | 337,5 | 336,6 | 335,7 | 334,8 | 106,2 |

| ′ | ″ | Sin. | D. | Tang. | D.c. | Cotg. | Cos. | D. | ″ | ′ |
|---|---|---|---|---|---|---|---|---|---|---|
| 20 | 0 | 1̄,6 900 983 | | 1̄,7 496 892 | | 0,2 503 108 | 1̄,9 404 091 | | 0 | 40 |
| | 10 | 901 358 | 375 | 497 385 | 493 | 502 615 | 403 973 | 118 | 50 | |
| | 20 | 901 733 | 375 | 497 878 | 493 | 502 122 | 403 854 | 119 | 40 | |
| | 30 | 902 107 | 374 | 498 371 | 493 | 501 629 | 403 736 | 118 | 30 | |
| | 40 | 902 482 | 375 | 498 864 | 493 | 501 136 | 403 618 | 118 | 20 | |
| | 50 | 902 856 | 374 | 499 357 | 493 | 500 643 | 403 499 | 119 | 10 | |
| 21 | 0 | 903 231 | 375 | 499 850 | 493 | 500 150 | 403 381 | 118 | 0 | 39 |
| | 10 | 903 605 | 374 | 500 343 | 493 | 499 657 | 403 262 | 119 | 50 | |
| | 20 | 903 979 | 374 | 500 835 | 492 | 499 165 | 403 144 | 118 | 40 | |
| | 30 | 904 354 | 375 | 501 328 | 493 | 498 672 | 403 026 | 118 | 30 | |
| | 40 | 904 728 | 374 | 501 821 | 493 | 498 179 | 402 907 | 119 | 20 | |
| | 50 | 905 102 | 374 | 502 314 | 493 | 497 686 | 402 789 | 118 | 10 | |
| 22 | 0 | 905 476 | 374 | 502 806 | 492 | 497 194 | 402 670 | 119 | 0 | 38 |
| | 10 | 905 851 | 375 | 503 299 | 493 | 496 701 | 402 552 | 118 | 50 | |
| | 20 | 906 225 | 374 | 503 791 | 492 | 496 209 | 402 433 | 119 | 40 | |
| | 30 | 906 599 | 374 | 504 284 | 493 | 495 716 | 402 315 | 118 | 30 | |
| | 40 | 906 973 | 374 | 504 777 | 493 | 495 223 | 402 196 | 119 | 20 | |
| | 50 | 907 347 | 374 | 505 269 | 492 | 494 731 | 402 078 | 118 | 10 | |
| 23 | 0 | 907 721 | 374 | 505 762 | 493 | 494 238 | 401 959 | 119 | 0 | 37 |
| | 10 | 908 095 | 374 | 506 254 | 492 | 493 746 | 401 841 | 118 | 50 | |
| | 20 | 908 469 | 374 | 506 747 | 493 | 493 253 | 401 722 | 119 | 40 | |
| | 30 | 908 842 | 373 | 507 239 | 492 | 492 761 | 401 603 | 119 | 30 | |
| | 40 | 909 216 | 374 | 507 731 | 492 | 492 269 | 401 485 | 118 | 20 | |
| | 50 | 909 590 | 374 | 508 224 | 493 | 491 776 | 401 366 | 119 | 10 | |
| 24 | 0 | 909 964 | 374 | 508 716 | 492 | 491 284 | 401 248 | 118 | 0 | 36 |
| | 10 | 910 337 | 373 | 509 208 | 492 | 490 792 | 401 129 | 119 | 50 | |
| | 20 | 910 711 | 374 | 509 701 | 493 | 490 299 | 401 010 | 119 | 40 | |
| | 30 | 911 084 | 373 | 510 193 | 492 | 489 807 | 400 892 | 118 | 30 | |
| | 40 | 911 458 | 374 | 510 685 | 492 | 489 315 | 400 773 | 119 | 20 | |
| | 50 | 911 831 | 373 | 511 177 | 492 | 488 823 | 400 654 | 119 | 10 | |
| 25 | 0 | 912 205 | 374 | 511 669 | 492 | 488 331 | 400 535 | 119 | 0 | 35 |
| | 10 | 912 578 | 373 | 512 161 | 492 | 487 839 | 400 417 | 118 | 50 | |
| | 20 | 912 952 | 374 | 512 654 | 493 | 487 346 | 400 298 | 119 | 40 | |
| | 30 | 913 325 | 373 | 513 146 | 492 | 486 854 | 400 179 | 119 | 30 | |
| | 40 | 913 698 | 373 | 513 638 | 492 | 486 362 | 400 060 | 119 | 20 | |
| | 50 | 914 071 | 373 | 514 130 | 492 | 485 870 | 399 942 | 118 | 10 | |
| 26 | 0 | 914 445 | 374 | 514 622 | 492 | 485 378 | 399 823 | 119 | 0 | 34 |
| | 10 | 914 818 | 373 | 515 114 | 492 | 484 886 | 399 704 | 119 | 50 | |
| | 20 | 915 191 | 373 | 515 606 | 492 | 484 394 | 399 585 | 119 | 40 | |
| | 30 | 915 564 | 373 | 516 097 | 491 | 483 903 | 399 466 | 119 | 30 | |
| | 40 | 915 937 | 373 | 516 589 | 492 | 483 411 | 399 348 | 118 | 20 | |
| | 50 | 916 310 | 373 | 517 081 | 492 | 482 919 | 399 229 | 119 | 10 | |
| 27 | 0 | 916 683 | 373 | 517 573 | 492 | 482 427 | 399 110 | 119 | 0 | 33 |
| | 10 | 917 056 | 373 | 518 065 | 492 | 481 935 | 398 991 | 119 | 50 | |
| | 20 | 917 428 | 372 | 518 556 | 491 | 481 444 | 398 872 | 119 | 40 | |
| | 30 | 917 801 | 373 | 519 048 | 492 | 480 952 | 398 753 | 119 | 30 | |
| | 40 | 918 174 | 373 | 519 540 | 492 | 480 460 | 398 634 | 119 | 20 | |
| | 50 | 918 547 | 373 | 520 031 | 491 | 479 969 | 398 515 | 119 | 10 | |
| 28 | 0 | 918 919 | 372 | 520 523 | 492 | 479 477 | 398 396 | 119 | 0 | 32 |
| | 10 | 919 292 | 373 | 521 015 | 492 | 478 985 | 398 277 | 119 | 50 | |
| | 20 | 919 665 | 373 | 521 506 | 491 | 478 494 | 398 158 | 119 | 40 | |
| | 30 | 920 037 | 372 | 521 998 | 492 | 478 002 | 398 039 | 119 | 30 | |
| | 40 | 920 410 | 373 | 522 489 | 491 | 477 511 | 397 920 | 119 | 20 | |
| | 50 | 920 782 | 372 | 522 981 | 492 | 477 019 | 397 801 | 119 | 10 | |
| 29 | 0 | 921 155 | 373 | 523 472 | 491 | 476 528 | 397 682 | 119 | 0 | 31 |
| | 10 | 921 527 | 372 | 523 964 | 492 | 476 036 | 397 563 | 119 | 50 | |
| | 20 | 921 899 | 372 | 524 455 | 491 | 475 545 | 397 444 | 119 | 40 | |
| | 30 | 922 272 | 373 | 524 947 | 492 | 475 053 | 397 325 | 119 | 30 | |
| | 40 | 922 644 | 372 | 525 438 | 491 | 474 562 | 397 206 | 119 | 20 | |
| | 50 | 923 016 | 372 | 525 929 | 491 | 474 071 | 397 087 | 119 | 10 | |
| 30 | 0 | 1̄,6 923 388 | 372 | 1̄,7 526 420 | 491 | 0,2 473 580 | 1̄,9 396 968 | 119 | 0 | 30 |
| ′ | ″ | Cos. | | Cotg. | | Tang. | Sin. | | ″ | ′ |

| ′ | ″ | Sin. | D. | Tang. | D.c. | Cotg. | Cos. | D. | ″ | ′ |
|---|---|---|---|---|---|---|---|---|---|---|
| 30 | 0 | 1̄,6 923 388 | 372 | 1̄,7 526 420 | 492 | 0,2 473 580 | 1̄,9 396 968 | 119 | 0 | 30 |
| | 10 | 923 760 | 372 | 526 912 | 491 | 473 088 | 396 849 | 120 | 50 | |
| | 20 | 924 132 | 372 | 527 403 | 491 | 472 597 | 396 729 | 119 | 40 | |
| | 30 | 924 504 | 372 | 527 894 | 491 | 472 106 | 396 610 | 119 | 30 | |
| | 40 | 924 876 | 372 | 528 385 | 491 | 471 615 | 396 491 | 119 | 20 | |
| | 50 | 925 248 | 372 | 528 876 | 492 | 471 124 | 396 372 | 119 | 10 | |
| 31 | 0 | 925 620 | 372 | 529 368 | 491 | 470 632 | 396 253 | 119 | 0 | 29 |
| | 10 | 925 992 | 372 | 529 859 | 491 | 470 141 | 396 134 | 120 | 50 | |
| | 20 | 926 364 | 372 | 530 350 | 491 | 469 650 | 396 014 | 119 | 40 | |
| | 30 | 926 736 | 372 | 530 841 | 491 | 469 159 | 395 895 | 119 | 30 | |
| | 40 | 927 108 | 371 | 531 332 | 491 | 468 668 | 395 776 | 119 | 20 | |
| | 50 | 927 479 | 372 | 531 823 | 491 | 468 177 | 395 657 | 120 | 10 | |
| 32 | 0 | 927 851 | 372 | 532 314 | 491 | 467 686 | 395 537 | 119 | 0 | 28 |
| | 10 | 928 223 | 371 | 532 805 | 491 | 467 195 | 395 418 | 119 | 50 | |
| | 20 | 928 594 | 372 | 533 296 | 490 | 466 704 | 395 299 | 120 | 40 | |
| | 30 | 928 966 | 371 | 533 786 | 491 | 466 214 | 395 179 | 119 | 30 | |
| | 40 | 929 337 | 372 | 534 277 | 491 | 465 723 | 395 060 | 119 | 20 | |
| | 50 | 929 709 | 371 | 534 768 | 491 | 465 232 | 394 941 | 120 | 10 | |
| 33 | 0 | 930 080 | 371 | 535 259 | 491 | 464 741 | 394 821 | 119 | 0 | 27 |
| | 10 | 930 451 | 372 | 535 750 | 490 | 464 250 | 394 702 | 119 | 50 | |
| | 20 | 930 823 | 371 | 536 240 | 491 | 463 760 | 394 583 | 120 | 40 | |
| | 30 | 931 194 | 371 | 536 731 | 491 | 463 269 | 394 463 | 119 | 30 | |
| | 40 | 931 565 | 372 | 537 222 | 490 | 462 778 | 394 344 | 120 | 20 | |
| | 50 | 931 937 | 371 | 537 712 | 491 | 462 288 | 394 224 | 119 | 10 | |
| 34 | 0 | 932 308 | 371 | 538 203 | 490 | 461 797 | 394 105 | 120 | 0 | 26 |
| | 10 | 932 679 | 371 | 538 693 | 491 | 461 307 | 393 985 | 119 | 50 | |
| | 20 | 933 050 | 371 | 539 184 | 490 | 460 816 | 393 866 | 120 | 40 | |
| | 30 | 933 421 | 371 | 539 674 | 491 | 460 326 | 393 746 | 119 | 30 | |
| | 40 | 933 792 | 371 | 540 165 | 490 | 459 835 | 393 627 | 120 | 20 | |
| | 50 | 934 163 | 371 | 540 655 | 491 | 459 345 | 393 507 | 119 | 10 | |
| 35 | 0 | 934 534 | 371 | 541 146 | 490 | 458 854 | 393 388 | 120 | 0 | 25 |
| | 10 | 934 905 | 370 | 541 636 | 491 | 458 364 | 393 268 | 119 | 50 | |
| | 20 | 935 275 | 371 | 542 127 | 490 | 457 873 | 393 149 | 120 | 40 | |
| | 30 | 935 646 | 371 | 542 617 | 490 | 457 383 | 393 029 | 119 | 30 | |
| | 40 | 936 017 | 371 | 543 107 | 491 | 456 893 | 392 910 | 120 | 20 | |
| | 50 | 936 388 | 370 | 543 598 | 490 | 456 402 | 392 790 | 119 | 10 | |
| 36 | 0 | 936 758 | 371 | 544 088 | 490 | 455 912 | 392 671 | 120 | 0 | 24 |
| | 10 | 937 129 | 371 | 544 578 | 490 | 455 422 | 392 551 | 120 | 50 | |
| | 20 | 937 500 | 370 | 545 068 | 490 | 454 932 | 392 431 | 119 | 40 | |
| | 30 | 937 870 | 371 | 545 558 | 491 | 454 442 | 392 312 | 120 | 30 | |
| | 40 | 938 241 | 370 | 546 049 | 490 | 453 951 | 392 192 | 120 | 20 | |
| | 50 | 938 611 | 370 | 546 539 | 490 | 453 461 | 392 072 | 119 | 10 | |
| 37 | 0 | 938 981 | 371 | 547 029 | 490 | 452 971 | 391 953 | 120 | 0 | 23 |
| | 10 | 939 352 | 370 | 547 519 | 490 | 452 481 | 391 833 | 120 | 50 | |
| | 20 | 939 722 | 370 | 548 009 | 490 | 451 991 | 391 713 | 120 | 40 | |
| | 30 | 940 092 | 371 | 548 499 | 490 | 451 501 | 391 593 | 119 | 30 | |
| | 40 | 940 463 | 370 | 548 989 | 490 | 451 011 | 391 474 | 120 | 20 | |
| | 50 | 940 833 | 370 | 549 479 | 490 | 450 521 | 391 354 | 120 | 10 | |
| 38 | 0 | 941 203 | 370 | 549 969 | 490 | 450 031 | 391 234 | 120 | 0 | 22 |
| | 10 | 941 573 | 370 | 550 459 | 490 | 449 541 | 391 114 | 119 | 50 | |
| | 20 | 941 943 | 370 | 550 949 | 489 | 449 051 | 390 995 | 120 | 40 | |
| | 30 | 942 313 | 370 | 551 438 | 490 | 448 562 | 390 875 | 120 | 30 | |
| | 40 | 942 683 | 370 | 551 928 | 490 | 448 072 | 390 755 | 120 | 20 | |
| | 50 | 943 053 | 370 | 552 418 | 490 | 447 582 | 390 635 | 120 | 10 | |
| 39 | 0 | 943 423 | 370 | 552 908 | 489 | 447 092 | 390 515 | 119 | 0 | 21 |
| | 10 | 943 793 | 370 | 553 397 | 490 | 446 603 | 390 396 | 120 | 50 | |
| | 20 | 944 163 | 370 | 553 887 | 490 | 446 113 | 390 276 | 120 | 40 | |
| | 30 | 944 533 | 369 | 554 377 | 489 | 445 623 | 390 156 | 120 | 30 | |
| | 40 | 944 902 | 370 | 554 866 | 490 | 445 134 | 390 036 | 120 | 20 | |
| | 50 | 945 272 | 370 | 555 356 | 490 | 444 644 | 389 916 | 120 | 10 | |
| 40 | 0 | 1̄,6 945 642 | | 1̄,7 555 846 | | 0,2 444 154 | 1̄,9 389 796 | | 0 | 20 |
| ′ | ″ | Cos. | | Cotg. | | Tang. | Sin. | | ″ | ′ |



| 491 | |
|---|---|
| 1 | 49,1 |
| 2 | 98,2 |
| 3 | 147,3 |
| 4 | 196,4 |
| 5 | 245,5 |
| 6 | 294,6 |
| 7 | 343,7 |
| 8 | 392,8 |
| 9 | 441,9 |

| 490 | |
|---|---|
| 1 | 49 |
| 2 | 98 |
| 3 | 147 |
| 4 | 196 |
| 5 | 245 |
| 6 | 294 |
| 7 | 343 |
| 8 | 392 |
| 9 | 441 |

| 489 | |
|---|---|
| 1 | 48,9 |
| 2 | 97,8 |
| 3 | 146,7 |
| 4 | 195,6 |
| 5 | 244,5 |
| 6 | 293,4 |
| 7 | 342,3 |
| 8 | 391,2 |
| 9 | 440,1 |

| 372 | |
|---|---|
| 1 | 37,2 |
| 2 | 74,4 |
| 3 | 111,6 |
| 4 | 148,8 |
| 5 | 186,0 |
| 6 | 223,2 |
| 7 | 260,4 |
| 8 | 297,6 |
| 9 | 334,8 |

| 371 | |
|---|---|
| 1 | 37,1 |
| 2 | 74,2 |
| 3 | 111,3 |
| 4 | 148,4 |
| 5 | 185,5 |
| 6 | 222,6 |
| 7 | 259,7 |
| 8 | 296,8 |
| 9 | 333,9 |

| 370 | |
|---|---|
| 1 | 37 |
| 2 | 74 |
| 3 | 111 |
| 4 | 148 |
| 5 | 185 |
| 6 | 222 |
| 7 | 259 |
| 8 | 296 |
| 9 | 333 |

| 119 | |
|---|---|
| 1 | 11,9 |
| 2 | 23,8 |
| 3 | 35,7 |
| 4 | 47,6 |
| 5 | 59,5 |
| 6 | 71,4 |
| 7 | 83,3 |
| 8 | 95,2 |
| 9 | 107,1 |

| 120 | |
|---|---|
| 1 | 12 |
| 2 | 24 |
| 3 | 36 |
| 4 | 48 |
| 5 | 60 |
| 6 | 72 |
| 7 | 84 |
| 8 | 96 |
| 9 | 108 |

| | 490 | 489 | 488 | 370 | 369 | 368 | 367 | 120 |
|---|---|---|---|---|---|---|---|---|
| 1 | 49 | 48,9 | 48,8 | 37 | 36,9 | 36,8 | 36,7 | 12 |
| 2 | 98 | 97,8 | 97,6 | 74 | 73,8 | 73,6 | 73,4 | 24 |
| 3 | 147 | 146,7 | 146,4 | 111 | 110,7 | 110,4 | 110,1 | 36 |
| 4 | 196 | 195,6 | 195,2 | 148 | 147,6 | 147,2 | 146,8 | 48 |
| 5 | 245 | 244,5 | 244,0 | 185 | 184,5 | 184,0 | 183,5 | 60 |
| 6 | 294 | 293,4 | 292,8 | 222 | 221,4 | 220,8 | 220,2 | 72 |
| 7 | 343 | 342,3 | 341,6 | 259 | 258,3 | 257,6 | 256,9 | 84 |
| 8 | 392 | 391,2 | 390,4 | 296 | 295,2 | 294,4 | 293,6 | 96 |
| 9 | 441 | 440,1 | 439,2 | 333 | 332,1 | 331,2 | 330,3 | 108 |

| ′ | ″ | Sin. | D. | Tang. | D. c. | Cotg. | Cos. | D. | ″ | ′ |
|---|---|---|---|---|---|---|---|---|---|---|
| 40 | 0 | $\bar{1}$,6 945 642 | | $\bar{1}$,7 555 846 | | 0,2 444 154 | $\bar{1}$,9 389 796 | | 0 | 20 |
| | 10 | 946 011 | 369 | 556 335 | 489 | 443 665 | 389 676 | 120 | 50 | |
| | 20 | 946 381 | 370 | 556 825 | 490 | 443 175 | 389 556 | 120 | 40 | |
| | 30 | 946 750 | 369 | 557 314 | 489 | 442 686 | 389 436 | 120 | 30 | |
| | 40 | 947 120 | 370 | 557 804 | 490 | 442 196 | 389 316 | 120 | 20 | |
| | 50 | 947 489 | 369 | 558 293 | 489 | 441 707 | 389 196 | 120 | 10 | |
| 41 | 0 | 947 859 | 370 | 558 783 | 490 | 441 217 | 389 076 | 120 | 0 | 19 |
| | 10 | 948 228 | 369 | 559 272 | 489 | 440 728 | 388 956 | 120 | 50 | |
| | 20 | 948 597 | 369 | 559 761 | 489 | 440 239 | 388 836 | 120 | 40 | |
| | 30 | 948 967 | 370 | 560 251 | 490 | 439 749 | 388 716 | 120 | 30 | |
| | 40 | 949 336 | 369 | 560 740 | 489 | 439 260 | 388 596 | 120 | 20 | |
| | 50 | 949 705 | 369 | 561 229 | 489 | 438 771 | 388 476 | 120 | 10 | |
| 42 | 0 | 950 074 | 369 | 561 718 | 489 | 438 282 | 388 356 | 120 | 0 | 18 |
| | 10 | 950 443 | 369 | 562 208 | 490 | 437 792 | 388 236 | 120 | 50 | |
| | 20 | 950 813 | 370 | 562 697 | 489 | 437 303 | 388 116 | 120 | 40 | |
| | 30 | 951 182 | 369 | 563 186 | 489 | 436 814 | 387 995 | 121 | 30 | |
| | 40 | 951 551 | 369 | 563 675 | 489 | 436 325 | 387 875 | 120 | 20 | |
| | 50 | 951 919 | 368 | 564 164 | 489 | 435 836 | 387 755 | 120 | 10 | |
| 43 | 0 | 952 288 | 369 | 564 653 | 489 | 435 347 | 387 635 | 120 | 0 | 17 |
| | 10 | 952 657 | 369 | 565 142 | 489 | 434 858 | 387 515 | 120 | 50 | |
| | 20 | 953 026 | 369 | 565 631 | 489 | 434 369 | 387 395 | 120 | 40 | |
| | 30 | 953 395 | 369 | 566 120 | 489 | 433 880 | 387 274 | 121 | 30 | |
| | 40 | 953 764 | 369 | 566 609 | 489 | 433 391 | 387 154 | 120 | 20 | |
| | 50 | 954 132 | 368 | 567 098 | 489 | 432 902 | 387 034 | 120 | 10 | |
| 44 | 0 | 954 501 | 369 | 567 587 | 489 | 432 413 | 386 914 | 120 | 0 | 16 |
| | 10 | 954 870 | 369 | 568 076 | 489 | 431 924 | 386 793 | 121 | 50 | |
| | 20 | 955 238 | 368 | 568 565 | 489 | 431 435 | 386 673 | 120 | 40 | |
| | 30 | 955 607 | 369 | 569 054 | 489 | 430 946 | 386 553 | 120 | 30 | |
| | 40 | 955 975 | 368 | 569 543 | 489 | 430 457 | 386 433 | 120 | 20 | |
| | 50 | 956 344 | 369 | 570 031 | 488 | 429 969 | 386 312 | 121 | 10 | |
| 45 | 0 | 956 712 | 368 | 570 520 | 489 | 429 480 | 386 192 | 120 | 0 | 15 |
| | 10 | 957 080 | 368 | 571 009 | 489 | 428 991 | 386 072 | 120 | 50 | |
| | 20 | 957 449 | 369 | 571 498 | 489 | 428 502 | 385 951 | 121 | 40 | |
| | 30 | 957 817 | 368 | 571 986 | 488 | 428 014 | 385 831 | 120 | 30 | |
| | 40 | 958 185 | 368 | 572 475 | 489 | 427 525 | 385 710 | 121 | 20 | |
| | 50 | 958 553 | 368 | 572 963 | 488 | 427 037 | 385 590 | 120 | 10 | |
| 46 | 0 | 958 922 | 369 | 573 452 | 489 | 426 548 | 385 470 | 120 | 0 | 14 |
| | 10 | 959 290 | 368 | 573 941 | 489 | 426 059 | 385 349 | 121 | 50 | |
| | 20 | 959 658 | 368 | 574 429 | 488 | 425 571 | 385 229 | 120 | 40 | |
| | 30 | 960 026 | 368 | 574 918 | 489 | 425 082 | 385 108 | 121 | 30 | |
| | 40 | 960 394 | 368 | 575 406 | 488 | 424 594 | 384 988 | 120 | 20 | |
| | 50 | 960 762 | 368 | 575 894 | 488 | 424 106 | 384 867 | 121 | 10 | |
| 47 | 0 | 961 130 | 368 | 576 383 | 489 | 423 617 | 384 747 | 120 | 0 | 13 |
| | 10 | 961 498 | 368 | 576 871 | 488 | 423 129 | 384 626 | 121 | 50 | |
| | 20 | 961 865 | 367 | 577 360 | 489 | 422 640 | 384 506 | 120 | 40 | |
| | 30 | 962 233 | 368 | 577 848 | 488 | 422 152 | 384 385 | 121 | 30 | |
| | 40 | 962 601 | 368 | 578 336 | 488 | 421 664 | 384 265 | 120 | 20 | |
| | 50 | 962 969 | 368 | 578 825 | 489 | 421 175 | 384 144 | 121 | 10 | |
| 48 | 0 | 963 336 | 367 | 579 313 | 488 | 420 687 | 384 024 | 120 | 0 | 12 |
| | 10 | 963 704 | 368 | 579 801 | 488 | 420 199 | 383 903 | 121 | 50 | |
| | 20 | 964 072 | 368 | 580 289 | 488 | 419 711 | 383 782 | 121 | 40 | |
| | 30 | 964 439 | 367 | 580 777 | 488 | 419 223 | 383 662 | 120 | 30 | |
| | 40 | 964 807 | 368 | 581 265 | 488 | 418 735 | 383 541 | 121 | 20 | |
| | 50 | 965 174 | 367 | 581 754 | 489 | 418 246 | 383 420 | 121 | 10 | |
| 49 | 0 | 965 541 | 367 | 582 242 | 488 | 417 758 | 383 300 | 120 | 0 | 11 |
| | 10 | 965 909 | 368 | 582 730 | 488 | 417 270 | 383 179 | 121 | 50 | |
| | 20 | 966 276 | 367 | 583 218 | 488 | 416 782 | 383 058 | 121 | 40 | |
| | 30 | 966 643 | 367 | 583 706 | 488 | 416 294 | 382 938 | 120 | 30 | |
| | 40 | 967 011 | 368 | 584 194 | 488 | 415 806 | 382 817 | 121 | 20 | |
| | 50 | 967 378 | 367 | 584 682 | 488 | 415 318 | 382 696 | 121 | 10 | |
| 50 | 0 | $\bar{1}$,6 967 745 | 367 | $\bar{1}$,7 585 170 | 488 | 0,2 414 830 | $\bar{1}$,9 382 576 | 120 | 0 | 10 |
| ′ | ″ | Cos. | | Cotg. | | Tang. | Sin. | | ″ | ′ |

| ′ | ″ | Sin. | D. | Tang. | D.c. | Cotg. | Cos. | D. | ″ | ′ |
|---|---|---|---|---|---|---|---|---|---|---|
| 50 | 0 | $\bar{1}$,6 967 745 | 367 | $\bar{1}$,7 585 170 | 487 | 0,2 414 830 | $\bar{1}$,9 382 576 | 121 | 0 | 10 |
| | 10 | 968 112 | 367 | 585 657 | 488 | 414 343 | 382 455 | 121 | 50 | |
| | 20 | 968 479 | 367 | 586 145 | 488 | 413 855 | 382 334 | 121 | 40 | |
| | 30 | 968 846 | 367 | 586 633 | 488 | 413 367 | 382 213 | 121 | 30 | |
| | 40 | 969 213 | 367 | 587 121 | 488 | 412 879 | 382 092 | 120 | 20 | |
| | 50 | 969 580 | 367 | 587 609 | 487 | 412 391 | 381 972 | 121 | 10 | |
| 51 | 0 | 969 947 | 367 | 588 096 | 488 | 411 904 | 381 851 | 121 | 0 | 9 |
| | 10 | 970 314 | 367 | 588 584 | 488 | 411 416 | 381 730 | 121 | 50 | |
| | 20 | 970 681 | 367 | 589 072 | 487 | 410 928 | 381 609 | 121 | 40 | |
| | 30 | 971 048 | 367 | 589 559 | 488 | 410 441 | 381 488 | 121 | 30 | |
| | 40 | 971 415 | 366 | 590 047 | 488 | 409 953 | 381 367 | 120 | 20 | |
| | 50 | 971 781 | 367 | 590 535 | 487 | 409 465 | 381 247 | 121 | 10 | |
| 52 | 0 | 972 148 | 367 | 591 022 | 488 | 408 978 | 381 126 | 121 | 0 | 8 |
| | 10 | 972 515 | 366 | 591 510 | 487 | 408 490 | 381 005 | 121 | 50 | |
| | 20 | 972 881 | 367 | 591 997 | 488 | 408 003 | 380 884 | 121 | 40 | |
| | 30 | 973 248 | 366 | 592 485 | 487 | 407 515 | 380 763 | 121 | 30 | |
| | 40 | 973 614 | 367 | 592 972 | 488 | 407 028 | 380 642 | 121 | 20 | |
| | 50 | 973 981 | 366 | 593 460 | 487 | 406 540 | 380 521 | 121 | 10 | |
| 53 | 0 | 974 347 | 366 | 593 947 | 488 | 406 053 | 380 400 | 121 | 0 | 7 |
| | 10 | 974 713 | 367 | 594 435 | 487 | 405 565 | 380 279 | 121 | 50 | |
| | 20 | 975 080 | 366 | 594 922 | 487 | 405 078 | 380 158 | 121 | 40 | |
| | 30 | 975 446 | 366 | 595 409 | 488 | 404 591 | 380 037 | 121 | 30 | |
| | 40 | 975 812 | 367 | 595 897 | 487 | 404 103 | 379 916 | 121 | 20 | |
| | 50 | 976 179 | 366 | 596 384 | 487 | 403 616 | 379 795 | 121 | 10 | |
| 54 | 0 | 976 545 | 366 | 596 871 | 487 | 403 129 | 379 674 | 121 | 0 | 6 |
| | 10 | 976 911 | 366 | 597 358 | 487 | 402 642 | 379 553 | 121 | 50 | |
| | 20 | 977 277 | 366 | 597 845 | 488 | 402 155 | 379 432 | 122 | 40 | |
| | 30 | 977 643 | 366 | 598 333 | 487 | 401 667 | 379 310 | 121 | 30 | |
| | 40 | 978 009 | 366 | 598 820 | 487 | 401 180 | 379 189 | 121 | 20 | |
| | 50 | 978 375 | 366 | 599 307 | 487 | 400 693 | 379 068 | 121 | 10 | |
| 55 | 0 | 978 741 | 366 | 599 794 | 487 | 400 206 | 378 947 | 121 | 0 | 5 |
| | 10 | 979 107 | 366 | 600 281 | 487 | 399 719 | 378 826 | 121 | 50 | |
| | 20 | 979 473 | 366 | 600 768 | 487 | 399 232 | 378 705 | 121 | 40 | |
| | 30 | 979 839 | 365 | 601 255 | 487 | 398 745 | 378 584 | 122 | 30 | |
| | 40 | 980 204 | 366 | 601 742 | 487 | 398 258 | 378 462 | 121 | 20 | |
| | 50 | 980 570 | 366 | 602 229 | 487 | 397 771 | 378 341 | 121 | 10 | |
| 56 | 0 | 980 936 | 365 | 602 716 | 487 | 397 284 | 378 220 | 121 | 0 | 4 |
| | 10 | 981 301 | 366 | 603 203 | 487 | 396 797 | 378 099 | 122 | 50 | |
| | 20 | 981 667 | 366 | 603 690 | 486 | 396 310 | 377 977 | 121 | 40 | |
| | 30 | 982 033 | 365 | 604 176 | 487 | 395 824 | 377 856 | 121 | 30 | |
| | 40 | 982 398 | 366 | 604 663 | 487 | 395 337 | 377 735 | 121 | 20 | |
| | 50 | 982 764 | 365 | 605 150 | 487 | 394 850 | 377 614 | 122 | 10 | |
| 57 | 0 | 983 129 | 365 | 605 637 | 487 | 394 363 | 377 492 | 121 | 0 | 3 |
| | 10 | 983 494 | 366 | 606 124 | 486 | 393 876 | 377 371 | 121 | 50 | |
| | 20 | 983 860 | 365 | 606 610 | 487 | 393 390 | 377 250 | 122 | 40 | |
| | 30 | 984 225 | 365 | 607 097 | 487 | 392 903 | 377 128 | 121 | 30 | |
| | 40 | 984 590 | 366 | 607 584 | 486 | 392 416 | 377 007 | 122 | 20 | |
| | 50 | 984 956 | 365 | 608 070 | 487 | 391 930 | 376 885 | 121 | 10 | |
| 58 | 0 | 985 321 | 365 | 608 557 | 486 | 391 443 | 376 764 | 121 | 0 | 2 |
| | 10 | 985 686 | 365 | 609 043 | 487 | 390 957 | 376 643 | 122 | 50 | |
| | 20 | 986 051 | 365 | 609 530 | 486 | 390 470 | 376 521 | 121 | 40 | |
| | 30 | 986 416 | 365 | 610 016 | 487 | 389 984 | 376 400 | 122 | 30 | |
| | 40 | 986 781 | 365 | 610 503 | 486 | 389 497 | 376 278 | 121 | 20 | |
| | 50 | 987 146 | 365 | 610 989 | 487 | 389 011 | 376 157 | 122 | 10 | |
| 59 | 0 | 987 511 | 365 | 611 476 | 486 | 388 524 | 376 035 | 121 | 0 | 1 |
| | 10 | 987 876 | 365 | 611 962 | 487 | 388 038 | 375 914 | 122 | 50 | |
| | 20 | 988 241 | 365 | 612 449 | 486 | 387 551 | 375 792 | 121 | 40 | |
| | 30 | 988 606 | 365 | 612 935 | 486 | 387 065 | 375 671 | 122 | 30 | |
| | 40 | 988 971 | 364 | 613 421 | 486 | 386 579 | 375 549 | 121 | 20 | |
| | 50 | 989 336 | 365 | 613 907 | 487 | 386 093 | 375 428 | 122 | 10 | |
| 60 | 0 | $\bar{1}$,6 989 700 | | $\bar{1}$,7 614 394 | | 0,2 385 606 | $\bar{1}$,9 375 306 | | 0 | 0 |
| ′ | ″ | Cos. | | Cotg. | | Tang. | Sin. | | ″ | ′ |

60°

| | 488 | 487 | 486 | 367 | 366 | 365 | 121 | 122 |
|---|---|---|---|---|---|---|---|---|
| 1 | 48,8 | 48,7 | 48,6 | 36,7 | 36,6 | 36,5 | 12,1 | 12,2 |
| 2 | 97,6 | 97,4 | 97,2 | 73,4 | 73,2 | 73,0 | 24,2 | 24,4 |
| 3 | 146,4 | 146,1 | 145,8 | 110,1 | 109,8 | 109,5 | 36,3 | 36,6 |
| 4 | 195,2 | 194,8 | 194,4 | 146,8 | 146,4 | 146,0 | 48,4 | 48,8 |
| 5 | 244,0 | 243,5 | 243,0 | 183,5 | 183,0 | 182,5 | 60,5 | 61,0 |
| 6 | 292,8 | 292,2 | 291,6 | 220,2 | 219,6 | 219,0 | 72,6 | 73,2 |
| 7 | 341,6 | 340,9 | 340,2 | 256,9 | 256,2 | 255,5 | 84,7 | 85,4 |
| 8 | 390,4 | 389,6 | 388,8 | 293,6 | 292,8 | 292,0 | 96,8 | 97,6 |
| 9 | 439,2 | 438,3 | 437,4 | 330,3 | 329,4 | 328,5 | 108,9 | 109,8 |

| 487 | | 486 | | 485 | | 365 | | 364 | | 363 | | 362 | | 122 | |
|---|---|---|---|---|---|---|---|---|---|---|---|---|---|---|---|
| 1 | 48,7 | 1 | 48,6 | 1 | 48,5 | 1 | 36,5 | 1 | 36,4 | 1 | 36,3 | 1 | 36,2 | 1 | 12,2 |
| 2 | 97,4 | 2 | 97,2 | 2 | 97,0 | 2 | 73,0 | 2 | 72,8 | 2 | 72,6 | 2 | 72,4 | 2 | 24,4 |
| 3 | 146,1 | 3 | 145,8 | 3 | 145,5 | 3 | 109,5 | 3 | 109,2 | 3 | 108,9 | 3 | 108,6 | 3 | 36,6 |
| 4 | 194,8 | 4 | 194,4 | 4 | 194,0 | 4 | 146,0 | 4 | 145,6 | 4 | 145,2 | 4 | 144,8 | 4 | 48,8 |
| 5 | 243,5 | 5 | 243,0 | 5 | 242,5 | 5 | 182,5 | 5 | 182,0 | 5 | 181,5 | 5 | 181,0 | 5 | 61,0 |
| 6 | 292,2 | 6 | 291,6 | 6 | 291,0 | 6 | 219,0 | 6 | 218,4 | 6 | 217,8 | 6 | 217,2 | 6 | 73,2 |
| 7 | 340,9 | 7 | 340,2 | 7 | 339,5 | 7 | 255,5 | 7 | 254,8 | 7 | 254,1 | 7 | 253,4 | 7 | 85,4 |
| 8 | 389,6 | 8 | 388,8 | 8 | 388,0 | 8 | 292,0 | 8 | 291,2 | 8 | 290,4 | 8 | 289,6 | 8 | 97,6 |
| 9 | 438,3 | 9 | 437,4 | 9 | 436,5 | 9 | 328,5 | 9 | 327,6 | 9 | 326,7 | 9 | 325,8 | 9 | 109,8 |

| ' | " | Sin. | D. | Tang. | D.c. | Cotg. | Cos. | D. | " | ' |
|---|---|---|---|---|---|---|---|---|---|---|
| 0 | 0 | $\bar{1}$,6 989 700 | | $\bar{1}$,7 614 394 | | 0,2 385 606 | $\bar{1}$,9 375 306 | | 0 | 60 |
| | 10 | 990 065 | 365 | 614 880 | 486 | 385 120 | 375 185 | 121 | 50 | |
| | 20 | 990 429 | 364 | 615 366 | 486 | 384 634 | 375 063 | 122 | 40 | |
| | 30 | 990 794 | 365 | 615 852 | 486 | 384 148 | 374 942 | 121 | 30 | |
| | 40 | 991 158 | 364 | 616 339 | 487 | 383 661 | 374 820 | 122 | 20 | |
| | 50 | 991 523 | 365 | 616 825 | 486 | 383 175 | 374 698 | 122 | 10 | |
| 1 | 0 | 991 887 | 364 | 617 311 | 486 | 382 689 | 374 577 | 121 | 0 | 59 |
| | 10 | 992 252 | 365 | 617 797 | 486 | 382 203 | 374 455 | 122 | 50 | |
| | 20 | 992 616 | 364 | 618 283 | 486 | 381 717 | 374 333 | 122 | 40 | |
| | 30 | 992 981 | 365 | 618 769 | 486 | 381 231 | 374 212 | 121 | 30 | |
| | 40 | 993 345 | 364 | 619 255 | 486 | 380 745 | 374 090 | 122 | 20 | |
| | 50 | 993 709 | 364 | 619 741 | 486 | 380 259 | 373 968 | 122 | 10 | |
| 2 | 0 | 994 073 | 364 | 620 227 | 486 | 379 773 | 373 847 | 121 | 0 | 58 |
| | 10 | 994 438 | 365 | 620 713 | 486 | 379 287 | 373 725 | 122 | 50 | |
| | 20 | 994 802 | 364 | 621 199 | 486 | 378 801 | 373 603 | 122 | 40 | |
| | 30 | 995 166 | 364 | 621 684 | 485 | 378 316 | 373 481 | 122 | 30 | |
| | 40 | 995 530 | 364 | 622 170 | 486 | 377 830 | 373 360 | 121 | 20 | |
| | 50 | 995 894 | 364 | 622 656 | 486 | 377 344 | 373 238 | 122 | 10 | |
| 3 | 0 | 996 258 | 364 | 623 142 | 486 | 376 858 | 373 116 | 122 | 0 | 57 |
| | 10 | 996 622 | 364 | 623 628 | 486 | 376 372 | 372 994 | 122 | 50 | |
| | 20 | 996 986 | 364 | 624 113 | 485 | 375 887 | 372 872 | 122 | 40 | |
| | 30 | 997 349 | 363 | 624 599 | 486 | 375 401 | 372 751 | 121 | 30 | |
| | 40 | 997 713 | 364 | 625 085 | 486 | 374 915 | 372 629 | 122 | 20 | |
| | 50 | 998 077 | 364 | 625 570 | 485 | 374 430 | 372 507 | 122 | 10 | |
| 4 | 0 | 998 441 | 364 | 626 056 | 486 | 373 944 | 372 385 | 122 | 0 | 56 |
| | 10 | 998 804 | 363 | 626 541 | 485 | 373 459 | 372 263 | 122 | 50 | |
| | 20 | 999 168 | 364 | 627 027 | 486 | 372 973 | 372 141 | 122 | 40 | |
| | 30 | 999 532 | 364 | 627 513 | 486 | 372 487 | 372 019 | 122 | 30 | |
| | 40 | $\bar{1}$,6 999 895 | 363 | 627 998 | 485 | 372 002 | 371 897 | 122 | 20 | |
| | 50 | $\bar{1}$,7 000 259 | 364 | 628 484 | 486 | 371 516 | 371 775 | 122 | 10 | |
| 5 | 0 | 000 622 | 363 | 628 969 | 485 | 371 031 | 371 653 | 122 | 0 | 55 |
| | 10 | 000 986 | 364 | 629 454 | 485 | 370 546 | 371 531 | 122 | 50 | |
| | 20 | 001 349 | 363 | 629 940 | 486 | 370 060 | 371 409 | 122 | 40 | |
| | 30 | 001 713 | 364 | 630 425 | 485 | 369 575 | 371 287 | 122 | 30 | |
| | 40 | 002 076 | 363 | 630 911 | 486 | 369 089 | 371 165 | 122 | 20 | |
| | 50 | 002 439 | 363 | 631 396 | 485 | 368 604 | 371 043 | 122 | 10 | |
| 6 | 0 | 002 802 | 363 | 631 881 | 485 | 368 119 | 370 921 | 122 | 0 | 54 |
| | 10 | 003 166 | 364 | 632 366 | 485 | 367 634 | 370 799 | 122 | 50 | |
| | 20 | 003 529 | 363 | 632 852 | 486 | 367 148 | 370 677 | 122 | 40 | |
| | 30 | 003 892 | 363 | 633 337 | 485 | 366 663 | 370 555 | 122 | 30 | |
| | 40 | 004 255 | 363 | 633 822 | 485 | 366 178 | 370 433 | 122 | 20 | |
| | 50 | 004 618 | 363 | 634 307 | 485 | 365 693 | 370 311 | 122 | 10 | |
| 7 | 0 | 004 981 | 363 | 634 792 | 485 | 365 208 | 370 189 | 122 | 0 | 53 |
| | 10 | 005 344 | 363 | 635 277 | 485 | 364 723 | 370 067 | 122 | 50 | |
| | 20 | 005 707 | 363 | 635 762 | 485 | 364 238 | 369 944 | 123 | 40 | |
| | 30 | 006 070 | 363 | 636 247 | 485 | 363 753 | 369 822 | 122 | 30 | |
| | 40 | 006 433 | 363 | 636 732 | 485 | 363 268 | 369 700 | 122 | 20 | |
| | 50 | 006 795 | 362 | 637 217 | 485 | 362 783 | 369 578 | 122 | 10 | |
| 8 | 0 | 007 158 | 363 | 637 702 | 485 | 362 298 | 369 456 | 122 | 0 | 52 |
| | 10 | 007 521 | 363 | 638 187 | 485 | 361 813 | 369 333 | 123 | 50 | |
| | 20 | 007 883 | 362 | 638 672 | 485 | 361 328 | 369 211 | 122 | 40 | |
| | 30 | 008 246 | 363 | 639 157 | 485 | 360 843 | 369 089 | 122 | 30 | |
| | 40 | 008 609 | 363 | 639 642 | 485 | 360 358 | 368 967 | 122 | 20 | |
| | 50 | 008 971 | 362 | 640 127 | 485 | 359 873 | 368 844 | 123 | 10 | |
| 9 | 0 | 009 334 | 363 | 640 612 | 485 | 359 388 | 368 722 | 122 | 0 | 51 |
| | 10 | 009 696 | 362 | 641 096 | 484 | 358 904 | 368 600 | 122 | 50 | |
| | 20 | 010 059 | 363 | 641 581 | 485 | 358 419 | 368 477 | 123 | 40 | |
| | 30 | 010 421 | 362 | 642 066 | 485 | 357 934 | 368 355 | 122 | 30 | |
| | 40 | 010 783 | 362 | 642 551 | 485 | 357 449 | 368 233 | 122 | 20 | |
| | 50 | 011 146 | 363 | 643 035 | 484 | 356 965 | 368 110 | 123 | 10 | |
| 10 | 0 | $\bar{1}$,7 011 508 | 362 | $\bar{1}$,7 643 520 | 485 | 0,2 356 480 | $\bar{1}$,9 367 988 | 122 | 0 | 50 |
| ' | " | Cos | | Cotg. | | Tang. | Sin. | | " | ' |

| ′ | ″ | Sin. | D. | Tang. | D.c. | Cotg. | Cos. | D. | ″ | ′ |
|---|---|---|---|---|---|---|---|---|---|---|
| 10 | 0 | $\bar{1}$,7 011 508 | 362 | $\bar{1}$,7 643 520 | 485 | 0,2 356 480 | $\bar{1}$,9 367 988 | 122 | 0 | 50 |
| | 10 | 011 870 | 362 | 644 005 | 484 | 355 995 | 367 866 | 123 | 50 | |
| | 20 | 012 232 | 363 | 644 489 | 485 | 355 511 | 367 743 | 122 | 40 | |
| | 30 | 012 595 | 362 | 644 974 | 484 | 355 026 | 367 621 | 123 | 30 | |
| | 40 | 012 957 | 362 | 645 458 | 485 | 354 542 | 367 498 | 122 | 20 | |
| | 50 | 013 319 | 362 | 645 943 | 484 | 354 057 | 367 376 | 122 | 10 | |
| 11 | 0 | 013 681 | 362 | 646 427 | 485 | 353 573 | 367 254 | 123 | 0 | 49 |
| | 10 | 014 043 | 362 | 646 912 | 484 | 353 088 | 367 131 | 122 | 50 | |
| | 20 | 014 405 | 362 | 647 396 | 485 | 352 604 | 367 009 | 123 | 40 | |
| | 30 | 014 767 | 361 | 647 881 | 484 | 352 119 | 366 886 | 122 | 30 | |
| | 40 | 015 128 | 362 | 648 365 | 484 | 351 635 | 366 764 | 123 | 20 | |
| | 50 | 015 490 | 362 | 648 849 | 485 | 351 151 | 366 641 | 122 | 10 | |
| 12 | 0 | 015 852 | 362 | 649 334 | 484 | 350 666 | 366 519 | 123 | 0 | 48 |
| | 10 | 016 214 | 362 | 649 818 | 484 | 350 182 | 366 396 | 123 | 50 | |
| | 20 | 016 576 | 361 | 650 302 | 484 | 349 698 | 366 273 | 122 | 40 | |
| | 30 | 016 937 | 362 | 650 786 | 485 | 349 214 | 366 151 | 123 | 30 | |
| | 40 | 017 299 | 361 | 651 271 | 484 | 348 729 | 366 028 | 122 | 20 | |
| | 50 | 017 660 | 362 | 651 755 | 484 | 348 245 | 365 906 | 123 | 10 | |
| 13 | 0 | 018 022 | 361 | 652 239 | 484 | 347 761 | 365 783 | 123 | 0 | 47 |
| | 10 | 018 383 | 362 | 652 723 | 484 | 347 277 | 365 660 | 122 | 50 | |
| | 20 | 018 745 | 361 | 653 207 | 484 | 346 793 | 365 538 | 123 | 40 | |
| | 30 | 019 106 | 362 | 653 691 | 484 | 346 309 | 365 415 | 123 | 30 | |
| | 40 | 019 468 | 361 | 654 175 | 484 | 345 825 | 365 292 | 122 | 20 | |
| | 50 | 019 829 | 361 | 654 659 | 484 | 345 341 | 365 170 | 123 | 10 | |
| 14 | 0 | 020 190 | 362 | 655 143 | 484 | 344 857 | 365 047 | 123 | 0 | 46 |
| | 10 | 020 552 | 361 | 655 627 | 484 | 344 373 | 364 924 | 122 | 50 | |
| | 20 | 020 913 | 361 | 656 111 | 484 | 343 889 | 364 802 | 123 | 40 | |
| | 30 | 021 274 | 361 | 656 595 | 484 | 343 405 | 364 679 | 123 | 30 | |
| | 40 | 021 635 | 361 | 657 079 | 484 | 342 921 | 364 556 | 123 | 20 | |
| | 50 | 021 996 | 361 | 657 563 | 484 | 342 437 | 364 433 | 122 | 10 | |
| 15 | 0 | 022 357 | 361 | 658 047 | 484 | 341 953 | 364 311 | 123 | 0 | 45 |
| | 10 | 022 718 | 361 | 658 531 | 483 | 341 469 | 364 188 | 123 | 50 | |
| | 20 | 023 079 | 361 | 659 014 | 484 | 340 986 | 364 065 | 123 | 40 | |
| | 30 | 023 440 | 361 | 659 498 | 484 | 340 502 | 363 942 | 123 | 30 | |
| | 40 | 023 801 | 361 | 659 982 | 484 | 340 018 | 363 819 | 123 | 20 | |
| | 50 | 024 162 | 361 | 660 466 | 483 | 339 534 | 363 696 | 122 | 10 | |
| 16 | 0 | 024 523 | 361 | 660 949 | 484 | 339 051 | 363 574 | 123 | 0 | 44 |
| | 10 | 024 884 | 360 | 661 433 | 484 | 338 567 | 363 451 | 123 | 50 | |
| | 20 | 025 244 | 361 | 661 917 | 483 | 338 083 | 363 328 | 123 | 40 | |
| | 30 | 025 605 | 361 | 662 400 | 484 | 337 600 | 363 205 | 123 | 30 | |
| | 40 | 025 966 | 360 | 662 884 | 483 | 337 116 | 363 082 | 123 | 20 | |
| | 50 | 026 326 | 361 | 663 367 | 484 | 336 633 | 362 959 | 123 | 10 | |
| 17 | 0 | 026 687 | 360 | 663 851 | 483 | 336 149 | 362 836 | 123 | 0 | 43 |
| | 10 | 027 047 | 361 | 664 334 | 484 | 335 666 | 362 713 | 123 | 50 | |
| | 20 | 027 408 | 360 | 664 818 | 483 | 335 182 | 362 590 | 123 | 40 | |
| | 30 | 027 768 | 361 | 665 301 | 484 | 334 699 | 362 467 | 123 | 30 | |
| | 40 | 028 129 | 360 | 665 785 | 483 | 334 215 | 362 344 | 123 | 20 | |
| | 50 | 028 489 | 360 | 666 268 | 483 | 333 732 | 362 221 | 123 | 10 | |
| 18 | 0 | 028 849 | 361 | 666 751 | 404 | 333 249 | 362 098 | 123 | 0 | 42 |
| | 10 | 029 210 | 360 | 667 235 | 483 | 332 765 | 361 975 | 123 | 50 | |
| | 20 | 029 570 | 360 | 667 718 | 483 | 332 282 | 361 852 | 123 | 40 | |
| | 30 | 029 930 | 360 | 668 201 | 484 | 331 799 | 361 729 | 123 | 30 | |
| | 40 | 030 290 | 361 | 668 685 | 483 | 331 315 | 361 606 | 123 | 20 | |
| | 50 | 030 651 | 360 | 669 168 | 483 | 330 832 | 361 483 | 123 | 10 | |
| 19 | 0 | 031 011 | 360 | 669 651 | 483 | 330 349 | 361 360 | 124 | 0 | 41 |
| | 10 | 031 371 | 360 | 670 134 | 483 | 329 866 | 361 236 | 123 | 50 | |
| | 20 | 031 731 | 360 | 670 617 | 484 | 329 383 | 361 113 | 123 | 40 | |
| | 30 | 032 091 | 360 | 671 101 | 483 | 328 899 | 360 990 | 123 | 30 | |
| | 40 | 032 451 | 360 | 671 584 | 483 | 328 416 | 360 867 | 123 | 20 | |
| | 50 | 032 811 | 359 | 672 067 | 483 | 327 933 | 360 744 | 123 | 10 | |
| 20 | 0 | $\bar{1}$,7 033 170 | | $\bar{1}$,7 672 550 | | 0,2 327 450 | $\bar{1}$,9 360 621 | | 0 | 40 |
| ′ | ″ | Cos. | | Cotg. | | Tang. | Sin. | | ″ | ′ |

| | 485 | 484 | 483 | 362 | 361 | 360 | 123 |
|---|---|---|---|---|---|---|---|
| 1 | 48,5 | 48,4 | 48,3 | 36,2 | 36,1 | 36 | 12,3 |
| 2 | 97,0 | 96,8 | 96,6 | 72,4 | 72,2 | 72 | 24,6 |
| 3 | 145,5 | 145,2 | 144,9 | 108,6 | 108,3 | 108 | 36,9 |
| 4 | 194,0 | 193,6 | 193,2 | 144,8 | 144,4 | 144 | 49,2 |
| 5 | 242,5 | 242,0 | 241,5 | 181,0 | 180,5 | 180 | 61,5 |
| 6 | 291,0 | 290,4 | 289,8 | 217,2 | 216,6 | 216 | 73,8 |
| 7 | 339,5 | 338,8 | 338,1 | 253,4 | 252,7 | 252 | 86,1 |
| 8 | 388,0 | 387,2 | 386,4 | 289,6 | 288,8 | 288 | 98,4 |
| 9 | 436,5 | 435,6 | 434,7 | 325,8 | 324,9 | 324 | 110,7 |

| 483 | |
|---|---|
| 1 | 48,3 |
| 2 | 96,6 |
| 3 | 144,9 |
| 4 | 193,2 |
| 5 | 241,5 |
| 6 | 289,8 |
| 7 | 338,1 |
| 8 | 386,4 |
| 9 | 434,7 |

| 482 | |
|---|---|
| 1 | 48,2 |
| 2 | 96,4 |
| 3 | 144,6 |
| 4 | 192,8 |
| 5 | 241,0 |
| 6 | 289,2 |
| 7 | 337,4 |
| 8 | 385,6 |
| 9 | 433,8 |

| 481 | |
|---|---|
| 1 | 48,1 |
| 2 | 96,2 |
| 3 | 144,3 |
| 4 | 192,4 |
| 5 | 240,5 |
| 6 | 288,6 |
| 7 | 336,7 |
| 8 | 384,8 |
| 9 | 432,9 |

| 360 | |
|---|---|
| 1 | 36 |
| 2 | 72 |
| 3 | 108 |
| 4 | 144 |
| 5 | 180 |
| 6 | 216 |
| 7 | 252 |
| 8 | 288 |
| 9 | 324 |

| 359 | |
|---|---|
| 1 | 35,9 |
| 2 | 71,8 |
| 3 | 107,7 |
| 4 | 143,6 |
| 5 | 179,5 |
| 6 | 215,4 |
| 7 | 251,3 |
| 8 | 287,2 |
| 9 | 323,1 |

| 358 | |
|---|---|
| 1 | 35,8 |
| 2 | 71,6 |
| 3 | 107,4 |
| 4 | 143,2 |
| 5 | 179,0 |
| 6 | 214,8 |
| 7 | 250,6 |
| 8 | 286,4 |
| 9 | 322,2 |

| 357 | |
|---|---|
| 1 | 35,7 |
| 2 | 71,4 |
| 3 | 107,1 |
| 4 | 142,8 |
| 5 | 178,5 |
| 6 | 214,2 |
| 7 | 249,9 |
| 8 | 285,6 |
| 9 | 321,3 |

| 123 | |
|---|---|
| 1 | 12,3 |
| 2 | 24,6 |
| 3 | 36,9 |
| 4 | 49,2 |
| 5 | 61,5 |
| 6 | 73,8 |
| 7 | 86,1 |
| 8 | 98,4 |
| 9 | 110,7 |

| ′ | ″ | Sin. | D. | Tang. | D. c. | Cotg. | Cos. | D. | ″ | ′ |
|---|---|---|---|---|---|---|---|---|---|---|
| 20 | 0 | 1̄,7 033 170 | | 1̄,7 672 550 | | 0,2 327 450 | 1̄,9 360 621 | | 0 | 40 |
| | 10 | 033 530 | 360 | 673 033 | 483 | 326 967 | 360 497 | 124 | 50 | |
| | 20 | 033 890 | 360 | 673 516 | 483 | 326 484 | 360 374 | 123 | 40 | |
| | 30 | 034 250 | 360 | 673 999 | 483 | 326 001 | 360 251 | 123 | 30 | |
| | 40 | 034 609 | 359 | 674 482 | 483 | 325 518 | 360 128 | 123 | 20 | |
| | 50 | 034 969 | 360 | 674 965 | 483 | 325 035 | 360 004 | 124 | 10 | |
| 21 | 0 | 035 329 | 360 | 675 448 | 483 | 324 552 | 359 881 | 123 | 0 | 39 |
| | 10 | 035 688 | 359 | 675 930 | 482 | 324 070 | 359 758 | 123 | 50 | |
| | 20 | 036 048 | 360 | 676 413 | 483 | 323 587 | 359 635 | 123 | 40 | |
| | 30 | 036 407 | 359 | 676 896 | 483 | 323 104 | 359 511 | 124 | 30 | |
| | 40 | 036 767 | 360 | 677 379 | 483 | 322 621 | 359 388 | 123 | 20 | |
| | 50 | 037 126 | 359 | 677 862 | 483 | 322 138 | 359 265 | 123 | 10 | |
| 22 | 0 | 037 486 | 360 | 678 344 | 482 | 321 656 | 359 141 | 124 | 0 | 38 |
| | 10 | 037 845 | 359 | 678 827 | 483 | 321 173 | 359 018 | 123 | 50 | |
| | 20 | 038 204 | 359 | 679 310 | 483 | 320 690 | 358 894 | 124 | 40 | |
| | 30 | 038 563 | 359 | 679 792 | 482 | 320 208 | 358 771 | 123 | 30 | |
| | 40 | 038 923 | 360 | 680 275 | 483 | 319 725 | 358 648 | 123 | 20 | |
| | 50 | 039 282 | 359 | 680 758 | 483 | 319 242 | 358 524 | 124 | 10 | |
| 23 | 0 | 039 641 | 359 | 681 240 | 482 | 318 760 | 358 401 | 123 | 0 | 37 |
| | 10 | 040 000 | 359 | 681 723 | 483 | 318 277 | 358 277 | 124 | 50 | |
| | 20 | 040 359 | 359 | 682 205 | 482 | 317 795 | 358 154 | 123 | 40 | |
| | 30 | 040 718 | 359 | 682 688 | 483 | 317 312 | 358 030 | 124 | 30 | |
| | 40 | 041 077 | 359 | 683 170 | 482 | 316 830 | 357 907 | 123 | 20 | |
| | 50 | 041 436 | 359 | 683 653 | 483 | 316 347 | 357 783 | 124 | 10 | |
| 24 | 0 | 041 795 | 359 | 684 135 | 482 | 315 865 | 357 660 | 123 | 0 | 36 |
| | 10 | 042 154 | 359 | 684 617 | 482 | 315 383 | 357 536 | 124 | 50 | |
| | 20 | 042 513 | 359 | 685 100 | 483 | 314 900 | 357 413 | 123 | 40 | |
| | 30 | 042 871 | 358 | 685 582 | 482 | 314 418 | 357 289 | 124 | 30 | |
| | 40 | 043 230 | 359 | 686 065 | 483 | 313 935 | 357 166 | 123 | 20 | |
| | 50 | 043 589 | 359 | 686 547 | 482 | 313 453 | 357 042 | 124 | 10 | |
| 25 | 0 | 043 947 | 358 | 687 029 | 482 | 312 971 | 356 918 | 124 | 0 | 35 |
| | 10 | 044 306 | 359 | 687 511 | 482 | 312 489 | 356 795 | 123 | 50 | |
| | 20 | 044 665 | 359 | 687 994 | 483 | 312 006 | 356 671 | 124 | 40 | |
| | 30 | 045 023 | 358 | 688 476 | 482 | 311 524 | 356 548 | 123 | 30 | |
| | 40 | 045 382 | 359 | 688 958 | 482 | 311 042 | 356 424 | 124 | 20 | |
| | 50 | 045 740 | 358 | 689 440 | 482 | 310 560 | 356 300 | 124 | 10 | |
| 26 | 0 | 046 099 | 359 | 689 922 | 482 | 310 078 | 356 177 | 123 | 0 | 34 |
| | 10 | 046 457 | 358 | 690 404 | 482 | 309 596 | 356 053 | 124 | 50 | |
| | 20 | 046 815 | 358 | 690 886 | 482 | 309 114 | 355 929 | 124 | 40 | |
| | 30 | 047 174 | 359 | 691 368 | 482 | 308 632 | 355 805 | 124 | 30 | |
| | 40 | 047 532 | 358 | 691 850 | 482 | 308 150 | 355 682 | 123 | 20 | |
| | 50 | 047 890 | 358 | 692 332 | 482 | 307 668 | 355 558 | 124 | 10 | |
| 27 | 0 | 048 248 | 358 | 692 814 | 482 | 307 186 | 355 434 | 124 | 0 | 33 |
| | 10 | 048 606 | 358 | 693 296 | 482 | 306 704 | 355 310 | 124 | 50 | |
| | 20 | 048 965 | 359 | 693 778 | 482 | 306 222 | 355 187 | 123 | 40 | |
| | 30 | 049 323 | 358 | 694 260 | 482 | 305 740 | 355 063 | 124 | 30 | |
| | 40 | 049 681 | 358 | 694 742 | 482 | 305 258 | 354 939 | 124 | 20 | |
| | 50 | 050 039 | 358 | 695 224 | 482 | 304 776 | 354 815 | 124 | 10 | |
| 28 | 0 | 050 397 | 358 | 695 705 | 481 | 304 295 | 354 691 | 124 | 0 | 32 |
| | 10 | 050 754 | 357 | 696 187 | 482 | 303 813 | 354 567 | 124 | 50 | |
| | 20 | 051 112 | 358 | 696 669 | 482 | 303 331 | 354 443 | 124 | 40 | |
| | 30 | 051 470 | 358 | 697 151 | 482 | 302 849 | 354 320 | 123 | 30 | |
| | 40 | 051 828 | 358 | 697 632 | 481 | 302 368 | 354 196 | 124 | 20 | |
| | 50 | 052 186 | 358 | 698 114 | 482 | 301 886 | 354 072 | 124 | 10 | |
| 29 | 0 | 052 543 | 357 | 698 596 | 482 | 301 404 | 353 948 | 124 | 0 | 31 |
| | 10 | 052 901 | 358 | 699 077 | 481 | 300 923 | 353 824 | 124 | 50 | |
| | 20 | 053 259 | 358 | 699 559 | 482 | 300 441 | 353 700 | 124 | 40 | |
| | 30 | 053 616 | 357 | 700 040 | 481 | 299 960 | 353 576 | 124 | 30 | |
| | 40 | 053 974 | 358 | 700 522 | 482 | 299 478 | 353 452 | 124 | 20 | |
| | 50 | 054 331 | 357 | 701 003 | 481 | 298 997 | 353 328 | 124 | 10 | |
| 30 | 0 | 1̄,7 054 689 | 358 | 1̄,7 701 485 | 482 | 0,2 298 515 | 1̄,9 353 204 | 124 | 0 | 30 |
| ′ | ″ | Cos. | | Cotg. | | Tang. | Sin. | | ″ | ′ |

| ′ | ″ | Sin. | D. | Tang. | D.c. | Cotg. | Cos. | D. | ″ | ′ |
|---|---|---|---|---|---|---|---|---|---|---|
| 30 | 0 | $\bar{1}$,7 054 689 | | $\bar{1}$,7 701 485 | | 0,2 298 515 | $\bar{1}$,9 353 204 | | 0 | 30 |
| | 10 | 055 046 | 357 | 701 966 | 481 | 298 034 | 353 080 | 124 | 50 | |
| | 20 | 055 404 | 358 | 702 448 | 482 | 297 552 | 352 956 | 124 | 40 | |
| | 30 | 055 761 | 357 | 702 929 | 481 | 297 071 | 352 832 | 124 | 30 | |
| | 40 | 056 118 | 357 | 703 411 | 482 | 296 589 | 352 708 | 124 | 20 | |
| | 50 | 056 475 | 357 | 703 892 | 481 | 296 108 | 352 584 | 124 | 10 | |
| 31 | 0 | 056 833 | 358 | 704 373 | 481 | 295 627 | 352 459 | 125 | 0 | 29 |
| | 10 | 057 190 | 357 | 704 855 | 482 | 295 145 | 352 335 | 124 | 50 | |
| | 20 | 057 547 | 357 | 705 336 | 481 | 294 664 | 352 211 | 124 | 40 | |
| | 30 | 057 904 | 357 | 705 817 | 481 | 294 183 | 352 087 | 124 | 30 | |
| | 40 | 058 261 | 357 | 706 298 | 481 | 293 702 | 351 963 | 124 | 20 | |
| | 50 | 058 618 | 357 | 706 779 | 481 | 293 221 | 351 839 | 124 | 10 | |
| 32 | 0 | 058 975 | 357 | 707 261 | 482 | 292 739 | 351 715 | 124 | 0 | 28 |
| | 10 | 059 332 | 357 | 707 742 | 481 | 292 258 | 351 590 | 125 | 50 | |
| | 20 | 059 689 | 357 | 708 223 | 481 | 291 777 | 351 466 | 124 | 40 | |
| | 30 | 060 046 | 357 | 708 704 | 481 | 291 296 | 351 342 | 124 | 30 | |
| | 40 | 060 403 | 357 | 709 185 | 481 | 290 815 | 351 218 | 124 | 20 | |
| | 50 | 060 760 | 357 | 709 666 | 481 | 290 334 | 351 093 | 125 | 10 | |
| 33 | 0 | 061 116 | 356 | 710 147 | 481 | 289 853 | 350 969 | 124 | 0 | 27 |
| | 10 | 061 473 | 357 | 710 628 | 481 | 289 372 | 350 845 | 124 | 50 | |
| | 20 | 061 830 | 357 | 711 109 | 481 | 288 891 | 350 721 | 124 | 40 | |
| | 30 | 062 186 | 356 | 711 590 | 481 | 288 410 | 350 596 | 125 | 30 | |
| | 40 | 062 543 | 357 | 712 071 | 481 | 287 929 | 350 472 | 124 | 20 | |
| | 50 | 062 900 | 357 | 712 552 | 481 | 287 448 | 350 348 | 124 | 10 | |
| 34 | 0 | 063 256 | 356 | 713 033 | 481 | 286 967 | 350 223 | 125 | 0 | 26 |
| | 10 | 063 613 | 357 | 713 514 | 481 | 286 486 | 350 099 | 124 | 50 | |
| | 20 | 063 969 | 356 | 713 994 | 480 | 286 006 | 349 975 | 124 | 40 | |
| | 30 | 064 325 | 356 | 714 475 | 481 | 285 525 | 349 850 | 125 | 30 | |
| | 40 | 064 682 | 357 | 714 956 | 481 | 285 044 | 349 726 | 124 | 20 | |
| | 50 | 065 038 | 356 | 715 437 | 481 | 284 563 | 349 601 | 125 | 10 | |
| 35 | 0 | 065 394 | 356 | 715 917 | 480 | 284 083 | 349 477 | 124 | 0 | 25 |
| | 10 | 065 751 | 357 | 716 398 | 481 | 283 602 | 349 353 | 124 | 50 | |
| | 20 | 066 107 | 356 | 716 879 | 481 | 283 121 | 349 228 | 125 | 40 | |
| | 30 | 066 463 | 356 | 717 359 | 480 | 282 641 | 349 104 | 124 | 30 | |
| | 40 | 066 819 | 356 | 717 840 | 481 | 282 160 | 348 979 | 125 | 20 | |
| | 50 | 067 175 | 356 | 718 321 | 481 | 281 679 | 348 855 | 124 | 10 | |
| 36 | 0 | 067 531 | 356 | 718 801 | 480 | 281 199 | 348 730 | 125 | 0 | 24 |
| | 10 | 067 887 | 356 | 719 282 | 481 | 280 718 | 348 606 | 124 | 50 | |
| | 20 | 068 243 | 356 | 719 762 | 480 | 280 238 | 348 481 | 125 | 40 | |
| | 30 | 068 599 | 356 | 720 243 | 481 | 279 757 | 348 356 | 125 | 30 | |
| | 40 | 068 955 | 356 | 720 723 | 480 | 279 277 | 348 232 | 124 | 20 | |
| | 50 | 069 311 | 356 | 721 203 | 480 | 278 797 | 348 107 | 125 | 10 | |
| 37 | 0 | 069 667 | 356 | 721 684 | 481 | 278 316 | 347 983 | 124 | 0 | 23 |
| | 10 | 070 022 | 355 | 722 164 | 480 | 277 836 | 347 858 | 125 | 50 | |
| | 20 | 070 378 | 356 | 722 645 | 481 | 277 355 | 347 733 | 125 | 40 | |
| | 30 | 070 734 | 356 | 723 125 | 480 | 276 875 | 347 609 | 124 | 30 | |
| | 40 | 071 089 | 355 | 723 605 | 480 | 276 395 | 347 484 | 125 | 20 | |
| | 50 | 071 445 | 356 | 724 086 | 481 | 275 914 | 347 360 | 124 | 10 | |
| 38 | 0 | 071 801 | 356 | 724 566 | 480 | 275 434 | 347 235 | 125 | 0 | 22 |
| | 10 | 072 156 | 355 | 725 046 | 480 | 274 954 | 347 110 | 125 | 50 | |
| | 20 | 072 512 | 356 | 725 526 | 480 | 274 474 | 346 985 | 125 | 40 | |
| | 30 | 072 867 | 355 | 726 006 | 480 | 273 994 | 346 861 | 124 | 30 | |
| | 40 | 073 223 | 356 | 726 487 | 481 | 273 513 | 346 736 | 125 | 20 | |
| | 50 | 073 578 | 355 | 726 967 | 480 | 273 033 | 346 611 | 125 | 10 | |
| 39 | 0 | 073 933 | 355 | 727 447 | 480 | 272 553 | 346 486 | 125 | 0 | 21 |
| | 10 | 074 289 | 356 | 727 927 | 480 | 272 073 | 346 362 | 124 | 50 | |
| | 20 | 074 644 | 355 | 728 407 | 480 | 271 593 | 346 237 | 125 | 40 | |
| | 30 | 074 999 | 355 | 728 887 | 480 | 271 113 | 346 112 | 125 | 30 | |
| | 40 | 075 354 | 355 | 729 367 | 480 | 270 633 | 345 987 | 125 | 20 | |
| | 50 | 075 709 | 355 | 729 847 | 480 | 270 153 | 345 862 | 125 | 10 | |
| 40 | 0 | $\bar{1}$,7 076 064 | 355 | $\bar{1}$,7 730 327 | 480 | 0,2 269 673 | $\bar{1}$,9 345 738 | 124 | 0 | 20 |
| ′ | ″ | Cos. | | Cotg. | | Tang. | Sin. | | ″ | ′ |

| | 482 | 481 | 480 | 357 | 356 | 355 | 124 | 125 |
|---|---|---|---|---|---|---|---|---|
| 1 | 48,2 | 48,1 | 48 | 35,7 | 35,6 | 35,5 | 12,4 | 12,5 |
| 2 | 96,4 | 96,2 | 96 | 71,4 | 71,2 | 71,0 | 24,8 | 25,0 |
| 3 | 144,6 | 144,3 | 144 | 107,1 | 106,8 | 106,5 | 37,2 | 37,5 |
| 4 | 192,8 | 192,4 | 192 | 142,8 | 142,4 | 142,0 | 49,6 | 50,0 |
| 5 | 241,0 | 240,5 | 240 | 178,5 | 178,0 | 177,5 | 62,0 | 62,5 |
| 6 | 289,2 | 288,6 | 288 | 214,2 | 213,6 | 213,0 | 74,4 | 75,0 |
| 7 | 337,4 | 336,7 | 336 | 249,9 | 249,2 | 248,5 | 86,8 | 87,5 |
| 8 | 385,6 | 384,8 | 384 | 285,6 | 284,8 | 284,0 | 99,2 | 100,0 |
| 9 | 433,8 | 432,9 | 432 | 321,3 | 320,4 | 319,5 | 111,6 | 112,5 |

| | 480 | 479 | 478 | 355 | 354 | 353 | 125 | 126 |
|---|---|---|---|---|---|---|---|---|
| 1 | 48 | 47,9 | 47,8 | 35,5 | 35,4 | 35,3 | 12,5 | 12,6 |
| 2 | 96 | 95,8 | 95,6 | 71,0 | 70,8 | 70,6 | 25,0 | 25,2 |
| 3 | 144 | 143,7 | 143,4 | 106,5 | 106,2 | 105,9 | 37,5 | 37,8 |
| 4 | 192 | 191,6 | 191,2 | 142,0 | 141,6 | 141,2 | 50,0 | 50,4 |
| 5 | 240 | 239,5 | 239,0 | 177,5 | 177,0 | 176,5 | 62,5 | 63,0 |
| 6 | 288 | 287,4 | 286,8 | 213,0 | 212,4 | 211,8 | 75,0 | 75,6 |
| 7 | 336 | 335,3 | 334,6 | 248,5 | 247,8 | 247,1 | 87,5 | 88,2 |
| 8 | 384 | 383,2 | 382,4 | 284,0 | 283,2 | 282,4 | 100,0 | 100,8 |
| 9 | 432 | 431,1 | 430,2 | 319,5 | 318,6 | 317,7 | 112,5 | 113,4 |

| ′ | ″ | Sin. | D. | Tang. | D. c. | Cotg. | Cos. | D. | ″ | ′ |
|---|---|---|---|---|---|---|---|---|---|---|
| 40 | 0 | 1̄,7 076 064 | 355 | 1̄,7 730 327 | 480 | 0,2 269 673 | 1̄,9 345 738 | 125 | 0 | 20 |
| | 10 | 076 419 | 356 | 730 807 | 480 | 269 193 | 345 613 | 125 | 50 | |
| | 20 | 076 775 | 354 | 731 287 | 479 | 268 713 | 345 488 | 125 | 40 | |
| | 30 | 077 129 | 355 | 731 766 | 480 | 268 234 | 345 363 | 125 | 30 | |
| | 40 | 077 484 | 355 | 732 246 | 480 | 267 754 | 345 238 | 125 | 20 | |
| | 50 | 077 839 | 355 | 732 726 | 480 | 267 274 | 345 113 | 125 | 10 | |
| 41 | 0 | 078 194 | 355 | 733 206 | 480 | 266 794 | 344 988 | 125 | 0 | 19 |
| | 10 | 078 549 | 355 | 733 686 | 479 | 266 314 | 344 863 | 125 | 50 | |
| | 20 | 078 904 | 355 | 734 165 | 480 | 265 835 | 344 738 | 125 | 40 | |
| | 30 | 079 259 | 354 | 734 645 | 480 | 265 355 | 344 613 | 125 | 30 | |
| | 40 | 079 613 | 355 | 735 125 | 479 | 264 875 | 344 488 | 125 | 20 | |
| | 50 | 079 968 | 355 | 735 604 | 480 | 264 396 | 344 363 | 125 | 10 | |
| 42 | 0 | 080 323 | 354 | 736 084 | 480 | 263 916 | 344 238 | 125 | 0 | 18 |
| | 10 | 080 677 | 355 | 736 564 | 479 | 263 436 | 344 113 | 125 | 50 | |
| | 20 | 081 032 | 354 | 737 043 | 480 | 262 957 | 343 988 | 125 | 40 | |
| | 30 | 081 386 | 355 | 737 523 | 479 | 262 477 | 343 863 | 125 | 30 | |
| | 40 | 081 741 | 354 | 738 002 | 480 | 261 998 | 343 738 | 125 | 20 | |
| | 50 | 082 095 | 355 | 738 482 | 479 | 261 518 | 343 613 | 125 | 10 | |
| 43 | 0 | 082 450 | 354 | 738 961 | 480 | 261 039 | 343 488 | 125 | 0 | 17 |
| | 10 | 082 804 | 354 | 739 441 | 479 | 260 559 | 343 363 | 125 | 50 | |
| | 20 | 083 158 | 354 | 739 920 | 480 | 260 080 | 343 238 | 125 | 40 | |
| | 30 | 083 512 | 355 | 740 400 | 479 | 259 600 | 343 113 | 125 | 30 | |
| | 40 | 083 867 | 354 | 740 879 | 479 | 259 121 | 342 988 | 126 | 20 | |
| | 50 | 084 221 | 354 | 741 358 | 480 | 258 642 | 342 862 | 125 | 10 | |
| 44 | 0 | 084 575 | 354 | 741 838 | 479 | 258 162 | 342 737 | 125 | 0 | 16 |
| | 10 | 084 929 | 354 | 742 317 | 479 | 257 683 | 342 612 | 125 | 50 | |
| | 20 | 085 283 | 354 | 742 796 | 480 | 257 204 | 342 487 | 125 | 40 | |
| | 30 | 085 637 | 354 | 743 276 | 479 | 256 724 | 342 362 | 126 | 30 | |
| | 40 | 085 991 | 354 | 743 755 | 479 | 256 245 | 342 236 | 125 | 20 | |
| | 50 | 086 345 | 354 | 744 234 | 479 | 255 766 | 342 111 | 125 | 10 | |
| 45 | 0 | 086 699 | 354 | 744 713 | 479 | 255 287 | 341 986 | 125 | 0 | 15 |
| | 10 | 087 053 | 354 | 745 192 | 480 | 254 808 | 341 861 | 126 | 50 | |
| | 20 | 087 407 | 354 | 745 672 | 479 | 254 328 | 341 735 | 125 | 40 | |
| | 30 | 087 761 | 354 | 746 151 | 479 | 253 849 | 341 610 | 125 | 30 | |
| | 40 | 088 115 | 353 | 746 630 | 479 | 253 370 | 341 485 | 126 | 20 | |
| | 50 | 088 468 | 354 | 747 109 | 479 | 252 891 | 341 359 | 125 | 10 | |
| 46 | 0 | 088 822 | 354 | 747 588 | 479 | 252 412 | 341 234 | 125 | 0 | 14 |
| | 10 | 089 176 | 353 | 748 067 | 479 | 251 933 | 341 109 | 126 | 50 | |
| | 20 | 089 529 | 354 | 748 546 | 479 | 251 454 | 340 983 | 125 | 40 | |
| | 30 | 089 883 | 353 | 749 025 | 479 | 250 975 | 340 858 | 125 | 30 | |
| | 40 | 090 236 | 354 | 749 504 | 479 | 250 496 | 340 733 | 126 | 20 | |
| | 50 | 090 590 | 353 | 749 983 | 479 | 250 017 | 340 607 | 125 | 10 | |
| 47 | 0 | 090 943 | 354 | 750 462 | 478 | 249 538 | 340 482 | 126 | 0 | 13 |
| | 10 | 091 297 | 353 | 750 940 | 479 | 249 060 | 340 356 | 125 | 50 | |
| | 20 | 091 650 | 353 | 751 419 | 479 | 248 581 | 340 231 | 126 | 40 | |
| | 30 | 092 003 | 354 | 751 898 | 479 | 248 102 | 340 105 | 125 | 30 | |
| | 40 | 092 357 | 353 | 752 377 | 479 | 247 623 | 339 980 | 126 | 20 | |
| | 50 | 092 710 | 353 | 752 856 | 478 | 247 144 | 339 854 | 125 | 10 | |
| 48 | 0 | 093 063 | 353 | 753 334 | 479 | 246 666 | 339 729 | 126 | 0 | 12 |
| | 10 | 093 416 | 354 | 753 813 | 479 | 246 187 | 339 603 | 125 | 50 | |
| | 20 | 093 770 | 353 | 754 292 | 478 | 245 708 | 339 478 | 126 | 40 | |
| | 30 | 094 123 | 353 | 754 770 | 479 | 245 230 | 339 352 | 125 | 30 | |
| | 40 | 094 476 | 353 | 755 249 | 479 | 244 751 | 339 227 | 126 | 20 | |
| | 50 | 094 829 | 353 | 755 728 | 478 | 244 272 | 339 101 | 125 | 10 | |
| 49 | 0 | 095 182 | 353 | 756 206 | 479 | 243 794 | 338 976 | 126 | 0 | 11 |
| | 10 | 095 535 | 353 | 756 685 | 478 | 243 315 | 338 850 | 126 | 50 | |
| | 20 | 095 888 | 352 | 757 163 | 479 | 242 837 | 338 724 | 125 | 40 | |
| | 30 | 096 240 | 353 | 757 642 | 478 | 242 358 | 338 599 | 126 | 30 | |
| | 40 | 096 593 | 353 | 758 120 | 479 | 241 880 | 338 473 | 126 | 20 | |
| | 50 | 096 946 | 353 | 758 599 | 478 | 241 401 | 338 347 | 125 | 10 | |
| 50 | 0 | 1̄,7 097 299 | | 1̄,7 759 077 | | 0,2 240 923 | 1̄,9 338 222 | | 0 | 10 |
| ′ | ″ | Cos. | | Cotg. | | Tang. | Sin. | | ″ | ′ |

| ′ | ″ | Sin. | D. | Tang. | D.c. | Cotg. | Cos. | D. | ″ | ′ |
|---|---|---|---|---|---|---|---|---|---|---|
| 50 | 0 | 1̄,7 097 299 | | 1̄,7 759 077 | | 0,2 240 923 | 1̄,9 338 222 | | 0 | 10 |
| | 10 | 097 652 | 353 | 759 556 | 479 | 240 444 | 338 096 | 126 | 50 | |
| | 20 | 098 004 | 352 | 760 034 | 478 | 239 966 | 337 970 | 126 | 40 | |
| | 30 | 098 357 | 353 | 760 512 | 478 | 239 488 | 337 845 | 125 | 30 | |
| | 40 | 098 709 | 352 | 760 991 | 479 | 239 009 | 337 719 | 126 | 20 | |
| | 50 | 099 062 | 353 | 761 469 | 478 | 238 531 | 337 593 | 126 | 10 | |
| 51 | 0 | 099 415 | 353 | 761 947 | 478 | 238 053 | 337 467 | 126 | 0 | 9 |
| | 10 | 099 767 | 352 | 762 425 | 478 | 237 575 | 337 342 | 125 | 50 | |
| | 20 | 100 119 | 352 | 762 904 | 479 | 237 096 | 337 216 | 126 | 40 | |
| | 30 | 100 472 | 353 | 763 382 | 478 | 236 618 | 337 090 | 126 | 30 | |
| | 40 | 100 824 | 352 | 763 860 | 478 | 236 140 | 336 964 | 126 | 20 | |
| | 50 | 101 177 | 353 | 764 338 | 478 | 235 662 | 336 838 | 126 | 10 | |
| 52 | 0 | 101 529 | 352 | 764 816 | 478 | 235 184 | 336 713 | 125 | 0 | 8 |
| | 10 | 101 881 | 352 | 765 294 | 478 | 234 706 | 336 587 | 126 | 50 | |
| | 20 | 102 233 | 352 | 765 773 | 479 | 234 227 | 336 461 | 126 | 40 | |
| | 30 | 102 586 | 353 | 766 251 | 478 | 233 749 | 336 335 | 126 | 30 | |
| | 40 | 102 938 | 352 | 766 729 | 478 | 233 271 | 336 209 | 126 | 20 | |
| | 50 | 103 290 | 352 | 767 207 | 478 | 232 793 | 336 083 | 126 | 10 | |
| 53 | 0 | 103 642 | 352 | 767 685 | 478 | 232 315 | 335 957 | 126 | 0 | 7 |
| | 10 | 103 994 | 352 | 768 163 | 478 | 231 837 | 335 831 | 126 | 50 | |
| | 20 | 104 346 | 352 | 768 640 | 477 | 231 360 | 335 705 | 126 | 40 | |
| | 30 | 104 698 | 352 | 769 118 | 478 | 230 882 | 335 579 | 126 | 30 | |
| | 40 | 105 050 | 352 | 769 596 | 478 | 230 404 | 335 453 | 126 | 20 | |
| | 50 | 105 402 | 352 | 770 074 | 478 | 229 926 | 335 327 | 126 | 10 | |
| 54 | 0 | 105 753 | 351 | 770 552 | 478 | 229 448 | 335 201 | 126 | 0 | 6 |
| | 10 | 106 105 | 352 | 771 030 | 478 | 228 970 | 335 075 | 126 | 50 | |
| | 20 | 106 457 | 352 | 771 508 | 478 | 228 492 | 334 949 | 126 | 40 | |
| | 30 | 106 809 | 352 | 771 985 | 477 | 228 015 | 334 823 | 126 | 30 | |
| | 40 | 107 160 | 351 | 772 463 | 478 | 227 537 | 334 697 | 126 | 20 | |
| | 50 | 107 512 | 352 | 772 941 | 478 | 227 059 | 334 571 | 126 | 10 | |
| 55 | 0 | 107 863 | 351 | 773 418 | 477 | 226 582 | 334 445 | 126 | 0 | 5 |
| | 10 | 108 215 | 352 | 773 896 | 478 | 226 104 | 334 319 | 126 | 50 | |
| | 20 | 108 567 | 352 | 774 374 | 478 | 225 626 | 334 193 | 126 | 40 | |
| | 30 | 108 918 | 351 | 774 851 | 477 | 225 149 | 334 067 | 126 | 30 | |
| | 40 | 109 269 | 351 | 775 329 | 478 | 224 671 | 333 941 | 126 | 20 | |
| | 50 | 109 621 | 352 | 775 806 | 477 | 224 194 | 333 814 | 127 | 10 | |
| 56 | 0 | 109 972 | 351 | 776 284 | 478 | 223 716 | 333 688 | 126 | 0 | 4 |
| | 10 | 110 324 | 352 | 776 762 | 478 | 223 238 | 333 562 | 126 | 50 | |
| | 20 | 110 675 | 351 | 777 239 | 477 | 222 761 | 333 436 | 126 | 40 | |
| | 30 | 111 026 | 351 | 777 716 | 477 | 222 284 | 333 310 | 126 | 30 | |
| | 40 | 111 377 | 351 | 778 194 | 478 | 221 806 | 333 183 | 127 | 20 | |
| | 50 | 111 728 | 351 | 778 671 | 477 | 221 329 | 333 057 | 126 | 10 | |
| 57 | 0 | 112 080 | 352 | 779 149 | 478 | 220 851 | 332 931 | 126 | 0 | 3 |
| | 10 | 112 431 | 351 | 779 626 | 477 | 220 374 | 332 805 | 126 | 50 | |
| | 20 | 112 782 | 351 | 780 103 | 477 | 219 897 | 332 678 | 127 | 40 | |
| | 30 | 113 133 | 351 | 780 581 | 478 | 219 419 | 332 552 | 126 | 30 | |
| | 40 | 113 484 | 351 | 781 058 | 477 | 218 942 | 332 426 | 126 | 20 | |
| | 50 | 113 835 | 351 | 781 535 | 477 | 218 465 | 332 299 | 127 | 10 | |
| 58 | 0 | 114 186 | 351 | [illegible] | 477 | [illegible] | 332 173 | 126 | 0 | 2 |
| | 10 | 114 536 | 350 | 782 490 | 478 | 217 510 | 332 047 | 126 | 50 | |
| | 20 | 114 887 | 351 | 782 967 | 477 | 217 033 | 331 920 | 127 | 40 | |
| | 30 | 115 238 | 351 | 783 444 | 477 | 216 556 | 331 794 | 126 | 30 | |
| | 40 | 115 589 | 351 | 783 921 | 477 | 216 079 | 331 668 | 126 | 20 | |
| | 50 | 115 939 | 350 | 784 398 | 477 | 215 602 | 331 541 | 127 | 10 | |
| 59 | 0 | 116 290 | 351 | 784 875 | 477 | 215 125 | 331 415 | 126 | 0 | 1 |
| | 10 | 116 641 | 351 | 785 352 | 477 | 214 648 | 331 288 | 127 | 50 | |
| | 20 | 116 991 | 350 | 785 829 | 477 | 214 171 | 331 162 | 126 | 40 | |
| | 30 | 117 342 | 351 | 786 307 | 478 | 213 693 | 331 035 | 127 | 30 | |
| | 40 | 117 692 | 350 | 786 784 | 477 | 213 216 | 330 909 | 126 | 20 | |
| | 50 | 118 043 | 351 | 787 260 | 476 | 212 740 | 330 782 | 127 | 10 | |
| 60 | 0 | 1̄,7 118 393 | 350 | 1̄,7 787 737 | 477 | 0,2 212 263 | 1̄,9 330 656 | 126 | 0 | 0 |
| ′ | ″ | Cos. | | Cotg. | | Tang. | Sin. | | ″ | ′ |

59°

| 479 | |
|---|---|
| 1 | 47,9 |
| 2 | 95,8 |
| 3 | 143,7 |
| 4 | 191,6 |
| 5 | 239,5 |
| 6 | 287,4 |
| 7 | 335,3 |
| 8 | 383,2 |
| 9 | 431,1 |

| 478 | |
|---|---|
| 1 | 47,8 |
| 2 | 95,6 |
| 3 | 143,4 |
| 4 | 191,2 |
| 5 | 239,0 |
| 6 | 286,8 |
| 7 | 334,6 |
| 8 | 382,4 |
| 9 | 430,2 |

| 477 | |
|---|---|
| 1 | 47,7 |
| 2 | 95,4 |
| 3 | 143,1 |
| 4 | 190,8 |
| 5 | 238,5 |
| 6 | 286,2 |
| 7 | 333,9 |
| 8 | 381,6 |
| 9 | 429,3 |

| 353 | |
|---|---|
| 1 | 35,3 |
| 2 | 70,6 |
| 3 | 105,9 |
| 4 | 141,2 |
| 5 | 176,5 |
| 6 | 211,8 |
| 7 | 247,1 |
| 8 | 282,4 |
| 9 | 317,7 |

| 352 | |
|---|---|
| 1 | 35,2 |
| 2 | 70,4 |
| 3 | 105,6 |
| 4 | 140,8 |
| 5 | 176,0 |
| 6 | 211,2 |
| 7 | 246,4 |
| 8 | 281,6 |
| 9 | 316,8 |

| 351 | |
|---|---|
| 1 | 35,1 |
| 2 | 70,2 |
| 3 | 105,3 |
| 4 | 140,4 |
| 5 | 175,5 |
| 6 | 210,6 |
| 7 | 245,7 |
| 8 | 280,8 |
| 9 | 315,9 |

| 350 | |
|---|---|
| 1 | 35 |
| 2 | 70 |
| 3 | 105 |
| 4 | 140 |
| 5 | 175 |
| 6 | 210 |
| 7 | 245 |
| 8 | 280 |
| 9 | 315 |

| 127 | |
|---|---|
| 1 | 12,7 |
| 2 | 25,4 |
| 3 | 38,1 |
| 4 | 50,8 |
| 5 | 63,5 |
| 6 | 76,2 |
| 7 | 88,9 |
| 8 | 101,6 |
| 9 | 114,3 |

| 477 | |
|---|---|
| 1 | 47,7 |
| 2 | 95,4 |
| 3 | 143,1 |
| 4 | 190.8 |
| 5 | 238.5 |
| 6 | 286.2 |
| 7 | 333,9 |
| 8 | 381.6 |
| 9 | 429,3 |

| 476 | |
|---|---|
| 1 | 47.6 |
| 2 | 95.2 |
| 3 | 142,8 |
| 4 | 190,4 |
| 5 | 238,0 |
| 6 | 285,6 |
| 7 | 333,2 |
| 8 | 380,8 |
| 9 | 428,4 |

| 475 | |
|---|---|
| 1 | 47,5 |
| 2 | 95,0 |
| 3 | 142,5 |
| 4 | 190,0 |
| 5 | 237,5 |
| 6 | 285,0 |
| 7 | 332,5 |
| 8 | 380,0 |
| 9 | 427,5 |

| 351 | |
|---|---|
| 1 | 35,1 |
| 2 | 70,2 |
| 3 | 105,3 |
| 4 | 140,4 |
| 5 | 175,5 |
| 6 | 210,6 |
| 7 | 245,7 |
| 8 | 280,8 |
| 9 | 315,9 |

| 350 | |
|---|---|
| 1 | 35 |
| 2 | 70 |
| 3 | 105 |
| 4 | 140 |
| 5 | 175 |
| 6 | 210 |
| 7 | 245 |
| 8 | 280 |
| 9 | 315 |

| 349 | |
|---|---|
| 1 | 34,9 |
| 2 | 69,8 |
| 3 | 104,7 |
| 4 | 139,6 |
| 5 | 174,5 |
| 6 | 209.4 |
| 7 | 244.3 |
| 8 | 279,2 |
| 9 | 314.1 |

| 348 | |
|---|---|
| 1 | 34,8 |
| 2 | 69,6 |
| 3 | 104,4 |
| 4 | 139,2 |
| 5 | 174,0 |
| 6 | 208,8 |
| 7 | 243,6 |
| 8 | 278,4 |
| 9 | 313,2 |

| 127 | |
|---|---|
| 1 | 12,7 |
| 2 | 25,4 |
| 3 | 38,1 |
| 4 | 50,8 |
| 5 | 63,5 |
| 6 | 76,2 |
| 7 | 88,9 |
| 8 | 101,6 |
| 9 | 114,3 |

| ′ | ″ | Sin. | D. | Tang. | D.c. | Cotg. | Cos. | D. | ″ | ′ |
|---|---|---|---|---|---|---|---|---|---|---|
| 0 | 0 | 1̄,7 118 393 | 351 | 1̄,7 787 737 | 477 | 0,2 212 263 | 1̄,9 330 656 | 127 | 0 | 60 |
| | 10 | 118 744 | 350 | 788 214 | 477 | 211 786 | 330 529 | 126 | 50 | |
| | 20 | 119 094 | 350 | 788 691 | 477 | 211 309 | 330 403 | 127 | 40 | |
| | 30 | 119 444 | 351 | 789 168 | 477 | 210 832 | 330 276 | 126 | 30 | |
| | 40 | 119 795 | 350 | 789 645 | 477 | 210 355 | 330 150 | 127 | 20 | |
| | 50 | 120 145 | 350 | 790 122 | 477 | 209 878 | 330 023 | 126 | 10 | |
| 1 | 0 | 120 495 | 350 | 790 599 | 476 | 209 401 | 329 897 | 127 | 0 | 59 |
| | 10 | 120 845 | 350 | 791 075 | 477 | 208 925 | 329 770 | 127 | 50 | |
| | 20 | 121 195 | 351 | 791 552 | 477 | 208 448 | 329 643 | 126 | 40 | |
| | 30 | 121 546 | 350 | 792 029 | 476 | 207 971 | 329 517 | 127 | 30 | |
| | 40 | 121 896 | 350 | 792 505 | 477 | 207 495 | 329 390 | 127 | 20 | |
| | 50 | 122 246 | 350 | 792 982 | 477 | 207 018 | 329 263 | 126 | 10 | |
| 2 | 0 | 122 596 | 350 | 793 459 | 476 | 206 541 | 329 137 | 127 | 0 | 58 |
| | 10 | 122 946 | 349 | 793 935 | 477 | 206 065 | 329 010 | 127 | 50 | |
| | 20 | 123 295 | 350 | 794 412 | 477 | 205 588 | 328 883 | 126 | 40 | |
| | 30 | 123 645 | 350 | 794 889 | 476 | 205 111 | 328 757 | 127 | 30 | |
| | 40 | 123 995 | 350 | 795 365 | 477 | 204 635 | 328 630 | 127 | 20 | |
| | 50 | 124 345 | 350 | 795 842 | 476 | 204 158 | 328 503 | 127 | 10 | |
| 3 | 0 | 124 695 | 349 | 796 318 | 477 | 203 682 | 328 376 | 126 | 0 | 57 |
| | 10 | 125 044 | 350 | 796 795 | 476 | 203 205 | 328 250 | 127 | 50 | |
| | 20 | 125 394 | 350 | 797 271 | 477 | 202 729 | 328 123 | 127 | 40 | |
| | 30 | 125 744 | 349 | 797 748 | 476 | 202 252 | 327 996 | 127 | 30 | |
| | 40 | 126 093 | 350 | 798 224 | 476 | 201 776 | 327 869 | 127 | 20 | |
| | 50 | 126 443 | 349 | 798 700 | 477 | 201 300 | 327 742 | 126 | 10 | |
| 4 | 0 | 126 792 | 350 | 799 177 | 476 | 200 823 | 327 616 | 127 | 0 | 56 |
| | 10 | 127 142 | 349 | 799 653 | 476 | 200 347 | 327 489 | 127 | 50 | |
| | 20 | 127 491 | 350 | 800 129 | 477 | 199 871 | 327 362 | 127 | 40 | |
| | 30 | 127 841 | 349 | 800 606 | 476 | 199 394 | 327 235 | 127 | 30 | |
| | 40 | 128 190 | 349 | 801 082 | 476 | 198 918 | 327 108 | 127 | 20 | |
| | 50 | 128 539 | 350 | 801 558 | 476 | 198 442 | 326 981 | 127 | 10 | |
| 5 | 0 | 128 889 | 349 | 802 034 | 476 | 197 966 | 326 854 | 127 | 0 | 55 |
| | 10 | 129 238 | 349 | 802 510 | 477 | 197 490 | 326 727 | 127 | 50 | |
| | 20 | 129 587 | 349 | 802 987 | 476 | 197 013 | 326 600 | 127 | 40 | |
| | 30 | 129 936 | 349 | 803 463 | 476 | 196 537 | 326 473 | 127 | 30 | |
| | 40 | 130 285 | 349 | 803 939 | 476 | 196 061 | 326 346 | 126 | 20 | |
| | 50 | 130 634 | 349 | 804 415 | 476 | 195 585 | 326 220 | 128 | 10 | |
| 6 | 0 | 130 983 | 350 | 804 891 | 476 | 195 109 | 326 092 | 127 | 0 | 54 |
| | 10 | 131 333 | 348 | 805 367 | 476 | 194 633 | 325 965 | 127 | 50 | |
| | 20 | 131 681 | 349 | 805 843 | 476 | 194 157 | 325 838 | 127 | 40 | |
| | 30 | 132 030 | 349 | 806 319 | 476 | 193 681 | 325 711 | 127 | 30 | |
| | 40 | 132 379 | 349 | 806 795 | 476 | 193 205 | 325 584 | 127 | 20 | |
| | 50 | 132 728 | 349 | 807 271 | 476 | 192 729 | 325 457 | 127 | 10 | |
| 7 | 0 | 133 077 | 349 | 807 747 | 476 | 192 253 | 325 330 | 127 | 0 | 53 |
| | 10 | 133 426 | 349 | 808 223 | 476 | 191 777 | 325 203 | 127 | 50 | |
| | 20 | 133 775 | 348 | 808 699 | 475 | 191 301 | 325 076 | 127 | 40 | |
| | 30 | 134 123 | 349 | 809 174 | 476 | 190 826 | 324 949 | 127 | 30 | |
| | 40 | 134 472 | 349 | 809 650 | 476 | 190 350 | 324 822 | 127 | 20 | |
| | 50 | 134 821 | 348 | 810 126 | 476 | 189 874 | 324 695 | 128 | 10 | |
| 8 | 0 | 135 169 | 349 | 810 602 | 476 | 189 398 | 324 567 | 127 | 0 | 52 |
| | 10 | 135 518 | 348 | 811 078 | 475 | 188 922 | 324 440 | 127 | 50 | |
| | 20 | 135 866 | 349 | 811 553 | 476 | 188 447 | 324 313 | 127 | 40 | |
| | 30 | 136 215 | 348 | 812 029 | 476 | 187 971 | 324 186 | 127 | 30 | |
| | 40 | 136 563 | 349 | 812 505 | 475 | 187 495 | 324 059 | 128 | 20 | |
| | 50 | 136 912 | 348 | 812 980 | 476 | 187 020 | 323 931 | 127 | 10 | |
| 9 | 0 | 137 260 | 348 | 813 456 | 476 | 186 544 | 323 804 | 127 | 0 | 51 |
| | 10 | 137 608 | 349 | 813 932 | 475 | 186 068 | 323 677 | 128 | 50 | |
| | 20 | 137 957 | 348 | 814 407 | 476 | 185 593 | 323 549 | 127 | 40 | |
| | 30 | 138 305 | 348 | 814 883 | 475 | 185 117 | 323 422 | 127 | 30 | |
| | 40 | 138 653 | 348 | 815 358 | 476 | 184 642 | 323 295 | 127 | 20 | |
| | 50 | 139 001 | 348 | 815 834 | 475 | 184 166 | 323 168 | 128 | 10 | |
| 10 | 0 | 1̄,7 139 349 | | 1̄,7 816 309 | | 0,2 183 691 | 1̄,9 323 040 | | 0 | 50 |
| ′ | ″ | Cos. | | Cotg. | | Tang. | Sin. | | ″ | ′ |

| ′ | ″ | Sin. | D. | Tang. | D.c. | Cotg. | Cos. | D. | ″ | ′ |
|---|---|---|---|---|---|---|---|---|---|---|
| 10 | 0 | $\bar{1}$,7 139 349 | 348 | $\bar{1}$,7 816 309 | 476 | 0,2 183 691 | $\bar{1}$,9 323 040 | 127 | 0 | 50 |
| | 10 | 139 697 | 349 | 816 785 | 475 | 183 215 | 322 913 | 128 | 50 | |
| | 20 | 140 046 | 348 | 817 260 | 475 | 182 740 | 322 785 | 127 | 40 | |
| | 30 | 140 394 | 348 | 817 735 | 476 | 182 265 | 322 658 | 127 | 30 | |
| | 40 | 140 742 | 347 | 818 211 | 475 | 181 789 | 322 531 | 128 | 20 | |
| | 50 | 141 089 | 348 | 818 686 | 476 | 181 314 | 322 403 | 127 | 10 | |
| 11 | 0 | 141 437 | 348 | 819 162 | 475 | 180 838 | 322 276 | 128 | 0 | 49 |
| | 10 | 141 785 | 348 | 819 637 | 475 | 180 363 | 322 148 | 127 | 50 | |
| | 20 | 142 133 | 348 | 820 112 | 475 | 179 888 | 322 021 | 128 | 40 | |
| | 30 | 142 481 | 348 | 820 587 | 476 | 179 413 | 321 893 | 127 | 30 | |
| | 40 | 142 829 | 347 | 821 063 | 475 | 178 937 | 321 766 | 127 | 20 | |
| | 50 | 143 176 | 348 | 821 538 | 475 | 178 462 | 321 639 | 128 | 10 | |
| 12 | 0 | 143 524 | 348 | 822 013 | 475 | 177 987 | 321 511 | 128 | 0 | 48 |
| | 10 | 143 872 | 347 | 822 488 | 475 | 177 512 | 321 383 | 127 | 50 | |
| | 20 | 144 219 | 348 | 822 963 | 475 | 177 037 | 321 256 | 128 | 40 | |
| | 30 | 144 567 | 347 | 823 438 | 476 | 176 562 | 321 128 | 127 | 30 | |
| | 40 | 144 914 | 348 | 823 914 | 475 | 176 086 | 321 001 | 128 | 20 | |
| | 50 | 145 262 | 347 | 824 389 | 475 | 175 611 | 320 873 | 127 | 10 | |
| 13 | 0 | 145 609 | 348 | 824 864 | 475 | 175 136 | 320 746 | 128 | 0 | 47 |
| | 10 | 145 957 | 347 | 825 339 | 475 | 174 661 | 320 618 | 128 | 50 | |
| | 20 | 146 304 | 347 | 825 814 | 475 | 174 186 | 320 490 | 127 | 40 | |
| | 30 | 146 651 | 348 | 826 289 | 475 | 173 711 | 320 363 | 128 | 30 | |
| | 40 | 146 999 | 347 | 826 764 | 475 | 173 236 | 320 235 | 128 | 20 | |
| | 50 | 147 346 | 347 | 827 239 | 474 | 172 761 | 320 107 | 127 | 10 | |
| 14 | 0 | 147 693 | 347 | 827 713 | 475 | 172 287 | 319 980 | 128 | 0 | 46 |
| | 10 | 148 040 | 348 | 828 188 | 475 | 171 812 | 319 852 | 128 | 50 | |
| | 20 | 148 388 | 347 | 828 663 | 475 | 171 337 | 319 724 | 127 | 40 | |
| | 30 | 148 735 | 347 | 829 138 | 475 | 170 862 | 319 597 | 128 | 30 | |
| | 40 | 149 082 | 347 | 829 613 | 475 | 170 387 | 319 469 | 128 | 20 | |
| | 50 | 149 429 | 347 | 830 088 | 474 | 169 912 | 319 341 | 128 | 10 | |
| 15 | 0 | 149 776 | 347 | 830 562 | 475 | 169 438 | 319 213 | 127 | 0 | 45 |
| | 10 | 150 123 | 347 | 831 037 | 475 | 168 963 | 319 086 | 128 | 50 | |
| | 20 | 150 470 | 347 | 831 512 | 474 | 168 488 | 318 958 | 128 | 40 | |
| | 30 | 150 817 | 346 | 831 986 | 475 | 168 014 | 318 830 | 128 | 30 | |
| | 40 | 151 163 | 347 | 832 461 | 475 | 167 539 | 318 702 | 128 | 20 | |
| | 50 | 151 510 | 347 | 832 936 | 474 | 167 064 | 318 574 | 127 | 10 | |
| 16 | 0 | 151 857 | 347 | 833 410 | 475 | 166 590 | 318 447 | 128 | 0 | 44 |
| | 10 | 152 204 | 346 | 833 885 | 475 | 166 115 | 318 319 | 128 | 50 | |
| | 20 | 152 550 | 347 | 834 360 | 474 | 165 640 | 318 191 | 128 | 40 | |
| | 30 | 152 897 | 347 | 834 834 | 475 | 165 166 | 318 063 | 128 | 30 | |
| | 40 | 153 244 | 346 | 835 309 | 474 | 164 691 | 317 935 | 128 | 20 | |
| | 50 | 153 590 | 347 | 835 783 | 475 | 164 217 | 317 807 | 128 | 10 | |
| 17 | 0 | 153 937 | 346 | 836 258 | 474 | 163 742 | 317 679 | 128 | 0 | 43 |
| | 10 | 154 283 | 347 | 836 732 | 474 | 163 268 | 317 551 | 128 | 50 | |
| | 20 | 154 630 | 346 | 837 206 | 475 | 162 794 | 317 423 | 128 | 40 | |
| | 30 | 154 976 | 347 | 837 681 | 474 | 162 319 | 317 295 | 128 | 30 | |
| | 40 | 155 323 | 346 | 838 155 | 475 | 161 845 | 317 167 | 128 | 20 | |
| | 50 | 155 669 | 346 | 838 630 | 474 | 161 370 | 317 039 | 128 | 10 | |
| 18 | 0 | 156 015 | 347 | 839 104 | 474 | 160 896 | 316 911 | 128 | 0 | 42 |
| | 10 | 156 362 | 346 | 839 578 | 474 | 160 422 | 316 783 | 128 | 50 | |
| | 20 | 156 708 | 346 | 840 052 | 475 | 159 948 | 316 655 | 128 | 40 | |
| | 30 | 157 054 | 346 | 840 527 | 474 | 159 473 | 316 527 | 128 | 30 | |
| | 40 | 157 400 | 346 | 841 001 | 474 | 158 999 | 316 399 | 128 | 20 | |
| | 50 | 157 746 | 346 | 841 475 | 474 | 158 525 | 316 271 | 128 | 10 | |
| 19 | 0 | 158 092 | 346 | 841 949 | 474 | 158 051 | 316 143 | 128 | 0 | 41 |
| | 10 | 158 438 | 346 | 842 423 | 475 | 157 577 | 316 015 | 128 | 50 | |
| | 20 | 158 784 | 346 | 842 898 | 474 | 157 102 | 315 887 | 128 | 40 | |
| | 30 | 159 130 | 346 | 843 372 | 474 | 156 628 | 315 759 | 128 | 30 | |
| | 40 | 159 476 | 346 | 843 846 | 474 | 156 154 | 315 631 | 129 | 20 | |
| | 50 | 159 822 | 346 | 844 320 | 474 | 155 680 | 315 502 | 128 | 10 | |
| 20 | 0 | $\bar{1}$,7 160 168 | | $\bar{1}$,7 844 794 | | 0,2 155 206 | $\bar{1}$,9 315 374 | | 0 | 40 |
| ′ | ″ | Cos. | | Cotg. | | Tang. | Sin. | | ″ | ′ |

| | 476 | 475 | 474 | 348 | 347 | 346 | 127 | 128 |
|---|---|---|---|---|---|---|---|---|
| 1 | 47,6 | 47,5 | 47,4 | 34,8 | 34,7 | 34,6 | 12,7 | 12,8 |
| 2 | 95,2 | 95,0 | 94,8 | 69,6 | 69,4 | 69,2 | 25,4 | 25,6 |
| 3 | 142,8 | 142,5 | 142,2 | 104,4 | 104,1 | 103,8 | 38,1 | 38,4 |
| 4 | 190,4 | 190,0 | 189,6 | 139,2 | 138,8 | 138,4 | 50,8 | 51,2 |
| 5 | 238,0 | 237,5 | 237,0 | 174,0 | 173,5 | 173,0 | 63,5 | 64,0 |
| 6 | 285,6 | 285,0 | 284,4 | 208,8 | 208,2 | 207,6 | 76,2 | 76,8 |
| 7 | 333,2 | 332,5 | 331,8 | 243,6 | 242,9 | 242,2 | 88,9 | 89,6 |
| 8 | 380,8 | 380,0 | 379,2 | 278,4 | 277,6 | 276,8 | 101,6 | 102,4 |
| 9 | 428,4 | 427,5 | 426,6 | 313,2 | 312,3 | 311,4 | 114,3 | 115,2 |

| 474 | |
|---|---|
| 1 | 47,4 |
| 2 | 94,8 |
| 3 | 142,2 |
| 4 | 189,6 |
| 5 | 237,0 |
| 6 | 284,4 |
| 7 | 331,8 |
| 8 | 379,2 |
| 9 | 426,6 |

| 473 | |
|---|---|
| 1 | 47,3 |
| 2 | 94,6 |
| 3 | 141,9 |
| 4 | 189,2 |
| 5 | 236,5 |
| 6 | 283,8 |
| 7 | 331,1 |
| 8 | 378,4 |
| 9 | 425,7 |

| 472 | |
|---|---|
| 1 | 47,2 |
| 2 | 94,4 |
| 3 | 141,6 |
| 4 | 188,8 |
| 5 | 236,0 |
| 6 | 283,2 |
| 7 | 330,4 |
| 8 | 377,6 |
| 9 | 424,8 |

| 346 | |
|---|---|
| 1 | 34,6 |
| 2 | 69,2 |
| 3 | 103,8 |
| 4 | 138,4 |
| 5 | 173,0 |
| 6 | 207,6 |
| 7 | 242,2 |
| 8 | 276,8 |
| 9 | 311,4 |

| 345 | |
|---|---|
| 1 | 34,5 |
| 2 | 69,0 |
| 3 | 103,5 |
| 4 | 138,0 |
| 5 | 172,5 |
| 6 | 207,0 |
| 7 | 241,5 |
| 8 | 276,0 |
| 9 | 310,5 |

| 344 | |
|---|---|
| 1 | 34,4 |
| 2 | 68,8 |
| 3 | 103,2 |
| 4 | 137,6 |
| 5 | 172,0 |
| 6 | 206,4 |
| 7 | 240,8 |
| 8 | 275,2 |
| 9 | 309,6 |

| 128 | |
|---|---|
| 1 | 12,8 |
| 2 | 25,6 |
| 3 | 38,4 |
| 4 | 51,2 |
| 5 | 64,0 |
| 6 | 76,8 |
| 7 | 89,6 |
| 8 | 102,4 |
| 9 | 115,2 |

| 129 | |
|---|---|
| 1 | 12,9 |
| 2 | 25,8 |
| 3 | 38,7 |
| 4 | 51,6 |
| 5 | 64,5 |
| 6 | 77,4 |
| 7 | 90,3 |
| 8 | 103,2 |
| 9 | 116,1 |

| ′ | ″ | Sin. | D. | Tang. | D.c. | Cotg. | Cos. | D. | ″ | ′ |
|---|---|---|---|---|---|---|---|---|---|---|
| 20 | 0 | $\bar{1}$,7 160 168 | 346 | $\bar{1}$,7 844 794 | 474 | 0,2 155 206 | $\bar{1}$,9 315 374 | 128 | 0 | 40 |
| | 10 | 160 514 | 346 | 845 268 | 474 | 154 732 | 315 246 | 128 | 50 | |
| | 20 | 160 860 | 345 | 845 742 | 474 | 154 258 | 315 118 | 128 | 40 | |
| | 30 | 161 205 | 346 | 846 216 | 474 | 153 784 | 314 990 | 129 | 30 | |
| | 40 | 161 551 | 346 | 846 690 | 474 | 153 310 | 314 861 | 128 | 20 | |
| | 50 | 161 897 | 346 | 847 164 | 474 | 152 836 | 314 733 | 128 | 10 | |
| 21 | 0 | 162 243 | 345 | 847 638 | 474 | 152 362 | 314 605 | 128 | 0 | 39 |
| | 10 | 162 588 | 346 | 848 112 | 473 | 151 888 | 314 477 | 129 | 50 | |
| | 20 | 162 934 | 345 | 848 585 | 474 | 151 415 | 314 348 | 128 | 40 | |
| | 30 | 163 279 | 346 | 849 059 | 474 | 150 941 | 314 220 | 128 | 30 | |
| | 40 | 163 625 | 345 | 849 533 | 474 | 150 467 | 314 092 | 129 | 20 | |
| | 50 | 163 970 | 346 | 850 007 | 474 | 149 993 | 313 963 | 128 | 10 | |
| 22 | 0 | 164 316 | 345 | 850 481 | 473 | 149 519 | 313 835 | 128 | 0 | 38 |
| | 10 | 164 661 | 345 | 850 954 | 474 | 149 046 | 313 707 | 129 | 50 | |
| | 20 | 165 006 | 346 | 851 428 | 474 | 148 572 | 313 578 | 128 | 40 | |
| | 30 | 165 352 | 345 | 851 902 | 473 | 148 098 | 313 450 | 129 | 30 | |
| | 40 | 165 697 | 345 | 852 375 | 474 | 147 625 | 313 321 | 128 | 20 | |
| | 50 | 166 042 | 345 | 852 849 | 474 | 147 151 | 313 193 | 128 | 10 | |
| 23 | 0 | 166 387 | 345 | 853 323 | 473 | 146 677 | 313 065 | 129 | 0 | 37 |
| | 10 | 166 732 | 345 | 853 796 | 474 | 146 204 | 312 936 | 128 | 50 | |
| | 20 | 167 077 | 346 | 854 270 | 473 | 145 730 | 312 808 | 129 | 40 | |
| | 30 | 167 423 | 345 | 854 743 | 474 | 145 257 | 312 679 | 128 | 30 | |
| | 40 | 167 768 | 345 | 855 217 | 473 | 144 783 | 312 551 | 129 | 20 | |
| | 50 | 168 113 | 345 | 855 690 | 474 | 144 310 | 312 422 | 128 | 10 | |
| 24 | 0 | 168 458 | 344 | 856 164 | 473 | 143 836 | 312 294 | 129 | 0 | 36 |
| | 10 | 168 802 | 345 | 856 637 | 474 | 143 363 | 312 165 | 128 | 50 | |
| | 20 | 169 147 | 345 | 857 111 | 473 | 142 889 | 312 037 | 129 | 40 | |
| | 30 | 169 492 | 345 | 857 584 | 473 | 142 416 | 311 908 | 128 | 30 | |
| | 40 | 169 837 | 345 | 858 057 | 474 | 141 943 | 311 780 | 129 | 20 | |
| | 50 | 170 182 | 344 | 858 531 | 473 | 141 469 | 311 651 | 129 | 10 | |
| 25 | 0 | 170 526 | 345 | 859 004 | 473 | 140 996 | 311 522 | 128 | 0 | 35 |
| | 10 | 170 871 | 345 | 859 477 | 474 | 140 523 | 311 394 | 129 | 50 | |
| | 20 | 171 216 | 344 | 859 951 | 473 | 140 049 | 311 265 | 129 | 40 | |
| | 30 | 171 560 | 345 | 860 424 | 473 | 139 576 | 311 136 | 128 | 30 | |
| | 40 | 171 905 | 345 | 860 897 | 473 | 139 103 | 311 008 | 129 | 20 | |
| | 50 | 172 250 | 344 | 861 370 | 474 | 138 630 | 310 879 | 129 | 10 | |
| 26 | 0 | 172 594 | 345 | 861 844 | 473 | 138 156 | 310 750 | 128 | 0 | 34 |
| | 10 | 172 939 | 344 | 862 317 | 473 | 137 683 | 310 622 | 129 | 50 | |
| | 20 | 173 283 | 344 | 862 790 | 473 | 137 210 | 310 493 | 129 | 40 | |
| | 30 | 173 627 | 345 | 863 263 | 473 | 136 737 | 310 364 | 128 | 30 | |
| | 40 | 173 972 | 344 | 863 736 | 473 | 136 264 | 310 236 | 129 | 20 | |
| | 50 | 174 316 | 344 | 864 209 | 473 | 135 791 | 310 107 | 129 | 10 | |
| 27 | 0 | 174 660 | 345 | 864 682 | 473 | 135 318 | 309 978 | 129 | 0 | 33 |
| | 10 | 175 005 | 344 | 865 155 | 473 | 134 845 | 309 849 | 129 | 50 | |
| | 20 | 175 349 | 344 | 865 628 | 473 | 134 372 | 309 720 | 128 | 40 | |
| | 30 | 175 693 | 344 | 866 101 | 473 | 133 899 | 309 592 | 129 | 30 | |
| | 40 | 176 037 | 344 | 866 574 | 473 | 133 426 | 309 463 | 129 | 20 | |
| | 50 | 176 381 | 344 | 867 047 | 473 | 132 953 | 309 334 | 129 | 10 | |
| 28 | 0 | 176 725 | 344 | 867 520 | 473 | 132 480 | 309 205 | 129 | 0 | 32 |
| | 10 | 177 069 | 344 | 867 993 | 473 | 132 007 | 309 076 | 129 | 50 | |
| | 20 | 177 413 | 344 | 868 466 | 473 | 131 534 | 308 947 | 128 | 40 | |
| | 30 | 177 757 | 344 | 868 939 | 472 | 131 061 | 308 819 | 129 | 30 | |
| | 40 | 178 101 | 344 | 869 411 | 473 | 130 589 | 308 690 | 129 | 20 | |
| | 50 | 178 445 | 344 | 869 884 | 473 | 130 116 | 308 561 | 129 | 10 | |
| 29 | 0 | 178 789 | 344 | 870 357 | 473 | 129 643 | 308 432 | 129 | 0 | 31 |
| | 10 | 179 133 | 343 | 870 830 | 473 | 129 170 | 308 303 | 129 | 50 | |
| | 20 | 179 476 | 344 | 871 303 | 472 | 128 697 | 308 174 | 129 | 40 | |
| | 30 | 179 820 | 344 | 871 775 | 473 | 128 225 | 308 045 | 129 | 30 | |
| | 40 | 180 164 | 343 | 872 248 | 473 | 127 752 | 307 916 | 129 | 20 | |
| | 50 | 180 507 | 344 | 872 721 | 472 | 127 279 | 307 787 | 129 | 10 | |
| 30 | 0 | $\bar{1}$,7 180 851 | | $\bar{1}$,7 873 193 | | 0,2 126 807 | $\bar{1}$,9 307 658 | | 0 | 30 |
| ′ | ″ | Cos. | | Cotg. | | Tang. | Sin. | | ″ | ′ |

| ′ | ″ | Sin. | D. | Tang. | D.c. | Cotg. | Cos. | D. | ″ | ′ |
|---|---|---|---|---|---|---|---|---|---|---|
| 30 | 0 | 1̄,7 180 851 | 344 | 1̄,7 873 193 | 473 | 0,2 126 807 | 1̄,9 307 658 | 129 | 0 | 30 |
| | 10 | 181 195 | 343 | 873 666 | 472 | 126 334 | 307 529 | 129 | 50 | |
| | 20 | 181 538 | 344 | 874 138 | 473 | 125 862 | 307 400 | 129 | 40 | |
| | 30 | 181 882 | 343 | 874 611 | 472 | 125 389 | 307 271 | 129 | 30 | |
| | 40 | 182 225 | 343 | 875 083 | 473 | 124 917 | 307 142 | 129 | 20 | |
| | 50 | 182 568 | 344 | 875 556 | 472 | 124 444 | 307 013 | 130 | 10 | |
| 31 | 0 | 182 912 | 343 | 876 028 | 473 | 123 972 | 306 883 | 129 | 0 | 29 |
| | 10 | 183 255 | 344 | 876 501 | 472 | 123 499 | 306 754 | 129 | 50 | |
| | 20 | 183 599 | 343 | 876 973 | 473 | 123 027 | 306 625 | 129 | 40 | |
| | 30 | 183 942 | 343 | 877 446 | 472 | 122 554 | 306 496 | 129 | 30 | |
| | 40 | 184 285 | 343 | 877 918 | 473 | 122 082 | 306 367 | 129 | 20 | |
| | 50 | 184 628 | 343 | 878 391 | 472 | 121 609 | 306 238 | 129 | 10 | |
| 32 | 0 | 184 971 | 344 | 878 863 | 472 | 121 137 | 306 109 | 130 | 0 | 28 |
| | 10 | 185 315 | 343 | 879 335 | 472 | 120 665 | 305 979 | 129 | 50 | |
| | 20 | 185 658 | 343 | 879 807 | 473 | 120 193 | 305 850 | 129 | 40 | |
| | 30 | 186 001 | 343 | 880 280 | 472 | 119 720 | 305 721 | 129 | 30 | |
| | 40 | 186 344 | 343 | 880 752 | 472 | 119 248 | 305 592 | 130 | 20 | |
| | 50 | 186 687 | 343 | 881 224 | 472 | 118 776 | 305 462 | 129 | 10 | |
| 33 | 0 | 187 030 | 342 | 881 696 | 473 | 118 304 | 305 333 | 129 | 0 | 27 |
| | 10 | 187 372 | 343 | 882 169 | 472 | 117 831 | 305 204 | 129 | 50 | |
| | 20 | 187 715 | 343 | 882 641 | 472 | 117 359 | 305 075 | 130 | 40 | |
| | 30 | 188 058 | 343 | 883 113 | 472 | 116 887 | 304 945 | 129 | 30 | |
| | 40 | 188 401 | 343 | 883 585 | 472 | 116 415 | 304 816 | 129 | 20 | |
| | 50 | 188 744 | 342 | 884 057 | 472 | 115 943 | 304 687 | 130 | 10 | |
| 34 | 0 | 189 086 | 343 | 884 529 | 472 | 115 471 | 304 557 | 129 | 0 | 26 |
| | 10 | 189 429 | 343 | 885 001 | 472 | 114 999 | 304 428 | 130 | 50 | |
| | 20 | 189 772 | 342 | 885 473 | 472 | 114 527 | 304 298 | 129 | 40 | |
| | 30 | 190 114 | 343 | 885 945 | 472 | 114 055 | 304 169 | 129 | 30 | |
| | 40 | 190 457 | 342 | 886 417 | 472 | 113 583 | 304 040 | 130 | 20 | |
| | 50 | 190 799 | 343 | 886 889 | 472 | 113 111 | 303 910 | 129 | 10 | |
| 35 | 0 | 191 142 | 342 | 887 361 | 472 | 112 639 | 303 781 | 130 | 0 | 25 |
| | 10 | 191 484 | 343 | 887 833 | 472 | 112 167 | 303 651 | 129 | 50 | |
| | 20 | 191 827 | 342 | 888 305 | 472 | 111 695 | 303 522 | 130 | 40 | |
| | 30 | 192 169 | 342 | 888 777 | 472 | 111 223 | 303 392 | 129 | 30 | |
| | 40 | 192 511 | 343 | 889 249 | 471 | 110 751 | 303 263 | 130 | 20 | |
| | 50 | 192 854 | 342 | 889 720 | 472 | 110 280 | 303 133 | 129 | 10 | |
| 36 | 0 | 193 196 | 342 | 890 192 | 472 | 109 808 | 303 004 | 130 | 0 | 24 |
| | 10 | 193 538 | 342 | 890 664 | 472 | 109 336 | 302 874 | 129 | 50 | |
| | 20 | 193 880 | 343 | 891 136 | 471 | 108 864 | 302 745 | 130 | 40 | |
| | 30 | 194 223 | 342 | 891 607 | 472 | 108 393 | 302 615 | 129 | 30 | |
| | 40 | 194 565 | 342 | 892 079 | 472 | 107 921 | 302 486 | 130 | 20 | |
| | 50 | 194 907 | 342 | 892 551 | 472 | 107 449 | 302 356 | 130 | 10 | |
| 37 | 0 | 195 249 | 342 | 893 023 | 471 | 106 977 | 302 226 | 129 | 0 | 23 |
| | 10 | 195 591 | 342 | 893 494 | 472 | 106 506 | 302 097 | 130 | 50 | |
| | 20 | 195 933 | 342 | 893 966 | 471 | 106 034 | 301 967 | 130 | 40 | |
| | 30 | 196 275 | 342 | 894 437 | 472 | 105 563 | 301 837 | 129 | 30 | |
| | 40 | 196 617 | 342 | 894 909 | 471 | 105 091 | 301 708 | 130 | 20 | |
| | 50 | 196 959 | 341 | 895 380 | 472 | 104 620 | 301 578 | 130 | 10 | |
| 38 | 0 | 197 300 | 342 | 895 852 | 471 | 104 148 | 301 448 | 129 | 0 | 22 |
| | 10 | 197 642 | 342 | 896 323 | 472 | 103 677 | 301 319 | 130 | 50 | |
| | 20 | 197 984 | 342 | 896 795 | 471 | 103 205 | 301 189 | 130 | 40 | |
| | 30 | 198 326 | 341 | 897 266 | 472 | 102 734 | 301 059 | 130 | 30 | |
| | 40 | 198 667 | 342 | 897 738 | 471 | 102 262 | 300 929 | 129 | 20 | |
| | 50 | 199 009 | 341 | 898 209 | 472 | 101 791 | 300 800 | 130 | 10 | |
| 39 | 0 | 199 350 | 342 | 898 681 | 471 | 101 319 | 300 670 | 130 | 0 | 21 |
| | 10 | 199 692 | 342 | 899 152 | 471 | 100 848 | 300 540 | 130 | 50 | |
| | 20 | 200 034 | 341 | 899 623 | 472 | 100 377 | 300 410 | 129 | 40 | |
| | 30 | 200 375 | 342 | 900 095 | 471 | 099 905 | 300 281 | 130 | 30 | |
| | 40 | 200 717 | 341 | 900 566 | 471 | 099 434 | 300 151 | 130 | 20 | |
| | 50 | 201 058 | 341 | 901 037 | 471 | 098 963 | 300 021 | 130 | 10 | |
| 40 | 0 | 1̄,7 201 399 | | 1̄,7 901 508 | | 0,2 098 492 | 1̄,9 299 891 | | 0 | 20 |
| ′ | ″ | Cos. | | Cotg. | | Tang. | Sin. | | ″ | ′ |

| | 473 | 472 | 471 | 344 | 343 | 342 | 341 | 130 |
|---|---|---|---|---|---|---|---|---|
| 1 | 47,3 | 47,2 | 47,1 | 34,4 | 34,3 | 34,2 | 34,1 | 13 |
| 2 | 94,6 | 94,4 | 94,2 | 68,8 | 68,6 | 68,4 | 68,2 | 26 |
| 3 | 141,9 | 141,6 | 141,3 | 103,2 | 102,9 | 102,6 | 102,3 | 39 |
| 4 | 189,2 | 188,8 | 188,4 | 137,6 | 137,2 | 136,8 | 136,4 | 52 |
| 5 | 236,5 | 236,0 | 235,5 | 172,0 | 171,5 | 171,0 | 170,5 | 65 |
| 6 | 283,8 | 283,2 | 282,6 | 206,4 | 205,8 | 205,2 | 204,6 | 78 |
| 7 | 331,1 | 330,4 | 329,7 | 240,8 | 240,1 | 239,4 | 238,7 | 91 |
| 8 | 378,4 | 377,6 | 376,8 | 275,2 | 274,4 | 273,6 | 272,8 | 104 |
| 9 | 425,7 | 424,8 | 423,9 | 309,6 | 308,7 | 307,8 | 306,9 | 117 |

| | 471 |
|---|---|
| 1 | 47,1 |
| 2 | 94,2 |
| 3 | 141,3 |
| 4 | 188,4 |
| 5 | 235,5 |
| 6 | 282,6 |
| 7 | 329,7 |
| 8 | 376,8 |
| 9 | 423,9 |

| | 470 |
|---|---|
| 1 | 47 |
| 2 | 94 |
| 3 | 141 |
| 4 | 188 |
| 5 | 235 |
| 6 | 282 |
| 7 | 329 |
| 8 | 376 |
| 9 | 423 |

| | 341 |
|---|---|
| 1 | 34,1 |
| 2 | 68,2 |
| 3 | 102,3 |
| 4 | 136,4 |
| 5 | 170,5 |
| 6 | 204,6 |
| 7 | 238,7 |
| 8 | 272,8 |
| 9 | 306,9 |

| | 340 |
|---|---|
| 1 | 34 |
| 2 | 68 |
| 3 | 102 |
| 4 | 136 |
| 5 | 170 |
| 6 | 204 |
| 7 | 238 |
| 8 | 272 |
| 9 | 306 |

| | 339 |
|---|---|
| 1 | 33,9 |
| 2 | 67,8 |
| 3 | 101,7 |
| 4 | 135,6 |
| 5 | 169,5 |
| 6 | 203,4 |
| 7 | 237,3 |
| 8 | 271,2 |
| 9 | 305,1 |

| | 130 |
|---|---|
| 1 | 13 |
| 2 | 26 |
| 3 | 39 |
| 4 | 52 |
| 5 | 65 |
| 6 | 78 |
| 7 | 91 |
| 8 | 104 |
| 9 | 117 |

| | 131 |
|---|---|
| 1 | 13,1 |
| 2 | 26,2 |
| 3 | 39,3 |
| 4 | 52,4 |
| 5 | 65,5 |
| 6 | 78,6 |
| 7 | 91,7 |
| 8 | 104,8 |
| 9 | 117,9 |

| ′ | ″ | Sin. | D. | Tang. | D.c. | Cotg. | Cos. | D. | ″ | ′ |
|---|---|---|---|---|---|---|---|---|---|---|
| 40 | 0 | $\bar{1}$,7 201 399 | 342 | $\bar{1}$,7 901 508 | 472 | 0,2 098 492 | $\bar{1}$,9 299 891 | 130 | 0 | 20 |
| | 10 | 201 741 | 341 | 901 980 | 471 | 098 020 | 299 761 | 130 | 50 | |
| | 20 | 202 082 | 341 | 902 451 | 471 | 097 549 | 299 631 | 130 | 40 | |
| | 30 | 202 423 | 341 | 902 922 | 471 | 097 078 | 299 501 | 130 | 30 | |
| | 40 | 202 764 | 342 | 903 393 | 471 | 096 607 | 299 371 | 130 | 20 | |
| | 50 | 203 106 | 341 | 903 864 | 471 | 096 136 | 299 241 | 129 | 10 | |
| 41 | 0 | 203 447 | 341 | 904 335 | 471 | 095 665 | 299 112 | 130 | 0 | 19 |
| | 10 | 203 788 | 341 | 904 806 | 471 | 095 194 | 298 982 | 130 | 50 | |
| | 20 | 204 129 | 341 | 905 277 | 471 | 094 723 | 298 852 | 130 | 40 | |
| | 30 | 204 470 | 341 | 905 748 | 471 | 094 252 | 298 722 | 130 | 30 | |
| | 40 | 204 811 | 341 | 906 219 | 471 | 093 781 | 298 592 | 130 | 20 | |
| | 50 | 205 152 | 341 | 906 690 | 471 | 093 310 | 298 462 | 130 | 10 | |
| 42 | 0 | 205 493 | 341 | 907 161 | 471 | 092 839 | 298 332 | 131 | 0 | 18 |
| | 10 | 205 834 | 341 | 907 632 | 471 | 092 368 | 298 201 | 130 | 50 | |
| | 20 | 206 175 | 340 | 908 103 | 471 | 091 897 | 298 071 | 130 | 40 | |
| | 30 | 206 515 | 341 | 908 574 | 471 | 091 426 | 297 941 | 130 | 30 | |
| | 40 | 206 856 | 341 | 909 045 | 471 | 090 955 | 297 811 | 130 | 20 | |
| | 50 | 207 197 | 341 | 909 516 | 471 | 090 484 | 297 681 | 130 | 10 | |
| 43 | 0 | 207 538 | 340 | 909 987 | 470 | 090 013 | 297 551 | 130 | 0 | 17 |
| | 10 | 207 878 | 341 | 910 457 | 471 | 089 543 | 297 421 | 130 | 50 | |
| | 20 | 208 219 | 341 | 910 928 | 471 | 089 072 | 297 291 | 130 | 40 | |
| | 30 | 208 560 | 340 | 911 399 | 471 | 088 601 | 297 161 | 131 | 30 | |
| | 40 | 208 900 | 341 | 911 870 | 470 | 088 130 | 297 030 | 130 | 20 | |
| | 50 | 209 241 | 340 | 912 340 | 471 | 087 660 | 296 900 | 130 | 10 | |
| 44 | 0 | 209 581 | 341 | 912 811 | 471 | 087 189 | 296 770 | 130 | 0 | 16 |
| | 10 | 209 922 | 340 | 913 282 | 470 | 086 718 | 296 640 | 130 | 50 | |
| | 20 | 210 262 | 340 | 913 752 | 471 | 086 248 | 296 510 | 131 | 40 | |
| | 30 | 210 602 | 341 | 914 223 | 471 | 085 777 | 296 379 | 130 | 30 | |
| | 40 | 210 943 | 340 | 914 694 | 470 | 085 306 | 296 249 | 130 | 20 | |
| | 50 | 211 283 | 340 | 915 164 | 471 | 084 836 | 296 119 | 130 | 10 | |
| 45 | 0 | 211 623 | 341 | 915 635 | 470 | 084 365 | 295 989 | 131 | 0 | 15 |
| | 10 | 211 964 | 340 | 916 105 | 471 | 083 895 | 295 858 | 130 | 50 | |
| | 20 | 212 304 | 340 | 916 576 | 470 | 083 424 | 295 728 | 130 | 40 | |
| | 30 | 212 644 | 340 | 917 046 | 471 | 082 954 | 295 598 | 131 | 30 | |
| | 40 | 212 984 | 340 | 917 517 | 470 | 082 483 | 295 467 | 130 | 20 | |
| | 50 | 213 324 | 340 | 917 987 | 471 | 082 013 | 295 337 | 130 | 10 | |
| 46 | 0 | 213 664 | 340 | 918 458 | 470 | 081 542 | 295 207 | 131 | 0 | 14 |
| | 10 | 214 004 | 340 | 918 928 | 470 | 081 072 | 295 076 | 130 | 50 | |
| | 20 | 214 344 | 340 | 919 398 | 471 | 080 602 | 294 946 | 131 | 40 | |
| | 30 | 214 684 | 340 | 919 869 | 470 | 080 131 | 294 815 | 130 | 30 | |
| | 40 | 215 024 | 340 | 920 339 | 470 | 079 661 | 294 685 | 131 | 20 | |
| | 50 | 215 364 | 340 | 920 809 | 471 | 079 191 | 294 554 | 130 | 10 | |
| 47 | 0 | 215 704 | 339 | 921 280 | 470 | 078 720 | 294 424 | 130 | 0 | 13 |
| | 10 | 216 043 | 340 | 921 750 | 470 | 078 250 | 294 294 | 131 | 50 | |
| | 20 | 216 383 | 340 | 922 220 | 470 | 077 780 | 294 163 | 130 | 40 | |
| | 30 | 216 723 | 340 | 922 690 | 471 | 077 310 | 294 033 | 131 | 30 | |
| | 40 | 217 063 | 339 | 923 161 | 470 | 076 839 | 293 902 | 131 | 20 | |
| | 50 | 217 402 | 340 | 923 631 | 470 | 076 369 | 293 771 | 130 | 10 | |
| 48 | 0 | 217 742 | 339 | 924 101 | 470 | 075 899 | 293 641 | 131 | 0 | 12 |
| | 10 | 218 081 | 340 | 924 571 | 470 | 075 429 | 293 510 | 130 | 50 | |
| | 20 | 218 421 | 339 | 925 041 | 470 | 074 959 | 293 380 | 131 | 40 | |
| | 30 | 218 760 | 340 | 925 511 | 470 | 074 489 | 293 249 | 130 | 30 | |
| | 40 | 219 100 | 339 | 925 981 | 470 | 074 019 | 293 119 | 131 | 20 | |
| | 50 | 219 439 | 340 | 926 451 | 470 | 073 549 | 292 988 | 131 | 10 | |
| 49 | 0 | 219 779 | 339 | 926 921 | 470 | 073 079 | 292 857 | 130 | 0 | 11 |
| | 10 | 220 118 | 339 | 927 391 | 470 | 072 609 | 292 727 | 131 | 50 | |
| | 20 | 220 457 | 340 | 927 861 | 470 | 072 139 | 292 596 | 131 | 40 | |
| | 30 | 220 797 | 339 | 928 331 | 470 | 071 669 | 292 465 | 130 | 30 | |
| | 40 | 221 136 | 339 | 928 801 | 470 | 071 199 | 292 335 | 131 | 20 | |
| | 50 | 221 475 | 339 | 929 271 | 470 | 070 729 | 292 204 | 131 | 10 | |
| 50 | 0 | $\bar{1}$,7 221 814 | | $\bar{1}$,7 929 741 | | 0,2 070 259 | $\bar{1}$,9 292 073 | | 0 | 10 |
| ′ | ″ | Cos. | | Cotg. | | Tang. | Sin. | | ″ | ′ |

| ′ | ″ | Sin. | D. | Tang. | D.c. | Cotg. | Cos. | D. | ″ | ′ |
|---|---|---|---|---|---|---|---|---|---|---|
| 50 | 0 | 1̄,7 221 814 | | 1̄,7 929 741 | | 0,2 070 259 | 1̄,9 292 073 | | 0 | 10 |
| | 10 | 222 153 | 339 | 930 211 | 470 | 069 789 | 291 943 | 130 | 50 | |
| | 20 | 222 492 | 339 | 930 681 | 470 | 069 319 | 291 812 | 131 | 40 | |
| | 30 | 222 832 | 340 | 931 150 | 469 | 068 850 | 291 681 | 131 | 30 | |
| | 40 | 223 171 | 339 | 931 620 | 470 | 068 380 | 291 550 | 131 | 20 | |
| | 50 | 223 509 | 338 | 932 090 | 470 | 067 910 | 291 420 | 130 | 10 | |
| 51 | 0 | 223 848 | 339 | 932 560 | 470 | 067 440 | 291 289 | 131 | 0 | 9 |
| | 10 | 224 187 | 339 | 933 029 | 469 | 066 971 | 291 158 | 131 | 50 | |
| | 20 | 224 526 | 339 | 933 499 | 470 | 066 501 | 291 027 | 131 | 40 | |
| | 30 | 224 865 | 339 | 933 969 | 470 | 066 031 | 290 896 | 131 | 30 | |
| | 40 | 225 204 | 339 | 934 438 | 469 | 065 562 | 290 765 | 131 | 20 | |
| | 50 | 225 543 | 339 | 934 908 | 470 | 065 092 | 290 635 | 130 | 10 | |
| 52 | 0 | 225 881 | 338 | 935 378 | 470 | 064 622 | 290 504 | 131 | 0 | 8 |
| | 10 | 226 220 | 339 | 935 847 | 469 | 064 153 | 290 373 | 131 | 50 | |
| | 20 | 226 559 | 339 | 936 317 | 470 | 063 683 | 290 242 | 131 | 40 | |
| | 30 | 226 897 | 338 | 936 786 | 469 | 063 214 | 290 111 | 131 | 30 | |
| | 40 | 227 236 | 339 | 937 256 | 470 | 062 744 | 289 980 | 131 | 20 | |
| | 50 | 227 574 | 338 | 937 725 | 469 | 062 275 | 289 849 | 131 | 10 | |
| 53 | 0 | 227 913 | 339 | 938 195 | 470 | 061 805 | 289 718 | 131 | 0 | 7 |
| | 10 | 228 251 | 338 | 938 664 | 469 | 061 336 | 289 587 | 131 | 50 | |
| | 20 | 228 590 | 339 | 939 134 | 470 | 060 866 | 289 456 | 131 | 40 | |
| | 30 | 228 928 | 338 | 939 603 | 469 | 060 397 | 289 325 | 131 | 30 | |
| | 40 | 229 267 | 339 | 940 072 | 469 | 059 928 | 289 194 | 131 | 20 | |
| | 50 | 229 605 | 338 | 940 542 | 470 | 059 458 | 289 063 | 131 | 10 | |
| 54 | 0 | 229 943 | 338 | 941 011 | 469 | 058 989 | 288 932 | 131 | 0 | 6 |
| | 10 | 230 281 | 338 | 941 480 | 469 | 058 520 | 288 801 | 131 | 50 | |
| | 20 | 230 620 | 339 | 941 950 | 470 | 058 050 | 288 670 | 131 | 40 | |
| | 30 | 230 958 | 338 | 942 419 | 469 | 057 581 | 288 539 | 131 | 30 | |
| | 40 | 231 296 | 338 | 942 888 | 469 | 057 112 | 288 408 | 131 | 20 | |
| | 50 | 231 634 | 338 | 943 357 | 469 | 056 643 | 288 277 | 131 | 10 | |
| 55 | 0 | 231 972 | 338 | 943 827 | 470 | 056 173 | 288 145 | 132 | 0 | 5 |
| | 10 | 232 310 | 338 | 944 296 | 469 | 055 704 | 288 014 | 131 | 50 | |
| | 20 | 232 648 | 338 | 944 765 | 469 | 055 235 | 287 883 | 131 | 40 | |
| | 30 | 232 986 | 338 | 945 234 | 469 | 054 766 | 287 752 | 131 | 30 | |
| | 40 | 233 324 | 338 | 945 703 | 469 | 054 297 | 287 621 | 131 | 20 | |
| | 50 | 233 662 | 338 | 946 172 | 469 | 053 828 | 287 490 | 131 | 10 | |
| 56 | 0 | 234 000 | 338 | 946 641 | 469 | 053 359 | 287 358 | 132 | 0 | 4 |
| | 10 | 234 338 | 338 | 947 110 | 469 | 052 890 | 287 227 | 131 | 50 | |
| | 20 | 234 675 | 337 | 947 579 | 469 | 052 421 | 287 096 | 131 | 40 | |
| | 30 | 235 013 | 338 | 948 048 | 469 | 051 952 | 286 965 | 131 | 30 | |
| | 40 | 235 351 | 338 | 948 517 | 469 | 051 483 | 286 833 | 132 | 20 | |
| | 50 | 235 688 | 337 | 948 986 | 469 | 051 014 | 286 702 | 131 | 10 | |
| 57 | 0 | 236 026 | 338 | 949 455 | 469 | 050 545 | 286 571 | 131 | 0 | 3 |
| | 10 | 236 364 | 338 | 949 924 | 469 | 050 076 | 286 439 | 132 | 50 | |
| | 20 | 236 701 | 337 | 950 393 | 469 | 049 607 | 286 308 | 131 | 40 | |
| | 30 | 237 039 | 338 | 950 862 | 469 | 049 138 | 286 177 | 131 | 30 | |
| | 40 | 237 376 | 337 | 951 331 | 469 | 048 669 | 286 045 | 132 | 20 | |
| | 50 | 237 714 | 338 | 951 800 | 469 | 048 200 | 285 914 | 131 | 10 | |
| 58 | 0 | 238 051 | 337 | 952 268 | 468 | 047 732 | 285 783 | 131 | 0 | 2 |
| | 10 | 238 388 | 337 | 952 737 | 469 | 047 263 | 285 651 | 132 | 50 | |
| | 20 | 238 726 | 338 | 953 206 | 469 | 046 794 | 285 520 | 131 | 40 | |
| | 30 | 239 063 | 337 | 953 675 | 469 | 046 325 | 285 388 | 132 | 30 | |
| | 40 | 239 400 | 337 | 954 143 | 468 | 045 857 | 285 257 | 131 | 20 | |
| | 50 | 239 738 | 338 | 954 612 | 469 | 045 388 | 285 125 | 132 | 10 | |
| 59 | 0 | 240 075 | 337 | 955 081 | 469 | 044 919 | 284 994 | 131 | 0 | 1 |
| | 10 | 240 412 | 337 | 955 549 | 468 | 044 451 | 284 862 | 132 | 50 | |
| | 20 | 240 749 | 337 | 956 018 | 469 | 043 982 | 284 731 | 131 | 40 | |
| | 30 | 241 086 | 337 | 956 487 | 469 | 043 513 | 284 599 | 132 | 30 | |
| | 40 | 241 423 | 337 | 956 955 | 468 | 043 045 | 284 468 | 131 | 20 | |
| | 50 | 241 760 | 337 | 957 424 | 469 | 042 576 | 284 336 | 132 | 10 | |
| 60 | 0 | 1̄,7 242 097 | 337 | 1̄,7 957 892 | 468 | 0,2 042 108 | 1̄,9 284 205 | 131 | 0 | 0 |
| ′ | ″ | Cos. | | Cotg. | | Tang. | Sin. | | ″ | ′ |

| | 470 | 469 | 468 | 339 | 338 | 337 | 131 | 132 |
|---|---|---|---|---|---|---|---|---|
| 1 | 47 | 46,9 | 46,8 | 33,9 | 33,8 | 33,7 | 13,1 | 13,2 |
| 2 | 94 | 93,8 | 93,6 | 67,8 | 67,6 | 67,4 | 26,2 | 26,4 |
| 3 | 141 | 140,7 | 140,4 | 101,7 | 101,4 | 101,1 | 39,3 | 39,6 |
| 4 | 188 | 187,6 | 187,2 | 135,6 | 135,2 | 134,8 | 52,4 | 52,8 |
| 5 | 235 | 234,5 | 234,0 | 169,5 | 169,0 | 168,5 | 65,5 | 66,0 |
| 6 | 282 | 281,4 | 280,8 | 203,4 | 202,8 | 202,2 | 78,6 | 79,2 |
| 7 | 329 | 328,3 | 327,6 | 237,3 | 236,6 | 235,9 | 91,7 | 92,4 |
| 8 | 376 | 375,2 | 374,4 | 271,2 | 270,4 | 269,6 | 104,8 | 105,6 |
| 9 | 423 | 422,1 | 421,2 | 305,1 | 304,2 | 303,3 | 117,9 | 118,8 |

| 469 | |
|---|---|
| 1 | 46,9 |
| 2 | 93,8 |
| 3 | 140,7 |
| 4 | 187,6 |
| 5 | 234,5 |
| 6 | 281,4 |
| 7 | 328,3 |
| 8 | 375,2 |
| 9 | 422,1 |

| 468 | |
|---|---|
| 1 | 46,8 |
| 2 | 93,6 |
| 3 | 140,4 |
| 4 | 187,2 |
| 5 | 234,0 |
| 6 | 280,8 |
| 7 | 327,6 |
| 8 | 374,4 |
| 9 | 421,2 |

| 467 | |
|---|---|
| 1 | 46,7 |
| 2 | 93,4 |
| 3 | 140,1 |
| 4 | 186,8 |
| 5 | 233,5 |
| 6 | 280,2 |
| 7 | 326,9 |
| 8 | 373,6 |
| 9 | 420,3 |

| 337 | |
|---|---|
| 1 | 33,7 |
| 2 | 67,4 |
| 3 | 101,1 |
| 4 | 134,8 |
| 5 | 168,5 |
| 6 | 202,2 |
| 7 | 235,9 |
| 8 | 269,6 |
| 9 | 303,3 |

| 336 | |
|---|---|
| 1 | 33,6 |
| 2 | 67,2 |
| 3 | 100,8 |
| 4 | 134,4 |
| 5 | 168,0 |
| 6 | 201,6 |
| 7 | 235,2 |
| 8 | 268,8 |
| 9 | 302,4 |

| 335 | |
|---|---|
| 1 | 33,5 |
| 2 | 67,0 |
| 3 | 100,5 |
| 4 | 134,0 |
| 5 | 167,5 |
| 6 | 201,0 |
| 7 | 234,5 |
| 8 | 268,0 |
| 9 | 301,5 |

| 131 | |
|---|---|
| 1 | 13,1 |
| 2 | 26,2 |
| 3 | 39,3 |
| 4 | 52,4 |
| 5 | 65,5 |
| 6 | 78,6 |
| 7 | 91,7 |
| 8 | 104,8 |
| 9 | 117,9 |

| 132 | |
|---|---|
| 1 | 13,2 |
| 2 | 26,4 |
| 3 | 39,6 |
| 4 | 52,8 |
| 5 | 66,0 |
| 6 | 79,2 |
| 7 | 92,4 |
| 8 | 105,6 |
| 9 | 118,8 |

| ′ | ″ | Sin. | D. | Tang. | D.c. | Cotg. | Cos. | D. | ″ | ′ |
|---|---|---|---|---|---|---|---|---|---|---|
| 0 | 0 | ī,7 242 097 | 337 | ī,7 957 892 | 469 | 0,2 042 108 | ī,9 284 205 | 132 | 0 | 60 |
| | 10 | 242 434 | 337 | 958 361 | 468 | 041 639 | 284 073 | 131 | 50 | |
| | 20 | 242 771 | 337 | 958 829 | 469 | 041 171 | 283 942 | 132 | 40 | |
| | 30 | 243 108 | 337 | 959 298 | 468 | 040 702 | 283 810 | 132 | 30 | |
| | 40 | 243 445 | 336 | 959 766 | 469 | 040 234 | 283 678 | 131 | 20 | |
| | 50 | 243 781 | 337 | 960 235 | 468 | 039 765 | 283 547 | 132 | 10 | |
| 1 | 0 | 244 118 | 337 | 960 703 | 468 | 039 297 | 283 415 | 131 | 0 | 59 |
| | 10 | 244 455 | 337 | 961 171 | 469 | 038 829 | 283 284 | 132 | 50 | |
| | 20 | 244 792 | 336 | 961 640 | 468 | 038 360 | 283 152 | 132 | 40 | |
| | 30 | 245 128 | 337 | 962 108 | 468 | 037 892 | 283 020 | 132 | 30 | |
| | 40 | 245 465 | 336 | 962 576 | 469 | 037 424 | 282 888 | 131 | 20 | |
| | 50 | 245 801 | 337 | 963 045 | 468 | 036 955 | 282 757 | 132 | 10 | |
| 2 | 0 | 246 138 | 336 | 963 513 | 468 | 036 487 | 282 625 | 132 | 0 | 58 |
| | 10 | 246 474 | 337 | 963 981 | 468 | 036 019 | 282 493 | 132 | 50 | |
| | 20 | 246 811 | 336 | 964 449 | 469 | 035 551 | 282 361 | 131 | 40 | |
| | 30 | 247 147 | 337 | 964 918 | 468 | 035 082 | 282 230 | 132 | 30 | |
| | 40 | 247 484 | 336 | 965 386 | 468 | 034 614 | 282 098 | 132 | 20 | |
| | 50 | 247 820 | 336 | 965 854 | 468 | 034 146 | 281 966 | 132 | 10 | |
| 3 | 0 | 248 156 | 337 | 966 322 | 468 | 033 678 | 281 834 | 132 | 0 | 57 |
| | 10 | 248 493 | 336 | 966 790 | 468 | 033 210 | 281 702 | 131 | 50 | |
| | 20 | 248 829 | 336 | 967 258 | 468 | 032 742 | 281 571 | 132 | 40 | |
| | 30 | 249 165 | 336 | 967 726 | 468 | 032 274 | 281 439 | 132 | 30 | |
| | 40 | 249 501 | 336 | 968 194 | 468 | 031 806 | 281 307 | 132 | 20 | |
| | 50 | 249 837 | 337 | 968 662 | 468 | 031 338 | 281 175 | 132 | 10 | |
| 4 | 0 | 250 174 | 336 | 969 130 | 468 | 030 870 | 281 043 | 132 | 0 | 56 |
| | 10 | 250 510 | 336 | 969 598 | 468 | 030 402 | 280 911 | 132 | 50 | |
| | 20 | 250 846 | 336 | 970 066 | 468 | 029 934 | 280 779 | 132 | 40 | |
| | 30 | 251 182 | 336 | 970 534 | 468 | 029 466 | 280 647 | 132 | 30 | |
| | 40 | 251 518 | 335 | 971 002 | 468 | 028 998 | 280 515 | 132 | 20 | |
| | 50 | 251 853 | 336 | 971 470 | 468 | 028 530 | 280 383 | 132 | 10 | |
| 5 | 0 | 252 189 | 336 | 971 938 | 468 | 028 062 | 280 251 | 132 | 0 | 55 |
| | 10 | 252 525 | 336 | 972 406 | 468 | 027 594 | 280 119 | 132 | 50 | |
| | 20 | 252 861 | 336 | 972 874 | 467 | 027 126 | 279 987 | 132 | 40 | |
| | 30 | 253 197 | 336 | 973 341 | 468 | 026 659 | 279 855 | 132 | 30 | |
| | 40 | 253 533 | 335 | 973 809 | 468 | 026 191 | 279 723 | 132 | 20 | |
| | 50 | 253 868 | 336 | 974 277 | 468 | 025 723 | 279 591 | 132 | 10 | |
| 6 | 0 | 254 204 | 336 | 974 745 | 467 | 025 255 | 279 459 | 132 | 0 | 54 |
| | 10 | 254 540 | 335 | 975 212 | 468 | 024 788 | 279 327 | 132 | 50 | |
| | 20 | 254 875 | 336 | 975 680 | 468 | 024 320 | 279 195 | 132 | 40 | |
| | 30 | 255 211 | 335 | 976 148 | 467 | 023 852 | 279 063 | 132 | 30 | |
| | 40 | 255 546 | 336 | 976 615 | 468 | 023 385 | 278 931 | 132 | 20 | |
| | 50 | 255 882 | 335 | 977 083 | 468 | 022 917 | 278 799 | 133 | 10 | |
| 7 | 0 | 256 217 | 336 | 977 551 | 467 | 022 449 | 278 666 | 132 | 0 | 53 |
| | 10 | 256 553 | 335 | 978 018 | 468 | 021 982 | 278 534 | 132 | 50 | |
| | 20 | 256 888 | 335 | 978 486 | 467 | 021 514 | 278 402 | 132 | 40 | |
| | 30 | 257 223 | 336 | 978 953 | 468 | 021 047 | 278 270 | 132 | 30 | |
| | 40 | 257 559 | 335 | 979 421 | 467 | 020 579 | 278 138 | 133 | 20 | |
| | 50 | 257 894 | 335 | 979 888 | 468 | 020 112 | 278 005 | 132 | 10 | |
| 8 | 0 | 258 229 | 335 | 980 356 | 467 | 019 644 | 277 873 | 132 | 0 | 52 |
| | 10 | 258 564 | 335 | 980 823 | 468 | 019 177 | 277 741 | 132 | 50 | |
| | 20 | 258 899 | 336 | 981 291 | 467 | 018 709 | 277 609 | 133 | 40 | |
| | 30 | 259 235 | 335 | 981 758 | 468 | 018 242 | 277 476 | 132 | 30 | |
| | 40 | 259 570 | 335 | 982 226 | 467 | 017 774 | 277 344 | 132 | 20 | |
| | 50 | 259 905 | 335 | 982 693 | 467 | 017 307 | 277 212 | 133 | 10 | |
| 9 | 0 | 260 240 | 335 | 983 160 | 468 | 016 840 | 277 079 | 132 | 0 | 51 |
| | 10 | 260 575 | 335 | 983 628 | 467 | 016 372 | 276 947 | 132 | 50 | |
| | 20 | 260 910 | 335 | 984 095 | 467 | 015 905 | 276 815 | 133 | 40 | |
| | 30 | 261 245 | 334 | 984 562 | 467 | 015 438 | 276 682 | 132 | 30 | |
| | 40 | 261 579 | 335 | 985 029 | 468 | 014 971 | 276 550 | 132 | 20 | |
| | 50 | 261 914 | 335 | 985 497 | 467 | 014 503 | 276 418 | 133 | 10 | |
| 10 | 0 | ī,7 262 249 | | ī,7 985 964 | | 0,2 014 036 | ī,9 276 285 | | 0 | 50 |
| ′ | ″ | Cos. | | Cotg. | | Tang. | Sin. | | ″ | ′ |

| ′ | ″ | Sin. | D. | Tang. | D. c. | Cotg. | Cos. | D. | ″ | ′ |
|---|---|---|---|---|---|---|---|---|---|---|
| 10 | 0 | $\bar{1}$,7 262 249 | 335 | $\bar{1}$,7 985 964 | 467 | 0,2 014 036 | $\bar{1}$,9 276 285 | 132 | 0 | 50 |
| | 10 | 262 584 | 335 | 986 431 | 467 | 013 569 | 276 153 | 133 | 50 | |
| | 20 | 262 919 | 334 | 986 898 | 467 | 013 102 | 276 020 | 132 | 40 | |
| | 30 | 263 253 | 335 | 987 365 | 467 | 012 635 | 275 888 | 133 | 30 | |
| | 40 | 263 588 | 335 | 987 832 | 468 | 012 168 | 275 755 | 132 | 20 | |
| | 50 | 263 923 | 334 | 988 300 | 467 | 011 700 | 275 623 | 133 | 10 | |
| 11 | 0 | 264 257 | 335 | 988 767 | 467 | 011 233 | 275 490 | 132 | 0 | 49 |
| | 10 | 264 592 | 334 | 989 234 | 467 | 010 766 | 275 358 | 133 | 50 | |
| | 20 | 264 926 | 335 | 989 701 | 467 | 010 299 | 275 225 | 132 | 40 | |
| | 30 | 265 261 | 334 | 990 168 | 467 | 009 832 | 275 093 | 133 | 30 | |
| | 40 | 265 595 | 334 | 990 635 | 467 | 009 365 | 274 960 | 132 | 20 | |
| | 50 | 265 929 | 335 | 991 102 | 467 | 008 898 | 274 828 | 133 | 10 | |
| 12 | 0 | 266 264 | 334 | 991 569 | 467 | 008 431 | 274 695 | 132 | 0 | 48 |
| | 10 | 266 598 | 334 | 992 036 | 467 | 007 964 | 274 563 | 133 | 50 | |
| | 20 | 266 932 | 335 | 992 503 | 466 | 007 497 | 274 430 | 133 | 40 | |
| | 30 | 267 267 | 334 | 992 969 | 467 | 007 031 | 274 297 | 132 | 30 | |
| | 40 | 267 601 | 334 | 993 436 | 467 | 006 564 | 274 165 | 133 | 20 | |
| | 50 | 267 935 | 334 | 993 903 | 467 | 006 097 | 274 032 | 133 | 10 | |
| 13 | 0 | 268 269 | 334 | 994 370 | 467 | 005 630 | 273 899 | 132 | 0 | 47 |
| | 10 | 268 603 | 335 | 994 837 | 467 | 005 163 | 273 767 | 133 | 50 | |
| | 20 | 268 938 | 334 | 995 304 | 466 | 004 696 | 273 634 | 133 | 40 | |
| | 30 | 269 272 | 334 | 995 770 | 467 | 004 230 | 273 501 | 132 | 30 | |
| | 40 | 269 606 | 334 | 996 237 | 467 | 003 763 | 273 369 | 133 | 20 | |
| | 50 | 269 940 | 333 | 996 704 | 466 | 003 296 | 273 236 | 133 | 10 | |
| 14 | 0 | 270 273 | 334 | 997 170 | 467 | 002 830 | 273 103 | 133 | 0 | 46 |
| | 10 | 270 607 | 334 | 997 637 | 467 | 002 363 | 272 970 | 133 | 50 | |
| | 20 | 270 941 | 334 | 998 104 | 466 | 001 896 | 272 837 | 132 | 40 | |
| | 30 | 271 275 | 334 | 998 570 | 467 | 001 430 | 272 705 | 133 | 30 | |
| | 40 | 271 609 | 334 | 999 037 | 467 | 000 963 | 272 572 | 133 | 20 | |
| | 50 | 271 943 | 333 | 999 504 | 466 | 000 496 | 272 439 | 133 | 10 | |
| 15 | 0 | 272 276 | 334 | $\bar{1}$,7 999 970 | 467 | 0,2 000 030 | 272 306 | 133 | 0 | 45 |
| | 10 | 272 610 | 334 | $\bar{1}$,8 000 437 | 466 | 0,1 999 563 | 272 173 | 133 | 50 | |
| | 20 | 272 944 | 333 | 000 903 | 467 | 999 097 | 272 040 | 132 | 40 | |
| | 30 | 273 277 | 334 | 001 370 | 466 | 998 630 | 271 908 | 133 | 30 | |
| | 40 | 273 611 | 333 | 001 836 | 467 | 998 164 | 271 775 | 133 | 20 | |
| | 50 | 273 944 | 334 | 002 303 | 466 | 997 697 | 271 642 | 133 | 10 | |
| 16 | 0 | 274 278 | 333 | 002 769 | 467 | 997 231 | 271 509 | 133 | 0 | 44 |
| | 10 | 274 611 | 334 | 003 236 | 466 | 996 764 | 271 376 | 133 | 50 | |
| | 20 | 274 945 | 333 | 003 702 | 466 | 996 298 | 271 243 | 133 | 40 | |
| | 30 | 275 278 | 334 | 004 168 | 467 | 995 832 | 271 110 | 133 | 30 | |
| | 40 | 275 612 | 333 | 004 635 | 466 | 995 365 | 270 977 | 133 | 20 | |
| | 50 | 275 945 | 333 | 005 101 | 466 | 994 899 | 270 844 | 133 | 10 | |
| 17 | 0 | 276 278 | 333 | 005 567 | 467 | 994 433 | 270 711 | 133 | 0 | 43 |
| | 10 | 276 611 | 334 | 006 034 | 466 | 993 966 | 270 578 | 133 | 50 | |
| | 20 | 276 945 | 333 | 006 500 | 466 | 993 500 | 270 445 | 133 | 40 | |
| | 30 | 277 278 | 333 | 006 966 | 466 | 993 034 | 270 312 | 133 | 30 | |
| | 40 | 277 611 | 333 | 007 432 | 466 | 992 568 | 270 179 | 133 | 20 | |
| | 50 | 277 944 | 333 | 007 898 | 467 | 992 102 | 270 046 | 133 | 10 | |
| 18 | 0 | 278 277 | 333 | 008 365 | 466 | 991 635 | 269 913 | 134 | 0 | 42 |
| | 10 | 278 610 | 333 | 008 831 | 466 | 991 169 | 269 779 | 133 | 50 | |
| | 20 | 278 943 | 333 | 009 297 | 466 | 990 703 | 269 646 | 133 | 40 | |
| | 30 | 279 276 | 333 | 009 763 | 466 | 990 237 | 269 513 | 133 | 30 | |
| | 40 | 279 609 | 333 | 010 229 | 466 | 989 771 | 269 380 | 133 | 20 | |
| | 50 | 279 942 | 333 | 010 695 | 466 | 989 305 | 269 247 | 133 | 10 | |
| 19 | 0 | 280 275 | 333 | 011 161 | 466 | 988 839 | 269 114 | 133 | 0 | 41 |
| | 10 | 280 608 | 333 | 011 627 | 466 | 988 373 | 268 981 | 134 | 50 | |
| | 20 | 280 941 | 332 | 012 093 | 466 | 987 907 | 268 847 | 133 | 40 | |
| | 30 | 281 273 | 333 | 012 559 | 466 | 987 441 | 268 714 | 133 | 30 | |
| | 40 | 281 606 | 333 | 013 025 | 466 | 986 975 | 268 581 | 133 | 20 | |
| | 50 | 281 939 | 332 | 013 491 | 466 | 986 509 | 268 448 | 134 | 10 | |
| 20 | 0 | $\bar{1}$,7 282 271 | | $\bar{1}$,8 013 957 | | 0,1 986 043 | $\bar{1}$,9 268 314 | | 0 | 40 |
| ′ | ″ | Cos. | | Cotg. | | Tang. | Sin. | | ″ | ′ |

| | 467 | 466 | 335 | 334 | 333 | 332 | 132 | 133 |
|---|---|---|---|---|---|---|---|---|
| 1 | 46,7 | 46,6 | 33,5 | 33,4 | 33,3 | 33,2 | 13,2 | 13,3 |
| 2 | 93,4 | 93,2 | 67,0 | 66,8 | 66,6 | 66,4 | 26,4 | 26,6 |
| 3 | 140,1 | 139,8 | 100,5 | 100,2 | 99,9 | 99,6 | 39,6 | 39,9 |
| 4 | 186,8 | 186,4 | 134,0 | 133,6 | 133,2 | 132,8 | 52,8 | 53,2 |
| 5 | 233,5 | 233,0 | 167,5 | 167,0 | 166,5 | 166,0 | 66,0 | 66,5 |
| 6 | 280,2 | 279,6 | 201,0 | 200,4 | 199,8 | 199,2 | 79,2 | 79,8 |
| 7 | 326,9 | 326,2 | 234,5 | 233,8 | 233,1 | 232,4 | 92,4 | 93,1 |
| 8 | 373,6 | 372,8 | 268,0 | 267,2 | 266,4 | 265,6 | 105,6 | 106,4 |
| 9 | 420,3 | 419,4 | 301,5 | 300,6 | 299,7 | 298,8 | 118,8 | 119,7 |

| 466 | |
|---|---|
| 1 | 46,6 |
| 2 | 93,2 |
| 3 | 139,8 |
| 4 | 186,4 |
| 5 | 233,0 |
| 6 | 279,6 |
| 7 | 326,2 |
| 8 | 372,8 |
| 9 | 419,4 |

| 465 | |
|---|---|
| 1 | 46,5 |
| 2 | 93,0 |
| 3 | 139,5 |
| 4 | 186,0 |
| 5 | 232,5 |
| 6 | 279,0 |
| 7 | 325,5 |
| 8 | 372,0 |
| 9 | 418,5 |

| 464 | |
|---|---|
| 1 | 46,4 |
| 2 | 92,8 |
| 3 | 139,2 |
| 4 | 185,6 |
| 5 | 232,0 |
| 6 | 278,4 |
| 7 | 324,8 |
| 8 | 371,2 |
| 9 | 417,6 |

| 333 | |
|---|---|
| 1 | 33,3 |
| 2 | 66,6 |
| 3 | 99,9 |
| 4 | 133,2 |
| 5 | 166,5 |
| 6 | 199,8 |
| 7 | 233,1 |
| 8 | 266,4 |
| 9 | 299,7 |

| 332 | |
|---|---|
| 1 | 33,2 |
| 2 | 66,4 |
| 3 | 99,6 |
| 4 | 132,8 |
| 5 | 166,0 |
| 6 | 199,2 |
| 7 | 232,4 |
| 8 | 265,6 |
| 9 | 298,8 |

| 331 | |
|---|---|
| 1 | 33,1 |
| 2 | 66,2 |
| 3 | 99,3 |
| 4 | 132,4 |
| 5 | 165,5 |
| 6 | 198,6 |
| 7 | 231,7 |
| 8 | 264,8 |
| 9 | 297,9 |

| 133 | |
|---|---|
| 1 | 13,3 |
| 2 | 26,6 |
| 3 | 39,9 |
| 4 | 53,2 |
| 5 | 66,5 |
| 6 | 79,8 |
| 7 | 93,1 |
| 8 | 106,4 |
| 9 | 119,7 |

| 134 | |
|---|---|
| 1 | 13,4 |
| 2 | 26,8 |
| 3 | 40,2 |
| 4 | 53,6 |
| 5 | 67,0 |
| 6 | 80,4 |
| 7 | 93,8 |
| 8 | 107,2 |
| 9 | 120,6 |

| ′ | ″ | Sin. | D. | Tang. | D.c. | Cotg. | Cos. | D. | ″ | ′ |
|---|---|---|---|---|---|---|---|---|---|---|
| 20 | 0 | ī,7 282 271 | 333 | ī,8 013 957 | 466 | 0,1 986 043 | ī,9 268 314 | 133 | 0 | 40 |
| | 10 | 282 604 | 333 | 014 423 | 466 | 985 577 | 268 181 | 133 | 50 | |
| | 20 | 282 937 | 332 | 014 889 | 466 | 985 111 | 268 048 | 134 | 40 | |
| | 30 | 283 269 | 333 | 015 355 | 466 | 984 645 | 267 914 | 133 | 30 | |
| | 40 | 283 602 | 332 | 015 821 | 465 | 984 179 | 267 781 | 133 | 20 | |
| | 50 | 283 934 | 333 | 016 286 | 466 | 983 714 | 267 648 | 134 | 10 | |
| 21 | 0 | 284 267 | 332 | 016 752 | 466 | 983 248 | 267 514 | 133 | 0 | 39 |
| | 10 | 284 599 | 332 | 017 218 | 466 | 982 782 | 267 381 | 133 | 50 | |
| | 20 | 284 931 | 333 | 017 684 | 465 | 982 316 | 267 248 | 134 | 40 | |
| | 30 | 285 264 | 332 | 018 149 | 466 | 981 851 | 267 114 | 133 | 30 | |
| | 40 | 285 596 | 332 | 018 615 | 466 | 981 385 | 266 981 | 134 | 20 | |
| | 50 | 285 928 | 332 | 019 081 | 465 | 980 919 | 266 847 | 133 | 10 | |
| 22 | 0 | 286 260 | 333 | 019 546 | 466 | 980 454 | 266 714 | 134 | 0 | 38 |
| | 10 | 286 593 | 332 | 020 012 | 466 | 979 988 | 266 580 | 133 | 50 | |
| | 20 | 286 925 | 332 | 020 478 | 465 | 979 522 | 266 447 | 133 | 40 | |
| | 30 | 287 257 | 332 | 020 943 | 466 | 979 057 | 266 314 | 134 | 30 | |
| | 40 | 287 589 | 332 | 021 409 | 465 | 978 591 | 266 180 | 133 | 20 | |
| | 50 | 287 921 | 332 | 021 874 | 466 | 978 126 | 266 047 | 134 | 10 | |
| 23 | 0 | 288 253 | 332 | 022 340 | 465 | 977 660 | 265 913 | 134 | 0 | 37 |
| | 10 | 288 585 | 332 | 022 805 | 466 | 977 195 | 265 779 | 133 | 50 | |
| | 20 | 288 917 | 332 | 023 271 | 465 | 976 729 | 265 646 | 134 | 40 | |
| | 30 | 289 249 | 332 | 023 736 | 466 | 976 264 | 265 512 | 133 | 30 | |
| | 40 | 289 581 | 331 | 024 202 | 465 | 975 798 | 265 379 | 134 | 20 | |
| | 50 | 289 912 | 332 | 024 667 | 466 | 975 333 | 265 245 | 133 | 10 | |
| 24 | 0 | 290 244 | 332 | 025 133 | 465 | 974 867 | 265 112 | 134 | 0 | 36 |
| | 10 | 290 576 | 332 | 025 598 | 465 | 974 402 | 264 978 | 134 | 50 | |
| | 20 | 290 908 | 331 | 026 063 | 466 | 973 937 | 264 844 | 133 | 40 | |
| | 30 | 291 239 | 332 | 026 529 | 465 | 973 471 | 264 711 | 134 | 30 | |
| | 40 | 291 571 | 332 | 026 994 | 465 | 973 006 | 264 577 | 134 | 20 | |
| | 50 | 291 903 | 331 | 027 459 | 466 | 972 541 | 264 443 | 133 | 10 | |
| 25 | 0 | 292 234 | 332 | 027 925 | 465 | 972 075 | 264 310 | 134 | 0 | 35 |
| | 10 | 292 566 | 331 | 028 390 | 465 | 971 610 | 264 176 | 134 | 50 | |
| | 20 | 292 897 | 332 | 028 855 | 465 | 971 145 | 264 042 | 134 | 40 | |
| | 30 | 293 229 | 331 | 029 320 | 466 | 970 680 | 263 908 | 133 | 30 | |
| | 40 | 293 560 | 332 | 029 786 | 465 | 970 214 | 263 775 | 134 | 20 | |
| | 50 | 293 892 | 331 | 030 251 | 465 | 969 749 | 263 641 | 134 | 10 | |
| 26 | 0 | 294 223 | 331 | 030 716 | 465 | 969 284 | 263 507 | 134 | 0 | 34 |
| | 10 | 294 554 | 332 | 031 181 | 465 | 968 819 | 263 373 | 134 | 50 | |
| | 20 | 294 886 | 331 | 031 646 | 465 | 968 354 | 263 239 | 133 | 40 | |
| | 30 | 295 217 | 331 | 032 111 | 465 | 967 889 | 263 106 | 134 | 30 | |
| | 40 | 295 548 | 331 | 032 576 | 465 | 967 424 | 262 972 | 134 | 20 | |
| | 50 | 295 879 | 332 | 033 041 | 465 | 966 959 | 262 838 | 134 | 10 | |
| 27 | 0 | 296 211 | 331 | 033 506 | 465 | 966 494 | 262 704 | 134 | 0 | 33 |
| | 10 | 296 542 | 331 | 033 971 | 465 | 966 029 | 262 570 | 134 | 50 | |
| | 20 | 296 873 | 331 | 034 436 | 465 | 965 564 | 262 436 | 134 | 40 | |
| | 30 | 297 204 | 331 | 034 901 | 465 | 965 099 | 262 302 | 134 | 30 | |
| | 40 | 297 535 | 331 | 035 366 | 465 | 964 634 | 262 168 | 134 | 20 | |
| | 50 | 297 866 | 331 | 035 831 | 465 | 964 169 | 262 034 | 133 | 10 | |
| 28 | 0 | 298 197 | 331 | 036 296 | 465 | 963 704 | 261 901 | 134 | 0 | 32 |
| | 10 | 298 528 | 330 | 036 761 | 465 | 963 239 | 261 767 | 134 | 50 | |
| | 20 | 298 858 | 331 | 037 226 | 465 | 962 774 | 261 633 | 134 | 40 | |
| | 30 | 299 189 | 331 | 037 691 | 465 | 962 309 | 261 499 | 134 | 30 | |
| | 40 | 299 520 | 331 | 038 156 | 464 | 961 844 | 261 365 | 134 | 20 | |
| | 50 | 299 851 | 331 | 038 620 | 465 | 961 380 | 261 231 | 135 | 10 | |
| 29 | 0 | 300 182 | 330 | 039 085 | 465 | 960 915 | 261 096 | 134 | 0 | 31 |
| | 10 | 300 512 | 331 | 039 550 | 465 | 960 450 | 260 962 | 134 | 50 | |
| | 20 | 300 843 | 331 | 040 015 | 464 | 959 985 | 260 828 | 134 | 40 | |
| | 30 | 301 174 | 330 | 040 479 | 465 | 959 521 | 260 694 | 134 | 30 | |
| | 40 | 301 504 | 331 | 040 944 | 465 | 959 056 | 260 560 | 134 | 20 | |
| | 50 | 301 835 | 330 | 041 409 | 464 | 958 591 | 260 426 | 134 | 10 | |
| 30 | 0 | ī,7 302 165 | | ī,8 041 873 | | 0,1 958 127 | ī,9 260 292 | | 0 | 30 |
| ′ | ″ | Cos. | | Cotg. | | Tang. | Sin. | | ″ | ′ |

| ′ | ″ | Sin. | D. | Tang. | D.c. | Cotg. | Cos. | D. | ″ | ′ |
|---|---|---|---|---|---|---|---|---|---|---|
| 30 | 0 | $\bar{1}$,7 302 165 | | $\bar{1}$,8 041 873 | | 0,1 958 127 | $\bar{1}$,9 260 292 | | 0 | 30 |
| | 10 | 302 496 | 331 | 042 338 | 465 | 957 662 | 260 158 | 134 | 50 | |
| | 20 | 302 826 | 330 | 042 803 | 465 | 957 197 | 260 024 | 134 | 40 | |
| | 30 | 303 157 | 331 | 043 267 | 464 | 956 733 | 259 889 | 135 | 30 | |
| | 40 | 303 487 | 330 | 043 732 | 465 | 956 268 | 259 755 | 134 | 20 | |
| | 50 | 303 817 | 330 | 044 196 | 464 | 955 804 | 259 621 | 134 | 10 | |
| 31 | 0 | 304 148 | 331 | 044 661 | 465 | 955 339 | 259 487 | 134 | 0 | 29 |
| | 10 | 304 478 | 330 | 045 125 | 464 | 954 875 | 259 353 | 134 | 50 | |
| | 20 | 304 808 | 330 | 045 590 | 465 | 954 410 | 259 218 | 135 | 40 | |
| | 30 | 305 138 | 330 | 046 054 | 464 | 953 946 | 259 084 | 134 | 30 | |
| | 40 | 305 468 | 330 | 046 519 | 465 | 953 481 | 258 950 | 134 | 20 | |
| | 50 | 305 799 | 331 | 046 983 | 464 | 953 017 | 258 816 | 134 | 10 | |
| 32 | 0 | 306 129 | 330 | 047 447 | 464 | 952 553 | 258 681 | 135 | 0 | 28 |
| | 10 | 306 459 | 330 | 047 912 | 465 | 952 088 | 258 547 | 134 | 50 | |
| | 20 | 306 789 | 330 | 048 376 | 464 | 951 624 | 258 413 | 134 | 40 | |
| | 30 | 307 119 | 330 | 048 841 | 465 | 951 159 | 258 278 | 135 | 30 | |
| | 40 | 307 449 | 330 | 049 305 | 464 | 950 695 | 258 144 | 134 | 20 | |
| | 50 | 307 779 | 330 | 049 769 | 464 | 950 231 | 258 010 | 134 | 10 | |
| 33 | 0 | 308 109 | 330 | 050 233 | 464 | 949 767 | 257 875 | 135 | 0 | 27 |
| | 10 | 308 438 | 329 | 050 698 | 465 | 949 302 | 257 741 | 134 | 50 | |
| | 20 | 308 768 | 330 | 051 162 | 464 | 948 838 | 257 606 | 135 | 40 | |
| | 30 | 309 098 | 330 | 051 626 | 464 | 948 374 | 257 472 | 134 | 30 | |
| | 40 | 309 428 | 330 | 052 090 | 464 | 947 910 | 257 337 | 135 | 20 | |
| | 50 | 309 757 | 329 | 052 554 | 464 | 947 446 | 257 203 | 134 | 10 | |
| 34 | 0 | 310 087 | 330 | 053 019 | 465 | 946 981 | 257 069 | 134 | 0 | 26 |
| | 10 | 310 417 | 330 | 053 483 | 464 | 946 517 | 256 934 | 135 | 50 | |
| | 20 | 310 746 | 329 | 053 947 | 464 | 946 053 | 256 800 | 134 | 40 | |
| | 30 | 311 076 | 330 | 054 411 | 464 | 945 589 | 256 665 | 135 | 30 | |
| | 40 | 311 405 | 329 | 054 875 | 464 | 945 125 | 256 530 | 135 | 20 | |
| | 50 | 311 735 | 330 | 055 339 | 464 | 944 661 | 256 396 | 134 | 10 | |
| 35 | 0 | 312 064 | 329 | 055 803 | 464 | 944 197 | 256 261 | 135 | 0 | 25 |
| | 10 | 312 394 | 330 | 056 267 | 464 | 943 733 | 256 127 | 134 | 50 | |
| | 20 | 312 723 | 329 | 056 731 | 464 | 943 269 | 255 992 | 135 | 40 | |
| | 30 | 313 053 | 330 | 057 195 | 464 | 942 805 | 255 858 | 134 | 30 | |
| | 40 | 313 382 | 329 | 057 659 | 464 | 942 341 | 255 723 | 135 | 20 | |
| | 50 | 313 711 | 329 | 058 123 | 464 | 941 877 | 255 588 | 135 | 10 | |
| 36 | 0 | 314 040 | 329 | 058 587 | 464 | 941 413 | 255 454 | 134 | 0 | 24 |
| | 10 | 314 370 | 330 | 059 051 | 464 | 940 949 | 255 319 | 135 | 50 | |
| | 20 | 314 699 | 329 | 059 514 | 463 | 940 486 | 255 184 | 135 | 40 | |
| | 30 | 315 028 | 329 | 059 978 | 464 | 940 022 | 255 050 | 134 | 30 | |
| | 40 | 315 357 | 329 | 060 442 | 464 | 939 558 | 254 915 | 135 | 20 | |
| | 50 | 315 686 | 329 | 060 906 | 464 | 939 094 | 254 780 | 135 | 10 | |
| 37 | 0 | 316 015 | 329 | 061 370 | 464 | 938 630 | 254 646 | 134 | 0 | 23 |
| | 10 | 316 344 | 329 | 061 833 | 463 | 938 167 | 254 511 | 135 | 50 | |
| | 20 | 316 673 | 329 | 062 297 | 464 | 937 703 | 254 376 | 135 | 40 | |
| | 30 | 317 002 | 329 | 062 761 | 464 | 937 239 | 254 241 | 135 | 30 | |
| | 40 | 317 331 | 329 | 063 224 | 463 | 936 776 | 254 106 | 135 | 20 | |
| | 50 | 317 660 | 329 | 063 688 | 464 | 936 312 | 253 972 | 134 | 10 | |
| 38 | 0 | 317 989 | 329 | 064 152 | 464 | 935 848 | 253 837 | 135 | 0 | 22 |
| | 10 | 318 317 | 328 | 064 615 | 463 | 935 385 | 253 702 | 135 | 50 | |
| | 20 | 318 646 | 329 | 065 079 | 464 | 934 921 | 253 567 | 135 | 40 | |
| | 30 | 318 975 | 329 | 065 543 | 464 | 934 457 | 253 432 | 135 | 30 | |
| | 40 | 319 304 | 329 | 066 006 | 463 | 933 994 | 253 297 | 135 | 20 | |
| | 50 | 319 632 | 328 | 066 470 | 464 | 933 530 | 253 163 | 134 | 10 | |
| 39 | 0 | 319 961 | 329 | 066 933 | 463 | 933 067 | 253 028 | 135 | 0 | 21 |
| | 10 | 320 289 | 328 | 067 397 | 464 | 932 603 | 252 893 | 135 | 50 | |
| | 20 | 320 618 | 329 | 067 860 | 463 | 932 140 | 252 758 | 135 | 40 | |
| | 30 | 320 946 | 328 | 068 324 | 464 | 931 676 | 252 623 | 135 | 30 | |
| | 40 | 321 275 | 329 | 068 787 | 463 | 931 213 | 252 488 | 135 | 20 | |
| | 50 | 321 603 | 328 | 069 251 | 464 | 930 749 | 252 353 | 135 | 10 | |
| 40 | 0 | $\bar{1}$,7 321 932 | 329 | $\bar{1}$,8 069 714 | 463 | 0,1 930 286 | $\bar{1}$,9 252 218 | 135 | 0 | 20 |
| ′ | ″ | Cos. | | Cotg. | | Tang. | Sin. | | ″ | ′ |

57°

| 465 | |
|---|---|
| 1 | 46,5 |
| 2 | 93,0 |
| 3 | 139,5 |
| 4 | 186,0 |
| 5 | 232,5 |
| 6 | 279,0 |
| 7 | 325,5 |
| 8 | 372,0 |
| 9 | 418,5 |

| 464 | |
|---|---|
| 1 | 46,4 |
| 2 | 92,8 |
| 3 | 139,2 |
| 4 | 185,6 |
| 5 | 232,0 |
| 6 | 278,4 |
| 7 | 324,8 |
| 8 | 371,2 |
| 9 | 417,6 |

| 463 | |
|---|---|
| 1 | 46,3 |
| 2 | 92,6 |
| 3 | 138,9 |
| 4 | 185,2 |
| 5 | 231,5 |
| 6 | 277,8 |
| 7 | 324,1 |
| 8 | 370,4 |
| 9 | 416,7 |

| 331 | |
|---|---|
| 1 | 33,1 |
| 2 | 66,2 |
| 3 | 99,3 |
| 4 | 132,4 |
| 5 | 165,5 |
| 6 | 198,6 |
| 7 | 231,7 |
| 8 | 264,8 |
| 9 | 297,9 |

| 330 | |
|---|---|
| 1 | 33 |
| 2 | 66 |
| 3 | 99 |
| 4 | 132 |
| 5 | 165 |
| 6 | 198 |
| 7 | 231 |
| 8 | 264 |
| 9 | 297 |

| 329 | |
|---|---|
| 1 | 32,9 |
| 2 | 65,8 |
| 3 | 98,7 |
| 4 | 131,6 |
| 5 | 164,5 |
| 6 | 197,4 |
| 7 | 230,3 |
| 8 | 263,2 |
| 9 | 296,1 |

| 134 | |
|---|---|
| 1 | 13,4 |
| 2 | 26,8 |
| 3 | 40,2 |
| 4 | 53,6 |
| 5 | 67,0 |
| 6 | 80,4 |
| 7 | 93,8 |
| 8 | 107,2 |
| 9 | 120,6 |

| 135 | |
|---|---|
| 1 | 13,5 |
| 2 | 27,0 |
| 3 | 40,5 |
| 4 | 54,0 |
| 5 | 67,5 |
| 6 | 81,0 |
| 7 | 94,5 |
| 8 | 108,0 |
| 9 | 121,5 |

| 464 | |
|---|---|
| 1 | 46,4 |
| 2 | 92,8 |
| 3 | 139,2 |
| 4 | 185,6 |
| 5 | 232,0 |
| 6 | 278,4 |
| 7 | 324,8 |
| 8 | 371,2 |
| 9 | 417,6 |
| **463** | |
| 1 | 46,3 |
| 2 | 92,6 |
| 3 | 138,9 |
| 4 | 185,2 |
| 5 | 231,5 |
| 6 | 277,8 |
| 7 | 324,1 |
| 8 | 370,4 |
| 9 | 416,7 |
| **462** | |
| 1 | 46,2 |
| 2 | 92,4 |
| 3 | 138,6 |
| 4 | 184,8 |
| 5 | 231,0 |
| 6 | 277,2 |
| 7 | 323,4 |
| 8 | 369,6 |
| 9 | 415,8 |
| **328** | |
| 1 | 32,8 |
| 2 | 65,6 |
| 3 | 98,4 |
| 4 | 131,2 |
| 5 | 164,0 |
| 6 | 196,8 |
| 7 | 229,6 |
| 8 | 262,4 |
| 9 | 295,2 |
| **327** | |
| 1 | 32,7 |
| 2 | 65,4 |
| 3 | 98,1 |
| 4 | 130,8 |
| 5 | 163,5 |
| 6 | 196,2 |
| 7 | 228,9 |
| 8 | 261,6 |
| 9 | 294,3 |
| **326** | |
| 1 | 32,6 |
| 2 | 65,2 |
| 3 | 97,8 |
| 4 | 130,4 |
| 5 | 163,0 |
| 6 | 195,6 |
| 7 | 228,2 |
| 8 | 260,8 |
| 9 | 293,4 |
| **135** | |
| 1 | 13,5 |
| 2 | 27,0 |
| 3 | 40,5 |
| 4 | 54,0 |
| 5 | 67,5 |
| 6 | 81,0 |
| 7 | 94,5 |
| 8 | 108,0 |
| 9 | 121,5 |
| **136** | |
| 1 | 13,6 |
| 2 | 27,2 |
| 3 | 40,8 |
| 4 | 54,4 |
| 5 | 68,0 |
| 6 | 81,6 |
| 7 | 95,2 |
| 8 | 108,8 |
| 9 | 122,4 |

| ′ | ″ | Sin. | D. | Tang. | D. c. | Cotg. | Cos. | D. | ″ | ′ |
|---|---|---|---|---|---|---|---|---|---|---|
| 40 | 0 | 1̄,7 321 932 | 328 | 1̄,8 069 714 | 463 | 0,1 930 286 | 1̄,9 252 218 | 135 | 0 | 20 |
| | 10 | 322 260 | 329 | 070 177 | 464 | 929 823 | 252 083 | 135 | 50 | |
| | 20 | 322 589 | 328 | 070 641 | 463 | 929 359 | 251 948 | 135 | 40 | |
| | 30 | 322 917 | 328 | 071 104 | 463 | 928 896 | 251 813 | 135 | 30 | |
| | 40 | 323 245 | 328 | 071 567 | 464 | 928 433 | 251 678 | 135 | 20 | |
| | 50 | 323 573 | 329 | 072 031 | 463 | 927 969 | 251 543 | 135 | 10 | |
| 41 | 0 | 323 902 | 328 | 072 494 | 463 | 927 506 | 251 408 | 135 | 0 | 19 |
| | 10 | 324 230 | 328 | 072 957 | 463 | 927 043 | 251 273 | 136 | 50 | |
| | 20 | 324 558 | 328 | 073 420 | 464 | 926 580 | 251 137 | 135 | 40 | |
| | 30 | 324 886 | 328 | 073 884 | 463 | 926 116 | 251 002 | 135 | 30 | |
| | 40 | 325 214 | 328 | 074 347 | 463 | 925 653 | 250 867 | 135 | 20 | |
| | 50 | 325 542 | 328 | 074 810 | 463 | 925 190 | 250 732 | 135 | 10 | |
| 42 | 0 | 325 870 | 328 | 075 273 | 463 | 924 727 | 250 597 | 135 | 0 | 18 |
| | 10 | 326 198 | 328 | 075 736 | 463 | 924 264 | 250 462 | 136 | 50 | |
| | 20 | 326 526 | 328 | 076 199 | 463 | 923 801 | 250 326 | 135 | 40 | |
| | 30 | 326 854 | 328 | 076 662 | 463 | 923 338 | 250 191 | 135 | 30 | |
| | 40 | 327 182 | 327 | 077 125 | 464 | 922 875 | 250 056 | 135 | 20 | |
| | 50 | 327 509 | 328 | 077 589 | 463 | 922 411 | 249 921 | 135 | 10 | |
| 43 | 0 | 327 837 | 328 | 078 052 | 463 | 921 948 | 249 786 | 136 | 0 | 17 |
| | 10 | 328 165 | 328 | 078 515 | 463 | 921 485 | 249 650 | 135 | 50 | |
| | 20 | 328 493 | 327 | 078 978 | 463 | 921 022 | 249 515 | 135 | 40 | |
| | 30 | 328 820 | 328 | 079 441 | 462 | 920 559 | 249 380 | 136 | 30 | |
| | 40 | 329 148 | 327 | 079 903 | 463 | 920 097 | 249 244 | 135 | 20 | |
| | 50 | 329 475 | 328 | 080 366 | 463 | 919 634 | 249 109 | 135 | 10 | |
| 44 | 0 | 329 803 | 328 | 080 829 | 463 | 919 171 | 248 974 | 136 | 0 | 16 |
| | 10 | 330 131 | 327 | 081 292 | 463 | 918 708 | 248 838 | 135 | 50 | |
| | 20 | 330 458 | 328 | 081 755 | 463 | 918 245 | 248 703 | 135 | 40 | |
| | 30 | 330 786 | 327 | 082 218 | 463 | 917 782 | 248 568 | 136 | 30 | |
| | 40 | 331 113 | 327 | 082 681 | 463 | 917 319 | 248 432 | 135 | 20 | |
| | 50 | 331 440 | 328 | 083 144 | 462 | 916 856 | 248 297 | 136 | 10 | |
| 45 | 0 | 331 768 | 327 | 083 606 | 463 | 916 394 | 248 161 | 135 | 0 | 15 |
| | 10 | 332 095 | 327 | 084 069 | 463 | 915 931 | 248 026 | 135 | 50 | |
| | 20 | 332 422 | 328 | 084 532 | 463 | 915 468 | 247 891 | 136 | 40 | |
| | 30 | 332 750 | 327 | 084 995 | 462 | 915 005 | 247 755 | 135 | 30 | |
| | 40 | 333 077 | 327 | 085 457 | 463 | 914 543 | 247 620 | 136 | 20 | |
| | 50 | 333 404 | 327 | 085 920 | 463 | 914 080 | 247 484 | 135 | 10 | |
| 46 | 0 | 333 731 | 327 | 086 383 | 462 | 913 617 | 247 349 | 136 | 0 | 14 |
| | 10 | 334 058 | 327 | 086 845 | 463 | 913 155 | 247 213 | 135 | 50 | |
| | 20 | 334 385 | 327 | 087 308 | 462 | 912 692 | 247 078 | 136 | 40 | |
| | 30 | 334 712 | 327 | 087 770 | 463 | 912 230 | 246 942 | 136 | 30 | |
| | 40 | 335 039 | 327 | 088 233 | 463 | 911 767 | 246 806 | 135 | 20 | |
| | 50 | 335 366 | 327 | 088 696 | 462 | 911 304 | 246 671 | 136 | 10 | |
| 47 | 0 | 335 693 | 327 | 089 158 | 463 | 910 842 | 246 535 | 135 | 0 | 13 |
| | 10 | 336 020 | 327 | 089 621 | 462 | 910 379 | 246 400 | 136 | 50 | |
| | 20 | 336 347 | 327 | 090 083 | 463 | 909 917 | 246 264 | 136 | 40 | |
| | 30 | 336 674 | 327 | 090 546 | 462 | 909 454 | 246 128 | 135 | 30 | |
| | 40 | 337 001 | 326 | 091 008 | 462 | 908 992 | 245 993 | 136 | 20 | |
| | 50 | 337 327 | 327 | 091 470 | 463 | 908 530 | 245 857 | 136 | 10 | |
| 48 | 0 | 337 654 | 327 | 091 933 | 462 | 908 067 | 245 721 | 135 | 0 | 12 |
| | 10 | 337 981 | 327 | 092 395 | 463 | 907 605 | 245 586 | 136 | 50 | |
| | 20 | 338 308 | 326 | 092 858 | 462 | 907 142 | 245 450 | 136 | 40 | |
| | 30 | 338 634 | 327 | 093 320 | 462 | 906 680 | 245 314 | 136 | 30 | |
| | 40 | 338 961 | 326 | 093 782 | 463 | 906 218 | 245 178 | 135 | 20 | |
| | 50 | 339 287 | 327 | 094 245 | 462 | 905 755 | 245 043 | 136 | 10 | |
| 49 | 0 | 339 614 | 326 | 094 707 | 462 | 905 293 | 244 907 | 136 | 0 | 11 |
| | 10 | 339 940 | 327 | 095 169 | 462 | 904 831 | 244 771 | 136 | 50 | |
| | 20 | 340 267 | 326 | 095 631 | 463 | 904 369 | 244 635 | 135 | 40 | |
| | 30 | 340 593 | 327 | 096 094 | 462 | 903 906 | 244 500 | 136 | 30 | |
| | 40 | 340 920 | 326 | 096 556 | 462 | 903 444 | 244 364 | 136 | 20 | |
| | 50 | 341 246 | 326 | 097 018 | 462 | 902 982 | 244 228 | 136 | 10 | |
| 50 | 0 | 1̄,7 341 572 | | 1̄,8 097 480 | | 0,1 902 520 | 1̄,9 244 092 | | 0 | 10 |
| ′ | ″ | Cos. | | Cotg. | | Tang. | Sin. | | ″ | ′ |

| ′ | ″ | Sin. | D. | Tang. | D.c. | Cotg. | Cos. | D. | ″ | ′ |
|---|---|---|---|---|---|---|---|---|---|---|
| 50 | 0 | 1̄,7 341 572 | 327 | 1̄,8 097 480 | 462 | 0,1 902 520 | 1̄,9 244 092 | 136 | 0 | 10 |
| | 10 | 341 899 | 326 | 097 942 | 463 | 902 058 | 243 956 | 136 | 50 | |
| | 20 | 342 225 | 326 | 098 405 | 462 | 901 595 | 243 820 | 136 | 40 | |
| | 30 | 342 551 | 326 | 098 867 | 462 | 901 133 | 243 684 | 136 | 30 | |
| | 40 | 342 877 | 326 | 099 329 | 462 | 900 671 | 243 548 | 136 | 20 | |
| | 50 | 343 203 | 326 | 099 791 | 462 | 900 209 | 243 412 | 135 | 10 | |
| 51 | 0 | 343 529 | 326 | 100 253 | 462 | 899 747 | 243 277 | 136 | 0 | 9 |
| | 10 | 343 855 | 326 | 100 715 | 462 | 899 285 | 243 141 | 136 | 50 | |
| | 20 | 344 181 | 326 | 101 177 | 462 | 898 823 | 243 005 | 136 | 40 | |
| | 30 | 344 507 | 326 | 101 639 | 462 | 898 361 | 242 869 | 136 | 30 | |
| | 40 | 344 833 | 326 | 102 101 | 462 | 897 899 | 242 733 | 136 | 20 | |
| | 50 | 345 159 | 326 | 102 563 | 462 | 897 437 | 242 597 | 136 | 10 | |
| 52 | 0 | 345 485 | 326 | 103 025 | 462 | 896 975 | 242 461 | 136 | 0 | 8 |
| | 10 | 345 811 | 326 | 103 487 | 462 | 896 513 | 242 325 | 137 | 50 | |
| | 20 | 346 137 | 326 | 103 949 | 461 | 896 051 | 242 188 | 136 | 40 | |
| | 30 | 346 463 | 326 | 104 410 | 462 | 895 590 | 242 052 | 136 | 30 | |
| | 40 | 346 789 | 325 | 104 872 | 462 | 895 128 | 241 916 | 136 | 20 | |
| | 50 | 347 114 | 326 | 105 334 | 462 | 894 666 | 241 780 | 136 | 10 | |
| 53 | 0 | 347 440 | 326 | 105 796 | 462 | 894 204 | 241 644 | 136 | 0 | 7 |
| | 10 | 347 766 | 325 | 106 258 | 461 | 893 742 | 241 508 | 136 | 50 | |
| | 20 | 348 091 | 326 | 106 719 | 462 | 893 281 | 241 372 | 136 | 40 | |
| | 30 | 348 417 | 325 | 107 181 | 462 | 892 819 | 241 236 | 137 | 30 | |
| | 40 | 348 742 | 326 | 107 643 | 462 | 892 357 | 241 099 | 136 | 20 | |
| | 50 | 349 068 | 325 | 108 105 | 461 | 891 895 | 240 963 | 136 | 10 | |
| 54 | 0 | 349 393 | 326 | 108 566 | 462 | 891 434 | 240 827 | 136 | 0 | 6 |
| | 10 | 349 719 | 325 | 109 028 | 462 | 890 972 | 240 691 | 136 | 50 | |
| | 20 | 350 044 | 326 | 109 490 | 461 | 890 510 | 240 555 | 137 | 40 | |
| | 30 | 350 370 | 325 | 109 951 | 462 | 890 049 | 240 418 | 136 | 30 | |
| | 40 | 350 695 | 325 | 110 413 | 461 | 889 587 | 240 282 | 136 | 20 | |
| | 50 | 351 020 | 325 | 110 874 | 462 | 889 126 | 240 146 | 136 | 10 | |
| 55 | 0 | 351 345 | 326 | 111 336 | 462 | 888 664 | 240 010 | 137 | 0 | 5 |
| | 10 | 351 671 | 325 | 111 798 | 461 | 888 202 | 239 873 | 136 | 50 | |
| | 20 | 351 996 | 325 | 112 259 | 462 | 887 741 | 239 737 | 136 | 40 | |
| | 30 | 352 321 | 325 | 112 721 | 461 | 887 279 | 239 601 | 137 | 30 | |
| | 40 | 352 646 | 325 | 113 182 | 462 | 886 818 | 239 464 | 136 | 20 | |
| | 50 | 352 971 | 325 | 113 644 | 461 | 886 356 | 239 328 | 137 | 10 | |
| 56 | 0 | 353 296 | 325 | 114 105 | 461 | 885 895 | 239 191 | 136 | 0 | 4 |
| | 10 | 353 621 | 325 | 114 566 | 462 | 885 434 | 239 055 | 136 | 50 | |
| | 20 | 353 946 | 325 | 115 028 | 461 | 884 972 | 238 919 | 137 | 40 | |
| | 30 | 354 271 | 325 | 115 489 | 462 | 884 511 | 238 782 | 136 | 30 | |
| | 40 | 354 596 | 325 | 115 951 | 461 | 884 049 | 238 646 | 137 | 20 | |
| | 50 | 354 921 | 325 | 116 412 | 461 | 883 588 | 238 509 | 136 | 10 | |
| 57 | 0 | 355 246 | 325 | 116 873 | 461 | 883 127 | 238 373 | 137 | 0 | 3 |
| | 10 | 355 571 | 325 | 117 334 | 462 | 882 666 | 238 236 | 136 | 50 | |
| | 20 | 355 896 | 324 | 117 796 | 461 | 882 204 | 238 100 | 137 | 40 | |
| | 30 | 356 220 | 325 | 118 257 | 461 | 881 743 | 237 963 | 136 | 30 | |
| | 40 | 356 545 | 325 | 118 718 | 462 | 881 282 | 237 827 | 137 | 20 | |
| | 50 | 356 870 | 325 | 119 180 | 461 | 880 820 | 237 690 | 136 | 10 | |
| 58 | 0 | 357 195 | 324 | 119 641 | 461 | 880 359 | 237 554 | 137 | 0 | 2 |
| | 10 | 357 519 | 325 | 120 102 | 461 | 879 898 | 237 417 | 136 | 50 | |
| | 20 | 357 844 | 324 | 120 563 | 461 | 879 437 | 237 281 | 137 | 40 | |
| | 30 | 358 168 | 325 | 121 024 | 461 | 878 976 | 237 144 | 137 | 30 | |
| | 40 | 358 493 | 324 | 121 485 | 461 | 878 515 | 237 007 | 136 | 20 | |
| | 50 | 358 817 | 325 | 121 946 | 462 | 878 054 | 236 871 | 137 | 10 | |
| 59 | 0 | 359 142 | 324 | 122 408 | 461 | 877 592 | 236 734 | 136 | 0 | 1 |
| | 10 | 359 466 | 324 | 122 869 | 461 | 877 131 | 236 598 | 137 | 50 | |
| | 20 | 359 790 | 325 | 123 330 | 461 | 876 670 | 236 461 | 137 | 40 | |
| | 30 | 360 115 | 324 | 123 791 | 461 | 876 209 | 236 324 | 137 | 30 | |
| | 40 | 360 439 | 324 | 124 252 | 461 | 875 748 | 236 187 | 136 | 20 | |
| | 50 | 360 763 | 325 | 124 713 | 461 | 875 287 | 236 051 | 137 | 10 | |
| 60 | 0 | 1̄,7 361 088 | | 1̄,8 125 174 | | 0,1 874 826 | 1̄,9 235 914 | | 0 | 0 |
| ′ | ″ | Cos. | | Cotg. | | Tang. | Sin. | | ″ | ′ |

57°

| | 462 | 461 | 326 | 325 | 324 | 136 | 137 |
|---|---|---|---|---|---|---|---|
| 1 | 46,2 | 46,1 | 32,6 | 32,5 | 32,4 | 13,6 | 13,7 |
| 2 | 92,4 | 92,2 | 65,2 | 65,0 | 64,8 | 27,2 | 27,4 |
| 3 | 138,6 | 138,3 | 97,8 | 97,5 | 97,2 | 40,8 | 41,1 |
| 4 | 184,8 | 184,4 | 130,4 | 130,0 | 129,6 | 54,4 | 54,8 |
| 5 | 231,0 | 230,5 | 163,0 | 162,5 | 162,0 | 68,0 | 68,5 |
| 6 | 277,2 | 276,6 | 195,6 | 195,0 | 194,4 | 81,6 | 82,2 |
| 7 | 323,4 | 322,7 | 228,2 | 227,5 | 226,8 | 95,2 | 95,9 |
| 8 | 369,6 | 368,8 | 260,8 | 260,0 | 259,2 | 108,8 | 109,6 |
| 9 | 415,8 | 414,9 | 293,4 | 292,5 | 291,6 | 122,4 | 123,3 |

| | 461 | 460 | 459 | 324 | 323 | 322 | 137 | 138 |
|---|---|---|---|---|---|---|---|---|
| 1 | 46,1 | 46 | 45,9 | 32,4 | 32,3 | 32,2 | 13,7 | 13,8 |
| 2 | 92,2 | 92 | 91,8 | 64,8 | 64,6 | 64,4 | 27,4 | 27,6 |
| 3 | 138,3 | 138 | 137,7 | 97,2 | 96,9 | 96,6 | 41,1 | 41,4 |
| 4 | 184,4 | 184 | 183,6 | 129,6 | 129,2 | 128,8 | 54,8 | 55,2 |
| 5 | 230,5 | 230 | 229,5 | 162,0 | 161,5 | 161,0 | 68,5 | 69,0 |
| 6 | 276,6 | 276 | 275,4 | 194,4 | 193,8 | 193,2 | 82,2 | 82,8 |
| 7 | 322,7 | 322 | 321,3 | 226,8 | 226,1 | 225,4 | 95,9 | 96,6 |
| 8 | 368,8 | 368 | 367,2 | 259,2 | 258,4 | 257,6 | 109,6 | 110,4 |
| 9 | 414,9 | 414 | 413,1 | 291,6 | 290.7 | 289,8 | 123,3 | 124,2 |

| ′ | ″ | Sin. | D. | Tang. | D.c. | Cotg. | Cos. | D. | ″ | ′ |
|---|---|---|---|---|---|---|---|---|---|---|
| 0 | 0 | $\bar{1}$,7 361 088 | | $\bar{1}$,8 125 174 | | 0,1 874 826 | $\bar{1}$,9 235 914 | | 0 | 60 |
| | 10 | 361 412 | 324 | 125 635 | 461 | 874 365 | 235 777 | 137 | 50 | |
| | 20 | .361 736 | 324 | 126 095 | 460 | 873 905 | 235 641 | 136 | 40 | |
| | 30 | 362 060 | 324 | 126 556 | 461 | 873 444 | 235 504 | 137 | 30 | |
| | 40 | 362 384 | 324 | 127 017 | 461 | 872 983 | 235 367 | 137 | 20 | |
| | 50 | 362 708 | 324 | 127 478 | 461 | 872 522 | 235 230 | 137 | 10 | |
| 1 | 0 | 363 032 | 324 | 127 939 | 461 | 872 061 | 235 093 | 137 | 0 | 59 |
| | 10 | 363 356 | 324 | 128 400 | 461 | 871 600 | 234 957 | 136 | 50 | |
| | 20 | 363 680 | 324 | 128 861 | 461 | 871 139 | 234 820 | 137 | 40 | |
| | 30 | 364 004 | 324 | 129 321 | 460 | 870 679 | 234 683 | 137 | 30 | |
| | 40 | 364 328 | 324 | 129 782 | 461 | 870 218 | 234 546 | 137 | 20 | |
| | 50 | 364 652 | 324 | 130 243 | 461 | 869 757 | 234 409 | 137 | 10 | |
| 2 | 0 | 364 976 | 324 | 130 704 | 461 | 869 296 | 234 272 | 137 | 0 | 58 |
| | 10 | 365 300 | 324 | 131 164 | 460 | 868 836 | 234 135 | 137 | 50 | |
| | 20 | 365 623 | 323 | 131 625 | 461 | 868 375 | 233 998 | 137 | 40 | |
| | 30 | 365 947 | 324 | 132 086 | 461 | 867 914 | 233 861 | 137 | 30 | |
| | 40 | 366 271 | 324 | 132 546 | 460 | 867 454 | 233 724 | 137 | 20 | |
| | 50 | 366 594 | 323 | 133 007 | 461 | 866 993 | 233 587 | 137 | 10 | |
| 3 | 0 | 366 918 | 324 | 133 468 | 461 | 866 532 | 233 450 | 137 | 0 | 57 |
| | 10 | 367 242 | 324 | 133 928 | 460 | 866 072 | 233 313 | 137 | 50 | |
| | 20 | 367 565 | 323 | 134 389 | 461 | 865 611 | 233 176 | 137 | 40 | |
| | 30 | 367 889 | 324 | 134 849 | 460 | 865 151 | 233 039 | 137 | 30 | |
| | 40 | 368 212 | 323 | 135 310 | 461 | 864 690 | 232 902 | 137 | 20 | |
| | 50 | 368 536 | 324 | 135 770 | 460 | 864 230 | 232 765 | 137 | 10 | |
| 4 | 0 | 368 859 | 323 | 136 231 | 461 | 863 769 | 232 628 | 137 | 0 | 56 |
| | 10 | 369 182 | 323 | 136 691 | 460 | 863 309 | 232 491 | 137 | 50 | |
| | 20 | 369 506 | 324 | 137 152 | 461 | 862 848 | 232 354 | 137 | 40 | |
| | 30 | 369 829 | 323 | 137 612 | 460 | 862 388 | 232 217 | 137 | 30 | |
| | 40 | 370 152 | 323 | 138 073 | 461 | 861 927 | 232 080 | 137 | 20 | |
| | 50 | 370 476 | 324 | 138 533 | 460 | 861 467 | 231 943 | 137 | 10 | |
| 5 | 0 | 370 799 | 323 | 138 993 | 460 | 861 007 | 231 805 | 138 | 0 | 55 |
| | 10 | 371 122 | 323 | 139 454 | 461 | 860 546 | 231 668 | 137 | 50 | |
| | 20 | 371 445 | 323 | 139 914 | 460 | 860 086 | 231 531 | 137 | 40 | |
| | 30 | 371 768 | 323 | 140 374 | 460 | 859 626 | 231 394 | 137 | 30 | |
| | 40 | 372 091 | 323 | 140 835 | 461 | 859 165 | 231 257 | 137 | 20 | |
| | 50 | 372 414 | 323 | 141 295 | 460 | 858 705 | 231 119 | 138 | 10 | |
| 6 | 0 | 372 737 | 323 | 141 755 | 460 | 858 245 | 230 982 | 137 | 0 | 54 |
| | 10 | 373 060 | 323 | 142 215 | 460 | 857 785 | 230 845 | 137 | 50 | |
| | 20 | 373 383 | 323 | 142 676 | 461 | 857 324 | 230 708 | 137 | 40 | |
| | 30 | 373 706 | 323 | 143 136 | 460 | 856 864 | 230 570 | 138 | 30 | |
| | 40 | 374 029 | 323 | 143 596 | 460 | 856 404 | 230 433 | 137 | 20 | |
| | 50 | 374 352 | 323 | 144 056 | 460 | 855 944 | 230 296 | 137 | 10 | |
| 7 | 0 | 374 675 | 323 | 144 516 | 460 | 855 484 | 230 158 | 138 | 0 | 53 |
| | 10 | 374 997 | 322 | 144 976 | 460 | 855 024 | 230 021 | 137 | 50 | |
| | 20 | 375 320 | 323 | 145 436 | 460 | 854 564 | 229 884 | 137 | 40 | |
| | 30 | 375 643 | 323 | 145 897 | 461 | 854 103 | 229 746 | 138 | 30 | |
| | 40 | 375 966 | 323 | 146 357 | 460 | 853 643 | 229 609 | 137 | 20 | |
| | 50 | 376 288 | 322 | 146 817 | 460 | 853 183 | 229 471 | 138 | 10 | |
| 8 | 0 | 376 611 | 323 | 147 277 | 460 | 852 723 | 229 334 | 137 | 0 | 52 |
| | 10 | 376 933 | 322 | 147 737 | 460 | 852 263 | 229 197 | 137 | 50 | |
| | 20 | 377 256 | 323 | 148 197 | 460 | 851 803 | 229 059 | 138 | 40 | |
| | 30 | 377 578 | 322 | 148 657 | 460 | 851 343 | 228 922 | 137 | 30 | |
| | 40 | 377 901 | 323 | 149 117 | 460 | 850 883 | 228 784 | 138 | 20 | |
| | 50 | 378 223 | 322 | 149 576 | 459 | 850 424 | 228 647 | 137 | 10 | |
| 9 | 0 | 378 546 | 323 | 150 036 | 460 | 849 964 | 228 509 | 138 | 0 | 51 |
| | 10 | 378 868 | 322 | 150 496 | 460 | 849 504 | 228 372 | 137 | 50 | |
| | 20 | 379 190 | 322 | 150 956 | 460 | 849 044 | 228 234 | 138 | 40 | |
| | 30 | 379 513 | 323 | 151 416 | 460 | 848 584 | 228 097 | 137 | 30 | |
| | 40 | 379 835 | 322 | 151 876 | 460 | 848 124 | 227 959 | 138 | 20 | |
| | 50 | 380 157 | 322 | 152 336 | 460 | 847 664 | 227 821 | 138 | 10 | |
| 10 | 0 | $\bar{1}$,7 380 479 | 322 | $\bar{1}$,8 152 795 | 459 | 0,1 847 205 | $\bar{1}$,9 227 684 | 137 | 0 | 50 |
| ′ | ″ | Cos. | | Cotg. | | Tang. | Sin. | | ″ | ′ |

| ′ | ″ | Sin. | D. | Tang. | D. c. | Cotg. | Cos. | D. | ″ | ′ |
|---|---|---|---|---|---|---|---|---|---|---|
| 10 | 0 | $\bar{1}$,7 380 479 | | $\bar{1}$,8 152 795 | | 0,1 847 205 | $\bar{1}$,9 227 684 | | 0 | 50 |
| | 10 | 380 801 | 322 | 153 255 | 460 | 846 745 | 227 546 | 138 | 50 | |
| | 20 | 381 123 | 322 | 153 715 | 460 | 846 285 | 227 409 | 137 | 40 | |
| | 30 | 381 446 | 323 | 154 175 | 460 | 845 825 | 227 271 | 138 | 30 | |
| | 40 | 381 768 | 322 | 154 634 | 459 | 845 366 | 227 133 | 138 | 20 | |
| | 50 | 382 090 | 322 | 155 094 | 460 | 844 906 | 226 996 | 137 | 10 | |
| 11 | 0 | 382 412 | 322 | 155 554 | 460 | 844 446 | 226 858 | 138 | 0 | 49 |
| | 10 | 382 734 | 322 | 156 013 | 459 | 843 987 | 226 720 | 138 | 50 | |
| | 20 | 383 055 | 321 | 156 473 | 460 | 843 527 | 226 583 | 137 | 40 | |
| | 30 | 383 377 | 322 | 156 933 | 460 | 843 067 | 226 445 | 138 | 30 | |
| | 40 | 383 699 | 322 | 157 392 | 459 | 842 608 | 226 307 | 138 | 20 | |
| | 50 | 384 021 | 322 | 157 852 | 460 | 842 148 | 226 169 | 138 | 10 | |
| 12 | 0 | 384 343 | 322 | 158 311 | 459 | 841 689 | 226 032 | 137 | 0 | 48 |
| | 10 | 384 664 | 321 | 158 771 | 460 | 841 229 | 225 894 | 138 | 50 | |
| | 20 | 384 986 | 322 | 159 230 | 459 | 840 770 | 225 756 | 138 | 40 | |
| | 30 | 385 308 | 322 | 159 690 | 460 | 840 310 | 225 618 | 138 | 30 | |
| | 40 | 385 629 | 321 | 160 149 | 459 | 839 851 | 225 480 | 138 | 20 | |
| | 50 | 385 951 | 322 | 160 609 | 460 | 839 391 | 225 342 | 138 | 10 | |
| 13 | 0 | 386 273 | 322 | 161 068 | 459 | 838 932 | 225 205 | 137 | 0 | 47 |
| | 10 | 386 594 | 321 | 161 528 | 460 | 838 472 | 225 067 | 138 | 50 | |
| | 20 | 386 916 | 322 | 161 987 | 459 | 838 013 | 224 929 | 138 | 40 | |
| | 30 | 387 237 | 321 | 162 446 | 459 | 837 554 | 224 791 | 138 | 30 | |
| | 40 | 387 559 | 322 | 162 906 | 460 | 837 094 | 224 653 | 138 | 20 | |
| | 50 | 387 880 | 321 | 163 365 | 459 | 836 635 | 224 515 | 138 | 10 | |
| 14 | 0 | 388 201 | 321 | 163 824 | 459 | 836 176 | 224 377 | 138 | 0 | 46 |
| | 10 | 388 523 | 322 | 164 284 | 460 | 835 716 | 224 239 | 138 | 50 | |
| | 20 | 388 844 | 321 | 164 743 | 459 | 835 257 | 224 101 | 138 | 40 | |
| | 30 | 389 165 | 321 | 165 202 | 459 | 834 798 | 223 963 | 138 | 30 | |
| | 40 | 389 486 | 321 | 165 661 | 459 | 834 339 | 223 825 | 138 | 20 | |
| | 50 | 389 808 | 322 | 166 121 | 460 | 833 879 | 223 687 | 138 | 10 | |
| 15 | 0 | 390 129 | 321 | 166 580 | 459 | 833 420 | 223 549 | 138 | 0 | 45 |
| | 10 | 390 450 | 321 | 167 039 | 459 | 832 961 | 223 411 | 138 | 50 | |
| | 20 | 390 771 | 321 | 167 498 | 459 | 832 502 | 223 273 | 138 | 40 | |
| | 30 | 391 092 | 321 | 167 957 | 459 | 832 043 | 223 135 | 138 | 30 | |
| | 40 | 391 413 | 321 | 168 416 | 459 | 831 584 | 222 997 | 138 | 20 | |
| | 50 | 391 734 | 321 | 168 875 | 459 | 831 125 | 222 859 | 138 | 10 | |
| 16 | 0 | 392 055 | 321 | 169 335 | 460 | 830 665 | 222 721 | 138 | 0 | 44 |
| | 10 | 392 376 | 321 | 169 794 | 459 | 830 206 | 222 582 | 139 | 50 | |
| | 20 | 392 697 | 321 | 170 253 | 459 | 829 747 | 222 444 | 138 | 40 | |
| | 30 | 393 018 | 321 | 170 712 | 459 | 829 288 | 222 306 | 138 | 30 | |
| | 40 | 393 339 | 321 | 171 171 | 459 | 828 829 | 222 168 | 138 | 20 | |
| | 50 | 393 659 | 320 | 171 630 | 459 | 828 370 | 222 030 | 138 | 10 | |
| 17 | 0 | 393 980 | 321 | 172 089 | 459 | 827 911 | 221 891 | 139 | 0 | 43 |
| | 10 | 394 301 | 321 | 172 548 | 459 | 827 452 | 221 753 | 138 | 50 | |
| | 20 | 394 622 | 321 | 173 007 | 459 | 826 993 | 221 615 | 138 | 40 | |
| | 30 | 394 942 | 320 | 173 465 | 458 | 826 535 | 221 477 | 138 | 30 | |
| | 40 | 395 263 | 321 | 173 924 | 459 | 826 076 | 221 339 | 138 | 20 | |
| | 50 | 395 583 | 320 | 174 383 | 459 | 825 617 | 221 200 | 139 | 10 | |
| 18 | 0 | 395 904 | 321 | 174 842 | 459 | 825 158 | 221 062 | 138 | 0 | 42 |
| | 10 | 396 224 | 320 | 175 301 | 459 | 824 699 | 220 924 | 138 | 50 | |
| | 20 | 396 545 | 321 | 175 760 | 459 | 824 240 | 220 785 | 139 | 40 | |
| | 30 | 396 865 | 320 | 176 218 | 458 | 823 782 | 220 647 | 138 | 30 | |
| | 40 | 397 186 | 321 | 176 677 | 459 | 823 323 | 220 509 | 138 | 20 | |
| | 50 | 397 506 | 320 | 177 136 | 459 | 822 864 | 220 370 | 139 | 10 | |
| 19 | 0 | 397 827 | 321 | 177 595 | 459 | 822 405 | 220 232 | 138 | 0 | 41 |
| | 10 | 398 147 | 320 | 178 053 | 458 | 821 947 | 220 093 | 139 | 50 | |
| | 20 | 398 467 | 320 | 178 512 | 459 | 821 488 | 219 955 | 138 | 40 | |
| | 30 | 398 787 | 320 | 178 971 | 459 | 821 029 | 219 817 | 138 | 30 | |
| | 40 | 399 108 | 321 | 179 429 | 458 | 820 571 | 219 678 | 139 | 20 | |
| | 50 | 399 428 | 320 | 179 888 | 459 | 820 112 | 219 640 | 138 | 10 | |
| 20 | 0 | $\bar{1}$,7 399 748 | 320 | $\bar{1}$,8 180 347 | 459 | 0,1 819 653 | $\bar{1}$,9 219 401 | 139 | 0 | 40 |
| ′ | ″ | Cos. | | Cotg. | | Tang. | Sin. | | ″ | ′ |

| | 460 | 459 | 458 | 322 | 321 | 320 | 138 | 139 |
|---|---|---|---|---|---|---|---|---|
| 1 | 46 | 45,9 | 45,8 | 32,2 | 32,1 | 32 | 13,8 | 13,9 |
| 2 | 92 | 91,8 | 91,6 | 64,4 | 64,2 | 64 | 27,6 | 27,8 |
| 3 | 138 | 137,7 | 137,4 | 96,6 | 96,3 | 96 | 41,4 | 41,7 |
| 4 | 184 | 183,6 | 183,2 | 128,8 | 128,4 | 128 | 55,2 | 55,6 |
| 5 | 230 | 229,5 | 229,0 | 161,0 | 160,5 | 160 | 69,0 | 69,5 |
| 6 | 276 | 275,4 | 274,8 | 193,2 | 192,6 | 192 | 82,8 | 83,4 |
| 7 | 322 | 321,3 | 320,6 | 225,4 | 224,7 | 224 | 96,6 | 97,3 |
| 8 | 368 | 367,2 | 366,4 | 257,6 | 256,8 | 256 | 110,4 | 111,2 |
| 9 | 414 | 413,1 | 412,2 | 289,8 | 288,9 | 288 | 124,2 | 125,1 |

| 459 | |
|---|---|
| 1 | 45,9 |
| 2 | 91,8 |
| 3 | 137,7 |
| 4 | 183,6 |
| 5 | 229,5 |
| 6 | 275,4 |
| 7 | 321,3 |
| 8 | 367,2 |
| 9 | 413,1 |

| 458 | |
|---|---|
| 1 | 45,8 |
| 2 | 91,6 |
| 3 | 137,4 |
| 4 | 183,2 |
| 5 | 229,0 |
| 6 | 274,8 |
| 7 | 320,6 |
| 8 | 366,4 |
| 9 | 412,2 |

| 457 | |
|---|---|
| 1 | 45,7 |
| 2 | 91,4 |
| 3 | 137,1 |
| 4 | 182,8 |
| 5 | 228,5 |
| 6 | 274,2 |
| 7 | 319,9 |
| 8 | 365,6 |
| 9 | 411,3 |

| 320 | |
|---|---|
| 1 | 32 |
| 2 | 64 |
| 3 | 96 |
| 4 | 128 |
| 5 | 160 |
| 6 | 192 |
| 7 | 224 |
| 8 | 256 |
| 9 | 288 |

| 319 | |
|---|---|
| 1 | 31,9 |
| 2 | 63,8 |
| 3 | 95,7 |
| 4 | 127,6 |
| 5 | 159,5 |
| 6 | 191,4 |
| 7 | 223,3 |
| 8 | 255,2 |
| 9 | 287,1 |

| 318 | |
|---|---|
| 1 | 31,8 |
| 2 | 63,6 |
| 3 | 95,4 |
| 4 | 127,2 |
| 5 | 159,0 |
| 6 | 190,8 |
| 7 | 222,6 |
| 8 | 254,4 |
| 9 | 286,2 |

| 138 | |
|---|---|
| 1 | 13,8 |
| 2 | 27,6 |
| 3 | 41,4 |
| 4 | 55,2 |
| 5 | 69,0 |
| 6 | 82,8 |
| 7 | 96,6 |
| 8 | 110,4 |
| 9 | 124,2 |

| 139 | |
|---|---|
| 1 | 13,9 |
| 2 | 27,8 |
| 3 | 41,7 |
| 4 | 55,6 |
| 5 | 69,5 |
| 6 | 83,4 |
| 7 | 97,3 |
| 8 | 111,2 |
| 9 | 125,1 |

| ′ | ″ | Sin. | D. | Tang. | D.c. | Cotg. | Cos. | D. | ″ | ′ |
|---|---|---|---|---|---|---|---|---|---|---|
| 20 | 0 | 1̄,7 399 748 | | 1̄,8 180 347 | | 0,1 819 653 | 1̄,9 219 401 | | 0 | 40 |
| | 10 | 400 068 | 320 | 180 805 | 458 | 819 195 | 219 263 | 138 | 50 | |
| | 20 | 400 388 | 320 | 181 264 | 459 | 818 736 | 219 124 | 139 | 40 | |
| | 30 | 400 708 | 320 | 181 722 | 458 | 818 278 | 218 986 | 138 | 30 | |
| | 40 | 401 028 | 320 | 182 181 | 459 | 817 819 | 218 847 | 139 | 20 | |
| | 50 | 401 348 | 320 | 182 640 | 459 | 817 360 | 218 709 | 138 | 10 | |
| 21 | 0 | 401 668 | 320 | 183 098 | 458 | 816 902 | 218 570 | 139 | 0 | 39 |
| | 10 | 401 988 | 320 | 183 557 | 459 | 816 443 | 218 431 | 139 | 50 | |
| | 20 | 402 308 | 320 | 184 015 | 458 | 815 985 | 218 293 | 138 | 40 | |
| | 30 | 402 628 | 320 | 184 473 | 458 | 815 527 | 218 154 | 139 | 30 | |
| | 40 | 402 948 | 320 | 184 932 | 459 | 815 068 | 218 016 | 138 | 20 | |
| | 50 | 403 267 | 319 | 185 390 | 458 | 814 610 | 217 877 | 139 | 10 | |
| 22 | 0 | 403 587 | 320 | 185 849 | 459 | 814 151 | 217 738 | 139 | 0 | 38 |
| | 10 | 403 907 | 320 | 186 307 | 458 | 813 693 | 217 600 | 138 | 50 | |
| | 20 | 404 226 | 319 | 186 765 | 458 | 813 235 | 217 461 | 139 | 40 | |
| | 30 | 404 546 | 320 | 187 224 | 459 | 812 776 | 217 322 | 139 | 30 | |
| | 40 | 404 866 | 320 | 187 682 | 458 | 812 318 | 217 184 | 138 | 20 | |
| | 50 | 405 185 | 319 | 188 140 | 458 | 811 860 | 217 045 | 139 | 10 | |
| 23 | 0 | 405 505 | 320 | 188 599 | 459 | 811 401 | 216 906 | 139 | 0 | 37 |
| | 10 | 405 824 | 319 | 189 057 | 458 | 810 943 | 216 767 | 139 | 50 | |
| | 20 | 406 144 | 320 | 189 515 | 458 | 810 485 | 216 629 | 138 | 40 | |
| | 30 | 406 463 | 319 | 189 973 | 458 | 810 027 | 216 490 | 139 | 30 | |
| | 40 | 406 783 | 320 | 190 432 | 459 | 809 568 | 216 351 | 139 | 20 | |
| | 50 | 407 102 | 319 | 190 890 | 458 | 809 110 | 216 212 | 139 | 10 | |
| 24 | 0 | 407 421 | 319 | 191 348 | 458 | 808 652 | 216 073 | 139 | 0 | 36 |
| | 10 | 407 741 | 320 | 191 806 | 458 | 808 194 | 215 935 | 138 | 50 | |
| | 20 | 408 060 | 319 | 192 264 | 458 | 807 736 | 215 796 | 139 | 40 | |
| | 30 | 408 379 | 319 | 192 722 | 458 | 807 278 | 215 657 | 139 | 30 | |
| | 40 | 408 698 | 319 | 193 180 | 458 | 806 820 | 215 518 | 139 | 20 | |
| | 50 | 409 017 | 319 | 193 638 | 458 | 806 362 | 215 379 | 139 | 10 | |
| 25 | 0 | 409 337 | 320 | 194 096 | 458 | 805 904 | 215 240 | 139 | 0 | 35 |
| | 10 | 409 656 | 319 | 194 554 | 458 | 805 446 | 215 101 | 139 | 50 | |
| | 20 | 409 975 | 319 | 195 012 | 458 | 804 988 | 214 962 | 139 | 40 | |
| | 30 | 410 294 | 319 | 195 470 | 458 | 804 530 | 214 823 | 139 | 30 | |
| | 40 | 410 613 | 319 | 195 928 | 458 | 804 072 | 214 684 | 139 | 20 | |
| | 50 | 410 932 | 319 | 196 386 | 458 | 803 614 | 214 545 | 139 | 10 | |
| 26 | 0 | 411 251 | 319 | 196 844 | 458 | 803 156 | 214 406 | 139 | 0 | 34 |
| | 10 | 411 570 | 319 | 197 302 | 458 | 802 698 | 214 267 | 139 | 50 | |
| | 20 | 411 888 | 318 | 197 760 | 458 | 802 240 | 214 128 | 139 | 40 | |
| | 30 | 412 207 | 319 | 198 218 | 458 | 801 782 | 213 989 | 139 | 30 | |
| | 40 | 412 526 | 319 | 198 676 | 458 | 801 324 | 213 850 | 139 | 20 | |
| | 50 | 412 845 | 319 | 199 134 | 458 | 800 866 | 213 711 | 139 | 10 | |
| 27 | 0 | 413 164 | 319 | 199 592 | 458 | 800 408 | 213 572 | 139 | 0 | 33 |
| | 10 | 413 482 | 318 | 200 049 | 457 | 799 951 | 213 433 | 139 | 50 | |
| | 20 | 413 801 | 319 | 200 507 | 458 | 799 493 | 213 294 | 139 | 40 | |
| | 30 | 414 120 | 319 | 200 965 | 458 | 799 035 | 213 155 | 139 | 30 | |
| | 40 | 414 438 | 318 | 201 423 | 458 | 798 577 | 213 016 | 139 | 20 | |
| | 50 | 414 757 | 319 | 201 880 | 457 | 798 120 | 212 876 | 140 | 10 | |
| 28 | 0 | 415 075 | 318 | 202 338 | 458 | 797 662 | 212 737 | 139 | 0 | 32 |
| | 10 | 415 394 | 319 | 202 796 | 458 | 797 204 | 212 598 | 139 | 50 | |
| | 20 | 415 712 | 318 | 203 253 | 457 | 796 747 | 212 459 | 139 | 40 | |
| | 30 | 416 031 | 319 | 203 711 | 458 | 796 289 | 212 320 | 139 | 30 | |
| | 40 | 416 349 | 318 | 204 169 | 458 | 795 831 | 212 180 | 140 | 20 | |
| | 50 | 416 667 | 318 | 204 626 | 457 | 795 374 | 212 041 | 139 | 10 | |
| 29 | 0 | 416 986 | 319 | 205 084 | 458 | 794 916 | 211 902 | 139 | 0 | 31 |
| | 10 | 417 304 | 318 | 205 541 | 457 | 794 459 | 211 763 | 139 | 50 | |
| | 20 | 417 622 | 318 | 205 999 | 458 | 794 001 | 211 623 | 140 | 40 | |
| | 30 | 417 940 | 318 | 206 457 | 458 | 793 543 | 211 484 | 139 | 30 | |
| | 40 | 418 259 | 319 | 206 914 | 457 | 793 086 | 211 345 | 139 | 20 | |
| | 50 | 418 577 | 318 | 207 372 | 458 | 792 628 | 211 205 | 140 | 10 | |
| 30 | 0 | 1̄,7 418 895 | 318 | 1̄,8 207 829 | 457 | 0,1 792 171 | 1̄,9 211 066 | 139 | 0 | 30 |
| ′ | ″ | Cos. | | Cotg. | | Tang. | Sin. | | ″ | ′ |

| ' | " | Sin. | D. | Tang. | D.c. | Cotg. | Cos. | D. | " | ' |
|---|---|---|---|---|---|---|---|---|---|---|
| 30 | 0 | 1̄,7 418 895 | 318 | 1̄,8 207 829 | 458 | 0,1 792 171 | 1̄,9 211 066 | 139 | 0 | 30 |
| | 10 | 419 213 | 318 | 208 287 | 457 | 791 713 | 210 927 | 140 | 50 | |
| | 20 | 419 531 | 318 | 208 744 | 457 | 791 256 | 210 787 | 139 | 40 | |
| | 30 | 419 849 | 318 | 209 201 | 458 | 790 799 | 210 648 | 140 | 30 | |
| | 40 | 420 167 | 318 | 209 659 | 457 | 790 341 | 210 508 | 139 | 20 | |
| | 50 | 420 485 | 318 | 210 116 | 458 | 789 884 | 210 369 | 140 | 10 | |
| 31 | 0 | 420 803 | 318 | 210 574 | 457 | 789 426 | 210 229 | 139 | 0 | 29 |
| | 10 | 421 121 | 318 | 211 031 | 457 | 788 969 | 210 090 | 139 | 50 | |
| | 20 | 421 439 | 318 | 211 488 | 458 | 788 512 | 209 951 | 140 | 40 | |
| | 30 | 421 757 | 317 | 211 946 | 457 | 788 054 | 209 811 | 139 | 30 | |
| | 40 | 422 074 | 318 | 212 403 | 457 | 787 597 | 209 672 | 140 | 20 | |
| | 50 | 422 392 | 318 | 212 860 | 457 | 787 140 | 209 532 | 139 | 10 | |
| 32 | 0 | 422 710 | 318 | 213 317 | 458 | 786 683 | 209 393 | 140 | 0 | 28 |
| | 10 | 423 028 | 317 | 213 775 | 457 | 786 225 | 209 253 | 140 | 50 | |
| | 20 | 423 345 | 318 | 214 232 | 457 | 785 768 | 209 113 | 139 | 40 | |
| | 30 | 423 663 | 317 | 214 689 | 457 | 785 311 | 208 974 | 140 | 30 | |
| | 40 | 423 980 | 318 | 215 146 | 457 | 784 854 | 208 834 | 139 | 20 | |
| | 50 | 424 298 | 318 | 215 603 | 457 | 784 397 | 208 695 | 140 | 10 | |
| 33 | 0 | 424 616 | 317 | 216 060 | 458 | 783 940 | 208 555 | 140 | 0 | 27 |
| | 10 | 424 933 | 317 | 216 518 | 457 | 783 482 | 208 415 | 139 | 50 | |
| | 20 | 425 250 | 318 | 216 975 | 457 | 783 025 | 208 276 | 140 | 40 | |
| | 30 | 425 568 | 317 | 217 432 | 457 | 782 568 | 208 136 | 140 | 30 | |
| | 40 | 425 885 | 318 | 217 889 | 457 | 782 111 | 207 996 | 139 | 20 | |
| | 50 | 426 203 | 317 | 218 346 | 457 | 781 654 | 207 857 | 140 | 10 | |
| 34 | 0 | 426 520 | 317 | 218 803 | 457 | 781 197 | 207 717 | 140 | 0 | 26 |
| | 10 | 426 837 | 317 | 219 260 | 457 | 780 740 | 207 577 | 139 | 50 | |
| | 20 | 427 154 | 318 | 219 717 | 457 | 780 283 | 207 438 | 140 | 40 | |
| | 30 | 427 472 | 317 | 220 174 | 457 | 779 826 | 207 298 | 140 | 30 | |
| | 40 | 427 789 | 317 | 220 631 | 457 | 779 369 | 207 158 | 140 | 20 | |
| | 50 | 428 106 | 317 | 221 088 | 457 | 778 912 | 207 018 | 140 | 10 | |
| 35 | 0 | 428 423 | 317 | 221 545 | 457 | 778 455 | 206 878 | 139 | 0 | 25 |
| | 10 | 428 740 | 317 | 222 002 | 457 | 777 998 | 206 739 | 140 | 50 | |
| | 20 | 429 057 | 317 | 222 459 | 456 | 777 541 | 206 599 | 140 | 40 | |
| | 30 | 429 374 | 317 | 222 915 | 457 | 777 085 | 206 459 | 140 | 30 | |
| | 40 | 429 691 | 317 | 223 372 | 457 | 776 628 | 206 319 | 140 | 20 | |
| | 50 | 430 008 | 317 | 223 829 | 457 | 776 171 | 206 179 | 140 | 10 | |
| 36 | 0 | 430 325 | 317 | 224 286 | 457 | 775 714 | 206 039 | 140 | 0 | 24 |
| | 10 | 430 642 | 317 | 224 743 | 456 | 775 257 | 205 899 | 139 | 50 | |
| | 20 | 430 959 | 317 | 225 199 | 457 | 774 801 | 205 760 | 140 | 40 | |
| | 30 | 431 276 | 317 | 225 656 | 457 | 774 344 | 205 620 | 140 | 30 | |
| | 40 | 431 593 | 316 | 226 113 | 457 | 773 887 | 205 480 | 140 | 20 | |
| | 50 | 431 909 | 317 | 226 570 | 456 | 773 430 | 205 340 | 140 | 10 | |
| 37 | 0 | 432 226 | 317 | 227 026 | 457 | 772 974 | 205 200 | 140 | 0 | 23 |
| | 10 | 432 543 | 316 | 227 483 | 457 | 772 517 | 205 060 | 140 | 50 | |
| | 20 | 432 859 | 317 | 227 940 | 456 | 772 060 | 204 920 | 140 | 40 | |
| | 30 | 433 176 | 317 | 228 396 | 457 | 771 604 | 204 780 | 140 | 30 | |
| | 40 | 433 493 | 316 | 228 853 | 456 | 771 147 | 204 640 | 140 | 20 | |
| | 50 | 433 809 | 317 | 229 309 | 457 | 770 691 | 204 500 | 140 | 10 | |
| 38 | 0 | 434 126 | 316 | 229 766 | 457 | 770 234 | 204 360 | 140 | 0 | 22 |
| | 10 | 434 442 | 317 | 230 223 | 456 | 769 777 | 204 220 | 141 | 50 | |
| | 20 | 434 759 | 316 | 230 679 | 457 | 769 321 | 204 079 | 140 | 40 | |
| | 30 | 435 075 | 316 | 231 136 | 456 | 768 864 | 203 939 | 140 | 30 | |
| | 40 | 435 391 | 317 | 231 592 | 457 | 768 408 | 203 799 | 140 | 20 | |
| | 50 | 435 708 | 316 | 232 049 | 456 | 767 951 | 203 659 | 140 | 10 | |
| 39 | 0 | 436 024 | 316 | 232 505 | 457 | 767 495 | 203 519 | 140 | 0 | 21 |
| | 10 | 436 340 | 317 | 232 962 | 456 | 767 038 | 203 379 | 140 | 50 | |
| | 20 | 436 657 | 316 | 233 418 | 456 | 766 582 | 203 239 | 141 | 40 | |
| | 30 | 436 973 | 316 | 233 874 | 457 | 766 126 | 203 098 | 140 | 30 | |
| | 40 | 437 289 | 316 | 234 331 | 456 | 765 669 | 202 958 | 140 | 20 | |
| | 50 | 437 605 | 318 | 234 787 | 457 | 765 213 | 202 818 | 140 | 10 | |
| 40 | 0 | 1̄,7 437 921 | | 1̄,8 235 244 | | 0,1 764 756 | 1̄,9 202 678 | | 0 | 20 |
| ' | " | Cos. | | Cotg. | | Tang. | Sin. | | " | ' |

| | 458 | 457 | 456 | 318 | 317 | 316 | 139 | 140 |
|---|---|---|---|---|---|---|---|---|
| 1 | 45,8 | 45,7 | 45,6 | 31,8 | 31,7 | 31,6 | 13,9 | 14 |
| 2 | 91,6 | 91,4 | 91,2 | 63,6 | 63,4 | 63,2 | 27,8 | 28 |
| 3 | 137,4 | 137,1 | 136,8 | 95,4 | 95,1 | 94,8 | 41,7 | 42 |
| 4 | 183,2 | 182,8 | 182,4 | 127,2 | 126,8 | 126,4 | 55,6 | 56 |
| 5 | 229,0 | 228,5 | 228,0 | 159,0 | 158,5 | 158,0 | 69,5 | 70 |
| 6 | 274,8 | 274,2 | 273,6 | 190,8 | 190,2 | 189,6 | 83,4 | 84 |
| 7 | 320,6 | 319,9 | 319,2 | 222,6 | 221,9 | 221,2 | 97,3 | 98 |
| 8 | 366,4 | 365,6 | 364,8 | 254,4 | 253,6 | 252,8 | 111,2 | 112 |
| 9 | 412,2 | 411,3 | 410,4 | 286,2 | 285,3 | 284,4 | 125,1 | 126 |

| | 1 | 2 | 3 | 4 | 5 | 6 | 7 | 8 | 9 |
|---|---|---|---|---|---|---|---|---|---|
| 457 | 45,7 | 91,4 | 137,1 | 182,8 | 228,5 | 274,2 | 319,9 | 365,6 | 411,3 |
| 456 | 45,6 | 91,2 | 136,8 | 182,4 | 228,0 | 273,6 | 319,2 | 364,8 | 410,4 |
| 455 | 45,5 | 91,0 | 136,5 | 182,0 | 227,5 | 273,0 | 318,5 | 364,0 | 409,5 |
| 316 | 31,6 | 63,2 | 94,8 | 126,4 | 158,0 | 189,6 | 221,2 | 252,8 | 284,4 |
| 315 | 31,5 | 63,0 | 94,5 | 126,0 | 157,5 | 189,0 | 220,5 | 252,0 | 283,5 |
| 314 | 31,4 | 62,8 | 94,2 | 125,6 | 157,0 | 188,4 | 219,8 | 251,2 | 282,6 |
| 140 | 14 | 28 | 42 | 56 | 70 | 84 | 98 | 112 | 126 |
| 141 | 14,1 | 28,2 | 42,3 | 56,4 | 70,5 | 84,6 | 98,7 | 112,8 | 126,9 |

| ′ | ″ | Sin. | D. | Tang. | D.c. | Cotg. | Cos. | D. | ″ | ′ |
|---|---|---|---|---|---|---|---|---|---|---|
| 40 | 0 | $\bar{1}$,7 437 921 | 316 | $\bar{1}$,8 235 244 | 456 | 0,1 764 756 | $\bar{1}$,9 202 678 | 140 | 0 | 20 |
| | 10 | 438 237 | 317 | 235 700 | 456 | 764 300 | 202 538 | 141 | 50 | |
| | 20 | 438 554 | 316 | 236 156 | 457 | 763 844 | 202 397 | 140 | 40 | |
| | 30 | 438 870 | 316 | 236 613 | 456 | 763 387 | 202 257 | 140 | 30 | |
| | 40 | 439 186 | 316 | 237 069 | 456 | 762 931 | 202 117 | 141 | 20 | |
| | 50 | 439 502 | 315 | 237 525 | 456 | 762 475 | 201 976 | 140 | 10 | |
| 41 | 0 | 439 817 | 316 | 237 981 | 457 | 762 019 | 201 836 | 140 | 0 | 19 |
| | 10 | 440 133 | 316 | 238 438 | 456 | 761 562 | 201 696 | 141 | 50 | |
| | 20 | 440 449 | 316 | 238 894 | 456 | 761 106 | 201 555 | 140 | 40 | |
| | 30 | 440 765 | 316 | 239 350 | 456 | 760 650 | 201 415 | 140 | 30 | |
| | 40 | 441 081 | 316 | 239 806 | 456 | 760 194 | 201 275 | 141 | 20 | |
| | 50 | 441 397 | 315 | 240 262 | 457 | 759 738 | 201 134 | 140 | 10 | |
| 42 | 0 | 441 712 | 316 | 240 719 | 456 | 759 281 | 200 994 | 141 | 0 | 18 |
| | 10 | 442 028 | 316 | 241 175 | 456 | 758 825 | 200 853 | 140 | 50 | |
| | 20 | 442 344 | 315 | 241 631 | 456 | 758 369 | 200 713 | 141 | 40 | |
| | 30 | 442 659 | 316 | 242 087 | 456 | 757 913 | 200 572 | 140 | 30 | |
| | 40 | 442 975 | 315 | 242 543 | 456 | 757 457 | 200 432 | 141 | 20 | |
| | 50 | 443 290 | 316 | 242 999 | 456 | 757 001 | 200 291 | 140 | 10 | |
| 43 | 0 | 443 606 | 315 | 243 455 | 456 | 756 545 | 200 151 | 141 | 0 | 17 |
| | 10 | 443 921 | 316 | 243 911 | 456 | 756 089 | 200 010 | 140 | 50 | |
| | 20 | 444 237 | 315 | 244 367 | 456 | 755 633 | 199 870 | 141 | 40 | |
| | 30 | 444 552 | 316 | 244 823 | 456 | 755 177 | 199 729 | 140 | 30 | |
| | 40 | 444 868 | 315 | 245 279 | 456 | 754 721 | 199 589 | 141 | 20 | |
| | 50 | 445 183 | 315 | 245 735 | 456 | 754 265 | 199 448 | 140 | 10 | |
| 44 | 0 | 445 498 | 316 | 246 191 | 456 | 753 809 | 199 308 | 141 | 0 | 16 |
| | 10 | 445 814 | 315 | 246 647 | 456 | 753 353 | 199 167 | 141 | 50 | |
| | 20 | 446 129 | 315 | 247 103 | 455 | 752 897 | 199 026 | 140 | 40 | |
| | 30 | 446 444 | 315 | 247 558 | 456 | 752 442 | 198 886 | 141 | 30 | |
| | 40 | 446 759 | 316 | 248 014 | 456 | 751 986 | 198 745 | 141 | 20 | |
| | 50 | 447 075 | 315 | 248 470 | 456 | 751 530 | 198 604 | 140 | 10 | |
| 45 | 0 | 447 390 | 315 | 248 926 | 456 | 751 074 | 198 464 | 141 | 0 | 15 |
| | 10 | 447 705 | 315 | 249 382 | 455 | 750 618 | 198 323 | 141 | 50 | |
| | 20 | 448 020 | 315 | 249 837 | 456 | 750 163 | 198 182 | 140 | 40 | |
| | 30 | 448 335 | 315 | 250 293 | 456 | 749 707 | 198 042 | 141 | 30 | |
| | 40 | 448 650 | 315 | 250 749 | 456 | 749 251 | 197 901 | 141 | 20 | |
| | 50 | 448 965 | 315 | 251 205 | 455 | 748 795 | 197 760 | 141 | 10 | |
| 46 | 0 | 449 280 | 315 | 251 660 | 456 | 748 340 | 197 619 | 140 | 0 | 14 |
| | 10 | 449 595 | 315 | 252 116 | 456 | 747 884 | 197 479 | 141 | 50 | |
| | 20 | 449 910 | 314 | 252 572 | 455 | 747 428 | 197 338 | 141 | 40 | |
| | 30 | 450 224 | 315 | 253 027 | 456 | 746 973 | 197 197 | 141 | 30 | |
| | 40 | 450 539 | 315 | 253 483 | 456 | 746 517 | 197 056 | 141 | 20 | |
| | 50 | 450 854 | 315 | 253 939 | 455 | 746 061 | 196 915 | 140 | 10 | |
| 47 | 0 | 451 169 | 314 | 254 394 | 456 | 745 606 | 196 775 | 141 | 0 | 13 |
| | 10 | 451 483 | 315 | 254 850 | 455 | 745 150 | 196 634 | 141 | 50 | |
| | 20 | 451 798 | 315 | 255 305 | 456 | 744 695 | 196 493 | 141 | 40 | |
| | 30 | 452 113 | 314 | 255 761 | 455 | 744 239 | 196 352 | 141 | 30 | |
| | 40 | 452 427 | 315 | 256 216 | 456 | 743 784 | 196 211 | 141 | 20 | |
| | 50 | 452 742 | 314 | 256 672 | 455 | 743 328 | 196 070 | 141 | 10 | |
| 48 | 0 | 453 056 | 315 | 257 127 | 456 | 742 873 | 195 929 | 141 | 0 | 12 |
| | 10 | 453 371 | 314 | 257 583 | 455 | 742 417 | 195 788 | 141 | 50 | |
| | 20 | 453 685 | 315 | 258 038 | 456 | 741 962 | 195 647 | 141 | 40 | |
| | 30 | 454 000 | 314 | 258 494 | 455 | 741 506 | 195 506 | 141 | 30 | |
| | 40 | 454 314 | 315 | 258 949 | 455 | 741 051 | 195 365 | 141 | 20 | |
| | 50 | 454 629 | 314 | 259 404 | 456 | 740 596 | 195 224 | 141 | 10 | |
| 49 | 0 | 454 943 | 314 | 259 860 | 455 | 740 140 | 195 083 | 141 | 0 | 11 |
| | 10 | 455 257 | 314 | 260 315 | 455 | 739 685 | 194 942 | 141 | 50 | |
| | 20 | 455 571 | 315 | 260 770 | 456 | 739 230 | 194 801 | 141 | 40 | |
| | 30 | 455 886 | 314 | 261 226 | 455 | 738 774 | 194 660 | 141 | 30 | |
| | 40 | 456 200 | 314 | 261 681 | 455 | 738 319 | 194 519 | 141 | 20 | |
| | 50 | 456 514 | 314 | 262 136 | 456 | 737 864 | 194 378 | 141 | 10 | |
| 50 | 0 | $\bar{1}$,7 456 828 | | $\bar{1}$,8 262 592 | | 0,1 737 408 | $\bar{1}$,9 194 237 | | 0 | 10 |
| ′ | ″ | Cos. | | Cotg. | | Tang. | Sin. | | ″ | ′ |

| ′ | ″ | Sin. | D. | Tang. | D.c. | Cotg. | Cos. | D. | ″ | ′ |
|---|---|---|---|---|---|---|---|---|---|---|
| 50 | 0 | $\bar{1}$,7 456 828 | | $\bar{1}$,8 262 592 | | 0,1 737 408 | $\bar{1}$,9 194 237 | | 0 | 10 |
| | 10 | 457 142 | 314 | 263 047 | 455 | 736 953 | 194 095 | 142 | 50 | |
| | 20 | 457 456 | 314 | 263 502 | 455 | 736 498 | 193 954 | 141 | 40 | |
| | 30 | 457 770 | 314 | 263 957 | 455 | 736 043 | 193 813 | 141 | 30 | |
| | 40 | 458 084 | 314 | 264 413 | 456 | 735 587 | 193 672 | 141 | 20 | |
| | 50 | 458 398 | 314 | 264 868 | 455 | 735 132 | 193 531 | 141 | 10 | |
| 51 | 0 | 458 712 | 314 | 265 323 | 455 | 734 677 | 193 390 | 141 | 0 | 9 |
| | 10 | 459 026 | 314 | 265 778 | 455 | 734 222 | 193 248 | 142 | 50 | |
| | 20 | 459 340 | 314 | 266 233 | 455 | 733 767 | 193 107 | 141 | 40 | |
| | 30 | 459 654 | 314 | 266 688 | 455 | 733 312 | 192 966 | 141 | 30 | |
| | 40 | 459 968 | 314 | 267 143 | 455 | 732 857 | 192 825 | 141 | 20 | |
| | 50 | 460 282 | 314 | 267 598 | 455 | 732 402 | 192 683 | 142 | 10 | |
| 52 | 0 | 460 595 | 313 | 268 053 | 455 | 731 947 | 192 542 | 141 | 0 | 8 |
| | 10 | 460 909 | 314 | 268 508 | 455 | 731 492 | 192 401 | 141 | 50 | |
| | 20 | 461 223 | 314 | 268 963 | 455 | 731 037 | 192 259 | 142 | 40 | |
| | 30 | 461 536 | 313 | 269 418 | 455 | 730 582 | 192 118 | 141 | 30 | |
| | 40 | 461 850 | 314 | 269 873 | 455 | 730 127 | 191 977 | 141 | 20 | |
| | 50 | 462 164 | 314 | 270 328 | 455 | 729 672 | 191 835 | 142 | 10 | |
| 53 | 0 | 462 477 | 313 | 270 783 | 455 | 729 217 | 191 694 | 141 | 0 | 7 |
| | 10 | 462 791 | 314 | 271 238 | 455 | 728 762 | 191 552 | 142 | 50 | |
| | 20 | 463 104 | 313 | 271 693 | 455 | 728 307 | 191 411 | 141 | 40 | |
| | 30 | 463 418 | 314 | 272 148 | 455 | 727 852 | 191 270 | 141 | 30 | |
| | 40 | 463 731 | 313 | 272 603 | 455 | 727 397 | 191 128 | 142 | 20 | |
| | 50 | 464 044 | 313 | 273 058 | 455 | 726 942 | 190 987 | 141 | 10 | |
| 54 | 0 | 464 358 | 314 | 273 513 | 455 | 726 487 | 190 845 | 142 | 0 | 6 |
| | 10 | 464 671 | 313 | 273 967 | 454 | 726 033 | 190 704 | 141 | 50 | |
| | 20 | 464 984 | 313 | 274 422 | 455 | 725 578 | 190 562 | 142 | 40 | |
| | 30 | 465 298 | 314 | 274 877 | 455 | 725 123 | 190 421 | 141 | 30 | |
| | 40 | 465 611 | 313 | 275 332 | 455 | 724 668 | 190 279 | 142 | 20 | |
| | 50 | 465 924 | 313 | 275 786 | 454 | 724 214 | 190 138 | 141 | 10 | |
| 55 | 0 | 466 237 | 313 | 276 241 | 455 | 723 759 | 189 996 | 142 | 0 | 5 |
| | 10 | 466 550 | 313 | 276 696 | 455 | 723 304 | 189 854 | 142 | 50 | |
| | 20 | 466 863 | 313 | 277 150 | 454 | 722 850 | 189 713 | 141 | 40 | |
| | 30 | 467 176 | 313 | 277 605 | 455 | 722 395 | 189 571 | 142 | 30 | |
| | 40 | 467 489 | 313 | 278 060 | 455 | 721 940 | 189 430 | 141 | 20 | |
| | 50 | 467 802 | 313 | 278 514 | 454 | 721 486 | 189 288 | 142 | 10 | |
| 56 | 0 | 468 115 | 313 | 278 969 | 455 | 721 031 | 189 146 | 142 | 0 | 4 |
| | 10 | 468 428 | 313 | 279 424 | 455 | 720 576 | 189 005 | 141 | 50 | |
| | 20 | 468 741 | 313 | 279 878 | 454 | 720 122 | 188 863 | 142 | 40 | |
| | 30 | 469 054 | 313 | 280 333 | 455 | 719 667 | 188 721 | 142 | 30 | |
| | 40 | 469 367 | 313 | 280 787 | 454 | 719 213 | 188 580 | 141 | 20 | |
| | 50 | 469 680 | 313 | 281 242 | 455 | 718 758 | 188 438 | 142 | 10 | |
| 57 | 0 | 469 992 | 312 | 281 696 | 454 | 718 304 | 188 296 | 142 | 0 | 3 |
| | 10 | 470 305 | 313 | 282 151 | 455 | 717 849 | 188 154 | 142 | 50 | |
| | 20 | 470 618 | 313 | 282 605 | 454 | 717 395 | 188 013 | 141 | 40 | |
| | 30 | 470 930 | 312 | 283 060 | 455 | 716 940 | 187 871 | 142 | 30 | |
| | 40 | 471 243 | 313 | 283 514 | 454 | 716 486 | 187 729 | 142 | 20 | |
| | 50 | 471 556 | 313 | 283 969 | 455 | 716 031 | 187 587 | 142 | 10 | |
| 58 | 0 | 471 868 | 312 | 284 423 | 454 | 715 577 | 187 445 | 142 | 0 | 2 |
| | 10 | 472 181 | 313 | 284 877 | 454 | 715 123 | 187 303 | 142 | 50 | |
| | 20 | 472 493 | 312 | 285 332 | 455 | 714 668 | 187 162 | 141 | 40 | |
| | 30 | 472 806 | 313 | 285 786 | 454 | 714 214 | 187 020 | 142 | 30 | |
| | 40 | 473 118 | 312 | 286 240 | 454 | 713 760 | 186 878 | 142 | 20 | |
| | 50 | 473 431 | 313 | 286 695 | 455 | 713 305 | 186 736 | 142 | 10 | |
| 59 | 0 | 473 743 | 312 | 287 149 | 454 | 712 851 | 186 594 | 142 | 0 | 1 |
| | 10 | 474 055 | 312 | 287 603 | 454 | 712 397 | 186 452 | 142 | 50 | |
| | 20 | 474 368 | 313 | 288 058 | 455 | 711 942 | 186 310 | 142 | 40 | |
| | 30 | 474 680 | 312 | 288 512 | 454 | 711 488 | 186 168 | 142 | 30 | |
| | 40 | 474 992 | 312 | 288 966 | 454 | 711 034 | 186 026 | 142 | 20 | |
| | 50 | 475 304 | 312 | 289 420 | 454 | 710 580 | 185 884 | 142 | 10 | |
| 60 | 0 | $\bar{1}$,7 475 617 | 313 | $\bar{1}$,8 289 874 | 454 | 0,1 710 126 | $\bar{1}$,9 185 742 | 142 | 0 | 0 |
| ′ | ″ | Cos. | | Cotg. | | Tang. | Sin. | | ″ | ′ |

56°

| | 455 |
|---|---|
| 1 | 45,5 |
| 2 | 91,0 |
| 3 | 136,5 |
| 4 | 182,0 |
| 5 | 227,5 |
| 6 | 273,0 |
| 7 | 318,5 |
| 8 | 364,0 |
| 9 | 409,5 |

| | 454 |
|---|---|
| 1 | 45,4 |
| 2 | 90,8 |
| 3 | 136,2 |
| 4 | 181,6 |
| 5 | 227,0 |
| 6 | 272,4 |
| 7 | 317,8 |
| 8 | 363,2 |
| 9 | 408,6 |

| | 314 |
|---|---|
| 1 | 31,4 |
| 2 | 62,8 |
| 3 | 94,2 |
| 4 | 125,6 |
| 5 | 157,0 |
| 6 | 188,4 |
| 7 | 219,8 |
| 8 | 251,2 |
| 9 | 282,6 |

| | 313 |
|---|---|
| 1 | 31,3 |
| 2 | 62,6 |
| 3 | 93,9 |
| 4 | 125,2 |
| 5 | 156,5 |
| 6 | 187,8 |
| 7 | 219,1 |
| 8 | 250,4 |
| 9 | 281,7 |

| | 312 |
|---|---|
| 1 | 31,2 |
| 2 | 62,4 |
| 3 | 93,6 |
| 4 | 124,8 |
| 5 | 156,0 |
| 6 | 187,2 |
| 7 | 218,4 |
| 8 | 249,6 |
| 9 | 280,8 |

| | 141 |
|---|---|
| 1 | 14,1 |
| 2 | 28,2 |
| 3 | 42,3 |
| 4 | 56,4 |
| 5 | 70,5 |
| 6 | 84,6 |
| 7 | 98,7 |
| 8 | 112,8 |
| 9 | 126,9 |

| | 142 |
|---|---|
| 1 | 14,2 |
| 2 | 28,4 |
| 3 | 42,6 |
| 4 | 56,8 |
| 5 | 71,0 |
| 6 | 85,2 |
| 7 | 99,4 |
| 8 | 113,6 |
| 9 | 127,8 |

| 454 | |
|---|---|
| 1 | 45,4 |
| 2 | 90,8 |
| 3 | 136,2 |
| 4 | 181,6 |
| 5 | 227,0 |
| 6 | 272,4 |
| 7 | 317,8 |
| 8 | 363,2 |
| 9 | 408,6 |

| 453 | |
|---|---|
| 1 | 45,3 |
| 2 | 90,6 |
| 3 | 135,9 |
| 4 | 181,2 |
| 5 | 226,5 |
| 6 | 271,8 |
| 7 | 317,1 |
| 8 | 362,4 |
| 9 | 407,7 |

| 312 | |
|---|---|
| 1 | 31,2 |
| 2 | 62,4 |
| 3 | 93,6 |
| 4 | 124,8 |
| 5 | 156,0 |
| 6 | 187,2 |
| 7 | 218,4 |
| 8 | 249,6 |
| 9 | 280,8 |

| 311 | |
|---|---|
| 1 | 31,1 |
| 2 | 62,2 |
| 3 | 93,3 |
| 4 | 124,4 |
| 5 | 155,5 |
| 6 | 186,6 |
| 7 | 217,7 |
| 8 | 248,8 |
| 9 | 279,9 |

| 310 | |
|---|---|
| 1 | 31 |
| 2 | 62 |
| 3 | 93 |
| 4 | 124 |
| 5 | 155 |
| 6 | 186 |
| 7 | 217 |
| 8 | 248 |
| 9 | 279 |

| 142 | |
|---|---|
| 1 | 14,2 |
| 2 | 28,4 |
| 3 | 42,6 |
| 4 | 56,8 |
| 5 | 71,0 |
| 6 | 85,2 |
| 7 | 99,4 |
| 8 | 113,6 |
| 9 | 127,8 |

| 143 | |
|---|---|
| 1 | 14,3 |
| 2 | 28,6 |
| 3 | 42,9 |
| 4 | 57,2 |
| 5 | 71,5 |
| 6 | 85,8 |
| 7 | 100,1 |
| 8 | 114,4 |
| 9 | 128,7 |

| ′ | ″ | Sin. | D. | Tang. | D.c. | Cotg. | Cos. | D. | ″ | ′ |
|---|---|---|---|---|---|---|---|---|---|---|
| 0 | 0 | $\bar{1}$,7 475 617 | 312 | $\bar{1}$,8 289 874 | 455 | 0,1 710 126 | $\bar{1}$,9 185 742 | 142 | 0 | 60 |
| | 10 | 475 929 | 312 | 290 329 | 454 | 709 671 | 185 600 | 142 | 50 | |
| | 20 | 476 241 | 312 | 290 783 | 454 | 709 217 | 185 458 | 142 | 40 | |
| | 30 | 476 553 | 312 | 291 237 | 454 | 708 763 | 185 316 | 142 | 30 | |
| | 40 | 476 865 | 312 | 291 691 | 454 | 708 309 | 185 174 | 142 | 20 | |
| | 50 | 477 177 | 312 | 292 145 | 454 | 707 855 | 185 032 | 142 | 10 | |
| 1 | 0 | 477 489 | 312 | 292 599 | 454 | 707 401 | 184 890 | 142 | 0 | 59 |
| | 10 | 477 801 | 312 | 293 053 | 454 | 706 947 | 184 748 | 142 | 50 | |
| | 20 | 478 113 | 312 | 293 507 | 454 | 706 493 | 184 606 | 143 | 40 | |
| | 30 | 478 425 | 311 | 293 961 | 454 | 706 039 | 184 463 | 142 | 30 | |
| | 40 | 478 736 | 312 | 294 415 | 454 | 705 585 | 184 321 | 142 | 20 | |
| | 50 | 479 048 | 312 | 294 869 | 454 | 705 131 | 184 179 | 142 | 10 | |
| 2 | 0 | 479 360 | 312 | 295 323 | 454 | 704 677 | 184 037 | 142 | 0 | 58 |
| | 10 | 479 672 | 312 | 295 777 | 454 | 704 223 | 183 895 | 143 | 50 | |
| | 20 | 479 984 | 311 | 296 231 | 454 | 703 769 | 183 752 | 142 | 40 | |
| | 30 | 480 295 | 312 | 296 685 | 454 | 703 315 | 183 610 | 142 | 30 | |
| | 40 | 480 607 | 311 | 297 139 | 454 | 702 861 | 183 468 | 142 | 20 | |
| | 50 | 480 918 | 312 | 297 593 | 454 | 702 407 | 183 326 | 143 | 10 | |
| 3 | 0 | 481 230 | 312 | 298 047 | 453 | 701 953 | 183 183 | 142 | 0 | 57 |
| | 10 | 481 542 | 311 | 298 500 | 454 | 701 500 | 183 041 | 142 | 50 | |
| | 20 | 481 853 | 312 | 298 954 | 454 | 701 046 | 182 899 | 143 | 40 | |
| | 30 | 482 165 | 311 | 299 408 | 454 | 700 592 | 182 756 | 142 | 30 | |
| | 40 | 482 476 | 311 | 299 862 | 454 | 700 138 | 182 614 | 142 | 20 | |
| | 50 | 482 787 | 312 | 300 316 | 453 | 699 684 | 182 472 | 143 | 10 | |
| 4 | 0 | 483 099 | 311 | 300 769 | 454 | 699 231 | 182 329 | 142 | 0 | 56 |
| | 10 | 483 410 | 312 | 301 223 | 454 | 698 777 | 182 187 | 142 | 50 | |
| | 20 | 483 722 | 311 | 301 677 | 454 | 698 323 | 182 045 | 143 | 40 | |
| | 30 | 484 033 | 311 | 302 131 | 453 | 697 869 | 181 902 | 142 | 30 | |
| | 40 | 484 344 | 311 | 302 584 | 454 | 697 416 | 181 760 | 143 | 20 | |
| | 50 | 484 655 | 312 | 303 038 | 454 | 696 962 | 181 617 | 142 | 10 | |
| 5 | 0 | 484 967 | 311 | 303 492 | 453 | 696 508 | 181 475 | 143 | 0 | 55 |
| | 10 | 485 278 | 311 | 303 945 | 454 | 696 055 | 181 332 | 142 | 50 | |
| | 20 | 485 589 | 311 | 304 399 | 454 | 695 601 | 181 190 | 143 | 40 | |
| | 30 | 485 900 | 311 | 304 853 | 453 | 695 147 | 181 047 | 142 | 30 | |
| | 40 | 486 211 | 311 | 305 306 | 454 | 694 694 | 180 905 | 143 | 20 | |
| | 50 | 486 522 | 311 | 305 760 | 453 | 694 240 | 180 762 | 142 | 10 | |
| 6 | 0 | 486 833 | 311 | 306 213 | 454 | 693 787 | 180 620 | 143 | 0 | 54 |
| | 10 | 487 144 | 311 | 306 667 | 453 | 693 333 | 180 477 | 142 | 50 | |
| | 20 | 487 455 | 311 | 307 120 | 454 | 692 880 | 180 335 | 143 | 40 | |
| | 30 | 487 766 | 311 | 307 574 | 453 | 692 426 | 180 192 | 143 | 30 | |
| | 40 | 488 077 | 311 | 308 027 | 454 | 691 973 | 180 049 | 142 | 20 | |
| | 50 | 488 388 | 310 | 308 481 | 453 | 691 519 | 179 907 | 143 | 10 | |
| 7 | 0 | 488 698 | 311 | 308 934 | 454 | 691 066 | 179 764 | 142 | 0 | 53 |
| | 10 | 489 009 | 311 | 309 388 | 453 | 690 612 | 179 622 | 143 | 50 | |
| | 20 | 489 320 | 311 | 309 841 | 453 | 690 159 | 179 479 | 143 | 40 | |
| | 30 | 489 631 | 310 | 310 294 | 454 | 689 706 | 179 336 | 142 | 30 | |
| | 40 | 489 941 | 311 | 310 748 | 453 | 689 252 | 179 194 | 143 | 20 | |
| | 50 | 490 252 | 310 | 311 201 | 453 | 688 799 | 179 051 | 143 | 10 | |
| 8 | 0 | 490 562 | 311 | 311 654 | 454 | 688 346 | 178 908 | 143 | 0 | 52 |
| | 10 | 490 873 | 311 | 312 108 | 453 | 687 892 | 178 765 | 142 | 50 | |
| | 20 | 491 184 | 310 | 312 561 | 453 | 687 439 | 178 623 | 143 | 40 | |
| | 30 | 491 494 | 311 | 313 014 | 454 | 686 986 | 178 480 | 143 | 30 | |
| | 40 | 491 805 | 310 | 313 468 | 453 | 686 532 | 178 337 | 143 | 20 | |
| | 50 | 492 115 | 310 | 313 921 | 453 | 686 079 | 178 194 | 143 | 10 | |
| 9 | 0 | 492 425 | 311 | 314 374 | 453 | 685 626 | 178 051 | 142 | 0 | 51 |
| | 10 | 492 736 | 310 | 314 827 | 453 | 685 173 | 177 909 | 143 | 50 | |
| | 20 | 493 046 | 311 | 315 280 | 454 | 684 720 | 177 766 | 143 | 40 | |
| | 30 | 493 357 | 310 | 315 734 | 453 | 684 266 | 177 623 | 143 | 30 | |
| | 40 | 493 667 | 310 | 316 187 | 453 | 683 813 | 177 480 | 143 | 20 | |
| | 50 | 493 977 | 310 | 316 640 | 453 | 683 360 | 177 337 | 143 | 10 | |
| 10 | 0 | $\bar{1}$,7 494 287 | | $\bar{1}$,8 317 093 | | 0,1 682 907 | $\bar{1}$,9 177 194 | | 0 | 50 |
| ′ | ″ | Cos. | | Cotg. | | Tang. | Sin. | | ″ | ′ |

55°

| ′ | ″ | Sin. | D. | Tang. | D.c. | Cotg. | Cos. | D. | ″ | ′ |
|---|---|---|---|---|---|---|---|---|---|---|
| 10 | 0 | 1̄,7 494 287 | 310 | 1̄,8 317 093 | 453 | 0,1 682 907 | 1̄,9 177 194 | 143 | 0 | 50 |
| | 10 | 494 597 | 311 | 317 546 | 453 | 682 454 | 177 051 | 143 | 50 | |
| | 20 | 494 908 | 310 | 317 999 | 453 | 682 001 | 176 908 | 143 | 40 | |
| | 30 | 495 218 | 310 | 318 452 | 453 | 681 548 | 176 765 | 143 | 30 | |
| | 40 | 495 528 | 310 | 318 905 | 453 | 681 095 | 176 622 | 143 | 20 | |
| | 50 | 495 838 | 310 | 319 358 | 453 | 680 642 | 176 479 | 143 | 10 | |
| 11 | 0 | 496 148 | 310 | 319 811 | 453 | 680 189 | 176 336 | 143 | 0 | 49 |
| | 10 | 496 458 | 310 | 320 264 | 453 | 679 736 | 176 193 | 143 | 50 | |
| | 20 | 496 768 | 310 | 320 717 | 453 | 679 283 | 176 050 | 143 | 40 | |
| | 30 | 497 078 | 310 | 321 170 | 453 | 678 830 | 175 907 | 143 | 30 | |
| | 40 | 497 388 | 310 | 321 623 | 453 | 678 377 | 175 764 | 143 | 20 | |
| | 50 | 497 698 | 309 | 322 076 | 453 | 677 924 | 175 621 | 143 | 10 | |
| 12 | 0 | 498 007 | 310 | 322 529 | 453 | 677 471 | 175 478 | 143 | 0 | 48 |
| | 10 | 498 317 | 310 | 322 982 | 453 | 677 018 | 175 335 | 143 | 50 | |
| | 20 | 498 627 | 310 | 323 435 | 453 | 676 565 | 175 192 | 143 | 40 | |
| | 30 | 498 937 | 309 | 323 888 | 453 | 676 112 | 175 049 | 143 | 30 | |
| | 40 | 499 246 | 310 | 324 341 | 453 | 675 659 | 174 906 | 143 | 20 | |
| | 50 | 499 556 | 310 | 324 794 | 452 | 675 206 | 174 763 | 144 | 10 | |
| 13 | 0 | 499 866 | 309 | 325 246 | 453 | 674 754 | 174 619 | 143 | 0 | 47 |
| | 10 | 500 175 | 310 | 325 699 | 453 | 674 301 | 174 476 | 143 | 50 | |
| | 20 | 500 485 | 309 | 326 152 | 453 | 673 848 | 174 333 | 143 | 40 | |
| | 30 | 500 794 | 310 | 326 605 | 452 | 673 395 | 174 190 | 143 | 30 | |
| | 40 | 501 104 | 309 | 327 057 | 453 | 672 943 | 174 047 | 144 | 20 | |
| | 50 | 501 413 | 310 | 327 510 | 453 | 672 490 | 173 903 | 143 | 10 | |
| 14 | 0 | 501 723 | 309 | 327 963 | 453 | 672 037 | 173 760 | 143 | 0 | 46 |
| | 10 | 502 032 | 310 | 328 416 | 452 | 671 584 | 173 617 | 144 | 50 | |
| | 20 | 502 342 | 309 | 328 868 | 453 | 671 132 | 173 473 | 143 | 40 | |
| | 30 | 502 651 | 309 | 329 321 | 453 | 670 679 | 173 330 | 143 | 30 | |
| | 40 | 502 960 | 310 | 329 774 | 452 | 670 226 | 173 187 | 143 | 20 | |
| | 50 | 503 270 | 309 | 330 226 | 453 | 669 774 | 173 044 | 144 | 10 | |
| 15 | 0 | 503 579 | 309 | 330 679 | 452 | 669 321 | 172 900 | 143 | 0 | 45 |
| | 10 | 503 888 | 309 | 331 131 | 453 | 668 869 | 172 757 | 144 | 50 | |
| | 20 | 504 197 | 309 | 331 584 | 452 | 668 416 | 172 613 | 143 | 40 | |
| | 30 | 504 506 | 310 | 332 036 | 453 | 667 964 | 172 470 | 143 | 30 | |
| | 40 | 504 816 | 309 | 332 489 | 453 | 667 511 | 172 327 | 144 | 20 | |
| | 50 | 505 125 | 309 | 332 942 | 452 | 667 058 | 172 183 | 143 | 10 | |
| 16 | 0 | 505 434 | 309 | 333 394 | 453 | 666 606 | 172 040 | 144 | 0 | 44 |
| | 10 | 505 743 | 309 | 333 847 | 452 | 666 153 | 171 896 | 143 | 50 | |
| | 20 | 506 052 | 309 | 334 299 | 452 | 665 701 | 171 753 | 144 | 40 | |
| | 30 | 506 361 | 309 | 334 751 | 453 | 665 249 | 171 609 | 143 | 30 | |
| | 40 | 506 670 | 309 | 335 204 | 452 | 664 796 | 171 466 | 144 | 20 | |
| | 50 | 506 979 | 308 | 335 656 | 453 | 664 344 | 171 322 | 143 | 10 | |
| 17 | 0 | 507 287 | 309 | 336 109 | 452 | 663 891 | 171 179 | 144 | 0 | 43 |
| | 10 | 507 596 | 309 | 336 561 | 452 | 663 439 | 171 035 | 143 | 50 | |
| | 20 | 507 905 | 309 | 337 013 | 453 | 662 987 | 170 892 | 144 | 40 | |
| | 30 | 508 214 | 309 | 337 466 | 452 | 662 534 | 170 748 | 144 | 30 | |
| | 40 | 508 523 | 308 | 337 918 | 452 | 662 082 | 170 604 | 143 | 20 | |
| | 50 | 508 831 | 309 | 338 370 | 453 | 661 630 | 170 461 | 144 | 10 | |
| 10 | 0 | 509 140 | 309 | 338 823 | 452 | 661 177 | 170 317 | 143 | 0 | 42 |
| | 10 | 509 449 | 308 | 339 275 | 452 | 660 725 | 170 174 | 144 | 50 | |
| | 20 | 509 757 | 309 | 339 727 | 452 | 660 273 | 170 030 | 144 | 40 | |
| | 30 | 510 066 | 308 | 340 179 | 453 | 659 821 | 169 886 | 143 | 30 | |
| | 40 | 510 374 | 309 | 340 632 | 452 | 659 368 | 169 743 | 144 | 20 | |
| | 50 | 510 683 | 308 | 341 084 | 452 | 658 916 | 169 599 | 144 | 10 | |
| 19 | 0 | 510 991 | 309 | 341 536 | 452 | 658 464 | 169 455 | 144 | 0 | 41 |
| | 10 | 511 300 | 308 | 341 988 | 452 | 658 012 | 169 311 | 143 | 50 | |
| | 20 | 511 608 | 309 | 342 440 | 453 | 657 560 | 169 168 | 144 | 40 | |
| | 30 | 511 917 | 308 | 342 893 | 452 | 657 107 | 169 024 | 144 | 30 | |
| | 40 | 512 225 | 308 | 343 345 | 452 | 656 655 | 168 880 | 144 | 20 | |
| | 50 | 512 533 | 309 | 343 797 | 452 | 656 203 | 168 736 | 143 | 10 | |
| 20 | 0 | 1̄,7 512 842 | | 1̄,8 344 249 | | 0,1 655 751 | 1̄,9 168 593 | | 0 | 40 |
| ′ | ″ | Cos. | | Cotg. | | Tang. | Sin. | | ″ | ′ |

| 453 | |
|---|---|
| 1 | 45,3 |
| 2 | 90,6 |
| 3 | 135,9 |
| 4 | 181,2 |
| 5 | 226,5 |
| 6 | 271,8 |
| 7 | 317,1 |
| 8 | 362,4 |
| 9 | 407,7 |

| 452 | |
|---|---|
| 1 | 45,2 |
| 2 | 90,4 |
| 3 | 135,6 |
| 4 | 180,8 |
| 5 | 226,0 |
| 6 | 271,2 |
| 7 | 316,4 |
| 8 | 361,6 |
| 9 | 406,8 |

| 310 | |
|---|---|
| 1 | 31 |
| 2 | 62 |
| 3 | 93 |
| 4 | 124 |
| 5 | 155 |
| 6 | 186 |
| 7 | 217 |
| 8 | 248 |
| 9 | 279 |

| 309 | |
|---|---|
| 1 | 30,9 |
| 2 | 61,8 |
| 3 | 92,7 |
| 4 | 123,6 |
| 5 | 154,5 |
| 6 | 185,4 |
| 7 | 216,3 |
| 8 | 247,2 |
| 9 | 278,1 |

| 308 | |
|---|---|
| 1 | 30,8 |
| 2 | 61,6 |
| 3 | 92,4 |
| 4 | 123,2 |
| 5 | 154,0 |
| 6 | 184,8 |
| 7 | 215,6 |
| 8 | 246,4 |
| 9 | 277,2 |

| 143 | |
|---|---|
| 1 | 14,3 |
| 2 | 28,6 |
| 3 | 42,9 |
| 4 | 57,2 |
| 5 | 71,5 |
| 6 | 85,8 |
| 7 | 100,1 |
| 8 | 114,4 |
| 9 | 128,7 |

| 144 | |
|---|---|
| 1 | 14,4 |
| 2 | 28,8 |
| 3 | 43,2 |
| 4 | 57,6 |
| 5 | 72,0 |
| 6 | 86,4 |
| 7 | 100,8 |
| 8 | 115,2 |
| 9 | 129,6 |

| | 452 | 451 | 309 | 308 | 307 | 306 | 144 | 145 |
|---|---|---|---|---|---|---|---|---|
| 1 | 45,2 | 45,1 | 30,9 | 30,8 | 30,7 | 30,6 | 14,4 | 14,5 |
| 2 | 90,4 | 90,2 | 61,8 | 61,6 | 61,4 | 61,2 | 28,8 | 29,0 |
| 3 | 135,6 | 135,3 | 92,7 | 92,4 | 92,1 | 91,8 | 43,2 | 43,5 |
| 4 | 180,8 | 180,4 | 123,6 | 123,2 | 122,8 | 122,4 | 57,6 | 58,0 |
| 5 | 226,0 | 225,5 | 154,5 | 154,0 | 153,5 | 153,0 | 72,0 | 72,5 |
| 6 | 271,2 | 270,6 | 185,4 | 184,8 | 184,2 | 183,6 | 86,4 | 87,0 |
| 7 | 316,4 | 315,7 | 216,3 | 215,6 | 214,9 | 214,2 | 100,8 | 101,5 |
| 8 | 361,6 | 360,8 | 247,2 | 246,4 | 245,6 | 244,8 | 115,2 | 116,0 |
| 9 | 406,8 | 405,9 | 278,1 | 277,2 | 276,3 | 275,4 | 129,6 | 130,5 |

| ′ | ″ | Sin. | D. | Tang. | D.c. | Cotg. | Cos. | D. | ″ | ′ |
|---|---|---|---|---|---|---|---|---|---|---|
| 20 | 0 | 1̄,7 512 842 | | 1̄,8 344 249 | | 0,1 655 751 | 1̄,9 168 593 | | 0 | 40 |
| | 10 | 513 150 | 308 | 344 701 | 452 | 655 299 | 168 449 | 144 | 50 | |
| | 20 | 513 458 | 308 | 345 153 | 452 | 654 847 | 168 305 | 144 | 40 | |
| | 30 | 513 766 | 308 | 345 605 | 452 | 654 395 | 168 161 | 144 | 30 | |
| | 40 | 514 074 | 308 | 346 057 | 452 | 653 943 | 168 017 | 144 | 20 | |
| | 50 | 514 382 | 308 | 346 509 | 452 | 653 491 | 167 873 | 144 | 10 | |
| 21 | 0 | 514 691 | 309 | 346 961 | 452 | 653 039 | 167 730 | 143 | 0 | 39 |
| | 10 | 514 999 | 308 | 347 413 | 452 | 652 587 | 167 586 | 144 | 50 | |
| | 20 | 515 307 | 308 | 347 865 | 452 | 652 135 | 167 442 | 144 | 40 | |
| | 30 | 515 615 | 308 | 348 317 | 452 | 651 683 | 167 298 | 144 | 30 | |
| | 40 | 515 923 | 308 | 348 769 | 452 | 651 231 | 167 154 | 144 | 20 | |
| | 50 | 516 231 | 308 | 349 221 | 452 | 650 779 | 167 010 | 144 | 10 | |
| 22 | 0 | 516 538 | 307 | 349 673 | 452 | 650 327 | 166 866 | 144 | 0 | 38 |
| | 10 | 516 846 | 308 | 350 125 | 452 | 649 875 | 166 722 | 144 | 50 | |
| | 20 | 517 154 | 308 | 350 576 | 451 | 649 424 | 166 578 | 144 | 40 | |
| | 30 | 517 462 | 308 | 351 028 | 452 | 648 972 | 166 434 | 144 | 30 | |
| | 40 | 517 770 | 308 | 351 480 | 452 | 648 520 | 166 290 | 144 | 20 | |
| | 50 | 518 078 | 308 | 351 932 | 452 | 648 068 | 166 146 | 144 | 10 | |
| 23 | 0 | 518 385 | 307 | 352 384 | 452 | 647 616 | 166 002 | 144 | 0 | 37 |
| | 10 | 518 693 | 308 | 352 835 | 451 | 647 165 | 165 858 | 144 | 50 | |
| | 20 | 519 001 | 308 | 353 287 | 452 | 646 713 | 165 713 | 145 | 40 | |
| | 30 | 519 308 | 307 | 353 739 | 452 | 646 261 | 165 569 | 144 | 30 | |
| | 40 | 519 616 | 308 | 354 191 | 452 | 645 809 | 165 425 | 144 | 20 | |
| | 50 | 519 923 | 307 | 354 642 | 451 | 645 358 | 165 281 | 144 | 10 | |
| 24 | 0 | 520 231 | 308 | 355 094 | 452 | 644 906 | 165 137 | 144 | 0 | 36 |
| | 10 | 520 538 | 307 | 355 546 | 452 | 644 454 | 164 993 | 144 | 50 | |
| | 20 | 520 846 | 308 | 355 997 | 451 | 644 003 | 164 849 | 144 | 40 | |
| | 30 | 521 153 | 307 | 356 449 | 452 | 643 551 | 164 704 | 145 | 30 | |
| | 40 | 521 461 | 308 | 356 900 | 451 | 643 100 | 164 560 | 144 | 20 | |
| | 50 | 521 768 | 307 | 357 352 | 452 | 642 648 | 164 416 | 144 | 10 | |
| 25 | 0 | 522 075 | 307 | 357 804 | 452 | 642 196 | 164 272 | 144 | 0 | 35 |
| | 10 | 522 383 | 308 | 358 255 | 451 | 641 745 | 164 127 | 145 | 50 | |
| | 20 | 522 690 | 307 | 358 707 | 452 | 641 293 | 163 983 | 144 | 40 | |
| | 30 | 522 997 | 307 | 359 158 | 451 | 640 842 | 163 839 | 144 | 30 | |
| | 40 | 523 304 | 307 | 359 610 | 452 | 640 390 | 163 694 | 145 | 20 | |
| | 50 | 523 611 | 307 | 360 061 | 451 | 639 939 | 163 550 | 144 | 10 | |
| 26 | 0 | 523 919 | 308 | 360 513 | 452 | 639 487 | 163 406 | 144 | 0 | 34 |
| | 10 | 524 226 | 307 | 360 964 | 451 | 639 036 | 163 261 | 145 | 50 | |
| | 20 | 524 533 | 307 | 361 416 | 452 | 638 584 | 163 117 | 144 | 40 | |
| | 30 | 524 840 | 307 | 361 867 | 451 | 638 133 | 162 973 | 144 | 30 | |
| | 40 | 525 147 | 307 | 362 318 | 451 | 637 682 | 162 828 | 145 | 20 | |
| | 50 | 525 454 | 307 | 362 770 | 452 | 637 230 | 162 684 | 144 | 10 | |
| 27 | 0 | 525 761 | 307 | 363 221 | 451 | 636 779 | 162 539 | 145 | 0 | 33 |
| | 10 | 526 068 | 307 | 363 673 | 452 | 636 327 | 162 395 | 144 | 50 | |
| | 20 | 526 375 | 307 | 364 124 | 451 | 635 876 | 162 251 | 144 | 40 | |
| | 30 | 526 681 | 306 | 364 575 | 451 | 635 425 | 162 106 | 145 | 30 | |
| | 40 | 526 988 | 307 | 365 027 | 452 | 634 973 | 161 962 | 144 | 20 | |
| | 50 | 527 295 | 307 | 365 478 | 451 | 634 522 | 161 817 | 145 | 10 | |
| 28 | 0 | 527 602 | 307 | 365 929 | 451 | 634 071 | 161 673 | 144 | 0 | 32 |
| | 10 | 527 908 | 306 | 366 380 | 451 | 633 620 | 161 528 | 145 | 50 | |
| | 20 | 528 215 | 307 | 366 832 | 452 | 633 168 | 161 383 | 145 | 40 | |
| | 30 | 528 522 | 307 | 367 283 | 451 | 632 717 | 161 239 | 144 | 30 | |
| | 40 | 528 828 | 306 | 367 734 | 451 | 632 266 | 161 094 | 145 | 20 | |
| | 50 | 529 135 | 307 | 368 185 | 451 | 631 815 | 160 950 | 144 | 10 | |
| 29 | 0 | 529 442 | 307 | 368 636 | 451 | 631 364 | 160 805 | 145 | 0 | 31 |
| | 10 | 529 748 | 306 | 369 088 | 452 | 630 912 | 160 661 | 144 | 50 | |
| | 20 | 530 055 | 307 | 369 539 | 451 | 630 461 | 160 516 | 145 | 40 | |
| | 30 | 530 361 | 306 | 369 990 | 451 | 630 010 | 160 371 | 145 | 30 | |
| | 40 | 530 667 | 306 | 370 441 | 451 | 629 559 | 160 227 | 144 | 20 | |
| | 50 | 530 974 | 307 | 370 892 | 451 | 629 108 | 160 082 | 145 | 10 | |
| 30 | 0 | 1̄,7 531 280 | 306 | 1̄,8 371 343 | 451 | 0,1 628 657 | 1̄,9 159 937 | 145 | 0 | 30 |
| ′ | ″ | Cos. | | Cotg. | | Tang. | Sin. | | ″ | ′ |

| ′ | ″ | Sin. | D. | Tang. | D.c. | Cotg. | Cos. | D. | ″ | ′ |
|---|---|---|---|---|---|---|---|---|---|---|
| 30 | 0 | 1̄,7 531 280 | 307 | 1̄,8 371 343 | 451 | 0,1 628 657 | 1̄,9 159 937 | 145 | 0 | 30 |
| | 10 | 531 587 | 306 | 371 794 | 451 | 628 206 | 159 792 | 144 | 50 | |
| | 20 | 531 893 | 306 | 372 245 | 451 | 627 755 | 159 648 | 145 | 40 | |
| | 30 | 532 199 | 306 | 372 696 | 451 | 627 304 | 159 503 | 145 | 30 | |
| | 40 | 532 505 | 307 | 373 147 | 451 | 626 853 | 159 358 | 145 | 20 | |
| | 50 | 532 812 | 306 | 373 598 | 451 | 626 402 | 159 213 | 144 | 10 | |
| 31 | 0 | 533 118 | 306 | 374 049 | 451 | 625 951 | 159 069 | 145 | 0 | 29 |
| | 10 | 533 424 | 306 | 374 500 | 451 | 625 500 | 158 924 | 145 | 50 | |
| | 20 | 533 730 | 306 | 374 951 | 451 | 625 049 | 158 779 | 145 | 40 | |
| | 30 | 534 036 | 306 | 375 402 | 451 | 624 598 | 158 634 | 145 | 30 | |
| | 40 | 534 342 | 306 | 375 853 | 451 | 624 147 | 158 489 | 145 | 20 | |
| | 50 | 534 648 | 306 | 376 304 | 451 | 623 696 | 158 344 | 144 | 10 | |
| 32 | 0 | 534 954 | 306 | 376 755 | 451 | 623 245 | 158 200 | 145 | 0 | 28 |
| | 10 | 535 260 | 306 | 377 206 | 450 | 622 794 | 158 055 | 145 | 50 | |
| | 20 | 535 566 | 306 | 377 656 | 451 | 622 344 | 157 910 | 145 | 40 | |
| | 30 | 535 872 | 306 | 378 107 | 451 | 621 893 | 157 765 | 145 | 30 | |
| | 40 | 536 178 | 306 | 378 558 | 451 | 621 442 | 157 620 | 145 | 20 | |
| | 50 | 536 484 | 306 | 379 009 | 451 | 620 991 | 157 475 | 145 | 10 | |
| 33 | 0 | 536 790 | 305 | 379 460 | 450 | 620 540 | 157 330 | 145 | 0 | 27 |
| | 10 | 537 095 | 306 | 379 910 | 451 | 620 090 | 157 185 | 145 | 50 | |
| | 20 | 537 401 | 306 | 380 361 | 451 | 619 639 | 157 040 | 145 | 40 | |
| | 30 | 537 707 | 305 | 380 812 | 450 | 619 188 | 156 895 | 145 | 30 | |
| | 40 | 538 012 | 306 | 381 262 | 451 | 618 738 | 156 750 | 145 | 20 | |
| | 50 | 538 318 | 306 | 381 713 | 451 | 618 287 | 156 605 | 145 | 10 | |
| 34 | 0 | 538 624 | 305 | 382 164 | 450 | 617 836 | 156 460 | 145 | 0 | 26 |
| | 10 | 538 929 | 306 | 382 614 | 451 | 617 386 | 156 315 | 145 | 50 | |
| | 20 | 539 235 | 305 | 383 065 | 451 | 616 935 | 156 170 | 145 | 40 | |
| | 30 | 539 540 | 306 | 383 516 | 450 | 616 484 | 156 025 | 146 | 30 | |
| | 40 | 539 846 | 305 | 383 966 | 451 | 616 034 | 155 879 | 145 | 20 | |
| | 50 | 540 151 | 306 | 384 417 | 450 | 615 583 | 155 734 | 145 | 10 | |
| 35 | 0 | 540 457 | 305 | 384 867 | 451 | 615 133 | 155 589 | 145 | 0 | 25 |
| | 10 | 540 762 | 305 | 385 318 | 451 | 614 682 | 155 444 | 145 | 50 | |
| | 20 | 541 067 | 306 | 385 769 | 450 | 614 231 | 155 299 | 145 | 40 | |
| | 30 | 541 373 | 305 | 386 219 | 451 | 613 781 | 155 154 | 146 | 30 | |
| | 40 | 541 678 | 305 | 386 670 | 450 | 613 330 | 155 008 | 145 | 20 | |
| | 50 | 541 983 | 305 | 387 120 | 451 | 612 880 | 154 863 | 145 | 10 | |
| 36 | 0 | 542 288 | 306 | 387 571 | 450 | 612 429 | 154 718 | 145 | 0 | 24 |
| | 10 | 542 594 | 305 | 388 021 | 450 | 611 979 | 154 573 | 146 | 50 | |
| | 20 | 542 899 | 305 | 388 471 | 451 | 611 529 | 154 427 | 145 | 40 | |
| | 30 | 543 204 | 305 | 388 922 | 450 | 611 078 | 154 282 | 145 | 30 | |
| | 40 | 543 509 | 305 | 389 372 | 451 | 610 628 | 154 137 | 146 | 20 | |
| | 50 | 543 814 | 305 | 389 823 | 450 | 610 177 | 153 991 | 145 | 10 | |
| 37 | 0 | 544 119 | 305 | 390 273 | 450 | 609 727 | 153 846 | 145 | 0 | 23 |
| | 10 | 544 424 | 305 | 390 723 | 451 | 609 277 | 153 701 | 146 | 50 | |
| | 20 | 544 729 | 305 | 391 174 | 450 | 608 826 | 153 555 | 145 | 40 | |
| | 30 | 545 034 | 305 | 391 624 | 450 | 608 376 | 153 410 | 145 | 30 | |
| | 40 | 545 339 | 305 | 392 074 | 451 | 607 926 | 153 265 | 146 | 20 | |
| | 50 | 545 644 | 305 | 392 525 | 450 | 607 475 | 153 119 | 145 | 10 | |
| 38 | 0 | 545 949 | 305 | 392 975 | 450 | 607 025 | 152 974 | 146 | 0 | 22 |
| | 10 | 546 254 | 304 | 393 425 | 450 | 606 575 | 152 828 | 145 | 50 | |
| | 20 | 546 558 | 305 | 393 875 | 451 | 606 125 | 152 683 | 146 | 40 | |
| | 30 | 546 863 | 305 | 394 326 | 450 | 605 674 | 152 537 | 145 | 30 | |
| | 40 | 547 168 | 305 | 394 776 | 450 | 605 224 | 152 392 | 146 | 20 | |
| | 50 | 547 473 | 304 | 395 226 | 450 | 604 774 | 152 246 | 145 | 10 | |
| 39 | 0 | 547 777 | 305 | 395 676 | 450 | 604 324 | 152 101 | 146 | 0 | 21 |
| | 10 | 548 082 | 304 | 396 126 | 450 | 603 874 | 151 955 | 145 | 50 | |
| | 20 | 548 386 | 305 | 396 576 | 451 | 603 424 | 151 810 | 146 | 40 | |
| | 30 | 548 691 | 304 | 397 027 | 450 | 602 973 | 151 664 | 145 | 30 | |
| | 40 | 548 995 | 305 | 397 477 | 450 | 602 523 | 151 519 | 146 | 20 | |
| | 50 | 549 300 | 304 | 397 927 | 450 | 602 073 | 151 373 | 145 | 10 | |
| 40 | 0 | 1̄,7 549 604 | | 1̄,8 398 377 | | 0,1 601 623 | 1̄,9 151 228 | | 0 | 20 |
| ′ | ″ | Cos. | | Cotg. | | Tang. | Sin. | | ″ | ′ |

| | 451 | 450 | 307 | 306 | 305 | 304 | 145 | 146 |
|---|---|---|---|---|---|---|---|---|
| 1 | 45,1 | 45 | 30,7 | 30,6 | 30,5 | 30,4 | 14,5 | 14,6 |
| 2 | 90,2 | 90 | 61,4 | 61,2 | 61,0 | 60,8 | 29,0 | 29,2 |
| 3 | 135,3 | 135 | 92,1 | 91,8 | 91,5 | 91,2 | 43,5 | 43,8 |
| 4 | 180,4 | 180 | 122,8 | 122,4 | 122,0 | 121,6 | 58,0 | 58,4 |
| 5 | 225,5 | 225 | 153,5 | 153,0 | 152,5 | 152,0 | 72,5 | 73,0 |
| 6 | 270,6 | 270 | 184,2 | 183,6 | 183,0 | 182,4 | 87,0 | 87,6 |
| 7 | 315,7 | 315 | 214,9 | 214,2 | 213,5 | 212,8 | 101,5 | 102,2 |
| 8 | 360,8 | 360 | 245,6 | 244,8 | 244,0 | 243,2 | 116,0 | 116,8 |
| 9 | 405,9 | 405 | 276,3 | 275,4 | 274,5 | 273,6 | 130,5 | 131,4 |

55°

| 450 | |
|---|---|
| 1 | 45 |
| 2 | 90 |
| 3 | 135 |
| 4 | 180 |
| 5 | 225 |
| 6 | 270 |
| 7 | 315 |
| 8 | 360 |
| 9 | 405 |

| 449 | |
|---|---|
| 1 | 44,9 |
| 2 | 89,8 |
| 3 | 134,7 |
| 4 | 179,6 |
| 5 | 224,5 |
| 6 | 269,4 |
| 7 | 314,3 |
| 8 | 359,2 |
| 9 | 404,1 |

| 305 | |
|---|---|
| 1 | 30,5 |
| 2 | 61,0 |
| 3 | 91,5 |
| 4 | 122,0 |
| 5 | 152,5 |
| 6 | 183,0 |
| 7 | 213,5 |
| 8 | 244,0 |
| 9 | 274,5 |

| 304 | |
|---|---|
| 1 | 30,4 |
| 2 | 60,8 |
| 3 | 91,2 |
| 4 | 121,6 |
| 5 | 152,0 |
| 6 | 182,4 |
| 7 | 212,8 |
| 8 | 243,2 |
| 9 | 273,6 |

| 303 | |
|---|---|
| 1 | 30,3 |
| 2 | 60,6 |
| 3 | 90,9 |
| 4 | 121,2 |
| 5 | 151,5 |
| 6 | 181,8 |
| 7 | 212,1 |
| 8 | 242,4 |
| 9 | 272,7 |

| 145 | |
|---|---|
| 1 | 14,5 |
| 2 | 29,0 |
| 3 | 43,5 |
| 4 | 58,0 |
| 5 | 72,5 |
| 6 | 87,0 |
| 7 | 101,5 |
| 8 | 116,0 |
| 9 | 130,5 |

| 146 | |
|---|---|
| 1 | 14,6 |
| 2 | 29,2 |
| 3 | 43,8 |
| 4 | 58,4 |
| 5 | 73,0 |
| 6 | 87,6 |
| 7 | 102,2 |
| 8 | 116,8 |
| 9 | 131,4 |

| ′ | ″ | Sin. | D. | Tang. | D. c. | Cotg. | Cos. | D. | ″ | ′ |
|---|---|---|---|---|---|---|---|---|---|---|
| 40 | 0 | $\bar{1}$,7 549 604 | 305 | $\bar{1}$,8 398 377 | 450 | 0,1 601 623 | $\bar{1}$,9 151 228 | 146 | 0 | 20 |
| | 10 | 549 909 | 304 | 398 827 | 450 | 601 173 | 151 082 | 146 | 50 | |
| | 20 | 550 213 | 305 | 399 277 | 450 | 600 723 | 150 936 | 145 | 40 | |
| | 30 | 550 518 | 304 | 399 727 | 450 | 600 273 | 150 791 | 146 | 30 | |
| | 40 | 550 822 | 304 | 400 177 | 450 | 599 823 | 150 645 | 146 | 20 | |
| | 50 | 551 126 | 305 | 400 627 | 450 | 599 373 | 150 499 | 145 | 10 | |
| 41 | 0 | 551 431 | 304 | 401 077 | 450 | 598 923 | 150 354 | 146 | 0 | 19 |
| | 10 | 551 735 | 304 | 401 527 | 450 | 598 473 | 150 208 | 146 | 50 | |
| | 20 | 552 039 | 304 | 401 977 | 450 | 598 023 | 150 062 | 146 | 40 | |
| | 30 | 552 343 | 304 | 402 427 | 450 | 597 573 | 149 916 | 145 | 30 | |
| | 40 | 552 647 | 305 | 402 877 | 450 | 597 123 | 149 771 | 146 | 20 | |
| | 50 | 552 952 | 304 | 403 327 | 449 | 596 673 | 149 625 | 146 | 10 | |
| 42 | 0 | 553 256 | 304 | 403 776 | 450 | 596 224 | 149 479 | 146 | 0 | 18 |
| | 10 | 553 560 | 304 | 404 226 | 450 | 595 774 | 149 333 | 145 | 50 | |
| | 20 | 553 864 | 304 | 404 676 | 450 | 595 324 | 149 188 | 146 | 40 | |
| | 30 | 554 168 | 304 | 405 126 | 450 | 594 874 | 149 042 | 146 | 30 | |
| | 40 | 554 472 | 304 | 405 576 | 450 | 594 424 | 148 896 | 146 | 20 | |
| | 50 | 554 776 | 304 | 406 026 | 449 | 593 974 | 148 750 | 146 | 10 | |
| 43 | 0 | 555 080 | 303 | 406 475 | 450 | 593 525 | 148 604 | 146 | 0 | 17 |
| | 10 | 555 383 | 304 | 406 925 | 450 | 593 075 | 148 458 | 146 | 50 | |
| | 20 | 555 687 | 304 | 407 375 | 450 | 592 625 | 148 312 | 146 | 40 | |
| | 30 | 555 991 | 304 | 407 825 | 449 | 592 175 | 148 166 | 146 | 30 | |
| | 40 | 556 295 | 304 | 408 274 | 450 | 591 726 | 148 020 | 146 | 20 | |
| | 50 | 556 599 | 303 | 408 724 | 450 | 591 276 | 147 874 | 145 | 10 | |
| 44 | 0 | 556 902 | 304 | 409 174 | 449 | 590 826 | 147 729 | 146 | 0 | 16 |
| | 10 | 557 206 | 304 | 409 623 | 450 | 590 377 | 147 583 | 146 | 50 | |
| | 20 | 557 510 | 303 | 410 073 | 450 | 589 927 | 147 437 | 146 | 40 | |
| | 30 | 557 813 | 304 | 410 523 | 449 | 589 477 | 147 291 | 146 | 30 | |
| | 40 | 558 117 | 303 | 410 972 | 450 | 589 028 | 147 145 | 147 | 20 | |
| | 50 | 558 420 | 304 | 411 422 | 449 | 588 578 | 146 998 | 146 | 10 | |
| 45 | 0 | 558 724 | 303 | 411 871 | 450 | 588 129 | 146 852 | 146 | 0 | 15 |
| | 10 | 559 027 | 304 | 412 321 | 450 | 587 679 | 146 706 | 146 | 50 | |
| | 20 | 559 331 | 303 | 412 771 | 449 | 587 229 | 146 560 | 146 | 40 | |
| | 30 | 559 634 | 304 | 413 220 | 450 | 586 780 | 146 414 | 146 | 30 | |
| | 40 | 559 938 | 303 | 413 670 | 449 | 586 330 | 146 268 | 146 | 20 | |
| | 50 | 560 241 | 303 | 414 119 | 450 | 585 881 | 146 122 | 146 | 10 | |
| 46 | 0 | 560 544 | 304 | 414 569 | 449 | 585 431 | 145 976 | 146 | 0 | 14 |
| | 10 | 560 848 | 303 | 415 018 | 450 | 584 982 | 145 830 | 147 | 50 | |
| | 20 | 561 151 | 303 | 415 468 | 449 | 584 532 | 145 683 | 146 | 40 | |
| | 30 | 561 454 | 303 | 415 917 | 449 | 584 083 | 145 537 | 146 | 30 | |
| | 40 | 561 757 | 304 | 416 366 | 450 | 583 634 | 145 391 | 146 | 20 | |
| | 50 | 562 061 | 303 | 416 816 | 449 | 583 184 | 145 245 | 146 | 10 | |
| 47 | 0 | 562 364 | 303 | 417 265 | 450 | 582 735 | 145 099 | 147 | 0 | 13 |
| | 10 | 562 667 | 303 | 417 715 | 449 | 582 285 | 144 952 | 146 | 50 | |
| | 20 | 562 970 | 303 | 418 164 | 449 | 581 836 | 144 806 | 146 | 40 | |
| | 30 | 563 273 | 303 | 418 613 | 450 | 581 387 | 144 660 | 147 | 30 | |
| | 40 | 563 576 | 303 | 419 063 | 449 | 580 937 | 144 513 | 146 | 20 | |
| | 50 | 563 879 | 303 | 419 512 | 449 | 580 488 | 144 367 | 146 | 10 | |
| 48 | 0 | 564 182 | 303 | 419 961 | 449 | 580 039 | 144 221 | 147 | 0 | 12 |
| | 10 | 564 485 | 303 | 420 410 | 450 | 579 590 | 144 074 | 146 | 50 | |
| | 20 | 564 788 | 303 | 420 860 | 449 | 579 140 | 143 928 | 146 | 40 | |
| | 30 | 565 091 | 302 | 421 309 | 449 | 578 691 | 143 782 | 147 | 30 | |
| | 40 | 565 393 | 303 | 421 758 | 449 | 578 242 | 143 635 | 146 | 20 | |
| | 50 | 565 696 | 303 | 422 207 | 450 | 577 793 | 143 489 | 147 | 10 | |
| 49 | 0 | 565 999 | 303 | 422 657 | 449 | 577 343 | 143 342 | 146 | 0 | 11 |
| | 10 | 566 302 | 303 | 423 106 | 449 | 576 894 | 143 196 | 146 | 50 | |
| | 20 | 566 605 | 302 | 423 555 | 449 | 576 445 | 143 050 | 147 | 40 | |
| | 30 | 566 907 | 303 | 424 004 | 449 | 575 996 | 142 903 | 146 | 30 | |
| | 40 | 567 210 | 302 | 424 453 | 449 | 575 547 | 142 757 | 147 | 20 | |
| | 50 | 567 512 | 303 | 424 902 | 449 | 575 098 | 142 610 | 146 | 10 | |
| 50 | 0 | $\bar{1}$,7 567 815 | | $\bar{1}$,8 425 351 | | 0,1 574 649 | $\bar{1}$,9 142 464 | | 0 | 10 |
| ′ | ″ | Cos. | | Cotg. | | Tang. | Sin. | | ″ | ′ |

| ′ | ″ | Sin. | D. | Tang. | D.c. | Cotg. | Cos. | D. | ″ | ′ |
|---|---|---|---|---|---|---|---|---|---|---|
| 50 | 0 | 1̄,7 567 815 | | 1̄,8 425 351 | | 0,1 574 649 | 1̄,9 142 464 | | 0 | 10 |
| | 10 | 568 118 | 303 | 425 800 | 449 | 574 200 | 142 317 | 147 | 50 | |
| | 20 | 568 420 | 302 | 426 250 | 450 | 573 750 | 142 171 | 146 | 40 | |
| | 30 | 568 723 | 303 | 426 699 | 449 | 573 301 | 142 024 | 147 | 30 | |
| | 40 | 569 025 | 302 | 427 148 | 449 | 572 852 | 141 877 | 147 | 20 | |
| | 50 | 569 328 | 303 | 427 597 | 449 | 572 403 | 141 731 | 146 | 10 | |
| 51 | 0 | 569 630 | 302 | 428 046 | 449 | 571 954 | 141 584 | 147 | 0 | 9 |
| | 10 | 569 932 | 302 | 428 495 | 449 | 571 505 | 141 438 | 146 | 50 | |
| | 20 | 570 235 | 303 | 428 944 | 449 | 571 056 | 141 291 | 147 | 40 | |
| | 30 | 570 537 | 302 | 429 393 | 449 | 570 607 | 141 144 | 147 | 30 | |
| | 40 | 570 839 | 302 | 429 841 | 448 | 570 159 | 140 998 | 146 | 20 | |
| | 50 | 571 141 | 302 | 430 290 | 449 | 569 710 | 140 851 | 147 | 10 | |
| 52 | 0 | 571 444 | 303 | 430 739 | 449 | 569 261 | 140 704 | 147 | 0 | 8 |
| | 10 | 571 746 | 302 | 431 188 | 449 | 568 812 | 140 558 | 146 | 50 | |
| | 20 | 572 048 | 302 | 431 637 | 449 | 568 363 | 140 411 | 147 | 40 | |
| | 30 | 572 350 | 302 | 432 086 | 449 | 567 914 | 140 264 | 147 | 30 | |
| | 40 | 572 652 | 302 | 432 535 | 449 | 567 465 | 140 117 | 147 | 20 | |
| | 50 | 572 954 | 302 | 432 984 | 449 | 567 016 | 139 971 | 146 | 10 | |
| 53 | 0 | 573 256 | 302 | 433 432 | 448 | 566 568 | 139 824 | 147 | 0 | 7 |
| | 10 | 573 558 | 302 | 433 881 | 449 | 566 119 | 139 677 | 147 | 50 | |
| | 20 | 573 860 | 302 | 434 330 | 449 | 565 670 | 139 530 | 147 | 40 | |
| | 30 | 574 162 | 302 | 434 779 | 449 | 565 221 | 139 383 | 147 | 30 | |
| | 40 | 574 464 | 302 | 435 227 | 448 | 564 773 | 139 237 | 146 | 20 | |
| | 50 | 574 766 | 302 | 435 676 | 449 | 564 324 | 139 090 | 147 | 10 | |
| 54 | 0 | 575 068 | 302 | 436 125 | 449 | 563 875 | 138 943 | 147 | 0 | 6 |
| | 10 | 575 370 | 302 | 436 574 | 449 | 563 426 | 138 796 | 147 | 50 | |
| | 20 | 575 671 | 301 | 437 022 | 448 | 562 978 | 138 649 | 147 | 40 | |
| | 30 | 575 973 | 302 | 437 471 | 449 | 562 529 | 138 502 | 147 | 30 | |
| | 40 | 576 275 | 302 | 437 920 | 449 | 562 080 | 138 355 | 147 | 20 | |
| | 50 | 576 576 | 301 | 438 368 | 448 | 561 632 | 138 208 | 147 | 10 | |
| 55 | 0 | 576 878 | 302 | 438 817 | 449 | 561 183 | 138 061 | 147 | 0 | 5 |
| | 10 | 577 180 | 302 | 439 265 | 448 | 560 735 | 137 914 | 147 | 50 | |
| | 20 | 577 481 | 301 | 439 714 | 449 | 560 286 | 137 767 | 147 | 40 | |
| | 30 | 577 783 | 302 | 440 163 | 449 | 559 837 | 137 620 | 147 | 30 | |
| | 40 | 578 084 | 301 | 440 611 | 448 | 559 389 | 137 473 | 147 | 20 | |
| | 50 | 578 386 | 302 | 441 060 | 449 | 558 940 | 137 326 | 147 | 10 | |
| 56 | 0 | 578 687 | 301 | 441 508 | 448 | 558 492 | 137 179 | 147 | 0 | 4 |
| | 10 | 578 989 | 302 | 441 957 | 449 | 558 043 | 137 032 | 147 | 50 | |
| | 20 | 579 290 | 301 | 442 405 | 448 | 557 595 | 136 885 | 147 | 40 | |
| | 30 | 579 591 | 301 | 442 854 | 449 | 557 146 | 136 738 | 147 | 30 | |
| | 40 | 579 893 | 302 | 443 302 | 448 | 556 698 | 136 591 | 147 | 20 | |
| | 50 | 580 194 | 301 | 443 751 | 449 | 556 249 | 136 444 | 147 | 10 | |
| 57 | 0 | 580 495 | 301 | 444 199 | 448 | 555 801 | 136 296 | 148 | 0 | 3 |
| | 10 | 580 797 | 302 | 444 647 | 448 | 555 353 | 136 149 | 147 | 50 | |
| | 20 | 581 098 | 301 | 445 096 | 449 | 554 904 | 136 002 | 147 | 40 | |
| | 30 | 581 399 | 301 | 445 544 | 448 | 554 456 | 135 855 | 147 | 30 | |
| | 40 | 581 700 | 301 | 445 992 | 448 | 554 008 | 135 708 | 147 | 20 | |
| | 50 | 582 001 | 301 | 446 441 | 449 | 553 559 | 135 560 | 148 | 10 | |
| 58 | 0 | 582 302 | 301 | 446 889 | 448 | 553 111 | 135 413 | 147 | 0 | 2 |
| | 10 | 582 603 | 301 | 447 337 | 448 | 552 663 | 135 266 | 147 | 50 | |
| | 20 | 582 904 | 301 | 447 786 | 449 | 552 214 | 135 119 | 147 | 40 | |
| | 30 | 583 205 | 301 | 448 234 | 448 | 551 766 | 134 971 | 148 | 30 | |
| | 40 | 583 506 | 301 | 448 682 | 448 | 551 318 | 134 824 | 147 | 20 | |
| | 50 | 583 807 | 301 | 449 131 | 449 | 550 869 | 134 677 | 147 | 10 | |
| 59 | 0 | 584 108 | 301 | 449 579 | 448 | 550 421 | 134 530 | 147 | 0 | 1 |
| | 10 | 584 409 | 301 | 450 027 | 448 | 549 973 | 134 382 | 148 | 50 | |
| | 20 | 584 710 | 301 | 450 475 | 448 | 549 525 | 134 235 | 147 | 40 | |
| | 30 | 585 011 | 301 | 450 923 | 448 | 549 077 | 134 087 | 148 | 30 | |
| | 40 | 585 312 | 301 | 451 372 | 449 | 548 628 | 133 940 | 147 | 20 | |
| | 50 | 585 612 | 300 | 451 820 | 448 | 548 180 | 133 793 | 147 | 10 | |
| 60 | 0 | 1̄,7 585 913 | 301 | 1̄,8 452 268 | 448 | 0,1 547 732 | 1̄,9 133 645 | 148 | 0 | 0 |
| ′ | ″ | Cos. | | Cotg. | | Tang. | Sin. | | ″ | ′ |

| 449 | |
|---|---|
| 1 | 44,9 |
| 2 | 89,8 |
| 3 | 134,7 |
| 4 | 179,6 |
| 5 | 224,5 |
| 6 | 269,4 |
| 7 | 314,3 |
| 8 | 359,2 |
| 9 | 404,1 |

| 448 | |
|---|---|
| 1 | 44,8 |
| 2 | 89,6 |
| 3 | 134,4 |
| 4 | 179,2 |
| 5 | 224,0 |
| 6 | 268,8 |
| 7 | 313,6 |
| 8 | 358,4 |
| 9 | 403,2 |

| 303 | |
|---|---|
| 1 | 30,3 |
| 2 | 60,6 |
| 3 | 90,9 |
| 4 | 121,2 |
| 5 | 151,5 |
| 6 | 181,8 |
| 7 | 212,1 |
| 8 | 242,4 |
| 9 | 272,7 |

| 302 | |
|---|---|
| 1 | 30,2 |
| 2 | 60,4 |
| 3 | 90,6 |
| 4 | 120,8 |
| 5 | 151,0 |
| 6 | 181,2 |
| 7 | 211,4 |
| 8 | 241,6 |
| 9 | 271,8 |

| 301 | |
|---|---|
| 1 | 30,1 |
| 2 | 60,2 |
| 3 | 90,3 |
| 4 | 120,4 |
| 5 | 150,5 |
| 6 | 180,6 |
| 7 | 210,7 |
| 8 | 240,8 |
| 9 | 270,9 |

| 147 | |
|---|---|
| 1 | 14,7 |
| 2 | 29,4 |
| 3 | 44,1 |
| 4 | 58,8 |
| 5 | 73,5 |
| 6 | 88,2 |
| 7 | 102,9 |
| 8 | 117,6 |
| 9 | 132,3 |

| 148 | |
|---|---|
| 1 | 14,8 |
| 2 | 29,6 |
| 3 | 44,4 |
| 4 | 59,2 |
| 5 | 74,0 |
| 6 | 88,8 |
| 7 | 103,6 |
| 8 | 118,4 |
| 9 | 133,2 |

| 448 | |
|---|---|
| 1 | 44,8 |
| 2 | 89,6 |
| 3 | 134,4 |
| 4 | 179,2 |
| 5 | 224,0 |
| 6 | 268,8 |
| 7 | 313,6 |
| 8 | 358,4 |
| 9 | 403,2 |

| 447 | |
|---|---|
| 1 | 44,7 |
| 2 | 89,4 |
| 3 | 134,1 |
| 4 | 178,8 |
| 5 | 223,5 |
| 6 | 268,2 |
| 7 | 312,9 |
| 8 | 357,6 |
| 9 | 402,3 |

| 301 | |
|---|---|
| 1 | 30,1 |
| 2 | 60,2 |
| 3 | 90,3 |
| 4 | 120,4 |
| 5 | 150,5 |
| 6 | 180,6 |
| 7 | 210,7 |
| 8 | 240,8 |
| 9 | 270,9 |

| 300 | |
|---|---|
| 1 | 30 |
| 2 | 60 |
| 3 | 90 |
| 4 | 120 |
| 5 | 150 |
| 6 | 180 |
| 7 | 210 |
| 8 | 240 |
| 9 | 270 |

| 299 | |
|---|---|
| 1 | 29,9 |
| 2 | 59,8 |
| 3 | 89,7 |
| 4 | 119,6 |
| 5 | 149,5 |
| 6 | 179,4 |
| 7 | 209,3 |
| 8 | 239,2 |
| 9 | 269,1 |

| 147 | |
|---|---|
| 1 | 14,7 |
| 2 | 29,4 |
| 3 | 44,1 |
| 4 | 58,8 |
| 5 | 73,5 |
| 6 | 88,2 |
| 7 | 102,9 |
| 8 | 117,6 |
| 9 | 132,3 |

| 148 | |
|---|---|
| 1 | 14,8 |
| 2 | 29,6 |
| 3 | 44,4 |
| 4 | 59,2 |
| 5 | 74,0 |
| 6 | 88,8 |
| 7 | 103,6 |
| 8 | 118,4 |
| 9 | 133,2 |

| ′ | ″ | Sin. | D. | Tang. | D.c. | Cotg. | Cos. | D. | ″ | ′ |
|---|---|---|---|---|---|---|---|---|---|---|
| 0 | 0 | 1̄,7 585 913 | | 1̄,8 452 268 | | 0,1 547 732 | 1̄,9 133 645 | | 0 | 60 |
| | 10 | 586 214 | 301 | 452 716 | 448 | 547 284 | 133 498 | 147 | 50 | |
| | 20 | 586 514 | 300 | 453 164 | 448 | 546 836 | 133 350 | 148 | 40 | |
| | 30 | 586 815 | 301 | 453 612 | 448 | 546 388 | 133 203 | 147 | 30 | |
| | 40 | 587 116 | 301 | 454 060 | 448 | 545 940 | 133 055 | 148 | 20 | |
| | 50 | 587 416 | 300 | 454 508 | 448 | 545 492 | 132 908 | 147 | 10 | |
| 1 | 0 | 587 717 | 301 | 454 956 | 448 | 545 044 | 132 760 | 148 | 0 | 59 |
| | 10 | 588 017 | 300 | 455 404 | 448 | 544 596 | 132 613 | 147 | 50 | |
| | 20 | 588 318 | 301 | 455 852 | 448 | 544 148 | 132 465 | 148 | 40 | |
| | 30 | 588 618 | 300 | 456 300 | 448 | 543 700 | 132 318 | 147 | 30 | |
| | 40 | 588 918 | 300 | 456 748 | 448 | 543 252 | 132 170 | 148 | 20 | |
| | 50 | 589 219 | 301 | 457 196 | 448 | 542 804 | 132 023 | 147 | 10 | |
| 2 | 0 | 589 519 | 300 | 457 644 | 448 | 542 356 | 131 875 | 148 | 0 | 58 |
| | 10 | 589 819 | 300 | 458 092 | 448 | 541 908 | 131 727 | 148 | 50 | |
| | 20 | 590 120 | 301 | 458 540 | 448 | 541 460 | 131 580 | 147 | 40 | |
| | 30 | 590 420 | 300 | 458 988 | 448 | 541 012 | 131 432 | 148 | 30 | |
| | 40 | 590 720 | 300 | 459 436 | 448 | 540 564 | 131 284 | 148 | 20 | |
| | 50 | 591 020 | 300 | 459 884 | 448 | 540 116 | 131 137 | 147 | 10 | |
| 3 | 0 | 591 321 | 301 | 460 332 | 448 | 539 668 | 130 989 | 148 | 0 | 57 |
| | 10 | 591 621 | 300 | 460 779 | 447 | 539 221 | 130 841 | 148 | 50 | |
| | 20 | 591 921 | 300 | 461 227 | 448 | 538 773 | 130 694 | 147 | 40 | |
| | 30 | 592 221 | 300 | 461 675 | 448 | 538 325 | 130 546 | 148 | 30 | |
| | 40 | 592 521 | 300 | 462 123 | 448 | 537 877 | 130 398 | 148 | 20 | |
| | 50 | 592 821 | 300 | 462 571 | 448 | 537 429 | 130 250 | 148 | 10 | |
| 4 | 0 | 593 121 | 300 | 463 018 | 447 | 536 982 | 130 102 | 148 | 0 | 56 |
| | 10 | 593 421 | 300 | 463 466 | 448 | 536 534 | 129 955 | 147 | 50 | |
| | 20 | 593 721 | 300 | 463 914 | 448 | 536 086 | 129 807 | 148 | 40 | |
| | 30 | 594 021 | 300 | 464 362 | 448 | 535 638 | 129 659 | 148 | 30 | |
| | 40 | 594 320 | 299 | 464 809 | 447 | 535 191 | 129 511 | 148 | 20 | |
| | 50 | 594 620 | 300 | 465 257 | 448 | 534 743 | 129 363 | 148 | 10 | |
| 5 | 0 | 594 920 | 300 | 465 705 | 448 | 534 295 | 129 215 | 148 | 0 | 55 |
| | 10 | 595 220 | 300 | 466 152 | 447 | 533 848 | 129 068 | 147 | 50 | |
| | 20 | 595 520 | 300 | 466 600 | 448 | 533 400 | 128 920 | 148 | 40 | |
| | 30 | 595 819 | 299 | 467 048 | 448 | 532 952 | 128 772 | 148 | 30 | |
| | 40 | 596 119 | 300 | 467 495 | 447 | 532 505 | 128 624 | 148 | 20 | |
| | 50 | 596 419 | 300 | 467 943 | 448 | 532 057 | 128 476 | 148 | 10 | |
| 6 | 0 | 596 718 | 299 | 468 390 | 447 | 531 610 | 128 328 | 148 | 0 | 54 |
| | 10 | 597 018 | 300 | 468 838 | 448 | 531 162 | 128 180 | 148 | 50 | |
| | 20 | 597 317 | 299 | 469 285 | 447 | 530 715 | 128 032 | 148 | 40 | |
| | 30 | 597 617 | 300 | 469 733 | 448 | 530 267 | 127 884 | 148 | 30 | |
| | 40 | 597 916 | 299 | 470 180 | 447 | 529 820 | 127 736 | 148 | 20 | |
| | 50 | 598 216 | 300 | 470 628 | 448 | 529 372 | 127 588 | 148 | 10 | |
| 7 | 0 | 598 515 | 299 | 471 075 | 447 | 528 925 | 127 440 | 148 | 0 | 53 |
| | 10 | 598 814 | 299 | 471 523 | 448 | 528 477 | 127 292 | 148 | 50 | |
| | 20 | 599 114 | 300 | 471 970 | 447 | 528 030 | 127 144 | 148 | 40 | |
| | 30 | 599 413 | 299 | 472 418 | 448 | 527 582 | 126 995 | 149 | 30 | |
| | 40 | 599 712 | 299 | 472 865 | 447 | 527 135 | 126 847 | 148 | 20 | |
| | 50 | 600 012 | 300 | 473 313 | 448 | 526 687 | 126 699 | 148 | 10 | |
| 8 | 0 | 600 311 | 299 | 473 760 | 447 | 526 240 | 126 551 | 148 | 0 | 52 |
| | 10 | 600 610 | 299 | 474 207 | 447 | 525 793 | 126 403 | 148 | 50 | |
| | 20 | 600 909 | 299 | 474 655 | 448 | 525 345 | 126 255 | 148 | 40 | |
| | 30 | 601 208 | 299 | 475 102 | 447 | 524 898 | 126 106 | 149 | 30 | |
| | 40 | 601 508 | 300 | 475 549 | 447 | 524 451 | 125 958 | 148 | 20 | |
| | 50 | 601 807 | 299 | 475 997 | 448 | 524 003 | 125 810 | 148 | 10 | |
| 9 | 0 | 602 106 | 299 | 476 444 | 447 | 523 556 | 125 662 | 148 | 0 | 51 |
| | 10 | 602 405 | 299 | 476 891 | 447 | 523 109 | 125 514 | 148 | 50 | |
| | 20 | 602 704 | 299 | 477 338 | 447 | 522 662 | 125 365 | 149 | 40 | |
| | 30 | 603 003 | 299 | 477 786 | 448 | 522 214 | 125 217 | 148 | 30 | |
| | 40 | 603 302 | 299 | 478 233 | 447 | 521 767 | 125 069 | 148 | 20 | |
| | 50 | 603 600 | 298 | 478 680 | 447 | 521 320 | 124 920 | 149 | 10 | |
| 10 | 0 | 1̄,7 603 899 | 299 | 1̄,8 479 127 | 447 | 0,1 520 873 | 1̄,9 124 772 | 148 | 0 | 50 |
| ′ | ″ | Cos. | | Cotg. | | Tang. | Sin. | | ″ | ′ |

| ′ | ″ | Sin. | D. | Tang. | D.c. | Cotg. | Cos. | D. | ″ | ′ |
|---|---|---|---|---|---|---|---|---|---|---|
| 10 | 0 | 1̄,7 603 899 | | 1̄,8 479 127 | | 0,1 520 873 | 1̄,9 124 772 | | 0 | 50 |
| | 10 | 604 198 | 299 | 479 574 | 447 | 520 426 | 124 624 | 148 | 50 | |
| | 20 | 604 497 | 299 | 480 022 | 448 | 519 978 | 124 475 | 149 | 40 | |
| | 30 | 604 796 | 299 | 480 469 | 447 | 519 531 | 124 327 | 148 | 30 | |
| | 40 | 605 094 | 298 | 480 916 | 447 | 519 084 | 124 178 | 149 | 20 | |
| | 50 | 605 393 | 299 | 481 363 | 447 | 518 637 | 124 030 | 148 | 10 | |
| 11 | 0 | 605 692 | 299 | 481 810 | 447 | 518 190 | 123 882 | 148 | 0 | 49 |
| | 10 | 605 990 | 298 | 482 257 | 447 | 517 743 | 123 733 | 149 | 50 | |
| | 20 | 606 289 | 299 | 482 704 | 447 | 517 296 | 123 585 | 148 | 40 | |
| | 30 | 606 588 | 299 | 483 151 | 447 | 516 849 | 123 436 | 149 | 30 | |
| | 40 | 606 886 | 298 | 483 598 | 447 | 516 402 | 123 288 | 148 | 20 | |
| | 50 | 607 185 | 299 | 484 045 | 447 | 515 955 | 123 139 | 149 | 10 | |
| 12 | 0 | 607 483 | 298 | 484 492 | 447 | 515 508 | 122 991 | 148 | 0 | 48 |
| | 10 | 607 782 | 299 | 484 939 | 447 | 515 061 | 122 842 | 149 | 50 | |
| | 20 | 608 080 | 298 | 485 386 | 447 | 514 614 | 122 694 | 148 | 40 | |
| | 30 | 608 378 | 298 | 485 833 | 447 | 514 167 | 122 545 | 149 | 30 | |
| | 40 | 608 677 | 299 | 486 280 | 447 | 513 720 | 122 397 | 148 | 20 | |
| | 50 | 608 975 | 298 | 486 727 | 447 | 513 273 | 122 248 | 149 | 10 | |
| 13 | 0 | 609 274 | 299 | 487 174 | 447 | 512 826 | 122 099 | 149 | 0 | 47 |
| | 10 | 609 572 | 298 | 487 621 | 447 | 512 379 | 121 951 | 148 | 50 | |
| | 20 | 609 870 | 298 | 488 068 | 447 | 511 932 | 121 802 | 149 | 40 | |
| | 30 | 610 168 | 298 | 488 515 | 447 | 511 485 | 121 653 | 149 | 30 | |
| | 40 | 610 466 | 298 | 488 962 | 447 | 511 038 | 121 505 | 148 | 20 | |
| | 50 | 610 765 | 299 | 489 409 | 447 | 510 591 | 121 356 | 149 | 10 | |
| 14 | 0 | 611 063 | 298 | 489 855 | 446 | 510 145 | 121 207 | 149 | 0 | 46 |
| | 10 | 611 361 | 298 | 490 302 | 447 | 509 698 | 121 059 | 148 | 50 | |
| | 20 | 611 659 | 298 | 490 749 | 447 | 509 251 | 120 910 | 149 | 40 | |
| | 30 | 611 957 | 298 | 491 196 | 447 | 508 804 | 120 761 | 149 | 30 | |
| | 40 | 612 255 | 298 | 491 643 | 447 | 508 357 | 120 612 | 149 | 20 | |
| | 50 | 612 553 | 298 | 492 089 | 446 | 507 911 | 120 464 | 148 | 10 | |
| 15 | 0 | 612 851 | 298 | 492 536 | 447 | 507 464 | 120 315 | 149 | 0 | 45 |
| | 10 | 613 149 | 298 | 492 983 | 447 | 507 017 | 120 166 | 149 | 50 | |
| | 20 | 613 447 | 298 | 493 429 | 446 | 506 571 | 120 017 | 149 | 40 | |
| | 30 | 613 744 | 297 | 493 876 | 447 | 506 124 | 119 868 | 149 | 30 | |
| | 40 | 614 042 | 298 | 494 323 | 447 | 505 677 | 119 719 | 149 | 20 | |
| | 50 | 614 340 | 298 | 494 769 | 446 | 505 231 | 119 571 | 148 | 10 | |
| 16 | 0 | 614 638 | 298 | 495 216 | 447 | 504 784 | 119 422 | 149 | 0 | 44 |
| | 10 | 614 936 | 298 | 495 663 | 447 | 504 337 | 119 273 | 149 | 50 | |
| | 20 | 615 233 | 297 | 496 109 | 446 | 503 891 | 119 124 | 149 | 40 | |
| | 30 | 615 531 | 298 | 496 556 | 447 | 503 444 | 118 975 | 149 | 30 | |
| | 40 | 615 829 | 298 | 497 003 | 447 | 502 997 | 118 826 | 149 | 20 | |
| | 50 | 616 126 | 297 | 497 449 | 446 | 502 551 | 118 677 | 149 | 10 | |
| 17 | 0 | 616 424 | 298 | 497 896 | 447 | 502 104 | 118 528 | 149 | 0 | 43 |
| | 10 | 616 721 | 297 | 498 342 | 446 | 501 658 | 118 379 | 149 | 50 | |
| | 20 | 617 019 | 298 | 498 789 | 447 | 501 211 | 118 230 | 149 | 40 | |
| | 30 | 617 316 | 297 | 499 235 | 446 | 500 765 | 118 081 | 149 | 30 | |
| | 40 | 617 614 | 298 | 499 682 | 447 | 500 318 | 117 932 | 149 | 20 | |
| | 50 | 617 911 | 297 | 500 128 | 446 | 499 872 | 117 783 | 149 | 10 | |
| 18 | 0 | 618 208 | 297 | 500 575 | 447 | 499 425 | 117 634 | 149 | 0 | 42 |
| | 10 | 618 506 | 298 | 501 021 | 446 | 498 979 | 117 485 | 149 | 50 | |
| | 20 | 618 803 | 297 | 501 468 | 447 | 498 532 | 117 336 | 149 | 40 | |
| | 30 | 619 100 | 297 | 501 914 | 446 | 498 086 | 117 187 | 149 | 30 | |
| | 40 | 619 398 | 298 | 502 360 | 446 | 497 640 | 117 037 | 150 | 20 | |
| | 50 | 619 695 | 297 | 502 807 | 447 | 497 193 | 116 888 | 149 | 10 | |
| 19 | 0 | 619 992 | 297 | 503 253 | 446 | 496 747 | 116 739 | 149 | 0 | 41 |
| | 10 | 620 289 | 297 | 503 699 | 446 | 496 301 | 116 590 | 149 | 50 | |
| | 20 | 620 586 | 297 | 504 146 | 447 | 495 854 | 116 441 | 149 | 40 | |
| | 30 | 620 884 | 298 | 504 592 | 446 | 495 408 | 116 291 | 150 | 30 | |
| | 40 | 621 181 | 297 | 505 038 | 446 | 494 962 | 116 142 | 149 | 20 | |
| | 50 | 621 478 | 297 | 505 485 | 447 | 494 515 | 115 993 | 149 | 10 | |
| 20 | 0 | 1̄,7 621 775 | 297 | 1̄,8 505 931 | 446 | 0,1 494 069 | 1̄,9 115 844 | 149 | 0 | 40 |
| ′ | ″ | Cos. | | Cotg. | | Tang. | Sin. | | ″ | ′ |

54°

| 447 | |
|---|---|
| 1 | 44,7 |
| 2 | 89,4 |
| 3 | 134,1 |
| 4 | 178,8 |
| 5 | 223,5 |
| 6 | 268,2 |
| 7 | 312,9 |
| 8 | 357,6 |
| 9 | 402,3 |

| 446 | |
|---|---|
| 1 | 44,6 |
| 2 | 89,2 |
| 3 | 133,8 |
| 4 | 178,4 |
| 5 | 223,0 |
| 6 | 267,6 |
| 7 | 312,2 |
| 8 | 356,8 |
| 9 | 401,4 |

| 299 | |
|---|---|
| 1 | 29,9 |
| 2 | 59,8 |
| 3 | 89,7 |
| 4 | 119,6 |
| 5 | 149,5 |
| 6 | 179,4 |
| 7 | 209,3 |
| 8 | 239,2 |
| 9 | 269,1 |

| 298 | |
|---|---|
| 1 | 29,8 |
| 2 | 59,6 |
| 3 | 89,4 |
| 4 | 119,2 |
| 5 | 149,0 |
| 6 | 178,8 |
| 7 | 208,6 |
| 8 | 238,4 |
| 9 | 268,2 |

| 297 | |
|---|---|
| 1 | 29,7 |
| 2 | 59,4 |
| 3 | 89,1 |
| 4 | 118,8 |
| 5 | 148,5 |
| 6 | 178,2 |
| 7 | 207,9 |
| 8 | 237,6 |
| 9 | 267,3 |

| 148 | |
|---|---|
| 1 | 14,8 |
| 2 | 29,6 |
| 3 | 44,4 |
| 4 | 59,2 |
| 5 | 74,0 |
| 6 | 88,8 |
| 7 | 103,6 |
| 8 | 118,4 |
| 9 | 133,2 |

| 149 | |
|---|---|
| 1 | 14,9 |
| 2 | 29,8 |
| 3 | 44,7 |
| 4 | 59,6 |
| 5 | 74,5 |
| 6 | 89,4 |
| 7 | 104,3 |
| 8 | 119,2 |
| 9 | 134,1 |

| | 447 | 446 | 445 | 297 | 296 | 295 | 149 | 150 |
|---|---|---|---|---|---|---|---|---|
| 1 | 44,7 | 44,6 | 44,5 | 29,7 | 29,6 | 29,5 | 14,9 | 15 |
| 2 | 89,4 | 89,2 | 89,0 | 59,4 | 59,2 | 59,0 | 29,8 | 30 |
| 3 | 134,1 | 133,8 | 133,5 | 89,1 | 88,8 | 88,5 | 44,7 | 45 |
| 4 | 178,8 | 178,4 | 178,0 | 118,8 | 118,4 | 118,0 | 59,6 | 60 |
| 5 | 223,5 | 223,0 | 222,5 | 148,5 | 148,0 | 147,5 | 74,5 | 75 |
| 6 | 268,2 | 267,6 | 267,0 | 178,2 | 177,6 | 177,0 | 89,4 | 90 |
| 7 | 312,9 | 312,2 | 311,5 | 207,9 | 207,2 | 206,5 | 104,3 | 105 |
| 8 | 357,6 | 356,8 | 356,0 | 237,6 | 236,8 | 236,0 | 119,2 | 120 |
| 9 | 402,3 | 401,4 | 400,5 | 267,3 | 266,4 | 265,5 | 134,1 | 135 |

| ′ | ″ | Sin. | D. | Tang. | D.c. | Cotg. | Cos. | D. | ″ | ′ |
|---|---|---|---|---|---|---|---|---|---|---|
| 20 | 0 | 1̄,7 621 775 | | 1̄,8 505 931 | | 0,1 494 069 | 1̄,9 115 844 | | 0 | 40 |
| | 10 | 622 072 | 297 | 506 377 | 446 | 493 623 | 115 694 | 150 | 50 | |
| | 20 | 622 369 | 297 | 506 824 | 447 | 493 176 | 115 545 | 149 | 40 | |
| | 30 | 622 666 | 297 | 507 270 | 446 | 492 730 | 115 396 | 149 | 30 | |
| | 40 | 622 963 | 297 | 507 716 | 446 | 492 284 | 115 247 | 149 | 20 | |
| | 50 | 623 259 | 296 | 508 162 | 446 | 491 838 | 115 097 | 150 | 10 | |
| 21 | 0 | 623 556 | 297 | 508 608 | 446 | 491 392 | 114 948 | 149 | 0 | 39 |
| | 10 | 623 853 | 297 | 509 055 | 447 | 490 945 | 114 799 | 149 | 50 | |
| | 20 | 624 150 | 297 | 509 501 | 446 | 490 499 | 114 649 | 150 | 40 | |
| | 30 | 624 447 | 297 | 509 947 | 446 | 490 053 | 114 500 | 149 | 30 | |
| | 40 | 624 743 | 296 | 510 393 | 446 | 489 607 | 114 350 | 150 | 20 | |
| | 50 | 625 040 | 297 | 510 839 | 446 | 489 161 | 114 201 | 149 | 10 | |
| 22 | 0 | 625 337 | 297 | 511 285 | 446 | 488 715 | 114 051 | 150 | 0 | 38 |
| | 10 | 625 633 | 296 | 511 731 | 446 | 488 269 | 113 902 | 149 | 50 | |
| | 20 | 625 930 | 297 | 512 177 | 446 | 487 823 | 113 753 | 149 | 40 | |
| | 30 | 626 226 | 296 | 512 623 | 446 | 487 377 | 113 603 | 150 | 30 | |
| | 40 | 626 523 | 297 | 513 069 | 446 | 486 931 | 113 454 | 149 | 20 | |
| | 50 | 626 819 | 296 | 513 515 | 446 | 486 485 | 113 304 | 150 | 10 | |
| 23 | 0 | 627 116 | 297 | 513 961 | 446 | 486 039 | 113 155 | 149 | 0 | 37 |
| | 10 | 627 412 | 296 | 514 407 | 446 | 485 593 | 113 005 | 150 | 50 | |
| | 20 | 627 709 | 297 | 514 853 | 446 | 485 147 | 112 855 | 150 | 40 | |
| | 30 | 628 005 | 296 | 515 299 | 446 | 484 701 | 112 706 | 149 | 30 | |
| | 40 | 628 302 | 297 | 515 745 | 446 | 484 255 | 112 556 | 150 | 20 | |
| | 50 | 628 598 | 296 | 516 191 | 446 | 483 809 | 112 407 | 149 | 10 | |
| 24 | 0 | 628 894 | 296 | 516 637 | 446 | 483 363 | 112 257 | 150 | 0 | 36 |
| | 10 | 629 190 | 296 | 517 083 | 446 | 482 917 | 112 107 | 150 | 50 | |
| | 20 | 629 487 | 297 | 517 529 | 446 | 482 471 | 111 958 | 149 | 40 | |
| | 30 | 629 783 | 296 | 517 975 | 446 | 482 025 | 111 808 | 150 | 30 | |
| | 40 | 630 079 | 296 | 518 421 | 446 | 481 579 | 111 658 | 150 | 20 | |
| | 50 | 630 375 | 296 | 518 866 | 445 | 481 134 | 111 509 | 149 | 10 | |
| 25 | 0 | 630 671 | 296 | 519 312 | 446 | 480 688 | 111 359 | 150 | 0 | 35 |
| | 10 | 630 967 | 296 | 519 758 | 446 | 480 242 | 111 209 | 150 | 50 | |
| | 20 | 631 263 | 296 | 520 204 | 446 | 479 796 | 111 059 | 150 | 40 | |
| | 30 | 631 559 | 296 | 520 650 | 446 | 479 350 | 110 910 | 149 | 30 | |
| | 40 | 631 855 | 296 | 521 095 | 445 | 478 905 | 110 760 | 150 | 20 | |
| | 50 | 632 151 | 296 | 521 541 | 446 | 478 459 | 110 610 | 150 | 10 | |
| 26 | 0 | 632 447 | 296 | 521 987 | 446 | 478 013 | 110 460 | 150 | 0 | 34 |
| | 10 | 632 743 | 295 | 522 433 | 446 | 477 567 | 110 311 | 149 | 50 | |
| | 20 | 633 039 | 296 | 522 878 | 445 | 477 122 | 110 161 | 150 | 40 | |
| | 30 | 633 335 | 296 | 523 324 | 446 | 476 676 | 110 011 | 150 | 30 | |
| | 40 | 633 631 | 296 | 523 770 | 446 | 476 230 | 109 861 | 150 | 20 | |
| | 50 | 633 926 | 295 | 524 215 | 445 | 475 785 | 109 711 | 150 | 10 | |
| 27 | 0 | 634 222 | 296 | 524 661 | 446 | 475 339 | 109 561 | 150 | 0 | 33 |
| | 10 | 634 518 | 296 | 525 107 | 446 | 474 893 | 109 411 | 150 | 50 | |
| | 20 | 634 814 | 296 | 525 552 | 445 | 474 448 | 109 261 | 150 | 40 | |
| | 30 | 635 109 | 295 | 525 998 | 446 | 474 002 | 109 111 | 150 | 30 | |
| | 40 | 635 405 | 296 | 526 443 | 445 | 473 557 | 108 961 | 150 | 20 | |
| | 50 | 635 700 | 295 | 526 889 | 446 | 473 111 | 108 811 | 150 | 10 | |
| 28 | 0 | 635 996 | 296 | 527 335 | 446 | 472 665 | 108 661 | 150 | 0 | 32 |
| | 10 | 636 292 | 296 | 527 780 | 445 | 472 220 | 108 511 | 150 | 50 | |
| | 20 | 636 587 | 295 | 528 226 | 446 | 471 774 | 108 361 | 150 | 40 | |
| | 30 | 636 882 | 295 | 528 671 | 445 | 471 329 | 108 211 | 150 | 30 | |
| | 40 | 637 178 | 296 | 529 117 | 446 | 470 883 | 108 061 | 150 | 20 | |
| | 50 | 637 473 | 295 | 529 562 | 445 | 470 438 | 107 911 | 150 | 10 | |
| 29 | 0 | 637 769 | 296 | 530 008 | 446 | 469 992 | 107 761 | 150 | 0 | 31 |
| | 10 | 638 064 | 295 | 530 453 | 445 | 469 547 | 107 611 | 150 | 50 | |
| | 20 | 638 359 | 295 | 530 898 | 445 | 469 102 | 107 461 | 150 | 40 | |
| | 30 | 638 655 | 296 | 531 344 | 446 | 468 656 | 107 311 | 150 | 30 | |
| | 40 | 638 950 | 295 | 531 789 | 445 | 468 211 | 107 161 | 150 | 20 | |
| | 50 | 639 245 | 295 | 532 235 | 446 | 467 765 | 107 011 | 150 | 10 | |
| 30 | 0 | 1̄,7 639 540 | 295 | 1̄,8 532 680 | 445 | 0,1 467 320 | 1̄,9 106 860 | 151 | 0 | 30 |
| ′ | ″ | Cos. | | Cotg. | | Tang. | Sin. | | ″ | ′ |

| ′ | ″ | Sin. | D. | Tang. | D.c. | Cotg. | Cos. | D. | ″ | ′ |
|---|---|---|---|---|---|---|---|---|---|---|
| 30 | 0 | 1̄,7 639 540 | 296 | 1̄,8 532 680 | 445 | 0,1 467 320 | 1̄,9 106 860 | 150 | 0 | 30 |
| | 10 | 639 836 | 295 | 533 125 | 446 | 466 875 | 106 710 | 150 | 50 | |
| | 20 | 640 131 | 295 | 533 571 | 445 | 466 429 | 106 560 | 150 | 40 | |
| | 30 | 640 426 | 295 | 534 016 | 445 | 465 984 | 106 410 | 151 | 30 | |
| | 40 | 640 721 | 295 | 534 461 | 446 | 465 539 | 106 259 | 150 | 20 | |
| | 50 | 641 016 | 295 | 534 907 | 445 | 465 093 | 106 109 | 150 | 10 | |
| 31 | 0 | 641 311 | 295 | 535 352 | 445 | 464 648 | 105 959 | 150 | 0 | 29 |
| | 10 | 641 606 | 295 | 535 797 | 446 | 464 203 | 105 809 | 151 | 50 | |
| | 20 | 641 901 | 295 | 536 243 | 445 | 463 757 | 105 658 | 150 | 40 | |
| | 30 | 642 196 | 295 | 536 688 | 445 | 463 312 | 105 508 | 150 | 30 | |
| | 40 | 642 491 | 295 | 537 133 | 445 | 462 867 | 105 358 | 151 | 20 | |
| | 50 | 642 786 | 294 | 537 578 | 445 | 462 422 | 105 207 | 150 | 10 | |
| 32 | 0 | 643 080 | 295 | 538 023 | 446 | 461 977 | 105 057 | 150 | 0 | 28 |
| | 10 | 643 375 | 295 | 538 469 | 445 | 461 531 | 104 907 | 151 | 50 | |
| | 20 | 643 670 | 295 | 538 914 | 445 | 461 086 | 104 756 | 150 | 40 | |
| | 30 | 643 965 | 294 | 539 359 | 445 | 460 641 | 104 606 | 151 | 30 | |
| | 40 | 644 259 | 295 | 539 804 | 445 | 460 196 | 104 455 | 150 | 20 | |
| | 50 | 644 554 | 295 | 540 249 | 445 | 459 751 | 104 305 | 150 | 10 | |
| 33 | 0 | 644 849 | 294 | 540 694 | 445 | 459 306 | 104 155 | 151 | 0 | 27 |
| | 10 | 645 143 | 295 | 541 139 | 445 | 458 861 | 104 004 | 150 | 50 | |
| | 20 | 645 438 | 295 | 541 584 | 445 | 458 416 | 103 854 | 151 | 40 | |
| | 30 | 645 733 | 294 | 542 029 | 446 | 457 971 | 103 703 | 150 | 30 | |
| | 40 | 646 027 | 295 | 542 475 | 445 | 457 525 | 103 553 | 151 | 20 | |
| | 50 | 646 322 | 294 | 542 920 | 445 | 457 080 | 103 402 | 151 | 10 | |
| 34 | 0 | 646 616 | 294 | 543 365 | 445 | 456 635 | 103 251 | 150 | 0 | 26 |
| | 10 | 646 910 | 295 | 543 810 | 445 | 456 190 | 103 101 | 151 | 50 | |
| | 20 | 647 205 | 294 | 544 255 | 445 | 455 745 | 102 950 | 150 | 40 | |
| | 30 | 647 499 | 295 | 544 700 | 445 | 455 300 | 102 800 | 151 | 30 | |
| | 40 | 647 794 | 294 | 545 145 | 444 | 454 855 | 102 649 | 151 | 20 | |
| | 50 | 648 088 | 294 | 545 589 | 445 | 454 411 | 102 498 | 150 | 10 | |
| 35 | 0 | 648 382 | 295 | 546 034 | 445 | 453 966 | 102 348 | 151 | 0 | 25 |
| | 10 | 648 677 | 294 | 546 479 | 445 | 453 521 | 102 197 | 150 | 50 | |
| | 20 | 648 971 | 294 | 546 924 | 445 | 453 076 | 102 047 | 151 | 40 | |
| | 30 | 649 265 | 294 | 547 369 | 445 | 452 631 | 101 896 | 151 | 30 | |
| | 40 | 649 559 | 294 | 547 814 | 445 | 452 186 | 101 745 | 151 | 20 | |
| | 50 | 649 853 | 294 | 548 259 | 445 | 451 741 | 101 594 | 150 | 10 | |
| 36 | 0 | 650 147 | 294 | 548 704 | 445 | 451 296 | 101 444 | 151 | 0 | 24 |
| | 10 | 650 441 | 294 | 549 149 | 444 | 450 851 | 101 293 | 151 | 50 | |
| | 20 | 650 735 | 295 | 549 593 | 445 | 450 407 | 101 142 | 151 | 40 | |
| | 30 | 651 030 | 294 | 550 038 | 445 | 449 962 | 100 991 | 150 | 30 | |
| | 40 | 651 324 | 293 | 550 483 | 445 | 449 517 | 100 841 | 151 | 20 | |
| | 50 | 651 617 | 294 | 550 928 | 444 | 449 072 | 100 690 | 151 | 10 | |
| 37 | 0 | 651 911 | 294 | 551 372 | 445 | 448 628 | 100 539 | 151 | 0 | 23 |
| | 10 | 652 205 | 294 | 551 817 | 445 | 448 183 | 100 388 | 151 | 50 | |
| | 20 | 652 499 | 294 | 552 262 | 445 | 447 738 | 100 237 | 151 | 40 | |
| | 30 | 652 793 | 294 | 552 707 | 444 | 447 293 | 100 086 | 151 | 30 | |
| | 40 | 653 087 | 294 | 553 151 | 445 | 446 849 | 099 935 | 150 | 20 | |
| | 50 | 653 381 | 293 | 553 596 | 445 | 446 404 | 099 785 | 151 | 10 | |
| 38 | 0 | 653 674 | 294 | 554 041 | 444 | 445 959 | 099 634 | 151 | 0 | 22 |
| | 10 | 653 968 | 294 | 554 485 | 445 | 445 515 | 099 483 | 151 | 50 | |
| | 20 | 654 262 | 293 | 554 930 | 445 | 445 070 | 099 332 | 151 | 40 | |
| | 30 | 654 555 | 294 | 555 375 | 444 | 444 625 | 099 181 | 151 | 30 | |
| | 40 | 654 849 | 294 | 555 819 | 445 | 444 181 | 099 030 | 151 | 20 | |
| | 50 | 655 143 | 293 | 556 264 | 444 | 443 736 | 098 879 | 151 | 10 | |
| 39 | 0 | 655 436 | 294 | 556 708 | 445 | 443 292 | 098 728 | 151 | 0 | 21 |
| | 10 | 655 730 | 293 | 557 153 | 444 | 442 847 | 098 577 | 151 | 50 | |
| | 20 | 656 023 | 294 | 557 597 | 445 | 442 403 | 098 426 | 151 | 40 | |
| | 30 | 656 317 | 293 | 558 042 | 445 | 441 958 | 098 275 | 151 | 30 | |
| | 40 | 656 610 | 294 | 558 487 | 444 | 441 513 | 098 124 | 151 | 20 | |
| | 50 | 656 904 | 293 | 558 931 | 445 | 441 069 | 097 973 | 152 | 10 | |
| 40 | 0 | 1̄,7 657 197 | | 1̄,8 559 376 | | 0,1 440 624 | 1̄,9 097 821 | | 0 | 20 |
| ′ | ″ | Cos. | | Cotg. | | Tang. | Sin. | | ″ | ′ |

54°

| | 446 |
|---|---|
| 1 | 44,6 |
| 2 | 89,2 |
| 3 | 133,8 |
| 4 | 178,4 |
| 5 | 223,0 |
| 6 | 267,6 |
| 7 | 312,2 |
| 8 | 356,8 |
| 9 | 401,4 |

| | 445 |
|---|---|
| 1 | 44,5 |
| 2 | 89,0 |
| 3 | 133,5 |
| 4 | 178,0 |
| 5 | 222,5 |
| 6 | 267,0 |
| 7 | 311,5 |
| 8 | 356,0 |
| 9 | 400,5 |

| | 444 |
|---|---|
| 1 | 44,4 |
| 2 | 88,8 |
| 3 | 133,2 |
| 4 | 177,6 |
| 5 | 222,0 |
| 6 | 266,4 |
| 7 | 310,8 |
| 8 | 355,2 |
| 9 | 399,6 |

| | 295 |
|---|---|
| 1 | 29,5 |
| 2 | 59,0 |
| 3 | 88,5 |
| 4 | 118,0 |
| 5 | 147,5 |
| 6 | 177,0 |
| 7 | 206,5 |
| 8 | 236,0 |
| 9 | 265,5 |

| | 294 |
|---|---|
| 1 | 29,4 |
| 2 | 58,8 |
| 3 | 88,2 |
| 4 | 117,6 |
| 5 | 147,0 |
| 6 | 176,4 |
| 7 | 205,8 |
| 8 | 235,2 |
| 9 | 264,6 |

| | 293 |
|---|---|
| 1 | 29,3 |
| 2 | 58,6 |
| 3 | 87,9 |
| 4 | 117,2 |
| 5 | 146,5 |
| 6 | 175,8 |
| 7 | 205,1 |
| 8 | 234,4 |
| 9 | 263,7 |

| | 150 |
|---|---|
| 1 | 15 |
| 2 | 30 |
| 3 | 45 |
| 4 | 60 |
| 5 | 75 |
| 6 | 90 |
| 7 | 105 |
| 8 | 120 |
| 9 | 135 |

| | 151 |
|---|---|
| 1 | 15,1 |
| 2 | 30,2 |
| 3 | 45,3 |
| 4 | 60,4 |
| 5 | 75,5 |
| 6 | 90,6 |
| 7 | 105,7 |
| 8 | 120,8 |
| 9 | 135,9 |

| ′ | ″ | Sin. | D. | Tang. | D.c. | Cotg. | Cos. | D. | ″ | ′ |
|---|---|---|---|---|---|---|---|---|---|---|
| 40 | 0 | 1̄,7 657 197 | | 1̄,8 559 376 | | 0,1 440 624 | 1̄,9 097 821 | | 0 | 20 |
| | 10 | 657 490 | 293 | 559 820 | 444 | 440 180 | 097 670 | 151 | 50 | |
| | 20 | 657 784 | 294 | 560 264 | 444 | 439 736 | 097 519 | 151 | 40 | |
| | 30 | 658 077 | 293 | 560 709 | 445 | 439 291 | 097 368 | 151 | 30 | |
| | 40 | 658 370 | 293 | 561 153 | 444 | 438 847 | 097 217 | 151 | 20 | |
| | 50 | 658 663 | 293 | 561 598 | 445 | 438 402 | 097 066 | 151 | 10 | |
| 41 | 0 | 658 957 | 294 | 562 042 | 444 | 437 958 | 096 915 | 151 | 0 | 19 |
| | 10 | 659 250 | 293 | 562 487 | 445 | 437 513 | 096 763 | 152 | 50 | |
| | 20 | 659 543 | 293 | 562 931 | 444 | 437 069 | 096 612 | 151 | 40 | |
| | 30 | 659 836 | 293 | 563 375 | 444 | 436 625 | 096 461 | 151 | 30 | |
| | 40 | 660 129 | 293 | 563 820 | 445 | 436 180 | 096 310 | 151 | 20 | |
| | 50 | 660 422 | 293 | 564 264 | 444 | 435 736 | 096 158 | 152 | 10 | |
| 42 | 0 | 660 715 | 293 | 564 708 | 444 | 435 292 | 096 007 | 151 | 0 | 18 |
| | 10 | 661 008 | 293 | 565 153 | 445 | 434 847 | 095 856 | 151 | 50 | |
| | 20 | 661 301 | 293 | 565 597 | 444 | 434 403 | 095 704 | 152 | 40 | |
| | 30 | 661 594 | 293 | 566 041 | 444 | 433 959 | 095 553 | 151 | 30 | |
| | 40 | 661 887 | 293 | 566 485 | 444 | 433 515 | 095 402 | 151 | 20 | |
| | 50 | 662 180 | 293 | 566 930 | 445 | 433 070 | 095 250 | 152 | 10 | |
| 43 | 0 | 662 473 | 293 | 567 374 | 444 | 432 626 | 095 099 | 151 | 0 | 17 |
| | 10 | 662 766 | 293 | 567 818 | 444 | 432 182 | 094 948 | 151 | 50 | |
| | 20 | 663 058 | 292 | 568 262 | 444 | 431 738 | 094 796 | 152 | 40 | |
| | 30 | 663 351 | 293 | 568 707 | 445 | 431 293 | 094 645 | 151 | 30 | |
| | 40 | 663 644 | 293 | 569 151 | 444 | 430 849 | 094 493 | 152 | 20 | |
| | 50 | 663 937 | 293 | 569 595 | 444 | 430 405 | 094 342 | 151 | 10 | |
| 44 | 0 | 664 229 | 292 | 570 039 | 444 | 429 961 | 094 190 | 152 | 0 | 16 |
| | 10 | 664 522 | 293 | 570 483 | 444 | 429 517 | 094 039 | 151 | 50 | |
| | 20 | 664 815 | 293 | 570 927 | 444 | 429 073 | 098 887 | 152 | 40 | |
| | 30 | 665 107 | 292 | 571 371 | 444 | 428 629 | 093 736 | 151 | 30 | |
| | 40 | 665 400 | 293 | 571 815 | 444 | 428 185 | 093 584 | 152 | 20 | |
| | 50 | 665 692 | 292 | 572 260 | 445 | 427 740 | 093 433 | 151 | 10 | |
| 45 | 0 | 665 985 | 293 | 572 704 | 444 | 427 296 | 093 281 | 152 | 0 | 15 |
| | 10 | 666 277 | 292 | 573 148 | 444 | 426 852 | 093 130 | 151 | 50 | |
| | 20 | 666 570 | 293 | 573 592 | 444 | 426 408 | 092 978 | 152 | 40 | |
| | 30 | 666 862 | 292 | 574 036 | 444 | 425 964 | 092 826 | 152 | 30 | |
| | 40 | 667 154 | 292 | 574 480 | 444 | 425 520 | 092 675 | 151 | 20 | |
| | 50 | 667 447 | 293 | 574 924 | 444 | 425 076 | 092 523 | 152 | 10 | |
| 46 | 0 | 667 739 | 292 | 575 368 | 444 | 424 632 | 092 371 | 152 | 0 | 14 |
| | 10 | 668 031 | 292 | 575 812 | 444 | 424 188 | 092 220 | 151 | 50 | |
| | 20 | 668 324 | 293 | 576 256 | 444 | 423 744 | 092 068 | 152 | 40 | |
| | 30 | 668 616 | 292 | 576 699 | 443 | 423 301 | 091 916 | 152 | 30 | |
| | 40 | 668 908 | 292 | 577 143 | 444 | 422 857 | 091 765 | 151 | 20 | |
| | 50 | 669 200 | 292 | 577 587 | 444 | 422 413 | 091 613 | 152 | 10 | |
| 47 | 0 | 669 492 | 292 | 578 031 | 444 | 421 969 | 091 461 | 152 | 0 | 13 |
| | 10 | 669 784 | 292 | 578 475 | 444 | 421 525 | 091 309 | 152 | 50 | |
| | 20 | 670 076 | 292 | 578 919 | 444 | 421 081 | 091 158 | 151 | 40 | |
| | 30 | 670 368 | 292 | 579 363 | 444 | 420 637 | 091 006 | 152 | 30 | |
| | 40 | 670 661 | 293 | 579 807 | 444 | 420 193 | 090 854 | 152 | 20 | |
| | 50 | 670 952 | 291 | 580 250 | 443 | 419 750 | 090 702 | 152 | 10 | |
| 48 | 0 | 671 244 | 292 | 580 694 | 444 | 419 306 | 090 550 | 152 | 0 | 12 |
| | 10 | 671 536 | 292 | 581 138 | 444 | 418 862 | 090 398 | 152 | 50 | |
| | 20 | 671 828 | 292 | 581 582 | 444 | 418 418 | 090 247 | 151 | 40 | |
| | 30 | 672 120 | 292 | 582 025 | 443 | 417 975 | 090 095 | 152 | 30 | |
| | 40 | 672 412 | 292 | 582 469 | 444 | 417 531 | 089 943 | 152 | 20 | |
| | 50 | 672 704 | 292 | 582 913 | 444 | 417 087 | 089 791 | 152 | 10 | |
| 49 | 0 | 672 996 | 292 | 583 357 | 444 | 416 643 | 089 639 | 152 | 0 | 11 |
| | 10 | 673 287 | 291 | 583 800 | 443 | 416 200 | 089 487 | 152 | 50 | |
| | 20 | 673 579 | 292 | 584 244 | 444 | 415 756 | 089 335 | 152 | 40 | |
| | 30 | 673 871 | 292 | 584 688 | 444 | 415 312 | 089 183 | 152 | 30 | |
| | 40 | 674 162 | 291 | 585 131 | 443 | 414 869 | 089 031 | 152 | 20 | |
| | 50 | 674 454 | 292 | 585 575 | 444 | 414 425 | 088 879 | 152 | 10 | |
| 50 | 0 | 1̄,7 674 746 | 292 | 1̄,8 586 019 | 444 | 0,1 413 981 | 1̄,9 088 727 | 152 | 0 | 10 |
| ′ | ″ | Cos. | | Cotg. | | Tang. | Sin. | | ″ | ′ |

| | 445 | 444 | 294 | 293 | 292 | 291 | 151 | 152 |
|---|---|---|---|---|---|---|---|---|
| 1 | 44,5 | 44,4 | 29,4 | 29,3 | 29,2 | 29,1 | 15,1 | 15,2 |
| 2 | 89,0 | 88,8 | 58,8 | 58,6 | 58,4 | 58,2 | 30,2 | 30,4 |
| 3 | 133,5 | 133,2 | 88,2 | 87,9 | 87,6 | 87,3 | 45,3 | 45,6 |
| 4 | 178,0 | 177,6 | 117,6 | 117,2 | 116,8 | 116,4 | 60,4 | 60,8 |
| 5 | 222,5 | 222,0 | 147,0 | 146,5 | 146,0 | 145,5 | 75,5 | 76,0 |
| 6 | 267,0 | 266,4 | 176,4 | 175,8 | 175,2 | 174,6 | 90,6 | 91,2 |
| 7 | 311,5 | 310,8 | 205,8 | 205,1 | 204,4 | 203,7 | 105,7 | 106,4 |
| 8 | 356,0 | 355,2 | 235,2 | 234,4 | 233,6 | 232,8 | 120,8 | 121,6 |
| 9 | 400,5 | 399,6 | 264,6 | 263,7 | 262,8 | 261,9 | 135,9 | 136,8 |

| ′ | ″ | Sin. | D. | Tang. | D.c. | Cotg. | Cos. | D. | ″ | ′ |
|---|---|---|---|---|---|---|---|---|---|---|
| 50 | 0 | $\bar{1}$,7 674 746 | | $\bar{1}$,8 586 019 | | 0,1 413 981 | $\bar{1}$,9 088 727 | | 0 | 10 |
| | 10 | 675 037 | 291 | 586 462 | 443 | 413 538 | 088 575 | 152 | 50 | |
| | 20 | 675 329 | 292 | 586 906 | 444 | 413 094 | 088 423 | 152 | 40 | |
| | 30 | 675 620 | 291 | 587 349 | 443 | 412 651 | 088 271 | 152 | 30 | |
| | 40 | 675 912 | 292 | 587 793 | 444 | 412 207 | 088 119 | 152 | 20 | |
| | 50 | 676 203 | 291 | 588 237 | 444 | 411 763 | 087 967 | 152 | 10 | |
| 51 | 0 | 676 494 | 291 | 588 680 | 443 | 411 320 | 087 814 | 153 | 0 | 9 |
| | 10 | 676 786 | 292 | 589 124 | 444 | 410 876 | 087 662 | 152 | 50 | |
| | 20 | 677 077 | 291 | 589 567 | 443 | 410 433 | 087 510 | 152 | 40 | |
| | 30 | 677 369 | 292 | 590 011 | 444 | 409 989 | 087 358 | 152 | 30 | |
| | 40 | 677 660 | 291 | 590 454 | 443 | 409 546 | 087 206 | 152 | 20 | |
| | 50 | 677 951 | 291 | 590 898 | 444 | 409 102 | 087 054 | 152 | 10 | |
| 52 | 0 | 678 242 | 291 | 591 341 | 443 | 408 659 | 086 901 | 153 | 0 | 8 |
| | 10 | 678 534 | 292 | 591 784 | 443 | 408 216 | 086 749 | 152 | 50 | |
| | 20 | 678 825 | 291 | 592 228 | 444 | 407 772 | 086 597 | 152 | 40 | |
| | 30 | 679 116 | 291 | 592 671 | 443 | 407 329 | 086 445 | 152 | 30 | |
| | 40 | 679 407 | 291 | 593 115 | 444 | 406 885 | 086 292 | 153 | 20 | |
| | 50 | 679 698 | 291 | 593 558 | 443 | 406 442 | 086 140 | 152 | 10 | |
| 53 | 0 | 679 989 | 291 | 594 002 | 444 | 405 998 | 085 988 | 152 | 0 | 7 |
| | 10 | 680 280 | 291 | 594 445 | 443 | 405 555 | 085 835 | 153 | 50 | |
| | 20 | 680 571 | 291 | 594 888 | 443 | 405 112 | 085 683 | 152 | 40 | |
| | 30 | 680 862 | 291 | 595 332 | 444 | 404 668 | 085 531 | 152 | 30 | |
| | 40 | 681 153 | 291 | 595 775 | 443 | 404 225 | 085 378 | 153 | 20 | |
| | 50 | 681 444 | 291 | 596 218 | 443 | 403 782 | 085 226 | 152 | 10 | |
| 54 | 0 | 681 735 | 291 | 596 661 | 443 | 403 339 | 085 073 | 153 | 0 | 6 |
| | 10 | 682 026 | 291 | 597 105 | 444 | 402 895 | 084 921 | 152 | 50 | |
| | 20 | 682 317 | 291 | 597 548 | 443 | 402 452 | 084 769 | 152 | 40 | |
| | 30 | 682 607 | 290 | 597 991 | 443 | 402 009 | 084 616 | 153 | 30 | |
| | 40 | 682 898 | 291 | 598 434 | 443 | 401 566 | 084 464 | 152 | 20 | |
| | 50 | 683 189 | 291 | 598 878 | 444 | 401 122 | 084 311 | 153 | 10 | |
| 55 | 0 | 683 480 | 291 | 599 321 | 443 | 400 679 | 084 159 | 152 | 0 | 5 |
| | 10 | 683 770 | 290 | 599 764 | 443 | 400 236 | 084 006 | 153 | 50 | |
| | 20 | 684 061 | 291 | 600 207 | 443 | 399 793 | 083 854 | 152 | 40 | |
| | 30 | 684 351 | 290 | 600 650 | 443 | 399 350 | 083 701 | 153 | 30 | |
| | 40 | 684 642 | 291 | 601 094 | 444 | 398 906 | 083 549 | 152 | 20 | |
| | 50 | 684 933 | 291 | 601 537 | 443 | 398 463 | 083 396 | 153 | 10 | |
| 56 | 0 | 685 223 | 290 | 601 980 | 443 | 398 020 | 083 243 | 153 | 0 | 4 |
| | 10 | 685 514 | 291 | 602 423 | 443 | 397 577 | 083 091 | 152 | 50 | |
| | 20 | 685 804 | 290 | 602 866 | 443 | 397 134 | 082 938 | 153 | 40 | |
| | 30 | 686 095 | 291 | 603 309 | 443 | 396 691 | 082 785 | 153 | 30 | |
| | 40 | 686 385 | 290 | 603 752 | 443 | 396 248 | 082 633 | 152 | 20 | |
| | 50 | 686 675 | 290 | 604 195 | 443 | 395 805 | 082 480 | 153 | 10 | |
| 57 | 0 | 686 966 | 291 | 604 638 | 443 | 395 362 | 082 327 | 153 | 0 | 3 |
| | 10 | 687 256 | 290 | 605 081 | 443 | 394 919 | 082 175 | 152 | 50 | |
| | 20 | 687 546 | 290 | 605 524 | 443 | 394 476 | 082 022 | 153 | 40 | |
| | 30 | 687 837 | 291 | 605 967 | 443 | 394 033 | 081 869 | 153 | 30 | |
| | 40 | 688 127 | 290 | 606 410 | 443 | 393 590 | 081 717 | 152 | 20 | |
| | 50 | 688 417 | 290 | 606 853 | 443 | 393 147 | 081 564 | 153 | 10 | |
| 58 | 0 | 688 707 | 290 | 607 296 | 443 | 392 704 | 081 411 | 153 | 0 | 2 |
| | 10 | 688 997 | 290 | 607 739 | 443 | 392 261 | 081 258 | 153 | 50 | |
| | 20 | 689 287 | 290 | 608 182 | 443 | 391 818 | 081 105 | 153 | 40 | |
| | 30 | 689 577 | 290 | 608 625 | 443 | 391 375 | 080 953 | 152 | 30 | |
| | 40 | 689 868 | 291 | 609 068 | 443 | 390 932 | 080 800 | 153 | 20 | |
| | 50 | 690 158 | 290 | 609 511 | 443 | 390 489 | 080 647 | 153 | 10 | |
| 59 | 0 | 690 448 | 290 | 609 954 | 443 | 390 046 | 080 494 | 153 | 0 | 1 |
| | 10 | 690 737 | 289 | 610 396 | 442 | 389 604 | 080 341 | 153 | 50 | |
| | 20 | 691 027 | 290 | 610 839 | 443 | 389 161 | 080 188 | 153 | 40 | |
| | 30 | 691 317 | 290 | 611 282 | 443 | 388 718 | 080 035 | 153 | 30 | |
| | 40 | 691 607 | 290 | 611 725 | 443 | 388 275 | 079 882 | 153 | 20 | |
| | 50 | 691 897 | 290 | 612 168 | 443 | 387 832 | 079 729 | 153 | 10 | |
| 60 | 0 | $\bar{1}$,7 692 187 | 290 | $\bar{1}$,8 612 610 | 442 | 0,1 387 390 | $\bar{1}$,9 079 576 | 153 | 0 | 0 |
| ′ | ″ | Cos. | | Cotg. | | Tang. | Sin. | | ″ | ′ |

| 444 | |
|---|---|
| 1 | 44,4 |
| 2 | 88,8 |
| 3 | 133,2 |
| 4 | 177,6 |
| 5 | 222,0 |
| 6 | 266,4 |
| 7 | 310,8 |
| 8 | 355,2 |
| 9 | 399,6 |

| 443 | |
|---|---|
| 1 | 44,3 |
| 2 | 88,6 |
| 3 | 132,9 |
| 4 | 177,2 |
| 5 | 221,5 |
| 6 | 265,8 |
| 7 | 310,1 |
| 8 | 354,4 |
| 9 | 398,7 |

| 442 | |
|---|---|
| 1 | 44,2 |
| 2 | 88,4 |
| 3 | 132,6 |
| 4 | 176,8 |
| 5 | 221,0 |
| 6 | 265,2 |
| 7 | 309,4 |
| 8 | 353,6 |
| 9 | 397,8 |

| 292 | |
|---|---|
| 1 | 29,2 |
| 2 | 58,4 |
| 3 | 87,6 |
| 4 | 116,8 |
| 5 | 146,0 |
| 6 | 175,2 |
| 7 | 204,4 |
| 8 | 233,6 |
| 9 | 262,8 |

| 291 | |
|---|---|
| 1 | 29,1 |
| 2 | 58,2 |
| 3 | 87,3 |
| 4 | 116,4 |
| 5 | 145,5 |
| 6 | 174,6 |
| 7 | 203,7 |
| 8 | 232,8 |
| 9 | 261,9 |

| 290 | |
|---|---|
| 1 | 29 |
| 2 | 58 |
| 3 | 87 |
| 4 | 116 |
| 5 | 145 |
| 6 | 174 |
| 7 | 203 |
| 8 | 232 |
| 9 | 261 |

| 152 | |
|---|---|
| 1 | 15,2 |
| 2 | 30,4 |
| 3 | 45,6 |
| 4 | 60,8 |
| 5 | 76,0 |
| 6 | 91,2 |
| 7 | 106,4 |
| 8 | 121,6 |
| 9 | 136,8 |

| 153 | |
|---|---|
| 1 | 15,3 |
| 2 | 30,6 |
| 3 | 45,9 |
| 4 | 61,2 |
| 5 | 76,5 |
| 6 | 91,8 |
| 7 | 107,1 |
| 8 | 122,4 |
| 9 | 137,7 |

| | 443 | 442 | 290 | 289 | 288 | 153 | 154 |
|---|---|---|---|---|---|---|---|
| 1 | 44,3 | 44,2 | 29 | 28,9 | 28,8 | 15,3 | 15,4 |
| 2 | 88,6 | 88,4 | 58 | 57,8 | 57,6 | 30,6 | 30,8 |
| 3 | 132,9 | 132,6 | 87 | 86,7 | 86,4 | 45,9 | 46,2 |
| 4 | 177,2 | 176,8 | 116 | 115,6 | 115,2 | 61,2 | 61,6 |
| 5 | 221,5 | 221,0 | 145 | 144,5 | 144,0 | 76,5 | 77,0 |
| 6 | 265,8 | 265,2 | 174 | 173,4 | 172,8 | 91,8 | 92,4 |
| 7 | 310,1 | 309,4 | 203 | 202,3 | 201,6 | 107,1 | 107,8 |
| 8 | 354,4 | 353,6 | 232 | 231,2 | 230,4 | 122,4 | 123,2 |
| 9 | 398,7 | 397,8 | 261 | 260,1 | 259,2 | 137,7 | 138,6 |

| ′ | ″ | Sin. | D. | Tang. | D.c. | Cotg. | Cos. | D. | ″ | ′ |
|---|---|---|---|---|---|---|---|---|---|---|
| 0 | 0 | $\bar{1}$,7 692 187 | | $\bar{1}$,8 612 610 | | 0,1 387 390 | $\bar{1}$,9 079 576 | | 0 | 60 |
| | 10 | 692 477 | 290 | 613 053 | 443 | 386 947 | 079 423 | 153 | 50 | |
| | 20 | 692 766 | 289 | 613 496 | 443 | 386 504 | 079 270 | 153 | 40 | |
| | 30 | 693 056 | 290 | 613 939 | 443 | 386 061 | 079 117 | 153 | 30 | |
| | 40 | 693 346 | 290 | 614 381 | 442 | 385 619 | 078 964 | 153 | 20 | |
| | 50 | 693 635 | 289 | 614 824 | 443 | 385 176 | 078 811 | 153 | 10 | |
| 1 | 0 | 693 925 | 290 | 615 267 | 443 | 384 733 | 078 658 | 153 | 0 | 59 |
| | 10 | 694 215 | 290 | 615 709 | 442 | 384 291 | 078 505 | 153 | 50 | |
| | 20 | 694 504 | 289 | 616 152 | 443 | 383 848 | 078 352 | 153 | 40 | |
| | 30 | 694 794 | 290 | 616 595 | 443 | 383 405 | 078 199 | 153 | 30 | |
| | 40 | 695 083 | 289 | 617 037 | 442 | 382 963 | 078 046 | 153 | 20 | |
| | 50 | 695 373 | 290 | 617 480 | 443 | 382 520 | 077 893 | 153 | 10 | |
| 2 | 0 | 695 662 | 289 | 617 923 | 443 | 382 077 | 077 740 | 153 | 0 | 58 |
| | 10 | 695 952 | 290 | 618 365 | 442 | 381 635 | 077 586 | 154 | 50 | |
| | 20 | 696 241 | 289 | 618 808 | 443 | 381 192 | 077 433 | 153 | 40 | |
| | 30 | 696 531 | 290 | 619 250 | 442 | 380 750 | 077 280 | 153 | 30 | |
| | 40 | 696 820 | 289 | 619 693 | 443 | 380 307 | 077 127 | 153 | 20 | |
| | 50 | 697 109 | 289 | 620 136 | 443 | 379 864 | 076 974 | 153 | 10 | |
| 3 | 0 | 697 398 | 289 | 620 578 | 442 | 379 422 | 076 820 | 154 | 0 | 57 |
| | 10 | 697 688 | 290 | 621 021 | 443 | 378 979 | 076 667 | 153 | 50 | |
| | 20 | 697 977 | 289 | 621 463 | 442 | 378 537 | 076 514 | 153 | 40 | |
| | 30 | 698 266 | 289 | 621 906 | 443 | 378 094 | 076 361 | 153 | 30 | |
| | 40 | 698 555 | 289 | 622 348 | 442 | 377 652 | 076 207 | 154 | 20 | |
| | 50 | 698 844 | 289 | 622 791 | 443 | 377 209 | 076 054 | 153 | 10 | |
| 4 | 0 | 699 134 | 290 | 623 233 | 442 | 376 767 | 075 901 | 153 | 0 | 56 |
| | 10 | 699 423 | 289 | 623 675 | 442 | 376 325 | 075 747 | 154 | 50 | |
| | 20 | 699 712 | 289 | 624 118 | 443 | 375 882 | 075 594 | 153 | 40 | |
| | 30 | 700 001 | 289 | 624 560 | 442 | 375 440 | 075 440 | 154 | 30 | |
| | 40 | 700 290 | 289 | 625 003 | 443 | 374 997 | 075 287 | 153 | 20 | |
| | 50 | 700 579 | 289 | 625 445 | 442 | 374 555 | 075 134 | 153 | 10 | |
| 5 | 0 | 700 868 | 289 | 625 887 | 442 | 374 113 | 074 980 | 154 | 0 | 55 |
| | 10 | 701 156 | 288 | 626 330 | 443 | 373 670 | 074 827 | 153 | 50 | |
| | 20 | 701 445 | 289 | 626 772 | 442 | 373 228 | 074 673 | 154 | 40 | |
| | 30 | 701 734 | 289 | 627 214 | 442 | 372 786 | 074 520 | 153 | 30 | |
| | 40 | 702 023 | 289 | 627 657 | 443 | 372 343 | 074 366 | 154 | 20 | |
| | 50 | 702 312 | 289 | 628 099 | 442 | 371 901 | 074 213 | 153 | 10 | |
| 6 | 0 | 702 601 | 289 | 628 541 | 442 | 371 459 | 074 059 | 154 | 0 | 54 |
| | 10 | 702 889 | 288 | 628 984 | 443 | 371 016 | 073 906 | 153 | 50 | |
| | 20 | 703 178 | 289 | 629 426 | 442 | 370 574 | 073 752 | 154 | 40 | |
| | 30 | 703 467 | 289 | 629 868 | 442 | 370 132 | 073 599 | 153 | 30 | |
| | 40 | 703 755 | 288 | 630 310 | 442 | 369 690 | 073 445 | 154 | 20 | |
| | 50 | 704 044 | 289 | 630 753 | 443 | 369 247 | 073 291 | 154 | 10 | |
| 7 | 0 | 704 332 | 288 | 631 195 | 442 | 368 805 | 073 138 | 153 | 0 | 53 |
| | 10 | 704 621 | 289 | 631 637 | 442 | 368 363 | 072 984 | 154 | 50 | |
| | 20 | 704 910 | 289 | 632 079 | 442 | 367 921 | 072 830 | 154 | 40 | |
| | 30 | 705 198 | 288 | 632 521 | 442 | 367 479 | 072 677 | 153 | 30 | |
| | 40 | 705 486 | 288 | 632 963 | 442 | 367 037 | 072 523 | 154 | 20 | |
| | 50 | 705 775 | 289 | 633 405 | 442 | 366 595 | 072 369 | 154 | 10 | |
| 8 | 0 | 706 063 | 288 | 633 848 | 443 | 366 152 | 072 216 | 153 | 0 | 52 |
| | 10 | 706 352 | 289 | 634 290 | 442 | 365 710 | 072 062 | 154 | 50 | |
| | 20 | 706 640 | 288 | 634 732 | 442 | 365 268 | 071 908 | 154 | 40 | |
| | 30 | 706 928 | 288 | 635 174 | 442 | 364 826 | 071 754 | 154 | 30 | |
| | 40 | 707 217 | 289 | 635 616 | 442 | 364 384 | 071 601 | 153 | 20 | |
| | 50 | 707 505 | 288 | 636 058 | 442 | 363 942 | 071 447 | 154 | 10 | |
| 9 | 0 | 707 793 | 288 | 636 500 | 442 | 363 500 | 071 293 | 154 | 0 | 51 |
| | 10 | 708 081 | 288 | 636 942 | 442 | 363 058 | 071 139 | 154 | 50 | |
| | 20 | 708 369 | 288 | 637 384 | 442 | 362 616 | 070 985 | 154 | 40 | |
| | 30 | 708 658 | 289 | 637 826 | 442 | 362 174 | 070 832 | 153 | 30 | |
| | 40 | 708 946 | 288 | 638 268 | 442 | 361 732 | 070 678 | 154 | 20 | |
| | 50 | 709 234 | 288 | 638 710 | 442 | 361 290 | 070 524 | 154 | 10 | |
| 10 | 0 | $\bar{1}$,7 709 522 | 288 | $\bar{1}$,8 639 152 | 442 | 0,1 360 848 | $\bar{1}$,9 070 370 | 154 | 0 | 50 |
| ′ | ″ | Cos. | | Cotg. | | Tang. | Sin. | | ″ | ′ |

53°

| ′ | ″ | Sin. | D. | Tang. | D.c. | Cotg. | Cos. | D. | ″ | ′ |
|---|---|---|---|---|---|---|---|---|---|---|
| 10 | 0 | $\bar{1}$,7 709 522 | | $\bar{1}$,8 639 152 | | 0,1 360 848 | $\bar{1}$,9 070 370 | | 0 | 50 |
| | 10 | 709 810 | 288 | 639 594 | 442 | 360 406 | 070 216 | 154 | 50 | |
| | 20 | 710 098 | 288 | 640 036 | 442 | 359 964 | 070 062 | 154 | 40 | |
| | 30 | 710 386 | 288 | 640 478 | 442 | 359 522 | 069 908 | 154 | 30 | |
| | 40 | 710 674 | 288 | 640 920 | 442 | 359 080 | 069 754 | 154 | 20 | |
| | 50 | 710 962 | 288 | 641 362 | 442 | 358 638 | 069 600 | 154 | 10 | |
| 11 | 0 | 711 249 | 287 | 641 803 | 441 | 358 197 | 069 446 | 154 | 0 | 49 |
| | 10 | 711 537 | 288 | 642 245 | 442 | 357 755 | 069 292 | 154 | 50 | |
| | 20 | 711 825 | 288 | 642 687 | 442 | 357 313 | 069 138 | 154 | 40 | |
| | 30 | 712 113 | 288 | 643 129 | 442 | 356 871 | 068 984 | 154 | 30 | |
| | 40 | 712 401 | 288 | 643 571 | 442 | 356 429 | 068 830 | 154 | 20 | |
| | 50 | 712 688 | 287 | 644 013 | 442 | 355 987 | 068 676 | 154 | 10 | |
| 12 | 0 | 712 976 | 288 | 644 454 | 441 | 355 546 | 068 522 | 154 | 0 | 48 |
| | 10 | 713 264 | 288 | 644 896 | 442 | 355 104 | 068 368 | 154 | 50 | |
| | 20 | 713 551 | 287 | 645 338 | 442 | 354 662 | 068 214 | 154 | 40 | |
| | 30 | 713 839 | 288 | 645 780 | 442 | 354 220 | 068 059 | 155 | 30 | |
| | 40 | 714 127 | 288 | 646 221 | 441 | 353 779 | 067 905 | 154 | 20 | |
| | 50 | 714 414 | 287 | 646 663 | 442 | 353 337 | 067 751 | 154 | 10 | |
| 13 | 0 | 714 702 | 288 | 647 105 | 442 | 352 895 | 067 597 | 154 | 0 | 47 |
| | 10 | 714 989 | 287 | 647 546 | 441 | 352 454 | 067 443 | 154 | 50 | |
| | 20 | 715 277 | 288 | 647 988 | 442 | 352 012 | 067 288 | 155 | 40 | |
| | 30 | 715 564 | 287 | 648 430 | 442 | 351 570 | 067 134 | 154 | 30 | |
| | 40 | 715 851 | 287 | 648 871 | 441 | 351 129 | 066 980 | 154 | 20 | |
| | 50 | 716 139 | 288 | 649 313 | 442 | 350 687 | 066 826 | 154 | 10 | |
| 14 | 0 | 716 426 | 287 | 649 755 | 442 | 350 245 | 066 671 | 155 | 0 | 46 |
| | 10 | 716 714 | 288 | 650 196 | 441 | 349 804 | 066 517 | 154 | 50 | |
| | 20 | 717 001 | 287 | 650 638 | 442 | 349 362 | 066 363 | 154 | 40 | |
| | 30 | 717 288 | 287 | 651 080 | 442 | 348 920 | 066 208 | 155 | 30 | |
| | 40 | 717 575 | 287 | 651 521 | 441 | 348 479 | 066 054 | 154 | 20 | |
| | 50 | 717 862 | 287 | 651 963 | 442 | 348 037 | 065 900 | 154 | 10 | |
| 15 | 0 | 718 150 | 288 | 652 404 | 441 | 347 596 | 065 745 | 155 | 0 | 45 |
| | 10 | 718 437 | 287 | 652 846 | 442 | 347 154 | 065 591 | 154 | 50 | |
| | 20 | 718 724 | 287 | 653 287 | 441 | 346 713 | 065 437 | 154 | 40 | |
| | 30 | 719 011 | 287 | 653 729 | 442 | 346 271 | 065 282 | 155 | 30 | |
| | 40 | 719 298 | 287 | 654 170 | 441 | 345 830 | 065 128 | 154 | 20 | |
| | 50 | 719 585 | 287 | 654 612 | 442 | 345 388 | 064 973 | 155 | 10 | |
| 16 | 0 | 719 872 | 287 | 655 053 | 441 | 344 947 | 064 819 | 154 | 0 | 44 |
| | 10 | 720 159 | 287 | 655 495 | 442 | 344 505 | 064 664 | 155 | 50 | |
| | 20 | 720 446 | 287 | 655 936 | 441 | 344 064 | 064 510 | 154 | 40 | |
| | 30 | 720 733 | 287 | 656 378 | 442 | 343 622 | 064 355 | 155 | 30 | |
| | 40 | 721 020 | 287 | 656 819 | 441 | 343 181 | 064 201 | 154 | 20 | |
| | 50 | 721 307 | 287 | 657 260 | 441 | 342 740 | 064 046 | 155 | 10 | |
| 17 | 0 | 721 593 | 286 | 657 702 | 442 | 342 298 | 063 892 | 154 | 0 | 43 |
| | 10 | 721 880 | 287 | 658 143 | 441 | 341 857 | 063 737 | 155 | 50 | |
| | 20 | 722 167 | 287 | 658 584 | 441 | 341 416 | 063 583 | 154 | 40 | |
| | 30 | 722 454 | 287 | 659 026 | 442 | 340 974 | 063 428 | 155 | 30 | |
| | 40 | 722 740 | 286 | 659 467 | 441 | 340 533 | 063 273 | 155 | 20 | |
| | 50 | 723 027 | 287 | 659 908 | 441 | 340 092 | 063 119 | 154 | 10 | |
| 18 | 0 | 723 314 | 287 | 660 350 | 442 | 339 650 | 062 964 | 155 | 0 | 42 |
| | 10 | 723 600 | 286 | 660 791 | 441 | 339 209 | 062 809 | 155 | 50 | |
| | 20 | 723 887 | 287 | 661 232 | 441 | 338 768 | 062 655 | 154 | 40 | |
| | 30 | 724 174 | 287 | 661 674 | 442 | 338 326 | 062 500 | 155 | 30 | |
| | 40 | 724 460 | 286 | 662 115 | 441 | 337 885 | 062 345 | 155 | 20 | |
| | 50 | 724 747 | 287 | 662 556 | 441 | 337 444 | 062 190 | 155 | 10 | |
| 19 | 0 | 725 033 | 286 | 662 997 | 441 | 337 003 | 062 036 | 154 | 0 | 41 |
| | 10 | 725 319 | 286 | 663 439 | 442 | 336 561 | 061 881 | 155 | 50 | |
| | 20 | 725 606 | 287 | 663 880 | 441 | 336 120 | 061 726 | 155 | 40 | |
| | 30 | 725 892 | 286 | 664 321 | 441 | 335 679 | 061 571 | 155 | 30 | |
| | 40 | 726 179 | 287 | 664 762 | 441 | 335 238 | 061 417 | 154 | 20 | |
| | 50 | 726 465 | 286 | 665 203 | 441 | 334 797 | 061 262 | 155 | 10 | |
| 20 | 0 | $\bar{1}$,7 726 751 | 286 | $\bar{1}$,8 665 644 | 441 | 0,1 334 356 | $\bar{1}$,9 061 107 | 155 | 0 | 40 |
| ′ | ″ | Cos. | | Cotg. | | Tang. | Sin. | | ″ | ′ |

53°

| | 442 |
|---|---|
| 1 | 44,2 |
| 2 | 88,4 |
| 3 | 132,6 |
| 4 | 176,8 |
| 5 | 221,0 |
| 6 | 265,2 |
| 7 | 309,4 |
| 8 | 353,6 |
| 9 | 397,8 |

| | 441 |
|---|---|
| 1 | 44,1 |
| 2 | 88,2 |
| 3 | 132,3 |
| 4 | 176,4 |
| 5 | 220,5 |
| 6 | 264,6 |
| 7 | 308,7 |
| 8 | 352,8 |
| 9 | 396,9 |

| | 288 |
|---|---|
| 1 | 28,8 |
| 2 | 57,6 |
| 3 | 86,4 |
| 4 | 115,2 |
| 5 | 144,0 |
| 6 | 172,8 |
| 7 | 201,6 |
| 8 | 230,4 |
| 9 | 259,2 |

| | 287 |
|---|---|
| 1 | 28,7 |
| 2 | 57,4 |
| 3 | 86,1 |
| 4 | 114,8 |
| 5 | 143,5 |
| 6 | 172,2 |
| 7 | 200,9 |
| 8 | 229,6 |
| 9 | 258,3 |

| | 286 |
|---|---|
| 1 | 28,6 |
| 2 | 57,2 |
| 3 | 85,8 |
| 4 | 114,4 |
| 5 | 143,0 |
| 6 | 171,6 |
| 7 | 200,2 |
| 8 | 228,8 |
| 9 | 257,4 |

| | 154 |
|---|---|
| 1 | 15,4 |
| 2 | 30,8 |
| 3 | 46,2 |
| 4 | 61,6 |
| 5 | 77,0 |
| 6 | 92,4 |
| 7 | 107,8 |
| 8 | 123,2 |
| 9 | 138,6 |

| | 155 |
|---|---|
| 1 | 15,5 |
| 2 | 31,0 |
| 3 | 46,5 |
| 4 | 62,0 |
| 5 | 77,5 |
| 6 | 93,0 |
| 7 | 108,5 |
| 8 | 124,0 |
| 9 | 139,5 |

| | 442 | 441 | 440 | 287 | 286 | 285 | 155 | 156 |
|---|---|---|---|---|---|---|---|---|
| 1 | 44,2 | 44,1 | 44 | 28,7 | 28,6 | 28,5 | 15,5 | 15,6 |
| 2 | 88,4 | 88,2 | 88 | 57,4 | 57,2 | 57,0 | 31,0 | 31,2 |
| 3 | 132,6 | 132,3 | 132 | 86,1 | 85,8 | 85,5 | 46,5 | 46,8 |
| 4 | 176,8 | 176,4 | 176 | 114,8 | 114,4 | 114,0 | 62,0 | 62,4 |
| 5 | 221,0 | 220,5 | 220 | 143,5 | 143,0 | 142,5 | 77,5 | 78,0 |
| 6 | 265,2 | 264,6 | 264 | 172,2 | 171,6 | 171,0 | 93,0 | 93,6 |
| 7 | 309,4 | 308,7 | 308 | 200,9 | 200,2 | 199,5 | 108,5 | 109,2 |
| 8 | 353,6 | 352,8 | 352 | 229,6 | 228,8 | 228,0 | 124,0 | 124,8 |
| 9 | 397,8 | 396,9 | 396 | 258,3 | 257,4 | 256,5 | 139,5 | 140,4 |

| ' | " | Sin. | D. | Tang. | D. c. | Cotg. | Cos. | D. | " | ' |
|---|---|---|---|---|---|---|---|---|---|---|
| 20 | 0 | $\bar{1}$,7 726 751 | | $\bar{1}$,8 665 644 | | 0,1 334 356 | $\bar{1}$,9 061 407 | | 0 | 40 |
| | 10 | 727 037 | 286 | 666 086 | 442 | 333 914 | 060 952 | 155 | 50 | |
| | 20 | 727 324 | 287 | 666 527 | 441 | 333 473 | 060 797 | 155 | 40 | |
| | 30 | 727 610 | 286 | 666 968 | 441 | 333 032 | 060 642 | 155 | 30 | |
| | 40 | 727 896 | 286 | 667 409 | 441 | 332 591 | 060 487 | 155 | 20 | |
| | 50 | 728 182 | 286 | 667 850 | 441 | 332 150 | 060 332 | 155 | 10 | |
| 21 | 0 | 728 468 | 286 | 668 291 | 441 | 331 709 | 060 177 | 155 | 0 | 39 |
| | 10 | 728 754 | 286 | 668 732 | 441 | 331 268 | 060 022 | 155 | 50 | |
| | 20 | 729 041 | 287 | 669 173 | 441 | 330 827 | 059 868 | 154 | 40 | |
| | 30 | 729 327 | 286 | 669 614 | 441 | 330 386 | 059 713 | 155 | 30 | |
| | 40 | 729 613 | 286 | 670 055 | 441 | 329 945 | 059 558 | 155 | 20 | |
| | 50 | 729 899 | 286 | 670 496 | 441 | 329 504 | 059 402 | 156 | 10 | |
| 22 | 0 | 730 185 | 286 | 670 937 | 441 | 329 063 | 059 247 | 155 | 0 | 38 |
| | 10 | 730 470 | 285 | 671 378 | 441 | 328 622 | 059 092 | 155 | 50 | |
| | 20 | 730 756 | 286 | 671 819 | 441 | 328 181 | 058 937 | 155 | 40 | |
| | 30 | 731 042 | 286 | 672 260 | 441 | 327 740 | 058 782 | 155 | 30 | |
| | 40 | 731 328 | 286 | 672 701 | 441 | 327 299 | 058 627 | 155 | 20 | |
| | 50 | 731 614 | 286 | 673 142 | 441 | 326 858 | 058 472 | 155 | 10 | |
| 23 | 0 | 731 900 | 286 | 673 583 | 441 | 326 417 | 058 317 | 155 | 0 | 37 |
| | 10 | 732 185 | 285 | 674 024 | 441 | 325 976 | 058 162 | 155 | 50 | |
| | 20 | 732 471 | 286 | 674 464 | 440 | 325 536 | 058 007 | 155 | 40 | |
| | 30 | 732 757 | 286 | 674 905 | 441 | 325 095 | 057 851 | 156 | 30 | |
| | 40 | 733 042 | 285 | 675 346 | 441 | 324 654 | 057 696 | 155 | 20 | |
| | 50 | 733 328 | 286 | 675 787 | 441 | 324 213 | 057 541 | 155 | 10 | |
| 24 | 0 | 733 614 | 286 | 676 228 | 441 | 323 772 | 057 386 | 155 | 0 | 36 |
| | 10 | 733 899 | 285 | 676 669 | 441 | 323 331 | 057 231 | 155 | 50 | |
| | 20 | 734 185 | 286 | 677 109 | 440 | 322 891 | 057 075 | 156 | 40 | |
| | 30 | 734 470 | 285 | 677 550 | 441 | 322 450 | 056 920 | 155 | 30 | |
| | 40 | 734 756 | 286 | 677 991 | 441 | 322 009 | 056 765 | 155 | 20 | |
| | 50 | 735 041 | 285 | 678 432 | 441 | 321 568 | 056 609 | 156 | 10 | |
| 25 | 0 | 735 327 | 286 | 678 873 | 441 | 321 127 | 056 454 | 155 | 0 | 35 |
| | 10 | 735 612 | 285 | 679 313 | 440 | 320 687 | 056 299 | 155 | 50 | |
| | 20 | 735 897 | 285 | 679 754 | 441 | 320 246 | 056 143 | 156 | 40 | |
| | 30 | 736 183 | 286 | 680 195 | 441 | 319 805 | 055 988 | 155 | 30 | |
| | 40 | 736 468 | 285 | 680 635 | 440 | 319 365 | 055 833 | 155 | 20 | |
| | 50 | 736 753 | 285 | 681 076 | 441 | 318 924 | 055 677 | 156 | 10 | |
| 26 | 0 | 737 039 | 286 | 681 517 | 441 | 318 483 | 055 522 | 155 | 0 | 34 |
| | 10 | 737 324 | 285 | 681 957 | 440 | 318 043 | 055 366 | 156 | 50 | |
| | 20 | 737 609 | 285 | 682 398 | 441 | 317 602 | 055 211 | 155 | 40 | |
| | 30 | 737 894 | 285 | 682 839 | 441 | 317 161 | 055 056 | 155 | 30 | |
| | 40 | 738 179 | 285 | 683 279 | 440 | 316 721 | 054 900 | 156 | 20 | |
| | 50 | 738 464 | 285 | 683 720 | 441 | 316 280 | 054 745 | 155 | 10 | |
| 27 | 0 | 738 749 | 285 | 684 160 | 440 | 315 840 | 054 589 | 156 | 0 | 33 |
| | 10 | 739 035 | 286 | 684 601 | 441 | 315 399 | 054 434 | 155 | 50 | |
| | 20 | 739 320 | 285 | 685 042 | 441 | 314 958 | 054 278 | 156 | 40 | |
| | 30 | 739 605 | 285 | 685 482 | 440 | 314 518 | 054 122 | 156 | 30 | |
| | 40 | 739 890 | 285 | 685 923 | 441 | 314 077 | 053 967 | 155 | 20 | |
| | 50 | 740 174 | 284 | 686 363 | 440 | 313 637 | 053 811 | 156 | 10 | |
| 28 | 0 | 740 459 | 285 | 686 804 | 441 | 313 196 | 053 656 | 155 | 0 | 32 |
| | 10 | 740 744 | 285 | 687 244 | 440 | 312 756 | 053 500 | 156 | 50 | |
| | 20 | 741 029 | 285 | 687 685 | 441 | 312 315 | 053 344 | 156 | 40 | |
| | 30 | 741 314 | 285 | 688 125 | 440 | 311 875 | 053 189 | 155 | 30 | |
| | 40 | 741 599 | 285 | 688 566 | 441 | 311 434 | 053 033 | 156 | 20 | |
| | 50 | 741 883 | 284 | 689 006 | 440 | 310 994 | 052 877 | 156 | 10 | |
| 29 | 0 | 742 168 | 285 | 689 446 | 440 | 310 554 | 052 722 | 155 | 0 | 31 |
| | 10 | 742 453 | 285 | 689 887 | 441 | 310 113 | 052 566 | 156 | 50 | |
| | 20 | 742 738 | 285 | 690 327 | 440 | 309 673 | 052 410 | 156 | 40 | |
| | 30 | 743 022 | 284 | 690 768 | 441 | 309 232 | 052 255 | 155 | 30 | |
| | 40 | 743 307 | 285 | 691 208 | 440 | 308 792 | 052 099 | 156 | 20 | |
| | 50 | 743 591 | 284 | 691 648 | 440 | 308 352 | 051 943 | 156 | 10 | |
| 30 | 0 | $\bar{1}$,7 743 876 | 285 | $\bar{1}$,8 692 089 | 441 | 0,1 307 911 | $\bar{1}$,9 051 787 | 156 | 0 | 30 |
| ' | " | Cos. | | Cotg. | | Tang. | Sin. | | " | ' |

| ′ | ″ | Sin. | D. | Tang. | D.c. | Cotg. | Cos. | D. | ″ | ′ |
|---|---|---|---|---|---|---|---|---|---|---|
| 30 | 0 | $\bar{1}$,7 743 876 | 285 | $\bar{1}$,8 692 089 | 440 | 0,1 307 911 | $\bar{1}$,9 051 787 | 156 | 0 | 30 |
| | 10 | 744 161 | 284 | 692 529 | 440 | 307 471 | 051 631 | 155 | 50 | |
| | 20 | 744 445 | 284 | 692 969 | 441 | 307 031 | 051 476 | 156 | 40 | |
| | 30 | 744 729 | 285 | 693 410 | 440 | 306 590 | 051 320 | 156 | 30 | |
| | 40 | 745 014 | 284 | 693 850 | 440 | 306 150 | 051 164 | 156 | 20 | |
| | 50 | 745 298 | 285 | 694 290 | 441 | 305 710 | 051 008 | 156 | 10 | |
| 31 | 0 | 745 583 | 284 | 694 731 | 440 | 305 269 | 050 852 | 156 | 0 | 29 |
| | 10 | 745 867 | 284 | 695 171 | 440 | 304 829 | 050 696 | 156 | 50 | |
| | 20 | 746 151 | 285 | 695 611 | 440 | 304 389 | 050 540 | 156 | 40 | |
| | 30 | 746 436 | 284 | 696 051 | 441 | 303 949 | 050 384 | 156 | 30 | |
| | 40 | 746 720 | 284 | 696 492 | 440 | 303 508 | 050 228 | 156 | 20 | |
| | 50 | 747 004 | 284 | 696 932 | 440 | 303 068 | 050 072 | 156 | 10 | |
| 32 | 0 | 747 288 | 285 | 697 372 | 440 | 302 628 | 049 916 | 156 | 0 | 28 |
| | 10 | 747 573 | 284 | 697 812 | 440 | 302 188 | 049 760 | 156 | 50 | |
| | 20 | 747 857 | 284 | 698 252 | 440 | 301 748 | 049 604 | 156 | 40 | |
| | 30 | 748 141 | 284 | 698 692 | 441 | 301 308 | 049 448 | 156 | 30 | |
| | 40 | 748 425 | 284 | 699 133 | 440 | 300 867 | 049 292 | 156 | 20 | |
| | 50 | 748 709 | 284 | 699 573 | 440 | 300 427 | 049 136 | 156 | 10 | |
| 33 | 0 | 748 993 | 284 | 700 013 | 440 | 299 987 | 048 980 | 156 | 0 | 27 |
| | 10 | 749 277 | 284 | 700 453 | 440 | 299 547 | 048 824 | 156 | 50 | |
| | 20 | 749 561 | 284 | 700 893 | 440 | 299 107 | 048 668 | 156 | 40 | |
| | 30 | 749 845 | 284 | 701 333 | 440 | 298 667 | 048 512 | 156 | 30 | |
| | 40 | 750 129 | 284 | 701 773 | 440 | 298 227 | 048 356 | 156 | 20 | |
| | 50 | 750 413 | 284 | 702 213 | 440 | 297 787 | 048 200 | 157 | 10 | |
| 34 | 0 | 750 697 | 284 | 702 653 | 440 | 297 347 | 048 043 | 156 | 0 | 26 |
| | 10 | 750 981 | 283 | 703 093 | 440 | 296 907 | 047 887 | 156 | 50 | |
| | 20 | 751 264 | 284 | 703 533 | 440 | 296 467 | 047 731 | 156 | 40 | |
| | 30 | 751 548 | 284 | 703 973 | 440 | 296 027 | 047 575 | 156 | 30 | |
| | 40 | 751 832 | 284 | 704 413 | 440 | 295 587 | 047 419 | 157 | 20 | |
| | 50 | 752 116 | 283 | 704 853 | 440 | 295 147 | 047 262 | 156 | 10 | |
| 35 | 0 | 752 399 | 284 | 705 293 | 440 | 294 707 | 047 106 | 156 | 0 | 25 |
| | 10 | 752 683 | 284 | 705 733 | 440 | 294 267 | 046 950 | 156 | 50 | |
| | 20 | 752 967 | 283 | 706 173 | 440 | 293 827 | 046 794 | 157 | 40 | |
| | 30 | 753 250 | 284 | 706 613 | 440 | 293 387 | 046 637 | 156 | 30 | |
| | 40 | 753 534 | 283 | 707 053 | 440 | 292 947 | 046 481 | 156 | 20 | |
| | 50 | 753 817 | 284 | 707 493 | 440 | 292 507 | 046 325 | 157 | 10 | |
| 36 | 0 | 754 101 | 283 | 707 933 | 440 | 292 067 | 046 168 | 156 | 0 | 24 |
| | 10 | 754 384 | 284 | 708 373 | 439 | 291 627 | 046 012 | 157 | 50 | |
| | 20 | 754 668 | 283 | 708 812 | 440 | 291 188 | 045 855 | 156 | 40 | |
| | 30 | 754 951 | 284 | 709 252 | 440 | 290 748 | 045 699 | 156 | 30 | |
| | 40 | 755 235 | 283 | 709 692 | 440 | 290 308 | 045 543 | 157 | 20 | |
| | 50 | 755 518 | 283 | 710 132 | 440 | 289 868 | 045 386 | 156 | 10 | |
| 37 | 0 | 755 801 | 284 | 710 572 | 440 | 289 428 | 045 230 | 157 | 0 | 23 |
| | 10 | 756 085 | 283 | 711 012 | 439 | 288 988 | 045 073 | 156 | 50 | |
| | 20 | 756 368 | 283 | 711 451 | 440 | 288 549 | 044 917 | 157 | 40 | |
| | 30 | 756 651 | 284 | 711 891 | 440 | 288 109 | 044 760 | 156 | 30 | |
| | 40 | 756 935 | 283 | 712 331 | 440 | 287 669 | 044 604 | 157 | 20 | |
| | 50 | 757 218 | 283 | 712 771 | 439 | 287 229 | 044 447 | 156 | 10 | |
| 38 | 0 | 757 501 | 283 | 713 210 | 440 | 286 790 | 044 291 | 157 | 0 | 22 |
| | 10 | 757 784 | 283 | 713 650 | 440 | 286 350 | 044 134 | 157 | 50 | |
| | 20 | 758 067 | 283 | 714 090 | 439 | 285 910 | 043 977 | 156 | 40 | |
| | 30 | 758 350 | 283 | 714 529 | 440 | 285 471 | 043 821 | 157 | 30 | |
| | 40 | 758 633 | 283 | 714 969 | 440 | 285 031 | 043 664 | 156 | 20 | |
| | 50 | 758 916 | 283 | 715 409 | 439 | 284 591 | 043 508 | 157 | 10 | |
| 39 | 0 | 759 199 | 283 | 715 848 | 440 | 284 152 | 043 351 | 157 | 0 | 21 |
| | 10 | 759 482 | 283 | 716 288 | 440 | 283 712 | 043 194 | 156 | 50 | |
| | 20 | 759 765 | 283 | 716 728 | 439 | 283 272 | 043 038 | 157 | 40 | |
| | 30 | 760 048 | 283 | 717 167 | 440 | 282 833 | 042 881 | 157 | 30 | |
| | 40 | 760 331 | 283 | 717 607 | 440 | 282 393 | 042 724 | 157 | 20 | |
| | 50 | 760 614 | 283 | 718 047 | 439 | 281 953 | 042 567 | 156 | 10 | |
| 40 | 0 | $\bar{1}$,7 760 897 | | $\bar{1}$,8 718 486 | | 0,1 281 514 | $\bar{1}$,9 042 411 | | 0 | 20 |
| ′ | ″ | Cos. | | Cotg. | | Tang. | Sin. | | ″ | ′ |



| 441 | |
|---|---|
| 1 | 44,1 |
| 2 | 88,2 |
| 3 | 132,3 |
| 4 | 176,4 |
| 5 | 220,5 |
| 6 | 264,6 |
| 7 | 308,7 |
| 8 | 352,8 |
| 9 | 396,9 |

| 440 | |
|---|---|
| 1 | 44 |
| 2 | 88 |
| 3 | 132 |
| 4 | 176 |
| 5 | 220 |
| 6 | 264 |
| 7 | 308 |
| 8 | 352 |
| 9 | 396 |

| 439 | |
|---|---|
| 1 | 43,9 |
| 2 | 87,8 |
| 3 | 131,7 |
| 4 | 175,6 |
| 5 | 219,5 |
| 6 | 263,4 |
| 7 | 307,3 |
| 8 | 351,2 |
| 9 | 395,1 |

| 285 | |
|---|---|
| 1 | 28,5 |
| 2 | 57,0 |
| 3 | 85,5 |
| 4 | 114,0 |
| 5 | 142,5 |
| 6 | 171,0 |
| 7 | 199,5 |
| 8 | 228,0 |
| 9 | 256,5 |

| 284 | |
|---|---|
| 1 | 28,4 |
| 2 | 56,8 |
| 3 | 85,2 |
| 4 | 113,6 |
| 5 | 142,0 |
| 6 | 170,4 |
| 7 | 198,8 |
| 8 | 227,2 |
| 9 | 255,6 |

| 283 | |
|---|---|
| 1 | 28,3 |
| 2 | 56,6 |
| 3 | 84,9 |
| 4 | 113,2 |
| 5 | 141,5 |
| 6 | 169,8 |
| 7 | 198,1 |
| 8 | 226,4 |
| 9 | 254,7 |

| 156 | |
|---|---|
| 1 | 15,6 |
| 2 | 31,2 |
| 3 | 46,8 |
| 4 | 62,4 |
| 5 | 78,0 |
| 6 | 93,6 |
| 7 | 109,2 |
| 8 | 124,8 |
| 9 | 140,4 |

| 157 | |
|---|---|
| 1 | 15,7 |
| 2 | 31,4 |
| 3 | 47,1 |
| 4 | 62,8 |
| 5 | 78,5 |
| 6 | 94,2 |
| 7 | 109,9 |
| 8 | 125,6 |
| 9 | 141,3 |

| 440 | |
|---|---|
| 1 | 44 |
| 2 | 88 |
| 3 | 132 |
| 4 | 176 |
| 5 | 220 |
| 6 | 264 |
| 7 | 308 |
| 8 | 352 |
| 9 | 396 |

| 439 | |
|---|---|
| 1 | 43,9 |
| 2 | 87,8 |
| 3 | 131,7 |
| 4 | 175,6 |
| 5 | 219,5 |
| 6 | 263,4 |
| 7 | 307,3 |
| 8 | 351,2 |
| 9 | 395,1 |

| 283 | |
|---|---|
| 1 | 28,3 |
| 2 | 56,6 |
| 3 | 84,9 |
| 4 | 113,2 |
| 5 | 141,5 |
| 6 | 169,8 |
| 7 | 198,1 |
| 8 | 226,4 |
| 9 | 254,7 |

| 282 | |
|---|---|
| 1 | 28,2 |
| 2 | 56,4 |
| 3 | 84,6 |
| 4 | 112,8 |
| 5 | 141,0 |
| 6 | 169,2 |
| 7 | 197,4 |
| 8 | 225,6 |
| 9 | 253,8 |

| 281 | |
|---|---|
| 1 | 28,1 |
| 2 | 56,2 |
| 3 | 84,3 |
| 4 | 112,4 |
| 5 | 140,5 |
| 6 | 168,6 |
| 7 | 196,7 |
| 8 | 224,8 |
| 9 | 252,9 |

| 156 | |
|---|---|
| 1 | 15,6 |
| 2 | 31,2 |
| 3 | 46,8 |
| 4 | 62,4 |
| 5 | 78,0 |
| 6 | 93,6 |
| 7 | 109,2 |
| 8 | 124,8 |
| 9 | 140,4 |

| 157 | |
|---|---|
| 1 | 15,7 |
| 2 | 31,4 |
| 3 | 47,1 |
| 4 | 62,8 |
| 5 | 78,5 |
| 6 | 94,2 |
| 7 | 109,9 |
| 8 | 125,6 |
| 9 | 141,3 |

| ′ | ″ | Sin. | D. | Tang. | D.c. | Cotg. | Cos. | D. | ″ | ′ |
|---|---|---|---|---|---|---|---|---|---|---|
| 40 | 0 | 1̄,7 760 897 | | 1̄,8 718 486 | | 0,1 281 514 | 1̄,9 042 411 | | 0 | 20 |
| | 10 | 761 180 | 283 | 718 926 | 440 | 281 074 | 042 254 | 157 | 50 | |
| | 20 | 761 462 | 282 | 719 365 | 439 | 280 635 | 042 097 | 157 | 40 | |
| | 30 | 761 745 | 283 | 719 805 | 440 | 280 195 | 041 940 | 157 | 30 | |
| | 40 | 762 028 | 283 | 720 244 | 439 | 279 756 | 041 784 | 156 | 20 | |
| | 50 | 762 311 | 283 | 720 684 | 440 | 279 316 | 041 627 | 157 | 10 | |
| 41 | 0 | 762 593 | 282 | 721 123 | 439 | 278 877 | 041 470 | 157 | 0 | 19 |
| | 10 | 762 876 | 283 | 721 563 | 440 | 278 437 | 041 313 | 157 | 50 | |
| | 20 | 763 158 | 282 | 722 002 | 439 | 277 998 | 041 156 | 157 | 40 | |
| | 30 | 763 441 | 283 | 722 442 | 440 | 277 558 | 040 999 | 157 | 30 | |
| | 40 | 763 724 | 283 | 722 881 | 439 | 277 119 | 040 842 | 157 | 20 | |
| | 50 | 764 006 | 282 | 723 321 | 440 | 276 679 | 040 686 | 156 | 10 | |
| 42 | 0 | 764 289 | 283 | 723 760 | 439 | 276 240 | 040 529 | 157 | 0 | 18 |
| | 10 | 764 571 | 282 | 724 199 | 439 | 275 801 | 040 372 | 157 | 50 | |
| | 20 | 764 854 | 283 | 724 639 | 440 | 275 361 | 040 215 | 157 | 40 | |
| | 30 | 765 136 | 282 | 725 078 | 439 | 274 922 | 040 058 | 157 | 30 | |
| | 40 | 765 418 | 282 | 725 518 | 440 | 274 482 | 039 901 | 157 | 20 | |
| | 50 | 765 701 | 283 | 725 957 | 439 | 274 043 | 039 744 | 157 | 10 | |
| 43 | 0 | 765 983 | 282 | 726 396 | 439 | 273 604 | 039 587 | 157 | 0 | 17 |
| | 10 | 766 265 | 282 | 726 836 | 440 | 273 164 | 039 430 | 157 | 50 | |
| | 20 | 766 548 | 283 | 727 275 | 439 | 272 725 | 039 273 | 157 | 40 | |
| | 30 | 766 830 | 282 | 727 714 | 439 | 272 286 | 039 115 | 158 | 30 | |
| | 40 | 767 112 | 282 | 728 154 | 440 | 271 846 | 038 958 | 157 | 20 | |
| | 50 | 767 394 | 282 | 728 593 | 439 | 271 407 | 038 801 | 157 | 10 | |
| 44 | 0 | 767 676 | 282 | 729 032 | 439 | 270 968 | 038 644 | 157 | 0 | 16 |
| | 10 | 767 958 | 282 | 729 471 | 439 | 270 529 | 038 487 | 157 | 50 | |
| | 20 | 768 241 | 283 | 729 911 | 440 | 270 089 | 038 330 | 157 | 40 | |
| | 30 | 768 523 | 282 | 730 350 | 439 | 269 650 | 038 173 | 157 | 30 | |
| | 40 | 768 805 | 282 | 730 789 | 439 | 269 211 | 038 016 | 157 | 20 | |
| | 50 | 769 087 | 282 | 731 228 | 439 | 268 772 | 037 858 | 158 | 10 | |
| 45 | 0 | 769 369 | 282 | 731 668 | 440 | 268 332 | 037 701 | 157 | 0 | 15 |
| | 10 | 769 651 | 282 | 732 107 | 439 | 267 893 | 037 544 | 157 | 50 | |
| | 20 | 769 932 | 281 | 732 546 | 439 | 267 454 | 037 387 | 157 | 40 | |
| | 30 | 770 214 | 282 | 732 985 | 439 | 267 015 | 037 229 | 158 | 30 | |
| | 40 | 770 496 | 282 | 733 424 | 439 | 266 576 | 037 072 | 157 | 20 | |
| | 50 | 770 778 | 282 | 733 863 | 439 | 266 137 | 036 915 | 157 | 10 | |
| 46 | 0 | 771 060 | 282 | 734 302 | 439 | 265 698 | 036 757 | 158 | 0 | 14 |
| | 10 | 771 342 | 282 | 734 742 | 440 | 265 258 | 036 600 | 157 | 50 | |
| | 20 | 771 623 | 281 | 735 181 | 439 | 264 819 | 036 443 | 157 | 40 | |
| | 30 | 771 905 | 282 | 735 620 | 439 | 264 380 | 036 285 | 158 | 30 | |
| | 40 | 772 187 | 282 | 736 059 | 439 | 263 941 | 036 128 | 157 | 20 | |
| | 50 | 772 468 | 281 | 736 498 | 439 | 263 502 | 035 971 | 157 | 10 | |
| 47 | 0 | 772 750 | 282 | 736 937 | 439 | 263 063 | 035 813 | 158 | 0 | 13 |
| | 10 | 773 032 | 282 | 737 376 | 439 | 262 624 | 035 656 | 157 | 50 | |
| | 20 | 773 313 | 281 | 737 815 | 439 | 262 185 | 035 498 | 158 | 40 | |
| | 30 | 773 595 | 282 | 738 254 | 439 | 261 746 | 035 341 | 157 | 30 | |
| | 40 | 773 876 | 281 | 738 693 | 439 | 261 307 | 035 183 | 158 | 20 | |
| | 50 | 774 158 | 282 | 739 132 | 439 | 260 868 | 035 026 | 157 | 10 | |
| 48 | 0 | 774 439 | 281 | 739 571 | 439 | 260 429 | 034 868 | 158 | 0 | 12 |
| | 10 | 774 721 | 282 | 740 010 | 439 | 259 990 | 034 711 | 157 | 50 | |
| | 20 | 775 002 | 281 | 740 449 | 439 | 259 551 | 034 553 | 158 | 40 | |
| | 30 | 775 284 | 282 | 740 888 | 439 | 259 112 | 034 396 | 157 | 30 | |
| | 40 | 775 565 | 281 | 741 327 | 439 | 258 673 | 034 238 | 158 | 20 | |
| | 50 | 775 846 | 281 | 741 766 | 439 | 258 234 | 034 081 | 157 | 10 | |
| 49 | 0 | 776 128 | 282 | 742 204 | 438 | 257 796 | 033 923 | 158 | 0 | 11 |
| | 10 | 776 409 | 281 | 742 643 | 439 | 257 357 | 033 765 | 158 | 50 | |
| | 20 | 776 690 | 281 | 743 082 | 439 | 256 918 | 033 608 | 157 | 40 | |
| | 30 | 776 971 | 281 | 743 521 | 439 | 256 479 | 033 450 | 158 | 30 | |
| | 40 | 777 252 | 281 | 743 960 | 439 | 256 040 | 033 293 | 157 | 20 | |
| | 50 | 777 534 | 282 | 744 399 | 439 | 255 601 | 033 135 | 158 | 10 | |
| 50 | 0 | 1̄,7 777 815 | 281 | 1̄,8 744 838 | 439 | 0,1 255 162 | 1̄,9 032 977 | 158 | 0 | 10 |
| ′ | ″ | Cos. | | Cotg. | | Tang. | Sin. | | ″ | ′ |

| ′ | ″ | Sin. | D. | Tang. | D.c. | Cotg. | Cos. | D. | ″ | ′ |
|---|---|---|---|---|---|---|---|---|---|---|
| 50 | 0 | 1̄,7 777 815 | 281 | 1̄,8 744 838 | 438 | 0,1 255 162 | 1̄,9 032 977 | 158 | 0 | 10 |
| | 10 | 778 096 | 281 | 745 276 | 439 | 254 724 | 032 819 | 157 | 50 | |
| | 20 | 778 377 | 281 | 745 715 | 439 | 254 285 | 032 662 | 158 | 40 | |
| | 30 | 778 658 | 281 | 746 154 | 439 | 253 846 | 032 504 | 158 | 30 | |
| | 40 | 778 939 | 281 | 746 593 | 438 | 253 407 | 032 346 | 158 | 20 | |
| | 50 | 779 220 | 281 | 747 031 | 439 | 252 969 | 032 188 | 157 | 10 | |
| 51 | 0 | 779 501 | 281 | 747 470 | 439 | 252 530 | 032 031 | 158 | 0 | 9 |
| | 10 | 779 782 | 281 | 747 909 | 439 | 252 091 | 031 873 | 158 | 50 | |
| | 20 | 780 063 | 281 | 748 348 | 438 | 251 652 | 031 715 | 158 | 40 | |
| | 30 | 780 344 | 280 | 748 786 | 439 | 251 214 | 031 557 | 158 | 30 | |
| | 40 | 780 624 | 281 | 749 225 | 439 | 250 775 | 031 399 | 158 | 20 | |
| | 50 | 780 905 | 281 | 749 664 | 438 | 250 336 | 031 241 | 157 | 10 | |
| 52 | 0 | 781 186 | 281 | 750 102 | 439 | 249 898 | 031 084 | 158 | 0 | 8 |
| | 10 | 781 467 | 280 | 750 541 | 439 | 249 459 | 030 926 | 158 | 50 | |
| | 20 | 781 747 | 281 | 750 980 | 438 | 249 020 | 030 768 | 158 | 40 | |
| | 30 | 782 028 | 281 | 751 418 | 439 | 248 582 | 030 610 | 158 | 30 | |
| | 40 | 782 309 | 280 | 751 857 | 439 | 248 143 | 030 452 | 158 | 20 | |
| | 50 | 782 589 | 281 | 752 296 | 438 | 247 704 | 030 294 | 158 | 10 | |
| 53 | 0 | 782 870 | 281 | 752 734 | 439 | 247 266 | 030 136 | 158 | 0 | 7 |
| | 10 | 783 151 | 280 | 753 173 | 438 | 246 827 | 029 978 | 158 | 50 | |
| | 20 | 783 431 | 281 | 753 611 | 439 | 246 389 | 029 820 | 158 | 40 | |
| | 30 | 783 712 | 280 | 754 050 | 438 | 245 950 | 029 662 | 158 | 30 | |
| | 40 | 783 992 | 281 | 754 488 | 439 | 245 512 | 029 504 | 158 | 20 | |
| | 50 | 784 273 | 280 | 754 927 | 438 | 245 073 | 029 346 | 158 | 10 | |
| 54 | 0 | 784 553 | 281 | 755 365 | 439 | 244 635 | 029 188 | 158 | 0 | 6 |
| | 10 | 784 834 | 280 | 755 804 | 438 | 244 196 | 029 030 | 159 | 50 | |
| | 20 | 785 114 | 280 | 756 242 | 439 | 243 758 | 028 871 | 158 | 40 | |
| | 30 | 785 394 | 281 | 756 681 | 438 | 243 319 | 028 713 | 158 | 30 | |
| | 40 | 785 675 | 280 | 757 119 | 439 | 242 881 | 028 555 | 158 | 20 | |
| | 50 | 785 955 | 280 | 757 558 | 438 | 242 442 | 028 397 | 158 | 10 | |
| 55 | 0 | 786 235 | 280 | 757 996 | 439 | 242 004 | 028 239 | 158 | 0 | 5 |
| | 10 | 786 515 | 281 | 758 435 | 438 | 241 565 | 028 081 | 159 | 50 | |
| | 20 | 786 796 | 280 | 758 873 | 439 | 241 127 | 027 922 | 158 | 40 | |
| | 30 | 787 076 | 280 | 759 312 | 438 | 240 688 | 027 764 | 158 | 30 | |
| | 40 | 787 356 | 280 | 759 750 | 438 | 240 250 | 027 606 | 158 | 20 | |
| | 50 | 787 636 | 280 | 760 188 | 439 | 239 812 | 027 448 | 159 | 10 | |
| 56 | 0 | 787 916 | 280 | 760 627 | 438 | 239 373 | 027 289 | 158 | 0 | 4 |
| | 10 | 788 196 | 280 | 761 065 | 438 | 238 935 | 027 131 | 158 | 50 | |
| | 20 | 788 476 | 280 | 761 503 | 439 | 238 497 | 026 973 | 158 | 40 | |
| | 30 | 788 756 | 280 | 761 942 | 438 | 238 058 | 026 815 | 159 | 30 | |
| | 40 | 789 036 | 280 | 762 380 | 438 | 237 620 | 026 656 | 158 | 20 | |
| | 50 | 789 316 | 280 | 762 818 | 439 | 237 182 | 026 498 | 159 | 10 | |
| 57 | 0 | 789 596 | 280 | 763 257 | 438 | 236 743 | 026 339 | 158 | 0 | 3 |
| | 10 | 789 876 | 280 | 763 695 | 438 | 236 305 | 026 181 | 158 | 50 | |
| | 20 | 790 156 | 280 | 764 133 | 439 | 235 867 | 026 023 | 159 | 40 | |
| | 30 | 790 436 | 280 | 764 572 | 438 | 235 428 | 025 864 | 158 | 30 | |
| | 40 | 790 716 | 280 | 765 010 | 438 | 234 990 | 025 706 | 159 | 20 | |
| | 50 | 790 996 | 279 | 765 448 | 438 | 234 552 | 025 547 | 158 | 10 | |
| 58 | 0 | 791 275 | 280 | 765 886 | 439 | 234 114 | 025 389 | 159 | 0 | 2 |
| | 10 | 791 555 | 280 | 766 325 | 438 | 233 675 | 025 230 | 158 | 50 | |
| | 20 | 791 835 | 279 | 766 763 | 438 | 233 237 | 025 072 | 159 | 40 | |
| | 30 | 792 114 | 280 | 767 201 | 438 | 232 799 | 024 913 | 158 | 30 | |
| | 40 | 792 394 | 280 | 767 639 | 438 | 232 361 | 024 755 | 159 | 20 | |
| | 50 | 792 674 | 279 | 768 077 | 438 | 231 923 | 024 596 | 158 | 10 | |
| 59 | 0 | 792 953 | 280 | 768 515 | 439 | 231 485 | 024 438 | 159 | 0 | 1 |
| | 10 | 793 233 | 279 | 768 954 | 438 | 231 046 | 024 279 | 158 | 50 | |
| | 20 | 793 512 | 280 | 769 392 | 438 | 230 608 | 024 121 | 159 | 40 | |
| | 30 | 793 792 | 279 | 769 830 | 438 | 230 170 | 023 962 | 159 | 30 | |
| | 40 | 794 071 | 280 | 770 268 | 438 | 229 732 | 023 803 | 158 | 20 | |
| | 50 | 794 351 | 279 | 770 706 | 438 | 229 294 | 023 645 | 159 | 10 | |
| 60 | 0 | 1̄,7 794 630 | | 1̄,8 771 144 | | 0,1 228 856 | 1̄,9 023 486 | | 0 | 0 |
| ′ | ″ | Cos. | | Cotg. | | Tang. | Sin. | | ″ | ′ |

53°

| 439 | |
|---|---|
| 1 | 43,9 |
| 2 | 87,8 |
| 3 | 131,7 |
| 4 | 175,6 |
| 5 | 219,5 |
| 6 | 263,4 |
| 7 | 307,3 |
| 8 | 351,2 |
| 9 | 395,1 |

| 438 | |
|---|---|
| 1 | 43,8 |
| 2 | 87,6 |
| 3 | 131,4 |
| 4 | 175,2 |
| 5 | 219,0 |
| 6 | 262,8 |
| 7 | 306,6 |
| 8 | 350,4 |
| 9 | 394,2 |

| 281 | |
|---|---|
| 1 | 28,1 |
| 2 | 56,2 |
| 3 | 84,3 |
| 4 | 112,4 |
| 5 | 140,5 |
| 6 | 168,6 |
| 7 | 196,7 |
| 8 | 224,8 |
| 9 | 252,9 |

| 280 | |
|---|---|
| 1 | 28 |
| 2 | 56 |
| 3 | 84 |
| 4 | 112 |
| 5 | 140 |
| 6 | 168 |
| 7 | 196 |
| 8 | 224 |
| 9 | 252 |

| 279 | |
|---|---|
| 1 | 27,9 |
| 2 | 55,8 |
| 3 | 83,7 |
| 4 | 111,6 |
| 5 | 139,5 |
| 6 | 167,4 |
| 7 | 195,3 |
| 8 | 223,2 |
| 9 | 251,1 |

| 158 | |
|---|---|
| 1 | 15,8 |
| 2 | 31,6 |
| 3 | 47,4 |
| 4 | 63,2 |
| 5 | 79,0 |
| 6 | 94,8 |
| 7 | 110,6 |
| 8 | 126,4 |
| 9 | 142,2 |

| 159 | |
|---|---|
| 1 | 15,9 |
| 2 | 31,8 |
| 3 | 47,7 |
| 4 | 63,6 |
| 5 | 79,5 |
| 6 | 95,4 |
| 7 | 111,3 |
| 8 | 127,2 |
| 9 | 143,1 |

| 438 | |
|---|---|
| 1 | 43,8 |
| 2 | 87,6 |
| 3 | 131,4 |
| 4 | 175,2 |
| 5 | 219,0 |
| 6 | 262,8 |
| 7 | 306,6 |
| 8 | 350,4 |
| 9 | 394,2 |
| **437** | |
| 1 | 43,7 |
| 2 | 87,4 |
| 3 | 131,1 |
| 4 | 174,8 |
| 5 | 218,5 |
| 6 | 262,2 |
| 7 | 305,9 |
| 8 | 349,6 |
| 9 | 393,3 |
| **280** | |
| 1 | 28 |
| 2 | 56 |
| 3 | 84 |
| 4 | 112 |
| 5 | 140 |
| 6 | 168 |
| 7 | 196 |
| 8 | 224 |
| 9 | 252 |
| **279** | |
| 1 | 27,9 |
| 2 | 55,8 |
| 3 | 83,7 |
| 4 | 111,6 |
| 5 | 139,5 |
| 6 | 167,4 |
| 7 | 195,3 |
| 8 | 223,2 |
| 9 | 251,1 |
| **278** | |
| 1 | 27,8 |
| 2 | 55,6 |
| 3 | 83,4 |
| 4 | 111,2 |
| 5 | 139,0 |
| 6 | 166,8 |
| 7 | 194,6 |
| 8 | 222,4 |
| 9 | 250,2 |
| **277** | |
| 1 | 27,7 |
| 2 | 55,4 |
| 3 | 83,1 |
| 4 | 110,8 |
| 5 | 138,5 |
| 6 | 166,2 |
| 7 | 193,9 |
| 8 | 221,6 |
| 9 | 249,3 |
| **158** | |
| 1 | 15,8 |
| 2 | 31,6 |
| 3 | 47,4 |
| 4 | 63,2 |
| 5 | 79,0 |
| 6 | 94,8 |
| 7 | 110,6 |
| 8 | 126,4 |
| 9 | 142,2 |
| **159** | |
| 1 | 15,9 |
| 2 | 31,8 |
| 3 | 47,7 |
| 4 | 63,6 |
| 5 | 79,5 |
| 6 | 95,4 |
| 7 | 111,3 |
| 8 | 127,2 |
| 9 | 143,1 |

| ′ | ″ | Sin. | D. | Tang. | D.c. | Cotg. | Cos. | D. | ″ | ′ |
|---|---|---|---|---|---|---|---|---|---|---|
| 0 | 0 | 1̄,7 794 630 | | 1̄,8 771 144 | | 0,1 228 856 | 1̄,9 023 486 | | 0 | 60 |
| | 10 | 794 910 | 280 | 771 582 | 438 | 228 418 | 023 327 | 159 | 50 | |
| | 20 | 795 189 | 279 | 772 020 | 438 | 227 980 | 023 169 | 158 | 40 | |
| | 30 | 795 468 | 279 | 772 458 | 438 | 227 542 | 023 010 | 159 | 30 | |
| | 40 | 795 748 | 280 | 772 896 | 438 | 227 104 | 022 851 | 159 | 20 | |
| | 50 | 796 027 | 279 | 773 334 | 438 | 226 666 | 022 693 | 158 | 10 | |
| 1 | 0 | 796 306 | 279 | 773 772 | 438 | 226 228 | 022 534 | 159 | 0 | 59 |
| | 10 | 796 585 | 279 | 774 210 | 438 | 225 790 | 022 375 | 159 | 50 | |
| | 20 | 796 865 | 280 | 774 648 | 438 | 225 352 | 022 216 | 159 | 40 | |
| | 30 | 797 144 | 279 | 775 086 | 438 | 224 914 | 022 058 | 158 | 30 | |
| | 40 | 797 423 | 279 | 775 524 | 438 | 224 476 | 021 899 | 159 | 20 | |
| | 50 | 797 702 | 279 | 775 962 | 438 | 224 038 | 021 740 | 159 | 10 | |
| 2 | 0 | 797 981 | 279 | 776 400 | 438 | 223 600 | 021 581 | 159 | 0 | 58 |
| | 10 | 798 260 | 279 | 776 838 | 438 | 223 162 | 021 422 | 159 | 50 | |
| | 20 | 798 539 | 279 | 777 276 | 438 | 222 724 | 021 263 | 159 | 40 | |
| | 30 | 798 818 | 279 | 777 714 | 438 | 222 286 | 021 104 | 159 | 30 | |
| | 40 | 799 097 | 279 | 778 152 | 438 | 221 848 | 020 946 | 158 | 20 | |
| | 50 | 799 376 | 279 | 778 590 | 438 | 221 410 | 020 787 | 159 | 10 | |
| 3 | 0 | 799 655 | 279 | 779 027 | 437 | 220 973 | 020 628 | 159 | 0 | 57 |
| | 10 | 799 934 | 279 | 779 465 | 438 | 220 535 | 020 469 | 159 | 50 | |
| | 20 | 800 213 | 279 | 779 903 | 438 | 220 097 | 020 310 | 159 | 40 | |
| | 30 | 800 492 | 279 | 780 341 | 438 | 219 659 | 020 151 | 159 | 30 | |
| | 40 | 800 770 | 278 | 780 779 | 438 | 219 221 | 019 992 | 159 | 20 | |
| | 50 | 801 049 | 279 | 781 217 | 438 | 218 783 | 019 833 | 159 | 10 | |
| 4 | 0 | 801 328 | 279 | 781 654 | 437 | 218 346 | 019 674 | 159 | 0 | 56 |
| | 10 | 801 607 | 279 | 782 092 | 438 | 217 908 | 019 515 | 159 | 50 | |
| | 20 | 801 885 | 278 | 782 530 | 438 | 217 470 | 019 356 | 159 | 40 | |
| | 30 | 802 164 | 279 | 782 968 | 438 | 217 032 | 019 196 | 160 | 30 | |
| | 40 | 802 443 | 279 | 783 405 | 437 | 216 595 | 019 037 | 159 | 20 | |
| | 50 | 802 721 | 278 | 783 843 | 438 | 216 157 | 018 878 | 159 | 10 | |
| 5 | 0 | 803 000 | 279 | 784 281 | 438 | 215 719 | 018 719 | 159 | 0 | 55 |
| | 10 | 803 278 | 278 | 784 719 | 438 | 215 281 | 018 560 | 159 | 50 | |
| | 20 | 803 557 | 279 | 785 156 | 437 | 214 844 | 018 401 | 159 | 40 | |
| | 30 | 803 836 | 279 | 785 594 | 438 | 214 406 | 018 242 | 159 | 30 | |
| | 40 | 804 114 | 278 | 786 032 | 438 | 213 968 | 018 082 | 160 | 20 | |
| | 50 | 804 392 | 278 | 786 469 | 437 | 213 531 | 017 923 | 159 | 10 | |
| 6 | 0 | 804 671 | 279 | 786 907 | 438 | 213 093 | 017 764 | 159 | 0 | 54 |
| | 10 | 804 949 | 278 | 787 345 | 438 | 212 655 | 017 605 | 159 | 50 | |
| | 20 | 805 228 | 279 | 787 782 | 437 | 212 218 | 017 445 | 160 | 40 | |
| | 30 | 805 506 | 278 | 788 220 | 438 | 211 780 | 017 286 | 159 | 30 | |
| | 40 | 805 784 | 278 | 788 657 | 437 | 211 343 | 017 127 | 159 | 20 | |
| | 50 | 806 062 | 278 | 789 095 | 438 | 210 905 | 016 968 | 159 | 10 | |
| 7 | 0 | 806 341 | 279 | 789 533 | 438 | 210 467 | 016 808 | 160 | 0 | 53 |
| | 10 | 806 619 | 278 | 789 970 | 437 | 210 030 | 016 649 | 159 | 50 | |
| | 20 | 806 897 | 278 | 790 408 | 438 | 209 592 | 016 490 | 159 | 40 | |
| | 30 | 807 175 | 278 | 790 845 | 437 | 209 155 | 016 330 | 160 | 30 | |
| | 40 | 807 453 | 278 | 791 283 | 438 | 208 717 | 016 171 | 159 | 20 | |
| | 50 | 807 732 | 279 | 791 720 | 437 | 208 280 | 016 011 | 160 | 10 | |
| 8 | 0 | 808 010 | 278 | 792 158 | 438 | 207 842 | 015 852 | 159 | 0 | 52 |
| | 10 | 808 288 | 278 | 792 595 | 437 | 207 405 | 015 692 | 160 | 50 | |
| | 20 | 808 566 | 278 | 793 033 | 438 | 206 967 | 015 533 | 159 | 40 | |
| | 30 | 808 844 | 278 | 793 470 | 437 | 206 530 | 015 374 | 159 | 30 | |
| | 40 | 809 122 | 278 | 793 908 | 438 | 206 092 | 015 214 | 160 | 20 | |
| | 50 | 809 400 | 278 | 794 345 | 437 | 205 655 | 015 055 | 159 | 10 | |
| 9 | 0 | 809 677 | 277 | 794 782 | 437 | 205 218 | 014 895 | 160 | 0 | 51 |
| | 10 | 809 955 | 278 | 795 220 | 438 | 204 780 | 014 736 | 159 | 50 | |
| | 20 | 810 233 | 278 | 795 657 | 437 | 204 343 | 014 576 | 160 | 40 | |
| | 30 | 810 511 | 278 | 796 095 | 438 | 203 905 | 014 416 | 160 | 30 | |
| | 40 | 810 789 | 278 | 796 532 | 437 | 203 468 | 014 257 | 159 | 20 | |
| | 50 | 811 067 | 278 | 796 969 | 437 | 203 031 | 014 097 | 160 | 10 | |
| 10 | 0 | 1̄,7 811 344 | 277 | 1̄,8 797 407 | 438 | 0,1 202 593 | 1̄,9 013 938 | 159 | 0 | 50 |
| ′ | ″ | Cos. | | Cotg. | | Tang. | Sin. | | ″ | ′ |

| ′ | ″ | Sin. | D. | Tang. | D.c. | Cotg. | Cos. | D. | ″ | ′ |
|---|---|---|---|---|---|---|---|---|---|---|
| 10 | 0 | ī,7 811 344 | 278 | ī,8 797 407 | 437 | 0,1 202 593 | ī,9 013 938 | 160 | 0 | 50 |
| | 10 | 811 622 | 278 | 797 844 | 437 | 202 156 | 013 778 | 160 | 50 | |
| | 20 | 811 900 | 277 | 798 281 | 438 | 201 719 | 013 618 | 159 | 40 | |
| | 30 | 812 177 | 278 | 798 719 | 437 | 201 281 | 013 459 | 160 | 30 | |
| | 40 | 812 455 | 278 | 799 156 | 437 | 200 844 | 013 299 | 160 | 20 | |
| | 50 | 812 733 | 277 | 799 593 | 438 | 200 407 | 013 139 | 159 | 10 | |
| 11 | 0 | 813 010 | 278 | 800 031 | 437 | 199 969 | 012 980 | 160 | 0 | 49 |
| | 10 | 813 288 | 277 | 800 468 | 437 | 199 532 | 012 820 | 160 | 50 | |
| | 20 | 813 565 | 278 | 800 905 | 437 | 199 095 | 012 660 | 160 | 40 | |
| | 30 | 813 843 | 277 | 801 342 | 438 | 198 658 | 012 500 | 159 | 30 | |
| | 40 | 814 120 | 278 | 801 780 | 437 | 198 220 | 012 341 | 160 | 20 | |
| | 50 | 814 398 | 277 | 802 217 | 437 | 197 783 | 012 181 | 160 | 10 | |
| 12 | 0 | 814 675 | 277 | 802 654 | 437 | 197 346 | 012 021 | 160 | 0 | 48 |
| | 10 | 814 952 | 278 | 803 091 | 438 | 196 909 | 011 861 | 160 | 50 | |
| | 20 | 815 230 | 277 | 803 529 | 437 | 196 471 | 011 701 | 160 | 40 | |
| | 30 | 815 507 | 277 | 803 966 | 437 | 196 034 | 011 541 | 159 | 30 | |
| | 40 | 815 784 | 278 | 804 403 | 437 | 195 597 | 011 382 | 160 | 20 | |
| | 50 | 816 062 | 277 | 804 840 | 437 | 195 160 | 011 222 | 160 | 10 | |
| 13 | 0 | 816 339 | 277 | 805 277 | 437 | 194 723 | 011 062 | 160 | 0 | 47 |
| | 10 | 816 616 | 277 | 805 714 | 437 | 194 286 | 010 902 | 160 | 50 | |
| | 20 | 816 893 | 277 | 806 151 | 438 | 193 849 | 010 742 | 160 | 40 | |
| | 30 | 817 170 | 278 | 806 589 | 437 | 193 411 | 010 582 | 160 | 30 | |
| | 40 | 817 448 | 277 | 807 026 | 437 | 192 974 | 010 422 | 160 | 20 | |
| | 50 | 817 725 | 277 | 807 463 | 437 | 192 537 | 010 262 | 160 | 10 | |
| 14 | 0 | 818 002 | 277 | 807 900 | 437 | 192 100 | 010 102 | 160 | 0 | 46 |
| | 10 | 818 279 | 277 | 808 337 | 437 | 191 663 | 009 942 | 160 | 50 | |
| | 20 | 818 556 | 277 | 808 774 | 437 | 191 226 | 009 782 | 160 | 40 | |
| | 30 | 818 833 | 277 | 809 211 | 437 | 190 789 | 009 622 | 160 | 30 | |
| | 40 | 819 110 | 277 | 809 648 | 437 | 190 352 | 009 462 | 160 | 20 | |
| | 50 | 819 387 | 277 | 810 085 | 437 | 189 915 | 009 302 | 160 | 10 | |
| 15 | 0 | 819 664 | 276 | 810 522 | 437 | 189 478 | 009 142 | 161 | 0 | 45 |
| | 10 | 819 940 | 277 | 810 959 | 437 | 189 041 | 008 981 | 160 | 50 | |
| | 20 | 820 217 | 277 | 811 396 | 437 | 188 604 | 008 821 | 160 | 40 | |
| | 30 | 820 494 | 277 | 811 833 | 437 | 188 167 | 008 661 | 160 | 30 | |
| | 40 | 820 771 | 277 | 812 270 | 437 | 187 730 | 008 501 | 160 | 20 | |
| | 50 | 821 048 | 276 | 812 707 | 437 | 187 293 | 008 341 | 160 | 10 | |
| 16 | 0 | 821 324 | 277 | 813 144 | 437 | 186 856 | 008 181 | 161 | 0 | 44 |
| | 10 | 821 601 | 277 | 813 581 | 437 | 186 419 | 008 020 | 160 | 50 | |
| | 20 | 821 878 | 276 | 814 018 | 437 | 185 982 | 007 860 | 160 | 40 | |
| | 30 | 822 154 | 277 | 814 455 | 436 | 185 545 | 007 700 | 160 | 30 | |
| | 40 | 822 431 | 277 | 814 891 | 437 | 185 109 | 007 540 | 161 | 20 | |
| | 50 | 822 708 | 276 | 815 328 | 437 | 184 672 | 007 379 | 160 | 10 | |
| 17 | 0 | 822 984 | 277 | 815 765 | 437 | 184 235 | 007 219 | 160 | 0 | 43 |
| | 10 | 823 261 | 276 | 816 202 | 437 | 183 798 | 007 059 | 160 | 50 | |
| | 20 | 823 537 | 277 | 816 639 | 437 | 183 361 | 006 899 | 161 | 40 | |
| | 30 | 823 814 | 276 | 817 076 | 436 | 182 924 | 006 738 | 160 | 30 | |
| | 40 | 824 090 | 277 | 817 512 | 437 | 182 488 | 006 578 | 161 | 20 | |
| | 50 | 824 367 | 276 | 817 949 | 437 | 182 051 | 006 417 | 160 | 10 | |
| 18 | 0 | 824 643 | 276 | 818 386 | 437 | 181 614 | 006 257 | 160 | 0 | 42 |
| | 10 | 824 919 | 277 | 818 823 | 437 | 181 177 | 006 097 | 161 | 50 | |
| | 20 | 825 196 | 276 | 819 260 | 436 | 180 740 | 005 936 | 160 | 40 | |
| | 30 | 825 472 | 276 | 819 696 | 437 | 180 304 | 005 776 | 161 | 30 | |
| | 40 | 825 748 | 277 | 820 133 | 437 | 179 867 | 005 615 | 160 | 20 | |
| | 50 | 826 025 | 276 | 820 570 | 437 | 179 430 | 005 455 | 161 | 10 | |
| 19 | 0 | 826 301 | 276 | 821 007 | 436 | 178 993 | 005 294 | 160 | 0 | 41 |
| | 10 | 826 577 | 276 | 821 443 | 437 | 178 557 | 005 134 | 161 | 50 | |
| | 20 | 826 853 | 276 | 821 880 | 437 | 178 120 | 004 973 | 160 | 40 | |
| | 30 | 827 129 | 277 | 822 317 | 436 | 177 683 | 004 813 | 161 | 30 | |
| | 40 | 827 406 | 276 | 822 753 | 437 | 177 247 | 004 652 | 160 | 20 | |
| | 50 | 827 682 | 276 | 823 190 | 437 | 176 810 | 004 492 | 161 | 10 | |
| 20 | 0 | ī,7 827 958 | | ī,8 823 627 | | 0,1 176 373 | ī,9 004 331 | | 0 | 40 |
| ′ | ″ | Cos. | | Cotg. | | Tang. | Sin. | | ″ | ′ |

| | 438 | 437 | 436 | 278 | 277 | 276 | 160 | 161 |
|---|---|---|---|---|---|---|---|---|
| 1 | 43,8 | 43,7 | 43,6 | 27,8 | 27,7 | 27,6 | 16 | 16,1 |
| 2 | 87,6 | 87,4 | 87,2 | 55,6 | 55,4 | 55,2 | 32 | 32,2 |
| 3 | 131,4 | 131,1 | 130,8 | 83,4 | 83,1 | 82,8 | 48 | 48,3 |
| 4 | 175,2 | 174,8 | 174,4 | 111,2 | 110,8 | 110,4 | 64 | 64,4 |
| 5 | 219,0 | 218,5 | 218,0 | 139,0 | 138,5 | 138,0 | 80 | 80,5 |
| 6 | 262,8 | 262,2 | 261,6 | 166,8 | 166,2 | 165,6 | 96 | 96,6 |
| 7 | 306,6 | 305,9 | 305,2 | 194,6 | 193,9 | 193,2 | 112 | 112,7 |
| 8 | 350,4 | 349,6 | 348,8 | 222,4 | 221,6 | 220,8 | 128 | 128,8 |
| 9 | 394,2 | 393,3 | 392,4 | 250,2 | 249,3 | 248,4 | 144 | 144,9 |

| 437 | |
|---|---|
| 1 | 43,7 |
| 2 | 87,4 |
| 3 | 131,1 |
| 4 | 174,8 |
| 5 | 218,5 |
| 6 | 262,2 |
| 7 | 305,9 |
| 8 | 349,6 |
| 9 | 393,3 |

| 436 | |
|---|---|
| 1 | 43,6 |
| 2 | 87,2 |
| 3 | 130,8 |
| 4 | 174,4 |
| 5 | 218,0 |
| 6 | 261,6 |
| 7 | 305,2 |
| 8 | 348,8 |
| 9 | 392,4 |

| 276 | |
|---|---|
| 1 | 27,6 |
| 2 | 55,2 |
| 3 | 82,8 |
| 4 | 110,4 |
| 5 | 138,0 |
| 6 | 165,6 |
| 7 | 193,2 |
| 8 | 220,8 |
| 9 | 248,4 |

| 275 | |
|---|---|
| 1 | 27,5 |
| 2 | 55,0 |
| 3 | 82,5 |
| 4 | 110,0 |
| 5 | 137,5 |
| 6 | 165,0 |
| 7 | 192,5 |
| 8 | 220,0 |
| 9 | 247,5 |

| 274 | |
|---|---|
| 1 | 27,4 |
| 2 | 54,8 |
| 3 | 82,2 |
| 4 | 109,6 |
| 5 | 137,0 |
| 6 | 164,4 |
| 7 | 191,8 |
| 8 | 219,2 |
| 9 | 246,6 |

| 160 | |
|---|---|
| 1 | 16 |
| 2 | 32 |
| 3 | 48 |
| 4 | 64 |
| 5 | 80 |
| 6 | 96 |
| 7 | 112 |
| 8 | 128 |
| 9 | 144 |

| 161 | |
|---|---|
| 1 | 16,1 |
| 2 | 32,2 |
| 3 | 48,3 |
| 4 | 64,4 |
| 5 | 80,5 |
| 6 | 96,6 |
| 7 | 112,7 |
| 8 | 128,8 |
| 9 | 144,9 |

| ' | " | Sin. | D. | Tang. | D.c. | Cotg. | Cos. | D. | " | ' |
|---|---|---|---|---|---|---|---|---|---|---|
| 20 | 0 | 1̄,7 827 958 | | 1̄,8 823 627 | | 0,1 176 373 | 1̄,9 004 331 | | 0 | 40 |
| | 10 | 828 234 | 276 | 824 063 | 436 | 175 937 | 004 171 | 160 | 50 | |
| | 20 | 828 510 | 276 | 824 500 | 437 | 175 500 | 004 010 | 161 | 40 | |
| | 30 | 828 786 | 276 | 824 937 | 437 | 175 063 | 003 849 | 161 | 30 | |
| | 40 | 829 062 | 276 | 825 373 | 436 | 174 627 | 003 689 | 160 | 20 | |
| | 50 | 829 338 | 276 | 825 810 | 437 | 174 190 | 003 528 | 161 | 10 | |
| 21 | 0 | 829 614 | 276 | 826 246 | 436 | 173 754 | 003 367 | 161 | 0 | 39 |
| | 10 | 829 889 | 275 | 826 683 | 437 | 173 317 | 003 207 | 160 | 50 | |
| | 20 | 830 165 | 276 | 827 119 | 436 | 172 881 | 003 046 | 161 | 40 | |
| | 30 | 830 441 | 276 | 827 556 | 437 | 172 444 | 002 885 | 161 | 30 | |
| | 40 | 830 717 | 276 | 827 993 | 437 | 172 007 | 002 724 | 161 | 20 | |
| | 50 | 830 993 | 276 | 828 429 | 436 | 171 571 | 002 564 | 160 | 10 | |
| 22 | 0 | 831 268 | 275 | 828 866 | 437 | 171 134 | 002 403 | 161 | 0 | 38 |
| | 10 | 831 544 | 276 | 829 302 | 436 | 170 698 | 002 242 | 161 | 50 | |
| | 20 | 831 820 | 276 | 829 739 | 437 | 170 261 | 002 081 | 161 | 40 | |
| | 30 | 832 095 | 275 | 830 175 | 436 | 169 825 | 001 920 | 161 | 30 | |
| | 40 | 832 371 | 276 | 830 612 | 437 | 169 388 | 001 760 | 160 | 20 | |
| | 50 | 832 647 | 276 | 831 048 | 436 | 168 952 | 001 599 | 161 | 10 | |
| 23 | 0 | 832 922 | 275 | 831 484 | 436 | 168 516 | 001 438 | 161 | 0 | 37 |
| | 10 | 833 198 | 276 | 831 921 | 437 | 168 079 | 001 277 | 161 | 50 | |
| | 20 | 833 473 | 275 | 832 357 | 436 | 167 643 | 001 116 | 161 | 40 | |
| | 30 | 833 749 | 276 | 832 794 | 437 | 167 206 | 000 955 | 161 | 30 | |
| | 40 | 834 024 | 275 | 833 230 | 436 | 166 770 | 000 794 | 161 | 20 | |
| | 50 | 834 300 | 276 | 833 666 | 436 | 166 334 | 000 633 | 161 | 10 | |
| 24 | 0 | 834 575 | 275 | 834 103 | 437 | 165 897 | 000 472 | 161 | 0 | 36 |
| | 10 | 834 851 | 276 | 834 539 | 436 | 165 461 | 000 311 | 161 | 50 | |
| | 20 | 835 126 | 275 | 834 976 | 437 | 165 024 | 1̄,9 000 150 | 161 | 40 | |
| | 30 | 835 401 | 275 | 835 412 | 436 | 164 588 | 1̄,8 999 989 | 161 | 30 | |
| | 40 | 835 676 | 275 | 835 848 | 436 | 164 152 | 999 828 | 161 | 20 | |
| | 50 | 835 952 | 276 | 836 285 | 437 | 163 715 | 999 667 | 161 | 10 | |
| 25 | 0 | 836 227 | 275 | 836 721 | 436 | 163 279 | 999 506 | 161 | 0 | 35 |
| | 10 | 836 502 | 275 | 837 157 | 436 | 162 843 | 999 345 | 161 | 50 | |
| | 20 | 836 777 | 275 | 837 593 | 436 | 162 407 | 999 184 | 161 | 40 | |
| | 30 | 837 053 | 276 | 838 030 | 437 | 161 970 | 999 023 | 161 | 30 | |
| | 40 | 837 328 | 275 | 838 466 | 436 | 161 534 | 998 862 | 161 | 20 | |
| | 50 | 837 603 | 275 | 838 902 | 436 | 161 098 | 998 701 | 161 | 10 | |
| 26 | 0 | 837 878 | 275 | 839 338 | 436 | 160 662 | 998 539 | 162 | 0 | 34 |
| | 10 | 838 153 | 275 | 839 775 | 437 | 160 225 | 998 378 | 161 | 50 | |
| | 20 | 838 428 | 275 | 840 211 | 436 | 159 789 | 998 217 | 161 | 40 | |
| | 30 | 838 703 | 275 | 840 647 | 436 | 159 353 | 998 056 | 161 | 30 | |
| | 40 | 838 978 | 275 | 841 083 | 436 | 158 917 | 997 895 | 161 | 20 | |
| | 50 | 839 253 | 275 | 841 519 | 436 | 158 481 | 997 733 | 162 | 10 | |
| 27 | 0 | 839 528 | 275 | 841 956 | 437 | 158 044 | 997 572 | 161 | 0 | 33 |
| | 10 | 839 803 | 275 | 842 392 | 436 | 157 608 | 997 411 | 161 | 50 | |
| | 20 | 840 077 | 274 | 842 828 | 436 | 157 172 | 997 249 | 162 | 40 | |
| | 30 | 840 352 | 275 | 843 264 | 436 | 156 736 | 997 088 | 161 | 30 | |
| | 40 | 840 627 | 275 | 843 700 | 436 | 156 300 | 996 927 | 161 | 20 | |
| | 50 | 840 902 | 275 | 844 136 | 436 | 155 864 | 996 765 | 162 | 10 | |
| 28 | 0 | 841 177 | 275 | 844 572 | 436 | 155 428 | 996 604 | 161 | 0 | 32 |
| | 10 | 841 451 | 274 | 845 008 | 436 | 154 992 | 996 443 | 161 | 50 | |
| | 20 | 841 726 | 275 | 845 445 | 437 | 154 555 | 996 281 | 162 | 40 | |
| | 30 | 842 001 | 275 | 845 881 | 436 | 154 119 | 996 120 | 161 | 30 | |
| | 40 | 842 275 | 274 | 846 317 | 436 | 153 683 | 995 959 | 161 | 20 | |
| | 50 | 842 550 | 275 | 846 753 | 436 | 153 247 | 995 797 | 162 | 10 | |
| 29 | 0 | 842 824 | 274 | 847 189 | 436 | 152 811 | 995 636 | 161 | 0 | 31 |
| | 10 | 843 099 | 275 | 847 625 | 436 | 152 375 | 995 474 | 162 | 50 | |
| | 20 | 843 373 | 274 | 848 061 | 436 | 151 939 | 995 313 | 161 | 40 | |
| | 30 | 843 648 | 275 | 848 497 | 436 | 151 503 | 995 151 | 162 | 30 | |
| | 40 | 843 922 | 274 | 848 933 | 436 | 151 067 | 994 990 | 161 | 20 | |
| | 50 | 844 197 | 275 | 849 369 | 436 | 150 631 | 994 828 | 162 | 10 | |
| 30 | 0 | 1̄,7 844 471 | 274 | 1̄,8 849 805 | 436 | 0,1 150 195 | 1̄,8 994 667 | 161 | 0 | 30 |
| ' | " | Cos. | | Cotg. | | Tang. | Sin. | | " | ' |

| ′ | ″ | Sin. | D. | Tang. | D.c. | Cotg. | Cos. | D. | ″ | ′ |
|---|---|---|---|---|---|---|---|---|---|---|
| 30 | 0 | 1̄,7 844 471 | | 1̄,8 849 805 | | 0,1 150 195 | 1̄,8 994 667 | | 0 | 30 |
| | 10 | 844 746 | 275 | 850 241 | 436 | 149 759 | 994 505 | 162 | 50 | |
| | 20 | 845 020 | 274 | 850 677 | 436 | 149 323 | 994 343 | 162 | 40 | |
| | 30 | 845 294 | 274 | 851 113 | 436 | 148 887 | 994 182 | 161 | 30 | |
| | 40 | 845 569 | 275 | 851 548 | 435 | 148 452 | 994 020 | 162 | 20 | |
| | 50 | 845 843 | 274 | 851 984 | 436 | 148 016 | 993 859 | 161 | 10 | |
| 31 | 0 | 846 117 | 274 | 852 420 | 436 | 147 580 | 993 697 | 162 | 0 | 29 |
| | 10 | 846 391 | 274 | 852 856 | 436 | 147 144 | 993 535 | 162 | 50 | |
| | 20 | 846 666 | 275 | 853 292 | 436 | 146 708 | 993 374 | 161 | 40 | |
| | 30 | 846 940 | 274 | 853 728 | 436 | 146 272 | 993 212 | 162 | 30 | |
| | 40 | 847 214 | 274 | 854 164 | 436 | 145 836 | 993 050 | 162 | 20 | |
| | 50 | 847 488 | 274 | 854 600 | 436 | 145 400 | 992 888 | 162 | 10 | |
| 32 | 0 | 847 762 | 274 | 855 035 | 435 | 144 965 | 992 727 | 161 | 0 | 28 |
| | 10 | 848 036 | 274 | 855 471 | 436 | 144 529 | 992 565 | 162 | 50 | |
| | 20 | 848 310 | 274 | 855 907 | 436 | 144 093 | 992 403 | 162 | 40 | |
| | 30 | 848 584 | 274 | 856 343 | 436 | 143 657 | 992 241 | 162 | 30 | |
| | 40 | 848 858 | 274 | 856 779 | 436 | 143 221 | 992 079 | 162 | 20 | |
| | 50 | 849 132 | 274 | 857 214 | 435 | 142 786 | 991 918 | 161 | 10 | |
| 33 | 0 | 849 406 | 274 | 857 650 | 436 | 142 350 | 991 756 | 162 | 0 | 27 |
| | 10 | 849 680 | 274 | 858 086 | 436 | 141 914 | 991 594 | 162 | 50 | |
| | 20 | 849 954 | 274 | 858 522 | 436 | 141 478 | 991 432 | 162 | 40 | |
| | 30 | 850 228 | 274 | 858 957 | 435 | 141 043 | 991 270 | 162 | 30 | |
| | 40 | 850 501 | 273 | 859 393 | 436 | 140 607 | 991 108 | 162 | 20 | |
| | 50 | 850 775 | 274 | 859 829 | 436 | 140 171 | 990 946 | 162 | 10 | |
| 34 | 0 | 851 049 | 274 | 860 264 | 435 | 139 736 | 990 784 | 162 | 0 | 26 |
| | 10 | 851 323 | 274 | 860 700 | 436 | 139 300 | 990 622 | 162 | 50 | |
| | 20 | 851 596 | 273 | 861 136 | 436 | 138 864 | 990 460 | 162 | 40 | |
| | 30 | 851 870 | 274 | 861 572 | 436 | 138 428 | 990 298 | 162 | 30 | |
| | 40 | 852 144 | 274 | 862 007 | 435 | 137 993 | 990 136 | 162 | 20 | |
| | 50 | 852 417 | 273 | 862 443 | 436 | 137 557 | 989 974 | 162 | 10 | |
| 35 | 0 | 852 691 | 274 | 862 878 | 435 | 137 122 | 989 812 | 162 | 0 | 25 |
| | 10 | 852 964 | 273 | 863 314 | 436 | 136 686 | 989 650 | 162 | 50 | |
| | 20 | 853 238 | 274 | 863 750 | 436 | 136 250 | 989 488 | 162 | 40 | |
| | 30 | 853 511 | 273 | 864 185 | 435 | 135 815 | 989 326 | 162 | 30 | |
| | 40 | 853 785 | 274 | 864 621 | 436 | 135 379 | 989 164 | 162 | 20 | |
| | 50 | 854 058 | 273 | 865 056 | 435 | 134 944 | 989 002 | 162 | 10 | |
| 36 | 0 | 854 332 | 274 | 865 492 | 436 | 134 508 | 988 840 | 162 | 0 | 24 |
| | 10 | 854 605 | 273 | 865 927 | 435 | 134 073 | 988 678 | 162 | 50 | |
| | 20 | 854 878 | 273 | 866 363 | 436 | 133 637 | 988 515 | 163 | 40 | |
| | 30 | 855 152 | 274 | 866 799 | 436 | 133 201 | 988 353 | 162 | 30 | |
| | 40 | 855 425 | 273 | 867 234 | 435 | 132 766 | 988 191 | 162 | 20 | |
| | 50 | 855 698 | 273 | 867 670 | 436 | 132 330 | 988 029 | 162 | 10 | |
| 37 | 0 | 855 972 | 274 | 868 105 | 435 | 131 895 | 987 867 | 162 | 0 | 23 |
| | 10 | 856 245 | 273 | 868 541 | 436 | 131 459 | 987 704 | 163 | 50 | |
| | 20 | 856 518 | 273 | 868 976 | 435 | 131 024 | 987 542 | 162 | 40 | |
| | 30 | 856 791 | 273 | 869 411 | 435 | 130 589 | 987 380 | 162 | 30 | |
| | 40 | 857 064 | 273 | 869 847 | 436 | 130 153 | 987 218 | 162 | 20 | |
| | 50 | 857 338 | 274 | 870 282 | 435 | 129 718 | 987 055 | 163 | 10 | |
| 38 | 0 | 857 611 | 273 | 870 718 | 436 | 129 282 | 900 090 | 162 | 0 | 22 |
| | 10 | 857 884 | 273 | 871 153 | 435 | 128 847 | 986 731 | 162 | 50 | |
| | 20 | 858 157 | 273 | 871 589 | 436 | 128 411 | 986 568 | 163 | 40 | |
| | 30 | 858 430 | 273 | 872 024 | 435 | 127 976 | 986 406 | 162 | 30 | |
| | 40 | 858 703 | 273 | 872 459 | 435 | 127 541 | 986 243 | 163 | 20 | |
| | 50 | 858 976 | 273 | 872 895 | 436 | 127 105 | 986 081 | 162 | 10 | |
| 39 | 0 | 859 249 | 273 | 873 330 | 435 | 126 670 | 985 919 | 162 | 0 | 21 |
| | 10 | 859 522 | 273 | 873 765 | 435 | 126 235 | 985 756 | 163 | 50 | |
| | 20 | 859 794 | 272 | 874 201 | 436 | 125 799 | 985 594 | 162 | 40 | |
| | 30 | 860 067 | 273 | 874 636 | 435 | 125 364 | 985 431 | 163 | 30 | |
| | 40 | 860 340 | 273 | 875 071 | 435 | 124 929 | 985 269 | 162 | 20 | |
| | 50 | 860 613 | 273 | 875 507 | 436 | 124 493 | 985 106 | 163 | 10 | |
| 40 | 0 | 1̄,7 860 886 | 273 | 1̄,8 875 942 | 435 | 0,1 124 058 | 1̄,8 984 944 | 162 | 0 | 20 |
| ′ | ″ | Cos. | | Cotg. | | Tang. | Sin. | | ″ | ′ |

52°

| 436 | |
|---|---|
| 1 | 43,6 |
| 2 | 87,2 |
| 3 | 130,8 |
| 4 | 174,4 |
| 5 | 218,0 |
| 6 | 261,6 |
| 7 | 305,2 |
| 8 | 348,8 |
| 9 | 392,4 |

| 435 | |
|---|---|
| 1 | 43,5 |
| 2 | 87,0 |
| 3 | 130,5 |
| 4 | 174,0 |
| 5 | 217,5 |
| 6 | 261,0 |
| 7 | 304,5 |
| 8 | 348,0 |
| 9 | 391,5 |

| 274 | |
|---|---|
| 1 | 27,4 |
| 2 | 54,8 |
| 3 | 82,2 |
| 4 | 109,6 |
| 5 | 137,0 |
| 6 | 164,4 |
| 7 | 191,8 |
| 8 | 219,2 |
| 9 | 246,6 |

| 273 | |
|---|---|
| 1 | 27,3 |
| 2 | 54,6 |
| 3 | 81,9 |
| 4 | 109,2 |
| 5 | 136,5 |
| 6 | 163,8 |
| 7 | 191,1 |
| 8 | 218,4 |
| 9 | 245,7 |

| 272 | |
|---|---|
| 1 | 27,2 |
| 2 | 54,4 |
| 3 | 81,6 |
| 4 | 108,8 |
| 5 | 136,0 |
| 6 | 163,2 |
| 7 | 190,4 |
| 8 | 217,6 |
| 9 | 244,8 |

| 162 | |
|---|---|
| 1 | 16,2 |
| 2 | 32,4 |
| 3 | 48,6 |
| 4 | 64,8 |
| 5 | [illegible] |
| 6 | 97,2 |
| 7 | 113,4 |
| 8 | 129,6 |
| 9 | 145,8 |

| 163 | |
|---|---|
| 1 | 16,3 |
| 2 | 32,6 |
| 3 | 48,9 |
| 4 | 65,2 |
| 5 | 81,5 |
| 6 | 97,8 |
| 7 | 114,1 |
| 8 | 130,4 |
| 9 | 146,7 |

| ′ | ″ | Sin. | D. | Tang. | D.c. | Cotg. | Cos. | D. | ″ | ′ |
|---|---|---|---|---|---|---|---|---|---|---|
| 40 | 0 | 1̄,7 860 886 | 272 | 1̄,8 875 942 | 435 | 0,1 124 058 | 1̄,8 984 944 | 163 | 0 | 20 |
| | 10 | 861 158 | 273 | 876 377 | 436 | 123 623 | 984 781 | 163 | 50 | |
| | 20 | 861 431 | 273 | 876 813 | 435 | 123 187 | 984 618 | 162 | 40 | |
| | 30 | 861 704 | 272 | 877 248 | 435 | 122 752 | 984 456 | 163 | 30 | |
| | 40 | 861 976 | 273 | 877 683 | 435 | 122 317 | 984 293 | 162 | 20 | |
| | 50 | 862 249 | 273 | 878 118 | 436 | 121 882 | 984 131 | 163 | 10 | |
| 41 | 0 | 862 522 | 272 | 878 554 | 435 | 121 446 | 983 968 | 163 | 0 | 19 |
| | 10 | 862 794 | 273 | 878 989 | 435 | 121 011 | 983 805 | 162 | 50 | |
| | 20 | 863 067 | 272 | 879 424 | 435 | 120 576 | 983 643 | 163 | 40 | |
| | 30 | 863 339 | 273 | 879 859 | 435 | 120 141 | 983 480 | 163 | 30 | |
| | 40 | 863 612 | 272 | 880 294 | 436 | 119 706 | 983 317 | 162 | 20 | |
| | 50 | 863 884 | 273 | 880 730 | 435 | 119 270 | 983 155 | 163 | 10 | |
| 42 | 0 | 864 157 | 272 | 881 165 | 435 | 118 835 | 982 992 | 163 | 0 | 18 |
| | 10 | 864 429 | 272 | 881 600 | 435 | 118 400 | 982 829 | 163 | 50 | |
| | 20 | 864 701 | 273 | 882 035 | 435 | 117 965 | 982 666 | 162 | 40 | |
| | 30 | 864 974 | 272 | 882 470 | 435 | 117 530 | 982 504 | 163 | 30 | |
| | 40 | 865 246 | 272 | 882 905 | 435 | 117 095 | 982 341 | 163 | 20 | |
| | 50 | 865 518 | 273 | 883 340 | 435 | 116 660 | 982 178 | 163 | 10 | |
| 43 | 0 | 865 791 | 272 | 883 775 | 436 | 116 225 | 982 015 | 163 | 0 | 17 |
| | 10 | 866 063 | 272 | 884 211 | 435 | 115 789 | 981 852 | 162 | 50 | |
| | 20 | 866 335 | 272 | 884 646 | 435 | 115 354 | 981 690 | 163 | 40 | |
| | 30 | 866 607 | 273 | 885 081 | 435 | 114 919 | 981 527 | 163 | 30 | |
| | 40 | 866 880 | 272 | 885 516 | 435 | 114 484 | 981 364 | 163 | 20 | |
| | 50 | 867 152 | 272 | 885 951 | 435 | 114 049 | 981 201 | 163 | 10 | |
| 44 | 0 | 867 424 | 272 | 886 386 | 435 | 113 614 | 981 038 | 163 | 0 | 16 |
| | 10 | 867 696 | 272 | 886 821 | 435 | 113 179 | 980 875 | 163 | 50 | |
| | 20 | 867 968 | 272 | 887 256 | 435 | 112 744 | 980 712 | 163 | 40 | |
| | 30 | 868 240 | 272 | 887 691 | 435 | 112 309 | 980 549 | 163 | 30 | |
| | 40 | 868 512 | 272 | 888 126 | 435 | 111 874 | 980 386 | 163 | 20 | |
| | 50 | 868 784 | 272 | 888 561 | 435 | 111 439 | 980 223 | 163 | 10 | |
| 45 | 0 | 869 056 | 272 | 888 996 | 435 | 111 004 | 980 060 | 163 | 0 | 15 |
| | 10 | 869 328 | 272 | 889 431 | 435 | 110 569 | 979 897 | 163 | 50 | |
| | 20 | 869 600 | 272 | 889 866 | 435 | 110 134 | 979 734 | 163 | 40 | |
| | 30 | 869 872 | 271 | 890 301 | 434 | 109 699 | 979 571 | 163 | 30 | |
| | 40 | 870 143 | 272 | 890 735 | 435 | 109 265 | 979 408 | 163 | 20 | |
| | 50 | 870 415 | 272 | 891 170 | 435 | 108 830 | 979 245 | 163 | 10 | |
| 46 | 0 | 870 687 | 272 | 891 605 | 435 | 108 395 | 979 082 | 163 | 0 | 14 |
| | 10 | 870 959 | 271 | 892 040 | 435 | 107 960 | 978 919 | 164 | 50 | |
| | 20 | 871 230 | 272 | 892 475 | 435 | 107 525 | 978 755 | 163 | 40 | |
| | 30 | 871 502 | 272 | 892 910 | 435 | 107 090 | 978 592 | 163 | 30 | |
| | 40 | 871 774 | 271 | 893 345 | 435 | 106 655 | 978 429 | 163 | 20 | |
| | 50 | 872 045 | 272 | 893 780 | 434 | 106 220 | 978 266 | 163 | 10 | |
| 47 | 0 | 872 317 | 272 | 894 214 | 435 | 105 786 | 978 103 | 164 | 0 | 13 |
| | 10 | 872 589 | 271 | 894 649 | 435 | 105 351 | 977 939 | 163 | 50 | |
| | 20 | 872 860 | 272 | 895 084 | 435 | 104 916 | 977 776 | 163 | 40 | |
| | 30 | 873 132 | 271 | 895 519 | 435 | 104 481 | 977 613 | 163 | 30 | |
| | 40 | 873 403 | 272 | 895 954 | 434 | 104 046 | 977 450 | 164 | 20 | |
| | 50 | 873 675 | 271 | 896 388 | 435 | 103 612 | 977 286 | 163 | 10 | |
| 48 | 0 | 873 946 | 272 | 896 823 | 435 | 103 177 | 977 123 | 163 | 0 | 12 |
| | 10 | 874 218 | 271 | 897 258 | 435 | 102 742 | 976 960 | 164 | 50 | |
| | 20 | 874 489 | 271 | 897 693 | 434 | 102 307 | 976 796 | 163 | 40 | |
| | 30 | 874 760 | 272 | 898 127 | 435 | 101 873 | 976 633 | 163 | 30 | |
| | 40 | 875 032 | 271 | 898 562 | 435 | 101 438 | 976 470 | 164 | 20 | |
| | 50 | 875 303 | 271 | 898 997 | 435 | 101 003 | 976 306 | 163 | 10 | |
| 49 | 0 | 875 574 | 272 | 899 432 | 434 | 100 568 | 976 143 | 164 | 0 | 11 |
| | 10 | 875 846 | 271 | 899 866 | 435 | 100 134 | 975 979 | 163 | 50 | |
| | 20 | 876 117 | 271 | 900 301 | 435 | 099 699 | 975 816 | 164 | 40 | |
| | 30 | 876 388 | 271 | 900 736 | 434 | 099 264 | 975 652 | 163 | 30 | |
| | 40 | 876 659 | 271 | 901 170 | 435 | 098 830 | 975 489 | 164 | 20 | |
| | 50 | 876 930 | 272 | 901 605 | 435 | 098 395 | 975 325 | 163 | 10 | |
| 50 | 0 | 1̄,7 877 202 | | 1̄,8 902 040 | | 0,1 097 960 | 1̄,8 975 162 | | 0 | 10 |
| ′ | ″ | Cos. | | Cotg. | | Tang. | Sin. | | ″ | ′ |

52°

| 436 | |
|---|---|
| 1 | 43,6 |
| 2 | 87,2 |
| 3 | 130,8 |
| 4 | 174,4 |
| 5 | 218,0 |
| 6 | 261,6 |
| 7 | 305,2 |
| 8 | 348,8 |
| 9 | 392,4 |

| 435 | |
|---|---|
| 1 | 43,5 |
| 2 | 87,0 |
| 3 | 130,5 |
| 4 | 174,0 |
| 5 | 217,5 |
| 6 | 261,0 |
| 7 | 304,5 |
| 8 | 348,0 |
| 9 | 391,5 |

| 273 | |
|---|---|
| 1 | 27,3 |
| 2 | 54,6 |
| 3 | 81,9 |
| 4 | 109,2 |
| 5 | 136,5 |
| 6 | 163,8 |
| 7 | 191,1 |
| 8 | 218,4 |
| 9 | 245,7 |

| 272 | |
|---|---|
| 1 | 27,2 |
| 2 | 54,4 |
| 3 | 81,6 |
| 4 | 108,8 |
| 5 | 136,0 |
| 6 | 163,2 |
| 7 | 190,4 |
| 8 | 217,6 |
| 9 | 244,8 |

| 271 | |
|---|---|
| 1 | 27,1 |
| 2 | 54,2 |
| 3 | 81,3 |
| 4 | 108,4 |
| 5 | 135,5 |
| 6 | 162,6 |
| 7 | 189,7 |
| 8 | 216,8 |
| 9 | 243,9 |

| 162 | |
|---|---|
| 1 | 16,2 |
| 2 | 32,4 |
| 3 | 48,6 |
| 4 | 64,8 |
| 5 | 81,0 |
| 6 | 97,2 |
| 7 | 113,4 |
| 8 | 129,6 |
| 9 | 145,8 |

| 163 | |
|---|---|
| 1 | 16,3 |
| 2 | 32,6 |
| 3 | 48,9 |
| 4 | 65,2 |
| 5 | 81,5 |
| 6 | 97,8 |
| 7 | 114,1 |
| 8 | 130,4 |
| 9 | 146,7 |

| ′ | ″ | Sin. | D. | Tang. | D.c. | Cotg. | Cos. | D. | ″ | ′ |
|---|---|---|---|---|---|---|---|---|---|---|
| 50 | 0 | $\bar{1}$,7 877 202 | | $\bar{1}$,8 902 040 | | 0,1 097 960 | $\bar{1}$,8 975 162 | | 0 | 10 |
| | 10 | 877 473 | 271 | 902 474 | 434 | 097 526 | 974 998 | 164 | 50 | |
| | 20 | 877 744 | 271 | 902 909 | 435 | 097 091 | 974 835 | 163 | 40 | |
| | 30 | 878 015 | 271 | 903 343 | 434 | 096 657 | 974 671 | 164 | 30 | |
| | 40 | 878 286 | 271 | 903 778 | 435 | 096 222 | 974 508 | 163 | 20 | |
| | 50 | 878 557 | 271 | 904 213 | 435 | 095 787 | 974 344 | 164 | 10 | |
| 51 | 0 | 878 828 | 271 | 904 647 | 434 | 095 353 | 974 181 | 163 | 0 | 9 |
| | 10 | 879 099 | 271 | 905 082 | 435 | 094 918 | 974 017 | 164 | 50 | |
| | 20 | 879 370 | 271 | 905 516 | 434 | 094 484 | 973 853 | 164 | 40 | |
| | 30 | 879 640 | 270 | 905 951 | 435 | 094 049 | 973 690 | 163 | 30 | |
| | 40 | 879 911 | 271 | 906 385 | 434 | 093 615 | 973 526 | 164 | 20 | |
| | 50 | 880 182 | 271 | 906 820 | 435 | 093 180 | 973 362 | 164 | 10 | |
| 52 | 0 | 880 453 | 271 | 907 254 | 434 | 092 746 | 973 199 | 163 | 0 | 8 |
| | 10 | 880 724 | 271 | 907 689 | 435 | 092 311 | 973 035 | 164 | 50 | |
| | 20 | 880 995 | 271 | 908 123 | 434 | 091 877 | 972 871 | 164 | 40 | |
| | 30 | 881 265 | 270 | 908 558 | 435 | 091 442 | 972 707 | 164 | 30 | |
| | 40 | 881 536 | 271 | 908 992 | 434 | 091 008 | 972 544 | 163 | 20 | |
| | 50 | 881 807 | 271 | 909 427 | 435 | 090 573 | 972 380 | 164 | 10 | |
| 53 | 0 | 882 077 | 270 | 909 861 | 434 | 090 139 | 972 216 | 164 | 0 | 7 |
| | 10 | 882 348 | 271 | 910 296 | 435 | 089 704 | 972 052 | 164 | 50 | |
| | 20 | 882 618 | 270 | 910 730 | 434 | 089 270 | 971 888 | 164 | 40 | |
| | 30 | 882 889 | 271 | 911 165 | 435 | 088 835 | 971 724 | 164 | 30 | |
| | 40 | 883 160 | 271 | 911 599 | 434 | 088 401 | 971 561 | 163 | 20 | |
| | 50 | 883 430 | 270 | 912 033 | 434 | 087 967 | 971 397 | 164 | 10 | |
| 54 | 0 | 883 701 | 271 | 912 468 | 435 | 087 532 | 971 233 | 164 | 0 | 6 |
| | 10 | 883 971 | 270 | 912 902 | 434 | 087 098 | 971 069 | 164 | 50 | |
| | 20 | 884 241 | 270 | 913 336 | 434 | 086 664 | 970 905 | 164 | 40 | |
| | 30 | 884 512 | 271 | 913 771 | 435 | 086 229 | 970 741 | 164 | 30 | |
| | 40 | 884 782 | 270 | 914 205 | 434 | 085 795 | 970 577 | 164 | 20 | |
| | 50 | 885 053 | 271 | 914 639 | 434 | 085 361 | 970 413 | 164 | 10 | |
| 55 | 0 | 885 323 | 270 | 915 074 | 435 | 084 926 | 970 249 | 164 | 0 | 5 |
| | 10 | 885 593 | 270 | 915 508 | 434 | 084 492 | 970 085 | 164 | 50 | |
| | 20 | 885 863 | 270 | 915 942 | 434 | 084 058 | 969 921 | 164 | 40 | |
| | 30 | 886 134 | 271 | 916 377 | 435 | 083 623 | 969 757 | 164 | 30 | |
| | 40 | 886 404 | 270 | 916 811 | 434 | 083 189 | 969 593 | 164 | 20 | |
| | 50 | 886 674 | 270 | 917 245 | 434 | 082 755 | 969 429 | 164 | 10 | |
| 56 | 0 | 886 944 | 270 | 917 679 | 434 | 082 321 | 969 265 | 164 | 0 | 4 |
| | 10 | 887 214 | 270 | 918 114 | 435 | 081 886 | 969 101 | 164 | 50 | |
| | 20 | 887 484 | 270 | 918 548 | 434 | 081 452 | 968 936 | 165 | 40 | |
| | 30 | 887 754 | 270 | 918 982 | 434 | 081 018 | 968 772 | 164 | 30 | |
| | 40 | 888 025 | 271 | 919 416 | 434 | 080 584 | 968 608 | 164 | 20 | |
| | 50 | 888 295 | 270 | 919 851 | 435 | 080 149 | 968 444 | 164 | 10 | |
| 57 | 0 | 888 565 | 270 | 920 285 | 434 | 079 715 | 968 280 | 164 | 0 | 3 |
| | 10 | 888 834 | 269 | 920 719 | 434 | 079 281 | 968 116 | 164 | 50 | |
| | 20 | 889 104 | 270 | 921 153 | 434 | 078 847 | 967 951 | 165 | 40 | |
| | 30 | 889 374 | 270 | 921 587 | 434 | 078 413 | 967 787 | 164 | 30 | |
| | 40 | 889 644 | 270 | 922 021 | 434 | 077 979 | 967 623 | 164 | 20 | |
| | 50 | 889 914 | 270 | 922 456 | 435 | 077 544 | 967 459 | 164 | 10 | |
| 58 | 0 | 890 184 | 270 | 922 890 | 434 | 077 110 | 967 294 | 165 | 0 | 2 |
| | 10 | 890 454 | 270 | 923 324 | 434 | 076 676 | 967 130 | 164 | 50 | |
| | 20 | 890 723 | 269 | 923 758 | 434 | 076 242 | 966 966 | 164 | 40 | |
| | 30 | 890 993 | 270 | 924 192 | 434 | 075 808 | 966 801 | 165 | 30 | |
| | 40 | 891 263 | 270 | 924 626 | 434 | 075 374 | 966 637 | 164 | 20 | |
| | 50 | 891 533 | 270 | 925 060 | 434 | 074 940 | 966 473 | 164 | 10 | |
| 59 | 0 | 891 802 | 269 | 925 494 | 434 | 074 506 | 966 308 | 165 | 0 | 1 |
| | 10 | 892 072 | 270 | 925 928 | 434 | 074 072 | 966 144 | 164 | 50 | |
| | 20 | 892 342 | 270 | 926 362 | 434 | 073 638 | 965 979 | 165 | 40 | |
| | 30 | 892 611 | 269 | 926 796 | 434 | 073 204 | 965 815 | 164 | 30 | |
| | 40 | 892 881 | 270 | 927 230 | 434 | 072 770 | 965 650 | 165 | 20 | |
| | 50 | 893 150 | 269 | 927 664 | 434 | 072 336 | 965 486 | 164 | 10 | |
| 60 | 0 | $\bar{1}$,7 893 420 | 270 | $\bar{1}$,8 928 098 | 434 | 0,1 071 902 | $\bar{1}$,8 965 321 | 165 | 0 | 0 |
| ′ | ″ | Cos. | | Cotg. | | Tang. | Sin. | | ″ | ′ |

52°

| | 435 |
|---|---|
| 1 | 43,5 |
| 2 | 87,0 |
| 3 | 130,5 |
| 4 | 174,0 |
| 5 | 217,5 |
| 6 | 261,0 |
| 7 | 304,5 |
| 8 | 348,0 |
| 9 | 391,5 |

| | 434 |
|---|---|
| 1 | 43,4 |
| 2 | 86,8 |
| 3 | 130,2 |
| 4 | 173,6 |
| 5 | 217,0 |
| 6 | 260,4 |
| 7 | 303,8 |
| 8 | 347,2 |
| 9 | 390,6 |

| | 271 |
|---|---|
| 1 | 27,1 |
| 2 | 54,2 |
| 3 | 81,3 |
| 4 | 108,4 |
| 5 | 135,5 |
| 6 | 162,6 |
| 7 | 189,7 |
| 8 | 216,8 |
| 9 | 243,9 |

| | 270 |
|---|---|
| 1 | 27 |
| 2 | 54 |
| 3 | 81 |
| 4 | 108 |
| 5 | 135 |
| 6 | 162 |
| 7 | 189 |
| 8 | 216 |
| 9 | 243 |

| | 269 |
|---|---|
| 1 | 26,9 |
| 2 | 53,8 |
| 3 | 80,7 |
| 4 | 107,6 |
| 5 | 134,5 |
| 6 | 161,4 |
| 7 | 188,3 |
| 8 | 215,2 |
| 9 | 242,1 |

| | 164 |
|---|---|
| 1 | 16,4 |
| 2 | 32,8 |
| 3 | 49,2 |
| 4 | 65,6 |
| 5 | 82,0 |
| 6 | 98,4 |
| 7 | 114,8 |
| 8 | 131,2 |
| 9 | 147,6 |

| | 165 |
|---|---|
| 1 | 16,5 |
| 2 | 33,0 |
| 3 | 49,5 |
| 4 | 66,0 |
| 5 | 82,5 |
| 6 | 99,0 |
| 7 | 115,5 |
| 8 | 132,0 |
| 9 | 148,5 |

| ′ | ″ | Sin. | D. | Tang. | D.c. | Cotg. | Cos. | D. | ″ | ′ |
|---|---|---|---|---|---|---|---|---|---|---|
| 0 | 0 | $\bar{1}$,7 893 420 | 269 | $\bar{1}$,8 928 098 | 434 | 0,1 071 902 | $\bar{1}$,8 965 321 | 164 | 0 | 60 |
| | 10 | 893 689 | 270 | 928 532 | 434 | 071 468 | 965 157 | 165 | 50 | |
| | 20 | 893 959 | 269 | 928 966 | 434 | 071 034 | 964 992 | 164 | 40 | |
| | 30 | 894 228 | 270 | 929 400 | 434 | 070 600 | 964 828 | 165 | 30 | |
| | 40 | 894 498 | 269 | 929 834 | 434 | 070 166 | 964 663 | 164 | 20 | |
| | 50 | 894 767 | 269 | 930 268 | 434 | 069 732 | 964 499 | 165 | 10 | |
| 1 | 0 | 895 036 | 270 | 930 702 | 434 | 069 298 | 964 334 | 164 | 0 | 59 |
| | 10 | 895 306 | 269 | 931 136 | 434 | 068 864 | 964 170 | 165 | 50 | |
| | 20 | 895 575 | 269 | 931 570 | 434 | 068 430 | 964 005 | 165 | 40 | |
| | 30 | 895 844 | 269 | 932 004 | 434 | 067 996 | 963 840 | 164 | 30 | |
| | 40 | 896 113 | 270 | 932 438 | 434 | 067 562 | 963 676 | 165 | 20 | |
| | 50 | 896 383 | 269 | 932 872 | 434 | 067 128 | 963 511 | 165 | 10 | |
| 2 | 0 | 896 652 | 269 | 933 306 | 433 | 066 694 | 963 346 | 164 | 0 | 58 |
| | 10 | 896 921 | 269 | 933 739 | 434 | 066 261 | 963 182 | 165 | 50 | |
| | 20 | 897 190 | 269 | 934 173 | 434 | 065 827 | 963 017 | 165 | 40 | |
| | 30 | 897 459 | 269 | 934 607 | 434 | 065 393 | 962 852 | 165 | 30 | |
| | 40 | 897 728 | 269 | 935 041 | 434 | 064 959 | 962 687 | 164 | 20 | |
| | 50 | 897 997 | 269 | 935 475 | 434 | 064 525 | 962 523 | 165 | 10 | |
| 3 | 0 | 898 266 | 269 | 935 909 | 433 | 064 091 | 962 358 | 165 | 0 | 57 |
| | 10 | 898 535 | 269 | 936 342 | 434 | 063 658 | 962 193 | 165 | 50 | |
| | 20 | 898 804 | 269 | 936 776 | 434 | 063 224 | 962 028 | 165 | 40 | |
| | 30 | 899 073 | 269 | 937 210 | 434 | 062 790 | 961 863 | 165 | 30 | |
| | 40 | 899 342 | 269 | 937 644 | 433 | 062 356 | 961 698 | 164 | 20 | |
| | 50 | 899 611 | 269 | 938 077 | 434 | 061 923 | 961 534 | 165 | 10 | |
| 4 | 0 | 899 880 | 269 | 938 511 | 434 | 061 489 | 961 369 | 165 | 0 | 56 |
| | 10 | 900 149 | 269 | 938 945 | 434 | 061 055 | 961 204 | 165 | 50 | |
| | 20 | 900 418 | 268 | 939 379 | 433 | 060 621 | 961 039 | 165 | 40 | |
| | 30 | 900 686 | 269 | 939 812 | 434 | 060 188 | 960 874 | 165 | 30 | |
| | 40 | 900 955 | 269 | 940 246 | 434 | 059 754 | 960 709 | 165 | 20 | |
| | 50 | 901 224 | 269 | 940 680 | 434 | 059 320 | 960 544 | 165 | 10 | |
| 5 | 0 | 901 493 | 268 | 941 114 | 433 | 058 886 | 960 379 | 165 | 0 | 55 |
| | 10 | 901 761 | 269 | 941 547 | 434 | 058 453 | 960 214 | 165 | 50 | |
| | 20 | 902 030 | 268 | 941 981 | 434 | 058 019 | 960 049 | 165 | 40 | |
| | 30 | 902 298 | 269 | 942 415 | 433 | 057 585 | 959 884 | 165 | 30 | |
| | 40 | 902 567 | 269 | 942 848 | 434 | 057 152 | 959 719 | 165 | 20 | |
| | 50 | 902 836 | 268 | 943 282 | 433 | 056 718 | 959 554 | 165 | 10 | |
| 6 | 0 | 903 104 | 269 | 943 715 | 434 | 056 285 | 959 389 | 165 | 0 | 54 |
| | 10 | 903 373 | 268 | 944 149 | 434 | 055 851 | 959 224 | 165 | 50 | |
| | 20 | 903 641 | 269 | 944 583 | 433 | 055 417 | 959 059 | 166 | 40 | |
| | 30 | 903 910 | 268 | 945 016 | 434 | 054 984 | 958 893 | 165 | 30 | |
| | 40 | 904 178 | 268 | 945 450 | 433 | 054 550 | 958 728 | 165 | 20 | |
| | 50 | 904 446 | 269 | 945 883 | 434 | 054 117 | 958 563 | 165 | 10 | |
| 7 | 0 | 904 715 | 268 | 946 317 | 434 | 053 683 | 958 398 | 165 | 0 | 53 |
| | 10 | 904 983 | 269 | 946 751 | 433 | 053 249 | 958 233 | 166 | 50 | |
| | 20 | 905 252 | 268 | 947 184 | 434 | 052 816 | 958 067 | 165 | 40 | |
| | 30 | 905 520 | 268 | 947 618 | 433 | 052 382 | 957 902 | 165 | 30 | |
| | 40 | 905 788 | 268 | 948 051 | 434 | 051 949 | 957 737 | 165 | 20 | |
| | 50 | 906 056 | 269 | 948 485 | 433 | 051 515 | 957 572 | 166 | 10 | |
| 8 | 0 | 906 325 | 268 | 948 918 | 434 | 051 082 | 957 406 | 165 | 0 | 52 |
| | 10 | 906 593 | 268 | 949 352 | 433 | 050 648 | 957 241 | 165 | 50 | |
| | 20 | 906 861 | 268 | 949 785 | 434 | 050 215 | 957 076 | 166 | 40 | |
| | 30 | 907 129 | 268 | 950 219 | 433 | 049 781 | 956 910 | 165 | 30 | |
| | 40 | 907 397 | 268 | 950 652 | 433 | 049 348 | 956 745 | 165 | 20 | |
| | 50 | 907 665 | 268 | 951 085 | 434 | 048 915 | 956 580 | 166 | 10 | |
| 9 | 0 | 907 933 | 268 | 951 519 | 433 | 048 481 | 956 414 | 165 | 0 | 51 |
| | 10 | 908 201 | 268 | 951 952 | 434 | 048 048 | 956 249 | 165 | 50 | |
| | 20 | 908 469 | 268 | 952 386 | 433 | 047 614 | 956 084 | 166 | 40 | |
| | 30 | 908 737 | 268 | 952 819 | 434 | 047 181 | 955 918 | 165 | 30 | |
| | 40 | 909 005 | 268 | 953 253 | 433 | 046 747 | 955 753 | 166 | 20 | |
| | 50 | 909 273 | 268 | 953 686 | 433 | 046 314 | 955 587 | 165 | 10 | |
| 10 | 0 | $\bar{1}$,7 909 541 | | $\bar{1}$,8 954 119 | | 0,1 045 881 | $\bar{1}$,8 955 422 | | 0 | 50 |
| ′ | ″ | Cos. | | Cotg. | | Tang. | Sin. | | ″ | ′ |

51°

| | 434 |
|---|---|
| 1 | 43,4 |
| 2 | 86,8 |
| 3 | 130,2 |
| 4 | 173,6 |
| 5 | 217,0 |
| 6 | 260,4 |
| 7 | 303,8 |
| 8 | 347,2 |
| 9 | 390,6 |

| | 433 |
|---|---|
| 1 | 43,3 |
| 2 | 86,6 |
| 3 | 129,9 |
| 4 | 173,2 |
| 5 | 216,5 |
| 6 | 259,8 |
| 7 | 303,1 |
| 8 | 346,4 |
| 9 | 389,7 |

| | 270 |
|---|---|
| 1 | 27 |
| 2 | 54 |
| 3 | 81 |
| 4 | 108 |
| 5 | 135 |
| 6 | 162 |
| 7 | 189 |
| 8 | 216 |
| 9 | 243 |

| | 269 |
|---|---|
| 1 | 26,9 |
| 2 | 53,8 |
| 3 | 80,7 |
| 4 | 107,6 |
| 5 | 134,5 |
| 6 | 161,4 |
| 7 | 188,3 |
| 8 | 215,2 |
| 9 | 242,1 |

| | 268 |
|---|---|
| 1 | 26,8 |
| 2 | 53,6 |
| 3 | 80,4 |
| 4 | 107,2 |
| 5 | 134,0 |
| 6 | 160,8 |
| 7 | 187,6 |
| 8 | 214,4 |
| 9 | 241,2 |

| | 164 |
|---|---|
| 1 | 16,4 |
| 2 | 32,8 |
| 3 | 49,2 |
| 4 | 65,6 |
| 5 | 82,0 |
| 6 | 98,4 |
| 7 | 114,8 |
| 8 | 131,2 |
| 9 | 147,6 |

| | 165 |
|---|---|
| 1 | 16,5 |
| 2 | 33,0 |
| 3 | 49,5 |
| 4 | 66,0 |
| 5 | 82,5 |
| 6 | 99,0 |
| 7 | 115,5 |
| 8 | 132,0 |
| 9 | 148,5 |

| ′ | ″ | Sin. | D. | Tang. | D.c. | Cotg. | Cos. | D. | ″ | ′ |
|---|---|---|---|---|---|---|---|---|---|---|
| 10 | 0 | 1̄,7 909 541 | 268 | 1̄,8 954 119 | 434 | 0,1 045 881 | 1̄,8 955 422 | 166 | 0 | 50 |
| | 10 | 909 809 | 268 | 954 553 | 433 | 045 447 | 955 256 | 165 | 50 | |
| | 20 | 910 077 | 268 | 954 986 | 433 | 045 014 | 955 091 | 166 | 40 | |
| | 30 | 910 345 | 267 | 955 419 | 434 | 044 581 | 954 925 | 165 | 30 | |
| | 40 | 910 612 | 268 | 955 853 | 433 | 044 147 | 954 760 | 166 | 20 | |
| | 50 | 910 880 | 268 | 956 286 | 433 | 043 714 | 954 594 | 165 | 10 | |
| 11 | 0 | 911 148 | 268 | 956 719 | 434 | 043 281 | 954 429 | 166 | 0 | 49 |
| | 10 | 911 416 | 267 | 957 153 | 433 | 042 847 | 954 263 | 166 | 50 | |
| | 20 | 911 683 | 268 | 957 586 | 433 | 042 414 | 954 097 | 165 | 40 | |
| | 30 | 911 951 | 268 | 958 019 | 434 | 041 981 | 953 932 | 166 | 30 | |
| | 40 | 912 219 | 267 | 958 453 | 433 | 041 547 | 953 766 | 166 | 20 | |
| | 50 | 912 486 | 268 | 958 886 | 433 | 041 114 | 953 600 | 165 | 10 | |
| 12 | 0 | 912 754 | 267 | 959 319 | 433 | 040 681 | 953 435 | 166 | 0 | 48 |
| | 10 | 913 021 | 268 | 959 752 | 434 | 040 248 | 953 269 | 166 | 50 | |
| | 20 | 913 289 | 267 | 960 186 | 433 | 039 814 | 953 103 | 165 | 40 | |
| | 30 | 913 556 | 268 | 960 619 | 433 | 039 381 | 952 938 | 166 | 30 | |
| | 40 | 913 824 | 267 | 961 052 | 433 | 038 948 | 952 772 | 166 | 20 | |
| | 50 | 914 091 | 268 | 961 485 | 433 | 038 515 | 952 606 | 166 | 10 | |
| 13 | 0 | 914 359 | 267 | 961 918 | 434 | 038 082 | 952 440 | 166 | 0 | 47 |
| | 10 | 914 626 | 267 | 962 352 | 433 | 037 648 | 952 274 | 165 | 50 | |
| | 20 | 914 893 | 268 | 962 785 | 433 | 037 215 | 952 109 | 166 | 40 | |
| | 30 | 915 161 | 267 | 963 218 | 433 | 036 782 | 951 943 | 166 | 30 | |
| | 40 | 915 428 | 267 | 963 651 | 433 | 036 349 | 951 777 | 166 | 20 | |
| | 50 | 915 695 | 268 | 964 084 | 433 | 035 916 | 951 611 | 166 | 10 | |
| 14 | 0 | 915 963 | 267 | 964 517 | 434 | 035 483 | 951 445 | 166 | 0 | 46 |
| | 10 | 916 230 | 267 | 964 951 | 433 | 035 049 | 951 279 | 166 | 50 | |
| | 20 | 916 497 | 267 | 965 384 | 433 | 034 616 | 951 113 | 166 | 40 | |
| | 30 | 916 764 | 267 | 965 817 | 433 | 034 183 | 950 947 | 165 | 30 | |
| | 40 | 917 031 | 267 | 966 250 | 433 | 033 750 | 950 782 | 166 | 20 | |
| | 50 | 917 298 | 268 | 966 683 | 433 | 033 317 | 950 616 | 166 | 10 | |
| 15 | 0 | 917 566 | 267 | 967 116 | 433 | 032 884 | 950 450 | 166 | 0 | 45 |
| | 10 | 917 833 | 267 | 967 549 | 433 | 032 451 | 950 284 | 166 | 50 | |
| | 20 | 918 100 | 267 | 967 982 | 433 | 032 018 | 950 118 | 166 | 40 | |
| | 30 | 918 367 | 267 | 968 415 | 433 | 031 585 | 949 952 | 166 | 30 | |
| | 40 | 918 634 | 267 | 968 848 | 433 | 031 152 | 949 786 | 167 | 20 | |
| | 50 | 918 901 | 267 | 969 281 | 433 | 030 719 | 949 619 | 166 | 10 | |
| 16 | 0 | 919 168 | 267 | 969 714 | 433 | 030 286 | 949 453 | 166 | 0 | 44 |
| | 10 | 919 435 | 266 | 970 147 | 433 | 029 853 | 949 287 | 166 | 50 | |
| | 20 | 919 701 | 267 | 970 580 | 433 | 029 420 | 949 121 | 166 | 40 | |
| | 30 | 919 968 | 267 | 971 013 | 433 | 028 987 | 948 955 | 166 | 30 | |
| | 40 | 920 235 | 267 | 971 446 | 433 | 028 554 | 948 789 | 166 | 20 | |
| | 50 | 920 502 | 267 | 971 879 | 433 | 028 121 | 948 623 | 166 | 10 | |
| 17 | 0 | 920 769 | 266 | 972 312 | 433 | 027 688 | 948 457 | 167 | 0 | 43 |
| | 10 | 921 035 | 267 | 972 745 | 433 | 027 255 | 948 290 | 166 | 50 | |
| | 20 | 921 302 | 267 | 973 178 | 433 | 026 822 | 948 124 | 166 | 40 | |
| | 30 | 921 569 | 267 | 973 611 | 433 | 026 389 | 947 958 | 166 | 30 | |
| | 40 | 921 836 | 266 | 974 044 | 433 | 025 956 | 947 792 | 167 | 20 | |
| | 50 | 922 102 | 267 | 974 477 | 433 | 025 523 | 947 625 | 166 | 10 | |
| 18 | 0 | 922 369 | 266 | 974 910 | 432 | 025 090 | 947 459 | 166 | 0 | 42 |
| | 10 | 922 635 | 267 | 975 342 | 433 | 024 658 | 947 293 | 166 | 50 | |
| | 20 | 922 902 | 266 | 975 775 | 433 | 024 225 | 947 127 | 167 | 40 | |
| | 30 | 923 168 | 267 | 976 208 | 433 | 023 792 | 946 960 | 166 | 30 | |
| | 40 | 923 435 | 266 | 976 641 | 433 | 023 359 | 946 794 | 166 | 20 | |
| | 50 | 923 701 | 267 | 977 074 | 433 | 022 926 | 946 628 | 167 | 10 | |
| 19 | 0 | 923 968 | 266 | 977 507 | 433 | 022 493 | 946 461 | 166 | 0 | 41 |
| | 10 | 924 234 | 267 | 977 940 | 432 | 022 060 | 946 295 | 167 | 50 | |
| | 20 | 924 501 | 266 | 978 372 | 433 | 021 628 | 946 128 | 166 | 40 | |
| | 30 | 924 767 | 267 | 978 805 | 433 | 021 195 | 945 962 | 166 | 30 | |
| | 40 | 925 034 | 266 | 979 238 | 433 | 020 762 | 945 796 | 167 | 20 | |
| | 50 | 925 300 | 266 | 979 671 | 433 | 020 329 | 945 629 | 166 | 10 | |
| 20 | 0 | 1̄,7 925 566 | | 1̄,8 980 104 | | 0,1 019 896 | 1̄,8 945 463 | | 0 | 40 |
| ′ | ″ | Cos. | | Cotg. | | Tang. | Sin. | | ″ | ′ |

51°

| 434 | |
|---|---|
| 1 | 43,4 |
| 2 | 86,8 |
| 3 | 130,2 |
| 4 | 173,6 |
| 5 | 217,0 |
| 6 | 260,4 |
| 7 | 303,8 |
| 8 | 347,2 |
| 9 | 390,6 |

| 433 | |
|---|---|
| 1 | 43,3 |
| 2 | 86,6 |
| 3 | 129,9 |
| 4 | 173,2 |
| 5 | 216,5 |
| 6 | 259,8 |
| 7 | 303,1 |
| 8 | 346,4 |
| 9 | 389,7 |

| 432 | |
|---|---|
| 1 | 43,2 |
| 2 | 86,4 |
| 3 | 129,6 |
| 4 | 172,8 |
| 5 | 216,0 |
| 6 | 259,2 |
| 7 | 302,4 |
| 8 | 345,6 |
| 9 | 388,8 |

| 268 | |
|---|---|
| 1 | 26,8 |
| 2 | 53,6 |
| 3 | 80,4 |
| 4 | 107,2 |
| 5 | 134,0 |
| 6 | 160,8 |
| 7 | 187,6 |
| 8 | 214,4 |
| 9 | 241,2 |

| 267 | |
|---|---|
| 1 | 26,7 |
| 2 | 53,4 |
| 3 | 80,1 |
| 4 | 106,8 |
| 5 | 133,5 |
| 6 | 160,2 |
| 7 | 186,9 |
| 8 | 213,6 |
| 9 | 240,3 |

| 266 | |
|---|---|
| 1 | 26,6 |
| 2 | 53,2 |
| 3 | 79,8 |
| 4 | 106,4 |
| 5 | 133,0 |
| 6 | 159,6 |
| 7 | 186,2 |
| 8 | 212,8 |
| 9 | 239,4 |

| 166 | |
|---|---|
| 1 | 16,6 |
| 2 | 33,2 |
| 3 | 49,8 |
| 4 | 66,4 |
| 5 | 83,0 |
| 6 | 99,6 |
| 7 | 116,2 |
| 8 | 132,8 |
| 9 | 149,4 |

| 167 | |
|---|---|
| 1 | 16,7 |
| 2 | 33,4 |
| 3 | 50,1 |
| 4 | 66,8 |
| 5 | 83,5 |
| 6 | 100,2 |
| 7 | 116,9 |
| 8 | 133,6 |
| 9 | 150,3 |

| 433 | |
|---|---|
| 1 | 43,3 |
| 2 | 86,6 |
| 3 | 129,9 |
| 4 | 173,2 |
| 5 | 216,5 |
| 6 | 259,8 |
| 7 | 303,1 |
| 8 | 346,4 |
| 9 | 389,7 |

| 432 | |
|---|---|
| 1 | 43,2 |
| 2 | 86,4 |
| 3 | 129,6 |
| 4 | 172,8 |
| 5 | 216,0 |
| 6 | 259,2 |
| 7 | 302,4 |
| 8 | 345,6 |
| 9 | 388,8 |

| 267 | |
|---|---|
| 1 | 26,7 |
| 2 | 53,4 |
| 3 | 80,1 |
| 4 | 106,8 |
| 5 | 133,5 |
| 6 | 160,2 |
| 7 | 186,9 |
| 8 | 213,6 |
| 9 | 240,3 |

| 266 | |
|---|---|
| 1 | 26,6 |
| 2 | 53,2 |
| 3 | 79,8 |
| 4 | 106,4 |
| 5 | 133,0 |
| 6 | 159,6 |
| 7 | 186,2 |
| 8 | 212,8 |
| 9 | 239,4 |

| 265 | |
|---|---|
| 1 | 26,5 |
| 2 | 53,0 |
| 3 | 79,5 |
| 4 | 106,0 |
| 5 | 132,5 |
| 6 | 159,0 |
| 7 | 185,5 |
| 8 | 212,0 |
| 9 | 238,5 |

| 166 | |
|---|---|
| 1 | 16,6 |
| 2 | 33,2 |
| 3 | 49,8 |
| 4 | 66,4 |
| 5 | 83,0 |
| 6 | 99,6 |
| 7 | 116,2 |
| 8 | 132,8 |
| 9 | 149,4 |

| 167 | |
|---|---|
| 1 | 16,7 |
| 2 | 33,4 |
| 3 | 50,1 |
| 4 | 66,8 |
| 5 | 83,5 |
| 6 | 100,2 |
| 7 | 116,9 |
| 8 | 133,6 |
| 9 | 150,3 |

| ′ | ″ | Sin. | D. | Tang. | D. c. | Cotg. | Cos. | D. | ″ | ′ |
|---|---|---|---|---|---|---|---|---|---|---|
| 20 | 0 | 1̄,7 925 566 | | 1̄,8 980 104 | | 0,1 019 896 | 1̄,8 945 463 | | 0 | 40 |
| | 10 | 925 832 | 266 | 980 536 | 432 | 019 464 | 945 296 | 167 | 50 | |
| | 20 | 926 099 | 267 | 980 969 | 433 | 019 031 | 945 130 | 166 | 40 | |
| | 30 | 926 365 | 266 | 981 402 | 433 | 018 598 | 944 963 | 167 | 30 | |
| | 40 | 926 631 | 266 | 981 835 | 433 | 018 165 | 944 797 | 166 | 20 | |
| | 50 | 926 897 | 266 | 982 267 | 432 | 017 733 | 944 630 | 167 | 10 | |
| 21 | 0 | 927 163 | 266 | 982 700 | 433 | 017 300 | 944 463 | 167 | 0 | 39 |
| | 10 | 927 429 | 266 | 983 133 | 433 | 016 867 | 944 297 | 166 | 50 | |
| | 20 | 927 696 | 267 | 983 565 | 432 | 016 435 | 944 130 | 167 | 40 | |
| | 30 | 927 962 | 266 | 983 998 | 433 | 016 002 | 943 964 | 166 | 30 | |
| | 40 | 928 228 | 266 | 984 431 | 433 | 015 569 | 943 797 | 167 | 20 | |
| | 50 | 928 494 | 266 | 984 863 | 432 | 015 137 | 943 630 | 167 | 10 | |
| 22 | 0 | 928 760 | 266 | 985 296 | 433 | 014 704 | 943 464 | 166 | 0 | 38 |
| | 10 | 929 026 | 266 | 985 729 | 433 | 014 271 | 943 297 | 167 | 50 | |
| | 20 | 929 292 | 266 | 986 161 | 432 | 013 839 | 943 130 | 167 | 40 | |
| | 30 | 929 557 | 265 | 986 594 | 433 | 013 406 | 942 963 | 167 | 30 | |
| | 40 | 929 823 | 266 | 987 027 | 433 | 012 973 | 942 797 | 166 | 20 | |
| | 50 | 930 089 | 266 | 987 459 | 432 | 012 541 | 942 630 | 167 | 10 | |
| 23 | 0 | 930 355 | 266 | 987 892 | 433 | 012 108 | 942 463 | 167 | 0 | 37 |
| | 10 | 930 621 | 266 | 988 324 | 432 | 011 676 | 942 296 | 167 | 50 | |
| | 20 | 930 887 | 266 | 988 757 | 433 | 011 243 | 942 130 | 166 | 40 | |
| | 30 | 931 152 | 265 | 989 190 | 433 | 010 810 | 941 963 | 167 | 30 | |
| | 40 | 931 418 | 266 | 989 622 | 432 | 010 378 | 941 796 | 167 | 20 | |
| | 50 | 931 684 | 266 | 990 055 | 433 | 009 945 | 941 629 | 167 | 10 | |
| 24 | 0 | 931 949 | 265 | 990 487 | 432 | 009 513 | 941 462 | 167 | 0 | 36 |
| | 10 | 932 215 | 266 | 990 920 | 433 | 009 080 | 941 295 | 167 | 50 | |
| | 20 | 932 481 | 266 | 991 352 | 432 | 008 648 | 941 128 | 167 | 40 | |
| | 30 | 932 746 | 265 | 991 785 | 433 | 008 215 | 940 961 | 167 | 30 | |
| | 40 | 933 012 | 266 | 992 217 | 432 | 007 783 | 940 795 | 166 | 20 | |
| | 50 | 933 277 | 265 | 992 650 | 433 | 007 350 | 940 628 | 167 | 10 | |
| 25 | 0 | 933 543 | 266 | 993 082 | 432 | 006 918 | 940 461 | 167 | 0 | 35 |
| | 10 | 933 808 | 265 | 993 515 | 433 | 006 485 | 940 294 | 167 | 50 | |
| | 20 | 934 074 | 266 | 993 947 | 432 | 006 053 | 940 127 | 167 | 40 | |
| | 30 | 934 339 | 265 | 994 380 | 433 | 005 620 | 939 960 | 167 | 30 | |
| | 40 | 934 605 | 266 | 994 812 | 432 | 005 188 | 939 793 | 167 | 20 | |
| | 50 | 934 870 | 265 | 995 244 | 432 | 004 756 | 939 626 | 167 | 10 | |
| 26 | 0 | 935 135 | 265 | 995 677 | 433 | 004 323 | 939 458 | 168 | 0 | 34 |
| | 10 | 935 401 | 266 | 996 109 | 432 | 003 891 | 939 291 | 167 | 50 | |
| | 20 | 935 666 | 265 | 996 542 | 433 | 003 458 | 939 124 | 167 | 40 | |
| | 30 | 935 931 | 265 | 996 974 | 432 | 003 026 | 938 957 | 167 | 30 | |
| | 40 | 936 196 | 265 | 997 406 | 432 | 002 594 | 938 790 | 167 | 20 | |
| | 50 | 936 462 | 266 | 997 839 | 433 | 002 161 | 938 623 | 167 | 10 | |
| 27 | 0 | 936 727 | 265 | 998 271 | 432 | 001 729 | 938 456 | 167 | 0 | 33 |
| | 10 | 936 992 | 265 | 998 703 | 432 | 001 297 | 938 288 | 168 | 50 | |
| | 20 | 937 257 | 265 | 999 136 | 433 | 000 864 | 938 121 | 167 | 40 | |
| | 30 | 937 522 | 265 | 1̄,8 999 568 | 432 | 000 432 | 937 954 | 167 | 30 | |
| | 40 | 937 787 | 265 | 1̄,9 000 000 | 432 | 0,1 000 000 | 937 787 | 167 | 20 | |
| | 50 | 938 052 | 265 | 000 433 | 433 | 0,0 999 567 | 937 620 | 167 | 10 | |
| 28 | 0 | 938 317 | 265 | 000 865 | 432 | 999 135 | 937 452 | 168 | 0 | 32 |
| | 10 | 938 582 | 265 | 001 297 | 432 | 998 703 | 937 285 | 167 | 50 | |
| | 20 | 938 847 | 265 | 001 730 | 433 | 998 270 | 937 118 | 167 | 40 | |
| | 30 | 939 112 | 265 | 002 162 | 432 | 997 838 | 936 950 | 168 | 30 | |
| | 40 | 939 377 | 265 | 002 594 | 432 | 997 406 | 936 783 | 167 | 20 | |
| | 50 | 939 642 | 265 | 003 026 | 432 | 996 974 | 936 616 | 167 | 10 | |
| 29 | 0 | 939 907 | 265 | 003 459 | 433 | 996 541 | 936 448 | 168 | 0 | 31 |
| | 10 | 940 172 | 265 | 003 891 | 432 | 996 109 | 936 281 | 167 | 50 | |
| | 20 | 940 437 | 265 | 004 323 | 432 | 995 677 | 936 113 | 168 | 40 | |
| | 30 | 940 701 | 264 | 004 755 | 432 | 995 245 | 935 946 | 167 | 30 | |
| | 40 | 940 966 | 265 | 005 188 | 433 | 994 812 | 935 779 | 167 | 20 | |
| | 50 | 941 231 | 265 | 005 620 | 432 | 994 380 | 935 611 | 168 | 10 | |
| 30 | 0 | 1̄,7 941 496 | 265 | 1̄,9 006 052 | 432 | 0,0 993 948 | 1̄,8 935 444 | 167 | 0 | 30 |
| ′ | ″ | Cos. | | Cotg. | | Tang. | Sin. | | ″ | ′ |

| ′ | ″ | Sin. | D. | Tang. | D.c. | Cotg. | Cos. | D. | ″ | ′ |
|---|---|---|---|---|---|---|---|---|---|---|
| 30 | 0 | $\bar{1}$,7 941 496 | 264 | $\bar{1}$,9 006 052 | 432 | 0,0 993 948 | $\bar{1}$,8 935 444 | 168 | 0 | 30 |
| | 10 | 941 760 | 265 | 006 484 | 432 | 993 516 | 935 276 | 167 | 50 | |
| | 20 | 942 025 | 265 | 006 916 | 432 | 993 084 | 935 109 | 168 | 40 | |
| | 30 | 942 290 | 264 | 007 348 | 433 | 992 652 | 934 941 | 167 | 30 | |
| | 40 | 942 554 | 265 | 007 781 | 432 | 992 219 | 934 774 | 168 | 20 | |
| | 50 | 942 819 | 264 | 008 213 | 432 | 991 787 | 934 606 | 167 | 10 | |
| 31 | 0 | 943 083 | 265 | 008 645 | 432 | 991 355 | 934 439 | 168 | 0 | 29 |
| | 10 | 943 348 | 264 | 009 077 | 432 | 990 923 | 934 271 | 168 | 50 | |
| | 20 | 943 612 | 265 | 009 509 | 432 | 990 491 | 934 103 | 167 | 40 | |
| | 30 | 943 877 | 264 | 009 941 | 432 | 990 059 | 933 936 | 168 | 30 | |
| | 40 | 944 141 | 265 | 010 373 | 432 | 989 627 | 933 768 | 168 | 20 | |
| | 50 | 944 406 | 264 | 010 805 | 432 | 989 195 | 933 600 | 167 | 10 | |
| 32 | 0 | 944 670 | 265 | 011 237 | 433 | 988 763 | 933 433 | 168 | 0 | 28 |
| | 10 | 944 935 | 264 | 011 670 | 432 | 988 330 | 933 265 | 168 | 50 | |
| | 20 | 945 199 | 264 | 012 102 | 432 | 987 898 | 933 097 | 167 | 40 | |
| | 30 | 945 463 | 265 | 012 534 | 432 | 987 466 | 932 930 | 168 | 30 | |
| | 40 | 945 728 | 264 | 012 966 | 432 | 987 034 | 932 762 | 168 | 20 | |
| | 50 | 945 992 | 264 | 013 398 | 432 | 986 602 | 932 594 | 168 | 10 | |
| 33 | 0 | 946 256 | 264 | 013 830 | 432 | 986 170 | 932 426 | 167 | 0 | 27 |
| | 10 | 946 520 | 264 | 014 262 | 432 | 985 738 | 932 259 | 168 | 50 | |
| | 20 | 946 784 | 265 | 014 694 | 432 | 985 306 | 932 091 | 168 | 40 | |
| | 30 | 947 049 | 264 | 015 126 | 432 | 984 874 | 931 923 | 168 | 30 | |
| | 40 | 947 313 | 264 | 015 558 | 432 | 984 442 | 931 755 | 168 | 20 | |
| | 50 | 947 577 | 264 | 015 990 | 432 | 984 010 | 931 587 | 168 | 10 | |
| 34 | 0 | 947 841 | 264 | 016 422 | 431 | 983 578 | 931 419 | 168 | 0 | 26 |
| | 10 | 948 105 | 264 | 016 853 | 432 | 983 147 | 931 251 | 167 | 50 | |
| | 20 | 948 369 | 264 | 017 285 | 432 | 982 715 | 931 084 | 168 | 40 | |
| | 30 | 948 633 | 264 | 017 717 | 432 | 982 283 | 930 916 | 168 | 30 | |
| | 40 | 948 897 | 264 | 018 149 | 432 | 981 851 | 930 748 | 168 | 20 | |
| | 50 | 949 161 | 264 | 018 581 | 432 | 981 419 | 930 580 | 168 | 10 | |
| 35 | 0 | 949 425 | 264 | 019 013 | 432 | 980 987 | 930 412 | 168 | 0 | 25 |
| | 10 | 949 689 | 264 | 019 445 | 432 | 980 555 | 930 244 | 168 | 50 | |
| | 20 | 949 953 | 263 | 019 877 | 432 | 980 123 | 930 076 | 168 | 40 | |
| | 30 | 950 216 | 264 | 020 309 | 432 | 979 691 | 929 908 | 168 | 30 | |
| | 40 | 950 480 | 264 | 020 741 | 431 | 979 259 | 929 740 | 168 | 20 | |
| | 50 | 950 744 | 264 | 021 172 | 432 | 978 828 | 929 572 | 168 | 10 | |
| 36 | 0 | 951 008 | 264 | 021 604 | 432 | 978 396 | 929 404 | 168 | 0 | 24 |
| | 10 | 951 272 | 263 | 022 036 | 432 | 977 964 | 929 236 | 169 | 50 | |
| | 20 | 951 535 | 264 | 022 468 | 432 | 977 532 | 929 067 | 168 | 40 | |
| | 30 | 951 799 | 264 | 022 900 | 432 | 977 100 | 928 899 | 168 | 30 | |
| | 40 | 952 063 | 263 | 023 332 | 431 | 976 668 | 928 731 | 168 | 20 | |
| | 50 | 952 326 | 264 | 023 763 | 432 | 976 237 | 928 563 | 168 | 10 | |
| 37 | 0 | 952 590 | 263 | 024 195 | 432 | 975 805 | 928 395 | 168 | 0 | 23 |
| | 10 | 952 853 | 264 | 024 627 | 432 | 975 373 | 928 227 | 169 | 50 | |
| | 20 | 953 117 | 264 | 025 059 | 431 | 974 941 | 928 058 | 168 | 40 | |
| | 30 | 953 381 | 263 | 025 490 | 432 | 974 510 | 927 890 | 168 | 30 | |
| | 40 | 953 644 | 264 | 025 922 | 432 | 974 078 | 927 722 | 168 | 20 | |
| | 50 | 953 908 | 263 | 026 354 | 432 | 973 646 | 927 554 | 169 | 10 | |
| 38 | 0 | 954 171 | 263 | 026 786 | 431 | 973 214 | 927 385 | 168 | 0 | 22 |
| | 10 | 954 434 | 264 | 027 217 | 432 | 972 783 | 927 217 | 168 | 50 | |
| | 20 | 954 698 | 263 | 027 649 | 432 | 972 351 | 927 049 | 169 | 40 | |
| | 30 | 954 961 | 264 | 028 081 | 431 | 971 919 | 926 880 | 168 | 30 | |
| | 40 | 955 225 | 263 | 028 512 | 432 | 971 488 | 926 712 | 168 | 20 | |
| | 50 | 955 488 | 263 | 028 944 | 432 | 971 056 | 926 544 | 169 | 10 | |
| 39 | 0 | 955 751 | 263 | 029 376 | 431 | 970 624 | 926 375 | 168 | 0 | 21 |
| | 10 | 956 014 | 264 | 029 807 | 432 | 970 193 | 926 207 | 168 | 50 | |
| | 20 | 956 278 | 263 | 030 239 | 432 | 969 761 | 926 039 | 169 | 40 | |
| | 30 | 956 541 | 263 | 030 671 | 431 | 969 329 | 925 870 | 168 | 30 | |
| | 40 | 956 804 | 263 | 031 102 | 432 | 968 898 | 925 702 | 169 | 20 | |
| | 50 | 957 067 | 263 | 031 534 | 432 | 968 466 | 925 533 | 168 | 10 | |
| 40 | 0 | $\bar{1}$,7 957 330 | | $\bar{1}$,9 031 966 | | 0,0 968 034 | $\bar{1}$,8 925 365 | | 0 | 20 |
| ′ | ″ | Cos. | | Cotg. | | Tang. | Sin. | | ″ | ′ |

| | 432 |
|---|---|
| 1 | 43,2 |
| 2 | 86,4 |
| 3 | 129,6 |
| 4 | 172,8 |
| 5 | 216,0 |
| 6 | 259,2 |
| 7 | 302,4 |
| 8 | 345,6 |
| 9 | 388,8 |

| | 431 |
|---|---|
| 1 | 43,1 |
| 2 | 86,2 |
| 3 | 129,3 |
| 4 | 172,4 |
| 5 | 215,5 |
| 6 | 258,6 |
| 7 | 301,7 |
| 8 | 344,8 |
| 9 | 387,9 |

| | 265 |
|---|---|
| 1 | 26,5 |
| 2 | 53,0 |
| 3 | 79,5 |
| 4 | 106,0 |
| 5 | 132,5 |
| 6 | 159,0 |
| 7 | 185,5 |
| 8 | 212,0 |
| 9 | 238,5 |

| | 264 |
|---|---|
| 1 | 26,4 |
| 2 | 52,8 |
| 3 | 79,2 |
| 4 | 105,6 |
| 5 | 132,0 |
| 6 | 158,4 |
| 7 | 184,8 |
| 8 | 211,2 |
| 9 | 237,6 |

| | 263 |
|---|---|
| 1 | 26,3 |
| 2 | 52,6 |
| 3 | 78,9 |
| 4 | 105,2 |
| 5 | 131,5 |
| 6 | 157,8 |
| 7 | 184,1 |
| 8 | 210,4 |
| 9 | 236,7 |

| | 168 |
|---|---|
| 1 | 16,8 |
| 2 | 33,6 |
| 3 | 50,4 |
| 4 | 67,2 |
| 5 | 84,0 |
| 6 | 100,8 |
| 7 | 117,6 |
| 8 | 134,4 |
| 9 | 151,2 |

| | 169 |
|---|---|
| 1 | 16,9 |
| 2 | 33,8 |
| 3 | 50,7 |
| 4 | 67,6 |
| 5 | 84,5 |
| 6 | 101,4 |
| 7 | 118,3 |
| 8 | 135,2 |
| 9 | 152,1 |

| 432 | |
|---|---|
| 1 | 43,2 |
| 2 | 86,4 |
| 3 | 129,6 |
| 4 | 172,8 |
| 5 | 216,0 |
| 6 | 259,2 |
| 7 | 302,4 |
| 8 | 345,6 |
| 9 | 388,8 |

| 431 | |
|---|---|
| 1 | 43,1 |
| 2 | 86,2 |
| 3 | 129,3 |
| 4 | 172,4 |
| 5 | 215,5 |
| 6 | 258,6 |
| 7 | 301,7 |
| 8 | 344,8 |
| 9 | 387,9 |

| 264 | |
|---|---|
| 1 | 26,4 |
| 2 | 52,8 |
| 3 | 79,2 |
| 4 | 105,6 |
| 5 | 132,0 |
| 6 | 158,4 |
| 7 | 184,8 |
| 8 | 211,2 |
| 9 | 237,6 |

| 263 | |
|---|---|
| 1 | 26,3 |
| 2 | 52,6 |
| 3 | 78,9 |
| 4 | 105,2 |
| 5 | 131,5 |
| 6 | 157,8 |
| 7 | 184,1 |
| 8 | 210,4 |
| 9 | 236,7 |

| 262 | |
|---|---|
| 1 | 26,2 |
| 2 | 52,4 |
| 3 | 78,6 |
| 4 | 104,8 |
| 5 | 131,0 |
| 6 | 157,2 |
| 7 | 183,4 |
| 8 | 209,6 |
| 9 | 235,8 |

| 168 | |
|---|---|
| 1 | 16,8 |
| 2 | 33,6 |
| 3 | 50,4 |
| 4 | 67,2 |
| 5 | 84,0 |
| 6 | 100,8 |
| 7 | 117,6 |
| 8 | 134,4 |
| 9 | 151,2 |

| 169 | |
|---|---|
| 1 | 16,9 |
| 2 | 33,8 |
| 3 | 50,7 |
| 4 | 67,6 |
| 5 | 84,5 |
| 6 | 101,4 |
| 7 | 118,3 |
| 8 | 135,2 |
| 9 | 152,1 |

| ′ | ″ | Sin. | D. | Tang. | D. c. | Cotg. | Cos. | D. | ″ | ′ |
|---|---|---|---|---|---|---|---|---|---|---|
| 40 | 0 | 1̄,7 957 330 | 263 | 1̄,9 031 966 | 431 | 0,0 968 034 | 1̄,8 925 365 | 169 | 0 | 20 |
| | 10 | 957 593 | 264 | 032 397 | 432 | 967 603 | 925 196 | 168 | 50 | |
| | 20 | 957 857 | 263 | 032 829 | 431 | 967 171 | 925 028 | 169 | 40 | |
| | 30 | 958 120 | 263 | 033 260 | 432 | 966 740 | 924 859 | 168 | 30 | |
| | 40 | 958 383 | 263 | 033 692 | 431 | 966 308 | 924 691 | 169 | 20 | |
| | 50 | 958 646 | 263 | 034 123 | 432 | 965 877 | 924 522 | 168 | 10 | |
| 41 | 0 | 958 909 | 263 | 034 555 | 432 | 965 445 | 924 354 | 169 | 0 | 19 |
| | 10 | 959 172 | 263 | 034 987 | 431 | 965 013 | 924 185 | 169 | 50 | |
| | 20 | 959 435 | 262 | 035 418 | 432 | 964 582 | 924 016 | 168 | 40 | |
| | 30 | 959 697 | 263 | 035 850 | 431 | 964 150 | 923 848 | 169 | 30 | |
| | 40 | 959 960 | 263 | 036 281 | 432 | 963 719 | 923 679 | 169 | 20 | |
| | 50 | 960 223 | 263 | 036 713 | 431 | 963 287 | 923 510 | 168 | 10 | |
| 42 | 0 | 960 486 | 263 | 037 144 | 432 | 962 856 | 923 342 | 169 | 0 | 18 |
| | 10 | 960 749 | 263 | 037 576 | 431 | 962 424 | 923 173 | 169 | 50 | |
| | 20 | 961 012 | 262 | 038 007 | 432 | 961 993 | 923 004 | 168 | 40 | |
| | 30 | 961 274 | 263 | 038 439 | 431 | 961 561 | 922 836 | 169 | 30 | |
| | 40 | 961 537 | 263 | 038 870 | 432 | 961 130 | 922 667 | 169 | 20 | |
| | 50 | 961 800 | 262 | 039 302 | 431 | 960 698 | 922 498 | 169 | 10 | |
| 43 | 0 | 962 062 | 263 | 039 733 | 431 | 960 267 | 922 329 | 168 | 0 | 17 |
| | 10 | 962 325 | 263 | 040 164 | 432 | 959 836 | 922 161 | 169 | 50 | |
| | 20 | 962 588 | 262 | 040 596 | 431 | 959 404 | 921 992 | 169 | 40 | |
| | 30 | 962 850 | 263 | 041 027 | 432 | 958 973 | 921 823 | 169 | 30 | |
| | 40 | 963 113 | 262 | 041 459 | 431 | 958 541 | 921 654 | 169 | 20 | |
| | 50 | 963 375 | 263 | 041 890 | 431 | 958 110 | 921 485 | 169 | 10 | |
| 44 | 0 | 963 638 | 262 | 042 321 | 432 | 957 679 | 921 316 | 168 | 0 | 16 |
| | 10 | 963 900 | 263 | 042 753 | 431 | 957 247 | 921 148 | 169 | 50 | |
| | 20 | 964 163 | 262 | 043 184 | 432 | 956 816 | 920 979 | 169 | 40 | |
| | 30 | 964 425 | 263 | 043 616 | 431 | 956 384 | 920 810 | 169 | 30 | |
| | 40 | 964 688 | 262 | 044 047 | 431 | 955 953 | 920 641 | 169 | 20 | |
| | 50 | 964 950 | 262 | 044 478 | 432 | 955 522 | 920 472 | 169 | 10 | |
| 45 | 0 | 965 212 | 263 | 044 910 | 431 | 955 090 | 920 303 | 169 | 0 | 15 |
| | 10 | 965 475 | 262 | 045 341 | 431 | 954 659 | 920 134 | 169 | 50 | |
| | 20 | 965 737 | 262 | 045 772 | 432 | 954 228 | 919 965 | 169 | 40 | |
| | 30 | 965 999 | 263 | 046 204 | 431 | 953 796 | 919 796 | 169 | 30 | |
| | 40 | 966 262 | 262 | 046 635 | 431 | 953 365 | 919 627 | 169 | 20 | |
| | 50 | 966 524 | 262 | 047 066 | 431 | 952 934 | 919 458 | 169 | 10 | |
| 46 | 0 | 966 786 | 262 | 047 497 | 432 | 952 503 | 919 289 | 170 | 0 | 14 |
| | 10 | 967 048 | 262 | 047 929 | 431 | 952 071 | 919 119 | 169 | 50 | |
| | 20 | 967 310 | 262 | 048 360 | 431 | 951 640 | 918 950 | 169 | 40 | |
| | 30 | 967 572 | 262 | 048 791 | 431 | 951 209 | 918 781 | 169 | 30 | |
| | 40 | 967 834 | 263 | 049 222 | 432 | 950 778 | 918 612 | 169 | 20 | |
| | 50 | 968 097 | 262 | 049 654 | 431 | 950 346 | 918 443 | 169 | 10 | |
| 47 | 0 | 968 359 | 262 | 050 085 | 431 | 949 915 | 918 274 | 169 | 0 | 13 |
| | 10 | 968 621 | 262 | 050 516 | 431 | 949 484 | 918 105 | 170 | 50 | |
| | 20 | 968 883 | 262 | 050 947 | 431 | 949 053 | 917 935 | 169 | 40 | |
| | 30 | 969 145 | 262 | 051 378 | 432 | 948 622 | 917 766 | 169 | 30 | |
| | 40 | 969 407 | 261 | 051 810 | 431 | 948 190 | 917 597 | 169 | 20 | |
| | 50 | 969 668 | 262 | 052 241 | 431 | 947 759 | 917 428 | 170 | 10 | |
| 48 | 0 | 969 930 | 262 | 052 672 | 431 | 947 328 | 917 258 | 169 | 0 | 12 |
| | 10 | 970 192 | 262 | 053 103 | 431 | 946 897 | 917 089 | 169 | 50 | |
| | 20 | 970 454 | 262 | 053 534 | 431 | 946 466 | 916 920 | 170 | 40 | |
| | 30 | 970 716 | 262 | 053 965 | 432 | 946 035 | 916 750 | 169 | 30 | |
| | 40 | 970 978 | 261 | 054 397 | 431 | 945 603 | 916 581 | 169 | 20 | |
| | 50 | 971 239 | 262 | 054 828 | 431 | 945 172 | 916 412 | 170 | 10 | |
| 49 | 0 | 971 501 | 262 | 055 259 | 431 | 944 741 | 916 242 | 169 | 0 | 11 |
| | 10 | 971 763 | 261 | 055 690 | 431 | 944 310 | 916 073 | 170 | 50 | |
| | 20 | 972 024 | 262 | 056 121 | 431 | 943 879 | 915 903 | 169 | 40 | |
| | 30 | 972 286 | 262 | 056 552 | 431 | 943 448 | 915 734 | 169 | 30 | |
| | 40 | 972 548 | 261 | 056 983 | 431 | 943 017 | 915 565 | 170 | 20 | |
| | 50 | 972 809 | 262 | 057 414 | 431 | 942 586 | 915 395 | 169 | 10 | |
| 50 | 0 | 1̄,7 973 071 | | 1̄,9 057 845 | | 0,0 942 155 | 1̄,8 915 226 | | 0 | 10 |
| ′ | ″ | Cos. | | Cotg. | | Tang. | Sin. | | ″ | ′ |

51°

| ′ | ″ | Sin. | D. | Tang. | D.c. | Cotg. | Cos. | D. | ″ | ′ |
|---|---|---|---|---|---|---|---|---|---|---|
| 50 | 0 | 1̄,7 973 071 | 261 | 1̄,9 057 845 | 431 | 0,0 942 155 | 1̄,8 915 226 | 170 | 0 | 10 |
| | 10 | 973 332 | 262 | 058 276 | 431 | 941 724 | 915 056 | 169 | 50 | |
| | 20 | 973 594 | 262 | 058 707 | 431 | 941 293 | 914 887 | 170 | 40 | |
| | 30 | 973 856 | 261 | 059 138 | 431 | 940 862 | 914 717 | 169 | 30 | |
| | 40 | 974 117 | 261 | 059 569 | 431 | 940 431 | 914 548 | 170 | 20 | |
| | 50 | 974 378 | 262 | 060 000 | 431 | 940 000 | 914 378 | 170 | 10 | |
| 51 | 0 | 974 640 | 261 | 060 431 | 431 | 939 569 | 914 208 | 169 | 0 | 9 |
| | 10 | 974 901 | 262 | 060 862 | 431 | 939 138 | 914 039 | 170 | 50 | |
| | 20 | 975 163 | 261 | 061 293 | 431 | 938 707 | 913 869 | 169 | 40 | |
| | 30 | 975 424 | 261 | 061 724 | 431 | 938 276 | 913 700 | 170 | 30 | |
| | 40 | 975 685 | 262 | 062 155 | 431 | 937 845 | 913 530 | 170 | 20 | |
| | 50 | 975 947 | 261 | 062 586 | 431 | 937 414 | 913 360 | 169 | 10 | |
| 52 | 0 | 976 208 | 261 | 063 017 | 431 | 936 983 | 913 191 | 170 | 0 | 8 |
| | 10 | 976 469 | 261 | 063 448 | 431 | 936 552 | 913 021 | 170 | 50 | |
| | 20 | 976 730 | 261 | 063 879 | 431 | 936 121 | 912 851 | 170 | 40 | |
| | 30 | 976 991 | 262 | 064 310 | 431 | 935 690 | 912 681 | 169 | 30 | |
| | 40 | 977 253 | 261 | 064 741 | 431 | 935 259 | 912 512 | 170 | 20 | |
| | 50 | 977 514 | 261 | 065 172 | 431 | 934 828 | 912 342 | 170 | 10 | |
| 53 | 0 | 977 775 | 261 | 065 603 | 431 | 934 397 | 912 172 | 170 | 0 | 7 |
| | 10 | 978 036 | 261 | 066 034 | 430 | 933 966 | 912 002 | 169 | 50 | |
| | 20 | 978 297 | 261 | 066 464 | 431 | 933 536 | 911 833 | 170 | 40 | |
| | 30 | 978 558 | 261 | 066 895 | 431 | 933 105 | 911 663 | 170 | 30 | |
| | 40 | 978 819 | 261 | 067 326 | 431 | 932 674 | 911 493 | 170 | 20 | |
| | 50 | 979 080 | 261 | 067 757 | 431 | 932 243 | 911 323 | 170 | 10 | |
| 54 | 0 | 979 341 | 261 | 068 188 | 431 | 931 812 | 911 153 | 170 | 0 | 6 |
| | 10 | 979 602 | 261 | 068 619 | 431 | 931 381 | 910 983 | 170 | 50 | |
| | 20 | 979 863 | 261 | 069 050 | 430 | 930 950 | 910 813 | 170 | 40 | |
| | 30 | 980 124 | 261 | 069 480 | 431 | 930 520 | 910 643 | 170 | 30 | |
| | 40 | 980 385 | 260 | 069 911 | 431 | 930 089 | 910 473 | 170 | 20 | |
| | 50 | 980 645 | 261 | 070 342 | 431 | 929 658 | 910 303 | 170 | 10 | |
| 55 | 0 | 980 906 | 261 | 070 773 | 431 | 929 227 | 910 133 | 170 | 0 | 5 |
| | 10 | 981 167 | 261 | 071 204 | 430 | 928 796 | 909 963 | 170 | 50 | |
| | 20 | 981 428 | 260 | 071 634 | 431 | 928 366 | 909 793 | 170 | 40 | |
| | 30 | 981 688 | 261 | 072 065 | 431 | 927 935 | 909 623 | 170 | 30 | |
| | 40 | 981 949 | 261 | 072 496 | 431 | 927 504 | 909 453 | 170 | 20 | |
| | 50 | 982 210 | 260 | 072 927 | 430 | 927 073 | 909 283 | 170 | 10 | |
| 56 | 0 | 982 470 | 261 | 073 357 | 431 | 926 643 | 909 113 | 170 | 0 | 4 |
| | 10 | 982 731 | 261 | 073 788 | 431 | 926 212 | 908 943 | 170 | 50 | |
| | 20 | 982 992 | 260 | 074 219 | 430 | 925 781 | 908 773 | 170 | 40 | |
| | 30 | 983 252 | 261 | 074 649 | 431 | 925 351 | 908 603 | 170 | 30 | |
| | 40 | 983 513 | 260 | 075 080 | 431 | 924 920 | 908 433 | 171 | 20 | |
| | 50 | 983 773 | 261 | 075 511 | 430 | 924 489 | 908 262 | 170 | 10 | |
| 57 | 0 | 984 034 | 260 | 075 941 | 431 | 924 059 | 908 092 | 170 | 0 | 3 |
| | 10 | 984 294 | 261 | 076 372 | 431 | 923 628 | 907 922 | 170 | 50 | |
| | 20 | 984 555 | 260 | 076 803 | 430 | 923 197 | 907 752 | 170 | 40 | |
| | 30 | 984 815 | 260 | 077 233 | 431 | 922 767 | 907 582 | 171 | 30 | |
| | 40 | 985 075 | 261 | 077 664 | 431 | 922 336 | 907 411 | 170 | 20 | |
| | 50 | 985 336 | 260 | 078 095 | 430 | 921 905 | 907 241 | 170 | 10 | |
| 58 | 0 | 985 596 | 260 | 078 525 | 431 | 921 475 | 907 071 | 171 | 0 | 2 |
| | 10 | 985 856 | 261 | 078 956 | 431 | 921 044 | 906 900 | 170 | 50 | |
| | 20 | 986 117 | 260 | 079 387 | 430 | 920 613 | 906 730 | 170 | 40 | |
| | 30 | 986 377 | 260 | 079 817 | 431 | 920 183 | 906 560 | 171 | 30 | |
| | 40 | 986 637 | 260 | 080 248 | 430 | 919 752 | 906 389 | 170 | 20 | |
| | 50 | 986 897 | 261 | 080 678 | 431 | 919 322 | 906 219 | 170 | 10 | |
| 59 | 0 | 987 158 | 260 | 081 109 | 430 | 918 891 | 906 049 | 171 | 0 | 1 |
| | 10 | 987 418 | 260 | 081 539 | 431 | 918 461 | 905 878 | 170 | 50 | |
| | 20 | 987 678 | 260 | 081 970 | 431 | 918 030 | 905 708 | 171 | 40 | |
| | 30 | 987 938 | 260 | 082 401 | 430 | 917 599 | 905 537 | 170 | 30 | |
| | 40 | 988 198 | 260 | 082 831 | 431 | 917 169 | 905 367 | 171 | 20 | |
| | 50 | 988 458 | 260 | 083 262 | 430 | 916 738 | 905 196 | 170 | 10 | |
| 60 | 0 | 1̄,7 988 718 | | 1̄,9 083 692 | | 0,0 916 308 | 1̄,8 905 026 | | 0 | 0 |
| ′ | ″ | Cos. | | Cotg. | | Tang. | Sin. | | ″ | ′ |

51°

| | 431 |
|---|---|
| 1 | 43,1 |
| 2 | 86,2 |
| 3 | 129,3 |
| 4 | 172,4 |
| 5 | 215,5 |
| 6 | 258,6 |
| 7 | 301,7 |
| 8 | 344,8 |
| 9 | 387,9 |

| | 430 |
|---|---|
| 1 | 43 |
| 2 | 86 |
| 3 | 129 |
| 4 | 172 |
| 5 | 215 |
| 6 | 258 |
| 7 | 301 |
| 8 | 344 |
| 9 | 387 |

| | 262 |
|---|---|
| 1 | 26,2 |
| 2 | 52,4 |
| 3 | 78,6 |
| 4 | 104,8 |
| 5 | 131,0 |
| 6 | 157,2 |
| 7 | 183,4 |
| 8 | 209,6 |
| 9 | 235,8 |

| | 261 |
|---|---|
| 1 | 26,1 |
| 2 | 52,2 |
| 3 | 78,3 |
| 4 | 104,4 |
| 5 | 130,5 |
| 6 | 156,6 |
| 7 | 182,7 |
| 8 | 208,8 |
| 9 | 234,9 |

| | 260 |
|---|---|
| 1 | 26 |
| 2 | 52 |
| 3 | 78 |
| 4 | 104 |
| 5 | 130 |
| 6 | 156 |
| 7 | 182 |
| 8 | 208 |
| 9 | 234 |

| | 170 |
|---|---|
| 1 | 17 |
| 2 | 34 |
| 3 | 51 |
| 4 | 68 |
| 5 | 85 |
| 6 | 102 |
| 7 | 119 |
| 8 | 136 |
| 9 | 153 |

| | 171 |
|---|---|
| 1 | 17,1 |
| 2 | 34,2 |
| 3 | 51,3 |
| 4 | 68,4 |
| 5 | 85,5 |
| 6 | 102,6 |
| 7 | 119,7 |
| 8 | 136,8 |
| 9 | 153,9 |

| 431 | |
|---|---|
| 1 | 43,1 |
| 2 | 86,2 |
| 3 | 129,3 |
| 4 | 172,4 |
| 5 | 215,5 |
| 6 | 258,6 |
| 7 | 301,7 |
| 8 | 344,8 |
| 9 | 387,9 |

| 430 | |
|---|---|
| 1 | 43 |
| 2 | 86 |
| 3 | 129 |
| 4 | 172 |
| 5 | 215 |
| 6 | 258 |
| 7 | 301 |
| 8 | 344 |
| 9 | 387 |

| 260 | |
|---|---|
| 1 | 26 |
| 2 | 52 |
| 3 | 78 |
| 4 | 104 |
| 5 | 130 |
| 6 | 156 |
| 7 | 182 |
| 8 | 208 |
| 9 | 234 |

| 259 | |
|---|---|
| 1 | 25,9 |
| 2 | 51,8 |
| 3 | 77,7 |
| 4 | 103,6 |
| 5 | 129,5 |
| 6 | 155,4 |
| 7 | 181,3 |
| 8 | 207,2 |
| 9 | 233,1 |

| 258 | |
|---|---|
| 1 | 25,8 |
| 2 | 51,6 |
| 3 | 77,4 |
| 4 | 103,2 |
| 5 | 129,0 |
| 6 | 154,8 |
| 7 | 180,6 |
| 8 | 206,4 |
| 9 | 232,2 |

| 170 | |
|---|---|
| 1 | 17 |
| 2 | 34 |
| 3 | 51 |
| 4 | 68 |
| 5 | 85 |
| 6 | 102 |
| 7 | 119 |
| 8 | 136 |
| 9 | 153 |

| 171 | |
|---|---|
| 1 | 17,1 |
| 2 | 34,2 |
| 3 | 51,3 |
| 4 | 68,4 |
| 5 | 85,5 |
| 6 | 102,6 |
| 7 | 119,7 |
| 8 | 136,8 |
| 9 | 153,9 |

| ′ | ″ | Sin. | D. | Tang. | D.c. | Cotg. | Cos. | D. | ″ | ′ |
|---|---|---|---|---|---|---|---|---|---|---|
| 0 | 0 | $\bar{1}$,7 988 718 | 260 | $\bar{1}$,9 083 692 | 431 | 0,0 916 308 | $\bar{1}$,8 905 026 | 171 | 0 | 60 |
| | 10 | 988 978 | 260 | 084 123 | 430 | 915 877 | 904 855 | 170 | 50 | |
| | 20 | 989 238 | 260 | 084 553 | 431 | 915 447 | 904 685 | 171 | 40 | |
| | 30 | 989 498 | 260 | 084 984 | 430 | 915 016 | 904 514 | 170 | 30 | |
| | 40 | 989 758 | 260 | 085 414 | 431 | 914 586 | 904 344 | 171 | 20 | |
| | 50 | 990 018 | 260 | 085 845 | 430 | 914 155 | 904 173 | 170 | 10 | |
| 1 | 0 | 990 278 | 259 | 086 275 | 430 | 913 725 | 904 003 | 171 | 0 | 59 |
| | 10 | 990 537 | 260 | 086 705 | 431 | 913 295 | 903 832 | 171 | 50 | |
| | 20 | 990 797 | 260 | 087 136 | 430 | 912 864 | 903 661 | 170 | 40 | |
| | 30 | 991 057 | 260 | 087 566 | 431 | 912 434 | 903 491 | 171 | 30 | |
| | 40 | 991 317 | 260 | 087 997 | 430 | 912 003 | 903 320 | 171 | 20 | |
| | 50 | 991 577 | 259 | 088 427 | 431 | 911 573 | 903 149 | 170 | 10 | |
| 2 | 0 | 991 836 | 260 | 088 858 | 430 | 911 142 | 902 979 | 171 | 0 | 58 |
| | 10 | 992 096 | 260 | 089 288 | 430 | 910 712 | 902 808 | 171 | 50 | |
| | 20 | 992 356 | 259 | 089 718 | 431 | 910 282 | 902 637 | 170 | 40 | |
| | 30 | 992 615 | 260 | 090 149 | 430 | 909 851 | 902 467 | 171 | 30 | |
| | 40 | 992 875 | 259 | 090 579 | 431 | 909 421 | 902 296 | 171 | 20 | |
| | 50 | 993 134 | 260 | 091 010 | 430 | 908 990 | 902 125 | 171 | 10 | |
| 3 | 0 | 993 394 | 260 | 091 440 | 430 | 908 560 | 901 954 | 171 | 0 | 57 |
| | 10 | 993 654 | 259 | 091 870 | 431 | 908 130 | 901 783 | 170 | 50 | |
| | 20 | 993 913 | 260 | 092 301 | 430 | 907 699 | 901 613 | 171 | 40 | |
| | 30 | 994 173 | 259 | 092 731 | 430 | 907 269 | 901 442 | 171 | 30 | |
| | 40 | 994 432 | 259 | 093 161 | 431 | 906 839 | 901 271 | 171 | 20 | |
| | 50 | 994 691 | 260 | 093 592 | 430 | 906 408 | 901 100 | 171 | 10 | |
| 4 | 0 | 994 951 | 259 | 094 022 | 430 | 905 978 | 900 929 | 171 | 0 | 56 |
| | 10 | 995 210 | 260 | 094 452 | 430 | 905 548 | 900 758 | 171 | 50 | |
| | 20 | 995 470 | 259 | 094 882 | 431 | 905 118 | 900 587 | 171 | 40 | |
| | 30 | 995 729 | 259 | 095 313 | 430 | 904 687 | 900 416 | 171 | 30 | |
| | 40 | 995 988 | 260 | 095 743 | 430 | 904 257 | 900 245 | 171 | 20 | |
| | 50 | 996 248 | 259 | 096 173 | 430 | 903 827 | 900 074 | 171 | 10 | |
| 5 | 0 | 996 507 | 259 | 096 603 | 431 | 903 397 | 899 903 | 171 | 0 | 55 |
| | 10 | 996 766 | 259 | 097 034 | 430 | 902 966 | 899 732 | 171 | 50 | |
| | 20 | 997 025 | 259 | 097 464 | 430 | 902 536 | 899 561 | 171 | 40 | |
| | 30 | 997 284 | 259 | 097 894 | 430 | 902 106 | 899 390 | 171 | 30 | |
| | 40 | 997 543 | 260 | 098 324 | 431 | 901 676 | 899 219 | 171 | 20 | |
| | 50 | 997 803 | 259 | 098 755 | 430 | 901 245 | 899 048 | 171 | 10 | |
| 6 | 0 | 998 062 | 259 | 099 185 | 430 | 900 815 | 898 877 | 171 | 0 | 54 |
| | 10 | 998 321 | 259 | 099 615 | 430 | 900 385 | 898 706 | 171 | 50 | |
| | 20 | 998 580 | 259 | 100 045 | 430 | 899 955 | 898 535 | 171 | 40 | |
| | 30 | 998 839 | 259 | 100 475 | 431 | 899 525 | 898 364 | 172 | 30 | |
| | 40 | 999 098 | 259 | 100 906 | 430 | 899 094 | 898 192 | 171 | 20 | |
| | 50 | 999 357 | 259 | 101 336 | 430 | 898 664 | 898 021 | 171 | 10 | |
| 7 | 0 | 999 616 | 259 | 101 766 | 430 | 898 234 | 897 850 | 171 | 0 | 53 |
| | 10 | $\bar{1}$,7 999 875 | 259 | 102 196 | 430 | 897 804 | 897 679 | 172 | 50 | |
| | 20 | $\bar{1}$,8 000 134 | 258 | 102 626 | 430 | 897 374 | 897 507 | 171 | 40 | |
| | 30 | 000 392 | 259 | 103 056 | 430 | 896 944 | 897 336 | 171 | 30 | |
| | 40 | 000 651 | 259 | 103 486 | 430 | 896 514 | 897 165 | 171 | 20 | |
| | 50 | 000 910 | 259 | 103 916 | 431 | 896 084 | 896 994 | 172 | 10 | |
| 8 | 0 | 001 169 | 259 | 104 347 | 430 | 895 653 | 896 822 | 171 | 0 | 52 |
| | 10 | 001 428 | 258 | 104 777 | 430 | 895 223 | 896 651 | 171 | 50 | |
| | 20 | 001 686 | 259 | 105 207 | 430 | 894 793 | 896 480 | 172 | 40 | |
| | 30 | 001 945 | 259 | 105 637 | 430 | 894 363 | 896 308 | 171 | 30 | |
| | 40 | 002 204 | 258 | 106 067 | 430 | 893 933 | 896 137 | 171 | 20 | |
| | 50 | 002 462 | 259 | 106 497 | 430 | 893 503 | 895 966 | 172 | 10 | |
| 9 | 0 | 002 721 | 259 | 106 927 | 430 | 893 073 | 895 794 | 171 | 0 | 51 |
| | 10 | 002 980 | 258 | 107 357 | 430 | 892 643 | 895 623 | 172 | 50 | |
| | 20 | 003 238 | 259 | 107 787 | 430 | 892 213 | 895 451 | 171 | 40 | |
| | 30 | 003 497 | 258 | 108 217 | 430 | 891 783 | 895 280 | 172 | 30 | |
| | 40 | 003 755 | 259 | 108 647 | 430 | 891 353 | 895 108 | 171 | 20 | |
| | 50 | 004 014 | 258 | 109 077 | 430 | 890 923 | 894 937 | 172 | 10 | |
| 10 | 0 | $\bar{1}$,8 004 272 | | $\bar{1}$,9 109 507 | | 0,0 890 493 | $\bar{1}$,8 894 765 | | 0 | 50 |
| ′ | ″ | Cos. | | Cotg. | | Tang. | Sin. | | ″ | ′ |

| ′ | ″ | Sin. | D. | Tang. | D. c. | Cotg. | Cos. | D. | ″ | ′ |
|---|---|---|---|---|---|---|---|---|---|---|
| 10 | 0 | 1̄,8 004 272 | | 1̄,9 109 507 | | 0,0 890 493 | 1̄,8 894 765 | | 0 | 50 |
| | 10 | 004 531 | 259 | 109 937 | 430 | 890 063 | 894 594 | 171 | 50 | |
| | 20 | 004 789 | 258 | 110 367 | 430 | 889 633 | 894 422 | 172 | 40 | |
| | 30 | 005 048 | 259 | 110 797 | 430 | 889 203 | 894 251 | 171 | 30 | |
| | 40 | 005 306 | 258 | 111 227 | 430 | 888 773 | 894 079 | 172 | 20 | |
| | 50 | 005 564 | 258 | 111 657 | 430 | 888 343 | 893 908 | 171 | 10 | |
| 11 | 0 | 005 823 | 259 | 112 087 | 430 | 887 913 | 893 736 | 172 | 0 | 49 |
| | 10 | 006 081 | 258 | 112 517 | 430 | 887 483 | 893 564 | 172 | 50 | |
| | 20 | 006 339 | 258 | 112 947 | 430 | 887 053 | 893 393 | 171 | 40 | |
| | 30 | 006 598 | 259 | 113 377 | 430 | 886 623 | 893 221 | 172 | 30 | |
| | 40 | 006 856 | 258 | 113 806 | 429 | 886 194 | 893 049 | 172 | 20 | |
| | 50 | 007 114 | 258 | 114 236 | 430 | 885 764 | 892 878 | 171 | 10 | |
| 12 | 0 | 007 372 | 258 | 114 666 | 430 | 885 334 | 892 706 | 172 | 0 | 48 |
| | 10 | 007 630 | 258 | 115 096 | 430 | 884 904 | 892 534 | 172 | 50 | |
| | 20 | 007 888 | 258 | 115 526 | 430 | 884 474 | 892 362 | 172 | 40 | |
| | 30 | 008 147 | 259 | 115 956 | 430 | 884 044 | 892 191 | 171 | 30 | |
| | 40 | 008 405 | 258 | 116 386 | 430 | 883 614 | 892 019 | 172 | 20 | |
| | 50 | 008 663 | 258 | 116 816 | 430 | 883 184 | 891 847 | 172 | 10 | |
| 13 | 0 | 008 921 | 258 | 117 245 | 429 | 882 755 | 891 675 | 172 | 0 | 47 |
| | 10 | 009 179 | 258 | 117 675 | 430 | 882 325 | 891 503 | 172 | 50 | |
| | 20 | 009 437 | 258 | 118 105 | 430 | 881 895 | 891 332 | 171 | 40 | |
| | 30 | 009 695 | 258 | 118 535 | 430 | 881 465 | 891 160 | 172 | 30 | |
| | 40 | 009 952 | 257 | 118 965 | 430 | 881 035 | 890 988 | 172 | 20 | |
| | 50 | 010 210 | 258 | 119 394 | 429 | 880 606 | 890 816 | 172 | 10 | |
| 14 | 0 | 010 468 | 258 | 119 824 | 430 | 880 176 | 890 644 | 172 | 0 | 46 |
| | 10 | 010 726 | 258 | 120 254 | 430 | 879 746 | 890 472 | 172 | 50 | |
| | 20 | 010 984 | 258 | 120 684 | 430 | 879 316 | 890 300 | 172 | 40 | |
| | 30 | 011 242 | 258 | 121 114 | 430 | 878 886 | 890 128 | 172 | 30 | |
| | 40 | 011 499 | 257 | 121 543 | 429 | 878 457 | 889 956 | 172 | 20 | |
| | 50 | 011 757 | 258 | 121 973 | 430 | 878 027 | 889 784 | 172 | 10 | |
| 15 | 0 | 012 015 | 258 | 122 403 | 430 | 877 597 | 889 612 | 172 | 0 | 45 |
| | 10 | 012 273 | 258 | 122 832 | 429 | 877 168 | 889 440 | 172 | 50 | |
| | 20 | 012 530 | 257 | 123 262 | 430 | 876 738 | 889 268 | 172 | 40 | |
| | 30 | 012 788 | 258 | 123 692 | 430 | 876 308 | 889 096 | 172 | 30 | |
| | 40 | 013 046 | 258 | 124 122 | 430 | 875 878 | 888 924 | 172 | 20 | |
| | 50 | 013 303 | 257 | 124 551 | 429 | 875 449 | 888 752 | 172 | 10 | |
| 16 | 0 | 013 561 | 258 | 124 981 | 430 | 875 019 | 888 580 | 172 | 0 | 44 |
| | 10 | 013 818 | 257 | 125 411 | 430 | 874 589 | 888 408 | 172 | 50 | |
| | 20 | 014 076 | 258 | 125 840 | 429 | 874 160 | 888 235 | 173 | 40 | |
| | 30 | 014 333 | 257 | 126 270 | 430 | 873 730 | 888 063 | 172 | 30 | |
| | 40 | 014 591 | 258 | 126 700 | 430 | 873 300 | 887 891 | 172 | 20 | |
| | 50 | 014 848 | 257 | 127 129 | 429 | 872 871 | 887 719 | 172 | 10 | |
| 17 | 0 | 015 106 | 258 | 127 559 | 430 | 872 441 | 887 547 | 172 | 0 | 43 |
| | 10 | 015 363 | 257 | 127 989 | 430 | 872 011 | 887 374 | 173 | 50 | |
| | 20 | 015 620 | 257 | 128 418 | 429 | 871 582 | 887 202 | 172 | 40 | |
| | 30 | 015 878 | 258 | 128 848 | 430 | 871 152 | 887 030 | 172 | 30 | |
| | 40 | 016 135 | 257 | 129 277 | 429 | 870 723 | 886 858 | 172 | 20 | |
| | 50 | 016 392 | 257 | 129 707 | 430 | 870 293 | 886 685 | 173 | 10 | |
| 18 | 0 | 016 649 | 257 | 130 137 | 430 | 869 863 | [illegible] | 172 | 0 | 42 |
| | 10 | 016 907 | 258 | 130 566 | 429 | 869 434 | 886 341 | 172 | 50 | |
| | 20 | 017 164 | 257 | 130 996 | 430 | 869 004 | 886 168 | 173 | 40 | |
| | 30 | 017 421 | 257 | 131 425 | 429 | 868 575 | 885 996 | 172 | 30 | |
| | 40 | 017 678 | 257 | 131 855 | 430 | 868 145 | 885 823 | 173 | 20 | |
| | 50 | 017 935 | 257 | 132 284 | 429 | 867 716 | 885 651 | 172 | 10 | |
| 19 | 0 | 018 192 | 257 | 132 714 | 430 | 867 286 | 885 479 | 172 | 0 | 41 |
| | 10 | 018 450 | 258 | 133 143 | 429 | 866 857 | 885 306 | 173 | 50 | |
| | 20 | 018 707 | 257 | 133 573 | 430 | 866 427 | 885 134 | 172 | 40 | |
| | 30 | 018 964 | 257 | 134 002 | 429 | 865 998 | 884 961 | 173 | 30 | |
| | 40 | 019 221 | 257 | 134 432 | 430 | 865 568 | 884 789 | 172 | 20 | |
| | 50 | 019 478 | 257 | 134 861 | 429 | 865 139 | 884 616 | 173 | 10 | |
| 20 | 0 | 1̄,8 019 735 | 257 | 1̄,9 135 291 | 430 | 0,0 864 709 | 1̄,8 884 444 | 172 | 0 | 40 |
| ′ | ″ | Cos. | | Cotg. | | Tang. | Sin. | | ″ | ′ |

| | 430 | 429 | 259 | 258 | 257 | 172 | 173 |
|---|---|---|---|---|---|---|---|
| 1 | 43 | 42,9 | 25,9 | 25,8 | 25,7 | 17,2 | 17,3 |
| 2 | 86 | 85,8 | 51,8 | 51,6 | 51,4 | 34,4 | 34,6 |
| 3 | 129 | 128,7 | 77,7 | 77,4 | 77,1 | 51,6 | 51,9 |
| 4 | 172 | 171,6 | 103,6 | 103,2 | 102,8 | 68,8 | 69,2 |
| 5 | 215 | 214,5 | 129,5 | 129,0 | 128,5 | [illegible] | 86,5 |
| 6 | 258 | 257,4 | 155,4 | 154,8 | 154,2 | 103,2 | 103,8 |
| 7 | 301 | 300,3 | 181,3 | 180,6 | 179,9 | 120,4 | 121,1 |
| 8 | 344 | 343,2 | 207,2 | 206,4 | 205,6 | 137,6 | 138,4 |
| 9 | 387 | 386,1 | 233,1 | 232,2 | 231,3 | 154,8 | 155,7 |

| ′ | ″ | Sin. | D. | Tang. | D.c. | Cotg. | Cos. | D. | ″ | ′ |
|---|---|---|---|---|---|---|---|---|---|---|
| 20 | 0 | 1̄,8 019 735 | 256 | 1̄,9 135 291 | 429 | 0,0 864 709 | 1̄,8 884 444 | 173 | 0 | 40 |
| | 10 | 019 991 | 257 | 135 720 | 430 | 864 280 | 884 271 | 172 | 50 | |
| | 20 | 020 248 | 257 | 136 150 | 429 | 863 850 | 884 099 | 173 | 40 | |
| | 30 | 020 505 | 257 | 136 579 | 430 | 863 421 | 883 926 | 173 | 30 | |
| | 40 | 020 762 | 257 | 137 009 | 429 | 862 991 | 883 753 | 172 | 20 | |
| | 50 | 021 019 | 257 | 137 438 | 430 | 862 562 | 883 581 | 173 | 10 | |
| 21 | 0 | 021 276 | 256 | 137 868 | 429 | 862 132 | 883 408 | 173 | 0 | 39 |
| | 10 | 021 532 | 257 | 138 297 | 429 | 861 703 | 883 235 | 172 | 50 | |
| | 20 | 021 789 | 257 | 138 726 | 430 | 861 274 | 883 063 | 173 | 40 | |
| | 30 | 022 046 | 257 | 139 156 | 429 | 860 844 | 882 890 | 173 | 30 | |
| | 40 | 022 303 | 256 | 139 585 | 430 | 860 415 | 882 717 | 172 | 20 | |
| | 50 | 022 559 | 257 | 140 015 | 429 | 859 985 | 882 545 | 173 | 10 | |
| 22 | 0 | 022 816 | 257 | 140 444 | 429 | 859 556 | 882 372 | 173 | 0 | 38 |
| | 10 | 023 073 | 256 | 140 873 | 430 | 859 127 | 882 199 | 173 | 50 | |
| | 20 | 023 329 | 257 | 141 303 | 429 | 858 697 | 882 026 | 172 | 40 | |
| | 30 | 023 586 | 256 | 141 732 | 429 | 858 268 | 881 854 | 173 | 30 | |
| | 40 | 023 842 | 257 | 142 161 | 430 | 857 839 | 881 681 | 173 | 20 | |
| | 50 | 024 099 | 256 | 142 591 | 429 | 857 409 | 881 508 | 173 | 10 | |
| 23 | 0 | 024 355 | 257 | 143 020 | 429 | 856 980 | 881 335 | 173 | 0 | 37 |
| | 10 | 024 612 | 256 | 143 449 | 430 | 856 551 | 881 162 | 173 | 50 | |
| | 20 | 024 868 | 257 | 143 879 | 429 | 856 121 | 880 989 | 172 | 40 | |
| | 30 | 025 125 | 256 | 144 308 | 429 | 855 692 | 880 817 | 173 | 30 | |
| | 40 | 025 381 | 256 | 144 737 | 430 | 855 263 | 880 644 | 173 | 20 | |
| | 50 | 025 637 | 257 | 145 167 | 429 | 854 833 | 880 471 | 173 | 10 | |
| 24 | 0 | 025 894 | 256 | 145 596 | 429 | 854 404 | 880 298 | 173 | 0 | 36 |
| | 10 | 026 150 | 256 | 146 025 | 429 | 853 975 | 880 125 | 173 | 50 | |
| | 20 | 026 406 | 257 | 146 454 | 430 | 853 546 | 879 952 | 173 | 40 | |
| | 30 | 026 663 | 256 | 146 884 | 429 | 853 116 | 879 779 | 173 | 30 | |
| | 40 | 026 919 | 256 | 147 313 | 429 | 852 687 | 879 606 | 173 | 20 | |
| | 50 | 027 175 | 256 | 147 742 | 429 | 852 258 | 879 433 | 173 | 10 | |
| 25 | 0 | 027 431 | 256 | 148 171 | 430 | 851 829 | 879 260 | 173 | 0 | 35 |
| | 10 | 027 687 | 257 | 148 601 | 429 | 851 399 | 879 087 | 173 | 50 | |
| | 20 | 027 944 | 256 | 149 030 | 429 | 850 970 | 878 914 | 173 | 40 | |
| | 30 | 028 200 | 256 | 149 459 | 429 | 850 541 | 878 741 | 174 | 30 | |
| | 40 | 028 456 | 256 | 149 888 | 430 | 850 112 | 878 567 | 173 | 20 | |
| | 50 | 028 712 | 256 | 150 318 | 429 | 849 682 | 878 394 | 173 | 10 | |
| 26 | 0 | 028 968 | 256 | 150 747 | 429 | 849 253 | 878 221 | 173 | 0 | 34 |
| | 10 | 029 224 | 256 | 151 176 | 429 | 848 824 | 878 048 | 173 | 50 | |
| | 20 | 029 480 | 256 | 151 605 | 429 | 848 395 | 877 875 | 173 | 40 | |
| | 30 | 029 736 | 256 | 152 034 | 429 | 847 966 | 877 702 | 174 | 30 | |
| | 40 | 029 992 | 256 | 152 463 | 430 | 847 537 | 877 528 | 173 | 20 | |
| | 50 | 030 248 | 256 | 152 893 | 429 | 847 107 | 877 355 | 173 | 10 | |
| 27 | 0 | 030 504 | 255 | 153 322 | 429 | 846 678 | 877 182 | 173 | 0 | 33 |
| | 10 | 030 759 | 256 | 153 751 | 429 | 846 249 | 877 009 | 174 | 50 | |
| | 20 | 031 015 | 256 | 154 180 | 429 | 845 820 | 876 835 | 173 | 40 | |
| | 30 | 031 271 | 256 | 154 609 | 429 | 845 391 | 876 662 | 173 | 30 | |
| | 40 | 031 527 | 256 | 155 038 | 429 | 844 962 | 876 489 | 174 | 20 | |
| | 50 | 031 783 | 255 | 155 467 | 429 | 844 533 | 876 315 | 173 | 10 | |
| 28 | 0 | 032 038 | 256 | 155 896 | 429 | 844 104 | 876 142 | 173 | 0 | 32 |
| | 10 | 032 294 | 256 | 156 325 | 429 | 843 675 | 875 969 | 174 | 50 | |
| | 20 | 032 550 | 255 | 156 754 | 430 | 843 246 | 875 795 | 173 | 40 | |
| | 30 | 032 805 | 256 | 157 184 | 429 | 842 816 | 875 622 | 173 | 30 | |
| | 40 | 033 061 | 256 | 157 613 | 429 | 842 387 | 875 449 | 174 | 20 | |
| | 50 | 033 317 | 255 | 158 042 | 429 | 841 958 | 875 275 | 173 | 10 | |
| 29 | 0 | 033 572 | 256 | 158 471 | 429 | 841 529 | 875 102 | 174 | 0 | 31 |
| | 10 | 033 828 | 255 | 158 900 | 429 | 841 100 | 874 928 | 173 | 50 | |
| | 20 | 034 083 | 256 | 159 329 | 429 | 840 671 | 874 755 | 174 | 40 | |
| | 30 | 034 339 | 255 | 159 758 | 429 | 840 242 | 874 581 | 173 | 30 | |
| | 40 | 034 594 | 256 | 160 187 | 429 | 839 813 | 874 408 | 174 | 20 | |
| | 50 | 034 850 | 255 | 160 616 | 429 | 839 384 | 874 234 | 173 | 10 | |
| 30 | 0 | 1̄,8 035 105 | | 1̄,9 161 045 | | 0,0 838 955 | 1̄,8 874 061 | | 0 | 30 |
| ′ | ″ | Cos. | | Cotg. | | Tang. | Sin. | | ″ | ′ |

50°

| | 430 | 429 | 257 | 256 | 255 | 172 | 173 |
|---|---|---|---|---|---|---|---|
| 1 | 43 | 42,9 | 25,7 | 25,6 | 25,5 | 17,2 | 17,3 |
| 2 | 86 | 85,8 | 51,4 | 51,2 | 51,0 | 34,4 | 34,6 |
| 3 | 129 | 128,7 | 77,1 | 76,8 | 76,5 | 51,6 | 51,9 |
| 4 | 172 | 171,6 | 102,8 | 102,4 | 102,0 | 68,8 | 69,2 |
| 5 | 215 | 214,5 | 128,5 | 128,0 | 127,5 | 86,0 | 86,5 |
| 6 | 258 | 257,4 | 154,2 | 153,6 | 153,0 | 103,2 | 103,8 |
| 7 | 301 | 300,3 | 179,9 | 179,2 | 178,5 | 120,4 | 121,1 |
| 8 | 344 | 343,2 | 205,6 | 204,8 | 204,0 | 137,6 | 138,4 |
| 9 | 387 | 386,1 | 231,3 | 230,4 | 229,5 | 154,8 | 155,7 |

| ′ | ″ | Sin. | D. | Tang. | D.c. | Cotg. | Cos. | D. | ″ | ′ |
|---|---|---|---|---|---|---|---|---|---|---|
| 30 | 0 | 1̄,8 035 106 | | 1̄,9 161 045 | | 0,0 838 955 | 1̄,8 874 061 | | 0 | 30 |
| | 10 | 035 361 | 256 | 161 474 | 429 | 838 526 | 873 887 | 174 | 50 | |
| | 20 | 035 616 | 255 | 161 903 | 429 | 838 097 | 873 713 | 174 | 40 | |
| | 30 | 035 871 | 255 | 162 332 | 429 | 837 668 | 873 540 | 173 | 30 | |
| | 40 | 036 127 | 256 | 162 761 | 429 | 837 239 | 873 366 | 174 | 20 | |
| | 50 | 036 382 | 255 | 163 190 | 429 | 836 810 | 873 193 | 173 | 10 | |
| 31 | 0 | 036 637 | 255 | 163 618 | 428 | 836 382 | 873 019 | 174 | 0 | 29 |
| | 10 | 036 893 | 256 | 164 047 | 429 | 835 953 | 872 845 | 174 | 50 | |
| | 20 | 037 148 | 255 | 164 476 | 429 | 835 524 | 872 671 | 174 | 40 | |
| | 30 | 037 403 | 255 | 164 905 | 429 | 835 095 | 872 498 | 173 | 30 | |
| | 40 | 037 658 | 255 | 165 334 | 429 | 834 666 | 872 324 | 174 | 20 | |
| | 50 | 037 913 | 255 | 165 763 | 429 | 834 237 | 872 150 | 174 | 10 | |
| 32 | 0 | 038 168 | 255 | 166 192 | 429 | 833 808 | 871 977 | 173 | 0 | 28 |
| | 10 | 038 424 | 256 | 166 621 | 429 | 833 379 | 871 803 | 174 | 50 | |
| | 20 | 038 679 | 255 | 167 050 | 429 | 832 950 | 871 629 | 174 | 40 | |
| | 30 | 038 934 | 255 | 167 479 | 429 | 832 521 | 871 455 | 174 | 30 | |
| | 40 | 039 189 | 255 | 167 907 | 428 | 832 093 | 871 281 | 174 | 20 | |
| | 50 | 039 444 | 255 | 168 336 | 429 | 831 664 | 871 107 | 174 | 10 | |
| 33 | 0 | 039 699 | 255 | 168 765 | 429 | 831 235 | 870 934 | 173 | 0 | 27 |
| | 10 | 039 954 | 255 | 169 194 | 429 | 830 806 | 870 760 | 174 | 50 | |
| | 20 | 040 209 | 255 | 169 623 | 429 | 830 377 | 870 586 | 174 | 40 | |
| | 30 | 040 464 | 255 | 170 052 | 429 | 829 948 | 870 412 | 174 | 30 | |
| | 40 | 040 718 | 254 | 170 480 | 428 | 829 520 | 870 238 | 174 | 20 | |
| | 50 | 040 973 | 255 | 170 909 | 429 | 829 091 | 870 064 | 174 | 10 | |
| 34 | 0 | 041 228 | 255 | 171 338 | 429 | 828 662 | 869 890 | 174 | 0 | 26 |
| | 10 | 041 483 | 255 | 171 767 | 429 | 828 233 | 869 716 | 174 | 50 | |
| | 20 | 041 738 | 255 | 172 196 | 429 | 827 804 | 869 542 | 174 | 40 | |
| | 30 | 041 992 | 254 | 172 624 | 428 | 827 376 | 869 368 | 174 | 30 | |
| | 40 | 042 247 | 255 | 173 053 | 429 | 826 947 | 869 194 | 174 | 20 | |
| | 50 | 042 502 | 255 | 173 482 | 429 | 826 518 | 869 020 | 174 | 10 | |
| 35 | 0 | 042 757 | 255 | 173 911 | 429 | 826 089 | 868 846 | 174 | 0 | 25 |
| | 10 | 043 011 | 254 | 174 339 | 428 | 825 661 | 868 672 | 174 | 50 | |
| | 20 | 043 266 | 255 | 174 768 | 429 | 825 232 | 868 498 | 174 | 40 | |
| | 30 | 043 520 | 254 | 175 197 | 429 | 824 803 | 868 324 | 174 | 30 | |
| | 40 | 043 775 | 255 | 175 626 | 429 | 824 374 | 868 149 | 175 | 20 | |
| | 50 | 044 030 | 255 | 176 054 | 428 | 823 946 | 867 975 | 174 | 10 | |
| 36 | 0 | 044 284 | 254 | 176 483 | 429 | 823 517 | 867 801 | 174 | 0 | 24 |
| | 10 | 044 539 | 255 | 176 912 | 429 | 823 088 | 867 627 | 174 | 50 | |
| | 20 | 044 793 | 254 | 177 340 | 428 | 822 660 | 867 453 | 174 | 40 | |
| | 30 | 045 047 | 254 | 177 769 | 429 | 822 231 | 867 278 | 175 | 30 | |
| | 40 | 045 302 | 255 | 178 198 | 429 | 821 802 | 867 104 | 174 | 20 | |
| | 50 | 045 556 | 254 | 178 626 | 428 | 821 374 | 866 930 | 174 | 10 | |
| 37 | 0 | 045 811 | 255 | 179 055 | 429 | 820 945 | 866 756 | 174 | 0 | 23 |
| | 10 | 046 065 | 254 | 179 484 | 429 | 820 516 | 866 581 | 175 | 50 | |
| | 20 | 046 319 | 254 | 179 912 | 428 | 820 088 | 866 407 | 174 | 40 | |
| | 30 | 046 574 | 255 | 180 341 | 429 | 819 659 | 866 233 | 174 | 30 | |
| | 40 | 046 828 | 254 | 180 770 | 429 | 819 230 | 866 058 | 175 | 20 | |
| | 50 | 047 082 | 254 | 181 198 | 428 | 818 802 | 865 884 | 174 | 10 | |
| 38 | 0 | 047 336 | 254 | 181 627 | 429 | 818 373 | 865 710 | 174 | 0 | 22 |
| | 10 | 047 591 | 255 | 182 055 | 428 | 817 945 | 865 535 | 175 | 50 | |
| | 20 | 047 845 | 254 | 182 484 | 429 | 817 516 | 865 361 | 174 | 40 | |
| | 30 | 048 099 | 254 | 182 913 | 429 | 817 087 | 865 186 | 175 | 30 | |
| | 40 | 048 353 | 254 | 183 341 | 428 | 816 659 | 865 012 | 174 | 20 | |
| | 50 | 048 607 | 254 | 183 770 | 429 | 816 230 | 864 837 | 175 | 10 | |
| 39 | 0 | 048 861 | 254 | 184 198 | 428 | 815 802 | 864 663 | 174 | 0 | 21 |
| | 10 | 049 115 | 254 | 184 627 | 429 | 815 373 | 864 488 | 175 | 50 | |
| | 20 | 049 369 | 254 | 185 055 | 428 | 814 945 | 864 314 | 174 | 40 | |
| | 30 | 049 623 | 254 | 185 484 | 429 | 814 516 | 864 139 | 175 | 30 | |
| | 40 | 049 877 | 254 | 185 912 | 428 | 814 088 | 863 965 | 174 | 20 | |
| | 50 | 050 131 | 254 | 186 341 | 429 | 813 659 | 863 790 | 175 | 10 | |
| 40 | 0 | 1̄,8 050 385 | 254 | 1̄,9 186 769 | 428 | 0,0 813 231 | 1̄,8 863 616 | 174 | 0 | 20 |
| ′ | ″ | Cos. | | Cotg. | | Tang. | Sin. | | ″ | ′ |

50°

| | 429 | 428 | 256 | 255 | 254 | 174 | 175 |
|---|---|---|---|---|---|---|---|
| 1 | 42,9 | 42,8 | 25,6 | 25,5 | 25,4 | 17,4 | 17,5 |
| 2 | 85,8 | 85,6 | 51,2 | 51,0 | 50,8 | 34,8 | 35,0 |
| 3 | 128,7 | 128,4 | 76,8 | 76,5 | 76,2 | 52,2 | 52,5 |
| 4 | 171,6 | 171,2 | 102,4 | 102,0 | 101,6 | 69,6 | 70,0 |
| 5 | 214,5 | 214,0 | 128,0 | 127,5 | 127,0 | [illegible] | 87,5 |
| 6 | 257,4 | 256,8 | 153,6 | 153,0 | 152,4 | 104,4 | 105,0 |
| 7 | 300,3 | 299,6 | 179,2 | 178,5 | 177,8 | 121,8 | 122,5 |
| 8 | 343,2 | 342,4 | 204,8 | 204,0 | 203,2 | 139,2 | 140,0 |
| 9 | 386,1 | 385,2 | 230,4 | 229,5 | 228,6 | 156,6 | 157,5 |

| ' | " | Sin. | D. | Tang. | D.c. | Cotg. | Cos. | D. | " | ' |
|---|---|---|---|---|---|---|---|---|---|---|
| 40 | 0 | $\bar{1}$,8 050 385 | 254 | $\bar{1}$,9 186 769 | 429 | 0,0 813 231 | $\bar{1}$,8 863 616 | 175 | 0 | 20 |
| | 10 | 050 639 | 254 | 187 198 | 428 | 812 802 | 863 441 | 175 | 50 | |
| | 20 | 050 893 | 254 | 187 626 | 429 | 812 374 | 863 266 | 174 | 40 | |
| | 30 | 051 147 | 254 | 188 055 | 428 | 811 945 | 863 092 | 175 | 30 | |
| | 40 | 051 401 | 253 | 188 483 | 429 | 811 517 | 862 917 | 174 | 20 | |
| | 50 | 051 654 | 254 | 188 912 | 428 | 811 088 | 862 743 | 175 | 10 | |
| 41 | 0 | 051 908 | 254 | 189 340 | 429 | 810 660 | 862 568 | 175 | 0 | 19 |
| | 10 | 052 162 | 254 | 189 769 | 428 | 810 231 | 862 393 | 175 | 50 | |
| | 20 | 052 416 | 253 | 190 197 | 429 | 809 803 | 862 218 | 174 | 40 | |
| | 30 | 052 669 | 254 | 190 626 | 428 | 809 374 | 862 044 | 175 | 30 | |
| | 40 | 052 923 | 254 | 191 054 | 429 | 808 946 | 861 869 | 175 | 20 | |
| | 50 | 053 177 | 253 | 191 483 | 428 | 808 517 | 861 694 | 175 | 10 | |
| 42 | 0 | 053 430 | 254 | 191 911 | 428 | 808 089 | 861 519 | 175 | 0 | 18 |
| | 10 | 053 684 | 253 | 192 339 | 429 | 807 661 | 861 344 | 174 | 50 | |
| | 20 | 053 937 | 254 | 192 768 | 428 | 807 232 | 861 170 | 175 | 40 | |
| | 30 | 054 191 | 254 | 193 196 | 429 | 806 804 | 860 995 | 175 | 30 | |
| | 40 | 054 445 | 253 | 193 625 | 428 | 806 375 | 860 820 | 175 | 20 | |
| | 50 | 054 698 | 253 | 194 053 | 428 | 805 947 | 860 645 | 175 | 10 | |
| 43 | 0 | 054 951 | 254 | 194 481 | 429 | 805 519 | 860 470 | 175 | 0 | 17 |
| | 10 | 055 205 | 253 | 194 910 | 428 | 805 090 | 860 295 | 175 | 50 | |
| | 20 | 055 458 | 254 | 195 338 | 428 | 804 662 | 860 120 | 175 | 40 | |
| | 30 | 055 712 | 253 | 195 766 | 429 | 804 234 | 859 945 | 175 | 30 | |
| | 40 | 055 965 | 253 | 196 195 | 428 | 803 805 | 859 770 | 175 | 20 | |
| | 50 | 056 218 | 254 | 196 623 | 428 | 803 377 | 859 595 | 175 | 10 | |
| 44 | 0 | 056 472 | 253 | 197 051 | 429 | 802 949 | 859 420 | 175 | 0 | 16 |
| | 10 | 056 725 | 253 | 197 480 | 428 | 802 520 | 859 245 | 175 | 50 | |
| | 20 | 056 978 | 254 | 197 908 | 428 | 802 092 | 859 070 | 175 | 40 | |
| | 30 | 057 232 | 253 | 198 336 | 429 | 801 664 | 858 895 | 175 | 30 | |
| | 40 | 057 485 | 253 | 198 765 | 428 | 801 235 | 858 720 | 175 | 20 | |
| | 50 | 057 738 | 253 | 199 193 | 428 | 800 807 | 858 545 | 175 | 10 | |
| 45 | 0 | 057 991 | 253 | 199 621 | 428 | 800 379 | 858 370 | 175 | 0 | 15 |
| | 10 | 058 244 | 253 | 200 049 | 429 | 799 951 | 858 195 | 175 | 50 | |
| | 20 | 058 497 | 254 | 200 478 | 428 | 799 522 | 858 020 | 175 | 40 | |
| | 30 | 058 751 | 253 | 200 906 | 428 | 799 094 | 857 845 | 176 | 30 | |
| | 40 | 059 004 | 253 | 201 334 | 428 | 798 666 | 857 669 | 175 | 20 | |
| | 50 | 059 257 | 253 | 201 762 | 429 | 798 238 | 857 494 | 175 | 10 | |
| 46 | 0 | 059 510 | 253 | 202 191 | 428 | 797 809 | 857 319 | 175 | 0 | 14 |
| | 10 | 059 763 | 253 | 202 619 | 428 | 797 381 | 857 144 | 175 | 50 | |
| | 20 | 060 016 | 253 | 203 047 | 428 | 796 953 | 856 969 | 176 | 40 | |
| | 30 | 060 269 | 253 | 203 475 | 429 | 796 525 | 856 793 | 175 | 30 | |
| | 40 | 060 522 | 252 | 203 904 | 428 | 796 096 | 856 618 | 175 | 20 | |
| | 50 | 060 774 | 253 | 204 332 | 428 | 795 668 | 856 443 | 176 | 10 | |
| 47 | 0 | 061 027 | 253 | 204 760 | 428 | 795 240 | 856 267 | 175 | 0 | 13 |
| | 10 | 061 280 | 253 | 205 188 | 428 | 794 812 | 856 092 | 175 | 50 | |
| | 20 | 061 533 | 253 | 205 616 | 428 | 794 384 | 855 917 | 176 | 40 | |
| | 30 | 061 786 | 253 | 206 044 | 429 | 793 956 | 855 741 | 175 | 30 | |
| | 40 | 062 039 | 252 | 206 473 | 428 | 793 527 | 855 566 | 175 | 20 | |
| | 50 | 062 291 | 253 | 206 901 | 428 | 793 099 | 855 391 | 176 | 10 | |
| 48 | 0 | 062 544 | 253 | 207 329 | 428 | 792 671 | 855 215 | 175 | 0 | 12 |
| | 10 | 062 797 | 252 | 207 757 | 428 | 792 243 | 855 040 | 176 | 50 | |
| | 20 | 063 049 | 253 | 208 185 | 428 | 791 815 | 854 864 | 175 | 40 | |
| | 30 | 063 302 | 253 | 208 613 | 428 | 791 387 | 854 689 | 176 | 30 | |
| | 40 | 063 555 | 252 | 209 041 | 428 | 790 959 | 854 513 | 175 | 20 | |
| | 50 | 063 807 | 253 | 209 469 | 429 | 790 531 | 854 338 | 176 | 10 | |
| 49 | 0 | 064 060 | 252 | 209 898 | 428 | 790 102 | 854 162 | 175 | 0 | 11 |
| | 10 | 064 312 | 253 | 210 326 | 428 | 789 674 | 853 987 | 176 | 50 | |
| | 20 | 064 565 | 252 | 210 754 | 428 | 789 246 | 853 811 | 175 | 40 | |
| | 30 | 064 817 | 253 | 211 182 | 428 | 788 818 | 853 636 | 176 | 30 | |
| | 40 | 065 070 | 252 | 211 610 | 428 | 788 390 | 853 460 | 176 | 20 | |
| | 50 | 065 322 | 253 | 212 038 | 428 | 787 962 | 853 284 | 175 | 10 | |
| 50 | 0 | $\bar{1}$,8 065 575 | | $\bar{1}$,9 212 466 | | 0,0 787 534 | $\bar{1}$,8 853 109 | | 0 | 10 |
| ' | " | Cos. | | Cotg. | | Tang. | Sin. | | " | ' |

50°

| 429 | |
|---|---|
| 1 | 42,9 |
| 2 | 85,8 |
| 3 | 128,7 |
| 4 | 171,6 |
| 5 | 214,5 |
| 6 | 257,4 |
| 7 | 300,3 |
| 8 | 343,2 |
| 9 | 386,1 |

| 428 | |
|---|---|
| 1 | 42,8 |
| 2 | 85,6 |
| 3 | 128,4 |
| 4 | 171,2 |
| 5 | 214,0 |
| 6 | 256,8 |
| 7 | 299,6 |
| 8 | 342,4 |
| 9 | 385,2 |

| 254 | |
|---|---|
| 1 | 25,4 |
| 2 | 50,8 |
| 3 | 76,2 |
| 4 | 101,6 |
| 5 | 127,0 |
| 6 | 152,4 |
| 7 | 177,8 |
| 8 | 203,2 |
| 9 | 228,6 |

| 253 | |
|---|---|
| 1 | 25,3 |
| 2 | 50,6 |
| 3 | 75,9 |
| 4 | 101,2 |
| 5 | 126,5 |
| 6 | 151,8 |
| 7 | 177,1 |
| 8 | 202,4 |
| 9 | 227,7 |

| 252 | |
|---|---|
| 1 | 25,2 |
| 2 | 50,4 |
| 3 | 75,6 |
| 4 | 100,8 |
| 5 | 126,0 |
| 6 | 151,2 |
| 7 | 176,4 |
| 8 | 201,6 |
| 9 | 226,8 |

| 174 | |
|---|---|
| 1 | 17,4 |
| 2 | 34,8 |
| 3 | 52,2 |
| 4 | 69,6 |
| 5 | 87,0 |
| 6 | 104,4 |
| 7 | 121,8 |
| 8 | 139,2 |
| 9 | 156,6 |

| 175 | |
|---|---|
| 1 | 17,5 |
| 2 | 35,0 |
| 3 | 52,5 |
| 4 | 70,0 |
| 5 | 87,5 |
| 6 | 105,0 |
| 7 | 122,5 |
| 8 | 140,0 |
| 9 | 157,5 |

| ′ | ″ | Sin. | D. | Tang. | D.c. | Cotg. | Cos. | D. | ″ | ′ |
|---|---|---|---|---|---|---|---|---|---|---|
| 50 | 0 | 1̄,8 065 575 | 252 | 1̄,9 212 466 | 428 | 0,0 787 534 | 1̄,8 853 109 | 176 | 0 | 10 |
| | 10 | 065 827 | 253 | 212 894 | 428 | 787 106 | 852 933 | 175 | 50 | |
| | 20 | 066 080 | 252 | 213 322 | 428 | 786 678 | 852 758 | 176 | 40 | |
| | 30 | 066 332 | 252 | 213 750 | 428 | 786 250 | 852 582 | 176 | 30 | |
| | 40 | 066 584 | 253 | 214 178 | 428 | 785 822 | 852 406 | 176 | 20 | |
| | 50 | 066 837 | 252 | 214 606 | 428 | 785 394 | 852 230 | 175 | 10 | |
| 51 | 0 | 067 089 | 252 | 215 034 | 428 | 784 966 | 852 055 | 176 | 0 | 9 |
| | 10 | 067 341 | 252 | 215 462 | 428 | 784 538 | 851 879 | 176 | 50 | |
| | 20 | 067 593 | 253 | 215 890 | 428 | 784 110 | 851 703 | 176 | 40 | |
| | 30 | 067 846 | 252 | 216 318 | 428 | 783 682 | 851 527 | 175 | 30 | |
| | 40 | 068 098 | 252 | 216 746 | 428 | 783 254 | 851 352 | 176 | 20 | |
| | 50 | 068 350 | 252 | 217 174 | 428 | 782 826 | 851 176 | 176 | 10 | |
| 52 | 0 | 068 602 | 252 | 217 602 | 428 | 782 398 | 851 000 | 176 | 0 | 8 |
| | 10 | 068 854 | 252 | 218 030 | 428 | 781 970 | 850 824 | 176 | 50 | |
| | 20 | 069 106 | 252 | 218 458 | 428 | 781 542 | 850 648 | 176 | 40 | |
| | 30 | 069 358 | 252 | 218 886 | 428 | 781 114 | 850 472 | 175 | 30 | |
| | 40 | 069 610 | 252 | 219 314 | 428 | 780 686 | 850 297 | 176 | 20 | |
| | 50 | 069 862 | 252 | 219 742 | 428 | 780 258 | 850 121 | 176 | 10 | |
| 53 | 0 | 070 114 | 252 | 220 170 | 428 | 779 830 | 849 945 | 176 | 0 | 7 |
| | 10 | 070 366 | 252 | 220 598 | 427 | 779 402 | 849 769 | 176 | 50 | |
| | 20 | 070 618 | 252 | 221 025 | 428 | 778 975 | 849 593 | 176 | 40 | |
| | 30 | 070 870 | 252 | 221 453 | 428 | 778 547 | 849 417 | 176 | 30 | |
| | 40 | 071 122 | 252 | 221 881 | 428 | 778 119 | 849 241 | 176 | 20 | |
| | 50 | 071 374 | 252 | 222 309 | 428 | 777 691 | 849 065 | 176 | 10 | |
| 54 | 0 | 071 626 | 251 | 222 737 | 428 | 777 263 | 848 889 | 176 | 0 | 6 |
| | 10 | 071 877 | 252 | 223 165 | 428 | 776 835 | 848 713 | 176 | 50 | |
| | 20 | 072 129 | 252 | 223 593 | 427 | 776 407 | 848 537 | 177 | 40 | |
| | 30 | 072 381 | 252 | 224 020 | 428 | 775 980 | 848 360 | 176 | 30 | |
| | 40 | 072 633 | 251 | 224 448 | 428 | 775 552 | 848 184 | 176 | 20 | |
| | 50 | 072 884 | 252 | 224 876 | 428 | 775 124 | 848 008 | 176 | 10 | |
| 55 | 0 | 073 136 | 252 | 225 304 | 428 | 774 696 | 847 832 | 176 | 0 | 5 |
| | 10 | 073 388 | 251 | 225 732 | 428 | 774 268 | 847 656 | 176 | 50 | |
| | 20 | 073 639 | 252 | 226 160 | 427 | 773 840 | 847 480 | 176 | 40 | |
| | 30 | 073 891 | 252 | 226 587 | 428 | 773 413 | 847 304 | 177 | 30 | |
| | 40 | 074 143 | 251 | 227 015 | 428 | 772 985 | 847 127 | 176 | 20 | |
| | 50 | 074 394 | 252 | 227 443 | 428 | 772 557 | 846 951 | 176 | 10 | |
| 56 | 0 | 074 646 | 251 | 227 871 | 428 | 772 129 | 846 775 | 176 | 0 | 4 |
| | 10 | 074 897 | 252 | 228 299 | 427 | 771 701 | 846 599 | 177 | 50 | |
| | 20 | 075 149 | 251 | 228 726 | 428 | 771 274 | 846 422 | 176 | 40 | |
| | 30 | 075 400 | 252 | 229 154 | 428 | 770 846 | 846 246 | 176 | 30 | |
| | 40 | 075 652 | 251 | 229 582 | 428 | 770 418 | 846 070 | 177 | 20 | |
| | 50 | 075 903 | 251 | 230 010 | 427 | 769 990 | 845 893 | 176 | 10 | |
| 57 | 0 | 076 154 | 252 | 230 437 | 428 | 769 563 | 845 717 | 176 | 0 | 3 |
| | 10 | 076 406 | 251 | 230 865 | 428 | 769 135 | 845 541 | 177 | 50 | |
| | 20 | 076 657 | 251 | 231 293 | 427 | 768 707 | 845 364 | 176 | 40 | |
| | 30 | 076 908 | 252 | 231 720 | 428 | 768 280 | 845 188 | 177 | 30 | |
| | 40 | 077 160 | 251 | 232 148 | 428 | 767 852 | 845 011 | 176 | 20 | |
| | 50 | 077 411 | 251 | 232 576 | 428 | 767 424 | 844 835 | 176 | 10 | |
| 58 | 0 | 077 662 | 251 | 233 004 | 427 | 766 996 | 844 659 | 177 | 0 | 2 |
| | 10 | 077 913 | 251 | 233 431 | 428 | 766 569 | 844 482 | 176 | 50 | |
| | 20 | 078 164 | 252 | 233 859 | 428 | 766 141 | 844 306 | 177 | 40 | |
| | 30 | 078 416 | 251 | 234 287 | 427 | 765 713 | 844 129 | 176 | 30 | |
| | 40 | 078 667 | 251 | 234 714 | 428 | 765 286 | 843 953 | 177 | 20 | |
| | 50 | 078 918 | 251 | 235 142 | 428 | 764 858 | 843 776 | 177 | 10 | |
| 59 | 0 | 079 169 | 251 | 235 570 | 427 | 764 430 | 843 599 | 176 | 0 | 1 |
| | 10 | 079 420 | 251 | 235 997 | 428 | 764 003 | 843 423 | 177 | 50 | |
| | 20 | 079 671 | 251 | 236 425 | 427 | 763 575 | 843 246 | 176 | 40 | |
| | 30 | 079 922 | 251 | 236 852 | 428 | 763 148 | 843 070 | 177 | 30 | |
| | 40 | 080 173 | 251 | 237 280 | 428 | 762 720 | 842 893 | 177 | 20 | |
| | 50 | 080 424 | 251 | 237 708 | 427 | 762 292 | 842 716 | 176 | 10 | |
| 60 | 0 | 1̄,8 080 675 | | 1̄,9 238 135 | | 0,0 761 865 | 1̄,8 842 540 | | 0 | 0 |
| ′ | ″ | Cos. | | Cotg. | | Tang. | Sin. | | ″ | ′ |

| | 428 | 427 | 253 | 252 | 251 | 176 | 177 |
|---|---|---|---|---|---|---|---|
| 1 | 42,8 | 42,7 | 25,3 | 25,2 | 25,1 | 17,6 | 17,7 |
| 2 | 85,6 | 85,4 | 50,6 | 50,4 | 50,2 | 35,2 | 35,4 |
| 3 | 128,4 | 128,1 | 75,9 | 75,6 | 75,3 | 52,8 | 53,1 |
| 4 | 171,2 | 170,8 | 101,2 | 100,8 | 100,4 | 70,4 | 70,8 |
| 5 | 214,0 | 213,5 | 126,5 | 126,0 | 125,5 | 88,0 | 88,5 |
| 6 | 256,8 | 256,2 | 151,8 | 151,2 | 150,6 | 105,6 | 106,2 |
| 7 | 299,6 | 298,9 | 177,1 | 176,4 | 175,7 | 123,2 | 123,9 |
| 8 | 342,4 | 341,6 | 202,4 | 201,6 | 200,8 | 140,8 | 141,6 |
| 9 | 385,2 | 384,3 | 227,7 | 226,8 | 225,9 | 158,4 | 159,3 |

| 428 | |
|---|---|
| 1 | 42,8 |
| 2 | 85,6 |
| 3 | 128,4 |
| 4 | 171,2 |
| 5 | 214,0 |
| 6 | 256,8 |
| 7 | 299,6 |
| 8 | 342,4 |
| 9 | 385,2 |

| 427 | |
|---|---|
| 1 | 42,7 |
| 2 | 85,4 |
| 3 | 128,1 |
| 4 | 170,8 |
| 5 | 213,5 |
| 6 | 256,2 |
| 7 | 298,9 |
| 8 | 341,6 |
| 9 | 384,3 |

| 251 | |
|---|---|
| 1 | 25,1 |
| 2 | 50,2 |
| 3 | 75,3 |
| 4 | 100,4 |
| 5 | 125,5 |
| 6 | 150,6 |
| 7 | 175,7 |
| 8 | 200,8 |
| 9 | 225,9 |

| 250 | |
|---|---|
| 1 | 25 |
| 2 | 50 |
| 3 | 75 |
| 4 | 100 |
| 5 | 125 |
| 6 | 150 |
| 7 | 175 |
| 8 | 200 |
| 9 | 225 |

| 249 | |
|---|---|
| 1 | 24,9 |
| 2 | 49,8 |
| 3 | 74,7 |
| 4 | 99,6 |
| 5 | 124,5 |
| 6 | 149,4 |
| 7 | 174,3 |
| 8 | 199,2 |
| 9 | 224,1 |

| 176 | |
|---|---|
| 1 | 17,6 |
| 2 | 35,2 |
| 3 | 52,8 |
| 4 | 70,4 |
| 5 | 88,0 |
| 6 | 105,6 |
| 7 | 123,2 |
| 8 | 140,8 |
| 9 | 158,4 |

| 177 | |
|---|---|
| 1 | 17,7 |
| 2 | 35,4 |
| 3 | 53,1 |
| 4 | 70,8 |
| 5 | 88,5 |
| 6 | 106,2 |
| 7 | 123,9 |
| 8 | 141,6 |
| 9 | 159,3 |

| ′ | ″ | Sin. | D. | Tang. | D.c. | Cotg. | Cos. | D. | ″ | ′ |
|---|---|---|---|---|---|---|---|---|---|---|
| 0 | 0 | $\bar{1}$,8 080 675 | 251 | $\bar{1}$,9 238 135 | 428 | 0,0 761 865 | $\bar{1}$,8 842 540 | 177 | 0 | 60 |
| | 10 | 080 926 | 251 | 238 563 | 427 | 761 437 | 842 363 | 177 | 50 | |
| | 20 | 081 177 | 251 | 238 990 | 428 | 761 010 | 842 186 | 176 | 40 | |
| | 30 | 081 428 | 250 | 239 418 | 428 | 760 582 | 842 010 | 177 | 30 | |
| | 40 | 081 678 | 251 | 239 846 | 427 | 760 154 | 841 833 | 177 | 20 | |
| | 50 | 081 929 | 251 | 240 273 | 428 | 759 727 | 841 656 | 177 | 10 | |
| 1 | 0 | 082 180 | 251 | 240 701 | 427 | 759 299 | 841 479 | 176 | 0 | 59 |
| | 10 | 082 431 | 251 | 241 128 | 428 | 758 872 | 841 303 | 177 | 50 | |
| | 20 | 082 682 | 250 | 241 556 | 427 | 758 444 | 841 126 | 177 | 40 | |
| | 30 | 082 932 | 251 | 241 983 | 428 | 758 017 | 840 949 | 177 | 30 | |
| | 40 | 083 183 | 251 | 242 411 | 427 | 757 589 | 840 772 | 177 | 20 | |
| | 50 | 083 434 | 250 | 242 838 | 428 | 757 162 | 840 595 | 177 | 10 | |
| 2 | 0 | 083 684 | 251 | 243 266 | 427 | 756 734 | 840 418 | 177 | 0 | 58 |
| | 10 | 083 935 | 251 | 243 693 | 428 | 756 307 | 840 241 | 176 | 50 | |
| | 20 | 084 186 | 250 | 244 121 | 427 | 755 879 | 840 065 | 177 | 40 | |
| | 30 | 084 436 | 251 | 244 548 | 428 | 755 452 | 839 888 | 177 | 30 | |
| | 40 | 084 687 | 250 | 244 976 | 427 | 755 024 | 839 711 | 177 | 20 | |
| | 50 | 084 937 | 251 | 245 403 | 428 | 754 597 | 839 534 | 177 | 10 | |
| 3 | 0 | 085 188 | 250 | 245 831 | 427 | 754 169 | 839 357 | 177 | 0 | 57 |
| | 10 | 085 438 | 251 | 246 258 | 428 | 753 742 | 839 180 | 177 | 50 | |
| | 20 | 085 689 | 250 | 246 686 | 427 | 753 314 | 839 003 | 177 | 40 | |
| | 30 | 085 939 | 250 | 247 113 | 428 | 752 887 | 838 826 | 177 | 30 | |
| | 40 | 086 189 | 251 | 247 541 | 427 | 752 459 | 838 649 | 177 | 20 | |
| | 50 | 086 440 | 250 | 247 968 | 428 | 752 032 | 838 472 | 178 | 10 | |
| 4 | 0 | 086 690 | 250 | 248 396 | 427 | 751 604 | 838 294 | 177 | 0 | 56 |
| | 10 | 086 940 | 251 | 248 823 | 427 | 751 177 | 838 117 | 177 | 50 | |
| | 20 | 087 191 | 250 | 249 250 | 428 | 750 750 | 837 940 | 177 | 40 | |
| | 30 | 087 441 | 250 | 249 678 | 427 | 750 322 | 837 763 | 177 | 30 | |
| | 40 | 087 691 | 250 | 250 105 | 428 | 749 895 | 837 586 | 177 | 20 | |
| | 50 | 087 941 | 251 | 250 533 | 427 | 749 467 | 837 409 | 177 | 10 | |
| 5 | 0 | 088 192 | 250 | 250 960 | 427 | 749 040 | 837 232 | 178 | 0 | 55 |
| | 10 | 088 442 | 250 | 251 387 | 428 | 748 613 | 837 054 | 177 | 50 | |
| | 20 | 088 692 | 250 | 251 815 | 427 | 748 185 | 836 877 | 177 | 40 | |
| | 30 | 088 942 | 250 | 252 242 | 428 | 747 758 | 836 700 | 177 | 30 | |
| | 40 | 089 192 | 250 | 252 670 | 427 | 747 330 | 836 523 | 178 | 20 | |
| | 50 | 089 442 | 250 | 253 097 | 427 | 746 903 | 836 345 | 177 | 10 | |
| 6 | 0 | 089 692 | 250 | 253 524 | 428 | 746 476 | 836 168 | 177 | 0 | 54 |
| | 10 | 089 942 | 250 | 253 952 | 427 | 746 048 | 835 991 | 178 | 50 | |
| | 20 | 090 192 | 250 | 254 379 | 427 | 745 621 | 835 813 | 177 | 40 | |
| | 30 | 090 442 | 250 | 254 806 | 427 | 745 194 | 835 636 | 177 | 30 | |
| | 40 | 090 692 | 250 | 255 233 | 428 | 744 767 | 835 459 | 178 | 20 | |
| | 50 | 090 942 | 250 | 255 661 | 427 | 744 339 | 835 281 | 177 | 10 | |
| 7 | 0 | 091 192 | 250 | 256 088 | 427 | 743 912 | 835 104 | 177 | 0 | 53 |
| | 10 | 091 442 | 250 | 256 515 | 428 | 743 485 | 834 927 | 178 | 50 | |
| | 20 | 091 692 | 250 | 256 943 | 427 | 743 057 | 834 749 | 177 | 40 | |
| | 30 | 091 942 | 249 | 257 370 | 427 | 742 630 | 834 572 | 178 | 30 | |
| | 40 | 092 191 | 250 | 257 797 | 428 | 742 203 | 834 394 | 177 | 20 | |
| | 50 | 092 441 | 250 | 258 225 | 427 | 741 775 | 834 217 | 178 | 10 | |
| 8 | 0 | 092 691 | 250 | 258 652 | 427 | 741 348 | 834 039 | 177 | 0 | 52 |
| | 10 | 092 941 | 249 | 259 079 | 427 | 740 921 | 833 862 | 178 | 50 | |
| | 20 | 093 190 | 250 | 259 506 | 427 | 740 494 | 833 684 | 177 | 40 | |
| | 30 | 093 440 | 250 | 259 933 | 428 | 740 067 | 833 507 | 178 | 30 | |
| | 40 | 093 690 | 249 | 260 361 | 427 | 739 639 | 833 329 | 178 | 20 | |
| | 50 | 093 939 | 250 | 260 788 | 427 | 739 212 | 833 151 | 177 | 10 | |
| 9 | 0 | 094 189 | 250 | 261 215 | 427 | 738 785 | 832 974 | 178 | 0 | 51 |
| | 10 | 094 439 | 249 | 261 642 | 428 | 738 358 | 832 796 | 177 | 50 | |
| | 20 | 094 688 | 250 | 262 070 | 427 | 737 930 | 832 619 | 178 | 40 | |
| | 30 | 094 938 | 249 | 262 497 | 427 | 737 503 | 832 441 | 178 | 30 | |
| | 40 | 095 187 | 250 | 262 924 | 427 | 737 076 | 832 263 | 177 | 20 | |
| | 50 | 095 437 | 249 | 263 351 | 427 | 736 649 | 832 086 | 178 | 10 | |
| 10 | 0 | $\bar{1}$,8 095 686 | | $\bar{1}$,9 263 778 | | 0,0 736 222 | $\bar{1}$,8 831 908 | | 0 | 50 |
| ′ | ″ | Cos. | | Cotg. | | Tang. | Sin. | | ″ | ′ |

49°

| ′ | ″ | Sin. | D. | Tang. | D.c. | Cotg. | Cos. | D. | ″ | ′ |
|---|---|---|---|---|---|---|---|---|---|---|
| 10 | 0 | $\bar{1}$,8 095 686 | 250 | $\bar{1}$,9 263 778 | 427 | 0,0 736 222 | $\bar{1}$,8 831 908 | 178 | 0 | 50 |
| | 10 | 095 936 | 249 | 264 205 | 428 | 735 795 | 831 730 | 178 | 50 | |
| | 20 | 096 185 | 249 | 264 633 | 427 | 735 367 | 831 552 | 177 | 40 | |
| | 30 | 096 434 | 250 | 265 060 | 427 | 734 940 | 831 375 | 178 | 30 | |
| | 40 | 096 684 | 249 | 265 487 | 427 | 734 513 | 831 197 | 178 | 20 | |
| | 50 | 096 933 | 249 | 265 914 | 427 | 734 086 | 831 019 | 178 | 10 | |
| 11 | 0 | 097 182 | 250 | 266 341 | 427 | 733 659 | 830 841 | 178 | 0 | 49 |
| | 10 | 097 432 | 249 | 266 768 | 427 | 733 232 | 830 663 | 177 | 50 | |
| | 20 | 097 681 | 249 | 267 195 | 428 | 732 805 | 830 486 | 178 | 40 | |
| | 30 | 097 930 | 249 | 267 623 | 427 | 732 377 | 830 308 | 178 | 30 | |
| | 40 | 098 179 | 250 | 268 050 | 427 | 731 950 | 830 130 | 178 | 20 | |
| | 50 | 098 429 | 249 | 268 477 | 427 | 731 523 | 829 952 | 178 | 10 | |
| 12 | 0 | 098 678 | 249 | 268 904 | 427 | 731 096 | 829 774 | 178 | 0 | 48 |
| | 10 | 098 927 | 249 | 269 331 | 427 | 730 669 | 829 596 | 178 | 50 | |
| | 20 | 099 176 | 249 | 269 758 | 427 | 730 242 | 829 418 | 178 | 40 | |
| | 30 | 099 425 | 249 | 270 185 | 427 | 729 815 | 829 240 | 178 | 30 | |
| | 40 | 099 674 | 249 | 270 612 | 427 | 729 388 | 829 062 | 178 | 20 | |
| | 50 | 099 923 | 249 | 271 039 | 427 | 728 961 | 828 884 | 178 | 10 | |
| 13 | 0 | 100 172 | 249 | 271 466 | 427 | 728 534 | 828 706 | 178 | 0 | 47 |
| | 10 | 100 421 | 249 | 271 893 | 427 | 728 107 | 828 528 | 178 | 50 | |
| | 20 | 100 670 | 249 | 272 320 | 427 | 727 680 | 828 350 | 178 | 40 | |
| | 30 | 100 919 | 249 | 272 747 | 427 | 727 253 | 828 172 | 178 | 30 | |
| | 40 | 101 168 | 249 | 273 174 | 427 | 726 826 | 827 994 | 178 | 20 | |
| | 50 | 101 417 | 249 | 273 601 | 427 | 726 399 | 827 816 | 178 | 10 | |
| 14 | 0 | 101 666 | 249 | 274 028 | 427 | 725 972 | 827 638 | 179 | 0 | 46 |
| | 10 | 101 915 | 249 | 274 455 | 427 | 725 545 | 827 459 | 178 | 50 | |
| | 20 | 102 164 | 248 | 274 882 | 427 | 725 118 | 827 281 | 178 | 40 | |
| | 30 | 102 412 | 249 | 275 309 | 427 | 724 691 | 827 103 | 178 | 30 | |
| | 40 | 102 661 | 249 | 275 736 | 427 | 724 264 | 826 925 | 178 | 20 | |
| | 50 | 102 910 | 249 | 276 163 | 427 | 723 837 | 826 747 | 179 | 10 | |
| 15 | 0 | 103 159 | 248 | 276 590 | 427 | 723 410 | 826 568 | 178 | 0 | 45 |
| | 10 | 103 407 | 249 | 277 017 | 427 | 722 983 | 826 390 | 178 | 50 | |
| | 20 | 103 656 | 249 | 277 444 | 427 | 722 556 | 826 212 | 178 | 40 | |
| | 30 | 103 905 | 248 | 277 871 | 427 | 722 129 | 826 034 | 179 | 30 | |
| | 40 | 104 153 | 249 | 278 298 | 427 | 721 702 | 825 855 | 178 | 20 | |
| | 50 | 104 402 | 248 | 278 725 | 427 | 721 275 | 825 677 | 178 | 10 | |
| 16 | 0 | 104 650 | 249 | 279 152 | 427 | 720 848 | 825 499 | 179 | 0 | 44 |
| | 10 | 104 899 | 249 | 279 579 | 427 | 720 421 | 825 320 | 178 | 50 | |
| | 20 | 105 148 | 248 | 280 006 | 427 | 719 994 | 825 142 | 179 | 40 | |
| | 30 | 105 396 | 249 | 280 433 | 426 | 719 567 | 824 963 | 178 | 30 | |
| | 40 | 105 645 | 248 | 280 859 | 427 | 719 141 | 824 785 | 178 | 20 | |
| | 50 | 105 893 | 248 | 281 286 | 427 | 718 714 | 824 607 | 179 | 10 | |
| 17 | 0 | 106 141 | 249 | 281 713 | 427 | 718 287 | 824 428 | 178 | 0 | 43 |
| | 10 | 106 390 | 248 | 282 140 | 427 | 717 860 | 824 250 | 179 | 50 | |
| | 20 | 106 638 | 249 | 282 567 | 427 | 717 433 | 824 071 | 178 | 40 | |
| | 30 | 106 887 | 248 | 282 994 | 427 | 717 006 | 823 893 | 179 | 30 | |
| | 40 | 107 135 | 248 | 283 421 | 427 | 716 579 | 823 714 | 178 | 20 | |
| | 50 | 107 383 | 248 | 283 848 | 426 | 716 152 | 823 536 | 179 | 10 | |
| 18 | 0 | 107 631 | 249 | 284 274 | 427 | 715 726 | 823 357 | 178 | 0 | 42 |
| | 10 | 107 880 | 248 | 284 701 | 427 | 715 299 | 823 179 | 179 | 50 | |
| | 20 | 108 128 | 248 | 285 128 | 427 | 714 872 | 823 000 | 179 | 40 | |
| | 30 | 108 376 | 248 | 285 555 | 427 | 714 445 | 822 821 | 178 | 30 | |
| | 40 | 108 624 | 249 | 285 982 | 426 | 714 018 | 822 643 | 179 | 20 | |
| | 50 | 108 873 | 248 | 286 408 | 427 | 713 592 | 822 464 | 179 | 10 | |
| 19 | 0 | 109 121 | 248 | 286 835 | 427 | 713 165 | 822 285 | 178 | 0 | 41 |
| | 10 | 109 369 | 248 | 287 262 | 427 | 712 738 | 822 107 | 179 | 50 | |
| | 20 | 109 617 | 248 | 287 689 | 427 | 712 311 | 821 928 | 179 | 40 | |
| | 30 | 109 865 | 248 | 288 116 | 426 | 711 884 | 821 749 | 178 | 30 | |
| | 40 | 110 113 | 248 | 288 542 | 427 | 711 458 | 821 571 | 179 | 20 | |
| | 50 | 110 361 | 248 | 288 969 | 427 | 711 031 | 821 392 | 179 | 10 | |
| 20 | 0 | $\bar{1}$,8 110 609 | | $\bar{1}$,9 289 396 | | 0,0 710 604 | $\bar{1}$,8 821 213 | | 0 | 40 |
| ′ | ″ | Cos. | | Cotg. | | Tang. | Sin. | | ″ | ′ |

| | 427 | 426 | 249 | 248 | 178 | 179 |
|---|---|---|---|---|---|---|
| 1 | 42,7 | 42,6 | 24,9 | 24,8 | 17,8 | 17,9 |
| 2 | 85,4 | 85,2 | 49,8 | 49,6 | 35,6 | 35,8 |
| 3 | 128,1 | 127,8 | 74,7 | 74,4 | 53,4 | 53,7 |
| 4 | 170,8 | 170,4 | 99,6 | 99,2 | 71,2 | 71,6 |
| 5 | 213,5 | 213,0 | 124,5 | 124,0 | 89,0 | 89,5 |
| 6 | 256,2 | 255,6 | 149,4 | 148,8 | 106,8 | 107,4 |
| 7 | 298,9 | 298,2 | 174,3 | 173,6 | 124,6 | 125,3 |
| 8 | 341,6 | 340,8 | 199,2 | 198,4 | 142,4 | 143,2 |
| 9 | 384,3 | 383,4 | 224,1 | 223,2 | 160,2 | 161,1 |

| 427 | |
|---|---|
| 1 | 42,7 |
| 2 | 85,4 |
| 3 | 128,1 |
| 4 | 170,8 |
| 5 | 213,5 |
| 6 | 256,2 |
| 7 | 298,9 |
| 8 | 341,6 |
| 9 | 384,3 |

| 426 | |
|---|---|
| 1 | 42,6 |
| 2 | 85,2 |
| 3 | 127,8 |
| 4 | 170,4 |
| 5 | 213,0 |
| 6 | 255,6 |
| 7 | 298,2 |
| 8 | 340,8 |
| 9 | 383,4 |

| 248 | |
|---|---|
| 1 | 24,8 |
| 2 | 49,6 |
| 3 | 74,4 |
| 4 | 99,2 |
| 5 | 124,0 |
| 6 | 148,8 |
| 7 | 173,6 |
| 8 | 198,4 |
| 9 | 223,2 |

| 247 | |
|---|---|
| 1 | 24,7 |
| 2 | 49,4 |
| 3 | 74,1 |
| 4 | 98,8 |
| 5 | 123,5 |
| 6 | 148,2 |
| 7 | 172,9 |
| 8 | 197,6 |
| 9 | 222,3 |

| 246 | |
|---|---|
| 1 | 24,6 |
| 2 | 49,2 |
| 3 | 73,8 |
| 4 | 98,4 |
| 5 | 123,0 |
| 6 | 147,6 |
| 7 | 172,2 |
| 8 | 196,8 |
| 9 | 221,4 |

| 178 | |
|---|---|
| 1 | 17,8 |
| 2 | 35,6 |
| 3 | 53,4 |
| 4 | 71,2 |
| 5 | 89,0 |
| 6 | 106,8 |
| 7 | 124,6 |
| 8 | 142,4 |
| 9 | 160,2 |

| 179 | |
|---|---|
| 1 | 17,9 |
| 2 | 35,8 |
| 3 | 53,7 |
| 4 | 71,6 |
| 5 | 89,5 |
| 6 | 107,4 |
| 7 | 125,3 |
| 8 | 143,2 |
| 9 | 161,1 |

| ′ | ″ | Sin. | D. | Tang. | D.c. | Cotg. | Cos. | D. | ″ | ′ |
|---|---|---|---|---|---|---|---|---|---|---|
| 20 | 0 | 1̄,8 110 609 | | 1̄,9 289 396 | | 0,0 710 604 | 1̄,8 821 213 | | 0 | 40 |
| | 10 | 110 857 | 248 | 289 823 | 427 | 710 177 | 821 034 | 179 | 50 | |
| | 20 | 111 105 | 248 | 290 249 | 426 | 709 751 | 820 856 | 178 | 40 | |
| | 30 | 111 353 | 248 | 290 676 | 427 | 709 324 | 820 677 | 179 | 30 | |
| | 40 | 111 601 | 248 | 291 103 | 427 | 708 897 | 820 498 | 179 | 20 | |
| | 50 | 111 849 | 248 | 291 530 | 427 | 708 470 | 820 319 | 179 | 10 | |
| 21 | 0 | 112 096 | 247 | 291 956 | 426 | 708 044 | 820 140 | 179 | 0 | 39 |
| | 10 | 112 344 | 248 | 292 383 | 427 | 707 617 | 819 961 | 179 | 50 | |
| | 20 | 112 592 | 248 | 292 810 | 427 | 707 190 | 819 782 | 179 | 40 | |
| | 30 | 112 840 | 248 | 293 236 | 426 | 706 764 | 819 603 | 179 | 30 | |
| | 40 | 113 088 | 248 | 293 663 | 427 | 706 337 | 819 425 | 178 | 20 | |
| | 50 | 113 335 | 247 | 294 090 | 427 | 705 910 | 819 246 | 179 | 10 | |
| 22 | 0 | 113 583 | 248 | 294 516 | 426 | 705 484 | 819 067 | 179 | 0 | 38 |
| | 10 | 113 831 | 248 | 294 943 | 427 | 705 057 | 818 888 | 179 | 50 | |
| | 20 | 114 078 | 247 | 295 370 | 427 | 704 630 | 818 709 | 179 | 40 | |
| | 30 | 114 326 | 248 | 295 796 | 426 | 704 204 | 818 530 | 179 | 30 | |
| | 40 | 114 574 | 248 | 296 223 | 427 | 703 777 | 818 351 | 179 | 20 | |
| | 50 | 114 821 | 247 | 296 650 | 427 | 703 350 | 818 171 | 180 | 10 | |
| 23 | 0 | 115 069 | 248 | 297 076 | 426 | 702 924 | 817 992 | 179 | 0 | 37 |
| | 10 | 115 316 | 247 | 297 503 | 427 | 702 497 | 817 813 | 179 | 50 | |
| | 20 | 115 564 | 248 | 297 930 | 427 | 702 070 | 817 634 | 179 | 40 | |
| | 30 | 115 811 | 247 | 298 356 | 426 | 701 644 | 817 455 | 179 | 30 | |
| | 40 | 116 059 | 248 | 298 783 | 427 | 701 217 | 817 276 | 179 | 20 | |
| | 50 | 116 306 | 247 | 299 209 | 426 | 700 791 | 817 097 | 179 | 10 | |
| 24 | 0 | 116 554 | 248 | 299 636 | 427 | 700 364 | 816 918 | 179 | 0 | 36 |
| | 10 | 116 801 | 247 | 300 063 | 427 | 699 937 | 816 738 | 180 | 50 | |
| | 20 | 117 048 | 247 | 300 489 | 426 | 699 511 | 816 559 | 179 | 40 | |
| | 30 | 117 296 | 248 | 300 916 | 427 | 699 084 | 816 380 | 179 | 30 | |
| | 40 | 117 543 | 247 | 301 342 | 426 | 698 658 | 816 201 | 179 | 20 | |
| | 50 | 117 790 | 247 | 301 769 | 427 | 698 231 | 816 021 | 180 | 10 | |
| 25 | 0 | 118 038 | 248 | 302 195 | 426 | 697 805 | 815 842 | 179 | 0 | 35 |
| | 10 | 118 285 | 247 | 302 622 | 427 | 697 378 | 815 663 | 179 | 50 | |
| | 20 | 118 532 | 247 | 303 049 | 427 | 696 951 | 815 483 | 180 | 40 | |
| | 30 | 118 779 | 247 | 303 475 | 426 | 696 525 | 815 304 | 179 | 30 | |
| | 40 | 119 026 | 247 | 303 902 | 427 | 696 098 | 815 125 | 179 | 20 | |
| | 50 | 119 273 | 247 | 304 328 | 426 | 695 672 | 814 945 | 180 | 10 | |
| 26 | 0 | 119 521 | 248 | 304 755 | 427 | 695 245 | 814 766 | 179 | 0 | 34 |
| | 10 | 119 768 | 247 | 305 181 | 426 | 694 819 | 814 587 | 179 | 50 | |
| | 20 | 120 015 | 247 | 305 608 | 427 | 694 392 | 814 407 | 180 | 40 | |
| | 30 | 120 262 | 247 | 306 034 | 426 | 693 966 | 814 228 | 179 | 30 | |
| | 40 | 120 509 | 247 | 306 461 | 427 | 693 539 | 814 048 | 180 | 20 | |
| | 50 | 120 756 | 247 | 306 887 | 426 | 693 113 | 813 869 | 179 | 10 | |
| 27 | 0 | 121 003 | 247 | 307 314 | 427 | 692 686 | 813 689 | 180 | 0 | 33 |
| | 10 | 121 250 | 247 | 307 740 | 426 | 692 260 | 813 510 | 179 | 50 | |
| | 20 | 121 497 | 247 | 308 167 | 427 | 691 833 | 813 330 | 180 | 40 | |
| | 30 | 121 744 | 247 | 308 593 | 426 | 691 407 | 813 151 | 179 | 30 | |
| | 40 | 121 990 | 246 | 309 019 | 426 | 690 981 | 812 971 | 180 | 20 | |
| | 50 | 122 237 | 247 | 309 446 | 427 | 690 554 | 812 791 | 180 | 10 | |
| 28 | 0 | 122 484 | 247 | 309 872 | 426 | 690 128 | 812 612 | 179 | 0 | 32 |
| | 10 | 122 731 | 247 | 310 299 | 427 | 689 701 | 812 432 | 180 | 50 | |
| | 20 | 122 978 | 247 | 310 725 | 426 | 689 275 | 812 253 | 179 | 40 | |
| | 30 | 123 224 | 246 | 311 152 | 427 | 688 848 | 812 073 | 180 | 30 | |
| | 40 | 123 471 | 247 | 311 578 | 426 | 688 422 | 811 893 | 180 | 20 | |
| | 50 | 123 718 | 247 | 312 004 | 426 | 687 996 | 811 714 | 179 | 10 | |
| 29 | 0 | 123 965 | 247 | 312 431 | 427 | 687 569 | 811 534 | 180 | 0 | 31 |
| | 10 | 124 211 | 246 | 312 857 | 426 | 687 143 | 811 354 | 180 | 50 | |
| | 20 | 124 458 | 247 | 313 284 | 427 | 686 716 | 811 174 | 180 | 40 | |
| | 30 | 124 704 | 246 | 313 710 | 426 | 686 290 | 810 995 | 179 | 30 | |
| | 40 | 124 951 | 247 | 314 136 | 426 | 685 864 | 810 815 | 180 | 20 | |
| | 50 | 125 198 | 247 | 314 563 | 427 | 685 437 | 810 635 | 180 | 10 | |
| 30 | 0 | 1̄,8 125 444 | 246 | 1̄,9 314 989 | 426 | 0,0 685 011 | 1̄,8 810 455 | 180 | 0 | 30 |
| ′ | ″ | Cos. | | Cotg. | | Tang. | Sin. | | ″ | ′ |

| ′ | ″ | Sin. | D. | Tang. | D.c. | Cotg. | Cos. | D. | ″ | ′ |
|---|---|---|---|---|---|---|---|---|---|---|
| 30 | 0 | 1̄,8 125 444 | | 1̄,9 314 989 | | 0,0 685 011 | 1̄,8 810 455 | | 0 | 30 |
| | 10 | 125 691 | 247 | 315 415 | 426 | 684 585 | 810 275 | 180 | 50 | |
| | 20 | 125 937 | 246 | 315 842 | 427 | 684 158 | 810 095 | 180 | 40 | |
| | 30 | 126 184 | 247 | 316 268 | 426 | 683 732 | 809 916 | 179 | 30 | |
| | 40 | 126 430 | 246 | 316 694 | 426 | 683 306 | 809 736 | 180 | 20 | |
| | 50 | 126 676 | 246 | 317 121 | 427 | 682 879 | 809 556 | 180 | 10 | |
| 31 | 0 | 126 923 | 247 | 317 547 | 426 | 682 453 | 809 376 | 180 | 0 | 29 |
| | 10 | 127 169 | 246 | 317 973 | 426 | 682 027 | 809 196 | 180 | 50 | |
| | 20 | 127 416 | 247 | 318 400 | 427 | 681 600 | 809 016 | 180 | 40 | |
| | 30 | 127 662 | 246 | 318 826 | 426 | 681 174 | 808 836 | 180 | 30 | |
| | 40 | 127 908 | 246 | 319 252 | 426 | 680 748 | 808 656 | 180 | 20 | |
| | 50 | 128 154 | 246 | 319 678 | 426 | 680 322 | 808 476 | 180 | 10 | |
| 32 | 0 | 128 401 | 247 | 320 105 | 427 | 679 895 | 808 296 | 180 | 0 | 28 |
| | 10 | 128 647 | 246 | 320 531 | 426 | 679 469 | 808 116 | 180 | 50 | |
| | 20 | 128 893 | 246 | 320 957 | 426 | 679 043 | 807 936 | 180 | 40 | |
| | 30 | 129 139 | 246 | 321 384 | 427 | 678 616 | 807 756 | 180 | 30 | |
| | 40 | 129 385 | 246 | 321 810 | 426 | 678 190 | 807 576 | 180 | 20 | |
| | 50 | 129 632 | 247 | 322 236 | 426 | 677 764 | 807 396 | 180 | 10 | |
| 33 | 0 | 129 878 | 246 | 322 662 | 426 | 677 338 | 807 215 | 181 | 0 | 27 |
| | 10 | 130 124 | 246 | 323 089 | 427 | 676 911 | 807 035 | 180 | 50 | |
| | 20 | 130 370 | 246 | 323 515 | 426 | 676 485 | 806 855 | 180 | 40 | |
| | 30 | 130 616 | 246 | 323 941 | 426 | 676 059 | 806 675 | 180 | 30 | |
| | 40 | 130 862 | 246 | 324 367 | 426 | 675 633 | 806 495 | 180 | 20 | |
| | 50 | 131 108 | 246 | 324 793 | 426 | 675 207 | 806 314 | 181 | 10 | |
| 34 | 0 | 131 354 | 246 | 325 220 | 427 | 674 780 | 806 134 | 180 | 0 | 26 |
| | 10 | 131 600 | 246 | 325 646 | 426 | 674 354 | 805 954 | 180 | 50 | |
| | 20 | 131 846 | 246 | 326 072 | 426 | 673 928 | 805 774 | 180 | 40 | |
| | 30 | 132 092 | 246 | 326 498 | 426 | 673 502 | 805 593 | 181 | 30 | |
| | 40 | 132 337 | 245 | 326 924 | 426 | 673 076 | 805 413 | 180 | 20 | |
| | 50 | 132 583 | 246 | 327 351 | 427 | 672 649 | 805 233 | 180 | 10 | |
| 35 | 0 | 132 829 | 246 | 327 777 | 426 | 672 223 | 805 052 | 181 | 0 | 25 |
| | 10 | 133 075 | 246 | 328 203 | 426 | 671 797 | 804 872 | 180 | 50 | |
| | 20 | 133 321 | 246 | 328 629 | 426 | 671 371 | 804 692 | 180 | 40 | |
| | 30 | 133 566 | 245 | 329 055 | 426 | 670 945 | 804 511 | 181 | 30 | |
| | 40 | 133 812 | 246 | 329 481 | 426 | 670 519 | 804 331 | 180 | 20 | |
| | 50 | 134 058 | 246 | 329 907 | 426 | 670 093 | 804 150 | 181 | 10 | |
| 36 | 0 | 134 303 | 245 | 330 334 | 427 | 669 666 | 803 970 | 180 | 0 | 24 |
| | 10 | 134 549 | 246 | 330 760 | 426 | 669 240 | 803 789 | 181 | 50 | |
| | 20 | 134 795 | 246 | 331 186 | 426 | 668 814 | 803 609 | 180 | 40 | |
| | 30 | 135 040 | 245 | 331 612 | 426 | 668 388 | 803 428 | 181 | 30 | |
| | 40 | 135 286 | 246 | 332 038 | 426 | 667 962 | 803 248 | 180 | 20 | |
| | 50 | 135 531 | 245 | 332 464 | 426 | 667 536 | 803 067 | 181 | 10 | |
| 37 | 0 | 135 777 | 246 | 332 890 | 426 | 667 110 | 802 887 | 180 | 0 | 23 |
| | 10 | 136 022 | 245 | 333 316 | 426 | 666 684 | 802 706 | 181 | 50 | |
| | 20 | 136 268 | 246 | 333 742 | 426 | 666 258 | 802 526 | 180 | 40 | |
| | 30 | 136 513 | 245 | 334 168 | 426 | 665 832 | 802 345 | 181 | 30 | |
| | 40 | 136 759 | 246 | 334 594 | 426 | 665 406 | 802 164 | 181 | 20 | |
| | 50 | 137 004 | 245 | 335 020 | 426 | 664 980 | 801 984 | 180 | 10 | |
| 38 | 0 | 137 250 | 246 | 335 446 | 426 | 664 664 | 801 800 | 181 | 0 | 22 |
| | 10 | 137 495 | 245 | 335 873 | 427 | 664 127 | 801 622 | 181 | 50 | |
| | 20 | 137 740 | 245 | 336 299 | 426 | 663 701 | 801 442 | 180 | 40 | |
| | 30 | 137 986 | 246 | 336 725 | 426 | 663 275 | 801 261 | 181 | 30 | |
| | 40 | 138 231 | 245 | 337 151 | 426 | 662 849 | 801 080 | 181 | 20 | |
| | 50 | 138 476 | 245 | 337 577 | 426 | 662 423 | 800 899 | 181 | 10 | |
| 39 | 0 | 138 721 | 245 | 338 003 | 426 | 661 997 | 800 719 | 180 | 0 | 21 |
| | 10 | 138 966 | 245 | 338 429 | 426 | 661 571 | 800 538 | 181 | 50 | |
| | 20 | 139 212 | 246 | 338 855 | 426 | 661 145 | 800 357 | 181 | 40 | |
| | 30 | 139 457 | 245 | 339 281 | 426 | 660 719 | 800 176 | 181 | 30 | |
| | 40 | 139 702 | 245 | 339 707 | 426 | 660 293 | 799 995 | 181 | 20 | |
| | 50 | 139 947 | 245 | 340 133 | 426 | 659 867 | 799 815 | 180 | 10 | |
| 40 | 0 | 1̄,8 140 192 | 245 | 1̄,9 340 559 | 426 | 0,0 659 441 | 1̄,8 799 634 | 181 | 0 | 20 |
| ′ | ″ | Cos. | | Cotg. | | Tang. | Sin. | | ″ | ′ |

| 427 | |
|---|---|
| 1 | 42,7 |
| 2 | 85,4 |
| 3 | 128,1 |
| 4 | 170,8 |
| 5 | 213,5 |
| 6 | 256,2 |
| 7 | 298,9 |
| 8 | 341,6 |
| 9 | 384,3 |

| 426 | |
|---|---|
| 1 | 42,6 |
| 2 | 85,2 |
| 3 | 127,8 |
| 4 | 170,4 |
| 5 | 213,0 |
| 6 | 255,6 |
| 7 | 298,2 |
| 8 | 340,8 |
| 9 | 383,4 |

| 247 | |
|---|---|
| 1 | 24,7 |
| 2 | 49,4 |
| 3 | 74,1 |
| 4 | 98,8 |
| 5 | 123,5 |
| 6 | 148,2 |
| 7 | 172,9 |
| 8 | 197,6 |
| 9 | 222,3 |

| 246 | |
|---|---|
| 1 | 24,6 |
| 2 | 49,2 |
| 3 | 73,8 |
| 4 | 98,4 |
| 5 | 123,0 |
| 6 | 147,6 |
| 7 | 172,2 |
| 8 | 196,8 |
| 9 | 221,4 |

| 245 | |
|---|---|
| 1 | 24,5 |
| 2 | 49,0 |
| 3 | 73,5 |
| 4 | 98,0 |
| 5 | 122,5 |
| 6 | 147,0 |
| 7 | 171,5 |
| 8 | 196,0 |
| 9 | 220,5 |

| 180 | |
|---|---|
| 1 | 18 |
| 2 | 36 |
| 3 | 54 |
| 4 | 72 |
| 5 | 90 |
| 6 | 108 |
| 7 | 126 |
| 8 | 144 |
| 9 | 162 |

| 181 | |
|---|---|
| 1 | 18,1 |
| 2 | 36,2 |
| 3 | 54,3 |
| 4 | 72,4 |
| 5 | 90,5 |
| 6 | 108,6 |
| 7 | 126,7 |
| 8 | 144,8 |
| 9 | 162,9 |

| 426 | |
|---|---|
| 1 | 42,6 |
| 2 | 85,2 |
| 3 | 127,8 |
| 4 | 170,4 |
| 5 | 213,0 |
| 6 | 255,6 |
| 7 | 298,2 |
| 8 | 340,8 |
| 9 | 383,4 |

| 425 | |
|---|---|
| 1 | 42,5 |
| 2 | 85,0 |
| 3 | 127,5 |
| 4 | 170,0 |
| 5 | 212,5 |
| 6 | 255,0 |
| 7 | 297,5 |
| 8 | 340,0 |
| 9 | 382,5 |

| 245 | |
|---|---|
| 1 | 24,5 |
| 2 | 49,0 |
| 3 | 73,5 |
| 4 | 98,0 |
| 5 | 122,5 |
| 6 | 147,0 |
| 7 | 171,5 |
| 8 | 196,0 |
| 9 | 220,5 |

| 244 | |
|---|---|
| 1 | 24,4 |
| 2 | 48,8 |
| 3 | 73,2 |
| 4 | 97,6 |
| 5 | 122,0 |
| 6 | 146,4 |
| 7 | 170,8 |
| 8 | 195,2 |
| 9 | 219,6 |

| 243 | |
|---|---|
| 1 | 24,3 |
| 2 | 48,6 |
| 3 | 72,9 |
| 4 | 97,2 |
| 5 | 121,5 |
| 6 | 145,8 |
| 7 | 170,1 |
| 8 | 194,4 |
| 9 | 218,7 |

| 181 | |
|---|---|
| 1 | 18,1 |
| 2 | 36,2 |
| 3 | 54,3 |
| 4 | 72,4 |
| 5 | 90,5 |
| 6 | 108,6 |
| 7 | 126,7 |
| 8 | 144,8 |
| 9 | 162,9 |

| 182 | |
|---|---|
| 1 | 18,2 |
| 2 | 36,4 |
| 3 | 54,6 |
| 4 | 72,8 |
| 5 | 91,0 |
| 6 | 109,2 |
| 7 | 127,4 |
| 8 | 145,6 |
| 9 | 163,8 |

| ′ | ″ | Sin. | D. | Tang. | D.c. | Cotg. | Cos. | D. | ″ | ′ |
|---|---|---|---|---|---|---|---|---|---|---|
| 40 | 0 | ī,8 140 192 | 245 | ī,9 340 559 | 426 | 0,0 659 441 | ī,8 799 634 | 181 | 0 | 20 |
| | 10 | 140 437 | 245 | 340 985 | 425 | 659 015 | 799 453 | 181 | 50 | |
| | 20 | 140 682 | 245 | 341 410 | 426 | 658 590 | 799 272 | 181 | 40 | |
| | 30 | 140 927 | 245 | 341 836 | 426 | 658 164 | 799 091 | 181 | 30 | |
| | 40 | 141 172 | 245 | 342 262 | 426 | 657 738 | 798 910 | 181 | 20 | |
| | 50 | 141 417 | 245 | 342 688 | 426 | 657 312 | 798 729 | 181 | 10 | |
| 41 | 0 | 141 662 | 245 | 343 114 | 426 | 656 886 | 798 548 | 181 | 0 | 19 |
| | 10 | 141 907 | 245 | 343 540 | 426 | 656 460 | 798 367 | 181 | 50 | |
| | 20 | 142 152 | 245 | 343 966 | 426 | 656 034 | 798 186 | 181 | 40 | |
| | 30 | 142 397 | 245 | 344 392 | 426 | 655 608 | 798 005 | 181 | 30 | |
| | 40 | 142 642 | 245 | 344 818 | 426 | 655 182 | 797 824 | 181 | 20 | |
| | 50 | 142 887 | 244 | 345 244 | 426 | 654 756 | 797 643 | 181 | 10 | |
| 42 | 0 | 143 131 | 245 | 345 670 | 426 | 654 330 | 797 462 | 181 | 0 | 18 |
| | 10 | 143 376 | 245 | 346 096 | 425 | 653 904 | 797 281 | 182 | 50 | |
| | 20 | 143 621 | 245 | 346 521 | 426 | 653 479 | 797 099 | 181 | 40 | |
| | 30 | 143 866 | 244 | 346 947 | 426 | 653 053 | 796 918 | 181 | 30 | |
| | 40 | 144 110 | 245 | 347 373 | 426 | 652 627 | 796 737 | 181 | 20 | |
| | 50 | 144 355 | 245 | 347 799 | 426 | 652 201 | 796 556 | 181 | 10 | |
| 43 | 0 | 144 600 | 244 | 348 225 | 426 | 651 775 | 796 375 | 181 | 0 | 17 |
| | 10 | 144 844 | 245 | 348 651 | 426 | 651 349 | 796 194 | 182 | 50 | |
| | 20 | 145 089 | 245 | 349 077 | 425 | 650 923 | 796 012 | 181 | 40 | |
| | 30 | 145 334 | 244 | 349 502 | 426 | 650 498 | 795 831 | 181 | 30 | |
| | 40 | 145 578 | 245 | 349 928 | 426 | 650 072 | 795 650 | 182 | 20 | |
| | 50 | 145 823 | 244 | 350 354 | 426 | 649 646 | 795 468 | 181 | 10 | |
| 44 | 0 | 146 067 | 245 | 350 780 | 426 | 649 220 | 795 287 | 181 | 0 | 16 |
| | 10 | 146 312 | 244 | 351 206 | 426 | 648 794 | 795 106 | 182 | 50 | |
| | 20 | 146 556 | 245 | 351 632 | 425 | 648 368 | 794 924 | 181 | 40 | |
| | 30 | 146 801 | 244 | 352 057 | 426 | 647 943 | 794 743 | 181 | 30 | |
| | 40 | 147 045 | 244 | 352 483 | 426 | 647 517 | 794 562 | 182 | 20 | |
| | 50 | 147 289 | 245 | 352 909 | 426 | 647 091 | 794 380 | 181 | 10 | |
| 45 | 0 | 147 534 | 244 | 353 335 | 426 | 646 665 | 794 199 | 182 | 0 | 15 |
| | 10 | 147 778 | 244 | 353 761 | 425 | 646 239 | 794 017 | 181 | 50 | |
| | 20 | 148 022 | 245 | 354 186 | 426 | 645 814 | 793 836 | 181 | 40 | |
| | 30 | 148 267 | 244 | 354 612 | 426 | 645 388 | 793 655 | 182 | 30 | |
| | 40 | 148 511 | 244 | 355 038 | 426 | 644 962 | 793 473 | 181 | 20 | |
| | 50 | 148 755 | 244 | 355 464 | 425 | 644 536 | 793 292 | 182 | 10 | |
| 46 | 0 | 148 999 | 245 | 355 889 | 426 | 644 111 | 793 110 | 181 | 0 | 14 |
| | 10 | 149 244 | 244 | 356 315 | 426 | 643 685 | 792 929 | 182 | 50 | |
| | 20 | 149 488 | 244 | 356 741 | 426 | 643 259 | 792 747 | 182 | 40 | |
| | 30 | 149 732 | 244 | 357 167 | 425 | 642 833 | 792 565 | 181 | 30 | |
| | 40 | 149 976 | 244 | 357 592 | 426 | 642 408 | 792 384 | 182 | 20 | |
| | 50 | 150 220 | 244 | 358 018 | 426 | 641 982 | 792 202 | 181 | 10 | |
| 47 | 0 | 150 464 | 244 | 358 444 | 425 | 641 556 | 792 021 | 182 | 0 | 13 |
| | 10 | 150 708 | 244 | 358 869 | 426 | 641 131 | 791 839 | 182 | 50 | |
| | 20 | 150 952 | 244 | 359 295 | 426 | 640 705 | 791 657 | 181 | 40 | |
| | 30 | 151 196 | 244 | 359 721 | 425 | 640 279 | 791 476 | 182 | 30 | |
| | 40 | 151 440 | 244 | 360 146 | 426 | 639 854 | 791 294 | 182 | 20 | |
| | 50 | 151 684 | 244 | 360 572 | 426 | 639 428 | 791 112 | 182 | 10 | |
| 48 | 0 | 151 928 | 244 | 360 998 | 425 | 639 002 | 790 930 | 181 | 0 | 12 |
| | 10 | 152 172 | 244 | 361 423 | 426 | 638 577 | 790 749 | 182 | 50 | |
| | 20 | 152 416 | 244 | 361 849 | 426 | 638 151 | 790 567 | 182 | 40 | |
| | 30 | 152 660 | 244 | 362 275 | 425 | 637 725 | 790 385 | 182 | 30 | |
| | 40 | 152 904 | 244 | 362 700 | 426 | 637 300 | 790 203 | 182 | 20 | |
| | 50 | 153 148 | 243 | 363 126 | 426 | 636 874 | 790 021 | 181 | 10 | |
| 49 | 0 | 153 391 | 244 | 363 552 | 425 | 636 448 | 789 840 | 182 | 0 | 11 |
| | 10 | 153 635 | 244 | 363 977 | 426 | 636 023 | 789 658 | 182 | 50 | |
| | 20 | 153 879 | 244 | 364 403 | 426 | 635 597 | 789 476 | 182 | 40 | |
| | 30 | 154 123 | 243 | 364 829 | 425 | 635 171 | 789 294 | 182 | 30 | |
| | 40 | 154 366 | 244 | 365 254 | 426 | 634 746 | 789 112 | 182 | 20 | |
| | 50 | 154 610 | 244 | 365 680 | 425 | 634 320 | 788 930 | 182 | 10 | |
| 50 | 0 | ī,8 154 854 | | ī,9 366 105 | | 0,0 633 895 | ī,8 788 748 | | 0 | 10 |
| ′ | ″ | Cos. | | Cotg. | | Tang. | Sin. | | ″ | ′ |

| ′ | ″ | Sin. | D. | Tang. | D.c. | Cotg. | Cos. | D. | ″ | ′ |
|---|---|---|---|---|---|---|---|---|---|---|
| 50 | 0 | 1̄,8 154 854 | 243 | 1̄,9 366 105 | 426 | 0,0 633 895 | 1̄,8 788 748 | 182 | 0 | 10 |
| | 10 | 155 097 | 244 | 366 531 | 426 | 633 469 | 788 566 | 182 | 50 | |
| | 20 | 155 341 | 243 | 366 957 | 425 | 633 043 | 788 384 | 182 | 40 | |
| | 30 | 155 584 | 244 | 367 382 | 426 | 632 618 | 788 202 | 182 | 30 | |
| | 40 | 155 828 | 244 | 367 808 | 425 | 632 192 | 788 020 | 182 | 20 | |
| | 50 | 156 072 | 243 | 368 233 | 426 | 631 767 | 787 838 | 182 | 10 | |
| 51 | 0 | 156 315 | 244 | 368 659 | 425 | 631 341 | 787 656 | 182 | 0 | 9 |
| | 10 | 156 559 | 243 | 369 084 | 426 | 630 916 | 787 474 | 182 | 50 | |
| | 20 | 156 802 | 243 | 369 510 | 426 | 630 490 | 787 292 | 182 | 40 | |
| | 30 | 157 045 | 244 | 369 936 | 425 | 630 064 | 787 110 | 182 | 30 | |
| | 40 | 157 289 | 243 | 370 361 | 426 | 629 639 | 786 928 | 182 | 20 | |
| | 50 | 157 532 | 244 | 370 787 | 425 | 629 213 | 786 746 | 183 | 10 | |
| 52 | 0 | 157 776 | 243 | 371 212 | 426 | 628 788 | 786 563 | 182 | 0 | 8 |
| | 10 | 158 019 | 243 | 371 638 | 425 | 628 362 | 786 381 | 182 | 50 | |
| | 20 | 158 262 | 244 | 372 063 | 426 | 627 937 | 786 199 | 182 | 40 | |
| | 30 | 158 506 | 243 | 372 489 | 425 | 627 511 | 786 017 | 182 | 30 | |
| | 40 | 158 749 | 243 | 372 914 | 426 | 627 086 | 785 835 | 183 | 20 | |
| | 50 | 158 992 | 243 | 373 340 | 425 | 626 660 | 785 652 | 182 | 10 | |
| 53 | 0 | 159 235 | 244 | 373 765 | 426 | 626 235 | 785 470 | 182 | 0 | 7 |
| | 10 | 159 479 | 243 | 374 191 | 425 | 625 809 | 785 288 | 182 | 50 | |
| | 20 | 159 722 | 243 | 374 616 | 426 | 625 384 | 785 106 | 183 | 40 | |
| | 30 | 159 965 | 243 | 375 042 | 425 | 624 958 | 784 923 | 182 | 30 | |
| | 40 | 160 208 | 243 | 375 467 | 426 | 624 533 | 784 741 | 183 | 20 | |
| | 50 | 160 451 | 243 | 375 893 | 425 | 624 107 | 784 558 | 182 | 10 | |
| 54 | 0 | 160 694 | 243 | 376 318 | 425 | 623 682 | 784 376 | 182 | 0 | 6 |
| | 10 | 160 937 | 243 | 376 743 | 426 | 623 257 | 784 194 | 183 | 50 | |
| | 20 | 161 180 | 243 | 377 169 | 425 | 622 831 | 784 011 | 182 | 40 | |
| | 30 | 161 423 | 243 | 377 594 | 426 | 622 406 | 783 829 | 183 | 30 | |
| | 40 | 161 666 | 243 | 378 020 | 425 | 621 980 | 783 646 | 182 | 20 | |
| | 50 | 161 909 | 243 | 378 445 | 426 | 621 555 | 783 464 | 183 | 10 | |
| 55 | 0 | 162 152 | 243 | 378 871 | 425 | 621 129 | 783 281 | 182 | 0 | 5 |
| | 10 | 162 395 | 243 | 379 296 | 425 | 620 704 | 783 099 | 183 | 50 | |
| | 20 | 162 638 | 243 | 379 721 | 426 | 620 279 | 782 916 | 182 | 40 | |
| | 30 | 162 881 | 243 | 380 147 | 425 | 619 853 | 782 734 | 183 | 30 | |
| | 40 | 163 124 | 242 | 380 572 | 426 | 619 428 | 782 551 | 182 | 20 | |
| | 50 | 163 366 | 243 | 380 998 | 425 | 619 002 | 782 369 | 183 | 10 | |
| 56 | 0 | 163 609 | 243 | 381 423 | 425 | 618 577 | 782 186 | 182 | 0 | 4 |
| | 10 | 163 852 | 243 | 381 848 | 426 | 618 152 | 782 004 | 183 | 50 | |
| | 20 | 164 095 | 242 | 382 274 | 425 | 617 726 | 781 821 | 183 | 40 | |
| | 30 | 164 337 | 243 | 382 699 | 426 | 617 301 | 781 638 | 182 | 30 | |
| | 40 | 164 580 | 243 | 383 125 | 425 | 616 875 | 781 456 | 183 | 20 | |
| | 50 | 164 823 | 243 | 383 550 | 425 | 616 450 | 781 273 | 183 | 10 | |
| 57 | 0 | 165 066 | 242 | 383 975 | 426 | 616 025 | 781 090 | 182 | 0 | 3 |
| | 10 | 165 308 | 243 | 384 401 | 425 | 615 599 | 780 908 | 183 | 50 | |
| | 20 | 165 551 | 242 | 384 826 | 425 | 615 174 | 780 725 | 183 | 40 | |
| | 30 | 165 793 | 243 | 385 251 | 426 | 614 749 | 780 542 | 183 | 30 | |
| | 40 | 166 036 | 242 | 385 677 | 425 | 614 323 | 780 359 | 182 | 20 | |
| | 50 | 166 278 | 243 | 386 102 | 425 | 613 898 | 780 177 | 183 | 10 | |
| 58 | 0 | 166 521 | 242 | 386 527 | 426 | 613 473 | 779 994 | 183 | 0 | 2 |
| | 10 | 166 763 | 243 | 386 953 | 425 | 613 047 | 779 811 | 183 | 50 | |
| | 20 | 167 006 | 242 | 387 378 | 425 | 612 622 | 779 628 | 183 | 40 | |
| | 30 | 167 248 | 243 | 387 803 | 425 | 612 197 | 779 445 | 183 | 30 | |
| | 40 | 167 491 | 242 | 388 228 | 426 | 611 772 | 779 262 | 183 | 20 | |
| | 50 | 167 733 | 242 | 388 654 | 425 | 611 346 | 779 079 | 183 | 10 | |
| 59 | 0 | 167 975 | 243 | 389 079 | 425 | 610 921 | 778 896 | 182 | 0 | 1 |
| | 10 | 168 218 | 242 | 389 504 | 426 | 610 496 | 778 714 | 183 | 50 | |
| | 20 | 168 460 | 242 | 389 930 | 425 | 610 070 | 778 531 | 183 | 40 | |
| | 30 | 168 702 | 243 | 390 355 | 425 | 609 645 | 778 348 | 183 | 30 | |
| | 40 | 168 945 | 242 | 390 780 | 425 | 609 220 | 778 165 | 183 | 20 | |
| | 50 | 169 187 | 242 | 391 205 | 426 | 608 795 | 777 982 | 183 | 10 | |
| 60 | 0 | 1̄,8 169 429 | | 1̄,9 391 631 | | 0,0 608 369 | 1̄,8 777 799 | | 0 | 0 |
| ′ | ″ | Cos. | | Cotg. | | Tang. | Sin. | | ″ | ′ |

49°

| | 426 | 425 | 244 | 243 | 242 | 182 | 183 |
|---|---|---|---|---|---|---|---|
| 1 | 42,6 | 42,5 | 24,4 | 24,3 | 24,2 | 18,2 | 18,3 |
| 2 | 85,2 | 85,0 | 48,8 | 48,6 | 48,4 | 36,4 | 36,6 |
| 3 | 127,8 | 127,5 | 73,2 | 72,9 | 72,6 | 54,6 | 54,9 |
| 4 | 170,4 | 170,0 | 97,6 | 97,2 | 96,8 | 72,8 | 73,2 |
| 5 | 213,0 | 212,5 | 122,0 | 121,5 | 121,0 | 91,0 | 91,5 |
| 6 | 255,6 | 255,0 | 146,4 | 145,8 | 145,2 | 109,2 | 109,8 |
| 7 | 298,2 | 297,5 | 170,8 | 170,1 | 169,4 | 127,4 | 128,1 |
| 8 | 340,8 | 340,0 | 195,2 | 194,4 | 193,6 | 145,6 | 146,4 |
| 9 | 383,4 | 382,5 | 219,6 | 218,7 | 217,8 | 163,8 | 164,7 |

| 426 | |
|---|---|
| 1 | 42,6 |
| 2 | 85,2 |
| 3 | 127,8 |
| 4 | 170,4 |
| 5 | 213,0 |
| 6 | 255,6 |
| 7 | 298,2 |
| 8 | 340,8 |
| 9 | 383,4 |

| 425 | |
|---|---|
| 1 | 42,5 |
| 2 | 85,0 |
| 3 | 127,5 |
| 4 | 170,0 |
| 5 | 212,5 |
| 6 | 255,0 |
| 7 | 297,5 |
| 8 | 340,0 |
| 9 | 382,5 |

| 243 | |
|---|---|
| 1 | 24,3 |
| 2 | 48,6 |
| 3 | 72,9 |
| 4 | 97,2 |
| 5 | 121,5 |
| 6 | 145,8 |
| 7 | 170,1 |
| 8 | 194,4 |
| 9 | 218,7 |

| 242 | |
|---|---|
| 1 | 24,2 |
| 2 | 48,4 |
| 3 | 72,6 |
| 4 | 96,8 |
| 5 | 121,0 |
| 6 | 145,2 |
| 7 | 169,4 |
| 8 | 193,6 |
| 9 | 217,8 |

| 241 | |
|---|---|
| 1 | 24,1 |
| 2 | 48,2 |
| 3 | 72,3 |
| 4 | 96,4 |
| 5 | 120,5 |
| 6 | 144,6 |
| 7 | 168,7 |
| 8 | 192,8 |
| 9 | 216,9 |

| 183 | |
|---|---|
| 1 | 18,3 |
| 2 | 36,6 |
| 3 | 54,9 |
| 4 | 73,2 |
| 5 | 91,5 |
| 6 | 109,8 |
| 7 | 128,1 |
| 8 | 146,4 |
| 9 | 164,7 |

| 184 | |
|---|---|
| 1 | 18,4 |
| 2 | 36,8 |
| 3 | 55,2 |
| 4 | 73,6 |
| 5 | 92,0 |
| 6 | 110,4 |
| 7 | 128,8 |
| 8 | 147,2 |
| 9 | 165,6 |

| ′ | ″ | Sin. | D. | Tang. | D.c. | Cotg. | Cos. | D. | ″ | ′ |
|---|---|---|---|---|---|---|---|---|---|---|
| 0 | 0 | 1̄,8 169 429 | | 1̄,9 391 631 | | 0,0 608 369 | 1̄,8 777 799 | | 0 | 60 |
| | 10 | 169 671 | 242 | 392 056 | 425 | 607 944 | 777 616 | 183 | 50 | |
| | 20 | 169 914 | 243 | 392 481 | 425 | 607 519 | 777 433 | 183 | 40 | |
| | 30 | 170 156 | 242 | 392 906 | 425 | 607 094 | 777 249 | 184 | 30 | |
| | 40 | 170 398 | 242 | 393 331 | 425 | 606 669 | 777 066 | 183 | 20 | |
| | 50 | 170 640 | 242 | 393 757 | 426 | 606 243 | 776 883 | 183 | 10 | |
| 1 | 0 | 170 882 | 242 | 394 182 | 425 | 605 818 | 776 700 | 183 | 0 | 59 |
| | 10 | 171 124 | 242 | 394 607 | 425 | 605 393 | 776 517 | 183 | 50 | |
| | 20 | 171 366 | 242 | 395 032 | 425 | 604 968 | 776 334 | 183 | 40 | |
| | 30 | 171 608 | 242 | 395 457 | 425 | 604 543 | 776 151 | 183 | 30 | |
| | 40 | 171 850 | 242 | 395 883 | 426 | 604 117 | 775 967 | 184 | 20 | |
| | 50 | 172 092 | 242 | 396 308 | 425 | 603 692 | 775 784 | 183 | 10 | |
| 2 | 0 | 172 334 | 242 | 396 733 | 425 | 603 267 | 775 601 | 183 | 0 | 58 |
| | 10 | 172 576 | 242 | 397 158 | 425 | 602 842 | 775 418 | 183 | 50 | |
| | 20 | 172 818 | 242 | 397 583 | 425 | 602 417 | 775 234 | 184 | 40 | |
| | 30 | 173 060 | 242 | 398 009 | 426 | 601 991 | 775 051 | 183 | 30 | |
| | 40 | 173 302 | 242 | 398 434 | 425 | 601 566 | 774 868 | 183 | 20 | |
| | 50 | 173 543 | 241 | 398 859 | 425 | 601 141 | 774 685 | 183 | 10 | |
| 3 | 0 | 173 785 | 242 | 399 284 | 425 | 600 716 | 774 501 | 184 | 0 | 57 |
| | 10 | 174 027 | 242 | 399 709 | 425 | 600 291 | 774 318 | 183 | 50 | |
| | 20 | 174 269 | 242 | 400 134 | 425 | 599 866 | 774 134 | 184 | 40 | |
| | 30 | 174 510 | 241 | 400 559 | 425 | 599 441 | 773 951 | 183 | 30 | |
| | 40 | 174 752 | 242 | 400 984 | 425 | 599 016 | 773 768 | 183 | 20 | |
| | 50 | 174 994 | 242 | 401 410 | 426 | 598 590 | 773 584 | 184 | 10 | |
| 4 | 0 | 175 235 | 241 | 401 835 | 425 | 598 165 | 773 401 | 183 | 0 | 56 |
| | 10 | 175 477 | 242 | 402 260 | 425 | 597 740 | 773 217 | 184 | 50 | |
| | 20 | 175 719 | 242 | 402 685 | 425 | 597 315 | 773 034 | 183 | 40 | |
| | 30 | 175 960 | 241 | 403 110 | 425 | 596 890 | 772 850 | 184 | 30 | |
| | 40 | 176 202 | 242 | 403 535 | 425 | 596 465 | 772 667 | 183 | 20 | |
| | 50 | 176 443 | 241 | 403 960 | 425 | 596 040 | 772 483 | 184 | 10 | |
| 5 | 0 | 176 685 | 242 | 404 385 | 425 | 595 615 | 772 300 | 183 | 0 | 55 |
| | 10 | 176 926 | 241 | 404 810 | 425 | 595 190 | 772 116 | 184 | 50 | |
| | 20 | 177 168 | 242 | 405 235 | 425 | 594 765 | 771 932 | 184 | 40 | |
| | 30 | 177 409 | 241 | 405 660 | 425 | 594 340 | 771 749 | 183 | 30 | |
| | 40 | 177 651 | 242 | 406 085 | 425 | 593 915 | 771 565 | 184 | 20 | |
| | 50 | 177 892 | 241 | 406 510 | 425 | 593 490 | 771 382 | 183 | 10 | |
| 6 | 0 | 178 133 | 241 | 406 936 | 426 | 593 064 | 771 198 | 184 | 0 | 54 |
| | 10 | 178 375 | 242 | 407 361 | 425 | 592 639 | 771 014 | 184 | 50 | |
| | 20 | 178 616 | 241 | 407 786 | 425 | 592 214 | 770 831 | 183 | 40 | |
| | 30 | 178 857 | 241 | 408 211 | 425 | 591 789 | 770 647 | 184 | 30 | |
| | 40 | 179 099 | 242 | 408 636 | 425 | 591 364 | 770 463 | 184 | 20 | |
| | 50 | 179 340 | 241 | 409 061 | 425 | 590 939 | 770 279 | 184 | 10 | |
| 7 | 0 | 179 581 | 241 | 409 486 | 425 | 590 514 | 770 096 | 183 | 0 | 53 |
| | 10 | 179 822 | 241 | 409 911 | 425 | 590 089 | 769 912 | 184 | 50 | |
| | 20 | 180 064 | 242 | 410 336 | 425 | 589 664 | 769 728 | 184 | 40 | |
| | 30 | 180 305 | 241 | 410 761 | 425 | 589 239 | 769 544 | 184 | 30 | |
| | 40 | 180 546 | 241 | 411 186 | 425 | 588 814 | 769 360 | 184 | 20 | |
| | 50 | 180 787 | 241 | 411 611 | 425 | 588 389 | 769 176 | 184 | 10 | |
| 8 | 0 | 181 028 | 241 | 412 036 | 425 | 587 964 | 768 993 | 183 | 0 | 52 |
| | 10 | 181 269 | 241 | 412 461 | 425 | 587 539 | 768 809 | 184 | 50 | |
| | 20 | 181 510 | 241 | 412 885 | 424 | 587 115 | 768 625 | 184 | 40 | |
| | 30 | 181 751 | 241 | 413 310 | 425 | 586 690 | 768 441 | 184 | 30 | |
| | 40 | 181 992 | 241 | 413 735 | 425 | 586 265 | 768 257 | 184 | 20 | |
| | 50 | 182 233 | 241 | 414 160 | 425 | 585 840 | 768 073 | 184 | 10 | |
| 9 | 0 | 182 474 | 241 | 414 585 | 425 | 585 415 | 767 889 | 184 | 0 | 51 |
| | 10 | 182 715 | 241 | 415 010 | 425 | 584 990 | 767 705 | 184 | 50 | |
| | 20 | 182 956 | 241 | 415 435 | 425 | 584 565 | 767 521 | 184 | 40 | |
| | 30 | 183 197 | 241 | 415 860 | 425 | 584 140 | 767 337 | 184 | 30 | |
| | 40 | 183 438 | 241 | 416 285 | 425 | 583 715 | 767 153 | 184 | 20 | |
| | 50 | 183 679 | 241 | 416 710 | 425 | 583 290 | 766 969 | 184 | 10 | |
| 10 | 0 | 1̄,8 183 919 | 240 | 1̄,9 417 135 | 425 | 0,0 582 865 | 1̄,8 766 785 | 184 | 0 | 50 |
| ′ | ″ | Cos. | | Cotg. | | Tang. | Sin. | | ″ | ′ |

| ' | " | Sin. | D. | Tang. | D.c. | Cotg. | Cos. | D. | " | ' |
|---|---|---|---|---|---|---|---|---|---|---|
| 10 | 0 | 1̄,8 183 919 | 241 | 1̄,9 417 135 | 425 | 0,0 582 865 | 1̄,8 766 785 | 185 | 0 | 50 |
| | 10 | 184 160 | 241 | 417 560 | 425 | 582 440 | 766 600 | 184 | 50 | |
| | 20 | 184 401 | 241 | 417 985 | 424 | 582 015 | 766 416 | 184 | 40 | |
| | 30 | 184 642 | 240 | 418 409 | 425 | 581 591 | 766 232 | 184 | 30 | |
| | 40 | 184 882 | 241 | 418 834 | 425 | 581 166 | 766 048 | 184 | 20 | |
| | 50 | 185 123 | 241 | 419 259 | 425 | 580 741 | 765 864 | 184 | 10 | |
| 11 | 0 | 185 364 | 240 | 419 684 | 425 | 580 316 | 765 680 | 185 | 0 | 49 |
| | 10 | 185 604 | 241 | 420 109 | 425 | 579 891 | 765 495 | 184 | 50 | |
| | 20 | 185 845 | 241 | 420 534 | 425 | 579 466 | 765 311 | 184 | 40 | |
| | 30 | 186 086 | 240 | 420 959 | 425 | 579 041 | 765 127 | 184 | 30 | |
| | 40 | 186 326 | 241 | 421 384 | 424 | 578 616 | 764 943 | 185 | 20 | |
| | 50 | 186 567 | 240 | 421 808 | 425 | 578 192 | 764 758 | 184 | 10 | |
| 12 | 0 | 186 807 | 241 | 422 233 | 425 | 577 767 | 764 574 | 184 | 0 | 48 |
| | 10 | 187 048 | 240 | 422 658 | 425 | 577 342 | 764 390 | 185 | 50 | |
| | 20 | 187 288 | 241 | 423 083 | 425 | 576 917 | 764 205 | 184 | 40 | |
| | 30 | 187 529 | 240 | 423 508 | 425 | 576 492 | 764 021 | 185 | 30 | |
| | 40 | 187 769 | 240 | 423 933 | 424 | 576 067 | 763 836 | 184 | 20 | |
| | 50 | 188 009 | 241 | 424 357 | 425 | 575 643 | 763 652 | 184 | 10 | |
| 13 | 0 | 188 250 | 240 | 424 782 | 425 | 575 218 | 763 468 | 185 | 0 | 47 |
| | 10 | 188 490 | 240 | 425 207 | 425 | 574 793 | 763 283 | 184 | 50 | |
| | 20 | 188 730 | 241 | 425 632 | 425 | 574 368 | 763 099 | 185 | 40 | |
| | 30 | 188 971 | 240 | 426 057 | 424 | 573 943 | 762 914 | 184 | 30 | |
| | 40 | 189 211 | 240 | 426 481 | 425 | 573 519 | 762 730 | 185 | 20 | |
| | 50 | 189 451 | 241 | 426 906 | 425 | 573 094 | 762 545 | 184 | 10 | |
| 14 | 0 | 189 692 | 240 | 427 331 | 425 | 572 669 | 762 361 | 185 | 0 | 46 |
| | 10 | 189 932 | 240 | 427 756 | 424 | 572 244 | 762 176 | 184 | 50 | |
| | 20 | 190 172 | 240 | 428 180 | 425 | 571 820 | 761 992 | 185 | 40 | |
| | 30 | 190 412 | 240 | 428 605 | 425 | 571 395 | 761 807 | 185 | 30 | |
| | 40 | 190 652 | 240 | 429 030 | 425 | 570 970 | 761 622 | 184 | 20 | |
| | 50 | 190 892 | 241 | 429 455 | 424 | 570 545 | 761 438 | 185 | 10 | |
| 15 | 0 | 191 133 | 240 | 429 879 | 425 | 570 121 | 761 253 | 184 | 0 | 45 |
| | 10 | 191 373 | 240 | 430 304 | 425 | 569 696 | 761 069 | 185 | 50 | |
| | 20 | 191 613 | 240 | 430 729 | 425 | 569 271 | 760 884 | 185 | 40 | |
| | 30 | 191 853 | 240 | 431 154 | 424 | 568 846 | 760 699 | 185 | 30 | |
| | 40 | 192 093 | 240 | 431 578 | 425 | 568 422 | 760 514 | 184 | 20 | |
| | 50 | 192 333 | 240 | 432 003 | 425 | 567 997 | 760 330 | 185 | 10 | |
| 16 | 0 | 192 573 | 240 | 432 428 | 424 | 567 572 | 760 145 | 185 | 0 | 44 |
| | 10 | 192 813 | 239 | 432 852 | 425 | 567 148 | 759 960 | 185 | 50 | |
| | 20 | 193 052 | 240 | 433 277 | 425 | 566 723 | 759 775 | 184 | 40 | |
| | 30 | 193 292 | 240 | 433 702 | 424 | 566 298 | 759 591 | 185 | 30 | |
| | 40 | 193 532 | 240 | 434 126 | 425 | 565 874 | 759 406 | 185 | 20 | |
| | 50 | 193 772 | 240 | 434 551 | 425 | 565 449 | 759 221 | 185 | 10 | |
| 17 | 0 | 194 012 | 240 | 434 976 | 425 | 565 024 | 759 036 | 185 | 0 | 43 |
| | 10 | 194 252 | 239 | 435 401 | 424 | 564 599 | 758 851 | 185 | 50 | |
| | 20 | 194 491 | 240 | 435 825 | 425 | 564 175 | 758 666 | 185 | 40 | |
| | 30 | 194 731 | 240 | 436 250 | 424 | 563 750 | 758 481 | 185 | 30 | |
| | 40 | 194 971 | 240 | 436 674 | 425 | 563 326 | 758 296 | 184 | 20 | |
| | 50 | 195 211 | 239 | 437 099 | 425 | 562 901 | 758 112 | 185 | 10 | |
| 18 | 0 | 195 450 | 240 | 437 524 | 424 | 562 476 | 757 927 | 185 | 0 | 42 |
| | 10 | 195 690 | 240 | 437 948 | 425 | 562 052 | 757 742 | 185 | 50 | |
| | 20 | 195 930 | 239 | 438 373 | 425 | 561 627 | 757 557 | 185 | 40 | |
| | 30 | 196 169 | 240 | 438 798 | 424 | 561 202 | 757 372 | 185 | 30 | |
| | 40 | 196 409 | 239 | 439 222 | 425 | 560 778 | 757 187 | 186 | 20 | |
| | 50 | 196 648 | 240 | 439 647 | 425 | 560 353 | 757 001 | 185 | 10 | |
| 19 | 0 | 196 888 | 239 | 440 072 | 424 | 559 928 | 756 816 | 185 | 0 | 41 |
| | 10 | 197 127 | 240 | 440 496 | 425 | 559 504 | 756 631 | 185 | 50 | |
| | 20 | 197 367 | 239 | 440 921 | 424 | 559 079 | 756 446 | 185 | 40 | |
| | 30 | 197 606 | 240 | 441 345 | 425 | 558 655 | 756 261 | 185 | 30 | |
| | 40 | 197 846 | 239 | 441 770 | 424 | 558 230 | 756 076 | 185 | 20 | |
| | 50 | 198 085 | 240 | 442 194 | 425 | 557 806 | 755 891 | 185 | 10 | |
| 20 | 0 | 1̄,8 198 325 | | 1̄,9 442 619 | | 0,0 557 381 | 1̄,8 755 706 | | 0 | 40 |
| ' | " | Cos. | | Cotg. | | Tang. | Sin. | | " | ' |

48°

| | 425 | 424 | 241 | 240 | 239 | 184 | 185 |
|---|---|---|---|---|---|---|---|
| 1 | 42,5 | 42,4 | 24,1 | 24 | 23,9 | 18,4 | 18,5 |
| 2 | 85,0 | 84,8 | 48,2 | 48 | 47,8 | 36,8 | 37,0 |
| 3 | 127,5 | 127,2 | 72,3 | 72 | 71,7 | 55,2 | 55,5 |
| 4 | 170,0 | 169,6 | 96,4 | 96 | 95,6 | 73,6 | 74,0 |
| 5 | 212,5 | 212,0 | 120,5 | 120 | 119,5 | 92,0 | 92,5 |
| 6 | 255,0 | 254,4 | 144,6 | 144 | 143,4 | 110,4 | 111,0 |
| 7 | 297,5 | 296,8 | 168,7 | 168 | 167,3 | 128 8 | 129,5 |
| 8 | 340,0 | 339,2 | 192,8 | 192 | 191,2 | 147,2 | 148,0 |
| 9 | 382,5 | 381,6 | 216,9 | 216 | 215,1 | 165,6 | 166,5 |

| ′ | ″ | Sin. | D. | Tang. | D. c. | Cotg. | Cos. | D. | ″ | ′ |
|---|---|---|---|---|---|---|---|---|---|---|
| 20 | 0 | $\bar{1}$,8 198 325 | | $\bar{1}$,9 442 619 | | 0,0 557 381 | $\bar{1}$,8 755 706 | | 0 | 40 |
| | 10 | 198 564 | 239 | 443 044 | 425 | 556 956 | 755 520 | 186 | 50 | |
| | 20 | 198 803 | 239 | 443 468 | 424 | 556 532 | 755 335 | 185 | 40 | |
| | 30 | 199 043 | 240 | 443 893 | 425 | 556 107 | 755 150 | 185 | 30 | |
| | 40 | 199 282 | 239 | 444 317 | 424 | 555 683 | 754 965 | 185 | 20 | |
| | 50 | 199 521 | 239 | 444 742 | 425 | 555 258 | 754 779 | 186 | 10 | |
| 21 | 0 | 199 761 | 240 | 445 166 | 424 | 554 834 | 754 594 | 185 | 0 | 39 |
| | 10 | 200 000 | 239 | 445 591 | 425 | 554 409 | 754 409 | 185 | 50 | |
| | 20 | 200 239 | 239 | 446 016 | 425 | 553 984 | 754 223 | 186 | 40 | |
| | 30 | 200 478 | 239 | 446 440 | 424 | 553 560 | 754 038 | 185 | 30 | |
| | 40 | 200 717 | 239 | 446 865 | 425 | 553 135 | 753 853 | 185 | 20 | |
| | 50 | 200 956 | 239 | 447 289 | 424 | 552 711 | 753 667 | 186 | 10 | |
| 22 | 0 | 201 196 | 240 | 447 714 | 425 | 552 286 | 753 482 | 185 | 0 | 38 |
| | 10 | 201 435 | 239 | 448 138 | 424 | 551 862 | 753 297 | 185 | 50 | |
| | 20 | 201 674 | 239 | 448 563 | 425 | 551 437 | 753 111 | 186 | 40 | |
| | 30 | 201 913 | 239 | 448 987 | 424 | 551 013 | 752 926 | 185 | 30 | |
| | 40 | 202 152 | 239 | 449 412 | 425 | 550 588 | 752 740 | 186 | 20 | |
| | 50 | 202 391 | 239 | 449 836 | 424 | 550 164 | 752 555 | 185 | 10 | |
| 23 | 0 | 202 630 | 239 | 450 261 | 425 | 549 739 | 752 369 | 186 | 0 | 37 |
| | 10 | 202 869 | 239 | 450 685 | 424 | 549 315 | 752 184 | 185 | 50 | |
| | 20 | 203 108 | 239 | 451 110 | 425 | 548 890 | 751 998 | 186 | 40 | |
| | 30 | 203 347 | 239 | 451 534 | 424 | 548 466 | 751 813 | 185 | 30 | |
| | 40 | 203 585 | 238 | 451 958 | 424 | 548 042 | 751 627 | 186 | 20 | |
| | 50 | 203 824 | 239 | 452 383 | 425 | 547 617 | 751 441 | 186 | 10 | |
| 24 | 0 | 204 063 | 239 | 452 807 | 424 | 547 193 | 751 256 | 185 | 0 | 36 |
| | 10 | 204 302 | 239 | 453 232 | 425 | 546 768 | 751 070 | 186 | 50 | |
| | 20 | 204 541 | 239 | 453 656 | 424 | 546 344 | 750 884 | 186 | 40 | |
| | 30 | 204 780 | 239 | 454 081 | 425 | 545 919 | 750 699 | 185 | 30 | |
| | 40 | 205 018 | 238 | 454 505 | 424 | 545 495 | 750 513 | 186 | 20 | |
| | 50 | 205 257 | 239 | 454 930 | 425 | 545 070 | 750 327 | 186 | 10 | |
| 25 | 0 | 205 496 | 239 | 455 354 | 424 | 544 646 | 750 142 | 185 | 0 | 35 |
| | 10 | 205 734 | 238 | 455 778 | 424 | 544 222 | 749 956 | 186 | 50 | |
| | 20 | 205 973 | 239 | 456 203 | 425 | 543 797 | 749 770 | 186 | 40 | |
| | 30 | 206 212 | 239 | 456 627 | 424 | 543 373 | 749 584 | 186 | 30 | |
| | 40 | 206 450 | 238 | 457 052 | 425 | 542 948 | 749 399 | 185 | 20 | |
| | 50 | 206 689 | 239 | 457 476 | 424 | 542 524 | 749 213 | 186 | 10 | |
| 26 | 0 | 206 927 | 238 | 457 900 | 424 | 542 100 | 749 027 | 186 | 0 | 34 |
| | 10 | 207 166 | 239 | 458 325 | 425 | 541 675 | 748 841 | 186 | 50 | |
| | 20 | 207 404 | 238 | 458 749 | 424 | 541 251 | 748 655 | 186 | 40 | |
| | 30 | 207 643 | 239 | 459 174 | 425 | 540 826 | 748 469 | 186 | 30 | |
| | 40 | 207 881 | 238 | 459 598 | 424 | 540 402 | 748 283 | 186 | 20 | |
| | 50 | 208 120 | 239 | 460 022 | 424 | 539 978 | 748 097 | 186 | 10 | |
| 27 | 0 | 208 358 | 238 | 460 447 | 425 | 539 553 | 747 912 | 185 | 0 | 33 |
| | 10 | 208 597 | 239 | 460 871 | 424 | 539 129 | 747 726 | 186 | 50 | |
| | 20 | 208 835 | 238 | 461 295 | 424 | 538 705 | 747 540 | 186 | 40 | |
| | 30 | 209 073 | 238 | 461 720 | 425 | 538 280 | 747 354 | 186 | 30 | |
| | 40 | 209 312 | 239 | 462 144 | 424 | 537 856 | 747 168 | 186 | 20 | |
| | 50 | 209 550 | 238 | 462 568 | 424 | 537 432 | 746 982 | 186 | 10 | |
| 28 | 0 | 209 788 | 238 | 462 993 | 425 | 537 007 | 746 795 | 187 | 0 | 32 |
| | 10 | 210 026 | 238 | 463 417 | 424 | 536 583 | 746 609 | 186 | 50 | |
| | 20 | 210 265 | 239 | 463 841 | 424 | 536 159 | 746 423 | 186 | 40 | |
| | 30 | 210 503 | 238 | 464 266 | 425 | 535 734 | 746 237 | 186 | 30 | |
| | 40 | 210 741 | 238 | 464 690 | 424 | 535 310 | 746 051 | 186 | 20 | |
| | 50 | 210 979 | 238 | 465 114 | 424 | 534 886 | 745 865 | 186 | 10 | |
| 29 | 0 | 211 217 | 238 | 465 539 | 425 | 534 461 | 745 679 | 186 | 0 | 31 |
| | 10 | 211 455 | 238 | 465 963 | 424 | 534 037 | 745 493 | 186 | 50 | |
| | 20 | 211 694 | 239 | 466 387 | 424 | 533 613 | 745 306 | 187 | 40 | |
| | 30 | 211 932 | 238 | 466 811 | 424 | 533 189 | 745 120 | 186 | 30 | |
| | 40 | 212 170 | 238 | 467 236 | 425 | 532 764 | 744 934 | 186 | 20 | |
| | 50 | 212 408 | 238 | 467 660 | 424 | 532 340 | 744 748 | 186 | 10 | |
| 30 | 0 | $\bar{1}$,8 212 646 | 238 | $\bar{1}$,9 468 084 | 424 | 0,0 531 916 | $\bar{1}$,8 744 561 | 187 | 0 | 30 |
| ′ | ″ | Cos. | | Cotg. | | Tang. | Sin. | | ″ | ′ |

| | 425 |
|---|---|
| 1 | 42,5 |
| 2 | 85,0 |
| 3 | 127,5 |
| 4 | 170,0 |
| 5 | 212,5 |
| 6 | 255,0 |
| 7 | 297,5 |
| 8 | 340,0 |
| 9 | 382,5 |

| | 424 |
|---|---|
| 1 | 42,4 |
| 2 | 84,8 |
| 3 | 127,2 |
| 4 | 169,6 |
| 5 | 212,0 |
| 6 | 254,4 |
| 7 | 296,8 |
| 8 | 339,2 |
| 9 | 381,6 |

| | 240 |
|---|---|
| 1 | 24 |
| 2 | 48 |
| 3 | 72 |
| 4 | 96 |
| 5 | 120 |
| 6 | 144 |
| 7 | 168 |
| 8 | 192 |
| 9 | 216 |

| | 239 |
|---|---|
| 1 | 23,9 |
| 2 | 47,8 |
| 3 | 71,7 |
| 4 | 95,6 |
| 5 | 119,5 |
| 6 | 143,4 |
| 7 | 167,3 |
| 8 | 191,2 |
| 9 | 215,1 |

| | 238 |
|---|---|
| 1 | 23,8 |
| 2 | 47,6 |
| 3 | 71,4 |
| 4 | 95,2 |
| 5 | 119,0 |
| 6 | 142,8 |
| 7 | 166,6 |
| 8 | 190,4 |
| 9 | 214,2 |

| | 185 |
|---|---|
| 1 | 18,5 |
| 2 | 37,0 |
| 3 | 55,5 |
| 4 | 74,0 |
| 5 | 92,5 |
| 6 | 111,0 |
| 7 | 129,5 |
| 8 | 148,0 |
| 9 | 166,5 |

| | 186 |
|---|---|
| 1 | 18,6 |
| 2 | 37,2 |
| 3 | 55,8 |
| 4 | 74,4 |
| 5 | 93,0 |
| 6 | 111,6 |
| 7 | 130,2 |
| 8 | 148,8 |
| 9 | 167,4 |

| ′ | ″ | Sin. | D. | Tang. | D.c. | Cotg. | Cos. | D. | ″ | ′ |
|---|---|---|---|---|---|---|---|---|---|---|
| 30 | 0 | 1̄,8 212 646 | 238 | 1̄,9 468 084 | 425 | 0,0 531 916 | 1̄,8 744 561 | 186 | 0 | 30 |
| | 10 | 212 884 | 238 | 468 509 | 424 | 531 491 | 744 375 | 186 | 50 | |
| | 20 | 213 122 | 238 | 468 933 | 424 | 531 067 | 744 189 | 186 | 40 | |
| | 30 | 213 360 | 237 | 469 357 | 424 | 530 643 | 744 003 | 187 | 30 | |
| | 40 | 213 597 | 238 | 469 781 | 425 | 530 219 | 743 816 | 186 | 20 | |
| | 50 | 213 835 | 238 | 470 206 | 424 | 529 794 | 743 630 | 187 | 10 | |
| 31 | 0 | 214 073 | 238 | 470 630 | 424 | 529 370 | 743 443 | 186 | 0 | 29 |
| | 10 | 214 311 | 238 | 471 054 | 424 | 528 946 | 743 257 | 186 | 50 | |
| | 20 | 214 549 | 238 | 471 478 | 424 | 528 522 | 743 071 | 187 | 40 | |
| | 30 | 214 787 | 237 | 471 902 | 425 | 528 098 | 742 884 | 186 | 30 | |
| | 40 | 215 024 | 238 | 472 327 | 424 | 527 673 | 742 698 | 187 | 20 | |
| | 50 | 215 262 | 238 | 472 751 | 424 | 527 249 | 742 511 | 186 | 10 | |
| 32 | 0 | 215 500 | 238 | 473 175 | 424 | 526 825 | 742 325 | 187 | 0 | 28 |
| | 10 | 215 738 | 237 | 473 599 | 425 | 526 401 | 742 138 | 186 | 50 | |
| | 20 | 215 975 | 238 | 474 024 | 424 | 525 976 | 741 952 | 187 | 40 | |
| | 30 | 216 213 | 238 | 474 448 | 424 | 525 552 | 741 765 | 186 | 30 | |
| | 40 | 216 451 | 237 | 474 872 | 424 | 525 128 | 741 579 | 187 | 20 | |
| | 50 | 216 688 | 238 | 475 296 | 424 | 524 704 | 741 392 | 187 | 10 | |
| 33 | 0 | 216 926 | 237 | 475 720 | 424 | 524 280 | 741 205 | 186 | 0 | 27 |
| | 10 | 217 163 | 238 | 476 144 | 425 | 523 856 | 741 019 | 187 | 50 | |
| | 20 | 217 401 | 237 | 476 569 | 424 | 523 431 | 740 832 | 186 | 40 | |
| | 30 | 217 638 | 238 | 476 993 | 424 | 523 007 | 740 646 | 187 | 30 | |
| | 40 | 217 876 | 237 | 477 417 | 424 | 522 583 | 740 459 | 187 | 20 | |
| | 50 | 218 113 | 238 | 477 841 | 424 | 522 159 | 740 272 | 187 | 10 | |
| 34 | 0 | 218 351 | 237 | 478 265 | 424 | 521 735 | 740 085 | 186 | 0 | 26 |
| | 10 | 218 588 | 237 | 478 689 | 425 | 521 311 | 739 899 | 187 | 50 | |
| | 20 | 218 825 | 238 | 479 114 | 424 | 520 886 | 739 712 | 187 | 40 | |
| | 30 | 219 063 | 237 | 479 538 | 424 | 520 462 | 739 525 | 187 | 30 | |
| | 40 | 219 300 | 238 | 479 962 | 424 | 520 038 | 739 338 | 186 | 20 | |
| | 50 | 219 538 | 237 | 480 386 | 424 | 519 614 | 739 152 | 187 | 10 | |
| 35 | 0 | 219 775 | 237 | 480 810 | 424 | 519 190 | 738 965 | 187 | 0 | 25 |
| | 10 | 220 012 | 237 | 481 234 | 424 | 518 766 | 738 778 | 187 | 50 | |
| | 20 | 220 249 | 238 | 481 658 | 424 | 518 342 | 738 591 | 187 | 40 | |
| | 30 | 220 487 | 237 | 482 082 | 424 | 517 918 | 738 404 | 187 | 30 | |
| | 40 | 220 724 | 237 | 482 506 | 425 | 517 494 | 738 217 | 187 | 20 | |
| | 50 | 220 961 | 237 | 482 931 | 424 | 517 069 | 738 030 | 186 | 10 | |
| 36 | 0 | 221 198 | 237 | 483 355 | 424 | 516 645 | 737 844 | 187 | 0 | 24 |
| | 10 | 221 435 | 237 | 483 779 | 424 | 516 221 | 737 657 | 187 | 50 | |
| | 20 | 221 672 | 238 | 484 203 | 424 | 515 797 | 737 470 | 187 | 40 | |
| | 30 | 221 910 | 237 | 484 627 | 424 | 515 373 | 737 283 | 187 | 30 | |
| | 40 | 222 147 | 237 | 485 051 | 424 | 514 949 | 737 096 | 187 | 20 | |
| | 50 | 222 384 | 237 | 485 475 | 424 | 514 525 | 736 909 | 187 | 10 | |
| 37 | 0 | 222 621 | 237 | 485 899 | 424 | 514 101 | 736 722 | 187 | 0 | 23 |
| | 10 | 222 858 | 237 | 486 323 | 424 | 513 677 | 736 535 | 188 | 50 | |
| | 20 | 223 095 | 237 | 486 747 | 424 | 513 253 | 736 347 | 187 | 40 | |
| | 30 | 223 332 | 237 | 487 171 | 424 | 512 829 | 736 160 | 187 | 30 | |
| | 40 | 223 569 | 236 | 487 595 | 424 | 512 405 | 735 973 | 187 | 20 | |
| | 50 | 223 805 | 237 | 488 019 | 424 | 511 981 | 735 786 | 187 | 10 | |
| 38 | 0 | 224 042 | 237 | 488 443 | 424 | 511 557 | 735 599 | 187 | 0 | 22 |
| | 10 | 224 279 | 237 | 488 867 | 424 | 511 133 | 735 412 | 187 | 50 | |
| | 20 | 224 516 | 237 | 489 291 | 424 | 510 709 | 735 225 | 188 | 40 | |
| | 30 | 224 753 | 237 | 489 715 | 424 | 510 285 | 735 037 | 187 | 30 | |
| | 40 | 224 990 | 236 | 490 139 | 424 | 509 861 | 734 850 | 187 | 20 | |
| | 50 | 225 226 | 237 | 490 563 | 424 | 509 437 | 734 663 | 187 | 10 | |
| 39 | 0 | 225 463 | 237 | 490 987 | 424 | 509 013 | 734 476 | 188 | 0 | 21 |
| | 10 | 225 700 | 237 | 491 411 | 424 | 508 589 | 734 288 | 187 | 50 | |
| | 20 | 225 937 | 236 | 491 835 | 424 | 508 165 | 734 101 | 187 | 40 | |
| | 30 | 226 173 | 237 | 492 259 | 424 | 507 741 | 733 914 | 188 | 30 | |
| | 40 | 226 410 | 236 | 492 683 | 424 | 507 317 | 733 726 | 187 | 20 | |
| | 50 | 226 646 | 237 | 493 107 | 424 | 506 893 | 733 539 | 187 | 10 | |
| 40 | 0 | 1̄,8 226 883 | | 1̄,9 493 531 | | 0,0 506 469 | 1̄,8 733 352 | | 0 | 20 |
| ′ | ″ | Cos. | | Cotg. | | Tang. | Sin. | | ″ | ′ |

48″

| | 425 | 424 | 238 | 237 | 236 | 187 | 188 |
|---|---|---|---|---|---|---|---|
| 1 | 42,5 | 42,4 | 23,8 | 23,7 | 23,6 | 18,7 | 18,8 |
| 2 | 85,0 | 84,8 | 47,6 | 47,4 | 47,2 | 37,4 | 37,6 |
| 3 | 127,5 | 127,2 | 71,4 | 71,1 | 70,8 | 56,1 | 56,4 |
| 4 | 170,0 | 169,6 | 95,2 | 94,8 | 94,4 | 74,8 | 75,2 |
| 5 | 212,5 | 212,0 | 119,0 | 118,5 | 118,0 | 93,5 | 94,0 |
| 6 | 255,0 | 254,4 | 142,8 | 142,2 | 141,6 | 112,2 | 112,8 |
| 7 | 297,5 | 296,8 | 166,6 | 165,9 | 165,2 | 130,9 | 131,6 |
| 8 | 340,0 | 339,2 | 190,4 | 189,6 | 188,8 | 149,6 | 150,4 |
| 9 | 382,5 | 381,6 | 214,2 | 213,3 | 212,4 | 168,3 | 169,2 |

| 424 | |
|---|---|
| 1 | 42,4 |
| 2 | 84,8 |
| 3 | 127,2 |
| 4 | 169,6 |
| 5 | 212,0 |
| 6 | 254,4 |
| 7 | 296,8 |
| 8 | 339,2 |
| 9 | 381,6 |

| 423 | |
|---|---|
| 1 | 42,3 |
| 2 | 84,6 |
| 3 | 126,9 |
| 4 | 169,2 |
| 5 | 211,5 |
| 6 | 253,8 |
| 7 | 296,1 |
| 8 | 338,4 |
| 9 | 380,7 |

| 237 | |
|---|---|
| 1 | 23,7 |
| 2 | 47,4 |
| 3 | 71,1 |
| 4 | 94,8 |
| 5 | 118,5 |
| 6 | 142,2 |
| 7 | 165,9 |
| 8 | 189,6 |
| 9 | 213,3 |

| 236 | |
|---|---|
| 1 | 23,6 |
| 2 | 47,2 |
| 3 | 70,8 |
| 4 | 94,4 |
| 5 | 118,0 |
| 6 | 141,6 |
| 7 | 165,2 |
| 8 | 188,8 |
| 9 | 212,4 |

| 235 | |
|---|---|
| 1 | 23,5 |
| 2 | 47,0 |
| 3 | 70,5 |
| 4 | 94,0 |
| 5 | 117,5 |
| 6 | 141,0 |
| 7 | 164,5 |
| 8 | 188,0 |
| 9 | 211,5 |

| 187 | |
|---|---|
| 1 | 18,7 |
| 2 | 37,4 |
| 3 | 56,1 |
| 4 | 74,8 |
| 5 | 93,5 |
| 6 | 112,2 |
| 7 | 130,9 |
| 8 | 149,6 |
| 9 | 168,3 |

| 188 | |
|---|---|
| 1 | 18,8 |
| 2 | 37,6 |
| 3 | 56,4 |
| 4 | 75,2 |
| 5 | 94,0 |
| 6 | 112,8 |
| 7 | 131,6 |
| 8 | 150,4 |
| 9 | 169,2 |

| ′ | ″ | Sin. | D. | Tang. | D. c. | Cotg. | Cos. | D. | ″ | ′ |
|---|---|---|---|---|---|---|---|---|---|---|
| 40 | 0 | 1̄,8 226 883 | 237 | 1̄,9 493 531 | 424 | 0,0 506 469 | 1̄,8 733 352 | 188 | 0 | 20 |
| | 10 | 227 120 | 236 | 493 955 | 424 | 506 045 | 733 164 | 187 | 50 | |
| | 20 | 227 356 | 237 | 494 379 | 424 | 505 621 | 732 977 | 187 | 40 | |
| | 30 | 227 593 | 236 | 494 803 | 424 | 505 197 | 732 790 | 188 | 30 | |
| | 40 | 227 829 | 237 | 495 227 | 424 | 504 773 | 732 602 | 187 | 20 | |
| | 50 | 228 066 | 236 | 495 651 | 424 | 504 349 | 732 415 | 188 | 10 | |
| 41 | 0 | 228 302 | 237 | 496 075 | 424 | 503 925 | 732 227 | 187 | 0 | 19 |
| | 10 | 228 539 | 236 | 496 499 | 424 | 503 501 | 732 040 | 188 | 50 | |
| | 20 | 228 775 | 237 | 496 923 | 424 | 503 077 | 731 852 | 187 | 40 | |
| | 30 | 229 012 | 236 | 497 347 | 424 | 502 653 | 731 665 | 188 | 30 | |
| | 40 | 229 248 | 236 | 497 771 | 424 | 502 229 | 731 477 | 187 | 20 | |
| | 50 | 229 484 | 237 | 498 195 | 424 | 501 805 | 731 290 | 188 | 10 | |
| 42 | 0 | 229 721 | 236 | 498 619 | 424 | 501 381 | 731 102 | 188 | 0 | 18 |
| | 10 | 229 957 | 236 | 499 043 | 423 | 500 957 | 730 914 | 187 | 50 | |
| | 20 | 230 193 | 236 | 499 466 | 424 | 500 534 | 730 727 | 188 | 40 | |
| | 30 | 230 429 | 237 | 499 890 | 424 | 500 110 | 730 539 | 188 | 30 | |
| | 40 | 230 666 | 236 | 500 314 | 424 | 499 686 | 730 351 | 187 | 20 | |
| | 50 | 230 902 | 236 | 500 738 | 424 | 499 262 | 730 164 | 188 | 10 | |
| 43 | 0 | 231 138 | 236 | 501 162 | 424 | 498 838 | 729 976 | 188 | 0 | 17 |
| | 10 | 231 374 | 236 | 501 586 | 424 | 498 414 | 729 788 | 187 | 50 | |
| | 20 | 231 610 | 237 | 502 010 | 424 | 497 990 | 729 601 | 188 | 40 | |
| | 30 | 231 847 | 236 | 502 434 | 424 | 497 566 | 729 413 | 188 | 30 | |
| | 40 | 232 083 | 236 | 502 858 | 423 | 497 142 | 729 225 | 188 | 20 | |
| | 50 | 232 319 | 236 | 503 281 | 424 | 496 719 | 729 037 | 188 | 10 | |
| 44 | 0 | 232 555 | 236 | 503 705 | 424 | 496 295 | 728 849 | 187 | 0 | 16 |
| | 10 | 232 791 | 236 | 504 129 | 424 | 495 871 | 728 662 | 188 | 50 | |
| | 20 | 233 027 | 236 | 504 553 | 424 | 495 447 | 728 474 | 188 | 40 | |
| | 30 | 233 263 | 236 | 504 977 | 424 | 495 023 | 728 286 | 188 | 30. | |
| | 40 | 233 499 | 236 | 505 401 | 423 | 494 599 | 728 098 | 188 | 20 | |
| | 50 | 233 735 | 236 | 505 824 | 424 | 494 176 | 727 910 | 188 | 10 | |
| 45 | 0 | 233 971 | 235 | 506 248 | 424 | 493 752 | 727 722 | 188 | 0 | 15 |
| | 10 | 234 206 | 236 | 506 672 | 424 | 493 328 | 727 534 | 188 | 50 | |
| | 20 | 234 442 | 236 | 507 096 | 424 | 492 904 | 727 346 | 188 | 40 | |
| | 30 | 234 678 | 236 | 507 520 | 424 | 492 480 | 727 158 | 188 | 30 | |
| | 40 | 234 914 | 236 | 507 944 | 423 | 492 056 | 726 970 | 188 | 20 | |
| | 50 | 235 150 | 236 | 508 367 | 424 | 491 633 | 726 782 | 188 | 10 | |
| 46 | 0 | 235 386 | 235 | 508 791 | 424 | 491 209 | 726 594 | 188 | 0 | 14 |
| | 10 | 235 621 | 236 | 509 215 | 424 | 490 785 | 726 406 | 188 | 50 | |
| | 20 | 235 857 | 236 | 509 639 | 424 | 490 361 | 726 218 | 188 | 40 | |
| | 30 | 236 093 | 235 | 510 063 | 423 | 489 937 | 726 030 | 188 | 30 | |
| | 40 | 236 328 | 236 | 510 486 | 424 | 489 514 | 725 842 | 188 | 20 | |
| | 50 | 236 564 | 236 | 510 910 | 424 | 489 090 | 725 654 | 188 | 10 | |
| 47 | 0 | 236 800 | 235 | 511 334 | 424 | 488 666 | 725 466 | 188 | 0 | 13 |
| | 10 | 237 035 | 236 | 511 758 | 423 | 488 242 | 725 278 | 188 | 50 | |
| | 20 | 237 271 | 236 | 512 181 | 424 | 487 819 | 725 090 | 189 | 40 | |
| | 30 | 237 507 | 235 | 512 605 | 424 | 487 395 | 724 901 | 188 | 30 | |
| | 40 | 237 742 | 236 | 513 029 | 424 | 486 971 | 724 713 | 188 | 20 | |
| | 50 | 237 978 | 235 | 513 453 | 423 | 486 547 | 724 525 | 188 | 10 | |
| 48 | 0 | 238 213 | 236 | 513 876 | 424 | 486 124 | 724 337 | 189 | 0 | 12 |
| | 10 | 238 449 | 235 | 514 300 | 424 | 485 700 | 724 148 | 188 | 50 | |
| | 20 | 238 684 | 235 | 514 724 | 424 | 485 276 | 723 960 | 188 | 40 | |
| | 30 | 238 919 | 236 | 515 148 | 423 | 484 852 | 723 772 | 189 | 30 | |
| | 40 | 239 155 | 235 | 515 571 | 424 | 484 429 | 723 583 | 188 | 20 | |
| | 50 | 239 390 | 236 | 515 995 | 424 | 484 005 | 723 395 | 188 | 10 | |
| 49 | 0 | 239 626 | 235 | 516 419 | 424 | 483 581 | 723 207 | 189 | 0 | 11 |
| | 10 | 239 861 | 235 | 516 843 | 423 | 483 157 | 723 018 | 188 | 50 | |
| | 20 | 240 096 | 236 | 517 266 | 424 | 482 734 | 722 830 | 188 | 40 | |
| | 30 | 240 332 | 235 | 517 690 | 424 | 482 310 | 722 642 | 189 | 30 | |
| | 40 | 240 567 | 235 | 518 114 | 423 | 481 886 | 722 453 | 188 | 20 | |
| | 50 | 240 802 | 235 | 518 537 | 424 | 481 463 | 722 265 | 189 | 10 | |
| 50 | 0 | 1̄,8 241 037 | | 1̄,9 518 961 | | 0,0 481 039 | 1̄,8 722 076 | | 0 | 10 |
| ′ | ″ | Cos. | | Cotg. | | Tang. | Sin. | | ″ | ′ |

| ′ | ″ | Sin. | D. | Tang. | D.c. | Cotg. | Cos. | D. | ″ | ′ |
|---|---|---|---|---|---|---|---|---|---|---|
| 50 | 0 | 1̄,8 241 037 | | 1̄,9 518 961 | | 0,0 481 039 | 1̄,8 722 076 | | 0 | 10 |
| | 10 | 241 273 | 236 | 519 385 | 424 | 480 615 | 721 888 | 188 | 50 | |
| | 20 | 241 508 | 235 | 519 808 | 423 | 480 192 | 721 699 | 189 | 40 | |
| | 30 | 241 743 | 235 | 520 232 | 424 | 479 768 | 721 511 | 188 | 30 | |
| | 40 | 241 978 | 235 | 520 656 | 424 | 479 344 | 721 322 | 189 | 20 | |
| | 50 | 242 213 | 235 | 521 079 | 423 | 478 921 | 721 134 | 188 | 10 | |
| 51 | 0 | 242 448 | 235 | 521 503 | 424 | 478 497 | 720 945 | 189 | 0 | 9 |
| | 10 | 242 683 | 235 | 521 927 | 424 | 478 073 | 720 756 | 189 | 50 | |
| | 20 | 242 918 | 235 | 522 350 | 423 | 477 650 | 720 568 | 188 | 40 | |
| | 30 | 243 153 | 235 | 522 774 | 424 | 477 226 | 720 379 | 189 | 30 | |
| | 40 | 243 388 | 235 | 523 198 | 424 | 476 802 | 720 191 | 188 | 20 | |
| | 50 | 243 623 | 235 | 523 621 | 423 | 476 379 | 720 002 | 189 | 10 | |
| 52 | 0 | 243 858 | 235 | 524 045 | 424 | 475 955 | 719 813 | 189 | 0 | 8 |
| | 10 | 244 093 | 235 | 524 469 | 424 | 475 531 | 719 625 | 188 | 50 | |
| | 20 | 244 328 | 235 | 524 892 | 423 | 475 108 | 719 436 | 189 | 40 | |
| | 30 | 244 563 | 235 | 525 316 | 424 | 474 684 | 719 247 | 189 | 30 | |
| | 40 | 244 798 | 235 | 525 740 | 424 | 474 260 | 719 058 | 189 | 20 | |
| | 50 | 245 033 | 235 | 526 163 | 423 | 473 837 | 718 870 | 188 | 10 | |
| 53 | 0 | 245 267 | 234 | 526 587 | 424 | 473 413 | 718 681 | 189 | 0 | 7 |
| | 10 | 245 502 | 235 | 527 010 | 423 | 472 990 | 718 492 | 189 | 50 | |
| | 20 | 245 737 | 235 | 527 434 | 424 | 472 566 | 718 303 | 189 | 40 | |
| | 30 | 245 972 | 235 | 527 858 | 424 | 472 142 | 718 114 | 189 | 30 | |
| | 40 | 246 206 | 234 | 528 281 | 423 | 471 719 | 717 925 | 189 | 20 | |
| | 50 | 246 441 | 235 | 528 705 | 424 | 471 295 | 717 736 | 189 | 10 | |
| 54 | 0 | 246 676 | 235 | 529 128 | 423 | 470 872 | 717 548 | 188 | 0 | 6 |
| | 10 | 246 911 | 235 | 529 552 | 424 | 470 448 | 717 359 | 189 | 50 | |
| | 20 | 247 145 | 234 | 529 975 | 423 | 470 025 | 717 170 | 189 | 40 | |
| | 30 | 247 380 | 235 | 530 399 | 424 | 469 601 | 716 981 | 189 | 30 | |
| | 40 | 247 614 | 234 | 530 823 | 424 | 469 177 | 716 792 | 189 | 20 | |
| | 50 | 247 849 | 235 | 531 246 | 423 | 468 754 | 716 603 | 189 | 10 | |
| 55 | 0 | 248 083 | 234 | 531 670 | 424 | 468 330 | 716 414 | 189 | 0 | 5 |
| | 10 | 248 318 | 235 | 532 093 | 423 | 467 907 | 716 225 | 189 | 50 | |
| | 20 | 248 552 | 234 | 532 517 | 424 | 467 483 | 716 036 | 189 | 40 | |
| | 30 | 248 787 | 235 | 532 940 | 423 | 467 060 | 715 847 | 189 | 30 | |
| | 40 | 249 021 | 234 | 533 364 | 424 | 466 636 | 715 657 | 190 | 20 | |
| | 50 | 249 256 | 235 | 533 787 | 423 | 466 213 | 715 468 | 189 | 10 | |
| 56 | 0 | 249 490 | 234 | 534 211 | 424 | 465 789 | 715 279 | 189 | 0 | 4 |
| | 10 | 249 725 | 235 | 534 634 | 423 | 465 366 | 715 090 | 189 | 50 | |
| | 20 | 249 959 | 234 | 535 058 | 424 | 464 942 | 714 901 | 189 | 40 | |
| | 30 | 250 193 | 234 | 535 482 | 424 | 464 518 | 714 712 | 189 | 30 | |
| | 40 | 250 428 | 235 | 535 905 | 423 | 464 095 | 714 523 | 189 | 20 | |
| | 50 | 250 662 | 234 | 536 329 | 424 | 463 671 | 714 333 | 190 | 10 | |
| 57 | 0 | 250 896 | 234 | 536 752 | 423 | 463 248 | 714 144 | 189 | 0 | 3 |
| | 10 | 251 130 | 234 | 537 176 | 424 | 462 824 | 713 955 | 189 | 50 | |
| | 20 | 251 365 | 235 | 537 599 | 423 | 462 401 | 713 766 | 189 | 40 | |
| | 30 | 251 599 | 234 | 538 023 | 424 | 461 977 | 713 576 | 190 | 30 | |
| | 40 | 251 833 | 234 | 538 446 | 423 | 461 554 | 713 387 | 189 | 20 | |
| | 50 | 252 067 | 234 | 538 870 | 424 | 461 130 | 713 198 | 189 | 10 | |
| 58 | 0 | 252 301 | 234 | 539 293 | 423 | 460 707 | 713 008 | 190 | 0 | 2 |
| | 10 | 252 535 | 234 | 539 716 | 423 | 460 284 | 712 819 | 189 | 50 | |
| | 20 | 252 769 | 234 | 540 140 | 424 | 459 860 | 712 629 | 190 | 40 | |
| | 30 | 253 003 | 234 | 540 563 | 423 | 459 437 | 712 440 | 189 | 30 | |
| | 40 | 253 237 | 234 | 540 987 | 424 | 459 013 | 712 251 | 189 | 20 | |
| | 50 | 253 472 | 235 | 541 410 | 423 | 458 590 | 712 061 | 190 | 10 | |
| 59 | 0 | 253 705 | 233 | 541 834 | 424 | 458 166 | 711 872 | 189 | 0 | 1 |
| | 10 | 253 939 | 234 | 542 257 | 423 | 457 743 | 711 682 | 190 | 50 | |
| | 20 | 254 173 | 234 | 542 681 | 424 | 457 319 | 711 493 | 189 | 40 | |
| | 30 | 254 407 | 234 | 543 104 | 423 | 456 896 | 711 303 | 190 | 30 | |
| | 40 | 254 641 | 234 | 543 528 | 424 | 456 472 | 711 114 | 189 | 20 | |
| | 50 | 254 875 | 234 | 543 951 | 423 | 456 049 | 710 924 | 190 | 10 | |
| 60 | 0 | 1̄,8 255 109 | 234 | 1̄,9 544 374 | 423 | 0,0 455 626 | 1̄,8 710 735 | 189 | 0 | 0 |
| ′ | ″ | Cos. | | Cotg. | | Tang. | Sin. | | ″ | ′ |

48°

| 424 | |
|---|---|
| 1 | 42,4 |
| 2 | 84,8 |
| 3 | 127,2 |
| 4 | 169,6 |
| 5 | 212,0 |
| 6 | 254,4 |
| 7 | 296,8 |
| 8 | 339,2 |
| 9 | 381,6 |

| 423 | |
|---|---|
| 1 | 42,3 |
| 2 | 84,6 |
| 3 | 126,9 |
| 4 | 169,2 |
| 5 | 211,5 |
| 6 | 253,8 |
| 7 | 296,1 |
| 8 | 338,4 |
| 9 | 380,7 |

| 235 | |
|---|---|
| 1 | 23,5 |
| 2 | 47,0 |
| 3 | 70,5 |
| 4 | 94,0 |
| 5 | 117,5 |
| 6 | 141,0 |
| 7 | 164,5 |
| 8 | 188,0 |
| 9 | 211,5 |

| 234 | |
|---|---|
| 1 | 23,4 |
| 2 | 46,8 |
| 3 | 70,2 |
| 4 | 93,6 |
| 5 | 117,0 |
| 6 | 140,4 |
| 7 | 163,8 |
| 8 | 187,2 |
| 9 | 210,6 |

| 189 | |
|---|---|
| 1 | 18,9 |
| 2 | 37,8 |
| 3 | 56,7 |
| 4 | 75,6 |
| 5 | 94,5 |
| 6 | 113,4 |
| 7 | 132,3 |
| 8 | 151,2 |
| 9 | 170,1 |

| 190 | |
|---|---|
| 1 | 19 |
| 2 | 38 |
| 3 | 57 |
| 4 | 76 |
| 5 | 95 |
| 6 | 114 |
| 7 | 133 |
| 8 | 152 |
| 9 | 171 |

| 424 | |
|---|---|
| 1 | 42,4 |
| 2 | 84,8 |
| 3 | 127,2 |
| 4 | 169,6 |
| 5 | 212,0 |
| 6 | 254,4 |
| 7 | 296,8 |
| 8 | 339,2 |
| 9 | 381,6 |

| 423 | |
|---|---|
| 1 | 42,3 |
| 2 | 84,6 |
| 3 | 126,9 |
| 4 | 169,2 |
| 5 | 211,5 |
| 6 | 253,8 |
| 7 | 296,1 |
| 8 | 338,4 |
| 9 | 380,7 |

| 234 | |
|---|---|
| 1 | 23,4 |
| 2 | 46,8 |
| 3 | 70,2 |
| 4 | 93,6 |
| 5 | 117,0 |
| 6 | 140,4 |
| 7 | 163,8 |
| 8 | 187,2 |
| 9 | 210,6 |

| 233 | |
|---|---|
| 1 | 23,3 |
| 2 | 46,6 |
| 3 | 69,9 |
| 4 | 93,2 |
| 5 | 116,5 |
| 6 | 139,8 |
| 7 | 163,1 |
| 8 | 186,4 |
| 9 | 209,7 |

| 232 | |
|---|---|
| 1 | 23,2 |
| 2 | 46,4 |
| 3 | 69,6 |
| 4 | 92,8 |
| 5 | 116,0 |
| 6 | 139,2 |
| 7 | 162,4 |
| 8 | 185,6 |
| 9 | 208,8 |

| 189 | |
|---|---|
| 1 | 18,9 |
| 2 | 37,8 |
| 3 | 56,7 |
| 4 | 75,6 |
| 5 | 94,5 |
| 6 | 113,4 |
| 7 | 132,3 |
| 8 | 151,2 |
| 9 | 170,1 |

| 190 | |
|---|---|
| 1 | 19 |
| 2 | 38 |
| 3 | 57 |
| 4 | 76 |
| 5 | 95 |
| 6 | 114 |
| 7 | 133 |
| 8 | 152 |
| 9 | 171 |

| ′ | ″ | Sin. | D. | Tang. | D.c. | Cotg. | Cos. | D. | ″ | ′ |
|---|---|---|---|---|---|---|---|---|---|---|
| 0 | 0 | $\bar{1}$,8 255 109 | | $\bar{1}$,9 544 374 | | 0,0 455 626 | $\bar{1}$,8 710 735 | | 0 | 60 |
| | 10 | 255 343 | 234 | 544 798 | 424 | 455 202 | 710 545 | 190 | 50 | |
| | 20 | 255 577 | 234 | 545 221 | 423 | 454 779 | 710 355 | 190 | 40 | |
| | 30 | 255 810 | 233 | 545 645 | 424 | 454 355 | 710 166 | 189 | 30 | |
| | 40 | 256 044 | 234 | 546 068 | 423 | 453 932 | 709 976 | 190 | 20 | |
| | 50 | 256 278 | 234 | 546 491 | 423 | 453 509 | 709 786 | 190 | 10 | |
| 1 | 0 | 256 512 | 234 | 546 915 | 424 | 453 085 | 709 597 | 189 | 0 | 59 |
| | 10 | 256 745 | 233 | 547 338 | 423 | 452 662 | 709 407 | 190 | 50 | |
| | 20 | 256 979 | 234 | 547 762 | 424 | 452 238 | 709 217 | 190 | 40 | |
| | 30 | 257 213 | 234 | 548 185 | 423 | 451 815 | 709 028 | 189 | 30 | |
| | 40 | 257 446 | 233 | 548 608 | 423 | 451 392 | 708 838 | 190 | 20 | |
| | 50 | 257 680 | 234 | 549 032 | 424 | 450 968 | 708 648 | 190 | 10 | |
| 2 | 0 | 257 913 | 233 | 549 455 | 423 | 450 545 | 708 458 | 190 | 0 | 58 |
| | 10 | 258 147 | 234 | 549 879 | 424 | 450 121 | 708 268 | 190 | 50 | |
| | 20 | 258 381 | 234 | 550 302 | 423 | 449 698 | 708 079 | 189 | 40 | |
| | 30 | 258 614 | 233 | 550 725 | 423 | 449 275 | 707 889 | 190 | 30 | |
| | 40 | 258 848 | 234 | 551 149 | 424 | 448 851 | 707 699 | 190 | 20 | |
| | 50 | 259 081 | 233 | 551 572 | 423 | 448 428 | 707 509 | 190 | 10 | |
| 3 | 0 | 259 314 | 233 | 551 995 | 423 | 448 005 | 707 319 | 190 | 0 | 57 |
| | 10 | 259 548 | 234 | 552 419 | 424 | 447 581 | 707 129 | 190 | 50 | |
| | 20 | 259 781 | 233 | 552 842 | 423 | 447 158 | 706 939 | 190 | 40 | |
| | 30 | 260 015 | 234 | 553 265 | 423 | 446 735 | 706 749 | 190 | 30 | |
| | 40 | 260 248 | 233 | 553 689 | 424 | 446 311 | 706 559 | 190 | 20 | |
| | 50 | 260 481 | 233 | 554 112 | 423 | 445 888 | 706 369 | 190 | 10 | |
| 4 | 0 | 260 715 | 234 | 554 535 | 423 | 445 465 | 706 179 | 190 | 0 | 56 |
| | 10 | 260 948 | 233 | 554 959 | 424 | 445 041 | 705 989 | 190 | 50 | |
| | 20 | 261 181 | 233 | 555 382 | 423 | 444 618 | 705 799 | 190 | 40 | |
| | 30 | 261 414 | 233 | 555 805 | 423 | 444 195 | 705 609 | 190 | 30 | |
| | 40 | 261 648 | 234 | 556 229 | 424 | 443 771 | 705 419 | 190 | 20 | |
| | 50 | 261 881 | 233 | 556 652 | 423 | 443 348 | 705 229 | 190 | 10 | |
| 5 | 0 | 262 114 | 233 | 557 075 | 423 | 442 925 | 705 039 | 190 | 0 | 55 |
| | 10 | 262 347 | 233 | 557 498 | 423 | 442 502 | 704 849 | 190 | 50 | |
| | 20 | 262 580 | 233 | 557 922 | 424 | 442 078 | 704 658 | 191 | 40 | |
| | 30 | 262 813 | 233 | 558 345 | 423 | 441 655 | 704 468 | 190 | 30 | |
| | 40 | 263 046 | 233 | 558 768 | 423 | 441 232 | 704 278 | 190 | 20 | |
| | 50 | 263 279 | 233 | 559 192 | 424 | 440 808 | 704 088 | 190 | 10 | |
| 6 | 0 | 263 512 | 233 | 559 615 | 423 | 440 385 | 703 898 | 190 | 0 | 54 |
| | 10 | 263 746 | 234 | 560 038 | 423 | 439 962 | 703 707 | 191 | 50 | |
| | 20 | 263 978 | 232 | 560 461 | 423 | 439 539 | 703 517 | 190 | 40 | |
| | 30 | 264 211 | 233 | 560 885 | 424 | 439 115 | 703 327 | 190 | 30 | |
| | 40 | 264 444 | 233 | 561 308 | 423 | 438 692 | 703 137 | 190 | 20 | |
| | 50 | 264 677 | 233 | 561 731 | 423 | 438 269 | 702 946 | 191 | 10 | |
| 7 | 0 | 264 910 | 233 | 562 154 | 423 | 437 846 | 702 756 | 190 | 0 | 53 |
| | 10 | 265 143 | 233 | 562 578 | 424 | 437 422 | 702 565 | 191 | 50 | |
| | 20 | 265 376 | 233 | 563 001 | 423 | 436 999 | 702 375 | 190 | 40 | |
| | 30 | 265 609 | 233 | 563 424 | 423 | 436 576 | 702 185 | 190 | 30 | |
| | 40 | 265 842 | 233 | 563 847 | 423 | 436 153 | 701 994 | 191 | 20 | |
| | 50 | 266 074 | 232 | 564 271 | 424 | 435 729 | 701 804 | 190 | 10 | |
| 8 | 0 | 266 307 | 233 | 564 694 | 423 | 435 306 | 701 613 | 191 | 0 | 52 |
| | 10 | 266 540 | 233 | 565 117 | 423 | 434 883 | 701 423 | 190 | 50 | |
| | 20 | 266 773 | 233 | 565 540 | 423 | 434 460 | 701 232 | 191 | 40 | |
| | 30 | 267 005 | 232 | 565 963 | 423 | 434 037 | 701 042 | 190 | 30 | |
| | 40 | 267 238 | 233 | 566 387 | 424 | 433 613 | 700 851 | 191 | 20 | |
| | 50 | 267 471 | 233 | 566 810 | 423 | 433 190 | 700 661 | 190 | 10 | |
| 9 | 0 | 267 703 | 232 | 567 233 | 423 | 432 767 | 700 470 | 191 | 0 | 51 |
| | 10 | 267 936 | 233 | 567 656 | 423 | 432 344 | 700 280 | 190 | 50 | |
| | 20 | 268 168 | 232 | 568 079 | 423 | 431 921 | 700 089 | 191 | 40 | |
| | 30 | 268 401 | 233 | 568 503 | 424 | 431 497 | 699 898 | 191 | 30 | |
| | 40 | 268 633 | 232 | 568 926 | 423 | 431 074 | 699 708 | 190 | 20 | |
| | 50 | 268 866 | 233 | 569 349 | 423 | 430 651 | 699 517 | 191 | 10 | |
| 10 | 0 | $\bar{1}$,8 269 098 | 232 | $\bar{1}$,9 569 772 | 423 | 0,0 430 228 | $\bar{1}$,8 699 326 | 191 | 0 | 50 |
| ′ | ″ | Cos. | | Cotg. | | Tang. | Sin. | | ″ | ′ |

| ′ | ″ | Sin. | D. | Tang. | D.c. | Cotg. | Cos. | D. | ″ | ′ |
|---|---|---|---|---|---|---|---|---|---|---|
| 10 | 0 | $\bar{1}$,8 269 098 | | $\bar{1}$,9 569 772 | | 0,0 430 228 | $\bar{1}$,8 699 326 | | 0 | 50 |
| | 10 | 269 331 | 233 | 570 195 | 423 | 429 805 | 699 136 | 190 | 50 | |
| | 20 | 269 563 | 232 | 570 618 | 423 | 429 382 | 698 945 | 191 | 40 | |
| | 30 | 269 796 | 233 | 571 042 | 424 | 428 958 | 698 754 | 191 | 30 | |
| | 40 | 270 028 | 232 | 571 465 | 423 | 428 535 | 698 563 | 191 | 20 | |
| | 50 | 270 261 | 233 | 571 888 | 423 | 428 112 | 698 373 | 190 | 10 | |
| 11 | 0 | 270 493 | 232 | 572 311 | 423 | 427 689 | 698 182 | 191 | 0 | 49 |
| | 10 | 270 725 | 232 | 572 734 | 423 | 427 266 | 697 991 | 191 | 50 | |
| | 20 | 270 958 | 233 | 573 157 | 423 | 426 843 | 697 800 | 191 | 40 | |
| | 30 | 271 190 | 232 | 573 581 | 424 | 426 419 | 697 609 | 191 | 30 | |
| | 40 | 271 422 | 232 | 574 004 | 423 | 425 996 | 697 418 | 191 | 20 | |
| | 50 | 271 654 | 232 | 574 427 | 423 | 425 573 | 697 228 | 190 | 10 | |
| 12 | 0 | 271 887 | 233 | 574 850 | 423 | 425 150 | 697 037 | 191 | 0 | 48 |
| | 10 | 272 119 | 232 | 575 273 | 423 | 424 727 | 696 846 | 191 | 50 | |
| | 20 | 272 351 | 232 | 575 696 | 423 | 424 304 | 696 655 | 191 | 40 | |
| | 30 | 272 583 | 232 | 576 119 | 423 | 423 881 | 696 464 | 191 | 30 | |
| | 40 | 272 815 | 232 | 576 542 | 423 | 423 458 | 696 273 | 191 | 20 | |
| | 50 | 273 047 | 232 | 576 965 | 423 | 423 035 | 696 082 | 191 | 10 | |
| 13 | 0 | 273 279 | 232 | 577 389 | 424 | 422 611 | 695 891 | 191 | 0 | 47 |
| | 10 | 273 511 | 232 | 577 812 | 423 | 422 188 | 695 700 | 191 | 50 | |
| | 20 | 273 744 | 233 | 578 235 | 423 | 421 765 | 695 509 | 191 | 40 | |
| | 30 | 273 976 | 232 | 578 658 | 423 | 421 342 | 695 318 | 191 | 30 | |
| | 40 | 274 208 | 232 | 579 081 | 423 | 420 919 | 695 127 | 191 | 20 | |
| | 50 | 274 440 | 232 | 579 504 | 423 | 420 496 | 694 935 | 192 | 10 | |
| 14 | 0 | 274 671 | 231 | 579 927 | 423 | 420 073 | 694 744 | 191 | 0 | 46 |
| | 10 | 274 903 | 232 | 580 350 | 423 | 419 650 | 694 553 | 191 | 50 | |
| | 20 | 275 135 | 232 | 580 773 | 423 | 419 227 | 694 362 | 191 | 40 | |
| | 30 | 275 367 | 232 | 581 196 | 423 | 418 804 | 694 171 | 191 | 30 | |
| | 40 | 275 599 | 232 | 581 619 | 423 | 418 381 | 693 980 | 191 | 20 | |
| | 50 | 275 831 | 232 | 582 042 | 423 | 417 958 | 693 788 | 192 | 10 | |
| 15 | 0 | 276 063 | 232 | 582 465 | 423 | 417 535 | 693 597 | 191 | 0 | 45 |
| | 10 | 276 294 | 231 | 582 889 | 424 | 417 111 | 693 406 | 191 | 50 | |
| | 20 | 276 526 | 232 | 583 312 | 423 | 416 688 | 693 215 | 191 | 40 | |
| | 30 | 276 758 | 232 | 583 735 | 423 | 416 265 | 693 023 | 192 | 30 | |
| | 40 | 276 990 | 232 | 584 158 | 423 | 415 842 | 692 832 | 191 | 20 | |
| | 50 | 277 221 | 231 | 584 581 | 423 | 415 419 | 692 641 | 191 | 10 | |
| 16 | 0 | 277 453 | 232 | 585 004 | 423 | 414 996 | 692 449 | 192 | 0 | 44 |
| | 10 | 277 685 | 232 | 585 427 | 423 | 414 573 | 692 258 | 191 | 50 | |
| | 20 | 277 916 | 231 | 585 850 | 423 | 414 150 | 692 067 | 191 | 40 | |
| | 30 | 278 148 | 232 | 586 273 | 423 | 413 727 | 691 875 | 192 | 30 | |
| | 40 | 278 380 | 232 | 586 696 | 423 | 413 304 | 691 684 | 191 | 20 | |
| | 50 | 278 611 | 231 | 587 119 | 423 | 412 881 | 691 492 | 192 | 10 | |
| 17 | 0 | 278 843 | 232 | 587 542 | 423 | 412 458 | 691 301 | 191 | 0 | 43 |
| | 10 | 279 074 | 231 | 587 965 | 423 | 412 035 | 691 109 | 192 | 50 | |
| | 20 | 279 306 | 232 | 588 388 | 423 | 411 612 | 690 918 | 191 | 40 | |
| | 30 | 279 537 | 231 | 588 811 | 423 | 411 189 | 690 726 | 192 | 30 | |
| | 40 | 279 769 | 232 | 589 234 | 423 | 410 766 | 690 535 | 191 | 20 | |
| | 50 | 280 000 | 231 | 589 657 | 423 | 410 343 | 690 343 | 192 | 10 | |
| 18 | 0 | 280 231 | 231 | 590 080 | 423 | 409 920 | 690 152 | 191 | 0 | 42 |
| | 10 | 280 463 | 232 | 590 503 | 423 | 409 497 | 689 960 | [illegible] | 50 | |
| | 20 | 280 694 | 231 | 590 926 | 423 | 409 074 | 689 768 | 192 | 40 | |
| | 30 | 280 925 | 231 | 591 349 | 423 | 408 651 | 689 577 | 191 | 30 | |
| | 40 | 281 157 | 232 | 591 772 | 423 | 408 228 | 689 385 | 192 | 20 | |
| | 50 | 281 388 | 231 | 592 195 | 423 | 407 805 | 689 193 | 192 | 10 | |
| 19 | 0 | 281 619 | 231 | 592 618 | 423 | 407 382 | 689 002 | 191 | 0 | 41 |
| | 10 | 281 851 | 232 | 593 041 | 423 | 406 959 | 688 810 | 192 | 50 | |
| | 20 | 282 082 | 231 | 593 464 | 423 | 406 536 | 688 618 | 192 | 40 | |
| | 30 | 282 313 | 231 | 593 886 | 422 | 406 114 | 688 427 | 191 | 30 | |
| | 40 | 282 544 | 231 | 594 309 | 423 | 405 691 | 688 235 | 192 | 20 | |
| | 50 | 282 775 | 231 | 594 732 | 423 | 405 268 | 688 043 | 192 | 10 | |
| 20 | 0 | $\bar{1}$,8 283 006 | 231 | $\bar{1}$,9 595 155 | 423 | 0,0 404 845 | $\bar{1}$,8 687 851 | 192 | 0 | 40 |
| ′ | ″ | Cos. | | Cotg. | | Tang. | Sin. | | ″ | ′ |

47°

| | 423 |
|---|---|
| 1 | 42,3 |
| 2 | 84,6 |
| 3 | 126,9 |
| 4 | 169,2 |
| 5 | 211,5 |
| 6 | 253,8 |
| 7 | 296,1 |
| 8 | 338,4 |
| 9 | 380,7 |

| | 422 |
|---|---|
| 1 | 42,2 |
| 2 | 84,4 |
| 3 | 126,6 |
| 4 | 168,8 |
| 5 | 211,0 |
| 6 | 253,2 |
| 7 | 295,4 |
| 8 | 337,6 |
| 9 | 379,8 |

| | 233 |
|---|---|
| 1 | 23,3 |
| 2 | 46,6 |
| 3 | 69,9 |
| 4 | 93,2 |
| 5 | 116,5 |
| 6 | 139,8 |
| 7 | 163,1 |
| 8 | 186,4 |
| 9 | 209,7 |

| | 232 |
|---|---|
| 1 | 23,2 |
| 2 | 46,4 |
| 3 | 69,6 |
| 4 | 92,8 |
| 5 | 116,0 |
| 6 | 139,2 |
| 7 | 162,4 |
| 8 | 185,6 |
| 9 | 208,8 |

| | 231 |
|---|---|
| 1 | 23,1 |
| 2 | 46,2 |
| 3 | 69,3 |
| 4 | 92,4 |
| 5 | 115,5 |
| 6 | 138,6 |
| 7 | 161,7 |
| 8 | 184,8 |
| 9 | 207,9 |

| | 191 |
|---|---|
| 1 | 19,1 |
| 2 | 38,2 |
| 3 | 57,3 |
| 4 | 76,4 |
| 5 | [illegible] |
| 6 | 114,6 |
| 7 | 133,7 |
| 8 | 152,8 |
| 9 | 171,9 |

| | 192 |
|---|---|
| 1 | 19,2 |
| 2 | 38,4 |
| 3 | 57,6 |
| 4 | 76,8 |
| 5 | 96,0 |
| 6 | 115,2 |
| 7 | 134,4 |
| 8 | 153,6 |
| 9 | 172,8 |

| 423 | |
|---|---|
| 1 | 42,3 |
| 2 | 84,6 |
| 3 | 126,9 |
| 4 | 169,2 |
| 5 | 211,5 |
| 6 | 253,8 |
| 7 | 296,1 |
| 8 | 338,4 |
| 9 | 380,7 |

| 422 | |
|---|---|
| 1 | 42,2 |
| 2 | 84,4 |
| 3 | 126,6 |
| 4 | 168,8 |
| 5 | 211,0 |
| 6 | 253,2 |
| 7 | 295,4 |
| 8 | 337,6 |
| 9 | 379,8 |

| 232 | |
|---|---|
| 1 | 23,2 |
| 2 | 46,4 |
| 3 | 69,6 |
| 4 | 92,8 |
| 5 | 116,0 |
| 6 | 139,2 |
| 7 | 162,4 |
| 8 | 185,6 |
| 9 | 208,8 |

| 231 | |
|---|---|
| 1 | 23,1 |
| 2 | 46,2 |
| 3 | 69,3 |
| 4 | 92,4 |
| 5 | 115,5 |
| 6 | 138,6 |
| 7 | 161,7 |
| 8 | 184,8 |
| 9 | 207,9 |

| 230 | |
|---|---|
| 1 | 23 |
| 2 | 46 |
| 3 | 69 |
| 4 | 92 |
| 5 | 115 |
| 6 | 138 |
| 7 | 161 |
| 8 | 184 |
| 9 | 207 |

| 191 | |
|---|---|
| 1 | 19,1 |
| 2 | 38,2 |
| 3 | 57,3 |
| 4 | 76,4 |
| 5 | 95,5 |
| 6 | 114,6 |
| 7 | 133,7 |
| 8 | 152,8 |
| 9 | 171,9 |

| 192 | |
|---|---|
| 1 | 19,2 |
| 2 | 38,4 |
| 3 | 57,6 |
| 4 | 76,8 |
| 5 | 96,0 |
| 6 | 115,2 |
| 7 | 134,4 |
| 8 | 153,6 |
| 9 | 172,8 |

| ' | " | Sin. | D. | Tang. | D.c. | Cotg. | Cos. | D. | " | ' |
|---|---|---|---|---|---|---|---|---|---|---|
| 20 | 0 | $\bar{1}$,8 283 006 | 232 | $\bar{1}$,9 595 155 | 423 | 0,0 404 845 | $\bar{1}$,8 687 851 | 192 | 0 | 40 |
| | 10 | 283 238 | 231 | 595 578 | 423 | 404 422 | 687 659 | 191 | 50 | |
| | 20 | 283 469 | 231 | 596 001 | 423 | 403 999 | 687 468 | 192 | 40 | |
| | 30 | 283 700 | 231 | 596 424 | 423 | 403 576 | 687 276 | 122 | 30 | |
| | 40 | 283 931 | 231 | 596 847 | 423 | 403 153 | 687 084 | 192 | 20 | |
| | 50 | 284 162 | 231 | 597 270 | 423 | 402 730 | 686 892 | 192 | 10 | |
| 21 | 0 | 284 393 | 231 | 597 693 | 423 | 402 307 | 686 700 | 192 | 0 | 39 |
| | 10 | 284 624 | 231 | 598 116 | 423 | 401 884 | 686 508 | 192 | 50 | |
| | 20 | 284 855 | 231 | 598 539 | 423 | 401 461 | 686 316 | 192 | 40 | |
| | 30 | 285 086 | 231 | 598 962 | 422 | 401 038 | 686 124 | 192 | 30 | |
| | 40 | 285 317 | 230 | 599 384 | 423 | 400 616 | 685 932 | 192 | 20 | |
| | 50 | 285 547 | 231 | 599 807 | 423 | 400 193 | 685 740 | 192 | 10 | |
| 22 | 0 | 285 778 | 231 | 600 230 | 423 | 399 770 | 685 548 | 192 | 0 | 38 |
| | 10 | 286 009 | 231 | 600 653 | 423 | 399 347 | 685 356 | 192 | 50 | |
| | 20 | 286 240 | 231 | 601 076 | 423 | 398 924 | 685 164 | 192 | 40 | |
| | 30 | 286 471 | 231 | 601 499 | 423 | 398 501 | 684 972 | 192 | 30 | |
| | 40 | 286 702 | 230 | 601 922 | 423 | 398 078 | 684 780 | 192 | 20 | |
| | 50 | 286 932 | 231 | 602 345 | 422 | 397 655 | 684 588 | 192 | 10 | |
| 23 | 0 | 287 163 | 231 | 602 767 | 423 | 397 233 | 684 396 | 193 | 0 | 37 |
| | 10 | 287 394 | 230 | 603 190 | 423 | 396 810 | 684 203 | 192 | 50 | |
| | 20 | 287 624 | 231 | 603 613 | 423 | 396 387 | 684 011 | 192 | 40 | |
| | 30 | 287 855 | 231 | 604 036 | 423 | 395 964 | 683 819 | 192 | 30 | |
| | 40 | 288 086 | 230 | 604 459 | 423 | 395 541 | 683 627 | 192 | 20 | |
| | 50 | 288 316 | 231 | 604 882 | 423 | 395 118 | 683 435 | 193 | 10 | |
| 24 | 0 | 288 547 | 231 | 605 305 | 422 | 394 695 | 683 242 | 192 | 0 | 36 |
| | 10 | 288 778 | 230 | 605 727 | 423 | 394 273 | 683 050 | 192 | 50 | |
| | 20 | 289 008 | 231 | 606 150 | 423 | 393 850 | 682 858 | 193 | 40 | |
| | 30 | 289 239 | 230 | 606 573 | 423 | 393 427 | 682 665 | 192 | 30 | |
| | 40 | 289 469 | 231 | 606 996 | 423 | 393 004 | 682 473 | 192 | 20 | |
| | 50 | 289 700 | 230 | 607 419 | 423 | 392 581 | 682 281 | 193 | 10 | |
| 25 | 0 | 289 930 | 231 | 607 842 | 422 | 392 158 | 682 088 | 192 | 0 | 35 |
| | 10 | 290 161 | 230 | 608 264 | 423 | 391 736 | 681 896 | 192 | 50 | |
| | 20 | 290 391 | 230 | 608 687 | 423 | 391 313 | 681 704 | 193 | 40 | |
| | 30 | 290 621 | 231 | 609 110 | 423 | 390 890 | 681 511 | 192 | 30 | |
| | 40 | 290 852 | 230 | 609 533 | 423 | 390 467 | 681 319 | 193 | 20 | |
| | 50 | 291 082 | 230 | 609 956 | 422 | 390 044 | 681 126 | 192 | 10 | |
| 26 | 0 | 291 312 | 231 | 610 378 | 423 | 389 622 | 680 934 | 193 | 0 | 34 |
| | 10 | 291 543 | 230 | 610 801 | 423 | 389 199 | 680 741 | 192 | 50 | |
| | 20 | 291 773 | 230 | 611 224 | 423 | 388 776 | 680 549 | 193 | 40 | |
| | 30 | 292 003 | 230 | 611 647 | 423 | 388 353 | 680 356 | 192 | 30 | |
| | 40 | 292 233 | 231 | 612 070 | 422 | 387 930 | 680 164 | 193 | 20 | |
| | 50 | 292 464 | 230 | 612 492 | 423 | 387 508 | 679 971 | 192 | 10 | |
| 27 | 0 | 292 694 | 230 | 612 915 | 423 | 387 085 | 679 779 | 193 | 0 | 33 |
| | 10 | 292 924 | 230 | 613 338 | 423 | 386 662 | 679 586 | 193 | 50 | |
| | 20 | 293 154 | 230 | 613 761 | 423 | 386 239 | 679 393 | 192 | 40 | |
| | 30 | 293 384 | 230 | 614 184 | 422 | 385 816 | 679 201 | 193 | 30 | |
| | 40 | 293 614 | 230 | 614 606 | 423 | 385 394 | 679 008 | 193 | 20 | |
| | 50 | 293 844 | 231 | 615 029 | 423 | 384 971 | 678 815 | 192 | 10 | |
| 28 | 0 | 294 075 | 230 | 615 452 | 423 | 384 548 | 678 623 | 193 | 0 | 32 |
| | 10 | 294 305 | 230 | 615 875 | 422 | 384 125 | 678 430 | 193 | 50 | |
| | 20 | 294 535 | 230 | 616 297 | 423 | 383 703 | 678 237 | 192 | 40 | |
| | 30 | 294 765 | 230 | 616 720 | 423 | 383 280 | 678 045 | 193 | 30 | |
| | 40 | 294 995 | 229 | 617 143 | 423 | 382 857 | 677 852 | 193 | 20 | |
| | 50 | 295 224 | 230 | 617 566 | 422 | 382 434 | 677 659 | 193 | 10 | |
| 29 | 0 | 295 454 | 230 | 617 988 | 423 | 382 012 | 677 466 | 193 | 0 | 31 |
| | 10 | 295 684 | 230 | 618 411 | 423 | 381 589 | 677 273 | 193 | 50 | |
| | 20 | 295 914 | 230 | 618 834 | 422 | 381 166 | 677 080 | 192 | 40 | |
| | 30 | 296 144 | 230 | 619 256 | 423 | 380 744 | 676 888 | 193 | 30 | |
| | 40 | 296 374 | 230 | 619 679 | 423 | 380 321 | 676 695 | 193 | 20 | |
| | 50 | 296 604 | 229 | 620 102 | 423 | 379 898 | 676 502 | 193 | 10 | |
| 30 | 0 | $\bar{1}$,8 296 833 | | $\bar{1}$,9 620 525 | | 0,0 379 475 | $\bar{1}$,8 676 309 | | 0 | 30 |
| ' | " | Cos. | | Cotg. | | Tang. | Sin. | | " | ' |

| ′ | ″ | Sin. | D | Tang | D.c. | Cotg. | Cos. | D. | ″ | ′ |
|---|---|---|---|---|---|---|---|---|---|---|
| 30 | 0 | 1̄,8 296 833 | 230 | 1̄,9 620 525 | 422 | 0,0 379 475 | 1̄,8 676 309 | 193 | 0 | 30 |
| | 10 | 297 063 | 230 | 620 947 | 423 | 379 053 | 676 116 | 193 | 50 | |
| | 20 | 297 293 | 230 | 621 370 | 423 | 378 630 | 675 923 | 193 | 40 | |
| | 30 | 297 523 | 229 | 621 793 | 422 | 378 207 | 675 730 | 193 | 30 | |
| | 40 | 297 752 | 230 | 622 215 | 423 | 377 785 | 675 537 | 193 | 20 | |
| | 50 | 297 982 | 230 | 622 638 | 423 | 377 362 | 675 344 | 193 | 10 | |
| 31 | 0 | 298 212 | 229 | 623 061 | 423 | 376 939 | 675 151 | 193 | 0 | 29 |
| | 10 | 298 441 | 230 | 623 484 | 422 | 376 516 | 674 958 | 193 | 50 | |
| | 20 | 298 671 | 230 | 623 906 | 423 | 376 094 | 674 765 | 193 | 40 | |
| | 30 | 298 901 | 229 | 624 329 | 423 | 375 671 | 674 572 | 193 | 30 | |
| | 40 | 299 130 | 230 | 624 752 | 422 | 375 248 | 674 379 | 194 | 20 | |
| | 50 | 299 360 | 229 | 625 174 | 423 | 374 826 | 674 185 | 193 | 10 | |
| 32 | 0 | 299 589 | 230 | 625 597 | 423 | 374 403 | 673 992 | 193 | 0 | 28 |
| | 10 | 299 819 | 229 | 626 020 | 422 | 373 980 | 673 799 | 193 | 50 | |
| | 20 | 300 048 | 230 | 626 442 | 423 | 373 558 | 673 606 | 193 | 40 | |
| | 30 | 300 278 | 229 | 626 865 | 423 | 373 135 | 673 413 | 194 | 30 | |
| | 40 | 300 507 | 229 | 627 288 | 422 | 372 712 | 673 219 | 193 | 20 | |
| | 50 | 300 736 | 230 | 627 710 | 423 | 372 290 | 673 026 | 193 | 10 | |
| 33 | 0 | 300 966 | 229 | 628 133 | 423 | 371 867 | 672 833 | 193 | 0 | 27 |
| | 10 | 301 195 | 230 | 628 556 | 422 | 371 444 | 672 640 | 194 | 50 | |
| | 20 | 301 425 | 229 | 628 978 | 423 | 371 022 | 672 446 | 193 | 40 | |
| | 30 | 301 654 | 229 | 629 401 | 422 | 370 599 | 672 253 | 193 | 30 | |
| | 40 | 301 883 | 229 | 629 823 | 423 | 370 177 | 672 060 | 194 | 20 | |
| | 50 | 302 112 | 230 | 630 246 | 423 | 369 754 | 671 866 | 193 | 10 | |
| 34 | 0 | 302 342 | 229 | 630 669 | 422 | 369 331 | 671 673 | 193 | 0 | 26 |
| | 10 | 302 571 | 229 | 631 091 | 423 | 368 909 | 671 480 | 194 | 50 | |
| | 20 | 302 800 | 229 | 631 514 | 423 | 368 486 | 671 286 | 193 | 40 | |
| | 30 | 303 029 | 229 | 631 937 | 422 | 368 063 | 671 093 | 194 | 30 | |
| | 40 | 303 258 | 230 | 632 359 | 423 | 367 641 | 670 899 | 193 | 20 | |
| | 50 | 303 488 | 229 | 632 782 | 422 | 367 218 | 670 706 | 194 | 10 | |
| 35 | 0 | 303 717 | 229 | 633 204 | 423 | 366 796 | 670 512 | 193 | 0 | 25 |
| | 10 | 303 946 | 229 | 633 627 | 423 | 366 373 | 670 319 | 194 | 50 | |
| | 20 | 304 175 | 229 | 634 050 | 422 | 365 950 | 670 125 | 193 | 40 | |
| | 30 | 304 404 | 229 | 634 472 | 423 | 365 528 | 669 932 | 194 | 30 | |
| | 40 | 304 633 | 229 | 634 895 | 422 | 365 105 | 669 738 | 193 | 20 | |
| | 50 | 304 862 | 229 | 635 317 | 423 | 364 683 | 669 545 | 194 | 10 | |
| 36 | 0 | 305 091 | 229 | 635 740 | 423 | 364 260 | 669 351 | 194 | 0 | 24 |
| | 10 | 305 320 | 229 | 636 163 | 422 | 363 837 | 669 157 | 193 | 50 | |
| | 20 | 305 549 | 229 | 636 585 | 423 | 363 415 | 668 964 | 194 | 40 | |
| | 30 | 305 778 | 229 | 637 008 | 422 | 362 992 | 668 770 | 194 | 30 | |
| | 40 | 306 007 | 229 | 637 430 | 423 | 362 570 | 668 576 | 193 | 20 | |
| | 50 | 306 236 | 228 | 637 853 | 422 | 362 147 | 668 383 | 194 | 10 | |
| 37 | 0 | 306 464 | 229 | 638 275 | 423 | 361 725 | 668 189 | 194 | 0 | 23 |
| | 10 | 306 693 | 229 | 638 698 | 423 | 361 302 | 667 995 | 194 | 50 | |
| | 20 | 306 922 | 229 | 639 121 | 422 | 360 879 | 667 801 | 193 | 40 | |
| | 30 | 307 151 | 229 | 639 543 | 423 | 360 457 | 667 608 | 194 | 30 | |
| | 40 | 307 380 | 228 | 639 966 | 422 | 360 034 | 667 414 | 194 | 20 | |
| | 50 | 307 608 | 229 | 640 388 | 423 | 359 612 | 667 220 | 194 | 10 | |
| 38 | 0 | 307 837 | 229 | 640 811 | 422 | 359 189 | 667 026 | 194 | 0 | 22 |
| | 10 | 308 066 | 228 | 641 233 | 423 | 358 767 | 666 832 | 193 | 50 | |
| | 20 | 308 294 | 229 | 641 656 | 422 | 358 344 | 666 639 | 194 | 40 | |
| | 30 | 308 523 | 229 | 642 078 | 423 | 357 922 | 666 445 | 194 | 30 | |
| | 40 | 308 752 | 228 | 642 501 | 422 | 357 499 | 666 251 | 194 | 20 | |
| | 50 | 308 980 | 229 | 642 923 | 423 | 357 077 | 666 057 | 194 | 10 | |
| 39 | 0 | 309 209 | 228 | 643 346 | 422 | 356 654 | 665 863 | 194 | 0 | 21 |
| | 10 | 309 437 | 229 | 643 768 | 423 | 356 232 | 665 669 | 194 | 50 | |
| | 20 | 309 666 | 228 | 644 191 | 423 | 355 809 | 665 475 | 194 | 40 | |
| | 30 | 309 894 | 229 | 644 614 | 422 | 355 386 | 665 281 | 194 | 30 | |
| | 40 | 310 123 | 228 | 645 036 | 423 | 354 964 | 665 087 | 194 | 20 | |
| | 50 | 310 351 | 229 | 645 459 | 422 | 354 541 | 664 893 | 194 | 10 | |
| 40 | 0 | 1̄,8 310 580 | | 1̄,9 645 881 | | 0,0 354 119 | 1̄,8 664 699 | | 0 | 20 |
| ′ | ″ | Cos. | | Cotg. | | Tang. | Sin. | | ″ | ′ |

| | 423 |
|---|---|
| 1 | 42,3 |
| 2 | 84,6 |
| 3 | 126,9 |
| 4 | 169,2 |
| 5 | 211,5 |
| 6 | 253,8 |
| 7 | 296,1 |
| 8 | 338,4 |
| 9 | 380,7 |

| | 422 |
|---|---|
| 1 | 42,2 |
| 2 | 84,4 |
| 3 | 126,6 |
| 4 | 168,8 |
| 5 | 211,0 |
| 6 | 253,2 |
| 7 | 295,4 |
| 8 | 337,6 |
| 9 | 379,8 |

| | 230 |
|---|---|
| 1 | 23 |
| 2 | 46 |
| 3 | 69 |
| 4 | 92 |
| 5 | 115 |
| 6 | 138 |
| 7 | 161 |
| 8 | 184 |
| 9 | 207 |

| | 229 |
|---|---|
| 1 | 22,9 |
| 2 | 45,8 |
| 3 | 68,7 |
| 4 | 91,6 |
| 5 | 114,5 |
| 6 | 137,4 |
| 7 | 160,3 |
| 8 | 183,2 |
| 9 | 206,1 |

| | 228 |
|---|---|
| 1 | 22,8 |
| 2 | 45,6 |
| 3 | 68,4 |
| 4 | 91,2 |
| 5 | 114,0 |
| 6 | 136,8 |
| 7 | 159,6 |
| 8 | 182,4 |
| 9 | 205,[illegible] |

| | 193 |
|---|---|
| 1 | 19,3 |
| 2 | 38,6 |
| 3 | 57,9 |
| 4 | 77,2 |
| 5 | 96,5 |
| 6 | 115,8 |
| 7 | 135,1 |
| 8 | 154,4 |
| 9 | 173,7 |

| | 194 |
|---|---|
| 1 | 19,4 |
| 2 | 38,8 |
| 3 | 58,2 |
| 4 | 77,6 |
| 5 | 97,0 |
| 6 | 116,4 |
| 7 | 135,8 |
| 8 | 155,2 |
| 9 | 174,6 |

| 423 | |
|---|---|
| 1 | 42,3 |
| 2 | 84,6 |
| 3 | 126,9 |
| 4 | 169,2 |
| 5 | 211,5 |
| 6 | 253,8 |
| 7 | 296,1 |
| 8 | 338,4 |
| 9 | 380,7 |

| 422 | |
|---|---|
| 1 | 42,2 |
| 2 | 84,4 |
| 3 | 126,6 |
| 4 | 168,8 |
| 5 | 211,0 |
| 6 | 253,2 |
| 7 | 295,4 |
| 8 | 337,6 |
| 9 | 379,8 |

| 229 | |
|---|---|
| 1 | 22,9 |
| 2 | 45,8 |
| 3 | 68,7 |
| 4 | 91,6 |
| 5 | 114,5 |
| 6 | 137,4 |
| 7 | 160,3 |
| 8 | 183,2 |
| 9 | 206,1 |

| 228 | |
|---|---|
| 1 | 22,8 |
| 2 | 45,6 |
| 3 | 68,4 |
| 4 | 91,2 |
| 5 | 114,0 |
| 6 | 136,8 |
| 7 | 159,6 |
| 8 | 182,4 |
| 9 | 205,2 |

| 227 | |
|---|---|
| 1 | 22,7 |
| 2 | 45,4 |
| 3 | 68,1 |
| 4 | 90,8 |
| 5 | 113,5 |
| 6 | 136,2 |
| 7 | 158,9 |
| 8 | 181,6 |
| 9 | 204,3 |

| 194 | |
|---|---|
| 1 | 19,4 |
| 2 | 38,8 |
| 3 | 58,2 |
| 4 | 77,6 |
| 5 | 97,0 |
| 6 | 116,4 |
| 7 | 135,8 |
| 8 | 155,2 |
| 9 | 174,6 |

| 195 | |
|---|---|
| 1 | 19,5 |
| 2 | 39,0 |
| 3 | 58,5 |
| 4 | 78,0 |
| 5 | 97,5 |
| 6 | 117,0 |
| 7 | 136,5 |
| 8 | 156,0 |
| 9 | 175,5 |

| ′ | ″ | Sin. | D. | Tang. | D.c. | Cotg. | Cos. | D. | ″ | ′ |
|---|---|---|---|---|---|---|---|---|---|---|
| 40 | 0 | 1̄,8 310 580 | | 1̄,9 645 881 | | 0,0 354 119 | 1̄,8 664 699 | | 0 | 20 |
| | 10 | 310 808 | 228 | 646 304 | 423 | 353 696 | 664 505 | 194 | 50 | |
| | 20 | 311 037 | 229 | 646 726 | 422 | 353 274 | 664 311 | 194 | 40 | |
| | 30 | 311 265 | 228 | 647 149 | 423 | 352 851 | 664 117 | 194 | 30 | |
| | 40 | 311 493 | 228 | 647 571 | 422 | 352 429 | 663 922 | 195 | 20 | |
| | 50 | 311 722 | 229 | 647 994 | 423 | 352 006 | 663 728 | 194 | 10 | |
| 41 | 0 | 311 950 | 228 | 648 416 | 422 | 351 584 | 663 534 | 194 | 0 | 19 |
| | 10 | 312 178 | 228 | 648 838 | 422 | 351 162 | 663 340 | 194 | 50 | |
| | 20 | 312 407 | 229 | 649 261 | 423 | 350 739 | 663 146 | 194 | 40 | |
| | 30 | 312 635 | 228 | 649 683 | 422 | 350 317 | 662 952 | 194 | 30 | |
| | 40 | 312 863 | 228 | 650 106 | 423 | 349 894 | 662 757 | 195 | 20 | |
| | 50 | 313 091 | 228 | 650 528 | 422 | 349 472 | 662 563 | 194 | 10 | |
| 42 | 0 | 313 320 | 229 | 650 951 | 423 | 349 049 | 662 369 | 194 | 0 | 18 |
| | 10 | 313 548 | 228 | 651 373 | 422 | 348 627 | 662 174 | 195 | 50 | |
| | 20 | 313 776 | 228 | 651 796 | 423 | 348 204 | 661 980 | 194 | 40 | |
| | 30 | 314 004 | 228 | 652 218 | 422 | 347 782 | 661 786 | 194 | 30 | |
| | 40 | 314 232 | 228 | 652 641 | 423 | 347 359 | 661 591 | 195 | 20 | |
| | 50 | 314 460 | 228 | 653 063 | 422 | 346 937 | 661 397 | 194 | 10 | |
| 43 | 0 | 314 688 | 228 | 653 486 | 423 | 346 514 | 661 203 | 194 | 0 | 17 |
| | 10 | 314 916 | 228 | 653 908 | 422 | 346 092 | 661 008 | 195 | 50 | |
| | 20 | 315 144 | 228 | 654 330 | 422 | 345 670 | 660 814 | 194 | 40 | |
| | 30 | 315 372 | 228 | 654 753 | 423 | 345 247 | 660 619 | 195 | 30 | |
| | 40 | 315 600 | 228 | 655 175 | 422 | 344 825 | 660 425 | 194 | 20 | |
| | 50 | 315 828 | 228 | 655 598 | 423 | 344 402 | 660 230 | 195 | 10 | |
| 44 | 0 | 316 056 | 228 | 656 020 | 422 | 343 980 | 660 036 | 194 | 0 | 16 |
| | 10 | 316 284 | 228 | 656 443 | 423 | 343 557 | 659 841 | 195 | 50 | |
| | 20 | 316 512 | 228 | 656 865 | 422 | 343 135 | 659 647 | 194 | 40 | |
| | 30 | 316 740 | 228 | 657 287 | 422 | 342 713 | 659 452 | 195 | 30 | |
| | 40 | 316 968 | 228 | 657 710 | 423 | 342 290 | 659 258 | 194 | 20 | |
| | 50 | 317 195 | 227 | 658 132 | 422 | 341 868 | 659 063 | 195 | 10 | |
| 45 | 0 | 317 423 | 228 | 658 555 | 423 | 341 445 | 658 868 | 195 | 0 | 15 |
| | 10 | 317 651 | 228 | 658 977 | 422 | 341 023 | 658 674 | 194 | 50 | |
| | 20 | 317 879 | 228 | 659 400 | 423 | 340 600 | 658 479 | 195 | 40 | |
| | 30 | 318 106 | 227 | 659 822 | 422 | 340 178 | 658 284 | 195 | 30 | |
| | 40 | 318 334 | 228 | 660 244 | 422 | 339 756 | 658 090 | 194 | 20 | |
| | 50 | 318 562 | 228 | 660 667 | 423 | 339 333 | 657 895 | 195 | 10 | |
| 46 | 0 | 318 789 | 227 | 661 089 | 422 | 338 911 | 657 700 | 195 | 0 | 14 |
| | 10 | 319 017 | 228 | 661 511 | 422 | 338 489 | 657 506 | 194 | 50 | |
| | 20 | 319 245 | 228 | 661 934 | 423 | 338 066 | 657 311 | 195 | 40 | |
| | 30 | 319 472 | 227 | 662 356 | 422 | 337 644 | 657 116 | 195 | 30 | |
| | 40 | 319 700 | 228 | 662 779 | 423 | 337 221 | 656 921 | 195 | 20 | |
| | 50 | 319 927 | 227 | 663 201 | 422 | 336 799 | 656 726 | 195 | 10 | |
| 47 | 0 | 320 155 | 228 | 663 623 | 422 | 336 377 | 656 531 | 195 | 0 | 13 |
| | 10 | 320 382 | 227 | 664 046 | 423 | 335 954 | 656 337 | 194 | 50 | |
| | 20 | 320 610 | 228 | 664 468 | 422 | 335 532 | 656 142 | 195 | 40 | |
| | 30 | 320 837 | 227 | 664 890 | 422 | 335 110 | 655 947 | 195 | 30 | |
| | 40 | 321 065 | 228 | 665 313 | 423 | 334 687 | 655 752 | 195 | 20 | |
| | 50 | 321 292 | 227 | 665 735 | 422 | 334 265 | 655 557 | 195 | 10 | |
| 48 | 0 | 321 519 | 227 | 666 157 | 422 | 333 843 | 655 362 | 195 | 0 | 12 |
| | 10 | 321 747 | 228 | 666 580 | 423 | 333 420 | 655 167 | 195 | 50 | |
| | 20 | 321 974 | 227 | 667 002 | 422 | 332 998 | 654 972 | 195 | 40 | |
| | 30 | 322 201 | 227 | 667 425 | 423 | 332 575 | 654 777 | 195 | 30 | |
| | 40 | 322 429 | 228 | 667 847 | 422 | 332 153 | 654 582 | 195 | 20 | |
| | 50 | 322 656 | 227 | 668 269 | 422 | 331 731 | 654 387 | 195 | 10 | |
| 49 | 0 | 322 883 | 227 | 668 692 | 423 | 331 308 | 654 192 | 195 | 0 | 11 |
| | 10 | 323 111 | 228 | 669 114 | 422 | 330 886 | 653 997 | 195 | 50 | |
| | 20 | 323 338 | 227 | 669 536 | 422 | 330 464 | 653 802 | 195 | 40 | |
| | 30 | 323 565 | 227 | 669 958 | 422 | 330 042 | 653 606 | 196 | 30 | |
| | 40 | 323 792 | 227 | 670 381 | 423 | 329 619 | 653 411 | 195 | 20 | |
| | 50 | 324 019 | 227 | 670 803 | 422 | 329 197 | 653 216 | 195 | 10 | |
| 50 | 0 | 1̄,8 324 246 | 227 | 1̄,9 671 225 | 422 | 0,0 328 775 | 1̄,8 653 021 | 195 | 0 | 10 |
| ′ | ″ | Cos. | | Cotg. | | Tang. | Sin. | | ″ | ′ |

| ′ | ″ | Sin. | D. | Tang. | D.c. | Cotg. | Cos. | D. | ″ | ′ |
|---|---|---|---|---|---|---|---|---|---|---|
| 50 | 0 | 1̄,8 324 246 | | 1̄,9 671 225 | | 0,0 328 775 | 1̄,8 653 021 | | 0 | 10 |
| | 10 | 324 473 | 227 | 671 648 | 423 | 328 352 | 652 826 | 195 | 50 | |
| | 20 | 324 701 | 228 | 672 070 | 422 | 327 930 | 652 630 | 196 | 40 | |
| | 30 | 324 928 | 227 | 672 492 | 422 | 327 508 | 652 435 | 195 | 30 | |
| | 40 | 325 155 | 227 | 672 915 | 423 | 327 085 | 652 240 | 195 | 20 | |
| | 50 | 325 382 | 227 | 673 337 | 422 | 326 663 | 652 045 | 195 | 10 | |
| 51 | 0 | 325 609 | 227 | 673 759 | 422 | 326 241 | 651 849 | 196 | 0 | 9 |
| | 10 | 325 836 | 227 | 674 182 | 423 | 325 818 | 651 654 | 195 | 50 | |
| | 20 | 326 063 | 227 | 674 604 | 422 | 325 396 | 651 459 | 195 | 40 | |
| | 30 | 326 289 | 226 | 675 026 | 422 | 324 974 | 651 263 | 196 | 30 | |
| | 40 | 326 516 | 227 | 675 448 | 422 | 324 552 | 651 068 | 195 | 20 | |
| | 50 | 326 743 | 227 | 675 871 | 423 | 324 129 | 650 873 | 195 | 10 | |
| 52 | 0 | 326 970 | 227 | 676 293 | 422 | 323 707 | 650 677 | 196 | 0 | 8 |
| | 10 | 327 197 | 227 | 676 715 | 422 | 323 285 | 650 482 | 195 | 50 | |
| | 20 | 327 424 | 227 | 677 137 | 422 | 322 863 | 650 286 | 196 | 40 | |
| | 30 | 327 651 | 227 | 677 560 | 423 | 322 440 | 650 091 | 195 | 30 | |
| | 40 | 327 877 | 226 | 677 982 | 422 | 322 018 | 649 895 | 196 | 20 | |
| | 50 | 328 104 | 227 | 678 404 | 422 | 321 596 | 649 700 | 195 | 10 | |
| 53 | 0 | 328 331 | 227 | 678 827 | 423 | 321 173 | 649 504 | 196 | 0 | 7 |
| | 10 | 328 557 | 226 | 679 249 | 422 | 320 751 | 649 309 | 195 | 50 | |
| | 20 | 328 784 | 227 | 679 671 | 422 | 320 329 | 649 113 | 196 | 40 | |
| | 30 | 329 011 | 227 | 680 093 | 422 | 319 907 | 648 918 | 195 | 30 | |
| | 40 | 329 237 | 226 | 680 516 | 423 | 319 484 | 648 722 | 196 | 20 | |
| | 50 | 329 464 | 227 | 680 938 | 422 | 319 062 | 648 526 | 196 | 10 | |
| 54 | 0 | 329 691 | 227 | 681 360 | 422 | 318 640 | 648 331 | 195 | 0 | 6 |
| | 10 | 329 917 | 226 | 681 782 | 422 | 318 218 | 648 135 | 196 | 50 | |
| | 20 | 330 144 | 227 | 682 204 | 422 | 317 796 | 647 939 | 196 | 40 | |
| | 30 | 330 370 | 226 | 682 627 | 423 | 317 373 | 647 744 | 195 | 30 | |
| | 40 | 330 597 | 227 | 683 049 | 422 | 316 951 | 647 548 | 196 | 20 | |
| | 50 | 330 823 | 226 | 683 471 | 422 | 316 529 | 647 352 | 196 | 10 | |
| 55 | 0 | 331 050 | 227 | 683 893 | 422 | 316 107 | 647 156 | 196 | 0 | 5 |
| | 10 | 331 276 | 226 | 684 316 | 423 | 315 684 | 646 961 | 195 | 50 | |
| | 20 | 331 503 | 227 | 684 738 | 422 | 315 262 | 646 765 | 196 | 40 | |
| | 30 | 331 729 | 226 | 685 160 | 422 | 314 840 | 646 569 | 196 | 30 | |
| | 40 | 331 955 | 226 | 685 582 | 422 | 314 418 | 646 373 | 196 | 20 | |
| | 50 | 332 182 | 227 | 686 004 | 422 | 313 996 | 646 177 | 196 | 10 | |
| 56 | 0 | 332 408 | 226 | 686 427 | 423 | 313 573 | 645 981 | 196 | 0 | 4 |
| | 10 | 332 634 | 226 | 686 849 | 422 | 313 151 | 645 785 | 196 | 50 | |
| | 20 | 332 861 | 227 | 687 271 | 422 | 312 729 | 645 590 | 195 | 40 | |
| | 30 | 333 087 | 226 | 687 693 | 422 | 312 307 | 645 394 | 196 | 30 | |
| | 40 | 333 313 | 226 | 688 115 | 422 | 311 885 | 645 198 | 196 | 20 | |
| | 50 | 333 539 | 226 | 688 538 | 423 | 311 462 | 645 002 | 196 | 10 | |
| 57 | 0 | 333 766 | 227 | 688 960 | 422 | 311 040 | 644 806 | 196 | 0 | 3 |
| | 10 | 333 992 | 226 | 689 382 | 422 | 310 618 | 644 610 | 196 | 50 | |
| | 20 | 334 218 | 226 | 689 804 | 422 | 310 196 | 644 414 | 196 | 40 | |
| | 30 | 334 444 | 226 | 690 226 | 422 | 309 774 | 644 218 | 196 | 30 | |
| | 40 | 334 670 | 226 | 690 649 | 423 | 309 351 | 644 022 | 196 | 20 | |
| | 50 | 334 896 | 226 | 691 071 | 422 | 308 929 | 643 825 | 197 | 10 | |
| 58 | 0 | [illegible] | 226 | 691 493 | 422 | 308 507 | 643 6[illegible]9 | 196 | 0 | 2 |
| | 10 | 335 348 | 226 | 691 915 | 422 | 308 085 | 643 433 | 196 | 50 | |
| | 20 | 335 574 | 226 | 692 337 | 422 | 307 663 | 643 237 | 196 | 40 | |
| | 30 | 335 800 | 226 | 692 759 | 422 | 307 241 | 643 041 | 196 | 30 | |
| | 40 | 336 026 | 226 | 693 182 | 423 | 306 818 | 642 845 | 196 | 20 | |
| | 50 | 336 252 | 226 | 693 604 | 422 | 306 396 | 642 649 | 196 | 10 | |
| 59 | 0 | 336 478 | 226 | 694 026 | 422 | 305 974 | 642 452 | 197 | 0 | 1 |
| | 10 | 336 704 | 226 | 694 448 | 422 | 305 552 | 642 256 | 196 | 50 | |
| | 20 | 336 930 | 226 | 694 870 | 422 | 305 130 | 642 060 | 196 | 40 | |
| | 30 | 337 156 | 226 | 695 292 | 422 | 304 708 | 641 864 | 196 | 30 | |
| | 40 | 337 382 | 226 | 695 714 | 422 | 304 286 | 641 667 | 197 | 20 | |
| | 50 | 337 608 | 226 | 696 137 | 423 | 303 8[illegible] | 641 471 | 196 | 10 | |
| 60 | 0 | 1̄,8 337 833 | 225 | 1̄,9 696 559 | 422 | 0,0 303 441 | 1̄,8 641 275 | 196 | 0 | 0 |
| ′ | ″ | Cos. | | Cotg. | | Tang. | Sin. | | ″ | ′ |

47°

| 423 | |
|---|---|
| 1 | 42,3 |
| 2 | 84,6 |
| 3 | 126,9 |
| 4 | 169,2 |
| 5 | 211,5 |
| 6 | 253,8 |
| 7 | 296,1 |
| 8 | 338,4 |
| 9 | 380,7 |

| 422 | |
|---|---|
| 1 | 42,2 |
| 2 | 84,4 |
| 3 | 126,6 |
| 4 | 168,8 |
| 5 | 211,0 |
| 6 | 253,2 |
| 7 | 295,4 |
| 8 | 337,6 |
| 9 | 379,8 |

| 227 | |
|---|---|
| 1 | 22,7 |
| 2 | 45,4 |
| 3 | 68,1 |
| 4 | 90,8 |
| 5 | 113,5 |
| 6 | 136,2 |
| 7 | 158,9 |
| 8 | 181,6 |
| 9 | 204,3 |

| 226 | |
|---|---|
| 1 | 22,6 |
| 2 | 45,2 |
| 3 | 67,8 |
| 4 | 90,4 |
| 5 | 113,0 |
| 6 | 135,6 |
| 7 | 158,2 |
| 8 | 180,8 |
| 9 | 203,4 |

| 225 | |
|---|---|
| 1 | 22,5 |
| 2 | 45,0 |
| 3 | 67,5 |
| 4 | 90,0 |
| 5 | 112,5 |
| 6 | 135,0 |
| 7 | 157,5 |
| 8 | 180,0 |
| 9 | 202,5 |

| 196 | |
|---|---|
| 1 | 19,6 |
| 2 | 39,2 |
| 3 | 58,8 |
| 4 | 78,4 |
| 5 | 98,0 |
| 6 | 117,6 |
| 7 | 137,2 |
| 8 | 156,8 |
| 9 | 176,4 |

| 197 | |
|---|---|
| 1 | 19,7 |
| 2 | 39,4 |
| 3 | 59,1 |
| 4 | 78,8 |
| 5 | 98,5 |
| 6 | 118,2 |
| 7 | 137,9 |
| 8 | 157,6 |
| 9 | 177,3 |

| 423 | |
|---|---|
| 1 | 42,3 |
| 2 | 84,6 |
| 3 | 126,9 |
| 4 | 169,2 |
| 5 | 211,5 |
| 6 | 253,8 |
| 7 | 296,1 |
| 8 | 338,4 |
| 9 | 380,7 |

| 422 | |
|---|---|
| 1 | 42,2 |
| 2 | 84,4 |
| 3 | 126,6 |
| 4 | 168,8 |
| 5 | 211,0 |
| 6 | 253,2 |
| 7 | 295,4 |
| 8 | 337,6 |
| 9 | 379,8 |

| 226 | |
|---|---|
| 1 | 22,6 |
| 2 | 45,2 |
| 3 | 67,8 |
| 4 | 90,4 |
| 5 | 113,0 |
| 6 | 135,6 |
| 7 | 158,2 |
| 8 | 180,8 |
| 9 | 203,4 |

| 225 | |
|---|---|
| 1 | 22,5 |
| 2 | 45,0 |
| 3 | 67,5 |
| 4 | 90,0 |
| 5 | 112,5 |
| 6 | 135,0 |
| 7 | 157,5 |
| 8 | 180,0 |
| 9 | 202,5 |

| 224 | |
|---|---|
| 1 | 22,4 |
| 2 | 44,8 |
| 3 | 67,2 |
| 4 | 89,6 |
| 5 | 112,0 |
| 6 | 134,4 |
| 7 | 156,8 |
| 8 | 179,2 |
| 9 | 201,6 |

| 196 | |
|---|---|
| 1 | 19,6 |
| 2 | 39,2 |
| 3 | 58,8 |
| 4 | 78,4 |
| 5 | 98,0 |
| 6 | 117,6 |
| 7 | 137,2 |
| 8 | 156,8 |
| 9 | 176,4 |

| 197 | |
|---|---|
| 1 | 19,7 |
| 2 | 39,4 |
| 3 | 59,1 |
| 4 | 78,8 |
| 5 | 98,5 |
| 6 | 118,2 |
| 7 | 137,9 |
| 8 | 157,6 |
| 9 | 177,3 |

| ′ | ″ | Sin. | D. | Tang. | D.c. | Cotg. | Cos. | D. | ″ | ′ |
|---|---|---|---|---|---|---|---|---|---|---|
| 0 | 0 | 1̄,8 337 833 | | 1̄,9 696 559 | | 0,0 303 441 | 1̄,8 641 275 | | 0 | 60 |
| | 10 | 338 059 | 226 | 696 981 | 422 | 303 019 | 641 078 | 197 | 50 | |
| | 20 | 338 285 | 226 | 697 403 | 422 | 302 597 | 640 882 | 196 | 40 | |
| | 30 | 338 511 | 226 | 697 825 | 422 | 302 175 | 640 686 | 196 | 30 | |
| | 40 | 338 736 | 225 | 698 247 | 422 | 301 753 | 640 489 | 197 | 20 | |
| | 50 | 338 962 | 226 | 698 669 | 422 | 301 331 | 640 293 | 196 | 10 | |
| 1 | 0 | 339 188 | 226 | 699 091 | 422 | 300 909 | 640 096 | 197 | 0 | 59 |
| | 10 | 339 413 | 225 | 699 514 | 423 | 300 486 | 639 900 | 196 | 50 | |
| | 20 | 339 639 | 226 | 699 936 | 422 | 300 064 | 639 703 | 197 | 40 | |
| | 30 | 339 865 | 226 | 700 358 | 422 | 299 642 | 639 507 | 196 | 30 | |
| | 40 | 340 090 | 225 | 700 780 | 422 | 299 220 | 639 310 | 197 | 20 | |
| | 50 | 340 316 | 226 | 701 202 | 422 | 298 798 | 639 114 | 196 | 10 | |
| 2 | 0 | 340 541 | 225 | 701 624 | 422 | 298 376 | 638 917 | 197 | 0 | 58 |
| | 10 | 340 767 | 226 | 702 046 | 422 | 297 954 | 638 721 | 196 | 50 | |
| | 20 | 340 992 | 225 | 702 468 | 422 | 297 532 | 638 524 | 197 | 40 | |
| | 30 | 341 218 | 226 | 702 890 | 422 | 297 110 | 638 327 | 197 | 30 | |
| | 40 | 341 443 | 225 | 703 312 | 422 | 296 688 | 638 131 | 196 | 20 | |
| | 50 | 341 669 | 226 | 703 735 | 423 | 296 265 | 637 934 | 197 | 10 | |
| 3 | 0 | 341 894 | 225 | 704 157 | 422 | 295 843 | 637 737 | 197 | 0 | 57 |
| | 10 | 342 119 | 225 | 704 579 | 422 | 295 421 | 637 541 | 196 | 50 | |
| | 20 | 342 345 | 226 | 705 001 | 422 | 294 999 | 637 344 | 197 | 40 | |
| | 30 | 342 570 | 225 | 705 423 | 422 | 294 577 | 637 147 | 197 | 30 | |
| | 40 | 342 795 | 225 | 705 845 | 422 | 294 155 | 636 950 | 197 | 20 | |
| | 50 | 343 021 | 226 | 706 267 | 422 | 293 733 | 636 754 | 196 | 10 | |
| 4 | 0 | 343 246 | 225 | 706 689 | 422 | 293 311 | 636 557 | 197 | 0 | 56 |
| | 10 | 343 471 | 225 | 707 111 | 422 | 292 889 | 636 360 | 197 | 50 | |
| | 20 | 343 696 | 225 | 707 533 | 422 | 292 467 | 636 163 | 197 | 40 | |
| | 30 | 343 922 | 226 | 707 955 | 422 | 292 045 | 635 966 | 197 | 30 | |
| | 40 | 344 147 | 225 | 708 377 | 422 | 291 623 | 635 770 | 196 | 20 | |
| | 50 | 344 372 | 225 | 708 799 | 422 | 291 201 | 635 573 | 197 | 10 | |
| 5 | 0 | 344 597 | 225 | 709 221 | 422 | 290 779 | 635 376 | 197 | 0 | 55 |
| | 10 | 344 822 | 225 | 709 643 | 422 | 290 357 | 635 179 | 197 | 50 | |
| | 20 | 345 047 | 225 | 710 065 | 422 | 289 935 | 634 982 | 197 | 40 | |
| | 30 | 345 272 | 225 | 710 487 | 422 | 289 513 | 634 785 | 197 | 30 | |
| | 40 | 345 497 | 225 | 710 910 | 423 | 289 090 | 634 588 | 197 | 20 | |
| | 50 | 345 723 | 226 | 711 332 | 422 | 288 668 | 634 391 | 197 | 10 | |
| 6 | 0 | 345 948 | 225 | 711 754 | 422 | 288 246 | 634 194 | 197 | 0 | 54 |
| | 10 | 346 173 | 225 | 712 176 | 422 | 287 824 | 633 997 | 197 | 50 | |
| | 20 | 346 397 | 224 | 712 598 | 422 | 287 402 | 633 800 | 197 | 40 | |
| | 30 | 346 622 | 225 | 713 020 | 422 | 286 980 | 633 603 | 197 | 30 | |
| | 40 | 346 847 | 225 | 713 442 | 422 | 286 558 | 633 406 | 197 | 20 | |
| | 50 | 347 072 | 225 | 713 864 | 422 | 286 136 | 633 209 | 197 | 10 | |
| 7 | 0 | 347 297 | 225 | 714 286 | 422 | 285 714 | 633 011 | 198 | 0 | 53 |
| | 10 | 347 522 | 225 | 714 708 | 422 | 285 292 | 632 814 | 197 | 50 | |
| | 20 | 347 747 | 225 | 715 130 | 422 | 284 870 | 632 617 | 197 | 40 | |
| | 30 | 347 972 | 225 | 715 552 | 422 | 284 448 | 632 420 | 197 | 30 | |
| | 40 | 348 196 | 224 | 715 974 | 422 | 284 026 | 632 223 | 197 | 20 | |
| | 50 | 348 421 | 225 | 716 396 | 422 | 283 604 | 632 025 | 198 | 10 | |
| 8 | 0 | 348 646 | 225 | 716 818 | 422 | 283 182 | 631 828 | 197 | 0 | 52 |
| | 10 | 348 871 | 225 | 717 240 | 422 | 282 760 | 631 631 | 197 | 50 | |
| | 20 | 349 095 | 224 | 717 662 | 422 | 282 338 | 631 434 | 197 | 40 | |
| | 30 | 349 320 | 225 | 718 084 | 422 | 281 916 | 631 236 | 198 | 30 | |
| | 40 | 349 545 | 225 | 718 506 | 422 | 281 494 | 631 039 | 197 | 20 | |
| | 50 | 349 769 | 224 | 718 928 | 422 | 281 072 | 630 842 | 197 | 10 | |
| 9 | 0 | 349 994 | 225 | 719 350 | 422 | 280 650 | 630 644 | 198 | 0 | 51 |
| | 10 | 350 219 | 225 | 719 772 | 422 | 280 228 | 630 447 | 197 | 50 | |
| | 20 | 350 443 | 224 | 720 194 | 422 | 279 806 | 630 249 | 198 | 40 | |
| | 30 | 350 668 | 225 | 720 616 | 422 | 279 384 | 630 052 | 197 | 30 | |
| | 40 | 350 892 | 224 | 721 038 | 422 | 278 962 | 629 855 | 197 | 20 | |
| | 50 | 351 117 | 225 | 721 460 | 422 | 278 540 | 629 657 | 198 | 10 | |
| 10 | 0 | 1̄,8 351 341 | 224 | 1̄,9 721 882 | 422 | 0,0 278 118 | 1̄,8 629 460 | 197 | 0 | 50 |
| ′ | ″ | Cos. | | Cotg. | | Tang. | Sin. | | ″ | ′ |

| ′ | ″ | Sin. | D. | Tang. | D.c. | Cotg. | Cos. | D. | ″ | ′ |
|---|---|---|---|---|---|---|---|---|---|---|
| 10 | 0 | 1̄,8 351 341 | | 1̄,9 721 882 | | 0,0 278 118 | 1̄,8 629 460 | | 0 | 50 |
| | 10 | 351 566 | 225 | 722 304 | 422 | 277 696 | 629 262 | 198 | 50 | |
| | 20 | 351 790 | 224 | 722 726 | 422 | 277 274 | 629 065 | 197 | 40 | |
| | 30 | 352 015 | 225 | 723 147 | 421 | 276 853 | 628 867 | 198 | 30 | |
| | 40 | 352 239 | 224 | 723 569 | 422 | 276 431 | 628 670 | 197 | 20 | |
| | 50 | 352 463 | 224 | 723 991 | 422 | 276 009 | 628 472 | 198 | 10 | |
| 11 | 0 | 352 688 | 225 | 724 413 | 422 | 275 587 | 628 274 | 198 | 0 | 49 |
| | 10 | 352 912 | 224 | 724 835 | 422 | 275 165 | 628 077 | 197 | 50 | |
| | 20 | 353 136 | 224 | 725 257 | 422 | 274 743 | 627 879 | 198 | 40 | |
| | 30 | 353 361 | 225 | 725 679 | 422 | 274 321 | 627 681 | 198 | 30 | |
| | 40 | 353 585 | 224 | 726 101 | 422 | 273 899 | 627 484 | 197 | 20 | |
| | 50 | 353 809 | 224 | 726 523 | 422 | 273 477 | 627 286 | 198 | 10 | |
| 12 | 0 | 354 033 | 224 | 726 945 | 422 | 273 055 | 627 088 | 198 | 0 | 48 |
| | 10 | 354 258 | 225 | 727 367 | 422 | 272 633 | 626 891 | 197 | 50 | |
| | 20 | 354 482 | 224 | 727 789 | 422 | 272 211 | 626 693 | 198 | 40 | |
| | 30 | 354 706 | 224 | 728 211 | 422 | 271 789 | 626 495 | 198 | 30 | |
| | 40 | 354 930 | 224 | 728 633 | 422 | 271 367 | 626 297 | 198 | 20 | |
| | 50 | 355 154 | 224 | 729 055 | 422 | 270 945 | 626 100 | 197 | 10 | |
| 13 | 0 | 355 378 | 224 | 729 477 | 422 | 270 523 | 625 902 | 198 | 0 | 47 |
| | 10 | 355 602 | 224 | 729 898 | 421 | 270 102 | 625 704 | 198 | 50 | |
| | 20 | 355 826 | 224 | 730 320 | 422 | 269 680 | 625 506 | 198 | 40 | |
| | 30 | 356 050 | 224 | 730 742 | 422 | 269 258 | 625 308 | 198 | 30 | |
| | 40 | 356 274 | 224 | 731 164 | 422 | 268 836 | 625 110 | 198 | 20 | |
| | 50 | 356 498 | 224 | 731 586 | 422 | 268 414 | 624 912 | 198 | 10 | |
| 14 | 0 | 356 722 | 224 | 732 008 | 422 | 267 992 | 624 714 | 198 | 0 | 46 |
| | 10 | 356 946 | 224 | 732 430 | 422 | 267 570 | 624 516 | 198 | 50 | |
| | 20 | 357 170 | 224 | 732 852 | 422 | 267 148 | 624 318 | 198 | 40 | |
| | 30 | 357 394 | 224 | 733 274 | 422 | 266 726 | 624 120 | 198 | 30 | |
| | 40 | 357 618 | 224 | 733 696 | 422 | 266 304 | 623 922 | 198 | 20 | |
| | 50 | 357 842 | 224 | 734 118 | 422 | 265 882 | 623 724 | 198 | 10 | |
| 15 | 0 | 358 066 | 224 | 734 539 | 421 | 265 461 | 623 526 | 198 | 0 | 45 |
| | 10 | 358 290 | 224 | 734 961 | 422 | 265 039 | 623 328 | 198 | 50 | |
| | 20 | 358 513 | 223 | 735 383 | 422 | 264 617 | 623 130 | 198 | 40 | |
| | 30 | 358 737 | 224 | 735 805 | 422 | 264 195 | 622 932 | 198 | 30 | |
| | 40 | 358 961 | 224 | 736 227 | 422 | 263 773 | 622 734 | 198 | 20 | |
| | 50 | 359 185 | 224 | 736 649 | 422 | 263 351 | 622 536 | 198 | 10 | |
| 16 | 0 | 359 408 | 223 | 737 071 | 422 | 262 929 | 622 338 | 198 | 0 | 44 |
| | 10 | 359 632 | 224 | 737 493 | 422 | 262 507 | 622 139 | 199 | 50 | |
| | 20 | 359 856 | 224 | 737 914 | 421 | 262 086 | 621 941 | 198 | 40 | |
| | 30 | 360 079 | 223 | 738 336 | 422 | 261 664 | 621 743 | 198 | 30 | |
| | 40 | 360 303 | 224 | 738 758 | 422 | 261 242 | 621 545 | 198 | 20 | |
| | 50 | 360 526 | 223 | 739 180 | 422 | 260 820 | 621 346 | 199 | 10 | |
| 17 | 0 | 360 750 | 224 | 739 602 | 422 | 260 398 | 621 148 | 198 | 0 | 43 |
| | 10 | 360 974 | 224 | 740 024 | 422 | 259 976 | 620 950 | 198 | 50 | |
| | 20 | 361 197 | 223 | 740 446 | 422 | 259 554 | 620 751 | 199 | 40 | |
| | 30 | 361 421 | 224 | 740 868 | 422 | 259 132 | 620 553 | 198 | 30 | |
| | 40 | 361 644 | 223 | 741 289 | 421 | 258 711 | 620 355 | 198 | 20 | |
| | 50 | 361 868 | 224 | 741 711 | 422 | 258 289 | 620 156 | 199 | 10 | |
| 18 | 0 | 362 091 | 223 | 742 133 | 422 | 257 867 | 619 958 | 198 | 0 | 42 |
| | 10 | 362 314 | [illegible] | 742 555 | [illegible] | 257 445 | 619 760 | 198 | 50 | |
| | 20 | 362 538 | 224 | 742 977 | 422 | 257 023 | 619 561 | 199 | 40 | |
| | 30 | 362 761 | 223 | 743 399 | 422 | 256 601 | 619 363 | 198 | 30 | |
| | 40 | 362 985 | 224 | 743 820 | 421 | 256 180 | 619 164 | 199 | 20 | |
| | 50 | 363 208 | 223 | 744 242 | 422 | 255 758 | 618 966 | 198 | 10 | |
| 19 | 0 | 363 431 | 223 | 744 664 | 422 | 255 336 | 618 767 | 199 | 0 | 41 |
| | 10 | 363 655 | 224 | 745 086 | 422 | 254 914 | 618 569 | 198 | 50 | |
| | 20 | 363 878 | 223 | 745 508 | 422 | 254 492 | 618 370 | 199 | 40 | |
| | 30 | 364 101 | 223 | 745 930 | 422 | 254 070 | 618 171 | 199 | 30 | |
| | 40 | 364 324 | 223 | 746 351 | 421 | 253 649 | 617 973 | 198 | 20 | |
| | 50 | 364 547 | 223 | 746 773 | 422 | 253 227 | 617 774 | 199 | 10 | |
| 20 | 0 | 1̄,8 364 771 | 224 | 1̄,9 747 195 | 422 | 0,0 252 805 | 1̄,8 617 576 | 198 | 0 | 40 |
| ′ | ″ | Cos. | | Cotg. | | Tang. | Sin. | | ″ | ′ |

| 422 | |
|---|---|
| 1 | 42,2 |
| 2 | 84,4 |
| 3 | 126,6 |
| 4 | 168,8 |
| 5 | 211,0 |
| 6 | 253,2 |
| 7 | 295,4 |
| 8 | 337,6 |
| 9 | 379,8 |

| 421 | |
|---|---|
| 1 | 42,1 |
| 2 | 84,2 |
| 3 | 126,3 |
| 4 | 168,4 |
| 5 | 210,5 |
| 6 | 252,6 |
| 7 | 294,7 |
| 8 | 336,8 |
| 9 | 378,9 |

| 225 | |
|---|---|
| 1 | 22,5 |
| 2 | 45,0 |
| 3 | 67,5 |
| 4 | 90,0 |
| 5 | 112,5 |
| 6 | 135,0 |
| 7 | 157,5 |
| 8 | 180,0 |
| 9 | 202,5 |

| 224 | |
|---|---|
| 1 | 22,4 |
| 2 | 44,8 |
| 3 | 67,2 |
| 4 | 89,6 |
| 5 | 112,0 |
| 6 | 134,4 |
| 7 | 156,8 |
| 8 | 179,2 |
| 9 | 201,6 |

| 223 | |
|---|---|
| 1 | 22,3 |
| 2 | 44,6 |
| 3 | 66,9 |
| 4 | 89,2 |
| 5 | 111,5 |
| 6 | 133,8 |
| 7 | 156,1 |
| 8 | 178,4 |
| 9 | 200,7 |

| 198 | |
|---|---|
| 1 | 19,8 |
| 2 | 39,6 |
| 3 | 59,4 |
| 4 | 79,2 |
| 5 | 99,0 |
| 6 | 118,8 |
| 7 | 138,6 |
| 8 | 158,4 |
| 9 | 178,2 |

| 199 | |
|---|---|
| 1 | 19,9 |
| 2 | 39,8 |
| 3 | 59,7 |
| 4 | 79,6 |
| 5 | 99,5 |
| 6 | 119,4 |
| 7 | 139,3 |
| 8 | 159,2 |
| 9 | 179,1 |

| 422 | |
|---|---|
| 1 | 42,2 |
| 2 | 84,4 |
| 3 | 126,6 |
| 4 | 168,8 |
| 5 | 211,0 |
| 6 | 253,2 |
| 7 | 295,4 |
| 8 | 337,6 |
| 9 | 379,8 |

| 421 | |
|---|---|
| 1 | 42,1 |
| 2 | 84,2 |
| 3 | 126,3 |
| 4 | 168,4 |
| 5 | 210,5 |
| 6 | 252,6 |
| 7 | 294,7 |
| 8 | 336,8 |
| 9 | 378,9 |

| 223 | |
|---|---|
| 1 | 22,3 |
| 2 | 44,6 |
| 3 | 66,9 |
| 4 | 89,2 |
| 5 | 111,5 |
| 6 | 133,8 |
| 7 | 156,1 |
| 8 | 178,4 |
| 9 | 200,7 |

| 222 | |
|---|---|
| 1 | 22,2 |
| 2 | 44,4 |
| 3 | 66,6 |
| 4 | 88,8 |
| 5 | 111,0 |
| 6 | 133,2 |
| 7 | 155,4 |
| 8 | 177,6 |
| 9 | 199,8 |

| 198 | |
|---|---|
| 1 | 19,8 |
| 2 | 39,6 |
| 3 | 59,4 |
| 4 | 79,2 |
| 5 | 99,0 |
| 6 | 118,8 |
| 7 | 138,6 |
| 8 | 158,4 |
| 9 | 178,2 |

| 199 | |
|---|---|
| 1 | 19,9 |
| 2 | 39,8 |
| 3 | 59,7 |
| 4 | 79,6 |
| 5 | 99,5 |
| 6 | 119,4 |
| 7 | 139,3 |
| 8 | 159,2 |
| 9 | 179,1 |

| ′ | ″ | Sin. | D. | Tang. | D. c. | Cotg. | Cos. | D. | ″ | ′ |
|---|---|---|---|---|---|---|---|---|---|---|
| 20 | 0 | Ī,8 364 771 | | Ī,9 747 195 | | 0,0 252 805 | Ī,8 617 576 | | 0 | 40 |
| | 10 | 364 994 | 223 | 747 617 | 422 | 252 383 | 617 377 | 199 | 50 | |
| | 20 | 365 217 | 223 | 748 039 | 422 | 251 961 | 617 178 | 199 | 40 | |
| | 30 | 365 440 | 223 | 748 461 | 422 | 251 539 | 616 980 | 198 | 30 | |
| | 40 | 365 663 | 223 | 748 882 | 421 | 251 118 | 616 781 | 199 | 20 | |
| | 50 | 365 886 | 223 | 749 304 | 422 | 250 696 | 616 582 | 199 | 10 | |
| 21 | 0 | 366 109 | 223 | 749 726 | 422 | 250 274 | 616 383 | 199 | 0 | 39 |
| | 10 | 366 332 | 223 | 750 148 | 422 | 249 852 | 616 185 | 198 | 50 | |
| | 20 | 366 555 | 223 | 750 570 | 422 | 249 430 | 615 986 | 199 | 40 | |
| | 30 | 366 778 | 223 | 750 991 | 421 | 249 009 | 615 787 | 199 | 30 | |
| | 40 | 367 001 | 223 | 751 413 | 422 | 248 587 | 615 588 | 199 | 20 | |
| | 50 | 367 224 | 223 | 751 835 | 422 | 248 165 | 615 389 | 199 | 10 | |
| 22 | 0 | 367 447 | 223 | 752 257 | 422 | 247 743 | 615 190 | 199 | 0 | 38 |
| | 10 | 367 670 | 223 | 752 678 | 421 | 247 322 | 614 992 | 198 | 50 | |
| | 20 | 367 893 | 223 | 753 100 | 422 | 246 900 | 614 793 | 199 | 40 | |
| | 30 | 368 116 | 223 | 753 522 | 422 | 246 478 | 614 594 | 199 | 30 | |
| | 40 | 368 339 | 223 | 753 944 | 422 | 246 056 | 614 395 | 199 | 20 | |
| | 50 | 368 561 | 222 | 754 366 | 422 | 245 634 | 614 196 | 199 | 10 | |
| 23 | 0 | 368 784 | 223 | 754 787 | 421 | 245 213 | 613 997 | 199 | 0 | 37 |
| | 10 | 369 007 | 223 | 755 209 | 422 | 244 791 | 613 798 | 199 | 50 | |
| | 20 | 369 230 | 223 | 755 631 | 422 | 244 369 | 613 599 | 199 | 40 | |
| | 30 | 369 452 | 222 | 756 053 | 422 | 243 947 | 613 400 | 199 | 30 | |
| | 40 | 369 675 | 223 | 756 474 | 421 | 243 526 | 613 201 | 199 | 20 | |
| | 50 | 369 898 | 223 | 756 896 | 422 | 243 104 | 613 002 | 199 | 10 | |
| 24 | 0 | 370 121 | 223 | 757 318 | 422 | 242 682 | 612 803 | 199 | 0 | 36 |
| | 10 | 370 343 | 222 | 757 740 | 422 | 242 260 | 612 603 | 200 | 50 | |
| | 20 | 370 566 | 223 | 758 162 | 422 | 241 838 | 612 404 | 199 | 40 | |
| | 30 | 370 788 | 222 | 758 583 | 421 | 241 417 | 612 205 | 199 | 30 | |
| | 40 | 371 011 | 223 | 759 005 | 422 | 240 995 | 612 006 | 199 | 20 | |
| | 50 | 371 234 | 223 | 759 427 | 422 | 240 573 | 611 807 | 199 | 10 | |
| 25 | 0 | 371 456 | 222 | 759 849 | 422 | 240 151 | 611 608 | 199 | 0 | 35 |
| | 10 | 371 679 | 223 | 760 270 | 421 | 239 730 | 611 408 | 200 | 50 | |
| | 20 | 371 901 | 222 | 760 692 | 422 | 239 308 | 611 209 | 199 | 40 | |
| | 30 | 372 124 | 223 | 761 114 | 422 | 238 886 | 611 010 | 199 | 30 | |
| | 40 | 372 346 | 222 | 761 536 | 422 | 238 464 | 610 810 | 200 | 20 | |
| | 50 | 372 568 | 222 | 761 957 | 421 | 238 043 | 610 611 | 199 | 10 | |
| 26 | 0 | 372 791 | 223 | 762 379 | 422 | 237 621 | 610 412 | 199 | 0 | 34 |
| | 10 | 373 013 | 222 | 762 801 | 422 | 237 199 | 610 212 | 200 | 50 | |
| | 20 | 373 236 | 223 | 763 222 | 421 | 236 778 | 610 013 | 199 | 40 | |
| | 30 | 373 458 | 222 | 763 644 | 422 | 236 356 | 609 814 | 199 | 30 | |
| | 40 | 373 680 | 222 | 764 066 | 422 | 235 934 | 609 614 | 200 | 20 | |
| | 50 | 373 903 | 223 | 764 488 | 422 | 235 512 | 609 415 | 199 | 10 | |
| 27 | 0 | 374 125 | 222 | 764 909 | 421 | 235 091 | 609 215 | 200 | 0 | 33 |
| | 10 | 374 347 | 222 | 765 331 | 422 | 234 669 | 609 016 | 199 | 50 | |
| | 20 | 374 569 | 222 | 765 753 | 422 | 234 247 | 608 816 | 200 | 40 | |
| | 30 | 374 791 | 222 | 766 174 | 421 | 233 826 | 608 617 | 199 | 30 | |
| | 40 | 375 014 | 223 | 766 596 | 422 | 233 404 | 608 417 | 200 | 20 | |
| | 50 | 375 236 | 222 | 767 018 | 422 | 232 982 | 608 218 | 199 | 10 | |
| 28 | 0 | 375 458 | 222 | 767 440 | 422 | 232 560 | 608 018 | 200 | 0 | 32 |
| | 10 | 375 680 | 222 | 767 861 | 421 | 232 139 | 607 819 | 199 | 50 | |
| | 20 | 375 902 | 222 | 768 283 | 422 | 231 717 | 607 619 | 200 | 40 | |
| | 30 | 376 124 | 222 | 768 705 | 422 | 231 295 | 607 420 | 199 | 30 | |
| | 40 | 376 346 | 222 | 769 126 | 421 | 230 874 | 607 220 | 200 | 20 | |
| | 50 | 376 568 | 222 | 769 548 | 422 | 230 452 | 607 020 | 200 | 10 | |
| 29 | 0 | 376 790 | 222 | 769 970 | 422 | 230 030 | 606 821 | 199 | 0 | 31 |
| | 10 | 377 012 | 222 | 770 392 | 422 | 229 608 | 606 621 | 200 | 50 | |
| | 20 | 377 234 | 222 | 770 813 | 421 | 229 187 | 606 421 | 200 | 40 | |
| | 30 | 377 456 | 222 | 771 235 | 422 | 228 765 | 606 221 | 200 | 30 | |
| | 40 | 377 678 | 222 | 771 657 | 422 | 228 343 | 606 022 | 199 | 20 | |
| | 50 | 377 900 | 222 | 772 078 | 421 | 227 922 | 605 822 | 200 | 10 | |
| 30 | 0 | Ī,8 378 122 | 222 | Ī,9 772 500 | 422 | 0,0 227 500 | Ī,8 605 622 | 200 | 0 | 30 |
| ′ | ″ | Cos. | | Cotg. | | Tang. | Sin. | | ″ | ′ |

| ′ | ″ | Sin. | D. | Tang. | D.c. | Cotg. | Cos. | D. | ″ | ′ |
|---|---|---|---|---|---|---|---|---|---|---|
| 30 | 0 | ī,8 378 122 | | ī,9 772 500 | | 0,0 227 500 | ī,8 605 622 | | 0 | 30 |
| | 10 | 378 344 | 222 | 772 922 | 422 | 227 078 | 605 422 | 200 | 50 | |
| | 20 | 378 566 | 222 | 773 343 | 421 | 226 657 | 605 222 | 200 | 40 | |
| | 30 | 378 788 | 222 | 773 765 | 422 | 226 235 | 605 023 | 199 | 30 | |
| | 40 | 379 009 | 221 | 774 187 | 422 | 225 813 | 604 823 | 200 | 20 | |
| | 50 | 379 231 | 222 | 774 608 | 421 | 225 392 | 604 623 | 200 | 10 | |
| 31 | 0 | 379 453 | 222 | 775 030 | 422 | 224 970 | 604 423 | 200 | 0 | 29 |
| | 10 | 379 675 | 222 | 775 452 | 422 | 224 548 | 604 223 | 200 | 50 | |
| | 20 | 379 896 | 221 | 775 873 | 421 | 224 127 | 604 023 | 200 | 40 | |
| | 30 | 380 118 | 222 | 776 295 | 422 | 223 705 | 603 823 | 200 | 30 | |
| | 40 | 380 340 | 222 | 776 717 | 422 | 223 283 | 603 623 | 200 | 20 | |
| | 50 | 380 561 | 221 | 777 138 | 421 | 222 862 | 603 423 | 200 | 10 | |
| 32 | 0 | 380 783 | 222 | 777 560 | 422 | 222 440 | 603 223 | 200 | 0 | 28 |
| | 10 | 381 005 | 222 | 777 982 | 422 | 222 018 | 603 023 | 200 | 50 | |
| | 20 | 381 226 | 221 | 778 403 | 421 | 221 597 | 602 823 | 200 | 40 | |
| | 30 | 381 448 | 222 | 778 825 | 422 | 221 175 | 602 623 | 200 | 30 | |
| | 40 | 381 669 | 221 | 779 247 | 422 | 220 753 | 602 423 | 200 | 20 | |
| | 50 | 381 891 | 222 | 779 668 | 421 | 220 332 | 602 223 | 200 | 10 | |
| 33 | 0 | 382 112 | 221 | 780 090 | 422 | 219 910 | 602 022 | 201 | 0 | 27 |
| | 10 | 382 334 | 222 | 780 512 | 422 | 219 488 | 601 822 | 200 | 50 | |
| | 20 | 382 555 | 221 | 780 933 | 421 | 219 067 | 601 622 | 200 | 40 | |
| | 30 | 382 777 | 222 | 781 355 | 422 | 218 645 | 601 422 | 200 | 30 | |
| | 40 | 382 998 | 221 | 781 776 | 421 | 218 224 | 601 222 | 200 | 20 | |
| | 50 | 383 219 | 221 | 782 198 | 422 | 217 802 | 601 021 | 201 | 10 | |
| 34 | 0 | 383 441 | 222 | 782 620 | 422 | 217 380 | 600 821 | 200 | 0 | 26 |
| | 10 | 383 662 | 221 | 783 041 | 421 | 216 959 | 600 621 | 200 | 50 | |
| | 20 | 383 884 | 222 | 783 463 | 422 | 216 537 | 600 421 | 200 | 40 | |
| | 30 | 384 105 | 221 | 783 885 | 422 | 216 115 | 600 220 | 201 | 30 | |
| | 40 | 384 326 | 221 | 784 306 | 421 | 215 694 | 600 020 | 200 | 20 | |
| | 50 | 384 547 | 221 | 784 728 | 422 | 215 272 | 599 820 | 200 | 10 | |
| 35 | 0 | 384 769 | 222 | 785 149 | 421 | 214 851 | 599 619 | 201 | 0 | 25 |
| | 10 | 384 990 | 221 | 785 571 | 422 | 214 429 | 599 419 | 200 | 50 | |
| | 20 | 385 211 | 221 | 785 993 | 422 | 214 007 | 599 218 | 201 | 40 | |
| | 30 | 385 432 | 221 | 786 414 | 421 | 213 586 | 599 018 | 200 | 30 | |
| | 40 | 385 653 | 221 | 786 836 | 422 | 213 164 | 598 817 | 201 | 20 | |
| | 50 | 385 874 | 221 | 787 258 | 422 | 212 742 | 598 617 | 200 | 10 | |
| 36 | 0 | 386 096 | 222 | 787 679 | 421 | 212 321 | 598 416 | 201 | 0 | 24 |
| | 10 | 386 317 | 221 | 788 101 | 422 | 211 899 | 598 216 | 200 | 50 | |
| | 20 | 386 538 | 221 | 788 522 | 421 | 211 478 | 598 015 | 201 | 40 | |
| | 30 | 386 759 | 221 | 788 944 | 422 | 211 056 | 597 815 | 200 | 30 | |
| | 40 | 386 980 | 221 | 789 366 | 422 | 210 634 | 597 614 | 201 | 20 | |
| | 50 | 387 201 | 221 | 789 787 | 421 | 210 213 | 597 414 | 200 | 10 | |
| 37 | 0 | 387 422 | 221 | 790 209 | 422 | 209 791 | 597 213 | 201 | 0 | 23 |
| | 10 | 387 643 | 221 | 790 630 | 421 | 209 370 | 597 012 | 201 | 50 | |
| | 20 | 387 864 | 221 | 791 052 | 422 | 208 948 | 596 812 | 200 | 40 | |
| | 30 | 388 085 | 221 | 791 474 | 422 | 208 526 | 596 611 | 201 | 30 | |
| | 40 | 388 306 | 221 | 791 895 | 421 | 208 105 | 596 410 | 201 | 20 | |
| | 50 | 388 526 | 220 | 792 317 | 422 | 207 683 | 596 210 | 200 | 10 | |
| 38 | 0 | 388 747 | 221 | 792 738 | 421 | 207 262 | 596 009 | 201 | 0 | 22 |
| | 10 | 388 968 | 221 | 793 160 | 422 | 206 840 | 595 808 | 201 | 50 | |
| | 20 | 389 189 | 221 | 793 581 | 421 | 206 419 | 595 607 | 201 | 40 | |
| | 30 | 389 410 | 221 | 794 003 | 422 | 205 997 | 595 407 | 200 | 30 | |
| | 40 | 389 630 | 220 | 794 425 | 422 | 205 575 | 595 206 | 201 | 20 | |
| | 50 | 389 851 | 221 | 794 846 | 421 | 205 154 | 595 005 | 201 | 10 | |
| 39 | 0 | 390 072 | 221 | 795 268 | 422 | 204 732 | 594 804 | 201 | 0 | 21 |
| | 10 | 390 293 | 221 | 795 689 | 421 | 204 311 | 594 603 | 201 | 50 | |
| | 20 | 390 513 | 220 | 796 111 | 422 | 203 889 | 594 402 | 201 | 40 | |
| | 30 | 390 734 | 221 | 796 532 | 421 | 203 468 | 594 202 | 200 | 30 | |
| | 40 | 390 955 | 221 | 796 954 | 422 | 203 046 | 594 001 | 201 | 20 | |
| | 50 | 391 175 | 220 | 797 376 | 422 | 202 624 | 593 800 | 201 | 10 | |
| 40 | 0 | ī,8 391 396 | 221 | ī,9 797 797 | 421 | 0,0 202 203 | ī,8 593 599 | 201 | 0 | 20 |
| ′ | ″ | Cos. | | Cotg. | | Tang. | Sin. | | ″ | ′ |

46°

| | 422 |
|---|---|
| 1 | 42,2 |
| 2 | 84,4 |
| 3 | 126,6 |
| 4 | 168,8 |
| 5 | 211,0 |
| 6 | 253,2 |
| 7 | 295,4 |
| 8 | 337,6 |
| 9 | 379,8 |

| | 421 |
|---|---|
| 1 | 42,1 |
| 2 | 84,2 |
| 3 | 126,3 |
| 4 | 168,4 |
| 5 | 210,5 |
| 6 | 252,6 |
| 7 | 294,7 |
| 8 | 336,8 |
| 9 | 378,9 |

| | 222 |
|---|---|
| 1 | 22,2 |
| 2 | 44,4 |
| 3 | 66,6 |
| 4 | 88,8 |
| 5 | 111,0 |
| 6 | 133,2 |
| 7 | 155,4 |
| 8 | 177,6 |
| 9 | 199,8 |

| | 221 |
|---|---|
| 1 | 22,1 |
| 2 | 44,2 |
| 3 | 66,3 |
| 4 | 88,4 |
| 5 | 110,5 |
| 6 | 132,6 |
| 7 | 154,7 |
| 8 | 176,8 |
| 9 | 198,9 |

| | 220 |
|---|---|
| 1 | 22 |
| 2 | 44 |
| 3 | 66 |
| 4 | 88 |
| 5 | 110 |
| 6 | 132 |
| 7 | 154 |
| 8 | 176 |
| 9 | 198 |

| | 200 |
|---|---|
| 1 | 20 |
| 2 | 40 |
| 3 | 60 |
| 4 | 80 |
| 5 | 100 |
| 6 | 120 |
| 7 | 140 |
| 8 | 160 |
| 9 | 180 |

| | 201 |
|---|---|
| 1 | 20,1 |
| 2 | 40,2 |
| 3 | 60,3 |
| 4 | 80,4 |
| 5 | 100,5 |
| 6 | 120,6 |
| 7 | 140,7 |
| 8 | 160,8 |
| 9 | 180,9 |

| ′ | ″ | Sin. | D. | Tang. | D.c. | Cotg. | Cos. | D. | ″ | ′ |
|---|---|---|---|---|---|---|---|---|---|---|
| 40 | 0 | ī,8 391 396 | 220 | ī,9 797 797 | 422 | 0,0 202 203 | ī,8 593 599 | 201 | 0 | 20 |
| | 10 | 391 616 | 221 | 798 219 | 421 | 201 781 | 593 398 | 201 | 50 | |
| | 20 | 391 837 | 221 | 798 640 | 422 | 201 360 | 593 197 | 201 | 40 | |
| | 30 | 392 058 | 220 | 799 062 | 421 | 200 938 | 592 996 | 201 | 30 | |
| | 40 | 392 278 | 221 | 799 483 | 422 | 200 517 | 592 795 | 201 | 20 | |
| | 50 | 392 499 | 220 | 799 905 | 421 | 200 095 | 592 594 | 201 | 10 | |
| 41 | 0 | 392 719 | 220 | 800 326 | 422 | 199 674 | 592 393 | 202 | 0 | 19 |
| | 10 | 392 939 | 221 | 800 748 | 422 | 199 252 | 592 191 | 201 | 50 | |
| | 20 | 393 160 | 220 | 801 170 | 421 | 198 830 | 591 990 | 201 | 40 | |
| | 30 | 393 380 | 221 | 801 591 | 422 | 198 409 | 591 789 | 201 | 30 | |
| | 40 | 393 601 | 220 | 802 013 | 421 | 197 987 | 591 588 | 201 | 20 | |
| | 50 | 393 821 | 220 | 802 434 | 422 | 197 566 | 591 387 | 201 | 10 | |
| 42 | 0 | 394 041 | 221 | 802 856 | 421 | 197 144 | 591 186 | 202 | 0 | 18 |
| | 10 | 394 262 | 220 | 803 277 | 422 | 196 723 | 590 984 | 201 | 50 | |
| | 20 | 394 482 | 220 | 803 699 | 421 | 196 301 | 590 783 | 201 | 40 | |
| | 30 | 394 702 | 221 | 804 120 | 422 | 195 880 | 590 582 | 201 | 30 | |
| | 40 | 394 923 | 220 | 804 542 | 421 | 195 458 | 590 381 | 202 | 20 | |
| | 50 | 395 143 | 220 | 804 963 | 422 | 195 037 | 590 179 | 201 | 10 | |
| 43 | 0 | 395 363 | 220 | 805 385 | 421 | 194 615 | 589 978 | 201 | 0 | 17 |
| | 10 | 395 583 | 220 | 805 806 | 422 | 194 194 | 589 777 | 202 | 50 | |
| | 20 | 395 803 | 220 | 806 228 | 422 | 193 772 | 589 575 | 201 | 40 | |
| | 30 | 396 023 | 221 | 806 650 | 421 | 193 350 | 589 374 | 201 | 30 | |
| | 40 | 396 244 | 220 | 807 071 | 422 | 192 929 | 589 173 | 202 | 20 | |
| | 50 | 396 464 | 220 | 807 493 | 421 | 192 507 | 588 971 | 201 | 10 | |
| 44 | 0 | 396 684 | 220 | 807 914 | 422 | 192 086 | 588 770 | 202 | 0 | 16 |
| | 10 | 396 904 | 220 | 808 336 | 421 | 191 664 | 588 568 | 201 | 50 | |
| | 20 | 397 124 | 220 | 808 757 | 422 | 191 243 | 588 367 | 202 | 40 | |
| | 30 | 397 344 | 220 | 809 179 | 421 | 190 821 | 588 165 | 201 | 30 | |
| | 40 | 397 564 | 220 | 809 600 | 422 | 190 400 | 587 964 | 202 | 20 | |
| | 50 | 397 784 | 220 | 810 022 | 421 | 189 978 | 587 762 | 201 | 10 | |
| 45 | 0 | 398 004 | 220 | 810 443 | 422 | 189 557 | 587 561 | 202 | 0 | 15 |
| | 10 | 398 224 | 220 | 810 865 | 421 | 189 135 | 587 359 | 201 | 50 | |
| | 20 | 398 444 | 220 | 811 286 | 422 | 188 714 | 587 158 | 202 | 40 | |
| | 30 | 398 664 | 219 | 811 708 | 421 | 188 292 | 586 956 | 202 | 30 | |
| | 40 | 398 883 | 220 | 812 129 | 422 | 187 871 | 586 754 | 201 | 20 | |
| | 50 | 399 103 | 220 | 812 551 | 421 | 187 449 | 586 553 | 202 | 10 | |
| 46 | 0 | 399 323 | 220 | 812 972 | 422 | 187 028 | 586 351 | 202 | 0 | 14 |
| | 10 | 399 543 | 220 | 813 394 | 421 | 186 606 | 586 149 | 201 | 50 | |
| | 20 | 399 763 | 219 | 813 815 | 422 | 186 185 | 585 948 | 202 | 40 | |
| | 30 | 399 982 | 220 | 814 237 | 421 | 185 763 | 585 746 | 202 | 30 | |
| | 40 | 400 202 | 220 | 814 658 | 422 | 185 342 | 585 544 | 202 | 20 | |
| | 50 | 400 422 | 220 | 815 080 | 421 | 184 920 | 585 342 | 201 | 10 | |
| 47 | 0 | 400 642 | 219 | 815 501 | 422 | 184 499 | 585 141 | 202 | 0 | 13 |
| | 10 | 400 861 | 220 | 815 923 | 421 | 184 077 | 584 939 | 202 | 50 | |
| | 20 | 401 081 | 220 | 816 344 | 422 | 183 656 | 584 737 | 202 | 40 | |
| | 30 | 401 301 | 219 | 816 766 | 421 | 183 234 | 584 535 | 202 | 30 | |
| | 40 | 401 520 | 220 | 817 187 | 421 | 182 813 | 584 333 | 202 | 20 | |
| | 50 | 401 740 | 219 | 817 608 | 422 | 182 392 | 584 131 | 202 | 10 | |
| 48 | 0 | 401 959 | 220 | 818 030 | 421 | 181 970 | 583 929 | 201 | 0 | 12 |
| | 10 | 402 179 | 219 | 818 451 | 422 | 181 549 | 583 728 | 202 | 50 | |
| | 20 | 402 398 | 220 | 818 873 | 421 | 181 127 | 583 526 | 202 | 40 | |
| | 30 | 402 618 | 219 | 819 294 | 422 | 180 706 | 583 324 | 202 | 30 | |
| | 40 | 402 837 | 220 | 819 716 | 421 | 180 284 | 583 122 | 202 | 20 | |
| | 50 | 403 057 | 219 | 820 137 | 422 | 179 863 | 582 920 | 202 | 10 | |
| 49 | 0 | 403 276 | 220 | 820 559 | 421 | 179 441 | 582 718 | 202 | 0 | 11 |
| | 10 | 403 496 | 219 | 820 980 | 422 | 179 020 | 582 516 | 202 | 50 | |
| | 20 | 403 715 | 220 | 821 402 | 421 | 178 598 | 582 314 | 203 | 40 | |
| | 30 | 403 935 | 219 | 821 823 | 422 | 178 177 | 582 111 | 202 | 30 | |
| | 40 | 404 154 | 219 | 822 245 | 421 | 177 755 | 581 909 | 202 | 20 | |
| | 50 | 404 373 | 220 | 822 666 | 421 | 177 334 | 581 707 | 202 | 10 | |
| 50 | 0 | ī,8 404 593 | | ī,9 823 087 | | 0,0 176 913 | ī,8 581 505 | | 0 | 10 |
| ′ | ″ | Cos. | | Cotg. | | Tang. | Sin. | | ″ | ′ |

46°

| 422 | |
|---|---|
| 1 | 42,2 |
| 2 | 84,4 |
| 3 | 126,6 |
| 4 | 168,8 |
| 5 | 211,0 |
| 6 | 253,2 |
| 7 | 295,4 |
| 8 | 337,6 |
| 9 | 379,8 |

| 421 | |
|---|---|
| 1 | 42,1 |
| 2 | 84,2 |
| 3 | 126,3 |
| 4 | 168,4 |
| 5 | 210,5 |
| 6 | 252,6 |
| 7 | 294,7 |
| 8 | 336,8 |
| 9 | 378,9 |

| 221 | |
|---|---|
| 1 | 22,1 |
| 2 | 44,2 |
| 3 | 66,3 |
| 4 | 88,4 |
| 5 | 110,5 |
| 6 | 132,6 |
| 7 | 154,7 |
| 8 | 176,8 |
| 9 | 198,9 |

| 220 | |
|---|---|
| 1 | 22 |
| 2 | 44 |
| 3 | 66 |
| 4 | 88 |
| 5 | 110 |
| 6 | 132 |
| 7 | 154 |
| 8 | 176 |
| 9 | 198 |

| 219 | |
|---|---|
| 1 | 21,9 |
| 2 | 43,8 |
| 3 | 65,7 |
| 4 | 87,6 |
| 5 | 109,5 |
| 6 | 131,4 |
| 7 | 153,3 |
| 8 | 175,2 |
| 9 | 197,1 |

| 201 | |
|---|---|
| 1 | 20,1 |
| 2 | 40,2 |
| 3 | 60,3 |
| 4 | 80,4 |
| 5 | 100,5 |
| 6 | 120,6 |
| 7 | 140,7 |
| 8 | 160,8 |
| 9 | 180,9 |

| 202 | |
|---|---|
| 1 | 20,2 |
| 2 | 40,4 |
| 3 | 60,6 |
| 4 | 80,8 |
| 5 | 101,0 |
| 6 | 121,2 |
| 7 | 141,4 |
| 8 | 161,6 |
| 9 | 181,8 |

| ′ | ″ | Sin. | D. | Tang. | D.c. | Cotg. | Cos. | D. | ″ | ′ |
|---|---|---|---|---|---|---|---|---|---|---|
| 50 | 0 | 1̄,8 404 593 | | 1̄,9 823 087 | | 0,0 176 913 | 1̄,8 581 505 | | 0 | 10 |
| | 10 | 404 812 | 219 | 823 509 | 422 | 176 491 | 581 303 | 202 | 50 | |
| | 20 | 405 031 | 219 | 823 930 | 421 | 176 070 | 581 101 | 202 | 40 | |
| | 30 | 405 250 | 219 | 824 352 | 422 | 175 648 | 580 899 | 202 | 30 | |
| | 40 | 405 470 | 220 | 824 773 | 421 | 175 227 | 580 696 | 203 | 20 | |
| | 50 | 405 689 | 219 | 825 195 | 422 | 174 805 | 580 494 | 202 | 10 | |
| 51 | 0 | 405 908 | 219 | 825 616 | 421 | 174 384 | 580 292 | 202 | 0 | 9 |
| | 10 | 406 127 | 219 | 826 038 | 422 | 173 962 | 580 090 | 202 | 50 | |
| | 20 | 406 346 | 219 | 826 459 | 421 | 173 541 | 579 887 | 203 | 40 | |
| | 30 | 406 565 | 219 | 826 881 | 422 | 173 119 | 579 685 | 202 | 30 | |
| | 40 | 406 785 | 220 | 827 302 | 421 | 172 698 | 579 483 | 202 | 20 | |
| | 50 | 407 004 | 219 | 827 723 | 421 | 172 277 | 579 280 | 203 | 10 | |
| 52 | 0 | 407 223 | 219 | 828 145 | 422 | 171 855 | 579 078 | 202 | 0 | 8 |
| | 10 | 407 442 | 219 | 828 566 | 421 | 171 434 | 578 876 | 202 | 50 | |
| | 20 | 407 661 | 219 | 828 988 | 422 | 171 012 | 578 673 | 203 | 40 | |
| | 30 | 407 880 | 219 | 829 409 | 421 | 170 591 | 578 471 | 202 | 30 | |
| | 40 | 408 099 | 219 | 829 831 | 422 | 170 169 | 578 268 | 203 | 20 | |
| | 50 | 408 318 | 219 | 830 252 | 421 | 169 748 | 578 066 | 202 | 10 | |
| 53 | 0 | 408 537 | 219 | 830 673 | 421 | 169 327 | 577 863 | 203 | 0 | 7 |
| | 10 | 408 756 | 219 | 831 095 | 422 | 168 905 | 577 661 | 202 | 50 | |
| | 20 | 408 974 | 218 | 831 516 | 421 | 168 484 | 577 458 | 203 | 40 | |
| | 30 | 409 193 | 219 | 831 938 | 422 | 168 062 | 577 256 | 202 | 30 | |
| | 40 | 409 412 | 219 | 832 359 | 421 | 167 641 | 577 053 | 203 | 20 | |
| | 50 | 409 631 | 219 | 832 780 | 421 | 167 220 | 576 851 | 202 | 10 | |
| 54 | 0 | 409 850 | 219 | 833 202 | 422 | 166 798 | 576 648 | 203 | 0 | 6 |
| | 10 | 410 069 | 219 | 833 623 | 421 | 166 377 | 576 445 | 203 | 50 | |
| | 20 | 410 287 | 218 | 834 045 | 422 | 165 955 | 576 243 | 202 | 40 | |
| | 30 | 410 506 | 219 | 834 466 | 421 | 165 534 | 576 040 | 203 | 30 | |
| | 40 | 410 725 | 219 | 834 888 | 422 | 165 112 | 575 837 | 203 | 20 | |
| | 50 | 410 944 | 219 | 835 309 | 421 | 164 691 | 575 635 | 202 | 10 | |
| 55 | 0 | 411 162 | 218 | 835 730 | 421 | 164 270 | 575 432 | 203 | 0 | 5 |
| | 10 | 411 381 | 219 | 836 152 | 422 | 163 848 | 575 229 | 203 | 50 | |
| | 20 | 411 600 | 219 | 836 573 | 421 | 163 427 | 575 026 | 203 | 40 | |
| | 30 | 411 818 | 218 | 836 995 | 422 | 163 005 | 574 824 | 202 | 30 | |
| | 40 | 412 037 | 219 | 837 416 | 421 | 162 584 | 574 621 | 203 | 20 | |
| | 50 | 412 255 | 218 | 837 837 | 421 | 162 163 | 574 418 | 203 | 10 | |
| 56 | 0 | 412 474 | 219 | 838 259 | 422 | 161 741 | 574 215 | 203 | 0 | 4 |
| | 10 | 412 692 | 218 | 838 680 | 421 | 161 320 | 574 012 | 203 | 50 | |
| | 20 | 412 911 | 219 | 839 102 | 422 | 160 898 | 573 809 | 203 | 40 | |
| | 30 | 413 129 | 218 | 839 523 | 421 | 160 477 | 573 606 | 203 | 30 | |
| | 40 | 413 348 | 219 | 839 944 | 421 | 160 056 | 573 404 | 202 | 20 | |
| | 50 | 413 566 | 218 | 840 366 | 422 | 159 634 | 573 201 | 203 | 10 | |
| 57 | 0 | 413 785 | 219 | 840 787 | 421 | 159 213 | 572 998 | 203 | 0 | 3 |
| | 10 | 414 003 | 218 | 841 208 | 421 | 158 792 | 572 795 | 203 | 50 | |
| | 20 | 414 221 | 218 | 841 630 | 422 | 158 370 | 572 592 | 203 | 40 | |
| | 30 | 414 440 | 219 | 842 051 | 421 | 157 949 | 572 389 | 203 | 30 | |
| | 40 | 414 658 | 218 | 842 473 | 422 | 157 527 | 572 186 | 203 | 20 | |
| | 50 | 414 877 | 219 | 842 894 | 421 | 157 106 | 571 982 | 204 | 10 | |
| 58 | 0 | 415 095 | 218 | 843 315 | 421 | 156 685 | 571 779 | 203 | 0 | 2 |
| | 10 | 415 313 | 218 | 843 737 | 422 | 156 263 | 571 576 | 203 | 50 | |
| | 20 | 415 531 | 218 | 844 158 | 421 | 155 842 | 571 373 | 203 | 40 | |
| | 30 | 415 750 | 219 | 844 580 | 422 | 155 420 | 571 170 | 203 | 30 | |
| | 40 | 415 968 | 218 | 845 001 | 421 | 154 999 | 570 967 | 203 | 20 | |
| | 50 | 416 186 | 218 | 845 422 | 421 | 154 578 | 570 764 | 203 | 10 | |
| 59 | 0 | 416 404 | 218 | 845 844 | 422 | 154 156 | 570 561 | 203 | 0 | 1 |
| | 10 | 416 622 | 218 | 846 265 | 421 | 153 735 | 570 357 | 204 | 50 | |
| | 20 | 416 840 | 218 | 846 686 | 421 | 153 314 | 570 154 | 203 | 40 | |
| | 30 | 417 059 | 219 | 847 108 | 422 | 152 892 | 569 951 | 203 | 30 | |
| | 40 | 417 277 | 218 | 847 529 | 421 | 152 471 | 569 748 | 203 | 20 | |
| | 50 | 417 495 | 218 | 847 950 | 421 | 152 050 | 569 544 | 204 | 10 | |
| 60 | 0 | 1̄,8 417 713 | 218 | 1̄,9 848 372 | 422 | 0,0 151 628 | 1̄,8 569 341 | 203 | 0 | 0 |
| ′ | ″ | Cos. | | Cotg. | | Tang. | Sin. | | ″ | ′ |

46°

| 422 | |
|---|---|
| 1 | 42,2 |
| 2 | 84,4 |
| 3 | 126,6 |
| 4 | 168,8 |
| 5 | 211,0 |
| 6 | 253,2 |
| 7 | 295,4 |
| 8 | 337,6 |
| 9 | 379,8 |

| 421 | |
|---|---|
| 1 | 42,1 |
| 2 | 84,2 |
| 3 | 126,3 |
| 4 | 168,4 |
| 5 | 210,5 |
| 6 | 252,6 |
| 7 | 294,7 |
| 8 | 336,8 |
| 9 | 378,9 |

| 219 | |
|---|---|
| 1 | 21,9 |
| 2 | 43,8 |
| 3 | 65,7 |
| 4 | 87,6 |
| 5 | 109,5 |
| 6 | 131,4 |
| 7 | 153,3 |
| 8 | 175,2 |
| 9 | 197,1 |

| 218 | |
|---|---|
| 1 | 21,8 |
| 2 | 43,6 |
| 3 | 65,4 |
| 4 | 87,2 |
| 5 | 109,0 |
| 6 | 130,8 |
| 7 | 152,6 |
| 8 | 174,4 |
| 9 | 196,2 |

| 202 | |
|---|---|
| 1 | 20,2 |
| 2 | 40,4 |
| 3 | 60,6 |
| 4 | 80,8 |
| 5 | 101,0 |
| 6 | 121,2 |
| 7 | 141,4 |
| 8 | 161,6 |
| 9 | 181,8 |

| 203 | |
|---|---|
| 1 | 20,3 |
| 2 | 40,6 |
| 3 | 60,9 |
| 4 | 81,2 |
| 5 | 101,5 |
| 6 | 121,8 |
| 7 | 142,1 |
| 8 | 162,4 |
| 9 | 182,7 |

| 204 | |
|---|---|
| 1 | 20,4 |
| 2 | 40,8 |
| 3 | 61,2 |
| 4 | 81,6 |
| 5 | 102,0 |
| 6 | 122,4 |
| 7 | 142,8 |
| 8 | 163,2 |
| 9 | 183,6 |

| | 422 | 421 | 218 | 217 | 203 | 204 | 205 |
|---|---|---|---|---|---|---|---|
| 1 | 42,2 | 42,1 | 21,8 | 21,7 | 20,3 | 20,4 | 20,5 |
| 2 | 84,4 | 84,2 | 43,6 | 43,4 | 40,6 | 40,8 | 41,0 |
| 3 | 126,6 | 126,3 | 65,4 | 65,1 | 60,9 | 61,2 | 61,5 |
| 4 | 168,8 | 168,4 | 87,2 | 86,8 | 81,2 | 81,6 | 82,0 |
| 5 | 211,0 | 210,5 | 109,0 | 108,5 | 101,5 | 102,0 | 102,5 |
| 6 | 253,2 | 252,6 | 130,8 | 130,2 | 121,8 | 122,4 | 123,0 |
| 7 | 295,4 | 294,7 | 152,6 | 151,9 | 142,1 | 142,8 | 143,5 |
| 8 | 337,6 | 336,8 | 174,4 | 173,6 | 162,4 | 163,2 | 164,0 |
| 9 | 379,8 | 378,9 | 196,2 | 195,3 | 182,7 | 183,6 | 184,5 |

| ′ | ″ | Sin. | D. | Tang. | D. c. | Cotg. | Cos. | D. | ″ | ′ |
|---|---|---|---|---|---|---|---|---|---|---|
| 0 | 0 | $\bar{1}$,8 417 713 | 218 | $\bar{1}$,9 848 372 | 421 | 0,0 151 628 | $\bar{1}$,8 569 341 | 203 | 0 | 60 |
| | 10 | 417 931 | 218 | 848 793 | 422 | 151 207 | 569 138 | 204 | 50 | |
| | 20 | 418 149 | 218 | 849 215 | 421 | 150 785 | 568 934 | 203 | 40 | |
| | 30 | 418 367 | 218 | 849 636 | 421 | 150 364 | 568 731 | 204 | 30 | |
| | 40 | 418 585 | 218 | 850 057 | 422 | 149 943 | 568 527 | 203 | 20 | |
| | 50 | 418 803 | 218 | 850 479 | 421 | 149 521 | 568 324 | 203 | 10 | |
| 1 | 0 | 419 021 | 217 | 850 900 | 421 | 149 100 | 568 121 | 204 | 0 | 59 |
| | 10 | 419 238 | 218 | 851 321 | 422 | 148 679 | 567 917 | 203 | 50 | |
| | 20 | 419 456 | 218 | 851 743 | 421 | 148 257 | 567 714 | 204 | 40 | |
| | 30 | 419 674 | 218 | 852 164 | 421 | 147 836 | 567 510 | 203 | 30 | |
| | 40 | 419 892 | 218 | 852 585 | 422 | 147 415 | 567 307 | 204 | 20 | |
| | 50 | 420 110 | 218 | 853 007 | 421 | 146 993 | 567 103 | 203 | 10 | |
| 2 | 0 | 420 328 | 217 | 853 428 | 421 | 146 572 | 566 900 | 204 | 0 | 58 |
| | 10 | 420 545 | 218 | 853 849 | 422 | 146 151 | 566 696 | 204 | 50 | |
| | 20 | 420 763 | 218 | 854 271 | 421 | 145 729 | 566 492 | 203 | 40 | |
| | 30 | 420 981 | 218 | 854 692 | 421 | 145 308 | 566 289 | 204 | 30 | |
| | 40 | 421 199 | 217 | 855 113 | 422 | 144 887 | 566 085 | 204 | 20 | |
| | 50 | 421 416 | 218 | 855 535 | 421 | 144 465 | 565 881 | 203 | 10 | |
| 3 | 0 | 421 634 | 218 | 855 956 | 421 | 144 044 | 565 678 | 204 | 0 | 57 |
| | 10 | 421 852 | 217 | 856 377 | 422 | 143 623 | 565 474 | 204 | 50 | |
| | 20 | 422 069 | 218 | 856 799 | 421 | 143 201 | 565 270 | 203 | 40 | |
| | 30 | 422 287 | 217 | 857 220 | 421 | 142 780 | 565 067 | 204 | 30 | |
| | 40 | 422 504 | 218 | 857 641 | 422 | 142 359 | 564 863 | 204 | 20 | |
| | 50 | 422 722 | 217 | 858 063 | 421 | 141 937 | 564 659 | 204 | 10 | |
| 4 | 0 | 422 939 | 218 | 858 484 | 421 | 141 516 | 564 455 | 203 | 0 | 56 |
| | 10 | 423 157 | 217 | 858 905 | 422 | 141 095 | 564 252 | 204 | 50 | |
| | 20 | 423 374 | 218 | 859 327 | 421 | 140 673 | 564 048 | 204 | 40 | |
| | 30 | 423 592 | 217 | 859 748 | 421 | 140 252 | 563 844 | 204 | 30 | |
| | 40 | 423 809 | 218 | 860 169 | 422 | 139 831 | 563 640 | 204 | 20 | |
| | 50 | 424 027 | 217 | 860 591 | 421 | 139 409 | 563 436 | 204 | 10 | |
| 5 | 0 | 424 244 | 218 | 861 012 | 421 | 138 988 | 563 232 | 204 | 0 | 55 |
| | 10 | 424 462 | 217 | 861 433 | 422 | 138 567 | 563 028 | 204 | 50 | |
| | 20 | 424 679 | 217 | 861 855 | 421 | 138 145 | 562 824 | 204 | 40 | |
| | 30 | 424 896 | 218 | 862 276 | 421 | 137 724 | 562 620 | 204 | 30 | |
| | 40 | 425 114 | 217 | 862 697 | 422 | 137 303 | 562 416 | 204 | 20 | |
| | 50 | 425 331 | 217 | 863 119 | 421 | 136 881 | 562 212 | 204 | 10 | |
| 6 | 0 | 425 548 | 217 | 863 540 | 421 | 136 460 | 562 008 | 204 | 0 | 54 |
| | 10 | 425 765 | 218 | 863 961 | 422 | 136 039 | 561 804 | 204 | 50 | |
| | 20 | 425 983 | 217 | 864 383 | 421 | 135 617 | 561 600 | 204 | 40 | |
| | 30 | 426 200 | 217 | 864 804 | 421 | 135 196 | 561 396 | 204 | 30 | |
| | 40 | 426 417 | 217 | 865 225 | 421 | 134 775 | 561 192 | 204 | 20 | |
| | 50 | 426 634 | 217 | 865 646 | 422 | 134 354 | 560 988 | 204 | 10 | |
| 7 | 0 | 426 851 | 218 | 866 068 | 421 | 133 932 | 560 784 | 204 | 0 | 53 |
| | 10 | 427 069 | 217 | 866 489 | 421 | 133 511 | 560 580 | 205 | 50 | |
| | 20 | 427 286 | 217 | 866 910 | 422 | 133 090 | 560 375 | 204 | 40 | |
| | 30 | 427 503 | 217 | 867 332 | 421 | 132 668 | 560 171 | 204 | 30 | |
| | 40 | 427 720 | 217 | 867 753 | 421 | 132 247 | 559 967 | 204 | 20 | |
| | 50 | 427 937 | 217 | 868 174 | 422 | 131 826 | 559 763 | 205 | 10 | |
| 8 | 0 | 428 154 | 217 | 868 596 | 421 | 131 404 | 559 558 | 204 | 0 | 52 |
| | 10 | 428 371 | 217 | 869 017 | 421 | 130 983 | 559 354 | 204 | 50 | |
| | 20 | 428 588 | 217 | 869 438 | 421 | 130 562 | 559 150 | 205 | 40 | |
| | 30 | 428 805 | 217 | 869 859 | 422 | 130 141 | 558 945 | 204 | 30 | |
| | 40 | 429 022 | 217 | 870 281 | 421 | 129 719 | 558 741 | 204 | 20 | |
| | 50 | 429 239 | 217 | 870 702 | 421 | 129 298 | 558 537 | 205 | 10 | |
| 9 | 0 | 429 456 | 217 | 871 123 | 422 | 128 877 | 558 332 | 204 | 0 | 51 |
| | 10 | 429 673 | 216 | 871 545 | 421 | 128 455 | 558 128 | 204 | 50 | |
| | 20 | 429 889 | 217 | 871 966 | 421 | 128 034 | 557 924 | 205 | 40 | |
| | 30 | 430 106 | 217 | 872 387 | 421 | 127 613 | 557 719 | 204 | 30 | |
| | 40 | 430 323 | 217 | 872 808 | 422 | 127 192 | 557 515 | 205 | 20 | |
| | 50 | 430 540 | 217 | 873 230 | 421 | 126 770 | 557 310 | 204 | 10 | |
| 10 | 0 | $\bar{1}$,8 430 757 | | $\bar{1}$,9 873 651 | | 0,0 126 349 | $\bar{1}$,8 557 106 | | 0 | 50 |
| ′ | ″ | Cos. | | Cotg. | | Tang. | Sin. | | ″ | ′ |

| ′ | ″ | Sin. | D. | Tang. | D.c. | Cotg. | Cos. | D. | ″ | ′ |
|---|---|---|---|---|---|---|---|---|---|---|
| 10 | 0 | $\bar{1}$,8 430 757 | 216 | $\bar{1}$,9 873 651 | 421 | 0,0 126 349 | $\bar{1}$,8 557 106 | 205 | 0 | 50 |
| | 10 | 430 973 | 217 | 874 072 | 422 | 125 928 | 556 901 | 204 | 50 | |
| | 20 | 431 190 | 217 | 874 494 | 421 | 125 506 | 556 697 | 205 | 40 | |
| | 30 | 431 407 | 217 | 874 915 | 421 | 125 085 | 556 492 | 205 | 30 | |
| | 40 | 431 624 | 216 | 875 336 | 421 | 124 664 | 556 287 | 204 | 20 | |
| | 50 | 431 840 | 217 | 875 757 | 422 | 124 243 | 556 083 | 205 | 10 | |
| 11 | 0 | 432 057 | 217 | 876 179 | 421 | 123 821 | 555 878 | 204 | 0 | 49 |
| | 10 | 432 274 | 216 | 876 600 | 421 | 123 400 | 555 674 | 205 | 50 | |
| | 20 | 432 490 | 217 | 877 021 | 422 | 122 979 | 555 469 | 205 | 40 | |
| | 30 | 432 707 | 216 | 877 443 | 421 | 122 557 | 555 264 | 204 | 30 | |
| | 40 | 432 923 | 217 | 877 864 | 421 | 122 136 | 555 060 | 205 | 20 | |
| | 50 | 433 140 | 216 | 878 285 | 421 | 121 715 | 554 855 | 205 | 10 | |
| 12 | 0 | 433 356 | 217 | 878 706 | 422 | 121 294 | 554 650 | 205 | 0 | 48 |
| | 10 | 433 573 | 216 | 879 128 | 421 | 120 872 | 554 445 | 204 | 50 | |
| | 20 | 433 789 | 217 | 879 549 | 421 | 120 451 | 554 241 | 205 | 40 | |
| | 30 | 434 006 | 216 | 879 970 | 421 | 120 030 | 554 036 | 205 | 30 | |
| | 40 | 434 222 | 217 | 880 391 | 422 | 119 609 | 553 831 | 205 | 20 | |
| | 50 | 434 439 | 216 | 880 813 | 421 | 119 187 | 553 626 | 205 | 10 | |
| 13 | 0 | 434 655 | 216 | 881 234 | 421 | 118 766 | 553 421 | 205 | 0 | 47 |
| | 10 | 434 871 | 217 | 881 655 | 421 | 118 345 | 553 216 | 205 | 50 | |
| | 20 | 435 088 | 216 | 882 076 | 422 | 117 924 | 553 011 | 205 | 40 | |
| | 30 | 435 304 | 217 | 882 498 | 421 | 117 502 | 552 806 | 204 | 30 | |
| | 40 | 435 521 | 216 | 882 919 | 421 | 117 081 | 552 602 | 205 | 20 | |
| | 50 | 435 737 | 216 | 883 340 | 421 | 116 660 | 552 397 | 205 | 10 | |
| 14 | 0 | 435 953 | 216 | 883 761 | 422 | 116 239 | 552 192 | 205 | 0 | 46 |
| | 10 | 436 169 | 217 | 884 183 | 421 | 115 817 | 551 987 | 205 | 50 | |
| | 20 | 436 386 | 216 | 884 604 | 421 | 115 396 | 551 782 | 205 | 40 | |
| | 30 | 436 602 | 216 | 885 025 | 421 | 114 975 | 551 577 | 206 | 30 | |
| | 40 | 436 818 | 216 | 885 446 | 422 | 114 554 | 551 371 | 205 | 20 | |
| | 50 | 437 034 | 216 | 885 868 | 421 | 114 132 | 551 166 | 205 | 10 | |
| 15 | 0 | 437 250 | 216 | 886 289 | 421 | 113 711 | 550 961 | 205 | 0 | 45 |
| | 10 | 437 466 | 217 | 886 710 | 421 | 113 290 | 550 756 | 205 | 50 | |
| | 20 | 437 683 | 216 | 887 131 | 422 | 112 869 | 550 551 | 205 | 40 | |
| | 30 | 437 899 | 216 | 887 553 | 421 | 112 447 | 550 346 | 205 | 30 | |
| | 40 | 438 115 | 216 | 887 974 | 421 | 112 026 | 550 141 | 206 | 20 | |
| | 50 | 438 331 | 216 | 888 395 | 421 | 111 605 | 549 935 | 205 | 10 | |
| 16 | 0 | 438 547 | 216 | 888 816 | 422 | 111 184 | 549 730 | 205 | 0 | 44 |
| | 10 | 438 763 | 216 | 889 238 | 421 | 110 762 | 549 525 | 205 | 50 | |
| | 20 | 438 979 | 216 | 889 659 | 421 | 110 341 | 549 320 | 206 | 40 | |
| | 30 | 439 195 | 216 | 890 080 | 421 | 109 920 | 549 114 | 205 | 30 | |
| | 40 | 439 411 | 216 | 890 501 | 422 | 109 499 | 548 909 | 205 | 20 | |
| | 50 | 439 627 | 215 | 890 923 | 421 | 109 077 | 548 704 | 205 | 10 | |
| 17 | 0 | 439 842 | 216 | 891 344 | 421 | 108 656 | 548 499 | 206 | 0 | 43 |
| | 10 | 440 058 | 216 | 891 765 | 421 | 108 235 | 548 293 | 205 | 50 | |
| | 20 | 440 274 | 216 | 892 186 | 422 | 107 814 | 548 088 | 206 | 40 | |
| | 30 | 440 490 | 216 | 892 608 | 421 | 107 392 | 547 882 | 205 | 30 | |
| | 40 | 440 706 | 216 | 893 029 | 421 | 106 971 | 547 677 | 205 | 20 | |
| | 50 | 440 922 | 215 | 893 450 | 421 | 106 550 | 547 472 | 206 | 10 | |
| 18 | 0 | 441 137 | 216 | 893 871 | 422 | 106 129 | 547 266 | 205 | 0 | 42 |
| | 10 | 441 353 | 216 | 894 293 | 421 | 105 707 | 547 061 | 206 | 50 | |
| | 20 | 441 569 | 216 | 894 714 | 421 | 105 286 | 546 855 | 205 | 40 | |
| | 30 | 441 785 | 215 | 895 135 | 421 | 104 865 | 546 650 | 206 | 30 | |
| | 40 | 442 000 | 216 | 895 556 | 421 | 104 444 | 546 444 | 206 | 20 | |
| | 50 | 442 216 | 216 | 895 977 | 422 | 104 023 | 546 238 | 205 | 10 | |
| 19 | 0 | 442 432 | 215 | 896 399 | 421 | 103 601 | 546 033 | 206 | 0 | 41 |
| | 10 | 442 647 | 216 | 896 820 | 421 | 103 180 | 545 827 | 205 | 50 | |
| | 20 | 442 863 | 215 | 897 241 | 421 | 102 759 | 545 622 | 206 | 40 | |
| | 30 | 443 078 | 216 | 897 662 | 422 | 102 338 | 545 416 | 206 | 30 | |
| | 40 | 443 294 | 215 | 898 084 | 421 | 101 916 | 545 210 | 205 | 20 | |
| | 50 | 443 509 | 216 | 898 505 | 421 | 101 495 | 545 005 | 206 | 10 | |
| 20 | 0 | $\bar{1}$,8 443 725 | | $\bar{1}$,9 898 926 | | 0,0 101 074 | $\bar{1}$,8 544 799 | | 0 | 40 |
| ′ | ″ | Cos. | | Cotg. | | Tang. | Sin. | | ″ | ′ |

45°

| | 422 | 421 | 217 | 216 | 215 | 205 | 206 |
|---|---|---|---|---|---|---|---|
| 1 | 42,2 | 42,1 | 21,7 | 21,6 | 21,5 | 20,5 | 20,6 |
| 2 | 84,4 | 84,2 | 43,4 | 43,2 | 43,0 | 41,0 | 41,2 |
| 3 | 126,6 | 126,3 | 65,1 | 64,8 | 64,5 | 61,5 | 61,8 |
| 4 | 168,8 | 168,4 | 86,8 | 86,4 | 86,0 | 82,0 | 82,4 |
| 5 | 211,0 | 210,5 | 108,5 | 108,0 | 107,5 | 102,5 | 103,0 |
| 6 | 253,2 | 252,6 | 130,2 | 129,6 | 129,0 | 123,0 | 123,6 |
| 7 | 295,4 | 294,7 | 151,9 | 151,2 | 150,5 | 143,5 | 144,2 |
| 8 | 337,6 | 336,8 | 173,6 | 172,8 | 172,0 | 164,0 | 164,8 |
| 9 | 379,8 | 378,9 | 195,3 | 194,4 | 193,5 | 184,5 | 185,4 |

| 422 | |
|---|---|
| 1 | 42,2 |
| 2 | 84,4 |
| 3 | 126,6 |
| 4 | 168,8 |
| 5 | 211,0 |
| 6 | 253,2 |
| 7 | 295,4 |
| 8 | 337,6 |
| 9 | 379,8 |

| 421 | |
|---|---|
| 1 | 42,1 |
| 2 | 84,2 |
| 3 | 126,3 |
| 4 | 168,4 |
| 5 | 210,5 |
| 6 | 252,6 |
| 7 | 294,7 |
| 8 | 336,8 |
| 9 | 378,9 |

| 216 | |
|---|---|
| 1 | 21,6 |
| 2 | 43,2 |
| 3 | 64,8 |
| 4 | 86,4 |
| 5 | 108,0 |
| 6 | 129,6 |
| 7 | 151,2 |
| 8 | 172,8 |
| 9 | 194,4 |

| 215 | |
|---|---|
| 1 | 21,5 |
| 2 | 43,0 |
| 3 | 64,5 |
| 4 | 86,0 |
| 5 | 107,5 |
| 6 | 129,0 |
| 7 | 150,5 |
| 8 | 172,0 |
| 9 | 193,5 |

| 214 | |
|---|---|
| 1 | 21,4 |
| 2 | 42,8 |
| 3 | 64,2 |
| 4 | 85,6 |
| 5 | 107,0 |
| 6 | 128,4 |
| 7 | 149,8 |
| 8 | 171,2 |
| 9 | 192,6 |

| 206 | |
|---|---|
| 1 | 20,6 |
| 2 | 41,2 |
| 3 | 61,8 |
| 4 | 82,4 |
| 5 | 103,0 |
| 6 | 123,6 |
| 7 | 144,2 |
| 8 | 164,8 |
| 9 | 185,4 |

| 207 | |
|---|---|
| 1 | 20,7 |
| 2 | 41,4 |
| 3 | 62,1 |
| 4 | 82,8 |
| 5 | 103,5 |
| 6 | 124,2 |
| 7 | 144,9 |
| 8 | 165,6 |
| 9 | 186,3 |

| ′ | ″ | Sin. | D. | Tang. | D.c. | Cotg. | Cos. | D. | ″ | ′ |
|---|---|---|---|---|---|---|---|---|---|---|
| 20 | 0 | $\bar{1}$,8 443 725 | 215 | $\bar{1}$,9 898 926 | 421 | 0,0 101 074 | $\bar{1}$,8 544 799 | 206 | 0 | 40 |
| | 10 | 443 940 | 216 | 899 347 | 421 | 100 653 | 544 593 | 205 | 50 | |
| | 20 | 444 156 | 215 | 899 768 | 422 | 100 232 | 544 388 | 206 | 40 | |
| | 30 | 444 371 | 216 | 900 190 | 421 | 099 810 | 544 182 | 206 | 30 | |
| | 40 | 444 587 | 215 | 900 611 | 421 | 099 389 | 543 976 | 206 | 20 | |
| | 50 | 444 802 | 216 | 901 032 | 421 | 098 968 | 543 770 | 206 | 10 | |
| 21 | 0 | 445 018 | 215 | 901 453 | 421 | 098 547 | 543 564 | 205 | 0 | 39 |
| | 10 | 445 233 | 215 | 901 874 | 422 | 098 126 | 543 359 | 206 | 50 | |
| | 20 | 445 448 | 216 | 902 296 | 421 | 097 704 | 543 153 | 206 | 40 | |
| | 30 | 445 664 | 215 | 902 717 | 421 | 097 283 | 542 947 | 206 | 30 | |
| | 40 | 445 879 | 215 | 903 138 | 421 | 096 862 | 542 741 | 206 | 20 | |
| | 50 | 446 094 | 216 | 903 559 | 422 | 096 441 | 542 535 | 206 | 10 | |
| 22 | 0 | 446 310 | 215 | 903 981 | 421 | 096 019 | 542 329 | 206 | 0 | 38 |
| | 10 | 446 525 | 215 | 904 402 | 421 | 095 598 | 542 123 | 206 | 50 | |
| | 20 | 446 740 | 215 | 904 823 | 421 | 095 177 | 541 917 | 206 | 40 | |
| | 30 | 446 955 | 215 | 905 244 | 421 | 094 756 | 541 711 | 206 | 30 | |
| | 40 | 447 170 | 216 | 905 665 | 422 | 094 335 | 541 505 | 206 | 20 | |
| | 50 | 447 386 | 215 | 906 087 | 421 | 093 913 | 541 299 | 206 | 10 | |
| 23 | 0 | 447 601 | 215 | 906 508 | 421 | 093 492 | 541 093 | 206 | 0 | 37 |
| | 10 | 447 816 | 215 | 906 929 | 421 | 093 071 | 540 887 | 206 | 50 | |
| | 20 | 448 031 | 215 | 907 350 | 421 | 092 650 | 540 681 | 206 | 40 | |
| | 30 | 448 246 | 215 | 907 771 | 422 | 092 229 | 540 475 | 206 | 30 | |
| | 40 | 448 461 | 215 | 908 193 | 421 | 091 807 | 540 269 | 207 | 20 | |
| | 50 | 448 676 | 215 | 908 614 | 421 | 091 386 | 540 062 | 206 | 10 | |
| 24 | 0 | 448 891 | 215 | 909 035 | 421 | 090 965 | 539 856 | 206 | 0 | 36 |
| | 10 | 449 106 | 215 | 909 456 | 421 | 090 544 | 539 650 | 206 | 50 | |
| | 20 | 449 321 | 215 | 909 877 | 422 | 090 123 | 539 444 | 206 | 40 | |
| | 30 | 449 536 | 215 | 910 299 | 421 | 089 701 | 539 238 | 207 | 30 | |
| | 40 | 449 751 | 215 | 910 720 | 421 | 089 280 | 539 031 | 206 | 20 | |
| | 50 | 449 966 | 215 | 911 141 | 421 | 088 859 | 538 825 | 206 | 10 | |
| 25 | 0 | 450 181 | 215 | 911 562 | 421 | 088 438 | 538 619 | 207 | 0 | 35 |
| | 10 | 450 396 | 215 | 911 983 | 421 | 088 017 | 538 412 | 206 | 50 | |
| | 20 | 450 611 | 214 | 912 404 | 422 | 087 596 | 538 206 | 206 | 40 | |
| | 30 | 450 825 | 215 | 912 826 | 421 | 087 174 | 538 000 | 207 | 30 | |
| | 40 | 451 040 | 215 | 913 247 | 421 | 086 753 | 537 793 | 206 | 20 | |
| | 50 | 451 255 | 215 | 913 668 | 421 | 086 332 | 537 587 | 206 | 10 | |
| 26 | 0 | 451 470 | 215 | 914 089 | 421 | 085 911 | 537 381 | 207 | 0 | 34 |
| | 10 | 451 685 | 214 | 914 510 | 422 | 085 490 | 537 174 | 206 | 50 | |
| | 20 | 451 899 | 215 | 914 932 | 421 | 085 068 | 536 968 | 207 | 40 | |
| | 30 | 452 114 | 215 | 915 353 | 421 | 084 647 | 536 761 | 206 | 30 | |
| | 40 | 452 329 | 214 | 915 774 | 421 | 084 226 | 536 555 | 207 | 20 | |
| | 50 | 452 543 | 215 | 916 195 | 421 | 083 805 | 536 348 | 206 | 10 | |
| 27 | 0 | 452 758 | 215 | 916 616 | 422 | 083 384 | 536 142 | 207 | 0 | 33 |
| | 10 | 452 973 | 214 | 917 038 | 421 | 082 962 | 535 935 | 206 | 50 | |
| | 20 | 453 187 | 215 | 917 459 | 421 | 082 541 | 535 729 | 207 | 40 | |
| | 30 | 453 402 | 214 | 917 880 | 421 | 082 120 | 535 522 | 207 | 30 | |
| | 40 | 453 616 | 215 | 918 301 | 421 | 081 699 | 535 315 | 206 | 20 | |
| | 50 | 453 831 | 214 | 918 722 | 421 | 081 278 | 535 109 | 207 | 10 | |
| 28 | 0 | 454 045 | 215 | 919 143 | 422 | 080 857 | 534 902 | 207 | 0 | 32 |
| | 10 | 454 260 | 214 | 919 565 | 421 | 080 435 | 534 695 | 206 | 50 | |
| | 20 | 454 474 | 215 | 919 986 | 421 | 080 014 | 534 489 | 207 | 40 | |
| | 30 | 454 689 | 214 | 920 407 | 421 | 079 593 | 534 282 | 207 | 30 | |
| | 40 | 454 903 | 215 | 920 828 | 421 | 079 172 | 534 075 | 207 | 20 | |
| | 50 | 455 118 | 214 | 921 249 | 421 | 078 751 | 533 868 | 206 | 10 | |
| 29 | 0 | 455 332 | 214 | 921 670 | 422 | 078 330 | 533 662 | 207 | 0 | 31 |
| | 10 | 455 546 | 215 | 922 092 | 421 | 077 908 | 533 455 | 207 | 50 | |
| | 20 | 455 761 | 214 | 922 513 | 421 | 077 487 | 533 248 | 207 | 40 | |
| | 30 | 455 975 | 214 | 922 934 | 421 | 077 066 | 533 041 | 207 | 30 | |
| | 40 | 456 189 | 215 | 923 355 | 421 | 076 645 | 532 834 | 207 | 20 | |
| | 50 | 456 404 | 214 | 923 776 | 421 | 076 224 | 532 627 | 206 | 10 | |
| 30 | 0 | $\bar{1}$,8 456 618 | | $\bar{1}$,9 924 197 | | 0,0 075 803 | $\bar{1}$,8 532 421 | | 0 | 30 |
| ′ | ″ | Cos. | | Cotg. | | Tang. | Sin. | | ″ | ′ |

| ′ | ″ | Sin. | D. | Tang. | D.c. | Cotg. | Cos. | D. | ″ | ′ |
|---|---|---|---|---|---|---|---|---|---|---|
| 30 | 0 | $\bar{1}$,8 456 618 | | $\bar{1}$,9 924 197 | | 0,0 075 803 | $\bar{1}$,8 532 421 | | 0 | 30 |
| | 10 | 456 832 | 214 | 924 619 | 422 | 075 381 | 532 214 | 207 | 50 | |
| | 20 | 457 046 | 214 | 925 040 | 421 | 074 960 | 532 007 | 207 | 40 | |
| | 30 | 457 261 | 215 | 925 461 | 421 | 074 539 | 531 800 | 207 | 30 | |
| | 40 | 457 475 | 214 | 925 882 | 421 | 074 118 | 531 593 | 207 | 20 | |
| | 50 | 457 689 | 214 | 926 303 | 421 | 073 697 | 531 386 | 207 | 10 | |
| 31 | 0 | 457 903 | 214 | 926 724 | 421 | 073 276 | 531 179 | 207 | 0 | 29 |
| | 10 | 458 117 | 214 | 927 146 | 422 | 072 854 | 530 972 | 207 | 50 | |
| | 20 | 458 331 | 214 | 927 567 | 421 | 072 433 | 530 765 | 207 | 40 | |
| | 30 | 458 545 | 214 | 927 988 | 421 | 072 012 | 530 558 | 207 | 30 | |
| | 40 | 458 760 | 215 | 928 409 | 421 | 071 591 | 530 350 | 208 | 20 | |
| | 50 | 458 974 | 214 | 928 830 | 421 | 071 170 | 530 143 | 207 | 10 | |
| 32 | 0 | 459 188 | 214 | 929 251 | 421 | 070 749 | 529 936 | 207 | 0 | 28 |
| | 10 | 459 402 | 214 | 929 673 | 422 | 070 327 | 529 729 | 207 | 50 | |
| | 20 | 459 616 | 214 | 930 094 | 421 | 069 906 | 529 522 | 207 | 40 | |
| | 30 | 459 830 | 214 | 930 515 | 421 | 069 485 | 529 315 | 207 | 30 | |
| | 40 | 460 043 | 213 | 930 936 | 421 | 069 064 | 529 107 | 208 | 20 | |
| | 50 | 460 257 | 214 | 931 357 | 421 | 068 643 | 528 900 | 207 | 10 | |
| 33 | 0 | 460 471 | 214 | 931 778 | 421 | 068 222 | 528 693 | 207 | 0 | 27 |
| | 10 | 460 685 | 214 | 932 200 | 422 | 067 800 | 528 486 | 207 | 50 | |
| | 20 | 460 899 | 214 | 932 621 | 421 | 067 379 | 528 278 | 208 | 40 | |
| | 30 | 461 113 | 214 | 933 042 | 421 | 066 958 | 528 071 | 207 | 30 | |
| | 40 | 461 327 | 214 | 933 463 | 421 | 066 537 | 527 864 | 207 | 20 | |
| | 50 | 461 540 | 213 | 933 884 | 421 | 066 116 | 527 656 | 208 | 10 | |
| 34 | 0 | 461 754 | 214 | 934 305 | 421 | 065 695 | 527 449 | 207 | 0 | 26 |
| | 10 | 461 968 | 214 | 934 726 | 421 | 065 274 | 527 242 | 207 | 50 | |
| | 20 | 462 182 | 214 | 935 148 | 422 | 064 852 | 527 034 | 208 | 40 | |
| | 30 | 462 395 | 213 | 935 569 | 421 | 064 431 | 526 827 | 207 | 30 | |
| | 40 | 462 609 | 214 | 935 990 | 421 | 064 010 | 526 619 | 208 | 20 | |
| | 50 | 462 823 | 214 | 936 411 | 421 | 063 589 | 526 412 | 207 | 10 | |
| 35 | 0 | 463 036 | 213 | 936 832 | 421 | 063 168 | 526 204 | 208 | 0 | 25 |
| | 10 | 463 250 | 214 | 937 253 | 421 | 062 747 | 525 997 | 207 | 50 | |
| | 20 | 463 464 | 214 | 937 674 | 421 | 062 326 | 525 789 | 208 | 40 | |
| | 30 | 463 677 | 213 | 938 096 | 422 | 061 904 | 525 582 | 207 | 30 | |
| | 40 | 463 891 | 214 | 938 517 | 421 | 061 483 | 525 374 | 208 | 20 | |
| | 50 | 464 104 | 213 | 938 938 | 421 | 061 062 | 525 166 | 208 | 10 | |
| 36 | 0 | 464 318 | 214 | 939 359 | 421 | 060 641 | 524 959 | 207 | 0 | 24 |
| | 10 | 464 531 | 213 | 939 780 | 421 | 060 220 | 524 751 | 208 | 50 | |
| | 20 | 464 745 | 214 | 940 201 | 421 | 059 799 | 524 543 | 208 | 40 | |
| | 30 | 464 958 | 213 | 940 623 | 422 | 059 377 | 524 336 | 207 | 30 | |
| | 40 | 465 172 | 214 | 941 044 | 421 | 058 956 | 524 128 | 208 | 20 | |
| | 50 | 465 385 | 213 | 941 465 | 421 | 058 535 | 523 920 | 208 | 10 | |
| 37 | 0 | 465 599 | 214 | 941 886 | 421 | 058 114 | 523 713 | 207 | 0 | 23 |
| | 10 | 465 812 | 213 | 942 307 | 421 | 057 693 | 523 505 | 208 | 50 | |
| | 20 | 466 025 | 213 | 942 728 | 421 | 057 272 | 523 297 | 208 | 40 | |
| | 30 | 466 239 | 214 | 943 149 | 421 | 056 851 | 523 089 | 208 | 30 | |
| | 40 | 466 452 | 213 | 943 571 | 422 | 056 429 | 522 881 | 208 | 20 | |
| | 50 | 466 665 | 213 | 943 992 | 421 | 056 008 | 522 674 | 207 | 10 | |
| 38 | 0 | 466 879 | 214 | 944 413 | 421 | 055 587 | 522 466 | 208 | 0 | 22 |
| | 10 | 467 092 | 213 | 944 834 | 421 | 055 166 | 522 258 | 208 | 50 | |
| | 20 | 467 305 | 213 | 945 255 | 421 | 054 745 | 522 050 | 208 | 40 | |
| | 30 | 467 518 | 213 | 945 676 | 421 | 054 324 | 521 842 | 208 | 30 | |
| | 40 | 467 731 | 213 | 946 097 | 421 | 053 903 | 521 634 | 208 | 20 | |
| | 50 | 467 945 | 214 | 946 518 | 421 | 053 482 | 521 426 | 208 | 10 | |
| 39 | 0 | 468 158 | 213 | 946 940 | 422 | 053 060 | 521 218 | 208 | 0 | 21 |
| | 10 | 468 371 | 213 | 947 361 | 421 | 052 639 | 521 010 | 208 | 50 | |
| | 20 | 468 584 | 213 | 947 782 | 421 | 052 218 | 520 802 | 208 | 40 | |
| | 30 | 468 797 | 213 | 948 203 | 421 | 051 797 | 520 594 | 208 | 30 | |
| | 40 | 469 010 | 213 | 948 624 | 421 | 051 376 | 520 386 | 208 | 20 | |
| | 50 | 469 223 | 213 | 949 045 | 421 | 050 955 | 520 178 | 208 | 10 | |
| 40 | 0 | $\bar{1}$,8 469 436 | 213 | $\bar{1}$,9 949 466 | 421 | 0,0 050 534 | $\bar{1}$,8 519 970 | 208 | 0 | 20 |
| ′ | ″ | Cos. | | Cotg. | | Tang. | Sin. | | ″ | ′ |

| 422 | |
|---|---|
| 1 | 42,2 |
| 2 | 84,4 |
| 3 | 126,6 |
| 4 | 168,8 |
| 5 | 211,0 |
| 6 | 253,2 |
| 7 | 295,4 |
| 8 | 337,6 |
| 9 | 379,8 |

| 421 | |
|---|---|
| 1 | 42,1 |
| 2 | 84,2 |
| 3 | 126,3 |
| 4 | 168,4 |
| 5 | 210,5 |
| 6 | 252,6 |
| 7 | 294,7 |
| 8 | 336,8 |
| 9 | 378,9 |

| 214 | |
|---|---|
| 1 | 21,4 |
| 2 | 42,8 |
| 3 | 64,2 |
| 4 | 85,6 |
| 5 | 107,0 |
| 6 | 128,4 |
| 7 | 149,8 |
| 8 | 171,2 |
| 9 | 192,6 |

| 213 | |
|---|---|
| 1 | 21,3 |
| 2 | 42,6 |
| 3 | 63,9 |
| 4 | 85,2 |
| 5 | 106,5 |
| 6 | 127,8 |
| 7 | 149,1 |
| 8 | 170,4 |
| 9 | 191,7 |

| 207 | |
|---|---|
| 1 | 20,7 |
| 2 | 41,4 |
| 3 | 62,1 |
| 4 | 82,8 |
| 5 | 103,5 |
| 6 | 124,2 |
| 7 | 144,9 |
| 8 | 165,6 |
| 9 | 186,3 |

| 208 | |
|---|---|
| 1 | 20,8 |
| 2 | 41,6 |
| 3 | 62,4 |
| 4 | 83,2 |
| 5 | 104,0 |
| 6 | 124,8 |
| 7 | 145,6 |
| 8 | 166,4 |
| 9 | 187,2 |

| 422 | |
|---|---|
| 1 | 42,2 |
| 2 | 84,4 |
| 3 | 126,6 |
| 4 | 168,8 |
| 5 | 211,0 |
| 6 | 253,2 |
| 7 | 295,4 |
| 8 | 337,6 |
| 9 | 379,8 |

| 421 | |
|---|---|
| 1 | 42,1 |
| 2 | 84,2 |
| 3 | 126,3 |
| 4 | 168,4 |
| 5 | 210,5 |
| 6 | 252,6 |
| 7 | 294,7 |
| 8 | 336,8 |
| 9 | 378,9 |

| 213 | |
|---|---|
| 1 | 21,3 |
| 2 | 42,6 |
| 3 | 63,9 |
| 4 | 85,2 |
| 5 | 106,5 |
| 6 | 127,8 |
| 7 | 149,1 |
| 8 | 170,4 |
| 9 | 191,7 |

| 212 | |
|---|---|
| 1 | 21,2 |
| 2 | 42,4 |
| 3 | 63,6 |
| 4 | 84,8 |
| 5 | 106,0 |
| 6 | 127,2 |
| 7 | 148,4 |
| 8 | 169,6 |
| 9 | 190,8 |

| 208 | |
|---|---|
| 1 | 20,8 |
| 2 | 41,6 |
| 3 | 62,4 |
| 4 | 83,2 |
| 5 | 104,0 |
| 6 | 124,8 |
| 7 | 145,6 |
| 8 | 166,4 |
| 9 | 187,2 |

| 209 | |
|---|---|
| 1 | 20,9 |
| 2 | 41,8 |
| 3 | 62,7 |
| 4 | 83,6 |
| 5 | 104,5 |
| 6 | 125,4 |
| 7 | 146,3 |
| 8 | 167,2 |
| 9 | 188,1 |

| ′ | ″ | Sin. | D. | Tang. | D. c. | Cotg. | Cos. | D. | ″ | ′ |
|---|---|---|---|---|---|---|---|---|---|---|
| 40 | 0 | 1̄,8 469 436 | 213 | 1̄,9 949 466 | 422 | 0,0 050 534 | 1̄,8 519 970 | 208 | 0 | 20 |
| | 10 | 469 649 | 213 | 949 888 | 421 | 050 112 | 519 762 | 208 | 50 | |
| | 20 | 469 862 | 213 | 950 309 | 421 | 049 691 | 519 554 | 209 | 40 | |
| | 30 | 470 075 | 213 | 950 730 | 421 | 049 270 | 519 345 | 208 | 30 | |
| | 40 | 470 288 | 213 | 951 151 | 421 | 048 849 | 519 137 | 208 | 20 | |
| | 50 | 470 501 | 213 | 951 572 | 421 | 048 428 | 518 929 | 208 | 10 | |
| 41 | 0 | 470 714 | 213 | 951 993 | 421 | 048 007 | 518 721 | 208 | 0 | 19 |
| | 10 | 470 927 | 213 | 952 414 | 421 | 047 586 | 518 513 | 209 | 50 | |
| | 20 | 471 140 | 213 | 952 835 | 422 | 047 165 | 518 304 | 208 | 40 | |
| | 30 | 471 353 | 212 | 953 257 | 421 | 046 743 | 518 096 | 208 | 30 | |
| | 40 | 471 565 | 213 | 953 678 | 421 | 046 322 | 517 888 | 209 | 20 | |
| | 50 | 471 778 | 213 | 954 099 | 421 | 045 901 | 517 679 | 208 | 10 | |
| 42 | 0 | 471 991 | 213 | 954 520 | 421 | 045 480 | 517 471 | 208 | 0 | 18 |
| | 10 | 472 204 | 212 | 954 941 | 421 | 045 059 | 517 263 | 209 | 50 | |
| | 20 | 472 416 | 213 | 955 362 | 421 | 044 638 | 517 054 | 208 | 40 | |
| | 30 | 472 629 | 213 | 955 783 | 421 | 044 217 | 516 846 | 209 | 30 | |
| | 40 | 472 842 | 213 | 956 204 | 422 | 043 796 | 516 637 | 208 | 20 | |
| | 50 | 473 055 | 212 | 956 626 | 421 | 043 374 | 516 429 | 209 | 10 | |
| 43 | 0 | 473 267 | 213 | 957 047 | 421 | 042 953 | 516 220 | 208 | 0 | 17 |
| | 10 | 473 480 | 212 | 957 468 | 421 | 042 532 | 516 012 | 209 | 50 | |
| | 20 | 473 692 | 213 | 957 889 | 421 | 042 111 | 515 803 | 208 | 40 | |
| | 30 | 473 905 | 213 | 958 310 | 421 | 041 690 | 515 595 | 209 | 30 | |
| | 40 | 474 118 | 212 | 958 731 | 421 | 041 269 | 515 386 | 208 | 20 | |
| | 50 | 474 330 | 213 | 959 152 | 421 | 040 848 | 515 178 | 209 | 10 | |
| 44 | 0 | 474 543 | 212 | 959 573 | 422 | 040 427 | 514 969 | 208 | 0 | 16 |
| | 10 | 474 755 | 213 | 959 995 | 421 | 040 005 | 514 761 | 209 | 50 | |
| | 20 | 474 968 | 212 | 960 416 | 421 | 039 584 | 514 552 | 209 | 40 | |
| | 30 | 475 180 | 213 | 960 837 | 421 | 039 163 | 514 343 | 208 | 30 | |
| | 40 | 475 393 | 212 | 961 258 | 421 | 038 742 | 514 135 | 209 | 20 | |
| | 50 | 475 605 | 212 | 961 679 | 421 | 038 321 | 513 926 | 209 | 10 | |
| 45 | 0 | 475 817 | 213 | 962 100 | 421 | 037 900 | 513 717 | 208 | 0 | 15 |
| | 10 | 476 030 | 212 | 962 521 | 421 | 037 479 | 513 509 | 209 | 50 | |
| | 20 | 476 242 | 213 | 962 942 | 422 | 037 058 | 513 300 | 209 | 40 | |
| | 30 | 476 455 | 212 | 963 364 | 421 | 036 636 | 513 091 | 209 | 30 | |
| | 40 | 476 667 | 212 | 963 785 | 421 | 036 215 | 512 882 | 209 | 20 | |
| | 50 | 476 879 | 212 | 964 206 | 421 | 035 794 | 512 673 | 208 | 10 | |
| 46 | 0 | 477 091 | 213 | 964 627 | 421 | 035 373 | 512 465 | 209 | 0 | 14 |
| | 10 | 477 304 | 212 | 965 048 | 421 | 034 952 | 512 256 | 209 | 50 | |
| | 20 | 477 516 | 212 | 965 469 | 421 | 034 531 | 512 047 | 209 | 40 | |
| | 30 | 477 728 | 212 | 965 890 | 421 | 034 110 | 511 838 | 209 | 30 | |
| | 40 | 477 940 | 213 | 966 311 | 421 | 033 689 | 511 629 | 209 | 20 | |
| | 50 | 478 153 | 212 | 966 732 | 422 | 033 268 | 511 420 | 209 | 10 | |
| 47 | 0 | 478 365 | 212 | 967 154 | 421 | 032 846 | 511 211 | 209 | 0 | 13 |
| | 10 | 478 577 | 212 | 967 575 | 421 | 032 425 | 511 002 | 209 | 50 | |
| | 20 | 478 789 | 212 | 967 996 | 421 | 032 004 | 510 793 | 209 | 40 | |
| | 30 | 479 001 | 212 | 968 417 | 421 | 031 583 | 510 584 | 209 | 30 | |
| | 40 | 479 213 | 212 | 968 838 | 421 | 031 162 | 510 375 | 209 | 20 | |
| | 50 | 479 425 | 212 | 969 259 | 421 | 030 741 | 510 166 | 209 | 10 | |
| 48 | 0 | 479 637 | 212 | 969 680 | 421 | 030 320 | 509 957 | 209 | 0 | 12 |
| | 10 | 479 849 | 212 | 970 101 | 422 | 029 899 | 509 748 | 209 | 50 | |
| | 20 | 480 061 | 212 | 970 523 | 421 | 029 477 | 509 539 | 209 | 40 | |
| | 30 | 480 273 | 212 | 970 944 | 421 | 029 056 | 509 330 | 210 | 30 | |
| | 40 | 480 485 | 212 | 971 365 | 421 | 028 635 | 509 120 | 209 | 20 | |
| | 50 | 480 697 | 212 | 971 786 | 421 | 028 214 | 508 911 | 209 | 10 | |
| 49 | 0 | 480 909 | 212 | 972 207 | 421 | 027 793 | 508 702 | 209 | 0 | 11 |
| | 10 | 481 121 | 212 | 972 628 | 421 | 027 372 | 508 493 | 209 | 50 | |
| | 20 | 481 333 | 212 | 973 049 | 421 | 026 951 | 508 284 | 210 | 40 | |
| | 30 | 481 545 | 211 | 973 470 | 421 | 026 530 | 508 074 | 209 | 30 | |
| | 40 | 481 756 | 212 | 973 891 | 422 | 026 109 | 507 865 | 209 | 20 | |
| | 50 | 481 968 | 212 | 974 313 | 421 | 025 687 | 507 656 | 210 | 10 | |
| 50 | 0 | 1̄,8 482 180 | | 1̄,9 974 734 | | 0,0 025 266 | 1̄,8 507 446 | | 0 | 10 |
| ′ | ″ | Cos. | | Cotg. | | Tang. | Sin. | | ″ | ′ |

45°

| ′ | ″ | Sin. | D. | Tang. | D.c. | Cotg. | Cos. | D. | ″ | ′ |
|---|---|---|---|---|---|---|---|---|---|---|
| 50 | 0 | 1̄,8 482 180 | | 1̄,9 974 734 | | 0,0 025 266 | 1̄,8 507 446 | | 0 | 10 |
| | 10 | 482 392 | 212 | 975 155 | 421 | 024 845 | 507 237 | 209 | 50 | |
| | 20 | 482 604 | 212 | 975 576 | 421 | 024 424 | 507 028 | 209 | 40 | |
| | 30 | 482 815 | 211 | 975 997 | 421 | 024 003 | 506 818 | 210 | 30 | |
| | 40 | 483 027 | 212 | 976 418 | 421 | 023 582 | 506 609 | 209 | 20 | |
| | 50 | 483 239 | 212 | 976 839 | 421 | 023 161 | 506 400 | 209 | 10 | |
| 51 | 0 | 483 450 | 211 | 977 260 | 421 | 022 740 | 506 190 | 210 | 0 | 9 |
| | 10 | 483 662 | 212 | 977 681 | 421 | 022 319 | 505 981 | 209 | 50 | |
| | 20 | 483 874 | 212 | 978 103 | 422 | 021 897 | 505 771 | 210 | 40 | |
| | 30 | 484 085 | 211 | 978 524 | 421 | 021 476 | 505 562 | 209 | 30 | |
| | 40 | 484 297 | 212 | 978 945 | 421 | 021 055 | 505 352 | 210 | 20 | |
| | 50 | 484 508 | 211 | 979 366 | 421 | 020 634 | 505 143 | 209 | 10 | |
| 52 | 0 | 484 720 | 212 | 979 787 | 421 | 020 213 | 504 933 | 210 | 0 | 8 |
| | 10 | 484 931 | 211 | 980 208 | 421 | 019 792 | 504 723 | 210 | 50 | |
| | 20 | 485 143 | 212 | 980 629 | 421 | 019 371 | 504 514 | 209 | 40 | |
| | 30 | 485 354 | 211 | 981 050 | 421 | 018 950 | 504 304 | 210 | 30 | |
| | 40 | 485 566 | 212 | 981 471 | 421 | 018 529 | 504 095 | 209 | 20 | |
| | 50 | 485 777 | 211 | 981 892 | 421 | 018 108 | 503 885 | 210 | 10 | |
| 53 | 0 | 485 989 | 212 | 982 314 | 422 | 017 686 | 503 675 | 210 | 0 | 7 |
| | 10 | 486 200 | 211 | 982 735 | 421 | 017 265 | 503 466 | 209 | 50 | |
| | 20 | 486 412 | 212 | 983 156 | 421 | 016 844 | 503 256 | 210 | 40 | |
| | 30 | 486 623 | 211 | 983 577 | 421 | 016 423 | 503 046 | 210 | 30 | |
| | 40 | 486 834 | 211 | 983 998 | 421 | 016 002 | 502 836 | 210 | 20 | |
| | 50 | 487 046 | 212 | 984 419 | 421 | 015 581 | 502 626 | 210 | 10 | |
| 54 | 0 | 487 257 | 211 | 984 840 | 421 | 015 160 | 502 417 | 209 | 0 | 6 |
| | 10 | 487 468 | 211 | 985 261 | 421 | 014 739 | 502 207 | 210 | 50 | |
| | 20 | 487 679 | 211 | 985 682 | 421 | 014 318 | 501 997 | 210 | 40 | |
| | 30 | 487 891 | 212 | 986 104 | 422 | 013 896 | 501 787 | 210 | 30 | |
| | 40 | 488 102 | 211 | 986 525 | 421 | 013 475 | 501 577 | 210 | 20 | |
| | 50 | 488 313 | 211 | 986 946 | 421 | 013 054 | 501 367 | 210 | 10 | |
| 55 | 0 | 488 524 | 211 | 987 367 | 421 | 012 633 | 501 157 | 210 | 0 | 5 |
| | 10 | 488 735 | 211 | 987 788 | 421 | 012 212 | 500 947 | 210 | 50 | |
| | 20 | 488 947 | 212 | 988 209 | 421 | 011 791 | 500 737 | 210 | 40 | |
| | 30 | 489 158 | 211 | 988 630 | 421 | 011 370 | 500 527 | 210 | 30 | |
| | 40 | 489 369 | 211 | 989 051 | 421 | 010 949 | 500 317 | 210 | 20 | |
| | 50 | 489 580 | 211 | 989 472 | 421 | 010 528 | 500 107 | 210 | 10 | |
| 56 | 0 | 489 791 | 211 | 989 893 | 421 | 010 107 | 499 897 | 210 | 0 | 4 |
| | 10 | 490 002 | 211 | 990 315 | 422 | 009 685 | 499 687 | 210 | 50 | |
| | 20 | 490 213 | 211 | 990 736 | 421 | 009 264 | 499 477 | 210 | 40 | |
| | 30 | 490 424 | 211 | 991 157 | 421 | 008 843 | 499 267 | 210 | 30 | |
| | 40 | 490 635 | 211 | 991 578 | 421 | 008 422 | 499 057 | 210 | 20 | |
| | 50 | 490 846 | 211 | 991 999 | 421 | 008 001 | 498 847 | 210 | 10 | |
| 57 | 0 | 491 057 | 211 | 992 420 | 421 | 007 580 | 498 637 | 210 | 0 | 3 |
| | 10 | 491 268 | 211 | 992 841 | 421 | 007 159 | 498 426 | 211 | 50 | |
| | 20 | 491 479 | 211 | 993 262 | 421 | 006 738 | 498 216 | 210 | 40 | |
| | 30 | 491 689 | 210 | 993 683 | 421 | 006 317 | 498 006 | 210 | 30 | |
| | 40 | 491 900 | 211 | 994 105 | 422 | 005 895 | 497 796 | 210 | 20 | |
| | 50 | 492 111 | 211 | 994 526 | 421 | 005 474 | 497 585 | 211 | 10 | |
| 58 | 0 | 492 322 | 211 | 994 947 | 421 | 005 053 | 497 375 | 210 | 0 | 2 |
| | 10 | 492 533 | 211 | 995 368 | 421 | 004 632 | 497 165 | 210 | 50 | |
| | 20 | 492 743 | 210 | 995 789 | 421 | 004 211 | 496 955 | 210 | 40 | |
| | 30 | 492 954 | 211 | 996 210 | 421 | 003 790 | 496 744 | 211 | 30 | |
| | 40 | 493 165 | 211 | 996 631 | 421 | 003 369 | 496 534 | 210 | 20 | |
| | 50 | 493 376 | 211 | 997 052 | 421 | 002 948 | 496 323 | 211 | 10 | |
| 59 | 0 | 493 586 | 210 | 997 473 | 421 | 002 527 | 496 113 | 210 | 0 | 1 |
| | 10 | 493 797 | 211 | 997 894 | 421 | 002 106 | 495 903 | 210 | 50 | |
| | 20 | 494 008 | 211 | 998 316 | 422 | 001 684 | 495 692 | 211 | 40 | |
| | 30 | 494 218 | 210 | 998 737 | 421 | 001 263 | 495 482 | 210 | 30 | |
| | 40 | 494 429 | 211 | 999 158 | 421 | 000 842 | 495 271 | 211 | 20 | |
| | 50 | 494 639 | 210 | 1̄,9 999 579 | 421 | 000 421 | 495 061 | 210 | 10 | |
| 60 | 0 | 1̄,8 494 850 | 211 | 0,0 000 000 | 421 | 0,0 000 000 | 1̄,8 494 850 | 211 | 0 | 0 |
| ′ | ″ | Cos. | | Cotg. | | Tang. | Sin. | | ″ | ′ |

45°

| | 422 |
|---|---|
| 1 | 42,2 |
| 2 | 84,4 |
| 3 | 126,6 |
| 4 | 168,8 |
| 5 | 211,0 |
| 6 | 253,2 |
| 7 | 295,4 |
| 8 | 337,6 |
| 9 | 379,8 |

| | 421 |
|---|---|
| 1 | 42,1 |
| 2 | 84,2 |
| 3 | 126,3 |
| 4 | 168,4 |
| 5 | 210,5 |
| 6 | 252,6 |
| 7 | 294,7 |
| 8 | 336,8 |
| 9 | 378,9 |

| | 212 |
|---|---|
| 1 | 21,2 |
| 2 | 42,4 |
| 3 | 63,6 |
| 4 | 84,8 |
| 5 | 106,0 |
| 6 | 127,2 |
| 7 | 148,4 |
| 8 | 169,6 |
| 9 | 190,8 |

| | 211 |
|---|---|
| 1 | 21,1 |
| 2 | 42,2 |
| 3 | 63,3 |
| 4 | 84,4 |
| 5 | 105,5 |
| 6 | 126,6 |
| 7 | 147,7 |
| 8 | 168,8 |
| 9 | 189,9 |

| | 210 |
|---|---|
| 1 | 21 |
| 2 | 42 |
| 3 | 63 |
| 4 | 84 |
| 5 | 105 |
| 6 | 126 |
| 7 | 147 |
| 8 | 168 |
| 9 | 189 |

| | 209 |
|---|---|
| 1 | 20,9 |
| 2 | 41,8 |
| 3 | 62,7 |
| 4 | 83,6 |
| 5 | 104,5 |
| 6 | 125,4 |
| 7 | 146,3 |
| 8 | 167,2 |
| 9 | 188,1 |

| DEGRÉS | | | | | | MINUTES | | SECONDES | |
|---|---|---|---|---|---|---|---|---|---|
| 0° | 0,0000 000 | 60° | 1,0471 976 | 120° | 2,0943 951 | 0′ | 0,0000 000 | 0″ | 0,000 0000 |
| 1 | 0,0174 533 | 1 | 1,0646 508 | 1 | 2,1118 484 | 1 | 0.0002 909 | 1 | 0,000 0048 |
| 2 | 0,0349 066 | 2 | 1,0821 041 | 2 | 2,1293 017 | 2 | 0.0005 818 | 2 | 0,000 0097 |
| 3 | 0,0523 599 | 3 | 1,0995 574 | 3 | 2,1467 550 | 3 | 0,0008 727 | 3 | 0,000 0145 |
| 4 | 0,0698 132 | 4 | 1,1170 107 | 4 | 2,1642 083 | 4 | 0,0011 636 | 4 | 0,000 0194 |
| 5 | 0,0872 665 | 5 | 1,1344 640 | 5 | 2,1816 616 | 5 | 0,0014 544 | 5 | 0,000 0242 |
| 6 | 0,1047 198 | 6 | 1,1519 173 | 6 | 2,1991 149 | 6 | 0,0017 453 | 6 | 0,000 0291 |
| 7 | 0,1221 730 | 7 | 1,1693 706 | 7 | 2,2165 682 | 7 | 0,0020 362 | 7 | 0,000 0339 |
| 8 | 0,1396 263 | 8 | 1,1868 239 | 8 | 2,2340 214 | 8 | 0,0023 271 | 8 | 0,000 0388 |
| 9 | 0.1570 796 | 9 | 1,2042 772 | 9 | 2,2514 747 | 9 | 0,0026 180 | 9 | 0,000 0436 |
| 10 | 0.1745 329 | 70 | 1,2217 305 | 130 | 2,2689 280 | 10 | 0,0029 089 | 10 | 0,000 0485 |
| 1 | 0,1919 862 | 1 | 1,2391 838 | 1 | 2,2863 813 | 1 | 0,0031 998 | 1 | 0,000 0533 |
| 2 | 0,2094 395 | 2 | 1,2566 371 | 2 | 2,3038 346 | 2 | 0,0034 907 | 2 | 0.000 0582 |
| 3 | 0,2268 928 | 3 | 1,2740 904 | 3 | 2,3212 879 | 3 | 0,0037 815 | 3 | 0,000 0630 |
| 4 | 0,2443 461 | 4 | 1,2915 436 | 4 | 2,3387 412 | 4 | 0,0040 724 | 4 | 0,000 0679 |
| 5 | 0,2617 994 | 5 | 1,3089 969 | 5 | 2,3561 945 | 5 | 0,0043 633 | 5 | 0,000 0727 |
| 6 | 0,2792 527 | 6 | 1,3264 502 | 6 | 2,3736 478 | 6 | 0,0046 542 | 6 | 0,000 0776 |
| 7 | 0,2967 060 | 7 | 1,3439 035 | 7 | 2,3911 011 | 7 | 0,0049 451 | 7 | 0,000 0824 |
| 8 | 0,3141 593 | 8 | 1,3613 568 | 8 | 2,4085 544 | 8 | 0,0052 360 | 8 | 0,000 0873 |
| 9 | 0,3316 126 | 9 | 1,3788 101 | 9 | 2,4260 077 | 9 | 0,0055 269 | 9 | 0,000 0921 |
| 20 | 0,3490 659 | 80 | 1,3962 634 | 140 | 2,4434 610 | 20 | 0,0058 178 | 20 | 0,000 0970 |
| 1 | 0,3665 191 | 1 | 1,4137 167 | 1 | 2,4609 142 | 1 | 0,0061 087 | 1 | 0.000 1018 |
| 2 | 0,3839 724 | 2 | 1,4311 700 | 2 | 2,4783 675 | 2 | 0,0063 995 | 2 | 0,000 1067 |
| 3 | 0,4014 257 | 3 | 1,4486 233 | 3 | 2,4958 208 | 3 | 0,0066 904 | 3 | 0,000 1115 |
| 4 | 0,4188 790 | 4 | 1,4660 766 | 4 | 2,5132 741 | 4 | 0,0069 813 | 4 | 0,000 1164 |
| 5 | 0,4363 323 | 5 | 1,4835 299 | 5 | 2,5307 274 | 5 | 0,0072 722 | 5 | 0,000 1212 |
| 6 | 0,4537 856 | 6 | 1,5009 832 | 6 | 2,5481 807 | 6 | 0,0075 631 | 6 | 0,000 1261 |
| 7 | 0,4712 389 | 7 | 1,5184 364 | 7 | 2,5656 340 | 7 | 0,0078 540 | 7 | 0,000 1309 |
| 8 | 0,4886 922 | 8 | 1,5358 897 | 8 | 2,5830 873 | 8 | 0,0081 449 | 8 | 0,000 1357 |
| 9 | 0,5061 455 | 9 | 1,5533 430 | 9 | 2,6005 406 | 9 | 0,0084 358 | 9 | 0,000 1406 |
| 30 | 0,5235 988 | 90 | 1,5707 963 | 150 | 2,6179 939 | 30 | 0,0087 266 | 30 | 0,000 1454 |
| 1 | 0,5410 521 | 1 | 1,5882 496 | 1 | 2,6354 472 | 1 | 0,0090 175 | 1 | 0,000 1503 |
| 2 | 0,5585 054 | 2 | 1,6057 029 | 2 | 2,6529 005 | 2 | 0,0093 084 | 2 | 0,000 1551 |
| 3 | 0,5759 587 | 3 | 1,6231 562 | 3 | 2,6703 538 | 3 | 0,0095 993 | 3 | 0,000 1600 |
| 4 | 0,5934 119 | 4 | 1,6406 095 | 4 | 2,6878 070 | 4 | 0,0098 902 | 4 | 0,000 1648 |
| 5 | 0,6108 652 | 5 | 1,6580 628 | 5 | 2,7052 603 | 5 | 0,0101 811 | 5 | 0,000 1697 |
| 6 | 0,6283 185 | 6 | 1,6755 161 | 6 | 2,7227 136 | 6 | 0,0104 720 | 6 | 0,000 1745 |
| 7 | 0,6457 718 | 7 | 1,6929 694 | 7 | 2,7401 669 | 7 | 0,0107 629 | 7 | 0,000 1794 |
| 8 | 0,6632 251 | 8 | 1,7104 227 | 8 | 2,7576 202 | 8 | 0,0110 538 | 8 | 0,000 1842 |
| 9 | 0,6806 784 | 9 | 1,7278 760 | 9 | 2,7750 735 | 9 | 0,0113 446 | 9 | 0,000 1891 |
| 40 | 0,6981 317 | 100 | 1,7453 293 | 160 | 2,7925 268 | 40 | 0,0116 355 | 40 | 0,000 1939 |
| 1 | 0,7155 850 | 1 | 1,7627 825 | 1 | 2,8099 801 | 1 | 0,0119 264 | 1 | 0,000 1988 |
| 2 | 0,7330 383 | 2 | 1,7802 358 | 2 | 2,8274 334 | 2 | 0,0122 173 | 2 | 0,000 2036 |
| 3 | 0,7504 916 | 3 | 1,7976 891 | 3 | 2,8448 867 | 3 | 0,0125 082 | 3 | 0,000 2085 |
| 4 | 0,7679 449 | 4 | 1,8151 424 | 4 | 2,8623 400 | 4 | 0,0127 991 | 4 | 0,000 2133 |
| 5 | 0,7853 982 | 5 | 1,8325 957 | 5 | 2,8797 933 | 5 | 0,0130 900 | 5 | 0,000 2182 |
| 6 | 0,8028 515 | 6 | 1,8500 490 | 6 | 2,8972 466 | 6 | 0,0133 809 | 6 | 0,000 2230 |
| 7 | 0,8203 047 | 7 | 1,8675 023 | 7 | 2,9146 999 | 7 | 0,0136 717 | 7 | 0,000 2279 |
| 8 | 0.8377 580 | 8 | 1,8849 556 | 8 | 2,9321 531 | 8 | 0,0139 626 | 8 | 0,000 2327 |
| 9 | 0,8552 113 | 9 | 1,9024 089 | 9 | 2,9496 064 | 9 | 0,0142 535 | 9 | 0,000 2376 |
| 50 | 0,8726 646 | 110 | 1,9198 622 | 170 | 2,9670 597 | 50 | 0,0145 444 | 50 | 0,000 2424 |
| 1 | 0,8901 179 | 1 | 1,9373 155 | 1 | 2,9845 130 | 1 | 0,0148 353 | 1 | 0,000 2473 |
| 2 | 0,9075 712 | 2 | 1,9547 688 | 2 | 3,0019 663 | 2 | 0,0151 262 | 2 | 0,000 2521 |
| 3 | 0,9250 245 | 3 | 1,9722 221 | 3 | 3,0194 196 | 3 | 0,0154 171 | 3 | 0,000 2570 |
| 4 | 0,9424 778 | 4 | 1,9896 753 | 4 | 3,0368 729 | 4 | 0,0157 080 | 4 | 0,000 2618 |
| 5 | 0,9599 311 | 5 | 2,0071 286 | 5 | 3,0543 262 | 5 | 0,0159 989 | 5 | 0,000 2666 |
| 6 | 0,9773 844 | 6 | 2,0245 819 | 6 | 3,0717 795 | 6 | 0,0162 897 | 6 | 0,000 2715 |
| 7 | 0,9948 377 | 7 | 2,0420 352 | 7 | 3,0892 328 | 7 | 0,0165 806 | 7 | 0,000 2763 |
| 8 | 1,0122 910 | 8 | 2,0594 885 | 8 | 3.1066 861 | 8 | 0,0168 715 | 8 | 0,000 2812 |
| 9 | 1,0297 443 | 9 | 2,0769 418 | 9 | 3,1241 394 | 9 | 0,0171 624 | 9 | 0,000 2860 |

| ° / ′ | h. m. / m. s. | ° | h. m. | ° | h. m. | ° | h. m. | ° | h. m. | ° | h. m. | ″ | s. |
|---|---|---|---|---|---|---|---|---|---|---|---|---|---|
| 0 | 0 0 | 60° | 4 0 | 120° | 8 0 | 180° | 12 0 | 240° | 16 0 | 300° | 20 0 | 0″ | 0,00 |
| 1 | 0 4 | 1 | 4 4 | 1 | 8 4 | 1 | 12 4 | 1 | 16 4 | 1 | 20 4 | 1 | 0,07 |
| 2 | 0 8 | 2 | 4 8 | 2 | 8 8 | 2 | 12 8 | 2 | 16 8 | 2 | 20 8 | 2 | 0,13 |
| 3 | 0 12 | 3 | 4 12 | 3 | 8 12 | 3 | 12 12 | 3 | 16 12 | 3 | 20 12 | 3 | 0,20 |
| 4 | 0 16 | 4 | 4 16 | 4 | 8 16 | 4 | 12 16 | 4 | 16 16 | 4 | 20 16 | 4 | 0,27 |
| 5 | 0 20 | 5 | 4 20 | 5 | 8 20 | 5 | 12 20 | 5 | 16 20 | 5 | 20 20 | 5 | 0,33 |
| 6 | 0 24 | 6 | 4 24 | 6 | 8 24 | 6 | 12 24 | 6 | 16 24 | 6 | 20 24 | 6 | 0,40 |
| 7 | 0 28 | 7 | 4 28 | 7 | 8 28 | 7 | 12 28 | 7 | 16 28 | 7 | 20 28 | 7 | 0,47 |
| 8 | 0 32 | 8 | 4 32 | 8 | 8 32 | 8 | 12 32 | 8 | 16 32 | 8 | 20 32 | 8 | 0,53 |
| 9 | 0 36 | 9 | 4 36 | 9 | 8 36 | 9 | 12 36 | 9 | 16 36 | 9 | 20 36 | 9 | 0,60 |
| 10 | 0 40 | 70 | 4 40 | 130 | 8 40 | 190 | 12 40 | 250 | 16 40 | 310 | 20 40 | 10 | 0,67 |
| 1 | 0 44 | 1 | 4 44 | 1 | 8 44 | 1 | 12 44 | 1 | 16 44 | 1 | 20 44 | 1 | 0,73 |
| 2 | 0 48 | 2 | 4 48 | 2 | 8 48 | 2 | 12 48 | 2 | 16 48 | 2 | 20 48 | 2 | 0,80 |
| 3 | 0 52 | 3 | 4 52 | 3 | 8 52 | 3 | 12 52 | 3 | 16 52 | 3 | 20 52 | 3 | 0,87 |
| 4 | 0 56 | 4 | 4 56 | 4 | 8 56 | 4 | 12 56 | 4 | 16 56 | 4 | 20 56 | 4 | 0,93 |
| 5 | 1 0 | 5 | 5 0 | 5 | 9 0 | 5 | 13 0 | 5 | 17 0 | 5 | 21 0 | 5 | 1,00 |
| 6 | 1 4 | 6 | 5 4 | 6 | 9 4 | 6 | 13 4 | 6 | 17 4 | 6 | 21 4 | 6 | 1,07 |
| 7 | 1 8 | 7 | 5 8 | 7 | 9 8 | 7 | 13 8 | 7 | 17 8 | 7 | 21 8 | 7 | 1,13 |
| 8 | 1 12 | 8 | 5 12 | 8 | 9 12 | 8 | 13 12 | 8 | 17 12 | 8 | 21 12 | 8 | 1,20 |
| 9 | 1 16 | 9 | 5 16 | 9 | 9 16 | 9 | 13 16 | 9 | 17 16 | 9 | 21 16 | 9 | 1,27 |
| 20 | 1 20 | 80 | 5 20 | 140 | 9 20 | 200 | 13 20 | 260 | 17 20 | 320 | 21 20 | 20 | 1,33 |
| 1 | 1 24 | 1 | 5 24 | 1 | 9 24 | 1 | 13 24 | 1 | 17 24 | 1 | 21 24 | 1 | 1,40 |
| 2 | 1 28 | 2 | 5 28 | 2 | 9 28 | 2 | 13 28 | 2 | 17 28 | 2 | 21 28 | 2 | 1,47 |
| 3 | 1 32 | 3 | 5 32 | 3 | 9 32 | 3 | 13 32 | 3 | 17 32 | 3 | 21 32 | 3 | 1,53 |
| 4 | 1 36 | 4 | 5 36 | 4 | 9 36 | 4 | 13 36 | 4 | 17 36 | 4 | 21 36 | 4 | 1,60 |
| 5 | 1 40 | 5 | 5 40 | 5 | 9 40 | 5 | 13 40 | 5 | 17 40 | 5 | 21 40 | 5 | 1,67 |
| 6 | 1 44 | 6 | 5 44 | 6 | 9 44 | 6 | 13 44 | 6 | 17 44 | 6 | 21 44 | 6 | 1,73 |
| 7 | 1 48 | 7 | 5 48 | 7 | 9 48 | 7 | 13 48 | 7 | 17 48 | 7 | 21 48 | 7 | 1.80 |
| 8 | 1 52 | 8 | 5 52 | 8 | 9 52 | 8 | 13 52 | 8 | 17 52 | 8 | 21 52 | 8 | 1.87 |
| 9 | 1 56 | 9 | 5 56 | 9 | 9 56 | 9 | 13 56 | 9 | 17 56 | 9 | 21 56 | 9 | 1,93 |
| 30 | 2 0 | 90 | 6 0 | 150 | 10 0 | 210 | 14 0 | 270 | 18 0 | 330 | 22 0 | 30 | 2 00 |
| 1 | 2 4 | 1 | 6 4 | 1 | 10 4 | 1 | 14 4 | 1 | 18 4 | 1 | 22 4 | 1 | 2.07 |
| 2 | 2 8 | 2 | 6 8 | 2 | 10 8 | 2 | 14 8 | 2 | 18 8 | 2 | 22 8 | 2 | 2,13 |
| 3 | 2 12 | 3 | 6 12 | 3 | 10 12 | 3 | 14 12 | 3 | 18 12 | 3 | 22 12 | 3 | 2,20 |
| 4 | 2 16 | 4 | 6 16 | 4 | 10 16 | 4 | 14 16 | 4 | 18 16 | 4 | 22 16 | 4 | 2,27 |
| 5 | 2 20 | 5 | 6 20 | 5 | 10 20 | 5 | 14 20 | 5 | 18 20 | 5 | 22 20 | 5 | 2,33 |
| 6 | 2 24 | 6 | 6 24 | 6 | 10 24 | 6 | 14 24 | 6 | 18 24 | 6 | 22 24 | 6 | 2,40 |
| 7 | 2 28 | 7 | 6 28 | 7 | 10 28 | 7 | 14 28 | 7 | 18 28 | 7 | 22 28 | 7 | 2,47 |
| 8 | 2 32 | 8 | 6 32 | 8 | 10 32 | 8 | 14 32 | 8 | 18 32 | 8 | 22 32 | 8 | 2,53 |
| 9 | 2 36 | 9 | 6 36 | 9 | 10 36 | 9 | 14 36 | 9 | 18 36 | 9 | 22 36 | 9 | 2,60 |
| 40 | 2 40 | 100 | 6 40 | 160 | 10 40 | 220 | 14 40 | 280 | 18 40 | 340 | 22 40 | 40 | 2,67 |
| 1 | 2 44 | 1 | 6 44 | 1 | 10 44 | 1 | 14 44 | 1 | 18 44 | 1 | 22 44 | 1 | 2,73 |
| 2 | 2 48 | 2 | 6 48 | 2 | 10 48 | 2 | 14 48 | 2 | 18 48 | 2 | 22 48 | 2 | 2 80 |
| 3 | 2 52 | 3 | 6 52 | 3 | 10 52 | 3 | 14 52 | 3 | 18 52 | 3 | 22 52 | 3 | 2,87 |
| 4 | 2 56 | 4 | 6 56 | 4 | 10 56 | 4 | 14 56 | 4 | 18 56 | 4 | 22 56 | 4 | 2,93 |
| 5 | 3 0 | 5 | 7 0 | 5 | 11 0 | 5 | 15 0 | 5 | 19 0 | 5 | 23 0 | 5 | 3,00 |
| 6 | 3 4 | 6 | 7 4 | 6 | 11 4 | 6 | 15 4 | 6 | 19 4 | 6 | 23 4 | 6 | 3,07 |
| 7 | 3 8 | 7 | 7 8 | 7 | 11 8 | 7 | 15 8 | 7 | 19 8 | 7 | 23 8 | 7 | 3,13 |
| 8 | 3 12 | 8 | 7 12 | 8 | 11 12 | 8 | 15 12 | 8 | 19 12 | 8 | 23 12 | 8 | 3,20 |
| 9 | 3 16 | 9 | 7 16 | 9 | 11 16 | 9 | 15 16 | 9 | 19 16 | 9 | 23 16 | 9 | 3,27 |
| 50 | 3 20 | 110 | 7 20 | 170 | 11 20 | 230 | 15 20 | 290 | 19 20 | 350 | 23 20 | 50 | 3,33 |
| 1 | 3 24 | 1 | 7 24 | 1 | 11 24 | 1 | 15 24 | 1 | 19 24 | 1 | 23 24 | 1 | 3,40 |
| 2 | 3 28 | 2 | 7 28 | 2 | 11 28 | 2 | 15 28 | 2 | 19 28 | 2 | 23 28 | 2 | 3,47 |
| 3 | 3 32 | 3 | 7 32 | 3 | 11 32 | 3 | 15 32 | 3 | 19 32 | 3 | 23 32 | 3 | 3,53 |
| 4 | 3 36 | 4 | 7 36 | 4 | 11 36 | 4 | 15 36 | 4 | 19 36 | 4 | 23 36 | 4 | 3,60 |
| 5 | 3 40 | 5 | 7 40 | 5 | 11 40 | 5 | 15 40 | 5 | 19 40 | 5 | 23 40 | 5 | 3,67 |
| 6 | 3 44 | 6 | 7 44 | 6 | 11 44 | 6 | 15 44 | 6 | 19 44 | 6 | 23 44 | 6 | 3,73 |
| 7 | 3 48 | 7 | 7 48 | 7 | 11 48 | 7 | 15 48 | 7 | 19 48 | 7 | 23 48 | 7 | 3,80 |
| 8 | 3 52 | 8 | 7 52 | 8 | 11 52 | 8 | 15 52 | 8 | 19 52 | 8 | 23 52 | 8 | 3.87 |
| 9 | 3 56 | 9 | 7 56 | 9 | 11 56 | 9 | 15 56 | 9 | 19 56 | 9 | 23 56 | 9 | 3,93 |

# DISPOSITION

ET

# USAGE DES TABLES

## TABLE I.

### LOGARITHMES DES NOMBRES DE 1 A 1000.

(PAGES 2 ET 3.)

Le *logarithme vulgaire* d'un nombre est l'exposant de la puissance à laquelle il faut élever 10 pour avoir ce nombre. On nomme *caractéristique* la partie entière du logarithme et *mantisse* la partie décimale. Le mot mantisse vient du mauvais latin *mantissa* qui signifie surplus, excès. La caractéristique d'un logarithme est positive ou négative, suivant que le nombre correspondant est plus grand ou plus petit que l'unité. Elle indique, en valeur absolue, la place qu'occupe le premier chiffre significatif du nombre exprimé en décimales, en dessus ou en dessous de celle des unités. Ainsi dans le nombre 365,25 638 le premier chiffre significatif occupe la deuxième place avant celle des unités, la caractéristique de son logarithme est 2 ; et dans le nombre 0,003 665 le premier chiffre significatif occupe la troisième place après celle des unités, la caractéristique de son logarithme est $\bar{3}$. Les caractéristiques des logarithmes des nombres ne sont pas exprimées dans les tables : on les trouve aisément à la seule inspection des nombres.

L'addition de plusieurs logarithmes ne présente aucune difficulté. Quant à la soustraction, elle doit toujours se ramener à une addition en ajoutant au premier logarithme le complément du second par rapport à 0, complément qu'on nomme le *cologarithme* du nombre. Pour obtenir le cologarithme d'un nombre dont on a le logarithme, on change le signe de la caractéristique et on ajoute — 1 au résultat, puis on retranche successivement de 9 tous les chiffres de la mantisse, excepté le premier chiffre significatif à droite qu'on retranche de 10. Ainsi les compléments par rapport à o des logarithmes

$$2{,}4\,560\,379 \quad \text{et} \quad \bar{1}{,}7\,364\,800$$
$$\text{sont} \quad \bar{3}{,}5\,439\,621 \quad \text{et} \quad 0{,}2\,635\,200.$$

La table I, formée de deux pages en regard, contient les logarithmes des nombres compris de 1 à 1000. Elle dispense de feuilleter les 180 pages suivantes du manuel. La première colonne à gauche intitulée N, initiale du mot nombre, contient la suite naturelle des nombres depuis 1 jusqu'à 99. Pour faciliter les recherches on n'a inscrit qu'une fois le chiffre des dizaines. La deuxième colonne, marquée 0, contient les six dernières décimales des logarithmes de ces nombres ; pour avoir la première, il faut prendre le chiffre isolé qui se trouve à gauche le plus proche en montant.

Lorsque le quotient de deux nombres est une puissance de 10, la mantisse de leur logarithme est la même ; ainsi l'ensemble des deux premières colonnes marquées N et 0 donne aussi les logarithmes des nombres 100, 110, 120,... 990, 1000.

Pour avoir les logarithmes des nombres intermédiaires, il faut avoir recours aux colonnes marquées 1, 2, 3,....9. Elles contiennent les six dernières figures des logarithmes des nombres terminés par les chiffres qui sont en tête de ces colonnes. On a la première figure de ces logarithmes en prenant encore le chiffre isolé qui se trouve à gauche dans la colonne marquée 0 le plus proche en montant ; à moins que l'ensemble des six dernières décimales ne soit précédé d'une étoile, on doit prendre alors pour premier chiffre du logarithme celui de la ligne immédiatement suivante.

Nous allons résoudre quelques exemples.

Premier cas. Le nombre n'a qu'un chiffre. On cherche ce nombre, abstraction faite de la virgule, s'il y en a une, dans la colonne N, au commencement de la page 2. Soit par exemple le nombre 5. On trouve les six dernières décimales du logarithme sur la même ligne horizontale que 5 dans la colonne marquée 0 ; pour avoir la première décimale il faut prendre le chiffre isolé 6 qui se trouve à gauche au-dessus. On a donc, en observant que la caractéristique est o,

$$\log \ 5 = 0{,}6\,989\,700$$
$$\text{On aurait} \quad \log \ 0{,}05 = \bar{2}{,}6\,989\,700.$$

Deuxième cas. Le nombre a deux chiffres. On cherche ce nombre, abstraction faite de la virgule, s'il y en a une, dans la colonne N. Soit, par exemple, le nombre 5,6. On trouve les six dernières figures 481 880 du logarithme, sur la même ligne horizontale que 56, dans la colonne marquée 0, page 3. Pour avoir la première figure, il faut prendre le chiffre isolé 7 qui se trouve à gauche le plus proche en montant. On a donc, en observant que la caractéristique est o,

$$\log 5{,}6 = 0{,}7\,481\,880.$$

Troisième cas. Le nombre a trois chiffres. Soit le nombre 5,64. On cherche encore le nombre 56 dans la colonne marquée N, puis on suit de gauche à droite la ligne sur laquelle on l'a trouvé jusqu'à la colonne en haut et en bas de laquelle on lit le dernier chiffre 4 du nombre donné. On y trouve les six dernières décimales 512 791 du logarithme demandé. La première est le chiffre isolé 7 qui se trouve dans la colonne 0 à gauche, le plus proche en montant. On a donc, en tenant compte de la caractéristique,

$$\log 5{,}64 = 0{,}7\,512\,791.$$

En cherchant de la même manière le logarithme du nombre 636, on trouve que les six dernières décimales 034 571 sont précédées d'une étoile, on prend alors pour première décimale le chiffre isolé 8 qui se trouve dans la colonne 0 à la ligne suivante. On a donc en restituant la caractéristique,

$$\log 636 = 2{,}8\,034\,571.$$

## TABLE II.

### LOGARITHMES DES NOMBRES DE 1 A 100 000.

(Pages 4-183.)

La colonne N contient la suite naturelle des nombres depuis 1000 jusqu'à 9999 ; pour faciliter les recherches on n'a inscrit les trois premiers chiffres de ces nombres que de dix en dix. La colonne 0 contient les quatre dernières décimales des logarithmes de ces nombres ; pour avoir les trois premières, il faut prendre les nombres isolés de trois chiffres qui se trouvent à gauche dans la même colonne les plus proches en montant.

L'ensemble des deux colonnes N et 0, donne aussi de dix en dix les logarithmes des nombres compris de 10 000 à 100 000. Pour trouver les logarithmes des nombres intermédiaires, on a recours aux colonnes marquées 1 2, 3, 4, 5, 6, 7, 8, 9. Elles contiennent les quatre dernières décimales des logarithmes des nombres terminés par les chiffres qui sont en tête de ces colonnes. On a les trois premières décimales de ces logarithmes en prenant encore les nombres isolés de trois chiffres qui se trouvent à gauche dans la colonne 0, les plus proches en montant; à moins que l'ensemble des quatre dernières décimales ne soit précédé d'une étoile, on doit prendre alors pour trois premiers chiffres ceux de la ligne immédiatement suivante.

La dernière colonne intitulée Diff. et p. p. contient les différences des logarithmes des nombres successifs et les parties proportionnelles de ces différences.

Premier problème. — *Trouver le logarithme d'un nombre entier ou décimal donné.*

On fait d'abord abstraction de la virgule du nombre, s'il y en a une.

Premier cas. Le nombre a un, deux, trois ou quatre chiffres. Soit le nombre 18,56. On cherche le nombre 1856 dans la colonne N des tableaux. On trouve, page 21, colonne 0, les quatre dernières figures 5780 du logarithme, sur la même ligne horizontale que 1856. Les trois premières figures sont le nombre isolé 268, qui se trouve à gauche le plus proche en montant. On a donc:

$$\log 18{,}56 = 1{,}2\,685\,780.$$

Si on voulait avoir les logarithmes des nombres 5, 56, 564, on chercherait de la même manière les logarithmes des nombres 5000, 5600, 5640; mais on a plus tôt fait de prendre les logarithmes des nombres proposés, dans la table I, pages 2 et 3, ainsi que nous l'avons indiqué.

Deuxième cas. Le nombre a cinq chiffres. Soit le nombre 0,018564. On cherche encore le nombre 1856 dans la colonne N, puis on suit de gauche à droite la ligne sur laquelle on l'a trouvé jusqu'à la colonne en haut et en bas de laquelle on lit le dernier chiffre 4 du nombre donné. On y trouve les quatre dernières décimales 6716 du logarithme demandé. Les trois premières sont exprimées par le nombre isolé 268 qui se trouve dans la colonne 0, à gauche, le plus proche en montant. Donc :

$$\log 0,018\,564 = \bar{2},2\,686\,716.$$

En cherchant de la même manière le logarithme du nombre 86 498, on trouve que les quatre dernières décimales 0061 sont précédées d'une étoile; on aura les trois premières en prenant le nombre isolé 937 qui se trouve à la ligne immédiatement suivante. Si on veut se dispenser de recourir à cette ligne, qui est dans l'exemple particulier que nous avons choisi, la première de la page suivante, on prendra le nombre isolé 936 qui se trouve dans la colonne 0 à gauche le plus proche en montant, et on l'augmentera d'une unité.

Observons que l'ensemble de deux pages en regard contenant exactement 1000 logarithmes, tout nombre de cinq chiffres a son logarithme sur une page de gauche ou de droite et dans la première ou la seconde moitié de la page, suivant que le nombre formé par ses trois derniers chiffres à droite est compris de 0 à 249, de 250 à 499, de 500 à 749 ou de 750 à 999. Ainsi le nombre 18564, et en général tout nombre de cinq chiffres terminé par 564, a son logarithme dans la première moitié d'une page de droite; et le nombre 87498, et généralement tout nombre terminé par 498, a son logarithme à la fin de la seconde moitié d'une page de gauche. Cette remarque nous paraît utile, car elle fait connaître immédiatement, avant toute lecture, l'endroit de la page où se trouve le logarithme cherché.

Troisième cas. Le nombre a plus de cinq chiffres. On en sépare cinq sur sa gauche. Ainsi soit le nombre 3,141593. On suppose qu'on ait 31415,93, et on cherche comme au second cas le logarithme de 31415. La mantisse de ce logarithme est 0,4971 371. On cherche la différence entre ce logarithme et le suivant, c'est-à-dire la différence entre les logarithmes de 31 415 et de 31 416. Pour obtenir cette différence, on en calcule d'abord *à vue* le chiffre des unités du septième ordre décimal, on trouve 8 ; puis on cherche dans la colonne des différences celle qui se termine par le chiffre 8, on trouve 138 : c'est la différence cherchée. Elle est toujours exprimée en unités du septième ordre décimal. Or, les différences entre les logarithmes sont sensiblement proportionnelles aux différences entre les nombres : donc pour 0,93 il faut ajouter au logarithme de 31 415 les 0,93 de la différence tabulaire 138, c'est-à-dire 128,34 ou approximativement 128. La petite table des parties proportionnelles placée au-dessous de 138 permet d'éviter la multiplication de 138 par 0,93. On y trouve en effet les augmentations 124,2 et 41,4 pour 0,9 et 0,3; donc l'augmentation pour 0,03 est 4,14, et pour 0,93 elle est 124,2 + 4,14. Voici la disposition du calcul :

| | | |
|---|---|---|
| | log 31 415 | 0,4 971 371 |
| Pour | 0,9 | 1242 |
| Pour | 0,03 | 414 |
| Donc, | log 3,141593 = | 0,4 971 499. |

On omet les décimales qui suivent la septième; mais il faut augmenter cette septième décimale d'une unité quand le premier chiffre omis est égal ou supérieur à 5.

Dans la recherche du logarithme d'un nombre il ne faut tenir compte que des sept ou huit premiers chiffres du nombre. On néglige les suivants qui n'ont aucune influence sur les sept premières décimales du logarithme; mais quand le premier chiffre négligé est égal ou supérieur à 5, on augmente d'une unité le dernier chiffre conservé afin de remplacer le nombre proposé par le nombre de sept ou de huit chiffres qui en approche le plus. Ainsi pour avoir le logarithme de 3,14159265 on néglige les deux derniers chiffres 65 et on remplace le nombre proposé par 3,141 593. Soit encore le nombre 102 345,6789. On néglige 89, et on remplace le nombre proposé par 102 345,68. Voici le calcul :

| | | |
|---|---|---|
| | log 10234 | 0,0 100 454 |
| Pour | 0,5 | 212 |
| Pour | 0,06 | 2544 |
| Pour | 0,008 | 3392 |
| Donc, | log 102345,68 = | 5,0 100 695. |

Second problème. *Trouver le nombre correspondant à un logarithme donné.*

On fait abstraction de la caractéristique et on cherche les trois premières décimales du logarithme parmi les nombres isolés de trois chiffres, qui se trouvent dans la colonne marquée 0 des cent quatre-vingts tableaux, pages 1-183, puis on descend cette colonne jusqu'à la rencontre du nombre de quatre chiffres qui approche le plus en moins du nombre exprimé par les quatre dernières décimales, et on suit de gauche à droite la ligne où l'on s'est arrêté jusqu'à la colonne qui contient ces quatre dernières décimales ou le nombre qui en approche le plus en moins ; il y a ces deux cas à considérer.

Le chiffre en haut et en bas de cette colonne est le cinquième chiffre du nombre; on trouve les quatre premiers dans la colonne marquée N, sur l'alignement des quatre dernières décimales du logarithme.

Premier cas. Le logarithme se trouve dans la table. Soit le logarithme $\overline{2}$,7804253. On cherche 780 parmi les nombres isolés de la colonne 0; on le trouve page 104. Puis on descend cette colonne jusqu'à 3893, qui approche le plus en moins de 4253, et on suit de gauche à droite la ligne qui commence par 3893 jusqu'à la colonne qui contient 4253. Le chiffre 5, qui est en haut et en bas de cette colonne, est le cinquième chiffre du nombre cherché. On trouve les quatre premiers 6031 dans la colonne marquée N sur l'alignement de 4253. En tenant compte de la caractéristique $\overline{2}$, le nombre cherché est donc 0,060 315.

Soit encore le logarithme 7,9310305. On cherche 931 parmi les nombres isolés de la colonne 0. A droite de 931, page 154, on lit 0508, qui est supérieur à 0305 ; il faut alors chercher 0305 à la ligne immédiatement précédente. Le chiffre 6, qui est en haut de cette colonne, est la cinquième figure du nombre cherché. On trouve les quatre premiers 8531 dans la colonne marquée N, sur l'alignement de 0305. En ayant égard à la caractéristique 7, le nombre cherché est donc 85 316 000.

Second cas. Le logarithme ne se trouve pas dans la table. Supposons qu'on cherche le nombre dont le logarithme est 2,3456789. On cherche comme au premier cas le logarithme qui en approche le plus en moins; on trouve, abstraction faite de la caractéristique, 0,3456677 qui correspond au nombre formé des chiffres 22165. On retranche ce logarithme du logarithme proposé et du logarithme suivant de la table. On obtient les différences 112 et 196. Or, les différences entre les nombres sont sensiblement proportionnelles aux différences entre les logarithmes; si donc la différence 196 correspond à une unité de différence entre les nombres, 1 correspond à $\frac{1}{196}$ de différence, et 112 à $\frac{112}{196}$. On convertit $\frac{112}{196}$ en décimales; cela donne par défaut

0,57 à ajouter au nombre; donc le nombre cherché est 221,6557. La table des parties proportionnelles permet d'éviter la division de 112 par 196. On cherche 112, ou le nombre qui en approche le plus en moins, dans la petite table placée au-dessous de 196; on y trouve 98, qui correspond à 0,5, à ajouter au nombre, et il reste 14. On multiplie 14 par 10. Pour 137,2, il faudrait ajouter 0,7 au nombre; donc pour 13,72, ou à peu près 14, il faut y ajouter 10 fois moins, ou 0,07. En tenant compte de la caractéristique 2, le nombre cherché est donc 221,6557. On peut disposer le calcul de la manière suivante :

| | | | |
|---|---|---|---|
| Logarithme.... | 2,3456789 | | |
| Pour....... | 677 | Nombre.... | 22165 |
| 1re différence... | 112 | | |
| Pour......... | 98 | | 0,5 |
| 2e différence... | 14 | | |
| Pour........ | 1372 | | 0,07 |
| | | Nombre cherché = | 221,6557. |

On trouve de même que le nombre qui a pour logarithme 0,9876543, est 9,719732 par excès.

## TABLES III, IV ET V.

(PAGES 184-188.)

Ces trois tables contiennent les logarithmes naturels des nombres de 1 à 1000, et les multiples du module M et du rapport inverse 1/M, qui servent à convertir les logarithmes naturels en logarithmes vulgaires, et réciproquement. L'usage de ces trois tables, qui sont à simple entrée, ne peut offrir aucune difficulté. Il faut seulement observer que, pour éviter des répétitions inutiles, on n'a inscrit qu'une fois les dizaines des nombres et les caractéristiques des logarithmes naturels.

## TABLES VI, VII ET VIII.

LOGARITHMES DES SINUS ET DES TANGENTES DE SECONDE EN SECONDE POUR LES CINQ PREMIERS DEGRÉS, ET DE DIX SECONDES EN DIX SECONDES POUR TOUS LES DEGRÉS DU QUART DE CERCLE.

(PAGES 190-559.)

On sait qu'on nomme *sinus* d'un arc la perpendiculaire abaissé d'une extrémité de l'arc sur le rayon qui passe par l'autre extrémité.

La *tangente* d'un arc est la portion de tangente indéfinie menée à une extrémité de l'arc, et comprise entre cette extrémité et le rayon prolongé qui passe par l'autre extrémité.

Le sinus et la tangente d'un angle sont les rapports du sinus et de la tangente de l'arc, qui mesure cet angle, au rayon du même arc.

Le cosinus et la cotangente d'un arc ou d'un angle sont le sinus et la tangente du complément de l'arc ou de l'angle.

Les tables VI et VII contiennent les logarithmes des sinus et des tangentes de seconde en seconde pour les cinq premiers degrés. Le cosinus et la cotangente d'un angle, étant le sinus et la tangente de son complément, ces deux tables donnent aussi les logarithmes des cosinus et des cotangentes des angles de 85° à 90°.

Les degrés sont marqués hors du cadre en haut et en bas de chaque page ; les minutes occupent la première et la dernière ligne, et les secondes la première et la dernière colonne. Chaque page de gauche contient les logarithmes sinus et cosinus, et chaque page de droite les logarithmes tangentes et cotangentes, ainsi qu'on le voit par les titres de ces pages ; toutefois le mot « logarithmes » y est sous-entendu.

La table VIII contient les logarithmes des sinus, tangentes, cotangentes et cosinus, de dix en dix secondes pour tous les degrés du quart du cercle. Les degrés sont inscrits hors du cadre, en haut et en bas de chaque page. Les minutes et les secondes qu'on voit à la première et à la seconde colonne, se rapportent aux degrés inscrits en haut de la page ; et les minutes et les secondes qu'on lit à la dernière et à l'avant-dernière colonne, se rapportent aux degrés marqués en bas. Les logarithmes sont inscrits dans les colonnes marquées Sin., Tang., Cotg., Cos. ; les noms des lignes trigonométriques se lisent en haut ou en bas des pages, suivant que l'arc est plus petit ou plus grand que 45°.

Dans ces trois tables, on n'a considéré que les rapports des lignes trigonométriques au rayon, c'est-à-dire que les logarithmes de ces lignes sont exprimés dans la supposition de $R=1$. En outre, quand plusieurs logarithmes successifs inscrits dans la même colonne ont leurs premiers chiffres communs, on a généralement sous-entendu les deux premiers, excepté dans les logarithmes extrêmes; de sorte que, quand on ne trouve dans la table que les six derniers chiffres d'un logarithme, il faut le compléter en écrivant à sa gauche les chiffres excédants que contient le logarithme complet le plus voisin en montant ou en descendant. Ainsi veut-on, par exemple, le logarithme du sinus de 9°8′10″, on cherche 9° en haut des pages; quand on a trouvé ce nombre, on cherche 8′ dans la première colonne à gauche, puis 10″ dans la seconde. A droite de 10″, sur la même ligne horizontale, dans la colonne intitulée Sin., on trouve les six derniers chiffres 007968 du logarithme demandé; pour avoir les deux autres chiffres, il faut prendre les chiffres excédants $\bar{1},2$ que contiennent les logarithmes complets des sinus de 9°7′10″ et de 9°10′, les plus voisins en montant et en descendant. Donc le logarithme cherché est $\bar{1},2007968$. On s'assure qu'on n'a pas franchi par inadvertance deux logarithmes complets successifs, et on vérifie ainsi les chiffres sous-entendus $\bar{1},2$ en lisant les chiffres excédants du logarithme complet le plus voisin en montant et du logarithme complet le plus voisin en descendant; ces chiffres doivent toujours être identiques.

Les différences entre les logarithmes successifs des sinus sont inscrites dans la petite colonne à droite des logarithmes sinus, intitulée D. Il en est de même des différences entre les logarithmes des cosinus. La petite colonne intitulée D.c. entre les colonnes Tang. et Cotg., contient les différences communes entre les logarithmes successifs des tangentes et des cotangentes. Comme, à partir de 5°, les différences des arcs sont sensiblement proportionnelles aux différences des logarithmes, on a calculé d'avance les parties proportionnelles des différences pour 1, 2, 3, ...9 secondes. Le défaut d'espace n'a permis d'abord d'inscrire ces parties proportionnelles des différences que de 10 en 10, puis de 5 en 5, et de 2 en 2; mais à partir de 22° 30′, elles sont inscrites pour toutes les différences.

Premier exemple. — *Trouver le logarithme du sinus, de la tangente, du cosinus ou de la cotangente d'un arc donné.*

Premier cas. L'arc ne contient que des degrés, des minutes et des dizaines de secondes. Le logarithme se trouve immédiatement dans la table VIII ; ainsi on trouve en restituant aux logarithmes les premiers chiffres sous-entendus ;

log sin 2° 24′ 50″ = $\bar{2}$,6 244 662
log tang 79° 51′ 40″ = 0,7 475 657
log cotg 35° 8′ 20″ = 0,1 525 345
log cos 84° 32′ 30″ = $\bar{2}$,9 782 803.

Second cas. L'arc donné contient des secondes et une fraction décimale de seconde.

*Premier exemple.* Calculer le logarithme de sinus 6° 32′ 37″,8. On cherche d'abord le logarithme de sinus 6° 32′ 30″ ; on trouve $\bar{1}$,0566218, en tenant compte des deux premiers chiffres sous-entendus. La différence entre ce logarithme et le suivant est égale a 1836 unités du 7e ordre décimal ; or les différences entre les logarithmes sont sensiblement proportionnelles aux différences entre les arcs ; donc pour 1″ de plus il faudrait ajouter au logarithme le dixième de 1836 ou 183,6, et pour 7″,8 de plus, il faut y ajouter 183,6 × 7,8 = 1432,08, ou approximativement 1432. Donc

log sin 6° 32′ 37″,8 = $\bar{1}$,0 567 650.

La table des parties proportionnelles placée au-dessous de 1830 permet d'obtenir assez rapidement le produit de 183,6 par 7,8. On y trouve l'augmentation 1281 pour 7″ ; mais la différence pour 1″ est 183,6 et non 183 ; il faut donc ajouter 7 fois 6 ou 4,2 à l'augmentation 1281, ce qui donne 1285,2. D'ailleurs l'augmentation pour 8″ est 1464, il faut encore y ajouter 8 fois 0,6 ou 4,8, ce qui donne 1468,8 ; donc l'augmentation pour 0″,8 est 146.88 et l'augmentation totale pour 7″,8 est 1285,2 + 146,88. Voici le type du calcul ;

| | | |
|---|---|---|
| Log sin 6° 32′ 30″ | = | $\bar{1}$,0 566 218 |
| Pour 7″ | | 1 285 2 |
| Pour 0″,8 | | 146 88 |
| Log sin 6° 32′ 37″,8 | = | $\bar{1}$,0 567 650 |

On trouve de même

log tang 8° 13′ 52″,76 = $\bar{1}$,1603 493.

*Deuxième exemple.* Trouver le logarithme de cosinus 35° 44′ 45″,8. Quand l'arc augmente, son cosinus diminue. Pour avoir une addition à faire au logarithme pris dans la table, on cherche l'arc immédiatement supérieur à l'arc donné. On trouve log cos $35°44'50''$ $=\bar{1},9093433$. La différence entre ce logarithme et le précédent est 151 ; donc, pour $1''$ de moins, il faudrait ajouter au logarithme 15,1, et pour $4'',2$ de moins, il faut y ajouter $15,1\times4,2=63,42$, ou approximativement 63. Donc log cos $35°44'45'',8=\bar{1},9093496$. Si on fait usage de la table des parties proportionnelles placée au-dessous de 151, voici la disposition du calcul :

| | | |
|---|---|---|
| Log cos $35°44'50''$ | | $=\bar{1},9\,093\,433$ |
| Pour | $-4''$ | $60\,4$ |
| Pour | $-0'',2$ | $3\,02$ |
| Log cos $35°44'45'',8$ | | $=\bar{1},9093496.$ |

On trouve de même.

$$\log \operatorname{cotg} 77°4'18'',5=\bar{1},3\,608\,745.$$

Deuxième problème. — *Trouver l'arc correspondant au logarithme donné d'un sinus, d'une tangente, d'un cosinus ou d'une cotangente.*

Premier cas. Le logarithme se trouve dans la table VIII. Il faut observer d'abord qu'on a

$$\log \sin 45° = \log \cos 45° = \bar{1},8\,494\,850$$
$$\text{et} \quad \log \operatorname{tang} 45° = \log \operatorname{cotg} 45° = 0.$$

Supposons maintenant qu'on donne le logarithme d'un sinus; s'il est inférieur à $\bar{1},8\,494\,850$, l'arc correspondant est plus petit que $45°$, et il faut chercher le logarithme dans les colonnes intitulées Sin. du haut. Le nombre des degrés de l'arc se trouvera en haut de la page hors du cadre, le nombre des dizaines de secondes dans la seconde colonne à gauche sur la même ligne horizontale que le logarithme donné, et le nombre des minutes dans la première colonne sur l'alignement des dizaines de secondes, ou immédiatement au-dessus. Si le logarithme est supérieur à $\bar{1},8494850$, l'arc correspondant est plus grand que $45°$, et il faut chercher le logarithme dans les colonnes intitulées Sin. du bas. Le nombre des degrés de l'arc se trouvera au bas de la page hors du cadre, le nombre des dizaines de secondes dans l'avant-dernière colonne à droite sur la même ligne horizontale que le logarithme donné, et le nombre des minutes dans la dernière colonne sur l'alignement des dizaines de secondes, ou immédiatement au-dessous.

*Exemple.* Trouver l'arc dont le logarithme-sinus est $\bar{1},3541803$. Comme ce logarithme est inférieur à $\bar{1},8494850$, l'arc correspondant est inférieur à 45°; on en cherche d'abord les deux premiers chiffres $\bar{1},3$ dans les colonnes intitulées Sin. du haut, puis les six autres chiffres 541 803. On lit 50″ dans la seconde colonne à gauche sur la même ligne horizontale que 541 803; puis on lit 3′ dans la première colonne immédiatement au-dessus de 50″, et 13° au haut de la page, donc l'arc cherché est 13° 3′ 50″.

Suivant que le logarithme d'un cosinus est plus grand ou plus petit que $\bar{1},8494850$, l'arc correspondant est plus petit ou plus grand que 45°. Pour avoir cet arc, on cherche le logarithme dans les colonnes intitulées Cos. du haut ou du bas.

Enfin, quand on donne le logarithme d'une tangente, pour avoir l'arc correspondant il faut chercher le logarithme dans les colonnes intitulées Tang. du haut ou du bas, suivant qu'il est plus petit ou plus grand que o; et quand on donne le logarithme d'une cotangente, il faut, au contraire, le chercher dans les colonnes intitulées Cotg. du haut ou du bas, suivant qu'il est plus grand ou plus petit que o.

Deuxième cas. Le logarithme ne se trouve pas dans la table.

*Premier exemple.* Trouver l'arc dont le logarithme-tangente est $\bar{1},9802507$. Comme ce logarithme est inférieur a o, l'arc correspondant est plus petit que 45°. On cherche, comme au premier cas, le logarithme qui en approche le plus en moins; on trouve $\bar{1},9802434$, qui correspond à l'arc de 43° 41′ 50″. En retranchant ce logarithme du logarithme proposé et du logarithme suivant de la table, on a les différences 73 et 422. Si la différence 422 correspond à 10″ de différence entre les arcs, 1 correspond à $\frac{1}{422}$ de 10″, et 73 à $\frac{73}{422}$ de 10″ ou 1″,73 par excès. Donc l'arc cherché égale 43° 41′ 51″,73. La table des parties proportionnelles placée au-dessous de 422 permet d'éviter la division de 730 par 422. On cherche dans cette petite table 73 ou le nombre qui en approche le plus en moins, on y trouve 42,2, qui correspond à 1″ à ajouter à l'arc, et il reste 30,8. On multiplie 30,8 par 10. Pour 295,4, il faudrait ajouter 7″ à l'arc; donc pour 29,54, il faut y ajouter 0″,7, et il reste 1,26. On multiplie 1,26 par 100. Pour 126,6, il faudrait ajouter 3″ à l'arc; donc pour 1,266 ou à peu près 1,26, il faut y ajouter 0",03 par excès. Disposition du calcul :

| | | |
|---|---|---|
| Log tang $x = \bar{1},9\,802\,507$ | | |
| Pour....... | 2 434 | 43° 41′ 50″ |
| 1re différence | 73 | |
| Pour....... | 42 2 | 1″ |
| 2e différence. | 30 8 | |
| Pour....... | 29 54 | 0,7 |
| 3e différence. | 1 26 | |
| Pour....... | 1 266 | 0,03 |
| | | $x = 43°\,41'\,51'',73$. |

On trouve de même que l'arc dont le logarithme-sinus est $\bar{1},9\,605\,961$ égale 65° 57′ 37″,1.

*Deuxième exemple.* Trouver l'arc dont le log. cotg. est $\bar{1},1\,603\,493$. Quand la cotangente augmente, l'arc diminue. Pour avoir une addition à faire à l'arc trouvé dans la table, on cherche le logarithme immédiatement supérieur au logarithme donné. On trouve $\bar{1},1\,604\,569$, qui correspond à l'arc de 81° 46′. En retranchant de ce logarithme le logarithme proposé et le logarithme suivant de la table, on a les différences 1076 et 1486. Si la différence 1486 correspond à 10″ de différence entre les arcs, 1 correspond à $\frac{1}{1486}$ de 10″, et 1076 à $\frac{1076}{1486}$ de 10″ ou 7″,24 par défaut; donc l'arc cherché égale 81° 46′ 7″,24. On peut aussi, au moyen de la table des parties proportionnelles placée au-dessous de 1480, déterminer l'augmentation d'arc pour 1076 unités du 7e ordre décimal; mais la différence pour 1″ étant 148,6, et non 148, il faut ajouter aux parties proportionnelles successives 1, 2, 3, ...9 fois 0,6, ce qui se fait à vue. Voici la disposition du calcul :

| | | |
|---|---|---|
| Log cotg $x = \bar{1},1\,603\,493$ | | |
| Pour........ | 4 569 | 81° 46′ |
| 1re différence. | 1 076 | |
| Pour........ | 1 040 2 | 7″ |
| 2e différence. | 35 8 | |
| Pour........ | 29 72 | 0″,2 |
| 3e différence. | 6 08 | |
| Pour........ | 5 944 | 0″,04 |
| | | $x = 81°\,46'\,7'',24$. |

On trouve de même que l'arc dont le logarithme-cosinus est $\bar{1},2723500$ égale $79^{\circ}\ 12'\ 34'',07$.

Dans le cas particulier où l'on cherche le logarithme-sinus ou le logarithme-tangente d'un arc moindre que $5^{\circ}$, et contenant des unités de seconde, il faut faire usage des tables VI et VII, qui donnent immédiatement ces logarithmes. Si l'arc contient, en outre, une fraction de seconde, il y a deux cas à examiner, suivant qu'il est plus grand ou plus petit que $2^{\circ}\ 46'\ 30''$. S'il est compris entre $2^{\circ}\ 46'\ 30''$ et $5^{\circ}$, il faut encore se servir des tables VI et VII, et interpoler pour la fraction de seconde comme on le fait avec la table VIII pour les secondes; mais si l'arc est plus petit que $2^{\circ}\ 46'\ 30''$, on doit avoir recours aux logarithmes marqués S et T inscrits au bas des pages des tables I et II. Ce sont les logarithmes des rapports $\frac{\sin x}{x}$ et $\frac{\operatorname{tang} x}{x}$ exprimés de $50''$ en $50''$ de 0 à $1000''$, et de $10''$ en $10''$ de $1000''$ à $10\,000''$. On obtient les logarithmes de ces rapports pour les valeurs intermédiaires de $x$ en interpolant à la manière ordinaire; mais il faut observer que, quand l'arc croît, les valeurs de S décroissent, tandis que celles de T croissent.

Pour trouver, à l'aide de ces nombres, les logarithmes-sinus et les logarithmes-tangentes, on ajoute au logarithme de l'arc évalué en secondes le nombre S ou T exprimé au bas de la page, nombre dont les premiers chiffres sont toujours $\bar{6},685$.

*Exemple.* Trouver le logarithme-sinus de $8'',57$.

| | |
|---|---|
| On trouve, page 3, | $\log 8,57 = 0,9\,329\,808$ |
| et page 2, de 0 à $50''$, | $S = \bar{6},6\,855\,749$ |
| On fait la somme et l'on a | $\log\sin 8'',57 = \bar{5},6\,185\,557$. |

Si on faisait usage de la table VI, qui donne les logarithmes-sinus de seconde en seconde, et si on interpolait pour 0,57 de seconde en ajoutant au log-sinus de $8''$ les 0,57 de la différence pour $1''$, on aurait log-sin. $8'',57 = \bar{5},6\,178\,218$, résultat trop faible de 7339 unités du 7ᵉ ordre décimal.

On trouve de même

$$\log\sin\ 44'\,34'',7 = \bar{3},1\,128\,378$$
$$\text{et}\ \log\operatorname{tang}\ 44'\,34'',7 = \bar{3},1\,128\,743.$$

Dans ce dernier exemple, on a pris $T = \bar{6},6855992$.

*Réciproquement.* Si l'on donne le logarithme-sinus ou le logarithme-tangente d'un arc, et si l'arc est compris entre 2° 46′ 30″ et 5°, ce qui se reconnaîtra en cherchant d'abord le logarithme donné dans la table VIII, on devra avoir recours aux tables VI et VII, qui donneront immédiatement les unités de seconde ; en interpolant à la manière ordinaire, on aura la fraction de seconde qu'il faut ajouter à l'arc.

Si l'arc est moindre que 2° 46′ 30″, on doit prendre d'abord dans les tables VI ou VII l'arc correspondant en secondes entières ; puis on cherche la valeur correspondante de S ou de T, qu'on retranche du logarithme donné. Le reste est le logarithme de l'arc cherché exprimé en secondes.

*Exemple.* Trouver l'arc dont le logarithme-sinus $= \bar{2},2\,366\,934$. On reconnaît d'abord, au moyen de la table des sinus, page 208, que l'arc est compris entre 59′ 17″ et 59′ 18″ ; puis on voit, page 55, que, pour 59′ 17″, $S = \bar{6}.6855533$. On retranche ce logarithme du logarithme donné, le reste, 3,5511401, est le logarithme de l'arc cherché $x$ exprimé en secondes. On trouve $x = 3557'',46 = 59'\,17'',46$. On peut disposer ainsi le calcul :

$$\begin{array}{rl} \log \sin x = & \bar{2},2\,366\,934 \\ -S = & 5,3\,144\,467 \\ \hline \log x = & 3,5\,511\,401 \end{array} \qquad \begin{array}{l} \text{Arc} \ldots 59'\,17'' \\ S = \bar{6},6\,855\,533 \\ x = 3557'',46 = 59'\,17'',46. \end{array}$$

Au lieu de retrancher S de log sin $x$, nous y avons ajouté — S. Nous avons dit qu'au lieu de retrancher un logarithme, on ajoute le logarithme changé de signe. *Voyez* page 562 la règle pour obtenir ce nouveau logarithme, qui est le complément du premier par rapport à 0.

On trouve de même que l'arc dont le logarithme-tangente $= \bar{2},3\,456\,789$ est 1° 16′ 11″,23.

Le cosinus et la cotangente d'un angle étant le sinus et la tangente de son complément, le calcul du logarithme-cosinus et du logarithme-cotangente d'un arc compris entre 90° et 87° 13′ 30″ est le même que le calcul du logarithme-sinus et du logarithme-tangente d'un arc compris de 0 à 2° 46′ 30″ ; et de même, les logarithmes-cosinus et les logarithmes-cotangentes des arcs compris entre 87° 13′ 30″ et 85° se calculent comme les logarithmes-sinus et les logarithmes-tangentes des arcs compris de 2° 46′ 30″ à 5°.

## TABLES IX ET X.

(PAGES 560 ET 561.)

La table IX contient les longueurs des arcs de cercle pour le rayon 1, et la table X la réduction des parties de l'équateur en temps. Les deux premières colonnes de cette dernière table servent à la fois à la réduction des degrés en heures et minutes et des minutes d'arc en minutes et secondes de temps. L'usage de ces deux tables, qui sont à simple entrée, n'offre aucune difficulté.

FIN

# TABLE DES MATIÈRES.

Pages.

AVERTISSEMENT .......................................... v

TABLES

I. Logarithmes des nombres de 1 à 1000................ 2

II. Logarithmes des nombres de 1 à 100 000............. 4

III. Logarithmes naturels des nombres de 1 à 1000......... 184

IV et V. Multiples du module M et du rapport inverse 1/M, pour convertir les logarithmes naturels en logarithmes vulgaires et réciproquement........................ 188

VI et VII. Logarithmes des sinus et des tangentes de seconde en seconde pour les cinq premiers degrés.............. 190

VIII. Logarithmes des sinus et des tangentes de dix secondes en dix secondes pour tous les degrés du quart de cercle. 290

IX. Longueurs des arcs de cercle pour le rayon 1......... 560

X. Réduction des parties de l'équateur en temps.......... 561

DISPOSITION ET USAGE DES TABLES.......................... 562

Imprimerie A. Lahure, rue de Fleurus, 9, à Paris.

www.ingramcontent.com/pod-product-compliance
Ingram Content Group UK Ltd.
Pitfield, Milton Keynes, MK11 3LW, UK
UKHW020149250726
13967UKWH00002B/958